STATISTISCHE THERMODYNAMIK

VON

DR. ARNOLD MÜNSTER

APL. PROFESSOR FÜR PHYSIKALISCHE CHEMIE
AN DER UNIVERSITÄT FRANKFURT AM MAIN
LEITER DES METALL-LABORATORIUMS
DER METALLGESELLSCHAFT A. G., FRANKFURT AM MAIN

MIT 193 TEXTABBILDUNGEN

SPRINGER-VERLAG

BERLIN · GÖTTINGEN · HEIDELBERG

1956

ISBN 978-3-642-88257-9   ISBN 978-3-642-88256-2 (eBook)
DOI 10.1007/978-3-642-88256-2

BRÜHLSCHE UNIVERSITÄTSDRUCKEREI GIESSEN

HERMANN HARTMANN

IN FREUNDSCHAFT UND DANKBARKEIT

ZUGEEIGNET

Vorwort

Das vorliegende Buch ist aus Vorlesungen entstanden, die seit 1949 an der Universität Frankfurt gehalten wurden. Der ursprüngliche Plan ist jedoch erheblich erweitert worden, um auch den Bedürfnissen des wissenschaftlich arbeitenden Physikers und Physikochemikers Rechnung zu tragen. Bei der Auswahl des Stoffes habe ich mich auf die Theorie der Gleichgewichtseigenschaften der Materie beschränkt. Auch in dem dadurch gegebenen Rahmen mußte nochmals eine gewisse Auswahl stattfinden, wenn ein vernünftiger Umfang und der im wesentlichen lehrbuchartige Charakter der Darstellung gewahrt bleiben sollten. Ich habe mich dabei bemüht, wenigstens unter dem Gesichtspunkt der Methode eine gewisse Vollständigkeit zu erreichen in dem Sinne, daß alle grundsätzlich wichtigen Verfahren (nicht aber die oft zahlreichen Varianten) ausführlich behandelt sind. Es liegt in der Natur der Sache, daß dadurch auch die Mehrzahl der in diesem Zusammenhang wichtigen physikalischen Probleme erfaßt wird. Nicht aufgenommen sind daher in erster Linie solche Anwendungen, bei denen der statistische Teil der Theorie trivial ist oder wenigstens keine wesentlich neuen Gesichtspunkte bietet. Bei einigen Problemen (z. B. kritischer Punkt der Kondensation, λ-Punkt des Heliums) hielt ich eine Darstellung in diesem Rahmen noch nicht für zweckmäßig.

Was die Art der Darstellung betrifft, so erschien es mir nach Rücksprache mit zahlreichen Kollegen richtig, das Buch so anzulegen, daß es auch dem Anfänger eine gründliche Einarbeitung in das Gebiet ermöglicht. Ich habe daher den schon mehrfach bewährten Weg gewählt, den Stoff in zwei Kurse aufzuteilen. Der erste, einführende Kurs behandelt die Theorie der separierbaren Systeme (μ-Raum-Statistik), sowie einige Grundbegriffe und einfache Anwendungen aus der Theorie der nichtseparierbaren Systeme (Γ-Raum-Statistik). In diesem Teil werden nur elementare Kenntnisse (etwa den Erfordernissen des Vor-Diplom-Examens an deutschen Universitäten entsprechend) vorausgesetzt. Der zweite Kurs (dessen Paragraphen durch Sterne gekennzeichnet sind) setzt etwa die Kenntnisse, die zum Diplom-Examen in Physik oder physikalische Chemie gefordert werden, voraus.

Bei der großen Zahl der Methoden und Anwendungen der statistischen Thermodynamik ist es heute für den Nicht-Spezialisten schwierig, die inneren Zusammenhänge derselben und ihre Beziehungen zu den fundamentalen Prinzipien noch zu durchschauen. Damit fehlt aber die wesentliche Voraussetzung einer kritischen Beurteilung. Es war daher neben den didaktischen Gesichtspunkten mein Hauptanliegen, in diesem Buche die Theorie als ein einheitliches Ganzes zu entwickeln und die erwähnten Zusammenhänge klar herauszuarbeiten. Diesem Zwecke dienen auch die zahlreichen Verweisungen zwischen den einzelnen Kapiteln.

Einer besonderen Rechtfertigung bedarf vielleicht noch das Kapitel XVII (Matrix-Theorie des ISING-Modells), das in bezug auf Schwierigkeit und Art der Darstellung etwas aus dem Rahmen des Buches herausfällt. Bei der fundamentalen Bedeutung der ONSAGERschen Arbeit für die statistische Thermodynamik mußte dieselbe in einer solchen Darstellung notwendig ihren Platz finden. Eine vollständige Wiedergabe kam andererseits schon aus Raumgründen nicht in Betracht.

Ich habe daher, unter Verzicht auf zahlreiche Beweise, versucht zu zeigen, auf welchem Wege das Endresultat erhalten wird. Ein solches Unternehmen konnte nur sinnvoll erscheinen, weil mir als Grundlage die ausgezeichnete Arbeit von NEWELL und MONTROLL [Rev. Mod. Phys. 25, 353 (1953)] zur Verfügung stand, die zum ersten Male die Struktur des ONSAGERschen Gedankenganges übersichtlich entwickelt hat.

Für Unterstützung bei der Ausarbeitung des Buches habe ich zahlreichen in- und ausländischen Kollegen zu danken. Von den letzteren habe ich vor allem Prof. J. G. KIRKWOOD und Prof. J. E. MAYER zu erwähnen, mit denen ich eine Reihe von grundlegenden Fragen diskutieren konnte. Auf diese Diskussionen geht u. a. die Aufnahme der Theorie der molekularen Verteilungsfunktionen zurück, die hier zum ersten Male systematisch dargestellt wird. Von inländischen Kollegen habe ich zuerst meinen verehrten Lehrer Prof. W. JOST zu nennen, der die Anregung zu dem Buche gegeben und die Verbindung mit dem Verlag hergestellt hat. Er hat darüber hinaus wesentliche Teile des Manuskriptes kritisch gelesen und eine Reihe von wichtigen Verbesserungen veranlaßt. Bei der Ausarbeitung verschiedener Ableitungen hat mich Dr. D. PFIRSCH unterstützt. Vor allem bin ich jedoch zu tiefster Dankbarkeit verpflichtet meinem Freunde und Kollegen Prof. H. HARTMANN. Ich konnte mit ihm nicht nur den Plan des Buches diskutieren, sondern auch das gesamte Manuskript vor der Drucklegung kritisch durcharbeiten. Zahlreiche Abschnitte haben erst in diesen Diskussionen ihre endgültige Fassung erhalten. Insbesondere die Kapitel VI und XVII stellen im wesentlichen das Ergebnis einer gemeinsamen Arbeit dar. Ich glaube, daß ich meine Dankbarkeit am besten dadurch zum Ausdruck bringen kann, daß ich den Namen von Prof. HARTMANN diesem Buche, das so viel von seinem Geiste in sich aufgenommen hat, voransetze.

Der Metallgesellschaft AG. habe ich zu danken für die großzügige Förderung meiner Arbeit, durch die mir die Fertigstellung des Manuskriptes überhaupt erst ermöglicht wurde. Bei der mit der Herstellung der Druckvorlage und der Korrektur verknüpften umfangreichen Kleinarbeit haben mich meine Mitarbeiter tatkräftig unterstützt, insbesondere Dr. K. SAGEL, Dipl.-Chem. G. SCHLAMP, Frl. M. HOLDHEIDE, Frau E. KRÄMER und Frau I. PENNDORF. Dem Springer-Verlag danke ich für die stets erfreuliche Zusammenarbeit und das große Entgegenkommen, mit dem er auf meine Wünsche hinsichtlich Erweiterung des ursprünglich vorgesehenen Umfanges und äußere Ausstattung eingegangen ist.

Schließlich: ,,So eine Arbeit wird eigentlich nie fertig, man muß sie für fertig erklären, wenn man nach Zeit und Umständen das Möglichste getan hat.''

(Goethe, Italienische Reise)

Frankfurt (Main), den 21. Juni 1956

ARNOLD MÜNSTER

Inhaltsverzeichnis

Die mit einem * bezeichneten Paragraphen sind schwieriger und können beim ersten
Studium des Buches übergangen werden.

Erster Teil

Allgemeine Grundlagen

Zweiter Teil

Theorie der Gase

Dritter Teil

Theorie der Kristalle

Vierter Teil

Theorie der Flüssigkeiten

Mathematischer Anhang

Werte von physikalischen Konstanten

[Nach E. A. Cohen, J. W. M. DuMond, Th. W. Layton u. J. S. Rollet, Rev. Mod.
Phys. 27, 363 (1955)]

Lichtgeschwindigkeit

$$c = (2{,}997930 \pm 0{,}000003) \cdot 10^{10} \text{ cm sec}^{-1}$$

Loschmidtsche Zahl

$$N_L = (6{,}02486 \pm 0{,}00016) \cdot 10^{23}$$

Ladung des Elektrons

$$|e| = (4{,}80286 \pm 0{,}00009) \cdot 10^{-10} \text{ el.-st. Einh.}$$

Ruhemasse des Elektrons

$$m = (9{,}1083 \pm 0{,}0003) \cdot 10^{-28} \text{ g}$$

Ruhemasse des Protons

$$m_P = (1{,}67239 \pm 0{,}00004) \cdot 10^{-24} \text{ g}$$

Plancksches Wirkungsquantum

$$h = (6{,}62517 \pm 0{,}00023) \cdot 10^{-27} \text{ erg sec}$$

Boltzmannsche Konstante

$$k = (1{,}38044 \pm 0{,}00007) \cdot 10^{-16} \text{ erg grad}^{-1}$$

Kapitel I

Einleitung

§ 1.1. Wesen und Aufgaben der statistischen Thermodynamik

Die reine Thermodynamik ist, wie die Kontinuumsmechanik oder die Elektrodynamik, eine phänomenologische Theorie. Damit ist nicht nur gemeint, daß sie Beziehungen zwischen meßbaren Größen ableitet — das tut jede physikalische Theorie, welche diesen Namen verdient. Wesentlich ist vielmehr, daß in ihren Gleichungen nur solche Größen und daraus konstruierte Funktionen auftreten, daß sie auf alle Spekulationen über Materie und Energie verzichtet, welche die der unmittelbaren sinnlichen Anschauung gesetzten Grenzen überschreiten. Die Grundlage der Thermodynamik bilden daher einige makroskopische Erfahrungstatsachen, die durch zahllose Experimente gesichert sind; die wichtigsten von ihnen werden in den sogenannten Hauptsätzen der Thermodynamik zusammengefaßt. Eine gedankliche Analyse dieser Erfahrungstatsachen führt zu ihrer mathematischen Formulierung. Aus dieser ergeben sich durch rein mathematische Deduktion Beziehungen, die alle Erscheinungen umfassen, bei denen Wärme und Temperatur eine Rolle spielen. Man hat schließlich Funktionen konstruiert, in denen alle thermodynamischen Eigenschaften eines Systems wie in einem Automaten gespeichert sind. Man drückt auf einen Knopf, indem man eine mathematische Operation ausführt, und die gewünschte Eigenschaft kommt heraus. Diese „thermodynamischen Potentiale" stehen daher im Mittelpunkt des formalen Apparates der Thermodynamik.

In seiner Geschlossenheit und Allgemeingültigkeit ist das Gebäude der Thermodynamik eine der großartigsten Leistungen des menschlichen Geistes. Andererseits wird aber gerade diese Allgemeingültigkeit nur ermöglicht durch einen Verzicht auf alle speziellen Aussagen über konkrete Systeme. Wir können die Gleichungen der Thermodynamik auf ein Gas, einen Kristall oder eine Grenzschicht anwenden. Sie sagen uns jedoch nichts über die individuellen Eigenschaften dieser Systeme und die Gründe, weshalb wir gerade diese Eigenschaften finden.

Zwei Fragen bleiben somit in der reinen Thermodynamik stets unbeantwortet:
„Wie sind die Hauptsätze zu erklären?"
und zum anderen
„Welche Gestalt nehmen die thermodynamischen Potentiale für konkrete Systeme an?"
Die Beantwortung dieser Fragen bildet den Gegenstand der statistischen Thermodynamik.

Betrachten wir zunächst die erste Frage. Eine Tatsache erklären, kann wohl nur heißen, sie auf eine andere, übergeordnete zurückzuführen, welche als gemeinsame Wurzel mehrerer gleichgeordneter Tatsachen erscheint. Eine solche übergeordnete Tatsache ist die atomistische Struktur der Materie, aus der sich alle makroskopischen Eigenschaften derselben ableiten müssen. Wenn wir also die Materie als eine Ansammlung von Atomen oder Molekülen betrachten, so können wir erwarten, daß sich allein daraus die Hauptsätze der Thermodynamik ergeben.

Die speziellen Eigenschaften der Atome oder Moleküle dürfen bei der Betrachtung keine Rolle spielen, weil diese auch in den Hauptsätzen nicht vorkommen. Dies ist das Programm für die Beantwortung der ersten Frage. Wir wollen es jetzt etwas genauer analysieren.

Wenn wir in einem Stück Materie eine Anhäufung von Atomen oder Molekülen sehen, so heißt das zunächst, daß wir es als ein mechanisches System betrachten. Wir haben also die Gleichungen der Mechanik — sei es der klassischen, sei es der Quantenmechanik, das ist an dieser Stelle gleichgültig — darauf anzuwenden. Der Gedanke, ein mechanisches Problem von 10^{23} Variablen zu lösen, ist natürlich absurd. Tatsächlich besteht aber das Ziel der Überlegung auch gar nicht darin, eine Lösung der mechanischen Gleichungen zu finden. Eine solche Lösung würde uns — im klassischen Falle — Ort und Impuls jedes einzelnen Teilchens in Abhängigkeit von der Zeit liefern. Unser unmittelbares Interesse geht aber auf gewisse zeitunabhängige makroskopische Größen, wie Druck, Temperatur, Energie usw. Zweifellos werden auch diese durch die Lösung der mechanischen Gleichungen determiniert. Wir können aber annehmen, daß wir diese ins einzelne gehenden Auskünfte gar nicht benötigen, um zu Aussagen über die genannten Größen zu gelangen. Tatsächlich stellt ja auch ihre experimentelle Bestimmung einen ganz groben Mittelungsprozeß dar, in welchem die Feinheiten, welche uns die Lösung der mechanischen Gleichungen liefern würde, völlig untergehen. Wir haben hier eine ähnliche Situation wie im Versicherungswesen. Obwohl dort letzten Endes alles auf Einzelschicksalen beruht, sind diese als solche völlig bedeutungslos. Es sind vielmehr statistische Aussagen über große Zahlen gleichartiger Ereignisse (Autounfälle, Todesfälle usw.), auf denen alle Kalkulationen beruhen. Für unser Problem erscheint daher die Annahme vernünftig, daß eine Kombination der Mechanik mit statistischen Methoden zum Ziel führen wird. Dabei wird sich die Rolle der Mechanik auf gewisse allgemeine Aussagen beschränken, die wir benötigen, um die Methoden der Statistik anwenden zu können. Nach diesem Ausgangspunkt nennt man die Theorie „Statistische Mechanik".

Der in neuerer Zeit häufig gebrauchte Ausdruck „Statistische Thermodynamik", den auch wir gewählt haben, bedeutet praktisch das gleiche. Er ist vielleicht vorzuziehen aus einem Grunde, der mit dem Gesamtaufbau der Theorie zusammenhängt, und den wir bereits hier kurz erwähnen wollen. Während nämlich die statistische Theorie lückenlos zur Thermodynamik führt, liefert die Mechanik nicht alle Voraussetzungen, die wir zum Aufbau der statistischen Theorie benötigen. Es ist notwendig, neben gewissen Aussagen der Mechanik, noch zusätzliche Annahmen zu machen, deren allgemeine Ableitung aus den Gleichungen der Mechanik trotz vieler Bemühungen bisher nicht gelungen ist. Sie lassen sich daher letzten Endes nur nachträglich durch den Vergleich der daraus erhaltenen Resultate mit der Erfahrung rechtfertigen. Insofern müssen wir bereits hier feststellen, daß unser ursprüngliches Programm sich nicht völlig konsequent durchführen läßt. Andererseits wäre kaum zu erwarten gewesen, daß der Verzicht auf die vollständige Lösung des mechanischen Problems uns gerade noch diejenigen Aussagen beläßt, an welche die statistische Methode unmittelbar anknüpfen kann. Obwohl sich somit die statistische Thermodynamik nicht im eigentlichen Sinne streng aus der Mechanik entwickeln läßt, müssen wir die letztere doch als die wichtigste Grundlage betrachten. Wir werden daher auf diese Zusammenhänge später noch ausführlich eingehen.

Bei der weiteren Durchführung unseres Programmes stoßen wir auf eine eigentümliche Schwierigkeit, die das Wesen der statistischen Thermodynamik besonders deutlich hervortreten läßt. Wir wollen die Gesetze der Thermodynamik in dem vorher erläuterten Sinne mechanisch begründen. Das Begriffssystem der

Mechanik geht auf die Begriffe Zeit, Länge und Masse zurück, aus denen die Begriffe Geschwindigkeit, Impuls, Beschleunigung usw. abgeleitet werden. Die Thermodynamik hat aber ein völlig andersartiges Begriffssystem, in dessen Mittelpunkt die Begriffe Temperatur und Entropie stehen. Diese sind offenbar den Begriffen der Mechanik völlig inkommensurabel, was man am deutlichsten daran sieht, daß bei der üblichen Definition die Temperatur keine Dimension im CGS-System hat. Die Schwierigkeit löst sich auf eine sehr merkwürdige Weise. Wenn wir nämlich mathematisch das durchführen, was unsere thermodynamischen Messungen sozusagen physikalisch tun, die Mittelung über die mechanischen Einzelteilchen unseres Systems, so treten in unseren Gleichungen neue Parameter auf, die zunächst keine unmittelbare physikalische Bedeutung haben. Die weitere Untersuchung zeigt dann, daß für diese Parameter gewisse Gleichungen gelten, die mathematisch völlig identisch sind mit den Gleichungen der Thermodynamik. Das besagt, daß unser System den Gesetzen der Thermodynamik gehorcht, wenn wir die erwähnten Parameter mit gewissen thermodynamischen Zustandsgrößen identifizieren. Man kann nicht sagen, daß ein mechanisches System eine Temperatur hat. Es ist aber durch einen Parameter charakterisiert, der alle Eigenschaften der Temperatur besitzt (z. B., daß zwischen zwei Systemen mit gleichem Wert des Parameters keine Energie fließt). Ein Apparat, welcher die Temperatur eines thermodynamischen Systems mißt, bestimmt den Wert des fraglichen Parameters, wenn wir das System als ein mechanisches betrachten. Man drückt dies so aus, daß man den Parameter das statistische Analogon der Temperatur nennt. Wir werden diese Unterscheidung nur in Teil I dieses Buches im Auge behalten und in den speziellen Teilen nicht mehr darauf zurückkommen. Man muß sie sich jedoch einmal klarmachen, wenn man das Wesen der statistischen Thermodynamik verstehen will, denn sie ist keineswegs nur eine logische Haarspalterei.

Wir können jetzt in einfacher Weise die Methode formulieren, mit deren Hilfe wir die erste unserer früheren Fragen beantworten. Sie besteht darin, daß wir die statistischen Analoga der thermodynamischen Größen aufsuchen. Damit ist auch sofort klar, wie wir die zweite Frage beantworten können: Wir haben die Parameter, welche die statistischen Analoga der thermodynamischen Potentiale (etwa der Freien Energie nach HELMHOLTZ) darstellen, aus vorgegebenen Moleküleigenschaften und äußeren Bedingungen (z. B. Volumen) zu berechnen. Das erste Problem behandeln wir in Teil I, das letztere in Teil II bis IV dieses Buches.

§ 1.2. Einige Grundbegriffe der Wahrscheinlichkeitsrechnung

Formal stellt die statistische Thermodynamik eine Anwendung der Wahrscheinlichkeitsrechnung dar. Wir wollen daher zunächst einige Begriffe und Formeln kurz erläutern, die wir später häufig gebrauchen werden.

Wie zahlreiche andere Begriffe der Physik (z. B. Kraft, Arbeit usw.) ist auch der Ausdruck „Wahrscheinlichkeit" der Umgangssprache entnommen worden und hat dann eine ganz spezielle Bedeutung erhalten, die sich nicht völlig mit dem gewöhnlichen Sprachgebrauch deckt. Um sie zu verstehen, betrachten wir das Beispiel eines Würfels und fragen nach der Wahrscheinlichkeit, eine 6 zu werfen. Man pflegt zu sagen, daß sie $^1/_6$ beträgt. Man sieht sofort, daß damit nichts über das Ergebnis des nächsten Wurfes gesagt ist; das ist völlig unbestimmt. Wenn wir aber tausend Würfe machen, wird ungefähr bei einem Sechstel derselben die 6 fallen, und bei einer Million Würfen wird ziemlich genau ein Sechstel davon die 6 ergeben. Man sieht daraus, daß die Wahrscheinlichkeitsaussage sich zwar scheinbar auf ein Einzelereignis, in Wirklichkeit aber auf eine ganze Klasse von Ereignissen bezieht, und weiterhin, daß die Aussage einen um so präziseren Sinn hat, je größer die Zahl der Einzelereignisse ist. Die Klasse von Ereignissen, in unserem Beispiel die Gesamtzahl der Würfe, nennt man ein Wahrscheinlichkeitsaggregat, die einzelnen Würfe seine Elemente. Jedes Element besitzt eine von insgesamt s (in unserem Falle $s = 6$) unterscheidbaren Eigenschaften. In unserem Beispiel sind also die Ergebnisse der einzelnen Würfe die Eigenschaften der Elemente. Die Gesamtzahl der Elemente bezeichnen wir mit n, die Zahl der Elemente, welche die Eigenschaft i besitzen, mit n_i. Man definiert nun als die Wahrscheinlichkeit der Eigenschaft i in einem Wahrscheinlichkeitsaggregat von n Elementen den Ausdruck

$$w_i = \lim_{n \to \infty} \frac{n_i}{n} \, . \tag{I 1}$$

Die Existenz des Grenzwertes muß dabei als Axiom oder als Erfahrungstatsache hingenommen werden. Streng genommen wird durch die vorstehende Definition die Wahrscheinlichkeit zu einer empirischen Aussage über die relative Häufigkeit von Ereignissen. Sie hat damit eigentlich ihren ursprünglichen Sinn verkehrt, indem sie nicht mehr auf die Zukunft, sondern auf die Vergangenheit gerichtet ist. Man nennt die Definition (I 1) daher auch die Wahrscheinlichkeit a posteriori oder die statistische Definition.

Die Wahrscheinlichkeit läßt sich auch in einer etwas anderen Weise definieren, welche den ursprünglich mit diesem Wort verknüpften Vorstellungen näherkommt. Wir gehen wieder von dem Beispiel des Würfels aus und nennen den einzelnen Wurf eine Erscheinung A, die Zahlen, welche geworfen werden können, die Abarten dieser Erscheinung $A_1, A_2, \ldots, A_s$. In unserem Falle ist wieder $s = 6$. Unter einem Ereignis J verstehen wir eine Untergruppe aus i Abarten, wo $i \leq s$ ist. Dann wird die Wahrscheinlichkeit des Ereignisses J definiert durch die Gleichung

$$w(J) = \frac{i}{s} \tag{I 2}$$

oder in Worten: Die Wahrscheinlichkeit von J ist gleich der Zahl der für J günstigen Fälle, dividiert durch die Zahl der möglichen Fälle. Man sieht leicht, daß diese Definition noch nicht vollständig ist. Denken wir uns etwa einen Würfel, der auf zwei Seiten eine 6, auf den vier übrigen ein 5 trägt. Nach den vorstehenden Definitionen würde sich dann, für die Wahrscheinlichkeit eine 6 zu werfen, der Wert $\frac{1}{2}$ ergeben, was offensichtlich falsch ist. Die Ursache des Fehlers liegt darin, daß die frühere Definition der Abarten auf diesen Fall nicht anwendbar ist. Wir benötigen daher noch eine Vorschrift, welche die Wahl der Abarten eindeutig festlegt. Diese Vorschrift lautet: Die s Abarten müssen gleich möglich sein. Daraus ergibt sich sofort, daß wir in dem letzten Beispiel als Abarten nicht die Zahlen nehmen dürfen, die geworfen werden können. Es sind vielmehr die (etwa numeriert gedachten) Würfelflächen dafür einzusetzen. Die Definition (I 2) nennt man auch die Wahrscheinlichkeit a priori.

Häufig ist es zweckmäßig, in Fällen von der Art des letzten Beispiels die Wahrscheinlichkeit durch die Zahlen, die geworfen werden können, auszudrücken. Wir wollen dieselben uneigentliche Abarten nennen. Man muß dann in Gl. (I 2), statt über die Abarten zu summieren, die Summen über gewisse Größen g_r bilden, welche die Zahl der gleich möglichen Abarten bezeichnen, die die uneigentliche Abart r realisieren. Wir haben dann also

$$w(J) = \frac{\sum\limits_{r=1}^{r=i} g_r}{\sum\limits_{r=1}^{r=s} g_r} \, . \tag{I 3}$$

In unserem Beispiel hat für die 6 g_r den Wert 2, für die 5 den Wert 4. Die Größen g_r nennt man die statistischen Gewichte der uneigentlichen Abarten. Aus unseren Überlegungen geht hervor, daß man ihren Zahlenwert nur angeben kann, wenn man die gesuchte Wahrscheinlichkeit auf gleichmögliche Abarten zurückgeführt hat. Man nennt dieses Problem auch wohl die Wahl der a priori-Gewichte. Da dieselben unter allen Umständen gleich sein müssen, kommt es, wie man aus Gl. (I 3) sieht, auf ihren Zahlenwert nicht an. Man setzt ihn daher einfach gleich Eins.

Wie erkennt man nun, ob die Abarten eines gegebenen Satzes[1] gleich möglich sind? Über diese Frage ist sehr viel geschrieben worden. Man hat gesagt, daß es dann der Fall ist, wenn wir keinen Grund zu der gegenteiligen Annahme haben. Das ist nun offensichtlich recht ungereimt, denn es bedeutet letzten Endes, daß Wissen aus Nichtwissen kommen soll. Wir können auf die allgemeine Diskussion des Problems nicht eingehen und wollen nur kurz erörtern, wie es damit in der statistischen Thermodynamik steht. Nach den Ausführungen in § 1.1 sollten die gleichmöglichen Abarten, die wir als Grundlage benötigen, von der Mechanik geliefert werden. Das ist aber bisher nicht der Fall; gerade hier liegt die wesentliche Lücke, von der wir früher gesprochen haben. Die Wahl der a priori-Gewichte stellt daher eine zusätzliche Hypothese dar, welche durch die Erfahrung gerechtfertigt wird. Unter diesem Gesichtspunkt führt also auch die Definition (I 2) wieder auf eine Wahrscheinlichkeit a posteriori.

Der auffallendste Unterschied zwischen den Definitionen (I 1) und (I 2) liegt darin, daß die letztere nicht den Begriff des Wahrscheinlichkeitsaggregates, bzw. die Zahl seiner Elemente, und den Grenzübergang enthält. Tatsächlich bildet die damit verknüpfte Aussage den Gegenstand eines besonderen Satzes, wenn man von der Definition (I 2) ausgeht. Bezeichnen wir nämlich die Zahl der Fälle, in denen das Ereignis J eintritt, mit n_J, die Gesamtzahl der eingetretenen Ereignisse mit n, so gilt

$$\lim_{n \to \infty} \frac{n_J}{n} = w(J) \tag{I 4}$$

oder strenger: Die Wahrscheinlichkeit, daß n_J/n in einer festgehaltenen Umgebung von $w(J)$ liegt, geht für $n \to \infty$ gegen Eins. Dieser Satz wird als BERNOUILLI-sches Theorem oder gelegentlich auch als Gesetz der großen Zahlen bezeichnet. Wir erwähnen diesen Satz hier, um den Zusammenhang der Definitionen (I 1) und (I 2) zu klären. Den Beweis werden wir später für eine allgemeinere Formulierung anhand eines Beispieles führen. Die Frage, welche der beiden angeführten Definitionen der Wahrscheinlichkeit vom logischen Standpunkt vorzuziehen ist, braucht uns hier nicht zu beschäftigen. Da sie, wie sich aus (I 4) ergibt, im weiteren zu völlig identischen Folgerungen führen, werden wir, je nach der Lage des Problems, die eine oder die andere benutzen.

Aus den Definitionen (I 1) und (I 2) folgt zunächst, daß die Wahrscheinlichkeit in jedem Falle ein positiver echter Bruch ist. Ferner muß nach (I 1) (wegen $\sum n_i = n$) gelten

$$\sum_i w_i = 1 \, , \tag{I 5}$$

wobei die Summierung über alle Eigenschaften zu erstrecken ist. Um die gleiche Beziehung aus (I 2) für $w(J)$ zu erhalten, müssen die Untergruppen so gewählt werden, daß sie einerseits sämtliche Abarten enthalten, andererseits sich nicht überschneiden. Für das Beispiel des Würfels besagt dies, daß jede Zahl in einer und nur einer Untergruppe vorkommen muß. Wir setzen eine entsprechende

---

[1] Der Ausdruck „Satz“ (englisch "set") wird hier und an anderen Stellen in dem Sinne gebraucht, in dem man etwa von einem Satz Schraubenschlüssel spricht.

Wahl der Abarten von jetzt ab voraus. Gelegentlich führt die Rechnung zunächst auf Wahrscheinlichkeitsausdrücke w_i', für die

$$\sum_i w_i' = a \qquad\qquad (a \neq 1, 0) \quad (\text{I }6)$$

gilt. Die echten Wahrscheinlichkeiten ergeben sich dann aus der Beziehung

$$w_i = \frac{w_i'}{a}\,. \qquad\qquad\qquad (\text{I }7)$$

Diese Operation bezeichnet man als Normierung und den Faktor $1/a$ als Normierungsfaktor.

Bei der Definition (I 2) haben wir bereits ein Ereignis definiert, das (in Form der Alternative) aus mehreren „Elementarereignissen" (den Abarten) zusammengesetzt ist. Aus der genannten Definition ergeben sich nun unmittelbar einige Aussagen über Wahrscheinlichkeiten solcher zusammengesetzter Ereignisse, die wir später häufig benutzen werden. Um bei den folgenden Überlegungen etwas Konkretes vor Augen zu haben, denken wir uns eine Anzahl Urnen, welche je eine schwarze und eine weiße Kugel enthalten, und aus denen wir blind je eine Kugel ziehen. Wir setzen voraus, daß die Einzelereignisse (in unserem Beispiel die Ziehungen) voneinander unabhängig sind. Die Wahrscheinlichkeit, bei einmaligem Ziehen eine schwarze bzw. eine weiße Kugel zu bekommen, ist

$$w_s = \tfrac{1}{2}\,, \quad w_w = \tfrac{1}{2}\,. \qquad\qquad (\text{I }8)$$

Fragen wir nun nach der Wahrscheinlichkeit, bei dreimaligem Ziehen drei schwarze Kugeln zu erhalten, so findet man durch Abzählen der möglichen und günstigen Fälle sofort

$$w_{sss} = \tfrac{1}{8} = \tfrac{1}{2} \cdot \tfrac{1}{2} \cdot \tfrac{1}{2} = w_s \cdot w_s \cdot w_s\,. \qquad (\text{I }9)$$

Allgemein gilt: Die Wahrscheinlichkeit, daß mehrere voneinander unabhängige Ereignisse mit den Einzelwahrscheinlichkeiten $w_1, w_2, \ldots, w_n$ nacheinander (oder gleichzeitig) auftreten, ist gleich dem Produkt der Einzelwahrscheinlichkeiten. Als Formel geschrieben

$$w_{1, 2, \ldots, n} = w_1 \cdot w_2 \cdot \cdots \cdot w_n\,. \qquad (\text{I }10)$$

Für die Wahrscheinlichkeit bei dreimaligem Ziehen drei schwarze *oder* drei weiße Kugeln zu erhalten, ergibt sich durch eine analoge Abzählung

$$w_{\substack{sss \\ www}} = \tfrac{1}{4} = \tfrac{1}{8} + \tfrac{1}{8} = w_{sss} + w_{www}\,. \qquad (\text{I }11)$$

Allgemein gilt: Die Wahrscheinlichkeit, daß von n-unabhängigen Ereignissen das eine *oder* das andere eintritt, ist gleich der Summe der Einzelwahrscheinlichkeiten. Als Formel

$$w_{\substack{1 \\ 2 \\ \vdots \\ n}} = w_1 + w_2 + \cdots + w_n\,. \qquad (\text{I }12)$$

Man sieht sofort, daß dieser Satz in der Definition (I 2) schon enthalten ist. Aus (I 5) und (I 12) ergibt sich noch eine bemerkenswerte Folgerung. Die Wahrscheinlichkeit, daß das Ereignis j *nicht* eintritt, ist offenbar gleich der Summe der Wahrscheinlichkeiten, daß eines der übrigen möglichen Ereignisse eintritt. Es wird daher

$$w = 1 - w_j = \sum_i{}' w_i\,, \qquad\qquad (\text{I }13)$$

wo der Strich an dem Summenzeichen bedeutet, daß über alle i mit Ausnahme von $i = j$ zu summieren ist. Der Inhalt der Gl. (I 5) kann jetzt auch so ausgedrückt werden: Die Wahrscheinlichkeit, daß irgendeines der möglichen Ereignisse eintritt, ist gleich Eins, d. h. gleich der Gewißheit.

Ein neuer Gesichtspunkt ergibt sich, wenn wir die Wahrscheinlichkeit betrachten, bei dreimaligem Ziehen zwei schwarze und eine weiße Kugel zu bekommen, wobei die Reihenfolge ganz außer Betracht bleibt. Durch Abzählen findet man

$$w_{2s,\,1w} = \left(\tfrac{1}{2}\right)^3 \cdot 3 = \tfrac{3}{8}\,. \tag{I 14}$$

Der maßgebliche Faktor ist hier die Zahl der Möglichkeiten, zwei schwarze und eine weiße Kugel in verschiedener Reihenfolge anzuordnen. Derartige Probleme werden in der Kombinatorik behandelt. Sie spielen eine große Rolle in der statistischen Thermodynamik; wir wollen deshalb hier kurz darauf eingehen.

Fragen wir zunächst nach der Zahl der Möglichkeiten, N verschiedene Elemente in verschiedener Reihenfolge anzuordnen (Zahl der Permutationen). Die Antwort ergibt sich sofort auf Grund der Tatsache, daß das N-te Element in jeder Anordnung der $N-1$ vorhergehenden Elemente N verschiedene Plätze einnehmen kann. Die Zahl der Permutationen von N verschiedenen Elementen ist daher

$$P_N = 1 \cdot 2 \cdot 3 \cdot \cdots \cdot (N-1) \cdot N = N!\,. \tag{I 15}$$

Sind jetzt die N Elemente nicht mehr alle verschieden, sondern etwa N_1 untereinander gleich, so fallen die Anordnungen, welche durch Vertauschung derselben untereinander entstehen, in eine zusammen. Die Zahl derselben ist nach (I 15) $N_1!$. Es sei nun M die Zahl der Anordnungsmöglichkeiten für die restlichen $N-N_1$ Elemente auf den N zur Verfügung stehenden Plätzen. Dann muß gelten

$$M \cdot N_1! = N!\,. \tag{I 16}$$

Die Zahl der unterscheidbaren Anordnungen von N Elementen, unter denen N_1 einander gleich sind, ist daher

$$M = \frac{N!}{N_1!}\,. \tag{I 17}$$

Sind N_1, N_2, $\ldots$, N_s Elemente untereinander gleich, so können wir die Gesamtzahl der überhaupt möglichen Anordnungen $N!$ darstellen als Produkt aus den M unterscheidbaren Anordnungen und den Permutationen der jeweils untereinander gleichen Elemente. Es gilt daher allgemein

$$M = \frac{N!}{\prod\limits_{i=1}^{s} N_i!}\,. \tag{I 18}$$

Sind von den N Elementen je m und $N-m$ untereinander gleich, so ergibt sich als Spezialfall von (I 18)

$$M = \frac{N!}{m!\,(N-m)!} = \binom{N}{m}\,. \tag{I 19}$$

Die durch (I 18) bzw. (I 19) gegebenen Größen treten bekanntlich als Koeffizienten bei der Entwicklung von Polynomen bzw. Binomen auf. (I 19) gibt die Zahl der Möglichkeiten, aus N Gegenständen m auszuwählen, oder m nicht unterscheidbare Gegenstände auf N Fächer zu verteilen, derart, daß jedes Fach höchstens einen Gegenstand enthält. Lassen wir bei der zuletzt genannten Fragestellung zu, daß jedes Fach beliebig viele (d. h. maximal N) Gegenstände enthält, so scheint das kombinatorische Problem auf den ersten Blick wesentlich komplizierter zu liegen. Es läßt sich aber durch einen einfachen Kunstgriff wieder auf

Gl. (I 19) zurückführen. Dazu ordnen wir die Gegenstände und die Wände der Fächer in einer Reihe an (Abb. 1).

Lassen wir die erste und die letzte Wand fest, so ist unser Problem identisch mit der Zahl der unterscheidbaren Anordnungen von $N + m - 1$ Elementen, von denen je m und $N - 1$ untereinander gleich sind. Dafür ergibt sich sofort aus Gl. (I 19)

$$M = \frac{(N + m - 1)!}{m!\,(N - 1)!} = \binom{N + m - 1}{m}. \tag{I 20}$$

Schließlich können wir das Problem der Verteilung von m Gegenständen auf N Fächer noch unter der Voraussetzung betrachten, daß die m Gegenstände unterscheidbar sind. In diesem Falle müssen noch die Vertauschungen solcher Gegenstände, die sich in verschiedenen Fächern befinden, berücksichtigt werden. Wenn jedes Fach höchstens einen Gegenstand enthält, so ergibt sich durch Multiplikation der rechten Seite von (I 19) mit $m!$

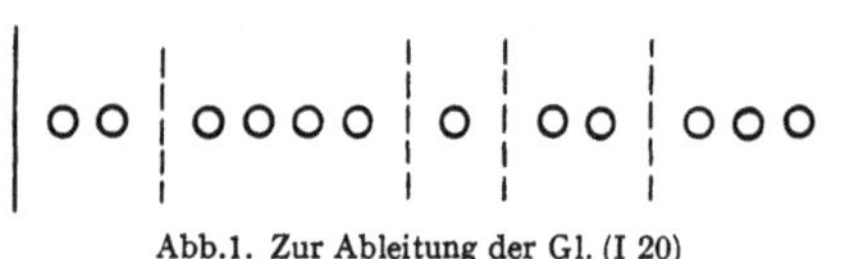

Abb. 1. Zur Ableitung der Gl. (I 20)

$$\binom{N}{m} m! = \frac{N!}{(N - m)!}. \tag{I 21}$$

Wenn die Zahl der Gegenstände in den einzelnen Fächern keiner Beschränkung unterliegt, so gibt es für jeden der m Gegenstände N Anordnungsmöglichkeiten. Diese können beliebig miteinander kombiniert werden. Die Gesamtzahl der Anordnungsmöglichkeiten ist daher

$$N^m. \tag{I 22}$$

Wir kehren jetzt wieder zu dem Urnenbeispiel zurück. Auf Grund der kombinatorischen Überlegungen läßt sich die vorher für einen speziellen Fall untersuchte Frage ganz allgemein beantworten. Für die Wahrscheinlichkeit, daß bei n-maligem Ziehen ohne Rücksicht auf die Reihenfolge[1] m schwarze und $n - m$ weiße Kugeln gezogen werden, ergibt sich

$$w_m = \left(\frac{1}{2}\right)^n \frac{n!}{m!(n - m)!} = \left(\frac{1}{2}\right)^n \binom{n}{m}. \tag{I 23}$$

Wir können schließlich noch weiter verallgemeinern, indem wir annehmen, daß jede Urne Q schwarze und P weiße Kugeln enthält. Dann ist bei einmaligem Ziehen die Wahrscheinlichkeit, eine schwarze Kugel zu bekommen

$$q = \frac{Q}{Q + P}, \tag{I 24}$$

die, eine weiße zu ziehen

$$p = \frac{P}{Q + P}. \tag{I 25}$$

Die Wahrscheinlichkeit, bei n-maligem Ziehen ohne Rücksicht auf die Reihenfolge m schwarze und $n - m$ weiße Kugeln zu bekommen, wird jetzt

$$w_m = \binom{n}{m} q^m p^{n-m}. \tag{I 26}$$

Diese Formel wurde bereits von NEWTON gefunden. Man sieht leicht, daß auch hier die Summe aller Wahrscheinlichkeiten Eins ist. Der binomische Lehrsatz liefert nämlich

$$\sum_{m=0}^{m=n} w_m = \sum_{m=0}^{m=n} \binom{n}{m} q^m p^{n-m} = (q + p)^n = 1. \tag{I 27}$$

---

[1] Die Wahrscheinlichkeit einer bestimmten Reihenfolge ist $(1/2)^n$, also für alle Serien gleich.

Es ist zu beachten, daß die Gl. (I 26) sich, im Sinne der Definition (I 1), auf ein anderes Wahrscheinlichkeitsaggregat bezieht als die Gl. (I 24) und (I 25). Im letzteren Falle bildet eine Serie von n Ziehungen das Wahrscheinlichkeitsaggregat, dessen Elemente durch die einzelnen Ziehungen dargestellt werden. Dagegen besteht das Wahrscheinlichkeitsaggregat, welches der Gl. (I 26) entspricht, aus einer Vielzahl, etwa z, solcher Serien, während eine einzelne Serie von n Ziehungen jetzt ein Element des Wahrscheinlichkeitsaggregates bildet.

Wir nehmen jetzt an, daß die bei einer Serie gezogenen Kugeln wieder in eine Urne gesammelt werden und fragen nach der Wahrscheinlichkeit, aus dieser neuen Urne eine schwarze Kugel zu ziehen. Wenn das Ergebnis der Serie bekannt ist, ergibt sich einfach

$$w_s = \frac{m}{n} \, . \tag{I 28}$$

Wenn dagegen das Ergebnis nicht bekannt ist, hat die Frage in dieser Form offenbar keinen Sinn, denn sie enthält dann implizit die Forderung, eine Voraussage über ein Einzelergebnis zu machen. Die Schwierigkeit läßt sich aber umgehen, wenn alle in z Serien gezogenen Kugeln in eine Urne gesammelt werden und nun die Frage nach der Wahrscheinlichkeit, aus der neuen Urne eine schwarze Kugel zu ziehen, gestellt wird. Die Gesamtzahl der gezogenen Kugeln ist dann $n\,z$. Die Zahl der Serien, welche m schwarze Kugeln liefern, ist für z nach der Definition (I 1) gegeben durch $z\,w_m$. Die neue Urne enthält somit $\sum_{m=0}^{m=n} m\,z\,w_m$ schwarze Kugeln. Aus der Definition (I 2) ergibt sich daher für die gesuchte Wahrscheinlichkeit mit Benutzung von (I 23)

$$w_s = \frac{\sum\limits_{m=0}^{m=n} m\,z\,w_m}{n\,z} = \left(\frac{1}{2}\right)^n (n-1)! \sum\limits_{m=0}^{m=n} \frac{m}{m!(n-m)!} \, . \tag{I 29}$$

Um diese Gleichung zu diskutieren, müssen wir zunächst einige neue Begriffe einführen.

§ 1.3. Verteilungen und Mittelwerte

Wir nehmen von jetzt ab an, daß die Eigenschaften im Sinne der Definition (I 1) eindeutig durch Zahlen charakterisiert werden können. Sie lassen sich dann als spezielle Werte einer Variablen x auffassen. Wenn die einzelnen Eigenschaften verschiedene Wahrscheinlichkeiten besitzen [wie es z. B. bei Gl. (I 23) und (I 26) der Fall ist], stellt die Wahrscheinlichkeit der Eigenschaft x eine Funktion von x dar, die wir mit w_x bezeichnen. Diese Funktion nennt man die Verteilung des Wahrscheinlichkeitsaggregates. In den bisherigen Beispielen änderten sich die Eigenschaften (z. B. die Größe m) diskontinuierlich; w_x war also nur für einen gewissen Bereich ganzzahliger Werte von x definiert. Man spricht dann von einer arithmetischen Verteilung. In den physikalischen Anwendungen haben wir es dagegen häufig mit kontinuierlich veränderlichen Eigenschaften (etwa dem Wert einer Ortskoordinaten) zu tun. Die entsprechende Wahrscheinlichkeitsverteilung nennt man eine geometrische Verteilung. Praktisch kann man oft mit hinreichender Annäherung die arithmetische Verteilung durch eine geometrische ersetzen, wenn die Diskontinuitäten sehr klein gegen den zu betrachtenden Wertebereich der x sind. Diese Tatsache ist von großer Bedeutung für die statistische Thermodynamik; sie ermöglicht meistens überhaupt erst die Durchführung der Rechnungen.

Wenn x eine kontinuierlich veränderliche Eigenschaft ist, versagen die früheren Definitionen der Wahrscheinlichkeit (I 1) und (I 2), da beide Null werden. (Die

Zahl der möglichen Fälle wird unendlich.) Man hilft sich dann durch die Betrachtung der Wahrscheinlichkeit, daß x zwischen x und $x + \Delta x$ liegt. Diese Wahrscheinlichkeit ist endlich; sie ist ferner proportional zu Δx, wenn diese Größe hinreichend klein gewählt wird. Wir können daher schreiben

$$w_{\substack{x \\ x + \Delta x}} = w(x)\,\Delta x, \tag{I 30}$$

wo $w(x)$ eine neue Funktion von x bedeutet. Die exakte Definition derselben lautet

$$\lim_{\Delta x \to 0} \frac{w_{\substack{x \\ x + \Delta x}}}{\Delta x} = \frac{d w_x}{d x} = w(x)\,. \tag{I 31}$$

Da die Funktion $w(x)$ formal in gleicher Weise wie eine Dichte definiert ist, wird sie als Wahrscheinlichkeitsdichte bezeichnet. Gelegentlich werden wir sie auch einfach die Verteilung nennen. Aus Gl. (I 31) ergibt sich unmittelbar als Verallgemeinerung von (I 5)

$$\int d w_x = \int w(x)\,d x = 1\,. \tag{I 32}$$

Das Integral ist über alle Werte von x zu erstrecken, für die $w(x)$ definiert ist. Die Gl. (I 32) wird als Normierungsrelation bezeichnet.

Der Mittelwert einer Eigenschaft x für die Verteilung w_x bzw. $w(x)$ ist gegeben durch

$$\bar{x} = \Sigma\, x\, w_x \tag{I 33a}$$

bzw.

$$\bar{x} = \int x\, w(x)\, d x\,. \tag{I 33b}$$

Dabei ist die Summierung wie in Gl. (I 5), die Integration wie in Gl. (I 32) durchzuführen. Mit Benutzung von (I 1) läßt sich (I 33a) auch in der geläufigeren Form

$$\bar{x} = \frac{\Sigma\, x\, n_x}{\Sigma\, n_x} \tag{I 33c}$$

schreiben. Im Falle uneigentlicher (nicht normierter) Wahrscheinlichkeiten gilt

$$\bar{x} = \frac{\Sigma\, x\, w'_x}{\Sigma\, w'_x} \tag{I 34a}$$

bzw.

$$\bar{x} = \frac{\int x\, w'(x)\, d x}{\int w'(x)\, d x}\,. \tag{I 34b}$$

In analoger Weise definiert man den Mittelwert einer Funktion von x für die Verteilung w_x bzw. $w(x)$ durch

$$\bar{f} = \Sigma\, f(x)\, w_x \tag{I 35a}$$

bzw.

$$\bar{f} = \int f(x)\, w(x)\, d x\,. \tag{I 35b}$$

Dabei muß vorausgesetzt werden, daß $f(x)$ für alle Werte von x definiert ist, für die $w_x \neq 0$ bzw. $w(x) \neq 0$ ist. Die Mittelwerte der Potenzen von x nennt man Momente, allgemein $\overline{x^r}$ das r-te Moment[1]. Unter gewissen Voraussetzungen kann man aus den bekannten Momenten rückwärts die Verteilung berechnen[2].

---

[1] Der Ausdruck ist aus der Mechanik genommen (statisches Moment, Trägheitsmoment). Die höheren Momente existieren nicht unter allen Umständen.

[2] Näheres s. F. ZERNIKE: Wahrscheinlichkeitsrechnung und mathematische Statistik; in GEIGER-SCHEEL: Handbuch der Physik. Bd. III. Berlin 1928.

Bei dieser Gelegenheit wollen wir ausdrücklich darauf hinweisen, daß man in der Statistik scharf unterscheiden muß zwischen $\bar{x}^r$ und $\overline{x^r}$. Es ist nämlich

$$\bar{x}^r = (\Sigma\, x\, w_x)^r \qquad \text{bzw.} \qquad \bar{x}^r = [\textstyle\int x\, w(x)\, dx]^r\,, \tag{I 36}$$

dagegen

$$\overline{x^r} = \Sigma\, x^r w_x \qquad \text{bzw.} \qquad \overline{x^r} = \textstyle\int x^r w(x)\, d\,x\,. \tag{I 37}$$

Beide Größen haben im allgemeinen einen verschiedenen Zahlenwert.

Für den Wert statistischer Überlegungen, die ja letzten Endes meistens auf die Benutzung von Mittelwerten hinzielen, sind naturgemäß die Abweichungen von diesen Mittelwerten, die man allgemein Schwankungen nennt, von entscheidender Bedeutung. Dabei kommt es, wie sich aus der Natur der statistischen Betrachtungsweise ergibt, nicht auf die einzelne Abweichung, sondern auf die Mittelwerte der Schwankungen an. Nun folgt aus Gl. (I 35 b)

$$\overline{[f(x) - \bar{f}]} = \Sigma\, f(x)\, w_x - \bar{f} = 0 \tag{I 38a}$$

bzw.

$$\overline{[f(x) - \bar{f}]} = \textstyle\int f(x)\, w(x)\, d\,x - \bar{f} = 0 \tag{I 38b}$$

Damit läßt sich also nichts anfangen. Bilden wir aber

$$\overline{[f(x) - \bar{f}]^2} = \Sigma\, [f(x) - \bar{f}]^2 w_x \tag{I 39a}$$

bzw.

$$\overline{[f(x) - \bar{f}]^2} = \textstyle\int [f(x) - \bar{f}]^2 w(x)\, d\,x\,, \tag{I 39b}$$

so haben wir eine Größe, die im allgemeinen von Null verschieden ist und in der Tat ein geeignetes Maß dafür bildet, inwieweit die Mittelwerte als repräsentativ für die Verteilung betrachtet werden können. Dies trifft offenbar um so besser zu, je kleiner die durch Gl. (I 39a) bzw. (I 39b) definierte Größe, das sog. mittlere Schwankungsquadrat ist. Dabei kommt es allerdings weniger auf den Absolutbetrag als vielmehr auf das Verhältnis dieser Größe etwa zu $\bar{f}^2$ an. Es ist daher zweckmäßig, die beiden Seiten von (I 39a) bzw. (I 39b) noch durch $\bar{f}^2$ zu dividieren; man erhält dann das sog. relative mittlere Schwankungsquadrat von $f(x)$. Wird in Gl. (I 39a) bzw. (I 39b) für $f(x)$ die Variable x selbst eingesetzt, so hat man

$$\overline{(x - \bar{x})^2} \equiv \sigma^2 = \Sigma\, (x - \bar{x})^2 w_x \tag{I 40a}$$

bzw.

$$\overline{(x - \bar{x})^2} \equiv \sigma^2 = \textstyle\int (x - \bar{x})^2 w(x)\, d\,x\,. \tag{I 40b}$$

Die Größe σ^2 nennt man wohl die Streuung der Verteilung $w(x)$ und

$$\sigma = [\overline{(x - \bar{x})^2}]^{\frac{1}{2}} \tag{I 41}$$

die Standard-Abweichung. Die Streuung kann in einfacher Weise durch die ersten und zweiten Momente ausgedrückt werden. Es ist nämlich

$$\sigma^2 = \overline{x^2} - 2\,\bar{x}^2 + \bar{x}^2 = \overline{x^2} - \bar{x}^2\,. \tag{I 42}$$

Mit Hilfe der Gl. (I 33a) können wir nun Gl. (I 29) in der einfachen Form schreiben

$$w_s = \frac{\bar{m}}{n}\,. \tag{I 43}$$

Man sieht daraus, daß die Verteilung (I 29) durch den Mittelwert von (I 23) bestimmt wird und weiter, daß der einzige Unterschied gegenüber (I 28) in dem Ersatz von m durch $\bar{m}$ besteht. Während wir bei einer Serie, deren Ergebnis bekannt ist, mit einem bestimmten m rechnen können, müssen wir den Mittelwert bilden, wenn wir die Ergebnisse von z Serien sammeln. Wenn allerdings in (I 29) w_m für einen gewissen Wert von m ein äußerst steiles Maximum besitzt, können wir alle übrigen Summanden vernachlässigen und mit diesem speziellen m_{max}, für das $w_m \approx 1$ ist, wie in Gl. (I 28) rechnen. Diese Tatsache ist wichtig für die Anwendungen, bei denen die erwähnte Voraussetzung meistens erfüllt ist.

Wir kehren jetzt wieder zu Gl. (I 26) zurück und berechnen zunächst den Mittelwert und die Streuung von m. Dazu definieren wir die Funktion einer Variablen y durch die Gleichung

$$f(y) = (p + q y)^n = \sum_{m=0}^{m=n} w_m y^m .\tag{I 44}$$

Man nennt $f(y)$ nach LAPLACE die erzeugende Funktion für w_m. Ihre Entwicklung nach Potenzen von y enthält als Koeffizienten die Wahrscheinlichkeiten der jeweils im Exponenten stehenden m-Werte. Differentiation von (44) nach y ergibt

$$\frac{df(y)}{dy} = n (p + q y)^{n-1} q = \sum_{m=0}^{m=n} m w_m y^{m-1} .\tag{I 45}$$

Für $y = 1$ wird die rechte Seite gleich dem Mittelwert $\overline{m}$ und es folgt

$$\overline{m} = n q .\tag{I 46}$$

Der Mittelwert von m bei einer großen Zahl z von Serien ist also einfach gleich der Wahrscheinlichkeit, aus einer Urne eine schwarze Kugel zu ziehen, multipliziert mit der Zahl der Ziehungen einer Serie. Differenzieren wir (I 45) nochmals nach y, so folgt

$$\frac{d^2f(y)}{dy^2} = n (n - 1) (p + q y)^{n-2} q^2 = \sum_{m=0}^{m=n} m (m - 1) w_m y^{m-2} .\tag{I 47}$$

Setzen wir wieder $y = 1$ und addieren zu (I 47) die Gleichung

$$n q - n^2 q^2 = \overline{m} - \overline{m}^2 ,\tag{I 48}$$

so erhalten wir für die Streuung

$$\sigma^2 = \overline{m^2} - \overline{m}^2 = n q (1 - q) = n q p .\tag{I 49}$$

Wenn $q \ll p$ und somit $p \approx 1$ ist, wird die Streuung zahlenmäßig gleich dem Mittelwert.

Wenn in Gl. (I 26) n und m sehr große Zahlen sind, ist sie in der angeschriebenen Form von geringem Nutzen, weil sich dann die Fakultäten nicht mehr direkt berechnen lassen. Die Gl. (I 46) und (I 49) werden dann sinnlos, weil sowohl $\overline{m}$ wie σ^2 mit n gegen Unendlich gehen. Um für diesen Fall Aussagen machen zu können, definieren wir eine Größe

$$x = \frac{m - \overline{m}}{\sqrt{n}} ,\tag{I 50}$$

die auch für $n \to \infty$ endlich bleibt. Wir betrachten damit also nicht mehr absolute, sondern relative Schwankungen und stellen uns die Aufgabe, die Verteilung dieser Schwankungen für $n \to \infty$ zu berechnen. Das heißt mit anderen Worten, wir wollen die asymptotische Form der Verteilung w_m für $n \to \infty$ aufsuchen.

Aus Gl. (I 26) folgt zunächst durch Logarithmieren

$$\ln w_m = \ln n! - \ln m! - \ln (n - m)! + (n - m) \ln p + m \ln q .\tag{I 51}$$

Nun ist

$$\ln n! = \left(n + \frac{1}{2}\right) \ln n - n + \frac{1}{2} \ln 2\pi + \frac{1}{12n} - 0 (n^{-3}) .\tag{I 52}$$

(Das letzte Glied der rechten Seite, das sog. LANDAUsche Größenordnungssymbol, besagt, daß der erste und größte vernachlässigte Term von der Größenordnung n^{-3} ist.) Diese Beziehung wird als STIRLINGsche Formel bezeichnet. Sie ist von außerordentlicher Bedeutung für die Statistik, und wir werden sie häufig benutzen[1]. Wenn wir nun beachten, daß für $n \to \infty$ das Glied $1/12\,n$ in (I 52) verschwindet, und ferner auf der rechten Seite von (I 51) $m \ln n - m \ln n$ addieren, so folgt

$$- \lim_{n \to \infty} \ln w_m = \frac{1}{2} \ln \frac{2\pi m(n-m)}{n} + m \ln \frac{m}{nq} + (n-m) \ln \frac{n-m}{np} \,. \qquad (\text{I } 53)$$

Nach (I 46) und (I 50) ist

$$m = nq\left(1 + \frac{x}{q\sqrt{n}}\right), \qquad n - m = np\left(1 - \frac{x}{p\sqrt{n}}\right). \qquad (\text{I } 54)$$

Einsetzen dieser Ausdrücke in Gl. (I 53) ergibt

$$- \lim_{n \to \infty} \ln w_m = \frac{1}{2} \ln 2\pi n q p + \frac{1}{2} \ln\left(1 + \frac{x}{q\sqrt{n}}\right) + \frac{1}{2} \ln\left(1 - \frac{x}{p\sqrt{n}}\right) +$$
$$+ n q\left(1 + \frac{x}{q\sqrt{n}}\right) \ln\left(1 + \frac{x}{q\sqrt{n}}\right) + n p\left(1 - \frac{x}{p\sqrt{n}}\right) \ln\left(1 - \frac{x}{p\sqrt{n}}\right). \qquad (\text{I } 55)$$

Die Logarithmen entwickeln wir bis zum quadratischen Gliede. Ferner beachten wir, daß alle Terme, welche n im Nenner enthalten, für $n \to \infty$ verschwinden. Dann wird aus (I 55)

$$- \lim_{n \to \infty} \ln w_m = \frac{1}{2} \ln 2\pi n p q + \frac{1}{2} \frac{x^2}{q} + \frac{1}{2} \frac{x^2}{p} \qquad (\text{I } 56)$$

oder, wegen $p + q = 1$

$$- \lim_{n \to \infty} \ln w_m = \frac{1}{2} \ln 2\pi n p q + \frac{x^2}{2pq} \,. \qquad (\text{I } 57)$$

Dafür können wir, mit Benutzung von (I 46) und (I 49), schreiben

$$\lim_{n \to \infty} w_m = \frac{1}{\sigma \sqrt{2\pi}} \, e^{-\frac{(m-\overline{m})^2}{2\sigma^2}} \,. \qquad (\text{I } 58)$$

Dieser Ausdruck ist formal mit dem GAUSSschen Fehlerverteilungsgesetz identisch und wird daher als GAUSSsche Verteilung bezeichnet. Wegen seiner großen allgemeinen Bedeutung für statistische Probleme nennt man ihn auch wohl die Normalverteilung. Unsere Rechnung zeigt somit, daß die Verteilung (I 26) für $n \to \infty$ asymptotisch in die Normalverteilung übergeht. Im Hinblick auf die frühere Bemerkung können wir hier ohne weiteres die arithmetische Verteilung durch eine geometrische ersetzen. (I 58) ist dann die Wahrscheinlichkeitsdichte eines Wertes zwischen m und $m + dm$. Der Verlauf der Funktion $w_m(m)$ wird durch eine sogenannte Glockenkurve dargestellt, die für $m = \overline{m}$ ein Maximum hat und symmetrisch nach beiden Seiten auf Null abfällt (Abb. 2).

Das bedeutet, daß der Mittelwert $\overline{m}$ zugleich der wahrscheinlichste Wert ist, was durchaus nicht bei allen Verteilungen zutrifft. Positive und negative Abweichungen vom Mittelwert sind gleich wahrscheinlich; wenn dies der Fall ist, spricht man von einer symmetrischen Verteilung. Mit zunehmender Abweichung vom Mittelwert nimmt die Wahrscheinlichkeit stark ab, so daß große Abweichungen sehr unwahrscheinlich sind.

---

[1] Die Ableitung der STIRLINGschen Formel findet sich z. B. bei E. T. WHITTAKER u. G. N. WATSON: Modern Analysis. Cambridge 1952.

Wir hatten ursprünglich nach der Verteilung der durch Gl. (I 50) definierten Schwankungsgröße x gefragt. Diese ist naturgemäß unmittelbar durch (I 57) gegeben. Um aber die entsprechende Wahrscheinlichkeitsdichte anzugeben, benötigen wir noch die Zahl der m-Werte dm, die in das Intervall dx fallen. Aus Gl. (I 50) ergibt sich dafür

$$dm = \sqrt{n}\, dx \,. \tag{I 59}$$

Wir erhalten somit für die Wahrscheinlichkeit eines Wertes zwischen x und $x + dx$

$$w(x)\, dx = \frac{1}{\sqrt{2\pi\, pq}}\, e^{-\frac{x^2}{2pq}}\, dx \,. \tag{I 60}$$

Schließlich können wir noch die Verteilung der relativen Schwankungsgröße

$$y = \frac{m - \overline{m}}{\overline{m}} = \frac{m - \overline{m}}{nq} = \frac{x}{q\sqrt{n}} \tag{I 61}$$

betrachten. Aus (I 60) und (I 61) ergibt sich dafür unmittelbar

$$w(y)\, dy = \sqrt{\frac{nq}{2\pi p}}\, e^{-\frac{n}{2}\frac{q}{p} y^2}\, dy \,. \qquad (n \to \infty) \tag{I 62}$$

Auch die Verteilungen (I 60) und (I 62) sind somit, wie zu erwarten war, Normalverteilungen. Da die Exponentialfunktion einer Variablen stärker gegen Unendlich geht als jede endliche Potenz derselben, folgt aus (I 62), daß für $n \to \infty$ die Wahrscheinlichkeit jeder endlichen relativen Schwankung der Größe m asymptotisch gegen Null geht. Nach Gl. (I 46) bedeutet dies anschaulich: Wenn wir bei dem Urnenexperiment die Einzelziehung immer öfter wiederholen, so rückt der Bruchteil der gezogenen schwarzen Kugeln immer näher an q heran.

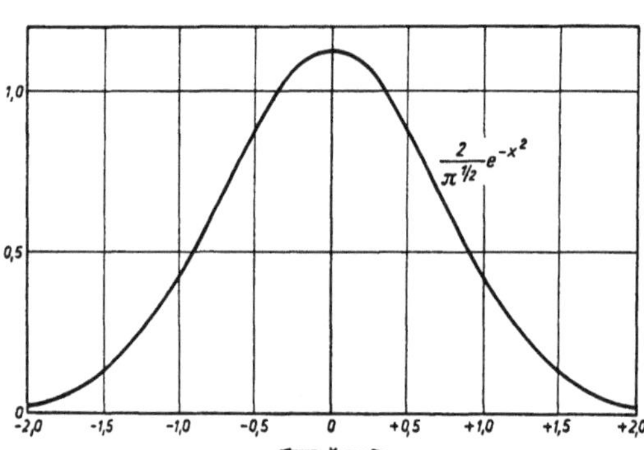

Abb. 2. Normalverteilung [entnommen aus: J. E. Mayer u. M. G. Mayer: Statistical Mechanics. New York 1951]

Anders ausgedrückt: Die Aussage, daß q die Wahrscheinlichkeit ist, eine schwarze Kugel zu ziehen, bekommt einen um so präziseren Sinn im Hinblick auf das, was tatsächlich eintrifft, je öfter wir den Versuch wiederholen. Das ist nichts anderes als das schon erwähnte Gesetz der großen Zahlen, das man in der genaueren Formulierung durch die Normalverteilung nach den Endeckern als Theorem von de Moivre-Laplace oder als Haupttheorem der Wahrscheinlichkeitsrechnung bezeichnet[1]. Im Hinblick auf die Verteilung (I 26) besagt unser Ergebnis, daß praktisch nur Serien mit $m = \overline{m}$ auftreten, wenn die n der Einzelserien hinreichend groß gewählt werden. Da nun aber, wie erwähnt, im Falle der Gl. (I 23) alle Serien bestimmter Reihenfolge die gleiche Wahrscheinlichkeit besitzen, kann dieses Ergebnis nur dadurch zustande kommen, daß der Wert $\overline{m}$ durch die weitaus meisten Reihenfolgen realisiert wird. Der Fakultätenausdruck in (I 23) bzw. (I 26) muß daher ein mit wachsendem n immer steiler werdendes Maximum besitzen, und zwar hier an der Stelle $\overline{m}$. Das Auftreten eines solchen Maximums ist in der Tat eine fundamentale Eigenschaft derartiger Ausdrücke, von der wir

---

[1] Der allgemeine Beweis ist kurz angedeutet bei F. Zernike l. c.

häufig Gebrauch machen werden. Wir können aus diesem Grunde auch in der Verteilung (I 29) für $n \to \infty$ die Summe unbedenklich durch ihren maximalen Term ersetzen, denn in diesem Falle ist w_m für $m = \overline{m}$ angenähert Eins, für alle übrigen Werte, die nicht zu nahe bei $\overline{m}$ liegen, praktisch gleich Null. Daß auch die Vernachlässigung der Terme, welche zu $\overline{m}$ benachbarten m-Werten gehören, keinen Fehler bedingt, ergibt sich hier unmittelbar aus der Symmetrie der Verteilung. Eine allgemeinere Begründung dafür werden wir später (§ 3.5) geben.

Bei der Ableitung der Gl. (I 58) haben wir vorausgesetzt, daß für große n Terme der Ordnung $1/n\,q$ und $1/n\,pq$ vernachlässigt werden können. Das trifft nur dann zu, wenn p und q nicht allzusehr von Eins verschieden sind. In diesem Falle wird $\overline{m}$ nach Gl. (I 46) eine sehr große Zahl. Es kann aber vorkommen, daß die Wahrscheinlichkeit q extrem klein ist; dann wird $n\,q$ auch für sehr große n nur die Größenordnung Eins erreichen. Die Verteilung (I 26) dehnt sich auch jetzt mit wachsendem n immer weiter aus, aber der Mittelwert $\overline{m}$ bleibt nach (I 46) von der Größenordnung Eins. Das ist naturgemäß nur möglich, wenn die Verteilung stark unsymmetrisch ist. Wir wollen dazu ein konkretes Beispiel betrachten. Es sei experimentell festgestellt worden, daß in einer längeren Zeit t von einem radioaktiven Präparat im Mittel $\overline{m}$ Atome zerfallen. Die Zeit t zerlegen wir in n gleiche Intervalle; dieselben seien so klein, daß Fälle, in denen mehr als ein Atom innerhalb eines Intervalls zerfällt, praktisch nicht vorkommen. Dann ist die Wahrscheinlichkeit, daß in einem Intervall ein Atom zerfällt

$$q = \frac{\overline{m}}{n}, \tag{I 63}$$

die, daß keines zerfällt

$$p = 1 - \frac{\overline{m}}{n}. \tag{I 64}$$

Diese Beziehungen sind eine direkte Anwendung der Gl. (I 29) und (I 43). Sie beziehen sich also auf ein Wahrscheinlichkeitsaggregat, in welchem die Ergebnisse von z Beobachtungsreihen gesammelt sind, von denen jede sich über eine Zeit t erstreckt. Man sieht sofort, daß für $n \to \infty$ q beliebig klein wird, während $\overline{m}$ endlich bleibt. Im übrigen ist das Problem dem Urnenbeispiel völlig analog, und wir können Gl. (I 26) darauf anwenden. Sie gibt jetzt die Wahrscheinlichkeit, daß in der Zeit t m Atome zerfallen. Es ist nun

$$\binom{n}{m} = \frac{n!}{m!(n-m)!} = \frac{n(n-1)(n-2)\ldots(n-m+1)}{m!}. \tag{I 65}$$

Setzen wir (I 63), (I 64) und (I 65) in (I 26) ein, so folgt

$$w_m = \frac{n(n-1)(n-2)\ldots(n-m+1)}{m!} \left(\frac{\overline{m}}{n}\right)^m \frac{\left(1 - \dfrac{\overline{m}}{m}\right)^n}{\left(1 - \dfrac{\overline{m}}{n}\right)^m} \tag{I 66}$$

oder nach Ausführung der Division durch n^m,

$$w_m = \left(1 - \frac{\overline{m}}{n}\right)^n \frac{\overline{m}^m}{m!} \frac{1\left(1 - \dfrac{1}{n}\right)\left(1 - \dfrac{2}{n}\right)\ldots\left(1 - \dfrac{m-1}{n}\right)}{\left(1 - \dfrac{\overline{m}}{n}\right)^m}. \tag{I 67}$$

Für $n \to \infty$ geht der letzte Faktor gegen Eins. Ferner ist

$$\lim_{n \to \infty} \left(1 + \frac{\overline{m}}{n}\right)^n = e^{\overline{m}}. \tag{I 68}$$

Wir erhalten somit

$$\lim_{n \to \infty} w_m = \frac{\overline{m}^m \, e^{-\overline{m}}}{m!} \, . \tag{I 69}$$

Diese Gleichung wird nach ihrem Entdecker als POISSONsche Formel bezeichnet. Für ihre Anwendung ist wesentlich, daß die Ableitung mit der Benutzung von Gl. (I 10) die Voraussetzung enthält, daß die Einzelereignisse voneinander unabhängig sind. Gl. (I 69) ermöglicht somit die Berechnung der Wahrscheinlichkeit, daß m voneinander unabhängige Einzelereignisse eintreffen, wenn der Mittelwert $\overline{m}$ bekannt ist. In diesem speziellen Falle ist die Verteilung durch das erste Moment schon vollständig bestimmt. Umgekehrt kann man aus der empirischen Gültigkeit von Gl. (I 69) auf die Unabhängigkeit der Einzelereignisse schließen. Diesen Schluß hat man auch für den radioaktiven Zerfall gezogen.

Bisher haben wir im wesentlichen nur den Fall betrachtet, daß die Eigenschaften der Elemente des Wahrscheinlichkeitsaggregates sich als spezielle Werte *einer* Variablen x darstellen lassen. In der statistischen Thermodynamik haben wir es jedoch häufig mit der Wahrscheinlichkeit zu tun, daß mehrere Variable gleichzeitig spezielle Werte annehmen. Dabei treten neue Gesichtspunkte auf, die das Problem erheblich komplizieren. Wir beschränken uns hier auf einige Bemerkungen über den Fall zweier Variablen x und y.

Die Wahrscheinlichkeitsdichte $w(x, y)$ ist jetzt dadurch definiert, daß

$$w(x, y) \, dx \, dy \tag{I 70}$$

die Wahrscheinlichkeit darstellt, gleichzeitig Werte zwischen x und $x + dx$ sowie y und $y + dy$ zu finden. Die Normierungsrelation lautet

$$\int \int w(x, y) \, dx \, dy = 1 \, . \tag{I 71}$$

Die Wahrscheinlichkeit, einen Wert zwischen x und $x + dx$ zu finden ohne Rücksicht auf den Wert, den die Variable y annimmt, ist

$$w(x) \, dx = dx \int w(x, y) \, dy \, . \tag{I 72}$$

Entsprechend gilt naturgemäß

$$w(y) \, dy = dy \int w(x, y) \, dx \, . \tag{I 73}$$

Man kann weiter fragen nach der Wahrscheinlichkeit eines Wertes zwischen x und $x + dx$, wenn bereits bekannt ist, daß die andere Variable zwischen y und $y + dy$ liegt. Die fragliche Wahrscheinlichkeit sei $w'(x) \, dx$. Nun stellt definitionsgemäß $w(x, y) \, dx \, dy$ den Bruchteil der möglichen Fälle dar, in denen eine Variable zwischen x und $x + dx$, die andere zwischen y und $y + dy$ liegt. Andererseits ist nach (I 73) $w(y) \, dy$ der Bruchteil der möglichen Fälle, in denen die zweite Variable zwischen y und $y + dy$ liegt. Von diesen wählt $w'(x) \, dx$ den Bruchteil aus, in denen ein Wert zwischen x und $x + dx$ vorliegt. Das Produkt aus den beiden zuletzt genannten Wahrscheinlichkeiten muß daher gleich $w(x, y) \, dx \, dy$ sein. Es gilt somit

$$w'(x) = \frac{w(x, y)}{w(y)} \, . \tag{I 74}$$

Mit Benutzung von (I 73) folgt daraus

$$\int w'(x) \, dx = 1 \, . \tag{I 75}$$

Man sieht ferner, daß im allgemeinen $w(x) \neq w'(x)$ ist. Wenn die Werte der Variablen x und y voneinander unabhängig sind, so ist nach Gl. (I 10)

$$w(x, y) = w(x) \, w(y) \, . \tag{I 76}$$

Nur in diesem Falle ist, wie aus (I 74) folgt, $w(x) = w'(x)$. Man sagt dann wohl, daß das Problem separierbar ist, während man im umgekehrten Falle von Korrelation spricht.

Der Mittelwert einer Funktion $f(x, y)$ ist definiert durch

$$\overline{f(x, y)} = \int \int f(x, y)\, w(x, y)\, dx\, dy\,. \tag{I 77}$$

Unter den Momenten versteht man, wie vorher, die Größen

$$\overline{x^p} = \int \int x^p\, w(x, y)\, dx\, dy = \int x^p\, w(x)\, dx \tag{I 78}$$

und

$$\overline{y^r} = \int \int y^r\, w(x, y)\, dx\, dy = \int y^r\, w(y)\, dy\,. \tag{I 79}$$

Daneben gibt es jetzt gemischte Momente, z. B.

$$\overline{x^p\, y^r} = \int \int x^p\, y^r\, w(x, y)\, dx\, dy\,. \tag{I 80}$$

Ähnlich liegen die Verhältnisse bei den Schwankungsgrößen. Es ist etwa

$$\overline{(x - \overline{x})^2} = \int \int (x - \overline{x})^2\, w(x, y)\, dx\, dy$$
$$= \int (x - \overline{x})^2\, w(x)\, dx\,. \tag{I 81}$$

Außerdem haben wir noch Größen

$$\overline{(x - \overline{x})^p\, (y - \overline{y})^r} = \int \int (x - \overline{x})^p\, (y - \overline{y})^r\, w(x, y)\, dx\, dy\,, \tag{I 82}$$

die man gelegentlich Korrelationsmomente nennt, da sie ein Maß der Korrelation darstellen. Im besonderen ist, wie aus Gl. (I 38b), (I 76) und (I 82) folgt

$$\overline{(x - \overline{x})\, (y - \overline{y})} = 0 \tag{I 83}$$

bei verschwindender Korrelation, während Korrelation vorliegt, wenn

$$(x - \overline{x})\, (y - \overline{y}) \neq 0 \tag{I 84}$$

ist.

Erster Teil

Allgemeine Grundlagen

Kapitel II

Klassische Statistik im μ-Raum
(MAXWELL-BOLTZMANNsche Statistik)

§ 2.1. Mikrozustand und Makrozustand

Wir beginnen unsere Untersuchungen mit einem einfachen physikalischen Problem, das zwar die Fragestellung der statistischen Thermodynamik noch nicht in vollem Umfang enthält, uns aber mit wesentlichen Einzelheiten der Methode vertraut machen wird. Es sei nach der räumlichen Verteilung von N Molekülen eines idealen Gases in einem Volumen V gefragt. Die Moleküle können in diesem Falle als Massenpunkte betrachtet werden, zwischen denen keine Kräfte wirken; die Zusammenstöße werden nur insofern berücksichtigt, als sie einen ständigen Austausch zwischen den verschiedenen Bewegungsrichtungen, d. h. eine völlig ungeordnete Bewegung bewirken. Wir denken uns jetzt die Moleküle numeriert und das Volumen V in s gleich große, ebenfalls numerierte Zellen unterteilt. Für die Wahrscheinlichkeit, ein bestimmtes Molekül i in einer bestimmten Zelle j zu finden, setzen wir $1/s$. Wir schreiben also allen Zellen die gleiche a priori-Wahrscheinlichkeit zu, was hier unmittelbar plausibel ist. Die vollständigste Angabe, die wir über die räumliche Verteilung machen können, besteht darin, daß für jedes einzelne Molekül festgestellt wird, in welcher Zelle es sich befindet. Jeder Zellen-Nummer werden dann also bestimmte Molekül-Nummern zugeordnet. Eine derartige Beschreibung nennt man eine Komplexion oder einen Mikrozustand. Sie entspricht einer bestimmten Reihenfolge der schwarzen und weißen Kugeln in dem Urnenbeispiel des § 1.2. Alle Komplexionen haben die gleiche Wahrscheinlichkeit $(1/s)^N$. Vom physikalischen Standpunkt ist aber bedeutungslos, ob sich etwa die Moleküle 4 und 5 oder die Moleküle 17 und 18 in der Zelle Nr. 10 befinden. Für das beobachtbare Verhalten, d. h. in diesem Falle die Dichte, kommt es nur darauf an, wie viele Moleküle (ohne Rücksicht auf ihre Nummern) sich in einer bestimmten Zelle befinden. Eine Beschreibung, welche nur diese Angaben enthält, wollen wir einen Makrozustand nennen. Sie entspricht bei dem Urnenbeispiel bestimmten Zahlen von schwarzen und weißen Kugeln ohne Rücksicht auf die Reihenfolge. Ein Makrozustand wird also im allgemeinen durch mehrere Mikrozustände realisiert. Die Zahl derselben ist gleich der Zahl der Vertauschungen unter den Molekülen verschiedener Zellen. Vertauschungen unter Molekülen der gleichen Zelle werden nicht gezählt, da sich aus diesen nach der Definition keine neuen Mikrozustände ergeben. Nach (I 18) ist daher die Zahl der Mikrozustände, die zu einem gegebenen Makrozustand gehören

$$W = \frac{N!}{\prod\limits_{i=1}^{i=s} N_i!} , \tag{II 1}$$

wo N_i die Zahl der Moleküle bezeichnet, die sich in der i-ten Zelle befinden. Die durch Gl. (II 1) definierte Größe W nennt man die thermodynamische Wahrscheinlichkeit oder das statistische Gewicht des Makrozustandes. Sie ist keine echte Wahrscheinlichkeit im Sinne von § 1.2, denn es ist $W > 1$. Die Wahrscheinlichkeit eines Makrozustandes ist vielmehr

$$W' = \left(\frac{1}{s}\right)^N \frac{N!}{\prod\limits_{i=1}^{i=s} N_i!} \, .$$

(II 2)

Der für alle Makrozustände gleiche Faktor $(1/s)^N$ hat indessen keine physikalische Bedeutung, da er bei den folgenden Rechenoperationen, wie man leicht verifiziert, herausfällt. Man läßt ihn daher von vornherein unberücksichtigt und beschränkt sich auf die Untersuchung der Größe W. Dazu müssen wir zunächst Gl. (II 1) auf eine zweckmäßigere Form bringen. Durch Logarithmieren erhalten wir

$$\ln W = \ln N! - \sum_{i=1}^{i=s} \ln N_i! \, .$$

(II 3)

Auf diesen Ausdruck wenden wir die STIRLINGsche Formel Gl. (I 52) an. Da N von der Größenordnung 10^{20} ist, können wir uns mit einer einfacheren Gestalt derselben begnügen, die sich leicht direkt ableiten läßt. Wir bilden zunächst den Differenzenquotienten von $\ln x!$ für $\Delta x = 1$. Das ergibt

$$\frac{\Delta \ln x!}{\Delta x} = \frac{\ln x! - \ln(x-1)!}{1} = \ln x \, .$$

(II 4)

Für sehr große x können wir diesen Differenzenquotienten näherungsweise durch den Differentialquotienten ersetzen und erhalten dann

$$\frac{d \ln x!}{dx} \approx \ln x \, .$$

(II 5)

Durch partielle Integration zwischen den Grenzen 1 und x folgt daraus

$$\int_1^x d \ln x! \approx \ln x \, dx = x \ln x - x \, .$$

(II 6)

Wir erhalten somit

$$\ln x! \approx x \ln x - x \qquad \text{(für } x \gg 1) \, .$$

(II 7)

Wie man aus (I 52) sieht, liefert (II 7) zu niedrige Werte für $\ln x!$. Der Fehler beträgt für $x = 30$ etwa $0{,}64\%$, kommt also für unsere Probleme überhaupt nicht in Betracht. Die Anwendung von (II 7) auf Gl. (II 3) ergibt

$$\ln W = N \ln N - N - \sum_{i=1}^{i=s} N_i \ln N_i + \sum_{i=1}^{i=s} N_i \, .$$

(II 8)

Da

$$\sum_{i=1}^{s} N_i = N$$

(II 9)

ist, kann (II 8) geschrieben werden

$$\ln W = - \sum_{i=1}^{s} N_i \ln \left(\frac{N_i}{N}\right) \, .$$

(II 10)

§ 2.2. Die wahrscheinlichste Verteilung.

I. Nebenbedingung

Wir haben vorausgesetzt, daß die Moleküle unseres Gases sich völlig ungeordnet bewegen. Dabei treten, wie wir später noch genauer sehen werden, sehr hohe Geschwindigkeiten auf (Größenordnung im Mittel $10^4 - 10^5$ cm/sec). Eine makroskopische Beobachtung, die ja eine gewisse Zeit beansprucht, wird daher stets nur Mittelwerte für die räumliche Verteilung der Moleküle liefern. Mit Hilfe der Formeln des § 2.1 lassen sich Mittelwerte der N_i ohne Schwierigkeit berechnen. Solche Mittelwerte beziehen sich allerdings unmittelbar auf ein Wahrscheinlichkeitsaggregat aus einer großen Zahl von „Momentaufnahmen" der räumlichen Verteilung. Es läßt sich keine direkte Aussage darüber machen, ob diese Mittelwerte identisch sind mit denen, die man durch die üblichen makroskopischen Beobachtungsmethoden erhält. Nun wissen wir aber, daß der Ausdruck (II 1) für einen gewissen Satz der N_i ein außerordentlich steiles Maximum besitzt, so daß die Mittelwerte praktisch allein dadurch bestimmt werden. Die fragliche Identifizierung ist daher im allgemeinen unbedenklich; wir können also die Mittelwerte der N_i als Aussage über die makroskopische Dichteverteilung der Gase ansehen. Diesen Sachverhalt benutzen wir jetzt, um das gewünschte Ergebnis auf einem anderen Wege abzuleiten, den wir bereits in § 1.3 angedeutet haben. Wir verzichten auf eine explizite Berechnung der Mittelwerte und bestimmen stattdessen die wahrscheinlichste Verteilung, d. h. diejenigen Werte der N_i, die W zu einem Maximum machen.

Auf Grund unserer Überlegung können wir annehmen, daß dieselben praktisch mit den Mittelwerten identisch sind; den strengen Beweis dafür werden wir später bringen. Da der Logarithmus eine monotone Funktion seines Argumentes ist, können wir uns auf die Untersuchung von $\ln W$ beschränken. Für die Durchführung der Rechnung betrachten wir die N_i als kontinuierlich veränderliche Größen, wie wir es bereits bei der Ableitung der verkürzten STIRLINGschen Formel Gl. (II 7) getan haben.

Es sei nun eine durch bestimmte Werte der N_i charakterisierte Verteilung gegeben. Wir variieren dieselbe, indem wir die ursprünglichen N_i um sehr kleine Beträge δN_i ändern. Eine solche abgeänderte Verteilung hat also die Gestalt

$$N_1 + \delta N_1,\, N_2 + \delta N_2,\, \ldots,\, N_i + \delta N_i,\, \ldots,\, N_s + \delta N_s\,. \tag{II 11}$$

Für ihre thermodynamische Wahrscheinlichkeit gilt

$$\ln W + \delta \ln W = \ln W + \sum_{i=1}^{s} \frac{\partial \ln W}{\partial N_i}\, \delta N_i\,. \tag{II 12}$$

Die Bedingung für das Maximum lautet

$$\delta \ln W = 0\,. \tag{II 13}$$

Bisher haben wir die Variationen δN_i als willkürlich angenommen. Das ist aber tatsächlich wegen Gl. (II 9), der auch die abgeänderte Verteilung genügen muß, nicht zulässig. Für unsere Variationen folgt daraus

$$\delta \sum_{i=1}^{s} N_i = \sum_{i=1}^{s} \delta N_i = 0\,. \tag{II 14}$$

Wir haben also das Maximum von $\ln W$ mit der Nebenbedingung (II 14) zu bestimmen. Es sind daher nur $s - 1$ Größen δN_i beliebig wählbar. Das nächstliegende Verfahren wäre, mit Hilfe von Gl. (II 14) in (II 12) ein δN_i zu eliminieren, so daß darin nur noch $s - 1$ dieser Größen auftreten, die dann frei wählbar sind. Indessen ist dieser direkte Weg nur in den einfachsten Fällen gangbar. Wir wollen daher hier bereits die allgemeine Methode zur Bestimmung von Extremwerten mit Nebenbedingungen einführen, die als LAGRANGEsche Methode der unbestimmten Multiplikatoren bezeichnet wird. Zunächst multiplizieren wir die Bedingungsgleichung (II 14) mit einem vorläufig unbestimmten Faktor, den wir aus Zweckmäßigkeitsgründen $\ln \alpha + 1$ nennen. Diese neue Gleichung addieren wir zu der Hauptgleichung (II 13). Das ergibt, wenn die Differentialquotienten $\partial \ln W / \partial N_i$ aus Gl. (II 10) berechnet werden

$$\delta \ln W + (\ln \alpha + 1) \sum_{i=1}^{s} \delta N_i = - \sum_{i=1}^{s} \left(\ln \frac{N_i}{N} + 1 - \ln \alpha - 1 \right) \delta N_i = 0 \,. \qquad \text{(II 15)}$$

Der Faktor $(\ln \alpha + 1)$, über den wir noch frei verfügen können, wird nun so bestimmt, daß eine der Klammern in Gl. (I 15) verschwindet. Für die restlichen $s - 1$ Summanden können die δN_i beliebig gewählt werden. Das ist mit Gl. (I 15) nur zu vereinbaren, wenn alle übrigen Klammerausdrücke ebenfalls verschwinden. Es wird somit allgemein

$$\ln \frac{N_i}{N} - \ln \alpha = 0 \qquad \qquad \text{(für alle } i) \,. \qquad \text{(II 16)}$$

Die Konstante α wird nun mit Hilfe von Gl. (II 9) und (II 16) bestimmt. Es ergibt sich

$$\sum_{i=1}^{s} N_i = s \, N \, \alpha = N \qquad \qquad \text{(II 17)}$$

oder

$$\alpha = \frac{1}{s} \,. \qquad \qquad \text{(II 18)}$$

Wir erhalten daher schließlich als Endresultat

$$\frac{N_i}{N} = \frac{1}{s} \,. \qquad \qquad \text{(II 19)}$$

Der wahrscheinlichste Zustand wird somit dargestellt durch eine gleichmäßige Verteilung der Moleküle über das Volumen V, bei der auf jede Zelle der gleiche Bruchteil $1/s$ der Moleküle entfällt.

Wir wollen jetzt noch durch eine explizite Rechnung zeigen, daß die am Anfang dieses Paragraphen gemachte Annahme tatsächlich gerechtfertigt ist, daß also die Wahrscheinlichkeit, innerhalb makroskopischer Dimensionen auch bei einer „Momentaufnahme" nennenswerte Abweichungen von Gl. (II 19) zu finden, verschwindend gering ist. Dazu zerlegen wir das Volumen V mit den N Gasmolekülen in zwei gleiche Teile. Im wahrscheinlichsten Zustand enthält nach Gl. (II 19) jede Hälfte $N/2$ Moleküle. Gefragt sei nach der Wahrscheinlichkeit, daß die eine Hälfte $N/2 + n$, die andere $N/2 - n$ Moleküle enthält. In Analogie zu (II 2) ergibt sich dafür

$$w_n = \left(\frac{1}{2} \right)^N \frac{N!}{(N/2 + n)! \, (N/2 - n)!} \,. \qquad \text{(II 20)}$$

Für den wahrscheinlichsten Zustand gilt

$$w_0 = \left(\frac{1}{2} \right)^N \frac{N!}{\left[\left(\dfrac{N}{2} \right)! \right]^2} \,. \qquad \text{(II 21)}$$

Division von (II 20) durch (II 21) liefert

$$\frac{w_n}{w_0} = \frac{\left[\left(\dfrac{N}{2} \right)! \right]^2}{\left(\dfrac{N}{2} + n \right)! \left(\dfrac{N}{2} - n \right)!} \,. \qquad \text{(II 22)}$$

Wir wollen diesmal die STIRLINGsche Formel nicht explizit anwenden, sondern einen etwas anderen Weg einschlagen, der zum gleichen Ergebnis führt, aber einen unmittelbaren Einblick in das Wesen der Näherung gibt. Auf der rechten Seite von Gl. (II 22) enthalten Zähler und Nenner je $(N/2)^2$ Faktoren. Wir kürzen zunächst und bekommen dadurch

$$\frac{w_n}{w_0} = \frac{N/2}{N/2 + n} \; \frac{N/2 - 1}{N/2 + n - 1} \cdots \frac{N/2 - n + 1}{N/2 + 1} \; . \tag{II 23}$$

Erweitern wir noch jeden Faktor mit 2, so wird daraus

$$\frac{w_n}{w_0} = \frac{N}{N + 2n} \; \frac{N - 2}{N + 2n - 2} \cdots \frac{N - 2n + 2}{N + 2} \; . \tag{II 24}$$

Das sind insgesamt noch n Faktoren. Man sieht, daß w_n/w_0 sich zwischen zwei Grenzen einschließen läßt gemäß

$$\left(\frac{N}{N + 2n}\right)^n > \frac{w_n}{w_0} > \left(\frac{N - 2n}{N}\right)^n \; . \tag{II 25}$$

Wir definieren jetzt eine neue Variable durch die Gleichung

$$x = \frac{2n}{N} \; . \tag{II 26}$$

Diese Größe hat naturgemäß die Bedeutung einer relativen Schwankung. Führen wir sie in (II 25) ein, so folgt

$$\left(\frac{1}{1 + x}\right)^{\frac{N}{2} x} > \frac{w_n}{w_0} > (1 - x)^{\frac{N}{2} x} \; . \tag{II 27}$$

Für $x \ll 1$ werden beide Grenzen (wie man durch Reihenentwicklung der oberen Grenze erkennt) asymptotisch gleich. Unter derselben Voraussetzung ist ferner

$$\ln(1 + x) \approx x, \quad (1 + x)^{\frac{N}{2} x} = e^{\frac{N}{2} x \ln(1 + x)} \approx e^{\frac{N}{2} x^2} \; . \tag{II 28}$$

Wir erhalten somit

$$\frac{w_n}{w_0} = e^{-\frac{N}{2} x^2} \; . \tag{II 29}$$

Die Größe w_0 wird hier am einfachsten aus der Normierungsrelation

$$\int_{-\infty}^{+\infty} w_n \, dn = 1 \tag{II 30}$$

bestimmt[1]. Diese liefert mit (II 29)

$$w_0 = \sqrt{\frac{2}{\pi N}} \; . \tag{II 31}$$

Es ergibt sich somit

$$w_n = \left(\frac{1}{\pi}\right)^{\frac{1}{2}} \left(\frac{2}{N}\right)^{\frac{1}{2}} e^{-\frac{N}{2} x^2} \; . \tag{II 32}$$

---

[1] Die Integrationsgrenzen in Gl. (II 30) widersprechen scheinbar der Voraussetzung $x \ll 1$. Für hinreichend großes N wird aber w_n schon für sehr kleine Werte von x äußerst klein, so daß es praktisch keinen Unterschied macht, ob das Integral noch darüber hinaus bis zu den in (II 30) angegebenen Grenzen erstreckt wird. Diese Überlegung ist auch in anderen Fällen häufig von Nutzen.

Schließlich benötigen wir noch, um zu der Wahrscheinlichkeitsdichte für x zu gelangen die Zahl dn der Werte von n, die in das Intervall dx fallen. Aus Gl. (II 26) ergibt sich dafür

$$dn = \frac{N}{2}\,dx.$$
(II 33)

Wir erhalten daher für die Wahrscheinlichkeit einer relativen Schwankung zwischen x und $x + dx$

$$w(x)\,dx = \left(\frac{1}{\pi}\right)^{\frac{1}{2}} \left(\frac{N}{2}\right)^{\frac{1}{2}} e^{-\frac{N}{2}x^2}\,dx\,.$$
(II 34)

Auch dieses Problem führt wieder, wie zu erwarten war, auf die Normalverteilung. Gl. (II 34) zeigt, daß mit wachsendem N die Wahrscheinlichkeit jeder endlichen relativen Schwankung gegen Null geht [vgl. Gl. (I 62)]. Umgekehrt haben wir bei sehr kleinen Volumina, die nur verhältnismäßig wenige Moleküle enthalten, mit beträchtlichen Schwankungen zu rechnen. Dies gilt auch für sehr kleine Elemente unseres Volumens V. Solche Dichteschwankungen in kleinsten Bezirken sind optisch nachweisbar und bilden u. a. die Ursache für die blaue Farbe des Himmels. Eine korrekte Behandlung dieser Probleme erfordert allerdings Hilfsmittel, über die wir jetzt noch nicht verfügen. Wir werden daher später (§ 7.5) noch einmal darauf zurückkommen und bemerken hier nur, daß die experimentelle Beobachtung der Schwankungserscheinungen die unmittelbarste Bestätigung der statistischen Theorie der Materie liefert.

Um eine numerische Abschätzung durchzuführen, müssen wir einen endlichen Bereich der relativen Schwankungen, etwa die Schwankungen $> z$ betrachten. Für die Wahrscheinlichkeit solcher Schwankungen in beiden Richtungen ergibt sich mit Benutzung des Summensatzes der Wahrscheinlichkeiten Gl. (I 12) aus (II 34)

$$w(> z) = 2 \int\limits_{z}^{\infty} w(x)\,dx = \frac{2}{\sqrt{\pi}} \left(\frac{N}{2}\right)^{\frac{1}{2}} \int\limits_{z}^{\infty} e^{-\frac{N}{2}x^2}\,.$$
(II 35)

Man definiert nun

$$\operatorname{erf}(y) = \frac{2}{\sqrt{\pi}} \int\limits_{0}^{y} e^{-t^2}\,dt\,.$$
(II 36)

Diese wichtige Funktion wird als GAUSSsches Fehlerintegral (error function) bezeichnet. Das Integral läßt sich nicht in geschlossener Form auswerten. Aus (II 36) folgt sofort

$$1 - \operatorname{erf}(y) = \frac{2}{\sqrt{\pi}} \int\limits_{y}^{\infty} e^{-t^2}\,dt\,.$$
(II 37)

Gl. (II 35) kann daher geschrieben werden

$$w(> z) = 1 - \operatorname{erf}\left(z\,\sqrt{\frac{N}{2}}\right)\,.$$
(II 38)

Die Funktionen erf und $1 -$ erf sind tabelliert[1]. In Tab. 1 sind einige Werte von $w(> z)$ für verschiedene N und z zusammengestellt.

Man sieht daraus, daß für makroskopische Systeme ($N \approx 10^{20}$) schon eine Dichteschwankung von nur 0,0001% eine derart geringe Wahrscheinlichkeit besitzt, daß wir sie überhaupt nicht in Betracht zu ziehen brauchen. (Um überhaupt etwas vor Augen zu haben, stelle man sich vor, daß für das Ausschreiben der

---

[1] JAHNKE-EMDE: Tafeln höherer Funktionen. 4. Aufl., Leipzig 1948.

Tabelle 1. *Werte von w ($> z$) für verschiedene Werte von z und N*

N	$z = 10^{-1}$	10^{-2}	10^{-3}	10^{-4}	10^{-5}	10^{-6}
2×10^2	0.157	0.887	0.989			
2×10^4	10^{-44}	0.157	0.887			
2×10^6	10^{-4340}	10^{-44}	0.157	0.887		
2×10^8	10^{-10^6}	10^{-4340}	10^{-44}	0.157	0.887	
2×10^{10}	10^{-10^8}	10^{-10^6}	10^{-4340}	10^{-44}	0.157	0.887
2×10^{20}					$10^{-10^{10}}$	10^{-10^8}

Entnommen aus: J. E. Mayer u. M. G. Mayer: Statistical Mechanics, S. 77. New York 1940.

Zahl 10^{10^8} ein Papierstreifen von etwa 500 km Länge erforderlich wäre.) Wir wollen dieses Resultat noch dadurch beleuchten, daß wir das mittlere relative Schwankungsquadrat berechnen. Dafür gilt

$$\overline{x^2} = \int_{-\infty}^{+\infty} x^2\, w(x)\, dx = \frac{1}{\pi^{1/2}} \left(\frac{N}{2}\right)^{\frac{1}{2}} \int_{-\infty}^{+\infty} x^2\, e^{-\frac{N}{2} x^2}\, dx\,. \qquad \text{(II 39)}$$

Wählen wir als Integrationsvariable

$$y = \left(\frac{N}{2}\right)^{\frac{1}{2}} x \qquad \text{(II 40)}$$

so wird

$$\overline{x^2} = \frac{1}{\pi^{1/2}} \frac{2}{N} \int_{-\infty}^{+\infty} y^2 e^{-y^2}\, dy = \frac{1}{N}\,. \qquad \text{(II 41)}$$

Für $N \approx 10^{20}$ beträgt somit die Wurzel aus dem mittleren relativen Schwankungsquadrat 0,00000001 %, was weit jenseits aller experimentellen Nachweismöglichkeiten liegt.

§ 2.3. Der μ-Raum

Die in den beiden vorhergehenden Paragraphen entwickelte Methode ermöglicht es bereits, die statistische Thermodynamik für eine gewisse Klasse von Systemen (die wir weiter unten näher charakterisieren) vollständig durchzuführen. Der wichtigste neue Gesichtspunkt, den wir dabei zu berücksichtigen haben, ist, daß die Angabe der räumlichen Lage eines Moleküls ersetzt wird durch die vollständige Angabe des Zustandes im Sinne der Mechanik.

Es gibt nun bekanntlich zwei Formen der Mechanik, die sich beträchtlich voneinander unterscheiden, die klassische Mechanik und die Quantenmechanik. Bei Gebilden von atomaren Dimensionen, wie sie für die mechanische Begründung der Thermodynamik allein in Betracht kommen, liefert nur die letztere richtige Ergebnisse. Ein logisch einwandfreier Aufbau der statistischen Thermodynamik muß daher notwendig von der Quantenmechanik ausgehen. Daß wir hier und in Kapitel V zunächst von diesem Grundsatz abweichen, hat drei Gründe. Einmal ist die klassische Mechanik sozusagen die „Mechanik des gesunden Menschenverstandes"; ihre Begriffe sind aus der makroskopischen Anschauung entwickelt, während beim Eindringen in die Quantenmechanik nicht unbeträchtliche begriffliche Schwierigkeiten zu überwinden sind. Auf der anderen Seite sind die spezifisch statistischen Begriffe und Methoden in der klassischen Statistik und der Quantenstatistik nicht wesentlich verschieden. Sie werden sich daher dem Verständnis leichter erschließen, wenn wir sie zunächst losgelöst von den zusätzlichen begrifflichen Schwierigkeiten der Quantenmechanik betrachten. Dazu kommt ein zweiter Gesichtspunkt. Die klassische Mechanik ist bekanntlich in der Quantenmechanik

als Grenzfall für sehr hohe Quantenzahlen enthalten (BOHRsches Korrespondenzprinzip). Es ist daher zu erwarten, daß unter gewissen Bedingungen die Ergebnisse
der klassischen Statistik und der Quantenstatistik sich nicht erheblich unterscheiden werden. Tatsächlich werden wir sehen, daß wir bei den meisten Anwendungen mit den geringfügig modifizierten klassischen Formeln auskommen.
Schließlich gilt in der statistischen Thermodynamik, ebenso wie in der Mechanik,
daß die Kenntnis der klassischen Theorie ein wesentlich tieferes Verständnis der
Quantentheorie ermöglicht, weil deren charakteristische Züge jetzt viel schärfer
hervortreten.

Wir haben daher jetzt zunächst die Frage zu beantworten, wie der mechanische
Zustand eines Moleküls in der klassischen Mechanik beschrieben wird. Für die
Zwecke der statistischen Thermodynamik können wir in den meisten Fällen die
Atome als Massenpunkte ansehen. Die räumliche Lage eines einatomigen Moleküls
ist daher durch drei (etwa rechtwinklige cartesische) Koordinaten eindeutig festgelegt. Für ein zweiatomiges Molekül benötigt man entsprechend im allgemeinen
sechs Koordinaten. Unter gewissen Voraussetzungen (die wir in Kapitel IX näher
erörtern werden) kann jedoch ein solches Molekül als hantelartiges starres Gebilde
behandelt werden. In diesem Falle sind die sechs Koordinaten nicht voneinander
unabhängig. Bezeichnen wir nämlich die Koordinaten des einen Atomes mit x_1, y_1,
z_1, die des anderen mit x_2, y_2, z_2 und mit r den Abstand der beiden Atome im
Molekül, so gilt die Bedingungsgleichung

$$(x_1 - x_2)^2 + (y_1 - y_2)^2 + (z_1 - z_2)^2 = r^2 \,. \tag{II 42}$$

Es sind daher nur 5 Koordinaten unabhängig und damit notwendig, um die
räumliche Lage des Moleküls eindeutig zu beschreiben. Diese Zahl der unabhängigen Koordinaten nennt man allgemein die Zahl der Freiheitsgrade des
Moleküls. Wir bezeichnen sie mit s. In der Mechanik wird nun gezeigt, daß der
mechanische Zustand eines Systems von s Freiheitsgraden durch $2s$ Größen eindeutig bestimmt ist. Die Ursache dieses Sachverhaltes ist leicht einzusehen.
Nehmen wir etwa einen Massenpunkt und bezeichnen mit m seine Masse, mit X, Y,
Z die Komponenten der auf ihn wirkenden Kraft in rechtwinkligen cartesischen
Koordinaten und mit t die Zeit, so gelten die NEWTONschen Bewegungsgleichungen

$$m\frac{d^2x}{dt^2} = X, \qquad m\frac{d^2y}{dt^2} = Y, \qquad m\frac{d^2z}{dt^2} = Z \,. \tag{II 43}$$

Diese Differentialgleichungen sind von der zweiten Ordnung. Jede liefert
daher zwei Integrationskonstanten, die bestimmt werden müssen. Man benötigt
also insgesamt 6 Größen, um den Anfangszustand des Massenpunktes mit drei
Freiheitsgraden zu beschreiben. Für die Wahl dieser Bestimmungsgrößen gibt es
verschiedene Möglichkeiten. In der statistischen Thermodynamik wählt man aus
Gründen, die wir in Kapitel V noch kurz berühren werden, die sog. generalisierten
Koordinaten und Impulse. Mit dem Ausdruck „generalisierte Koordinaten" ist
gemeint, daß es sich nicht notwendig um cartesische Koordinaten handelt. Wir
werden z. B. öfter Polarkoordinaten benutzen. Die generalisierte Koordinate des
i-ten Freiheitsgrades wird mit q_i bezeichnet. Die generalisierten Geschwindigkeiten $\dot{q}_i$ sind die Ableitungen der generalisierten Koordinaten nach der Zeit[1], also

$$\dot{q}_i = \frac{dq_i}{dt} \,. \tag{II 44}$$

Unter generalisierten Impulsen p_i werden die Ableitungen der kinetischen

---

[1] Der Punkt über einer Größe ist eine allgemein übliche Bezeichnung für die Ableitung
nach der Zeit.

Energie E_{kin} nach den generalisierten Geschwindigkeiten verstanden. Es gilt daher

$$p_i = \frac{\partial E_{kin}}{\partial \dot{q}_i} \,. \qquad \text{(II 45)}$$

Man sieht leicht, daß dies in Einklang ist mit der elementaren Definition der Impulskomponenten für rechtwinklige cartesische Koordinaten. Hier ist nämlich

$$E_{kin} = \frac{m}{2}\,(\dot{x}^2 + \dot{y}^2 + \dot{z}^2)\,. \qquad \text{(II 46)}$$

Mit Gl. (II 45) folgt daher

$$p_x = \frac{\partial E_{kin}}{\partial \dot{x}} = m\,\dot{x} \qquad \text{(II 47)}$$

wie es aus der elementaren Mechanik bekannt ist. Das Produkt aus einer generalisierten Koordinate und dem dazu „konjugierten" generalisierten Impuls hat stets die Dimension einer Wirkung (Energie $\times$ Zeit).

Für die weiteren Überlegungen ist es zweckmäßig, auch den vollständigen mechanischen Zustand eines Teilchens in ähnlicher Weise geometrisch zu veranschaulichen, wie wir es früher mit seiner räumlichen Lage getan haben. Dazu denken wir uns zunächst ein Teilchen, das nur einen Freiheitsgrad besitzt. Zur Beschreibung seines mechanischen Zustandes benötigen wir eine Koordinate q und einen Impuls p. In einem ebenen rechtwinkligen cartesischen Koordinatensystem tragen wir nun auf der Ordinate die Impulswerte, auf der Abszisse die Werte der Koordinate auf[1]. Dann wird jeder mögliche mechanische Zustand des Teilchens durch einen Punkt der Ebene eindeutig dargestellt. Wenn wir also eine große Zahl derartiger Teilchen haben, können wir ihre Verteilung auf die verschiedenen mechanischen Zustände durch eine Verteilung von repräsentativen Punkten in unserer Koordinatenebene beschreiben. Wir können die Analogie mit dem früheren Verfahren noch weiter treiben und die Ebene in kleine rechteckige „Zellen" unterteilen (s. Abb. 3).

Dann ergibt sich ohne weiteres die Frage nach der Zahl der repräsentativen Punkte oder, wie man gewöhnlich kurz sagt, der Teilchen in einer solchen Zelle. Diese Darstellungsweise läßt sich nun ohne Schwierigkeit für Teilchen von s Freiheitsgraden verallgemeinern. Man benötigt dann ein rechtwinkliges cartesisches Koordinatensystem von $2\,s$ Koordinatenachsen, nämlich s Achsen für die generalisierten Koordinaten und s Achsen für die generalisierten Impulse. Ein solcher $2\,s$-dimensionaler Raum ist zwar nicht mehr anschaulich vorstellbar, die rechnerische Behandlung ergibt sich jedoch einfach aus der Analogie des Überganges von zwei Dimensionen (Fläche) zu drei Dimensionen (gewöhnlicher Raum). Für das Flächenelement gilt $d x\, d y$, für das Volumenelement des dreidimensionalen Raumes $d x\, d y\, d z$. Betrachten wir nun etwa Massenpunkte ($s = 3$), so wird der mechanische Zustand in einem sechsdimensionalen Raum dargestellt, dessen „Volumenelement" $d x\, d y\, d z\, d p_x d p_y d p_z$ ist. Ein „endliches Volumen" in diesem Raume ist entsprechend durch das sechsfache Integral

$$\int\int\int\int\int\int d x\, d y\, d z\, d p_x d p_y d p_z$$

gegeben. Ebenso kann man auch von einer Dichte in dem $2\,s$-dimensionalen Raum sprechen, die gleich der Zahl der Teilchen pro Volumeneinheit ist. Man bezeichnet den mechanischen Zustand eines Systems auch wohl als seine Phase[2].

---

[1] Man spricht daher auch von Orts- und Impulskoordinaten.

[2] Dieser Phasenbegriff hat nichts zu tun mit dem Phasenbegriff der Thermodynamik und ist davon streng zu unterscheiden.

Aus diesem Grunde wird der $2\,s$-dimensionale Raum der generalisierten Koordinaten und Impulse der Phasenraum des Moleküls genannt. Nach EHRENFEST nennt man ihn häufig auch kurz den μ-Raum. Die Untersuchungen dieses Kapitels befassen sich in erster Linie mit der Frage der Verteilung im μ-Raum.

Wir legen unseren Betrachtungen wieder ein System aus N Teilchen zugrunde, die wir der Einfachheit halber als Massenpunkte annehmen ($s = 3$) und, wie früher, numeriert denken[1]. Dieselben sollen sich wieder in einem Volumen V befinden, das nach außen völlig abgeschlossen sei. Unter dieser Voraussetzung ist die Energie des Systems E konstant. Den (in diesem Falle sechsdimensionalen) μ-Raum zerlegen wir in der oben angedeuteten Weise in sehr kleine gleich große Zellen. Die Moleküle unseres Systems sind dann in jedem Augenblick in einer ihren mechanischen Zuständen entsprechenden Weise über diese Zellen verteilt. Teilchen, die sich in verschiedenen Zellen befinden, werden meistens auch verschiedene Energie besitzen. Da aber die Gesamtenergie E konstant bleiben muß, sind nur solche Verteilungen möglich, welche dieser Bedingung genügen. Wir können daher jetzt nicht mehr, wie in § 2.1, für ein einzelnes Molekül allen Zellen des μ-Raumes die gleiche a priori Wahrscheinlichkeit zuschreiben. Statt dessen stellen wir an den Anfang unserer Rechnungen das fundamentale Prinzip: Alle Verteilungen im μ-Raum, bei denen für jede Zelle die Nummern der darin

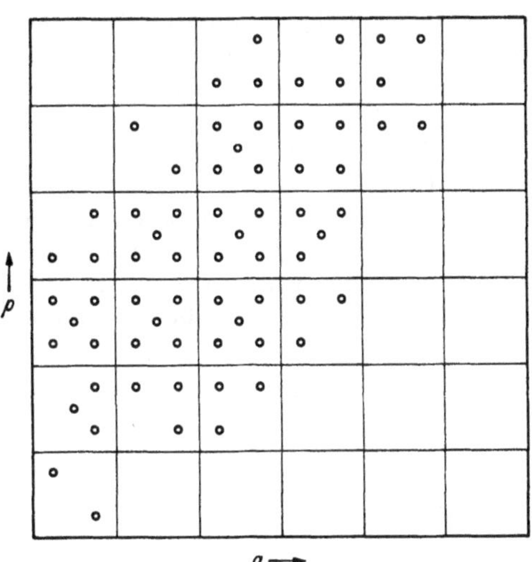

Abb. 3. μ-Raum für $s = 1$

befindlichen Teilchen angegeben sind und welche mit der vorgegebenen Gesamtenergie E vereinbar sind, besitzen die gleiche a priori Wahrscheinlichkeit. Die nähere Erörterung dieses Prinzips (das letzten Endes ein Postulat darstellt) müssen wir auf Kapitel V verschieben. Hier wollen wir es zunächst als gegeben hinnehmen. Die so definierten Verteilungen im μ-Raum sind naturgemäß Mikrozustände des Systems in dem früher erläuterten Sinne. Wir können daher auch sagen: Alle mit der vorgegebenen Gesamtenergie vereinbaren Mikrozustände besitzen die gleiche a priori Wahrscheinlichkeit[2].

Die Bedingung konstanter Gesamtenergie läßt sich nur dann in die Methode der §§ 2.1 und 2.2 einbauen, wenn ein eindeutiger Zusammenhang besteht zwischen der Energie eines Teilchens und der Nummer der Zelle, in der es sich befindet. Das heißt mit anderen Worten: Wenn ein Teilchen sich in der Zelle i des μ-Raumes befindet, soll es zur Gesamtenergie stets den gleichen Beitrag ε_i liefern, unabhängig von der Besetzung der übrigen Zellen. Das ist nur möglich, wenn die Gesamtenergie E sich darstellen läßt als eine Summe von Termen, deren jeder nur von den Koordinaten und Impulsen *eines* Teilchens abhängt. Es werden also Energieterme ausgeschlossen, die von den Koordinaten mehrerer Teilchen abhängen. Physikalisch bedeutet dies, daß keine energetische Wechselwirkung zwischen den

---

[1] Damit ist gemeint, daß es auf irgendeine Weise möglich sein soll, die Teilchen individuell zu unterscheiden. Näheres s. § 3.1.

[2] Diese a priori Wahrscheinlichkeit entspricht der Größe $(1/s)^N$ in § 2.1.

Teilchen stattfindet. Indessen bedarf diese Forderung noch einer etwas näheren Erläuterung. Mit jedem Zusammenstoß zwischen den Molekülen ist nämlich eine energetische Wechselwirkung verbunden, und wir müssen Stöße zulassen, damit die Teilchen Energie und Impuls austauschen können. Sonst wäre es nicht möglich, daß sich im Hinblick auf die Impulskoordinaten verschiedene Verteilungen einstellten, und die Anwendung statistischer Methoden wäre sinnlos. Wir präzisieren also unsere Forderung dahin, daß die von den Zusammenstößen herrührende Wechselwirkungsenergie gegenüber der Gesamtenergie vernachlässigbar sein soll. Damit haben wir die Klasse von Systemen umschrieben, für die das Konzept des μ-Raumes fruchtbar ist und die wir in diesem und den beiden folgenden Kapiteln ausschließlich behandeln werden. Physikalisch handelt es sich dabei im wesentlichen um ideale Gase und ideale Kristalle, d. h. Kristalle, die sich als Systeme von harmonischen Oszillatoren darstellen lassen. Wir werden uns jedoch unserem Programm entsprechend, hier auf die allgemeinen Gesichtspunkte beschränken; die spezielle Theorie der genannten Systeme findet sich in Kapitel IX bzw. XIV.

Nach diesen Festsetzungen können wir nun ohne Schwierigkeit die Methode der §§ 2.1 und 2.2 auf die Verteilung im μ-Raum anwenden. Zunächst definieren wir auch hier einen Makrozustand des Systems dadurch, daß für jede Zelle des μ-Raumes die Zahl der Teilchen angegeben ist, die sich darin befindet. Diese Zahlen bezeichnen wir wieder mit N_i. Dann ist, wie nach dem Früheren ohne weiteres verständlich, die thermodynamische Wahrscheinlichkeit eines Makrozustandes

$$\Omega_D = \frac{N!}{\prod_i N_i!},$$

(II 48)

wo das Produkt über alle Zellen des μ-Raumes zu bilden ist. Aus (II 48) folgt mit Benutzung der STIRLINGschen Formel

$$\ln \Omega_D = - \sum_i N_i \ln \left(\frac{N_i}{N} \right).$$

(II 49)

§ 2.4. Die wahrscheinlichste Verteilung.
II. Nebenbedingung
(MAXWELL-BOLTZMANNsche Energieverteilung)

Aus Gründen, die den in § 2.2 dargelegten völlig analog sind, gehen wir auch hier davon aus, daß die makroskopischen Eigenschaften unseres Systems durch die wahrscheinlichste Verteilung, d. h. den wahrscheinlichsten Makrozustand, bestimmt werden. Wir haben also das Maximum von Ω_D aufzusuchen. Dafür gilt

$$\delta \ln \Omega_D = - \sum_i \left(\ln \frac{N_i}{N} + 1 \right) \delta N_i = 0.$$

(II 50)

Im Gegensatz zu dem Problem der §§ 2.1 und 2.2 haben wir aber jetzt nicht eine, sondern zwei Nebenbedingungen zu berücksichtigen, die Bedingung konstanter Teilchenzahl und die Bedingung konstanter Gesamtenergie. Es gilt also

$$\sum_i N_i = N$$

(II 51)

$$\sum_i N_i \varepsilon_i = E$$

(II 52)

Die Variation dieser Gleichungen ergibt

$$\delta N = \sum_i \delta N_i = 0$$

(II 53)

$$\delta E = \sum_i \varepsilon_i \, \delta N_i = 0.$$

(II 54)

Wir wenden wieder die Methode der unbestimmten Multiplikatoren an; wegen der zwei Nebenbedingungen haben wir aber jetzt zwei derartige Multiplikatoren einzuführen, die wir mit $-\alpha + 1$ und $-\beta$ bezeichnen. Multiplizieren wir (II 53) mit $-\alpha + 1$, (II 54) mit $-\beta$ und addieren die beiden neuen Gleichungen zu Gl. (II 50), so folgt

$$\sum_i \left(-\ln \frac{N_i}{N} - 1 - \alpha + 1 - \beta \, \varepsilon_i \right) \delta \, N_i = 0 \,. \qquad \text{(II 55)}$$

Durch Verfügung über die Multiplikatoren können zwei Klammern zum Verschwinden gebracht werden. Die restlichen Klammern müssen ebenfalls gleich Null sein, da die zugehörigen $\delta \, N_i$ beliebig gewählt werden können. Es wird daher allgemein

$$\ln \frac{N_i}{N} + \alpha + \beta \, \varepsilon_i = 0 \qquad \text{(II 56)}$$

oder

$$\frac{N_i}{N} = e^{-\alpha - \beta \varepsilon_i} \,. \qquad \text{(II 57)}$$

Dies ist das berühmte MAXWELL-BOLTZMANNsche Energieverteilungsgesetz, nach dem die Zahl der Teilchen, die sich in der i-ten Zelle des μ-Raumes befinden, exponentiell von der zugehörigen Energie abhängt.

Wir haben jetzt noch mit Hilfe der Nebenbedingungen die beiden Parameter α und β zu bestimmen. Aus (II 51) und (II 57) erhalten wir sofort

$$e^{\alpha} = \sum_i e^{-\beta \varepsilon_i} \,. \qquad \text{(II 58)}$$

Die Größe β steht offenbar in Zusammenhang mit der Gesamtenergie E des Systems. Wir werden in § 2.6 zeigen, daß sie nichts anderes ist als ein statistisches Analogon der Temperatur und mit der Temperatur des Gasthermometers T zusammenhängt durch die Gleichung

$$\beta = \frac{1}{kT} \cdot \qquad \text{(II 59)}$$

wo k die sog. BOLTZMANNsche Konstante ist. Nehmen wir einstweilen dieses Resultat vorweg, so können wir das MAXWELL-BOLTZMANNsche Energieverteilungsgesetz in der endgültigen Form schreiben

$$\frac{N_i}{N} = \frac{e^{-\frac{\varepsilon_i}{kT}}}{\sum_i e^{-\frac{\varepsilon_i}{kT}}} \qquad \text{(II 60)}[1]$$

Allerdings ist diese vom Standpunkt der klassischen Mechanik aus nicht ganz konsequent. Da nämlich Koordinaten und Impulse stetig veränderliche Größen sind, müssen wir von der arithmetischen zur geometrischen Verteilung übergehen, indem wir die Größe der Zellen des μ-Raumes gegen Null gehen lassen. Dazu setzen wir

$$e^{-\alpha} = C \, dx \, dy \, dz \, dp_x dp_y dp_z \qquad \text{(II 61)}$$

wo C eine neue Konstante ist. Die Zahl der Moleküle, deren Ortskoordinaten zwischen x und $x + dx$, y und $y + dy$, z und $z + dz$ und deren Impulskomponenten zwischen p_x und $p_x + dp_x$, p_y und $p_y + dp_y$, p_z und $p_z + dp_z$ liegen, wird dann

$$dN = N \, C \, e^{-\frac{\varepsilon}{kT}} dx \, dy \, dz \, dp_x dp_y dp_z, \qquad \text{(II 62)}$$

---

[1] Es ist zu beachten, daß Gl. (II 60) die Zahl der Teilchen in der i-ten Zelle des μ-Raumes, nicht die Zahl der Teilchen mit der Energie ε_i gibt. Um letztere zu erhalten, muß über alle Zellen gleicher Energie summiert werden.

wo ε als Funktion der Koordinaten und Impulskomponenten eines Teilchens zu nehmen ist. Durch eine der früheren analogen Überlegung findet man, daß

$$\frac{1}{C} = \int\int\int\int\int\int e^{-\frac{\varepsilon}{kT}}\, dx\, dy\, dz\, dp_x dp_y dp_z \tag{II 63}$$

ist, wo die Integrationsgrenzen der Ortskoordinaten durch das Volumen vorgeschrieben sind, während sie für die Impulskomponenten $+\infty$ und $-\infty$ sind. Die Verallgemeinerung dieser Formeln für eine beliebige Zahl von Freiheitsgraden liegt auf der Hand. Die Gl. (II 60) bzw. (II 62) geben gleichzeitig die Wahrscheinlichkeit, daß ein beliebig herausgegriffenes Molekül sich in der Zelle i bzw. dem entsprechenden Volumenelement des μ-Raumes befindet. Sie entsprechen also der Gl. (I 29) des Urnenbeispiels, wobei allerdings die dort auftretende Summe in Gl. (II 60) und (II 62) durch den maximalen Term ersetzt worden ist.

§ 2.5. Das MAXWELLsche Geschwindigkeitsverteilungsgesetz

Die allgemeine Gl. (II 62) führt zu einer besonders wichtigen Folgerung, wenn wir annehmen, daß die Energie ε eines Moleküls nur aus kinetischer Energie besteht. Da wir von vornherein potentielle Energie der zwischenmolekularen Wechselwirkung ausgeschlossen haben, bedeutet die neue Annahme nur, daß keine äußeren Felder (z. B. Gravitation, elektrische Felder) anwesend sind, bzw. daß ihr Einfluß vernachlässigt wird. Tatsächlich ist die Folgerung, die wir ableiten werden, unabhängig von der Existenz solcher Felder, insoweit die entsprechende Energie nur von den Ortskoordinaten abhängt. Unsere Forderung bezweckt daher in erster Linie eine Vereinfachung der Formeln. Betrachten wir die Moleküle wieder als Massenpunkte der Masse m, so ist unter der obigen Voraussetzung die Energie eines Moleküls

$$\varepsilon = \frac{1}{2m}\left(p_x^2 + p_y^2 + p_z^2\right). \tag{II 64}$$

Damit läßt sich zunächst die Konstante C der Gl. (II 63) explizit bestimmen. Setzen wir (II 64) in (II 63) ein, so zerfällt das Integral in sechs unabhängige Faktoren. Die drei ersten (Integration über die Ortskoordinaten) ergeben zusammen das Volumen V. Jeder der drei letzten Faktoren hat die Form

$$\int_{-\infty}^{+\infty} e^{-\frac{1}{2m}\frac{p_x^2}{kT}}\, dp_x = \sqrt{2mkT}\int_{-\infty}^{+\infty} e^{-u^2}\, du = \sqrt{2\pi mkT}. \tag{II 65}$$

Es wird somit

$$\frac{1}{C} = V\,(2\pi\, m\, kT)^{\frac{3}{2}}. \tag{II 66}$$

Die Gl. (II 64) und (II 66) setzen wir in Gl. (II 62) ein und integrieren über die Ortskoordinaten. Das Volumen V hebt sich dann heraus. Anstelle der Impulskomponenten führen wir die entsprechenden Geschwindigkeitskomponenten ein gemäß

$$p_x = m\,\dot{x} = m\,v_x, \quad p_y = m\,\dot{y} = m\,v_y, \quad p_z = m\,\dot{z} = m\,v_z. \tag{II 67}$$

Dann erhalten wir für die Zahl der Moleküle, deren Geschwindigkeitskomponenten zwischen v_x und $v_x + dv_x$, v_y und $v_y + dv_y$, v_z und $v_z + dv_z$ liegen,

$$dN = N\left(\frac{m}{2\pi kT}\right)^{\frac{3}{2}} e^{-(v_x^2 + v_y^2 + v_z^2)m/2kT}\, dv_x dv_y dv_z. \tag{II 68}$$

Die Betrachtung dieser Formel zeigt zunächst, daß die Wahrscheinlichkeitsdichte ihr Maximum für $v_x = 0$, $v_y = 0$, $v_z = 0$ erreicht, und weiterhin, daß sie gar nicht von den einzelnen Geschwindigkeitskomponenten, sondern nur von dem absoluten Betrag der Geschwindigkeit v abhängt, denn es ist ja

$$v_x^2 + v_y^2 + v_z^2 = v^2 . \tag{II 69}$$

Um aus (II 68) die Zahl der Moleküle zu erhalten, deren absoluter Geschwindigkeitsbetrag zwischen v und $v + dv$ liegt, müssen wir alle Kombinationen der v_x, v_y, v_z zusammenfassen, die nach (II 69) das gleiche v ergeben. Diese Aufgabe läßt sich am einfachsten durch eine kleine geometrische Überlegung lösen. Wir tragen v_x, v_y und v_z in rechtwinkligen cartesischen Koordinaten auf, die jetzt den sog. Geschwindigkeitsraum definieren. Dann stellt Gl. (II 69) eine Kugelfläche mit dem Koordinatenursprung als Mittelpunkt dar, und $dv_x\, dv_y\, dv_z$ in Gl. (II 68) ist

ein auf dieser Fläche liegendes differentielles Volumenelement, das zu bestimmten differentiellen Intervallen der Geschwindigkeitskomponenten gehört. Der Absolutbetrag der Geschwindigkeit ist für alle derartigen, auf der Kugelfläche liegenden Volumenelemente der gleiche. Die Summe derselben ergibt daher das Volumenelement des Geschwindigkeitsraumes, das einen Absolutbetrag der Geschwindigkeit zwischen v und $v + dv$ entspricht. Diese Summe ist aber nichts anderes als das Volumen der differentiellen Kugelschale zwischen v und $+ dv$, also gleich $4\pi v^2\, dv$. Formal gesprochen haben wir also Gl. (II 68) über die erwähnte Kugelschale zu integrieren. Für diese Integration bleibt der Integrand konstant, wie es gefordert war. Die Zahl der Moleküle, für welche der Absolutbetrag der Geschwindigkeit

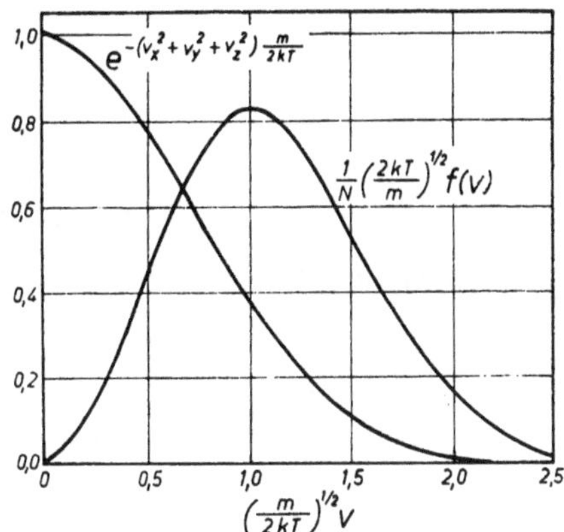

Abb. 4. Maxwellsches Geschwindigkeitsverteilungsgesetz [entnommen aus: J. E. Mayer u. M. G. Mayer: Statistical Mechanics. New York 1951]

zwischen v und $v + dv$ liegt, wird somit

$$dN = 4\pi N \left(\frac{m}{2\pi kT}\right)^{3/2} v^2 e^{-\frac{mv^2}{2kT}}\, dv = f(v)\, dv . \tag{II 70}$$

Gl. (II 70) stellt das berühmte Maxwellsche Geschwindigkeitsverteilungsgesetz dar. In Abb. 4 ist die Funktion $f(v)$ und die Wahrscheinlichkeitsdichte nach Gl. (II 68) dargestellt.

Man sieht, daß (II 70), im Gegensatz zu (II 68), ein Maximum für endliche Werte des Argumentes hat. Dieser zunächst überraschende Sachverhalt erklärt sich daraus, daß die Zahl der Realisierungsmöglichkeiten eines bestimmten v-Wertes durch verschiedene Kombination der Geschwindigkeitskomponenten sehr stark mit v wächst; die exponentielle Abnahme wird dadurch anfänglich überkompensiert. Weiter zeigt Abb. 4, daß die Maxwellsche Verteilung unsymmetrisch ist. Der Abfall von dem Maximum ist nach der Seite der kleinen Werte steiler als nach höheren Werten. Die Geschwindigkeitsverteilung ist also selbst keine Gausssche Verteilung, obwohl sie sich aus einer solchen [nämlich Gl. (II 68)] ableitet.

Mit Hilfe der Gl. (II 70) lassen sich leicht verschiedene Mittelwerte der Geschwindigkeit berechnen. Die häufigste (wahrscheinlichste) Geschwindigkeit v_m ergibt sich aus

$$\frac{\partial f(v)}{\partial v} = \frac{\partial}{\partial v}\left(v^2 e^{-\frac{mv^2}{2kT}}\right) = 0 . \tag{II 71}$$

Daraus folgt

$$v_m = \left(\frac{2\,kT}{m}\right)^{\frac{1}{2}}.$$ (II 72)

Für die mittlere Geschwindigkeit $\bar{v}$ gilt

$$\bar{v} = \frac{1}{N}\int_0^\infty 4\,\pi\,N\left(\frac{m}{2\,\pi\,kT}\right)^{\frac{3}{2}} v^3\,e^{-\frac{mv^2}{2kT}}\,dv.$$ (II 73)

Durch Einführung einer neuen Integrationsvariablen

$$u = \left(\frac{m}{2\,kT}\right)^{\frac{1}{2}} v,$$ (II 74)

erhält man

$$\bar{v} = 4\,\pi\left(\frac{m}{2\,\pi\,kT}\right)^{\frac{3}{2}}\left(\frac{2\,kT}{m}\right)^2\int_0^\infty u^3\,e^{-u^2}\,du$$ (II 75)

und daraus

$$\bar{v} = \frac{2}{\pi^{\frac{1}{2}}}\left(\frac{2\,kT}{m}\right)^{\frac{1}{2}} = 1{,}1283\left(\frac{2\,kT}{m}\right)^{\frac{1}{2}}.$$ (II 76)

Zur Berechnung der mittleren kinetischen Energie eines Moleküls

$$\bar{\varepsilon} = \overline{\tfrac{1}{2}\,m\,v^2}$$ (II 77)

darf man nicht etwa das Quadrat von (II 76) verwenden; man hat vielmehr das mittlere Geschwindigkeitsquadrat $\overline{v^2}$ einzusetzen. Dafür gilt

$$\overline{v^2} = \frac{1}{N}\int_0^\infty 4\,\pi\,N\left(\frac{m}{2\,\pi\,kT}\right)^{\frac{3}{2}} v^4\,e^{-\frac{mv^2}{2kT}}\,dv.$$ (II 78)

Daraus folgt

$$\overline{v^2} = \frac{3}{2}\,\frac{2\,kT}{m}.$$ (II 79)

Um diesen Wert mit (II 72) und (II 76) zu vergleichen, schreiben wir

$$\overline{(v^2)}^{\frac{1}{2}} = 1{,}2247\left(\frac{2\,kT}{m}\right)^{\frac{1}{2}}.$$ (II 80)

Man sieht daraus, daß $\bar{v}$ und $\overline{(v^2)}^{\frac{1}{2}}$ in der Tat verschiedene Werte besitzen und daß diese beiden Mittelwerte sich wieder von dem häufigsten Wert v_m unterscheiden. Für die mittleren Molekülgeschwindigkeiten bei Zimmertemperatur ergeben sich überraschend hohe Werte. In Tab. 2 sind einige nach Gl. (II 76) berechnete Zahlen zusammengestellt. Der Wert für Ag-Dampf ist von STERN[1] experimentell bestätigt worden.

Tabelle 2.

Mittlere Molekülgeschwindigkeiten einiger Gase bei Zimmertemperatur

	[cm/sec]
Stickstoff	45 430
Sauerstoff	42 510
Wasserstoff	184 400
Helium	120 400
Argon	38 080
Kohlenoxyd	45 450
Kohlendioxyd	36 250

§ 2.6. Die empirische Temperatur

Wir müssen jetzt noch einmal zu Gl. (II 57) zurückkehren und die Bedeutung des darin auftretenden Parameters β untersuchen, für den wir bisher ohne Beweis die Gl. (II 59) benutzt haben. Dazu betrachten wir zwei, zunächst voneinander

---

[1] STERN, O.: Z. Physik **2**, 49 (1920); **3**, 417 (1920).

völlig isolierte, Systeme, die wir durch ' und '' kennzeichnen. Die Rechnung von
§ 2.4 ergibt

$$\frac{N_i'}{N'} = e^{-\alpha'-\beta'\varepsilon_i'} = \frac{e^{-\beta'\varepsilon_i'}}{\Sigma e^{-\beta'\varepsilon_i'}} \;,\quad \frac{N_i''}{N''} = e^{-\alpha''-\beta''\varepsilon_i''} = \frac{e^{-\beta''\varepsilon_i''}}{\Sigma e^{-\beta''\varepsilon_i''}} \;, \qquad \text{(II 81)}$$

wo α' und β' bzw. α'' und β'' durch die für jedes der beiden Systeme geltenden
Gl. (II 51) und (II 52) bestimmt sind. Jetzt denken wir uns die Systeme mit-
einander in thermischen Kontakt gebracht, d. h. so miteinander verbunden, daß
sie zwar Energie, aber keine Materie austauschen können. Sie sollen also durch
eine wärmeleitende Wand getrennt sein[1]. Wir fragen nach der wahrscheinlichsten
Verteilung, die sich unter diesen Umständen in jedem System einstellt. Werden
die nach Herstellung der wärmeleitenden Verbindung geltenden Größen durch das
Zeichen $\sim$ charakterisiert, so gilt

$$\delta \ln \widetilde{\Omega}_D' = -\sum_{i'} \left(\ln \frac{\widetilde{N}_i'}{N'} + 1 \right) \delta \widetilde{N}_i' = 0$$

$$\delta \ln \widetilde{\Omega}_D'' = -\sum_{i''} \left(\ln \frac{\widetilde{N}_i''}{N''} + 1 \right) \delta \widetilde{N}_i'' = 0 \,. \qquad \text{(II 82)}$$

Als Nebenbedingung haben wir zunächst wie früher

$$\Sigma \, \delta \widetilde{N}_i' = 0 \,, \quad \Sigma \, \delta \widetilde{N}_i'' = 0 \,. \qquad \text{(II 83)}$$

Es gibt aber jetzt, anders als vor der Herstellung der wärmeleitenden Verbindung, nur *eine* Energiebedingung, da nicht mehr die Energie der Einzelsysteme, sondern nur die der beiden vereinigten Systeme $E = E' + E''$ festgelegt
ist. Es ist somit

$$\Sigma \, \varepsilon_i' \, \delta \widetilde{N}_i' + \Sigma \, \varepsilon_i'' \, \delta \widetilde{N}_i'' = 0 \,. \qquad \text{(II 84)}$$

Entsprechend den drei Nebenbedingungen haben wir auch nur drei unbestimmte
Multiplikatoren $-\widetilde{\alpha}' + 1$, $-\widetilde{\alpha}'' + 1$, und $-\widetilde{\beta}$. Damit erhalten wir

$$\Sigma \left(\ln \frac{\widetilde{N}_i'}{N'} + \widetilde{\alpha}' + \widetilde{\beta}\,\varepsilon_i' \right) \delta \widetilde{N}_i' + \Sigma \left(\ln \frac{\widetilde{N}_i''}{N''} + \widetilde{\alpha}'' + \widetilde{\beta}\,\varepsilon_i'' \right) \delta \widetilde{N}_i'' = 0 \,. \quad \text{(II 85)}$$

In der gleichen Weise wie früher schließen wir, daß sämtliche Klammern verschwinden müssen. Für die wahrscheinlichste Verteilung in beiden Systemen nach
Herstellung der wärmeleitenden Verbindung gilt daher

$$\frac{\widetilde{N}_i'}{N'} = e^{-\widetilde{\alpha}'-\widetilde{\beta}\varepsilon_i'} \,,\quad \frac{\widetilde{N}_i''}{N''} = e^{-\widetilde{\alpha}''-\widetilde{\beta}\varepsilon_i''} \qquad \text{(II 86)}$$

oder mit Gl. (II 58)

$$\frac{\widetilde{N}_i'}{N'} = \frac{e^{-\widetilde{\beta}\varepsilon_i'}}{\Sigma e^{-\widetilde{\beta}\varepsilon_i'}} \,,\quad \frac{\widetilde{N}_i''}{N''} = \frac{e^{-\widetilde{\beta}\varepsilon_i''}}{\Sigma e^{-\widetilde{\beta}\varepsilon_i''}} \,. \qquad \text{(II 87)}$$

Das stimmt dann und nur dann mit Gl. (II 81) überein, wenn

$$\widetilde{\beta} = \beta' = \beta'' \qquad \text{(II 88)}$$

ist. Die notwendige und hinreichende Bedingung dafür, daß die Herstellung einer
wärmeleitenden Verbindung zwischen zwei zunächst voneinander abgeschlossenen Systemen an dem Zustand der beiden Systeme nichts ändert, besteht somit
darin, daß der Parameter β für beide Systeme den gleichen Wert besitzt. Aus der
Erfahrung ist nur eine derartige Größe bekannt, die empirische Temperatur T.

---

[1] Aus Gründen der Anschaulichkeit benutzen wir hier schon den Begriff Wärme. Die
strenge Definition wird erst in § 2.7 gegeben.

β ist daher ein statistisches Analogon der empirischen Temperatur und muß eine ein-eindeutige Funktion von T sein[1].

Um diese Funktion aufzufinden, gehen wir am einfachsten so vor, daß wir statistisch die Zustandsgleichung des idealen Gases ableiten. Das eine unserer Systeme sei also ein ideales Gas in einem rechteckigen Gefäß, dessen Kanten mit den Koordinatenachsen zusammenfallen mögen. Dieses System stellt dann ein Gasthermometer dar, mit dessen Hilfe wir aus einer Druckablesung (bei konstantem Volumen) die Temperatur β bzw. T des anderen Systems bestimmen können, wenn für das Gasthermometer der Zusammenhang zwischen β und dem Druck P bekannt ist; denn β hat, wie oben gezeigt, für beide Systeme den gleichen Wert. Um den gesuchten Zusammenhang abzuleiten, gehen wir aus von Gl. (II 62), die wir mit Benutzung von (II 67) in der Form schreiben

$$dN = N\,C\,m^3\,e^{-\beta\varepsilon}\,dx\,dy\,dz\,d\dot{x}\,d\dot{y}\,d\dot{z}\,. \qquad \text{(II 89)}$$

Integration über die Ortskoordinaten und Einführung einer neuen Konstanten

$$A = C\,V\,m^3 \qquad \text{(II 90)}$$

ergibt

$$dN = N\,A\,e^{-\beta\varepsilon}\,d\dot{x}\,d\dot{y}\,d\dot{z}\,. \qquad \text{(II 91)}$$

Wir betrachten jetzt ein Flächenelement df der Behälterwand senkrecht zur x-Achse; die sich in der positiven x-Richtung bewegenden Teilchen sollen auf das Flächenelement auftreffen. Die Zahl der Teilchen mit einer Geschwindigkeitskomponente zwischen $\dot{x}$ und $\dot{x}+d\dot{x}$, die in der Zeiteinheit auf df auftreffen, ist gleich der Zahl derartiger Teilchen in dem Volumen $\dot{x}\,df$. Diese Zahl erhalten wir aus (II 91), wenn wir über $\dot{y}$ und $\dot{z}$ integrieren (diese beiden Geschwindigkeitskomponenten sind beliebig), durch V dividieren und mit $\dot{x}\,df$ multiplizieren. Sie ist somit

$$\frac{\dot{x}\,df}{V}\int\limits_{-\infty}^{+\infty}\int\limits_{-\infty}^{+\infty} N\,A\,e^{-\beta\varepsilon}\,d\dot{x}\,d\dot{y}\,d\dot{z}\,. \qquad \text{(II 92)}$$

Die Änderung der Impulskomponente in der x-Richtung eines Teilchens ist bei elastischer Reflexion an der Wand $-2\,m\,\dot{x}$. Die gesamte Änderung des Impulses pro Zeiteinheit ist nach dem II. NEWTONschen Bewegungsgesetz gleich der von der Wand auf die Teilchen ausgeübten Kraft. Diese ist nach dem III. NEWTONschen Bewegungsgesetz (Prinzip von actio und reactio) entgegengesetzt gleich der Kraft, welche die Teilchen auf die Wand ausüben. Schließlich ist der Druck P definiert als Kraft pro Flächeneinheit[2]. Wir erhalten daher, wenn wir (II 92) über alle positiven Werte von $\dot{x}$ integrieren,

$$P\,df = 2\,\frac{df}{V}\int\limits_{-\infty}^{+\infty}\int\limits_{-\infty}^{+\infty}\int\limits_{0}^{+\infty} N\,A\,e^{-\beta\varepsilon}\,m\,\dot{x}^2\,d\dot{x}\,d\dot{y}\,d\dot{z} \qquad \text{(II 93)}$$

oder, durch Änderung der Integrationsgrenzen für $\dot{x}$,

$$P\,df = \frac{df}{V}\int\limits_{-\infty}^{+\infty}\int\limits_{-\infty}^{+\infty}\int\limits_{-\infty}^{+\infty} N\,A\,e^{-\beta\varepsilon}\,m\,\dot{x}^2\,d\dot{x}\,d\dot{y}\,d\dot{z}\,. \qquad \text{(II 94)}$$

---

[1] Unter T ist hier die empirische Temperatur des Gasthermometers, noch nicht die thermodynamische Temperatur zu verstehen. Diese wird erst in § 2.7 eingeführt.

[2] Wir werden später (Kapitel IV und V) sehen, daß der Druck im Sinne der Thermodynamik der Mittelwert der entsprechenden generalisierten Kraft ist. Dies wird hier automatisch berücksichtigt, da wir von vornherein mit der wahrscheinlichsten Verteilung rechnen.

Um das hier auftretende Integral zu berechnen, integrieren wir zunächst (II 91) über alle Werte der Geschwindigkeitskomponenten und setzen dabei für ε den Wert aus (II 64) ein. Das ergibt (da das Integral gleich der Gesamtzahl der Teilchen sein muß)

$$N = \int\limits_{-\infty}^{+\infty} \int\limits_{-\infty}^{+\infty} \int\limits_{-\infty}^{+\infty} N\,A\,e^{-\frac{m}{2}(\dot{x}^2 + \dot{y}^2 + \dot{z}^2)\beta}\,d\dot{x}\,d\dot{y}\,d\dot{z}\,. \qquad (II\ 95)$$

Durch partielle Integration nach $\dot{x}$ folgt daraus

$$N = \int\limits_{-\infty}^{+\infty} \int\limits_{-\infty}^{+\infty} \left. \int\limits_{\dot{x}=-\infty}^{\dot{x}=+\infty} N\,A\,e^{-\frac{m}{2}(\dot{x}^2 + \dot{y}^2 + \dot{z}^2)\beta}\,\dot{x}\right|\,d\dot{y}\,d\dot{z}\,+$$

$$+ \int\limits_{-\infty}^{+\infty} \int\limits_{-\infty}^{+\infty} \int\limits_{-\infty}^{+\infty} N\,A\,e^{-\frac{m}{2}(\dot{x}^2 + \dot{y}^2 + \dot{z}^2)\beta}\,\beta\,m\,\dot{x}^2\,d\dot{x}\,d\dot{y}\,d\dot{z}\,. \qquad (II\ 96)$$

Da β, wie man mit Hilfe der Formeln der §§ 2.4 und 2.5 leicht verifiziert, umgekehrt proportional der mittleren kinetischen Energie eines Teilchens ist, muß β eine positive endliche Größe sein. Der Integrand des ersten Terms in (II 96) verschwindet daher zwischen den angegebenen Grenzen. Es bleibt also

$$N = \beta \int\limits_{-\infty}^{+\infty} \int\limits_{-\infty}^{+\infty} \int\limits_{-\infty}^{+\infty} N\,A\,e^{-\beta\varepsilon}\,m\,\dot{x}^2\,d\dot{x}\,d\dot{y}\,d\dot{z}\,. \qquad (II\ 97)$$

Das Integral in (II 94) hat somit den Wert N/β und durch Einsetzen ergibt sich

$$PV = N/\beta \qquad (II\ 98)$$

als statistische Zustandsgleichung des idealen Gases. Der Einfachheit halber setzen wir für N die Zahl der Moleküle in einem Mol des Gases, die sog. LOSCHMIDT-sche Zahl[1]

$$N_L = 6{,}025 \cdot 10^{23}\,.$$

Die empirische Zustandsgleichung des idealen Gases (auf ein Mol bezogen) lautet

$$PV = RT\,, \qquad (II\ 99)$$

wo R die Gaskonstante ist. Definieren wir eine neue Konstante k durch die Gleichung

$$R = N_L k\,, \qquad (II\ 100)$$

so zeigt der Vergleich von (II 98) und (II 99), daß in der Tat

$$\beta = \frac{1}{kT} \qquad (II\ 101)$$

ist, wie wir es schon benutzt hatten. Die Konstante k wird, wie erwähnt, als BOLTZMANNsche Konstante bezeichnet. Ihr Zahlenwert ist

$$k = 1{,}3804 \cdot 10^{16}\ \text{erg grad}^{-1}\,.$$

Dieser Zahlenwert ist naturgemäß durch die Maßeinheit der Temperaturskala bestimmt.

Es sei nochmals darauf hingewiesen, daß unsere bisherigen Überlegungen nur die statistische Begründung der *empirischen* Temperatur, die durch Gl. (II 88) definiert ist, ergeben haben. Damit ist aber noch nichts über die Existenz der

---

[1] Diese Größe wird häufig (besonders in der englischen und amerikanischen Literatur) auch als AVOGADROsche Zahl bezeichnet.

thermodynamischen Temperatur gesagt, die sich nur zugleich mit der Entropie aus dem II. Hauptsatz begründen läßt. Dieses Problem werden wir im nächsten Paragraphen behandeln.

§ 2.7. Der I. und der II. Hauptsatz

Bisher haben wir nur Systeme betrachtet, die von der Außenwelt völlig abgeschlossen waren. Dies drückte sich darin aus, daß wir gewisse Größen als Parameter vorgegeben haben, die nur für ein abgeschlossenes System konstant sind, nämlich die Energie E, das Volumen V und die Molekülzahl N. Dazu kommen unter Umständen noch weitere Größen, welche den Einfluß äußerer Felder (z. B. Gravitation oder elektrische Felder) auf das System beschreiben. Wir können sie als die Koordinaten äußerer Körper auffassen, welche die Ursache dieser Felder sind. Die genannten Größen werden mit dem Volumen unter der allgemeinen Bezeichnung „äußere Parameter" x_j zusammengefaßt[1]. In den meisten Fällen werden wir jedoch nur das Volumen darunter zu verstehen haben. Wenn wir jetzt die Wechselwirkung eines solchen Systems mit der Außenwelt untersuchen wollen, haben wir grundsätzlich alle aufgeführten Größen als Variable zu betrachten. Wir wollen indessen zunächst die Molekülzahl konstant halten und uns auf Änderungen der Energie und der äußeren Parameter beschränken. Um etwas Konkretes vor Augen zu haben, können wir uns dabei ein ideales Gas vorstellen, das in einen Zylinder mit beweglichem Kolben und wärmedurchlässigen Wänden eingeschlossen ist.

Die molekulare Energie ε haben wir bisher explizit nur als Funktion der Koordinaten und Impulse betrachtet. Es ist indessen ohne weiteres klar, daß sie auch von den äußeren Parametern abhängen muß. Befindet sich etwa das System in einem Gebiet verschwindender Feldstärke, so ist die Energie ε im Inneren des Gefäßes praktisch von den Koordinaten unabhängig. Ändern wir jetzt die Positionen der äußeren Körper so, daß wir in dem Gefäß mit einer endlichen Feldstärke zu rechnen haben, so tritt eine von den Koordinaten abhängige potentielle Energie in ε auf, die z. B. im Falle des Schwerefeldes von der Höhe über einem Bezugsniveau abhängt. Im Falle des Volumens liegen die Verhältnisse nicht anders. Wir können den Einfluß der Gefäßwände formal dadurch beschreiben, daß in ihrer unmittelbaren Nähe ε gegen $+\infty$ geht. Wird jetzt der Stempel etwa von y' nach y'' verschoben, so ändert sich der zu y' gehörige Wert von ε. Wir müssen daher allgemein schreiben

$$\varepsilon = \varepsilon(q_i, p_i, x_j) \; . \tag{II 102}$$

Betrachten wir nun ein Molekül in der i-ten Zelle des μ-Raumes. Die Änderung eines äußeren Parameters um δx möge seine Energie auf

$$\varepsilon_i + \delta \varepsilon_i = \varepsilon_i + \frac{\partial \varepsilon_i}{\partial x} \delta x \tag{II 103}$$

erhöhen. Diese Energieänderung können wir auffassen als Arbeit gegen eine „generalisierte Kraftkomponente" X_i längs des Weges δx, wo

$$X_i = - \left(\frac{\partial \varepsilon_i}{\partial x} \right)_{q,p} \tag{II 104}$$

ist. Das Produkt aus einem äußeren Parameter und der entsprechenden generalisierten Kraftkomponente hat also stets die Dimension einer Energie, und X_i ist die Kraft, mit der sich ein in der i-ten Zelle befindliches Molekül der Änderung des

---

[1] Eine Verwechslung dieses Symbols mit den cartesischen Koordinaten ist durch den jeweiligen Zusammenhang ausgeschlossen.

äußeren Parameters widersetzt. Die bei einer infinitesimalen Parameteränderung an dem gesamten System geleistete Arbeit ist nun einfach gleich der Summe von $-X_i\,\delta x$ über alle Moleküle, somit

$$\delta A = -\Sigma\,N_i\,X_i\,\delta x = \Sigma\,N_i\,\frac{\partial\varepsilon_i}{\partial x}\,\delta x = \Sigma\,N_i\,\delta\varepsilon_i\,. \qquad \text{(II 105)}[1]$$

Definieren wir die „wahrscheinlichste" generalisierte Kraft durch

$$X = -\Sigma\,N_i\,\frac{\partial\varepsilon_i}{\partial x}\,, \qquad \text{(II 106)}$$

so können wir auch schreiben

$$\delta A = -X\,\delta x\,. \qquad \text{(II 107)}$$

Aus Gl. (II 103) können wir in Verbindung mit (II 60) entnehmen, daß die anfängliche Verteilung der Moleküle über die Zellen des μ-Raumes nach einer solchen Parameteränderung im allgemeinen nicht mehr die wahrscheinlichste sein wird. Es findet daher eine Umordnung der Moleküle statt; neben der Parameteränderung δx ändern sich auch die N_i um infinitesimale Beträge δN_i. So sind bei einer Verkleinerung des Volumens gewisse Zellen des μ-Raumes unzugänglich geworden und die Besetzungszahlen der übrigen Zellen werden erhöht. Oder wenn wir unseren Zylinder in einem inhomogenen Feld an einen Ort größerer Feldstärke bringen, so wird sich im Inneren ein stärkeres Dichtegefälle ausbilden. Nun ist die Energie unseres Systems gegeben durch

$$E = \Sigma\,N_i\,\varepsilon_i\,. \qquad \text{(II 108)}$$

Die totale Änderung der Energie ist daher

$$dE = \Sigma\,N_i\,\delta\varepsilon_i + \Sigma\,\varepsilon_i\,\delta N_i\,. \qquad \text{(II 109)}$$

Diese Beziehung zeigt in Verbindung mit Gl. (II 105), daß zu der gesamten Energieänderung neben der makroskopischen Arbeit noch eine zweite Energieform beiträgt. Diese bezeichnen wir als Wärme und definieren durch

$$\delta Q = \Sigma\,\varepsilon_i\,\delta N_i \qquad \text{(II 110)}$$

die von dem System aufgenommene Wärme.

Der I. Hauptsatz der Thermodynamik lautet: Wird ein thermisch isoliertes System von einem Zustand I in einen Zustand II überführt, so ist die an dem System zu leistende Arbeit unabhängig vom Weg. Ist das System nicht thermisch abgeschlossen, so wird die Differenz zwischen der Zunahme der Energie und der geleisteten Arbeit als aufgenommene Wärme definiert.

Für den Fall eines thermisch isolierten Systems muß Gl. (II 110), der zweite Term in (II 109) verschwinden und es wird in der Tat nach Gl. (II 105)

$$dE = dA \quad \text{(für adiabatische Prozesse)}\,. \qquad \text{(II 111)}$$

Für thermisch nicht abgeschlossene Systeme haben wir aus Gl. (II 105), (II 109) und (II 110)

$$\delta Q = dE - \delta A \qquad \text{(II 112)}$$

in Übereinstimmung mit der thermodynamischen Definition der Wärme.

Den II. Hauptsatz der Thermodynamik können wir formulieren: Es existieren zwei Funktionen S, die Entropie, und T, die absolute Temperatur, derart, daß für reversible Zustandsänderungen

$$dS = \frac{\delta Q}{T} \qquad \text{(II 113)}$$

---

[1] Durch das Symbol δ (statt d) deuten wir an, daß die betreffenden infinitesimalen Größen keine exakten Differentiale sind.

ein totales Differential ist, wo T eine wesentlich positive Größe bedeutet, die eine ein-eindeutige Funktion der empirischen Temperatur ist. Das heißt mit anderen Worten: Die Größe δQ besitzt einen integrierenden Nenner, der nur von der empirischen Temperatur abhängt. Aus (II 112) und (II 113) folgt

$$\frac{\partial S}{\partial E} = \frac{1}{T} \, . \tag{II 114}$$

Vom Standpunkt der Statistik definieren wir reversible Zustandsänderungen durch die Forderung, daß in jedem Augenblick statistisches Gleichgewicht herrscht, d. h. die zu den betreffenden Werten der Energie und der äußeren Parameter gehörende wahrscheinlichste Verteilung nach (II 60) sich einstellt. Es ist leicht einzusehen, daß dies streng nur für unendlich langsam verlaufende Prozesse möglich ist. Man spricht daher auch von quasistatischen Zustandsänderungen[1]. Wir können nun rein formal schreiben

$$d S = \frac{\Sigma \, \varepsilon_i \, \delta N_i}{T} = \frac{d(\Sigma \, \varepsilon_i \, N_i) - \Sigma \, N_i \, \delta \, \varepsilon_i}{T} \, . \tag{II 115}$$

Diese Gleichung ist zunächst einfach eine Definition der Funktion S. Um zu zeigen, daß dieselbe ein statistisches Analogon der Entropie ist, haben wir zu beweisen, daß sie die oben angeführten Eigenschaften besitzt. Wir beginnen mit dem Nachweis, daß das durch (II 115) definierte $d S$ ein totales Differential ist. Aus (II 60) folgt zunächst

$$d(\Sigma \, \varepsilon_i \, N_i) = N \, d \left(\frac{\Sigma \, \varepsilon_i \, e^{-\frac{\varepsilon_i}{kT}}}{\Sigma \, e^{-\frac{\varepsilon_i}{kT}}} \right) \, . \tag{II 116}$$

Ferner gilt

$$kT \, d \left(\ln \Sigma \, e^{-\frac{\varepsilon_i}{kT}} \right) = - \frac{\Sigma \, e^{-\frac{\varepsilon_i}{kT}} \, d\varepsilon_i}{\Sigma \, e^{-\frac{\varepsilon_i}{kT}}} + \frac{1}{T} \frac{\Sigma \, \varepsilon_i \, e^{-\frac{\varepsilon_i}{kT}} \, dT}{\Sigma \, e^{-\frac{\varepsilon_i}{kT}}} \, . \tag{II 117}$$

Durch Einsetzen von (II 116) und (II 117) in (II 115) erhalten wir mit Benutzung von (II 60)

$$\frac{\Sigma \, \varepsilon_i \, \delta N_i}{T}$$

$$= N \left[\frac{1}{T} \, d \left(\frac{\Sigma \, \varepsilon_i \, e^{-\frac{\varepsilon_i}{kT}}}{\Sigma \, e^{-\frac{\varepsilon_i}{kT}}} \right) - \frac{1}{T^2} \frac{\Sigma \, \varepsilon_i \, e^{-\frac{\varepsilon_i}{kT}} \, dT}{\Sigma \, e^{-\frac{\varepsilon_i}{kT}}} + k \, d \left(\ln \Sigma \, e^{-\frac{\varepsilon_i}{kT}} \right) \right] \, . \tag{II 118}$$

Daraus folgt mit (II 115)

$$d S = N d \left[\frac{1}{T} \frac{\Sigma \, \varepsilon_i \, e^{-\frac{\varepsilon_i}{kT}}}{\Sigma \, e^{-\frac{\varepsilon_i}{kT}}} + k \ln \Sigma \, e^{-\frac{\varepsilon_i}{kT}} \right] \, . \tag{II 119}$$

Das durch Gl. (II 115) definierte $d S$ ist somit in der Tat für reversible Prozesse ein totales Differential. Daraus folgt unmittelbar

$$\frac{\partial S}{\partial (\Sigma \, \varepsilon_i \, N_i)} = \frac{\partial S}{\partial E} = \frac{1}{T} \, , \tag{II 120}$$

---

[1] Im strengen logischen Aufbau der Thermodynamik ist der Begriff quasistatisch der primäre.

wo T, wie verlangt, eine ein-eindeutige Funktion der empirischen Temperatur ist. (Daß sie sogar mit dieser zusammenfällt, ist natürlich eine bedeutungslose Konvention.) Schließlich zeigt der Vergleich von (II 115) mit (II 110), daß das statistisch definierte dS der Gl. (II 113) genügt, daß also die durch (II 110) definierte Größe δQ einen integrierenden Nenner besitzt, der nur eine ein-eindeutige Funktion der empirischen Temperatur ist. Damit sind die Aussagen des zweiten Hauptsatzes für die in diesem Kapitel betrachteten Systeme statistisch abgeleitet.

§ 2.8. Freie Energie und Verteilungsfunktion

Der auf der rechten Seite von Gl. (II 119) auftretende Bruch hat eine einfache physikalische Bedeutung. Er ist nämlich gleich der mittleren Energie $\bar{\varepsilon}$ eines Teilchens in unserem System. Es gilt also

$$\bar{\varepsilon} = \frac{\Sigma \, \varepsilon_i \, e^{-\frac{\varepsilon_i}{kT}}}{\Sigma \, e^{-\frac{\varepsilon_i}{kT}}} \, . \tag{II 121}$$

Natürlich ist dann

$$N \, \bar{\varepsilon} = E \, . \tag{II 122}$$

Mit Benutzung dieser Gleichungen erhalten wir durch Integration von Gl. (II 119)

$$S = \frac{E}{T} + N \, k \ln \Sigma \, e^{-\frac{\varepsilon_i}{kT}} + \text{const.} \tag{II 123}$$

Nun gilt thermodynamisch für die freie Energie nach HELMHOLTZ

$$F = E - T \, S \, . \tag{II 124}$$

Der Vergleich von Gl. (II 123) und (II 124) zeigt, daß (bis auf die hier unwesentliche mit T multiplizierte Integrationskonstante)

$$F = - N \, k \, T \ln \Sigma \, e^{-\frac{\varepsilon_i}{kT}} \tag{II 125}$$

das statistische Analogon der freien Energie nach HELMHOLTZ ist. Der unter dem Logarithmus stehende Ausdruck wird als Zustandssumme oder Verteilungsfunktion (partition function) des Einzelmoleküls bezeichnet. Dieselbe ist also definiert durch die Gleichung

$$f(T) = \Sigma \, e^{-\frac{\varepsilon_i}{kT}} \, . \tag{II 126}$$

Im Rahmen der klassischen Theorie müssen wir die Summe konsequenterweise durch ein Integral ersetzen. Da aber unter dem Logarithmus eine dimensionslose Größe stehen soll, dividiert man noch durch eine Größe, welche die Dimension eines Volumens im μ-Raum besitzt; in den meisten thermodynamischen Problemen tritt diese Konstante, die im Rahmen der klassischen Statistik unbestimmt bleibt, nicht auf[1]. Aus Gründen, die später klar werden, nennen wir diese Größe h^s. Dann wird

$$f(T) = \frac{1}{h^s} \int \cdots \int e^{-\frac{\varepsilon}{kT}} \, d\omega \, , \tag{II 127}$$

wo $d\omega$ das Volumenelement des μ-Raumes ist.

---

[1] Die Konstante geht ein in die Berechnung der „chemischen Konstanten" (vgl. Kap. X und XV), die daher auf der Grundlage der klassischen Statistik nicht durchführbar ist.

Wenn wir nun aber Gl. (II 125) einer näheren Prüfung unterziehen, so stoßen wir auf eine böse Unstimmigkeit. Die Thermodynamik fordert, daß F (bei konstanter Teilchendichte) der Teilchenzahl proportional ist, denn die freie Energie ist eine extensive Größe. Es müßte daher das Argument des Logarithmus von N unabhängig sein. Das ist aber keineswegs der Fall. Man sieht das am einfachsten an Gl. (II 127). Wenn wir konstante Teilchendichte voraussetzen, so entspricht der doppelten Teilchenzahl das doppelte Volumen. Die Integration über die Ortskoordinate in (II 127) ergibt daher jetzt den doppelten Wert, und damit verdoppelt sich auch $f(T)$ für doppelte Teilchenzahl. Die Schwierigkeit läßt sich beheben, wenn wir $f(T)$ vor dem Einsetzen in (II 125) noch durch N dividieren, aber im Grunde ist das natürlich ein dürftiger formaler Behelf. Tatsächlich stehen wir hier zum ersten Male vor der Tatsache, daß eine auf der klassischen Mechanik beruhende Statistik zu Widersprüchen mit der Erfahrung führt. Wir werden in Kapitel IV sehen, daß diese Diskrepanzen in der Quantenstatistik verschwinden. Vorläufig wollen wir wenigstens formal Gl. (II 125) in Ordnung bringen. Wir multiplizieren dazu die Verteilungsfunktion nicht mit $1/N$, sondern mit e/N, was wir ebenfalls erst später begründen können. Damit erhalten wir als endgültige Formel

$$F = -N\,kT\,[\ln f(T) - \ln N + 1]\,. \tag{II 128}$$

Diese Gleichung wird als Näherung auch aus der Quantenstatistik erhalten und kann im Gebiet gewöhnlicher Temperaturen und Drucke meistens angewendet werden. Wir werden diese Frage später noch genauer diskutieren.

Aus unseren Überlegungen geht hervor, daß die erwähnte Diskrepanz nur auftritt, wenn bei doppelter Teilchenzahl jedem einzelnen Teilchen das doppelte Volumen zur Verfügung steht. Es lassen sich aber auch Systeme denken, bei denen dies nicht zutrifft. Wir werden später sehen, daß man einen Kristall aus N Atomen in erster Näherung als ein System von $3\,N$ linearen harmonischen Oszillatoren darstellen kann. Für diese sind die möglichen Ortskoordinaten ganz unabhängig von N. Daher tritt hier die erwähnte Schwierigkeit nicht auf, und auch die Quantenstatistik liefert in dieser Hinsicht kein anderes Ergebnis. In diesem Falle ist also die Gl. (II 125) korrekt. Man spricht dann von lokalisierten Teilchen.

Wir schließen mit einer oft nützlichen Formel für die mittlere Energie eines Teilchens, die unmittelbar aus Gl. (II 121) und (II 126) folgt. Sie lautet

$$\bar{\varepsilon} = kT\,\frac{\partial \ln f(T)}{\partial T}\,. \tag{II 129}$$

§ 2.9. Das Äquipartitionstheorem

Wir kommen jetzt zu einer sehr bemerkenswerten allgemeinen Folgerung aus der klassischen Statistik, welche auch im Rahmen der Quantenstatistik ihre Gültigkeit behält, insoweit die (modifizierten) klassischen Formeln eine hinreichende Näherung darstellen. Unter welchen Bedingungen dies zutrifft, werden wir in Kapitel IV erörtern.

Wir betrachten also ein „klassisches" System aus N Teilchen mit je s Freiheitsgraden und setzen voraus, daß die Energie eines Teilchens ε sich als Summe von Quadraten der generalisierten Koordinaten und Impulse darstellen läßt. Im besonderen soll die potentielle Energie eine Summe von quadratischen Termen der t generalisierten Koordinaten $q_1, q_2, \ldots, q_t$ sein. Die entsprechenden Koeffizienten $\alpha_1, \alpha_2, \ldots, \alpha_t$ sind Konstanten oder hängen von den restlichen Koordinaten $q^*_{t+1}, q^*_{t+2}, \ldots, q^*_s$ ab. Die kinetische Energie ist eine Summe quadratischer

Terme in den generalisierten Impulsen p_1, p_2, ..., p_t, p_{t+1}^*, ..., p_s^*. Die Koeffizienten β_1, ..., β_s sind Konstanten oder hängen von den Koordinaten q_{t+1}^*, ..., q_s^* ab. Wir haben somit

$$\varepsilon = \tfrac{1}{2}\,\alpha_1\,q_1^2 + \cdots + \tfrac{1}{2}\,\alpha_t\,q_t^2 +$$
$$+ \tfrac{1}{2}\,\beta_1\,p_1^2 + \cdots + \tfrac{1}{2}\,\beta_t\,p_t^2 + \tfrac{1}{2}\,\beta_{t+1}\,p_{t+1}^{*2} + \cdots + \tfrac{1}{2}\,\beta_s\,p_s^{*2}. \tag{II 130}$$

Ein einfaches Beispiel mag diese etwas abstrakten Definitionen anschaulicher machen. Wir nehmen zweiatomige Gasmoleküle, deren Atome aber nicht starr, sondern elastisch gebunden seien, so daß sie gegeneinander harmonische Schwingungen ausführen können. Dies trifft dann zu, wenn für die Bindungskraft das HOOKEsche Gesetz gilt. Ein solches Molekül hat sechs Freiheitsgrade: Drei Freiheitsgrade der Schwerpunktstranslation, die wir durch cartesische Koordinaten x, y, z beschreiben; zwei Freiheitsgrade der Rotation um die beiden zur Verbindungslinie der Atome senkrechten Achsen, die wir durch die Winkel ϑ und φ eines räumlichen Polarkoordinatensystems mit dem Ursprung im Schwerpunkt beschreiben; schließlich einen Freiheitsgrad der Schwingung in Richtung der Verbindungslinie der Atome, für den wir als Koordinate den Abstand der Atome r wählen; den Gleichgewichtsabstand der Atome bezeichnen wir mit r_0. Es sei ferner m die Masse des Moleküls, m_1 und m_2 die Massen der beiden Atome,

$$\mu = \frac{m_1 \cdot m_2}{m_1 + m_2} \tag{II 131}$$

die sog. reduzierte Masse, a die „Kraftkonstante'' des Oszillators und

$$A = \mu\,\overline{r^2} \tag{II 132}$$

sein mittleres Trägheitsmoment um die Achsen der Rotation. Dann ist, wie wir in Kapitel IX ausführlich ableiten werden

$$\varepsilon = \frac{1}{2m}\,(p_x^2 + p_y^2 + p_z^2) + \frac{1}{2A}\left(p_\vartheta^2 + \frac{1}{\sin^2\vartheta}\,p_\varphi^2\right) + \frac{1}{2\mu}\,p_r^2 + \frac{a}{2}\,(r - r_0)^2. \tag{II 133}$$

Die potentielle Energie hängt hier nur von der Koordinate r ab. Alle übrigen Koordinaten (x, y, z, ϑ, φ) sind daher „gesternte'' Koordinaten. Der Koeffizient von p_φ^2 hängt von der „gesternten'' Koordinate ϑ ab; alle übrigen Koeffizienten sind Konstanten.

Wir kehren jetzt wieder zu unserem allgemeinen System zurück. Die Verteilungsfunktion des Einzelmoleküls lautet

$$f(T) = \frac{1}{h^s} \int \cdots \int e^{-\frac{\varepsilon}{kT}}\, dq_1 \ldots dq_s^*\, dp_1 \ldots dp_s^*, \tag{II 134}$$

wo ε durch Gl. (II 130) gegeben ist. Die Integrationsgrenzen sind für die Impulse p_1, ..., p_s^* $-\infty$ und $+\infty$. Das gleiche kann als ausreichende Näherung[1] für die Koordinaten q_1, ..., q_t angenommen werden. Für die restlichen Koordinaten q_{t+1}, ..., q_s sind die Integrationsgrenzen durch die Geometrie des Systems bestimmt. In dem obigen Beispiel sind die Integrationsgrenzen für x, y, z durch die Gefäßwände, für ϑ und φ durch die Geometrie des Moleküls (d. h. seine Eigenschaft als Rotator) festgelegt. Setzen wir nun Gl. (II 130) in (II 134) ein, so lassen sich $s + t$ Integrationen ausführen. Das ergibt

$$f(T) = \frac{1}{h^s}\,(2\pi\,kT)^{\frac{1}{2}(s+t)} \int \cdots \int (\alpha_1\,\alpha_2 \ldots \alpha_t\,\beta_1\,\beta_2 \ldots \beta_s)^{-\frac{1}{2}}\, dq_{t+1}^* \ldots dq_s^*. \tag{II 135}$$

---

[1] Letzten Endes beruht dies darauf, daß der fragliche Potentialansatz nur für kleine Energien physikalisch sinnvoll ist und daher der Verlauf bei großen Energien gleichgültig ist. So z. B. die Schwingungen eines zweiatomigen Moleküls nur bei mäßig hohen Temperaturen harmonisch.

Das Integral in dieser Gleichung hängt nach der Voraussetzung nur noch von der Geometrie des Systems ab. Wenden wir jetzt Gl. (II 129) an, so folgt

$$\bar{\varepsilon} = (s + t)\,\tfrac{1}{2}\,kT\,. \tag{II 136}$$

Wir können daher den Satz aussprechen: In einem klassischen System von unabhängigen Teilchen mit je s Freiheitsgraden, deren Energie (als Funktion der generalisierten Koordinaten und Impulse) eine Summe von $s + t$ quadratischen Termen ist ($0 \leqq t \leqq s$), liefert im wahrscheinlichsten Zustand jeder quadratische Term einen Beitrag $\tfrac{1}{2}\,kT$ zur mittleren Energie eines Teilchens. Dieser Satz wird Gleichverteilungssatz oder Äquipartitionstheorem genannt.

Für das obige Beispiel zweiatomiger Gasmoleküle folgt daraus $\bar{\varepsilon} = \tfrac{7}{2}\,kT$. Für ein System aus linearen harmonischen Oszillatoren der Masse m ist

$$\varepsilon = \frac{1}{2m}\,p^2 + \frac{a}{2}\,q^2 \tag{II 137}$$

und somit $\bar{\varepsilon} = kT$. Es sei aber nochmals betont, daß diese Werte nur zutreffen können, wenn die Voraussetzungen für die Anwendung der klassischen Statistik erfüllt sind.

§ 2.10. Nochmals die Entropie

Die Überlegungen in § 2.7 haben uns zwar den statistischen Beweis für die Existenz der Entropie geliefert, sie sind aber insofern etwas unbefriedigend, als sie einen sehr formalen Charakter tragen. Im Grunde sagen sie uns nämlich nicht mehr, als wir schon aus der Thermodynamik wissen, während man eigentlich erwarten sollte, daß statistische Betrachtungen zu einer tieferen Einsicht in das Wesen dieser merkwürdigen Funktion führen. Wir wollen jetzt einen Versuch in dieser Richtung machen, der allerdings nur vorläufigen Charakter besitzt, weil die Methoden, die uns bisher zur Verfügung stehen, zu begrenzt sind, um ein volles Verständnis der Zusammenhänge zu ermöglichen. Wir werden daher in Kapitel V nochmals auf das Problem zurückkommen.

Zunächst schreiben wir die integrierte Gl. (II 119) mit Benutzung von (II 60) in der Form

$$S = \frac{1}{T}\,\Sigma\,\varepsilon_i\,N_i + kN \ln \Sigma\, e^{-\frac{\varepsilon_i}{kT}} + kN \ln \frac{e}{N}\,. \tag{II 138}$$

Der letzte Term enthält die Korrektur, die an der freien Energie anzubringen ist. Aus (II 60) folgt nun durch Logarithmieren

$$\varepsilon_i = kT\left[\ln N - \ln N_i - \ln \Sigma\, e^{-\frac{\varepsilon_i}{kT}}\right]. \tag{II 139}$$

Setzen wir diesen Ausdruck in (II 138) ein, so ergibt sich

$$S = -k\left[\Sigma\,N_i \ln N_i - \Sigma\,N_i\right] \tag{II 140}$$

und daraus mit (II 49)[1]

$$S = k \ln \Omega_{D\,max} + \text{const.} \tag{II 141}$$

Diese Gleichung wird als Boltzmannsches Entropiegesetz bezeichnet. Sie zeigt, daß die Entropie eines Zustandes um so größer ist, je größer seine thermodynamische Wahrscheinlichkeit oder, anders ausgedrückt, die Zahl seiner Realisierungsmöglichkeiten ist. Um den Sinn dieser Aussage zu veranschaulichen, können wir als Beispiel etwa zwei durch ein zunächst geschlossenes Ventil verbundene Gasflaschen nehmen. Die eine sei leer, die andere mit Wasserstoff gefüllt.

---

[1] Da Gl. (II 140) den Korrekturfaktor $1/N!$ enthält, muß für den Vergleich die rechte Seite von (II 49) durch $N!$ dividiert werden.

Die Zahl der Realisierungsmöglichkeiten des wahrscheinlichsten Makrozustandes (d. h. die Zahl der zugehörigen Mikrozustände) ist, wenn wir nur die Ortskoordinaten ins Auge fassen, durch das Volumen der Flasche bestimmt. Öffnen wir jetzt das Ventil, so wird sich, wie in § 2.2 gezeigt, das Gas gleichmäßig auf beide Flaschen verteilen. Es hat sich also das dem Gas zur Verfügung stehende Volumen, damit die Zahl der Mikrozustände und die thermodynamische Wahrscheinlichkeit und damit schließlich nach Gl. (II 141) die Entropie vermehrt.

Das darf aber nicht so verstanden werden, als wäre *nach* dem Öffnen des Ventils das Gas in einem Zustand kleinerer Entropie, die dann bis zum Maximum wächst, mit anderen Worten, wir dürfen Gl. (II 141) bei gegebenem Volumen nicht auf jedes einzelne dazu gehörige Ω_D anwenden. Eine solche Interpretation wäre schon im Rahmen der bisherigen Betrachtungen sinnlos, denn die Ableitung von (II 141) setzt ja bereits das Vorliegen der wahrscheinlichsten Verteilung voraus. Noch deutlicher wird dies aus der exakten Entropieformel, die wir in Kapitel III, V und VI ableiten. Diese lautet nämlich

$$S = k \ln \Sigma\, \Omega_D = k \ln \Omega \; . \tag{II 142}$$

Danach sind in der Entropiedefinition alle unter den gegebenen Bedingungen möglichen Verteilungen bereits enthalten. Es kann daher insofern auch nicht von Entropieschwankungen gesprochen werden. Wir beschränken also unsere Betrachtungen, wie dies auch in der reinen Thermodynamik geschieht, auf Gleichgewichte und Vorgänge, bei denen in jedem Augenblick Gleichgewicht besteht, d. h. auf reversible Vorgänge. Die Behandlung zeitlicher Änderungen und irreversibler Vorgänge liegt zwar im Bereich der Möglichkeiten statistischer Methoden, geht aber über den Rahmen dieses Buches hinaus.

Ein wesentlicher Punkt, der bei Gl. (II 141) beachtet werden muß, liegt darin, daß zur Berechnung von $\Omega_{D\,max}$ nur Mikrozustände gleicher Gesamtenergie verwendet werden dürfen. Man kann also etwa die Entropie eines Mischkristalls (bezogen auf die reinen Komponenten) nicht dadurch berechnen, daß man die Anordnungsmöglichkeiten abzählt. Denn je nachdem, ob mehr gleiche oder mehr ungleiche Atome unmittelbar benachbart sind, wird im allgemeinen eine verschiedene Gesamtenergie resultieren. Tatsächlich ist Gl. (II 141) für die Anwendungen der statistischen Thermodynamik von geringem Nutzen. Wir werden daher auch in den späteren Kapiteln wenig Gebrauch davon machen.

§ 2.11. Unzulänglichkeit der klassischen Statistik im μ-Raum

Nach den Bemerkungen in § 2.3 ist klar, daß wir keine völlig befriedigenden Resultate erwarten können, wenn wir die statistische Thermodynamik auf der Grundlage der klassischen Mechanik aufbauen. Tatsächlich führt die Theorie in dieser Form zu einigen schwerwiegenden Widersprüchen mit der experimentellen Erfahrung. Wir wollen hier kurz darauf eingehen, denn zum Verständnis der Quantenstatistik ist es nützlich, zu wissen, in welchen Punkten die ältere Theorie versagt. Außerdem haften unseren Überlegungen gewisse formale Mängel an, die zwar das Ergebnis nicht beeinflussen, aber im Interesse der Klarheit erwähnt werden müssen.

Was zunächst die letzteren betrifft, so ist an erster Stelle die Benutzung der STIRLINGschen Formel zu nennen. Diese Formel ist als solche natürlich einwandfrei und läßt sich in aller Strenge mathematisch ableiten[1]. Ihre Anwendung in

---

[1] Die Ableitung der STIRLINGschen Formel findet sich z. B. bei E. T. WHITTAKER u. G. N. WATSON: Modern Analysis. Cambridge 1952.

der von uns in § 2.1 benutzten Form setzt indessen voraus, daß N und die N_i sehr groß gegen 1 sind. Wir können aber nicht verhindern, daß in Gl. (II 48) Ausdrücke wie 1! und 2! auftreten, bei denen Gl. (II 7) völlig versagt[1]. Das Endergebnis ist, wie sich nach anderen Methoden zeigen läßt, trotzdem richtig. Der Mangel unseres Formalismus liegt darin, daß er die Art der Näherung und die Größe des entstehenden Fehlers nicht erkennen läßt. Ein weiterer etwas schwacher Punkt liegt in der Zelleneinteilung des μ-Raumes. Damit die kombinatorischen Überlegungen einen Sinn haben, muß man diesen Zellen zunächst eine endliche Größe zuschreiben. Nun sind aber in der klassischen Mechanik Koordinaten und Impulse stetig veränderliche Größen, und der μ-Raum ist ein Kontinuum. Wir haben dem Rechnung getragen, indem wir nachträglich die Zellengröße gegen Null gehen ließen und die Summen durch Integrale ersetzen. Auch hier ist nicht ganz durchsichtig, inwieweit ein solches Verfahren gerechtfertigt ist. Schließlich würde man für eine strengere Behandlung eine Berechnung der Mittelwerte vorziehen, statt von vornherein die Untersuchung auf den maximalen Term zu beschränken. Die erwähnten Mängel lassen sich, wie wir in § 5.13 sehen werden, schon im Rahmen der klassischen Statistik beheben, allerdings mit nicht unerheblichem mathematischem Aufwand. Unser Verfahren besitzt dagegen vor allem den Vorzug leichterer Verständlichkeit, der es zur Einführung in die statistischen Gedankengänge besonders geeignet macht; es leistet auch bei manchen anderen Problemen gute Dienste. Dazu kommt, daß die Zelleneinteilung des μ-Raumes, die hier als ein etwas fragwürdiges Hilfsmittel erscheint, ein wesentliches Element der Quantenstatistik bildet.

Ganz anders liegen die Verhältnisse bei den physikalischen Gesichtspunkten. Hier haben wir Diskrepanzen zwischen Theorie und Experiment, die unabhängig von dem speziellen mathematischen Apparat sind und nur die eine Folgerung zulassen, daß die klassische Statistik als solche das Problem nicht vollständig lösen kann, das sie sich gestellt hat. Es sind zunächst gewisse Folgerungen aus dem Äquipartitionstheorem, die eindeutig durch das Experiment widerlegt werden. Wie wir schon erwähnt haben, läßt sich ein einatomiger Kristall in guter Näherung als System von $3\,N$ linearen harmonischen Oszillatoren darstellen. Setzen wir für N die LOSCHMIDTsche Zahl N_L, so folgt in Verbindung mit dem letzten Beispiel von § 2.9, daß die Atomwärme bei konstantem Volumen für einen solchen Kristall den konstanten Wert $3\,R \approx 6$ cal/mol besitzt. Diese Gesetzmäßigkeit, die tatsächlich bei gewöhnlichen Temperaturen häufig erfüllt ist, wird als DULONG-PETITsche Regel bezeichnet. Nun gibt es schon bei gewöhnlichen Temperaturen Stoffe, für welche diese Regel nicht zutrifft (z. B. Bor, Kohlenstoff, Silicium); wenn man die Messungen der spezifischen Wärme zu immer tieferen Temperaturen ausdehnt, findet man, daß die DULONG-PETITsche Regel schließlich bei sämtlichen Stoffen versagt. Mit abnehmender Temperatur gehen alle spezifischen Wärmen gegen Null. In Kapitel XIV werden wir dieses Verhalten eingehend besprechen. Ein anderes Beispiel bieten die zweiatomigen Gase. Auch hier führt das Äquipartitionstheorem zu ganz eindeutigen Folgerungen. Wie man unmittelbar aus dem Beispiel in § 2.9 entnimmt, muß die Molwärme bei konstantem Volumen $\tfrac{5}{2}R$ sein, wenn die beiden Atome starr miteinander verbunden sind, dagegen $\tfrac{7}{2}R$, wenn eine elastische Bindung vorliegt. Sie ist also wieder in beiden Fällen von der Temperatur unabhängig. Tatsächlich findet man, wie wir in Kapitel IX sehen werden, daß in einem gewissen Temperaturbereich die Mol-

---

[1] Da 0! = 1 ist, liefert die verkürzte STIRLINGsche Formel (II 7) für $x = 0$, im Gegensatz zu der vollständigen Formel (I 52), das korrekte Ergebnis. Diese Tatsache ist von Bedeutung, weil für einen großen Teil der Zellen des μ-Raumes $N_i = 0$ ist. Die Benutzung der verkürzten Formel ist daher nicht nur zweckmäßig, sondern notwendig.

wärme von $\frac{5}{2} R$ auf $\frac{7}{2} R$ ansteigt. Die Zahl der Beispiele ließe sich leicht vermehren. Wir wollen uns hier aber nicht zu sehr in Einzelheiten verlieren und stellen nur fest, daß das Äquipartitionstheorem, welches unter den früher erwähnten Voraussetzungen eine allgemein gültige Folgerung aus der klassischen Statistik darstellt, im Hinblick auf diese Allgemeingültigkeit jedenfalls experimentell widerlegt worden ist.

Eine weitere Unstimmigkeit, der wir schon in § 2.8 begegnet sind, betrifft den statistischen Ausdruck für die freie Energie nicht lokalisierter Teilchen. Wir wollen diese wichtige Frage hier nochmals am Beispiel der Entropie (für welche natürlich eine analoge Schwierigkeit auftritt) erörtern. Dazu knüpfen wir an das schon früher benutzte Beispiel zweier Gasflaschen an, die durch einen Hahn verbunden sind. Die Volumina der beiden Flaschen seien V_1 und V_2; sie sollen bei gleichem Druck und gleicher Temperatur N_1 bzw. N_2 Moleküle des gleichen Gases enthalten. Bei geschlossenem Hahn ist dann die klassische Entropie des Systems, wie man unmittelbar aus Gl. (II 123) und (II 127) ableitet,

$$S_{geschl} = k\,N_1\left[\ln V_1 + \varphi\,(t)\right] + k\,N_2\left[\ln V_2 + \varphi\,(T)\right],\qquad\text{(II 143)}$$

wo $\varphi\,(T)$ eine vom Volumen unabhängige Temperaturfunktion ist, deren explizite Gestalt uns hier nicht interessiert. Bei geöffnetem Hahn erhalten wir für die Entropie

$$S_{ge\ddot{o}ffn} = k\,(N_1 + N_2)\left[\ln(V_1 + V_2) + \varphi\,(T)\right].\qquad\text{(II 144)}$$

Durch das Öffnen des Hahnes wird also nach der klassischen Theorie die Entropie um den Betrag

$$\Delta S = k\left[N_1 \ln \frac{V_1 + V_2}{V_1} + N_2 \ln \frac{V_1 + V_2}{V_2}\right]\qquad\text{(II 145)}$$

geändert, während empirisch unter den obigen Voraussetzungen

$$\Delta S_{emp} = 0\qquad\text{(II 146)}$$

gilt[1]. Auch hier läßt sich die Schwierigkeit formal beheben, wenn man zu (II 143) die Terme $-k\,N_1\,(\ln N_1 - 1)$ und $-k\,N_2\,(\ln N_2 - 1)$, zu (II 144) den Term $-k\,(N_1 + N_2)\left[\ln(N_1 + N_2) - 1\right]$ hinzuaddiert. Dann tritt nämlich in beiden Gleichungen anstelle der Volumina V_1, V_2 und $V_1 + V_2$ das Volumen pro Molekül v, und dieses wird durch das Öffnen des Hahnes nicht beeinflußt. Mit Hilfe der STIRLINGschen Formel erkennt man leicht, daß die obigen Terme einer Division der Verteilungsfunktion durch $N_1!$, $N_2!$ und $(N_1 + N_2)!$ entsprechen. Da diese Größen die Zahl der Permutationen von N_1 bzw. N_2 bzw. $N_1 + N_2$ Molekülen darstellen, liegt die Vermutung nahe, daß unsere Zusatzglieder das wieder rückgängig machen, womit wir unsere Untersuchung begonnen hatten, nämlich die Annahme, daß wir uns die Moleküle numeriert, das heißt im Prinzip individuell unterscheidbar vorstellen können. Wir werden im Kapitel IV sehen, daß dies tatsächlich der Sinn der obigen Faktoren ist. Es muß aber festgehalten werden, daß sich eine zwingende Begründung dafür im Rahmen der klassischen Theorie nicht geben läßt. Immerhin ist es bemerkenswert, daß GIBBS[2] diesen Fall bereits als eine Möglichkeit diskutiert hat.

---

[1] Die Tatsache, daß für ungleiche Gase $\Delta S \neq 0$, für gleiche Gase $\Delta S = 0$ ist, wird als GIBBSsches Paradoxon bezeichnet.

[2] GIBBS, J. W.: Elementary Principles in Statistical Mechanics, Collected Works, Vol. II. New Haven 1948.

Kapitel III

Quantenstatistik lokalisierter Teilchen im μ-Raum (DARWIN-FOWLERsche Methode)

§ 3.1. Rekapitulation einiger Elemente der Quantenmechanik

Wir haben im Kapitel II gesehen, daß die auf der Grundlage der klassischen Mechanik entwickelte statistische Theorie zu Widersprüchen mit der Erfahrung führt. Eine entsprechende, von der Quantenmechanik ausgehende Theorie muß notwendig deren eigentümliche Begriffsbildung in sich aufnehmen. Wir stellen daher im Interesse einer kontinuierlichen Darstellung die für uns wesentlichen Gesichtspunkte in diesem Paragraphen kurz zusammen. Für eine eingehendere Beschäftigung mit der Quantenmechanik (die für ein tieferes Verständnis der Quantenstatistik unerläßlich ist) müssen wir auf die speziellen einführenden Lehrbücher verweisen[1].

Das Ziel der klassischen Mechanik ist die genaue Voraussage der Koordinaten und Impulse des betrachteten Systems in Abhängigkeit von der Zeit. Dabei muß vorausgesetzt werden, daß diese Größen für einen Zeitpunkt im Prinzip mit beliebiger Genauigkeit gemessen werden können. Die Grundlage der Quantenmechanik bildet die Erkenntnis, daß Koordinate und Impuls eines Freiheitsgrades *prinzipiell* nicht *gleichzeitig* mit beliebiger Genauigkeit meßbar sind. Bezeichnen wir die Unschärfe der Koordinatenbestimmung mit Δq, die Unschärfe in der Bestimmung des zu dieser Koordinate konjugierten Impulses mit Δp, so gilt unter allen Umständen

$$\Delta q \cdot \Delta p \geqq \frac{h}{4\pi}, \qquad \text{(III 1)}$$

wo h das PLANCKsche Wirkungsquantum ist. Dies ist die berühmte HEISENBERGsche Unbestimmtheitsrelation. Aus dem Zahlenwert des Wirkungsquantums

$$h = 6{,}625 \cdot 10^{-27}\ \text{erg} \cdot \text{sec}$$

folgt sofort, daß dieser Gesichtspunkt für makroskopische mechanische Gebilde überhaupt keine Rolle spielen kann, daß er aber die Mechanik atomarer Gebilde entscheidend umgestalten wird. Hier ist die Beschreibung, welche den Inhalt der klassischen Mechanik bildet, von vornherein unmöglich. Die Quantenmechanik geht daher in einer ganz anderen Weise vor. Sie beschreibt das System durch eine Funktion der Koordinaten und der Zeit (aber nicht der Impulse oder Geschwindigkeiten), die auch komplex sein kann und allgemein als Ψ-Funktion bezeichnet wird[2]. Wir wollen uns ihre Bedeutung zunächst an dem einfachsten Beispiel eines eindimensionalen Teilchens (d. h. eines Teilchens, das einen Freiheitsgrad besitzt) klarmachen. In diesem Falle ist, wenn wir die Koordinate mit q bezeichnen, $|\Psi|^2 dq$ die Wahrscheinlichkeit, das Teilchen zur Zeit t zwischen q und $q + dq$ anzutreffen. Das Quadrat des Absolutbetrages der Ψ-Funktion hat also die Bedeutung einer Wahrscheinlichkeitsdichte. Es gilt daher die Normierungsrelation

$$\int |\Psi|^2 dq = 1. \qquad \text{(III 2)}$$

Das Integral ist dabei über alle Werte von q zu erstrecken, für die Ψ definiert ist. Die Ψ-Funktion selbst wird gelegentlich Wahrscheinlichkeitsamplitude

---

[1] PAULING, L., u. E. B. WILSON: Introduction to Quantum Mechanics. New York 1935. — SLATER, J. C.: Quantum Theory of Matter. New York 1951.

[2] Man kann zur Beschreibung auch eine Funktion der Impulse und der Zeit verwenden, die aber dann nicht von den Koordinaten abhängt.

genannt. Wir bezeichnen jetzt mit ε die Energie des Teilchens, mit m seine Masse und mit $U(q)$ die potentielle Energie als Funktion der Koordinate. Dann lautet die von SCHRÖDINGER aufgestellte Differentialgleichung der Ψ-Funktion

$$-\frac{h^2}{8\pi^2 m}\frac{\partial^2 \Psi(q,t)}{\partial q^2} + U(q)\,\Psi(q,t) = -\frac{h}{2\pi i}\frac{\partial \Psi(q,t)}{\partial t}\,. \qquad \text{(III 3)}$$

Für unsere Probleme ist von besonderer Bedeutung eine gewisse Klasse von Lösungen dieser Gleichung, die durch den Ansatz

$$\Psi(q,t) = \psi(q)\,\varphi(t) \qquad \text{(III 4)}$$

dargestellt wird und die die quantenmechanischen Analoga der bekannten „Quantenzustände" der BOHRschen Theorie umfaßt. Setzen wir diesen Ausdruck in Gl. (III 3) ein und dividieren durch $\psi(q)\,\psi(t)$, so ergibt sich

$$\frac{1}{\psi(q)}\left[-\frac{h^2}{8\pi^2 m}\frac{d^2\psi(q)}{dq^2} + U(q)\,\psi(q)\right] = -\frac{h}{2\pi i}\frac{1}{\varphi(t)}\frac{d\varphi(t)}{dt}\,. \qquad \text{(III 5)}$$

Da die linke Seite dieser Gleichung nur von q, die rechte nur von t abhängt, muß die Größe, der beiden Seiten gleich sind, sowohl von q wie von t unabhängig sein. Wir bezeichnen sie mit ε. Es läßt sich zeigen[1], daß die so definierte Größe ε mit der Energie des Teilchens identisch ist. Gl. (III 5) zerfällt somit in zwei Gleichungen

$$\frac{d\varphi}{dt} = -\frac{2\pi i}{h}\varepsilon\,\varphi \qquad \text{(III 6)}$$

und

$$\frac{d^2\psi}{dq^2} + \frac{8\pi^2 m}{h^2}\,[\varepsilon - U(q)]\,\psi = 0\,. \qquad \text{(III 7)}$$

Gl. (III 7) wird als zeitunabhängige SCHRÖDINGER-Gleichung oder Amplituden-Gleichung, oft auch als SCHRÖDINGER-Gleichung schlechthin bezeichnet. Von den Lösungen dieser Gleichung haben nur diejenigen physikalische Bedeutung, die stetig, eindeutig und für alle möglichen Werte der Koordinate endlich sind. Die Theorie der Differentialgleichungen lehrt, daß derartige Lösungen, die außerdem den vorgeschriebenen Randbedingungen genügen (z. B. daß die Ψ-Funktion im Unendlichen verschwinden muß, oder, für ein Teilchen in einem Gefäß, daß sie an der Gefäßwand verschwinden muß) nur für bestimmte Werte des Parameters ε existieren. Diese Werte werden als Eigenwerte ε_n bezeichnet. Die zugehörigen Lösungen nennt man die Eigenfunktionen ψ_n.

Die Eigenwerte können entweder ein diskretes oder ein kontinuierliches Spektrum bilden; es kann auch der eine Fall in den anderen übergehen. Beispielsweise hat das im Atom gebundene Elektron diskrete Eigenwerte; mit dem Erreichen der Ionisierungsspannung setzt das Kontinuum ein. Häufig liegen die an sich diskreten Eigenwerte so dicht beieinander, daß der Abstand zweier Energieniveaus klein ist gegen die übrigen in dem Problem auftretenden Energiegrößen, d. h. in der statistischen Thermodynamik gewöhnlich gegen kT. In solchen Fällen kann das Eigenwertspektrum meistens mit hinreichender Näherung als Kontinuum behandelt werden. Zu einem Eigenwert können grundsätzlich mehrere linear unabhängige[2] Eigenfunktionen gehören. Man nennt einen Eigenwert ε_n, zu dem g_n linear unabhängige Eigenfunktionen gehören, g_n-fach entartet und bezeichnet g_n als den Entartungsgrad oder das Gewicht des Eigenwertes. Durch Einführung

---

[1] Siehe z. B. L. PAULING u. E. B. WILSON: Introduction to Quantum Mechanics. New York 1935.

[2] Ein Satz von Funktionen f_n wird als linear unabhängig bezeichnet, wenn die Gleichung $\Sigma a_n f_n = 0$ für alle Werte der unabhängigen Variablen nur dadurch erfüllt werden kann, daß alle $a_n = 0$ gesetzt werden.

eines geeigneten beliebig schwachen Störfeldes kann die Entartung aufgehoben werden; der entartete Eigenwert spaltet in g_n nahe beieinanderliegende diskrete Eigenwerte auf. Die bekanntesten Beispiele dafür bieten die Spektralterme (Multiplettstruktur) und die Richtungsquantelung im Magnetfeld.

Die zu einem bestimmten Eigenwert gehörende Lösung der Gl. (III 6) lautet

$$\varphi_n(t) = e^{-2\pi i \frac{\varepsilon_n}{h} t}. \qquad \text{(III 8)}$$

Damit erhalten wir ein partikuläres Integral der Gl. (III 3) in der Form

$$\Psi_n(q,\,t) = \psi_n e^{-2\pi i \frac{\varepsilon_n}{h} t}. \qquad \text{(III 9)}$$

Diese Lösung stellt formal eine Schwingung mit ortsabhängiger Amplitude dar. Daher rührt die Bezeichnung von (III 7) als Amplitudengleichung. Als allgemeine Lösung der Gl. (III 3) ergibt sich durch Superposition der partikulären Integrale

$$\Psi(q,t) = \sum_n a_n \Psi_n(q,\,t) = \sum_n a_n \psi_n e^{-2\pi i \frac{\varepsilon_n}{h} t}. \qquad \text{(III 10)}$$

Die dazu konjugierte komplexe Lösung ist

$$\Psi^*(q,\,t) = \sum_n a_n^* \Psi_n^*(q,\,t) = \sum_n a_n^* \psi_n^* e^{2\pi i \frac{\varepsilon_n}{h} t}. \qquad \text{(III 11)}$$

Die Wahrscheinlichkeitsdichte wird dann

$$|\Psi(q,t)|^2 = \Psi^*(q,\,t)\,\Psi(q,\,t) = \sum_n a_n^* a_n \psi_n^* \psi_n + {\sum_m}' \sum_n a_m^* a_n \psi_m^* \psi_n e^{2\pi i \frac{\varepsilon_m - \varepsilon_n}{h} t}, \qquad \text{(III 12)}$$

wo der Strich an dem Summenzeichen in dem zweiten Glied bedeutet, daß nur Terme mit $m \neq n$ auftreten sollen. Gl. (III 12) zeigt, daß die Wahrscheinlichkeitsdichte nur dann von der Zeit unabhängig ist, wenn alle Koeffizienten a_n mit Ausnahme eines einzigen, etwa a_l, verschwinden. In diesem Falle wird

$$\Psi^* \Psi = \psi_l^* \psi_l \qquad \text{(III 13)}$$

und man sagt, daß sich das System in einem stationären Zustand befindet.

Die mathematische Aufgabe der Lösung der SCHRÖDINGER-Gleichung (III 7) wird im wesentlichen durch die Gestalt der Potentialfunktion $U(q)$ bestimmt. Dabei können schon in diesem einfachsten Falle ziemlich verwickelte Probleme auftreten. Wir wollen hier zwei Beispiele etwas eingehender besprechen, die wir später für unsere Untersuchungen benötigen. Setzen wir

$$U(q) = 2\pi^2 m\,\nu^2 q^2, \qquad \text{(III 14)}$$

so haben wir die potentielle Energie eines Teilchens, das an die Gleichgewichtslage $q = 0$ durch eine elastische (HOOKEsche) Kraft $K = -a\,q$ gebunden ist und um diese Gleichgewichtslage mit der Frequenz ν Schwingungen ausführt[1]. Mit (III 14) geht daher (III 7) über in die SCHRÖDINGER-Gleichung des linearen harmonischen Oszillators

$$\frac{d^2\psi}{dq^2} + \frac{8\pi^2 m}{h^2}(\varepsilon - 2\pi^2 m\,\nu^2 q^2)\,\psi = 0. \qquad \text{(III 15)}$$

---

[1] Es ist bekanntlich $\nu = \dfrac{1}{2\pi}\sqrt{\dfrac{a}{m}}$.

Die Lösung dieser Gleichung wird in den Lehrbüchern ausführlich behandelt. Wir können uns daher hier mit dem Ergebnis begnügen. Die Eigenwerte des linearen harmonischen Oszillators sind

$$\varepsilon_n = (n + \tfrac{1}{2})\, h\, \nu \qquad (n = 0, 1, 2, \ldots) \, . \qquad \text{(III 16)}$$

Die Eigenfunktionen lauten, wenn wir zur Abkürzung

$$\xi = 2\pi q \sqrt{m\,\nu/h} = q \sqrt{\alpha} \qquad\qquad \text{(III 17)}$$

setzen

$$\psi_n = \left[\left(\frac{\alpha}{\pi}\right)^{\frac{1}{2}} \frac{1}{2^n n!}\right]^{\frac{1}{2}} \cdot e^{-\frac{\xi^2}{2}} \cdot H_n(\xi) \, . \qquad\qquad \text{(III 18)}$$

Die Funktionen $H_n(\xi)$ sind die sogenannten HERMITEschen Polynome, welche durch die Gleichung

$$H_n(\xi) = (-1)^n e^{\xi^2} \frac{d^n e^{-\xi^2}}{d\xi^n} \qquad\qquad \text{(III 19)}$$

definiert sind. Abb. 5 zeigt die Eigenfunktionen des linearen harmonischen Oszillators von $n = 0$ bis $n = 6$. Abb. 6 gibt die daraus berechneten Wahrscheinlichkeitsdichten für $n = 0$ und $n = 10$. Die gestrichelten Kurven sind die klassischen Wahrscheinlichkeitsdichten für die gleiche Gesamtenergie. An diesen Ergebnissen ist folgendes besonders bemerkenswert: Zunächst zeigt Gl. (III 16), daß die Energie des Oszillators auch im tiefsten Quantenzustand nicht Null wird. Das ist eine unmittelbare Folge der Unbestimmtheitsrelation. Wenn nämlich die Gesamtenergie Null ist, muß die kinetische Energie Null sein ($p = 0$) und außerdem muß die potentielle Energie den tiefsten möglichen Wert ($q = 0$) besitzen.

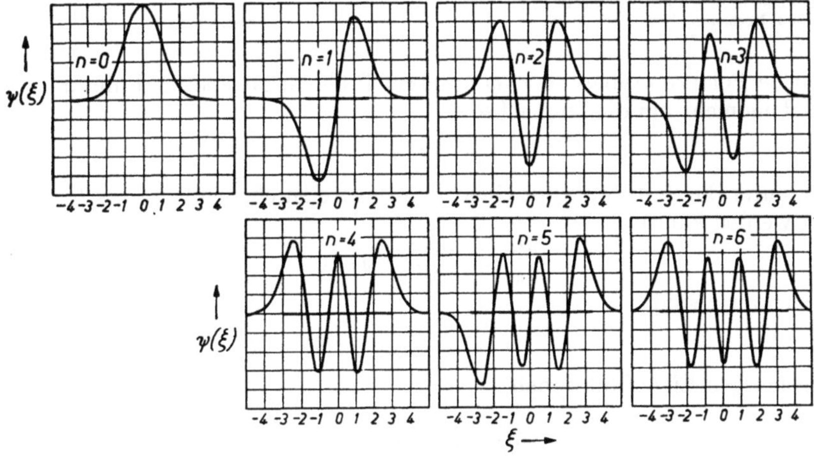

Abb. 5. Eigenfunktionen des linearen harmonischen Oszillators [entnommen aus: L. PAULING u. E. WILSON: Introduction to Quantum Mechanics. New York 1935]

Damit wären Koordinate und Impuls in diesem Zustand gleichzeitig scharf bestimmt, was nach (III 1) unmöglich ist. Die Energie im tiefsten Quantenzustand wird als Nullpunktsenergie bezeichnet. Was die Eigenfunktionen betrifft, so ist zunächst hervorzuheben, daß die Eigenwerte des linearen harmonischen Oszillators nicht entartet sind. Weiter sieht man aus Abb. 6, daß eine endliche (allerdings sehr rasch abfallende) Wahrscheinlichkeit besteht, das Teilchen in einem Gebiet anzutreffen, in welchem seine potentielle Energie größer ist als die

Gesamtenergie, wo es also klassisch überhaupt nicht sein dürfte. Auch dies ist eine Folge der Unbestimmtheitsrelation. Im übrigen ist der Verlauf der quantenmechanischen Wahrscheinlichkeitsdichte für $n = 0$ völlig von dem klassischen verschieden, während für $n = 10$ die klassische Kurve bereits eine Art Mittelung über die quantenmechanische darstellt. Die eigentümlichen Oszillationen der letzteren werden durch gewisse experimentelle Ergebnisse bestätigt[1].

Als zweites Beispiel für die Anwendung der Gl. (III 7) erwähnen wir noch den freien ebenen Rotator, d. h. einen Massenpunkt, der in der Ebene bei konstanter potentieller Energie im Abstand r um eine feste Achse rotiert. In diesem Falle

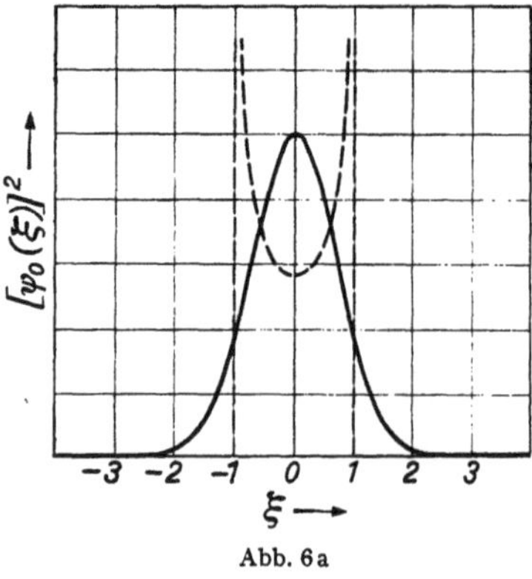

Abb. 6 a

Abb. 6 a u. b. Wahrscheinlichkeitsdichte des linearen harmonischen Oszillators für $n = 0$ (Abb. 6 a) und $n = 10$ (Abb. 6 b) [entnommen aus: L. Pauling u. E. Wilson: Introduction to Quantum Mechanics. New York 1935]

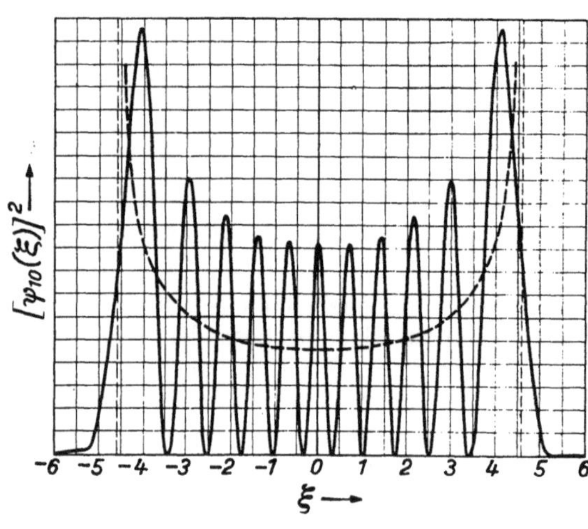

Abb. 6 b

sind ebene Polarkoordinaten r, φ unserem Problem angepaßt. Führen wir das Trägheitsmoment um die Drehachse

$$A = r^2 m \tag{III 20}$$

ein, so lautet die Schrödinger-Gleichung des freien ebenen Rotators (da $U = 0$ gesetzt werden kann)

$$\frac{d^2\psi}{d\varphi^2} + \frac{8\pi^2 A}{h^2}\,\varepsilon\,\psi = 0 . \tag{III 21}$$

Die Eigenwerte sind

$$\varepsilon_n = \frac{h^2 n^2}{8\pi^2 A} \qquad (n = 0, 1, 2 \ldots) , \tag{III 22}$$

die zugehörigen Eigenfunktionen

$$\psi_n = \frac{1}{\sqrt{2\pi}}\sin n\,\varphi , \qquad \psi_n = \frac{1}{\sqrt{2\pi}}\cos n\,\varphi . \tag{III 23}$$

Man sieht daraus, daß hier jeder Eigenwert zweifach entartet ist. In diesem Falle läßt sich das anschaulich dadurch erklären, daß es bei gegebener Energie zwei Möglichkeiten für den Drehsinn der Rotation gibt.

Wir gehen jetzt zum dreidimensionalen Fall über, betrachten also einen Massenpunkt von drei Freiheitsgraden. Die allgemeinen Erörterungen können wir ohne weiteres übernehmen. Dagegen wird das mathematische Problem naturgemäß

---

[1] Es handelt sich um Intensitätswechsel in Bandenspektren. Vgl. G. W. Brown: Z. Physik **82**, 768 (1933). Dieser Intensitätswechsel hat nichts zu tun mit dem durch den Kernspin bedingten, den wir in § 9.4 behandeln.

komplizierter. Die zeitunabhängige SCHRÖDINGER-Gleichung lautet nämlich jetzt (in rechtwinkligen cartesischen Koordinaten)

$$\frac{\partial^2\psi}{\partial x^2} + \frac{\partial^2\psi}{\partial y^2} + \frac{\partial^2\psi}{\partial z^2} + \frac{8\pi^2 m}{h^2}\left[\varepsilon - U(x, y, z)\right]\psi = 0 \qquad \text{(III 24)}$$

oder, wie man unter Benutzung des aus der Vektorrechnung bekannten LAPLACE-schen Operators

$$\Delta = \frac{\partial^2}{\partial x^2} + \frac{\partial^2}{\partial y^2} + \frac{\partial^2}{\partial z^2} \qquad \text{(III 25)}$$

gewöhnlich schreibt

$$\Delta\psi + \frac{8\pi^2 m}{h^2}\left[\varepsilon - U(x, y, z)\right]\psi = 0 \,. \qquad \text{(III 26)}$$

Wir haben also jetzt eine partielle Differentialgleichung II. Ordnung mit drei Variablen. Für manche Fälle läßt sich Gl. (III 26) exakt durch einen sog. Separationsansatz von der Form

$$\psi = X(x)\,Y(y)\,Z(z) \qquad \text{(III 27)}$$

lösen, wobei ψ ein Produkt von drei Funktionen ist, die jeweils nur von einer Variablen abhängen. Häufig gelingt die Separation erst nach einer geeigneten Koordinatentransformation. Das bekannteste Beispiel dafür ist die Theorie des H-Atoms, die in allen einschlägigen Lehrbüchern ausführlich behandelt wird. Wir wollen hier ein anderes Problem kurz besprechen, dessen Lösung wir später benötigen, nämlich die Bewegung eines Massenpunktes in einem rechteckigen Kasten mit den Kantenlängen a, b, c, die wir zweckmäßig mit den Koordinatenachsen zusammenfallen lassen. Wie schon früher (§ 2.7) erwähnt, können wir einen solchen Kasten dadurch beschreiben, daß für $0 < x < a$, $0 < y < b$, $0 < z < c$ die potentielle Energie den konstanten Wert Null besitzt, während sie an den Grenzen dieses Gebietes unendlich wird. Wir machen also den Ansatz

$$U(x, y, z) = U_x(x) + U_y(y) + U_z(z) \,, \qquad \text{(III 28)}$$

wo $U_x(x)$ für $0 < x < a$ Null, für $x \leq 0$ und $x \geq a$ unendlich sein soll. Entsprechendes soll für $U_y(y)$ und $U_z(z)$ gelten. Dann lautet die SCHRÖDINGER-Gleichung des Problems

$$\Delta\psi + \frac{8\pi^2 m}{h^2}\left[\varepsilon - U_x(x) - U_y(y) - U_z(z)\right]\psi = 0 \,. \qquad \text{(III 29)}$$

Wir gehen von dem Ansatz (III 27) aus, den wir in (III 29) einsetzen. Durch eine Überlegung, die ganz analog derjenigen ist, die von Gl. (III 5) zu Gl. (III 6) und (III 7) führt, findet man, daß jetzt Gl. (III 29) in drei Einzelgleichungen zerfällt, die nur von jeweils einer Variablen abhängen und somit einfache (keine partiellen) Differentialgleichungen sind. Die erste derselben lautet

$$\frac{d^2 X}{d x^2} + \frac{8\pi^2 m}{h^2}\left[\varepsilon_x - U_x(x)\right]X = 0 \,. \qquad \text{(III 30)}$$

Entsprechende Gleichungen ergeben sich für Y und Z. Man sieht leicht, daß diese Gleichungen im Innern des Kastens durch Exponentialfunktionen mit imaginären Exponenten gelöst werden. Die Lösung von (III 29) kann daher geschrieben werden

$$\psi = C \cdot e^{\pm \frac{2\pi i}{h}(p_x x + p_y y + p_z z)} \,, \qquad \text{(III 31)}$$

wo C eine Konstante (der Normierungsfaktor) und

$$\frac{1}{2m}\left(p_x^2 + p_y^2 + p_z^2\right) = \varepsilon \qquad \text{(III 32)}$$

ist. Da eine Linearkombination zweier Lösungen ebenfalls eine Lösung der SCHRÖDINGER-Gleichung ist, kann man mit Hilfe der EULERschen Formeln

$$e^{i\alpha} = \cos\alpha + i\,\sin\alpha\,, \quad e^{-i\alpha} = \cos\alpha - i\,\sin\alpha \tag{III 33}$$

die Lösungen der Einzelgleichungen auch als Sinus- oder Cosinusfunktion darstellen. Im ersteren Falle lautet die Lösung der Gl. (III 29)

$$\psi = C \sin\left(\frac{2\pi}{h}\,p_x\,x\right) \sin\left(\frac{2\pi}{h}\,p_y\,y\right) \sin\left(\frac{2\pi}{h}\,p_z\,z\right). \tag{III 34}$$

Diese Lösung muß jetzt noch den Randbedingungen angepaßt werden. Unser Potentialansatz besagt einfach, daß sich der Massenpunkt nicht außerhalb des Kastens aufhalten kann. Es muß daher $\psi = 0$ sein für

$$\begin{aligned} x &= 0 & x &= a \\ y &= 0 & y &= b \\ z &= 0 & z &= c\,. \end{aligned}$$

Die ersten drei Bedingungen sind automatisch dadurch erfüllt, daß wir den Koordinatenursprung in eine Ecke gelegt und die Lösung durch Sinusfunktionen ohne Phasenkonstanten ausgedrückt haben. Damit die übrigen erfüllt sind, muß gelten

$$|p_x| = \frac{h}{2a}\,k_x\,, \quad |p_y| = \frac{h}{2b}\,k_y\,, \quad |p_z| = \frac{h}{2c}\,k_z\,, \tag{III 35}$$

wo k_x, k_y, k_z positive ganze Zahlen sind. Setzen wir (III 35) in (III 32) ein, so erhalten wir als Eigenwerte des Problems

$$\varepsilon_{k_x, k_y, k_z} = \frac{h^2}{8m}\left(\frac{k_x^2}{a^2} + \frac{k_y^2}{b^2} + \frac{k_z^2}{c^2}\right). \tag{III 36}$$

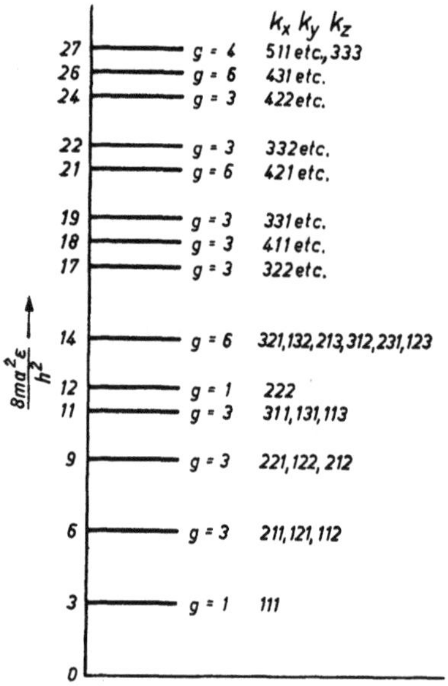

Abb. 7. Energieniveaus und Entartungsgrad für ein Teilchen in einem kubischen Behälter [entnommen aus: L. PAULING u. E. WILSON: Introduction to Quantum Mechanics. New York 1935]

Diese Eigenwerte sind für $a = b = c$ fast alle mehr oder weniger entartet[1]. Abb. 7 zeigt dazu in schematischer Darstellung die Energieniveaus mit ihrem Entartungsgrad. Dieses Beispiel läßt besonders deutlich erkennen, daß die diskreten Eigenwerte durch die Randbedingungen entstehen. Würden diese fortfallen, wäre also der Massenpunkt frei im Raume beweglich, so hätten wir ein kontinuierliches Eigenwertspektrum.

Ein weiteres Beispiel für die Anwendung der Gl. (III 26), das wir ebenfalls später benötigen, ist der freie räumliche Rotator. Man versteht darunter einen Massenpunkt, der sich auf einer Kugelfläche frei bewegt. Eine starre Hantel, die um ihren Schwerpunkt rotiert, gehorcht den gleichen Gesetzen (s. unten).

Um die Lage eines Massenpunktes auf einer Kugelfläche zu beschreiben, verwendet man natürlicherweise (wie in der Geographie) räumliche Polarkoordinaten r, ϑ, φ, die mit den cartesischen Koordinaten x, y, z zusammenhängen durch

$$x = r\,\sin\vartheta\,\cos\varphi\,, \quad y = r\,\sin\vartheta\,\sin\varphi\,, \quad z = r\,\cos\vartheta\,. \tag{III 37}$$

Wir müssen also Gl. (III 26) auf „Kugelkoordinaten" transformieren. Das läßt sich mit Hilfe von (III 37) elementar ausführen, ist dann aber sehr umständ-

---

[1] Wenn nicht wenigstens zwei der drei Größen a, b und c im Verhältnis ganzer Zahlen stehen, tritt keine Entartung auf.

lich. Viel einfacher gelangt man mit den Methoden der Vektoranalysis zum Ziele[1]. Das Resultat lautet, wenn wir wieder das Trägheitsmoment nach (III 20) einführen

$$\frac{1}{\sin\vartheta}\frac{\partial}{\partial\vartheta}\left(\sin\vartheta\,\frac{\partial\psi}{\partial\vartheta}\right) + \frac{1}{\sin^2\vartheta}\frac{\partial^2\psi}{\partial\varphi^2} + \frac{8\pi^2 A}{h^2}\,\varepsilon\,\psi = 0\,. \qquad \text{(III 38)}$$

Die Lösungen dieser Gleichung sind die LAPLACEschen Kugelfunktionen, deren explizite Gestalt wir nicht benötigen. Die Eigenwerte von (III 38) sind

$$\varepsilon_n = \frac{h^2}{8\pi^2 A}\,n(n+1) \quad (n = 0, 1, 2, \ldots)\,. \qquad \text{(III 39)}$$

Jeder dieser Eigenwerte ist $(2n+1)$-fach entartet.

Wir verallgemeinern unsere Betrachtungen jetzt und gehen zu Systemen aus N Teilchen (Massenpunkten) mit den Massen $m_1, m_2, \ldots, m_N$ über. Hier treten ganz neue Gesichtspunkte auf, die von entscheidender Bedeutung für die Formulierung der Quantenstatistik sind. Die potentielle Energie des Systems ist jetzt eine Funktion der Koordinaten sämtlicher Teilchen, hat also die Gestalt

$$U = U\left(x_1, y_1, z_1, x_2, \ldots, z_N\right) \qquad \text{(III 40)}$$

Die allgemeine SCHRÖDINGER-Gleichung des Systems lautet

$$-\frac{h^2}{8\pi^2}\sum_{i=1}^{N}\frac{1}{m_i}\,\Delta_i\Psi + U\Psi = -\frac{h}{2\pi i}\frac{\partial\Psi}{\partial t} \qquad \text{(III 41)}$$

mit

$$\Delta_i = \frac{\partial^2}{\partial x_i^2} + \frac{\partial^2}{\partial y_i^2} + \frac{\partial^2}{\partial z_i^2}\,. \qquad \text{(III 42)}$$

Das Gesamtsystem wird somit durch eine einzige Ψ-Funktion beschrieben, die von den Koordinaten sämtlicher Teilchen und der Zeit abhängt. Ihre Bedeutung ergibt sich als logische Verallgemeinerung der früheren Definition. Wir denken uns aus den Koordinaten sämtlicher Teilchen ein $3N$-dimensionales rechtwinkliges cartesisches Koordinatensystem konstruiert. Man nennt es den Konfigurationsraum oder q-Raum. Ein Punkt in diesem Konfigurationsraum definiert dann eine bestimmte räumliche Lage sämtlicher N-Teilchen in dem gewöhnlichen dreidimensionalen Raum. Bezeichnen wir mit $d\mathbf{q}$ das Volumenelement des q-Raumes, so gibt $\psi^*\psi\,d\mathbf{q}$ die Wahrscheinlichkeit, daß das Teilchen 1 Koordinaten zwischen x_1 und $x_1 + dx_1$, y_1 und $y_1 + dy_1$, z_1 und $z_1 + dz_1$ hat, das Teilchen 2 Koordinaten zwischen x_2 und $x_2 + dx_2$, y_2 und $y_2 + dy_2$, z_2 und $z_2 + dz_2$, schließlich das Teilchen N Koordinaten zwischen x_N und $x_N + dx_N$, y_N und $y_N + dy_N$, z_N und $z_N + dz_N$, mit anderen Worten, daß das System sich in dem dadurch bestimmten Volumenelement $d\mathbf{q}$ des Konfigurationsraumes befindet. Die Normierungsrelation lautet jetzt

$$\int \Psi^*\Psi\,d\mathbf{q} = 1\,, \qquad \text{(III 43)}$$

wo das $3N$-fache Integral über alle Werte der Koordinaten zu erstrecken ist, für die Ψ definiert ist. Aus (III 41) erhalten wir durch eine der früheren analoge Überlegung die zeitunabhängige SCHRÖDINGER-Gleichung (Amplituden-Gleichung) des Systems

$$\sum_{i=1}^{N}\frac{1}{m_i}\,\Delta_i\,\psi + \frac{8\pi^2}{h^2}\,(E - U)\,\psi = 0\,, \qquad \text{(III 44)}$$

---

[1] Vgl. etwa G. JOOS: Lehrbuch der theoretischen Physik, 8. Aufl. Leipzig 1954. — MARGENAU, H., u. G. M. MURPHY: The Mathematics of Physics and Chemistry. New York 1948.

wo E die Gesamtenergie des Systems bezeichnet. Auch diese Gleichung hat nur für bestimmte Eigenwerte E_n physikalisch sinnvolle Lösungen; die zugehörigen Eigenfunktionen bezeichnen wir wieder mit ψ_n. Diese Amplituden-Funktionen werden zweckmäßig ebenfalls auf 1 normiert durch die Beziehung

$$\int \psi_n^* \, \psi_n \, d\mathbf{q} = 1 \, . \tag{III 45}$$

Für die zu zwei verschiedenen Eigenwerten E_m und E_n gehörenden Eigenfunktionen gilt, wie wir hier nicht beweisen wollen[1], die sogenannte Orthogonalitätsrelation

$$\int \psi_m^* \, \psi_n \, d\mathbf{q} = 0 \, . \tag{III 46}$$

Die allgemeine Lösung von (III 41) kann geschrieben werden (wenn $\mathbf{q}$ symbolisch den ganzen Satz der Koordinaten bezeichnet)

$$\Psi(\mathbf{q}, t) = \sum_n a_n \, \Psi_n(\mathbf{q}, t) = \sum_n a_n \psi_n e^{-2\pi i \frac{E_n}{h} t} \, . \tag{III 47}$$

Die dazu konjugiert komplexe Lösung ist

$$\Psi^*(\mathbf{q}, t) = \sum_n a_n^* \, \Psi_n^*(\mathbf{q}, t) = \sum_n a_n^* \psi_n^* \, e^{2\pi i \frac{E_n}{h} t} \, . \tag{III 48}$$

Dann folgt mit (III 45) und (III 46), daß die Normierungsrelation (III 43) automatisch erfüllt ist, wenn die Koeffizienten a_n der Gleichung

$$\sum_n a_n^* a_n = 1 \tag{III 49}$$

genügen.

Wir wollen Gl. (III 44) zunächst benutzen, um das Problem des freien räumlichen Rotators für den Fall einer Hantel, d. h. zweier im festen Abstand r befindlicher Massenpunkte 1 und 2, zu erledigen. Bezeichnen wir die auf die Hantel als Ganzes bezogenen Größen durch den Index H, so lautet die Schrödinger-Gleichung (da $U = 0$ ist)

$$\frac{1}{m_1} \Delta_1 \psi_H + \frac{1}{m_2} \Delta_2 \psi_H + \frac{8\pi^2}{h^2} \varepsilon_H \psi_H = 0 \, . \tag{III 50}$$

Anstelle der cartesischen Koordinaten der beiden Massenpunkte führen wir die cartesischen Koordinaten des Schwerpunktes x, y, z ein und räumliche Polarkoordinaten r, ϑ, φ, welche die Lage des einen Massenpunktes relativ zum anderen beschreiben. Der Ursprung der letzteren liegt in dem Massenpunkt 1. Die neuen Koordinaten hängen mit den in Gl. (III 50) benutzten zusammen durch die Gleichungen

$$x = \frac{m_1 x_1 + m_2 x_2}{m_1 + m_2}, \quad y = \frac{m_1 y_1 + m_2 y_2}{m_1 + m_2}, \quad z = \frac{m_1 z_1 + m_2 z_2}{m_1 + m_2} \tag{III 51}$$

und

$$\begin{aligned} r \sin\vartheta \, \cos\varphi &= x_2 - x_1 \\ r \sin\vartheta \, \sin\varphi &= y_2 - y_1 \\ r \cos\vartheta &= z_2 - z_1 \, . \end{aligned} \tag{III 52}$$

Das Ergebnis der Transformation lautet

$$\frac{1}{m_1 + m_2} \left(\frac{\partial^2 \psi_H}{\partial x^2} + \frac{\partial^2 \psi_H}{\partial y^2} + \frac{\partial^2 \psi_H}{\partial z^2} \right) +$$

$$+ \frac{1}{\mu} \left[\frac{1}{r^2} \frac{\partial}{\partial r} \left(r^2 \frac{\partial \psi_H}{\partial r} \right) + \frac{1}{r^2 \sin\vartheta} \frac{\partial}{\partial \vartheta} \left(\sin\psi \frac{\partial \psi_H}{\partial \vartheta} \right) + \frac{1}{r^2 \sin^2\vartheta} \frac{\partial^2 \psi_H}{\partial \varphi^2} \right] + \tag{III 53}$$

$$+ \frac{8\pi^2}{h^2} \varepsilon_H \psi_H = 0 \, ,$$

---

[1] Siehe die auf S. 46 zitierten Lehrbücher.

wo

$$\mu = \frac{m_1 m_2}{m_1 + m_2} \qquad \text{(III 54)}$$

die reduzierte Masse des Systems ist. Gl. (III 53) läßt sich ohne weiteres separieren mit Hilfe des Ansatzes

$$\psi_{II} = \psi_S(x, y, z)\, \psi_R(r, \vartheta, \varphi)\,, \qquad \text{(III 55)}$$

wo ψ_S die ψ-Funktion der Schwerpunktsbewegung, ψ_R die der Relativbewegung ist. Die erstere interessiert uns hier nicht weiter. Für die letztere erhalten wir, da im Falle der Hantel $r = \mathrm{const}$ ist,

$$\frac{1}{\sin \vartheta}\, \frac{\partial}{\partial \vartheta}\left(\sin\vartheta\, \frac{\partial \psi_R}{\partial \vartheta}\right) + \frac{1}{\sin^2\vartheta}\, \frac{\partial^2 \psi_R}{\partial \varphi^2} + \frac{8\pi^2 A}{h^2}\, \varepsilon_R\, \psi_R = 0 \qquad \text{(III 56)}$$

mit

$$A = \mu\, r^2\,. \qquad \text{(III 57)}$$

Man sieht leicht, daß dieses A das Trägheitsmoment der Hantel um eine senkrecht zur Verbindungslinie der Massenpunkte durch den Schwerpunkt gehende Achse ist. Gl. (III 56) ist somit in der Tat völlig identisch mit (III 38).

Wir betrachten jetzt die Lösungen der Gl. (III 44) unter etwas allgemeineren Gesichtspunkten. Dabei bezeichnen wir zur Vereinfachung den Satz der Koordinaten des i-ten Teilchens mit $\mathbf{q}_i$, das Produkt der Differentiale dieser Koordinaten mit $d\mathbf{q}_i$; der Index i geht hier somit von 1 bis N. Ferner setzen wir von jetzt ab in diesem und dem nächsten Kapitel voraus, daß die potentielle Energie als eine Summe von Termen dargestellt werden kann, von denen jeder nur von einem Koordinatensatz $\mathbf{q}_i$ abhängt, also

$$U(\mathbf{q}) = \sum_{i=1}^{N} U_i(\mathbf{q}_i)\,. \qquad \text{(III 58)}$$

Physikalisch bedeutet dies, daß der Beitrag der Wechselwirkungsenergie zwischen den Teilchen gegen die Gesamtenergie vernachlässigt werden kann. Schließlich nehmen wir an, daß die N Teilchen untereinander gleich sind. Damit ist gemeint, daß einmal

$$m_1 = m_2 = \cdots = m_N = m \qquad \text{(III 59)}$$

ist und daß zum anderen U von den Koordinaten aller Teilchen in gleicher Weise abhängt. U soll somit invariant sein gegen Vertauschung von je zwei Koordinatensätzen $\mathbf{q}_i$.

Wir behandeln an dieser Stelle nur den einfachsten Fall eines Systems aus zwei Massenpunkten ($N = 2$), der bereits alle wesentlichen Gesichtspunkte erkennen läßt. Die SCHRÖDINGER-Gleichung eines solchen Systems lautet

$$\Delta_1 \psi + \Delta_2 \psi + \frac{8\pi^2 m}{h^2}\, [E - U_1(\mathbf{q}_1) - U_2(\mathbf{q}_2)]\psi = 0\,. \qquad \text{(III 60)}$$

Mit Hilfe des Ansatzes

$$\psi = \psi(\mathbf{q}_1)\, \psi(\mathbf{q}_2) \qquad \text{(III 61)}$$

läßt sich diese Gleichung ohne weiteres separieren. Sie zerfällt dann in die beiden Einzelgleichungen

$$\Delta_1 \psi(\mathbf{q}_1) + \frac{8\pi^2 m}{h^2}\, [\varepsilon_1 - U_1(\mathbf{q}_1)]\, \psi(\mathbf{q}_1) = 0\,,$$

$$\Delta_2 \psi(\mathbf{q}_2) + \frac{8\pi^2 m}{h^2}\, [\varepsilon_2 - U_2(\mathbf{q}_2)]\, \psi(\mathbf{q}_2) = 0\,. \qquad \text{(III 62)}$$

Man sieht, daß die bei der Separation auftretenden Konstanten ε_1 und ε_2 die Eigenwerte der Einzelteilchen sind. Dabei gilt stets

$$\varepsilon_1 + \varepsilon_2 = E\,. \qquad \text{(III 63)}$$

Auf Grund der Voraussetzungen sind die beiden Gleichungen (III 62), bis auf die Indizes, völlig identisch. Sie liefern daher den gleichen Satz von Eigenwerten. Wir charakterisieren dieselben jetzt nur noch durch die Quantenzahl, die wir als Index anfügen. Den gleichen Index schreiben wir an die zugehörigen Eigenfunktionen, während das Argument derselben die Koordinaten des betreffenden Teilchens bezeichnet. Es ist also etwa der zu den Quantenzahlen m und n gehörende Eigenwert des Systems

$$E_{m,n} = \varepsilon_m + \varepsilon_n \tag{III 64}$$

und eine zugehörige Eigenfunktion

$$\psi_{m,n} = \psi_m(\mathbf{q_1})\,\psi_n(\mathbf{q_2}) \tag{III 65}$$

Zu dem gleichen Eigenwert gehört aber, wie aus der Identität der beiden Gleichungen (III 62) folgt, auch die Eigenfunktion

$$\psi_{n,m} = \psi_n(\mathbf{q_1})\,\psi_m(\mathbf{q_2})\,, \tag{III 66}$$

die aus (III 65) durch einfache Vertauschung der beiden Teilchen hervorgeht. Wir sehen somit, daß der Eigenwert (III 64) zweifach entartet ist, wenn die Eigenwerte der Einzelteilchen ε_m und ε_n nicht entartet sind. Damit haben wir einen ganz neuen Entartungstyp, der für alle Mehrteilchenprobleme charakteristisch ist und nach seiner Entstehung als Austauschentartung bezeichnet wird. Sind die beiden Eigenwerte ε_m und ε_n selbst entartet, so ist die Gesamtzahl der zum Eigenwert (III 64) gehörenden Eigenfunktionen $2g_m g_n$ für $m \neq n$ und g_n^2 für $m = n$.

Obwohl die vorstehenden Überlegungen formal korrekt sind, ist das damit erreichte Resultat noch nicht endgültig. Wir haben oben gesehen, daß man aus der Gesamtheit der Lösungen der SCHRÖDINGER-Gleichung durch gewisse Postulate diejenigen aussondern muß, die physikalisch sinnvoll sind. Bei Mehrteilchenproblemen tritt nun ein anderes auswählendes Prinzip hinzu, das letzten Endes auf die Unbestimmtheitsrelation zurückgeht. Es besagt: In einem System von N gleichen Teilchen ist es im allgemeinen (d. h. wenn nicht besondere zusätzliche Bedingungen erfüllt sind) unmöglich, die einzelnen Teilchen individuell zu unterscheiden. Dieser Satz bedarf einer näheren Erläuterung.

Zunächst könnte es scheinen, als sei die Nichtunterscheidbarkeit bereits definitionsmäßig mit dem Begriff der gleichen Teilchen gegeben. Das ist in einem gewissen Sinne zwar richtig[1]; in dem obigen Satz ist jedoch etwas anderes gemeint. Sowohl die klassische Mechanik wie die Quantenmechanik setzen voraus, daß die Position eines Teilchens $\mathbf{q_0}$ in einem gegebenen Zeitpunkt t_0 sich im Prinzip beliebig genau messen läßt. Nach der klassischen Mechanik läßt sich nun die Bewegung dieses Teilchens vollständig in jedem Augenblick verfolgen. Man kann also in einem beliebigen späteren Zeitpunkt t_1 dieses Teilchen identifizieren als dasjenige, welches zur Zeit t_0 die Position $\mathbf{q_0}$ hatte. In diesem Sinne kann man sagen, daß in einem klassischen System von mehreren Teilchen diese sich durch die Werte $\mathbf{q_0}, t_0$ „etikettieren" lassen und damit zu jedem späteren Zeitpunkt individuell unterscheidbar sind, wie es in Kapitel II vorausgesetzt wurde. Nach der Quantenmechanik läßt sich die Bewegung eines durch ein Wertepaar q_0, t_0 etikettierten Teilchens z. B. nicht mehr verfolgen, sobald es mit einem anderen, ihm gleichen Teilchen zusammenstößt. Um zu entscheiden, welches der beiden Teilchen nach dem Stoß in einer bestimmten Richtung davonfliegt, müßte man gleichzeitig genaue Orts- und Impulsmessungen machen,

---

[1] Es ist gemeint, daß keine mit der Definition der Teilchen notwendig gegebene Eigenschaft (intrinsic property) die Unterscheidung ermöglicht.

was nach der HEISENBERGschen Unbestimmtheitsrelation unmöglich ist. Die
Teilchen haben daher bereits nach dem ersten Zusammenstoß ihr „Etikett"
verloren und sind auch in dem hier gemeinten Sinne nicht mehr individuell zu
unterscheiden. Es ist daher notwendig, die Theorie so zu formulieren, daß alle
Gleichungen, welche experimentell prüfbare Aussagen darstellen, gegen Vertauschung von Koordinatentripeln gleicher Teilchen invariant sind. In Anwendung
auf unser obiges Beispiel heißt dies, daß

$$\psi_{m,n}^{*}\,\psi_{m,n} = \psi_{n,m}^{*}\,\psi_{n,m} \tag{III 67}$$

sein muß. Man sieht sofort, daß diese Forderung durch die Eigenfunktionen
(III 65) und (III 66) nicht erfüllt wird. Gl. (III 65) sagt aus, daß das Teilchen 1
die Energie ε_m, das Teilchen 2 die Energie ε_n besitzt, was direkt dem oben formulierten Postulat widerspricht. Entsprechendes gilt für Gl. (III 66). Diese beiden
Eigenfunktionen sind daher sicherlich keine physikalisch sinnvollen Lösungen.
Da die SCHRÖDINGER-Gleichung eine lineare homogene Differentialgleichung ist,
sind auch alle Linearkombinationen von Lösungen selbst wieder Lösungen.
Wir können daher alle zum Eigenwert $E_{m,n}$ gehörenden Lösungen in der Form
schreiben

$$\psi_{m,n} = a\,\psi_m(\mathbf{q_1})\,\psi_n(\mathbf{q_2}) + b\,\psi_m(\mathbf{q_2})\,\psi_n(\mathbf{q_1}) \,. \tag{III 68}$$

Man erkennt in diesem einfachen Falle direkt, daß es nur zwei Möglichkeiten
für die Wahl der Koeffizienten gibt, welche der Gl. (III 67) und damit dem obigen
Postulat genügen, nämlich $a = 1/\sqrt{2}$, $b = 1/\sqrt{2}$ und $a = 1/\sqrt{2}$, $b = -1/\sqrt{2}$. Die
physikalisch sinnvollen Lösungen sind daher

$$\psi_s = \frac{1}{\sqrt{2}}\,[\psi_m(\mathbf{q_1})\,\psi_n(\mathbf{q_2}) + \psi_m(\mathbf{q_2})\,\psi_n(\mathbf{q_1})] \tag{III 69}$$

die „symmetrische Eigenfunktion", und

$$\psi_a = \frac{1}{\sqrt{2}}\,[\psi_m(\mathbf{q_1})\,\psi_n\mathbf{q_2}) - \psi_m(\mathbf{q_2})\,\psi_n(\mathbf{q_1})] \tag{III 70}$$

die „antisymmetrische Eigenfunktion". Die erstere bleibt bei einer Vertauschung
der Teilchen ungeändert, die letztere ändert dabei ihr Vorzeichen. In beiden
Fällen ist die Wahrscheinlichkeitsdichte invariant gegen die Vertauschung, wie
es (III 67) verlangt.

Die bisherigen Überlegungen führen zu dem Ergebnis, daß zum Eigenwert
(III 64) zwei physikalisch sinnvolle Lösungen, die symmetrische und die anti-
symmetrische Eigenfunktion, gehören. Indessen ist auch diese Aussage in einem
gewissen Sinne nur formal korrekt. Bei der Anwendung auf physikalische
Probleme findet nämlich nochmals eine Auswahl statt durch ein fundamentales
Prinzip, das als (verallgemeinertes) PAULI-Prinzip bezeichnet wird. Es besagt:
Ein System aus gleichen Teilchen, das sich in einem durch eine symmetrische
Eigenfunktion gekennzeichneten Zustand befindet, kann niemals und unter
keinen Umständen in einen durch eine antisymmetrische Eigenfunktion gekennzeichneten Zustand übergehen und umgekehrt. Der Symmetriecharakter der
Eigenfunktionen ist somit eine Eigenschaft der das System aufbauenden Teilchen
selbst. Die Frage, wie in konkreten Fällen die Zuordnung vorzunehmen ist,
kann bisher nur durch die Erfahrung entschieden werden. Vom physikalischen
Standpunkt gehört daher für ein gegebenes System aus gleichen Teilchen (wenn
die Eigenwerte der Einzelteilchen nicht entartet sind) zu jedem Eigenwert nur
eine Eigenfunktion, die symmetrische *oder* die antisymmetrische. Die Austauschentartung ist aufgehoben.

Mit den vorstehenden Überlegungen ist das Problem, soweit es uns hier interessiert, vollständig behandelt. Die Theorie enthält jedoch die Möglichkeit, daß unter gewissen Bedingungen das System sich weitgehend einem Verhalten nähert, das in seiner strengen Formulierung ausgeschlossen wird. Da der Unterschied praktisch häufig bedeutungslos ist, ist es zweckmäßig, diesen Fall gesondert zu betrachten. Die Voraussetzung, die wir machen, besteht darin, daß die Eigenfunktionen ψ_m und ψ_n sich praktisch nicht überlappen. Es soll also ψ_n praktisch Null sein für solche Werte der Koordinaten, für die ψ_m groß ist und umgekehrt. Das heißt, als Formel geschrieben,

$$\psi_m^*(\mathbf{q_1})\,\psi_n(\mathbf{q_1}) \approx \psi_n^*(\mathbf{q_1})\,\psi_m(\mathbf{q_1}) \approx \psi_m^*(\mathbf{q_2})\,\psi_n(\mathbf{q_2}) \approx \psi_n^*(\mathbf{q_2})\,\psi_m(\mathbf{q_2}) \approx 0\;. \quad \text{(III 71)}$$

Wir berechnen nun für die beiden Eigenfunktionen (III 69) und (III 70) die Wahrscheinlichkeitsdichten mit Berücksichtigung von (III 71). Es ergibt sich dann

$$\psi_s^*\,\psi_s = \psi_a^*\,\psi_a = \tfrac{1}{2}\left[|\psi_m(\mathbf{q_1})|^2\,|\psi_n(\mathbf{q_2})|^2 + |\psi_m(\mathbf{q_2})|^2\,|\psi_n(\mathbf{q_1})|^2\right]\;. \quad \text{(III 72)}$$

Der Unterschied im Verhalten von Teilchen mit symmetrischen Eigenfunktionen und solchen mit antisymmetrischen Eigenfunktionen verschwindet somit, wenn die Eigenfunktionen der Einzelteilchen sich nicht überlappen. Wir können noch einen Schritt weitergehen und die Wahrscheinlichkeit berechnen, ein Teilchen im Volumenelement $d\,\mathbf{q}^{(m)}$ zu finden, wo ψ_m groß ist, und das andere Teilchen im Volumenelement $d\,\mathbf{q}^{(n)}$, wo ψ_n groß ist[1]. Dafür ergibt sich mit (III 72)

$$\begin{aligned}
|\psi_s|^2\,(d\,\mathbf{q}_1^{(m)}d\,\mathbf{q}_2^{(n)} + d\,\mathbf{q}_2^{(m)}d\,\mathbf{q}_1^{(n)}) &= |\psi_a|^2(d\,\mathbf{q}_1^{(m)}d\,\mathbf{q}_2^{(n)} + d\,\mathbf{q}_2^{(m)}d\,\mathbf{q}_1^{(n)})\\
&= \tfrac{1}{2}\,|\psi_m(\mathbf{q_1})|^2\,|\psi_n(\mathbf{q_2})|^2\,d\,\mathbf{q}_1^{(m)}d\,\mathbf{q}_2^{(n)} + \tfrac{1}{2}\,|\psi_m(\mathbf{q_2})|^2\,|\psi_n(\mathbf{q_1})|^2\,d\,\mathbf{q}_2^{(m)}d\,\mathbf{q}_1^{(n)},
\end{aligned} \quad \text{(III 73)}$$

da im Volumenelement $d\,\mathbf{q}^{(n)}\psi_m$ praktisch Null ist und im Volumenelement $d\,\mathbf{q}^{(m)}\psi_n$. Den gleichen Ausdruck erhalten wir aber auch, wenn wir bei der Berechnung von den Eigenfunktionen (III 65) und (III 66) ausgehen. Das heißt mit anderen Worten: Wenn die Voraussetzung (III 71) erfüllt ist, können wir näherungsweise einem bestimmten Teilchen die Energie ε_m und die Eigenfunktion ψ_m, dem anderen die Energie ε_n und die Eigenfunktion ψ_n zuschreiben. Bleiben diese Verhältnisse über eine im Vergleich zur Dauer einer Messung lange Zeit erhalten, so können die Teilchen näherungsweise als individuell unterscheidbar im Sinne der früheren Definition betrachtet werden. Physikalisch erklärt sich dies dadurch, daß, wenn (III 71) gilt, praktisch keine Stöße zwischen den Teilchen auftreten, und damit die Ursache der Nichtunterscheidbarkeit fortfällt. Für das beschriebene Verhalten lassen sich verschiedene physikalische Beispiele anführen, etwa Gasmoleküle in verschiedenen Gefäßen oder die Atome eines Kristalls, die auf ihren Gitterplätzen Schwingungen ausführen. Bei den späteren Betrachtungen werden wir in solchen Fällen angenäherte Eigenfunktionen von der Art der Gl. (III 65) benutzen, welche aber (III 71) exakt erfüllen. Da, wie wir gesehen haben, die Austauschentartung durch die Symmetrisierung aufgehoben wird, und wir eine solche Symmetrisierung jetzt nicht vornehmen, muß die Austauschentartung berücksichtigt werden, um korrekte Resultate zu erhalten. Man spricht in derartigen Fällen von lokalisierten Teilchen. Die Bedeutung dieses Ausdruckes ergibt sich unmittelbar aus den oben angeführten Beispielen.

---

[1] An dieser Stelle ist der in Klammern gesetzte rechte obere Index bei den Koordinaten in der angegebenen speziellen Bedeutung gebraucht, die von der allgemein in diesem Buche benutzten Notierung (s. Anhang) abweicht.

§ 3.2. Grundbegriffe der Quantenstatistik

Da die Quantenmechanik eine statistische Theorie ist, liegt die Frage nahe, in welchem Sinne man daneben noch von einer Quantenstatistik sprechen kann. Um zu verstehen, was damit gemeint ist, gehen wir zweckmäßig aus von der Erfahrungstatsache, daß die Systeme, mit denen wir uns beschäftigen, unter geeigneten Bedingungen bei der Messung gewisser Größen zeitunabhängige Werte ergeben. Wir wollen dieselben Gleichgewichtseigenschaften nennen. Man sieht nun leicht, daß es sich dabei nicht um stationäre Zustände im Sinne der Quantenmechanik handeln kann. Diese sind nämlich nur für ungestörte Systeme definierbar, d. h. für Systeme, auf die nur zeitunabhängige konservative Kräfte[1] wirken. Jedes reale System, selbst wenn es im Sinne der makroskopischen Betrachtungsweise abgeschlossen ist, unterliegt aber der Wechselwirkung mit den Gefäßwänden und dem Strahlungsfeld, die sich prinzipiell nicht durch zeitunabhängige konservative Kräfte darstellen lassen. Man kann zwar annehmen, daß sich diese Störungen grundsätzlich mit beliebiger Genauigkeit in eine zeitabhängige SCHRÖDINGER-Gleichung einführen lassen und daß deren Lösung uns die Gleichgewichtseigenschaften liefern würde. Dieser Weg ist jedoch aus zwei Gründen nicht gangbar. Zunächst ist die Aufstellung und Lösung einer derartigen Gleichung rein praktisch eine unlösbare Aufgabe, da wir weder über die Kenntnisse noch über die Methoden verfügen, die dazu erforderlich wären. Dies entspricht völlig dem Sachverhalt, der im klassischen Fall zur Einführung der statistischen Methode geführt hat. Es kommt aber noch ein spezifisch quantenmechanischer Gesichtspunkt hinzu. Die strenge quantenmechanische Beschreibung, wie wir sie hier ins Auge gefaßt haben, ist ihrem Wesen nach diskontinuierlich. Aus geeigneten Messungen lassen sich mit Hilfe des quantenmechanischen Formalismus gewisse Wahrscheinlichkeitsvoraussagen über die Ergebnisse späterer Messungen machen. Die Durchführung derselben bewirkt jedoch eine Störung des Systems. Weitere Voraussagen über Ergebnisse späterer Messungen sind daher nur auf Grund einer neuen quantenmechanischen Berechnung möglich. Diese wird uns unter Umständen dieselben Gleichgewichtseigenschaften liefern wie die erste; es ist aber offensichtlich, daß man auf diesem Wege nicht zu einer geschlossenen Theorie der Gleichgewichtseigenschaften, d. h. zu einer Begründung der Thermodynamik gelangt.

Der Weg zur Überwindung dieser Schwierigkeiten wird durch die allgemeine quantenmechanische Störungstheorie nahegelegt. In dieser wird gezeigt, daß jeder Zustand eines gestörten Systems sich darstellen läßt durch eine Entwicklung nach Eigenfunktionen des ungestörten Systems mit zeitabhängigen Koeffizienten. Das Quadrat des Absolutbetrages eines solchen Koeffizienten kann interpretiert werden als die Wahrscheinlichkeit, das System in dem betreffenden Eigenzustand zu finden. Das aus der Ψ-Funktion abgeleitete beobachtbare Verhalten erscheint daher als eine Superposition der stationären Zustände. Da unsere Kenntnisse über das System nicht ausreichen, um diese Rechnung für einen konkreten Fall durchzuführen, können wir nur so vorgehen, daß wir aus der zeitunabhängigen SCHRÖDINGER-Gleichung des ungestörten Systems alle stationären Zustände bestimmen, die mit unseren fragmentarischen Kenntnissen über das System (Energie, Volumen, Molzahlen usw.) vereinbar sind. Bilden wir über diese stationären Zustände Mittelwerte der uns interessierenden Größen, so erhalten wir Aussagen über Wahrscheinlichkeitsaggregate aus Messungen solcher Größen, von denen jede einzelne unter Bedingungen erfolgt, die unseren der Berechnung zugrunde

---

[1] Konservative Kräfte nennt man Kräfte, die sich von einem skalaren Potential ableiten lassen.

gelegten fragmentarischen Kenntnissen entsprechen. Praktisch sind diese Mittelwerte aber bereits Aussagen über die Ergebnisse einzelner Messungen an dem interessierenden System, wie wir schon in § 2.2 erörtert haben. Die auf diesem Wege erhaltenen Resultate sind notwendig Gleichgewichtseigenschaften. Man kann also ihre Existenz damit nicht begründen; sie muß vielmehr als Erfahrungstatsache vorausgesetzt werden.

Das allgemeine Konzept der Quantenstatistik und ihr Unterschied gegenüber den statistischen Aussagen der Quantenmechanik ist damit bereits gegeben. Beide haben ihre Wurzel in einer unvollständigen Kenntnis des Systems. Im Falle der Qantenmechanik ist diese durch die HEISENBERGsche Unbestimmtheitsrelation bedingt und somit prinzipieller Natur. Die Quantenstatistik beruht dagegen auf der praktischen Unmöglichkeit, ein makroskopisches System streng nach den Methoden der Quantenmechanik zu behandeln. Ihr Material sind daher die selbst statistischen Aussagen der Quantenmechanik.

Wir wollen dies allgemeine Bild nun etwas genauer ausführen. Es ist ein charakteristischer Zug der Quantenstatistik, daß sie nicht die expliziten Eigenfunktionen, sondern nur die Eigenwerte und ihre Entartungsgrade benötigt. In dem realen System finden laufend Übergänge zwischen diesen Eigenzuständen statt. Sie sind somit keine stationären Zustände im strengen Sinne und ihre Energien sind daher nicht scharf definiert. Für diese Unschärfe gilt eine zu (III 1) analoge Unbestimmtheitsrelation

$$\Delta E \, \Delta t \geqq \frac{h}{4\pi}, \tag{III 74}$$

wo Δt die mittlere Verweilzeit in dem fraglichen Zustand bzw. die Zeitdauer einer Beobachtung ist. Aus diesem Grunde kann man bei der statistischen Behandlung eines Systems von vorgegebener Gesamtenergie E nicht so vorgehen, daß man über die zu diesem Eigenwert gehörenden Eigenfunktionen mittelt. Infolge der Unschärfe der Energieniveaus finden nämlich auch Übergänge zu benachbarten Eigenwerten statt, so daß man alle Eigenfunktionen, die zum Energieintervall zwischen E und $E + \Delta E$ gehören, in die Rechnung einbeziehen muß. Für die expliziten Rechnungen, die wir in diesem und dem folgenden Kapitel durchführen, ist es nicht notwendig, darauf Rücksicht zu nehmen. Dagegen spielt dieser Gesichtspunkt eine Rolle für die allgemeine Begründung der Thermodynamik. Wir werden daher in Kapitel VI nochmals darauf zurückkommen. Die Mittelung einer Größe X über die verschiedenen Quantenzustände (Eigenfunktionen), die im Intervall von E bis $E + \Delta E$ liegen, muß nun offenbar so erfolgen, daß jeder Quantenzustand mit einem Gewicht eingesetzt wird, welches der mittleren Wahrscheinlichkeit proportional ist, das System in diesem Zustand anzutreffen. Diese Größen lassen sich aber ohne zusätzliche Annahmen aus der Theorie nicht deduzieren. Es tritt uns somit hier, wie früher (§ 2.3) in der klassischen Statistik, das Problem einer Wahl der a priori-Gewichte entgegen. Auch in der Quantenstatistik muß an dieser Stelle ein zusätzliches Postulat eingeführt werden, das letzten Endes nur durch die Erfahrung gerechtfertigt wird. Wir geben ihm die Form: Um den Gleichgewichtswert $\overline{X}$ einer Systemeigenschaft X zu finden, hat man diese Eigenschaft über alle mit den vorgegebenen Bedingungen vereinbaren stationären Zustände zu mitteln, wobei jeder Zustand das gleiche a priori-Gewicht Eins erhält. Wir haben somit die Grundformel

$$\overline{X} = \frac{\Sigma X}{\Sigma 1}, \tag{III 75}$$

wo die Summierungen über alle vorher erwähnten Zustände zu erstrecken sind. Diese Zustände sind die im Intervall von E bis $E + \Delta E$ liegenden linear unabhängigen Eigenfunktionen. Die vorgegebenen Bedingungen stellen unsere fragmentarische Kenntnis des Systems dar.

Wir haben damit eine hinreichende Grundlage für die Überlegungen dieses Kapitels gewonnen. In Kapitel IV werden wir das vorstehende Postulat noch etwas schärfer formulieren und in Kapitel VI versuchen, die Zusammenhänge unter allgemeineren Gesichtspunkten zu verstehen. Der Charakter des zusätzlichen Postulates als solcher wird dadurch jedoch nicht berührt.

Es wurde schon früher (§ 2.3) erwähnt, daß unter gewissen Bedingungen (die bei der Mehrzahl der Anwendungen erfüllt sind) die exakten Formeln der Quantenstatistik mit hinreichender Näherung durch die (etwas modifizierten) Gleichungen der klassischen Theorie ersetzt werden können. Das ist letzten Endes eine Folge aus dem BOHRschen Korrespondenzprinzip, nach dem die Gesetze der Quantentheorie für hohe Quantenzahlen asymptotisch in die klassischen Gesetze übergehen. Die bisherigen Überlegungen zur Quantenstatistik beziehen sich auf Eigenwerte und Eigenfunktionen. Um den erwähnten Übergang vollziehen zu können, müssen wir sie jetzt in der gleichen Sprache ausdrücken, in der wir die klassische Statistik formuliert haben. Das heißt mit anderen Worten, wir müssen die quantenmechanische Statistik in die Sprache der μ-Raum-Statistik übersetzen. Die Beziehung zwischen beiden Ausdrucksweisen wird durch ein allgemeines Prinzip hergestellt, welches besagt: Jeder linear unabhängigen Eigenfunktion eines Teilchens von s Freiheitsgraden entspricht jedenfalls für große Quantenzahlen ein Volumen der Größe h^s im μ-Raum. Eine solche „Zelle" wird also durch s Quantenzahlen bestimmt.

Die Begründung dieses Prinzips ergibt sich in einer Richtung unmittelbar aus der HEISENBERGschen Unbestimmtheitsrelation. Aus der Beziehung (III 1) (die für jeden Freiheitsgrad gilt) folgt nämlich, daß der Ort eines Teilchens im μ-Raum sich bis auf ein Volumen h^s genau definieren läßt. Eine genauere Festlegung hätte keinen physikalischen Sinn. Der μ-Raum ist daher vom Standpunkt der Quantenmechanik kein Kontinuum, sondern er besitzt, wie man gewöhnlich sagt, eine Zellenstruktur, wobei jeder Zelle die Größe h^s zukommt. Die in der klassischen Theorie inkonsequente Diskontinuität folgt somit aus den Prinzipien der Quantenmechanik. Damit erklärt sich auch, daß wir in § 2.8 als Maßzahl für das Volumen des μ-Raumes die Größe h^s eingeführt haben. Die dort nicht erklärte Größe h enthüllt sich jetzt als das PLANCKsche Wirkungsquantum. Die vorstehende Überlegung erklärt allerdings nur die Zellenstruktur als solche, aber noch nicht die Beziehung zur quantenmechanischen Statistik. Wir wollen uns hier damit begnügen, diesen Zusammenhang für den speziellen Fall des linearen harmonischen Oszillators zu beweisen. Die klassische Mechanik liefert in diesem Falle für die Energie den Ausdruck

$$\varepsilon = \frac{p^2}{2m} + \frac{(2\pi\nu q)^2 m}{2} \; . \tag{III 76}$$

Bei vorgegebener Energie ε beschreibt der Oszillator somit in dem (jetzt zweidimensionalen) μ-Raum eine Ellipse mit den Halbachsen $(2m\varepsilon)^{1/2}$ und $\left(\frac{2\varepsilon}{m}\right)^{1/2}\Big/2\pi\nu$. Da die Energie klassisch jeden beliebigen Wert annehmen kann, bilden die klassischen „Phasenbahnen" eine kontinuierliche Schar von koaxialen Ellipsen. Die von einer solchen Bahn umschlossene Fläche ist

$$F = \pi(2m\varepsilon)^{1/2}\left(\frac{2\varepsilon}{m}\right)^{1/2}\Big/2\pi\nu = \frac{\varepsilon}{\nu} \; . \tag{III 77}$$

Quantenmechanisch kann aber die Energie nur die durch Gl. (III 16) gegebenen Werte annehmen. Es sind daher nur gewisse Phasenbahnen erlaubt, und die Fläche zwischen zwei erlaubten Phasenbahnen ist gerade gleich h. Der μ-Raum wird somit in Zellen der Größe h geteilt und, weil der lineare harmonische Oszillator nicht entartet ist, also zu jedem Eigenwert nur eine linear unabhängige Eigenfunktion gehört, entspricht somit in der Tat jeder linear unabhängigen Eigenfunktion ein Volumen h^s (in diesem Falle $s=1$) im μ-Raum.

Um die Quantenstatistik explizit entwickeln zu können, müssen wir jetzt noch die Überlegungen, die wir in § 3.1 am Beispiel eines Systems von zwei Teilchen durchgeführt haben, für ein System aus N Teilchen verallgemeinern. Wir können uns dabei kurz fassen, da keine wesentlich neuen Gesichtspunkte auftreten. Unter den früher (§ 3.1) erwähnten Voraussetzungen lautet die SCHRÖDINGER-Gleichung eines solchen Systems

$$\sum_{i=1}^{N} \Delta_i \, \psi + \frac{8\pi^2 m}{h^2} \left[E - \sum_{i=1}^{N} U_i(\mathbf{q}_i) \right] \psi = 0 \, . \tag{III 78}$$

Durch Separation entstehen daraus N Gleichungen

$$\Delta_i \, \psi(\mathbf{q}_i) + \frac{8\pi^2 m}{h^2} \left[\varepsilon_i - U_i(\mathbf{q}_i) \right] \psi(\mathbf{q}_i) = 0 \, . \tag{III 79}$$

Die Eigenwerte von (III 78) setzen sich aus N Eigenwerten von (III 79) zusammen in der Form

$$E_l = N_m \, \varepsilon_m + N_n \, \varepsilon_n + \cdots + N_r \, \varepsilon_r \, , \tag{III 80}$$

wo N_m die Zahl der Teilchen mit dem Eigenwert ε_m ist. Dabei gilt naturgemäß

$$N_m + N_n + \cdots + N_r = N \, . \tag{III 81}$$

Eine zu (III 80) gehörende Eigenfunktion hat die Gestalt

$$\psi_l = \psi_m(\mathbf{q}_1) \cdots \psi_m(\mathbf{q}_{N_m}) \, \psi_n(\mathbf{q}_{N_m+1}) \cdots \psi_n(\mathbf{q}_{N_m+N_n}) \cdots \psi_r(\mathbf{q}_N) \, . \tag{III 82}$$

Die Gesamtzahl derartiger Eigenfunktionen ist, wenn wir neben der Austauschentartung auch die Entartung der Eigenwerte von (III 79) berücksichtigen, nach § 1.2

$$\Omega_D = \frac{N!}{\prod\limits_i N_i!} \, \prod_i g_i^{N_i} \, . \tag{III 83}$$

Im Falle der lokalisierten Teilchen ist dies bereits die richtige Abzählung der Eigenfunktionen, die der Statistik zugrunde gelegt werden muß. Im Falle der nicht lokalisierten Teilchen mit symmetrischen Eigenfunktionen hat eine zu (III 80) gehörende Lösung die Gestalt

$$\psi_l = \frac{1}{\sqrt{N!}} \left\| \begin{matrix} \psi_m(\mathbf{q}_1) \, \psi_m(\mathbf{q}_2) \cdots \psi_m(\mathbf{q}_N) \\ \psi_n(\mathbf{q}_1) \, \psi_n(\mathbf{q}_2) \cdots \psi_n(\mathbf{q}_N) \\ \vdots \qquad\qquad\qquad \vdots \\ \psi_r(\mathbf{q}_1) \, \psi_r(\mathbf{q}_2) \cdots \psi_r(\mathbf{q}_N) \end{matrix} \right\| \tag{III 84}$$

wo das Zeichen $\| \; \|$ bedeutet, daß der Ausdruck wie eine Determinante zu bilden, aber nur mit positiven Vorzeichen zu nehmen ist. Sie wird durch Vertauschung zweier Teilchen nicht geändert. Wegen der Aufhebung der Austauschentartung ist dann, wie sich durch Anwendung von Gl. (I 20) ergibt, die Zahl der zu (III 80) gehörenden Eigenfunktionen

$$\Omega_D = \prod_i \frac{(N_i + g_i - 1)!}{N_i!(g_i - 1)!} \, . \tag{III 85}$$

Für ein System aus Teilchen mit antisymmetrischen Eigenfunktionen hat eine zu (III 80) gehörende Lösung die Gestalt

$$\psi_l = \frac{1}{\sqrt{N!}} \begin{vmatrix} \psi_m(\mathbf{q}_1) & \psi_m(\mathbf{q}_2) & \cdots & \psi_m(\mathbf{q}_N) \\ \psi_n(\mathbf{q}_1) & \psi_n(\mathbf{q}_2) & \cdots & \psi_n(\mathbf{q}_N) \\ \cdot & & \cdot & \\ \cdot & & \cdot & \\ \cdot & & \cdot & \\ \psi_r(\mathbf{q}_1) & \psi_r(\mathbf{q}_2) & \cdots & \psi_r(\mathbf{q}_N) \end{vmatrix} . \qquad \text{(III 86)}$$

Die Lösung wird hier somit durch eine Determinante N-ten Grades dargestellt. Eine Vertauschung zweier Teilchen bewirkt darin eine Vertauschung zweier Spalten, und nach den Regeln der Determinantenrechnung ändert diese in der Tat das Vorzeichen. Wenn zwei Teilchen die gleiche Eigenfunktion haben, so bedeutet dies, daß in (III 86) zwei der an den ψ angebrachten Indices gleich sind. Wir haben dann eine Determinante mit zwei gleichen Zeilen, und diese verschwindet nach einem Satz der Determinantenrechnung. Zu einem derartigen Eigenwert des Gesamtsystems existiert somit keine Eigenfunktion, d. h., der betreffende Zustand ist physikalisch nicht realisierbar. Dieser Satz ist eine Verallgemeinerung des bekannten Paulischen Ausschließungsprinzips der Atomtheorie. Im anderen Falle gehören zu einem Eigenwert nach Gl. (I 19)

$$\Omega_D = \prod_i \frac{g_i!}{N_i!(g_i - N_i)!} \qquad (N_i \leqq g_i) \quad \text{(III 87)}$$

Eigenfunktionen. Wenn die Eigenwerte der Einzelteilchen nicht entartet sind, reduzieren sich die Gl. (III 85) und (III 87) auf $\Omega_D = 1$.

Mit Hilfe der Ω_D kann die Grundformel (III 75) geschrieben werden

$$\overline{X} = \frac{\Sigma X \Omega_D}{\Sigma \Omega_D} = \frac{\Sigma X \Omega_D}{\Omega} \qquad (\Omega = \Sigma \Omega_D) , \quad \text{(III 88)}$$

wo jetzt die Summierung über die durch (III 80) definierten Eigenwerte zu erstrecken ist. Durch Einsetzen der Gl. (III 83), (III 85) und (III 87) ergeben sich daraus die Ausgangsgleichungen für die drei speziellen Formen der Quantenstatistik: Die Statistik lokalisierter Teilchen, die Statistik nicht-lokalisierter Teilchen mit symmetrischen Eigenfunktionen und die Statistik nicht-lokalisierter Teilchen mit antisymmetrischen Eigenfunktionen. Die erstere behandeln wir in diesem Kapitel, die beiden anderen in Kapitel IV.

§ 3.3. Allgemeines über die Darwin-Fowlersche Methode

Die Ausführungen des vorhergehenden Paragraphen zeigen, daß die durch die Gl. (III 83), (III 85) und (III 87) definierten Größen Ω_D in der Ausdrucksweise der μ-Raumstatistik Gewichte von Makrozuständen sind. Im besonderen ist die für Systeme aus lokalisierten Teilchen gültige Gl. (III 83) im wesentlichen identisch mit Gl. (II 48). Man kann daher für den mathematischen Aufbau der Quantenstatistik ohne weiteres die in Kapitel II entwickelten Methoden benutzen. Das würde darauf hinauslaufen, daß in der Grundformel (III 88) die Summen durch die maximalen Terme $X \Omega_{D\,max}$ bzw. $\Omega_{D\,max}$ ersetzt werden. Wir wollen jedoch hier einen anderen Weg einschlagen, der von Darwin und Fowler[1] angegeben wurde. Diese Methode ist mathematisch exakter, weil sie die Benutzung der Stirlingschen Formel vermeidet. Sie führt außerdem zu einem

---

[1] Darwin, C. S., u. R. H. Fowler: Philosophic. Mag. **44**, 450, 823 (1922); **45**, 1 (1923). Eine moderne zusammenfassende Darstellung gibt R. H. Fowler: Statistical Mechanics, 2nd ed. Cambridge 1936.

tieferen Verständnis der Zusammenhänge und ist von sehr allgemeiner Bedeutung, so daß ihre Kenntnis zum Verständnis vieler neuerer Arbeiten unerläßlich ist. Allerdings ist diese Methode in der rechnerischen Durchführung komplizierter als die „klassische" des maximalen Terms. Es wird daher nützlich sein, wenn wir uns zuerst einen allgemeinen Überblick über den Gedankengang verschaffen.

Man kann bei der DARWIN-FOWLERschen Methode vier Hauptschritte unterscheiden, die wir der Reihe nach kurz besprechen wollen.

a) Über das zu untersuchende System wird als bekannt vorausgesetzt, daß es aus N (in unserem Falle lokalisierten) Teilchen besteht und eine Gesamtenergie zwischen E und $E + \Delta E$ besitzt. Es läßt sich aber zeigen[1], daß man einen vernachlässigbaren Fehler begeht, wenn man von vornherein mit einer scharfen Energie E des Gesamtsystems rechnet. Zur Vereinfachung der Formeln werden wir dies auch im folgenden tun. Den Ausgangspunkt der Rechnung bilden die Gl. (III 83) und (III 88). Die mathematische Aufgabe besteht daher in der Berechnung von gewissen Summen aus Fakultätenausdrücken. Für die Summierung gelten dabei die durch die fragmentarische Kenntnis des Systems gegebenen Nebenbedingungen konstanter Teilchenzahl und konstanter Gesamtenergie.

b) Es läßt sich zeigen, daß die erwähnten Fakultätensummen die Koeffizienten in den Potenzreihen-Entwicklungen gewisser Funktionen sind, die man nach LAPLACE erzeugende Funktionen nennt (vgl. § 1.3). Die nächste Aufgabe besteht daher jetzt in dem Aufsuchen der erzeugenden Funktionen.

c) Es kann vorkommen, daß der gesuchte Koeffizient sich direkt explizit angeben läßt. Dann ist das statistische Problem mit dem Aufsuchen der erzeugenden Funktion bereits erledigt (vgl. § 3.4). In den meisten Fällen muß man jedoch einen anderen Weg einschlagen. Wird nämlich die erzeugende Funktion als Funktion von einer (unter Umständen auch mehreren) komplexen Variablen definiert, so bildet der CAUCHYsche Residuensatz der Funktionentheorie eine allgemeine Möglichkeit, den gesuchten Koeffizienten zu berechnen. Nehmen wir etwa an, daß die Funktion einer komplexen Variablen $f(z)$ in einem gewissen Gebiet eindeutig und regulär ist mit Ausnahme des Punktes $z = 0$. $f(z)$ läßt sich dann in eine Potenzreihe entwickeln gemäß

$$f(z) = \sum_{n=-\infty}^{n=+\infty} a_n z^n \qquad \text{(III 89)}$$

(LAURENTsche Reihe). Diese Reihe konvergiert außerhalb $z = 0$ und innerhalb des Kreises, auf dem die nächste Singularität von $f(z)$ liegt. Wenn $a_n = 0$ ist für $n < 0$, ist $f(z)$ in $z = 0$ regulär und (III 89) geht in die TAYLORsche Reihe über. Ist $a_n = 0$ für $n < m < 0$ und $a_m \neq 0$, so sagt man, daß $f(z)$ in $z = 0$ einen Pol m-ter Ordnung hat. Treten unendlich viele Terme mit negativen Exponenten in (III 89) auf, so spricht man von einer wesentlichen Singularität im Punkte $z = 0$. Der Residuensatz besagt nun, daß der Koeffizient des Gliedes z^{-1} in (III 89) gegeben ist durch

$$a_{-1} = \frac{1}{2\pi i} \oint f(z)\, dz. \qquad \text{(III 90)}$$

Der Integrationsweg ist eine geschlossene Kurve um $z = 0$, welche keine weiteren Singularitäten einschließen darf, im übrigen aber beliebig ist; er muß entgegen dem Uhrzeigersinn durchlaufen werden. Suchen wir nun etwa den Koeffizienten von z^a in der erzeugenden Funktion, so muß dieselbe noch durch z^{a+1} dividiert werden, um diesen Koeffizienten mit Hilfe des Residuensatzes berechnen zu können.

[1] FOWLER, R. H., u. E. A. GUGGENHEIM: Statistical Thermodynamics. Cambridge 1949.

d) Die Berechnung des Integrals (III 90) (das wir im weiteren kurz als CAUCHY-Integral bezeichnen) erfolgt nach einem Näherungsverfahren, das als Sattelpunktmethode (method of steepest descents) bekannt ist. Der Integrand besitzt auf der positiven reellen Achse im Konvergenzbereich der Potenzreihe ein (und zwar nur ein) Minimum, etwa bei $z = \vartheta$. Man wählt nun als Integrationsweg einen Kreis um den Koordinatenursprung vom Radius ϑ. Es läßt sich dann zeigen, daß der Integrand längs des Integrationsweges in ϑ ein äußerst steiles Maximum besitzt. Der Punkt ϑ ist somit ein Sattelpunkt (Abb. 8). Zum Integral trägt dann praktisch nur die unmittelbare Umgebung des Sattelpunktes etwas bei. Auf Rezeptform gebracht, läuft die Sattelpunktmethode im wesentlichen darauf hinaus, daß man das CAUCHY-Integral durch den Wert des Integranden am Sattelpunkt ersetzt. In den resultierenden Formeln tritt daher die Koordinate des Sattelpunktes als Parameter auf, der zunächst keine physikalische Bedeutung besitzt. Die weitere Untersuchung zeigt dann, daß dieser Parameter wieder ein statistisches Analogon der Temperatur ist.

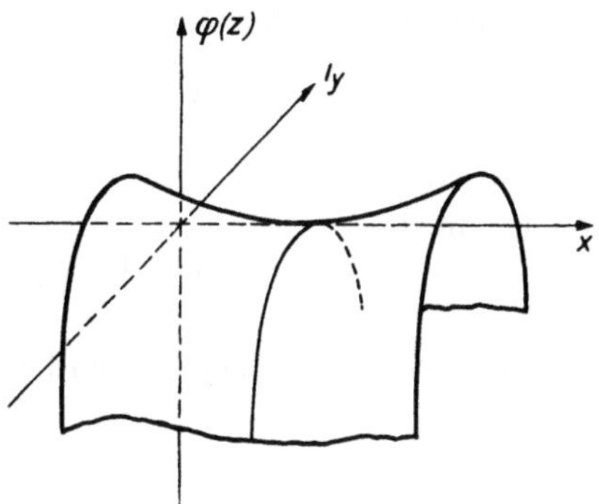

Abb. 8. Sattelpunkt

Die Ergebnisse der DARWIN-FOWLERschen Methode stimmen überein mit denen, die man nach der Methode des maximalen Terms erhält. Dies beruht darauf, daß die unmittelbare Umgebung des Sattelpunktes den Beitrag der häufigsten Verteilungen zu $\Sigma \Omega_D$ liefert. Die neuen Formeln lassen aber klar erkennen, welches die Natur der Näherung ist und welche Vernachlässigungen man dabei begeht.

§ 3.4. Die erzeugende Funktion.

I. Nebenbedingung

Zur Einführung in die DARWIN-FOWLERsche Methode wollen wir zunächst ein einfaches Beispiel ohne Beziehung zur Quantentheorie behandeln, bei dem der mathematisch schwierigste Teil, die Anwendung des Residuensatzes und der Sattelpunktmethode, fortfällt[1]. Die erzeugende Funktion liefert somit hier direkt einen expliziten Ausdruck für den gesuchten Koeffizienten, und unsere Aufgabe reduziert sich auf die Ermittlung der erzeugenden Funktion.

Es handelt sich bei diesem Beispiel um das gleiche Problem, das wir schon in § 2.1 und 2.2 behandelt haben, nämlich um die räumliche Verteilung von N Molekülen eines idealen Gases in einem Volumen V. Wir teilen, wie früher, das Volumen in s gleich große numerierte Zellen, fragen aber jetzt im Sinne unserer neuen Formulierungen nach der mittleren Zahl der Moleküle $\overline{N}_j$, die sich in der Zelle j befinden. Diese Größe erhalten wir durch Mittelung von N_j über alle Mikrozustände (Komplexionen).

Das statistische Gewicht eines Makrozustandes ist, wie früher, gegeben durch

$$W = \frac{N!}{\prod\limits_{i=1}^{s} N_i!} \, . \tag{III 91}$$

---

[1] Den Hinweis auf dieses Beispiel verdanke ich der Freundlichkeit von Herrn Prof. H. HARTMANN.

Die Gesamtzahl aller Mikrozustände ist

$$C = \Sigma W = \Sigma \frac{N!}{\prod\limits_{i=1}^{s} N_i!} \, , \tag{III 92}$$

wo für die Summierung die Nebenbedingung

$$\Sigma N_i = N \tag{III 93}$$

gilt. Wir betrachten jetzt die Funktion einer reellen Variablen

$$F(x) = N! \, e^{sx} \, . \tag{III 94}$$

Den zweiten Faktor der rechten Seite können wir schreiben

$$e^{sx} = \left(1 + x + \frac{x^2}{2!} + \frac{x^3}{3!} + \cdots\right)^{s} . \tag{III 95}$$

Wird die rechte Seite dieser Gleichung ausmultipliziert, so lautet das allgemeine Glied

$$\left(\Sigma \frac{1}{\prod a_i!}\right) x^{\Sigma a_i} = \left(\Sigma \frac{1}{\prod a_i!}\right) x^{a} , \tag{III 96}$$

wo a_i alle positiven ganzen Zahlen bedeuten kann und

$$\Sigma a_i = a \tag{III 97}$$

ist. Ersetzen wir jetzt die a_i durch die N_i, die ja ebenfalls alle positiven ganzen Zahlen sein können, und ferner a durch N', so wird $\Sigma N_i = N'$ und

$$F(x) = \sum_{N'=0}^{\infty} \left(\Sigma \frac{N!}{\prod N_i!}\right) x^{N'} = N! \, e^{sx} \, . \tag{III 98}$$

Der Vergleich mit Gl. (III 92) und (III 93) zeigt, daß C der Koeffizient des Gliedes x^N in der Entwicklung von $F(x)$ nach Potenzen von x ist und somit $F(x)$ die erzeugende Funktion für C. Diesen Koeffizienten können wir aber hier sofort explizit angeben. Entwickeln wir nämlich in (III 94) die e-Funktion als Ganzes, so folgt unmittelbar

$$C = s^N \, , \tag{III 99}$$

was sich naturgemäß auch ohne Rechnung sofort anschreiben läßt. Die mittlere Zahl der Teilchen in der Zelle j ist

$$\overline{N}_j = \frac{\Sigma N_j \dfrac{N!}{\prod N_i!}}{\Sigma \dfrac{N!}{\prod N_i!}} \tag{III 100}$$

oder

$$C \, \overline{N}_j = \Sigma N_j \frac{N!}{\prod N_i!} \, , \tag{III 101}$$

wo für die Summierungen wieder die Nebenbedingung (III 93) gilt. Auf der rechten Seite von (III 101) können wir in jedem Summanden N_j gegen $N_j!$ kürzen, so daß im Nenner ein Faktor $(N_j - 1)!$ stehen bleibt. Da in der Summe (III 101) die Glieder mit $N_j = 0$ verschwinden, haben die Nenner jetzt die gleiche Gestalt wie bei einer Verteilung von $N - 1$ Molekülen auf s Zellen. Wir können daher schreiben

$$C \, \overline{N}_j = N \, \Sigma \frac{(N-1)!}{\prod N_i!} \tag{III 102}$$

mit der Nebenbedingung

$$\Sigma N_i = N - 1 \, . \tag{III 103}$$

Die Summe auf der rechten Seite von (III 102) ist dann gleich der Gesamtzahl der Mikrozustände bei einer Verteilung von $N-1$ Molekülen auf s Zellen, die wir C' nennen. Die obige Rechnung ergibt dafür

$$C' = s^{N-1}.$$ (III 104)

Es wird somit

$$C\,\overline{N}_j = N\,C'$$ (III 105)

oder mit (III 99) und (III 104)

$$\overline{N}_j = \frac{N}{s}.$$ (III 106)

Im Mittel entfällt also auf jede Zelle der gleiche Bruchteil $1/s$ der Moleküle, was wir früher (§ 2.2) schon als wahrscheinlichste Verteilung gefunden hatten.

Wir wollen zu dieser Rechnung noch einige allgemeine Bemerkungen machen. Betrachten wir den Bau der erzeugenden Funktion anhand der Gl. (III 95), so können wir sie als ein Produkt von Polynomen beschreiben. Zu jeder Zelle gehört ein Faktor des Produktes. Die einzelnen Glieder eines Polynoms beschreiben die verschiedenen Besetzungen der betreffenden Zelle; die Besetzungszahlen treten als Exponenten der Variablen x auf. Aus (III 98) ersieht man, daß die Aufgabe der Variablen x darin besteht, diejenigen Kombinationen der N_i auszusondern, welche der Nebenbedingung (III 93) genügen. Man nennt deshalb nach FOWLER x auch wohl die Auswahlvariable (selector variable). Im allgemeinen muß die Zahl der Auswahlvariablen übereinstimmen mit der Zahl der Nebenbedingungen. Unter Umständen kann man allerdings die erzeugende Funktion so konstruieren, daß eine Nebenbedingung automatisch berücksichtigt wird. Für diese benötigt man dann keine Auswahlvariable mehr. Wir werden schon im nächsten Paragraphen ein Beispiel für diesen Sachverhalt kennenlernen.

§ 3.5. Die Sattelpunktmethode.

II. Nebenbedingung

Wir kommen jetzt zu unserem eigentlichen Thema und betrachten ein System aus N lokalisierten linearen harmonischen Oszillatoren. Dieselben sollen voneinander unabhängig sein in dem Sinne, daß ihre Wechselwirkung in der Energiefunktion eine zu vernachlässigende Störung darstellt, die lediglich Übergänge zwischen den verschiedenen stationären Zuständen ermöglicht. Die vorgegebene Energie des Gesamtsystems sei E, die eines Oszillators mit der Quantenzahl i sei ε_i. Die Zahl der zu einem bestimmten Eigenwert des Gesamtsystems gehörigen linear unabhängigen Eigenfunktionen, oder, anders ausgedrückt, das statistische Gewicht einer durch die Größen N_i beschriebenen Verteilung der Oszillatoren auf die Zellen des μ-Raumes ist, da die Eigenwerte des einzelnen Oszillators nicht entartet sind, nach Gl. (III 83)

$$\Omega_D = \frac{N!}{\prod\limits_i N_i!}.$$ (III 107)

Die Gesamtzahl aller Komplexionen ist

$$\Omega = \Sigma\,\Omega_D = \Sigma\,\frac{N!}{\prod\limits_i N_i!}.$$ (III 108)

Die mittlere Zahl der Oszillatoren in der Zelle mit der Quantenzahl j wird dann nach (III 88)

$$\Omega\,\overline{N}_j = \Sigma\,N_j\,\frac{N!}{\prod\limits_i N_i!}.$$ (III 109)

Für die mittlere Energie eines Oszillators $\bar{\varepsilon}$ gilt

$$\Omega\, N\, \bar{\varepsilon} = \sum \left(\sum_i N_i\, \varepsilon_i \right) \frac{N!}{\prod\limits_i N_i!}\,. \tag{III 110}$$

Alle hier auftretenden Summierungen müssen den Nebenbedingungen

$$\sum N_i = N \tag{III 111}$$

(konstante Teilchenzahl) und

$$\sum_i N_i\, \varepsilon_i = E \tag{III 112}$$

(konstante Gesamtenergie) genügen. Unsere nächste Aufgabe ist die Ermittlung der erzeugenden Funktionen für die Summen (III 108), (III 109) und (III 110). Dazu definieren wir die Funktion einer komplexen Variablen z durch

$$f(z) = z^{\varepsilon_0} + z^{\varepsilon_1} + z^{\varepsilon_2} + \cdots = \sum_i z^{\varepsilon_i}\,. \tag{III 113}$$

Die ε_i sollen ganzzahlige Vielfache einer passend gewählten Energieeinheit ohne gemeinsamen Faktor sein. Damit ist gemeint, daß $f(z)$ eine Potenzreihe in z (nicht etwa in z^2 oder dergleichen) sein soll. Diese Annahme dient nur der Vereinfachung der Ableitungen. Wir bilden jetzt das Produkt

$$[f(z)]^N = \left[\sum_i z^{\varepsilon_i} \right]^N \tag{III 114}$$

und denken uns die rechte Seite nach Potenzen von z entwickelt. Dann ist nach dem Multinomialtheorem das allgemeine Glied

$$\frac{N!}{\prod\limits_i N_i!}\, z^{\sum N_i \varepsilon_i} \qquad (\Sigma N_i = N)\,. \tag{III 115}$$

Fassen wir jetzt alle Glieder zusammen, für welche $\Sigma N_i \varepsilon_i = E$ ist, so sehen wir, daß Ω der Koeffizient von z^E in der Entwicklung von $[f(z)]^N$ nach Potenzen von z ist. Der Ausdruck (III 114) stellt somit die gesuchte erzeugende Funktion für Ω dar. Dieselbe ist in der Weise konstruiert, daß jedem Oszillator ein Faktor des Produktes und jedem Eigenwert des einzelnen Oszillators ein Glied des Polynoms zugeordnet ist. Der Eigenwert tritt dabei als Exponent auf. Es wird so erreicht, daß die Nebenbedingung (III 111) automatisch erfüllt ist; man benötigt daher nur noch eine Auswahlvariable, welche die Nebenbedingung (III 112) berücksichtigt. Bei nicht lokalisierten Teilchen ist, wie wir in Kapitel IV sehen werden, dieser einfache Weg nicht gangbar, so daß dort zwei Auswahlvariable eingeführt werden müssen, um die beiden Nebenbedingungen zu berücksichtigen.

Um die erzeugende Funktion für $\Omega\, \overline{N}_j$ zu finden, müssen wir die rechte Seite von (III 109) in analoger Weise wie die von (III 101) umformen. Das ergibt

$$\Omega\, \overline{N}_j = N\, \Sigma\, \frac{(N-1)!}{\prod\limits_i N_i!} \tag{III 116}$$

mit den Nebenbedingungen

$$\sum_i N_i = N - 1 \tag{III 117}$$

und

$$\sum_i N_i\, \varepsilon_i = E - \varepsilon_j\,. \tag{III 118}$$

Dann folgt sofort, daß $\Omega\, \overline{N}_j$ der Koeffizient von $z^{E-\varepsilon_j}$ in der Entwicklung von $N[f(z)]^{N-1}$ nach Potenzen von z ist. Man kann dies bequemer ausdrücken, wenn man sagt, daß $\Omega\, \overline{N}_j$ der Koeffizient von z^E in der Entwicklung von $N z^{\varepsilon_j} [f(z)]^{N-1}$ ist.

Wir schreiben jetzt (III 114) in der Form

$$[f(z)]^N = \sum \frac{N!}{\prod_i N_i!} z^{\sum_i N_i \varepsilon_i} . \tag{III 119}$$

Differenzieren wir beide Seiten nach z und multiplizieren mit z, so folgt

$$z \frac{\partial}{\partial z} [f(z)]^N = \sum (\sum_i N_i \varepsilon_i) \frac{N!}{\prod_i N_i!} z^{\sum_i N_i \varepsilon_i} . \tag{III 120}$$

Der Vergleich mit (III 110) zeigt, daß $\Omega\, N\, \bar{\varepsilon}$ der Koeffizient von z^E in der Entwicklung von $z\, \partial [f(z)]^N / \partial z$ nach Potenzen von z ist. Damit sind alle erzeugenden Funktionen bestimmt.

Wir haben nun die gesuchten Koeffizienten durch geeignete CAUCHY-Integrale auszudrücken. Da es sich in allen Fällen um den Koeffizienten des Gliedes z^E handelt, muß jeweils die erzeugende Funktion durch z^{E+1} dividiert werden, um den richtigen Integranden für die Anwendung des Residuensatzes zu bekommen. Auf diese Weise ergibt sich

$$\Omega = \frac{1}{2\pi i} \oint \frac{[f(z)]^N}{z^{E+1}} \, dz , \tag{III 121}$$

$$\Omega\, \overline{N}_j = \frac{1}{2\pi i} \oint \frac{N z^{\varepsilon_j} [f(z)]^{N-1}}{z^{E+1}} \, dz , \tag{III 122}$$

$$\Omega\, N\, \bar{\varepsilon} = \frac{1}{2\pi i} \oint \frac{z \frac{\partial}{\partial z} [f(z)]^N}{z^{E+1}} \, dz . \tag{III 123}$$

Wir betrachten zuerst das Integral (III 121). Auf der positiven reellen Achse geht der Integrand für $z \to 0$ und $z \to 1$ gegen Unendlich. (An der ersten Stelle hat die Funktion einen Pol, die zweite entspricht dem Konvergenzradius der Potenzreihe.) Dazwischen muß also ein, und zwar (wie man beweisen kann) nur ein Minimum liegen, sagen wir bei $z = \vartheta$. ϑ ist also die einzige positive reelle Wurzel der Gleichung

$$\frac{\partial}{\partial z} \left\{ \frac{[f(z)]^N}{z^E} \right\} = 0 . \tag{III 124}[1]$$

Daraus folgt

$$-E \frac{[f(z)]^N}{z^{E+1}} + N \frac{[f(z)]^{N-1} f'(z)}{z^E} = 0 . \tag{III 125}$$

Da ϑ als Wurzel dieser Gleichung definiert ist, können wir z durch ϑ ersetzen und erhalten

$$N \vartheta \frac{\partial \ln f(\vartheta)}{\partial \vartheta} = E . \tag{III 126}$$

Der Wert des Parameters ϑ ist somit eindeutig durch die vorgegebene Gesamtenergie bestimmt. Wir wählen jetzt als Integrationsweg einen Kreis vom Radius ϑ um den Koordinatenursprung als Mittelpunkt. Dieser Weg muß entgegen dem Uhrzeigersinn durchlaufen werden. Führen wir ebene Polarkoordinaten ein, so ist auf dem Integrationswege

$$z = \vartheta\, e^{i\alpha} \tag{III 127}$$

und

$$\frac{dz}{z} = i\, d\alpha . \tag{III 128}$$

---

[1] Die Abspaltung des Faktors $1/z$ aus dem Integranden geschieht mit Rücksicht auf die spätere Transformation in Polarkoordinaten. Vgl. Gl. (III 128).

Um übersichtliche Verhältnisse zu bekommen, ist es zweckmäßig, eine neue Funktion zu definieren durch die Gleichung

$$\varphi(z) = \frac{[f(z)]^{N/E}}{z}\,. \tag{III 129}$$

In dem auf Polarkoordinaten transformierten Integral wird dann der Integrand einfach $[\varphi(z)]^E$. Den Logarithmus dieses Integranden entwickeln wir an der Stelle $z = \vartheta$ in eine TAYLORsche Reihe. Das ergibt

$$\ln\,[\varphi(z)]^E = \ln\,[\varphi(\vartheta)]^E + \frac{d}{dz}\{\ln\,[\varphi(z)]^E\}\,(z - \vartheta) +$$

$$+ \frac{1}{2!}\,\frac{d^2}{dz^2}\{\ln\,[\varphi(z)]^E\}\,(z - \vartheta)^2 + \frac{1}{3!}\,\frac{d^3}{dz^3}\{\ln\,[\varphi(z)]^E\}\,(z - \vartheta)^3 + \tag{III 130}$$

$$+ \frac{1}{4!}\,\frac{d^4}{dz^4}\{\ln\,[\varphi(z)]^E\}\,(z - \vartheta)^4 + \cdots,$$

wo alle Ableitungen an der Stelle $z = \vartheta$ zu nehmen sind. Die erste Ableitung verschwindet nach Gl. (III 124). Ferner ist für kleine α nach (III 127)

$$z - \vartheta = i\,\vartheta\,\alpha\,. \tag{III 131}$$

Mit Benutzung der Identität

$$\varphi^E = \exp(\ln \varphi^E) \tag{III 132}$$

erhalten wir dann

$$[\varphi(z)]^E = [\varphi(\vartheta)]^E \exp\left[- \frac{1}{2}\,E\,\frac{\varphi''(\vartheta)}{\varphi(\vartheta)}\,\vartheta^2\,\alpha^2 + i\,E\,A\,\alpha^3 - O(E\,\alpha^4)\right]\,. \tag{III 133}$$

Hier ist in dem kubischen Term des Exponenten der Koeffizient symbolisch durch iEA dargestellt, weil wir seine explizite Gestalt nicht benötigen. O ist das in § 1.3 eingeführte LANDAUsche Größenordnungssymbol. Man erkennt aus dieser Gleichung, daß der Integrand auf dem Integrationswege (d. h. senkrecht zur positiven reellen Achse) von ϑ aus nach beiden Seiten exponentiell abfällt, und zwar um so steiler, je größer E ist. Der Punkt ϑ ist somit in der Tat ein Sattelpunkt. Kehren wir jetzt wieder zu dem Integral (III 121) zurück, so haben wir als Integrationsvariable α und als Integrationsgrenzen $+\pi$ und $-\pi$ einzusetzen. Mit Benutzung von (III 128) ergibt sich dann

$$\Omega = \frac{1}{2\pi} \int\limits_{-\pi}^{+\pi} [\varphi(\vartheta,\,\alpha)]^E\,d\alpha\,. \tag{III 134}$$

Für hinreichend großes E (wie es bei makroskopischen Systemen stets vorliegt, weil E proportional der Teilchenzahl ist) können die vorstehenden Integrationsgrenzen durch $+\infty$ und $-\infty$ ersetzt werden (vgl. § 2.2). Wir setzen nun (III 133) in (III 134) ein und erhalten

$$\Omega = \frac{1}{2\pi}\,[\varphi(\vartheta)]^E \int\limits_{-\infty}^{+\infty} \exp\left[- \frac{1}{2}\,E\,\frac{\varphi''(\vartheta)}{\varphi(\vartheta)}\,\vartheta^2\,\alpha^2 + iEA\,\alpha^3 - O(E\,\alpha^4)\right] d\alpha\,. \tag{III 135}$$

Diese Gleichung kann schließlich nochmals umgeformt werden, indem man nach Abspaltung des ersten Terms im Exponenten die e-Funktion in eine Reihe entwickelt. Das ergibt

$$\Omega = \frac{1}{2\pi}\,[\varphi(\vartheta)]^E \int\limits_{-\infty}^{+\infty} [1 + iAE\,\alpha^3 - O(E\,\alpha^4)] \exp\left[- \frac{1}{2}\,E\,\frac{\varphi''(\vartheta)}{\varphi(\vartheta)}\,\vartheta^2\,\alpha^2\right] d\alpha\,. \tag{III 136}$$

Man sieht leicht, daß bei der Integration alle Terme mit ungeraden Potenzen von α verschwinden. Die Ausführung des Integrals liefert

$$\Omega = \frac{[\varphi(\vartheta)]^E}{[2\pi E\vartheta^2\varphi''(\vartheta)/\varphi(\vartheta)]^{1/2}}\,[1 - O(E^{-1})]\,.\tag{III 137}$$

Für hinreichend großes E können der zweite und alle höheren Terme in der Klammer vernachlässigt werden. Der vor der Klammer stehende Ausdruck ist somit der exakte asymptotische Wert des Integrals (III 121) für $E \to \infty$. Allerdings haben wir bei unserer Ableitung nur die unmittelbare Umgebung des Sattelpunktes in Betracht gezogen. Man kann indessen beweisen, daß das obige Ergebnis auch dann erhalten bleibt, wenn das Verhalten des Integranden auf dem ganzen Integrationsweg berücksichtigt wird.

Wir gehen jetzt zur Untersuchung des Integrals (III 122) über. Zunächst schreiben wir es in der für unsere Zwecke geeigneteren Form

$$\Omega\,\overline{N}_j = \frac{1}{2\pi i}\oint \frac{\dfrac{N}{\ln z}\,\dfrac{\partial \ln f(z)}{\partial \varepsilon_j}\,[f(z)]^N}{z^E}\,\frac{dz}{z}\,.\tag{III 138}$$

Ferner führen wir die Abkürzung

$$g(z) = \frac{1}{\ln z}\,\frac{\partial \ln f(z)}{\partial \varepsilon_j}\tag{III 139}$$

ein. Damit wird aus (III 138)

$$\Omega\,\overline{N}_j = \frac{N}{2\pi i}\oint \frac{g(z)\,[f(z)]^N}{z^E}\,\frac{dz}{z}\,.\tag{III 140}$$

Man sieht nun aus (III 139), daß die Entwicklung von $g(z)$ sicherlich nur Potenzen von z enthält, die niedriger als z^E oder z^N sind. Auch in (III 138) besitzt daher der Integrand auf der positiven reellen Achse ein Minimum zwischen $z = 0$ und $z = 1$, das jetzt definiert ist als die einzige positive reelle Wurzel der Gleichung

$$\frac{\partial}{\partial z}\left\{\frac{g(z)\,[f(z)]^N}{z^E}\right\} = 0\,.\tag{III 141}$$

Die Ausführung der Differentiation ergibt

$$\left[-E\,\frac{[f(z)]^N}{z^{E+1}} + N\,\frac{f(z)^{N-1}f'(z)}{z^E}\right]g(z) + \frac{[f(z)]^N}{z^E}\,\frac{\partial g(z)}{\partial z} = 0\,.\tag{III 142}$$

Daraus folgt, wenn wir die Stelle des Minimums mit ϑ^* bezeichnen

$$N\,\vartheta^*\,\frac{\partial \ln f(\vartheta^*)}{\partial \vartheta^*} + \vartheta^*\,\frac{\partial \ln g(\vartheta^*)}{\partial \vartheta^*} = E\,.\tag{III 143}$$

Da der zweite Term der linken Seite nicht von N oder E abhängt, wird der erste mit wachsendem N gegen den zweiten beliebig groß. Es gilt daher, wie der Vergleich mit (III 126) zeigt, für $N \to \infty$ asymptotisch

$$\vartheta^* = \vartheta\,.\tag{III 144}$$

Der Sattelpunkt liegt dann an der gleichen Stelle wie bei dem Integral (III 121). Von (III 140) ausgehend, führen wir jetzt die gleiche Rechnung wie vorher durch, wobei wir $g(z)$ einfach als Faktor unter dem Integralzeichen stehen lassen. Da wir nur an dem asymptotischen Resultat interessiert sind, machen wir dabei jetzt schon Gebrauch von Gl. (III 144). Es ergibt sich dann an Stelle von Gl. (III 136)

$$\Omega\,\overline{N}_j = \frac{N}{2\pi}\,[\varphi(\vartheta)]^E \int\limits_{-\infty}^{+\infty} g(\vartheta\,e^{i\,\alpha})\,[1 + i\,A\,E\,\alpha^3 - O(E\,\alpha^4)] \times$$

$$\times \exp\left[-\frac{1}{2}\,\frac{\varphi''(\vartheta)}{\varphi(\vartheta)}\,\vartheta^2\,E\,\alpha^2\right]d\,\alpha\,. \tag{III 145}$$

Die Entwicklung von $g(z)$ an der Stelle $z = \vartheta$ liefert

$$g(z) = g(\vartheta) + g'(z - \vartheta) + \tfrac{1}{2}\,g''(z - \vartheta)^2 + \cdots$$
$$= g(\vartheta) + i\,g'\,\vartheta\,\alpha - \tfrac{1}{2}\,g''\,\vartheta^2\alpha^2 + \cdots\,. \tag{III 146}$$

Wenn wir jetzt wieder beachten, daß bei der Integration alle Terme mit ungeraden Potenzen von α verschwinden, so erhalten wir nach Einsetzen von (III 146) in (III 145) und Ausführung der Integration

$$\Omega\,\overline{N}_j = \frac{N[\varphi(\vartheta)]^E}{[2\pi\,E\,\vartheta^2\,\varphi''(\vartheta)/\varphi(\vartheta)]^{1/2}}\left[g(\vartheta) - \frac{g''(\vartheta)}{4\,E\,\varphi''(\vartheta)/\varphi(\vartheta)} - O(E^{-1})\right]. \tag{III 147}$$

Der zweite und alle höheren Terme in der Klammer verschwinden wieder asymptotisch für $E \to \infty$. Kombinieren wir nun Gl. (III 137) und (III 147) und gehen zur Grenze $E \to \infty$ über, so folgt

$$\frac{\overline{N}_j}{N} = g(\vartheta) \tag{III 148}$$

oder mit Benutzung von (III 139)

$$\frac{\overline{N}_j}{N} = \frac{\vartheta^{\varepsilon_j}}{f(\vartheta)}\,. \tag{III 149}$$

Es bleibt jetzt noch das Integral (III 123), das wir schreiben können

$$\Omega\,N\,\bar\varepsilon = \frac{1}{2\pi\,i}\oint \frac{N\,z\,\dfrac{\partial \ln f(z)}{\partial z}\,[f(z)]^N}{z^E}\,\frac{d\,z}{z}\,. \tag{III 150}$$

Die formale Analogie dieses Problems mit dem vorhergehenden liegt offen zutage. Wir haben lediglich den Faktor $g(z)$ jetzt anders zu definieren und können dann in genau der gleichen Weise vorgehen. Wir schreiben daher direkt das asymptotische Resultat für $E \to \infty$ an. Es ergibt sich in Verbindung mit Gl. (III 137)

$$\bar\varepsilon = \vartheta\,\frac{\partial \ln f(\vartheta)}{\partial \vartheta}\,. \tag{III 151}$$

Damit ist das Problem formal gelöst. Der Einfachheit halber haben wir die Rechnungen an einem Beispiel durchgeführt, bei dem die Eigenwerte der Einzelteilchen nicht entartet sind. Diese Voraussetzung ist häufig nicht erfüllt, u. a. beim ebenen und räumlichen freien Rotator (vgl. §3.1). Die entwickelten Methoden lassen sich aber ohne Schwierigkeit für solche Fälle verallgemeinern. An Stelle von (III 107) bildet dann (III 83) den Ausgangspunkt. Man überzeugt sich leicht, daß jetzt die Funktion $f(z)$ durch die Gleichung

$$f(z) = \sum_i g_i z^{\varepsilon_i} \tag{III 152}$$

definiert werden muß, damit $[f(z)]^N$ wieder die erzeugende Funktion für Ω ist. Im übrigen verläuft die Rechnung ebenso wie vorher.

Wir wollen nun die vorstehenden Ergebnisse kurz diskutieren. Zunächst zeigt die Ableitung von Gl. (III 149), daß sich die Anwendung der Sattelpunktmethode auf die folgende einfache Formel bringen läßt: Man formt die Integrale (III 122) und (III 123) so um, daß die Integranden Produkte aus dem Integranden von (III 121) und einem „Extrafaktor" werden. In diese Extrafaktoren (die z nur in kleineren Potenzen als E oder N enthalten dürfen) setzt man für z die Sattelpunktskoordinate ϑ ein und zieht dieselben dann vor das Integral. Bei der Bildung der Größen $\overline{N}_j$ und $\overline{\varepsilon}$ heben sich die Integrale heraus und man bekommt unmittelbar die gesuchten Ausdrücke. Der bis jetzt physikalisch noch unbestimmte Parameter ϑ kommt, wie die Rechnung zeigt, durch die Energiebedingung (III 112) herein und ist für ein gegebenes System durch die Energie desselben nach (III 126) eindeutig bestimmt. Man wird daher aus Analogiegründen vermuten, daß ϑ ein statistisches Analogon der Temperatur darstellt. Durch eine Betrachtung, die völlig der in § 2.6 durchgeführten entspricht, läßt sich in der Tat zeigen, daß ϑ (wie früher β) die wesentliche Eigenschaft der empirischen Temperatur besitzt. Die Herstellung einer wärmeleitenden Verbindung ändert also nur dann nichts an dem Zustand zweier Systeme, wenn der Parameter ϑ für beide den gleichen Wert besitzt. Für den Zusammenhang zwischen ϑ und der Temperatur des Gasthermometers T ergibt sich

$$\vartheta = e^{-\frac{1}{kT}}, \qquad \text{(III 153)}$$

wo k wieder die BOLTZMANNsche Konstante ist. Damit wird aus (III 149) (wenn wir jetzt die Entartung berücksichtigen)

$$\frac{\overline{N}_j}{N} = \frac{g_j e^{-\frac{\varepsilon_j}{kT}}}{\sum_i g_i e^{-\frac{\varepsilon_i}{kT}}} = \frac{g_j e^{-\frac{\varepsilon_j}{kT}}}{f(T)}. \qquad \text{(III 154)}[1]$$

Für ein quantenmechanisches System aus lokalisierten Teilchen gilt somit das MAXWELL-BOLTZMANNsche Energieverteilungsgesetz. Damit haben wir den Anschluß an die Ausführungen in § 2.7 gewonnen und können sofort schließen, daß ein solches System den Gesetzen der Thermodynamik gehorcht, wenn die durch Gl. (III 153) definierte Größe T mit der absoluten Temperatur identifiziert wird. Im besonderen ist die freie Energie nach HELMHOLTZ gegeben durch

$$F = -\frac{\ln [f(\vartheta)]^N}{\ln(1/\vartheta)} = -kT \ln [f(T)]^N. \qquad \text{(III 155)}$$

Die Funktion $f(\vartheta)$ bzw. $f(T)$ wird, wie schon erwähnt, als Zustandssumme oder Verteilungsfunktion (partition function) des Einzelmoleküls bezeichnet. Es ist bemerkenswert, daß diese für die Anwendung der statistischen Thermodynamik besonders wichtige Funktion auch in dem mathematischen Formalismus der DARWIN-FOWLERschen Methode eine zentrale Stellung einnimmt.

Es läßt sich nun leicht zeigen, daß für ein quantenmechanisches System aus Oszillatoren nicht allgemein das Äquipartitionstheorem gelten kann. Zur Ableitung desselben (§ 2.9) war es nämlich notwendig, die Verteilungsfunktion als Integral über den μ-Raum darzustellen, und das ist in der Quantenstatistik nur unter gewissen Bedingungen als Näherung zulässig. Man sieht dies unmittelbar an der exakten Formel für die mittlere Energie eines Oszillators. Die Verteilungsfunktion ist hier wegen Gl. (III 16) eine geometrische Reihe, die sich geschlossen

---

[1] Das Auftreten des Gewichtsfaktors in (III 154) erklärt sich dadurch, daß der Index sich hier auf die Eigenwerte, in Gl. (II 60) dagegen auf die Zellen des μ-Raumes bezieht.

aufsummieren läßt. Wir haben also

$$f(\vartheta) = \sum_i \vartheta^{(i + \frac{1}{2})\,h\nu} = \vartheta^{\frac{1}{2}\,h\nu}(1 - \vartheta^{h\nu})^{-1}\,. \qquad \text{(III 156)}$$

Mit Gl. (III 151) folgt daraus

$$\varepsilon = \frac{1}{2}\,h\nu + \frac{h\nu}{\vartheta^{-h\nu} - 1} \qquad \text{(III 157)}$$

oder mit (III 153)

$$\varepsilon = \frac{1}{2}\,h\nu + \frac{h\nu}{e^{\frac{h\nu}{kT}} - 1}\,. \qquad \text{(III 158)}$$

Für hinreichend hohe Temperaturen kann man die e-Funktion entwickeln und mit dem linearen Glied abbrechen. Die Nullpunktsenergie kann in diesem Falle vernachlässigt werden, und es ergibt sich

$$\bar{\varepsilon} \approx kT \qquad\qquad (kT \gg h\nu)\,. \qquad \text{(III 159)}$$

Das ist aber das schon früher (§ 2.9) aus dem Äquipartitionstheorem abgeleitete klassische Resultat. Wir sehen somit, daß bei genügend hohen Temperaturen die klassische Theorie zum gleichen Ergebnis führt wie die Quantenstatistik, daß aber mit abnehmender Temperatur immer stärkere Abweichungen auftreten. Wir werden sehen, daß gerade dies der experimentellen Erfahrung entspricht.

Zum Schluß wollen wir noch die Entropie etwas näher betrachten; dabei werden sich einige bemerkenswerte Gesichtspunkte ergeben. Schreiben wir die auch hier gültige Gl. (II 123) mit Benutzung von (III 153) um, so wird daraus (wenn wir von der Integrationskonstanten absehen)

$$S = k\,\{\ln\,[f(\vartheta)]^N + E\ln\,(1/\vartheta)\} \qquad \text{(III 160)}$$

oder

$$S = k\ln\frac{[f(\vartheta)]^N}{\vartheta^E}\,. \qquad \text{(III 161)}$$

Andererseits folgt aus Gl. (III 137) in Verbindung mit (III 129)

$$\ln \Omega = \ln\frac{[f(\vartheta)]^N}{\vartheta^E} - O\,(\ln E)\,. \qquad \text{(III 162)}$$

Da nun Gl. (III 161) durch ein Näherungsverfahren (nämlich die Sattelpunktmethode) erhalten wurde, können wir Gl. (III 162) benutzen, um diese Näherung wieder rückgängig zu machen und erhalten durch Kombination beider Gleichungen (da mit wachsendem N bzw. E der zweite Term in (III 162) gegen den ersten beliebig klein wird) die exakte Gleichung

$$S = k\ln\Omega\,. \qquad \text{(III 163)}$$

Dies ist die schon in § 2.10 Gl. (II 142) angegebene Beziehung, aus der die BOLTZMANNsche Entropieformel (II 141) hervorgeht, indem $\Omega = \sum \Omega_D$ durch den maximalen Term $\Omega_{D\,max}$ ersetzt wird. Den strengen Beweis der Gl. (III 163) bringen wir in Kapitel V und VI.

Die vorstehende Überlegung zeigt ebenso wie die Durchführung der Sattelpunktmethode, daß die statistische Begründung der Thermodynamik nur für den Grenzfall $E \to \infty$, $N \to \infty$ möglich ist. Praktisch spielt dieser Gesichtspunkt in den meisten Fällen keine besondere Rolle, da der Unterschied zwischen den für makroskopische Systeme berechneten Größen und den Grenzwerten selbst im allgemeinen zu vernachlässigen ist. Er ist aber von entscheidender Bedeutung für die Diskussion verschiedener allgemeiner Probleme und überhaupt für das Verständnis des Wesens der Thermodynamik und ihres Verhältnisses zur statistischen Theorie. Wir werden daher in Kapitel V und VII nochmals ausführlich darauf zurückkommen.

Wir können jetzt auch die in § 1.3 angeschnittene Frage beantworten, ob es zulässig ist, den maximalen Term allein herauszugreifen und die unmittelbar benachbarten Terme zu vernachlässigen. Aus Gl. (II 49) und (III 154) leitet man leicht ab

$$\Omega_{D\,max} = \frac{[f(\vartheta)]^N}{\vartheta^E} \,.$$

(III 164)

Diesen Ausdruck können wir mit Gl. (III 137) vergleichen, bei deren Ableitung auch der Beitrag, welchen die Umgebung des maximalen Terms, d. h. des Sattelpunktes liefert, berücksichtigt wird. Dabei muß allerdings beachtet werden, daß (III 164) bereits die mit der Benutzung der verkürzten STIRLINGschen Formel verknüpften Vernachlässigungen enthält. Der Vergleich zeigt, daß für makroskopische Systeme beide Fehler vernachlässigbar werden, wenn man den für die Thermodynamik allein wesentlichen Logarithmus bildet. Noch einfacher sieht man dies in folgender Weise. Die Umgebung des maximalen Terms werde durch a Summanden von gleicher Größe repräsentiert, so daß wir als Näherung setzen

$$\Omega = a\,\Omega_{D\,max}\,.$$

(III 165)

Selbst wenn wir annehmen, daß a von der Größenordnung N ist, würde bei der Bildung des Logarithmus der Term $\ln a$ mit wachsendem N beliebig klein gegen $\ln \Omega_{D\,max}$ werden, da dieser Ausdruck von der Größenordnung N ist. Damit ist nochmals bestätigt, daß die Methode des maximalen Terms die richtigen Ergebnisse liefert. Ihre Schwäche zeigt sich erst bei der Diskussion gewisser allgemeiner Fragen.

Kapitel IV

Quantenstatistik nicht lokalisierter Teilchen im μ-Raum.
(BOSE-EINSTEIN- und FERMI-DIRAC-Statistik)

§ 4.1. Systeme mit symmetrischen und Systeme mit antisymmetrischen Eigenfunktionen. Zugänglichkeit und Hemmungen

Wie wir in § 3.2 gesehen haben, gibt es zwei Formen der Quantenstatistik nicht lokalisierter Teilchen: Die Statistik mit symmetrischen Eigenfunktionen und die Statistik mit antisymmetrischen Eigenfunktionen. Dieser Sachverhalt beruht darauf, daß der Symmetriecharakter der Eigenfunktionen eine Eigenschaft der Teilchen und somit bei einem gegebenen System aus gleichen Teilchen ein für allemal festgelegt ist. Es bleibt jetzt noch die Frage zu beantworten, welche der beiden Formen der Quantenstatistik nicht lokalisierter Teilchen auf ein gegebenes System anzuwenden ist. Wir können nun (wenn wir von extremen Bedingungen absehen, die für unsere Probleme nicht in Betracht kommen) annehmen, daß jedes materielle System aus Elektronen, Protonen und Neutronen aufgebaut ist. Die Erfahrung zeigt, daß Systeme aus diesen Elementarteilchen antisymmetrische Eigenfunktionen besitzen. Für Elektronen folgt dies aus der Analyse der Atomspektren, und zwar speziell aus der Gültigkeit des PAULIschen Ausschließungsprinzips. Für Protonen ergibt sich die gleiche Folgerung aus dem Intensitätswechsel im Bandenspektrum des Wasserstoffs und aus dem Verlauf des Rotationsanteils der spezifischen Wärme des Wasserstoffs bei tiefen Temperaturen, für Neutronen aus den entsprechenden Daten für das Deuterium (den

„schweren Wasserstoff"). Auf die Bedeutung der spezifischen Wärme in diesem Zusammenhang werden wir in Kapitel IX noch ausführlicher eingehen. In den Systemen, mit denen wir es zu tun haben, treten die genannten Elementarteilchen meistens in Form von kleinen Gruppen auf, die bei allen in Betracht kommenden Zustandsänderungen erhalten bleiben. Wir nennen dieselben „permanente Gruppen"; Beispiele dafür sind etwa Atomkerne, Ionen, Atome oder Moleküle. Im Prinzip könnte man die Statistik jedes materiellen Systems auf Elektronen, Protonen und Neutronen zurückführen. Diese Elementarteilchen wären dann die Individuen der Statistik, die wir bisher meistens einfach als Teilchen bezeichnet haben. Die Zusammenlagerungen zu Atomen oder Molekülen wären dann als spezielle Zustände dieser Teilchen zu betrachten. Die in solchen Fällen anzuwendenden Methoden werden wir in Kapitel X behandeln. Es ist aber unmittelbar einleuchtend, daß es physikalisch wenig sinnvoll wäre, ein System aus Helium-Atomen als ein System aus Elektronen, Protonen und Neutronen zu beschreiben, wenn die Helium-Atome bei allen in Betracht kommenden Zustandsänderungen erhalten bleiben, also wirklich permanente Gruppen sind. Dann lassen sich nämlich alle Zustände, über welche die Summierung der Gl. (III 75) bzw. (III 88) zu erstrecken ist, als Zustände von He-Atomen beschreiben. Die Zurückführung auf Elektronen, Protonen und Neutronen wäre dafür lediglich eine überflüssige, den physikalischen Sachverhalt verdunkelnde Komplizierung der Schreibweise. Sonstige, für ein System aus den genannten Elementarteilchen grundsätzlich mögliche Zustände dürfen aber in die Summierung der Gl. (III 75) bzw. (III 88) nicht aufgenommen werden, da sie nach der Voraussetzung nicht auftreten. In der Regel sind daher unter den „Teilchen" der Statistik die permanenten Gruppen zu verstehen, die naturgemäß für jeden Einzelfall definiert werden müssen. Damit stellt sich erneut die Frage, welche der beiden Formen der Quantenstatistik nicht lokalisierter Teilchen auf ein gegebenes System anzuwenden ist. Gehen wir aus von der SCHRÖDINGER-Gleichung des Gesamtsystems (III 78), so bedeutet jetzt $\mathbf{q}_i$ den Satz der Koordinaten einer permanenten Gruppe; die Gl. (III 79) und (III 82) stellen die Separation nach diesen Koordinatensätzen dar. Die Eigenfunktionen der permanenten Gruppen $\psi_m(\mathbf{q}_i)$ müssen die durch die obige Regel geforderten Symmetrieeigenschaften besitzen, d. h. sie müssen antisymmetrisch in den Elektronen, den Protonen und den Neutronen sein. Die Eigenfunktion des Gesamtsystems muß so konstruiert werden, daß sie den gleichen Symmetrieforderungen in bezug auf die Elementarteilchen genügt. Die anzuwendende Statistik wird aber dadurch bestimmt, daß die Gesamteigenfunktion die Gestalt der Gl. (III 84) oder der Gl. (III 86) besitzt, d. h. durch den Symmetriecharakter in bezug auf die permanenten Gruppen. Dieser ergibt sich aus der folgenden einfachen Überlegung. Eine permanente Gruppe bestehe aus l Elektronen, p Protonen und n Neutronen. Bei einer Vertauschung von zwei solchen Gruppen werden dann $l + p + n$ Paare von Elementarteilchen vertauscht. In jedem dieser Paare ist die Eigenfunktion des Systems antisymmetrisch. Wenn daher $l + p + n$ eine gerade Zahl ist, so wird durch eine Vertauschung zweier Gruppen ihr Vorzeichen nicht geändert. Die Gesamteigenfunktion ist also symmetrisch in den permanenten Gruppen [Gl. (III 84)] und die Statistik hat von Gl. (III 85) auszugehen. Ist aber $l + p + n$ eine ungerade Zahl, so ändert die Vertauschung von zwei Gruppen das Vorzeichen der Eigenfunktion des Gesamtsystems. Diese ist daher antisymmetrisch in den permanenten Gruppen [Gl. (III 86)] und die Grundlage der Statistik bildet jetzt Gl. (III 87). Im besonderen gehören also zu Kernen von gerader Massenzahl[1] in den Kernen

---

[1] Als Massenzahl bezeichnen wir die Summe der Protonen und Neutronen.

symmetrische, zu Kernen von ungerader Massenzahl in den Kernen antisymmetrische Eigenfunktionen. Wählen wir als permanente Gruppen Atome, so gilt für ein System aus ^{4}He-Atomen ($l = 2$, $p = 2$, $n = 2$) die Statistik mit symmetrischen Eigenfunktionen, für ein System aus ^{3}He-Atomen ($l = 2$, $p = 2$, $n = 1$) die Statistik mit antisymmetrischen Eigenfunktionen. Für ein System aus $^{35}Cl_2$-Molekülen ist die Statistik mit symmetrischen Eigenfunktionen anzuwenden, sowohl wenn die Moleküle wie wenn die Atome als permanente Gruppen gewählt werden; dagegen ist hier die Eigenfunktion in den Kernen antisymmetrisch.

Bei den vorstehenden Überlegungen haben wir von einem Prinzip Gebrauch gemacht, das eine notwendige Ergänzung der in § 3.2 entwickelten allgemeinen Grundlagen darstellt und von großer Bedeutung für das Verständnis des Wesens der statistischen Thermodynamik ist. Wir wollen es jetzt explizit formulieren und damit die Darstellung der Grundlagen der Quantenstatistik im μ-Raum zum Abschluß bringen. Für ein gegebenes System sind, wie wir gesehen haben, entweder nur Zustände mit symmetrischen oder nur Zustände mit antisymmetrischen Eigenschaften realisierbar. Dieser Sachverhalt läßt sich auch so ausdrücken, daß man sagt, jeweils die Hälfte der von der Quantenmechanik gelieferten Zustände sei für ein gegebenes System aus gleichen Teilchen nicht zugänglich[1]. Die beiden Formen der Quantenstatistik nicht lokalisierter Teilchen ergeben sich dann aus der Forderung, daß in der Summierung der Gl. (III 75) nur Zustände gezählt werden dürfen, die dem System zugänglich sind. Man sieht nun leicht, daß dieser Satz notwendig verallgemeinert werden muß, wenn man zu Übereinstimmung mit der Erfahrung gelangen will. Wir betrachten als Beispiel ein Gemisch von Wasserstoff und Sauerstoff bei Zimmertemperatur. Würden wir als permanente Gruppen die H- und O-Atome wählen, so ergäbe die statistische Rechnung, daß dieselben im Gleichgewicht praktisch vollständig als H_2-, O_2- und H_2O-Moleküle vorliegen, die in bestimmten Verhältnissen gemischt sind. Ein solches Resultat widerspricht (wenn nicht ein Katalysator anwesend ist) jeder experimentellen Erfahrung. Rein phänomenologisch wird man sagen, daß das auf die Atome bezogene thermodynamische Gleichgewicht sich innerhalb vernünftiger Zeiten nicht einstellt. Vom Standpunkt der Statistik aus gesehen, bedeutet dies jedoch, daß für das System gewisse Zustände (nämlich die Bildung von H_2O-Molekülen) zwar nicht prinzipiell, aber praktisch (d. h. mit Rücksicht auf die experimentellen Beobachtungszeiten) unzugänglich sind. Ein ähnlicher Fall liegt bei dem in § 2.10 erwähnten Beispiel zweier durch ein Ventil verbundener Gasflaschen vor, von denen die eine leer, die andere mit Wasserstoff gefüllt sei. In unendlich langen Zeiträumen wird sicherlich Wasserstoff durch das Material des Ventils hindurchdiffundieren, so daß schließlich das Gas gleichmäßig auf beide Flaschen verteilt sein wird. In die statistische Rechnung darf diese Möglichkeit aber nicht einbezogen werden. Schließlich muß jedes materielle System unter diesem Gesichtspunkt betrachtet werden, wenn man es als System von Elektronen, Protonen und Neutronen ansieht. Die Verteilung dieser Elementarteilchen auf die Atomkerne entspricht im allgemeinen nicht einem Gleichgewichtszustand. Übereinstimmung mit der Erfahrung kann daher nur erreicht werden, wenn alle Zustände, die über Kernreaktionen erreicht werden, als praktisch unzugänglich bei der Statistik außer Betracht bleiben. Allgemein gilt der Satz: Bei der Bildung der statistischen Mittelwerte nach Gl. (III 75) dürfen Zustände, die für das System prinzipiell oder praktisch (d. h. im Hinblick auf die Beobachtungszeit) unzugänglich sind, nicht gezählt werden. Man sieht leicht, daß dieser Forderung häufig bereits durch geeignete Definition der permanenten Gruppen (Teilchen)

---

[1] Der Begriff der „Zugänglichkeit" (accessibility) wurde von FOWLER (Statistical Mechanics, Cambridge 1929) eingeführt.

hinreichend Rechnung getragen wird. Die Einführung derselben bedeutet also unter diesem Gesichtspunkt nicht nur eine Vereinfachung, sondern ein wesentliches Element der statistischen Betrachtung. Die Fälle, in denen man auf diesem Wege nicht zum Ziele kommt oder in denen die Einteilung der Zustände in zugängliche und unzugängliche auf Schwierigkeiten stößt, kommen in erster Linie bei Systemen vor, die ohnehin nicht nach den Methoden der μ-Raum-Statistik behandelt werden können. Wir werden daher diese Fragen in Kapitel V erörtern. Wenn für ein System gewisse Zustände praktisch unzugänglich sind, sagt man, daß dieses System einer Hemmung (inhibition) unterliegt. Die beiden ersten der oben angeführten Beispiele zeigen, daß die Hemmungen aufgehoben werden können (durch Einbringen eines Katalysators bzw. Öffnen des Ventils). Es steht nichts im Wege, diese Aussage grundsätzlich auf alle Hemmungen auszudehnen. Durch die Aufhebung einer Hemmung werden bisher ausgeschlossene Zustände für das System zugänglich; es muß daher eine neue statistische Rechnung durchgeführt werden, welche diese Zustände berücksichtigt. Aus Gl. (II 142) bzw. (III 162) läßt sich sofort entnehmen, daß die Aufhebung einer Hemmung stets mit einer Zunahme der Entropie verknüpft ist, wenn sie überhaupt etwas an dem makroskopischen Zustand des Systems ändert. Dies wäre z. B. nicht der Fall, wenn die beiden Gasflaschen vor dem Öffnen des Ventils mit Wasserstoff von gleicher Temperatur und gleichem Druck gefüllt waren (vgl. § 2.11).

§ 4.2. Statistik mit symmetrischen Eigenfunktionen.
(Bose-Einstein-Statistik)

Die Statistik, die wir heute aus den symmetrischen Eigenfunktionen ableiten, wurde schon vor der Entdeckung der Quantenmechanik von Bose[1] zur Ableitung des Planckschen Strahlungsgesetzes aus der Vorstellung des Photonen-Gases formuliert und kurz darauf von Einstein[2] auf materielle Systeme angewandt. Sie wird daher als Bose-Einstein-Statistik bezeichnet.

Wir betrachten ein System aus N, in dem durch Gl. (III 58) definierten Sinne unabhängigen, nicht lokalisierten Teilchen, dessen vorgegebene Gesamtenergie E sei. Die Eigenwerte der Einzelteilchen $\varepsilon_0, \varepsilon_1, \varepsilon_2, \ldots, \varepsilon_i, \ldots$ seien wieder ganze Zahlen ohne gemeinsamen Faktor; ihre Besetzungszahlen bezeichnen wir, wie vorher, mit N_i. Wir nehmen zunächst an, daß die ε_i nicht entartet sind. Wie in § 3.2 gezeigt, ist dann stets $\Omega_D = 1$ und Ω ist gleich der Zahl der Sätze der N_i, welche den Nebenbedingungen

$$\sum_i N_i = N \tag{IV 1}$$

und

$$\sum N_i \varepsilon_i = E \tag{IV 2}$$

genügen. Wir gehen wieder aus von der Gl. (III 88) und berechnen Ω und $\Omega\,\overline{N}_j$ nach der Darwin-Fowlerschen Methode. Die nächste Aufgabe ist dann die Bestimmung der erzeugenden Funktionen. Dazu betrachten wir die Funktion der komplexen Variablen x und z

$$f(x, z) = \prod_i (1 + x z^{\varepsilon_i} + x^2 z^{2\varepsilon_i} + x^3 z^{3\varepsilon_i} + \cdots) = \prod_i (1 - x z^{\varepsilon_i})^{-1} . \tag{IV 3}$$

Das Konstruktionsprinzip dieser Funktion ist sehr ähnlich dem in § 3.4 angewandten. Die Funktion $f(x, z)$ ist ein Produkt aus Polynomen, in dem jeder Faktor einer linear unabhängigen Eigenfunktion der Einzelteilchen bzw. einer Zelle des μ-Raumes entspricht. Die Auswahlvariable x dient wieder zur Berück-

[1] Bose, S. N.: Z. Physik **26**, 178 (1924).
[2] Einstein, A.: Sitzgsber. preuß. Akad. Wiss. **1924**, 261.

sichtigung der Nebenbedingung (IV 1); ihre Exponenten sind dementsprechend die verschiedenen Besetzungszahlen N_i der betreffenden Zelle des μ-Raumes. Da wir aber jetzt noch die weitere Nebenbedingung (IV 2) haben, muß noch eine zweite Auswahlvariable z eingeführt werden. Ihre Exponenten geben den Beitrag, den die betreffende Zelle bei der durch den Exponenten von x angegebenen Besetzungszahl zur Gesamtenergie E liefert, d. h. die Größe $N_i \varepsilon_i$. Das allgemeine Glied in der Entwicklung von $f(x, z)$ lautet daher $x^{\sum N_i} z^{\sum N_i \varepsilon_i}$. Betrachten wir jetzt im besonderen das Glied $x^N z^E$; es wird ebensooft auftreten, wie es ganzzahlige Sätze der N_i gibt, welche den Bedingungen (IV 1) und (IV 2) genügen. Der Koeffizient dieses Gliedes ist daher gleich der Größe Ω, und $f(x, z)$ ist die erzeugende Funktion für Ω.

Jedes Glied $x^N z^E$ enthält einen Faktor $x^{N_j} z^{N_j \varepsilon_j}$ als einzigen mit dem Index j, denn dieser Faktor stammt aus dem zur Zelle j des μ-Raums gehörenden Polynom in (IV 3), und es gibt nur ein solches Polynom. Ersetzen wir jetzt in allen $x^N z^E$ diesen Faktor durch den Faktor $N_j\, x^{N_j} z^{N_j \varepsilon_j}$ und summieren wir vorher über alle Sätze der N_i, so wird der Koeffizient von $x^N z^E$ statt $\sum 1 = \Omega$ nun $\sum N_j$ oder nach der Grundformel (III 88) gleich $\Omega \overline{N}_j$. Um die erzeugende Funktion dieser Größe zu erhalten, haben wir also in $f(x, z)$ den zu der Zelle j gehörenden Faktor $\sum x^{N_j} z^{N_j \varepsilon_j}$ durch $\sum N_j\, x^{N_j} z^{N_j \varepsilon_j}$ zu ersetzen. Dieser Faktor entsteht aus dem ursprünglichen durch die Operation $x \dfrac{\partial}{\partial x}$. In der geschlossenen Form von $f(x, z)$ ist also der Faktor $(1 - x\, z^{\varepsilon_j})^{-1}$ zu ersetzen durch

$$x \frac{\partial}{\partial x} (1 - x\, z^{\varepsilon_j})^{-1} = x\, z^{\varepsilon_j}(1 - x\, z^{\varepsilon_j})^{-2} \,. \tag{IV 4}$$

Damit wird die erzeugende Funktion für $\Omega \overline{N}_j$

$$x\, z^{\varepsilon_j}(1 - x\, z^{\varepsilon_j})^{-1} \prod_i (1 - x\, z^{\varepsilon_i})^{-1} \,. \tag{IV 5}$$

Die nächsten Schritte bestehen jetzt wieder in der Anwendung des Cauchy-schen Residuensatzes und der Sattelpunktmethode. Bevor wir dies durchführen, wollen wir jedoch die erzeugenden Funktionen für den Fall der Statistik mit antisymmetrischen Eigenfunktionen bestimmen.

§ 4.3. Statistik mit antisymmetrischen Eigenfunktionen.
(Fermi-Dirac-Statistik)

Die Statistik mit antisymmetrischen Eigenfunktionen ist zuerst unabhängig von Fermi[1] und Dirac[2] formuliert worden. Sie wird daher heute als Fermi-Dirac-Statistik bezeichnet.

Wir betrachten wieder ein System von N unabhängigen nicht lokalisierten Teilchen, deren Eigenwerte ε_0, ε_1, ε_2, . . ., ε_i, . . . nicht entartet seien. Es gilt dann, wie vorher, stets $\Omega_D = 1$. Der einzige Unterschied im statistischen Ansatz gegenüber der Bose-Einstein-Statistik besteht nach § 3.2 darin, daß die N_i jetzt auf die Werte 0 und 1 beschränkt sind.

Man muß sich darüber klar sein, daß dieser Unterschied nur sekundärer Natur und eine Folgerung aus dem Symmetriecharakter der Eigenfunktionen ist. Gentile[3] hat eine Statistik angegeben, bei welcher die maximale Besetzungszahl einer Zelle gleich einer beliebigen positiven ganzen Zahl N^* gesetzt wird. Formal sind darin Bose-Einstein- und Fermi-Dirac-Statistik als Sonderfälle für $N^* = 1$ und $N^* = N$ enthalten. Alle übrigen Fälle werden als „intermediäre

---

[1] Fermi, E.: Z. Physik **36**, 902 (1926).

[2] Dirac, P. A. M.: Proc. Roy. Soc. (London) A **112**, 661 (1926).

[3] Gentile, G.: Nuovo Cimento **17**, 493 (1940).

Statistiken" bezeichnet. Diese haben jedoch, wie SOMMERFELD[1] und SCHUBERT[2] bemerkt haben, keinerlei physikalische Bedeutung, weil eben das Wesentliche nicht die maximale Besetzungszahl, sondern der Symmetriecharakter der Eigenfunktionen ist, der (wie sich streng beweisen läßt) nur symmetrisch oder antisymmetrisch sein kann. Der GENTILEsche Ansatz stellt daher auch keine Verallgemeinerung der Quantenstatistik im Sinne einer physikalischen Theorie dar.

Die Größe Ω ist jetzt gleich der Zahl der Sätze der N_i, welche den Nebenbedingungen (IV 1) und (IV 2) und weiter der zusätzlichen Bedingung genügen, daß nur die Werte 0 und 1 auftreten. Die früheren Überlegungen ergeben dann unmittelbar, daß die erzeugende Funktion für Ω hier definiert ist durch

$$f(x, z) = \prod_i (1 + x\, z^{\varepsilon_i}) \, . \tag{IV 6}$$

Ω ist also der Koeffizient von $x^N z^E$ in der Entwicklung dieser Funktion. Entsprechend finden wir die erzeugende Funktion für $\Omega\, \overline{N}_j$ wieder dadurch, daß wir in (IV 6) auf den Faktor mit dem Index j die Operation $x\,\dfrac{\partial}{\partial x}$ ausüben. Daraus folgt, daß $\Omega\, \overline{N}_j$ der Koeffizient von $x^N z^E$ in der Entwicklung von

$$x\, z^{\varepsilon_j}(1 + x\, z^{\varepsilon_j})^{-1} \prod_i (1 + x\, z^{\varepsilon_i}) \tag{IV 7}$$

ist.

Der Vergleich dieser Formeln mit den entsprechenden des § 4.2 zeigt, daß sich dieselben nur durch Vorzeichen unterscheiden und daher in einer gemeinsamen Form geschrieben werden können. Es ist also allgemein Ω gleich dem Koeffizienten von $x^N z^E$ in der Entwicklung von

$$\prod_i (1 \pm x\, z^{\varepsilon_i})^{\pm 1} \tag{IV 8}$$

und $\Omega\, \overline{N}_j$ gleich dem Koeffizienten von $x^N z^E$ in der Entwicklung von

$$x\, z^{\varepsilon_j}(1 \pm x\, z^{\varepsilon_j})^{-1} \prod_i (1 \pm x\, z^{\varepsilon_i})^{\pm 1} \, . \tag{IV 9}$$

Dabei bezieht sich das obere (positive) Vorzeichen auf die FERMI-DIRAC-Statistik, das untere (negative) auf die BOSE-EINSTEIN-Statistik. Mit Hilfe dieser Ausdrücke können wir die gesuchten Koeffizienten für beide Formen der Quantenstatistik nicht lokalisierter Teilchen gemeinsam berechnen.

§ 4.4 Anwendung der Sattelpunktmethode.

Mit Hilfe des für zwei Variable verallgemeinerten Residuensatzes erhalten wir aus (IV 8) und (IV 9)

$$\Omega = \left(\frac{1}{2\pi i}\right)^2 \oint \oint \frac{\prod\limits_i (1 \pm x z^{\varepsilon_i})^{\pm 1}}{x^N z^E}\, \frac{dx}{x}\, \frac{dz}{z} \tag{IV 10}$$

und

$$\Omega\, \overline{N}_j = \left(\frac{1}{2\pi i}\right)^2 \oint \oint \frac{x z^{\varepsilon_j}(1 \pm x z^{\varepsilon_j})^{-1} \prod\limits_i (1 \pm x z^{\varepsilon_i})^{\pm 1}}{x^N z^E}\, \frac{dx}{x}\, \frac{dz}{z} \, . \tag{IV 11}$$

Die Integrationswege sind geschlossene Kurven um die Pole der Integranden bei $x = 0$ und $z = 0$, die keine weiteren Singularitäten einschließen dürfen und entgegen dem Sinne des Uhrzeigers zu durchlaufen sind. Die Auswertung der Integrale erfolgt wieder nach der Sattelpunktmethode. Nachdem wir dieselbe in § 3.5 ausführlich besprochen haben, können wir uns dabei jetzt etwas kürzer fassen.

---

[1] SOMMERFELD, A.: Ber. dtsch. chem. Ges. **75**, 1988 (1942).
[2] SCHUBERT, G.: Z. Naturforsch. **1**, 113 (1946).

Wir betrachten zuerst das Integral (IV 10). Es läßt sich zeigen, daß der Integrand für positive reelle Werte der Variablen ein und nur ein Minimum, etwa an der Stelle $x = \lambda$, $z = \vartheta$, besitzt. Zur Definition dieses Minimums verwenden wir zweckmäßig die logarithmischen Ableitungen des Integranden. Wir setzen

$$x^{-N} z^{-E} \prod_i (1 \pm x\, z^{\varepsilon_i})^{\pm 1} = e^{Y(x,z)}\,. \tag{IV 12}$$

Aus dieser Definition folgt, daß $Y(x, z)$ (wie früher in § 3.5 $\ln\,[\varphi(z)]^E$) linear mit N und E zunimmt. Für das erwähnte Minimum gilt dann

$$\frac{\partial Y}{\partial x} = 0 \tag{IV 13}$$

und

$$\frac{\partial Y}{\partial z} = 0\,. \tag{IV 14}$$

λ und ϑ sind somit als die einzigen positiven reellen Wurzeln der Gl. (IV 13) und (IV 14) definiert. Wir können daher mit Benutzung von Gl. (IV 12) schreiben

$$\lambda \frac{\partial}{\partial \lambda} \ln \prod_i (1 \pm \lambda\, \vartheta^{\varepsilon_i})^{\pm 1} = \sum_i \frac{\lambda\, \vartheta^{\varepsilon_i}}{1 \pm \lambda\, \vartheta^{\varepsilon_i}} = N \tag{IV 15}$$

und

$$\vartheta \frac{\partial}{\partial \vartheta} \ln \prod_i (1 \pm \lambda\, \vartheta^{\varepsilon_i})^{\pm 1} = \sum_i \frac{\varepsilon_i\, \lambda\, \vartheta^{\varepsilon_i}}{1 \pm \lambda\, \vartheta^{\varepsilon_i}} = E\,. \tag{IV 16}$$

Diese Gleichungen zeigen, daß die Parameter λ und ϑ durch die Teilchenzahl und die Gesamtenergie bestimmt werden. Wir wählen nun als Integrationswege Kreise um $x = 0$ bzw. $z = 0$ als Mittelpunkte mit den Radien $|x| = \lambda$ bzw. $|z| = \vartheta$. Zur Durchführung der Integration ist es auch hier zweckmäßig, ebene Polarkoordinaten einzuführen durch die Gleichungen

$$x = \lambda\, e^{i\alpha}\,, \quad z = \vartheta\, e^{i\beta}\,. \tag{IV 17}$$

Die Integrationsgrenzen sind dann für beide Integrale $-\pi$ und $+\pi$. Aus (IV 17) folgt

$$\frac{dx}{x} = i\, d\alpha\,, \quad \frac{dz}{z} = i\, d\beta\,. \tag{IV 18}$$

Die Funktion $Y(x, z)$ entwickeln wir an der Stelle $x = \lambda$, $z = \vartheta$ in eine TAYLOR-sche Reihe. Das ergibt

$$Y(x, z) = Y(\lambda, \vartheta) + \left(\frac{\partial Y}{\partial x}\right)_{\substack{x = \lambda \\ z = \vartheta}} (x - \lambda) + \left(\frac{\partial Y}{\partial z}\right)_{\substack{x = \lambda \\ z = \vartheta}} (z - \vartheta) + \tag{IV 19}$$

$$+ \frac{1}{2}\left[\left(\frac{\partial^2 Y}{\partial x^2}\right)_{\substack{x = \lambda \\ z = \vartheta}} (x - \lambda)^2 + 2\left(\frac{\partial^2 Y}{\partial x\, \partial z}\right)_{\substack{x = \lambda \\ z = \vartheta}} (x - \lambda)(z - \vartheta) + \left(\frac{\partial^2 Y}{\partial z^2}\right)_{\substack{x = \lambda \\ z = \vartheta}} (z - \vartheta)^2\right] + \cdots.$$

Die ersten Ableitungen verschwinden nach Gl. (IV 13) und (IV 14). Für die zweiten Ableitungen folgt aus Gl. (IV 12)

$$\left(\frac{\partial^2 Y}{\partial x^2}\right)_{\substack{x = \lambda \\ z = \vartheta}} = \frac{1}{\lambda^2} \sum_i \frac{\lambda\, \vartheta^{\varepsilon_i}}{(1 \pm \lambda\, \vartheta^{\varepsilon_i})^2} \equiv \frac{A}{\lambda^2}\,, \tag{IV 20}$$

$$\left(\frac{\partial^2 Y}{\partial z^2}\right)_{\substack{x = \lambda \\ z = \vartheta}} = \frac{1}{\vartheta^2} \sum_i \lambda\, \vartheta^{\varepsilon_i} \left(\frac{\varepsilon_i}{(1 \pm \lambda\, \vartheta^{\varepsilon_i})^2}\right)^2 \equiv \frac{B}{\vartheta^2}\,, \tag{IV 21}$$

$$\left(\frac{\partial^2 Y}{\partial x\, \partial z}\right)_{\substack{x = \lambda \\ z = \vartheta}} = \frac{1}{\lambda\, \vartheta} \sum \lambda\, \vartheta^{\varepsilon_i} \frac{\varepsilon_i}{1 \pm \lambda\, \vartheta^{\varepsilon_i}} \equiv \frac{C}{\lambda\, \vartheta}\,, \tag{IV 22}$$

wo die Größen A, B und C durch die vorstehenden Gleichungen definiert sind. Sie wachsen ebenfalls mit N und E. Ferner ist

$$A B > C^2 \,. \tag{IV 23}$$

Damit wird der Integrand von (IV 10)

$$x^{-N} z^{-E} \prod_i (1 \pm x z^{\varepsilon_i})^{\pm 1} = e^{Y(\lambda,\vartheta)} \, e^{-\frac{1}{2}(A\,\alpha^2 + 2C\alpha\beta + B\beta^2) + \cdots} \,. \tag{IV 24}$$

Man sieht daraus, daß der Integrand längs der Integrationswege vom Punkte λ, ϑ aus nach beiden Seiten exponentiell abfällt; dieser Punkt ist daher ein Sattelpunkt. Das Maximum ist um so schärfer, je größer A, B und C bzw. N und E sind. Durch Einsetzen von (IV 24) in (IV 10) ergibt sich, wenn die ursprünglichen Integrationsgrenzen $-\pi$ und $+\pi$ durch $-\infty$ und $+\infty$ ersetzt werden

$$\Omega = \left(\frac{1}{2\pi}\right)^2 e^{Y(\lambda,\vartheta)} \int\limits_{-\infty}^{+\infty} \int\limits_{-\infty}^{+\infty} [1 + \cdots] \exp\left[-\frac{1}{2}(A\,\alpha^2 + 2C\alpha\beta + B\beta^2)\right] d\alpha\, d\beta \,. \tag{IV 25}$$

Zur Durchführung der Integration muß die gemischt quadratische Form im Exponenten in eine Summe von Quadraten verwandelt werden. Dies geschieht in einfacher Weise durch Einführung der neuen Variablen

$$u = \sqrt{A}\,\alpha + \frac{C}{\sqrt{A}}\,\beta \,, \quad v = \beta \,. \tag{IV 26}$$

Dann wird aus (IV 25)

$$\Omega = \left(\frac{1}{2\pi}\right)^2 e^{Y(\lambda,\vartheta)} \int\limits_{-\infty}^{+\infty} \int\limits_{-\infty}^{+\infty} [1 + \cdots] e^{-\frac{1}{2}\left[u^2 + \left(B - \frac{C^2}{A}\right)v^2\right]} \frac{\partial(\alpha,\beta)}{\partial(u,v)} \, du\, dv \tag{IV 27}[1]$$

und es folgt

$$\Omega = \frac{e^{Y(\lambda,\vartheta)}}{2\pi(A B - C^2)^{1/2}} [1 + \cdots] \,, \tag{IV 28}$$

wo die nicht ausgeschriebenen höheren Glieder für $N \to \infty$, $E \to \infty$ asymptotisch verschwinden.

Das Integral (IV 11) wird ganz analog zu (III 122) behandelt. Bezeichnen wir jetzt den Sattelpunkt mit λ^*, ϑ^*, so wird asymptotisch

$$\lambda^* = \lambda \,, \quad \vartheta^* = \vartheta \tag{IV 29}$$

und es ergibt sich auch hier, daß man in dem „Extrafaktor" $x z^{\varepsilon_j}(1 \pm x z^{\varepsilon_j})^{-1}$ einfach die Werte der Sattelpunktskoordinaten einsetzen und ihn dann vor das Integralzeichen ziehen kann. Dividiert man nun (IV 11) durch (IV 10), so heben sich die Integrale heraus und es folgt unmittelbar

$$\overline{N}_j = \frac{\lambda\vartheta^{\varepsilon_j}}{1 \pm \lambda\vartheta^{\varepsilon_j}} \tag{IV 30}$$

als Verteilungsgesetz der Quantenstatistik nicht lokalisierter Teilchen. Dabei bezieht sich das positive Vorzeichen auf die FERMI-DIRAC-Statistik, das negative auf die BOSE-EINSTEIN-Statistik.

Bisher haben wir der Übersichtlichkeit halber angenommen, daß die Eigenwerte ε_i nicht entartet sind. Für die wichtigste Anwendung der Theorie, das in

---

[1] $\dfrac{\partial(\alpha,\beta)}{\partial(u,v)}$ bezeichnet die JAKOBIsche Determinante $\begin{vmatrix} \dfrac{\partial\alpha}{\partial u} & \dfrac{\partial\alpha}{\partial v} \\[2mm] \dfrac{\partial\beta}{\partial u} & \dfrac{\partial\beta}{\partial v} \end{vmatrix}$.

einem Volumen $V = abc$ befindliche ideale Gas zeigt aber Gl. (III 36), daß wir unter Umständen mit sehr erheblichen Entartungen zu rechnen haben. Man kann dies in einfacher Weise berücksichtigen, wenn man bedenkt, daß in (IV 8) jeder Faktor einer linear unabhängigen Eigenfunktion entspricht. Gehören also zum Eigenwert ε_i g_i linear unabhängige Eigenfunktionen, so tritt der Faktor mit dem Index i nicht einmal, sondern g_i-mal auf. Unterscheiden wir die zu dem Eigenwert ε_j gehörigen linear unabhängigen Eigenfunktionen durch einen zweiten Index k, so liefert die obige Rechnung zunächst $\overline{N}_{jk}$. Die g_j-Werte $\overline{N}_{jk}$ sind aber untereinander gleich und die mittlere Zahl der Teilchen mit dem Eigenwert ε_j ist somit

$$\overline{N}_j = \sum_{k=1}^{g_j} \overline{N}_{jk} = g_j \overline{N}_{jk}\,. \tag{IV 31}$$

Man sieht aber auch leicht direkt, daß

$$f(x, z) = \prod_i (1 \pm x\,\vartheta^{\varepsilon_i})^{\pm g_i} \tag{IV 32}$$

die erzeugende Funktion für $\Omega = \Sigma\,\Omega_D$ ist, wenn diese Größe durch Gl. (III 85) bzw. (III 87) definiert wird. Es ist nämlich

$$(1 + x\,\vartheta^{\varepsilon_i})^{g_i} = \sum_{N_i=0}^{g_i} \frac{g_i!}{N_i!(g_i - N_i)!}\,(x\,\vartheta^{\varepsilon_i})^{N_i} \tag{IV 33}$$

und

$$(1 - x\,\vartheta^{\varepsilon_i})^{-g_i} = \sum_{N_i=0}^{\infty} \frac{(g_i + N_i - 1)!}{N_i!(g_i - 1)!}\,(x\,\vartheta^{\varepsilon_i})^{N_i}\,. \tag{IV 34}$$

Setzt man diese Ausdrücke in (IV 32) ein, so entspricht wieder jedem Eigenwert ein Faktor des Produktes und man findet, daß der Koeffizient des Gliedes $x^N z^E$ in der Entwicklung von $f(x, \vartheta)$ jetzt

$$\Omega = \Sigma\,\Pi\,\frac{(N_i + g_i - 1)!}{N_i!(g_i - 1)!} \quad \text{(Bose-Einstein)} \tag{IV 35}$$

bzw.

$$\Omega = \Sigma\,\Pi\,\frac{g_i!}{N_i!(g_i - N_i)!} \quad \text{(Fermi-Dirac)} \tag{IV 36}$$

ist. Die weitere Rechnung verläuft wie oben, und es ergibt sich [in Übereinstimmung mit (IV 31)] als Verteilungsgesetz für nicht lokalisierte Teilchen mit entarteten Eigenwerten

$$\overline{N}_j = \lambda\,\frac{\partial}{\partial \lambda}\,\ln(1 \pm \lambda\,\vartheta^{\varepsilon_j})^{\pm g_j} = \frac{g_j\,\lambda\vartheta^{\varepsilon_j}}{1 \pm \lambda\vartheta^{\varepsilon_j}}\,. \tag{IV 37}$$

Wie in den früheren Fällen kann man auch hier zeigen, daß die Verteilung zweier Systeme durch Herstellung eines thermischen Kontaktes nur dann nicht geändert wird, wenn ϑ für beide Systeme den gleichen Wert besitzt. ϑ ist daher ein Analogon der empirischen Temperatur. In § 4.6 werden wir sehen, daß wieder gilt

$$\vartheta = e^{-\frac{1}{kT}}\,. \tag{IV 38}$$

Damit kann Gl. (IV 37) geschrieben werden

$$\overline{N}_j = \frac{g_j\,\lambda\,e^{-\frac{\varepsilon_j}{kT}}}{1 \pm \lambda\,e^{-\frac{\varepsilon_j}{kT}}} = \frac{g_j}{\lambda^{-1}\,e^{\frac{\varepsilon_j}{kT}} \pm 1}\,. \tag{IV 39}$$

§ 4.5. Diskussion des Verteilungsgesetzes. Übergang zur klassischen Statistik

Das wichtigste Beispiel für die Anwendung der in § 4.4 entwickelten Formeln bildet, wie schon erwähnt, das in einem rechteckigen Volumen $V = abc$ befindliche ideale Gas. Die speziellen Eigenschaften eines solchen Gases werden wir in den Kapiteln XII und XIV behandeln. An dieser Stelle soll das Verteilungsgesetz in erster Linie unter dem Gesichtspunkt des Verhältnisses zur klassischen Statistik, d. h. zum MAXWELL-BOLTZMANNschen Energieverteilungsgesetz, diskutiert werden.

Nehmen wir der Einfachheit halber an, daß $a = b = c$ ist, so kann die Gleichung für den Eigenwert eines Teilchens (III 36) geschrieben werden

$$\varepsilon_k = \frac{h^2}{8\,m\,V^{2/3}}\,(k_x^2 + k_y^2 + k_z^2) = \frac{h^2}{8\,m\,V^{2/3}}\,k^2.$$

(IV 40)

Die Zahlen k_x, k_y, k_z können wir formal als Komponenten eines Vektors $\mathbf{k}$ vom absoluten Betrag k auffassen. Tragen wir sie auf den Achsen eines Koordinatensystems auf, so wird jede linear unabhängige Eigenfunktion durch den Endpunkt eines vom Ursprung ausgehenden Vektors $\mathbf{k}$ repräsentiert. Abb. 9 zeigt dies in zweidimensionaler Darstellung. Die zu einem speziellen Eigenwert ε_k gehörenden linear unabhängigen Eigenfunktionen liegen dann auf der Oberfläche einer Kugel vom Radius k um den Ursprung als Mittelpunkt. Da in dieser Darstellung jede Volumeneinheit (Einheitszelle) einen repräsentativen Punkt enthält, ist die Zahl der Punkte in einem gegebenen Volumen einfach gleich diesem Volumen, wenn dasselbe so groß gewählt wird, daß die genaue Gestalt der Begrenzungsfläche keine Rolle mehr spielt. Beachten wir nun, daß k_x, k_y, k_z positive ganze Zahlen sein müssen und daher die Punkte nur in dem durch die positiven Halbachsen bestimmten Oktanten liegen, so ergibt sich, daß die Zahl der Punkte, deren Abstand vom Ursprung zwischen k und $k + \Delta k$ liegt, gegeben ist durch

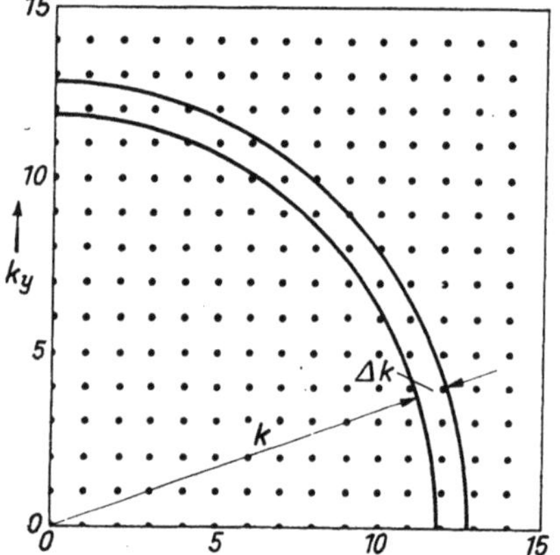

Abb. 9. Zweidimensionaler k-Raum [entnommen aus: J. E. MAYER u. M. G. MAYER: Statistical Mechanics. New York 1951]

$$\frac{4\pi}{8}\,k^2\Delta k\,.$$

(IV 41)

Ersetzen wir hier mit Hilfe von (IV 40) k durch ε, so erhalten wir die Zahl der zum Energieintervall von ε bis $\varepsilon + \Delta\varepsilon$ gehörenden Eigenfunktionen, die wir mit $g(\varepsilon)\,\Delta\varepsilon$ bezeichnen. Wenn k bzw. ε hinreichend groß ist, können wir $g(\varepsilon)$ als stetige differenzierbare Funktion von ε auffassen. Es wird somit

$$g(\varepsilon)\,d\varepsilon = 4\,\pi\,\frac{mV}{h^3}\,(2\,m\,\varepsilon)^{1/2}\,d\varepsilon\,.$$

(IV 42)

Für die Zahl der Eigenfunktionen, bzw. μ-Raum-Zellen, die zu Energien $\varepsilon \leqq \varepsilon^*$ gehören (wo ε^* eine beliebig vorgegebene Energie ist) ergibt sich aus (IV 42)

$$\int_0^{\varepsilon^*} g(\varepsilon)\,d\varepsilon = 2\,\pi\,V\left(\frac{2\,m}{h^2}\right)^{3/2}\int_0^{\varepsilon^*}\varepsilon^{1/2}\,d\varepsilon = \frac{4\pi}{3}\,V\left(\frac{2\,m\,\varepsilon^*}{h^2}\right)^{3/2}\,.$$

(IV 43)

Mit Hilfe dieser Formel läßt sich der wesentliche Unterschied zwischen der klassischen Statistik und der FERMI-DIRAC-Statistik[1] unmittelbar verständlich machen. Ein klassisches Gas wird sich mit sinkender Temperatur beliebig weit in Richtung abnehmender Impulskoordinaten im μ-Raum konzentrieren. Für ein FERMI-DIRAC-System ist dies nur bis zu einer gewissen Grenze möglich, weil jede Zelle maximal mit einem Teilchen (im Falle der Elektronen wegen der zwei möglichen Spinorientierungen mit zwei Teilchen) besetzt werden kann. Ein derartiges Gas muß daher eine durch die Statistik bedingte Nullpunktsenergie besitzen, die sich leicht mit Hilfe von Gl. (IV 43) berechnen läßt. Bezeichnen wir mit ε_F die maximale Energie der besetzten Zellen, so lautet das Verteilungsgesetz für $T = 0$

$$\overline{N}_j = g_j \qquad \text{für } \varepsilon_j \leqq \varepsilon_F$$
$$\overline{N}_j = 0 \qquad \text{für } \varepsilon_j > \varepsilon_F . \tag{IV 44}$$

Die Auftragung von $\overline{N}_j/g_j$ gegen ε_j ergibt das in Abb. 10 dargestellte Bild. Mit steigender Temperatur wird, was ohne weiteres einleuchtet, die „Stufe"

mehr und mehr abgeflacht. Die Grenzenergie ε_F ergibt sich unmittelbar, wenn die rechte Seite von Gl. (IV 43) (die wir hier für die Anwendung auf Elektronen noch mit dem Faktor 2 multipliziert

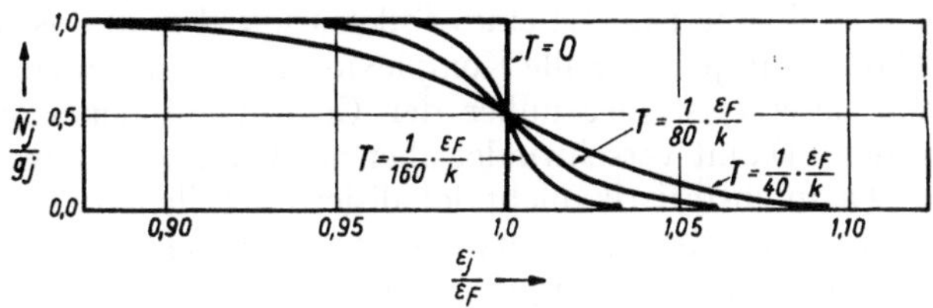

Abb. 10. Fermiverteilung

denken) gleich der Teilchenzahl N und $\varepsilon^* = \varepsilon_F$ gesetzt wird. Wir haben dann

$$N = \frac{8\pi}{3} V \left(\frac{2\,m\,\varepsilon_F}{h^2}\right)^{3/2} \tag{IV 45}$$

oder

$$\varepsilon_F = \frac{h^2}{8m} \left(\frac{3}{\pi} \frac{N}{V}\right)^{2/3} . \tag{IV 46}$$

Die Grenzenergie ε_F wird als FERMI-Energie bezeichnet[2]. Mit Benutzung dieser Größe kann Gl. (IV 42) für Elektronen geschrieben werden

$$g(\varepsilon)\,d\varepsilon = \frac{3}{2} N \frac{\varepsilon^{1/2}}{\varepsilon_F^{3/2}}\,d\varepsilon . \tag{IV 47}$$

Die Nullpunktsenergie des Elektronengases ist nun, wenn wir den Faktor 2 in g_i eingeschlossen denken, nach (IV 44)

$$^0E = N\,\overline{^0\varepsilon} = \sum^{\varepsilon_F} \varepsilon_j g_j \tag{IV 48}$$

oder, in der Näherung der Gl. (IV 47)

$$^0E = N\,\overline{^0\varepsilon} = \int_0^{\varepsilon_F} \varepsilon\,g(\varepsilon)\,d\varepsilon = \frac{3}{2}\frac{N}{\varepsilon_F^{3/2}} \int_0^{\varepsilon_F} \varepsilon^{3/2}\,d\varepsilon . \tag{IV 49}$$

---

[1] Da die nähere Diskussion der BOSE-EINSTEIN-Statistik in dem Zusammenhang dieses Paragraphen nicht benötigt wird, bringen wir dieselbe erst in Kapitel XII.

[2] Aus Gl. (IV 39) folgt unmittelbar $\varepsilon_F = \lim_{T=0} kT \ln \lambda$. In Abb. 10 ist davon Gebrauch gemacht, daß bei den dort in Betracht kommenden Temperaturen mit großer Annäherung $\varepsilon_F \approx kT \ln \lambda$ gilt.

Das ergibt

$$^0E = N\,\overline{^0\varepsilon} = \frac{3}{5}\,N\,\varepsilon_F = \frac{3\,h^2}{40\,m}\,N\left(\frac{3}{\pi}\,\frac{N}{V}\right)^{2/3}.\qquad(\text{IV 50})$$

Am absoluten Nullpunkt beträgt somit die mittlere Energie eines Elektrons in einem FERMI-Gas $^3/_5$ der maximalen Energie, der FERMI-Energie. Durch Einsetzen der Zahlenwerte erhält man für die molare Nullpunktsenergie des Elektronengases

$$N_L\,\overline{^0\varepsilon} = 359{,}7\cdot 10^8\,V_m^{-2/3}\,\text{cal}\,,\qquad(\text{IV 51})$$

wo V_m das Molvolumen bezeichnet.

Die vorstehenden Überlegungen zeigen deutlich, daß die Eigenart der FERMI-DIRAC-Statistik und ihr charakteristischer Unterschied gegenüber der BOSE-EINSTEIN-Statistik (und naturgemäß der klassischen Statistik) darauf beruht, daß die Besetzungszahlen der Zellen des μ-Raumes auf die Werte 0 und 1 beschränkt sind. Wenn nun die Zahl der Zellen, deren Energie ε_i nicht wesentlich größer ist als die mittlere Energie eines Teilchens, viel größer ist als die Zahl der Teilchen, so können in jedem Falle Komplexionen, bei denen eine Zelle von mehreren Teilchen besetzt ist, gegenüber der Gesamtzahl der Komplexionen vernachlässigt werden. Damit verschwindet aber der Unterschied zwischen den beiden Formen der Quantenstatistik nicht lokalisierter Teilchen; sie müssen sich daher einer gemeinsamen Grenzform nähern, die nach dem Korrespondenzprinzip nur die in § 2.8 eingeführte „korrigierte" Form der MAXWELL-BOLTZMANN-Statistik sein kann.

Wir formulieren zunächst die Bedingung für das Verschwinden des Unterschiedes zwischen BOSE-EINSTEIN- und FERMI-DIRAC-Statistik. Für die mittlere Energie eines Teilchens von drei Freiheitsgraden können wir hier nach § 2.6 setzen

$$\overline{\varepsilon} = \tfrac{3}{2}\,kT\,.\qquad(\text{IV 52})$$

Führen wir dies als obere Integrationsgrenze in (IV 43) ein, so lautet die gesuchte Bedingung

$$2\,\pi\,V\left(\frac{2\,m}{h^2}\right)^{3/2}\int_0^{3/2\,kT}\varepsilon^{1/2}\,d\varepsilon \gg N\qquad(\text{IV 53})$$

oder (da $\sqrt{6}/\sqrt{\pi}\approx 1$ ist)

$$\frac{N}{V}\left(\frac{h^2}{2\,\pi\,m\,kT}\right)^{3/2}\ll 1\,.\qquad(\text{IV 54})$$

Andererseits sieht man leicht, daß das Verteilungsgesetz der Quantenstatistik (IV 37) in das MAXWELL-BOLTZMANNsche Verteilungsgesetz übergeht, wenn

$$\lambda \ll \vartheta^{-\varepsilon_j}\qquad(\text{IV 55})$$

ist. Dann gilt nämlich mit hinreichender Näherung

$$\ln(1 \pm \lambda\vartheta^{\varepsilon_j})^{\pm 1} = \lambda\vartheta^{\varepsilon_j}\,.\qquad(\text{IV 56})$$

Damit wird aus (IV 37)

$$\overline{N_j} = \lambda\,g_j\vartheta^{\varepsilon_j}\,.\qquad(\text{IV 57})$$

Nach (IV 1) muß aber gelten

$$\sum_i \overline{N_i} = \sum_i \lambda\,g_i\vartheta^{\varepsilon_i} = \lambda\,f(\vartheta) = N\,,\qquad(\text{IV 58})$$

wo $f(\vartheta)$ die durch Gl. (III 152) (mit $z = \vartheta$) definierte Verteilungsfunktion des Einzelmoleküls ist. Durch Elimination von λ folgt aus Gl. (IV 57) und (IV 58)

$$\frac{\overline{N_j}}{N} = \frac{g_j \vartheta^{\varepsilon_j}}{f(\vartheta)} = \frac{g_j e^{-\frac{\varepsilon_j}{kT}}}{\sum g_i e^{-\frac{\varepsilon_i}{kT}}}, \tag{IV 59}$$

das MAXWELL-BOLTZMANNsche Verteilungsgesetz. Aus (IV 38) ergibt sich, daß mit beliebig wachsender Temperatur $\vartheta^{-\varepsilon_j}$ gegen Eins geht. Die Bedingung (IV 55) kann daher auch geschrieben werden

$$\lambda \ll 1 . \tag{IV 60}$$

Es ist von vornherein anzunehmen, daß die Bedingungen (IV 54) und (IV 60) im wesentlichen identisch sind. Man kann dies leicht beweisen, indem man Gl. (IV 58) zur Berechnung von λ benutzt. Die Verteilungsfunktion lautet, wenn wir der Einfachheit halber von (IV 40) ausgehen,

$$f(\vartheta) = \sum_{k_x = 1}^{\infty} \sum_{k_y = 1}^{\infty} \sum_{k_z = 1}^{\infty} \vartheta^{\frac{h^2}{8 m V^{2/3}} (k_x^2 + k_y^2 + k_z^2)} . \tag{IV 61}$$

Wir setzen nun voraus

$$\frac{h^2 \ln (1/\vartheta)}{8 m V^{2/3}} = \frac{h^2/8 m V^{2/3}}{kT} \ll 1 . \tag{IV 62}$$

Diese Annahme besagt, daß der Abstand zweier benachbarter Energieniveaus $\ll kT$ ist. Das Energiespektrum darf dann, wie schon in § 3.1 erwähnt, näherungsweise als Kontinuum betrachtet werden und wir können die Summen in Gl. (IV 61) durch Integrale ersetzen. Dann ergibt sich

$$f(\vartheta) = \left\{ \int_0^{\infty} e^{-[h^2 \ln(1/\vartheta)/8 m V^{2/3}] k_x^2} d k_x \right\}^3 = \left[\frac{2 \pi m}{h^2 \ln (1/\vartheta)} \right]^{3/2} V \tag{IV 63}$$

oder

$$f(T) = \left(\frac{2 \pi m k T}{h^2} \right)^{3/2} V . \tag{IV 64}$$

Setzen wir diesen Ausdruck in (IV 58) ein, so folgt

$$\lambda = \frac{N}{f(T)} = \frac{N}{V} \left(\frac{h^2}{2 \pi m k T} \right)^{3/2} . \tag{IV 65}$$

Die Bedingungen (IV 54) und (IV 60) sind somit in der Tat identisch. Es ergibt sich daraus, daß die MAXWELL-BOLTZMANN-Verteilung immer gültig ist, wenn die Teilchen eine hinreichend große Masse besitzen, die Temperatur genügend hoch und die Dichte genügend klein ist. Die letztere Bedingung spielt im allgemeinen keine besondere Rolle, da die Anwendbarkeit der in diesem Kapitel entwickelten Formeln ohnehin auf ideale Gase beschränkt ist. Wir wollen nun versuchen, eine untere Grenze abzuschätzen, bis zu der man die Bedingung (IV 54) sicher als erfüllt ansehen kann. Nehmen wir an, daß die Teilchen H-Atome sind, so wird $m = 1{,}66 \cdot 10^{-24}$ g. Es sei ferner $V = a^3 = 10^{-9}$ cm³ und $T = 0{,}001°$ K. Mit diesen Zahlenwerten wird

$$\frac{h^2 \ln (1/\vartheta)}{8 m V^{2/3}} = \frac{h^2/8 m V^{2/3}}{kT} = 2{,}36 \cdot 10^{-5}. \tag{IV 66}$$

Die Voraussetzung (IV 62) ist somit erfüllt und daher a fortiori für schwerere Teilchen, größere Volumina und höhere Temperaturen, d. h. in nahezu allen Fällen, mit denen wir es später zu tun haben. Die Bedingung für die Gültigkeit der Maxwell-Boltzmann-Verteilung können wir im Falle der H-Atome schreiben

$$\lambda = 5{,}2 \cdot 10^{-21} \frac{N}{V} \, T^{-\frac{3}{2}} \ll 1 \,. \tag{IV 67}$$

Für die üblichen Standard-Bedingungen ist $N/V = 2{,}7 \cdot 10^{19}$. Setzen wir dies und die Temperatur $T = 9° \mathrm{K}$ in (IV 67) ein, so wird

$$\lambda = 0{,}005 \,. \tag{IV 68}$$

Die Bedingung (IV 54) bzw. (IV 60) ist somit erfüllt, und dies gilt wieder a fortiori für schwerere Teilchen, kleinere Dichten und höhere Temperaturen. Man sieht daraus, daß für nahezu alle Anwendungen der Theorie die Maxwell-Boltzmannsche Verteilung eine ausreichende Näherung darstellt und daß ferner die Verteilungsfunktion der Freiheitsgrade der Schwerpunktstranslation durch ein Integral approximiert werden kann. Die bisher einzigen Fälle, in denen man auf die exakten Formeln dieses Kapitels zurückgreifen muß, sind das Elektronengas und das Photonengas. Hier ist die Bedingung (IV 54) in erster Linie wegen der sehr kleinen bzw. verschwindenden Masse nicht erfüllt. Eine Verletzung von (IV 54) durch Erhöhung der Dichte ist auch noch bei den leichtesten Gasen im engeren Sinne möglich. In solchen Fällen kann aber die zwischenmolekulare Wechselwirkung nicht mehr vernachlässigt werden; man muß daher die allgemeineren statistischen Methoden anwenden, die wir in Kapitel VI behandeln. Das Studium der Abweichungen von der Maxwell-Boltzmannschen Verteilung ist jedoch von allgemeinerem Interesse. Wir werden daher im Kapitel XII darauf zurückkommen. Man bezeichnet diese Abweichungen gewöhnlich als Gasentartung. Aus diesem Grunde nennt man die Bedingung (IV 54) bzw. (IV 60) häufig das Entartungskriterium.

§ 4.6. Quantenstatistik und Thermodynamik

Wir wollen jetzt zeigen, daß die in diesem Kapitel betrachteten quantenmechanischen Systeme den Gesetzen der Thermodynamik gehorchen. Die allgemeinen Betrachtungen des § 2.7 können wir ohne weiteres übernehmen. Wir schreiben daher nur den Ausdruck für die mittlere generalisierte Kraft an, den wir später benötigen. Er lautet [mit Benutzung von (IV 37)]

$$\overline{X} = - \sum_i N_i \frac{\partial \varepsilon_i}{\partial x} = - \sum_i g_i \frac{\lambda \vartheta^{\varepsilon_i}}{1 \pm \lambda \vartheta^{\varepsilon_i}} \frac{\partial \varepsilon_i}{\partial x} \,. \tag{IV 69}$$

Im übrigen beschränken wir uns auf die Begründung des II. Hauptsatzes, erweitern diese jedoch gegenüber den Ausführungen des § 2.7 insofern, als wir jetzt auch Änderungen der Molekülzahl in Betracht ziehen. Wir formulieren also den II. Hauptsatz: Es existieren zwei Funktionen T und S derart, daß T eine ein-eindeutige Funktion der empirischen Temperatur und

$$dS = \frac{1}{T} dE + \frac{X}{T} dx - \frac{\mu}{T} dN \tag{IV 70}$$

ist, wo μ das chemische Potential pro Teilchen bezeichnet.

Wir definieren jetzt

$$kT = 1/\ln(1/\vartheta) \tag{IV 71}$$

und mit Benutzung von (IV 12) und (IV 28) (wo nach den früheren Ausführungen der Logarithmus des Nenners gegen den des Zählers für große E und N vernachlässigt werden kann)

$$S = k \ln \Omega = k \left[\sum_i g_i \ln (1 \pm \lambda \vartheta^{\varepsilon_i})^{\pm 1} - E \ln \vartheta - N \ln \lambda \right]. \qquad \text{(IV 72)}$$

Diese Gleichung gibt S explizit als Funktion von ϑ, λ, den ε_i, E und N. Nun ist aber wegen (IV 16)

$$\frac{\partial (S/k)}{\partial \ln \vartheta} = \vartheta \, \frac{\partial}{\partial \vartheta} \prod_i \ln (1 \pm \lambda \vartheta^{\varepsilon_i})^{\pm g_i} - E = 0 \qquad \text{(IV 73)}$$

und wegen (IV 15)

$$\frac{\partial (S/k)}{\partial \ln \lambda} = \lambda \, \frac{\partial}{\partial \lambda} \prod_i \ln (1 \pm \lambda \vartheta^{\varepsilon_i})^{\pm g_i} - N = 0 . \qquad \text{(IV 74)}$$

Führen wir nun an Stelle der ε_i den äußeren Parameter x als unabhängige Variable ein, so lautet das Differential von (IV 72)

$$d S = k \, d \ln \Omega = k \left[\frac{\partial S}{\partial E} \, d E + \sum \frac{\partial S}{\partial \varepsilon_i} \frac{\partial \varepsilon_i}{\partial x} \, d x + \frac{\partial S}{\partial N} \, d N \right] \qquad \text{(IV 75)}$$

oder

$$d S = k \ln (1/\vartheta) \, d E - k \ln (1/\vartheta) \sum_i \frac{g_i \lambda \vartheta^{\varepsilon_i}}{1 \pm \lambda \vartheta^{\varepsilon_i}} \frac{\partial \varepsilon_i}{\partial x} d x - k \ln \lambda \, d N . \qquad \text{(IV 76)}$$

Mit Gl. (IV 69) und (IV 71) wird daraus schließlich

$$d S = \frac{1}{T} \, d E + \frac{\overline{X}}{T} \, d x - k \ln \lambda \, d N . \qquad \text{(IV 77)}$$

Die durch Gl. (IV 71) und (IV 72) statistisch definierten Funktionen T und S besitzen somit die Eigenschaften der absoluten Temperatur und der Entropie, wenn $\overline{X} = X$ und

$$\mu = k T \ln \lambda \qquad \text{(IV 78)}$$

gesetzt wird. Die erste dieser Beziehungen ist ziemlich trivial und braucht uns nicht weiter zu beschäftigen. Um die Gl. (IV 78) zu rechtfertigen, muß noch gezeigt werden, daß das hierdurch definierte μ die wesentliche Eigenschaft des chemischen Potentials im Hinblick auf die Gleichgewichtsbedingungen besitzt. Dabei beschränken wir uns an dieser Stelle auf rein physikalische Gleichgewichte; die chemischen Gleichgewichte werden wir in Kapitel X behandeln. Der Gedankengang ist völlig analog dem des § 2.6. Wir betrachten also zwei Systeme, die wir durch ′ und ″ unterscheiden, und fragen nach der Bedingung dafür, daß die Ermöglichung eines Austausches von Energie und Materie zwischen beiden Systemen, das heißt ihre Vereinigung zu einem durch ∼ bezeichneten Gesamtsystem, keine Änderung des Zustandes bewirkt. Wir wollen hier jedoch die geometrischen Bedingungen festlegen, um die Eigenwerte explizit anschreiben zu können. Der Beweis als solcher ist davon naturgemäß unabhängig.

Das Gesamtsystem befinde sich in einem rechteckigen Kasten mit den Kantenlängen a, b und c. Der Kasten sei zunächst durch einen nicht wärmeleitenden Schieber in zwei Hälften mit den Kantenlängen $\frac{a}{2}$, b und c geteilt.

Beide Hälften seien mit der gleichen Menge eines idealen Gases, dessen Moleküle wir als Massenpunkte betrachten, gefüllt. Die Eigenwerte der Einzelteilchen in den Teilsystemen sind nach Gl. (III 36)

$$\varepsilon'_{k_x, k_y, k_z} = \varepsilon''_{k_x, k_y, k_z} = \frac{h^2}{8 \, m} \left(\frac{k_x^2}{(a/2)^2} + \frac{k_y^2}{b^2} + \frac{k_z^2}{c^2} \right). \qquad \text{(IV 79)}$$

Die Verteilungsgesetze der Teilsysteme lauten nach (IV 37)

$$\overline{N}_j' = \frac{g_j'\,\lambda'\,\vartheta'^{\varepsilon_j'}}{1 \pm \lambda'\vartheta'^{\varepsilon_j'}}$$

$$\overline{N}_j'' = \frac{g_j''\,\lambda''\,\vartheta''^{\varepsilon_j''}}{1 \pm \lambda''\vartheta''^{\varepsilon_j''}}\,. \tag{IV 80}$$

Wird nun der Schieber geöffnet, so sind die Eigenwerte der Teilchen

$$\tilde{\varepsilon}_{k_x,\,k_y,\,k_z} = \frac{h^2}{8\,m}\left(\frac{k_x^2}{a^2} + \frac{k_y^2}{b^2} + \frac{k_z^2}{c^2}\right), \tag{IV 81}$$

und das Verteilungsgesetz ist

$$\tilde{N}_j = \frac{\tilde{g}_j\,\tilde{\lambda}\,\tilde{\vartheta}^{\tilde{\varepsilon}_j}}{1 \pm \tilde{\lambda}\tilde{\vartheta}^{\tilde{\varepsilon}_j}}\,. \tag{IV 82}$$

Der Vergleich von (IV 79) und (IV 81) zeigt, daß durch die Entfernung des Schiebers die Zahl der linear unabhängigen Eigenfunktionen, bzw. der Zellen des μ-Raumes, nicht geändert wird. Dies beruht darauf, daß beim Übergang von (IV 79) zu (IV 81) die Zahl der Eigenwerte des Spektrums verdoppelt wird, indem die Eigenwerte mit $k_x = 2\,m + 1$ $(m = 0, 1, 2, \ldots)$ hinzukommen[1]. Für die übrigen Eigenwerte gilt

$$g_j' = g_j'' = \tilde{g}_j \qquad (k_x = 2\,m)\,. \tag{IV 83}$$

Unter diesem Gesichtspunkt bewirkt das Öffnen des Schiebers stets eine Änderung der Verteilung, da die neu hinzukommenden Energieniveaus nach (IV 82) besetzt werden müssen. Eine physikalische Bedeutung hat diese Aussage aber nur, wenn man sich auf die Betrachtung der niedrigsten Eigenwerte beschränken kann, was nur in Ausnahmefällen zutrifft. Im allgemeinen muß das Eigenwertspektrum der Translation im Hinblick auf die Unschärfe der Eigenwerte (vgl. § 3.1) und ihre (im Vergleich zu kT) sehr dichte Aufeinanderfolge bis zu tiefsten Temperaturen als Kontinuum betrachtet werden. Das bedeutet, daß unter ε_j das Energieintervall von ε bis $\varepsilon + d\varepsilon$ zu verstehen ist und g_j durch $g(\varepsilon)\,d\varepsilon$ nach Gl. (IV 42) ersetzt werden muß. Es ergibt sich dann

$$g'(\varepsilon) + g''(\varepsilon) = \tilde{g}(\varepsilon)\,. \tag{IV 84}$$

Es bleibt also nicht nur die Gesamtzahl der linear unabhängigen Eigenfunktionen, sondern auch die Zahl der im Energieintervall von ε bis $\varepsilon + d\varepsilon$ gelegenen erhalten, wenn der Schieber geöffnet wird. Die in dem zuletzt erläuterten Sinne verstandene Verteilung wird somit dann nicht geändert, wenn

$$\overline{N}_j' + \overline{N}_j'' = \tilde{N}_j\,. \tag{IV 85}$$

Das ist aber wegen (IV 84) dann und nur dann der Fall, wenn gilt

$$\vartheta' = \vartheta'' = \tilde{\vartheta} \tag{IV 86}$$

und

$$\lambda' = \lambda'' = \tilde{\lambda}\,. \tag{IV 87}$$

---

[1] Für den nicht entarteten Fall ist die vorhergehende Behauptung damit unmittelbar evident. Sie muß auch für den entarteten Fall gelten, weil die Entartung durch eine beliebig langsame infinitesimale Parameteränderung herbeigeführt werden kann und diese nach dem sog. Adiabatensatz die Zahl der Quantenzustände nicht ändert.

Die durch Gl. (IV 78) definierte Größe μ besitzt somit in der Tat die wesentliche Eigenschaft des chemischen Potentials. Die Anwendung der vorstehenden Überlegung auf Gl. (IV 72) zeigt schließlich, daß

$$S' + S'' = \tilde{S} \tag{IV 88}$$

ist. Die in § 2.8 und 2.11 besprochene Schwierigkeit tritt somit hier nicht auf; die Entropie ist der Größe des Systems proportional, wie es die Thermodynamik verlangt. Damit ist vollständig gezeigt, daß die hier betrachteten quantenmechanischen Systeme nicht lokalisierter Teilchen den Gesetzen der Thermodynamik gehorchen, wenn die absolute Temperatur durch Gl. (IV 71) und die Entropie durch Gl. (IV 72) definiert wird. Zugleich zeigt Gl. (IV 72), in Übereinstimmung mit Gl. (II 142) und (III 163), daß die Zahl der im Energieintervall zwischen E und $E + \Delta E$ liegenden Eigenfunktionen des Gesamtsystems das statistische Analogon der Entropie darstellt.

Die freie Energie nach HELMHOLTZ kann nun ohne weiteres aus (IV 72) mit Hilfe der thermodynamischen Formel (II 124) berechnet werden. Es ergibt sich

$$F \ln\vartheta = \sum_i g_i \ln(1 \pm \lambda\,\vartheta^{\varepsilon_i})^{\pm 1} - N \ln\lambda \,. \tag{IV 89}$$

Wir wollen an dieser Gleichung den Übergang zur „halbklassischen Näherung" untersuchen. Die Anwendung des Entartungskriteriums in der Form (IV 55) ergibt zunächst mit (IV 56) und (IV 71)

$$F = - kT\,[\lambda\,f(T) - N \ln\lambda] \,. \tag{IV 90}$$

Kombinieren wir dies mit (IV 58), so folgt

$$F = - N\,kT\,[\ln f(T) - \ln N + 1] \,. \tag{IV 91}$$

Dies ist der korrekte Näherungsausdruck für die freie Energie nach HELMHOLTZ eines Systems von N nicht lokalisierten Teilchen, den wir schon in § 2.8 angegeben hatten. Die beiden letzten Terme in der Klammer, die wir damals hinzufügen mußten, um Übereinstimmung mit der Thermodynamik zu erreichen, kommen also automatisch heraus, wenn man von der Quantenmechanik ausgeht. Die Ableitung zeigt auch, daß dieselben tatsächlich in der Nichtunterscheidbarkeit der Teilchen ihren Ursprung haben, was wir in § 2.11 bereits vermutet hatten.

Mit Benutzung der STIRLINGschen Formel kann Gl. (IV 91) geschrieben werden

$$F = - kT \ln Q \,, \tag{IV 92}$$

wo

$$Q = \frac{[f(T)]^N}{N!} \tag{IV 93}$$

ist. Die Größe Q nennt man die Verteilungsfunktion des Gesamtsystems. Während aber Gl. (IV 92), wie wir im nächsten Kapitel sehen werden, ganz allgemein gilt, hat die Verteilungsfunktion des Einzelmoleküls schon in der strengen Quantenstatistik nicht lokalisierter Teilchen im μ-Raum und darüber hinaus in den zahlreichen Fällen, die nicht nach den Methoden der μ-Raum-Statistik behandelt werden können, keine unmittelbare thermodynamische Bedeutung mehr. Dem entspricht die Tatsache, daß Q sich nur in bestimmten Fällen nach Beiträgen der Einzelteilchen separieren läßt. Von dem Sonderfall der strengen Quantenstatistik nicht lokalisierter Teilchen abgesehen, folgt die Separierbarkeit der Verteilungsfunktion Q aus der Separierbarkeit der SCHRÖDINGER-Gleichung.

Kapitel V

Klassische Statistik im Γ-Raum. (GIBBSsche Statistik)

§ 5.1*. Einige Hilfsmittel aus der klassischen Mechanik

Die in den vorhergehenden Kapiteln entwickelte Statistik im μ-Raum beruht auf der Annahme, daß die potentielle Energie der Wechselwirkung zwischen den Molekülen gegenüber der Gesamtenergie vernachlässigt werden kann. Diese Voraussetzung ist, wie schon erwähnt, nur bei zwei Klassen von Systemen, den idealen Gasen und den idealen Kristallen[1] erfüllt. Die entwickelten Methoden sind daher auf einen großen Teil der Systeme, mit denen es die Thermodynamik zu tun hat, von vornherein nicht anwendbar. Noch unbefriedigender ist die Tatsache, daß auch die Begründung der allgemeinen Prinzipien der Thermodynamik im Rahmen der μ-Raum-Statistik nur für die genannten speziellen Systeme durchgeführt werden kann.

In diesem und den folgenden Kapiteln werden wir allgemeinere statistische Methoden entwickeln, die von derartigen Beschränkungen frei sind. Die Ansätze dazu finden sich bereits bei BOLTZMANN[2], ihre eigentliche Entwicklung geht aber auf die grundlegenden Untersuchungen von GIBBS[3] zurück. Es braucht kaum erwähnt zu werden, daß diese Methoden notwendig einen abstrakteren Charakter besitzen als die μ-Raum-Statistik, die jetzt als Spezialfall der allgemeineren Theorie erscheint. Auf der anderen Seite vermitteln sie erheblich tiefere Einblicke in das Wesen der statistischen Thermodynamik und geben uns Mittel in die Hand, auch schwierigere Probleme in den Anwendungen zu behandeln.

Aus den in § 2.3 angeführten Gründen beginnen wir auch hier mit der klassischen Theorie. Dabei ist es notwendig, in größerem Umfang als bisher von den Hilfsmitteln der Mechanik Gebrauch zu machen. Wir stellen daher in diesem Paragraphen die für uns wichtigen Beziehungen der klassischen Mechanik kurz zusammen. Für ausführlichere Darstellung verweisen wir auf die Lehrbücher der theoretischen Physik oder Spezialwerke[4].

Als Ausgangspunkt wählen wir zweckmäßig das HAMILTONsche Prinzip. Es lautet

$$\delta \int_{t_1}^{t_2} L \, dt = 0 \, . \tag{V 1}$$

Hier ist L eine Funktion der generalisierten Koordinaten und Geschwindigkeiten, in gewissen Fällen auch der Zeit, welche LAGRANGEsche Funktion genannt wird. Sie läßt sich nicht allgemein explizit angeben; man kann häufig ihre Ermittlung als wesentliche Aufgabe in der theoretischen Behandlung eines Problems ansehen. Unter den weiter unten angegebenen Voraussetzungen hat sie jedoch, wie wir sehen werden, eine einfache physikalische Bedeutung, auf Grund deren sie wenigstens grundsätzlich als gegeben vorausgesetzt werden kann.

Die Gl. (V 1) hat folgende Bedeutung: Wenn wir den wirklichen Weg eines Systems von n Freiheitsgraden im n-dimensionalen Konfigurationsraum von der Konfiguration 1 zur Zeit t_1 bis zu der Konfiguration 2 zur Zeit t_2 betrachten und

---

[1] Bei den Kristallen trifft dies nur insofern zu, als sie durch ein System von linearen harmonischen Oszillatoren dargestellt werden können. Näheres s. Kap. XIV.

[2] BOLTZMANN, L.: Wien. Ber. **63**, 679 (1871).

[3] GIBBS, J. W.: Elementary Principles in Statistical Mechanics, Collected Works vol. II, New Haven 1948.

[4] Zum Beispiel, A. SOMMERFELD: Vorlesungen über theoretische Physik, Bd. 1, Wiesbaden 1949. — WHITTAKER, E. T.: Analytical Dynamics, 3. ed. Cambridge 1927.

ihn mit variierten Wegen vergleichen, welche ebenfalls den vorgeschriebenen Bedingungen genügen und ebenfalls das System in der Zeit $t_2 - t_1$ von der Konfiguration 1 in die Konfiguration 2 überführen, so hat das Integral $\int L\,dt$ für den wirklichen Weg einen stationären Wert in bezug auf die in der genannten Weise variierten Wege. Es gelten also für die beim HAMILTONschen Prinzip betrachtete Variation die Nebenbedingungen

$$\delta(t_2 - t_1) = 0\,, \quad \delta\,q_i = 0 \text{ für } t = t_1 \text{ und } t = t_2 \text{ (alle } i). \tag{V 2}$$

Für die weiteren Erörterungen machen wir zunächst der Einfachheit halber einige Voraussetzungen, die bei unseren Problemen stets erfüllt sind. Wir nehmen an, daß

a) zwischen den generalisierten Koordinaten keine nicht integrablen Bedingungsgleichungen existieren (holonome Systeme)[1],

b) die Gleichungen, welche die cartesischen Koordinaten mit den generalisierten Koordinaten verknüpfen, nicht von der Zeit abhängen (skleronome Systeme),

c) die LAGRANGEsche Funktion L nicht explizit von der Zeit abhängt (konservative Systeme)[2].

Unter diesen Voraussetzungen wird die LAGRANGEsche Funktion einfach gleich der Differenz von kinetischer und potentieller Energie. Wir haben also

$$L = T - U\,. \tag{V 3}^{3}$$

Die kinetische Energie T ist eine homogene quadratische Funktion der generalisierten Geschwindigkeit, d. h.

$$T = \sum_{i=1}^{n} a_i \dot{q}_i^2\,, \tag{V 4}$$

wo die Koeffizienten a_i noch von den generalisierten Koordinaten abhängen können (vgl. § 2.9). Die potentielle Energie U hängt lediglich von den generalisierten Koordinaten, häufig auch nur von einem Teil derselben, ab. Es ist also

$$U = U(\mathbf{q})\,. \tag{V 5}$$

Wir schreiben zunächst nun das HAMILTONsche Prinzip in der Form

$$\delta \int_{t_1}^{t_2} L(\mathbf{q},\,\dot{\mathbf{q}})\,dt = \int_{t_1}^{t_2} \sum_{i=1}^{n} \left(\frac{\partial L}{\partial q_i}\,\delta\,q_i + \frac{\partial L}{\partial \dot{q}_i}\,\delta\,\dot{q}_i \right) dt = 0\,, \tag{V 6}$$

wo $\delta\,q_i$ und $\delta\,\dot{q}_i$ die Variationen der i-ten Koordinate und der i-ten Geschwindigkeit beim Übergang von dem wirklichen zu dem variierten Weg sind. Da hier Variation und Differentiation nach der Zeit vertauschbare Operationen sind[4], gilt

$$\delta\,\dot{q}_i = \frac{d}{dt}\,\delta\,q_i\,. \tag{V 7}$$

Wir bekommen daher durch partielle Integration

$$\int_{t_1}^{t_2} \frac{\partial L}{\partial \dot{q}_i}\,\delta\,\dot{q}_i\,dt = \int_{t_1}^{t_2} \frac{\partial L}{\partial \dot{q}_i}\,\frac{d}{dt}\,(\delta\,q_i)\,dt = \left|\frac{\partial L}{\partial \dot{q}_i}\,\delta\,q_i\right|_{t_1}^{t_2} - \int_{t_1}^{t_2} \frac{d}{dt}\,\frac{\partial L}{\partial \dot{q}_i}\,\delta\,q_i\,dt\,. \tag{V 8}$$

---

[1] Durch integrable Bedingungsgleichungen würde einfach die Zahl der generalisierten Koordinaten vermindert.

[2] In einem konservativen System wirken nur Kräfte, die sich von einem skalaren Potential ableiten lassen. Man bezeichnet dieselben daher als konservative Kräfte.

[3] Wir bezeichnen hier die kinetische Energie mit T, da dieses Symbol in der analytischen Mechanik fest eingebürgert ist. Im weiteren schreiben wir dafür E_{kin}.

[4] Vgl. A. SOMMERFELD, S. 92, daselbst p. 175.

Der erste Term der rechten Seite verschwindet wegen (V 2). Es folgt somit aus (V 6) und (V 8)

$$\int_{t_1}^{t_2} \sum_{i=1}^{n} \left(\frac{d}{dt} \frac{\partial L}{\partial \dot{q}_i} - \frac{\partial L}{\partial q_i} \right) \delta q_i \, dt = 0 \,. \tag{V 9}$$

Da für holonome Systeme die Variationen der n generalisierten Koordinaten voneinander unabhängig sind, kann diese Gleichung allgemein nur erfüllt sein, wenn gilt

$$\frac{d}{dt} \frac{\partial L}{\partial \dot{q}_i} - \frac{\partial L}{\partial q_i} = 0 \,. \qquad (i = 1, 2, \ldots, n) \tag{V 10}$$

Diese n Differentialgleichungen werden als die LAGRANGEschen Bewegungsgleichungen zweiter Art bezeichnet[1]. Als Beispiel betrachten wir ein System von N frei beweglichen Massenpunkten. Hier ist in cartesischen Koordinaten

$$T = \tfrac{1}{2} \sum_{i=1}^{N} m_i(\dot{x}_i^2 + \dot{y}_i^2 + \dot{z}_i^2) \tag{V 11}$$

und

$$U = U(x_1, y_1, z_1, \ldots, x_N, y_N, z_N) \,. \tag{V 12}$$

Aus Gl. (V 3), (V 10), (V 11) und (V 12) folgt

$$\frac{d}{dt}(m_i \dot{x}_i) + \frac{\partial U}{\partial x_i} = 0$$

$$\frac{d}{dt}(m_i \dot{y}_i) + \frac{\partial U}{\partial y_i} = 0 \tag{V 13}$$

$$\frac{d}{dt}(m_i \dot{z}_i) + \frac{\partial U}{\partial z_i} = 0 \,.$$

Für ein konservatives System sind nun die Komponenten der auf das i-te Teilchen wirkenden Kraft definiert durch

$$X_i = - \frac{\partial U}{\partial x_i}, \quad Y_i = - \frac{\partial U}{\partial y_i}, \quad Z_i = - \frac{\partial U}{\partial z_i} \,. \tag{V 14}$$

Wir bekommen somit aus (V 13)

$$m_i \ddot{x}_i = X_i \,, \quad m_i \ddot{y}_i = Y_i \,, \quad m_i \ddot{z}_i = Z_i \,, \tag{V 15}$$

die NEWTONschen Bewegungsgleichungen. Damit ist für die von uns betrachteten Systeme gezeigt, daß das HAMILTONsche Prinzip im Einklang mit der NEWTONschen Formulierung der Mechanik ist.

Die LAGRANGEschen Bewegungsgleichungen (V 10) bilden ein System von n Differentialgleichungen II. Ordnung. Wir wollen dieselben durch ein System von $2n$ Differentialgleichungen I. Ordnung ersetzen, die für unsere Probleme zweckmäßiger sind. Dazu definieren wir [in Verallgemeinerung von Gl. (II 45)] die generalisierten Impulse p_i durch die Gleichungen

$$p_i = \frac{\partial L}{\partial \dot{q}_i} \qquad (i = 1, \ldots, n) \tag{V 16}$$

---

[1] Die Gl. (V 10) stellen einfach die EULERschen Ableitungen des durch Gl. (V 1) gegebenen Variationsproblems dar. Sie gelten in dieser Form nur unter den oben angeführten Voraussetzungen.

Diese Größen führen wir nun mit Hilfe einer LEGENDRE-Transformation als unabhängige Variable ein, indem wir setzen[1]

$$H = \sum_{i=1}^{n} p_i \dot{q}_i - L \,.$$ (V 17)

Durch Differentiation folgt daraus

$$dH = \sum_{i=1}^{n} p_i \, d\dot{q}_i + \sum_{i=1}^{n} \dot{q}_i \, dp_i - \sum_{i=1}^{n} \frac{\partial L}{\partial q_i} \, dq_i - \sum_{i=1}^{n} \frac{\partial L}{\partial \dot{q}_i} \, d\dot{q}_i$$ (V 18)

oder mit (V 16)

$$dH = \sum_{i=1}^{n} \dot{q}_i \, dp_i - \sum_{i=1}^{n} \frac{\partial L}{\partial q_i} \, dq_i \,.$$ (V 19)

Diese Darstellung zeigt, daß in der Tat H eine Funktion der generalisierten Koordinaten und Impulse ist. Man kann daher schreiben

$$H = H(\mathbf{q}, \mathbf{p}) \,.$$ (V 20)

In dieser Form wird H die HAMILTONsche Funktion des Systems genannt. Für nicht konservative Systeme hängt dieselbe explizit von der Zeit ab. Aus Gl. (V 19) folgt nun

$$\frac{\partial H}{\partial p_i} = \dot{q}_i \,, \qquad \frac{\partial H}{\partial q_i} = -\frac{\partial L}{\partial q_i} \,.$$ (V 21)

Nach Gl. (V 10) und (V 16) ist

$$\frac{dp_i}{dt} = \frac{d}{dt}\left(\frac{\partial L}{\partial \dot{q}_i}\right) = \frac{\partial L}{\partial q_i} \,.$$ (V 22)

Damit wird aus (V 21)

$$\frac{dq_i}{dt} = \frac{\partial H}{\partial p_i} \,, \qquad \frac{dp_i}{dt} = -\frac{\partial H}{\partial q_i} \,. \qquad (i = 1, \ldots, n)$$ (V 23)

Diese Gleichungen stellen das gesuchte System von $2n$ Differentialgleichungen I. Ordnung dar. Sie werden als die HAMILTONschen oder kanonischen Bewegungsgleichungen bezeichnet und bilden die Grundlage der GIBBSschen Statistik. Die einander entsprechenden q_i und p_i nennt man kanonisch konjugierte Variable[2].

Mit Hilfe der kanonischen Bewegungsgleichungen läßt sich ein nützlicher Ausdruck für die zeitliche Änderung einer beliebigen Funktion F der generalisierten Koordinaten und Impulse des betrachteten Systems ableiten. Es ist zunächst

$$\frac{dF}{dt} = \sum_{i=1}^{n} \left(\frac{\partial F}{\partial q_i} \frac{dq_i}{dt} + \frac{\partial F}{\partial p_i} \frac{dp_i}{dt} \right) \,.$$ (V 24)

Mit (V 23) folgt daraus

$$\frac{dF}{dt} = \sum_{i=1}^{n} \left(\frac{\partial F}{\partial q_i} \frac{\partial H}{\partial p_i} - \frac{\partial F}{\partial p_i} \frac{\partial H}{\partial q_i} \right) \,.$$ (V 25)

---

[1] Diese Transformation entspricht formal der LEGENDRE-Transformation der thermodynamischen Potentiale, bei der intensive Parameter als unabhängige Variable eingeführt werden.

[2] Die HAMILTONschen Gleichungen lassen sich auch, ohne Benutzung der LAGRANGEschen Gleichungen, unmittelbar aus dem HAMILTONschen Prinzip ableiten (s. weiter unten). Sie gelten auch für nicht konservative Systeme.

Sind J und K zwei beliebige Funktionen der generalisierten Koordinaten und Impulse des Systems, so schreibt man symbolisch

$$\{J, K\} \equiv \sum_{i=1}^{n} \left(\frac{\partial J}{\partial q_i} \frac{\partial K}{\partial p_i} - \frac{\partial K}{\partial q_i} \frac{\partial J}{\partial p_i} \right) \tag{V 26}$$

und bezeichnet diesen Ausdruck als POISSON-Klammer. Mit dieser Schreibweise nimmt Gl. (V 25) die einfache Form an

$$\frac{dF}{dt} = \{F, H\}. \tag{V 27}$$

Wenden wir diese Gleichung auf die HAMILTON-Funktion konservativer Systeme an, so erhalten wir

$$\frac{dH}{dt} = \{H, H\} = 0 \tag{V 28}$$

oder

$$H(\mathbf{q}, \mathbf{p}) = E. \tag{V 29}$$

wo E eine Konstante ist, deren physikalische Bedeutung wir leicht ableiten können. Setzen wir (V 3) und (V 16) in (V 17) ein, so folgt

$$H = \sum_{i=1}^{n} \dot{q}_i \frac{\partial L}{\partial \dot{q}_i} - T + U \tag{V 30}$$

oder (da nur T von den $\dot{q}_i$ abhängt)

$$H = \sum_{i=1}^{n} \dot{q}_i \frac{\partial T}{\partial \dot{q}_i} - T + U. \tag{V 31}$$

Da die kinetische Energie eine homogene quadratische Funktion der Geschwindigkeiten ist, liefert die Anwendung des EULERschen Satzes über homogene Funktionen

$$H = 2T - T + U = T + U. \tag{V 32}$$

Die HAMILTONsche Funktion stellt daher für konservative Systeme einfach die Energie als Funktion der generalisierten Koordinaten und Impulse dar. Gl. (V 29) gibt das bekannte Resultat, daß die Gesamtenergie eines konservativen Systems ein erstes Integral der Bewegungsgleichungen ist. In mehr physikalischer Ausdrucksweise lassen sich somit die konservativen Systeme als Systeme von konstanter mechanischer Energie kennzeichnen. Für makroskopische mechanische Systeme ist damit auch die Energiedissipation durch Erzeugung von Wärme ausgeschlossen. Bei mechanischen Systemen aus Atomen oder Molekülen ist dieser Gesichtspunkt automatisch berücksichtigt, weil die Wärme als mechanische Energie der Atome oder Moleküle aufgefaßt wird.

Wir wollen jetzt noch mit Hilfe der Gl. (V 27) die zeitliche Änderung des Gesamtimpulses und des Gesamtdrehimpulses untersuchen. Der Einfachheit halber beschränken wir uns dabei auf die Betrachtung eines konservativen Systems aus N frei beweglichen Massenpunkten. Für dieses lautet die HAMILTONsche Funktion in cartesischen Koordinaten

$$H = \sum_{i=1}^{N} \frac{1}{2m_i} (p_{ix}^2 + p_{iy}^2 + p_{iz}^2) + U(x_1, y_1, z_1, \ldots, x_N, y_N, z_N). \tag{V 33}$$

Die x-Komponente des Gesamtimpulses ist gegeben durch

$$P_x = \sum_{i=1}^{N} p_{ix} \tag{V 34}$$

Aus (V 27) und (V 34) folgt

$$\frac{dP_x}{dt} = - \sum_{i=1}^{N} \frac{\partial H}{\partial x_i} = - \sum_{i=1}^{N} \frac{\partial U}{\partial x_i}. \tag{V 35}$$

Für ein abgeschlossenes System (auf das keine äußeren Kräfte wirken) wird aber die potentielle Energie durch eine gleichzeitige Verschiebung aller Teilchen in der x-Richtung nicht geändert, da dieselbe nur von der relativen Lage der Teilchen zueinander abhängt. Es wird daher

$$\frac{dP_x}{dt} = 0 \; . \tag{V 36}$$

Entsprechende Beziehungen gelten für die y- und z-Komponente des Gesamtimpulses. Damit haben wir drei weitere erste Integrale der Bewegungsgleichungen gewonnen, die wir schreiben

$$P_x(\mathbf{q},\, \mathbf{p}) = P_x, \qquad P_y(\mathbf{q},\, \mathbf{p}) = P_y, \qquad P_z(\mathbf{q},\, \mathbf{p}) = P_z \; . \tag{V 37}$$

Die x-Komponente des gesamten Drehimpulses ist gegeben durch

$$M_x = \sum_{i=1}^{N} (y_i\, p_{iz} - z_i\, p_{iy}) \tag{V 38}$$

Daraus folgt mit Gl. (V 27)

$$\frac{dM_x}{dt} = \sum_{i=1}^{N} \frac{1}{m_i} (p_{iz}\, p_{iy} - p_{iy}\, p_{iz}) + \sum_{i=1}^{N} \left(\frac{\partial U}{\partial y_i} z_i - \frac{\partial U}{\partial z_i} y_i \right) . \tag{V 39}$$

Durch Einführung von Polarkoordinaten erhalten wir

$$\frac{dM_x}{dt} = - \sum_{i=1}^{N} \frac{\partial U}{\partial \varphi_i} \; . \tag{V 40}$$

Da die potentielle Energie eines abgeschlossenen konservativen Systems durch eine Drehung des Gesamtsystems nicht geändert wird, folgt

$$\frac{dM_x}{dt} = 0 \; . \tag{V 41}$$

Entsprechende Beziehungen gelten für die y- und z-Komponente des Gesamtdrehimpulses. Es ergeben sich also nochmals drei erste Integrale der Bewegungsgleichungen in der Form

$$M_x(\mathbf{q},\, \mathbf{p}) = M_x, \qquad M_y(\mathbf{q},\, \mathbf{p}) = M_y, \qquad M_z(\mathbf{q},\, \mathbf{p}) = M_z \; . \tag{V 42}$$

Wir haben damit die sogenannten Erhaltungsätze der klassischen Mechanik abgeleitet, den Energiesatz [Gl. (V 29)], den Impulssatz [Gl. (V 37)] und den Drehimpulssatz [Gl. (V 42)]. Die entsprechenden sieben ersten Integrale der Bewegungsgleichungen sind eindeutige stetige Funktionen der Koordinaten und Impulse. Derartige Integrale, die wir allgemein schreiben können

$$F(\mathbf{q},\, \mathbf{p}) = \text{const} \tag{V 43}$$

werden uniforme Integrale der Bewegungsgleichungen genannt. Außer den oben angeführten sind keine weiteren uniformen Integrale bekannt, obschon die Möglichkeit ihrer Existenz nicht grundsätzlich auszuschließen ist.

Zum Schluß wollen wir noch kurz auf die Frage eingehen, welchen Bedingungen eine Koordinatentransformation genügen muß, damit auch für die neuen Koordinaten und Impulse q_i' und p_i' die kanonischen Bewegungsgleichungen gelten. Es soll also

$$\frac{dq_i'}{dt} = \frac{\partial H'}{\partial p_i'}, \qquad \frac{dp_i'}{dt} = - \frac{\partial H'}{\partial q_i'} \tag{V 44}$$

sein, wo H' die HAMILTON-Funktion der neuen Koordinaten und Impulse bezeichnet. Einen derartigen Wechsel der Variablen nennt man eine kanonische Transformation. Dieselbe kann mit Hilfe einer willkürlichen Funktion F von n alten und n neuen Variablen ausgeführt werden, die auch noch von der Zeit abhängen kann und als Erzeugende der Transformation bezeichnet wird. Es gibt dafür also die vier Möglichkeiten

$$F(\mathbf{q}, \mathbf{q}', t), \quad F(\mathbf{q}, \mathbf{p}', t), \quad F(\mathbf{p}, \mathbf{q}', t), \quad F(\mathbf{p}, \mathbf{p}', t). \tag{V 45}$$

Wir beschränken uns hier auf eine kurze Erörterung des ersten Falles, wobei wir noch annehmen, daß die Erzeugende nicht explizit von der Zeit abhängt und daß zwischen einzelnen Koordinaten keine Gleichungen der Form $\varphi\,(q_i, q_i') = 0$ existieren. Wie sich aus der Ableitung der kanonischen Gleichungen ergibt, ist die hinreichende und notwendige Bedingung dafür, daß $F(\mathbf{q}, \mathbf{q}')$ eine kanonische Transformation definiert, gegeben durch

$$L(\mathbf{q}, \dot{\mathbf{q}}) - L'(\mathbf{q}', \dot{\mathbf{q}}') = \frac{dF(\mathbf{q}, \mathbf{q}')}{dt}. \tag{V 46}$$

Diese Gleichung besagt, daß auch die in den neuen Koordinaten und Geschwindigkeiten ausgedrückte LAGRANGEsche Funktion das HAMILTONsche Prinzip erfüllen muß. Gl. (V 46) kann nämlich wegen (V 17) geschrieben werden

$$\sum_{i=1}^{n} \dot{q}_i\,p_i - H(\mathbf{q}, \mathbf{p}) - \sum_{i=1}^{n} \dot{q}_i'\,p_i' + H'(\mathbf{q}', \mathbf{p}') = \frac{dF(\mathbf{q}, \mathbf{q}')}{dt}. \tag{V 47}[1]$$

Wird diese Gleichung zwischen t_1 und t_2 integriert und das Integral in der beim HAMILTONschen Prinzip vorgeschriebenen Weise variiert, so folgt in der Tat

$$\delta \int_{t_1}^{t_2} \left[\sum_{i=1}^{n} \dot{q}_i'\,p_i' - H(\mathbf{q}', \mathbf{p}')\right] dt = \delta \int_{t_1}^{t_2} L'(\mathbf{q}', \dot{\mathbf{q}}')\,dt = 0. \tag{V 48}$$

Diese Gleichung kann geschrieben werden

$$\sum_{i=1}^{n} \int_{t_1}^{t_2} \left(\frac{\partial H'}{\partial q_i'}\,\delta q_i' + \frac{\partial H'}{\partial p_i'}\,\delta p' - \dot{q}_i'\,\delta p_i' - p_i'\,\delta \dot{q}_i'\right) dt = 0. \tag{V 49}$$

Wegen (V 7) ist nun

$$-\int_{t_1}^{t_2} p_i'\,\delta \dot{q}'\,dt = \int_{t_1}^{t_2} \dot{p}_i'\,\delta q_i'\,dt - \left|p_i'\,\delta q_i'\right|_{t_1}^{t_2}. \tag{V 50}$$

Der zweite Term der rechten Seite verschwindet. Damit wird aus (V 49)

$$\sum_{i=1}^{n} \int_{t_1}^{t_2} \left[\left(\frac{\partial H'}{\partial q_i'} + \dot{p}_i'\right) \delta q_i' + \left(\frac{\partial H'}{\partial p_i'} - \dot{q}_i'\right) \delta p_i'\right] dt = 0. \tag{V 51}$$

Die zweite Klammer verschwindet wegen Gl. (V 19). Es muß daher auch die erste allgemein verschwinden. Damit sind die kanonischen Bewegungsgleichungen in den Koordinaten $\mathbf{q}'$, $\mathbf{p}'$ gegeben. $F(\mathbf{q}, \mathbf{q}')$ definiert somit eine kanonische Transformation. Die Invarianz der kanonischen Bewegungsgleichungen gegen kanonische Transformationen spielt eine wichtige Rolle in der statistischen Mechanik.

§ 5.2. Γ-Raum und virtuelle Gesamtheit

Bei den früher betrachteten Systemen haben wir den mechanischen Zustand dadurch geometrisch veranschaulicht, daß wir jedem Teilchen einen bestimmten, seinen Koordinaten und Impulsen entsprechenden Ort im $2\,s$-dimensionalen μ-Raum zuteilten. Diese Beschreibung läßt sich grundsätzlich naturgemäß für beliebige Systeme durchführen. Ihr Nutzen für die Statistik beruht aber auf der Tatsache, daß die einzelnen Teilchen im μ-Raum praktisch unabhängig voneinander sind. Dies ist bei den allgemeinen Systemen, die wir jetzt betrachten

---

[1] Die $2n$ Transformationsgleichungen selbst gewinnt man aus (V 47), wenn man dF als vollständiges Differential schreibt.

wollen, gewöhnlich nicht mehr der Fall. Hier ist daher die Beschreibung mit Hilfe des μ-Raumes praktisch wertlos. Der mechanische Zustand eines Systems von n Freiheitsgraden läßt sich jedoch in anderer Weise geometrisch veranschaulichen, wenn das Gesamtsystem als ein einziges „Übermolekül" aufgefaßt wird. Dieses hat dann n Freiheitsgrade und sein mechanischer Zustand wird durch einen Punkt in einem $2n$-dimensionalen cartesischen Koordinatensystem aus den n generalisierten Koordinaten und den n generalisierten Impulsen dargestellt. Man nennt dieses Koordinatensystem den Phasenraum (des Gesamtsystems) oder nach EHRENFEST den Γ-Raum. Den mechanischen Zustand des Systems, d. h. seinen Ort im Γ-Raum, bezeichnet man als die Phase des Systems, den repräsentativen Punkt als Phasenpunkt[1]. Die q_i und p_i werden gelegentlich unter der Bezeichnung Phasenkoordinaten zusammengefaßt. Für manche Betrachtungen ist es zweckmäßig, den Phasenraum in den n-dimensionalen Konfigurationsraum und den n-dimensionalen Impulsraum zu zerlegen.

Die Beschreibung im Γ-Raum unterscheidet sich von der im μ-Raum in einem wichtigen Punkte. Im μ-Raum wird das betrachtete System durch eine große Zahl von Punkten (die gleich der Zahl der Teilchen des Systems ist) repräsentiert. Auf diese Punkte lassen sich unmittelbar die Methoden der Statistik anwenden, die dann in einfacher Beziehung zu dem physikalischen Objekt stehen. Wenn wir die Beschreibung im Γ-Raum benutzen, wird das System nur durch einen einzigen Punkt repräsentiert. Man muß daher fragen, inwiefern jetzt noch von Statistik die Rede sein kann. Um die Antwort auf diese Frage zu verstehen, gehen wir am einfachsten aus von dem Versuch, ein makroskopisches System von n Freiheitsgraden ($n \approx 10^{23}$) mit Hilfe der Mechanik zu behandeln. Abgesehen von den mathematischen Schwierigkeiten benötigen wir dazu nach § 5.1 die Kenntnis von n generalisierten Koordinaten und n generalisierten Impulsen für einen bestimmten Zeitpunkt. Im Rahmen der klassischen Mechanik muß man zwar eine solche Messung als prinzipiell möglich ansehen; praktisch ist sie jedoch undurchführbar. Andererseits besitzen wir gewöhnlich einige (vom Standpunkt der Mechanik sehr fragmentarische) Kenntnisse über das System, etwa im Falle eines abgeschlossenen Systems die Zahl seiner Freiheitsgrade, das ihm zur Verfügung stehende Volumen und seine konstante Gesamtenergie als Funktion der Koordinaten und Impulse. Diese Kenntnisse reichen nicht aus für eine direkte Anwendung der mechanischen Gleichungen. Wir können aber eine sehr große Zahl von gleichartigen Systemen betrachten, die auf irgendeine Weise über alle mechanischen Zustände verteilt sind, die sich mit unseren fragmentarischen Kenntnissen vereinbaren lassen. Man kann nun fragen, wie sich im Mittel die Systeme einer solchen Gesamtheit verhalten. Es ist klar, daß die Beantwortung dieser Frage gewisse Wahrscheinlichkeitsaussagen über das betrachtete Originalsystem liefert. Damit ist die Anwendung statistischer Methoden unmittelbar gegeben.

Man nennt eine solche Vielzahl von zunächst nur gedachten Systemen, die physikalisch gleichartig sind[2] und sich nur durch ihren mechanischen Zustand unterscheiden, eine virtuelle Gesamtheit. Sie wird im Γ-Raum dargestellt durch eine „Wolke" von, sagen wir v, Phasenpunkten. Für die Anwendung der statistischen Methoden ist entscheidend, daß zwischen diesen Phasenpunkten keine Wechselwirkung besteht, daß sie sich also völlig unabhängig voneinander im

---

[1] Dieser Gebrauch des Wortes „Phase" hat nichts zu tun mit dem Phasenbegriff der Thermodynamik und ist streng davon zu unterscheiden.

[2] Wir bezeichnen in diesem Zusammenhang zwei Systeme als physikalisch gleichartig, wenn ihre HAMILTON-Funktionen in gleicher Weise von den generalisierten Koordinaten und Impulsen abhängen.

Γ-Raum bewegen. Wenn ν hinreichend groß ist (was wir von jetzt ab voraussetzen), kann die „Wolke" der Phasenpunkte, welche die virtuelle Gesamtheit darstellt, durch eine kontinuierliche Dichtefunktion ϱ der generalisierten Koordinaten und Impulse sowie der Zeit beschrieben werden. Es ist zweckmäßig und heute allgemein üblich, diese Funktion auf Eins zu normieren. Wir haben also zunächst

$$\varrho = \varrho(\mathbf{q}, \mathbf{p}, t). \tag{V 52}$$

Der Bruchteil der Phasenpunkte der virtuellen Gesamtheit, der sich zur Zeit t in dem Volumenelement $d\Omega$ des Phasenraumes befindet, ist

$$\frac{d\nu}{\nu} = \varrho(\mathbf{q}, \mathbf{p}, t)\, d\Omega, \tag{V 53}$$

wo

$$d\Omega = dq_1 \ldots dq_n\, dp_1 \ldots dp_n \tag{V 54}$$

ist. Gl. (V 53) kann auch interpretiert werden als die Wahrscheinlichkeit, ein beliebig herausgegriffenes System der virtuellen Gesamtheit in dem durch das Volumenelement $d\Omega$ charakterisierten mechanischen Zustand zu finden. In diesem Sinne hat ϱ die Bedeutung einer Wahrscheinlichkeitsdichte. Durch Integration über den gesamten Phasenraum folgt aus (V 53)

$$\int \varrho(\mathbf{q}, \mathbf{p}, t)\, d\Omega = 1. \tag{V 55}$$

Die Funktion $\varrho(\mathbf{q}, \mathbf{p}, t)$ wird als Phasendichte (density in phase) bezeichnet[1]. Aus dem Vorstehenden folgt, daß ϱ eine eindeutige stetige Funktion der Phasenkoordinaten und der Zeit sein muß, die nur positive reelle Werte annehmen kann. Sie muß ferner so beschaffen sein, daß das Integral (V 55) existiert. Mit Hilfe der Phasendichte läßt sich der Phasenmittelwert einer Funktion $F(\mathbf{q}, \mathbf{p})$ der generalisierten Koordinaten und Impulse definieren durch die Gleichung

$$\bar{F} = \int F(\mathbf{q}, \mathbf{p})\, \varrho(\mathbf{q}, \mathbf{p}, t)\, d\Omega. \tag{V 56}$$

Im folgenden wollen wir zunächst einige allgemeine Sätze über virtuelle Gesamtheiten ableiten und dann die Probleme ihrer genaueren physikalischen Interpretation und ihrer Konstruktion erörtern.

§ 5.3*. Der LIOUVILLEsche Satz.
Kanonische Invarianz von Phasendichte und Phasenausdehnung.
Das statistische Gleichgewicht

Die einzelnen Phasenpunkte einer virtuellen Gesamtheit bewegen sich nach den Gleichungen der Mechanik auf gewissen Kurven im Phasenraum, die man als Phasenkurven bezeichnet[2]. Nach Gl. (V 23) ist jede derartige Kurve durch Angabe eines Punktes derselben festgelegt. Die Phasenkurven sind daher entweder in sich selbst geschlossen — dann spricht man von periodischen Systemen — oder sie besitzen die Struktur eines Knäuels ohne Knoten. Vom Standpunkt der statistischen Theorie besitzen indessen die einzelnen Phasenkurven nur geringes Interesse.

Der eigentliche Gegenstand der Untersuchung ist hier die Gesamtbewegung der „Wolke", welche die virtuelle Gesamtheit repräsentiert, im Phasenraum. Diese Bewegung wird durch die Funktion $\varrho(\mathbf{q}, \mathbf{p}, t)$ beschrieben und kann formal als eine Flüssigkeitsströmung in einem $2n$-dimensionalen Raume aufgefaßt werden.

---

[1] GIBBS (l. c.) versteht unter "densitiy in phase" die nicht normierte Funktion, also (in unserer Bezeichnungsweise) $\nu\varrho$, während er ϱ den Wahrscheinlichkeitskoeffizienten nennt.

[2] Auch die Ausdrücke Phasenlinien, Phasenbahnen oder Trajektorien sind gebräuchlich.

Zur Vereinfachung der Formeln führen wir zunächst den $2n$-dimensionalen Vektor der Phasengeschwindigkeit $\mathbf{v}$ ein mit den Komponenten $\dot{q}_i, \dot{p}_i$ ($i = 1, \ldots n$). Wir betrachten nun ein abgegrenztes Volumen im Phasenraum, für welches $d\mathbf{f}$ der Vektor des Oberflächenelementes sei. Da Systeme der virtuellen Gesamtheit weder entstehen noch verschwinden können, muß für die Gesamtmenge der Phasenpunkte, welche in der Zeiteinheit durch die Oberfläche hindurchtritt, gelten

$$\int \varrho \, \mathbf{v} \, d\mathbf{f} = - \frac{\partial}{\partial t} \int \varrho \, d\Omega \, . \tag{V 57}$$

Mit Benutzung des Gaussschen Satzes folgt daraus

$$\mathrm{div}(\varrho \, \mathbf{v}) + \frac{\partial \varrho}{\partial t} = 0 \, . \tag{V 58}$$

Diese Beziehung ist das Analogon der hydrodynamischen Kontinuitätsgleichung. Aus den kanonischen Bewegungsgleichungen (V 23) folgt nun durch Differentiation

$$\mathrm{div} \, \mathbf{v} = 0 \, . \tag{V 59}$$

Diese Gleichung besagt in der Ausdrucksweise der Hydrodynamik, daß die von den Phasenpunkten gebildete „Flüssigkeit" inkompressibel ist. Die Kombination von (V 58) und (V 59) ergibt

$$\frac{\partial \varrho}{\partial t} = - \sum_{i=1}^{n} \left(\frac{\partial \varrho}{\partial q_i} \dot{q}_i + \frac{\partial \varrho}{\partial p_i} \dot{p}_i \right) \, . \tag{V 60}$$

Mit Benutzung der kanonischen Bewegungsgleichungen (V 23) und der Definitionsgleichung der Poisson-Klammern (V 26) kann (V 60) geschrieben werden

$$\frac{\partial \varrho}{\partial t} = - \{\varrho, H\} \, . \tag{V 61}$$

Der Ausdruck (V 60) bzw. (V 61) für die lokale Änderung der Phasendichte einer virtuellen Gesamtheit wird als Liouvillescher Satz bezeichnet[1]. Der Vergleich von (V 61) und (V 27) zeigt, daß der Ausdruck für die zeitliche Änderung einer Funktion der Koordinaten und Impulse des Einzelsystems sich davon nur durch ein Vorzeichen unterscheidet.

Aus Gl. (V 60) lassen sich verschiedene weitere Formulierungen ableiten, die den physikalischen Inhalt des Liouvilleschen Satzes deutlicher hervortreten lassen. Für die totale Dichteänderung, d. h. die Änderung der Phasendichte in der unmittelbaren Umgebung eines mit der „Flüssigkeit" bewegten Phasenpunktes, gilt allgemein

$$\frac{d\varrho}{dt} = \frac{\partial \varrho}{\partial t} + \sum_{i=1}^{n} \left(\frac{\partial \varrho}{\partial q_i} \dot{q}_i + \frac{\partial \varrho}{\partial p_i} \dot{p}_i \right) \, . \tag{V 62}$$

Daraus folgt sofort mit (V 60)

$$\frac{d\varrho}{dt} = 0 \, . \tag{V 63}$$

Die Phasendichte in der Umgebung eines bestimmten Phasenpunktes bleibt also während der Strömung konstant. Diese Formulierung des Liouvilleschen Satzes wird nach Gibbs als Prinzip von der Erhaltung der Phasendichte (principle of conservation of density in phase) bezeichnet. Gibbs hat noch eine weitere

---

[1] Liouville, J.: J. de Math. **3**, 348 (1838). Bei Liouville findet sich die Gl. (V 59), aus der (V 60) unmittelbar folgt. Im Rahmen der statistischen Mechanik ist diese Beziehung jedoch erst von Boltzmann: Wien. Ber. **58**, 517 (1868), angewendet worden.

Fassung des LIOUVILLESchen Satzes angegeben, die den Begriff der Phasenausdehnung (extension in phase) benutzt. Darunter wird allgemein das zwischen
irgendwelchen Grenzen erstreckte Integral

$$\int d\Omega$$

verstanden. Wir betrachten nun eine Phasenausdehnung, die so klein sei, daß
darin ϱ als konstant angenommen werden kann. Die Zahl der Systeme der
virtuellen Gesamtheit, die in dieses Gebiet des Phasenraumes fallen, ist dann

$$\Delta \nu = \nu \varrho \int d\Omega \,. \tag{V 64}$$

Wir denken uns jetzt die Grenzen der Phasenausdehnung durch die darauf
liegenden Phasenpunkte fixiert und verfolgen die Bewegung der so bestimmten
Phasenausdehnung durch den Phasenraum. Die Zahl der darin befindlichen
Phasenpunkte kann sich im Laufe der Zeit nicht verändern. Sie können nämlich
einerseits, da sie mechanische Systeme darstellen, weder entstehen noch verschwinden (was wir schon oben benutzt haben). Es können aber im Laufe der
Bewegung auch keine Phasenpunkte die Grenzen der Phasenausdehnung überschreiten, denn die Bewegung der Grenzen ist nach der Voraussetzung identisch
mit der Bewegung der sie bestimmenden Systeme. Sie verläuft daher auf Phasenkurven, und diese können wegen der Eindeutigkeit der mechanischen Bewegung
nicht von anderen Phasenkurven gekreuzt werden. Es muß daher gelten

$$\frac{d(\Delta \nu)}{dt} = \nu \frac{d\varrho}{dt} \int d\Omega + \nu \varrho \frac{d}{dt} \int d\Omega = 0 \,. \tag{V 65}$$

Daraus folgt in Verbindung mit Gl. (V 63)

$$\frac{d}{dt} \int d\Omega = 0 \,. \tag{V 66}$$

Da sich kleine Phasenausdehnungen beliebig kombinieren lassen, gilt (V 66)
für Phasenausdehnung beliebiger Größe. Diese Form des LIOUVILLESchen
Satzes wird als Prinzip von der Erhaltung der Phasenausdehnung (principle of
conservation of extension in phase) bezeichnet. Es besagt, daß eine Phasenausdehnung mit den oben definierten Grenzen während der Bewegung im Phasenraum stets ihr „Volumen" beibehält. Der LIOUVILLEsche Satz macht jedoch
keine Aussage über die „Gestalt" dieses „Volumens", die sich im Laufe der
Zeit ändern wird.

An diesen letzteren Sachverhalt knüpfen die Versuche an, die Einstellung
des thermodynamischen Gleichgewichtes mit Hilfe der virtuellen Gesamtheit
zu beschreiben. Es ist jedoch bisher nicht gelungen, dieses Problem in völlig
befriedigender Weise zu klären. Da eine nähere Diskussion außerhalb des Rahmens dieser Darstellung liegt, verweisen wir auf die Darlegungen bei GIBBS[1],
TOLMAN[2] und KIRKWOOD[3].

Das Prinzip von der Erhaltung der Phasendichte läßt sich noch auf eine
andere Weise formulieren, wenn wir den Übergang von dem Satz der Phasen-
koordinaten $\mathbf{q}'$, $\mathbf{p}'$ zur Zeit t_1 zu den Phasenkoordinaten $\mathbf{q}''$, $\mathbf{p}''$ zur Zeit $t_2 = t_1 + \tau$
als kanonische Transformation auffassen. Für die in der obigen Weise definierte
Phasenausdehnung muß dann gelten

$$\int d\Omega' = \int \frac{\partial(\mathbf{q}', \mathbf{p}')}{\partial(\mathbf{q}'', \mathbf{p}'')} \, d\Omega'' \,. \tag{V 67}$$

---

[1] GIBBS, J. W.: Chapter XII (s. S. 92).
[2] TOLMAN, R. C.: The Principles of Statistical Mechanics. Oxford 1950.
[3] KIRKWOOD, J. G.: Selected Topics in Statistical Mechanics. Vorlesungen an der
Princeton University 1947. (Als Manuskript vervielfältigt.)

Daraus folgt in Verbindung mit Gl. (V 66)

$$\frac{\partial(\mathbf{q'}, \mathbf{p'})}{\partial(\mathbf{q''}, \mathbf{p''})} = 1 \,. \tag{V 68}$$

Der Liouvillesche Satz gilt, wie zuerst Boltzmann erkannt hat, nur für den Phasenraum der generalisierten Koordinaten und Impulse, dagegen nicht für einen beispielsweise aus den generalisierten Koordinaten und Geschwindigkeiten konstruierten Phasenraum. Dies ist der Hauptgrund dafür, daß man die Hamiltonschen Bewegungsgleichungen als Ausgangspunkt für die Entwicklung der statistischen Mechanik wählt. Andererseits ergibt sich aus der Ableitung des Liouvilleschen Satzes (die nur die Gültigkeit der kanonischen Bewegungsgleichungen voraussetzt), daß derselbe unabhängig ist von der speziellen Wahl der generalisierten Koordinaten und Impulse. Auf Grund dieses Sachverhaltes läßt sich leicht zeigen, daß Phasendichte und Phasenausdehnung invariant gegen kanonische Transformationen sind. Es seien etwa $\mathbf{q}$, $\mathbf{p}$ die ursprünglichen und $\mathbf{q'}$, $\mathbf{p'}$ die daraus durch eine kanonische Transformation hervorgegangenen Phasenkoordinaten. Die als Funktion dieser Variablen ausgedrückten Phasendichten seien zur Zeit t_1 ϱ_1 und ϱ_1', zur Zeit t_2 ϱ_2 und ϱ_2'. Verstehen wir darunter jetzt die Phasendichten in der Umgebung eines Phasenpunktes, der sich nach den Gleichungen der Mechanik bewegt, so folgt zunächst aus dem Liouvilleschen Satz Gl. (V 63)

$$\varrho_1 = \varrho_2 \,, \quad \varrho_1' = \varrho_2' \tag{V 69}$$

Wir führen jetzt in einen dritten Satz von kanonischen Variablen $\mathbf{q''}$, $\mathbf{p''}$ ein, der zur Zeit t_1 mit dem Satz $\mathbf{q}$, $\mathbf{p}$, zur Zeit t_2 mit dem Satz $\mathbf{q'}$, $\mathbf{p'}$ zusammenfällt. Die als Funktionen dieser Variablen ausgedrückten Phasendichten seien ϱ_1'' und ϱ_2''.

Dann ist

$$\varrho_1 = \varrho_1'' \,, \quad \varrho_2' = \varrho_2'' \,, \quad \varrho_1'' = \varrho'' \,. \tag{V 70}$$

Daraus folgt in Verbindung mit (V 69)

$$\varrho_1 = \varrho_1' \,, \quad \varrho_2 = \varrho_2' \,, \tag{V 71}$$

womit die Invarianz der Phasendichte gegen kanonische Transformationen bewiesen ist. Die Zahl der Phasenpunkte innerhalb einer kleinen Phasenausdehnung (für welche die Phasendichten als konstant angenommen werden können) ist bei Benutzung der zwei ersten Koordinatensätze

$$\Delta \nu = \nu \varrho \int d\Omega$$

bzw. $\qquad\qquad\qquad\qquad\qquad\qquad\qquad\qquad\qquad\qquad\qquad$ (V 72)

$$\Delta \nu' = \nu \varrho' \int d\Omega' \,.$$

Da es sich in beiden Fällen um die gleichen Phasenpunkte handelt, ist $\Delta \nu = \Delta \nu'$ und somit nach (V 71)

$$\int d\Omega = \int d\Omega' \,. \tag{V 73}$$

Damit ist auch die Invarianz der Phasenausdehnung gegen kanonische Transformationen bewiesen. In gleicher Weise wie früher kann dieses Resultat für Phasenausdehnungen beliebiger Größe verallgemeinert werden. Aus der Definition der Phasenausdehnung folgt, daß sie die Dimension der n-ten Potenz einer Wirkung also $[\mathrm{g} \cdot \mathrm{cm}^2 \, \mathrm{sec}^{-1}]^n$ besitzt. Ihr Zahlenwert hängt daher von den benutzten Einheiten ab.

Die bis jetzt erhaltenen Ergebnisse stellen ganz allgemeine Aussagen dar, die für jede virtuelle Gesamtheit aus Hamiltonschen Systemen gültig sind. Das eigentliche Ziel unserer Untersuchung besteht aber darin, Beziehungen aufzufinden zwischen den mit Hilfe einer geeigneten virtuellen Gesamtheit berechneten Phasenmittelwerten und den thermodynamischen Gleichgewichtseigenschaften eines Originalsystems. Dazu ist in jedem Falle notwendig, daß die Phasenmittelwerte zeitunabhängig sind. Gl. (V 56) zeigt, daß dies allgemein nur dann zutrifft, wenn für die virtuelle Gesamtheit gilt

$$\frac{\partial \varrho}{\partial t} = 0 \,. \qquad\qquad (V\ 74)$$

Wir werden daher von jetzt ab nur noch virtuelle Gesamtheiten betrachten, die der Gl. (V 74) genügen, die sich also, wie man gewöhnlich sagt, im statistischen Gleichgewicht befinden. Als notwendige und hinreichende Bedingung des statistischen Gleichgewichtes ergibt sich aus dem LIOUVILLEschen Satz [Gl. (V 60) bzw. (V 61)]

$$\sum_{i=1}^{n} \left(\frac{\partial \varrho}{\partial q_i}\, \dot{q}_i + \frac{\partial \varrho}{\partial p_i}\, \dot{p}_i \right) = \{\varrho, H\} = 0 \,. \qquad\qquad (V\ 75)$$

Aus den dieser Gleichung gehorchenden virtuellen Gesamtheiten sondern wir jetzt nochmals eine bestimmte Klasse aus, indem wir uns von jetzt ab auf die Untersuchung von virtuellen Gesamtheiten aus konservativen Systemen beschränken. Von unserem jetzigen Standpunkt aus ist diese Festsetzung eine ganz willkürliche Abgrenzung, die ebensogut durch eine andere ersetzt werden könnte und nur insofern bevorzugt erscheint, als sie den einfachsten Fall herausgreift. Sie stellt also nicht etwa eine zusätzliche Hypothese dar; die Resultate, die wir auf dieser Grundlage ableiten werden, sind innerhalb der jetzt vorgegebenen Grenzen streng gültig. Ein völlig verschiedener Aspekt bietet sich jedoch, wenn wir von dem Problem der Beziehung zwischen virtueller Gesamtheit und Originalsystem ausgehen. Wir werden in § 5.5 sehen, daß, von diesem Standpunkt aus betrachtet, die Beschränkung der virtuellen Gesamtheiten auf solche aus konservativen Systemen den wesentlichen Inhalt der Zusatzhypothese bildet, die wir zum vollständigen Aufbau der statistischen Thermodynamik benötigen.

Wir können nun ohne Beschränkung der Allgemeinheit annehmen, daß ϱ sich in der Form

$$\varrho = \varphi\,(F_1\,,\dots,F_r) \qquad\qquad (V\ 76)$$

darstellen läßt, wo die F_i Funktionen der generalisierten Koordinaten und Impulse sind. Dann wird aus (V 75)

$$\sum \frac{\partial \varrho}{\partial F_i} \cdot \{F_i, H\} = 0 \,. \qquad\qquad (V\ 77)$$

Für beliebige Form der Funktion φ in (V 76) kann (V 77) allgemein nur erfüllt sein, wenn gilt

$$\{F_i, H\} = 0 \qquad\qquad \text{(alle } i). \qquad (V\ 78)$$

Daraus folgt in Verbindung mit (V 27), daß die F_i uniforme Integrale der Bewegungsgleichungen sein müssen. Wir können daher den Satz formulieren: Für das statistische Gleichgewicht einer virtuellen Gesamtheit aus konservativen Systemen ist hinreichend und im allgemeinen auch notwendig, daß die Phasendichte nur von den uniformen Integralen der Bewegungsgleichungen abhängt.

Da sich, wie in § 5.1 erwähnt, keine allgemeine Aussage über die Zahl der existierenden uniformen Integrale machen läßt, bleibt noch die Frage offen, welche derselben hier zu berücksichtigen ist. Die mechanische Theorie der virtuellen Gesamtheiten gibt dafür keinen Hinweis. Wir treffen daher wieder eine willkürliche Auswahl, indem wir die weitere Untersuchung auf Gesamtheiten, deren Phasendichte nur von der Energie abhängt, beschränken. Es soll also gelten

$$\varrho = \varrho(E) \tag{V 79}$$

Eine Begründung dafür kann erst im Zusammenhang der Diskussion der Beziehung zwischen virtueller Gesamtheit und Originalsystem gegeben werden.

§ 5.4*. Konfigurationsausdehnung und Geschwindigkeitsausdehnung

Es wurde bereits erwähnt (§ 5.2), daß es mitunter zweckmäßig ist, Konfigurationsraum und Impulsraum gesondert zu betrachten. Dabei ist es, zumal für allgemeinere Überlegungen, wünschenswert, mit Größen zu operieren, welche invariant gegen kanonische Transformationen sind. Bezeichnen wir wieder die aus den ursprünglichen Phasenkoordinaten $\mathbf{q}$, $\mathbf{p}$ durch kanonische Transformation hervorgegangenen Phasenkoordinaten durch $\mathbf{q}'$, $\mathbf{p}'$, so sieht man sofort, daß der analog zur Phasenausdehnung gebildete Ausdruck

$$\int \cdots \int dq_1 \cdots dq_n = \int \cdots \int \frac{\partial(q_1, \ldots, q_n)}{\partial(q_1', \ldots, q_n')} dq_1' \cdots dq_n' \tag{V 80}$$

diese Invarianzeigenschaft nicht besitzt. Man kann aber, wie GIBBS gezeigt hat, von Gl. (V 80) ausgehend, durch die folgende Überlegung zu einer Größe gelangen, welche invariant gegen kanonische Transformationen ist. Aus Gl. (V 3) und (V 16) ergibt sich, wenn E_{kin} die kinetische Energie bezeichnet,

$$p_i = \frac{\partial E_{kin}}{\partial \dot{q}_i} . \tag{V 81}^1$$

Es ist somit

$$\frac{\partial p_i'}{\partial p_j'} = \frac{\partial}{\partial p_j'} \left(\frac{\partial E_{kin}}{\partial \dot{q}_i'} \right) . \tag{V 82}$$

Ferner folgt aus

$$q_i' = q_i'(q_1, \ldots, q_n) \tag{V 83}$$

durch Differentiation

$$\dot{q}_i' = \frac{\partial q_i'}{\partial q_1} \dot{q}_1 + \cdots + \frac{\partial q_i'}{\partial q_n} \dot{q}_n . \tag{V 84}$$

Die $\dot{q}_i'$ sind somit lineare Funktionen der $\dot{q}_i$, wobei die Koeffizienten noch von den q_i abhängen können. Da die kinetische Energie eine homogene quadratische Funktion der generalisierten Impulse ist, müssen nach Gl. (V 23) und (V 32) die $\dot{q}_i$ ihrerseits lineare Funktionen der p_i sein (und umgekehrt). Daraus folgt, daß auch die $\dot{q}_i'$ lineare Funktionen der p_i sind (und umgekehrt). Unter dieser Voraussetzung ist aber

$$\frac{\partial}{\partial p_j'} \left(\frac{\partial E_{kin}}{\partial \dot{q}_i'} \right) = \frac{\partial}{\partial \dot{q}_i'} \left(\frac{\partial E_{kin}}{\partial p_j'} \right) . \tag{V 85}^1$$

Bei Berücksichtigung von (V 23), (V 32) und (V 81) wird daraus

$$\frac{\partial p_i'}{\partial p_j'} = \frac{\partial \dot{q}_j}{\partial \dot{q}_i'} . \tag{V 86}$$

Da der Wert einer Determinanten durch Vertauschung von Zeilen und Spalten nicht geändert wird, folgt aus (V 86)

$$\frac{\partial(p_1', \ldots, p_n')}{\partial(p_1, \ldots, p_n)} = \frac{\partial(\dot{q}_1, \ldots, \dot{q}_n)}{\partial(\dot{q}_1', \ldots, \dot{q}_n')} . \tag{V 87}$$

---

[1] Man verifiziert dies leicht durch Ausrechnen von $\dfrac{\partial}{\partial x} \left(\dfrac{\partial F}{\partial y} \right)$ und $\dfrac{\partial}{\partial y} \left(\dfrac{\partial F}{\partial x} \right)$ nach der Formel $\dfrac{\partial}{\partial x} = \dfrac{\partial}{\partial y} \cdot \dfrac{\partial y}{\partial x}$.

Denken wir uns nun in Gl. (V 84) die gestrichenen und ungestrichenen Koordinaten vertauscht, so ergibt sich unmittelbar

$$\frac{\partial \dot{q}_j}{\partial \dot{q}_i'} = \frac{\partial q_j}{\partial q_i'} \,. \tag{V 88}$$

Durch Kombination von (V 87) und (V 88) erhalten wir

$$\frac{\partial(p_1', \dots, p_n')}{\partial(p_1, \dots, p_n)} = \frac{\partial(\dot{q}_1, \dots, \dot{q}_n)}{\partial(\dot{q}_1', \dots, \dot{q}_n')} = \frac{\partial(q_1, \dots, q_n)}{\partial(q_1', \dots, q_n')} \,. \tag{V 89}$$

Es ist daher

$$\int \cdots \int \left[\frac{\partial(p_1, \dots, p_n)}{\partial(\dot{q}_1, \dots, \dot{q}_n)}\right]^{1/2} dq_1 \cdots dq_n \tag{V 90}$$

$$= \int \cdots \int \left[\frac{\partial(p_1, \dots, p_n)}{\partial(\dot{q}_1, \dots, \dot{q}_n)}\right]^{1/2} \left[\frac{\partial(p_1', \dots, p_n')}{\partial(p_1, \dots, p_n)}\right]^{1/2} \left[\frac{\partial(\dot{q}_1, \dots, \dot{q}_n)}{\partial(\dot{q}_1', \dots, \dot{q}_n')}\right]^{1/2} dq_1' \cdots dq_n' \,.$$

Nun gilt aber

$$\left[\frac{\partial(p_1, \dots, p_n)}{\partial(\dot{q}_1, \dots, \dot{q}_n)}\right]^{1/2} \left[\frac{\partial(p_1', \dots, p_n')}{\partial(p_1, \dots, p_n)}\right]^{1/2} \left[\frac{\partial(\dot{q}_1, \dots, \dot{q}_n)}{\partial(\dot{q}_1', \dots, \dot{q}_n')}\right]^{1/2} = \left[\frac{\partial(p_1', \dots, p_n')}{\partial(\dot{q}_1', \dots, \dot{q}_1')}\right]^{1/2}, \tag{V 91}$$

wie sich mit Hilfe der Formel

$$\frac{\partial z_i}{\partial x_k} = \sum_j \frac{\partial z_i}{\partial y_j} \frac{\partial y_j}{\partial x_k} \tag{V 92}$$

und der Multiplikationsregel für Determinanten ergibt. Gl. (V 90) geht daher über in

$$\int \cdots \int \left[\frac{\partial(p_1, \dots, p_n)}{\partial(\dot{q}_1, \dots, \dot{q}_n)}\right]^{1/2} dq_1 \cdots dq_n = \int \cdots \int \left[\frac{\partial(p_1', \dots, p_n')}{\partial(\dot{q}_1', \dots, \dot{q}_n')}\right]^{1/2} dq_1' \cdots dq_n' \,. \tag{V 93}$$

Wir führen noch die Abkürzung

$$\Delta_{\dot{q}} = \frac{\partial(p_1, \dots, p_n)}{\partial(\dot{q}_1, \dots, \dot{q}_n)} \tag{V 94}$$

ein und können dann auf Grund der Gl. (V 93) sagen, daß der Ausdruck

$$\Omega_q = \int \cdots \int \Delta_{\dot{q}}^{1/2} \, dq_1 \cdots dq_n \tag{V 95}$$

invariant gegen kanonische Transformationen ist. Diese Größe wird nach GIBBS als Konfigurationsausdehnung (extension in configuration) bezeichnet. Nach (V 81) ist

$$\frac{\partial p_i}{\partial \dot{q}_j} = \frac{\partial^2 E_{kin}}{\partial \dot{q}_i \, \partial \dot{q}_j} \,. \tag{V 96}$$

Es handelt sich daher bei $\Delta_{\dot{q}}$ um die sogenannte HESSEsche Determinante der kinetischen Energie als Funktion der generalisierten Geschwindigkeiten. Dieselbe hängt nur von den generalisierten Koordinaten, aber nicht von den generalisierten Geschwindigkeiten oder Impulsen ab. Für ein System von N gleichen, voneinander unabhängigen Massenpunkten der Masse m ist in cartesischen Koordinaten einfach

$$\frac{\partial p_i}{\partial \dot{q}_j} = m \, \delta_{ij} \,. \tag{V 97}\,[1]$$

In der Determinante $\Delta_{\dot{q}}$ verschwinden daher alle Elemente außerhalb der Hauptdiagonalen und es wird

$$\Delta_{\dot{q}} = m^{3N} \,. \tag{V 98}$$

---

[1] Das Symbol δ_{ij} wird als KRONECKERsches Delta bezeichnet und ist durch $\delta_{ij} = \begin{cases} 1 \; (i = j) \\ 0 \; (i \neq j) \end{cases}$ definiert.

Betrachten wir die Konfigurationsausdehnung nur als Funktion des den Massenpunkten zur Verfügung stehenden Volumens V, so ergibt sich

$$\Omega_q^* = m^{3/2\,N} \int \cdots \int dx_1 \cdots dz_N = (m^{3/2}\,V)^N \,. \tag{V 99}[1]$$

Wir definieren jetzt

$$\Delta_p = \frac{\partial(\dot{q}_1, \ldots, \dot{q}_n)}{\partial(p_1, \ldots, p_n)} \,. \tag{V 100}$$

Dann ist wegen (V 94)

$$\Delta_p = \Delta_{\dot{q}}^{-1} \,. \tag{V 101}$$

Die Determinante Δ_p ist die HESSESche Determinante der kinetischen Energie als Funktion der generalisierten Impulse; sie hängt ebenfalls nur von den generalisierten Koordinaten ab. In ähnlicher Weise wie oben kann man nun zeigen, daß der Ausdruck

$$\Omega_p = \int \cdots \int \Delta_p^{1/2}\, dp_1 \cdots dp_n \tag{V 102}$$

invariant gegen kanonische Transformationen ist. Er wird nach GIBBS als Geschwindigkeitsausdehnung (extension in velocity) bezeichnet. In Analogie zu Gl. (V 99) kann man die Geschwindigkeitsausdehnung als Funktion einer vorgegebenen oberen Grenze der kinetischen Energie E_{kin} betrachten. Es gilt dann, wie wir in § 5.11 zeigen werden, die Beziehung

$$\Omega_p^* = \frac{(2\,\pi\,E_{kin})^{\frac{n}{2}}}{\Gamma\left(\dfrac{n}{2} + 1\right)} \,. \tag{V 103}$$

Diese Beziehung ist, im Gegensatz zu Gl. (V 99), allgemein gültig.

§ 5.5*. Die Beziehung zwischen virtueller Gesamtheit und Originalsystem

In den beiden vorhergehenden Paragraphen haben wir die virtuellen Gesamtheiten im wesentlichen vom Standpunkt der theoretischen Mechanik betrachtet. Wir knüpfen jetzt wieder an die Ausführungen in § 5.2 an und wollen die dort angedeuteten Ideen in einer Form präzisieren, welche als Grundlage der weiteren Untersuchungen geeignet ist[2]. Da wir jedoch hier in erster Linie die Grundlagen der klassischen Statistik entwickeln, besitzt einiges in den folgenden Ausführungen einen vorläufigen Charakter, und wir müssen insoweit für die endgültigen Formulierungen auf Kapitel VI verweisen.

Die Grundlage der statistischen Thermodynamik bildet der Satz (I):

Die Materie ist aus Atomen aufgebaut. Ein makroskopisch abgegrenztes Stück Materie kann als mechanisches System von vielen Freiheitsgraden betrachtet werden, welches den HAMILTONschen Bewegungsgleichungen gehorcht.

Dieser Satz enthält das Grundkonzept der mechanischen Wärmetheorie. Es ist selbstverständlich, daß er im Hinblick auf die Quantentheorie neu formuliert werden muß. Dadurch wird jedoch der Kern der Aussage nicht berührt, daß nämlich für die Begründung der Thermodynamik makroskopische Materiestücke als mechanische Systeme von vielen Freiheitsgraden zu betrachten sind.

Aus dem Satz (I) folgt, daß die Messung einer thermodynamischen Zustandsgröße Z den Mittelwert einer Funktion der generalisierten Koordinaten und Impulse $F(\mathbf{q}, \mathbf{p})$ über die Meßzeit τ liefert. Wir können also schreiben

$$Z = \langle F \rangle_\tau = \frac{1}{\tau} \int\limits_{t'}^{t'+\tau} F(\mathbf{q}, \mathbf{p})\, dt \,. \tag{V 104}$$

---

[1] In dieser Form gilt Gl. (V 99) nur für den hier betrachteten Spezialfall.

[2] Zum Folgenden vergl. D. TER HAAR: Rev. Med. Phys. 27, 289 (1955). Diese Arbeit enthält ein vollständiges Verzeichnis der einschlägigen Literatur.

Die Größe $\langle F \rangle_\tau$ bezeichnen wir als Meßmittel. Daneben sind für die folgende Diskussion noch zwei weitere Mittelwerte von Bedeutung, das Zeitmittel, welches durch die Gleichung

$$\langle F \rangle_t = \lim_{\tau \to \infty} \frac{1}{\tau} \int\limits_{t'}^{t'+\tau} F(\mathbf{q}, \mathbf{p})\, dt \tag{V 105}$$

definiert ist, und das Raummittel, welches den Mittelwert von $F(\mathbf{q}, \mathbf{p})$ für eine große Zahl von gleichartigen Systemen unter gleichen Bedingungen zur Zeit t_0 darstellt. Es ist also definiert durch die Gleichung

$$\langle F \rangle_s = \int F(\mathbf{q}, \mathbf{p})\, \varphi(\mathbf{q}, \mathbf{p}, t_0)\, d\mathbf{q}\, d\mathbf{p} \tag{V 106}$$

wo $\varphi(\mathbf{q}, \mathbf{p}, t_0)$ die Verteilung der Systeme auf die mechanischen Zustände darstellt.

Die mechanische Berechnung des Ergebnisses einer thermodynamischen Messung gemäß Gl. (V 104) würde, wenn wir die der Größe Z zugeordnete Funktion $F(\mathbf{q}, \mathbf{p})$ als bekannt voraussetzen, folgende Schritte erfordern:

    a) Aufstellung der HAMILTONschen Funktion des betrachteten Systems.

    b) Bestimmung von n Koordinaten und n Impulsen zur Zeit t_0.

    c) Lösung der Bewegungsgleichungen.

    d) Berechnung des Integrals (V 104).

Praktisch sind alle diese Schritte undurchführbar. Der Grundgedanke der statistischen Thermodynamik besteht nun darin, die von der vollständigen Kenntnis des mechanischen Zustandes ausgehende Berechnung des Meßmittels zu ersetzen durch die Berechnung des Phasenmittels einer virtuellen Gesamtheit, welche der unvollständigen Kenntnis des Originalsystems entspricht. Dieser Gedanke läßt sich auf zwei verschiedenen Wegen durchführen, die wir als Ergoden-Theorie und Hypothese der gleichen a priori-Wahrscheinlichkeiten bezeichnen. Der Vollständigkeit halber wollen wir beide hier kurz skizzieren, bemerken aber schon jetzt, daß wir als Grundlage unserer Darstellung die Hypothese der gleichen a priori-Wahrscheinlichkeiten wählen.

Die Ergoden-Theorie legt der Betrachtung ein im Sinne der Thermodynamik abgeschlossenes System zugrunde, für welche innere Energie, Molekülzahlen und Volumen als gegeben vorausgesetzt werden. Dieses System wird als konservatives System im Sinne der Mechanik aufgefaßt, für welches jedenfalls das Energie-Integral gegeben ist. Die Phasenbahn des Systems verläuft daher vollständig auf der dadurch definierten $(2\,n - 1)$-dimensionalen Energie-Hyperfläche. Die Frage, ob weitere uniforme Integrale der Bewegungsgleichungen existieren und in der Diskussion zu berücksichtigen sind, läßt sich nicht allgemein beantworten. Die Impuls- und Drehimpuls-Integrale können jedoch, von speziellen Ausnahmen abgesehen (die wir nicht weiter diskutieren) als nicht existierend betrachtet werden. Ein thermodynamisches System ist nämlich im allgemeinen in einen Behälter eingeschlossen, der selbst nicht als Teil des Systems betrachtet wird. Ein solches System ist aber nicht abgeschlossen im Sinne der Mechanik (§ 5.1). Die Zusammenstöße der Moleküle mit der Wand ändern jedenfalls die Impulskomponenten, so daß die Impulsintegrale als nicht existierend betrachtet werden können. Ähnlich liegen die Verhältnisse für den Drehimpuls. Derselbe würde erhalten bleiben bei einem Gas, das sich in einem kugelförmigen Gefäß mit spiegelnd reflektierenden Wänden befindet. In Wirklichkeit sind aber die Wände (im atomistischen Maßstab) stets rauh. Es kann daher im allgemeinen auch angenommen werden, daß die Drehimpuls-Integrale nicht existieren. Eine ausführlichere Diskussion[1] führt zu der Aussage, daß die „kontrollierbaren" Integrale

---

[1] KHINCHIN, A. J.: Mathematical Foundations of Statistical Mechanics. New York 1949.

der Bewegungsgleichungen zu berücksichtigen sind; darunter werden solche Integrale verstanden, deren Wert durch die Versuchsbedingungen vorgegeben oder durch ein wirklich ausführbares Experiment bestimmt werden kann. Ob diese Wahl richtig getroffen wurde, kann nur der Vergleich zwischen Theorie und Erfahrung zeigen. Von diesem Standpunkt aus können wir sagen, daß für die Entwicklung der allgemeinen Theorie die Annahme, daß nur das Energie-Integral existiert, eine ausreichende Grundlage darstellt. Bei der Behandlung spezieller Systeme kommt man damit nicht aus. Man kann aber die Frage dann, wie wir sehen werden, unter einem etwas anderen Gesichtspunkt betrachten, der es ermöglicht, in verhältnismäßig einfacher Weise der Erfahrung Rechnung zu tragen.

Es wird nun weiter angenommen, daß das Meßmittel der Gl. (V 104) mit dem Zeitmittel, das durch Gl. (V 105) definiert ist, identifiziert werden kann. Diese Annahme wird in gewissem Umfange gestützt durch ein von Birkhoff[1] stammendes Theorem, auf das wir weiter unten noch einmal zurückkommen. Es besagt in dem jetzigen Zusammenhang, daß einmal der Grenzwert (V 105) für fast alle Phasenbahnen der Energiefläche existiert, wenn F eine summierbare Funktion ist, daß er unabhängig von der Wahl des Zeitpunktes t' ist und daß unter einer gewissen Voraussetzung (die wir hier nicht näher erläutern können) für hinreichend großes τ

$$\int [\langle F \rangle_t - \langle F \rangle_\tau (\mathbf{q}, \mathbf{p})] \, d\Omega = 0 \qquad (V\ 107)$$

ist. Die Möglichkeit der genannten Identifizierung wird anschaulich verständlich durch den sog. Wiederkehrsatz von Poincaré[2]. Derselbe sagt aus, daß ein System, welches sich nur in einem endlichen Gebiet des Γ-Raumes bewegen kann, fast jedem Punkt seiner Phasenbahn nach einer endlichen Zeit wieder beliebig nahe kommt. Der nächste Schritt besteht in dem mit Hilfe des Liouvilleschen Satzes zu erbringenden Nachweis, daß die Zeit, in welcher sich der Phasenpunkt in den die Phasenbahn umgebenden Volumenelementen aufhält, proportional deren Größe ist.

Wenn diese Aussage auf die gesamte Energiefläche ausgedehnt werden könnte, würde daraus folgen, daß das Zeitmittel gleich ist dem Phasenmittel einer mit konstanter Dichte über die Energiefläche verteilten virtuellen Gesamtheit. Die Frage, ob dies zulässig ist, bildet das sog. Ergoden-Problem, von dessen Lösung letzten Endes die Brauchbarkeit der Ergoden-Theorie abhängt. Boltzmann stellte die Hypothese auf, daß die Phasenbahn eines Systems durch jeden Punkt der Energiefläche hindurchgeht (Ergoden-Hypothese). Von Rosenthal[3] und Plancherel[4] wurde gezeigt, daß diese Aussage mathematisch unhaltbar ist. Später stellten P. und T. Ehrenfest[5] die sog. Quasi-Ergodenhypothese auf, nach der die Phasenbahn jedem Punkt der Energiefläche beliebig nahe kommt. Erst in neuerer Zeit ist es von Neumann[6] und Birkhoff[7] gelungen, diese Aussage unter gewissen Voraussetzungen zu beweisen.

Die Schwächen der Ergoden-Theorie sind leicht zu erkennen. Schon die Behandlung eines makroskopisch abgeschlossenen Systems als konservatives

---

[1] Birkhoff, G. D.: Proc. Nat. Acad. Sci. USA **17**, 656 (1931). — Birkhoff, G. D., u. O. Koopman: Proc. Nat. Acad. Sci. USA **18**, 279 (1932). — Neumann, J. von: Proc. Nat. Acad. Sci. USA **18**, 70 (1932). — Eine Darstellung der Birkhoffschen Theorie findet sich bei A. J. Khinchin (s. S. 108).

[2] Poincaré, H.: Acta math. **13**, 67 (1890).

[3] Rosenthal, A.: Ann. Physik **42**, 796 (1913).

[4] Plancherel, M.: Ann. Physik **42**, 1016 (1913).

[5] Ehrenfest, P. u. T.: Enz. math. Wiss., Bd. IV, 32 (1911).

[6] Neumann, J. von: Proc. Nat. Acad. Sci. USA **18**, 70 (1932).

[7] Birkhoff, G. D.: Proc. Nat. Acad. Sci. USA **17**, 656 (1931).

System im Sinne der Mechanik ist, streng genommen, sicherlich nicht zulässig und im Hinblick auf die weitreichenden Konsequenzen vielleicht nicht unbedenklich. Vor allem bietet sie keinen Anknüpfungspunkt für die Anwendung der statistischen Theorie auf nicht abgeschlossene Systeme, die auch nicht näherungsweise als konservative Systeme betrachtet werden können[1]. Auch die Gleichsetzung von Meßmittel und Zeitmittel ist unbefriedigend, weil einmal über die Größe der Wiederkehrzeit nichts bekannt ist und andererseits der statistische Charakter der Thermodynamik dadurch verdeckt wird.

Schließlich ist das Ergoden-Problem, soweit es sich um die Begründung der statistischen Thermodynamik handelt, nach wie vor offen. Die Untersuchungen von VON NEUMANN und BIRKHOFF haben zwar das Verständnis des Problems wesentlich vertieft. Es ist aber bisher nicht gelungen, zu beweisen, daß die von ihnen gemachten Voraussetzungen bei den Systemen der statistischen Thermodynamik erfüllt sind. Angesichts dieser Sachlage geben wir hier dem zweiten der oben erwähnten Gedankengänge den Vorzug, dessen Formulierung im wesentlichen auf FOWLER[2] und TOLMAN[3] zurückgeht.

Die Hypothese der gleichen a priori-Wahrscheinlichkeiten geht aus von der Annahme, daß die mechanischen Zustände des nicht-konservativen Originalsystems näherungsweise dargestellt werden können als Zustände verschiedener, in geeigneter Weise ausgewählter konservativer Systeme. Die Bewegung des Originalsystems im Phasenraum wird somit aufgefaßt als ein „Springen" zwischen Phasenlinien konservativer Systeme. Diese Vorstellung entstammt eigentlich dem Gedankenkreis der Quantenmechanik, läßt sich aber ohne Schwierigkeit auf die klassische Mechanik übertragen. Es folgt daraus zunächst, daß das durch Gl. (V 106) definierte Raummittel identisch ist mit dem Phasenmittel einer in geeigneter Weise konstruierten virtuellen Gesamtheit aus konservativen Systemen, Diese soll nun so beschaffen sein, daß alle Systeme gleich sind in bezug auf ihre physikalische Natur, die auf sie wirkenden konservativen Kräfte und ihren makroskopischen Zustand. Da aber zunächst über die mechanische Definition der spezifisch thermodynamischen Größen (Entropie, Temperatur usw.) noch nichts vorausgesetzt werden kann, ist es notwendig, die makroskopische (vom Standpunkt der Mechanik fragmentarische) Beschreibung des Zustandes in Begriffen zu geben, welche der Mechanik und Thermodynamik gemeinsam sind. Nur dann läßt sich unsere Kenntnis über den Zustand des Systems in das mechanische Konzept der virtuellen Gesamtheit einfügen und für die Konstruktion derselben verwerten. Konkret gesprochen heißt dies, daß hier neben der Zahl der Freiheitsgrade, dem Volumen und gegebenenfalls weiteren äußeren Parametern, nur Energie und ähnliche Größen in Betracht kommen, welche für die Systeme der virtuellen Gesamtheit uniforme Integrale der Bewegungsgleichungen darstellen. Berücksichtigen wir jetzt noch, daß ein System, das sich im thermodynamischen Gleichgewicht befindet, nur durch eine virtuelle Gesamtheit im statistischen Gleichgewicht abgebildet werden kann, so ist damit der allgemeine Charakter der zu verwendenden virtuellen Gesamtheit vollständig festgelegt. Da nämlich, wie wir in § 5.3 gesehen haben, die Phasendichte einer virtuellen Gesamtheit aus konservativen Systemen im statistischen Gleichgewicht nur von den uniformen Integralen der Bewegungsgleichungen abhängt, folgt unmittelbar, daß die Gesamtheit über alle mit dem makroskopischen Zustand vereinbaren mechanischen Zustände mit konstanter Phasendichte verteilt sein muß. Betrachten wir die

---

[1] Auf diese Schwierigkeit hat (im Zusammenhang mit dem Problem der Einstellung des Gleichgewichtes) wohl zuerst A. H. LORENTZ (Abh. theor. Physik XI § 9) hingewiesen.

[2] FOWLER, R. H.: Statistical Mechanics, 2d ed. Cambridge 1936.

[3] TOLMAN, R. C.: The Principles of Statistical Mechanics. Oxford 1950.

Phasendichte als Wahrscheinlichkeitsdichte, so bedeutet dies, daß alle mit den vorgegebenen Bedingungen vereinbaren mechanischen Zustände, bzw. die entsprechenden Volumenelemente des Phasenraumes, die gleiche a priori-Wahrscheinlichkeit besitzen[1].

Zur Beantwortung der Frage, welche uniformen Integrale bei der Konstruktion der virtuellen Gesamtheit neben dem Energie-Integral noch zu berücksichtigen sind, gehen wir zweckmäßig aus von der Tatsache, daß jedes derartige Integral die Bewegung auf ein Teilgebiet des Phasenraumes (im allgemeinen von niedrigerer Dimensionszahl) beschränkt. Es werden also gewisse Teile des Phasenraumes dadurch für das System unzugänglich. Das Problem der Existenz zusätzlicher uniformer Integrale der Bewegungsgleichungen ist somit identisch mit dem der Zugänglichkeit im Phasenraum, das wir schon früher berührt haben (§ 4.1). Es muß daher $\varrho = 0$ gesetzt werden für alle Teile des Phasenraumes, welche für das Originalsystem prinzipiell oder praktisch (d. h. in Zeiten von der Größenordnung der Beobachtungszeit) unzugänglich sind. Für die Entwicklung der allgemeinen Theorie können wir uns mit dieser Feststellung begnügen. Eine ausführlichere Diskussion der Gesichtspunkte, welche bei der Anwendung auf konkrete Systeme von Bedeutung sind, geben wir in § 5.12.

Die bisherigen Betrachtungen vermitteln den Zusammenhang zwischen dem Raummittel einer Funktion der generalisierten Koordinaten und Impulse [Gl. (V 106)] und dem Phasenmittel der entsprechenden virtuellen Gesamtheit. Auf Grund unseres Postulates ist

$$\bar{F} = \langle F \rangle_s \, . \tag{V 108}$$

Man kann nun leicht zeigen, daß auch das räumliche Mittel des Meßmittels Gl. (V 104) gleich ist dem Phasenmittel der virtuellen Gesamtheit. Bezeichnen wir mit $\mathbf{q}'$, $\mathbf{p}'$ die Phasenkoordinaten zur Zeit t', mit $\mathbf{q}''$, $\mathbf{p}''$ die zur Zeit $t' + \tau$, so ist nach Gl. (V 56) und (V 104)

$$\overline{\langle F \rangle_\tau} = \frac{1}{\tau} \int \cdots \int \left[\int_{t'}^{t'+\tau} F(\mathbf{q}, \mathbf{p}) \, \varrho(\mathbf{q}', \mathbf{p}', t') \, dt \right] d\mathbf{q}' \, d\mathbf{p}' \, . \tag{V 109}$$

Im Falle des statistischen Gleichgewichtes ist

$$\varrho(\mathbf{q}', \mathbf{p}', t') = \varrho(\mathbf{q}'', \mathbf{p}'', t + \tau) = \varrho(\mathbf{q}, \mathbf{p}) \, . \tag{V 110}$$

Dagegen ist $F(\mathbf{q}, \mathbf{p})$ als Funktion der Zeit durch die Bewegungsgleichungen des Originalsystems gegeben. Wir vertauschen nun in (V 109) die Reihenfolge der Integrationen und transformieren auf den Variablensatz $\mathbf{q}$, $\mathbf{p}$. Da nach Gl. (V 68) die Jakobische Determinate dieser Transformation Eins ist, ergibt sich

$$\overline{\langle F \rangle_\tau} = \frac{1}{\tau} \int_{t'}^{t'+\tau} \left[\int \cdots \int F(\mathbf{q}, \mathbf{p}) \, \varrho(\mathbf{q}, \mathbf{p}) \, d\mathbf{q} \, d\mathbf{p} \right] dt \, . \tag{V 111}$$

Der in eckigen Klammern stehende Ausdruck ist der Phasenmittelwert von $F(\mathbf{q}, \mathbf{p})$, der im statistischen Gleichgewicht zeitunabhängig ist. Es folgt daher

$$\overline{\langle F \rangle_\tau} = \bar{F} = \langle Z \rangle_s \, . \tag{V 112}$$

Diese wichtige Beziehung besagt, daß das von der Theorie gelieferte Phasenmittel $\bar{F}$ den Mittelwert von sehr vielen Messungen darstellt, die unter gleichen makroskopischen Bedingungen an einem oder an verschiedenen physikalisch

---

[1] Die Tatsache, daß diese Aussage eine Folgerung aus der Verwendung einer Gesamtheit von konservativen Systemen ist, kommt in den meisten Darstellungen nicht klar zum Ausdruck.

gleichen Systemen ausgeführt werden. Wir können $\bar{F}$ daher als Erwartungswert der Größe Z bezeichnen. Die Frage, inwieweit dadurch das Verhalten eines einzelnen Systems bzw. das Ergebnis einer Einzelmessung erfaßt wird, muß dann mit Hilfe der Schwankungstheorie untersucht werden. Dabei wird sich zeigen, daß für Systeme von sehr vielen Freiheitsgraden im allgemeinen die relativen Schwankungen asymptotisch verschwinden und somit die Wahrscheinlichkeit, bei einer Einzelmessung merkliche Abweichungen von den Erwartungswerten zu finden, praktisch zu vernachlässigen ist. Man kann daher unbedenklich die Erwartungswerte mit den Gleichgewichtseigenschaften des betrachteten Systems identifizieren.

Das Ergebnis der vorstehenden Überlegung läßt sich zusammenfassen in dem Satz (II):

Die makroskopischen (thermodynamischen) Gleichgewichtseigenschaften eines abgeschlossenen Systems sind gegeben durch die Mittelwerte entsprechender Phasenfunktionen über eine im statistischen Gleichgewicht befindliche virtuelle Gesamtheit aus konservativen Systemen, für welche das Energie-Integral vorgegeben ist und welche im übrigen auf den praktisch zugänglichen Teil des Phasenraumes beschränkt ist.

Die Sätze (I) und (II) genügen zum Aufbau der statistischen Thermodynamik abgeschlossener Systeme. Die Behandlung offener Systeme und der Nachweis, daß die Gesetze der Thermodynamik unabhängig von den Randbedingungen sind, erfordern eine Verbreiterung der Grundlage durch ein drittes Postulat, das wir später formulieren werden.

§ 5.6*. Die mikrokanonische Gesamtheit

Die Betrachtungen des vorhergehenden Paragraphen zeigen, daß den natürlichen Ausgangspunkt der statistischen Thermodynamik die Untersuchung einer virtuellen Gesamtheit bildet, deren Phasendichte im Energie-Intervall zwischen E und $E + \Delta E$ einen konstanten Wert besitzt, während sie im restlichen Teil des Phasenraumes Null ist. Eine in dieser Weise verteilte Gesamtheit wird nach GIBBS als mikrokanonische Gesamtheit bezeichnet. Sie entspricht einem Originalsystem, für welches die Energie, das Volumen (und gegebenenfalls weitere äußere Parameter) sowie die Zahl der Moleküle (Zahl der Freiheitsgrade) vorgegeben ist. Der fundamentalen Bedeutung der mikrokanonischen Gesamtheit im Rahmen der statistischen Theorie, die wir in § 5.5 begründet haben, entspricht die Tatsache, daß die hier auftretenden makroskopischen Zustandsgrößen E, V, N die gleichen sind, welche als unabhängige Variable der Entropie, der thermodynamischen Fundamentalgröße, zugeordnet sind.

Die obige Definition, welche die mikrokanonische Gesamtheit über die „Energieschale" zwischen den Energieflächen E und $E + \Delta E$ erstreckt, trägt der Tatsache Rechnung, daß ein makroskopisch abgeschlossenes System nicht im strengen Sinne ein konservatives System darstellt. Naturgemäß ist ΔE in jedem Falle gegenüber E als äußerst kleine Größe anzusehen. In der Quantenstatistik muß, wie wir sehen werden, aus prinzipiellen Gründen daran festgehalten werden, daß ΔE eine endliche Größe ist. Dagegen ist es in der klassischen Statistik natürlich und zweckmäßig, die obige Definition durch den Grenzübergang $\Delta E \to 0$ zu präzisieren. Die analytische Behandlung wird dadurch allerdings zunächst recht schwerfällig[1]. Man kann dies jedoch vermeiden, wenn man den Grenzübergang an den Anfang verlegt und die Phasendichte der mikrokanonischen Gesamtheit mit Hilfe der DIRACschen δ-Funktion formuliert[2].

---

[1] GIBBS, J. W.: Chapter X (s. S. 92).
[2] MÜNSTER, A.: Z. Physik **137**, 386 (1954).

Wir beginnen mit einigen allgemeinen Definitionen, die wir für die folgenden Ableitungen benötigen. Das Phasenvolumen als Funktion einer oberen Grenze der Energie bezeichnen wir mit Ω^*. Es ist also gegeben durch die Phasenausdehnung

$$\Omega^* = \int\limits^{E} d\Omega \,, \tag{V 113}$$

wo das Integral über alle Phasen mit einer Energie $\leq E$ zu erstrecken ist. Ferner definieren wir eine Funktion

$$\Phi = \ln \frac{d\Omega^*}{dE} \,, \tag{V 114}$$

die als GIBBSsche Energiefunktion bezeichnet wird. Eine analoge Größe kann aus der Geschwindigkeitsausdehnung als Funktion einer oberen Grenze der kinetischen Energie (§ 5.4) abgeleitet werden durch die Gleichung

$$\Phi_p = \ln \frac{d\Omega_p^*}{dE_{kin}} \,. \tag{V 115}$$

In der Quantenstatistik spielt das (endliche) Phasenvolumen der mikrokanonischen Energieschale eine wichtige Rolle. Im Rahmen der klassischen Statistik ergibt sich dafür

$$\Omega = \lim_{\Delta E \to 0} e^{\Phi} \, \Delta E \,. \tag{V 116}$$

Diese Größe hat naturgemäß nur formale Bedeutung und wir notieren sie lediglich im Hinblick auf die Betrachtungen in § 5.13 und Kapitel VI.

Wir definieren nun die Phasendichte der mikrokanonischen Gesamtheit durch die Gleichung

$$\varrho = C \cdot \delta(E^* - E) \,, \tag{V 117}$$

wo E^* den Wert von E für die mikrokanonische Gesamtheit und C die Normierungskonstante bezeichnet. Für diese ergibt sich aus Gl. (V 55) und (V 114) in Verbindung mit der Definition der δ-Funktion

$$C = e^{-\Phi} \,. \tag{V 118}$$

wo Φ jetzt und im Weiteren der Wert dieser Größe für $E = E^*$ ist. Entsprechend verstehen wir unter Ω^* von jetzt ab das bis zur oberen Grenze E^* erstreckte Integral über $d\Omega$, also das von der mikrokanonischen Energieschale umschlossene Phasenvolumen.

Der mikrokanonische Mittelwert einer Phasenfunktion F ist nach Gl. (V 56), (V 117) und (V 118) gegeben durch

$$\bar{F} = e^{-\Phi} \int F \, \delta(E^* - E) \, d\Omega \,. \tag{V 119}$$

Aus dieser allgemeinen Gleichung lassen sich verschiedene weitere Formulierungen ableiten, die unmittelbar für spezielle Anwendungen benutzt werden können. Zunächst führen wir zur Beschreibung der Lage eines Punktes im Phasenraum den $2n$-dimensionalen Phasenvektor $\mathbf{R}$ mit den Komponenten $q_1, \ldots, q_n$, $p_1, \ldots, p_n$ ein. Die Gleichung der mikrokanonischen Energiefläche kann damit geschrieben werden

$$E(\mathbf{R}) = E^*(\mathbf{R}^*) \,. \tag{V 120}$$

Ferner definieren wir

$$|\mathrm{grad}\,E| = \left[\left(\frac{\partial E}{\partial q_1}\right)^2 + \cdots + \left(\frac{\partial E}{\partial p_n}\right)^2\right]^{1/2} \,. \tag{V 121}$$

Dann gilt

$$\delta(E^* - E) = \sum \frac{\delta(\mathbf{R} - \mathbf{R}^*)}{|\mathrm{grad}\,E|} \,, \tag{V 122}$$

wo $\delta(\mathbf{R} - \mathbf{R}^*)$ die $2n$-dimensionale δ-Funktion ist und die Summierung über alle Nullstellen der Funktion $(E^* - E)\,(\mathbf{R})$ zu erstrecken ist. Da diese Nullstellen ein Kontinuum bilden, muß die Summierung durch ein Integral über die Fläche (V 120) ersetzt werden. Führen wir dies Integral in (V 119) ein, so wird

$$\bar{F} = e^{-\Phi} \int \int \frac{F}{|\mathrm{grad}\,E|}\, \delta(\mathbf{R} - \mathbf{R}^*)\, d\Omega\, df, \qquad (\mathrm{V}\ 123)$$

wo df das $(2n - 1)$-dimensionale Flächenelement bezeichnet. Daraus folgt[1]

$$\bar{F} = e^{-\Phi} \int \frac{F}{|\mathrm{grad}\,E|}\, df. \qquad (\mathrm{V}\ 124)$$

Wir setzen nun voraus, daß u nur eine Funktion der generalisierten Koordinaten ist. Im Besonderen kann u also eine Funktion der potentiellen Energie oder wegen

$$E^* - U = E_{kin} \qquad (\mathrm{V}\ 125)$$

auch der kinetischen Energie sein. Für diesen Fall läßt sich aus (V 119) eine weitere nützliche Mittelwertsformel ableiten. Auf Grund der Definitionen (V 95) und (V 102) kann Gl. (V 119) geschrieben werden

$$\bar{u} = e^{-\Phi} \int\int u\, \delta(E^* - E)\, d\Omega_p d\Omega_q. \qquad (\mathrm{V}\ 126)$$

Nun ist für konstantes U nach (V 125) $dE_{kin} = dE$.

Mit Benutzung von (V 115) wird daher aus (V 126)

$$\bar{u} = e^{-\Phi} \int\int u\, e^{\Phi_p}\, \delta(E^* - E)\, dE\, d\Omega_q \qquad (\mathrm{V}\ 127)$$

oder

$$\bar{u} = e^{-\Phi} \int_{\Omega_q = 0}^{U = E^*} u\, e^{\Phi_p}\, d\Omega_q. \qquad (\mathrm{V}\ 128)$$

In § 5.11 werden wir diese Beziehung in ihrer expliziten Form, d. h. ohne Benutzung der Funktionen Φ und Φ_p, ableiten.

§ 5.7*. Äquipartitionstheorem und Virialsatz

Wir wollen jetzt Gl. (V 124) benutzen, um zwei wichtige Sätze abzuleiten. Es sei r_i eine beliebige Phasenkoordinate und

$$F_i = r_i \frac{\partial E}{\partial r_i}. \qquad (\mathrm{V}\ 129)$$

Um die Mittelwerte dieser Funktionen zu berechnen, definieren wir

$$F = \sum_{i=1}^{2n} F_i = \sum_{i=1}^{2n} r_i \frac{\partial E}{\partial r_i}. \qquad (\mathrm{V}\ 129a)$$

Diese Größe läßt sich als skalares Produkt zweier $2n$-dimensionaler Vektoren darstellen in der Form

$$F = \mathbf{R}\, \mathrm{grad}\, E. \qquad (\mathrm{V}\ 130)$$

Für den Mittelwert ergibt sich dann mit Gl. (V 124)

$$\bar{F} = e^{-\Phi} \int \mathbf{R}\, |\mathrm{grad}\, E|\, |\mathrm{grad}\, E|^{-1} d\mathbf{f} = e^{-\Phi} \int \mathbf{R}\, d\mathbf{f}, \qquad (\mathrm{V}\ 131)$$

wo $d\mathbf{f}$ der Vektor des Flächenelementes ist. Mit Benutzung des GAUSSschen Satzes wird daraus

$$\bar{F} = e^{-\Phi} \int^{E^*} \mathrm{div}\,\mathbf{R}\, d\Omega \qquad (\mathrm{V}\ 132)$$

oder

$$\bar{F} = 2n\, e^{-\Phi}\, \Omega^*. \qquad (\mathrm{V}\ 133)$$

---

[1] Man beachte daß $d\Omega$ identisch ist mit $d\mathbf{R}$.

Daraus folgt

$$\overline{q_i \frac{\partial E}{\partial q_i}} = \overline{p_j \frac{\partial E}{\partial p_j}} = e^{-\Phi}\, \Omega^* \,. \tag{V 134}$$

Diese Gleichung wird als verallgemeinertes Äquipartitionstheorem bezeichnet[1]. Sie besagt, daß die Mittelwerte der Größen (V 129) für alle Phasenkoordinaten untereinander gleich sind und daß sie gleich sind einer Größe, welche nur von der Gesamtenergie eines Systems der mikrokanonischen Gesamtheit abhängt.

Wir nehmen jetzt an, daß die potentielle Energie eine quadratische Funktion von t generalisierten Koordinaten ist. Dann können wir die HAMILTON-Funktion schreiben

$$H(\mathbf{q}, \mathbf{p}) = \frac{1}{2} \sum_{i=1}^{n} p_i \frac{\partial H}{\partial p_i} + \frac{1}{2} \sum_{j=1}^{t} q_j \frac{\partial H}{\partial q_j} \,. \tag{V 135}$$

Der Vergleich mit (V 134) zeigt, daß im Mittel jeder Term den gleichen Beitrag

$$\bar{\varepsilon}_i = \tfrac{1}{2}\, e^{-\Phi}\, \Omega^* \tag{V 136}$$

zur Gesamtenergie liefert. Dies ist das Äquipartitionstheorem, das wir bereits in § 2.9 mit Hilfe der μ-Raum-Statistik abgeleitet haben. Die Anwendung der Gl. (V 136) auf ein einatomiges ideales Gas zeigt, daß

$$e^{-\Phi} \Omega^* = kT \tag{V 137}$$

ist und somit die Größe $e^{-\Phi} \Omega^*$ ein statistisches Analogon der Temperatur für die mikrokanonische Gesamtheit darstellt. Wir werden dies weiter unten noch strenger beweisen.

Die kinetische Energie ist allgemein gegeben durch

$$E_{kin} = \frac{1}{2} \sum_{i=1}^{n} p_i \frac{\partial E}{\partial p_i} \,. \tag{V 138}$$

In formaler Analogie dazu kann man eine Größe

$$[V] = \frac{1}{2} \sum_{i=1}^{n} q_i \frac{\partial E}{\partial q_i} \tag{V 139}$$

definieren, die man in Verallgemeinerung eines von CLAUSIUS[2] eingeführten Begriffes das Virial des Systems nennt. Die physikalische Bedeutung des Virials ergibt sich aus der Tatsache, daß $-\dfrac{\partial E}{\partial q_i}$ die generalisierte Kraftkomponente in Richtung der i-ten Koordinate darstellt. Aus (V 134), (V 138) und (V 139) folgt nun unmittelbar

$$E_{kin} = \overline{[V]} \,. \tag{V 140}$$

Im Mittel ist die kinetische Energie eines Systems gleich seinem Virial. Dieses von CLAUSIUS[2] aufgefundene Theorem wird als Virialsatz bezeichnet. Die große Bedeutung desselben liegt in der Tatsache, daß er eine direkte Berechnung des Druckes ermöglicht, ohne daß man den Umweg über die thermodynamischen Funktionen zu gehen hat. Wir werden darauf in Kapitel VIII zurückkommen und wollen hier nur zur Veranschaulichung die Rechnung für ein einatomiges ideales Gas durchführen.

Für diesen Fall lautet der Virialsatz in cartesischen Koordinaten

$$\tfrac{1}{2} \sum_{i=1}^{N} \overline{m_i(\dot{x}_i^2 + \dot{y}_i^2 + \dot{z}_i^2)} = -\tfrac{1}{2} \sum_{i=1}^{N} \overline{(X_i x_i + Y_i y_i + Z_i z_i)} \,. \tag{V 141}$$

---

[1] TOLMAN, R. C.: Physic. Rev. **11**, 261 (1918).
[2] CLAUSIUS, R.: Pogg. Ann. **141**, 124 (1870).

Es sind hier lediglich die Kräfte, die von der Wand des Behälters ausgeübt werden, zu berücksichtigen. Diese sind nur für solche Werte der Koordinaten von Null verschieden, bei denen sich die Moleküle an der Wand, d. h. an der Oberfläche des Volumens befinden. Bezeichnen wir mit df das Flächenelement der Oberfläche[1], mit α, β, γ die Richtungscosinus der nach außen gerichteten Normalen, so sind die Komponenten der von diesem Flächenelement ausgeübten, über alle Moleküle summierten mittleren Kraft, wenn P den Druck bezeichnet,

$$d\overline{X} = -P\,\alpha\,df\,, \quad d\overline{Y} = -P\,\beta\,df\,, \quad d\overline{Z} = -P\,\gamma\,df\,. \qquad \text{(V 142)}$$

Die zugehörigen Koordinaten sind einfach die Werte von x, y, z für das Flächenelement. Das mittlere Virial des einatomigen idealen Gases ist daher

$$[\overline{V}] = \tfrac{1}{2}\,P \int (\alpha\,x + \beta\,y + \gamma\,z)\,df \qquad \text{(V 143)}$$

oder in vektorieller Schreibweise, mit Benutzung des Radiusvektors $\mathbf{r}$,

$$[\overline{V}] = \tfrac{1}{2}\,P \int \mathbf{r}\,d\mathbf{f}\,. \qquad \text{(V 144)}$$

Mit Hilfe des Gaussschen Satzes erhält man daraus ($d\tau$ = Volumenelement)

$$[\overline{V}] = \tfrac{1}{2}\,P \int \operatorname{div}\mathbf{r}\,d\tau = \tfrac{3}{2}\,PV\,. \qquad \text{(V 145)}$$

Die linke Seite der Gl. (V 141) ist durch das Äquipartitionstheorem Gl. (V 136) gegeben. Es folgt daher

$$PV = N\,kT\,, \qquad \text{(V 146)}$$

die Zustandsgleichung des idealen Gases.

§ 5.8*. Die empirische Temperatur

Wir betrachten ein abgeschlossenes System, das aus zwei Teilsystemen besteht, die miteinander Energie austauschen können, zwischen denen sich also eine wärmeleitende Wand befindet. Die Teilsysteme bezeichnen wir durch die Indices 1 und 2, während die auf das Gesamtsystem bezogenen Größen ohne Index geschrieben werden. Der mikrokanonische Mittelwert der Funktion $e^{-\Phi_{p1}}\Omega_{p1}^{*}$ ist nach Gl. (V 119)

$$\overline{e^{-\Phi_{p1}}\Omega_{p1}^{*}} = e^{-\Phi} \int e^{-\Phi_{p1}}\Omega_{p1}^{*}\,\delta(E^{*} - E)\,d\Omega\,. \qquad \text{(V 147)}$$

Nun gilt

$$d\Omega = d\Omega_{1}\,d\Omega_{2} = d\Omega_{p1}\,d\Omega_{q1}\,d\Omega_{2}\,. \qquad \text{(V 148)}$$

Damit wird aus (V 147)

$$\overline{e^{-\Phi_{p1}}\Omega_{p1}^{*}} = e^{-\Phi} \iiint e^{-\Phi_{p1}}\Omega_{p1}^{*}\,\delta(E^{*} - E)\,d\Omega_{p1}\,d\Omega_{q1}\,d\Omega_{2}\,. \qquad \text{(V 149)}$$

Für die Energie der Teilsysteme haben wir nach der Voraussetzung

$$E_{kin\,1} + U_{1} + E_{2} = E^{*}\,. \qquad \text{(V 150)}$$

Für konstantes U_{1} und E_{2} ist daher $dE_{kin\,1} = dE$. Mit Benutzung von (V 115) folgt dann aus (V 149)

$$\overline{e^{-\Phi_{p1}}\Omega_{p1}^{*}} = e^{-\Phi} \iiint \Omega_{p1}^{*}\,\delta(E^{*} - E)\,dE\,d\Omega_{q1}\,d\Omega_{2} \qquad \text{(V 151)}$$

oder

$$\overline{e^{-\Phi_{p1}}\Omega_{p1}^{*}} = e^{-\Phi}\,\Omega^{*}\,. \qquad \text{(V 152)}$$

In analoger Weise leitet man ab

$$\overline{e^{-\Phi_{p2}}\Omega_{p2}^{*}} = e^{-\Phi}\,\Omega^{*}\,. \qquad \text{(V 153)}$$

---

[1] Man beachte, daß die folgende Rechnung sich auf den gewöhnlichen (dreidimensionalen) Raum bezieht.

Schließlich folgt unmittelbar aus (V 128)

$$\overline{e^{-\Phi_p}\,\Omega_p^*} = e^{-\Phi}\,\Omega^*. \tag{V 154}$$

Der Mittelwert der Funktion $e^{-\Phi_p}\,\Omega_p^*$ besitzt somit im Gleichgewicht für zwei in thermischer Berührung stehende Teilsysteme und das daraus gebildete Gesamtsystem den gleichen Wert. Dieser Mittelwert, bzw. die Größe $e^{-\Phi}\,\Omega^*$ ist daher ein statistisches Analogon der empirischen Temperatur. Damit ist das vorläufige Resultat von § 5.7 bestätigt. Es bleibt jetzt noch zu zeigen, daß $e^{-\Phi}\,\Omega^*$ die Eigenschaften der thermodynamischen absoluten Temperatur besitzt. Dazu ist es, wie schon früher betont (§ 2.6), notwendig, das statistische Analogon der Entropie zu bestimmen. Mit dieser Frage werden wir uns in den beiden folgenden Paragraphen beschäftigen.

Der Zusammenhang zwischen der statistischen Größe $e^{-\Phi}\,\Omega^*$ und der Temperatur des Gasthermometers wurde bereits mit Hilfe des Äquipartitionstheorems abgeleitet und ist durch Gl. (V 137) gegeben.

§ 5.9*. Der Satz von der adiabatischen Invarianz des Phasenvolumens

Wie schon in § 2.7 ausführlich erörtert wurde, muß die Energie eines Systems als Funktion der äußeren Parameter x_j betrachtet werden, von denen der wichtigste (und häufig einzige) das Volumen V ist. Einer Änderung des äußeren Parameters x_j widersetzt sich das System mit einer generalisierten Kraft

$$X_j = -\left(\frac{\partial E}{\partial x_j}\right)_{q,p}. \tag{V 155}$$

Im Rahmen unserer Betrachtung hat aber nach § 5.5 nur der mikrokanonische Mittelwert dieser Größe Bedeutung. Dafür ergibt sich aus Gl. (V 124) und (V 155)

$$\bar{X}_j = -\,e^{-\Phi} \int \frac{\left(\frac{\partial E}{\partial x_j}\right)_{q,p}}{|\mathrm{grad}\,E|}\, df. \tag{V 156}$$

Für eine Änderung der äußeren Parameter muß daher eine mittlere Arbeit

$$\Delta A = -\,\Sigma\,\bar{X}_j\,\Delta x_j \tag{V 157}$$

an dem System geleistet werden. Die Energie des Systems wird dadurch im Mittel um einen Betrag

$$\overline{\Delta E} = \Delta A = e^{-\Phi} \int \frac{\sum_j \left(\frac{\partial E}{\partial x_j}\right)_{q,p} \Delta x_j}{|\mathrm{grad}\,E|}\, df \tag{V 158}$$

geändert[1]. Wir setzen nun in diesem Paragraphen voraus, daß die gesamte Änderung der Energie durch Gl. (V 158) eindeutig bestimmt ist. Es werden somit alle Prozesse ausgeschlossen, welche ohne eine Änderung der äußeren Parameter die Energie ändern. Man spricht dann von einer adiabatischen Parameteränderung[2]. Für diese können wir also allgemein schreiben

$$dE = dA. \tag{V 159}$$

Da das Phasenvolumen eine Funktion der Energie ist, bewirkt eine Änderung der äußeren Parameter nach Gl. (V 158) eine Änderung des Phasenvolumens. Das System wird, anschaulich gesprochen, auf eine benachbarte Energiefläche gebracht. Die Änderung der äußeren Parameter modifiziert aber auch die

---

[1] Die hier eingeführte Größe ΔE hat mit der bei der Definition der mikrokanonischen Gesamtheit (§ 5.6) benutzten nichts zu tun.

[2] Die Änderung der Parameter muß unendlich langsam verlaufen, damit die Störung des statistischen Gleichgewichtes vernachlässigbar wird. Vgl. GIBBS, l. c., p. 153 ff.

funktionale Abhängigkeit der Energie von den generalisierten Koordinaten und Impulsen (d. h. die Form der HAMILTON-Funktion) und damit die Gestalt der Energiefläche. Wir können daher schreiben

$$\overline{\Delta \Omega^*} = \left(\frac{\partial \Omega^*}{\partial E}\right)_x \overline{\Delta E} + \sum_j \left(\frac{\partial \Omega^*}{\partial x_j}\right)_E \Delta x_j , \qquad \text{(V 160)}$$

wobei zu beachten ist, daß hier nur die äußeren Parameter unabhängige Variable sind. Die durch den zweiten Term gegebene Änderung des Phasenvolumens ist gleich dem Volumen zwischen den beiden Energieflächen[1]

$$E(\mathbf{q}, \mathbf{p}, x) = E \qquad \text{(V 161)}$$

und

$$E'(\mathbf{q}, \mathbf{p}, x + \Delta x) = E'(\mathbf{q}, \mathbf{p}, x) + \sum_j \frac{\partial E'}{\partial x_j} \Delta x_j = E, \qquad \text{(V 162)}$$

wo $E(\mathbf{q}, \mathbf{p}, x)$ und $E'(\mathbf{q}, \mathbf{p}, x)$ verschiedene Funktionen der Phasenkoordinaten sind. Es ist daher, wenn Δs den (mit Vorzeichen versehenen) Abstand der beiden Flächen bezeichnet,

$$\sum_j \left(\frac{\partial \Omega^*}{\partial x_j}\right)_E \Delta x_j = \int \Delta s \, df . \qquad \text{(V 163)}$$

Andererseits ist

$$E' - E = \Delta s \, |\text{grad } E'| \qquad \text{(V 164)}$$

und nach (V 162)

$$E' - E = - \sum_j \frac{\partial E'}{\partial x_j} \Delta x_j . \qquad \text{(V 165)}$$

Da E' und E sich nur wenig unterscheiden, sind die Ableitungen beider Größen bis auf Glieder höherer Ordnung gleich. Es folgt daher aus (V 163), (V 164) und (V 165)

$$\sum_j \left(\frac{\partial \Omega^*}{\partial x_j}\right)_E \Delta x_j = - \int \frac{\sum_j \frac{\partial E}{\partial x_j} \Delta x_j}{|\text{grad } E|} \, df . \qquad \text{(V 166)}$$

Durch Einsetzen von (V 158) und (V 166) in Gl. (V 160) und Berücksichtigung von (V 114) ergibt sich schließlich

$$\overline{\Delta \Omega^*} = 0 . \qquad \text{(V 167)}$$

Die beiden in Gl. (V 160) dargestellten Effekte kompensieren sich somit. Das Phasenvolumen ist invariant gegen adiabatische Parameteränderungen.

In der Ausdrucksweise der Thermodynamik wird ein Prozeß von der hier betrachteten Art als quasistatisch-adiabatisch bezeichnet. Bei einem solchen Vorgang wird nur Arbeit geleistet, aber keine Wärme ausgetauscht. Die einzige thermodynamische Größe, die unter diesen Bedingungen notwendig konstant bleibt, ist die Entropie. Wir können daher schließen, daß eine ein-eindeutige Funktion des Phasenvolumens ein statistisches Analogon der Entropie darstellt. Im nächsten Paragraphen werden wir dies vollständig und für beliebige Zustands-änderungen beweisen.

§ 5.10*. Entropie und absolute Temperatur

Aus der molekularen Theorie der Wärme folgt unmittelbar, daß die Energie eines Systems auch bei konstanten Werten der äußeren Parameter geändert werden kann. Die Gl. (V 159) stellt daher nur einen Spezialfall der allgemeineren Beziehung

$$dE = d'Q + d'A \qquad \text{(V 168)}$$

---

[1] Da das Symbol E^* nur im Hinblick auf die Benutzung der δ-Funktion eingeführt wurde, schreiben wir im Interesse einer übersichtlichen Notierung stattdessen einfach E, wenn dadurch kein Mißverständnis entstehen kann.

dar, wo das Symbol d' bedeutet, daß die betreffenden infinitesimalen Größen keine exakten Differentiale sind. Die Differenz $dE - d'A$ wird definitionsgemäß als zugeführte Wärme bezeichnet. (I. Hauptsatz der Thermodynamik).

Es bleibt jetzt noch zu zeigen, daß für ein durch die mikrokanonische Gesamtheit dargestelltes Originalsystem auch der II. Hauptsatz der Thermodynamik in dem früher (§ 5.5) definierten Sinne der statistischen Theorie gültig ist. Wir haben also für die mikrokanonische Gesamtheit Größen zu definieren, welche die Eigenschaften der Entropie und der absoluten Temperatur besitzen. Die fraglichen Größen müssen daher einer Differentialgleichung der Form

$$dS = \frac{1}{T}\,dE + \sum_j \frac{X_j}{T}\,d x_j \tag{V 169}$$

genügen. Für zwei in thermischer Berührung stehende Teilsysteme, wie wir sie in § 5.8 betrachtet haben, muß

$$dS = dS_1 + dS_2 \tag{V 170}$$

gelten. Schließlich muß S homogen vom ersten Grade in E, V und N sein. Diese Forderung geht allerdings über den II. Hauptsatz hinaus. Wir werden daher später in § 5.11 darauf zurückkommen. Auch die Gl. (V 170) können wir erst später diskutieren. Für die Teilsysteme gelten nämlich nicht mehr die gleichen Randbedingungen wie für das durch die mikrokanonische Gesamtheit dargestellte Gesamtsystem, da die Energie eines Teilsystems nicht vorgegeben ist. Die statistische Definition der Entropie als Funktion der Energie, mit der wir es hier zu tun haben, ist daher für ein Teilsystem zunächst nicht eindeutig durchführbar. Tatsächlich beruht Gl. (V 170) auf der Voraussetzung, daß die thermodynamischen Funktionen unabhängig von Randbedingungen definierbar sind. Da wir diese Frage in allgemeiner Form erst in Kap. VII behandeln, reduziert sich unsere Aufgabe auf die statistische Begründung der Gl. (V 169).

Während wir in § 5.9 das Phasenvolumen letzten Endes nur als Funktion der äußeren Parameter betrachtet haben, zeigen die obigen Ausführungen, daß im allgemeinen Fall auch die Energie als unabhängige Variable eingeführt werden muß. Wir haben daher zu setzen

$$d\Omega^* = \frac{\partial \Omega^*}{\partial E}\,dE + \sum_j \frac{\partial \Omega^*}{\partial x_j}\,d x_j\,. \tag{V 171}$$

Mit Benutzung von (V 114) läßt sich diese Gleichung schreiben

$$d\ln \Omega^* = \frac{1}{e^{-\Phi}\,\Omega^*}\,dE + \sum_j \frac{\partial \ln \Omega^*}{\partial x_j}\,d x_j\,. \tag{V 172}$$

Da nach Gl. (V 156) und (V 166)

$$\sum_j \frac{\partial \ln \Omega^*}{\partial x_j} = \frac{1}{e^{-\Phi}\,\Omega^*} \sum_j X_j \tag{V 173}$$

ist, folgt

$$d\ln \Omega^* = \frac{1}{e^{-\Phi}\,\Omega^*}\,dE + \sum_j \frac{X_j}{e^{-\Phi}\,\Omega^*}\,d x_j\,. \tag{V 174}$$

Der Vergleich von Gl. (V 169) und (V 174) zeigt in Verbindung mit den Ergebnissen des § 5.8, daß die Größe $e^{-\Phi}\,\Omega^*$ ein statistisches Analogon der absoluten Temperatur ist und $\ln \Omega^*$ ein statistisches Analogon der Entropie (II. GIBBSsches Entropie-Analogon). Der formelmäßige Zusammenhang zwischen der Entropie und dem Logarithmus des Phasenvolumens hängt von der Wahl der Temperaturskala ab. Für die übliche Skala ergibt sich aus Gl. (V 137) und (V 169)

$$dS = k\,d\ln \Omega^*\,. \tag{V 175}$$

Wir wollen dies für die statistische Thermodynamik grundlegende Resultat noch auf einem anderen Wege ableiten[1,2]. Nach Gl. (V 55), (V 117) und (V 118) ist

$$e^\Phi = \int \delta\,(E^* - E)\,d\,\Omega\,. \qquad (V\ 176)$$

Daraus folgt durch Differentiation nach einem äußeren Parameter

$$\frac{\partial e^\Phi}{\partial x_j} = \int X_j\,\delta'(E^* - E)\,d\,\Omega \qquad (V\ 177)$$

oder

$$\frac{\partial e^\Phi}{\partial x_j} = \int \bar{X}_j\,e^{\Phi(E)}\,\delta'(E^* - E)\,dE\,. \qquad (V\ 178)[3]$$

Das ergibt

$$\frac{\partial e^\Phi}{\partial x_j} = \frac{d}{dE}\,(\bar{X}_j\,e^\Phi)\,. \qquad (V\ 179)$$

Mit Benutzung von (V 114) kann diese Gleichung geschrieben werden

$$\frac{\partial^2 \Omega^*}{\partial E\,\partial x_j} = \frac{d}{dE}\,(\bar{X}_j\,e^\Phi)\,. \qquad (V\ 180)$$

Diese Differentialgleichung hat die Lösung

$$\frac{\partial \Omega^*}{\partial x_j} = \bar{X}_j\,e^\Phi + F_j\,, \qquad (V\ 181)$$

wo F_j eine Funktion der äußeren Parameter ist. Setzen wir diesen Ausdruck in Gl. (V 171) ein, so erhalten wir

$$d\,\Omega^* = e^\Phi\Big(dE + \sum_j \bar{X}_j\,dx_j\Big) + \sum_j F_j\,dx_j\,. \qquad (V\ 182)$$

Um die Funktionen F_j zu bestimmen, betrachten wir eine Zustandsänderung, bei der die äußeren Parameter willkürlich variiert werden und die Energie stets den niedrigsten Wert annimmt, der mit den jeweiligen Werten der äußeren Parameter vereinbar ist[4]. Während dieses Vorganges ist

$$d\,\Omega^* = 0\,. \qquad (V\ 183)$$

Ferner ist die kinetische Energie dauernd Null und daher die Gesamtenergie nur eine Funktion der äußeren Parameter. Es gilt daher für die betrachtete Änderung

$$dE = \sum_j \frac{\partial E}{\partial x_j}\,dx_j\,. \qquad (V\ 184)$$

Schließlich sind unter diesen Umständen die generalisierten Kräfte für alle Systeme der Gesamtheit gleich. Es gilt also

$$X_j = \bar{X}_j\,. \qquad (V\ 185)$$

Wir haben somit

$$dE + \sum_j \bar{X}_j\,dx_j = 0\,. \qquad (V\ 186)$$

Aus Gl. (V 182), (V 183) und (V 186) folgt, zunächst für die betrachtete Änderung,

$$\sum_j F_j\,dx_j = 0\,. \qquad (V\ 187)$$

---

[1] Gibbs, J. W.: s. S. 92, daselbst p. 125 ff.

[2] Münster, A.: Z. Physik **137**, 386 (1954).

[3] Durch die Schreibweise $\Phi(E)$ deuten wir an, daß Φ an dieser Stelle, im Sinne der allgemeinen Definition (V 114), als Funktion der Integrationsvariablen E aufzufassen ist.

[4] Der folgende Beweis beruht auf der Betrachtung einer Zustandsänderung am absoluten Nullpunkt. Diese ist hier jedoch nicht im Sinne einer physikalischen Theorie, sondern rein formal als Untersuchung der Randbedingungen zu verstehen.

Da aber einerseits die Änderungen der Parameter willkürlich sind, andererseits die F_j nicht von der Energie abhängen, muß allgemein gelten

$$F_j = 0 \, . \qquad \text{(alle } j) \quad \text{(V 188)}$$

Gl. (V 181) geht daher in Gl. (V 173) über, und wir erhalten wieder die Gl. (V 174) und (V 175).

§ 5.11*. Explizite Formulierung der Funktionen Ω^* und Φ

Auf Grund der Ergebnisse des vorhergehenden Paragraphen ist es im Prinzip möglich, die Entropie eines beliebigen Systems als Funktion von E, V und N zu berechnen. Zur Durchführung einer solchen Rechnung benötigt man jedoch eine explizite Darstellung der Funktionen Ω^* und Φ, welche dieselben auf die (als bekannt angenommene) HAMILTON-Funktion und die Werte der äußeren Parameter zurückführt. Diese Ausdrücke lassen sich einfach mit Hilfe der FOURIER-Zerlegung der δ-Funktion ableiten[1].

Wir gehen aus von Gl. (V 119) und schreiben dieselbe für eine Funktion u der generalisierten Koordinaten (oder der potentiellen oder der kinetischen Energie) in der Form

$$\bar{u} = e^{-\Phi} \iint u \, \delta \left(E^* - U - E_{kin} \right) d\Omega_p \, d\Omega_q \, . \qquad \text{(V 189)}$$

Für die kinetische Energie können wir allgemein setzen

$$E_{kin} = \tfrac{1}{2} \sum_{i=1}^{n} a_i \, \dot{q}_i^2 = \tfrac{1}{2} \sum_{i=1}^{n} a_i^{-1} \, p_i^2 \, . \qquad \text{(V 190)}$$

Gehen wir damit in Gl. (V 189) ein, so erhalten wir durch FOURIER-Zerlegung der δ-Funktion

$$\bar{u} = e^{-\Phi} \int d\Omega_q \, u \, \frac{1}{2\pi} \int_{-\infty}^{+\infty} dk \, e^{ik(E^* - U)} \int_{-\infty}^{+\infty} e^{-ik \sum_i \frac{p_i^2}{2a_i}} d\Omega_p \, . \qquad \text{(V 191)}$$

Nach Ausführung des letzten Integrals wird daraus

$$\bar{u} = (2\pi)^{n/2} \, e^{-\Phi} \int d\Omega_q \, u \, \frac{1}{2\pi} \int_{-\infty}^{+\infty} (ik)^{-n/2} \, e^{ik(E^* - U)} dk \, . \qquad \text{(V 192)}$$

Der Integrand des zweiten Integrals hat im Nullpunkt eine Singularität. Der Integrationsweg ist unterhalb derselben vorbeizuführen und kann über die positive imaginäre Achse geschlossen werden. Wir setzen voraus $E^* - U > 0$ und schreiben

$$\frac{n}{2} = l + 1 \, , \ \ ik = z. \qquad \text{(V 193)}$$

wo l eine positive ganze Zahl ist. Dann wird aus (V 192)[2]

$$\bar{u} = (2\pi)^{n/2} \, e^{-\Phi} \int d\Omega_q \, u \, \frac{1}{2\pi i} \oint \frac{e^{z(E^* - U)}}{z^{l+1}} \, dz \, . \qquad \text{(V 194)}$$

Der Integrationsweg umschließt den Pol $(l+1)$-ter Ordnung des Integranden bei $z = 0$. Mit Hilfe des Residuensatzes erhalten wir aus (V 194)

$$\bar{u} = \frac{(2\pi)^{n/2}}{\Gamma\left(\dfrac{n}{2}\right)} \, e^{-\Phi} \int_{\Omega_q = 0}^{U = E^*} u \, (E^* - U)^{n/2 - 1} \, d\Omega_q \, . \qquad \text{(V 195)}$$

---

[1] MÜNSTER, A.: Z. Physik **137**, 386 (1954).

[2] Eine ausführliche Darstellung dieser Umformung findet sich im Anhang.

Diese Gleichung stellt die explizite Formulierung der früher abgeleiteten Mittelwertsformel Gl. (V 128) dar. Durch Vergleich beider Ausdrücke ergibt sich

$$e^{\Phi_v} = \frac{(2\pi)^{n/2}}{\Gamma\left(\dfrac{n}{2}\right)} E_{kin}^{n/2-1} \, . \tag{V 196}$$

Setzen wir (V 196) in (V 115) ein und integrieren, so ergibt sich Gl. (V 103).
Für $u = 1$ folgt aus (V 195)

$$e^{\Phi} = \frac{(2\pi)^{n/2}}{\Gamma\left(\dfrac{n}{2}\right)} \cdot \int\limits_{\Omega_q=0}^{U=E^*} (E^* - U)^{n/2-1} \, d\Omega_q \, . \tag{V 197}$$

Diese Beziehung läßt sich mit (V 114) kombinieren und liefert nach Integration

$$\Omega^* = \frac{(2\pi)^{n/2}}{\Gamma\left(\dfrac{n}{2}+1\right)} \int\limits_{\Omega_q=0}^{U=E^*} (E^* - U)^{n/2} \, d\Omega_q \, . \tag{V 198}$$

Damit ist die gestellte Aufgabe im wesentlichen bereits gelöst. Die Berechnung der Entropie nach Gl. (V 175) und (V 198) führt jedoch auf die gleichen Schwierigkeiten, denen wir bereits in Kap. II begegnet sind. Gl. (V 198) beruht nämlich auf der Annahme, daß jeder Punkt des Phasenraumes einen mechanischen Zustand des Systems repräsentiert, daß also zwei Punkte, die sich durch Vertauschung gleicher Teilchen ineinander überführen lassen, zwei verschiedenen mechanischen Zuständen entsprechen. Das ist aber nichts anderes als die Annahme, daß gleiche Teilchen in dem früher (§ 3.1) erläuterten Sinne individuell unterscheidbar sind. Diese Annahme steht, wie wir wissen, im Widerspruch zur Quantenmechanik. Die auf dieser Grundlage nach (V 198) statistisch berechnete Entropie ist nicht homogen vom I. Grade in E, V und N, was sich an dem weiter unten zu besprechenden Beispiel des einatomigen idealen Gases leicht explizit zeigen läßt. Sie widerspricht daher auch der experimentellen Erfahrung, wie wir in § 2.11 ausführlich erörtert haben.

Die bisher in diesem Kapitel benutzte Definition der Phase wird nach GIBBS als spezielle Phase (specific phase) bezeichnet. GIBBS hat auch bereits die Möglichkeit diskutiert, daß die Gesamtheit aller speziellen Phasen, die durch Vertauschung gleicher Teilchen auseinander hervorgehen, als eine einzige Phase aufzufassen ist. Er bezeichnet die so definierte Phase als generelle Phase (generic phase) und vermutet, daß diese Definition dem Wesen der statistischen Mechanik besser entspricht. Daß diese Vermutung tatsächlich richtig ist, konnte erst auf der Grundlage der Quantenmechanik streng bewiesen werden. Wir werden darauf in Kap. VI zurückkommen. Die Folgerung, die sich daraus für die Entropieformel ergibt, läßt sich durch ein einfaches geometrisches Beispiel veranschaulichen. Wir betrachten einen sechsstrahligen Stern. Die einzelnen Sektoren lassen sich durch die Symmetrieoperation der sechszähligen Achse ineinander überführen. Wünschen wir eine Angabe der Fläche, welche die durch Symmetrieoperation auseinander hervorgehenden Gebiete nicht gesondert berücksichtigt, so haben wir die Gesamtfläche durch die Symmetriezahl 6 zu dividieren. Ganz analoge Verhältnisse haben wir im Γ-Raum eines Systems von N gleichen Teilchen. Wir können zunächst ein Gebiet definieren, welches alle mit den vorgegebenen Bedingungen vereinbaren Phasen umfaßt, die sich nicht durch Vertauschung der Teilchen ineinander überführen lassen. Aus diesem „Sektor" lassen sich dann weitere durch die Symmetrieoperation der Vertauschung gleicher Teilchen erzeugen. Die Gesamtzahl derselben ist naturgemäß $N!$. Man spricht daher nach EHRENFEST auch wohl von einem Γ-Stern. Nach Gl. (V 175) läuft nun die Berechnung der Entropie auf eine Berechnung des von der mikrokanonischen Energieschale umschlossenen Phasenvolumens oder (in einer für die klassische Statistik nicht ganz korrekten, aber anschaulichen Ausdrucksweise) auf eine Abzählung der Phasen, die mit einer Energie $E \leqq E^*$ erreichbar sind, heraus. Legen wir nun dieser „Abzählung" die Definition der generellen Phase zugrunde, so bedeutet dies, daß das Phasenvolumen auf einen „Sektor" des Γ-Sternes zu reduzieren ist. Das nach der Definition der speziellen Phase errechnete Phasenvolumen Gl. (V 198) muß daher noch durch $N!$ dividiert werden, um den korrekten Ausdruck, der in Gl. (V 175) einzusetzen ist, zu erhalten.

Die Übereinstimmung mit der Thermodynamik wird damit bereits erreicht. Um aber die endgültige Formel anschreiben zu können, nehmen wir noch das Ergebnis der Quantenstatistik vorweg, daß das Phasenvolumen in Einheiten h^n zu messen ist. Tatsächlich repräsentiert jede solche „Zelle", wie wir wissen, einen mechanischen Zustand des Systems. In diesem Sinne ist es daher streng richtig, daß Ω^* die Zahl der mechanischen Zustände darstellt, welche mit einer Energie $E \leqq E^*$ erreichbar sind.

Es wirkt vielleicht zunächst etwas befremdend, daß in die Berechnung der Entropie eines Systems von vorgegebener Energie auch die Zustände mit einer Energie $< E^*$ eingehen. Während wir im Rahmen der μ-Raum-Statistik die Entropie als die Zahl der mechanischen Realisierungsmöglichkeiten eines makroskopischen (thermodynamischen) Zustandes erklärt haben, werden jetzt mechanische Zustände, welche das System in Wirklichkeit nicht einnehmen kann, mitgezählt. Dieser scheinbare Widerspruch findet seine Aufklärung durch die geometrische Tatsache, daß bei einem Gebilde von sehr hoher Dimensionszahl der Logarithmus des Gesamtvolumens von der gleichen Größenordnung ist, wie der Logarithmus des Volumens einer Schale an der Oberfläche. Aus Gl. (V 197) und (V 198) findet man in der Tat, daß asymptotisch

$$\ln \Omega^* = \Phi \qquad\qquad (n \to \infty) \qquad (\text{V } 199)$$

ist. Wir können daher auch schreiben

$$dS = k \, d\Phi . \qquad\qquad (\text{V } 200)$$

Der Logarithmus der Ableitung des Phasenvolumens nach der Energie der umschließenden mikrokanonischen Energieschale stellt somit ebenfalls ein statistisches Analogon der Entropie dar (III. GIBBSsches Entropie-Analogon). Vom physikalischen Standpunkt ist, wie schon GIBBS bemerkt hat, die Analogie zwischen S und Φ (bzw. Ω), die wir auch aus der μ-Raumstatistik abgeleitet haben, als die primäre anzusehen. Tatsächlich kann diese Analogie auch unabhängig von den Gl. (V 197) und (V 198) direkt nachgewiesen werden. Die Größe Ω^* wäre dann aus der zuerst definierten Größe Φ durch Integration abzuleiten. Der umgekehrte Weg ist jedoch mathematisch einfacher und daher auch hier benutzt worden.

Wir können jetzt die Entropieformel in ihrer endgültigen expliziten Gestalt anschreiben. Dabei ist es im Hinblick auf die Quantenstatistik zweckmäßig, die Größen Ω^* und Φ neu zu definieren derart, daß die oben erwähnten Faktoren eingeschlossen werden. Ferner beschränken wir uns auf den Fall eines Einkomponentensystems aus einatomigen Molekülen, die sich als Massenpunkte darstellen lassen. Es ergibt sich dann mit Benutzung von Gl. (V 98) (für $N \to \infty$)

$$S = k \ln \Omega^* = k \, \Phi = k \ln \left[\frac{(2 \pi m)^{3/2 N}}{h^{3N} \, N! \, (\tfrac{3}{2} N)!} \int \cdots \int (E^* - U)^{3/2 N} \, d\mathbf{q}_1 \cdots d\mathbf{q}_N \right].$$

$$(\text{V } 201)$$

Diese Gleichung läßt sich noch auf eine etwas übersichtlichere Form bringen, wenn wir die STIRLINGsche Formel Gl. (II 7) anwenden und die mittlere Energie eines Moleküls $\bar\varepsilon = E^*/N$ einführen. Dann ergibt sich

$$S = kN \ln \left(\frac{4\pi m\,\bar\varepsilon\,e}{3\,h^2}\right)^{3/2} + k \ln \Lambda, \qquad (V\ 202)$$

wo

$$\Lambda = \frac{1}{N!} \int \cdots \int \left(1 - \frac{U}{E^*}\right)^{3/2\,N} d\mathbf{q}_1 \ldots d\mathbf{q}_N \qquad (V\ 203)$$

ist. Die vorstehenden Gleichungen sind für den betrachteten Fall der korrekte Ausdruck der sog. halbklassischen Näherung, deren Gültigkeitsbereich wir für die Systeme der μ-Raum-Statistik bereits in § 4.5 abgegrenzt haben. Im Rahmen der allgemeinen Quantenstatistik werden wir diese Frage in § 6.7 behandeln. Die Verallgemeinerung für mehratomige Moleküle macht grundsätzlich keine Schwierigkeiten, wenn die hinzukommenden Freiheitsgrade ebenfalls klassisch behandelt werden können. Die Wechselwirkungsenergie wird dann jedoch häufig nicht nur von den Schwerpunktskoordinaten, sondern auch von der gegenseitigen Orientierung (d. h. von den Freiheitsgraden der Rotation) abhängen.

Für das einatomige ideale Gas ist $U = 0$ und somit

$$\ln \Lambda = \ln \frac{V^N}{N!} = N \ln (v\,e), \qquad (V\ 204)$$

wo $v = V/N$ das Volumen pro Molekül bezeichnet. In Verbindung mit Gl. (V 202) folgt daraus für die Entropie

$$S = -\,kN \ln \left[\left(\frac{4\pi m\,\bar\varepsilon}{3\,h^2}\right)^{3/2} v\,e^{5/2}\right]. \qquad (V\ 205)^1$$

Diese Gleichung stellt die Entropie als thermodynamisches Potential, d. h. als Funktion der unabhängigen Variablen E, V, N dar. Sie zeigt, daß nach Anbringen der oben besprochenen Korrektur S in der Tat eine homogene Funktion I. Grades ist. Führen wir in (V 205) das Äquipartitionstheorem Gl. (V 136) ein, so erhalten wir

$$S = kN \left\{\ln \frac{N}{V} - \frac{5}{2} - \ln \left(\frac{2\pi m\,kT}{h^2}\right)^{3/2}\right\}. \qquad (V\ 206)^1$$

In dieser Form, als Funktion von T, V, N ist die Entropie kein thermodynamisches Potential, sondern sie stellt die Ableitung der freien Energie nach HELMHOLTZ dar.

Die Auswertung der Gl. (V 201) für allgemeinere Fälle stellt ein schwieriges Problem dar. Es ist jedoch STREETER und MAYER[2] gelungen, auf dieser Grundlage die exakte Theorie realer Gase (s. Kap. XII) zu entwickeln.

§ 5.12*. Das thermodynamische Gleichgewicht. Zugänglichkeit und Hemmungen

Bisher haben wir die Entropie lediglich unter der Voraussetzung bestehenden Gleichgewichtes definiert. In der Thermodynamik entspricht dies einer Beschränkung auf die Betrachtung quasistatischer Prozesse. Andererseits besteht aber vom Standpunkt der Thermodynamik eine der wichtigsten Eigenschaften der Entropie darin, daß man mit ihrer Hilfe das allgemeinste Kriterium des thermodynamischen Gleichgewichtes formulieren kann. Es lautet

$$(\delta S)_{E,\,V,\,N} \leqq 0 \qquad (V\ 207)$$

---

[1] In dieser Formel sind die von der Elektronenhülle und dem Kernspin herrührenden Glieder nicht berücksichtigt. Vgl. § 9.2.

[2] STREETER, S. F., u. J. E. MAYER: J. Chem. Phys. **7**, 1025 (1939).

oder in Worten: Für das Gleichgewicht eines abgeschlossenen Systems ist notwendig und hinreichend, daß für alle möglichen Zustandsvariationen des Systems, welche seine Energie nicht ändern, die Variation der Entropie Null oder negativ ist. Die hier gemeinten virtuellen Verrückungen können chemische Reaktionen, Änderungen der lokalen Dichte, Änderungen des Ordnungszustandes in kondensierten Phasen usw. sein. Jeder auf diesem Wege erreichte Nachbarzustand besitzt nach (V 207) eine kleinere[1] Entropie als der Ausgangszustand, wenn letzterer dem thermodynamischen Gleichgewicht entspricht.

Man kann nun fragen, ob die im Vorhergehenden untersuchten statistischen Analoga der Entropie auch eine Begründung der Gleichgewichtsbedingung ermöglichen. Dazu wird es jedenfalls notwendig sein, in irgendeiner Form Abweichungen von der mikrokanonischen Verteilung zu betrachten, welche den oben erwähnten virtuellen Verrückungen im Originalsystem entsprechen. Man sieht nun leicht, daß die bisher definierten statistischen Analoga der Entropie für diesen Zweck nicht geeignet sind. Dieselben enthalten nämlich nicht mehr explizit die Verteilung; sie sind vielmehr rein geometrische Größen des Phasenraumes, die erst im Zusammenhang mit der mikrokanonischen Verteilung ihre physikalische Bedeutung erhalten [vgl. die Definitionen Gl. (V 113) und (V 114)]. Wir werden daher zunächst eine neue statistische Formel für die Entropie aufstellen und zeigen, daß diese im Falle der mikrokanonischen Verteilung in die bisherigen Definitionen übergeht. Später (§ 7.3) werden wir sehen, daß die Gültigkeit dieser Formel nicht darauf beschränkt ist, sondern daß sie den allgemeinsten statistischen Ausdruck für die Entropie überhaupt darstellt.

Die neue Formel lautet

$$S = -k \int \varrho \ln\varrho \, d\Omega \,. \qquad \text{(V 208)}$$

Führen wir nun eine neue Größe

$$\eta = \ln\varrho \qquad \text{(V 209)}$$

ein, die man nach GIBBS den Wahrscheinlichkeitsindex nennt, so wird aus (V 208)

$$S = -k \int \eta \, e^\eta \, d\Omega \qquad \text{(V 210)}$$

oder

$$S = -k \, \bar{\eta} \,. \qquad \text{(V 211)}$$

Wir können daher sagen, die Entropie ist (bis auf den von der Temperaturskala abhängigen Proportionalitätsfaktor) gleich dem negativen mittleren Wahrscheinlichkeitsindex der betreffenden Verteilung. Man sieht leicht, daß diese Definition der Entropie mit der früher gegebenen übereinstimmt, wenn in Gl. (V 208) die Phasendichte der mikrokanonischen Gesamtheit eingesetzt wird. Dann wird nämlich[2]

$$S = k \int \Phi \, e^{-\Phi} \, \delta(E^* - E) \, d\Omega \qquad \text{(V 212)}$$

oder

$$S = k \, \Phi \qquad \text{(V 213)}[3]$$

in Übereinstimmung mit (V 200). Da die mikrokanonische Gesamtheit das System im Gleichgewicht repräsentiert, können die durch virtuelle Verrückung bei

---

[1] Daß im stabilen Gleichgewicht die Entropie (im einfachsten Falle) ein Maximum, nicht ein Minimum besitzt, geht nicht aus (V 207), sondern erst aus den Stabilitätsbedingungen hervor, die wir in § 7.6 behandeln. Wir nehmen dies Ergebnis hier im Hinblick auf die statistische Ableitung vorweg.

[2] Der Term $e^{-\Phi} \delta(E^* - E) \ln \delta(E^* - E)$ des Integranden ergibt, wie man aus der Diskussion eines zur δ-Funktion führenden Grenzüberganges erkennt, nur eine physikalisch bedeutungslose Konstante. Er ist daher hier und im folgenden weggelassen.

[3] Diese Gleichung zeigt ebenfalls, daß Φ das primäre statistische Analogon der Entropie ist. Vgl. § 5.11.

konstanten E, V und N erreichbaren Zustände nur jeweils durch eine Gesamtheit dargestellt werden, welche mit ungleichmäßiger Dichte über die mikrokanonische Energieschale verteilt ist. Wir setzen also für die Phasendichte dieser Zustände

$$\varrho = e^{-\Phi + \Delta\eta}\,\delta(E^* - E)\,, \tag{V 214}$$

wo $\Delta\eta$ eine willkürliche Funktion der Phasenkoordinaten ist. Dabei muß wegen der Normierungsrelation (V 55) gelten

$$\int e^{-\Phi}\,\delta(E^* - E)\,d\Omega = \int e^{-\Phi + \Delta\eta}\,\delta(E^* - E)\,d\Omega = 1\,. \tag{V 215}$$

Wir wollen jetzt zeigen, daß für jeden derartigen Nachbarzustand die nach Gl. (V 208) berechnete Entropie kleiner ist als die durch Gl. (V 213) gegebene des ursprünglichen Gleichgewichtszustandes. Es ist also die Ungleichung

$$\int (-\Phi + \Delta\eta)\,e^{-\Phi + \Delta\eta}\,\delta(E^* - E)\,d\Omega > \int -\Phi\,e^{-\Phi}\,\delta(E^* - E)\,d\Omega \tag{V 216}$$

zu beweisen. Da für die Integration Φ eine Konstante ist, kann (V 216) geschrieben werden

$$\int (-\Phi + \Delta\eta)\,e^{\Delta\eta}\,\delta(E^* - E)\,d\Omega > \int -\Phi\,\delta(E^* - E)\,d\Omega\,. \tag{V 217}$$

In analoger Weise kann in (V 215) der Faktor $e^{-\Phi}$ gekürzt werden. Multiplizieren wir dann diese Gleichung mit dem konstanten Faktor $(-\Phi + 1)$, so folgt

$$\int (-\Phi + 1)\,e^{\Delta\eta}\,\delta(E^* - E)\,d\Omega = \int (-\Phi + 1)\,\delta(E^* - E)\,d\Omega\,. \tag{V 218}$$

Wird schließlich (V 218) von (V 217) subtrahiert, so ergibt sich

$$\int (\Delta\eta - 1)\,e^{\Delta\eta}\,\delta(E^* - E)\,d\Omega > -\int \delta(E^* - E)\,d\Omega \tag{V 219}$$

oder

$$\int (\Delta\eta\,e^{\Delta\eta} - e^{\Delta\eta} + 1)\,\delta(E^* - E)\,d\Omega > 0\,. \tag{V 220}$$

Da der Klammerausdruck (abgesehen von dem trivialen Fall $\Delta\eta = 0$) notwendig positiv ist, ist auch das Integral positiv, womit die Behauptung bewiesen ist. Im Gleichgewicht nimmt daher die Entropie eines abgeschlossenen Systems den durch Gl. (V 213) gegebenen maximalen Wert an.

Um die Bedeutung dieser Aussage zu verstehen, muß man sich klarmachen, daß der Begriff „Gleichgewicht" sich physikalisch sinnvoll nur im Hinblick auf bestimmte Vorgänge (wie wir sie beispielsweise oben erwähnt haben) definieren läßt. Der Begriff eines „absoluten Gleichgewichts" oder „Gleichgewichtes im Hinblick auf alle denkbaren Vorgänge" hat keine physikalische Bedeutung. Der obige Satz bedarf daher noch einer Erläuterung.

Der Einfachheit halber betrachten wir das Problem zunächst vom Standpunkt der Thermodynamik[1]. Nehmen wir ein System in einem ganz beliebigen Zustand, so kann dasselbe durch die thermodynamischen Zustandsvariablen nicht mehr eindeutig beschrieben werden. Wohl aber ist dies grundsätzlich möglich mit Hilfe der sog. „inneren Parameter" ξ_i, wie Reaktionslaufzahlen (degrés d'avancement), Ordnungsgrad (vgl. § 16.3) usw. Rein formal können wir annehmen, daß wir über einen vollständigen Satz der ξ_i verfügen, derart, daß jede denkbare Zustandsänderung sich als Änderung eines oder mehrerer dieser Parameter darstellen läßt. Dieselben ändern sich naturgemäß im Laufe der Zeit in Richtung auf die Werte, die sie (bei gegebenen Werten der thermodynamischen Zustandsvariablen) im thermodynamischen Gleichgewicht annehmen. Wir bezeichnen diese Gleichgewichtswerte mit ξ_{oi} und schreiben

$$\xi_i - \xi_{oi} = C \cdot e^{-\frac{t}{\tau_i}}\,, \tag{V 221}$$

---

[1] Zum Folgenden vgl. J. Prigogine u. R. Defay: Thermodynamique Chimique. Liège 1950.

wo τ_i die betreffende Relaxationszeit[1] ist. Auf dieser Grundlage können wir die inneren Parameter in drei Klassen einteilen, nämlich, wenn t_e die Größenordnung der Dauer einer Messung ist,

$$
\begin{aligned}
&1. \quad \tau_i \gg t_e \\
&2. \quad \tau_i \approx t_e \\
&3. \quad \tau_i \ll t_e \, .
\end{aligned}
\tag{V 222}
$$

Die Anwendung der Thermodynamik (und damit auch der statistischen Thermodynamik) setzt grundsätzlich voraus, daß unter den gewählten Bedingungen keine Parameter der Klasse 2 auftreten. Für die Parameter der Klasse 3 kann definitionsgemäß momentane Gleichgewichtseinstellung vorausgesetzt werden; über die der Klasse 1 braucht außer ihrer allgemeinen Charakteristik nichts bekannt zu sein, nicht einmal ihre Zahl. Anschaulich gesprochen heißt dies, daß alle Vorgänge als entweder unendlich schnell oder unendlich langsam verlaufend klassifiziert werden; die letzteren werden einfach als nicht existierend betrachtet. Alle diese Festsetzungen beziehen sich jeweils auf bestimmte Versuchsbedingungen. Eine Änderung derselben kann auch eine Neueinteilung der inneren Parameter notwendig machen. Es gibt also gelegentlich für das gleiche System verschiedene Möglichkeiten der thermodynamischen Behandlung, von denen jede durch ein Gleichungssystem

$$
\xi_k = \text{const}, \qquad \left(\frac{\partial S}{\partial \xi_l}\right)_{E, V, N} = 0
\tag{V 223}
$$

(wo der Index k die Parameter der Klasse 1, der Index l die der Klasse 3 bezeichnet) definiert ist. Jedes derselben gilt für Zustandsänderungen, die auf der betreffenden Entropiefläche verlaufen.

Wir wollen diese Überlegungen an zwei einfachen Beispielen erläutern. In einem Zylinder mit beweglichem Kolben befinde sich ein Gemisch von Wasserstoff, Sauerstoff und Wasserdampf, dessen Zusammensetzung dem chemischen Gleichgewicht unter den betreffenden Bedingungen entspreche. Das System werde auf konstanter Temperatur gehalten. Wir betrachten die Dichtegradienten der Komponenten und die Reaktionslaufzahl der Knallgasreaktion. Ziehen wir den Kolben langsam heraus, so werden die Dichtegradienten praktisch in jedem Augenblick ihren Gleichgewichtswert Null haben, während die Reaktionslaufzahl konstant bleibt und ihr Wert sich immer stärker von dem jeweiligen Gleichgewichtswert unterscheidet. Der leztere Parameter gehört daher zur Klasse 1, während die Dichtegradienten zu Klasse 3 gehören. Die Thermodynamik kann daher angewendet werden, und zwar in dem Sinne, daß wir ein System von drei nicht miteinander reagierenden Komponenten haben. Bringen wir andererseits in das Gefäß einen geeigneten Katalysator und führen dann den Versuch durch, so wird sich auch das jeweilige chemische Gleichgewicht sehr rasch einstellen. Jetzt gehört daher auch die Reaktionslaufzahl zu den Parametern der Klasse 3. Die Voraussetzungen für die Anwendung der Thermodynamik sind wieder gegeben, wobei aber naturgemäß jetzt andere Resultate erhalten werden.

Bei zweiatomigen Gasen[2] setzt sich der Freiheitsgrad der Schwingung verhältnismäßig langsam ins Gleichgewicht mit den Freiheitsgraden der Rotation und Translation. Bei der häufig zur Bestimmung der spezifischen Wärme benutzten Messung der Schallgeschwindigkeit ist $t_e = 10^{-3}$ sec. Das Gas verhält sich dann wie ein Gemisch aus „isomeren" zweiatomigen Molekülen, welche keinen Freiheits-

---

[1] Die Relaxationszeit muß jeweils für bestimmte konstante thermodynamische Zustandsgrößen (in unserem Falle E, V, N) definiert werden.

[2] Vgl. Kap. IX, insbesondere § 9.6.

grad der Schwingung besitzen. Man findet für die Molekülwärme bei konstantem Volumen $C_v = \frac{5}{2} k$. Macht man aber $t_e = 1$ sec, was durch Anwendung einer Strömungsmethode möglich ist, so stellt sich auch das Schwingungsgleichgewicht ein, und man findet vollkommene Übereinstimmung zwischen dem Experiment und der üblichen Theorie.

Wie stellen sich nun diese Probleme im Rahmen der statistischen Thermodynamik dar? Bei der statistischen Berechnung eines konkreten Systems besteht der erste Schritt in der Konstruktion eines geeigneten Modells, welches, wie wir schon in § 4.1 erörtert haben, die permanenten Gruppen als mechanische Gebilde definiert. Die Wahl des Modells wird zum Teil durch den Zweck der Rechnung, bzw. die in Betracht kommende Meßmethode, bestimmt; es stellt gewissermaßen eine Idealisierung der Natur dar, die so weit geht, wie es mit dem Zweck der Untersuchung noch zu vereinbaren ist. Beispielsweise haben wir in den vorhergehenden Paragraphen das einatomige Gas verschiedentlich als System von Massenpunkten ohne Wechselwirkung idealisiert. Dieses Modell reicht aus für die Ableitung der Zustandsgleichung des idealen Gases und im allgemeinen auch für die Berechnung der spezifischen Wärme. Dagegen ist es unzureichend, wenn es sich um die Diskussion chemischer Reaktionen handelt. Die damit gegebene Freiheit in der Wahl des Modells kann nun, wie wir ebenfalls schon in § 4.1 besprochen haben, dazu dienen, einen Teil der Parameter der Klasse 1 von vorneherein zu eliminieren. Wählen wir etwa für die Moleküle eines zweiatomigen Gases bei hinreichend tiefen Temperaturen als Modell starre Rotatoren, so hat der Γ-Raum $10\,N$ Dimensionen. Damit sind Schwingungen und Dissoziationen bereits a priori ausgeschlossen. In einem gewissen Temperaturgebiet ist dieses Modell angemessen, um die Ergebnisse der Messungen der Schallgeschwindigkeit darzustellen. Soweit die Parameter der Klasse 1 nicht durch das Modell eliminiert werden, bewirken sie, daß Teile des gewählten Phasenraumes für das System praktisch unzugänglich sind. Vom Standpunkt der Mechanik bedeutet dies, wie in § 5.5 gezeigt, daß die Existenz weiterer uniformer Integrale der Bewegungsgleichungen (neben dem Energie-Integral) angenommen werden muß. Diese sind damit auf die inneren Parameter zurückgeführt.

Es ist nun klar, was mit der obigen Formulierung der Gleichgewichtsbedingungen gemeint ist. Die statistische Betrachtung bezieht sich auf den praktisch zugänglichen Teil des Phasenraumes, für den im Gleichgewicht $\varrho = $ const ist, während sonst überall $\varrho = 0$ gilt. Die durch die Größe $\Delta\eta$ beschriebenen Abweichungen von der gleichmäßigen Verteilung beschränken sich auf das gleiche Gebiet. Sie entsprechen im Originalsystem Zustandsänderungen, welche durch Änderungen von Parametern der Klasse 3 dargestellt werden.

Auf diese Parameter bezieht sich auch das Gleichgewicht des Originalsystems, das statistisch durch (V 220) in Verbindung mit der Angabe des zugänglichen Phasenraumes vollständig definiert ist.

Wenn die Unzugänglichkeit im Phasenraum nicht prinzipieller Natur ist (was nur in der Quantenstatistik vorkommt), sagt man, daß das System einer Hemmung unterliegt. Eine solche Hemmung kann in verschiedenerWeise aufgehoben werden, durch Änderung der Meßmethode (vgl. das Beispiel der zweiatomigen Gasmoleküle), durch Einbringen eines Katalysators oder durch einen äußeren Eingriff (vgl. das Beispiel der Gasflaschen in § 4.1). In jedem Falle gilt der Satz: Durch das Aufheben einer Hemmung wird die Entropie entweder vermehrt oder sie bleibt ungeändert. Der erste Teil dieses Satzes ist fast trivial, wenn die Entropie durch (V 175) definiert wird, da durch Aufheben der Hemmung definitionsgemäß der zugängliche Teil des Phasenraumes vergrößert wird. Er läßt sich jedoch auch auf der Grundlage der Gl. (V 208) streng beweisen. Der zweite Teil des Satzes wird erst durch die in § 5.11 eingeführte quantenstatistische Korrektur erklärt. Es kann nämlich eintreten, daß durch die Hemmung nur gewisse Sektoren des Γ-Sternes unzugänglich werden. Dies trifft etwa bei dem in § 2.11 angeführten Beispiel der Gasflaschen zu. Da die durch Vertauschung gleicher Teilchen entstehenden Sektoren des Γ-Sternes bei der Berechnung des Phasenvolumens nicht gezählt werden dürfen, wird dieses durch die Entfernung der Hemmung nicht geändert. Es findet daher auch keine Änderung der Entropie statt.

Die Freiheit in der Wahl des Modells hat zur Folge, daß auch der Begriff der absoluten Entropie keinen physikalischen Sinn hat. An diesem, von der Thermodynamik her bekannten, Sachverhalt wird auch durch die statistische Theorie nichts geändert[1]. Es ist zwar richtig, daß die statistischen Formeln für die Entropie keine unbestimmte Integrationskonstante mehr enthalten. Man kann aber durch Übergang zu anderen Modellen (z. B. vom Massenpunkt zum Atom mit Elektronenhülle und Kernspin) beliebig neue Terme einführen. Physikalische Bedeutung haben dieselben nur insoweit, als es Vorgänge gibt, bei denen die betreffenden Terme ihren Wert ändern. Beispielsweise heben sich die Terme für den Kernspin bei gewöhnlichen chemischen Gleichgewichten grundsätzlich heraus (vgl. § 10.2), so daß man sie hier ebensogut weglassen könnte. Andererseits werden aber die thermodynamischen Formeln durch die statistische Theorie in dem Sinne ergänzt, als sie eine Vorausberechnung gewisser Größen ermöglicht, die sonst nur empirisch bestimmt werden können. Näheres s. Kapitel IX und X.

§ 5.13*. Mikrokanonische Gesamtheit und μ-Raum-Statistik

Die mikrokanonische Gesamtheit ist durch die gleichen Parameter charakterisiert wie die Systeme der μ-Raum-Statistik, nämlich durch die Gesamtenergie, die Molekülzahlen und die äußeren Parameter. Da somit beide Methoden das gleiche physikalische Problem behandeln, muß es möglich sein, sie zueinander in Beziehung zu setzen und die Formeln der μ-Raum-Statistik mit Hilfe der mikrokanonischen Gesamtheit abzuleiten.

Wir wollen zunächst zeigen, wie die Überlegungen des Kapitels II von unserem jetzigen Standpunkt zu verstehen sind. Dazu müssen wir allerdings die mikrokanonische Gesamtheit etwas weniger streng definieren, indem wir zunächst auf den Grenzübergang verzichten, wie wir dies ja auch früher getan haben. In § 2.3 wurde ein Mikrozustand definiert durch die Festsetzung, daß für jedes der (unterscheidbar gedachten) Teilchen die Werte der Koordinaten und Impulse fixiert sind. Im Γ-Raum entspricht daher einem Mikrozustand ein Volumenelement $\Delta\Omega$ der mikrokanonischen Energieschale. Die Wahrscheinlichkeit, das Originalsystem in einem bestimmten Mikrozustand zu finden, ist daher

$$W_{mikro} = \varrho\, \Delta\Omega\,. \tag{V 224}$$

Da innerhalb der mikrokanonischen Energieschale $\varrho = \mathrm{const}$ ist, formuliert diese Gleichung das Grundpostulat der μ-Raum-Statistik, daß alle Mikrozustände die gleiche a priori-Wahrscheinlichkeit besitzen. Von einem gegebenen Mikrozustand aus können wir zu weiteren Mikrozuständen gelangen, indem wir Teilchen mit verschiedenen Werten der Koordinaten und Impulse miteinander vertauschen. Die Gesamtheit aller durch derartige Operationen auseinander hervorgehenden Mikrozustände definiert im Γ-Raum ein Zustandsgebiet, welches einen Makrozustand im Sinne von § 2.3 repräsentiert. Da dieses Gebiet durch Symmetrieoperationen aus einem Mikrozustand hervorgeht, bezeichnet man es wieder als

---

[1] Vgl. dazu R. H. Fowler u. E. A. Guggenheim: Statistical Thermodynamics. Cambridge 1949.

Γ-Stern. Bezeichnen wir die Zahl der Moleküle, deren Koordinaten in einem bestimmten infinitesimalen Intervall i (d. h. in der Zelle i des μ-Raumes) liegen, mit N_i, so ist die Wahrscheinlichkeit eines Makrozustandes (d. h. einer Verteilung im μ-Raum)

$$W_{makro} = \varrho \, \frac{N!}{\varPi N_i!} \, \varDelta\Omega \, . \tag{V 225}$$

Ist nun Ω_D das einem Makrozustand entsprechende Phasenvolumen, so kann Gl. (V 225) geschrieben werden

$$W_{makro} = \frac{\Omega_D}{\Omega} \, , \tag{V 226}$$

wo Ω durch Gl. (V 116) (ohne den Grenzübergang!) definiert ist. Dabei gilt naturgemäß

$$\Sigma \, \Omega_D = \Omega \, . \tag{V 227}$$

In dieser, vom klassischen Standpunkt nicht ganz korrekten, Betrachtungsweise können wir auch schreiben

$$S = k \, (\varPhi + \ln \varDelta E) = k \ln \Omega \, , \tag{V 228}$$

weil $\varDelta E$ jetzt lediglich eine thermodynamisch bedeutungslose additive Konstante darstellt. Das Wesen der MAXWELL-BOLTZMANNschen Statistik besteht dann darin, daß die mikrokanonische Energieschale durch den maximalen Γ-Stern ersetzt wird. Daraus folgt unmittelbar die BOLTZMANNsche Entropiedefinition.

$$S = k \ln \Omega_{D_{max}} \, . \tag{V 229}$$

Sie stellt einen Näherungsausdruck für die Gl. (V 228) dar, der durch die Beziehung

$$\Omega_{D_{max}}/\Omega \approx 1 \tag{V 230}$$

gerechtfertigt wird. Man sieht aus dieser Überlegung, daß die BOLTZMANNsche Beziehung (V 229) ganz allgemein gilt. Erst zur Ableitung des MAXWELL-BOLTZMANNschen Energieverteilungsgesetzes ist es notwendig, die speziellen Voraussetzungen der μ-Raum-Statistik (Separierbarkeit der HAMILTON-Funktion) einzuführen. Wir wollen dieses Gesetz jetzt in strengerer Weise als in Kapitel II mit Hilfe der mikrokanonischen Gesamtheit ableiten. Man kann dazu die in § 5.11 eingeführte FOURIER-Zerlegung der δ-Funktion verwenden[1]. Wir wollen hier jedoch einen anderen Weg[2,3] einschlagen, der uns mit Hilfsmitteln bekannt machen wird, die wir später benötigen. (Für die im folgenden benutzten Formeln und Sätze vgl.[4]).

Wir betrachten zunächst, wie in § 5.8, ein abgeschlossenes System, das aus zwei Teilsystemen in thermischer Berührung besteht. Es sei $f(E_1)$ eine Funktion der Energie des Teilsystems 1. Für den mikrokanonischen Mittelwert dieser Funktion gilt dann nach (V 119) und (V 148)

$$\bar{f} = e^{-\varPhi} \iint f \, \delta(E^* - E) \, d\Omega_2 d\Omega_1 \tag{V 231}$$

oder, da nach (V 150) für konstantes E_1 $dE_2 = dE$ ist

$$\bar{f} = e^{-\varPhi} \iint f \, e^{\varPhi_2} \delta(E^* - E) \, dE \, d\Omega_1 \, . \tag{V 232}$$

Für $f = 1$ folgt daraus

$$e^{\varPhi} = \int e^{\varPhi_1(E_1)} \, e^{\varPhi_2(E^* - E_1)} \, dE_1 \, . \tag{V 233}$$

[1] BOPP, F.: Z. Naturforsch. **8a**, 233 (1953).
[2] SCHLÜTER, A.: Z. Naturforsch. **3a**, 350 (1948).
[3] SCHLÜTER, A.: Unveröffentl. Privatmitteilung.
[4] DOETSCH, G.: Theorie und Anwendung der Laplace-Transformation. Berlin 1937.

Integrale dieses Typs werden als Faltungsintegrale bezeichnet. Man schreibt symbolisch

$$e^{\Phi} = e^{\Phi_1} * e^{\Phi_2} \tag{V 234}$$

und nennt die rechte Seite ein Faltungsprodukt, weil für die dadurch dargestellte Operation das kommutative, das assoziative und das distributive Gesetz der Multiplikation gilt. Diese Eigenschaften haben ihre Wurzel in dem Satz: Die LAPLACE-Transformierte eines Faltungsproduktes ist gleich dem gewöhnlichen Produkt der LAPLACE-Transformierten der Faktoren. Definieren wir also

$$g(y) = \int_0^{+\infty} e^{-xy} f(x)\, dx = \mathfrak{L}[f(x)] \tag{V 235}$$

als LAPLACE-Transformierte von $f(x)$, so gilt

$$\mathfrak{L}\,[f_1(x) * f_2(x)] = g_1(y) \cdot g_2(y)\,. \tag{V 236}$$

Gl. (V 234) zeigt daß die Funktion e^{Φ} eines abgeschlossenen Gesamtsystems sich durch Faltung der entsprechenden Funktionen der Teilsysteme aufbauen läßt. Nehmen wir nun an, daß die Teilsysteme 1 und 2 selbst jedes wieder aus zwei Teilsystemen a und b mit thermischer Kopplung zusammengesetzt sind, so lassen sich die Funktionen e^{Φ_1} und e^{Φ_2} ebenfalls als Faltungsprodukte darstellen. Es gilt also etwa

$$e^{\Phi_1} = e^{\Phi_1 a} * e^{\Phi_1 b} \tag{V 237}$$

und daher wegen des assoziativen Charakters der Faltung

$$e^{\Phi} = e^{\Phi_1 a} * e^{\Phi_1 b} * e^{\Phi_2 a} * e^{\Phi_2 b}\,. \tag{V 238}$$

Für MAXWELL-BOLTZMANN-Systeme kann man letzten Endes die Teilchen selbst als Teilsysteme in diesem Sinne ansehen, da ihre Kopplung nur den Mechanismus der Energieübertragung liefert und in der HAMILTON-Funktion vernachlässigt wird. Es gilt daher, wenn für das Einzelteilchen die Ableitung seines Phasenvolumens nach der Energie mit $g_i(\varepsilon)$ bezeichnet wird,

$$e^{\Phi} = \overset{*}{\prod_i} g_i\,. \tag{V 239}$$

Wir denken uns jetzt die Zerlegung in zwei Teilsysteme in der Weise durchgeführt, daß das eine Teilsystem aus einem einzelnen Teilchen, das andere aus dem Restsystem von $N - 1$ Teilchen besteht. Die Wahrscheinlichkeitsdichte, daß in einem System der mikrokanonischen Gesamtheit das herausgegriffene Teilchen eine Energie zwischen ε und $\varepsilon + d\varepsilon$ hat, ist dann nach (V 233)

$$w(\varepsilon) = g(\varepsilon)\, \frac{e^{\Phi_2(E^* - \varepsilon)}}{e^{\Phi(E^*)}}\,. \tag{V 240}$$

Die Wahrscheinlichkeit, daß ein aus dem Originalsystem beliebig herausgegriffenes Molekül eine Energie zwischen ε und $\varepsilon + d\varepsilon$ hat, ist $w(\varepsilon)\, d\varepsilon$ und proportional der mittleren Zahl der Moleküle in diesem Energiebereich dN_ε. Nehmen wir als Beispiel ein ideales Gas aus Massenpunkten, so können wir in (V 240) die expliziten Ausdrücke einsetzen. Es ist dann

$$g(\varepsilon) = 4\,\pi\,m\,V(2\,m\,\varepsilon)^{1/2}, \tag{V 241}$$

was bis auf den Faktor $1/h^3$ mit der aus der Quantenstatistik abgeleiteten Gl. (IV 41) übereinstimmt. Weiter ergibt sich

$$d\,N_\varepsilon = N\, g(\varepsilon)\, \frac{\Gamma(\tfrac{3}{2} N)}{\Gamma(\tfrac{3}{2} N - \tfrac{3}{2})}\, \frac{(E^* - \varepsilon)^{\frac{3}{2} N - \frac{5}{2}}}{(2\pi m)^{\frac{3}{2}}\, V E^{*\,\frac{3}{2} N - 1}}\, d\varepsilon\,. \tag{V 242}$$

9*

Dies ist die exakte klassische Form des Energieverteilungsgesetzes, welche (im Gegensatz zum MAXWELL-BOLTZMANNschen Gesetz) für Systeme von beliebig vielen Freiheitsgraden gilt. Man erkennt den Unterschied unmittelbar daran, daß jetzt, anders als beim MAXWELL-BOLTZMANNschen Gesetz, für $\varepsilon \to E^*$ $w(\varepsilon) \to 0$ geht. Um letzteres aus (V 240) als asymptotisches Grenzgesetz abzuleiten, entwickeln wir $\ln \Omega^*(E^* - \varepsilon)$ an der Stelle $\varepsilon = 0$ in eine TAYLORsche Reihe.[1] Das ergibt

$$\ln \Omega^*(E^* - \varepsilon) = \ln \Omega^*(E^*) - \beta \varepsilon + \frac{1}{2} \frac{d\beta}{dE} \varepsilon^2 - \cdots , \qquad \text{(V 243)}$$

wo

$$\beta = (e^{-\Phi} \Omega^*)^{-1} = (kT)^{-1} \qquad \text{(V 244)}$$

ist. Daraus folgt

$$e^{\Phi(E^* - \varepsilon)} = e^{\Phi(E^*)} e^{-\beta \varepsilon} \left[1 - \varepsilon \frac{d\beta}{dE} \cdot \frac{1}{\beta} - \frac{\varepsilon}{2} \right) + \cdots \right] . \qquad \text{(V 245)}$$

Bildet man nun das Faltungsprodukt

$$e^{\Phi} * g = \int e^{\Phi(E^* - \varepsilon)} g(\varepsilon) \, d\varepsilon , \qquad \text{(V 246)}$$

so findet man

$$\lim_{N \to \infty} \frac{e^{\Phi} * g}{e^{\Phi}} = \int e^{-\beta \varepsilon} g(\varepsilon) \, d\varepsilon = f(T) , \qquad \text{(V 247)}$$

da $d\beta/dE$ im wesentlichen die reziproke Wärmekapazität darstellt und mit allen höheren Gliedern an der Grenze verschwindet. Gl. (V 247) zeigt, daß die Verteilungsfunktion des Einzelmoleküls die LAPLACE-Transformierte der Funktion $g(\varepsilon)$ ist. Wir schreiben nun Gl. (V 240)

$$w(\varepsilon) = \frac{e^{\Phi(E^* - \varepsilon)} g(\varepsilon)}{e^{\Phi(E^*)}} \left/ \frac{e^{\Phi} * g}{e^{\Phi}} \right. . \qquad \text{(V 248)}$$

Auf den Nenner können wir sofort Gl. (V 247) anwenden und erhalten dann

$$\lim_{N \to \infty} w(\varepsilon) = \frac{e^{\Phi(E^* - \varepsilon)} g(\varepsilon)}{e^{\Phi(E^*)}} \left/ f(T) \right. . \qquad \text{(V 249)}$$

Durch LAPLACE-Transformation bei konstantem E^* wird daraus

$$\mathfrak{L}\left[\lim_{N \to \infty} w(\varepsilon) \right] = \frac{\int e^{\Phi(E^* - \varepsilon)} g(\varepsilon) e^{-\varepsilon \tau} \, d\varepsilon}{e^{\Phi(E^*)}} \left/ f(T) \right. . \qquad \text{(V 250)}$$

Das Integral ist aber ein Faltungsprodukt und erlaubt wieder die Anwendung der Gl. (V 247). Das ergibt

$$\mathfrak{L}\left[\lim_{N \to \infty} w(\varepsilon) \right] = \int e^{-\varepsilon(\beta + \tau)} g(\varepsilon) \, d\varepsilon \left/ f(T) \right. . \qquad \text{(V 251)}$$

Machen wir nun die Transformation wieder rückgängig, so folgt mit Benutzung des sog. Verschiebungssatzes der LAPLACE-Transformation und der Gl. (V 244)

$$\lim_{N \to \infty} w(\varepsilon) = \frac{g(\varepsilon) e^{-\frac{\varepsilon}{kT}}}{f(T)} , \qquad \text{(V 252)}$$

das MAXWELL-BOLTZMANNsche Energieverteilungsgesetz.

§ 5.14. Die kanonische Gesamtheit

Die Methode der mikrokanonischen Gesamtheit, die wir bisher behandelt haben, ist trotz ihrer grundsätzlichen Bedeutung, für praktische Anwendungen, d. h. für die explizite Berechnung der thermodynamischen Funktionen konkreter Systeme, ziemlich unbequem. Unter diesem Gesichtspunkt wäre es wünschens-

---

[1] Von hier bis zum Schluß dieses Paragraphen beziehen sich die Funktionen Ω^* und Φ durchweg auf das Restsystem aus $N-1$ Teilchen. Der Index 2 ist der Einfachheit halber weggelassen.

wert, einen anderen Ausdruck für die Phasendichte zu konstruieren, der mit den allgemeinen Ergebnissen der §§ 5.1—5.5 konsistent ist und unter vernünftigen Bedingungen die gleichen Resultate liefert wie die mikrokanonische Gesamtheit.

Wichtiger ist noch die Tatsache, daß die Theorie der mikrokanonischen Gesamtheit gewisse Randbedingungen voraussetzt, die in Wirklichkeit häufig nicht erfüllt sind. Das Konzept des abgeschlossenen Systems wird durch jede Temperaturmessung und erst recht durch einen Thermostaten illusorisch gemacht. Tatsächlich ist der Formalismus der Thermodynamik von den Randbedingungen unabhängig. Die bisherigen statistischen Überlegungen bieten uns jedoch keine Grundlage für eine derartige Verallgemeinerung. Wir wollen hier zunächst die statistische Theorie entwickeln für den Fall, daß das Originalsystem mit seiner Umgebung im thermischen Gleichgewicht ist, und die Äquivalenz dieser Methode mit der der mikrokanonischen Gesamtheit zeigen. Da die neuen Formeln sich praktisch viel einfacher handhaben lassen, wird damit auch dem ersten Gesichtspunkt Rechnung getragen.

Wenn ein System mit seiner Umgebung Energie austauschen kann, wenn es sich also etwa in einem Thermostaten befindet, so ist von vornherein klar, daß die Energie des Systems im Laufe der Zeit mehr oder weniger großen zufälligen Schwankungen unterliegt. Ein derartiges System kann daher nur durch eine virtuelle Gesamtheit dargestellt werden, die sich (wenn wir Hemmungen ausschließen) über den ganzen Phasenraum erstreckt. Auf Grund der früheren Überlegungen können wir auch hier annehmen, daß die Phasendichte eine Funktion der Energie ist, welche den in § 5.2 formulierten allgemeinen Bedingungen genügen muß. Wenn wir voraussetzen, daß unser System als Teilsystem eines abgeschlossenen Gesamtsystems betrachtet werden kann, so ist das Problem durch die Überlegungen des § 5.13 bereits vollständig gelöst. Wir haben lediglich an die Stelle eines Teilchens das (Teil-) System zu setzen und können dann (im Hinblick auf die Deutung der Phasendichte als Wahrscheinlichkeitsdichte) sofort anschreiben

$$\varrho = e^{\frac{\psi - E}{\Theta}} \qquad \text{(V 253)}$$

mit

$$e^{-\frac{\psi}{\Theta}} = \int\limits_{\text{Alle Phasen}} e^{-\frac{E}{\Theta}}\, d\Omega . \qquad \text{(V 254)}[1]$$

Eine in dieser Weise verteilte Gesamtheit bezeichnet man nach GIBBS als kanonische Gesamtheit. Die Größe

$$\Theta = kT \qquad \text{(V 255)}$$

nennt man den Verteilungsmodul. Im Rahmen unserer Ableitung ist derselbe somit unmittelbar als statistisches Analogon der Temperatur zu identifizieren. Wir postulieren nun, daß die Gl. (V 253) und (V 254) ganz allgemein für Systeme gelten, welche in bezug auf die Energie „offen" sind. Die Frage, ob das Originalsystem als Teilsystem eines abgeschlossenen Systems betrachtet werden kann, soll also keine Rolle mehr spielen. Damit haben wir tatsächlich eine Erweiterung unserer Grundannahmen vorgenommen. Es ist daher notwendig, die kanonische Gesamtheit unabhängig von den früheren Ergebnissen zu untersuchen.

Man kann zu den Gl. (V 253) und (V 254) auch durch verschiedene andere Überlegungen gelangen (s. z. B. [2,3,4]), muß aber stets irgendwelche zusätzlichen

---

[1] Die rechte Seite dieser Gleichung wird häufig als GIBBSsches Phasenintegral bezeichnet.
[2] SCHRÖDINGER, E.: Statistical Thermodynamics. Cambridge 1946.
[3] EISENSCHITZ, R.: J. Chem. Phys. 18, 858 (1950).
[4] MÜNSTER, A.: Proc. Cambridge Phil. Soc. 46, 319 (1950).

Postulate einführen. In Kap. VII werden wir ein solches Postulat von einem allgemeineren Gesichtspunkt aus für beliebige Randbedingungen formulieren.

Trotz der formalen Übereinstimmung mit dem MAXWELL-BOLTZMANNschen Energieverteilungsgesetz hat Gl. (V 253) eine etwas andere Bedeutung. Im ersteren Falle haben wir die mittlere (oder wahrscheinlichste) Energieverteilung über schwach gekoppelte Teilchen, wobei die Energie eines bestimmten Teilchens dauernd wechselt. Die Systeme der kanonischen Gesamtheit sind dagegen konservative Systeme, die sich völlig unabhängig voneinander im Phasenraum bewegen. Für jedes derselben existiert das Energie-Integral; es bewegt sich daher auf einer Fläche konstanter Energie. In diesem Sinne kann man sagen, daß die kanonische Gesamtheit aus einer Vielzahl von mikrokanonischen Gesamtheiten aufgebaut ist. Es ist daher auch möglich, die für die mikrokanonische Gesamtheit definierten Größen über die kanonische Verteilung zu mitteln. Das durch die kanonische Gesamtheit in dem früher erläuterten Sinne abgebildete Originalsystem kann dagegen auch nicht näherungsweise als konservativ betrachtet werden. Für dieses System existiert kein Energie-Integral, und seine HAMILTON-Funktion hat keine anschauliche Bedeutung. Es ist jedoch üblich, als HAMILTON-Funktion des Systems die Energie als Funktion der generalisierten Koordinaten und Impulse zu bezeichnen, obwohl dieselbe keine Konstante der Bewegung ist. Streng genommen, handelt es sich dabei um die HAMILTON-Funktion der Systeme der kanonischen Gesamtheit, die definitionsgemäß für jedes derselben eine Konstante der Bewegung ist.

Wir wollen Gl. (V 253) zunächst benutzen, um für ein System von n Freiheitsgraden den Mittelwert der kinetischen Energie zu berechnen. Dafür gilt

$$\bar{E}_{kin} = \int E_{kin}\, e^{\frac{\psi - E}{\Theta}}\, d\Omega\,. \tag{V 256}$$

Wird hier die Energie in der allgemeinen Form der Gl. (V 32) und die kinetische Energie nach Gl. (V 190) eingesetzt, so ergibt sich

$$\bar{E}_{kin} = \frac{n}{2}\, \Theta\,. \tag{V 257}$$

Die mittlere kinetische Energie pro Freiheitsgrad ist daher

$$\bar{\varepsilon} = \tfrac{1}{2}\, \Theta = \tfrac{1}{2}\, k\, T\,. \tag{V 258}$$

Wir erhalten somit wieder das Äquipartitionstheorem. Zugleich wird dadurch die Deutung des Verteilungsmoduls bestätigt.

Die Energie muß auch hier allgemein wieder als Funktion der äußeren Parameter x_j betrachtet werden. Wir differenzieren nun Gl. (V 254), wobei wir den Verteilungsmodul und die äußeren Parameter als Variable betrachten. Das ergibt

$$e^{-\frac{\psi}{\Theta}}\left(-\frac{1}{\Theta}\,d\psi + \frac{\psi}{\Theta^2}\,d\Theta\right) = \frac{1}{\Theta^2}\,d\Theta \int E\, e^{-\frac{E}{\Theta}}\, d\Omega - \sum_j \frac{1}{\Theta}\, dx_j \int \frac{\partial E}{\partial x_j}\, e^{-\frac{E}{\Theta}}\, d\Omega\,. \tag{V 259}$$

In diese Gleichung führen wir die generalisierten Kräfte nach Gl. (V 155) und die kanonischen Mittelwerte gemäß Gl. (V 256) ein. Dann folgt

$$d\psi = \frac{\psi}{\Theta}\, d\Theta - \frac{\bar{E}}{\Theta}\, d\Theta - \sum_j \bar{X}_j\, dx_j\,. \tag{V 260}$$

Nach der Definition des Wahrscheinlichkeitsindex Gl. (V 209) ist nun für die kanonische Gesamtheit

$$\eta = \frac{\psi - E}{\Theta} \tag{V 261}$$

und

$$\bar\eta = \frac{\psi - \bar E}{\Theta}\,. \tag{V 262}$$

Damit kann Gl. (V 260) geschrieben werden

$$d\psi = \bar\eta\, d\Theta - \sum_j X_j\, d x_j\,. \tag{V 263}$$

Diese Beziehungen vergleichen wir mit den thermodynamischen Formeln

$$- S = \frac{F - E}{T} \tag{V 264}$$

und

$$dF = - S\, dT - \sum_j X_j\, d x_j\,. \tag{V 265}$$

Die mittlere Energie eines Systems der kanonischen Gesamtheit muß nun für die hier angenommenen Randbedingungen (bei Abwesenheit äußerer Felder) offenbar mit der thermodynamischen inneren Energie des Originalsystems identifiziert werden. Da wir bereits wissen, daß Θ ein statistisches Analogon der Temperatur ist, zeigt der Vergleich der obigen Formeln, daß $-\bar\eta$ der Entropie und ψ der freien Energie nach HELMHOLTZ entspricht. Damit haben wir gezeigt, daß das mittlere Verhalten einer kanonischen Gesamtheit den Gesetzen der Thermodynamik folgt. Im besonderen ist, wie man sofort sieht, die neue Definition der Entropie wieder ein Spezialfall der allgemeinen Gl. (V 208) bzw. (V 211). Man kann leicht zeigen, daß auch die so definierte Entropie einen maximalen Wert besitzt in bezug auf alle Zustände, die durch Änderungen innerer Parameter der Klasse 3 bei konstantem $\bar E$, V, N erreicht werden, daß also (V 207) auch jetzt das thermodynamische Gleichgewicht definiert.

Da, wie wir gesehen haben, die kanonische Verteilung unmittelbar mit der freien Energie nach HELMHOLTZ verknüpft ist, wollen wir hier die entsprechende Form der Gleichgewichtsbedingung

$$(\delta F)_{T,V,N} \geqq 0 \tag{V 266}$$

statistisch begründen. Dazu müssen wir, wie nach den Ausführungen in § 5.12 ohne weiteres verständlich ist, zeigen, daß die Größe $\bar\eta + \bar E/\Theta$ für die kanonische Verteilung einen kleineren Wert besitzt als für jede andere Verteilung mit dem Wahrscheinlichkeitsindex $(\psi - E)/\Theta + \Delta\eta$, wo $\Delta\eta$ eine willkürliche Funktion der Phasenkoordinaten ist. Die zu beweisende Behauptung lautet also

$$\frac{\psi}{\Theta} < \int \left(\frac{\psi}{\Theta} + \Delta\eta\right) e^{\frac{\psi - E}{\Theta} + \Delta\eta}\, d\Omega\,, \tag{V 267}$$

wo

$$\int e^{\frac{\psi - E}{\Theta} + \Delta\eta}\, d\Omega = \int e^{\frac{\psi - E}{\Theta}}\, d\Omega = 1 \tag{V 268}$$

ist. Da ψ/Θ eine Konstante ist, kann (V 267) wegen der Bedingung (V 268) geschrieben werden

$$\int \Delta\eta\, e^{\frac{\psi - E}{\Theta} + \Delta\eta}\, d\Omega > 0\,. \tag{V 269}$$

Dieser Ausdruck läßt sich durch nochmalige Anwendung von (V 268) auf die Form bringen

$$\int \left(\Delta\eta\, e^{\Delta\eta} + 1 - e^{\Delta\eta}\right) e^{\frac{\psi - E}{\Theta}}\, d\Omega > 0\,. \tag{V 270}$$

Da der Klammerausdruck (abgesehen von dem Fall $\Delta\eta = 0$) notwendig positiv ist, ist damit die Behauptung bewiesen.

Wir wollen jetzt noch kurz die Ergebnisse dieses Paragraphen mit denen vergleichen, die wir früher nach der Methode der mikrokanonischen Gesamtheit erhalten haben[1]. Die formale Beziehung zwischen den beiden Verteilungen läßt sich am einfachsten übersehen, wenn wir Gl. (V 254) schreiben

$$e^{-\frac{\psi}{\Theta}} = \int e^{-\frac{E}{\Theta}+\Phi}\, dE . \qquad (V\ 271)$$

$e^{-\frac{\psi}{\Theta}}$ stellt somit die LAPLACE-Transformierte von e^Φ dar. An die Stelle der scharfen Energie E^* tritt dadurch eine Verteilung über alle Energiewerte, deren Parameter das Temperatur-Analogon Θ ist. In den thermodynamischen Gleichungen entspricht dieser Übergang, wie Gl. (V 263) und (V 265) zeigen, die Einführung der Temperatur als unabhängige Variable an Stelle der Energie. Im Hinblick auf die Begründung einer einheitlichen Thermodynamik haben wir zunächst zu untersuchen, wie die früher abgeleiteten statistischen Analoga thermodynamischer Größen mit denen zusammenhängen, die sich mit Hilfe der kanonischen Gesamtheit ergeben. Als Beispiel wählen wir die Analoga der Temperatur. Es sei u eine beliebige Funktion der Energie, gegebenenfalls auch des Verteilungsmoduls und der äußeren Parameter. Dann ist

$$\bar{u} = \int_0^\infty u\, e^{\frac{\psi-E}{\Theta}+\Phi}\, dE . \qquad (V\ 272)[2]$$

Andererseits haben wir

$$\int_0^\infty \left(\frac{du}{dE} - \frac{u}{\Theta} + u\,\frac{d\Phi}{dE}\right) e^{\frac{\psi-E}{\Theta}+\Phi}\, dE = \left.u\, e^{\frac{\psi-E}{\Theta}+\Phi}\right|_0^\infty . \qquad (V\ 274)[3]$$

Es folgt somit

$$\overline{\frac{du}{dE}} - \frac{\bar{u}}{\Theta} + \overline{u\,\frac{d\Phi}{dE}} = \left.\left|u\, e^{\frac{\psi-E}{\Theta}+\Phi}\right|\right._0^\infty . \qquad (V\ 275)$$

Wir nehmen jetzt an, daß $u = e^{-\Phi}\,\Omega^*$ ist. Die Größe auf der rechten Seite von (V 275) ist dann, bis auf einen konstanten Faktor, gleich $e^{-\frac{E}{\Theta}}\,\Omega^*$. Schreiben wir nun $\Theta' = 2\,\Theta$, so gilt

$$e^{-\frac{E}{\Theta}}\,\Omega^* = e^{-\frac{E}{\Theta}} \int_0^E e^\Phi\, dE \leqq e^{-\frac{E}{\Theta'}} \int_0^E e^{-\frac{E}{\Theta'}+\Phi}\, dE \leqq e^{-\frac{E}{\Theta'}} e^{-\frac{\psi'}{\Theta'}}, \qquad (V\ 276)$$

wo ψ' der zu dem Verteilungsmodul Θ' gehörende Wert von ψ ist. Da für $E \to \infty$ die rechte Seite verschwindet, muß dies auch für die kleinere links stehende Größe zutreffen. Die Größe auf der rechten Seite von (V 275) verschwindet somit an der oberen Grenze. Sie verschwindet aber auch an der unteren Grenze, denn es ist

$$e^{-\frac{E}{\Theta}}\,\Omega^* \leqq \int_0^E e^{-\frac{E}{\Theta}+\Phi}\, dE . \qquad (V\ 277)$$

Es wird daher

$$1 - \overline{e^{-\Phi}\,\Omega^*\,\frac{d\Phi}{dE}} - \overline{e^{-\Phi}\,\frac{\Omega^*}{\Theta}} + \overline{e^{-\Phi}\,\Omega^*\,\frac{d\Phi}{dE}} = 0 \qquad (V\ 278)$$

oder

$$\overline{e^{-\Phi}\,\Omega^*} = \Theta . \qquad (V\ 279)$$

---

[1] Dieser Abschnitt, in dem die Theorie der mikrokanonischen Gesamtheit vorausgesetzt wird, kann evtl. überschlagen werden.

[2] Die untere Grenze des Integrals ist eigentlich durch $\Omega^* = 0$ definiert. Der Einfachheit halber denken wir uns die Energie so normiert, daß hier auch $E = 0$ ist.

[3] Die Formelzahl V 273 wurde versehentlich ausgelassen.

Das Temperatur-Analogon der kanonischen Gesamtheit Θ ist somit gleich dem kanonischen Mittelwert des Temperaturanalogons der mikrokanonischen Gesamtheit $e^{-\Phi} \Omega^*$. Für die Energie liegen die Verhältnisse ähnlich. Der scharfen Energie E^* der mikrokanonischen Gesamtheit entspricht eine mittlere Energie $\bar{E}$ in den mit Hilfe der kanonischen Gesamtheit gewonnenen thermodynamischen Formeln. Es ist daher unmittelbar evident, daß eine einheitliche, auf das Einzelsystem anwendbare Thermodynamik nur möglich ist, wenn die Schwankungen um die Mittelwerte vernachlässigt werden können. Wir wollen hier nur kurz die Schwankungen der Energie betrachten und verweisen für die allgemeine Behandlung des Problems auf Kap. VII.

Für den kanonischen Mittelwert der Energie gilt definitionsgemäß

$$\bar{E} = \int E \, e^{\frac{\psi - E}{\Theta}} \, d\Omega \qquad (\text{V } 280)$$

und nach Gl. (V 262) und (V 263)

$$\bar{E} = \psi - \Theta \frac{\partial \psi}{\partial \Theta} \, . \qquad (\text{V } 281)$$

Durch Differentiation von (V 280) nach Θ ergibt sich

$$\frac{\partial \bar{E}}{\partial \Theta} = \int \left(\frac{E^2 - \psi E}{\Theta^2} + \frac{E}{\Theta} \frac{\partial \psi}{\partial \Theta} \right) e^{\frac{\psi - E}{\Theta}} \, d\Omega \qquad (\text{V } 282)$$

oder

$$\frac{\partial \bar{E}}{\partial \Theta} = \frac{\overline{E^2} - \psi \bar{E}}{\Theta^2} + \frac{\bar{E}}{\Theta} \frac{\partial \psi}{\partial \Theta} \, . \qquad (\text{V } 283)$$

Kombinieren wir diese Gleichung mit (V 281) und (I 42), so folgt

$$\overline{(E - \bar{E})^2} = \Theta^2 \frac{\partial \bar{E}}{\partial \Theta} \, . \qquad (\text{V } 284)$$

Auch hier ist es zweckmäßig, das relative mittlere Schwankungsquadrat zu betrachten. Dazu dividieren wir beide Seiten von (V 284) durch das Quadrat der mittleren kinetischen Energie. Mit Benutzung des Äquipartitionstheorems Gl. (V 257) ergibt sich dann

$$\frac{\overline{(E - \bar{E})^2}}{\bar{E}_{kin}^2} = \frac{2}{n} \frac{\Theta}{\bar{E}_{kin}} \frac{\partial \bar{E}}{\partial \Theta} \, . \qquad (\text{V } 285)$$

Diese Gleichung zeigt, daß das relative mittlere Schwankungsquadrat der Energie mit wachsender Größe des Systems wie $1/n$ gegen Null geht[1]. Eine kanonische Gesamtheit von makroskopischen Systemen verhält sich daher gegenüber thermodynamischen Messungen praktisch wie eine Gesamtheit von Systemen der gleichen Energie $\bar{E}$, d. h. wie eine mikrokanonische Gesamtheit. Beide Beschreibungen werden dann äquivalent und von den Randbedingungen unabhängig, womit die Grundlage einer einheitlichen Thermodynamik gegeben ist. Die Gesetze der Thermodynamik stellen somit im strengen Sinne Grenzgesetze für unendlich große Systeme dar, was wir bereits im Rahmen der μ-Raum-Statistik festgestellt hatten. Praktisch, d. h. im Hinblick auf die Meßgenauigkeit, ist diese Voraussetzung bereits bei den makroskopischen Systemen, mit denen es die Thermodynamik zu tun hat, erfüllt. Dagegen muß bei Systemen von submikroskopischen Dimensionen sorgfältig geprüft werden, inwieweit die Anwendung thermodynamischer Begriffe noch einen Sinn hat.

Die in § 5.11 besprochenen quantenstatistischen Korrekturen müssen naturgemäß auch an den Formeln für die kanonische Gesamtheit angebracht werden.

---

[1] Dabei wird vorausgesetzt, daß $\partial \bar{E}/\partial \Theta$ endlich ist, was im allgemeinen zutrifft. Den Fall, daß diese Voraussetzung nicht erfüllt ist, behandeln wir in Kapitel VII.

In welcher Weise dies zu geschehen hat, läßt sich unmittelbar aus Gl. (V 271) in Verbindung mit den früheren Ausführungen entnehmen. Schreiben wir also für die freie Energie nach HELMHOLTZ die bereits aus der μ-Raum-Statistik bekannte Formel

$$F = - kT \ln Q \tag{V 286}$$

so ist die Verteilungsfunktion (partition function) des Gesamtsystems Q für ein System von m Komponenten definiert durch die Gleichung

$$Q = \frac{1}{h^n \prod_{i=1}^{m} N_i!} \int e^{-\frac{E}{kT}} d\Omega. \tag{V 287}$$

Diese Formel ist häufig der zweckmäßigste Ausgangspunkt für die Berechnung der thermodynamischen Eigenschaften konkreter Systeme. In § 6.7 werden wir sie aus der strengen Quantenstatistik ableiten.

Kapitel VI

Allgemeine Quantenstatistik

§ 6.1*. Einige Hilfsmittel aus der Quantenmechanik

Nachdem wir uns mit den Grundgedanken der klassischen Statistik im Γ-Raum vertraut gemacht haben, wollen wir nun die entsprechende allgemeine Form der Quantenstatistik entwickeln und zeigen, wie man von hier aus zu der sogenannten halbklassischen Näherung gelangt, die wir bei den Anwendungen fast durchweg zugrunde legen werden. Auch hier stellen wir zunächst einige Hilfsmittel aus der Quantenmechanik zusammen, die wir im folgenden benötigen. Der Einfachheit halber wählen wir den Weg einer deduktiven Darstellung und beginnen mit einigen Sätzen, welche den Charakter von Postulaten tragen, aus denen sich alles Weitere ableiten läßt[1,2].

Das erste Postulat besagt, daß es für ein mechanisches System von n Freiheitsgraden eine Funktion $\Psi(\mathbf{q}, t)$ der n Koordinaten q_i und der Zeit t gibt, derart, daß

$$W(\mathbf{q}, t)\, dq = \Psi^* \Psi \, d\mathbf{q} \tag{VI 1}$$

die Wahrscheinlichkeit ist, das System zur Zeit t in dem Volumenelement $d\mathbf{q}$ des Konfigurationsraumes anzutreffen. Entsprechend existiert eine Funktion $\Phi(\mathbf{p}, t)$ der n Impulse p_i und der Zeit t derart, daß

$$W(\mathbf{p}, t)\, dp = \Phi^* \Phi \, d\mathbf{p} \tag{VI 2}$$

die Wahrscheinlichkeit ist, das System zur Zeit t in dem Volumenelement $d\mathbf{p}$ des Impulsraumes zu finden. Aus diesen Definitionen folgt, daß für jeden Zeitpunkt die Normierungsrelationen

$$\int W(\mathbf{q}, t)\, d\mathbf{q} = \int \Psi^* \Psi \, d\mathbf{q} = 1 \tag{VI 3}$$

und

$$\int W(\mathbf{p}, t)\, dp = \int \Phi^* \Phi \, d\mathbf{p} = 1 \tag{VI 4}$$

gelten müssen. Die Funktionen Ψ und Φ werden als Wahrscheinlichkeitsamplituden bezeichnet. Jede von ihnen stellt (für einen gegebenen Wert von t)

---

[1] Zum Folgenden vgl. etwa: HEISENBERG, W.: Die physikalischen Prinzipien der Quantentheorie. Leipzig 1944. NEUMANN, J. VON: Mathematische Grundlagen der Quantenmechanik. Berlin 1932. TOLMAN, R. C.: The Principles of Statistical Mechanics. Oxford 1938. LUDWIG, G.: Die Grundlagen der Quantenmechanik. Berlin 1954.

[2] Die hier als Basis gewählten Postulate sind nicht die einzig möglichen, aber für unsere Zwecke geeignet.

einen Zustand des Systems im Sinne der Quantenmechanik dar. Die quantenmechanische Beschreibung erfordert also jeweils nur die Hälfte der Variablen, die in der klassischen Mechanik benötigt werden. Auf der anderen Seite zeigt die Definition des quantenmechanischen Zustandes klar den wesentlich statistischen Charakter der Quantenmechanik.

Die Definition eines Zustandes durch die Ψ- oder Φ-Funktion hat offenbar nur dann einen Sinn, wenn die eine zu der anderen keine neuen Aussagen über das System hinzufügt, d. h. wenn die beiden Funktionen sich ineinander umrechnen lassen. Dieser Zusammenhang bildet den Inhalt des zweiten Postulates. Es besagt, daß die Funktionen Ψ und Φ durch eine Fourier-Transformation zusammenhängen, daß also gilt

$$\Phi(\mathbf{p}, t) = h^{-\frac{n}{2}} \int_{-\infty}^{+\infty} \Psi(\mathbf{q}, t)\, e^{-\frac{2\pi i}{h}(p_1 q_1 + \cdots + p_n q_n)}\, d\mathbf{q} \qquad \text{(VI 5)}$$

und

$$\Psi(\mathbf{q}, t) = h^{-\frac{n}{2}} \int_{-\infty}^{+\infty} \Phi(\mathbf{p}, t)\, e^{+\frac{2\pi i}{h}(p_1 q_1 + \cdots + p_n q_n)}\, d\mathbf{p} \, . \qquad \text{(VI 6)}$$

Dabei ist vorausgesetzt, daß die Koordinaten und Impulse über den ganzen Wertebereich von $-\infty$ bis $+\infty$ physikalisch definiert sind[1]. Analoge Beziehungen gelten für die konjugiert komplexen Funktionen Ψ^* und Φ^*. Die Beschreibungen eines quantenmechanischen Zustandes durch die Ψ- und die Φ-Funktion sind somit völlig gleichwertig. Man bezeichnet sie daher als die q- und die p-Sprache oder als die q- und die p-Darstellung eines Zustandes. Die Größen

$$h^{-\frac{n}{2}}\, e^{-\frac{2\pi i}{h}(p_1 q_1 + \cdots + p_n q_n)} \qquad \text{(VI 7)}$$

und

$$h^{-\frac{n}{2}}\, e^{+\frac{2\pi i}{h}(p_1 q_1 + \cdots + p_n q_n)} \qquad \text{(VI 8)}$$

nennt man Transformations-Funktionen.

Das dritte Postulat lautet: Jede meßbare Größe wird in der Quantenmechanik durch einen linearen hermitischen Operator dargestellt. Der einer klassischen Funktion der Koordinaten und Impulse entsprechende Operator wird erhalten, indem man in dieser Funktion die Koordinaten und Impulse durch die entsprechenden Operatoren in solcher Weise ersetzt, daß ein linearer hermitischer Operator entsteht. Die Eigenschaft der Linearität kann durch die Gleichung

$$\underline{F}(c_1\, \psi_1 + c_2\, \psi_2) = c_1\, \underline{F}\, \psi_1 + c_2\, \underline{F}\, \psi_2 \qquad \text{(VI 9)[2]}$$

ausgedrückt werden, wo c_1 und c_2 Konstanten sind. Sie hat zur Folge, daß Linearkombinationen von Lösungen einer Operatorengleichung selbst wieder Lösungen dieser Gleichung sind. Dieser Sachverhalt ist für den Spezialfall der SCHRÖDINGER-Gleichung bereits in § 3.1 erwähnt worden. Die Forderung des hermitischen Charakters der Operatoren besagt, daß für zwei Funktionen ψ_1 und ψ_2 gilt

$$\int \psi_1^*\, \underline{F}\, \psi_2\, d\mathbf{q} = \int \psi_2\, (\underline{F}\, \psi_1)^*\, d\mathbf{q} . \qquad \text{(VI 10)}$$

Für die weitere Diskussion führen wir zunächst das vierte Postulat ein: Der Mittelwert oder Erwartungswert einer Größe F, deren Operator $\underline{F}$ sei, d. h.

---

[1] Man spricht dann von kanonischen quantenmechanischen Koordinaten und Impulsen.

[2] Allgemein kennzeichnen wir Operatoren durch Unterstreichen des betreffenden Buchstabens.

also der Mittelwert einer großen Zahl von Messungen der Größe F, bei denen sich das System im gleichen Zustand befindet, ist durch die Gleichung

$$\bar{F} = \int \Psi^* \underline{F}\, \Psi\, d\mathbf{q} \tag{VI 11}$$

in der q-Sprache, durch

$$\bar{F} = \int \Phi^* \underline{F}\, \Phi\, d\mathbf{p} \tag{VI 12}$$

in der p-Sprache gegeben. Im einfachsten Falle, daß F nur von den Koordinaten abhängt, ist der entsprechende Operator $\underline{F}$ in der q-Sprache mit F identisch, und Gl. (VI 11) ist wegen (VI 3) einfach eine Anwendung der allgemeinen Formel (I 35). Entsprechendes gilt für den Fall, daß F nur von den Impulsen abhängt, bei Verwendung der p-Sprache. Da aber beide Sprachen gleichberechtigt sind, müssen sich die Operatoren mit Hilfe der Transformationsgleichungen (VI 5) und (VI 6) jeweils in die andere Sprache umrechnen lassen. Wir wollen dies für die q_i und p_i durchführen. Damit erhalten wir zugleich die Möglichkeit, Operatoren von Funktionen, welche sowohl von den Koordinaten wie von den Impulsen abhängen, in beiden Sprachen zu formulieren.

Für den Erwartungswert des Impulses p_i gilt nach dem obigen in der p-Sprache

$$\bar{p}_i = \int \Phi^* p_i\, \Phi\, d\mathbf{p} \, . \tag{VI 13}$$

Wenden wir darauf Gl. (VI 5) an, so ergibt sich

$$\bar{p}_i = h^{-\frac{n}{2}} \int\!\!\int \Phi^* p_i\, \Psi\, e^{-\frac{2\pi i}{h}(p_1 q_1 + \cdots + p_n q_n)} \, d\mathbf{q}\, d\mathbf{p} \, . \tag{VI 14}$$

Dafür kann geschrieben werden, wenn q_i die zu p_i konjugierte Koordinate ist,

$$\bar{p}_i = h^{-\frac{n}{2}} \int\!\!\int \Phi^* \Psi \left(-\frac{h}{2\pi i}\right) \frac{\partial}{\partial q_i}\, e^{-\frac{2\pi i}{h}(p_1 q_1 + \cdots + p_n q_n)} \, d\mathbf{q}\, d\mathbf{p} \, . \tag{VI 15}$$

Da alle physikalisch sinnvollen Ψ-Funktionen, wie früher erwähnt, für $-\infty$ und $+\infty$ verschwinden müssen, folgt aus (VI 15) durch partielle Integration

$$\bar{p}_i = h^{-\frac{n}{2}} \int\!\!\int \Phi^* \frac{h}{2\pi i} \cdot \frac{\partial \Psi}{\partial q_i}\, e^{-\frac{2\pi i}{h}(p_1 q_1 + \cdots + p_n q_n)} \, d\mathbf{q}\, d\mathbf{p} \, . \tag{VI 16}$$

Wenden wir jetzt noch Gl. (VI 6) auf die konjugiert komplexe Funktion an, so erhalten wir

$$\bar{p}_i = \int \Psi^* \frac{h}{2\pi i} \frac{\partial \Psi}{\partial q_i}\, dq \tag{VI 17}$$

als Ausdruck für den Erwartungswert $\bar{p}_i$ in der q-Sprache. Der Vergleich mit Gl. (VI 11) zeigt dann unmittelbar, daß der zu p_i gehörende Operator in der q-Sprache durch

$$\underline{p_i} = \frac{h}{2\pi i} \frac{\partial}{\partial q_i} \tag{VI 18}$$

gegeben ist. Durch eine analoge Rechnung findet man, daß der Koordinaten-Operator in der p-Sprache gegeben ist durch

$$\underline{q_i} = -\frac{h}{2\pi i} \frac{\partial}{\partial p_i} \, . \tag{VI 19}$$

Die damit gegebenen fundamentalen Operatoren q_i und $\dfrac{h}{2\pi i} \dfrac{\partial}{\partial q_i}$ für die q-Sprache, $-\dfrac{h}{2\pi i} \dfrac{\partial}{\partial p_i}$ und p_i für die p-Sprache, sind, wie man leicht durch direkte Ausrechnung zeigen kann, linear und hermitisch. Dagegen gilt dies nicht ohne weiteres für die daraus nach dem dritten Postulat abgeleiteten Operatoren.

Wir wollen diesen Fall an einem einfachen Beispiel erläutern. Es seien $\underline{F}$ und $\underline{G}$ zwei lineare hermitische Operatoren. Dann gilt definitionsgemäß

$$\int (\underline{F}\ \Psi_1)^*\ \underline{G}\Psi_2\,d\mathbf{q} = \int \Psi_2 (\underline{G}\ \underline{F}\ \Psi_1)^*\,d\mathbf{q} \qquad \text{(VI 20)}$$

und

$$\int (\underline{G}\Psi_2)^*\ \underline{F}\ \Psi_1\,d\mathbf{q} = \int \Psi_1\,(\underline{F}\ \underline{G}\ \Psi_2)^*\,d\mathbf{q}\,. \qquad \text{(VI 21)}$$

Da die linken Seiten dieser Gleichungen konjugiert komplexe Größen sind, folgt

$$\int \Psi_1^*\ \underline{F}\ \underline{G}\ \Psi_2\,d\mathbf{q} = \int \Psi_2\,(\underline{G}\ \underline{F}\ \Psi_1)^*\,d\mathbf{q}\,. \qquad \text{(VI 22)}$$

In analoger Weise erhält man

$$\int \Psi_1^*\ \underline{G}\ \underline{F}\ \Psi_2\,d\mathbf{q} = \int \Psi_2\,(\underline{F}\ \underline{G}\ \Psi_1)^*\,d\mathbf{q}\,. \qquad \text{(VI 23)}$$

Diese Gleichungen zeigen, daß das Produkt zweier hermitischer Operatoren nur dann hermitisch ist, wenn die Operatoren vertauschbar sind, wenn also gilt

$$\underline{F}\ \underline{G} = \underline{G}\ \underline{F}\,. \qquad \text{(VI 24)}$$

Addieren wir aber die Gl. (VI 22) und (VI 23), so ergibt sich

$$\int \Psi_1^*\,(\underline{F}\ \underline{G} + \underline{G}\ \underline{F})\ \Psi_2\,d\mathbf{q} = \int \Psi_2\,[(\underline{F}\ \underline{G} + \underline{G}\ \underline{F})\ \Psi_1]^*\,d\mathbf{q}\,. \qquad \text{(VI 25)}$$

Das in der vorstehenden Weise symmetrisierte Produkt zweier linearer und hermitischer Operatoren ist somit selbst wieder linear und hermitisch. Daraus ergibt sich unmittelbar, wie man bei der Konstruktion der abgeleiteten Operatoren gemäß dem dritten Postulat zu verfahren hat. Wenn man die Gl. (VI 22) und (VI 23) voneinander subtrahiert und die entsprechende Gleichung mit i multipliziert, so folgt

$$\int \Psi_1^*\,i(\underline{F}\ \underline{G} - \underline{G}\ \underline{F})\ \Psi_2\,d\mathbf{q} = \int \Psi_2[i(\underline{F}\ \underline{G} - \underline{G}\ \underline{F})\ \Psi_1]^*\,d\mathbf{q}\,. \qquad \text{(VI 26)}$$

Auch die Größe $i(\underline{F}\ \underline{G} - \underline{G}\ \underline{F})$ ist somit ein linearer hermitischer Operator.

Die Frage der Vertauschbarkeit zweier Operatoren, der wir hier zum ersten Male begegnet sind, spielt in der Quantenmechanik und Quantenstatistik eine außerordentlich wichtige Rolle. Es ist daher zweckmäßig, eine Größe, welche diesen Sachverhalt erfaßt, einzuführen durch die Gleichung

$$[\underline{F},\ \underline{G}] = \underline{F}\ \underline{G} - \underline{G}\ \underline{F}\,. \qquad \text{(VI 27)}$$

Dieser Ausdruck wird als der Kommutator der beiden Operatoren bezeichnet[1]. Bilden wir die Kommutatoren der Orts- und Impuls-Operatoren in der q-Sprache, so ergibt sich[2]

$$[\underline{p}_i,\ \underline{q}_j] = \frac{h}{2\pi i}\,\delta_{ij} \qquad \text{(VI 28)}$$

$$[\underline{q}_i,\ \underline{q}_j] = 0 \qquad \text{(VI 29)}$$

$$[\underline{p}_i,\ \underline{p}_j] = 0\,. \qquad \text{(VI 30)}$$

Diese sogenannten Vertauschungsrelationen zeigen, daß die Operatoren einer Koordinate und des dazu konjugierten Impulses nicht vertauschbar sind. Diese Eigenschaft ist, im Vergleich zu der Vertauschbarkeit der klassischen Variablen q_i und p_i, ein besonders charakteristischer Zug der Quantenmechanik.

Der Grund für die Forderung des hermitischen Charakters der quantenmechanischen Operatoren liegt in der Tatsache, daß dadurch die nach Gl. (VI 11) oder (VI 12) berechneten Erwartungswerte unter allen Umständen reell werden,

---

[1] Der in Gl. (VI 25) auftretende Ausdruck $(\underline{F}\underline{G} + \underline{G}\underline{F})$ wird gelegentlich als Antikommutator bezeichnet.

[2] Man erhält die folgenden Relationen durch direktes Ausrechnen, wenn man die Operatoren auf eine Funktion der Koordinaten wirken läßt.

wie es bei ihrer Bedeutung als Mittelwerte von Meßgrößen sein muß. Bilden wir nämlich, etwa in der q-Sprache,

$$\bar{F} = \int \Psi^* \underline{F} \, \Psi \, d\mathbf{q} \tag{VI 31}$$

und die konjugiert komplexe Größe

$$\bar{F}^* = \int \Psi (\underline{F} \, \Psi)^* \, d\mathbf{q}, \tag{VI 32}$$

so folgt aus dem hermitischen Charakter des Operators $\underline{F}$ sofort

$$\bar{F} = \bar{F}^* \tag{VI 33}$$

was nur möglich ist, wenn $\bar{F}$ reell ist.

Die bisherigen Postulate beziehen sich auf den quantenmechanischen Zustand eines Systems für einen gegebenen Zeitpunkt. Wir benötigen jetzt noch eine Aussage über die zeitliche Änderung eines derartigen Zustandes. Diese bildet den Inhalt des fünften und letzten Postulates. Es besagt, daß die zeitliche Änderung der Ψ-Funktion durch die zeitabhängige SCHRÖDINGER-Gleichung

$$\underline{H}\,\Psi + \frac{h}{2\pi i}\,\frac{\partial \Psi}{\partial t} = 0 \tag{VI 34}$$

bestimmt wird. Hier ist $\underline{H}$ der sogenannten HAMILTON-Operator, der nach der oben gegebenen Vorschrift in Analogie zur klassischen HAMILTON-Funktion konstruiert wird. Auf diese Weise ergeben sich ohne weiteres aus (VI 34) die früher in § 3.1 angeführten expliziten Formen der zeitabhängigen SCHRÖDINGER-Gleichung. Man muß sich darüber klar sein, daß die zeitabhängige SCHRÖDINGER-Gleichung eine wesentlich andere Bedeutung hat als die Differentialgleichungen der klassischen Mechanik. Zunächst hat der Begriff des Zustandes in der Quantenmechanik nur gewisse Wahrscheinlichkeitsaussagen über die Werte der dynamischen Variablen zum Inhalt. Vor allem aber können sich die Aussagen der Gl. (VI 34) stets nur auf die nächste Messung, aber nicht auf einen beliebig ausgedehnten, von den Beobachtungen unabhängigen kontinuierlichen Ablauf beziehen. Die quantenmechanische Beschreibung ist daher, wie schon in § 3.2 erörtert wurde, ihrem Wesen nach diskontinuierlich.

Auf die SCHRÖDINGER-Gleichung selbst brauchen wir hier nicht näher einzugehen, da wir die für uns wesentlichen Tatsachen bereits in § 3.1 zusammengestellt haben. Dagegen benötigen wir noch einige allgemeinere Überlegungen, die wir wenigstens in Umrissen skizzieren wollen.

Zunächst leiten wir in allgemeiner Form aus den obigen Postulaten die HEISENBERGschen Unbestimmtheitsrelationen ab. Es seien $\underline{F}$ und $\underline{G}$ zwei Operatoren, welche die in Betracht kommenden meßbaren Größen darstellen. Dann gilt (in der q-Sprache) für die Erwartungswerte

$$\bar{F} = \int \Psi^* \underline{F} \, \Psi \, d\mathbf{q}, \quad \bar{G} = \int \Psi^* \underline{G} \, \Psi \, d\mathbf{q}. \tag{VI 35}$$

Als Unbestimmtheitsintervalle dieser Größen ΔF und ΔG definieren wir die Wurzeln aus den mittleren Quadraten der Abweichungen von den Erwartungswerten. Es ist also

$$(\Delta F)^2 = \int \Psi^* (\underline{F} - \bar{F})^2 \, \Psi \, d\mathbf{q}, \quad (\Delta G)^2 = \int \Psi^* (\underline{G} - \bar{G})^2 \, \Psi \, d\mathbf{q}. \tag{VI 36}$$

Zur Vereinfachung führen wir neue Operatoren

$$\underline{f} = \underline{F} - \bar{F}, \quad \underline{g} = \underline{G} - \bar{G} \tag{VI 37}$$

und neue Ψ-Funktionen

$$\Psi_1 = \underline{f} \, \Psi, \quad \Psi_2 = \underline{g} \, \Psi \tag{VI 38}$$

ein. Dann wird aus den Gl. (VI 36)

$$(\Delta F)^2 = \int \Psi^* \underline{f} \, \Psi_1 \, d\mathbf{q}, \quad (\Delta G)^2 = \int \Psi^* \underline{g} \, \Psi_2 \, d\mathbf{q}. \tag{VI 39}$$

Wegen des hermitischen Charakters der Operatoren $\underline{f}$ und $\underline{g}$ kann dafür geschrieben werden

$$(\varDelta F)^2 = \int \varPsi_1 (\underline{f}\varPsi)^* \, d\mathbf{q} = \int \varPsi_1 \varPsi_1^* \, d\mathbf{q}\,,$$
$$(\varDelta G)^2 = \int \varPsi_2 (\underline{g}\varPsi)^* \, d\mathbf{q} = \int \varPsi_2 \varPsi_2^* \, d\mathbf{q}\,. \qquad \text{(VI 40)}$$

Wenden wir jetzt die Schwarzsche Ungleichung

$$\int \varPsi_1 \varPsi_1^* \, d\mathbf{q} \int \varPsi_2 \varPsi_2^* \, d\mathbf{q} \geqq \int \varPsi_1^* \varPsi_2 \, d\mathbf{q} \int \varPsi_2^* \varPsi_1 \, d\mathbf{q} \qquad \text{(VI 41)}$$

an und benutzen nochmals den hermitischen Charakter der Operatoren, so folgt

$$\begin{aligned}
(\varDelta F)^2 (\varDelta G)^2 &\geqq \int (\underline{f}\,\varPsi)^* \, \underline{g}\,\varPsi \, d\mathbf{q} \int (\underline{g}\,\varPsi)^* \underline{f}\,\varPsi \, d\mathbf{q} \\
&= \int \varPsi (\underline{g}\underline{f}\,\varPsi)^* \, d\mathbf{q} \int \varPsi (\underline{f}\underline{g}\,\varPsi)^* \, d\mathbf{q} \qquad \text{(VI 42)} \\
&= \int \varPsi^* \, \underline{g}\underline{f}\,\varPsi \, d\mathbf{q} \int \varPsi^* \, \underline{f}\underline{g}\,\varPsi \, d\mathbf{q}\,.
\end{aligned}$$

Die Produkte der Operatoren lassen sich in einen reellen und einen imaginären Teil zerlegen, von denen jeder wieder hermitisch ist. Das ergibt

$$\int \varPsi^* \underline{f}\underline{g}\,\varPsi \, d\mathbf{q} = \int \varPsi^* \left(\frac{\underline{f}\underline{g} + \underline{g}\underline{f}}{2} + i\,\frac{\underline{f}\underline{g} - \underline{g}\underline{f}}{2i} \right) \varPsi \, d\mathbf{q} \qquad \text{(VI 43)}$$

und

$$\int \varPsi^* \underline{g}\underline{f}\,\varPsi \, dq = \int \varPsi^* \left(\frac{\underline{f}\underline{g} + \underline{g}\underline{f}}{2} - i\,\frac{\underline{f}\underline{g} - \underline{g}\underline{f}}{2i} \right) \varPsi \, d\mathbf{q}\,. \qquad \text{(VI 44)}$$

Führen wir jetzt wieder die Operatoren $\underline{F}$ und $\underline{G}$ ein und schreiben statt der Integrale die Erwartungswerte, so erhalten wir als allgemeinen Ausdruck für die Unbestimmtheitsrelation

$$(\varDelta F)^2 (\varDelta G)^2 \geqq \left(\overline{\frac{FG + GF}{2}} - \overline{F}\,\overline{G} \right)^2 + \left(\overline{\frac{FG - GF}{2i}} \right)^2 . \qquad \text{(VI 45)}$$

Aus dieser Beziehung folgt, daß das Produkt der beiden Unbestimmtheitsintervalle verschwinden kann, wenn die Operatoren $\overline{F}$ und $\overline{G}$ vertauschbar sind[1]. In diesem Falle können die entsprechenden Größen gleichzeitig mit beliebiger Genauigkeit gemessen werden. Wenn dagegen die Operatoren $\underline{F}$ und $\underline{G}$ nicht vertauschbar sind, muß das Produkt der beiden Unbestimmtheiten zum mindesten gleich der Wurzel aus dem zweiten Term der rechten Seite von (VI 45) sein (da der erste Term auch dann nicht notwendig von Null verschieden ist). Betrachten wir im besonderen eine Koordinate und den dazu konjugierten Impuls, so ergibt sich mit (VI 28)

$$\varDelta p_i \, \varDelta q_i \geqq \frac{h}{4\pi} \qquad \text{(VI 46)}$$

die bekannte Form der Heisenbergschen Unbestimmtheitsrelation.

In § 3.1 haben wir bereits die Eigenwerte und Eigenfunktionen der (zeitunabhängigen) Schrödinger-Gleichung erwähnt. Wir wollen jetzt diese Dinge noch einmal in verallgemeinerter Form kurz erörtern, und zwar betrachten wir jetzt allgemein die Möglichkeit, einen quantenmechanischen Zustand zu beschreiben, bei dem eine bestimmte (an sich beliebige) meßbare Größe $F(\mathbf{q}, \mathbf{p})$ zu einer bestimmten Zeit t_0 einen scharfen Wert besitzt. Damit ist gemeint, daß bei einer großen Zahl von Messungen, wie sie für die Definition des Erwartungswertes (VI 11) betrachtet werden, nur ein bestimmter Wert F_e auftritt. Man sagt dann, daß sich das System in einem Eigenzustand der Größe F befindet und nennt F_e einen Eigenwert des Operators $\underline{F}$. Ein solcher Eigenzustand liegt dann und nur

---

[1] Das System kann sich dann, und nur dann, in einem Zustand befinden, der sowohl Eigenzustand des Operators $\underline{F}$ wie Eigenzustand des Operators $\underline{G}$ ist. Siehe weiter unten.

dann vor, wenn ψ, die Wahrscheinlichkeitsamplitude zur Zeit t_0, eine Lösung der „Eigenwertgleichung"

$$\underline{F}\,\psi(\mathbf{q}) = F_e\,\psi(\mathbf{q}) \qquad \text{(VI 47)}$$

darstellt. Um dies zu beweisen, schreiben wir zunächst für den Erwartungswert der r-ten Potenz von F

$$\overline{F^r} = \int \psi^* \,\underline{F}^r\,\psi\,d\mathbf{q}\,. \qquad \text{(VI 48)}$$

Ist nun ψ eine Lösung von (VI 47), so folgt

$$\overline{F^r} = \int \psi^* F_e^r \psi\,d\mathbf{q} = F_e^r \int \psi^*\,\psi\,d\mathbf{q} \qquad \text{(VI 49)}$$

oder wegen der Normierung von ψ,

$$\overline{F^r} = F_e^r\,. \qquad \text{(VI 50)}$$

Das ist nur möglich wenn

$$F = F_e \qquad \text{(VI 51)}$$

ist, also die Streuung um den Erwartungswert verschwindet.

Die früheren Bemerkungen über Lösungen und Eigenwerte der SCHRÖDINGER-Gleichung gelten sinngemäß auch für den allgemeinen Fall der Gl. (VI 47). Wir wollen daher nur noch einige Ergänzungen hier nachtragen. Für zwei bestimmte Eigenwerte F_i und F_j können wir (VI 47) schreiben

$$\underline{F}\,\psi_i = F_i\psi_i \qquad \text{(VI 52)}$$

und in der konjugiert komplexen Form

$$(\underline{F}\,\psi_j)^* = F_j^*\,\psi_j^*\,. \qquad \text{(VI 53)}$$

Multiplizieren wir die Gl. (VI 52) mit ψ_j^*, die Gl. (VI 53) mit ψ_i und integrieren, so folgt

$$\int \psi_j^*\,\underline{F}\,\psi_i\,d\mathbf{q} = F_i \int \psi_j^*\,\psi_i\,d\mathbf{q} \qquad \text{(VI 54)}$$

und

$$\int \psi_i\,(\underline{F}\,\psi_j)^*\,d\mathbf{q} = F_j^* \int \psi_j^*\,\psi_i\,d\mathbf{q}\,. \qquad \text{(VI 55)}$$

Mit Benutzung von (VI 10) wird dann

$$(F_i - F_j^*) \int \psi_j^*\,\psi_i\,d\mathbf{q} = 0\,. \qquad \text{(VI 56)}$$

Für $i = j$ folgt daraus

$$F_i = F_i\,. \qquad \text{(VI 57)}$$

Die Eigenwerte sind somit, in Übereinstimmung mit dem früher für die Erwartungswerte abgeleiteten Ergebnis, notwendig reelle Größen. Für $i \neq j$ ergibt sich aus (VI 56)

$$\int \psi_j^*\,\psi_i\,d\mathbf{q} = 0\,. \qquad \text{(VI 58)}$$

Die zu verschiedenen Eigenwerten gehörenden Eigenfunktionen sind somit zueinander orthogonal. Schließlich bleibt noch der Fall $i \neq j$, $F_i = F_j$, der einer Entartung des betreffenden Eigenwertes entspricht. Die zu einem entarteten Eigenwert gehörenden g linear unabhängigen Eigenfunktionen sind nicht notwendig zueinander orthogonal. Man kann aber stets durch Linearkombination aus diesen einen neuen Satz von g linear unabhängigen Eigenfunktionen bilden, welche zueinander orthogonal sind. Es gilt daher, wenn wir noch die Normierungs-relation einschließen, allgemein für die Eigenfunktion

$$\int \psi_j^*\,\psi_i\,d\mathbf{q} = \delta_{ij}\,. \qquad \text{(VI 59)}$$

Ein Zustand kann Eigenzustand mehrerer Größen sein, aber nur dann, wenn die betreffenden Operatoren vertauschbar sind.

Verstehen wir unter $F(q)$ im besonderen die Koordinate q_i selbst, so lautet die Eigenwertgleichung

$$q_i\psi(q_i) = q_{ie}\psi(q_i)\,, \qquad \text{(VI 60)}$$

wo q_{ie} einen speziellen meßbaren Wert der Koordinate bezeichnet. In diesem Falle schreibt man die Lösung in der Form der DIRACschen δ-Funktion. Es ist dann also

$$\psi(q_i) = \delta(q_{ie} - q_i) \,. \tag{VI 61}$$

Für einen Impuls p_i lautet die Eigenwertgleichung mit Benutzung von (VI 18)

$$\frac{h}{2\pi i} \frac{\partial \psi(q_i)}{\partial q_i} = p_{ie}\, \psi(q_i) \tag{VI 62}$$

und die Lösung ist

$$\psi(q_i) = e^{\frac{2\pi i}{h} p_{ie} q_i} \,. \tag{VI 63}$$

Die als Lösungen der Eigenwertgleichungen erhaltenen normierten orthogonalen Funktionensysteme sind besonders wichtig, weil eine Funktion der Koordinaten sich unter ziemlich allgemeinen Voraussetzungen[1] (von denen die wichtigste die Vollständigkeit des Funktionensystems ist) nach solchen Funktionen entwickeln läßt. Wir können also allgemein schreiben

$$\Psi(\mathbf{q}, t) = \sum_n a_n(t)\, \psi_n(\mathbf{q}) \,, \tag{VI 64}$$

wo [wegen (VI 59)]

$$a_n(t) = \int \psi_n^*(\mathbf{q})\, \Psi(\mathbf{q}, t)\, d\mathbf{q} \tag{VI 65}$$

ist. Geometrisch läßt sich diese Darstellung interpretieren, wenn man $\Psi(\mathbf{q}, t)$ als Vektor und die ψ_n als Grundvektoren im unendlich-dimensionalen „Funktionenraum" (HILBERT-Raum) auffaßt. Die physikalische Bedeutung der Gl. (VI 64) ist am einfachsten zu erkennen, wenn wir voraussetzen, daß die ψ_n Eigenfunktionen des Operators $\underline{F}$ sind. Die Gleichung für den Erwartungswert (VI 11) kann nämlich mit Benutzung von (VI 64) geschrieben werden

$$\bar{F} = \int \Psi^* \, \underline{F} \, \Psi \, d\mathbf{q} = \int \sum_m a_m^* \psi_m^* (\sum_n a_n \underline{F}\, \psi_n)\, d\mathbf{q} \,, \tag{VI 66}$$

und daraus wird zunächst mit (VI 52)

$$\bar{F} = \sum_m \sum_n a_m^* a_n \int \psi_m^* F_n \psi_n\, d\mathbf{q} \tag{VI 67}$$

und weiter wegen Gl. (VI 59)

$$\bar{F} = \sum_n |a_n|^2 F_n \,. \tag{VI 68}$$

Dabei ist, wie sich aus Gl. (VI 3) und (VI 59) ergibt,

$$\sum_n |a_n|^2 = 1 \,. \tag{VI 69}$$

Die Gl. (VI 68) zeigt einmal, daß bei der Messung der Größe F nur Eigenwerte des Operators $\underline{F}$ erhalten werden und weiter, daß die Wahrscheinlichkeit, einen speziellen Wert F_i zu messen, gegeben ist durch

$$W(F_i) = |a_i|^2 \,, \tag{VI 70}$$

wenn der betreffende Eigenwert nicht entartet ist. Ist F_i g-fach entartet, so gilt

$$W(F_i) = \sum_{n=i}^{n=i+g-1} |a_n|^2 \,. \tag{VI 71}$$

Die Gl. (VI 64) und (VI 65) lassen sich noch unter einem allgemeineren Gesichtspunkt betrachten. Sie zeigen nämlich, daß der Zustand eines quantenmechanischen Systems zur Zeit t, welcher durch die Wahrscheinlichkeitsamplitude

---

[1] Näheres darüber s. R. COURANT u. D. HILBERT: Methoden der mathematischen Physik. Bd. I. Berlin 1931.

$\Psi(\mathbf{q}, t)$ als Funktion der Koordinaten $\mathbf{q}$ beschrieben wird, auch durch die Größe $a(n, t)$ als Funktion der Laufzahl n dargestellt werden kann. Beide Funktionen lassen sich mit Hilfe der Eigenfunktionen $\psi(n, \mathbf{q})$ und $\psi^*(n, \mathbf{q})$[1] ineinander umrechnen, die dabei die Rolle von Transformations-Funktionen spielen. Auch $a(n, t)$ hat die Bedeutung einer Wahrscheinlichkeitsamplitude, und zwar (wenn die ψ_n Eigenfunktionen des Operators $\underline{F}$ sind) in bezug auf die meßbare Größe F. Die Wahrscheinlichkeit, einen durch den Index n charakterisierten Wert zu messen, kann nämlich nach (VI 70) geschrieben werden

$$W(n, t) = a^*(n, t)\, a(n, t)\,. \tag{VI 72}$$

Diese Beziehung entspricht der Gl. (VI 1). Der Unterschied zwischen den beiden Ausdrücken und die Unsymmetrie der Gl. (VI 64) und (VI 65) beruhen lediglich auf der zufälligen Äußerlichkeit, daß bei der Definition von $\Psi(\mathbf{q}, t)$ von vornherein das kontinuierliche Eigenwertspektrum der Koordinaten zugrunde gelegt wird, während die Definition der $a(n, t)$ primär einem diskreten Eigenwertspektrum angepaßt ist. Die beiden erwähnten Beschreibungen sind daher als völlig gleichwertig zu betrachten, und $a(n, t)$ kann als transformierte Wahrscheinlichkeitsamplitude bezeichnet werden. Man sieht nun leicht, daß der durch die Gl. (VI 5)und (VI 6) dargestellte Übergang von der q- zur p-Sprache einen Sonderfall der allgemeinen Gleichungen (VI 64) und (VI 65) darstellt. Die Transformations-Funktionen (VI 7) und (VI 8) sind in der Tat nach Gl. (VI 63) die (normierten) Eigenfunktionen des Impuls-Operators. Da sowohl Koordinaten wie Impulse kontinuierliche Eigenwertspektren besitzen, können in diesem Falle die Transformationsgleichungen völlig symmetrisch als Integrale geschrieben werden.

Die vorstehenden Überlegungen geben die Möglichkeit, neben der speziellen q- und p-Sprache eine allgemeine quantenmechanische Sprache zu definieren, die sich auf beliebige meßbare Größen bezieht und zur Formulierung von manchen allgemeinen Betrachtungen besonders geeignet ist. Bei Benutzung derselben müssen naturgemäß auch die Operatoren entsprechend transformiert werden. Um diese Frage zu untersuchen, gehen wir wieder aus von Gl. (VI 11), die wir mit Benutzung von (VI 64) schreiben

$$\underline{F} = \sum_m \sum_n \int a^*(m, t)\, \psi^*(m, \mathbf{q})\, \underline{F}\, a(n, t)\, \psi(n, \mathbf{q})\, d\mathbf{q}\,. \tag{VI 73}$$

Dabei ist jetzt [im Gegensatz zu (VI 66)] nicht vorausgesetzt, daß die ψ Eigenfunktionen des Operators $\underline{F}$ sind. Wir führen nun neue Größen F_{mn} ein durch die Gleichung

$$F_{mn} = \int \psi^*(m, \mathbf{q})\, \underline{F}\, \psi(n, \mathbf{q})\, d\mathbf{q}\,. \tag{VI 74}$$

Dieselben sind, wie aus dem hermitischen Charakter des Operators $\underline{F}$ folgt, Elemente einer hermitischen Matrix, die wir mit F bezeichnen. Es gilt also

$$F_{mn} = F^*_{nm} \tag{VI 75}$$

oder in Matrixnotierung

$$\mathsf{F} = \mathsf{F}^\dagger. \tag{VI 76}$$

Mit Benutzung von (VI 74) kann (VI 73) geschrieben werden

$$\underline{F} = \sum_m \sum_n a^*(m, t)\, F_{mn} a(n, t)\,. \tag{VI 77}$$

Definieren wir nun den zur Wahrscheinlichkeitsamplitude $a(m, t)$ gehörigen transformierten Operator $\underline{F}^{(a)}$ durch die Gleichung

$$\underline{F}^{(a)} a(m, t) = \sum_n F_{mn} a(n, t)\,, \tag{VI 78}$$

---

[1] Es ist in diesem Zusammenhang sinnvoller, n nicht als Index, sondern als Argument der Funktion zu schreiben.

so wird aus (VI 77)

$$\underline{F} = \sum_m a^*(m, t)\, \underline{F}^{(a)}\, a(m, t) \,. \tag{VI 79}$$

Diese Gleichung stellt das Analogon der für die q-Sprache gültigen Gl. (VI 11) für die allgemeine Sprache dar.

Wir betrachten nun zwei hermitische Operatoren $\underline{F}$ und $\underline{G}$, die auf Eigenfunktionen des Satzes $\psi(n, \mathbf{q})$ wirken. Die resultierenden Funktionen lassen sich nach Eigenfunktionen des gleichen Satzes entwickeln, wobei die Koeffizienten wieder nach der Regel der Gl. (VI 65) zu bestimmen sind. Es ergibt sich dann mit Benutzung von Gl. (VI 74)

$$\underline{F}\, \psi(m, \mathbf{q}) = \sum_n \psi(n, \mathbf{q})\, F_{nm} \tag{VI 80}$$

und

$$\underline{G}\, \psi(k, \mathbf{q}) = \sum_l \psi(l, \mathbf{q})\, G_{lk} \,. \tag{VI 81}$$

Durch Kombination dieser beiden Gleichungen erhalten wir

$$\int [\underline{F}\, \psi(m, \mathbf{q})]^*\, \underline{G}\, \psi(k, \mathbf{q})\, d\mathbf{q} = \sum_n \sum_l F_{nm}^*\, G_{lk} \int \psi^*(n, \mathbf{q})\, \psi(l, \mathbf{q})\, d\mathbf{q} \,. \tag{VI 82}$$

Mit Rücksicht auf den hermitischen Charakter der Operatoren $\underline{F}$ und $\underline{G}$ [vgl. Gl. (VI 20) und (VI 22)] kann diese Gleichung geschrieben werden

$$\int \psi(k, \mathbf{q})\, [\underline{G}\, \underline{F}\, \psi(m, \mathbf{q})]^*\, d\mathbf{q} = \int \psi^*(m, \mathbf{q})\, \underline{F}\, \underline{G}\, \psi(k, \mathbf{q})\, d\mathbf{q} = \sum_n F_{nm}^*\, G_{nk}. \tag{VI 83}$$

Mit Gl. (VI 74) und (VI 75) folgt daraus schließlich

$$L_{mk} \equiv [F\, G]_{mk} = \sum_n F_{mn}\, G_{nk} \,. \tag{VI 84}$$

Das dem Produkt zweier Operatoren entsprechende Matrixelement wird somit aus den Matrixelementen der beiden Operatoren nach der Regel für die Multiplikation von Matrizen gebildet. Gl. (VI 84) kann daher geschrieben werden

$$\mathsf{L = F\, G} \,. \tag{VI 85}$$

Allgemein gelten Gleichungen zwischen Operatoren auch zwischen den daraus nach Gl. (VI 74) gebildeten Matrizen.

Auf diesem Sachverhalt beruht die Äquivalenz der von HEISENBERG, BORN und JORDAN entwickelten Matrizenmechanik mit der SCHRÖDINGERschen Wellenmechanik[1]. Obwohl für die Lösung spezieller Probleme die Matrizenmechanik im allgemeinen nicht in Betracht kommt, ist für manche allgemeinere Überlegungen das Operieren mit Matrizen sehr bequem. Wir wollen daher diese Darstellungsweise benutzen, um die Transformationstheorie unter einem etwas anderen Gesichtspunkt zu formulieren. Während wir bisher nur den Übergang von der q-Sprache zu der allgemeinen Sprache betrachtet haben, soll jetzt die Transformation einer allgemeinen Wahrscheinlichkeitsamplitude $a(n, t)$, welche zu den Eigenfunktionen $\psi(n, \mathbf{q})$ gehört, in eine Wahrscheinlichkeitsamplitude $b(l, \mathbf{q})$, welche den Eigenfunktionen $\varphi(l, \mathbf{q})$ entspricht, untersucht werden. In anderer Ausdrucksweise handelt es sich also darum, wie sich die Komponenten des Vektors $\Psi(\mathbf{q}, t)$ transformieren, wenn wir von der Basis ψ_n zu der Basis φ_l übergehen. Auf Grund des allgemeinen Entwicklungssatzes sind die Grundvektoren durch die lineare Transformation

$$\varphi_l = \sum_n \psi_n\, S_{nl} \,, \quad \psi_n = \sum_l \varphi_l\, S_{ln}^{-1} \tag{VI 86}$$

---

[1] Dieser Ausdruck ist hier naturgemäß im weiteren Sinne der allgemeinen Theorie zu verstehen, innerhalb deren die eigentliche SCHRÖDINGER-Gleichung ein Spezialfall ist.

miteinander verknüpft. Für die Komponenten der Transformationsmatrizen ergibt sich mit Gl. (VI 65)

$$S_{ml} = \int \psi_m^* \varphi_l \, d\mathbf{q} \,, \quad S_{kn}^{-1} = S_{nk}^* = \int \varphi_k^* \psi_n \, d\mathbf{q} \,. \tag{VI 87}$$

Ferner gelten die Beziehungen

$$\int \varphi_l^* \varphi_k \, d\mathbf{q} = \sum_m \sum_n \int \psi_n^* S_{nl}^* \psi_m S_{mk} \, d\mathbf{q} = \sum_n S_{nl}^* S_{nk}$$

$$\int \psi_m^* \psi_n \, d\mathbf{q} = \sum_k \sum_l \int \varphi_k^* (S_{km}^{-1})^* \varphi_l S_{ln}^{-1} \, d\mathbf{q} = \sum_l S_{nl}^* S_{ml} \tag{VI 88}$$

oder mit (VI 59)

$$\sum_n S_{nl}^* S_{nk} = \delta_{lk} \,, \quad \sum_l S_{nl}^* S_{ml} = \delta_{nm} \,. \tag{VI 89}$$

Bezeichnen wir nun den Vektor mit den Komponenten $a(n, t)$ mit $\boldsymbol{\Psi_a}$, den transformierten Vektor mit den Komponenten $b(l, t)$ mit $\boldsymbol{\Psi_b}$, so lauten die Transformationsgleichungen

$$\boldsymbol{\Psi_b} = \mathsf{S}^{-1} \boldsymbol{\Psi_a} = \mathsf{S}^\dagger \boldsymbol{\Psi_a}$$

und

$$\boldsymbol{\Psi_a} = \mathsf{S} \boldsymbol{\Psi_b} = (\mathsf{S}^{-1})^\dagger \boldsymbol{\Psi_b} \,. \tag{VI 90}$$

Für die Transformation der hermitischen Matrix, die einer meßbaren Größe entspricht, findet man aus Gl. (VI 74) und (VI 86)

$$\mathsf{F_b} = \mathsf{S}^{-1} \mathsf{F_a} \mathsf{S}$$

$$\mathsf{F_a} = \mathsf{S} \mathsf{F_b} \mathsf{S}^{-1} \,. \tag{VI 91}$$

Da die Gl. (VI 87) bzw. (VI 89) S als unitäre Matrix definieren, handelt es sich bei den Gl. (VI 90) und (VI 91) um unitäre Transformationen. Die hier vor allem wesentlichen Eigenschaften derselben sind, daß die Größe $\Psi^* \Psi$ invariant gegen unitäre Transformationen ist und daß eine hermitische Matrix durch unitäre Transformationen stets wieder in eine hermitische Matrix überführt wird. Da das Produkt zweier unitärer Matrizen selbst eine unitäre Matrix ist, stellt auch die zweimalige Anwendung unitärer Transformationen selbst eine unitäre Transformation dar.

Um die zeitabhängige SCHRÖDINGER-Gleichung in die allgemeine Sprache zu transformieren, führen wir zunächst in Gl. (VI 34) den Ausdruck (VI 64) ein. Das ergibt

$$\sum_n a(n, t) \, \underline{H} \, \psi(n, \mathbf{q}) + \frac{h}{2\pi i} \sum_n \frac{\partial a(n, t)}{\partial t} \psi(n, \mathbf{q}) = 0 \,. \tag{VI 92}$$

Multiplizieren wir diese Gleichung mit $\psi^*(m, \mathbf{q})$ und integrieren über die Koordinaten, so folgt mit Gl. (VI 59)

$$\sum_n a(n, t) \int \psi^*(m, \mathbf{q}) \, \underline{H} \, \psi(n, \mathbf{q}) \, d\mathbf{q} + \frac{h}{2\pi i} \frac{\partial a(m, t)}{\partial t} = 0 \,. \tag{VI 93}$$

Definieren wir nun, als Spezialfall von (VI 74), die Komponenten einer hermitischen Matrix H durch

$$H_{mn} = \int \psi^*(m, \mathbf{q}) \, \underline{H} \, \psi(n, \mathbf{q}) \, d\mathbf{q} \tag{VI 94}$$

so kann (VI 93) geschrieben werden

$$\sum_n H_{mn} a(n, t) + \frac{h}{2\pi i} \frac{\partial a(m, t)}{\partial t} = 0 \,. \tag{VI 95}$$

Benutzen wir schließlich noch die Definition (VI 78), so erhalten wir

$$\underline{H}^{(a)} a(m, t) + \frac{h}{2\pi i} \frac{\partial a(m, t)}{\partial t} = 0 \,. \tag{VI 96}$$

Diese Beziehung stellt das gesuchte Analogon der Gl. (VI 34) dar und wird als transformierte SCHRÖDINGER-Gleichung bezeichnet. Die hier skizzierte quantenmechanische Transformationstheorie kann in gewissem Sinne als das Analogon der Theorie der kanonischen Transformationen in der klassischen Mechanik betrachtet werden.

Im Hinblick auf die halbklassische Näherung der Statistik wollen wir noch kurz die Frage erörtern, welche Bedeutung die Gleichungen der klassischen Mechanik vom Standpunkt der Quantenmechanik haben. Dazu benötigen wir den allgemeinen Ausdruck für die zeitliche Änderung eines Erwartungswertes. Wir setzen voraus, daß der betreffende Operator $F(\mathbf{q}, \mathbf{p})$ nicht explizit von der Zeit abhängt. Dann ergibt sich durch Differentiation von Gl. (VI 11) nach der Zeit

$$\frac{d\bar{F}}{dt} = \int \left(\frac{\partial \psi^*}{\partial t} \underline{F} \, \Psi + \Psi^* \, \underline{F} \, \frac{\partial \psi}{\partial t} \right) d\mathbf{q} \, . \tag{VI 97}$$

Mit Benutzung der zeitabhängigen SCHRÖDINGER-Gleichung (VI 34) wird daraus

$$\frac{d\bar{F}}{dt} = \frac{2\pi i}{h} \int \left[(\underline{H}\,\Psi)^* \underline{F}\,\Psi - \Psi^* \underline{F}(\underline{H}\,\Psi) \right] d\mathbf{q} \tag{VI 98}$$

oder, mit Rücksicht auf den hermitischen Charakter der Operatoren und die daraus folgende Gl. (VI 23)

$$\frac{d\bar{F}}{dt} = \frac{2\pi i}{h} \int \Psi^* (\underline{H}\,\underline{F} - \underline{F}\,\underline{H}) \, \Psi \, d\mathbf{q} \, . \tag{VI 99}$$

Führen wir hier die Definitionen des Kommutators Gl. (VI 27) und des Erwartungswertes (VI 11) ein, so folgt schließlich

$$\frac{d\bar{F}}{dt} = \frac{2\pi i}{h} \int \Psi^* [\underline{H}, \underline{F}] \, \Psi \, d\mathbf{q} = \frac{2\pi i}{h} \overline{[H,F]} \tag{VI 100}$$

oder

$$\frac{d\bar{F}}{dt} = \frac{2\pi}{ih} \int \Psi^* [\underline{F}, \underline{H}] \, \Psi \, d\mathbf{q} = \frac{2\pi}{ih} \overline{[F,H]} \, . \tag{VI 101}$$

Der Vergleich dieser Beziehung mit der entsprechenden klassischen Formel Gl. (V 27) gibt ein Beispiel für die Analogie zwischen Poisson-Klammer und dem (mit $2\pi/ih$ multiplizierten) Kommutator, die eine große Rolle in der Quantenmechanik spielt. Wir wollen nun die Gl. (VI 101) benutzen, um die zeitliche Änderung der Erwartungswerte für Koordinaten und Impulse zu berechnen. Dabei setzen wir voraus, daß der Hamilton-Operator in der symmetrisierten Form

$$\underline{H} = \Sigma \tfrac{1}{2} C \, (\underline{Q}\,\underline{P} + \underline{P}\,\underline{Q}) \tag{VI 102}$$

gegeben ist, wo C eine Konstante bezeichnet und $\underline{Q}$ und $\underline{P}$ Operatoren sind, die jeweils nur von den $\underline{q}$ bzw. $\underline{p}$ allein abhängen. Dann gilt für den Kommutator $[\underline{H}, \underline{q}_i]$

$$\begin{aligned}
[\underline{H}, \underline{q}_i] &= \Sigma \tfrac{1}{2} C \, [(\underline{Q}\,\underline{P} + \underline{P}\,\underline{Q}), \underline{q}_i] \\
&= \Sigma \tfrac{1}{2} C \, \{[\underline{Q}\,\underline{P}, \underline{q}_i] + [\underline{P}\,\underline{Q}, \underline{q}_i]\} \\
&= \Sigma \tfrac{1}{2} C \, \{\underline{Q} \, [\underline{P}, \underline{q}_i] + [\underline{Q}, \underline{q}_i] \, \underline{P} + \underline{P} \, [\underline{Q}, \underline{q}_i] + [\underline{P}, \underline{q}_i] \, \underline{Q}\} \\
&= \Sigma \tfrac{1}{2} C \, \{\underline{Q} \, [\underline{P}, \underline{q}_i] + [\underline{P}, \underline{q}_i] \, \underline{Q}\} \, .
\end{aligned} \tag{VI 103}$$

Für den Kommutator $[\underline{P}, \underline{q}_i]$ haben wir in der p-Sprache

$$[\underline{P}, \underline{q}_i] = \underline{P}\,\underline{q}_i - \underline{q}_i\,\underline{P} = P \left(-\frac{h}{2\pi i} \frac{\partial}{\partial p_i} \right) - \left(-\frac{h}{2\pi i} \frac{\partial}{\partial p_i} \right) P \tag{VI 104}$$

oder, wenn wir wieder zur allgemeinen Operator-Schreibweise zurückkehren

$$[\underline{P}, \underline{q}_i] = \frac{h}{2\pi i} \frac{\partial \underline{P}}{\partial \underline{p}_i} \, . \tag{VI 105}$$

Setzen wir dies in die letzte Zeile von (VI 103) ein, so folgt

$$[\underline{H}, \underline{q}_i] = \frac{h}{2\pi i} \sum \frac{1}{2} C \left(Q \frac{\partial P}{\partial \underline{p}_i} + \frac{\partial P}{\partial \underline{p}_i} Q \right) \tag{VI 106}$$

oder, mit Gl. (VI 102),

$$[\underline{H}, \underline{q}_i] = \frac{h}{2\pi i} \frac{\partial \underline{H}}{\partial \underline{p}_i} \, . \tag{VI 107}$$

In analoger Weise leitet man ab

$$[\underline{H}, \underline{p}_i] = - \frac{h}{2\pi i} \frac{\partial \underline{H}}{\partial \underline{q}_i} \, . \tag{VI 108}$$

Setzen wir diese Ausdrücke in Gl. (VI 100) ein, so erhalten wir

$$\frac{d\overline{q}_i}{dt} = \overline{\left(\frac{\partial H}{\partial p_i} \right)}, \quad \frac{d\overline{p}_i}{dt} = - \overline{\left(\frac{\partial H}{\partial q_i} \right)} . \tag{VI 109}$$

Diese Beziehungen sind die quantenmechanischen Analoga der HAMILTONschen Gleichungen. Sie zeigen, daß in einem quantenmechanischen System die zeitlichen Änderungen der Erwartungswerte der Koordinaten und Impulse von den Erwartungswerten der partiellen Ableitungen der HAMILTON-Funktion in gleicher Weise abhängen wie die zeitlichen Änderungen der scharfen Werte der Koordinaten und Impulse eines klassischen Systems von den scharfen Werten der betreffenden Ableitungen. Die klassische Mechanik ist also die Grenzform, der sich die Quantenmechanik nähert, wenn die Streuung um die Erwartungswerte verschwindet. Aus den Unbestimmheitsrelationen ergibt sich, daß diese Streuung durch die endliche Größe des PLANCKschen Wirkungsquantums bedingt ist. Die klassische Theorie wird daher eine brauchbare Näherung darstellen, wenn für das betreffende Problem diese endliche Größe vernachlässigt werden kann. In § 6.7 werden wir die spezielle Form dieses Überganges in der statistischen Thermodynamik untersuchen.

Wir nehmen jetzt an, daß der in Gl. (VI 100) auftretende Operator $\underline{F}$ der HAMILTON-Operator selbst ist. Da jeder Operator mit sich selbst vertauschbar ist, folgt unmittelbar

$$\frac{d\overline{H}}{dt} = 0 \, . \tag{VI 110}$$

Für ein System, dessen HAMILTON-Operator nicht explizit von der Zeit abhängt, d. h. für ein konservatives System, ist somit der Erwartungswert der Energie zeitlich konstant. Diese Aussage stellt das quantenmechanische Analogon des Energiesatzes der klassischen Mechanik dar. Sie wird mit diesem identisch, wenn die Wahrscheinlichkeit eines bestimmten Energiewertes Eins und die aller übrigen Null ist. Entsprechende Formulierungen ergeben sich, wie wir hier nicht beweisen wollen, für die quantenmechanischen Analoga des Impuls- und Drehimpulssatzes. Auf Grund dieser Ergebnisse können wir mit Hilfe der Gl. (VI 100) in der Quantenmechanik eine Konstante der Bewegung allgemein definieren als eine meßbare Größe, deren Operator mit dem HAMILTON-Operator vertauschbar ist. Wir werden sehen, daß diese Größen in der Quantenstatistik eine analoge Rolle spielen wie die ersten Integrale der Bewegungsgleichungen in der klassischen Statistik.

§ 6.2*. Die Dichtematrix.
Das quantenstatistische Analogon des LIOUVILLEschen Satzes.
Das statistische Gleichgewicht

In der klassischen Theorie haben wir zur Behandlung von Systemen, deren mechanischer Zustand nur unvollständig bekannt ist, das Konzept der virtuellen Gesamtheit eingeführt. In der allgemeinen Formulierung läßt sich dasselbe ohne weiteres auf quantenmechanische Systeme übertragen. Wir verstehen also darunter jetzt eine gedachte Vielzahl von physikalisch gleichen Systemen, die auf irgendeine Weise über die mit den vorgegebenen Bedingungen vereinbaren quantenmechanischen Zustände verteilt sind. In den Einzelheiten ergeben sich jedoch sehr wesentliche Unterschiede gegenüber der klassischen Theorie. Zunächst stellt der quantenmechanische Zustand des Einzelsystems definitionsgemäß schon eine statistische Aussage dar. Die Einführung der virtuellen Gesamtheit bedeutet somit eine Statistik über die statistischen Aussagen der Quantenmechanik, wie wir bereits in § 3.2 ausführlich erörtert haben. Aus Gründen der formalen Konsistenz muß daher die Darstellung des Originalsystems durch die virtuelle Gesamtheit auch den Fall einschließen, daß der quantenmechanische Zustand des Originalsystems vollständig bekannt ist. Derselbe wird durch eine Gesamtheit repräsentiert, bei der sich alle ν Systeme in dem gleichen quantenmechanischen Zustand befinden. Im Gegensatz zur klassischen Statistik, welche dann ihren Sinn verliert, muß jetzt die formale Beschreibung der virtuellen Gesamtheit so beschaffen sein, daß die statistischen Größen auch in diesem Falle ihre Bedeutung behalten, indem sie in die statistischen Aussagen der Quantenmechanik übergehen. Man sagt dann, daß sich die Gesamtheit (und auch das Originalsystem) in einem reinen Zustand befindet, während man in dem allgemeinen Fall von einem gemischten Zustand spricht.

Ein weiterer Unterschied liegt darin, daß der Phasenraum der klassischen Mechanik jetzt zunächst keine Bedeutung hat und daher die Beschreibung der virtuellen Gesamtheit durch die Phasendichte nicht mehr möglich ist. Die Fundamentalgröße der Quantenstatistik muß daher notwendig einen ganz andersartigen Charakter besitzen. Auf der anderen Seite sollte sie eine möglichst weitgehende Analogie zu dem klassischen Formalismus und unter entsprechenden Voraussetzungen den Übergang zu diesem ermöglichen. Es ist VON NEUMANN[1] gelungen, eine Größe zu definieren, welche diesen verschiedenen Forderungen entspricht. Man bezeichnet dieselbe als Dichtematrix ϱ; sie spielt in der Quantenstatistik eine ähnliche Rolle wie die Phasendichte in der klassischen Theorie. Da diese Größe sich für den Fall eines reinen Zustandes auf die quantenmechanische Beschreibung reduzieren soll, hängt ihre explizite Formulierung notwendig von der jeweils benutzten quantenmechanischen Sprache ab. Wir wollen daher, um davon unabhängig zu sein, für die Definition und die folgenden Diskussionen die von der Transformationstheorie gelieferte allgemeine Sprache benutzen. Die Elemente der Dichtematrix sind dann gegeben durch die Gleichung

$$\varrho_{nm} = \frac{1}{\nu} \sum_{i=1}^{\nu} a_i^*(m,t)\, a_i(n,t) = \overline{a_m^*\, a_n}. \qquad \text{(VI 111)}$$

Sie stellen somit die über die virtuelle Gesamtheit gemittelten Werte der Größen $a^*(m,t)\, a(n,t)$ dar[2]. Aus dieser Definition folgt in Verbindung mit Gl. (VI 73) sofort, daß

$$W(n) = \overline{a_n^*\, a_n} \qquad \text{(VI 112)}$$

die Wahrscheinlichkeit ist, ein willkürlich aus der Gesamtheit herausgegriffenes System in dem durch die Eigenfunktion $\psi(n, \mathbf{q})$ charakterisierten Eigenzustand zu finden. Falls $\psi(n, \mathbf{q})$ eine Eigenfunktion des Operators $\underline{F}$ ist, so gibt (VI 112) die Wahrscheinlichkeit, an einem willkürlich herausgegriffenen System den Eigenwert F_n zu messen. Weiter folgt aus Gl. (VI 111) und (VI 69)

$$\sum_n W(n) = \sum_n \overline{a_n^*\, a_n} = \sum_n \varrho_{nn} = \text{spur } \varrho = 1. \qquad \text{(VI 113)}$$

---

[1] NEUMANN, J. VON: Gött. Nachr. **1927**, 245, 273.

[2] Die Dichtematrix ist, wie alle quantenmechanischen Matrizen, hermitisch; sie kann endlich, aber auch unendlich sein.

Diese Beziehung entspricht der Normierungsrelation für die Phasendichte Gl. (V 55). An die Stelle der Integration der Phasendichte über den Phasenraum tritt hier die Bildung der Spur, d. h. der Summe der Diagonalelemente der Dichtematrix. Mit Hilfe der Dichtematrix läßt sich der über die virtuelle Gesamtheit gemittelte Wert einer meßbaren Größe F berechnen. Aus Gl. (VI 77) und (VI 111) ergibt sich dafür

$$\bar{F} = \sum_m \sum_n F_{mn} \overline{a_m^* a_n} = \sum_n \sum_m F_{mn} \varrho_{nm} \tag{VI 114}$$

oder

$$\bar{F} = \text{spur } \mathsf{F}\,\varrho = \text{spur } \varrho\,\mathsf{F}, \tag{VI 115}$$

da die Spur einer Produktmatrix unabhängig von der Reihenfolge der Faktoren ist. Die Elemente der hermitischen Matrix F sind naturgemäß auch hier durch Gl. (VI 74) gegeben. Gl. (VI 115) ist das quantenstatistische Analogon der Gl. (V 56). An Stelle der Integration über den Phasenraum haben wir wieder Bildung der Spur der entsprechenden Matrix.

Der Übergang von der Basis ψ_n mit der Wahrscheinlichkeitsamplitude $a(n,t)$ zu einer Basis φ_l mit der Wahrscheinlichkeitsamplitude $b(l,t)$ wird, analog zu (VI 91), durch die Transformationsgleichungen

$$\varrho_b = \mathsf{S}^{-1} \varrho_a \mathsf{S} \tag{VI 116}$$

und

$$\mathsf{F}_b\,\varrho_b = \mathsf{S}^{-1} \mathsf{F}_a\,\varrho_a \mathsf{S} \tag{VI 117}$$

dargestellt, wo S wieder die durch die Gl. (VI 87) und (VI 89) definierte unitäre Matrix ist. In die Grundgleichungen (VI 113) und (VI 115) geht aber nur die Spur der betreffenden Matrizen ein. Da nun nach einem Satz der Matrizentheorie die Spur einer Matrix invariant gegen unitäre Transformationen ist, folgt, daß die mit Hilfe der Dichtematrix erhaltenen physikalischen Resultate unabhängig von der Wahl der Basis, bzw. der speziellen quantenmechanischen Sprache, sind. Dieser Satz entspricht der Invarianz der Phasendichte gegen kanonische Transformationen in der klassischen Theorie. Eine hermitische Matrix läßt sich stets durch eine unitäre Transformation auf Diagonalform bringen. Da nach Gl. (VI 112) die Elemente der Hauptdiagonalen der Dichtematrix stets positiv sind und ihre Summe, wie eben gezeigt, notwendig gleich Eins ist, müssen für die Eigenwerte der Dichtematrix, die wir mit ϱ_d bezeichnen, die beiden Relationen gelten

$$\varrho_d \geqq 0\,, \quad \sum_d \varrho_d = 1\,. \tag{VI 118}$$

Wir wollen jetzt Gl. (VI 116) benutzen, um die Dichtematrix mit Hilfe der Wahrscheinlichkeitsamplitude $\Psi(\mathbf{q},t)$ auszudrücken. Die Eigenfunktionen φ_n sind nach (VI 61) hier n-dimensionale DIRACsche δ-Funktionen. Wir haben also

$$\varphi_l = \delta(\mathbf{q} - \mathbf{q}_l)\,, \quad \varphi_k^* = \delta(\mathbf{q} - \mathbf{q}_k)\,. \tag{VI 119}[1]$$

Setzen wir diese Ausdrücke in die Gl. (VI 87) ein, so erhalten wir für die Elemente der Transformationsmatrix

$$\begin{aligned}
S_{ml} &= \int \psi_m^*(\mathbf{q})\,\delta(\mathbf{q} - \mathbf{q}_l)\,d\mathbf{q} = \psi_m^*(\mathbf{q}_l) \\
S_{nk}^* &= \int \psi_n(\mathbf{q})\,\delta(\mathbf{q} - \mathbf{q}_k)\,d\mathbf{q} = \psi_n(\mathbf{q}_k)\,.
\end{aligned} \tag{VI 120}$$

Die Größen $\psi_m^*(\mathbf{q}_l)$ und $\psi_n(\mathbf{q}_k)$ sind die Werte der Eigenfunktionen ψ_n für die speziellen Koordinatensätze $\mathbf{q}_l$ und $\mathbf{q}_k$. Bezeichnen wir die Elemente der transformierten Dichtematrix mit ϱ'_{kl}, so folgt durch Einsetzen von (VI 120) in (VI 116)

$$\varrho'_{kl} = \sum_m \sum_n \varrho_{nm}\,\psi_n(\mathbf{q}_k)\,\psi_m^*(\mathbf{q}_l)\,. \tag{VI 121}$$

---

[1] Der untere rechte Index an $\mathbf{q}$ in dieser und den folgenden Gleichungen bedeutet, abweichend von der allgemeinen Bezeichnungsweise, einen speziellen Wertesatz von $\mathbf{q}$.

Drücken wir jetzt die Elemente der Dichtematrix durch Gl. (VI 111) aus und berücksichtigen Gl. (VI 64), so folgt

$$\varrho'_{kl} = \overline{\Psi^*(\mathbf{q}_l, t)\, \Psi(\mathbf{q}_k, t)} \; . \qquad \text{(VI 122)}$$

Diese Schreibweise ist aber nur im uneigentlichen Sinne zu verstehen. Da nämlich die Werte von $\mathbf{q}$ eine dichte Folge bilden, ist ϱ' tatsächlich der Kern eines Integraloperators.

Wenn sich die Gesamtheit in einem reinen Zustand befindet, werden die Elemente der Dichtematrix

$$\varrho_{nm} = a_m^* \, a_n \; . \qquad \text{(VI 123)}$$

Die Gl. (VI 113), (VI 115), (VI 116), (VI 117) gelten naturgemäß auch für diesen Fall. Wir haben auch jetzt noch zusätzlich den speziellen Zusammenhang

$$\sum_k \varrho_{nk}\varrho_{km} = \sum_k a_k^* \, a_n a_m^* a_k = a_m^* a_n = \varrho_{nm}, \qquad \text{(VI 124)}$$

wobei wir Gl. (VI 69) benutzt haben. Gl. (VI 124) kann geschrieben werden

$$\varrho \, \varrho = \varrho \; . \qquad \text{(VI 125)}$$

Denken wir uns jetzt die Dichtematrix auf Diagonalform gebracht, so ergibt sich unmittelbar, daß (VI 125) nur erfüllt sein kann, wenn alle Eigenwerte entweder gleich Null oder gleich Eins sind. Da aber auch für die transformierte Matrix Gl. (VI 113) gilt, folgt, daß ein Eigenwert gleich Eins und alle übrigen gleich Null sind. Im Hinblick auf Gl. (VI 112) bedeutet dies, daß alle Systeme der Gesamtheit sich in dem gleichen, durch den nicht verschwindenden Eigenwert der Dichtematrix definierten, quantenmechanischen Zustand befinden. Gl. (VI 125) kann daher als notwendige und hinreichende Bedingung für einen reinen Zustand betrachtet werden.

Die zeitliche Änderung der Dichtematrix ergibt sich unmittelbar durch Anwendung der transformierten Schrödinger-Gleichung (VI 95) auf Gl. (VI 111). Man erhält dann

$$\frac{\partial \varrho_{nm}}{\partial t} = \frac{\partial}{\partial t} \overline{a_m^* a_n} = -\frac{2\pi i}{h} \sum_k \left(H_{nk} \overline{a_m^* a_k} - H_{mk}^* \overline{a_k^* a_n} \right) \qquad \text{(VI 126)}$$

oder

$$\frac{\partial \varrho_{nm}}{\partial t} = -\frac{2\pi i}{h} \sum_k \left(H_{nk} \varrho_{km} - \varrho_{nk} H_{km} \right) , \qquad \text{(VI 127)}$$

wo die Elemente der Matrix H durch Gl. (VI 94) gegeben sind. In Matrix-Notierung kann (VI 127) geschrieben werden

$$\frac{\partial \varrho}{\partial t} = -\frac{2\pi}{ih} \left(\varrho \, \mathsf{H} - \mathsf{H} \, \varrho \right) = -\frac{2\pi}{ih} \left[\varrho, \mathsf{H} \right], \qquad \text{(VI 128)}$$

wo das letzte Symbol der rechten Seite, in Analogie zu Gl. (VI 27), den Kommutator der Matrizen ϱ und H bezeichnet. Diese Gleichung stellt das quantenstatistische Analogon des Liouvilleschen Satzes in der Form der Gl. (V 61) dar. Sie zeigt wieder, daß einer Poisson-Klammer der klassischen Mechanik in der Quantenmechanik der mit $2\pi/ih$ multiplizierte Kommutator der korrespondierenden Operatoren oder Matrizen entspricht. Wir wollen diese Analogie benutzen, um kurz eine andere Formulierung der Gl. (VI 128) abzuleiten. Zunächst verallgemeinern wir die klassische Gl. (V 27) für den Fall, daß F explizit von der Zeit abhängt. Wir haben dann

$$\frac{dF}{dt} = \{F, H\} + \frac{\partial F}{\partial t} \; . \qquad \text{(VI 129)}$$

Die analoge quantenmechanische Beziehung lautet

$$\frac{d\mathsf{F}}{dt} = \frac{2\pi}{ih}\,[\mathsf{F},\,\mathsf{H}] + \frac{\partial \mathsf{F}}{\partial t} \qquad\text{(VI 130)}$$

(HEISENBERGsche Bewegungsgleichung). Setzen wir nun für F die Dichtematrix und führen Gl. (VI 128) in (VI 130) ein, so folgt

$$\frac{d\varrho}{dt} = 0 \qquad\text{(VI 131)}$$

als quantenstatistisches Analogon des Prinzips der Erhaltung der Phasendichte Gl. (V 63).

Wir beschränken jetzt auch hier unsere Betrachtung auf virtuelle Gesamtheiten, bei denen die durch Gl. (VI 115) definierten Mittelwerte notwendig zeitunabhängig sind. Dazu muß die Beziehung

$$\frac{\partial \varrho}{\partial t} = 0 \qquad\text{(VI 132)}$$

erfüllt sein. Wenn dies der Fall ist, sagt man wieder, daß die Gesamtheit sich im statistischen Gleichgewicht befindet. Als notwendige und hinreichende Bedingung dafür ergibt sich aus Gl. (VI 128)

$$[\varrho,\,\mathsf{H}] = 0\,. \qquad\text{(VI 133)}$$

Allgemein ist also eine Gesamtheit im statistischen Gleichgewicht, wenn die Dichtematrix mit der HAMILTON-Matrix vertauschbar ist. Wir greifen nun wieder den speziellen Fall von Gesamtheiten aus konservativen Systemen heraus. Um zu expliziten Aussagen zu gelangen, ist es notwendig, die Dichtematrix durch eine andere Matrix (oder mehrere Matrizen) auszudrücken, d. h. die Dichtematrix muß im ersten Fall als Funktion einer anderen Matrix F dargestellt werden. Allgemein wird die Funktion φ einer Matrix in der Weise erklärt, daß etwa

$$\varrho = \varphi\,(\mathsf{F}) \qquad\text{(VI 134)}$$

eine symbolische Darstellung für die Potenzreihe

$$\varrho = a_0 + a_1\,\mathsf{F} + a_2\,\mathsf{F}^2 + a_3\,\mathsf{F}^3 + \cdots \qquad\text{(VI 135)}$$

ist. Die letztere läßt sich ohne weiteres berechnen, da Addition und Multiplikation für Matrizen erklärt sind. Gl. (VI 135) zeigt unmittelbar, daß die Dichtematrix mit der HAMILTON-Matrix vertauschbar ist, wenn sie nur von den Konstanten der Bewegung abhängt. Dies ist die hinreichende und im allgemeinen auch notwendige Bedingung für das statistische Gleichgewicht einer Gesamtheit aus konservativen Systemen. Bei den folgenden Untersuchungen beschränken wir uns auf den einfachsten und wichtigsten Fall

$$\varrho = \varphi\,(\mathsf{H})\,. \qquad\text{(VI 136)}$$

Wählen wir hier als Basis die Energie-Eigenfunktionen, so ist

$$\begin{aligned}
H_{nm} &= \int \psi_n^*\,\underline{H}\,\psi_m\,d\mathbf{q} \\
&= E_m \int \psi_n^*\,\psi_m\,d\mathbf{q} \qquad\text{(VI 137)} \\
&= E_m\,\delta_{nm}\,.
\end{aligned}$$

Setzen wir dies in Gl. (VI 135) ein, so folgt

$$\begin{aligned}
\varrho_{nm} &= a_0\,\delta_{nm} + a_1 E_m\,\delta_{nm} + a_2 \sum_k E_k E_m\,\delta_{nk}\delta_{km} + a_3 \sum_k \sum_l E_k E_l E_m\,\delta_{nk}\delta_{kl}\delta_{lm} + \cdots \\
&= a_0\,\delta_{nm} + a_1 E_m\,\delta_{nm} + a_2 E_m^2\,\delta_{nm} + a_3 E_m^3\,\delta_{nm} + \cdots \qquad\text{(VI 138)}
\end{aligned}$$

oder in der Schreibweise der Gl. (VI 136)

$$\varrho_{nm} = \varphi(E)\, \delta_{nm}\,.\qquad\text{(VI 139)}$$

In diesem Falle reduziert sich somit die Dichtematrix auf die Hauptdiagonale.

§ 6.3*. Die physikalischen Grundlagen der Quantenstatistik

Nachdem wir in § 6.2 die allgemeine Theorie der quantenmechanischen virtuellen Gesamtheiten entwickelt haben, wollen wir nun den Sätzen, welche die Grundlage der statistischen Thermodynamik bilden, ihre endgültige Form geben. Zunächst fassen wir die für uns wesentlichen Erfahrungstatsachen über den Aufbau der Materie zusammen als Satz (I):

Die Materie ist, in der Ausdrucksweise des Partikelbildes, aus Protonen, Neutronen und Elektronen aufgebaut. Ein makroskopisch abgegrenztes Stück Materie kann für die meisten Probleme der statistischen Thermodynamik als System aus Kernen und Elektronen betrachtet werden, dessen Verhalten durch die (nicht relativistische) Quantenmechanik beschrieben wird.

Auf Grund dieses Satzes kann die quantenmechanische Voraussage des Ergebnisses einer thermodynamischen Messung in der Form

$$Z = \langle F\rangle_\tau = \frac{1}{\tau}\int\limits_{t'}^{t'+\tau} \bar F\, dt = \frac{1}{\tau}\int\limits_{t'}^{t'+\tau}\int \Psi^* \underline{F}\,\Psi\, d\mathbf{q}\, dt \qquad\text{(VI 140)}$$

geschrieben werden. In § 3.2 haben wir bereits ausführlich erörtert, daß eine solche Berechnung nicht nur praktisch undurchführbar ist, sondern auch, wegen des diskontinuierlichen Charakters der quantenmechanischen Beschreibung, nicht zu einer Begründung der Thermodynamik führen kann. Die statistische Thermodynamik ersetzt die Voraussage der Gl. (VI 140) durch die der Gl. (VI 115), wo unter ϱ jetzt die Dichtematrix einer im statistischen Gleichgewicht befindlichen virtuellen Gesamtheit verstanden wird, die im Einklang mit den fragmentarischen Kenntnissen über das Originalsystem konstruiert ist. Diese Kenntnisse müssen, wie in § 5.5 erläutert, zunächst in mechanischen Größen ausgedrückt werden. Wir setzen also voraus, daß das Originalsystem eine Energie zwischen E und $E + \varDelta E$ besitzt und daß ferner die Zahl der Teilchen und die Werte der äußeren Parameter vorgegeben sind. Für die genauere physikalische Interpretation der virtuellen Gesamtheit gibt es auch hier die beiden Wege der Ergoden-Theorie und der Hypothese der gleichen a priori-Wahrscheinlichkeiten.

Das Ergoden-Theorem der Quantenstatistik[1] ist von verschiedenen Autoren[2-4] untersucht und neuerdings von KLEIN[5] in eine Form gebracht worden, welche eine weitgehende Analogie zu den klassischen Formulierungen von VON NEUMANN[6] und BIRKHOFF[6] zeigt. Der wesentliche Inhalt der Theorie besteht in dem Nachweis, daß unter gewissen Voraussetzungen das Zeitmittel

$$\langle F\rangle_t = \lim_{\tau\to\infty}\langle F\rangle_\tau \qquad\text{(VI 141)}$$

gleich ist dem Mittel über die (in § 6.4 zu besprechende) quantenstatistische mikrokanonische Gesamtheit. Die Überlegungen sind hier dem physikalischen

---

[1] Die gelegentlich vertretene Ansicht, daß das Ergoden-Problem in der Quantenstatistik gegenstandslos sei, ist unrichtig.

[2] PAULI, W.: Sommerfeld-Festschrift „Probleme der modernen Physik". p. 30. Leipzig 1928.

[3] NEUMANN, J. v.: Z. Physik **57**, 30 (1929).

[4] PAULI, W., u. M. FIERZ: Z. Physik **106**, 572 (1938).

[5] KLEIN, M. J.: Physic. Rev. **87**, 111 (1952).

[6] Siehe S. 109, Zitat 1.

Sachverhalt insofern besser angepaßt, als die Wechselwirkung mit der Umgebung explizit berücksichtigt wird. Es ist jedoch bisher nicht bewiesen worden, daß die gemachte Voraussetzung bei realen Systemen erfüllt ist. Ferner ist die Identifizierung der Mittelwerte (VI 140) und (VI 141) nicht weniger problematisch als im klassischen Fall, denn auch das quantenmechanische Analogon des Wiederkehrsatzes[1] läßt die Frage nach der Größenordnung der Wiederkehrzeit völlig offen.

Wir wählen daher als Grundlage die Hypothese der gleichen a priori-Wahrscheinlichkeiten und formulieren dieselbe als Satz (II):

Die maskroskopischen (thermodynamischen) Gleichgewichtseigenschaften eines (im makroskopischen Sinne) abgeschlossenen Systems sind gegeben durch die Mittelwerte, die aus der entsprechenden Matrix mit Hilfe der Dichtematrix einer im statistischen Gleichgewicht befindlichen virtuellen Gesamtheit aus konservativen Systemen berechnet werden, welche den vorgegebenen Bedingungen entspricht und nur (praktisch) zugängliche Zustände einschließt.

Dieser Satz besitzt, wie schon mehrfach betont, den Charakter eines Postulates. Die folgenden Ausführungen sind daher lediglich im Sinne einer Erläuterung zu verstehen. Was zunächst die Darstellung des (nicht konservativen) Originalsystems durch eine Gesamtheit aus konservativen Systemen angeht, so wird dieselbe physikalisch gerechtfertigt durch die Tatsache, daß die Wechselwirkung mit der Umgebung geringfügig ist, sich also im HAMILTON-Operator als ein gegenüber dem HAMILTON-Operator des ungestörten Systems $\underline{H}^0$ kleiner Störungstherm $\underline{H}'$ darstellen läßt. Wir haben also

$$\underline{H} = \underline{H}^0 + \underline{H}' \,. \tag{VI 142}$$

Da die Eigenfunktionen des ungestörten Systems, d. h. die Lösungen der Gleichung

$$\underline{H}^0 \psi_n = E_n \psi_n \tag{VI 143}$$

ein normiertes Orthogonalsystem bilden, kann man diese als Basis für die Entwicklung der Ψ-Funktion des gestörten Systems wählen. Es ergibt sich dann

$$\Psi(\mathbf{q}, t) = \sum_n c_n(t) \, \psi_n(\mathbf{q}) \, e^{-\frac{2\pi i}{h} E_n^0 t} \,. \tag{VI 144}$$

Durch Einsetzen dieses Ausdruckes in die zeitabhängige SCHRÖDINGER-Gleichung erhält man ein System von Differentialgleichungen

$$\frac{dc_n(t)}{dt} = -\frac{2\pi i}{h} \sum_m H'_{nm} \, e^{\frac{2\pi i}{h}(E_n^0 - E_m^0)t} \, c_m(t) \,, \tag{VI 145}$$

wo die Elemente der hermitischen Matrix H', die durch

$$H'_{nm} = \int \psi_n^* \, \underline{H}' \, \psi_m \, d\mathbf{q} \tag{VI 146}$$

definiert sind, die sogenannten Übergangswahrscheinlichkeiten darstellen. Die Wahrscheinlichkeit, das System zu einer bestimmten Zeit in dem Zustand n zu finden, ist auch hier

$$W(n, t) = c_n^*(t) \, c_n(t) \,, \tag{VI 147}$$

wobei

$$\sum_n W(n, t) = 1 \tag{VI 148}$$

gilt. Wird durch eine Messung festgestellt, daß sich das System zur Zeit $t = 0$ in dem Zustand n befindet, so führt eine näherungsweise Integration der Gl. (VI 145)[2] zu dem Ergebnis, daß die Wahrscheinlichkeit, das System zur Zeit t

---

[1] ONO, S.: Mem. Fac. Eng. Kyushu Univ. 11, 125 (1949).
[2] TOLMAN, R. C.: The Principles of Statistical Mechanics. p. 276. Oxford 1938.

in dem Zustand m zu finden, nur dann einen nennenswerten Betrag erreicht, wenn $|E_n^0 - E_m^0|$ hinreichend klein ist.

Die vorstehende Betrachtung zeigt, daß es physikalisch sinnvoll ist, wenn man das Verhalten des Originalsystems näherungsweise als ein „Springen" zwischen den Energie-Eigenzuständen des ungestörten Systems beschreibt. Die Darstellung durch eine virtuelle Gesamtheit aus konservativen Systemen wird damit nahegelegt. Um zu weiteren Aussagen über die Dichtematrix zu gelangen, muß man die Existenz des thermodynamischen Gleichgewichtes mit gewissen „Normaleigenschaften" der Systeme als Erfahrungstatsache hinzunehmen[1]. Da dieses Verhalten allgemein nur durch eine Gesamtheit im statistischen Gleichgewicht dargestellt werden kann, folgt aus § 6.2, daß die Dichtematrix nur von den Konstanten der Bewegung abhängen darf. Aus Gründen, die den in § 5.5 angeführten analog sind, beschränken wir uns dabei auf eine Abhängigkeit von der Energie; wir setzen also

$$\varrho = \varphi\,(\mathsf{H}^0)\,. \qquad \qquad \text{(VI 149)}$$

Auch hier haben wir bei Verwendung der Energie-Eigenfunktionen eine Diagonalmatrix.

Es muß jetzt noch die Tatsache berücksichtigt werden, daß durch eine Messung die Energie E des Originalsystems festgelegt ist. Die einfachste Interpretation besteht in der Annahme, daß das Messungsergebnis einen Eigenwert des Operators $\underline{H}^0$ darstellt. In diesem Fall wird ϱ eine endliche Matrix, deren Ω Diagonalelemente den zu dem betreffenden Eigenwert gehörenden Eigenfunktionen entsprechen. Wegen (VI 149) sind diese Elemente notwendig untereinander gleich. Im Hinblick auf Gl. (VI 112) besitzen daher alle Zustände die gleiche a priori-Wahrscheinlichkeit. Es ergibt sich aber noch eine weitere, spezifisch-quantenmechanische Folgerung. Beziehen wir die generalisierte Wahrscheinlichkeitsamplitude wieder auf die Energie-Eigenfunktionen als Basis, so kann unter den obigen Voraussetzungen die Dichtematrix geschrieben werden

$$\varrho_{nm} = \overline{a_m^* a_n} = \overline{r_n\,r_m\,e^{i(\varphi_n - \varphi_m)}} = \overline{r_n\,r_m\,[\cos\,(\varphi_n - \varphi_m) + i\sin\,(\varphi_n - \varphi_m)]} = \varrho_0\,\delta_{nm}\,,$$
$$\text{(VI 150)}$$

wo ϱ_0 eine Konstante ist. Das Verschwinden der Matrixelemente außerhalb der Hauptdiagonalen legt daher auch den Phasen[2] φ_n gewisse Bedingungen auf, die man als willkürliche Verteilung der Phasen bezeichnet, weil hierdurch (VI 150) am einfachsten erfüllt wird.

Die vorstehende Deutung der Energiebedingung führt bei den Anwendungen der statistischen Thermodynamik zu dem richtigen Resultat und ist insofern wegen ihrer Einfachheit nützlich. Tatsächlich haben wir die Rechnungen der Kapitel III und IV auf dieser Grundlage durchgeführt. Das darf aber nicht darüber hinwegtäuschen, daß diese Betrachtung tatsächlich unkorrekt ist und nur auf einer besseren Grundlage als brauchbare Näherung gerechtfertigt werden kann.

Zunächst kann die Annahme, daß die Messung der Energie einen Eigenwert des Operators $\underline{H}^0$ liefert, auch bei genauester Messung nur näherungsweise zutreffen, weil $\underline{H}^0$ nicht der wahre HAMILTON-Operator des betrachteten Systems ist. Ferner muß berücksichtigt werden, daß wegen der Unbestimmtheitsrelation

$$\Delta E\,\Delta t \geqq \frac{h}{4\,\pi} \qquad \qquad \text{(VI 151)}$$

---

[1] Diese Aussage soll naturgemäß nur innerhalb des für die vorliegende Darstellung gewählten Rahmens gelten.

[2] Der Ausdruck „Phasen" ist hier im Sinne der allgemeinen Wellentheorie zu verstehen

eine völlig exakte Bestimmung der Energie nur durch eine über unendlich lange
Zeit erstreckte Beobachtung zu erreichen wäre[1]. Dies erklärt sich dadurch, daß
das System (schon infolge der Beobachtung) nicht im strengen Sinne abgeschlossen
ist und bereits während der Messung Übergänge zu benachbarten Energieniveaus
stattfinden, die sich bei unendlich langer Meßzeit herausmitteln. Sind die Abstände
der Energieniveaus groß, so finden diese Übergänge selten statt (vgl. S. 157), aber
der einzelne Übergang erbringt eine relativ große Energieänderung. Bei den
Systemen, mit denen es die statistische Thermodynamik zu tun hat, liegen die
Energie-Eigenwerte im allgemeinen sehr dicht, so daß der einzelne Übergang nur
einen kleinen Beitrag liefert, die Übergänge aber häufig stattfinden. Für die
Gesamtheit, auf die alle quantenmechanischen Aussagen zu beziehen sind, ergibt
sich in beiden Fällen das gleiche Resultat. Eine unendlich lange Meßzeit bedeutet
aber, daß man innerhalb einer endlichen Zeit keine Aussage über die Energie des
Systems machen kann. Will man daher aus der Energiebestimmung Folgerungen
ableiten und nachprüfen, so muß man eine endliche Meßzeit zugrunde legen und
damit notwendig die Unschärfe der Energie in Kauf nehmen. Es ist daher in
diesem Sinne auch prinzipiell unmöglich, einen Eigenwert des wahren HAMILTON-
Operators zu messen. Schließlich darf auch nicht außer acht gelassen werden, daß
die Ungenauigkeit einer makroskopischen Energiemessung, wie die Zahlen-
beispiele in § 4.5 zeigen, viel größer ist als der Abstand benachbarter Energieniveaus.

Bei dieser Sachlage kann das Ergebnis einer makroskopischen Energiemessung
nur so interpretiert werden, daß dadurch der Zustand des Systems auf die zum
Energiebereich zwischen E und $E + \Delta E$ gehörenden Eigenfunktionen beschränkt
wird. Die Darstellung durch eine Gesamtheit aus konservativen Systemen
erscheint jetzt noch besser begründet; die Unterschiede zwischen den Eigenwerten
der Operatoren $\underline{H}^0$ und $\underline{H}$ sowie die Frage, ob Entartung oder Fast-Entartung vorliegt, spielen unter diesen Verhältnissen überhaupt keine Rolle mehr. Dagegen
ergibt sich die explizite Gestalt der Dichtematrix jetzt nicht so selbstverständlich
wie vorher, weil die nicht verschwindenden Elemente zu einem Energieintervall
gehören. Nun sind aber, wie aus der obigen Überlegung hervorgeht, innerhalb
dieses Bereiches Energiewerte physikalisch nicht definierbar. Es kann daher hier
auch keine spezifische funktionale Abhängigkeit der Dichtematrix von der
Energie geben. Ferner macht die Theorie keine Aussage über den präzisen Wert
der Größe ΔE. Derselbe darf daher die experimentell verifizierbaren Resultate nicht
beeinflussen. Auch hierdurch wird eine Abhängigkeit von der Energie im Bereich
zwischen E und $E + \Delta E$ ausgeschlossen. Die Dichtematrix muß daher in der
gleichen Weise konstruiert werden wie für einen scharfen Eigenwert. Wir werden
daher auch hier wieder auf die gleiche a priori-Wahrscheinlichkeit aller Zustände
und die willkürliche Verteilung der Phasen geführt. Die Dichtematrix ist, wie
früher, endlich und, unter den Voraussetzungen der Gl. (VI 139), eine Diagonalmatrix. Sie unterscheidet sich von der durch Gl. (VI 149) definierten nur insofern,
als die Diagonal-Elemente jetzt alle linear unabhängigen Eigenfunktionen des
Energiebereiches zwischen E und $E + \Delta E$ umfassen. Wir bezeichnen diese Zahl
ebenfalls mit Ω. Die Gleichsetzung beider Definitionen und damit die Verwendung
der Gl. (VI 149) für explizite Rechnungen läßt sich durch eine ähnliche Überlegung
rechtfertigen, wie wir sie am Schluß von § 3.5 durchgeführt haben.

Zur Frage der Zugänglichkeit lassen sich die Überlegungen des § 5.12 ohne
weiteres auf die Quantenstatistik übertragen. Wir haben nur insofern etwas Neues,

---

[1] Damit ist gemeint, daß nur bei unendlich langer Meßzeit Energiemessungen an den
Systemen einer dem Originalsystem entsprechenden quantentheoretischen Gesamtheit
übereinstimmende Werte liefern können.

als jetzt bei Systemen aus nicht lokalisierten gleichen Teilchen infolge der Symmetriebedingungen auch der Fall prinzipieller Unzugänglichkeit von Zuständen auftritt. Nach den Ausführungen in den §§ 3.2 und 4.1 ist ohne weiteres klar, wie man diese Tatsache bei der Konstruktion der Dichtematrix zu berücksichtigen hat. Wir wollen daher an dieser Stelle nicht nochmals darauf eingehen.

§ 6.4*. Die mikrokanonische Gesamtheit der Quantenstatistik

Wir betrachten ein im makroskopischen Sinne abgeschlossenes System, für welches die Energie, die Teilchenzahlen und die äußeren Parameter vorgegeben sind. Die Energiebedingung können wir präzise so formulieren, daß alle durch Gl. (VI 146) definierten Matrixelemente des Störungsoperators $\underline{H}'$ verschwinden sollen, bei denen einer oder beide Zustände außerhalb des Intervalls E bis $E + \Delta E$ liegen. Ein solches System wird nach § 6.3 durch eine virtuelle Gesamtheit dargestellt, deren Dichtematrix, für die Basis der Energie-Eigenfunktionen, durch

$$\varrho_{nm} = \Omega^{-1}\delta_{nm} \qquad (VI\ 152)$$

gegeben ist. Hier ist Ω die Zahl der linear unabhängigen Eigenfunktionen des HAMILTON-Operators für das isolierte System, welche im Energiebereich von E bis $E + \Delta E$ liegen. Gl. (VI 152) definiert die quantenstatistische mikrokanonische Gesamtheit. Für den mikrokanonischen Mittelwert einer durch den Operator $\underline{F}$ dargestellten Größe ergibt sich aus Gl. (VI 115) und (VI 152)

$$\bar{F} = \Omega^{-1}\ \text{spur}\ \mathsf{F}\ . \qquad (VI\ 153)$$

Wir wollen diese Gleichung benutzen, um den Virialsatz auf der Grundlage der Quantenstatistik abzuleiten[1]. Dazu gehen wir aus von der SCHRÖDINGER-Gleichung des ungestörten Systems, die wir explizit schreiben

$$\sum_{i=1}^{n} - \frac{h^2}{8\pi^2 m}\ \frac{\partial^2 \psi}{\partial q_i^2} + (U - E)\ \psi = 0\ , \qquad (VI\ 154)$$

wo n die Zahl der Freiheitsgrade des Systems ist. Der Einfachheit halber setzen wir voraus, daß die q_i kanonische quantenmechanische Koordinaten sind. Lassen wir auf diese Gleichung den Operator $q_j \psi^* \dfrac{\partial}{\partial q_j}$ wirken, so folgt

$$\sum_i - \frac{h^2}{8\pi^2 m}\ q_j \psi^*\ \frac{\partial^3 \psi}{\partial q_i^2 \partial q_j} + q_j \psi^* \frac{\partial U}{\partial q_j}\ \psi + q_j \psi^* (U - E)\ \frac{\partial \psi}{\partial q_j} = 0\ . \quad (VI\ 155)$$

Andererseits ergibt sich durch Multiplikation der zu (VI 154) konjugiert komplexen Gleichung mit $q_j \dfrac{\partial \psi}{\partial q_j}$

$$q_j \psi^* (U - E)\ \frac{\partial \psi}{\partial q_j} = \sum_i \frac{h^2}{8\pi^2 m}\ q_j\ \frac{\partial \psi}{\partial q_j}\ \frac{\partial^2 \psi^*}{\partial q_i^2}\ . \qquad (VI\ 156)$$

Setzen wir dies in Gl. (VI 155) ein und summieren über j, so erhalten wir

$$\sum_i - \frac{h^2}{8\pi^2 m}\ \sum_j q_j \left(\psi^*\ \frac{\partial^3 \psi}{\partial q_i^2 \partial q_j} - \frac{\partial \psi}{\partial q_j}\ \frac{\partial^2 \psi}{\partial q_i^2} \right) + \psi^* \left(\sum_j q_j\ \frac{\partial U}{\partial q_j} \right) \psi = 0\ . \quad (VI\ 157)$$

Es ist nun

$$\psi^{*2} \frac{\partial}{\partial q_i}\ \frac{\sum\limits_j q_j \dfrac{\partial \psi}{\partial q_j}}{\psi^*} = \sum_j \left(\psi^*\ \frac{\partial q_j}{\partial q_i}\ \frac{\partial \psi}{\partial q_j} + \psi^* q_j\ \frac{\partial^2 \psi}{\partial q_i \partial q_j} - q_j\ \frac{\partial \psi}{\partial q_j}\ \frac{\partial \psi^*}{\partial q_i} \right) \qquad (VI\ 158)$$

$$= \psi^*\ \frac{\partial \psi}{\partial q_i} + \sum_j \left(\psi^* q_j\ \frac{\partial^2 \psi}{\partial q_i \partial q_j} - q_j\ \frac{\partial \psi}{\partial q_j}\ \frac{\partial \psi^*}{\partial q_i} \right)\ .$$

---

[1] SLATER, J.: J. Chem. Phys. **1**, 687 (1933).

Daraus folgt durch Differentiation

$$\sum_j q_j \left(\psi^* \frac{\partial^3 \psi}{\partial q_i^2 \partial q_j} - \frac{\partial \psi}{\partial q_j} \frac{\partial^2 \psi^*}{\partial q_i^2} \right) = -2\,\psi^* \frac{\partial^2 \psi}{\partial q_i^2} + \frac{\partial}{\partial q_i} \left(\psi^{*2} \frac{\partial}{\partial q_i} \frac{\sum\limits_j q_j \frac{\partial \psi}{\partial q_j}}{\psi^*} \right). \qquad \text{(VI 159)}$$

Bei Integration von $q_i = -\infty$ bis $q_i = +\infty$ verschwindet der zweite Term der rechten Seite, da ψ^{*2} an den Grenzen Null wird. Setzen wir nun (VI 159) in (VI 157) ein und integrieren über den gesamten Koordinatenbereich, so ergibt sich

$$2 \sum_i - \frac{h^2}{8\pi^2 m} \int \psi^* \frac{\partial^2 \psi}{\partial q_i^2}\, d\mathbf{q} = \int \psi^* \left(\sum_j q_j \frac{\partial U}{\partial q_j} \right) \psi\, d\mathbf{q}. \qquad \text{(VI 160)}$$

Nach den Vorschriften des § 6.1 definieren wir nun den Operator der kinetischen Energie durch

$$\underline{H}_0 \equiv \underline{E}_{kin} = -\frac{h^2}{4\pi^2} \sum_i \frac{1}{2m} \frac{\partial^2}{\partial q_i^2} \qquad \text{(VI 161)}$$

und den Virial-Operator durch

$$\underline{[V]} = \frac{1}{2} \sum_i q_i \frac{\partial U}{\partial q_i}. \qquad \text{(VI 162)}$$

Dann folgt aus Gl. (VI 160) nach Einsetzen der Energie-Eigenfunktionen

$$\mathsf{E}_{kin} = [\mathsf{V}] \qquad \text{(VI 163)}$$

und daraus durch Kombination mit Gl. (VI 153)

$$\bar{E}_{kin} = \overline{[V]} \qquad \text{(VI 164)}$$

in Übereinstimmung mit Gl. (VI 143). Der Virialsatz gilt somit auch in der Quantenstatistik streng und allgemein, im Gegensatz zum Äquipartitionstheorem, das hier nur ein asymptotisches Grenzgesetz darstellt.

Die Ableitung der thermodynamischen Analoga der mikrokanonischen Gesamtheit entspricht im wesentlichen den Gedankengängen der klassischen Statistik. Wir können uns daher jetzt kürzer fassen. Die wichtigste Voraussetzung, die eingeführt werden muß, besteht in der Annahme, daß Ω als stetige differenzierbare Funktion der Energie aufgefaßt werden kann. Da das Energie-Intervall von E bis $E + \Delta E$ physikalisch durch eine makroskopische Energiemessung definiert ist, bedeutet die erwähnte Annahme zunächst einfach, daß wir von der mikroskopischen zur makroskopischen Beschreibung zurückkehren. Darüber hinaus müssen die Energie-Eigenwerte so dicht liegen, daß sie für die makroskopische Beschreibung als Kontinuum betrachtet werden können. Diese Annahme (die bereits bei den Überlegungen des § 6.3 eine Rolle gespielt hat) haben wir in § 4.5 anhand eines konkreten Beispiels erörtert. Sie kann bei fast allen Problemen, die wir in diesem Buch behandeln, als erfüllt angesehen werden. Lediglich bei den allertiefsten Temperaturen, bei denen nur die untersten Niveaus besetzt sind, ist eine besondere Diskussion erforderlich.

Die Energie muß naturgemäß auch hier als Funktion der äußeren Parameter x_j betrachtet werden. Daraus ergibt sich unmittelbar als Definition einer mittleren generalisierten Kraft

$$\bar{X}_j = -\Omega^{-1} \sum_{m=1}^{\Omega} \frac{\partial E_m}{\partial x_j}. \qquad \text{(VI 165)}$$

Die durch eine Änderung der äußeren Parameter bedingte mittlere Änderung der Energie ist dann

$$\overline{\Delta E} = \Delta A = \Omega^{-1} \sum_j \sum_m \frac{\partial E_m}{\partial x_j} \Delta x_j. \qquad \text{(VI 166)[1]}$$

---

[1] Das hier benutzte Symbol Δ hat nichts mit dem in der Definition der mikrokanonischen Gesamtheit auftretenden ΔE zu tun.

Wir betrachten nun wieder eine adiabatische Parameteränderung, bei der nur die äußeren Parameter unabhängige Variable sind und die Änderung der Energie durch Gl. (VI 166) bestimmt ist. Dann gilt

$$\overline{\Delta\Omega} = \left(\frac{\partial\Omega}{\partial E}\right)_x \overline{\Delta E} + \sum_j \left(\frac{\partial\Omega}{\partial x_j}\right)_E \Delta x_j \,. \qquad \text{(VI 167)}$$

Der zweite Term der rechten Seite gibt die Änderung der Zahl der Zustände der Energie E durch Änderung der äußeren Parameter bei konstantem E. Diese ist zunächst gleich der Summe über alle Zustände, deren Energie durch die Parameteränderung beeinflußt wird. Dafür kann aber die mittlere Energieänderung multipliziert mit der negativen Ableitung von Ω nach E gesetzt werden. Die beiden Terme auf der rechten Seite von Gl. (VI 167) sind somit entgegengesetzt gleich, und es folgt

$$\overline{\Delta\Omega} = 0 \,. \qquad \text{(VI 168)}$$

Die Größe Ω ist somit invariant gegen adiabatische Parameteränderungen. Für die zeitliche Änderung der Parameter des Originalsystems (welches durch die mikrokanonische Gesamtheit abgebildet wird) läßt sich dieser Satz mit Hilfe der zeitabhängigen SCHRÖDINGER-Gleichung ableiten.

Allgemein gilt nun

$$d \ln\Omega = \frac{\partial \ln\Omega}{\partial E} dE + \sum_j \frac{\partial \ln\Omega}{\partial x_j} dx_j \,. \qquad \text{(VI 169)}$$

Aus den Formeln für implizite Funktionen folgt aber

$$\sum_j \frac{\partial \ln\Omega}{\partial x_j} dx_j = \frac{\partial \ln\Omega}{\partial E} \sum_j X_j dx_j \,. \qquad \text{(VI 170)}$$

Die Größe $\ln\Omega$ ist daher, wie der Vergleich mit Gl. (V 169) zeigt, ein statistisches Analogon der Entropie, wenn $\dfrac{\partial \ln\Omega}{\partial E}$ mit der reziproken absoluten Temperatur identifiziert werden kann. Die Anpassung an die übliche Temperaturskala ergibt die aus Kapitel III und IV bekannte Beziehung

$$S = k \ln\Omega \,. \qquad \text{(VI 171)}$$

In diese Entropiedefinition geht implizit die eigentlich nur qualitativ bestimmte Größe ΔE ein. Man muß daher fragen, welchen Einfluß diese Unbestimmtheit auf die thermodynamische Größe S hat. Für die Untersuchung dieser Frage formulieren wir zunächst den oben postulierten Übergang von der arithmetischen zur geometrischen Verteilung durch die Gleichung

$$\Omega = \Omega(E) \, \Delta E \,, \qquad \text{(VI 172)}$$

wo E jetzt [im Gegensatz zu Gl. (VI 169)] als in der „mikroskopischen Skala" gemessen zu denken ist. Es muß dann gelten

$$\ln \int_0^E \Omega(E) \, dE - \ln \frac{E}{\Delta E} \leqq \ln \left[\Omega(E) \, \Delta E\right] \leqq \ln \int_0^E \Omega(E) \, dE \,. \qquad \text{(VI 173)}$$

Wenn auf der linken Seite der zweite Term gegen den ersten vernachlässigt werden kann, gilt das Gleichheitszeichen und wir können als Entropiedefinition schreiben

$$S = k \ln \int_0^E \Omega(E) \, dE \,. \qquad \text{(VI 174)}$$

Die unbestimmte Größe ΔE kommt in diesem Ausdruck nicht mehr vor. Die physikalische Bedeutung der beiden Entropiedefinitionen liegt darin, daß die

Entropie in Gl. (VI 171) proportional dem Logarithmus der Zahl der Quantenzustände im Energieintervall von E bis $E + \varDelta E$ gesetzt wird, die also das System tatsächlich einnehmen kann, während sie in Gl. (VI 174) proportional dem Logarithmus der Zahl aller Quantenzustände gesetzt wird, die mit einer Energie $\leq E$ erreichbar sind. Die Gültigkeit der Voraussetzung hängt ab einmal von der Größenordnung von $\ln \Omega$, zum anderen von der Größenordnung von $\ln (E/\varDelta E)$, die praktisch durch die Genauigkeit der makroskopischen Energiemessung bestimmt wird. Beispielsweise ist für ein Mol Helium bei 273° K und 1 Atm. $\ln \Omega \approx 10^{25}$. Würde die Energie auf hundert Stellen genau gemessen (was weit jenseits aller experimentellen Realisierungsmöglichkeiten liegt), so hätte man $\ln (E/\varDelta E) \approx 10^2$. Selbst in diesem Falle liegt der Unterschied der aus den beiden Entropiedefinitionen berechneten Zahlenwerte weit unterhalb der experimentellen Nachweisgrenze. Vom praktischen Standpunkt ist also jedenfalls die Unbestimmtheit der Größe $\varDelta E$ bedeutungslos für die Definition der Entropie.

Wie weit man prinzipiell die Größe $\varDelta E$ verkleinern kann, mag (im Hinblick auf die Notwendigkeit, das System zu isolieren) als offene Frage betrachtet werden. Sicher ist nach (VI 151), daß dies nur auf Kosten der Beobachtungszeit möglich ist. Unter diesen Umständen ergeben sich Zusammenhänge zwischen Entropie und Beobachtung, die in neuerer Zeit von verschiedenen Autoren (z. B.[1, 2]) diskutiert worden sind. Da dieselben jedoch vorläufig noch keine unmittelbare Bedeutung für die statistische Thermodynamik besitzen, wollen wir uns mit diesem Hinweis begnügen.

Die Beziehung zwischen mikrokanonischer Gesamtheit und μ-Raum-Statistik ist in der Quantenstatistik übersichtlicher als in der klassischen Theorie, und einige Überlegungen aus § 5.13 lassen sich ohne weiteres auf diesen Fall übertragen. Die DARWIN-FOWLERsche Methode stellt sich unter diesem Gesichtspunkt dar als eine Berechnung mikrokanonischer Mittelwerte für separierbare Systeme.

§ 6.5*. Die kanonische Gesamtheit der Quantenstatistik

Aus den in § 5.14 angeführten Gründen bildet die Theorie der mikrokanonischen Gesamtheit wegen ihrer speziellen Randbedingungen auch in der Quantenstatistik noch keine hinreichend allgemeine Grundlage für die statistische Begründung der Thermodynamik. Wir betrachten daher jetzt den Fall, daß das Originalsystem sich mit seiner Umgebung im thermischen Gleichgewicht befindet, also ungehindert Energie mit ihr austauschen kann. Die spezielle Form der Gl. (VI 136) muß dann naturgemäß so beschaffen sein, daß die Dichtematrix das ganze Eigenwertspektrum umfaßt. Unter gewissen Annahmen kann man ihre explizite Gestalt dann auch nach quantenmechanischen Methoden ableiten[3–5]. Wir verzichten auch hier auf die Ableitung und postulieren unmittelbar

$$\varrho = e^{\frac{\psi - \mathsf{H}}{\Theta}} \qquad\qquad (\text{VI } 175)[6]$$

oder explizit

$$\varrho = e^{\frac{\psi}{\Theta}}\left(1 - \frac{\mathsf{H}}{\Theta} + \frac{1}{2!}\frac{\mathsf{H}^2}{\Theta^2} - \frac{1}{3!}\frac{\mathsf{H}^3}{\Theta^3} + \cdots\right). \qquad (\text{VI } 176)$$

---

[1] DAVYDOV, B.: J. Phys. (USSR) **11**, 33 (1947).

[2] BRILLOUIN, L.: J. Appl. Phys. **24**, 1152 (1953).

[3] TOLMAN, R. C.: The Principles of Statistical Mechanics. Oxford 1938.

[4] KEMBLE, E. C.: Physic. Rev. **56**, 1013 (1939).

[5] KEMBLE, E. C.: Physic. Rev. **56**, 1146 (1939).

[6] H bezeichnet die HAMILTON-Matrix des ungestörten Systems. Den Index 0 lassen wir von jetzt ab weg. Das hier im Anschluß an GIBBS und TOLMAN gebrauchte Symbol ψ darf nicht mit der quantenmechanischen ψ-Funktion verwechselt werden, die ebenfalls in diesem Paragraphen vorkommt.

Diese Gleichungen definieren die quantenstatistische kanonische Gesamtheit. Für die Basis der Energie-Eigenfunktionen erhalten wir hier als spezielle Form der Gl. (VI 139)

$$\varrho_{nm} = e^{\frac{\psi - E_m}{\Theta}}\, \delta_{nm} \,. \qquad\qquad \text{(VI 177)}$$

Die Wahrscheinlichkeit, ein willkürlich herausgegriffenes System in einem durch den Index n charakterisierten Eigenzustand der Energie zu finden, ist dann nach (VI 112)

$$W(n) = \varrho_{nn} = e^{\frac{\psi - E_n}{\Theta}} \,. \qquad\qquad \text{(VI 178)}$$

Ferner gilt nach (VI 113)

$$\sum_n \varrho_{nn} = \sum_n e^{\frac{\psi - E_n}{\Theta}} = 1 \qquad\qquad \text{(VI 179)}$$

oder

$$e^{-\frac{\psi}{\Theta}} = \sum_n e^{-\frac{E_n}{\Theta}} \,. \qquad\qquad \text{(VI 180)}$$

In den vorstehenden Formeln beziehen sich die Indizes auf die Energie-Eigenfunktionen. Für manche Betrachtungen ist es zweckmäßig, den Entartungsgrad Ω_l einzuführen. Wir haben dann für die Wahrscheinlichkeit, einen Energie-Eigenwert E_l zu finden

$$W(E_l) = \Omega_l\, e^{\frac{\psi - E_l}{\Theta}} \,, \qquad\qquad \text{(VI 181)}$$

während Gl. (VI 180) jetzt lautet

$$e^{-\frac{\psi}{\Theta}} = \sum_l \Omega_l\, e^{-\frac{E_l}{\Theta}} \,, \qquad\qquad \text{(VI 182)}$$

wo über die Gruppen entarteter Zustände (die durch den Index l unterschieden werden) zu summieren ist. Diese Schreibweise zeigt deutlich den Aufbau der kanonischen Gesamtheit aus einer Vielzahl von mikrokanonischen Gesamtheiten, den wir bereits in § 5.14 erörtert haben. Für den kanonischen Mittelwert einer Größe F haben wir als Spezialfall der Gl. (VI 115)

$$\bar{F} = \sum_n F_{nn}\, e^{\frac{\psi - E_n}{\Theta}} = \sum_l F_l\, \Omega_l\, e^{\frac{\psi - E_l}{\Theta}} \,, \qquad\qquad \text{(VI 183)}$$

wo F_{nn} das Matrix-Element des Operators $\underline{F}$ für die Basis der Energie-Eigenfunktionen ist und F_l den über die Ω_l zum Energie-Eigenwert E_l gehörigen Eigenfunktionen gebildeten Mittelwert der Größe F bezeichnet, der durch Gl. (VI 153) definiert ist. Für die mittlere Energie ergibt sich daraus die einfache Formel

$$\bar{E} = \sum_l E_l\, \Omega_l\, e^{\frac{\psi - E_l}{\Theta}} \,. \qquad\qquad \text{(VI 184)}$$

Diese Größe stellt offenbar jetzt das statistische Analogon der thermodynamischen inneren Energie dar. Für die Ableitung weiterer Analoga müssen die Energie-Eigenwerte als stetige differenzierbare Funktionen der äußeren Parameter x_j betrachtet werden. Wir erhalten dann durch Differentiation der Gl. (VI 182)

$$e^{-\frac{\psi}{\Theta}}\left(-\frac{1}{\Theta}\,d\psi + \frac{\psi}{\Theta^2}\,d\Theta\right) = \frac{1}{\Theta^2}\,d\Theta \sum_l E_l \Omega_l\, e^{-\frac{E_l}{\Theta}} - \frac{1}{\Theta} \sum_j d\,x_j \sum_l \frac{\partial E_l}{\partial x_j}\, \Omega_l\, e^{-\frac{E_l}{\Theta}}$$

$$\text{(VI 185)}$$

oder, wenn wir die Definitionen der generalisierten Kraft und des kanonischen Mittelwertes einführen,

$$d\psi = \frac{\psi}{\Theta} d\Theta - \frac{\bar{E}}{\Theta} d\Theta - \sum_j X_j \, d\,x_j.$$

(VI 186)

Setzen wir

$$\bar{\eta} = \frac{\psi - \bar{E}}{\Theta},$$

(VI 187)

so wird

$$d\psi = \bar{\eta} \, d\Theta - \sum_j \bar{X}_j d\,x_j$$

(VI 188)

in Übereinstimmung mit Gl. (V 263). Es ergibt sich somit wieder, daß die Größe ψ ein statistisches Analogon der freien Energie nach HELMHOLTZ darstellt, wenn $-\bar{\eta}$ mit der Entropie und Θ mit der absoluten Temperatur identifiziert werden darf. Wir wollen jetzt etwas ausführlicher zeigen, daß dies tatsächlich der Fall ist.

Die an einem System im n-ten Eigenzustand geleistete Arbeit ist

$$d A_n = d E_n = - \sum_j X_j d\,x_j.$$

(VI 189)

Die mittlere, an einem System der kanonischen Gesamtheit geleistete Arbeit ist dann

$$d'A = \sum_n \varrho_n d A_n = - \sum_j \bar{X}_j d\,x_j.$$

(VI 190)[1]

Wir definieren nun die mittlere einem System zugeführte Wärme durch

$$d'Q = d\,\bar{E} - d'A$$

(VI 191)

(I. Hauptsatz der Thermodynamik). Nun ist nach (VI 184)

$$d\bar{E} = \sum_n (\varrho_n d E_n + E_n d \varrho_n).$$

(VI 192)

Ferner folgt aus (VI 189) und (VI 190)

$$d'A = \sum_n \varrho_n d E_n.$$

(VI 193)

Setzen wir (VI 192) und (VI 193) in (VI 191) ein und benutzen die aus (VI 179) folgende Beziehung

$$\sum_n d \varrho_n = 0,$$

(VI 194)

so erhalten wir

$$d'Q = \sum_n (E_n - \psi) \, d \varrho_n.$$

(VI 195)

Wir wollen jetzt zeigen, daß $d'Q/\Theta = - d\bar{\eta}$ und ein vollständiges Differential ist. Aus Gl. (VI 177) bekommen wir

$$E_n - \psi = - \Theta \ln \varrho_n.$$

(VI 196)

Das ergibt mit (VI 195)

$$\frac{d'Q}{\Theta} = - \sum_n \ln \varrho_n d \varrho_n.$$

(VI 197)

Benutzen wir jetzt Gl. (VI 187) und (VI 194) so folgt

$$\frac{d'Q}{\Theta} = - d \left(\sum_n \varrho_n \ln \varrho_n \right) = - d\bar{\eta},$$

(VI 198)

---

[1] Da wir im folgenden als Basis stets die Energie-Eigenfunktionen benutzen und ϱ somit eine Diagonalmatrix ist, können wir den zweiten Index an den Diagonal-Elementen weglassen.

womit die Behauptung bewiesen ist. Um den Beweis, daß $-\bar{\eta}$ ein statistisches Analogon der Entropie ist, zu vervollständigen, muß jetzt noch gezeigt werden, daß Θ die Eigenschaften der empirischen Temperatur besitzt. Wir betrachten dazu zwei Systeme 1 und 2, die zunächst voneinander getrennt seien und durch kanonische Gesamtheiten mit den Dichtematrizen

$$\varrho_1 = e^{\frac{\psi_1 - E_1_n}{\Theta}} \qquad \text{(VI 199)}$$

und

$$\varrho_2 = e^{\frac{\psi_2 - E_2_m}{\Theta}} \qquad \text{(VI 200)}$$

dargestellt werden. Beide Systeme können wir in Gedanken als ein einziges System auffassen, für dessen Dichtematrix dann naturgemäß gilt

$$\varrho_{1,2} = e^{\frac{\psi_1 + \psi_2 - \left(E_1_n + E_2_m\right)}{\Theta}} \qquad \text{(VI 201)}$$

Die durch diesen Ausdruck dargestellte kanonische Gesamtheit kommt dadurch zustande, daß jedes System der Gesamtheit 1 mit jedem System der Gesamtheit 2 kombiniert wird. Werden nun die beiden Systeme auch in Wirklichkeit vereinigt durch Herstellen einer wärmeleitenden Verbindung, so tritt im HAMILTON-Operator ein zusätzliches Störungsglied $\underline{H}_{12}$ auf. Die Dichtematrix ist dann, wenn wir die Energie-Eigenfunktionen des ungestörten Systems als Basis beibehalten, nicht mehr diagonal. Ferner werden, wie die quantenmechanische Störungsrechnung zeigt, die entarteten Eigenwerte des ungestörten Problems im allgemeinen aufgespalten[1]. Der thermodynamischen Definition der empirischen Temperatur liegt aber die Annahme zugrunde, daß diese Störung völlig vernachlässigt werden kann[2]. Führen wir diese Annahme hier ein, so folgt, daß auch nach Herstellen der wärmeleitenden Verbindung das Gesamtsystem durch die Dichtematrix (VI 201) dargestellt wird. Wenn aber für die getrennten Systeme einzeln gilt

$$\varrho_1 = e^{\frac{\psi_1 - E_1_n}{\Theta_1}} \qquad \text{(VI 202)}$$

und

$$\varrho_2 = e^{\frac{\psi_2 - E_2_m}{\Theta_2}} \qquad \text{(VI 203)}$$

so haben wir für das in Gedanken konstruierte Gesamtsystem

$$\varrho_{1,2} = e^{\frac{\psi_1 - E_1_n}{\Theta_1} + \frac{\psi_2 - E_2_m}{\Theta_2}} . \qquad \text{(VI 204)}$$

Wird nun wieder eine wärmeleitende Verbindung hergestellt, so muß das Gesamtsystem im Gleichgewicht wieder durch eine kanonische Gesamtheit dargestellt werden, d. h. durch eine Dichtematrix von der Form der Gl. (VI 201). Diese fällt aber dann und nur dann mit (VI 204) zusammen, wenn $\Theta_1 = \Theta_2$ ist.

---

[1] Näheres siehe in den Lehrbüchern der Quantenmechanik.

[2] Sie wird dadurch gerechtfertigt, daß die Thermodynamik streng nur für den Grenzfall unendlich großer Systeme gilt Näheres s. Kap. VII.

Wir haben also den Satz: Die gemeinsame Dichtematrix zweier Systeme wird durch Herstellen einer wärmeleitenden Verbindung dann und nur dann nicht geändert, wenn der Verteilungsmodul Θ für beide Systeme den gleichen Wert hat. Damit ist Θ als Analogon der empirischen und im Hinblick auf Gl. (VI 198) auch der absoluten Temperatur identifiziert. Wie man durch Anwendung auf das ideale Gas verifiziert, gilt auch hier

$$\Theta = kT \ . \tag{VI 205}$$

Wir können nun die Definitionsgleichung der Entropie schreiben

$$S = - k\bar{\eta} = - k \operatorname{spur} (\varrho \ln \varrho) \ . \tag{VI 206}$$

Die rechte Seite dieser Gleichung stellt den allgemeinsten quantenstatistischen Ausdruck für die Entropie dar (vgl. dazu[1, 2, 3]). Sie bildet das Analogon der klassischen Gl. (V 208).

Wir betrachten jetzt wieder eine unendlich langsame adiabatische Änderung der äußeren Parameter. Ganz allgemein haben wir zunächst für eine Variation der kanonischen Verteilung aus Gl. (VI 187)

$$\delta \bar{\eta} = \frac{\delta \psi}{\Theta} - \frac{\delta E}{\Theta} - \frac{\psi - E}{\Theta^2} \delta \Theta \ . \tag{VI 207}$$

Andererseits ist, wenn wir (VI 186) entsprechend umschreiben

$$\frac{\delta \psi}{\Theta} + \frac{1}{\Theta} \sum_j X_j \, \delta x_j - \frac{\psi - E}{\Theta^2} \delta \Theta = 0 \ . \tag{VI 208}$$

Aus diesen beiden Gleichungen folgt

$$- \delta \bar{\eta} = \frac{\delta E}{\Theta} + \frac{1}{\Theta} \sum_j X_j \, \delta x_j \ . \tag{VI 209}$$

Für den betrachteten Prozeß ergibt sich nun aus der Tatsache, daß die kanonische Gesamtheit als aus mikrokanonischen Gesamtheiten aufgebaut gedacht werden kann, und aus Gl. (VI 168), daß die Zahl der Eigenfunktionen nicht geändert wird. Es findet somit lediglich eine Verschiebung der Eigenwerte statt. Setzen wir nun voraus, daß sich wieder eine kanonische Verteilung einstellt[4] und berücksichtigen, daß definitionsgemäß die Energie nur durch die Variation der äußeren Parameter geändert wird, so haben wir (bis auf Glieder höherer Ordnung)

$$\delta E = \sum_n \varrho_n \left(\sum_j \frac{\partial E_n}{\partial x_j} \delta x_j \right) = - \sum X_j \delta x_j \ . \tag{VI 210}$$

Durch Einsetzen in (VI 209) erhalten wir dann

$$\delta \bar{\eta} = 0 \ . \tag{VI 211}$$

Damit haben wir auch auf der Grundlage der kanonischen Gesamtheit den thermodynamischen Satz abgeleitet, daß die Entropie durch einen quasistatisch-adiabatischen Prozeß nicht geändert wird.

Die mit Hilfe der freien Energie nach HELMHOLTZ formulierte thermodynamische Gleichgewichtsbedingung (V 266) läßt sich ohne Schwierigkeit auch quantenstatistisch begründen. Dazu müssen wir zeigen, daß die Größe $\bar{\eta} + \dfrac{E}{\Theta}$ für die kanonische Gesamtheit ein Minimum wird gegenüber variierten Gesamtheiten,

---

[1] NEUMANN, J. VON: Gött. Nachr. **1927**, 245, 273.

[2] TOLMAN, R. C.: The Principles of Statistical Mechanics. Oxford 1938.

[3] KEMBLE, E. C.: Physic. Rev. **56**, 1013, 1146 (1939).

[4] Daß diese Annahme für $n \to \infty$ korrekt ist, wurde auf der Grundlage der klassischen Statistik von L. ROSENFELD [Proc. Kon. Med. Akad. Wet. **45**, 970 (1942)] gezeigt.

die sich nicht im statistischen Gleichgewicht befinden. Eine solche variierte Gesamtheit kann etwa beschrieben werden durch eine Dichtematrix

$$\varrho' = e^{\frac{\psi - \mathbf{H}}{\Theta}} \cdot e^{\mathbf{z}} , \qquad (VI\ 212)$$

wo $\mathbf{z}$ eine mit $\mathbf{H}$ nicht vertauschbare, sonst aber beliebige quantenmechanische Matrix ist. Dabei gilt

$$\text{spur } \varrho' = 1 . \qquad (VI\ 213)$$

Es ist nun

$$\bar{\eta}' + \frac{E'}{\Theta} = \sum_n \varrho'_n \left(\ln \varrho'_n + \frac{E_n}{\Theta} \right) \qquad (VI\ 214)$$

und somit

$$\left(\bar{\eta}' + \frac{E'}{\Theta} \right) - \left(\bar{\eta} + \frac{E}{\Theta} \right) = \sum_n e^{\frac{\psi - E_n}{\Theta} + z_n} z_n , \qquad (VI\ 215)$$

wo z_n das mit der Energie-Eigenfunktion $\psi_n(\mathbf{q})$ gebildete Matrixelement der Hauptdiagonalen bezeichnet. Mit Rücksicht auf (VI 179) und (VI 213) kann diese Gleichung geschrieben werden

$$\left(\bar{\eta}' + \frac{E'}{\Theta} \right) - \left(\bar{\eta} + \frac{E}{\Theta} \right) = \sum_n e^{\frac{\psi - E_n}{\Theta} + z_n} z_n + \sum_n e^{\frac{\psi - E_n}{\Theta}} - \sum_n e^{\frac{\psi - E_n}{\Theta} + z_n} \qquad (VI\ 216)$$

oder

$$\left(\bar{\eta}' + \frac{E'}{\Theta} \right) - \left(\bar{\eta} + \frac{E}{\Theta} \right) = \sum_n e^{\frac{\psi_n - E_n}{\Theta}} \left(e^{z_n} z_n + 1 - e^{z_n} \right) . \qquad (VI\ 217)$$

Der Klammerausdruck auf der rechten Seite hat die gleiche Form wie bei den analogen Problemen der klassischen Statistik. Er genügt der Beziehung

$$e^{z_n} z_n + 1 - e^{z_n} \geqq 0 , \qquad (VI\ 218)$$

wobei das Gleichheitszeichen nur für den Fall $z_n = 0$ gilt. Es folgt daher

$$\bar{\eta}' + \frac{E'}{\Theta} \geqq \bar{\eta} + \frac{E}{\Theta} , \qquad (VI\ 219)$$

womit die Behauptung bewiesen ist.

Wir wollen jetzt noch die Frage der Additivität der Entropie kurz erörtern[1]. Um das Problem möglichst allgemein zu behandeln, gehen wir dabei von der Definition Gl. (VI 206) aus. Wir betrachten wieder zwei Teilsysteme 1 und 2. Der Satz φ_n bezeichne ein vollständiges normiertes orthogonales Funktionensystem im Konfigurationsraum des Systems 1, der Satz χ_m ein analoges System im Konfigurationsraum des Systems 2. Dann bildet der Satz $\psi_{nm} = \varphi_n \chi_m$ ein vollständiges normiertes orthogonales Funktionensystem im Konfigurationsraum des Gesamtsystems $1 + 2$. Der Zustand des Gesamtsystems werde durch eine Dichtematrix $\varrho_{1,2}$ beschrieben, deren Elemente wir für die Basis der ψ_{nm} mit $\varrho_{1,2}(n\,m,\,n'm')$ bezeichnen. Die Dichtematrix für das Teilsystem 1 ist dann definiert durch

$$\varrho_1(n,\,n') = \sum_m \varrho_{1,2}(n\,m,\,n'm) , \qquad (VI\ 220)$$

die für das Teilsystem 2 durch

$$\varrho_2(m,\,m') = \sum_n \varrho_{1,2}(n\,m,\,n\,m') . \qquad (VI\ 221)$$

Wir nehmen nun an (was nach § 6.2 stets möglich ist), daß ϱ_1 und ϱ_2 auf Diagonalform gebracht worden sind und daß φ_n und χ_m die entsprechenden Basen sind. Im allgemeinen Fall ist dann $\varrho_{1,2}$ für die Basis ψ_{nm} keine Diagonalmatrix.

---

[1] KEMBLE, E. C.: Physic. Rev. **56**, 1146 (1939).

Um diesen Sachverhalt zu verdeutlichen, schreiben wir die Ausdrücke für die Entropie

$$S_1 = -k \sum_n \varrho_1(n, n) \ln \varrho_1(n, n) \tag{VI 222}$$

$$S_2 = -k \sum_m \varrho_2(m, m) \ln \varrho_2(m, m) \tag{VI 223}$$

$$S_{1,2} = -k \operatorname{spur}(\varrho_{1,2} \ln \varrho_{1,2}) \ . \tag{VI 224}$$

Wir betrachten jetzt den Fall, der durch

$$\varrho_{1,2} = \varrho_1 \varrho_2 \tag{VI 225}$$

beschrieben wird. Es folgt dann unmittelbar, daß für die Basis ψ_{nm} nun auch $\varrho_{1,2}$ eine Diagonalmatrix ist. Wir haben also

$$\varrho_{1,2}(n\,m, n\,m) = \varrho_1(n, n)\, \varrho_2(m, m) \ . \tag{VI 226}$$

Setzen wir dies in (VI 224) ein, so folgt

$$S_{1,2} = -k \sum_n \sum_m \varrho_1(n, n)\, \varrho_2(m, m) \ln \varrho_1(n, n)\, \varrho_2(m, m) \tag{VI 227}$$

oder, mit Rücksicht auf (VI 113)

$$S_{1,2} = -k \left[\sum_n \varrho_1(n, n) \ln \varrho_1(n, n) + \sum_m \varrho_2(m, m) \ln \varrho_2(m, m) \right] . \tag{VI 228}$$

Der Vergleich mit (VI 222) und (VI 223) ergibt dann

$$S_{1,2} = S_1 + S_2 \ . \tag{VI 229}$$

Für dieses Ergebnis ist die Bedingung (VI 225) nicht nur hinreichend, sondern, wie man beweisen kann[1], auch notwendig. Sie besagt, daß die Zustände der Systeme 1 und 2 unabhängig voneinander sind in dem Sinne, daß $\varrho_{1,2}$ keine Aussage darüber enthält, daß das Ergebnis einer Messung an 1 die Erwartung für das Ergebnis einer Messung an 2 beeinflussen könnte. Dies trifft nicht nur dann zu, wenn die Teilsysteme 1 und 2 völlig unabhängig sind, sondern auch, wie sich aus den früheren Überlegungen und Gl. (VI 201) ergibt, wenn sie miteinander im thermischen Gleichgewicht stehen. Wir können daher sagen: Die Entropie eines Gesamtsystems ist gleich der Summe der Entropien der Teilsysteme, wenn diese völlig voneinander unabhängig oder miteinander im thermischen Gleichgewicht sind.

Wenn die Voraussetzung (VI 225) nicht erfüllt ist, so gilt, wie wir hier nicht beweisen wollen[1],

$$S_{1,2} < S_1 + S_2 \ . \tag{VI 230}$$

Der allgemeine Zusammenhang zwischen der Entropie des Gesamtsystems und den Entropien der Teilsysteme läßt sich daher schreiben

$$S_{1,2} \leqq S_1 + S_2 \ . \tag{VI 231}$$

Diese Beziehung ist auf der Grundlage der klassischen Statistik bereits von GIBBS[2] abgeleitet worden.

Für die Anwendung der kanonischen Gesamtheit ist es zweckmäßig, die thermodynamischen Größen durch die Zustandssumme oder Verteilungsfunktion des Gesamtsystems auszudrücken. Dieselbe ist definiert durch die Gleichung

$$Q = \sum_n{}' e^{-\frac{E_n}{kT}} = \sum_l \Omega_l\, e^{-\frac{E_l}{kT}} \ . \tag{VI 232}$$

---

[1] KEMBLE, E. C.: Siehe S. 167.
[2] GIBBS, J. W.: Elementary Principles in Statistical Mechanics, chapter XI, Collected Works, Vol. II. New Haven 1948.

Wir haben dann, wie sich aus dem früheren ohne weiteres ergibt, für die freie Energie nach HELMHOLTZ

$$F = -kT \ln Q, \tag{VI 233}$$

für die Entropie

$$S = k\left(\ln Q + T\,\frac{\partial \ln Q}{\partial T}\right), \tag{VI 234}$$

für die innere Energie

$$E = -kT^2\,\frac{\partial \ln Q}{\partial T}, \tag{VI 235}$$

und für den Druck

$$P = kT\,\frac{\partial \ln Q}{\partial V}. \tag{VI 236}$$

Die Summierung in Gl. (VI 232) ist im Falle der BOSE-EINSTEIN-Statistik nur über die symmetrischen, im Falle der FERMI-DIRAC-Statistik nur über die antisymmetrischen Eigenfunktionen zu erstrecken.

§ 6.6*. Berechnung der Verteilungsfunktion. Die BLOCHsche Gleichung

Die direkte Berechnung der Verteilungsfunktion (VI 232) ist (abgesehen von dem Fall separierbarer Systeme, den wir in der μ-Raum-Statistik behandelt haben) eine praktisch unlösbare Aufgabe. Es ist daher notwendig, das Problem zunächst auf eine andere mathematische Form zu bringen, die einer rechnerischen Behandlung leichter zugänglich ist. Um das Prinzip der Umformung deutlicher hervortreten zu lassen, werden wir dabei zunächst die Symmetriebedingungen nicht berücksichtigen.

Mit Hilfe der allgemeinen Definition der kanonischen Gesamtheit Gl. (VI 175) kann die Verteilungsfunktion geschrieben werden

$$Q = \operatorname{spur}\,(e^{-\beta \mathsf{H}}) \tag{VI 237}$$

oder

$$Q = \sum_n \int \psi_n^* \, e^{-\beta \underline{H}} \, \psi_n \, d\mathbf{q}. \tag{VI 238]^1}$$

Wir haben dabei (wie schon früher in § 2.4 und 5.13) gesetzt

$$\beta = (kT)^{-1}, \tag{VI 239}$$

was für die folgenden Rechnungen zweckmäßig ist. Nun ist (vgl. § 6.2) die Spur einer Matrix invariant gegen eine Transformation der Basis. Wir können daher an Stelle der Eigenfunktion des HAMILTON-Operators die Eigenfunktionen des Impuls-Operators einführen. Diese sind, wenn wir die Teilchen als Massenpunkte betrachten[2], nach Gl. (VI 63) gegeben durch

$$\chi(\mathbf{p}, \mathbf{q}) = \frac{1}{h^{3/2 N}}\, e^{\frac{2\pi i}{h}\sum_{i=1}^{N} \mathbf{p}_i \mathbf{q}_i} \tag{VI 240}$$

wo $\mathbf{p}_i$ den Impulsvektor, $\mathbf{q}_i$ den Ortsvektor des i-ten Teilchens bezeichnet. Wir haben dann nach Gl. (VI 86)

$$\psi_n(\mathbf{q}) = \int \varphi_n(\mathbf{p})\,\chi(\mathbf{p}, \mathbf{q})\,d\mathbf{p} \tag{VI 241}$$

und

$$\varphi_n(\mathbf{p}) = \int \psi_n(\mathbf{q})\,\chi^*(\mathbf{p}, \mathbf{q})\,d\mathbf{q}. \tag{VI 242}$$

---

[1] Der Ausdruck $\sum_n \psi_n^* \, e^{-\beta \underline{H}} \, \psi_n$, der in der Quantenstatistik eine wichtige Rolle spielt, wird als SLATER-Summe bezeichnet. Vgl. § 11.4 und 12.7.

[2] Es ist in diesem Falle natürlich, rechtwinklige cartesische Koordinaten zu benutzen.

Damit wird aus (VI 238)

$$Q = \frac{1}{h^{3/2 N}} \sum_n \int \int \psi_n^* (\mathbf{q})\, \varphi_n (\mathbf{p})\, e^{-\beta \underline{H}}\, e^{\frac{2\pi i}{h} \sum_i \mathbf{p}_i \mathbf{q}_i}\, d\mathbf{q}\, d\mathbf{p} \, . \qquad \text{(VI 243)}$$

Für $\varphi_n(\mathbf{p})$ setzen wir nun das Integral (VI 242) ein, wobei wir die Integrationsvariable mit $\mathbf{q}'$ bezeichnen. Nach Vertauschen der Reihenfolge von Summierung und Integration erhalten wir

$$Q = \frac{1}{h^{3N}} \int \int \sum_n \int \psi_n^* (\mathbf{q})\, \psi_n (\mathbf{q}')\, e^{-\frac{2\pi i}{h} \sum_i \mathbf{p}_i \mathbf{q}_i'}\, e^{-\beta \underline{H}}\, e^{\frac{2\pi i}{h} \sum_i \mathbf{p}_i \mathbf{q}_i}\, d\mathbf{q}\, d\mathbf{p}\, d\mathbf{q}' \, . \qquad \text{(VI 244)}$$

Wegen der Vollständigkeit des Orthogonalsystems ψ_n ist [1]

$$\sum_n \psi_n^* (\mathbf{q})\, \psi_n (\mathbf{q}') = \delta(\mathbf{q} - \mathbf{q}') \qquad \text{(VI 245)}$$

Daraus folgt

$$\sum_n \int \psi_n^* (\mathbf{q})\, \psi_n (\mathbf{q}')\, e^{-\frac{2\pi i}{h} \sum_i \mathbf{p}_i \mathbf{q}_i'}\, d\mathbf{q}' = e^{-\frac{2\pi i}{h} \sum_i \mathbf{p}_i \mathbf{q}_i} \, . \qquad \text{(VI 246)}$$

Setzen wir dies in Gl. (VI 244) ein, so bekommen wir

$$Q = \frac{1}{h^{3N}} \int \int e^{-\frac{2\pi i}{h} \sum_i \mathbf{p}_i \mathbf{q}_i}\, e^{-\beta \underline{H}}\, e^{\frac{2\pi i}{h} \sum_i \mathbf{p}_i \mathbf{q}_i}\, d\mathbf{q}\, d\mathbf{p} \, . \qquad \text{(VI 247)}$$

Dieser Ausdruck stellt für Systeme von lokalisierten Teilchen das quantenstatistische Analogon des klassischen Phasenintegrals dar. Eine Auswertung ist indessen nur möglich, wenn es gelingt, die Wirkung des Operators $e^{-\beta \underline{H}}$ auf die Funktion $e^{\frac{2\pi i}{h} \sum_i \mathbf{p}_i \mathbf{q}_i}$ zu berechnen. Es muß also die Funktion

$$u = e^{-\beta \underline{H}}\, e^{\frac{2\pi i}{h} \sum_i \mathbf{p}_i \mathbf{q}_i} \qquad \text{(VI 248)}$$

bestimmt werden. Eine für diesen Zweck geeignete Differentialgleichung erhält man durch Differentiation der Gl. (VI 248) nach β. Es ergibt sich dann

$$\underline{H}\, u + \frac{\partial u}{\partial \beta} = 0 \qquad \text{(VI 249)}$$

mit der Randbedingung

$$\lim_{\beta = 0} u = e^{\frac{2\pi i}{h} \sum_i \mathbf{p}_i \mathbf{q}_i} \, . \qquad \text{(VI 250)}$$

Die Beziehung (VI 249), die zuerst von BLOCH[2] abgeleitet wurde, ist von grundlegender Bedeutung für die Quantenstatistik. Sie ist formal mit der zeitabhängigen SCHRÖDINGER-Gleichung (VI 34) identisch, in der jetzt lediglich die Größe β an die Stelle von $2\pi i\, t/h$ tritt.

Wir verallgemeinern die Betrachtung jetzt für den Fall eines Systems aus nicht lokalisierten gleichen Teilchen, bei dem also die Symmetriebedingungen zu berücksichtigen sind[3]. Bezeichnen wir mit P_q die Folge der Permutationsoperatoren, welche die $\mathbf{q}_i$ vertauschen, mit $|P_q|$ die Zahl der zu dem jeweiligen Permutationsoperator gehörigen Vertauschungen (Transpositionen), so gilt

$$\psi (\mathbf{q}) = (\pm 1)^{|P_q|}\, P_q \psi (\mathbf{q}) \, , \qquad \text{(VI 251)}$$

wo das positive Vorzeichen der BOSE-EINSTEIN-Statistik, das negative der FERMI-DIRAC-Statistik entspricht. Da es insgesamt $N!$ Permutationen gibt, folgt

$$\psi (\mathbf{q}) = \frac{1}{N!} \sum_{P_q}{}' (\pm 1)^{|P_q|}\, P_q \psi (\mathbf{q}) \, . \qquad \text{(VI 252)}$$

---

[1] Vgl. Anhang.
[2] BLOCH, F.: Z. Physik **74**, 295 (1932).
[3] KIRKWOOD, J. G.: Physic. Rev. **44**, 31 (1933).

Setzen wir auf der rechten Seite die Transformation (VI 241) ein, so ergibt sich

$$\psi(\mathbf{q}) = \frac{1}{\sqrt{N!}} \int \varphi(\mathbf{p}) \, X(\mathbf{p}, \mathbf{q}) \, d\mathbf{p} \,, \tag{VI 253}$$

wo

$$X(\mathbf{p}, \mathbf{q}) = \frac{1}{h^{3/2 N} \sqrt{N!}} \sum_{P_q} (\pm 1)^{|P_q|} \, P_q \, e^{\frac{2\pi i}{h} \sum_i \mathbf{p}_i \mathbf{q}_i} = \frac{1}{h^{3/2 N} \sqrt{N!}} \sum_{P_p} (\pm 1)^{|P_p|} \, P_p \, e^{\frac{2\pi i}{h} \sum_i \mathbf{p}_i \mathbf{q}_i} \tag{VI 254}$$

ist. Hier bezeichnet P_p die Folge der Permutationsoperatoren welche die $\mathbf{p}_i$ vertauschen. Aus Gl. (VI 254) folgt nun

$$P_p X(\mathbf{p}, \mathbf{q}) = (\pm 1)^{|P_p|} \, X(\mathbf{p}, \mathbf{q}) \,. \tag{VI 255}$$

Es ist daher

$$P_p \left[\varphi(\mathbf{p}) \, X(\mathbf{p}, \mathbf{q}) \right] = (\pm 1)^{|P_p|} \left[P_p \, \varphi(\mathbf{p}) \right] X(\mathbf{p}, \mathbf{q}) \,. \tag{VI 256}$$

Ferner gilt für eine beliebige Funktion der Impulse $F(\mathbf{p})$, wenn die Reihenfolge der Integration über die einzelnen Impulse vertauschbar ist,

$$\int F(\mathbf{p}) \, d\mathbf{p} = \frac{1}{N!} \int \sum_{P_p} P_p F(\mathbf{p}) \, d\mathbf{p} \,. \tag{VI 257}$$

Aus Gl. (VI 253), (VI 256) und (VI 257) folgt

$$\psi(\mathbf{q}) = \frac{1}{N!} \int \Phi(\mathbf{p}) \, X(\mathbf{p}, \mathbf{q}) \, d\mathbf{p} \tag{VI 258}$$

mit

$$\Phi(\mathbf{p}) = \frac{1}{\sqrt{N!}} \sum_{P_p} (\pm 1)^{|P_p|} \, P_p \, \varphi(\mathbf{p}) \,. \tag{VI 259}$$

Setzen wir in (VI 259) die Transformation (VI 242) ein, so wird mit Benutzung von (VI 254)

$$\Phi(\mathbf{p}) = \int \psi(\mathbf{q}) \, X^*(\mathbf{p}, \mathbf{q}) \, d\mathbf{q} \,. \tag{VI 260}$$

Die Gl. (VI 258) und (VI 260) entsprechen den früheren Gl. (VI 241) und (VI 242). Die Funktion $\Phi(\mathbf{p})$ besitzt in den $\mathbf{p}_i$ die gleichen Symmetrieeigenschaften wie $\psi(\mathbf{q})$ in den $\mathbf{q}_i$. Durch Einsetzen von (VI 258) in (VI 238) ergibt sich nun

$$Q = \frac{1}{N!} \sum_n \int\!\!\int \psi_n^*(\mathbf{q}) \, \Phi(\mathbf{p}) \, e^{-\beta H} X(\mathbf{p}, \mathbf{q}) \, d\mathbf{q} \, d\mathbf{p} \,, \tag{VI 261}$$

wo die Summierung jetzt nur über die symmetrischen (bzw. antisymmetrischen) Eigenfunktionen zu erstrecken ist. Mit Benutzung von (VI 260) wird daraus

$$Q = \frac{1}{N!} \int\!\!\int \sum_n \int \psi_n^*(\mathbf{q}) \, \psi_n(\mathbf{q}') \, X^*(\mathbf{p}, \mathbf{q}) \, e^{-\beta H} X(\mathbf{p}, \mathbf{q}) \, d\mathbf{q} \, d\mathbf{p} \, d\mathbf{q}' \,. \tag{VI 262}$$

Da die ψ_n jeweils ein vollständiges Funktionensystem im Unter-Raum der symmetrischen (bzw. antisymmetrischen) Funktionen bilden, kann die Summierung auch hier wieder mit Hilfe der Gl. (VI 245) ausgeführt werden. Dann erhalten wir schließlich

$$Q = \frac{1}{h^{3N} (N!)^2} \sum_{P'} \sum_P (\pm 1)^{|P' + P|} \int\!\!\int e^{-\frac{2\pi i}{h} P' \sum_i \mathbf{p}_i \mathbf{q}_i} e^{-\beta H} e^{\frac{2\pi i}{h} P \sum_i \mathbf{p}_i \mathbf{q}_i} \, d\mathbf{q} \, d\mathbf{p} \,. \tag{VI 263}$$

Dabei haben wir jetzt die Indizes an den Permutationsoperatoren weggelassen, da es gleichgültig ist, ob wir dieselben auf die $\mathbf{p}_i$ oder die $\mathbf{q}_i$ wirken lassen. Gl. (VI 263) ist das quantenstatistische Analogon des Phasenintegrals für Systeme von nicht lokalisierten Teilchen. Um dasselbe auszuwerten, müssen hier die Funktionen

$$v(P) = e^{-\beta H} \chi(P) \tag{VI 264}$$

bestimmt werden, wo

$$\chi(P) = e^{\frac{2\pi i}{h} P \sum_i \mathbf{p}_i \mathbf{q}_i} \tag{VI 265}$$

ist. Die Differentiation von (VI 264) nach β ergibt wieder die BLOCHsche Gleichung

$$\underline{H}\, v + \frac{\partial v}{\partial \beta} = 0 \tag{VI 266}$$

mit der Randbedingung

$$\lim_{\beta = 0} v(P) = \chi(P) . \tag{VI 267}$$

BLOCH[1] hat exakte Lösungen der Gl. (VI 266) für gewisse spezielle Probleme auf Grund ihrer formalen Identität mit der zeitabhängigen SCHRÖDINGER-Gleichung erhalten. Da dieselben für unsere allgemeine Fragestellung ohne Bedeutung sind, wollen wir darauf nicht näher eingehen. Eine exakte Lösung, die als Grundlage für die Berechnung der quantenstatistischen Verteilungsfunktion dienen kann, wurde erst in neuerer Zeit von GREEN[2] entwickelt. Wir geben hier den wesentlichen Gedankengang der Ableitung kurz wieder, wobei wir für einige mathematische Details auf die Originalarbeit verweisen.

Die GREENsche Rechnung benutzt eine nicht gemäß Gl. (VI 113) normierte Dichtematrix und eine alternative Definition der kanonischen Gesamtheit, die auf der speziellen Gl. (VI 122) (welche die Dichtematrix mit Hilfe der Wahrscheinlichkeitsamplituden der Koordinatensprache ausdrückt) beruhen. Es wird hier gesetzt

$$Q^{-1}\varrho(\mathbf{q}, \mathbf{q}') = \overline{\Psi^*(\mathbf{q}, t)\, \Psi(\mathbf{q}', t)} = Q^{-1} \sum_n \psi_n(\mathbf{q})\, e^{-\beta E_n}\, \psi_n(\mathbf{q}') , \tag{VI 268}[3]$$

wo

$$Q = \int \varrho(\mathbf{q}, \mathbf{q})\, d\mathbf{q} = \int \sum_n \psi_n(\mathbf{q})\, e^{-\beta E_n} \psi_n(\mathbf{q})\, d\mathbf{q} , \tag{VI 269}$$

die in Übereinstimmung mit Gl. (VI 238) definierte Verteilungsfunktion ist. Dabei haben wir in der Schreibweise die schon erwähnte Tatsache berücksichtigt, daß in dieser Darstellung ϱ keine Matrix im eigentlichen Sinne mehr ist. Ferner sind die Energie-Eigenfunktionen als reell vorausgesetzt. Die physikalische Bedeutung der Gl. (VI 268) ist auf Grund der Ausführungen in § 6.2 und 6.5 ohne weiteres verständlich. Wir werden in Kapitel XII noch einmal darauf zurückkommen.

Durch Differentiation der Gl. (VI 268) nach ergibt sich

$$\frac{\partial \varrho}{\partial \beta} = - \sum_n E_n\, \psi_n(\mathbf{q})\, e^{-\beta E_n}\psi_n(\mathbf{q}') \tag{VI 270}$$

oder

$$\underline{H}\, \varrho + \frac{\partial \varrho}{\partial \beta} = 0 . \tag{VI 271}$$

Man kommt also auch hier wieder auf die BLOCHsche Gleichung. Die Randbedingung lautet jedoch hier mit Benutzung von Gl. (VI 245)

$$\lim_{\beta = 0} \varrho = \sum_n \psi_n(\mathbf{q})\, \psi_n(\mathbf{q}') = \delta(\mathbf{q} - \mathbf{q}') . \tag{VI 272}$$

Zur Vereinfachung der Formeln denken wir uns jetzt die Einheiten so gewählt,

---

[1] BLOCH, F.: Z. Physik **74**, 295 (1932).

[2] GREEN, H. S.: J. Chem. Phys. **20**, 1274 (1952).

[3] Man ordnet der Dichtematrix in bekannter Weise (vgl. Anhang) einen Operator zu durch die Gleichung $\varrho(\mathbf{q}, \mathbf{q}') = \sum_n \varphi_n^* \varrho \varphi_n$, wo die φ_n die Funktionen eines normierten Orthogonalsystems sind. Die kanonische Gesamtheit ist durch die spezielle Wahl $\varrho = e^{-\beta \underline{H}}$ definiert. Der Ausdruck (VI 268) ist von der speziellen Wahl des Orthogonalsystems unabhängig.

daß $h/2\,\pi$ und die Teilchenmasse m den Wert Eins erhalten[1]. Dann lautet der HAMILTON-Operator

$$\underline{H} = -\tfrac{1}{2}\sum_{i=1}^{N}\varDelta_i + U(\mathbf{q})\,, \tag{VI 273}$$

wo $\varDelta_i$ der auf die Koordinaten des i-ten Teilchens wirkende LAPLACEsche Operator ist. Wir bilden nun zunächst die FOURIER-Transformierte der Dichtematrix

$$\varrho'(\mathbf{p},\,\mathbf{q}') = \int e^{i\,\mathbf{p}\,\mathbf{q}}\varrho(\mathbf{q},\,\mathbf{q}_0)\,d\mathbf{q}\,. \tag{VI 274}$$

Dabei haben wir zur Abkürzung

$$\mathbf{p}\,\mathbf{q} = \sum_{i=1}^{N}\mathbf{p}_i\,\mathbf{q}_i \tag{VI 275}$$

geschrieben. Mit Benutzung von Gl. (VI 272) ergibt sich dann

$$\lim_{\beta=0}\varrho'(\mathbf{p},\,\mathbf{q}') = e^{i\,\mathbf{p}\,\mathbf{q}'}. \tag{VI 276}$$

Differenzieren wir nun Gl. (VI 274) nach β, so folgt wegen (VI 271)

$$\frac{\partial \varrho'}{\partial \beta} = -\int e^{i\,\mathbf{p}\,\mathbf{q}}\,\underline{H}\,\varrho\,d\mathbf{q} \tag{VI 277}$$

oder, mit (VI 273)

$$\frac{\partial \varrho'}{\partial \beta} = \frac{1}{2}\int e^{i\,\mathbf{p}\,\mathbf{q}}\sum_{i=1}^{N}\varDelta_i\varrho\,d\mathbf{q} + \int e^{i\,\mathbf{p}\,\mathbf{q}}\,U(\mathbf{q})\,d\mathbf{q}\,. \tag{VI 278}$$

Das erste Integral läßt sich durch zweimalige partielle Integration umformen. Unter dem zweiten Integral kann mit Hilfe der Umkehrung der FOURIER-Transformation ϱ durch ϱ' ausgedrückt werden. Man erhält dann

$$\frac{\partial \varrho'(\mathbf{p})}{\partial \beta} = -\frac{1}{2}\mathbf{p}^2\varrho'(\mathbf{p}) + \int d\mathbf{q}\,U(\mathbf{q})\int d\mathbf{p}'\,e^{i\,\mathbf{q}(\mathbf{p}-\mathbf{p}')}\varrho'(\mathbf{p}')\Big/(2\,\pi)^{3N}\,. \tag{VI 279}[2]$$

Wir betrachten jetzt ϱ' als Funktion von β und bilden die LAPLACE-Transformierte

$$\sigma(E) = \int_0^\infty e^{-\beta E}\varrho'(\beta)\,d\beta\,. \tag{VI 280}$$

Nach einer bekannten Formel ist dann wegen (VI 276)

$$\int_0^\infty e^{-\beta E}\frac{\partial \varrho'}{\partial \beta}\,d\beta = -e^{i\,\mathbf{p}\,\mathbf{q}'} + E\,\sigma\,. \tag{VI 281}$$

Damit wird aus Gl. (VI 279)

$$(E + \tfrac{1}{2}\mathbf{p}^2)\,\sigma(\mathbf{p}) = e^{i\,\mathbf{p}\,\mathbf{q}'} - \int d\mathbf{q}\,U(\mathbf{q})\int d\mathbf{p}'\,e^{i\,\mathbf{q}(\mathbf{p}-\mathbf{p}')}\sigma(\mathbf{p}')/(2\,\pi)^{3N}\,. \tag{VI 282}$$

Diese Integralgleichung läßt sich durch ein Iterationsverfahren lösen. Wir definieren eine Funktion

$$L(\mathbf{q}) = \int \frac{e^{i\,\mathbf{p}\,\mathbf{q}}}{(2\,\pi)^{3N}(E + \tfrac{1}{2}\mathbf{p}^2)}\,d\mathbf{p}\,. \tag{VI 283}$$

---

[1] Für den Fall eines Systems aus Elektronen entspricht diese Festsetzung den HARTREE-schen atomaren Einheiten.

[2] Es ist $\mathbf{p}^2 = \sum_{i=1}^{N}\mathbf{p}_i^2$.

Dann ergibt sich sukzessive

$$\sigma(\mathbf{p}) = \frac{e^{i\mathbf{p}\mathbf{q}}}{E + \frac{1}{2}\mathbf{p}^2} , \tag{VI 284}$$

$$\sigma(\mathbf{p}) = \frac{e^{i\mathbf{p}\mathbf{q}'}}{E + \frac{1}{2}\mathbf{p}^2} - \int d\mathbf{q}^{(1)} U(\mathbf{q}^{(1)}) \int d\mathbf{p}' \frac{e^{i(\mathbf{p}-\mathbf{p}')\mathbf{q}^{(1)}} e^{i\mathbf{p}'\mathbf{q}'}}{(2\pi)^{3N} (E + \frac{1}{2}\mathbf{p}^2)(E + \frac{1}{2}\mathbf{p}'^2)} \tag{VI 285}[1]$$

$$= \frac{e^{i\mathbf{p}\mathbf{q}'}}{E + \frac{1}{2}\mathbf{p}^2} - \int d\mathbf{q}^{(1)} U(\mathbf{q}^{(1)}) L(\mathbf{q}' - \mathbf{q}^{(1)}) \frac{e^{i\mathbf{p}\mathbf{q}^{(1)}}}{E + \frac{1}{2}\mathbf{p}^2} ,$$

$$\sigma(\mathbf{p}) = \frac{e^{i\mathbf{p}\mathbf{q}'}}{E + \frac{1}{2}\mathbf{p}^2} - \int d\mathbf{q}^{(1)} U(\mathbf{q}^{(1)}) L(\mathbf{q}' - \mathbf{q}^{(1)}) \frac{e^{i\mathbf{p}\mathbf{q}^{(1)}}}{E + \frac{1}{2}\mathbf{p}^2}$$

$$+ \int d\mathbf{q}^{(2)} U(\mathbf{q}^{(2)}) \int d\mathbf{p}' \frac{e^{i(\mathbf{p}-\mathbf{p}')\mathbf{q}^{(2)}}}{(2\pi)^{3N}} \int d\mathbf{q}^{(1)} U(\mathbf{q}^{(1)}) L(\mathbf{q}' - \mathbf{q}^{(1)}) \frac{e^{i\mathbf{p}'\mathbf{q}^{(1)}}}{(E + \frac{1}{2}\mathbf{p}^2)(E + \frac{1}{2}\mathbf{p}'^2)} \tag{VI 286}$$

$$= \frac{e^{i\mathbf{p}\mathbf{q}'}}{E + \frac{1}{2}\mathbf{p}^2} - \int d\mathbf{q}^{(1)} U(\mathbf{q}^{(1)}) L(\mathbf{q}' - \mathbf{q}^{(1)}) \frac{e^{i\mathbf{p}\mathbf{q}^{(1)}}}{E + \frac{1}{2}\mathbf{p}^2}$$

$$+ \int\int d\mathbf{q}^{(2)} U(\mathbf{q}^{(2)}) d\mathbf{q}^{(1)} U(\mathbf{q}^{(1)}) L(\mathbf{q}^{(1)} - \mathbf{q}^{(2)}) L(\mathbf{q}' - \mathbf{q}^{(1)}) \frac{e^{i\mathbf{p}\mathbf{q}^{(2)}}}{E + \frac{1}{2}\mathbf{p}^2}$$

usw. Die vollständige Lösung kann daher geschrieben werden

$$\sigma(\mathbf{p}) = \sum_{k=0}^{\infty} \sigma_k \tag{VI 287}$$

mit

$$\sigma_k = (-1)^k \int \cdots \int \prod_{l=1}^{k} [d\mathbf{q}^{(l)} U(\mathbf{q}^{(l)}) L(\mathbf{q}^{(l-1)} - \mathbf{q}^{(l)})] \frac{e^{i\mathbf{p}\mathbf{q}^{(k)}}}{E + \frac{1}{2}\mathbf{p}^2} . \tag{VI 288}$$

Dabei ist, wie man aus (VI 286) sieht, $\mathbf{q}^{(0)}$ mit $\mathbf{q}'$ zu identifizieren.

Durch Umkehr der anfänglichen Transformationen erhalten wir

$$\varrho(\mathbf{q}, \mathbf{q}') = \frac{1}{2\pi i} \int_{c-i\infty}^{c+i\infty} dE \, e^{\beta E} \frac{1}{(2\pi)^{3N}} \int_{-\infty}^{+\infty} d\mathbf{p} \, e^{-i\mathbf{p}\mathbf{q}} \sigma(\mathbf{p}) . \tag{VI 289}$$

Setzen wir hier die Gl. (VI 287) und (VI 288) ein, so ergibt sich als allgemeine Lösung der BLOCHschen Gleichung (VI 271) mit der Randbedingung (VI 272)

$$\varrho(\mathbf{q}, \mathbf{q}') = \sum_{k=0}^{\infty} \varrho_k , \tag{VI 290}$$

wo

$$\varrho_k = \frac{(-1)^k}{2\pi i} \int dE \, e^{\beta E} \int \cdots \int \prod_{l=1}^{k} [d\mathbf{q}^{(l)} U(\mathbf{q}^{(l)}) L(\mathbf{q}^{(l-1)} - \mathbf{q}^{(l)})] L(\mathbf{q}^{(k)} - \mathbf{q}) \tag{VI 291}$$

ist. Das vorstehende Ergebnis läßt sich noch etwas vereinfachen. Setzen wir

$$N = 2M + 1 , \quad \sum_{i=1}^{N} \mathbf{q}_i \mathbf{q}_i = \mathbf{q}^2 = R^2 , \tag{VI 292}$$

so ist[2]

$$L(\mathbf{q}) = \left(\frac{1}{2\pi R} \frac{d}{dR} \right)^{3M} \frac{e^{-R\sqrt{2E}}}{2\pi R} . \tag{VI 293}$$

Ferner gilt[2], wenn wir die Abkürzung

$$[(\mathbf{q}^{(l-1)} - \mathbf{q}^{(l)})^2]^{1/2} = [(\mathbf{q}^{(l)} - \mathbf{q}^{(l-1)})^2]^{1/2} = s_l \tag{VI 294}$$

---

[1] Der in Klammern gesetzte obere Index bei den Koordinaten unterscheidet hier lediglich die Integrationsvariablen. Sowohl $q^{(1)}$ wie $q^{(2)}$ bedeuten daher den vollständigen Satz der N Ortsvektoren.

[2] GREEN, H. S.: Siehe S. 172.

einführen,

$$\frac{1}{2\pi i}\int\limits_{c-i\infty}^{c+i\infty} dE\; e^{\beta E}\, e^{-\sum\limits_{l=1}^{k+1} s_l \sqrt{2E}} = \frac{2\pi\,\Sigma s_l}{(2\pi\beta)^{3/2}}\, e^{-\frac{(\Sigma s_l)^2}{2\beta}}\,. \qquad\text{(VI 295)}$$

Aus Gl. (VI 291), (VI 293) und (VI 295) folgt

$$\varrho_k = (-1)^k \int\cdots\int \prod_{l=1}^{k}[d\,\mathbf{q}^{(l)}\,U(\mathbf{q}^{(l)})]\prod_{l=1}^{k+1}\left(\frac{1}{2\pi s_l}\,\frac{\partial}{\partial s_l}\right)^{3M} \frac{(\Sigma\,2\pi s_l)\,e^{-\frac{(\Sigma s_l)^2}{2\beta}}}{(2\pi\beta)^{3/2}\,\Pi\,2\pi s_l}\,. \qquad\text{(VI 296)}$$

Dabei ist auf der rechten Seite die in s_{k+1} auftretende Größe $\mathbf{q}^{(k+1)}$ mit $\mathbf{q}$ zu identifizieren. Für manche Zwecke ist eine andere Form dieser Gleichung geeigneter, die darauf beruht, daß der letzte Bruch auf der rechten Seite sich als Integral darstellen läßt gemäß[1]

$$\frac{(\Sigma\,2\pi s_l)\,e^{-\frac{(\Sigma s_l)^2}{2\beta}}}{(2\pi\beta)^{3/2}\,\Pi\,2\pi s_l} = \beta^k \int dv_1\ldots\int dv_k \prod_{l=1}^{k+1} \frac{e^{-\frac{s_l^2}{2\beta(v_l-v_{l-1})}}}{[2\pi\beta\,(v_l-v_{l-1})]^{3/2}}\,. \qquad\text{(VI 297)}$$

Dabei gilt für die Integration

$$0 = v_0 \leqq v_1 \leqq \cdots \leqq v_k \leqq v_{k+1} = 1\,. \qquad\text{(VI 298)}$$

Nach Einsetzen von (VI 297) und (VI 296) und Ausführung der Differentiation wird

$$\varrho_k = (-\beta)^k \int\cdots\int \prod_{l=1}^{k}[d\,\mathbf{q}^{(l)}\,U(\mathbf{q}^{(l)})\int dv_1\ldots\int dv_k \prod_{l=1}^{k+1} \frac{e^{-\frac{(\mathbf{q}^{(l)}-\mathbf{q}^{(l-1)})^2}{2\beta(v_l-v_{l-1})}}}{[2\pi\beta(v_l-v_{l-1})]^{3/2 N}}\,. \qquad\text{(VI 299)}$$

Die weitere Auswertung der Gl. (VI 299) erfordert Annahmen über die Funktion $U(\mathbf{q})$. Wir wollen daher an dieser Stelle das Problem nicht weiter verfolgen.

Die allgemeine Reihendarstellung der Dichtematrix ist für das „Diagonalelement" $\varrho(\mathbf{q}, \mathbf{q})$ zuerst nach einer anderen Methode von GOLDBERGER und ADAMS[2] abgeleitet worden. Ihr Resultat ist äquivalent der Gl. (VI 299), wenn dort $q = q'$ gesetzt wird. Die gleiche Reihe wurde in einer etwas anderen Form auf einem überraschend einfachen Wege von SIEGERT[3] erhalten. Wegen der großen Bedeutung des Resultates geben wir auch diese Ableitung noch kurz wieder. Wir schreiben zunächst den HAMILTON-Operator

$$\underline{H} = \underline{H}_0 + U(\mathbf{q})\,, \qquad\text{(VI 300)}$$

wo $\underline{H}_0$ der Operator der kinetischen Energie ist. Die Eigenwerte desselben bezeichnen wir mit $E_{kin\,m}$, die Eigenfunktionen mit $\varphi_m(q)$. Für die letzteren gilt ebenfalls die Randbedingung, daß sie an der Gefäßwand verschwinden. Wir definieren nun

$$\zeta(\mathbf{q}, \mathbf{q}') = \sum_m \varphi_m(\mathbf{q})\, e^{-\beta E_{kin\,m}}\, \varphi_m(\mathbf{q}')\,. \qquad\text{(VI 301)}$$

Diese Funktion ist, wie man ohne weiteres sieht, die (nicht nach (VI 113) normierte) Dichtematrix eines Systems, welches aus dem betrachteten durch Wegnahme der energetischen Wechselwirkung der Teilchen hervorgeht. Wir

[1] GREEN, H. S.: Siehe S. 172.
[2] GOLDBERGER, M. L., u. E. N. ADAMS: J. Chem. Phys. 20, 240 (1952).
[3] SIEGERT, A. J. F.: J. Chem. Phys. 20, 572 (1952).

betrachten jetzt das Integral

$$I = \int_0^\beta dt \int d\mathbf{q}^{(1)} \zeta(\mathbf{q}', \mathbf{q}^{(1)}, \beta - t)\, U(\mathbf{q}^{(1)})\, \varrho(\mathbf{q}^{(1)}, \mathbf{q}, t)$$

$$= \sum_m \sum_n \int_0^\beta dt \int d\mathbf{q}^{(1)}\, \varphi_m(\mathbf{q}')\, e^{-(\beta-t)E_{kin\,m}}\, \varphi_m(\mathbf{q}^{(1)})\, U(\mathbf{q}^{(1)})\, \psi_n(\mathbf{q}^{(1)})\, e^{-tE_n}\psi_n(\mathbf{q})\ . \qquad \text{(VI 302)}[1]$$

Es ist

$$\int_0^\beta e^{-(\beta-t)E_{kin\,m}-tE_n}\, dt = \frac{e^{-\beta E_{kin\,m}} - e^{-\beta E_n}}{E_n - E_{kin\,m}}\ . \qquad \text{(VI 303)}$$

Ferner haben wir

$$\int \varphi_m(\mathbf{q}^{(1)})\, U(\mathbf{q}^{(1)})\, \psi_n(\mathbf{q}^{(1)})\, d\mathbf{q}^{(1)} = \int (\underline{H} - \underline{H}_0)\, \varphi_m(\mathbf{q}^{(1)})\, \psi_n(\mathbf{q}^{(1)})\, d\mathbf{q}^{(1)}$$

$$= (E_n - E_{kin\,m}) \int \varphi_m(\mathbf{q}^{(1)})\, \psi_n(\mathbf{q}^{(1)})\, d\mathbf{q}^{(1)}. \qquad \text{(VI 304)}$$

Durch Kombination dieser Beziehungen mit Gl. (VI 302) erhalten wir

$$I = \sum_m \sum_n \varphi_m(\mathbf{q}')\, (e^{-\beta E_{kin\,m}} - e^{-\beta E_n}) \int \varphi_m(\mathbf{q}^{(1)})\, \psi_n(\mathbf{q}^{(1)})\, \psi_n(\mathbf{q})\, d\mathbf{q}^{(1)}$$

$$= \int \zeta(\mathbf{q}', \mathbf{q}^{(1)})\, d\mathbf{q}^{(1)} \sum_n \psi_n(\mathbf{q}^{(1)})\, \psi_n(\mathbf{q}) - \int \varrho(\mathbf{q}^{(1)}, \mathbf{q})\, d\mathbf{q}^{(1)} \sum_m{}' \varphi_m(\mathbf{q}')\, \varphi_m(\mathbf{q}^{(1)})\ . \qquad \text{(VI 305)}$$

Mit Benutzung von (VI 245) folgt dann schließlich

$$\int_0^\beta dt \int d\mathbf{q}^{(1)} \zeta(\mathbf{q}', \mathbf{q}^{(1)}, \beta - t)\, U(\mathbf{q}^{(1)})\, \varrho(\mathbf{q}^{(1)}, \mathbf{q}, t) = \zeta(\mathbf{q}', \mathbf{q}, \beta) - \varrho(\mathbf{q}', \mathbf{q}, \beta)\ . \qquad \text{(VI 306)}$$

Diese Integralgleichung läßt sich wieder durch Iteration lösen. Es ergibt sich dann

$$\varrho(\mathbf{q}, \mathbf{q}') = \zeta(\mathbf{q}, \mathbf{q}') -$$

$$- \int_0^\beta dt_1 \int d\mathbf{q}^{(1)} \zeta(\mathbf{q}', \mathbf{q}^{(1)}, \beta - t_1)\, U(\mathbf{q}^{(1)})\, \zeta(\mathbf{q}^{(1)}, \mathbf{q}, t) +$$

$$+ \int_0^\beta dt_1 \int d\mathbf{q}^{(1)} \int_0^{t_1} dt_2 \int d\mathbf{q}^{(2)}\, \zeta(\mathbf{q}', \mathbf{q}^{(1)}, \beta - t_1) \times$$

$$\times U(\mathbf{q}^{(1)})\, \zeta(\mathbf{q}^{(1)}, \mathbf{q}^{(2)}, t_1 - t_2)\, U(\mathbf{q}^{(2)})\, \zeta(\mathbf{q}^{(2)}, \mathbf{q}, t_2) - \cdots\ . \qquad \text{(VI 307)}$$

Die auf der rechten Seite dieser Gleichung auftretenden Integrale über t_k sind Faltungs-Integrale, für deren Auswertung man den Faltungssatz der LAPLACE-Transformation benutzen kann.

Zwischen den Reihen von GREEN und SIEGERT besteht insofern ein wesentlicher Unterschied, als die erstere (ebenso wie die Reihe von GOLDBERGER und ADAMS) nicht die quantenmechanischen Symmetriebedingungen berücksichtigt. Um dies zu zeigen, berechnen wir aus Gl. (VI 269), (VI 290) und (VI 296) explizit die Verteilungsfunktion eines Systems von Teilchen ohne Wechselwirkung. Wir haben dann $U(q) = 0$, und die Reihe (VI 290) reduziert sich auf den ersten Term. Aus Gl. (VI 286) und (VI 289) ergibt sich sofort

$$\varrho_0 = \frac{1}{2\pi i} \int dE\, e^{\beta E}\, L(\mathbf{q}' - \mathbf{q})\ . \qquad \text{(VI 308)}$$

Schreiben wir

$$[(\mathbf{q} - \mathbf{q}')^2]^{1/2} = \left[\sum_{i=1}^N (\mathbf{q}_i - \mathbf{q}_i')^2\right]^{1/2} = s\ , \qquad \text{(VI 309)}$$

---

[1] Vgl. S. 174, Fußnote 1.

so wird mit Gl. (VI 293)

$$\varrho_0 = \frac{1}{2\pi i} \int dE\; e^{\beta E} \left(\frac{1}{2\pi s}\frac{d}{ds}\right)^{3/2(N-1)} \frac{e^{-s\sqrt{2E}}}{2\pi s}\,. \qquad \text{(VI 310)}$$

Daraus folgt mit Gl. (VI 295)

$$\varrho_0 = \left(\frac{1}{2\pi s}\frac{d}{ds}\right)^{3/2(N-1)} \frac{2\pi s}{(2\pi\beta)^{3/2}}\frac{e^{-\frac{s^2}{2\beta}}}{2\pi s} \qquad \text{(VI 311)}$$

oder

$$\varrho_0 = (2\pi\beta)^{-3/2 N}\,. \qquad \text{(VI 312)}$$

Nach Einführen der üblichen Einheiten ergibt sich dann mit Gl. (VI 269)

$$Q = \int \varrho_0(\mathbf{q},\,\mathbf{q})\, d\mathbf{q} = \int \left(\frac{2\pi m k T}{h^2}\right)^{3/2 N} d\mathbf{q} = \left(\frac{2\pi m k T}{h^2}\right)^{3/2 N} V^N \qquad \text{(VI 313)}$$

und das ist in der Tat nach § 4.5 die quantenstatistische Verteilungsfunktion, die sich bei Nichtberücksichtigung der Symmetriebedingungen ergibt[1], wenn

$$\left(\frac{h^2}{2\pi m k T}\right)^{1/2} \ll a \qquad \text{(VI 314)}[2]$$

ist, wo a die Lineardimension des Behälters bezeichnet. GREEN[3] hat eine Korrektur berechnet, welche es ermöglicht, die obigen Ergebnisse auch auf die Fälle der BOSE-EINSTEIN- und FERMI-DIRAC-Statistik anzuwenden.

In der SIEGERTschen Reihe lassen sich dagegen die Symmetriebedingungen ohne weiteres berücksichtigen, indem man in der Definitionsgleichung (VI 301) entweder über alle Eigenfunktionen summiert (quantisierte MAXWELL-BOLTZMANN-Statistik), oder nur über die symmetrischen (BOSE-EINSTEIN-Statistik), oder nur über die antisymmetrischen (FERMI-DIRAC-Statistik). Im ersteren Fall kann unter der Voraussetzung (VI 314) als Näherung gesetzt werden

$$\zeta(\mathbf{q},\,\mathbf{q}',\,\beta) = \left(\frac{2\pi m}{h^2\beta}\right)^{3/2 N} e^{-\frac{2\pi^2 m(\mathbf{q}-\mathbf{q}')^2}{h^2\beta}}\,, \qquad \text{(VI 315)}$$

was für ein System von Teilchen ohne Wechselwirkung nach (VI 307) wieder auf Gl. (VI 313) führt.

CHESTER[4] hat die Entwicklung der Verteilungsfunktion als TAYLORsche Reihe dargestellt und die Äquivalenz dieser Formulierung mit der Reihe von GOLDBERGER und ADAMS nachgewiesen. Die Methode von CHESTER ermöglicht, wie die von SIEGERT, die Berücksichtigung der quantenmechanischen Symmetriebedingungen, hat aber den Vorteil, daß sie einen Ausdruck für den allgemeinen Term liefert. CHESTER hat auch die Frage der Konvergenz im Zusammenhang mit dem Potential der zwischenmolekularen Wechselwirkung diskutiert.

§ 6.7*. Die halbklassische Näherung

Eine wesentliche Aufgabe der Quantenstatistik ist die exakte Begründung der bereits mehrfach erwähnten halbklassischen Näherung, da diese für die Mehrzahl der Anwendungen eine völlig ausreichende Grundlage darstellt und die exakten Formeln der Quantenstatistik (soweit es sich um die Freiheitsgrade der Schwerpunktstranslation handelt) nur für Probleme der Tieftemperatur-Physik benötigt werden. Die in § 6.6 behandelten Reihen sind dazu wenig geeignet, weil hier der

---

[1] Man bezeichnet diesen Fall gelegentlich als quantisierte MAXWELL-BOLTZMANN-Statistik.

[2] Diese Bedingung, welche der Bedingung (IV 62) entspricht, darf nicht mit dem Entartungskriterium (IV 54) oder (IV 60) verwechselt werden.

[3] GREEN, H. S.: J. Chem. Phys. 19, 955 (1951).

[4] CHESTER, G. V.: Physic. Rev. 93, 606 (1954).

erste Term verschwindender Wechselwirkung entspricht; wir benötigen dagegen eine Entwicklung, in der die Quanteneffekte als unter geeigneten Bedingungen asymptotisch verschwindende Korrekturen zur klassischen Formulierung erscheinen. Physikalisch entspricht dies einer Entwicklung für das Gebiet hoher Temperaturen. Eine Lösung der BLOCHschen Gleichung (VI 266), welche diesen Anforderungen genügt und eine entsprechende Darstellung der Verteilungsfunktion ermöglicht, ist von KIRKWOOD[1] gefunden worden.

Wir gehen aus von dem Ansatz

$$v = w\,\chi(P)\,e^{-\beta H(\mathbf{p},\,q)} \qquad \text{(VI 316)}$$

wo

$$H(\mathbf{p},\,\mathbf{q}) = E_{kin} + U(\mathbf{q}) \qquad \text{(VI 317)}$$

die klassische HAMILTON-Funktion ist. Die BLOCHsche Gleichung (VI 266) liefert dann

$$\underline{H}\,[w\,\chi(P)\,e^{-\beta H}] - w\,\chi(P)\,H\,e^{-\beta H} + \chi(P)\,e^{-\beta H}\frac{\partial w}{\partial \beta} = 0\,. \qquad \text{(VI 318)}$$

Schreiben wir nun den HAMILTON-Operator

$$\underline{H} = -\frac{h^2}{8\pi^2 m}\sum_{i=1}^{N}\Delta_i + U = \underline{H}_0 + U \qquad \text{(VI 319)}$$

und benutzen Gl. (VI 317), so wird aus (VI 318)

$$\underline{H}_0\,[w\,\chi(P)\,e^{-\beta H}] + U\,w\,\chi(P)\,e^{-\beta H} - U\,w\,\chi(P)\,e^{-\beta H} - w\,\chi(P)\,E_{kin}\,e^{-\beta H} +$$
$$+ \chi(P)\,e^{-\beta H}\frac{\partial w}{\partial \beta} = 0\,. \qquad \text{(VI 320)}$$

Da der Operator $\underline{H}_0$ nur auf die Koordinaten wirkt und E_{kin} nur von den Impulsen abhängt, hebt sich der Faktor $e^{-\beta E_{kin}}$ heraus, und wir erhalten

$$\underline{H}_0\,[w\,\chi(P)\,e^{-\beta U}] - w\,\chi(P)\,E_{kin}\,e^{-\beta U} + \chi(P)\,e^{-\beta U}\frac{\partial w}{\partial \beta} = 0\,. \qquad \text{(VI 321)}$$

Für das erste Glied der linken Seite ergibt sich mit Benutzung des Nabla-Operators

$$\underline{H}_0\,[w\,\chi(P)\,e^{-\beta U}] = -\frac{h^2}{8\pi^2 m}\sum_{i=1}^{N}\nabla_i\nabla_i\,[w\,\chi(P)\,e^{-\beta U}]$$
$$\text{(VI 322)}$$
$$= -\frac{h^2}{8\pi^2 m}\sum_{i=1}^{N}\nabla_i\,[\chi(P)\,\nabla_i\,e^{-\beta U}\,w + e^{-\beta U}\,w\,\nabla_i\chi(P)]$$

oder

$$\underline{H}_0\,[w\,\chi(P)\,e^{-\beta U}] \qquad \text{(VI 323)}$$
$$= -\frac{h^2}{8\pi^2 m}\left[\chi(P)\sum_{i=1}^{N}\Delta_i\,e^{-\beta U}\,w + 2\sum_{i=1}^{N}\nabla_i\chi(P)\,\nabla_i\,e^{-\beta U}\,w + e^{-\beta U}\,w\sum_{i=1}^{N}\Delta_i\chi(P)\right].$$

Nun ist wegen Gl. (VI 265)

$$-\frac{ih}{2\pi}\sum_{i=1}^{N}\nabla_i\chi(P)\cdot\nabla_i = \chi(P)\left(P\sum_{i=1}^{N}\mathbf{p}_i\cdot\nabla_i\right). \qquad \text{(VI 324)}$$

Ferner gilt

$$\underline{H}_0\chi(P) = -\frac{h^2}{8\pi^2 m}\sum_{i=1}^{N}\Delta_i\chi(P) = E_{kin}\chi(P)\,, \qquad \text{(VI 325)}$$

wobei unter der Voraussetzung (VI 314) die Größe E_{kin} näherungsweise mit der

[1] KIRKWOOD, J. G.: Physic. Rev. **44**, 31 (1933).

klassischen Funktion der Impulse identifiziert werden kann. Damit wird

$$\underline{H}_0[w\,\chi(P)\,e^{-\beta U}] = -\frac{h^2}{8\pi^2 m}\,\chi(P)\sum_{i=1}^{N}\Delta_i e^{-\beta U}\,w - \frac{ih}{2\pi m}\,\chi(P)\left[P\sum_{i=1}^{N}\mathbf{p}_i\nabla_i e^{-\beta U}\,w\right] + {}$$
$$+ e^{-\beta U}\,w\,E_{kin}\,\chi(P)\,. \qquad (VI\ 326)$$

Durch Einsetzen dieses Ausdruckes in Gl. (VI 321) folgt schließlich für w die Differentialgleichung

$$\frac{\partial w}{\partial \beta} - e^{\beta U}\left[\frac{ih}{2\pi m}\left(P\sum_{i=1}^{N}\mathbf{p}_i\cdot\nabla_i e^{-\beta U}\,w\right) + \frac{h^2}{8\pi^2 m}\sum_{i=1}^{N}\Delta_i e^{-\beta U}\,w\right] = 0 \qquad (VI\ 327)$$

mit der Randbedingung

$$\lim_{\beta\,=\,0} w = 1\,. \qquad (VI\ 328)$$

Wegen der Randbedingung läßt sich (VI 327) ohne weiteres umformen in die Integralgleichung

$$w = 1 + \frac{ih}{2\pi m}\int_0^\beta e^{Ut}\left(P\sum_{i=1}^{N}\mathbf{p}_i\cdot\nabla_i e^{-Ut}\,w\right)dt + \frac{h^2}{8\pi^2 m}\int_0^\beta e^{Ut}\sum_{i=1}^{N}\Delta_i(e^{-Ut}\,w)\,dt.$$
$$(VI\ 329)$$

Auch diese Gleichung läßt sich durch Iteration lösen mit Hilfe des Ansatzes

$$w = \sum_{k=0}^{\infty}\left(\frac{h}{2\pi}\right)^k w_k\,. \qquad (VI\ 330)$$

Es ergibt sich dann

$$w_0 = 1\,, \qquad (VI\ 331)$$

$$w_1 = -\frac{i\beta^2}{2m}\left(P\sum_{i=1}^{N}\mathbf{p}_i\cdot\nabla_i U\right), \qquad (VI\ 332)$$

$$w_2 = -\frac{1}{2m}\times$$

$$\times\left\{\frac{\beta^2}{2}\sum_{i=1}^{N}\Delta_i U - \frac{\beta^3}{3}\left[\sum_{i=1}^{N}(\nabla_i U)^2 + \frac{1}{m}\left(P\sum_{i=1}^{N}\mathbf{p}_i\cdot\nabla_i\right)^2 U\right] + \frac{\beta^4}{4m}\left(P\sum_{i=1}^{N}\mathbf{p}_i\cdot\nabla_i U\right)^2\right\}$$
$$(VI\ 333)$$

usw.[1] Die Gl. (VI 316) kann jetzt geschrieben werden

$$v(P) = \chi(P)\,e^{-\beta H}\sum_{k=0}^{\infty}\left(\frac{h}{2\pi}\right)^k w_k(P) \qquad (VI\ 334)$$

und wir erhalten durch Einsetzen in Gl. (VI 263)

$$Q = \frac{1}{h^{3N}(N!)^2}\int\!\!\int e^{-\beta H}\sum_{P'}\sum_{P}(\pm 1)^{P'|+P|}\,e^{\frac{2\pi i}{h}(P-P')\sum_{i=1}^{N}\mathbf{p}_i\mathbf{q}_i}\sum_{k=0}^{\infty}\left(\frac{h}{2\pi}\right)^k w_k(P)\,d\mathbf{q}\,d\mathbf{p}.$$
$$(VI\ 335)$$

Die Summierung über P und P' führen wir nun in folgender Weise durch: Zunächst fassen wir alle Terme zusammen, in denen P und P' dieselbe Permutation

---

[1] Der allgemeine Term (den wir für das Folgende nicht benötigen) läßt sich mit Hilfe der Rekursionsformel

$$w_k = \frac{1}{m}\int_0^\beta e^{Ut}\left[\frac{1}{2}\sum_{i=1}^{N}\Delta_i(e^{-Ut}\,w_{k-2}) + i\left(P\sum_{i=1}^{N}\mathbf{p}_i\cdot\nabla_i e^{-Ut}\,w_{k-1}\right)\right]dt$$

berechnen.

bezeichnen. Die Zahl dieser Terme ist $N!$ Da hier $P = P'$ ist, wird der Exponentialfaktor einfach gleich Eins. Bei der Integration über die Impulse liefern alle Terme das gleiche Resultat, da $H(\mathbf{q}, \mathbf{p})$ in den Impulsen symmetrisch ist und es physikalisch bedeutungslos sein muß, welches $\mathbf{p}_i$ mit einem gegebenen $\mathbf{q}_i$ verknüpft ist. Für die Funktionen $w_k(P)$ kann daher bei den fraglichen Termen ihr Wert für die identische Permutation, den wir einfach mit w_k bezeichnen, eingesetzt werden.

An zweiter Stelle fassen wir alle Terme zusammen, bei denen sich P und P' durch die Permutation zweier Teilchen unterscheiden. In diesem Falle bleiben in dem Exponenten des Exponentialfaktors die Glieder mit den Koordinaten und Impulsen dieser Teilchen stehen. Für ein bestimmtes Teilchenpaar sind dann den Operatoren P und P' folgende Möglichkeiten zugeordnet

$$
\begin{array}{cc}
P & P' \\
\mathbf{p}_j\,\mathbf{q}_j & \mathbf{p}_j\,\mathbf{q}_l \\
\mathbf{p}_l\,\mathbf{q}_l & \mathbf{p}_l\,\mathbf{q}_j
\end{array} \quad (I) \qquad
\begin{array}{cc}
P & P' \\
\mathbf{p}_j\,\mathbf{q}_l & \mathbf{p}_j\,\mathbf{q}_j \\
\mathbf{p}_l\,\mathbf{q}_j & \mathbf{p}_l\,\mathbf{q}_l
\end{array} \quad (II) .
$$

Den beiden Fällen (I) und (II) entsprechen verschiedene Operatoren P und damit verschiedene Funktionen $w_k(P)$, die wir mit $w_k(jl)$ und $w_k(lj)$ bezeichnen. Die spezielle Wahl des Paares ist ohne Bedeutung; es muß daher einfach der für ein bestimmtes Paar angeschriebene Ausdruck über die möglichen Paare summiert werden. Man kann in der beschriebenen Weise weiter fortfahren. Für die folgende Diskussion werden die höheren Glieder jedoch nicht mehr benötigt. Es ergibt sich somit

$$
Q = \frac{1}{h^{3N} N!} \int\!\!\int e^{-\beta H} \left\{ \sum_{k=0}^{\infty} \left(\frac{h}{2\pi}\right)^k w_k \pm \frac{1}{2N!} \times \right.
$$

$$
\times \sum_{j \neq l} \left[e^{\frac{2\pi i}{h}(\mathbf{p}_j - \mathbf{p}_l)(\mathbf{q}_j - \mathbf{q}_l)} \sum_{k=0}^{\infty} \left(\frac{h}{2\pi}\right)^k w_k(jl) + e^{-\frac{2\pi i}{h}(\mathbf{p}_j - \mathbf{p}_l)(\mathbf{q}_j - \mathbf{q}_l)} \sum_{k=0}^{\infty} \left(\frac{h}{2\pi}\right)^k w_k(lj) \right] +
$$

$$
\left. + \cdots \right\} d\mathbf{q}\, d\mathbf{p} . \tag{VI 336}
$$

Wir setzen jetzt hier die Werte für die w_k nach Gl. (VI 331) bis (VI 333) ein und berücksichtigen dabei für die identischen Permutationen die drei ersten Terme, für den zweiten Teil des obigen Ausdruckes dagegen nur die beiden ersten Terme. Schreiben wir

$$
\mathbf{r}_{jl} = \mathbf{q}_j - \mathbf{q}_l \tag{VI 337}[1]
$$

und integrieren über die Impulse, so folgt

$$
Q = \left(\frac{2\pi m k T}{h^2}\right)^{\frac{3}{2}N} \frac{1}{N!} \int e^{-\beta U} \left\{ \left[1 - \frac{h^2 \beta^2}{48\pi^2 m} \sum_{i=1}^{N} \left[\Delta_i U - \frac{\beta}{2}(\nabla_i U)^2 \right] + \cdots \right] \pm \right.
$$

$$
\left. \pm \frac{1}{N!} \sum_{j \neq l} e^{-\frac{4\pi^2 m r^2_{jl}}{\beta h^2}} \left[1 + \frac{\beta}{2} \mathbf{r}_{jl}(\nabla_j U - \nabla_l U) + \cdots \right] + \cdots \right\} d\mathbf{q} . \tag{VI 338}
$$

Um dieses Resultat in übersichtlicher Form darzustellen, ist es zweckmäßig, eine Größe

$$
\lambda = \frac{h}{\sqrt{2\pi m k T}} \tag{VI 339}
$$

zu definieren, welche annähernd gleich ist der der mittleren kinetischen Energie entsprechenden DE BROGLIE-Wellenlänge. Da der letzte Term in (VI 338) für

---

[1] Die Größe $\mathbf{r}_{ij}$ entspricht somit einem zwischenmolekularen Abstand.

$\lambda \to 0$ exponentiell verschwindet, können wir schreiben

$$Q = \frac{1}{h^{3N} N!} \int \int e^{-\frac{H(\mathbf{q},\mathbf{p})}{kT}} \, d\mathbf{q} \, d\mathbf{p} + O(\lambda^2) \, . \qquad \text{(VI 340)}$$

Die halbklassische Näherung ist somit die Grenzform, der sich die Verteilungsfunktion für $\lambda \to 0$ asymptotisch nähert.

Im einzelnen läßt sich aus den vorstehenden Gleichungen folgendes entnehmen:

Zunächst liefert (VI 340) den allgemeinen Beweis für den schon in Kapitel III erwähnten Satz, daß an der Grenze $\lambda \to 0$ jeder linear unabhängigen Eigenfunktion ein Volumen h^N in dem (auf einen Sektor des Γ-Sternes reduzierten) klassischen Phasenraum entspricht. Weiter sieht man, daß die Berücksichtigung der Nichtunterscheidbarkeit der Teilchen sich auch in dem allgemeinen Fall nicht separierbarer Systeme an der Grenze auf eine Multiplikation des Phasenintegrals mit $1/N!$ reduziert. Tatsächlich reicht die Gültigkeit dieser Näherung erheblich weiter als die der vollständigen halbklassischen Näherung. Gl. (VI 338) zeigt nämlich, daß für $\lambda \to 0$ der den Unterschied zwischen BOSE-EINSTEIN- und FERMI-DIRAC-Statistik enthaltende letzte Term von viel höherer (nämlich exponentieller) Ordnung verschwindet als die Quantenkorrektur des zweiten Terms. Das verschiedentlich angewandte Verfahren, solche Korrekturen ohne Berücksichtigung der Symmetriebedingungen zu berechnen[1], ist daher nicht unberechtigt. Die bereits in § 6.6 erwähnten Untersuchungen von GREEN[2] bestätigen dieses Ergebnis und führen weiter zu der Aussage, daß die durch die Symmetriebedingungen geforderte Korrektur bei sehr tiefen Temperaturen (wo sie praktisch allein eine Rolle spielt) wahrscheinlich näherungsweise gleich wird der für Systeme von Teilchen ohne Wechselwirkung gültigen. Es ist daher vernünftig, sich die Verhältnisse an einem derartigen Beispiel anschaulich klarzumachen[3]. In Abb. 11 sind für ein System von zwei Teilchen ohne Wechselwirkung einige Zustände in Form von Zellen dargestellt, welche durch die Quantenzahlen der Einzelteilchen gekennzeichnet sind. Für die qualitative Betrachtung können wir sie jetzt schon mit den Zellen des Γ-Raumes der klassischen Theorie identifizieren. Die Zustände I und II, die durch Vertauschung der Teilchen auseinander hervorgehen, sind vom Standpunkt der klassischen Mechanik verschieden, vom Standpunkt der Quantenmechanik aber nur als ein Zustand anzusehen. Damit reduziert sich der gezeichnete Phasenraum auf das Stück unterhalb der Symmetrielinie oder, allgemeiner, der Γ-Stern auf einen Sektor. Die schraffierten Zellen entsprechen Zuständen, in denen beide Teilchen die gleiche Eigenfunktion (des Einzelteilchens) besetzen. Diese Zellen werden in der BOSE-EINSTEIN-Statistik mitgezählt, in der FERMI-DIRAC-Statistik dagegen ausgeschlossen. Wenn die Zahl dieser Zellen gegenüber der Gesamtzahl vernachlässigt

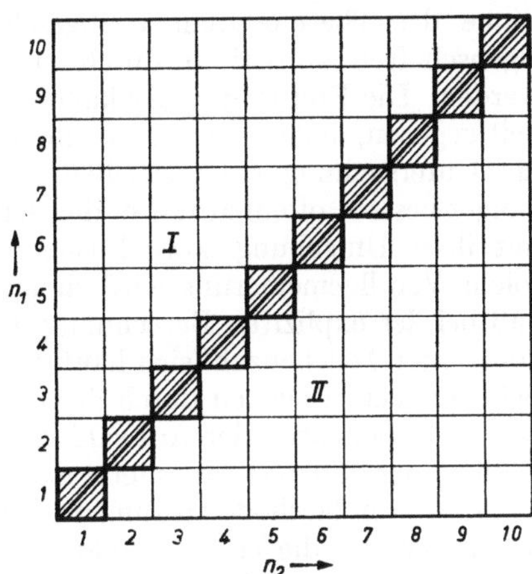

Abb. 11. Phasenraum eines Systems aus zwei Teilchen

[1] Zum Beispiel E. WIGNER: Physic. Rev. **40**, 749 (1932).

[2] GREEN, H. S.: J. Chem. Phys. **19**, 955 (1951).

[3] EPSTEIN, P.: Critical Appreciation of GIBBS' Statistical Mechanics in Commentary on the Scientific Writings of J. W. GIBBS, vol. II. New Haven 1936.

werden kann, verschwindet der Unterschied zwischen den beiden Formen der Quantenstatistik, und es bleibt als Folge der Nichtunterscheidbarkeit lediglich die Division durch N! Auf der anderen Seite sieht man, in Übereinstimmung mit den Ergebnissen des Kapitels IV, daß bei sehr tiefen Temperaturen dadurch der Sachverhalt überhaupt nicht mehr erfaßt werden kann.

Kapitel VII

Große Verteilungsfunktionen. Schwankungen

§ 7.1. Die große kanonische Gesamtheit

Den Ausgangspunkt unserer Untersuchungen bildete die Betrachtung eines im Sinne der Thermodynamik abgeschlossenen Systems, dessen Gleichgewichtseigenschaften statistisch durch eine mikrokanonische Gesamtheit dargestellt werden. Die Einführung der kanonischen Gesamtheit hat uns dann die Möglichkeit gegeben, auch Systeme, welche mit ihrer Umgebung Energie austauschen, in die Untersuchung einzubeziehen. Die logische Fortsetzung dieses Gedankenganges besteht offenbar darin, die Betrachtung auf Systeme auszudehnen, welche mit ihrer Umgebung sowohl Energie wie Materie austauschen können. Eine solche Verallgemeinerung wird zunächst rein mathematisch dadurch nahegelegt, daß bei der expliziten Berechnung der Verteilungsfunktion die Nebenbedingung konstanter Teilchenzahl sich häufig als recht unbequem erweist. Man kann diese Schwierigkeit umgehen durch die Konstruktion einer erzeugenden Funktion, bei der im Exponenten der Auswahlvariablen die Teilchenzahl steht. Unter diesem Gesichtspunkt haben wir es jetzt mit einer Verallgemeinerung der schon in Kapitel IV benutzten Methode zu tun. Vom physikalischen Standpunkt ist die Tatsache wesentlich, daß die Thermodynamik es häufig mit „offenen“ Systemen zu tun hat, die definitionsgemäß mit ihrer Umgebung Energie und Materie austauschen können. Dies trifft beispielsweise stets zu, wenn das betrachtete System im Gleichgewicht mit einer zweiten Phase steht. Da wir bisher stets von definierten Randbedingungen ausgegangen sind, erfordert die Begründung der Thermodynamik für diesen Fall eine entsprechende Erweiterung des statistischen Ansatzes. Wir haben daher jetzt eine virtuelle Gesamtheit zu betrachten, deren Systeme sich nicht nur durch ihre Phase, sondern auch durch die Teilchenzahlen unterscheiden. Dagegen sollen die Werte der äußeren Parameter, wie bisher, für alle Systeme gleich sein und sich gegebenenfalls für alle Systeme in gleicher Weise ändern. Die Wahrscheinlichkeit, daß ein beliebig herausgegriffenes System einer solchen Gesamtheit die Teilchenzahl N_1, ..., N_m (wo m die Zahl der Komponenten ist) besitzt und sich in einem zu dem Eigenwert E_n gehörenden Quantenzustand befindet, läßt sich aus gewissen Postulaten ableiten [1, 2, 3]. Wir stellen auch hier die Frage der Begründung vorläufig zurück und setzen für die genannte Wahrscheinlichkeit

$$W = e^{\dfrac{\Omega + \mu_1 N_1 + \cdots + \mu_m N_m - E_n}{\Theta}}. \qquad\qquad \text{(VII 1)}[4]$$

Für den Parameter Ω ergibt sich daraus unmittelbar

$$e^{-\dfrac{\Omega}{\Theta}} = \sum_{N_1 = 0}^{\infty} \cdots \sum_{N_m = 0}^{\infty} e^{\dfrac{\mu_1 N_1 + \cdots + \mu_m N_m}{\Theta}} \left[\sum_{n} e^{-\dfrac{E_n}{\Theta}} \right]. \qquad \text{(VII 2)}[5]$$

---

[1] Tolman, A. C.: Physic. Rev. **57**, 1160 (1940).

[2] Münster, A.: Proc. Cambridge Phil. Soc. **46**, 319 (1950).

[3] Becker, R.: Z. physik. Chem. **196**, 181 (1950).

[4] Wir benutzen hier im Anschluß an Gibbs das Symbol Ω. Eine Verwechslung mit dem Phasenvolumen ist durch den Zusammenhang ausgeschlossen.

[5] Man beachte, daß der Ausdruck in eckigen Klammern eine Summierung über die linear unabhängigen Eigenfunktionen (nicht die Eigenwerte) darstellt.

Die durch die vorstehenden Gleichungen definierte virtuelle Gesamtheit wird nach GIBBS[1] als große kanonische Gesamtheit (grand canonical ensemble) bezeichnet. Zur Unterscheidung werden die früher behandelten Gesamtheiten, deren Systeme sich nur durch die Phase unterscheiden, kleine Gesamtheiten genannt. Die große kanonische Gesamtheit kann man sich aufgebaut denken aus einer Vielzahl von kleinen kanonischen Gesamtheiten, die sich durch die Teilchenzahlen unterscheiden. Jede der letzteren kann man, wie schon früher (§ 5.14) erwähnt, aus kleinen mikrokanonischen Gesamtheiten zusammensetzen. Aus dieser Überlegung folgt unmittelbar, daß auch eine große kanonische Gesamtheit sich im statistischen Gleichgewicht befindet.

Die Definition der großen kanonischen Gesamtheit überschreitet offensichtlich den Rahmen der statistischen Mechanik im eigentlichen Sinne, insofern man darunter eine Statistik über die mechanischen Phasen versteht. Man sieht dies unmittelbar daran, daß (im klassischen Fall) W nicht mehr eine Phasendichte darstellt. Tatsächlich haben wir diesen Schritt bereits mit der Einführung der kanonischen Gesamtheit getan, und es ist mehr zufällig, daß diese Verteilung noch im Phasenraum darstellbar ist. Da nämlich die in der statistischen Thermodynamik benutzte virtuelle Gesamtheit definitionsgemäß aus konservativen Systemen besteht, führt die mechanische Theorie nur zu Aussagen über die mikrokanonische Gesamtheit. Jede verallgemeinerte, aus sich in irgendeiner Hinsicht unterscheidenden mikrokanonischen Gesamtheiten aufgebaute Gesamtheit erfordert zu ihrer Begründung zusätzliche Überlegungen bzw. Postulate. Wir werden in § 7.3 auf diese Frage zurückkommen.

Der über eine große kanonische Gesamtheit gebildete Mittelwert ist definiert durch die Gleichung

$$\bar{u} = \sum_{N_1} \cdots \sum_{N_m} \left[\sum_n u_n e^{\frac{\Omega + \mu_1 N_1 + \cdots + \mu_m N_m - E_n}{\Theta}} \right]. \qquad \text{(VII 3)}$$

Im besonderen gilt für die mittlere Energie eines Systems

$$\bar{E} = \sum_{N_1} \cdots \sum_{N_m} \left[\sum_n E_n e^{\frac{\Omega + \mu_1 N_1 + \cdots + \mu_m N_m - E_n}{\Theta}} \right] \qquad \text{(VII 4)}$$

und für die mittlere Molekülzahl der Komponente i

$$\bar{N}_i = \sum_{N_1} \cdots \sum_{N_m} \left[\sum_n N_i e^{\frac{\Omega + \mu_1 N_1 + \cdots + \mu_m N_m - E_n}{\Theta}} \right]. \qquad \text{(VII 5)}$$

Diese Größen können unmittelbar mit der thermodynamischen inneren Energie und der Molekülzahl identifiziert werden.

Die Energie eines Quantenzustandes muß auch hier als differenzierbare Funktion der äußeren Parameter betrachtet werden. Für die generalisierte Kraft gilt wieder, wenn Molekülzahlen und Quantenzustand vorgegeben sind,

$$X_j = - \frac{\partial E_n}{\partial x_j}. \qquad \text{(VII 6)}$$

Differenzieren wir nun Gl. (VII 2), so folgt mit den Gl. (VII 3) bis (VII 6)

$$d\Omega = \frac{\Omega + \mu_1 \bar{N}_1 + \cdots + \mu_m \bar{N}_m - \bar{E}}{\Theta} d\Theta - \bar{N}_1 d\mu_1 - \cdots - \bar{N}_m d\mu_m - \sum_j X_j dx_j.$$

$$\text{(VII 7)}$$

Wir definieren jetzt eine Größe

$$\bar{H} = \frac{\Omega + \mu_1 \bar{N}_1 + \cdots + \mu_m \bar{N}_m - \bar{E}}{\Theta} \qquad \text{(VII 8)}$$

---

[1] GIBBS, J. W.: Elementary Principles in Statistical Mechanics, Collected Works vol. II, chapter XV. New Haven 1948.

und können dann schreiben

$$d\Omega = \bar{H}\, d\Theta - \bar{N}_1 d\mu_1 - \cdots - \bar{N}_m d\mu_m - \sum_j X_j\, d x_j. \qquad \text{(VII 9)}$$

Thermodynamisch gilt, wenn wir als einzigen äußeren Parameter das Volumen annehmen

$$G = E - T\,S + P\,V, \qquad F = E - T\,S \qquad \text{(VII 10)}$$

und ferner

$$G = N_1\,\mu_1 + \cdots + N_m\,\mu_m. \qquad \text{(VII 11)}$$

Daraus folgt

$$P\,V = G - F = N_1\,\mu_1 + \cdots + N_m\mu_m - F. \qquad \text{(VII 12)}$$

Wegen

$$dF = -\,S\,d T - P\,d V + \mu_1\,d N_1 + \cdots + \mu_m\,d N_m \qquad \text{(VII 13)}$$

ergibt sich dann durch Differentiation von Gl. (VII 12)

$$d(PV) = S\,d T + N_1\,d\mu_1 + \cdots + N_m\,d\mu_m + P\,d V. \qquad \text{(VII 14)}[1]$$

Die Funktion

$$P\,V = P\,V(T, \mu, V) \qquad \text{(VII 15)}$$

ist somit ein thermodynamisches Potential, und zwar für die unabhängigen Variablen T, V und μ_i. Beschränken wir auch in Gl. (VII 9) die äußeren Parameter auf das Volumen, so erhalten wir durch Vergleich mit (VII 14) die folgenden Beziehungen zwischen statistischen und thermodynamischen Größen:

$$\Omega \to -\,P\,V, \quad \bar{H} \to -\,S/k, \quad \Theta \to kT$$
$$\bar{N}_i \to N_i, \quad \mu_i \to \mu_i, \quad X_j \to X_j. \qquad \text{(VII 16)}[2]$$

Für den Beweis, daß $-\bar{H}$ die Eigenschaften der Entropie, Θ die Eigenschaften der empirischen Temperatur besitzt, können wir auf § 6.5 verweisen, da hier jetzt keine wesentlichen neuen Gesichtspunkte auftreten. Es bleibt daher nur noch die Identifizierung der statistischen Parameter μ_i mit den chemischen Potentialen der Komponenten zu rechtfertigen. Dazu betrachten wir zwei Systeme ' und '', die sich im thermodynamischen Gleichgewicht befinden und deren Gleichgewichtseigenschaften durch zwei große kanonische Gesamtheiten dargestellt werden. Die Systeme sollen zunächst völlig voneinander getrennt sein, aber die gleichen Werte der Parameter μ_i und Θ besitzen. Die entsprechenden Wahrscheinlichkeiten sind

$$W' = e^{\frac{\Omega' + \mu_1 N_1' + \cdots + \mu_m N_m' - E_n'}{\Theta}} \qquad \text{(VII 17)}$$

und

$$W'' = e^{\frac{\Omega'' + \mu_1 N_1'' + \cdots + \mu_m N_m'' - E_n''}{\Theta}} \qquad \text{(VII 18)}$$

Die beiden Systeme lassen sich in Gedanken zu einem Gesamtsystem ''' zusammenfassen; die Systeme der entsprechenden virtuellen Gesamtheit werden gebildet, indem jedes System der ersten mit jedem System der zweiten Gesamtheit kombiniert wird[3]. Die zugehörige Wahrscheinlichkeit ist (wegen der Unabhängigkeit der beiden Systeme)

$$W''' = W' \cdot W'' \qquad \text{(VII 19)}$$

---

[1] Für den Spezialfall $V = \text{const}$ findet sich diese Beziehung bereits bei GIBBS: On the Equilibrium of Heterogeneous Substances, Collected Works vol. I, Gl. (98). New Haven 1948.

[2] Wenn mehrere äußere Parameter zu berücksichtigen sind, gilt $\Omega \to -\sum_j X_j\, x_j$.

[3] Diese neue Gesamtheit ist dann in bezug auf die Systemzahl eine Gesamtheit höherer Ordnung.

oder

$$W''' = e^{\dfrac{\Omega''' + \mu_1 N_1''' + \cdots + \mu_m N_m''' - E_n'''}{\Theta}} \tag{VII 20}$$

mit

$$\Omega''' = \Omega' + \Omega'', \quad N_i''' = N_i' + N_i'', \quad E_n''' = E_n' + E_n'' . \tag{VII 21}$$

Das Gesamtsystem wird somit ebenfalls durch eine große kanonische Gesamtheit dargestellt. Daß es sich im thermodynamischen Gleichgewicht befindet, hat jedoch nichts mit der Wahl der Parameter zu tun; es beruht einfach darauf, daß wir für die beiden Einzelsysteme thermodynamisches Gleichgewicht und völlige Unabhängigkeit vorausgesetzt haben. Die Gl. (VII 20) hat daher nur eine rein formale Bedeutung.

Wir denken uns jetzt die beiden Einzelsysteme durch eine wärmeleitende Wand verbunden. Die damit verknüpfte Wechselwirkungsenergie lassen wir, wie früher (§ 6.5) gegen Null gehen. Auch dann gelten für das Gesamtsystem wieder Gl. (VII 20) und (VII 21). Sie haben aber jetzt in bezug auf die Verteilung der Energie (d. h. für die kleinen kanonischen Gesamtheiten) eine physikalische Bedeutung und wir können aus ihrer Gültigkeit auf thermodynamisches Gleichgewicht des Gesamtsystems schließen. Die notwendige und hinreichende Bedingung dafür ist

$$\Theta' = \Theta'' = \Theta''' . \tag{VII 22}$$

Wir wollen jetzt annehmen, daß die Wand zwischen den Einzelsystemen beweglich ist, so daß dieselben Kräfte aufeinander ausüben können[1]. Das mechanische Gleichgewicht des Gesamtsystems erfordert, daß diese Kräfte im Mittel verschwinden. Es muß daher

$$X_j' = X_j'' = X_j''' \quad \text{(für alle } j) \tag{VII 23}$$

sein.

Die Wand zwischen den beiden Einzelsystemen können wir, insofern sie den Austausch von Materie verhindert, als unendlich hohen Potentialwall betrachten. Machen wir nun die Wand für alle Teilchen durchlässig, so daß auch Übergang von Teilchen zwischen Einzelsystemen möglich ist, so wird damit wieder die Energiefunktion (bzw. der HAMILTON-Operator) modifiziert. Läßt man aber die Systeme immer größer werden, so wird auch dieser „Wandeffekt" beliebig klein gegen die Energien E_n' und E_n''. Für das Gesamtsystem kommen wir dann wieder auf die Gl. (VII 20) und (VII 21). Diese haben jetzt in vollem Umfang ihre physikalische Bedeutung. Das Gesamtsystem wird durch eine große kanonische Gesamtheit mit den Parametern der Einzelsysteme dargestellt. Die Wahrscheinlichkeiten der Molekülzahlen für die Einzelsysteme werden durch die Ermöglichung des Molekülaustausches nicht geändert. Im Mittel findet also kein Transport von Materie statt; die Einzelsysteme und das Gesamtsystem befinden sich auch in dieser Beziehung im Gleichgewicht. Die notwendige und hinreichende Bedingung dafür ist, wie sich analog zu den früheren Überlegungen ergibt[2],

$$\mu_i' = \mu_i'' = \mu_i''' . \tag{VII 24}$$

Damit haben wir gezeigt, daß die statistischen Parameter μ_i in der Tat die wesentliche Eigenschaft der chemischen Potentiale besitzen und die Beziehungen (VII 16) somit gerechtfertigt sind. Gleichzeitig haben wir die allgemeinen Bedingungen für das thermodynamische Gleichgewicht heterogener Systeme abgeleitet.

---

[1] Die Einzelsysteme werden in diesem Falle nicht mehr durch eine große kanonische Gesamtheit dargestellt. Wir haben hier analoge Verhältnisse wie bei der Identifizierung der empirischen Temperatur mit Hilfe der mikrokanonischen Gesamtheit. Vgl. § 5.8.

[2] Dabei wird die vorher erwähnte Tatsache benutzt, daß die große kanonische Gesamtheit sich im statistischen Gleichgewicht befindet.

In dem zuletzt betrachteten Fall wird die Wand zwischen den Einzelsystemen zu einer reinen Fiktion, welche lediglich dazu dient, die Volumina zu definieren und damit die Einzelsysteme abzugrenzen. Die Überlegung läßt sich aber auch auf den Fall anwenden, daß nur gewisse Molekülarten die Wand passieren und damit zwischen den Systemen ausgetauscht werden können. Es ergibt sich dann, daß die Gl. (VII 20) und (VII 21) nur im Hinblick auf die Verteilung dieser Moleküle physikalische Bedeutung haben. Die Gleichgewichtsbedingungen (VII 24) sind daher auf die betreffenden Molekülarten beschränkt. In diesem Falle muß die Wand als semipermeable Membran wirklich vorhanden sein. Sie muß auch, da sie die Volumina definiert, starr sein und kann daher von dem System ausgeübte Kräfte aufnehmen. Die Gleichgewichtsbedingungen (VII 23) müssen (und werden auch im allgemeinen) daher jetzt nicht mehr erfüllt sein. Das einfachste Beispiel für diesen Sachverhalt liefert die Erscheinung des osmotischen Druckes.

Die Definitionsgleichung der Entropie läßt sich, wie man aus (VII 1), (VII 8) und (VII 16) erkennt, auf die gleiche Form bringen wie früher bei der mikro-kanonischen und kanonischen Gesamtheit. Wir haben wieder

$$S = -k \sum_{N_1} \cdots \sum_{N_m} \sum_n W \ln W \,, \qquad \text{(VII 25)}$$

wobei W als Verallgemeinerung des Diagonalelementes der Dichtematrix bzw. der klassischen Phasendichte aufzufassen ist. Daß die Gl. (VI 206) und (VII 25) nicht nur formal identisch sind, sondern unter gewissen Voraussetzungen tatsächlich die gleiche Größe definieren, werden wir in § 7.3 sehen. An dieser Stelle wollen wir zunächst nur die große kanonische Gesamtheit mit der kleinen kanonischen Gesamtheit vergleichen, indem wir die Schwankungen der Molekülzahlen um die Mittelwerte $\bar{N}_i$ betrachten. Dazu schreiben wir die Gl. (VII 2)

$$\sum_{N_1} \cdots \sum_{N_m} e^{\frac{\Omega + \mu_1 N_1 + \cdots + \mu_m N_m - \psi}{\Theta}} = 1 \qquad \text{(VII 26)}$$

mit

$$e^{-\frac{\psi}{\Theta}} = \sum_n e^{-\frac{E_n}{\Theta}} \,. \qquad \text{(VII 27)}$$

Differentiation von (VII 26) nach μ_i ergibt

$$\sum_{N_1} \cdots \sum_{N_m} \left(\frac{\partial \Omega}{\partial \mu_i} + N_i \right) e^{\frac{\Omega + \mu_1 N_1 + \cdots + \mu_m N_m - \psi}{\Theta}} = 0 \qquad \text{(VII 28)}$$

oder mit (VII 5)

$$\bar{N}_i = -\frac{\partial \Omega}{\partial \mu_i} \,. \qquad \text{(VII 29)}$$

Durch nochmalige Differentiation von (VII 28) nach μ_i erhalten wir mit Benutzung der Gl. (VII 29)

$$\sum_{N_1} \cdots \sum_{N_m} \left[\frac{\partial^2 \Omega}{\partial \mu_i^2} + \frac{(N_i - \bar{N}_i)^2}{\Theta} \right] e^{\frac{\Omega + \mu_1 N_1 + \cdots + \mu_m N_m - \psi}{\Theta}} = 0 \qquad \text{(VII 30)}$$

und daraus

$$\overline{(N_i - \bar{N}_i)^2} = -\Theta \frac{\partial^2 \Omega}{\partial \mu_i^2} = \Theta \frac{\partial \bar{N}_i}{\partial \mu_i} \,. \qquad \text{(VII 31)}$$

Um die Bedeutung dieser Gleichung deutlicher hervortreten zu lassen, führen wir das mittlere relative Schwankungsquadrat der molekularen Dichte $\varrho_i = N_i/V$ ein. Dafür ergibt sich aus (VII 31)

$$\frac{\overline{(\varrho_i - \bar{\varrho}_i)^2}}{\bar{\varrho}_i^2} = \frac{1}{\bar{N}_i} \frac{\Theta}{\bar{\varrho}_i} \frac{\partial \bar{\varrho}_i}{\partial \mu_i} \,. \qquad \text{(VII 32)}$$

Diese wichtige Beziehung zeigt, daß mit zunehmender Größe des Systems $(N_i \to \infty)$ die mittleren relativen Schwankungsquadrate der molekularen Dichten asymptotisch wie $(N_i)^{-1}$ verschwinden[1]. Die große kanonische Gesamtheit verhält sich dann praktisch wie eine kleine kanonische Gesamtheit mit den Molekülzahlen N_i, und die nach beiden Methoden erhaltenen Ergebnisse werden identisch. Sie sind somit unabhängig von den Randbedingungen, wie es die Thermodynamik verlangt.

Wenn wir die statistischen Parameter gemäß (VII 16) durch die entsprechenden thermodynamischen Größen ersetzen, können wir die Gl. (VII 2) schreiben

$$PV = kT \ln \varXi \qquad \text{(VII 33)}$$

mit

$$\varXi = \sum_{N_1} \cdots \sum_{N_m} e^{\dfrac{\mu_1 N_1 + \cdots + \mu_m N_m}{kT}} \left[\sum_n e^{-\dfrac{E_n}{kT}} \right]. \qquad \text{(VII 34)}$$

Die Gl. (VII 33) entspricht völlig der Gl. (VI 233). Man nennt daher nach einem Vorschlag von Fowler[2] $\varXi$ die große Verteilungsfunktion (grand partition function). Dieselbe läßt sich noch in einer etwas anderen Form schreiben, wenn wir die in Kapitel IV definierten absoluten Aktivitäten und die Verteilungsfunktion der kleinen kanonischen Gesamtheit Q einführen. Wegen

$$\lambda_i = e^{\dfrac{\mu_i}{kT}} \qquad \text{(VII 35)}$$

haben wir dann

$$\varXi = \sum_{N_1} \cdots \sum_{N_m} \lambda_1^{N_1} \cdots \lambda_m^{N_m} Q . \qquad \text{(VII 36)}$$

Bei Verwendung der absoluten Aktivitäten und des Darwin-Fowlerschen Temperatur-Analogons[3]

$$\vartheta = e^{-\dfrac{1}{kT}} \qquad \text{(VII 37)}$$

ergeben sich für die durch Gl. (VII 4) und (VII 5) definierten Mittelwerte, wie man leicht verifiziert, die völlig symmetrischen Formeln

$$E = \vartheta \, \frac{\partial \ln \varXi}{\partial \vartheta} \qquad \text{(VII 38)}$$

und

$$N_i = \lambda_i \, \frac{\partial \ln \varXi}{\partial \lambda_i} . \qquad \text{(VII 39)}$$

Der Übergang zur halbklassischen Näherung vollzieht sich hier in gleicher Weise wie bei der kleinen kanonischen Gesamtheit. Man hat also lediglich in (VII 36) die Verteilungsfunktion durch Gl. (V 287) auszudrücken.

§ 7.2. Beispiele für die Anwendung der großen Verteilungsfunktion

Die Methode der großen kanonischen Gesamtheit stellt wegen ihrer Allgemeinheit und Anpassungsfähigkeit eines der wichtigsten Hilfsmittel der statistischen Thermodynamik dar. Merkwürdigerweise geriet sie nach den grundlegenden Untersuchungen von Gibbs zunächst für längere Zeit fast völlig in Vergessenheit.

---

[1] Dabei wird vorausgesetzt, daß $\partial \varrho_i / \partial \mu_i$ endlich ist, was im allgemeinen zutrifft. Den Fall, daß diese Voraussetzung nicht erfüllt ist, behandeln wir in § 7.6.

[2] Fowler, R. H.: Proc. Cambridge Phil. Soc. 34, 382 (1938).

[3] Vgl. Kapitel III und IV.

In der neueren Literatur findet sie sich zwar vereinzelt[1-3]; ihre große Bedeutung ist aber wohl erst durch FOWLER[4] wieder in vollem Umfang erkannt und gewürdigt worden. Da wir im weiteren von dieser Methode bei den verschiedensten Problemen Gebrauch machen werden, soll hier ihre Anwendung nur an zwei einfachen Beispielen veranschaulicht werden.

Die Form der Gl. (VII 33) legt unmittelbar den Gedanken nahe, die große Verteilungsfunktion für die Berechnung der thermischen Zustandsgleichung der Gase zu verwenden. Beschränken wir uns auf das ideale Gas aus Massenpunkten in halbklassischer Näherung, so haben wir aus Gl. (VII 36) und (IV 93)

$$PV = kT \ln \sum_{N=0}^{\infty} \frac{[\lambda f(T)]^N}{N!}. \qquad (VII\ 40)$$

oder, da die Summe die Entwicklung einer Exponentialfunktion darstellt

$$PV = kT\,\lambda f(T). \qquad (VII\ 41)$$

Aus Gl. (VII 33) und (VII 39) folgt

$$\bar{N} = \frac{\lambda}{kT} \cdot \frac{\partial(PV)}{\partial \lambda}, \qquad (VII\ 42)$$

und das ergibt mit (VII 41)

$$\bar{N} = \lambda f(T) \qquad (VII\ 43)$$

Diese Beziehung haben wir bereits früher (§ 4.5) mit Hilfe der μ-Raum-Statistik abgeleitet. Durch Einsetzen in (VII 41) erhalten wir

$$PV = \bar{N} kT, \qquad (VII\ 44)$$

die thermische Zustandsgleichung des idealen Gases. Die Verallgemeinerung dieses Gedankenganges für reale Gase erfordert einen beträchtlichen mathematischen Aufwand. Wir werden auf dieses Problem später zurückkommen.

Als zweites Beispiel wählen wir eine Anwendung der großen Verteilungsfunktion, bei welcher sie im wesentlichen als mathematisches Hilfsmittel zur Berechnung der gewöhnlichen Verteilungsfunktion dient. Wir wollen dieselbe für ein ideales Gas aus Massenpunkten ableiten, und zwar gleichzeitig für die korrigierte MAXWELL-BOLTZMANN-Statistik, die BOSE-EINSTEIN-Statistik und die FERMI-DIRAC-Statistik. Es handelt sich dabei im Prinzip um die schon in Kapitel IV benutzte Methode der erzeugenden Funktion. Das Verfahren ist jedoch insofern einfacher, als wir jetzt die Rechnung nicht für die mikrokanonische, sondern für die kanonische Gesamtheit durchführen, wodurch die Energiebedingung von vornherein wegfällt. Da wir auch hier den Grenzfall unendlich großer Systeme betrachten, stimmen die Ergebnisse mit den nach der früheren Methode erhaltenen überein. Der Einfachheit halber nehmen wir an, daß die Energie-Eigenwerte der Einzelteilchen nicht entartet sind.

Allgemein gilt in dem betrachteten Fall für die Verteilungsfunktion

$$Q = \sum_l \Omega_l\, e^{-\frac{E_l}{kT}} \qquad (VII\ 45)$$

mit

$$E_l = \sum_k N_{lk}\,\varepsilon_k. \qquad (VII\ 46)$$

[1] PAULI, W.: Z. Physik **41**, 88 (1927).
[2] DELBRÜCK, M., u. G. MOLIÈRE: Abh. preuß. Akad. Wiss. **1936**, Nr. 1.
[3] LANDAU, L., u. E. LIFSHITZ: Statistical Physics. Oxford 1938.
[4] FOWLER, R. H.: Proc. Cambridge Phil. Soc. **34**, 382 (1938). FOWLER nennt die Methode der großen Verteilungsfunktion an dieser Stelle "the most general and powerful of all the methods yet devised in statistical mechanics".

Für die N_{lk} gilt dabei die Nebenbedingung

$$\sum_k N_{lk} = N \; . \tag{VII 47}$$

Setzen wir zur Abkürzung

$$e^{-\frac{\varepsilon_k}{kT}} = y_k \tag{VII 48}$$

so wird

$$e^{-\frac{E_l}{kT}} = \prod_k y_k^{N_{lk}} \; . \tag{VII 49}$$

Die Verteilungsfunktion der korrigierten MAXWELL-BOLTZMANN-Statistik lautet dann

$$Q = \frac{1}{N!} \sum_l{}' \frac{N!}{\prod_k N_k!} \prod_k y_k^{N_{lk}} \; . \tag{VII 50}$$

Nach dem Multinominaltheorem kann dafür geschrieben werden

$$Q = \frac{1}{N!} \left(\sum_k y_k \right)^N = \frac{[f(T)]^N}{N!} \tag{VII 51}$$

wo $f(T)$ die Verteilungsfunktion des Einzelmoleküls ist. Diese Beziehung hatten wir schon in Kapitel IV abgeleitet. Für die BOSE-EINSTEIN- und FERMI-DIRAC-Statistik ist die Austausch-Entartung aufgehoben. Da wir die ε_k als nicht entartet voraussetzen, ist somit $\Omega_l = 1$, und wir haben

$$Q = \sum_l \prod_k y_k^{N_{lk}} \; . \tag{VII 52}$$

Dabei gilt die Nebenbedingung (VII 47) und für die FERMI-DIRAC-Statistik die zusätzliche Bedingung, daß die N_{lk} nur die Werte 0 und 1 annehmen können.

Wir definieren nun eine Funktion

$$\Xi = \sum_{N=0}^{\infty} w^N Q^{(N)} \tag{VII 53}$$

wo w eine komplexe Variable ist und $Q^{(N)}$ die Verteilungsfunktion eines Systems von N Teilchen bezeichnet. Hier ist Ξ zunächst die erzeugende Funktion für Q und w die Auswahlvariable. Die Anwendung des Residuensatzes und der Sattelpunktmethode liefert dann, wie wir sehen werden, eine Bestimmungsgleichung für w, deren reelle Wurzel die absolute Aktivität ist. Mit diesem speziellen Wert für w stellt Ξ die große Verteilungsfunktion im eigentlichen Sinne dar.

Setzen wir in (VII 53) zunächst (VII 52) ein, so erhalten wir

$$\Xi = \sum_N w^N \left[\sum_l \prod_k y_k^{N_{lk}} \right] = \sum_l \prod_k (w\, y_k)^{N_{lk}} \tag{VII 54}$$

wo für den rechts stehenden Ausdruck nicht mehr die Nebenbedingung (VII 47) gilt. Die Operationen der Summierung und Produktbildung dürfen dann vertauscht werden[1], und wir können Gl. (VII 54) schreiben

$$\Xi = \prod_k \sum_l (w\, y_k)^{N_{lk}} \; . \tag{VII 55}$$

---

[1] Hat man etwa $a^r b^s$ mit der Nebenbedingung $r + s = 3$, so ist $a^1 b^2 + a^2 b^1 \neq (a^1 + a^2) \times (b^1 + b^2)$. Produktbildung und Summierung sind nicht vertauschbar. Lassen wir aber die Nebenbedingung fallen und beschränken nur die Werte der Exponenten auf 1 und 2, so ist $a^1 b^1 + a^1 b^2 + a^2 b^1 + a^2 b^2 = (a^1 + a^2)(b^1 + b^2)$, d. h. Produkt- und Summenoperator können vertauscht werden.

Im Falle der BOSE-EINSTEIN-Statistik ist dieser Ausdruck ein Produkt aus geometrischen Reihen. Wir haben also

$$\Xi_{BE} = \prod_k (1 - w\,y_k)^{-1} . \tag{VII 56}$$

Für die FERMI-DIRAC-Statistik gilt einfach

$$\Xi_{FD} = \prod_k (1 + w\,y_k) . \tag{VII 57}$$

Die erzeugende Funktion für die Verteilungsfunktion der korrigierten MAXWELL-BOLTZMANN-Statistik Gl. (VII 50) ist

$$\Xi_{MB} = e^{w \sum_k y_k} , \tag{VII 58}$$

wie man sofort sieht, wenn man diese Gleichung schreibt

$$\Xi_{MB} = \prod_k \left[1 + w\,y_k + \frac{(w\,y_k)^2}{2!} + \frac{(w\,y_k)^3}{3!} + \cdots \right] . \tag{VII 59}$$

Nun gilt aber

$$\lim_{\gamma \to 0} (1 + \gamma\,w\,y_k)^{\frac{1}{\gamma}} = e^{w\,y_k} . \tag{VII 60}$$

Die erzeugende Funktion für Q kann daher allgemein geschrieben werden

$$\Xi = \prod_k (1 + \gamma\,w\,y_k)^{\frac{1}{\gamma}} . \tag{VII 61}$$

Dabei gilt für

MAXWELL-BOLTZMANN-Statistik $\qquad \gamma = \quad 0$
BOSE-EINSTEIN-Statistik $\qquad\qquad\; \gamma = -1$
FERMI-DIRAC-Statistik $\qquad\qquad\;\; \gamma = +1$

Die Anwendung des Residuensatzes ergibt nun

$$Q^{(N)} = \frac{1}{2\pi i} \oint \frac{\Xi}{w^{N+1}} \, dw . \tag{VII 62}$$

Das Integral läßt sich mit Hilfe der Sattelpunktmethode auswerten. Der Integrand hat auf der positiven reellen Achse zwischen $w = 0$ und $w = \infty$ ein Minimum, das, wenn wir

$$\frac{\Xi}{w^N} = e^{\varphi} \tag{VII 63}$$

setzen, als positive reelle Wurzel der Gleichung

$$\frac{d\varphi}{dw} = 0 \tag{VII 64}$$

definiert ist. Wir bezeichnen diese Wurzel mit λ. Nun führen wir Polarkoordinaten ein durch die Gleichungen

$$w = \lambda\, e^{i\alpha} , \qquad \frac{dw}{w} = i\, d\alpha \tag{VII 65}$$

und entwickeln φ an der Stelle $w = \lambda$ in eine TAYLORsche Reihe. Das ergibt zunächst

$$\varphi(w) = \varphi(\lambda) + \left(\frac{d\varphi}{dw}\right)_{w=\lambda} (w - \lambda) + \frac{1}{2} \left(\frac{d^2\varphi}{dw^2}\right)_{w=\lambda} (w - \lambda)^2 + \cdots . \tag{VII 66}$$

Da für kleine α gesetzt werden kann

$$w - \lambda = i\,\lambda\,\alpha \tag{VII 67}$$

und die erste Ableitung von φ nach (VII 64) verschwindet, wird aus (VII 66)

$$\varphi = \varphi(\lambda) - \frac{1}{2}\,\lambda^2 \left(\frac{d^2\varphi}{dw^2}\right)_{w=\lambda} \alpha^2 + \cdots . \qquad \text{(VII 68)}$$

Aus Gl. (VII 62), (VII 63), (VII 65) und (VII 68) erhalten wir

$$Q^{(N)} = \frac{1}{2\pi}\,e^{\varphi(\lambda)} \int\limits_{-\infty}^{+\infty} (1 + \cdots)\, e^{-\frac{1}{2}\lambda^2 \left(\frac{d^2\varphi}{dw^2}\right)_{w=\lambda}\alpha^2}\, d\alpha . \qquad \text{(VII 69)}$$

Dabei haben wir bereits die ursprünglichen Integrationsgrenzen $+\pi$ und $-\pi$ durch $+\infty$ und $-\infty$ ersetzt. Die Ausführung der Integration ergibt

$$Q = \frac{e^{\varphi(\lambda)}}{[2\pi\,\lambda^2\,\varphi''(\lambda)]^{1/2}}\,(1 + \cdots) \qquad \text{(VII 70)}^1$$

wo die höheren Glieder für $N \to \infty$ asymptotisch verschwinden. Bei der Bildung des Logarithmus kann der Nenner vernachlässigt werden, und wir erhalten mit (VII 63)

$$\ln Q = \varphi(\lambda) = \ln \Xi - N \ln \lambda . \qquad \text{(VII 71)}$$

Setzen wir hier Gl. (VII 61) ein, so folgt

$$\ln Q = \frac{1}{\gamma}\,\sum_k \ln(1 + \gamma\,\lambda\,y_k) - N \ln \lambda . \qquad \text{(VII 72)}$$

Die Definition des kanonischen Mittelwertes ergibt in Verbindung mit Gl. (VII 49)

$$\bar{N}_k = y_k\,\frac{\partial \ln Q}{\partial y_k} . \qquad \text{(VII 73)}$$

Daraus folgt als allgemeine Verteilungsformel für separierbare Systeme

$$\bar{N}_k = \frac{\lambda\,e^{-\frac{\varepsilon_k}{kT}}}{1 + \gamma\,\lambda\,e^{-\frac{\varepsilon_k}{kT}}} . \qquad \text{(VII 74)}$$

Für $\gamma = \pm 1$ wird daraus die Verteilungsformel der Bose-Einstein- und Fermi-Dirac-Statistik Gl. (IV 29). Für $\gamma = 0$ wird

$$\bar{N}_k = \lambda\,e^{-\frac{\varepsilon_k}{kT}} . \qquad \text{(VII 75)}$$

Wegen

$$\sum_k \bar{N}_k = \lambda \sum_k e^{-\frac{\varepsilon_k}{kT}} = \lambda\,f(T) = N \qquad \text{(VII 76)}$$

folgt aus (VII 75)

$$\frac{\bar{N}_k}{N} = \frac{e^{-\frac{\varepsilon_k}{kT}}}{\sum e^{-\frac{\varepsilon_k}{kT}}} , \qquad \text{(VII 77)}$$

das Maxwell-Boltzmannsche Verteilungsgesetz.

Für die freie Energie nach Helmholtz ergibt sich aus (VII 72)

$$F = -kT \left[\sum_k \ln \left(1 + \gamma\,\lambda\,e^{-\frac{\varepsilon_k}{kT}}\right)^{1/\gamma} - N \ln \lambda \right] \qquad \text{(VII 78)}$$

---

¹ Den Index an Q lassen wir jetzt wieder weg.

in Übereinstimmung mit Gl. (IV 87). In Verbindung mit Gl. (VII 12) und (VII 35) folgt daraus

$$PV = kT \ln\left[\prod_k \left(1 + \gamma\,\lambda\,e^{-\frac{\varepsilon_k}{kT}}\right)^{1/\gamma}\right] = kT \ln \varXi. \qquad \text{(VII 79)}$$

Damit haben wir nochmals gezeigt, daß die erzeugende Funktion $\varXi$ die Eigenschaften der großen Verteilungsfunktion besitzt, wenn für w der durch Gl. (VII 64) bestimmte Wert λ eingesetzt wird.

§ 7.3*. Transformationstheorie der Verteilungsfunktionen

Die drei von GIBBS eingeführten virtuellen Gesamtheiten, die mikrokanonische, die kanonische und die große kanonische Gesamtheit, entsprechen, wie wir gesehen haben, physikalisch verschiedenen Randbedingungen. Die zugehörigen Verteilungsfunktionen definieren jeweils ein thermodynamisches Potential, für welches die Parameter der Verteilung die unabhängigen Variablen sind. Es liegt daher nahe, in analoger Weise auch für die übrigen thermodynamischen Potentiale statistische Verteilungsfunktionen zu konstruieren; die damit gegebenen virtuellen Gesamtheiten sind naturgemäß wieder neuen Randbedingungen zugeordnet. Dieser Gedanke ist zuerst von GUGGENHEIM[1] ausgeführt worden. Man nennt diese neuen Verteilungsfunktionen generalisierte Verteilungsfunktionen oder ebenfalls große Verteilungsfunktionen. Dieselben sind zwar für explizite Berechnungen bisher kaum verwendet worden; ihre Einführung ist jedoch unter einem anderen Gesichtspunkt von großer Bedeutung.

Für jede der erwähnten Gesamtheiten läßt sich, wie wir für die mikrokanonische und die kanonische Gesamtheit explizit gezeigt haben, eine Größe definieren, welche die Eigenschaften der thermodynamisch definierten Entropie besitzt. Diese Größen sind jedoch (obwohl sie sich durch eine gemeinsame Formel darstellen lassen) nicht untereinander gleich. Ähnliche Schwierigkeiten ergeben sich, wenn man etwa versucht, die freie Energie nach HELMHOLTZ für die kanonische und die große kanonische Gesamtheit zu definieren. Diese Verhältnisse sind naturgemäß durch die statistischen Schwankungen bedingt, welche bei den einzelnen Gesamtheiten in verschiedener Form auftreten. Wir haben an Beispielen gezeigt, daß diese Schwankungen asymptotisch verschwinden, wenn wir zur Grenze unendlich großer Systeme übergehen. Man kann daraus schließen, daß unter dieser Voraussetzung die mit Hilfe der verschiedenen Gesamtheiten definierten Größen identisch werden und damit eine von den Randbedingungen unabhängige Thermodynamik entsteht. Wir wollen dieses Problem jetzt in einer strengeren und allgemeineren Form behandeln und dabei gleichzeitig das zur Ergänzung der Sätze des § 5.5 bzw. 6.3 notwendige dritte Postulat formulieren, welches die Grundlage aller über die mikrokanonische Gesamtheit hinausgehenden Ansätze der statistischen Thermodynamik bildet[2].

Die Methode, die wir benutzen, besteht im wesentlichen darin, daß wir, ähnlich wie früher in der Quantenmechanik, mit Hilfe einer Transformationstheorie auch für die statistische Thermodynamik eine allgemeine Sprache definieren und diese zur Begründung der Thermodynamik verwenden. Naturgemäß muß dazu auch die Thermodynamik in einer allgemeinen Sprache formuliert werden. Wir beschreiben zunächst kurz diese Formulierung[3,4] die wir als

[1] GUGGENHEIM, E. A.: J. Chem. Phys. 7, 103 (1939).
[2] MÜNSTER, A.: Z. Physik 136, 179 (1953).
[3] McKAY, H. A. C.: J. Chem. Phys. 3, 715 (1935).
[4] Im Zusammenhang mit der Ableitung der Stabilitätsbedingungen (vgl. § 7.6) ist eine ähnliche Formulierung bereits von SCHOTTKY, ULICH und WAGNER (Thermodynamik, Berlin 1929) benutzt worden.

Grundlage für das Folgende benötigen. Dabei muß eine von der früheren abweichende Notierung benutzt werden. Wir betrachten ein homogenes System aus m Komponenten. Alle thermodynamischen Eigenschaften desselben lassen sich ableiten aus einer Gleichung

$$E = E(S, X_2, \ldots, X_r) \qquad (r \geqq m + 2), \tag{VII 80}$$

die man nach GIBBS[1] die Fundamentalgleichung des Systems nennt[2]. E und S haben die gleiche Bedeutung wie früher; die X_i sind, wenn keine äußeren Felder vorhanden sind und Grenzflächenerscheinungen vernachlässigt werden können[3], das negative Volumen und die Molekülzahlen. Der Einfachheit halber setzen wir das System als isotrop voraus. Dann ist E homogen vom ersten Grade in S und den X_i. Diese Größen werden daher als generalisierte Koordinaten oder extensive Parameter bezeichnet. Die Ableitungen

$$T = \left(\frac{\partial E}{\partial S}\right)_{X_i}, \qquad\qquad P_i' = \left(\frac{\partial E}{\partial X_i}\right)_{S, X_j} \tag{VII 81}$$
$$(i = 2, 3, \ldots, r) \qquad (j = 2, \ldots, i - 1, i + 1, \ldots, r)$$

bezeichnen wir als generalisierte Kräfte oder intensive Parameter. Wir haben dann

$$dE = T\,dS + \sum_{i=2}^{k} P_i'\,dX_i. \tag{VII 82}$$

Man kann nun einen oder mehrere intensive Parameter als unabhängige Variable einführen und erhält dann durch eine Folge von LEGENDRE-Transformationen die thermodynamischen Potentiale

$$\Psi_k = E - TS - \sum_{i=2}^{k} P_i' X_i. \tag{VII 83}$$

Die Enthalpie H, die freie Energie nach HELMHOLTZ F, die freie Energie nach GIBBS G und das Potential PV sind Spezialfälle von (VII 83). Die hinreichende Bedingung für die Existenz der Transformation (VII 83) ist, daß die JAKOBISche Determinante nicht verschwindet, also

$$|E_{ij}| \equiv \frac{\partial(T, P_2', \ldots, P_k')}{\partial(S, X_2, \ldots, X_k)} \neq 0. \tag{VII 84}$$

Die Theorie der mikrokanonischen Gesamtheit führt, wie wir gesehen haben, auf eine zu (VII 80) inverse Funktion, nämlich die Entropie. Für die statistische Thermodynamik ist es daher zweckmäßiger, die Fundamentalgleichung in der Form

$$S = S(X_1, X_2, \ldots, X_r) \tag{VII 85}$$

zu schreiben[4]. Dabei kann, wenn dies wünschenswert ist, unter X_1 die Energie verstanden werden. Das Volumen ist hier mit positivem Vorzeichen zu nehmen. (VII 85) führt auf einen zweiten Satz von intensiven Parametern

$$P_i = \left(\frac{\partial S}{\partial X_i}\right)_{X_j} \tag{VII 86}$$
$$(i = 1, 2, \ldots, r) \qquad (j = 1, \ldots, i - 1, i + 1, \ldots, r),$$

---

[1] GIBBS, J. W.: On the Equilibrium of Heterogeneous Substances. Collected works vol. I. New Haven 1948.
[2] GIBBS gebraucht diesen Ausdruck auch für die übrigen thermodynamischen Potentiale.
[3] Die letztere Voraussetzung machen wir durchweg in diesem Buche.
[4] GREENE, R. F., u. H. B. CALLEN: Physic. Rev. 83, 1231 (1951).

welche im einfachsten Falle den thermodynamischen Größen $1/T$, P/T, $-\mu_i/T$ entsprechen[1]. Durch LEGENDRE-Transformation erhält man aus Gl. (VII 85) die generalisierten MASSIEU-PLANCKschen Funktionen

$$\Phi_k = S - \sum_{i=1}^{k} P_i X_i. \qquad \text{(VII 87)}.$$

Die bekanntesten Beispiele dafür sind die Funktionen $-F/T$ und $-G/T$.[2] Die Bedingung für die Existenz dieser Transformation lautet

$$|S_{ij}| \equiv \frac{\partial(P_1, \ldots, P_k)}{\partial(X_1, \ldots, X_k)} \neq 0. \qquad \text{(VII 88)}$$

Für die Entropie gilt nach (VII 85) und (VII 86)

$$dS = \sum_{i=1}^{r} P_i \, dX_i. \qquad \text{(VII 89)}$$

Differenziert man Gl. (VII 87), so folgt durch Kombination mit (VII 89)

$$d\Phi_k = - \sum_{i=1}^{k} X_i \, dP_i + \sum_{j=k+1}^{r} P_j \, dX_j. \qquad \text{(VII 90)}$$

Daraus ergeben sich unmittelbar die generalisierten MAXWELLschen Relationen

$$\frac{\partial^2 \Phi_k}{\partial P_i \, \partial X_j} = - \frac{\partial X_i}{\partial X_j} = \frac{\partial P_j}{\partial P_i} \qquad \text{(VII 91)}$$

$$\frac{\partial^2 \Phi_k}{\partial P_i \, \partial P_m} = - \frac{\partial X_i}{\partial P_m} = - \frac{\partial X_m}{\partial P_i} \qquad \text{(VII 92)}$$

$$\frac{\partial^2 \Phi_k}{\partial X_j \, \partial X_n} = \frac{\partial P_j}{\partial X_n} = \frac{\partial P_n}{\partial X_j} \qquad \text{(VII 93)}$$

Aus (VII 87) folgt

$$\Phi_k = \Phi_l - \sum_{i=l+1}^{k} P_i X_i \qquad (k > l). \qquad \text{(VII 94)}$$

Nun ist nach (VII 90)

$$\frac{\partial \Phi_k}{\partial P_i} = - X_i. \qquad \text{(VII 95)}$$

Es wird somit

$$\Phi_k = \Phi_l + \sum_{i=l+1}^{k} P_i \frac{\partial \Phi_k}{\partial P_i}. \qquad \text{(VII 96)}$$

Dies ist die allgemeine Form der bekannten GIBBS-HELMHOLTZschen Gleichung

Nach diesem Exkurs wenden wir uns jetzt wieder der statistischen Theorie zu. Den Ausgangspunkt bildet auch hier die Theorie der mikrokanonischen Gesamtheit. Dabei setzen wir im folgenden stets die Gültigkeit der halbklassischen Näherung voraus. Ferner ist es zweckmäßig, im Hinblick auf die Transformationstheorie einige der früheren Formulierungen etwas abzuändern. Zunächst führen wir in die Grundgleichungen der mikrokanonischen Gesamtheit explizit alle extensiven Parameter (also nicht nur die Energie) ein. Zweitens betrachten wir

---

[1] Die durch Gl. (VII 86) verknüpften Größen X_i und P_i bezeichnen wir als konjugierte Parameter.

[2] Diese beiden Funktionen sind sechs Jahre vor den GIBBSschen Untersuchungen von MASSIEU [C. r. Acad. Sci. (Paris) **69**, 858 (1869)] eingeführt worden. Die letztere ist vor allem von PLANCK (vgl. Thermodynamik, 10. Aufl., Berlin 1954) viel verwendet worden. GUGGENHEIM (Thermodynamics, 2nd ed. Amsterdam 1950) bezeichnet daher $-F/T$ als MASSIEUsche Funktion, $-G/T$ als PLANCKsche Funktion.

alle extensiven Parameter (also nicht nur die Energie, sondern auch die Molekülzahlen) als stetig veränderliche Variable. Wir können dann definieren

$$\Omega^{**} = \frac{1}{h^n \, \Pi \, N_i \, !} \int\limits_0^{X_r} dX_r \cdots \int\limits_0^{X_2} dX_2 \int\limits_0^E d\Omega \qquad \text{(VII 97)}[1]$$

und

$$\Phi = \ln \frac{\partial^r \Omega^{**}}{\partial E \, \partial X_2 \cdots \partial X_r} \qquad \text{(VII 98)}$$

Die Größe Φ der Gl. (VII 98) ist (bis auf den quantenstatistischen Korrekturfaktor) mit der durch Gl. (V 114) definierten Größe identisch. Für die Phasendichte haben wir jetzt zu schreiben

$$\varrho = C \cdot \delta(E^* - E) \, \delta(X_2^* - X_2) \cdots \delta(X_r^* - X_r) . \qquad \text{(VII 99)}$$

Die X_i^* sind hier vorgegebene Werte der extensiven Parameter. Die Normierungsbedingung (V 55) ergibt dann, wie früher,

$$C = e^{-\Phi} , \qquad \text{(VII 100)}$$

wo Φ jetzt und im Weiteren der Wert dieser Größe für $X_i = X_i^*$ (alle i) ist.
Der mikrokanonische Mittelwert einer Phasenfunktion F ist dann

$$\bar{F} = e^{-\Phi} \int \delta(X_r^* - X_r) \, dX_r \cdots \int \delta(X_2^* - X_2) \, dX_2 \int F \, \delta(E^* - E) \, d\Omega, \qquad \text{(VII 101)}$$

was lediglich eine formale Umschreibung der Gl. (V 119) darstellt. Damit ist der
Zusammenhang mit der früheren Schreibweise festgelegt, und wir können die
weiteren Ergebnisse des Kapitels V einfach übernehmen. Eine besondere Bemerkung erfordern lediglich noch die Gl. (V 233) und (V 234). Die neuen Formulierungen ermöglichen es, den allgemeinen Fall zu betrachten, daß die beiden
Teilsysteme eines abgeschlossenen Gesamtsystems nicht nur in bezug auf die
Energie, sondern in bezug auf jeden anderen extensiven Parameter oder auch
in bezug auf k extensive Parameter gleichzeitig in Austausch stehen. Dabei
muß $k \leq r - 1$ sein, da ein extensiver Parameter zur Definition der Teilsysteme
benötigt wird. An die Stelle der Gl. (V 233) tritt dann ein k-faches Faltungs-
integral. Wir können daher schreiben

$$e^{\Phi} = e^{\Phi'} \binom{*}{k} e^{\Phi''} \qquad \text{(VII 102)}$$

wo das Symbol $\binom{*}{k}$ ein k-faches Faltungsprodukt bezeichnet.

Der Einfachheit halber bezeichnen wir im folgenden mit S den Quotienten
aus der Entropie und der BOLTZMANN-Konstanten. Wir haben dann

$$S = \Phi \qquad \text{(VII 103)}$$

und die intensiven Parameter sind definiert durch

$$P_i = \bar{p}_i = \frac{\partial \Phi}{\partial X_i} . \qquad \text{(VII 104)}$$

An Stelle der Gl. (V 174) schreiben wir jetzt

$$d\Phi = \sum_{i=1}^{r} \bar{p}_i \, dX_i \qquad \text{(VII 105)}$$

$$= \sum_{i=1}^{r} P_i \, dX_i .$$

---

[1] Die untere Grenze des Integrals über den Phasenraum ist eigentlich durch $\Omega^* = 0$
gegeben. Aus Symmetriegründen denken wir uns (wie früher in § 5.14) die Energie so normiert, daß hier auch $E = 0$ wird.

13*

Die $\bar{p}_i$ sind, wie wir für Temperatur (§ 5.8) und äußere Kräfte (§ 5.9) explizit gezeigt haben, Mittelwerte gewisser Phasenfunktionen. Nur diese Mittelwerte besitzen die Eigenschaften der thermodynamischen intensiven Parameter. Man kann zwar den fraglichen Mittelwerten Schwankungsgrößen zuordnen, z. B. $\overline{(p_i - \bar{p}_i)^2}$ oder speziell für das in § 5.8 behandelte Beispiel $[(e^{-\Phi p_1}\,\Omega^*_{p_1})^{-1} - \overline{(e^{-\Phi p_1}\,\Omega^*_{p_1})^{-1}}]^2$.[1] Diese Schwankungsgrößen beziehen sich aber auf die betreffenden Phasenfunktionen und nicht auf die als Mittelwerte definierten intensiven Parameter. Die mikrokanonische Gesamtheit ist somit dadurch ausgezeichnet, daß sie allen thermodynamischen Parametern scharfe Werte zuteilt und die Statistik sich nur auf den Phasenraum der generalisierten Koordinaten und Impulse bezieht.

Das Originalsystem, welches durch die mikrokanonische Gesamtheit abgebildet wird, ist experimentell ausschließlich durch Messungen extensiver Parameter bestimmt. Versucht man nun, einen mit Hilfe der Theorie der mikrokanonischen Gesamtheit berechneten intensiven Parameter, etwa die Temperatur, zu messen, so zeigt sich, daß dies nur möglich ist, indem man einen Energieaustausch des Systems mit dem Thermometer zuläßt. Das System ist also in bezug auf die Energie nicht mehr abgeschlossen, und die Energie wird damit notwendig unbestimmt. Wenn daher ein System experimentell durch eine Temperaturmessung bestimmt ist, kann es nicht mehr durch eine mikrokanonische Gesamtheit abgebildet werden. Ähnlich liegen die Verhältnisse für die übrigen Paare von konjugierten Parametern. Will man etwa den Druck messen, so muß man, damit sich das Manometer einstellen kann, das Volumen veränderlich machen. Für die Messung des chemischen Potentials bzw. der Aktivität muß das System mit einer zweiten Phase, welche ebenfalls die betreffende Komponente enthält, ins Gleichgewicht gebracht werden, so daß ein Austausch von Molekülen dieser Komponente möglich ist. So kann man beispielsweise in flüssigen Gemischen die Aktivitäten durch Messung des Dampfdruckes oder des osmotischen Druckes bestimmen; speziell für Elektrolyte kann auch eine geeignete galvanische Zelle verwendet werden. In all diesen Fällen werden die jeweiligen extensiven Parameter unbestimmt.

Der im vorstehenden beschriebene Sachverhalt bildet die Grundlage für die Formulierung des dritten grundlegenden Postulates der statistischen Thermodynamik, welches die notwendige Ergänzung der Sätze (I) und (II) des § 5.5 bzw. 6.3 bildet. Wir geben diesem Satz (III) die Fassung:

Durch die Messung eines intensiven Parameters P_i wird der dazu konjugierte extensive Parameter X_i notwendig unbestimmt. Das System wird dann nicht mehr durch die Funktion Φ, sondern durch eine generalisierte Verteilungsfunktion beschrieben, welche P_i als Parameter enthält und aus e^Φ durch LAPLACE-Transformation erhalten wird. (Für die im folgenden benutzten Formeln und Sätze über die LAPLACE-Transformation vgl.[2]). Die generalisierte Verteilungsfunktion für k intensive Parameter lautet somit[3]

$$\Xi_k \equiv e^{\Phi_k} = \int\limits_0^\infty \cdots \int\limits_0^\infty e^{-\sum\limits_{i=1}^{k} P_i X_i}\, e^\Phi \prod_{i=1}^{k} dX_i\,. \qquad \text{(VII 106)}[4]$$

Der vorstehende Satz zeigt eine gewisse Analogie zu der in § 6.1 besprochenen quantenmechanischen Komplementarität zwischen kanonisch konjugierten

---

[1] Man beachte, daß dieses Beispiel sich auf das Ω^*-System, nicht auf das sonst hier benutzte Φ-System bezieht. Vgl. § 5.11.

[2] DOETSCH, G.: Theorie und Anwendung der LAPLACE-Transformation. Berlin 1937.

[3] Die Existenz der Integrale wird, wenn nichts Besonderes bemerkt ist, vorausgesetzt.

[4] Die Numerierung der Parameter ist hier ganz beliebig zu denken.

Variablen. Der entscheidende Unterschied liegt darin, daß er nicht umkehrbar ist. Das bedeutet, daß die Messung eines extensiven Parameters den dazu konjugierten intensiven Parameter nicht unbestimmt macht und die Parameter P_1 bis P_k somit in jedem Falle scharfe Größen sind. Dieser Sachverhalt drückt sich in dem unterschiedlichen mathematischen Formalismus aus. Die FOURIER-Transformation von der q- in die p-Sprache läßt sich, wie man aus Gl. (VI 5) und (VI 6) sieht, völlig symmetrisch umkehren. Dagegen lautet die Umkehrung von (VII 106)

$$e^\Phi = (2\pi i)^{-k} \int_{c-i\infty}^{c+i\infty} \cdots \int e^{\sum\limits_{i=1}^{k} P_i X_i} e^{\Phi_k} \prod_{i=1}^{k} d P_i \,, \qquad \text{(VII 107)[1]}$$

wo die P_i jetzt als komplexe Variable aufzufassen sind und die Integration über eine zur imaginären Achse parallele Grade innerhalb des Regularitätsstreifens zu erstrecken ist. Da aber nur der Realteil von P_i physikalische Bedeutung besitzt, stellt (VII 107) eine formale Operation dar, für welche die physikalische Größe P_i einen konstanten Wert c hat. Dagegen ergibt sich die merkwürdige Konsequenz, daß im Falle der Gl. (VII 106) alle nicht zu dem Satz P_1 bis P_k gehörenden intensiven Parameter (wir bezeichnen sie mit P_j) ebenfalls unbestimmt werden. Dies folgt unmittelbar aus der Tatsache, daß die P_j als Ableitungen von Φ definiert sind und diese Größe mit den Parametern X_1 bis X_k unscharf wird. Die Parameter P_1 bis P_k werden, im Gegensatz dazu, durch Gl. (VII 106) neu definiert. In § 5.14 haben wir diese Verhältnisse für die Temperatur-Analoga der mikrokanonischen und kanonischen Gesamtheit bereits ausführlich besprochen.

Aus Gl. (VII 106) folgt für die Wahrscheinlichkeit, an dem System Parameterwerte zwischen X_1 und $X_1 + dX_1, \ldots, X_k$ und $X_k + dX_k$ zu finden

$$W_k \prod_{i=1}^{k} dX_i = e^{-\Phi_k - \sum\limits_{i=1}^{k} P_i X_i} e^\Phi \prod_{i=1}^{k} dX_i \,. \qquad \text{(VII 108)}$$

Der physikalische Sinn der Gl. (VII 106) und (VII 108) besteht, wie nach dem früheren ohne weiteres klar ist, darin, daß jetzt das System in bezug auf die k Größen X_i offen gegenüber einem unendlich großen Reservoir ist. Jedes Φ_k gehorcht, wie man durch Differentiation von (VII 106) (bei konstantem X_1 bis X_k) leicht ableitet, einer Differentialgleichung

$$d\Phi_k = - \sum_{i=1}^{k} \bar{X}_i \, dP_i + \sum_{j=k+1}^{r} \bar{P}_j \, dX_j \,, \qquad \text{(VII 109)}$$

wo die Mittelwerte durch

$$\bar{u} = \int \cdots \int u \, e^{-\Phi_k - \sum\limits_{i=1}^{k} P_i X_i} e^\Phi \prod_{i=1}^{k} dX_i \qquad \text{(VII 110)}$$

definiert sind. Für ein Gesamtsystem, das aus zwei Teilsystemen mit vernachlässigbarer Wechselwirkung besteht, setzt sich Φ_k additiv aus den entsprechenden Funktionen der Teilsysteme Φ_k' und Φ_k'' zusammen. Nach dem schon in § 5.13 benutzten Faltungssatz ist nämlich

$$e^{\Phi_k'} \cdot e^{\Phi_k''} = \int \cdots \int e^{-\sum\limits_{i=1}^{k} P_i X_i} e^{\Phi'} \binom{*}{k} e^{\Phi''} \prod_{i=1}^{k} dX_i \qquad \text{(VII 111)}$$

---

[1] Eine Anwendung dieser Gleichung findet sich in § 12.4, bzw. im Anhang.

und daraus folgt mit (VII 102) und (VII 106)

$$\Phi_k = \Phi'_k + \Phi''_k \qquad \text{(VII 112)}$$

Φ_k besitzt daher, wenn die in Gl. (VII 109) auftretenden Mittelwerte mit den entsprechenden thermodynamischen Zustandsgrößen identifiziert werden, die Eigenschaften einer generalisierten MASSIEU-PLANCKschen Funktion für die unabhängigen Variablen P_i, X_j. In Tab. 3 sind die sich aus (VII 106) ergebenden Spezialfälle (ohne Berücksichtigung äußerer Felder) in der üblichen Schreibweise zusammengestellt.

Für $k = r$ divergiert das LAPLACE-Integral, was man leicht am Beispiel eines idealen Gases verifiziert[1]. Die daraus sich ergebende Folgerung, daß Ξ_r nicht existiert, ist tatsächlich unmittelbar evident. Wenn nämlich das System in bezug auf sämtliche X_i offen ist, besitzt es keine Abgrenzung mehr gegen das Reservoir und ist daher nicht mehr definierbar.

Die durch Gl. (VII 109) definierten MASSIEU-PLANCKschen Funktionen entsprechen, wie schon mehrfach betont, verschiedenen physikalischen Situationen. Zu jeder dieser Situationen gehört zunächst sozusagen eine eigene Thermodynamik.

[1] PRIGOGINE, J.: Physica 16, 133 (1950).

Tabelle 3. *Generalisierte Verteilungsfunktionen und MASSIEU-PLANCKsche Funktionen*

Verteilungsfunktion	MASSIEU-PLANCKsche Funktion	Differentialgleichung	Unabhängige Variable
e^Φ	S	$dS = \dfrac{dE}{T} + \dfrac{P}{T}dV - \sum_i \dfrac{\mu_i}{T}dN_i$	E, V, N_i
$\displaystyle\int e^{-\frac{E}{kT}} e^\Phi\, dE$	$S - \dfrac{E}{T} = -\dfrac{F}{T}$	$d\left(-\dfrac{F}{T}\right) = -E\, d\left(\dfrac{1}{T}\right) + \dfrac{P}{T}dV - \sum_i \dfrac{\mu_i}{T}dN_i$	$\dfrac{1}{T}, V, N_i$
$\displaystyle\int e^{-\frac{PV}{kT}} e^\Phi\, dV$	$S - \dfrac{PV}{T}$	$d\left(S - \dfrac{PV}{T}\right) = \dfrac{dE}{T} - V\, d\left(\dfrac{P}{T}\right) - \sum_i \dfrac{\mu_i}{T}dN_i$	$E, \dfrac{P}{T}, N_i$
$\displaystyle\int\cdots\int e^{\frac{\Sigma \mu_i N_i}{kT}} e^\Phi \prod_i dN_i$	$S + \dfrac{\Sigma \mu_i N_i}{T}$	$d\left(S + \dfrac{\Sigma \mu_i N_i}{T}\right) = \dfrac{dE}{T} + \dfrac{P}{T}dV + \sum_i N_i\, d\left(\dfrac{\mu_i}{T}\right)$	$E, V, -\dfrac{\mu_i}{T}$
$\displaystyle\int\int e^{\frac{-E-PV}{kT}} e^\Phi\, dE\, dV$	$S - \dfrac{E}{T} - \dfrac{PV}{T} = -\dfrac{G}{T}$	$d\left(-\dfrac{G}{T}\right) = -E\, d\left(\dfrac{1}{T}\right) - V\, d\left(\dfrac{P}{T}\right) - \sum_i \dfrac{\mu_i}{T}dN_i$	$\dfrac{1}{T}, \dfrac{P}{T}, N_i$
$\displaystyle\int\cdots\int e^{\frac{-E+\Sigma \mu_i N_i}{kT}} e^\Phi\, dE \prod_i dN_i$	$S - \dfrac{E}{T} + \dfrac{\Sigma \mu_i N_i}{T} = \dfrac{PV}{T}$	$d\left(\dfrac{PV}{T}\right) = -E\, d\left(\dfrac{1}{T}\right) + \dfrac{P}{T}dV + \sum_i N_i\, d\left(\dfrac{\mu_i}{T}\right)$	$\dfrac{1}{T}, V, -\dfrac{\mu_i}{T}$
$\displaystyle\int\cdots\int e^{\frac{-PV+\Sigma \mu_i N_i}{kT}} e^\Phi\, dV \prod_i dN_i$	$S - \dfrac{PV}{T} + \dfrac{\Sigma \mu_i N_i}{T} = \dfrac{E}{T}$	$d\left(\dfrac{E}{T}\right) = \dfrac{dE}{T} - V\, d\left(\dfrac{P}{T}\right) + \sum_i N_i\, d\left(\dfrac{\mu_i}{T}\right)$	$E, \dfrac{P}{T}, -\dfrac{\mu_i}{T}$

Entnommen aus: A. MÜNSTER: Z. Physik 136, 184 (1953).

Die Größe

$$S = - \int W_k' \ln W_k' \prod_{k+1}^{r} \delta(X_j^* - X_j)\, d\Omega^{**} \qquad \text{(VII 113)}$$

(mit $W_k' = W_k\, e^{-\Phi}$) besitzt in jedem Falle die Eigenschaften der Entropie. Beispielsweise zeigt die Ableitung von (VII 91), daß auch die generalisierten MAXWELLschen Gleichungen gelten. Die aus der MASSIEU-PLANCKschen Funktion abgeleiteten Größen sind aber jetzt ebenfalls nur für die betreffenden Randbedingungen definiert. Dies beruht darauf, daß in der statistischen Theorie die MASSIEU-PLANCKschen Funktionen nicht durch die LEGENDRE-Transformation, sondern durch die LAPLACE-Transformation zusammenhängen. Das Problem der Begründung einer einheitlichen Thermodynamik läuft also auf die Untersuchung der Frage hinaus, ob und unter welchen Bedingungen diese Transformationen identisch werden.

Wir schreiben dazu Gl. (VII 106) in der zu (VII 94) analogen Form

$$\varXi_k \equiv e^{\Phi_k} = \int \cdots \int e^{-\sum\limits_{i=l+1}^{k} P_i X_i + \Phi_l} \prod_{i=l+1}^{k} dX_i \quad (l < k) \qquad \text{(VII 114)}$$

Die Funktion Φ_l entwickeln wir an der Stelle $\bar X_{l+1}, \ldots, \bar X_k$ in eine TAYLORsche Reihe. Das ergibt, wenn wir die Bezeichnungen

$$\delta X_i = X_i - \bar X_i \qquad \text{(VII 115)}$$

und

$$\Phi_l^0 = \Phi_l(\bar X_{l+1}, \ldots, \bar X_k) \qquad \text{(VII 116)}$$

einführen

$$\Phi_l = \Phi_l^0 + \sum_{i=l+1}^{k} \left(\frac{\partial \Phi_l}{\partial X_i}\right)_0 \delta X_i + \frac{1}{2} \sum_i \sum_j \left(\frac{\partial^2 \Phi_l}{\partial X_i\, \partial X_j}\right)_0 \delta X_i \delta X_j + \cdots \qquad \text{(VII 117)[1,2]}$$

Damit wird aus (VII 114)

$$e^{\Phi_k} = e^{-\sum\limits_{i=l+1}^{k} P_i \bar X_i + \Phi_l^0} \int \cdots \int e^{\sum\limits_{i=l+1}^{k}\left[\left(\frac{\partial \Phi_l}{\partial X_i}\right)_0 - P_i\right]\delta X_i + \frac{1}{2}\sum\limits_i \sum\limits_j \left(\frac{\partial^2 \Phi_l}{\partial X_i \partial X_j}\right)_0 \delta X_i \delta X_j + \cdots} \times$$
$$\times \prod_{i=l+1}^{k} dX_i. \qquad \text{(VII 118)}$$

Wir setzen voraus, daß die Reihe (VII 117) in dem ganzen in Betracht kommenden Bereich der Variablen gleichmäßig konvergiert. Für die weitere Untersuchung können wir dann mit dem quadratischen Gliede abbrechen. Wir führen jetzt neue Variable

$$\xi_i = \frac{\delta X_i}{\bar X_i} \qquad \text{(VII 119)}$$

ein und schreiben zur Abkürzung

$$B_{ij}^l = - \frac{1}{2}\, \bar X_i \bar X_j \left(\frac{\partial^2 \Phi_l}{\partial X_i\, \partial X_j}\right)_0. \qquad \text{(VII 120)}$$

Zwischen der zu (VII 118) gehörenden Wahrscheinlichkeitsdichte $W_{k,l}$ und der entsprechenden Wahrscheinlichkeitsdichte im ξ-Raum $W_{k,l}(\xi)$ besteht die Beziehung

$$W_{k,l}(\xi) = \prod_{i=l+1}^{k} \bar X_i\, W_{k,l}. \qquad \text{(VII 121)}$$

---

[1] Der hier auftretende Index j hat keine Beziehung zu dem Index j in Gl. (VII 109).
[2] Der Index 0 bezeichnet die Ableitungen an der Stelle $\bar X_{l+1}, \ldots, \bar X_k$.

Es ergibt sich somit als Näherung

$$W_{k,l}(\xi) = C \exp\left\{ \sum_{i=l+1}^{k} \left[\left(\frac{\partial \Phi_l}{\partial X_i}\right)_0 - P_i \right] \bar{X}_i \xi_i - \sum_i \sum_j B_{ij}^l \xi_i \xi_j \right\}, \quad \text{(VII 122)}$$

wo

$$C = \prod_{i=l+1}^{k} \bar{X}_i \exp\left[-\Phi_k - \sum_{i=l+1}^{k} P_i \bar{X}_i + \Phi_l^0 \right] \quad \text{(VII 123)}$$

ist[1]. Die quadratische Form in (VII 122) transformieren wir in eine Summe von Quadraten[2]. In Matrixnotierung haben wir dann als Definition der neuen Variablen η_i

$$\boldsymbol{\xi} = \mathbf{A}\,\boldsymbol{\eta}\,, \quad \text{(VII 124)}$$

wo

$$\widetilde{\mathbf{A}}\,\mathbf{B}^l\,\mathbf{A} = [\alpha_{ij}\,\delta_{ij}] \quad \text{(VII 125)}$$

ist. Hier bezeichnet $\widetilde{\mathbf{A}}$ die transponierte Matrix von $\mathbf{A}$ und δ_{ij} das KRONECKERsche Delta. Die Tatsache, daß diese Transformation nicht eindeutig ist, spielt hier keine Rolle, da die für unsere Betrachtung wesentliche Eigenschaft, die Zahl der positiven, negativen und verschwindenden Koeffizienten α_{ij} nach dem SYLVESTERschen Trägheitssatz in jedem Falle erhalten bleibt. Für die α_{ij} gilt

$$\alpha_{l+1} = \Delta_{l+1}, \quad \alpha_{l+2} = \Delta_{l+2}/\Delta_{l+1}, \ldots, \quad \alpha_k = \Delta_k/\Delta_{k-1}, \quad \text{(VII 126)}$$

wo $\Delta_k \equiv |B^l|$ ist und die Δ_i die Hauptminoren dieser Determinante bezeichnen. Es ist ferner

$$\Pi\,d\,\xi_i = \frac{\partial(\xi_{l+1}, \ldots, \xi_k)}{\partial(\eta_{l+1}, \ldots, \eta_k)} \Pi\,d\eta_i = |A|\,\Pi\,d\eta_i\,. \quad \text{(VII 127)}$$

Die Transformation des ersten Terms im Exponenten von (VII 122) ergibt schließlich

$$\sum_i \left[\left(\frac{\partial \Phi_l}{\partial X_i}\right)_0 - P_i \right] \bar{X}_i \xi_i = 2 \sum_j A_j \eta_j \quad \text{(VII 128)}$$

mit

$$A_j = \frac{1}{2} \sum_i \left[\left(\frac{\partial \Phi_l}{\partial X_i}\right)_0 - P_i \right] \bar{X}_i A_{ij}\,. \quad \text{(VII 129)}$$

Um die Größe A_j näher zu untersuchen, gehen wir aus von der aus der Theorie der LAPLACE-Transformation folgenden Formel

$$P_{l+1}\,e^{\Phi_{l+1}} - e^{\Phi_l(0)} = \int e^{-P_{l+1}X_{l+1}+\Phi_l} \frac{\partial \Phi_l}{\partial X_{l+1}}\,dX_{l+1}\,. \quad \text{(VII 130)}$$

Mit $e^{\Phi_l(0)} = 0$ kann diese Gleichung geschrieben werden

$$P_{l+1} = \overline{\frac{\partial \Phi_l}{\partial X_{l+1}}}\,, \quad \text{(VII 131)}$$

---

[1] Wenn C durch (VII 123) definiert ist, erfüllt (VII 122) naturgemäß nicht exakt die Normierungsbedingung (VII 135).

[2] Zum Folgenden vgl. R. COURANT u. D. HILBERT: Methoden der mathematischen Physik, Bd. I. Berlin 1931; H. MARGENAU u. G. M. MURPHY: The Mathematics of Physics and Chemistry. New York 1948.

wo sich die Mittelwertbildung auf die Verteilung mit $l + 1$ intensiven Parametern bezieht. Dieser Mittelwert ist im allgemeinen verschieden von der in Gl. (VII 129) auftretenden Größe $\left(\dfrac{\partial \Phi_l}{\partial X_{l+1}}\right)_0$. Um den Zusammenhang beider Größen explizit zu formulieren, entwickeln wir $\dfrac{\partial \Phi_l}{\partial X_{l+1}}$ an der Stelle $X_{l+1} = \bar{X}_{l+1}$. Das ergibt

$$\frac{\partial \Phi_l}{\partial X_{l+1}} = \left(\frac{\partial \Phi_l}{\partial X_{l+1}}\right)_0 + \left(\frac{\partial^2 \Phi_l}{\partial X_{l+1}^2}\right)_0 \delta X_{l+1} + \frac{1}{2}\left(\frac{\partial^3 \Phi_l}{\partial X_{l+1}^3}\right)_0 (\delta X_{l+1})^2 + \cdots. \qquad \text{(VII 132)}$$

Setzen wir

$$\Phi_l / \bar{X}_{l+1} = \varphi_l, \qquad \text{(VII 133)}$$

so kann (VII 132) mit Benutzung von (VII 119) geschrieben werden

$$\frac{\partial \Phi_l}{\partial X_{l+1}} = \left(\frac{\partial \Phi_l}{\partial X_{l+1}}\right)_0 + \left(\frac{\partial^2 \varphi_l}{\partial \xi_{l+1}^2}\right)_0 \xi_{l+1} + \frac{1}{2}\left(\frac{\partial^3 \varphi_l}{\partial \xi_{l+1}^3}\right)_0 \xi_{l+1}^2 + \cdots. \qquad \text{(VII 134)}$$

Durch Einsetzen in (VII 130) folgt dann mit (VII 108) und der Normierungsbedingung

$$\int \cdots \int W_{k,l}(\xi)\, \Pi\, d\xi_i = 1 \qquad \text{(VII 135)}$$

die Beziehung

$$P_{l+1} = \left(\frac{\partial \Phi_l}{\partial X_{l+1}}\right)_0 + \frac{1}{2}\left(\frac{\partial^3 \varphi_l}{\partial \xi_{l+1}^3}\right)_0 \overline{\xi_{l+1}^2} + \cdots. \qquad \text{(VII 136)}$$

Die Größe $\overline{\xi_{l+1}^2}$ ist aber das relative mittlere Schwankungsquadrat des extensiven Parameters X_{l+1}. Das Problem ist daher durch Gl. (VII 136) formal auf die Schwankungstheorie zurückgeführt, die wir in § 7.4 behandeln. Wie dort gezeigt wird, verschwindet $\overline{\xi_{l+1}^2}$ allgemein asymptotisch für $X_{l+1} \to \infty$, wenn $|B^l|$ mit allen Hauptminoren positiv ist. Wir machen jetzt diese beiden Voraussetzungen und benutzen (VII 125) in der speziellen Gestalt

$$\tilde{A}\, B^l\, A = E, \qquad \text{(VII 137)}$$

wo E die Einheitsmatrix ist. Dann gilt

$$|A| = |B^l|^{-\frac{1}{2}}. \qquad \text{(VII 138)}$$

Da nach Gl. (VII 129) und (VII 136) jetzt alle A_j verschwinden, kann die LAPLACE-Transformation (VII 114) mit Benutzung von (VII 121), (VII 123), (VII 127) und (VII 138) geschrieben werden

$$e^{\Phi_k} = e^{-\sum\limits_{i=l+1}^{k} P_i \bar{X}_i + \Phi_l^0} \frac{\Pi \bar{X}_i}{\sqrt{|B^l|}} \int\limits_{-\infty}^{+\infty} \cdots \int e^{-\sum\limits_j \eta_j^2} \Pi_j\, d\eta_j. \qquad \text{(VII 139)}$$

Die Einführung von $-\infty$ als untere Integrationsgrenze wird durch das asymptotische Verschwinden der mittleren relativen Schwankungsquadrate gerechtfertigt[1]. Gl. (VII 139) läßt unmittelbar erkennen, daß bei Benutzung von (VII 122) die dort auftretende quadratische Form positiv definit sein muß und daher nach (VII 126) $|B^l|$ und alle Hauptminoren positiv sein müssen; andernfalls

---

[1] Wir benutzen diese Näherung zur Vereinfachung der Formeln. Sie ist, wie man leicht verifiziert, ohne Einfluß auf das Resultat.

würde das Integral divergieren. Die Ausführung der Integration ergibt

$$\Phi_k = \Phi_l^0 - \sum_{i=l+1}^{k} P_i \bar{X}_i - \tfrac{1}{2} \ln |B^l| + \tfrac{1}{2}(k - l) \ln \pi + \sum_{i=l+1}^{k} \ln \bar{X}_i. \qquad \text{(VII 140)}$$

Dividieren wir jetzt durch einen mittleren extensiven Parameter, so folgt für die spezifischen MASSIEU-PLANCKschen Funktionen

$$\varphi_k = \varphi_l^0 - \sum_{i=l+1}^{k} P_i \bar{x}_i + O\left(\frac{1}{\bar{X}_{l+1}} \sum \ln \bar{X}_i\right), \qquad \text{(VII 141)}$$

wo O das LANDAUsche Größenordnungssymbol und

$$\bar{x}_i = \frac{\bar{X}_i}{\bar{X}_{l+1}} \qquad \text{(VII 142)[1]}$$

ist. Wir können daher als Satz (IV) formulieren:

Die LAPLACE-Transformation der statistischen Theorie geht in die LEGENDRE-Transformation der Thermodynamik über, wenn

1. Die Entwicklungen (VII 117) existieren und gleichmäßig konvergieren,
2. $|B^l/\bar{X}_{l+1}|$ und alle Hauptminoren > 0 sind[2]
3. $\bar{X}_i \to \infty$ geht.

Die Thermodynamik stellt also formal den Grenzfall dar, dem sich die statistische Theorie nähert, wenn das betrachtete System beliebig groß wird. Die physikalische Voraussetzung für die Anwendbarkeit der Thermodynamik besteht, wie Gl. (VII 136) unmittelbar zeigt, darin, daß die statistischen Schwankungen um die Mittelwerte vernachlässigt werden können. Die weiteren Ergebnisse, die mit Hilfe spezieller Verteilungen erhalten wurden (empirische Temperatur, thermodynamisches Gleichgewicht usw.) können nun ohne weiteres übernommen werden, so daß sich eine nochmalige Ableitung erübrigt.

§ 7.4*. Allgemeine Theorie der Schwankungen

Die statistische Begründung der Thermodynamik erfordert, wie wir gesehen haben, eine Untersuchung der Schwankungserscheinungen. Dieselben führen darüber hinaus zu einer Reihe von direkt beobachtbaren Effekten (BROWNsche Bewegung, Lichtstreuung von Gasen und Flüssigkeiten, Schroteffekt usw.). Schließlich sind sie auch im Zusammenhang mit einigen allgemeinen Problemen, die wir in diesem Kapitel behandeln, von entscheidender Bedeutung. Wir wollen daher die Formulierungen des § 7.3 benutzen, um die Theorie der Schwankungen in einer ganz allgemeinen Form zu entwickeln[3].

Wir betrachten zunächst die Schwankungen der extensiven Parameter. Für die mikrokanonische Gesamtheit besitzen, wie wir gesehen haben, alle extensiven Parameter feste Werte, so daß hier, d. h. physikalisch in einem abgeschlossenen System, diese Schwankungen nicht auftreten[4]. Gehen wir aber zu den durch Gl. (VII 108) definierten Gesamtheiten über, so ist das Originalsystem in bezug auf wenigstens einen extensiven Parameter offen. Der Wert desselben ist nur

---

[1] Der Parameter $\bar{X}_{l+1}$ kann etwa das Volumen oder die Molekülzahl einer Komponente (z. B. für verdünnte Lösungen des Lösungsmittels) sein. Er kann auch durch die Summe aller oder einiger extensiver Parameter (z. B. der Molekülzahlen) ersetzt werden.

[2] Die Division der Determinanten-Elemente durch $\bar{X}_{l+1}$ (vgl. dazu Fußnote 1) erfolgt im Hinblick auf die Untersuchungen in § 7.6.

[3] MÜNSTER, A.: Z. Physik **136**, 179 (1953).

[4] Dagegen sind allen mit Hilfe der mikrokanonischen Gesamtheit gebildeten Mittelwerten naturgemäß auch Schwankungen zugeordnet.

statistisch bestimmt; wir können aus Gl. (VII 108) seinen Mittelwert und die Schwankungen um diesen Mittelwert berechnen. Dabei ist aber zu beachten, daß in den thermodynamischen Gleichungen nur die Mittelwerte dieser Größen auftreten. Es hat daher, obwohl es sich physikalisch um die gleichen Größen (z. B. Molekülzahlen) handelt, keinen Sinn (wie es gelegentlich geschieht) von thermodynamischen Schwankungen zu sprechen.

Eine allgemeine Formel, welche ein beliebiges Korrelationsmoment mit den Parametern der Verteilung verknüpft, läßt sich nicht angeben. Man kann die Berechnung nur mit Hilfe von Iterationsverfahren durchführen. Ein solches ergibt sich unmittelbar aus der Theorie der LAPLACE-Transformation. Es ist nämlich, wenn wir uns der Einfachheit halber auf den Fall einer Variablen beschränken

$$(-1)^n \frac{\partial^n}{\partial P_{l+1}^n} e^{\Phi_{l+1}} = \int e^{-P_{l+1} X_{l+1} + \Phi_l} X_{l+1}^n \, dX_{l+1} . \qquad \text{(VII 143)}$$

Dann folgt für $n = 1$

$$\frac{\partial \Phi_{l+1}}{\partial P_{l+1}} = -\bar{X}_{l+1} . \qquad \text{(VII 144)}$$

Für $n = 2$ bekommt man mit Benutzung von (VII 144)

$$\frac{\partial^2 \Phi_{l+1}}{\partial P_{l+1}^2} = \overline{(X_{l+1} - \bar{X}_{l+1})^2} \qquad \text{(VII 145)}$$

oder mit (VII 109) und (VII 115)

$$\overline{(\delta X_{l+1})^2} = -\frac{\partial \bar{X}_{l+1}}{\partial P_{l+1}} . \qquad \text{(VII 146)}$$

Man sieht leicht, daß die früher abgeleiteten Gleichungen (V 284) und (VII 31) Spezialfälle von (VII 146) sind. Die Weiterführung des Verfahrens und die Verallgemeinerung für mehrere Variable liegen auf der Hand.

Eine allgemeine Rekursionsformel läßt sich in folgender Weise ableiten: Aus Gl. (VII 108) folgt

$$\frac{\partial}{\partial P_j} \int \cdots \int \prod_i (\delta X_i)^{r_i} e^{-\sum_i P_i X_i + \Phi_l} \prod_i dX_i$$

$$= \int \cdots \int \left\{ -X_j \prod_i (\delta X_i)^{r_i} - \sum_i \left[r_i (\delta X_i)^{r_i - 1} \prod_m (\delta X_m)^{r_m} \frac{\partial \bar{X}_i}{\partial P_j} \right] \right\} \times \qquad \text{(VII 147)}$$

$$\times e^{-\sum_i P_i X_i + \Phi_l} \prod_i dX_i \qquad (m \neq i) \quad (\textstyle\sum r_i = n) .$$

Schreiben wir für ein Korrelationsmoment n-ter Ordnung zur Abkürzung

$$\langle \delta X_i \rangle_n = \overline{\prod_i (\delta X_i)^{r_i}} , \qquad (\textstyle\sum r_i = n) \quad \text{(VII 148)}$$

so wird aus (VII 147)

$$\frac{\partial}{\partial P_j} [\langle \delta X_i \rangle_n e^{\Phi_k}] = \left[-\overline{X_j \prod_i (\delta X_i)^{r_i}} - \sum_i \overline{r_i (\delta X_i)^{r_i - 1} \prod_m (\delta X_m)^{r_m} \frac{\partial \bar{X}_i}{\partial P_j}} \right] e^{\Phi_k} .$$

$$\text{(VII 149)}$$

Mit Benutzung von (VII 107) folgt

$$\frac{\partial}{\partial P_j} \langle \delta X_i \rangle_n - \langle \delta X_i \rangle_n \bar{X}_j = -\overline{X_j \prod_i (\delta X_i)^{r_i}} - \sum_i \overline{r_i (\delta X_i)^{r_i - 1} \prod_m (\delta X_m)^{r_m} \frac{\partial \bar{X}_i}{\partial P_j}} .$$

$$\text{(VII 150)}$$

Nun ist

$$\overline{X_j \prod_i (\delta X_i)^{r_i}} - \bar{X}_j \langle \delta X_i \rangle_n = \langle \delta X_i \rangle_{n+1} , \qquad \text{(VII 151)}$$

wo $\langle \delta X_i \rangle_{n+1}$ sich von $\langle \delta X_i \rangle_n$ dadurch unterscheidet, daß r_j durch $r_j + 1$ ersetzt wird. Damit ergibt sich aus (VII 150) die Rekursionsformel

$$\langle \delta X_i \rangle_{n+1} = - \frac{\partial}{\partial P_j} \langle \delta X_i \rangle_n - \sum_i r_i \langle \delta X_i \rangle_{n-1} \frac{\partial X_i}{\partial P_j} , \qquad \text{(VII 152)}$$

wo unter $\langle \delta X_i \rangle_{n-1}$ alle Korrelationsmomente zu verstehen sind, die aus $\langle \delta X_i \rangle_n$ dadurch hervorgehen, daß jeweils ein r_i durch $r_i - 1$ ersetzt wird. Gl. (VII 152) ist allgemein gültig für $n \geqq 1$. Sie führt auf Gl. (VII 146), wenn man beachtet, daß $(\delta X_i)_1 = 0$ und $(\delta X_i)_0 = 1$ ist.

Als Beispiel für die Anwendung der Gl. (VII 152) betrachten wir die Schwankungen der Molekülzahl der Komponente i in einem System, das durch eine große kanonische Gesamtheit dargestellt wird. Ein solches System wird etwa dargestellt durch ein innerhalb eines viel größeren Systems in Gedanken abgegrenztes Teilvolumen. Für diesen Fall lautet die Gl. (VII 152).

$$\overline{(N_i - \bar{N}_i)^{n+1}} = \Theta \frac{\partial}{\partial \mu_i} \overline{(N_i - \bar{N}_i)^n} + n \overline{(N_i - \bar{N}_i)^{n-1}} \Theta \frac{\partial \bar{N}_i}{\partial \mu_i} . \qquad \text{(VII 153)}$$

Daraus ergibt sich, wenn wir den Operator

$$\Delta_i = \Theta \frac{\partial}{\partial \mu_i} \qquad \text{(VII 154)[1]}$$

einführen,

$$\overline{(N_i - \bar{N}_i)^2} = \Delta_i \bar{N}_i \qquad \text{(VII 155)}$$

$$\overline{(N_i - \bar{N}_i)^3} = \Delta_i^2 \bar{N}_i \qquad \text{(VII 156)}$$

$$\overline{(N_i - \bar{N}_i)^4} = \Delta_i^3 \bar{N}_i + 3(\Delta_i \bar{N}_i)^2 \qquad \text{(VII 157)}$$

usw.

Unter den Schwankungsgrößen sind weitaus am wichtigsten die zweiten Momente. Wir wollen diese daher noch etwas eingehender untersuchen. Aus Gl. (VII 152) folgt zunächst in Verbindung mit (VII 119)

$$\overline{\xi_i \xi_j} = - \frac{1}{2} \frac{2}{X_i X_j} \frac{\partial X_i}{\partial P_j} . \qquad \text{(VII 158)}$$

Die rechte Seite dieser Gleichung ohne den Faktor $\frac{1}{2}$ fassen wir als Element einer Matrix $\mathbf{Q}$ auf. Bezeichnen wir die zu $\mathbf{Q}$ reziproke Matrix mit $\mathbf{B^*}$, so ist

$$B_{ij}^* = - \frac{1}{2} X_i X_j \frac{\partial P_j}{\partial X_i} \qquad \text{(VII 159)}$$

wie sich aus den Eigenschaften der JAKOBIschen Determinanten ergibt. Zwischen $\mathbf{Q}$ und $\mathbf{B^*}$ besteht die Beziehung

$$\mathbf{Q} = \frac{\hat{\mathbf{B}}^*}{|B^*|} , \qquad \text{(VII 160)}$$

wo $\hat{\mathbf{B}}^*$ aus $\mathbf{B^*}$ dadurch entsteht, daß zuerst zum Element B_{ij}^* in $|B^*|$ der Kofaktor gebildet und die dann resultierende Matrix transponiert wird. Damit wird aus (VII 158)

$$\overline{\xi_i \xi_j} = \frac{1}{2} \frac{|B^*|_{ij}}{|B^*|} , \qquad \text{(VII 161)}$$

wo $|B^*|_{ij}$ der Kofaktor des Matrixelementes B_{ij}^* ist. Für diese Transformation muß jedoch vorausgesetzt werden, daß die Matrix $\mathbf{B^*}$ nicht singulär und somit

$$|B^*| \neq 0 \qquad \text{(VII 162)}$$

ist.

---

[1] Δ_i ist also hier nicht der LAPLACEsche Operator.

Für manche Überlegungen ist es zweckmäßig, die zweiten Momente direkt mittels der Wahrscheinlichkeitsdichte (VII 108) unter Benutzung der Entwicklung (VII 117) zu berechnen. Dieses Verfahren geht im Prinzip auf SMOLUCHOWSKI[1] und EINSTEIN[2] zurück. Wir brechen auch hier die Reihe mit dem quadratischen Gliede ab und setzen ferner die zweiten Momente als so klein voraus, daß im Hinblick auf Gl. (VII 136) die Gl. (VII 122) mit hinreichender Näherung geschrieben werden kann

$$W_{k,l}(\xi) = C' \exp\left(- \sum_i \sum_j B_{ij}^l \xi_i \xi_j\right). \qquad \text{(VII 163)}$$

Für den Normierungsfaktor C' ergibt sich aus (VII 135) mit Benutzung der Transformation (VII 137)

$$C' = \left[\frac{|B^l|}{\pi^{(k-l)}}\right]^{\frac{1}{2}}. \qquad \text{(VII 164)}$$

Damit wird

$$\overline{\xi_i \xi_j} = -\left[\frac{|B^l|}{\pi^{(k-l)}}\right]^{\frac{1}{2}} \frac{\partial}{\partial B_{ij}^l} \int \cdots \int \exp\left(- \sum_i \sum_j B_{ij}^l \xi_i \xi_j\right) \prod_{i=l+1}^{k} d\xi_i \qquad \text{(VII 165)}$$

oder

$$\overline{\xi_i \xi_j} = \frac{1}{2} \frac{|B^l|_{ij}}{|B^l|}. \qquad \text{(VII 166)}$$

Aus Gl. (VII 158) folgt zunächst, daß die zweiten Momente für $\bar{X}_j \to \infty$ wie $(\bar{X}_j)^{-1}$ verschwinden, wenn $\partial^2 \Phi_k/\partial P_i \partial P_j$ positiv endlich ist. Analoge Aussagen ergeben sich, wie man leicht verifiziert, für die höheren Momente. Damit folgt aus Gl. (136)

$$\lim_{\text{alle } \bar{X}_i \to \infty} [\mathbf{B}^* - \mathbf{B}^l] = 0. \qquad \text{(VII 167)}$$

Der Vergleich von (VII 161) und (VII 166) ergibt nun das überraschende Resultat, daß die Benutzung der Wahrscheinlichkeitsdichte (VII 163) nicht, wie man erwarten sollte, eine Näherung, sondern unter den Voraussetzungen von Satz (IV) in § 3.7 den exakten Wert für $\overline{\xi_i \xi_j}$ liefert. Es gilt also

$$\lim_{\text{alle } \bar{X}_i \to \infty} \left\{\int \cdots \int \xi_i \xi_j W_{k,l}(\xi) \prod_i d\xi_i - \left[\frac{|B^l|}{\pi^{(k-l)}}\right]^{\frac{1}{2}} \int \cdots \int \xi_i \xi_j \times \right.$$
$$\left. \times\, e^{-\Sigma\Sigma B_{ij}^l \xi_i \xi_j} \prod_i d\xi_i = 0\,, \right. \qquad \text{(VII 168)}$$

wo mit $W_{k,l}(\xi)$ jetzt die exakte Wahrscheinlichkeitsdichte bezeichnet ist. Dieser Satz ist zuerst (in einer nicht ganz korrekten Form) von GREENE und CALLEN[3] gefunden worden. Wir können jetzt das für die Begründung der Thermodynamik wesentliche Ergebnis formulieren als Satz (V): Die in Satz (IV) formulierten Bedingungen sind hinreichend und notwendig dafür, daß die zweiten Momente für $\bar{X}_j \to \infty$ wie $(\bar{X}_j)^{-1}$ verschwinden. Damit ist die in § 7.3 benutzte Behauptung bewiesen.

Wir betrachten jetzt die Schwankungen der intensiven Parameter Die Verhältnisse sind hier etwas weniger übersichtlich; wir wollen daher zunächst die in diesem Zusammenhang wesentlichen Punkte aus den vorhergehenden Untersuchungen noch einmal zusammenfassen. In der mikrokanonischen Gesamtheit gibt es keine Schwankungen intensiver Parameter, da diese als Mittelwerte von Phasenfunktionen bzw. Ableitungen von Φ (oder $\ln \Omega^*$) definiert sind. In einer Gesamtheit mit k unscharfen extensiven Parametern X_i besitzen definitionsgemäß die dazu konjugierten intensiven Parameter P_i scharfe Werte als Parameter der

[1] SMOLUCHOWSKI, M. v.: Ann. Physik **25**, 205 (1908).
[2] EINSTEIN, A.: Ann. Physik **33**, 1275 (1910).
[3] GREENE, R. F., u. H. B. CALLEN: Physic. Rev. **83**, 1231 (1951).

Verteilung. Nur für die intensiven Parameter P_j, welche den jeweils fixierten extensiven Parametern X_j konjugiert sind, lassen sich Schwankungen definieren. Es gilt also der Satz: Von zwei konjugierten Parametern kann stets nur einer Schwankungen zeigen. Für ein System, das durch eine kanonische Gesamtheit dargestellt wird und somit durch eine Temperaturmessung charakterisiert ist, sind daher Schwankungen der Temperatur nicht definierbar. Man könnte dagegen einwenden, daß ein hinreichend empfindliches ideales Thermometer zweifellos Schwankungen anzeigen würde. Das ist zwar richtig, hat aber nichts mit Temperaturschwankungen zu tun. Jedes „Thermometer" zeigt nämlich primär Änderungen der Energie und damit gegebenenfalls auch Schwankungen der Energie an. Die Messung der Temperatur ist aber nur so definierbar, daß eine Statistik der Energiewerte aufgenommen und daraus der Parameter der Verteilung errechnet wird. Man kann zwar den jeweiligen Energien formal Temperaturen zuordnen und auf diesem Wege zu „Temperaturschwankungen" kommen, wie sie verschiedentlich[1,2] diskutiert worden sind. In Wirklichkeit handelt es sich dabei um eine anschauliche Hilfskonstruktion, die, streng genommen, keine physikalische Bedeutung hat. Lediglich bei offenen Systemen mit fixierter Energie können Temperaturschwankungen im eigentlichen Sinne auftreten. Derartige Systeme sind jedoch, wie schon GUGGENHEIM[3] bemerkt hat, physikalisch kaum realisierbar.

Etwa anders scheinen auf den ersten Blick die Verhältnisse für Druck und Volumen zu liegen. Der Druck ist nämlich rein mechanisch definierbar als Impulsänderung an der Wand pro Zeit- und Flächeneinheit (vgl. § 2.6). Der intensive Parameter ist aber nicht der in dieser Weise definierte Druck, sondern der Mittelwert dieser Größe etwa über die mikrokanonische Gesamtheit. Damit wird aber der Druck wieder zu einem Verteilungsparameter, und zwar für ein System, das in bezug auf das Volumen offen ist. Echte Schwankungen des Druckes können beispielsweise auftreten bei einem System, das durch eine kanonische Gesamtheit dargestellt wird. Sie sind naturgemäß physikalisch eine Folge der Energieschwankungen. Dies drückt sich auch darin aus, daß zwischen den Schwankungen der Energie und des Druckes grundsätzlich, wie wir sehen werden, Korrelation besteht. Die Annahme einer Korrelation zwischen Schwankungen von Druck und Volumen[2] hat dagegen keine physikalische Bedeutung.

Um die Schwankungen der intensiven Parameter zu berechnen, gehen wir aus von Gl. (VII 106), die wir schreiben

$$\int \cdots \int e^{-\Phi_k - \sum\limits_{i=1}^{k} P_i X_i + \Phi} \prod\limits_{i=1}^{k} dX_i = 1 \, . \qquad \text{(VII 169)}$$

Daraus folgt durch Differentiation nach dem extensiven Parameter $X_j (j > k)$

$$\int \cdots \int e^{-\Phi_k - \sum\limits_{i=1}^{k} P_i X_i + \Phi} \left(-\frac{\partial \Phi_k}{\partial X_j} + \frac{\partial \Phi}{\partial X_j} \right) \prod\limits_{i=1}^{k} dX_i = 0 . \qquad \text{(VII 170)}$$

Das ergibt mit Benutzung von (VII 104)

$$\frac{\partial \Phi_k}{\partial X_j} = \overline{P}_j \qquad \text{(VII 171)}$$

[1] LAUE, M. VON: Physik. Z. **18**, 542 (1917).

[2] LANDAU, L., u. E. LIFSHITZ: Statistical Physics. Oxford 1938.

[3] GUGGENHEIM, E. A.: J. Chem. Phys. **7**, 103 (1939).

in Übereinstimmung mit Gl. (VII 109). Differenzieren wir nun (VII 170) nochmals nach X_j, so erhalten wir

$$\int \cdots \int e^{-\Phi_k - \sum\limits_{i=1}^{k} P_i X_i + \Phi} \left[\left(-\frac{\partial \Phi_k}{\partial X_j} + \frac{\partial \Phi}{\partial X_j} \right)^2 + \left(-\frac{\partial^2 \Phi_k}{\partial X_j^2} + \frac{\partial^2 \Phi}{\partial X_j^2} \right) \right] \prod_{i=1}^{k} dX_i = 0 \tag{VII 172}$$

oder mit Benutzung von Gl. (VII 171)

$$\overline{(P_j - \overline{P}_j)^2} = \frac{\partial \overline{P}_j}{\partial X_j} - \overline{\frac{\partial P_j}{\partial X_j}} . \tag{VII 173}$$

Differenzieren wir (VII 170) nach einem zweiten extensiven Parameter aus der Reihe X_{k+1} bis X_r, den wir mit $X_{j'}$ bezeichnen, so folgt

$$\overline{(P_j - \overline{P}_j)(P_{j'} - \overline{P}_{j'})} = \frac{\partial \overline{P}_j}{\partial X_{j'}} - \overline{\frac{\partial P_j}{\partial X_{j'}}} = \frac{\partial \overline{P}_{j'}}{\partial X_j} - \overline{\frac{\partial P_{j'}}{\partial X_j}} . \tag{VII 174}$$

Schließlich ergibt die Differentiation der Gl. (VII 170) nach einem intensiven Parameter $P_i (i = 1, \ldots, k)$

$$\int \cdots \int e^{-\Phi_k - \sum\limits_{i=1}^{k} P_i X_i + \Phi} \left[\left(-\frac{\partial \Phi_k}{\partial X_j} + \frac{\partial \Phi}{\partial X_j} \right) \left(-\frac{\partial \Phi_k}{\partial P_i} - X_i \right) - \frac{\partial^2 \Phi_k}{\partial X_j \partial P_i} \right] \prod_{i=1}^{k} dX_i \tag{VII 175}$$

oder

$$\overline{(P_j - \overline{P}_j)(X_i - \overline{X}_i)} = -\frac{\partial^2 \Phi_k}{\partial X_j \partial P_i} = -\frac{\partial \overline{P}_j}{\partial P_i} = -\frac{\partial \overline{X}_i}{\partial X_j} . \tag{VII 176}$$

Von den auf der rechten Seite der Gl. (VII 173) stehenden Größen hat die erste eine einfache physikalische Bedeutung; sie stellt die Änderung des mittleren intensiven Parameters bei Änderung des konjugierten äußeren Parameters dar, also beispielsweise für eine kanonische Gesamtheit die Änderung des (durch die Temperatur dividierten) mittleren Druckes mit dem Volumen bei konstanter Temperatur. Der zweite Term stellt, für das gleiche Beispiel, die Änderung des Druckes mit dem Volumen bei konstanter Energie, gemittelt über die kanonische Verteilung der Energie, dar. Diese Größe läßt sich nicht in der Sprache der Thermodynamik ausdrücken und ist nur rechnerisch, unter konkreten Annahmen über die Natur des Systems zugänglich. Es ist daher nicht möglich, über die Schwankungen der intensiven Parameter allgemeinere Aussagen zu machen. Man kann sie, im Gegensatz zu den Schwankungen der extensiven Parameter, weder mit den thermodynamischen Zustandsgrößen verknüpfen noch ihr asymptotisches Verhalten für unendlich große Systeme in allgemeiner Form diskutieren. Sie besitzen daher keine weiterreichende Bedeutung für den Aufbau der Theorie, so daß wir uns mit den vorstehenden Bemerkungen begnügen können. Um eine Vorstellung von der Größenordnung zu geben, sei noch ein Ergebnis Fowlers[1] erwähnt, der das mittlere relative Schwankungsquadrat des Druckes für 1 cm^3 eines idealen Gases unter Normalbedingungen berechnet hat. Es lautet

$$\frac{\overline{(P - \overline{P})^2}}{\overline{P}^2} \approx 4{,}7 \cdot 10^{-12} . \tag{VII 177}$$

In diesem Falle ist somit die Schwankung wieder völlig zu vernachlässigen.

Die Gl. (VII 174) zeigt, daß die Schwankungen der verschiedenen intensiven Parameter im allgemeinen nicht unabhängig voneinander sind. Im übrigen liegen die Verhältnisse jedoch ähnlich wie bei Gl. (VII 173). Für die Schwankungsgröße der Gl. (VII 176) treten diese Schwierigkeiten nicht auf. Die Gleichung zeigt, daß

---

[1] Fowler, R. H.: Statistical Mechanics. 2nd ed., chapter XX. Cambridge 1936.

zwischen den Schwankungen eines extensiven und eines intensiven Parameters notwendig Korrelation besteht. Es ist daher vernünftig zu sagen, daß das „Öffnen" des Systems in bezug auf gewisse extensive Parameter zwangsläufig Schwankungen der nicht fixierten intensiven Parameter nach sich zieht.

§ 7.5*. Eine Anwendung der Schwankungstheorie: Lichtstreuung von Vielkomponentensystemen

Wenn ein monochromatischer, linear polarisierter Lichtstrahl durch ein makroskopisch homogenes, nicht absorbierendes Medium geht, werden so nach der (hier ausreichenden) klassischen Theorie in den Molekülen zeitlich veränderliche Dipolmomente induziert, die ihrerseits wieder elektromagnetische Wellen gleicher Frequenz ausstrahlen. Diese Wellen sind kohärent und löschen sich daher in einem idealen Kristall am absoluten Nullpunkt durch Interferenz vollständig aus[1]. Mit zunehmender Abweichung von der idealen Ordnung durch Wärmeschwingungen und Gitterfehler, in stärkerem Maße noch in fluiden Medien, tritt aber eine seitliche Ausstrahlung von Licht auf, durch die der Primärstrahl entsprechend geschwächt wird. Man bezeichnet diese Erscheinung als Lichtstreuung oder genauer als RAYLEIGH-Streuung[2]. Betrachten wir etwa einen Lichtstrahl der Intensität I_0, der durch ein zylindrisches Volumenelement ΔV vom Querschnitt q und der Länge dx geht und nachher die Intensität $I_0 - dI_0$ besitzt, so ist der Energieverlust durch Lichtstreuung in diesem Volumenelement pro Zeiteinheit $-q\, dI_0$. Bezeichnen wir mit I^* die durch Lichtstreuung von der Volumeneinheit pro Zeiteinheit ausgestrahlte Energie, so gilt

$$I^* \, dV = - q \, d I_0 = - \frac{d I_0}{d x} \, dV \, . \qquad \text{(VII 178)}$$

Es ist nun, wie wir weiter unten zeigen werden,

$$I^* = \tau \, I_0 \, , \qquad \text{(VII 179)}$$

wo die Größe τ von der Natur des Systems und der Wellenlänge des eingestrahlten Lichtes abhängt. Damit wird

$$- \frac{d I_0}{d x} = \tau I_0 \, , \qquad \text{(VII 180)}$$

und wir bekommen für die Intensität des durchgehenden Lichtes I

$$I = I_0 \, e^{-\tau x} \, . \qquad \text{(VII 181)}$$

Tabelle 4. *Streuintensitäten verschiedener Systeme*

System	Streuintensität gemessen durch		Anteil der RAMAN-Schwingungslinien an der Gesamtstreuung
	Trübung τ [cm^{-1}]	Schichtlänge, durch die die Intensität auf den e-ten Teil geschwächt wird	
Idealer Kristall	0	unendlich	—
Realer Kristall	10^{-7}	100 km	etwa 50 %
Luft . . . . : . . .	10^{-7}	100 km	einige Promille
Niedermolekulare Flüssigkeit	10^{-5}	1 km	einige Prozent
1%ige Lösung kleiner Moleküle . . .	10^{-4}	100 m	einige Promille
1%ige Lösung von Makromolekülen .	$10^{-3} - 10^{-2}$	10 m — 1 m	einige Zehntelpromille bis einige Promille

Entnommen aus: H. A. STUART: Die Physik der Hochpolymeren, Bd. 1, S. 341. Berlin 1953.

[1] Dabei ist abgesehen von dem Einfluß der Nullpunktsschwingungen und der Grenzflächen.

[2] Zum Unterschied von der inkohärenten Streuung oder RAMAN-Streuung, die hier außer Betracht bleibt.

Die Größe τ, die ein Maß für das Streuvermögen des Systems darstellt, wird als Trübung (turbidity) bezeichnet. In Tab. 4 sind die Größenordnung von τ und der prozentuale Anteil der RAMAN-Streuung für einige Systemklassen zusammengestellt.

Die Erscheinung der Lichtstreuung läßt sich theoretisch unter verschiedenen Gesichtspunkten betrachten, von denen wir an dieser Stelle nur die beiden für unsere Betrachtung wesentlichen erwähnen. Für eine ausführlichere Darstellung des Gebietes verweisen wir auf die Spezialliteratur[1-3]. Man kann zunächst unmittelbar die Wechselwirkung des Lichtes mit den Molekülen ins Auge fassen und versuchen, daraus die Intensität der Streustrahlung bzw. die Trübung zu berechnen. Dieses Verfahren, das in den Grundlagen auf RAYLEIGH[4] zurückgeht, ist jedoch ohne großen Aufwand nur bei verdünnten Gasen anwendbar, wo die Gesamtstreuung sich einfach als Summe der von den einzelnen Molekülen gestreuten Intensitäten darstellen läßt. Bei kondensierten Phasen, speziell bei Flüssigkeiten und flüssigen Lösungen (die in diesem Zusammenhang in erster Linie interessieren), treten zwei grundsätzliche Schwierigkeiten auf. Einmal ist das an dem einzelnen Molekül wirklich angreifende elektrische Feld, das sog. innere Feld nicht bekannt. Zum anderen stößt die Berücksichtigung der zwischenmolekularen Interferenzen auf Schwierigkeiten. Man kann aber diese Komplikationen vermeiden, wenn man das System als ein optisch inhomogenes Kontinuum betrachtet, in welchem die Dielektrizitätskonstante bzw. der Brechungsindex nicht überall den gleichen Wert besitzt. Daß ein solches Medium unter gewissen Voraussetzungen die Erscheinung der Lichtstreuung zeigen muß, hat bereits RAYLEIGH[5] nachgewiesen. Erst SMOLUCHOWSKI[6] hat aber den für die allgemeine Anwendbarkeit dieser Theorie entscheidenden Gesichtspunkt erkannt, daß die optische Inhomogenität auf die statistischen Dichteschwankungen zurückzuführen ist. Die von den MAXWELLschen Gleichungen ausgehende exakte Theorie ist von EINSTEIN[7] entwickelt worden. Da für uns in erster Linie das statistische Problem von Interesse ist, wollen wir uns für die optische Theorie mit einer einfacheren Ableitung begnügen, die das Wesentliche erkennen läßt.

Wir denken uns das System in kleine Volumenelemente ΔV zerlegt, derart, daß einerseits ihre Lineardimensionen klein gegen die Wellenlänge des eingestrahlten Lichtes sind, andererseits aber die mittlere Zahl der Moleküle in ΔV groß genug ist, um die Anwendung der Begriffe der Kontinuumstheorie und der Statistik zu rechtfertigen[8]. Weiter machen wir die grundlegende Voraussetzung, daß die in den einzelnen Volumenelementen auftretenden Dichteschwankungen als voneinander unabhängig betrachtet werden können. Die genauere Untersuchung[9,10] zeigt, daß diese Annahme gerechtfertigt ist, wenn man von der Umgebung kritischer Phasen absieht. Aus dem Vorstehenden ergibt sich, daß wir für die optische Theorie die einzelnen Volumenelemente als punktförmige Dipole

---

[1] CABANNES, J.: La diffusion moléculaire de la lumière. Paris 1929.

[2] GANS, R.: Lichtzerstreuung. In Handbuch der experimentellen Physik, Bd. XIX. Leipzig 1928.

[3] STUART, H. A.: Die Struktur des freien Moleküls. (Die Physik der Hochpolymeren, Bd. I.) Berlin 1952.

[4] RAYLEIGH, LORD: Philosophic. Mag. 12, 81 (1881); 47, 375 (1899); Scient. Pap. 4, 397.

[5] RAYLEIGH, LORD: Philosophic. Mag. 41, 107, 274, 447 (1871); 44, 22 (1897); 47, 375 (1899); Scient. Pap. 1, 87, 104; 4, 406.

[6] SMOLUCHOWSKI, M. VON: Ann. Physik 25, 205 (1908).

[7] EINSTEIN, A.: Ann. Physik 33, 1275 (1910).

[8] In einem kubischen Volumenelement der Kantenlänge 250 Å (das ist für sichtbares Licht etwa 1/20 λ) ist die Zahl der Moleküle im flüssigen Zustand bei einem Molekulargewicht von etwa 200 von der Größenordnung 10^4.

[9] ORNSTEIN, L. S., u. F. ZERNIKE: Phys. Z. 19, 134 (1918); 27, 761 (1926).

[10] KLEIN, M., u. L. TISZA: Physic. Rev. 75, 1303 (1949).

behandeln können und daß die von diesen ausgestrahlten elektromagnetischen Wellen (soweit sie durch Schwankungen bedingt sind) nicht miteinander interferieren. Für das in einem Volumenelement induzierte elektrische Moment schreiben wir

$$[\boldsymbol{\mu}] = (\overline{g^*} + \delta g^*)\, \Delta V\, \mathbf{F}\,. \qquad (\text{VII 182})$$

Hier ist $\overline{g^*}$ der Mittelwert der Polarisierbarkeit pro Volumeneinheit, δg^* die durch Dichteschwankungen bedingte Abweichung von diesem Mittelwert und $\mathbf{F}$ der Vektor des inneren Feldes. Für das letztere nehmen wir, was vernünftig erscheint, Proportionalität mit dem äußeren Felde an, setzen also

$$\mathbf{F} = a\,\mathbf{E}\,. \qquad (\text{VII 183})$$

Die Größe a braucht für das Weitere nicht bekannt zu sein. Der erste Term auf der rechten Seite von (VII 182) ist über das ganze System konstant; die davon herrührende Streustrahlung verschwindet durch Interferenz. Wir haben daher lediglich das durch die Schwankungen bedingte Zusatzmoment

$$[\boldsymbol{\mu}_e] = \delta g^*\,\Delta V\, a\,\mathbf{E}_0 \cos 2\,\pi\,\nu\,t \qquad (\text{VII 184})$$

(wo ν die Frequenz ist) zu betrachten. Die bekannte HERTZsche Lösung der Feldgleichungen[1] ergibt nun für die von einem punktförmigen schwingenden Dipol in der Zeiteinheit ausgestrahlte Energie

$$I_s = \frac{2}{3}\,\frac{\overline{[\ddot{\mu}_e]^2}}{c^3}\,, \qquad (\text{VII 185})$$

wo $\overline{\ddot{\mu}_e^2}$ das Zeitmittel des Quadrates der zweiten Ableitung des Zusatzmomentes nach der Zeit ist und c die Lichtgeschwindigkeit bezeichnet. Führen wir hier die Gl. (VII 184) und die Lichtwellenlänge im Vakuum λ ein, so folgt

$$I_s = \frac{16}{3}\,\frac{\pi^4 c}{\lambda^4}\,(\delta g^*)^2\,(\Delta V)^2\, a^2 E_0^2\,. \qquad (\text{VII 186})$$

Für die Intensität des einfallenden Lichtes gilt

$$I_0 = \frac{c}{8\pi}\,E_0^2\,. \qquad (\text{VII 187})$$

Setzen wir dies in (VII 186) ein und mitteln über die Werte der Schwankungsgröße $(\delta g^*)^2$, so erhalten wir für die von der Volumeneinheit in der Zeiteinheit ausgestrahlte mittlere Energie

$$I^* = \frac{128\,\pi^5}{3\,\lambda^4}\,\overline{(\delta g^*)^2}\,\Delta V\, a^2\, I_0\,, \qquad (\text{VII 188})$$

wodurch der Ansatz (VII 179) bestätigt wird. In dieser Formel wollen wir jetzt noch die Größe g^* durch die Dielektrizitätskonstante ε bzw. den Brechungsindex n ersetzen. Wir benutzen dazu die allgemeine Gleichung für die Polarisation

$$\mathbf{P} = \frac{\varepsilon - 1}{4\pi}\,\mathbf{E} = \frac{n^2 - 1}{4\pi}\,\mathbf{E} = g^*\mathbf{F}\,. \qquad (\text{VII 189})$$

Daraus folgt mit (VII 183)

$$g^* = \frac{n^2 - 1}{4\pi}\,\frac{1}{a} \qquad (\text{VII 190})$$

und weiter (da a als von n unabhängig betrachtet werden kann)

$$\delta g^* = \frac{n}{2\pi a}\,\delta n\,. \qquad (\text{VII 191})$$

---

[1] Siehe z. B. G. JOOS: Lehrbuch der theoretischen Physik, 8. Aufl. Leipzig 1954. A. SOMMERFELD: Vorlesungen über theoretische Physik, Bd. III. Wiesbaden 1948.

Durch Einsetzen dieses Ausdruckes in Gl. (VII 188) ergibt sich schließlich mit Benutzung von (VII 179) für die Trübung

$$\tau = \frac{32\,\pi^3\,n^2}{3\,\lambda^4}\,\Delta V\,\overline{(\delta n)^2}\,. \tag{VII 192}$$

Damit ist die Aufgabe auf das rein statistische Problem der Berechnung des mittleren Schwankungsquadrates des Brechungsindex zurückgeführt.

Bei dem fraglichen Problem handelt es sich nach dem früher Ausgeführten letzten Endes um die Berechnung der Schwankungen der Molekülzahlen in einem System, dessen Temperatur und Volumen vorgegeben sind. Wir haben daher die Methode der großen kanonischen Gesamtheit anzuwenden. Dabei wollen wir die Rechnung zuerst in einer strengen und allgemeinen Form auf der Grundlage der Gl. (VII 158) und (VII 161) durchführen. Diese Gleichungen lassen sich für den Spezialfall der großen kanonischen Gesamtheit schreiben

$$\overline{\delta N_i\,\delta N_j} = \Theta\,\frac{\partial \bar{N}_i}{\partial \mu_j} \tag{VII 193}$$

und

$$\overline{\delta N_i\,\delta N_j} = \Theta\,\frac{|\Delta|_{ij}}{|\Delta|} \tag{VII 194}$$

mit

$$|\Delta| = \frac{\partial(\mu_1,\ \ldots,\ \mu_m)}{|\partial(\bar{N}_1,\ \ldots,\ \bar{N}_m)}\,. \tag{VII 195}$$

Wir setzen nun

$$\delta n = \sum_{i=1}^{m} \frac{\partial n}{\partial N_i}\,\delta N_i\,, \tag{VII 196}$$

wo die Ableitungen an der Stelle $N_i = \bar{N}_i$ zu nehmen sind. Daraus folgt

$$\overline{(\delta n)^2} = \sum_i \sum_j \frac{\partial n}{\partial N_i}\,\frac{\partial n}{\partial N_j}\,\overline{\delta N_i\,\delta N_j} \tag{VII 197}$$

oder mit Gl. (VII 193)

$$\overline{(\delta n)^2} = \Theta\,\sum_i \sum_j \frac{\partial n}{\partial N_i}\,\frac{\partial n}{\partial N_j}\,\frac{\partial \bar{N}_i}{\partial \mu_j}\,. \tag{VII 198}$$

Mit Benutzung von (VII 194) kann diese Gleichung auch geschrieben werden

$$\overline{(\delta n)^2} = \frac{\Theta}{|\Delta|}\,\sum_i \sum_j \frac{\partial n}{\partial N_i}\,\frac{\partial n}{\partial N_j}\,|\Delta|_{ij}\,. \tag{VII 199}$$

Die Doppelsumme entsteht aber mit negativen Vorzeichen durch zweifache LAPLACE-Entwicklung der Determinante

$$D = \begin{vmatrix} 0 & \dfrac{\partial n}{\partial N_1} & \cdots & \dfrac{\partial n}{\partial N_m} \\[2mm] \dfrac{\partial n}{\partial N_1} & \dfrac{\partial \mu_1}{\partial \bar{N}_1} & \cdots & \dfrac{\partial \mu_1}{\partial \bar{N}_m} \\[2mm] \cdots\cdots\cdots\cdots\cdots\cdots \\[2mm] \dfrac{\partial n}{\partial N_m} & \dfrac{\partial \mu_m}{\partial \bar{N}_1} & \cdots & \dfrac{\partial \mu_m}{\partial \bar{N}_m} \end{vmatrix}\,. \tag{VII 200}$$

Es wird somit

$$\overline{(\delta n)^2} = -\Theta\,\frac{|D|}{|\Delta|} \tag{VII 201}$$

und wir erhalten durch Einsetzen in Gl. (VII 192)

$$\tau = -\frac{32\,\pi^3\,n^2}{3\,\lambda^4}\,\Delta V\,\Theta\,\frac{|D|}{|\Delta|}\,. \tag{VII 202}$$

14*

Dies ist die allgemeine Streuformel für Vielkomponentensysteme, die ZERNIKE[1] zuerst abgeleitet hat.

Um die Gl. (VII 202) mit experimentellen Ergebnissen vergleichen zu können, ist es notwendig, die auf der rechten Seite stehenden statistischen Parameter durch die entsprechenden thermodynamischen Größen zu ersetzen. Man führt dann gewöhnlich noch eine rein thermodynamische Transformation durch, um die Gleichung auf eine den experimentellen Methoden besser angepaßte Form zu bringen. Dieses Verfahren ist jedoch, wie zuerst TOLMAN[2] bemerkt hat, keineswegs unproblematisch. Die Gültigkeit des thermodynamischen Formalismus beruht, wie wir in § 7.3 gesehen haben, auf der Voraussetzung, daß mit hinreichender Annäherung das betrachtete System als unendlich groß und die Schwankungen als vernachlässigbar klein betrachtet werden können. Die Frage, inwieweit diese Voraussetzungen noch erfüllt sind, bedarf hier einer genaueren Prüfung. Im besonderen zeigt Gl. (VII 136), daß die Analogie zwischen den statistischen Parametern μ_i und den chemischen Potentialen fragwürdig wird, wenn, wie es hier der Fall ist, die Schwankungen der Molekülzahlen eine wesentliche Rolle spielen. Die Analogie zwischen dem Parameter ψ und der freien Energie nach HELMHOLTZ kann unter diesen Umständen noch weiter gültig bleiben[3]. Man muß dann (was vernünftig erscheint) annehmen, daß die Schwankungen der Energie im wesentlichen durch die Schwankungen der Teilchenzahlen bedingt sind. Wenn dies der Fall ist, lassen sich die mit dem Auftreten der Parameter μ_i verknüpften Schwierigkeiten dadurch vermeiden, daß man die Schwankungen mit Hilfe der Wahrscheinlichkeitsdichte (VII 122) berechnet.

Um die Voraussetzungen für die Anwendbarkeit des üblichen Verfahrens näher zu untersuchen, vergleichen wir das aus Gl. (VII 194) mit Benutzung der thermodynamischen Relation

$$\mu_i = \frac{\partial F}{\partial N_i} \qquad\qquad \text{(VII 203)}$$

abgeleitete Ergebnis mit dem einer von Gl. (VII 122) ausgehenden Rechnung[4]. Der Einfachheit halber beschränken wir uns dabei auf den Fall eines Einkomponentensystems. Aus (VII 194) erhalten wir dann

$$\overline{(N - \bar{N})^2} = \frac{kT}{\left(\dfrac{\partial^2 F}{\partial N^2}\right)_{N = \bar{N}}} . \qquad\qquad \text{(VII 204)}$$

Um die Rechnung mit (VII 122) durchzuführen, behalten wir zunächst die allgemeine Notierung des § 7.3 zur Vereinfachung der Formeln bei. Wir haben also

$$W(\xi_{l+1}) = C'' \exp\left\{\left[\left(\frac{\partial \Phi_l}{\partial X_{l+1}}\right)_0 - P_{l+1}\right] X_{l+1}\, \xi_{l+1} - B_{11}^l\, \xi_{l+1}^2\right\} . \qquad \text{(VII 205)}$$

Dabei ist jetzt als untere Integrationsgrenze nach der Definition (VII 119) der exakte Wert -1 zu verwenden. Wir setzen zur Abkürzung

$$\zeta = (B_{11}^l)^{1/2}\, \xi_{l+1} - \left[\left(\frac{\partial \Phi_l}{\partial X_{l+1}}\right)_0 - P_{l+1}\right] X_{l+1}/2\,(B_{11}^l)^{1/2} \qquad \text{(VII 206)}$$

$$\beta = (B_{11}^l)^{1/2} + \left[\left(\frac{\partial \Phi_l}{\partial X_{l+1}}\right)_0 - P_{l+1}\right] X_{l+1}/2\,(B_{11}^l)^{1/2} \qquad \text{(VII 207)}$$

$$C^* = (B_{11}^l)^{-1/2} \exp\left\{[\beta - (B_{11}^l)^{1/2}]^2\right\} C'' . \qquad \text{(VII 208)}$$

[1] ZERNIKE, F.: Dissertation. Amsterdam 1915 (Arch. néerl. Ser. III A, Bd. I B).
[2] TOLMAN, R. C.: The Principles of Statistical Mechanics, p. 642. Oxford 1938.
[3] TOLMAN, R. C.: Siehe Zitat 2, dortselbst S. 645.
[4] MÜNSTER, A.: Z. Physik 136, 179 (1953).

Dann folgt aus der Normierungsbedingung (VII 135)

$$C^* = \frac{2}{\sqrt{\pi}} \, [1 + \mathrm{erf}\,(\beta)]^{-1} \, . \tag{VII 209}$$

Für das zweite Moment von ζ gilt

$$\overline{\zeta^2} = C^* \int\limits_{-\beta}^{\infty} \zeta^2 e^{-\zeta^2} d\zeta \tag{VII 210}$$

oder mit (VII 209)

$$\overline{\zeta^2} = \frac{1}{2} - \frac{\beta\, e^{-\beta^2}}{\sqrt{\pi}\,[1 + \mathrm{erf}\,(\beta)]} \, . \tag{VII 211}$$

Diese Formel enthält nur zwei hier bedeutungslose Näherungen, nämlich die Vernachlässigung der höheren Glieder in der Entwicklung (VII 117) und den Ersatz der Summierung über die Molekülzahl durch eine Integration. Wir können sie daher in diesem Zusammenhang als die exakte Lösung betrachten. Um daraus die erste Näherung zu erhalten, vernachlässigen wir den zweiten Term auf der rechten Seite und brechen die Entwicklung (VII 136) mit dem zweiten Gliede ab. Dann ergibt sich

$$\overline{\xi_{l+1}^2} = - \frac{1}{X_{l+1}^2 \left(\dfrac{\partial^2 \Phi_l}{\partial X_{l+1}^2}\right)_0} - \frac{\left(\dfrac{\partial^3 \Phi_l}{\partial X_{l+1}^3}\right)_0^2}{4\, X_{l+1}^2 \left(\dfrac{\partial^2 \Phi_l}{\partial X_{l+1}^2}\right)_0^4} \, . \tag{VII 212}$$

Setzen wir nun im besonderen

$$\Phi_l = - \frac{F}{kT}, \quad X_{l+1} = N \, , \tag{VII 213}$$

so folgt

$$\overline{(N - \bar{N})^2} = \frac{kT}{\left(\dfrac{\partial^2 F}{\partial N^2}\right)_{N=\bar{N}}} - \left(\frac{kT}{2}\right)^2 \frac{\left(\dfrac{\partial^3 F}{\partial N^3}\right)_{N=\bar{N}}^2}{\left(\dfrac{\partial^2 F}{\partial N^2}\right)_{N=\bar{N}}^4} \, . \tag{VII 214}$$

Der Vergleich dieser Formel mit Gl. (VII 204) zeigt, daß die übliche Rechenweise mit der Benutzung der thermodynamischen Beziehung (VII 203) unbedenklich ist, solange nicht $\dfrac{\partial^2 F}{\partial N^2}$ sehr klein wird. Dies trifft für die Umgebung kritischer Phasen zu. Hier muß aber ohnehin die ganze Theorie neu formuliert werden, da sowohl der für die optische Theorie gewählte Ansatz nicht mehr gültig ist als auch die gleichmäßige Konvergenz der Entwicklung (VII 117) in Frage gestellt ist. Wenn wir die kritischen Erscheinungen außer Betracht lassen, können wir somit die allgemeine Gültigkeit der üblichen Rechenweise im weiteren voraussetzen.

Da bei Messungen der Lichtstreuung gewöhnlich der Druck konstant gehalten wird, haben wir die in Gl. (VII 202) auftretenden Ableitungen bei konstantem Volumen durch Ableitungen bei konstantem Druck zu ersetzen. Dazu gehen wir aus von der Beziehung

$$\left(\frac{\partial \mu_i}{\partial \bar{N}_j}\right)_{T,V,\bar{N}_k} = \left(\frac{\partial \mu_i}{\partial \bar{N}_j}\right)_{T,P,\bar{N}_k} + \left(\frac{\partial \mu_i}{\partial P}\right)_{T,\bar{N}} \left(\frac{\partial P}{\partial \bar{N}_j}\right)_{T,V,\bar{N}_k} \, . \tag{VII 215}$$

Es ist nun

$$\left(\frac{\partial \mu_i}{\partial P}\right)_{T,\bar{N}} = \left(\frac{\partial V}{\partial \bar{N}_i}\right)_{T,P,\bar{N}_j} = \bar{v}_i \, , \tag{VII 216}$$

wo $\bar{v}_i$ das partielle mittlere Volumen pro Molekül der Komponente i bezeichnet.

Schreiben wir

$$a_{ij} = \left(\frac{\partial \mu_i}{\partial \bar{N}_j}\right)_{T,P,\bar{N}_k} = a_{ji},$$ (VII 217)

so wird aus (VII 215)

$$\left(\frac{\partial \mu_i}{\partial \bar{N}_j}\right)_{T,V,\bar{N}_k} = a_{ij} + \bar{v}_i \left(\frac{\partial P}{\partial \bar{N}_j}\right)_{T,V,\bar{N}_k}.$$ (VII 218)

Wir benutzen jetzt die Gleichung

$$\left(\frac{\partial P}{\partial \bar{N}_j}\right)_{T,V,\bar{N}_k} = - \frac{\left(\frac{\partial V}{\partial \bar{N}_j}\right)_{T,P,\bar{N}_k}}{\left(\frac{\partial V}{\partial P}\right)_{T,\bar{N}}}$$ (VII 219)

und führen die isotherme Kompressibilität

$$\varkappa = - \frac{1}{V} \left(\frac{\partial V}{\partial P}\right)_{T,\bar{N}}$$ (VII 220)

ein; dann folgt schließlich

$$\left(\frac{\partial \mu_i}{\partial \bar{N}_j}\right)_{T,V,\bar{N}_k} = a_{ij} + \frac{\bar{v}_i \, \bar{v}_j}{\varkappa V}.$$ (VII 221)

Für ein Einkomponentensystem verschwindet der erste Term der rechten Seite. Bei der Anwendung auf (VII 202) ist naturgemäß V mit $\varDelta V$ zu identifizieren. Ferner ist jetzt

$$|D| = - \left(\frac{\partial n}{\partial \bar{N}}\right)^2.$$ (VII 222)

Führen wir noch die molekulare Dichte ϱ ein, so erhalten wir die von EINSTEIN[1] abgeleitete Streuformel für Einkomponentensysteme

$$\tau = \frac{32 \, \pi^3 \, n^2}{3 \, \lambda^4} \, \varkappa \, kT \left(\varrho \, \frac{\partial n}{\partial \varrho}\right)^2.$$ (VII 223)

Mit Hilfe dieser Formel läßt sich, wie schon EINSTEIN[1] bemerkt hat, die blaue Farbe des Himmels erklären. Sie liefert außerdem eine (allerdings nicht sehr genaue) Methode zur Bestimmung der LOSCHMIDTschen Zahl[2].

Eines der wichtigsten Anwendungsgebiete der Lichtstreuung bilden heute die verdünnten Lösungen von Makromolekülen, da man nach dieser Methode nicht nur Aussagen über die thermodynamischen Eigenschaften, sondern auch über die Molekülgestalt erhält. Für den letzteren Zweck reicht die hier entwickelte Theorie allerdings nicht aus, da die innermolekularen Interferenzen, die sich in erster Linie in einer unsymmetrischen Winkelverteilung der Streustrahlung äußern, dafür wesentlich sind. Wir können auf diese Frage hier nicht eingehen und verweisen daher auf die spezielle Literatur[3]. Die makromolekularen Lösungen sind jedoch für unser Thema aus einem anderen Grunde von besonderem Interesse. Stoffe, die aus hochpolymeren Fadenmolekülen bestehen (z. B. Cellulose und ihre Derivate, Kautschuk, zahlreiche Kunststoffe) enthalten fast durchweg Ketten der verschiedensten Längen. Die experimentell (z. B. durch Messung des osmotischen Druckes) bestimmten Molekulargewichte sind daher Mittelwerte; zu einer vollständigen Charakterisierung muß noch die Verteilung der Molekulargewichte, die sich durch eine geeignet definierte Funktion darstellen läßt, angegeben werden. Diese Eigenschaft der Lösungen hochpolymerer Fadenmoleküle wird als Polymolekularität bezeichnet. Durch verschiedene experimentelle Methoden, z. B. fraktionierte Fällung, kann man die Streuung der Molekulargewichte herabsetzen,

---

[1] EINSTEIN, A.: Ann. Physik **33**, 1275 (1910).

[2] Jede Gleichung, die außer der BOLTZMANN-Konstanten nur unmittelbar experimentell zugängliche Größen enthält, kann zur Bestimmung der LOSCHMIDTschen Zahl benutzt werden.

[3] Die Physik der Hochpolymeren (Herausgeber: H. A. STUART), Bd. I und II.

aber auch solche Präparate sind stets polymolekular[1]. Da im allgemeinen eine
Auswertung der Gl. (VII 202) für höhere als quaternäre Systeme praktisch nicht
in Betracht kommt, stellen die Lösungen hochpolymerer Fadenmoleküle wohl das
einzige Beispiel einer Anwendung auf Vielkomponentensysteme im eigentlichen
Sinne dar. Die Theorie der Lichtstreuung derartiger Lösungen ist in neuerer Zeit
von verschiedenen Autoren behandelt worden[2-4]. Wir wollen sie hier im Anschluß
an KIRKWOOD und GOLDBERG[3] auf der Grundlage der Gl. (VII 163) entwickeln,
um auch ein Beispiel für die Anwendung dieser Formulierung zu geben.

Da wir es hier mit verdünnten Lösungen zu tun haben, kann man die Lichtstreuung zerlegen in einen Anteil, der von Schwankungen der Gesamtdichte herrührt und einen weiteren, der durch Konzentrationsschwankungen der gelösten
Komponenten bedingt ist. Der letztere ist wesentlich größer als der erste und in
diesem Zusammenhang in erster Linie von Interesse. Es ist daher zweckmäßig, die
Theorie von vorneherein so zu formulieren, daß sie die fragliche Zerlegung ergibt.
Dazu führen wir einige neue Definitionen ein. Wir bezeichnen mit dem Index 1
das Lösungsmittel und mit m_i die mittlere Masse der Komponente i im Volumen
ΔV. Es ist also

$$m_i = \frac{M_i \, \bar{N}_i}{N_L}, \qquad\qquad\qquad \text{(VII 224)}$$

wo M_i das Molekulargewicht der Komponente i ist. Die Konzentrationen
beziehen wir auf die Masseneinheit des Lösungsmittels und setzen

$$c_i = \frac{m_i}{m_1} \qquad\qquad (i = 2, \ldots, m) \, . \quad \text{(VII 225)}$$

Als Schwankungsgrößen führen wir ein

$$\zeta_i = \frac{\delta N_i}{\bar{N}_i} - \frac{\delta N_1}{\bar{N}_1} \qquad (i = 2, \ldots, m) \qquad \text{(VII 226)}$$

und

$$\zeta = \sum_{i=1}^{m} \frac{\bar{v}_i \, \delta N_i}{\Delta V} \, . \qquad\qquad \text{(VII 227)}$$

Der erste Ausdruck entspricht den Konzentrationsschwankungen, der zweite
den Dichteschwankungen. Um nun die gewünschte Zerlegung in die Theorie einzuführen, haben wir zunächst die Gl. (VII 196) zu schreiben

$$\delta n = \left(\frac{\partial n}{\partial P}\right)_{T,c} \sum_{i=1}^{m} \frac{\partial P}{\partial N_i} \, \delta N_i + \sum_{i=2}^{m} \left(\frac{\partial n}{\partial c_i}\right)_{T,P,c_k} \delta c_i \, . \qquad \text{(VII 228)}$$

Der erste Term der rechten Seite läßt sich mit Hilfe der Gl. (VII 219) und (VII 220)
umformen. Für den zweiten Term ergibt sich mit Hilfe der Gl. (VII 224) und
(VII 225)

$$\delta c_i = c_i \left(\frac{\delta N_i}{\bar{N}_i} - \frac{\delta N_1}{\bar{N}_1}\right) \, . \qquad\qquad \text{(VII 229)}$$

Führen wir nun die durch Gl. (VII 226) und (VII 227) definierten Größen ein,
so folgt

$$\delta n = \left(\frac{\partial n}{\partial P}\right)_{T,c} \frac{\zeta}{\varkappa} + \sum_{i=2}^{m} \left(\frac{\partial n}{\partial c_i}\right)_{T,P,c_k} c_i \zeta_i \, . \qquad \text{(VII 230)}$$

Damit erhalten wir

$$\overline{(\delta n)^2} = \left(\frac{\partial n}{\partial P}\right)_{T,c}^2 \frac{\overline{\zeta^2}}{\varkappa^2} + 2\left(\frac{\partial n}{\partial P}\right)_{T,c} \varkappa^{-1} \sum_{i=2}^{m} \left(\frac{\partial n}{\partial c_i}\right)_{T,P,c_k} c_i \, \overline{\zeta \zeta_i} +$$

$$+ \sum_{\substack{i \\ =2}} \sum_{j} \left(\frac{\partial n}{\partial c_i}\right)_{T,P,c_k} \left(\frac{\partial n}{\partial c_j}\right)_{T,P,c_k} c_i c_j \, \overline{\zeta_i \zeta_j} \, . \qquad \text{(VII 231)}$$

───────────

[1] Näheres über diese Fragen in: Die Physik der Hochpolymeren (Herausgeber: H. A.
STUART), Bd. II, Kap. XVII (G. V. SCHULZ). Berlin 1953.
[2] BRINKMAN, H. C., u. J. J. HERMANS: J. Chem. Phys. 17, 574 (1949).
[3] KIRKWOOD, J. G., u. R. J. GOLDBERG: J. Chem. Phys. 18, 54 (1950).
[4] STOCKMAYER, W. H.: J. Chem. Phys. 18, 58 (1950).

Um die hier auftretenden Mittelwerte zu berechnen, gehen wir von der allgemeinen Gl. (VII 163) aus, wo jetzt im besonderen

$$B_{ij}^l = \frac{1}{2}\,\frac{\bar{N}_i\,\bar{N}_j}{kT}\left(\frac{\partial^2 F}{\partial N_i\,\partial N_j}\right)_{N=\bar{N}} = \frac{1}{2}\,\frac{\bar{N}_i\,\bar{N}_j}{kT}\left(\frac{\partial \mu_i}{\partial \bar{N}_j}\right)_{T,\,V,\,\bar{N}_k} = \frac{1}{2}\,\frac{\bar{N}_i\,\bar{N}_j}{kT}\left(\frac{\partial \mu_j}{\partial \bar{N}_i}\right)_{T,\,V,\,\bar{N}_k}$$

(VII 232)

und

$$\xi_i = \frac{\delta N_i}{\bar{N}_i} \qquad\qquad \text{(VII 233)}$$

ist. Die Gl. (VII 221) schreiben wir mit Benutzung von (VII 224) und (VII 225)

$$\left(\frac{\partial \mu_i}{\partial \bar{N}_j}\right)_{T,\,V,\,\bar{N}_k} = \frac{\bar{v}_i\,\bar{v}_j}{\varkappa\,\Delta V} + \frac{M_j}{N_L\,m_1}\left(\frac{\partial \mu_i}{\partial c_j}\right)_{T,\,P,\,c_k}. \qquad \text{(VII 234)}$$

Da definitionsgemäß allgemein $(\partial\mu_i/\partial c_1) = 0$ ist, folgt mit (VII 232) unmittelbar, daß für $i=1$ oder $j=1$ die rechte Seite von (VII 234) sich auf den ersten Term reduziert.

Definieren wir neue Koeffizienten

$$\beta_{ij} = \frac{c_i\,c_j}{M_i\,kT}\left(\frac{\partial \mu_i}{\partial c_j}\right)_{T,\,P,\,c_k} = \frac{c_j\,c_i}{M_j\,kT}\left(\frac{\partial \mu_j}{\partial c_i}\right)_{T,\,P,\,c_k}, \qquad \text{(VII 235)}$$

so wird aus (VII 234)

$$\frac{1}{2\,kT}\left(\frac{\partial \mu_i}{\partial \bar{N}_j}\right)_{T,\,V,\,N_k} = \frac{1}{2\,kT}\,\frac{\bar{v}_i\,\bar{v}_j}{\varkappa\,\Delta V} + \frac{N_L\,m_1}{2}\cdot\frac{\beta_{ij}}{\bar{N}_i\,\bar{N}_j}. \qquad \text{(VII 236)}$$

Die Gibbs-Duhemsche Gleichung liefert

$$\sum_{i=1}^{m}\bar{N}_i\,d\mu_i = m_1\,N_L\sum_{i=1}^{m}\frac{c_i}{M_i}\,d\mu_i = m_1\,N_L\sum_{i=1}^{m}\frac{c_i}{M_i}\left[\sum_{j=2}^{m}\left(\frac{\partial \mu_i}{\partial c_j}\right)_{T,\,P,\,c_k}dc_j\right]$$
$$= m_1\,N_L\sum_{j}\left[\sum_{i}\frac{c_i}{M_i}\left(\frac{\partial \mu_i}{\partial c_j}\right)_{T,\,P,\,c_k}\right]dc_j = 0.$$

(VII 237)

Da zwischen den dc_j keine Beziehung besteht, kann diese Gleichung nur erfüllt sein, wenn der rechts stehende Klammerausdruck verschwindet. Wegen (VII 235) muß also gelten

$$\sum_{i=1}^{m}\beta_{ij} = 0. \qquad\qquad \text{(VII 238)}$$

Nach diesen Vorbereitungen läßt sich die Gl. (VII 163) ohne Schwierigkeit auf die neuen Schwankungsvariablen ζ_i und ζ transformieren. Mit Benutzung von (VII 232), (VII 233), (VII 236) und (VII 238) ergibt sich

$$W(\zeta_i,\zeta) = C'\exp\left[-\frac{N_L\,m_1}{2}\sum_{i}\sum_{\substack{j\\=2}}\beta_{ij}\,\zeta_i\zeta_j - \frac{\Delta V}{2\,\varkappa\,kT}\,\zeta^2\right]. \qquad \text{(VII 239)}[1]$$

Aus dieser Gleichung folgt unmittelbar, daß die Schwankungen der Konzentrationen und der Dichte voneinander unabhängig sind. Da die Jakobische Deter-

---

[1] Die etwas umständliche Ableitung der Doppelsumme im Exponenten veranschaulichen wir am Beispiel eines binären Systems. Aus (VII 163) folgt mit (VII 232) und (VII 236) zunächst für diese Doppelsumme

$$\beta_{11}\,\xi_1^2 + \beta_{12}\,\xi_1\,\xi_2 + \beta_{21}\,\xi_2\,\xi_1 + \beta_{22}\,\xi_2^2.$$

Dafür schreiben wir

$$\beta_{11}\,\xi_1^2 - \beta_{22}\,\xi_1^2 + \beta_{12}\,\xi_1\,\xi_2 + \beta_{22}\,\xi_1\,\xi_2 + \beta_{21}\,\xi_2\,\xi_1 + \beta_{22}\,\xi_2\,\xi_1 + \beta_{22}[\xi_2^2 - 2\,\xi_1\,\xi_2 + \xi_1^2]$$

Das ergibt mit (VII 226) und (VII 238)

$$(\beta_{11} + \beta_{12})\,\xi_1^2 + 2(\beta_{12} + \beta_{22})\,\xi_1\,\xi_2 + \beta_{22}\,\zeta_2^2 = \beta_{22}\,\zeta_2^2.$$

minante der Transformation (VII 226), (VII 227) gleich Eins ist[1], ergibt sich für die Normierungskonstante C' ohne weiteres nach der in § 7.3 und 7.4 beschriebenen Methode

$$C' = |\beta|^{1/2} \left(\frac{N_L\, m_1}{2\pi} \right)^{\frac{m-1}{2}} \left(\frac{\Delta V}{2\pi\, \varkappa\, kT} \right)^{1/2},$$
(VII 240)

wo $|\beta|$ die Determinante $(m-1)$ten Grades der Koeffizienten β_{ij} ist. Damit erhalten wir durch entsprechende Anwendung der Gl. (VII 165)

$$\overline{\zeta_i \zeta_j} = \frac{1}{N_L\, m_1} \frac{|\beta|_{ij}}{|\beta|}.$$
(VII 241)

Ferner ergibt sich

$$\overline{\zeta^2} = \frac{\varkappa\, kT}{\Delta V}.$$
(VII 242)

und

$$\overline{\zeta \zeta_i} = 0.$$
(VII 243)

Die letzte Beziehung folgt einfach aus der oben erwähnten Tatsache, daß die Schwankungen der Konzentrationen und der Dichte voneinander unabhängig sind. Durch Kombination der Gl. (VII 241) — (VII 243), (VII 231) und (VII 192) erhalten wir für die Lichtstreuung von Lösungen die allgemeine Formel

$$\tau = \frac{32\,\pi^3\, n^2}{3\,\lambda^4} \frac{kT}{\varkappa} \left(\frac{\partial n}{\partial P} \right)^2_{T,c} + \frac{32\,\pi^3\, n^2}{3\,\lambda^4} \frac{1}{N_L\, \varrho_1} \sum_{\substack{i \\ =2}} \sum_j c_i\, c_j \frac{|\beta|_{ij}}{|\beta|} \left(\frac{\partial n}{\partial c_i} \right)_{T,P,c_k} \left(\frac{\partial n}{\partial c_j} \right)_{T,P,c_k},$$
(VII 244)

wo ϱ_1 die Masse des Lösungsmittels in der Volumeneinheit bezeichnet[2]. Der erste Term der rechten Seite gibt den Beitrag der Dichteschwankungen zur Lichtstreuung; er ist, wie man leicht feststellt, formal mit Gl. (VII 223) identisch. Wir beschränken uns im folgenden auf die Diskussion des zweiten Terms, den wir zur Abkürzung mit τ_c bezeichnen.

Für den Fall einer binären Lösung reduziert sich die Determinante $|\beta|$ auf das Element β_{22}, und man erhält mit Benutzung von Gl. (VII 235) die von

---

[1] Für m Variable lautet die JAKOBIsche Determinante $\left(\text{mit } \dfrac{v_i\, N_i}{V} = A_i \right)$

$$D_m = \frac{\partial(\zeta, \zeta_2, \ldots, \zeta_m)}{\partial(\xi_1, \xi_2, \ldots, \xi_m)} = \begin{vmatrix} A_1 & A_2 & A_3 & \ldots & A_{m-1} & A_m \\ -1 & 1 & 0 & & 0 & 0 \\ -1 & 0 & 1 & & 0 & 0 \\ \cdot & & & \ddots & \cdot & \cdot \\ \cdot & & & & 1 & \cdot \\ -1 & \ldots & \ldots & \ldots & 0 & 1 \end{vmatrix}.$$

Addiert man die letzte Spalte zur ersten Spalte, so ist nur das letzte Element der untersten Zeile von Null verschieden und man erhält durch LAPLACEsche Entwicklung

$$D_m = \begin{vmatrix} A_1 + A_m & A_2 & A_3 & \ldots & A_{m-1} \\ -1 & 1 & 0 & & 0 \\ -1 & 0 & 1 & \cdot & 0 \\ \cdot & & & \cdot & \cdot \\ \cdot & & & & \cdot \\ -1 & \ldots & \ldots & \ldots & 1 \end{vmatrix}.$$

Die Weiterführung dieser Reduktion ergibt schließlich

$$D_m = \sum_{i=1}^{m} A_i = 1.$$

[2] ϱ_1 bezeichnet also hier ausnahmsweise nicht die molekulare Dichte.

Einstein[1] abgeleitete Formel

$$\tau_c = \frac{32\,\pi^3\,n^2}{3\,\lambda^4}\,\frac{kT\,M_2}{N_L\,\varrho_1}\left(\frac{\partial n}{\partial c_2}\right)^2_{T,P}\bigg/\left(\frac{\partial \mu_2}{\partial c_2}\right)_{T,P}. \qquad (\text{VII } 245)^2$$

Um für die Lösungen hochpolymerer Fadenmoleküle einen expliziten Ausdruck zu erhalten, setzen wir voraus, daß alle Komponenten Nichtelektrolyte sind. Da für die Messungen nur verdünnte Lösungen in Betracht kommen, können wir dann für die chemischen Potentiale der gelösten Komponenten den Ansatz machen

$$\mu_i = kT\left[\ln c_i + \sum_{j=2}^{m} A_{ij}\,c_j\right] + \mu_i^0\,(T,P) \qquad (i = 2, \cdots, m). \quad (\text{VII } 246)$$

Daraus folgt

$$\frac{\partial \mu_i}{\partial c_j} = \frac{kT}{c_i}\,\delta_{ij} + kT\,A_{ij}. \qquad (\text{VII } 247)$$

Ferner gilt[3]

$$M_j A_{ij} = M_i A_{ji}. \qquad (\text{VII } 248)$$

Damit wird nach Gl. (VII 160)[4]

$$\frac{|\beta|_{ij}}{|\beta|} = \frac{M_i}{c_i}\,\delta_{ij} - M_i A_{ji} \qquad (\text{VII } 249)$$

---

[1] Einstein, A.: Ann. Physik **33**, 1275 (1910).

[2] Setzt man für den osmotischen Druck eines binären Nichtelektrolyten (vgl. § 20.2 und 22.1)

$$\Pi = \frac{RT}{M_2}\,c_\mathrm{g} + B^*\,c_\mathrm{g}^2$$

(c_g = Konzentration in Gramm pro Volumeneinheit) und beachtet, daß

$$-\Delta\,\mu_1 = \Pi\,v_1$$

ist (wo $\Delta\,\mu_1$ die Freie Energie der Verdünnung bezeichnet), so erhält man mit Hilfe der aus (VII 235) und (VII 238) folgenden Beziehung

$$\frac{c_2^2}{M_2\,kT}\,\frac{\partial \mu_2}{\partial c_2} = -\,\frac{c_2}{M_1\,kT}\,\frac{\partial \mu_1}{\partial c_2}$$

und der Abkürzung

$$H = \frac{32\,\pi^3\,n^2}{3\,\lambda^4}\,\frac{M_1}{N_L^2\,\varrho_1\,v_1}\left(\frac{\partial n}{\partial c_\mathrm{g}}\right)^2$$

die viel verwendete Formel

$$\frac{H\,c_\mathrm{g}}{\tau_c} = \frac{1}{M_2} + \frac{2\,B^*}{RT}\,c_\mathrm{g}. \qquad (\text{VII } 245\mathrm{a})$$

[3] Es ist $M_j\,\dfrac{\partial \mu_i}{\partial c_j} = M_i\,\dfrac{\partial \mu_j}{\partial c_i}$.

[4] Die beiden Determinanten in dem Ausdruck $\dfrac{|\beta|_{ij}}{|\beta|}\,ij$ reduziert man in der Form, daß von der k-ten Zeile die mit β_{k1}/β_{11} multiplizierten entsprechenden Elemente der 1. Zeile subtrahiert werden. Durch $(n-1)$-malige Wiederholung dieser Reduktion erhält man schließlich einfache Produkte aus n-Faktoren als Werte der Determinanten. Mit Gl. (VII 247) und bei Vernachlässigung der Glieder mit höheren Potenzen von A_{ij} ergibt sich daraus für den Fall

a) $\dfrac{|\beta|_{ii}}{|\beta|}$

$$= \frac{\frac{c_1\ldots c_{i-1} c_{i+1}\ldots c_n}{M_1\ldots M_{i-1} M_{i+1}\ldots M_n}\,[(1 + c_1 A_{11})\cdots(1 + c_{i-1} A_{i-1,\,i-1})(1 + c_{i+1} A_{i+1,\,i+1})\cdots(1 + c_n A_{nn})]}{\frac{c_1\ldots c_n}{M_1\ldots M_n}\,[(1 + c_1 A_{11})\cdots(1 + c_n A_{nn})]}$$

$$= \frac{M_i}{c_i}\,\frac{\left[1 + \sum\limits_{\nu \neq i} c_\nu A_{\nu\nu}\right]}{\left[1 + \sum\limits_{\nu} c_\nu A_{\nu\nu}\right]}.$$

und

$$\tau_c = \frac{32\,\pi^3\,n^2}{3\,\lambda^4}\,\frac{1}{N_L\,\varrho_1}\left[\sum_{\substack{j=2}}^{m} M_j c_j \left(\frac{\partial n}{\partial c_j}\right)^2 - \sum_i \sum_{\substack{j\\=2}} M_j A_{ij}\left(\frac{\partial n}{\partial c_i}\right)\left(\frac{\partial n}{\partial c_j}\right) c_i c_j\right], \qquad \text{(VII 250)}$$

wo der Einfachheit halber die Indices an den Differentialquotienten weggelassen sind. Wenn die gelösten Fadenmoleküle sich nur durch die Kettenlänge unterscheiden (was wir hier voraussetzen), kann mit hinreichender Näherung $\frac{\partial n}{\partial c_i}$ als von i unabhängig betrachtet werden. Wir führen nun die Gesamtkonzentration

$$c = \sum_{i=2}^{m} c_i \qquad \text{(VII 251)}$$

und die Verteilung der Molekulargewichte

$$f(M_i) = \frac{c_i}{c}\,. \qquad \text{(VII 252)}$$

Ferner definieren wir eine Größe (vgl. Fußnote 2 S. 218)

$$H = \frac{32\,\pi^3\,n^2}{3\,\lambda^4}\,\frac{1}{N_L\,\varrho_1}\left(\frac{\partial n}{\partial c}\right)^2\,. \qquad \text{(VII 253)}$$

Durch Einsetzen in (VII 250) erhalten wir dann die Streuformel für Lösungen hochpolymerer Fadenmoleküle in der üblicherweise verwendeten Gestalt

$$\frac{Hc}{\tau_c} = \frac{1}{\overline{M}_w} + \frac{c}{\overline{M}_w^2}\sum_i \sum_{\substack{j\\=2}} M_j A_{ij}\, f(M_i)\, f(M_j)\,, \qquad \text{(VII 254)}$$

wo

$$\overline{M}_w = \sum_{j=2}^{m} f(M_j)\, M_j \qquad \text{(VII 255)}$$

das sog. Gewichtsmittel (weight average) des Molekulargewichtes ist. Gl. (VII 254) zeigt zunächst, daß man durch Messung der Lichtstreuung bei verschiedenen Konzentrationen und Extrapolation auf $c = 0$ das Molekulargewicht bestimmen kann. Im Gegensatz zu den osmotischen Methoden, die das Zahlenmittel (number average) des Molekulargewichtes $\overline{M}_n$ liefern[1], ergibt die Lichtstreuung nach Gl. (VII 254) das Gewichtsmittel. Der Unterschied der beiden Werte gibt einen Anhaltspunkt für den Grad der Polymolekularität. Der zweite Term der rechten Seite von (VII 254) enthält die thermodynamischen Größen A_{ij}. Hierauf beruht die Bedeutung der Lichtstreuung für die Untersuchung der thermodynamischen Eigenschaften hochmolekularer Lösungen. Unter gewissen, häufig erfüllten Voraussetzungen ist der Koeffizient von c gleich dem mit $2/RT$ multiplizierten sog. zweiten Virialkoeffizienten in der Formel für den osmotischen Druck (s. § 20.2).

Nach Entwicklung von $\dfrac{1}{1 + \sum\limits_{\nu} c_\nu A_{\nu\nu}}$ erhält man dann

$$\frac{|\beta|_{ii}}{|\beta|} = \frac{M_i}{c_i}\left[1 + \sum_{\nu \neq i} c_\nu A_{\nu\nu}\right]\left[1 - \sum_{\nu} c_\nu A_{\nu\nu}\right] = \frac{M_i}{c_i} - M_i A_{ii}\,.$$

b) Für den Fall

$$\frac{|\beta|_{ij}}{|\beta|} = \frac{\dfrac{c_1 \ldots c_n}{M_1 \ldots M_{i-1} M_{i+1} \ldots M_n}\,[-A_{ji}]}{\dfrac{c_1 \ldots c_n}{M_1 \ldots M_n}\left[1 + \sum\limits_{\nu} c_\nu A_{\nu\nu}\right]} = -\,M_i A_{ji}\left(1 - \sum_{\nu} c_\nu A_{\nu\nu}\right) = -\,M_i A_{ji}\,.$$

[1] Es ist $\overline{M}_n = \dfrac{\sum N_i M_i}{\sum N_i}\,.$

Dieser häufig verwendete Zusammenhang gilt indessen, wie besonders BRINKMAN und HERMANS[1] betont haben, nicht allgemein[2]. Schließlich sieht man aus Gl. (VII 254), daß die Konzentrationsabhängigkeit der Lichtstreuung zwar grundsätzlich durch die Verteilung der Molekulargewichte $f(M_i)$ beeinflußt werden kann, daß diese Funktion sich aber (im Gegensatz zu älteren Auffassungen)[3] nicht aus Lichtstreuungsmessungen bestimmen läßt. Darüber hinaus haben BRINKMAN und HERMANS[1] gezeigt, daß unter Voraussetzungen, die bei Lösungen hochpolymerer Fadenmoleküle häufig mit hinreichender Annäherung erfüllt sind, der Koeffizient von c völlig unabhängig von $f(M_i)$ ist[4].

§ 7.6*. Phasenumwandlungen.
Die thermodynamischen Stabilitätsbedingungen

Bisher haben wir stets ausdrücklich oder stillschweigend vorausgesetzt, daß die betrachteten Systeme im thermodynamischen Sinne homogen sind. Andererseits haben wir in § 7.3 und 7.4 gesehen, daß die Gültigkeit des thermodynamischen Formalismus an gewisse allgemeine Bedingungen geknüpft ist. Wir wollen jetzt zeigen, daß die zweite dieser Bedingungen, welche das Vorzeichen der Determinante $|B^l|$ betrifft, unmittelbar mit den Problemen der Phasenumwandlung und der thermodynamischen Stabilität zusammenhängt[5]. Da es sich hier um Fragen handelt, die in den Lehrbüchern der Thermodynamik häufig nur kurz behandelt werden, beginnen wir mit einer Erörterung der thermodynamischen Gesichtspunkte.

Wir haben verschiedentlich erwähnt, daß der Formalismus der Thermodynamik unabhängig von den Randbedingungen ist und die verschiedenen thermodynamischen Potentiale oder MASSIEU-PLANCKschen Funktionen daher gleichwertig für die Beschreibung eines Systems sind, so daß ihre Wahl jeweils durch Gründe der Zweckmäßigkeit bestimmt wird. Dies gilt jedoch ohne Einschränkung nur für homogene Systeme. Wenn es sich dagegen um Phasenumwandlungen und heterogene Systeme handelt, ergeben sich, je nach der Wahl der Funktion, verschiedene Gesichtspunkte, die naturgemäß untereinander konsistent sind, aber den gleichen Sachverhalt gewissermaßen von verschiedenen Seiten beleuchten. Wir wollen dies an zwei Beispielen veranschaulichen. Die Gleichgewichtsbedingungen für heterogene Systeme werden bekanntlich von GIBBS[6] mit Hilfe der inneren Energie abgeleitet, indem für jede Phase die Fundamentalgleichung angeschrieben und auf dieses Gleichungssystem die allgemeine Gleichgewichtsbedingung angewandt wird. Es ist aber nicht möglich, etwa die innere Energie eines Mols Argon als stetige Funktion von Entropie und Volumen über die Umwandlungspunkte hinweg darzustellen. Beispielsweise bricht im Kondensationspunkt die Funktion ab und ist dann für einen gewissen Bereich der Variablen (welcher der Verdampfungsentropie und dem Verdampfungsvolumen entspricht) nicht definierbar. Man kann zwar durch Einbeziehen metastabiler und instabiler Zustände formal über diese Lücke interpolieren. Trotz seines praktischen Nutzens hat dieses Verfahren jedoch, wie wir sehen werden, keinerlei physikalische Bedeutung. Es ist zwar richtig, daß beim Verfolgen der Kondensation in einem geschlossenen System innere Energie und

---

[1] BRINKMAN, H. C., u. J. J. HERMANS: J. Chem. Phys. **17**, 574 (1949).

[2] Für binäre Lösungen gilt diese Beziehung, wie S. 218, Fußnote 2 gezeigt, allgemein.

[3] DOTY, P. M., B. H. ZIMM u. H. MARK: J. Chem. Phys. **13**, 159 (1945).

[4] Die Messung der Winkelabhängigkeit der Streustrahlung gibt die Möglichkeit, verschiedene Mittelwerte des Molekulargewichtes zu berechnen und damit gewisse Aussagen über die Verteilung der Kettenlängen zu gewinnen. Vgl. H. BENOIT: J. Polymer Sci. **11**, 510 (1953).

[5] MÜNSTER, A.: Z. Physik **136**, 179 (1953).

[6] GIBBS, J. W.: On the Equilibrium of Heterogeneous Substances, Collected Works, vol. I. New Haven 1948.

Entropie bei konstantem Volumen sich stetig ändern. Daß es sich aber dabei nicht um die Fortsetzung der für das homogene Gebiet gültigen Funktion handeln kann, sieht man am einfachsten daraus, daß hier, im heterogenen Gebiet, keine Zustandsgleichung im üblichen Sinne existiert, dagegen aber eine zusätzliche Beziehung zwischen den Ableitungen der inneren Energie, den intensiven Parametern T und P. Wählt man dagegen zwei intensive Parameter, etwa T und P, als unabhängige Variable, so ist das zugehörige thermodynamische Potential, in diesem Falle die freie Energie nach GIBBS G, über das ganze Zustandsgebiet stetig. In den Punkten, die einer Phasenumwandlung entsprechen, hat diese Funktion Singularitäten derart, daß die ersten Ableitungen unstetig, die zweiten Ableitungen unendlich sind. Stellen wir G_m als Funktion von T und P dar[1], so sind die Existenzgebiete zweier Phasen, die wir mit ′ und ″ bezeichnen, durch eine Kurve getrennt, die wir die Koexistenzkurve nennen. Für ein Fortschreiten längs dieser Kurve gilt wegen der Stetigkeit von G_m

$$dG_m' = dG_m''$$ (VII 256)

und somit

$$- S_m' dT + V_m' dP = - S_m'' dT + V'' dP$$ (VII 257)

oder

$$\frac{dP}{dT} = \frac{S_m' - S_m''}{V_m' - V_m''} = \frac{H_m'' - H_m'}{T(V_m'' - V_m')}\,.$$ (VII 258)

Dies ist die CLAUSIUS-CLAPEYRONsche Gleichung. Analoge Beziehungen erhält man für die Variablenpaare T, μ und P, μ. Man sieht, daß in dieser Darstellungsweise das vom homogenen System aus gesehene Einsetzen der Phasenumwandlung im Vordergrund steht, während das heterogene Gebiet der üblichen Zustandsdiagramme zu einer Linie degeneriert. Die Umwandlungen erscheinen als singuläre Stellen im gesamten Zustandsgebiet.

Auf dieser Grundlage hat EHRENFEST[2] allgemein Umwandlungen n-ter Ordnung definiert durch die Festsetzung, daß im Umwandlungspunkt die freie Energie nach GIBBS und ihre Ableitungen bis zu den $(n-1)$-ten stetig, die n-ten Ableitungen unstetig und die $(n+1)$-ten Ableitungen unendlich sind. Der Fall $n=1$ umfaßt also die gewöhnlichen Phasenumwandlungen, die daher auch als Umwandlungen I. Ordnung bezeichnet werden. Man sieht nun leicht, daß für Umwandlungen höherer Ordnung zu Gl. (VII 258) analoge Beziehungen gelten müssen. Der Einfachheit halber beschränken wir uns auf den wichtigsten Fall $n=2$. Wir haben zunächst die Beziehungen

$$d\left(\frac{\partial G_m}{\partial T}\right) = -dS_m = \frac{\partial^2 G_m}{\partial T^2}\,dT + \frac{\partial^2 G_m}{\partial P\,\partial T}\,dP$$ (VII 259)

und

$$d\left(\frac{\partial G_m}{\partial P}\right) = dV_m = \frac{\partial^2 G_m}{\partial T\,\partial P}\,dT + \frac{\partial^2 G_m}{\partial P^2}\,dP\,.$$ (VII 260)

Da jetzt definitionsgemäß S_m und V_m stetig sind, folgt

$$\frac{dT_{\mathrm{II}}}{dP_{\mathrm{II}}} = - \frac{\left(\dfrac{\partial^2 G_m}{\partial P\,\partial T}\right)'' - \left(\dfrac{\partial^2 G_m}{\partial P\,\partial T}\right)'}{\left(\dfrac{\partial^2 G_m}{\partial T^2}\right)'' - \left(\dfrac{\partial^2 G_m}{\partial T^2}\right)'}$$ (VII 261)

und

$$\frac{dT_{\mathrm{II}}}{dP_{\mathrm{II}}} = - \frac{\left(\dfrac{\partial^2 G_m}{\partial P^2}\right)'' - \left(\dfrac{\partial^2 G_m}{\partial P^2}\right)'}{\left(\dfrac{\partial^2 G_m}{\partial T\,\partial P}\right)'' - \left(\dfrac{\partial^2 G_m}{\partial T\,\partial P}\right)'}\,.$$ (VII 262)

---

[1] Der Index m bezeichnet die auf das Mol bezogenen Größen.
[2] EHRENFEST, P.: Commun. Kamerlingh Onnes Lab. Univ. Leiden, Suppl. 75 b (1933).

Hier bezeichnen T_{II} und P_{II} Temperatur und Druck der Umwandlung II. Ordnung. Durch $'$ und $''$ kennzeichnen wir jetzt die Grenzwerte, denen sich die zweiten Ableitungen von beiden Seiten der Unstetigkeitsstelle nähern. Von Phasen im thermodynamischen Sinne kann hier nicht mehr gesprochen werden. Es gilt nun

$$\frac{\partial^2 G_m}{\partial T^2} = -\frac{C_p}{T}\,, \qquad \frac{\partial^2 G_m}{\partial T\,\partial P} = V_m\gamma\,, \qquad \frac{\partial^2 G_m}{\partial P^2} = -V_m\varkappa\,, \qquad \text{(VII 263)}$$

wo C_p die Molwärme bei konstantem Druck, γ der kubische Ausdehnungskoeffizient und $\varkappa$ die isotherme Kompressibilität ist. Damit erhalten wir

$$\frac{dT_{II}}{dP_{II}} = \frac{V_m T(\gamma'' - \gamma')}{C_p'' - C_p'} \qquad \text{(VII 264)}$$

und

$$\frac{dT_{II}}{dP_{II}} = \frac{\varkappa'' - \varkappa'}{\gamma'' - \gamma'}\,. \qquad \text{(VII 265)}$$

Dies sind die EHRENFESTschen Gleichungen für Umwandlungen II. Ordnung.

Die EHRENFESTschen Gleichungen bedeuten zunächst die Anwendung der Thermodynamik auf einen vorher definitionsmäßig festgelegten Sachverhalt. Insofern sind sie zweifellos korrekt. Weniger einfach ist die Frage zu beantworten, ob dieser Sachverhalt in der Natur tatsächlich vorkommt. Es sind zwar experimentell zahlreiche Umwandlungen höherer Ordnung festgestellt worden; insbesondere gehören dazu die sog. kooperativen Erscheinungen in Kristallen, die wir später (Kap. XVI—XVIII) noch ausführlich behandeln werden. Die Festlegung der Ordnung einer solchen Umwandlung aus experimentellen Daten stößt jedoch auf große Schwierigkeiten; obwohl sie heute meistens als Umwandlungen II. Ordnung aufgefaßt werden, wird auch die Ansicht vertreten, daß es sich um Umwandlungen III. Ordnung handelt[1]. Vom theoretischen Standpunkt haben JUSTI und VON LAUE[2] die Möglichkeit von Umwandlungen II. Ordnung aus thermodynamischen Gründen bezweifelt. Ihre Argumente sind indessen von MAYER und STREETER[3] widerlegt worden und brauchen uns daher nicht weiter zu beschäftigen. Die allgemeine statistische Theorie ergibt, wie wir weiter unten sehen werden, die Möglichkeit von Umwandlungen II. Ordnungen. Die für die speziellen Probleme durchgeführten expliziten Rechnungen führen häufig zu dem Ergebnis, daß es sich um eine Umwandlung II. Ordnung handelt. Dabei werden aber im Ansatz stark vereinfachte Modelle und in der Durchführung recht komplizierte mathematische Näherungen benutzt; eine endgültige Beantwortung der Frage ist daher auch auf diesem Wege gegenwärtig noch nicht möglich. Abgesehen von dieser Unsicherheit ist das EHRENFESTsche Schema auch insofern unbefriedigend, als es keineswegs eine Klassifikation aller denkbaren Umwandlungstypen ermöglicht. Die wichtigsten Fälle, die sich nicht einordnen lassen, sind die sog. anomale Umwandlung I. Ordnung der MAYERschen Kondensationstheorie (§ 12.6), die von ONSAGER aus der exakten Theorie des zweidimensionalen ISING-Modells abgeleitete Umwandlung (§ 17.4) und die sog. diffuse Umwandlung. Es sind daher verschiedene Versuche gemacht worden, die Umwandlungen höherer Ordnung in anderer Weise zu klassifizieren[4,5]. Man wird jedoch die EHRENFESTsche Systematik, die durch Klarheit und innere Logik ausgezeichnet

[1] BAUER, E.: Comptes Rendus II ième Réunion «Changements de Phases », p. 1. Paris 1952.
[2] JUSTI, E., u. M. VON LAUE: Z. techn. Phys. 15, 521 (1934).
[3] MAYER, J. E., u. S. F. STREETER: J. Chem. Phys. 7, 1019 (1939).
[4] TISZA, L.: On the General Theory of Phase Transitions in Phase Transformations in Solids (Herausgeber: A. SMOLUCHOWSKI, J. E. MAYER u. W. A. WEYL), p. 1. New York 1951.
[5] BOER, J. DE: Comptes Rendus II ième Réunion «Changements de Phases », p. 31. Paris 1952.

ist, ohne Bedenken benutzen können, wenn man die ihr (und notwendig jeder Systematik) gezogenen Grenzen im Auge behält. In Abb. 12 sind die wichtigsten der erwähnten Umwandlungstypen schematisch dargestellt.

In nahem Zusammenhang mit den Phasenumwandlungen steht das Problem der thermodynamischen Stabilität. Der ursprünglich (wie schon das Wort zeigt) aus der Mechanik übernommene Begriff des Gleichgewichtes führt auch in der Thermodynamik zu der Frage, ob das Gleichgewicht stabil, indifferent oder labil ist. Der Sinn dieser Frage ergibt sich unmittelbar aus der Formulierung der Gleichgewichtsbedingung (V 207), die keine Aussage darüber macht, ob (im einfachsten Falle) die Entropie im Gleichgewicht ein Maximum oder ein Minimum besitzt. Um die Antwort darauf in die Formulierung der Gleichgewichtsbedingungen einzuschließen, müssen die Variationen mit Berücksichtigung der infinitesimalen Größen höherer Ordnung gebildet werden; wir benutzen dafür das Symbol Δ. Dann gilt bei einem geschlossenen System[1] mit fixierten äußeren Parametern im stabilen Gleichgewicht für alle virtuellen Verrückungen

$$(\Delta S)_E < 0 , \quad (\Delta E)_S > 0 . \qquad \text{(VII 266)}$$

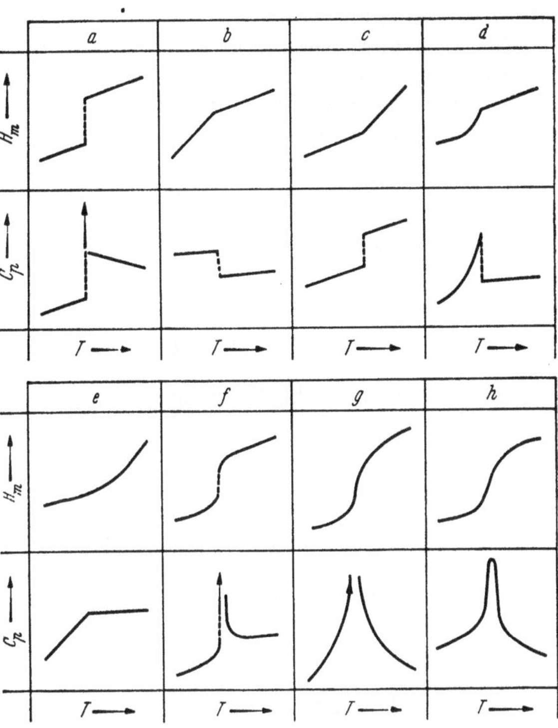

Abb. 12. Verschiedene Typen von Umwandlungen. *a* Umwandlung I. Ordnung; *b* Umwandlung II. Ordnung; *c* Umwandlung II. Ordnung; *d* Umwandlung II. Ordnung (λ-Punkt); *e* Umwandlung III. Ordnung; *f* Anomale Umwandlung I. Ordnung; *g* ONSAGERsche Umwandlung; *h* Diffuse Umwandlung [entnommen aus: STUART: Physik der Hochpolymeren, Bd. III]

Im Falle des indifferenten Gleichgewichtes gibt es virtuelle Verrückungen, für die

$$(\Delta S)_E = 0 , \quad (\Delta E)_S = 0 \qquad \text{(VII 267)}$$

ist, bei labilem Gleichgewicht gibt es Änderungen, für die

$$(\Delta S)_E > 0 , \quad (\Delta E)_S < 0 \qquad \text{(VII 268)}$$

ist. Die allgemeine Stabilitätsbedingung kann daher, wenn wir die Änderung II. Ordnung mit Δ^2 bezeichnen, geschrieben werden

$$\Delta^2 S < 0 , \quad \Delta^2 E > 0 . \qquad \text{(VII 269)}$$

Für ein homogenes System ergibt die Gleichgewichtsbedingung (V 207) keine Beziehung zwischen den thermodynamischen Zustandsgrößen, sondern, wie wir in § 5.12 gesehen haben, lediglich Aussagen über die inneren Parameter. Erst die

---

[1] Mit diesem Ausdruck bezeichnen wir ein System, das mit seiner Umgebung keine Materie austauschen kann.

Anwendung auf heterogene Systeme ergibt die bekannte Beziehung zwischen den intensiven Parametern der einzelnen Phasen. Aus analogen Gründen ist bei der Anwendung der Stabilitätsbedingungen die wichtigste Fragestellung, unter welchen Bedingungen eine gegebene Phase, welche den Bedingungen des thermodynamischen Gleichgewichtes genügt, nicht durch beliebig kleine lokale Störungen veranlaßt werden kann, neue Phasen aus sich zu bilden, die von der ersten verschieden sind. Im folgenden werden wir die Stabilitätsbedingungen ausschließlich in diesem Sinne erörtern.

Wir betrachten wieder ein geschlossenes System mit fixierten Werten der äußeren Parameter und untersuchen die Bildung von zwei neuen Phasen * und ** aus der ursprünglichen, die wir mit ' bezeichnen. Die Anwendung des EULERschen Satzes auf die Fundamentalgleichung ergibt für die ursprüngliche Phase

$$E' - TS' + PV' - \Sigma \mu_i N_i' = 0 \,. \tag{VII 270}$$

Für die beiden neuen Phasen soll gelten

$$\begin{aligned}
E^* - TS^* + PV^* - \Sigma \mu_i N_i^* &\geqq 0 \\
E^{**} - TS^{**} + PV^{**} - \Sigma \mu_i N_i^{**} &\geqq 0 \,.
\end{aligned} \tag{VII 271}$$

Dabei haben wir die Nebenbedingungen

$$\begin{aligned}
S^* + S^{**} &= S' \\
V^* + V^{**} &= V' \\
N^* + N_i^{**} &= N_i' \qquad \text{(alle } i)
\end{aligned} \tag{VII 272}$$

Gilt nun in (VII 271) das Gleichheitszeichen, so folgt mit (VII 270) und (VII 272)

$$E^* + E^{**} = E' \,. \tag{VII 273}$$

Die Bildung der neuen Phasen läßt somit unter den Nebenbedingungen (VII 272) die Energie konstant. Wir haben daher nach (VII 267) in dieser Hinsicht indifferentes Gleichgewicht, d. h. die neuen Phasen können mit der ursprünglichen koexistieren. Gilt in (VII 271) das Ungleichheitszeichen, so folgt

$$E^* + E^{**} > E' \,. \tag{VII 274}$$

Durch die Bildung der neuen Phasen wird somit jetzt unter den Nebenbedingungen (VII 272) die Energie erhöht. Ein solcher Prozeß kann nicht von selbst ablaufen. Die ursprüngliche Phase ist daher gegen die betrachteten neuen Phasen stabil. Es gilt also der Satz:

Wenn man in dem Ausdruck

$$E - TS + PV - \Sigma \mu_i N_i \tag{VII 275}$$

den Größen T, P, μ_i solche Werte zuteilen kann, daß dieser Ausdruck für die betrachtete Phase Null, für jede andere (aus den gleichen Komponenten gebildete) Phase positiv ist, so ist die betrachtete Phase absolut stabil. Ist der Ausdruck (VII 275) für gewisse andere Phasen ebenfalls Null, so ist die betrachtete im Hinblick auf diese im indifferenten Gleichgewicht. Sie können mit der ursprünglichen koexistieren, und T, P, μ_i sind dann die gemeinsamen Werte von Temperatur, Druck und chemischen Potentialen.

Dies ist die von GIBBS[1] gegebene allgemeine Formulierung der Stabilitätsbedingung. Es kann der Fall eintreten, daß dieselbe erfüllt ist in bezug auf Phasen, die sich in ihren Eigenschaften nur um infinitesimale Beträge von der ursprünglichen unterscheiden (benachbarte Phasen), dagegen nicht für solche, die durch diskontinuierliche Änderungen aus der ursprünglichen hervorgehen. Bekannte Beispiele dafür sind der übersättigte Dampf und die unterkühlte Flüssigkeit. Man nennt solche Phasen gewöhnlich metastabil. Die hier eingeführte Unterscheidung zwischen absolut stabil und metastabil hat jedoch aus den in § 5.12 erörterten Gründen nur einen relativen Charakter; sie spielt auch im weiteren Aufbau der Theorie keine Rolle. Wesentlich anders liegen die Verhältnisse für die Bedingungen der Stabilität in bezug auf kontinuierliche Änderungen. Da eine Phase, welche diesen Bedingungen nicht genügt, sich im labilen Gleichgewicht (im strengen Sinne) befindet, ist sie definitionsgemäß nicht über eine endliche Zeit existenzfähig[2]. Die entsprechenden Stabilitätsbedingungen stellen daher allgemein gültige Aussagen über die Zustandsgrößen dar, die für jede wirklich vorkommende Phase erfüllt sind. Dieselben beziehen sich auf die höheren Ableitungen der thermodynamischen Potentiale, während die Gleichgewichtsbedingungen sich auf die ersten Ableitungen beziehen. Man spricht daher auch wohl von Gleichgewichtsbedingungen höherer Ordnung[3]. Von jetzt ab gebrauchen wir den Ausdruck „Stabilitätsbedingungen" nur noch in diesem Sinne.

Zur Ableitung dieser Stabilitätsbedingungen gehen wir davon aus, daß nach dem obigen für jede der betrachteten Phase benachbarte Phase gelten muß

$$E^* - T\,S^* + P\,V^* - \Sigma\,\mu_i N_i^* > 0\,. \qquad\qquad \text{(VII 276)}$$

Subtrahieren wir davon die Gl. (VII 270), so folgt

$$\Delta E > T\,\Delta S - P\,\Delta V + \Sigma\,\mu_i\,\Delta N_i\,. \qquad\qquad \text{(VII 277)}$$

Das Symbol Δ bedeutet hier[4], daß die Differenzen zwar beliebig klein sein sollen, aber für die abhängigen Variablen im Sinne der TAYLORschen Entwicklung mit Berücksichtigung der infinitesimalen Größen höherer Ordnung zu verstehen sind[5]. Wir wählen jetzt als unabhängige Variable S, V und die N_i. Wegen

$$dE = T\,dS - P\,dV + \Sigma\,\mu_i\,dN_i \qquad\qquad \text{(VII 278)}$$

wird dann aus (VII 277), wenn wir uns auf das Differential II. Ordnung beschränken,

$$\Delta^2 E(S,\,V,\,N_i) > 0\,. \qquad\qquad \text{(VII 279)}$$

In dieser Formulierung müssen jetzt noch Zustandsänderungen ausgeschlossen werden, welche lediglich die Menge der Phase verändern, da diese nichts mit Stabilitätsfragen zu tun haben. Dies kann geschehen, indem man etwa V oder N_1 oder ΣN_i konstant hält. Im ersteren Falle verschwindet in (VII 277) der Term mit ΔV. Nach Division durch V erhalten wir

$$\Delta^2 \varepsilon(s,\,\varrho_i) > 0\,, \qquad\qquad \text{(VII 280)}$$

---

[1] GIBBS, J. W.: On the Equilibrium of Heterogeneous Substances, Collected Works vol. I, New Haven 1948.

[2] Zur Veranschaulichung denke man an einen auf der Spitze stehenden Kegel, der sich in der üblichen, ungenauen Ausdrucksweise im labilen, tatsächlich aber notwendig in einem schwach metastabilen Gleichgewicht befindet.

[3] SCHOTTKY, W., H. ULICH u. C. WAGNER: Thermodynamik. Berlin 1929.

[4] Dieser Gebrauch des Symbols Δ ist zu unterscheiden von den oben betrachteten virtuellen Verrückungen.

[5] Für die unabhängigen Variablen ist naturgemäß $\Delta x \to dx$.

wo ε die innere Energie und s die Entropie pro Volumeneinheit ist und die ϱ_i die molekularen Dichten bezeichnen. Diese Beziehung besagt, daß für eine stabile Phase die aus den zweiten Ableitungen der inneren Energie gebildete quadratische Form positiv definit sein muß. Die Theorie der quadratischen Formen ergibt mit Gl. (VII 126) als äquivalente Aussage, daß die Determinante

$$\begin{vmatrix} \dfrac{\partial^2 \varepsilon}{\partial s^2} & \dfrac{\partial^2 \varepsilon}{\partial \varrho_1 \, \partial s} & \cdots & \dfrac{\partial^2 \varepsilon}{\partial \varrho_m \, \partial s} \\[2ex] \dfrac{\partial^2 \varepsilon}{\partial s \, \partial \varrho_1} & \dfrac{\partial^2 \varepsilon}{\partial \varrho_1^2} & \cdots & \dfrac{\partial^2 \varepsilon}{\partial \varrho_m \, \partial \varrho_1} \\[2ex] \cdot & & & \\ \cdot & & & \\ \cdot & & & \\ \dfrac{\partial^2 \varepsilon}{\partial s \, \partial \varrho_m} & \cdots\cdots & & \dfrac{\partial^2 \varepsilon}{\partial \varrho_m^2} \end{vmatrix} \qquad\qquad \text{(VII 281)}$$

mit allen Hauptminoren positiv sein muß[1]. Daraus folgt im besonderen, daß

$$\left(\frac{\partial T}{\partial s}\right)_{\varrho} > 0 \qquad\qquad \text{(VII 282)}$$

und

$$\left(\frac{\partial \mu_i}{\partial \varrho_i}\right)_{s,\,\varrho_j} > 0 \qquad\qquad \text{(VII 283)}$$

sein muß.

Die Stabilitätsbedingungen lassen sich auch mit Hilfe der übrigen thermodynamischen Potentiale (und naturgemäß der MASSIEU-PLANCKschen Funktionen) formulieren. Wir führen dies hier der Anschaulichkeit halber an dem konkreten Beispiel der freien Energie nach GIBBS durch. Die allgemeine Formulierung leiten wir später aus der statistischen Theorie ab.

Wir schreiben zunächst (VII 276) in der Form

$$- T\, S^* + P\, V^* - \Sigma\, \mu_i N_i^* + T^*\, S^* - P^*\, V^* + \Sigma\, \mu_i^* N_i^* > 0\,. \qquad \text{(VII 284)}$$

Weil diese Bedingung innerhalb des Stabilitätsbereiches für jede Phase erfüllt sein muß, können wir sie auch mit Vertauschung der „gesternten" und „ungesternten" Größen anschreiben. Das ergibt

$$- T^*\, S + P^*\, V - \Sigma\, \mu_i^* N_i + T\, S - P\, V + \Sigma\, \mu_i N_i > 0\,. \qquad \text{(VII 285)}$$

Durch Addition von (VII 284) und (VII 285) erhalten wir

$$\Delta T\, \Delta S - \Delta P\, \Delta V + \Sigma\, \Delta\, \mu_i\, \Delta N_i > 0\,. \qquad \text{(VII 286)}$$

Der links stehende Ausdruck ist nichts anderes als die Änderung II. Ordnung $\Delta^2 E$. Die in (VII 286) auftretenden Größen müssen nun noch durch die gewählten unabhängigen Variablen ausgedrückt werden, das heißt in unserem Falle durch T, P und die N_i. Wir haben somit

$$\Delta S = \frac{\partial S}{\partial T}\, \Delta T + \frac{\partial S}{\partial P}\, \Delta P + \Sigma\, \frac{\partial S}{\partial N_i}\, \Delta N_i \qquad\qquad \text{(VII 287)}$$

$$\Delta V = \frac{\partial V}{\partial T}\, \Delta T + \frac{\partial V}{\partial P}\, \Delta P + \Sigma\, \frac{\partial V}{\partial N_i}\, \Delta N_i \qquad\qquad \text{(VII 288)}$$

$$\Delta\, \mu_j = \frac{\partial \mu_j}{\partial T}\, \Delta T + \frac{\partial \mu_j}{\partial P}\, \Delta P + \Sigma\, \frac{\partial \mu_j}{\partial N_i}\, \Delta N_i\,. \qquad\qquad \text{(VII 289)}$$

---

[1] Vgl. Gl. (VII 126).

Setzen wir diese Ausdrücke in (VII 286) ein, so ergibt sich, daß die Koeffizienten der Produkte aus extensiven und intensiven Parametern verschwinden[1]. Wir bekommen somit eine Aufspaltung in zwei quadratische Formen, je eine für extensive und für intensive Parameter. Schreiben wir nun alle Koeffizienten als Ableitungen von G, so wird

$$\sum_i \sum_j \frac{\partial^2 G}{\partial N_i\, \partial N_j}\, \Delta N_i\, \Delta N_j - \frac{\partial^2 G}{\partial T^2} (\Delta T)^2 - \frac{\partial^2 G}{\partial T\, \partial P}\, \Delta T\, \Delta P - \frac{\partial^2 G}{\partial P\, \partial T}\, \Delta P\, \Delta T -$$
$$- \frac{\partial^2 G}{\partial P^2} (\Delta P)^2 > 0 \tag{VII 290}$$

oder in abgekürzter symbolischer Schreibweise (mit $N_1 = $ const)

$$[\Delta^2 G(N_2, \ldots, N_m)]_{T, P, N_1} - [\Delta^2 G(T, P)]_N > 0 . \tag{VII 291}$$

Diese Bedingung ist allgemein nur dann erfüllbar, wenn die erste quadratische Form positiv definit, die zweite negativ definit ist. Es muß also

$$[\Delta^2 G(N_2, \ldots, N_m)]_{T, P, N_1} > 0 \tag{VII 292}$$

und

$$[\Delta^2 G(T, P)]_N < 0 \tag{VII 293}$$

sein. Aus der letzteren Beziehung folgt mit (VII 126) sofort, daß für eine stabile Phase Molwärme bei konstantem Druck und isotherme Kompressibilität stets positiv sind.

Die vorstehende Ableitung läßt sich ohne Schwierigkeit in die allgemeine thermodynamische Sprache des § 7.3 übertragen. Man erhält dann die zuerst von SCHOTTKY, ULICH und WAGNER[2] angegebene allgemeine Formulierung der Stabilitätsbedingung (mit $X_r = $ const)

$$[\Delta^2 \Psi_k(X_{k+1}, \ldots, X_{r-1})]_{P_1, \ldots, P_k, X_r} - [\Delta^2 \Psi_k(P_1', \ldots, P_k')]_{X_{k+1}, \ldots, X_r} > 0 . \tag{VII 294}$$

Vom Standpunkt der statistischen Theorie ist es zweckmäßiger, die Stabilitätsbetrachtungen mit Hilfe der Entropie durchzuführen und somit auch hier die Fundamentalgleichung in der Form der Gl. (VII 85) anzuwenden. An die Stelle von (VII 279) tritt dann die Bedingung

$$- \Delta^2 S(X_1, \ldots, X_{r-1}) > 0 . \tag{VII 295}$$

Das besagt, daß die Determinante

$$\left| \frac{-\partial^2 S}{\partial X_i\, \partial X_j} \right| \tag{VII 296}$$

mit allen Hauptminoren positiv sein muß. Die Verallgemeinerung dieser Aussage für beliebige MASSIEU-PLANCKsche Funktionen werden wir auf statistischem Wege ableiten.

Die Grenze des Stabilitätsbereiches ist dadurch gegeben, daß $\Delta^2 E$ oder $\Delta^2 S$ bzw. die entsprechenden Determinanten aus den zweiten Ableitungen Null werden[3]. Vom Standpunkt der Thermodynamik fällt zunächst diese Grenze im allgemeinen nicht mit dem Einsetzen einer gewöhnlichen Phasenumwandlung (z. B. Kondensation) zusammen, da wir im letzteren Falle nur eine Grenze der Stabilität gegen diskontinuierliche Änderungen haben. Faßt man aber das

---

[1] Beispielsweise liefert (VII 287) einen Term $\dfrac{\partial S}{\partial N_j}\, \Delta N_j \Delta T = s_j\, \Delta N_j\, \Delta T$, (VII 289) einen Term $\dfrac{\partial \mu_j}{\partial T}\, \Delta T \Delta N_j = - s_j\, \Delta N_j\, \Delta T$.

[2] SCHOTTKY, W., H. ULICH u. C. WAGNER: Thermodynamik. Berlin 1929.

[3] GIBBS, J. W.: On the Equilibrium of Heterogenous Substances, Collected Works, vol. I. New Haven 1948.

(anfänglich homogene) System als Ganzes auf, so findet man etwa bei Verwendung der freien Energie nach Gibbs aus den früheren Definitionen, daß im Umwandlungspunkt die Stabilitätsbedingungen nicht mehr erfüllt sind, indem beispielsweise die Kompressibilität unendlich wird[1]. Es handelt sich hier jedoch lediglich um zwei verschiedene Arten der Beschreibung, zwischen denen experimentell keine Entscheidung möglich ist. Die erste führt auf die vor allem von der holländischen Schule[2,3] viel benutzte Interpolation der thermodynamischen Funktionen über das heterogene Gebiet hinweg mit Benutzung von metastabilen und instabilen Zuständen. Diese Darstellungsweise für welche die van der Waalssche Gleichung das einfachste und bekannteste Beispiel bietet, schließt die Annahme ein, daß die thermodynamischen Funktionen in irgendeinem Sinne als durchweg analytisch aufgefaßt werden können. Wir werden weiter unten sehen, daß diese Auffassung sich physikalisch nicht begründen läßt. Die erwähnte Interpolation stellt daher eine formale Hilfskonstruktion dar, die allerdings praktisch von großem Nutzen ist. Die statistische Theorie führt unmittelbar auf die zweite der erwähnten Darstellungsweisen; man wird dieser daher vom physikalischen Standpunkt den Vorzug geben.

Bei der statistischen Behandlung der Phasenumwandlungen treten die beiden am Anfang dieses Paragraphen erwähnten Gesichtspunkte noch wesentlich schärfer hervor. Man kann entweder Koexistenz und Eigenschaften der Phasen (z. B. Kristall und Dampf) voraussetzen und die Gleichgewichtsverteilung der Moleküle nach bekannten Methoden berechnen. Dieses Problem ist verhältnismäßig einfach und läßt sich für das angeführte Beispiel bereits mit den Methoden der μ-Raum-Statistik lösen. Wir werden darauf in § 15.1 zurückkommen. Auf diese Weise läßt sich aber die Existenz verschiedener Phasen (z. B. der Aggregatzustände eines einheitlichen Stoffes) nicht erklären; man bekommt keine Antwort auf die Frage[4]: „Wie können die Gasmoleküle wissen, wann sie zu kondensieren haben?" Man kann auch fragen, wie sich das Eintreten einer Phasenumwandlung im Begriffssystem der reinen statistischen Mechanik darstellt. In diesem Sinne handelt es sich darum, das statistische Analogon einer Phasenumwandlung zu finden. Im folgenden wollen wir das zweite der erwähnten Probleme vom Standpunkt der allgemeinen statistischen Theorie behandeln. Wir benutzen dazu die in § 7.3 entwickelte Transformationstheorie und beschränken uns auf den Fall eines Einkomponentensystems mit $k - l = 1$. Letzteres entspricht beispielsweise dem Übergang von der kanonischen zur großen kanonischen Gesamtheit.

Die in § 7.3 und 7.4 abgeleitete Bedingung (deren Erfüllung wir auch in § 5.14 und 7.1 vorausgesetzt haben) lautet jetzt

$$B_{11}^{l}/\bar{X}_{l+1} > 0 \quad \text{bzw.} \quad B_{11}^{*}/\bar{X}_{l+1} > 0, \tag{VII 297}$$

wo B_{11}^{l} durch Gl. (VII 120) und B_{11}^{*} durch Gl. (VII 159) definiert ist. Keine dieser beiden Größen kann negativ werden. Man sieht dies unmittelbar aus den Schwankungsgleichungen (VII 161) und (VII 166)[5]. Außerdem würde im ersteren Fall das Integral der Verteilungsfunktion divergieren. Es bleibt daher nur der Grenzfall

$$B_{11}^{l}/\bar{X}_{l+1} = 0 \tag{VII 298}$$

---

[1] Dies steht im Widerspruch zu der aus der freien Energie nach Helmholtz abgeleiteten Stabilitätsbedingung $\left(\dfrac{\partial P}{\partial V}\right)_{T,N} < 0$. Vgl. Tabelle 5.

[2] Bakhuis Roozeboom, H. W.: Die heterogenen Gleichgewichte, 3. H. Braunschweig 1913.

[3] van der Waals, J. D., u. Ph. Kohnstamm: Lehrbuch der Thermostatik. Leipzig 1927.

[4] Born, M., u. K. Fuchs: Proc. Roy. Soc. (London) A **166**, 391 (1938).

[5] Gibbs, J. W.: Elementary Principles in Statistical Mechanics. Collected Works, vol. II, p. 72. New Haven 1948.

zu diskutieren. Wir nehmen zunächst an, daß $\bar{X}_{l+1}$ endlich ist. Gl. (VII 298) bedeutet dann einfach, daß die aus der mit dem quadratischen Glied abbrechenden Reihenentwicklung (VII 117) abgeleitete Schwankungsgleichung (VII 166) ungültig wird und $\overline{\xi_{l+1}^2}$ nicht mehr proportional X_{l+1}^{-1} ist. Die Größe B_{11}^* der exakten Schwankungsgleichung (VII 162) ist unter diesen Umständen eine Funktion von $\bar{X}_{l+1}$ bzw. X_{l+2}. Sie kann aber nicht Null werden, weil das mittlere relative Schwankungsquadrat aus physikalischen Gründen nicht Unendlich werden kann. Wir lassen nun $\bar{X}_{l+1}$ bzw. X_{l+2} gegen Unendlich gehen. Auch in diesem Falle ist die aus der Reihenentwicklung abgeleitete Schwankungsgleichung (VII 166) nicht mehr gültig. Wegen Gl. (VII 167) wird aber jetzt auch $B_{11}^*/\bar{X}_{l+1}$ Null. Da die Bedingung (VII 162) nicht mehr erfüllt ist, wird Gl. (VII 160) unbestimmt. Aus Gl. (VII 158) sieht man, daß, wenn Gl. (VII 298) erfüllt ist, $\overline{\xi_{l+1}^2}$ jedenfalls für $\bar{X}_{l+1} \to \infty$ nicht mehr wie $\bar{X}_{l+1}^{-1}$ verschwindet. Die Parameterwerte, für welche dies eintritt, sind durch (VII 298) bestimmt. Die Gleichungen der entsprechenden Kurven können wir schreiben

$$f(P_{l+1},\ X_{l+2}/X_{l+3}) = 0 \qquad \text{(für } l = 0) \qquad \text{(VII 299)}$$

und

$$f(P_l,\ P_{l+1}) = 0 \qquad \text{(für } l > 0) \qquad \text{(VII 300)}$$

Diese Gleichungen beziehen sich auf denselben Sachverhalt, unterscheiden sich aber in der Art der Beschreibung. Wir knüpfen zunächst an die zweite an, die eine Beziehung zwischen zwei intensiven Parametern darstellt.

Der Kern des Problems besteht in einer Untersuchung des analytischen Verhaltens von

$$\lim_{X_{l+2} \to \infty} \Phi_{l+1}/X_{l+2}\,. \qquad \text{(VII 301)}$$

Diese Größe muß zunächst als Funktion einer komplexen Variablen z mit dem Realteil

$$\Re(z) = e^{-P_{l+1}} \qquad \text{(VII 302)}$$

betrachtet werden. Für alle positiven reellen Werte des Argumentes existiert der Grenzwert (VII 301) stets und ist eine stetige, monoton ansteigende Funktion von $\Re(z)^{1,2}$. Wesentlich ist nun, wie zuerst Yang und Lee[1] erkannt haben, die Verteilung der Nullstellen der generalisierten Verteilungsfunktion $\Xi_{l+1}(z)$ in der komplexen z-Ebene. Es gilt nämlich der Satz[1-3]: Wenn ein Gebiet $\mathfrak{G}$ der komplexen Ebene, welches ein Stück der positiven reellen Achse enthält, frei ist von Nullstellen, dann existieren in diesem Gebiet der Grenzwert (VII 301) und ferner die Grenzwerte

$$\lim_{X_{l+2} \to \infty} \frac{\partial(\Phi_{l+1}/X_{l+2})}{\partial \ln z} \qquad \text{(VII 303)}$$

und

$$\lim_{X_{l+2} \to \infty} \frac{\partial^2(\Phi_{l+1}/X_{l+2})}{\partial(\ln z)^2} \qquad \text{(VII 304)}$$

als analytische Funktionen von z. Die Operationen der Grenzwertbildung und der Differentiation können in diesem Gebiet vertauscht werden. Es ist also

$$\lim_{X_{l+2} \to \infty} \frac{\partial(\Phi_{l+1}/X_{l+2})}{\partial P_{l+1}} = \frac{\partial}{\partial P_{l+1}} \lim_{X_{l+2} \to \infty} \Phi_{l+1}/X_{l+2} = \lim_{X_{l+2} \to \infty} \bar{X}_{l+1}/X_{l+2}\,. \qquad \text{(VII 305)}$$

---

[1] Yang, C. N., u. T. D. Lee: Physic. Rev. **87**, 404 (1952).

[2] Witten, L.: Physic. Rev. **93**, 1131 (1954).

[3] Die hier und S. 230, Fußnote 1, angeführten Beweise unterscheiden sich vor allem durch die Art, in der die Undurchdringlichkeit der Moleküle eingeführt wird. Dieser Punkt scheint für den ganzen Problemkreis eine wichtige Rolle zu spielen.

Für endliche Werte von X_{l+2} umfaßt das Gebiet $\mathfrak{G}$ die ganze positive reelle Achse. Dieses Verhalten ist schematisch in Abb. 13 dargestellt.

Für $X_{l+2} \to \infty$ läßt sich zeigen[1], daß an den Stellen, an denen (VII 298) erfüllt ist, die Funktion (VII 301) eine Singularität besitzt. Schreiben wir also

$$\lim_{X_{l+2} \to \infty} \Phi_{l+1}/X_{l+2} = \lim_{X_{l+2} \to \infty} \sum_{n=0}^{\infty} b_n \left(X_{l+2}\right) z^n, \qquad \text{(VII 306)}$$

so bestimmt der durch Gl. (VII 300) gegebene Wert z^* den Konvergenzradius der Reihe. Da die Singularität auf der positiven reellen Achse liegt, ist eine analytische Fortsetzung über z hinaus nicht möglich. Die zweite Ableitung (VII 304) wird an der betrachteten Stelle unendlich. Über die erste Ableitung

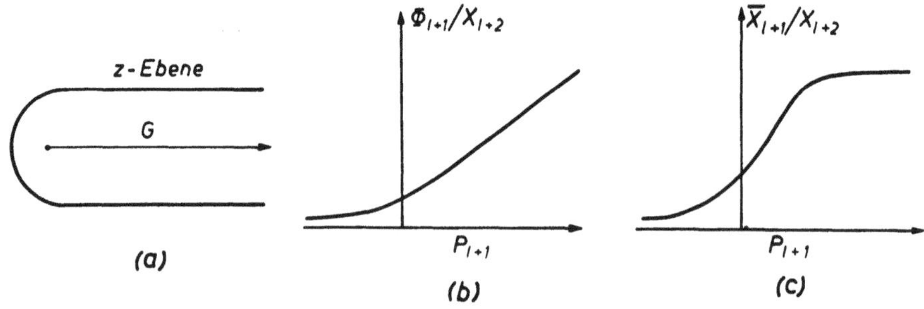

Abb. 13. Verhalten der Funktion Φ_{l+1} für ein endliches System. Es treten keine Phasenumwandlungen auf [entnommen aus: C. N. Yang u. T. D. Lee: Physic. Rev. 87, 406 (1952)]

(VII 302) läßt sich keine allgemeine Aussage machen. Wir führen daher jetzt die Annahme ein, daß die Singularität in z^* ein Verzweigungspunkt und die erste Ableitung (VII 303) an dieser Stelle unstetig ist. An einfachen Modellen konnte gezeigt werden[2-4], daß ein solches Verhalten tatsächlich möglich ist. Unter dieser Voraussetzung läßt sich die Differentialgleichung der Kurve (VII 300) ohne weiteres angeben. Sie lautet, wegen der Stetigkeit von Φ_{l+1}/X_{l+2} auf der positiven reellen Achse,

$$\frac{d P_{l+1}}{d P_l} = - \frac{(\overline{X''_l} - \overline{X'_l})/X_{l+2}}{(\overline{X''_{l+1}} - \overline{X'_{l+1}})/X_{l+2}}. \qquad \text{(VII 307)}$$

Dies ist die Clausius-Clapeyronsche Gleichung in generalisierten Zustandsgrößen. Das im Vorstehenden beschriebene Verhalten ist in Abb. 14 schematisch dargestellt.

Für die weitere Diskussion legen wir die Berechnung der Schwankungen mit Hilfe der Reihenentwicklung (VII 117) zugrunde. Da an den hier betrachteten Stellen definitionsgemäß der Koeffizient des quadratischen Gliedes verschwindet, sind Aussagen über die höheren Glieder erforderlich. Dazu nehmen wir an, daß

$$B_r = - \frac{1}{r!} \overline{X}_{l+1}^r \left(\frac{\partial^r \Phi_l}{\partial X_{l+1}^r}\right)_0 \quad (r = 2m, m > 1) \qquad \text{(VII 308)}$$

(wo m die natürlichen Zahlen bezeichnet) der erste nicht verschwindende Koeffizient ist und daß alle höheren Glieder vernachlässigt werden können. Wir setzen also (C = Normierungskonstante)

$$\overline{\xi_{l+1}^2} = C \int_{-\infty}^{+\infty} \xi_{l+1}^2 \, e^{-B_r \xi_{l+1}^r} \, d\xi_{l+1} = \frac{1}{3} \frac{\Gamma\left(\frac{r+3}{r}\right)}{\Gamma\left(\frac{r+1}{r}\right)} \frac{1}{B_r^{2/r}}. \qquad \text{(VII 309)}$$

[1] Münster, A.: Z. Physik 136, 179 (1953).
[2] Lee, T. D., u. C. N. Yang: Physic. Rev. 87, 410 (1952).
[3] Katsura, S., u. H. Fujita: Progr. theor. Phys. 6, 498 (1951).
[4] Katsura, S., u. H. Fujita: J. Chem. Phys. 19, 795 (1951).

Diese Formel ist eine unmittelbare Folgerung aus (VII 298). Aussagen über die höheren Koeffizienten ergeben sich erst für die möglichen Spezialfälle. Wir nehmen auch hier an, daß die Größe (VII 303) an der betrachteten Stelle unstetig ist. Das kann nur bedeuten, daß $\overline{\xi^2_{l+1}}$ einem endlichen Grenzwert zustrebt, wenn $\overline{X}_{l+1} \to \infty$ geht. Daraus folgt, daß hier gelten muß

$$\lim_{r \to \infty} \overline{\xi^2_{l+1}}\,(r) = \overline{\xi^2_{l+1}} = \lim_{r \to \infty} C \int_{-\infty}^{+\infty} \xi^2_{l+1}\, e^{-B_r \xi^r{}_{l+1}}\, d\xi_{l+1}, \qquad \text{(VII 310)}$$

wo der Grenzübergang $r \to \infty$ nicht unter dem Integral vollzogen werden darf.

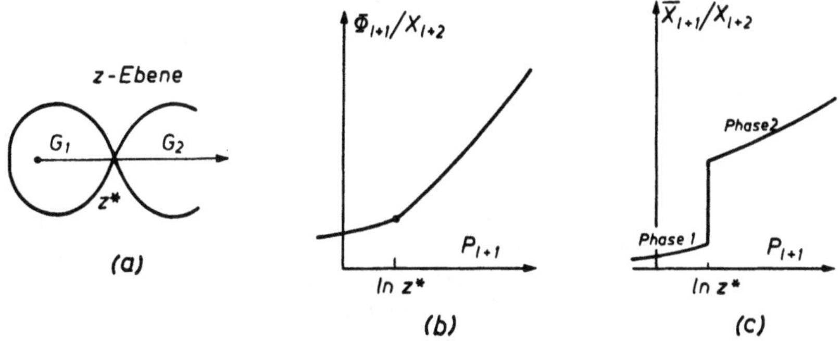

Abb. 14. Verhalten von Φ_{l+1} für ein unendlich großes System in der Umgebung eines Umwandlungspunktes [entnommen aus: C. N. YANG u. T. D. LEE: Physic. Rev. 87, 407 (1952)]

Diese Gleichung führt zunächst zu der Folgerung, daß wegen des Verschwindens aller höheren Ableitungen $(\partial^r \Phi_l / \partial X^r_{l+1})_0$ die thermodynamische Beziehung

$$P_{l+1} = \left(\frac{\partial \Phi_l}{\partial X_{l+1}}\right)_0 \qquad \text{(VII 311)}$$

nach Gl. (VII 136) auch an der Grenze $B^l_{11} = 0$ für $\overline{X}_{l+1} \to \infty$ streng erfüllt ist. Nach der in § 7.3 benutzten Methode läßt sich auch leicht zeigen, daß die Definitionen der thermodynamischen Potentiale bzw. MASSIEU-PLANCKschen Funktionen gültig bleiben. Das oben erwähnte Verschwinden aller höheren Ableitungen besagt dann, daß P_{l+1} über den Wertebereich von $\overline{X}'_{l+1}$ bis $\overline{X}''_{l+1}$ konstant bleibt, wie es nach der Voraussetzung, daß (VII 303) als Funktion von P_{l+1} unstetig ist, sein muß.

Wir können nun das Ergebnis dieser Überlegungen in folgender Weise zusammenfassen: Für $\overline{X}_{l+1} \to \infty$ bzw. $X_{l+2} \to \infty$ wird an den durch (VII 298) definierten Stellen $\partial P_{l+1}/\partial \overline{X}_{l+1}$ Null. $\lim \Phi_{l+1}/X_{l+2}(z)$ hat eine Singularität derart, daß für reelle Werte des Argumentes diese Funktion endlich, stetig und monoton ansteigend ist, während $\lim \partial^2(\Phi_{l+1}/X_{l+2})/\partial P^2_{l+1}$ unendlich wird. Die Größe $\lim \partial(\Phi_{l+1}/X_{l+2})/\partial P_{l+1}$ kann an dieser Stelle unstetig sein. Wird dies vorausgesetzt, so genügt die Funktion (VII 300) der generalisierten CLAUSIUS-CLAPEYRONschen Gleichung. Definitionsgemäß gehören zu den Grenzwerten $\overline{X}'_{l+1}$ und $\overline{X}''_{l+1}$ die gleichen Werte sowohl von P_l wie von P_{l+1}. Die Gleichungen der Thermodynamik bleiben gültig. Das beschriebene Verhalten entspricht, wie auch Abb. 14 zeigt, einer Umwandlung I. Ordnung. Das statistische Analogon derselben besteht darin, daß die mittleren relativen Schwankungsquadrate der extensiven Parameter für unendlich große Systeme einem endlichen Grenzwert zustreben. Diese Aussage läßt sich unmittelbar anschaulich deuten, wenn wir etwa an die Dichteschwankungen in einem Teilvolumen eines kondensierenden Gases denken[1].

---

[1] Vgl. § 12.6.

Bisher haben wir vorausgesetzt, daß zwei intensive Parameter unabhängige Variable sind. Dieser Darstellung entspricht etwa ein μ, T- oder P, T-Diagramm, in dem die Koexistenzkurve durch Gl. (VII 300) bzw. (VII 307) gegeben ist. Dagegen gehört zu Gl. (VII 299) etwa ein $T, V/N$-Diagramm oder auch das geläufige $P, V/N$-Diagramm, so daß diese Kurve das heterogene Gebiet umschließt. Betrachten wir jetzt

$$\lim_{X_{l+2} \to \infty} \Phi_{l+1}/X_{l+2} \qquad (l = 0) \qquad \text{(VII 312)}$$

als Funktion von X_{l+2}/X_{l+3} mit P_{l+1} als Parameter, so wird diese Funktion beim Erreichen der erwähnten Grenzkurve singulär, wie wir im Zusammenhang mit der Theorie der Kondensation (Kap. XII) noch ausführlicher erörtern werden. Damit bricht jedoch gewissermaßen die Beschreibung ab, weil im heterogenen Gebiet die Variable X_{l+2}/X_{l+3} (im Falle der kanonischen Gesamtheit das Volumen pro Molekül) nicht mehr physikalisch definierbar ist[1]. Damit entfällt auch die Möglichkeit einer physikalischen Interpretation des Verhaltens der Schwankungsgröße (z. B. des mittleren relativen Schwankungsquadrates der Energie). Letzten Endes handelt es sich auch hier wieder um die verschiedenen Gesichtspunkte, unter denen man die Theorie der Phasenumwandlungen betrachten kann. Es erklärt sich aber so, daß die große Verteilungsfunktion für die Diskussion dieses Problems besonders geeignet ist. Wir wollen diese Methode jetzt benutzen, um die allgemeine Theorie noch in einigen Punkten zu ergänzen, für welche die allgemeine Formulierung weniger geeignet ist.

Zunächst wollen wir nochmals auf einem anderen Wege[2,3,4] zeigen, daß bei unendlich großen Systemen das anomale Verhalten der Schwankungsgrößen nur für singuläre Werte der Parameter eintreten kann und daß umgekehrt Phasenumwandlungen im Sinne der Thermodynamik nur für unendlich große Systeme definierbar sind. Dazu gehen wir aus von Gl. (VII 32). Es sei bei konstantem Θ zwischen μ' und μ''

$$\frac{\overline{(\varrho - \bar{\varrho})^2}}{\bar{\varrho}^2} > \bar{N}^{-1/2} . \qquad \text{(VII 313)}$$

Setzen wir dies in (VII 32) ein und integrieren zwischen den angegebenen Grenzen, so folgt

$$\tfrac{1}{2} kT (\bar{N}''^{-1/2} - \bar{N}'^{-1/2}) > \mu' - \mu'' \qquad \text{(VII 314)}$$

und daraus für $\bar{N} \to \infty$

$$\mu' = \mu'', \qquad \text{(VII 315)}$$

womit die Behauptung bewiesen ist. Eine analoge Betrachtung kann man für die Schwankungen der Energiedichte durchführen. Schreiben wir $\varepsilon = E/V$, so gilt bei Berücksichtigung des Äquipartitionstheorems

$$\frac{\overline{(\varepsilon - \bar{\varepsilon})^2}}{\bar{\varepsilon}_{kin}^2} = \frac{2}{\bar{n}} \, \frac{T}{\bar{\varepsilon}_{kin}} \, \frac{\partial \bar{\varepsilon}}{\partial T} , \qquad \text{(VII 316)}$$

wo $\bar{n}$ die mittlere Zahl der Freiheitsgrade ist. Wir nehmen jetzt an, daß zwischen Θ' und Θ''

$$\frac{\overline{(\varepsilon - \bar{\varepsilon})^2}}{\bar{\varepsilon}_{kin}^2} > \bar{n}^{-1/2} \qquad \text{(VII 317)}$$

[1] Born, M., u. H. S. Green: Proc. Roy. Soc. (London) A **190**, 455 (1947).

[2] Gibbs, J. W.: Elementary Principles in Statistical Mechanics. Collected Works, vol. II, p. 202. New Haven 1948.

[3] Münster, A.: Z. Naturforsch. **6a**, 139 (1951).

[4] Münster, A.: Comptes Rendus IIième Réunion «Changements de Phases», p. 21. Paris 1952.

ist. Daraus folgt aus (VII 316) durch Integration zwischen diesen Grenzen (da $\bar{n}$ eine Funktion von Θ ist)

$$\bar{\varepsilon}' - \bar{\varepsilon}'' > \int_{T''}^{T'} \frac{k\,\bar{n}^{-3/2}}{4\,V}\,dT\,. \tag{VII 318}$$

Für endliche T ist die linke Seite dieser Ungleichung stets endlich. Sie kann daher für $\bar{n} \to \infty$ nur erfüllt sein, wenn

$$T' = T'' \tag{VII 319}$$

ist.

Durch allgemeine Betrachtungen, wie wir sie in diesem Paragraphen durchführen, läßt sich naturgemäß nur die Möglichkeit, aber nicht das tatsächliche Auftreten von Phasenumwandlungen ableiten. Im nächsten Paragraphen werden wir zeigen, daß eindimensionale Systeme grundsätzlich keine Phasenumwandlungen zeigen. Man sieht aber auch leicht, daß dies bei dreidimensionalen Systemen der Fall ist, wenn die Verteilungsfunktion sich in der Form

$$Q = \frac{[f(T)]^N}{N!} \quad \text{bzw.} \quad Q = [f(T)]^N \tag{VII 320}$$

darstellen läßt. Dann gilt nämlich

$$\bar{\varepsilon} = -\bar{\varrho}\,kT^2\,\frac{\partial \ln f(T)}{\partial T}\,. \tag{VII 321}$$

Das Auftreten einer Phasenumwandlung wäre daher für beliebig kleine Systeme möglich, was den obigen Ergebnissen widerspricht.

Wir betrachten jetzt die relativen Schwankungsgrößen III. Ordnung[1]. Für die molekularen Dichten ergibt sich aus Gl. (VII 156)

$$\frac{\overline{(\varrho - \bar{\varrho})^3}}{\bar{\varrho}^3} = \frac{1}{\bar{N}^2}\,\frac{(kT)^2}{\bar{\varrho}}\,\frac{\partial^2 \bar{\varrho}}{\partial \mu^2}\,. \tag{VII 322}$$

Im allgemeinen verschwindet diese Größe für $\bar{N} \to \infty$ wie $\bar{N}^{-2}$. Wir nehmen jetzt an, daß zwischen μ' und μ''

$$\frac{\overline{(\varrho - \bar{\varrho})^3}}{\bar{\varrho}^3} > \bar{N}^{-3/2} \tag{VII 323}$$

ist. Aus (VII 322) folgt dann durch Integration zwischen diesen Grenzen, wenn wir zur Abkürzung $\zeta = \partial\bar{\varrho}/\partial\mu$ schreiben

$$(kT)^2 \int_{\zeta''}^{\zeta'} \bar{N}^{-3/2}\,d\zeta > \mu' - \mu'' \tag{VII 324}$$

oder

$$(kT)^2 (\zeta'\bar{N}^{-3/2} - \zeta''\bar{N}''^{-3/2}) + \tfrac{3}{2}(kT)^2 \int_{\bar{N}''}^{\bar{N}'} \zeta\bar{N}^{-5/2}\,d\bar{N} > \mu' - \mu''\,. \tag{VII 325}$$

Wir nehmen an, daß in dem betrachteten Intervall die ersten Ableitungen von

$$P = \frac{kT}{V}\ln \Xi \tag{VII 326}$$

endlich und stetig, die zweiten Ableitungen endlich sind. Dann folgt für $\bar{N} \to \infty$ aus (VII 325)

$$\mu' = \mu''\,. \tag{VII 327}$$

---

[1] MÜNSTER, A.: Z. Naturforsch. 7 a, 613 (1952).

Es ist daher nur für singuläre Werte des chemischen Potentials möglich, daß
an der Grenze $\bar{N} \to \infty$ die Größe $\partial^2 \bar{\varrho}/\partial \mu^2$ gegen Unendlich geht und damit die
Schwankungsgröße (VII 322) nicht mehr wie $\bar{N}^{-2}$ verschwindet. In ähnlicher
Weise kann man zeigen, daß nur für singuläre Werte der Temperatur die Größe
$\frac{\partial^2 \varepsilon}{\partial T^2}$ gegen Unendlich gehen kann. Auch die relative Schwankungsgröße
III. Ordnung der Energiedichte verschwindet dann nicht mehr wie $\bar{N}^{-2}$. Setzen
wir jetzt voraus, daß an den fraglichen Stellen T_{II}, μ_{II} die zweiten Ableitungen von P unstetig sind, so ergibt sich unmittelbar

$$\frac{d\mu_{\mathrm{II}}}{dT_{\mathrm{II}}} = - \frac{\left(\dfrac{\partial s}{\partial T}\right)'' - \left(\dfrac{\partial s}{\partial T}\right)'}{\left(\dfrac{\partial s}{\partial \mu}\right)'' - \left(\dfrac{\partial s}{\partial \mu}\right)'} \qquad \text{(VII 328)}$$

oder

$$\frac{d\mu_{\mathrm{II}}}{dT_{\mathrm{II}}} = - \frac{\left(\dfrac{\partial \bar{\varrho}}{\partial T}\right)'' - \left(\dfrac{\partial \bar{\varrho}}{\partial T}\right)'}{\left(\dfrac{\partial \bar{\varrho}}{\partial \mu}\right)'' - \left(\dfrac{\partial \bar{\varrho}}{\partial \mu}\right)'} \qquad \text{(VII 329)}$$

als Differentialgleichung der Kurve, auf der diese Unstetigkeiten liegen. Diese
Gleichungen sind aber, wie man leicht feststellt, die Analoga der EHRENFESTschen
Gleichungen für die intensiven Parameter T und μ. An den fraglichen Stellen
findet also definitionsgemäß eine Umwandlung II. Ordnung statt. Damit ist
gezeigt, daß auch Umwandlungen II. Ordnung vom allgemeinen Standpunkt
der statistischen Theorie möglich und erklärbar sind.

In Verallgemeinerung dieses Gedankenganges können wir sagen: Scharfe
Umwandlungen beliebiger Ordnung sind nur für (praktisch) unendlich große
Systeme möglich, deren Verteilungsfunktion sich nicht nach den Koordinaten
der Einzelteilchen separieren läßt. Das statistische Analogon einer Umwandlung
n-ter Ordnung besteht darin, daß die relativen Schwankungsgrößen $(n + 1)$-ter
Ordnung im Umwandlungspunkt groß werden, d. h. nicht mehr für $\bar{N} \to \infty$ wie
N^{-n} verschwinden. Allerdings erscheint diese Aussage zunächst rein formal, da
die Schwankungsgrößen höherer Ordnung keine anschauliche Bedeutung besitzen.
Wir werden aber später sehen, daß sie unmittelbar mit den höheren molekularen
Verteilungsfunktionen zusammenhängen und daß sich daraus die physikalische
Interpretation des obigen Satzes ergibt.

Wir kehren jetzt noch einmal zu der in den § 7.3 und 7.4 entwickelten allgemeinen Theorie zurück. Wenn wir die statistischen Parameter mit den thermodynamischen Zustandsvariablen identifizieren, so wird die zweite der am Schluß
von § 7.3 formulierten Bedingungen identisch mit den Stabilitätsbedingungen
der Thermodynamik für extensive Parameter, wobei lediglich die thermodynamischen Potentiale durch die MASSIEU-PLANCKschen Funktionen ersetzt
sind. Für den Fall $l = 0$ kommt man unmittelbar auf die allgemeine Bedingung
(VII 295), der die Entropie genügen muß. Im Falle der transformierten Funktionen ergibt sich ohne Rechnung aus den Transformationsgleichungen, daß in
der aus den zweiten Ableitungen gebildeten quadratischen Form keine aus
Ableitungen nach extensiven und intensiven Parametern gemischten Terme
auftreten, sondern ein Zerfall in zwei quadratische Formen stattfinden, wie wir
es thermodynamisch abgeleitet hatten. Die Stabilitätsbedingungen für die
Ableitungen nach extensiven Parametern sind dann unmittelbar mit dem
erwähnten Satz gegeben. Wir haben jetzt noch die Stabilitätsbedingungen für

die Ableitungen nach intensiven Parametern zu begründen. Dazu bilden wir die Umkehrung der Transformation (VII 160) und schreiben

$$\mathsf{B}^* = \frac{\hat{\mathsf{Q}}}{|Q|}, \qquad \text{(VII 330)}$$

wo $\hat{\mathsf{Q}}$ die auf S. 199 definierte Matrix ist. Betrachten wir nun etwa das Matrixelement B^*_{kk}, so folgt aus (VII 330) in Verbindung mit der zweiten Bedingung von Satz (IV) und Gl. (VII 167), daß $B^*_{kk} > 0$ ist und somit $|Q|$ und die erste Hauptminor gleiches Vorzeichen besitzen müssen. Wir können nun eine Matrix $^{k-1}\mathsf{B}^*$ konstruieren, welche der ersten Hauptminor von $|B^*|$ entspricht und für diese eine der Gl. (VII 330) analoge Beziehung anschreiben. Im Nenner der rechten Seite erscheint dann die erste Hauptminor von $|Q|$ und im Zähler die nach der Vorschrift auf S. 199 aus $^{k-1}\mathsf{Q}$ gebildete Matrix. Wir haben also

$$^{k-1}\mathsf{B}^* = \frac{^{k-1}\hat{\mathsf{Q}}}{|^{k-1}Q|} \qquad \text{(VII 331)}$$

und können daraus auf analoge Weise schließen, daß auch die erste und zweite Hauptminor von $|Q|$ gleiches Vorzeichen haben müssen. Fährt man so fort, so ergibt sich schließlich, in Übereinstimmung mit Gl. (VII 158), daß das Matrixelement $Q_{11} > 0$ ist. Wir erhalten somit das Resultat, daß

$$\left| \frac{\partial^2 \Phi_k}{\partial P_i\, \partial P_j} \right| \quad \text{und alle Hauptminoren} > 0 \qquad \text{(VII 332)}$$

sein muß. Die durch eine beliebige MASSIEU-PLANCKsche Funktion Φ_k ausgedrückten Stabilitätsbedingungen fordern somit, daß die quadratischen Formen

$$\Delta^2 \Phi_k(P_1, \cdots, P_k) > 0 \qquad \text{(VII 333)}$$

und

$$-\Delta^2 \Phi_k(X_{k+1}, \cdots, X_{r-1}) > 0 \qquad \text{(VII 334)}$$

beide positiv definit sein müssen. Dies ist die zu (VII 294) analoge allgemeine Formulierung der Stabilitätsbedingungen; die Übereinstimmung beider ist leicht festzustellen. In Tab. 5 sind als Beispiel einige Spezialfälle für ein binäres System in der üblichen thermodynamischen Schreibweise zusammengestellt.

Die statistische Deutung der Stabilitätsbedingungen ergibt sich aus der allgemeinen Schwankungstheorie des § 7.4 und der in diesem Paragraphen entwickelten Theorie der Phasenumwandlungen. Vom Standpunkt der statistischen Theorie beziehen sich die Stabilitätsbedingungen zunächst auf das asymptotische Verschwinden der mittleren relativen Schwankungsquadrate der extensiven Parameter für unendlich große Systeme. Andererseits stellt sich die Bildung neuer Phasen statistisch als Auftreten größerer Schwankungen dar. Die mittleren relativen Schwankungsquadrate werden endlich, wenn die neue Phase durch diskontinuierliche Änderung aus der ursprünglichen hervorgeht; sie verschwinden von kleinerer Ordnung als X_i^{-1}, wenn es sich um benachbarte Phasen handelt[1]. Damit ist unmittelbar die Verbindung zu dem thermodynamischen Konzept der Stabilität gegeben. Wir können sie formulieren in dem Satz: Eine thermodynamisch stabile Phase ist statistisch dadurch charakterisiert, daß die mittleren relativen Schwankungsquadrate der extensiven Parameter für unendlich große Systeme von der Ordnung eines reziproken extensiven Parameters bzw. seines Mittelwertes verschwinden.

Darüber hinaus sieht man, daß die Thermodynamik (wenn wir von den Grenzfällen der Phasenumwandlungen absehen) sich überhaupt nur

---

[1] Beispiele für ein derartiges Verhalten liefern die sog. EINSTEIN-Kondensation (§ 12.7) und der kritische Punkt der Entmischung einer binären festen Lösung (§ 18.2).

Tabelle 5. *Formulierung der Stabilitätsbedingungen für ein binäres System mit Hilfe einiger* Massieu-Plancksche*r Funktionen*

Massieu-Plancksche Funktion	Ableitungen nach extensiven Parametern	Ableitungen nach intensiven Parametern
S	$\begin{vmatrix} -\dfrac{\partial^2 S}{\partial E^2} & -\dfrac{\partial^2 S}{\partial E\,\partial V} & -\dfrac{\partial^2 S}{\partial E\,\partial N_1} \\[2mm] -\dfrac{\partial^2 S}{\partial V\,\partial E} & -\dfrac{\partial^2 S}{\partial V^2} & -\dfrac{\partial^2 S}{\partial V\,\partial N_1} \\[2mm] -\dfrac{\partial^2 S}{\partial N_1\,\partial E} & -\dfrac{\partial^2 S}{\partial N_1\,\partial V} & -\dfrac{\partial^2 S}{\partial N_1^2} \end{vmatrix} > 0,\quad \begin{vmatrix} -\dfrac{\partial^2 S}{\partial E^2} & -\dfrac{\partial^2 S}{\partial E\,\partial V} \\[2mm] -\dfrac{\partial^2 S}{\partial V\,\partial E} & -\dfrac{\partial^2 S}{\partial V^2} \end{vmatrix} > 0,\ -\dfrac{\partial^2 S}{\partial E^2} > 0,\ -\dfrac{\partial^2 S}{\partial V^2} > 0,\ -\dfrac{\partial^2 S}{\partial N_1^2} > 0$	—
$S - \dfrac{E}{T} = -\dfrac{F}{T}$	$\begin{vmatrix} \dfrac{\partial^2 (F/T)}{\partial V^2} & \dfrac{\partial^2 (F/T)}{\partial V\,\partial N_1} \\[2mm] \dfrac{\partial^2 (F/T)}{\partial N_1\,\partial V} & \dfrac{\partial^2 (F/T)}{\partial N_1^2} \end{vmatrix} > 0,\quad \dfrac{\partial^2 (F/T)}{\partial V^2} > 0,\quad \dfrac{\partial^2 (F/T)}{\partial N_1^2} > 0$	$-\dfrac{\partial^2 (F/T)}{\partial (1/T)^2} > 0$
$S - \dfrac{E}{T} - \dfrac{PV}{T} = -\dfrac{G}{T}$	$\dfrac{\partial^2 (G/T)}{\partial N_1^2} > 0$	$\begin{vmatrix} -\dfrac{\partial^2 (G/T)}{\partial (1/T)^2} & -\dfrac{\partial^2 (G/T)}{\partial (1/T)\,\partial (P/T)} \\[2mm] -\dfrac{\partial^2 (G/T)}{\partial (1/T)\,\partial (P/T)} & -\dfrac{\partial^2 (G/T)}{\partial (P/T)^2} \end{vmatrix} > 0,\quad -\dfrac{\partial^2 (G/T)}{\partial (1/T)^2} > 0,\quad -\dfrac{\partial^2 (G/T)}{\partial (P/T)^2} > 0$

Entnommen aus: A. Münster: Z. Physik 136, 200 (1953).

unter der Voraussetzung, daß die Stabilitätsbedingungen erfüllt sind, statistisch begründen läßt. Die Untersuchungen des § 7.3 zeigen nämlich, daß für instabile Phasen die Integrale der Verteilungsfunktionen divergieren, während man aus § 7.4 sieht, daß die Schwankungen dann imaginär werden. Eine korrekte statistische Berechnung der thermodynamischen Funktionen kann daher niemals instabile Zustände liefern. Die Einführung derselben in die Thermodynamik bedeutet eine rein formale Fiktion ohne physikalische Grundlage. Wir werden später sehen, daß manche Näherungsverfahren der statistischen Thermodynamik auf instabile Zustände führen. Dies kann darauf beruhen, daß das Verfahren in sich nicht konsistent ist[1] oder daß eine für ein gewisses Zustandsgebiet sinnvolle Methode über die Grenzen dieses Gebietes hinaus benutzt wird. Die physikalische Interpretation derartiger Resultate macht im allgemeinen keine prinzipiellen Schwierigkeiten, erfordert aber eine kritische Diskussion der Grundlagen.

[1] Vgl. dazu die Diskussionsbemerkungen von J. E. Mayer u. J. de Boer in Comptes Rendus IIième Réunion «Changements de Phases», p. 139. Paris 1952.

§ 7.7*. Das eindimensionale System

Unter einem eindimensionalen System verstehen wir allgemein ein System von Teilchen, die zu einer linearen Kette aneinandergereiht sind und nur einen Freiheitsgrad der Schwerpunktstranslation besitzen. Solche Systeme lassen sich naturgemäß nicht physikalisch realisieren; sie sind aber theoretisch aus zwei Gründen von großem Interesse. Zunächst kann man eine Reihe von grundlegenden mathematischen Problemen der statistischen Thermodynamik für den eindimensionalen Fall exakt lösen, während man für den physikalisch interessierenden dreidimensionalen Fall auf Näherungsmethoden angewiesen ist. Man kann daher erwarten, daß das Studium der eindimensionalen Systeme sowohl über die Natur der Probleme wie über das Wesen und die Brauchbarkeit der Näherungsmethoden wertvolle Aufschlüsse liefert. Sodann besitzen die eindimensionalen Systeme die Eigenschaft, daß ihre statistischen bzw. thermodynamischen Funktionen durchweg analytisch sind; sie können daher weder Phasenumwandlungen noch Umwandlungen höherer Ordnung zeigen. Diese Tatsache ist für das Verständnis der Umwandlungen von großer Bedeutung. Die statistische Thermodynamik der eindimensionalen Systeme ist daher von zahlreichen Autoren[1-13] unter verschiedenen Gesichtspunkten studiert worden. Wir behandeln hier eine sehr allgemeine, von GÜRSEY[8] stammende Methode, deren Ergebnis wir in Kap. VIII benötigen.

Das betrachtete System bestehe aus N gleichen Teilchen der Masse m, die sich entlang einer Graden der Länge L bewegen können. Die Koordinate des i-ten Teilchens bezeichnen wir mit q_i, seinen Impuls mit p_i. Dann lautet die halbklassische Verteilungsfunktion

$$Q = \frac{1}{h^N N!} \int_0^L dq_1 \cdots \int_0^L dq_N \int_{-\infty}^{+\infty} \cdots \int_{-\infty}^{+\infty} e^{-\frac{H(q,\,p)}{kT}} dp_1 \cdots dp_N. \qquad \text{(VII 335)}$$

Für die HAMILTON-Funktion setzen wir

$$H(\mathbf{q},\mathbf{p}) = \sum_{i=1}^{N} \frac{p_i^2}{2\,m} + U(q_1, \ldots, q_N) + U', \qquad \text{(VII 336)}$$

wo U das Potential der zwischenmolekularen Wechselwirkung und U' das Potential der von der „Wand" (d. h. der Begrenzung des Systems) auf die Teilchen ausgeübten Kraft ist. Nach Ausführung der Integration über die Impulse wird aus (VII 335)

$$Q = \left(\frac{2\pi\,m\,kT}{h^2}\right)^{1/2 N} \frac{Q_\tau}{N!}, \qquad \text{(VII 337)}$$

wo

$$Q_\tau = \int_0^L \cdots \int_0^L e^{-\frac{U+U'}{kT}} dq_1 \cdots dq_N \qquad \text{(VII 338)}$$

[1] HERZFELD, K. F., u. M. GOEPPERT-MAYER: J. Chem. Phys. **2**, 38 (1934).
[2] ISING, E.: Z. Physik **31**, 253 (1935).
[3] TONKS, L.: Physic. Rev. **50**, 955 (1936).
[4] NAGAMIYA, T.: Proc. Phys.-Math. Soc. Japan **22**, 705 (1940).
[5] TAKAHASI, H.: Proc. Phys.-Math. Soc. Japan **24**, 60 (1942).
[6] TEMPERLEY, H. N. V.: Proc. Cambridge Phil. Soc. **40**, 239 (1944).
[7] RUSHBROOKE, G. S., u. H. D. URSELL: Proc. Cambridge Phil. Soc. **44**, 263 (1948).
[8] HARTMANN, H.: Z. Naturforsch. **3a**, 617 (1948).
[9] GÜRSEY, F.: Proc. Cambridge Phil. Soc. **46**, 182 (1950).
[10] VAN HOVE, L.: Physica (Den Haag) **16**, 137 (1950).
[11] KIKUCHI, R.: J. Chem. Phys. **19**, 1230 (1951).
[12] SALSBURG, Z. W., R. W. ZWANZIG u. J. G. KIRKWOOD: J. Chem. Phys. **21**, 1098 (1954)
[13] RAMAKRISHNAN, A.: Philosophic. Mag. **45**, 401 (1954).

als Konfigurationsintegral oder Verteilungsfunktion der potentiellen Energie bezeichnet wird. Wir nehmen nun an, daß die potentielle Energie der zwischen-molekularen Wechselwirkung U sich darstellen läßt als Summe der Wechsel-wirkungsenergien zwischen je zwei nächsten Nachbarn in der Kette. Physikalisch bedeutet dies eine Beschränkung auf zwischenmolekulare Kräfte kurzer Reich-weite, wie sie bei den sog. VAN DER WAALSschen Kräften vorliegen. Diese Annahme stellt naturgemäß nicht den allgemeinsten Fall dar; sie ist aber wesentlich für die im folgenden benutzte mathematische Methode. Numerieren wir die Teilchen so, daß

$$0 < q_1 < q_2 < \cdots < q_N < L \tag{VII 339}$$

ist, so folgt aus der erwähnten Annahme

$$U = \sum_{i=1}^{N-1} u\,(q_{i+1} - q_i)\,. \tag{VII 340}$$

Den Einfluß der „Wand" stellen wir in der Weise dar, daß wir zwei weitere, den übrigen gleiche, Teilchen in den Punkten $q = 0$ und $q = L$ fixiert denken. Dann wird die gesamte potentielle Energie

$$U + U' = u(q_1) + \sum_{i=1}^{N-1} u\,(q_{i+1} - q_i) + u\,(L - q_N)\,. \tag{VII 341}$$

Über das zwischenmolekulare Wechselwirkungspotential $u(q)$[1] setzen wir noch voraus, daß

$$\lim_{q \to 0} u(q) = \infty \tag{VII 342}$$

und

$$\lim_{q \to \infty} u(q) = 0 \tag{VII 343}$$

ist in solcher Weise, daß alle auftretenden Integrale konvergieren. Diese Bedin-gungen werden von den üblicherweise verwendeten Wechselwirkungspotentialen erfüllt und können ohne weiteres als physikalisch vernünftig betrachtet werden. Gl. (VII 342) im besonderen besagt, daß die Moleküle undurchdringlich sind[2]; daraus folgt, daß die einmal gewählte Reihenfolge der Moleküle (VII 339) erhalten bleibt und sich nicht etwa im Laufe der Zeit ändert. Es sind also nur solche Konfigurationen des Systems möglich, bei denen die Reihenfolge der Moleküle erhalten bleibt.

Ist nun $f(q_1, \ldots, q_N)$ eine in den unabhängigen Variablen symmetrische Funktion, so gilt, wie man durch Induktion beweist,

$$\int_0^L \cdots \int_0^L f(q_1, \ldots, q_N)\, dq_1 \ldots dq_N = N! \int_0^L dq_N \int_0^{q_N} dq_{N-1} \cdots \int_0^{q_2} f(q_1, \ldots, q_N)\, dq_1\,. \tag{VII 344}$$

Aus Gl. (VII 338), (VII 341) und (VII 344) folgt

$$Q_\tau = N! \int_0^L e^{-\frac{u(L-q_N)}{kT}}\, dq_N \int_0^{q_N} e^{-\frac{u(q_N - q_{N-1})}{kT}}\, dq_{N-1} \cdots \int_0^{q_2} e^{-\frac{u(q_1)}{kT}}\, dq_1\,. \tag{VII 345}$$

Das Integral der rechten Seite ist aber ein $N + 1$-faches Faltungsprodukt und läßt sich daher nach dem schon mehrfach benutzten Faltungssatz durch LAPLACE-Transformation in ein gewöhnliches Produkt verwandeln. Es ergibt sich dann

$$\int_0^\infty e^{-sL} Q_\tau(L)\, dL = N!\, [\varphi(s)]^{N+1} \tag{VII 346}$$

---

[1] q bezeichnet hier den Abstand zweier benachbarter Moleküle.
[2] Vgl. S. 229, Anm. 3.

mit

$$\varphi(s) = \int\limits_0^\infty e^{-sq}\, e^{-\frac{u(q)}{kT}}\, dq\,.$$

(VII 347)

Wenden wir nun auf Gl. (VII 346) die Umkehrungsformel der LAPLACE-Transformation an, so wird

$$Q_\tau = \frac{N!}{2\pi i} \int\limits_{c-i\infty}^{c+i\infty} e^{Ls}\,[\varphi(s)]^{N+1}\, ds\,.$$

(VII 348)

Die Berechnung des Integrals erfolgt zweckmäßig in der Weise, daß man es in ein Integral über eine geschlossene Kurve, welche den Ursprung und alle Pole von $\varphi(s)$ einschließt, verwandelt und darauf den Residuensatz anwendet. Die Umwandlung in ein Kurvenintegral setzt voraus[1] daß, wenn wir $s = R\,e^{i\alpha}$ (mit $-\pi \leq \alpha \leq +\pi$) setzen, $|e^{Ls}\,[\varphi^{(s)}]^{N+1}| < C\,R^{-k}$ ist, wo C eine Konstante bezeichnet und $k \geq 1$ wie auch $L > 0$ gilt.

Als einfachstes Beispiel betrachten wir ein System, dessen Moleküle harte Kugeln vom Durchmesser σ sind. Es ist dann $u(q) = \infty$ für $q < \sigma$ und $u(q) = 0$ für $q > \sigma$. Damit wird aus (VII 347)

$$\varphi(s) = s^{-1}\, e^{-\sigma s}\,.$$

(VII 349)

Die Voraussetzung für die Umformung ist daher erfüllt, wenn $L > (N+1)\,\sigma$ ist, und wir bekommen

$$Q_\tau = \frac{N!}{2\pi i} \oint e^{Ls}\,[e^{-\sigma s}\, s^{-1}]^{N+1}\, ds\,.$$

(VII 350)

Unter der Voraussetzung $L > (N+1)\,\sigma$ ergibt die Anwendung des Residuensatzes

$$Q_\tau = [L - (N+1)\,\sigma]^N\,.$$

(VII 351)

Setzen wir diesen Ausdruck in Gl. (VII 337) ein, so erhalten wir für die Verteilungsfunktion

$$Q = \left(\frac{2\pi m kT}{h^2}\right)^{1/2 N} \frac{[L - (N+1)\sigma]^N}{N!}\,.$$

(VII 352)

Daraus folgt für die freie Energie nach HELMHOLTZ

$$F = -N\,kT\left\{\ln\,[L - (N+1)\,\sigma] - \ln N + 1 + \ln\frac{(2\pi m kT)^{1/2}}{h}\right\}\,.$$

(VII 353)

Der Druck ist

$$P = -\frac{\partial F}{\partial L} = \frac{NkT}{L - (N+1)\sigma}\,.$$

(VII 354)

Führen wir die Länge pro Molekül ein durch die Gleichung

$$l = \frac{L}{N+1}$$

(VII 355)

und vernachlässigen 1 gegen N, so erhalten wir die thermische Zustandsgleichung in der einfachen Form

$$P\,(l - \sigma) = kT\,.$$

(VII 356)

Dieses Ergebnis wurde bereits von TONKS[2] erhalten. Man sieht aus den vorstehenden Gleichungen unmittelbar, daß das eindimensionale System aus harten Kugeln keine Umwandlungen zeigen kann.

---

[1] CARSLAW, H. S., u. J. C. JAEGER: Operational Methods in Applied Mathematics. 2nd ed. Oxford 1949. — WHITTAKER, E. T., u. G. N. WATSON: Modern Analysis. 4th ed. Cambridge 1952.

[2] TONKS, L.: Physic. Rev. **50**, 955 (1936).

Wir wollen die Rechnung jetzt für ein beliebiges Wechselwirkungspotential durchführen, von dem wir (außer den früher eingeführten Annahmen) lediglich voraussetzen, daß es die Bedingungen für die Umformung des Integrals (VII 348) in ein Kurvenintegral erfüllt. Ein Beispiel für ein derartiges allgemeines Potential bietet ein Molekülmodell mit hartem Kern und Anziehungskräften von begrenzter Reichweite. In diesem Falle ist

$$\begin{aligned} u(q) &= \infty && \text{für } q < \sigma \\ &= u(q) && \text{für } \sigma \leq q \leq a \\ &= 0 && \text{für } q > a\,, \end{aligned} \qquad \text{(VII 357)}$$

wenn a die Reichweite der Anziehungskräfte bezeichnet. Aus Gl. (VII 347) wird dann

$$\varphi(s) = e^{-\sigma s}\,\psi(s) \qquad \text{(VII 358)}$$

mit

$$\psi(s) = \int\limits_{0}^{\infty} e^{-sq}\, e^{-\frac{u(q+\sigma)}{kT}}\, dq\,. \qquad \text{(VII 359)}$$

Damit kann (VII 348) geschrieben werden

$$Q_\tau = \frac{N!}{2\pi i} \int\limits_{c-i\infty}^{c+i\infty} e^{(L-N\sigma-\sigma)s}\, [\psi(s)]^{N+1}\, ds\,. \qquad \text{(VII 360)}$$

Die Bedingungen der Umformung sind somit auch hier erfüllt und wir bekommen

$$Q_\tau = \frac{N!}{2\pi i} \oint e^{Ls}\, [\varphi(s)]^{N+1}\, ds\,, \qquad \text{(VII 361)}$$

wobei wieder $L > (N+1)\,\sigma$ vorausgesetzt wird.

Wir nehmen jetzt einfach Gültigkeit der Gl. (VII 361) an, ohne dabei an ein bestimmtes Wechselwirkungspotential zu denken und schreiben zunächst mit Benutzung von (VII 355)

$$Q_\tau^{(N)} = \frac{N!}{2\pi i} \oint [e^{ls}\, \varphi(s)]^{N+1}\, ds\,. \qquad \text{(VII 362)}$$

Die strenge Beantwortung der Frage nach dem Auftreten von Phasenumwandlungen erfordert nun, wie wir in § 7.6 gesehen haben, die Bestimmung der Größe $\lim\limits_{N \to \infty} \ln [Q_\tau/N!]^{1/N+1}$. Wir bedienen uns dazu einer Methode, die ursprünglich von Kahn und Uhlenbeck[1] für die Theorie der Kondensation entwickelt wurde und die wir ebenfalls in Kapitel XII wieder verwenden werden. Es sei

$$S(z) = \sum_{N=0}^{\infty} \frac{Q_\tau^{(N)}}{N!}\, z^{N+1}\,. \qquad \text{(VII 363)}$$

Nach dem Theorem von Cauchy-Hadamard gilt für den Konvergenzradius R dieser Reihe

$$\frac{1}{R} = \lim_{N \to \infty} \left(\frac{Q_\tau^{(N)}}{N!} \right)^{\frac{1}{N+1}}\,. \qquad \text{(VII 364)}$$

Wir haben also den Abstand der ersten Singularität der Funktion $S(z)$ vom Ursprung zu bestimmen. Dazu setzen wir zunächst (VII 362) in (VII 363) ein. Das ergibt

$$S(z) = \frac{1}{2\pi i} \sum_{N=0}^{\infty} \oint [e^{ls}\, \varphi(s)\, z]^{N+1} \qquad \text{(VII 365)}$$

---

[1] Kahn, B., u. G. E. Uhlenbeck: Physica **5**, 399 (1938).

Wir wählen nun den Integrationsweg so, daß stets

$$|z\, e^{ls}\, \varphi(s)| \leqq a < 1 \qquad \text{(VII 366)}$$

ist. Dann gilt, wenn r die Länge des Integrationsweges bezeichnet,

$$\oint [e^{ls}\, \varphi(s)\, z]^{N+1}\, ds \leqq r\, a^{N+1}\,. \qquad \text{(VII 367)}$$

Unter der Voraussetzung (VII 366) ist die Reihe (VII 365) daher gleichmäßig konvergent und wir können die Reihenfolge von Summierung und Integration vertauschen. Damit erhalten wir

$$S(z) = \frac{1}{2\pi i} \oint \sum [e^{ls}\, \varphi(s)\, z]^{N+1}\, ds = \frac{1}{2\pi i}\, z \oint (\varphi^{-1}\, e^{-ls} - z)^{-1}\, ds\,. \qquad \text{(VII 368)}$$

Innerhalb des durch (VII 366) definierten Integrationsweges liegt ein Pol des Integranden an der Stelle $s = s_0$, welche durch die Gleichung

$$z - \frac{e^{-l s_0}}{\varphi(s_0)} = 0 \qquad \text{(VII 369)}$$

bestimmt wird. Das Residuum eines Quotienten an einer einfachen Nullstelle des Nenners (welche nicht zugleich eine Nullstelle des Zählers ist) wird nun dadurch erhalten, daß man den Nenner durch seine Ableitung an der betreffenden Stelle ersetzt[1]. In unserem Falle ist daher das Residuum des Integranden an der Stelle $s = s_0 - e^{l s_0}/[l\,\varphi(s_0) + \varphi'(s_0)]$. Die Anwendung des Residuensatzes auf (VII 368) liefert somit unmittelbar mit (VII 369)

$$S(z) = - \left[l + \frac{\varphi'(s_0)}{\varphi(s_0)}\right]^{-1} \text{ mit } z = e^{-l s_0}/\varphi(s_0)\,. \qquad \text{(VII 370)}$$

Da $S(z)$ durch Gl. (VII 363) als eine Potenzreihe mit positiven reellen Koeffizienten definiert ist, muß die dem Ursprung nächste Singularität, welche den Konvergenzkreis der Reihe bestimmt, auf der positiven reellen Achse liegen[2]. Der Ausdruck (VII 370) kann als analytische Fortsetzung der Reihe (VII 363) betrachtet werden. Er zeigt, daß die dem Konvergenzkreis der Reihe bestimmende Singularität ein Pol an der Stelle

$$z = R = \frac{e^{-l\xi}}{\varphi(\xi)} \qquad \text{(VII 371)}$$

ist, wo ξ durch die Gleichung

$$l + \frac{1}{\varphi(\xi,\, T)}\, \frac{\partial \varphi(\xi,\, T)}{\partial \xi} = 0 \qquad \text{(VII 372)}$$

bestimmt wird. Wenn wir dieses Ergebnis mit Gl. (VII 364) kombinieren, so folgt zunächst

$$\lim_{N \to \infty} \frac{Q_\tau}{N!} = e^{L\xi}\, [\varphi(\xi,\, T)]^{N+1} \qquad \text{(VII 373)}$$

und weiter mit Gl. (VII 337) als asymptotischer Ausdruck für die freie Energie, nach HELMHOLTZ

$$F = -N\,kT \ln \varphi(\xi,\, T) - kT\, L\, \xi - N\,kT \ln \frac{(2\pi m\,kT)^{1/2}}{h}\,. \qquad \text{(VII 374)}$$

Der Parameter ξ ist aber nichts anderes als der durch kT dividierte Druck. Mit (VII 354) erhalten wir nämlich aus (VII 374)

$$-\frac{\partial F}{\partial L} = P = kT\, \xi\,. \qquad \text{(VII 375)}$$

---

[1] BIEBERBACH, L.: Lehrbuch der Funktionentheorie. Bd. I, S. 173. Leipzig 1923.
[2] Ein Beweis dieses Satzes findet sich im Anhang.

In Verbindung mit (VII 372) und der Gleichung

$$\varphi(\xi, T) = \int\limits_0^\infty e^{-\xi q} e^{-\frac{u(q)}{kT}} \, dq \qquad\qquad \text{(VII 376)}$$

stellt (VII 375) die thermische Zustandsgleichung dar. Wir können (VII 375) aber auch als thermodynamische Interpretation des Parameters ξ auffassen und den letzteren damit aus den thermodynamischen Funktionen eliminieren. Dann ergibt sich aus (VII 374) für die freie Energie nach GIBBS $G(T, P) = F + PL$

$$G = -NkT\left[\ln \varphi(T, P) + \ln \frac{(2\pi m kT)^{1/2}}{h}\right]. \qquad\qquad \text{(VII 377)}$$

Aus den Gl. (VII 374) und (VII 377) sieht man unmittelbar, daß die thermodynamischen Potentiale hier durchweg analytische Funktionen der Zustandsgrößen sind und daher Umwandlungen nicht stattfinden können. Wir wollen darüber hinaus noch auf der Grundlage der allgemeinen Theorie des § 7.6 zeigen, daß das durch Gl. (VII 377) beschriebene System den Stabilitätsbedingungen genügt und daß speziell keine Phasenumwandlungen möglich sind. Dazu müssen wir nach (VII 293) bzw. (VII 333) beweisen, daß $\partial^2 (G/N)/\partial P^2 < 0$ ist und weiter, daß diese Größe für alle endlichen Werte der Zustandsgrößen endlich bleibt. Wir gehen aus von Gl. (VII 376). Da $\varphi(\xi, T)$ danach eine positive Funktion ist, gilt das gleiche auch für

$$-\frac{\varphi'(\xi)}{\varphi(\xi)} = \frac{\int\limits_0^\infty x e^{-\xi x} f(x) \, dx}{\int\limits_0^\infty e^{-\xi x} f(x) \, dx}. \qquad\qquad \text{(VII 378)}$$

Dabei haben wir die Integrationsvariable jetzt mit x bezeichnet und zur Abkürzung $f(x) = e^{-\frac{u}{kT}}$ gesetzt. Aus Gl. (VII 372) und (VII 378) folgt

$$\varphi^2 \frac{\partial l}{\partial \xi} = \int\limits_0^\infty x\, e^{-\xi x} f(x)\, dx \int\limits_0^\infty y\, e^{-\xi y} f(y)\, dy - \int\limits_0^\infty e^{-\xi x} f(x)\, dx \int\limits_0^\infty y^2\, e^{-\xi y} f(y)\, dy.$$
$$\text{(VII 379)}$$

Vertauschen wir auf der rechten Seite x und y und addieren die beiden Ausdrücke so erhalten wir

$$2\,\varphi^2 \frac{\partial l}{\partial \xi} = -\int\limits_0^\infty\int\limits_0^\infty e^{-\xi(x+y)} f(x)\, f(y)\, (x - y)^2\, dx\, dy. \qquad \text{(VII 380)}$$

Daraus ergibt sich, daß $\left(\dfrac{\partial l}{\partial \xi}\right)_T < 0$ sein muß und weiter, im Hinblick auf die Voraussetzungen über das zwischenmolekulare Potential, daß die genannte, Größe endlich bleibt. Mit (VII 375) folgt dann

$$\left(\frac{\partial^2 G/N}{\partial P^2}\right)_T = \left(\frac{\partial l}{\partial P}\right)_T < 0 \qquad \text{und endlich} \qquad \text{(VII 381)}$$

womit die Behauptungen bewiesen sind.

Die weitere Diskussion, auf deren Einzelheiten wir hier nicht eingehen können, führt zu dem Ergebnis, daß die Eigenschaften des Systems sich asymptotisch für $T \to \infty$ denen eines idealen Gases, für $T \to 0$ denen eines linearen Kristalls nähern. Die Isothermen eines linearen Systems sind von GÜRSEY unter der Annahme eines „kasten"-förmigen Anziehungspotentiales der Breite τ und der Tiefe u_0, wie es in

Abb. 15 dargestellt ist, berechnet worden. Einige derselben sind in den reduzierten Einheiten

$$T' = \frac{kT}{|u_0|}, \qquad P' = \frac{\tau P}{|u_0|}, \qquad l' = \frac{l}{\tau} \qquad\qquad \text{(VII 382)}$$

in Abb. 16 dargestellt. Man sieht, daß bei sehr tiefen Temperaturen die Neigung derselben sich in einem äußerst kleinen Bereich sehr stark ändert. Man kann dies wohl als erste Andeutung einer Phasenumwandlung auffassen, die im zwei- und dreidimensionalen Fall zu echten Singularitäten in den thermodynamischen Funktionen führt.

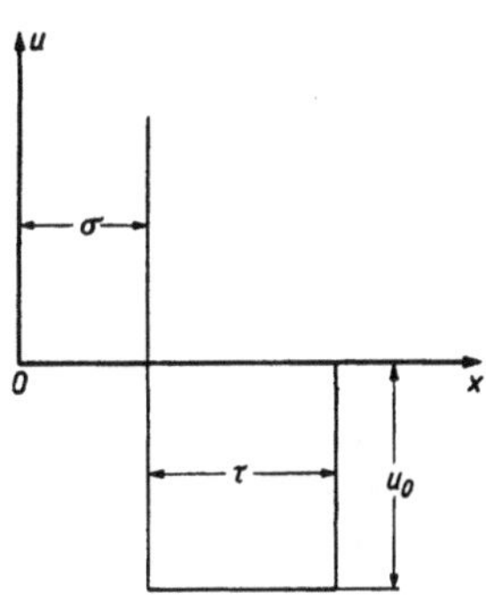

Abb. 15

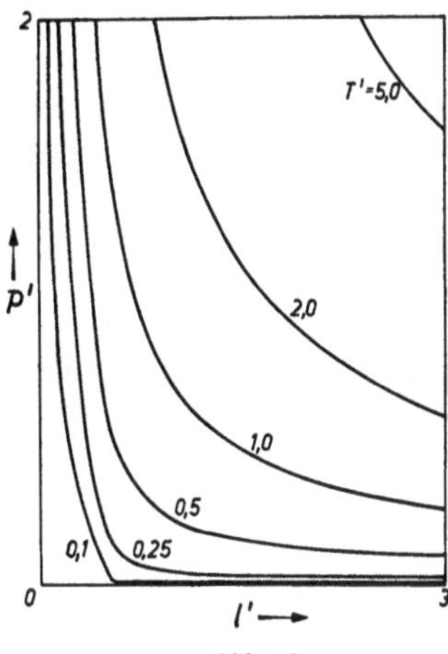

Abb. 16

Abb. 15. Kastenpotential (square-well-potential) [entnommen aus: F. Gürsey: Proc. Cambridge Phil. Soc. **46**, Part I, 192 (1950)]

Abb. 16. Isothermen eines eindimensionalen Systems [entnommen aus: F. Gürsey: Proc. Cambridge Phil. Soc. **46**, Part I, 193 (1950)]

Kapitel VIII

Molekulare Verteilungsfunktionen

§ 8.1. Molekulare Verteilungsfunktionen und kanonische Gesamtheit[1]

Für die Anwendung der statistischen Thermodynamik auf konkrete Systeme ist im allgemeinen, wie sich aus den vorhergehenden Kapiteln ergibt, das zentrale Problem die Berechnung der Verteilungsfunktion Q. Wir wollen im folgenden stets die Gültigkeit der halbklassischen Näherung voraussetzen; die Aufgabe besteht dann, da die Integration über die Impulse keine Schwierigkeiten bietet, in der Auswertung eines n-fachen Integrals über den Konfigurationsraum. Man sieht sofort, daß sich dieselbe unmittelbar nur dann durchführen läßt, wenn die Hamilton-Funktion nach den Koordinaten der Einzelteilchen separiert werden kann. Im allgemeinen Fall muß dagegen das Problem unter allen Umständen auf eine andere Form gebracht werden. Man kann hier zwei Möglichkeiten unterscheiden. Die eine besteht darin, daß man ein Modell des Systems vorgibt, welches das Phasenintegral in irgendeiner Weise vereinfacht. In den folgenden Teilen werden wir verschiedene Beispiele dafür kennenlernen. Derartige Überlegungen sind aber im allgemeinen nur für die Theorie der betreffenden Systeme von Interesse. Die andere Methode versucht, durch rein mathematische Betrachtungen das Problem auf eine der expliziten Rechnung leichter zugängliche Form zu bringen. Beide Wege sind in den letzten 20 Jahren mit großem Erfolg beschritten

---

[1] Die Kenntnis dieses Paragraphen wird in Kap. XXI (Lösungen starker Elektrolyte) vorausgesetzt.

worden. Der letztere, mit dem wir uns in diesem Kapitel ausschließlich beschäftigen, hat auch zu sehr bemerkenswerten neuen Gesichtspunkten für die allgemeine Theorie geführt. Im folgenden stellen wir diese in den Vordergrund der Betrachtungen, während wir die Anwendungen auf spezielle Systeme in den späteren Teilen behandeln. Der Einfachheit halber legen wir zunächst ein Einkomponentensystem zugrunde, dessen Moleküle als Massenpunkte behandelt werden können.

Die durch Gl. (V 253) gegebene Phasendichte der kanonischen Gesamtheit, die wir jetzt mit Benutzung der thermodynamischen Größen in der Form

$$\varrho_{gen} = \frac{1}{h^{3N}}\, e^{\frac{F-E}{kT}} \tag{VIII 1}$$

schreiben, muß vom Standpunkt der halbklassischen Näherung als Wahrscheinlichkeitsdichte einer generellen Phase betrachtet werden. Die Wahrscheinlichkeitsdichte einer speziellen Phase ist daher durch

$$\varrho_{spez} = \frac{1}{h^{3N}\, N!}\, e^{\frac{F-E}{kT}} \tag{VIII 2}$$

gegeben. Setzen wir nun in Gl. (VIII 1) die Energie nach Gl. (V 32) und (V 190) ein und integrieren über die Impulse, so erhalten wir die Wahrscheinlichkeitsdichte, N nicht spezifizierte Moleküle bei den Koordinaten $\mathbf{q}$ bis $\mathbf{q} + d\mathbf{q}$ zu finden. Wir bezeichnen dieselbe mit $\varrho^{(N)}$ und haben also

$$\varrho^{(N)} = \frac{1}{\lambda^{3N}}\, e^{\frac{F-U}{kT}}, \tag{VIII 3}$$

wo

$$\lambda = \frac{h}{(2\pi m k T)^{1/2}} \tag{VIII 4}$$

ist[1]. Man kann nun weiter fragen nach der Wahrscheinlichkeitsdichte, n nicht spezifizierte Moleküle[2] bei den Koordinaten $\mathbf{q}_1$ bis $\mathbf{q}_1 + d\mathbf{q}_1, \ldots, \mathbf{q}_n$ bis $\mathbf{q}_n + d\mathbf{q}_n$ anzutreffen. Wenn wir Gl (VIII 2) über alle Impulse und die Koordinaten von $N - n$ Molekülen integrieren, so bekommen wir die Wahrscheinlichkeitsdichte, n bestimmte Moleküle bei den genannten Koordinaten zu finden. Es gibt aber $N!/(N-n)!\, n!$ Möglichkeiten, aus den N Molekülen des Systems einen Satz von n Molekülen auszuwählen, und innerhalb dieses Satzes sind wieder $n!$ Permutationen der Moleküle möglich. Die gesuchte Wahrscheinlichkeitsdichte ist daher

$$\varrho^{(n)} = \frac{1}{(N-n)!\, \lambda^{3N}} \int \cdots \int e^{\frac{F-U}{kT}}\, d\mathbf{q}_{n+1} \ldots d\mathbf{q}_N. \tag{VIII 5}$$

Führen wir die schon in § 7.7 benutzte Verteilungsfunktion der potentiellen Energie Q_τ ein durch die Gleichung

$$e^{-\frac{F}{kT}} = \frac{Q_\tau}{\lambda^{3N}\, N!}, \tag{VIII 6}[3]$$

so kann (VIII 5) geschrieben werden

$$\varrho^{(n)} = \frac{N!}{(N-n)!\, Q_\tau} \int \cdots \int e^{-\frac{U}{kT}}\, d\mathbf{q}_{n+1} \ldots d\mathbf{q}_N \tag{VIII 7}$$

---

[1] Die durch Gl. (VIII 4) definierte Größe λ ist von der in § 4.4 eingeführten absoluten Aktivität zu unterscheiden.

[2] Man beachte, daß n hier eine Molekülzahl und nicht die Zahl der Freiheitsgrade bezeichnet.

[3] Die Verteilungsfunktion der potentiellen Energie wird von manchen Autoren so definiert, daß sie den Faktor $1/N!$ einschließt.

mit dem wichtigsten Spezialfall

$$\varrho^{(2)} = \frac{N(N-1)}{Q_\tau} \int \cdots \int e^{-\frac{U}{kT}} \, d\mathbf{q}_3 \ldots d\mathbf{q}_N \, . \qquad \text{(VIII 8)}$$

Die Größen $\varrho^{(n)}$, die von Kirkwood[1] und Yvon[2] in die statistische Thermodynamik eingeführt wurden, bezeichnet man als molekulare Verteilungsfunktionen (molecular distribution functions). Sie hängen naturgemäß, außer von den Koordinaten, von den gewählten thermodynamischen Zustandsgrößen, in unserem Falle von T und V, ab. Für das ideale Gas ist an der Grenze $V \to \infty$ einfach

$$\varrho_{id}^{(n)} = \left(\frac{N}{V}\right)^n = \varrho^n \, . \qquad \text{(VIII 9)}$$

Die gleiche Beziehung gilt für fluide Phasen allgemein, wenn alle Abstände der betrachteten Moleküle groß sind. Es ist daher häufig zweckmäßig, zu setzen

$$\varrho^{(n)} = \left(\frac{N}{V}\right)^n g^{(n)} \, . \qquad \text{(VIII 10)[3]}$$

Aus dieser Definition folgt für $N \to \infty$

$$g^{(n)} = \frac{V^n}{Q_\tau} \int \cdots \int e^{-\frac{U}{kT}} \, d\mathbf{q}_{n+1} \ldots d\mathbf{q}_N \, . \qquad \text{(VIII 11)[3]}$$

Die $g^{(n)}$ werden als Korrelationsfunktionen oder ebenfalls als molekulare Verteilungsfunktionen bezeichnet. Durch Vergleich mit (VIII 9) findet man unmittelbar die Normierung

$$\lim_{V \to \infty} \left[\frac{1}{V^n} \int \cdots \int g^{(n)} \, d\mathbf{q}_1 \ldots d\mathbf{q}_n \right] = 1 \, . \qquad \text{(VIII 12)}$$

Diese Beziehung besagt, daß der über ein unendlich großes System gebildete räumliche Mittelwert von $g^{(n)}$ gleich Eins ist. Der Verlauf dieser Funktion gibt daher die örtlichen Abweichungen der Wahrscheinlichkeitsdichte $\varrho^{(n)}$ von dem Durchschnittswert der Gl. (VIII 9). Sie bildet daher unmittelbar die (statistisch zu verstehende) molekulare Struktur des Systems ab. Im besonderen ist die Funktion $g^{(1)}$ für ein fluides System identisch gleich Eins, für einen Kristall dagegen dreifach periodisch. Die Funktion $g^{(2)}$ nimmt insofern eine Sonderstellung ein, als sie, wie wir sehen werden, einmal mit Hilfe der Röntgenanalyse direkt experimentell bestimmt werden kann, zum anderen unter gewissen, häufig wenigstens näherungsweise erfüllten Voraussetzungen, bereits für sich die thermodynamischen Eigenschaften des Systems vollständig bestimmt. Ihre Bedeutung ist leicht anschaulich zu verstehen. Nehmen wir an, es sei experimentell festgestellt, daß ein Molekül sich im Volumenelement $d\mathbf{q}_1$ befinde. Dann ist die Wahrscheinlichkeit, im Volumenelement $d\mathbf{q}_2$ ein Molekül anzutreffen, nach Gl. (I 74) gegeben durch $\varrho^{(2)} \, d\mathbf{q}_2/\varrho^{(1)}$. Für fluide Phasen ist dieser Ausdruck gleich $(N/V) \, g^{(2)} \, d\mathbf{q}_2$, wo $g^{(2)}$ lediglich von dem skalaren Abstand der beiden Moleküle abhängt. $g^{(2)}$ ist dann die Abweichung von der Durchschnittswahrscheinlichkeit, im Abstand r von einem gegebenen Molekül ein anderes Molekül anzutreffen. Unter diesen Bedingungen wird $g^{(2)}$ als radiale Verteilungsfunktion bezeichnet.

Die Ableitung des Maxwell-Boltzmannschen Energieverteilungsgesetzes (§ 2.4) zeigt, daß dieses nur für Teilchen gilt, die im Sinne der μ-Raum-Statistik voneinander unabhängig sind. Man kann es also beispielsweise nicht benutzen, um in einem realen Gase den Bruchteil der Molekülpaare, bei denen der Abstand

---

[1] Kirkwood, J. G.: J. Chem. Phys. 3, 300 (1935).

[2] Yvon, J.: La théorie statistique des fluides et l'équation d'état. (Actualités scientifiques et industrielles Nr. 203.) Paris 1935.

[3] Die rechte Seite dieser Gleichung muß als das erste Glied einer Entwicklung nach Potenzen von $1/N$ betrachtet werden.

zwischen r und $r + dr$ liegt, zu berechnen. Das MAXWELL-BOLTZMANNsche Gesetz läßt sich aber für derartige Fälle verallgemeinern, wenn man die Wechselwirkungsenergie zwischen zwei Molekülen durch das Potential einer Durchschnittskraft ersetzt. ONSAGER[1] und KIRKWOOD[2] haben zuerst bemerkt, daß dieses Potential unmittelbar mit den molekularen Verteilungsfunktionen zusammenhängt.

Wir betrachten eine Gruppe von n Molekülen, deren (an sich beliebige) Positionen innerhalb des Systems fixiert gedacht werden. Auf ein Molekül i aus dieser Gruppe wirkt eine Kraft

$$\mathbf{f}_i = - \frac{\partial U}{\partial \mathbf{q}_i}, \qquad \text{(VIII 13)[3]}$$

deren Betrag nicht nur von der relativen Lage der n Moleküle der Gruppe, sondern auch von der jeweiligen Konfiguration der $N - n$ Moleküle des Restsystems abhängt. Wenn wir die Gl. (VIII 13) über diese Konfigurationen mitteln, so erhalten wir für die mittlere auf das Molekül i wirkende Kraft, die nur noch von den Koordinaten der n Moleküle der Gruppe und den Zustandsgrößen abhängt

$$\bar{\mathbf{f}}_i(\mathbf{q}^{(n)}) = \frac{\int \cdots \int - \dfrac{\partial U}{\partial \mathbf{q}_i}\, e^{-\frac{U}{kT}}\, d\mathbf{q}_{n+1} \cdots d\mathbf{q}_N}{\int \cdots \int e^{-\frac{U}{kT}}\, d\mathbf{q}_{n+1} \cdots d\mathbf{q}_N}. \qquad \text{(VIII 14)}$$

Der Vergleich dieser Formel mit Gl. (VIII 7) zeigt unmittelbar, daß

$$\bar{\mathbf{f}}_i(\mathbf{q}^{(n)}) = kT\, \frac{\partial \ln \varrho^{(n)}}{\partial \mathbf{q}_i} = kT\, \frac{\partial \ln g^{(n)}}{\partial \mathbf{q}_i} \qquad \text{(VIII 15)}$$

ist. Definieren wir nun das Potential dieser Durchschnittskraft $W^{(n)}$ durch die Gleichung

$$\bar{\mathbf{f}}_i(\mathbf{q}^{(n)}) = - \frac{\partial W^{(n)}}{\partial \mathbf{q}_i}, \qquad \text{(VIII 16)}$$

so folgt

$$W^{(n)} = - kT \ln g^{(n)}. \qquad \text{(VIII 17)}$$

Das Potential $W^{(n)}$ kann (wie jedes Potential) willkürlich normiert werden. Das bedeutet, daß man zu $g^{(n)}$ noch einen von den Koordinaten unabhängigen Faktor, z. B. $(N/V)^n$, hinzufügen kann. Gl. (VIII 15) stellt die gesuchte Verallgemeinerung des MAXWELL-BOLTZMANNschen Gesetzes dar. Wir wollen dies an dem oben erwähnten Beispiel der Molekülpaare eines realen Gases etwas ausführlicher zeigen.

Denken wir uns M Molekülpaare mit der Wechselwirkungsenergie $U^{(2)}(r)$ in voneinander getrennten Systemen untergebracht, so ist der Bruchteil der Paare mit einem Abstand zwischen r und $r + dr$ nach Gl. (II 62)

$$\frac{dM}{M} = C \cdot 4\,\pi\, e^{-\frac{U^{(2)}(r)}{kT}}\, r^2\, dr \qquad \text{(VIII 18)}$$

mit

$$\frac{1}{C} = 4\,\pi \int e^{-\frac{U^{(2)}(r)}{kT}}\, r^2\, dr. \qquad \text{(VIII 19)}$$

In einem realen Gase ist der Bruchteil der Paare mit einem Abstand zwischen r und $r + dr$ offenbar proportional der Wahrscheinlichkeit, in diesem Abstand von

---

[1] ONSAGER, L.: Chem. Rev. 13, 73 (1933).

[2] KIRKWOOD, J. G.: J. Chem. Phys. 3, 300 (1935).

[3] Die Notierung der rechten Seite (wo $\mathbf{q}_i$ den Ortsvektor des Moleküls i bezeichnet) wird neuerdings häufiger gebraucht. Sie ist gleichbedeutend mit $\mathrm{grad}_i\, U$ und $\nabla_i U$.

einem gegebenen Molekül ein anderes Molekül zu finden. Wir können daher schreiben

$$\frac{dM}{M} = C \cdot 4\pi \frac{N}{V} g^{(2)} r^2 \, dr \,, \qquad \text{(VIII 20)}$$

wo $g^{(2)}$ die radiale Verteilungsfunktion ist. Setzen wir hier Gl. (VIII 17) ein, so folgt $\left(\text{wenn } \frac{N}{V} \text{ als Normierungsfaktor aufgefaßt wird}\right)$

$$\frac{dM}{M} = C \cdot 4\pi e^{-\frac{W^{(2)}}{kT}} r^2 \, dr \,, \qquad \text{(VIII 21)}$$

was sich in der Tat von (VIII 18) nur dadurch unterscheidet, daß $U^{(2)}$ durch $W^{(2)}$ ersetzt ist.

Ganz allgemein gilt, wie auch das Beispiel zeigt, daß $W^{(n)}$ mit $U^{(n)}$ identisch wird, wenn die herausgegriffenen n Moleküle keine Wechselwirkung mit den restlichen $N - n$ Molekülen des Systems haben. Der Unterschied zwischen den beiden Größen wird besonders deutlich an dem einfachen Beispiel eines Gases aus harten Kugeln vom Durchmesser σ[1]. In diesem Falle ist, wenn wir $r^* = r/\sigma$ setzen, $U^{(2)}(r^*) = \infty$ für $r^* < 1$ und $U^{(2)}(r^*) = 0$ für $r^* > 1$. Die Paar-Verteilungsfunktion läßt sich mit Hilfe einer Entwicklung nach Potenzen der Dichte, auf die wir in § 13.1 zurückkommen, berechnen. Man erhält dann in erster Näherung für die radiale Verteilungsfunktion

$$\begin{aligned}
g^{(2)}(r^*) &= 0 && \text{für } r^* < 1 \\
g^{(2)}(r^*) &= 1 + \frac{N}{V}\sigma^3 \frac{4\pi}{3}\left(1 - \frac{3}{4}r^* + \frac{1}{16}r^{*3}\right) && \text{für } 1 < r^* < 2 \qquad \text{(VIII 22)} \\
g^{(2)}(r^*) &= 1 && \text{für } 2 < r^* \,.
\end{aligned}$$

Der Verlauf dieser Funktion, der in Abb. 17 dargestellt ist, zeigt die zunächst vielleicht überraschende Tatsache, daß auch beim Fehlen von Anziehungskräften die radiale Verteilungsfunktion für Abstände $1 < r^* < 2$ größer als Eins ist und somit eine Art „Assoziation" stattfindet. In dem genannten Abstandsbereich ist nach Gl. (VIII 17) und (VIII 22)

$$W^{(2)} = -\frac{N}{V}\sigma^3 \left(\frac{4\pi}{3} - \pi r^* + \frac{1}{12}\pi r^{*3}\right) kT \,. \qquad \text{(VIII 23)}$$

Daraus ergibt sich nach (VIII 16) eine längs der Verbindungslinie der Mittelpunkte wirkende Durchschnittskraft vom Betrage

$$\bar{f}(r^*) = -\frac{N}{V}\sigma^3 \pi \left(1 - \frac{r^{*2}}{4}\right) kT \,, \qquad \text{(VIII 24)}$$

die, wie man sieht, einer Anziehung entspricht. In Abb. 18 ist der Verlauf von $U^{(2)}$ und $W^{(2)}$ für $\frac{N}{V}\sigma^3 = 1$ und $\frac{N}{V}\sigma^3 = \frac{1}{2}$ als Funktion von r^* dargestellt. Der Ursprung dieser „statistischen Kraft" ist leicht anschaulich zu verstehen. Sie kommt dadurch zustande, daß das Molekül 1 das Molekül 2 von einer Seite vor den Stößen der restlichen $N - 2$ Moleküle abschirmt. Wir haben daher keine gleichmäßige Richtungsverteilung der Stöße, welche die Voraussetzung einer gleichmäßigen Dichteverteilung ist. Das einseitige Überwiegen der Stöße treibt das Molekül 2 in die Richtung des Moleküls 1. Die Gl. (VIII 23) ist auch bemerkenswert, weil sie explizit zeigt, daß das Potential der Durchschnittskraft eine temperaturabhängige Größe ist. Die in den Modellen kondensierter Phasen auftretenden

---

[1] BOER, J. DE: Rep. Progr. Phys. **12**, 305 (1949).

Energieparameter sind, wie wir später noch genauer sehen werden, häufig als Potentiale von Durchschnittskräften zu verstehen; sie müssen daher, was oft übersehen wird, als Funktionen der Temperatur betrachtet werden.

Für die Anwendung der molekularen Verteilungsfunktionen in der statistischen Thermodynamik sind vor allem zwei Fragen wesentlich: einmal ihr Zusammenhang mit den thermodynamischen Funktionen und zweitens die Methoden zu ihrer expliziten Berechnung. Wir wollen hier zunächst das erste Problem nach zwei verschiedenen Methoden behandeln. Dabei machen wir die Voraus-

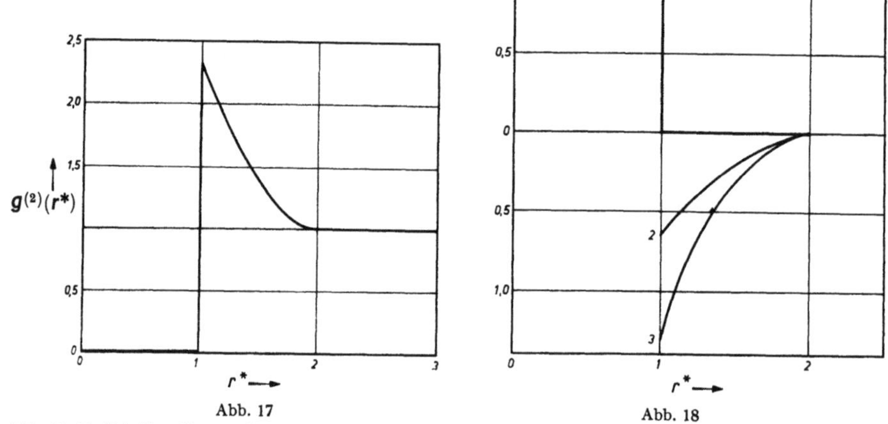

Abb. 17

Abb. 18

Abb. 17. Radiale Verteilungsfunktion in erster Näherung für ein Gas aus harten Kugeln [entnommen aus: J. DE BOER: Rep. Progr. Phys. **12**, 359 (1949)]

Abb. 18. Wechselwirkungspotential und Potential der Durchschnittskraft für ein Gas aus harten Kugeln. Kurve 1: $U^{(2)}(r^*)$; Kurve 2: $W^{(2)}(r^*/kT)$ für $N/V \cdot \sigma^3 = {}^1/_2$; Kurve 3: $W^{(2)}(r^*/kT)$ für $N/V \cdot \sigma^3 = 1$ [entnommen aus: J. DE BOER: Rep. Progr. Phys. **12**, 360 (1949)]

setzung, daß die potentielle Energie des Gesamtsystems als Summe der Wechselwirkungsenergien von Molekülpaaren dargestellt werden kann. Wir setzen also

$$U = \tfrac{1}{2} \sum_i \sum_j u_{ij} . \qquad \text{(VIII 25)}^1$$

Diese Beziehung ist sicher gültig für COULOMBsche Kräfte zwischen Punktladungen und die Dispersionskräfte zwischen kugelsymmetrischen Molekülen. Für die quantenmechanischen Abstoßungskräfte stellt sie jedenfalls noch eine brauchbare Näherung dar. Abweichungen von (VIII 23) können einmal dadurch bedingt sein, daß das zwischenmolekulare Potential von vornherein nicht kugelsymmetrisch ist; dies trifft bei den meisten etwas komplizierteren Molekülen zu. Sie können aber auch dadurch zustande kommen, daß das gesamte zwischenmolekulare Feld eine starke Änderung der Elektronenstruktur der Moleküle bewirkt. Nach den spektroskopischen Daten wird indessen hierdurch die Verwendung der Gl. (VIII 25) in den meisten Fällen nicht ernsthaft beeinträchtigt. Sie kann daher jedenfalls als eine hinreichend allgemeine Näherung betrachtet werden.

Der einfachste Weg zur Verknüpfung der molekularen Verteilungsfunktionen mit den thermodynamischen Funktionen besteht darin, daß man mit Hilfe der ersteren die calorische und die thermische Zustandsgleichung formuliert. Nach Gl. (V 287) ist die mittlere Energie eines Systems, wenn wir Gl. (VIII 25) einführen,

$$\bar{E} = \frac{1}{h^{3N} \, N! \, Q} \int \int \left(\sum \frac{p_i^2}{2m} + \frac{1}{2} \sum_i \sum_j u_{ij} \right) e^{-\frac{E}{kT}} \, d\mathbf{q} \, d\mathbf{p} . \qquad \text{(VIII 26)}$$

---

[1] Gl. (VIII 25) bedeutet nicht, daß nur Paare miteinander in Wechselwirkung stehen, sondern nur, daß die gesamte potentielle Energie die Summe der Wechselwirkungen zwischen je zwei Molekülen ist.

Die Integration über die Impulse kann ohne weiteres ausgeführt werden. Die Integration über die Koordinaten ergibt $N(N-1)$ gleichartige Terme, die mit Hilfe von Gl. (VIII 8) durch die Paar-Verteilungsfunktion ausgedrückt werden können. Man erhält dann

$$E = \tfrac{3}{2} NkT + \tfrac{1}{2} \iint \varrho^{(2)} (\mathbf{q_1}, \mathbf{q_2}, T, V) \, u_{12} \, d\mathbf{q_1} \, d\mathbf{q_2} \qquad \text{(VIII 27)}$$

als calorische Zustandsgleichung. Um die thermische Zustandsgleichung abzuleiten, gehen wir aus von dem Virialsatz Gl. (V 140), der naturgemäß in der gleichen Form auch für die kanonischen Mittelwerte gilt. Das mittlere Virial der äußeren Kräfte ist durch Gl. (V 145) gegeben. Es bleibt daher jetzt noch das Virial der zwischenmolekularen Wechselwirkung $[V]'$ zu berechnen. Aus Gl. (V 139) folgt zunächst

$$[V]' = \tfrac{1}{2} \sum_{l=1}^{N} \mathbf{q}_l \, \text{grad}_l \, U \; . \qquad \text{(VIII 28)}$$

Mit Gl. (VIII 25) wird daraus

$$[V]' = \tfrac{1}{4} \sum_l \mathbf{q}_l \, \text{grad}_l \sum_i \sum_j u_{ij} \qquad \text{(VIII 29)}$$

oder

$$[V]' = \tfrac{1}{2} \sum_i \sum_j \mathbf{q}_i \, \text{grad}_i \, u_{ij} \; . \qquad \text{(VIII 30)}$$

Nun ist

$$\text{grad}_i \, u_{ij} = - \, \text{grad}_j \, u_{ij} \qquad \text{(VIII 31)}$$

und

$$\mathbf{r}_{ij} = \mathbf{q}_i - \mathbf{q}_j \; , \qquad \text{(VIII 32)}$$

wo $\mathbf{r}_{ij}$ den Abstandsvektor der Moleküle i und j bezeichnet. Da die zwischen zwei Molekülen wirkende Kraft in die Richtung des Vektors $\mathbf{r}$ fällt, wird mit Gl. (V 145)

$$\overline{[V]} = \frac{3}{2} PV + \frac{1}{4} \sum_i \sum_j \overline{r_{ij} \frac{du_{ij}}{dr_{ij}}} \; . \qquad \text{(VIII 33)}$$

Setzen wir dies in Gl. (V 140) ein und drücken die Mittelwerte mit Hilfe der kanonischen Gesamtheit aus, so folgt

$$PV = \frac{1}{h^{3N} \, N! \, Q} \int \int \left(\frac{2}{3} \sum_i \frac{p_i^2}{2m} - \frac{1}{6} \sum_i \sum_j r_{ij} \frac{du_{ij}}{dr_{ij}} \right) e^{-\frac{E}{kT}} \, d\mathbf{q} \, d\mathbf{p} \; . \qquad \text{(VIII 34)}$$

Mit Benutzung von (VIII 8) wird daraus schließlich

$$PV = NkT - \frac{1}{6} \int \int \varrho^{(2)} (\mathbf{q_1}, \mathbf{q_2}, T, V) \, r \frac{du(r)}{dr} \, d\mathbf{q_1} \, d\mathbf{q_2} \; . \qquad \text{(VIII 35)}$$

Dies ist die mit Hilfe der Paar-Verteilungsfunktion formulierte thermische Zustandsgleichung. Aus Gl. (VIII 27) und (VIII 35) ergibt sich über die thermodynamischen Beziehungen

$$\frac{\partial (F/T)}{\partial (1/T)} = E \; , \qquad \frac{\partial F}{\partial V} = - P \qquad \text{(VIII 36)}$$

die freie Energie nach HELMHOLTZ. Damit haben wir gezeigt, daß für die durch Gl. (VIII 25) charakterisierten Systeme die thermodynamischen Eigenschaften bereits durch die Paar-Verteilungsfunktion vollständig bestimmt werden[1].

Bei der Ableitung der Gl. (VIII 27) und (VIII 35) haben wir keinen Gebrauch gemacht von dem Formalismus der Thermodynamik. Wir wollen nun zeigen, daß man die gleichen Resultate erhält, wenn man von der mit Hilfe der kanonischen Verteilungsfunktion berechneten freien Energie nach HELMHOLTZ

---

[1] Gewisse thermodynamische Größen werden unter allen Umständen allein durch die Paar-Verteilungsfunktion bestimmt. Vgl. § 8.5.

ausgeht und daraus mit Hilfe der thermodynamischen Formeln (VIII 36) die calorische und thermische Zustandsgleichung ableitet. Für die erstere sieht man dies unmittelbar, denn aus

$$E = - kT^2 \frac{\partial \ln Q}{\partial T} \tag{VIII 37}$$

folgen sofort die Gl. (VIII 26) und (VIII 27). Dagegen läßt sich die zweite der Gl. (VIII 36) nicht ohne weiteres anwenden, da die Integrationsgrenzen der Verteilungsfunktion das Volumen in einer Form enthalten, die nicht unmittelbar zu differenzieren ist. Diese Schwierigkeit kann man umgehen, wenn man neue Koordinaten

$$\mathbf{q}_i^* = \mathbf{q}_i/L \tag{VIII 38}$$

einführt, wo L eine charakteristische Länge des Gefäßes ist derart, daß

$$V = aL^3 \tag{VIII 39}$$

gilt[1]. Die Verteilungsfunktion wird dann

$$Q = \frac{L^{3N}}{h^{3N} N!} \int \int e^{-\frac{E(L, \mathbf{q}^*, \mathbf{p})}{kT}} d\mathbf{q}^* \, d\mathbf{p}, \tag{VIII 40}$$

und die Integrationsgrenzen enthalten weder V noch L. Die zweite der Gl. (VIII 36) kann jetzt geschrieben werden

$$PV = kTV \frac{\partial \ln Q}{\partial V} = \frac{1}{3} kT \frac{L}{Q} \frac{\partial Q}{\partial L}. \tag{VIII 41}$$

Die Ausführung der Differentiation ergibt

$$PV = \frac{kT L^{3N}}{h^{3N} N! Q} \int \int \left(N - \frac{1}{3} \frac{L}{kT} \frac{\partial E}{\partial L} \right) e^{-\frac{E}{kT}} d\mathbf{q}^* \, d\mathbf{p}. \tag{VIII 42}$$

Im zweiten Term des Integranden führen wir nun Gl. (VIII 25) ein und beachten, daß L in u_{ij} nur in der Kombination $Lr_{ij}^* = r_{ij}$ vorkommt. Es ist also

$$\frac{1}{3} L \frac{\partial E}{\partial L} = \frac{1}{6} \sum_i \sum_j L \frac{\partial u_{ij}}{\partial L} = \frac{1}{6} \sum \sum r_{ij} \frac{d u_{ij}}{d r_{ij}}. \tag{VIII 43}$$

Transformieren wir nun wieder auf die Koordinaten $\mathbf{q}$, so folgt aus (VIII 42) und (VIII 43) mit Benutzung von (VIII 8) wieder die Gl. (VIII 35). Es ergibt sich somit, daß die beiden Methoden zur Berechnung der thermischen Zustandsgleichung, aus dem Virialsatz und aus der Verteilungsfunktion, d. h. mit Hilfe der Thermodynamik, im Rahmen der halbklassischen Näherung und des Gültigkeitsbereiches der Gl. (VIII 25) das gleiche Ergebnis liefern. Diese Tatsache liefert ein Kriterium zur Prüfung der inneren Konsistenz statistischer Modelltheorien[2, 3]. Die Ableitung der calorischen und der thermischen Zustandsgleichung aus der Verteilungsfunktion kann ferner als neuer Beweis dafür betrachtet werden, daß die Größe $- kT \ln Q$ die Eigenschaften der freien Energie nach HELMHOLTZ besitzt.

Eine andere Methode zur Verknüpfung der molekularen Verteilungsfunktionen mit den thermodynamischen Funktionen ist von KIRKWOOD[4] benutzt worden. Den Kern dieser Überlegungen bildet eine Verallgemeinerung des aus der Theorie der starken Elektrolyte (Kap. XXI) bekannten Aufladungsprozesses

[1] GREEN, H. S.: Proc. Roy. Soc. (London) A **189**, 103 (1947).
[2] Vgl. die Diskussionsbemerkungen von J. E. MAYER und J. DE BOER in Comptes Rendus, IIième Réunion «Changements de Phases», p. 139f. Paris 1952.
[3] MAYER, J. E., u. G. CARERI: J. Chem. Phys. **20**, 1001 (1952).
[4] KIRKWOOD, J. G.: J. Chem. Phys. **3**, 300 (1935).

für beliebige zwischenmolekulare Kräfte. Wir führen diesmal die Betrachtung für ein System von m Komponenten durch, nehmen aber zur Vereinfachung der Formeln wieder an, daß die Moleküle als Massenpunkte behandelt werden können. Wir haben dann, wenn N die Gesamtzahl der Moleküle und N_s die Zahl der Moleküle der Sorte s bezeichnet, für die Verteilungsfunktion

$$Q = \left[\prod_{s=1}^{m} \frac{1}{\lambda_s^{3N_s} N_s!} \right] Q_\tau^{(N)} \tag{VIII 44}$$

mit

$$Q_\tau^{(N)} = \int e^{-\frac{U^{(N)}}{kT}} \, d\mathbf{q} \,. \tag{VIII 45}$$

Wir setzen auch hier die Gültigkeit der Gl. (VIII 25) voraus, wobei jetzt aber die Moleküle i und j nicht notwendig gleich sind. Man kann nun ein fiktives Potential definieren durch die Gleichung

$$U^{(N)} (a_1, \dots, a_N) = \tfrac{1}{2} \sum_i \sum_j a_i \, a_j \, u_{ij} \,, \tag{VIII 46}$$

wo die Größen $a_1, \dots, a_N$ willkürliche Parameter sind. Läßt man diese Parameter die Werte von Null bis Eins durchlaufen, so bekommt man eine stetige Änderung der Kopplung zwischen den N Molekülen von Null bis zu dem vollen Wert des Originalsystems. Es ist also

$$U^{(N)} = U^{(N)} (1, \dots, 1) \,. \tag{VIII 47}$$

Die Parameter a_i können, wie ONSAGER[1] bemerkt hat, formal in gleicher Weise behandelt werden wie die in der allgemeinen Theorie auftretenden äußeren Parameter x_j. Mit Hilfe der Gl. (VIII 46) läßt sich eine entsprechende Verteilungsfunktion der potentiellen Energie definieren durch

$$Q_\tau^{(N)} (a_1, \dots, a_N) = \int e^{-\frac{U^{(N)}(a_1, \dots, a_N)}{kT}} \, d\mathbf{q} \,. \tag{VIII 48}$$

Der Gl. (VIII 47) entspricht dann die Beziehung

$$Q_\tau^{(N)} (N_1, \dots, N_s, \dots, N_m) = Q_\tau^{(N)} (1, \dots, 1) \,. \tag{VIII 49}$$

Wir nehmen jetzt an, daß $N-1$ Parameter a_i gleich Eins sind und daß einer, der etwa einem Molekül der Sorte s entspricht, den Wert Null hat. Dann können wir schreiben

$$Q_\tau^{(N)} (1, \dots, 0, \dots, 1) = \int e^{-\frac{U^{(N-1)}}{kT}} \, d\mathbf{q} \,. \tag{VIII 50}$$

Da nun $U^{(N-1)}$ unabhängig ist von den Koordinaten des betreffenden Moleküls der Sorte s, kann die Integration über diese Koordinaten unmittelbar ausgeführt werden. Dann ergibt sich

$$Q_\tau^{(N)} (1, \dots, 0, \dots, 1) = V \, Q_\tau^{(N-1)} (N_1, \dots, N_s - 1, \dots, N_m) \,. \tag{VIII 51}$$

Aus Gl. (VIII 49) und (VIII 51) folgt

$$\frac{Q_\tau^{(N)} (N_1, \dots, N_s, \dots, N_m)}{Q_\tau^{(N-1)} (N_1, \dots, N_s - 1, \dots, N_m)} = V \, \frac{Q_\tau^{(N)} (1, \dots, 1, \dots, 1)}{Q_\tau^{(N)} (1, \dots, 0, \dots, 1)} \,. \tag{VIII 52}$$

Ferner gilt

$$\ln \frac{Q_\tau^{(N)} (1, \dots, 1, \dots, 1)}{Q_\tau^{(N)} (1, \dots, 0, \dots, 1)} = \int_0^1 \frac{\partial \ln Q_\tau^{(N)} (a_s)}{\partial a_s} \, d a_s \,. \tag{VIII 53}$$

---

[1] ONSAGER, L.: Chem. Rev. **13**, 73 (1933).

Dabei haben wir zur Vereinfachung an Stelle von $Q_\tau^{(N)}(1, \ldots, a_s, \ldots, 1)$ geschrieben $Q_\tau^{(N)}(a_s)$. Wir behalten für das Weitere diese Notierung bei und geben bei den Funktionen der Parameter a_i nur solche explizit an, deren Wert von Eins verschieden ist. Auf Grund der Gl. (VIII 46) können wir die Wechselwirkung des einen Moleküls, für welches a_s von Eins verschieden ist, abtrennen und schreiben

$$U^{(N)} = U^{(N-1)} + a_s\, U_s^{(N)} \tag{VIII 54}$$

mit

$$U_s^{(N)} = \sum_{j=1}^{N} u_{sj}\,, \qquad\qquad j \neq s\,. \tag{VIII 55}$$

Damit kann geschrieben werden

$$Q_\tau^{(N)}(a_s) = \int e^{-\dfrac{U^{(N-1)} + a_s\, U_s^{(N)}}{kT}}\, d\mathbf{q}\,. \tag{VIII 56}$$

Durch logarithmische Differentiation nach a_s folgt daraus

$$\frac{\partial \ln Q_\tau^{(N)}(a_s)}{\partial a_s} = -\frac{\overline{U_s^{(N)}(a_s)}}{kT} \tag{VIII 57}$$

mit

$$\overline{U_s^{(N)}(a_s)} = \frac{\displaystyle\int U_s^{(N)}\, e^{-\dfrac{U^{(N-1)} + a_s\, U_s^{(N)}}{kT}}\, d\mathbf{q}}{\displaystyle\int e^{-\dfrac{U^{(N-1)} + a_s\, U_s^{(N)}}{kT}}\, d\mathbf{q}}\,. \tag{VIII 58}$$

Aus Gl. (VIII 55) und (VIII 58) folgt nun

$$\overline{U_s^{(N)}(a_s)} = \sum_{j=1}^{N} \overline{u_{sj}(a_s)}\,, \tag{VIII 59}$$

wo

$$\overline{u_{sj}(a_s)} = \frac{\displaystyle\int u_{sj}\, e^{-\dfrac{U^{(N-1)} + a_s\, U_s^{(N)}}{kT}}\, d\mathbf{q}}{\displaystyle\int e^{-\dfrac{U^{(N-1)} + a_s\, U_s^{(N)}}{kT}}\, d\mathbf{q}} \tag{VIII 60}$$

ist. Da u_{sj} nur von den Koordinaten der Moleküle s und j abhängt, können wir zunächst rein formal schreiben

$$\overline{u_{sj}(a_s)} = \frac{1}{V^2} \int\!\!\int u_{sj}\, e^{-\dfrac{W_{sj}^{(2)}(a_s)}{kT}}\, d\mathbf{q}_s\, d\mathbf{q}_j\,. \tag{VIII 61}$$

Dabei ist

$$e^{-\dfrac{W_{sj}^{(2)}(a_s)}{kT}} = \frac{V^2 \displaystyle\int \ldots \int e^{-\dfrac{U^{(N-1)} + a_s\, U_s^{(N)}}{kT}}\, d\mathbf{q}_3 \ldots d\mathbf{q}_N}{\displaystyle\int \ldots \int e^{-\dfrac{U^{(N-1)} + a_s\, U_s^{(N)}}{kT}}\, d\mathbf{q}_1 \ldots d\mathbf{q}_N}\,. \tag{VIII 62}$$

Differenziert man die letztere Gleichung logarithmisch nach $\mathbf{q}_s$, so findet man mit Hilfe von (VIII 13), (VIII 14) und (VIII 16) sofort, daß die durch (VIII 62) definierte Größe $W_{sj}^{(2)}(a_s)$ nichts anderes ist als das Potential der auf das Molekül s bei festgehaltenem Molekül j wirkenden Durchschnittskraft für den jeweiligen Wert des Kopplungsparameters a_s. Durch Einsetzen von (VIII 61) in (VIII 59) erhalten wir

$$\overline{U_s^{(N)}(a_s)} = \frac{1}{V^2} \sum_{j=1}^{N} \int\!\!\int u_{sj}\, e^{-\dfrac{W_{sj}(a_s)}{kT}}\, d\mathbf{q}_s\, d\mathbf{q}_j\,, \quad (s \neq j) \tag{VIII 63}$$

oder, wenn wir mit den Indizes die Komponenten bezeichnen[1],

$$\overline{U_s^{(N)}(a_s)} = \sum_{j=1}^{m} \frac{N_j}{V^2} \int \int u_{sj}\, e^{-\frac{W_{sj}^{(2)}(a_s)}{kT}}\, d\mathbf{q}_s\, d\mathbf{q}_j . \qquad \text{(VIII 64)}[2]$$

Diese Gleichung zeigt deutlich, daß das mittlere Potential des Moleküls s und das Potential der auf das Molekül s wirkenden Durchschnittskraft zwei völlig verschiedene Größen sind, zwischen denen ein recht komplizierter Zusammenhang besteht. Die erste Größe stellt, wie Gl. (VIII 58) zeigt, die über alle Konfigurationen des Gesamtsystems gemittelte potentielle Energie des Moleküls s dar. Die zweite gibt dagegen das Potential der über die Konfigurationen von $N-2$ Molekülen gemittelten Kraft. Die rechte Seite der Gl. (VIII 62) stellt, wie der Vergleich mit (VIII 8) zeigt, eine Paar-Verteilungsfunktion dar. Dabei ist dieser Begriff jetzt insofern erweitert, als auch Paare von ungleichen Molekülen in Betracht kommen. Wir können daher in Verallgemeinerung der Gl. (VIII 17) schreiben

$$W_{sj}^{(2)}(a_s) = -kT \ln g_{sj}^{(2)}(a_s) , \qquad \text{(VIII 65)}$$

wobei die Paar-Verteilungsfunktion jetzt von dem Parameter a_s abhängt. Damit wird aus (VIII 64)

$$\overline{U_s^{(N)}(a_s)} = \sum_{j=1}^{m} \frac{N_j}{V^2} \int \int u_{sj}\, g_{sj}^{(2)}(a_s)\, d\mathbf{q}_s\, d\mathbf{q}_j . \qquad \text{(VIII 66)}$$

Auf Grund der vorstehenden Überlegungen läßt sich nun ohne Schwierigkeit eine Beziehung zwischen dem chemischen Potential der Komponente s und den Paar-Verteilungsfunktionen $g_{sj}^{(2)}(a_s)$ ableiten. Dazu müssen wir zunächst das chemische Potential für die kanonische Gesamtheit explizit definieren. Die thermodynamische Definition

$$\mu_s = \frac{\partial F}{\partial N_s} \qquad \text{(VIII 67)}$$

stellt sich vom molekularen Standpunkt als ein mathematischer Trick dar. Unter μ_i muß daher, streng genommen, die Differenz der freien Energien nach HELMHOLTZ verstanden werden, wenn ein Molekül der Sorte s bei Konstanz aller übrigen Molekülzahlen sowie von Temperatur und Volumen hinzugefügt wird. In Verbindung mit Gl. (VIII 44) und (VIII 45) ergibt sich dann unmittelbar

$$\mu_s = -kT \ln \left[\frac{1}{\lambda_s^3\, N_s} \frac{Q_\tau^{(N)}(N_1, \ldots, N_s, \ldots, N_m)}{Q_\tau^{(N-1)}(N_1, \ldots, N_s-1, \ldots, N_m)} \right] . \qquad \text{(VIII 68)}$$

Setzen wir die Gl. (VIII 52), (VIII 53) und (VIII 57) ein, so folgt

$$\mu_s = kT \ln \frac{N_s}{V} + \int_0^1 \overline{U_s^{(N)}(a_s)}\, da_s + \varphi_s(T) , \qquad \text{(VIII 69)}$$

wo $\varphi_s(T)$ eine Temperaturfunktion ist, die uns hier nicht weiter zu interessieren braucht. Führen wir jetzt noch Gl. (VIII 66) ein, so erhalten wir nach Integration über die Koordinaten des Moleküls s die gesuchte Beziehung zwischen chemischen Potentialen und molekularen Verteilungsfunktionen

$$\mu_s = kT \ln \frac{N_s}{V} + \sum_{j=1}^{m} \frac{N_j}{V} \int_0^1 \int u_{sj}\, [g_{sj}^{(2)}(a_s)]\, d\mathbf{q}_j\, da_s + \varphi_s(T) . \qquad \text{(VIII 70)}$$

---

[1] Der Übersichtlichkeit halber verwenden wir hier nicht, wie es eigentlich konsequent wäre, für Teilchen und Komponenten zwei verschiedene Indices. N_j ist also die Teilchenzahl der Komponente j und $\mathbf{q}_j$ der Ortsvektor eines Teilchens der Sorte j.

[2] Hier ist $N_s - 1$ durch N_s ersetzt.

Auch hier führt somit Gl. (VIII 25) zu der Folgerung, daß die thermodynamischen Funktionen durch die Paar-Verteilungsfunktionen bereits vollständig bestimmt sind.

Die calorische Zustandsgleichung wird leicht erhalten, wenn wir davon ausgehen, daß

$$E = \tfrac{3}{2} N k T + \overline{U^{(N)}} \tag{VIII 71}$$

sein muß, wo $\overline{U^{(N)}}$ der kanonische Mittelwert der von der zwischenmolekularen Wechselwirkung herrührenden potentiellen Energie des Gesamtsystems ist. Mit Benutzung von (VIII 25), (VIII 61) und (VIII 65) (für $a_s = 1$) ergibt sich

$$\overline{U^{(N)}} = \frac{1}{2} \sum_s \sum_j \frac{1}{V^2} \int \int u_{sj}\, g_{sj}^{(2)}\, d\mathbf{q}_s\, d\mathbf{q}_j . \tag{VIII 72}$$

Beziehen wir die Indizes wieder auf die Komponenten, so folgt

$$E = N k T + \frac{1}{2} \sum_s \sum_j \frac{N_s N_j}{V^2} \int \int u_{sj}\, g_{sj}^{(2)}\, d\mathbf{q}_s\, d\mathbf{q}_j , \tag{VIII 73}$$

was die Verallgemeinerung der Gl. (VIII 27) für Vielkomponentensysteme darstellt.

§ 8.2*. Berechnung der molekularen Verteilungsfunktionen. Die BORN-GREENsche Gleichung. Die KIRKWOODschen Gleichungen I. Art

Nachdem wir gezeigt haben, daß die thermodynamischen Funktionen durch die molekularen Verteilungsfunktionen ausgedrückt werden können, bleibt jetzt noch die Frage zu untersuchen, nach welchen Methoden sich die letzteren explizit berechnen lassen. Wir setzen dabei wieder die Gültigkeit der Gl. (VIII 25) voraus und behandeln zunächst den Fall des Einkomponentensystems.

Eine direkte Berechnung der molekularen Verteilungsfunktionen aus der Definitionsgleichung (VIII 7) scheitert, ebenso wie die Berechnung von Q_τ, an den dort auftretenden multiplen Integralen. Für Gase kann man die molekularen Verteilungsfunktionen in eine Reihe nach Potenzen der molekularen Dichte entwickeln. Indessen sind sowohl die Ableitung dieser Reihe wie die bei ihrer Auswertung auftretenden Probleme auf das engste verknüpft mit der Berechnung der kanonischen Verteilungsfunktion realer Gase, die wir in Kap. XII behandeln. Diese Methode ist daher für verschiedene wichtige Probleme, insbesondere die Theorie der reinen Flüssigkeiten, nicht anwendbar. Die große Bedeutung der molekularen Verteilungsfunktionen für die statistische Thermodynamik beruht nun darauf, daß es gewisse, von der Berechnung von Q_τ völlig unabhängige Methoden gibt, um sie wenigstens näherungsweise zu bestimmen. Diese bestehen im wesentlichen darin, daß man für die molekularen Verteilungsfunktionen Integralgleichungen aufstellt, die sich bei Benutzung geeigneter Näherungsannahmen für einfache Fälle explizit lösen lassen. Wir beschränken uns dabei vorläufig auf fluide Phasen.

Wir gehen aus von der Wahrscheinlichkeit, n spezifizierte Moleküle bei dem Koordinatensatz $\mathbf{q}^{(n)}$ bis $\mathbf{q}^{(n)} + d\mathbf{q}^{(n)}$ zu finden. Dafür ergibt sich aus Gl. (VIII 7)

$$\varrho_{spez}^{(n)}\, d\mathbf{q}^{(n)} = \frac{(N-n)!}{N!}\, \varrho^{(n)}\, d\mathbf{q}^{(n)} . \tag{VIII 74}$$

Integrieren wir diesen Ausdruck über alle Werte der Koordinaten des n-ten Moleküls, so erhalten wir die Wahrscheinlichkeit, $(n-1)$ spezifizierte Moleküle bei dem Koordinatensatz $\mathbf{q}^{(n-1)}$ bis $\mathbf{q}^{(n-1)} + d\mathbf{q}^{(n-1)}$ zu finden. Es gilt also

$$\int \frac{(N-n)!}{N!}\, \varrho^{(n)}\, d\mathbf{q}_n = \frac{(N-n+1)!}{N!}\, \varrho^{(n-1)} . \tag{VIII 75}$$

Ersetzen wir n durch $n + 1$, so folgt

$$\int \varrho^{n+1}\, d\mathbf{q}_{n+1} = (N - n)\, \varrho^{(n)}\,. \qquad \text{(VIII 76)}$$

Wir differenzieren nun die Gl. (VIII 5) nach den Koordinaten des i-ten Moleküls. Das ergibt

$$-(N - n)!\, kT\, \frac{\partial \varrho^{(n)}}{\partial \mathbf{q}_i} = \frac{1}{\lambda^{3N}} \int \cdots \int \frac{\partial U}{\partial \mathbf{q}_i}\, e^{\frac{F-U}{kT}}\, d\mathbf{q}_{n+1} \cdots d\mathbf{q}_N\,. \qquad \text{(VIII 77)}$$

Führen wir auf der rechten Seite Gl. (VIII 3) und (VIII 25) ein, so folgt

$$-(N - n)!\, kT\, \frac{\partial \varrho^{(n)}}{\partial \mathbf{q}_i} = \int \cdots \int \sum_{j=1}^{N} \frac{\partial u_{ij}}{\partial \mathbf{q}_i}\, \varrho^{(N)}\, d\mathbf{q}_{n+1} \cdots d\mathbf{q}_N\,. \qquad \text{(VIII 78)}$$

Die Summe der rechten Seite zerlegen wir in zwei Teilsummen $\sum\limits_{j=1}^{n}$ und $\sum\limits_{j=n+1}^{N}$. Da für die Glieder der zweiten Teilsumme jeweils über alle Werte der Koordinaten $\mathbf{q}_j$ integriert wird, besteht dieselbe aus $(N - n)$ gleichen Termen. Wir haben also

$$\int \cdots \int \sum_{j=n+1}^{N} \frac{\partial u_{ij}}{\partial \mathbf{q}_i}\, \varrho^{(N)}\, d\mathbf{q}_{n+1} \cdots d\mathbf{q}_N = (N - n) \int \cdots \int \frac{\partial u_{i,n+1}}{\partial \mathbf{q}_i}\, \varrho^{(N)} d\mathbf{q}_{n+1} \cdots d\mathbf{q}_N\,. \qquad \text{(VIII 79)}$$

Mit Benutzung von Gl. (VIII 76) wird daraus

$$\int \cdots \int \sum_{j=n+1}^{N} \frac{\partial u_{ij}}{\partial \mathbf{q}_i}\, \varrho^{(N)}\, d\mathbf{q}_{n+1} \cdots d\mathbf{q}_N$$
$$= (N - n)(N - n - 1)! \int \cdots \int \frac{\partial u_{i,n+1}}{\partial \mathbf{q}_i}\, \varrho^{(n+1)}\, d\mathbf{q}_{n+1}\,. \qquad \text{(VIII 80)}$$

Durch Einsetzen dieses Ausdruckes in Gl. (VIII 78) erhalten wir mit nochmaliger Anwendung der Gl. (VIII 76)

$$-kT\, \frac{\partial \varrho^{(n)}}{\partial \mathbf{q}_i} = \sum_{j=1}^{n} \frac{\partial u_{ij}}{\partial \mathbf{q}_i} + \int \frac{\partial u_{i,n+1}}{\partial \mathbf{q}_i}\, \varrho^{(n+1)}\, d\mathbf{q}_{n+1}\,. \qquad \text{(VIII 81)}$$

Für die Paar-Verteilungsfunktion im besonderen kann diese Gleichung geschrieben werden

$$kT\, \frac{\partial \ln \varrho^{(2)}(\mathbf{q}_1, \mathbf{q}_2)}{\partial \mathbf{q}_1} = -\frac{\partial u_{12}}{\partial \mathbf{q}_1} - \int \frac{\partial u_{13}}{\partial \mathbf{q}_1}\, \frac{\varrho^{(3)}(\mathbf{q}_1, \mathbf{q}_2, \mathbf{q}_3)}{\varrho^{(2)}(\mathbf{q}_1, \mathbf{q}_2)}\, d\mathbf{q}_3\,. \qquad \text{(VIII 82)}$$

Die physikalische Bedeutung dieser Gleichung, die zuerst von Yvon[1] abgeleitet wurde, ist leicht zu erkennen. Die linke Seite stellt nach Gl. (VIII 13) die auf das Molekül 1 bei festgehaltenem Molekül 2 wirkende Durchschnittskraft dar. Der erste Term der rechten Seite gibt den Beitrag, den die direkte Wechselwirkung mit dem Molekül 2 dazu liefert. Der zweite Term ist der Mittelwert der zusätzlich von den übrigen Molekülen ausgeübten Kraft. Nach Gl. (I 74) ist nämlich $\varrho^{(3)}(\mathbf{q}_1, \mathbf{q}_2, \mathbf{q}_3)/\varrho^{(2)}(\mathbf{q}_1, \mathbf{q}_2)$ die Wahrscheinlichkeitsdichte, ein drittes Molekül in der Lage zwischen $\mathbf{q}_3$ und $\mathbf{q}_3 + d\mathbf{q}_3$ zu finden, wenn die Moleküle 1 und 2 in bekannter Lage fixiert sind.

Die Gl. (VIII 81) und (VIII 82) sind unter den hier gemachten allgemeinen Voraussetzungen streng gültig. Man kann also die Paar-Verteilungsfunktion berechnen, wenn die Dreiergruppenverteilungsfunktion bekannt ist und allgemein $\varrho^{(n)}$, wenn $\varrho^{(n+1)}$ bekannt ist. Die exakte Berechnung der Paar-Verteilungsfunktion würde daher die vollständige Lösung des durch (VIII 81)

---

[1] Yvon, J.: La théorie statistique des fluides et l'équation d'état. (Actualités scientifiques et industrielles Nr. 203.) Paris 1935.

gegebenen Systems von Integro-Differentialgleichungen erfordern, was eine praktisch undurchführbare Aufgabe darstellt. Man setzt nun näherungsweise

$$\varrho^{(3)}\,(\mathbf{q}_1,\,\mathbf{q}_2,\,\mathbf{q}_3) = \frac{\varrho^{(2)}\,(r_{12})\,\varrho^{(2)}\,(r_{23})\,\varrho^{(2)}\,(r_{31})}{\varrho^3}\,. \qquad \text{(VIII 83)}$$

Diese Annahme, die zuerst von KIRKWOOD[1] eingeführt wurde, wird gewöhnlich als Superpositionsprinzip oder Paar-Approximation bezeichnet. Sie bedeutet physikalisch, daß die Wahrscheinlichkeit, das Molekül 3 in einer bestimmten Nachbarschaft der Moleküle 1 und 2 zu finden, die durch $\varrho^{(3)}/\varrho^{(2)}$ gegeben ist, gleich ist dem Produkt der Wahrscheinlichkeiten $\varrho^{(2)}(r_{23})/\varrho$ und $\varrho^{(2)}(r_{31})/\varrho$, d. h. der Wahrscheinlichkeiten, das Molekül 3 in der gleichen Lage zu finden, wenn nur die Lage des Moleküls 2 bzw. des Moleküls 1 gegeben ist. Das ist sicher korrekt, wenn wenigstens eines der drei Moleküle von den beiden anderen weit entfernt ist[2]. Im allgemeinen Fall ist aber (VIII 83) nur eine Näherung. Es ist bisher nicht gelungen, dieselbe in einer solchen Form zu begründen, daß man die Größe des Fehlers abschätzen kann. Es bleiben daher nur zwei Wege, um die Benutzung des Superpositionsprinzips zu rechtfertigen. Man kann einmal gewisse einfache Modelle auf dieser Grundlage untersuchen, die sich nach anderen Methoden exakt behandeln lassen. Zum anderen kann man die mit Hilfe von (VIII 83) erhaltenen Ergebnisse direkt an der experimentellen Erfahrung prüfen. Wir werden auf diese Fragen in § 8.8, 13.3 und 19.4 zurückkommen und bemerken hier nur, daß (VIII 83) häufig offenbar eine gute Näherung darstellt, daß aber einige auf diesem Wege erhaltenen Ergebnisse zweifelhaft sind. Vorläufig ist jedoch das Superpositionsprinzip die einzige Methode, welche eine explizite Berechnung der molekularen Verteilungsfunktionen für flüssige Phasen ermöglicht.

Das Superpositionsprinzip läßt sich noch in einer anderen Form darstellen, welche seinen physikalischen Inhalt unter einem neuen Gesichtspunkt erscheinen läßt. Kombinieren wir nämlich (VIII 83) mit (VIII 17), so erhalten wir

$$W^{(3)} = W^{(2)}_{12} + W^{(2)}_{23} + W^{(2)}_{31} \qquad \text{(VIII 84)}$$

oder allgemeiner

$$W^{(n)} = \tfrac{1}{2} \sum_i \sum_j w_{ij}\,. \qquad \text{(VIII 85)}[3]$$

Diese Gleichung besagt, daß das Potential der Durchschnittskraft in Paaren additiv ist. Sie ist der Gl. (VIII 25) vollkommen analog, aber streng von dieser zu unterscheiden. Von J. E. MAYER[4] wurde vermutet, daß die Gl. (VIII 23) und (VIII 85) nicht miteinander konsistent sind. Ein strenger Beweis ist dafür bisher nicht erbracht worden. In § 8.8 werden wir sehen, daß diese Aussage für eindimensionale Systeme sicher nicht zutrifft. Andererseits kann dieses Ergebnis zweifellos nicht ohne weiteres für dreidimensionale Systeme verallgemeinert werden.

Führen wir nun in Gl. (VIII 82) das Superpositionsprinzip ein, so erhalten wir

$$kT\,\frac{\partial \ln \varrho^{(2)}(r_{12})}{\partial \mathbf{q}_1} = -\frac{\partial u_{12}}{\partial \mathbf{q}_1} - \frac{1}{\varrho^3} \int \frac{\partial u_{13}}{\partial \mathbf{q}_1}\, \varrho^{(2)}(r_{23})\, \varrho^{(2)}(r_{31})\, d\mathbf{q}_3\,. \qquad \text{(VIII 86)}$$

---

[1] KIRKWOOD, J. G.: J. Chem. Phys. 3, 300 (1935).

[2] Dabei ist vorausgesetzt, daß nur zwischenmolekulare Kräfte kurzer Reichweite auftreten.

[3] Die Größen w_{ij} sind allgemein durch Gl. (VIII 134) definiert. Wir benötigen diese Definition hier noch nicht, da für fluide Phasen $W^{(2)}_{ij} = w_{ij}$ ist.

[4] MAYER, J. E.: Nuovo Cimento Ser. IX, 6 Suppl., 1 (1949).

Diese Gleichung wurde zuerst von BORN und GREEN[1] aus ihrer kinetischen Theorie der Flüssigkeiten abgeleitet und wird heute gewöhnlich als BORN-GREENsche Gleichung bezeichnet. Sie stellt in dieser Form eine Integro-Differentialgleichung dar, läßt sich aber ohne Schwierigkeit in eine, allerdings nichtlineare, Integralgleichung umformen. Diese Umrechnung und die Methoden zur Lösung der Gl. (VIII 86) behandeln wir in § 13.2.

Im folgenden werden wir häufig an Stelle von $\varrho^{(n)}$ die durch Gl. (VIII 9) definierte Funktion $g^{(n)}$ benutzen. Wir geben daher die wichtigsten der vorhergehenden Gleichungen noch einmal in dieser Formulierung, um den Vergleich mit den späteren Ableitungen zu erleichtern. Aus (VIII 81) wird dann

$$-kT\,\frac{\partial g^{(n)}}{\partial \mathbf{q}_i} = \sum_{j=1}^{n} \frac{\partial u_{ij}}{\partial \mathbf{q}_1} + \varrho \int \frac{\partial u_{1,n+1}}{\partial \mathbf{q}_1} g^{(n+1)}\, d\mathbf{q}_{n+1} \qquad \text{(VIII 87)}$$

mit dem Spezialfall

$$-\frac{\partial W^{(2)}}{\partial \mathbf{q}_1} = kT\,\frac{\partial \ln g^{(2)}(\mathbf{q}_1,\,\mathbf{q}_2)}{\partial \mathbf{q}_1} = -\frac{\partial u_{12}}{\partial \mathbf{q}_1} - \varrho \int \frac{\partial u_{13}}{\partial \mathbf{q}_1}\,\frac{g^{(3)}(\mathbf{q}_1,\,\mathbf{q}_2,\,\mathbf{q}_3)}{g^{(2)}(\mathbf{q}_1,\,\mathbf{q}_2)}\,d\mathbf{q}_3\,. \qquad \text{(VIII 88)}$$

Das Superpositionsprinzip lautet jetzt

$$g^{(3)}(\mathbf{q}_1,\,\mathbf{q}_2,\,\mathbf{q}_3) = g^{(2)}(r_{12})\,g^{(2)}(r_{23})\,g^{(2)}(r_{31})\,. \qquad \text{(VIII 89)}$$

Schließlich schreiben wir die BORN-GREENsche Gleichung

$$\frac{\partial g^{(2)}(r_{12})}{\partial \mathbf{q}_1} + \frac{\partial u_{12}}{\partial \mathbf{q}_1}\,\frac{g^{(2)}(r_{12})}{kT} = -\varrho g^{(2)}(r_{12}) \int \frac{\partial u_{13}}{\partial \mathbf{q}_1}\,\frac{g^{(2)}(r_{23})\,g^{(2)}(r_{31})}{kT}\,d\mathbf{q}_3\,. \qquad \text{(VIII 90)}$$

Die BORN-GREENsche Gleichung läßt sich ohne Schwierigkeit für Vielkomponentensysteme verallgemeinern. Wir gehen darauf nicht näher ein und behandeln hier dieses Problem nach der KIRKWOODschen Methode[2].

Wir gehen dabei aus von Gl. (VIII 62). Durch logarithmische Differentiation erhalten wir daraus

$$\frac{\partial W^{(2)}_{sj}(a_s)}{\partial a_s} = {}^{sj}\overline{U_s^{(N)}(a_s)} - \overline{U_s^{(N)}(a_s)}\,. \qquad \text{(VIII 91)}$$

Hier ist

$${}^{sj}\overline{U_s^{(N)}(a_s)} = \frac{\displaystyle\int \ldots \int U_s\, e^{-\dfrac{U^{(N-1)} + a_s U_s^{(N)}}{kT}}\, d\mathbf{q}_3 \ldots d\mathbf{q}_N}{\displaystyle\int \ldots \int e^{-\dfrac{U^{(N-1)} + a_s U_s^{(N)}}{kT}}\, d\mathbf{q}_3 \ldots d\mathbf{q}_N}\,. \qquad \text{(VIII 92)}$$

Diese Größe stellt somit den Mittelwert von $U_s^{(N)}$ bei festgehaltener Lage der Moleküle s und j dar. Die durch Gl. (VIII 58) definierte Größe $\overline{U_s^{(N)}(a_s)}$ ist dagegen der Mittelwert von U_s über alle Konfigurationen des Systems. Nach Gl. (VIII 53) ist nun

$${}^{sj}\overline{U_s^{(N)}(a_s)} = u_{sj} + \sum_{k=1}^{N} {}^{sj}\overline{u_{sk}}\,, \qquad (k \neq s,\,j) \qquad \text{(VIII 93)}$$

da der Term u_{sj} durch die Mittelwertbildung (VIII 92) nicht berührt wird. Wir können nun eine ähnliche Überlegung anstellen wie bei Gl. (VIII 60). Da die u_{sk} nur von den Koordinaten der Moleküle s und k abhängen, dürfen wir schreiben

$${}^{sj}\overline{u_{sk}(a_s)} = \frac{1}{V} \int u_{ik}\, e^{-\dfrac{W^{(3)}_{sjk}(a_s) - W^{(2)}_{sj}(a_s)}{kT}}\, d\mathbf{q}_k\,, \qquad \text{(VIII 94)}$$

---

[1] BORN, M., u. H. S. GREEN: Proc. Roy. Soc. (London) A **188**, 10 (1946).
[2] KIRKWOOD, J. G.: J. Chem. Phys. **3**, 300 (1935).

wo

$$e^{-\frac{W^{(3)}_{sjk}(a_s)}{kT}} = V^3 \frac{\int \ldots \int e^{-\frac{U^{(N-1)}+a_s U^{(N)}_s}{kT}} d\mathbf{q}_4 \ldots d\mathbf{q}_N}{\int \ldots \int e^{-\frac{U^{(N-1)}+a_s U^{(N)}_s}{kT}} d\mathbf{q}_1 \ldots d\mathbf{q}_N} \qquad \text{(VIII 95)}$$

und $W^{(2)}_{sj}(a_s)$ durch Gl. (VIII 62) definiert ist. Man sieht sofort, daß $W^{(3)}_{sjk}$ das Potential der auf das Molekül s wirkenden Durchschnittskraft ist, wenn die Moleküle s, j und k festgehalten werden. Wenn wir jetzt noch $\overline{U^{(N)}_s(a_s)}$ durch Gl. (VIII 63) ausdrücken, wird aus (VIII 91)

$$\frac{\partial W^{(2)}_{sj}(a_s)}{\partial a_s} = u_{sj} + \frac{1}{V} \sum_{k=1}^{N} \int u_{sk} \left[e^{-\frac{W^{(3)}_{sjk}(a_s)-W^{(2)}_{sj}(a_s)}{kT}} - e^{-\frac{W^{(2)}_{sk}(a_s)}{kT}} \right] d\mathbf{q}_k \qquad \text{(VIII 96)}$$

oder, wenn wir die Indices auf die Komponenten beziehen,

$$\frac{\partial W^{(2)}_{sj}(a_s)}{\partial a_s} = u_{sj} + \sum_{k=1}^{m} \varrho_k \int u_{sk} \left[e^{-\frac{W^{(3)}_{sjk}(a_s)-W^{(2)}_{sj}(a_s)}{kT}} - e^{-\frac{W^{(2)}_{sk}(a_s)}{kT}} \right] d\mathbf{q}_k , \qquad \text{(VIII 97)}$$

wo ϱ_k die molekulare Dichte der Komponente k bezeichnet. An dieser Stelle führen wir wieder das Superpositionsprinzip ein, das wir jetzt schreiben

$$W^{(3)}_{sjk}(a_s) = W^{(2)}_{sj}(a_s) + W^{(2)}_{jk} + W^{(2)}_{sk}(a_s) . \qquad \text{(VIII 98)}$$

Dann wird aus (VIII 97)

$$\frac{\partial W^{(2)}_{sj}(a_s)}{\partial a_s} = u_{sj} + \sum_{k=1}^{m} \varrho_k \int u_{sk}\, e^{-\frac{W^{(2)}_{sk}(a_s)}{kT}} \left[e^{-\frac{W^{(2)}_{jk}(a_s)}{kT}} - 1 \right] d\mathbf{q}_k . \qquad \text{(VIII 99)}$$

Mit Benutzung von Gl. (VIII 65) können wir dafür schreiben

$$-kT \frac{\partial \ln g^{(2)}_{sj}(a_s)}{\partial a_s} = u_{sj} + \sum_{k=1}^{m} \varrho_k \int u_{sk}\, g^{(2)}_{sk}(a_s)\, [g^{(2)}_{jk} - 1]\, d\mathbf{q}_k . \qquad \text{(VIII 100)}$$

Wir bezeichnen dieses Gleichungssystem, zum Unterschied von den in § 8.6 zu behandelnden Gleichungen, als die KIRKWOODschen Gleichungen I. Art. Für Einkomponentensysteme reduzieren sie sich auf die Gleichung

$$-kT \frac{\partial \ln g^{(2)}(r_{12}, a_1)}{\partial a_1} = u_{12} + \varrho \int u_{13}\, g^{(2)}(r_{13}, a_1)\, [g^{(2)}(r_{23}) - 1]\, d\mathbf{q}_3 , \qquad \text{(VIII 101)}$$

deren Lösung wir in § 19.4 behandeln. Die Gl. (VIII 90) und (VIII 101) haben eine sehr ähnliche Struktur. Wir werden in § 8.4 sehen, daß beide als Spezialfälle in einem allgemeineren Gleichungssystem enthalten sind.

§ 8.3*. Molekulare Verteilungsfunktionen und große kanonische Gesamtheit

Die Theorie der molekularen Verteilungsfunktionen, die wir in den beiden vorhergehenden Paragraphen auf der Grundlage der kanonischen Gesamtheit entwickelt haben, läßt sich naturgemäß grundsätzlich auch mit Hilfe jeder anderen der in § 7.3 definierten Gesamtheiten darstellen. Die große kanonische Gesamtheit nimmt jedoch eine Sonderstellung ein insofern, als sie einerseits die Temperatur als unabhängige Variable enthält, andererseits die molekularen Verteilungsfunktionen, wie wir in § 8.5 sehen werden, unmittelbar mit den Schwankungen der Teilchenzahlen verknüpft sind. Die Beziehungen zwischen großer Verteilungsfunktion und molekularen Verteilungsfunktionen sind für Einkomponentensysteme zuerst von J. E. MAYER[1], für Vielkomponentensysteme

---

[1] MAYER, J. E.: J. Chem. Phys. **10**, 629 (1942).

von McMillan und Mayer[1] untersucht worden. Die von den letzteren Autoren entwickelte Theorie, mit der wir uns in diesem Paragraphen beschäftigen, führt noch einen weiteren neuen Gesichtspunkt ein. Wir haben bereits erwähnt, daß die molekularen Verteilungsfunktionen notwendig von den thermodynamischen Zustandsgrößen abhängen. Die in § 8.1 abgeleiteten Gleichungen verknüpfen die thermodynamischen Funktionen mit den für die gleichen Werte der Zustandsvariablen definierten molekularen Verteilungsfunktionen. Derartige Zusammenhänge lassen sich naturgemäß auch mit Hilfe der großen kanonischen Gesamtheit formulieren. Wir werden auf diese Frage in § 8.5 zurückkommen. Daneben gibt es jedoch eine zweite Möglichkeit, die thermodynamischen Funktionen durch die molekularen Verteilungsfunktionen darzustellen. Sie besteht im wesentlichen darin, daß in gewissen Reihenentwicklungen der thermodynamischen Funktionen die molekularen Verteilungsfunktionen eines willkürlich gewählten Normalzustandes (z. B. bei Gasen oder Lösungen des Zustandes unendlicher Verdünnung) als Koeffizienten auftreten. Die große Bedeutung dieser Darstellung beruht einmal darauf, daß sie die Verbindung herstellt mit einer anderen mathematischen Transformation des Phasenintegrals, die dasselbe mit Hilfe der sog. cluster-Integrale ausdrückt. Zum anderen führt die Theorie auf ein sehr allgemeines System von Integralgleichungen für die molekularen Verteilungsfunktionen, welches, wie erwähnt, die Born-Greensche Gleichung und die Kirkwoodschen Gleichungen I. Art als Spezialfälle enthält.

Wir wollen hier die Theorie von vornherein für Vielkomponentensysteme entwickeln. Um einigermaßen übersichtliche Gleichungen zu erhalten, ist es daher notwendig, eine abgekürzte Notierung zu benutzen, deren Grundsätze (die wir z. T. schon früher benutzt haben) wir zunächst zusammenstellen. Mit $\mathbf{q}_{ik}$ bezeichnen wir den Satz der Koordinaten des i-ten Moleküls der Sorte k[2]. Wir brauchen uns nicht auf Massenpunkte zu beschränken, transformieren aber dann zweckmäßig von vornherein auf Koordinaten der Molekülschwerpunkte und der inneren Freiheitsgrade (Rotationen, Schwingungen). $d\mathbf{q}_{ik}$ ist dann das Produkt der Differentiale dieser Koordinaten mit Einschluß der Jakobischen Determinanten für die erwähnte Transformation. Ein eingeklammerter oberer Index bedeutet stets, daß die betreffende Größe oder der Satz von Größen sich auf eine Gruppe von Molekülen bezieht. Es ist also $\mathbf{q}^{(n)}$ der Satz der Koordinaten von n Molekülen, $d\mathbf{q}^{(n)}$ das Produkt ihrer Differentiale. Dabei kann durch die unteren Indizes zwischen bestimmten Molekülen unterschieden werden. Bei Größen, die sich nicht auf Einzelmoleküle beziehen (Molekülzahlen, chemische Potentiale usw.), bezeichnet der untere Index stets die Komponente. Wenn solche Größen ohne Index geschrieben werden, ist damit der vollständige Satz derselben für alle Komponenten gemeint, soweit es sich um einfache Aufzählung (z. B. der Argumente einer Funktion) handelt. Darüber hinaus ersetzen wir durch diese Schreibweise Produkte und Summen über die Komponenten. Es soll also beispielsweise gelten

$$\varrho^N = \varrho_1^{N_1}\, \varrho_2^{N_2} \cdots \varrho_m^{N_m} \tag{VIII 102}$$

oder

$$N! = N_1!\, N_2! \ldots N_m! \tag{VIII 103}$$

sowie

$$\mu N = \sum_{i=1}^{m} \mu_i\, N_i. \tag{VIII 104}$$

---

[1] McMillan, W. G., u. J. E. Mayer: J. Chem. Phys. 13, 276 (1945).

[2] In dieser allgemeineren Bedeutung ist $\mathbf{q}_{ik}$ ein Vektor im Konfigurationsraum des Moleküls.

Durch diese Notierung wird erreicht, daß in wichtigen Fällen für Vielkomponentensysteme formal dieselben Gleichungen gelten wie für Einkomponentensysteme.

Wir haben jetzt noch einige Größen zu definieren, die wir im folgenden häufig verwenden werden. Da in den Gleichungen der großen kanonischen Gesamtheit die chemischen Potentiale als Exponentialfunktionen auftreten, ist es zweckmäßig, von vornherein diese Exponentialfunktionen als unabhängige Variable einzuführen, wie wir es schon in Kapitel IV und VII getan haben. Wir definieren also Fugazitäten Z_i durch die Gleichung

$$Z_i = C \cdot e^{\frac{\mu_i}{kT}}, \qquad (VIII\ 105)$$

wo die Konstante C durch die Normierungsbedingung

$$\lim_{\bar{\varrho} \to 0} \frac{Z_i}{\varrho_i} = 1 \qquad (VIII\ 106)[1]$$

festgelegt ist. Diese Festsetzung besagt, daß die Fugazitäten in die molekularen Dichten übergehen, wenn das System sich dem idealen Gaszustand nähert[2]. Um C explizit zu berechnen, bezeichnen wir die auf einen zunächst willkürlichen Normalzustand bezogenen Größen durch einen Stern und können dann die Gl. (VIII 105) schreiben

$$Z_i = e^{\frac{\mu_i}{kT}} \lim_{\bar{\varrho} \to 0} \left(\bar{\varrho}_i^* \, e^{-\frac{\mu_i^*}{kT}} \right). \qquad (VIII\ 107)$$

Nun gilt für das ideale Gas nach Gl. (IV 58) und (IV 78)

$$\mu_i = kT \left[\ln \bar{N}_i - \ln f_i(T) \right], \qquad (VIII\ 108)$$

wo $f_i(T)$ die Verteilungsfunktion des Einzelmoleküls der Sorte i ist. Es ist dahei

$$\lim_{\bar{\varrho} \to 0} \left[\frac{\bar{N}_i^*}{f_i(T)} e^{-\frac{\mu_i^*}{kT}} \right] = \frac{V}{f_i(T)} \lim_{\bar{\varrho} \to 0} \left[\bar{\varrho}_i^* \, e^{-\frac{\mu_i^*}{kT}} \right] = 1 . \qquad (VIII\ 109)$$

Damit wird aus Gl. (VIII 105)

$$Z_i = \frac{f_i(T)}{V} e^{\frac{\mu_i}{kT}} . \qquad (VIII\ 110)$$

Von den in Kap. IV eingeführten absoluten Aktivitäten unterscheiden sich diese Fugazitäten dadurch, daß in ihre Definition die durch Gl. (VIII 106) gegebene Normierung eingeschlossen ist. Da häufiger Quotienten aus Fugazitäten und molekularen Dichten vorkommen, definieren wir Aktivitätskoeffizienten $\gamma_i(Z)$ durch die Gleichung

$$\gamma_i(Z) = \frac{Z_i}{\varrho_i} . \qquad (VIII\ 111)$$

Für das ideale Gas wird somit $\gamma_i = 1$. Die molekularen Verteilungsfunktionen hängen jetzt, außer von den Koordinaten, von der Temperatur und den Fugazitäten ab. Es ist also

$$\varrho^{(n)} = \bar{\varrho}^n \, g^{(n)} (Z, \mathbf{q}^{(n)}) \qquad (VIII\ 112)$$

die Wahrscheinlichkeitsdichte, beim Fugazitätensatz Z n Moleküle, die nur im Hinblick auf die Komponenten, aber nicht als Einzelmoleküle spezifiziert sind,

---

[1] Im Hinblick auf die Verwendung der großen Gesamtheit schreiben wir von vornherein mittlere Dichten.

[2] Die von LEWIS und RANDALL (Thermodynamik, deutsch von O. REDLICH, Wien 1927) eingeführten Fugazitäten f_i unterscheiden sich von den hier benutzten durch die Normierung. Es ist $f_i = kT Z_i$.

bei dem Koordinatensatz $\mathbf{q}^{(n)}$ anzutreffen. Für die Normierung gilt naturgemäß auch hier

$$\lim_{V \to \infty} \left[\frac{1}{V^n} \int \cdots \int g^{(n)}\left(Z, \mathbf{q}^{(n)}\right) d\mathbf{q}^{(n)} \right] = 1 \,. \qquad \text{(VIII 113)}$$

Nach diesen Vorbereitungen können wir uns nun der Theorie selbst zuwenden. Der erste Schritt besteht darin, daß die große Verteilungsfunktion mit Hilfe der molekularen Verteilungsfunktionen ausgedrückt wird. Nach Gl. (VII 1) ist die Wahrscheinlichkeit, daß sich im Volumen V der Satz N von Molekülen befindet, und zwar unspezifiziert bei den Koordinaten $\mathbf{q}^{(N)}$

$$W(N, \mathbf{q}^{(N)})\, d\mathbf{q}^{(N)} = e^{\frac{-PV + N\mu}{kT}} \frac{1}{\lambda^{3N}\,[\varphi(T)]^N}\, e^{-\frac{U^{(N)}}{kT}}\, d\mathbf{q}^{(N)} \,. \quad \text{(VIII 114)}[1]$$

Hier ist λ durch Gl. (VIII 4) definiert, und $\varphi(T)$ [2] ist der analoge Ausdruck, der durch Integration über die kinetische Energie der inneren Freiheitsgrade entsteht. Seine explizite Gestalt, die von der Molekülstruktur abhängt, ist hier ohne Interesse. Die Wahrscheinlichkeitsdichte, daß im Volumen V $N + n$ Moleküle sind und von diesen sich N unspezifizierte Moleküle bei den Koordinaten $\mathbf{q}^{(N)}$ befinden, ohne Rücksicht auf die Lage der restlichen n Moleküle, ist

$$\int \frac{(N + n)!}{n!}\, W\left(N + n, \mathbf{q}^{(N+n)}\right) d\mathbf{q}^{(n)} \,. \qquad \text{(VIII 115)}$$

Summieren wir diesen Ausdruck über alle Werte des Satzes n, so erhalten wir die Wahrscheinlichkeitsdichte, daß im Volumen V bei der Temperatur T und dem Fugazitätensatz Z sich N unspezifizierte Moleküle bei den Koordinaten $\mathbf{q}^{(N)}$ befinden, ohne Rücksicht darauf, wieviel Moleküle insgesamt im Volumen V enthalten sind. Diese Wahrscheinlichkeitsdichte ist aber andererseits durch den Ausdruck (VIII 112) gegeben. Wir erhalten daher durch Gleichsetzen

$$\varrho^N g^{(N)}\left(Z, \mathbf{q}^{(N)}\right) = e^{-\frac{PV}{kT}} \sum_{n \geq 0} e^{\frac{(N+n)\mu}{kT}}\, \frac{(N+n)!}{n!}\, \frac{\int e^{-\frac{U^{(N+n)}}{kT}}\, d\mathbf{q}^{(n)}}{\lambda^{3(N+n)}\,[\varphi(T)]^{(N+n)}} \,. \quad \text{(VIII 116)}$$

Ersetzen wir die chemischen Potentiale durch Fugazitäten, so wird daraus

$$\left(\frac{\varrho}{Z}\right)^N g^{(N)}\left(Z, \mathbf{q}^{(N)}\right)$$

$$= e^{-\frac{PV}{kT}} \sum_{n \geq 0} \frac{Z^n}{n!} \int (N+n)! \left(\frac{V}{f(T)}\right)^{N+n} \frac{e^{-\frac{U^{(N+n)}}{kT}}}{\lambda^{3(N+n)}\,[\varphi(T)]^{(N+n)}}\, d\mathbf{q}^{(n)} \,. \qquad \text{(VIII 117)}$$

Lassen wir jetzt alle Z_i (und damit auch P) gegen Null gehen, so bleibt auf der rechten Seite von (VIII 117) nur der Term mit $n = 0$. Es wird also mit Berücksichtigung von Gl. (VIII 106)

$$g^{(N)}(0, \mathbf{q}^{(N)}) = N! \left(\frac{V}{f(T)}\right)^N \frac{e^{-\frac{U^{(N)}}{kT}}}{\lambda^{3N}\,[\varphi(T)]^N} \,. \qquad \text{(VIII 118)}$$

Führen wir diesen Ausdruck in (VIII 117) ein, so folgt

$$\left(\frac{\varrho}{Z}\right)^N g^{(N)}\left(Z, \mathbf{q}^{(N)}\right) = e^{-\frac{PV}{kT}} \sum_{n \geq 0} \frac{Z^n}{n!} \int g^{(N+n)}\left(0, \mathbf{q}^{(N+n)}\right) d\mathbf{q}^{(n)} \,. \quad \text{(VIII 119)}$$

---

[1] Das Symbol W für die Wahrscheinlichkeit ist nicht zu verwechseln mit den Potentialen der Durchschnittskräfte.

[2] Diese Funktion, die für die weiteren Ableitungen keine Rolle spielt, ist nicht mit der Funktion $\varphi_s(T)$ der Gl. (VIII 69) identisch.

Dafür kann mit Benutzung von (VII 33) geschrieben werden

$$\varXi(Z, T) \left(\frac{\bar{\varrho}}{Z}\right)^N g^{(N)}(Z, \mathbf{q}^{(N)}) = \sum_{n \geq 0} \frac{Z^n}{n!} \int g^{(N+n)}\, (0,\, \mathbf{q}^{(N+n)})\, d\mathbf{q}^{(n)}\,. \qquad \text{(VIII 120)}$$

Lassen wir jetzt $N \to 0$ gehen, so erhalten wir als Spezialfall von (VIII 120)

$$\varXi(Z, T) = \sum_{n \geq 0} \frac{Z^n}{n!} \int g^{(n)}\, (0,\, \mathbf{q}^{(n)})\, d\mathbf{q}^{(n)}\,. \qquad \text{(VIII 121)}$$

Damit haben wir die große Verteilungsfunktion als Entwicklung nach Fugazitäten dargestellt, deren Koeffizienten Integrale über die molekularen Verteilungsfunktionen für $Z \to 0$ sind. Wir können (VIII 120) und (VIII 121) als Taylorsche Reihen an der Stelle $Z = 0$ auffassen. Diese Entwicklungen lassen sich ohne Schwierigkeit für eine beliebige Stelle $Z = Z^*$ verallgemeinern. Aus Gl. (VIII 120) folgt zunächst

$$\frac{\partial^m}{\partial Z^m}\left[\varXi(Z, T) \left(\frac{\bar{\varrho}}{Z}\right)^N g^{(N)}\,(Z, \mathbf{q}^{(N)})\right] = \sum_{n \geq m} \frac{Z^{n-m}}{(n-m)!} \int g^{(N+n)}\, (0,\, \mathbf{q}^{(N+n)})\, d\mathbf{q}^{(n)}\,.$$

$$\text{(VIII 122)}$$

Die rechte Seite dieser Gleichung können wir durch (VIII 120) ausdrücken, wenn wir beachten, daß dort an Stelle von n jetzt $n - m$, an Stelle von N jetzt $N + m$ tritt und daß wir die letztere Gleichung noch zusätzlich über m weitere Koordinaten zu integrieren haben. Es ergibt sich dann

$$\frac{\partial^m}{\partial Z^m}\left[\varXi(Z, T) \left(\frac{\bar{\varrho}}{Z}\right)^N g^{(N)}\,(Z, \mathbf{q}^{(n)})\right] = \varXi(Z, T) \left(\frac{\bar{\varrho}}{Z}\right)^{N+m} \int g^{(N+m)}\, (0,\, \mathbf{q}^{(N+m)})\, d\mathbf{q}^{(m)}\,.$$

$$\text{(VIII 123)}$$

Damit lassen sich ohne weiteres die gesuchten Reihen konstruieren. Sie lauten, wenn wir zur Abkürzung $Z - Z^* = \varDelta Z$ setzen

$$\varXi(Z, T) \left(\frac{\bar{\varrho}}{Z}\right)^N g^{(N)}\,(Z, \mathbf{q}^{(N)})$$

$$= \varXi(Z^*, T) \sum_{n \geq 0} \frac{(\varDelta Z)^n}{n!} \int \left(\frac{\bar{\varrho}^*}{Z^*}\right)^{N+n} g^{(N+n)}\, (Z^*,\, \mathbf{q}^{(N+n)})\, d\mathbf{q}^{(n)} \qquad \text{(VIII 124)}$$

und für $N \to 0$

$$\varXi(Z, T) = \varXi(Z^*, T) \sum_{n \geq 0} \frac{(\varDelta Z)^n}{n!} \int \left(\frac{\bar{\varrho}^*}{Z^*}\right)^{n} g^{(n)}\, (Z^*,\, \mathbf{q}^{(n)})\, d\mathbf{q}^{(n)}\,. \qquad \text{(VIII 125)}$$

Die Aufgabe, die große Verteilungsfunktion durch die molekularen Verteilungsfunktionen eines Normalzustandes auszudrücken, ist damit gelöst. Die Reihen sind absolut konvergent, da $g^{(N+n)}$ positiv ist und gegen Null geht, wenn die Zahl der Moleküle in dem Volumen V so groß wird, daß zwischen den Molekülen nur noch Abstoßungskräfte wirken. Sie konvergieren jedoch außerordentlich langsam, da für den maximalen Term $N + n$ gleich der mittleren Zahl der Moleküle im Volumen V für die betreffenden Bedingungen, d. h. für makroskopische Systeme von der Größenordnung 10^{23} ist. Durch eine weitere Umformung läßt sich die Konvergenz wesentlich verbessern. Bevor wir uns dieser Frage zuwenden, wollen wir zunächst auch hier die Beziehung zwischen den molekularen Verteilungsfunktionen und den Potentialen der Durchschnittskräfte betrachten.

Wir nehmen an, daß sich im Volumen V gerade $N + n$ Moleküle befinden. Bei gegebener Konfiguration wirkt auf ein Molekül i der Sorte k längs der Koordinate q_{lik} eine generalisierte Kraftkomponente

$$f_{lik} = -\frac{\partial U^{(N+n)}}{\partial q_{lik}}\,. \qquad \text{(VIII 126)}$$

Die Wahrscheinlichkeitsdichte, daß sich im Volumen V $N + n$ Moleküle befinden und von diesen n spezifiziert den Koordinatensatz $\mathbf{q}^{(n)}$ besetzen, während die restlichen N Moleküle beliebig auf den Koordinatensatz $\mathbf{q}^{(N)}$ verteilt sind, ist nach Gl. (VIII 110), (VIII 114) und (VIII 118)

$$\frac{(N + n)!}{n!}\, W(N + n, \mathbf{q}^{(N+n)}) = e^{-\frac{PV}{kT}}\, \frac{Z^{N+n}}{n!}\, g^{(N+n)}(0, \mathbf{q}^{(N+n)})\,. \qquad \text{(VIII 127)}$$

Die Durchschnittskraft über alle Konfigurationen der n Moleküle erhalten wir, indem wir (VIII 126) mit (VIII 127) multiplizieren, über die Koordinaten $\mathbf{q}^{(n)}$ integrieren, über alle Werte von n summieren und schließlich durch die Summe der Integrale von (VIII 127) dividieren. Wir haben also

$$\bar{f}_{lik} = \frac{e^{-\frac{PV}{kT}} \sum\limits_{n \geq 0} \frac{Z^n}{n!} \int \left(-\frac{\partial U^{(N+n)}}{\partial q_{lik}} \right) g^{(N+n)}(0, \mathbf{q}^{(N+n)})\, d\mathbf{q}^{(n)}}{e^{-\frac{PV}{kT}} \sum\limits_{n \geq 0} \frac{Z^n}{n!} \int g^{(N+n)}(0, \mathbf{q}^{(N+n)})\, d\mathbf{q}^{(n)}}\,. \qquad \text{(VIII 128)}$$

Drücken wir nun $g^{(N+n)}(0, \mathbf{q}^{(N+n)})$ durch (Gl. VIII 118) aus und benutzen Gl. (VIII 119), so folgt

$$\bar{f}_{lik} = \frac{\partial}{\partial q_{lik}} \left[kT \ln g^{(N)}(Z, \mathbf{q}^{(N)}) \right]\,. \qquad \text{(VIII 129)}$$

Für das Potential der Durchschnittskraft gilt somit

$$W^{(N)}(Z, \mathbf{q}^{(N)}) = - kT \ln g^{(N)}(Z, \mathbf{q}^{(N)})\,. \qquad \text{(VIII 130)}$$

Diese Gleichung entspricht völlig der Gl. (VIII 17). Da nach (VIII 118) bei geeigneter Normierung der potentiellen Energie

$$g^{(N)}(0, \mathbf{q}^{(N)}) = e^{-\frac{U^{(N)}}{kT}} \qquad \text{(VIII 131)}$$

ist, folgt

$$\lim_{Z \to 0} W^{(N)}(Z, \mathbf{q}^{(N)}) = U^{(N)}(\mathbf{q}^{(N)})\,. \qquad \text{(VIII 132)}$$

In diesem Sinne kann das MAXWELL-BOLTZMANNsche Gesetz als ein aus der allgemeineren Gl. (VIII 130) folgendes Grenzgesetz für $Z \to 0$ bzw. $\varrho \to 0$ aufgefaßt werden.

Das Potential der Durchschnittskraft können wir allgemein darstellen in der Form

$$W^{(N)} = \sum_i w^{(1)}(\mathbf{q}_i) + \sum_{N \geq i \geq j \geq 1} \sum w^{(2)}(\mathbf{q}_i, \mathbf{q}_j) + \sum_{N \geq i \geq j \geq k} \sum \sum w^{(3)}(\mathbf{q}_i, \mathbf{q}_j, \mathbf{q}_k) + \cdots. \qquad \text{(VIII 133)}$$

Dabei ist

$$w^{(1)} = W^{(1)}$$
$$w^{(2)} = W^{(2)}(\mathbf{q}_i, \mathbf{q}_j) - W^{(1)}(\mathbf{q}_i) - W^{(1)}(\mathbf{q}_j)$$
$$w^{(3)} = W^{(3)}(\mathbf{q}_i, \mathbf{q}_j, \mathbf{q}_k) - W^{(2)}(\mathbf{q}_i, \mathbf{q}_j) - W^{(2)}(\mathbf{q}_j, \mathbf{q}_k) - \qquad \text{(VIII 134)}$$
$$- W^{(2)}(\mathbf{q}_k, \mathbf{q}_i) + W^{(1)}(\mathbf{q}_i) + W^{(1)}(\mathbf{q}_j) + W^{(1)}(\mathbf{q}_k) \quad \text{usw.}$$

Verstehen wir unter $\mathbf{q}^{\binom{n}{N}}$ einen aus den Koordinaten von n Molekülen bestehenden Unter-Satz des Koordinatensatzes $\mathbf{q}^{(N)}$, so können wir Gl. (VIII 133) schreiben

$$W^{(N)} = \sum_{\binom{n}{N}} w^{(n)}\!\left(Z, \mathbf{q}^{\binom{n}{N}}\right), \qquad \text{(VIII 135)}$$

wo die Summe über alle möglichen Unter-Sätze zu erstrecken ist. Für fluide Phasen ist $w^{(1)} = W^{(1)} = 0$ und somit $w^{(2)} = W^{(2)}$. Das Superpositionsprinzip besagt, daß $w^{(n)} = 0$ ist für $n \geq 3$. In dieser Formulierung kann dasselbe auf beliebige Phasen angewandt werden. Dagegen sieht man aus Gl. (VIII 134) sofort, daß die spezielleren Gl. (VIII 83), (VIII 84), (VIII 85) und (VIII 89) auch als Näherung nur für fluide Phasen gültig sein können, da sie voraussetzen, daß $w^{(2)} = W^{(2)}$ ist, was für kristalline Phasen prinzipiell nicht zutrifft[1]. Aus dem Zusammenhang zwischen den Potentialen der Durchschnittskräfte und den molekularen Verteilungsfunktionen folgt in Verbindung mit (VIII 134), daß $w^{(n)}$ gegen Null geht, wenn es sich um zwischenmolekulare Kräfte kurzer Reichweite handelt und einer der betreffenden zwischenmolekularen Abstände gegen Unendlich geht. Wir bemerken noch, daß gelegentlich[2,3] molekulare Verteilungsfunktionen gebraucht werden, welche durch

$$g^{(n)'} = - kT \ln w^{(n)} \qquad \text{(VIII 136)}$$

definiert sind. Die jeweilige Definition muß daher sorgfältig beachtet werden, um Verwechslungen zu vermeiden.

Die bisherigen Überlegungen dieses Paragraphen gelten streng und allgemein. Von den grundlegenden Gl. (VIII 124) und (VIII 125) ausgehend, kann nun die Theorie in zwei Richtungen weiterentwickelt werden. Der eine Weg, mit dem wir uns im folgenden beschäftigen, besteht, wie schon angedeutet, darin, daß durch eine geeignete Umformung die Konvergenz der Reihen verbessert wird und diese damit, wenigstens im Prinzip, für explizite Rechnungen brauchbar gemacht werden. Für die Durchführung dieser Rechnung muß man jedoch gewisse Annahmen über die Natur des Systems einführen. Die Anwendbarkeit des Verfahrens ist aber noch in anderer Hinsicht begrenzt. Wir haben in § 7.6 gesehen, daß eine Entwicklung von $\ln \varXi$ nach Potenzen der Fugazität, wenn man zur Grenze unendlich großer Systeme übergeht, an der Stelle einer Phasenumwandlung divergiert. Die Reihe kann daher nur zur Berechnung dienen, wenn der Normalzustand und der betrachtete Zustand der gleichen Phase angehören. Als bekannt, d. h. einer direkten Berechnung zugänglich, können aber nur die molekularen Verteilungsfunktionen für $Z = 0$ angesehen werden, die sich nach Gl. (VIII 131) aus den zwischenmolekularen Potentialen berechnen lassen. Man gelangt daher auf diesem Wege zwar zu den thermodynamischen Eigenschaften eines realen Gases, aber nicht zu denen der entsprechenden Flüssigkeit. Es kommt hinzu, daß für reine Flüssigkeiten isotherme Zustandsänderungen nur von geringerem Interesse sind und daher die Methode des Normalzustandes innerhalb der Phase (ebenso wie in der Thermodynamik) wenig Sinn hat. Dagegen liegen die Verhältnisse wieder günstiger für flüssige Gemische. Wählt man hier als Normalzustand die unendliche Verdünnung in bezug auf $m - 1$ Komponenten, so gelangt man zwar wieder nicht zu Formeln, die eine explizite Berechnung der thermodynamischen Eigenschaften aus den zwischenmolekularen Potentialen ermöglichen. Es lassen sich aber auf diesem Wege wichtige allgemeine Aussagen ableiten; außerdem ergeben sich wertvolle Gesichtspunkte für die Begründung modellmäßiger Rechnungen. Die folgenden Untersuchungen stellen daher im wesentlichen einen Beitrag zur Theorie der Gase und flüssigen Gemische dar. Wir bringen sie jedoch bereits an dieser Stelle, da sie für das Verständnis des Aufbaues der Theorie von großer Bedeutung sind. Der zweite der von Gl. (VIII 124) ausgehenden Wege, den wir in § 8.4 behandeln,

---

[1] MAYER, J. E.: Annual Rev. Phys. Chem. **1**, 175 (1950).
[2] KIRKWOOD, J. G., u. E. MONROE: J. Chem. Phys. **9**, 514 (1941). Vgl. § 19.6.
[3] KIRKWOOD, J. G., u. E. MONROE-BOGGS: J. Chem. Phys. **10**, 394 (1942).

führt zu einem allgemeinen System von Integralgleichungen für die molekularen Verteilungsfunktionen; da hier die oben erwähnten Schwierigkeiten nicht auftreten, bildet er insofern eine notwendige Ergänzung der folgenden Ableitungen.

Wir führen jetzt die folgenden Annahmen ein: Betrachten wir zwei Gruppen von Molekülen, die zu den Koordinatensätzen $\mathbf{q}^{(\nu)}$ und $\mathbf{q}^{(\mu)}$ gehören und bezeichnen mit $r_{\nu\mu}$ den Abstand der beiden einander nächsten Moleküle der beiden Gruppen, so soll gelten

$$\lim_{r_{\nu\mu}\to\infty} g^{(\nu+\mu)}(Z, \mathbf{q}^{(\nu+\mu)}) = g^{(\nu)}(Z, \mathbf{q}^{(\nu)}) \cdot g^{(\mu)}(Z, \mathbf{q}^{(\mu)}) . \qquad \text{(VIII 137)}$$

Die Korrelation zwischen den beiden Molekülgruppen soll also mit zunehmender Entfernung asymptotisch verschwinden. Auf Grund der Gl. (VIII 130) und (VIII 134) kann diese Annahme auch in der Form

$$\lim_{r_{\nu\mu}\to\infty} w^{(\nu+\mu)}(Z, \mathbf{q}^{(\nu+\mu)}) = 0 \qquad \text{(VIII 138)}$$

ausgesprochen werden. Die zweite Annahme ist eine Verschärfung der ersten und besagt, daß das Integral

$$\lim_{V\to\infty} \int \left[e^{-\frac{w^{(n)}(Z,\mathbf{q}^{(n)})}{kT}} - 1 \right] \prod_{i=1}^{n} \left[e^{-\frac{w^{(1)}(Z,\mathbf{q}_i)}{kT}} \right] d\mathbf{q}^{(n-1)} \qquad \text{(VIII 139)}$$

konvergieren soll. Schließlich nehmen wir an, daß

$$\lim_{n\to\infty} w^{(n)}(Z, \mathbf{q}^{(n)}) = 0 \qquad \text{(VIII 140)}$$

ist für alle Konfigurationen $\mathbf{q}^{(n)}$. Diese Annahmen können als physikalisch vernünftig betrachtet werden für fluide Systeme, welche keine elektrisch geladenen Moleküle enthalten.

Um nun die Gl. (VIII 124) umzuformen, setzen wir eine Entwicklung für die molekularen Verteilungsfunktionen an, die auf folgender Überlegung beruht: Zunächst denken wir uns die Gl. (VIII 124) über die Koordinaten der inneren Freiheitsgrade des Satzes $\mathbf{q}^{(N)}$ integriert. Die molekularen Verteilungsfunktionen beziehen sich dann nur noch auf die räumliche Verteilung der Molekülschwerpunkte; wir haben dann formal die gleichen Verhältnisse wie bei einatomigen Molekülen. Diese Annahme dient nur der Vereinfachung der Überlegung, wird aber bei der mathematischen Formulierung nicht vorausgesetzt. Die so definierten Funktionen $g^{(n)}(Z, \mathbf{q}^{(n)})$ müssen nun, wie schon in § 8.1 erwähnt, gleich Eins sein in dem Teile des Konfigurationsraumes, in welchem alle Abstände zwischen den n Molekülen groß sind. Auf Grund der Voraussetzungen läßt sich daher $g^{(n)}$ darstellen als Summe von Eins und einer Reihe von Korrekturtermen, die nur dann von Null verschieden sind, wenn innerhalb des Satzes $\mathbf{q}^{(n)}$ Paare, Dreiergruppen usw. auftreten, d. h. je zwei, je drei usw. Moleküle nahe benachbart sind. Wenn gleichzeitig mehrere (gleiche oder verschiedene Gruppen) auftreten, die hinreichend voneinander entfernt sind, so muß der betreffende Korrekturterm nach der Voraussetzung ein Produkt von Funktionen sein, die jeweils nur von den Koordinaten der einzelnen Gruppen abhängen. Die Reihe der Korrekturterme ist also eine Summe von Produkten und umfaßt alle möglichen Zerlegungen der n Moleküle in sich gegenseitig ausschließende Untergruppen[1]. Wenn k die Zahl der Untergruppen und l_j die Zahl der Moleküle in der Untergruppe j bezeichnet, so muß für eine bestimmte Zerlegung gelten

$$\sum_{j=1}^{k} l_j = n , \qquad \text{(VIII 141)}$$

---

[1] Damit ist gemeint, daß für jede Zerlegung jedes Molekül in einer und nur einer Untergruppe vorkommt.

und der entsprechende Korrekturterm kann geschrieben werden

$$\prod_{j=1}^{k} h^{(l_j)}\left(Z,\, \mathbf{q}_{(n)}^{(l)}\right).$$ (VIII 142)

Die vollständige Entwicklung lautet daher

$$g^{(n)}(Z,\, \mathbf{q}^{(n)}) = \sum_{k} \prod_{j=1}^{k} h^{(l_j)}\left(Z,\, \mathbf{q}_{(n)}^{(l)}\right),$$ (VIII 143)

wo die Summierung über alle möglichen Zerlegungen in sich gegenseitig ausschließende Untergruppen zu erstrecken ist. Die Funktionen $h^{(l)}$ gehen gegen
Null, wenn der Koordinatensatz $\mathbf{q}^{(l)}$ in zwei Unter-Sätze zerfällt, derart, daß alle
Abstände zwischen Molekülen von verschiedenen Unter-Sätzen gegen Unendlich
gehen. Man verifiziert dies leicht, indem man in Gl. (VIII 137) für alle molekularen Verteilungsfunktionen die Entwicklung (VIII 143) einsetzt.

Für die in Gl. (VIII 124) auftretenden molekularen Verteilungsfunktionen $g^{(N+n)}$
läßt sich naturgemäß ebenfalls die Gl. (VIII 143) anschreiben. Da aber dort
eine Integration über den Koordinatensatz $\mathbf{q}^{(n)}$ gefordert wird, ist es zweckmäßig, die Entwicklung in einer Form anzusetzen, welche den von den Koordinaten $\mathbf{q}^{(n)}$ unabhängigen Anteil als Faktor abspaltet. Wir können dazu eine der
vorhergehenden ganz analoge Überlegung anstellen. Wenn der Koordinaten-
satz $\mathbf{q}^{(N+n)}$ in zwei Gruppen $\mathbf{q}^{(N)}$ und $\mathbf{q}^{(n)}$ zerfällt, derart, daß alle Abstände
zwischen Molekülen verschiedener Gruppen sehr groß sind, so können wir nach
Gl. (VIII 137) und (VIII 143) schreiben

$$g^{(N+n)}(Z,\, \mathbf{q}^{(N+n)}) = g^{(N)}(Z,\, \mathbf{q}^{(N)}) \cdot g^{(n)}(Z,\, \mathbf{q}^{(n)}) = g^{(N)}(Z,\, \mathbf{q}^{(N)}) \cdot \sum_{k} \prod_{j} h^{(l_j)}\left(Z,\, \mathbf{q}_{(n)}^{(l)}\right).$$ (VIII 144)

Um die Fälle zu berücksichtigen, in denen Moleküle des Satzes N solchen des
Satzes l nahe sind, ersetzen wir in (VIII 144) die Funktion $h^{(l)}$ durch neue Funktionen $h^{*(l)}$, welche als Summe aus $h^{(l)}$ und einer Reihe von Korrekturtermen
definiert sind. Jeder dieser Korrekturterme entspricht einem Unter-Satz m
der N Moleküle, welcher mit dem Satz l in Wechselwirkung steht. Die Summe
ist über alle Unter-Sätze der N-Moleküle zu erstrecken. Wir haben also

$$h^{*(l)} = h^{(l)}\left(Z,\, \mathbf{q}_{(n)}^{(l)}\right) + \sum_{\binom{m}{N}} h^{(l\,m)}\left(Z,\, \mathbf{q}_{(n)}^{(l)},\, \mathbf{q}_{(N)}^{(m)}\right).$$ (VIII 145)

Damit wird die vollständige Entwicklung von $g^{(N+n)}$

$$g^{(N+n)}(Z,\, \mathbf{q}^{(N+n)}) = g^{(N)}(Z,\, \mathbf{q}^{(N)}) \sum_{k} \prod_{j} \left[h^{(l_j)}\left(Z,\, \mathbf{q}_{(n)}^{(l)}\right) + \sum_{\binom{m}{N}} h^{(l_j\,m)}\left(Z,\, \mathbf{q}_{(n)}^{(l)},\, \mathbf{q}_{(N)}^{(m)}\right) \right].$$ (VIII 146)

Wir definieren nun neue Funktionen durch die Gleichungen

$$b^{(l)}(Z) = \frac{1}{V\,l!} \int h^{(l)}\left(Z,\, \mathbf{q}_{(n)}^{(l)}\right) d\mathbf{q}_{(n)}^{(l)}$$ (VIII 147)

und

$$b^{(l\,m)}\left(Z,\, \mathbf{q}_{(N)}^{(m)}\right) = \frac{1}{l!} \int h^{(l\,m)}\left(Z,\, \mathbf{q}_{(n)}^{(l)},\, \mathbf{q}_{(N)}^{(m)}\right) d\mathbf{q}_{(n)}^{(l)}.$$ (VIII 148)

Die Größen $b^{(l)}(Z)$ reduzieren sich für $Z \to 0$ auf die sog. cluster-Integrale der
Gastheorie, die wir ausführlich in § 12.1 behandeln. Wir bezeichnen sie daher
als verallgemeinerte cluster-Integrale. Die Größen $b^{(l\,m)}\left(Z,\, \mathbf{q}_{(N)}^{(m)}\right)$, die wir hier

für die vollständigen Entwicklungen benötigen, sind gewissermaßen unvollständige cluster-Integrale. Wir wollen sie cluster-Integrale II. Art nennen. Die Konvergenz dieser Integrale wird durch (VIII 139) gesichert.

Bezeichnen wir mit v_l die Zahl der Unter-Sätze mit l Molekülen, so ist

$$\sum_l v_l \, l = n \, , \tag{VIII 149}$$

und die Zahl der Möglichkeiten, den Satz $\mathbf{q}^{(n)}$ in k Unter-Sätze zu zerlegen, unter denen jeweils v_l aus l Molekülen sind, ist gegeben durch

$$\frac{n!}{\prod\limits_l (l!)^{v_l} \, v_l!} \, . \tag{VIII 150}$$

In der Summe über k in Gl. (VIII 146) tritt daher jede durch einen Satz v_l definierte Zerlegung in Unter-Sätze mit dem Faktor (VIII 150) auf. Integrieren wir nun über den Koordinatensatz $\mathbf{q}^{(n)}$, so erhalten wir mit Gl. (VIII 147) und (VIII 148)

$$\int g^{(N+n)} \left(Z, \mathbf{q}^{(N+n)}\right) d\mathbf{q}^{(n)} = g^{(N)} \left(Z, \mathbf{q}^{(N)}\right) n! \sum_{v_l} \prod_l \frac{\left[V b^{(l)}(Z) + \sum b^{(lm)}\left(Z, \mathbf{q}^{\binom{m}{N}}\right)\right]^{v_l}}{v_l!} \, , \tag{VIII 151}$$

wo die Summe über alle Sätze der v_l zu erstrecken ist, die mit der Nebenbedingung (VIII 149) vereinbar sind. Setzen wir (VIII 151) in (VIII 124) ein und benutzen wieder (VII 33), so folgt

$$e^{\frac{VP(Z)}{kT}} g^{(N)} \left(Z, \mathbf{q}^{(N)}\right) [\gamma(Z)]^{-N} = e^{\frac{VP(Z^*)}{kT}} g^{(N)} \left(Z^*, \mathbf{q}^{(N)}\right) [\gamma(Z^*)]^{-N} \times$$
$$\times \sum_{n \geqq 0} \sum_{v_l} \prod_l \frac{1}{v_l!} \left\{ V b^{(l)}(Z^*) \left[\frac{\Delta Z}{\gamma(Z^*)}\right]^l + \sum_{\binom{m}{N}} b^{(lm)}\left(Z^*, \mathbf{q}^{\binom{m}{N}}\right) \left[\frac{\Delta Z}{\gamma(Z^*)}\right]^l \right\}^{v_l} . \tag{VIII 152}$$

Durch die Summierung über n wird die Bedingung (VIII 149) aufgehoben, Die Summe über v_l stellt dann die Entwicklung einer Exponentialfunktion dar und wir erhalten

$$\exp\left[VP(Z)/kT\right] g^{(N)}(Z, \mathbf{q}^{(N)}) [\gamma(Z)]^{-N} = \exp\left[VP(Z^*)/kT\right] g^{(N)}(Z^*, \mathbf{q}^{(N)}) [\gamma(Z^*)]^{-N} \times$$
$$\times \exp\left[\sum_l \left\{ V b^{(l)}(Z^*) \left[\frac{\Delta Z}{\gamma(Z^*)}\right]^l + \sum_{\binom{m}{N}} b^{(lm)}\left(Z^*, \mathbf{q}^{\binom{m}{N}}\right) \left[\frac{\Delta Z}{\gamma(Z^*)}\right]^l \right\}\right] . \tag{VIII 153}$$

Wir logarithmieren nun diese Gleichung und entwickeln die molekularen Verteilungsfunktionen mit Hilfe der Gl. (VIII 130) und (VIII 135). Dividieren wir noch durch V, so erhalten wir auf beiden Seiten Terme, die von V und den Koordinaten unabhängig sind und ferner Terme, die (außer von V) jeweils nur von einem Koordinatensatz $\mathbf{q}^{\binom{m}{N}}$ abhängen. Die Gleichung zerfällt daher in eine Reihe von Einzelgleichungen, und wir erhalten

$$P(Z) - P(Z^*) = kT \sum_l b^{(l)}(Z^*) \left[\frac{\Delta Z}{\gamma(Z^*)}\right]^l \tag{VIII 154}$$

$$w_k^{(1)}(Z, \mathbf{q}_{ik}) + kT \ln \gamma_k(Z)$$
$$= w_k^{(1)}(Z^*, \mathbf{q}_{ik}) + kT \ln \gamma_k(Z^*) - kT \sum_l b^{(lm)}(Z^*, \mathbf{q}_{ik}) \left[\frac{\Delta Z}{\gamma(Z^*)}\right]^l \tag{VIII 155}$$

$$w^{(m)}\left(Z, \mathbf{q}^{\binom{m}{N}}\right) = w^{(m)}\left(Z^*, \mathbf{q}^{\binom{m}{N}}\right) - kT \sum_l b^{(lm)}\left(Z^*, \mathbf{q}^{\binom{m}{N}}\right) \left[\frac{\Delta Z}{\gamma(Z^*)}\right]^l . \tag{VIII 156}$$

Von diesen Gleichungen sind am wichtigsten (VIII 154) und (VIII 156). Die erstere kann als explizite Darstellung der schon früher verwendeten Gl. (VII 306) aufgefaßt werden. Sie ermöglicht die Berechnung der Druckänderung gegenüber einem Normalzustand mit dem Fugazitätensatz $Z*$ aus den cluster-Integralen und Aktivitätskoeffizienten dieses Normalzustandes innerhalb des Konvergenzbereiches der Reihe. Für $Z* \to 0$ geht sie in die Gleichung für den Druck eines realen Gases über, die wir in Kap. XII auf einem direkten Wege ableiten werden.

Die weitere Entwicklung der Theorie hat in diesem allgemeinen Zusammenhang kein Interesse. Wir werden daher in § 20.2 wieder an Gl. (VIII 154) anknüpfen. Die hier wichtigsten Ergebnisse sind, neben der allgemeinen Ableitung der cluster-Entwicklung, die Zusammenhänge zwischen molekularen Verteilungsfunktionen und cluster-Integralen, da diese beiden Funktionstypen die wesentlichen Methoden für die Behandlung nicht separierbarer fluider Systeme repräsentieren. Wir wollen diese Zusammenhänge, die in den vorhergehenden Gleichungen etwas unübersichtlich sind, jetzt noch einmal gesondert formulieren. Es ist von vornherein klar, daß die molekularen Verteilungsfunktionen selbst, als Funktionen der Koordinaten, sich nur durch die cluster-Integrale II. Art ausdrücken lassen. Die verallgemeinerten cluster-Integrale können dagegen nur mit Integralen über die molekularen Verteilungsfunktionen zusammenhängen. Die erstere Beziehung ergibt sich unmittelbar aus Gl. (VIII 153), wenn wir daraus nur die Gl. (VIII 154) abspalten. Wir bekommen dann

$$g^{(N)}\left(Z, \mathbf{q}^{(N)}\right) \left[\gamma(Z)\right]^{-N} = g^{(N)}\left(Z*, \mathbf{q}^{(N)}\right) \left[\gamma(Z*)\right]^{-N} \times$$

$$\times \exp\left[\sum_l \left\{\sum_{\binom{m}{N}} b^{(lm)}\left(Z*, \mathbf{q}^{\binom{m}{N}}\right) \left[\frac{\Delta Z}{\gamma(Z*)}\right]^l\right\}\right]. \qquad \text{(VIII 157)}$$

Für den Spezialfall der Gase werden wir diese Beziehung auf einem direkten Wege in § 13.1 ableiten.

Um die cluster-Integrale durch die molekularen Verteilungsfunktionen auszudrücken, gehen wir aus von Gl. (VIII 143). Die Umkehrung dieser Gleichung lautet

$$h^{(l)}\left(Z, \mathbf{q}^{(l)}\right) = \Sigma(-1)^{s-1}(s-1)! \prod_{i=1}^{s} g^{(\nu_i)}\left(Z, \mathbf{q}^{\binom{\nu}{l}}\right). \qquad \text{(VIII 158)}$$

Hier ist s die Zahl der Unter-Sätze, in die der Teilsatz $\mathbf{q}^{(l)}$ zerlegt wird, ν_i die Zahl der Moleküle des i-ten Unter-Satzes, und die Summierung ist über alle Zerlegungen in Unter-Sätze zu erstrecken. Der Beweis für die Richtigkeit der Gl. (VIII 158) wird geführt, indem man dieselbe in Gl. (VIII 143) einsetzt und die entstehende Gleichung auf eine Identität zurückführt. Integrieren wir nun Gl. (VIII 158) über den Koordinatensatz $\mathbf{q}^{(l)}$, so folgt mit Gl. (VIII 147)

$$b^{(l)}(Z) = (l!)^{-1}V^{-1} \int \Sigma(-1)^{s-1}(s-1)! \prod_{i=1}^{s} g^{(\nu_i)}\left(Z, \mathbf{q}^{\binom{\nu}{n}}\right) d\mathbf{q}^{(l)}. \qquad \text{(VIII 159)}$$

Es ist also beispielsweise

$$b^{(1)}(Z) = \frac{1}{V} \int g^{(1)}\left(Z, \mathbf{q}_i\right) d\mathbf{q}_i \qquad \text{(VIII 160)}$$

$$b^{(2)}(Z) = \frac{1}{2V} \int\int \left[g^{(2)}\left(Z, \mathbf{q}_i, \mathbf{q}_j\right) - g^{(1)}\left(Z, \mathbf{q}_i\right) g^{(1)}\left(Z, \mathbf{q}_j\right)\right] d\mathbf{q}_i d\mathbf{q}_j \qquad \text{(VIII 161)}$$

$$b^{(3)}(Z) = \frac{1}{6V} \int\int\int \left[g^{(3)}\left(Z, \mathbf{q}_i, \mathbf{q}_j, \mathbf{q}_k\right) - g^{(2)}\left(Z, \mathbf{q}_i, \mathbf{q}_j\right) g^{(1)}\left(Z, \mathbf{q}_k\right) - \right.$$

$$\left. - g^{(2)}\left(Z, \mathbf{q}_j, \mathbf{q}_k\right) g^{(1)}\left(Z, \mathbf{q}_i\right) - g^{(2)}\left(Z, \mathbf{q}_k, \mathbf{q}_i\right) g^{(1)}\left(Z, \mathbf{q}_j\right) + \right. \qquad \text{(VIII 162)}$$

$$\left. + 2 g^{(1)}\left(Z, \mathbf{q}_i\right) g^{(1)}\left(Z, \mathbf{q}_j\right) g^{(1)}\left(Z, \mathbf{q}_k\right)\right] d\mathbf{q}_i d\mathbf{q}_j d\mathbf{q}_k.$$

§ 8.4*. Die Mayerschen Integralgleichungen

Die Methode der cluster-Entwicklung ist, wie wir bereits ausführlich erörtert haben, in ihrer Anwendbarkeit beschränkt. Insbesondere bietet sie keinen Zugang zu dem Problem der reinen Flüssigkeiten. Wir knüpfen jetzt wieder an Gl. (VIII 124) an und wollen den zweiten der von dort ausgehenden Wege verfolgen, der zu einem allgemeinen System von Integralgleichungen für die molekularen Verteilungsfunktionen führt[1, 2].

Für das Folgende ist es zweckmäßig, zunächst noch keinen „Normalzustand" herauszuheben, sondern die beiden Sätze von Fugazitäten Z und Z^* als gleichberechtigt zu betrachten. Die Gl. (VIII 124) schreiben wir jetzt

$$e^{\frac{PV}{kT}} \left(\frac{\bar{\varrho}}{Z}\right)^n g^{(n)}(Z, \mathbf{q}^{(n)}) = e^{\frac{P^*V}{kT}} \sum_{m \geq 0} \frac{(\Delta Z)^m}{m!} \int \left(\frac{\bar{\varrho}^*}{Z^*}\right)^{n+m} g^{(n+m)}(Z^*, \mathbf{q}^{(n+m)}) \, d\mathbf{q}^{(n)} .$$

$$\text{(VIII 163)}$$

Ein analoges Gleichungssystem wird daraus durch Vertauschen der mit und ohne Stern geschriebenen Größen erhalten. Wir führen nun die Abkürzungen

$$G^{(n)} = e^{\frac{PV}{kT}} \left(\frac{\bar{\varrho}}{Z}\right)^n g^{(n)}(Z, \mathbf{q}^{(n)}) \qquad \text{(VIII 164)}$$

und

$$G^{*(n)} = e^{\frac{P^*V}{kT}} \left(\frac{\bar{\varrho}^*}{Z^*}\right)^n g^{(n)}(Z^*, \mathbf{q}^{(n)}) \qquad \text{(VIII 165)}$$

ein. Dann können die beiden Gleichungssysteme geschrieben werden

$$G^{(n)} = \sum_{m \geq 0} \frac{(\Delta Z)^m}{m!} \int G^{*(n+m)} \, d\mathbf{q}^{(n+m)} \qquad \text{(VIII 166)}$$

und

$$G^{*(n)} = \sum_{m \geq 0} \frac{(-\Delta Z)^m}{m!} \int G^{(n+m)} \, d\mathbf{q}^{(n+m)} . \qquad \text{(VIII 167)}$$

Über die Funktionen $G^{(n)}$ und $G^{*(n)}$ setzen wir voraus, daß sie symmetrisch in bezug auf die Vertauschung der Koordinaten gleicher Moleküle sind und daß die in den Definitionsgleichungen auftretenden Reihen absolut konvergieren. Wir betrachten nun $G^{(n)}$ und $G^{*(n)}$ als Funktionen eines Parameters y, dessen physikalische Bedeutung wir vorläufig offenlassen. y kann also beispielsweise der Koordinatensatz $\mathbf{q}_{ik}$ eines Moleküls der Sorte k sein oder auch der Kirkwoodsche Kopplungsparameter a_i. Auf dieser Grundlage definieren wir neue Funktionen

$$\Phi^{(n)} = \frac{d \ln G^{(n)}}{d y} \qquad \text{(VIII 168)}$$

und

$$\Phi^{*(n)} = \frac{d \ln G^{*(n)}}{d y} . \qquad \text{(VIII 169)}$$

Für diese Funktionen führen wir eine zu Gl. (VIII 135) analoge Darstellung ein, indem wir setzen

$$\Phi^{(n)} = \Sigma \, \varphi^{(\nu)} , \qquad \text{(VIII 170)}$$

wo $\varphi^{(\nu)}$ nur von den Koordinaten des betreffenden Unter-Satzes $\mathbf{q}^{(\nu)}_{(n)}$ abhängt und die Summierung über alle Unter-Sätze des Satzes $\mathbf{q}^{(n)}$ zu erstrecken ist[3].

---

[1] MAYER, J. E.: J. Chem. Phys. 15, 187 (1947).
[2] MAYER, J. E.: Nuovo Cimento Ser. IX, 6 Suppl., 1 (1949).
[3] Es ist zweckmäßig, in die Summierung einen konstanten Term für $\nu = 0$ einzubeziehen.

Der erste Term enthält also die Summe von $\varphi^{(1)}$ über alle Einzelmoleküle, der zweite Term die Summe von $\varphi^{(2)}$ über alle Paare usw. Die Umkehrung von (VIII 170) lautet

$$\varphi^{(\nu)} = \Sigma \, (-1)^{\nu - n} \, \Phi^{(n)} \, , \qquad\qquad \text{(VIII 171)}^1$$

wo die Summe über alle Unter-Sätze des Satzes $\mathbf{q}^{(\nu)}$ zu erstrecken ist.

Differenzieren wir nun die Gl. (VIII 166) nach y, so folgt zunächst mit (VIII 170)

$$G^{(n)} \, \Phi^{(n)} = \sum_{m \geq 0} \frac{(\Delta Z)^m}{m!} \sum_{\binom{\nu}{n}} \sum_{\binom{\mu}{m}} \int \varphi^{*(\nu + \mu)} \, G^{*(n+m)} \, d\mathbf{q}^{(m)} \, . \qquad \text{(VIII 172)}$$

Dabei haben wir benutzt, daß

$$\sum_{\binom{\nu}{n+m}} = \sum_{\binom{\nu}{n}} \sum_{\binom{\mu}{m}} \qquad\qquad \text{(VIII 173)}$$

ist. Setzen wir $m - \mu = k$, so gibt es bei gegebenem m $m!/\mu!\,k!$ Unter-Sätze $\mathbf{q}^{\binom{\mu}{m}}$. Führen wir diesen Faktor auf der rechten Seite von (VIII 172) ein, so können wir, statt über m und $\binom{\mu}{m}$, ohne Beschränkung über μ und k summieren.

Es ist dann

$$G^{(n)} \, \Phi^{(n)} = \sum_{\mu \geq 0} \frac{{}'(\Delta Z)^\mu}{\mu!} \sum_{\binom{\nu}{n}} \int \varphi^{*(\nu + \mu)} \left[\sum_{k \geq 0} \frac{(\Delta Z)^k}{k!} \int G^{*(n+\mu+k)} \, d\mathbf{q}^{(k)} \right] d\mathbf{q}^{(\mu)} \, .$$
$$\text{(VIII 174)}$$

Mit Gl. (VIII 166) wird daraus

$$\Phi^{(n)} = \sum_{\mu \geq 0} \frac{(\Delta Z)^\mu}{\mu!} \sum_{\binom{\nu}{n}} \int \varphi^{*(\nu + \mu)} \frac{G^{(n+\mu)}}{G^{(n)}} \, d\mathbf{q}^{(\mu)} \, . \qquad \text{(VIII 175)}$$

Setzen wir diesen Ausdruck in (VIII 171) ein, so erhalten wir

$$\varphi^{(k)} = \sum_{\binom{\varkappa}{k}} (-1)^{k - \varkappa} \sum_{m \geq 0} \frac{(\Delta Z)^m}{m!} \sum_{\binom{\nu}{\varkappa}} \int \varphi^{*(\nu + m)} \frac{G^{(\varkappa + m)}}{G^{(\varkappa)}} \, d\mathbf{q}^{(m)} \, . \qquad \text{(VIII 176)}^2$$

Die Summierung über m, die völlig unabhängig von den übrigen ist, können wir vorziehen. Vertauschen wir die beiden anderen Summierungen[3], so folgt

$$\varphi^{(k)} = \sum_{m \geq 0} \frac{(\Delta Z)^m}{m!} \sum_{\binom{\nu}{k}} \int \varphi^{*(\nu + m)} \sum_{\binom{\varkappa - \nu}{k - \nu}} (-1)^{k - \varkappa} \frac{G^{(\varkappa + m)}}{G^{(\varkappa)}} \, d\mathbf{q}^{(m)} \, . \qquad \text{(VIII 177)}$$

Definieren wir nun

$$K^{(k+\nu,\,\nu,\,m)} = \sum_{\binom{\varkappa}{k}} (-1)^{k - \varkappa} \frac{G^{(\varkappa + \nu + m)}}{G^{(\varkappa + \nu)}} \, , \qquad\qquad \text{(VIII 178)}$$

---

[1] Gl. (VIII 171) läßt sich folgendermaßen beweisen: Der Term mit dem Index ν in Gl. (VIII 170) hat $n!/(n - \nu)!\,\nu!$ Summanden. Im Falle $\varphi^{(\nu)} = (-1)^\nu$ gilt daher

$$\sum_{\binom{\nu}{n}} (-1)^\nu = \sum_{\nu = 0}^{n} \frac{n!}{(n - \nu)!\,\nu!} \, (-1)^\nu = (1 - 1)^n = \begin{cases} 0 \ \text{für } n > 0 \\ 1 \ \text{für } n = 0 \end{cases}.$$

Setzen wir (VIII 171) in (VIII 170) ein, so wird

$$\Phi^{(n)} = \sum_{\binom{\nu}{n}} \sum_{\binom{\varkappa}{\nu}} (-1)^{\nu - \varkappa} \Phi^{(\varkappa)} = \sum_{\binom{\varkappa}{n}} \sum_{\binom{\nu - \varkappa}{n - \varkappa}} (-1)^{\nu - \varkappa} \Phi^{(\varkappa)} = \Phi^{(n)} \, ,$$

womit (VIII 171) bewiesen ist. Man sieht leicht, daß (VIII 134) ein Spezialfall von (VIII 171) ist.

[2] An Stelle von μ schreiben wir hier wieder m.

[3] Vgl. dazu Fußnote 1.

so wird schließlich aus (VIII 177)[1]

$$\varphi^{(k)} = \sum_{m \geq 0} \frac{(\varDelta Z)^m}{m!} \sum_{\binom{\varkappa}{k}} \int \varphi^{*(\varkappa + m)} \, K^{(k,\varkappa,m)} \, d\,\mathbf{q}^{(m)} \, . \tag{VIII 179}$$

In analoger Weise erhalten wir aus Gl. (VIII 167)

$$\varphi^{*(k)} = \sum_{m \geq 0} \frac{(-\varDelta Z)^m}{m!} \sum_{\binom{\varkappa}{k}} \int \varphi^{(\varkappa + m)} \, K^{*(k,\varkappa,m)} \, d\,\mathbf{q}^{(m)} \tag{VIII 180}$$

mit

$$K^{*(k+\nu,\,\nu,\,m)} = \sum_{\binom{\varkappa}{k}} (-1)^{k-\varkappa} \frac{G^{*(\varkappa + \nu + m)}}{G^{*(\varkappa + \nu)}} \, . \tag{VIII 181}$$

Die Gleichungssysteme (VIII 179) und (VIII 180) sind die Mayerschen Integralgleichungen für die molekularen Verteilungsfunktionen. Die symbolische Darstellung der Kerne (die Mayer selbst als "rather sophisticated" bezeichnet) läßt sich am einfachsten anhand einiger Beispiele verständlich machen. Allgemein gilt

$$K^{(k+\nu,\,\nu,\,m)} = \left(\frac{\bar{\varrho}}{Z}\right)^m \sum_{\binom{\varkappa}{k}} (-1)^{k-\varkappa} \frac{g^{(\varkappa + \nu + m)}}{g^{(\varkappa + \nu)}} \, . \tag{VIII 182}$$

Daraus folgt

$$K^{(0,\,0,\,0)} = K^{*(0,\,0,\,0)} = 1 \tag{VIII 183}$$

und

$$K^{(0,\,0,\,m)} = \frac{G^{(m)}}{G^{(0)}}, \qquad K^{*(0,\,0,\,m)} = \frac{G^{*(m)}}{G^{*(0)}} \, . \tag{VIII 184}$$

Ferner ist[2]

$$K^{(k+\nu,\,\nu,\,0)} = K^{*(k+\nu,\,\nu,\,0)} = 0 \qquad \text{für } k > 0 \tag{VIII 185}$$

und

$$K^{(\nu,\,\nu,\,0)} = K^{*(\nu,\,\nu,\,0)} = 1 \, . \tag{VIII 186}$$

Im Falle eines Einkomponentensystems haben wir explizit

$$K^{(1,\,0,\,1)} = \frac{\bar{\varrho}}{Z} \left[\frac{g^{(2)}(Z,\,\mathbf{q}_i,\,\mathbf{q}_j)}{g^{(1)}(Z,\,\mathbf{q}_i)} - g^{(1)}(Z,\,\mathbf{q}_i) \right] \, . \tag{VIII 187}$$

Die Mayerschen Gleichungen sind naturgemäß ohne weitere Annahmen noch weniger explizit lösbar als die Gl. (VIII 81). Die wichtigste derselben ist auch hier das Superpositionsprinzip. Wir wollen jetzt zeigen, daß man auf diesem Wege von Gl. (VIII 179) zu den in § 8.2 abgeleiteten Gleichungen von Born-Green und Kirkwood gelangt und diese somit als Spezialfälle in den allgemeinen Mayerschen Gleichungen enthalten sind[3,4]. Für die allgemeine Diskussion der Gl. (VIII 179) und (VIII 180) müssen wir auf die Originalarbeiten verweisen. Der Einfachheit halber beschränken wir uns im folgenden wieder auf Einkomponentensysteme und lassen die inneren Freiheitsgrade außer Betracht.

Die allgemeine Definition der Funktionen $\Phi^{(n)}$ Gl. (VIII 169) spezialisieren wir nun in der Weise, daß y den Vektor $\mathbf{q}_i$ bedeutet. Mit Benutzung von

---

[1] Die Anwendung der Definition (VIII 178) auf Gl. (VIII 177) wird durch folgendes Schema erläutert, bei dem sich jeweils die erste Größe auf (VIII 178) bezieht.

	Satz	Unter-Satz
	$k + \nu \rightarrow k$	$\varkappa + \nu \rightarrow \varkappa$
	$k \quad\;\; \rightarrow k - \nu$	$\varkappa \quad\;\; \rightarrow \varkappa - \nu$

[2] Vgl. S. 270, Fußnote 1.
[3] Ono, S.: Progr. Theor. Phys. **5**, 822 (1950).
[4] Ono, S.: J. Chem. Phys. **18**, 755 (1950).

Gl. (VIII 164) und (VIII 130) haben wir dann

$$\boldsymbol{\Phi}^{(n)} = - \frac{1}{kT}\, \frac{\partial W^{(n)}}{\partial \mathbf{q}_i}\,. \tag{VIII 188}$$

Die Größe $\boldsymbol{\Phi}^{(n)} kT$ ist also identisch mit der durch Gl. (VIII 128) definierten Durchschnittskraft. Entsprechend gilt

$$\boldsymbol{\varphi}^{(\nu)} = - \frac{1}{kT}\, \frac{\partial w^{(\nu)}}{\partial \mathbf{q}_i}\,. \tag{VIII 189}[1]$$

Weiter führen wir das Superpositionsprinzip ein durch die Aussagen

$$w^{(n)} = \boldsymbol{\varphi}^{(n)} = 0\,, \quad w^{*(n)} = \boldsymbol{\varphi}^{*(n)} = 0 \quad \text{für } n \geqq 3\,. \tag{VIII 190}$$

Schließlich nehmen wir noch an, daß die durch einen Stern charakterisierten Größen sich auf eine fluide Phase beziehen. Das besagt, daß

$$w^{*(1)} = \boldsymbol{\varphi}^{*(1)} = 0 \tag{VIII 191}$$

ist. Unter diesen Voraussetzungen verschwinden in Gl. (VIII 179) alle Terme mit $m \geqq 3$. Die in den Termen mit $m = 2$ auftretenden $w^{*(2)}$ hängen nicht von $\mathbf{q}_i$ ab; die entsprechenden $\boldsymbol{\varphi}^{*(2)}$ verschwinden daher nach Gl. (VIII 189). Die Berechnung der noch verbleibenden Terme ist in Tab. 6 für $k = 1$ und $k = 2$ dargestellt. Es ergibt sich so

Tabelle 6.

Zur Ableitung der BORN-GREEN*schen Gleichung*

		m = 0	1	2
	$\varkappa$			
$k = 1$	0	—	—	—
	1	—	$\boldsymbol{\varphi}^{*(2)}\, K^{(1,1,1)}$	—
$k = 2$	0	—	—	—
	1	—	$\boldsymbol{\varphi}^{*(2)}\, K^{(2,1,1)}$	—
	2	$\boldsymbol{\varphi}^{*(2)}$	—	—

$$\boldsymbol{\varphi}^{(1)}(\mathbf{q}_i) = \Delta Z \int \boldsymbol{\varphi}^{*(2)}(\mathbf{q}_i,\, \mathbf{q}_k)\, K^{(1,1,1)}(\mathbf{q}_i,\, \mathbf{q}_k)\, d\mathbf{q}_k \tag{VIII 192}$$

mit

$$K^{(1,1,1)} = \frac{G^{(2)}(\mathbf{q}_i,\, \mathbf{q}_k)}{G^{(1)}(\mathbf{q}_i)} = \frac{\bar{\varrho}}{Z}\, \frac{g^{(2)}(\mathbf{q}_i,\, \mathbf{q}_k)}{g^{(1)}(\mathbf{q}_i)}\,. \tag{VIII 193}$$

Für $k = 2$ haben wir

$$\boldsymbol{\varphi}^{(2)}(\mathbf{q}_i,\, \mathbf{q}_j) = \boldsymbol{\varphi}^{*(2)}(\mathbf{q}_i,\, \mathbf{q}_j) + \Delta Z \int \boldsymbol{\varphi}^{*(2)}(\mathbf{q}_i,\, \mathbf{q}_k)\, K^{(2,1,1)}(\mathbf{q}_i,\, \mathbf{q}_j,\, \mathbf{q}_k)\, d\mathbf{q}_k \tag{VIII 194}$$

mit

$$K^{(2,1,1)} = \frac{G^{(3)}(\mathbf{q}_i,\, \mathbf{q}_j,\, \mathbf{q}_k)}{G^{(2)}(\mathbf{q}_i,\, \mathbf{q}_j)} - \frac{G^{(2)}(\mathbf{q}_i,\, \mathbf{q}_k)}{G^{(1)}(\mathbf{q}_i)} = \frac{\bar{\varrho}}{Z}\left[\frac{g^{(3)}(\mathbf{q}_i,\, \mathbf{q}_j,\, \mathbf{q}_k)}{g^{(2)}(\mathbf{q}_i,\, \mathbf{q}_j)} - \frac{g^{(2)}(\mathbf{q}_i,\, \mathbf{q}_k)}{g^{(1)}(\mathbf{q}_i)}\right]. \tag{VIII 195}$$

Durch Addition von (VIII 192) und (VIII 194) folgt

$$\boldsymbol{\varphi}^{(2)}(\mathbf{q}_i,\, \mathbf{q}_j) + \boldsymbol{\varphi}^{(1)}(\mathbf{q}_i) = \boldsymbol{\varphi}^{*(2)}(\mathbf{q}_i,\, \mathbf{q}_j) + \Delta Z \int \boldsymbol{\varphi}^{*(2)}(\mathbf{q}_i,\, \mathbf{q}_k)\, \frac{G^{(3)}(\mathbf{q}_i,\, \mathbf{q}_j,\, \mathbf{q}_k)}{G^{(2)}(\mathbf{q}_i,\, \mathbf{q}_j)}\, d\mathbf{q}_k\,. \tag{VIII 196}$$

Wir nehmen jetzt an, daß auch der durch Größen ohne Stern bezeichnete Zustand einer fluiden Phase angehört. Ferner wenden wir auf den Kern der Gl. (VIII 196) das Superpositionsprinzip an. Da unter den gemachten Voraussetzungen $\boldsymbol{\varphi}^{(1)}(\mathbf{q}_i) = 0$ und $w^{(2)}(\mathbf{q}_i,\, \mathbf{q}_j) = W^{(2)}(\mathbf{q}_i,\, \mathbf{q}_j)$ ist, erhalten wir mit Gl. (VIII 189) und (VIII 130)

$$\frac{\partial \ln g^{(2)}(\mathbf{q}_i,\, \mathbf{q}_j)}{\partial \mathbf{q}_i} + \frac{1}{kT}\, \frac{\partial w^{*(2)}(\mathbf{q}_i,\, \mathbf{q}_j)}{\partial \mathbf{q}_i}$$

$$= - \frac{\bar{\varrho}(Z - Z^*)}{Z} \int \frac{\partial w^{*(2)}(\mathbf{q}_i,\, \mathbf{q}_k)}{\partial \mathbf{q}_i}\, \frac{g^{(2)}(\mathbf{q}_j,\, \mathbf{q}_k)\, g^{(2)}(\mathbf{q}_k,\, \mathbf{q}_i)}{kT}\, d\mathbf{q}_k\,. \tag{VIII 197}$$

---

[1] Die Funktionen $\boldsymbol{\Phi}^{(n)}$ und $\boldsymbol{\varphi}^{(\nu)}$ sind hier definitionsgemäß Vektoren.

Betrachten wir als den durch einen Stern charakterisierten Zustand die unendliche Verdünnung, d. h. den idealen Gaszustand, so ist $Z^* \to 0$ und $w^{*(2)}(\mathbf{q}_i, \mathbf{q}_j) \to u_{ij}$. An die Stelle des Superpositionsprinzips tritt für $\varphi^{*(n)}$ jetzt die Gl. (VIII 25). Dann erhalten wir aus (VIII 197)

$$kT \frac{\partial \ln g^{(2)}(\mathbf{q}_i, \mathbf{q}_j)}{\partial \mathbf{q}_i} + \frac{\partial u_{ij}}{\partial \mathbf{q}_i} = - \bar{\varrho} \int \frac{\partial u_{ik}}{\partial \mathbf{q}_i} g^{(2)}(\mathbf{q}_j, \mathbf{q}_k) \, g^{(2)}(\mathbf{q}_k, \mathbf{q}_i) \, d\mathbf{q}_k, \qquad \text{(VIII 198)}$$

die BORN-GREENsche Gleichung.

Wir nehmen jetzt wieder an, daß die Sterne sich auf den Zustand unendlicher Verdünnung beziehen. Nach Gl. (VIII 164) und (VIII 130) ist dann

$$G^{*(n)}(\mathbf{q}^{(n)}, y) = e^{-\frac{U^{(n)}(\mathbf{q}^{(n)}, y)}{kT}}. \qquad \text{(VIII 199)}$$

Es sollen aber jetzt die Gl. (VIII 52) und (VIII 53) gelten, und wir verstehen unter y den KIRKWOODschen Kopplungsparameter a_i des Moleküls i. Wir haben also

$$U^{(n)} = U^{(n-1)} + a_i \sum_{j \neq i} u_{ij}. \qquad \text{(VIII 200)}$$

Daraus folgt

$$\varphi^{*(2)}(\mathbf{q}_i, \mathbf{q}_j) = - \frac{1}{kT} \frac{\partial(a_i u_{ij})}{\partial a_i} = - \frac{u_{ij}}{kT} \qquad \text{(VIII 201)}$$

und

$$\varphi^{*(2)}(\mathbf{q}_l, \mathbf{q}_k) = 0 \quad \text{für } l \neq i,\, k \neq i. \qquad \text{(VIII 202)}$$

Ferner ist

$$\varphi^{*(1)}(\mathbf{q}_l) = 0. \qquad \text{(VIII 203)}$$

Setzen wir nun voraus, daß auch der durch Größen ohne Sterne charakterisierte Zustand einer fluiden Phase angehört, so ist

$$\varphi^{(1)}(\mathbf{q}_l) = 0, \qquad \text{(VIII 204)}$$

und wir können in völliger Analogie zu (VIII 194) und (VIII 195) ableiten

$$\varphi^{(2)}(\mathbf{q}_i, \mathbf{q}_j) = - \frac{u_{ij}}{kT} - \bar{\varrho} \int \frac{u_{ik}}{kT} \left[\frac{g^{(3)}(\mathbf{q}_i, \mathbf{q}_j, \mathbf{q}_k, a_i)}{g^{(2)}(\mathbf{q}_i, \mathbf{q}_j, a_i)} - g^{(2)}(\mathbf{q}_i, \mathbf{q}_k, a_i) \right] d\mathbf{q}_k. \qquad \text{(VIII 205)}$$

Es ist jetzt

$$\varphi^{(2)}(\mathbf{q}_i, \mathbf{q}_j) = \frac{\partial \ln g^{(2)}(\mathbf{q}_i, \mathbf{q}_j, a_i)}{\partial a_i}. \qquad \text{(VIII 206)}$$

Setzen wir dies in (VIII 205) ein und wenden auf den Ausdruck in eckigen Klammern das Superpositionsprinzip an, so folgt

$$- kT \frac{\partial \ln g^{(2)}(\mathbf{q}_i, \mathbf{q}_j, a_i)}{\partial a_i} = u_{ij} + \bar{\varrho} \int u_{ik} \, g^{(2)}(\mathbf{q}_i, \mathbf{q}_k, a_i) \, [g^{(2)}(\mathbf{q}_j, \mathbf{q}_k) - 1] \, d\mathbf{q}_k. \qquad \text{(VIII 207)}$$

Dies ist der aus den KIRKWOODschen Gleichungen I. Art hervorgehende Spezialfall für Einkomponentensysteme.

Zum Schluß wollen wir aus Gl. (VIII 179) noch eine Integralgleichung für die molekulare Verteilungsfunktion $g^{(1)}$ ableiten, die wir später im Zusammenhang mit der Theorie des Schmelzens benötigen. Die Möglichkeit einer solchen Anwendung ergibt sich unmittelbar aus der Tatsache, daß $g^{(1)}$ im Kristall dreifach periodisch, in der Flüssigkeit dagegen identisch gleich Eins ist. Wir nehmen wieder an, daß die Größen $U^{(n)}$ in der durch Gl. (VIII 200) gegebenen Weise von dem Kopplungsparameter a_i abhängen und beziehen die mit Stern versehenen Größen auf den Zustand unendlicher Verdünnung. Mit diesen Voraussetzungen erhalten wir, in Analogie zu Gl. (VIII 192) und (VIII 193), aus Gl. (VIII 179)

$$\varphi^{(0)} + \varphi^{(1)}(\mathbf{q}_i) = - \bar{\varrho} \int \frac{u_{ik}}{kT} \frac{g^{(2)}(\mathbf{q}_i, \mathbf{q}_k, a_i)}{g^{(1)}(\mathbf{q}_i, a_i)} d\mathbf{q}_k. \qquad \text{(VIII 208)}$$

Nach Gl. (VIII 170), (VIII 168), (VIII 164) und (VIII 130) ist

$$\varphi^{(0)} + \varphi^{(1)}(\mathbf{q}_i) = \Phi^{(1)}(\mathbf{q}_i) = \frac{V}{kT}\frac{\partial P(a_i)}{\partial a_i} + \frac{\partial \ln \bar{\varrho}(a_i)}{\partial a_i} - \frac{1}{kT}\frac{\partial w^{(1)}(\mathbf{q}_i, a_i)}{\partial a_i}. \tag{VIII 209}$$

Setzen wir dies in Gl. (VIII 208) ein und integrieren zwischen $a_i = 0$ und a_i, so folgt

$$\frac{V[P(a_i) - P(0)]}{kT} + \ln \frac{\bar{\varrho}(a_i)}{\bar{\varrho}(0)} - \frac{w^{(1)}(\mathbf{q}_i, a_i)}{kT} = - \int\limits_0^{a_i} \int \bar{\varrho}\,\frac{u_{ik}}{kT}\,\frac{g^{(2)}(\mathbf{q}_i, \mathbf{q}_k, a_i)}{g^{(1)}(\mathbf{q}_i, a_i)}\,d\mathbf{q}_k\,da_i. \tag{VIII 210}$$

Dabei haben wir benutzt, daß $w^{(1)}(\mathbf{q}_i, a_i) = 0$ ist für $a_i = 0$.

Führt man in die Gleichungen der großen kanonischen Gesamtheit die Fugazität an Stelle des chemischen Potentials ein, so erhält man die zu Gl. (VIII 28) analoge Beziehung

$$\left(\frac{\partial P}{\partial Z}\right)_{T,V} = kT\,\frac{\bar{\varrho}}{Z}. \tag{VIII 211}$$

Differenzieren wir nun Gl. (VIII 121) nach Z, so erhalten wir mit Benutzung von (VIII 211)

$$V e^{\frac{V P(a_i)}{kT}}\,\frac{\bar{\varrho}}{Z} = \sum_{m \geqq 0} \frac{Z^m}{m!} \int\int e^{-\frac{U^{(m+1)}(\mathbf{q}^{(m)}, \mathbf{q}_i, a_i)}{kT}}\,d\mathbf{q}^{(m)}\,d\mathbf{q}_i. \tag{VIII 212}[1]$$

Differentiation dieser Gleichung nach a_i ergibt

$$\frac{V}{kT} e^{\frac{V P(a_i)}{kT}}\,\frac{\bar{\varrho}}{Z}\,\frac{\partial[VP(a_i) + kT \ln \bar{\varrho}(a_i)]}{\partial a_i} \tag{VIII 213}$$

$$= \sum_{m \geqq 0} \frac{Z^m}{m!} \int\int \left[-\frac{1}{kT}\frac{\partial U^{(m+1)}(\mathbf{q}^{(m)}, \mathbf{q}_i, a_i)}{\partial a_i}\right] e^{-\frac{U^{(m+1)}(\mathbf{q}^{(m)}, \mathbf{q}_i, a_i)}{kT}}\,d\mathbf{q}^{(m)}\,d\mathbf{q}_i.$$

Da auf der rechten Seite dieser Gleichung der konstante Term ($m = 0$) gleich Null ist, wird der Wert nicht geändert, wenn wir mit $Z/(m+1)$ multiplizieren, $U^{(m+1)}$ durch $U^{(m+2)}$ ersetzen und über einen weiteren Koordinatensatz $\mathbf{q}_k$ integrieren. Wegen Gl. (VIII 200) ist aber

$$\frac{\partial U^{(m+2)}(\mathbf{q}^{(m)}, \mathbf{q}_i, \mathbf{q}_j, a_i)}{\partial a_i} = \sum_{k=1}^{m+1} u_{ik}. \tag{VIII 214}$$

Setzen wir dies in (VIII 213) ein, so erhalten wir bei der Integration $m+1$ gleiche Terme[2]. Wir können daher schreiben

$$\frac{V}{kT}\,\frac{\bar{\varrho}}{Z}\,e^{\frac{V P(a_i)}{kT}}\,\frac{\partial[VP(a_i) + kT \ln \varrho(a_i)]}{\partial a_i}$$

$$= -\frac{Z}{kT} \sum_{m \geqq 0} \frac{Z^m}{m!} \int\int\int u_{ik}\, e^{-\frac{U^{(m+2)}(\mathbf{q}^{(m)}, \mathbf{q}_i, \mathbf{q}_k, a_i)}{kT}}\,d\mathbf{q}^{(m)}\,d\mathbf{q}_i\,d\mathbf{q}_k. \tag{VIII 215}$$

Im Integranden setzen wir nun Gl. (VIII 199) ein und wenden darauf die Gl. (VIII 166) und (VIII 164) an. Damit erhalten wir

$$\frac{V}{kT}\,\frac{\partial[VP(a_i) + kT \ln \bar{\varrho}(a_i)]}{\partial a_i} = -\frac{\bar{\varrho}}{kT} \int\int u_{ik}\, g^{(2)}(\mathbf{q}_i, \mathbf{q}_k, a_i)\,d\mathbf{q}_i\,d\mathbf{q}_k. \tag{VIII 216}$$

---

[1] Die rechte Seite ist eine bequemere Schreibweise für

$$\sum_{m \geqq 1} \frac{Z^{m-1}}{(m-1)!} \int e^{-\frac{U^{(m)}}{kT}}\,d\mathbf{q}^{(m)}.$$

[2] Vgl. Gl. (VIII 78).

Setzen wir zur Abkürzung

$$f(a_i) = \frac{\bar{\varrho}}{V} \int \int u_{ik}\, g^{(2)}(\mathbf{q}_i, \mathbf{q}_k, a_i)\, d\mathbf{q}_i\, d\mathbf{q}_k \qquad \text{(VIII 217)}$$

und integrieren Gl. (VIII 216) von $a_i = 0$ bis a_i, so folgt

$$\frac{V[P(a_i) - P(0)]}{kT} + \ln \frac{\bar{\varrho}(a_i)}{\bar{\varrho}(0)} = -\frac{1}{kT} \int\limits_0^{a_i} f(a_i)\, d a_i\,. \qquad \text{(VIII 218)}$$

Die Kombination von (VIII 210) und (VIII 218) ergibt

$$-\frac{w^{(1)}(\mathbf{q}_i, a_i)}{kT} = -\int\limits_0^{a_i} \int\int \bar{\varrho}\, \frac{u_{ik}}{kT}\, \frac{g^{(2)}(\mathbf{q}_i, \mathbf{q}_k, a_i)}{g^{(1)}(\mathbf{q}_i, a_i)}\, d\mathbf{q}_k\, d a_i + \frac{1}{kT} \int\limits_0^{a_i} f(a_i)\, d a_i\,. \qquad \text{(VIII 219)}$$

Wir setzen nun $a_i = 1$. Beachten wir, daß $\bar{\varrho}(1) - \bar{\varrho}(0) \ll \bar{\varrho}(1) \approx \bar{\varrho}(0)$ ist, so erhalten wir nach Umordnung

$$\ln\left[\chi g^{(1)}(\mathbf{q}_i)\right] = \int K(\mathbf{q}_i, \mathbf{q}_k)\, g^{(1)}(\mathbf{q}_k)\, d\mathbf{q}_k\,. \qquad \text{(VIII 220)}$$

Hier ist

$$\ln \chi = -\frac{\bar{\varrho}}{kTV} \int\limits_0^1 \int\int u_{ik}\, g^{(2)}(\mathbf{q}_i, \mathbf{q}_k, a_i)\, d\mathbf{q}_i\, d\mathbf{q}_k\, d a_i\,, \qquad \text{(VIII 221)}$$

und der Kern K ist gegeben durch

$$K = -\frac{\bar{\varrho}}{kT}\, u_{ik} \int\limits_0^1 \frac{g^{(2)}(\mathbf{q}_i, \mathbf{q}_k, a_i)}{g^{(1)}(\mathbf{q}_i, a_i)\, g^{(1)}(\mathbf{q}_k)}\, d a_i\,. \qquad \text{(VIII 222)}$$

Die nichtlineare Integralgleichung (VIII 220) ist zuerst nach der in § 8.2 behandelten Methode von KIRKWOOD und MONROE[1] abgeleitet worden, die auf dieser Grundlage eine Theorie des Schmelzens entwickelt haben. Diese Theorie, welche die approximative Lösung der Gl. (VIII 220) einschließt, behandeln wir in § 19.6.

§ 8.5*. Schwankungen der Teilchenzahlen. Streuung elektromagnetischer Wellen

Die molekularen Verteilungsfunktionen beschreiben, wie wir in § 8.1 ausführlich erörtert haben, Abweichungen von der gleichmäßigen räumlichen Verteilung der Moleküle. Sie müssen daher in unmittelbarer Beziehung stehen zu den Schwankungsgrößen der Teilchenzahlen. Wir wollen diesen Zusammenhang zuerst in der Weise ableiten, daß wir die in den Schwankungsgleichungen auftretenden Parameter der großen kanonischen Gesamtheit (bzw. die entsprechenden thermodynamischen Größen) durch die molekularen Verteilungsfunktionen ausdrücken[2]. Führen wir in Gl. (VII 153) an Stelle der chemischen Potentiale die Fugazitäten ein, so erhalten wir

$$\bar{N}_i/V = \frac{z_i}{kT}\, \frac{\partial P}{\partial z_i} \qquad \text{(VIII 223)}$$

$$\overline{(N_i/V - \bar{N}_i/V)^2} = \frac{z_i}{V kT}\left(z_i\, \frac{\partial^2 P}{\partial z_i^2} + \frac{\partial P}{\partial z_i}\right) \qquad \text{(VIII 224)}$$

$$\overline{(N_i/V - \bar{N}_i/V)^3} = \frac{z_i}{V^2 kT}\left(z_i^2\, \frac{\partial^3 P}{\partial z_i^3} + 2 z_i\, \frac{\partial^2 P}{\partial z_i^2} + \frac{\partial P}{\partial z_i}\right) \qquad \text{(VIII 225)}$$

usw.

---

[1] KIRKWOOD, J. G., u. E. MONROE: J. Chem. Phys. **9**, 514 (1941).
[2] MÜNSTER, A.: Z. Naturforsch. **7a**, 613 (1952).

Differentiation der Gl. (VIII 154) liefert für $Z = Z^*$

$$\frac{\partial^r P}{\partial Z^r} = kT\, r!\, b^{(r)}(Z) \left(\frac{\bar{\varrho}}{Z}\right)^r . \tag{VIII 226}$$

Mit Hilfe dieser Beziehung können wir in die Schwankungsgleichungen (VIII 223)—(VIII 225) zunächst die verallgemeinerten cluster-Integrale einführen, z. B.

$$\overline{(N_i/V - \bar{N}_i/V)^2} = \frac{2\,\bar{\varrho}_i^2}{V}\, b^{(2)}(Z) + \frac{\bar{\varrho}_i}{V}\, b^{(1)}(Z) . \tag{VIII 227}$$

Drücken wir nun mit Hilfe von (VIII 159) die cluster-Integrale durch die molekularen Verteilungsfunktionen aus, so folgt

$$\frac{\overline{(N_i - \bar{N}_i)^2}}{\bar{N}_i^2} = \frac{1}{V^2} \int\!\!\int \left[g^{(2)}(\mathbf{q}_{1i}, \mathbf{q}_{2i}) - g^{(1)}(\mathbf{q}_{1i})\, g^{(1)}(\mathbf{q}_{2i}) \right] d\mathbf{q}_{1i}\, d\mathbf{q}_{2i} + \frac{1}{\bar{N}_i} \tag{VIII 228}$$

und

$$\begin{aligned}
\frac{\overline{(N_i - \bar{N}_i)^3}}{\bar{N}_i^3} = {}& \frac{1}{V^3} \int\!\!\int\!\!\int \Big[g^{(3)}(\mathbf{q}_{1i}, \mathbf{q}_{2i}, \mathbf{q}_{3i}) - g^{(2)}(\mathbf{q}_{1i}, \mathbf{q}_{2i})\, g^{(1)}(\mathbf{q}_{3i}) - \\
& - g^{(2)}(\mathbf{q}_{2i}, \mathbf{q}_{3i})\, g^{(1)}(\mathbf{q}_{1i}) - g^{(2)}(\mathbf{q}_{3i}, \mathbf{q}_{1i})\, g^{(1)}(\mathbf{q}_{2i}) + \\
& + 2\, g^{(1)}(\mathbf{q}_{1i})\, g^{(1)}(\mathbf{q}_{2i})\, g^{(1)}(\mathbf{q}_{3i}) \Big] d\mathbf{q}_{1i}\, d\mathbf{q}_{2i}\, d\mathbf{q}_{3i} + \\
& + \frac{2}{\bar{N}_i V^2} \int\!\!\int \left[g^{(2)}(\mathbf{q}_{1i}, \mathbf{q}_{2i}) - g^{(1)}(\mathbf{q}_{1i})\, g^{(1)}(\mathbf{q}_{2i}) \right] d\mathbf{q}_{1i}\, d\mathbf{q}_{2i} + \frac{1}{\bar{N}_i^2} .
\end{aligned} \tag{VIII 229}$$

Diese Gleichungen zeigen, daß die relative Schwankungsgröße r-ter Ordnung durch eine Summe von Integralen über die molekularen Verteilungsfunktionen bis zur Ordnung r dargestellt wird. Die Schwankungsgrößen höherer Ordnung besitzen somit (im Gegensatz zu älteren Auffassungen[1]) ebenfalls eine definierte physikalische Bedeutung. Man sieht weiter, daß für fluide Phasen die relativen mittleren Schwankungsquadrate der Teilchenzahlen, und damit auch die entsprechenden thermodynamischen Größen, in jedem Falle [also auch wenn Gl. (VIII 25) nicht erfüllt ist] durch die Paarverteilungsfunktionen allein bereits vollständig bestimmt sind.

Die obige Ableitung der Gl. (VIII 228) und (VIII 229) besitzt einen etwas formalen Charakter. Einen tieferen Einblick in das Wesen der Sache bekommt man, wenn man die Schwankungsgrößen direkt mit Hilfe der molekularen Verteilungsfunktionen definiert. Diese Methode, die ursprünglich von YVON[2] und später auch von KIRKWOOD[3] benutzt wurde, ergibt eine neue Möglichkeit, die molekularen Verteilungsfunktionen mit thermodynamischen Größen zu verknüpfen, die vor allem für die Theorie der Lösungen von Bedeutung ist.

Wir betrachten ein offenes Vielkomponentensystem, für welches Temperatur, Volumen und chemische Potentiale gegeben sind. Das System wird also statistisch durch eine große kanonische Gesamtheit dargestellt. Es soll sich in einer bestimmten Konfiguration befinden, deren Koordinaten wir durch Sterne bezeichnen. Wir definieren nun eine Funktion der Schwerpunktskoordinaten eines Moleküls der Sorte k durch die Gleichung

$$v^{(1)}(\mathbf{q}_k) = \sum_{i=1}^{N_k} \delta(\mathbf{q}_{ik}^* - \mathbf{q}_k) , \tag{VIII 230}$$

---

[1] Zum Beispiel R. H. FOWLER: Statistical Mechanics, 2nd ed. Cambridge 1936.

[2] YVON, J.: Fluctuations en densité. (Actualités scientifiques et industrielles Nr. 542.) Paris 1937.

[3] KIRKWOOD, J. G., u. F. P. BUFF: J. Chem. Phys. **19**, 774 (1951).

wo $\delta(\mathbf{q}_{ik}^{*} - \mathbf{q}_k)$ die dreidimensionale Delta-Funktion ist. In analoger Weise definieren wir für Paare

$$v^{(2)}(\mathbf{q}_k, \mathbf{q}_l) = \sum_{i=1}^{N_k} \sum_{j=1}^{N_l} \delta(\mathbf{q}_{ik}^{*} - \mathbf{q}_k)\, \delta(\mathbf{q}_{jl}^{*} - \mathbf{q}_l)\,. \qquad \text{(VIII 231)}$$

Aus der Definition der Delta-Funktion folgt dann sofort

$$\int v^{(1)}(\mathbf{q}_k)\, d\mathbf{q}_k = N_k \qquad \text{(VIII 232)}$$

und

$$\int \int v^{(2)}(\mathbf{q}_k, \mathbf{q}_l)\, d\mathbf{q}_k\, d\mathbf{q}_l = N_k N_l - N_k \delta_{kl}\,, \qquad \text{(VIII 233)}$$

wo δ_{kl} das KRONECKERsche Delta ist. Bei der letzten Gleichung ist berücksichtigt, daß man aus N_k Molekülen der Sorte k $N_k(N_k - 1)$ Paare bilden kann, aus N_k Molekülen der Sorte k und N_l Molekülen der Sorte l dagegen $N_k N_l$ $k - l$-Paare.

Die durch Gl. (VIII 230) und (VIII 231) definierten Funktionen können als molekulare Verteilungsfunktionen bei gegebenen Molekülzahlen und gegebener Konfiguration aufgefaßt werden. Es ergibt sich dann unmittelbar, daß die mit Hilfe der großen kanonischen Gesamtheit gebildeten Mittelwerte dieser Größen die molekularen Verteilungsfunktionen im gewöhnlichen Sinne darstellen. Wir haben also

$$\varrho^{(1)}(\mathbf{q}_k) = \overline{v^{(1)}(\mathbf{q}_k)} \qquad \text{(VIII 234)}$$

und

$$\varrho^{(2)}(\mathbf{q}_k, \mathbf{q}_l) = \overline{v^{(2)}(\mathbf{q}_k, \mathbf{q}_l)}\,. \qquad \text{(VIII 235)}$$

Daraus folgt durch Integration in Verbindung mit (VIII 232) und (VIII 233)

$$\int \varrho^{(1)}(\mathbf{q}_k)\, d\mathbf{q}_k = \bar{N}_k \qquad \text{(VIII 236)}$$

und

$$\int \int \varrho^{(2)}(\mathbf{q}_k, \mathbf{q}_l)\, d\mathbf{q}_k\, d\mathbf{q}_l = \overline{N_k N_l} - \bar{N}_k \delta_{kl}\,. \qquad \text{(VIII 237)}$$

Mit Hilfe dieser Beziehungen kann man ohne weiteres das zweite Korrelationsmoment konstruieren und erhält dann

$$\int \int \left[\varrho^{(2)}(\mathbf{q}_k, \mathbf{q}_l) - \varrho^{(1)}(\mathbf{q}_k)\, \varrho^{(1)}(\mathbf{q}_l)\right] d\mathbf{q}_k\, d\mathbf{q}_l = \overline{N_k N_l} - \bar{N}_k \bar{N}_l - \bar{N}_k \delta_{kl}\,. \qquad \text{(VIII 238)}$$

Mit Benutzung von Gl. (VIII 9) wird daraus

$$\frac{\overline{(N_k - \bar{N}_k)(N_l - \bar{N}_l)}}{\bar{N}_k \bar{N}_l} = \frac{1}{V^2} \int \int \left[g^{(2)}(\mathbf{q}_{1k}, \mathbf{q}_{2l}) - g^{(1)}(\mathbf{q}_{1k})\, g^{(1)}(\mathbf{q}_{2l})\right] d\mathbf{q}_{1k}\, d\mathbf{q}_{2l} + \frac{\delta_{kl}}{\bar{N}_k}\,.$$
$$\text{(VIII 239)}$$

In dieser Gleichung ist Gl. (VIII 228) als Spezialfall für $k = l$ enthalten. Für fluide Phasen vereinfacht sich Gl. (VIII 239) zu

$$\frac{\overline{(N_k - \bar{N}_k)(N_l - \bar{N}_l)}}{\bar{N}_k \bar{N}_l} = \frac{1}{V} \int \left[g_{kl}^{(2)}(r_{12}) - 1\right] d\mathbf{q}_2 + \frac{\delta_{kl}}{\bar{N}_k}\,, \qquad \text{(VIII 240)}$$

wo $g_{kl}^{(2)}(r_{12})$ die radiale Verteilungsfunktion ist. Wenden wir nun die allgemeine Gl. (VII 161) auf den Fall der großen kanonischen Gesamtheit an, so erhalten wir

$$\frac{\overline{(N_k - \bar{N}_k)(N_l - \bar{N}_l)}}{\bar{N}_k \bar{N}_l} = \frac{1}{2} \frac{|B^*|_{kl}}{|B^*|} \qquad \text{(VIII 241)}$$

mit

$$B_{kl}^{*} = \frac{1}{2} \frac{\bar{N}_k \bar{N}_l}{kT} \left(\frac{\partial \mu_l}{\partial \bar{N}_k}\right)_{T, V, \bar{N}_s}\,. \qquad \text{(VIII 242)}$$

Definieren wir eine weitere Determinante $|A|$ durch die Elemente

$$A_{kl} = \frac{2}{V} \int \left[g_{kl}^{(2)}(r_{12}) - 1\right] d\mathbf{q}_2 + \frac{\delta_{kl}}{\bar{N}_k}\,, \qquad \text{(VIII 243)}$$

so folgt aus (VIII 240) und (VIII 241) durch Elimination der Schwankungsgröße

$$A_{kl} = \frac{|B^*|_{kl}}{|B|}$$ (VIII 244)

und weiter mit (VIII 242)

$$\frac{1}{2}\frac{\bar{N}_k\,\bar{N}_l}{kT}\left(\frac{\partial\mu_l}{\partial\bar{N}_k}\right)_{T,\,V,\,\bar{N}_s} = \frac{|A|_{kl}}{|A|}.$$ (VIII 245)

Die Ableitungen der chemischen Potentiale nach den mittleren Molekülzahlen sind somit in jedem Falle für fluide Phasen vollständig durch die radialen Verteilungsfunktionen bestimmt. Durch Übergang zu den Variablen T, P, N (vgl. § 7.5) kann man zeigen, daß das gleiche auch für die partiellen Molvolumina und die Kompressibilität gilt. Wir begnügen uns hier damit, die Formel für die Kompressibilität eines Einkomponentensystems anzugeben, die man leicht aus Gl. (VII 32), (VII 221) und (VIII 240) gewinnt. Sie lautet

$$\varkappa = \frac{1}{\bar{\varrho}\,kT}\{1 + \bar{\varrho}\int[g^{(2)}(r_{12}) - 1]\,d\mathbf{q}_2\}.$$ (VIII 246)

Diese Formel, die häufig als das Kompressibilitätsintegral bezeichnet wird, wurde zuerst von ORNSTEIN und ZERNIKE[1] abgeleitet. Die vorstehenden Zusammenhänge reichen aus zur thermodynamischen Behandlung von isothermen Problemen. Man kann also insbesondere für Lösungen freie Energie der Verdünnung, Verdünnungsentropie und Verdünnungswärme auf dieser Grundlage berechnen. Da bei Lösungen diese Größen in erster Linie interessieren, kann man in Kauf nehmen, daß man auf dem bezeichneten Wege nicht zu den vollständigen thermodynamischen Potentialen gelangt.

Aus dem Zusammenhang zwischen Schwankungsgrößen und molekularen Verteilungsfunktionen folgt unmittelbar, daß die Theorie der Lichtstreuung, die wir in § 7.5 erörtert haben, sich auch mit Hilfe der molekularen Verteilungsfunktionen behandeln läßt. Tatsächlich kann man auf diesem Wege die Theorie allgemeiner formulieren, so daß sie auch die Streuung von Röntgenstrahlen umfaßt[2]. Das Konzept der radialen Verteilungsfunktion ist ursprünglich im Zusammenhang mit diesen Problemen entwickelt worden. Andererseits ist die radiale Verteilungsfunktion von reinen Flüssigkeiten über die Messung der Streuung von Röntgenstrahlen direkt experimentell zugänglich. Wegen der großen Bedeutung dieser Tatsache für die Theorie der Flüssigkeiten wollen wir daher die für uns wesentlichen Teile der Theorie hier kurz skizzieren. Wir beschränken uns dabei auf Einkomponentensysteme aus einatomigen Molekülen.

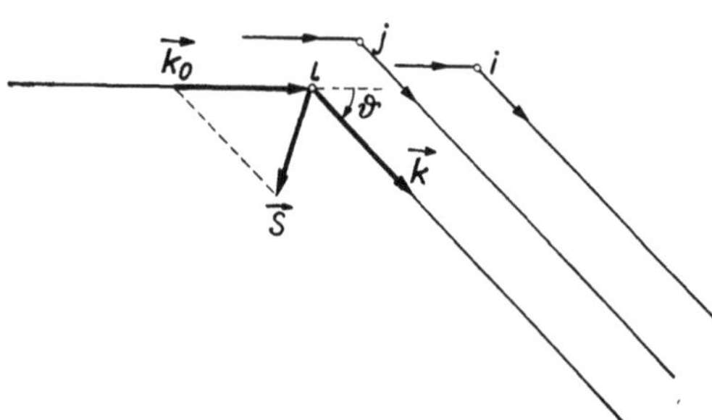

Abb. 19. Zur Ableitung der Streuformel [entnommen aus: J. DE BOER: Rep. Progr. Phys. 12, 366 (1949)]

Bei der Berechnung der Streuung in dichter gepackten Systemen liegt die Hauptschwierigkeit, wie schon erwähnt, in der Berücksichtigung der zwischenmolekularen Interferenzen. Wir betrachten zwei Moleküle l und j und bezeichnen den Wellenvektor des einfallenden Lichtes mit $\mathbf{k}_0$, den des unter einem bestimmten Winkel ϑ gestreuten Lichtes mit $\mathbf{k}$. Dabei ist

$$k = \frac{2\pi}{\lambda},$$ (VIII 247)

[1] ORNSTEIN, L. S., u. F. ZERNIKE: Proc. Acad. Sci. Amsterdam 17, 795 (1914).
[2] Zum Folg. vgl. R.W. JAMES: The Optical Principles of the Diffraction of X-Rays. Lond. 1950.

wo λ die Wellenlänge bedeutet. Die Phasendifferenz zwischen den an den Molekülen l und j gestreuten Wellen ist dann, wenn $\mathbf{r}_{lj}$ der Abstandsvektor der beiden Moleküle ist, $(\mathbf{k}_0 - \mathbf{k})\,\mathbf{r}_{lj}$ (Abb. 19). Nehmen wir an, daß die einfallende Welle linear polarisiert und die Richtung des elektrischen Feldvektors senkrecht zur Papierebene ist, so gilt bei gegebener Konfiguration des Systems für die elektrische Feldstärke im Abstand R von dem streuenden Volumen V $(R \gg V^{1/3})$

$$\mathbf{E} \sim \frac{1}{R} \sum_j \mathbf{A}_j \, e^{i(\mathbf{k}_0 - \mathbf{k})\mathbf{r}_{lj}} \,. \qquad \text{(VIII 248)}$$

Die Amplituden $\mathbf{A}_j$ hängen dabei von dem Charakter der einfallenden Strahlung und der streuenden Substanz ab. Die Intensität wird daraus durch Multiplikation des Absolutbetrages des Vektors mit der konjugiert komplexen Größe erhalten. Es ist also

$$E^2 = \frac{1}{R^2} \left[\sum_j A_j \, e^{i(\mathbf{k}_0 - \mathbf{k})\mathbf{r}_{lj}} \right] \times \left[\sum_i A_i \, e^{-i(\mathbf{k}_0 - \mathbf{k})\mathbf{r}_{li}} \right] \,. \qquad \text{(VIII 249)}$$

Wir setzen nun

$$\mathbf{s} = \mathbf{k}_0 - \mathbf{k}\,, \quad \mathbf{r}_{ij} = \mathbf{r}_{lj} - \mathbf{r}_{li} \,. \qquad \text{(VIII 250)}$$

Da wir Einkomponentensysteme betrachten, ist $A_i = A_j = A$ und $A_i A_j = A^2$. Wir haben dann

$$E^2 = \frac{A^2}{R^2} \sum_i \sum_j e^{i\mathbf{s}\cdot\mathbf{r}_{ij}} \,. \qquad \text{(VIII 251)}$$

Die Doppelsumme muß nun über alle Konfigurationen des Systems gemittelt werden. Dies kann in einfacher Weise mit Hilfe der molekularen Verteilungsfunktionen geschehen und ergibt

$$\sum_i \sum_j e^{i\mathbf{s}\cdot\mathbf{r}_{ij}} = \int \varrho^{(1)}(\mathbf{q}_i) \, d\mathbf{q}_i + \int \int \varrho^{(2)}(\mathbf{q}_i, \mathbf{q}_j) \, e^{i\mathbf{s}\cdot\mathbf{r}_{ij}} \, d\mathbf{q}_i \, d\mathbf{q}_j \,. \qquad \text{(VIII 252)}$$

Der erste Term der rechten Seite rührt von den Gliedern $i = j$ her und gibt die Streustrahlung ohne Berücksichtigung der zwischenmolekularen Interferenzen. Der zweite Term, für den $i \neq j$ ist, stellt das Interferenzglied dar. Da die gestreute Intensität der Intensität des Primärstrahles proportional ist, können wir setzen

$$A^2 = I_0 \, a^2 f^2 \,, \qquad \text{(VIII 253)}$$

wo jetzt a und f noch zu definieren sind. Ferner lassen wir die Beschränkung auf linear polarisiertes Licht fallen. Dies bedingt die Einführung des sog. Polarisationsfaktors $(1 + \cos^2\vartheta)/2$ auf der rechten Seite von (VIII 251)[1]. Damit erhalten wir als allgemeine Formel für die Intensität der Streustrahlung im Abstand R unter dem Winkel ϑ zum Primärstrahl

$$\frac{I(\vartheta)}{I_0} = \frac{a^2 f^2}{R^2} \frac{1 + \cos^2\vartheta}{2} \left[\int \varrho^{(1)}(\mathbf{q}_i) \, d\mathbf{q}_i + \int \int \varrho^{(2)}(\mathbf{q}_i, \mathbf{q}_j) \, e^{i\mathbf{s}\cdot\mathbf{r}_{ij}} \, d\mathbf{q}_i \, d\mathbf{q}_j \right]. \qquad \text{(VIII 254)}$$

Für die weitere Diskussion beschränken wir uns auf fluide Phasen. Die Funktion $\varrho^{(2)}(\mathbf{q}_i, \mathbf{q}_j)$ hängt dann nur von dem skalaren Abstand r_{ij} ab. Wir können daher in dem Doppelintegral über $\mathbf{q}_i$ integrieren, was einfach den Faktor V ergibt. Um das noch verbleibende Integral auszuwerten, beachten wir, daß

$$s = 2\,k \sin \frac{\vartheta}{2} = \frac{4\pi}{\lambda} \sin \frac{\vartheta}{2} \qquad \text{(VIII 255)}$$

und

$$\mathbf{s} \cdot \mathbf{r}_{ij} = s r_{ij} \cos\alpha \qquad \text{(VIII 256)}$$

---

[1] Der Polarisationsfaktor ergibt sich unmittelbar aus der Theorie des strahlenden Dipols. Wenn der Streustrahl mit dem Primärstrahl den Winkel ϑ bildet, so ist die von einem in der dadurch gebildeten Ebene senkrecht zum Primärstrahl schwingenden Dipol ausgestrahlte Intensität $\sim \cos^2\vartheta$; für einen senkrecht zu der genannten Ebene schwingenden Dipol ist die Intensität unabhängig von ϑ. Die Intensität des unpolarisierten Primärstrahls kann in der Form $\frac{I_0}{2} = I_\| = I_\perp$ geschrieben werden. Daraus folgt der Polarisationsfaktor.

ist, wo α den Winkel zwischen den Vektoren $\mathbf{s}$ und $\mathbf{r}_{ij}$ bezeichnet. Ferner führen wir Polarkoordinaten um das Molekül i als Mittelpunkt ein. Lassen wir bei r_{ij} die jetzt entbehrlichen Indizes weg, so wird

$$\int \varrho^{(2)}(\mathbf{q}_i, \mathbf{q}_j)\, e^{i\mathbf{s}\cdot\mathbf{r}}\, d\mathbf{q}_j = \int \int \int \varrho^{(2)}(r)\, e^{isr\cos\alpha}\, r^2\, d\varphi\, \sin\alpha\, d\alpha\, dr \,. \qquad \text{(VIII 257)}$$

Das in der Theorie der Röntgenstreuung häufig auftretende Integral über α läßt sich ohne weiteres auswerten, wenn man die Exponentialfunktion als Summe von Sinus und Cosinus schreibt und die Substitution

$$u = sr\cos\alpha\,, \quad -du = sr\sin\alpha\, d\alpha \qquad \text{(VIII 258)}$$

einführt. Der Imaginärteil verschwindet dann, und es wird

$$\int \varrho^{(2)}(\mathbf{q}_i, \mathbf{q}_j)\, e^{i\mathbf{s}\cdot\mathbf{r}}\, d\mathbf{q}_j = 4\pi \int r^2\, \varrho^{(2)}(r)\, \frac{\sin sr}{sr}\, dr \,. \qquad \text{(VIII 259)}$$

Setzen wir dies in Gl. (VIII 254) ein, so folgt

$$\frac{I(\vartheta)}{I_0} = \frac{a^2 f^2}{R^2}\, \frac{1 + \cos^2\vartheta}{2}\, N \left[1 + \varrho^{-1} \int 4\pi\, \varrho^{(2)}(r)\, \frac{\sin sr}{sr}\, dr\right]. \qquad \text{(VIII 260)}$$

Wir betrachten nun das Integral

$$\int_0^\infty 4\pi r^2 \varrho\, \frac{\sin sr}{sr}\, dr = \left|\begin{array}{c} \\ 0 \end{array}\right.^{\infty} \frac{4\pi r\varrho}{s^2}\left(\frac{\sin sr}{sr} - \cos sr\right). \qquad \text{(VIII 261)}$$

An der unteren Grenze verschwindet dasselbe unter allen Umständen, an der oberen Grenze dagegen für $s > 0$. Bei endlichen Systemen, wie sie im Experiment vorliegen, ist die obere Grenze des Integrals, streng genommen, ein sehr großer Wert r^*, und das Integral verschwindet, wenn s nicht extrem klein ist. Im Hinblick auf Gl. (VIII 255) bedeutet dies, daß nur bei extrem kleinen Streuwinkeln das Integral (VIII 261) einen Beitrag zur Streuung liefern würde. In diesem Gebiet ist die Streuung aber unmeßbar, da sie völlig von der Primärstrahlung überdeckt wird. Wir können daher auf der rechten Seite von der Gl. (VIII 260) das Integral (VIII 261) hinzufügen, ohne etwas an der berechneten Streuung zu ändern. Führen wir schließlich noch die radiale Verteilungsfunktion $g^{(2)}(r)$ ein, so erhalten wir

$$\frac{I(\vartheta)}{I_0} = \frac{a^2 f^2}{R^2}\, \frac{1 + \cos^2\vartheta}{2}\, N \left\{1 + 4\pi\varrho \int [g^{(2)}(r) - 1]\, \frac{\sin sr}{sr}\, r^2\, dr\right\}. \qquad \text{(VIII 262)}$$

Wir betrachten nun zunächst die Streuung von Röntgenstrahlen[1]. In diesem Falle ist die Wellenlänge von der Größenordnung der „Elektronenabstände" im Atom. Es ist dann

$$a = \frac{e^2}{m c^2} \qquad \text{(VIII 263)}$$

(e = Ladung des Elektrons, m = Masse des Elektrons, c = Lichtgeschwindigkeit) der klassische Elektronenradius und f ist der sogenannte Atomfaktor, welcher die Interferenz der von den einzelnen Elektronen gestreuten Wellen berücksichtigt. Er ist eine Funktion des Streuwinkels, und es gilt

$$\lim_{\vartheta = 0} f(\vartheta) = Z \,, \qquad \text{(VIII 264)}$$

wo Z die Kernladungszahl ist. Aus Gl. (VIII 262) wird dann

$$\frac{I(\vartheta)}{I_0} = \frac{(e^2/m c^2)^2 f(\vartheta)}{R^2}\, \frac{1 + \cos^2\vartheta}{2}\, N \left\{1 + 4\pi\varrho \int [g^{(2)}(r) - 1]\, \frac{\sin sr}{sr}\, r^2\, dr\right\}. \qquad \text{(VIII 265)}$$

Dies ist die zuerst von ZERNIKE und PRINS[2] abgeleitete Formel für die Röntgen-

---

[1] Zusammenfassende Darstellung N. S. GINGRICH: Rev. Mod. Phys. **15**, 90 (1943).

[2] ZERNIKE, F., u. J. A. PRINS: Z. Physik **41**, 184 (1927).

streuung von Flüssigkeiten. Sie ermöglicht die Berechnung der Streukurve als Funktion von ϑ oder s, wenn die radiale Verteilungsfunktion bekannt ist. Bei hinreichender Verdünnung verschwindet das Integral, und man kommt auf die einfache Streuformel für Gase, die im wesentlichen durch $f(\vartheta)$, d. h. die Elektronenverteilung im Atom bestimmt wird.

Die große Bedeutung der Gl. (VIII 265) beruht vor allem darauf, daß sie es ermöglicht, aus der experimentell bestimmten Streukurve die radiale Verteilungsfunktion zu berechnen und damit nicht nur die statistische Theorie zu prüfen, sondern auch ein unmittelbares Bild von der Struktur der Flüssigkeiten zu geben. Um dies zu zeigen, definieren wir eine Funktion

$$i(s) = 4\pi\varrho \int [g^{(2)}(r) - 1]\, \frac{\sin sr}{sr}\, r^2\, dr\,. \qquad \text{(VIII 266)}$$

Durch Vergleich mit Gl. (VIII 265) findet man, daß $i(s) + 1$ das Verhältnis der tatsächlichen Streustrahlung zu einer nicht durch zwischenmolekulare Interferenz geschwächten Streustrahlung darstellt. Setzen wir letztere als bekannt voraus, so kann $i(s)$ aus den Messungen berechnet werden. Schreiben wir nun

$$s\,i(s) = \int\limits_0^\infty 4\pi\varrho r\, [g^{(2)}(r) - 1]\, \sin(sr)\, dr\,, \qquad \text{(VIII 267)}$$

so erhalten wir durch FOURIER-Transformation

$$\varrho r\, [g^{(2)}(r) - 1] = \frac{1}{2\pi^2} \int s\,i(s)\, \sin(sr)\, ds\,. \qquad \text{(VIII 268)}$$

Diese wichtige Gleichung, die zuerst von DEBYE und MENKE[1] abgeleitet wurde, bildet die Grundlage für die experimentelle Bestimmung der radialen Verteilungsfunktion. Die nach dieser Methode erhaltenen Ergebnisse besprechen wir in § 19.1.

Wir wollen jetzt die Gl. (VIII 262) auf die Streuung von sichtbarem Licht anwenden. Die Verhältnisse liegen hier insofern einfacher, als die Wellenlänge sehr groß ist gegen inneratomare Dimensionen, so daß die inneratomaren Interferenzen nicht in Betracht kommen. Das Atom kann daher als Ganzes betrachtet werden und ist lediglich durch die Polarisierbarkeit zu charakterisieren. Für ein verdünntes Gas verschwindet das Integral in (VIII 262), und wir erhalten durch Integration über die Kugelfläche für die von der Volumeneinheit gestreute Intensität bzw. die Trübung

$$\frac{I^*}{I_0} = \tau = \frac{8\pi a^2 f^2 \varrho}{3}\,. \qquad \text{(VIII 269)}$$

Führen wir andererseits die Rechnung des § 7.5 [Gl. (VII 183) ff.] für ein einzelnes Molekül durch, so erhalten wir die RAYLEIGHsche Streuformel für Gase

$$\tau = \frac{128\,\pi^5\,\alpha^2\,\varrho}{3\,\lambda^4} \qquad \text{(VIII 270)}$$

(wo α die Polarisierbarkeit des Moleküls ist) und durch Vergleich mit (VIII 269)

$$a f = \frac{4\,\pi^2\,\alpha}{\lambda^2}\,. \qquad \text{(VIII 271)}$$

Beim Übergang zu dichter gepackten Systemen tritt auch hier das Problem des inneren Feldes auf. Bei Röntgenstrahlen rührt der Hauptanteil der Streuintensität von den inneren Elektronen her, die durch das Feld der Nachbarmoleküle praktisch nicht beeinflußt werden. Dagegen wird die Streuung des sichtbaren Lichtes im wesentlichen durch die Außenelektronen bestimmt, für

---

[1] DEBYE, P., u. H. MENKE: Physik. Z. **31**, 797 (1930); Erg. techn. Röntgenkde., Bd. II, 1931.

welche die Wirkung der Nachbarmoleküle keineswegs zu vernachlässigen ist. Die Berechnung des inneren Feldes läßt sich ebenfalls mit Hilfe der molekularen Verteilungsfunktionen durchführen[1, 2], ist aber sehr umständlich. Es ergibt sich dabei, daß die bekannte CLAUSIUS-MOSOTTIsche Formel der Elektrostatik durch gewisse, von den Schwankungen herrührende Zusatzglieder zu ergänzen ist. Auf dieser Grundlage ist die Theorie der Lichtstreuung von YVON[2] behandelt worden. Wir wollen uns hier mit dem Ergebnis des § 7.5 begnügen, daß in den Gleichungen für die Lichtstreuung der Einfluß des inneren Feldes sich jedenfalls in erster Näherung heraushebt und lassen ihn daher im folgenden von vornherein außer Betracht. Ersetzen wir noch die Polarisierbarkeit mit Hilfe der aus der Elektrostatik bekannten Formel

$$\alpha = \frac{n^2 - 1}{4\,\pi\varrho} \qquad\qquad \text{(VIII 272)[3]}$$

durch den Brechungsindex, so erhalten wir aus (VIII 262) und (VIII 271)

$$\tau = \frac{8\,\pi^3(n^2 - 1)^2}{3\,\lambda^4}\,\varrho^{-1}\left\{1 + 4\pi\varrho \int [g^{(2)}(r) - 1]\,\frac{\sin sr}{sr}\,r^2\,dr\right\}. \qquad \text{(VIII 273)}$$

Die Größe $\sin sr/sr$ kann für sichtbares Licht gleich Eins gesetzt werden, da hier $sr \ll 1$ ist für die Werte von r, für die $g^{(2)}(r)$ von Eins verschieden ist[4]. Aus Gl. (VIII 272) erhalten wir

$$\frac{\partial n}{\partial \varrho} = \frac{n^2 - 1}{2\,n\varrho}\,. \qquad\qquad \text{(VIII 274)}$$

Mit diesen Näherungen wird aus Gl. (VIII 273)

$$\tau = \frac{32\,\pi^3 n^2 \varrho}{3\,\lambda^4}\left(\frac{\partial n}{\partial \varrho}\right)^2\left\{1 + 4\pi\varrho \int [g^{(2)}(r) - 1]\,r^2\,dr\right\}. \qquad \text{(VIII 275)}$$

Mit Benutzung von Gl. (VIII 240) folgt daraus

$$\tau = \frac{32\,\pi^3 n^2}{3\,\lambda^4}\left(\frac{\partial n}{\partial \varrho}\right)^2 V\overline{(\delta\varrho)^2} \qquad\qquad \text{(VIII 276)}$$

und weiter mit (VII 221) die EINSTEINsche Streuformel (VII 223). Die Methode der molekularen Verteilungsfunktionen führt somit unter gewissen Näherungsannahmen zu dem gleichen Ergebnis wie die Schwankungstheorie[5].

Diese Übereinstimmung ist indessen nicht so selbstverständlich, wie es zunächst den Anschein hat. Die in den Gleichungen des § 7.5 auftretenden Schwankungsgrößen beziehen sich auf ein Volumen ΔV, dessen Lineardimension klein gegen die Lichtwellenlänge ist. Dagegen sind die hier benutzten molekularen Verteilungsfunktionen durch die Normierung [Gl. (VIII 12) bzw. (VIII 113)]

---

[1] KIRKWOOD, J. G.: J. Chem. Phys. **4**, 592 (1936).

[2] YVON, J.: La propagation et la diffusion de la lumière. (Actualités scientifiques et industrielles Nr. 543.) Paris 1937.

[3] Die exakte Formel, die von YVON (l. c.) abgeleitet wurde, lautet

$$\alpha = \frac{n^2 - 1}{4\,\pi\varrho}\left[1 - \frac{4\,\pi}{3}\,\alpha\varrho - 8\,\pi\alpha^2\varrho \int g^{(2)}(r_{12})^{-4}\,dr_{12} - \alpha^2\varrho \int\int [g^{(3)}(\mathbf{q}_1, \mathbf{q}_2, \mathbf{q}_3) -\right.$$
$$\left. - g^{(2)}(\mathbf{q}_1, \mathbf{q}_2)\,g^{(2)}(\mathbf{q}_2, \mathbf{q}_3)]\,r_{12}^{-3}\,r_{23}^{-3}(3\cos^2\gamma - 1)\,d\mathbf{q}_2\,d\mathbf{q}_3\right],$$

wo γ der Winkel zwischen r_{12} und r_{23} ist. Die beiden ersten Terme entsprechen der LORENTZ-LORENZschen Formel.

[4] Der Bereich der r-Werte, in dem $g^{(2)}(r)$ merklich von 1 verschieden ist, ist von der Größenordnung 10 Å, während $s \approx 10^{-3}$ Å ist.

[5] Eine auf der Grundlage der YVONschen Arbeit von FIXMAN [J.Chem.Phys. **23**, 2074, (1955)] durchgeführte strengere Rechnung führt zu dem Ergebnis, daß allgemein die rechte Seite von (VII 223) durch einen den Depolarisationsgrad Δ enthaltenden Korrekturfaktor (eine Verallgemeinerung des schon länger bekannten CABANNES-Faktors) zu ergänzen ist. Für $\Delta = 0$ kommt man wieder auf Gl. (VII 223).

für unendlich große Systeme definiert. Die Gl. (VIII 240) gibt daher die Schwankungen der Teilchenzahl eines makroskopischen offenen Systems. Diese lassen sich aber offenbar nicht, wie die früher betrachteten lokalen Dichteschwankungen, physikalisch unmittelbar mit der Erscheinung der Lichtstreuung verknüpfen. Die beiden Schwankungsgrößen werden identisch, wenn sie sich in der gleichen Weise durch thermodynamische Größen darstellen lassen. Die Voraussetzungen dafür haben wir bereits in § 7.5 erörtert. Da dieselben, wie schon erwähnt, für die Mehrzahl der im Rahmen dieses Buches behandelten Probleme erfüllt sind, können wir insoweit die vorstehende Ableitung als Rechtfertigung und strengere Begründung der früheren Überlegung betrachten.

§ 8.6*. Die Kirkwoodschen Gleichungen II. Art

Die in § 8.2 und 8.4 behandelten Integralgleichungen für die molekularen Verteilungsfunktionen werden alle durch Differentiation der molekularen Verteilungsfunktionen nach geeigneten Parametern abgeleitet. Sie sind daher in ihrer ursprünglichen Form Integrodifferentialgleichungen; die mathematische Behandlung derselben stößt auf große Schwierigkeiten, die nur durch Einführung mehr oder weniger drastischer Näherungsannahmen überwunden werden können. Kürzlich ist es Kirkwood und Salsburg[1] gelungen, auf einem Wege, der die Differentiation der molekularen Verteilungsfunktionen vermeidet, ein System von reinen Integralgleichungen zu erhalten. Diese besitzen eine wesentlich einfachere Struktur als die älteren Gleichungen und scheinen den letzteren gegenüber erhebliche Vorteile zu bieten.

Wir betrachten ein Einkomponentensystem aus N einatomigen Molekülen, deren Wechselwirkung in Paaren additiv ist. Es gilt also wieder Gl. (VIII 25), die wir jetzt etwas einfacher schreiben

$$U^{(N)} = \sum_{i<j=1}^{N} u_{ij}\,. \tag{VIII 277}$$

Wenn wir die Wechselwirkung eines Moleküls k mit allen übrigen abtrennen, erhalten wir die zu (VIII 54) und (VIII 55) analogen Beziehungen

$$U^{(N)} = U^{(N-1)} + U_k^{(N)} \tag{VIII 278}$$

und

$$U_k^{(N)} = \sum_{\substack{j=1 \\ \neq k}}^{N} u_{kj}\,. \tag{VIII 279}$$

Die mit Hilfe der kleinen kanonischen Gesamtheit definierte molekulare Verteilungsfunktion eines Satzes von n Molekülen ist durch Gl. (VIII 5) gegeben, die wir jetzt schreiben

$$\varrho^{\binom{n}{N}}(\mathbf{q}_1, \ldots, \mathbf{q}_n)\, e^{-\frac{F^{(N)}}{kT}} = \frac{1}{(N-n)!\,\lambda^{3N}} \int \ldots \int e^{-\frac{U^{(N)}}{kT}}\, d\mathbf{q}_{n+1} \ldots d\mathbf{q}_N, \tag{VIII 280}$$

wo λ durch Gl. (VIII 4) definiert ist[2,3]. In einem offenen System, das durch eine große kanonische Gesamtheit dargestellt wird, ist dann die molekulare

---

[1] Kirkwood, J. G., u. Z. W. Salsburg: Discuss. Faraday Soc. 15, 28 (1953).

[2] Die durch Gl. (VIII 280) definierte molekulare Verteilungsfunktion bezieht sich naturgemäß wieder auf nicht spezifizierte Teilchen. Die Numerierung ist als „nachträglich angebracht" zu denken.

[3] Es ist $\varrho^{\binom{n}{N}} = 0$ für $n > N$.

Verteilungsfunktion eines Satzes von n Molekülen

$$\varrho^{(n)}(\mathbf{q}_1, \ldots, \mathbf{q}_n) = \sum_{N=0}^{\infty} \varrho_{(N)}^{(n)}(\mathbf{q}_1, \ldots, \mathbf{q}_n)\, e^{\frac{-PV + N\mu - F^{(N)}}{kT}} \qquad \text{(VIII 281)}$$

oder, nach Einsetzen von (VIII 280),

$$\varrho^{(n)}(\mathbf{q}_1, \ldots, \mathbf{q}_n) = \sum_{N=0}^{\infty} \frac{1}{(N-n)!\,\lambda^{3N}}\, e^{\frac{-PV+N\mu}{kT}} \int \ldots \int e^{-\frac{U^{(N)}}{kT}}\, d\mathbf{q}_{n+1} \ldots d\mathbf{q}_N . \qquad \text{(VIII 282)}$$

Wir greifen jetzt aus dem Satz n ein beliebiges Molekül, etwa das Molekül 1, heraus und schreiben mit Benutzung von (VIII 278) und (VIII 279)

$$e^{-\frac{U^{(N)}}{kT}} = e^{-\frac{U^{(N-1)} + U_1^{(N)}}{kT}} , \qquad \text{(VIII 283)}$$

wo

$$e^{-\frac{U_1^{(N)}}{kT}} = e^{-\frac{\sum\limits_{j=2}^{N} u_{1j}}{kT}} \qquad \text{(VIII 284)}$$

ist. Definieren wir nun

$$U_1^{(n)} = \sum_{i=2}^{n} u_{1i} \qquad \text{(VIII 285)}$$

und

$$f_{1\sigma} = e^{-\frac{u_{1\sigma}}{kT}} - 1 , \qquad \text{(VIII 286)}$$

so kann Gl. (VIII 284) geschrieben werden

$$e^{-\frac{U_1^{(N)}}{kT}} = e^{-\frac{U_1^{(n)}}{kT}} \prod_{\sigma=n+1}^{N} (1 + f_{1\sigma}) . \qquad \text{(VIII 287)}$$

Die durch Gl. (VIII 286) definierten Funktionen f_{ij} bilden, wie wir in § 12.1 sehen werden, die Grundlage der cluster-Entwicklung für Gase. Die cluster-Integrale der Gastheorie sind im wesentlichen Integrale über Produkte dieser Funktionen. Diese vollständige cluster-Entwicklung divergiert, wie wir wissen, für kondensierte Phasen. Der hier gebrauchte Kunstgriff besteht darin, daß nicht die gesamte potentielle Energie, sondern nur ein gewisser Anteil im Sinne der cluster-Entwicklung dargestellt wird. Man kann daher von einer partiellen cluster-Entwicklung sprechen; an Stelle der divergierenden Reihen treten dadurch unter gewissen Voraussetzungen endliche Polynome, so daß Konvergenzschwierigkeiten nicht auftreten.

Durch Einsetzen der Gl. (VIII 283) und (VIII 287) in (VIII 282) erhalten wir

$$\varrho^{(n)}(\mathbf{q}_1, \ldots, \mathbf{q}_n) = \sum_{N=0}^{\infty} \frac{1}{(N-n)!\,\lambda^{3N}} \times \qquad \text{(VIII 288)}$$

$$\times e^{\frac{-PV+N\mu}{kT}} \int \ldots \int e^{-\frac{U^{(N-1)}}{kT}} e^{-\frac{U_1^{(n)}}{kT}} \prod_{\sigma=n+1}^{N} (1 + f_{1\sigma})\, d\mathbf{q}_{n+1} \ldots d\mathbf{q}_N .$$

Durch Ausmultiplizieren des „cluster-Produktes'' $\prod\limits_{\sigma=n+1}^{N} (1 + f_{1\sigma})$ erhalten wir

eine Reihe von Integranden der Form $\prod\limits_{\sigma=n+1}^{l} f_{1\sigma}$ von denen jeder die Faktoren $f_{i\sigma}$,

für l verschiedene Moleküle des Satzes $N - n$ enthält. Jedes derartige Integral besteht aus $(N-n)!/l!\,(N-n-l)!$ identischen Termen und wird über die

Koordinaten von l Molekülen erstreckt. Die Integration über die restlichen $N - n - l$ Molekül-Koordinatensätze ergibt wegen Gl. (VIII 280) einen Faktor

$$(N - n - l)! \; \lambda^{3(N-1)} \, e^{-\frac{F^{(N-1)}}{kT}} \, \varrho^{\binom{n+l-1}{N-1}}. \qquad \text{(VIII 289)}$$

Schließlich vertauschen wir noch die Reihenfolge der Summierung über die „cluster-Zahl" l und die Zahl der Moleküle in den Systemen der großen Gesamtheit N. Mit Benutzung von Gl. (VIII 282) bekommen wir dann

$$\varrho^{(n)}(\mathbf{q}_1, \ldots, \mathbf{q}_n) = e^{\frac{\mu' - U_1^{(n)}}{kT}} \Big\{ \varrho^{(n-1)}(\mathbf{q}_2, \ldots, \mathbf{q}_n) + \qquad \text{(VIII 290)}$$

$$+ \sum_{l=1}^{\infty} \frac{1}{l!} \int \ldots \int K'^{(l)}(\mathbf{q}_1, \mathbf{q}_{n+1}, \ldots, \mathbf{q}_{n+l}) \, \varrho^{(n+l-1)}(\mathbf{q}_2, \ldots, \mathbf{q}_{n+l}) \, d\mathbf{q}_{n+1} \ldots d\mathbf{q}_{n+l} \Big\}.$$

Dabei ist zur Abkürzung

$$\mu' = \mu - kT \ln \lambda^3 \qquad \text{(VIII 291)}$$

gesetzt, und die Kerne sind definiert durch

$$K'^{(l)}(\mathbf{q}_1, \mathbf{q}_{n+1}, \ldots, \mathbf{q}_{n+l}) = \prod_{\sigma=n+1}^{n+l} f_{1\sigma} = \prod_{\sigma=n+1}^{n+l} \left(e^{-\frac{u_{1\sigma}}{kT}} - 1 \right). \qquad \text{(VIII 292)}$$

Die Gl. (VIII 290) stellen das gesuchte System von Integralgleichungen für die molekularen Verteilungsfunktionen $\varrho^{(n)}$ dar. Vorausgesetzt wird dabei, daß die $\varrho^{(n)}$ symmetrische Funktionen der Koordinaten $\mathbf{q}_1, \ldots, \mathbf{q}_n$ sind und daß für ein endliches Volumen V

$$\lim_{n \to \infty} \varrho^{(n)} = 0 \qquad \text{(VIII 293)}$$

ist. Auf die letztere Bedingung, deren Erfüllung durch die zwischen den Molekülen wirkenden Abstoßungskräfte gesichert wird, werden wir weiter unten zurückkommen. Für die $\varrho^{(n)}$ gilt ferner, wie sich aus Gl. (VIII 7) und (VIII 282) ergibt,

$$\int \varrho^{(n)}(\mathbf{q}^{(n)}) \, d\mathbf{q}^{(n)} = \overline{\left[\frac{N!}{(N-n)!} \right]}. \qquad \text{(VIII 294)}$$

Führen wir die Korrelationsfunktionen

$$g^{(n)}(\mathbf{q}^{(n)}) = \left(\frac{N}{V} \right)^{-n} \varrho^{(n)}(\mathbf{q}^{(n)}) \qquad \text{(VIII 295)}$$

ein, so wird aus (VIII 290)

$$g^{(n)}(\mathbf{q}_1, \ldots, \mathbf{q}_n) = e^{\frac{\mu^e - U_1^{(n)}}{kT}} \Big\{ g^{(n-1)}(\mathbf{q}_2, \ldots, \mathbf{q}_n) + \qquad \text{(VIII 296)}$$

$$+ \sum_{l=1}^{\infty} \frac{1}{l!} \left(\frac{N}{V} \right)^l \int \ldots \int K'^{(l)}(\mathbf{q}_1, \mathbf{q}_{n+1}, \ldots, \mathbf{q}_{n+l}) \, g^{(n+l-1)}(\mathbf{q}_2, \ldots, \mathbf{q}_{n+l}) \, d\mathbf{q}_{n+1} \ldots d\mathbf{q}_{n+l} \Big\}.$$

Dabei ist

$$\mu^e = \mu + kT \ln \frac{V}{N \lambda^3}. \qquad \text{(VIII 297)}$$

die Abweichung des chemischen Potentials von dem eines idealen Gases. Definitionsmäßig setzen wir fest

$$g^{(0)} = 1 \,, \quad U_1^{(1)} = 0 \,. \qquad \text{(VIII 298)}$$

Die für (VIII 290) genannten Bedingungen müssen naturgemäß auch hier erfüllt sein. Als Analogon zu (VIII 294) ergibt sich unmittelbar

$$\frac{1}{V^n} \int g^{(n)}(\mathbf{q}^{(n)}) \, d\mathbf{q}^{(n)} = \overline{\left[\prod_{l=0}^{n-1} \frac{(N-l)}{N} \right]}. \qquad \text{(VIII 299)}$$

Im besonderen ist

$$\frac{1}{V} \int g^{(1)}(\mathbf{q}_i)\, d\,\mathbf{q}_i = 1 \,. \tag{VIII 300}$$

Mit Hilfe dieser Gleichung können wir eine wichtige Beziehung zwischen dem chemischen Potential und den molekularen Verteilungsfunktionen ableiten. Integrieren wir nämlich die erste der Gl. (VIII 296) (für $\varrho^{(1)}$) über den Koordinatensatz $\mathbf{q}_1$, so folgt mit (VIII 298) und (VIII 300)

$$e^{-\frac{\mu^e}{kT}} \tag{VIII 301}$$
$$= 1 + \sum_{l=1}^{\infty} \frac{1}{V l!} \left(\frac{N}{V}\right)^l \int \cdots \int K'^{(l)}(\mathbf{q}_1, \mathbf{q}_2, \ldots, \mathbf{q}_{l+1})\, g^{(l)}(\mathbf{q}_2, \ldots, \mathbf{q}_{l+1})\, d\,\mathbf{q}_1\, d\,\mathbf{q}_2 \ldots d\,\mathbf{q}_{l+1} \,.$$

Diese Beziehung, die zuerst von J. E. MAYER[1] aus den Gleichungen des § 8.4 abgeleitet wurde, kann als Gegenstück zu Gl. (VIII 70) betrachtet werden. In der letzteren tritt nur die Paarverteilungsfunktion auf, diese muß jedoch über den Wertebereich des Kopplungsparameters integriert werden. Diese Integration entfällt in Gl. (VIII 301), dafür haben wir die Summe über alle molekularen Verteilungsfunktionen. Wir werden allerdings sehen, daß dieselbe unter Voraussetzungen, die im allgemeinen mit hinreichender Näherung erfüllt sind, in ein endliches Polynom übergeht.

In den Gl. (VIII 290), (VIII 296) und (VIII 301) tritt jeweils auf der rechten Seite eine unendliche Reihe auf, deren Konvergenz wir zu untersuchen haben. Die Verhältnisse lassen sich am einfachsten übersehen, wenn wir zunächst ein primitives Molekülmodell betrachten. Wir nehmen an, daß die Moleküle starre Kugeln vom Radius b sind, die aufeinander mit einer Kraft von der endlichen Reichweite a wirken. Dann folgt aus der Voraussetzung, daß $K'^{(l)}(\mathbf{q}_1, \mathbf{q}_2, \ldots, \mathbf{q}_{l+1})$ verschwindet, wenn nicht alle Moleküle des Satzes l sich innerhalb einer Kugel vom Radius a befinden, in deren Mittelpunkt das Molekül 1 liegt. Ist dies nämlich nicht der Fall, so ist wenigstens eine der Größen $f_{i\sigma}$ und damit nach Gl. (VIII 292) auch $K'^{(l)}$ gleich Null. Andererseits ist infolge der Abstoßung zwischen den starren Kugeln $g^{(l)}$ gleich Null für Konfigurationen[2], bei denen l Molekülmittelpunkte innerhalb einer Kugel vom Radius a um das Molekül 1 als Mittelpunkt liegen, wenn l gleich oder größer ist als die maximale Zahl der Kugeln vom Radius b, die in einer größeren Kugel vom Radius a untergebracht werden können. Bezeichnen wir diese Zahl mit $\nu + 1$, so verschwinden in den genannten Gleichungen alle Integranden mit $l > \nu$, da es kein Gebiet gibt, in dem sowohl $K'^{(l)}$ wie $g^{(l)}$ von Null verschieden sind. Für starre Kugeln ohne Anziehungskräfte ist einfach $a = 2\,b$ und $\nu = 12$, der Koordinatenzahl der dichtesten Kugelpackung. Für VAN DER WAALSsche Anziehungskräfte kann man größenordnungsmäßig etwa $a = 10\,b$ annehmen. Die Größe b muß, wie wir später (§ 11.3) noch näher erörtern werden, als Temperaturfunktion betrachtet werden, wenn man der wirklichen Abstoßungskraft Rechnung tragen will. Man wird einen etwas kleineren Wert, als dem Potentialminimum der zwischenmolekularen Wechselwirkung entspricht, anzusetzen haben. Wir brauchen auf diese Fragen hier nicht näher einzugehen und können uns mit der Feststellung begnügen, daß sich jedenfalls für einen nicht zu großen Temperaturbereich die Größen a und b physikalisch sinnvoll definieren lassen. Unter diesen Voraussetzungen werden aus den unendlichen Reihen Polynome vom Grade ν in der

---

[1] MAYER, J. E.: J. Chem. Phys. **15**, 187 (1947).
[2] Mit Ausnahme eines Gebietes vom Maße Null.

molekularen Dichte. Wir können dann die Gl. (VIII 296) und (VIII 301) schreiben

$$g^{(n)}(\mathbf{q}_1, \ldots, \mathbf{q}_n) = e^{\frac{\mu^e - U_1^{(n)}}{kT}} \{ g^{(n-1)}(\mathbf{q}_2, \ldots, \mathbf{q}_n) +$$

$$+ \sum_{l=1}^{\nu} \frac{1}{l!} \left(\frac{N}{V} \right)^l \int \cdots \int K'^{(l)}(\mathbf{q}_1, \mathbf{q}_{n+1}, \ldots, \mathbf{q}_{n+l}) \, g^{(n+l-1)}(\mathbf{q}_2, \ldots, \mathbf{q}_{n+l}) \, d\mathbf{q}_{n+1} \ldots d\mathbf{q}_{n+l}$$

$$\text{(VIII 302)}$$

und

$$e^{-\frac{\mu^e}{kT}} = 1 +$$

$$+ \sum_{l=1}^{\nu} \frac{1}{V \, l!} \left(\frac{N}{V} \right)^l \int \cdots \int K'^{(l)}(\mathbf{q}_1, \mathbf{q}_2, \ldots, \mathbf{q}_{l+1}) \, g^{(l)}(\mathbf{q}_2, \ldots, \mathbf{q}_{l+1}) \, d\mathbf{q}_1, d\mathbf{q}_2 \ldots d\mathbf{q}_{l+1}.$$

$$\text{(VIII 303)}$$

Die strenge Behandlung des Problems würde zwar formal ein etwas anderes Bild ergeben, an dem tatsächlichen Sachverhalt aber nichts ändern, da die unendlichen Reihen so stark konvergieren, daß sie in völlig ausreichender Näherung durch Polynome von endlichem Grade ν ersetzt werden können.

Die Integralgleichungen (VIII 302) lassen sich durch Einführung neuer Funktionen auf eine übersichtlichere Gestalt bringen. Wir definieren

$$\varrho^{(n,l)} = \left(\frac{N}{V} \right)^l \frac{g^{(n+l)}(\mathbf{q}_2, \ldots, \mathbf{q}_{n+l+1})}{g^{(n)}(\mathbf{q}_2, \ldots, \mathbf{q}_{n+1})}. \qquad \text{(VIII 304)}$$

Die Bedeutung dieser Funktion ist im Anschluß an Gl. (I 74) leicht zu verstehen. Sie stellt die Wahrscheinlichkeitsdichte dar, den Satz l der Moleküle bei den Koordinaten $\mathbf{q}_{n+2}, \ldots, \mathbf{q}_{n+l+1}$ zu finden, wenn bekannt ist, daß der Satz n sich bei den Koordinaten $\mathbf{q}_2, \ldots, \mathbf{q}_{n+1}$ befindet. Ferner konstruieren wir neue Kerne

$$K^{(n)}(\mathbf{q}_1, \mathbf{q}_2, \ldots, \mathbf{q}_{n+1}) = \frac{N}{V} f_{1,n+1} \, e^{\frac{\mu^e - U_1^{(n)}}{kT}} \times$$

$$\times \left\{ 1 + \sum_{l=1}^{\nu-1} \frac{1}{(l+1)!} \int \cdots \int \varrho^{(n,l)} \sum_{\sigma=n+2}^{n+l+1} f_{1\sigma} \, d\mathbf{q}_\sigma \right\}. \qquad \text{(VIII 305)}$$

Dann wird aus (VIII 302)

$$g^{(n)}(\mathbf{q}_1, \ldots, \mathbf{q}_n) = e^{\frac{\mu^e - U_1^{(n)}}{kT}} \, g^{(n-1)}(\mathbf{q}_2, \ldots, \mathbf{q}_n) +$$

$$+ \int K^{(n)}(\mathbf{q}_1, \mathbf{q}_2, \ldots, \mathbf{q}_{n+1}) \, g^{(n)}(\mathbf{q}_2, \ldots, \mathbf{q}_{n+1}) \, d\mathbf{q}_{n+1}. \qquad \text{(VIII 306)}$$

Die beiden ersten Gleichungen dieses Systems, die für die Anwendungen am wichtigsten sind, lauten

$$g^{(1)}(\mathbf{q}_1) = e^{\frac{\mu^e}{kT}} + \int K^{(1)}(\mathbf{q}_1, \mathbf{q}_2) \, g^{(1)}(\mathbf{q}_2) \, d\mathbf{q}_2 \qquad \text{(VIII 307)}$$

mit

$$K^{(1)}(\mathbf{q}_1, \mathbf{q}_2) = \frac{N}{V} e^{\frac{\mu^e}{kT}} f_{12} \left\{ 1 + \sum_{l=1}^{\nu-1} \frac{1}{(l+1)!} \int \cdots \int \varrho^{(1,l)} \prod_{\sigma=3}^{l+2} f_{1\sigma} \, d\mathbf{q}_\sigma \right\} \qquad \text{(VIII 308)}$$

und

$$g^{(2)}(\mathbf{q}_1, \mathbf{q}_2) = e^{\frac{\mu^e - u_{12}}{kT}} g^{(1)}(\mathbf{q}_2) + \int K^{(2)}(\mathbf{q}_1, \mathbf{q}_2, \mathbf{q}_3) \, g^{(2)}(\mathbf{q}_2, \mathbf{q}_3) \, d\mathbf{q}_3 \qquad \text{(VIII 309)}$$

mit

$$K^{(2)}(\mathbf{q}_1, \mathbf{q}_2, \mathbf{q}_3) = \frac{N}{V} e^{\frac{\mu^e - u_{12}}{kT}} f_{13} \times \left\{ 1 + \sum_{l=1}^{\nu-1} \frac{1}{(l+1)!} \int \cdots \int \varrho^{(2,l)} \prod_{\sigma=4}^{l+3} f_{1\sigma} \, d\mathbf{q}_\sigma \right\}.$$

$$\text{(VIII 310)}$$

Die vorstehenden Gleichungen bezeichnen wir, zur Unterscheidung von dem Gleichungssystem (VIII 100), als die KIRKWOODschen Gleichungen II. Art. In der zuletzt gegebenen Darstellung sind sie lineare Integralgleichungen vom FREDHOLMschen Typ. Man kann daher die Theorie der linearen Integralgleichungen benutzen, um gewisse allgemeine Aussagen über die Lösungen zu erhalten. Naturgemäß liegt aber das eigentliche Problem der Lösung selbst in der Tatsache, daß die Kerne nicht bekannte Funktionen sind, sondern die höheren molekularen Verteilungsfunktionen enthalten. Wir werden die Gleichungen in § 8.8 auf das Problem des eindimensionalen Systems anwenden, für welches die Lösungen sich direkt aus der in § 7.7 entwickelten Theorie ableiten lassen. Untersuchungen über eigentlich physikalische (dreidimensionale) Systeme sind bisher noch nicht bekannt geworden.

§ 8.7*. Phasenumwandlungen und molekulare Verteilungsfunktionen

Da die molekularen Verteilungsfunktionen unmittelbar mit der molekularen Struktur des Systems zusammenhängen, müssen sie notwendig an der Stelle einer Phasenumwandlung eine plötzliche Änderung erleiden. Das einfachste Beispiel dafür bietet die Funktion $g^{(1)}$, die für den Kristall dreifach periodisch, für die Flüssigkeit dagegen identisch gleich Eins ist. Die Lösungen der Integralgleichungen der § 8.4 oder 8.6 für konkrete Systeme müssen daher im Prinzip auch alle Aussagen über die Phasenumwandlungen der betreffenden Systeme liefern. Die Durchführung dieses Programms stößt jedoch auf große Schwierigkeiten, da explizite Lösungen bisher nur mit Hilfe von Näherungsannahmen erhalten wurden, deren Einfluß gerade im Gebiet der Phasenumwandlungen kaum abzuschätzen ist. Wir werden später noch einige in dieser Richtung gehende Versuche etwas ausführlicher besprechen.

An dieser Stelle beschränken wir uns darauf, in allgemeiner Form den Zusammenhang zwischen Phasenumwandlungen und molekularen Verteilungsfunktionen zu erörtern und damit die obige Feststellung etwas näher zu präzisieren[1-3]. Insofern stellen die folgenden Überlegungen eine Ergänzung zu den Ausführungen des § 7.6 dar. Wir beschränken uns dabei auf Einkomponentensysteme und betrachten zunächst Umwandlungen I. Ordnung.

Da wir Phasenumwandlungen statistisch durch das Verhalten der mittleren relativen Schwankungsquadrate der extensiven Parameter charakterisiert haben, liefert den unmittelbarsten Zugang zu unserem Problem die Beziehung zwischen dem mittleren relativen Schwankungsquadrat der Teilchenzahl und den molekularen Verteilungsfunktionen $g^{(1)}$ und $g^{(2)}$, die durch Gl. (VIII 228) gegeben ist. Wir schreiben dieselbe jetzt zur besseren Übersicht

$$\frac{\overline{(\varrho - \bar{\varrho})^2}}{\bar{\varrho}^2} = \frac{1}{N} \left\{ \frac{\bar{\varrho}}{V} \int \int [g^{(2)}(\mathbf{q}_1, \mathbf{q}_2) - g^{(1)}(\mathbf{q}_1) g^{(1)}(\mathbf{q}_2)] \, d\mathbf{q}_1 d\mathbf{q}_2 + 1 \right\}. \quad \text{(VIII 311)}$$

Man sieht daraus zunächst, daß eine thermodynamisch stabile Phase dadurch charakterisiert ist, daß die Integrale über die molekularen Verteilungsfunktionen $g^{(1)}$ und $g^{(2)}$ konvergieren. In diesem Falle verschwindet nämlich das mittlere relative Schwankungsquadrat der molekularen Dichte für $N \to \infty$ wie N^{-1}, und das ist, wie wir in § 7.6 gesehen haben, die statistische Definition einer stabilen Phase. An der Stelle einer Phasenumwandlung strebt aber die linke Seite der Gl. (VIII 311) für $N \to \infty$ einem endlichen Grenzwert zu. Hier

---

[1] MAYER, J. E.: J. Chem. Phys. **16**, 665 (1948).

[2] MÜNSTER, A.: Z. Naturforsch. **7a**, 613 (1952).

[3] MÜNSTER, A.: Comptes Rendus II ième Réunion «Changement de Phases» S. 21. Paris 1952.

divergiert daher das „Schwankungsintegral" der rechten Seite, und zwar in solcher Weise, daß

$$\lim_{\overline{N} \to \infty} \frac{\overline{\varrho}}{V} \int \cdots \int [g^{(2)}(\mathbf{q}_1, \mathbf{q}_2) - g^{(1)}(\mathbf{q}_1)\, g^{(1)}(\mathbf{q}_2)]\, d\mathbf{q}_1\, d\mathbf{q}_2 \sim \overline{N} \qquad \text{(VIII 312)}$$

wird. Betrachten wir zunächst eine Umwandlung zwischen zwei fluiden Phasen (d. h. im Falle des Einkomponentensystems die Kondensation), so ist $g^{(1)} = 1$. (VIII 312) besagt daher, daß für die betreffenden Werte der Parameter bzw. der thermodynamischen Zustandsgrößen die Integralgleichungen der radialen Verteilungsfunktionen keine Lösung besitzen, welche der Normierungsrelation (VIII 113) genügt. Physikalisch bedeutet dies, daß in einem heterogenen System eine radiale Verteilung nicht definiert werden kann, daß es also im Hinblick auf die Verteilung von Molekülpaaren statistisch unbestimmt ist. Die Wahrscheinlichkeitsdichte, im Volumenelement $d\mathbf{q}_i$ ein einzelnes Molekül anzutreffen, ist dagegen, wenn wir die Volumenbrüche der beiden Phasen mit x_α^* und x_β^* bezeichnen,

$$\varrho_{\alpha,\,\beta} = \overline{x_\alpha^*}\, \overline{\varrho}_\alpha + \overline{x_\beta^*}\, \overline{\varrho}_\beta , \qquad \text{(VIII 313)}$$

da $\overline{\varrho}$ an dieser Stelle eine Unstetigkeit besitzt.

Für Umwandlungen, an denen kristalline Phasen beteiligt sind (Schmelzen, Umwandlungen im festen Zustand), liegen die Verhältnisse etwas anders, da hier auch die Funktion $g^{(1)}$ für beide Phasen verschieden ist. In dem heterogenen System kann zwar die mittlere molekulare Dichte wieder durch Gl. (VIII 313) ausgedrückt werden. Die molekulare Verteilung ist aber nicht definierbar, und die Gleichungen für $g^{(1)}$ besitzen keine Lösung.

Wir wollen nun zeigen, daß die Integralgleichungen für die molekularen Verteilungsfunktionen mathematisch ein solches Verhalten zulassen und daß somit die statistische Theorie auch in dieser Formulierung die Möglichkeit von Phasenumwandlungen einschließt. Wir beginnen mit den MAYERschen Integralgleichungen, beschränken uns jedoch hier auf ein ganz einfaches Modell[1]. Dasselbe ist durch einige für physikalische Systeme sicher unzulässige Annahmen charakterisiert, läßt aber den hier wesentlichen Gesichtspunkt erkennen. Für eine ausführlichere Diskussion der Frage müssen wir auf die Originalarbeit[1] verweisen[2].

Die erwähnte Vereinfachung besteht zunächst in der Annahme, daß alle $\varphi^{*(k)}$ mit Ausnahme von $\varphi^{*(1)}$ identisch verschwinden. Die Summe auf der rechten Seite der Gl. (VIII 179) reduziert sich dann auf zwei Terme, einen mit $m = 0$, $\varkappa = 1$ und einen mit $\varkappa = 0$, $m = 1$. Für den Fall $k = 1$ wird dann aus (VIII 179) mit Berücksichtigung von (VIII 186)

$$\varphi^{(1)}(\mathbf{q}_1) = \varphi^{*(1)})(\mathbf{q}_1) + \varDelta Z \int K^{(1,\,0,\,1)}(\mathbf{q}_1, \mathbf{q}_2)\, \varphi^{*(1)}(\mathbf{q}_2)\, d\mathbf{q}_2 . \qquad \text{(VIII 314)}$$

Wir nehmen nun weiter an, daß auch alle $\varphi^{(k)}$ mit Ausnahme von $\varphi^{(1)}$ identisch verschwinden. Aus Gl. (VIII 180) erhalten wir dann

$$\varphi^{*(1)}(\mathbf{q}_1) = \varphi^{(1)}(\mathbf{q}_1) - \varDelta Z \int K^{*(1,\,0,\,1)}(\mathbf{q}_1, \mathbf{q}_2)\, \varphi^{(1)}(\mathbf{q}_2)\, d\mathbf{q}_2 . \qquad \text{(VIII 315)}$$

Die Gl. (VIII 314) und (VIII 315) sind inhomogene lineare Integralgleichungen vom FREDHOLMschen Typ. Wir wollen annehmen, daß die mit einem Stern versehenen Funktionen bekannt sind und sich auf den Zustand unendlicher

---

[1] MAYER, J. E.: J. Chem. Phys. **15**, 187 (1947).
[2] Für die im folgenden benutzten Sätze über lineare Integralgleichungen s. COURANT-HILBERT: Methoden der mathematischen Physik, Bd. I. Berlin 1931. — WHITTAKER-WATSON: Modern Analysis. Cambridge 1952. — MARGENAU-MURPHY: The Mathematics of Physics and Chemistry. New York 1948.

Verdünnung beziehen. Nach Gl. (VIII 187) sind dann die Kerne

$$K^{*(1,0,1)} = g^{*(2)}(\mathbf{q_1}, \mathbf{q_2}) - 1 \qquad \text{(VIII 316)}$$

und

$$K^{(1,0,1)} = \frac{\bar{\varrho}}{Z}\left[\frac{g^{(2)}(\mathbf{q_1}, \mathbf{q_2})}{g^{(1)}(\mathbf{q_1})} - g^{(1)}(\mathbf{q_2})\right]. \qquad \text{(VIII 317)}$$

In der üblichen Standardform haben wir also für die gesuchte Funktion $\varphi^{(1)}$ die Integralgleichung

$$\varphi^{(1)}(\mathbf{q_1}) = \varphi^{*(1)}(\mathbf{q_1}) + \Delta Z \int K^{*(1,0,1)}(\mathbf{q_1}, \mathbf{q_2})\, \varphi^{(1)}(\mathbf{q_2})\, d\mathbf{q_2}. \qquad \text{(VIII 318)}$$

Man sieht nun unmittelbar, daß die Lösung dieser Gleichung durch (VIII 314) gegeben ist. Die Kerne $K^{(1,0,1)}$ und $K^{*(1,0,1)}$ sind zueinander reziprok, und $K^{(1,0,1)}$ ist die zu (VIII 318) gehörende Resolvente. Die Gl. (VIII 318) besitzt aber nur Lösungen, wenn Z verschieden ist von den Eigenwerten des Kernes $K^{*(1,0,1)}$ [1]. Gehen wir daher von dem Zustand unendlicher Verdünnung aus und schreiten bei konstanter Temperatur in Richtung wachsender Fugazitäten fort, so erreichen wir einen Wert Z^*, für welchen Gl. (VIII 318) keine Lösung besitzt. Nach dem vorhergehenden stellt dieser Wert die Fugazität dar, bei der die erste Phasenumwandlung stattfindet. Jenseits Z^* existieren wieder Lösungen, die aber naturgemäß, der neuen Phase entsprechend, sich von den vorhergehenden unterscheiden. Man kann nun wieder Z weiter anwachsen lassen, bis der nächste Eigenwert des Kernes $K^{*(1,0,1)}$ und damit die nächste Phasenumwandlung erreicht wird. Die Eigenwerte des Kernes $K^{*(1,0,1)}$ ergeben somit unmittelbar die Fugazitäten, bei denen Phasenumwandlungen stattfinden.

Daß die hier skizzierte qualitative Theorie der Phasenumwandlungen tatsächlich der in § 7.6 benutzten Methode äquivalent ist, kann man in folgender Weise einsehen. Bekanntlich läßt sich die Resolvente darstellen als Entwicklung nach Potenzen des Parameters, d. h. in unserem Falle der Fugazität, deren Koeffizienten die iterierten Kerne sind (NEUMANNsche Reihe) [2]. Unter der Voraussetzung, daß der Kern $K^{*(1,0,1)}$ symmetrisch ist, kann man durch eine einfache Umformung zeigen, daß diese Reihe für jeden Wert von Z, der Eigenwert des Kernes ist, divergiert [3]. Allgemeiner gesprochen ist die Resolvente eine meromorphe Funktion von z, die in den Eigenwerten des Kernes einfache Pole besitzt. Für fluide Phasen ist aber die Resolvente durch Aktivitätskoeffizient und Paar-Verteilungsfunktion bestimmt, die ihrerseits, wie wir in § 8.1 gesehen haben, unter gewissen Voraussetzungen (die wir hier als erfüllt ansehen) die thermodynamischen Eigenschaften festlegen. Wir können also die erwähnte Reihe als Entwicklung einer thermodynamischen Funktion nach Potenzen der Fugazität betrachten und damit das frühere Ergebnis bestätigen, daß eine solche Entwicklung an der Stelle einer Phasenumwandlung divergiert.

Die vorstehenden Überlegungen sind naturgemäß nicht als eine strenge Theorie, sondern als eine qualitative Skizze aufzufassen, die eine Vorstellung von dem wesentlichen Sachverhalt gibt. Sie wird dadurch gerechtfertigt, daß die allgemeine Untersuchung [4] im Prinzip zu dem gleichen Ergebnis führt.

Eine analoge Betrachtung läßt sich auch für die KIRKWOODschen Gleichungen II. Art durchführen [5]. Infolge der einfacheren Struktur derselben können wir hier auf ein Modell verzichten und damit der Überlegung den Charakter einer allgemeinen Theorie geben, die wir allerdings nicht im einzelnen ausführen.

---

[1] Von dem Sonderfall, daß $\varphi^{*(1)}$ orthogonal zu den Eigenfunktionen des Kernes $K^{*(1,0,1)}$ ist, sehen wir ab.

[2] Man beachte, daß der Kern $K^{*(1,0,1)}$ nicht von Z abhängt.

[3] COURANT-HILBERT: s. S. 289, Anm. 2, dortselbst S. 120.

[4] MAYER, J. E.: J. Chem. Phys. 15, 187 (1947).

[5] KIRKWOOD, J. G., u. Z. W. SALSBURG: Discuss. Faraday Soc. 15, 28 (1953).

Wir beginnen mit Gl. (VIII 307). Dieselbe stellt ebenfalls eine lineare inhomogene FREDHOLMsche Integralgleichung dar. Die Situation ist jedoch, gegenüber Gl. (VIII 318), insofern geändert, als der Parameter ein für allemal auf den Wert Eins festgelegt ist. Die Zustandsvariablen treten aber als Parameter im Kern auf. Für hinreichend niedrige Temperaturen und hohe Drucke (bzw. chemische Potentiale) liefert (VIII 307) eine dem kristallinen Zustand entsprechende dreifach periodische Lösung. Wird nun, etwa bei konstantem Druck, mit steigender Temperatur ein Punkt erreicht, in dem der Kern den Eigenwert Eins hat, so existiert an dieser Stelle keine Lösung der Gl. (VIII 307). Das Schwankungsintegral divergiert nach (VIII 312), d. h. wir haben eine Phasenumwandlung. Es sind hier zwei Fälle möglich. Gibt (VIII 307) oberhalb des Umwandlungspunktes wieder eine periodische Lösung, so haben wir eine Phasenumwandlung im festen Zustand. Ist aber dann $g^{(1)} = 1$, so handelt es sich um den Schmelzpunkt.

Für die Integralgleichung (VIII 309) haben wir in dem bisher betrachteten Zustandsgebiet ganz analoge Verhältnisse. Für Systeme, die einen Schmelzpunkt zeigen, müssen daher (wenn der Druck gegeben ist) die Kerne $K^{(1)}$ und $K^{(2)}$ wenigstens bei einer Temperatur beide den Eigenwert Eins besitzen.

Gibt es mehrere solche Temperaturen, so treten Phasenumwandlungen im festen Zustand auf. Oberhalb des Schmelzpunktes hat Gl. (VIII 307) keine Bedeutung mehr, und (VIII 309) stellt dann die Gleichung für die radiale Verteilungsfunktion dar. Gibt es jetzt nochmals eine Temperatur, für welche der Kern $K^{(2)}$ den Eigenwert Eins hat, so haben wir erneut eine Phasenumwandlung, die wir mit der Verdampfung identifizieren können. Die Existenz des kritischen Punktes drückt sich darin aus, daß oberhalb einer gewissen Temperatur T_k der Kern $K^{(2)}$ unter keinen Umständen mehr den Eigenwert Eins besitzen kann.

Wir haben damit die Möglichkeit von Phasenumwandlungen auch im Rahmen der Theorie der molekularen Verteilungsfunktionen nachgewiesen und gleichzeitig eine Vorschrift zur Berechnung der Umwandlungspunkte gegeben. Die Durchführung derselben erfordert allerdings die vollständige Lösung des Gleichungssystems (VIII 306), die bisher noch nicht versucht wurde.

Über das Verhalten der molekularen Verteilungsfunktionen bei Umwandlungen höherer Ordnung lassen sich zunächst auf Grund der Gl. (VIII 226) und (VIII 159) gewisse Aussagen machen[1]. An der Stelle einer Umwandlung n-ter Ordnung besitzt definitionsgemäß die Größe $\partial^n P/\partial Z^n$ eine Unstetigkeit. Aus den genannten Gleichungen folgt daher, daß an der Stelle einer Umwandlung n-ter Ordnung auch die molekulare Verteilungsfunktion $g^{(n)}$ sich unstetig ändert, während die molekularen Verteilungsfunktionen niederer Ordnung stetig bleiben. Eine bemerkenswerte Folgerung ergibt sich daraus für den Fall, daß die Umwandlung durch innere Freiheitsgrade bedingt ist, wie es beispielsweise bei den sogenannten Rotationsumwandlungen[2] zutrifft. Nehmen wir an, daß es sich um eine Umwandlung II. Ordnung handelt, so fordern die Gl. (VIII 226) und (VIII 159), daß an der betreffenden Stelle das Integral über $g^{(2)}$ unstetig ist. Denken wir uns jetzt zuerst die Integrationen über die inneren Koordinaten ausgeführt, so erhalten wir eine Funktion $g'^{(2)}$, die nur von den Schwerpunktskoordinaten abhängt. Da das Integral über dieselbe im Umwandlungspunkt unstetig ist, muß auch die Funktion selbst von beiden Seiten des Umwandlungspunktes her verschiedenen Grenzwerten zustreben. Im Falle einer durch innere Freiheitsgrade bedingten Umwandlung n-ter Ordnung ist somit auch die molekulare

---

[1] MAYER, J. E.: J. Chem. Phys. **16**, 665 (1948).

[2] Vergl. § 18.4.

Verteilungsfunktion n-ter Ordnung der Molekülschwerpunkte im Unwandlungs-
punkt unstetig. Damit erklärt sich die zunächst vielleicht befremdende Tatsache,
daß wir in § 7.6 auch Umwandlungen höherer Ordnung auf Dichteschwankungen
zurückgeführt haben.

Wir betrachten jetzt die Gl. (VIII 229). Die auf der linken Seite stehende
relative Schwankungsgröße III. Ordnung verschwindet an der Stelle einer
Umwandlung II. Ordnung, wie wir in § 7.6 gesehen haben, nicht mehr wie $\bar{N}^{-2}$
für $\bar{N} \to \infty$. Daraus folgt unmittelbar, daß hier das Integral über die molekulare
Verteilungsfunktion $g^{(3)}$ divergiert. Es existiert also an dieser Stelle keine den
Normierungsbedingungen genügende Funktion $g^{(3)}$; das System ist im Hinblick
auf die molekulare Verteilung von Dreiergruppen statistisch unbestimmt. Entsprechende Aussagen ergeben sich für Umwandlungen III. und höherer Ordnung.
Wir können diese Ergebnisse zusammenfassen in dem Satz: An der Stelle einer
Umwandlung n-ter Ordnung ändert sich die molekulare Verteilungsfunktion $g^{(n)}$
unstetig, während das Integral über $g^{(n+1)}$ divergiert. Das System ist statistisch
unbestimmt im Hinblick auf die molekulare Verteilung von Gruppen aus $n+1$
und mehr Molekülen.

Wir haben bereits erwähnt, daß in idealen Gasen auch keine Umwandlungen
höherer Ordnung auftreten können. Man sieht nun leicht, daß dies auch für ein
weites Zustandsgebiet der realen Gase zutreffen muß[1,2]. Wir betrachten dazu
Gl. (VIII 157) und nehmen an, daß die mit Stern versehenen Größen sich auf
den idealen Gaszustand beziehen. Dann wird

$$g^{(n)}(Z, \mathbf{q}^{(n)}) = \left(\frac{\bar{\varrho}}{Z}\right)^n g^{*(n)}(\mathbf{q}^{(n)}) \exp\left\{\sum_l \left[\sum b^{(lm)}\left(\mathbf{q}\binom{m}{n}\right)Z^l\right]\right\}. \qquad \text{(VIII 319)}$$

Für die im Exponenten auftretende Reihe der cluster-Integrale II. Art läßt sich
schreiben

$$\left|b^{(lm)}\left(\mathbf{q}\binom{m}{n}\right)\right| < C \cdot l^m \, |b_l| \qquad \text{(alle } l\text{)}, \qquad \text{(VIII 320)}[3]$$

wo C eine von l unabhängige Konstante ist und b_l das gewöhnliche cluster-
Integral der Gastheorie bezeichnet. Die Reihe in (VIII 319) konvergiert daher
absolut und gleichmäßig innerhalb des Konvergenzkreises der cluster-Entwicklung (VIII 154). Die Abhängigkeit des Exponenten vom Koordinatensatz $\mathbf{q}^{(n)}$
wird (wenn wir für die zwischenmolekularen Kräfte Additivität in Paaren
voraussetzen) durch Produkte aus den durch Gl. (VIII 286) definierten Funktionen f_{ij} dargestellt, entspricht also den Integranden der cluster-Integrale.
Wir können daher schließen, daß bei der Integration über den Koordinatensatz $\mathbf{q}^{(n)}$
das Integral auf der rechten Seite von (VIII 319) konvergiert. Im Zusammenhang mit den obigen Überlegungen folgt daraus, daß in realen Gasen Umwandlungen höherer Ordnung innerhalb des Konvergenzkreises der cluster-Entwicklung, d. h. unterhalb des kritischen und hyperkritischen Gebietes nicht
auftreten können.

§ 8.8*. Die molekularen Verteilungsfunktionen des eindimensionalen Systems

In § 7.7 haben wir eine exakte statistische Theorie des eindimensionalen
Systems entwickelt. Wir wollen jetzt zeigen, daß sich daraus auch die exakten

[1] Münster, A.: Z. Naturforsch. **7a**, 613 (1952).

[2] Münster, A.: Comptes Rendus, IIième Réunion «Changements de Phases», S. 21.
Paris 1952.

[3] Es ist $b_{l,m} \leqq \dfrac{(l+m)!}{l!} \, b_l$. Vgl. § 13.1.

Formeln für die molekularen Verteilungsfunktionen eines solchen Systems ableiten lassen[1].

Aus Gl. (VII 338) erhalten wir zunächst für den kanonischen Mittelwert einer Funktion der Koordinaten $f(q_1, \ldots, q_N)$

$$\overline{f(q_1, \ldots, q_N)} = Q_\tau^{-1} \int_0^L \ldots \int_0^L f(q_1, \ldots, q_N)\, e^{-\frac{U + U'}{kT}}\, dq_1 \ldots dq_N\,. \quad \text{(VIII 321)}$$

Ist $f(q_1, \ldots, q_N)$ eine in den Koordinaten symmetrische Funktion, so können wir das Integral in einer zu Gl. (VII 345) analogen Weise umformen. Das ergibt

$$\overline{f(q_1, \ldots, q_N)} = N!\, Q_\tau^{-1} \int_0^L e^{-\frac{u(L-q_N)}{kT}}\, dq_N \int_0^{q_N} e^{-\frac{u(q_N - q_{N-1})}{kT}}\, dq_{N-1}$$

$$\ldots \int_0^{q_2} e^{-\frac{u(q_1)}{kT}}\, f(q_1, \ldots, q_N)\, dq_1\,. \quad \text{(VIII 322)}$$

Nach (VIII 230) und (VIII 234) ist nun

$$\varrho^{(1)}(q) = \overline{\nu^{(1)}(q)} = \sum_{k=1}^N \overline{\delta(q_k - q)}\,. \quad \text{(VIII 323)}^2$$

Setzen wir

$$f = \sum_{k=1}^N \delta(q_k - q)\,, \quad \text{(VIII 324)}$$

so folgt aus Gl. (VIII 322) und (VIII 323)

$$\varrho^{(1)}(q) = N!\, Q_\tau^{-1} \sum_{k=1}^N J_k^{(N)}(L, q) \quad \text{(VIII 325)}$$

mit

$$J_k^{(N)}(L, q) = \int_0^L e^{-\frac{u(L-q_N)}{kT}}\, dq_N \ldots \int_0^{q_{k+1}} \delta(q_k - q)\, e^{-\frac{u(q_{k+1} - q_k)}{kT}}\, dq_k \ldots \int_0^{q_2} e^{-\frac{u(q_1)}{kT}}\, dq_1\,. \quad \text{(VIII 326)}$$

Die rechte Seite dieser Gleichung stellt wieder ein Faltungsprodukt dar. Wir erhalten daher durch LAPLACE-Transformation

$$\int_0^\infty e^{-sL} J_k^{(N)}(L, q)\, dL = [\varphi(s)]^{N-k+1} \int_0^\infty \delta(L - q)\, h_k(L)\, e^{-sL}\, dL = [\varphi(s)]^{N-k+1} e^{-sq} h_k(q)\,. \quad \text{(VIII 327)}$$

Hier ist $\varphi(s)$ wieder durch Gl. (VII 347) definiert und

$$h_k(q) = \int_0^q e^{-\frac{u(q - q_{k-1})}{kT}} \ldots \int_0^{q_2} e^{-\frac{u(q_1)}{kT}}\, dq_1 \quad \text{(VIII 328)}$$

oder mit Benutzung von Gl. (VII 345) und (VII 348)

$$h_k(q) = \frac{Q_\tau^{(k-1)}(q)}{(k-1)!} = \frac{1}{2\pi i} \int_{c-i\infty}^{c+i\infty} e^{qt}\, [\varphi(t)]^k\, dt\,. \quad \text{(VIII 329)}$$

Wenden wir nun auf Gl. (VIII 327) die Umkehrformel der LAPLACE-Transformation an und setzen das Resultat zusammen mit Gl. (VII 348) in (VIII 325) ein,

---

[1] SALSBURG, Z. W., R. W. ZWANZIG u. J. G. KIRKWOOD: J. Chem. Phys. **21**, 1098 (1953).
[2] q bezeichnet eine einzelne Koordinate, nicht einen Koordinatensatz.

so erhalten wir

$$\varrho^{(1)}(q) = \frac{\sum\limits_{k=1}^{N} \left\{ \frac{1}{2\pi i} \int\limits_{c-i\infty}^{c+i\infty} e^{(L-q)s}\,[\varphi(s)]^{N-k+1}\,ds \right\} \left\{ \frac{1}{2\pi i} \int\limits_{c-i\infty}^{c+i\infty} e^{q\,t}\,[\varphi(t)]^{k}\,dt \right\}}{\frac{1}{2\pi i} \int\limits_{c-i\infty}^{c+i\infty} e^{L\,s}\,[\varphi(s)]^{N+1}\,ds} . \quad \text{(VIII 330)}$$

Um den entsprechenden Ausdruck für die Paar-Verteilungsfunktion abzuleiten, gehen wir aus von den Gl. (VIII 231) und (VIII 235) und setzen in (VIII 322)

$$f = \sum_{k=1}^{N} \sum_{j=1\,\neq k}^{N} \delta(q_k - q)\,\delta(q_j - q') . \quad \text{(VIII 331)}$$

Dann bekommen wir

$$\varrho^{(2)}(q, q') = N!\,Q_\tau^{-1} \sum_{k=2}^{N} \sum_{j=1}^{k-1} J_{jk}^{(N)}\,(L, q, q') \qquad (q > q') \quad \text{(VIII 332)}$$

$$= N!\,Q_\tau^{-1} \sum_{k=1}^{N-1} \sum_{j=k+1}^{N} J_{kj}^{(N)}\,(L, q', q) \quad (q < q') .$$

Hier ist

$$J_{jk}^{(N)}(L, q, q') = \int\limits_{0}^{L} e^{-\frac{u(L-q_N)}{kT}}\,dq_N \ldots \int\limits_{0}^{q_{k+1}} \delta(q_k - q)\,e^{-\frac{u(q_{k+1}-q_k)}{kT}}\,dq_k \ldots$$

$$\ldots \int\limits_{0}^{q_{j+1}} \delta(q_j - q')\,e^{-\frac{u(q_{j+1}-q_j)}{kT}}\,dq_j \ldots \int\limits_{0}^{q_2} e^{-\frac{u(q_1)}{kT}}\,dq_1 . \quad \text{(VIII 333)}$$

Durch Laplace-Transformation erhalten wir daraus

$$\int\limits_{0}^{\infty} e^{-sL}\,J_{jk}^{(N)}\,(L, q, q')\,dL = [\varphi(s)]^{N-k+1}\,e^{-q\,s}\,J_{j}^{(k-1)}\,(q, q') . \quad \text{(VIII 334)}$$

Dabei ist der letzte Faktor durch Gl. (VIII 326) definiert. Auf diese Gleichung wenden wir wieder die Umkehrformel an und drücken gleichzeitig nach Gleichung (VIII 330) $J_j^{(i-1)}(q, q')$ durch Umkehrungen der Laplace-Transformation aus. Dann wird

$$J_{jk}^{(N)}(q, q') = \left\{ \frac{1}{2\pi i} \int\limits_{c-i\infty}^{c+i\infty} e^{(L-q)s}\,[\varphi(s)]^{N-k+1}\,ds \right\} \left\{ \frac{1}{2\pi i} \int\limits_{c-i\infty}^{c+i\infty} e^{(q-q')t}\,[\varphi(t)]^{k-j}\,dt \right\} \times$$

$$\times \left\{ \frac{1}{2\pi i} \int\limits_{c-i\infty}^{c+i\infty} e^{q'\,v}\,[\varphi(v)]^{j}\,dv \right\} . \quad \text{(VIII 335)}$$

Die entsprechende Formel für $J_{kj}^{(N)}(q', q)$ wird daraus durch Vertauschen der Indizes k und j sowie der Koordinaten q und q' erhalten. Durch Einsetzen in Gl. (VIII 332) bekommen wir

$$\varrho^{(2)}(q, q') \qquad\qquad\qquad\qquad\qquad\qquad\qquad\qquad\qquad\qquad \text{(VIII 336)}$$

$$= \frac{\sum\limits_{k=2}^{N} \sum\limits_{j=1}^{k-1} \left\{ \frac{1}{2\pi i} \int\limits_{c-i\infty}^{c+i\infty} e^{(L-q)s}\,[\varphi(s)]^{N-k+1}\,ds \right\} \left\{ \frac{1}{2\pi i} \int\limits_{c-i\infty}^{c+i\infty} e^{(q-q')t}\,[\varphi(t)]^{k-j}\,dt \right\} \left\{ \frac{1}{2\pi i} \int\limits_{c-i\infty}^{c+i\infty} e^{q'\,v}\,[\varphi(v)]^{j}\,dv \right\}}{\frac{1}{2\pi i} \int\limits_{c-i\infty}^{c+i\infty} e^{L\,s}\,[\varphi(s)]^{N+1}\,ds}$$

und entsprechend für $q < q'$.

Wir wollen jetzt aus den Gl. (VIII 330) und (VIII 336) asymptotische Ausdrücke für $\varrho^{(1)}$ und $\varrho^{(2)}$ ableiten, die für $N \to \infty$, $L \to \infty$ gültig sind. An Stelle des in § 7.7 verwendeten Verfahrens benutzen wir jetzt dazu die Sattelpunktmethode. Wir definieren zunächst eine Funktion

$$M_N = \frac{1}{2\pi i} \int\limits_{c-i\infty}^{c+i\infty} e^{(N+1)f(s)} \chi(s)\, ds\,, \qquad \text{(VIII 337)}$$

wo

$$f(s) = \frac{Ls}{N+1} + \ln\varphi(s) \qquad \text{(VIII 338)}$$

ist. Aus Gl. (VII 348) sieht man, daß für $\chi = 1$ $M_N = Q_\tau/N!$ wird. Für das hier vorliegende Problem haben wir, wie man aus Gl. (VIII 330) und (VIII 336) erkennt, zu setzen

$$\chi(s) = [\varphi(s)]^{-k}\, e^{-qs}\,. \qquad \text{(VIII 339)}$$

Als Integrationsweg in Gl. (VIII 337) wählen wir nun eine Gerade $s = c + iy$, bei welcher c als auf der positiven reellen Achse liegender Sattelpunkt definiert ist. Es ist also die positive reelle Wurzel der Gleichung

$$\left(\frac{\partial f}{\partial s}\right)_{s=c} = 0\,. \qquad \text{(VIII 340)}$$

Im weiteren werden wir für die expliziten Formeln das schon in § 7.7 behandelte Modell der harten Kugeln zugrunde legen. In Verbindung mit Gl. (VII 349) und (VII 355) ergibt sich dafür aus Gl. (VIII 340)

$$c = \frac{1}{l-\sigma}\,, \qquad \text{(VIII 341)}$$

wo l die Länge pro Molekül und σ der Durchmesser der Kugeln ist. Entwickeln wir $f(s)$ an der Stelle $s = c$ in eine TAYLORsche Reihe, so haben wir mit (VIII 340)

$$f(s) = f(c) + \tfrac{1}{2} f''(c)\, (s-c)^2 + \cdots \qquad \text{(VIII 342)}$$

oder, wegen $iy = s - c$,

$$f(s) = f(c) - \tfrac{1}{2} f''(c)\, y^2 + \cdots\,. \qquad \text{(VIII 343)}$$

Setzen wir dies in Gl. (VIII 337) ein, so erhalten wir[1]

$$M_N = e^{(N+1)f(c)} \frac{1}{2\pi} \int\limits_{-\infty}^{+\infty} e^{-1/2\,(N+1)f''(c)\,y^2 + \cdots} \chi(c+iy)\, dy\,. \qquad \text{(VIII 344)}$$

Diese Gleichung zeigt wieder, daß der Integrand längs des Integrationsweges nach beiden Seiten exponentiell abfällt und c somit in der Tat ein Sattelpunkt ist. Nach dem bekannten Rezept gibt der erste Term der asymptotischen Entwicklung

$$M_N = \frac{e^{(N+1)f(c)}}{[2\pi(N+1)f''(c)]^{1/2}} \chi(c)\,. \qquad \text{(VIII 345)}$$

Es wird daher mit Benutzung von (VII 348) und (VIII 330)

$$\varrho^{(1)}(q) = \sum_{k=1}^{N} \frac{e^{-qc}}{[\varphi(c)]^k} \frac{1}{2\pi i} \int\limits_{c-i\infty}^{c+i\infty} e^{qt} [\varphi(t)]^k\, dt\,. \qquad \text{(VIII 346)}$$

Gehen wir zur Grenze $N \to \infty$ über und schreiben $t = c + iu$, so bekommen wir

$$\varrho^{(1)}(q) = \frac{1}{2\pi} \int\limits_{-\infty}^{+\infty} e^{iuq} \sum_{k=1}^{\infty} \left[\frac{\varphi(c+iu)}{\varphi(c)}\right]^k du\,. \qquad \text{(VIII 347)}$$

---

[1] Die Funktion $\chi(s)$ ist hier als „Extrafaktor" im Sinne von § 3.5. aufzufassen.

Innerhalb des Konvergenzkreises der Reihe stellt dieser Ausdruck die Funktion

$$\varrho^{(1)}(q) = \frac{1}{2\pi} \int\limits_{-\infty}^{+\infty} e^{iuq} \, \frac{\varphi(c+iu)}{\varphi(c) - \varphi(c+iu)} \, du \qquad \text{(VIII 348)}$$

dar. Diese Gleichung kann, im Sinne des Prinzips der analytischen Fortsetzung, als Definition von $\varrho^{(1)}(q)$ jenseits der Singularitäten des Integranden aufgefaßt werden. Das Integral ist, da jetzt u die Integrationsvariable darstellt, über die reelle Achse zu erstrecken. Schließen wir den Integrationsweg über den unendlich fernen Halbkreis um die positiv imaginäre Halbebene, so erhalten wir mit Hilfe des Residuensatzes und des in § 7.7 erwähnten Satzes über die Residuen von Quotienten

$$\varrho^{(1)}(q) = \sum_{\nu} c^{iu_{\nu}q} \left[- \frac{\varphi(c+iu_{\nu})}{\varphi'(c+iu_{\nu})} \right]. \qquad \text{(VIII 349)}$$

Hier sind die u_{ν} die Pole des Integranden von (VIII 348), welche einen positiven Imaginärteil haben. Die hierdurch definierte Funktion ist im allgemeinen komplex. Physikalische Bedeutung hat daher nur der Pol bei $u_1 = 0$, der notwendig ein reelles $\varrho^{(1)}$ ergibt. Es wird daher für $N \to \infty$, $L \to \infty$

$$\varrho^{(1)}(q) = - \frac{\varphi(c)}{\varphi'(c)}. \qquad \text{(VIII 350)}$$

Für das Modell der harten Kugeln folgt daraus mit Benutzung von Gl. (VII 349) und (VIII 341)

$$\varrho^{(1)} = \frac{1}{l}. \qquad \text{(VIII 351)}$$

Dieser Ausdruck genügt für $N \to \infty$ der Normierungsrelation

$$\int\limits_{0}^{L} \varrho^{(1)} \, dq = N. \qquad \text{(VIII 352)}$$

In analoger Weise läßt sich auch die Paarverteilungsfunktion $\varrho^{(2)}$ berechnen. Durch Einsetzen von (VIII 344) in (VIII 336) erhalten wir zunächst

$$\varrho^{(2)}(q, q') = \sum_{k=2}^{N} \sum_{j=1}^{k-1} \frac{e^{-qc}}{[\varphi(c)]^k} \left\{ \frac{1}{2\pi i} \int\limits_{c-i\infty}^{c+i\infty} e^{q'v} \, [\varphi(v)]^j \, dv \right\} \times$$

$$\times \left\{ \frac{1}{2\pi i} \int\limits_{c-i\infty}^{c+i\infty} e^{(q-q')t} \, [\varphi(t)]^{k-j} \, dt \right\}. \qquad \text{(VIII 353)}$$

Wir führen nun eine neue Laufzahl $n = k - j$ ein und ändern entsprechend die Summierung. Dann können wir (VIII 353) schreiben

$$\varrho^{(2)}(q, q') = \sum_{n=1}^{N-1} \left\{ \frac{1}{2\pi i} \int\limits_{c-i\infty}^{c+i\infty} e^{q'(v-c)} \sum_{j=1}^{N-n} \left[\frac{\varphi(v)}{\varphi(c)} \right]^j \, dv \right\} \times$$

$$\times \left\{ \frac{1}{2\pi i} \int\limits_{c-i\infty}^{c+i\infty} e^{(q-q')(t-c)} \left[\frac{\varphi(t)}{\varphi(c)} \right]^n \, dt \right\}. \qquad \text{(VIII 354)}$$

Für das Modell der harten Kugeln ist $n \leq (q - q')/\sigma$. Wir vollziehen nun den Grenzübergang in der Weise, daß für $N \to \infty$, $L \to \infty$ $r = q - q'$ und damit auch n endlich bleibt. Das erste Integral in (VIII 354) läßt sich dann in gleicher Weise wie (VIII 347) berechnen. Um die zwischen n und r bestehende Bedingung explizit auszudrücken und auch formal das Auftreten von negativen

Termen in der Summe zu verhindern, definieren wir eine „Stufenfunktion" $A(x)$ durch

$$A = 0 \quad \text{für } x < 0$$
$$A = 1 \quad \text{für } x \geqq 0 . \tag{VIII 355}$$

Dann wird

$$\varrho^{(2)}(r) = \sum_{n=1}^{\infty} \frac{A(r - n\sigma)}{l} \cdot \frac{1}{2\pi i} \int_{c-i\infty}^{c+i\infty} e^{r(t-c)} \left[\frac{\varphi(t)}{\varphi(c)} \right]^n dt . \tag{VIII 356}$$

Für das letzte Integral ergibt sich aus Gl. (VII 348)—(VII 351)

$$\frac{1}{2\pi i} \int_{c-i\infty}^{c+i\infty} e^{rt} \, [\varphi(t)]^n \, dt = \frac{1}{2\pi i} \oint e^{rt} \, [\varphi(t)]^n \, dt = \frac{(r - n\sigma)^{n-1}}{(n-1)!} . \tag{VIII 357}$$

Durch Einsetzen in Gl. (VIII 356) erhalten wir schließlich mit Benutzung von (VII 349) und (VIII 341)

$$\varrho^{(2)}(r) = \frac{1}{l} \sum_{k=1}^{\infty} A(r - k\sigma) \left(\frac{1}{l-\sigma} \right)^k \frac{(r - k\sigma)^{k-1}}{(k-1)!} e^{-\frac{r-k\sigma}{l-\sigma}} . \tag{VIII 358}$$

Diese Gleichung läßt sich noch etwas übersichtlicher schreiben, wenn wir $l' = l/\sigma$ setzen und einen „reduzierten" Abstand $x = r/\sigma$ einführen. Es ergibt sich dann

$$\varrho^{(2)}(x) = \frac{1}{l'\sigma^2} \sum_{k=1}^{\infty} A(x - k) \left(\frac{1}{l'-1} \right)^k \frac{(x - k)^{k-1}}{(k-1)!} e^{-\frac{x-k}{l'-1}} . \tag{VIII 359}$$

Diese Funktion, die zuerst auf einem anderen Wege von FRENKEL[1] abgeleitet wurde, gibt die Wahrscheinlichkeitsdichte, im Abstand $r = x\sigma$ von einem willkürlich herausgegriffenen Teilchen ein weiteres Teilchen zu finden. Mit Hilfe von Betrachtungen, die den in § 8.1 durchgeführten ganz analog sind, kann man auch für ein lineares System die Paar-Verteilungsfunktion in die thermische Zustandsgleichung einführen. Setzt man in diese Beziehung die Gl. (VIII 359) ein, so erhält man wieder die Zustandsgleichung von TONKS[2] (VII 356), die wir in § 7.7 auf einem anderen Wege abgeleitet haben.

Die höheren molekularen Verteilungsfunktionen lassen sich nach dem gleichen Verfahren berechnen. Wir können auf eine Wiedergabe der recht umständlichen Formeln hier verzichten, da das Resultat sich durch eine einfache Überlegung direkt ableiten läßt[3]. Wir betrachten einen willkürlich ausgewählten Satz von $n + 1$ Molekülen und setzen, wie bisher, voraus, daß energetische Wechselwirkung nur zwischen nächsten Nachbarn stattfindet. Denken wir uns nun das Molekül n fixiert, so hängt die Lage des Moleküls $n + 1$ nur von der des Moleküls n ab, sie ist aber unabhängig von den Positionen der Moleküle 1 bis $n - 1$. Auf der Grundlage der Gl. (I 74) können wir diese Tatsache analytisch ausdrücken durch die Gleichung

$$\frac{\varrho^{(n+1)}(q_1, \ldots, q_{n+1})}{\varrho^{(n)}(q_1, \ldots, q_n)} = \frac{\varrho^{(2)}(q_n, q_{n+1})}{\varrho^{(1)}(q_n)} . \tag{VIII 360}$$

Diese Beziehung stellt eine Rekursionsformel dar und liefert in Verbindung mit (VIII 351) sofort

$$\varrho^{(n)}(q_1, \ldots, q_n) = l^{n-2} \prod_{i=1}^{n-1} \varrho^{(2)}(q_i, q_{i+1}) \tag{VIII 361}$$

in Übereinstimmung mit dem Ergebnis der Integration.

[1] FRENKEL, J.: Kinetic Theory of Liquids. Oxford 1946.
[2] TONKS, L.: Physic. Tev. **50**, 955 (1936).
[3] SALSBURG, Z. W., R. W. ZWANZIG u. J. G. KIRKWOOD: J. Chem. Phys. **21**, 1098 (1953).

Definieren wir die Korrelationsfunktionen $g^{(n)}$ für den eindimensionalen Fall durch

$$\varrho^{(n)} = l^{-n} g^{(n)} , \qquad \text{(VIII 362)}$$

so lauten die Gl. (VIII 360) und (VIII 361)

$$\frac{g^{(n+1)}(q_1, \ldots, q_{n+1})}{g^{(n)}(q_1, \ldots, q_n)} = \frac{g^{(2)}(q_n, q_{n+1})}{g^{(1)}(q_n)} \qquad \text{(VIII 363)}$$

und

$$g^{(n)}(q_1, \ldots, q_n) = \prod_{i=1}^{n-1} g^{(2)}(q_i, q_{i+1}) . \qquad \text{(VIII 364)}$$

Schließlich können wir mit Benutzung von Gl. (VIII 130) noch schreiben

$$W^{(n)} = \sum_{i=1}^{n-1} w(q_i, q_{i+1}) . \qquad \text{(VIII 365)}$$

Man sieht leicht [vgl. etwa Gl. (VIII 83) und (VIII 89)], daß die Gl. (VIII 360) bis (VIII 365) verschiedene Formulierungen des Superpositionsprinzips für das eindimensionale System darstellen. Die Modifikation gegenüber dem dreidimensionalen Fall entspricht, wie Gl. (VIII 365) zeigt, völlig dem Verhältnis der eindimensionalen Gl. (VII 340) zur dreidimensionalen Gl. (VIII 25). Das Superpositionsprinzip ist somit streng gültig für das eindimensionale System, wenn Wechselwirkung nur zwischen nächsten Nachbarn stattfindet. Die Gl. (VII 340) und (VIII 365) sind nicht nur miteinander konsistent, sondern die letztere ist sogar eine notwendige Folge der ersten.

Wir wollen jetzt noch kurz die Anwendung der KIRKWOODschen Gleichungen II. Art auf das eindimensionale System betrachten. Aus Gl. (VIII 306) wird hier (wenn Wandeffekte vernachlässigt werden)[1],

$$g^{(n)}(q_1, \ldots, q_n) = e^{\frac{\mu^e - U_1^{(n)}}{kT}} g^{(n-1)}(q_2, \ldots, q_n) + \\ + \int_0^L K^{(n)}(q_1, q_2, \ldots, q_{n+1}) g^{(n)}(q_2, \ldots, q_{n+1}) \, dq_{n+1} , \qquad \text{(VIII 366)}$$

wo

$$K^{(n)}(q_1, q_2, \ldots, q_{n+1}) = \frac{N}{L} f_{1, n+1} e^{\frac{\mu^e - U_1^{(n)}}{kT}} \times \\ \times \left\{ 1 + \sum_{l=1}^{\nu-1} \frac{1}{(l+1)!} \int_0^L \cdots \int_0^L \varrho^{(n, l)} \prod_{\sigma=n+2}^{n+l+1} f_{1\sigma} \, dq_\sigma \right\} \qquad \text{(VIII 367)}$$

und

$$\varrho^{(n, l)} = \left(\frac{N}{L} \right)^l \frac{g^{(n+l)}(q_2, \ldots, q_{n+l+1})}{g^{(n)}(q_2, \ldots, q_{n+1})} \qquad \text{(VIII 368)}$$

ist. Die Gleichung für das chemische Potential lautet jetzt

$$e^{-\frac{\mu^e}{kT}} = 1 + \sum_{l=1}^{\nu} \frac{1}{l!} \left(\frac{N}{L} \right)^l \int_0^L \cdots \int_0^L K'^{(l)}(q_1, q_2, \ldots, q_{l+1}) \times \\ \times g^{(l)}(q_2, \ldots, q_{l+1}) \, dq_2, \ldots, dq_{l+1} . \qquad \text{(VIII 369)[2]}$$

---

[1] Die in den folgenden Gleichungen gebrauchten Laufzahlen l und σ sind nicht mit der Länge pro Molekül und dem Durchmesser der harten Kugeln zu verwechseln.

[2] Gl. (VIII 369) entsteht aus der für den eindimensionalen Fall geschriebenen Gl. (VIII 303) durch Integration über q_1.

Für das Modell der harten Kugeln ist

$$f_{ij} = 0 \quad \text{für } r_{ij} > \sigma$$
$$f_{ij} = -1 \quad \text{für } r_{ij} < \sigma .$$

(VIII 370)

Da $\nu + 1$ jetzt als die maximale Zahl von Teilchen definiert ist, die in einem geschlossenen Intervall der Länge 2σ untergebracht werden können, haben wir $\nu = 2$. Ferner liefert die Anwendung (VIII 363) auf (VIII 368)

$$\varrho^{(n,\,l)} = \left(\frac{N}{L}\right)^{l} \prod_{\sigma\,=\,n+1}^{n+l} g^{(2)}(q_\sigma,\, q_{\sigma+1}) .$$

(VIII 371)

Wegen der Gültigkeit des Superpositionsprinzips können wir uns somit auf die Integralgleichung für die Paar-Verteilungsfunktion beschränken. Diese lautet jetzt[1]

$$g^{(2)}(q_1,\, q_2) = 0 \qquad \text{für } r_{12} < \sigma$$

$$g^{(2)}(q_1,\, q_2) = e^{\frac{\mu e}{kT}} + \int\limits_{q_1-\sigma}^{q_1+\sigma} K^{(2)}(q_1,\, q_2,\, q_3)\, g^{(2)}(q_2,\, q_3)\, dq_3 \quad \text{für } r_{12} > \sigma .$$

(VIII 372)

Der Kern ist gegeben durch

$$K^{(2)}(q_1,\, q_2,\, q_3) = 0 \qquad \text{für } r_{13} > \sigma$$

$$K^{(2)}(q_1,\, q_2,\, q_3) = \frac{N}{L}\, e^{\frac{\mu e}{kT}} \left\{ -1 + \frac{N}{2L} \int\limits_{q_1-\sigma}^{q_1+\sigma} g^{(2)}(q_3,\, q_4)\, dq_4 \right\} .$$

(VIII 373)

Für das chemische Potential ergibt sich aus (VIII 369)

$$e^{-\frac{\mu e}{kT}} = 1 - 2\sigma\, \frac{N}{L} + \frac{1}{2} \left(\frac{N}{L}\right)^2 \int\limits_{q_1-\sigma}^{q_1+\sigma} \int\limits_{q_1-\sigma}^{q_1+\sigma} g^{(2)}(q_2,\, q_3)\, dq_2\, dq_3 .$$

(VIII 374)

Da $g^{(2)}(q_1,\, q_2)$ nur von dem Abstand r_{12} der beiden Moleküle abhängt[2], können wir neue Variable einführen durch die Gleichungen

$$r_{12} = x\sigma$$
$$r_{23} = y\sigma$$
$$r_{34} = z\sigma .$$

(VIII 375)

Mit Benutzung dieser Größen lauten die obigen Gleichungen

$$g^{(2)}(x) = 0 \qquad \text{für } |x| < 1$$

$$g^{(2)}(x) = e^{\frac{\mu e}{kT}} \left\{ 1 + \frac{1}{l'} \int\limits_{x-1}^{x+1} K''(x - y)\, g^{(2)}(y)\, dy \right\} \quad \text{für } |x| > 1 ,$$

(VIII 376)

wo

$$K''(t) = -1 + \frac{1}{l'} \int\limits_{0}^{t+1} g^{(2)}(z)\, dz , \quad -1 < t < +1$$

(VIII 377)

ist. Für den Zusatzterm des chemischen Potentials gilt

$$e^{-\frac{\mu e}{kT}} = 1 + \frac{1}{l'} \int\limits_{-1}^{+1} K(t)\, dt .$$

(VIII 378)

Die Funktion (VIII 359) stellt nun in der Tat eine Lösung der Integralgleichung

---

[1] Die Nummern der Teilchen bedeuten im folgenden nicht die Reihenfolge.
[2] $g^{(2)}(q_1,\, q_2)$ ist also das eindimensionale Analogon der radialen Verteilungsfunktion.

(VIII 376) dar. Um dies zu zeigen, berechnen wir zunächst aus den Gl. (VIII 359), (VIII 377) und (VIII 378)

$$K''(t) = - e^{-\frac{t}{l'-1}} \qquad 1 > t > 0$$
$$= -1 \qquad 0 > t > -1 \qquad \text{(VIII 379)}$$
$$= 0 \qquad |t| > 1$$

und

$$e^{-\frac{\mu e}{kT}} = \frac{l'-1}{l'} \, e^{\frac{1}{1-l'}} . \qquad \text{(VIII 380)}$$

Setzen wir diese Ausdrücke in Gl. (VIII 376) ein, so wird

$$g^{(2)}(x) = \frac{l'-1}{l'} \, e^{\frac{1}{1-l'}} \left\{ 1 - \frac{1}{l'} \int_{-1}^{0} g^{(2)}(x-z) \, dz - \frac{1}{l'} \int_{0}^{1} e^{\frac{z}{1-l'}} g^{(2)}(x-z) \, dz \right\} . \qquad \text{(VIII 381)}$$

Mit Benutzung von (VIII 359) bekommen wir

$$\int_{0}^{1} e^{\frac{z}{1-l'}} g^{(2)}(x-z) \, dz = l' \sum_{k=1}^{\infty} \left(\frac{1}{l'-1} \right)^{k} \frac{e^{-\frac{x-k}{l'-1}}}{(k-1)!} \int_{0}^{1} A(x-k-z) \, (x-k-z)^{k-1} \, dz \qquad \text{(VIII 382)}$$

und

$$\int_{-1}^{0} g^{(2)}(x-z) \, dz = l' \sum_{k=1}^{\infty} \left(\frac{1}{l'-1} \right)^{k} \frac{1}{(k-1)!} \int_{-1}^{0} A(x-k-z) \, (x-k-z)^{k-1} \, e^{-\frac{x-k-z}{l'-1}} \, dz . \qquad \text{(VIII 383)}$$

Nun ist

$$\int_{0}^{1} A(x-k-z) \, (x-k-z)^{k-1} \, dz = \frac{A(x-k-1)}{k} \left[(x-k)^{k} - (x-k-1)^{k} \right] +$$
$$+ \frac{A(x-k) \, A(k+1-x)}{k} \, (x-k)^{k} \qquad \text{(VIII 384)}$$

und

$$\int_{-1}^{0} A(x-k-z) \, (x-k-z)^{k-1} \, e^{-\frac{x-k-z}{l'-1}} \, dz$$

$$= A(k-x) \, A(x-k+1) \, (l'-1)^{k} \, (k-1)! +$$
$$+ \sum_{v=0}^{k-1} A(x-k) \frac{(k-1)! \, (l-1)^{v+1}}{(k-1-v)!} \, (x-k)^{k-1-v} \, e^{-\frac{x-k}{l'-1}} - \qquad \text{(VIII 385)}$$
$$- \sum_{v=0}^{k-1} [A(x-k) + A(x-k) \, A(x-k+1)] \frac{(k-1)! \, (l'-1)^{v+1}}{(k-1-v)!} \, (x-k+1)^{k-1-v} \, e^{-\frac{x-k+1}{l'+1}} .$$

Setzen wir die Gl. (VIII 382)—(VIII 385) auf der rechten Seite der Gl. (VIII 381) ein, so erhalten wir nach Vertauschung der Summierungen über v und k nach Umordnen

$$g^{(2)}(x) = g^{(2)}(x) - l' \sum_{k=1}^{\infty} [A(x-k) + A(x+1-k) \, A(k-x)] \frac{(x-k+1)^{k-1}}{(l'-1)^{k} \, (k-1)!} \, e^{-\frac{x-k}{l'-1}} +$$
$$+ l' \sum_{v=0}^{\infty} \sum_{k=1}^{\infty} A(x+1-k-v) \frac{(x+1-v-k)^{k-1}}{(k-1)! \, (l'-1)^{k}} \, e^{-\frac{x-k-v}{l'-1}} - \qquad \text{(VIII 386)}$$
$$- l' \sum_{v=0}^{\infty} \sum_{k=1}^{\infty} A(x-k-v) \frac{(x-k-v)^{k-1}}{(k-1)! \, (l'-1)^{k}} \, e^{-\frac{x-k-v-1}{l'-1}}$$

oder mit Benutzung von (VIII 359)

$$g^{(2)}(x) = \dot{g}^{(2)}(x) - e^{\frac{1}{l'-1}}\, g^{(2)}(x+1) + e^{\frac{1}{l'-1}} \sum_{\nu=0}^{\infty} g^{(2)}(x+1-\nu) - e^{\frac{1}{l'-1}} \sum_{\nu=0}^{\infty} g^{(2)}(x-\nu)$$

$$= g^2(x)\;. \tag{VIII 387}$$

Damit haben wir nachgewiesen, daß die Funktion (VIII 359) eine Lösung der Integralgleichung (VIII 376) darstellt und gleichzeitig die innere Konsistenz der gesamten Theorie bestätigt. Die kanonische Verteilungsfunktion in Verbindung mit den thermodynamischen Formeln führt auf dieselbe Zustandsgleichung, die man mit Hilfe des Virialsatzes und der Paar-Verteilungsfunktion erhält. Für die letztere erhält man durch Lösen der Integralgleichung denselben Ausdruck, den auch die direkte Integration liefert. Im Hinblick auf das Problem der Phasenumwandlungen ist der Kern (VIII 373) dadurch charakterisiert, daß er nicht den Eigenwert Eins besitzen kann. Die praktische Bedeutung der vorstehenden Ergebnisse liegt vor allem darin, daß man die Näherungsverfahren, auf die man im dreidimensionalen Fall angewiesen ist, an einem Beispiel prüfen kann, für welches die exakte Lösung bekannt ist. Es bedarf allerdings, wie gerade das Beispiel des Superpositionsprinzips zeigt, einer sorgfältigen Prüfung, inwieweit solche Ergebnisse vom eindimensionalen auf den dreidimensionalen Fall verallgemeinert werden können.

Zweiter Teil

Theorie der Gase

Kapitel IX

Ideale Gase

§ 9.1. Definition und allgemeine Eigenschaften

Ein ideales Gas ist thermodynamisch definiert durch die Zustandsgleichung

$$PV = NkT \, . \tag{IX 1}$$

Durch Integration der Gleichung

$$\left(\frac{\partial F}{\partial V}\right)_{T,\,N} = -\,P \tag{IX 2}$$

findet man sofort, daß für ein ideales Gas auch die Beziehung

$$\left(\frac{\partial E}{\partial V}\right)_{T,\,N} = 0 \tag{IX 3}$$

gelten muß. Physikalisch betrachtet stellen diese Gleichungen universell gültige Grenzgesetze für $P \to 0$ bzw. $N/V \to 0$ dar. Ihre große praktische Bedeutung beruht darauf, daß sie für einfache Gase auch bei gewöhnlichen Drucken noch eine häufig ausreichende Näherung darstellen.

Statistisch definieren wir ein ideales Gas als ein System von nicht lokalisierten Teilchen, deren Wechselwirkungsenergie gegen die Gesamtenergie des Systems vernachlässigt werden kann. Die HAMILTON-Funktion bzw. die SCHRÖDINGER-Gleichung des Systems läßt sich daher jedenfalls nach den Koordinaten der einzelnen Teilchen separieren, so daß wir uns auf die Diskussion der SCHRÖDINGER-Gleichung des Einzelteilchens beschränken können. In dieser hängt die potentielle Energie nicht von den Schwerpunktskoordinaten ab. Durch eine Verallgemeinerung der Transformation, die wir in § 3.1 für das Hantelmolekül durchgeführt haben, läßt sich daher in jedem Falle eine SCHRÖDINGER-Gleichung für die Schwerpunktstranslation abseparieren, deren Lösung wir bereits kennen (§ 3.1). Die Koordinaten der noch verbleibenden SCHRÖDINGER-Gleichung nennen wir innere Freiheitsgrade. Die Eigenwerte beider Gleichungen bezeichnen wir mit ε_{tr} und ε_i bzw. mit E_{tr} und E_i für das Gesamtsystem. Die Energie des Systems ist also

$$E = E_{tr} + E_i \, . \tag{IX 4}$$

Die Verteilungsfunktion des Gesamtsystems läßt sich daher in der Form

$$Q = Q_{tr} \cdot Q_i \tag{IX 5}$$

schreiben. Die entsprechenden Verteilungsfunktionen des Einzelmoleküls bezeichnen wir mit $l(T)$ für die Schwerpunktstranslation und mit $j(T)$ für die inneren Freiheitsgrade. Bei Molekülen im eigentlichen Sinne können wir für die Schwerpunktstranslation, wie in § 4.5 gezeigt, mit einer für unsere Zwecke ausreichenden Allgemeinheit die Gültigkeit der halbklassischen Näherung voraussetzen. Wir haben also für ein Einkomponentensystem nach Gl. (IV 93)

$$Q_{tr} = \frac{[l(T)]^N}{N!} \,.$$

(IX 6)

Da für die abseparierten Eigenfunktionen der inneren Freiheitsgrade verschiedener Teilchen eine Überlappung prinzipiell nicht möglich ist, sind diese damit im Sinne der Statistik als lokalisierte Freiheitsgrade festgelegt[1], und es gilt nach Gl. (III 155)

$$Q_i = [j(T)]^N \,.$$

(IX 7)

Bei den inneren Freiheitsgraden können wir im einzelnen unterscheiden Freiheitsgrade der Rotation des Gesamtmoleküls (äußere Rotation), der Rotation einzelner Teile des Moleküls gegeneinander (innere Rotation; nur bei vielatomigen Molekülen), der Schwingung, der Elektronenhülle und der Kerne. Im allgemeinen läßt sich $j(T)$ mindestens teilweise noch weiter nach einzelnen Freiheitsgraden separieren, doch muß diese Frage in jedem Falle besonders untersucht werden.

Aus Gl. (IX 6) und (IX 7) bekommen wir für die freie Energie nach HELMHOLTZ

$$F = - NkT\,[\ln l(T) - \ln N + 1 + \ln j(T)]$$

(IX 8)

oder mit Gl. (IV 64)

$$F = - NkT\left[\ln \frac{(2\pi mkT)^{3/2}\,V}{h^3} - \ln N + 1\right] + F_i \,,$$

(IX 9)

wo

$$F_i = - kT \ln Q_i$$

(IX 10)

den von den inneren Freiheitsgraden herrührenden Anteil der freien Energie nach HELMHOLTZ bezeichnet, der nur von der Temperatur, aber nicht vom Volumen abhängt. Aus Gl. (IX 9) folgt in Verbindung mit (IX 2) die thermische Zustandsgleichung (IX 1), die keine individuellen Moleküleigenschaften mehr enthält.

Für ein ideales Gasgemisch aus m Komponenten erhalten wir auf analoge Weise

$$F = - kT\left\{\sum_{j=1}^{m} N_j\left[\ln \frac{(2\pi m_j kT)^{3/2}\,V}{h^3} - \ln N_j + 1\right] + F_i\right.$$

(IX 11)

und

$$PV = \sum_{j=1}^{m} N_j\,kT \,.$$

(IX 12)

Definieren wir den Partialdruck[2] der Komponente k durch die Gleichung

$$p_k = \frac{N_k}{\sum\limits_{j=1}^{m} N_j}\,P \,,$$

(IX 13)

---

[1] Die Kombination der Eigenfunktionen verschiedener Freiheitsgrade eines Moleküls unterliegt jedoch infolge der quantenmechanischen Symmetriebedingungen gewissen Beschränkungen, die eine weitgehende Analogie zur Statistik nicht lokalisierter Teilchen zeigen. Vgl. § 9.4.

[2] Der Partialdruck ist keine „partielle molare Größe" im Sinne der Thermodynamik.

so ist

$$\sum_{j=1}^{m} p_j = P , \qquad \text{(IX 14)}$$

und wir bekommen mit Gl. (IX 12) das DALTONsche Gesetz

$$p_j V = N_j kT . \qquad \text{(IX 15)}$$

Aus Gl. (IX 11) sieht man, daß die freie Energie nach HELMHOLTZ eines idealen Gasgemisches eine Summe von m Termen darstellt, von denen jeder die freie Energie nach HELMHOLTZ der betreffenden Komponente unter den gleichen Bedingungen gibt. Wenn somit der Mischungsvorgang in der Weise durchgeführt wird, daß bei konstanter Temperatur jeder Komponente vor und nach der Mischung das gleiche Volumen zur Verfügung steht, so wird die freie Energie nach HELMHOLTZ und auch die Entropie durch die Mischung nicht geändert. Die Eigenschaften der Mischung setzen sich additiv aus denen der Komponenten zusammen. Dagegen liegen die Verhältnisse anders, wenn die reinen Komponenten unter dem gleichen Druck stehen wie das Gemisch. Diesen Mischungsvorgang haben wir bereits in § 2.11 an dem Beispiel der beiden Gasflaschen betrachtet. Wenn wir als unabhängige Variable den Gesamtdruck P einführen und zur freien Energie nach GIBBS übergehen, so treten jetzt in den thermodynamischen Funktionen des Gemisches Terme auf, die in denen der reinen Komponenten nicht vorkommen. Diese stellen daher die Änderung der freien Energie nach GIBBS und der Entropie bei dem Mischungsvorgang dar.

Man bezeichnet die Größe

$$\Delta G = kT \sum_{j=1}^{m} N_j \ln \frac{N_j}{\sum\limits_{j=1}^{m} N_j} \qquad \text{(IX 16)}$$

als Freie Energie der Mischung, die Größe

$$\Delta S = - k \sum_{j=1}^{m} N_j \ln \frac{N_j}{\sum\limits_{j=1}^{m} N_j} \qquad \text{(IX 17)}$$

als Mischungsentropie. Das Auftreten dieser Terme erklärt sich einfach aus der Tatsache, daß etwa die Komponente k nur dann vor und nach dem Vermischen unter dem gleichen Druck steht, wenn sie sich vorher in einem Volumen

$$\frac{N_k}{\sum\limits_{j=1}^{m} N_j} V < V$$

befindet. Die Aussage, daß die Mischung eine größere Entropie hat als die reinen Komponenten, ist somit bei Gasen nur in dem hier erläuterten Sinne richtig, da nicht die Vermischung als solche, sondern die Vergrößerung des einer Komponente zur Verfügung stehenden Volumens wesentlich ist. Bei kondensierten Phasen ist beides miteinander verknüpft, so daß man hier die erwähnte Einschränkung nicht zu machen braucht.

Wir beschränken uns jetzt wieder auf Einkomponentensysteme. Für die innere Energie ergibt sich aus Gl. (IX 9)

$$E = \tfrac{3}{2} NkT + E_i , \qquad \text{(IX 18)}$$

wo E_i den von den inneren Freiheitsgraden herrührenden Anteil bezeichnet. Daraus folgt sofort die Gl. (IX 3). Die Molekülwärme bei konstantem Volumen ist

$$C_v = \left[\frac{\partial(E/N)}{\partial T}\right]_V = \frac{3}{2}\,k + \frac{d(E_i/N)}{dT}\,, \qquad \text{(IX 19)}$$

die Molekülwärme bei konstantem Druck

$$C_p = \left[\frac{\partial(E+PV)/N}{\partial T}\right]_P = \frac{5}{2}\,k + \frac{d(E_i/N)}{dT}\,. \qquad \text{(IX 20)}$$

Aus (IX 19) und (IX 20) folgt schließlich

$$C_p - C_v = k\,. \qquad \text{(IX 21)}$$

Damit haben wir die allgemeinen Eigenschaften der idealen Gase vollständig statistisch abgeleitet. Die Gl. (IX 19) und (IX 20) zeigen, daß die Molekülwärmen entscheidend durch die in der Größe E_i enthaltenen individuellen Moleküleigenschaften bestimmt werden. Aus Gl. (IX 7) können wir aber sofort entnehmen, daß es sich dabei um die Eigenschaften der isolierten Moleküle handelt. Soweit diese (etwa aus quantenmechanischen Berechnungen oder spektroskopischen Daten) bekannt sind, kann man daher die thermodynamischen Funktionen theoretisch berechnen. Umgekehrt stellt die Messung der spezifischen Wärme idealer Gase ein wichtiges Hilfsmittel für die Erforschung der feineren Konstitution der Moleküle dar. Der weitere Inhalt dieses Kapitels wird sich im wesentlichen mit der Untersuchung dieser Zusammenhänge beschäftigen, während das folgende Kapitel die Anwendung der Ergebnisse auf chemische Gleichgewichte behandelt.

Die Verteilungsfunktionen der einzelnen Freiheitsgrade (soweit sie sich separieren lassen) sind in der Quantenstatistik zunächst stets als Summen gegeben. Die explizite Auswertung derselben stößt in den meisten Fällen auf außerordentliche Schwierigkeiten. Diese lassen sich gewöhnlich überwinden, wenn man die Summe durch ein Integral approximieren kann. Die allgemeine Bedingung dafür lautet, wie wir wissen,

$$\Delta\varepsilon \ll kT\,, \qquad \text{(IX 22)}$$

wo $\Delta\varepsilon$ den Abstand zweier benachbarter Energieniveaus bezeichnet. In § 4.5 haben wir bereits gezeigt, daß diese Bedingung für die Freiheitsgrade der Schwerpunktstranslation praktisch immer erfüllt ist. Im übrigen muß diese Frage aber für jeden Freiheitsgrad gesondert untersucht werden. Wenn (IX 22) gültig ist, wollen wir von einem „klassischen" Freiheitsgrad sprechen. Für diesen gilt dann

$$f(T) = \frac{1}{h} \int\int e^{-\frac{\varepsilon}{kT}}\, dq\, dp\,. \qquad \text{(IX 23)}$$

Das entgegengesetzte Extrem haben wir, wenn für den Abstand der beiden niedrigsten Energieniveaus gilt

$$\varepsilon_1 - \varepsilon_0 \gg kT\,. \qquad \text{(IX 24)}$$

In diesem Falle können wir die Verteilungsfunktion mit hinreichender Näherung durch ihren ersten Term ersetzen. Wir haben dann also

$$f(T) = g_0\, e^{-\frac{\varepsilon_0}{kT}}\,. \qquad \text{(IX 25)}$$

Man spricht dann von einem nicht angeregten Freiheitsgrad. Gewöhnlich kann man durch geeignete Normierung der Energie erreichen, daß $\varepsilon_0 = 0$ wird. Dann ist einfach

$$f(T) = g_0\,. \qquad \text{(IX 26)}$$

§ 9.2. Einatomige Moleküle

Einatomige Moleküle besitzen keine Freiheitsgrade der Rotation oder Schwingung. Die Verteilungsfunktion der inneren Freiheitsgrade reduziert sich daher auf die Anteile der Elektronenhülle und des Kerns. Diese beiden lassen sich separieren, so daß wir schreiben können

$$j(T) = e(T)\, k(T)\,, \tag{IX 27}$$

wo $e(T)$ die Verteilungsfunktion der Elektronenhülle und $k(T)$ die des Kerns ist.

Wir wollen zunächst $e(T)$ betrachten[1]. Für Atome, deren Grundterm ein S-Term und somit einfach ist, liegt die erste Anregungsenergie gewöhnlich größenordnungsmäßig bei 1—10 eV. Da $kT = 8{,}616 \cdot 10^{-5} T$ eV ist, gilt dann Gl. (IX 26) sicherlich bis zu 2000° K, und wir können schreiben

$$e(T) = {}^{e\!}l g_0\,. \tag{IX 28}$$

Die genannten Voraussetzungen sind bei den Edelgasen sowie den Dämpfen der Alkali- und Erdalkalimetalle erfüllt. Häufig gehört aber der Grundzustand zu einem Multiplett, bei welchem die Abstände der Komponenten von der Größenordnung $\leq kT$ sind. In solchen Fällen müssen die angeregten Zustände der Elektronenhülle auch in der Verteilungsfunktion berücksichtigt werden. In welchem Umfange dies notwendig ist, läßt sich nur für den Einzelfall an Hand des Termschemas entscheiden. Ein besonders einfaches Beispiel dieser Art bieten die Atome der Halogene. Der Grundzustand ist bei allen ein $^2P_{3/2}$-Term. Der Abstand zur anderen Dublettkomponente ist von der Größenordnung 10^{-1} eV, der zum nächsten Niveau von der Größenordnung 10 eV. In solchen Fällen reduziert sich die Verteilungsfunktion auf die beiden ersten Terme. Wir haben also

$$e(T) = {}^{e\!}l g_0 + {}^{e\!}l g_1\, e^{-\tfrac{\varepsilon_1}{kT}}\,. \tag{IX 29}$$

Ähnlich liegen die Verhältnisse bei Thallium. Da jedoch für einatomige Moleküle bisher keine direkten experimentellen Daten zur Prüfung der Gl. (IX 29) vorliegen[2], wollen wir auf dieses Problem bei der Behandlung der zweiatomigen Moleküle etwas näher eingehen und im folgenden der Einfachheit halber mit Gl. (IX 28) rechnen.

Für den Kern gilt ganz allgemein, daß die erste Anregungsenergie $\gg kT$ ist und somit Gl. (IX 26) anzuwenden ist. Das Gewicht des Grundzustandes wird durch die Zahl der Orientierungsmöglichkeiten des Kernspins in einem Magnetfeld bestimmt. Es wird also

$$k(T) = {}^{k\!}g_0 = 2i + 1\,, \tag{IX 30}$$

wo i die Quantenzahl des Kernspins bezeichnet.

Wir bekommen somit die folgenden Formeln für einatomige ideale Gase: Verteilungsfunktion des Einzelmoleküls

$$j(T) = \left(\frac{2\pi m k T}{h^2}\right)^{3/2} V\, {}^{e\!}l g_0\, {}^{k\!}g_0\,. \tag{IX 31}$$

Freie Energie nach HELMHOLTZ

$$F = NkT\left\{\ln\frac{N}{V} - 1 - \frac{3}{2}\ln T - \ln\left[\left(\frac{2\pi m k}{h^2}\right)^{3/2} {}^{e\!}l g_0\, {}^{k\!}g_0\right]\right\}\,. \tag{IX 32}$$

---

[1] Vgl. dazu G. HERZBERG: Atomspektren und Atomstruktur. Dresden 1936.

[2] Für die Berechnung der Dampfdruck-Konstanten von Cl muß Gl. (IX 29) an Stelle von (IX 28) benutzt werden. Vgl. § 15.1 und 15.4.

Chemisches Potential

$$\mu = kT\left\{\ln\frac{N}{V} - \frac{3}{2}\ln T - \ln\left[\left(\frac{2\pi m k}{h^2}\right)^{3/2} e\,{}^l g_0\,{}^k g_0\right]\right\} \qquad \text{(IX 33)}$$

$$= kT\left\{\ln P - \frac{5}{2}\ln T - \ln\left[\frac{(2\pi m)^{3/2} k^{5/2}}{h^3} e\,{}^l g_0\,{}^k g_0\right]\right\}. \qquad \text{(IX 33)}$$

Absolute Aktivität

$$\lambda = PT^{-5/2}\,\frac{h^3}{(2\pi m)^{3/2} k^{5/2} e\,{}^l g_0\,{}^k g_0}. \qquad \text{(IX 34)}$$

Molekülwärmen

$$C_v = \frac{3}{2}k, \quad C_p = \frac{5}{2}k, \quad \gamma = \frac{C_p}{C_v} = \frac{5}{3} = 1{,}667. \qquad \text{(IX 35)}$$

Unter den oben formulierten Voraussetzungen liefern somit die Freiheitsgrade der Elektronenhülle und des Kerns keinen Beitrag zur Molekülwärme. In Tab. 7 sind einige experimentelle Daten über die Molwärme einatomiger Gase zusammengestellt. Die Übereinstimmung mit (IX 35) ist durchaus befriedigend.

Tabelle 7. *Molekülwärmen einatomiger Gase*
(Theoretischer Wert: $\dfrac{C_p}{k} = 2{,}50$; $\gamma = 1{,}667$)

	T [° K]	$\dfrac{C_p}{k}$	T [° K]	$\dfrac{C_p}{C_v} = \gamma$
He	291	2,51	—	—
Ne	—	—	292	1,64
A	288	2,54	284	1.66
Kr	—	—	292	1,69
Xe	—	—	292	1,67
Na	—	—	750—920	1,68
K	—	—	660—1000	1,64
Hg	—	—	548—629	1,666

Entnommen aus: R. Fowler u. E. A. Guggenheim: Statistical Thermodynamics, S. 82. Cambridge 1949.

§ 9.3. Rotation zweiatomiger Moleküle

Bei zweiatomigen Molekülen haben wir bereits alle früher genannten Typen von Freiheitsgraden, mit Ausnahme der inneren Rotation, zu berücksichtigen. Die Verteilungsfunktion ist daher schon recht kompliziert, und wir wollen sie schrittweise diskutieren.

Zunächst setzen wir voraus, daß die Bindungsenergie $\gg kT$ ist. Das bedeutet praktisch, daß wir vorläufig nur mäßige Temperaturen in Betracht ziehen. Der Freiheitsgrad der Schwingung ist dann noch nicht angeregt, und die Dehnung des Moleküls durch die Zentrifugalkraft kann vernachlässigt werden. Wir wählen somit als Modell für die Rotation des Moleküls den starren räumlichen Rotator. Den Einfluß des Kernspins (der hier eine wesentliche Rolle spielt) behandeln wir in § 9.4, den der Elektronenhülle (der nur in Ausnahmefällen in Betracht kommt) in § 9.7.

Um die Energie des starren räumlichen Rotators klassisch zu berechnen, müssen wir die Rotation der beiden Atome mit den Massen m_1 und m_2 um den Schwerpunkt betrachten. Die Schwerpunktsbewegung selbst denken wir uns von vornherein absepariert. Es sei r der Abstand der beiden Atome voneinander,

r_1 der des Atoms 1 vom Schwerpunkt und r_2 der des Atoms 2 vom Schwerpunkt. Dann ist, wie sich aus der Definition des Schwerpunktes ergibt,

$$r_1 = r\,\frac{m_2}{m_1 + m_2}\,, \quad r_2 = r\,\frac{m_1}{m_1 + m_2}\,. \tag{IX 36}$$

Die Atome bewegen sich auf Kugelflächen mit den Radien r_1 und r_2 und dem Schwerpunkt als Mittelpunkt. Wir führen daher räumliche Polarkoordinaten ϑ, φ ein und zerlegen die Winkelgeschwindigkeit (die für beide Atome gleich ist) in eine Komponente senkrecht zu den Breitenkreisen $\dot{\vartheta}$ und eine Komponente senkrecht zu den Meridianen $\dot{\varphi}$. Die zugehörigen Trägheitsmomente sind $m_1 r_1^2$ und $m_1 r_1^2 \sin^2\vartheta$ bzw. $m_2 r_2^2$ und $m_2 r_2^2 \sin^2\vartheta$. Die Energie des Rotators ist somit

$$\varepsilon = (\tfrac{1}{2}\,m_1 r_1^2 + \tfrac{1}{2}\,m_2 r_2^2)\,(\dot{\vartheta}^2 + \sin^2\vartheta\,\dot{\varphi}^2) \tag{IX 37}$$

oder

$$\varepsilon = \tfrac{1}{2}\,A\,(\dot{\vartheta}^2 + \sin^2\vartheta\,\dot{\varphi}^2)\,, \tag{IX 38}$$

wo

$$A = \frac{m_1 m_2}{m_1 + m_2}\,r^2 = \mu\,r^2 \tag{IX 39}[1]$$

das Trägheitsmoment des Moleküls um eine senkrecht zur Kernverbindungslinie durch den Schwerpunkt gehende Achse ist. Die der obigen Zerlegung der Winkelgeschwindigkeit entsprechenden Komponenten des Drehimpulses sind[2]

$$p_\vartheta = A\dot{\vartheta}\,, \quad p_\varphi = A\,\sin^2\vartheta\,\dot{\varphi}\,. \tag{IX 40}$$

Gl. (IX 38) kann daher geschrieben werden

$$\varepsilon = \frac{1}{2A}\left(p_\vartheta^2 + \frac{1}{\sin^2\vartheta}\,p_\varphi^2\right)\,. \tag{IX 41}$$

Damit lautet die Verteilungsfunktion der Rotation in halbklassischer Näherung

$$r(T) = \frac{1}{h^2}\int_0^\pi\int_0^{2\pi}\int_{-\infty}^{+\infty}\int_{-\infty}^{+\infty} e^{-\frac{1}{2A}\left(p_\vartheta^2 + \frac{1}{\sin^2\vartheta}\,p_\varphi^2\right)}\,dp_\vartheta\,dp_\varphi\,d\vartheta\,d\varphi \tag{IX 42}$$

oder

$$r(T) = \frac{8\pi^2 A\,kT}{h^2}\,. \tag{IX 43}$$

Die quantenmechanische Behandlung des starren räumlichen Rotators ist schon in § 3.1 angedeutet worden. Da jeder Eigenwert $(2n+1)$-fach entartet ist, können wir mit Gl. (III 152) sofort die Verteilungsfunktion anschreiben. Sie lautet

$$r(T) = \sum_{n=0}^\infty (2n+1)\,e^{-\frac{n(n+1)h^2}{8\pi^2 A kT}}\,. \tag{IX 44}$$

Hier, wie in anderen Fällen, ist es zweckmäßig, die speziellen Moleküleigenschaften durch eine „charakteristische Temperatur" Θ darzustellen. Die thermodynamischen Eigenschaften erscheinen dann als Funktionen der „reduzierten" Temperatur T/Θ. Man kann daher Messungen an vielen Stoffen in einer Kurve zusammenfassen und so die Theorie in umfassender Weise prüfen. Wir setzen hier

$$\Theta_r = \frac{h^2}{8\pi^2 A k}\,. \tag{IX 45}$$

---

[1] Die durch Gl. (IX 39) definierte Größe μ wird gewöhnlich als reduzierte Masse bezeichnet.

[2] Vgl. Gl. (II 45).

Die Werte von Θ_r liegen etwa zwischen $84{,}971°$ für H_2 und $0{,}05340°$ für J_2. Wir bekommen damit die Verteilungsfunktion der Rotation in der Gestalt

$$r(T) = \sum_{n=0}^{\infty} (2n+1)\, e^{-n(n+1)\Theta_r/T} , \qquad \text{(IX 46)}$$

die, als Funktion von Θ_r/T betrachtet, in der Tat keine individuellen Moleküleigenschaften mehr enthält. Eine allgemeine geschlossene Form läßt sich für den Ausdruck (IX 46) nicht angeben. Bei gewöhnlichen Temperaturen ist jedoch stets $\Theta_r \ll T$; für Moleküle, die keinen Wasserstoff enthalten, gilt dies auch bei tiefen Temperaturen. Unter dieser Voraussetzung kann eine von MULHOLLAND[1] abgeleitete Näherungsformel angewandt werden. Sie lautet

$$r(T) = \frac{T}{\Theta_r}\left[1 + \frac{1}{3}\frac{\Theta_r}{T} + \frac{1}{15}\left(\frac{\Theta_r}{T}\right)^2 + O\left(\frac{\Theta_r}{T}\right)^3\right] . \qquad \text{(IX 47)}[2]$$

Für hinreichend hohe Temperaturen wird der Abstand zweier benachbarter Energieniveaus so klein gegen kT, daß wir in (IX 46) die Summe durch ein Integral approximieren können. Schreiben wir

$$n(n+1)\frac{\Theta_r}{T} = \xi , \qquad (2n+1)\frac{\Theta_r}{T}\, dn = d\xi , \qquad \text{(IX 48)}$$

so wird

$$r(T) = \frac{T}{\Theta_r}\int_0^{\infty} e^{-\xi}\, d\xi = \frac{T}{\Theta_r} \qquad \text{(IX 49)}$$

in Übereinstimmung mit dem halbklassischen Resultat (IX 43) und mit dem Hauptglied von (IX 47).

Die vorstehenden Formeln enthalten, vom physikalischen Standpunkt, noch eine weitere Näherung, die kurz erwähnt werden muß. Das Modell des starren Rotators bedeutet, daß die Atome als Massenpunkte betrachtet werden und das Trägheitsmoment um die Kernverbindungslinie Null ist. Tatsächlich ist dieses Trägheitsmoment naturgemäß endlich, wenn auch (wegen der geringen Masse der Elektronen) sehr klein. Durch die Bewegung der Elektronen entsteht auch ein endlicher Drehimpuls um die Kernverbindungslinie. Das den obigen Voraussetzungen entsprechende Modell wäre daher eigentlich der symmetrische Kreisel. Die genauere Untersuchung[3] zeigt aber, daß die bisherigen Formeln im wesentlichen gültig bleiben, solange sich (wie oben vorausgesetzt) alle Elektronen im Grundzustand befinden. Es werden lediglich die Rotationsniveaus um einen konstanten Wert verschoben und diejenigen, für welche n kleiner ist als die Quantenzahl des Elektronendrehimpulses um die Kernverbindungslinie, treten nicht auf.

§ 9.4. Der Einfluß des Kernspins

Auch für zweiatomige Moleküle gilt naturgemäß, daß bei irdischen Temperaturen nur die Grundzustände der Kerne für die Verteilungsfunktion in Betracht kommen. Ihre Gewichte ${}^k g_0$[4] müssen jedoch berücksichtigt werden, und dies

---

[1] MULHOLLAND, H. P.: Proc. Cambridge Phil. Soc. **24**, 280 (1928).
[2] Man erhält dieses Resultat leicht durch Anwendung der bekannten EULERschen Summenformel, die wir hier schreiben können

$$\sum_{n=a}^{n=\infty} f(n) = \int_a^{\infty} f(x)\, dx + \tfrac{1}{2} f(a) - \tfrac{1}{12} f'(a) + \tfrac{1}{720} f'''(a) - \cdots .$$

[3] Vgl. § 9.7; ferner G. HERZBERG: Spectra of Diatomic Molecules. New York 1950.
[4] Den Index 0 lassen wir von jetzt ab weg.

führt in Verbindung mit den quantenmechanischen Symmetriebedingungen zu sehr merkwürdigen Konsequenzen. Für das Folgende ist wesentlich der Unterschied zwischen zweiatomigen Molekülen aus gleichen Kernen und solchen aus verschiedenen Kernen. Der Kürze halber bezeichnen wir die ersteren als homonucleare, die letzteren als heteronucleare Moleküle.

Wir betrachten zunächst ein heteronucleares Molekül aus einem Kern a mit den Eigenfunktionen $\psi_1, \psi_2, \ldots, \psi_{k_{g_a}}$ und einen Kern b mit den Eigenfunktionen $\psi_1', \psi_2', \ldots, \psi_{k_{g_b}}'$. Für das Molekül haben wir dann Kern-Eigenfunktionen vom Typ $\psi_r(a)\,\psi_s'(b)$ und somit in der Verteilungsfunktion einen Faktor ${}^k g_a\, {}^k g_b$.

Jetzt nehmen wir ein homonucleares Molekül aus zwei gleichen Kernen a und b, von denen jeder die gleichen ${}^k g$ Eigenfunktionen besitzt. Durch Kombination werden daraus die Kern-Eigenfunktionen des Moleküls erhalten, und zwar

$$\tfrac{1}{2}\,{}^k g\,({}^k g - 1) \quad \text{antisymmetrische vom Typ } \psi_r(a)\,\psi_s(b) - \psi_s(a)\,\psi_r(b)$$

$$\tfrac{1}{2}\,{}^k g\,({}^k g - 1) \quad \text{symmetrische} \qquad \text{vom Typ } \psi_r(a)\,\psi_s(b) + \psi_s(a)\,\psi_r(b)$$

$$\phantom{\tfrac{1}{2}}\,{}^k g \qquad\qquad \text{symmetrische} \qquad \text{vom Typ } \psi_r(a)\,\psi_r(b) \, ,$$

also insgesamt

$$\tfrac{1}{2}\,{}^k g\,({}^k g - 1) \quad \text{antisymmetrische}$$

$$\tfrac{1}{2}\,{}^k g\,({}^k g + 1) \quad \text{symmetrische}$$

Kern-Eigenfunktionen. Die Summe beider ist ${}^k g^2$, also ebenso groß wie die Zahl der Eigenfunktionen bei einem heteronuclearen Molekül, was die Richtigkeit der Abzählung bestätigt. Diese Kern-Eigenfunktionen müssen jetzt mit den Eigenfunktionen der übrigen Freiheitsgrade in solcher Weise kombiniert werden, daß die Gesamteigenfunktion des Moleküls antisymmetrisch in Protonen und Neutronen ist. Wir stellen dazu die Symmetrieeigenschaften der übrigen Eigenfunktionen kurz zusammen.

Die Eigenfunktion der Schwerpunktstranslation enthält nicht die auf den Schwerpunkt bezogenen Koordinaten der Einzelkerne. Sie ist daher in den Kernen symmetrisch.

Von den Eigenfunktionen der Rotation (den Kugelfunktionen) sind die mit geraden Quantenzahlen ($n = 0, 2, 4, \ldots$) in den Kernen symmetrisch, die mit ungeraden Quantenzahlen ($n = 1, 3, 5, \ldots$) in den Kernen antisymmetrisch.

Auch die Eigenfunktionen der Schwingung (die HERMITEschen Polynome) sind für gerade Quantenzahlen in den Kernen symmetrisch, für ungerade Quantenzahlen in den Kernen antisymmetrisch.

Da die Gesamteigenfunktion des Moleküls in Protonen und Neutronen antisymmetrisch sein muß, ist sie für Kerne mit ungeraden Massenzahlen antisymmetrisch, für Kerne mit geraden Massenzahlen symmetrisch in den Kernen.

Wir beschränken uns jetzt auf den Fall, daß der Freiheitsgrad der Schwingung nicht angeregt und somit die zugehörige Eigenfunktion in den Kernen symmetrisch ist. Dann müssen wir in folgender Weise kombinieren:

a) Für ungerade Massenzahlen

symmetrische Rotationsfunktionen mit antisymmetrischen Kernfunktionen, antisymmetrische Rotationsfunktionen mit symmetrischen Kernfunktionen.

In der Verteilungsfunktion der Rotation erhalten somit die Terme mit geradem n (einschließlich Null) einen Extrafaktor $\tfrac{1}{2}\,{}^k g({}^k g - 1)$, die mit ungeradem n einen Extrafaktor $\tfrac{1}{2}\,{}^k g({}^k g + 1)$.

b) Für gerade Massenzahlen
symmetrische Rotationsfunktionen mit symmetrischen Kernfunktionen,
antisymmetrische Rotationsfunktionen mit antisymmetrischen Kernfunktionen.

In der Verteilungsfunktion der Rotation erhalten daher jetzt die Terme mit geradem n (einschließlich Null) einen Extrafaktor $\frac{1}{2}\,{}^k g({}^k g + 1)$, die mit ungeradem n dagegen einen Extrafaktor $\frac{1}{2}\,{}^k g({}^k g - 1)$.

Wir erhalten somit gemeinsame Verteilungsfunktionen $r_k(T)$ für Rotation und Kernspin, und zwar
für heteronucleare Moleküle

$$r_k(T) = {}^k g_a \, {}^k g_b \sum_{n=0}^{\infty} (2n+1)\, e^{-n(n+1)\Theta_r/T} \,, \tag{IX 50}$$

für homonucleare Moleküle mit ungeraden Massenzahlen

$$r_k(T) = \tfrac{1}{2}\,{}^k g\,({}^k g - 1) \sum_{n=0,2,\ldots}^{\infty} (2n+1)\, e^{-n(n+1)\Theta_r/T} +$$
$$+ \tfrac{1}{2}\,{}^k g\,({}^k g + 1) \sum_{n=1,3,\ldots}^{\infty} (2n+1)\, e^{-n(n+1)\Theta_r/T} \,, \tag{IX 51}$$

für homonucleare Moleküle mit geraden Massenzahlen

$$r_k(T) = \tfrac{1}{2}\,{}^k g\,({}^k g + 1) \sum_{n=0,2,\ldots}^{\infty} (2n+1)\, e^{-n(n+1)\Theta_r/T} +$$
$$+ \tfrac{1}{2}\,{}^k g\,({}^k g - 1) \sum_{n=1,3,\ldots}^{\infty} (2n+1)\, e^{-n(n+1)\Theta_r/T} \,. \tag{IX 52}$$

Wir haben hier einen ganz analogen Sachverhalt wie in der Quantenstatistik nicht lokalisierter Teilchen des Kap. IV. In beiden Fällen verhindert die Nichtunterscheidbarkeit der Teilchen (hier der beiden Kerne) in Verbindung mit den daraus folgenden Symmetrieforderungen eine Separation der Verteilungsfunktion, obwohl die Teilchen (bzw. Freiheitsgrade) unabhängig im Sinne der Mechanik sind.

Die verschiedenen Gewichte der Rotationszustände lassen sich spektroskopisch direkt nachweisen. Sie bewirken nämlich einen Intensitätswechsel der Rotationslinien im Bandenspektrum, der z. B. bei H_2, D_2 und zahlreichen anderen Molekülen[1] gefunden wurde. In dem Spezialfall ${}^k g = 1$, der Kernen ohne Spin entspricht, verschwindet nach Gl. (IX 51) und (IX 52) jeweils die Hälfte der alternierenden Zustände. Auch dies ist spektroskopisch, z. B. für ${}^4 He_2$, ${}^{12}C_2$ und ${}^{16}O_2$ bestätigt worden[1].

Die korrekten Gleichungen (IX 50)—(IX 52) werden nur in besonderen Fällen benötigt. Im allgemeinen kann man die Voraussetzung $\Theta_r \ll T$ als erfüllt ansehen. Dann gilt mit großer Genauigkeit

$$\sum_{n=0,2,\ldots}^{\infty} (2n+1)\, e^{-n(n+1)\Theta_r/T} = \sum_{n=1,3,\ldots}^{\infty} (2n+1)\, e^{-n(n+1)\Theta_r/T}$$
$$= \tfrac{1}{2} \sum_{n=0,1,2,\ldots}^{\infty} (2n+1)\, e^{-n(n+1)\Theta_r/T} \,. \tag{IX 53}$$

Für die letzte Summe können wir aber unter der erwähnten Voraussetzung mindestens die MULHOLLANDsche Formel, meistens sogar die halbklassische

---

[1] Eine Zusammenstellung mit Literaturangaben findet sich bei G. HERZBERG, s. S. 309, Anm. 3.

Näherung einsetzen. Wir haben daher als in der Mehrzahl der Fälle ausreichende Näherung

für heteronucleare Moleküle

$$r_k(T) = {}^kg_a \, {}^kg_b \, r(T) \, , \tag{IX 54}$$

für homonucleare Moleküle

$$r_k(T) = \tfrac{1}{2} \, {}^kg^2 \, r(T) \, , \tag{IX 55}$$

wo $r(T)$ durch Gl. (IX 47) oder (IX 49) gegeben ist.

Vom Standpunkt der klassischen Theorie ist dieses Ergebnis so zu verstehen, daß bei homonuclearen Molekülen je zwei·Konfigurationen, die durch Drehung des Moleküls um 180° auseinander hervorgehen, nicht voneinander unterschieden werden können. Die Zahl der unterscheidbaren Zustände ist daher nur halb so groß, wie sie sich aus der klassischen Berechnung der Verteilungsfunktion ergibt. Letztere muß daher allgemein noch durch eine sogenannte Symmetriezahl σ dividiert werden, die für zweiatomige heteronucleare Moleküle den Wert 1, für zweiatomige homonucleare Moleküle den Wert 2 besitzt. Bei größeren Molekülen mit komplizierteren Symmetrieeigenschaften kann σ, wie wir in § 9.9 sehen werden, wesentlich höhere Werte annehmen. Auf Grund dieser Überlegung können wir die Gl. (IX 54) und (IX 55) zusammenfassen in der Formel

$$r_k(T) = \frac{{}^kg_a \, {}^kg_b}{\sigma} \, r(T) \tag{IX 56}$$

oder als in den meisten Fällen ausreichende Näherung

$$r_k(T) = \frac{8\pi^2 A \, kT}{h^2} \frac{{}^kg_a \, {}^kg_b}{\sigma} \, . \tag{IX 57}$$

Dieses Ergebnis ist wieder völlig analog den Verhältnissen bei der Quantenstatistik nicht lokalisierter Teilchen. Auch dort wurde beim Übergang zur halbklassischen Näherung die Verteilungsfunktion separierbar; sie unterschied sich aber noch von der rein klassisch berechneten durch den Faktor $1/N!$. In § 5.11 haben wir aber gesehen, daß $N!$ nichts anderes ist als eine Symmetriezahl im Γ-Raum.

Bei Anregung höherer Schwingungszustände bleiben, wie man sich leicht überlegt, für Niveaus mit geraden Quantenzahlen die bisherigen Formeln gültig. Dagegen müssen für Niveaus mit ungeraden Quantenzahlen in Gl. (IX 51) bzw. (IX 52) die vor den beiden Summen stehenden Faktoren vertauscht werden.

Wir geben jetzt wieder eine Zusammenstellung der wichtigsten thermodynamischen Formeln, in denen einige Ergebnisse unserer bisherigen Überlegungen über zweiatomige Moleküle zusammengefaßt sind. Dieselben beziehen sich auf die halbklassische Näherung für die Rotation. Sie versagen daher notwendig allgemein bei den allertiefsten Temperaturen, bei tiefen Temperaturen für Moleküle, die H- oder D-Atome enthalten. Durch Einsetzen der MULHOLLAND-schen Näherung kann ihr Gültigkeitsbereich bei tiefen Temperaturen auch auf Moleküle, die ein H- oder D-Atom enthalten (aber nicht auf H_2, D_2 und HD) ausgedehnt werden. Nach oben ist ihre Anwendbarkeit dadurch begrenzt, daß die Freiheitsgrade der Schwingung und der Elektronenhülle als nicht angeregt vorausgesetzt werden. Wir haben dann:

Verteilungsfunktion des Einzelmoleküls

$$f(T) = \frac{(2\pi m kT)^{3/2} V}{h^3} \frac{8\pi^2 A \, kT}{h^2} \frac{{}^kg_a \, {}^kg_b}{\sigma} \, {}^{el}g_0 \, . \tag{IX 58}$$

Freie Energie nach HELMHOLTZ

$$F = N\,kT\left\{\ln\frac{N}{V} - 1 - \frac{5}{2}\ln T - \ln\left[\frac{(2\pi m k)^{3/2}}{h^3}\,\frac{8\pi^2 A k}{h^2}\,\frac{{}^k g_a\,{}^k g_b}{\sigma}\,{}^{el}g_0\right]\right\}.\qquad \text{(IX 59)}$$

Chemisches Potential

$$\mu = kT\left\{\ln\frac{N}{V} - \frac{5}{2}\ln T - \ln\left[\frac{(2\pi m k)^{3/2}}{h^3}\,\frac{8\pi^2 A k}{h^2}\,\frac{{}^k g_a\,{}^k g_b}{\sigma}\,{}^{el}g_0\right]\right\}$$

$$= kT\left\{\ln P - \frac{7}{2}\ln T - \ln\left[\frac{(2\pi m)^{3/2}\,k^{5/2}}{h^3}\,\frac{8\pi^2 A k}{h^2}\,\frac{{}^k g_a\,{}^k g_b}{\sigma}\,{}^{el}g_0\right]\right\}.\qquad \text{(IX 60)}$$

Absolute Aktivität

$$\lambda = PT^{-7/2}\,\frac{h^3}{(2\pi m)^{3/2}\,k^{5/2}}\,\frac{h^2}{8\pi^2 A k}\,\frac{\sigma}{{}^k g_a\,{}^k g_b\,{}^{el}g_0}.\qquad \text{(IX 61)}$$

Molekülwärmen

$$C_v = \frac{5}{2}\,k\,,\quad C_p = \frac{7}{2}\,k\,,\quad \gamma = \frac{C_p}{C_v} = \frac{7}{5} = 1{,}40\,.\qquad \text{(IX 62)}$$

Bei Benutzung der MULHOLLANDschen Näherung gilt

$$C_v = k\left[\frac{5}{2} + \frac{1}{45}\left(\frac{\Theta_r}{T}\right)^2 + O\left(\frac{\Theta_r}{T}\right)^3\right],\quad C_p = k\left[\frac{7}{2} + \frac{1}{45}\left(\frac{\Theta_r}{T}\right)^2 + O\left(\frac{\Theta_r}{T}\right)^3\right].\ \text{(IX 63)}$$

Aus diesen Formeln ergibt sich das sehr bemerkenswerte Resultat, daß etwa C_p den klassischen Wert $\frac{7}{2}k$ zunächst überschreitet und sich ihm dann von oben her nähert. Dieser Effekt ist, wie wir in § 9.5 sehen werden, bei HD tatsächlich beobachtet worden. Für die Anwendbarkeit der Gl. (IX 63) genügt es nicht (wie man zuerst denken könnte), daß der zweite Term klein gegen den ersten ist (was schon für $\Theta_r = 0{,}5\ T$ zutrifft), son-

dern es muß wirklich $\Theta_r \ll T$ sein. Die Ableitung für homonucleare Moleküle benutzt nämlich Gl. (IX 53), und diese setzt mindestens $\Theta_r < 0{,}25\ T$ voraus. Bei den allertiefsten Temperaturen reduziert sich $r_k(T)$ auf den ersten Term, d. h. die Freiheitsgrade der Rotation sind nicht angeregt. Die Molekülwärme fällt dann auf den für einatomige Moleküle gültigen Wert $\frac{3}{2}k$ bzw. $\frac{5}{2}k$. Für das Zwischengebiet bis zum Gültigkeitsbereich der Gl. (IX 63) existiert keine geschlossene Formel. In Tab. 8 sind einige experimentelle Daten über die Molwärme zweiatomiger Gase zusammengestellt. Die Übereinstimmung mit der Theorie ist durchaus befriedigend.

Tabelle 8. *Molekülwärmen zweiatomiger Gase*
(Theoretischer Wert: $\dfrac{C_p}{k} = 3{,}50$; $\gamma = 1{,}40$)

	T [° K]	$\dfrac{C_p}{k}$	γ
H$_2$	289	3,45	—
N$_2$	293	3,51	—
	92	3,38	—
O$_2$	293	3,51	—
	197	3,43	—
	92	3,47	—
CO	291	3,52	—
	93	3,40	—
NO	288	3,64	—
HCl	290—373	—	1,39
HBr	284—373	—	1,43
H J	293—373	—	1.40

Entnommen aus: R. H. FOWLER u. E. A. GUGGENHEIM: Statistical Thermodynamics, S. 90. Cambridge 1949.

§ 9.5. Ortho- und Para-Wasserstoff[1]

Nach der in § 9.4 entwickelten Theorie soll die Molekülwärme zweiatomiger Gase C_v unter geeigneten Voraussetzungen (kleines Trägheitsmoment) von dem klassischen Wert $\frac{5}{2}k$ bei mäßigen Temperaturen auf den Wert $\frac{3}{2}k$ bei sehr

---

[1] Vgl. dazu A. FARKAS: Orthohydrogen, Parahydrogen and Heavy Hydrogen. Cambridge 1935.

tiefen Temperaturen abfallen. Dieser Abfall wurde zuerst von EUCKEN[1] an H_2 beobachtet. Später ist er auch bei D_2 und HD gefunden worden. Für H_2 ist bei etwa $300°$ K $C_v = \frac{5}{2} k$, es fällt dann sehr stark ab und ist bei etwa $40°$ K von dem Wert $\frac{3}{2} k$ nicht mehr zu unterscheiden. Da nach den spektroskopischen Daten hier $^k g = 2$ ist, sollte die Formel

$$r_k(T) = 1 \cdot \sum_{n=0,2\ldots}^{\infty} (2n+1)\, e^{-n(n+1)\Theta_r/T} + 3 \cdot \sum_{n=1,3,\ldots}^{\infty} (2n+1)\, e^{-n(n+1)\Theta_r/T} \quad \text{(IX 64)}$$

gelten. Von HUND[2] wurde indessen gezeigt, daß die experimentellen Daten sich damit nicht wiedergeben lassen. Diese zunächst rätselhafte Diskrepanz ist von DENNISON[3] aufgeklärt worden.

Im Hinblick auf die Abzählung der Zustände ist Gl. (IX 64) sicherlich korrekt. Ihre Anwendung setzt aber voraus, daß sich das thermische Gleichgewicht zwischen den verschiedenen Zuständen (das durch die Verteilungsformel bestimmt wird) in einer gegen die Versuchsdauer kurzen Zeit auch wirklich einstellt. Die in der Verteilungsfunktion vorkommenden Zustände müssen also tatsächlich zugänglich sein, d. h. das System darf keiner Hemmung unterliegen (vgl. § 4.1 und 5.12). Gerade dies trifft aber hier nicht zu. Der Übergang zwischen geraden und ungeraden Rotationszuständen ist schon bei hohen Temperaturen (wenn nicht ein Katalysator anwesend ist) relativ selten. Der schnellste Weg, auf dem sich ein solcher Übergang vollzieht, führt nämlich über die freien H-Atome. Bei Stößen ohne Dissoziation könnte ein Übergang nur stattfinden, wenn sich gleichzeitig der Symmetriecharakter der Kern-Eigenfunktion ändert, da sonst der Symmetriecharakter der Gesamt-Eigenfunktion nicht gewahrt bliebe. Die Wahrscheinlichkeit eines solchen Überganges ist proportional der Eigenwertstörung durch das mit dem Kernspin verknüpfte Magnetfeld, also extrem klein.

Aus Gl. (IX 64) können wir entnehmen, daß bei hohen Temperaturen das Verhältnis der Moleküle in geraden und ungeraden Rotationszuständen $1:3$ ist, da nach (IX 53) hier der Unterschied zwischen den beiden Summen verschwindet. Bei extrem tiefen Temperaturen, wo nur noch die Niveaus $n = 0$ und $n = 1$ in Betracht kommen, ist das Verhältnis $1:9\, e^{-2\Theta_r/T}$. Die e-Funktion hat hier schon einen äußerst kleinen Wert, und für $T \to 0$ wird $e^{-2\Theta_r/T} \to 0$. Das besagt also, daß im Gleichgewicht mit abnehmender Temperatur der Anteil der Moleküle mit geraden Rotationszuständen immer größer wird, bis sie im Grenzfall $T \to 0$ ausschließlich vorhanden sind. Dieses Gleichgewicht stellt sich aber aus den erwähnten Gründen nicht ein, vielmehr bleibt das Hochtemperaturverhältnis $1:3$ auch bei tiefen Temperaturen erhalten. Wir haben also, in der üblichen Ausdrucksweise, ein eingefrorenes oder metastabiles Gleichgewicht. Vom Standpunkt unserer allgemeinen statistischen Überlegungen (§ 4.1) bedeutet dies, daß jeweils für Moleküle mit geraden (ungeraden) Rotationszuständen die ungeraden (geraden) Rotationszustände praktisch unzugänglich sind und daher bei der Berechnung der betreffenden Verteilungsfunktion außer Betracht bleiben müssen. Wir haben also zwei Verteilungsfunktionen, aus denen sich verschiedene thermodynamische Eigenschaften ableiten. H_2 verhält sich daher wie ein Gemisch von zwei verschiedenen Substanzen. Obwohl dieses Ergebnis vom Standpunkt der Chemie vielleicht etwas paradox erscheint, haben wir tatsächlich hier ganz analoge Verhältnisse wie in dem früher (§ 4.1) schon ausführlich besprochenen System H_2, O_2, H_2O. In beiden Fällen wird durch die Hemmung

---

[1] EUCKEN, A.: Berl. Akad. Ber. **1912**, 141.

[2] HUND, F.: Z. Physik **42**, 93 (1927).

[3] DENNISON, P. M.: Proc. Roy. Soc. (London) A **115**, 483 (1927).

die Zahl der unabhängigen Komponenten im Sinne der Thermodynamik und Statistik vergrößert.

Man nennt den Wasserstoff mit antisymmetrischen Kern-Eigenfunktionen (Kern-Singulett) Para-Wasserstoff, den mit symmetrischen Kern-Eigenfunktionen (Kern-Triplett) Ortho-Wasserstoff. Para-Wasserstoff besitzt also nur gerade, Ortho-Wasserstoff nur ungerade Rotationszustände. Wir haben somit die Verteilungsfunktionen

für Para-Wasserstoff

$$r_{kp}(T) = 1 \cdot \sum_{n=0,2,\ldots}^{\infty} (2n+1)\, e^{-n(n+1)\Theta_r/T} , \qquad \text{(IX 65)}$$

für Ortho-Wasserstoff

$$r_{ko}(T) = 3 \cdot \sum_{n=1,3,\ldots}^{\infty} (2n+1)\, e^{-n(n+1)\Theta_r/T} . \qquad \text{(IX 66)}$$

Daraus folgt für die sog. Rotationswärme (d. h. den von der Rotation herrührenden Anteil der Molekülwärme)

von Para-Wasserstoff

$$C_p^{rot} = k\, \frac{\partial}{\partial T}\left[T^2\, \frac{\partial \ln r_{kp}(T)}{\partial T} \right] , \qquad \text{(IX 67)}$$

von Ortho-Wasserstoff

$$C_o^{rot} = k\, \frac{\partial}{\partial T}\left[T^2\, \frac{\partial \ln r_{ko}(T)}{\partial T} \right] . \qquad \text{(IX 68)}$$

Die Rotationswärme des gewöhnlichen Wasserstoffs ist also nach den obigen Überlegungen

$$C_{H_2}^{rot} = \tfrac{1}{4}\, C_p^{rot} + \tfrac{3}{4}\, C_o^{rot} . \qquad \text{(IX 69)}$$

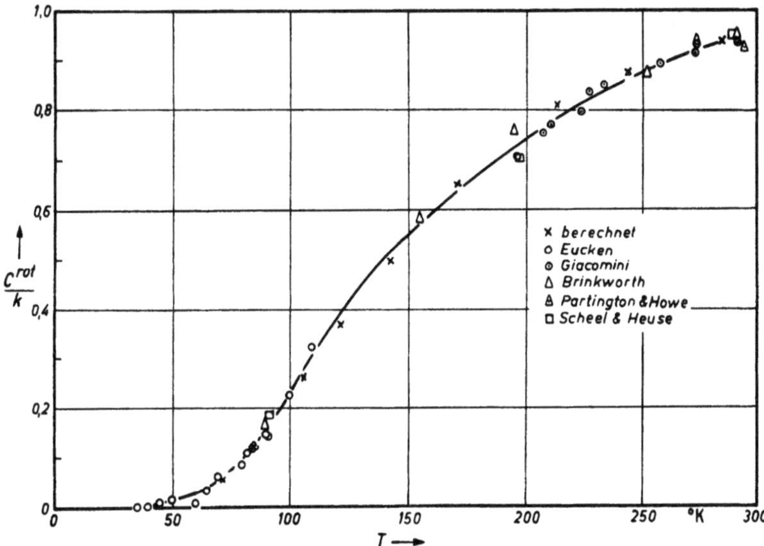

Abb. 20. Rotationswärme von H_2 [entnommen aus: R. H. Fowler u. E. A. Guggenheim: Statistical Thermodynamics, S. 93. Cambridge 1949]

Der Vergleich der danach berechneten theoretischen Werte mit den experimentellen Daten ist in Abb. 20 durchgeführt. Man sieht, daß sich in der Tat vollkommene Übereinstimmung ergibt.

Die Einstellung des „wahren Gleichgewichtes" (d. h. die Beseitigung der Hemmung zwischen geraden und ungeraden Rotationszuständen) bei tiefen

Temperaturen läßt sich durch besondere Kunstgriffe erreichen. Zuerst gelang
dies BONHOEFFER und HARTECK[1] durch Adsorption des flüssigen Wasserstoffs
an Holzkohle und folgende Verdampfung. Schon nach 20 min erhielten sie einen
Gehalt von 99,7% Para-Wasserstoff, was dem Gleichgewichtswert bei der Ver-

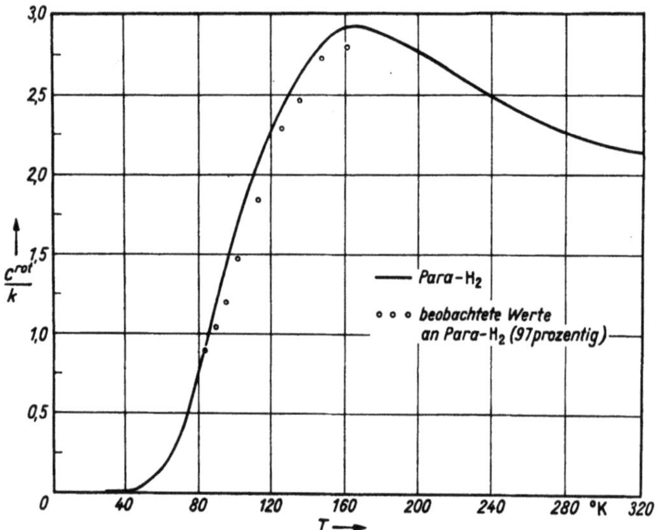

Abb. 21. Rotationswärme von Para-Wasserstoff [entnommen aus: A. EUCKEN: Lehrbuch der chemischen Physik, II, 1,
S. 259. Leipzig 1944]

suchstemperatur (21° K) entspricht. Die Molwärme von 97%igem Para-Wasserstoff haben CLUSIUS und HILLER[2] gemessen. Ihre Ergebnisse sind zusammen
mit der theoretischen Kurve (für die ein steiles Maximum charakteristisch ist)
in Abb. 21 dargestellt. Auch hier ist die Übereinstimmung durchaus befriedigend.

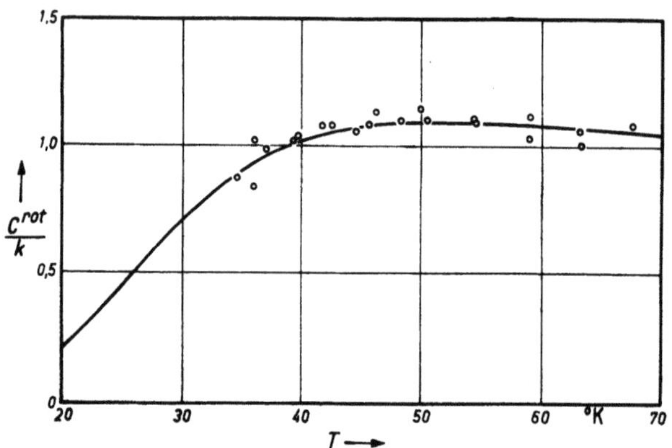

Abb. 22. Rotationswärme von HD [entnommen aus: R. H. FOWLER u. E. A. GUGGENHEIM: Statistical Thermodynamics,
S. 93. Cambridge 1949]

Im Gegensatz zu Para-Wasserstoff, der zum mindesten praktisch rein dargestellt
werden kann, läßt sich Ortho-Wasserstoff nach der Theorie durch thermische
Gleichgewichtseinstellung nicht über einen Gehalt von 75% anreichern. Da

[1] BONHOEFFER, K. F., u. P. HARTECK: Z. physik. Chem. (B) **4**, 113 (1929).
[2] CLUSIUS, K., u. K. HILLER: Z. physik. Chem. (B) **4**, 158 (1929).

jedoch Ortho-Wasserstoff z. B. an Holzkohle oder TiO_2 stärker adsorbiert wird als Para-Wasserstoff, erscheint es nicht ausgeschlossen, daß man auf diesem Wege zu höheren Gehalten an Ortho-Wasserstoff gelangt[1].

Bei HD sind wegen der Verschiedenheit der Kerne keine Symmetrieforderungen zu berücksichtigen, und es gilt Gl. (IX 50). Dies wird durch die Messungen von CLUSIUS und BARTHOLOMÉ[2] bestätigt, die insbesondere das schon aus der MULHOLLANDschen Näherung erkennbare Maximum zeigen (Abb. 22).

Für D_2 ist $^k g = 3$ und somit

$$\tfrac{1}{2}\,{}^k g\,({}^k g - 1) = 3 \quad \text{(Para-Deuterium)} \quad \text{(IX 70)}$$
$$\tfrac{1}{2}\,{}^k g\,({}^k g + 1) = 6 \quad \text{(Ortho-Deuterium)}. \quad \text{(IX 71)}$$

Die Massenzahl des Deuterons ist aber gerade; die Gesamt-Eigenfunktion des Moleküls muß daher nach § 9.4 in den Kernen symmetrisch sein. Wir haben also jetzt die dort unter b) aufgeführten Kombinationen zu benutzen, d. h. zum Para-Deuterium gehören ungerade, zum Ortho-Deuterium gerade Rotationszustände. Daraus ergeben sich die Verteilungsfunktionen
für Para-Deuterium

$$r_{kp} = 3 \cdot \sum_{n=1,3,\ldots}^{\infty} (2n+1)\, e^{-n(n+1)\,\Theta r/T}, \quad \text{(IX 72)}$$

für Ortho-Deuterium

$$r_{ko} = 6 \cdot \sum_{n=0,2,\ldots}^{\infty} (2n+1)\, e^{-n(n+1)\,\Theta r/T}. \quad \text{(IX 73)}$$

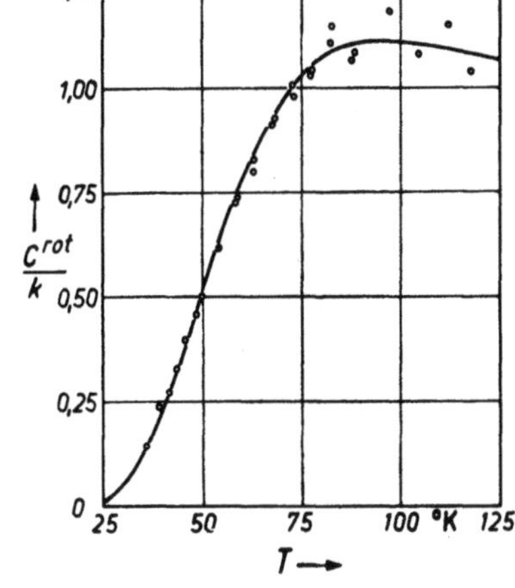

Abb. 23. Rotationswärme von D_2 [entnommen aus: R. H. FOWLER u. E. A. GUGGENHEIM: Statistical Thermodynamics, S. 95. Cambridge 1949]

Die entsprechenden Rotationswärmen sind
für Para-Deuterium

$$C_p^{rot} = k\,\frac{\partial}{\partial T}\left[T^2\,\frac{\partial \ln r_{kp}(T)}{\partial T}\right], \quad \text{(IX 74)}$$

für Ortho-Deuterium

$$C_o^{rot} = k\,\frac{\partial}{\partial T}\left[T^2\,\frac{\partial \ln r_{ko}(T)}{\partial T}\right]. \quad \text{(IX 75)}$$

Bei hohen Temperaturen ist das Verhältnis Para-Deuterium zu Ortho-Deuterium $3:6 = 1:2$. Aus den gleichen Gründen wie bei Wasserstoff friert dieses Gleichgewicht bei tiefen Temperaturen ein. Die Rotationswärme des gewöhnlichen Deuteriums ist daher

$$C_{D_2}^{rot} = \tfrac{1}{3} C_p^{rot} + \tfrac{2}{3} C_o^{rot}. \quad \text{(IX 76)}$$

Diese Aussage der Theorie wird durch die Messungen von CLUSIUS und BARTHOLOMÉ[2] ausgezeichnet bestätigt (Abb. 23).

§ 9.6. Der Freiheitsgrad der Schwingung

Bisher haben wir vorausgesetzt, daß die Freiheitsgrade der Schwingung und der Elektronenhülle als nicht angeregt betrachtet werden können. Die Formel des § 9.4 können daher nur bis in das Gebiet mäßiger Temperaturen verwandt werden. Wir wollen diese Beschränkungen jetzt fallenlassen und zunächst den Einfluß der Schwingungen etwas eingehender erörtern.

SANDLER, Y. L.: J. Physic. Chem. 58, 54, 58 (1954).
CLUSIUS, K., u. E. BARTHOLOMÉ: Z. Elektrochem. 40, 524 (1934).

Man sieht leicht, daß die Schrödinger-Gleichung sich jedenfalls nicht allgemein nach den Koordinaten der Rotation und der Schwingung separieren läßt. Einmal kann das Modell des starren Rotators nicht mehr zutreffen, wenn wir überhaupt eine Bewegung längs der Kernverbindungslinie zulassen; zum anderen hängt das für die Rotation wesentliche Trägheitsmoment von dem jeweiligen Schwingungszustand ab. Wir nehmen nun an, daß die Bindungsenergie hoch ist und damit die Frequenz der Schwingung groß gegen die der Rotation. Für die letztere wird dann praktisch ein konstantes mittleres Trägheitsmoment wirksam, das wir in die Formeln für den starren Rotator einsetzen können. Unter dieser Voraussetzung lassen sich dann Rotation und Schwingung näherungsweise als separierbare Freiheitsgrade behandeln, und wir dürfen letztere zunächst für sich betrachten.

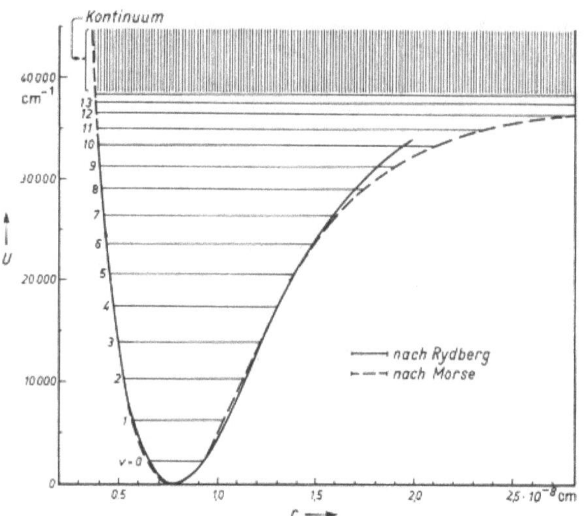

Abb. 24. Potentialkurve und Schwingungsniveaus für den Grundzustand des H₂-Moleküls [entnommen aus: G. Herzberg: Spectra of Diatomic Molecules, S. 99. New York 1950]

Für Schwingungen haben wir bisher nur das Modell des linearen harmonischen Oszillators benutzt. Es ist aber sofort klar, daß dieses Modell für die Schwingungen eines zweiatomigen Moleküls nicht korrekt sein kann. Der harmonische Oszillator besitzt nämlich unendlich viele Energieniveaus, während das Molekül bei einer endlichen Energie dissoziiert und auch nur eine endliche Zahl p von Schwingungsniveaus besitzt[1]. In unmittelbarem Zusammenhang damit steht die Tatsache, daß die Energieniveaus der Molekülschwingungen nicht äquidistant sind, sondern gegen die Dissoziationsgrenze konvergieren. Diese Verhältnisse sind in Abb. 24 dargestellt.

Wir bezeichnen nun mit r_0 den Gleichgewichtsabstand der Kerne und schreiben die potentielle Energie als Funktion des Kernabstandes in Form der Taylorschen Reihe

$$U(r) = \frac{1}{2} a(r - r_0)^2 + \frac{1}{3!} b(r - r_0)^3 + \cdots . \tag{IX 77}$$

Für kleine Verschiebungen aus der Gleichgewichtslage können wir die Entwicklung mit dem quadratischen Gliede abbrechen. Damit kommen wir aber wieder auf das Potential des harmonischen Oszillators. Die wahre Potentialkurve kann also in der Nähe des Minimums durch die dem harmonischen Oszillator entsprechende Parabel approximiert werden. Vom Standpunkt der statistischen Thermodynamik besteht der Sinn dieser Näherung darin, daß man sich auf Temperaturen beschränkt, bei denen praktisch nur die untersten Schwingungsniveaus angeregt sind. In der Verteilungsfunktion sind dann alle höheren Terme vernachlässigbar klein, und es tritt weder die endliche Zahl der Schwingungsniveaus noch die Abweichung von der Äquidistanz in nennenswertem Maße in

---

[1] Im Gegensatz dazu ist bei Ionisation, trotz der endlichen Ionisierungsenergie, die Zahl der Energieniveaus unendlich.

Erscheinung. Wir haben dann für die Verteilungsfunktion der Schwingung

$$q(T) = \sum_{v=0}^{\infty} e^{-\frac{(v+\frac{1}{2})h\nu}{kT}} = e^{-\frac{h\nu}{2kT}} \left(1 - e^{-\frac{h\nu}{kT}}\right)^{-1} = \frac{1}{2\sinh(h\nu/2kT)} \, . \quad \text{(IX 78)}$$

Wir geben jetzt auf dieser Grundlage wieder die entsprechenden thermodynamischen Formeln. Soweit nicht sehr hohe Temperaturen oder angeregte Elektronenzustände in Betracht kommen, reichen sie dann für alle Zwecke aus, bei denen nicht eine besonders große Genauigkeit gefordert wird, insbesondere also zur Berechnung chemischer Gleichgewichte. Es gilt dann:

Verteilungsfunktion des Einzelmoleküls

$$f(T) = \frac{(2\pi m kT)^{3/2} V}{h^3} \frac{8\pi^2 A kT}{h^2} e^{-\frac{h\nu}{2kT}} \left(1 - e^{-\frac{h\nu}{kT}}\right)^{-1} \frac{{}^k g_a \, {}^k g_b}{\sigma} {}^{el} g_0 \, . \quad \text{(IX 79)}$$

Freie Energie nach HELMHOLTZ

$$F = N kT \left\{\ln\frac{N}{V} - 1 - \frac{5}{2}\ln T + \ln\left(1 - e^{-\frac{h\nu}{kT}}\right) + \frac{1}{2}\frac{h\nu}{kT} - \right.$$
$$\left. - \ln\left[\frac{(2\pi m k)^{3/2}}{h^3} \frac{8\pi^2 A k}{h^2} \frac{{}^k g_a \, {}^k g_b}{\sigma} {}^{el} g_0\right]\right\} \, . \quad \text{(IX 80)}$$

Chemisches Potential

$$\mu = kT \left\{\ln\frac{N}{V} - \frac{5}{2}\ln T + \ln\left(1 - e^{-\frac{h\nu}{kT}}\right) + \frac{1}{2}\frac{h\nu}{kT} - \right.$$
$$\left. - \ln\left[\frac{(2\pi m k)^{3/2}}{h^3} \frac{8\pi^2 A k}{h^2} \frac{{}^k g_a \, {}^k g_b}{\sigma} {}^{el} g_0\right]\right\}$$
$$= kT \left\{\ln P - \frac{7}{2}\ln T + \ln\left(1 - e^{-\frac{h\nu}{kT}}\right) + \frac{1}{2}\frac{h\nu}{kT} - \right. \quad \text{(IX 81)}$$
$$\left. - \ln\left[\frac{(2\pi m)^{3/2} k^{5/2}}{h^3} \frac{8\pi^2 A k}{h^2} \frac{{}^k g_a \, {}^k g_b}{\sigma} {}^{el} g_0\right]\right\} \, .$$

Absolute Aktivität

$$\lambda = PT^{-7/2} \left(1 - e^{-\frac{h\nu}{kT}}\right) e^{-\frac{h\nu}{2kT}} \frac{h^3}{(2\pi m)^{3/2} k^{5/2}} \frac{h^2}{8\pi^2 A k} \frac{\sigma}{{}^k g_a \, {}^k g_b \, {}^{el} g_0} \, . \quad \text{(IX 82)}$$

Molekülwärmen

$$C_v = k\left[\frac{5}{2} + \left(\frac{h\nu}{2kT}\right)^2 \middle/ \sinh^2\left(\frac{h\nu}{2kT}\right)\right]$$
$$C_p = k\left[\frac{7}{2} + \left(\frac{h\nu}{2kT}\right)^2 \middle/ \sinh^2\left(\frac{h\nu}{2kT}\right)\right] \, . \quad \text{(IX 83)}$$

Zweckmäßig führt man auch hier eine charakteristische Temperatur ein durch die Gleichung

$$\Theta_s = \frac{h\nu}{k} \, . \quad \text{(IX 84)}$$

Die Werte von Θ_s liegen etwa zwischen 5958° für H_2 und 305,1° für J_2. Damit wird

$$C_v = k\left[\frac{5}{2} + \left(\frac{1}{2}\frac{\Theta_s}{T}\right)^2 \middle/ \sinh^2\left(\frac{1}{2}\frac{\Theta_s}{T}\right)\right]$$
$$C_p = k\left[\frac{7}{2} + \left(\frac{1}{2}\frac{\Theta_s}{T}\right)^2 \middle/ \sinh^2\left(\frac{1}{2}\frac{\Theta_s}{T}\right)\right] \, . \quad \text{(IX 85)}$$

Die in diesen Formeln auftretenden Funktionen von $\dfrac{\Theta_s}{T}$ bzw. $\dfrac{\Theta_s}{2T}$ sind tabelliert[1,2].

Die wichtigste Folgerung aus der Theorie ist der Übergang der Schwingung vom nicht angeregten Freiheitsgrad zum klassischen Freiheitsgrad. Bezeichnen wir mit E^s den Beitrag der Schwingungen zur inneren Energie, mit C^s den zur Molekülwärme (die sog. Schwingungswärme), so haben wir an der unteren Grenze

$$E^s = \tfrac{1}{2} N h \nu \,, \quad C^s = 0 \quad (T \ll \Theta_s) \tag{IX 86}$$

an der oberen Grenze (durch Reihenentwicklung)

$$E^s = N k T + O\,(1/T)\,, \quad C^s = k \quad (T \gg \Theta_s)\,. \tag{IX 87}$$

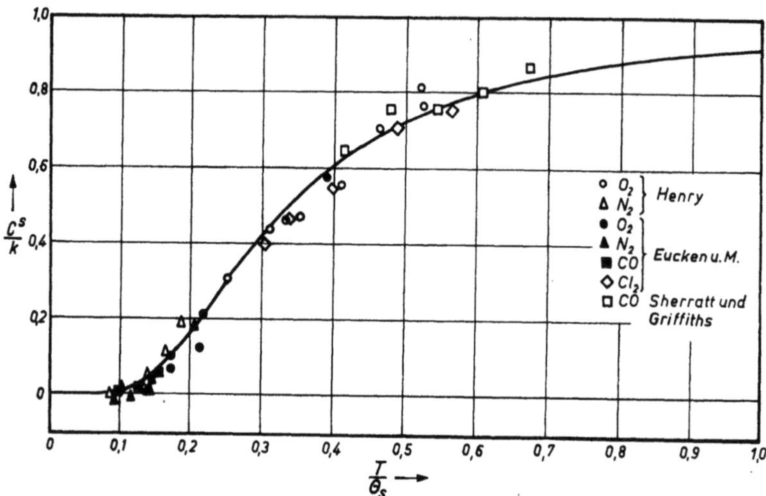

Abb. 25. Schwingungswärme zweiatomiger Moleküle [entnommen aus: R. H. Fowler u. E. A. Guggenheim: Statistical Thermodynamics, S. 102. Cambridge 1949]

Der erste Fall entspricht klassisch dem starren Hantelmolekül, der zweite dem Modell der durch eine Hookesche Kraft gebundenen Atome, das wir in § 2.9 betrachtet haben. Für beide Fälle sind die obigen Beziehungen in Übereinstimmung mit dem Äquipartitionstheorem, weil eben die Grenzfälle (abgesehen von den nicht angeregten Freiheitsgraden, die keinen Beitrag zur Molekülwärme liefern) nur klassische Freiheitsgrade enthalten. Dagegen kann das Zwischengebiet, ebenso wie bei der Rotation, nur durch die Quantenstatistik erfaßt werden. Diese Aussage wird durch den Vergleich mit den experimentellen Daten eindrucksvoll bestätigt (Abb. 25).

Bei der experimentellen Prüfung der Theorie muß die schon früher erwähnte Tatsache berücksichtigt werden, daß zwischen Rotation und Schwingung sich verhältnismäßig langsam das Gleichgewicht einstellt[3]. Die durch Messung der Schallgeschwindigkeit erhaltenen Daten müssen daher zunächst auf die Frequenz Null extrapoliert werden, was in Abb. 25 geschehen ist.

In der bisherigen Behandlung von Rotation und Schwingung haben wir folgende Effekte vernachlässigt:

a) Wenn wir Schwingungen in Richtung der Kernverbindungslinie annehmen, kann das Molekül auch im Hinblick auf die Rotation nicht als starr betrachtet

---

[1] Mayer, J. E., u. M. Goeppert-Mayer: Statistical Mechanics. New York 1948.
[2] Miller, E., K. West u. H. J. Bernstein: Tables of Functions for the Vibrational Contributions to Thermodynamic Quantities. Ottawa: National Research Council 1951.
[3] Vgl. § 5.12.

werden. Es ist vielmehr zu berücksichtigen, daß eine von der Rotationsgeschwindigkeit abhängige Dehnung durch die Zentrifugalkraft auftritt. Der Effekt als solcher ist unabhängig von der Gestalt der für die Schwingungen angenommenen Potentialkurve; er tritt also auch beim harmonischen Oszillator auf. Für die explizite Berechnung muß naturgemäß die Potentialkurve vorgegeben werden.

b) Die Schwingungen des Moleküls sind, wie erwähnt, in Wirklichkeit nicht harmonisch, sondern anharmonisch.

c) Das in dem klassischen und quantenmechanischen Ausdruck für die Rotationsenergie auftretende reziproke Trägheitsmoment kann für einen schwingenden Rotator nur durch den über eine Schwingung gebildeten Mittelwert $\frac{1}{\mu}\left(\frac{1}{r^2}\right)$ definiert werden. Dabei fallen aber schon für harmonische Schwingungen mit zunehmender Amplitude die größeren r-Werte stärker ins Gewicht, so daß das mittlere Trägheitsmoment vom Schwingungszustand abhängig wird.

d) Für eine anharmonische Potentialkurve verschiebt sich mit zunehmender Schwingungsenergie der Schwingungsmittelpunkt zu größeren r-Werten. Dies bewirkt nochmals eine Abhängigkeit des Trägheitsmomentes vom Schwingungszustand.

Die Gesamtheit dieser Effekte faßt man gewöhnlich unter der Bezeichnung Hochtemperatur-Korrekturen zusammen. Man sieht sofort, daß a) und b) Effekte zweiter Ordnung sind, welche die Separation von Rotation und Schwingung nicht stören. Bei niedrigeren Temperaturen überwiegt a), bei höheren b). Der Effekt c) ist ebenfalls von der II. Ordnung, aber als Kopplungseffekt klein gegen die vorher genannten. Der Effekt d) schließlich ist von der III. Ordnung und braucht nur in Ausnahmefällen berücksichtigt zu werden.

Aus dieser Übersicht ergibt sich, daß die beiden wichtigsten Korrekturen a) und b) sich ohne weiteres einzeln aus der Theorie des unstarren Rotators und des anharmonischen Oszillators berechnen lassen. Für die Eigenwerte des unstarren Rotators ergibt sich bei Zugrundelegung eines harmonischen Potentials näherungsweise[1]

$$\varepsilon_r = n(n+1)\,\frac{h^2}{8\pi^2 A} - n^2(n+1)^2\,\frac{h^4}{128\,\pi^6 \nu^2 A^3}\,, \tag{IX 88}$$

wo $\nu = \frac{1}{2\pi}\sqrt{\frac{a}{\mu}}$ die Frequenz des harmonischen Oszillators ist. Man sieht, daß durch die Dehnung des Moleküls die Niveaus etwas zusammengedrängt werden. Für die Molekülwärme ergibt sich daraus ein Korrekturterm

$$\Delta C^a = 2\,b\,kT\,, \tag{IX 89}$$

wo b eine Konstante der Größenordnung 10^{-5} ist. Die Eigenwerte des anharmonischen Oszillators lassen sich bei nicht zu starker Anharmonizität näherungsweise durch die Formel ($x =$ Anharmonizitätskonstante)

$$\varepsilon_s = (v + \tfrac{1}{2})\,h\nu\,[1 - (v + \tfrac{1}{2})\,x] \tag{IX 90}$$

darstellen. Daraus folgt für die Energiedifferenz der beiden untersten Niveaus

$$\varepsilon_{s1} - \varepsilon_{s0} = h\nu\,(1 - 2x)\,. \tag{IX 91}$$

Für den harmonischen Oszillator lautet die entsprechende Beziehung

$$\varepsilon_{s1} - \varepsilon_{s0} = k\,\Theta_s = h\nu\,. \tag{IX 92}$$

Für Fälle, in denen nur die untersten Schwingungsniveaus merklich angeregt sind, wird nun eine sehr gute Näherung erhalten, wenn man nicht die rechte,

---

[1] Vgl. L. Pauling u. E. B. Wilson: Introduction to Quantum Mechanics. New York 1935.

sondern die linke Seite der Gl. (IX 92) als Definition der charakteristischen Temperatur auffaßt und hier dann Gl. (IX 91) einführt[1]. Es ist also lediglich in den früheren Formeln Θ_s zu ersetzen durch

$$\Theta_s' = \frac{h\nu}{k}(1 - 2x) .\tag{IX·93}$$

Diese Werte sind auch in Abb. 25 benutzt worden.

Eine näherungsweise Berechnung der Anharmonizitätskorrektur, die für $x \leqq 0{,}01$ und $\Theta_s/T < 2{,}5$ brauchbare Ergebnisse liefert, wurde von SCHÄFER[2] durchgeführt. Sie ergibt für die Molekülwärme ein Zusatzglied

$$\Delta C^b = kx\left(\frac{\Theta_s}{T}\right)^2\left[\frac{4}{(\Theta_s/T)^3} - \frac{1}{6} + \frac{1}{12}\frac{\Theta_s}{T} \pm \cdots\right] .\tag{IX 94}$$

Eine gewisse Ähnlichkeit damit zeigt eine allgemeiner anwendbare, aber rein empirische Formel, die EUCKEN[3] angegeben hat. Sie lautet

$$\Delta C^b = k\left[4{,}3 \cdot x\frac{T}{\Theta_s} + 5 \cdot 10^3\, x\left(\frac{T}{\Theta_s}\right)^{5/2}\right] .\tag{IX 95}$$

Eine andere Möglichkeit, die Hochtemperatur-Korrekturen zu berücksichtigen, besteht darin, daß man auf eine explizite Berechnung der Eigenwerte verzichtet und für Rotation und Schwingung eine gemeinsame Verteilungsfunktion der Form

$$f_{r,s}(T) = \sum_{v=0}\sum_{n=0}(2n+1)\,e^{-\frac{\varepsilon(v,n)}{kT}}\tag{IX 96}$$

ansetzt, für welche die Energieniveaus unmittelbar aus dem Bandenspektrum bestimmt werden[4-6]. Dieses Verfahren besitzt naturgemäß halbempirischen Charakter und ist insofern theoretisch etwas unbefriedigend. Es führt aber zu ausgezeichneter Übereinstimmung mit der Erfahrung und ist daher von besonderem Wert, wenn es sich darum handelt, thermodynamische Eigenschaften aus spektroskopischen Daten zu berechnen. In Tab. 9 sind einige auf diesem Wege erhaltene Ergebnisse zusammengestellt.

Zum Schluß wollen wir noch eine einheitliche theoretische Darstellung der Hochtemperatur-Korrekturen geben, um an einem Beispiel zu zeigen, wie sich die Verteilungsfunktion auch in schwierigeren Fällen näherungsweise berechnen läßt. Es ist dazu, wie erwähnt, notwendig, eine bestimmte Potentialfunktion vorzugeben. Wir wählen dafür einen von MORSE[7] stammenden Ansatz, der in den meisten Fällen eine gute bis sehr gute Annäherung an den wahren Verlauf darstellt (vgl. Abb. 24) und sich auch rechnerisch gut handhaben läßt. Er lautet

$$U(r) = D\left[1 - e^{-a(r-r_0)}\right]^2 .\tag{IX 97}$$

Tabelle 9. *Molekülwärme von H_2 bei hohen Temperaturen, berechnet aus spektroskopischen Daten nach Gl. (IX 96)*

Temp. °K	C_v/k (berechnet)	C_v/k (beobachtet)
600	2,51	2,56
800	2,54	2,63
1000	2,60	2,70
1200	2,69	2,77
1600	2,88	2,91
1800	2,96	2,98
2000	3,05	3,05
2500	3,21	3,23

Entnommen aus: R. H. FOWLER u. E. A. GUGGENHEIM: Statistical Thermodynamics, S. 99. Cambridge 1949.

[1] FOWLER, R. H., u. E. A. GUGGENHEIM: Statistical Thermodynamics. Cambridge 1949.
[2] SCHÄFER, K.: Z. physik. Chem. (B) **40**, 357 (1938).
[3] EUCKEN, A.: Lehrbuch der chemischen Physik, Bd. II, 1. 3. Aufl. Leipzig 1948.
[4] McCREA, U.: Proc. Cambridge Phil. Soc. **24**, 80 (1928).
[5] GIAUQUE, W. F.: J. Amer. Chem. Soc. **52**, 4816 (1930).
[6] DAVIS, C. O., u. H. L. JOHNSTON: J. Amer. Chem. Soc. **56**, 1045 (1934).
[7] MORSE, P. M.: Physic. Rev. **34**, 57 (1929).

Durch Einsetzen dieses Ausdruckes in die SCHRÖDINGER-Gleichung erhält man für die Eigenwerte des rotierenden Oszillators näherungsweise[1]

$$\varepsilon_{v,\,n} = \left(v + \frac{1}{2}\right) h\nu - x\left(v + \frac{1}{2}\right)^2 h\nu + n(n+1)\frac{h^2}{8\pi^2 A} - $$
$$- D_e\,hc\,n^2(n+1)^2 - \alpha hc\left(v + \frac{1}{2}\right)n(n+1) \tag{IX 98}$$

oder, wenn wir an Stelle der Frequenz die Wellenzahl $\tilde{\nu}$ benutzen,

$$\frac{\varepsilon_{v,\,n}}{hc} = \left(v + \frac{1}{2}\right)\tilde{\nu}_e - \left(v + \frac{1}{2}\right)x\tilde{\nu}_e + n(n+1)\,B_e - $$
$$- n^2(n+1)^2\,D_e - \left(v + \frac{1}{2}\right)n(n+1)\,\alpha\,. \tag{IX 99}$$

Hier ist c die Lichtgeschwindigkeit und

$$\tilde{\nu}_e = \frac{a}{2\pi c}\sqrt{\frac{2D}{\mu}}\,, \tag{IX 100}$$

$$x = \frac{h\tilde{\nu}_e c}{4D}\,, \tag{IX 101}$$

$$B_e = \frac{h}{8\pi^2 A\,c}\,, \tag{IX 102}$$

$$D_e = -\frac{h^3}{128\,\pi^6\,\mu^3\,\tilde{\nu}_e^2\,c^3\,r_0^6}\,, \tag{IX 103}$$

$$\alpha = \frac{3\,h^2\tilde{\nu}_e}{16\pi^2\,\mu r_0^2\,D}\left(\frac{1}{a r_0} - \frac{1}{a^2 r_0^2}\right). \tag{IX 104}$$

A ist durch Gl. (IX 39) mit $r = r_0$ definiert.

Man sieht sofort, daß in Gl. (IX 98) bzw. (IX 99) der erste Term der rechten Seite dem harmonischen Oszillator, der dritte dem starren Rotator entspricht. Der zweite Term berücksichtigt die Anharmonizität und der vierte, wie der Vergleich mit (IX 88) zeigt, die Dehnung durch die Zentrifugalkraft. Der letzte Term schließlich kann nur die Kopplungskorrektur c) darstellen. Eine Rechnung von PEKERIS[2] zeigt in der Tat, daß die explizite Durchführung der früher erwähnten Mittelung der Rotationskonstanten auf Gl. (IX 104) führt. Die Eigenwert-Näherung (IX 98) berücksichtigt somit vollständig die Effekte II. Ordnung, während solche III. und höherer Ordnung vernachlässigt werden.

In (IX 98) treten die fünf durch Gl. (IX 100)—(IX 104) definierten molekularen Konstanten auf. Von diesen sind aber nur drei unabhängig, während D_e und α durch $\tilde{\nu}_e$, x und B_e (d. h. durch A) bestimmt sind. Es gelten nämlich die Beziehungen

$$\frac{D_e}{B_e} = 4\left(\frac{B_e}{\tilde{\nu}_e}\right)^2 = 4\,\gamma^2 \tag{IX 105}$$

und

$$\frac{\alpha}{B_e} = 6\,\frac{B_e}{\tilde{\nu}_e}\left[\left(\frac{\tilde{\nu}_e x}{B_e}\right)^{1/2} - 1\right] = \delta\,, \tag{IX 106}$$

die wir gleichzeitig als Definitionsgleichungen für die neuen dimensionslosen Größen γ und δ betrachten. Wenn man Gl. (IX 98) bzw. (IX 99) als empirische Formel für die Rotations-Schwingungsterme auffaßt, deren Konstanten sämtlich aus dem Spektrum bestimmt sind, so gelten die Gl. (IX 105) und (IX 106) im

---

[1] Vgl. L. PAULING u. E. B. WILSON: Introduction to Quantum Mechanics. New York 1935.

[2] PEKERIS, C. L.: Physic. Rev. **45**, 98 (1934).

allgemeinen nicht streng. Dies beruht darauf, daß in die experimentell bestimmten Größen durch eine Art Mittelwertbildung noch die hier vernachlässigten Korrekturen höherer Ordnung eingehen. Die sicherste Grundlage für die Berechnung der Verteilungsfunktion liefern naturgemäß die spektroskopischen Werte aller fünf Konstanten. Wenn aber für D_e und α keine brauchbaren Daten vorliegen, kann man diese Größen mit einer für die Zwecke der Thermodynamik meistens ausreichenden Genauigkeit aus Gl. (IX 105) und (IX 106) berechnen.

Um die Eigenwerte in einer für die weitere Rechnung geeigneten Form darzustellen, definieren wir noch

$$u = \frac{\Theta'}{T} = \frac{h\nu}{kT}(1 - 2x) \qquad\qquad \text{(IX 107)}$$

und

$$\zeta = \frac{B_e hc}{kT}\left(1 - \frac{1}{2}\delta\right). \qquad\qquad \text{(IX 108)}$$

Dann können wir Gl. (IX 98) schreiben

$$\frac{\varepsilon_{v,n}}{kT} = vu - xv(v - 1)u + n(n + 1)\,[1 - 4\,\gamma^2 n(n + 1) - \delta v]\zeta. \qquad \text{(IX 109)}$$

Der erste Term der rechten Seite enthält die Anharmonizitätskorrektur (IX 93), die damit theoretisch begründet ist. Mit (IX 109) lautet die Verteilungsfunktion der Rotation und Schwingung

$$f_{r,s}(T) = \sum_{v=0}^{\infty} \sum_{n=0}^{\infty} (2n + 1)\, e^{-u[v - xv(v-1)] - \zeta n(n+1)[1 - 4\gamma^2 n(n+1) - \delta v]}. \qquad \text{(IX 110)}$$

Man sieht sofort, daß diese Summe divergiert, da im Exponenten die in v und n quadratischen Glieder positives Vorzeichen haben. Diese Schwierigkeit kommt naturgemäß dadurch zustande, daß Gl. (IX 109) eine Näherung darstellt, die nicht bis zu beliebig großen Werten von v und n gültig ist. Sie läßt sich, wie wir gleich sehen werden, durch einen einfachen Trick umgehen. Zunächst kümmern wir uns nicht darum und führen die Summierung über n mit Hilfe der EULERschen Formel aus. Von dieser berücksichtigen wir neben dem Integral noch zwei Glieder, vernachlässigen im letzten aber bereits den zu ζ proportionalen Term. Dann ergibt sich [mit $n(n + 1) \equiv z$]

$$\sum_{n=0}^{\infty} (2n + 1)\, e^{-\zeta n(n+1)[1 - 4\gamma^2 n(n+1) - \delta v]} = \int_0^{\infty} e^{-\zeta(1-\delta v)z + 4\gamma^2\zeta z^2}\,dz + \frac{1}{2} - \frac{1}{6}. \qquad \text{(IX 111)}$$

Das Integral der rechten Seite divergiert aus den gleichen Gründen wie die Summe. Wir entwickeln nun im Integranden den Faktor $e^{4\gamma^2\zeta z^2}$ und brechen diese Entwicklung mit dem zweiten Gliede ab. Dieses Verfahren ist gerechtfertigt, da bereits die Ausgangsgleichung (IX 109) voraussetzt, daß n nicht zu hohe Werte annimmt. Auf diese Weise bekommen wir

$$\int_0^{\infty} e^{-\zeta(1-\delta v)z + 4\gamma^2\zeta z^2}\,dz = \int_0^{\infty} (1 + 4\,\gamma^2\zeta z^2)\, e^{-\zeta(1-\delta v)z}\,dz = \zeta^{-1}(1 + 8\,\gamma^2\zeta^{-1} + \delta v)\,.$$
$$\text{(IX 112)}$$

Setzen wir dies in (IX 111) und weiter in (IX 110) ein, so folgt

$$f_{r,s}(T) = \sum_{v=0}^{\infty} \zeta^{-1}\left(1 + \frac{\zeta}{3} + \frac{8\gamma^2}{\zeta} + \delta v\right) e^{-u[v - xv(v-1)]}. \qquad \text{(IX 113)}$$

Hier gehen wir wieder in der gleichen Weise vor und entwickeln den Faktor $e^{u\,xv(v-1)}$ bis zum zweiten Glied. Dann wird

$$f_{r,s}(T) = \sum_{v=0}^{\infty} \zeta^{-1}\left(1 + \frac{\zeta}{3} + \frac{8\gamma^2}{\zeta} + (\delta - xu)v + xuv^2\right) e^{-uv}. \qquad \text{(IX 114)}$$

Die Summierung ist damit zurückgeführt auf die geometrische Reihe und ihre
Ableitungen. Es ergibt sich

$$f_{r,s}(T) = \frac{1}{\zeta(1-e^{-u})}\left[1 + \frac{\zeta}{3} + \frac{8\gamma^2}{\zeta} + \frac{\delta}{e^u-1} + \frac{2xu}{(e^u-1)^2}\right].$$ (IX 115)

Wenn wir noch den Logarithmus des in eckigen Klammern stehenden Ausdruckes
bis zum linearen Glied entwickeln, bekommen wir schließlich

$$\ln f_{r,s}(T) = -\ln\zeta + \frac{\zeta}{3} - \ln(1-e^u) + \frac{8\gamma^2}{\zeta} + \frac{\delta}{e^u-1} + \frac{2xu}{(e^u-1)^2}.$$ (IX 116)

Die beiden ersten Terme der rechten Seite sind, wie man leicht feststellt, identisch
mit den beiden ersten Gliedern der MULHOLLANDschen Formel für den starren
Rotator (IX 47)[1]. Der dritte Term ist die nach Gl. (IX 93) für die Anharmonizität
korrigierte Verteilungsfunktion der Schwingung, während die drei letzten Terme
die eigentlichen Hochtemperatur-Korrekturen darstellen. Dieselben lassen sich
noch etwas übersichtlicher schreiben, wenn wir näherungsweise setzen

$$u \approx \frac{h\nu}{kT}, \quad \zeta \approx \frac{B_e hc}{kT}.$$ (IX 117)

Dann wird nämlich mit Gl. (IX 105)

$$\gamma = \frac{\zeta}{u}, \quad \frac{\gamma^2}{\zeta} = \frac{\gamma}{u}.$$ (IX 118)

Fassen wir nun die Hochtemperatur-Korrekturen unter dem Symbol $f_c(T)$
zusammen, so wird

$$\ln f_c(T) = u^{-1}\left[8\gamma + \delta\frac{u}{e^u-1} + 2x\frac{u^2}{(e^u-1)^2}\right].$$ (IX 119)

Man sieht daraus, daß diese Korrekturen in der Tat mit abnehmender Temperatur gegen Null gehen. Der erste Term berücksichtigt, wie man unmittelbar
aus Gl. (IX 109) erkennt, die Dehnung durch die Zentrifugalkraft. Man verifiziert
leicht, daß die entsprechende Korrektur für die Molekülwärme die Form der
Gl. (IX 89) hat. Der zweite Term enthält die Korrektur c) für die Mittelwerts-
bildung. Der dritte Term ist eine genauere Berücksichtigung der Anharmonizität.
Für Moleküle mit größerem Trägheitsmoment läßt sich Gl. (IX 119) durch
Reihenentwicklung noch weiter vereinfachen[2]. Für Moleküle, die Wasserstoff
enthalten, muß dagegen die Gleichung in der ursprünglichen Form benutzt
werden. Die Werte von x liegen zwischen $2,736 \cdot 10^{-2}$ für H_2 und $0,278 \cdot 10^{-2}$
für J_2, die von γ zwischen $1,43 \cdot 10^{-2}$ für H_2 und $0,0175 \cdot 10^{-2}$ für J_2. Es ergibt
sich daraus und aus der früheren Angabe über $\Theta = uT$, daß die Größenordnung
der Hochtemperatur-Korrekturen, bezogen auf die freie Energie nach HELM-
HOLTZ, bei 500° K etwa 0,1% ist. Mit weiterer Erhöhung der Temperatur nimmt
jedoch ihre Bedeutung stark zu.

§ 9.7. Der Einfluß der Elektronen

In den allgemeinen Formeln des § 9.6 haben wir die Freiheitsgrade der
Elektronenhülle als nicht angeregt behandelt, weil ihre Anregung nur in Ausnahmefällen berücksichtigt werden muß. Solche Ausnahmen treten auf, ebenso wie
bei Atomen, wenn der Grundzustand der Elektronen zu einem Multiplett gehört.

---

[1] Genauer gesagt handelt es sich um die beiden ersten Glieder der Entwicklung von
$\ln r(T)$ nach Gl. (IX 47).
[2] MAYER, J. E., u. M. GOEPPERT-MAYER: Statistical Mechanics. New York 1948.

In derartigen Fällen reicht die thermische Energie zur Anregung der Elektronen aus, und es tritt dementsprechend eine zusätzliche Molekülwärme, die sog. Elektronenwärme, auf, die auch experimentell nachgewiesen worden ist.

Der Einfachheit halber beschränken wir uns auf den Fall, daß der Grundzustand einem Dublett angehört. Setzen wir für die Energie des Grundzustandes $\varepsilon_0 = 0$, so lautet die Verteilungsfunktion der Elektronen

$$e(T) = {}^{el}g_0 + {}^{el}g_1\, e^{-\frac{\varepsilon_1}{kT}}, \qquad \text{(IX 120)}$$

wo ε_1 jetzt die Energiedifferenz der beiden Dublettkomponenten ist. In der freien Energie nach HELMHOLTZ tritt dann an Stelle des Gliedes $-N\,kT\,\ln{}^{el}g_0$ der Ausdruck

$$F_{el} = -N\,kT\,\ln\left({}^{el}g_0 + {}^{el}g_1\, e^{-\frac{\varepsilon_1}{kT}}\right). \qquad \text{(IX 121)}$$

Daraus folgt für die Elektronenwärme

$$C_{el} = k\,\frac{\left(\frac{\varepsilon_1}{kT}\right)^2}{\left[1 + ({}^{el}g_0/{}^{el}g_1)\,e^{\frac{\varepsilon_1}{kT}}\right]\left[1 + ({}^{el}g_1/{}^{el}g_0)\,e^{-\frac{\varepsilon_1}{kT}}\right]}. \qquad \text{(IX 122)}$$

Der Verlauf dieser Funktion, der durch ein steiles Maximum charakterisiert ist, findet sich in Abb. 26 dargestellt.

Die vorstehende Ableitung setzt voraus, daß die Elektronen als separierbare Freiheitsgrade behandelt werden können. Dies ist, streng genommen, nicht

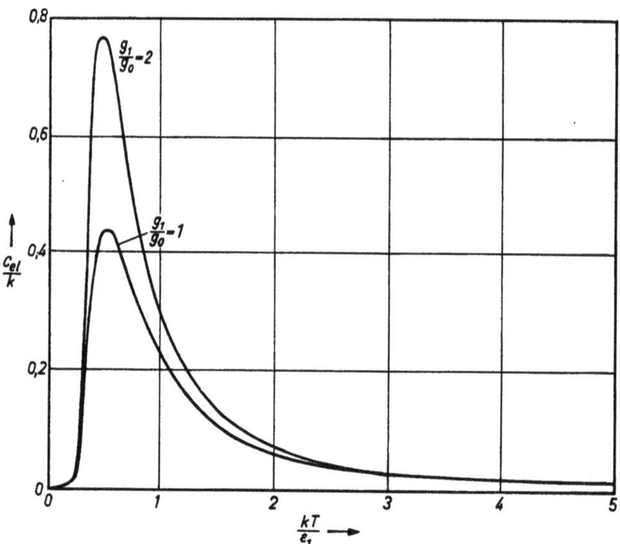

Abb. 26. Theoretischer Verlauf der Elektronenwärme nach Gl. (IX 122) [entnommen aus: R. H. FOWLER u. E. A. GUGGENHEIM: Statistical Thermodynamics, S. 103. Cambridge 1949]

zulässig, da die Bewegungen der Kerne und Elektronen miteinander gekoppelt sind. Für den Freiheitsgrad der Schwingung spielt diese Tatsache keine wesentliche Rolle. Die Potentialfunktion stellt ja (abgesehen von der Abstoßung der Kerne) die Abhängigkeit der Elektronenenergie vom Kernabstand dar. Da wir diese Funktion ohnehin nur approximiert haben, kann ihre Modifikation durch Anregung der Elektronen im allgemeinen vernachlässigt werden. Wesentlich komplizierter liegen dagegen die Verhältnisse für die Rotation. Die Einzelheiten der Kopplung zwischen Rotation und Elektronenbewegung sind zuerst von Hund[1] näher untersucht worden. Wir beschränken uns hier darauf, die Verhältnisse an dem einfachen Beispiel des NO zu erläutern und verweisen für eine ausführlichere Diskussion auf Spezialwerke[2].

Im NO-Molekül liegt der Hundsche Kopplungsfall *a* vor, d. h. die Wechselwirkung zwischen Kernrotation einerseits, Spin und Bahnbewegung der Elektronen andererseits ist sehr schwach, während die Elektronenbewegung selbst sehr stark an die Kernverbindungslinie gekoppelt ist. Diese Verhältnisse lassen sich am einfachsten mit Hilfe des Vektormodells übersehen (Abb. 27). Der Bahndrehimpuls der Elektronen $\mathbf{L}$ hat in Richtung der Kernverbindungslinie die Komponente Λ, der Spinvektor $\mathbf{S}$ die Komponente Σ. Diese beiden setzen sich zur Resultierenden Ω zusammen, der Komponente des Gesamtdrehimpulses der Elektronen in Richtung der Kernverbindungslinie. Ω seinerseits setzt sich mit dem Vektor der Kernrotation $\mathbf{N}$ zur Resultierenden $\mathbf{J}$ zusammen, welche den nach Größe und Richtung konstanten Gesamtdrehimpuls des Moleküls darstellt. Die zugehörige Quantenzahl j ist bei der Konstruktion der Verteilungsfunktion in die Formeln für die Rotation einzusetzen. Aus der Figur folgt sofort, daß $\mathbf{J}$ nicht kleiner als Ω werden kann. Der niedrigste Wert der Rotationsquantenzahl ist daher durch den Grundzustand der Elektronen festgelegt. Wenn

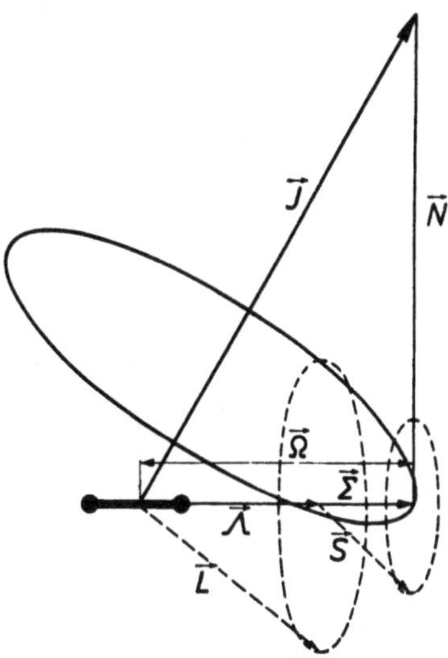

Abb. 27. Vektordiagramm für den Hundschen Kopplungsfall *a* [entnommen aus: G. Herzberg: Spectra of Diatomic Molecules, S. 219 New York 1950]

angeregte Elektronenzustände nicht in Betracht kommen, haben wir damit wieder das bereits in § 9.3 kurz besprochene Modell des symmetrischen Kreisels.

Im Falle des NO ist der Grundzustand ein $^2\Pi_{1/2}$-Term, der zu dem Dublett $^2\Pi_{1/2,\,3/2}$ gehört. Die Anregung der oberen Dublettkomponente muß in der Verteilungsfunktion berücksichtigt werden. Die beiden Elektronenzustände haben das Gewicht 2. In dem unteren ist der niedrigste mögliche Wert der Rotationsquantenzahl $j = \frac{1}{2}$, in dem oberen $j = \frac{3}{2}$. Die gemeinsame Verteilungsfunktion für Kernrotation und Elektronenbewegung lautet somit

$$r_{el}(T) = 2 \sum_{j=1/2,\,3/2\cdots} (2j+1)\, e^{-j(j+1)\Theta_r/T} + 2\, e^{-\frac{\varepsilon_1}{kT}} \sum_{j=3/2,\,5/2\cdots} (2j+1)\, e^{-j(j+1)\Theta_r/T}. \tag{IX 123}$$

Wenn $\Theta_r \ll T$ ist (gewöhnliche und höhere Temperaturen), können die Summen durch Integrale approximiert werden (vgl. § 9.3), die dann beide den gleichen Wert T/Θ_r liefern. Damit wird die vollständige Verteilungsfunktion des Einzelmoleküls

$$f(T) = \frac{(2\pi m k T)^{3/2} V}{h^3} \frac{8\pi^2 A k T}{h^2} \left(2 + 2 e^{-\frac{\varepsilon_1}{kT}}\right) {}^k g_N\, {}^k g_O. \tag{IX 124}$$

Für die Molekülwärme folgt daraus

$$C_v = k \left[\frac{5}{2} + \frac{\left(\frac{\varepsilon_1}{2kT}\right)^2}{\cosh\left(\varepsilon_1/2kT\right)}\right] \tag{IX 125}$$

---

[1] Hund, F.: Z. Physik **36**, 657 (1926); **42**, 93 (1927).
[2] Zum Beispiel G. Herzberg: Spectra of Diatomic Molecules. New York 1950.

in Übereinstimmung mit Gl. (IX 122). Der Verlauf dieser Funktion ist nach einer etwas genaueren Berechnung von WITMER[1] in Abb. 28 dargestellt (für $\varepsilon_1/k = 172°$ K). Das Maximum liegt bei etwa $75°$ K. Dieses Gebiet kann wegen Eintretens der Kondensation experimentell nicht mehr erreicht werden. Dagegen ist der abfallende Ast zwischen 130 und $180°$ K von EUCKEN und D'OR[2], bei noch höheren Temperaturen von HEUSE[3] gemessen worden. Die in Abb. 28 eingetragenen Ergebnisse stimmen befriedigend mit der Theorie überein.

Ein weiteres Beispiel für das Auftreten der Elektronenwärme bietet O_2. Wir können aber auf die Einzelheiten hier nicht näher eingehen.

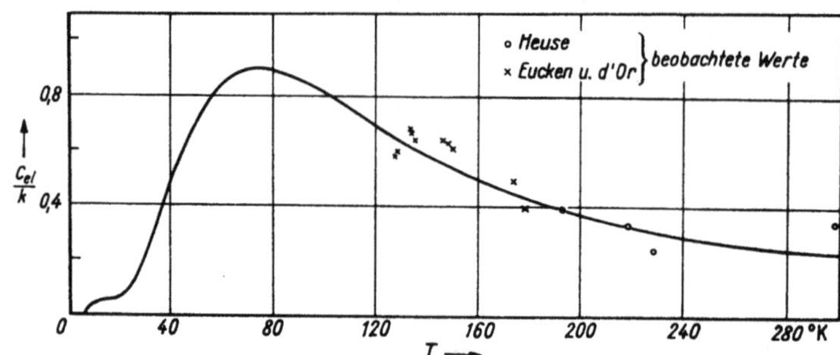

Abb. 28. Elektronenwärme von NO. Kurve berechnet [entnommen aus: A. EUCKEN: Lehrbuch der chemischen Physik, II, 1, S. 249. Leipzig 1944]

§ 9.8*. Gase aus vielatomigen Molekülen

Die statistische Theorie idealer Gase aus vielatomigen Molekülen zeigt eine weitgehende Analogie zur Behandlung der Gase aus zweiatomigen Molekülen. Grundsätzlich neue Gesichtspunkte treten dabei nicht auf; wir haben lediglich für das Einzelmolekül eine größere Zahl von Freiheitsgraden und dadurch unter Umständen eine gewisse Erschwerung der Rechnung. Dagegen sind die mechanischen Probleme, die vor der Anwendung der statistischen Formeln gelöst werden müssen, jetzt wesentlich komplizierter, so daß wir uns hier auf die wichtigsten Gesichtspunkte beschränken. Dies wird auch dadurch gerechtfertigt, daß bei vielatomigen Molekülen die individuelle Struktur eine entscheidende Rolle spielt, während die allgemeine Theorie nur einen Rahmen geben kann. Praktisch muß daher für jeden Stoff eine eigene, oft sehr schwierige Diskussion durchgeführt werden, bei welcher die Analyse der Molekülspektren eines der wichtigsten Hilfsmittel darstellt. Für dieses umfangreiche Gebiet müssen wir auf Spezialwerke verweisen[4].

Der einfachste Fall eines Moleküls von definierter Struktur ist dadurch gegeben, daß die potentielle Energie als Funktion aller Atomabstände nur ein Minimum besitzt. Jede Verrückung der Atome aus der so definierten Gleichgewichtskonfiguration entspricht dann einer Erhöhung der potentiellen Energie. Häufig haben wir aber zwei oder mehr Minima der potentiellen Energie; die einfachsten Beispiele dafür bieten die Isomeren der organischen Chemie. Für die Anwendung der statistischen Thermodynamik ist dann wesentlich die Höhe h^* des zwischen den Minima liegenden Potentialgebirges im Verhältnis zur Größe kT. Wir können die folgenden Fälle unterscheiden:

[1] WITMER, E. E.: J. Amer. Chem. Soc. 56, 2229 (1934).
[2] EUCKEN, A., u. L. D'OR: Nachr. Ges. Wiss. Göttingen 1932, 107.
[3] HEUSE, W.: Ann. Physik 59, 86 (1919).
[4] HERZBERG, G.: Infrared and RAMAN Spectra of Polyatomic Molecules. New York 1951. — WU, T. Y.: Vibrational Spectra and Structure of Polyatomic Molecules. Ann Arbor 1946.

a) $h^* \gg kT$. Übergänge zwischen den Minima finden praktisch nicht statt. Das System unterliegt also einer Hemmung (vgl. § 4.1 und 5.12) und ist statistisch als System aus Molekülen mit fixierter Struktur, d. h. mit einem Potentialminimum zu behandeln.

b) $h^* > kT$. Übergänge zwischen den Minima finden mit beträchtlicher Geschwindigkeit statt. Dieser Fall wird zweckmäßig als chemisches Gleichgewicht zwischen Isomeren betrachtet. Die Theorie desselben, die wir in § 10.1 behandeln, setzt voraus, daß jedem Minimum eine Verteilungsfunktion des Gesamtmoleküls zugeordnet werden kann.

c) $h^* \gtrsim kT$. Dieser Fall tritt vor allem auf, wenn Teile des Moleküls, etwa $-CXYZ$-Gruppen, gegen das Restmolekül rotieren (innere Rotation). Für das angeführte Beispiel hat eine solche Rotation gewöhnlich drei um 120° gegeneinander verschobene Potentialminima. Die entsprechenden „Isomeren" lassen sich aber weder experimentell (etwa durch chemische Trennung oder verschiedene physikalische Eigenschaften im Gemisch) noch theoretisch durch Verteilungsfunktionen definieren. Das System ist daher als einheitlich und die innere Rotation als spezielle molekulare Bewegungsform zu betrachten.

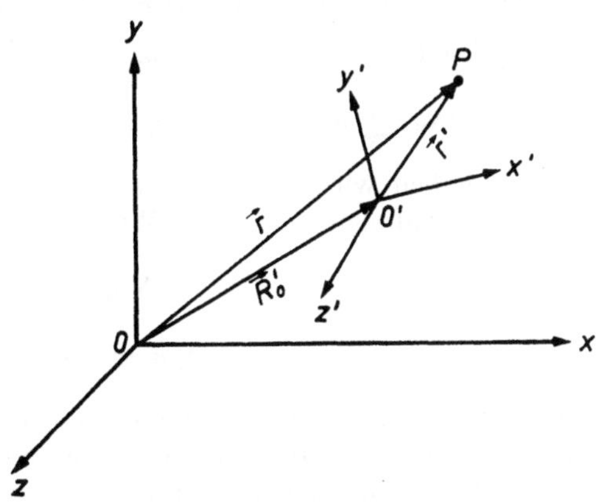

Abb. 29. Zur Kinematik des starren Körpers [entnommen aus: H. MARGENAU u. G. M. MURPHY: The Mathematics of Physics and Chemistry, S. 275. New York 1943]

Zum besseren Verständnis des folgenden wollen wir nun zunächst die Bewegung eines mehratomigen Moleküls in allgemeiner Form nach der klassischen Mechanik beschreiben. Dabei behandeln wir der Einfachheit halber die Atome als Massenpunkte. Es sei XYZ mit dem Anfangspunkt O ein im Raume fixiertes Koordinatensystem, $X'Y'Z'$ mit dem Anfangspunkt O' ein bewegliches Koordinatensystem. P sei ein Punkt mit dem Ortsvektor $\mathbf{r}$ im System XYZ und dem Ortsvektor $\mathbf{r}'$ in $X'Y'Z'$. $\mathbf{R}_0'$ sei der Ortsvektor von O' im System XYZ (Abb. 29). Dann ist

$$\mathbf{r} = \mathbf{R}_0' + \mathbf{r}' . \qquad (\text{IX } 126)$$

Bezeichnen wir mit $\mathbf{v}_0' = d\,\mathbf{R}_0'/dt$ die Geschwindigkeit von O' im System XYZ und mit $\mathbf{v}' = d\mathbf{r}'/dt$ die Geschwindigkeit von P im (nicht rotierenden) System $X'Y'Z'$, so ist die Geschwindigkeit von P im System XYZ

$$\mathbf{v} = \mathbf{v}_0' + \mathbf{v}' . \qquad (\text{IX } 127)$$

Wir nehmen nun an, daß das System $X'Y'Z'$ mit der konstanten Winkelgeschwindigkeit $\boldsymbol{\omega}$ rotiert. Dann hat P eine zusätzliche Lineargeschwindigkeit $\boldsymbol{\omega} \times \mathbf{r}'$, und es wird

$$\mathbf{v} = \mathbf{v}_0' + \boldsymbol{\omega} \times \mathbf{r}' + \mathbf{v}' . \qquad (\text{IX } 128)$$

Um die in dem Molekül auftretenden Schwingungen zu berücksichtigen, bezeichnen wir für das i-te Atom den Ortsvektor der Gleichgewichtslage im System $X'Y'Z'$ mit $\mathbf{r}_{i0}'$, den momentanen Ortsvektor mit $\mathbf{r}_i'$ und den Vektor der Verschiebung aus der Gleichgewichtslage mit $\Delta\mathbf{r}_i'$. Es ist also

$$\mathbf{r}_i' = \mathbf{r}_{i0}' + \Delta\mathbf{r}_i' , \qquad (\text{IX } 129)$$

während der momentane Ortsvektor im System XYZ durch

$$\mathbf{r}_i = \mathbf{R}_0' + \mathbf{r}_i' \qquad (IX\ 130)$$

gegeben ist. (Abb. 30) Es ist dann

$$\mathbf{v}_i = \mathbf{v}_0' + \boldsymbol{\omega} \times \mathbf{r}_i' + \mathbf{v}_i' . \qquad (IX\ 131)$$

Nun ist

$$\mathbf{v}_0' \cdot (\boldsymbol{\omega} \times \mathbf{r}') = \mathbf{r}' \cdot (\mathbf{v}_0' \times \boldsymbol{\omega}) ; \quad \mathbf{v}'(\boldsymbol{\omega} \times \mathbf{r}') = \boldsymbol{\omega} \cdot (\mathbf{r}' \times \mathbf{v}') . \qquad (IX\ 132)$$

Es ergibt sich dann für die kinetische Energie

$$2\,\varepsilon_{kin} = \sum_i m_i\, v_i^2 = v_0'^2 \sum_i m_i + \sum_i m_i\, v_i'^2 + \sum_i m_i(\boldsymbol{\omega} \times \mathbf{r}_i') \cdot (\boldsymbol{\omega} \times \mathbf{r}_i') +$$

$$+ 2\,\mathbf{v}_0' \cdot \sum_i m_i\, \mathbf{v}_i + 2 \sum_i m_i\, \mathbf{r}_i' \cdot (\mathbf{v}_0' \times \boldsymbol{\omega}) + 2\,\boldsymbol{\omega} \cdot \sum_i m_i\, (\mathbf{r}_i' \times \mathbf{v}_i') . \qquad (IX\ 133)$$

Bisher haben wir über das bewegte Koordinatensystem $X'Y'Z'$ noch keine speziellen Annahmen gemacht. Wir legen dasselbe nun fest durch die Gleichungen

$$\sum_i m_i\, \mathbf{v}_i' = 0 , \qquad (IX\ 134)$$

$$\sum_i m_i(\mathbf{r}_{i0}' \times \mathbf{v}_i') = 0 . \qquad (IX\ 135)$$

Die erste derselben besagt, daß der Anfangspunkt O' im Schwerpunkt des Moleküls liegt, die zweite, daß der Gesamtdrehimpuls des Moleküls im System $X'Y'Z'$ verschwindet, wenn sich alle Atome in ihrer Gleichgewichtslage befinden, also für alle i $\mathbf{r}_i' = \mathbf{r}_{i0}'$ ist. Die letztere Aussage bedeutet anschaulich, daß das Koordinatensystem $X'Y'Z'$ mit dem als starr betrachteten Gesamtmolekül rotiert. Führen wir die durch (IX 134) und (IX 135) definierten Koordinaten in Gl. (IX 133) ein, so folgt mit Gl. (IX 129)

$$2\,\varepsilon_{kin} = v_0'^2 \sum_i m_i + \sum_i m_i\, v_i'^2 + \sum_i m_i\, (\boldsymbol{\omega} \times \mathbf{r}_i') \cdot (\boldsymbol{\omega} \times \mathbf{r}_i') + 2\,\boldsymbol{\omega} \cdot \sum_i m_i(\varDelta\,\mathbf{r}_i' \times \mathbf{v}_i') .$$

$$(IX\ 136)$$

Der erste Term der rechten Seite entspricht der Schwerpunktstranslation, der zweite den Schwingungen um die Gleichgewichtslagen der Atome. Der dritte Term stellt die kinetische Energie des starren Rotators dar, der durch die Gleichgewichtslagen der Moleküle definiert ist. Der vierte Term beschreibt die Wechselwirkung zwischen Rotation und Schwingungen. Diesen letzteren Term lassen wir vorläufig außer Betracht. Da ein starrer Rotator keine potentielle Energie besitzt, läßt sich dann, wie man aus Gl. (IX 136) erkennt, die HAMILTON-Funktion und damit die Verteilungsfunktion nach Schwerpunktstranslation, Rotation und Schwingungen separieren. Wir können also in analoger Weise vorgehen wie bei der Behandlung der zweiatomigen Moleküle. Zunächst betrachten wir die Rotation des Gesamtmoleküls anhand eines starren Molekülmodells, dann die Schwingungen und zum Schluß die inneren Rotationen, die sich im Grenzfall sehr hoher Potentialwälle als spezielle Form der Schwingungen darstellen. Über den Einfluß der Elektronen ist hier nichts wesentlich Neues zu sagen. Da auch experimentell kaum etwas darüber bekannt ist, werden wir auf diese Frage nicht näher eingehen.

§ 9.9*. Rotation vielatomiger Moleküle

Wir betrachten ein starres vielatomiges Molekül mit fixiertem Schwerpunkt, das also lediglich eine Rotationsbewegung ausführt. Unsere erste Aufgabe besteht darin, aus dem dritten Term auf der rechten Seite der Gl. (IX 136) die HAMILTON-Funktion eines derartigen Rotators zu gewinnen.

Da wir jetzt nur die Rotation betrachten, können wir in Abb. 30 die Anfangspunkte O und O' zusammenlegen und das Koordinatensystem $X'Y'Z'$ fallenlassen.

Wir haben dann für die Energie

$$\varepsilon = \tfrac{1}{2} \sum_i m_i \, (\boldsymbol{\omega} \times \mathbf{r}_i) \cdot (\boldsymbol{\omega} \times \mathbf{r}_i) \,. \qquad \text{(IX 137)}$$

Die Lineargeschwindigkeit eines Atoms ist

$$\mathbf{v}_i = \boldsymbol{\omega} \times \mathbf{r}_i \qquad \text{(IX 138)}$$

und der gesamte Drehimpuls des Moleküls

$$\mathbf{M} = \sum_i (\mathbf{r}_i \times m_i \, \mathbf{v}_i) \,. \qquad \text{(IX 139)}$$

Gl. (IX 137) kann daher geschrieben werden

$$\varepsilon = \tfrac{1}{2} \sum_i m_i \, \mathbf{v}_i \cdot (\boldsymbol{\omega} \times \mathbf{r}_i) = \tfrac{1}{2} \sum_i m_i \, \boldsymbol{\omega} \cdot (\mathbf{r}_i \times \mathbf{v}_i) = \tfrac{1}{2} \, \boldsymbol{\omega} \cdot \mathbf{M} \,. \qquad \text{(IX 140)}$$

Mit Hilfe der Komponentendarstellung von (IX 138) und (IX 139) findet man leicht für die Komponenten des Vektors $\mathbf{M}$

$$\begin{aligned} M_x &= A' \omega_x - F \omega_y - E \omega_z \\ M_y &= B' \omega_y - D \omega_z - F \omega_x \\ M_z &= C' \omega_z - E \omega_x - D \omega_y \end{aligned} \qquad \text{(IX 141)}$$

mit

$$A' = \sum_i m_i \, (y_i^2 + z_i^2) \,, \quad B' = \sum_i m_i \, (z_i^2 + x_i^2) \,, \quad C' = \sum_i m_i \, (x_i^2 + y_i^2) \qquad \text{(IX 142)}$$

und

$$D = \sum_i m_i \, y_i \, z_i \,, \quad E = \sum_i m_i \, z_i \, x_i \,, \quad F = \sum_i m_i \, x_i \, y_i \,. \qquad \text{(IX 143)}$$

Die Größen A', B' und C' sind die Trägheitsmomente um die Koordinatenachsen, die Größen D, E und F die sogenannten Deviationsmomente oder Trägheitsprodukte. Mit Benutzung der Gl. (IX 141) wird aus (IX 140)

$$\varepsilon = \tfrac{1}{2} \, (A' \omega_x^2 + B' \omega_y^2 + C' \omega_z^2) - D \omega_y \omega_z - E \omega_z \omega_x - F \omega_x \omega_y \,. \qquad \text{(IX 144)}$$

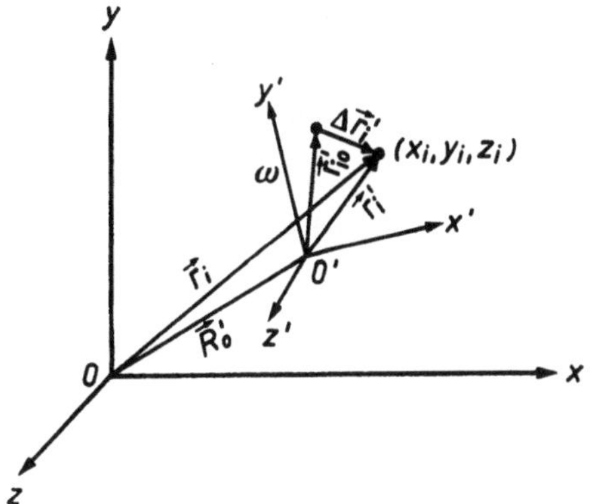

Abb. 30. Zur Kinematik mehratomiger Moleküle [entnommen aus: H. Margenau u. G. M. Murphy: The Mathematics of Physics and Chemistry, S. 277. New York 1943]

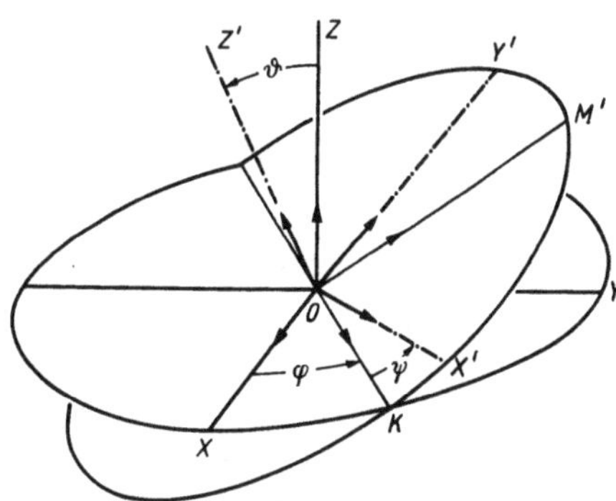

Abb. 31. Zur Definition der Eulerschen Winkel [entnommen aus: G. Joos: Lehrbuch der theoretischen Physik (6. Aufl.) 1945]

Man kann nun stets ein Koordinatensystem finden, in welchem die Deviationsmomente Null werden. Die Trägheitsmomente um diese Koordinatenachsen werden als die Hauptträgheitsmomente des Moleküls A, B, C bezeichnet. Mit dieser Wahl der Koordinaten bekommen wir für die Energie

$$\varepsilon = \tfrac{1}{2} \, (A \omega_x^2 + B \omega_y^2 + C \omega_z^2) \,. \qquad \text{(IX 145)}$$

Für die Konstruktion der Hamilton-Funktion ist es zweckmäßig, als Koordinaten die Eulerschen Winkel einzuführen, deren Definition in Abb. 31

veranschaulicht ist[1]. $X'Y'Z'$ ist ein mit dem Molekül fest verbundenes Koordinaten-system, dessen Anfangspunkt ebenfalls in O liegt. ϑ ist der Winkel zwischen der Z- und der Z'-Achse. Die auf der ZZ'-Ebene senkrecht stehende Linie OK ist der Schnitt der XY- und $X'Y'$-Ebene. Sie wird als Knotenlinie bezeichnet. φ ist der Winkel zwischen OK und der X-Achse, ψ der Winkel zwischen OK und der X'-Achse. Durch die EULERschen Winkel ist die räumliche Orientierung des Moleküls festgelegt.

Die Komponenten der Winkelgeschwindigkeit in Richtung von OK, OZ und OZ' sind $\dot\vartheta$, $\dot\varphi$ und $\dot\psi$. Für die Komponenten von $\boldsymbol{\omega}$ in bezug auf das System $X'Y'Z'$ gilt dann

$$\omega_{x'} = \dot\vartheta \cos\psi + \dot\varphi \sin\vartheta \sin\psi$$
$$\omega_{y'} = \dot\vartheta \sin\psi - \dot\varphi \sin\vartheta \cos\psi \qquad\text{(IX 146)}$$
$$\omega_{z'} = \dot\varphi \cos\vartheta + \dot\psi .$$

Setzen wir diese Ausdrücke in (IX 145) ein, so folgt

$$\varepsilon = \tfrac{1}{2} \left[A(\dot\vartheta \cos\psi + \dot\varphi \sin\vartheta \sin\psi)^2 + B(\dot\vartheta \sin\psi - \dot\varphi \sin\vartheta \cos\psi)^2 + C(\dot\varphi \cos\vartheta + \dot\psi)^2 \right] .$$
$$\text{(IX 147)}$$

Die Achsen OX', OY' und OZ' fallen dabei mit den Hauptträgheitsachsen zu-sammen. Der allgemeinste Fall $A \neq B \neq C$ wird als asymmetrischer Kreisel bezeichnet. Wenn zwei Hauptträgheitsmomente gleich sind, spricht man von einem symmetrischen Kreisel. Ist etwa $A = B$, so wird aus (IX 147)

$$\varepsilon = \tfrac{1}{2} \left[A\dot\vartheta^2 + A\dot\varphi^2 \sin^2\vartheta + C(\dot\varphi \cos\vartheta + \dot\psi)^2 \right] . \qquad\text{(IX 148)}$$

Wenn $A = B = C$ ist, haben wir einen Kugelkreisel, und es gilt

$$\varepsilon = \tfrac{1}{2} A(\dot\vartheta^2 + \dot\varphi^2 + \dot\psi^2 + 2\dot\varphi\dot\psi \cos\vartheta) . \qquad\text{(IX 149)}$$

Wir haben jetzt noch die zu den EULERschen Winkeln konjugierten Impulse einzuführen. Aus Gl. (II 45) bzw. (V 16) und (IX 147) ergibt sich dafür

$$p_\vartheta = A(\dot\vartheta \cos^2\psi + \dot\varphi \sin\vartheta \sin\psi \cos\psi) + B(\dot\vartheta \sin^2\psi - \dot\varphi \sin\vartheta \sin\psi \cos\psi)$$
$$p_\varphi = A(\dot\varphi \sin^2\vartheta \sin^2\psi + \dot\vartheta \sin\vartheta \sin\psi \cos\psi) + \qquad\qquad\text{(IX 150)}$$
$$\qquad + B(\dot\varphi \sin^2\vartheta \cos^2\psi - \dot\vartheta \sin\vartheta \sin\psi \cos\psi) + C(\dot\varphi \cos^2\vartheta + \dot\psi \cos\vartheta)$$
$$p_\psi = C(\dot\psi + \dot\varphi \cos\vartheta) .$$

Damit wird, wie man leicht nachrechnet, die HAMILTON-Funktion des asymmetri-schen Kreisels

$$\varepsilon = \frac{\cos^2\psi}{2A} \left[p_\vartheta + \frac{\sin\psi}{\sin\vartheta \cos\psi} (p_\varphi - p_\psi \cos\vartheta) \right]^2 +$$
$$+ \frac{\sin^2\psi}{2B} \left[p_\vartheta - \frac{\cos\psi}{\sin\vartheta \sin\psi} (p_\varphi - p_\psi \cos\vartheta) \right]^2 + \frac{1}{2C} p_\psi^2 . \quad\text{(IX 151)}$$

Für die weitere Rechnung ist es zweckmäßig, diesen Ausdruck in der Form

$$\varepsilon = \frac{1}{2} \left(\frac{\cos^2\psi}{A} + \frac{\sin^2\psi}{B} \right) \left[p_\vartheta + \left(\frac{1}{A} - \frac{1}{B} \right) \frac{\sin\psi \cos\psi}{\sin\vartheta \left(\dfrac{\cos^2\psi}{A} + \dfrac{\sin^2\psi}{B} \right)} (p_\varphi - p_\psi \cos\vartheta) \right]^2 +$$
$$+ \frac{1}{2AB \sin^2\vartheta} \frac{1}{\left(\dfrac{\cos^2\psi}{A} + \dfrac{\sin^2\psi}{B} \right)} (p_\varphi - p_\psi \cos\vartheta)^2 + \frac{1}{2C} p_\psi^2 \qquad\text{(IX 152)}$$

---

[1] Die Definition der EULERschen Winkel ist in der Literatur nicht einheitlich.

zu schreiben. Die Verteilungsfunktion lautet hier

$$r(T) = \frac{1}{h^3} \int\limits_{-\infty}^{+\infty} \int\limits_{-\infty}^{+\infty} \int\limits_{-\infty}^{+\infty} \int\limits_{0}^{\pi} \int\limits_{0}^{2\pi} \int\limits_{0}^{2\pi} e^{-\frac{\varepsilon}{kT}} \, dp_\vartheta \, dp_\varphi \, dp_\psi \, d\vartheta \, d\varphi \, d\psi \, . \qquad \text{(IX 153)}$$

Nach Einsetzen von (IX 152) läßt sich die Integration in der Reihenfolge $p_\vartheta, p_\varphi, p_\psi$ ohne Schwierigkeit durchführen. Das Resultat lautet

$$r(T) = \frac{8\pi^2 (2\pi kT)^{3/2} (A\,B\,C)^{1/2}}{h^3} \, . \qquad \text{(IX 154)}$$

Für lineare mehratomige Moleküle, wie CO_2 oder N_2O, gibt bereits das in § 9.3 behandelte Modell des (linearen) starren Rotators eine in den meisten Fällen ausreichende Näherung.

Die quantenmechanische Behandlung des symmetrischen und vor allem des asymmetrischen Kreisels ist ziemlich umständlich. Wir können darauf hier nicht eingehen und verweisen auf die kürzlich erschienene zusammenfassende Darstellung von VAN WINTER[1] und die dort zitierte Literatur. Tatsächlich stellt Gl. (IX 154) auch in ungünstigen Fällen (kleine Trägheitsmomente) schon bei 100° K eine ausgezeichnete Näherung dar. Oberhalb 300° K sind die danach berechneten Werte von den exakten Werten praktisch nicht mehr zu unterscheiden. Einige Beispiele sind in Tab. 10 zusammengestellt.

Tabelle 10. *Verteilungsfunktion der Rotation für verschiedene Moleküle*

Moleküle	$T = 100°$ K		$T = 300°$ K	$T = 1000°$ K
	klassisch	exakt		
HCN	47,02	47,35	141,05	470,2
CH_3Cl	928,4	930,1	4824,4	29362
CH_4	85,50	87,13	444,31	2704,1
C_2H_4	512,8	514,5	2664,5	16216

Entnommen aus: G. HERZBERG: Infrared and Raman Spectra of Polyatomic Molecules S. 507. New York 1951.

Obwohl somit für die Berechnung der thermodynamischen Eigenschaften die strenge Theorie nur in Ausnahmefällen benötigt wird, muß noch eine Folgerung derselben in der obigen Näherung berücksichtigt werden, um Übereinstimmung mit der Erfahrung zu erreichen. Es handelt sich auch hier wieder um den Fall, daß in einem Molekül zwei oder mehr Atome untereinander gleich sind. Es ergeben sich dann bei sehr tiefen Temperaturen Regeln für die Kombination der Eigenfunktionen von Rotation und Kernspin und weiterhin Effekte, die dem Auftreten von Ortho- und Para-Wasserstoff analog sind. Dieselben haben Bedeutung lediglich bei Molekülen, die außer Wasserstoff (bzw. Deuterium) nur ein anderes Atom enthalten, wie CH_4, NH_3 oder H_2O. Die Frage ist u. a. für CH_4[2, 3, 4] und H_2O[5] theoretisch untersucht worden. Abb. 32 zeigt als Beispiel

[1] WINTER, CL. VAN: Physica **20**, 274 (1954).

[2] MacDougall, P. M.: Physic. Rev. **38**, 2296 (1931).

[3] WILSON, E. B.: J. Chem. Phys. **3**, 276 (1935).

[4] MAUE, A.-W.: Ann. Physik **30**, 555 (1937).

[5] STEPHENSON, C. C., u. H. O. McMAHON: J. Chem. Phys. **7**, 614 (1939).

die berechnete Rotationswärme von H_2O für das Gleichgewichtsgemisch und das eingefrorene Hochtemperaturgleichgewicht der beiden Modifikationen. Experimentelle Daten scheinen bisher in keinem Falle vorzuliegen. Für höhere Temperaturen [d. h. im Gültigkeitsbereich der Gl. (IX 154)] ergibt sich in Analogie zu der Ableitung in § 9.4, daß die Verteilungsfunktion durch eine Symmetriezahl σ dividiert werden muß. Dieselbe ist definiert als die Zahl der nicht unterscheidbaren Lagen, in die sich das Molekül durch starre Rotation überführen läßt. Sie ist also durch die Symmetrieeigenschaften des Moleküls bestimmt, die sich durch eine der kristallographischen Punktgruppen beschreiben lassen. In Tab. 11 sind die Symmetriezahlen für die wichtigeren Punktgruppen zusammengestellt.

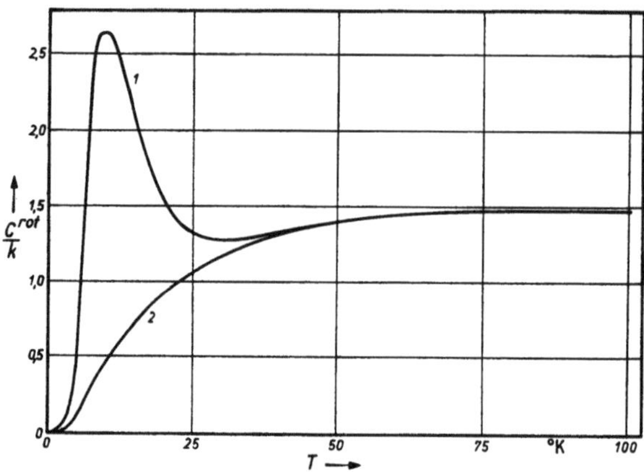

Abb. 32. Berechnete Rotationswärmen für Gemische von Ortho- und Para-Wasser. Kurve 1: Gleichgewichtsgemisch; Kurve 2: Nichtgleichgewichtsgemisch (eingefrorenes Hochtemperatur-Gleichgewicht) [entnommen aus: G. Herzberg: Infrared and Raman Spectra of Polyatomic Molecules, S. 514. New York 1951]

Wir können nun die halbklassische Verteilungsfunktion für Rotation und Kernspin in der endgültigen Form anschreiben. Sie lautet für lineare Moleküle

$$r_k(T) = \frac{8\pi^2\,A\,kT}{h^2}\;\frac{\Pi^k g}{\sigma}\,, \qquad (\text{IX } 155)$$

für nichtlineare Moleküle

$$r_k(T) = \frac{8\pi^2 (2\pi kT)^{3/2}\,(A\,B\,C)^{1/2}}{h^3}\;\frac{\Pi^k g}{\sigma}\,, \qquad (\text{IX } 156)$$

wo $\Pi^k g$ das Produkt der Kernspingewichte aller Atome bezeichnet.

Tabelle 11. *Symmetriezahlen einiger Punktgruppen*

Punktgruppe	Symmetrie-Zahl	Punktgruppe	Symmetrie-Zahl	Punktgruppe	Symmetrie-Zahl
$C_1,\ C_i,\ C_s$	1	$D_2,\ D_{2d},\ D_{2h} \equiv V_h$	4	$C_{\infty v}$	1
$C_2,\ C_{2v},\ C_{2h}$	2	$D_3,\ D_{3d},\ D_{3h}$	6	$D_{\infty h}$	2
$C_3,\ C_{3v},\ C_{3h}$	3	$D_4,\ D_{4d},\ D_{4h}$	8	$T,\ T_d$	12
$C_4,\ C_{4v},\ C_{4h}$	4	$D_6,\ D_{6d},\ D_{6h}$	12	O_h	24
$C_6,\ C_{6v},\ C_{6h}$	6	S_6	3		

Entnommen aus: G. Herzberg: Infrared and Raman Spectra of Polyatomic Molecules S. 508. New York 1951.

§ 9.10*. Schwingungen vielatomiger Moleküle

Aus den vorhergehenden Betrachtungen ergibt sich, daß von den s Freiheitsgraden eines Moleküls bei linearen Molekülen $s - 5$, bei nichtlinearen $s - 6$ auf Schwingungen und ähnliche Bewegungsformen entfallen. Um dieselben zu diskutieren, können wir, nachdem Schwerpunktstranslation und Rotation absepariert sind, annehmen, daß die Gleichgewichtslagen der Atome im Raume fixiert sind. Als Koordinaten wählen wir dann zunächst zweckmäßig die Komponenten der in § 9.8 eingeführten Verrückungsvektoren $\Delta \mathbf{r}'_i$. Wir legen also in die Gleichgewichtslage jedes Atoms den Anfangspunkt eines rechtwinkligen cartesischen Koordinatensystems und bezeichnen die Koordinate des i-ten Freiheitsgrades in dieser Darstellung mit ξ_i. Wenn sich alle Atome in der Gleichgewichtslage befinden, gilt also $\xi_i = 0$ für alle i.

Die unter den obigen Voraussetzungen resultierenden Bewegungen der Atome sind sehr kompliziert und vollkommen unperiodisch. Sie entsprechen etwa der aus der Makrophysik bekannten LISSAJOUSchen Figur (Abb. 33). Die Bezeichnung als Schwingungen wird dadurch gerechtfertigt, daß sie sich unter gewissen Bedingungen aus einer endlichen Zahl von periodischen Bewegungen superponieren lassen. Um dies zu zeigen, führen wir zunächst neue Koordinaten

$$q_i = \xi_i \sqrt{m_i} \qquad \text{(IX 157)}$$

ein, wodurch in dem Ausdruck für die kinetische Energie die Massenfaktoren verschwinden. Wir haben also

$$2\,\varepsilon_{kin} = \sum_i \dot{q}_i^2 \,. \qquad \text{(IX 158)}$$

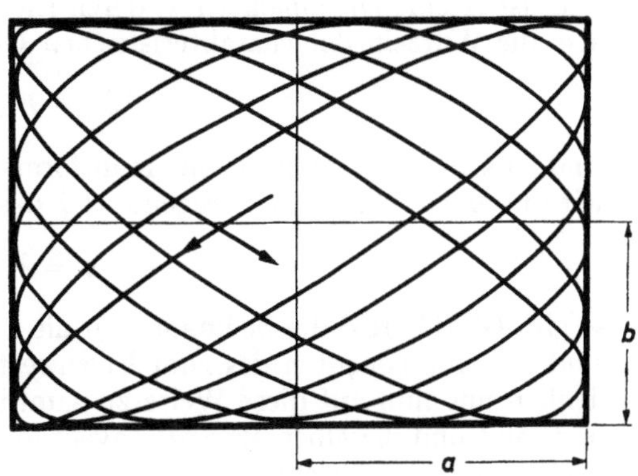

Abb. 33. LISSAJOUSche Figur [entnommen aus: G. JOOS: Lehrbuch der theoretischen Physik (6. Aufl.) 1945]

Die potentielle Energie denken wir uns als Funktion der q_i in eine TAYLORsche Reihe entwickelt. Das konstante Glied kann als physikalisch bedeutungslos weggelassen werden, das lineare Glied verschwindet nach der Definition der Gleichgewichtskonfiguration. Die wesentliche Voraussetzung der folgenden Rechnung besteht in der Annahme, daß der kubische Term und alle höheren Glieder vernachlässigt werden können. Wir setzen also

$$2\,u = \sum_i \sum_j B_{ij}\, q_i\, q_j \,. \qquad \text{(IX 159)}$$

Man sieht nun sofort, daß die HAMILTON-Funktion nach einzelnen Freiheitsgraden separierbar wird, wenn man (IX 159) auf Hauptachsen transformiert, d. h. in eine rein quadratische Form verwandelt. Zu diesem Zwecke unterwerfen wir (IX 158) und (IX 159) einer orthogonalen Transformation, was sich in einfachster Weise mit Hilfe von Matrizen darstellen läßt[1]. Wir haben zunächst

$$2\,\varepsilon_{kin} = \tilde{\mathbf{q}}\, \mathsf{E}\, \dot{\mathbf{q}} = \sum_i \dot{q}_i^2 \qquad \text{(IX 160)}$$

und

$$2\,u = \tilde{\mathbf{q}}\, \mathsf{B}\, \mathbf{q} = \sum_i \sum_j B_{ij}\, q_i\, q_j \,. \qquad \text{(IX 161)}$$

Die neuen Koordinaten und Geschwindigkeiten seien

$$\mathbf{q} = \mathsf{R}\, \boldsymbol{\eta}\,, \quad \dot{\mathbf{q}} = \mathsf{R}\, \dot{\boldsymbol{\eta}}\,, \qquad \text{(IX 162)}$$

wo R eine orthogonale Matrix ist, welche der Relation

$$\mathsf{R}\, \tilde{\mathsf{R}} = \mathsf{E} \qquad \text{(IX 163)}$$

---

[1] Vgl. H. MARGENAU u. G. M. MURPHY: The Mathematics of Physics and Chemistry. New York 1948. — Eine elementare Behandlung findet sich z. B. bei A. EUCKEN: Lehrbuch der chemischen Physik, Bd. I, 3. Aufl. Leipzig 1949.

bzw.

$$\sum_k R_{ik} R_{jk} = \sum_k R_{ki} R_{kj} = \delta_{ij} \tag{IX 164}$$

genügt. Damit erhalten wir

$$2\,\varepsilon_{kin} = \tilde{\tilde{\eta}}\,\tilde{R}\,E\,R\,\eta = \tilde{\tilde{\eta}}\,E\,\eta \tag{IX 165}$$

und

$$2\,u = \tilde{\tilde{\eta}}\,\tilde{R}\,B\,R\,\eta = \tilde{\tilde{\eta}}\,\Lambda\,\eta\,. \tag{IX 166}$$

Hier ist Λ eine Diagonalmatrix, deren Elemente λ_i die Eigenwerte der Matrix B, also die Wurzeln der charakteristischen Gleichung

$$|\lambda\,\delta_{ij} - B_{ij}| = 0 \tag{IX 167}$$

sind. Es bleibt jetzt noch die Transformationsmatrix R zu bestimmen. Bilden wir mit einem bestimmten Eigenwert λ das homogene Gleichungssystem

$$B\,\alpha = \lambda_k\,\alpha\,, \tag{IX 168}$$

so gibt Gl. (IX 167) die Bedingung für die Lösbarkeit desselben. Die Lösungen α_{ik} sind die Komponenten des zum Eigenwert λ_k gehörigen Eigenvektors α_k. Wir denken uns nun auf diese Weise zu sämtlichen Eigenwerten die Eigenvektoren bestimmt und dieselben als Spaltenvektoren zu einer Matrix R' zusammengefaßt. Diese erfüllt die Gleichung

$$B\,R' = R'\,[\lambda_i\,\delta_{ij}]\,. \tag{IX 169}$$

Daraus folgt

$$R'^{-1}\,B\,R' = [\lambda_i\,\delta_{ij}]\,. \tag{IX 170}$$

Die Eigenvektoren sind als Lösungen homogener Gleichungen noch nicht eindeutig bestimmt. Werden dieselben aber nun noch so normiert, daß Gl. (IX 163) erfüllt ist, so verschwindet diese Unbestimmtheit und es wird $R' = R$. Die Spalten der Transformationsmatrix werden also durch die normierten Eigenvektoren der Matrix B gebildet. Wenn zwei oder mehr Eigenwerte untereinander gleich sind, ist das Verfahren etwas umständlicher; die Transformation ist aber auch dann stets durchführbar, da die Matrix B symmetrisch ist[1].

Wir kehren nun wieder zur gewöhnlichen Schreibweise zurück und bezeichnen die Komponenten des Vektors η, wie üblich, mit Q_k. Dann haben wir

$$q_i = \sum_k \alpha_{ik}\,Q_k\,, \tag{IX 171}$$

und es gilt für die kinetische Energie

$$\varepsilon_{kin} = \tfrac{1}{2}\sum \dot{Q}_k^2\,, \tag{IX 172}$$

für die potentielle Energie

$$u = \tfrac{1}{2}\sum \lambda_k\,Q_k^2\,. \tag{IX 173}$$

Mit diesen Ausdrücken können wir in die LAGRANGEschen Bewegungsgleichungen (V 10) eingehen, die hier lauten

$$\frac{d}{dt}\left(\frac{\partial \varepsilon_{kin}}{\partial \dot{Q}_k}\right) + \frac{\partial u}{\partial Q_k} = 0\,. \tag{IX 174}$$

Es ergibt sich dann

$$\ddot{Q}_k = -\lambda_k\,Q_k\,. \tag{IX 175}$$

---

[1] Näheres bei MARGENAU-MURPHY, s. S. 335, Anm. 1.

Unter der Voraussetzung $\lambda_k > 0$[1] ist die Lösung dieser Gleichung

$$Q_k = A_k \cos\left(\sqrt{\lambda_k}\, t + \delta_k\right),$$ (IX 176)

wo A_k die Amplitude und δ_k die Phasenkonstante ist. Setzen wir dies in Gl. (IX 171) ein, so wird

$$q_i = \sum_k \alpha_{ik}\, A_k \cos\left(\sqrt{\lambda_k}\, t + \delta_k\right).$$ (IX 177)

Nehmen wir an, daß alle A_k mit Ausnahme etwa von A_1 verschwinden, so bewegen sich alle Atome als harmonische Oszillatoren mit der gleichen Frequenz $\nu_1 = \sqrt{\lambda_1}/2\pi$, wobei auch die Phase für alle Atome gleich ist. Die wirkliche Bewegung entsteht nach (IX 177) durch Superposition aller derartigen Schwingungen, für welche A_k von Null verschieden ist. Damit ist unsere Behauptung bewiesen.

Die durch Gl. (IX 171) definierten Koordinaten werden als Normalkoordinaten bezeichnet, die durch Gl. (IX 176) beschriebenen harmonischen Schwin-

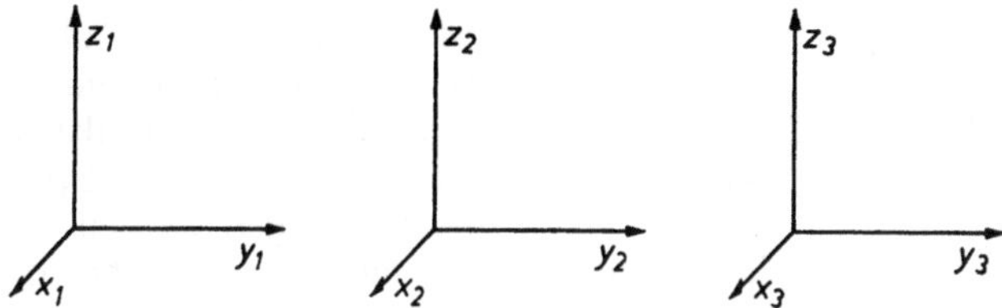

Abb. 34. Cartesische Koordinaten eines linearen dreiatomigen Moleküls [entnommen aus: A. EUCKEN: Lehrbuch der chemischen Physik, I, S. 413. Leipzig 1944]

gungen längs dieser Koordinaten als Normalschwingungen. Bei jeder derselben führen alle Atome eine geradlinige harmonische Bewegung mit gleicher Frequenz und gleicher Phase aus, wobei aber die Amplituden im allgemeinen verschieden sind und für einzelne Atome auch Null sein können. Die Möglichkeit, durch eine Koordinate eine Bewegung aller Atome zu beschreiben, beruht darauf, daß die Q_k Linearkombinationen der q_i, also eine bestimmte Art von Relativkoordinaten sind. Zur Veranschaulichung zeigt Abb. 34 die rechtwinkligen cartesischen Koordinaten eines linearen dreiatomigen Moleküls (z. B. CO_2). Die zugehörigen Normalkoordinaten sind

$$Q_1 = \sqrt{\frac{m_0}{2}}\,(y_3 - y_1)$$

$$Q_2 = \sqrt{\frac{2\,m_0\,m_c}{2\,m_0 + m_c}}\,\left(x_2 - \frac{x_1 + x_3}{2}\right)$$

$$Q_3 = \sqrt{\frac{2\,m_0\,m_c}{2\,m_0 + m_c}}\,\left(y_2 - \frac{y_1 + y_3}{2}\right)$$ (IX 178)

$$Q_4 = \sqrt{\frac{2\,m_0\,m_c}{2\,m_0 + m_c}}\,\left(z_2 - \frac{z_1 + z_3}{2}\right).$$

Die entsprechenden Normalschwingungen sind in Abb. 35 schematisch dargestellt. Man bemerkt, daß hier nur drei Schwingungsbilder aufgeführt sind. Dies beruht darauf, daß die zu Q_2 und Q_4 gehörenden Normalschwingungen die gleiche Frequenz besitzen und sich nur durch die räumliche Orientierung (in

---

[1] Diese Voraussetzung ist unter den gemachten Voraussetzungen immer erfüllt. Der Fall $\lambda_k = 0$, der einer unperiodischen Bewegung entspricht, scheidet aus, weil wir Schwerpunktstranslation und äußere Rotation bereits absepariert haben und innere Rotationen noch nicht in Betracht ziehen. Der Fall $\lambda_k < 0$ kann nicht auftreten, weil die quadratische Form (IX 159) positiv definit ist.

Richtung der x- oder z-Achse) unterscheiden. Analoge Sachverhalte treten häufig auf. Wenn zwei oder mehr Eigenwerte λ_k untereinander gleich sind, besitzen die entsprechenden Normalschwingungen die gleiche Frequenz; sie werden dann als zwei- oder mehrfach entartet bezeichnet.

Die Zerlegung in Normalschwingungen ist ein Analogon zur FOURIER-Analyse einer Welle und läßt sich wie diese auch experimentell durchführen. Aus der klassischen Elektrodynamik folgt, daß die Frequenzen des von dem Molekül emittierten oder absorbierten Lichtes (d. h. des im nahen Ultrarot liegenden Schwingungsspektrums) identisch sind mit den Frequenzen der Normalschwingungen. Bei unsymmetrischen Molekülen treten alle Normalschwingungen auch im Spektrum auf; sie sind, wie man gewöhnlich sagt, ultrarot-aktiv. Bei symmetrischen Molekülen sind solche Schwingungen, bei denen sich das Dipolmoment nicht ändert, ultrarot-inaktiv. Dieser Fall liegt beispielsweise bei der Frequenz ν_1 in Abb. 35 vor. Ähnliche Verhältnisse hat man auch für das RAMAN-Spektrum. Diese Betrachtungen werden naturgemäß in gewissem Umfang durch die Quantentheorie modifiziert, wobei das in diesem Zusammenhang Wesentliche jedoch nicht geändert wird.

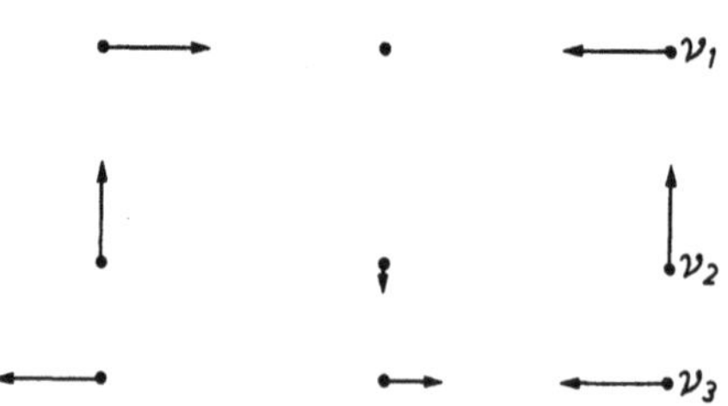

Abb. 35. Normalschwingungen eines linearen drei-atomigen Moleküls [entnommen aus: A. EUCKEN: Lehrbuch der chemischen Physik, I, S. 414. Leipzig 1944]

Die quantenmechanische Behandlung des Problems, die wir für die Konstruktion der Verteilungsfunktion benötigen, bietet jetzt keine Schwierigkeiten mehr. Man transformiert die nach Abseparieren von Schwerpunktstranslation und Rotation verbleibende SCHRÖDINGER-Gleichung zunächst auf Normalkoordinaten. Dieselbe läßt sich dann, wie Gl. (IX 173) zeigt, weiter nach den einzelnen Normalkoordinaten separieren. Jede der $s - 5$ bzw. $s - 6$ resultierenden Einzelgleichungen ist nach (III 15) die SCHRÖDINGER-Gleichung eines linearen harmonischen Oszillators mit den Eigenwerten

$$\varepsilon_{kv} = \left(v + \tfrac{1}{2}\right) h\nu_k \,, \tag{IX 179}$$

wo

$$\nu_k = \frac{1}{2\pi}\sqrt{\lambda_k} \tag{IX 180}$$

gilt. Die Verteilungsfunktion der Schwingungen ist dann nach § 9.6

$$q(T) = \prod_k e^{-\frac{h\nu_k}{2kT}} \left(1 - e^{-\frac{h\nu_k}{kT}}\right)^{-1}, \tag{IX 181}$$

wobei das Produkt über alle Normalschwingungen zu erstrecken ist. Eine n-fach entartete Schwingung ist naturgemäß n-mal als Faktor einzusetzen.

Die explizite Berechnung der Normalschwingungen ist bei komplizierteren Molekülen eine ziemlich schwierige Aufgabe, die allerdings in zahlreichen Fällen bereits gelöst ist. Für die dabei anwendbaren Methoden und die bisherigen Ergebnisse müssen wir auf die Spezialliteratur[1] verweisen. Zur Berechnung der thermodynamischen Funktionen braucht nach Gl. (IX 181) nicht die Gestalt der Normalschwingungen, sondern nur ihre Frequenz und ihr Entartungsgrad bekannt zu sein. Wenn alle Normalschwingungen ultrarot- oder RAMAN-aktiv sind und keine Entartung vorliegt, kann man alle zur Auswertung von (IX 181)

---

[1] Zum Beispiel G. HERZBERG: Infrared and RAMAN Spectra of Polyatomic Molecules. New York 1951.

erforderlichen Daten unmittelbar aus dem Spektrum entnehmen. In den meisten Fällen trifft dies aber nicht zu, und es muß dann auch hier eine eingehende theoretische Analyse durchgeführt werden.

Wir stellen nun die den bisherigen Näherungen entsprechenden thermodynamischen Formeln zusammen. Dieselben setzen voraus, daß man sinnvoll von einem starren Molekülgerüst sprechen kann, daß also keine inneren Rotationen auftreten. Es gilt dann für lineare Moleküle:

Verteilungsfunktion des Einzelmoleküls

$$f(T) = \frac{(2\pi m k T)^{3/2} V}{h^3} \frac{8\pi^2 A k T}{h^2} \prod_k e^{-\frac{h\nu_k}{2kT}} \left(1 - e^{-\frac{h\nu_k}{kT}}\right)^{-1} \frac{\Pi^k g}{\sigma} {}^{el}g_0 . \tag{IX 182}$$

Freie Energie nach HELMHOLTZ

$$F = N k T \left\{ \ln \frac{N}{V} - 1 - \frac{5}{2} \ln T + \sum_k \ln \left(1 - e^{-\frac{h\nu_k}{kT}}\right) + \right.$$
$$\left. + \sum_k \frac{h\nu_k}{2kT} - \ln \left[\frac{(2\pi m k)^{3/2}}{h^3} \frac{8\pi^2 A k}{h^2} \frac{\Pi^k g}{\sigma} {}^{el}g_0 \right] \right\} . \tag{IX 183}$$

Chemisches Potential

$$\mu = k T \left\{ \ln \frac{N}{V} - \frac{5}{2} \ln T + \sum_k \ln \left(1 - e^{-\frac{h\nu_k}{kT}}\right) + \right.$$
$$\left. + \sum_k \frac{h\nu_k}{2kT} - \ln \left[\frac{(2\pi m k)^{3/2}}{h^3} \frac{8\pi^2 A k}{h^2} \frac{\Pi^k g}{\sigma} {}^{el}g_0 \right] \right\}$$
$$= k T \left\{ \ln P - \frac{7}{2} \ln T + \sum_k \ln \left(1 - e^{-\frac{h\nu_k}{kT}}\right) + \right. \tag{IX 184}$$
$$\left. + \sum_k \frac{h\nu_k}{2kT} - \ln \left[\frac{(2\pi m)^{3/2} k^{5/2}}{h^3} \frac{8\pi^2 A k}{h^2} \frac{\Pi^k g}{\sigma} {}^{el}g_0 \right] \right\} .$$

Molekülwärmen

$$C_v = k \left[\frac{5}{2} + \sum_k \left(\frac{h\nu_k}{2kT}\right)^2 \Big/ \sinh^2 \left(\frac{h\nu_k}{2kT}\right) \right]$$
$$C_p = k \left[\frac{7}{2} + \sum_k \left(\frac{h\nu_k}{2kT}\right)^2 \Big/ \sinh^2 \left(\frac{h\nu_k}{2kT}\right) \right] . \tag{IX 185}$$

Für nichtlineare Moleküle haben wir:

Verteilungsfunktion des Einzelmoleküls

$$f(T) = \frac{(2\pi m k T)^{3/2} V}{h^3} \frac{8\pi^2 (2\pi k T)^{3/2} (ABC)^{1/2}}{h^3} \prod_k e^{-\frac{h\nu_k}{2kT}} \left(1 - e^{-\frac{h\nu_k}{kT}}\right)^{-1} \frac{\Pi^k g}{\sigma} {}^{el}g_0 . \tag{IX 186}$$

Freie Energie nach HELMHOLTZ

$$F = N k T \left\{ \ln \frac{N}{V} - 1 - 3 \ln T + \sum_k \ln \left(1 - e^{-\frac{h\nu_k}{kT}}\right) + \right.$$
$$\left. + \sum_k \frac{h\nu_k}{2kT} - \ln \left[\frac{(2\pi m k)^{3/2}}{h^3} \frac{8\pi^2 (2\pi k)^{3/2} (ABC)^{1/2}}{h^3} \frac{\Pi^k g}{\sigma} {}^{el}g_0 \right] \right\} . \tag{IX 187}$$

22*

Chemisches Potential

$$\mu = kT\left\{\ln\frac{N}{V} - 3\ln T + \sum_k \ln\left(1 - e^{-\frac{h\nu_k}{kT}}\right) + \right.$$
$$\left. + \sum_k \frac{h\nu_k}{2kT} - \ln\left[\frac{(2\pi m k)^{3/2}}{h^3}\, \frac{8\pi^2(2\pi k)^{3/2}(ABC)^{1/2}}{h^3}\, \frac{\Pi^k g}{\sigma}\,{}^{el}g_0\right]\right\}$$
$$= kT\left\{\ln P - 4\ln T + \sum_k \ln\left(1 - e^{-\frac{h\nu_k}{kT}}\right) + \right.$$
$$\left. + \sum_k \frac{h\nu_k}{2kT} - \ln\left[\frac{(2\pi m)^{3/2} k^{5/2}}{h^3}\, \frac{8\pi^2(2\pi k)^{3/2}(ABC)^{1/2}}{h^3}\, \frac{\Pi^k g}{\sigma}\,{}^{el}g_0\right]\right\} .$$

(IX 188)

Molekülwärmen

$$C_v = k\left[3 + \sum_k \left(\frac{h\nu_k}{2kT}\right)^2\middle/ \sinh^2\left(\frac{h\nu_k}{2kT}\right)\right]$$
$$C_p = k\left[4 + \sum_k \left(\frac{h\nu_k}{2kT}\right)^2\middle/ \sinh^2\left(\frac{h\nu_k}{2kT}\right)\right] .$$

(IX 189)

In Tab. 12 ist eine Anzahl von nach Gl. (IX 185) bzw. (IX 189) berechneten Werten zusammengestellt und mit experimentellen Daten verglichen. Die

Tabelle 12. Molekülwärmen vielatomiger Gase

$$\frac{C_p}{k} = \frac{C_p^0}{k} + \sum\left[\frac{{}^1\!/_2\,\Theta_v/T}{\sinh({}^1\!/_2\,\Theta_v/T)}\right]^2$$

$C_p^0/k = 7/2$ für lineare Moleküle und $C_p^0/k = 4$ für nicht-lineare Moleküle

Substanzen und Werte von $\Theta_v/100$	T [°K]	C_p/k (ber.)	C_p/k (beob.)	Substanzen und Werte von $\Theta_v/100$	T [°K]	C_p/k (ber.)	C_p/k (beob.)
CO_2				N_2O			
9.54	198	3.89	3.92	8.50	203	4.06	4.10
9.54	271	4.32	4.29	8.50	243	4.31	4.35
18.9	312	4.55	4.61	18.4	272	4.50	4.49
33.6	358	4.79	4.80	32.0	287	4.56	4.61
	430	5.10	5.12		293	4.61	4.61
	493	5.36	5.35		314	4.71	4.75
	648	5.85	5.76		390	5.08	5.05
	690	5.95	6.00		467	5.49	5.46
	832	6.24	6.16		625	5.89	5.90
	969	6.49	6.33		733	6.15	6.15
	1157	6.71	6.53				
NH_3				CH_4			
13.6	243	4.12	4.14	18.7	193	4.01	4.02
23.3	273	4.19	4.22	18.7	218	4.04	4.04
23.3	303	4.29	4.31	18.7	243	4.10	4.07
47.8	343	4.37	4.45	21.8	278	4.21	4.225
48.8	383	4.56	4.60	21.8	288	4.26	4.27
48.8	423	4.70	4.75		298	4.30	4.30
	582	5.31	5.2	>40	398	4.97	5.08
	695	5.72	5.5		481	5.55	5.64
	796	6.06	5.9				

Entnommen aus: R. H. Fowler u. E. A. Guggenheim: Statistical Thermodynamics, S. 115. Cambridge 1949.

Übereinstimmung ist durchaus befriedigend. Man kann daher zweifellos nach den vorstehenden Formeln berechnete Werte allgemein als zuverlässig betrachten, wenn keine inneren Rotationen auftreten und nicht extrem tiefe oder hohe

Temperaturen in Betracht kommen. Letzteres wird selten der Fall sein, da die meisten vielatomigen Moleküle dann nicht mehr beständig sind.

Die den Gl. (IX 182) bzw. (IX 186) zugrunde liegende Näherung entspricht vollkommen dem Modell des starren Rotators und harmonischen Oszillators für zweiatomige Moleküle. Es ist daher zu erwarten, daß bei hohen Temperaturen ähnliche Korrekturen in Betracht kommen, wie wir sie für zweiatomige Moleküle

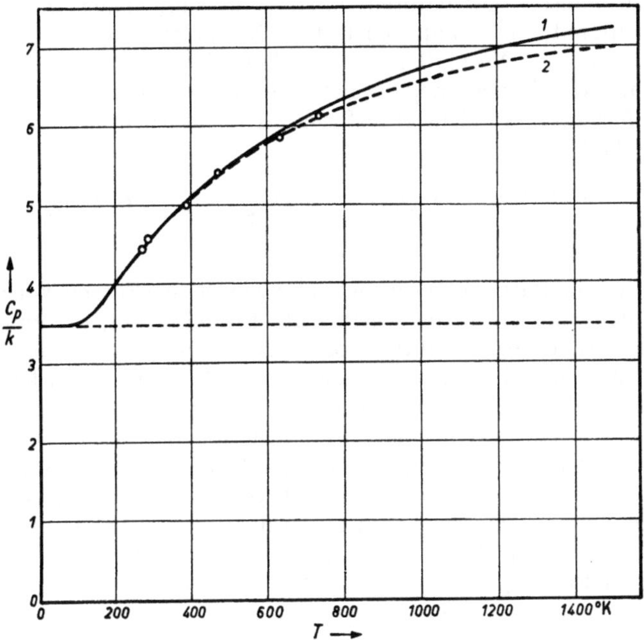

Abb. 36. Schwingungswärme von N_2O. Kurve 1: Mit Berücksichtigung der Anharmonizitätskorrektur berechnet; Kurve 2: Nach der Theorie des harmonischen Oscillators berechnet [entnommen aus: G. HERZBERG: Infrared and Raman Spectra of Polyatomic Molecules, S. 516, New York 1951]

in § 9.6 erörtert haben. Die wichtigsten derselben, welche die Dehnung des Moleküls durch Zentrifugalkräfte und die Anharmonizität der Schwingungen berücksichtigen, sind von verschiedenen Autoren[1-5] berechnet worden. Die Auswertung der Formeln stößt jedoch auf Schwierigkeiten, da in den meisten Fällen die erforderlichen molekularen Daten nicht vorliegen. Um eine Vorstellung von der Bedeutung dieser Korrekturen zu geben, zeigt Abb. 36 die von KASSEL[6] mit Berücksichtigung der Anharmonizität berechneten Schwingungswärme von N_2O und zum Vergleich die aus dem Modell der harmonischen Oszillatoren berechnete Kurve sowie eine Reihe von experimentellen Daten. Man sieht daraus, daß in Übereinstimmung mit den in Tab. 12 angeführten Ergebnissen die Korrektur bis herauf zu mindestens 1000° K völlig bedeutungslos ist. Selbst wenn dies nicht mehr zutrifft, wird man bei starren Molekülen im allgemeinen die Berechnung nach den Formeln dieses Paragraphen einer

[1] KASSEL, L. S.: J. Chem. Phys. 1, 576 (1933).
[2] KASSEL, L. S.: Chem. Rev. 18, 277 (1936).
[3] WILSON, E. B.: J. Chem. Phys. 4, 526 (1936).
[4] GORDON, A. R.: J. Chem. Phys. 2, 65 (1934).
[5] GORDON, A. R.: J. Chem. Phys. 3, 259 (1935).
[6] KASSEL, L. S.: J. Amer. Chem. Soc. 56, 1838 (1934).

Anwendung der umständlichen und unsicheren Hochtemperatur-Korrekturen vorziehen. Die auf diesem Wege erreichbare Genauigkeit ist für thermodynamische Berechnungen häufig noch ausreichend.

Die Anharmonizität der Schwingungen muß jedoch auch noch unter einem anderen Gesichtspunkt betrachtet werden. Das Konzept der Normalschwingungen, das die Grundlage der bisherigen Betrachtungen bildete, setzt nämlich die Gültigkeit des Potentialansatzes (IX 159) voraus, der seinerseits wieder notwendig auf harmonische Oszillatoren führt. Man kann daher fragen, welchen Sinn es überhaupt hat, von Anharmonizität der Normalschwingungen zu sprechen. Die Transformation auf Normalkoordinaten läßt sich naturgemäß auch durchführen, wenn man die Entwicklung der potentiellen Energie über das quadratische Glied hinaus fortsetzt. In dem transformierten Ausdruck tritt dann aber an Stelle von (IX 173)

$$u = \tfrac{1}{2} \sum_k \lambda_k \, Q_k^2 + \sum_i \sum_j \sum_k \alpha_{ijk} \, Q_i \, Q_j \, Q_k + \sum_i \sum_j \sum_k \sum_l \beta_{ijkl} \, Q_i \, Q_j \, Q_k \, Q_l + \cdots .$$

$$(\text{IX } 190)$$

Während also der quadratische Term auch jetzt wieder eine Summe von Quadraten ist, treten in den höheren Termen gemischte Produkte auf, die zunächst eine Separation der HAMILTON-Funktion bzw. der SCHRÖDINGER-Gleichung unmöglich machen. Eine allgemeine Lösung dieses Problems ist bisher nicht gelungen. Dagegen lassen sich zwei wichtige Spezialfälle in guter Näherung behandeln. Einmal kann es vorkommen, daß in höheren Termen von (IX 190), die noch berücksichtigt werden müssen, die Koeffizienten der gemischten Glieder entweder exakt Null sind (was durch Symmetrieeigenschaften bedingt sein kann) oder wenigstens vernachlässigbar klein gegen die der Glieder, die nur von einer Koordinate abhängen. In diesem Fall wird die Separation und damit die Definition der Normalschwingungen nicht gestört; die letzteren stellen jetzt aber nicht mehr harmonische, sondern anharmonische Oszillatoren dar. Die Hochtemperatur-Korrektur für die Anharmonizität hat, streng genommen, nur unter diesen Voraussetzungen einen Sinn. Die andere Möglichkeit besteht darin, daß in (IX 190) für gewisse Normalkoordinaten die vollständige Entwicklung berücksichtigt werden muß, während die gemischten Produkte vernachlässigt werden können und für die übrigen Normalkoordinaten die Reihe mit dem quadratischen Glied abgebrochen werden kann. Auch hier ist die Separation und die Definition der Normalschwingungen möglich. Für die zuletzt genannten Koordinaten werden dieselben wieder durch harmonische Oszillatoren dargestellt. Für die übrigen kommt man mit einer Anharmonizitätskorrektur nicht mehr zum Ziele. Es ist vielmehr notwendig, für einen geschlossenen Potentialansatz die SCHRÖDINGER-Gleichung zu lösen und so die Eigenwerte und den betreffenden Faktor der Verteilungsfunktion zu bestimmen. Dieser Fall entspricht der inneren Rotation, die wir in § 9.11 behandeln. In dem allgemeinen Fall, daß die gemischten Produkte von gleicher Größenordnung sind wie die jeweils nur von einer Koordinate abhängigen, wird jedoch die Definition der Normalschwingungen mit zunehmender Bedeutung der höheren Glieder in (IX 190) immer unschärfer und verliert schließlich völlig ihren Sinn.

§ 9.11*. Innere Rotationen vielatomiger Moleküle

Es ist seit langem bekannt, daß man cis-trans-Isomere beispielsweise von $ClHC=CHCl$, aber nicht von ClH_2C-CH_2Cl herstellen kann. In der organischen Chemie hat man zur Erklärung dieses Sachverhaltes die sog. „Hypothese der freien Drehbarkeit" eingeführt[1]. Sie besagt, daß zwei durch eine einfache Hauptvalenzbindung verknüpfte Molekülteile gegeneinander rotieren können, daß also insofern das Molekül keine fixierte Struktur besitzt. Naturgemäß kann auf Grund chemischer Experimente nicht entschieden werden, ob die Rotation wirklich „frei" ist, d. h. mit konstanter potentieller Energie erfolgt. Wir wissen heute, daß dies nur in Ausnahmefällen zutrifft. Im allgemeinen hat man eine durch ein periodisch veränderliches Potential mehr oder weniger „gehemmte" Rotation. Der wesentliche Unterschied zwischen den beiden oben angeführten Beispielen liegt in der Höhe des Potentialberges, welcher die Isomeren trennt. Daraus folgt, daß die zur Einstellung des Gleichgewichtes zwischen den Isomeren erforderliche Zeit in dem einen Falle sehr groß, in dem anderen sehr klein gegen die Zeitdauer chemischer Experimente ist.

Was die Gestalt der Potentialkurve betrifft, so kann mit einiger Sicherheit nur in einfacheren Fällen festgelegt werden, wie viele Maxima vorhanden sind und ob dieselben gleiche Höhe besitzen. Wir nehmen im folgenden an, daß letzteres zutrifft und können dann als vernünftige Approximation den Ansatz

$$u = \tfrac{1}{2} u_0 \left(1 - \cos \sigma_i \varphi\right) = u_0 \sin^2 \left(\tfrac{1}{2} \sigma_i \varphi\right) \tag{IX 191}$$

wählen, wo φ der Drehwinkel, σ_i die Zahl und u_0 die Höhe der Maxima ist. Die vorstehenden Annahmen bedeuten, daß wir als Molekülmodell ein starres Gerüst mit daran befestigten symmetrischen Gruppen (etwa vom Typ $-CX_3$), die sich gegenseitig nicht beeinflussen, betrachten.

Wir können nun zwei Grenzfälle unterscheiden. Wenn $u_0 \gg kT$ ist, liefern nur kleine Werte von φ merkliche Beiträge zur Verteilungsfunktion. Durch eine mit dem ersten Gliede abbrechende Reihenentwicklung bekommt man dann aus (IX 191)

$$u = u_0 \left(\tfrac{1}{2} \sigma_i \varphi\right)^2 . \tag{IX 192}$$

Das ist aber das Potential eines harmonischen Oszillators der Frequenz

$$\nu_i = \frac{1}{2\pi} \sigma_i \left(\frac{u_0}{J}\right)^{1/2} , \tag{IX 193}$$

wo im einfachsten Falle[2]

$$J = \frac{K_1 K_2}{K_1 + K_2} \tag{IX 194}$$

das reduzierte Trägheitsmoment ist. Unter diesen Bedingungen ist die innere Rotation einfach eine spezielle Form der gewöhnlichen Normalschwingungen (Verdrillungsschwingung) und als solche bereits in den Formeln des § 9.10 enthalten. Ein Beispiel für diesen Sachverhalt bietet das Äthylen. Allerdings ist hier die Frequenz der Verdrillungsschwingung nicht aus optischen Daten bekannt, da dieselbe weder ultrarot- noch RAMAN-aktiv ist. Sie wurde daher, da die übrigen Normalschwingungen bekannt sind, durch Anpassung an die gemessenen spezifischen Wärmen bestimmt[3]. Tab. 13 zeigt, daß auf diese Weise gute Übereinstimmung zwischen Theorie und Experiment erreicht wird.

In dem anderen Grenzfall $u_0 \ll kT$ kann der Term für die potentielle Energie in der Verteilungsfunktion überhaupt vernachlässigt werden; wir haben freie Rotation im eigentlichen Sinne des Wortes. Bei gewöhnlichen Temperaturen

---

[1] Vgl. W. HÜCKEL: Theoretische Grundlagen der organischen Chemie, Bd. I, 5. Aufl. Leipzig 1944.

[2] Gl. (IX 194) gilt für Moleküle wie X_3C—CY_3 oder X_2C=CY_2. K_1 und K_2 sind die Trägheitsmomente der beiden Gruppen um die gemeinsame Rotationsachse. Eine allgemeinere Formel ist Gl. (IX 235), in der (IX 194) als Spezialfall enthalten ist.

[3] FOWLER, R. H., u. E. H. GUGGENHEIM: Statistical Thermodynamics. Cambridge 1949.

ist dieselbe, wie erwähnt, außerordentlich selten. Die bisher untersuchten Beispiele sind das Dimethylacetylen $CH_3-C\equiv C-CH_3$ [1-3], das Dimethyldiacetylen $CH_3-C\equiv C-C\equiv C-CH_3$ [4], das Dimethylzink $CH_3-Zn-CH_3$ und das Dimethylquecksilber $CH_3-Hg-CH_3$ [5]. Die Formeln für die freie Rotation stellen aber Grenzgesetze für hohe Temperaturen dar und sind auch aus diesem Grunde von Interesse. Wir wollen daher etwas näher darauf eingehen; dabei beschränken

Tabelle 13. *Schwingungswärme von Äthylen*

$T\ {}^\circ K$	Beitrag von 17 bekannten Frequenzen zu C/k	Beitrag der Drehfrequenz zu C/k	C_p/k (ber.)	C_p/k (beob.)
179	0,101	0,038	4,14	4,175
182	0,155	0,042	4,16	4,17
193	0,159	0,057	4,22	4,25
205	0,219	0,074	4,29	4,30
211	0,247	0,083	4,33	4,37
231	0,378	0,119	4,50	4,53
237	0,419	0,129	4,55	4,54
251	0,534	0,156	4,69	4,70
272	0,708	0,200	4,91	4,94
291	0,882	0,239	5,12	5,11
293,5	0,909	0,245	5,15	5,16
368	1,676	0,393	6,07	5,99
464	2,670	0,543	7,21	7,13

Entnommen aus: R. H. FOWLER u. E. A. GUGGENHEIM: Statistical Thermodynamics, S. 117. Cambridge 1949.

wir uns (was durch die Natur des Problems gerechtfertigt wird) auf die halbklassische Näherung, die in allgemeiner Form von EIDINOFF und ASTON [6] sowie KASSEL [7] entwickelt wurde.

Im Falle der freien Rotation ist es zweckmäßig, die betreffenden Freiheitsgrade vor der Einführung der Normalkoordinaten abzutrennen und das Problem zusammen mit der Rotation des Gesamtmoleküls zu behandeln. Die Winkelgeschwindigkeit und damit die kinetische Energie eines Teilchens einer rotierenden Gruppe hängt nämlich sowohl von der inneren wie von der äußeren Rotation ab. Wir betrachten also ein Molekülmodell aus einem starren Gerüst mit daran befestigten frei rotierenden Gruppen, die wir (wegen des Verschwindens der potentiellen Energie) zunächst nicht als symmetrisch vorauszusetzen brauchen. Der Schwerpunkt des Moleküls sei in dem gemeinsamen Anfangspunkt des raumfesten Koordinatensystems XYZ und des mit dem Gerüst verbundenen Koordinatensystems $X'Y'Z'$ fixiert. Ist r die Zahl der Freiheitsgrade dieses Modells, so haben wir für die (kinetische) Energie in Verallgemeinerung von (IX 147)

$$2\varepsilon = \sum_{i=1}^{r}\ \sum_{j=1}^{r} A_{ij}\,\dot{q}_i\,\dot{q}_j\,. \tag{IX 195}$$

Hier sind die $\dot{q}_i$ geeignete generalisierte Geschwindigkeiten, während in die Elemente der Matrix **A**, wie wir noch zeigen werden, die verschiedenen Trägheits-

[1] KISTIAKOWSKY, G. B., u. W. W. RICE: J. Chem. Phys. **8**, 618 (1940).
[2] OSBORNE, D. W., C. S. GARNER u. D. M. YOST: J. Chem. Phys. **8**, 131 (1940).
[3] MILLS, J. M., u. H. W. THOMPSON: Proc. Roy. Soc. (London) A **226**, 306 (1954).
[4] CLEVELAND, F. F., K. W. GREENLE u. E. E. BELL: J. Chem. Phys. **18**, 355 (1950).
[5] GUTOWSKY, H. S.: J. Chem. Phys. **17**, 128 (1949).
[6] EIDINOFF, M. L., u. J. G. ASTON: J. Chem. Phys. **3**, 379 (1935).
[7] KASSEL, L. S.: J. Chem. Phys. **4**, 276 (1936).

momente eingehen. Wir führen nun, in Analogie zu der expliziten Rechnung in § 9.9, in allgemeiner Form generalisierte Impulse ein. Dazu schreiben wir zunächst in Matrixnotierung[1]

$$2\,\varepsilon = \tilde{q}\, A\, \dot{q}\,. \tag{IX 196}$$

Unter der Voraussetzung, daß A nicht singulär ist, erhalten wir daraus in Verbindung mit (V 16)

$$p' = A\,\dot{q} \tag{IX 197}$$

oder

$$\dot{q} = A^{-1}\, p'\,. \tag{IX 198}$$

Damit wird aus (IX 196)

$$2\,\varepsilon = \tilde{p}'\, A^{-1}\, A\, A^{-1}\, p' = \tilde{p}'\, B\, p'\,, \tag{IX 199}$$

wo B die zu A reziproke Matrix ist, deren Elemente durch

$$B_{ij} = \frac{|A|_{ji}}{|A|} \tag{IX 200}$$

gegeben sind. Die gemischt quadratische Form (IX 199) bringen wir schließlich noch durch eine orthogonale Transformation, wie wir sie ausführlich in § 9.10 besprochen haben, auf Hauptachsen. Wir haben dann, wenn wir die orthogonale Transformationsmatrix mit C bezeichnen,

$$p' = C\, p \tag{IX 201}$$

und

$$2\,\varepsilon = \tilde{p}\, \tilde{C}\, B\, C\, p = \tilde{p}\, D\, p\,. \tag{IX 202}$$

Hier ist D die aus den Eigenwerten von B gebildete Diagonalmatrix, während die Spalten von C durch die normierten Eigenvektoren von B gebildet werden. Mit (IX 202) wird die Verteilungsfunktion der äußeren und inneren Rotation

$$r(T) = \frac{1}{h^r} \int\limits_{-\infty}^{+\infty} \cdots \int\limits_{-\infty}^{+\infty} \int\limits_{\alpha_r}^{\beta_r} \cdots \int\limits_{\alpha_1}^{\beta_1} e^{-\frac{\sum\limits_{i=1}^{r} D_i p_i^2}{2kT}} \, dp_1 \ldots dp_r\, dq_1 \ldots dq_r\,, \tag{IX 203}$$

wo die Integrationsgrenzen α_i und β_i durch die Geometrie des Problems bestimmt sind. Dabei haben wir benutzt, daß die JACOBIsche Determinante der Transformation (IX 201) gleich Eins ist. Durch Integration über die Impulse erhalten wir aus (IX 203)

$$r(T) = \frac{(2\pi kT)^{r/2}}{h^r} \int\limits_{\alpha_r}^{\beta_r} \cdots \int\limits_{\alpha_1}^{\beta_1} \left[\prod_{i=1}^{r} D_i\right]^{-1/2} dq_1 \ldots dq_r\,. \tag{IX 204}$$

Da eine orthogonale Transformation auch kongruent ist, gilt [vgl. Gl. (VII 126)]

$$\prod_{i=1}^{r} D_i = |B| = |A|^{-1}\,, \tag{IX 205}$$

und es wird

$$r(T) = \frac{(2\pi kT)^{r/2}}{h^r} \int\limits_{\alpha_r}^{\beta_r} \cdots \int\limits_{\alpha_1}^{\beta_1} |A|^{1/2}\, dq_1 \ldots dq_r\,. \tag{IX 206}$$

---

[1] Zum Folgenden vgl. H. MARGENAU u. G. M. MURPHY: The Mathematics of Physics and Chemistry. New York 1948.

Damit ist das Problem auf die Berechnung der Determinante $|A|$ und die Integration derselben reduziert.

In dem einfachsten Falle, daß keine inneren Rotationen stattfinden, ist, wie man direkt aus Gl. (IX 147) ableitet,

$$|A| = \sin^2\vartheta\,(ABC)\,, \tag{IX 207}$$

und man kommt durch Einsetzen in (IX 206) wieder auf Gl. (IX 154). Die hier entwickelte allgemeine Methode ist somit wesentlich einfacher als die in § 9.9 durchgeführte direkte Berechnung.

Als weiteres Beispiel betrachten wir ein Molekül, das aus zwei gegeneinander frei rotierenden Gruppen besteht derart, daß die Verbindungslinie zwischen dem Schwerpunkt einer Gruppe und dem Schwerpunkt des Moleküls gemeinsame Rotationsachse und Hauptträgheitsachse der beiden Gruppen ist. Wir führen drei Koordinatensysteme ein, deren gemeinsamer Anfangspunkt in dem Schwerpunkt O des Moleküls liegt. Das System XYZ ist im Raume fixiert, während die Systeme $X_1Y_1Z_1$ und $X_2Y_2Z_2$ mit je einer der rotierenden Gruppen fest verbunden sind und deren Hauptträgheitsachsen darstellen. Z_1Z_2 sei die gemeinsame Rotationsachse der beiden Gruppen. Die Lage des Moleküls läßt sich durch die vier EULERSchen Winkel ϑ, φ, ψ_1, ψ_2 beschreiben (Abb. 37). ϑ ist der Winkel zwischen Z_1Z_2 und OZ, φ der Winkel zwischen der Knotenlinie und der

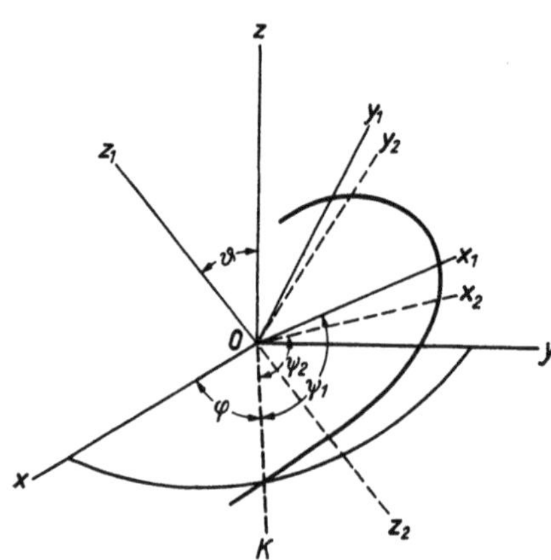

Abb. 37. EULERSche Winkel für ein Molekül aus zwei gegeneinander rotierenden Gruppen [entnommen aus: M. L. EIDINOFF u. J. G. ASTON: J. Chem. Phys. 3, 379 (1935)]

X-Achse, ψ_1 und ψ_2 sind die Winkel zwischen Knotenlinie und X_1- bzw. X_2-Achse. A_1, B_1 und C_1 seien die Hauptträgheitsmomente der einen Gruppe um die X_1-, Y_1- und Z_1-Achse, A_2, B_2 und C_2 die der anderen Gruppe um die der X_2-, Y_2- und Z_2-Achse. Für die kinetische Energie gilt dann, in Analogie zu (IX 147),

$$\begin{aligned}
2\,\varepsilon = &\; A_1(\dot\vartheta\cos\psi_1 + \dot\varphi\sin\vartheta\sin\psi_1)^2 + B_1(\dot\vartheta\sin\psi_1 - \dot\varphi\sin\vartheta\cos\psi_1)^2 + \\
&+ C_1(\dot\varphi\cos\vartheta + \dot\psi_1)^2 + A_2(\dot\vartheta\cos\psi_2 + \dot\varphi\sin\vartheta\sin\psi_2)^2 + \\
&+ B_2(\dot\vartheta\sin\psi_2 - \dot\varphi\sin\vartheta\cos\psi_2)^2 + C_2(\dot\varphi\cos\vartheta - \dot\psi_2)^2\,.
\end{aligned} \tag{IX 208}$$

Die Ausrechnung der Determinanten ergibt

$$\begin{aligned}
|A| = C_1C_2\sin^2\vartheta\,\big[&A_1B_1 + A_2B_2 + (A_1A_2 + B_1B_2)\sin^2(\psi_1 - \psi_2) + \\
&+ (A_1B_2 - A_2B_1)\cos^2(\psi_1 - \psi_2)\big]\,.
\end{aligned} \tag{IX 209}$$

Damit wird die Verteilungsfunktion ($r = 4$)

$$\begin{aligned}
r(T) = \frac{(2\pi kT)^2}{h^4}\,(C_1C_2)^{1/2} \int\limits_0^{2\pi}\!\int\limits_0^{2\pi}\!\int\limits_0^{2\pi}\!\int\limits_0^{\pi} \sin\vartheta\,\big[&A_1B_1 + A_2B_2 + (A_1A_2 + B_1B_2)\sin^2(\psi_1 - \psi_2) + \\
&+ (A_1B_2 + A_2B_1)\cos^2(\psi_1 - \psi_2)\big]^{1/2} d\vartheta\,d\varphi\,d\psi_1\,d\psi_2\,.
\end{aligned} \tag{IX 210}$$

Die Integration über ϑ und φ läßt sich sofort ausführen. Wir setzen nun voraus

$$A_1 \gtreqless B_1\,, \quad A_2 \lesseqgtr B_2\,, \quad K \equiv \left[\frac{(A_1 - B_1)\,(B_2 - A_2)}{(A_1 + A_2)\,(B_1 + B_2)}\right]^{1/2} < 1 \tag{IX 211}$$

und führen die Größen

$$u = \psi_1 - \psi_2, \quad \lambda = \frac{4\pi \, (2\pi kT)^2}{h^4} \, (C_1 C_2)^{1/2}, \quad M = [(A_1 + A_2)\,(B_1 + B_2)]^{1/2} \quad \text{(IX 212)}$$

ein. Damit geht (IX 210) über in

$$r(T) = 8\pi \lambda M \int\limits_0^{\pi/2} (1 - K^2 \sin^2 u)^{1/2}\, du. \quad \text{(IX 213)}$$

Das hier auftretende Integral ist das vollständige elliptische Normalintegral zweiter Gattung[1]. Unter der Voraussetzung (IX 211) können wir es durch eine für kleine K rasch konvergierende Entwicklung darstellen[2] und erhalten

$$r(T) = \frac{16\pi^3 \, (2\pi kT)^2}{h^4} \, [C_1 C_2 (A_1 + A_2)\,(B_1 + B_2)]^{1/2} \times$$
$$\times \left[1 - 2\frac{K^2}{8} - 3\left(\frac{K^2}{8}\right)^2 - 10\left(\frac{K^2}{8}\right)^3 - \cdots \right]. \quad \text{(IX 214)}$$

Als einfachstes Beispiel für die Anwendung dieser Formel wählen wir das Äthan[3]. Hier ist $A_1 = B_1 = A_2 = B_2$ und $C_1 = C_2$. Damit wird die Grenzform der Verteilungsfunktion für hohe Temperaturen

$$r(T) \atop {\scriptstyle \mathrm{C_2H_6}} = \frac{16\pi^3 \, (2\pi kT)^2}{h^4} \, 2\,A_1 C_1. \quad \text{(IX 215)}$$

In dieser Formel ist die Symmetriezahl noch nicht berücksichtigt. Ohne die innere Rotation würde dieselbe den Wert 6 haben. Die innere Rotation ergibt drei weitere nicht unterscheidbare Konfigurationen, die mit jeder der anderen sechs kombiniert werden können. Insgesamt ist also die Symmetriezahl 18. Zur besseren Übersicht können wir schließlich noch in (IX 215) die Verteilungsfunktion der äußeren und der inneren Rotation trennen. Wir bekommen dann (mit $A = 2\,A_1$ und $C = 2\,C_1$)

$$r(T)_k \atop {\scriptstyle \mathrm{C_2H_6}} = \frac{8\pi^2 \, (2\pi kT)^{3/2}\, A\,C^{1/2}}{h^3} \, \frac{2\pi\,(2\pi kT)^{1/2}\,(C_1/2)^{1/2}}{h} \, \frac{\varPi^k g}{18}. \quad \text{(IX 216)}$$

Eine allgemeine Methode zur Berechnung der Determinante $|A|$ ist von Kassel[4] entwickelt worden. Dieselbe ist auch dadurch von Interesse, daß sie die Abtrennung der äußeren Rotation sowie die Einführung und Definition der sog. reduzierten Trägheitsmomente deutlich macht. Wir bezeichnen wieder das im Raum fixierte Koordinatensystem mit XYZ, das mit dem Molekül fest verbundene mit $X'Y'Z'$. Der Anfangspunkt beider Systeme soll wieder im Schwerpunkt des Moleküls liegen. Die Koordinaten des i-ten Atoms in bezug auf das System $X'Y'Z'$ seien x_i', y_i', z_i'; jede derselben hängt im allgemeinen von $r - 3$ „inneren" Winkelvariablen ab. Die Koordinaten des i-ten Atoms im System XYZ sind dann

$$x_i = a_{11}\, x_i' + a_{12}\, y_i' + a_{13}\, z_i'$$
$$y_i = a_{21}\, x_i' + a_{22}\, y_i' + a_{23}\, z_i' \quad \text{(IX 217)}$$
$$z_i = a_{31}\, x_i' + a_{32}\, y_i' + a_{33}\, z_i',$$

---

[1] Vgl. E. T. Whittaker u. G. N. Watson: Modern Analysis. Cambridge 1952.

[2] Vgl. W. Magnus u. F. Oberhettinger: Formeln und Sätze für die speziellen Funktionen der mathematischen Physik. Berlin 1948.

[3] Weitere Anwendungsbeispiele finden sich bei Eidinoff u. Aston, s. S. 344, Anm. 6.

[4] Kassel, L. S.: J. Chem. Phys. 4, 276 (1936).

wo die a_{ij} die Richtungscosinus bezeichnen. Dafür gilt, wenn wir die Orientierung des Systems $X'Y'Z'$ wieder durch die EULERschen Winkel beschreiben,

$$a_{11} = \sin\varphi \cos\psi + \cos\vartheta \cos\varphi \sin\psi , \quad a_{12} = -\sin\varphi \sin\psi + \cos\vartheta \cos\varphi \cos\psi ,$$
$$a_{13} = \sin\vartheta \cos\varphi ,$$

$$a_{21} = -\cos\varphi \cos\psi + \cos\vartheta \sin\varphi \sin\psi , \quad a_{22} = \cos\varphi \sin\psi + \cos\vartheta \sin\varphi \cos\psi , \quad \text{(IX 218)}$$
$$a_{23} = \sin\vartheta \sin\varphi ,$$

$$a_{31} = -\sin\vartheta \sin\psi , \quad a_{32} = -\sin\vartheta \cos\psi , \quad a_{33} = \cos\vartheta .$$

Es wird dann

$$
\begin{aligned}
\dot{x}^2 + \dot{y}^2 + \dot{z}^2 = {} & \dot{x}'^2 + \dot{y}'^2 + \dot{z}'^2 + 2(\dot{x}'y' - \dot{y}'x')(-\dot{\varphi}\cos\vartheta - \dot{\psi}) + \\
& + 2(\dot{x}'z' - \dot{z}'x')(\dot{\vartheta}\sin\psi - \dot{\varphi}\sin\vartheta \cos\psi) + \\
& + 2(\dot{y}'z' - \dot{z}'y')(\dot{\vartheta}\cos\psi + \dot{\varphi}\sin\vartheta \sin\psi) + \\
& + x'^2 [\dot{\vartheta}^2 \sin^2\psi - 2\dot{\vartheta}\dot{\varphi}\sin\vartheta \sin\psi \cos\psi + \\
& \qquad + \dot{\varphi}^2(1 - \sin^2\vartheta \sin^2\psi) + 2\dot{\varphi}\dot{\psi}\cos\vartheta + \dot{\psi}^2] + \\
& + y'^2 [\dot{\vartheta}^2 \cos^2\psi + 2\dot{\vartheta}\dot{\varphi}\sin\vartheta \sin\psi \cos\psi + \\
& \qquad + \dot{\varphi}^2(1 - \sin^2\vartheta \cos^2\psi) + 2\dot{\varphi}\dot{\psi}\cos\vartheta + \dot{\psi}^2] + \\
& + z'^2 [\dot{\vartheta}^2 + \dot{\varphi}^2 \sin^2\vartheta] + \\
& + 2x'y' [\dot{\vartheta}^2 \sin\psi \cos\psi + \dot{\vartheta}\dot{\varphi}\sin\vartheta(\sin^2\psi - \cos^2\psi) - \\
& \qquad - \dot{\varphi}^2 \sin^2\vartheta \sin\psi \cos\psi] + \\
& + 2x'z' [\dot{\vartheta}\dot{\varphi}\cos\vartheta \cos\psi + \dot{\vartheta}\dot{\psi}\cos\psi + \dot{\varphi}^2 \sin\vartheta \cos\vartheta \sin\psi + \\
& \qquad + \dot{\varphi}\dot{\psi}\sin\vartheta \sin\psi] + \\
& + 2y'z' [-\dot{\vartheta}\dot{\varphi}\cos\vartheta \sin\psi - \dot{\vartheta}\dot{\psi}\sin\vartheta + \\
& \qquad + \dot{\varphi}^2 \sin\vartheta \cos\vartheta \cos\psi + \dot{\varphi}\dot{\psi}\sin\vartheta \cos\psi] .
\end{aligned}
\tag{IX 219}
$$

Wir drücken jetzt wieder die kinetische Energie

$$2\,\varepsilon = \sum_k m_k (\dot{x}_k^2 + \dot{y}_k^2 + \dot{z}_k^2) \tag{IX 220}$$

als Funktion der generalisierten Geschwindigkeiten aus, schreiben aber dabei, zum Unterschied von Gl. (IX 195), die EULERschen Winkel explizit an. Die $\dot{q}_i$ sind also jetzt nur die den $r - 3$ inneren Koordinaten entsprechenden Geschwindigkeiten. Wir haben somit

$$\sum_k m_k (\dot{x}_k'^2 + \dot{y}_k'^2 + \dot{z}_k'^2) = \sum_{i=1}^{r-3} \sum_{j=1}^{r-3} K_{ij}\, \dot{q}_i\, \dot{q}_j \tag{IX 221}$$

und

$$\sum_k m_k (\dot{y}_k' z_k' - \dot{z}_k' y_k') = \sum_{i=1}^{r-3} D_i\, \dot{q}_i$$

$$\sum_k m_k (\dot{z}_k' x_k' - \dot{x}_k' z_k') = \sum_{i=1}^{r-3} E_i\, \dot{q}_i \tag{IX 222}$$

$$\sum_k m_k (\dot{x}_k' y_k' - \dot{y}_k' x_k') = \sum_{i=1}^{r-3} F_i\, \dot{q}_i .$$

Wir führen noch die folgenden Abkürzungen ein

$$
\begin{aligned}
&\sum_k m_k x_k'^2 = \{xx\} && \sum_k m_k x_k' y_k' = \{xy\} \\
&\sum_k m_k y_k'^2 = \{yy\} && \sum_k m_k x_k' z_k' = \{xz\} \\
&\sum_k m_k z_k'^2 = \{zz\} && \sum_k m_k y_k' z_k' = \{yz\} .
\end{aligned}
\tag{IX 223}
$$

Die auf der rechten Seite der Gl. (IX 221)—(IX 223) stehenden Größen hängen definitionsgemäß nicht von den EULERschen Winkeln, sondern nur von den $r-3$ inneren Koordinaten ab. Die Determinante der kinetischen Energie wird nun, nach Vereinfachung durch Addition von Zeilen bzw. Spalten,

$$|A| = \sin^2\vartheta \begin{vmatrix} K_{11} & \dots K_{1,\,r-3} & D_1 & E_1 & F_1 \\ \cdot & \cdot & \cdot & \cdot & \cdot \\ \cdot & \cdot & \cdot & \cdot & \cdot \\ \cdot & \cdot & \cdot & \cdot & \cdot \\ K_{r-3,1} & \dots K_{r-3,r-3} & D_{r-3} & E_{r-3} & F_{r-3} \\ D_1 & \dots D_{r-3} & \{yy\}+\{zz\} & -\{xy\} & -\{xz\} \\ E_1 & \dots E_{r-3} & -\{xy\} & \{xx\}+\{zz\} & -\{yz\} \\ F_1 & \dots F_{r-3} & -\{xz\} & -\{yz\} & \{xx\}+\{yy\} \end{vmatrix}. \tag{IX 224}$$

Da die Determinante nicht mehr von den EULERschen Winkeln abhängt, kann in Gl. (IX 206) die Integration über diese sofort ausgeführt werden. Sie ergibt stets den Faktor

$$\int\limits_0^{2\pi} \int\limits_0^{2\pi} \int\limits_0^{\pi} \sin\vartheta \, d\vartheta \, d\varphi \, d\psi = 8\pi^2 \tag{IX 225}$$

in der Verteilungsfunktion. Damit ist gezeigt, daß in der halbklassischen Näherung sich äußere und innere Rotation immer separieren lassen. Dieses Resultat bleibt auch gültig, wenn die innere Rotation nicht frei ist, da eine potentielle Energie nur von den inneren Koordinaten q_i abhängen kann.

Wir spezialisieren nun wieder das Molekülmodell und betrachten ein starres Gerüst mit $r-3$ daran befestigten symmetrischen Gruppen, die um feste Achsen, deren Richtungscosinus im System $X'Y'Z'$ α_i, β_i, γ_i seien, rotieren. Dieses Modell besitzt die Eigenschaft, daß die Hauptträgheitsmomente des Moleküls unabhängig von der inneren Rotation sind. Beispiele dafür sind etwa die Methylderivate von Methan oder Benzol. Bezeichnen wir das Trägheitsmoment der i-ten Gruppe um ihre Rotationsachse mit K_i, so ist nach (IX 221)

$$K_{ij} = K_i \, \delta_{ij} \tag{IX 226}$$

und nach (IX 222) in Verbindung mit (IX 139)

$$D_i = \alpha_i K_i, \quad E_i = \beta_i K_i, \quad F_i = \gamma_i K_i. \tag{IX 227}$$

Aus (IX 224) wird dann

$$|A| = \sin^2\vartheta \begin{vmatrix} K_1 \dots & 0 & \alpha_1 K_1 & \beta_1 K_1 & \gamma_1 K_1 \\ \cdot & & \cdot & \cdot & \cdot \\ \cdot & & \cdot & \cdot & \cdot \\ \cdot & & \cdot & \cdot & \cdot \\ 0 & \dots K_{r-3} & \alpha_{r-3} K_{r-3} & \beta_{r-3} K_{r-3} & \gamma_{r-3} K_{r-3} \\ \alpha_1 K_1 & \dots \alpha_{r-3} K_{r-3} & \{yy\}+\{zz\} & -\{xy\} & -\{xz\} \\ \beta_1 K_1 & \dots \beta_{r-3} K_{r-3} & -\{xy\} & \{xx\}+\{zz\} & -\{yz\} \\ \gamma_1 K_1 & \dots \gamma_{r-3} K_{r-3} & -\{xz\} & -\{yz\} & \{xx\}+\{yy\} \end{vmatrix}. \tag{IX 228}$$

Man sieht sofort, daß sich der Faktor $\prod\limits_i K_i$ aus der Determinante abspalten läßt.

Dieselbe läßt sich weiter durch LAPLACEsche Entwicklung und Anwendung des Summensatzes auf eine Determinante dritten Grades reduzieren. Mit Benutzung der Abkürzung

$$\{\alpha\beta\} = \sum_i \alpha_i \beta_i K_i \tag{IX 229}$$

kann Gl. (IX 228) dann geschrieben werden

$$|A| = \prod_i K_i \sin^2\vartheta \begin{vmatrix} \{yy\} + \{zz\} - \{\alpha\alpha\} & -\{xy\} - \{\alpha\beta\} & -\{xz\} - \{\alpha\gamma\} \\ -\{xy\} - \{\alpha\beta\} & \{xx\} + \{zz\} - \{\beta\beta\} & -\{yz\} - \{\beta\gamma\} \\ -\{xz\} - \{\alpha\gamma\} & -\{yz\} - \{\beta\gamma\} & \{xx\} + \{yy\} - \{\gamma\gamma\} \end{vmatrix}.$$

$$\text{(IX 230)}$$

Mit Hilfe der Relation

$$\alpha_i^2 + \beta_i^2 + \gamma_i^2 = 1 \tag{IX 231}$$

läßt sich (IX 230) schließlich auf die völlig symmetrische Form

$$|A| = \prod_i K_i \sin^2\vartheta \begin{vmatrix} \begin{array}{c} \{yy\} + \{zz\} \\ + \{\beta\beta\} + \{\gamma\gamma\} \\ - \Sigma K_i \end{array} & -\{xy\} - \{\alpha\beta\} & -\{xz\} - \{\alpha\gamma\} \\[2ex] -\{xy\} - \{\alpha\beta\} & \begin{array}{c} \{xx\} + \{zz\} \\ + \{\alpha\alpha\} + \{\gamma\gamma\} \\ - \Sigma K_i \end{array} & -\{yz\} - \{\beta\gamma\} \\[2ex] -\{xz\} - \{\alpha\gamma\} & -\{yz\{ - \{\beta\gamma\} & \begin{array}{c} \{xx\} + \{yy\} \\ + \{\alpha\alpha\} + \{\beta\beta\} \\ - \Sigma K_i \end{array} \end{vmatrix} \tag{IX 232}$$

bringen. Die Elemente der Determinante setzen sich linear zusammen aus den Trägheitsmomenten um die Koordinatenachsen bzw. den Deviationsmomenten und den analog aus (IX 229) gebildeten Größen. Beide transformieren sich in gleicher Weise bei einer Drehung des Koordinatensystems. Man kann daher aus den Elementen der Determinante eine zum Trägheitsellipsoid analoge Fläche II. Grades definieren und diese auf Hauptachsen transformieren. In den meisten Fällen, die hier in Betracht kommen, werden die letzteren mit den Hauptträgheitsachsen des Moleküls zusammenfallen. Setzen wir dies voraus, so wird bei entsprechender Wahl der Koordinaten

$$|A| = \prod_i K_i \sin^2\vartheta \begin{vmatrix} A - \sum_i \alpha_i^2 K_i & 0 & 0 \\ 0 & B - \sum_i \beta_i^2 K_i & 0 \\ 0 & 0 & C - \sum_i \gamma_i^2 K_i \end{vmatrix}. \tag{IX 233}$$

Die Determinante hängt [ebenso wie in Gl. (IX 228) und (IX 230)] nicht von den inneren Koordinaten q_i ab. Wir erhalten daher mit (IX 206) unmittelbar für die Verteilungsfunktion der Rotation[1]

$$r(T) = \frac{8\pi^2 (2\pi kT)^{3/2} (ABC)^{1/2}}{h^3} \prod_{i=1}^{r-3} \left[\frac{2\pi (2\pi kT J_i)^{1/2}}{h} \right], \tag{IX 234}$$

wo die „reduzierten Trägheitsmomente" in erster Näherung durch

$$J_i = K_i \left(1 - \frac{\alpha_i^2 K_i}{A} - \frac{\beta_i^2 K_i}{B} - \frac{\gamma_i^2 K_i}{C} \right) \tag{IX 235}$$

gegeben sind. Man sieht leicht, daß Gl. (IX 194) ein Spezialfall dieser Formel ist, und weiter, daß diese Definitionen der reduzierten Trägheitsmomente nur unter den oben angeführten Voraussetzungen möglich sind, in allgemeineren Fällen aber keinen Sinn haben[2]. Die Anwendung der Gl. (IX 234) und (IX 235) auf das Äthan-Molekül führt, wie man sich leicht überzeugt, wieder auf Gl. (IX 216)[3]. Weitere Beispiele finden sich in der KASSELschen Arbeit.

---

[1] Die Integrationsgrenzen für die Koordinaten der inneren Rotationen sind 0 und 2π.
[2] KASSEL (s. S. 347, Anm. 4) bezeichnet die Elemente der Determinanten in Gl. (IX 232) als reduzierte Trägheitsmomente bzw. reduzierte Trägheitsprodukte.
[3] In diesem Falle ist Gl. (IX 235) exakt gültig.

Die Behandlung der freien Rotation mit Hilfe der Quantenmechanik hat, wie erwähnt, physikalisch keine große Bedeutung. Ihre Grundlage bildet die SCHRÖDINGER-Gleichung des eindimensionalen freien Rotators, die wir in § 3.1 kurz besprochen haben. Die Anwendung auf das Äthan wurde von J. E. MAYER und Mitarbeitern[1] im Zusammenhang mit einer ausführlichen Diskussion der Symmetriezahlen durchgeführt.

Für die meisten Moleküle liegt die tatsächliche Bewegungsform der inneren Rotation in dem interessierenden Temperaturbereich zwischen den beiden bisher betrachteten Grenzfällen; sie entspricht einer gehemmten Rotation. Die Berechnung der Verteilungsfunktion muß dann auf der Grundlage der quantenmechanischen Eigenwerte durchgeführt werden. Wählen wir wieder das Molekülmodell der an einem starren Gerüst befestigten symmetrischen Gruppen und setzen für die gehemmte Rotation jeder Gruppe das Potential der Gl. (IX 191) voraus, so läßt sich die Rotation des Gesamtmoleküls (äußere Rotation) abseparieren und man erhält für jeden gehemmten Rotator eine MATHIEUsche Differentialgleichung[2, 3]. Die Lösungen und Eigenwerte derselben für die hier in Betracht kommenden Randbedingungen sind von NIELSEN[4] sowie TELLER und WEIGERT[5] untersucht worden. Wir können darauf hier nicht näher eingehen. Die Eigenwerte liegen naturgemäß intermediär zu denen des freien Rotators und denen des harmonischen Oszillators. Abb. 38 zeigt dies schematisch für das Beispiel des Äthans. Im allgemeinen sind nicht die exakten Eigenwerte, sondern für jeden nur ein gewisser Bereich, in dem er liegen muß, bekannt. Dies genügt für die Berechnung der thermodynamischen Funktionen, die naturgemäß nur numerisch durchgeführt werden kann. Solche Tabellen sind zuerst von PITZER[6], später genauer von PITZER und GWINN[2] berechnet worden. Wir geben aus der letzteren Arbeit in Tab. 14 die Daten für die freie Energie — F/T,

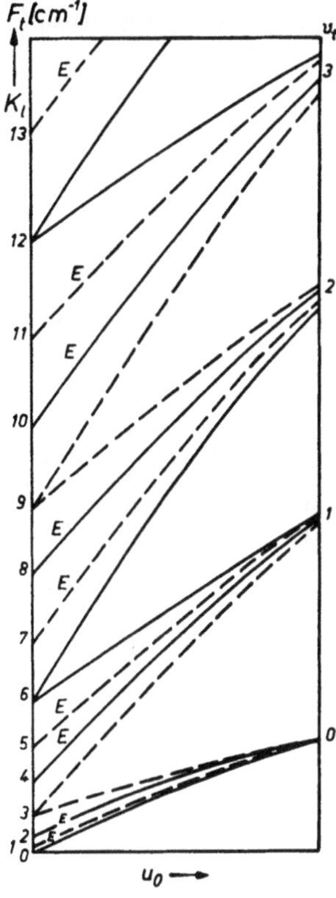

Abb. 38. Schematische Darstellung der Eigenwerte des gehemmten Rotators (Äthan) [entnommen aus: G. HERZBERG: Infrared and Raman Spectra of Polyatomic Molecules S. 495, New York 1951]

in Tab. 15 die für die Entropie S und in Tab. 16 die für die Molwärme C_v. Die Zahlen stellen den Beitrag einer rotierenden Gruppe zu der betreffenden Größe pro Mol dar. Als Energieeinheit ist die calorie verwendet. Die Parameter sind die reziproke Verteilungsfunktion des freien Rotators (mit Einschluß der Symmetriezahl σ_i), welche das reduzierte Trägheitsmoment nach (IX 235) enthält und die Größe u_0/RT.

[1] MAYER, J. E., ST. BRUNAUER u. M. GOEPPERT-MAYER: J. Amer. Chem. Soc. 55, 37 (1933).

[2] PITZER, K. S., u. W. D. GWINN: J. Chem. Phys. 10, 428 (1942).

[3] Über die MATHIEUsche Differentialgleichung vgl. E. T. WHITTAKER u. G. N. WATSON: Modern Analysis. Cambridge 1952.

[4] NIELSEN, H. H.: Physic. Rev. 40, 445 (1932).

[5] TELLER, E., u. K. WEIGERT: Nachr. Ges. Wiss. Göttingen 1933, 218.

[6] PITZER, K. S.: J. Chem. Phys. 5, 469 (1937).

Tabelle 14. *Freie Energie für Moleküle mit innerer Rotation — F/T (cal grad^{-1} mol^{-1})*

$\dfrac{u_0}{kT}$	$\dfrac{h\sigma}{(8\pi^3 J kT)^{1/2}}$											
	0,25	0,30	0,35	0,40	0,45	0,50	0,55	0,60	0,65	0,70	0,75	0,80
0,0	2,754	2,392	2,086	1,821	1,587	1,377	1,188					
2	2,710	2,359	2,061	1,803	1,574	1,368	1,182					
4	2,623	2,296	2,014	1,765	1,543	1,342	1,160					
6	2,518	2,208	1,944	1,708	1,498	1,309	1,134					
8	2,406	2,106	1,856	1,636	1,442	1,266	1,100					
1,0	2,296	2,004	1,764	1,559	1,379	1,214	1,059					
1,5	2,040	1,770	1,548	1,370	1,210	1,069	0,938					
2,0	1,819	1,563	1,360	1,193	1,052	0,927	817					
2,5	1,630	1,389	1,197	1,043	0,912	802	709					
3,0	1,473	1,240	1,059	0,914	793	695	612	0,53				
3,5	1,340	1,117	0,943	802	694	603	528	46				
4,0	1,225	1,013	847	713	613	527	456	40	0,34			
4,5	1,133	0,925	764	637	543	463	397	35	29			
5,0	1,053	849	696	577	483	408	347	30	25	0,22		
6	0,919	728	586	477	393	325	272	23	19	16	0,14	
7	819	636	503	402	325	267	218	183	15	12	10	0,08
8	735	564	440	346	275	221	178	146	119	10	08	06
9	667	504	388	300	235	186	149	119	096	079	06	05
10	610	456	345	264	203	159	125	099	079	064	051	04
12	521	380	280	209	157	120	092	071	055	043	033	027
14	452	321	232	169	124	092	069	052	038	030	022	018
16	396	276	195	139	100	072	053	039	028	021	016	012
18	351	240	166	117	082	058	042	030	022	016	012	009
20	315	211	144	098	068	047	033	024	017	012	009	006

Entnommen aus: K. S. Pitzer u. W. D. Gwinn: J. Chem. Phys. **10**, 428 (1942).

Tabelle 15. *Entropie für Moleküle mit innerer Rotation S (cal grad^{-1} mol^{-1})*

$\dfrac{u_0}{kT}$	$\dfrac{h\sigma}{(8\pi^3 J kT)^{1/2}}$											
	0,25	0,30	0,35	0,40	0,45	0,50	0,55	0,60	0,65	0,70	0,75	0,80
0,0	3,748	3,386	3,079	2,814	2,580	2,371	2,181					
0,2	3,743	3,382	3,076	2,811	2,578	2,369	2,179					
0,4	3,730	3,370	3,065	2,801	2,568	2,359	2,171					
0,6	3,709	3,347	3,043	2,780	2,547	2,340	2,153					
0,8	3,679	3,318	3,013	2,750	2,519	2,315	2,128					
1,0	3,638	3,279	2,974	2,714	2,485	2,279	2,095					
1,5	3,512	3,156	2,854	2,600	2,376	2,173	1,992					
2,0	3,355	3,004	2,709	2,458	2,241	2,048	1,873					
2,5	3,180	2,836	2,548	2,303	2,091	1,907	1,741					
3,0	3,008	2,667	2,380	2,138	1,933	1,756	1,600	1,45				
3,5	2,838	2,500	2,218	1,978	1,782	1,610	1,459	1,34				
4,0	2,678	2,343	2,069	1,834	1,643	1,475	1,326	1,22	1,10			
4,5	2,528	2,199	1,926	1,698	1,511	1,348	1,204	1,10	1,00			
5,0	2,396	2,068	1,798	1,579	1,392	1,233	1,095	0,97	0,88	0,81		
6,0	2,166	1,844	1,585	1,370	1,192	1,040	0,913	79	70	63	0,56	
7,0	1,983	1,665	1,411	1,204	1,033	0,891	770	665	57	50	44	0,39
8,0	1,830	1,519	1,272	1,071	0,906	770	656	564	482	41	36	31
9,0	1,703	1,397	1,156	0,962	804	674	569	482	411	348	29	25
10,0	1,593	1,295	1,060	872	719	596	495	418	352	295	245	21
12,0	1,417	1,125	0,904	728	588	476	388	315	258	212	173	143
14,0	1,275	0,994	783	620	492	388	309	247	196	158	126	102
16,0	1,157	890	688	533	414	322	251	196	155	120	094	075
18,0	1,058	801	609	464	353	270	205	158	121	093	072	056
20,0	0,975	727	542	405	303	228	170	129	097	073	056	042

Entnommen aus: K. S. Pitzer u. W. D. Gwinn: J. Chem. Phys. **10**, 428 (1942).

Tabelle 16. *Molwärme für Moleküle mit innerer Rotation C (cal grad^{-1} mol^{-1})*

$\dfrac{u_0}{kT}$	$\dfrac{h\sigma}{(8\pi^3 J\,kT)^{1/2}}$																
	0,0	0,05	0,10	0,15	0,20	0,25	0,30	0,35	0,40	0,45	0,50	0,55	0,60	0,65	0,70	0,75	0,80
0,0	0,9934	0,993	0,993	0,993	0,993	0,993	0,993	0,993	0,993	0,993	0,99	0,99					
0,2	1,0033	1,003	1,003	1,002	1,001	1,000	0,999	0,998	0,998	0,998	1,00	1,00					
0,4	1,0326	1,033	1,032	1,030	1,028	1,025	1,024	1,021	1,019	1,017	1,02	1,01					
0,6	1,0799	1,080	1,079	1,076	1,073	1,068	1,065	1,060	1,056	1,051	1,05	1,04					
0,8	1,1433	1,143	1,141	1,138	1,133	1,128	1,121	1,114	1,106	1,099	1,09	1,08					
1,0	1,2201	1,219	1,217	1,212	1,206	1,199	1,190	1,180	1,169	1,157	1,14	1,13					
1,5	1,4506	1,449	1,444	1,435	1,423	1,408	1,391	1,370	1,348	1,324	1,30	1,27					
2,0	1,6975	1,695	1,687	1,673	1,655	1,632	1,606	1,574	1,541	1,505	1,469	1,43					
2,5	1,9211	1,917	1,908	1,888	1,866	1,840	1,801	1,756	1,717	1,670	1,623	1,58					
3,0	2,0986	2,095	2,082	2,062	2,033	1,996	1,952	1,900	1,846	1,794	1,738	1,68	1,7				
3,5	2,2223	2,218	2,204	2,180	2,146	2,106	2,054	1,995	1,934	1,869	1,803	1,74	1,7				
4,0	2,2986	2,294	2,276	2,249	2,213	2,168	2,110	2,048	1,980	1,907	1,834	1,76	1,69	1,6			
4,5	2,3354	2,330	2,312	2,280	2,238	2,190	2,129	2,062	1,990	1,911	1,832	1,75	1,67	1,6			
5,0	2,3443	2,338	2,318	2,285	2,241	2,186	2,120	2,056	1,972	1,890	1,808	1,719	1,62	1,55	1,4		
6,0	2,3155	2,307	2,283	2,245	2,192	2,130	2,059	1,979	1,893	1,803	1,711	1,616	1,51	1,43	1,33	1,2	
7,0	2,2647	2,256	2,228	2,185	2,126	2,055	1,973	1,883	1,787	1,688	1,588	1,491	1,394	1,30	1,21	1,12	1,0
8,0	2,2157	2,205	2,174	2,125	2,058	1,979	1,888	1,788	1,684	1,576	1,468	1,362	1,260	1,159	1,07	0,99	0,91
9,0	2,1759	2,164	2,130	2,074	1,999	1,909	1,808	1,699	1,587	1,474	1,362	1,252	1,149	1,049	0,955	86	79
10,0	2,1454	2,133	2,094	2,033	1,951	1,854	1,745	1,630	1,507	1,382	1,262	1,151	1,047	0,949	853	762	68
12,0	2,1050	2,089	2,043	1,972	1,877	1,763	1,636	1,502	1,365	1,233	1,107	0,989	0,877	774	683	600	519
14,0	2,0810	2,063	2,009	1,923	1,814	1,686	1,546	1,400	1,254	1,112	0,978	855	744	644	555	476	408
16,0	2,0654	2,044	1,983	1,887	1,764	1,622	1,468	1,311	1,156	1,009	873	749	639	542	457	384	321
18,0	2,0544	2,031	1,961	1,853	1,717	1,562	1,397	1,232	1,070	0,919	780	657	549	456	378	312	256
20,0	2,0462	2,020	1,944	1,827	1,678	1,510	1,333	1,158	0,991	837	701	580	477	389	316	256	207

Entnommen aus: K. S. Pitzer u. W. D. Gwinn: J. Chem. Phys. **10**, 428 (1942).

Bei der Anwendung der Tabellen muß beachtet werden, daß dieselben für ein bestimmtes Molekülmodell berechnet sind. Kompliziertere Fälle sind von PITZER[1, 2] sowie KILPATRICK und PITZER[3] behandelt worden. Beim Vergleich mit experimentellen Daten ist u_0 ein freier Parameter. Man kann daher die Größe der Hemmung, d. h. die Höhe der Potentialschwelle, aus Messungen der spezifischen Wärme bestimmen. Dabei ist allerdings zu berücksichtigen, daß die Wahl des Potentials (IX 191) nicht frei von Willkür ist. Der allgemeine Charakter der

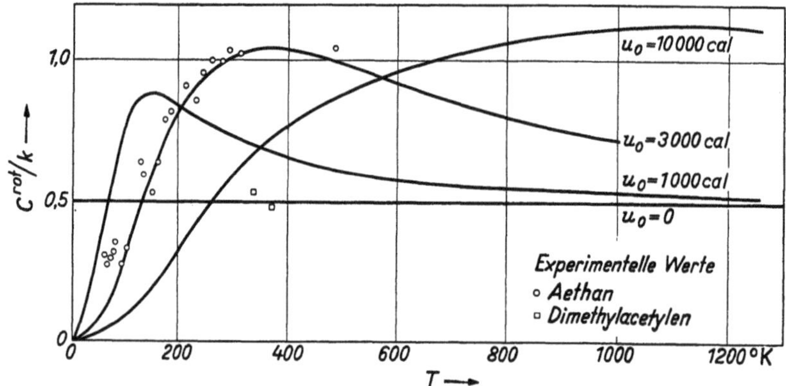

Abb. 39. Beitrag der inneren Rotation zur Molekülwärme äthanähnlicher Verbindungen [entnommen aus: G. HERZBERG: Infrared and Raman Spectra of Polyatomic Molecules, S. 518, New York 1951]

thermodynamischen Eigenschaften ist nach verschiedenen Untersuchungen[4, 5] nicht sehr empfindlich gegen kleinere Abweichungen der Potentialkurve von Gl. (IX 191). Die Genauigkeit der in der Literatur angegebenen u_0-Werte ist aber naturgemäß dadurch begrenzt, daß dieselben für ein vorgegebenes Potential [in den meisten Fällen (IX 191)] berechnet sind.

Der Beitrag der gehemmten Rotation zur Molekülwärme ist sehr charakteristisch. Während bei freier Rotation jede Gruppe nach dem Äquipartitionstheorem den temperaturunabhängigen Beitrag $\frac{1}{2} k$ liefert, steigt die Kurve für den gehemmten Rotator von Null bis zu einem Maximum, das mit zunehmender Größe der Hemmung höher und breiter wird, und fällt dann auf den Grenzwert $\frac{1}{2} k$ für hohe Temperaturen (Abb. 39). Das Vorliegen einer gehemmten Rotation ist daher leicht nachzuweisen, wenn alle übrigen Beiträge zur Molekülwärme bekannt sind. Am gründlichsten ist das Äthan untersucht worden, für das in neuerer Zeit PITZER[6] nochmals eine sorgfältige Diskussion durchgeführt hat. Danach ist der Verlauf des Potentials sehr ähnlich der Cosinusfunktion (IX 191), während die Höhe der Potentialschwelle zwischen 2750 und 3000 cal liegt. Aus Abb. 39 sieht man, daß mit dem letzteren Wert die experimentellen Daten recht gut wiedergegeben werden. Zur Verdeutlichung des Unterschiedes zwischen freier und gehemmter Rotation sind auch einige Daten für Dimethylacetylen in das Diagramm eingetragen worden. In der einer Arbeit von PITZER[6] entnommenen Tab. 17 sind die Werte des Hemmungspotentials u_0

[1] PITZER, K. S.: J. Chem. Phys. 8, 711 (1940).
[2] PITZER, K. S.: J. Chem. Phys. 14, 239 (1946).
[3] KILPATRICK, J. E., u. K. S. PITZER: J. Chem. Phys. 17, 1064 (1949).
[4] PITZER, K. S., u. W. D. GWINN: J. Chem. Phys. 10, 428 (1942).
[5] SCHÄFER, K.: Z. physik. Chem. (B) 40, 357 (1938).
[6] PITZER, K. S.: Discuss. Faraday Soc. 10, 66 (1951).

für einige Kohlenwasserstoffe zusammengestellt. Wenn bei mehreren rotierenden Gruppen die u_0-Werte möglicherweise verschieden sind, geben die betreffenden Zahlen Mittelwerte; dies ist jeweils besonders vermerkt.

Die Frage, welche Konfiguration dem Potentialminimum zuzuordnen ist, läßt sich naturgemäß aus thermodynamischen Daten nicht beantworten. Im Falle des Äthans ist es durch eine sorgfältige Analyse des Ultrarotspektrums[1] wahrscheinlich gemacht worden, daß die Lage, bei welcher die H-Atome „auf Lücke" stehen (Punktgruppe D_{3d}), energetisch bevorzugt ist. Dies ist in Übereinstimmung mit theoretischen Betrachtungen über die Wechselwirkung der beiden CH_3-Gruppen[2-4]. Es ist allerdings bisher nicht gelungen, dieselbe in einer völlig befriedigenden Form zu erklären, die eine Vorausberechnung der Potentialkurve (oder wenigstens der Höhe des Maximums) ermöglichen würde.

Tabelle 17. *Werte des Hemmungspotentials für einige Kohlenwasserstoffe*

Substanz	V_0 [cal/Mol]
Äthan	2875 ± 125
Propan	3400 (Mittelw.)
Iso-Butan	3620 (Mittelw.)
Neo-Pentan	4300 (Mittelw.)
Propylen	1950
Iso-Butylen	2350 (Mittelw.)
Trans-2-Butylen	1950
Cis-2-Butylen	450 (Mittelw.)
Toluol	500 ± 500
m- und p-Xylol	500 ± 500
o-Xylol	2000 (Mittelw.)
1:3-Butadien	{5000 trans / 2575 cis}
Styrol	2200
Dimethylacetylen	0

Entnommen aus: K. S. Pitzer: Discuss. Faraday Soc. 10, 66 (1951).

Für weitere Einzelheiten verweisen wir auf die zusammenfassenden Arbeiten von Pitzer[5] und Aston[6] bzw. die dort zitierte Originalliteratur.

Kapitel X

Chemische Gleichgewichte in idealen Gasen

§ 10.1. Das Gleichgewicht zwischen Isomeren

In der allgemeinen Übersicht des § 9.8 haben wir unter b) den Fall erwähnt, daß Übergänge zwischen verschiedenen Potentialminima eines Moleküls mit meßbarer Geschwindigkeit stattfinden, andererseits aber jedem Minimum eine Verteilungsfunktion zugeordnet werden kann. Wir wollen jetzt dieses Problem, das im einfachsten Falle dem Gleichgewicht zwischen zwei Isomeren entspricht, etwas genauer untersuchen. Es kann sich dabei um optische Antipoden, um cis-trans-Isomere oder auch um sog. tautomere Formen (z. B. Keto- und Enolform des Acetessigesters) handeln; für unsere allgemeinen Überlegungen spielt das keine Rolle.

Wir nehmen an, daß die Quantenzustände eines Moleküls in zwei Gruppen mit den Quantenzahlen $r_1', r_2', r_3', \ldots$ und $r_1'', r_2'', r_3'', \ldots$ zerfallen in der Weise, daß das Gleichgewicht in bezug auf die r'-Zustände und die r''-Zustände unter sich viel schneller erreicht wird als die Gleichgewichtsverteilung zwischen r'- und r''-Zuständen. Das bedeutet mit anderen Worten, daß wir für kurze Versuchszeiten bei Molekülen in r'-Zuständen die r''-Zustände als praktisch unzugänglich

---

[1] Smith, L. G.: J. Chem. Phys. 17, 139 (1949).

[2] Lassettre, E. N., u. L. B. Davis: J. Chem. Phys. 16, 151, 553 (1948).

[3] Bernstein, H. J.: J. Chem. Phys. 17, 262 (1949).

[4] Oosterhoff, L. J.: Discuss. Faraday Soc. 10, 79 (1951).

[5] Pitzer, K. S.: Discuss. Faraday Soc. 10, 66 (1951).

[6] Aston, J. G.: Discuss. Faraday Soc. 10, 73 (1951).

behandeln müssen und umgekehrt. Wenn also im Vergleich zur Beobachtungszeit die erste Gleichgewichtseinstellung kurz, die zweite lange dauert, so verhält sich die Substanz wie ein Gemisch von zwei Stoffen A' und A'', die wir allgemein Isomere nennen. Aus dieser Definition sieht man, daß auch der Fall des Ortho- und Para-Wasserstoffs hierher gehört; nur lassen sich in derartigen Fällen die beiden verschiedenen Gruppen von Quantenzuständen nicht durch die üblichen chemischen Formeln darstellen. Wir können also den beiden Isomeren gesonderte Verteilungsfunktionen

$$f'(T) = \sum_{r'} g_{r'}\, e^{-\frac{\varepsilon_{r'}}{kT}} \tag{X 1}$$

und

$$f''(T) = \sum_{r''} g_{r''}\, e^{-\frac{\varepsilon_{r''}}{kT}} \tag{X 2}$$

zuschreiben, welche jeweils einen Teil der für das Molekül überhaupt möglichen Quantenzustände umfassen und deren Summe die vollständige Verteilungsfunktion des Moleküls ohne Berücksichtigung der obigen speziellen Annahme über die Zugänglichkeit darstellt.

Wir lassen nun, evtl. mit Hilfe eines Katalysators, das vollständige Gleichgewicht sich einstellen. Wir betrachten also das „Reaktionsgleichgewicht" $A' \rightleftharpoons A''$. Die Eigenschaften des Systems sind dann (da die Beschränkungen der Zugänglichkeit fortfallen) durch die vollständige Verteilungsfunktion

$$f(T) = f'(T) + f''(T) \tag{X 3}$$

bestimmt. Für dieses im vollständigen Gleichgewicht befindliche System können wir nun nach der mittleren Zahl der Teilchen fragen, die sich in den durch $f'(T)$ erfaßten Zuständen befinden, und ebenso nach der mittleren Zahl der Teilchen, die sich in den zu $f''(T)$ gehörenden Zuständen befinden. In beiden Fällen haben wir die Verteilungsformel einfach über die betreffenden Zustände zu summieren. Nach unserer Definition sind aber die genannten Zahlen identisch mit den mittleren Zahlen der beiden Isomeren, $\bar{N}_{A'}$ und $\bar{N}_{A''}$, die im Gleichgewicht nebeneinander existieren. Die halbklassische Näherung Gl. (IV 59) liefert dann unmittelbar

$$\frac{\bar{N}_{A'}}{\bar{N}_{A''}} = \frac{f'(T)}{f''(T)} = K(T)\,, \tag{X 4}$$

wo die „Gleichgewichtskonstante" $K(T)$ nur von der Temperatur abhängt, da die Volumenfaktoren in den Verteilungsfunktionen sich herausheben. Dasselbe gilt, weil die beiden Isomeren die gleiche Masse haben, auch für den von der kinetischen Energie der Schwerpunktstranslation herrührenden Faktor. Das Mischungsverhältnis der Isomeren im Gleichgewicht wird daher nur durch die Verteilungsfunktionen der inneren Freiheitsgrade bestimmt. Bei optischen Antipoden sind auch diese gleich, so daß hier stets $\bar{N}_{A'} = \bar{N}_{A''}$ ist. Ein racemisches Gemisch ist daher optisch inaktiv. Im Falle der Tautomerie ist dagegen gewöhnlich $f'(T) \neq f''(T)$, so daß das Mischungsverhältnis der Isomeren von Eins abweicht. Ein Beispiel dafür bietet die von Briegleb und Mitarbeitern[1,2] untersuchte Keto-Enol-Umwandlung des Acetessigesters[3].

---

[1] Briegleb, G., u. H. Rebelein: Z. Naturforsch. 2a, 562 (1947).

[2] Strohmeier, W., u. G. Briegleb: Z. Naturforsch. 6b, 1 (1951).

[3] Eine zusammenfassende Darstellung der Isomerieprobleme der organischen Chemie findet sich bei W. Hückel: Theoretische Grundlagen der organischen Chemie, Bd. I, 5. Aufl. Leipzig 1944.

§ 10.2. Allgemeine statistische Theorie des Dissoziationsgleichgewichtes

In Kap. IX und dem vorhergehenden Paragraphen haben wir als Individuen der Statistik, als die „Teilchen", wie wir sie häufig genannt haben, die Moleküle betrachtet. Diese stellten also „permanente Gruppen" im Sinne des § 4.1 dar. Wir wollen jetzt Systeme behandeln, in denen die Moleküle keine permanenten Gruppen mehr sind, d. h. Systeme, in denen sich chemische Reaktionen abspielen. Naturgemäß müssen auch jetzt wieder irgendwelche permanenten Gruppen definiert werden, damit sich die Methoden der Statistik überhaupt anwenden lassen. Ihre Wahl kann aber dem jeweiligen physikalischen Problem angepaßt werden.

Wir betrachten zunächst die allgemeine Reaktion

$$AB \rightleftarrows A + B , \tag{X 5}$$

welche einem Dissoziationsgleichgewicht entspricht. Beispiele dafür sind etwa die thermische Ionisation der Atome

$$Ca \rightleftarrows Ca^+ + \ominus , \tag{X 6}$$

die Dissoziation zweiatomiger Moleküle in Atome

$$Cl_2 \rightleftarrows Cl + Cl \tag{X 7}$$

oder die Reaktionen wie

$$N_2O_4 \rightleftarrows NO_2 + NO_2 \tag{X 8}$$

$$N_2O_3 \rightleftarrows NO + NO_2 . \tag{X 9}$$

Der Einfachheit halber werden wir im folgenden nur von A- und B-Atomen sprechen. Es sei nun N_A die Gesamtzahl der A-Atome, N_B die Gesamtzahl der B-Atome. Die Zahl der AB-Moleküle kann jeden Wert von Null bis N_A bzw. N_B annehmen, je nachdem ob $N_A \gtrless N_B$ ist. Als permanente Gruppen wählen wir hier zweckmäßig die A- und B-Atome. Die AB-Moleküle müssen dann als besondere Zustände aufgefaßt werden, die sowohl von A- wie von B-Atomen besetzt werden können, aber stets nur in gleicher Zahl. Wir bezeichnen die Zahl der freien A-Atome mit N'_A, die der freien B-Atome mit N'_B und die der AB-Moleküle mit N'_{AB}. Nach den allgemeinen Vorschriften der μ-Raum-Statistik (Kap. III und IV) müssen wir zur Berechnung der thermodynamischen Eigenschaften eines solchen Systems die Zahl seiner Komplexionen ermitteln, die mit den vorgeschriebenen Nebenbedingungen vereinbar sind. Tatsächlich unterscheidet sich das jetzige Problem von den früheren nur durch die etwas komplizierteren Nebenbedingungen. Um dieselben zu formulieren, bezeichnen wir die Eigenwerte der A-Atome mit ε_r, die der B-Atome mit η_s und die der AB-Moleküle mit ζ_t. Die Besetzungszahlen der Eigenwerte seien N_{Ar}, N_{Bs} und N_{ABt}. Dann lauten die Nebenbedingungen

$$\sum_r N_{Ar} + \sum_t N_{ABt} = N_A \tag{X 10}$$

$$\sum_s N_{Bs} + \sum_t N_{ABt} = N_B \tag{X 11}$$

$$\sum_r N_{Ar}\,\varepsilon_r + \sum_s N_{Bs}\,\eta_s + \sum_t N_{ABt}\,\zeta_t = E , \tag{X 12}$$

wo E die vorgegebene Gesamtenergie des Systems ist. Die Zahl der mit diesen Nebenbedingungen vereinbaren Komplexionen berechnen wir, wie früher, mit

Hilfe einer erzeugenden Funktion, die wir nach den Vorschriften von Kap. IV konstruieren. Da wir drei Nebenbedingungen zu berücksichtigen haben, benötigen wir drei Auswahlvariable x, y, z. Jedem Zustand der Teilchen ist ein Polynom zugeordnet, in welchem der Exponent der Auswahlvariablen die Besetzungszahl bzw. den Energiebeitrag des betreffenden Zustandes in der jeweiligen Komplexion angibt. Dabei muß aber beachtet werden, daß die Zustände der Gruppe r nur von A-Atomen, die der Gruppe s nur von B-Atomen besetzt werden können. In den betreffenden Polynomen treten daher jeweils nur die Auswahlvariablen x und z bzw. y und z auf. Die Zustände der Gruppe t können sowohl von A- wie von B-Atomen besetzt werden, aber nur in der Weise, daß ebensoviel A- wie B-Atome sich in einem solchen Zustand befinden. In den Polynomen der Gruppe t kommen daher neben z die beiden Auswahlvariablen x und y vor, und zwar mit dem gleichen Exponenten. Die gesuchte erzeugende Funktion ist das Produkt sämtlicher Polynome der Gruppen r, s und t. Dabei erhält ein Polynom den Exponenten g, wenn der betreffende Eigenwert g-fach entartet ist. Wir bekommen so

$$f(x, y, z) = \prod_r (1 \pm x z^{\varepsilon_r})^{\pm g_r} \prod_s (1 \pm y z^{\eta_s})^{\pm g_s} \prod_t (1 \pm x y z^{\zeta_t})^{\pm g_t}, \qquad \text{(X 13)}$$

wo das positive Vorzeichen der FERMI-DIRAC-Statistik, das negative der BOSE-EINSTEIN-Statistik entspricht. Das allgemeine Glied in der Entwicklung dieser Funktion lautet

$$x^{\Sigma N_{Ar} + \Sigma N_{ABt}} \, y^{\Sigma N_{Bs} + \Sigma N_{ABt}} \, z^{\Sigma N_{Ar} \varepsilon_r + \Sigma N_{Bs} \eta_s + \Sigma N_{ABt} \zeta_t}. \qquad \text{(X 14)}$$

Der Vergleich mit (X 10)—(X 12) zeigt, daß die Zahl der mit diesen Bedingungen vereinbaren Komplexionen durch den Koeffizienten von $x^{N_A} y^{N_B} z^E$ in der Entwicklung von $f(x, y, z)$ gegeben ist und daß dieser Ausdruck somit in der Tat die gesuchte erzeugende Funktion darstellt. Die explizite Berechnung des Koeffizienten erfolgt wieder mit Hilfe des Residuensatzes und der Sattelpunktmethode. Entsprechend den drei Auswahlvariablen haben wir jetzt ein dreifaches CAUCHY-Integral und drei Sattelpunktskoordinaten, die wir mit λ_A, λ_B und ϑ bezeichnen. Eine ähnliche Rechnung können wir, wie früher, auch für die mittleren Besetzungszahlen der Zustände durchführen. Da keine wesentlich neuen Gesichtspunkte dabei auftreten, schreiben wir direkt das Resultat hin. Es lautet

$$\bar{N}_{Ar} = \frac{g_r \, \lambda_A \, \vartheta^{\varepsilon_r}}{1 \pm \lambda_A \, \vartheta^{\varepsilon_r}} \qquad \text{(X 15)}$$

$$\bar{N}_{Bs} = \frac{g_s \, \lambda_B \, \vartheta^{\eta_s}}{1 \pm \lambda_B \, \vartheta^{\eta_s}} \qquad \text{(X 16)}$$

$$\bar{N}_{ABt} = \frac{g_t \, \lambda_A \, \lambda_B \, \vartheta^{\zeta_t}}{1 \pm \lambda_A \, \lambda_B \, \vartheta^{\zeta_t}}. \qquad \text{(X 17)}$$

Verstehen wir jetzt unter „Teilchen" sowohl die A- und B-Atome wie die AB-Moleküle, so können wir diese Gleichungen zusammenfassen in der Aussage, daß von jeder anwesenden Teilchensorte im Mittel

$$\bar{N}_j = \frac{g_j \, \lambda \, \vartheta^{\varepsilon_j}}{1 \pm \lambda \, \vartheta^{\varepsilon_j}} \qquad \text{(X 18)}$$

Teilchen zu dem Eigenwert ε_j der betreffenden Teilchensorte gehören. Dabei haben wir die Definition

$$\lambda_{AB} = \lambda_A \, \lambda_B \qquad \text{(X 19)}$$

benutzt. In einem System mit nicht permanenten Teilchen gilt somit für die Teilchen jeder Sorte das gleiche Verteilungsgesetz wie für ein System aus permanenten Teilchen, wenn zusätzlich die Gl. (X 19) erfüllt ist. Aus Gl. (X 15)—(X 17) folgt unmittelbar für die mittleren Zahlen der freien A- und B-Atome bzw. der AB-Moleküle

$$\bar{N}'_A = \sum_r \frac{g_r \lambda_A \vartheta^{\varepsilon_r}}{1 \pm \lambda_A \vartheta^{\varepsilon_r}} \tag{X 20}$$

$$\bar{N}'_B = \sum_s \frac{g_s \lambda_B \vartheta^{\eta_s}}{1 \pm \lambda_B \vartheta^{\eta_s}} \tag{X 21}$$

$$\bar{N}'_{AB} = \sum_t \frac{g_t \lambda_{AB} \vartheta^{\zeta_t}}{1 \pm \lambda_{AB} \vartheta^{\zeta_t}} \, . \tag{X 22}$$

In Ergänzung der Ausführungen des § 4.6 wollen wir nun die thermodynamische Bedeutung der vorstehenden Resultate untersuchen. Dabei benutzen wir aber hier von vornherein die freie Energie nach HELMHOLTZ. Wir definieren zunächst die Funktionen

$$F_A \ln\vartheta = \sum_r g_r \ln(1 \pm \lambda_A \vartheta^{\varepsilon_r})^{\pm 1} - \bar{N}'_A \ln\lambda_A \tag{X 23}$$

$$F_B \ln\vartheta = \sum_s g_s \ln(1 \pm \lambda_B \vartheta^{\eta_s})^{\pm 1} - \bar{N}'_B \ln\lambda_B \tag{X 24}$$

$$F_{AB} \ln\vartheta = \sum_t g_t \ln(1 \pm \lambda_{AB} \vartheta^{\zeta_t})^{\pm 1} - \bar{N}'_{AB} \ln\lambda_{AB} \, . \tag{X 25}$$

Ferner setzen wir

$$F = F_A + F_B + F_{AB} \, . \tag{X 26}$$

Wir wollen zeigen, daß die so definierte Funktion F die Eigenschaften der freien Energie nach HELMHOLTZ unseres Systems besitzt. Aus Gl. (X 20) und (X 23) folgt

$$\lambda_A \ln\vartheta \frac{\partial F_A}{\partial \lambda_A} = \sum_r \frac{g_r \lambda_A \vartheta^{\varepsilon_r}}{1 \pm \lambda_A \vartheta^{\varepsilon_r}} - \bar{N}'_A = 0 \, . \tag{X 27}$$

Entsprechende Beziehungen ergeben sich für die B-Atome und die AB-Moleküle. Wir haben also nur noch die Abhängigkeit der Funktion F von den Variablen ϑ, $\bar{N}'_A$, $\bar{N}'_B$, $\bar{N}'_{AB}$ und x zu betrachten, wo x wieder einen äußeren Parameter (im allgemeinen das Volumen) bezeichnet. Für die zugehörige mittlere generalisierte Kraft ergibt sich mit Benutzung von Gl. (IV 69)

$$\bar{X} = -\frac{\partial F}{\partial x} \, , \tag{X 28}$$

während

$$E = \frac{\partial(F \ln\vartheta)}{\partial \ln\vartheta} \tag{X 29}$$

die Energie des Systems ist. Ferner bekommen wir

$$\frac{\partial F}{\partial \bar{N}'_A} = -\frac{\ln\lambda_A}{\ln\vartheta} \, , \quad \frac{\partial F}{\partial \bar{N}'_B} = -\frac{\ln\lambda_B}{\ln\vartheta} \, , \quad \frac{\partial F}{\partial \bar{N}'_{AB}} = -\frac{\ln\lambda_{AB}}{\ln\vartheta} \, . \tag{X 30}$$

Setzen wir jetzt

$$\ln\vartheta = -1/kT \tag{X 31}$$

und

$$\mu_A = kT \ln\lambda_A \, , \quad \mu_B = kT \ln\lambda_B \, , \quad \mu_{AB} = kT \ln\lambda_{AB} \, , \tag{X 32}$$

so wird

$$\frac{\partial (F/T)}{\partial T} = - \frac{E}{T^2} \qquad\qquad (\text{X } 33)$$

und

$$\frac{\partial F}{\partial N'_A} = \mu_A \, , \qquad \frac{\partial F}{\partial N'_B} = \mu_B \, , \qquad \frac{\partial F}{\partial N'_{AB}} = \mu_{AB} \, . \qquad (\text{X } 34)$$

Wir erhalten somit

$$d\left(\frac{F}{T}\right) = - \frac{E}{T^2}\, dT - \frac{1}{T}\, X\, dx + \frac{1}{T}\, (\mu_A\, dN'_A + \mu_B\, dN'_B + \mu_{AB}\, dN'_{AB}) \, . \qquad (\text{X } 35)$$

Das ist aber die thermodynamische Gleichung der freien Energie nach HELM-HOLTZ, wenn wir T mit der absoluten Temperatur, E mit der inneren Energie, X mit der thermodynamischen generalisierten Kraft X und μ_A, μ_B, μ_{AB} mit den chemischen Potentialen identifizieren[1]. Daß letzteres tatsächlich zulässig ist, ergibt sich daraus, daß die durch Gl. (X 32) definierten μ die fundamentale Gleichgewichtseigenschaft der chemischen Potentiale besitzen. In Verbindung mit (X 19) folgt nämlich aus der Definition (X 32)

$$\mu_{AB} = \mu_A + \mu_B \, , \qquad\qquad (\text{X } 36)$$

die thermodynamische Gleichgewichtsbedingung für ein System, in welchem die Reaktion (X 5) ablaufen kann. Damit haben wir den in § 4.6 noch zurück-gestellten Teil des Beweises gebracht, daß die statistischen Parameter μ alle Eigenschaften der chemischen Potentiale im Hinblick auf physikalische und chemische Gleichgewichte besitzen.

Wir machen jetzt Gebrauch von der Voraussetzung

$$\lambda \ll \vartheta^{\varepsilon_j} \qquad\qquad (\text{für alle } \lambda) \, , \quad (\text{X } 37)$$

die nach § 4.5 praktisch fast immer erfüllt ist. Damit lauten die Verteilungs-formeln

$$N_{Ar} = \lambda_A\, g_r\, e^{-\frac{\varepsilon_r}{kT}} \, , \quad N_{Bs} = \lambda_B\, g_s\, e^{-\frac{\eta_s}{kT}} \, , \quad N_{ABt} = \lambda_{AB}\, g_t\, e^{-\frac{\zeta_t}{kT}} \, . \quad (\text{X } 38)$$

Durch Summierung über alle Eigenwerte der jeweiligen Gruppe r bzw. s bzw. t wird daraus

$$N'_A = \lambda_A\, f_A(T) \, , \quad N'_B = \lambda_B\, f_B(T) \, , \quad N'_{AB} = \lambda_{AB}\, f_{AB}(T) \, , \qquad (\text{X } 39)$$

wo $f_A(T)$, $f_B(T)$ und $f_{AB}(T)$ die Verteilungsfunktionen des Einzelmoleküls für die Komponenten A, B und AB sind. Schließlich folgt durch Kombination mit Gl. (X 19)

$$\frac{N'_A\, N'_B}{N'_{AB}} = \frac{f_A(T)\, f_B(T)}{f_{AB}(T)} \, , \qquad\qquad (\text{X } 40)$$

wo die rechte Seite nur von der Temperatur und dem Volumen, aber nicht von den mittleren Molekülzahlen abhängt. Gl. (X 40) ist das Massenwirkungs-gesetz (MWG) für die Reaktion (X 5). Unsere Ableitung zeigt, daß die übliche Form des MWG an die beiden Voraussetzungen des idealen Gaszustandes und der Beziehung (X 37) gebunden ist. Sie läßt auch die fundamentale Bedeutung der Verteilungsfunktion des Einzelmoleküls für die physikalischen und chemischen Gleichgewichtseigenschaften separierbarer Systeme von neuem hervortreten.

Wir haben bisher stillschweigend vorausgesetzt, daß alle Energien von einem gemeinsamen Nullpunkt, etwa der Energie der freien Atome im tiefsten Quanten-zustand aus gerechnet werden. Es ist aber gewöhnlich bequemer, in der Ver-teilungsfunktion des Moleküls $f_{AB}(T)$ den tiefsten Quantenzustand des Moleküls

---

[1] Man beachte, daß nur zwei der N' unabhängige Variable sind.

als Nullpunkt der Energieskala zu wählen. Definieren wir also $f_{AB}(T)$ jetzt in dieser Weise und bezeichnen mit ε_0 den Unterschied der Nullniveaus des Moleküls und der freien Atome, so wird aus Gl. (X 40)

$$\frac{\bar{N}'_A\,\bar{N}'_B}{\bar{N}'_{AB}} = e^{\frac{\varepsilon_0}{kT}}\,\frac{f_A(T)\,f_B(T)}{f_{AB}(T)}\;. \tag{X 41}$$

Die Größe ε_0 ist im allgemeinen negativ.

Zur Veranschaulichung der allgemeinen Theorie wollen wir zunächst die Dissoziation zweiatomiger Moleküle etwas näher betrachten. Die Verteilungsfunktionen für die freien Atome sind

$$f_A(T) = \frac{(2\pi m_A kT)^{3/2}\,V}{h^3}\, {}^{el}g_{0A}\,{}^{k}g_A \tag{X 42}$$

$$f_B(T) = \frac{(2\pi m_B kT)^{3/2}\,V}{h^3}\, {}^{el}g_{0B}\,{}^{k}g_B\,. \tag{X 43}$$

Für die Verteilungsfunktion der Moleküle nehmen wir an, daß die Rotation klassisch behandelt und von der Schwingung separiert werden kann. Für die Berechnung chemischer Gleichgewichte reicht diese Näherung meistens aus. Es ergibt sich dann

$$f_{AB}(T) = \frac{[2\pi(m_A + m_B)kT]^{3/2}\,V}{h^3}\,\frac{8\pi^2 A kT}{h^2}\,\frac{1}{2\sinh(h\nu/2kT)}\cdot {}^{el}g_{0AB}\,\frac{{}^{k}g_A\,{}^{k}g_B}{\sigma}\;. \tag{X 44}[1]$$

Kürzen wir die Verteilungsfunktion der Schwingung wieder durch $q(T)$ ab, so lautet das MWG (X 41)

$$\frac{\bar{N}'_A\,\bar{N}'_B}{\bar{N}'_{AB}} = \frac{(2\pi\mu kT)^{3/2}\,V}{h^3}\,\frac{h^2}{8\pi^2 A kT q(T)}\,\frac{{}^{el}g_{0A}\,{}^{el}g_{0B}}{{}^{el}g_{0AB}}\,\sigma\,e^{\frac{\varepsilon_0}{kT}} \equiv K_N\,. \tag{X 45}$$

Hier ist μ die durch Gl. (IX 39) definierte reduzierte Masse und K_N die Konstante des in Molekülzahlen formulierten MWG. Man sieht, daß unter den oben erwähnten Voraussetzungen sich die Kernspingewichte herausheben. Weiter zeigt Gl. (X 45), daß unter sonst gleichen Verhältnissen die Dissoziation um so stärker ist, je kleiner das Trägheitsmoment und je höher die Schwingungsfrequenz des Moleküls ist.

Führen wir Volumenkonzentrationen ein durch die Gleichungen

$$c_A = \bar{N}'_A/V\,,\quad c_B = \bar{N}'_B/V\,,\quad c_{AB} = \bar{N}'_{AB}/V\,, \tag{X 46}$$

so bekommen wir das MWG in der Gestalt

$$\frac{c_A\,c_B}{c_{AB}} = \frac{(2\pi\mu kT)^{3/2}}{h^3}\,\frac{h^2}{8\pi^2 A kT q(T)}\,\frac{{}^{el}g_{0A}\,{}^{el}g_{0B}}{{}^{el}g_{0AB}}\,\sigma\,e^{\frac{\varepsilon_0}{kT}} \equiv K_c\,. \tag{X 47}$$

Mit Hilfe von Gl. (IX 15) lassen sich die Konzentrationen durch die Partialdrucke ersetzen. Dann ergibt sich

$$\frac{p_A\,p_B}{p_{AB}} = \frac{(2\pi\mu)^{3/2}\,(kT)^{5/2}}{h^3}\,\frac{h^2}{8\pi^2 A kT q(T)}\,\frac{{}^{el}g_{0A}\,{}^{el}g_{0B}}{{}^{el}g_{0AB}}\,\sigma\,e^{\frac{\varepsilon_0}{kT}} \equiv K_p\,. \tag{X 48}$$

Schließlich können wir nach Gl. (IX 13) die Partialdrucke durch die Molenbrüche

$$x_j = \frac{N_j}{\sum\limits_i N_i} \tag{X 49}$$

---

[1] Die Nullpunktsenergie der Schwingung geht in die Größe ε_0 ein.

und den Gesamtdruck P ausdrücken. Das ergibt

$$\frac{x_A\,x_B}{x_{AB}} = P^{-1}\,K_p \equiv K_x\,. \tag{X 50}$$

Die Gleichgewichtskonstanten K_c und K_p hängen somit nur von der Temperatur ab, K_N von der Temperatur und dem Volumen, K_x von der Temperatur und dem Gesamtdruck. Alle sonstigen Größen, die in den Formeln auftreten, lassen sich aus spektroskopischen Daten berechnen[1].

Ein besonders interessantes Beispiel für die Anwendung der Gl. (X 41) bietet die Reaktion

$$C_2H_6 \rightleftharpoons C_2H_4 + H_2\,, \tag{X 51}$$

da hier der Einfluß der gehemmten Rotation unmittelbar zu erkennen ist[2]. Tab. 18 gibt zunächst den von der inneren Rotation herrührenden Faktor in der Verteilungsfunktion des Äthans für verschiedene Werte der Temperatur und des Hemmungspotentials u_0. Derselbe wird mit zunehmender Hemmung kleiner, was nach (X 41) einer stärkeren Dissoziation entspricht. Im übrigen lassen sich die Verteilungsfunktionen aus spektroskopischen Daten berechnen. Für die Größe ε_0 ergibt sich aus spektroskopischen Daten und der gemessenen Reaktionswärme[3] $N_L\varepsilon_0 = 30890$ cal/mol. In Tab. 19 sind die auf diese Weise für $u_0 = 0$ und $u_0 = 2750$ cal berechneten K_p-Werte zusammengestellt und mit experimentellen Daten verglichen. Man sieht, daß die letzteren sich nur unter der Annahme einer gehemmten Rotation im Äthanmolekül befriedigend wiedergeben lassen. Die Messung chemischer

Tabelle 18. *Verteilungsfunktion der inneren Rotation für Äthan*

u_0 [cal]	$T = 100°$ K	$T = 300°$ K	$T = 500°$ K	$T = 1000°$ K
0	$1{,}548$	$2{,}682$	$3{,}462$	$4{,}896$
500	$1{,}32_6$	$2{,}41_1$	$3{,}21_9$	$4{,}69_3$
1000	$1{,}13_4$	$2{,}03_0$	$2{,}82_9$	$4{,}35_3$
2000	$1{,}04_1$	$1{,}58_3$	$2{,}25_5$	$3{,}74_3$
3000	$1{,}01_8$	$1{,}38_0$	$1{,}91_0$	$3{,}26_2$
5000		$1{,}21_0$	$1{,}56_7$	$2{,}62_0$
10000		$1{,}08_4$	$1{,}27_8$	$1{,}91_9$

Entnommen aus: G. Herzberg: Infrared and Raman Spectra of Polyatomic Molecules, S. 511, New York 1951.

Tabelle 19. *Dissoziationsgleichgewicht Äthan-Äthylen*

K_p (ber.)		K_p (beob.) [p in Atm.]
$u_0 = 0$	$u_0 = 2750$ cal	
$2{,}40 \times 10^{-5}$	$3{,}91 \times 10^{-5}$	$4{,}04 \times 10^{-5}$
$3{,}08 \times 10^{-4}$	$4{,}90 \times 10^{-4}$	$5{,}16 \times 10^{-4}$
$1{,}53 \times 10^{-2}$	$2{,}30 \times 10^{-2}$	$2{,}44 \times 10^{-2}$

Entnommen aus: G. Herzberg: Infrared and Raman Spectra of Polyatomic Molecules, S. 530, New York 1951.

Gleichgewichte liefert daher eine weitere Methode zur Bestimmung der Größe u_0. Ähnlich liegen die Verhältnisse bei der Reaktion

$$C_3H_8 \rightleftharpoons C_3H_6 + H_2\,, \tag{X 52}$$

die ebenfalls von Kistiakowsky und Nickle[2] untersucht wurde.

---

[1] Eine Zusammenstellung aller bis 1950 vorliegenden spektroskopischen Daten für zweiatomige Moleküle s. G. Herzberg: Spectra of Diatomic Molecules. New York 1950.

[2] Kistiakowsky, G. B., u. A. G. Nickle: Discuss. Faraday Soc. 10, 175 (1951). Dort Angaben über ältere Literatur.

[3] Kistiakowsky, G. B., H. Romeyer, J. R. Ruhoff, H. A. Smith u. W. E. Vaughan: J. Amer. Chem. Soc. 57, 65 (1935).

§ 10.3. Die chemischen Konstanten

Die Überlegungen des § 10.2 lassen sich ohne weiteres für beliebige chemische Reaktionen verallgemeinern. Nachdem wir aber an einem Beispiel die Natur des chemischen Gleichgewichtes statistisch analysiert haben, können wir auf weitere komplizierte Rechnungen dieser Art verzichten. Wir werden uns also jetzt darauf beschränken, in die thermodynamischen Gleichgewichtsbedingungen die statistisch berechneten Ausdrücke für die thermodynamischen Funktionen einzusetzen. Dabei wollen wir jetzt unser besonderes Augenmerk auf die statistische Deutung der bekannten thermodynamischen Formel für die Konstante des MWG richten.

Wir betrachten eine beliebige Gasreaktion

$$aA + bB + \cdots \rightleftharpoons lL + mM + \cdots . \tag{X 53}$$

Hier bezeichnen die großen Buchstaben die chemischen Formeln der reagierenden Stoffe, die kleinen Buchstaben die zugehörigen stöchiometrischen Umsatzzahlen. In abgekürzter Form können wir schreiben

$$\sum_A aA \rightleftharpoons \sum_L lL . \tag{X 54}$$

Die thermodynamische Bedingung des chemischen Gleichgewichtes lautet dann

$$\sum_A a\mu_A = \sum_L l\mu_L . \tag{X 55}$$

Um zu einer zweckmäßigen allgemeinen Formulierung zu gelangen, müssen wir zunächst die statistischen Gleichungen für die chemischen Potentiale in einer Form schreiben, welche von den speziellen Moleküleigenschaften unabhängig ist, also die im Kap. IX angegebenen speziellen Gleichungen gewissermaßen zusammenfaßt. Wir setzen wieder voraus, daß die Freiheitsgrade der äußeren Rotation klassisch behandelt und von den Schwingungen separiert werden können. Dann läßt sich die Gleichung für das chemische Potential auf die Form bringen[1]

$$\frac{\mu}{kT} = \frac{\varepsilon_0}{kT} + \ln p - \frac{C_{0p}}{k} \ln T - \sum_v \ln q_v(T) - j - \Sigma \ln {}^k g . \tag{X 56}$$

Hier ist p der Partialdruck der betreffenden Komponente und $\sum_v$ bezeichnet die Summierung über die Normalschwingungen; dabei sind gegebenenfalls auch innere Rotationen einzuschließen. C_{0p} und j sind von T und p unabhängige molekulare Konstanten mit folgenden Werten:
Einatomige Moleküle $[q_v(T) = 1]$

$$C_{0p}/k = \frac{5}{2}, \quad j = \ln \left[\frac{(2\pi m)^{5/2} k^{3/2}}{h^3} {}^{el}g_0 \right] . \tag{X 57}$$

Zweiatomige und lineare vielatomige Moleküle

$$C_{0p}/k = \frac{7}{2}, \quad j = \ln \left[\frac{(2\pi m)^{3/2} k^{5/2}}{h^3} \frac{8\pi^2 A k}{h^2} \frac{{}^{el}g_0}{\sigma} \right] . \tag{X 58}$$

Vielatomige nichtlineare Moleküle

$$C_{0p}/k = 4, \quad j = \ln \left[\frac{(2\pi m)^{3/2} k^{5/2}}{h^3} \frac{8\pi^2 (2\pi k)^{3/2} (ABC)^{1/2}}{h^3} \frac{{}^{el}g_0}{\sigma} \right] . \tag{X 59}$$

---

[1] Die Nullpunktsenergie der Schwingungen ist auch hier in die Größe ε_0 einbezogen.

Diese Beziehungen lassen sich durch Vergleich von (X 56) mit den Formeln des Kap. IX ohne weiteres bestätigen.

Wir wollen jetzt Gl. (X 56) mit der entsprechenden thermodynamischen Formel vergleichen. Dazu müssen wir in die letztere eine Annahme einführen, die der bei der Ableitung von (X 56) gemachten äquivalent ist. Wir setzen also voraus, daß es ein Temperaturgebiet gibt, in welchem die äußere Rotation schon klassisch ist, die Schwingungen aber noch nicht angeregt sind. Die konstante Molekülwärme in diesem Gebiet sei C_{0p}, und T_0 sei eine willkürlich festgelegte Temperatur in diesem Gebiet. Dann können wir setzen

$$\begin{aligned} C_p &= C_{0p} + C'(T) & (T > T_0) \\ C_p &= C_{0p}\,. & (T \leqq T_0) \end{aligned} \qquad \text{(X 60)}$$

Damit lautet die thermodynamische Formel für das chemische Potential

$$\frac{\mu}{kT} = \frac{\mathrm{H}_0}{kT} + \ln p - \frac{C_{0p}}{k} \ln T - \int\limits_0^T \frac{d T_1}{T_1^2} \int\limits_0^{T_1} \frac{C'(T_2)}{k}\, d T_2 - j_0\,. \qquad \text{(X 61)}^1$$

Hier ist H_0 der Grenzwert der molekularen Enthalpie für $T \to 0$ und j_0 eine Integrationskonstante, über welche die Thermodynamik keine Aussagen machen kann. Die Gültigkeit der Gl. (X 61) ist naturgemäß auf Temperaturen beschränkt, bei denen die in dem Ansatz (X 60) enthaltenen Vernachlässigungen keine Rolle mehr spielen (vgl. § 10.4).

Vergleichen wir nun Gl. (X 61) mit (X 56), so ergibt sich folgendes: Für ein ideales Gas ist definitionsgemäß $\mathrm{H} = E + NkT$ und somit für $T \to 0$ $\mathrm{H}_0 \to \varepsilon_0$. Daß die Größe C_{0p} in beiden Formeln die gleiche Bedeutung hat, ist unmittelbar einzusehen. Die in Gl. (X 61) auftretende Größe $C'(T)$ ist nach ihrer Definition die molekulare Schwingungswärme. Dafür gilt aber statistisch allgemein

$$C'(T) = k \frac{\partial}{\partial T} \left[T^2 \frac{\partial \sum\limits_v \ln q_v(T)}{\partial T} \right]\,. \qquad \text{(X 62)}$$

Durch Integration folgt daraus

$$\sum\limits_v \ln q_v(T) = \int\limits_0^T \frac{d T_1}{T_1^2} \int\limits_0^{T_1} \frac{C'(T_2)}{k}\, d T_2\,. \qquad \text{(X 63)}$$

Auch die beiden von den Freiheitsgraden der Schwingung herrührenden Terme sind somit völlig identisch. Setzen wir jetzt noch

$$j_0 = j + \Sigma \ln {}^k g\,, \qquad \text{(X 64)}$$

so haben wir völlige Übereinstimmung Term für Term zwischen der statistischen und der thermodynamischen Formel. Die erstere führt aber insofern weiter, als sie explizite Ausdrücke für die thermodynamisch unbestimmte Integrationskonstante j_0 liefert. Diese Tatsache ist, wie wir sogleich sehen werden, von großer Bedeutung für die Berechnung chemischer Gleichgewichte. Sie darf aber andererseits nicht zu der Schlußfolgerung verleiten, daß Gl. (X 56) einen „absoluten" Wert des chemischen Potentials definiert. Das folgt hier unmittelbar aus der Tatsache, daß einmal die Größe ε_0 für einen einzelnen Stoff willkürlich gewählt werden kann, daß wir zum anderen willkürlich die Atome als permanente Gruppen

---

1 Die Indices an T unterscheiden die Integrationsvariablen.

definiert haben. Würden wir auf Elektronen, Protonen und Neutronen zurückgehen, so müßten weitere Terme in Gl. (X 56) auftreten. Wir werden aber sehen, daß sich bei der Betrachtung chemischer Gleichgewichte bereits die Kernspinfaktoren herausheben, und das gleiche würde auch für die zusätzlichen Terme gelten. Das heißt aber nichts anderes, als daß auch in der statistischen Thermodynamik die thermodynamischen Funktionen nur im Hinblick auf bestimmte Prozesse physikalisch definierbar sind. In diesem Sinne muß also auch hier stets ein Normalzustand eingeführt werden, wie es aus der reinen Thermodynamik bekannt ist. In Kap. XV werden wir nochmals auf diese Frage zurückkommen.

Wir schreiben jetzt das MWG mit Benutzung der Partialdrucke in der Form

$$\frac{\prod\limits_{L} (p_L)^l}{\prod\limits_{A} (p_A)^a} = K_p \, . \tag{X 65}$$

Setzen wir nun in die allgemeine Gleichgewichtsbedingung (X 55) die Ausdrücke (X 56) ein, so folgt durch Vergleich mit (X 65)

$$\ln K_p = -\frac{1}{kT}\left[\sum_L l\varepsilon_{0L} - \sum_A a\varepsilon_{0A}\right] + \left[\sum_L l\frac{C_{0pL}}{k} - \sum_A a\frac{C_{0pA}}{k}\right]\ln T +$$
$$+ \left[\sum_L l\sum_v \ln q_{vL}(T) - \sum_A a\sum_v \ln q_{vA}(T)\right] + \left[\sum_L lj_L - \sum_A aj_A\right] . \tag{X 66}$$

Bezeichnen wir die Änderung einer thermodynamischen Größe bei einem der Formel (X 55) entsprechenden Umsatz durch das Symbol $\Delta\Sigma$ und benutzen die Identität der Gl. (X 56) und (X 61), so können wir Gl. (X 66) schreiben

$$\ln K_p = -\frac{\Delta\Sigma H_0}{kT} + \frac{\Delta\Sigma C_{0p}}{k}\ln T + \int\limits_0^T \frac{dT_1}{T_1^2}\int\limits_0^{T_1} \frac{\Delta\Sigma C'(T_2)}{k}\,dT_2 + \Delta\Sigma j \, . \tag{X 67}$$

Das ist die bekannte NERNSTsche Formel für chemische Gleichgewichte in idealen Gasen. Die Kernspingewichte heben sich hier, wie schon erwähnt, heraus, d. h. es ist $\Delta\Sigma j_0 = \Delta\Sigma j$. Damit erklärt sich die Bezeichnung der j als „chemische Konstanten". Sie lassen sich mittels der oben angegebenen statistischen Formeln aus spektroskopischen Daten berechnen. Andererseits läßt sich $\Delta\Sigma j$ aus Messungen des chemischen Gleichgewichtes bestimmen, wenn die erforderlichen calorischen Daten vorliegen, um das in Gl. (X 67) auftretende Integral über die Molekülwärmen auszuwerten. Durch Vergleich der spektroskopischen und thermodynamischen Werte für $\Delta\Sigma j$ läßt sich die Theorie experimentell prüfen. Dieser Vergleich ist in Tab. 20 für einige Reaktionen durchgeführt. Die Zahlenwerte

Tabelle 20. *Chemische Konstanten*

Reaktion	Werte von j' berechnet			Werte von $\Delta\Sigma j'$ (ber.)	Werte von $\Delta\Sigma j'$ (beob.)
1. $2\,HCl \rightleftarrows H_2 + Cl_2$	$j'_{H_2} = -3,37,$	$j'_{Cl_2} = 1,35,$	$j'_{HCl} = -0,42$	$-1,16$	$-1,12 \pm 0,2$
2. $2\,HBr \rightleftarrows H_2 + Br_2$	$j'_{H_2} = -3,37,$	$j'_{Br_2} = 2,35,$	$j'_{HBr} = 0,19$	$-1,40$	$-1,25 \pm 0,45$
3. $2\,HJ \rightleftarrows H_2 + J_2$	$j'_{H_2} = -3,37,$	$j'_{J_2} = 2,99,$	$j'_{HJ} = 0,62$	$-1,62$	$-1,50 \pm 0,12$
4. $N_2 + O_2 \rightleftarrows 2\,NO$	$j'_{NO} = 0,84,$	$j'_{N_2} = -0,17_5,$	$j'_{O_2} = 0,53$	$1,30_5$	$0,95 \pm 0,3$
5. $Cl_2 \rightleftarrows 2\,Cl$	$j'_{Cl} = 1,44,$	$j'_{Cl_2} = 1,35$		$1,53$	$1,40 \pm 0,15$
6. $Br_2 \rightleftarrows 2\,Br$	$j'_{Br} = 1,87,$	$j'_{Br_2} = 2,35$		$1,39$	$1,41 \pm 0,05$
7. $J_2 \rightleftarrows 2\,J$	$j'_J = 2,17,$	$j'_{J_2} = 2,99$		$1,35$	$1,35$
8. $2\,HD \rightleftarrows H_2 + D_2$	$j'_{HD} = -2,68,$	$j'_{H_2} = -3,37,$	$j'_{D_2} = -2,61$	$-0,62$	$-0,63 \pm 0,05$

Entnommen aus: R. H. FOWLER u. E. A. GUGGENHEIM: Statistical Thermodynamics, S. 216. Cambridge 1949.

beziehen sich auf die sog. „praktischen chemischen Konstanten" j', die man erhält, wenn der Druck in Atmosphären gemessen und Gl. (X 67) unter Verwendung dekadischer Logarithmen geschrieben wird. Sie hängen mit den j zusammen durch die Beziehung

$$j' = \frac{j - \ln P^*}{\ln 10} \, , \tag{X 68}$$

wo P^* der Wert einer Atmosphäre in dyn/cm² ist. Die Übereinstimmung zwischen Theorie und Experiment ist durchaus befriedigend.

Wir stellen nun die verschiedenen Methoden zur Berechnung chemischer Gleichgewichte in idealen Gasen übersichtlich zusammen. Es sind die folgenden:

1. Direkte Berechnung nach Gl. (X 55) mit Hilfe der Formel

$$\mu_i = kT \ln p_i + \mu_i^0(T) \tag{X 69}$$

und tabellierter thermodynamischer Funktionen.

Diese Methode ist naturgemäß weitaus am einfachsten und zuverlässigsten. Sie kann heute bereits in zahlreichen Fällen angewendet werden[1].

2. Berechnung aus einem gemessenen K_p-Wert und calorischen Daten nach Gl. (X 67).

Die Bedeutung dieser Methode liegt hauptsächlich in ihrer Eignung zur Prüfung der statistischen Theorie (s. o.). Im übrigen kommt sie heute nur noch in Ausnahmefällen in Betracht.

3. Berechnung mit Hilfe von empirischen oder halbempirischen Näherungsformeln[2]. Derartige Verfahren sind vor allem nützlich, wenn die vorliegenden Daten unvollständig sind oder wenn man, unter Verzicht auf hohe Genauigkeit, Rechenarbeit zu sparen wünscht.

4. Berechnung nach Gl. (X 67) mit Hilfe von calorischen Daten und aus spektroskopischen Daten ermittelten chemischen Konstanten.

Auch diese Methode, die bei der Prüfung der statistischen Theorie das Gegenstück zu 2. bildet, kommt für praktische Anwendung heute nur noch selten in Frage.

5. Vollständige statistische Berechnung nach der Formel

$$K_N = e^{-\frac{\Delta\Sigma\varepsilon_0}{kT}} \frac{\prod\limits_L [f_L(T)]^l}{\prod\limits_A [f_A(T)]^a} \, , \tag{X 70}$$

welche die Verallgemeinerung der Gl. (X 41) darstellt.

Abgesehen von dem theoretischen Interesse ist das Verfahren vor allem bei einfachen (in erster Linie zweiatomigen) Molekülen von Bedeutung, da hier häufig die zur Berechnung der Verteilungsfunktion erforderlichen spektroskopischen Daten, aber keine calorischen Daten oder Gleichgewichtsmessungen zur Verfügung stehen. Für alle wichtigeren Fälle sind diese Rechnungen allerdings bereits durchgeführt und die Ergebnisse in den unter 1. erwähnten Tabellen verarbeitet worden. Bei vielatomigen Molekülen ist die Berechnung chemischer Gleichgewichte aus rein spektroskopischen Daten häufig nicht durchführbar, da sich in vielen Fällen bisher daraus weder die Größe $\Delta\Sigma\varepsilon_0$ noch die Beiträge der inneren Rotationen ermitteln lassen. Wenn letztere nicht in Betracht kommen, kann $\Delta\Sigma\varepsilon_0$ aus der Messung der Reaktionswärme bei einer Temperatur bestimmt werden. Im anderen Falle müssen noch weitere thermodynamische Daten vorliegen.

---

[1] Einige neuere Zusammenstellungen thermodynamischer Daten: F. ROSSINI: Selected Values of Chemical Thermodynamic Properties. Washington 1952. — KELLEY, K. K.: Entropies of Inorganic Substances. Bur. of Mines Bull. 477 (1950). — KELLEY, K. K.: High Temperature Heat Content, Heat Capacity and Entropy Data. Bur. of Mines Bull. 476 (1949). — LANDOLT-BÖRNSTEIN: Zahlenwerte und Funktionen, Bd. II (in Vorbereitung).

[2] Siehe z. B. A. EUCKEN: Lehrbuch der chemischen Physik, Bd. II 1. Leipzig 1948.

Wenn die Gase nicht mehr als ideal betrachtet werden können, muß man in Gl. (X 65) die Partialdrucke durch Fugazitäten ersetzen. Die Umrechnung der Fugazitäten in Partialdrucke läßt sich mit Hilfe einer empirischen Zustandsgleichung durchführen[1].

§ 10.4. Ergänzende Bemerkungen zur Theorie des chemischen Gleichgewichtes

Bei der Ableitung von Gl. (X 56) haben wir vorausgesetzt, daß die äußere Rotation klassisch behandelt werden kann. Für Moleküle mit kleinem Trägheitsmoment, insbesondere zweiatomige Moleküle, die Wasserstoff enthalten, ist dies bei tiefen Temperaturen nicht mehr zulässig. Man kann dann mit Ausnahme von H_2, D_2 und HD die MULHOLLANDsche Näherung Gl. (IX 47) benutzen und die Verteilungsfunktion der Rotation durch

$$\ln r(T) = \ln \frac{T}{\Theta_r} + \frac{1}{3} \frac{\Theta_r}{T} \qquad (X\,71)$$

approximieren. Bei Benutzung von Gl. (X 56) wird dann allerdings die chemische Konstante eine temperaturabhängige Größe und verliert eigentlich ihren Sinn. Umgekehrt kann man aus einer experimentell gefundenen Temperaturabhängigkeit von j auf die Ungültigkeit der klassischen Formel für die Rotation schließen.

Für die Moleküle H_2, D_2 und HD ist das vorstehende Verfahren bei tiefen Temperaturen nicht anwendbar. Man kann aber den Formalismus des § 10.3 beibehalten, wenn man unter T_0 jetzt eine Temperatur in dem Gebiet, in welchem die Rotation eingefroren ist, versteht und die Verteilungsfunktion der Schwingungen (die hier eingefroren sind) durch die exakte Verteilungsfunktion der Rotation ersetzt. Man sieht sofort, daß jetzt $C_{0v}/k = \frac{5}{2}$ gesetzt werden muß. Ferner wird

$$\begin{aligned} C'(T) &= C_p - \tfrac{5}{2}\,k & (T > T_0) \\ C'(T) &= 0\,. & (T \leqq T_0) \end{aligned} \qquad (X\,72)$$

Rotation und Kernspin können jetzt nicht mehr separiert werden. Die Kernspingewichte heben sich somit nicht heraus, und die Konstante j_0 in (X 61) muß neu definiert werden. Da jetzt der von dem Doppelintegral herrührende Term gleich $-\ln[r_k(T)/r_k(T_0)]$ wird, muß in j_0 ein Glied $\ln r_k(T_0)$ auftreten. Außerdem haben wir nur Beiträge der Schwerpunktstranslation und der Elektronen. Es ergibt sich somit

$$j_0 = \ln\left[\frac{(2\pi m)^{3/2}\,k^{5/2}}{h^3}\,{}^{el}g_0\right] + \ln r_k(T_0)\,. \qquad (X\,73)$$

Besonders interessante Beispiele chemischer Gleichgewichte sind Austauschreaktionen von Isotopen, da hier Effekte, die sonst eine geringere Rolle spielen, von ausschlaggebender Bedeutung werden. Wir betrachten die Reaktion

$$H_2 + D_2 \rightleftarrows 2\,HD\,. \qquad (X\,74)$$

Der Einfachheit halber nehmen wir an, daß die Rotation klassisch behandelt werden kann; die folgenden Formeln gelten also erst für Temperaturen von etwa 300° K aufwärts. Das MWG für die Reaktion (X 74) lautet in der Bezeichnungsweise von Kap. IX

$$\frac{\bar{N}_{HD}^2}{\bar{N}_{H_2}\bar{N}_{D_2}} = \frac{f_{HD}^2}{f_{H_2} f_{D_2}}\, e^{-\frac{2\varepsilon_{0\,HD}-\varepsilon_{0\,H_2}-\varepsilon_{0\,D_2}}{kT}} \qquad (X\,75)$$

$$= \frac{l_{HD}^2}{l_{H_2} l_{D_2}}\, \frac{r_{HD}^2}{r_{H_2} r_{D_2}}\, \frac{q_{HD}^2}{q_{H_2} q_{D_2}}\, \frac{{}^{el}g_{0\,HD}}{{}^{el}g_{0\,H_2}\,{}^{el}g_{0\,D_2}}\, \frac{\sigma_{H_2}\sigma_{D_2}}{\sigma_{HD}^2}\, \frac{({}^{k}g_{H}\,{}^{k}g_{D})^2}{{}^{k}g_{H}^2\,{}^{k}g_{D}^2}\, e^{-\frac{2\varepsilon_{0\,HD}-\varepsilon_{0\,H_2}-\varepsilon_{0\,D_2}}{kT}}\,.$$

---

[1] GILLESPIE, L. J., u. J. A. BEATTIE: Physic. Rev. **36**, 743 (1930).

Die Kernspin- und Elektronengewichte heben sich hier heraus. Für die Schwingungen können wir uns im Hinblick auf die experimentellen Daten mit der Annahme $kT \ll h\nu$ begnügen; dann wird auch dieser Faktor gleich Eins. Die Symmetriezahl ist 2 für H_2 und D_2, 1 für HD. Die Ausrechnung der übrigen Faktoren ergibt

$$\frac{N_{HD}^2}{N_{H_2} N_{D_2}} = 4 \left(\frac{m_H + m_D}{2\, m_H^{1/2}\, m_D^{1/2}}\right)^3 \frac{A_{HD}^2}{A_{H_2} A_{D_2}}\, e^{-\frac{2\,\varepsilon_{0HD} - \varepsilon_{0H_2} - \varepsilon_{0D_2}}{kT}} . \tag{X 76}$$

Die Bindungskräfte und Kernabstände sind für die drei in (X 74) auftretenden Molekülarten praktisch gleich, so daß wir in sehr guter Näherung setzen können

$$A_{H_2} : A_{D_2} : A_{HD} = m_H : m_D : 2\, m_H m_D/(m_H + m_D) \tag{X 77}$$

$$\nu_{H_2} : \nu_{D_2} : \nu_{HD} = m_H^{-1/2} : m_D^{-1/2} : [2\, m_H m_D/(m_H + m_D)]^{-1/2} . \tag{X 78}$$

Wegen der gleichen Bindungskräfte unterscheiden sich die ε_0 hier nur durch die Nullpunktsenergie der Schwingungen. Wir bekommen daher mit Benutzung von (X 78)

$$2\,\varepsilon_{0HD} - \varepsilon_{0H_2} - \varepsilon_{0D_2} = \frac{1}{2}\, h\, (2\,\nu_{HD} - \nu_{H_2} - \nu_{D_2}) = h\nu_{HD}\left[1 - \frac{\frac{1}{2}(m_H^{1/2} + m_D^{1/2})}{(\frac{1}{2}\, m_H + \frac{1}{2}\, m_D)^{1/2}}\right]. \tag{X 79}$$

Damit wird aus Gl. (X 76)

$$\frac{N_{HD}^2}{N_{H_2} N_{D_2}} = 4 \left(\frac{m_H + m_D}{2\, m_H^{1/2}\, m_D^{1/2}}\right) \exp\left\{-\frac{h\nu_{HD}}{kT}\left[1 - \frac{\frac{1}{2}(m_H^{1/2} + m_D^{1/2})}{(\frac{1}{2}\, m_H + \frac{1}{2}\, m_D)^{1/2}}\right]\right\} . \quad (kT \ll h\nu) \tag{X 80}$$

Einsetzen der Zahlenwerte[1] ergibt

$$\frac{N_{HD}^2}{N_{H_2} N_{D_2}} = 4 \cdot 1{,}06\, e^{-\frac{78}{T}} \equiv K_N . \tag{X 81}$$

In Tab. 21 sind die nach Gl. (X 81) berechneten Gleichgewichtskonstanten mit experimentellen Daten[2,3] verglichen. Die Übereinstimmung ist durchaus befriedigend. Man erkennt aus Gl. (X 81), daß die Abweichung der Gleichgewichtskonstanten vom Wert Eins hier fast ausschließlich durch zwei typische Quanteneffekte bedingt ist, die Symmetriezahl und die Nullpunktsenergie der Schwingungen. Auf der letzteren allein beruht die Temperaturabhängigkeit des Gleichgewichtes in dem betrachteten Bereich. Wir können daher die Reaktion (X 74) als neues Beispiel für die Unzulänglichkeit der klassischen Statistik ansehen.

Tabelle 21. *Werte der Gleichgewichtskonstanten, berechnet nach Gl. (X 81)*

Temperatur °K . .	195	273	298	383	543	670	741
K experimentell. .	2.92	3.24	3.28	3.50	3.85	3.8	3.70
mittl. Fehler . . .	±0.08	±0.08	—	±0.06	±0.10	±0.4	±0.12
K berechnet . . .	(2.84)	3.18	3.26	3.46	3.67	3.77	3.81

Entnommen aus: R. H. Fowler u. E. A. Guggenheim: Statistical Thermodynamics, S. 169. Cambridge 1949.

Die entwickelten Formeln gelten naturgemäß (wenn die bei der Ableitung gemachten Voraussetzungen erfüllt sind) für alle zu (X 74) analogen Isotopengleichgewichte. Bei schwereren Molekülen ist jedoch der Unterschied der Null-

---

[1] Es ist der von Fowler-Guggenheim (Statistical Thermodynamics) angegebene Wert $\nu_{HD}/c = 3770\ \mathrm{cm}^{-1}$ benutzt. Nach Herzberg (Spectra of Diatomic Molecules) ist $\nu_{HD}/c = 3817{,}09\ \mathrm{cm}^{-1}$.

[2] Rittenberg, D., W. Bleakney u. H. C. Urey: J. Chem. Phys. 2, 48 (1934).

[3] Gould, A. J., W. Bleakney u. H. S. Taylor: J. Chem. Phys. 2, 362 (1934).

punktsenergie vernachlässigbar klein. Man erhält beispielsweise für die Reaktion

$$^{35}Cl_2 + {}^{37}Cl_2 \rightleftharpoons 2\ {}^{35}Cl\ {}^{37}Cl \tag{X 82}$$

$$K_N = 4\,(1 - \delta) \tag{X 83}$$

mit $\delta \approx 10^{-4}$. Hier wird somit das Gleichgewicht praktisch allein durch die Symmetriezahlen bestimmt, und es ist infolgedessen in dem betrachteten Bereich temperaturunabhängig. Beispiele für Isotopenaustauschreaktionen von vielatomigen Molekülen sind

$$H_2O + HD \rightleftharpoons HDO + H_2 \tag{X 84}[1]$$

$$H_2S + D_2 \rightleftharpoons D_2S + H_2 \tag{X 85}[2]$$

$$C_2H_2 + C_2D_2 \rightleftharpoons 2\ C_2HD . \tag{X 86}[3]$$

In all diesen Fällen ist die Größe $\Delta \Sigma \varepsilon_0$ allein durch die Differenz der Nullpunktsenergien bestimmt. Sie kann daher leicht aus spektroskopischen Daten ermittelt werden.

Im allgemeinen ist man bei chemischen Gleichgewichten nicht an den einzelnen Isotopen interessiert. Da die Substanzen aber gewöhnlich Gemische von Isotopen sind, bleibt noch die Frage zu beantworten, wie unter diesen Umständen die chemischen Konstanten zu definieren sind. Wir betrachten als Beispiel die simultanen Gleichgewichte

$$HCl + HCl \rightleftharpoons H_2 + Cl_2$$
$$DCl + DCl \rightleftharpoons D_2 + Cl_2 \tag{X 87}$$
$$HCl + DCl \rightleftharpoons HD + Cl_2 .$$

Der Einfachheit halber nehmen wir an, daß Cl ein bestimmtes Chlorisotop, etwa ^{35}Cl, ist. Die Gleichgewichtskonstanten sind dann

$$\frac{p_{H_2}\, p_{Cl_2}}{p_{HCl}^2} = K_{p\,HH}$$

$$\frac{p_{D_2}\, p_{Cl_2}}{p_{DCl}^2} = K_{p\,DD} \tag{X 88}$$

$$\frac{p_{HD}\, p_{Cl_2}}{p_{HCl}\, p_{DCl}} = K_{p\,HD} .$$

Wenn wir die Unterschiede der Massen, Trägheitsmomente usw. vernachlässigen, bekommen wir näherungsweise aus den Symmetriezahlen

$$K_{p\,HH} \approx K_{p\,DD} \approx \tfrac{1}{2} K_{p\,HD} . \tag{X 89}$$

Die Gleichgewichtskonstante der Gesamtreaktion (X 87) ist definiert durch

$$\frac{(p_{H_2} + p_{D_2} + p_{HD})p_{Cl_2}}{(p_{HCl} + p_{DCl})^2} = K_p . \tag{X 90}$$

Aus (X 88) — (X 90) folgt näherungsweise

$$K_p \approx K_{p\,HH} \approx K_{p\,DD} \approx \tfrac{1}{2} K_{p\,HD} . \tag{X 91}$$

In der gleichen Näherung ergibt sich für die chemische Konstante des Gemisches der Wasserstoff-Isotopen

$$j \approx j_{HH} \approx j_{DD} \approx j_{HD} - \ln 2 . \tag{X 92}$$

Ein genauerer Wert wird erhalten durch eine Mittelwertbildung nach

$$j = x_{H_2} j_{H_2} + x_{D_2} j_{D_2} + x_{HD} j'_{HD} , \tag{X 93}$$

wo $j'_{HD} = j_{HD} - \ln 2$ und $x_{H_2} = N_{H_2}/(N_{H_2} + N_{D_2} + N_{HD})$ ist. Da es sich nach (X 92)

---

[1] LIBBY, W. F.: J. Chem. Phys. **11**, 101 (1943).

[2] GRAFE, D., K. CLUSIUS u. A. KRUIS: Z. physik. Chem. (B) **43**, 1 (1939).

[3] GLOCKLER, G., u. C. E. MORRELL: J. Chem. Phys. **4**, 15 (1936).

hier nur um eine kleine Korrektur handelt, kann mit hinreichender Genauigkeit
gesetzt werden

$$\frac{x_{\mathrm{H_2}}\,x_{\mathrm{D_2}}}{x_{\mathrm{HD}}^2} \approx \frac{1}{4}\,. \tag{X 94}$$

Bezeichnen wir ohne Rücksicht auf den Bindungszustand den Atombruch der
H-Atome mit $1-\xi$, den der D-Atome mit ξ, so ist

$$2\,x_{\mathrm{H_2}} + x_{\mathrm{HD}} = 2\,(1-\xi)$$
$$2\,x_{\mathrm{D_2}} + x_{\mathrm{HD}} = 2\,\xi\,. \tag{X 95}$$

Die Gl. (X 94) und (X 95) werden durch die Relation

$$x_{\mathrm{H_2}} : x_{\mathrm{HD}} : x_{\mathrm{D_2}} = (1-\xi)^2 : 2\,\xi(1-\xi) : \xi^2 \tag{X 96}$$

erfüllt. Wir können daher Gl. (X 93) schreiben

$$j = (1-\xi)^2\,j_{\mathrm{H_2}} + 2\,\xi(1-\xi)\,j'_{\mathrm{HD}} + \xi^2\,j_{\mathrm{D_2}}\,. \tag{X 97}$$

Das bedeutet, daß wir in Gl. (X 58) eine effektive Masse

$$\ln m = (1-\xi)^2\,\ln m_{\mathrm{H_2}} + 2\,\xi(1-\xi)\,\ln m_{\mathrm{HD}} + \xi^2\,\ln m_{\mathrm{D_2}} \tag{X 98}$$

und ein effektives Trägheitsmoment

$$\ln A = (1-\xi)^2\,\ln A_{\mathrm{H_2}} + 2\,\xi(1-\xi)\,\ln A_{\mathrm{HD}} + \xi^2\,\ln A_{\mathrm{D_2}} \tag{X 99}$$

einzusetzen haben. Analoge Beziehungen gelten auch für andere Isotopen-
gemische. Bei der Berechnung der chemischen Konstanten wirkt sich die Zusammensetzung aus Isotopen also nur insofern aus, als für die Molekülkonstanten
geeignete Mittelwerte einzusetzen sind. Die Formeln selbst bleiben unverändert.

Kapitel XI

Reale Gase bei mäßigen Drucken
(Theorie des zweiten Virialkoeffizienten)

§ 11.1. Allgemeines über die Eigenschaften realer Gase. Zustandsgleichungen

Die Gesetze des idealen Gases sind, wie schon in § 9.1 bemerkt wurde, Grenzgesetze für unendliche Verdünnung[1]. Bei endlichen Drucken treten in zunehmendem Maße Abweichungen auf, die durch die Wirkung der zwischenmolekularen
Kräfte bedingt sind. Man spricht dann von realen Gasen. Es ist von vornherein
klar, daß es für reale Gase eine universelle Zustandsgleichung im strengen Sinne
nicht geben kann. Es treten hier nämlich, gegenüber dem idealen Gase, wenigstens
zwei Effekte auf, die nur durch individuelle Konstanten erfaßt werden können:
die Volumenkorrektur, welche das Eigenvolumen der Moleküle (d. h. die bei
kleinen Molekülabständen auftretende Abstoßung) berücksichtigt, die Druck-
korrektur, welche den zwischenmolekularen Anziehungskräften Rechnung trägt.
Auf dieser Grundlage gelang es zuerst VAN DER WAALS[2], mit Hilfe seiner berühmten Zustandsgleichung

$$\left(P + \frac{N^2 a}{V^2}\right)(V - N b) = N\,kT \tag{XI 1}$$

das Verhalten realer Gase qualitativ richtig zu beschreiben[3].

---

[1] Diese Tatsache ist zuerst von REGNAULT [Ann. Chim. phys. (3) 4, 5 (1842)] klar erkannt
worden.

[2] VAN DER WAALS SEN., J. D.: Die Kontinuität des gasförmigen und flüssigen Zustandes.
Leipzig 1873.

[3] Die Volumenkorrektur für sich wurde bereits von BERNOUILLI (1738), die Druck-
korrektur für sich von RITTER (1846) vorgeschlagen.

Die quantitativen Resultate der VAN DER WAALSschen Gleichung sind im allgemeinen nicht sehr befriedigend. Man hat mehrere Jahrzehnte große Mühe darauf verwendet, diese Gleichung zu verbessern, in der Hoffnung, auf dem Wege über die thermische Zustandsgleichung tiefere Einblicke in die Struktur der Materie zu erhalten. Das Ergebnis dieser Bemühungen ist Enttäuschung und Resignation gewesen. Die meisten der zahlreichen Zustandsgleichungen besitzen heute nur noch historisches Interesse, so daß wir auf eine Erörterung derselben verzichten können[1]. Von unserem heutigen Standpunkt ist diese Entwicklung leicht zu verstehen. Zunächst implizieren alle Versuche zur Verbesserung der VAN DER WAALSschen Gleichung die Annahme, daß die thermische Zustandsgleichung der Gase durch einen einfachen geschlossenen Ausdruck mit Hilfe von elementaren Funktionen ausgedrückt werden kann. Diese Annahme ist, wie wir sehen werden, unzutreffend. Weiter fehlte diesen Versuchen noch völlig eine brauchbare theoretische Grundlage. Das Problem ist viel zu kompliziert, als daß anschauliche elementare Betrachtungen hier zum Ziele führen könnten. Eine korrekte Behandlung ist nur mit Hilfe der statistischen Thermodynamik möglich; die statistische Theorie der realen Gase ist aber erst in neuerer Zeit (seit 1927) entwickelt worden. Schließlich sind auch die Aufschlüsse, die man aus der thermischen Zustandsgleichung über die zwischenmolekulare Wechselwirkung erhalten kann, ziemlich begrenzt. Das Problem der geschlossenen Zustandsgleichung hat daher heute nur noch insofern ein gewisses Interesse, als dieselbe gelegentlich ein nützliches Rechenhilfsmittel darstellt. Allerdings muß man dafür, um überhaupt brauchbare Resultate zu erhalten, schon recht umständliche Formeln in Kauf nehmen. Am besten bewährt hat sich unter diesem Gesichtspunkt die von BEATTIE und BRIDGEMAN[2] aufgestellte Zustandsgleichung

$$PV = \frac{N_L\,kT\,(1-\varepsilon)}{V}\,(V + B') - \frac{A}{V^2} \qquad \text{(XI 2)}$$

mit

$$A = A_0\left(1 - \frac{a}{V}\right), \quad B' = B_0\left(1 - \frac{b'}{V}\right), \quad \varepsilon = \frac{c}{VT^3}\,. \qquad \text{(XI 3)}$$

Die Werte der fünf Konstanten A_0, a, B_0, b', c sind für eine Anzahl Gase in Tab. 22 zusammengestellt.

Tabelle 22. *Werte der Konstanten in der* BEATTIE-BRIDGEMAN*schen Zustandsgleichung*
Druck in Atmosphären, V in Litern pro Mol.

Gas	R	A_0	a	B_0	b'	$10^{-4}\,c$	Molmasse
He . . .	0,08206	0,0216	0,05984	0,01400	0,0	0,0040	4,0
Ne . . .	0,08206	0,2125	0,02196	0,02060	0,0	0,101	20,2
A . . .	0,08206	1,2907	0,02328	0,03931	0,0	5,99	39,91
H_2 . . .	0,08206	0,1975	0,00506	0,02096	—0,04359	0,0504	2,0154
N_2 . . .	0,08206	1,3445	0,02617	0,05046	—0,00691	4,20	28,016
O_2 . . .	0,08206	1,4911	0,02562	0,04624	0,004208	4,80	32
Luft . .	0,08206	1,3012	0,01931	0,04611	—0,01161	4,34	28,964
CO_2 . .	0,08206	5,0065	0,07132	0,10476	0,07235	66,00	44,000
CH_4 . .	0,08206	2,2769	0,01855	0,05587	—0,01587	12,83	16,0308
$(C_2H_5)_2O$	0,08206	31,278	0,12426	0,45446	0,11954	22,22	74,077
C_2H_4 . .	0,08206	6,1520	0,04964	0,12156	0,03597	22,68	28,0308
NH_3 . .	0,08206	2,3930	0,17031	0,03415	0,19112	476,87	17,0311
CO . . .	0,08206	1,3445	0,02617	0,05046	—0,00691	4,20	28,000
N_2O . .	0,08206	5,0065	0,07132	0,10476	0,07235	66,00	44,016

Entnommen aus: A. EUCKEN: Lehrbuch der Chemischen Physik, Bd. II, 1, S. 230. Leipzig 1948.

---

[1] Eine zusammenfassende Darstellung findet sich bei J. R. PARTINGTON: An Advanced Treatise on Physical Chemistry, Vol. I. London 1949.

[2] BEATTIE, J. A., u. O. C. BRIDGEMAN: J. Amer. Chem. Soc. 49, 1665 (1927); Z. Physik 62, 95 (1930).

Von KAMERLINGH-ONNES[1] wurde zuerst vorgeschlagen, die Zustandsgleichung als Potenzreihe in V^{-1} darzustellen. Da der Grenzwert von PV für $V \to \infty$ aus der Zustandsgleichung des idealen Gases bekannt ist, hat man

$$PV = N\,kT\,(1 + BV^{-1} + CV^{-2} + \cdots)\ . \tag{XI 4}$$

Die Koeffizienten der rechten Seite bezeichnet man nach KAMERLINGH-ONNES als Virialkoeffizienten, die Gleichung selbst als die Virialform der Zustandsgleichung. In § 12.5 werden wir sehen, daß dieselbe sich streng aus der statistischen Theorie deduzieren läßt. An Stelle von (XI 4) kann man auch eine Entwicklung nach Potenzen des Druckes benutzen. Dafür gilt

$$PV = N\,kT + B'P + C'P^2 + \cdots\ . \tag{XI 5}$$

Man verifiziert leicht die Relationen

$$B = B'\ , \quad C = N\,kT\,C' + B'^2\ . \tag{XI 6}$$

Allgemeine Gleichungen, welche die gestrichenen und ungestrichenen Koeffizienten verknüpfen, sind von PUTNAM und KILPATRICK[2] abgeleitet worden.

Für numerische Rechnungen ist die Virialform der Zustandsgleichung nur geeignet, wenn man sich auf die ersten Glieder der Entwicklung beschränken kann, d. h. bei nicht zu hohen Drucken. Um eine Darstellung über das ganze Zustandsgebiet zu ermöglichen, wurde von KAMERLINGH-ONNES und KEESOM[3] in Anlehnung an (XI 4) die Gleichung

$$PV = N\,kT\,[1 + B^*V^{-1} + C^*V^{-2} + D^*V^{-4} + E^*V^{-6} + F^*V^{-8}] \tag{XI 7}$$

vorgeschlagen[4]. Zur Auswertung derselben ist es zweckmäßig, an Stelle von P, T, V die sog. „reduzierten Zustandsgrößen"

$$P_r = \frac{P}{P_k}\,, \quad T_r = \frac{T}{T_k}\,, \quad V_r = \frac{V}{V_k} \tag{XI 8}$$

einzuführen, wo P_k, T_k und V_k die Werte von P, T und V am kritischen Punkt sind. Die Bedeutung dieser Darstellung beruht auf der Tatsache, daß viele Stoffe in reduzierten Zustandsgrößen nahezu die gleiche thermische Zustandsgleichung haben. Wir werden auf diese Frage in § 11.5 zurückkommen. Transformiert man Gl. (XI 7) in dieser Weise und nimmt entsprechend an, daß dieselbe keine individuellen Konstanten mehr enthält, so kann man aus Messungen an zahlreichen Stoffen Mittelwerte für die neuen Konstanten errechnen. Auf diesem Wege gelangt man zu der „mittleren reduzierten Zustandsgleichung" von KAMERLINGH-ONNES

$$\frac{P_r\,V_r}{T_r\,K_k} = \left(1 + \frac{B_r\,K_k}{V_r} + \frac{C_r\,K_k^2}{V_r^2} + \frac{D_r\,K_k^4}{V_r^4} + \frac{E_r\,K_k^6}{V_r^6} + \frac{F_r\,K_k^8}{V_r^8}\right)\ . \tag{XI 9}$$

Die Koeffizienten sind Temperaturfunktionen der Form

$$B_r = b_1 + \frac{b_2}{T_r} + \frac{b_3}{T_r^2} + \frac{b_4}{T_r^4} + \frac{b_5}{T_r^6} \tag{XI 10}$$

und

$$K_k = \frac{N_L\,kT_k}{P_k\,V_k} \tag{XI 11}$$

---

[1] KAMERLINGH-ONNES, H.: Comm. Phys. Lab. Leiden **71** (1901); Proc. Acad. Sci. Amsterdam **4**, 125 (1902).

[2] PUTNAM, W. E., u. J. E. KILPATRICK: J. Chem. Phys. **21**, 951 (1953).

[3] KAMERLINGH-ONNES, H., u. W. H. KEESOM: Comm. Phys. Lab. Leiden **11**, Suppl. 23 (1912).

[4] KAMERLINGH-ONNES u. KEESOM bezeichnen auch die in Gl. (X 17) auftretenden Koeffizienten als Virialkoeffizienten. Im Interesse der begrifflichen Klarheit wird dies besser vermieden.

ist der sogenannte kritische Koeffizient, dessen Wert sich aus Gl. (XI 9) für $P_r = T_r = V_r = 1$ zu $K_k = 3{,}43$ ergibt, was für manche Gase (wie N_2, O_2, Ar) gut mit der Erfahrung übereinstimmt. Es bleiben dann in Gl. (XI 9) noch 25 numerische Koeffizienten, die tabelliert sind[1].

Wir wollen die Gl. (XI 9), deren Isothermen in Abb. 40 dargestellt sind, hier benutzen, um eine allgemeine Vorstellung von dem Verhalten realer Gase zu

Tabelle 23. BOYLE-*Temperaturen*

	T_B [° K]	T_{rB}
He . . .	19	3,65
Kr . . .	106	3,21
Ne . . .	134	3,00
N_2 . . .	323	2,56
Luft . .	357	2,67
Ar . . .	410	2,73
O_2 . . .	423	2,72

geben. Die Figur zeigt die Abhängigkeit der Größe $P_r V_r$ von P_r für die jeweils angeschriebenen Werte von T_r. Das heterogene Gebiet ist schraffiert dargestellt. Man sieht zunächst, daß in einem gewissen Druckbereich, dessen Größe mit der Temperatur zunimmt, die Isothermen praktisch linear verlaufen, so daß hier die Berücksichtigung des zweiten Virialkoeffizienten B in der Zustandsgleichung bereits eine ausreichende Näherung gibt. Weiter sieht man, daß B

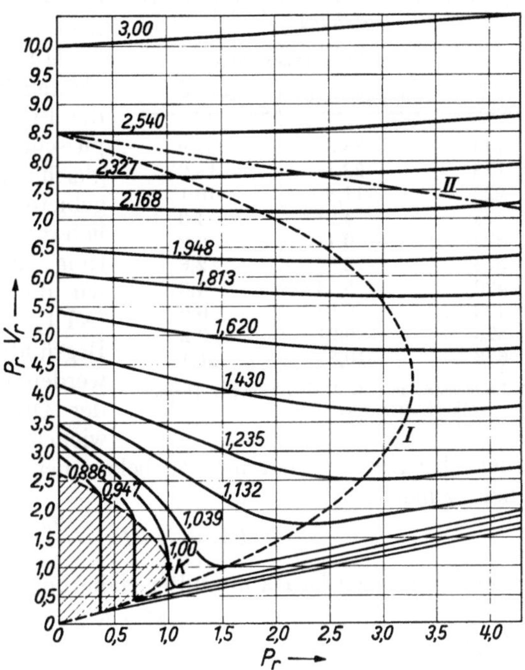

Abb. 40. Isothermen der mittleren reduzierten Zustandsgleichung von KAMERLINGH-ONNES. Kurve I: BOYLE-Kurve; Kurve II: Idealkurve; K: Kritischer Punkt [entnommen aus: A. EUCKEN: Grundriß der physikalischen Chemie. Leipzig 1944]

bei tiefen Temperaturen negativ, bei hohen Temperaturen positiv ist. Die Temperatur, für welche $B = 0$ ist, wird als BOYLE-Temperatur bezeichnet. Zwischen BOYLE-Temperatur und kritischer Temperatur durchlaufen die Isothermen ein Minimum. Die Kurve I, welche diese Minima verbindet, wird BOYLE-Kurve genannt, weil auf ihr, entsprechend dem BOYLEschen Gesetz, $\dfrac{d(PV)}{dP} = 0$ ist. In Tab. 23 sind die BOYLE-Temperaturen und reduzierten BOYLE-Temperaturen einiger Gase zusammengestellt. Die Kurve II, welche die Punkte der Isothermen, in denen PV wieder den Anfangswert erreicht, verbindet, wird Idealkurve genannt.

Wir beschränken uns in diesem Kapitel auf die Diskussion des zweiten Virialkoeffizienten B. Diese Abtrennung ist einmal dadurch gerechtfertigt, daß über B weitaus das umfangreichste experimentelle Material vorliegt und die Berücksichtigung von B bereits eine für viele Zwecke ausreichende thermische Zustandsgleichung ergibt. Wichtiger ist aber noch die Tatsache, daß der Zusammenhang zwischen Zustandsgleichung und zwischenmolekularen Kräften nur für die Größe B noch einigermaßen zu übersehen ist. Für die höheren Virialkoeffizienten hat eine Diskussion dieser Frage kaum noch Sinn, da die

---

[1] LANDOLT-BÖRNSTEIN: Physikalisch-Chemische Tabellen, 5. Aufl.

Schwierigkeiten der Berechnung und der genauen experimentellen Bestimmung zu groß werden. Die Größe B hat, wie sich aus Gl. (XI 7) ergibt, die Dimension eines Volumens. In Tabellen werden jedoch B-Werte häufig in sog. *Amagat*-Einheiten angegeben. Darunter versteht man das Volumen, das ein Mol des betreffenden Gases bei 0° C und 1 Atm. Druck einnimmt. Diese Größe ist für die einzelnen Gase etwas verschieden, liegt aber stets in der Nähe von 22,4 l.

Mit Hilfe des zweiten Virialkoeffizienten läßt sich auch unter Umständen die Frage beantworten, welches bei empirischen oder halbempirischen Zustandsgleichungen, die in gewissen Zustandsgebieten quantitativ brauchbare Resultate liefern, der physikalische Sinn der Näherung ist. Als Beispiel hierfür wählen wir die VAN DER WAALSsche Gleichung (XI 1). Da eine einwandfreie theoretische Begründung für dieselbe nicht gegeben werden kann, hat es keinen Sinn, sie in der Originalform zu diskutieren. Entwickeln wir aber die Gleichung für niedrige

Tabelle 24. 2. *Virial-Koeffizient von* N_2, *verglichen mit der* VAN DER WAALS*schen Gleichung*

T [° K]	$10^4\,B$ in Amagat-Einheiten	
	experimentell	berechnet
143	—35,6	—27,8
173	—23,1	—19,2
223	—11,8	—10,1
273	— 4,61	— 4,3
323	— 0,11	— 0,2
373	2,74	2,6
423	5,14	4,8
473	6,85	6,6
573	9,21	9,25
673	10,5	11,1

Entnommen aus: E. A. GUGGENHEIM: Thermodynamics, S. 95. Amsterdam 1950.

Drucke bzw. große Volumina, so bekommen wir bei Vernachlässigung höherer Glieder zunächst

$$PV = N\,kT - \frac{N^2 a}{V} + N\,b\,P\,. \tag{XI 12}$$

Setzen wir für den Druck in nullter Näherung

$$P = N\,kT/V\,, \tag{XI 13}$$

so folgt

$$PV = N\,kT\left[1 + \frac{N}{V}\left(b - \frac{a}{kT}\right)\right]. \tag{XI 14}$$

Der Vergleich mit Gl. (XI 7) zeigt, daß hier der zweite Virialkoeffizient

$$B = N\left(b - \frac{a}{kT}\right) \tag{XI 15}$$

ist. In Tab. 24 sind die nach dieser Gleichung berechneten Werte mit den experimentellen Daten für Stickstoff verglichen. Man sieht, daß in der Nähe der BOYLE-Temperatur und bei höheren Temperaturen die Übereinstimmung nicht schlecht ist. In diesem Temperaturgebiet stellt daher Gl. (XI 15) eine vernünftige Näherung dar. Die Natur derselben muß sich ergeben, wenn wir untersuchen, welche Annahmen notwendig sind, um Gl. (XI 15) aus der statistischen Formel für den zweiten Virialkoeffizienten abzuleiten. Auf diese Frage werden wir in § 11.3 zurückkommen.

§ 11.2. Statistische Theorie des zweiten Virialkoeffizienten

Die statistische Begründung der Virialform der Zustandsgleichung aus der Verteilungsfunktion des Gesamtsystems ergibt naturgemäß auch eine Formel für den zweiten Virialkoeffizienten. Da hierzu aber ein erheblicher mathematischer Aufwand erforderlich ist[1], wollen wir an dieser Stelle zwei andere Methoden benutzen, die zwar für eine allgemeine Anwendung wenig geeignet sind, aber

---

[1] In manchen Darstellungen findet sich eine verhältnismäßig einfache Ableitung, die aber unkorrekt ist. Vgl. § 12.1.

ohne Schwierigkeit den statistischen Ausdruck für den zweiten Virialkoeffizienten liefern. Wir beschränken uns hier auf einatomige Gase mit Wechselwirkungskräften kurzer Reichweite und setzen voraus, daß die Wechselwirkungsenergie in Paaren additiv ist, also

$$U = \tfrac{1}{2} \sum_i \sum_j u_{ij} \tag{XI 16}$$

gilt, wo u_{ij} die nur vom Molekülabstand r_{ij} abhängige Wechselwirkungsenergie zweier Moleküle ist.

Die Virialkoeffizienten haben ihren Namen von der Tatsache, daß sie sich mit Hilfe des Virialsatzes von CLAUSIUS, den wir in § 5.7 abgeleitet haben, berechnen lassen. Wir wollen zuerst nach dieser Methode die Formel für den zweiten Virialkoeffizienten ableiten. Der allgemeine Ausdruck für das Virial eines Systems, das unseren Voraussetzungen entspricht, ist durch Gl. (VIII 33) gegeben, die wir in etwas anderer Form nochmals anschreiben. Sie lautet

$$\overline{[V]} = \frac{3}{2} PV + \frac{1}{2} \overline{\Sigma r \frac{du}{dr}} \,. \tag{XI 17}$$

Die Summe ist für gegebene Konfiguration über alle Molekülpaare zu erstrecken und dann über alle Konfigurationen zu mitteln. Wir machen nun die für das Weitere grundlegende Annahme, daß praktisch nur Konfigurationen vorkommen, bei denen Paare von Molekülen, aber nicht Gruppen von mehr als zwei benachbarten Molekülen auftreten. Dies kann naturgemäß nur bei hinreichend niedrigen Drucken zutreffen. Für die Summierung in Gl. (XI 17) ergibt sich daraus, daß ein bestimmtes Molekül jeweils nur zu einem Paar gehören darf. Unter dieser Voraussetzung können wir näherungsweise setzen

$$\overline{\frac{1}{2} \Sigma r \frac{du}{dr}} = \overline{\frac{1}{2} \int r \frac{du}{dr} \, dM} \,, \tag{XI 18}$$

wo dM die Zahl der Molekülpaare mit einem Abstand zwischen r und $r + dr$ ist. Da der Mittelwert einer Summe gleich der Summe der Mittelwerte der Summanden ist, können wir die Mittelwerte der dM einführen. Für diese gilt aber, da die Paare nach Voraussetzung unabhängig voneinander sind, das MAXWELL-BOLTZMANNsche Verteilungsgesetz in der Form der Gl. (VIII 18). Die Gesamtzahl der Paare ist bei gegebener Zuordnung der Moleküle $N/2$. Da aber über alle Konfigurationen und damit über alle möglichen Zuordnungen gemittelt werden muß, wird die Paarzahl $\tfrac{1}{2} N(N-1) \approx N^2/2$ und damit der Normierungsfaktor

$$M\,C = \frac{1}{2} \frac{N^2}{V} \,. \tag{XI 19}$$

Kombinieren wir nun mit Gl. (V 140), so folgt

$$PV = N\,kT - \frac{1}{6} \frac{N^2}{V} 4\,\pi \int\limits_0^\infty r \frac{du}{dr} e^{-\frac{u}{kT}} r^2 \, dr \,. \tag{XI 20}$$

Nun ist

$$\frac{\partial}{\partial r} e^{-\frac{u}{kT}} = -\frac{1}{kT} e^{-\frac{u}{kT}} \frac{du}{dr} \,. \tag{XI 21}$$

Wir erhalten daher durch partielle Integration

$$\int\limits_0^\infty r^3 e^{-\frac{u}{kT}} \frac{du}{dr} \, dr = \left| -kT\, r^3 e^{-\frac{u}{kT}} \right|_0^\infty + 3\,kT \int\limits_0^\infty r^2 e^{-\frac{u}{kT}} \, dr \,. \tag{XI 22}$$

Der erste Term der rechten Seite verschwindet an der unteren Grenze, während an der oberen Grenze $u = 0$ ist. Wir dürfen daher den ersten Term durch das Integral

$$-3\,kT \int\limits_0^\infty r^2 \, dr$$

ersetzen. Dann wird aus Gl. (XI 20)

$$PV = N\,kT\left[1 - \frac{1}{2}\frac{N}{V}\,4\,\pi\int\limits_0^\infty\left(e^{-\frac{u}{kT}} - 1\right)r^2\,dr\right.\!.\tag{XI 23}$$

Der Vergleich mit (XI 4) ergibt unmittelbar für den zweiten Virialkoeffizienten

$$B = \frac{N}{2}\,4\,\pi\int\limits_0^\infty\left(1 - e^{-\frac{u}{kT}}\right)r^2\,dr = -\frac{N}{2}\,\beta_1,\tag{XI 24}$$

wenn wir im Hinblick auf spätere Betrachtungen die Abkürzung

$$\beta_1 = 4\,\pi\int\limits_0^\infty\left(e^{-\frac{u}{kT}} - 1\right)r^2\,dr\tag{XI 25}$$

einführen.

Die vorstehende Ableitung zeigt, daß der zweite Virialkoeffizient von solchen Konfigurationen herrührt, bei denen je zwei Moleküle einander benachbart sind oder, anders ausgedrückt, bei denen Molekülpaare auftreten. Man kann daher mit einer gewissen Berechtigung anschaulich sagen, daß die bei endlichen Konzentrationen auftretenden Abweichungen von den idealen Gasgesetzen durch Assoziationen bedingt sind. Wir wollen nun zeigen, daß die korrekte Durchführung einer solchen Betrachtungsweise zum gleichen Ergebnis führt wie die oben benutzte Virialmethode.

Wenn wir die Wechselwirkung der Moleküle als Assoziation auffassen, müssen wir das Gas als ein System aus zwei Komponenten behandeln, den einfachen Molekülen (Index 1) und den Paaren (Doppelmolekülen; Index 2), die miteinander im „chemischen" Gleichgewicht stehen. Wir können dann unmittelbar die Methoden des Kapitels X anwenden und erhalten für die mittleren Molekülzahlen

$$\frac{\bar N_2}{\bar N_1^2} = \frac{f_2(T)}{[f_1(T)]^2}\,.\tag{XI 26}$$

Das eigentliche Problem besteht nun in der korrekten Berechnung der Verteilungsfunktion $f_2(T)$. Der Einfachheit halber beschränken wir uns auch hier auf einatomige Moleküle. Wir können zunächst sagen, daß sich in (XI 26) die Kernspinfaktoren und mit hinreichender Annäherung auch die von den Freiheitsgraden der Elektronen herrührenden Faktoren herausheben. In dem Doppelmolekül werden sich, weil die Potentialmulde der „Bindung" sehr flach ist, keine periodischen Bewegungen der Rotation und Schwingung mehr ausbilden. Wir verfahren daher zweckmäßig so, daß wir die gesamte kinetische Energie abseparieren; die betreffenden Faktoren heben sich dann ebenfalls heraus. Damit reduziert sich Gl. (XI 26) auf

$$\frac{\bar N_2}{\bar N_1} = \frac{\varphi_2(T)}{[\varphi_1(T)]^2}\tag{XI 27}$$

mit

$$\varphi_1(T) = \int d\mathbf{q}_i\tag{XI 28}$$

und

$$\varphi_2(T) = \tfrac{1}{2}\int\!\int e^{-\frac{u}{kT}}\,d\mathbf{q}_i\,d\mathbf{q}_j\,.\tag{XI 29}$$

Hier ist $d\mathbf{q}_i$ das Produkt der Koordinatendifferentiale eines Moleküls, und der Faktor $\tfrac{1}{2}$ berücksichtigt die Symmetriezahl. Das Integral (XI 28) darf nicht über das ganze Volumen V erstreckt werden, weil wir festgesetzt haben, daß ein Molekül als Teil eines Doppelmoleküls gelten soll, wenn es sich im Kraftfeld eines anderen Moleküls befindet. Wir grenzen daher um jedes Molekül ein

Volumen v_0 ab, welches der Reichweite der zwischenmolekularen Kräfte entspricht[1]. Von der Integration ist aber nur die halbe Summe dieser Volumina auszuschließen, weil jeweils zwei Moleküle ein verbotenes Volumen definieren. Wir haben somit

$$\varphi_1(T) = \int\limits_{V - {}^1\!/_2\, N v_0} d\mathbf{q}_i = V - \tfrac{1}{2} N v_0 \,. \qquad \text{(XI 30)}$$

In dem Integral (XI 29) können wir, da u nur von dem Molekülabstand r abhängt, über $\mathbf{q}_j$ integrieren. Es ergibt sich dann in cartesischen Koordinaten

$$\varphi_2(T) = \tfrac{1}{2} V \iiint e^{-\frac{u}{kT}} \, dx_i \, dy_i \, dz_i \qquad \text{(XI 31)}$$

oder nach Einführung von Polarkoordinaten

$$\varphi_2(T) = \tfrac{1}{2} V \int\limits_0^{r_0} 4 \pi e^{-\frac{u}{kT}} r^2 \, dr \qquad \text{(XI 32)}$$

mit

$$v_0 = \frac{4\pi}{3} r_0^3 \,. \qquad \text{(XI 33)}$$

Setzen wir zur Abkürzung

$$\zeta(T) = \tfrac{1}{2} \int\limits_0^{r_0} 4 \pi e^{-\frac{u}{kT}} r^2 \, dr \,, \qquad \text{(XI 34)}$$

so können wir mit Benutzung von (XI 30), (XI 32) und (XI 34) die Gl. (XI 27) schreiben

$$\frac{\bar{N}_2}{\bar{N}_1^2} = \frac{V \zeta(T)}{(V - \tfrac{1}{2} N v_0)^2} \,. \qquad \text{(XI 35)}$$

Da wir nur den zweiten Virialkoeffizienten in Betracht ziehen, können wir voraussetzen $V \gg \tfrac{1}{2} N v_0$ und $N \gg \bar{N}_2$. Dann wird aus (XI 35) näherungsweise

$$\bar{N}_2 = \frac{N^2 \zeta(T)}{V} \,. \qquad \text{(XI 36)}$$

Daraus folgt

$$\bar{N}_1 = N - 2\,\bar{N}_2 = N - 2 N^2 \zeta(T)/V \,. \qquad \text{(XI 37)}$$

Die freie Energie nach Helmholtz des „Gemisches" ist nach Gl. (IX 11)

$$F = kT \left\{ \bar{N}_1 \left[\ln \frac{\bar{N}_1}{\varphi_1(T)} - 1 \right] + \bar{N}_2 \left[\ln \frac{\bar{N}_2}{\varphi_2(T)} - 1 \right] - \frac{3}{2} N \ln T - \right.$$
$$\left. - N \ln \left[\frac{(2 \pi m k)^{3/2}}{h^3} e^l g_0 {}^k g \right] \right\} \,. \qquad \text{(XI 38)[2]}$$

Fassen wir die beiden letzten Terme in dem Symbol $F'(T)$ zusammen, so können wir mit Benutzung von Gl. (XI 27) schreiben

$$F = kT \left\{ N \ln \frac{N}{V} + N \ln \frac{\bar{N}_1 V}{\varphi_1(T) N} - N + \bar{N}_2 \right\} + F'(T) \,. \qquad \text{(XI 39)}$$

Führen wir hier Gl. (XI 30), (XI 36) und (XI 37) ein, so folgt

$$F = kT \left\{ N \ln \frac{N}{V} - N + N \ln \frac{V}{V - \tfrac{1}{2} N v_0} + N \ln \left[1 - \frac{2 N \zeta(T)}{V} \right] + \right.$$
$$\left. + N^2 \frac{\zeta(T)}{V} \right\} + F'(T) \,. \qquad \text{(XI 40)}$$

---

[1] Diese Definition ist naturgemäß nicht ganz willkürfrei. Da aber die Größe v_0 nicht in das Endresultat eingeht, kommt es nur darauf an, daß eine solche Definition überhaupt möglich und sinnvoll ist.

[2] An Stelle des Volumens in Gl. (IX 11) treten hier die Größen $\varphi_1(T)$ und $\varphi_2(T)$.

Durch Entwicklung der Logarithmen bis zum linearen Glied erhalten wir daraus

$$F = kT \left\{ N \left[\ln \frac{N}{V} - 1 \right] + \frac{N^2}{V} \left[\frac{1}{2} v_0 - \zeta(T) \right] \right\} + F'(T) \,. \tag{XI 41}$$

Mit Benutzung von Gl. (IX 2), (XI 25) und (XI 34) folgt schließlich für die Zustandsgleichung

$$PV = N k T \left[1 + \frac{1}{2} \frac{N}{V} 4\pi \int_0^\infty \left(1 - e^{-\frac{u}{kT}} \right) r^2 \, dr \right] \tag{XI 42}[1]$$

oder, wenn wir das Volumen pro Molekül

$$v = \frac{V}{N} \tag{XI 43}$$

einführen,

$$P = \frac{kT}{v} \left(1 - \frac{1}{2} \frac{\beta_1}{v} \right) \tag{XI 44}$$

in Übereinstimmung mit Gl. (XI 23) bzw. (XI 24)

Man sieht aus der vorstehenden Ableitung, daß die vor allem für den Chemiker anschauliche Betrachtung der zwischenmolekularen Wechselwirkung als Assoziationsgleichgewicht theoretisch gerechtfertigt ist. Allerdings gilt dies nur mit gewissen Einschränkungen, die wir in § 12.3 näher erörtern werden.

§ 11.3. Zweiter Virialkoeffizient und zwischenmolekulare Kräfte. Experimentelle Prüfung der Theorie[2]

Für die theoretische Berechnung des zweiten Virialkoeffizienten ist nach Gl. (XI 24) die Kenntnis des Potentials der zwischenmolekularen Kräfte $u(r)$ erforderlich. Umgekehrt kann man aus experimentellen Bestimmungen des zweiten Virialkoeffizienten gewisse Schlüsse auf die Gestalt dieses Potentials ziehen. Wir wollen diese Zusammenhänge jetzt etwas genauer untersuchen.

Als einfachstes Beispiel betrachten wir die Frage, welche Annahmen man über das zwischenmolekulare Potential machen muß, um den aus der VAN DER WAALSschen Gleichung abgeleiteten Ausdruck für den zweiten Virialkoeffizienten Gl. (XI 15) zu erhalten. Zur besseren Übersicht benutzen wir dabei die durch Gl. (XI 25) definierte Größe β_1, für die sich aus Gl. (XI 15) und (XI 24) ergibt

$$\frac{1}{2} \beta_1 = \frac{a}{kT} - b \,. \tag{XI 45}$$

Man sieht nun leicht, daß Gl. (XI 25) auf einen Ausdruck dieser Form führt, wenn für einen gewissen Bereich von r-Werten $u(r)$ positiv und extrem groß gegen kT ist, während für alle anderen Werte von r $|u(r)| \ll kT$ gilt. Für $u(r) \to +\infty$ wird nämlich der Integrand in Gl. (XI 25) unabhängig von T, und die Integration über die entsprechenden r-Werte liefert das temperaturunabhängige Glied $-b$ in Gl. (XI 45). Für $|u(r)| \ll kT$ kann die Reihenentwicklung der e-Funktion mit dem linearen Gliede abgebrochen werden, und der Integrand wird in diesem Gebiet einfach gleich $-\frac{u}{kT}$. Die Integration über die zugehörigen r-Werte liefert dann einen Term, der proportional $(kT)^{-1}$ ist, also dem ersten

---

[1] Da definitionsgemäß der Integrand für $r \geqq r_0$ praktisch verschwindet, kann ∞ als obere Integrationsgrenze geschrieben werden.

[2] Eine sehr ausführliche Darstellung dieses Gebietes findet sich bei J. O. HIRSCHFELDER, CH. F. CURTISS u. R. B. BIRD: Molecular Theory of Gases and Liquids. New York 1954.

Term in Gl. (XI 45) entspricht. Ein Ansatz, der diesen Bedingungen genügt, ist

$$u(r) = \infty \qquad\qquad (0 \leqq r \leqq \sigma)$$
$$u(r) = -|u_0|\left(\frac{\sigma}{r}\right)^m \qquad\qquad (\sigma < r \leqq \infty) \qquad\text{(XI 46)}$$

wo u_0, σ und m Konstanten sind[1]. Dieses Potential ist in Abb. 41 schematisch dargestellt. Es gibt mit $m = 6$ eine leidliche Annäherung an die wirklichen Verhältnisse. Man nennt dieses Molekülmodell gelegentlich mit einer etwas paradoxen Bezeichnung „starr-elastisch". Damit ist gemeint, daß die Moleküle in einer Entfernung $r > \sigma$ aufeinander anziehende Kräfte ausüben, sich aber bei Annäherung auf den Abstand σ wie starre Kugeln verhalten. Das Volumen v_0 dieser Kugeln[2] ist durch

$$v_0 = \frac{4\pi}{3}\left(\frac{\sigma}{2}\right)^3 = \frac{\pi}{6}\sigma^3 \qquad\text{(XI 47)}$$

gegeben. Setzen wir nun (XI 46) in Gl. (XI 25) ein und integrieren von 0 bis σ, so wird

$$\frac{1}{2}\int_0^\sigma 4\pi r^2\,dr = \frac{2\pi}{3}\sigma^3 = 4\,v_0 = b\,. \qquad\text{(XI 48)}$$

Die van der Waalssche Konstante b ist somit gleich dem vierfachen Eigenvolumen der Moleküle, wenn diese als starre Kugeln beschrieben werden. Für $r > \sigma$ ist der Integrand nach (XI 46)

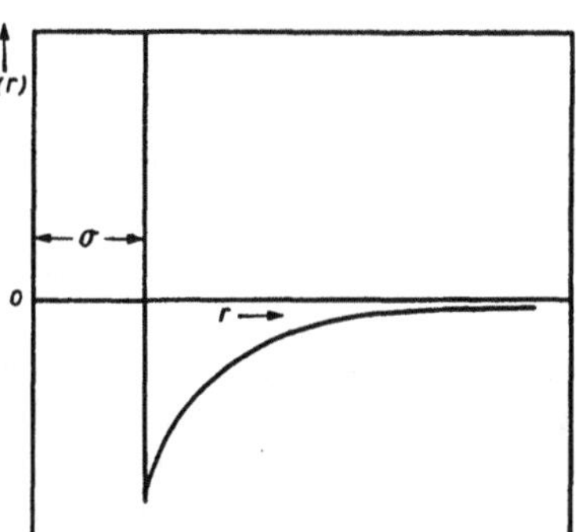

Abb. 41. Starr-elastisches Potential

$$e^{-\frac{u}{kT}} - 1 = -\frac{u}{kT} = \frac{|u_0|\sigma^m r^{-m}}{kT}\,. \qquad\text{(XI 49)}$$

Es wird somit

$$\frac{1}{2}\frac{4\pi|u_0|\sigma^m}{kT}\int_\sigma^\infty r^{-(m-2)}\,dr = \frac{12\,|u_0|\,v_0}{(m-3)\,kT} = \frac{a}{kT}\,. \qquad\text{(XI 50)}$$

Die van der Waalssche Konstante a ist proportional dem Eigenvolumen der starr-elastischen Kugeln und der Energie des Potentialminimums u_0. Der Proportionalitätsfaktor hängt von m, d. h. von der Gestalt der Potentialkurve ab. Der physikalische Sinn der Näherung (XI 15) bzw. (XI 45) besteht also in der Annahme, daß die Moleküle starre Kugeln vom Volumen $b/4$ sind, die sich bei Abständen $r > \sigma$ mit einer Kraft anziehen, für deren Potential $|u| \ll kT$ gilt. Die letztere Annahme kann naturgemäß nicht bis zu beliebig tiefen Temperaturen zutreffen. Damit erklärt sich das Ergebnis der Tab. 23, daß Gl. (XI 15) für Temperaturen, die wesentlich unterhalb der Boyle-Temperatur liegen, völlig versagt.

Die vorstehenden Überlegungen zeigen, daß Gl. (XI 15) eine zwar nur unter bestimmten Voraussetzungen brauchbare, aber doch physikalisch sinnvolle Näherung ist. Insofern können wir sie als Ausgangspunkt für die weitere Diskussion des Problems betrachten. Dasselbe stellt sich jetzt konkret dar als Verbesserung des primitiven, auf Gl. (XI 15) führenden Potentialansatzes. Die

---

[1] Einen ähnlichen Potentialansatz haben wir in § 7.7, Gl. (VII 357) eingeführt.

[2] Dieses v_0 hat nichts mit der durch Gl. (XI 34) definierten Größe (die nur im Rahmen der dortigen speziellen Ableitung gebraucht wird) zu tun.

Überlegenheit unserer Analyse gegenüber den früheren empirischen oder halbempirischen Versuchen zur Verbesserung der VAN DER WAALSschen Gleichung wird hier besonders deutlich.

Nach der obigen Bemerkung über Tab. 23 besteht die nächstliegende Verbesserung offenbar darin, daß die Voraussetzung $|u| \ll kT$ aufgegeben wird. Das bedeutet, daß wir im Integranden von (XI 25) jetzt die vollständige e-Funktion, nicht nur das lineare Glied der Entwicklung, zu berücksichtigen haben. Da sich im Bereich von 0 bis σ nichts ändert, bekommen wir aus Gl. (XI 24), (XI 46) und (XI 48)

$$B = N \left[\frac{2\pi}{3} \sigma^3 + 2\pi \int\limits_{\sigma}^{\infty} \left(1 - e^{\frac{|u_0| \sigma^m}{r^m kT}} \right) r^2 \, dr \right]. \qquad \text{(XI 51)}$$

Die Integration läßt sich ohne weiteres über die Reihenentwicklung der e-Funktion ausführen. Es ergibt sich dann

$$B = \frac{2\pi}{3} \sigma^3 \left[1 - \sum\limits_{l=1}^{\infty} \frac{3}{l! \, (lm - 3)} \left(\frac{|u_0|}{kT} \right)^l \right]. \qquad \text{(XI 52)}$$

Diese Gleichung, die zuerst von KEESOM[1] abgeleitet wurde, stellt den allgemeinen Ausdruck für den zweiten Virialkoeffizienten des starr-elastischen Molekülmodells dar. Vom Standpunkt der VAN DER WAALSschen Gleichung (XI 15) bedeutet (XI 52) die Einführung einer temperaturabhängigen Größe a, deren Notwendigkeit bereits 1854 von RANKINE erkannt wurde. Gegenüber Gl. (XI 15) stellt Gl. (XI 52) zwar grundsätzlich eine Verbesserung dar. Wir können aber auf eine nähere Diskussion derselben verzichten, da auch sie noch die wesentliche Schwäche des starr-elastischen Molekülmodells enthält. Diese besteht darin, daß der Abstoßungsast der Potentialkurve in Wirklichkeit zwar steil, aber keineswegs unendlich steil ansteigt[2]. Rein formal könnte man daraus auf eine Temperaturabhängigkeit der Größe b schließen. Man wird aber dem Sachverhalt besser gerecht, wenn man an dieser Stelle das VAN DER WAALSsche Begriffssystem überhaupt aufgibt. Wir werden daher von jetzt ab nur noch die Potentialfunktion im Zusammenhang mit Gl. (XI 24) diskutieren.

Die endliche Steilheit des Abstoßungsastes der Potentialkurve läßt sich am einfachsten berücksichtigen, indem man das Potential der Abstoßungskraft proportional einer hohen Potenz des reziproken Molekülabstandes setzt. Man hat dann

$$u = -\frac{a}{r^m} + \frac{b}{r^n}. \qquad \text{(XI 53)}[3]$$

Ein Ansatz dieser Form scheint zuerst von MIE[4] vorgeschlagen worden zu sein und ist in der Theorie der Kristalle vielfach verwendet worden. In die Gastheorie ist er von LENNARD-JONES[5] eingeführt worden. Man bezeichnet (XI 53) daher heute gewöhnlich als LENNARD-JONES-Potential. Die Theorien der zwischenmolekularen Kräfte[6] ergeben für den wichtigsten Term des Potentials der Anziehungskraft in allen Fällen Proportionalität mit r^{-6}. In Gl. (XI 53)

---

[1] KEESOM, W. H.: Comm. Phys. Lab. Leiden 12, Suppl. 24b, 32 (1912).

[2] Ein unendlich steiler Abstoßungsast der Potentialkurve würde bedeuten, daß bei einem gewissen endlichen Volumen die Kompressibilität Null wird.

[3] Die hier eingeführten Größen a und b haben natürlich nichts mit den Konstanten der VAN DER WAALSschen Gleichung zu tun.

[4] MIE, G.: Ann. Physik 11, 657 (1903).

[5] LENNARD-JONES, J. E.: Proc. Roy. Soc. (London) A 106, 463 (1924).

[6] Siehe z. B. H. HELLMANN: Einführung in die Quantenchemie. Leipzig 1937.

ist daher $m = 6$ zu setzen und wir haben noch drei adjustierbare Parameter a, b und n. Wenn wir die Energie des Potentialminimums u_0 und den Gleichgewichtsabstand r_0 einführen, können wir Gl. (XI 53) schreiben

$$u = u_0 \left[\frac{n}{n-6} \left(\frac{r_0}{r} \right)^6 - \frac{6}{n-6} \left(\frac{r_0}{r} \right)^n \right] . \qquad \text{(XI 54)}$$

Zwischen den Konstanten der Gl. (XI 53) und (XI 54) bestehen die Beziehungen

$$a = - \frac{n}{n-6} u_0 r_0^6 , \quad b = - \frac{6}{n-6} u_0 r_0^n . \qquad \text{(XI 55)}$$

Die Berechnung des zweiten Virialkoeffizienten für das Potential (XI 53), deren Einzelheiten wir hier nicht wiedergeben können, ist von Lennard-Jones[1] durchgeführt worden. Das Resultat lautet

$$\dot{B} = \frac{2\pi}{3} N \left(\frac{b}{a} \right)^{\frac{3}{n-m}} F(y) . \qquad \text{(XI 56)}$$

Die Funktion $F(y)$ ist definiert durch die Gleichung

$$F(y) = y^{\frac{3}{n-m}} \left[\Gamma \left(\frac{n-3}{n} \right) - \frac{3}{n} \sum_{l=1}^{\infty} \Gamma \left(\frac{lm-3}{n} \right) \frac{y^l}{l!} \right] . \qquad \text{(XI 57)}$$

Die Variable y ist selbst eine Temperaturfunktion, die durch

$$y = \frac{a}{kT} \left(\frac{kT}{b} \right)^{\frac{m}{n}} \qquad \text{(XI 58)}$$

gegeben ist. Für die Funktion $F(y)$ existieren Tabellen[2].

Wir müssen nun kurz auf die Methoden zur Bestimmung der freien Parameter eingehen, da die Kenntnis derselben zum Verständnis der experimentellen Prüfung der Theorie erforderlich ist. Nach Lennard-Jones[1] geht man dabei in folgender Weise vor. Wir schreiben zunächst die Gl. (XI 56) und (XI 58) in logarithmischer Form und haben dann

$$\ln B = \ln F(y) + \ln \left[\frac{2\pi}{3} N \left(\frac{b}{a} \right)^{\frac{3}{n-m}} \right] \qquad \text{(XI 59)}$$

und

$$\ln T = - \frac{n}{n-m} \ln y - \frac{1}{n-m} \ln \frac{b^m}{a^n} - \ln k \qquad \text{(XI 60)}$$

Man sieht daraus, daß $\ln B$ sich von $\ln F(y)$ nur durch eine Funktion der freien Parameter a, b, n unterscheidet und daß das gleiche für $\ln T$ und $- \dfrac{n}{n-m} \ln y$ gilt. Trägt man daher den empirischen Zusammenhang zwischen $\ln B$ und $\ln T$ auf Transparentpapier auf, so muß sich diese Kurve durch Parallelverschiebung entlang den Koordinatenachsen mit einer Kurve $\ln F(y)$ gegen $- \dfrac{n}{n-m} \ln y$ zur Deckung bringen lassen, wenn für die letztere n und m richtig gewählt wurden. Da der Wert $m = 6$ vorgegeben ist, zeichnet man die Kurvenschar $\ln F(y)$ gegen $- \dfrac{n}{n-6} \ln y$ mit n als Parameter. Die Kurve, welche sich am besten den experimentellen Daten anpaßt, ergibt dann unmittelbar den Wert für n, während a und b sich aus den Verschiebungen nach Gl. (XI 59) und (XI 60) berechnen lassen.

---

[1] Lennard-Jones, J. E.: Proc. Roy. Soc. (London) A **106**, 463 (1924).
[2] Zum Beispiel J. O. Hirschfelder, Ch. F. Curtiss u. R. B. Bird: Molecular Theory of Gases and Liquids. New York 1954.

In Abb. 42 ist zunächst $\ln|F(y)|$ gegen $-\dfrac{n}{n-6}\ln y$ für verschiedene Werte von n aufgetragen. Der linke Teil der Figur entspricht negativen Werten von $F(y)$ und damit von B, der rechte positiven Werten. Beide Teile sind durch den BOYLE-Punkt getrennt, für den $F(y)=0$ gilt. Wir haben also insoweit die

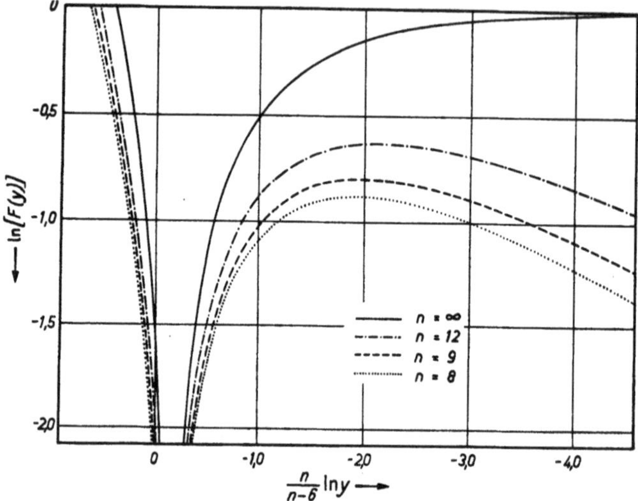

Abb. 42. Verlauf der Funktion $\ln|F(y)|$ für verschiedene Werte von n [entnommen aus: R. H. FOWLER und E. A. GUGGENHEIM: Statistical Thermodynamics, S. 281. Cambridge 1949]

gleichen Verhältnisse wie in der nach experimentellen Daten gezeichneten Abb. 40. Man bemerkt weiter, daß alle Kurven für endliches n oberhalb der BOYLE-Temperatur ein Maximum durchlaufen. Nur die Kurve für $n = \infty$, welche dem starr-elastischen Molekülmodell entspricht, strebt mit wachsender Temperatur einem endlichen Grenzwert zu. Man kann daher auf diesem Wege die Unzulänglichkeit dieses Molekülmodells unmittelbar nachweisen, wenn Messungen bei

Tabelle 25. *2. Virial-Koeffizient*

T [° K]	$10^4\,B$ in Amagat-Einheiten				
	He	Ne	A	H_2	N_2
65,1	—	—9,35	—	—8,18	—
71,5	4,58	—	—	—	—
89,9	4,81	—	—	—	—
90,0	4,73	—	—	—2,47	—
90,5	—	—3,65	—	—	—
123	—	0,04	—	1,31	—
126,5	5,53	—	—	—	—
143	—	—	—	—	—35,6
169,7	5,89	—	—	—	—
173	—	2,88	—28,7	4,08	—23,1
223	—	4,06	—16,9	5,39	—11,8
273	5,29	4,75	— 9,86	6,24	— 4,61
323	5,23	—	— 4,92	6,76	— 0,11
373	5,10	5,29	— 1,92	6,94	2,74
423	—	—	0,52	—	5,14
473	4,93	5,82	2,08	7,00	6,85
573	4,69	6,14	5,01	—	9,21
673	4,54	6,12	6,83	—	10,5

Entnommen aus: R. H. FOWLER u. E. A. GUGGENHEIM: Statistical Thermodynamics, S. 283. Cambridge 1949.

genügend hohen Temperaturen vorliegen. Dies trifft beispielsweise für Helium und Neon zu. In Tab. 25 sind die experimentellen Werte des zweiten Virialkoeffizienten für diese beiden Gase sowie für Argon, Wasserstoff und Stickstoff

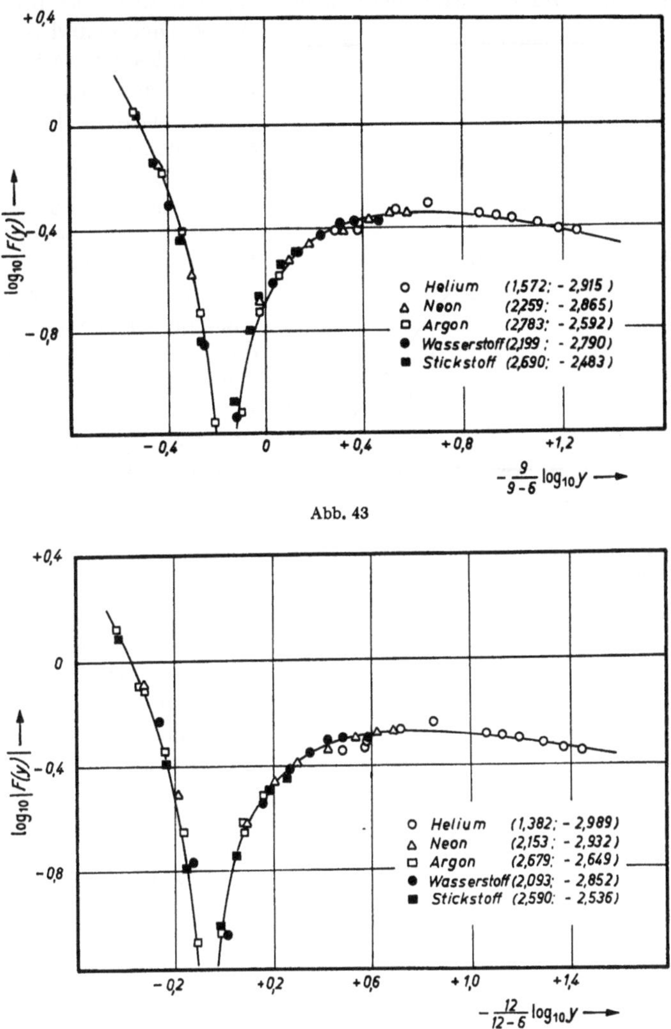

Abb. 43

Abb. 44

Abb. 43 und 44. Bestimmung des Parameters n aus den experimentellen Daten nach LENNARD-JONES [entnommen aus: R. H. FOWLER u. E. A. GUGGENHEIM: Statistical Thermodynamics, S. 284. Cambridge 1949]

zusammengestellt. In Abb. 43 und 44 sind diese Daten nach dem oben beschriebenen Verfahren den $F(y)$-Kurven für $n = 9$ und $n = 12$ angepaßt worden[1]. Die Übereinstimmung ist in beiden Fällen recht gut. Ähnliche Diagramme erhält man auch für $n = 8$, $n = 10$ und $n = 14$. Man kann daraus wohl schließen, daß das LENNARD-JONES-Potential für den Wertebereich von r, welcher bis zu etwa 700° K den Hauptbeitrag zu dem Integral (XI 25) liefert, eine gute Annäherung an den wahren Potentialverlauf darstellt. Es ist jedoch offensichtlich unmöglich, aus Messungen des zweiten Virialkoeffizienten allein die Konstanten a,

---

[1] Die eingeklammerten Zahlen in Abb. 43 u. 44 sind die Werte von $\log_{10} T + \dfrac{n}{n-6} \log_{10} y$ und $\log_{10} |B| - \log_{10} |F(y)|$.

b und n eindeutig zu bestimmen. Das bedeutet aber nach Gl. (XI 54) und (XI 55), daß auch Lage und Tiefe des Potentialminimums sich auf dieser Grundlage nicht genau festlegen lassen. Man kann nun allerdings zur Entscheidung dieser Frage noch andere Daten heranziehen. So hat CORNER[1] für Neon und Argon Dichte und Sublimationswärme des Kristalls in die Diskussion einbezogen mit dem Ergebnis, daß die Gesamtheit der experimentellen Ergebnisse sich am besten mit $n = 12$ darstellen läßt. Andererseits findet jedoch KIHARA[2], daß die experimentellen Werte des dritten Virialkoeffizienten sich besser mit $n = 9$ wiedergeben lassen. Angesichts dieser Situation erscheint die Verwendung des LENNARD-JONES-Potentials, das ja rein empirisch ist, etwas problematisch. Diese Bedenken werden noch verstärkt durch die Tatsache, daß Gl. (XI 53) bei höheren Temperaturen eindeutig versagt.

SCHNEIDER und DUFFIE[3] sowie YNTEMA und SCHNEIDER[4] haben in neuerer Zeit den zweiten Virialkoeffizienten des Heliums im Bereich von 0° bis 1200° C gemessen. Die Ergebnisse sind von YNTEMA und SCHNEIDER[5] im Hinblick auf das zwischenmolekulare Potential analysiert worden. Die Abb. 45 und 46 zeigen die $F(y)$-Kurven für $n = 9$ und $n = 12$ mit den experimentellen Daten. Man sieht, daß in Übereinstimmung mit den älteren Ergebnissen bis herauf zu etwa 600° C beide Kurven die experimentellen Ergebnisse nahezu gleich gut wiedergeben. Bei noch höheren Temperaturen treten jedoch starke Abweichungen auf; dieselben lassen sich nur deuten

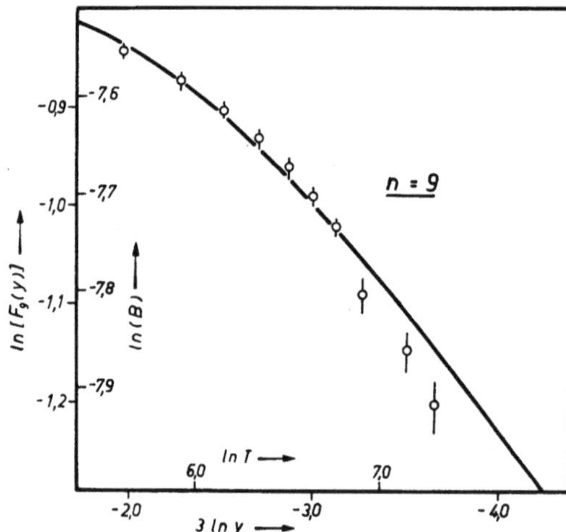

Abb. 45. Bestimmung des Parameters n aus den experimentellen Daten für He. $n = 9$ [entnommen aus: J. L. YNTEMA u. W. G. SCHNEIDER: J. Chem. Phys. **18**, 646 (1950)]

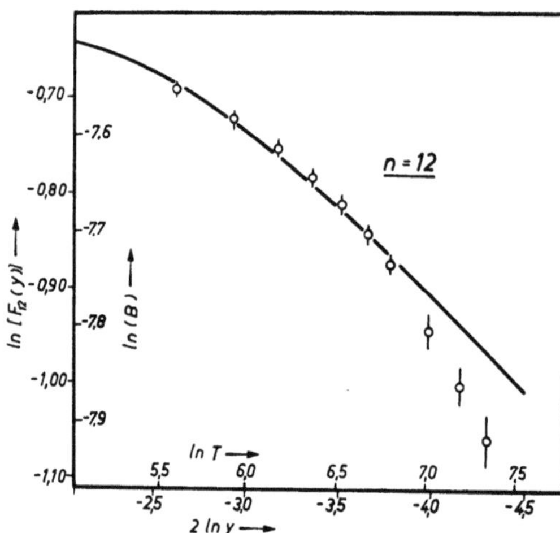

Abb. 46. Bestimmung des Parameters n aus den experimentellen Daten für He. $n = 12$ [entnommen aus: J. L. YNTEMA u. W. G. SCHNEIDER: J. Chem. Phys. **18**, 648 (1950)]

durch die Annahme, daß das Abstoßungsglied des LENNARD-JONES-Potentials nicht korrekt ist. Zu dem gleichen Ergebnis führt die Auswertung nach der BUCKINGHAMschen Methode, die wir weiter unten besprechen.

[1] CORNER, J.: Trans. Faraday Soc. **44**, 914 (1948).
[2] KIHARA, T.: J. Phys. Soc. Japan **6**, 184 (1951).
[3] SCHNEIDER, W. G., u. J. A. H. DUFFIE: J. Chem. Phys. **17**, 751 (1949).
[4] YNTEMA, J. L., u. W. G. SCHNEIDER: J. Chem. Phys. **18**, 641 (1950).
[5] YNTEMA, J. L., u. W. G. SCHNEIDER: J. Chem. Phys. **18**, 646 (1950).

Das Versagen des LENNARD-JONES-Potentials bei höheren Temperaturen kann im Grunde nicht sehr überraschen. Die Quantenmechanik führt nämlich zu der Folgerung, daß für den Fall reiner Dispersionswechselwirkung, wie sie bei Edelgasen vorliegt, das zwischenmolekulare Potential die Form

$$u(r) = -(a r^{-6} + c r^{-8} + \cdots) + P(r)\, e^{-\frac{r}{\varrho}} \qquad \text{(XI 61)}$$

hat, wo a, c und ϱ Konstanten sind und $P(r)$ ein Polynom mit positiven und negativen Potenzen von r bedeutet. Rechnungen, die von SLATER[1] für Helium, von BLEICK und MAYER[2] für Argon durchgeführt wurden, zeigen, daß man $P(r)$ ohne großen Fehler durch eine Konstante ersetzen kann. Für das Gebiet der kleinsten r-Werte muß diese Näherung naturgemäß versagen. Wir kommen darauf weiter unten zurück. Ähnlich lassen sich im Anziehungsterm die höheren Potenzen von r^{-1} für nicht zu kleine r-Werte näherungsweise durch einen höheren Wert der Konstanten a berücksichtigen. Obwohl die allgemeine Form der Gl. (XI 61) theoretisch gut begründet ist, haben die Versuche zur vollständigen a priori-Berechnung des zwischenmolekularen Potentials bisher noch nicht zu befriedigenden Resultaten geführt. Für Helium wurde eine

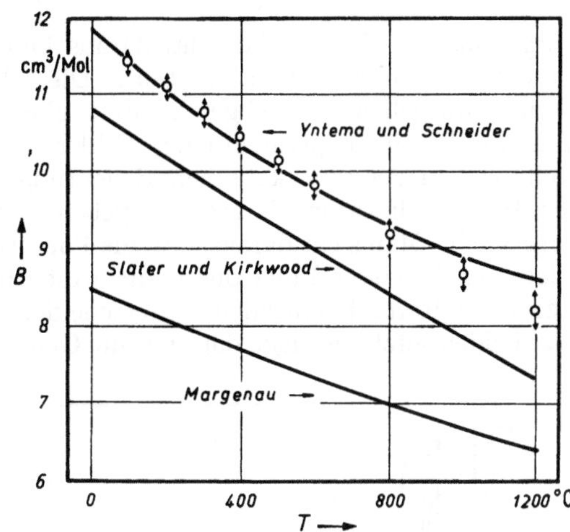

Abb. 47. Experimentelle und theoretische Werte für den 2. Virialkoeffizienten von He [entnommen aus: J. L. YNTEMA u. W. G. SCHNEIDER: J. Chem. Phys. 18, 649 (1950)]

solche Rechnung mit Benutzung der oben angedeuteten Vereinfachungen von SLATER und KIRKWOOD[3] durchgeführt. Sie erhielten die Formel

$$u(r) = \left(770\, e^{-\frac{r}{0,217}} - \frac{1,49}{r^6}\right) \cdot 10^{-12}\ \text{erg}\,. \qquad \text{(XI 62)}$$

MARGENAU[4] hat für das gleiche Problem zusätzlich noch die Dipol-Quadrupol-Wechselwirkung berücksichtigt, welche auf das zu r^{-8} proportionale Glied führt. Sein Resultat lautet

$$u(r) = \left(770\, e^{-\frac{r}{0,217}} - 560\, e^{-\frac{r}{0,187}} - \frac{1,39}{r^6} - \frac{3,0}{r^8}\right) \cdot 10^{-12}\ \text{erg}\,. \qquad \text{(XI 63)}$$

Die den Potentialen (XI 62) und (XI 63) entsprechenden zweiten Virialkoeffizienten sind von YNTEMA und SCHNEIDER[5] durch numerische Integration berechnet worden und in Abb. 47 zusammen mit den experimentellen Daten der gleichen Autoren dargestellt. Die Abweichung beträgt für das SLATER-KIRKWOOD-Potential etwa 8,5%, für das MARGENAU-Potential merkwürdigerweise sogar etwa 27%. Für Argon wurde die Absolutberechnung des Potentials auf der Grundlage der oben erwähnten Arbeit von BLEICK und MAYER von KUNIMUNE[6]

[1] SLATER, J. C.: Physic. Rev. 32, 349 (1928).
[2] BLEICK, W. E., u. J. E. MAYER: J. Chem. Phys. 2, 252 (1934).
[3] SLATER, J. C., u. J. G. KIRKWOOD: Physic. Rev. 37, 682 (1931).
[4] MARGENAU, H.: Physic. Rev. 56, 1000 (1939).
[5] YNTEMA, J. L., u. W. G. SCHNEIDER: J. Chem. Phys. 18, 646 (1950).
[6] KUNIMUNE, M.: J. Chem. Phys. 18, 754 (1950).

durchgeführt. Das Ergebnis hat wieder die Form der Gl. (XI 62); der Koeffizient des Exponentialgliedes ist aber dreimal so groß wie der empirisch ermittelte Wert.

Angesichts dieser Sachlage bleibt nur die Möglichkeit, auf ein halbempirisches Verfahren zurückzugreifen, indem man einen der (evtl. vereinfachten) Gl. (XI 61) entsprechenden Ansatz wählt und die Konstanten wenigstens teilweise aus experimentellen Daten bestimmt. In diesem Sinne haben YNTEMA und SCHNEIDER speziell für Helium die Gleichung

$$u(r) = \left(1200\, e^{-\frac{r}{0,212}} - \frac{1,24}{r^6} - \frac{1,89}{r^8}\right) \cdot 10^{-12}\ \text{erg} \qquad (XI\ 64)$$

vorgeschlagen. Der Verlauf des daraus berechneten zweiten Virialkoeffizienten ist ebenfalls in Abb. 47 dargestellt. Die Übereinstimmung ist über ein weites Temperaturgebiet befriedigend. Erst oberhalb 1000° C treten Abweichungen auf, welche die experimentellen Fehlergrenzen überschreiten. Um eine Vorstellung von der physikalischen Bedeutung der verschiedenen Ansätze, die wir für Helium diskutiert haben, zu geben, sind die Potentialkurven in Abb. 48 dargestellt. Man sieht daraus, daß die Potentiale mit exponentiellem Abstoßungsglied sich in erster Linie durch die wesentlich tiefere Potentialmulde von den LENNARD-JONES-Potentialen unterscheiden. Der Hauptunterschied zwischen den beiden letzteren liegt dagegen im Gleichgewichtsabstand r_0.

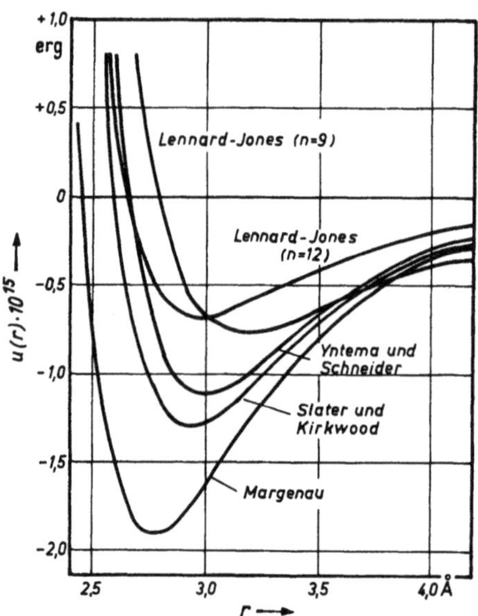

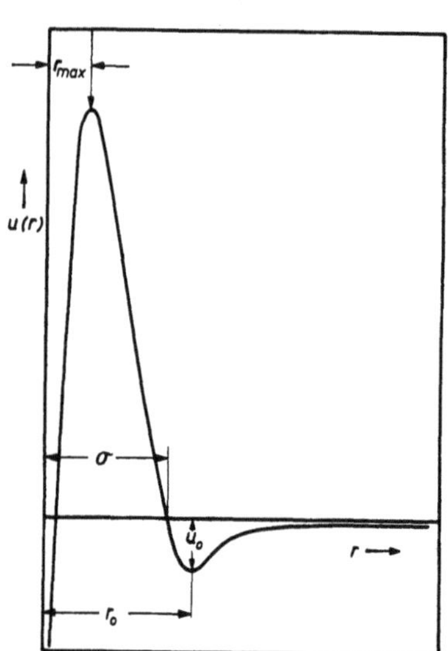

Abb. 48. Potential der zwischenmolekularen Wechselwirkung für He nach verschiedenen Ansätzen [entnommen aus: J. L. YNTEMA u. W. G. SCHNEIDER: J. Chem. Phys. 18, 649 (1950)]

Abb. 49. BUCKINGHAM-Potential [entnommen aus: W. E. RICE u. O. HIRSCHFELDER: J. Chem. Phys. 22, 187 (1954)]

Von BUCKINGHAM[1] wurde das Potential

$$u(r) = -a r^{-6} + P e^{-\frac{r}{\varrho}} \qquad (XI\ 65)$$

vorgeschlagen, welches der vereinfachten Gl. (XI 61) entspricht. Diese Formel enthält wie das LENNARD-JONES-Potential drei Konstanten, die sich nach einem dem früher beschriebenen analogen Verfahren aus den experimentellen Daten

---

[1] BUCKINGHAM, R. A.: Proc. Roy. Soc. (London) A 168, 264 (1938).

bestimmen lassen. Durch Einführen der Größen u_0 und r_0 läßt sich (XI 65) auf die Form

$$u(r) = \frac{|u_0|}{1 - 6/\alpha} \left[\frac{6}{\alpha} e^{\alpha\left(1 - \frac{r}{r_0}\right)} - \left(\frac{r_0}{r}\right)^6 \right] \qquad \text{(XI 66)}$$

bringen. Das BUCKINGHAM-Potential hat die Eigentümlichkeit, daß es zwischen $r = 0$ und $r = r_0$ ein Maximum durchläuft und für $r \to 0$ auf $-\infty$ abfällt (Abb. 49). Um die dadurch bedingte Schwierigkeit bei der Integration zu umgehen, haben BUCKINGHAM znd CORNER[1] Gl. (XI 66) nur im Gebiet $r_0 \leqq r \leqq \infty$ verwendet, für $r < r_0$ dagegen eine kompliziertere Formel. Da aber das Maximum außerordentlich hoch ist, bekommt man eine sehr gute Näherung, wenn man einfach setzt

$$u(r) = \infty \quad \text{für } r < r_{max} \qquad \text{(XI 67)}$$

(modifiziertes BUCKINGHAM-Potential oder exp-6-Potential). Auf dieser Grundlage haben RICE und HIRSCHFELDER[2] den zweiten Virialkoeffizienten für verschiedene Werte der Parameter berechnet und tabelliert. Der Vergleich mit den experimentellen Daten und dem LENNARD-JONES-6-12-Potential ist von MASON und RICE[3, 4] durchgeführt worden. In Tab. 26 sind für die Edelgase die Werte der Parameter des modifizierten BUCKINGHAM-Potentials und des LENNARD-JONES-Potentials zusammengestellt. Von Helium abgesehen, sind dieselben mit Benutzung der Daten für den Kristall nach der früher erwähnten Methode von CORNER[5] bestimmt worden. Für Helium ist noch die Größe

$$\Lambda = \frac{h}{r_0 \sqrt{m|u_0|}} \qquad \text{(XI 68)}$$

angeführt, welche für die bei tieferen Temperaturen erforderliche quantenstatistische Korrektur (vgl. § 11.4) benötigt wird. Mit Benutzung dieser

Tabelle 26. *Parameter für das exp-6-Potential und das* LENNARD-JONES-*Potential der Edelgase*

Stoff	exp-6-Potential				LENNARD-JONES-Potential			Experimentelle Daten für B
	α	r_0 [Å]	$\lvert u_0\rvert/k$ [°K]	Λ	r_0 [Å]	$\lvert u_0\rvert/k$ [°K]	Λ	
He	12,4	3,135	9,16	2,305	2,869	10,22	2,385	
Ne	14,5	3,147	38,0	—	3,16	36,3	—	[6]
Ar	14,0	3,866	123,2	—	3,87	119,3	—	[7]
Kr	12,3	4,056	158,3	—	4,04	159	—	[8]
Xe	13,0	4,450	231,2	—	4,46	228	—	[9]

Entnommen aus: E. A. MASON u. W. E. RICE, Report WIS - ONR - 6 University of Wisconsin 1953, und E. A. MASON und W. E. RICE: J. Chem. Phys. **22**, 522 (1954).

[1] BUCKINGHAM, R. A., u. J. CORNER: Proc. Roy. Soc. (London) A **189**, 118 (1947).

[2] RICE, W. E., u. J. O. HIRSCHFELDER: J. Chem. Phys. **22**, 187 (1954).

[3] MASON, E. A., u. W. E. RICE: Report WIS-ONR-6 University of Wisconsin 1953.

[4] MASON, E. A., u. W. E. RICE: J. Chem. Phys. **22**, 522 (1954).

[5] CORNER, J.: Trans. Faraday Soc. **44**, 914 (1948).

[6] ONNES, H. K., u. C. A. CROMMELIN: Leiden Comm. **147d** (1915). — CROMMELIN, MARTINEZ u. ONNES: Leiden Comm. **154a** (1919). — HOLBORN, L., u. J. OTTO: Z. Physik 33, 1 (1925); 38, 359 (1926).

[7] ONNES, H. K., u. C. A. CROMMELIN: Leiden Comm. **118b** (1910). — HOLBORN, L., u. J. OTTO: Z. Physik 23, 77 (1924); 33, 1 (1925). — MICHELS, WIJKER u. WIJKER: Physica 15, 627 (1949).

[8] BEATTIE, BRIERLEY u. BARRIAULT: J. Chem. Phys. **20**, 1615 (1952).

[9] BEATTIE, BARRIAULT u. BRIERLEY: J. Chem. Phys. **19**, 1222 (1951).

Tabelle ist in Abb. 50 der Verlauf des zweiten Virialkoeffizienten für Helium zusammen mit den experimentellen Daten dargestellt. In dem Bereich von 0—1200° C ist die Übereinstimmung sehr gut. Die maximale Abweichung

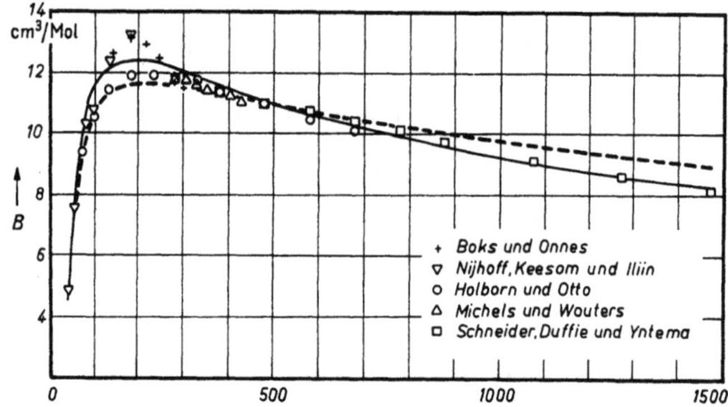

Abb. 50. Experimentelle und theoretische Werte für den 2. Virialkoeffizienten von He. Gestrichelte Kurve: LENNARD-JONES-6-12-Potential. Ausgezogene Kurve: Modifiziertes BUCKINGHAM-Potential [entnommen aus: E. A. MASON und W. E. RICE: J. Chem. Phys. 22, 522 (1954)]

bei 0° C beträgt etwas über 2%. In diesem Gebiet erweist sich daher das modifizierte BUCKINGHAM-Potential vor allem gegenüber dem LENNARD-JONES-Potential, aber auch im Vergleich zu dem Ansatz von YNTEMA und SCHNEIDER Gl. (XI 64) eindeutig als überlegen. Der Grund für die zunächst befremdende Tatsache, daß die Einführung des zu r^{-8} proportionalen Gliedes hier sowohl wie bei der MARGENAUSCHEN Formel (XI 63) die Übereinstimmung nicht verbessert, sondern verschlechtert, ist nicht ganz klar. Für Temperaturen unterhalb 0° C ist eine Entscheidung nicht möglich, da hier in den experimentellen Daten eine noch ungeklärte Diskrepanz zwischen den Messungen von HOLBORN und OTTO[1] einerseits, der Leidener Schule[2] andererseits besteht. Es ist jedoch bemerkenswert, daß bei 0° und 100° C die Messungen von SCHNEIDER und DUFFIE sehr genau die Werte von HOLBORN und OTTO bestätigt haben. In Abb. 51 sind die entsprechenden Kurven für Neon, Argon, Krypton und Xenon mit den experimentellen Daten dargestellt. Für Neon und Argon besteht praktisch kein Unterschied zwischen den beiden Potentialen, was nach den Erfahrungen bei Helium nicht zu verwundern ist, da Messungen bei hohen Temperaturen

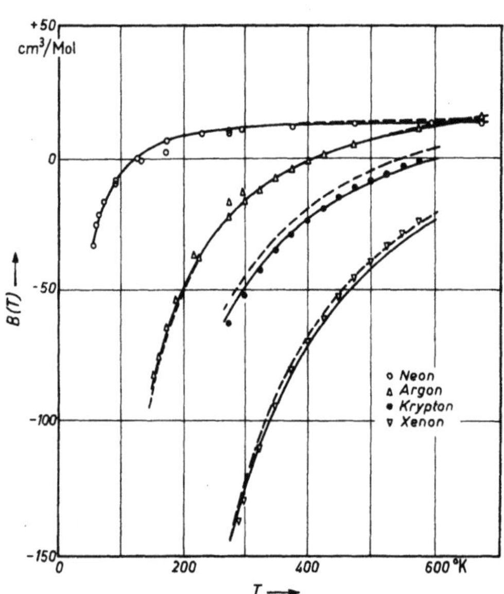

Abb. 51. Experimentelle und theoretische Werte für die 2. Virialkoeffizienten der schweren Edelgase. Gestrichelte Kurve: LENNARD-JONES-6-12-Potential. Ausgezogene Kurve: Modifiziertes BUCKINGHAM-Potential [entnommen aus: E. A. MASON u. W. E. RICE: Office of Naval Research — WIS-ONR-6, 6. 11. 1953]

perimentellen Daten dargestellt. Für Neon und Argon besteht praktisch kein Unterschied zwischen den beiden Potentialen, was nach den Erfahrungen bei Helium nicht zu verwundern ist, da Messungen bei hohen Temperaturen

---

[1] HOLBORN, L.; u. J. OTTO: Z. Physik 10, 367 (1922); 23, 77 (1924); 33, 1 (1925).
[2] KEESOM, W. H.: Helium. Amsterdam 1942.

fehlen. Bei Krypton liefert eindeutig das modifizierte BUCKINGHAM-Potential bessere Resultate, während für Xenon oberhalb 200° C merkwürdigerweise das LENNARD-JONES-Potential bessere Übereinstimmung ergibt.

MASON[1] hat das modifizierte BUCKINGHAM-Potential benutzt, um auf der Grundlage der Theorie von ENSKOG und CHAPMAN[2] die Transporterscheinungen in Gasen (Viscosität, Wärmeleitung, Selbstdiffusion, Thermodiffusion) zu berechnen. Der Vergleich mit den experimentellen Daten ist ebenfalls von MASON und RICE[3] durchgeführt worden. Es ergibt sich dabei im wesentlichen das gleiche Bild wie bei der Diskussion des zweiten Virialkoeffizienten. Man kann daher zusammenfassend sagen, daß das zwischenmolekulare Potential der Edelgasatome nach unseren gegenwärtigen theoretischen und experimentellen Kenntnissen am besten durch das modifizierte BUCKINGHAM-Potential mit empirischen Konstanten dargestellt wird. Für den zweiten Virialkoeffizienten liefert das LENNARD-JONES-Potential bis zu mäßig hohen Temperaturen eine brauchbare Näherung[4].

Wir haben uns in der bisherigen Diskussion im wesentlichen auf die Edelgase beschränkt, weil hier die der Theorie zugrunde liegenden Voraussetzungen, daß es sich erstens um Zentralkräfte (kugelsymmetrisches Potential) und zweitens um reine Dispersionswechselwirkung handelt, mit Sicherheit erfüllt sind. Man wird annehmen dürfen, daß dies mit einer gewissen Annäherung auch noch für unpolare zweiatomige Moleküle gilt. In der Tat haben wir bereits in Abb. 43 und 44 gesehen, daß der Verlauf des zweiten Virialkoeffizienten von Wasserstoff und Stickstoff sich gut auf der Grundlage eines LENNARD-JONES-Potentials darstellen läßt. MASON und RICE[3] haben den zweiten Virialkoeffizienten von Stickstoff mit Hilfe des modifizierten BUCKINGHAM-Potentials berechnet. Aus Abb. 52 sieht man, daß auch hier sich gute Übereinstimmung ergibt[5]. Ähnlich liegen die Verhältnisse für Sauerstoff und Kohlenmonoxyd.

Bei polaren Molekülen muß berücksichtigt werden, daß hier zusätzliche Kräfte zwischen den Molekülen wirken. Es handelt sich einmal um die

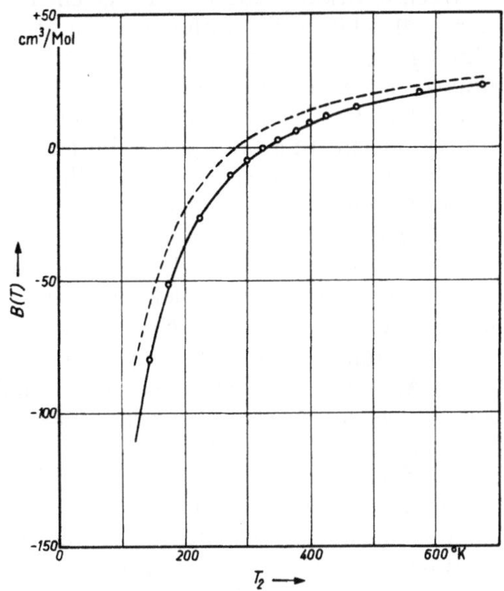

Abb. 52. Experimentelle und theoretische Werte für den 2. Virialkoeffizienten von N_2. Gestrichelte Kurve: LENNARD-JONES-6-12-Potential. Ausgezogene Kurve: Modifiziertes BUCKINGHAM-Potential [entnommen aus: E. A. MASON und W.E. RICE: Office of Naval Research — WIS-ONR-6, 6. 11. 1953]

---

[1] MASON, E. A.: J. Chem. Phys. **22**, 169 (1954).

[2] CHAPMAN, S., u. T. G. COWLING: The Mathematical Theory of Non-Uniform Gases. Cambridge 1952.

[3] MASON, E. A., u. W. E. RICE: Report WIS-ONR-6 University of Wisconsin 1953; J. Chem. Phys. **22**, 522 (1954).

[4] Für die Viscosität und Wärmeleitung von Helium zwischen 200 und 300° K liefert das LENNARD-JONES-Potential merklich schlechtere Ergebnisse als das modifizierte BUCKINGHAM-Potential.

[5] Bei Stickstoff wird die Übereinstimmung deutlich verschlechtert, wenn die Parameter des Potentials aus der Viscosität bestimmt werden.

elektrostatische Wechselwirkung der permanenten Dipole, zum anderen um die Wechselwirkung zwischen induzierten Momenten. Der erste Effekt, der zuerst von KEESOM[1, 2] behandelt worden ist, wird gewöhnlich als Orientierungseffekt bezeichnet, der zweite, auf den DEBYE[3] zuerst hingewiesen hat, als Induktionseffekt. Für beide geht nach Mittelung über alle Orientierungen das Potential der Wechselwirkung mit r^{-6}. Es erscheint daher vernünftig, bei zweiatomigen polaren Molekülen die bisherigen Ansätze beizubehalten. Eine genauere Berechnung des zweiten Virialkoeffizienten, welche die Dipolkräfte gesondert einführt, hat KEESOM[1, 2] für das Modell starrer Kugeln durchgeführt. STOCKMAYER[4] hat das Problem unter der Annahme behandelt, daß die Dipol-Wechselwirkung einem LENNARD-JONES-Potential überlagert ist. Dieser Ansatz ist besonders bemerkenswert, weil das Dipolmoment unabhängig bestimmt werden kann und somit keine zusätzlichen freien Parameter eingeführt werden. Tabellen zu den STOCKMAYERschen Formeln sind von HIRSCHFELDER und Mitarbeitern[5] sowie von ROWLINSON[6] berechnet worden.

Bei vielatomigen Molekülen läßt sich theoretisch überhaupt keine nähere Aussage mehr über das zwischenmolekulare Potential machen. Man ist daher auf rein empirische Ansätze angewiesen. Die experimentelle Prüfung der mit solchen Ansätzen berechneten zweiten Virialkoeffizienten kann aber andererseits doch wenigstens gewisse Hinweise über den wahren Potentialverlauf geben. Als erstes Beispiel betrachten wir das Kohlenstofftetrafluorid CF_4, dessen zweiter Virialkoeffizient von McCORMACK und SCHNEIDER gemessen[7] und diskutiert[8] worden ist. Im Hinblick auf den hochsymmetrischen Molekülbau erscheint die Annahme nicht unvernünftig, daß die Wechselwirkung sich zum wenigsten näherungsweise durch Zentralkräfte darstellen läßt. Wir wollen daher prüfen, ob die experimentellen Daten für den zweiten Virialkoeffizienten sich mit Hilfe des LENNARD-JONES-6-12-Potentials wiedergeben lassen. Wir bedienen uns dazu einer von BUCKINGHAM[9] stammenden Methode, die gegenüber dem früher beschriebenen Verfahren den Vorteil hat, daß sie nicht nur eine genauere Bestimmung der Konstanten a und b ermöglicht, sondern auch unmittelbar ein sehr scharfes Kriterium für die Brauchbarkeit des LENNARD-JONES-Potentials liefert.

Diese Methode führt zwei neue Größen X und Y ein, die durch Gleichungen

$$X = \left(\frac{b}{a}\right)^{\frac{3}{n-m}} \tag{XI 69}$$

$$Y = \left(\frac{a^n}{b^m}\right)^{\frac{1}{n-m}} \tag{XI 70}$$

definiert sind. Mit Benutzung dieser Größen können die Gl. (XI 59) und (XI 60) geschrieben werden.

$$\ln X = \ln \frac{3B}{2\pi N} - \ln F(y) \tag{XI 71}$$

und

$$\ln Y = \frac{n}{n-m} \ln y + \ln kT . \tag{XI 72}$$

[1] KEESOM, W. H.: Comm. Phys. Lab. Leiden Suppl. 24 B, 40 (1912).
[2] KEESOM, W. H.: Physik. Z. 22, 129 (1921).
[3] DEBYE, P.: Physik. Z. 21, 178 (1920); 22, 302 (1921).
[4] STOCKMAYER, W. H.: J. Chem. Phys. 9, 398 (1941).
[5] HIRSCHFELDER, J. O., F. T. McCLURE u. I. F. WEEKS: J. Chem. Phys. 10, 201 (1942).
[6] ROWLINSON, J. S.: Trans. Faraday Soc. 45, 974 (1949).
[7] MacCORMACK, K. E., u. W. G. SCHNEIDER: J. Chem. Phys. 19, 845 (1951).
[8] MacCORMACK, K. E., u. W. G. SCHNEIDER: J. Chem. Phys. 19, 849 (1951).
[9] BUCKINGHAM, R. A.: Proc. Roy. Soc. (London) A 168, 264 (1938).

Man trägt nun für eine gegebene Temperatur $\ln X$ gegen $\ln Y$ auf, wobei m und n als bekannt vorausgesetzt werden. Die Koordinaten des Schnittpunktes zweier derartiger Kurven liefern ein Wertepaar a, b nach den aus (XI 69) und (XI 70) folgenden Gleichungen

$$\ln a = 2 \ln X + \ln Y \qquad \text{(XI 73)}$$
$$\ln b = 4 \ln X + \ln Y . \qquad \text{(XI 74)}$$

Wenn die Messungen sich exakt durch das LENNARD-JONES-Potential darstellen lassen, müssen sich die Kurven für alle Meßtemperaturen in einem Punkte schneiden. Wenn die Schnittpunkte in einem engen Gebiet lokalisiert sind, kann die Darstellung noch als brauchbare Näherung betrachtet werden.

In Abb. 53 sind die $\ln X - \ln Y$-Kurven für CF_4 dargestellt. Man sieht, daß dieselben sich praktisch in einem Punkte schneiden. In dem untersuchten Temperaturbereich (0—400° C) stellt daher das LENNARD-JONES-Potential eine sehr gute Näherung dar. Man kann daraus schließen, daß bei nicht zu starker Annäherung der Moleküle die Wechselwirkung tatsächlich nahezu einer Zentralkraft gleicht. Als Werte der Parameter erhält man $a = 9{,}782 \cdot 10^{-6}$ erg $(\text{Å})^{12}$ und $b = 9{,}075 \cdot 10^{-10}$ erg

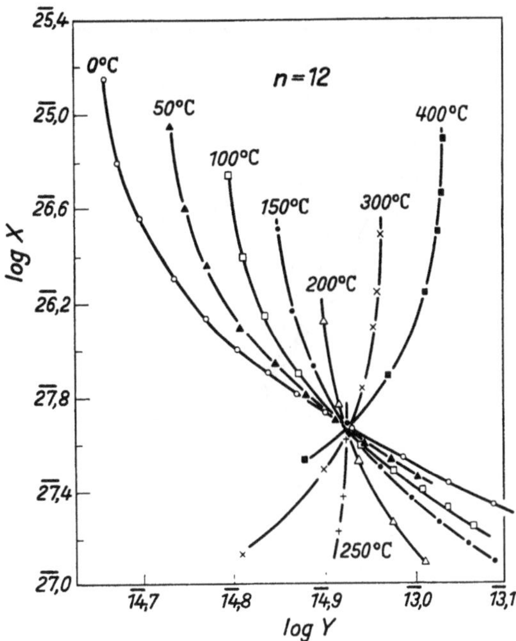

Abb. 53. Anwendung der BUCKINGHAM-Methode auf CF_4 [entnommen aus: K. E. McCORMACK u. W. G. SCHNEIDER: J. Chem. Phys. 19, 849 (1951)]. Die überstrichenen Zahlen sind negative Kennziffern.

$(\text{Å})^6$. Abb. 54 zeigt die ausgezeichnete Übereinstimmung der mit diesen Parameterwerten berechneten zweiten Virialkoeffizienten mit den experimentellen Daten[1]. Völlig andersartig liegen die Verhältnisse beim Kohlendioxyd, dessen zweiter Virialkoeffizient ebenfalls von MacCORMACK und SCHNEIDER[2, 3] gemessen und diskutiert wurde. Das $\ln X - \ln Y$-Diagramm ist in Abb. 55 dargestellt. Die Schnittpunkte der Kurven streuen hier über ein weites Gebiet; es ist daher unmöglich, für den ganzen Meßbereich (0—600° C) brauchbare Werte der Konstanten a und b zu ermitteln. Für tiefere Temperaturen (0—300° C) ergibt sich näherungsweise $|u_0|/k = 187{,}5°$ K und $r_0 = 4{,}47$ Å. Die damit berechnete Kurve ergibt jedoch, wie Abb. 56 zeigt, für Temperaturen über 300° C keine brauchbaren Resultate mehr. MacCORMACK

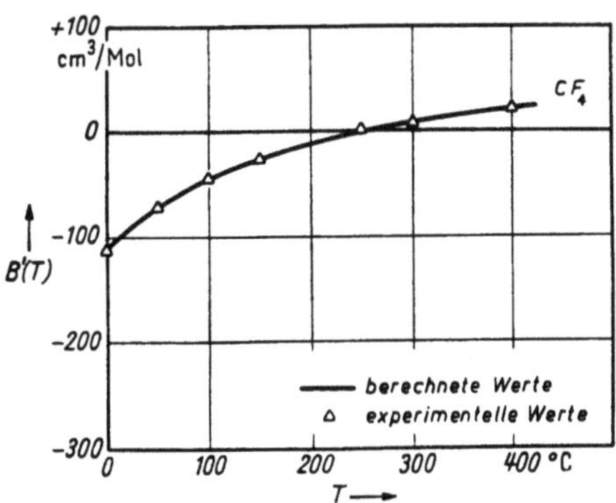

Abb. 54. Experimenteller und theoretischer Verlauf des 2. Virialkoeffizienten von CF_4 [entnommen aus: K.E.McCORMACK u. W. G. SCHNEIDER: J. Chem. Phys. 19, 849 (1951)]

---

[1] ROWLINSON [Trans. Faraday Soc. 50, 647 (1954)], der die gleichen Messungen ausgewertet hat, findet systematische Abweichungen vom kugelsymmetrischen Potential. Die Ursache dieser Diskrepanz ist nicht geklärt.

[2] MacCORMACK, K. E., u. W. G. SCHNEIDER: J. Chem. Phys. 18, 1269 (1950).

[3] MacCORMACK, K. E., u. W. G. SCHNEIDER: J. Chem. Phys. 19, 849 (1951).

und SCHNEIDER erklären diesen Sachverhalt durch eine Assoziation zu Doppelmolekülen. Solange diese jedoch nicht durch unabhängige Methoden nachgewiesen ist, kann man darin kaum mehr als eine ad hoc-Annahme sehen.

In neuerer Zeit haben verschiedene Autoren[1,2] die orientierungsabhängige Wechselwirkung zwischen
Molekülen in ganz allgemeiner Form

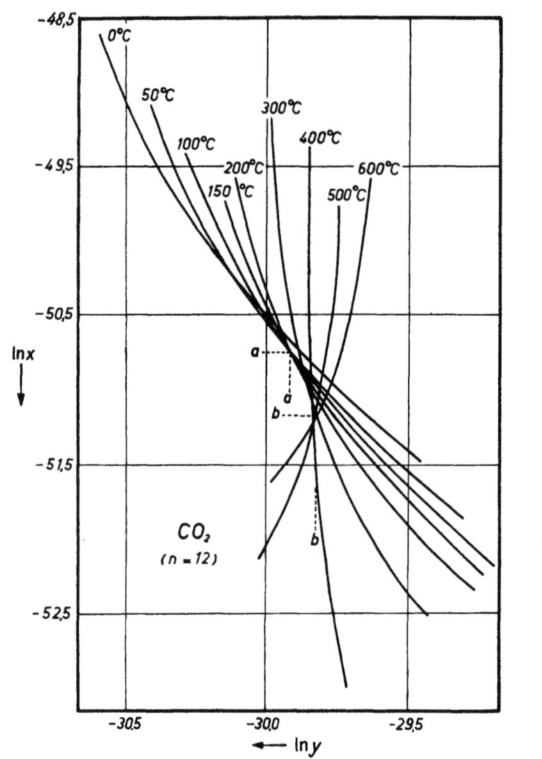

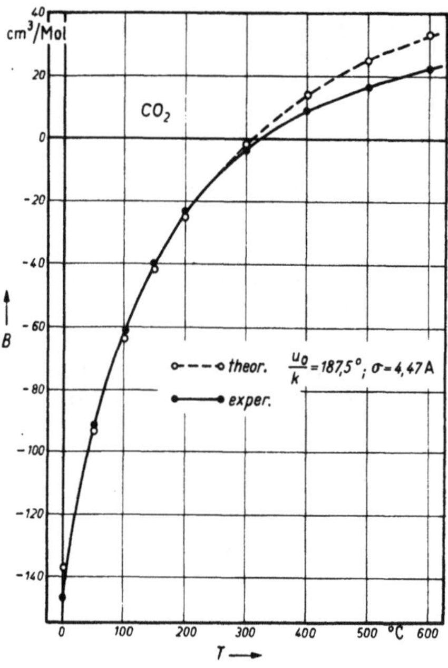

Abb. 55   Abb. 56

Abb. 55. $\ln X/\ln Y$-Diagramm für CO_2 [entnommen aus: K. E. McCORMACK u. W. G. SCHNEIDER: J. Chem. Phys. **19**, 849 (1951)]

Abb. 56. Experimenteller und theoretischer Verlauf des 2. Virialkoeffizienten für CO_2 [entnommen aus: K. E. McCORMACK u. W. G. SCHNEIDER: J. Chem. Phys. **19**, 849 (1951)]

behandelt und entsprechende Formeln für den zweiten Virialkoeffizienten angegeben. Der orientierungsabhängige Anteil der Wechselwirkung wird dabei! als
Störungsterm zu einer Zentralkraft behandelt, für die das LENNARD-JONES-Potential angenommen wird. Entsprechend erhält man eine zweigliedrige Formel für den
zweiten Virialkoeffizienten, deren erster Term durch Gl. (XI 56) dargestellt
wird. In dem zweiten Term treten zusätzliche Parameter auf, die empirisch
bestimmt werden müssen. Auf dieser Grundlage ist es POPLE[3] gelungen, den
zweiten Virialkoeffizienten des Kohlendioxyds in guter Übereinstimmung mit
den in Abb. 56 dargestellten experimentellen Daten zu berechnen. Trotzdem
bleibt die physikalische Bedeutung dieses Formalismus etwas unklar. Einmal
ist die Abspaltung einer Zentralkraft vom LENNARD-JONES-Typ eine recht
zweifelhafte Hypothese, zum anderen können ganz verschiedene orientierungsabhängige Wechselwirkungen auf die gleichen Werte für den zweiten Virialkoeffizienten führen[3]. Es ist daher nicht ausgeschlossen, daß die bessere Übereinstimmung im Falle des Kohlendioxydes auf die Vermehrung der adjustier-

[1] BARKER, J. A.: Proc. Roy. Soc. (London) A **219**, 367 (1953).
[2] POPLE, J. A.: Proc. Roy. Soc. (London) A **221**, 498, 508 (1954).
[3] POPLE, J. A.: Proc. Roy. Soc. (London) A **221**, 508 (1954).

baren Parameter zurückzuführen ist. Etwas günstiger liegen die Verhältnisse, wenn man von vornherein die orientierungsabhängigen Kräfte als Wechselwirkung punktförmiger Dipole definiert. Man kommt damit auf den schon früher von STOCKMAYER[1] behandelten Fall; die allgemeine Theorie liefert allerdings nur Näherungsformeln[2]. ROWLINSON[3] hat nach der STOCKMAYERschen Theorie mit Benutzung der gemessenen Dipolmomente die zweiten Virialkoeffizienten von neun Gasen aus vielatomigen Molekülen in guter Übereinstimmung mit der Erfahrung berechnet. In einfacheren Fällen (z. B. H_2O oder NH_3) kann man daraus wohl schließen, daß bei einem gewissen Abstand der Moleküle die Wechselwirkung sich als Überlagerung von Zentralkraft und Dipolfeld darstellen läßt. Dagegen erscheint es bei größeren Molekülen, wie Acetaldehyd oder Acetonitril, fraglich, ob sich das Modell überhaupt noch physikalisch sinnvoll interpretieren läßt.

§ 11.4*. Quantenstatistische Theorie des zweiten Virialkoeffizienten

Bei der Diskussion des zweiten Virialkoeffizienten haben wir bisher Gültigkeit der halbklassischen Näherung vorausgesetzt. Wir wissen aber aus § 6.7, daß diese nur die Grenzform der strengen Quantenstatistik für $\lambda \to 0$ darstellt, wo

$$\lambda = \frac{h}{\sqrt{2\pi m k T}} \tag{XI 75}$$

bis auf einen Zahlenfaktor die DE BROGLIE-Wellenlänge der mittleren thermischen Energie ist. Es ist danach zu erwarten, daß Gl. (XI 24) für die leichtesten Gase bei experimentell noch gut zugänglichen tiefen Temperaturen versagt. Vom Standpunkt des Wellenbildes gesehen, wird dies sicherlich der Fall sein, wenn λ von der Größenordnung des Moleküldurchmessers ist. Bei Helium trifft dies, wie man leicht feststellt, schon für Temperaturen $T \leq 75°$ K zu. Wir wollen daher jetzt die Berechnung des zweiten Virialkoeffizienten nach den in Kap. VI entwickelten Methoden der allgemeinen Quantenstatistik durchführen[4-7]. Ähnlich wie in § 11.2 werden wir auch hier nicht den strengen Weg über die vollständige Zustandsgleichung gehen[8], sondern uns mit einer einfacheren Methode begnügen, die unmittelbar auf das Problem des zweiten Virialkoeffizienten führt[4]. Dabei machen wir die gleichen allgemeinen Voraussetzungen wie in § 11.2.

Zweckmäßig beginnen wir mit der Ableitung eines allgemeinen Ausdrucks für den zweiten Virialkoeffizienten, der sowohl für die klassische Statistik wie in der Quantenstatistik gültig ist. Wir berechnen denselben zuerst für ein Gas aus zwei Molekülen. Die quantenstatistische Verteilungsfunktion eines solchen Systems lautet nach Gl. (VI 238)

$$Q^{(2)} = \int \sum_n \psi_n^* \, e^{-\frac{E_n}{kT}} \, \psi_n \, d\mathbf{q}^{(2)} \, . \tag{XI 76}$$

Wir denken uns jetzt in der SCHRÖDINGER-Gleichung die Bewegung des Schwerpunktes der beiden Moleküle absepariert. Die zugehörigen Eigenfunktionen

[1] STOCKMAYER, W. H.: J. Chem. Phys. **9**, 398 (1941).
[2] POPLE, J. A.: Proc. Roy. Soc. (London) A **221**, 508 (1954).
[3] ROWLINSON, J. S.: Trans. Faraday Soc. **45**, 974 (1949).
[4] UHLENBECK, G. E., u. E. BETH: Physica **3**, 729 (1936).
[5] BETH, E., u. G. E. UHLENBECK: Physica **4**, 915 (1937).
[6] GROPPER, L.: Physic. Rev. **50**, 963 (1936).
[7] SCHÄFER, K.: Z. Physik. Chem. (B) **38**, 187 (1937).
[8] Diese Ableitung ist in § 12.7 angedeutet.

bezeichnen wir mit φ'_l, die Eigenwerte mit ε'_l, den Koordinatensatz des Schwerpunktes mit $\mathbf{q}'$. Die entsprechenden ungestrichenen Größen beziehen sich auf die Relativbewegung[1]. Als Koordinaten wählen wir dafür zweckmäßig räumliche Polarkoordinaten. Mit diesen Festsetzungen wird aus (XI 76)

$$Q^{(2)} = \int \sum_l \varphi'^*_l \, e^{-\frac{\varepsilon_l}{kT}} \, \varphi'_l \, d\mathbf{q}' \int \sum_n \varphi^*_n \, e^{-\frac{\varepsilon_n}{kT}} \, \varphi_n \, d\mathbf{q} \, . \tag{XI 77}$$

Das erste Integral ist einfach die Verteilungsfunktion eines frei beweglichen Massenpunktes, für die sich nach Gl. (IV 64) in für unsere Zwecke ausreichender Näherung der Wert V/λ'^3 ergibt[2]. Bezeichnen wir die SLATER-Summe des zweiten Integrals mit S_{12}, so können wir schreiben

$$Q^{(2)} = \lambda'^{-3} V \int S_{12} \, d\mathbf{q} = \lambda'^{-3} V^2 \left[1 - V^{-1} \int (1 - S_{12}) \, d\mathbf{q} \right] \tag{XI 78}$$

oder mit

$$\beta_1 = - \int (1 - S_{12}) \, d\mathbf{q} \tag{XI 79}$$

$$Q^{(2)} = \lambda'^{-3} V^2 \left(1 + \beta_1 V^{-1} \right) \, . \tag{XI 80}$$

Daraus folgt für den Druck

$$P^{(2)} = kT \frac{\partial \ln Q^{(2)}}{\partial V} = \frac{2 \, kT}{V} - \frac{kT \, \beta_1}{V^2} \, . \tag{XI 81}$$

Unter der auch in § 11.2 gemachten Voraussetzung, daß nur voneinander unabhängige Molekülpaare auftreten, erhalten wir aus (XI 81) den zweiten Virialkoeffizienten eines Gases aus N Molekülen, indem wir den zweiten Term der rechten Seite mit der Paarzahl $\approx N^2/2$ multiplizieren. Dann ergibt sich

$$B = - \frac{N}{2} \beta_1 = 2\pi N \int [1 - S(r)] \, r^2 \, dr \, . \tag{XI 82}$$

Man erkennt zunächst, daß die durch Gl. (XI 79) definierte Größe β_1 das quantenstatistische Analogon zu der klassischen Größe (XI 25) darstellt, das zweckmäßig mit dem gleichen Symbol bezeichnet wird. Die Größe $S(r)$ ist definitionsgemäß die Wahrscheinlichkeit, zwei bestimmte Moleküle im Abstand r voneinander anzutreffen. Für $\lambda \to 0$ ist naturgemäß

$$\lim_{\lambda \to 0} S(r) = e^{-\frac{u}{kT}} \, , \tag{XI 83}[3]$$

was der Vergleich mit (XI 25) bestätigt.

Die Berechnung der SLATER-Summe $S(r)$ ist ein der Berechnung der quantenstatistischen Verteilungsfunktion ganz analoges Problem. Sie kann wie diese, unter zwei Gesichtspunkten betrachtet werden. Wenn die Abweichungen von der klassischen Theorie noch nicht allzu groß sind, wählt man zweckmäßig eine Entwicklung, deren erstes Glied durch (XI 83) dargestellt wird. Diese läßt sich damit unmittelbar beweisen; die quantenstatistischen Korrekturen lassen sich bis zu mäßig tiefen Temperaturen mit ausreichender Genauigkeit durch die beiden folgenden Glieder der Entwicklung darstellen. Bei sehr tiefen Temperaturen divergiert die Reihe, und man muß eine vollständige exakte Berechnung der SLATER-Summe durchführen.

---

[1] $\mathbf{q}$ hat also hier eine von dem sonstigen Gebrauch etwas abweichende Bedeutung.
[2] Wir schreiben λ', weil hier an Stelle von m die reduzierte Masse einzusetzen ist.
[3] Von dem Normierungsfaktor sehen wir hier ab.

Um eine Reihenentwicklung für $S(r)$ zu finden, bedienen wir uns der in § 6.6 und 6.7 besprochenen KIRKWOODschen Methode[1]. Dabei lassen wir zunächst den Symmetriecharakter der Eigenfunktionen außer acht, da diese Korrektur, wie am Schluß von § 6.7 erörtert, bei den hier in Betracht kommenden Temperaturen noch klein ist gegen die von den zwischenmolekularen Kräften herrührende. Wir schreiben nun die SLATER-Summe

$$S_{12} \equiv S(\mathbf{q}) = \Sigma\, \varphi_n^* \, e^{-\beta \underline{H}} \, \varphi_n \qquad \text{(XI 84)}^2$$

und führen, wie früher, die Eigenfunktionen des Impuls-Operators ein. Das ergibt nach einer zu § 6.6 analogen Zwischenrechnung

$$S(\mathbf{q}) = \left(\frac{\beta}{2\pi\mu}\right)^{3/2} \int\limits_{-\infty}^{+\infty} e^{-\frac{2\pi i}{h}\mathbf{p}\mathbf{q}} \, e^{-\beta \underline{H}} \, e^{\frac{2\pi i}{h}\mathbf{p}\mathbf{q}} \, d\mathbf{p} \,. \qquad \text{(XI 85)}$$

Hier ist μ die durch Gl. (III 54) definierte reduzierte Masse, die nach Gl. (III 53) für die absepariete Relativbewegung einzusetzen ist. Die Normierung der Impuls-Eigenfunktionen ist, abweichend von § 6.6, so gewählt, daß für $u = 0$ $S(\mathbf{q}) = 1$ wird. Definieren wir die Funktion

$$v = e^{-\beta \underline{H}} \, e^{\frac{2\pi i}{h}\mathbf{p}\mathbf{q}} \,, \qquad \text{(XI 86)}$$

so gilt für diese wieder die BLOCHsche Gleichung, die wir jetzt schreiben

$$\frac{\partial v}{\partial \beta} + \left(\frac{p^2}{2\mu} + u\right) v = \frac{1}{2\mu}\left(p^2 + \frac{h^2}{4\pi}\Delta\right) v \,. \qquad \text{(XI 87)}$$

Dabei ist die Randbedingung

$$\lim_{\beta \to 0} v = e^{\frac{2\pi i}{h}\mathbf{p}\mathbf{q}} \,. \qquad \text{(XI 88)}$$

Setzen wir diesen Wert in Gl. (XI 87) ein, so verschwindet die rechte Seite, und wir erhalten als nullte Näherung (für hohe Temperaturen)

$$v_0 = e^{\frac{2\pi i}{h}\mathbf{p}\mathbf{q}} \, e^{-\beta\left(\frac{p^2}{2\mu} + u\right)} \,. \qquad \text{(XI 89)}$$

In Verbindung mit (XI 85) und (XI 86) folgt daraus unmittelbar Gl. (XI 83). Um die höheren Näherungen zu erhalten, setzen wir, in Analogie zu Gl. (VI 316),

$$v = e^{\frac{2\pi i}{h}\mathbf{p}\mathbf{q}} \, e^{-\beta\left(\frac{p^2}{2\mu} + u\right)} \, w \,. \qquad \text{(XI 90)}$$

Durch Einsetzen dieses Ausdruckes in die BLOCHsche Gleichung erhalten wir nach einigen Zwischenrechnungen (vgl. § 6.7)

$$\frac{\partial w}{\partial \beta} = e^{\beta u}\left[\frac{ih}{2\pi\mu}\mathbf{p}\cdot\nabla\, e^{-\beta u}\, w + \frac{h^2}{8\pi^2\mu}\Delta\, e^{-\beta u}\, w\right] \qquad \text{(XI 91)}$$

mit der Randbedingung

$$\lim_{\beta \to 0} w = 1 \,. \qquad \text{(XI 92)}$$

---

[1] UHLENBECK, G. E., u. E. BETH: Physica 3, 729 (1936).
[2] Wir denken uns hier cartesische Koordinaten eingeführt.

Durch Ausdifferenzieren der Produkte läßt sich Gl. (XI 91) auf die mehr explizite Form

$$\frac{\partial w}{\partial \beta} = \frac{ih}{2\pi\mu}\left[\mathbf{p}\cdot\nabla w - \beta(\mathbf{p}\cdot\nabla u)w\right] +$$

$$+ \frac{h^2}{8\pi^2\mu}\left[\Delta w - 2\beta(\nabla u\cdot\nabla w) - \beta w\,\Delta u + \beta^2 w\,(\nabla u)^2\right] \qquad (\text{XI } 93)$$

bringen. Für w setzen wir, wie in § 6.7, eine Entwicklung nach Potenzen von h an, schreiben also

$$w = \sum_{k=0}^{\infty}\left(\frac{h}{2\pi}\right)^k w_k\,. \qquad (\text{XI } 94)$$

Setzt man dies in Gl. (XI 93) ein, so erhält man durch Gleichsetzen der Glieder mit gleichen Potenzen von h

$$w_0 = 1 \qquad (\text{XI } 95)$$

$$w_1 = -\frac{i\beta^2}{2\mu}(\mathbf{p}\cdot\nabla u) \qquad (\text{XI } 96)$$

$$w_2 = -\frac{1}{2\mu}\left\{\frac{\beta^2}{2}\Delta u - \frac{\beta^3}{3}\left[(\nabla u)^2 + \frac{1}{\mu}(\mathbf{p}\cdot\nabla)u\right] + \frac{\beta^4}{4\mu}(\mathbf{p}\cdot\nabla u)^2\right\}\,. \qquad (\text{XI } 97)$$

usw. Es ist bemerkenswert, daß alle Glieder mit ungeradem k rein imaginär sind und daher keine physikalische Bedeutung besitzen können. Tatsächlich sind diese Glieder ungerade Funktionen von p; sie fallen daher bei der folgenden Integration heraus. Mit Gl. (XI 85), (XI 86), (XI 90), (XI 94)—(XI 96) ergibt sich für die SLATER-Summe

$$S(\mathbf{q}) = e^{-\beta u}\left\{1 + \frac{h^2\beta^2}{48\pi^2\mu}\left[-\Delta u + \frac{\beta}{2}(\nabla u)^2\right] - \frac{h^4\beta^3}{3840\,\pi^4\mu^2}\left[-\Delta\Delta u + \right.\right.$$

$$\left. + \frac{\beta}{6}(2\,\Delta(\nabla u)^2 + 4(\nabla u\cdot\nabla\Delta u) + 5(\Delta u)^2) - \right. \qquad (\text{XI } 98)$$

$$\left.\left. - \frac{\beta^2}{6}[5(\Delta u)(\nabla u)^2 + 3(\nabla u\cdot\nabla(\nabla u)^2)] + \frac{5}{24}\beta^3(\nabla u)^4\right] + \cdots\right.\,.$$

Schreiben wir nun den zweiten Virialkoeffizienten in der Form

$$B = B_0 + B_1 + B_2 + \cdots, \qquad (\text{XI } 99)$$

so erhalten wir aus Gl. (XI 82) und (XI 98) nach Einführung von Polarkoordinaten und partiellen Integrationen

$$B_0 = 2\pi N\int_0^{\infty}\left(1 - e^{-\frac{u}{kT}}\right)r^2\,dr \qquad (\text{XI } 100)$$

$$B_1 = 2\pi N\frac{h^2}{48\,\pi^2 m\,(kT)^3}\int_0^{\infty}\frac{du}{dr}\,e^{-\frac{u}{kT}}\,r^2\,dr \qquad (\text{XI } 101)$$

$$B_2 = -2\pi N\frac{h^4}{1920\,\pi^4 m^2\,(kT)^4}\times \qquad (\text{XI } 102)$$

$$\times\int_0^{\infty}\left[\left(\frac{d^2u}{dr^2}\right)^2 + \frac{2}{r^2}\left(\frac{du}{dr}\right)^2 + \frac{10}{9rkT}\left(\frac{du}{dr}\right)^3 - \frac{5}{36\,(kT)^2}\left(\frac{du}{dr}\right)^4\right]e^{-\frac{u}{kT}}\,r^2\,dr\,.$$

Um eine Vorstellung von der Bedeutung der quantenstatistischen Korrekturen zu geben, sind in Tab. 27 die von UHLENBECK und BETH[1] unter Annahme des LENNARD-JONES-Potentials für Helium berechneten Werte von B_0 und B_1 zusammengestellt. Man sieht, daß bei 100° K die Korrektur schon mehr als 10% des klassischen Wertes beträgt.

Die vorstehenden Betrachtungen lassen sich noch etwas verfeinern, wenn man den Einfluß der Symmetriebedingungen in erster Näherung, d. h. für ein quantenstatistisches ideales Gas mit $u = 0$ berücksichtigt. Wir setzen jetzt also

Tabelle 27. *Werte von B_0 und B_1*

T	B_0	B_1
300°	11,80	0,34
100°	10,95	1,22
50°	7,44	2,78
20°	—5,76	+7,10

Entnommen aus: G. E. UHLENBECK u. E. BETH: Physica 3, 729 (1936).

$$B = B_0 + B_{id} + B_1 + B_2 + \cdots . \qquad \text{(XI 103)}$$

Aus Gl. (VI 338) können wir sofort entnehmen

$$S(\mathbf{q})_{id} = 1 \pm e^{-\frac{2\pi}{\lambda^2} r^2} , \qquad \text{(XI 104)}$$

wobei das positive Vorzeichen für Systeme mit symmetrischen Eigenfunktionen (BOSE-EINSTEIN-Statistik), das negative für Systeme mit antisymmetrischen Eigenfunktionen (FERMI-DIRAC-Statistik) gilt. Durch Einsetzen in Gl. (XI 82) folgt daraus

$$B_{id} = \mp N \frac{\lambda^3}{2^{5/2}} = \mp \frac{N}{2^{5/2}} \left(\frac{h^2}{2\pi m k T} \right)^{3/2} , \qquad \text{(XI 105)}$$

wobei jetzt das negative Vorzeichen den symmetrischen, das positive den antisymmetrischen Eigenfunktionen entspricht.

DE BOER und MICHELS[2] haben Formeln zur numerischen Berechnung von B_1 und B_2 auf der Grundlage des LENNARD-JONES-6-12-Potentials entwickelt. Da dieselben auch für die Betrachtungen des folgenden Paragraphen von Interesse sind, wollen wir kurz darauf eingehen. Das LENNARD-JONES-Potential läßt sich schreiben

$$u(r) = |u_0| \varkappa(n) \left[\left(\frac{\sigma}{r} \right)^n - \left(\frac{\sigma}{r} \right)^6 \right] \qquad \text{(XI 106)}$$

mit

$$\varkappa(n) = \left(\frac{6}{n} - 6 \right) \left(\frac{n}{6} \right)^{\frac{n}{n-6}} . \qquad \text{(XI 107)}$$

Für $r = \sigma$ wird $u(r) = 0$ [3]. Man kann nun reduzierte Zustandsgrößen einführen durch die Gleichungen

$$T^* = \frac{kT}{|u_0|} , \quad V^* = \frac{V}{N\sigma^3} , \quad P^* = \frac{P}{|u_0|/\sigma^3} . \qquad \text{(XI 108)}$$

Auf die Bedeutung dieser Festsetzungen und ihren Zusammenhang mit den durch Gl. (XI 8) definierten Zustandsgrößen werden wir im folgenden Paragraphen eingehen. Wir bemerken hier nur, daß unter der Voraussetzung der Gültigkeit von (XI 106) in den durch (IX 108) definierten Zustandsgrößen das Theorem der übereinstimmenden Zustände, d. h. eine universelle Zustandsgleichung gilt, wenn die halbklassische Näherung angenommen wird. Wir definieren ferner noch einen Parameter

$$\Lambda^* = \frac{h}{\sigma \sqrt{m |u_0|}} . \qquad \text{(XI 109)}$$

---

[1] UHLENBECK, G. E., u. E. BETH: Physica 3, 729 (1936).

[2] BOER, J. DE, u. A. MICHELS: Physica 5, 945 (1938).

[3] Diese Definition von σ geht für das starr-elastische Molekülmodell (s. oben) in den Durchmesser der starren Kugeln über.

Mit diesen Größen gilt für die reduzierten zweiten Virialkoeffizienten

$$B_{id}^* = \mp \frac{1}{16\,\pi^{3/2}} \frac{\Lambda^{*3}}{T^{*3/2}} \qquad\qquad (XI\ 110)$$

$$B_1^* = \frac{2\,\pi}{3}\,\Lambda^{*2} \left(\frac{4}{T^*}\right)^{13/12} \sum_n c_n^{(1)} \left(\frac{4}{T^*}\right)^{n/2} \qquad\qquad (XI\ 111)$$

$$B_2^* = \frac{2\,\pi}{3}\,\Lambda^{*4} \left(\frac{4}{T^*}\right)^{23/12} \sum_n c_n^{(2)} \left(\frac{4}{T^*}\right)^{n/2}. \qquad\qquad (XI\ 112)$$

Für die Werte der Koeffizienten $c_n^{(1)}$ und $c_n^{(2)}$, die für uns ohne Bedeutung sind, verweisen wir auf die Originalarbeit.

Wir kommen nun zur experimentellen Prüfung der Theorie. Als untere Temperaturgrenze der Anwendbarkeit kann man nach DE BOER[1] etwa annehmen für Helium 40° K, für Wasserstoff 75° K und für Deuterium 45° K. Speziell für Helium findet man auf der Grundlage des LENNARD-JONES-Potentials bei 20° K $B_2 = -2,05$. Der Vergleich mit den Zahlen der Tab. 27 zeigt, daß die Reihe (XI 99) hier, wenn überhaupt, dann jedenfalls so langsam konvergiert, daß diese Darstellung praktisch unbrauchbar ist. Rein qualitativ ergibt sich bereits aus Gl. (XI 101) und (XI 102), daß, im Gegensatz zur halbklassischen Näherung, der quantenstatistische zweite Virialkoeffizient von der Masse der Moleküle abhängig ist. Zwei Gase von verschiedenem Molekulargewicht sollten sich daher im zweiten Virialkoeffizienten unterscheiden, auch wenn, wie es bei Isotopen zutrifft, das Potential der zwischenmolekularen Kräfte für beide gleich ist. Naturgemäß wird dieser Unterschied nur zu beobachten sein, wenn der relative Massenunterschied der Isotopen hinreichend groß ist. Daß dieser Effekt tatsächlich existiert, ist zuerst von SCHÄFER[2] durch Messungen an Wasserstoff und Deuterium bei tiefen Temperaturen gezeigt worden. Später haben MICHELS und GOUDEKET[3] dieses Ergebnis bestätigt durch Messungen zwischen 0° und 150° C, wo der Effekt allerdings schon außerordentlich klein ist. Die quantitative Prüfung der Theorie wird auch hier durch die unvollständige Kenntnis des Potentials der zwischenmolekularen Kräfte erschwert. Unterhalb 150° K sind jedoch die Unterschiede zwischen den aus den verschiedenen in § 11.3 diskutierten Ansätzen, wie man beispielsweise aus Abb. 50 sieht, nicht mehr sehr erheblich. Andererseits streuen zwischen 150° und 300° K, wie erwähnt, die experimentellen Daten ziemlich stark. Wir wollen uns daher im wesentlichen auf die mit Hilfe der Gl. (XI 111) und (XI 112), d. h. auf der Grundlage des LENNARD-JONES-Potentials durchgeführten Rechnungen beschränken. Die Bestimmung der Konstanten a und b bzw. $|u_0|$ und σ ist hier naturgemäß umständlicher als im klassischen Fall und wird nach dem Verfahren der sukzessiven Approximation durchgeführt. Man geht aus von den Werten, die aus experimentellen Daten für hohe Temperaturen nach einer der in § 11.3 beschriebenen Methoden für B_0 erhalten werden. Aus diesen Werten und m wird nach Gl. (XI 109) ein vorläufiger Wert für Λ^* erhalten, der zur Berechnung der ersten Näherung für B_1 und B_2 nach Gl. (XI 111) und (XI 112) dient. Die nun bekannte quantenstatistische Korrektur ermöglicht die Bestimmung neuer Werte für $|u_0|$ und σ in B_0, mit denen das ganze Verfahren wiederholt wird. Die auf diesem Wege

---

[1] BOER, J. DE: Rep. Progr. Phys. **12**, 305 (1949).

[2] SCHÄFER, K.: Z. physik. Chem. (B) **36**, 85 (1937).

[3] MICHELS, A., u. M. GOUDEKET: Physica **8**, 347, 353, 387 (1941).

von DE BOER und MICHELS[1] erhaltenen Werte der Parameter sind in Tab. 28 zusammengestellt. Um die Güte der für B erreichten Näherung zu verdeutlichen, geben wir zunächst ein Zahlenbeispiel[2]. Für Helium erhält man bei $T = 61{,}32°$ K bzw. $T^* = 6$

$$B_{\mathrm{He}} = 6{,}804 - 0{,}147 + 2{,}756 - 0{,}457 = 8{,}96 \ \mathrm{cm^3/mol} \,, \qquad (\text{XI 113})$$

Tabelle 28. *Werte der Konstanten in den Näherungsgleichungen* (XI 111) *und* (XI 112)

Gas	$u_0/k\,[°\mathrm{K}]$	$N\sigma^3\,[\mathrm{cm^3}]$	$\sigma\,[\text{Å}]$	Λ^*
Helium	10,22	10,06	2,56	2,67
Wasserstoff	37	15,12	2,92	1,73
Deuterium	37	15,12	2,92	1,22

Entnommen aus: J. DE BOER: Rep. Progr. Phys. 12, 300 (1949).

während der ebenfalls mit dem LENNARD-JONES-Potential nach der exakten Methode (s. weiter unten) berechnete Wert

$$B_{\mathrm{He}} = 9{,}34 \qquad (\text{XI 114})$$

ist. Man sieht daraus, daß der den Einfluß der Symmetriebedingungen berücksichtigende Term $B_{i\,d} = -0{,}147$ in die Fehlergrenzen der Näherung fällt. Das gleiche dürfte für die durch die spezielle Wahl des Potentials bedingte Unsicherheit zutreffen. Man kann daher wohl annehmen, daß die berechneten Werte auf

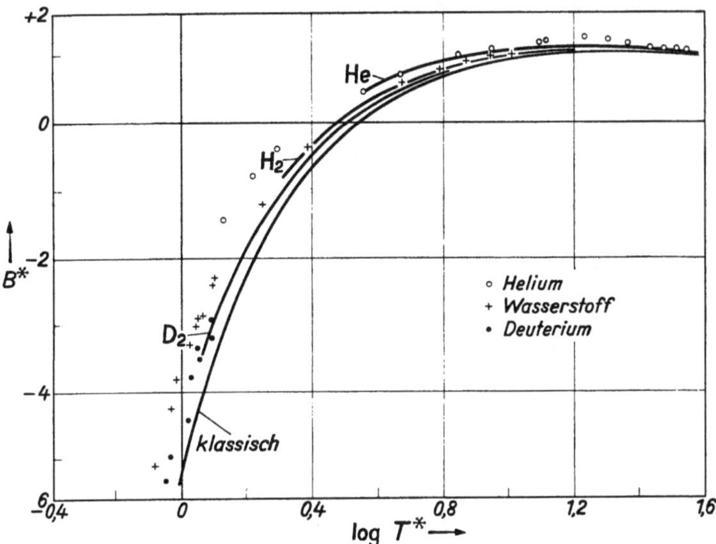

Abb. 57. Vergleich von quantenstatistisch berechneten und experimentell bestimmten 2. Virialkoeffizienten [entnommen aus: J. DE BOER: Rep. Progr. Phys. 12, 350 (1949)]

mindestens 5% genau sind. In Abb. 57 sind die theoretischen zweiten Virialkoeffizienten von Helium, Wasserstoff und Deuterium zusammen mit der halbklassischen Näherung und experimentellen Daten in reduzierten Einheiten

[1] BOER, J. DE, u. A. MICHELS: Physica 5, 945 (1938).
[2] KILPATRICK, J. E., W. E. KELLER, E. F. HAMMEL u. N. METROPOLIS: Physic. Rev. 94, 1103 (1954).

dargestellt. Die Meßpunkte liegen zum größten Teil unterhalb des Gültigkeitsbereiches der Näherung, scheinen sich aber den extrapolierten Kurven gut anzupassen. Soweit die Kurven reichen, ist die Übereinstimmung befriedigend. Die Unzulänglichkeit der halbklassischen Näherung bei tiefen Temperaturen ist deutlich erkennbar. Abb. 58 zeigt die Differenz der zweiten Virialkoeffizienten von Wasserstoff und Deuterium zwischen 0° und 150° C. Die Übereinstimmung zwischen Theorie und Experiment ist so gut, wie man erwarten kann. Die Berechnung des quantenstatistischen Korrekturterms B_1 ist ferner noch von BUCKINGHAM und CORNER[1] mit Hilfe ihres in § 11.3 erwähnten Potentialansatzes durchgeführt worden. Die Werte dieser Autoren sind auch von MASON und RICE[2] benutzt worden, die den klassischen Term B_0 aus dem modifizierten BUCKINGHAM-Potential Gl. (XI 66) und (XI 67) berechnet haben.

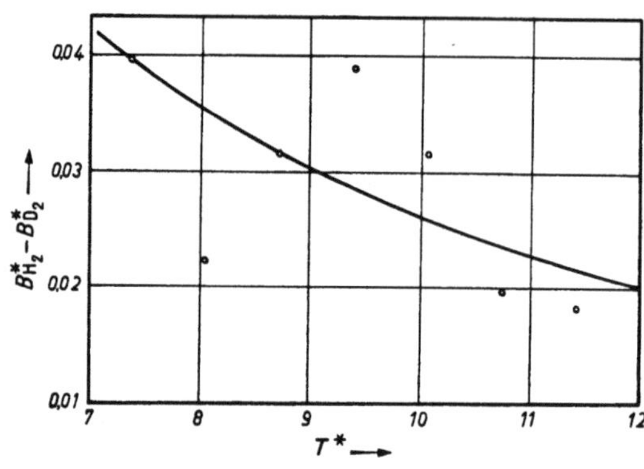

Abb. 58. Differenz des 2. Virialkoeffizienten für Wasserstoff und Deuterium, Kurve quantenstatistisch berechnet [entnommen aus: J. DE BOER: Rep. Progr. Phys. 12, 351 (1949)]

Um die für sehr tiefe Temperaturen erforderliche exakte Berechnung des zweiten Virialkoeffizienten durchzuführen, schreiben wir zunächst die Gl. (XI 82) noch einmal an in der Form

$$B = \frac{N}{2} \int [1 - S(\mathbf{q})] \, d\mathbf{q} \tag{XI 115}$$

mit

$$S(\mathbf{q}) = \sum_n \varphi_n^* \, e^{-\frac{\varepsilon_n}{kT}} \, \varphi_n . \tag{XI 116}$$

Der erste Schritt besteht offenbar in der quantenmechanischen Diskussion des Problems der Relativbewegung zweier Teilchen (Massenpunkte). Die SCHRÖDINGER-Gleichung ergibt sich in der aus der Theorie des Wasserstoffatoms bekannten Weise durch Abseparation der Schwerpunktsbewegung. Der Unterschied besteht lediglich darin, daß wir jetzt nicht ein COULOMB-Feld haben. Da es sich aber auch hier um Zentralkräfte handelt, deren Potential nur von r abhängt, können wir sofort setzen

$$\varphi_n = C \frac{1}{r} v_l (k, r) Y_{lm} , \tag{XI 117}$$

wo die Y_{lm} die normierten Kugelfunktionen sind und C den Normierungsfaktor bezeichnet. Die Quantenzahl k ist durch die Energieeigenwerte definiert, während l die Drehimpulsquantenzahl ist. Jeder zu einem bestimmten l gehörende Zustand ist (wie beim starren Rotator) $(2l + 1)$-fach entartet. $v_l(k, r)$ ist die radiale Eigenfunktion und genügt der Gleichung

$$-\frac{h^2}{4\pi^2 m} \frac{d^2 v_l}{dr^2} + \left[\varepsilon - u(r) - \frac{h^2}{4\pi^2 m} \frac{l(l+1)}{r^2}\right] v_l = 0 . \tag{XI 118}$$

[1] BUCKINGHAM, R. A., u. J. CORNER: Proc. Roy. Soc. (London) A 189, 118 (1947).
[2] MASON, E. A., u. W. E. RICE: J. Chem. Phys. 22, 522 (1954).

Die Eigenwerte dieser Gleichung zerfallen in zwei Klassen: eine endliche Zahl (die auch Null sein kann) von diskreten negativen Eigenwerten und eine unendliche Zahl von dicht beieinander liegenden positiven Eigenwerten (Quasi-Kontinuum), welche durch

$$\varepsilon_n = \frac{h^2 k_n^2}{4\pi^2 m} \qquad\qquad \text{(XI 119)}$$

gegeben sind. Für $u \equiv 0$ treten grundsätzlich nur positive Eigenwerte auf. Die genauere Untersuchung mit Hilfe des LENNARD-JONES-Potentials zeigt, daß auch bei ^{3}He und ^{4}He keine negativen Eigenwerte vorkommen[1]. Wir schließen sie jedoch der Vollständigkeit halber in die folgenden Betrachtungen ein. Bezeichnen wir ihren Beitrag zum zweiten Virialkoeffizienten mit B_{discr}, so können wir schreiben

$$B = B_{id} + B_{cont} + B_{discr} . \qquad\qquad \text{(XI 120)}$$

Wir betrachten zunächst den zweiten Term, den Beitrag des Quasi-Kontinuums. Derselbe kann ebenfalls in Form der Gl. (XI 115) dargestellt werden, wenn die SLATER-Summe des Quasi-Kontinuums für $r \to \infty$ korrekt normiert wird. Es ist dann zweckmäßig, die Eins in der Klammer durch die SLATER-Summe für $u = 0$ zu ersetzen. Wir bezeichnen die entsprechenden Größen mit dem Index $^{(0)}$. Mit Benutzung des Additionstheorems der Kugelfunktionen

$$\sum_{m=-l}^{+l} |Y_{lm}|^2 = \frac{2l+1}{4\pi} \qquad\qquad \text{(XI 121)}$$

bekommen wir dann sofort

$$B_{cont} = \sum_{l=0}^{\infty} (2l+1)\, B_l \qquad\qquad \text{(XI 122)}$$

mit

$$B_l = C^2 \frac{N}{2} \int \left\{ \sum_n e^{-\left(\frac{k_n^{(0)}}{k_0}\right)^2} [v_l^{(0)}(k_n^{(0)}, r)]^2 - \sum_n e^{-\left(\frac{k_n}{k_0}\right)^2} [v_l(k_n, r)]^2 \, dr \right. \qquad \text{(XI 123)}^2$$

Dabei haben wir zur Abkürzung

$$k_0 = \frac{\sqrt{2\pi}}{\lambda} \qquad\qquad \text{(XI 124)}$$

gesetzt. Die nächste Aufgabe ist die richtige Normierung der Eigenfunktionen. Man gelangt dazu in folgender Weise. Für $u = 0$ geht Gl. (XI 118) über in die BESSELsche Differentialgleichung der Funktion $v_l\, r^{-1/2}$. Wir wählen nun die Lösung so, daß

$$v_l^{(0)}(k, r) \to \sin\left(kr - \frac{l\pi}{2}\right) \qquad \text{für } r \to \infty \quad \text{(XI 125)}$$

gilt. Dann haben wir

$$v_l^{(0)}(k, r) = \sqrt{\frac{\pi k r}{2}}\, J_{l+1/2}(kr) , \qquad\qquad \text{(XI 126)}$$

wo $J_{l+1/2}$ die BESSEL-Funktion der Ordnung $l + \frac{1}{2}$ ist[3]. Da für $u = 0$ das gesamte Eigenwertspektrum, wie erwähnt, ein Quasi-Kontinuum ist, können wir die

---

[1] KILPATRICK, J. E., W. E. KELLER, E. F. HAMMEL u. N. METROPOLIS: Physic. Rev. **94**, 1103 (1954).

[2] Im folgenden schreiben wir statt $k^{(0)}$ einfach k.

[3] Dies Resultat folgt unmittelbar aus der asymptotischen Entwicklung von HANKEL. Vergl. Magnus-Oberhettingen, Formel und Sätze, Berlin 1948, oder WHITTAKER-WATSON: Modern Analysis, Cambridge 1952.

Summierung über n durch eine Integration über k ersetzen[1]. Vertauschen wir nun die Reihenfolge dieser Integration und der Summierung über l, so folgt mit Benutzung der Relation

$$\sum_{l=0}^{\infty} (2\,l+1)\, J_{l+^{1}/_{2}}^{2}(x) = \frac{2\,x}{\pi} \qquad\qquad \text{(XI 127)}^{2}$$

sofort

$$S^{(0)}(r) = \frac{1}{4\,\pi r^{2}} \sum_{l=0}^{\infty} (2\,l+1)\, C^{2} \frac{R}{\pi} \int_{0}^{\infty} e^{-\frac{k^{2}}{k_{0}^{2}}} \frac{\pi k r}{2}\, J_{l+^{1}/_{2}}^{2}(k r)\, dk = \frac{1}{4\,\pi r^{2}}\, C^{2}\, \frac{R}{\pi}\, \frac{\pi^{2} r^{2}}{\lambda^{3}\,\sqrt{2}} = 1$$
$$\text{(XI 128)}$$

oder

$$C\left(\frac{R}{\pi}\right)^{^{1}/_{2}} \equiv C^{*} = \frac{2^{5/4}\,\lambda^{3/2}}{\pi^{1/2}}\,. \qquad\qquad \text{(XI 129)}$$

Bisher haben wir uns nicht um die Symmetriebedingungen gekümmert. Um dieselben einzuführen, haben wir in Gl. (XI 122) und (XI 128) die Summierung entweder nur über gerade l (Bose-Einstein-Statistik) oder nur über ungerade l (Fermi-Dirac-Statistik) zu erstrecken. Damit wird aber auch eine neue Normierung erforderlich. Um sie durchzuführen, betrachten wir die Funktionen

$$F_{1}(x) = \sum_{l=0,2,4,\dots} (2\,l+1)\, J_{l+^{1}/_{2}}^{2}(x) \qquad\qquad \text{(XI 130)}$$

$$F_{2}(x) = \sum_{l=1,3,5,\dots} (2\,l+1)\, J_{l+^{1}/_{2}}^{2}(x)\,. \qquad\qquad \text{(XI 131)}$$

Es ist nun

$$J'_{l+^{1}/_{2}} = \tfrac{1}{2}\,(J_{l-^{1}/_{2}} - J_{l+^{3}/_{2}}) \qquad\qquad \text{(XI 132)}$$

und

$$(2\,l+1)\, J_{l+^{1}/_{2}} = x\,(J_{l-^{1}/_{2}} + J_{l+^{3}/_{2}})\,. \qquad\qquad \text{(XI 133)}$$

Wir bekommen daher durch Differentiation von F_{1} und F_{2} nach x

$$\frac{dF_{1}}{dx} = x\, J_{-^{1}/_{2}}^{2}(x) = \frac{2}{\pi}\cos^{2}x \qquad\qquad \text{(XI 134)}$$

$$\frac{dF_{2}}{dx} = x\, J_{+^{1}/_{2}}^{2}(x) = \frac{2}{\pi}\sin^{2}x\,. \qquad\qquad \text{(XI 135)}$$

Da $F_{1}(0) = F_{2}(0) = 0$ ist, folgt durch Integration

$$F_{1}(x) = \frac{1}{\pi}\left(x + \frac{\sin 2x}{2}\right) \qquad\qquad \text{(XI 136)}$$

$$F_{2}(x) = \frac{1}{\pi}\left(x - \frac{\sin 2x}{2}\right)\,. \qquad\qquad \text{(XI 137)}$$

---

[1] Ist R der größte mögliche Abstand zwischen zwei Molekülen, so folgt aus der Randbedingung $v_{l}^{(0)} = 0$ für $r = R$ und (XI 125) $k\,R - \dfrac{l\,\pi}{2} = n\,\pi$. Bezeichnet Δk die Änderung von k, wenn n sich um Eins ändert, so ist $\left[R - \dfrac{\partial}{\partial k}\left(\dfrac{l\,\pi}{2}\right)\right]\Delta k = \pi$ oder $\dfrac{R}{\pi}\,\Delta k = 1$. Daraus folgt für $R \to \infty$ $\sum\limits_{k} F(k) = \dfrac{R}{\pi}\int F(k)\,dk$.

[2] Die Ableitung dieser Formel s. weiter unten.

Durch Addition dieser beiden Gleichungen erhält man Gl. (XI 127). An die Stelle der Gl. (XI 128) tritt also jetzt

$$S^{(0)}(r) = \frac{C^{*2}}{4\pi r^2} \Sigma (2l+1) \int_0^\infty e^{-\frac{k^2}{k_0^2}} \frac{\pi k r}{2} J^2_{l+1/2}(kr)\, dk$$

$$= \frac{C^{*2}}{4\pi r^2} \int_0^\infty \frac{kr}{2}\left(kr \pm \frac{1}{2}\sin 2kr\right) e^{-\frac{k^2}{k_0^2}}\, dk \qquad \text{(XI 138)}$$

$$= \tfrac{1}{2}(1 \pm e^{-k_0^2 r^2}) = \tfrac{1}{2}\left(1 \pm e^{-\frac{2\pi}{\lambda^2}r^2}\right),$$

wo C^* wieder durchG l. (XI 129) gegeben ist. Man führt nun nicht an Stelle von C^* einen neuen Normierungsfaktor ein, sondern ersetzt in B_{cont} die Eins durch

$$1 = 2\,S^{(0)}(r) \mp e^{-k_0^2 r^2}. \qquad \text{(XI 139)}$$

Damit jetzt Gl. (XI 123) weiter gültig bleibt, muß einmal Gl. (XI 122) ersetzt werden durch

$$B_{cont} = 2\,\Sigma\,(2l+1)\,B_l. \quad (l \text{ gerade } oder \text{ ungerade}) \quad \text{(XI 140)}$$

Zweitens muß das Exponentialglied der Gl. (XI 139) aus B_{cont} abgetrennt werden. Gl. (XI 120) zeigt dann, daß

$$B_{id} = \mp 2\pi N \int e^{-k_0^2 r^2} r^2\, dr = \mp N \frac{\lambda^3}{2^{5/2}} \qquad \text{(XI 141)}$$

sein muß in Übereinstimmung mit Gl. (XI 105). Wenn man die Normierung

$$\lim_{r\to\infty} S(r) = 1 \qquad \text{(XI 142)}$$

beibehalten will, muß an Stelle von C ein Normierungsfaktor $C' = \sqrt{2}\,C$ benutzt werden. In diesem Falle muß der Faktor 2 in Gl. (XI 140) weggelassen werden. Die gleichen Normierungsvorschriften gelten naturgemäß auch für den Term B_{discr}.

Die Gl. (XI 123) läßt sich noch weiter vereinfachen. Wir denken uns die Eigenwerte nach der Zahl der Nullstellen $N_l(k)$ und $N_l^{(0)}(k)$ der Eigenfunktionen v_l und $v_l^{(0)}$ im Intervall von 0 bis R geordnet, wo R die Lineardimension des Behälters ist. Der Beitrag, der zwischen k und $k+\varDelta k$ liegenden Zustände zu B_l ist dann, da die beiden Eigenfunktionen in gleicher Weise normiert sind (abgesehen von dem Normierungsfaktor),

$$e^{-\frac{k^2}{k_0^2}}\left[N_l^{(0)}(k+\varDelta k) - N_l^{(0)}(k) - N_l(k+\varDelta k) + N_l(k)\right]. \qquad \text{(XI 143)}[1]$$

In Analogie zu (XI 125) setzen wir nun

$$v_l(k, r) \to A_l \sin\left(kr - \frac{l\pi}{2} + \eta_l\right) \text{ für } r \to R \to \infty, \quad \text{(XI 144)}$$

wo η_l die durch die zwischenmolekularen Kräfte bedingte Phasenverschiebung (phase shift) bedeutet[2]. Die Randbedingung $v_l = 0$ für $r = R$ führt dann zu den Gleichungen

$$kR - \frac{l\pi}{2} + \eta_l = N_l\,\pi \qquad \text{(XI 145)}$$

$$kR - \frac{l\pi}{2} = N_l^{(0)}\,\pi. \qquad \text{(XI 146)}$$

---

[1] $[N_l^{(0)}(k+\varDelta k) - N_l^{(0)}(k)]/\varDelta k$ ist die Zustandsdichte in der k-Skala.

[2] Die η_l sind zunächst nur bis auf ganzzahlige Vielfache von π bestimmt. Über die (hier bedeutungslose) Eindeutigkeitsforderung vgl. BETH u. UHLENBECK, S. 393, Anm. 5.

Daraus folgt

$$\frac{dN}{dk} - \frac{dN^{(0)}}{dk} = \frac{1}{\pi}\frac{d\eta_l}{dk} \, . \qquad\qquad \text{(XI 147)}$$

Gehen wir also in (XI 143) zur Grenze $\Delta k \to 0$ über, so wird daraus

$$-\frac{1}{\pi} e^{-\frac{k^2}{k_0^2}} \frac{d\eta_l}{dk} \, dk \, . \qquad\qquad \text{(XI 148)}$$

Damit wird aus Gl. (XI 123)

$$B_l = -\frac{1}{2} C^{*2} \frac{N}{2} \int_0^\infty e^{-\frac{k^2}{k_0^2}} \frac{d\eta_l}{dk} \, dk \, , \qquad\qquad \text{(XI 149)}[1]$$

womit das Problem auf die Berechnung der Phasenverschiebungen η_l reduziert ist. Wir erhalten damit als endgültige Formel für den zweiten Virialkoeffizienten bei sehr tiefen Temperaturen

$$B = \mp \frac{N}{2^{5/2}} \left(\frac{h^2}{2\pi m k T}\right)^{3/2} - 2^{3/2} N \left(\frac{h^2}{2\pi m k T}\right)^{3/2} \Sigma\,(2\,l+1) \times$$

$$\times \left\{ \frac{1}{\pi} \int_0^\infty e^{-\frac{h^2 k^2}{4\pi^2 m k T}} \frac{d\eta_l}{dk}\, dk + \sum_{discr} e^{-\frac{\varepsilon_n}{kT}} \right\} \qquad (l \text{ grade } oder \text{ ungrade}). \qquad \text{(XI 150)}$$

Die vorstehende Behandlung ist nur korrekt, wenn die Atome den Kernspin Null haben, wie es bei ^{4}He der Fall ist. Wenn diese Voraussetzung nicht erfüllt ist, müssen die Kernspingewichte in einer zu § 9.4 analogen Weise berücksichtigt werden[2]. Dies würde beispielsweise beim ^{3}He zutreffen. Da aber hier keine experimentellen Daten vorliegen, können wir uns mit diesem Hinweis begnügen.

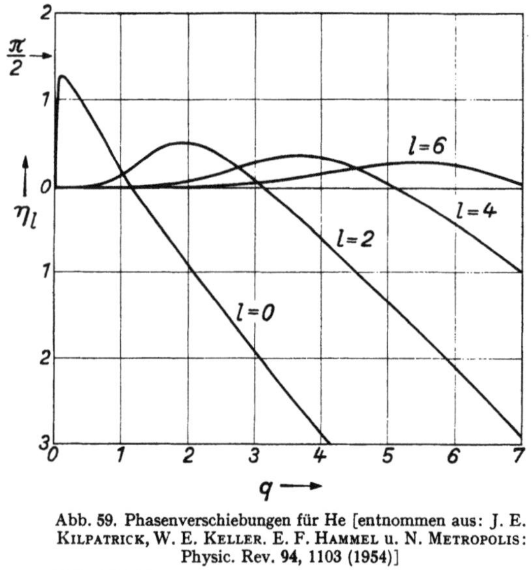

Die numerische Auswertung der Gl. (XI 150) ist eine außerordentlich mühsame Aufgabe, die ohne besondere Hilfsmittel kaum befriedigend gelöst werden kann. In neuester Zeit haben KILPATRICK und Mitarbeiter[2] dieselbe auf der Grundlage des LENNARD-JONES-6-12-Potentials mit Hilfe der elektronischen Rechenmaschine MANIAC durchgeführt, wobei die in Tab. 28 aufgeführten Konstanten benutzt wurden. Wir geben nur die wichtigsten Ergebnisse wieder und verweisen für Einzelheiten auf die Originalarbeit. In

Abb. 59. Phasenverschiebungen für He [entnommen aus: J. E. KILPATRICK, W. E. KELLER. E. F. HAMMEL u. N. METROPOLIS: Physic. Rev. **94**, 1103 (1954)]

---

[1] Aus der Normierung der SLATER-Summe $S(r) \to 1$ für $r \to \infty$ folgt $\int \varphi_n \varphi_n^* \, d\mathbf{q} = 2^{3/2} \lambda^3$.

Für große r ist nämlich $\varphi = \frac{A}{\sqrt{V}} e^{\frac{2\pi i}{h}\mathbf{p}\mathbf{r}}$. Da die Energie dann p^2/m ist (reduzierte Masse!) wird die SLATER-Summe $S(r) \to \frac{V}{h^3} \int e^{-p^2/mkT} |\varphi|^2 d\mathbf{q} = 2^{-3/2} \lambda^{-3} A^2$ und somit $A^2 = 2^{3/2}\lambda^3$.

Nun ist nach (X I129) $C^2 = \frac{2}{R} 2^{3/2}\lambda^3$. Die Integration von r über $[v_l(k,\,r)]^2$ in (XI 123) muß daher noch einen Faktor $R/2$ liefern.

[2] KILPATRICK, J. E., W. E. KELLER, E. F. HAMMEL u. N. METROPOLIS: Physic. Rev. **94**, 1103 (1954).

Abb. 59 sind die Phasenverschiebungen η_l für verschiedene Werte von l in Abhängigkeit von $q = \sigma k$ dargestellt. Abb. 60 zeigt die berechneten Werte des zweiten Virialkoeffizienten zusammen mit experimentellen Daten. Die Übereinstimmung ist ausgezeichnet.

Der zweite Virialkoeffizient des Wasserstoffs ist für sehr tiefe Temperaturen zuerst von MIYAKO[1], neuerdings unter Berücksichtigung der Molekülrotation von MIZUSHIMA und Mitarbeitern[2], berechnet worden. Die letztere Theorie führt zu der bemerkenswerten Folgerung, daß infolge der verschiedenen Besetzung der Rotationszustände der zweite Virialkoeffizient von reinem Para-Wasserstoff etwas größer ist als der von gewöhnlichem Wasserstoff. Es scheint, daß dies mit den experimentellen Ergebnissen von SCHÄFER[3] übereinstimmt, doch liegt der Effekt nahe an der Grenze der Nachweisbarkeit. Die quantitative Übereinstimmung zwischen Theorie und Experiment ist wesentlich schlechter als bei Helium.

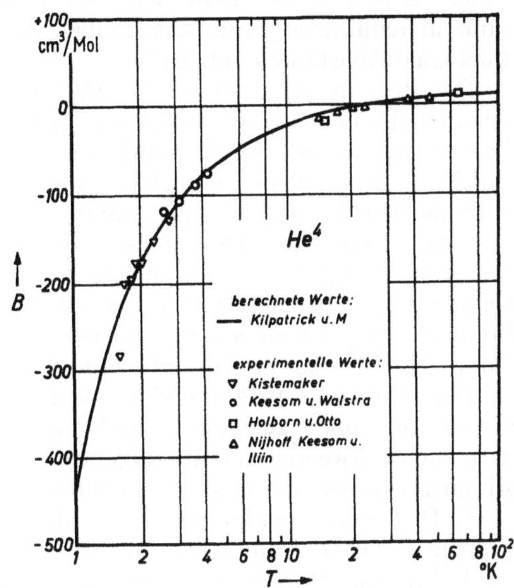

Abb. 60. 2. Virialkoeffizient von He bei tiefen Temperaturen [entnommen aus: J. E. KILPATRIK, W. E. KELLER, E. F. HAMMEL u. N. METROPOLIS: Physic. Rev. **94**, 1103 (1954)]

§ 11.5. Das Theorem der übereinstimmenden Zustände

Wir wollen jetzt noch eine Frage, die wir bereits in § 11.1 und 11.4 berührt haben, etwas näher erörtern. Dieselbe betrifft zwar grundsätzlich die vollständige Zustandsgleichung; in den Einzelheiten hängt sie aber so eng mit den Problemen dieses Kapitels zusammen, daß wir sie zweckmäßig schon jetzt behandeln. Bekanntlich läßt sich jede Zustandsgleichung

$$f(P, V, T, K_1, K_2, K_3) = 0 \,, \qquad \text{(XI 151)}$$

die nicht mehr als drei unabhängige Konstanten enthält, durch Einführung der kritischen Daten auf die Form

$$\varphi\left(\frac{P}{P_k}, \ \frac{V}{V_k}, \ \frac{T}{T_k}\right) = 0 \qquad \text{(XI 152)}$$

bringen, die als Funktion der reduzierten Zustandsgrößen Gl. (XI 8) keine individuellen Konstanten mehr enthält. Diese Umformung beruht darauf, daß eine der drei Konstanten (nämlich die Gaskonstante) universell ist, während die beiden anderen (etwa die VAN DER WAALSschen Größen a und b) durch die für den kritischen Punkt gültigen Gleichungen

$$\left(\frac{\partial P}{\partial V}\right)_T = 0 \,, \quad \left(\frac{\partial^2 P}{\partial V^2}\right)_T = 0 \qquad \text{(XI 153)}$$

eliminiert werden. Tatsächlich hat aber die Möglichkeit der Aufstellung reduzierter Zustandsgleichungen nichts mit dem Phänomen des kritischen Punktes

[1] MIYAKO, R.: Proc. Phys.-Math. Soc. Japan **24**, 852 (1942).
[2] MIZUSHIMA, M., K. OHNO u. A. OHNO: J. Chem. Phys. **21**, 2107 (1953).
[3] SCHÄFER, K.: Z. physik. Chem. (B) **36**, 85 (1937).

zu tun. Sie hat vielmehr ihre Ursache letzten Endes einfach darin, daß man die Konstanten der Zustandsgleichung als Maßeinheiten für die Zustandsgrößen benutzen und damit aus Dimensionsgründen eliminieren kann[1]. Auch unter diesem Gesichtspunkt sieht man sofort, daß eine Zustandsgleichung sich nur dann in reduzierter Form anschreiben läßt, wenn sie nicht mehr als drei unabhängige Konstanten enthält[2].

Die Behauptung, daß Gl. (XI 152) allgemeine Gültigkeit besitzt, wird das Theorem der übereinstimmenden Zustände (law of corresponding states) genannt. Daß dieser Satz nicht streng richtig sein kann, ergibt sich bereits aus der Tatsache, daß keine einigermaßen brauchbare empirische Zustandsgleichung mit nur zwei individuellen Konstanten auskommt. Andererseits zeigt aber die Erfahrung, daß einige Stoffe das Theorem sehr genau befolgen und im übrigen alle Grade der Annäherung bis zum völligen Versagen vorkommen. Das ist immerhin bemerkenswert genug, um eine Untersuchung der Frage zu rechtfertigen, welche Voraussetzungen vom Standpunkt der statistischen Theorie erfüllt sein müssen, damit das Theorem der übereinstimmenden Zustände gilt[3-6].

Der einfachste Weg für eine solche Untersuchung besteht darin, von gewissen Annahmen auszugehen und dann zu zeigen, daß dieselben hinreichend und auch notwendig für die allgemeine Gültigkeit des Theorems der übereinstimmenden Zustände sind. Wir nehmen also an:

1. Die Schwerpunktsbewegung läßt sich abseparieren, d. h. die inneren Freiheitsgrade sind unabhängig von der Dichte des Gases.

2. Für die Schwerpunktsbewegung gilt die halbklassische Näherung der Statistik.

3. Das Potential der Wechselwirkung zwischen zwei Molekülen hat die Form

$$u = |u_0|\, f\!\left(\frac{r}{\sigma}\right), \tag{XI 154}$$

wo f eine universelle Funktion ist, während $|u_0|$ und σ individuelle Konstanten (Maßzahlen) von der Dimension einer Energie bzw. einer Länge darstellen[7].

Aus Annahme 1 folgt, daß zwischen den Molekülen nur Zentralkräfte wirken und daß für die potentielle Energie des Systems Gl. (XI 16) gilt. Wir haben daher mit Gl. (XI 154)

$$U = \frac{1}{2} \sum_i \sum_j |u_0|\, f\!\left(\frac{r_{ij}}{\sigma}\right). \tag{XI 155}$$

Nach 1. und 2. bleibt als einziger vom Volumen abhängiger Faktor die Verteilungsfunktion der potentiellen Energie der Schwerpunktsbewegung Q_τ. Es wird also

$$P = kT\, \frac{\partial \ln Q_\tau}{\partial V} \tag{XI 156}$$

mit

$$Q_\tau = \int \cdots \int e^{-\frac{1}{2kT}\, \Sigma\Sigma\, |u_0|\, f\left(\frac{r_{ij}}{\sigma}\right)}\, d\mathbf{q}_1 \ldots d\mathbf{q}_N. \tag{XI 157}$$

---

[1] Setzt man beispielsweise in der VAN DER WAALSschen Gleichung $P^* = Pb^2/a$, $V^* = V/b$, $T^* = TRb/a$, so erhält man die reduzierte Form

$$(P^* + V^{*2})\,(1 - V^*) = T^*.$$

[2] Dies wurde zuerst von MESLIN [C. r. Acad. Sci. (Paris) **116**, 135 (1893)] erkannt.

[3] BOER, J. DE, u. A. MICHELS: Physica **5**, 945 (1938).

[4] PITZER, K. S.: J. Chem. Phys. **7**, 583 (1939).

[5] GUGGENHEIM, E. A.: J. Chem. Phys. **13**, 253 (1945).

[6] BOER, J. DE: Physica **14**, 139 (1948).

[7] Die Größe $|u_0|$ hat in diesem Zusammenhang nicht notwendig die spezielle Bedeutung der Energie des Potentialminimums.

Wir führen nun neue Koordinaten

$$\mathbf{q}^* = \mathbf{q}/\sigma \qquad \text{(XI 158)}$$

und die durch (XI 108) definierten reduzierten Zustandsgrößen ein. Dann ist

$$Q_\tau = \sigma^{3N} \int \cdots \int e^{-\frac{|u_0|}{2kT} \Sigma \Sigma f(r^*_{ij})} d\mathbf{q}^*_1 \cdots d\mathbf{q}^*_N = \sigma^{3N} [J(T^*, V^*)]^N. \qquad \text{(XI 159)}$$

Daraus folgt

$$P^* = \frac{1}{N} T^* \frac{\partial \ln Q_\tau}{\partial V^*} = T^* \frac{\partial \ln J(T^*, V^*)}{\partial V^*}. \qquad \text{(XI 160)}$$

Diese Gleichung enthält, wie man aus (XI 159) sieht, keine individuellen Konstanten mehr. Die oben angeführten Voraussetzungen sind somit hinreichend für die Gültigkeit des Theorems der übereinstimmenden Zustände, wenn die Temperatur in Einheiten $|u_0|/k$, das Volumen in Einheiten $N\sigma^3$ und der Druck in Einheiten $|u_0|/\sigma^3$ gemessen wird. Man erkennt leicht, daß daraus auch das Theorem in der ursprünglichen Fassung der Gl. (XI 152) folgt. Nach Gl. (XI 160) müssen nämlich die reduzierten kritischen Daten

$$V^*_k = \frac{V_k}{N\sigma^3}, \qquad P^*_k = \frac{P_k}{|u_0|/\sigma^3}, \qquad T^*_k = \frac{kT_k}{|u_0|} \qquad \text{(XI 161)}$$

für alle Substanzen gleich sein. Es gilt daher

$$\frac{P^*}{P^*_k} = \varphi^* \left(\frac{V^*}{V^*_k}, \frac{T^*}{T^*_k} \right) \qquad \text{(XI 162)}$$

und daraus folgt unmittelbar Gl. (XI 152).

Wir wollen jetzt noch prüfen, inwieweit die oben gemachten Voraussetzungen auch notwendig für die Gültigkeit des Theorems der übereinstimmenden Zustände sind. Dasselbe beruht hier, ebenso wie in der phänomenologischen Theorie, darauf, daß die individuellen Konstanten als Maßzahlen verwendet werden. Da in der statistischen Theorie individuelle Konstanten nur in dem Potentialansatz vorkommen, folgt zunächst, daß dieser nur zwei unabhängige Konstanten enthalten darf. Ferner muß u aus Dimensionsgründen einen konstanten Faktor von der Dimension einer Energie enthalten, der nicht in der Funktion $f\left(\frac{r}{\sigma}\right)$ vorkommen kann. Schließlich kann die zweite Konstante σ nur in der Kombination r/σ vorkommen, da f selbst dimensionslos sein muß. Die durch Gl. (XI 154) gegebene Form des Potentials ist daher nicht nur hinreichend, sondern auch notwendig. Man sieht leicht, daß das LENNARD-JONES-Potential, wenn m und n allgemein vorgegeben sind, stets auf diese Form gebracht werden kann und daher, soweit die übrigen Voraussetzungen erfüllt sind, die Gültigkeit des Theorems der übereinstimmenden Zustände einschließt. Etwas anders liegen die Verhältnisse für das BUCKINGHAM-Potential Gl. (XI 65) bzw. (XI 66). Da dieses drei Konstanten enthält, kann das Theorem der übereinstimmenden Zustände, wie TER HAAR[1] bemerkt hat, nur gültig sein, wenn zwischen den Konstanten die Bezeichnung

$$\frac{1}{\varrho} \left(\frac{a}{P} \right)^{1/6} = \text{const} \qquad \text{(XI 163)}$$

besteht, wo const eine universelle Zahl ist. Diese Beziehung ist tatsächlich für die Edelgase, die das Theorem ziemlich gut befolgen, annähernd erfüllt. Man kann sich aber schwer vorstellen, daß ihr eine physikalische Bedeutung zukommt. Noch weniger erscheint für das quantenmechanische Potential (XI 61) eine

---

[1] HAAR, D. TER: Physica **19**, 375 (1953).

theoretisch begründete Reduktion auf eine zweikonstantige Formel denkbar. Man kann daher wohl annehmen, daß das Theorem der übereinstimmenden Zustände im strengen Sinne überhaupt nicht zu begründen ist. Seine approximative Gültigkeit für gewisse Stoffklassen beruht darauf, daß hier die zwischenmolekulare Wechselwirkung mehr oder weniger gut durch das LENNARD-JONES-Potential approximiert werden kann.

Aus den vorstehenden Betrachtungen ergibt sich auch unmittelbar die Notwendigkeit der Voraussetzung 1. Die Schwerpunktsbewegung läßt sich nämlich nur dann nicht abseparieren, wenn U von den Koordinaten der inneren Freiheitsgrade abhängt. Wenn dies aber der Fall ist, läßt sich das zwischenmolekulare Potential unter keinen Umständen durch eine Formel mit nur zwei unabhängigen Konstanten allgemein darstellen.

Um die Notwendigkeit der Voraussetzung 2 zu zeigen, schreiben wir zunächst die quantenstatistische Verteilungsfunktion der Schwerpunktsbewegung in einer zu Gl. (XI 159) analogen reduzierten Form. Wir haben dann

$$Q = \sigma^{3N} \int \cdots \int \left[\sum_n \psi_n^*(\mathbf{q}^{*(N)}) \, e^{-\frac{\underline{H}^*}{T^*}} \, \psi_n(\mathbf{q}^{*(N)}) \right] d\mathbf{q}_1^* \cdots d\mathbf{q}_N^*, \quad \text{(XI 164)}$$

wo $\underline{H}^* = \underline{H}/u_0$ der reduzierte HAMILTON-Operator ist. Für diesen gilt

$$\underline{H}^* = \underline{H}^*(\mathbf{q}^{*(N)}, \Lambda^*) = - \Lambda^{*2} \frac{1}{8\pi^2} \sum_i \Delta_i^* + \frac{1}{2} \sum_i \sum_j f(r_{ij}^*). \quad \text{(XI 165)}$$

Hier ist Λ^* die durch Gl. (XI 109) definierte Größe. Die Eigenfunktionen hängen von den $\mathbf{q}_i^*$ und außerdem (durch die Randbedingungen) von dem reduzierten Volumen ab. Es folgt daher, wenn wir

$$Q = \sigma^{3N} \, [J(T^*, V^*, \Lambda^*)]^N \quad \text{(XI 166)}$$

setzen,

$$P^* = T^* \, \frac{\partial \ln J(T^*, V^*, \Lambda^*)}{\partial V^*}. \quad \text{(XI 167)}$$

Der reduzierte Druck hängt somit jetzt nicht nur von der reduzierten Temperatur und dem reduzierten Volumen ab, sondern auch von der Größe Λ^*. Diese enthält aber die Molekülmasse als individuelle Konstante; sie hat daher für jeden Stoff einen anderen Wert. Das Theorem der übereinstimmenden Zustände kann daher nur soweit gelten, als die quantenstatistische Verteilungsfunktion der Schwerpunktstranslation durch die halbklassische Näherung ersetzt werden kann. Damit haben wir auch in allgemeiner Form begründet, daß in den quantenstatistischen Formeln für den zweiten Virialkoeffizienten die Molekülmasse bzw. die Größe Λ^* auftreten muß, was wir in § 11.4 durch explizite Rechnung abgeleitet hatten. Die Vermutung, daß die Quantentheorie vor allem bei leichten Molekülen und tiefen Temperaturen Abweichungen vom Theorem der übereinstimmenden Zustände bedingt, ist zuerst von BYK[1] ausgesprochen worden.

Aus den vorstehenden Überlegungen kann man schließen, daß das Theorem der übereinstimmenden Zustände am besten für die schwereren Edelgase und unpolare zweiatomige Moleküle erfüllt sein wird. Im übrigen werden die Abweichungen um so stärker sein, je unsymmetrischer und je polarer die Moleküle sind. Völlig versagen wird es bei Molekülen, die untereinander Wasserstoffbrücken bilden, wie H_2O, oder solchen, zwischen denen chemische Reaktionen im eigentlichen Sinne stattfinden, wie NO_2. Diese Folgerungen aus der Theorie

---

[1] BYK, A.: Ann. Physik **66**, 157 (1921); **69**, 162 (1922).

stimmen gut mit der Erfahrung überein. Als Beispiel gibt Tab. 29 die Werte des durch Gl. (XI 11) definierten kritischen Koeffizienten für eine größere Anzahl von Stoffen. In Abb. 61 sind reduzierte zweite Virialkoeffizienten in Abhängigkeit von der reduzierten Temperatur dargestellt. Die Streuungen sind unverkennbar

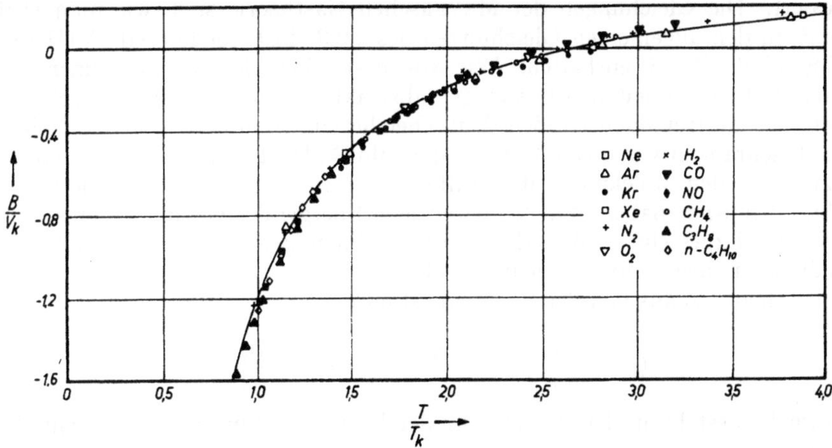

Abb. 61. Reduzierte 2. Virialkoeffizienten verschiedener Gase [entnommen aus: E. A. GUGGENHEIM: Rev. Pure a. Appl. Chem. 3, 1 (1953)]

systematischer Natur, doch kann man sagen, daß die angeführten Substanzen das Theorem der übereinstimmenden Zustände in dem dargestellten Zustandsgebiet noch ziemlich gut erfüllen. Für eine ausführlichere Diskussion des experimentellen Materials verweisen wir auf die zusammenfassende Darstellung von GUGGENHEIM[1].

Tabelle 29. *Kritische Koeffizienten* $\dfrac{N_L k\, T_k}{P_k\, V_k}$

Neon	3,28	Methan . . .	3,46	Äthylen . . .	3,82
Argon	3,42	Äthan	3,48	Propylen . . .	3,65
Krypton . . .	3,45	Propan . . .	3,70	Benzol	3,69
Xenon	3,60	n-Butan . . .	3,80	CCl₄	3,68
Stickstoff . . .	3,42	n-Pentan . . .	3,76	Chloroform . .	3,39
Sauerstoff . . .	3,42	n-Hexan . . .	3,77	Diäthyläther .	3,82
CO	3,40	n-Heptan . .	3,89		

Entnommen aus: E. A. GUGGENHEIM: Rev. Pure a. Appl. Phys. 3, 1, 13 (1953).

Kapitel XII

Allgemeine Theorie der realen Gase und der Kondensation

§ 12.1*. Die cluster-Integrale

Eine allgemeine Theorie der Zustandsgleichung erfordert, wenn wir von der Methode der molekularen Verteilungsfunktionen (deren Anwendung auf Gase wir in Kapitel XIII besprechen) absehen, die vollständige Berechnung der Verteilungsfunktion des Gesamtsystems. Diese Aufgabe bietet mathematisch

---

[1] GUGGENHEIM, E. A.: Rev. Pure Appl. Chem. 3, 1 (1953).

außerordentliche Schwierigkeiten; ihre exakte Lösung ist zum ersten Male URSELL[1] gelungen. Die Methode wurde später von J. E. MAYER[2-4] wesentlich vereinfacht, der auf dieser Grundlage die Theorie der Kondensation entwickelt hat. Der mathematische Apparat wurde dann von KAHN und UHLENBECK[5] sowie BORN und FUCHS[6] durch Einführung funktionentheoretischer Methoden noch weiter verbessert. Die Gleichungen der MAYERschen Gastheorie sind, wie man leicht erkennt, in den allgemeinen Gleichungen des § 8.3 [insbesondere Gl. (VIII 154)] als Spezialfall $Z^* \to 0$ enthalten. Wir wollen sie aber hier nochmals nach einer anderen Methode ableiten, die weniger abstrakt ist und die physikalische Bedeutung der auftretenden Größen deutlicher hervortreten läßt. Der Einfachheit halber beschränken wir uns auf einatomige Moleküle. Ferner setzen wir voraus, daß zwischen den Molekülen nur Kräfte kurzer Reichweite wirken, wie wir sie in § 11.3 diskutiert haben, daß die potentielle Energie des Gesamtsystems durch Gl. (XI 16) dargestellt wird und daß die Bedingungen für die Anwendbarkeit der halbklassischen Näherung erfüllt sind.

Wir gehen also aus von der Verteilungsfunktion

$$Q = \frac{1}{N!\, h^{3N}} \int e^{-\frac{E}{kT}}\, d\Omega = \lambda^{-3N}\, \frac{Q_\tau}{N!}\,. \qquad \text{(XII 1)}$$

Die Aufgabe besteht in der Berechnung der Verteilungsfunktion der potentiellen Energie

$$Q_\tau = \int \dots \int e^{-\frac{U}{kT}}\, d\mathbf{q}_1 \dots d\mathbf{q}_N\,. \qquad \text{(XII 2)}$$

Mit Benutzung von Gl. (XI 16) können wir dann zunächst den Integranden schreiben

$$e^{-\frac{U}{kT}} = \prod_{1 \leq j \leq i \leq N} e^{-\frac{u(r_{ij})}{kT}} \qquad \text{(XII 3)}$$

Wir definieren jetzt neue Funktionen

$$f(r_{ij}) \equiv f_{ij} = e^{-\frac{u(r_{ij})}{kT}} - 1\,. \qquad \text{(XII 4)}$$

Die wesentliche Eigenschaft dieser Funktionen besteht nach der Voraussetzung darin, daß sie für große Werte des Argumentes r_{ij} sämtlich Null werden. Mit Benutzung von Gl. (XII 4) kann der Integrand geschrieben werden

$$e^{-\frac{U}{kT}} = \prod_{1 \leq j \leq i \leq N} (1 + f_{ij})\,. \qquad \text{(XII 5)}$$

Durch Entwicklung des Produktes wird daraus

$$e^{-\frac{U}{kT}} = 1 + \sum_{1 \leq j \leq i \leq N} f_{ij} + \sum \sum f_{ij} f_{i'j'} + \cdots\,. \qquad \text{(XII 6)[7]}$$

---

[1] URSELL, H. D.: Proc. Cambridge Phil. Soc. 23, 685 (1927).
[2] MAYER, J. E.: J. Chem. Phys. 5, 67 (1937).
[3] MAYER, J. E., u. P. G. ACKERMANN: J. Chem. Phys. 5, 74 (1937).
[4] MAYER, J. E., u. S. F. HARRISON: J. Chem. Phys. 6, 87 (1938).
[5] KAHN, B., u. G. E. UHLENBECK: Physica 4, 299 (1938).
[6] BORN, M., u. K. FUCHS: Proc. Roy. Soc. (London) A 166, 391 (1938).
[7] Aus dieser Gleichung wird gelegentlich der zweite Virialkoeffizient in der Weise abgeleitet, daß auf der rechten Seite nur die beiden ersten Terme berücksichtigt werden. Das ist unkorrekt, weil, wie die weitere Entwicklung der Theorie und auch die Ableitungen in § 11.2 zeigen, zum zweiten Virialkoeffizienten alle Konfigurationen beitragen, bei denen 1 bis $N/2$ Molekülpaare auftreten. Daß man trotzdem das richtige Resultat erhält, liegt an einer weiteren unzulässigen Vernachlässigung, welche zufällig die erste gerade kompensiert.

Wir betrachten den allgemeinen Term dieser Entwicklung anhand der Abb. 62. In einem solchen Diagramm können wir jeden Term darstellen durch die Festsetzung, daß jeder Verbindungslinie zweier Kreise eine Funktion f_{ij} entsprechen soll[1]. Zum ersten Term 1 gehört ein Diagramm, das keine Verbindungslinie hat. Dem $\frac{1}{2} N(N-1)$ Termen mit einem f_{ij} entsprechen Diagramme mit einer Verbindungslinie. Das gezeichnete Diagramm stellt somit den Term

$$f_{2,3}\, f_{4,5}\, f_{4,10}\, f_{13,14}\, f_{16,17}\, f_{20,21}\, f_{16,23}\, f_{17,23}\, f_{20,27}\, f_{21,27}\, f_{21,28}$$

dar. Da die Funktionen f_{ij} für große r_{ij} verschwinden, rührt der Beitrag eines Terms in (XII 6) zu Q_τ von solchen Gebieten des Phasenraumes her, in denen

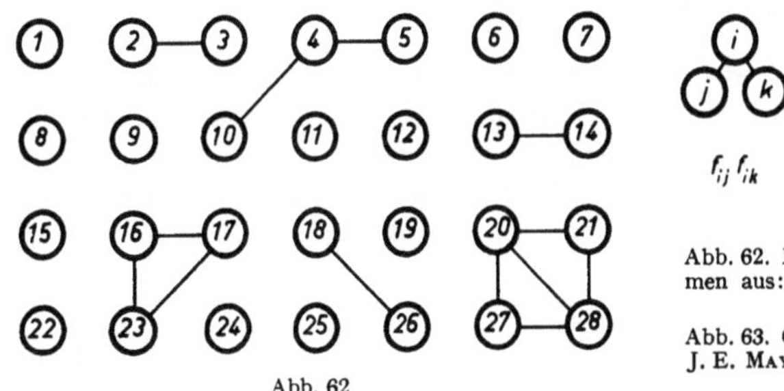

$$f_{ij}\, f_{ik} \qquad f_{ij}\, f_{jk} \qquad f_{ik}\, f_{jk} \qquad f_{ij}\, f_{jk}\, f_{ik}$$

Abb. 63

Abb. 62. Diagramm zur Entwicklung (XII 6) [entnommen aus: J. E. MAYER u. M. G. MAYER: Statistical Mechanics, S. 278. New York 1951]

Abb. 63. Cluster aus drei Molekülen [entnommen aus: J. E. MAYER u. M. G. MAYER: Statistical Mechanics, S. 279. New York 1951]

Abb. 62

alle durch Linien dargestellten Molekülabstände klein sind. Wir können daher von einer „Bindung" solcher Moleküle in dem betreffenden Term sprechen. In irgendeinem speziellen Diagramm, das irgendeinem speziellen Term von (XII 6) entspricht, sind gewisse Moleküle (Kreise) untereinander direkt oder indirekt, aber mit keinem weiteren verbunden. Wir sagen, daß diese Moleküle eine Gruppe oder einen „cluster" bilden. In dem Diagramm der Abb. 62 haben wir drei cluster von zwei Molekülen (2—3, 13—14, 18—26), zwei cluster von drei Molekülen (4—5—10, 16—17—23) und einen cluster von vier Molekülen (20—21—27—28). Der cluster-Begriff ist also zwar zunächst formal aus der mathematischen Struktur der Verteilungsfunktion Q_τ definiert; einen Beitrag zu dieser Verteilungsfunktion liefert ein cluster aber nur insofern, als er ein physikalisch reales Gebilde, also, wie man etwa anschaulich sagen könnte, ein „Assoziat" ist. Die Zahl der Moleküle in einem cluster nennen wir l, die Zahl der cluster aus l Molekülen m_l. In Abb. 62 ist also

$$m_1 = 12, \quad m_2 = 3, \quad m_3 = 2, \quad m_4 = 1\,.$$

In jedem Falle ist naturgemäß

$$\sum_{l=1}^{N} l\, m_l = N\,. \tag{XII 7}$$

Wir wollen jetzt die Terme von Q_τ unter dem Gesichtspunkt der darin auftretenden cluster ordnen. Ein cluster aus drei Molekülen i, j, k kann auf vier verschiedene Weisen gebildet werden (Abb. 63). Der Nutzen des cluster-Begriffes beruht nun darauf, daß er es ermöglicht, diese vier Terme zusammenzufassen. Bei größeren clustern wächst die Zahl der Herstellungsmöglichkeiten und damit die Zahl der Terme, die sich zusammenfassen lassen, sehr stark an. Dadurch wird es möglich, die vollständige Verteilungsfunktion Q_τ auf eine übersichtliche mathematische Form zu bringen. Wir wollen dies jetzt explizit durchführen.

Denken wir uns Q_τ mit Benutzung von (XII 6) angeschrieben, so sind in jedem Term die Integrale über Moleküle, die zu verschiedenen clustern gehören,

---

[1] MAYER, J. E., u. M. GOEPPERT-Mayer: Statistical Mechanics. New York 1948.

unabhängig voneinander. Nach der obigen Definition kommen nämlich die Indizes eines bestimmten clusters in keinem anderen cluster des gleichen Terms vor; anders ausgedrückt, der Integrand enthält keine Funktion, die von den Koordinaten zweier Moleküle, die zu verschiedenen clustern gehören, abhängt. Das Integral über einen solchen Term ist also ein Produkt von Integralen über die Koordinaten derjenigen Moleküle, die jeweils zu dem gleichen cluster gehören. Wir fassen jetzt die Integrale über alle Produkte der f_{ij}, welche den gleichen cluster repräsentieren, zusammen und fügen noch einen Normierungsfaktor $1/l!\,V$ hinzu. Dann bekommen wir

$$b_l = \frac{1}{l!\,V} \int \cdots \int \Sigma\, \Pi\, f_{ij}\, d\mathbf{q}_1 \ldots d\mathbf{q}_l\,. \qquad \text{(XII 8)}$$

Dabei bezieht sich das Produkt auf eine bestimmte Herstellungsmöglichkeit des clusters aus l Molekülen, und die Summe ist über alle Herstellungsmöglichkeiten zu erstrecken. Die durch Gl. (XII 8) definierten Größen werden als cluster-Integrale bezeichnet; ihre Dimension ist V^{l-1}. In jedem Term des Integranden kommen wenigstens $l-1$ und höchstens $\frac{1}{2}\,l\,(l-1)$ f-Funktionen als Faktoren vor. Die ersten drei cluster-Integrale sind

$$b_1 = \frac{1}{V} \int d\mathbf{q}_1 = 1\,, \qquad \text{(XII 9)}$$

$$b_2 = \frac{1}{2V} \int \int f_{12}\, d\mathbf{q}_1\, d\mathbf{q}_2 = \frac{1}{2} \int 4\pi r^2 \left(e^{-\frac{u(r)}{kT}} - 1 \right) dr\,, \qquad \text{(XII 10)}$$

$$b_3 = \frac{1}{6V} \int \int \int (f_{31}f_{21} + f_{32}f_{31} + f_{32}f_{21} + f_{32}f_{31}f_{21})\, d\mathbf{q}_1\, d\mathbf{q}_2\, d\mathbf{q}_3\,. \qquad \text{(XII 11)}$$

Das zweite Integral ist uns schon aus § 11.2 bekannt; es ist gleich $\frac{1}{2}\,\beta_1$. Jeder der drei ersten Terme des Integrals b_3 hat, wie wir noch sehen werden, den gleichen Wert $V\beta_1^2$.

Da für große Molekülabstände alle Integranden der cluster-Integrale verschwinden, ist der Wert des Integrals über die Koordinaten von $l-1$ Molekülen unabhängig von der Lage des l-ten Moleküls. Die Integration über die Koordinaten des letzteren ergibt daher einfach einen Faktor V, der sich gegen das V im Normierungsfaktor heraushebt. Dies gilt aber nur, wenn (bei festgehaltenem Molekül l) das Volumen, in dem der Integrand des cluster-Integrals von Null verschieden ist, klein ist gegen das Gesamtvolumen V. Wir können dies auch so ausdrücken, daß V/l groß sein muß gegen die durch die Reichweite der zwischenmolekularen Kräfte bestimmte „Wirkungssphäre" eines Moleküls. Unter dieser Voraussetzung gilt der Satz, daß die cluster-Integrale unabhängig vom Volumen sind. Dieser Satz spielt eine wichtige Rolle in der Formulierung der Theorie. Er bedeutet, daß wir den Grenzübergang zu unendlich großen Systemen, der mit den Verteilungsfunktionen und ihren thermodynamischen Analoga vollzogen werden muß, für die b_l schon vorwegnehmen, also von vornherein mit

$$b_l = \lim_{V \to \infty} b_l(V) \qquad \text{(XII 12)}$$

rechnen. Die Zulässigkeit dieses Verfahrens ist keineswegs selbstverständlich; wir werden daher in § 12.6 nochmals auf diese Frage zurückkommen.

Wir fassen jetzt in Q_τ alle Terme zusammen, bei denen bestimmte Moleküle zu bestimmten clustern gehören. Diese Terme liefern zu Q_τ den Beitrag

$$\Pi_l\, (l!)^{m_l}\, (V\,b_l)^{m_l}\,. \qquad \text{(XII 13)}$$

Die Zahl der Möglichkeiten, N Moleküle auf die durch den Satz der m_l vorgegebenen cluster zu verteilen, ist

$$\frac{N!}{\prod\limits_{l} m_l!\,(l!)^{m_l}}.$$
(XII 14)

Die gesamten Konfigurationen, bei denen die durch den Satz der m_l bezeichneten cluster auftreten, liefern somit zu Q_τ den Beitrag

$$N! \prod_l \frac{(V b_l)^{m_l}}{m_l!} = N! \prod_l \frac{(N v b_l)^{m_l}}{m_l!},$$
(XII 15)

wo

$$v = V/N$$
(XII 16)

das Volumen pro Molekül ist. Die vollständige Verteilungsfunktion Q_τ erhalten wir daraus durch Summierung über alle Sätze der m_l, die mit der Nebenbedingung (XII 7) verträglich sind. Es wird somit

$$\frac{Q_\tau}{N!} = \sum_{m_l} \prod_l \frac{(N v b_l)^{m_l}}{m_l!} \qquad \left(\sum l m_l = N \right).$$
(XII 17)

Die hier behandelten cluster-Integrale sind ein Spezialfall (für $Z \to 0$), der durch Gl. (VIII 147) definierten verallgemeinerten cluster-Integrale. Zum Beweise setzt man in (VIII 147) die Entwicklung (VIII 158) ein und drückt die g-Funktionen nach Gl. (VIII 131) aus. Nach der hier vorausgesetzten Gl. (XI 16) wird dann

$$g^{(n)} = e^{-\frac{1}{kT} \sum\limits_{n \geq i \geq j \geq 1}^{\Sigma\Sigma} u_{ij}}.$$
(XII 18)

Berücksichtigt man noch die Definition der f-Funktionen Gl. (XII 4), so geht Gl. (VIII 147) in Gl. (XII 8) über. An Hand der Gl. (VIII 160)—(VIII 162) und (XII 9)—(XII 11) kann man dies leicht explizit verifizieren.

§ 12.2*. Die unreduzierbaren cluster-Integrale

Die höheren cluster-Integrale sind, wie sich schon aus dem Beispiel b_3 ergibt, ziemlich komplizierte Gebilde. Sie lassen sich aber auf einfachere Ausdrücke zurückführen. Wir betrachten als Beispiel zunächst

$$b_3 = \frac{1}{6V} \int \int \int (f_{31} f_{21} + f_{32} f_{31} + f_{32} f_{21} + f_{32} f_{31} f_{21})\, d\mathbf{q}_1\, d\mathbf{q}_2\, d\mathbf{q}_3.$$
(XII 19)

Man sieht sofort, daß die drei ersten Terme den gleichen Wert haben müssen, da sie sich nur durch die Nummern der Indices unterscheiden. Nehmen wir etwa

$$\int \int \int f_{31} f_{21}\, d\mathbf{q}_1\, d\mathbf{q}_2\, d\mathbf{q}_3.$$
(XII 20)

Die Koordinaten des Moleküls 3 kommen im Integranden nur in f_{31} als Abstand r_{31} vor. Da f_{31} für große Werte von r_{31} verschwindet, kann diese Integration unabhängig von den übrigen ausgeführt werden und ergibt somit ein bestimmtes Integral als Faktor. Wir bezeichnen dasselbe mit β_1; es lautet in räumlichen Polarkoordinaten

$$\beta_1 = \int f_{31}\, d\mathbf{q}_3 = 4\pi \int \left(e^{-\frac{u(r)}{kT}} - 1 \right) r^2\, dr.$$
(XII 21)

Eine analoge Überlegung gilt für die Koordinaten des Moleküls 2. Schließlich liefert die Integration über die Koordinaten des Moleküls 1 noch einen Faktor V.

Es wird somit, wie schon erwähnt,

$$\int\int\int f_{31} f_{21}\, d\mathbf{q}_1\, d\mathbf{q}_2\, d\mathbf{q}_3 = V\,\beta_1^2\,. \qquad\text{(XII 22)}$$

Der zweite und dritte Term in (XII 19) können in gleicher Weise behandelt werden. Den vierten Term schreiben wir

$$\int\int\int f_{32} f_{31} f_{21}\, d\mathbf{q}_1\, d\mathbf{q}_2\, d\mathbf{q}_3 = \int\int f(r_{32}) f(r_{31}) f(r_{21})\, d\mathbf{q}_3\, d\mathbf{q}_2 \int d\mathbf{q}_1 = 2\,V\,\beta_2\,, \qquad\text{(XII 23)}$$

da der Wert des Integrals nur von der Integration über die Koordinaten zweier Moleküle abhängt. Damit ergibt sich

$$b_3 = \tfrac{1}{2}\,\beta_1^2 + \tfrac{1}{3}\,\beta_2\,. \qquad\text{(XII 24)}$$

Die neu eingeführten Größen β_k, die sich nicht weiter auflösen lassen, bezeichnet man als unreduzierbare cluster-Integrale.

Um dieselben allgemein zu definieren, betrachten wir wieder ein Diagramm (Abb. 64). Die Figur stellt einen Term aus dem Integranden des cluster-Integrals b_8 dar. Alle Kreise sind direkt oder indirekt (d. h. über andere Kreise) miteinander verbunden. Die Kreise 1 und 5 hängen jeweils nur durch eine Linie mit den übrigen zusammen. Die Koordinaten dieser Moleküle kommen jeweils nur in einem f_{ij} vor; die Integration über dieselben kann daher unabhängig von den übrigen durchgeführt werden. Sie liefert nach der obigen Überlegung jedesmal einen Faktor β_1. Wenn zwei Kreise durch eine Linie verbunden sind, etwa 7 und 8, und jeder von ihnen mit dem gleichen Kreise, in diesem Falle 4, aber mit keinem anderen verbunden ist, so kommen die Koordinaten der Moleküle 7 und 8 nur in der Verbindung $f_{87} f_{47} f_{48}$ in dem Integranden vor. Die Integration über diese Koordinaten kann daher unabhängig von allen übrigen durchgeführt werden; sie liefert einen Faktor $2\,\beta_2$. Wenn zwischen 3 und 4 keine Verbindung bestünde, würde die Integration über die Koordinaten von 4 einfach den Faktor V ergeben. Tatsächlich kommen aber die Koordinaten von 4 noch in f_{34} vor, aber in keinem anderen Faktor. Die Integration über die Koordinaten von 4 ergibt daher einen Faktor β_1. Hinge 3 nur mit 4 zusammen, so würde die Integration über die Koordinaten von 3 den Faktor V liefern. Tatsächlich kommen aber die Koordinaten von 2 und 3 in der Verbindung $f_{23} f_{36} f_{62}$ vor. Über diese Koordinaten kann wieder unabhängig von allen übrigen integriert werden, was einen Faktor $2\,\beta_2$ liefert. Schließlich bleibt noch die Integration über die Koordinaten von 6, die V ergibt. Damit haben wir den betrachteten Term von b_8 in ein Produkt aus einfacheren Integralen zerlegt, nämlich

$$\int f_{12}\, d\mathbf{q}_1 \int f_{65}\, d\mathbf{q}_5 \int\int f_{74} f_{84} f_{78}\, d\mathbf{q}_7\, d\mathbf{q}_8 \int f_{34}\, d\mathbf{q}_4 \int\int f_{26} f_{36} f_{23}\, d\mathbf{q}_2\, d\mathbf{q}_3 \int d\mathbf{q}_6$$
$$= 4\,\beta_1^3\,\beta_2^2\,V\,. \qquad\text{(XII 25)}$$

Man kann nun jedes derartige Diagramm, das einen Term aus dem Integranden eines cluster-Integrals darstellt, in gewisse Untergruppen aus $k+1$ Kreisen (Molekülen) zerlegen, derart, daß jeder Kreis einer Untergruppe mit jedem anderen derselben Untergruppe mehrfach zusammenhängt, d. h. daß man von einem Kreise der Untergruppe zu einem anderen der gleichen Untergruppe auf zwei völlig verschiedenen Wegen gelangen kann, die keinen Bindungsstrich und keinen Kreis gemeinsam haben. Dagegen sollen die Kreise einer Untergruppe mit allen übrigen des gleichen clusters nur einfach zusammenhängen, d. h. alle Wege von Kreisen einer Untergruppe zu den übrigen Kreisen müssen stets einen gewissen Kreis passieren. Man sagt dann, daß die $k+1$ Moleküle einen „unreduzierbaren cluster" der Größe $k+1$ bilden, der durch den Index k charakterisiert wird. Im Falle $k=1$ gibt es naturgemäß auch innerhalb der Gruppe nur einen Weg.

Die Bedeutung der unreduzierbaren cluster und gleichzeitig die Charakterisierung durch den Index k (statt $k+1$) erklärt sich nun daraus, daß man, wie das Beispiel zeigt, über die Koordinaten von k Molekülen unabhängig von allen übrigen

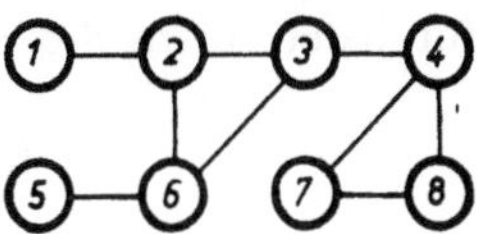

Abb. 64. Zur Definition der unreduzierbaren cluster-Integrale [entnommen aus: J. E. MAYER u. M. G. MAYER: Statistical Mechanics, S. 286. New York 1951]

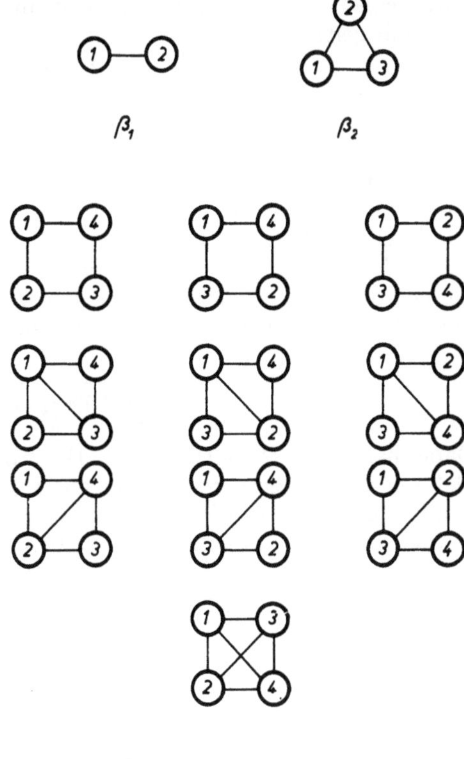

Abb. 65. Integranden unreduzierbarer cluster-Integrale [entnommen aus J. E. MAYER u. M. G. MAYER: Statistical Mechanics, S. 288. New York 1951]

integrieren und dieses Integral somit als Faktor abseparieren kann. Die Integration über die Koordinaten des $(k+1)$-ten Moleküls, das die Verbindung zu den übrigen herstellt, wird bei den anschließenden unreduzierbaren cluster durchgeführt, während hier nicht über die Koordinaten des nächsten „Verknüpfungsmoleküls" integriert wird. Jedes „Verknüpfungsmolekül" gehört also mindestens zwei unreduzierbaren clustern an. Es wird mit dem Fortschreiten der Integration jeweils dem nächstfolgenden zugerechnet, bis zum Schluß die Integration über die Koordinaten eines Moleküls übrigbleibt, die den Faktor V ergibt. In Abb. 64 haben wir zwei unreduzierbare cluster aus drei Molekülen (4—7—8 und 2—3—6) und drei aus zwei Molekülen (1—2, 3—4, 5—6). Wir definieren danach die unreduzierbaren cluster-Integrale durch die Gleichung

$$\beta_k = \frac{1}{k!\,V} \int \cdots \int \sum \Pi\, f_{ij}\, d\mathbf{q}_1 \ldots d\mathbf{q}_{k+1}. \qquad \text{(XII 26)}$$

Dabei ist die Summe über alle Produkte, die in dem oben erläuterten Sinne mehrfach zusammenhängen, zu erstrecken. Die Dimension der unreduzierbaren cluster-Integrale ist V^k. Die ersten drei lauten

$$\beta_1 = \frac{1}{V} \int\!\!\int f_{12}\, d\mathbf{q}_1\, d\mathbf{q}_2 = 4\pi \int \left(e^{-\frac{u(r)}{kT}} - 1 \right) r^2\, dr, \qquad \text{(XII 27)}$$

$$\beta_2 = \frac{1}{2V} \int\!\!\int\!\!\int f_{32} f_{31} f_{21}\, d\mathbf{q}_1\, d\mathbf{q}_2\, d\mathbf{q}_3, \qquad \text{(XII 28)}$$

$$\beta_3 = \frac{1}{6V} \int\!\!\int\!\!\int\!\!\int (3\, f_{43} f_{32} f_{21} f_{41} + 6\, f_{43} f_{32} f_{21} f_{41} f_{31} +$$
$$+ f_{43} f_{32} f_{21} f_{41} f_{31} f_{42})\, d\mathbf{q}_1\, d\mathbf{q}_2\, d\mathbf{q}_3\, d\mathbf{q}_4. \qquad \text{(XII 29)}$$

Die entsprechenden Diagramme sind in Abb. 65 dargestellt.

Da die einzelnen Terme eines cluster-Integrals sich als Produkte von unreduzierbaren cluster-Integralen darstellen lassen, muß das cluster-Integral eine Summe von solchen Produkten sein. Bezeichnen wir die Zahl der unreduzierbaren cluster der Größe $k+1$ mit n_k, so wird jedes der genannten Produkte durch einen Satz der n_k beschrieben, und es muß für jeden Term des cluster-Integrals gelten

$$\sum k\, n_k = l - 1 \, . \tag{XII 30}$$

Wir haben daher

$$l!\, b_l = \sum_{n_k} p(n_1, n_2, \ldots, n_k, \ldots)\, \prod_k (k!\, \beta_k)^{n_k} \, , \tag{XII 31}$$

wo die Summe über alle mit (XII 30) verträglichen Sätze der n_k zu erstrecken ist. Die Funktion p ist das Produkt aus der Zahl der Möglichkeiten, l Moleküle auf die durch den Satz der n_k gegebenen „unvollständigen" unreduzierbaren cluster aus $k_1, k_2, k_3, \ldots, k_a + 1$ Molekülen zu verteilen und aus der Zahl der Möglichkeiten, diese unreduzierbaren cluster miteinander zu verknüpfen. Die erste dieser Größen können wir sofort angeben. Sie lautet

$$\frac{l!}{\prod\limits_k (k!)^{n_k} \prod\limits_k n_k!} \; \frac{1}{k_a + 1} \, . \tag{XII 32}$$

Dabei haben wir $(k_a + 1)! = (k_a + 1)\, k_a!$ benutzt. Dieser Faktor gehört zu dem „letzten" unreduzierbaren cluster aus $k_a + 1$ Molekülen, der bei der Integration den Faktor V liefert. Welcher der unreduzierbaren cluster als „letzter" (Index k_a) gewählt wird, ist ganz willkürlich. Mit (XII 32) können wir Gl. (XII 31) schreiben

$$b_l = \sum_{n_k} q(n_1, n_2, \ldots, n_k, \ldots)\, \prod_k \frac{(\beta_k)^{n_k}}{n_k!} \tag{XII 33}$$

mit

$$q = \frac{\varkappa}{k + 1} \, , \tag{XII 34}$$

wo $\varkappa$ die Zahl der Verknüpfungsmöglichkeiten ist. Die Ermittlung dieser Größe[1-3] ist ziemlich umständlich. Wir geben daher ohne Beweis gleich das Resultat. Es lautet

$$q = l^{(\sum n_k) - 2} \, . \tag{XII 35}$$

Setzen wir dies in Gl. (XII 33) ein, so folgt schließlich

$$b_l = \frac{1}{l^2} \sum_{n_k} \prod_k \frac{(l\, \beta_k)^{n_k}}{n_k!} \, . \tag{XII 36}$$

Diese Gleichung zeigt formal eine bemerkenswerte Ähnlichkeit mit Gl. (XII 17), welche $Q_r/N!$ durch die cluster-Integrale ausdrückt. Für den weiteren Aufbau der Theorie spielt diese Tatsache eine bedeutsame Rolle.

§ 12.3*. Einführung der großen Verteilungsfunktion

Wir wollen jetzt die Methode der großen Verteilungsfunktion benutzen, um in einfacher Weise einige besonders wichtige Beziehungen abzuleiten. Nach Gl. (VII 34) haben wir zunächst

$$\Xi = \sum_{N=0}^{\infty} e^{\frac{N\mu}{kT}} Q^{(N)} = \sum_{N=0}^{\infty} \frac{Q_r^{(N)}}{N!} \left[\lambda^{-3} e^{\frac{\mu}{kT}} \right]^N \, . \tag{XII 37}$$

[1] MAYER, J. E., u. S. F. HARRISON: J. Chem. Phys. 6, 87 (1938).
[2] BORN, M., u. K. FUCHS: Proc. Roy. Soc. (London) A 166, 391 (1938).
[3] HUSIMI, K.: J. Chem. Phys. 18, 682 (1950).

Für das Weitere ist es zweckmäßig, wieder die in § 8.3 eingeführten Fugazitäten zu verwenden. Mit Benutzung von Gl. (IV 64) und (VIII 110) wird dann aus (XII 37)

$$\Xi = \sum_{N=0}^{\infty} \frac{Q_r^{(N)}}{N!} \cdot Z^N. \tag{XII 38}$$

Betrachten wir nun ganz allgemein Funktionen

$$F(N, x) = \sum_{n_i} \prod_i \frac{(N x_i)^{n_i}}{n_i!}, \quad (\textstyle\sum i n_i = N) \tag{XII 39}$$

so sieht man leicht, daß dafür eine erzeugende Funktion

$$\Xi^* = e^{N \sum x_i \zeta^i} \tag{XII 40}$$

existiert. Es ist nämlich

$$\begin{aligned}
e^{N \sum x_i \zeta^i} &= \sum_m \frac{1}{m!} \left(\sum N x_i \zeta^i \right)^m \\
&= \sum_m \frac{1}{m!} \sum_{n_i} m! \prod_i \frac{(N x_i \zeta^i)^{n_i}}{n_i!} \quad (\textstyle\sum n_i = m) \\
&= \sum_{n_i} \prod_i \frac{(N x_i)^{n_i} \zeta^{i n_i}}{n_i!} \\
&= \sum_{n_i} \zeta^{\sum i n_i} \prod_i \frac{(N x_i)^{n_i}}{n_i!}.
\end{aligned} \tag{XII 41}$$

Die erste Zeile rechts entsteht durch Entwicklung der Exponentialfunktion, die zweite durch Ausmultiplizieren des Produktes von Polynomen. In der dritten Zeile ist $m!$ gekürzt; die Nebenbedingung für die Summierung über die Sätze der n_i wird durch die Summierung über alle m wieder aufgehoben, so daß wir mit einer einzigen Summierung über die Sätze der n_i ohne Nebenbedingung auskommen. Die letzte Zeile ist schließlich nur eine zweckmäßigere Schreibweise der dritten. Fassen wir nun alle Sätze der n_i zusammen, für die jeweils

$$\sum i n_i = M \tag{XII 42}$$

ist, so können wir schreiben

$$e^{N \sum x_i \zeta^i} = \sum_M \zeta^M \sum_{n_i} \prod_i \frac{(N x_i)^{n_i}}{n_i!} \quad (\textstyle\sum i n_i = M) \tag{XII 43}$$

$F(N, x)$ ist somit in der Tat der Koeffizient von ζ^N in der Entwicklung von Ξ^* nach Potenzen von ζ. Setzen wir jetzt in diesen allgemeinen Formeln speziell für x_i $v b_l$, für n_i m_l, für i l und für ζ Z, so bekommen wir aus Gl. (XII 38) mit Benutzung von (XII 17)

$$\Xi = e^{V \sum_l b_l Z^l}. \tag{XII 44}$$

Daraus folgt mit (VII 33) die wichtige Gleichung

$$PV = kT \ln \Xi = kTV \sum b_l Z^l. \tag{XII 45}$$

Ferner ist nach Gl. (VII 39)

$$\bar{N} = Z \frac{\partial \ln \Xi}{\partial Z} = V \sum_l l b_l Z^l \tag{XII 46}$$

oder

$$\bar{\varrho} = \overline{v^{-1}} = \sum_l l b_l Z^l. \tag{XII 47}$$

Schließlich erhalten wir aus Gl. (VII 32)

$$\frac{\overline{(\varrho - \bar\varrho)^2}}{\bar\varrho^2} = \frac{1}{N} \frac{Z}{\bar\varrho} \frac{\partial \bar\varrho}{\partial Z} = \frac{1}{N\bar\varrho} \sum l^2 b_l Z^l \, . \qquad \text{(XII 48)}$$

Gl. (XII 45) ist zunächst die explizite Darstellung des thermodynamischen Potentials PV für das reale Gas mit T, V und Z als unabhängigen Variablen. Daraus lassen sich im Prinzip die thermodynamischen Eigenschaften des realen Gases vollständig ableiten. Die Verwendung von Z als unabhängige Variable ist jedoch in der Thermodynamik unzweckmäßig. In den beiden folgenden Paragraphen werden wir daher untersuchen, wie Z durch v^{-1} ausgedrückt werden kann. Die Lösung dieser Aufgabe wird uns einerseits die freie Energie nach HELMHOLTZ, andererseits unmittelbar aus Gl. (XII 45) die Virialform der Zustandsgleichung liefern. Gl. (XII 45) ist aber auch noch unter einem anderen Gesichtspunkt von Interesse. Wenn wir nämlich in Gl. (VII 306) die Reihenfolge von Grenzübergang und Summierung vertauscht denken, so wird (XII 45) ein Spezialfall dieser Gleichung für $\Phi_{l+1} = PV/kT$, $X_{l+2} = V$ und $\Re(z) = Z$. Die b_n haben dann in beiden Gleichungen dieselbe Bedeutung. Die Diskussion der Konvergenzeigenschaften von (XII 45) führt daher, wie die allgemeinen Erörterungen in § 7.6 zeigen, unmittelbar auf das Problem der Kondensation. Dabei muß allerdings die Frage, ob die Vertauschung von Grenzwertbildung und Summierung zulässig ist, noch besonders untersucht werden. Auch Gl. (XII 48) hängt mit diesen Fragen zusammen, da die Untersuchung der Schwankungsgrößen den Ausgangspunkt der in § 7.6 entwickelten allgemeinen Theorie der Phasenumwandlungen bildet. Bevor wir uns jedoch den Problemen zuwenden, die wir im Vorstehenden angedeutet haben, wollen wir noch eine weitere Anwendung der großen Verteilungsfunktion betrachten, die einiges Licht auf die physikalische Bedeutung des cluster-Begriffes wirft.

Wie bei dem zweiten Beispiel in § 7.2 benutzen wir jetzt die große Verteilungsfunktion, um $Q_\tau/N!$ nach Gl. (XII 17) explizit zu berechnen. Der Grundgedanke ist völlig der gleiche, den wir auch schon in Kapitel III und IV benutzt haben: Wir konstruieren eine komplexe erzeugende Funktion, aus der dann die gesuchte Größe mit Hilfe des Residuensatzes erhalten wird. Die erzeugende Funktion können wir sofort anschreiben: es ist die ins Komplexe fortgesetzte Gl. (XII 44). Wir haben also

$$\varXi = \exp\left(N \sum v b_l z^l\right) , \qquad \text{(XII 49)}$$

wo z eine komplexe Variable ist. Der Residuensatz ergibt dann

$$\frac{Q_\tau}{N!} = \frac{1}{2\pi i} \oint \exp\left[N \sum v b_l z^l - (N+1) \ln z\right] dz . \qquad \text{(XII 50)}$$

Die Auswertung des CAUCHY-Integrals führen wir wieder mit Hilfe der Sattelpunktmethode durch. Im Hinblick auf die späteren Betrachtungen über die Kondensation ist jedoch hier zu bemerken, daß die Singularität von (XII 45) außerhalb des Integrationsweges liegen muß. Wir wählen als Integrationsweg einen Kreis um den Koordinatenursprung vom Radius Z, welcher der genannten Bedingung genügt, und setzen

$$z = Z e^{i\varphi} , \quad dz = i Z e^{i\varphi} d\varphi . \qquad \text{(XII 51)}$$

Damit wird aus Gl. (XII 50)

$$\frac{Q_\tau}{N!} = \frac{1}{2\pi} \int_{-\pi}^{+\pi} \exp\left[f(Z, e^{i\varphi})\right] d\varphi \qquad \text{(XII 52)}$$

mit

$$f(Z, e^{i\varphi}) = N\left[\sum v b_l (Z e^{i\varphi})^l - \ln(Z e^{i\varphi})\right] . \qquad \text{(XII 53)}$$

Den Radius des Integrationsweges wählen wir wieder so, daß der Integrand längs der positiven reellen Achse an der Stelle $z = Z$ ein Minimum, senkrecht dazu auf dem Integrationswege (als Funktion von φ) für $\varphi = 0$ ein Maximum besitzt. Wir können daher entweder ansetzen

$$\left[\frac{\partial}{\partial \varphi} f(Z, e^{i\varphi})\right]_{\varphi = 0} = iN[\Sigma l v b_l Z^l - 1] = 0 \qquad \text{(XII 54)}$$

oder

$$\left[Z \frac{\partial}{\partial Z} f(Z, e^{i\varphi})\right]_{\varphi = 0} = N[\Sigma l v b_l Z^l - 1] = 0 \ . \qquad \text{(XII 55)}$$

Aus beiden Ansätzen folgt die gleiche Bestimmungsgleichung für Z, nämlich

$$\Sigma l v b_l Z^l = 1 \ . \qquad \text{(XII 56)}$$

Der Punkt Z ist somit ein Sattelpunkt. Wir entwickeln nun im Integranden den Exponenten an der Stelle $\varphi = 0$. Wenn wir beachten, daß

$$\left[\frac{\partial^\nu}{\partial \varphi^\nu} f(Z, e^{i\varphi})\right]_{\varphi = 0} = N i^\nu \Sigma l^\nu v b_l Z^l \quad (\nu \geq 2) \qquad \text{(XII 57)}$$

ist, bekommen wir

$$\frac{Q_\tau}{N!} = \frac{1}{2\pi} e^{f(Z)} \int_{-\pi}^{+\pi} e^{-\frac{1}{2} N \left(\Sigma l^2 v b_l Z^l\right) \varphi^2 + N \sum_{\nu=3}^{\infty} \frac{i^\nu}{\nu!} \left(\Sigma l^\nu v b_l Z^l\right) \varphi^\nu} d\varphi \ . \qquad \text{(XII 58)}$$

Wir führen nun die Integrationsgrenzen $+\infty$ und $-\infty$ ein und vernachlässigen alle höheren Terme im Exponenten. Dann ergibt sich als asymptotischer Wert für $N \to \infty$

$$\frac{Q_\tau}{N!} = \frac{e^{N \Sigma v b_l Z^l}}{Z^N [2\pi N \Sigma l^2 v b_l Z^l]^{1/2}} \ . \qquad \text{(XII 59)}$$

Daß die hier als Sattelpunktskoordinate eingeführte Größe Z physikalisch die Bedeutung der Fugazität hat, zeigt man am einfachsten, indem man aus (XII 59) über die freie Energie nach Helmholtz die Gl. (XII 45) ableitet.

Die vorstehende Rechnung kann auch unter dem Gesichtspunkt der in § 7.3 entwickelten Transformationstheorie der Verteilungsfunktionen betrachtet werden; sie stellt dann die Rücktransformation der großen Verteilungsfunktion in die gewöhnliche (kanonische) Verteilungsfunktion dar. Tatsächlich erhält man aus Gl. (VII 107) die Gl. (XII 52) und (XII 53), wenn man die speziellen Ausdrücke einsetzt und das inverse Laplace-Integral in ein Kurvenintegral verwandelt. Bei diesem Gedankengang ist die physikalische Bedeutung von Z naturgemäß von vornherein gegeben[1]. Für die freie Energie nach Helmholtz folgt aus Gl. (XII 59) in Verbindung mit (XII 1)

$$F = N k T \left[\ln Z + \ln \left(\frac{h^2}{2\pi m k T}\right)^{3/2}\right] - V \Sigma b_l Z^l \ . \qquad \text{(XII 60)}$$

Die unabhängigen Variablen sind hier, wie es sein muß, T, V und N. Da aber Z jetzt implizit eine Funktion von T und V ist, kann man in dieser Form mit dem Ausdruck (XII 60) nicht viel anfangen.

In Gl. (XII 17) haben wir die Verteilungsfunktion der potentiellen Energie dargestellt als eine Summe, in der jeder Term einen bestimmten Satz der cluster-Zahlen m_l entspricht. Man kann daher fragen, welches der Mittelwert einer

---

[1] Die Durchführung der Rechnung findet sich im Anhang.

solchen Zahl, etwa von m_r, ist. Dieser Mittelwert läßt sich ohne weiteres nach der eben benutzten Methode berechnen. Wir haben zunächst

$$\frac{Q_\tau}{N!}\,\bar{m}_r = \sum_{m_l} \prod_l \frac{m_r (N v b_l)^{m_l}}{m_l!}\,. \qquad (\Sigma l m_l = N) \qquad \text{(XII 61)}$$

Wenn wir nun auf Ξ die Operation $b_r\,\dfrac{\partial}{\partial b_r}$ ausüben, ergibt sich mit Gl. (XII 43)

$$b_r\,\frac{\partial \Xi}{\partial b_r} = \sum_N z^N \sum_{m_l} \prod_l \frac{m_r (N v b_l)^{m_l}}{m_l!}\,. \qquad (\Sigma l m_l = N) \qquad \text{(XII 62)}$$

Der Vergleich mit (XII 61) zeigt, daß $b_r\,\partial\Xi/\partial b_r$ die erzeugende Funktion für $Q_\tau \bar{m}_r/N!$ ist. Wir bekommen daher, wenn wir auf der linken Seite von (XII 62) für Ξ den Ausdruck (XII 49) einsetzen und die Differentiation ausführen, durch Anwendung des Residuensatzes

$$\frac{Q_\tau}{N!}\,\bar{m}_r = \frac{1}{2\pi i} \oint N v b_r z^r \exp\left[N \Sigma v b_l z^l - (N+1) \ln z\right] dz\,. \qquad \text{(XII 63)}$$

Wir haben also wieder den Integranden von (XII 50) mit einem zusätzlichen „Extrafaktor". Nach dem in § 3.5 gegebenen Rezept können wir in diesen einfach den Wert der Sattelpunktskoordinate Z einsetzen und ihn dann vor das Integral ziehen. Mit Gl. (XII 50) folgt dann sofort

$$\bar{m}_r = N v b_r Z^r\,. \qquad \text{(XII 64)}$$

Aus dieser Gleichung ergeben sich einige bemerkenswerte Folgerungen. Zunächst erhalten wir durch Einsetzen in Gl. (XII 45)

$$PV = kT \sum_l \bar{m}_l\,. \qquad \text{(XII 65)}$$

Die Zustandsgleichung des realen Gases läßt sich also in der Weise darstellen, daß man in der Zustandsgleichung des idealen Gases die Zahl der Moleküle durch die Summe der mittleren cluster-Zahlen ersetzt. Wir können also anschaulich sagen, daß sich im Hinblick auf den thermischen Druck die cluster wie die Moleküle eines idealen Gases verhalten. Dabei muß aber beachtet werden, daß die $\bar{m}_l$ selbst Funktionen von Volumen und Temperatur sind. Es ist also, um im Bilde zu bleiben, notwendig, die „Dissoziationsgleichgewichte" der cluster zu berücksichtigen. Dafür erhalten wir aus Gl. (XII 64)

$$\frac{(\bar{m}_l)^2}{\bar{m}_{2l}} = \frac{N^2 v^2 b_l^2 Z^{2l}}{N v b_{2l} Z^{2l}} = N v\,\frac{b_l^2}{b_{2l}}\,. \qquad \text{(XII 66)}$$

Die rechte Seite dieser Gleichung hängt nur vom Volumen und der Temperatur, aber nicht von den m_l ab. Vom Standpunkt der Thermodynamik stellt daher (XII 66) das korrekte MWG für die in einem realen Gase ablaufende „Reaktion"

$$2\,C_l \leftrightharpoons C_{2l} \qquad \text{(XII 67)}$$

dar (wo das Symbol C cluster bedeuten soll). Damit haben wir allgemein bewiesen, daß die Beschreibung des realen Gases durch dem MWG für ideale Gase unterliegende „Assoziationsgleichgewichte", wie wir sie für Paare explizit im § 11.2 durchgeführt haben, formal korrekt ist. Es liegt nun der Schluß nahe, daß die cluster doch als wirkliche, durch „Nebenvalenzkräfte" zusammengehaltene „Übermoleküle", wie sie in der Chemie häufig diskutiert werden, zu betrachten sind. Das würde bedeuten, daß die cluster-Theorie im Grunde nur eine strenge

Begründung oder, wenn man will, eine komplizierte Umschreibung für das von vielen Autoren[1-6] untersuchte „Tröpfchenmodell" des realen Gases darstellt, auf das wir in § 12.6 noch einmal zurückkommen werden. Tatsächlich läßt sich aber diese anschauliche Deutung der Theorie nicht konsequent durchführen; sie kann daher nur als eine für manche Zwecke nützliche Hilfsvorstellung betrachtet werden. Zunächst müßten nämlich auf der rechten Seite der Gl. (XII 66), wenn es sich wirklich um das MWG für die Bildung von Übermolekülen handelte, nach Gl. (X 41) die Verteilungsfunktionen dieser Übermoleküle stehen. Es kann aber keine Rede davon sein, daß diese allgemein mit den cluster-Integralen identifiziert werden dürfen, wie man bereits aus dem einfachen Beispiel der Gl. (XI 35) erkennt. Viel ernster noch ist eine andere Schwierigkeit, auf die KILPATRICK[7] hingewiesen hat. Setzen wir in Gl. (XII 66) $l = 1$, so steht auf der rechten Seite im Zähler das Volumen V, im Nenner das cluster-Integral b_2. Aus der Theorie des zweiten Virialkoeffizienten folgt aber, daß letzteres oberhalb des BOYLE-Punktes negativ wird. Daraus ergibt sich zwangsläufig, daß hier die cluster aus zwei Molekülen eine negative Konzentration besitzen! Ähnlich liegen die Verhältnisse für die höheren cluster-Integrale. Es bleiben also nur zwei Möglichkeiten: Entweder man verzichtet auf eine zu weitgehende Veranschaulichung des cluster-Begriffes. In diesem Falle haben die $\bar{m}_l$ nur formale Bedeutung und die Tatsache, daß sie auch negative Werte annehmen können, macht keine Schwierigkeiten[8]. Oder man betrachtet die cluster anschaulich als Übermoleküle bzw. Tröpfchen. Dann muß man sich aber damit abfinden, daß die Konzentrationen derselben auch negativ werden können, was wieder anschaulich nicht zu verstehen ist. Die Theorie läßt sich also nicht vollständig auf anschauliche Vorstellungen zurückführen. Trotzdem sind dieselben von Nutzen für das Verständnis des physikalischen Inhaltes der Theorie, solange man sich der Grenzen ihrer Gültigkeit bewußt bleibt.

§ 12.4*. Die H-Funktionen

Wir wenden uns jetzt den beiden in § 12.3 angedeuteten Problemen zu, der Virialform der Zustandsgleichung und der Kondensation. Für beide benutzen wir im Anschluß an BORN und FUCHS[9] den gleichen mathematischen Apparat. Wir wollen denselben hier im Zusammenhang entwickeln, damit später die physikalischen Gedankengänge deutlicher hervortreten.

In § 12.3 hatten wir gezeigt, daß die Funktionen

$$F(N, x) = \sum_{n_k} \prod_k \frac{(N x_k)^{n_k}}{n_k!} \qquad (\Sigma k n_k = N) \qquad \text{(XII 68)}$$

eine erzeugende Funktion

$$\Xi^* = e^{N \Sigma x_k \zeta^k} \qquad \text{(XII 69)}$$

[1] BECKER, R., u. W. DÖRING: Ann. Physik **24**, 719 (1935).
[2] BIJL, A.: Physica **1**, 1125 (1934).
[3] FRENKEL, J.: J. Physics USSR **1**, 315 (1939).
[4] WERGELAND, H.: Avh. norske Vidensk. Akad. **11** (1943).
[5] FIERZ, M.: Helvet. phys. Acta **24**, 357 (1951).
[6] HAAR, D. TER: Proc. Cambridge Phil. Soc. **49**, 130 (1953).
[7] KILPATRICK, J. E.: J. Chem. Phys. **21**, 1366 (1953).
[8] Der scheinbare Widerspruch, daß die Mittelwerte der als positive ganze Zahlen definierten m_l negativ sein können, erklärt sich dadurch, daß die zur Mittelung benutzte Funktion nicht notwendig positiv, also keine echte Wahrscheinlichkeitsverteilung ist.
[9] BORN, M., u. K. FUCHS: Proc. Roy. Soc. (London) A **166**, 391 (1938).

besitzen. Fassen wir nun, wie schon in dem speziellen Fall des § 12.3, ζ als komplexe Variable auf, so liefert der Residuensatz

$$F(N, x) = \frac{1}{2\pi i} \oint \frac{e^{N \Sigma x_k \zeta^k}}{\zeta^{N+1}}\, d\zeta \,, \qquad \text{(XII 70)}$$

wo der Integrationsweg eine geschlossene Kurve um $\zeta = 0$ ist, die keine weitere Singularität des Integranden einschließen darf. Wir definieren jetzt eine neue Funktion $H_0^0(z, x)$ durch die Gleichung[1]

$$H_0^0(z, x) = \sum_{N=1}^{\infty} F(N, x)\, z^N \,. \qquad \text{(XII 71)}$$

Dann gilt

$$H_0^0(z, x) = \frac{\Sigma\, k\, x_k\, \zeta_0^k}{1 - \Sigma\, k\, x_k\, \zeta_0^k} \,, \qquad \text{(XII 72)}$$

wo ζ_0 definiert ist durch

$$z = \zeta_0\, e^{-\Sigma x_k \zeta_0^k} \,. \qquad \text{(XII 73)}$$

Um dies zu beweisen, setzen wir zunächst Gl. (XII 70) in (XII 71) ein. Das ergibt

$$H_0^0(z, x) = \frac{1}{2\pi i} \sum_{N=1}^{\infty} z^N \oint \frac{e^{N \Sigma x_k \zeta^k}}{\zeta^{N+1}}\, d\zeta \,. \qquad \text{(XII 74)}$$

Die rechte Seite ist, wenn wir für einen Augenblick von dem Integralzeichen absehen, eine geometrische Reihe in

$$\frac{z}{\zeta}\, e^{\Sigma x_k \zeta^k} \,. \qquad \text{(XII 75)}$$

Man kann nun, wie wir gleich beweisen werden, den Integrationsweg so wählen, daß stets

$$\left| \frac{z}{\zeta}\, e^{\Sigma x_k \zeta^k} \right| < 1 \qquad \text{(XII 76)}$$

ist und innerhalb des Integrationsweges nur ein Punkt liegt, für den Gl. (XII 73) erfüllt ist. Setzen wir dies zunächst voraus, so bilden die Integranden auf dem Integrationsweg eine gleichmäßig konvergente Reihe, und wir können in Umkehrung des bekannten Satzes über die Integration unendlicher Reihen Summierung und Integration vertauschen. Damit bekommt der Integrand die Form

$$\sum_{N=1}^{\infty} y^N = \frac{y}{1 - y} \,, \qquad \text{(XII 77)}$$

und wir erhalten

$$H_0^0(z, x) = \frac{1}{2\pi i} \oint \frac{z e^{\Sigma x_k \zeta^k}}{\zeta - z e^{\Sigma x_k \zeta^k}}\, \frac{d\zeta}{\zeta} \,. \qquad \text{(XII 78)}$$

Nach dem Residuensatz muß die rechte Seite dieser Gleichung gleich sein der Summe der Residuen der Singularitäten, welche von dem Integrationsweg umschlossen werden. Der Integrand besitzt nach der Voraussetzung zwei derartige Singularitäten, eine bei $\zeta = 0$ und eine zweite bei $\zeta = \zeta_0$, wo Gl. (XII 73) erfüllt ist.

---

[1] Die durch Gl. (XII 71) definierte Funktion ist keine große Verteilungsfunktion. Vgl. § 12.5.

Nach dem schon in § 7.7 benutzten Satz über die Residuen von Quotienten[1] sind die zugehörigen Residuen

$$-1, \quad \frac{1}{1 - \Sigma k \, x_k \, \zeta_0^k} \, .$$ (XII 79)

Daraus folgt unmittelbar Gl. (XII 72).

Es bleibt jetzt noch die Gültigkeit der Voraussetzung (XII 76) zu beweisen. Die Funktion

$$\frac{1}{\zeta} \, e^{\Sigma \, x_k \, \zeta^k}$$ (XII 80)

hat für $\zeta = 0$ einen Pol erster Ordnung. Derselbe ist von Kurven umgeben, längs deren der absolute Betrag der Funktion konstant bleibt. Für hinreichend großen Wert des Betrages sind diese Kurven um $\zeta = 0$ geschlossen. Für hinreichend kleines $|z|$ kann daher der Integrationsweg gerade außerhalb der Kurve gewählt werden, auf der

$$\left| \frac{1}{\zeta} \, e^{\Sigma \, x_k \, \zeta^k} \right| = \left| \frac{1}{z} \right|$$ (XII 81)

ist derart, daß nur eine solche Kurve innerhalb des Integrationsweges liegt. Dann ist auf dem Integrationswege (XII 76) erfüllt, und es liegt innerhalb desselben nur ein Punkt ζ_0, für den Gl. (XII 73) gilt. Gl. (XII 72) ist damit zunächst für kleine z-Werte direkt bewiesen, muß dann aber allgemein gelten.

Wir definieren jetzt eine allgemeinere Klasse von H-Funktionen (welche H_0^0 als Spezialfall enthält) durch die Gleichung

$$H_\lambda^0(z, x) = \sum_{N=1}^{\infty} \frac{1}{N^\lambda} F(N, x) \, z^N \, .$$ (XII 82)

Es ist, wie man sofort sieht,

$$H_1^0(z, x) = \int_0^z H_0^0(z', x) \, \frac{dz'}{z'}$$ (XII 83)[2]

und

$$H_2^0(z, x) = \int_0^z H_1^0(z', x) \, \frac{dz'}{z'}$$ (XII 84)

usw. Aus Gl. (XII 73) folgt nun

$$\frac{dz}{z} = (1 - \Sigma k \, x_k \zeta_0^k) \, \frac{d\zeta_0}{\zeta_0} \, .$$ (XII 85)

Setzen wir diesen Ausdruck und (XII 72) in Gl. (XII 83) ein, so wird

$$H_1^0(z, x) = \int_0^{\zeta_0} \Sigma k \, x_k \zeta^k \, \frac{d\zeta}{\zeta} = \Sigma x_k \zeta_0^k \, .$$ (XII 86)

Wir verallgemeinern jetzt nochmals die Definition der H-Funktionen, indem wir setzen

$$H_\lambda^1(z, x) = \sum_{N=1}^{\infty} \frac{1}{N^\lambda} \left[\frac{1}{N} \frac{\partial}{\partial x_1} F(N, x) \right] z^N = \left(\frac{\partial}{\partial x_1} \right)_z H_{\lambda+1}^0(z, x) \, .$$ (XII 87)

Die Differentiation nach x_1 ist somit bei konstantem z auszuführen. In H_λ^0 kommt aber nicht z, sondern ζ_0 vor. Um zu sehen, wie damit die Forderung des

---

[1] BIEBERBACH, L.: Lehrbuch der Funktionentheorie, Bd. 1, S. 173. Leipzig 1923.
[2] Die Bezeichnung z' dient zur Unterscheidung der Integrationsvariablen.

konstanten z erfüllt wird, betrachten wir nochmals Gl. (XII 73). Wenn wir auch x_1 als variabel ansehen, bekommen wir durch Differentiation

$$\frac{dz}{z} = (1 - \Sigma k\, x_k\, \zeta_0^k)\, \frac{d\zeta_0}{\zeta_0} - \zeta_0\, dx_1 \,. \tag{XII 88}$$

Bei konstantem z ist nun $dz = 0$ und somit

$$\frac{1}{\zeta_0} \left(\frac{\partial \zeta_0}{\partial x_1} \right)_z = \frac{\zeta_0}{1 - \Sigma k\, x_k\, \zeta_0^k} \,. \tag{XII 89}$$

Ferner ist

$$\left(\frac{\partial H_{\lambda+1}^0}{\partial x_1} \right)_z = \left(\frac{\partial H_{\lambda+1}^0}{\partial x_1} \right)_{\zeta_0} + \zeta_0 \left(\frac{\partial H_{\lambda+1}^0}{\partial \zeta_0} \right)_{x_1} \frac{1}{\zeta_0} \left(\frac{\partial \zeta_0}{\partial x_1} \right)_z \,. \tag{XII 90}$$

Wenden wir die Gl. (XII 89) und (XII 90) auf (II 87) an, so folgt

$$H_\lambda^1(z,\, x) = \left(\frac{\partial H_{\lambda+1}^0}{\partial x_1} \right)_{\zeta_0} + \frac{\zeta_0}{1 - \Sigma k\, x_k\, \zeta_0^k}\, \zeta_0 \left(\frac{\partial H_{\lambda+1}^0}{\partial \zeta_0} \right)_{x_1} \,. \tag{XII 91}$$

Wir wollen nach dieser Formel die Funktion $H_0^1(z, x)$ berechnen. Dazu müssen wir also von $H_1^0(z, x)$ ausgehen, das durch Gl. (XII 86) gegeben ist. Es wird dann

$$H_0^1(z,\, x) = \zeta_0 + \frac{\zeta_0}{1 - \Sigma k\, x_k\, \zeta_0^k}\, \Sigma k\, x_k\, \zeta_0^k = \frac{\zeta_0}{1 - \Sigma k\, x_k\, \zeta_0^k} \,. \tag{XII 92}$$

Aus den Definitionsgleichungen (XII 82) und (XII 87) folgt allgemein

$$H_{\lambda+1}^1(z,\, x) = \int_0^z H_\lambda^1(z',\, x)\, \frac{dz'}{z'} \,. \tag{XII 93}$$

Wenden wir diese Formel auf Gl. (XII 92) an, so erhalten wir mit Berücksichtigung von (XII 85)

$$H_1^1(z,\, x) = \int_0^z H_0^1(z',\, x)\, \frac{dz'}{z'} = \int_0^{\zeta_0} d\zeta_0' = \zeta_0 \,. \tag{XII 94}$$

Durch nochmalige Integration ergibt sich daraus

$$H_2^1(z,\, x) = \int_0^z H_1^1(z',\, x)\, \frac{dz'}{z'} = \int_0^{\zeta_0} (1 - \Sigma k\, x_k\, \zeta_0'^k)\, d\zeta_0' = \zeta_0 \left(1 - \Sigma \frac{k}{k+1}\, x_k\, \zeta_0^k \right) \,. \tag{XII 95}$$

§ 12.5*. Die Virialform der Zustandsgleichung. Thermodynamische Eigenschaften realer Gase

In § 12.1 hatten wir gezeigt, daß

$$\frac{Q_\tau}{N!} = \sum_{m_l} \prod_l \frac{(N\, v\, b_l)^{m_l}}{m_l!} \qquad (\Sigma l\, m_l = N) \tag{XII 96}$$

ist. In der Bezeichnungsweise von § 12.4 ist $Q_\tau/N!$ somit eine F-Funktion und kann zur Konstruktion von H-Funktionen benutzt werden. Nach Gl. (XII 71) und (XII 72) bekommen wir dann

$$\sum_{N=1}^\infty \frac{Q_\tau^{(N)}}{N!}\, r^N = H_0^0(r,\, v\, b) = \frac{\Sigma l\, v\, b_l\, z^l}{1 - \Sigma l\, v\, b_l\, z^l} \,, \tag{XII 97}$$

wo nach (XII 73) z definiert ist durch

$$r = z\, e^{-\Sigma v\, b_l\, z^l} \,. \tag{XII 98}$$

Dabei ist zu beachten, daß jetzt bei der Summierung auf der linken Seite der Gl. (XII 97), im Gegensatz zur großen Verteilungsfunktion, nicht V, sondern v konstant gehalten wird. Für die $Q_{\tau}^{(N)}$ wächst also hier V proportional zu N. Diese Festsetzungen ermöglichen es, mit Hilfe der H-Funktion für $Q_{\tau}/N!$ den Grenzübergang zu unendlich großen Systemen zu vollziehen. Wir bedienen uns dazu der schon in § 7.7 benutzten Methode, die zuerst von KAHN und UHLENBECK[1] angegeben wurde. Da die $Q_{\tau}^{(N)}$ definitionsgemäß alle positiv sind, können wir auf die linke Seite der Gl. (XII 97) das Theorem von CAUCHY-HADAMARD anwenden. Dieses liefert für den Konvergenzradius R der Reihe

$$\lim_{N \to \infty} \left[\frac{1}{N} \ln \frac{Q_{\tau}^{(N)}}{N!} \right] = - \ln R .\tag{XII 99}$$

Die linke Seite dieser Gleichung ist gerade der Ausdruck, den wir als Grundlage der weiteren Untersuchungen benötigen.

Nach einem Satz der Funktionentheorie muß auf dem Konvergenzkreis wenigstens eine singuläre Stelle liegen. Da alle Koeffizienten von $H_0^0(r, vb)$ reell und positiv sind, muß dieselbe auf der positiven reellen Achse liegen[2]. R ist daher der kleinste positive reelle Wert von r, für den $H_0^0(r, vb)$ singulär wird. Nun wird durch Gl. (XII 98) die r-Ebene konform auf die z-Ebene abgebildet; da die Koeffizienten b_l (die cluster-Integrale) definitionsgemäß alle reell sind, entspricht der positiven reellen r-Achse die positive reelle z-Achse. Der positiven reellen Größe R muß also eine positive reelle Größe Z entsprechen, welche durch die Gleichung

$$\ln R = \ln Z - \Sigma v b_l Z^l \tag{XII 100}$$

definiert ist. Wir betrachten nun ein Gebiet auf der positiven reellen Achse der z-Ebene, in dem gleichzeitig gilt

$$\Sigma l v b_l z^l \neq 1 \tag{a}$$

und

$$\Sigma l^\lambda v b_l z^l \quad \text{regulär für alle } \lambda . \tag{b}$$

Dann folgt sofort aus Gl. (XII 97), daß in dem entsprechenden Gebiet der positiven reellen r-Achse $H_0^0(r, vb)$ regulär ist. An der der Stelle R, wo $H_0^0(r, vb)$ singulär ist, korrespondierenden Stelle Z muß also entweder (a) oder (b) verletzt sein. Wir können auch leicht die Umkehrung dieser Aussage beweisen, daß nämlich $H_0^0(r, vb)$ singulär ist, wenn entweder

$$\Sigma l v b_l Z^l = 1 \tag{a'}$$

oder

$$\Sigma l v b_l Z^l \quad \text{singulär} \tag{b'}$$

ist. Die Richtigkeit der ersteren Behauptung ist unmittelbar einzusehen, denn nach Gl. (XII 97) hat $H_0^0(r, vb)$ einen Pol, wenn (a') erfüllt ist. Um die zweite Behauptung zu beweisen, bemerken wir zunächst, daß allgemein

$$\Sigma l^\lambda v b_l z^l = z \frac{\partial}{\partial z} \Sigma l^{\lambda - 1} v b_l z^l \tag{XII 101}$$

ist. Wenn also eine dieser Summen singulär ist, sind es auch alle übrigen. Ferner ist nach Gl. (XII 83)

$$H_0^0(r, vb) = r \frac{d}{dr} H_1^0(r, vb) .\tag{XII 102}$$

---

[1] KAHN, B., u. G. E. UHLENBECK: Physica **4**, 299 (1938).
[2] Ein Beweis dieses häufiger benutzten Satzes findet sich im Anhang.

Auch hier folgt, daß, wenn eine der beiden Funktionen singulär ist, dies auch für die andere gilt. Nach Gl. (XII 86) ist aber

$$H_1^0(r, v b) = \Sigma v b_l z^l .$$ (XII 103)

Daraus ergibt sich sofort, daß, wenn $\Sigma v b_l Z^l$ singulär ist, auch $H_1^0(r, v b)$ und damit $H_0^0(r, v b)$ singulär ist. Diese Folgerung ist nur dann nicht korrekt, wenn $\dfrac{dz}{dr} = 0$ ist, weil in diesem Falle die bei der Ableitung von (XII 86) benutzte Gl. (XII 85) versagt. Tatsächlich kann dieser Fall aber nicht eintreten. Nach Gln. (XII 98) und (XII 103) ist nämlich

$$z = r\, e^{H_1^0(r, v b)}$$ (XII 104)

und somit nach Gl. (XII 102)

$$\frac{r}{z}\, \frac{dz}{dr} = 1 + H_0^0(r, v b) .$$ (XII 105)

$\dfrac{dz}{dr}$ kann also nur Null sein, wenn $H_0^0(r, v b) = -1$ ist. Das ist aber für positive reelle r nicht möglich, weil alle Koeffizienten von r positiv reell sind.

Wir haben somit im Prinzip zwei Möglichkeiten, die durch Gl. (XII 100) eingeführte Größe Z innerhalb der z-Ebene zu definieren, nämlich durch (a') oder durch (b'). Da aber R als der kleinste positive reelle Wert von r definiert ist, für den $H_0^0(r, v b)$ singulär wird und für $r = 0$ auch $z = 0$ ist, muß Z der kleinste positive reelle Wert von z sein, für den entweder (a') oder (b') erfüllt ist. Da $b_1 = 1$ ist, läßt sich bei hinreichend großem v (a') unter allen Umständen für kleineres z erfüllen als (b'). Wir beschränken uns daher in diesem Paragraphen auf den Fall, daß Z als Lösung der Gleichung

$$\Sigma l v b_l Z^l = 1$$ (XII 106)

definiert ist.

Aus Gl. (XII 99) und (XII 100) bekommen wir sofort für die freie Energie nach HELMHOLTZ

$$F = N k T \left[\ln Z - \Sigma v b_l Z^l + \ln\left(\frac{h^2}{2\pi m k T}\right)^{3/2} \right] .$$ (XII 107)

Daraus folgt

$$P = -\left(\frac{\partial F}{\partial V}\right)_T = \frac{kT}{v}\, v\, \frac{\partial}{\partial v}\, (\Sigma v b_l Z^l - \ln Z) .$$ (XII 108)

Nun ist

$$v\, \frac{\partial}{\partial v}\, (\Sigma v b_l Z^l - \ln Z) = \Sigma v b_l Z^l + \frac{v}{Z}\left(Z\, \frac{\partial}{\partial Z}\, \Sigma v b_l Z^l - 1\right) \frac{\partial Z}{\partial v}$$ (XII 109)

und wegen (XII 106)

$$Z\, \frac{\partial}{\partial Z}\, \Sigma v b_l Z^l = \Sigma l v b_l Z^l = 1 .$$ (XII 110)

Es wird daher

$$P = \frac{kT}{v}\, \Sigma v b_l Z^l .$$ (XII 111)

Der Vergleich der vorstehenden Beziehungen mit den Formeln des § 12.3 zeigt, daß, solange (a') für kleinere z-Werte erfüllt ist als (b'), die Methode der H-Funktionen zum gleichen Ergebnis führt wie die Sattelpunktmethode. Die als Lösung der Gl. (XII 106) definierte Größe Z ist also auch hier wieder die Fugazität. Die Überlegenheit der in diesem Paragraphen benutzten Methode beruht einmal darauf, daß sie noch eine zweite Möglichkeit, nämlich (b'), zur Definition der Größe Z bietet, zum anderen auf der einfachen Elimination von Z aus den thermodynamischen Gleichungen. Diese benutzt die Tatsache, daß nach Gl. (XII 36)

$l^2 b_l$ die Ableitung einer F-Funktion ist. Aus Gl. (XII 68) folgt nämlich

$$\frac{1}{N}\frac{\partial}{\partial x_1} F(N, x) = \sum_{n_k} \prod_k \frac{(N x_k)^{n_k}}{n_k!} . \qquad (\Sigma k n_k = N - 1) \qquad \text{(XII 112)}$$

Ersetzen wir N durch l und x_k durch β_k, so wird aus der rechten Seite die Formel für $l^2 b_l$.

Als die zu (XII 97) analoge Grundgleichung haben wir jetzt aus (XII 87) (für $\lambda = 0$) und (XII 112)

$$\Sigma l^2 v b_l z^l = v H_0^1(y, \beta) . \qquad \text{(XII 113)}$$

Dabei haben wir die Variable ζ_0 der allgemeinen Formeln durch y ersetzt. Es gilt also nach (XII 73)

$$z = y e^{-\beta_k y^k} . \qquad \text{(XII 114)}$$

Allgemein folgt aus (XII 83) und (XII 113)

$$\Sigma l^\lambda v b_l z^l = v H_{\frac{1}{2}-\lambda}^1(y, \beta) . \qquad \text{(XII 115)}$$

Wenden wir nun die Formeln (XII 92), (XII 94) und (XII 95) an, so erhalten wir

$$\Sigma v b_l z^l = v y \left(1 - \Sigma \frac{k}{k+1} \beta_k y^k\right) , \qquad \text{(XII 116)}$$

$$\Sigma l v b_l z^l = v y , \qquad \text{(XII 117)}$$

$$\Sigma l^2 v b_l z^l = \frac{v y}{1 - \Sigma k \, \beta_k y^k} . \qquad \text{(XII 118)}$$

Durch Gl. (XII 114) wird die z-Ebene konform auf die y-Ebene abgebildet. Dem Punkte $z = 0$ entspricht der Punkt $y = 0$ und der positiven reellen z-Achse die positive reelle y-Achse. Dem aus Gl. (XII 100) definierten positiven reellen Wert Z möge der positive reelle Wert Y entsprechen. Wenn, wie wir hier voraussetzen, Z die Lösung der Gl. (XII 106) ist, folgt dann sofort aus (XII 117)

$$Y = \frac{1}{v} . \qquad \text{(XII 119)}$$

Y ist also einfach gleich der molekularen Dichte. Setzen wir nun in (XII 116) $z = Z$ und $y = Y = v^{-1}$ und gehen damit in Gl. (XII 111) ein, so erhalten wir

$$P = \frac{kT}{v} \left(1 - \sum_{k=1}^{\infty} \frac{k}{k+1} \beta_k v^{-k}\right) \qquad \text{(XII 120)}$$

oder

$$PV = N k T \left(1 - \sum_{k=1}^{\infty} \frac{k}{k+1} N^k \beta_k V^{-k}\right) . \qquad \text{(XII 121)}$$

Damit haben wir den strengen Beweis für die allgemeine Virialform der Zustandsgleichung erbracht und zugleich gezeigt, daß die Virialkoeffizienten (bis auf Zahlenfaktoren) mit den unreduzierbaren cluster-Integralen identisch sind. Die beiden ersten Terme der rechten Seite sind mit der rechten Seite der Gl. (XI 23) identisch, die damit nochmals und strenger bewiesen ist.

Eine experimentelle Prüfung der Gl. (XII 121) ist nur in beschränktem Umfange möglich, und zwar aus zwei Gründen. Einmal steht auf der rechten Seite dieser Gleichung eine unendliche Reihe; ein Vergleich mit experimentellen Daten kann daher, wie schon KAMERLINGH ONNES[1] betont hat, nur in der Weise durchgeführt werden, daß man schreibt

$$PV = N k T (1 + B V^{-1} + C V^{-2} + \cdots) + R_{(n)} , \qquad \text{(XII 122)}$$

---

[1] KAMERLINGH-ONNES, H.: Comm. Phys. Lab. Leiden **71** (1901); Proc. Acad. Sci. Amsterdam **4**, 125 (1902).

wo jetzt in der Klammer ein Polynom n-ten Grades steht und $R_{(n)}$ das vernachlässigte Restglied bezeichnet. Die Werte der so berechneten „Virialkoeffizienten" hängen notwendig ab von dem Grade des für die Auswertung benutzten Polynoms und können nur dann als die „wahren Werte" betrachtet werden, wenn sie praktisch unabhängig sind von einer weiteren Erhöhung des Grades des Polynoms. Diese Voraussetzung scheint bereits für den dritten Virialkoeffizienten nur in wenigen Fällen zuzutreffen. Ihre Erfüllung ist naturgemäß um so schwieriger, je höher der betrachtete Virialkoeffizient ist. Auf der anderen Seite stößt die explizite Berechnung der höheren unreduzierbaren cluster-Integrale auf enorme mathematische Schwierigkeiten, die bisher nur für β_2 überwunden werden konnten. Wir haben daher lediglich den dritten Virialkoeffizienten C kurz zu besprechen. Der vierte Virialkoeffizient ist nur für das Modell starrer Kugeln berechnet worden[1, 2]. Im übrigen ist theoretisch und experimentell darüber kaum noch etwas bekannt.

Für die Berechnung des dritten Virialkoeffizienten muß naturgemäß wieder das zwischenmolekulare Potential $u(r)$ vorgegeben werden. In den meisten Fällen ist dafür das LENNARD-JONES-6—12-Potential verwendet worden. Einige andere Ansätze werden wir weiter unten erwähnen. Nach den bisherigen Ergebnissen scheint es, daß der dritte Virialkoeffizient empfindlicher gegen die Wahl des zwischenmolekularen Potentials ist als der zweite. Die ersten Berechnungen von C wurden mit Hilfe numerischer Integrationen von DE BOER und MICHELS[3] sowie MONTROLL und MAYER[4] durchgeführt. Obschon die verwendeten Integrale mathematisch äquivalent sind, stimmen die numerischen Resultate nur in dem Bereich von etwa $T^* = kT/|u_0| = 1{,}5$ bis $T^* = 2{,}5$ einigermaßen überein; bei höheren und tieferen Temperaturen treten merkliche Abweichungen auf. KIHARA[5] ist es gelungen, C als Potenzreihe in T^{-1} darzustellen. Dieselbe lautet, wenn das LENNARD-JONES-Potential in der Form der Gl. (XII 106) geschrieben wird,

$$C = \tfrac{2}{3} N_L^2 \pi^2 \sigma^6 \sum_{j=0}^{\infty} K_j\, T^{*-\frac{1}{2}(j+1)} . \tag{XII 123}$$

Die Koeffizienten K_j sind später nochmals in verbesserter Form von KIHARA[6] und BERGEON[7] berechnet worden. Die Ergebnisse sind in Tab. 30 zusammengestellt. Die Zahlen für K_4 und K_5 zeigen eine sehr erhebliche, noch unaufgeklärte Diskrepanz. Am zuverlässigsten dürften gegenwärtig die Werte des dritten Virialkoeffizienten sein, die BIRD, SPOTZ und HIRSCHFELDER[8] mit Hilfe von Lochkarten berechnet und tabelliert haben. Dieselben stimmen gut überein mit den Ergebnissen der verbesserten Rechnungen von KIHARA. Wir werden sie daher für den Ver-

Tabelle 30. *Werte der Koeffizienten K_j in Gl. (XII 123)*

j	KIHARA original	KIHARA korrigiert	BERGEON
0	1,152	1,1525	1,1526
1	—2,135	—2,135	—2,127
2	0,996	1,0125	0,992
3	0,612	0,638	0,632
4	0,254	0,286	0,386
5	0,005	0,039	0,021
6	—0,127	—0,093	

Entnommen aus: E. A. GUGGENHEIM: Rev. Pure Appl. Phys. 3, 1, 1 (1953).

[1] HAPPEL, H.: Ann. Physik **21**, 342 (1906).
[2] MAJUMDAR, R.: Bull. Calcutta Math. Soc. **21**, 107 (1929).
[3] BOER, J. DE, u. A. MICHELS: Physica **6**, 97 (1939).
[4] MONTROLL, E. W., u. J. E. MAYER: J. Chem. Phys. **9**, 626 (1941).
[5] KIHARA, T.: J. Phys. Soc. Japan **3**, 265 (1948).
[6] KIHARA, T.: J. Phys. Soc. Japan **6**, 184 (1951).
[7] BERGEON, R.: C. r. Acad. Sci. (Paris) **234**, 1039 (1952).
[8] BIRD, R. B., E. L. SPOTZ u. J. O. HIRSCHFELDER: J. Chem. Phys. **18**, 1395 (1950).

gleich mit den experimentellen Daten benutzen. Außerdem ist der dritte Virialkoeffizient noch berechnet worden für das Modell starrer Kugeln ohne Anziehungskräfte, für das in § 7.7 erwähnte „Kasten"-Potential (square-well potential)[1] und das LENNARD-JONES-6–9-Potential[2]. In Abb. 66 ist der Verlauf von $C_r = C/V_k^2$ als Funktion von $T_r = T/T_k$ dargestellt für das

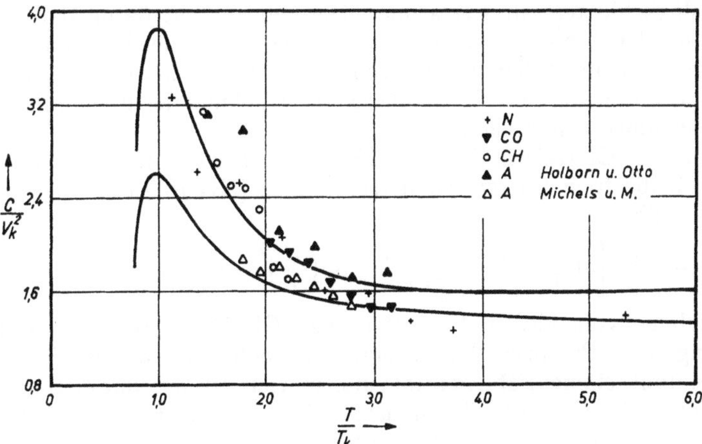

Abb. 66. Verlauf des reduzierten 3. Virialkoeffizienten für verschiedene Gase [entnommen aus: E. A. GUGGENHEIM: Rev. Pure Appl. Chem. 3, 1 (1953)]

LENNARD-JONES-6–12-Potential und das Kasten-Potential. Außerdem sind die experimentellen Daten für Argon[3, 4], Stickstoff[3], Kohlenmonoxyd[5] und Methan[6] eingetragen. Bei Argon besteht eine erhebliche Diskrepanz zwischen den Daten von HOLBORN und OTTO[3] einerseits und denen von MICHELS und Mitarbeitern[4] andererseits. Die letzteren stimmen ziemlich gut überein mit der aus dem LENNARD-JONES-6–12-Potential berechneten Kurve. Im übrigen passen sich die experimentellen Daten jedoch deutlich besser der aus dem Kasten-Potential berechneten Kurve an. Da dieses nur eine ganz rohe Annäherung darstellt, ist es schwer, daraus irgendwelche Schlüsse zu ziehen. Man kann daher vorläufig nur von einer halbquantitativen Übereinstimmung zwischen Theorie und Experiment sprechen. Sowohl theoretische wie experimentelle Untersuchungen sind hier noch zur Klärung des Sachverhaltes erforderlich. Für stark unsymmetrische oder polare Moleküle liefert die bisher besprochene Berechnungsmethode, die eine Zentralkraft voraussetzt, überhaupt keine brauchbaren Ergebnisse mehr. ROWLINSON[7] hat auch den dritten Virialkoeffizienten für das in § 11.3 erwähnte STOCKMAYERsche Potential, d. h. die Überlagerung eines LENNARD-JONES-Potentials mit dem eines punktförmigen Dipols, berechnet. Die Übereinstimmung mit den experimentellen Daten ist bei Ammoniak leidlich, bei Wasserdampf jedoch sehr schlecht.

---

[1] KIHARA, T.: J. Phys. Soc. Japan 6, 184 (1951).

[2] EPSTEIN, L. F., C. J. HILBERT, M. D. POWERS u. G. M. ROC: J. Chem. Phys. 22, 464 (1954).

[3] HOLBORN, L., u. J. OTTO: Z. Physik 33, 5 (1925).

[4] MICHELS, A., H. WIJKER u. H. K. WIJKER: Physica 15, 627 (1949).

[5] MICHELS, A., J. M. LUPTON, T. WASSENAAR u. W. DE GRAAFF: Physica 18, 121 (1952).

[6] MICHELS, A., u. G. W. NEDERBRAGT: Physica 2, 1000 (1935).

[7] ROWLINSON, J. S.: J. Chem. Phys. 19, 827 (1951).

MICHELS und Mitarbeiter[1-4] haben aus ihren Messungen den Schluß gezogen, daß für Dichten etwa oberhalb der kritischen Dichte Gl. (XII 121) bzw. (XII 122) überhaupt nicht mehr anwendbar ist. Wir wollen davon absehen, daß eine solche Folgerung der Natur der Sache nach mit einer gewissen Unsicherheit behaftet ist. Da Gl. (XII 121) in aller Strenge aus der Verteilungsfunktion und den über das System gemachten Voraussetzungen abgeleitet ist, bleiben dann grundsätzlich nur zwei Möglichkeiten zur Erklärung. Die eine besteht darin, daß bei hohen Dichten eine der Voraussetzungen nicht mehr hinreichend genau erfüllt ist. Die andere Möglichkeit hängt mit Konvergenzfragen zusammen und wird in § 12.6 kurz erwähnt werden. Eine nähere Untersuchung der Frage scheint bisher nicht durchgeführt worden zu sein.

Mit Hilfe der Gl. (XII 114), (XII 116) und (XII 119) läßt sich auch in dem Ausdruck für die freie Energie nach HELMHOLTZ (XII 107) die Fugazität eliminieren. Es ergibt sich dann

$$F = NkT\left[\ln\frac{N}{V} - 1 - \sum_{k \geq 1}\frac{1}{k+1}\beta_k\left(\frac{N}{V}\right)^k + \ln\left(\frac{h^2}{2\pi m kT}\right)^{3/2}\right]. \qquad \text{(XII 124)}$$

Die Abweichung vom idealen Verhalten [vgl. Gl. (IX 9)] wird hier durch eine Entwicklung nach Potenzen der molekularen Dichte dargestellt, deren Koeffizienten die (mit einem Zahlenfaktor multiplizierten) unreduzierbaren cluster-Integrale sind. Gl. (XII 124) kann natürlich auch mit Benutzung der Virialkoeffizienten geschrieben werden. Differentiation von (XII 124) nach dem Volumen führt wieder auf die Virialform der Zustandsgleichung, während zweimalige Differentiation nach der Temperatur für die Molekülwärme bei konstantem Volumen ergibt

$$C_v = k\left\{\frac{3}{2} + \sum_{k \geq 1}\frac{1}{k+1}\left[\frac{\partial}{\partial T}\left(T^2\frac{\partial\beta_k}{\partial T}\right)\right]\left(\frac{N}{V}\right)^k\right\}. \qquad \text{(XII 125)}$$

Auch hier wird somit die Abweichung von dem idealen Verhalten durch eine Reihe nach Potenzen der molekularen Dichte dargestellt. Die Temperaturabhängigkeit der unreduzierbaren cluster-Integrale ist quantitativ nur für β_1 und β_2 bekannt.

§ 12.6*. Theorie der Kondensation

In § 12.5 haben wir gezeigt, daß es zwei Möglichkeiten zur mathematischen Definition der Größe Z gibt, die wir mit (a') und (b') bezeichnet haben. Bisher haben wir vorausgesetzt, daß Z durch (a') definiert ist, also die kleinste positive reelle Wurzel von

$$\Sigma\, l\, v\, b_l z^l = 1 \qquad \text{(XII 126)}$$

darstellt. Die physikalische Bedeutung dieser Definition ist leicht zu erkennen. Aus (a') folgt unmittelbar, daß v^{-1} bzw. ϱ eine reguläre Funktion von Z ist. Nach Gl. (XII 45) gilt dies dann auch für das thermodynamische Potential PV. Schließlich ergibt sich aus (XII 48), daß, wenn Z durch (a') definiert ist, das mittlere relative Schwankungsquadrat der molekularen Dichte für $N \to \infty$ verschwindet und somit

$$\frac{\partial\mu}{\partial\bar{\varrho}} > 0 \qquad \text{(XII 127)}$$

ist. Die Stabilitätsbedingung ist somit erfüllt. Nach § 7.6 beziehen sich daher die durch (a') definierten Z-Werte auf das Zustandsgebiet des homogenen realen Gases.

[1] MICHELS, A., u. C. MICHELS: Proc. Roy. Soc. (London) A **160**, 348 (1937).
[2] MICHELS, A., H. WOUTERS u. J. DE BOER: Physica 3, 585 (1936).
[3] MICHELS, A., u. M. GONDEKET: Physica 8, 347, 353 (1941).
[4] MICHELS, A., u. M. GELDERMANS: Physica 9, 967 (1942).

Wir wollen jetzt den Fall (b′) näher untersuchen. Er bedeutet formal, daß wir beim Fortschreiten auf der positiven reellen z-Achse eine Singularität von $\Sigma l b_l z^l$ (genauer eine Singularität der durch diese Potenzreihe dargestellten Funktion) erreichen, bevor (XII 126) erfüllt ist. Diese Singularität darf allerdings nicht ohne weiteres mit dem Konvergenzkreis der Reihe $\Sigma l b_l z^l$ identifiziert werden. Da nämlich die Koeffizienten b_l nicht notwendig alle positiv sind, kann der Konvergenzradius durch eine außerhalb der positiven reellen Achse in der komplexen Ebene liegende Singularität bestimmt werden. Eine derartige Singularität hat nichts mit der Definition (b′) zu tun, da diese sich, wie in § 12.5 erörtert, nur auf die positive reelle Achse bezieht. In diesem Falle muß daher die analytische Fortsetzung von $\Sigma l b_l z^l$ auf der positiven reellen Achse betrachtet werden. Das allgemeine Schema einer solchen Fortsetzung ist durch die in § 8.3 entwickelte Theorie [z. B. Gl. (VIII 154)] gegeben. Als Koeffizienten treten dann die verallgemeinerten cluster-Integrale $b^{(l)}(Z^*)$ auf. Obwohl dadurch keine prinzipiellen Schwierigkeiten verursacht werden, erscheint es nicht ausgeschlossen, daß das am Schluß von § 12.5 erwähnte Versagen der Virialform der Zustandsgleichung bei höheren Dichten damit zusammenhängt. Wenn wir im Rahmen der in diesem Kapitel entwickelten Theorie bleiben wollen, müssen wir von einer derartigen Möglichkeit absehen, was sich in einfacher Weise begründen läßt. Die Betrachtung der cluster-Integrale zeigt nämlich, daß diese bei hinreichend tiefen Temperaturen alle positiv sein müssen[1]. Für b_2 und b_3 kann man dies leicht auch explizit verifizieren. Nach dem schon mehrfach benutzten Satze muß dann aber die Singularität, welche den Konvergenzradius von $\Sigma l b_l z^l$ bestimmt, auf der positiven reellen Achse liegen. Wir beschränken uns von jetzt ab auf Temperaturen, bei denen diese Voraussetzungen erfüllt sind. Der Konvergenzkreis von $\Sigma l b_l z^l$ liefert dann die Singularität, die wir für die Definition (b′) benötigen; der Konvergenzradius Z^* gibt gleichzeitig die hier interessierende singuläre Stelle auf der positiven reellen Achse[2].

Nach dem Theorem von Cauchy-Hadamard gilt für den Konvergenzradius

$$Z^{*-1} = \lim_{l \to \infty} (l b_l)^{\frac{1}{l}} . \qquad \text{(XII 128)}$$

Um zu einer expliziten Aussage zu gelangen, ist es also notwendig, den Grenzwert der cluster-Integrale für $l \to \infty$ zu diskutieren. Wir können dazu auf Grund der Gl. (XII 36) die in § 12.3 eingeführte Methode der erzeugenden Funktion mit komplexer Integration benutzen. Es ergibt sich dann, in Analogie zu Gl. (XII 59)

$$l^2 b_l = \frac{e^{l \Sigma \beta_k \gamma^k}}{\gamma^{l-1} [2 \pi l \Sigma k^2 \beta_k \gamma^k]^{1/2}}, \qquad (l \gg 1) \quad \text{(XII 129)}$$

wo γ (die Sattelpunktskoordinate) durch

$$\Sigma k \, \beta_k \, \gamma^k = 1 \qquad \text{(XII 130)}$$

gegeben ist[3]. Wir setzen jetzt

$$b_0 = \gamma^{-1} e^{\Sigma \beta_k \gamma^k} \qquad \text{(XII 131)}$$

---

[1] Dies beruht darauf, daß die f_{ij} im Integranden an der Stelle des (negativen) Potentialminimums ein positives Maximum besitzen, das mit abnehmender Temperatur stark anwächst und dann den entscheidenden Beitrag zum Integral liefert.

[2] Z^* hat also hier eine andere Bedeutung als in Kap. VIII.

[3] Diese Definition ist zunächst rein formal und läßt nur erkennen, daß γ die Dimension eines reziproken Volumens hat. Die physikalische Bedeutung dieser Größe ist noch nicht geklärt. Näheres s. weiter unten.

und

$$f(l, \beta) = \frac{1}{l^{5/2}} \frac{\gamma}{(2\pi \Sigma k^2 \beta_k \gamma^k)^{1/2}} .$$
(XII 132)

Dann wird

$$b_l = f(l, \beta) b_0^l .$$
(XII 133)

Nun ist

$$\lim_{l \to \infty} l^{-1} \ln f(l, \beta) = 0$$
(XII 134)

und

$$\lim_{l \to \infty} l^{-1} \ln l = 0 .$$
(XII 135)

Wir bekommen daher

$$\lim_{l \to \infty} l^{-1} \ln (l b_l) = \lim_{l \to \infty} l^{-1} \ln b_l = \ln b_0 .$$
(XII 136)

Damit wird aus Gl. (XII 128)

$$b_0 Z^* = 1 .$$
(XII 137)

Da b_0 eine endliche positive reelle Größe ist, kann unter den früher angeführten Voraussetzungen die Definition von Z durch (b′) stets realisiert werden. Da für $|z| < Z^*$ die Größe Z durch (a′) definiert ist, bedeutet dies, daß die Funktion $\Sigma l b_l Z^l$ an der Stelle $Z = Z^*$ eine Singularität besitzt. An der gleichen Stelle sind dann auch, wie schon in § 12.5 erwähnt, alle Funktionen $\Sigma l^\lambda b_l Z^l$ singulär.

Über die Natur dieser Singularitäten lassen sich nur wenige Aussagen machen. Aus der allgemeinen Theorie des § 7.6 ergibt sich in Verbindung mit Gl. (XII 45), daß PV an der Stelle Z^* endlich und stetig ist, während $\bar{\varrho}$, das durch Gl. (XII 47) gegeben ist, aus physikalischen Gründen an dieser Stelle endlich sein muß. Es ist daher auch hier notwendig, gewisse Annahmen zusätzlich einzuführen. Wir nehmen also wie in § 7.6 an, daß in Z^* die Funktion $PV(z)$ einen Verzweigungspunkt, die Funktion $\bar{\varrho}(z)$ eine Unstetigkeit und $\partial\bar{\varrho}/\partial Z$ eine Unendlichkeitsstelle besitzt. Diese Annahmen sind, wie man leicht sieht, im Einklang mit den Ergebnissen dieses Kapitels, lassen sich aber nicht daraus deduzieren. Setzen wir sie aber voraus, so folgt unmittelbar aus der allgemeinen Theorie des § 7.6, daß jeweils für gegebene Temperatur Z^* die Fugazität, bei der die Kondensation einsetzt, darstellt. In einem wesentlichen Punkt führt die hier entwickelte spezielle Theorie jedoch weiter. Aus Gl. (XII 137) folgt nämlich, daß für das dreidimensionale reale Gas bei hinreichend tiefen Temperaturen Singularitäten der statistischen bzw. thermodynamischen Funktionen auftreten müssen[1]; in der allgemeinen Theorie bleibt diese Frage notwendig offen, während wir für das eindimensionale System in § 7.7 gezeigt haben, daß grundsätzlich keine Singularitäten auftreten.

Es bleibt jetzt noch zu untersuchen, wie sich die Kondensation in der y-Ebene darstellt. Wir gehen dazu aus von Gl. (XII 114). Diese zeigt, daß zwischen z- und y-Ebene ein analoges Verhältnis besteht wie zwischen r- und z-Ebene. Die z-Ebene wird also durch Gl. (XII 114) konform auf die y-Ebene abgebildet; weil die Koeffizienten β_k (die unreduzierbaren cluster-Integrale) definitionsgemäß alle reell sind, entspricht der positiven reellen z-Achse die positive reelle y-Achse. Der positiven reellen Größe Z entspricht also eine positive reelle Größe Y. Wenn Z durch (a′) definiert ist, gilt für Y, wie wir in § 12.5 gezeigt haben,

$$Y = \frac{1}{v} .$$
(XII 138)

---

[1] Die Konvergenz der in der Ableitung von (XII 137) auftretenden Reihen muß dabei vorausgesetzt werden.

Diese Definition entspricht dem homogenen realen Gase und führt auf die Virialform der Zustandsgleichung. Um die dem Falle (b') für Z entsprechende Definition zu finden, benutzen wir die in § 12.5 abgeleitete Beziehung

$$\Sigma l^2 b_l z^l = \frac{y}{1 - \Sigma k\,\beta_k\,y^k}\,.\qquad\text{(XII 139)}$$

Wir betrachten auf der positiven reellen y-Achse ein Gebiet, in dem gleichzeitig gilt

$$\Sigma k\,\beta_k\,y^k \neq 1 \qquad\qquad(\alpha)$$

$$\Sigma k^\lambda\,\beta_k\,y^k \qquad \text{regulär für alle } \lambda\,. \qquad(\beta)$$

Aus (XII 139) folgt dann sofort, daß in dem betrachteten Gebiet auch alle $\Sigma l^\lambda b_l z^l$ regulär sind. Wenn also $\Sigma l^2 b_l z^l$ singulär ist, muß entweder (α) oder (β) verletzt sein. Wir können auch hier leicht die Umkehrung beweisen, daß nämlich $\Sigma l^2 b_l z^l$ singulär ist, wenn entweder

$$\Sigma k\,\beta_k\,y^k = 1 \qquad\qquad(\alpha')$$

oder

$$\Sigma k\,\beta_k\,y^k \qquad \text{singulär} \qquad\qquad(\beta')$$

ist. Die Richtigkeit von (α') ergibt sich unmittelbar aus Gl. (XII 139), denn $\Sigma l^2 b_l z^l$ hat in diesem Falle einen Pol. Um (β') zu beweisen, leiten wir aus (XII 117) und (XII 118) ab

$$\Sigma k\,\beta_k\,y^k = 1 - \frac{\Sigma l\,b_l z^l}{\Sigma l^2 b_l z^l}\,.\qquad\text{(XII 140)}$$

Wenn die linke Seite dieser Gleichung singulär ist, muß entweder $\Sigma l\,b_l z^l$ singulär oder $\Sigma l^2 b_l z^l = 0$ sein. Im letzteren Falle wäre an der singulären Stelle $\Sigma k\,\beta_k\,y^k = -\infty$. Nun folgt aber aus Gl. (XII 120) durch Differentiation

$$\frac{dP}{dv} = \frac{kT}{v^2}\,(\Sigma k\,\beta_k\,v^{-k} - 1)\,.\qquad\text{(XII 141)}$$

Es würde daher auch dP/dv gegen $-\infty$ gehen, d. h. wir hätten es mit einem inkompressiblen Körper zu tun. Dieser Fall scheidet daher als physikalisch unmöglich aus, womit (β') bewiesen ist.

Wir haben damit insgesamt drei Möglichkeiten zur Definition der Größe Y, von denen zwei der Definition von Z durch (b'), also der Kondensation bei der Fugazität Z^* entsprechen. Von den beiden letzteren führt (α'), wie man aus Gl. (XII 141) sieht, zu der Folgerung, daß die $P - V$-Isothermen mit horizontaler Tangente in den Kondensationspunkt einmünden. Bei tieferen Temperaturen (wie wir sie für unsere Betrachtungen vorausgesetzt haben) steht dies im Widerspruch zur experimentellen Erfahrung. Ob in der Nähe des kritischen Punktes etwas derartiges möglich ist, erscheint zum mindesten zweifelhaft. Wir können auf diese Frage und die Ansätze zu einer Theorie des kritischen Punktes hier nicht näher eingehen und verweisen auf neuere zusammenfassende Darstellungen[1,2].

Im Hinblick auf die Ausführungen über die EINSTEIN-Kondensation in § 12.7 muß jedoch Folgendes erwähnt werden. Nach den Überlegungen von MAYER und HARRISON[3] ist Y durch (α') definiert zwischen der kritischen Temperatur T_k und einer gewissen Temperatur $T_m < T_k$ (Abb. 67). $Y^* = \dfrac{1}{v^*}$ ist dann identisch mit der durch (XII 130) definierten Größe y und bezeichnet jetzt die Dichte, bei der die Kondensation einsetzt. Diese soll nun zwischen T_k und T_m so verlaufen, daß sich kein Meniskus zwischen Gas und Flüssigkeit ausbildet. Das ist

---

[1] MAYER, J. E., u. M. GOEPPERT-MAYER: Statistical Mechanics. New York 1948.
[2] MAYER, J. E.: Comptes Rendus 2e Réunion «Changements de Phases», S. 35. Paris 1952.
[3] MAYER, J. E., u. S. F. HARRISON: J. Chem. Phys. 6, 87 (1938).

nur denkbar, wenn in dem schraffierten Gebiet der Abb. 67 eine Koexistenz der ganzen Folge benachbarter Phasen angenommen wird. Eine derartige Umwandlung, die also im $P - V$-Diagramm charakterisiert ist durch

1. ein horizontales Stück der Isothermen,
2. keine Unstetigkeit in der Neigung der Isothermen,
3. keine Grenzflächenspannung zwischen den koexistierenden Phasen,

ist von MAYER und STREETER[1] als anomale Umwandlung I. Ordnung bezeichnet worden. Hier kommt aber für uns lediglich der Fall (β') in Betracht. Da von den

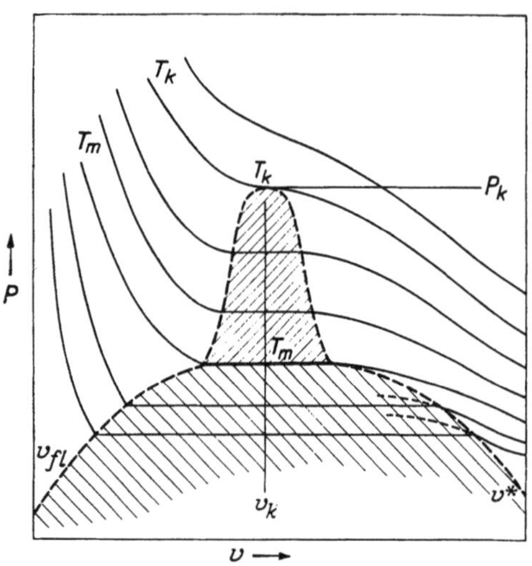

Abb. 67. Anomale Umwandlung 1. Ordnung nach MAYER u. HARRISON [entnommen aus J. E. MAYER u. M. G. MAYER: Statistical Mechanics, S. 312. New York 1951]

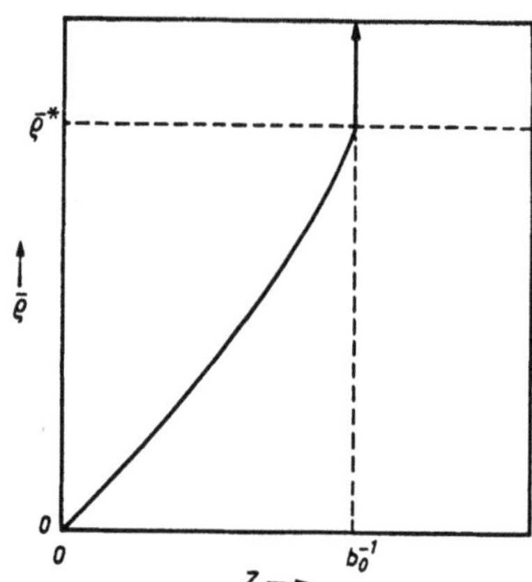

Abb. 68. Schematischer Verlauf der Funktion $\bar{\varrho}(Z)$ [entnommen aus: J. E. MAYER u. M. G. MAYER: Statistical Mechanics, S. 300. New York 1951]

beiden noch verbleibenden Möglichkeiten jeweils diejenige, welche dem kleineren Wert von $|y|$ entspricht, physikalische Bedeutung hat, ist Y durch (β') definiert, wenn beim Fortschreiten auf der positiven reellen y-Achse die Singularität von $\Sigma k\, \beta_k y^k$ erreicht wird, bevor (XII 138) erfüllt ist. Bezeichnen wir diesen der Größe Z^* entsprechenden Wert mit Y^*, so stellt

$$Y^* = \frac{1}{v^*} = \varrho^* \tag{XII 142}$$

die molekulare Dichte dar, bei welcher die Kondensation einsetzt.

Wir wollen jetzt den physikalischen Inhalt der Theorie, vor allem im Hinblick auf das Zustandekommen der Singularität an der Stelle Z^*, noch etwas näher erörtern. Es ist dafür zweckmäßig, zunächst ein sehr großes endliches System zu betrachten und die anschauliche Interpretation des cluster-Begriffes (mit den in § 12.3 angedeuteten Vorbehalten) heranzuziehen. Mit Benutzung von (XII 133) können wir dann die Gl. (XII 47) schreiben

$$\bar{\varrho} = \sum_{l=1}^{N} l\, b_l Z^l = \sum_{l=1}^{N} l f(l, \beta)\, (b_0 Z)^l \,. \tag{XII 143}$$

Aus Gl. (XII 64) folgt, daß der mit $\bar{\varrho}^{-1}$ multiplizierte l-te Term in (XII 143) gleich ist dem mittleren Bruchteil der Moleküle, der sich in clustern der l befindet. Der Verlauf der Funktion $\bar{\varrho}(Z)$ ist schematisch in Abb. 68 dargestellt. Für $Z = 0$

[1] MAYER, J. E., u. S. F. STREETER: J. Chem. Phys. 7, 1019 (1939).

ist naturgemäß $\bar{\varrho} = 0$. Im Gebiet extrem kleiner Z-Werte brauchen wir nur den ersten Term von (XII 143) zu berücksichtigen. Da nach (XII 9) $b_1 = 1$ ist, wird hier $\bar{\varrho} = Z$, in Übereinstimmung mit der Normierung (VIII 106). Die Kurve beginnt daher im Ursprung mit einer Neigung von $45°$ gegen die Abszisse. Physikalisch betrachtet haben wir nur Einzelmoleküle, und das System besitzt die Eigenschaften eines idealen Gases. Mit wachsenden Z-Werten müssen sukzessiv die höheren Glieder berücksichtigt werden; es treten cluster aus zwei und mehr Molekülen in zunehmendem Maße auf, und $\bar{\varrho}$ wächst schneller als Z. Wir beobachten hier die Eigenschaften eines realen Gases. Solange aber $b_0 Z < 1$ ist, tragen die höchsten Terme in (XII 143) praktisch noch nichts zum Werte der Summe bei; es sind auch jetzt nur relativ kleine cluster vorhanden. Damit stimmt die Tatsache überein, daß man in hinreichendem Abstand von der kritischen Dichte das Verhalten des realen Gases mit einer kleinen Zahl von Virialkoeffizienten beschreiben kann. Vom Punkte $b_0 Z = 1$ ab nehmen aber die höchsten Terme von (XII 143) plötzlich enorme Werte an, und die $\bar{\varrho}(Z)$-Kurve steigt praktisch senkrecht. Um dies noch genauer zu sehen, betrachten wir den letzten Term von (XII 143), den wir kurz mit T_N bezeichnen. Wir schreiben

$$b_0 Z = e^\varepsilon , \qquad\qquad\qquad \text{(XII 144)}$$

wo $\varepsilon < 0$ für $b_0 Z < 1$, $\varepsilon = 0$ für $b_0 Z = 1$ und $\varepsilon > 0$ für $b_0 Z > 1$ ist. Dann haben wir

$$\ln T_N = \ln N + \ln f(N, \beta) + N\varepsilon . \qquad\qquad \text{(XII 145)}$$

Auf der rechten Seite ist $\ln N$ eine verhältnismäßig kleine Größe (für $N = 10^{23}$ ist $\ln N \approx 54$). Ferner ist nach Gl. (XII 132) $\ln f(N, \beta)$ viel kleiner als N. Der maßgebliche Term, der das Verhalten von $\ln T_N$ bestimmt, ist daher $N\varepsilon$. Für $\varepsilon < 0$ ist (wenn wir die beiden ersten Terme vernachlässigen) $\ln T_N$ negativ und daher T_N sehr klein. Für $\varepsilon = 0$ ist T_N ebenfalls noch klein. An dieser Stelle bewirkt aber eine extrem kleine Änderung von ε, daß T_N enorme Werte annimmt. Für $N = 10^{23}$ hat eine Zunahme von ε um den Betrag 10^{-10} zur Folge, daß $\ln T_N$ auf das 10^{13}-fache, T_N um fast das $10^{10^{13}}$-fache wächst. Man sieht sofort, daß dieses Verhalten um so schärfer ausgeprägt ist, je größer N wird. Für den Grenzfall $N \to \infty$ (wenn also die Summe auf der rechten Seite von (XII 143) eine unendliche Reihe wird) haben wir eine Singularität der Funktion $\Sigma l b_l Z^l$, und der jetzt durch $b_0 Z = 1$ definierte Z-Wert wird mit Z^* identisch. Daß plötzlich die höchsten Terme von (XII 143) wesentlich werden, bedeutet physikalisch, daß ein erheblicher Teil der Moleküle sich jetzt in extrem großen clustern befindet. Das Wesen der Kondensation besteht also in dem schlagartigen Auftreten solcher extrem großen cluster, die wir mit den Nebeltröpfchen identifizieren können. Ohne mathematische Untersuchung würde man annehmen, daß die Größe der cluster stetig zunimmt, wie es ja im hyperkritischen Gebiet tatsächlich der Fall ist. Die Leistung der Theorie besteht zu einem wesentlichen Teil darin, daß sie das plötzliche Auftreten der extrem großen cluster erklärt; cluster mittlerer Größe kommen in diesem Gebiet praktisch nicht vor. Die Existenz extrem großer cluster erklärt auch unmittelbar die in § 7.6 besprochene Tatsache, daß im Kondensationspunkt das mittlere relative Schwankungsquadrat der Teilchendichte auch für ein unendlich großes System endlich bleibt. Solange nur Einzelmoleküle und kleine cluster vorkommen, können merkliche Dichteschwankungen nur durch geordnetes Zusammenwirken einer sehr großen Zahl von unabhängigen Einzelereignissen entstehen, und das ist, wie wir wissen, äußerst unwahrscheinlich. Wenn wir aber extrem große cluster haben, so genügen wenige Einzelereignisse, um eine makroskopische Änderung der Dichte in dem betrachteten Volumen hervorzubringen. Solche minimalen Verschiebungen in den Einzelereignissen haben aber praktisch die gleiche Wahrscheinlichkeit wie die gleichmäßige Verteilung aller cluster im Raume.

Die MAYERsche Theorie, die zum ersten Male eines der schwierigsten Probleme der statistischen Thermodynamik behandelt hat, ist naturgemäß vielfach diskutiert und kritisiert worden. Wir können darauf hier nicht im einzelnen eingehen, wollen aber doch einige wichtige Gesichtspunkte kurz erörtern. Schon in § 12.1 haben wir darauf hingewiesen, daß die MAYERsche Theorie, im Gegensatz zu der korrekten Formulierung der Gl. (VII 306), die Reihenfolge von Grenzübergang und Summierung vertauscht und mit den durch Gl. (XII 12) definierten Grenzwerten der cluster-Integrale rechnet. Dieses Verfahren ist zuerst von KATSURA und FUJITA[1,2] kritisiert worden. YANG und LEE[3] haben dann gezeigt, daß einmal die Grenzwerte (XII 12) existieren und zum anderen

$$\lim_{V \to \infty} \Sigma b_l(V) z^l = \Sigma b_l z^l \qquad \text{(XII 146)}$$

ist, solange man sich im Regularitätsgebiet der links stehenden Funktion befindet. Damit ist gesichert, daß die Theorie der realen Gase, die wir in § 12.1—12.5 entwickelt haben, völlig korrekt ist. Dagegen ist die Frage, ob die beiden Reihen in (XII 146) an der gleichen Stelle auf der positiven reellen Achse singulär werden, trotz verschiedener Untersuchungen[2,4,5] noch nicht geklärt. MAYER[6] und DE BOER[7] nehmen an, daß Gl. (XII 146), wenigstens bei tiefen Temperaturen, auch für die Theorie der Kondensation benutzt werden kann. Ein strenger Beweis ist jedoch bisher dafür nicht erbracht worden.

Ein anderer Punkt, der häufig hervorgehoben wird, ist die Tatsache, daß die MAYERsche Theorie nur bis zum Kondensationspunkt führt, aber keine Beschreibung des flüssigen Zustandes gibt. Dies kann jedoch nicht als Einwand betrachtet werden; es ist vielmehr eine notwendige Folge der mathematischen Struktur der Theorie, welche die thermodynamischen Funktionen als Entwicklung nach Potenzen der Fugazität darstellt. Wie wir bereits in § 8.3 erörtert haben, ist eine solche Darstellung nur möglich, wenn der betrachtete Zustand und der Normalzustand der gleichen Phase angehören, da die Entwicklung im Umwandlungspunkt divergiert und eine analytische Fortsetzung nicht möglich ist. Für die Entwicklungen nach Potenzen der molekularen Dichte gelten zunächst analoge Gesichtspunkte. Es kommt aber hinzu, daß im heterogenen Gebiet die unabhängige Variable ϱ nicht mehr physikalisch definiert ist. Daher hat schon die verschiedentlich gebrauchte Formulierung, daß die MAYERsche Theorie den waagerechten Teil der $P - V$-Isotherme liefere, eigentlich keinen Sinn[8]. Es kann daher nicht erwartet werden, daß ein derartiger Ansatz auf die Isothermen der Flüssigkeit führt.

Ein ernster Mangel der MAYERschen Theorie (der aber mit der Frage ihrer Korrektheit nichts zu tun hat) liegt in der Tatsache, daß sie im Gebiet der Kondensation kein präzises Bild von den mathematischen Verhältnissen gibt und erst recht keine numerischen Berechnungen ermöglicht. Es ist bisher nicht gelungen,

[1] KATSURA, S., u. H. FUJITA: J. Chem. Phys. 19, 795 (1951).
[2] KATSURA, S., u. H. FUJITA: Progr. Theor. Phys. 6, 498 (1951).
[3] YANG, C. N., u. T. D. LEE: Physic. Rev. 87, 404 (1952).
[4] KATSURA, S., u. H. FUJITA: Sci. Rep. Tohoku University Ser. I 35, 206 (1952).
[5] ONO, S.: Progr. Theor. Phys. 8, 1 (1952).
[6] MAYER, J. E.: Comptes Rendus 2e Réunion «Changements de Phases», S. 35. Paris 1952.
[7] BOER, J. DE: Comptes Rendus 2e Réunion «Changements de Phases», S. 8. Paris 1952.
[8] BORN, M., u. H. S. GREEN: Proc. Roy. Soc. (London) A 190, 455 (1947).

die Theorie in diesen Richtungen in nennenswertem Maße zu verbessern. Angesichts dieser etwas unbefriedigenden Sachlage sind auch die zahlreichen Versuche, das Problem der Kondensation an einfachen Modellen zu studieren, von Interesse. Wir müssen uns jedoch hier mit einigen Hinweisen begnügen. Vom physikalischen Standpunkt ist besonders einleuchtend das Tröpfchenmodell, das Becker und Döring[1] in der kinetischen Theorie der Kondensation benutzt haben und das statistisch von Frenkel und anderen Autoren[2-6] untersucht worden ist. In diesem Modell wird angenommen, daß das reale Gas aus Einzelmolekülen und ,,Tröpfchen" von $2, 3, \ldots, l, \ldots$ Molekülen besteht. Die Tröpfchen verschiedener Größe sollen sich miteinander im ,,chemischen" Gleichgewicht befinden, sich im übrigen aber wie die Moleküle eines idealen Gases verhalten. Für die Berechnung des Gleichgewichtes zwischen den Tröpfchen müssen die Verteilungsfunktionen derselben bekannt sein; dabei ist man naturgemäß auf mehr oder weniger heuristische Ansätze angewiesen. Der Nutzen dieses Modells liegt darin, daß man das Auftreten der Kondensation in verhältnismäßig einfacher Weise plausibel machen kann. Dagegen kommt man den Fragen, welche in der Mayerschen Theorie offenbleiben, auch auf diesem Wege nicht näher. Ein anderes Modell, das in neuerer Zeit mehrfach untersucht worden ist[7-10], ist das Zellenmodell oder ,,Gittergas". Hier wird das dem Gase zur Verfügung stehende Volumen in Zellen gleicher Größe aufgeteilt; die Berechnung des Konfigurationsintegrals wird durch eine Untersuchung der Verteilung der Moleküle auf die Zellen ersetzt. Im einzelnen kann man dabei recht verschiedene Annahmen machen, auf die wir nicht näher eingehen können. Vom physikalischen Standpunkt erscheint ein solches Modell zunächst außerordentlich künstlich. Man kann sich aber durch Verkleinerung der Zellen der wahren Verteilungsfunktion des realen Gases weitgehend annähern. Im eindimensionalen Falle läßt sich aus dem Gittermodell die Zustandsgleichung (VII 356) durch den Grenzübergang zur Gitterkonstanten Null exakt ableiten[9]. Die große Bedeutung des Modells beruht auf der Tatsache, daß unter geeigneten Voraussetzungen das Gittergas mathematisch äquivalent ist dem sog. Ising-Modell der Festkörpertheorie, das wir in Kapitel XVII behandeln. Da sich das ein- und zweidimensionale Ising-Modell mathematisch exakt behandeln lassen, bietet sich damit ein neuer Zugang zu dem Problem der Kondensation, der möglicherweise zu Einsichten führt, die sich über die Mayersche Theorie nicht gewinnen lassen. Wir werden daher in § 17.6 noch einmal auf das Gittergas zurückkommen.

§ 12.7*. Quantenstatistik der realen Gase.
Die Einstein-Kondensation

Die grundlegenden Ableitungen der Mayerschen Theorie in § 12.1 und 12.2 sind, wie man leicht sieht, auf die halbklassische Näherung beschränkt, da sie von deren Formeln explizit Gebrauch machen. Man gelangt aber, wie zuerst

---

[1] Becker, R., u. W. Döring: Ann. Physik **24**, 719 (1935).
[2] Bijl, A.: Physica **1**, 1125 (1934).
[3] Frenkel, J.: J. Physics USSR **1**, 315 (1939).
[4] Wergeland, H.: Avh. norske Vidensk. Akad. **11** (1943).
[5] Fierz, M.: Helvet. phys. Acta **24**, 357 (1951).
[6] Haar, D. ter: Proc. Cambridge Phil. Soc. **49**, 130 (1953).
[7] Katsura, S., u. H. Fujita: Progr. Theor. Phys. **5**, 997 (1950).
[8] Chwoles-Englert, A.: J. Chem. Phys. **20**, 925 (1952).
[9] Lee, T. D., u. C. N. Yang: Physic. Rev. **87**, 410 (1952).
[10] Siegert, A. J. F.: Physic. Rev. **96**, 243 (1954).

Kahn und Uhlenbeck[1] gezeigt haben, in der Quantenstatistik zu ganz analogen Formulierungen, wenn man geeignete Hilfskonstruktionen einführt. Dies kann in folgender Weise geschehen. Wir bilden zunächst das quantenstatistische Analogon des Integranden von Q_τ. In der halbklassischen Näherung ist die Wahrscheinlichkeitsdichte einer speziellen Konfiguration nach Gl. (VIII 2)

$$\varrho_{spez}^{(N)} = \frac{1}{\lambda^{3N}\, N!\, Q^{(N)}}\, e^{-\frac{U}{kT}} \, . \tag{XII 147}$$

Das quantenstatistische Analogon dieses Ausdruckes ist das mit $Q^{(N)^{-1}}$ multiplizierte Diagonalelement der durch Gl. (VI 268) definierten Dichtematrix, also

$$Q^{(N)^{-1}} \varrho^{(N)}(\mathbf{q}, \mathbf{q}) = Q^{(N)^{-1}} \sum_n \psi_n^*(\mathbf{q})\, e^{-\frac{H}{kT}}\, \psi_n(\mathbf{q}) \, . \tag{XII 148}$$

Schreiben wir diesen Ausdruck nun in der Form

$$Q^{(N)^{-1}} \varrho^{(N)}(\mathbf{q}, \mathbf{q}) = \frac{1}{\lambda^{3N}\, N!\, Q^{(N)}}\, S(\mathbf{q}^{(N)}) \, , \tag{XII 149}$$

so zeigt der Vergleich mit (XII 147), daß die normierte Slater-Summe

$$S(\mathbf{q}^{(N)}) = N!\, \lambda^{3N} \sum_n \psi_n^*(\mathbf{q})\, e^{-\frac{H}{kT}}\, \psi_n(\mathbf{q}) \tag{XII 150}$$

das exakte quantenstatistische Analogon der klassischen Größe $e^{-\frac{U}{kT}}$ ist. Aus Gl. (XII 150) folgt in Verbindung mit (VI 269) die mit Gl. (XII 1) formal identische Beziehung

$$Q = \lambda^{-3N} \frac{Q_\tau}{N!} \, , \tag{XII 151}$$

wo aber Q_τ jetzt quantenstatistisch definiert ist durch

$$Q_\tau = \int \cdots \int S(\mathbf{q}^{(N)})\, d\mathbf{q}_1 \ldots d\mathbf{q}_N \, . \tag{XII 152}$$

Wir führen nun für die Slater-Summen eine Darstellung ein, die ganz analog ist der früher [Gl. (VIII 143)] für die molekularen Verteilungsfunktionen benutzten. Bezeichnen wir die neuen Funktionen mit $Y^{(n)}(\mathbf{q}^{(n)})$, so haben wir explizit für die Slater-Summen eines Systems aus ein, zwei und drei Molekülen

$$S^{(1)}(\mathbf{q}_1) = Y^{(1)}(\mathbf{q}_1) \tag{XII 153}$$

$$S^{(2)}(\mathbf{q}_1, \mathbf{q}_2) = Y^{(2)}(\mathbf{q}_1, \mathbf{q}_2) + Y^{(1)}(\mathbf{q}_1)\, Y^{(1)}(\mathbf{q}_2) \tag{XII 154}$$

$$S^{(3)}(\mathbf{q}_1, \mathbf{q}_2, \mathbf{q}_3) = Y^{(3)}(\mathbf{q}_1, \mathbf{q}_2, \mathbf{q}_3) + Y^{(2)}(\mathbf{q}_1, \mathbf{q}_2)\, Y^{(1)}(\mathbf{q}_3) + Y^{(2)}(\mathbf{q}_2, \mathbf{q}_3)\, Y^{(1)}(\mathbf{q}_1) +$$
$$+ Y^{(2)}(\mathbf{q}_3, \mathbf{q}_1)\, Y^{(1)}(\mathbf{q}_2) + Y^{(1)}(\mathbf{q}_1)\, Y^{(1)}(\mathbf{q}_2)\, Y^{(1)}(\mathbf{q}_3) \, . \tag{XII 155}$$

Man kann diese Gleichungen nach den Y-Funktionen auflösen und hat dann

$$Y^{(1)}(\mathbf{q}_1) = S^{(1)}(\mathbf{q}_1) \tag{XII 156}$$

$$Y^{(2)}(\mathbf{q}_1, \mathbf{q}_2) = S^{(2)}(\mathbf{q}_1, \mathbf{q}_2) - S^{(1)}(\mathbf{q}_1)\, S^{(1)}(\mathbf{q}_2) \tag{XII 157}$$

$$Y^{(3)}(\mathbf{q}_1, \mathbf{q}_2, \mathbf{q}_3) = S^{(3)}(\mathbf{q}_1, \mathbf{q}_2, \mathbf{q}_3) - S^{(2)}(\mathbf{q}_1, \mathbf{q}_2)\, S^{(1)}(\mathbf{q}_3) - S^{(2)}(\mathbf{q}_2, \mathbf{q}_3)\, S^{(1)}(\mathbf{q}_1) -$$
$$- S^{(2)}(\mathbf{q}_3, \mathbf{q}_1)\, S^{(1)}(\mathbf{q}_2) + 2\, S^{(1)}(\mathbf{q}_1)\, S^{(1)}(\mathbf{q}_2)\, S^{(1)}(\mathbf{q}_3) \, . \tag{XII 158}$$

---

[1] Kahn, B., u. G. E. Uhlenbeck: Physica 5, 399 (1938).

Diese Gleichungen entsprechen der Gl. (VIII 158) in § 8.3. Der allgemeine Ausdruck wird wie in § 8.3 erhalten, indem man für jede Zerlegung in Untergruppen das Produkt der entsprechenden Y-Funktionen bildet und diese Produkte über alle möglichen Zerlegungen summiert. Wir haben also in der Notierung von § 8.3

$$S^{(N)}(\mathbf{q}^{(N)}) = \sum_k \prod_{j=1}^{k} Y^{(l_j)}\left(\mathbf{q}^{\binom{l}{N}}\right) \tag{XII 159}$$

mit der Umkehrung

$$Y^{(l)}(\mathbf{q}^{(l)}) = \sum (-1)^{s-1} (s-1)! \prod_{i=1}^{s} S^{(\nu_i)}\left(\mathbf{q}^{\binom{\nu}{l}}\right). \tag{XII 160}$$

Die Y-Funktionen besitzen ebenso wie die h-Funktionen in § 8.3 die wichtige Eigenschaft, daß sie gegen Null gehen, wenn der Koordinatensatz $\mathbf{q}^{(l)}$ in zwei Unter-Sätze zerfällt, derart, daß alle Abstände zwischen Molekülen von verschiedenen Unter-Sätzen gegen Unendlich gehen, d. h. praktisch größer werden als die Reichweite der zwischenmolekularen Kräfte. Für kleine l kann man dies unmittelbar aus den Gl. (XII 156)—(XII 158) verifizieren.

In Analogie zu Gl. (VIII 147) definieren wir cluster-Integrale durch

$$b_l = \frac{1}{l!\,V} \int Y^{(l)}(\mathbf{q}^{(l)})\, d\mathbf{q}^{(l)}. \tag{XII 161}$$

Dann erhalten wir aus Gl. (XII 152), (XII 159) und (XII 161)

$$\frac{Q_\tau}{N!} = \sum_{m_l} \prod \frac{(N v b_l)^{m_l}}{m_l!} \qquad (\Sigma l m_l = N) \tag{XII 162}$$

in formaler Übereinstimmung mit Gl. (XII 17). Man kann nun leicht die Beziehung der Y-Funktionen zu den in der klassischen Theorie auftretenden Größen übersehen. Der Vergleich von (XII 161) mit (XII 8) zeigt nämlich, daß an der Grenze der halbklassischen Näherung gilt

$$Y^{(l)} = \Sigma \Pi f_{ij}, \tag{XII 163}$$

wobei die Summierung und Produktbildung auf der rechten Seite in der bei Gl. (XII 8) angegebenen Weise durchzuführen ist. Die unreduzierbaren cluster-Integrale β_k lassen sich in der Quantenstatistik nur noch rein formal durch Gl. (XII 36) oder auch durch Gl. (XII 114) in Verbindung mit Gl. (XII 106) definieren. Man hat dann

$$\beta_1 = 2 b_2, \quad \beta_2 = 3 b_3 - 6 b_2^2 \tag{XII 164}$$

usw. Eine anschauliche Deutung durch „unreduzierbare cluster" scheint hier nicht möglich zu sein.

Die vorstehende Ableitung zeigt zunächst, daß der allgemeine Formalismus der MAYERschen Theorie auch in der Quantenstatistik gültig ist, wenn die Größen b_l und β_k in geeigneter Weise definiert werden. Die in § 12.3 und 12.4 abgeleiteten Formeln für das reale Gas sowie die Theorie der Kondensation können daher einfach übernommen werden. Weiter bemerkt man, daß wir bei der Ableitung keinen Gebrauch von der Gl. (XI 16) gemacht haben. Die Annahme, daß die zwischenmolekularen Kräfte in Paaren additiv sind, ist daher tatsächlich für die allgemeine Theorie entbehrlich, obwohl sie im Rahmen des klassischen Formalismus eingeführt werden muß. Dagegen muß auch in der quantenstatistischen Theorie vorausgesetzt werden, daß zwischen den Molekülen nur Kräfte kurzer Reichweite wirken. Die Berechnung der cluster-Integrale erfordert nach Gl. (XII 161) und (XII 160) zunächst die Berechnung der

SLATER-Summen, wie wir dies für b_2 bzw. β_1 in § 11.4 durchgeführt haben. Auf diesem Wege dürfte aber schon eine Berechnung von b_3 bzw. β_2 kaum noch möglich sein. Das Auftreten der SLATER-Summen in den cluster-Integralen läßt sich vermeiden, wenn man von vornherein die quantenstatistische Verteilungsfunktion durch eine Lösung der BLOCHschen Gleichung darstellt. Die Weiterführung der in § 6.6 behandelten GREENschen Theorie[1] führt in der Tat zu einem allgemeinen expliziten Ausdruck für die cluster-Integrale, welcher keine quantenmechanischen Operatoren und Eigenfunktionen mehr enthält. Die Berechnung von b_3 nach dieser Methode ist von GREEN noch angedeutet worden. Eine numerische Auswertung wurde jedoch bisher noch nicht durchgeführt. Es muß auch beachtet werden, daß die GREENsche Rechnung nicht die Symmetriebedingungen berücksichtigt. Nach GREEN[2] kann dies geschehen, indem man den entsprechenden Term für Teilchen ohne Wechselwirkung (B_{id} im Falle des zweiten Virialkoeffizienten) als Korrekturglied zufügt. Es scheint aber nicht geklärt zu sein, ob man auf diesem Wege eine quantitativ ausreichende Näherung für die tiefsten Temperaturen erhält.

Vom Standpunkt der klassischen Statistik betrachtet, besitzen auch das ideale BOSE-EINSTEIN-Gas und das ideale FERMI-DIRAC-Gas die Eigenschaften realer Gase. In beiden Fällen kann, wie man aus Gl. (VII 72) sieht, die Verteilungsfunktion des Gesamtsystems nicht nach den Koordinaten der Einzelteilchen separiert werden. Das ideale Gasgesetz ist in beiden Fällen nicht gültig; in § 11.4 haben wir bereits die zweiten Virialkoeffizienten berechnet. Die vollständige Virialentwicklung ist von WIDOM[3] gegeben worden. Die Paar-Verteilungsfunktionen besitzen, wie wir in § 13.4 sehen werden, eine Gestalt, die im Falle der BOSE-EINSTEIN-Statistik der Wirkung von Anziehungskräften zwischen den Teilchen, im Falle der FERMI-DIRAC-Statistik der Wirkung von Abstoßungskräften entspricht. In diesem Zusammenhang ist es vielleicht nützlich, daran zu erinnern, daß wir schon im Rahmen der klassischen Theorie (§ 8.1) einer „Kraft" begegnet sind, die ihren Ursprung in der Statistik hatte. Auf den Einwand, daß solche Kräfte Fiktionen seien, erwidert EDDINGTON[4], „daß man von einer Kraft überhaupt nichts Besseres erwarten kann, als daß sie eine Fiktion ist". Unter diesen Umständen liegt die Frage nahe, ob ein quantenstatistisches ideales Gas Umwandlungserscheinungen zeigen kann, was beim klassischen idealen Gas, wie wir in § 7.6 gezeigt haben, unmöglich ist. Tatsächlich ist dies beim idealen BOSE-EINSTEIN-Gas der Fall. Diese Erscheinung, auf die zuerst EINSTEIN[5] hingewiesen hat, wird heute gewöhnlich als EINSTEIN-Kondensation bezeichnet. Es handelt sich dabei zwar nicht um eine Phasenumwandlung im üblichen Sinne der Thermodynamik; man findet aber, wie zuerst KAHN und UHLENBECK[6] bemerkt haben, einige auffallende Analogien zur gewöhnlichen Kondensation. Wir wollen daher die Theorie des idealen BOSE-EINSTEIN-Gases hier nochmals, und zwar (anders als in Kapitel IV) in Anlehnung an die Theorie der realen Gase behandeln.

Die ausführliche Theorie der EINSTEIN-Kondensation ist zuerst von LONDON[7] sowie FOWLER und JONES[8] entwickelt worden. In diesen Untersuchungen werden

---

[1] GREEN, H. S.: J. Chem. Phys. **20**, 1274 (1952).

[2] GREEN, H. S.: J. Chem. Phys. **19**, 955 (1951).

[3] WIDOM, B.: Physic. Rev. **96**, 16 (1954).

[4] EDDINGTON, A. S.: Die Naturwissenschaft auf neuen Bahnen. (Deutsch von W. WESTPHAL.) Braunschweig 1935.

[5] EINSTEIN, A.: Sitzgsber. preuß. Akad. Wiss. 3, 18 (1925).

[6] KAHN, B., u. G. E. UHLENBECK: Physica **5**, 399 (1938).

[7] LONDON, F.: Physic. Rev. **54**, 947 (1938).

[8] FOWLER, R. H., u. H. JONES: Proc. Cambridge Phil. Soc. **34**, 573 (1938).

zwei Approximationen benutzt, deren Anwendbarkeit auf das vorliegende Problem nicht selbstverständlich ist: der Ersatz des diskontinuierlichen Eigenwertspektrums durch ein Kontinuum (§ 4.5) und die Sattelpunktmethode (§ 4.4). Das letztere Problem ist verschiedentlich[1-6] diskutiert worden, ohne daß bisher eine vollständige Klärung gelungen wäre. Da sich die Benutzung der Sattelpunktmethode vermeiden läßt, werden wir an dieser Stelle nicht weiter darauf eingehen. Mathematisch strenge Behandlungen auf der Grundlage der kleinen kanonischen Gesamtheit sind von DE GROOT und Mitarbeitern[7] und FRASER[8] gegeben worden. Die Benutzung der großen kanonischen Gesamtheit[9-12] ist jedoch einfacher und auch vom Standpunkt der allgemeinen Theorie der Phasenumwandlungen (§ 7.6) vorzuziehen. Wir werden uns daher dieser Methode bedienen und dabei auch die Frage der Approximation durch ein kontinuierliches Eigenwertspektrum in die Untersuchung einbeziehen[9, 12, 13]. Die strenge Ableitung einiger Formeln erfordert die Benutzung der kleinen kanonischen Gesamtheit. Wir führen diese Ergebnisse der Vollständigkeit halber an und verweisen für die Einzelheiten der Ableitung auf die Originalliteratur.

Wir betrachten ein System von N untereinander gleichen Massenpunkten der Masse m mit vernachlässigbarer Wechselwirkung, welches der BOSE-EINSTEIN-Statistik gehorcht. Die große Verteilungsfunktion des Systems lautet nach Gl. (VII 56)

$$\Xi = \prod_k \left(1 - e^{\frac{\mu - \varepsilon_k}{kT}}\right)^{-1}.$$ (XII 165)

Daraus folgt mit (VII 33) und (VII 39)

$$PV = -kT \sum_k \ln \left(1 - e^{\frac{\mu - \varepsilon_k}{kT}}\right)$$ (XII 166)

und

$$\bar N = \sum_k \left(e^{-\frac{\mu - \varepsilon_k}{kT}} - 1\right)^{-1}.$$ (XII 167)

Wir nehmen an, daß sich das System in einem kubischen Volumen der Kantenlänge L befindet und schreiben die durch Gl. (IV 40) gegebenen Eigenwerte der Teilchen

$$\varepsilon_k = \tfrac{1}{3}\,\varepsilon_1\,(k_x^2 + k_y^2 + k_z^2)$$ (XII 168)

mit

$$\varepsilon_1 = \frac{3\,h^2}{8\,m\,L^2}.$$ (XII 169)

Wir approximieren zunächst wie in § 4.5 das Eigenwertspektrum durch die stetige Funktion

$$g(\varepsilon) = 4\pi\,\frac{m\,V}{h^3}\,(2\,m\,\varepsilon)^{1/2}.$$ (XII 170)

---
[1] SCHUBERT, G.: Z. Naturforsch. **1**, 113 (1946).
[2] LEIBFRIED, G.: Z. Naturforsch. **2a**, 305 (1947).
[3] DINGLE, R. B.: Proc. Cambridge Phil. Soc. **45**, 275 (1949).
[4] DINGLE, R. B.: Adv. Phys. **1**, 111 (1952).
[5] LANDSBERG, P. T.: Proc. Cambridge Phil. Soc. **50**, 65 (1954).
[6] LANDSBERG, P. T.: Physic. Rev. **94**, 469 (1954).
[7] GROOT, S. R. DE, G. J. HOOYMAN u. C. A. TEN SELDAM: Proc. Roy. Soc. (London) A **203**, 266 (1950).
[8] FRASER, A. R.: Philosophic. Mag. **42**, 156, 165 (1951).
[9] LANDSBERG, P. T.: Proc. Cambridge Phil. Soc. **50**, 65 (1954).
[10] BECKER, R.: Z. Physik **128**, 120 (1950).
[11] HAAR, D. TER: Proc. Roy. Soc. (London) A **212**, 552 (1952).
[12] MÜNSTER, A.: Z. Physik **144**, 197 (1956).
[13] LANDSBERG, P. T.: Physic. Rev. **94**, 469 (1954).

Gehen wir damit in Gl. (XII 166) ein, so erhalten wir

$$PV = -2\pi \left(\frac{2\,m}{h^2}\right)^{3/2} kTV \int_0^\infty \varepsilon^{1/2} \ln\left(1 - e^{\frac{\mu-\varepsilon}{kT}}\right) d\varepsilon . \qquad \text{(XII 171)}$$

Die Integration läßt sich ohne weiteres mit Hilfe der Reihenentwicklung des Logarithmus ausführen und ergibt

$$PV = \frac{kTV}{\lambda^3}\, g(Z) , \qquad \text{(XII 172)}$$

wo

$$g(Z) = \sum_{l=1}^\infty l^{-5/2}\, e^{\frac{l\mu}{kT}} = \sum_{l=1}^\infty l^{-5/2} (\lambda^3 Z)^l \qquad \text{(XII 173)}$$

ist. Definieren wir nun cluster-Integrale durch

$$b_l = l^{-5/2} \lambda^{3(l-1)} = l^{-5/2} \left(\frac{h^2}{2\pi m k T}\right)^{3/2 (l-1)} , \qquad \text{(XII 174)}$$

so wird aus (XII 172)

$$PV = kTV \Sigma b_l Z^l \qquad \text{(XII 175)}$$

in Übereinstimmung mit Gl. (XII 45). Tatsächlich läßt sich Gl. (XII 174) auch ableiten, indem man in (XII 160) die SLATER-Summen des idealen BOSE-EINSTEIN-Gases einführt und die cluster-Integrale aus der allgemeinen Definitionsgleichung (XII 161) berechnet[1]. Aus (XII 172) folgt mit (VIII 223)

$$\bar{N} = \frac{V}{\lambda^3} Z\, g'(Z) , \qquad \text{(XII 176)}$$

wo

$$Z\, g'(Z) = \sum_{l=1}^\infty l^{-3/2} (\lambda^3 Z)^l \qquad \text{(XII 177)}$$

ist. Entsprechend erhält man aus (XII 175)

$$\bar{N} = V \Sigma l b_l Z^l . \qquad \text{(XII 178)}$$

Aus Gl. (XII 172) und (XII 173) sieht man, daß an der Grenze unendlicher Verdünnung, d. h. für $Z \to \bar{\varrho} \to 0$, auch für das ideale BOSE-EINSTEIN-Gas das ideale Gasgesetz gilt. Bei endlichen Dichten wird das Verhalten desselben durch die Eigenschaften der Funktion $g(z)$ bestimmt[2]. Was nun im besonderen das Problem der Umwandlung betrifft, so stellt Gl. (XII 175) tatsächlich die der allgemeinen Gl. (VII 306) entsprechende cluster-Entwicklung des idealen BOSE-EINSTEIN-Gases dar. Die vorstehende Ableitung macht jedoch die Berechtigung der Gl. (XII 170) und die Einführung des Grenzüberganges $V \to \infty$ nicht durchsichtig; sie bedarf daher einer strengeren Begründung, die wir weiter unten durchführen. Nehmen wir zunächst Gl. (XII 175) in dem erwähnten Sinne als gegeben hin, so ist für das Auftreten eines Umwandlungspunktes nach § 7.6 das Konvergenzverhalten der cluster-Entwicklung entscheidend. Um dasselbe zu untersuchen, setzen wir wie in § 12.6

$$b_l = f(l, T)\, b_0^l , \qquad \text{(XII 179)}$$

wo jetzt

$$f(l, T) = l^{-5/2} \lambda^{-3} \qquad \text{(XII 180)}$$

und

$$b_0 = \lambda^3 \qquad \text{(XII 181)}$$

---

[1] KAHN, B.: Dissertation. Utrecht 1938.
[2] Die Gl. (XII 175) gilt auch für das ideale FERMI-DIRAC-Gas, wenn man in der Definition der cluster-Integrale (XII 174) auf der rechten Seite einen Faktor $(\pm 1)^{l-1}$ hinzufügt.

gilt. Für den Konvergenzradius ergibt sich dann aus dem Theorem von CAUCHY-HADAMARD

$$b_0 Z^* = 1 \qquad \text{(XII 182)}$$

in Übereinstimmung mit Gl. (XII 137). Die Reihe hat daher (bei endlichen Temperaturen) einen endlichen Konvergenzradius. Da alle Koeffizienten positiv reell sind, liegt notwendig eine der den Konvergenzradius bestimmenden Singularitäten auf der positiven reellen Achse[1]. Es findet daher bei der Fugazität

$$Z^* = \lambda^{-3} = \left(\frac{2\pi m k T}{h^2}\right)^{3/2} \qquad \text{(XII 183)}$$

eine Umwandlung statt[2].

Über die Natur der Singularität und damit über die Art der Umwandlung lassen sich zunächst nur die gleichen allgemeinen Aussagen wie in § 12.6 machen, daß nämlich an der Stelle Z^* PV endlich und stetig, ϱ endlich sein muß. Für die weitere Interpretation können wir nicht wie im Falle der gewöhnlichen Kondensation die physikalische Erfahrung heranziehen. Glücklicherweise ist aber hier eine vollständige mathematische Analyse möglich. Wir müssen dazu naturgemäß auf die ursprünglichen Gl. (XII 166) und (XII 167) zurückgehen.

Nach Gl. (XII 167) ist der mittlere Bruchteil der Teilchen, der sich im Grundzustand befindet, gegeben durch

$$\frac{\bar{N}_1}{N} = \frac{1}{N}\,\frac{1}{e^{-\frac{\mu-\varepsilon_1}{kT}}-1}\,. \qquad \text{(XII 184)}$$

Wegen (XII 169) folgt daraus

$$\lim_{V\to\infty}\frac{\bar{N}_1}{N} = \frac{1}{N}\,\frac{1}{e^{-\frac{\mu}{kT}}-1}\,. \qquad \text{(XII 185)}$$

Es ist zweckmäßig, die Form des auf der rechten Seite dieser Gleichung stehenden Ausdruckes auch für endliche Systeme beizubehalten. Dazu setzen wir

$$\mu' = \mu - \varepsilon_1, \quad \nu = \mu'/kT\,, \qquad \text{(XII 186)}$$

wo

$$\lim_{V\to\infty}\mu' = \mu \qquad \text{(XII 187)}$$

ist. Der Ersatz von μ durch μ' in den allgemeinen Formeln bedeutet dann eine Verschiebung des Nullpunktes der Energieskala, die wir in der Notierung nicht besonders hervorheben. Wesentlich ist aber, daß beim Grenzübergang $V\to\infty$ für $T, \mu = $ const die Größe ν nicht konstant bleibt[3].

Wir können nun für die mittlere molekulare Dichte schreiben

$$\varrho = V^{-1}\left[(e^{-\nu}-1)^{-1} + \sum_{k=2}^{M-1}\left(e^{-\nu+\frac{\varepsilon_k}{kT}}-1\right)^{-1} + \sum_{k=M}^{\infty}\left(e^{-\nu+\frac{\varepsilon_k}{kT}}-1\right)^{-1}\right], \qquad \text{(XII 188)}$$

wo $M \geq 2$ eine im übrigen beliebige positive endliche ganze Zahl ist. Auf Grund der Überlegungen in § 4.5 können wir im letzten Term der rechten Seite das Eigenwertspektrum mit beliebiger Genauigkeit durch ein Kontinuum approximieren, wenn M hinreichend groß gewählt wird. Wir bekommen dann mit

---

[1] Ein Beweis dieses Satzes findet sich im Anhang.

[2] Die Reihe (XII 173) konvergiert in dem auf dem Konvergenzkreise liegenden Punkte $\lambda^3 Z = 1$. Man hat dann die RIEMANNsche ζ-Funktion $\zeta(s)$ für $s = \tfrac{5}{2}$.

[3] Dieser Grenzübergang ist bei LANDSBERG (s. S. 441) unkorrekt formuliert.

Benutzung von (XII 170)

$$\bar{\varrho} = V^{-1}\left[(e^{-\nu}-1)^{-1} + \sum_{k=2}^{M-1}\left(e^{-\nu+\frac{\varepsilon_k}{kT}}-1\right)^{-1} + \right.$$
$$\left. + 2\pi\left(\frac{2\,m}{h^2}\right)^{3/2} V \int\limits_{\varepsilon_M}^{\infty} \varepsilon^{1/2}\left(e^{-\nu+\frac{\varepsilon}{kT}}-1\right)^{-1} d\varepsilon \right].$$

(XII 189)

Multiplizieren wir beide Seiten dieser Gleichung mit $(e^{-\nu}-1)$ und gehen zur Grenze über, so verschwinden auf der rechten Seite die beiden ersten Terme und es wird $\varepsilon_M \to 0$ für $V \to \infty$. Wir erhalten somit

$$\lim_{V \to \infty} (e^{-\nu}-1)\,\bar{\varrho} = (e^{-\nu}-1)\,\lambda^{-3} Z\,g'(Z) .$$

(XII 190)

Für $\nu < 0$ bzw. $Z < Z^*$ geht diese Gleichung in Gl. (XII 176) über, womit die Korrektheit der früheren Ableitung bestätigt ist. Man bemerkt, daß die Benutzung des kontinuierlichen Eigenwertspektrums (XII 170) bereits den Grenzübergang zum unendlich großen System impliziert. Die nach den Ergebnissen der allgemeinen Theorie zunächst überraschende Tatsache, daß die cluster-Entwicklung (XII 175) ohne einen solchen Grenzübergang eine Singularität und damit den Umwandlungspunkt liefert, findet damit ihre Erklärung.

Wir gehen nun zur Untersuchung der Singularität über. Aus Gl. (XII 188) folgt zunächst, daß für endliche Systeme $\nu < 0$ sein muß. In dem damit zugelassenen Wertebereich ist $\bar{\varrho}$ bzw. PV eine durchweg reguläre Funktion von μ, wie es die allgemeine Theorie fordert. Nur für $V \to \infty$ kann ν den Wert Null annehmen; aus (XII 173), (XII 183) und (XII 187) ergibt sich, daß dann auch $\mu/kT = 0$ ist und dieser Wert der Singularität der cluster-Entwicklung bzw. der Funktion $g(Z)$ entspricht. Die Funktion

$$g(\nu) \equiv g(\tfrac{5}{2}, \nu) = \sum_{l=1}^{\infty} l^{-5/2}\, e^{l\nu} ,$$

(XII 191)

die das analytische Verhalten der cluster-Entwicklung bestimmt, ist für $\nu < 0$ regulär und hat an der Stelle $\nu = 0$ einen Verzweigungspunkt. Das gleiche gilt für die Ableitungen, von denen

$$g'(\nu) \equiv g(\tfrac{3}{2}, \nu) = \sum_{l=1}^{\infty} l^{-3/2}\, e^{l\nu} ,$$

(XII 192)

ebenso wie $g(\nu)$, an der Stelle $\nu = 0$ endlich ist, während

$$g''(\nu) \equiv g(\tfrac{1}{2}, \nu) = \sum_{l=1}^{\infty} l^{-1/2}\, e^{l\nu}$$

(XII 193)

und alle höheren Ableitungen hier unendlich werden. In der Umgebung der singulären Stelle gelten, wie Robinson[1] gezeigt hat, die Entwicklungen

$$g(\nu) \equiv g(\tfrac{5}{2}, \nu) = 2{,}36(-\nu)^{3/2} + 1{,}34 + 2{,}61\,\nu - 0{,}730\,\nu^2 - \cdots$$

(XII 194)

$$g'(\nu) \equiv g(\tfrac{3}{2}, \nu) = -3{,}54(-\nu)^{1/2} + 2{,}61 - 1{,}46\,\nu - 0{,}104\,\nu^2 - \cdots$$

(XII 195)

$$g''(\nu) \equiv g(\tfrac{1}{2}, \nu) = 1{,}77(-\nu)^{-1/2} - 1{,}46 - 0{,}208\,\nu + \cdots .$$

(XII 196)

Es sei nun $v = V/N$ das mittlere Volumen pro Molekül. Wir definieren

$$v_c = \frac{\lambda^3}{g'(0)} = \frac{\lambda^3}{2{,}61}$$

(XII 197)

---

[1] Robinson, J. E.: Physic. Rev. **83**, 678 (1951).

und zeigen zunächst, daß an der Stelle $\nu = 0$ notwendig $v \leqq v_c$ ist. Dazu schreiben wir die Gl. (XII 189) in einer etwas vereinfachten Form. Wir setzen

$$\sum_{k=2}^{M-1} \left(e^{-\nu + \frac{\varepsilon_k}{kT}} - 1\right)^{-1} = f(V) \tag{XII 198}$$

und haben dann

$$\lim_{V \to \infty} V^{-1}(e^{-\nu} - 1)\, f(V) = 0\,. \tag{XII 199}$$

Ferner schreiben wir

$$2\pi \left(\frac{2\,m}{h^2}\right)^{3/2} \int_{\varepsilon_M}^{\infty} \varepsilon^{1/2} \left(e^{-\nu + \frac{\varepsilon}{kT}} - 1\right)^{-1} d\varepsilon = \lambda^{-3}\, g'(\nu) + \varphi(V)\,, \tag{XII 200}$$

wo

$$\lim_{V \to \infty} \varphi(V) = 0 \tag{XII 201}$$

ist. Da wir jetzt nur den Fall $0 \leqq -\nu \ll 1$ betrachten, können wir $e^{-\nu}$ entwickeln und mit dem linearen Gliede abbrechen. Dann wird

$$-\nu \bar N = 1 - \nu \lambda^{-3} \bar N v\, g'(\nu) - \nu[f(V) + \varphi(V)]\,. \tag{XII 202}$$

Führen wir hier die Entwicklung (XII 195) ein, so erhalten wir mit (XII 197)

$$\nu \bar N = -1 + \frac{\nu \bar N v}{\lambda^3}\left[\frac{\lambda^3}{v_c} - 3{,}54(-\nu)^{1/2}\right] + \nu f(V) + \nu \varphi(V)\,. \tag{XII 203}$$

Man sieht nun leicht, daß für $\nu = 0$ (d. h. $\mu/kT = 0$, $V \to \infty$) nicht $v > v_c$ sein kann. Schreiben wir nämlich mit der Annahme $v > v_c$ Gl. (XII 203) in der Form

$$\bar\varrho\left(1 - \frac{v}{v_c}\right) = -(V\nu)^{-1} - 3{,}54\, \lambda^{-3}(-\nu)^{1/2} + V^{-1} f(V) + V^{-1}\varphi(V)\,, \tag{XII 204}$$

so steht auf der linken Seite eine negative endliche Größe. Setzen wir nun $\mu/kT = 0$, so verschwinden beim Grenzübergang $V \to \infty$ auf der rechten Seite der zweite und der letzte Term, während die beiden anderen positiven Grenzwerten (mit Einschluß von Null) zustreben. Die Gleichung ist daher nicht mehr erfüllt und die Behauptung bewiesen. Es folgt, daß bei gegebener Temperatur v_c das mittlere Volumen pro Molekül ist, für welches (bei dem unendlich großen System) $\nu = 0$ bzw. $Z = Z^*$ wird. Die entscheidende Frage ist nun, wie ν gegen Null geht, wenn wir für $\mu/kT = 0$ zur Grenze $V \to \infty$ übergehen. Führen wir diesen Grenzübergang in Gl. (XII 203) aus, so verschwindet auf der rechten Seite der letzte Term, während der vorletzte einem negativen endlichen Grenzwert zustrebt und $v \to v_c$ geht. Es folgt daher

$$-\nu = O\left(\bar N^{-2/3}\right)\,. \tag{XII 205}$$

Wir betrachten jetzt die Ableitungen des thermodynamischen Potentials PV nach μ an der Stelle $\mu = 0$. Aus Gl. (XII 203) haben wir

$$\frac{1}{V}\frac{\partial(PV)}{\partial\mu} = \bar\varrho = \lambda^{-3} g'(0) - 3{,}54\,\lambda^{-3}(-\nu)^{1/2} - (V\nu)^{-1} + V^{-1}[f(V) + \varphi(V)]\,. \tag{XII 206}$$

Mit Benutzung der Gl. (XII 197), (XII 198) und (XII 205) folgt daraus

$$\bar\varrho = v_c^{-1} - O\left(\bar N^{-1/3}\right)\,. \qquad (\mu/kT = 0,\ V \to \infty) \tag{XII 207}$$

Es wird somit

$$\lim_{V \to \infty} \bar\varrho = v_c^{-1} \qquad (\mu/kT = 0) \tag{XII 208}$$

in Übereinstimmung mit dem früheren Resultat. Durch Differentiation der Gl. (XII 207) erhält man in analoger Weise

$$\frac{\partial \bar{\varrho}}{\partial \mu} = O(\bar{N}^{1/3}) \qquad (\mu/kT = 0,\ V \to \infty) \qquad \text{(XII 209)}$$

$$\frac{\partial^2 \varrho}{\partial \mu^2} = O(\bar{N}) \qquad (\mu/kT = 0,\ V \to \infty) \qquad \text{(XII 210)}$$

und allgemein

$$\frac{1}{V} \frac{\partial^n (PV)}{\partial \mu^n} = O(\bar{N}^{1/3(2n-3)}) \qquad (\mu/kT = 0,\ V \to \infty,\ n \geqq 2) . \qquad \text{(XII 211)}$$

Bisher haben wir lediglich die Isothermen der EINSTEIN-Kondensation betrachtet. Aus Gl. (XII 183) bzw. (XII 197) sieht man, daß die Umwandlung sich auch erreichen läßt, indem man bei vorgegebener Fugazität bzw. vorgegebenem Volumen die Temperatur erniedrigt. Man kann also (für das unendlich große System) eine Umwandlungstemperatur T_c definieren durch

$$T_c = \frac{h^2}{2mk} Z^{2/3} \qquad \text{(XII 212)}$$

oder

$$T_c = \frac{h^2}{2\pi m k} (2,61\,v)^{-2/3} . \qquad \text{(XII 213)}$$

In Verbindung mit Gl. (XII 197) ergibt sich daraus die bemerkenswerte Beziehung (für $T \geqq T_c,\ v \geqq v_c$)

$$\left[\frac{T}{T_c(v)}\right]^{3/2} = \frac{v}{v_c(T)} = 2,61 \left(\frac{2\pi m kT}{h^2}\right)^{3/2} . \qquad \text{(XII 214)}$$

Für einen durch T und v gegebenen Zustand des Gases ist also das Verhältnis der Temperatur zur Umwandlungstemperatur bei dem betreffenden Volumen, zur Potenz $\frac{3}{2}$ erhoben, gleich dem Verhältnis des Volumens zu dem Umwandlungsvolumen bei der betreffenden Temperatur.

Für $T \leqq T_c$ gilt eine einfache Beziehung zwischen der Temperatur und dem Bruchteil der Teilchen, der sich im Grundzustand befindet[1]. Wir schreiben zunächst die Gl. (XII 202) mit Benutzung von (XII 184) in der Form

$$\bar{N} = \bar{N}_1 + V \lambda^{-3} g'(v) + f(V) + \varphi(V) . \qquad \text{(XII 215)}$$

Mit (XII 197) wird daraus

$$1 = \frac{\bar{N}_1}{\bar{N}} + \frac{v}{v_c} \frac{g'(v)}{g'(0)} + \bar{N}^{-1}[f(V) + \varphi(V)] . \qquad \text{(XII 216)}$$

Gehen wir an der Stelle $\mu/kT = 0$ zur Grenze $V \to \infty$ über, so verschwinden die beiden letzten Terme[2], und es wird zunächst

$$\lim_{V \to \infty} \frac{\bar{N}_1}{\bar{N}} = 1 - \frac{v}{v_c} . \qquad (v \leqq v_c) \qquad \text{(XII 217)}$$

Mit Gl. (XII 214) folgt dann

$$\lim_{V \to \infty} \frac{\bar{N}_1}{\bar{N}} = 1 - \left(\frac{T}{T_c}\right)^{3/2} . \qquad (T \leqq T_c) \qquad \text{(XII 218)}[3]$$

---

[1] LONDON, F.: Physic. Rev. **54**, 947 (1938).

[2] Das folgt aus Gl. (XII 205). Die allgemeinere Formulierung bei der Diskussion der Gl. (XII 204) war notwendig, weil hier Gl. (XII 205) noch nicht zur Verfügung stand.

[3] Da sich im Rahmen der großen kanonischen Gesamtheit Temperaturen $T < T_c$ nicht definieren lassen (s. weiter unten), gilt die obige Ableitung streng nur für $T = T_c$. Der Beweis, daß Gl. (XII 218) auch für $T < T_c$ korrekt ist, erfordert die Benutzung der kleinen kanonischen Gesamtheit. Vgl. die analogen Verhältnisse bei (XII 231) und (XII 232).

Wir betrachten jetzt die mittlere Energie des BOSE-EINSTEIN-Gases und ihre Abhängigkeit von der Temperatur. Aus der Theorie der großen Verteilungsfunktion [Gl. (VII 38)] folgt allgemein

$$E = kT^2 \left[\frac{\partial(PV/kT)}{\partial T} \right]_{V, \frac{\mu}{T}}. \tag{XII 219}$$

Für $T > T_c$ kann diese Gleichung unmittelbar mit Hilfe von Gl. (XII 172) ausgewertet werden. Man erhält dann

$$E = \tfrac{3}{2} kTV \lambda^{-3} g(\nu). \tag{XII 220}$$

Zu dem gleichen Ausdruck gelangt man auch durch Anwendung des Virialsatzes Gl. (VI 164). Für die Ableitungen der mittleren Energie nach der Temperatur bei konstantem μ/T ergibt sich

$$\left(\frac{\partial E}{\partial T} \right)_{V, \frac{\mu}{T}} = \frac{15}{4} kV \lambda^{-3} g(\nu) \tag{XII 221}$$

und

$$\left(\frac{\partial^2 E}{\partial T^2} \right)_{V, \frac{\mu}{T}} = \frac{45}{8} kT^{-1}V \lambda^{-3} g(\nu). \tag{XII 222}$$

Aus Gl. (XII 219) sieht man, daß die mittlere Energie bei konstantem μ/T mit $T^{5/2}$ abnimmt. Es ist bemerkenswert, daß dies, wie man anhand der Formeln des § 7.2 leicht feststellt, auch für das klassische ideale Gas gilt. Dagegen ist die Temperaturabhängigkeit der mittleren Energie in beiden Fällen verschieden, wenn an Stelle der Größe μ/T das Volumen pro Molekül konstant gehalten wird. Wir wollen die ziemlich umständliche Umrechnung auf die unabhängige Variable v hier nicht durchführen und notieren lediglich das Ergebnis. Man erhält

$$E = \tfrac{3}{2} NkT(1 - 0{,}177\,\lambda^3 v^{-1} - 0{,}003\,\lambda^6 v^{-2} - \cdots) \tag{XII 223}$$

$$\left(\frac{\partial E}{\partial T} \right)_{N, V} = \frac{3}{2} Nk(1 + 0{,}088\,\lambda^3 v^{-1} + 0{,}007\,\lambda^6 v^{-2} + \cdots) \tag{XII 224}$$

$$\left(\frac{\partial^2 E}{\partial T^2} \right)_{N, V} = -\frac{3}{2} NkT^{-1}(0{,}133\,\lambda^3 v^{-1} + 0{,}02\,\lambda^6 v^{-2} + \cdots). \tag{XII 225}$$

Für $T \leqq T_c$ muß wieder eine genauere Untersuchung durchgeführt werden, bei der wir von Gl. (XII 166) auszugehen haben. Mit Gl. (XII 219) folgt daraus zunächst

$$E = \sum_k \varepsilon_k \left(e^{-\nu + \frac{\varepsilon_k}{kT}} - 1 \right)^{-1}. \tag{XII 226}$$

Diese Gleichung schreiben wir in Analogie zu (XII 188)

$$E/V = V^{-1} \left[\varepsilon_1(e^{-\nu} - 1)^{-1} + \sum_{k=2}^{M-1} \varepsilon_k \left(e^{-\nu + \frac{\varepsilon_k}{kT}} - 1 \right)^{-1} + \right.$$
$$\left. + 2\pi \left(\frac{2m}{h^2} \right)^{3/2} V \int_{\varepsilon_M}^{\infty} \varepsilon^{3/2} \left(e^{-\nu + \frac{\varepsilon}{kT}} - 1 \right)^{-1} d\varepsilon \right]. \tag{XII 227}$$

Wir setzen nun

$$2\pi \left(\frac{2m}{h^2} \right)^{3/2} V \int_{\varepsilon_M}^{\infty} \varepsilon^{3/2} \left(e^{-\nu + \frac{\varepsilon_k}{kT}} - 1 \right)^{-1} d\varepsilon = \frac{3}{2} \frac{kTV}{\lambda^3} g(\nu) + \varphi^*(V), \tag{XII 228}$$

wo

$$\lim_{V \to \infty} \varphi^*(V) = 0 \qquad \text{(XII 229)}$$

ist. Dann wird aus (XII 227)

$$E/V = V^{-1}\left[\varepsilon_1(e^{-\nu} - 1)^{-1} + \sum_{k=2}^{M-1} \varepsilon_k \left(e^{-\nu + \frac{\varepsilon_k}{kT}} - 1\right)^{-1} + \tfrac{3}{2}kTV\lambda^{-3}g(\nu) + \varphi^*(V)\right]. \qquad \text{(XII 230)}$$

Gehen wir zur Grenze über, so folgt für $T > T_c$ (da dann $\nu < 0$ ist) wieder Gl. (XII 220). Für $T = T_c$ wird beim Grenzübergang nach Gl. (XII 212) $\nu = 0$, und es folgt

$$\lim_{V \to \infty} E/V = \frac{3}{2}kT_c\lambda^{-3}g(0) = \frac{3}{2}\cdot 1{,}34\,kT_c\left(\frac{2\pi mkT_c}{h^2}\right)^{3/2}. \qquad \text{(XII 231)}$$

Der Wert von T_c muß dabei aus Gl. (XII 212) oder (XII 213) definiert werden. Für gegebenes Z können Temperaturen $T < T_c$ nach Gl. (XII 212) grundsätzlich nicht erreicht werden, weil Z jeweils für T_c einen maximalen Wert erreicht, der nicht überschritten werden kann[1]. Wohl aber ist dies möglich, wenn v als unabhängige Variable gewählt wird, da hier eine derartige Beschränkung nicht existiert. In diesem Falle muß jedoch der Grenzübergang mit Hilfe der kleinen kanonischen Gesamtheit durchgeführt werden[2, 3]. Man erhält

$$\lim_{N, V \to \infty} E/V = \frac{3}{2}\cdot 1{,}34\,kT\left(\frac{2\pi mkT}{h^2}\right)^{3/2}. \qquad \text{(XII 232)}$$

Dieser Ausdruck schließt sich, wie es sein muß, stetig an (XII 231) an. Mit dem Einsetzen der EINSTEIN-Kondensation hängt somit die Energiedichte nur noch von der absoluten Temperatur ab. Sie bleibt daher bei einer isothermen Kompression konstant.

Das Verhalten der Ableitungen von E nach der Temperatur hängt wieder davon ab, welche Zustandsvariablen konstant gehalten werden. Da für alle Umwandlungstemperaturen $\mu/kT = 0$ ist, folgt, daß man durch Abkühlung bei konstantem μ/T überhaupt keine Umwandlung erreicht. Die Funktion $E = E(T)_{\mu/T}$ ist also stets regulär und liefert keine Aussagen über die Umwandlungstemperatur der EINSTEIN-Kondensation. Dieses zunächst etwas befremdende Ergebnis erklärt sich dadurch, daß, wie wir hier nicht beweisen wollen, die Abhängigkeit der Größe μ/T von T und v durch eine Gleichung der Form

$$\frac{\mu}{T} = f(\lambda^3 v^{-1}) \qquad \text{(XII 233)}$$

gegeben ist. Da aber nach Gl. (XII 214) im Umwandlungspunkt $\lambda^3 v^{-1} = 2{,}61$ ist, kann derselbe durch Abkühlung bei konstantem μ/T niemals erreicht werden. Um die Änderung der Energie mit der Temperatur bei konstantem Volumen

---

[1] Wir kommen auf diesen Punkt weiter unten zurück.

[2] GROOT, S. R. DE, G. J. HOOYMAN u. C. A. TEN SELDAM: Proc. Roy. Soc. (London) A **203**, 266 (1950).

[3] Die Ansicht von LANDSBERG (s. S. 441), daß die Rechnungen von DE GROOT u. Mitarb. implizit auf der großen kanonischen Gesamtheit basieren, ist unzutreffend und wohl durch den oben erwähnten unkorrekten Grenzübergang zu erklären. Allerdings ist das von DE GROOT u. Mitarb. als Ausgangspunkt benutzte Verteilungsgesetz (IV 39) im Rahmen der kanonischen Gesamtheit für endliche Systeme zweifellos nicht korrekt. (Für diesen Hinweis bin ich Herrn Dr. LANDSBERG zu Dank verpflichtet.)

zu untersuchen, schreiben wir zunächst die Gl. (XII 232) mit Benutzung von (XII 213)

$$\bar{\varepsilon} = \frac{3}{2}\,\frac{1{,}34}{2{,}61}\,kT\left(\frac{T}{T_c}\right)^{3/2}.$$

(XII 234)

Da für gegebenes Volumen und gegebene Teilchenzahl T_c eine Konstante ist, folgt daraus

$$\left(\frac{\partial \bar{\varepsilon}}{\partial T}\right)_{N,\,V} = 1{,}93\,k\left(\frac{T}{T_c}\right)^{3/2}\qquad (T \leqq T_c)$$

(XII 235)

und

$$\left(\frac{\partial^2 \varepsilon}{\partial T^2}\right)_{N,\,V} = 2{,}89\,kT^{-1}\left(\frac{T}{T_c}\right)^{3/2}.\qquad (T \leqq T_c)$$

(XII 236)

Der Vergleich dieser Beziehungen mit den Gl. (XII 223)—(XII 225) zeigt, daß bei konstantem Volumen und konstanter Teilchenzahl für $T = T_c\ \bar{\varepsilon}$ und $\partial\bar{\varepsilon}/\partial T$ stetig sind, während $\partial^2\bar{\varepsilon}/\partial T^2$ eine endliche Unstetigkeit besitzt.

Es bleibt jetzt noch die Frage zu erörtern, wie sich die EINSTEIN-Kondensation im Rahmen der in § 7.6 entwickelten allgemeinen Theorie der Phasenumwandlungen darstellt[1]. Wir haben dort zwar die Gültigkeit der halbklassischen Näherung vorausgesetzt; die hier wesentlichen Gesichtspunkte lassen sich aber ohne weiteres auf die Quantenstatistik übertragen. Als Grundlage der Einordnung benutzen wir das EHRENFESTsche Schema, wobei wir aber mit der durch die statistische Deutung gegebenen Möglichkeit von Zwischentypen rechnen müssen. In jedem Falle ist es notwendig, von einem thermodynamischen Potential auszugehen, welches zwei intensive Parameter als unabhängige Variable hat. Unter diesem Gesichtspunkt besitzt daher das oben besprochene Verhalten der Molekülwärme bei konstantem Volumen, das in manchen neueren Arbeiten[2, 3] stark in den Vordergrund gerückt wird, nur geringe Bedeutung. Insbesondere ist die daraus abgeleitete Bezeichnung der EINSTEIN-Kondensation als Umwandlung III. Ordnung[4] unkorrekt[5]. Da wir die Theorie auf der Grundlage der großen kanonischen Gesamtheit entwickelt haben und somit als unabhängige Variable T und μ bzw. Z benutzen, können wir unmittelbar die Einordnung in das EHRENFESTsche Schema ableiten.

Wir betrachten zunächst noch einmal die Isothermen. Die P–Z-Isothermen des idealen BOSE-EINSTEIN-Gases sind durch Gl. (XII 175) gegeben. Sie brechen jeweils im Punkte

$$P = 1{,}34\,kT\,\lambda^{-3}$$

(XII 237)

ab, in dem die EINSTEIN-Kondensation einsetzt. Die Umwandlungspunkte liegen auf einer Kurve, als deren Gleichung sich aus (XII 183) und (XII 237)

$$P = 1{,}34\,\frac{h^2}{2\pi m}\,Z^{5/3}$$

(XII 238)

ergibt. Die P–v-Isothermen lassen sich nach den früher erwähnten Methoden ohne Schwierigkeit berechnen. In Abb. 69 ist eine solche Isotherme sowie eine

---

[1] MÜNSTER, A.: Z. Physik **144**, 197 (1956).

[2] GROOT, S. R. DE, G. J. HOOYMAN u. C. A. TEN SELDAM: Proc. Roy. Soc. (London) A **203**, 266 (1950).

[3] LANDSBERG, P. T.: Proc. Cambridge Phil. Soc. **50**, 65 (1954).

[4] HAAR, D. TER: Elements of Statistical Mechanics. New York 1954.

[5] Das ergibt sich schon daraus, daß C_p (die Molekülwärme bei konstantem Druck) im Umwandlungspunkt Unendlich wird [L. GOLDSTEIN: J. Chem. Phys. **14**, 276 (1946)]. Andererseits zeigt für die Entmischung einer binären Lösung, also eine typische Umwandlung I. Ordnung, die $C_v(T)$-Kurve die charakteristische Gestalt eines λ-Punktes [K. FUCHS: Proc. Roy. Soc. (London) A **179**, 340 (1942)].

Isotherme des klassischen idealen Gases für die gleiche Temperatur dargestellt. Man sieht, daß die Kurve des idealen Bose-Einstein-Gases in der Tat eine auffallende Ähnlichkeit mit der Isotherme eines realen Gases in der Umgebung des Kondensationspunktes hat. Zwei wesentliche Unterschiede sind jedoch hervorzuheben. Einmal brechen die Isothermen des idealen Bose-Einstein-Gases mit dem horizontalen Stück ab; es fehlt der der flüssigen Phase entsprechende Zweig. Zum anderen erfolgt die Annäherung an den horizontalen Verlauf stetig, während sie bei realen Gasen, jedenfalls in einiger Entfernung vom kritischen Punkt, unstetig ist. Als Gleichung der Kurve, auf der im $P-v$-Diagramm die Umwandlungspunkte liegen, ergibt sich aus den Gl. (XII 197) und (XII 237)

$$P = 1{,}34\,\frac{h^2}{2\,\pi\,m}\,(2{,}61\,v)^{-5/3}\,. \qquad \text{(XII 239)}$$

Diese Kurve ist ebenfalls in Abb. 69 dargestellt.

Da nach der allgemeinen Theorie des § 7.6 die Umwandlungen eine spezielle Art von Schwankungserscheinungen darstellen, haben wir diese jetzt für den Umwandlungspunkt zu untersuchen. Für das mittlere relative Schwankungsquadrat der molekularen Dichte ergibt sich aus den Gl. (VII 32) und (XII 209)

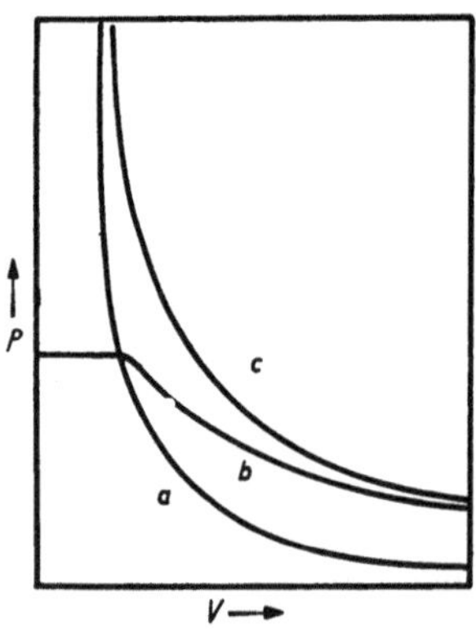

Abb. 69. Kurve *a:* Grenzkurve der Einstein-Kondensation; Kurve *b:* Isotherme des idealen Bose-Einstein-Gases; Kurve *c:* Isotherme des klassischen idealen Gases für die gleiche Temperatur wie Kurve *b* [entnommen aus: D. ter Haar: Elements of Statistical Mechanics, S. 211. New York 1954]

$$\frac{\overline{(\varrho - \bar{\varrho})^2}}{\bar{\varrho}^2} = O(\bar{N}^{-2/3})\,. \qquad (\mu/kT = 0,\ V \to \infty) \qquad \text{(XII 240)}$$

Ferner ist nach Gl. (XII 209)

$$\lim_{V \to \infty} \frac{\partial \mu}{\partial \bar{\varrho}} = 0\,. \qquad \text{(XII 241)}$$

An der Stelle $\mu/kT = 0$ bzw. $Z = Z^*$ wird somit die Grenze des Stabilitätsbereiches erreicht. Das relative mittlere Schwankungsquadrat der molekularen Dichte verschwindet zwar für $\bar{N} \to \infty$, aber von kleinerer Ordnung als $\bar{N}^{-1}$. Nach § 7.6 bedeutet dies, daß es sich um eine Phasenumwandlung handelt, bei welcher zu der ursprünglichen Phase benachbarte Phasen (d. h. Phasen, die sich von der ursprünglichen beliebig wenig unterscheiden) gebildet werden. Daraus folgt unmittelbar, daß zwischen den koexistierenden Phasen keine endliche Grenzflächenspannung bestehen kann. Wir können daher das dem horizontalen Stück der $P-v$-Isothermen entsprechende Zustandsgebiet als „quasi-heterogenes Gebiet" bezeichnen. Es ist erwähnenswert, daß die Möglichkeit eines Gleichgewichtes zwischen benachbarten Phasen bereits von Gibbs[1] bemerkt wurde, der sie jedoch als unwahrscheinlich betrachtet und nicht weiter untersucht hat. Schließlich muß hier nochmals erwähnt werden, daß die $P-v$-Isothermen mit horizontaler Tangente in den Umwandlungspunkt einmünden und entsprechend $\partial \varrho/\partial \mu$ sich stetig dem Wert Unendlich nähert. Dies stimmt überein mit dem Ergebnis, das man aus der Theorie der gewöhnlichen Kondensation für den als (α') bezeichneten Fall $\sum_k \beta_k y^k = 1$ erhält. Das daraus von J. E. Mayer und Mitarbeitern[2, 3] abgeleitete Bild der „anomalen Umwandlung I. Ordnung" unterhalb des kritischen Punktes entspricht in allen Einzelheiten den oben angeführten Tatsachen. Während aber bei der gewöhnlichen Kondensation die

[1] Gibbs, J. W.: On the Equilibrium of Heterogenous Substances. Collected Works, Bd. II, S. 106. New Haven 1948.

[2] Mayer, J. E., u. S. F. Harrison: J. Chem. Phys. 6, 87 (1938).

[3] Mayer, J. E., u. S. F. Streeter: J. Chem. Phys. 7, 1019 (1939).

Frage einer anomalen Umwandlung I. Ordnung weder theoretisch noch experimentell abschließend geklärt ist[1,2], kann ihr Auftreten für das ideale BOSE-EINSTEIN-Gas theoretisch streng bewiesen werden.

Wir haben jetzt noch die Schwankungen der Energiedichte zu betrachten. Die Gl. (VII 316), bei deren Ableitung das Äquipartitionstheorem benutzt wurde, muß für die Quantenstatistik naturgemäß in der Form

$$\frac{\overline{(E/V - \bar{E}/V)^2}}{(\bar{E}/V)^2} = \frac{kT^2}{V(\bar{E}/V)^2}\left(\frac{\partial(\bar{E}/V)}{\partial T}\right)_{\frac{\mu}{T}} \tag{XII 242}$$

geschrieben werden. Aus Gl. (XII 230) erhalten wir

$$\left(\frac{\partial(\bar{E}/V)}{\partial T}\right)_{\frac{\mu}{T}} = \frac{\varepsilon_1^2}{VkT^2(e^{-\nu}-1)^2} + \sum_{k=2}^{M-1}\frac{\varepsilon_k^2}{VkT^2\left(e^{-\nu+\frac{\varepsilon_k}{kT}}-1\right)} + $$
$$+ \frac{15}{4}k\lambda^{-3}g(\nu) + \frac{1}{V}\frac{\partial\varphi^*(V)}{\partial T}. \tag{XII 243}$$

Setzen wir dies in Gl. (XII 242) ein und gehen an der Stelle $\mu/kT = 0$ zur Grenze über, so folgt

$$\frac{\overline{(E/V - \bar{E}/V)^2}}{(\bar{E}/V)^2} = O(\bar{N}^{-1}). \tag{XII 244}$$

Das mittlere relative Schwankungsquadrat der Energiedichte verschwindet somit im Umwandlungspunkt wie $\bar{N}^{-1}$, d. h. von der gleichen Ordnung wie im homogenen Gebiet. Dieses Ergebnis scheint auf den ersten Blick der allgemeinen Theorie zu widersprechen, bildet aber tatsächlich eine Bestätigung derselben. Aus Gl. (XII 232) folgt nämlich, daß alle koexistierenden Phasen die gleiche Energiedichte besitzen. Unter diesen Umständen kann daher, wenn die Verknüpfung von Phasenumwandlungen und Schwankungserscheinungen, welche die Grundlage der allgemeinen Theorie bildet, richtig ist, hier im Umwandlungspunkt keine zusätzliche Schwankung der Energiedichte auftreten. Es handelt sich dabei um eine spezielle Eigentümlichkeit der EINSTEIN-Kondensation.

Das vorstehende Ergebnis läßt sich noch auf einem anderen Wege ableiten. Da bei der anomalen Umwandlung I. Ordnung benachbarte Phasen gebildet werden, läßt sich darauf die generalisierte CLAUSIUS-CLAPEYRONsche Gleichung (VII 307) anwenden, wenn man den Differenzenquotienten auf der rechten Seite durch einen Differentialquotienten ersetzt. Wir haben also

$$\frac{d(\mu^*/T_c)}{d(1/T_c)} = -\left(\frac{\partial(E/V)}{\partial\varrho}\right)_{T,\frac{\mu}{T}} \tag{XII 245}$$

und

$$\frac{d\mu^*}{dT_c} = -\left(\frac{\partial(S/V)}{\partial\varrho}\right)_{T,\mu}, \tag{XII 246}$$

wo S die Entropie bezeichnet. Da für alle T_c $\mu^*/T_c = 0$ ist, verschwindet in beiden Gleichungen die linke Seite und es folgt für das quasi-heterogene Gebiet

$$\left.\begin{array}{l} E/V = \text{const} \\ S/V = \text{const} \end{array}\right\} \text{ für } T = \text{const}. \tag{XII 247}$$

Die letztere Beziehung, nach der alle koexistierenden Phasen die gleiche Entropiedichte besitzen, läßt sich ebenfalls leicht direkt bestätigen. Durch Integration

---

[1] MAYER, J. E.: Comptes Rendus IIième Réunion «Changements de Phases». Paris 1952.
[2] BAEHR, H. D.: Der kritische Zustand und seine Darstellung durch die Zustandsgleichung Mainz 1953.

von Gl. (XII 235) findet man nämlich (da die Entropie am absoluten Nullpunkt, wo sich alle Moleküle im untersten Quantenzustand befinden, Null ist)

$$S/N = \int_0^T \frac{C_v}{T}\, dT = 1{,}29 \left(\frac{T}{T_c}\right)^{3/2} \qquad (T \leqq T_c) \qquad \text{(XII 248)}$$

und daraus mit Gl. (XII 213)

$$S = 3{,}36\, k \left(\frac{2\pi m k T}{h^2}\right)^{3/2} V \qquad \text{(XII 249)}$$

in Übereinstimmung mit Gl. (XII 247).

Schließlich ist noch eine spezielle Eigenschaft der EINSTEIN-Kondensation die Tatsache, daß die Grenze des quasi-heterogenen Gebietes mit der Grenze des Zustandsfeldes zusammenfällt. Da das quasi-heterogene Gebiet in einer Darstellung mit zwei intensiven Parametern zu einer Linie (der Koexistenzkurve) entartet (vgl. § 7.6), ergibt sich unmittelbar, daß die P–Z-Isothermen bei der Fugazität Z^* enden und die diese Endpunkte verbindende Koexistenzkurve (XII 238) das Zustandsfeld begrenzt. Das Verhalten im quasi-heterogenen Gebiet kann also, wie erwähnt, in dieser Darstellung nicht erfaßt werden.

Der hier verwendete Phasenbegriff, der gewissermaßen auf einem Grenzübergang beruht, erscheint zunächst sehr formal. Tatsächlich ist der Begriff benachbarter Phasen in der Thermodynamik durchaus geläufig bei der Behandlung von Systemen in äußeren Feldern (z. B. Gravitationsfeld)[1]. Allerdings liegen hier die Verhältnisse insofern einfacher, als einmal die Phasen (durch die Wirkung des Feldes) räumlich getrennt sind, zum anderen das Potential des Feldes als zusätzliche Variable auftritt, die für jede Phase einen anderen Wert besitzt. Wir betrachten diese beiden Punkte kurz für die EINSTEIN-Kondensation.

Da wir weder Grenzflächenspannung noch äußeres Feld haben, sind die Phasen räumlich nicht getrennt. Ein Punkt in dem horizontalen Stück der P–v-Isothermen repräsentiert, wie im Falle der gewöhnlichen Kondensation, das Gemisch der koexistierenden Phasen, welches die Dichte v^{-1} besitzt. Gleichzeitig stellt er aber auch die reine Phase der Dichte v^{-1} dar. Dieselbe ist makroskopisch durch diese Dichte, in atomarer Beschreibung durch den Bruchteil der im Grundzustand befindlichen Teilchen nach Gl. (XII 217) charakterisiert. Dieser Sachverhalt hat zur Folge, daß das System sich im quasi-heterogenen Gebiet ohne Einführung von zusätzlichen Variablen (d. h. in gleicher Weise wie das homogene System) thermodynamisch beschreiben läßt (vgl. dazu § 7.6). Andererseits ist die Beschreibung mit Hilfe des Phasenbegriffes konsistent durchführbar, wie wir bereits am Beispiel der CLAUSIUS-CLAPEYRONschen Gleichung gezeigt haben. Insbesondere bedeutet die Koexistenz von unendlich vielen benachbarten Phasen keinen Widerspruch zur Phasenregel[2]. Diese folgt bekanntlich aus der Gültigkeit der GIBBS-DUHEMschen Gleichung für jede Phase. Wir haben hier also ein System von unendlich vielen Gleichungen der Form

$$(S/V)'\, dT - dP + \varrho'\, d\mu = 0$$
$$(S/V)''\, dT - dP + \varrho''\, d\mu = 0 \qquad \text{(XII 250)}$$
$$\cdot \ \cdot \ \cdot \ \cdot \ \cdot \ \cdot \ \cdot \ \cdot \ \cdot \ \cdot \ \cdot$$

wo die Striche die verschiedenen Phasen bezeichnen. Der letzte Term der rechten Seite verschwindet, da im quasi-heterogenen Gebiet für alle Temperaturen

---

[1] Vgl. z. B. E. A. GUGGENHEIM: Thermodynamics. Amsterdam 1950.

[2] Für das oben erwähnte Beispiel eines Systems im Gravitationsfeld tritt dieses Problem infolge der zusätzlichen Variablen nicht auf.

$\mu = 0$ ist. Wegen Gl. (XII 247) reduziert sich daher das System auf die eine Gleichung

$$\frac{dP}{dT} = \frac{S}{V}, \qquad\qquad \text{(XII 251)}$$

welche die Temperaturabhängigkeit des „Sättigungsdruckes" bestimmt. Sie stellt die CLAUSIUS-CLAPEYRONsche Gleichung der EINSTEIN-Kondensation dar. Das Ergebnis läßt sich naturgemäß auch unmittelbar mit Hilfe der oben benutzten Überlegung ableiten. Die vorstehende Ableitung zeigt jedoch, daß hier keine Beschränkung in bezug auf die Zahl der koexistierenden Phasen besteht.

Wir können also zusammenfassend feststellen, daß es sich bei der EINSTEIN-Kondensation um eine anomale Umwandlung I. Ordnung handelt, die im besonderen dadurch charakterisiert ist, daß jenseits des heterogenen Gebietes kein zweites homogenes Gebiet existiert und daß die koexistierenden Phasen die gleiche Energie- und Entropiedichte besitzen. Diese Aussagen gelten indessen nur für das Eigenwertspektrum der Gl. (XII 168). Es sind auch verschiedene andere Fälle untersucht worden[1-3]. Wir können aber darauf hier nicht näher eingehen und begnügen uns mit einigen Bemerkungen über die Ergebnisse für den Fall eines n-dimensionalen kubischen Volumens. Für $n < 3$ findet man, daß der Umwandlungspunkt an den Rand des Zustandsfeldes rückt. Das horizontale Stück der $P-v$-Isothermen degeneriert hier zu einem Punkt. Die Dichte wird im Umwandlungspunkt Unendlich[4]. Für $n > 3$ ergibt sich eine Umwandlung höherer Ordnung. Die Größe $(\partial^2 \varepsilon / \partial T^2)_{N,V}$ hat dann eine unendliche Unstetigkeit.

Wir haben die EINSTEIN-Kondensation verhältnismäßig ausführlich behandelt, weil sie einen der wenigen Fälle darstellt, in denen sich das Problem einer Umwandlung völlig explizit durchrechnen läßt. Sie ist daher besonders geeignet, das Zustandekommen einer Umwandlung und die in § 7.6 entwickelte allgemeine Theorie zu erläutern. Daneben besitzt die EINSTEIN-Kondensation aber noch ein spezielles physikalisches Interesse. Bekanntlich zeigt flüssiges Helium unter dem Gleichgewichtsdruck seines Dampfes bei 2,19 °K einen Umwandlungspunkt, unterhalb dessen das sog. Helium II mit seinen merkwürdigen physikalischen Eigenschaften (nahezu verschwindende Viscosität usw.) auftritt[5-7]. Die Molwärme bei konstantem Druck, deren Verlauf in Abb. 70 dargestellt ist, zeigt das

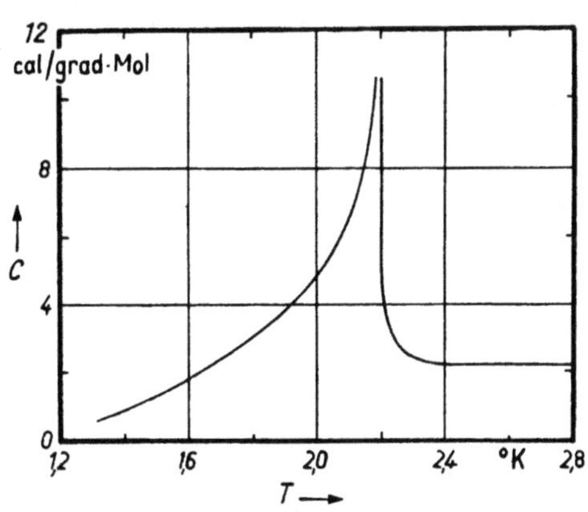

Abb. 70. Atomwärme des Heliums in der Umgebung des λ-Punktes [entnommen aus: E. A. GUGGENHEIM: Thermodynamics. New York 1950]

---

[1] GROOT, S. R. DE, G. J. HOOYMAN u. C. A. TEN SELDAM: Proc. Roy. Soc. (London) A 203, 266 (1950).

[2] LANDSBERG, P. T.: Proc. Cambridge Phil. Soc. 50, 65 (1954).

[3] MÜNSTER, A.: Z. Physik 144, 197 (1956).

[4] Die übliche Ausdrucksweise, daß für $n < 3$ keine EINSTEIN-Kondensation auftritt, ist also nicht ganz zutreffend und auch unzweckmäßig, weil das oben beschriebene Verhalten nichts zu tun hat mit den in § 7.7 behandelten Eigenschaften halbklassischer eindimensionaler Systeme.

[5] W. H. KEESOM, Helium, Amsterdam 1942.

[6] MENDELSOHN, K.: Rep. Progress. Phys. 12, 270 (1949).

[7] MAYER, L., u. W. BAND: Naturwiss. 36, 5 (1949).

typische Bild eines λ-Punktes. Es wurde zuerst von LONDON[1] vermutet, daß es sich bei dieser Umwandlung im wesentlichen um eine EINSTEIN-Kondensation handle[2]. Nun ist ohne weiteres klar, daß die in diesem Paragraphen entwickelte Theorie darauf nicht unmittelbar angewandt werden kann. Einmal haben wir die Rechnung für ein ideales Gas durchgeführt, während es sich bei dem λ-Punkt des Heliums um eine Umwandlung in der flüssigen Phase handelt, bei der zweifellos die zwischenmolekularen Kräfte eine Rolle spielen. Zum anderen ergibt die hier entwickelte Theorie eine anomale Umwandlung I. Ordnung, während es sich beim Helium offenbar um eine Umwandlung II. Ordnung handelt. Trotzdem ist es durchaus möglich, daß die LONDONsche Hypothese grundsätzlich richtig ist. Eine ausführlichere Diskussion dieser Frage würde jedoch über den Rahmen dieses Buches hinausgehen. Wir begnügen uns daher mit einem Hinweis auf einige neuere Arbeiten[3-5], in welchen das Problem mit Hilfe der statistischen Thermodynamik behandelt wird.

Kapitel XIII

Molekulare Verteilungsfunktionen realer Gase

§ 13.1*. Direkte Berechnung der molekularen Verteilungsfunktionen

Am Schluß von § 8.3 haben wir gezeigt, daß die molekularen Verteilungsfunktionen sich allgemein durch die cluster-Integrale II. Art des Normalzustandes ausdrücken lassen. Wählen wir als Normalzustand die unendliche Verdünnung $(Z \to \varrho \to 0)$, so geht nach Gl. (VIII 132) das in den cluster-Integralen auftretende Potential der Durchschnittskraft in das Potential der zwischenmolekularen Kräfte über. Innerhalb des Konvergenzkreises der betreffenden Entwicklungen ist daher im Prinzip eine direkte Berechnung der molekularen Verteilungsfunktionen möglich, wenn die zwischenmolekularen Kräfte bekannt sind. Praktisch kommt eine solche Berechnung allerdings nur für die Paar-Verteilungsfunktion im Gebiet mäßiger Drucke in Betracht.

Die allgemeinen Gleichungen leiten wir, wie in Kapitel XII, nicht aus den Entwicklungen des § 8.3, sondern auf einem weniger abstrakten Wege mit Hilfe der kanonischen Gesamtheit ab[6]. Den Ausgangspunkt bildet die Gl. (VIII 11), die wir nochmals anschreiben. Sie lautet

$$g^{(n)} = \frac{V^n}{Q_\tau} \int \cdots \int e^{-\frac{U}{kT}} d\mathbf{q}_{n+1} \ldots d\mathbf{q}_N . \tag{XIII 1}$$

Für die Rechnung machen wir die gleichen Voraussetzungen wie in § 12.1. Wir beschränken uns also auf den Fall einatomiger Moleküle. Zwischen den Molekülen sollen nur Kräfte kurzer Reichweite wirken, deren Potential nach Gl. (XI 16) in Paaren additiv ist. Schließlich sollen die Voraussetzungen für die Anwendbarkeit der halbklassischen Näherung erfüllt sein. Für die Zerlegung von U nach Gl. (XI 16) ist es hier zweckmäßig, die Moleküle des Satzes n durch einen besonderen Index $\varkappa$ zu kennzeichnen. Es ist also $n \geq \varkappa \geq 1$. Für die Moleküle

[1] LONDON, F.: Phys. Rev. **54**, 947 (1938).

[2] Das ^{4}He-Atom gehorcht der BOSE-EINSTEIN-Statistik, das ^{3}He-Atom der FERMI-DIRAC-Statistik. Das ^{3}He nimmt an dem reibungslosen Fließen des He II nicht teil, doch ist nicht sicher, ob dies mit der Statistik zusammenhängt (vgl. S. 453, Anm. 6).

[3] FEYNMAN, R. P.: Phys. Rev. **91**, 1291 (1953).

[4] CHESTER, G. V.: Phys. Rev. **93**, 1412 (1954).

[5] CHESTER, G. V.: Phys. Rev. **94**, 246 (1954).

[6] MAYER, J. E., u. E. W. MONTROLL: J. Chem. Phys. **9**, 2 (1941).

des Satzes $N - n$ verwenden wir die Indices i, j, k mit der Maßgabe $N \geq i > j \geq n + 1$, $N \geq k \geq n + 1$. Dann können wir schreiben

$$U = U^{(n)} + \sum_{N \geq i > j \geq n+1} u_{ij} + \sum_{\substack{N \geq k \geq n+1 \\ n \geq \varkappa \geq 1}} u_{\varkappa k} \,. \tag{XIII 2}$$

Der erste Term der rechten Seite hängt nur von dem Koordinatensatz $\mathbf{q}^{(n)}$ ab; der entsprechende Faktor des Integranden kann daher vor das Integralzeichen gezogen werden. Der verbleibende Teil des Integranden kann mit Hilfe der durch Gl. (XII 4) definierten f_{ij}-Funktionen auf die Form

$$\Pi(1 + f_{ij})\,(1 + f_{\varkappa k}) = \Sigma \Pi f_{ij} f_{\varkappa k} \tag{XIII 3}$$

gebracht werden. Damit wird aus Gl. (XIII 1)

$$g^{(n)} = \frac{V^n e^{-\frac{U^{(n)}}{kT}}}{Q_\tau^{(N)}} \int \cdots \int \Sigma \Pi f_{ij} f_{\varkappa k}\, d\mathbf{q}_{n+1} \ldots d\mathbf{q}_N \,. \tag{XIII 4}$$

Der Integrand stellt eine Summe von Produkten dar, von denen jedes, wie in § 12.1, durch ein Diagramm dargestellt werden kann. Ein solches Diagramm zerfällt auch hier wieder in einzelne cluster. Wir greifen nun aus dem Integranden ein spezielles Produkt heraus, in welchem die cluster, in denen Moleküle des Satzes n vorkommen, gleichzeitig L bestimmte Moleküle des Satzes $N - n$ enthalten. Es seien etwa γ cluster mit Molekülen des Satzes n in dem Produkt vorhanden, die wir durch die Laufzahl α mit $1 \leq \alpha \leq \gamma$ unterscheiden. Der cluster α enthält den Unter-Satz ν_α des Satzes n und gleichzeitig den Unter-Satz l_α des Satzes L. Wir fassen nun im Integranden alle cluster zusammen, welche den gleichen Unter-Satz ν_α und den gleichen Unter-Satz l_α enthalten. Dazu definieren wir cluster-Integrale II. Art durch

$$b_{l\nu} = \frac{1}{l!} \int \cdots \int \Sigma \Pi f_{ij} f_{\varkappa k}\, d\mathbf{q}_{n+1} \ldots d\mathbf{q}_{n+l} \tag{XIII 5}$$

mit den Spezialfällen für $l = 0$

$$b_{1,0} = 1 \,, \quad b_{\nu,0} = 0 \,. \qquad \text{(für } \nu > 1) \tag{XIII 6}$$

Die Summierung bezieht sich wie bei den gewöhnlichen cluster-Integralen auf die verschiedenen Herstellungsmöglichkeiten des clusters. Gl. (XIII 5) ist ein Spezialfall der allgemeinen Definition Gl. (VIII 148). Wir bilden nun weiter im Integranden die Summe über alle Produkte, für welche

$$\Sigma \nu_\alpha = n \,, \quad \Sigma l_\alpha = L \tag{XIII 7}$$

ist. In diesem Term läßt sich dann die Integration über den Koordinatensatz $\mathbf{q}^{(L)}$ als ein Produkt von cluster-Integralen II. Art darstellen. Die Integration über die Koordinaten der restlichen $N - n - L$ Moleküle ergibt dagegen einen vom Koordinatensatz $\mathbf{q}^{(n)}$ unabhängigen Faktor, der gleich ist der Verteilungsfunktion der potentiellen Energie eines Systems von $N - n - L$ Molekülen. Der Beitrag des betreffenden Terms zum Integral der Gl. (XIII 4) ist daher

$$Q_\tau^{(N-n-L)} \prod_{\gamma \geq \alpha \geq 1} l_\alpha!\, b_{l_\alpha \nu_\alpha} \,. \tag{XIII 8}$$

Der Term (XIII 8) kommt in dem Integral ebenso oft vor, wie es Möglichkeiten gibt, die Moleküle des Satzes $N - n$ auf die Unter-Sätze l_α zu verteilen. Die Zahl dieser Möglichkeiten ist

$$\frac{(N - n)!}{(N - n - L)!\, \Pi\, l_\alpha!} \,. \tag{XIII 9}$$

Für $n \ll N$, $L \ll N$ [1] erhalten wir mit Hilfe der STIRLINGschen Formel näherungsweise

$$\frac{(N-n)!}{(N-n-L)!} = N^L .$$

(XIII 10)

Ferner ist nach Gl. (VIII 68) und (VIII 110)

$$\frac{N^L Q_r^{(N-n-L)}}{Q_r^{(N)}} = \frac{Z^{L+n}}{N^n} .$$

(XIII 11)

Schreiben wir schließlich noch

$$\frac{v^n Z^{L+n}}{N^n} = (vZ)^n Z^L ,$$

(XIII 12)

so bekommen wir als Beitrag aller Terme (XIII 8) zu $g^{(n)}$

$$e^{-\frac{U^{(n)}}{kT}} \prod_\alpha b_{l_\alpha \nu_\alpha} (vZ)^n Z^L = e^{-\frac{U^{(n)}}{kT}} (vZ)^n \prod_\alpha b_{l_\alpha \nu_\alpha} Z^{l_\alpha} .$$

(XIII 13)

Um $g^{(n)}$ zu erhalten, muß dieser Ausdruck summiert werden einmal über alle möglichen Zerlegungen des Satzes n in Unter-Sätze und zum anderen über alle Werte von L. Dann ergibt sich

$$g^{(n)} = e^{-\frac{U^{(n)}}{kT}} \sum \prod_\alpha \left[(vZ)^{\nu_\alpha} \sum_{l \geqq 0} b_{l \nu_\alpha} Z^l \right] ,$$

(XIII 14)

wobei sich die erste Summierung auf die Zerlegungen des Satzes n in Unter-Sätze bezieht. Diese Gleichung läßt sich noch etwas übersichtlicher schreiben, wenn wir definieren

$$G_\nu = (vZ)^\nu \sum_{l \geqq 1} b_{l\nu} Z^l , \quad G_1 = \sum_{l \geqq 0} v b_{l1} Z^{l+1} .$$

(XIII 15)

Damit erhalten wir

$$g^{(n)} = e^{-\frac{U^{(n)}}{kT}} \sum \prod_\alpha G_{\nu_\alpha} .$$

(XIII 16)

Aus diesen Gleichungen ergibt sich noch eine bemerkenswerte Folgerung. Für Gase ist nach § 8.1 $g^{(1)} = 1$. Daraus folgt nach (XIII 16)

$$g^{(1)} = G_1 = 1 .$$

(XIII 17)

Der Vergleich von (XII 8) und (XIII 5) zeigt nun, daß

$$b_{l-1,1} = l b_l$$

(XIII 18)

ist. Es folgt daher in Verbindung mit (XIII 15) und (XIII 17)

$$\Sigma v l b_l Z^l = 1$$

(XIII 19)

in Übereinstimmung mit der Definitionsgleichung für Z (XII 56) bzw. (XII 106).

Die cluster-Integrale II. Art lassen sich, ähnlich wie die gewöhnlichen cluster-Integrale, auf einfachere Integrale zurückführen. Wir definieren dazu Funktionen

$$\beta_{m\nu} = \frac{1}{m!} \int \cdots \int \Sigma \Pi f_{ij} f_{\varkappa k} \, d\mathbf{q}_{n+1} \ldots d\mathbf{q}_{n+m} , \quad (\nu > 1)$$

(XIII 20)

wobei jetzt die Summe nur über solche Produkte zu erstrecken ist, bei denen jedes Molekül des Satzes m durch unabhängige Wege (d. h. Wege, die im Diagramm keinen Kreis und keinen Bindungsstrich gemeinsam haben) mit wenigstens

---

[1] Nach § 12.6 sind diese Voraussetzungen unterhalb des kritischen Punktes im Gebiete des homogenen Gases erfüllt. Im hyperkritischen Gebiet dürften sie etwa bis zur kritischen Dichte zulässig sein.

zwei Molekülen des Satzes v zusammenhängt. Die $\beta_{m\,v}$ bezeichnen wir als unreduzierbare cluster-Integrale II. Art[1]. Zur Darstellung von $b_{l\,v}$ werden außerdem noch die durch Gl. (XII 26) definierten unreduzierbaren cluster-Integrale benötigt, da der Integrand von (XIII 5) auch unreduzierbare cluster im Sinne des § 12.2 enthält. Die Zahl der in einem bestimmten Produkt des Integranden von (XIII 5) auftretenden unreduzierbaren cluster aus $k+1$ Molekülen bezeichnen wir mit n_k. Es muß dann gelten

$$\sum_k k\,n_k + m = l\,. \tag{XIII 21}$$

Die Summe der Produkte im Integranden von (XIII 5), welche die gleichen unreduzierbaren cluster[2] und den gleichen Satz m besitzen, liefert zu $b_{l\,v}$ einen Beitrag

$$\left[\prod_k (k!\,\beta_k)^{n_k}\right] m!\,\beta_{m\,v}\,. \tag{XIII 22}$$

Die Zahl der für vorgegebene Sätze n_k und m auftretenden Terme (XIII 22) ist, wie wir hier nicht ableiten wollen[3],

$$\frac{(m+v)l!}{(l+v)m!}\prod_k \frac{(l+v)^{n_k}}{(k!)^{n_k}\,n_k!}\,. \tag{XIII 23}$$

Das Produkt aus (XIII 22) und (XIII 23) ist nun für gegebenen Satz m über alle Sätze der n_k, die mit (XIII 21) vereinbar sind, zu summieren. Schließlich ist noch die Summe über alle m (von 1 bis l) zu bilden. Dann ergibt sich

$$b_{l\,v} = \sum_{m=1}^{l}\beta_{m\,v}\left\{\sum_{n_k}\frac{m+v}{l+v}\prod_k\frac{[(l+v)\,\beta_k]^{n_k}}{n_k!}\right\}\cdot\quad\begin{array}{l}(v>1)\\(\Sigma k\,n_k = l-m)\end{array} \tag{XIII 24}$$

Nach Gl. (XII 36) ist nun

$$b_{l+v} = \frac{1}{(l+v)^2}\sum_{n_k}\prod_k\frac{[(l+v)\,\beta_k]^{n_k}}{n_k!}\,.\quad(\Sigma k\,n_k = l+v-1) \tag{XIII 25}$$

Gl. (XIII 24) kann daher geschrieben werden

$$b_{l\,v} = \sum_{m=1}^{l}(m+v)\,\frac{\partial b_{l+v}}{\partial\beta_{m+v-1}}\,\beta_{m\,v}\,, \tag{XIII 26}$$

und wir bekommen durch Einführen in (XIII 15)

$$G_v = v^v\sum_{m\geqq 1}(m+v)\left[\sum_{l\geqq v+1}Z^l\,\frac{\partial b_l}{\partial\beta_{m+v-1}}\,\beta_{m\,v}\right]\,. \tag{XIII 27}$$

Nach Gl. (XII 116) und (XII 119) ist

$$\sum_{l\geqq 1}v\,b_l Z^l = 1 - \sum_{k\geqq 1}\frac{k}{k+1}\,\beta_k v^{-k} \tag{XIII 28}$$

und nach Gl. (XII 114) in Verbindung mit (XII 119)

$$\ln Z = -\ln v - \sum_{k\geqq 1}\beta_k v^{-k}\,. \tag{XIII 29}$$

Daraus folgt in Verbindung mit (XIII 19)

$$\sum_{l\geqq 1}Z^l\,\frac{\partial b_l}{\partial\beta_k} = \frac{1}{v}\,\frac{\partial}{\partial\beta_k}\sum_{l\geqq 1}v\,b_l Z^l - \frac{1}{v}\sum_{l\geqq 1}v\,l\,b_l Z^l\,\frac{\partial\ln Z}{\partial\beta_k} = \frac{1}{k+1}\,v^{-(k+1)}\,. \tag{XIII 30}$$

---

[1] Wir wählen diese Bezeichnung aus Analogiegründen. Tatsächlich lassen sich die $\beta_{m\,v}$, wie MAYER und MONTROLL (s. S. 454) gezeigt haben, noch weiter reduzieren.

[2] Das heißt den gleichen Satz der n_k und die gleichen Moleküle in jedem cluster.

[3] MAYER und MONTROLL (s. S. 454) haben die Einzelheiten der Ableitung, die im wesentlichen eine komplizierte kombinatorische Überlegung darstellt, nicht publiziert.

Für $l < k + 1$ ist b_l unabhängig von β_k. Gl. (XIII 30) gilt daher auch für die in Gl. (XIII 27) auftretende Summe, obwohl diese mit $l = \nu + 1$ beginnt. Es wird somit

$$G_\nu = \sum_{m \geq 1} \beta_{m\nu} v^{-m}, \quad G_1 = 1 .$$

(XIII 31)

Setzen wir diesen Ausdruck in Gl. (XIII 16) ein, so erhalten wir

$$g^{(n)} = e^{-\frac{U^{(n)}}{kT}} \sum_\alpha \prod \left(\sum_{m \geq 1} \beta_{m\nu_\alpha} v^{-m} \right) .$$

(XIII 32)[1]

Damit haben wir die molekularen Verteilungsfunktionen durch Entwicklungen nach Potenzen der molekularen Dichte dargestellt, deren Koeffizienten durch die unreduzierbaren cluster-Integrale II. Art gebildet werden. Man sieht sofort, daß (XIII 32), wie es sein muß, die allgemeine Gl. (VIII 131) erfüllt. Als wichtigsten Spezialfall, auf den wir uns im weiteren ausschließlich beschränken werden, erhalten wir aus (XIII 32) die Paar-Verteilungsfunktion

$$g^{(2)} = e^{-\frac{u}{kT}} \left[1 + \sum_{m \geq 1} \beta_{m,2} v^{-m} \right] .$$

(XIII 33)

Die rechnerische Auswertung dieser Formel stößt naturgemäß auf ähnliche Schwierigkeiten wie die Berechnung der Virialkoeffizienten. Das Integral $\beta_{1,2}$ ist zuerst von DE BOER und MICHELS[2], später nach einer anderen Methode von MONTROLL und MAYER[3] berechnet worden. Die numerischen Resultate zeigen gute Übereinstimmung. Wir wollen hier auf das von den zuletzt genannten Autoren benutzte Verfahren kurz eingehen, weil es für die spätere Diskussion in § 13.3 von Bedeutung ist. Man kennt zwar heute noch keinen Weg zur vollständigen Berechnung der höheren cluster-Integrale I. und II. Art. MONTROLL und MAYER[3] konnten aber zeigen, daß gewisse Komponenten dieser Integrale, die speziellen Bildern im cluster-Diagramm entsprechen, sich bei beliebig hoher Multiplizität auf einfache Integrale reduzieren und damit im Prinzip wenigstens numerisch berechnen lassen. Wir beschränken uns hier auf die Integrale vom Typ

$$J_n(r) = \int \ldots \int f_{12} f_{23} \ldots f_{n,n+1} f_{n+1,n+2} \, d\mathbf{q}_2 \ldots d\mathbf{q}_{n+1} .$$

(XIII 34)

Die Integranden dieser Integrale werden im cluster-Diagramm durch offene unverzweigte Ketten dargestellt. Die Integrale (XIII 34) werden daher gewöhnlich als Kettenintegrale bezeichnet. Man sieht leicht, daß in allen $\beta_{m,2}$ Kettenintegrale vorkommen müssen. Um die Kettenintegrale auf einfache Integrale zu reduzieren, bedienen wir uns einer einfachen induktiven Methode, die von RUSHBROOKE und SCOINS angegeben[4] wurde. Wir betrachten zuerst den einfachsten Fall $n = 1$, der dem Integral

$$J_1(r) = f_{12} f_{23} \, d\mathbf{q}_2$$

(XIII 35)

entspricht. Da für die Integration der Abstand $r_{13} \equiv r$ ein fester Parameter ist und nur über die Koordinaten des Moleküls 2 integriert wird, handelt es sich um ein sog. Zwei-Zentren-Problem, wie es beispielsweise in der Theorie des H_2^+-Ions[5] auftritt. Um zu den geeigneten Koordinaten zu gelangen, geht man

---

[1] Man beachte, daß auf der rechten Seite auch der Fall $\nu = 1$ einzuschließen ist. Man definiert dazu zweckmäßig $\beta_{11} = 1$, $\beta_{m1} = 0$ für $m > 1$.

[2] BOER, J. DE, u. A. MICHELS: Physica **6**, 97 (1939).

[3] MONTROLL, E. W., u. J. E. MAYER: J. Chem. Phys. **9**, 626 (1941).

[4] RUSHBROOKE, G. S., u. H. J. SCOINS: Philosophic. Mag. **42**, 582 (1951).

[5] Siehe z. B. H. HARTMANN: Theorie der chemischen Bindung. Berlin 1954. — H. HELLMANN: Einführung in die Quantenchemie. Leipzig 1937.

aus von zwei Sätzen von Kugelkoordinaten, deren Ursprünge in 1 und 3 liegen (Abb. 71). Bezeichnen wir dieselben mit $r_{12} \equiv r_1,\ \vartheta_1,\ \varphi$ und $r_{23} \equiv r_2,\ \vartheta_2,\ \varphi$, so ist

$$r_1^2 = r^2 + r_2^2 - r r_2 \cos\vartheta_2\,, \quad r_2^2 = r^2 + r_1^2 - r r_1 \cos\vartheta_1\,. \tag{XIII 36}$$

Durch Elimination von ϑ_1 und ϑ_2 kommt man zu den Zwei-Zentren-Koordinaten r_1, r_2, φ. Unter der Voraussetzung, daß F eine gerade Funktion ist, gilt dann

$$\int F\,d\mathbf{q} = \int_0^\infty dr_2 \int_{r-r_2}^{r+r_2} dr_1 \frac{r_1 r_2}{r} \int_0^{2\pi} F\,d\varphi\,. \tag{XIII 37}$$

Mit Benutzung dieser Koordinaten wird aus (XIII 35)

$$J_1(r) = 2\pi \int_0^\infty \int_{r-r_2}^{r+r_2} \frac{r_1 f_{12} r_2 f_{23}}{r}\,dr_1 dr_2\,. \tag{XIII 38}$$

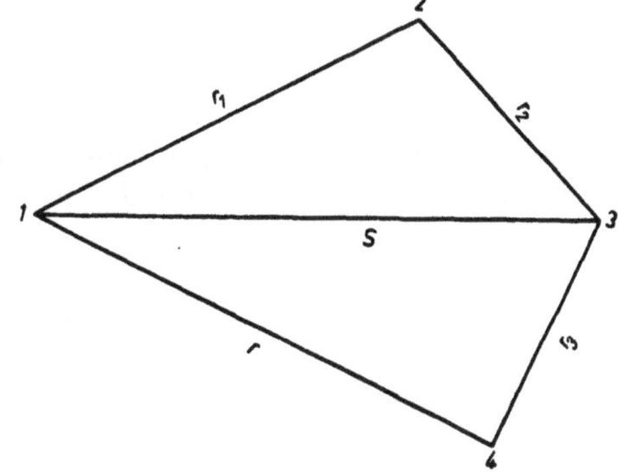

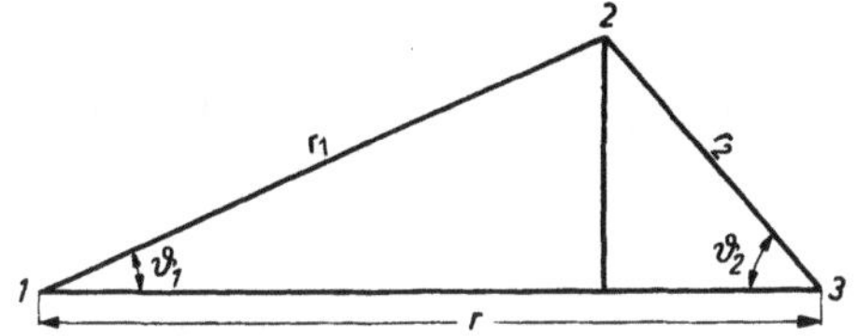

Abb. 71. Zur Definition der Zweizentren-Koordinaten   Abb. 72. Koordinaten für das Integral (XIII 42)

Bezeichnen wir nun mit $t\alpha_{12}(t)$ die FOURIER-Transformierte von rf_{12}, so ist

$$r_1 f_{12} = \frac{1}{\sqrt{2\pi}} \int_{-\infty}^{+\infty} t\alpha_{12}(t)\sin(r_1 t)\,dt\,. \tag{XIII 39}$$

Setzen wir dies in Gl. (XIII 38) ein und vertauschen die Reihenfolge der Integrationen, so folgt nach Integration über r_1

$$J_1(r) = 2\pi\,\frac{2}{\sqrt{2\pi}} \int_0^\infty dr_2 \int_{-\infty}^{+\infty} \frac{\sin rt}{rt}\,t\,\alpha_{12}(t)\,r_2 f_{23}\sin(r_2 t)\,dt\,. \tag{XIII 40}$$

Vertauscht man auch hier die Reihenfolge der Integrationen, so sieht man, daß die Integration über r_2 einfach die FOURIER-Transformierte von $r_2 f_{23}$ ergibt. Wir erhalten daher

$$J_1(r) = 2\pi \int_{-\infty}^{+\infty} t^2 \alpha_{12}(t)\,\alpha_{23}(t)\,\frac{\sin rt}{rt}\,dt\,, \tag{XIII 41}$$

womit das dreifache Integral (XIII 35) auf ein einfaches Integral reduziert ist.

Das nächsthöhere Integral ($n = 2$) ist

$$J_2(r) = \int\int f_{12} f_{23} f_{34}\,d\mathbf{q}_2\,d\mathbf{q}_3\,. \tag{XIII 42}$$

Die entsprechenden Koordinaten sind (abgesehen von den beiden Winkelkoordinaten, die bei der Integration einfach den Faktor $(2\pi)^2$ liefern] in Abb. 72 dargestellt. Es ergibt sich dann zunächst

$$J_2(r) = (2\pi)^2 \int\int\int\int dr_1\,dr_2 \frac{r_1 f_{12} r_2 f_{23}}{s} \frac{s r_3 f_{34}}{r}\,ds\,dr_3\,. \tag{XIII 43}$$

Das bei der Berechnung von $J_1(r)$ verwendete Verfahren (für das hier r durch s zu ersetzen ist) liefert sofort

$$J_2(r) = (2\pi)^2 \int\limits_{-\infty}^{+\infty} \int\limits_{0}^{\infty} \int\limits_{r-r_3}^{r+r_3} t\,\alpha_{12}(t)\,\alpha_{34}(t)\,\frac{\sin st}{r}\,r_3 f_{34}\,ds\,dr_3\,dt\,. \qquad \text{(XIII 44)}$$

Man integriert nun über s zwischen den Grenzen $r - r_3$ und $r + r_3$, was einen Faktor $2\sin rt \sin r_3 t$ ergibt. Damit steht im Integranden die FOURIER-Transformierte von $r_3 f_{34}$, und wir erhalten

$$J_2(r) = (2\pi)^{5/2} \int\limits_{-\infty}^{+\infty} t^2\,\alpha_{12}(t)\,\alpha_{23}(t)\,\alpha_{34}(t)\,\frac{\sin rt}{rt}\,dt\,. \qquad \text{(XIII 45)}$$

Dieses Verfahren läßt sich beliebig fortsetzen. Durch Induktion folgt daher als allgemeiner Ausdruck für das Kettenintegral $J_n(r)$ die Formel

$$J_n(r) = (2\pi)^{\frac{3n-1}{2}} \int\limits_{-\infty}^{+\infty} t^2\,\alpha_{12}(t)\,\alpha_{23}(t) \ldots \alpha_{n,\,n+1}(t)\,\alpha_{n+1,\,n+2}(t)\,\frac{\sin rt}{rt}\,dt \qquad \text{(XIII 46)}$$

oder

$$J_n(r) = (2\pi)^{\frac{3n-1}{2}} \int\limits_{-\infty}^{+\infty} t^2\,[\alpha(t)]^{n+1}\,\frac{\sin rt}{rt}\,dt\,. \qquad \text{(XIII 47)}$$

Aus dieser Gleichung ergibt sich unmittelbar noch eine bemerkenswerte Folgerung. Betrachten wir Integrale der Form

$$J_n(0) = \frac{1}{V} \int \ldots \int f_{12} f_{23} \ldots f_{n,\,n+1} f_{n+1,\,1}\,d\mathbf{q_1} \ldots d\mathbf{q_{n+1}}\,, \qquad \text{(XIII 48)}$$

so sieht man, daß die Integranden im cluster-Diagramm durch eine geschlossene Kette dargestellt werden derart, daß jeder Kreis mit zwei anderen verbunden ist. Solche Integrale werden daher als Ringintegrale bezeichnet. Alle unreduzierbaren cluster-Integrale I. Art enthalten notwendig Ringintegrale (vgl. Abb. 65). Lassen wir nun im Diagramm eines Kettenintegrals den Abstand r zwischen den Endpunkten gegen Null gehen, so fallen die Moleküle 1 und $n + 2$ zusammen, und das Diagramm stellt den Integranden eines Ringintegrals dar. Es gilt also

$$\lim_{r \to 0} J_n(r) = J_n(0) \qquad \text{(XIII 49)}$$

oder mit Gl. (XIII 47)

$$J_n(0) = (2\pi)^{\frac{3n-1}{2}} \int\limits_{-\infty}^{+\infty} t^2\,[\alpha(t)]^{n+1}\,dt\,. \qquad \text{(XIII 50)}$$

Damit ist auch dieser Integraltyp für beliebige Multiplizität auf ein einfaches Integral reduziert.

Wir kehren nun wieder zu Gl. (XIII 33) zurück. Die Komponenten des Integrals $\beta_{m,2}$ können wir in Sätze $\beta^0_{m,2}$, $\beta^1_{m,2}$, ... ordnen, derart, daß $\beta^0_{m,2}$ die reinen Kettenintegrale umfaßt, $\beta^1_{m,2}$ die Integrale, deren Integranden aus denen der Kettenintegrale durch Zufügen einer „inneren Bindung" hervorgehen usw. Man erkennt leicht, daß in $\beta_{1,2}$ nur β^0 auftritt; in $\beta_{2,2}$ hat man β^0, β^1 und β^2 usw.

Da $J_n(r)$ invariant gegen alle $n!$ Vertauschungen der inneren Moleküle ist und andererseits das Integral $\beta_{m,2}$ den Normierungsfaktor $m!$ enthält, ist einfach

$$\beta_{m,2}^0 = J_m(r) = (2\pi)^{\frac{3n-1}{2}} \int\limits_{-\infty}^{+\infty} t^2 [\alpha(t)]^{m+1} \frac{\sin rt}{rt}\, dt.$$

(XIII 51)

Durch Einsetzen in Gl. (XIII 33) erhalten wir daher

$$g^{(2)} = e^{-\frac{u}{kT}} \left[1 + (2\pi)^{-1/2} \int\limits_{-\infty}^{+\infty} \frac{t^2 \sin rt}{v\,rt} \times \right.$$
$$\left. \times \sum_{m=0}^{\infty} v^{-m} [\alpha(t)]^{m+2} (2\pi)^{3/2\,m} + \sum_{m=2}^{\infty} v^{-m} \beta_{m,2}^1 + \cdots \right].$$

(XIII 52)

Diese Gleichung läßt sich in der kompakteren Form

$$g^{(2)} = e^{-\frac{u}{kT}} \left[1 + 2\pi\,v^{-1} \int\limits_{-\infty}^{+\infty} \frac{t^2 [\alpha(t)]^2}{1 - \alpha(t)\,(2\pi)^{3/2}/v} \frac{\sin rt}{rt}\, dt + \sum_{m=2}^{\infty} v^{-m} \beta_{m,2}^1 \cdots \right]$$

(XIII 53)

schreiben, die für eine spätere Diskussion nützlich ist. Bricht man die Entwicklung von $g^{(2)}$ nun mit dem in v^{-1} linearen Gliede ab, so ist lediglich das durch Gl. (XIII 41) gegebene Kettenintegral $J_1(r)$ zu berechnen. Legt man dabei das LENNARD-JONES-6—12-Potential zugrunde, so muß die Integration wenigstens teilweise numerisch ausgeführt werden. Wir geben daher im folgenden die Ergebnisse dieser Rechnungen nach DE BOER[1] in Form von graphischen Darstellungen. Es sind dabei wieder, um die individuellen Moleküleigenschaften zu eliminieren, reduzierte Einheiten benutzt, und zwar im Anschluß an die Definitionen (XI 108)

$$T^* = \frac{kT}{|u_0|}, \quad \varrho^* = \varrho\sigma^3, \quad r^* = \frac{r}{\sigma}.$$

(XIII 54)

Abb. 73 zeigt $g^{(2)}$ in nullter Näherung für drei reduzierte Temperaturen. Dieser Fall entspricht der Paar-Verteilungsfunktion des unendlich verdünnten Gases ($Z \to \varrho \to 0$)

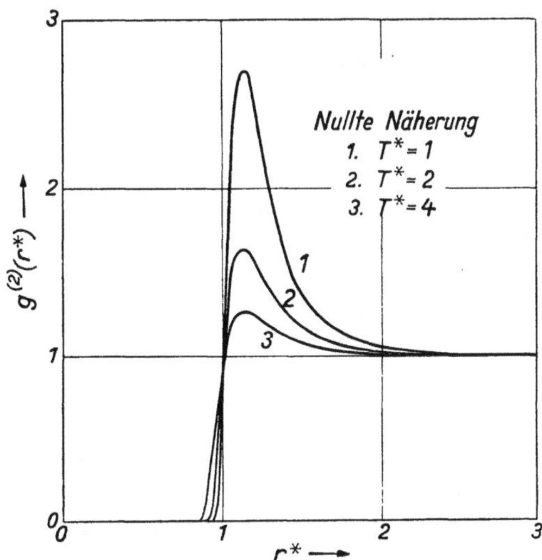

Abb. 73. Paarverteilungsfunktion in nullter Näherung (unendliche Verdünnung) [entnommen aus: J. DE BOER: Rep. Progr. Phys. 12, 355 (Abb. 9) (1949)]

und zeigt einfach die aus der zwischenmolekularen Anziehung nach dem MAXWELL-BOLTZMANNschen Gesetz sich ergebende Abweichung von der gleichmäßigen Verteilung[2]. In Abb. 74 sind die Paar-Verteilungsfunktionen in

---

[1] BOER, J. DE: Rep. Progr. Phys. 12, 305 (1949).

[2] Man beachte, daß bei der Paarverteilungsfunktion, im Gegensatz zur thermischen Zustandsgleichung, die nullte Näherung ($\varrho \to 0$) für reale Gase verschieden ist von der für ideale Gase gültigen Formel.

der oben erörterten ersten Näherung für verschiedene Dichten bei konstanter Temperatur $T^* = 2$ dargestellt. Da die kritische Temperatur $T_k^* = 1{,}26$ und die kritische Dichte $\varrho_k^* = 0{,}8$ ist, beziehen sich diese Kurven auf eine hyperkritische Isotherme und erstrecken sich etwa bis in die Gegend der kritischen Dichte. Man bemerkt, daß mit zunehmender Dichte in der Paar-Verteilungsfunktion ein zweites Maximum auftritt. Die gleiche Erscheinung findet man, wenn man

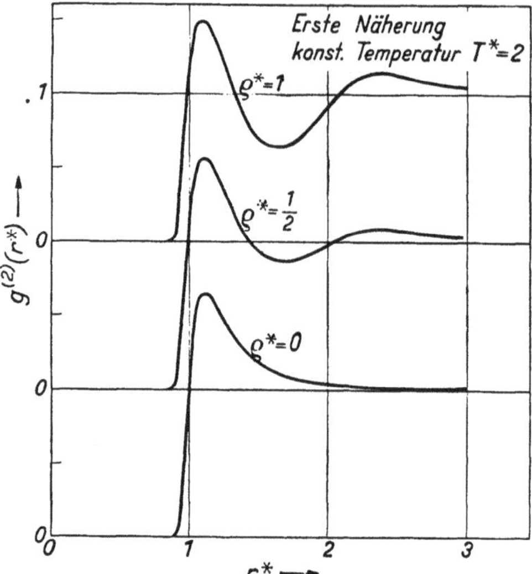

Abb. 74. Paarverteilungsfunktion in erster Näherung für verschiedene Dichten bei konstanter Temperatur [entnommen aus: J. DE BOER: Rep. Progr. Phys. 12, 355 (Abb. 10) (1949)]

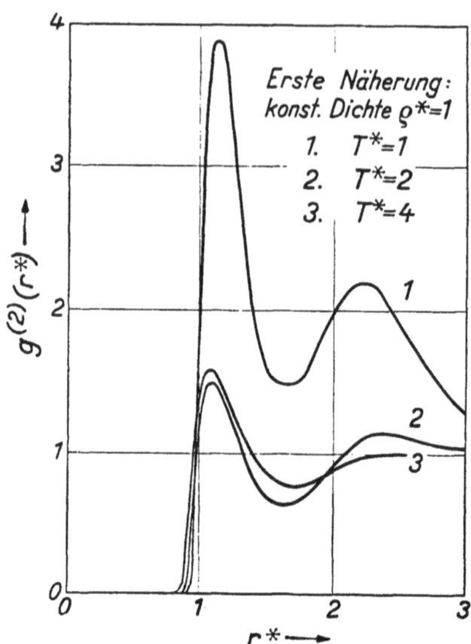

Abb. 75. Paarverteilungsfunktion für verschiedene Temperaturen bei konstanter Dichte [entnommen aus: J. DE BOER: Rep. Progr. Phys. 12, 356 (Abb. 11) (1949)]

die Paar-Verteilungsfunktion bei konstanter Dichte $\varrho^* = 1$ für verschiedene Temperaturen aufträgt[1] (Abb. 75). Die Schärfe des zweiten Maximums wächst mit zunehmender Dichte und abnehmender Temperatur. Seine Lage entspricht etwa dem doppelten Gleichgewichtsabstand zweier Moleküle. Dieses zweite Maximum ist, wie wir in § 19.1 sehen werden, ein charakteristischer Zug der Röntgendiagramme von Flüssigkeiten. Es kommt hier dadurch zustande, daß sich infolge der dichten Packung der Moleküle eine (statistische) Nahordnung und damit eine zweite Koordinationsschale um das betrachtete Zentralmolekül ausbildet. Man darf dies allerdings nicht im Sinne eines submikroskopischen Kriställchens (,,cybotaktische Gruppe'') verstehen. Der statistische Charakter der Nahordnung findet eben darin seinen Ausdruck, daß man für jedes beliebige Molekül als Zentralmolekül das gleiche Bild erhält. Die vorstehenden Kurven zeigen, daß mit zunehmender Kompression eines realen Gases die molekulare Struktur desselben sich allmählich der einer Flüssigkeit nähert. Damit erklärt sich die Tatsache, daß die beiden Phasen sich auf dem Wege über das hyperkritische Gebiet kontinuierlich ineinander überführen lassen.

Das Verhalten der Paar-Verteilungsfunktion läßt sich noch besser verstehen, wenn wir das Potential der Durchschnittskraft $W^{(2)}$ betrachten[2]. Aus Gl. (VIII 17)

---

[1] Die Kurve für $T^* = 1$ dürfte ins heterogene Gebiet fallen und hat dann keine physikalische Bedeutung.

[2] BOER, J. DE: Rep. Progr. Phys. 12, 305 (1949).

und (XIII 53) ergibt sich dafür in erster Näherung

$$W_{12}^{(2)} = u_{12} - \varrho\, kT \int \left(e^{-\frac{u_{13}}{kT}} - 1\right)\left(e^{-\frac{u_{23}}{kT}} - 1\right) d\mathbf{q}_3 + \cdots . \qquad \text{(XIII 55)}$$

Die Durchschnittskraft zwischen den Molekülen 1 und 2 setzt sich somit zusammen aus der direkten Kraft $-\dfrac{du_{12}}{dr_{12}}$ und der von den übrigen Molekülen ausgeübten Durchschnittskraft, wobei die erste Näherung die Wirkung eines weiteren Moleküls berücksichtigt. Die beiden Terme der rechten Seite von (XIII 55) sind in Abb. 76 (für $T^* = 2$, $\varrho^* = 1$) dargestellt. Man sieht, daß für $r^* < 1{,}5$ der zweite Term eine zusätzliche Anziehung bewirkt. Diese hat, wie bei dem in § 8.1 erörterten Fall der starren Kugeln, ihren Ursprung in einem Abschirmungseffekt; das Überwiegen der Stöße durch andere Moleküle auf der nicht abgeschirmten Seite treibt das Molekül 2 in Richtung auf das Molekül 1. Im Gebiet zwischen $r^* = 1{,}5$ und $r^* = 2{,}2$ hat die zusätzliche Durchschnittskraft den Charakter einer Abstoßung. Dies rührt von der Möglichkeit her, daß sich das Molekül 3 zwischen die Moleküle 1 und 2 einschiebt und bei diesen kleinen Abständen dann das Molekül 2 abstößt. Für $r^* > 2{,}2$ haben wir wieder zusätzliche Anziehung, die auf der direkten Kraft beruht, welche das zwischen 1 und 2 liegende Molekül 3 auf die beiden ersteren ausübt. Das zweite Maximum in der Paar-Verteilungsfunktion findet damit seine anschauliche physikalische Erklärung.

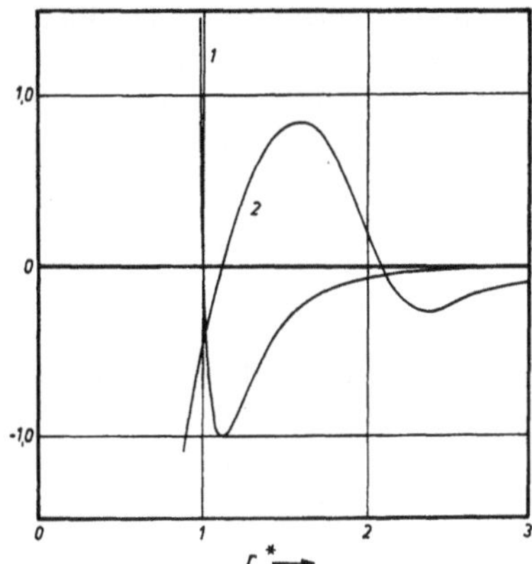

Abb. 76. Beiträge zum Potential der Durchschnittskraft $W_{1,2}^{(2)}$ nach Gl.(XIII 55). Kurve 1: $u(r^*)$; Kurve 2· Zweiter Term der G'. (XIII 55) [entnommen aus: J. DE BOER: Rep. Progr. Phys. 12, 361 (Abb. 16a) (1949)]

§ 13.2*. Die Lösung der Born-Greenschen Gleichung

Die direkte Berechnung der Paar-Verteilungsfunktion mit Hilfe der cluster-Entwicklung ist praktisch nur bis in das Gebiet mäßiger Drucke durchführbar. Wir wollen daher jetzt die zweite der in § 8.2 erwähnten Methoden zur Berechnung molekularer Verteilungsfunktionen heranziehen und die Lösung der dort abgeleiteten Born-Greenschen Gleichung betrachten[1-3].

Der erste Schritt zur Lösung der Born-Greenschen Gleichung besteht in der Umformung der Integro-Differentialgleichung in eine Integralgleichung. Dazu setzen wir im Anschluß an die übliche Notierung

$$\mathbf{r} = \mathbf{q}_2 - \mathbf{q}_1 , \quad \mathbf{s} = \mathbf{q}_3 - \mathbf{q}_1 , \quad \mathbf{t} = \mathbf{q}_2 - \mathbf{q}_3 . \qquad \text{(XIII 56)}$$

Damit können wir die Gl. (VIII 86) schreiben

$$\frac{\mathbf{r}}{r}\,\frac{d\ln\varrho_{12}^{(2)}}{dr} = -\frac{1}{kT}\,\frac{du_{12}}{dr}\,\frac{\mathbf{r}}{r} - \frac{1}{\varrho^3}\,\frac{1}{kT} \int \varrho_{23}^{(2)}\,\varrho_{31}^{(2)}\,\frac{du_{31}}{ds}\,\frac{\mathbf{s}}{s}\,d\mathbf{s} . \qquad \text{(XIII 57)}$$

---

[1] Green, H. S.: Proc. Roy. Soc. (London) A **189**, 103 (1947).

[2] Rodriguez, A. E.: Proc. Roy. Soc. (London) A **196**, 73 (1949).

[3] Green, H. S.: The Molecular Theory of Fluids. Amsterdam 1952.

Wir multiplizieren nun diese Gleichung skalar mit dem Einheitsvektor $\mathbf{r}/r$ und führen unter dem Integral die durch Gl. (XIII 37) definierten Zwei-Zentren-Koordinaten ein. Wegen

$$t^2 = r^2 + s^2 - 2\,rs\cos\vartheta \;, \quad \mathbf{r}\cdot\mathbf{s} = rs\cos\vartheta \tag{XIII 58}$$

erhalten wir dann

$$\frac{d}{dr}\left(\ln\varrho_{12}^{(2)} + \frac{u_{12}}{kT}\right) = \frac{\pi}{\varrho^3}\frac{1}{kT}\int\limits_0^\infty\;\int\limits_{r-s}^{r+s}\varrho_{23}^{(2)}\,t\left(\frac{t^2-s^2}{r^2}-1\right)dt\,\varrho_{31}^{(2)}\frac{du_{31}}{ds}\,ds\;. \tag{XIII 59}$$

Diese Gleichung läßt sich nach r integrieren, wobei die Integrationskonstante durch die Normierung der Paar-Verteilungsfunktion bestimmt ist. Wir führen jetzt wieder die Funktionen $g^{(2)}$ ein, unterscheiden dieselben aber nicht durch Indizes, sondern durch das Argument. Nach einer etwas umständlichen partiellen Integration auf der rechten Seite ergibt sich

$$\ln g^{(2)}(r) + \frac{u(r)}{kT} = \pi\varrho\int\limits_0^\infty\;\int\limits_{-s}^{+s}(s^2-t^2)\,\frac{t+r}{r}\,[g^{(2)}(t+r)-1]\,dt\,g^{(2)}(s)\,\frac{u'(s)}{kT}\,ds\;. \tag{XIII 60}$$

Dies ist die gesuchte Integralgleichung für $g^{(2)}$. Da dieselbe nicht linear ist, läßt sie sich direkt nur durch sukzessive Approximation lösen. Ein dafür geeignetes Verfahren ist von McLellan[1] angegeben worden. Wir gehen darauf hier nicht näher ein, sondern betrachten die zweite Möglichkeit, zu einer Lösung der Gl. (XIII 60) zu gelangen. Diese besteht darin, daß man durch geeignete Näherungsannahmen eine Linearisierung der Gleichung erzwingt. Nach Rodriguez[2] macht man dazu den Ansatz

$$g^{(2)}(r) = \exp\left[-\frac{u(r)}{kT} + \varphi(r)\right]. \tag{XIII 61}$$

Dabei soll $\varphi(r)$ so klein sein, daß das Quadrat und höhere Potenzen dieser Größe vernachlässigt werden können. Geht man damit in (XIII 60) ein, so folgt

$$-r\varphi(r) = \pi\varrho\int\limits_0^\infty\;\int\limits_{-s}^{+s}(s^2-t^2)\,(t+r)\times$$

$$\times\,[\varphi(t+r) + f(t+r) + \varphi(t+r)\,f(t+r)]\,dt\,f'(s)\,[1+\varphi(s)]\,ds\;, \tag{XIII 62}$$

wo $f(r)$ durch Gl. (XII 4) definiert ist. Als letzte Näherung ersetzt man schließlich die Produkte $\varphi(r)f(r)$ und $\varphi(r)f'(r)$ durch $(\varepsilon-1)f(r)$ und $(\varepsilon-1)f'(r)$, wo ε ein von den Koordinaten unabhängiger Parameter ist, der allgemein als Funktion der Zustandsgrößen betrachtet werden muß. Danach ist $\varepsilon-1$ ein über die Funktion $f(r)$ gebildeter Mittelwert von $\varphi(r)$; wir haben also

$$\varepsilon - 1 = \frac{\displaystyle\int_0^\infty \varphi(r)\,f(r)\,r^2\,dr}{\displaystyle\int_0^\infty f(r)\,r^2\,dr}\;. \tag{XIII 63}$$

Mit dieser Näherung wird aus (XIII 62)

$$r\varphi(r) = -\pi\varrho\int\limits_0^\infty\;\int\limits_{-s}^{+s}(s^2-t^2)\,(t+r)\,[\varphi(t+r) + \varepsilon f(t+r)]\,dt\,\varepsilon f'(s)\,ds \tag{XIII 64}$$

[1] McLellan, A. G.: Proc. Roy. Soc. (London) A **210**, 509 (1952).
[2] Rodriguez, A. E.: Proc. Roy. Soc. (London) A **196**, 73 (1949).

oder, nach einer partiellen Integration,

$$r\varphi(r) = 2\,\pi\varrho \int\limits_{0}^{\infty} \int\limits_{-s}^{+s} (t+r)\,[\varphi(t+r) + \varepsilon f(t+r)]\,dt\,\varepsilon f(s)\,s\,ds\,. \qquad \text{(XIII 65)}$$

Damit haben wir eine lineare Integralgleichung für $\varphi(r)$, die sich ohne Schwierigkeit durch FOURIER-Transformation lösen läßt[1,2]. Wir setzen

$$k\psi(k) = \frac{1}{\sqrt{2\pi}} \int\limits_{-\infty}^{+\infty} r\varphi(r)\,\sin(rk)\,dr \qquad \text{(XIII 66)}$$

und

$$k\alpha(k) = \frac{1}{\sqrt{2\pi}} \int\limits_{-\infty}^{+\infty} rf(r)\,\sin(rk)\,dr\,. \qquad \text{(XIII 67)}$$

Drücken wir nun in Gl. (XIII 65) die auf der rechten Seite in eckigen Klammern stehende Größe durch ihre FOURIER-Transformierte aus, so erhalten wir

$$r\varphi(r) = 2\,\pi\varrho\,\frac{1}{\sqrt{2\pi}} \int\limits_{0}^{\infty} \int\limits_{-\infty}^{+\infty} \int\limits_{-s}^{+s} k[\psi(k) + \varepsilon\alpha(k)]\,\sin[(t+r)k]\,dt\,dk\,\varepsilon f(s)\,s\,ds\,.$$
$$\text{(XIII 68)}$$

Nach Ausführung der Integration über t steht im Integranden die FOURIER-Transformierte von $k[\psi(k) + \varepsilon\alpha(k)]$. Wir erhalten daher

$$r\varphi(r) = 2\,\pi\varrho \int\limits_{-\infty}^{+\infty} r[\varphi(r) + \varepsilon f(r)]\,s\,\varepsilon f(s)\,\sin(sk)\,ds \qquad \text{(XIII 69)}$$

oder

$$r\varphi(r) = (2\pi)^{3/2}\,\varrho\,r[\varphi(r) + \varepsilon f(r)]\,k\,\varepsilon\alpha(k)\,. \qquad \text{(XIII 70)}$$

Bilden wir nochmals die FOURIER-Transformierte, schreiben für k jetzt s und benutzen die Abkürzung

$$c = \frac{1}{(2\pi)^{3/2}\,\varrho}\,, \qquad \text{(XIII 71)}$$

so folgt

$$c\psi(s) = [\psi(s) + \varepsilon\alpha(s)]\,s\,\varepsilon\alpha(s)\,. \qquad \text{(XIII 72)}$$

Setzen wir diesen Ausdruck in die Umkehrung von (XIII 66) ein, so bekommen wir schließlich

$$r\varphi(r) = \frac{1}{\sqrt{2\pi}} \int\limits_{-\infty}^{+\infty} \frac{\varepsilon^2 s[\alpha(s)]^2 \sin(rs)}{c - \varepsilon\alpha(s)}\,ds \qquad \text{(XIII 73)}$$

als Lösung der Integralgleichung (XIII 65). Die Paar-Verteilungsfunktion ergibt sich daraus mit Hilfe von Gl. (XIII 61). Da unsere Rechnung auf der Annahme beruht, daß nur die in $\varphi(r)$ linearen Glieder zu berücksichtigen sind, können wir schreiben

$$g^{(2)}(r) = e^{-\frac{u(r)}{kT}}\,[1 + \varphi(r)]\,. \qquad \text{(XIII 74)}$$

---

[1] Vgl. dazu E. C. TITCHMARSH, Introduction to the Theory of FOURIER Integrals. Oxford 1948.
[2] Wir setzen im folgenden, soweit erforderlich, voraus, daß die in Betracht kommenden Funktionen gerade Funktionen ihres Argumentes sind.

Einsetzen von (XIII 73) ergibt dann

$$g^{(2)}(r) = e^{-\frac{u(r)}{kT}} \left[1 + \frac{1}{r\sqrt{2\pi}} \int\limits_{-\infty}^{+\infty} \frac{\varepsilon^2 s\,[\alpha(s)]^2 \sin(rs)}{c - \varepsilon a(s)}\, ds \right]. \qquad \text{(XIII 75)}$$

Für $c > \varepsilon\alpha(s)$ ist diese Funktion jedenfalls regulär und stellt dann die Paar-Verteilungsfunktion der Gasphase dar. Um daraus die thermische Zustandsgleichung zu gewinnen, schreiben wir die Gl. (VIII 35)

$$P = \varrho kT - \tfrac{1}{6} \int\limits_0^\infty \varrho^{(2)}(r)\, u'(r)\, r\, 4\pi r^2\, dr \qquad \text{(XIII 76)}$$

oder mit Gl. (XIII 74)

$$P = \varrho kT \left[1 + \frac{J}{6\sqrt{2\pi}\, c} \right], \qquad \text{(XIII 77)}$$

wo

$$J = \int\limits_{-\infty}^{+\infty} f'(r)\, [1 + \varphi(r)]\, r^3\, dr \qquad \text{(XIII 78)}$$

ist. Durch partielle Integration und Einsetzen von (XIII 73) ergibt sich

$$J = \int f(r)\, \{3\,[1 + \varphi(r)] + r\varphi'(r)\}\, r^2\, dr$$

$$= 3\sqrt{2\pi}\,\alpha(0) - \int\limits_{-\infty}^{+\infty} \frac{\varepsilon^2\,[\alpha(s)]^2\,[3\,\alpha(s) + s\,\alpha'(s)]\,s^2}{c - \varepsilon\alpha(s)}\, ds. \qquad \text{(XIII 79)}$$

Da c nach (XIII 71) der reziproken molekularen Dichte proportional ist, läßt sich das Integral, wenn die Voraussetzung $c > \varepsilon\alpha(s)$ erfüllt ist, nach Potenzen der molekularen Dichte entwickeln. Man bekommt dann

$$P = \varrho kT \left\{ 1 - \frac{1}{2}\,(2\pi)^{3/2}\,\alpha(0)\,\varrho - \sum_{k=2}^{\infty} \frac{k}{k+1}\, \frac{(2\pi)^{\frac{3k-1}{2}}}{2}\,\varepsilon^k \left[\int\limits_{-\infty}^{+\infty} [\alpha(s)]^{k+1}\, s^2\, ds \right] \varrho^k \right\}. \qquad \text{(XIII 80)}$$

Das ist wieder die Virialform der Zustandsgleichung, die somit auch aus der BORN-GREENschen Gleichung abgeleitet werden kann. Man muß zwar damit rechnen, daß die aus (XIII 80) sich ergebenden Ausdrücke für die Virialkoeffizienten nur eine mehr oder weniger gute Näherung darstellen. Dem steht aber der Vorteil gegenüber, daß sie wesentlich einfacher zu handhaben sind als die unreduzierbaren cluster-Integrale. Wir werden auf diese Frage in § 13.3 zurückkommen.

Die weitere Entwicklung der Theorie, wie sie von GREEN[1] und RODRIGUEZ[2] durchgeführt wurde, erfordert außerordentlich umständliche Rechnungen. Sie führt außerdem auf gewisse Widersprüche zu den fundamentalen Prinzipien der statistischen Mechanik, so daß schwer zu entscheiden ist, in welchem Umfang man den Ergebnissen noch physikalische Bedeutung zuschreiben kann. Wir wollen uns daher mit einer kurzen Übersicht begnügen. Nach Gl. (XIII 73) kann man die Bedingung für die Existenz der Gasphase dahin formulieren, daß die Gleichung

$$\alpha(s) = \frac{c}{\varepsilon} \qquad \text{(XIII 81)}$$

[1] GREEN, H. S.: Proc. Roy. Soc. (London) A **189**, 103 (1947).
[2] RODRIGUEZ, A. E.: Proc. Roy. Soc. (London) A **196**, 73 (1949).

keine reellen Wurzeln besitzt. Existieren reelle Wurzeln, so divergiert naturgemäß die Entwicklung (XIII 80). Das Verhalten von $\alpha(s)$ ist schematisch in Abb. 77 dargestellt. Die waagerechten Striche bezeichnen Werte von c/ε für verschiedene Dichten. Bei niedriger Dichte (Fall 1) liegt der Wert von c/ε über der oberen Grenze von $\alpha(s)$, und Gl. (XIII 81) besitzt keine reellen Wurzeln. Bei einer gewissen höheren Dichte (Fall 2) tritt zum ersten Male eine reelle Wurzel in Form einer Doppelwurzel auf. Bei noch höheren Dichten hat man zwei reelle Wurzeln.

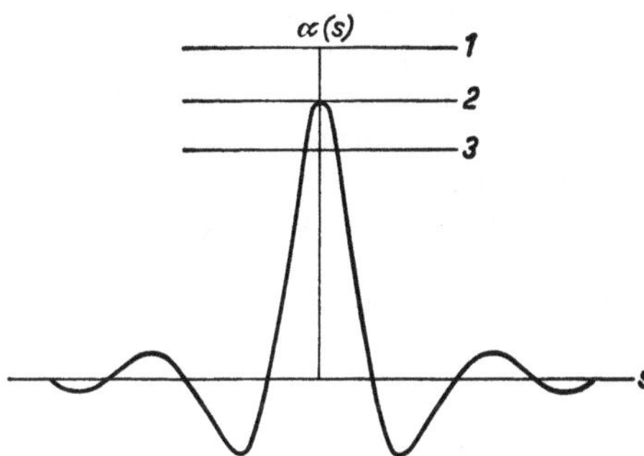

Abb. 77. Zur Theorie von Rodriguez [entnommen aus: E. A. Rodriguez: Proc. Roy. Soc. (London) A 196, 73—92 (1949)]

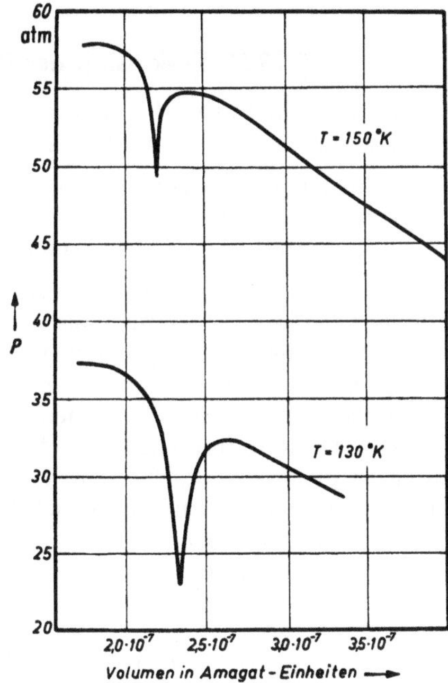

Abb. 78. Isothermen von Ar nach Rodriguez [entnommen aus: E. A. Rodriguez: Proc. Roy. Soc. (London) A 196, 73—92 (1949)]

Die thermische Zustandsgleichung läßt sich nun, wie Rodriguez gezeigt hat, in der Form

$$P = \varrho kT \left[1 - \frac{\alpha(0)}{2c} + \frac{\varepsilon}{4\sqrt{2\pi c}} \int_{-\infty}^{+\infty} [\alpha(r)]^2 \, r^2 \, dr + \frac{2}{3} \frac{c}{\varepsilon} \sum_u \frac{z_u}{\alpha'(z_u)} \int_0^\infty r f(r) e^{i r z_u} \, dr + \right.$$

$$\left. + \frac{ic}{3\varepsilon} \sum_u \frac{z_u^2}{\alpha'(z_u)} \int_0^\infty r^2 f(r) e^{i \pi z_u} \, dr \right] \quad \text{(XIII 82)}$$

darstellen. Hier bezeichnen die z_u die komplexen Wurzeln der Gl. (XIII 81); die reellen Wurzeln (wenn solche existieren) sind von der Summierung auszuschließen. Danach hat die Funktion an der durch den Fall 2 der Abb. 77 bezeichneten Stelle eine Singularität, da von hier ab zwei Wurzeln auf der reellen Achse liegen und in die Summierungen nicht mehr einbezogen werden. Die numerische Berechnung der Isothermen erfordert die Bestimmung der Wurzeln z_u und der Größe ε als Funktion von Temperatur und Dichte. Auch diese Rechnungen sind von Rodriguez durchgeführt worden, der auch die Auswertung für Argon mit Benutzung des Lennard-Jones-6-12-Potentials vorgenommen hat. In Abb. 78 sind die für $T = 130°$ K und $T = 150°$ K berechneten Isothermen dargestellt. Lassen wir den Verlauf bei hohen Dichten zunächst außer acht, so kann man eine gewisse Ähnlichkeit mit den van der Waalsschen Isothermen feststellen. Das Minimum der letzteren ist jedoch zu einer Spitze entartet, welche die vorher erwähnte Singularität darstellt. Nach Rodriguez trennt dieser Punkt die metastabilen Zustände von Gas und Flüssigkeit. Bei hohen Dichten durchlaufen die Kurven ein zweites Maximum, um dann nochmals abzufallen. Es wird von RODRIGUEZ offen gelassen, ob dies auf das Näherungsverfahren zurückzuführen ist oder mit der Umwandlung flüssig-fest in Zusammenhang steht.

§ 13.3*. Diskussion der BORN-GREENschen Näherung

Die im vorhergehenden Paragraphen skizzierte Theorie enthält, wenn wir von der numerischen Auswertung absehen, drei Näherungsannahmen, nämlich

a) das KIRKWOODsche Superpositionsprinzip,
b) die Vernachlässigung höherer Potenzen von $\varphi(r)$,
c) die Einführung des Parameters ε.

Wir wollen dieselben jetzt etwas näher diskutieren. Weitaus am wichtigsten ist die Annahme a), da man bisher noch keinen Weg kennt, um dieselbe bei Anwendung der Integralgleichungsmethode zu vermeiden[1]. Dieselbe läßt sich naturgemäß nur prüfen, wenn man die zum Zwecke der Linearisierung eingeführten Annahmen b) und c) vermeidet und von der nichtlinearen Gl. (XIII 60) ausgeht. Da weiterhin eine theoretische Prüfung des Superpositionsprinzips nur durch Vergleich mit gesicherten exakten Resultaten möglich ist, müssen wir uns dabei von vornherein auf das Gebiet der mäßig komprimierten Gase beschränken. Wir können dann zunächst aus Gl. (XIII 60) Virialkoeffizienten berechnen und diese mit den exakten Ausdrücken des § 12.5 vergleichen[2]. Schreiben wir die Gl. (XIII 33) schematisch

$$g^{(2)} = e^{-\frac{u}{kT}} \left(1 + a_1 \varrho + \frac{1}{2} a_2 \varrho^2 + \cdots \frac{1}{n!} a_n \varrho^n + \cdots \right), \qquad \text{(XIII 83)}$$

so erhalten wir durch Einsetzen in (XIII 60)

$$a_1(r) = - \pi \int\limits_0^\infty \int\limits_{-s}^{+s} (s^2 - t^2) \frac{t+r}{r} f(t+r) \, dt \, f'(s) \, ds \qquad \text{(XIII 84)}$$

und

$$a_2(r) - a_1^2(r) = -2\pi \int\limits_0^\infty \int\limits_{-s}^{+s} (s^2 - t^2) \frac{t+r}{r} f(t+r) \, dt \, a_1(s) f'(s) \, ds -$$

$$- 2\pi \int\limits_0^\infty \int\limits_{-s}^{+s} (s^2 - t^2) \frac{t+r}{r} a_1(t+r) \left[f(t+r) + 1 \right] dt \, f'(s) \, ds . \qquad \text{(XIII 85)}$$

Aus den Gl. (XIII 76), (XIII 83)—(XIII 85) ergibt sich dann für die Virialkoeffizienten (die wir zur Unterscheidung von den exakten Werten durch den unteren Index 1 kennzeichnen)

$$B_1 = \tfrac{1}{6} \int\limits_0^\infty 4 \pi r^3 f'(r) \, dr , \qquad \text{(XIII 86)}$$

$$C_1 = \tfrac{1}{6} \int\limits_0^\infty 4 \pi r^3 f'(r) \, a_1(r) \, dr , \qquad \text{(XIII 87)}$$

$$D_1 = \tfrac{1}{12} \int\limits_0^\infty 4 \pi r^3 f'(r) \, a_2(r) \, dr . \qquad \text{(XIII 88)}$$

---

[1] Die Frage, ob dies bei Benutzung der in § 8.6 behandelten KIRKWOODschen Gleichungen II. Art möglich ist, ist vorläufig noch offen.
[2] RUSHBROOKE, G. S., u. H. J. SCOINS: Philosophic. Mag. **42**, 582 (1951).

Die exakten Ausdrücke, die wir zur bequemeren Übersicht hier nochmals zusammenstellen, lauten

$$B = - 2\pi \int_0^\infty r^2 f(r)\, dr\,,\tag{XIII 89}$$

$$C = -\tfrac{1}{3} \int\!\int f_{12} f_{23} f_{31}\, d\mathbf{q}_2\, d\mathbf{q}_3\,,\tag{XIII 90}$$

$$D = - \tfrac{1}{8} \int\!\int\!\int (f_{12} f_{23} f_{31} f_{41} f_{42} f_{43} + 6\, f_{12} f_{23} f_{31} f_{41} f_{42} + {} \\ + 3\, f_{12} f_{23} f_{34} f_{41})\, d\mathbf{q}_2\, d\mathbf{q}_3\, d\mathbf{q}_4\,.\tag{XIII 91}$$

Durch partielle Integration der rechten Seite von (XIII 86) findet man sofort

$$B_1 = B\,.\tag{XIII 92}$$

Aus Gl. (XIII 90) erhalten wir mit Benutzung von (XIII 50)

$$C = - \tfrac{1}{3} (2\pi)^{5/2} \int_{-\infty}^{+\infty} k^2 [\alpha(k)]^3\, dk\,.\tag{XIII 93}$$

Um einen entsprechenden Ausdruck für C_1 zu gewinnen, drücken wir zunächst in Gl. (XIII 84) die Größe $(t + r) f(t + r)$ durch die Fourier-Transformierte aus. Dann integrieren wir in bekannter Weise zuerst über t und weiter über s. Auf diese Weise erhalten wir

$$r a_1(r) = 2\pi \int_{-\infty}^{+\infty} k [\alpha(k)]^2 \sin(kr)\, dk\,.\tag{XIII 94}$$

Setzen wir dies in Gl. (XIII 87) ein, so wird

$$C_1 = \frac{4\pi^2}{3} \int_0^\infty r^2 f'(r) \int_{-\infty}^{+\infty} k [\alpha(k)]^2 \sin(kr)\, dk\, dr\,.\tag{XIII 95}$$

Partielle Integration über r ergibt, da $f(r)$ für $r \to \infty$ verschwindet und

$$\frac{d}{dk} [k \alpha(k)] = \frac{1}{\sqrt{\pi}} \int_{-\infty}^{+\infty} r^2 f(r) \cos(kr)\, dr\tag{XIII 96}$$

ist,

$$C_1 = - \frac{4\pi^2}{3} \int_{-\infty}^{+\infty} \left\{ \sqrt{2\pi} k^2 [\alpha(k)]^3 + \frac{\sqrt{2\pi}}{2} k^2 [\alpha(k)]^2 \frac{d}{dk} [k \alpha(k)] \right\} dk\,.\tag{XIII 97}$$

Der zweite Term der rechten Seite verschwindet, da für zwischenmolekulare Kräfte kurzer Reichweite $k \alpha(k)$ im Unendlichen verschwindet. Es wird daher

$$C_1 = - \tfrac{1}{3} (2\pi)^{5/2} \int_{-\infty}^{+\infty} k^2 [\alpha(k)]^3\, dk\tag{XIII 98}$$

und somit nach (XIII 93)

$$C_1 = C\,.\tag{XIII 99}$$

Die analoge Rechnung für den vierten Virialkoeffizienten ist bereits recht umständlich und läßt sich nicht mehr vollständig explizit durchführen. Man kann aber sehen, daß

$$D_1 \neq D\tag{XIII 100}$$

ist, und zwar deshalb, weil der erste Term von (XIII 91) durch die Born-Greensche Theorie nicht richtig wiedergegeben wird.

Eine weitere Möglichkeit zur Prüfung des Superpositionsprinzips besteht darin, daß man die Virialkoeffizienten numerisch für ein Gas aus starren Kugeln ohne Anziehungskräfte berechnet. Für D ist, wie in § 12.5 erwähnt, der exakte Wert bekannt, so daß hier ein direkter Vergleich möglich ist[1]. Für den fünften Virialkoeffizienten E trifft dies nicht mehr zu. Man kann aber hier (und naturgemäß auch beim zweiten, dritten und vierten Virialkoeffizienten) die innere Konsistenz der Theorie prüfen, indem man zunächst aus Gl. (XIII 60) die Koeffizienten a_n der Gl. (XIII 83) bestimmt und dann die Virialkoeffizienten einerseits mit Hilfe der Gl. (XIII 76), andererseits aus Gl. (VIII 246) berechnet[2, 3]. Die letztere Gleichung, die häufig als das Kompressibilitätsintegral bezeichnet wird, schreiben wir hier zur Verdeutlichung nochmals an in der Form

$$kT \left(\frac{\partial \varrho}{\partial P} \right)_T = 1 + \varrho \int_0^\infty [g^{(2)}(r) - 1]\, 4\pi r^2\, dr \, . \qquad \text{(XIII 101)}$$

Die Ergebnisse dieser Rechnungen sind in Tab. 31 zusammengestellt. Man sieht daraus, daß das Superpositionsprinzip, in Übereinstimmung mit dem früheren Resultat, die korrekten Werte für den zweiten und dritten Virialkoeffizienten liefert, während bei den höheren Virialkoeffizienten Abweichungen von den exakten Werten auftreten. Außerdem zerstört hier das Superpositionsprinzip die innere Konsistenz der Theorie. Nach dem Vergleich der aus Gl. (XIII 76) und (XIII 101) für D und E berechneten Werte scheint es, daß die Diskrepanzen mit Erhöhung der Dichte zunehmen. Für Gase liefert daher das Superpositionsprinzip brauchbare Ergebnisse nur im Gebiet mäßiger Drucke. Da man aber hier die Rechnungen noch mit Hilfe der exakten Formeln durchführen kann, bietet der Formalismus der Born-Greenschen Theorie für Gase überhaupt keine nennenswerten Vorteile gegenüber der cluster-Theorie. Für Flüssigkeiten ist es nicht möglich, in gleicher Weise eine theoretische Aussage über die Gültigkeit des Superpositionsprinzips zu machen, da man hier bisher noch keinen Weg zur exakten Berechnung der molekularen Verteilungsfunktionen kennt. Man ist daher auf die Prüfung der inneren Konsistenz und den Vergleich mit der experimentellen Erfahrung angewiesen. Wir werden in § 19.4 und 20.1 auf diese Frage zurückkommen.

Es bleiben jetzt noch die Näherungsannahmen b) und c) zu erörtern, die zusammen die Linearisierung der Born-Greenschen Gleichung ermöglichen. Der Vergleich zwischen Gl. (XIII 53) und (XIII 75) zeigt unmittelbar, daß der

Tabelle 31. *Berechnung der Virial-Koeffizienten nach dem Längenpositionsprinzip und der* Born-Greenschen *Theorie*

		B	C	D	E
exakter Wert		b	$\frac{5}{8} b^2$	$0{,}2869\, b^3$	—
Superpositionsprinzip	Gl. (XIII 76)	b	$\frac{5}{8} b^2$	$0{,}2252\, b^3$	$0{,}0475\, b^4$
	Gl. (XIII 101)	b	$\frac{5}{8} b^2$	$0{,}3424\, b^3$	$0{,}1335\, b^4$
Lineare Born-Green-Theorie	Gl. (XIII 76)	b	$\frac{5}{8} b^2$	$0{,}3958\, b^3$	—
Lineare Born-Green-Theorie ($\varepsilon = 1$)	Gl. (XIII 76)	b	$\frac{5}{8} b^2$	$-0{,}9715\, b^3$	—
netted chain aproximation	Gl. (XIII 76)	b	$\frac{5}{8} b^2$	$0{,}2500\, b^3$	$-0{,}7132\, b^4$
	Gl. (XIII 101)		$\frac{5}{8} b^2$	$0{,}2969\, b^3$	$+0{,}5655\, b^4$

[1] Rushbrooke, G. S., u. H. J. Scoins: Philosophic. Mag. **42**, 582 (1951).
[2] Nijboer, B. R. A., u. L. van Hove: Physic. Rev. **85**, 777 (1952).
[3] Nijboer, B. R. A., u. R. Fieschi: Physica **19**, 545 (1953).

einfachste Ansatz $\varepsilon = 1$ der Annahme entspricht, daß in der Entwicklung von $g^{(2)}$ nach Potenzen der molekularen Dichte nur reine Kettenintegrale als Koeffizienten auftreten. Diese Annahme ist für das in v^{-1} lineare Glied tatsächlich zutreffend. Daraus folgt, daß die lineare Born-Green-Theorie den korrekten Wert für den Koeffizienten a_1 in Gl. (XIII 83) und damit auch für den zweiten und dritten Virialkoeffizienten liefert. Die numerische Berechnung des vierten Virialkoeffizienten für ein Gas aus starren Kugeln[1] liefert dagegen, wie Tab. 31 zeigt, ein völlig unbrauchbares Ergebnis, da hier sogar das Vorzeichen falsch ist. Tatsächlich muß, wie erwähnt, ε als Funktion der Temperatur und der Dichte betrachtet werden. Eine auf dieser Grundlage durchgeführte Berechnung von D^1 ergibt ein etwas günstigeres Resultat (Tab. 31). Die Abweichung von dem exakten Wert ist jedoch größer als bei der nichtlinearen Theorie und liegt in entgegengesetzter Richtung. Man muß daraus schließen, daß die Linearisierung eine weitere Verschlechterung der Näherung zur Folge hat. Die daraus abgeleiteten Formeln für die Virialkoeffizienten [Gl. (XIII 80)] haben daher, trotz ihrer gegenüber den exakten Formeln einfacheren Struktur[2], kaum praktische Bedeutung.

Aus den angeführten Ergebnissen folgt, daß die Born-Greensche Theorie schon in der nichtlinearen und erst recht in der linearen Form als Grundlage einer exakten Theorie der Kondensation nicht geeignet ist. Tatsächlich stehen die Ergebnisse von Rodriguez[3], wie man aus Abb. 78 erkennt, im Widerspruch zu dem in § 7.6 abgeleiteten grundlegenden Satz, daß die korrekte Berechnung der statistischen Verteilungsfunktionen nur Zustände liefern kann, welche den thermodynamischen Stabilitätsbedingungen genügen. Da die Inkonsistenz der Born-Greenschen Theorie nachgewiesen ist, kann diese Tatsache als solche kaum überraschen. Die von Rodriguez[3] vorgeschlagene Deutung seiner Ergebnisse ist aber aus den in § 7.6 dargelegten Gründen unhaltbar. Man kann daher an den Isothermen der Abb. 78 den vom ersten Maximum zum Minimum fallenden Stück überhaupt keine physikalische Bedeutung beilegen. In der Nähe des Maximums dürfte auch die Isotherme des Gases nur noch eine ziemlich rohe Näherung darstellen.

Zum Schluß sei noch eine von Rushbrooke und Scoins[4] vorgeschlagene Näherung zur Berechnung der Paar-Verteilungsfunktion erwähnt. Den Ausgangspunkt derselben bildet die Näherung $\varepsilon = 1$ der Born-Green-Theorie. Es werden aber jetzt zusätzlich zu den Kettenintegralen noch gewisse weitere Komponenten der unreduzierbaren cluster-Integrale II. Art berücksichtigt, die sich in ähnlicher Weise wie die Ring- und Kettenintegrale berechnen lassen[5] (netted chain approximation). Die numerische Auswertung für das Gas aus starren Kugeln (Tab. 31) ergibt beim vierten Virialkoeffizienten tatsächlich eine Verbesserung gegenüber dem Superpositionsprinzip. Die Absolutbeträge der Abweichungen vom exakten Wert sind kleiner und auch die Inkonsistenz zwischen den Gleichungen (XIII 76) und (XIII 101) ist vermindert. Dagegen liefert die Berechnung des fünften Virialkoeffizienten[6] ein völlig unbrauchbares Resultat, das noch weit schlechter ist als das mit Hilfe des Superpositionsprinzips erhaltene. Es erscheint daher wenig wahrscheinlich, daß die Näherung von Rushbrooke und Scoins gegenüber der Born-Green-Theorie eine Verbesserung darstellt.

---

[1] Rushbrooke, G. S., u. H. J. Scoins: Philosophic. Mag. **42**, 582 (1951).

[2] Der Vergleich von Gl. (XIII 80) und (XIII 50) zeigt, daß in der ersteren lediglich Ringintegrale auftreten.

[3] Rodriguez, A. E.: Proc. Roy. Soc. (London) A **196**, 73 (1949).

[4] Rushbrooke, G. S., u. H. J. Scoins: Proc. Roy. Soc. (London) A **216**, 203 (1954).

[5] Montroll, E. W., u. J. E. Mayer: J. Chem. Phys. **9**, 626 (1941).

[6] Nijboer, B. R. A., u. R. Fieschi: Physica **19**, 545 (1953).

§ 13.4*. Bemerkungen zur quantenstatistischen Theorie der molekularen Verteilungsfunktionen

Bisher haben wir die Theorie der molekularen Verteilungsfunktionen ausschließlich auf der Grundlage der halbklassischen Näherung behandelt. Dies ist insofern gerechtfertigt, als wir uns auf Anwendungen beschränken, bei denen die entsprechenden Voraussetzungen erfüllt sind. Es macht aber naturgemäß keine grundsätzlichen Schwierigkeiten, die Theorie von der Quantenstatistik her zu entwickeln[1]. Insbesondere läßt sich die in § 13.1 behandelte cluster-Entwicklung der molekularen Verteilungsfunktionen von Gasen nach einer ähnlichen Methode durchführen, wie wir sie in § 12.7 zur Berechnung der quantenstatistischen Verteilungsfunktion benutzt haben[1, 2]. Eine quantenstatistische Formulierung der in § 8.3 behandelten Theorie ist von BAND[3] gegeben worden. Wir wollen darauf hier nicht näher eingehen; um aber eine Vorstellung davon zu geben, wie sich diese Probleme im Rahmen der Quantenstatistik darstellen, betrachten wir zwei etwas speziellere Beispiele, die in gewissem Zusammenhang mit unseren früheren Untersuchungen stehen.

Zuerst leiten wir das quantenstatistische Analogon der thermischen Zustandsgleichung (VIII 35) bzw. (XIII 76) ab[2]. Wir gehen dazu aus von Gl. (VI 236), die nach Einsetzen von (VI 238) lautet

$$PV = \frac{kT}{Q} V \frac{\partial}{\partial V} \sum_n \int \psi_n^* e^{-\frac{H}{kT}} \psi_n \, d\mathbf{q} \,. \qquad \text{(XIII 102)}$$

Wie in § 6.6 führen wir auf der rechten Seite die Eigenfunktionen des Impuls-Operators $\chi(q, p)$ ein und kommen dann nach der dort angegebenen Zwischenrechnung auf die zu (VI 247) analoge Gleichung

$$PV = \frac{kT}{Q h^{3N}} V \frac{\partial}{\partial V} \int\int e^{-\frac{2\pi i}{h}\sum_i \mathbf{p}_i \mathbf{q}_i} e^{-\frac{H}{kT}} e^{\frac{2\pi i}{h}\sum_i \mathbf{p}_i \mathbf{q}_i} \, d\mathbf{q}\, d\mathbf{p} \,. \qquad \text{(XIII 103)}$$

Auch hier tritt, wie bei dem analogen Problem in § 8.1, die Schwierigkeit auf, daß das Volumen in der Integrationsgrenze vorkommt und daher die Differentiation nicht ohne weiteres ausführbar ist. Wir führen daher wieder eine charakteristische Länge L ein durch die Gleichungen

$$\mathbf{q}_i^* = \mathbf{q}_i/L \qquad \text{(XIII 104)}$$

und

$$V = aL^3 \,. \qquad \text{(XIII 105)}$$

In diesem Falle transformieren wir zweckmäßig auch die Impulse und schreiben

$$\mathbf{p}_i^* = \mathbf{p}_i L \,. \qquad \text{(XIII 106)}$$

Damit wird aus Gl. (XIII 103)

$$PV = \frac{kT}{Q h^{3N}} V \frac{\partial}{\partial V} \int\int e^{-\frac{2\pi i}{h}\sum_i \mathbf{p}_i^* \mathbf{q}_i^*} e^{-\frac{H^*}{kT}} e^{\frac{2\pi i}{h}\sum_i \mathbf{p}_i^* \mathbf{q}_i^*} \, d\mathbf{q}^*\, d\mathbf{p}^* \,, \qquad \text{(XIII 107)}$$

wo die Integrationsgrenzen jetzt weder V noch L enthalten. Die durch das Volumen bestimmte charakteristische Länge L kommt also nur noch in dem HAMILTON-Operator vor, der mit Benutzung von Gl. (XI 16) lautet [vgl. Gleichung (VI 319)]

$$H = -\frac{h^2}{8\pi^2 m L^2} \sum_i \Delta_i^* + \frac{1}{2} \sum_i \sum_j u(r_{ij}^* L) \,. \qquad \text{(XIII 108)}$$

[1] BOER, J. DE: Rep. Progr. Phys. **12**, 305 (1949).
[2] BOER, J. DE: Dissertation. Amsterdam 1940.
[3] BAND, W.: J. Chem. Phys. **16**, 343 (1948).

Hier ist Δ_i^* der in den Koordinaten (XIII 104) ausgedrückte LAPLACE-Operator und r_{ij}^* der in dem gleichen Maßstab gemessene Abstand der Moleküle i und j. Aus (XIII 108) folgt mit (XIII 105)

$$V \frac{\partial \underline{H}}{\partial V} = \frac{1}{3} L \frac{\partial \underline{H}}{\partial L} = - \frac{2}{3} \underline{E}_{kin} + \frac{1}{6} \sum_i \sum_j r_{ij} \frac{d u(r_{ij})}{d r_{ij}} . \qquad \text{(XIII 109)}$$

Der zweite Term der rechten Seite ist nach Gl. (VIII 33) das mit $\frac{2}{3}$ multiplizierte Virial der zwischenmolekularen Kräfte $[V]'$. Die Gl. (XIII 107) kann daher nach Ausführung der Differentiation geschrieben werden

$$PV = \frac{1}{Q h^{3N}} \int \int \chi^*(\mathbf{q}^*, \mathbf{p}^*) \left(\frac{2}{3} \underline{E}_{kin} - \frac{2}{3} \underline{[V]'} \right) e^{-\frac{H}{kT}} \chi(\mathbf{q}^*, \mathbf{p}^*) \, d\mathbf{q}^* \, d\mathbf{p}^* . \qquad \text{(XIII 110)}$$

Zur besseren Übersicht transformieren wir nun wieder auf $\mathbf{q}, \mathbf{p}$ und die Eigenfunktionen des HAMILTON-Operators zurück. Dann ergibt sich

$$PV = \frac{1}{Q} \int \sum_n \psi_n^*(\mathbf{q}) \left(\frac{2}{3} \underline{E}_{kin} - \frac{2}{3} \underline{[V]'} \right) e^{-\frac{H}{kT}} \psi_n(\mathbf{q}) \, d\mathbf{q} . \qquad \text{(XIII 111)}$$

Das ist aber nichts anderes als der mit der Dichtematrix der kanonischen Gesamtheit Gl. (VI 268) gebildete Mittelwert des in runden Klammern stehenden Ausdruckes. Nun ist $\underline{E}_{kin}$ eine Summe von N Termen, die nur von den Koordinaten je eines Moleküls abhängen, $[V]'$ eine Summe von $N(N-1)$ Termen, die von den Koordinaten je zweier Moleküle abhängen. Wir können daher Gleichung (XIII 111) noch weiter vereinfachen, wenn wir, in Analogie zu den molekularen Verteilungsfunktionen der klassischen Statistik, „reduzierte Dichtematrizen"[1] einführen durch die Gleichung

$$\varrho^{(n)}(\mathbf{q}^{(n)}, \mathbf{q}'^{(n)}) = \frac{N!}{(N-n)!} \int \varrho(\mathbf{q}^{(N)}, \mathbf{q}'^{(N)}) \, d\mathbf{q}^{(N-n)}$$

$$= \frac{N!}{(N-n)! \, Q} \int \sum_m \psi_m^*(\mathbf{q}^{(N)}) \, e^{-\frac{H}{kT}} \psi_m(\mathbf{q}^{(N)}) \, d\mathbf{q}^{(N-n)} . \qquad \text{(XIII 112)}$$

Mit

$$\underline{E}_{kin} = \frac{1}{2m} \sum_i \underline{p}_i^2 \qquad \text{(XIII 113)}$$

ergibt sich dann

$$PV = \frac{1}{3m} \int \underline{p}_1^2 \, \varrho^{(1)}(\mathbf{q}_1 ; \mathbf{q}_1) \, d\mathbf{q}_1 - \frac{1}{6} \int \int r_{12} \frac{d u(r_{12})}{d r_{12}} \varrho^{(2)}(\mathbf{q}_1, \mathbf{q}_2 ; \mathbf{q}_1, \mathbf{q}_2) \, d\mathbf{q}_1 \, d\mathbf{q}_2 . \qquad \text{(XIII 114)}$$

Diese Gleichung stellt das gesuchte quantenstatistische Analogon der klassischen Gl. (VIII 35) dar. Die wesentlichen Unterschiede sind, daß einmal der Term NkT durch den mit $\frac{2}{3}$ multiplizierten quantenmechanischen Mittelwert der kinetischen Energie ersetzt ist, zweitens an die Stelle der Paar-Verteilungsfunktion die Diagonalelemente der reduzierten Dichtematrix für Paare treten. Für $\lambda \to 0$ geht naturgemäß (XIII 114) asymptotisch in (VIII 35) über. Das gleiche Ergebnis wird durch Anwendung des quantenstatistischen Virialsatzes Gl. (VI 164) erhalten. Damit ist gezeigt, daß auch in der Quantenstatistik kein Unterschied zwischen „thermodynamischem" und „kinetischem" Druck existiert[2], was von BORN und GREEN[3] bezweifelt worden war.

---

[1] HUSIMI, K.: Proc. Phys.-Math. Soc. Japan **22**, 254 (1940).

[2] BOER, J. DE: Rep. Progr. Phys. **12**, 305 (1949).

[3] BORN, M., u. H. S. GREEN: Proc. Roy. Soc. (London) A **192**, 166 (1947).

Als zweites Beispiel betrachten wir noch kurz die Paar-Verteilungsfunktion des quantenstatistischen idealen Gases. Die vollständige Ableitung derselben erfordert nach Gl. (XIII 112) und (XII 149) die Integration der SLATER-Summe des Systems über die Koordinaten von $N-2$ Teilchen, was sich mit Hilfe der oben erwähnten DE BOERschen Methode bewerkstelligen läßt. Man erhält dann eine zu Gl. (XIII 33) analoge Entwicklung, deren erster Term durch die SLATER-Summe für zwei Teilchen $S(r)$ gegeben ist. Im Hinblick auf Gl. (XI 83) ist

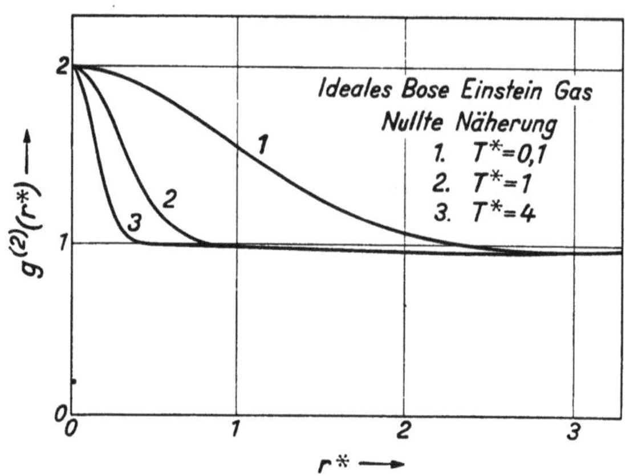

Abb. 79. Paarverteilungsfunktion des idealen BOSE-EINSTEIN-Gases [entnommen aus: J. DE BOER: Rep. Progr. Phys. 12, 357 (1949)]

dieses Ergebnis auch ohne die vollständige Ableitung unmittelbar plausibel. Normieren wir die Paar-Verteilungsfunktion in gleicher Weise wie in der klassischen Theorie ($g^{(2)} \to 1$ für $r \to \infty$), so erhalten wir mit Gl. (XI 104) als nullte Näherung

$$g^{(2)} = 1 \pm e^{-\frac{2\pi}{\lambda} r}, \qquad \text{(XIII 115)}$$

wobei das positive Vorzeichen für die BOSE-EINSTEIN-Statistik, das negative für die FERMI-DIRAC-Statistik gilt. Der Verlauf dieser Funktion ist für das ideale BOSE-EINSTEIN-Gas in Abb. 79 für drei verschiedene Temperaturen dargestellt. Die Kurven zeigen eine deutliche Ähnlichkeit mit der nullten Näherung für die Paar-Verteilungsfunktion klassischer realer Gase (Abb. 73), wobei natürlich der Abstoßungsast für das ideale Gas wegfällt. Die Moleküle des idealen BOSE-EINSTEIN-Gases zeigen also ein Verhalten, das der Wirkung von anziehenden Kräften äquivalent ist. Die Folgerungen, die sich daraus ergeben, haben wir bereits in § 12.7 ausführlich behandelt. Das ideale FERMI-DIRAC-Gas zeigt dagegen eine statistische Abstoßung der Moleküle. Die Analogie zum klassischen realen Gas ist hier weniger fruchtbar und soll deshalb nicht weiter verfolgt werden.

Dritter Teil

Theorie der Kristalle

Kapitel XIV

Ideale Kristalle

§ 14.1. Definitionen und allgemeine Ansätze

Die statistische Theorie der kondensierten Phasen (Kristalle und Flüssigkeiten) weist verschiedene charakteristische Unterschiede gegenüber der Gastheorie auf. In der letzteren werden modellmäßige Annahmen im allgemeinen nur für die Einzelmoleküle und die zwischen ihnen wirkenden Kräfte benutzt. Der zweite Teil des in § 1.1 formulierten Programmes der statistischen Thermodynamik, die Berechnung thermodynamischer Eigenschaften des Systems aus den Eigenschaften der Moleküle, läßt sich daher für Gase, wie wir gesehen haben, weitgehend streng durchführen. Eine solche a priori-Berechnung stößt für kondensierte Phasen auf Schwierigkeiten, die sich bisher nur in bescheidenem Umfange haben überwinden lassen. Wie nach den Ausführungen in Kapitel VIII ohne weiteres klar ist, läßt sich ein solches Ziel überhaupt nur auf dem Wege über die Integralgleichungen der molekularen Verteilungsfunktionen erreichen. Dabei ist man aber vorläufig an die Benutzung des Superpositionsprinzips gebunden, so daß die Ergebnisse mit einem gewissen Vorbehalt zu betrachten sind (vgl. § 13.3). Außerdem lassen sich solche Rechnungen praktisch nur für die einfachsten Fälle durchführen. Für Kristalle hat man bei Anwendung der molekularen Verteilungsfunktionen noch die zusätzliche Komplikation, daß die Paar-Verteilungsfunktion sich nicht auf eine radiale Verteilungsfunktion reduziert, indem hier in Gl. (VIII 134) $w^{(1)} = W^{(1)} \neq 0$ ist. Die in § 8.3 behandelte Methode der allgemeinen cluster-Entwicklung ist zwar für manche Probleme (vor allem flüssige Gemische) von großem Nutzen, führt aber als unbekannte Funktionen die Potentiale der Durchschnittskräfte ein. Eine a priori-Berechnung ist daher auf diesem Wege nicht möglich. Angesichts dieser Sachlage bleibt häufig keine andere Möglichkeit, als ein geeignetes Modell für die molekulare Struktur des Systems vorzugeben und im Rahmen dieses Modells dann Moleküleigenschaften und thermodynamische Eigenschaften des Systems zu verknüpfen. Das Modell selbst kann durch anderweitige theoretische oder experimentelle Ergebnisse begründet werden. In günstigen Fällen ist eine solche Begründung zwingend, so daß man sich mit den weiteren Überlegungen auf sicherem Boden bewegt. Häufig kann aber nur der Vergleich mit der experimentellen Erfahrung über die Brauchbarkeit eines Modells entscheiden.

Rein formal betrachtet, bedeutet die Einführung eines Modells für das Gesamtsystem eine Reduktion des Phasenraumes auf diejenigen Gebiete, welche den maßgeblichen Beitrag zur Verteilungsfunktion liefern. Es ist danach ohne weiteres verständlich, daß ein gut gewähltes Modell korrekte Resultate liefert, welche denen der a priori-Berechnungen im Prinzip gleichwertig sind. Wenn aber das Modell mehr oder weniger hypothetisch ist, lassen sich die Konsequenzen einer solchen Näherung schwer absehen. Es ist dann eine sorgfältige Diskussion des Einzelfalles erforderlich, bei der die in § 8.1 erwähnte Prüfung der inneren Konsistenz ein nützliches Hilfsmittel darstellt.

Ein anderer charakteristischer Zug der Theorie kondensierter Phasen ist die Tatsache, daß hier die verschiedensten physikalischen Gesichtspunkte sich viel stärker durchdringen als in der Gastheorie. Speziell in der Theorie der Kristalle spielt die statistische Theorie in zahlreiche Probleme der mechanischen, elektrischen und magnetischen Eigenschaften herein, die ihrerseits wieder mit den thermodynamischen Eigenschaften zusammenhängen. Neben den statistischen Gesichtspunkten ist dabei die Elektronentheorie der Kristalle (mit Einschluß der Bindungsprobleme) von entscheidender Bedeutung. Die statistische Theorie der kondensierten Phasen bietet daher sowohl nach der methodischen wie nach der physikalischen Seite ein außerordentlich mannigfaltiges Bild. Es ist im Rahmen dieses Buches nicht möglich, eine vom physikalischen Standpunkt auch nur einigermaßen vollständige Darstellung zu geben. Wir verweisen daher auf Spezialwerke, insbesondere für Festkörper auf die Monographien von SEITZ[1], MOTT und JONES[2], WILSON[3] und PEIERLS[4]. Im folgenden beschränken wir uns auf eine Reihe von charakteristischen Problemen, die vom Standpunkt der statistischen Theorie besonderes Interesse bieten. Dies ist um so eher gerechtfertigt, als bei vielen anderen Erscheinungen der statistische Teil der Theorie ziemlich trivial ist.

Die Röntgenanalyse zeigt bekanntlich, daß in Kristallen die Atome räumlich streng geordnet sind. Ihre Zentren bilden die Punkte eines dreifach periodischen räumlichen Gitters, das durch Wiederholung eines kleinen Bereiches, der Elementarzelle, entsteht. Ein solches Gebilde kann nur stabil sein, wenn die von den Atomen aufeinander ausgeübten Kräfte sich in den Gleichgewichtslagen gerade aufheben. Um diese Gleichgewichtslagen können die Atome Schwingungen ausführen, die im einzelnen durch die zwischen den Atomen wirkenden Kräfte bestimmt werden. Diese gesicherten Erfahrungstatsachen können unmittelbar zur Konstruktion eines Modells verwendet werden.

Wir nehmen dazu an, daß

1. der Kristall keine Fehlstellen enthält, d. h. alle Atome sich in der Gleichgewichtslage auf den ihnen nach der Gitterstruktur zukommenden Plätzen befinden und alle Gitterplätze von den „richtigen" Atomen besetzt sind,

2. daß die Atome lediglich Schwingungen um die Gleichgewichtslagen, aber keine sonstigen Bewegungen ausführen.

Das durch diese Annahmen definierte Modell bezeichnen wir als idealen Kristall. Bei realen Kristallen sind beide Annahmen nicht erfüllt. Wir beschränken uns in diesem Kapitel auf die Fälle, in denen die Abweichungen so gering sind, daß sie die thermodynamischen Eigenschaften nicht merklich beeinflussen. Man muß aber im Auge behalten, daß einmal die statistische Theorie selbst zu der Annahme zwingt, daß im Kristall „Fehlstellen" vorhanden sind, weil diese Konfigurationen darstellen, die sich nur durch eine endliche Energie von der des idealen Kristalls unterscheiden und auch nicht durch Hemmungen verboten sind, zweitens, daß diese Fehlstellen für manche Erscheinungen (z. B. die Diffusion oder die elektrischen Eigenschaften) von entscheidender Bedeutung sind. Zur Vereinfachung nehmen wir vorläufig noch an, daß der Kristall isotrop

---

[1] SEITZ, F.: The Modern Theory of Solids. New York 1940.
[2] MOTT, N. F., u. H. JONES: The Theory of the Properties of Metals and Alloys. Oxford 1936.
[3] WILSON, A. H.: The Theory of Metals, 2. Aufl. Cambridge 1953.
[4] PEIERLS, R. E.: Quantum Theory of Solids. Oxford 1955.

ist und daß die Gitterplätze gleichwertig und von N unter sich gleichen Atomen besetzt sind[1], die wir als strukturlose Massenpunkte betrachten.

Bezeichnen wir die cartesischen Koordinaten der Verrückungen aus den Gleichgewichtslagen mit ξ_i ($i = 1$ bis $3\,N$), so gilt allgemein

$$\left(\frac{\partial U}{\partial \xi_i}\right)_{\xi_i = 0} = 0 \, . \qquad \text{(XIV 1)}$$

Die Reihenentwicklung der potentiellen Energie ergibt daher, ähnlich wie bei den Schwingungen vielatomiger Moleküle,

$$U = \tfrac{1}{2} \sum_i \sum_j b_{ij}\,\xi_i\,\xi_j + \cdots \, . \qquad \text{(XIV 2)}$$

Wir nehmen an, daß alle höheren Terme der Entwicklung vernachlässigt werden können. Das ist naturgemäß nur zulässig, wenn die Verrückungen ξ_i nicht zu groß sind, d. h. bei nicht zu hohen Temperaturen. Durch Einführung von Normalkoordinaten (s. § 9.10) können wir die rechte Seite von (XIV 2) in eine rein quadratische Form verwandeln und erhalten dann sofort für die klassische HAMILTON-Funktion

$$H(\mathbf{q}, \mathbf{p}) = \tfrac{1}{2} \sum_{i=1}^{3N} (p_i + 4\,\pi^2\,\nu_i^2\,q_i^2) \, . \qquad \text{(XIV 3)}$$

Dabei ist der Massenfaktor in die p_i und q_i hereingenommen. Die HAMILTON-Funktion ist somit eine Summe von $3\,N$ Termen[2], von denen jeder die HAMILTON-Funktion eines linearen harmonischen Oszillators der Frequenz ν_i darstellt. Die ν_i sind Funktionen der b_{ij}.

Die quantenmechanische Behandlung erfolgt in ganz analoger Weise. Die SCHRÖDINGER-Gleichung des Kristalls mit dem Potentialansatz (XIV 2) läßt sich nach Einführung von Normalkoordinaten separieren und zerfällt dann in $3\,N$ Gleichungen für lineare harmonische Oszillatoren. Die zu einem Satz der Quantenzahlen v_i gehörige Gesamtenergie E_v ist somit

$$E_v = \sum_{i=1}^{3N} (v_i + \tfrac{1}{2})\, h\nu_i \, . \qquad \text{(XIV 4)}$$

Damit haben wir die mechanischen Unterlagen für die Anwendung der statistischen Thermodynamik und können sofort die Verteilungsfunktion konstruieren. Im klassischen Fall erhalten wir, da es sich um ein System von lokalisierten Teilchen handelt,

$$Q = \frac{1}{h^{3N}} \prod_{i=1}^{3N} \int_{-\infty}^{+\infty} \int_{-\infty}^{+\infty} e^{-\frac{p_i^2 + 4\,\pi^2\,\nu_i^2\,q_i^2}{2kT}} \, dp_i\, dq_i \, . \qquad \text{(XIV 5)}$$

oder

$$Q = \prod_{i=1}^{3N} \frac{kT}{h\nu_i} \, . \qquad \text{(XIV 6)}$$

Daraus folgt für die innere Energie

$$E = 3\,NkT \, , \qquad \text{(XIV 7)}$$

wie es nach dem Äquipartitionstheorem sein muß. Die Atomwärme bei konstantem Volumen ist dann

$$C_v = 3\,k \, . \qquad \text{(XIV 8)}$$

---

[1] Damit ist die Betrachtung zunächst auf kubische Translationsgitter beschränkt.

[2] Streng genommen umfaßt die Summe (XIV 3) nur $3\,N - 6$ Glieder, welche harmonische Oszillatoren darstellen, da je 3 Normalschwingungen (mit der Frequenz 0) auf die Translation und Rotation des Gesamtkristalls entfallen. Für hinreichend großes N ist der Unterschied bedeutungslos.

Diese Aussage, daß die (auf das Gramm-Atom bezogene) Atomwärme eines einatomigen Kristalls annähernd den (von der Temperatur unabhängigen) Wert $3\,R \approx 6$ hat, ist schon lange als DULONG-PETITsche Regel bekannt. Dieselbe ist bei gewöhnlichen Temperaturen für die meisten einatomigen Kristalle und einfachen Ionenkristalle gut erfüllt. Sie versagt aber schon hier für Diamant, Beryllium und Silicium. Bei hinreichend tiefen Temperaturen fällt die Atomwärme für alle Stoffe steil ab. Dieser Widerspruch beruht, wie in analogen Fällen, auf der Unzulänglichkeit der klassischen Statistik.

Die quantenstatistische Verteilungsfunktion des Kristalls wird mit Gl. (XIV 4)

$$Q = \Sigma e^{-\frac{E_v}{kT}} = \prod_{i=1}^{3N} \left[\sum_{v_i \geq 0} e^{-\frac{(v_i + 1/2)\,h v_i}{kT}} \right]. \qquad \text{(XIV 9)}$$

Die Verteilungsfunktion läßt sich somit auch hier nach den Normalschwingungen separieren und wird ein Produkt der Verteilungsfunktionen der $3N$ linearen harmonischen Oszillatoren. Die Gl. (XIV 9) können wir schreiben

$$Q = \prod_{i=1}^{3N} \frac{e^{-\frac{h v_i}{2kT}}}{1 - e^{-\frac{h v_i}{kT}}} \qquad \text{(XIV 10)}$$

oder

$$\ln Q = - \sum_{i=1}^{3N} \left[\frac{h v_i}{2kT} + \ln \left(1 - e^{-\frac{h v_i}{kT}} \right) \right]. \qquad \text{(XIV 11)}$$

Im Hinblick auf die Betrachtungen über das Dampfdruckgleichgewicht in Kapitel XV ist es zweckmäßig, als Bezugsniveau der Energie den tiefsten Quantenzustand der isolierten Atome zu wählen und den tiefsten Energiezustand des Kristalls (mit Einschluß der Nullpunktsenergie der Oszillatoren) durch $-N\chi$ zu bezeichnen. Wir haben dann

$$\ln Q = \frac{N\chi}{kT} - \sum_{i=1}^{3N} \ln \left(1 - e^{-\frac{h v_i}{kT}} \right). \qquad \text{(XIV 12)}$$

Man sieht daraus, daß das wesentliche Problem der quantenstatistischen Berechnung in der Ermittlung der Frequenzen v_i besteht, deren Kenntnis in der klassischen Theorie nicht benötigt wird. Zweckmäßig betrachtet man dazu die Verteilung der Normalschwingungen auf den gesamten Frequenzbereich in der Weise, daß $N\,g(v)\,dv$ die Zahl der Normalschwingungen mit Frequenzen zwischen v und $v + dv$ bezeichnet. Da wir $3N$ Normalschwingungen haben, muß dann gelten

$$\int_0^\infty g(v)\,dv = 3\,. \qquad \text{(XIV 13)}$$

In dieser Formulierung lautet die Gl. (XIV 12)

$$\ln Q = \frac{N\chi}{kT} - N \int_0^\infty g(v) \ln \left(1 - e^{-\frac{h v}{kT}} \right) dv\,. \qquad \text{(XIV 14)}$$

Das Problem ist damit auf die Ermittlung der Funktion $g(v)$ reduziert.

§ 14.2. Die Theorie von EINSTEIN

Die einfachste Annahme, die man über das Frequenzspektrum machen kann, ist offenbar die, daß alle $3N$ Oszillatoren mit der gleichen Frequenz ν_E schwingen. Mit Hilfe dieses Ansatzes hat EINSTEIN[1] zum ersten Male auf der Grundlage der Quantentheorie die spezifische Wärme der Kristalle berechnet. Um die EINSTEINsche Annahme in Gl. (XIV 14) einzuführen, haben wir zu setzen

$$g(\nu) = 3\,\delta(\nu_E - \nu)\,,\qquad\qquad\text{(XIV 15)}$$

wo rechts die DIRACsche Delta-Funktion steht. Damit erhalten wir[2]

$$\ln Q = \frac{N\chi}{kT} - 3N\ln\left(1 - e^{-\frac{h\nu_E}{kT}}\right)\,.\qquad\qquad\text{(XIV 16)}$$

Daraus folgt für die innere Energie

$$E = -N\chi + \frac{3Nh\nu_E}{e^{\frac{h\nu_E}{kT}} - 1}\qquad\qquad\text{(XIV 17)}$$

und für die Atomwärme bei konstantem Volumen

$$C_v = \frac{3k\left(\frac{h\nu_E}{kT}\right)^2 e^{\frac{h\nu_E}{kT}}}{\left(e^{\frac{h\nu_E}{kT}} - 1\right)^2}\,.\qquad\qquad\text{(XIV 18)}$$

Ähnlich wie in der Gastheorie (§ 9.6) führt man auch hier eine charakteristische Temperatur Θ_E ein durch die Gleichung

$$\Theta_E = \frac{h\nu_E}{k}\,.\qquad\qquad\text{(XIV 19)}$$

Damit kann (XIV 18) geschrieben werden

$$C_v = 3k\,\frac{\left(\frac{\Theta_E}{T}\right)^2 e^{\frac{\Theta_E}{T}}}{\left(e^{\frac{\Theta_E}{T}} - 1\right)^2}\,.\qquad\qquad\text{(XIV 20)}$$

Der Verlauf dieser Funktion ist in Abb. 80 dargestellt. Man sieht, daß für hohe Temperaturen C_v sich asymptotisch dem klassischen Wert $3k$ nähert, daß es bei tiefen Temperaturen aber steil abfällt und am absoluten Nullpunkt verschwindet. Dieses Verhalten läßt sich auch leicht aus den obigen Gleichungen entnehmen. Für $T \gg \Theta_E$ bekommt man aus Gl. (XIV 17) durch Reihenentwicklung

$$E = -N\chi + 3NkT\left[1 - \frac{1}{2}\frac{\Theta_E}{T} + \frac{1}{12}\left(\frac{\Theta_E}{T}\right)^2 + \cdots\right]\,.\qquad\text{(XIV 21)[3]}$$

---

[1] EINSTEIN, A.: Ann. Physik **22**, 180, 800 (1907).

[2] In der ursprünglichen EINSTEINschen Formulierung, die von der älteren Quantentheorie ausgeht, hat der harmonische Oszillator keine Nullpunktsenergie.

[3] Das in Θ_E/T lineare Glied hebt sich gegen die Nullpunktsenergie, wenn letztere aus χ abgespalten wird.

Daraus folgt

$$C_v = 3\,k \left[1 - \frac{1}{12}\left(\frac{\Theta_E}{T}\right)^2 + \cdots \right], \qquad (T \gg \Theta_E) \qquad \text{(XIV 22)}$$

was für $T \to \infty$ in den klassischen Grenzwert übergeht. Andererseits ergibt sich unmittelbar aus Gl. (XIV 20), daß für $T \to 0$ auch $C_v \to 0$ geht.

Die wesentliche Diskrepanz zwischen Experiment und klassischer Theorie ist damit beseitigt und das experimentelle Material wenigstens qualitativ gedeutet.

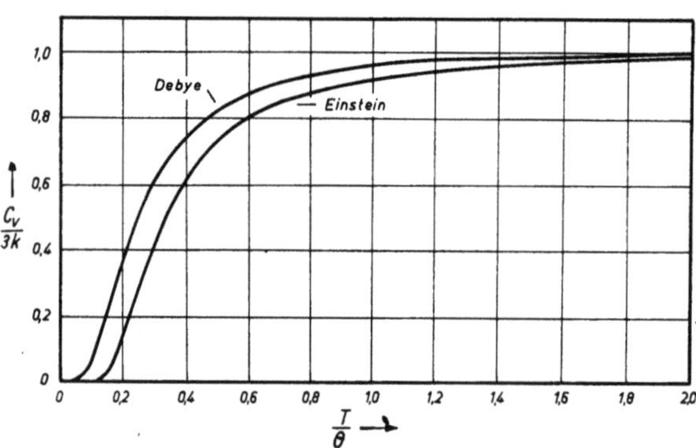

Abb. 80. Verlauf der Atomwärme nach EINSTEIN und DEBYE [entnommen aus: F. SEITZ: The Modern Theory of Solids, S. 104. New York 1940]

Daß die vorstehende Theorie keine quantitativen Resultate liefern kann, ist nach den allgemeinen Formeln des § 14.1 ohne weiteres klar und auch schon von EINSTEIN[1] selbst erkannt worden. Trotzdem liefert sie für hohe und mäßige Temperaturen, d.h. für $T \geqq \Theta_E$, eine brauchbare Näherung und ist hier wegen ihrer mathematischen Einfachheit von Nutzen, wenn es nicht auf große Genauigkeit ankommt. Diese zunächst auffallende Tatsache ist leicht zu erklären.

Die Funktion $g(\nu)$ besitzt, wie wir sehen werden, in der Gegend von ν_E ein steiles Maximum, um dann auf Null abzufallen. Ein sehr großer Teil der Summanden in der allgemeinen Formel für C_v[2] besteht daher aus EINSTEIN-Funktionen mit Frequenzen, die von ν_E nur wenig verschieden sind. Es ist daher klar, daß die EINSTEINsche Formel eine gute Näherung sein muß, wenn alle Frequenzen angeregt sind. Nun folgt aber aus Gl. (XIV 20), daß eine EINSTEIN-Funktion um so früher abfällt, je größer das zugehörige Θ bzw. ν ist. Bei tieferen Temperaturen werden daher die Summanden in der Umgebung von ν_E zuerst abfallen, und die Gesamtfunktion wird durch die Terme mit $\nu_i < \nu_E$ bestimmt. Hier muß daher die EINSTEINsche Formel versagen. Es ist danach auch verständlich, daß NERNST und LINDEMANN[3] mit einer halbempirischen Formel, die aus einer linearen Kombination von zwei EINSTEIN-Funktionen mit verschiedenen Frequenzen besteht, ganz brauchbare Resultate erzielt haben.

Die Frequenz ν_E läßt sich, wie MADELUNG[4] und EINSTEIN[5] gezeigt haben, in Beziehung setzen zur Kompressibilität, da bei der Kompression des Kristalls Arbeit gegen die Direktionskräfte der Oszillatoren geleistet wird. Da aber die EINSTEINsche Theorie nur eine recht rohe Näherung darstellt, weil eben das Modell der monochromatischen Oszillatoren eine zu weitgehende Vereinfachung der Wirklichkeit ist, wollen wir darauf nicht näher eingehen. Bei Benutzung der EINSTEINschen Formel wird zweckmäßig ν_E bzw. Θ_E als adjustierbarer Parameter behandelt.

§ 14.3. Das Prinzip von RAYLEIGH und JEANS

Für das Weitere benötigen wir die Lösung eines bekannten Eigenwertproblems der allgemeinen Wellengleichung. Es handelt sich dabei um die Frage

---

[1] EINSTEIN, A.: Ann. Physik 35, 685 (1911).
[2] Das heißt der aus (XIV 12) abgeleiteten Formel.
[3] NERNST, W., u. F. A. LINDEMANN: Berl. Ber. 1911, 494.
[4] MADELUNG, E.: Phys. Z. 11, 898 (1910).
[5] EINSTEIN, A.: Ann. Physik 34, 170, 590 (1911).

nach der Zahl der stehenden Wellen N_{λ_0} mit einer Wellenlänge $\lambda > \lambda_0$, die sich in einem Kontinuum vom Volumen V ausbilden können. Grundsätzlich sind unter diesen Umständen drei Arten von Wellen möglich: longitudinale Wellen und transversale Wellen mit zwei aufeinander senkrecht stehenden Polarisationsrichtungen.

Wir berücksichtigen zunächst nur eine Wellenart und nehmen ferner an, daß das Volumen V ein rechtwinkliges Parallelepiped mit den Kantenlängen a, b und c ist; die Kanten lassen wir mit den positiven Koordinatenachsen zusammenfallen. Wir betrachten nun eine stehende ebene Welle der Wellenlänge λ, deren Normale mit den Koordinatenachsen die Winkel α, β und γ einschließe. Auf die Strecke λ der Wellennormalen entfallen zwei Knoten, auf die Längeneinheit somit

$$Z_\lambda = \frac{2}{\lambda} \qquad \text{(XIV 23)}$$

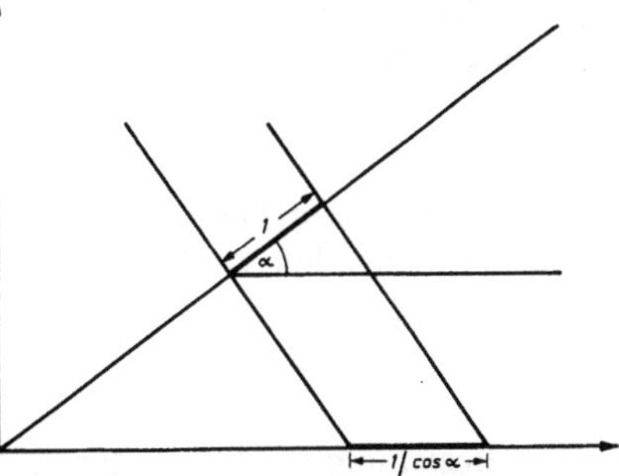

Abb. 81. Zum Prinzip von RAYLEIGH und JEANS

Knoten. Wir legen jetzt zwei Ebenen im Abstand Eins senkrecht zur Wellennormalen, die aus den Koordinatenachsen Stücke der Längen $1/\cos\alpha$, $1/\cos\beta$, $1/\cos\gamma$ herausschneiden (Abb. 81). Die Knotenebenen der stehenden Welle liegen parallel zu den genannten Ebenen. Es entfallen somit auf die Strecken $1/\cos\alpha$, $1/\cos\beta$, $1/\cos\gamma$ der Achsen jeweils Z_λ Knoten und auf die Längeneinheit der Achsen $Z_\lambda \cos\alpha$, $Z_\lambda \cos\beta$, $Z_\lambda \cos\gamma$ Knoten. Wir wählen als Randbedingung die Forderung, daß die Begrenzungsflächen nicht an der Schwingung teilnehmen. Es muß dann jeweils bei $x = 0$ und $x = a$, $y = 0$ und $y = b$, $z = 0$ und $z = c$ ein Knoten liegen. Das ist nach dem Vorhergehenden nur möglich, wenn

$$Z_\lambda \cos\alpha = \frac{n_x}{a}, \quad Z_\lambda \cos\beta = \frac{n_y}{b}, \quad Z_\lambda \cos\gamma = \frac{n_z}{c} \qquad \text{(XIV 24)}$$

ist, wo n_x, n_y und n_z positive ganze Zahlen sind. Da

$$\cos^2\alpha + \cos^2\beta + \cos^2\gamma = 1 \qquad \text{(XIV 25)}$$

ist, definiert somit jedes Zahlentripel n_x, n_y, n_z eine mögliche stehende Welle nach Knotenzahl bzw. Wellenlänge und Richtung der Wellennormalen. Im n_x-, n_y-, n_z-Raum repräsentiert jeder Punkt mit ganzzahligen positiven Koordinaten ein solches Zahlentripel. Die Gesamtheit dieser Punkte bildet ein dreidimensionales kubisches Gitter mit der Gitterkonstanten Eins. Die Zahl der möglichen stehenden Wellen der Knotenzahl Z_{λ_0} ist nach Gl. (XIV 23)—(XIV 25) gleich der Zahl der Sätze n_x, n_y, n_z, welche die Gleichung

$$\frac{n_x^2}{(aZ_{\lambda_0})^2} + \frac{n_y^2}{(bZ_{\lambda_0})^2} + \frac{n_z^2}{(cZ_{\lambda_0})^2} = 1 \qquad \text{(XIV 26)}$$

erfüllen. Jede derartige Gleichung definiert im n_x-, n_y-, n_z-Raum ein Ellipsoid mit den Halbachsen aZ_λ, bZ_λ, cZ_λ. Die Gesamtzahl N_{λ_0} der stehenden Wellen mit Knotenzahlen $< Z_{\lambda_0}$ bzw. mit Wellenlängen $> \lambda_0$ ist daher einfach gleich der Zahl der Gitterpunkte innerhalb des positiven Ellipsoid-Oktanten der Gl. (XIV 26). Für großes Z_{λ_0} wird diese asymptotisch gleich dem Volumen des Oktanten. Wir erhalten somit

$$N_{\lambda_0} = \frac{1}{8} \frac{4\pi}{3} abc Z_{\lambda_0}^3 = \frac{4\pi}{3} abc \lambda_0^{-3} = \frac{4\pi}{3} \frac{V}{\lambda_0^3} . \qquad \text{(XIV 27)}$$

Es läßt sich streng beweisen[1], daß diese Formel für alle in Betracht kommenden Randbedingungen gilt und unabhängig ist von der speziellen Gestalt des Volumens, solange λ_0 klein gegen die Lineardimensionen desselben ist.

Wir führen jetzt anstelle der Wellenlänge die Frequenz ν ein durch

$$\lambda \nu = c \,, \tag{XIV 28}$$

wo c die Fortpflanzungsgeschwindigkeit der Wellen ist. Im besonderen bezeichnen wir mit c_l die Fortpflanzungsgeschwindigkeit der longitudinalen Wellen, mit c_{tr} die der transversalen Wellen. Da für jede Wellenart Gl. (XIV 27) gilt, haben wir insgesamt

$$N_{\nu_0} = \frac{4\pi}{3}\, V \left(\frac{1}{c_l^3} + \frac{2}{c_{tr}^3} \right) \nu_0^3 \tag{XIV 29}$$

für die Zahl der stehenden Wellen mit einer Frequenz $< \nu_0$. Daraus folgt für die Zahl der stehenden Welle mit Frequenzen zwischen ν und $\nu + d\nu$

$$g^*(\nu)\, d\nu = 4\pi V \left(\frac{1}{c_l^3} + \frac{2}{c_{tr}^3} \right) \nu^2 \, d\nu \,. \tag{XIV 30}$$

Diese Beziehung wird nach den Entdeckern als das Prinzip von RAYLEIGH (1900) und JEANS (1905) bezeichnet.

§ 14.4. Exkurs: Theorie der Hohlraumstrahlung

Die Gl. (XIV 30) kann dazu dienen, in einfacher Weise die Gesetze der Hohlraumstrahlung abzuleiten[2]. Wir nehmen dazu an, daß eine stehende elektromagnetische Welle von gegebener Frequenz durch einen virtuellen harmonischen Oszillator der gleichen Frequenz repräsentiert werden kann. Daß ein solcher Oszillator gequantelt ist, war ja PLANCKs grundlegende Entdeckung. Mit dieser Annahme können wir unmittelbar die Gl. (XIV 14) auf das Problem anwenden, wobei aber jetzt die Nebenbedingung (XIV 13) entfällt. Man sagt gewöhnlich, die Zahl der Freiheitsgrade des Kontinuums sei Unendlich. Die Funktion $g(\nu)$ ist durch (XIV 30) gegeben, wenn wir berücksichtigen, daß die elektromagnetischen Wellen nur transversal sind und somit der erste Term in der Klammer entfällt. c_{tr} wird dann einfach mit der Lichtgeschwindigkeit c identisch. Schließlich muß in der Verteilungsfunktion der Hohlraumstrahlung die Nullpunktsenergie aufgegeben werden, da sie, wie man leicht feststellt, zu einer unendlichen elektromagnetischen Energiedichte im Vakuum am absoluten Nullpunkt führen würde[3]. Wir erhalten auf diese Weise

$$\ln Q_{str} = -\frac{8\pi V}{c^3} \int\limits_0^\infty \nu^2 \ln\left(1 - e^{-\frac{h\nu}{kT}} \right) d\nu \tag{XIV 31}$$

oder

$$\ln Q_{str} = -\frac{8\pi V k^3 T^3}{c^3 h^3} \int\limits_0^\infty \xi^2 \ln\left(1 - e^{-\xi} \right) d\xi \,. \tag{XIV 32}$$

---

[1] Vgl. R. COURANT u. D. HILBERT: Methoden der mathematischen Physik, Bd. I. Berlin 1931.

[2] Wir beschränken uns hier auf die statistische Ableitung und verweisen für die ausführlichere Diskussion auf die Lehrbücher der theoretischen Physik.

[3] In der PLANCKschen Ableitung tritt diese Problematik nicht auf, da der PLANCKsche Oszillator keine Nullpunktsenergie hat.

Das Integral kann mit Hilfe einer Reihenentwicklung berechnet werden und ergibt dann

$$- \int\limits_0^\infty \xi^2 \ln(1 - e^{-\xi})\, d\xi = \int\limits_0^\infty \sum_{h=1}^\infty \frac{\xi^2}{n} e^{-n\xi}\, d\xi = 2 \sum_{n=1}^\infty \frac{1}{n^4} = \frac{\pi^4}{45}\,. \qquad \text{(XIV 33)}$$

Es wird somit

$$\ln Q_{str} = \frac{8\pi^5 k^3}{45 c^3 h^3}\, T^3 V\,. \qquad \text{(XIV 34)}$$

Daraus folgt für die mittlere Gesamtenergie der Hohlraumstrahlung

$$\bar{E}_{str} = \frac{8\pi^5 k^4}{15 c^3 h^3}\, V T^4 \qquad \text{(XIV 35)}$$

(STEFAN-BOLTZMANNsches Gesetz).

Da sich, wie aus der Ableitung von (XIV 14) hervorgeht, die Verteilungsfunktion der Strahlung nach den einzelnen Oszillatoren separieren läßt, können wir den Frequenzbereich zwischen v und $v + dv$ herausgreifen und dessen Verteilungsfunktion gesondert betrachten. Wir erhalten dafür

$$\ln Q_{str}(v)\, dv = - \frac{8\pi V}{c^3}\, v^2 \ln\left(1 - e^{-\frac{hv}{kT}}\right) dv\,. \qquad \text{(XIV 36)}$$

Für die mittlere Energie dieses Bereiches folgt dann

$$\bar{E}(v)\, dv = \frac{8\pi h}{c^3}\, V\, \frac{v^3\, dv}{e^{\frac{hv}{kT}} - 1}\,. \qquad \text{(XIV 37)}$$

Dies ist das berühmte PLANCKsche Strahlungsgesetz, von dem die Quantentheorie ihren Ausgang genommen hat.

Die freie Energie nach HELMHOLTZ ist für die Strahlung nach Gl. (XIV 34)

$$F_{str} = - \frac{8\pi^5 k^4}{45 c^3 h^3}\, V T^4\,. \qquad \text{(XIV 38)}$$

Daraus folgt für den Strahlungsdruck

$$P_{str} = \frac{8\pi^5 k^4}{45 c^3 h^3}\, T^4 \qquad \text{(XIV 39)}$$

und weiter durch Kombination mit (XIV 35)

$$P_{str} = \frac{1}{3}\, \frac{\bar{E}_{str}}{V} \qquad \text{(XIV 40)}$$

in Übereinstimmung mit der aus der Elektrodynamik bekannten Formel. Schließlich erhalten wir aus (XIV 38) und (XIV 39) für die freie Energie nach GIBBS

$$G_{str} = F_{str} + P_{str} V = 0\,. \qquad \text{(XIV 41)}$$

Führt man die vorstehenden Überlegungen auf der Grundlage der klassischen Statistik, speziell des Äquipartitionstheorems, durch, so erhält man das Strahlungsgesetz von RAYLEIGH, das als Grenzgesetz für hohe Temperaturen und niedrige Frequenzen gültig ist. Es lautet

$$\bar{E}(v)\, dv = \frac{8\pi k T V}{c^3}\, v^2\, dv\,, \qquad \text{(XIV 42)}$$

was auch unmittelbar aus Gl. (XIV 37) folgt, wenn man die e-Funktion bis zum linearen Gliede entwickelt.

Die Anwendung der statistischen Methode auf die Hohlraumstrahlung kann auch in der Weise erfolgen, daß man dieselbe als ein ideales Gas aus Lichtquanten (Photonen) betrachtet. Dieser Weg wurde zuerst von Bose eingeschlagen, der dafür die nach ihm und Einstein benannte Form der Quantenstatistik entwickelte. Wir wollen auch diese Ableitung, die ebenfalls von Gl. (XIV 30) Gebrauch macht, kurz andeuten.

Wenn wir die Gl. (IV 39) auf das Photonengas anwenden wollen, müssen wir zunächst beachten, daß für dieses nicht die Bedingung konstanter Teilchenzahl gilt. Es muß daher, wie sich aus der Ableitung ergibt, von vornherein für die absolute Aktivität $\lambda = 1$ gesetzt werden. Die Energie eines Photons ist gegeben durch

$$\varepsilon = h\nu \, . \tag{XIV 43}$$

Betrachten wir schließlich noch das Gewicht g_i, wie früher (§ 4.5) bei der Diskussion der Fermi-Dirac-Statistik, als stetige Funktion der Energie bzw. der Frequenz, so bekommen wir für die mittlere Zahl der Photonen in dem Bereich dg der Quantenzustände, welcher dem Frequenzbereich zwischen ν und $\nu + d\nu$ entspricht,

$$d\bar{N}_{Phot} = \frac{1}{e^{\frac{h\nu}{kT}} - 1} \, dg \, . \tag{XIV 44}$$

Um g als Funktion der Frequenz zu bestimmen, nehmen wir an, daß jedem Quantenzustand des Photons in dem Volumen V eine stationäre Lösung der elektromagnetischen Wellengleichung entspricht. Man kann diese Festsetzung als ein Analogon der Tatsache betrachten, daß jeder Quantenzustand eines Materieteilchens in dem Volumen V durch eine stationäre Lösung der Schrödinger-Gleichung gegeben ist, muß aber im Auge behalten, daß im ersten Falle die Wellengleichung nicht gequantelt ist. Die vorstehende Annahme liefert in Verbindung mit Gl. (XIV 30) sofort

$$dg = \frac{8\pi V}{c^3} \, \nu^2 \, d\nu \, . \tag{XIV 45}$$

Durch Einsetzen in (XIV 44) und Multiplikation mit der durch (XIV 43) gegebenen Energie eines Photons erhält man wieder (XIV 37). Die Anwendung der klassischen Statistik auf das Photonengas führt zum Wienschen Strahlungsgesetz

$$\bar{E}(\nu) \, d\nu = \frac{8\pi h V}{c^2} \, e^{-\frac{h\nu}{kT}} \, \nu^3 \, d\nu \, , \tag{XIV 46}$$

das, wie man leicht aus Gl. (XIV 37) erkennt, als Grenzgesetz für niedrige Temperaturen und hohe Frequenzen gültig ist.

Die beiden vorstehenden Ableitungen sind etwas unbefriedigend im Hinblick auf die Art und Weise, wie das Prinzip von Rayleigh und Jeans mit den statistischen Formeln verknüpft wird. Letzten Endes beruht dies darauf, daß wir bei der Formulierung der Statistik vom Partikelbild der Materie ausgegangen sind, während Gl. (XIV 30) sich auf ein nicht gequanteltes Feld bezieht. Die Lücke in unseren Ableitungen kann daher nur durch eine Untersuchung der Quantelung des Feldes überbrückt werden. Eine Diskussion dieser Fragen würde den Rahmen dieses Buches überschreiten; wir verweisen daher auf die kürzlich erschienene Monographie von Hund[1].

---

[1] Hund, F.: Materie als Feld. Berlin 1954.

§ 14.5. Die Debyesche Theorie

Der erste Versuch einer wirklichen Berechnung der Funktion $g(\nu)$ für Kristalle ist von Debye[1] gemacht worden. Die Grundlage der Debyeschen Theorie bildet die Annahme, daß der Kristall als Kontinuum aufgefaßt werden kann, für welches das Prinzip von Rayleigh und Jeans Gl. (XIV 30) gilt. Da aber andererseits $g(\nu)$ der Nebenbedingung (XIV 13) genügen muß (weil eben der Kristall kein Kontinuum ist und nur $3N$ Freiheitsgrade besitzt), entsteht zunächst eine Inkonsistenz. Diese wird in etwas gewaltsamer Weise beseitigt durch die Festsetzung, daß das Frequenzspektrum bei einer Grenzfrequenz ν_D abbrechen soll, wobei dann ν_D durch Gl. (XIV 13) bestimmt ist.

Zur Vereinfachung der Formeln ist es zweckmäßig, eine mittlere Wellengeschwindigkeit $\bar{c}$ einzuführen durch die Gleichung

$$\frac{3}{\bar{c}^3} = \frac{1}{c_l^3} + \frac{2}{c_{tr}^3} . \tag{XIV 47}$$

Dann haben wir nach Debye zu setzen

$$\frac{12\pi V}{\bar{c}^3} \int_0^{\nu_D} \nu^2 \, d\nu = 3N . \tag{XIV 48}$$

Daraus folgt

$$\nu_D = \bar{c} \left(\frac{3N}{4\pi V} \right)^{1/3} . \tag{XIV 49}$$

An dieser Formel ist bemerkenswert, daß ν_D vom Volumen pro Molekül abhängt. Die Größe $\bar{c}$ läßt sich nach Gl. (XIV 47) aus den elastischen Konstanten des Kristalls berechnen. Es gilt nämlich[2]

$$c_l = \left[\frac{\varepsilon(1 - \sigma)}{\varrho(1 + \sigma)(1 - 2\sigma)} \right]^{1/2} \tag{XIV 50}$$

und

$$c_{tr} = \left[\frac{\varepsilon}{2\varrho(1 + \sigma)} \right]^{1/2} . \tag{XIV 51}$$

Hier ist ε der lineare Elastizitätsmodul, σ die Poissonsche Zahl und ϱ die Massendichte.

Die Funktion $g(\nu)$ ist somit in der Debyeschen Theorie gegeben durch

$$g(\nu) = \begin{cases} \dfrac{9\nu^2}{\nu_D^3} & \text{für } \nu \leqq \nu_D , \\[2ex] 0 & \text{für } \nu > \nu_D . \end{cases} \tag{XIV 52}$$

Damit erhalten wir für die Verteilungsfunktion

$$\ln Q = \frac{N\chi}{kT} - \frac{9N}{\nu_D^3} \int_0^{\nu_D} \nu^2 \ln\left(1 - e^{-\frac{h\nu}{kT}} \right) d\nu . \tag{XIV 53}$$

---

[1] Debye, P.: Ann. Physik **39**, 789 (1912).

[2] Für die Ableitung dieser Formeln sei auf die Lehrbücher der theoretischen Physik verwiesen.

Für das Folgende ist es zweckmäßig, das Bezugsniveau der Energie wieder wie in Gl. (XIV 11) zu wählen, also in χ lediglich den Beitrag der Nullpunktsschwingungen des Kristalls zu berücksichtigen. Schreiben wir dann zur Unterscheidung χ', so gilt

$$-N\chi' = N \int\limits_0^{\nu_D} \frac{9\nu^2}{\nu_D^3}\,\frac{1}{2}\,h\nu\,d\nu = \frac{9}{8}\,N\,h\nu_D\,. \qquad (XIV\ 54)$$

Wir führen nun wieder eine charakteristische Temperatur (DEBYE-Temperatur) ein durch die Gleichung

$$\Theta_D = \frac{h\nu_D}{k}\,. \qquad (XIV\ 55)$$

Die Verteilungsfunktion lautet dann

$$\ln Q = -\frac{9}{8}\,N\,\frac{\Theta_D}{T} - 9N\,\frac{T^3}{\Theta_D^3}\int\limits_0^{\Theta_D/T}\xi^2\ln(1 - e^{-\xi})\,d\xi\,. \qquad (XIV\ 56)$$

Diese Gleichung zeigt zunächst, daß die Verteilungsfunktion sich in der Form

$$Q = [\varkappa(T)]^N \qquad (XIV\ 57)$$

mit

$$\ln\varkappa(T) = -\frac{9}{8}\,\frac{\Theta_D}{T} - 9\,\frac{T^3}{\Theta_D^3}\int\limits_0^{\Theta_D/T}\xi^2\ln(1 - e^{-\xi})\,d\xi \qquad (XIV\ 58)$$

darstellen läßt, wie es nach dem Ausgangspunkt (Separation nach Normalschwingungen) sein muß. Weiter ergibt sich durch partielle Integration

$$\ln Q = -\frac{9}{8}\,N\,\frac{\Theta_D}{T} - 3N\ln\left(1 - e^{-\frac{\Theta_D}{T}}\right) + 3N\,\frac{T^3}{\Theta_D^3}\int\limits_0^{\Theta_D/T}\frac{\xi^3}{e^\xi - 1}\,d\xi\,. \qquad (XIV\ 59)$$

Die beiden ersten Terme sind (bis auf einen Zahlenfaktor der Größenordnung Eins bei der Nullpunktsenergie) mit der EINSTEINschen Näherung Gl. (XIV 16) identisch. Da für $T \gg \Theta_D$ der letzte Term vernachlässigt werden kann, führen dann beide Theorien praktisch zum gleichen Ergebnis. Dies zeigt einmal, daß die DEBYEsche Theorie eine konsequente Verbesserung der EINSTEINschen Theorie ist, zum anderen, daß $\nu_E \approx \nu_D$ ist.

Wir gehen nun zur inneren Energie über, für die sich aus Gl. (XIV 53) ergibt

$$E = \frac{9}{8}\,Nh\nu_D + \frac{9N}{\nu_D^3}\int\limits_0^{\nu_D}\frac{h\nu^3}{e^{\frac{h\nu}{kT}} - 1}\,d\nu \qquad (XIV\ 60)$$

oder

$$E = \frac{9}{8}\,Nk\Theta_D + 9Nk\,\frac{T^4}{\Theta_D^3}\int\limits_0^{\Theta_D/T}\frac{\xi^3}{e^\xi - 1}\,d\xi\,. \qquad (XIV\ 61)$$

Wir definieren nun eine Funktion

$$D(x) = \frac{3}{x^3}\int\limits_0^{x}\frac{\xi^3}{e^\xi - 1}\,d\xi\,, \qquad (XIV\ 62)$$

die gewöhnlich als Debyesche Funktion bezeichnet wird. Das Integral läßt sich nur numerisch auswerten und ist tabelliert[1]. In dieser Schreibweise wird die innere Energie

$$E = \frac{9}{8} N k \Theta_D + 3 N k T D \left(\frac{\Theta_D}{T}\right).$$

(XIV 63)

Daraus folgt für die Atomwärme bei konstantem Volumen

$$C_v = 3 k D \left(\frac{\Theta_D}{T}\right) + 3 kT \frac{\partial}{\partial T} D \left(\frac{\Theta_D}{T}\right) = 9 k \left(\frac{T}{\Theta_D}\right)^3 \int\limits_0^{\Theta_D/T} \frac{e^\xi \, \xi^4}{(e^\xi - 1)^2} \, d\xi.$$

(XIV 64)

Nun ist

$$\frac{\partial}{\partial T} D \left(\frac{\Theta_D}{T}\right) = - \frac{\Theta_D}{T^2} D' \left(\frac{\Theta_D}{T}\right)$$

(XIV 65)

und

$$D'(x) = - \frac{3}{x} D(x) + \frac{3}{e^x - 1}.$$

(XIV 66)

Es wird somit

$$C_v = 3 k \left[4 D \left(\frac{\Theta_D}{T}\right) - \frac{3 \frac{\Theta_D}{T}}{e^{\frac{\Theta_D}{T}} - 1} \right].$$

(XIV 67)

Der Ausdruck in eckigen Klammern ist ebenfalls tabelliert[1]. In Abb. 80 ist der Verlauf dieser Funktion graphisch dargestellt. Der oben besprochene Zusammenhang mit der Einsteinschen Näherung ist daraus unmittelbar zu erkennen.

Die Funktion $D(x)$ läßt sich für hohe und tiefe Temperaturen durch Reihenentwicklungen darstellen, die zur numerischen Berechnung dienen können. Für hohe Temperaturen ist $x \ll 1$; da von 0 bis x integriert wird, gilt dies auch für Integrationsvariable ξ im gesamten Integrationsgebiet. Wir können daher den Integranden entwickeln und erhalten

$$\frac{\xi^3}{e^\xi - 1} = \xi^2 - \frac{1}{2} \xi^3 + \frac{1}{12} \xi^4 - \frac{1}{720} \xi^6 + \cdots.$$

(XIV 68)

Durch gliedweise Integration dieser Reihe folgt

$$D(x) = 1 - \tfrac{3}{8} x + \tfrac{1}{20} x^2 - \tfrac{1}{1680} x^4 + \cdots. \qquad (x \le 1)$$

(XIV 69)

Um eine Entwicklung für tiefe Temperaturen, wo x groß ist, zu erhalten, schreiben wir zunächst

$$D(x) = \frac{3}{x^3} \left[\int\limits_0^\infty \frac{\xi^3}{e^\xi - 1} \, d\xi - \int\limits_x^\infty \frac{\xi^3}{e^\xi - 1} \, d\xi \right].$$

(XIV 70)

Aus dem ersten Integral wird durch Entwicklung des Nenners

$$\int\limits_0^\infty \frac{\xi^3}{e^\xi - 1} \, d\xi = \int\limits_0^\infty \xi^3 e^{-\xi} \left(1 + e^{-\xi} + e^{-2\xi} + \cdots\right) d\xi.$$

(XIV 71)

Durch partielle Integration findet man

$$\int\limits_0^\infty \xi^3 e^{-n\xi} \, d\xi = \frac{6}{n^4}.$$

(XIV 72)

---

[1] Zum Beispiel Landolt-Börnstein: Zahlenwerte und Funktionen, 6. Aufl., Bd. II (in Vorbereitung).

Es wird daher

$$\int\limits_0^\infty \frac{\xi^3}{e^\xi - 1}\, d\xi = 6 \sum_{n=1}^\infty \frac{1}{n^4} = \frac{\pi^4}{15} \, . \qquad\qquad \text{(XIV 73)}$$

Das zweite Integral kann in analoger Weise behandelt werden. Dann folgt

$$D(x) = \frac{\pi^4}{5}\frac{1}{x^3} - \left(3 + \frac{9}{x} + \frac{18}{x^2} + \frac{18}{x^3}\right) e^{-x} - \left(\frac{3}{2} + \frac{9}{4x} + \frac{9}{4x^2} + \frac{9}{8x^3}\right) e^{-2x} \ldots .$$
$$(x \gg 1) \quad \text{(XIV 74)}$$

Durch Einsetzen von (XIV 69) in Gl. (XIV 63) ergibt sich als Näherungsformel für hohe Temperaturen

$$E = 3NkT\left\{1 + \frac{1}{20}\left(\frac{\Theta_D}{T}\right)^2 - O\left[\left(\frac{\Theta_D}{T}\right)^4\right]\right\} . \qquad (T \gg \Theta_D) \quad \text{(XIV 75)}[1]$$

und daraus

$$C_v = 3k\left\{1 - \frac{1}{20}\left(\frac{\Theta_D}{T}\right)^2 + O\left[\left(\frac{\Theta_D}{T}\right)^4\right]\right\} . \qquad (T \gg \Theta_D) \quad \text{(XIV 76)}$$

Diese Gleichungen zeigen die Annäherung an das klassische Verhalten, die praktisch in der gleichen Weise wie bei der EINSTEINschen Theorie erfolgt.

Für tiefe Temperaturen erhalten wir aus (XIV 63) und (XIV 74) die Näherungsformeln

$$E = \frac{9}{8}Nk\Theta_D + 3NkT\left[\frac{\pi^4}{5}\left(\frac{T}{\Theta_D}\right)^3 - O\left(e^{-\frac{\Theta_D}{T}}\right)\right] \qquad (T \ll \Theta_D) \quad \text{(XIV 77)}$$

und

$$C_v = 3k\left[\frac{4\pi^4}{5}\left(\frac{T}{\Theta_D}\right)^3 + O\left(\frac{\Theta_D}{T} e^{-\frac{\Theta_D}{T}}\right)\right] . \qquad (T \ll \Theta_D) \quad \text{(XIV 78)}$$

Die letzte Gleichung enthält das sog. T^3-Gesetz von DEBYE; danach geht C_v mit T^3 gegen Null.

Der Vollständigkeit halber geben wir zum Schluß noch die freie Energie und die thermische Zustandsgleichung des Kristalls in der DEBYEschen Näherung, obwohl die praktische Bedeutung dieser Formeln gering ist. Aus Gl. (XIV 61) ergibt sich für die freie Energie nach HELMHOLTZ

$$F = \frac{9}{8}Nk\Theta_D + \frac{9NkT^4}{\Theta^3} \int\limits_0^{\Theta_D/T} \xi^2 \ln(1 - e^{-\xi})\, d\xi \, . \qquad \text{(XIV 79)}$$

Durch Differentiation nach V und folgende partielle Integration folgt daraus

$$P = -\frac{9}{8}Nk\frac{\partial\Theta_D}{\partial V} - \frac{9NkT^4}{\Theta_D^4}\frac{\partial\Theta_D}{\partial V}\int\limits_0^{\Theta_D/T}\frac{\xi^3}{e^\xi - 1}\, d\xi \qquad \text{(XIV 80)}$$

als thermische Zustandsgleichung des Kristalls. Da die DEBYEsche Theorie keinen expliziten Ausdruck für die Funktion $\Theta_D(V)$ liefert, ist mit dieser Gleichung nicht viel anzufangen. Immerhin liefert sie eine Begründung einer von GRÜNEISEN[2] aufgefundenen empirischen Beziehung, nach der bei mäßigen Temperaturen der kubische Ausdehnungskoeffizient proportional der Atomwärme bei konstantem Volumen ist.

---

[1] Das lineare Glied hebt sich gegen die Nullpunktsenergie. Vgl. § 14.2.
[2] GRÜNEISEN, E.: Ann. Physik **26**, 393 (1908).

§ 14.6. Experimentelle Prüfung der Debyeschen Theorie

Die Debyesche Theorie läßt sich unter zwei Gesichtspunkten experimentell prüfen. Man kann zunächst Θ_D als adjustierbaren Parameter behandeln und lediglich den funktionalen Zusammenhang zwischen C_v und T betrachten. Eine gesonderte Untersuchung dieser Frage ist auch deshalb von Bedeutung, weil sie, unabhängig von der weiteren Prüfung der Theorie, über die Möglichkeit ent-

scheidet, die in der Theorie der chemischen Gleichgewichte (§ 15.2) auftretenden Integrale über die spezifischen Wärmen von Festkörpern mit Hilfe Debyescher Funktionen auszuwerten. Der zweite Schritt besteht darin, daß man aus den Messungen von C_v und T die Größe Θ_D berechnet und die so ermittelten Werte mit denen vergleicht, die man nach Gl. (XIV 49) aus den elastischen Konstanten erhält.

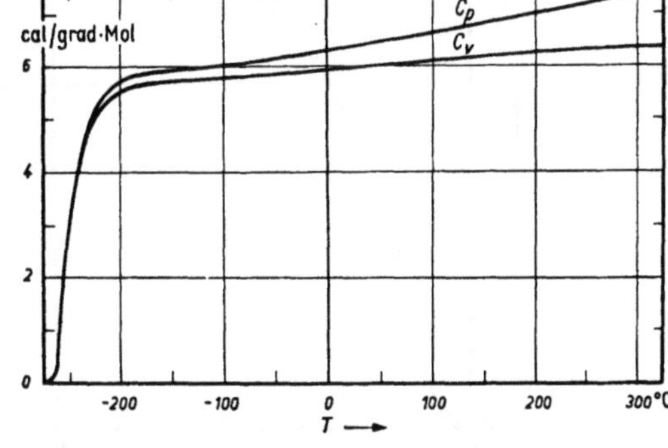

Abb. 82. Verlauf von C_p und C_v für Blei [entnommen aus: F. Seitz: The Modern Theory of Solids, S. 138. New York 1940]

Wir betrachten zunächst den ersten Gesichtspunkt. Dafür ist wichtig, daß man aus den Messungen im allgemeinen die Größe C_p erhält. Zur Prüfung der Theorie muß daher eine Umrechnung auf C_v mit Hilfe der thermodynamischen Formel

$$C_p - C_v = \frac{\gamma^2 v T}{\varkappa} \tag{XIV 81}$$

(γ = kubischer Ausdehnungskoeffizient, $\varkappa$ = isotherme Kompressibilität, v = Volumen pro Atom bzw. Molekül) erfolgen. Von der Bedeutung dieser Korrektur gibt Abb. 82 eine Vorstellung, in der der Verlauf von C_p und C_v für Blei dargestellt ist. Man sieht, daß die Korrektur bei tiefen Temperaturen (etwa unterhalb 50° K) praktisch zu vernachlässigen ist, daß sie aber bei hohen Temperaturen eine erhebliche Rolle spielt. Unglücklicherweise stößt gerade hier ihre genaue Berücksichtigung auf Schwierigkeiten, weil die Temperaturabhängigkeit vor allem von $\varkappa$ häufig nicht genau bekannt ist.

Wertet man nun die Debyesche Gl. (XIV 67) in der angegebenen Weise (d. h. mit Anpassung von Θ_D an die Messungen) aus, so findet man an einem sehr umfangreichen Material eine auf den ersten Blick hervorragende Übereinstimmung. Einige Resultate dieser Art sind in Abb. 83 dargestellt. Ein ähnliches Bild erhält man für Pb, Tl, Hg, J, Cd, Na, Ca, Zn, Cu, Fe, C (Diamant), KBr, KCl, NaCl, CaF$_2$, FeS$_2$ [1]. Eine spezielle Prüfung des T^3-Gesetzes ist für einige Metalle in Tab. 32, für FeS$_2$ und BeO in Tab. 33 durchgeführt. Auch hier ist die Übereinstimmung durchaus befriedigend. Besonders überraschend ist die Tatsache, daß die Debyesche Theorie sich auch auf Kristalle chemischer Verbindungen verschiedener Typen, die nicht mehr den bei der Ableitung gemachten Voraussetzungen entsprechen, als anwendbar erweist. Obwohl man danach sicher annehmen kann, daß die Debyesche Theorie eine gute und sinnvolle Näherung darstellt, haben die neueren Untersuchungen gezeigt, daß die Übereinstimmung mit den experimentellen Daten doch schlechter ist, als man ursprüng-

---

[1] Vgl. z. B. die Übersicht bei R. H. Fowler u. E. A. Guggenheim: Statistical Thermodynamics. Cambridge 1949.

lich angenommen hat und überdies in manchen Fällen mehr zufälligen Charakter besitzt. Letzteres gilt insbesondere für das T^3-Gesetz, dessen „Bestätigung", wie wir sehen werden, rein fiktiv ist.

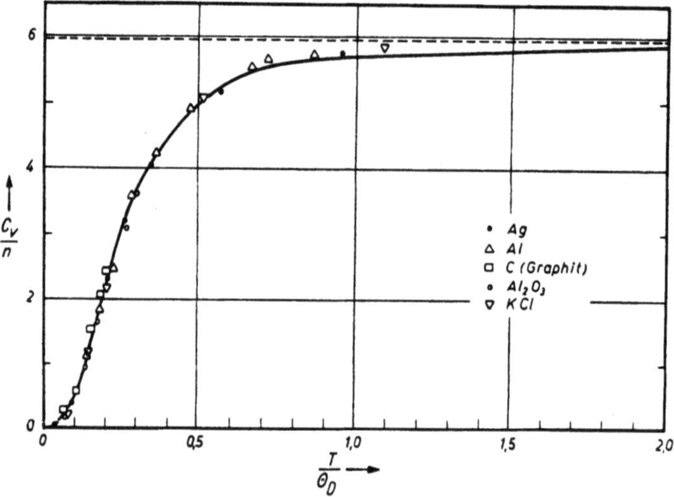

Abb. 83. Experimentelle Prüfung der DEBYEschen Theorie der spezifischen Wärme. n = Zahl der Atome in der Elementarzelle [entnommen aus: F. SEITZ: The Modern Theory of Solids, S. 109. New York 1940]

Tabelle 32. *Prüfung des T^3-Gesetzes für einige Metalle*

Temperatur [° K]	$N_L C_v$ [cal/g Atom]	$10^2 (N_L C_v)^{1/3}/T$
	Kupfer	
14,51	0,0390	2,35
15,60	0,0506	2,37
17,50	0,0726	2,39
18,89	0,0930	2,40
20,20	0,1155	2,42
21,50	0,1410	2,42
23,5	0,22	2,57
25,37	0,234	2,43
27,7	0,32	2,47
	Eisen	
32,0	0,152	1,67
33,1	0,177	1,70
35,2	0,244	1,77
38,1	0,288	1,73
42,0	0,325	1,64
46,9	0,522	1,71
	Aluminium	
19,1	0,066	2,12
23,6	0,110	2,03
27,2	0,162	2,01
32,4	0,25	1,95
33,5	0,301	2,00
35,1	0,33	1,97

Entnommen aus: R. H. FOWLER u. E. A. GUGGENHEIM: Statistical Thermodynamics, S. 143. Cambridge 1949.

Tabelle 33. *Prüfung des T^3-Gesetzes für einfache Verbindungen*

Temperatur [° K]	$N_L C_v$ [cal/Mol Grad]	$10^2 (N_L C_v)^{1/3}/T$
	Eisen Pyrit (FeS₂)	
27,5	0,1095	1,75
29,8	0,1385	1,74
32,9	0,179	1,72
35,8	0,232	1,72
38,3	0,295	1,74
42,2	0,402	1,75
46,7	0,530	1,74
51,7	0,712	1,74
54,7	0,844	1,74
56,9	0,952	1,73
	Berylliumoxyd (BeO)	
76,8	0,202	0,765
78,1	0,219	0,773
79,3	0,226	0,769
80,3	0,223	0,756
82,6	0,236	0,750
84,9	0,274	0,766

Entnommen aus: R. H. FOWLER u. E. A. GUGGENHEIM: Statistical Thermodynamics, S. 153. Cambridge 1949.

Für die insgesamt beobachteten Abweichungen von der DEBYEschen Formel kommen folgende Ursachen in Betracht:

1. Die Gitterplätze sind nicht gleichwertig und nicht von den gleichen Atomen besetzt (Kristalle von chemischen Verbindungen).

2. Beitrag der Elektronen zur Atomwärme.

3. Anharmonizität der Gitterschwingungen.

4. Unzulänglichkeit des DEBYEschen Ansatzes (XIV 52).

Die unter 1.—3. aufgeführten Ursachen beziehen sich auf Unzulänglichkeiten des allgemeinen Ansatzes in § 14.1 und haben nichts mit dem speziellen Problem der DEBYEschen Näherung zu tun. Wir betrachten daher zunächst einige Beispiele, bei denen diese Ursachen nicht in Betracht kommen oder die davon herrührenden Effekte in geeigneter Weise eliminiert sind. Dabei benutzen wir zur Prüfung der DEBYEschen Theorie eine Methode, die wesentlich empfindlicher ist als die einfache Auftragung von C_v gegen T/Θ_D. Aus jeder Messung von C_v und T kann man nach der DEBYEschen Formel einen Wert für Θ_D ausrechnen.

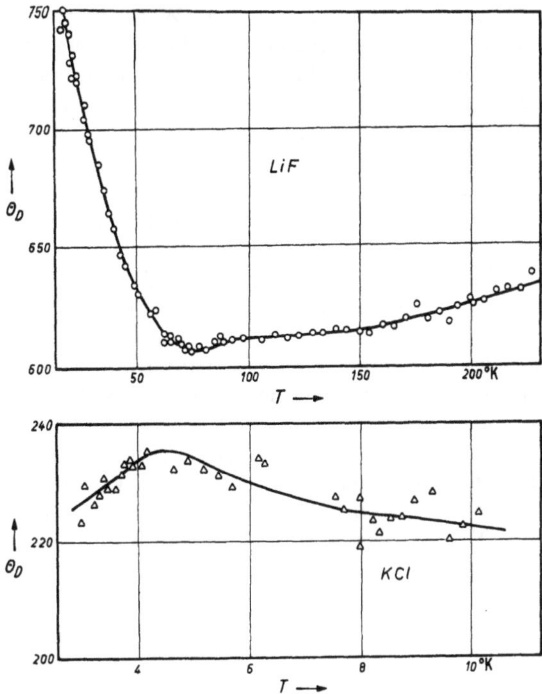

Abb. 84. Temperaturabhängigkeit der DEBYE-Temperatur Θ_D für LiF und KCl [entnommen aus: K. CLUSIUS: Z. Naturforsch. 1, 79 1946)]

Die Verfolgung der Temperaturabhängigkeit von C_v liefert auf diesem Wege auch Θ_D als Funktion von T. Nach der DEBYEschen Theorie sollte diese Funktion eine Konstante sein. Tatsächlich kann man nicht erwarten, daß dies streng zutrifft, da die mit Θ_D verknüpften elastischen Konstanten des Kristalls sich mit der Temperatur ändern. In den meisten Fällen ist dieser Effekt jedoch klein und bewirkt einen monotonen Abfall von Θ_D mit zunehmender Temperatur. Die experimentellen Ergebnisse zeigen dagegen ein völlig andersartiges Bild. Als typische Beispiele sind in Abb. 84 die $\Theta_D(T)$-Kurven für KCl[1] und LiF[2], in Abb. 85

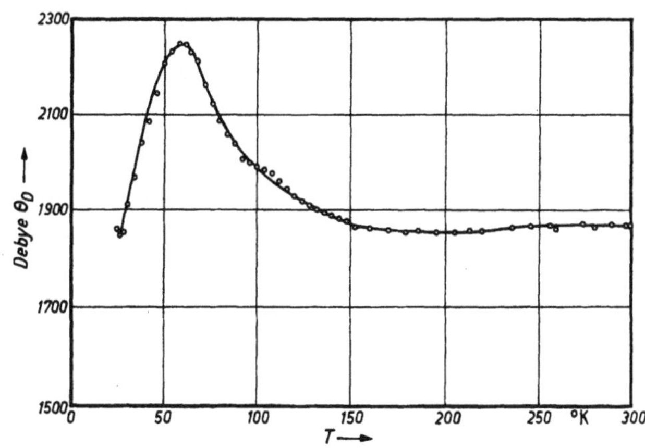

Abb. 85. Temperaturabhängigkeit der DEBYE-Temperatur Θ_D für Diamant [entnommen aus: W. DE SORBO: J. Chem. Phys. 21, 876 (1953)]

---

[1] KEESOM, W. H., u. C. W. CLARK: Physica 2, 698 (1935).

[2] CLUSIUS, K.: Z. Naturforsch. 1, 79 (1946).

die für Diamant[1] dargestellt. Ähnliche Kurven sind auch für verschiedene Metalle erhalten worden. Ihnen allen ist gemeinsam, daß Θ auch nicht annähernd konstant ist, sondern bei tiefen Temperaturen sich in einer von der Substanz abhängigen Weise stark ändert, und zwar in den meisten Fällen einen Extremwert durchläuft. Dieses Extremum liegt, wenn wir mit $\Theta_{D\infty}$ den aus Messungen bei höheren Temperaturen ermittelten Wert von Θ_D bezeichnen, allgemein in der Gegend von $\Theta_{D\infty}/50$. Da nach der DEBYEschen Theorie das T^3-Gesetz etwa für $T < \Theta_{D\infty}/10$ gelten sollte, wird dieselbe insofern unmittelbar durch das Experiment widerlegt. Die scheinbare Bestätigung des T^3-Gesetzes ist rein zufällig, da von den betreffenden Temperaturen C_v nicht mit T^3 auf Null abfällt. Tatsächlich führt auch die strenge Gittertheorie (§ 14.7) auf das T^3-Gesetz; die Gültigkeit desselben setzt aber bei so tiefen Temperaturen ein, daß die Frage einer experimentellen Nachprüfung noch offen ist. Bei Metallen ist ein T^3-Gesetz für C_v überhaupt nicht zu erwarten, da bei sehr tiefen Temperaturen der Beitrag der Elektronen zur Atomwärme ausschlaggebend wird, der einer anderen Temperaturfunktion gehorcht (§ 14.8). Bemerkenswert ist, daß auch bei Graphit bis herab zu 1.5° K keine Annäherung an ein T^3-Gesetz gefunden wurde[2].

Die zweite Möglichkeit zur Prüfung der DEBYEschen Theorie besteht, wie erwähnt, darin, daß man die aus C_v-Messungen errechneten Θ_D-Werte mit den aus den elastischen Konstanten bestimmten vergleicht. Da die Gl. (XIV 50) und (XIV 51) nur für ein Kontinuum gelten, sind sie auch für kubische Kristalle nicht unmittelbar zu verwenden, sondern es muß über alle Fortpflanzungsrichtungen integriert werden. Für die Einzelheiten sei auf die Originalliteratur[3, 4] verwiesen. Die besten Resultate erhält man, wenn man einerseits auf $T \to 0$ extrapolierte Werte der elastischen Konstanten verwendet, andererseits auch Θ_D-Werte für möglichst tiefe Temperaturen heranzieht. In Tab. 34 ist dieser Vergleich für eine Reihe von Substanzen durchgeführt. Die aus C_v-Messungen berechneten Θ_D-Werte entsprechen dem Gebiet des scheinbaren T^3-Gesetzes ($T < \Theta_{D\infty}/12$). Die Übereinstimmung ist in einigen Fällen recht gut, in anderen erheblich schlechter. Von einer allgemeinen Bestätigung der DEBYEschen Theorie kann jedenfalls auch unter diesem Gesichtspunkt keine Rede sein.

Aus der Gesamtheit der angeführten Ergebnisse muß man schließen, daß das DEBYEsche Verfahren, zur Berechnung von $g(\nu)$ den Kristall durch ein Kontinuum zu approximieren, nur in beschränktem Umfange zu brauchbaren Resultaten führt. Ein Verständnis dieser Diskrepanzen und eine Verbesserung der Theorie erfordert daher eine explizite Berücksichtigung der Gitterstruktur.

Tabelle 34. *Vergleich der aus C_v-Messungen und der aus den auf 0° K extrapolierten elastischen Konstanten berechneten Θ_D-Werte*

	Fe	Al	Cu	Ag	W	Zn	Cd	NaCl	KCl	MgO	ZnS
Θ_D ber. aus C_v-Messungen	434—392	~385	316—330	212—225	~337	163—270	~130	275—308	212—237	750—890	~260
Θ_D ber. aus den elastischen Konstanten	468	406	351	218	390	320	200	320	246	946	336

Entnommen aus: R. H. FOWLER u. E. A. GUGGENHEIM: Statistical Thermodynamics, S. 149. Cambridge 1949.

---

[1] DE SORBO, W.: J. Chem. Phys. 21, 876 (1953).
[2] BERGENLID, U., R. W. HILL, F. J. WEBB u. J. WILKS: Philosophic. Mag. 45, 851 (1954).
[3] HOPF, L., u. G. LECHNER: Verh. dtsch. phys. Ges. 16, 643 (1914).
[4] QUIMBY, S. L., u. P. M. SUTTON: Physic. Rev. 91, 1122 (1953).

§ 14.7. Ergebnisse der exakten Theorie der Kristallgitter

Die exakte Berechnung der Funktion $g(\nu)$ für ein Kristallgitter erfordert die Lösung der Bewegungsgleichungen für jeden Gitterbaustein im Felde seiner Nachbarn. Dieses Problem wurde für den eindimensionalen Fall zum ersten Male durch BORN und VON KÁRMÁN[1] gelöst, deren Untersuchung die Grundlage der modernen Theorie der Kristallgitter bildet. Wir wollen darauf etwas näher eingehen, da die wesentlichen Ursachen für die Mängel der DEBYEschen Theorie teilweise schon hier zu erkennen sind.

Wir betrachten ein lineares Gitter aus N Atomen; die Gitterkonstante bezeichnen wir mit a, die Gesamtlänge des Gitters mit L. Die Atome denken wir uns ihrer Reihenfolge entsprechend von 1 bis N numeriert. Wir nehmen an, daß die potentielle Energie nur von den Abständen unmittelbar benachbarter Atome abhängt. Es ist dann

$$U = \sum_{n=1}^{N-1} u(q_{n+1} - q_n) \; . \tag{XIV 82}$$

Wie in § 14.1 führen wir als Koordinaten die Verschiebungen aus den Gleichgewichtslagen ξ_i ein. Entwickeln wir dann die potentielle Energie wieder bis zum quadratischen Term, so können wir schreiben

$$U = \tfrac{1}{2} u''(a) \sum_{n=1}^{N-1} (\xi_{n+1} - \xi_n)^2 \; , \tag{XIV 83}$$

wo $u''(a)$ die zweite Ableitung von u nach $r_{n+1,n}$ an der Stelle $r_{n+1,n} = a$ bezeichnet. Wenn wir annehmen, daß alle N Atome untereinander gleich sind, lautet die Bewegungsgleichung des i-ten Atoms nach (V 13) und (XIV 83)

$$m \frac{d^2 \xi_n}{dt^2} = -u''(a) \left[(\xi_n - \xi_{n+1}) - (\xi_{n-1} - \xi_n) \right] . \tag{XIV 84}$$

Die Bewegungsgleichungen der Atome 1 und N sind von (XIV 84) verschieden, da diese nur auf einer Seite Nachbaratome besitzen. Man kann diese Komplikation nach BORN und VON KÁRMÁN vermeiden, wenn man als Randbedingung die Annahme einführt, daß sich jenseits der Atome 1 und N noch weitere Atome befinden und daß die Phase des Atoms 1 die gleiche ist wie die des fiktiven Atoms $N+1$. Man kann diese Randbedingung auch dahin formulieren, daß der lineare Kristall als zyklisch geschlossen angenommen wird. Eine dieser Randbedingung genügende Lösung der Gl. (XIV 84) ist

$$\xi_n = A \, e^{2\pi i \left(\frac{l}{N} n - \nu t \right)} , \tag{XIV 85}$$

wo A eine Konstante und l eine ganze Zahl bezeichnet. Der Realteil und der Imaginärteil von (XIV 85) beschreiben je eine fortschreitende Welle der Wellenlänge

$$\lambda = \frac{Na}{l} , \tag{XIV 86}$$

der die Wellenzahl

$$\sigma = \frac{l}{Na} \tag{XIV 87}$$

entspricht. Durch Einsetzen von (XIV 85) in (XIV 84) folgt

$$-4\pi^2 m \nu^2 = -2u''(a) \left(1 - \cos \frac{2\pi l}{N} \right) \tag{XIV 88}$$

---

[1] BORN, M., u. TH. VON KÁRMÁN: Physik. Z. **13**, 297 (1912); **14**, 15 (1913).

oder

$$v = \frac{1}{\pi}\left[\frac{u''(a)}{m}\right]^{1/2}\left|\sin\left(\frac{\pi a}{\lambda}\right)\right|$$
$$= \frac{1}{\pi}\left[\frac{u''(a)}{m}\right]^{1/2}\left|\sin\left(\pi a \sigma\right)\right|. \tag{XIV 89}$$

Aus der Lösung (XIV 85) lassen sich zwei Typen von stehenden Wellen konstruieren, indem man jeweils die Funktionen mit $l = \pm l'$ und $v = \pm v'$ unter Benutzung der trigonometrischen Additionstheoreme kombiniert. Man erhält dann

$$\xi_n = A \sin\frac{2\pi l'}{N} n \sin(v't + \delta) \tag{XIV 90}$$

und

$$\xi_n = A \cos\frac{2\pi l'}{N} n \sin(v't + \delta), \tag{XIV 91}$$

wo δ eine willkürliche Phasenkonstante ist.

Die unabhängigen Schwingungen verschiedener Wellenzahl entsprechen solchen Werten von l, für welche die ξ_n verschiedene Funktionen von n sind. Danach sind die Schwingungen, die zu $l = l'$ und $l = l' + N$ gehören, nicht unabhängig, weil $\xi_n(l', v)$ gleich $\xi_n(l' + N, v)$ ist für alle Werte von n. Es gibt daher nur N unabhängige Schwingungen, in Übereinstimmung mit der Tatsache, daß das System N Freiheitsgrade hat. Der Bereich der korrespondierenden l-Werte kann an sich willkürlich gewählt werden. Da aber wegen der Beziehungen

$$\sin x = -\sin(2\pi - x),$$
$$\cos x = \cos(2\pi - x) \tag{XIV 92}$$

in Gl. (XIV 90) und (XIV 91) der Bereich der l-Werte, welche unabhängigen Wellen entsprechen, jeweils nur halb so groß ist wie in Gl. (XIV 85), läßt man l zweckmäßig von $-N/2$ bis $+N/2$ gehen. Nach Gl. (XIV 87) entspricht dies dem Wellenzahlenbereich von $\sigma =$ $= -1/2a$ bis $\sigma = +1/2a$. In Abb. 86 ist für diesen Bereich der Zusammenhang zwischen Frequenz und Wellenzahl nach Gl. (XIV 89) dargestellt.

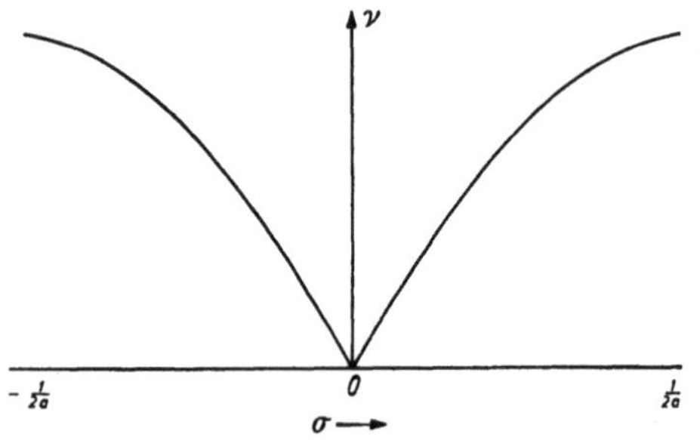

Abb. 86. Zusammenhang zwischen Frequenz und Wellenzahl für das eindimensionale Gitter. Alle Teilchen haben die gleiche Masse [entnommen aus: F. Seitz: The Modern Theory of Solids, S. 120. New York 1940]

Die für die Berechnung der Atomwärme wesentliche Funktion $g(v)$ ergibt sich nun leicht mit Hilfe der Beziehungen

$$g(v) = \frac{dl}{dv} \tag{XIV 93}$$

und

$$d\sigma = \frac{dl}{Na}. \tag{XIV 94}$$

Man erhält aus Gl. (XIV 89)

$$g(v) = \frac{N[m/u''(a)]^{1/2}}{[1 - v^2\pi^2 m/u''(a)]^{1/2}}. \tag{XIV 95}$$

Für kleine Werte von v ist somit $g(v)$ praktisch konstant, während es für $v^2 \to u''(a)/\pi^2 m$ gegen Unendlich geht.

Bevor wir diese Ergebnisse in Beziehung zur DEBYEschen Theorie setzen, wollen wir im eindimensionalen Modell noch zwei Fälle behandeln, welche nicht mehr genau den dort gemachten Voraussetzungen entsprechen. Zunächst erweitern wir das früher benutzte Modell durch die Annahme, daß zwischen zwei Teilchen der Masse m jeweils im Gleichgewichtsabstand $a/2$ ein Teilchen der Masse M eingeschoben ist[1]. Wir numerieren die Teilchen fortlaufend von 1 bis $2N$ derart, daß die Teilchen der Masse M mit geraden, die der Masse m mit ungeraden Zahlen bezeichnet sind. Für die zwischen den Teilchen wirkenden Kräfte sollen die gleichen Annahmen wie früher gelten. Dann lauten die Bewegungsgleichungen[2]

$$m\,\frac{d^2\xi_{2n+1}}{dt^2} = -u'' \left[(\xi_{2n+1} - \xi_{2n}) - (\xi_{2n+2} - \xi_{2n+1})\right]$$
$$M\,\frac{d^2\xi_{2n}}{dt^2} = -u'' \left[(\xi_{2n} - \xi_{2n-1}) - (\xi_{2n+1} - \xi_{2n})\right],$$

$$\text{(XIV 96)}$$

wo u'' jetzt, anschaulich gesprochen, die Kraftkonstante des HOOKEschen Gesetzes für zwei ungleiche Nachbarn ist. Wir führen wieder die BORN-VON KÁRMÁNsche Randbedingung ein und haben dann als Lösungen

$$\xi_{2n+1} = A\,e^{2\pi i\left(l\frac{2n+1}{2N} - \nu t\right)}$$
$$\xi_{2n} = B\,e^{2\pi i\left(l\frac{2n}{2N} - \nu t\right)},$$

$$\text{(XIV 97)}$$

wo l wieder eine ganze Zahl ist. Für A und B ergibt sich durch Einsetzen von (XIV 97) in (XIV 96) das homogene lineare Gleichungssystem

$$(4\pi^2 m\nu^2 - 2u'')\,A + 2u'' \cos\left(2\pi\,\frac{l}{2N}\right) B = 0$$
$$2u'' \cos\left(2\pi\,\frac{l}{2N}\right) A + (4\pi^2 M\nu^2 - 2u'')\,B = 0 .$$

$$\text{(XIV 98)}$$

Damit dasselbe lösbar ist, muß

$$\begin{vmatrix} (4\pi^2 m\nu^2 - 2u'') & 2u'' \cos\left(2\pi\,\dfrac{l}{2N}\right) \\[2mm] 2u'' \cos\left(2\pi\,\dfrac{l}{2N}\right) & (4\pi^2 M\nu^2 - 2u'') \end{vmatrix} = 0 \qquad \text{(XIV 99)}$$

sein. Die möglichen Frequenzen sind also durch die Lösungen der „Säkulargleichung" (XIV 99) gegeben. Diese lauten

$$4\pi^2\nu^2 = \frac{u''}{mM}\left(M + m \pm \sqrt{M^2 + m^2 + 2Mm\cos 2\pi\,\frac{l}{N}}\,\right)$$
$$= \frac{u''}{mM}\left(M + m \pm \sqrt{M^2 + m^2 + 2Mm\cos 2\pi a\sigma}\,\right).$$

$$\text{(XIV 100)}$$

Aus dieser Gleichung kann man unmittelbar entnehmen, daß die unabhängigen Wellen dem Wertebereich 0 bis N für l entsprechen. Zu jedem Wert von l gehören zwei Wellen, je nachdem für die Wurzel das positive oder negative Vorzeichen gewählt wird. Wir haben somit, in Übereinstimmung mit der Zahl der Freiheitsgrade, $2N$ Normalschwingungen. Man kann auch ν als eindeutige Funktion von l bzw. σ darstellen, wenn man den Wertebereich von 0 bis $2N$ bzw. $1/a$ erstreckt und bei $l = N$ bzw. $\sigma = 1/2a$ das Vorzeichen der Wurzel wechselt. Schließlich kann man auch, wie in dem früheren Fall, für σ die Wertebereiche von $-1/a$ bis $+1/a$ und $-1/2a$ bis $+1/2a$ wählen. Diese vier Darstellungsweisen des

---

[1] Wir nehmen an $M > m$.
[2] Der Einfachheit halber lassen wir bei u'' das Argument fort.

Zusammenhanges zwischen v und σ sind in Abb. 87 wiedergegeben. Die Funktion $g(v)$ läßt sich, wie in dem früheren Fall, aus der Gleichung

$$g(v) = N a \frac{d\sigma}{dv} \qquad \text{(XIV 101)}$$

berechnen. Das Ergebnis ist in Abb. 88 dargestellt.

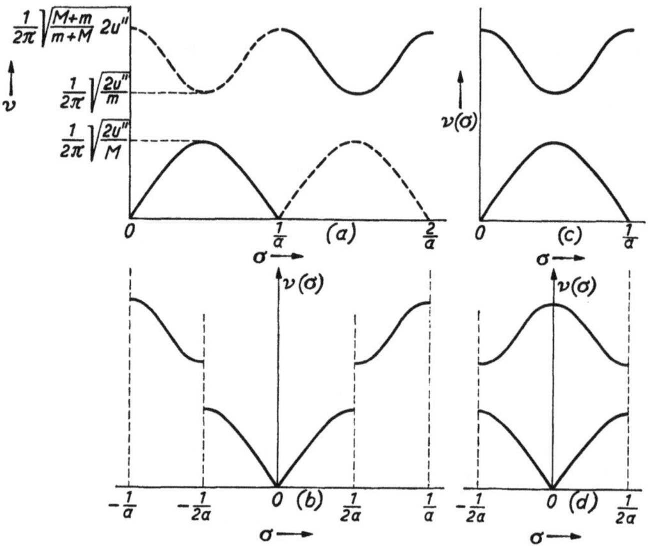

Abb. 87. Zusammenhang zwischen Frequenz und Wellenzahl für das eindimensionale Gitter. Alternierende Besetzung mit Teilchen der Masse m und Teilchen der Masse M [entnommen aus: F. SEITZ: The Modern Theorie of Solids, S. 122. New York 1940]

Aus Abb. 87 und 88 sieht man zunächst, daß bei verschiedener Masse der Teilchen das Frequenzspektrum aufspaltet, derart, daß jeder Zweig einen gewissen Frequenzbereich überdeckt, während die dazwischen liegenden Frequenzen nicht auftreten. Der bei höheren Frequenzen liegende Zweig entspricht dem positiven Vorzeichen der Wurzel in Gl. (XIV 99), der bei niedrigen Frequenzen liegende dem negativen. Für die Unstetigkeitsstelle $\sigma = 1/2a$ bzw. $l = N/2$ erhalten wir durch Einsetzen dieses Wertes in Gl. (XIV 98) zwei Schwingungen. Die eine von der Frequenz

$$v_1 = \frac{1}{2\pi} \sqrt{\frac{2u''}{m}} \qquad \text{(XIV 102)}$$

entspricht einer Bewegung der leichten Teilchen, bei der die schweren ruhen, die andere von der Frequenz

$$v_2 = \frac{1}{2\pi} \sqrt{\frac{2u''}{M}} \qquad \text{(XIV 103)}$$

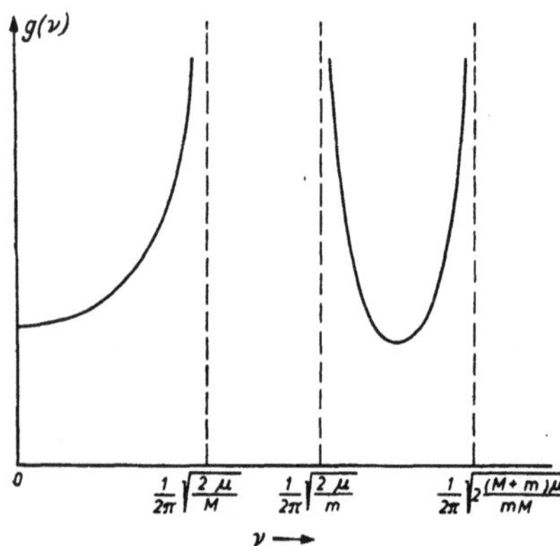

Abb. 88. Frequenzspektrum des eindimensionalen Gitters bei alternierender Besetzung mit Teilchen der Masse m und M [entnommen aus: F. SEITZ: The Modern Theorie of Solids, S. 123. New York 1940]

entspricht einer Bewegung der schweren Teilchen, bei der die leichten ruhen. Die Phasendifferenz der Bewegungen benachbarter Teilchen ist nach Gl. (XIV 97) und (XIV 87) gleich $2\pi\,\dfrac{a\sigma}{2}$. Aus Abb. 87b ergibt sich dann, daß dieselbe für den niedrigfrequenten Zweig zwischen 0 und $\dfrac{\pi}{2}$, für den höherfrequenten Zweig zwischen $\dfrac{\pi}{2}$ und π liegt. Man stellt leicht fest, daß die Schwingungen benachbarter Teilchen im ersten Falle überwiegend gleichsinnig, im letzteren Falle überwiegend im entgegengesetzten Sinne erfolgen. Wenn die beiden benachbarten Teilchen entgegengesetzte elektrische Ladungen tragen (Ionengitter), so haben wir dann starke Änderungen des elektrischen Momentes, die sich optisch durch Reflexion oder Absorption nachweisen lassen. Aus diesem Grunde nennt man den bei höheren Frequenzen liegenden Zweig gewöhnlich den optischen, den bei tieferen Frequenzen liegenden den akustischen Zweig. Die Funktion $g(\nu)$ ist beim letzteren für kleine ν-Werte praktisch konstant und steigt dann steil gegen Unendlich, während sie für den optischen Zweig eine ganz andersartige Gestalt hat.

Für jedes weitere Teilchen in der Elementarzelle des Gitters haben wir eine neue Bewegungsgleichung vom Typ (XIV 96). Dementsprechend wächst der Grad der Säkulargleichung (XIV 99) und die Zahl ihrer Wurzeln um Eins. Von besonderem Interesse ist der Fall, daß zwischen den Teilchen der gleichen Elementarzelle stärkere Kräfte wirken als zwischen solchen, welche zu verschiedenen Elementarzellen gehören. Ein solches Modell würde einem Molekülkristall entsprechen. Um diesen Fall zu diskutieren, nehmen wir an, daß wir in. der Elementarzelle zwei Teilchen gleicher Masse haben, zwischen denen eine HOOKEsche Kraft mit der Konstanten α wirkt. Die Kraftkonstante für die Wechselwirkung zwischen Teilchen, die zu verschiedenen Elementarzellen gehören, bezeichnen wir mit β. Dann ergibt eine der früheren analoge Rechnung

$$4\pi^2\nu^2 = \frac{2(\alpha+\beta) \pm \sqrt{4(\alpha+\beta)^2 - 16\,\alpha\beta\,\sin^2(2\pi l/2N)}}{2m}\,, \qquad \text{(XIV 104)}$$

wo l wieder eine ganze Zahl ist und die Wellenzahl σ durch Gl. (XIV 87) gegeben ist. Man sieht sofort, daß auch hier das Spektrum in zwei Zweige aufspaltet. Wenn, wie es bei Molekülkristallen zutrifft, $\alpha \gg \beta$ ist, reduziert sich der obere Zweig praktisch auf den konstanten Wert

$$\nu = \frac{1}{2\pi}\sqrt{\frac{2\alpha}{m}}\,. \qquad \text{(XIV 105)}$$

Dies ist die Frequenz zweier Atome der Masse m, die mit einer HOOKEschen Kraft aneinander gebunden sind. Der untere Zweig hat unter der erwähnten Voraussetzung die Form

$$\nu = \frac{1}{2\pi}\sqrt{\frac{2\beta}{m}}\left|\sin\frac{\pi l}{N}\right|. \qquad \text{(XIV 106)}$$

Diese Beziehung ist (bis auf den Faktor 2 unter dem Wurzelzeichen) identisch mit Gl. (XIV 89).

Um die vorstehenden Ergebnisse zu diskutieren, müssen wir noch die DEBYEsche Theorie für den eindimensionalen Fall formulieren. Die Wellengleichung reduziert sich hier auf die Gleichung einer an den Enden eingespannten schwingenden Saite der Länge L. Die Frequenzen sind

$$\nu = c_l\,\frac{n}{2L} = c_l\,\sigma\,, \qquad \text{(XIV 107)}$$

wo n eine ganze Zahl ist. Wegen $L = N a$ [1] folgt daraus

$$g(\nu) = \frac{2 N a}{c_l}.$$ 　　　　　　(XIV 108)

Das Spektrum schneiden wir wieder bei einer maximalen Frequenz ν_D ab derart, daß das Integral über $g(\nu)$ den Wert $2N$ hat. Es wird also

$$\nu_D = \frac{c_l}{a}$$ 　　　　　　(XIV 109)

und

$$g(\nu) = \begin{cases} \dfrac{2N}{\nu_D} & \text{für } \nu \leqq \nu_D \\[2mm] 0 & \text{für } \nu > \nu_D. \end{cases}$$ 　　　　　　(XIV 110)

Daraus folgt, wie man leicht nachrechnet, für die Atomwärme bei konstanter Länge

$$C_l = k \frac{T}{\Theta_D} \int\limits_0^{\Theta_D/T} \frac{\xi^2 e^\xi}{(e^\xi - 1)^2}\, d\xi.$$ 　　　　　　(XIV 111)

Wir betrachten nun zunächst wieder den einfachsten Fall, daß die Massen der Atome und die zwischen ihnen wirkenden Kräfte untereinander gleich sind. Als wichtigster Unterschied zwischen Gittertheorie und Kontinuumstheorie ergibt sich dann aus Gl. (XIV 89) und (XIV 107) die Tatsache, daß die elastischen Wellen nach der ersteren eine Dispersion zeigen, was in der DEBYEschen Theorie völlig vernachlässigt wird. Es ist bereits von GRÜNEISEN und GOENS [2] vermutet worden, daß hier eine wesentliche Ursache für das Versagen der DEBYEschen Theorie liegt. Für sehr kleine Werte von σ kann in Gl. (XIV 89) der Sinus durch sein Argument ersetzt werden. Dann haben wir

$$\nu = a \left[\frac{u''(a)}{m} \right]^{1/2} \sigma$$ 　　　　　　(XIV 112)

in Übereinstimmung mit Gl. (XIV 107). Dieses Ergebnis zeigt, daß die DEBYE-sche Theorie korrekt ist, wenn nur die elastischen Wellen großer Wellenlänge angeregt sind. Wie schon in § 14.2 angedeutet, ist dies bei den tiefsten Temperaturen der Fall. Hier muß daher im dreidimensionalen Falle auch nach der Gittertheorie ein T^3-Gesetz gelten. Der Verlauf der Funktion $g(\nu)$ nach Gl. (XIV 95) und (XIV 110) bei höheren Frequenzen hat insofern eine gewisse Ähnlichkeit, als beide bei Grenzfrequenzen abbrechen, die praktisch den gleichen Wert haben. Im übrigen ist er jedoch für beide Fälle völlig verschieden: Während nach Gl. (XIV 110) im eindimensionalen Falle $g(\nu)$ eine Konstante ist, zeigt die Funktion nach Gl. (XIV 95) nach anfänglich fast horizontalem Verlauf den steilen Anstieg zum Unendlichen. Das Schwingungsspektrum des eindimensionalen Kristalls wird also von der DEBYEschen Theorie selbst dann, wenn alle bei der Ableitung gemachten Voraussetzungen erfüllt sind, nur ziemlich mangelhaft wiedergegeben.

Wenn wir den zweiten der vorher untersuchten Fälle (zwei Atomarten von verschiedener Masse, aber gleichen Kräften) in die Diskussion einbeziehen, so sind die bei der Ableitung der DEBYEschen Theorie gemachten Annahmen bereits nicht mehr streng erfüllt, und es ist schwierig, von vornherein eine Aussage darüber zu machen, wie sich dies bei der Anwendung der Theorie auswirkt. Die

---

[1] Man beachte, daß hier die Zahl der Teilchen $2N$ und a die Gitterkonstante ist.
[2] GRÜNEISEN, E., u. E. GOENS: Z. Physik **26**, 250 (1924).

in § 14.6 angeführten experimentellen Ergebnisse zeigen jedoch, daß in dieser Hinsicht, wenn man von dem Beitrag der Metallelektronen zur Atomwärme absieht, kein nennenswerter Unterschied zwischen metallischen Elementen und einfachen Ionenkristallen besteht. Gegen die Anwendung der DEBYEschen Theorie auf die letzteren sind daher kaum grundsätzliche Einwendungen zu erheben. Der Vergleich, der für das eindimensionale Modell erhaltenen Ergebnisse zeigt allerdings, daß im Hinblick auf das Frequenzspektrum die Diskrepanzen zwischen der Gittertheorie und der DEBYEschen Kontinuumsapproximation hier noch größer sind als in dem früheren Fall. Es gilt zwar auch hier, daß für den langwelligsten Teil des akustischen Zweiges die DEBYEsche Theorie korrekt ist. Die charakteristische Aufspaltung des Spektrums wird jedoch überhaupt nicht wiedergegeben, und auch die Gestalt des optischen Zweiges hat keinerlei Beziehung mehr zu Gl. (XIV 110).

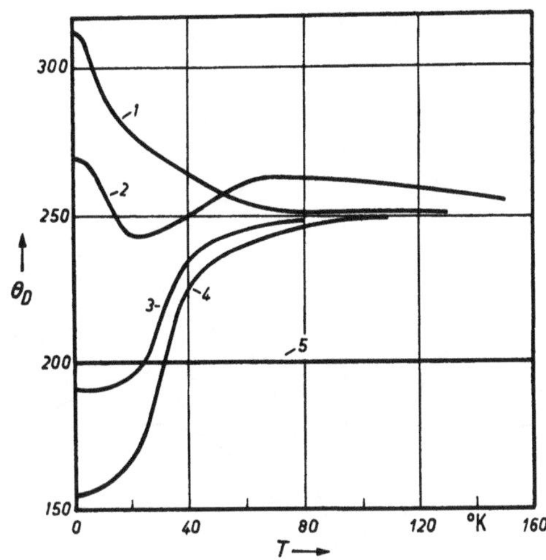

Abb. 89. $\Theta(T)$-Kurven eines eindimensionalen Gitters. (1) $m/M = 1$; (2) $m/M = 3$; (3) $m/M = 8$; (4) $m/M = 13$; (5) Kontinuum [entnommen aus: F. SEITZ: The Modern Theorie of Solids, S. 134). New York 1940]

Es bleibt jetzt noch zu zeigen, daß die besprochenen Mängel der DEBYEschen Theorie tatsächlich die Diskrepanzen zwischen dieser und den experimentellen Daten erklären. Dieser Nachweis, der eine numerische Auswertung erfordert, ist zuerst in grundlegenden Untersuchungen von BLACKMAN[1] erbracht worden. Naturgemäß kann dabei das eindimensionale Modell nur gewisse Hinweise liefern. Die Auswertung ist von BLACKMAN in folgender Weise durchgeführt worden. Zunächst wird aus den Gl. (XIV 100), (XIV 101) und (XIV 14) für gegebene Temperatur der exakte Wert der Atomwärme berechnet. Dieser Wert wird in Gl. (XIV 111) eingesetzt; daraus erhält man Θ_D für die betreffende Temperatur. Die Durchführung dieser Rechnung für eine größere Zahl von Temperaturen liefert Θ_D als Funktion von T. Die Ergebnisse dieser Rechnungen sind für verschiedene Werte des Massenverhältnisses M/m in Abb. 89 dargestellt. Man sieht, daß die Abweichungen von der DEBYEschen Theorie im einzelnen zwar stark von dem Wert der Größe M/m abhängen, allgemein aber qualitativ tatsächlich den Charakter haben, wie er auch experimentell gefunden wird. Bei höheren Temperaturen nähern sich alle Kurven einem praktisch konstanten Wert, so daß auch die Brauchbarkeit der DEBYEschen Näherung in diesem Gebiet verständlich erscheint.

Die durch die DEBYEsche Theorie und ihr Versagen bei tiefen Temperaturen aufgeworfenen Probleme sind damit im Prinzip bereits geklärt. Endgültige Aussagen über die experimentellen Ergebnisse und erst recht quantitative Resultate können naturgemäß nur von einer Gittertheorie des dreidimensionalen Kristalls erwartet werden. Diese beruht auf den gleichen Prinzipien, ist aber in der Durchführung wesentlich komplizierter. Wir verzichten daher auf eine Wiedergabe

---

[1] BLACKMAN, M.: Proc. Roy. Soc. (London) A **148**, 365, 384 (1935); **149**, 117, 126 (1935); **159**, 416 (1937).

der Rechnung[1] und beschränken uns auf die wichtigsten Ergebnisse. Bezeichnen wir mit n die Zahl der Atome in der Elementarzelle des Gitters, so führt die Berechnung des Frequenzspektrums, wie nach dem früheren ohne weiteres verständlich ist, allgemein auf ein Säkularproblem vom Grade $3n$. Entsprechend besteht die Frequenzkurve aus $3n$ Zweigen. Von diesen sind stets drei akustische

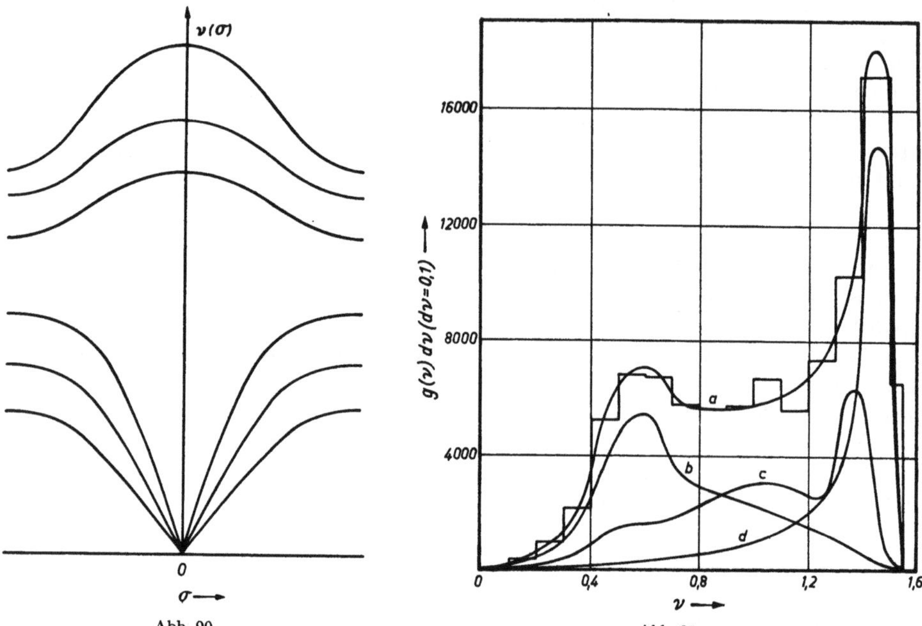

Abb. 90   Abb. 91

Abb. 90. Schematische Darstellung des Zusammenhangs zwischen Frequenz und Wellenzahl für ein dreidimensionales Gitter mit 2 Atomen pro Elementarzelle [entnommen aus: F. Seitz: The Modern Theorie of Solids, S. 131. New York 1940]

Abb. 91. Frequenzspektrum für das primitive kubische Gitter nach Blackman. Die Kurven b, c und d entsprechen den verschiedenen Polarisationszuständen. Kurve a ist durch Superposition erhalten worden. Die Treppenkurve gibt die unmittelbar berechneten Zahlen wieder. Die geglättete Kurve ist so gezeichnet, daß die Fläche unter jeder Stufe erhalten bleibt [entnommen aus: R. H. Fowler u. E. A. Guggenheim: Statistical Thermodynamics, S. 132. Cambridge 1949]

Zweige, die in der Nähe des Ursprungs praktisch linear verlaufen. Diese Verhältnisse sind für $n = 2$ schematisch in Abb. 90 dargestellt, wobei zu beachten ist, daß die Wellenzahl im dreidimensionalen Falle in Wirklichkeit ein Vektor ist. Wir haben also im Gebiet niedriger Frequenzen drei elastische Wellen, die keine Dispersion zeigen. Daraus folgt unmittelbar, daß bei sehr tiefen Temperaturen die Debyesche Theorie und damit das T^3-Gesetz gültig sein muß. Im übrigen weichen jedoch die Frequenzkurven schon für $n = 1$ und in höherem Maße noch für $n > 1$ erheblich von dem Debyeschen Schema ab. Nähere Aussagen darüber erfordern die Kenntnis der Funktion $g(\nu)$, die hier nur numerisch ermittelt werden kann. Diese sehr mühsame Rechnung ist zuerst von Blackman[2] für ein einfaches kubisches Gitter mit $n = 1$ durchgeführt worden. Es wurde dabei auch die Wechselwirkung mit dem zweitnächsten Nachbarn berücksichtigt und das Verhältnis der beiden Kraftkonstanten zu 0,05 angenommen. Abb. 91 zeigt die Frequenzspektren der drei Zweige und die resultierende Funktion $g(\nu)$. Dieselbe besitzt in der Nähe der Frequenz ν_D ein hohes Maximum und fällt von dort steil auf Null ab. Bei niedrigeren Frequenzen tritt noch ein zweites kleineres

[1] Vgl. z. B. F. Seitz: The Modern Theory of Solids. New York 1940.
[2] Blackman, M.: Proc. Roy. Soc. (London) A **159**, 416 (1937).

Maximum auf. Wenn, wie es bei höheren Temperaturen der Fall ist, das ganze Spektrum angeregt ist, kann man die DEBYEsche Frequenzverteilung als eine Art Mittelung über die wirkliche Kurve ansehen, was die Brauchbarkeit der DEBYEschen Theorie in diesem Gebiet verständlich macht. Dagegen sind Abweichungen zu erwarten, wenn der Hauptbeitrag von Frequenzen (in der willkürlichen Skala der Abb. 91) < 0,8 herrührt, da für diesen Teil des Spektrums allein Gl. (XIV 52) über-

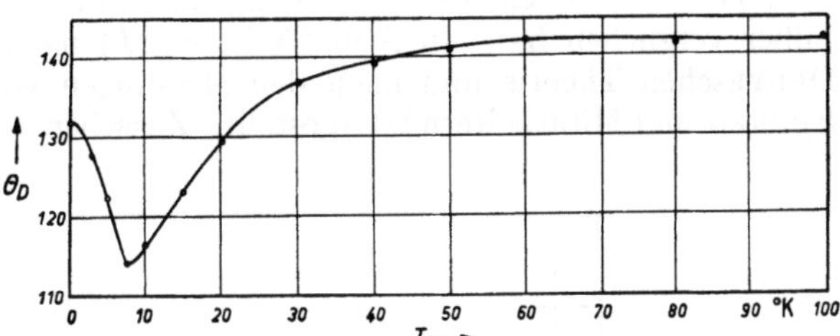

Abb. 92. Temperaturabhängigkeit von Θ_D für das primitive kubische Gitter nach BLACKMAN [entnommen aus: R. H. FOWLER u. E. A. GUGGENHEIM: Statistical Thermodynamics, S. 147. Cambridge 1949]

haupt keine sinnvolle Approximation mehr darstellt. Erst bei den allerniedrigsten Frequenzen gilt dann, wie erwähnt, (XIV 52) exakt. Aus der $g(\nu)$-Kurve hat BLACKMAN, wie im eindimensionalen Falle, die Funktion $\Theta_D(T)$ berechnet, die in Abb. 92 dargestellt ist. Der Verlauf entspricht den Folgerungen, die wir aus der $g(\nu)$-Kurve gezogen haben und ist qualitativ ähnlich den entsprechenden Kurven für den eindimensionalen Kristall. Der allgemeine Charakter der Abweichung von der DEBYEschen Theorie entspricht den experimentellen Ergebnissen. Da aber der von BLACKMAN betrachtete Kristall in der Natur nicht vorkommt und der genaue Verlauf von $\Theta_D(T)$, wie im eindimensionalen Fall, empfindlich von den Einzelheiten des Modells abhängt, hat es wenig Sinn, eine genauere Diskussion durchzuführen.

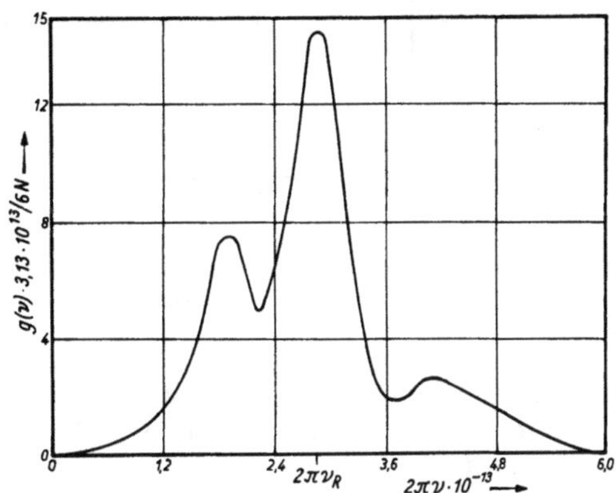

Abb. 93. Frequenzspektrum für NaCl [entnommen aus: R. H. FOWLER u. E. A. GUGGENHEIM: Statistical Thermodynamics, S. 686. Cambridge 1949]

Die erste Berechnung des Frequenzspektrums und der Atomwärme eines wirklich vorkommenden Kristalls wurde von KELLERMANN[1] für das Kochsalz durchgeführt. An experimentellen Daten wurden dabei die Gitterkonstante und die Kompressibilität benutzt. Das Frequenzspektrum ist in Abb. 93 dargestellt. Es zeigt große Ähnlichkeit mit dem der Abb. 91, besitzt aber zusätzlich noch ein drittes Maximum bei sehr hohen Frequenzen. Abb. 94 gibt die daraus berechneten Θ_D-Werte zusammen mit einer aus experimentellen Daten

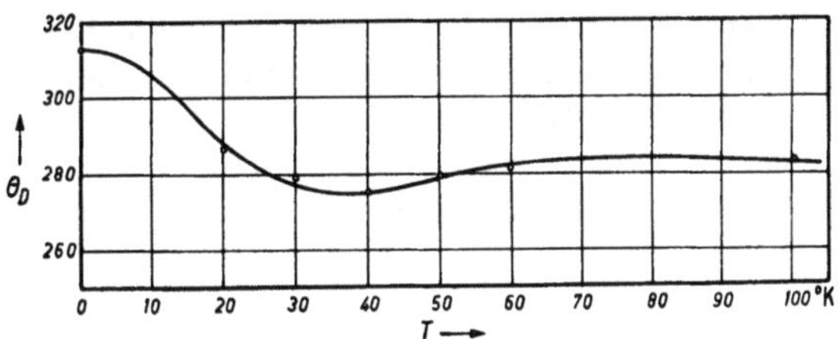

Abb. 94. Temperaturabhängigkeit von Θ_D für NaCl. Kurve: Experimentelle Daten; Kreise: Berechnete Werte [entnommen aus: R. H. FOWLER u. E. A. GUGGENHEIM: Statistical Thermodynamics, S. 687. Cambridge 1949]

---

[1] KELLERMANN, E. W.: Proc. Roy. Soc. (London) A **178**, 17 (1941).

gewonnenen Kurve. Die Übereinstimmung ist ausgezeichnet. Eine analoge Rechnung für Elemente, die kubisch flächenzentriert kristallisieren, ist von LEIGHTON[1] durchgeführt worden, der seine Ergebnisse mit den experimentellen Daten für Silber verglichen hat. In Abb. 95 ist $\Theta_D(T)$ nach der Gittertheorie, nach der DEBYEschen Theorie und nach den Messungen von KEESOM und KOK[2] sowie EUCKEN und Mitarbeitern[3] dargestellt. Zwischen 10° und 50° K ist die Überein-

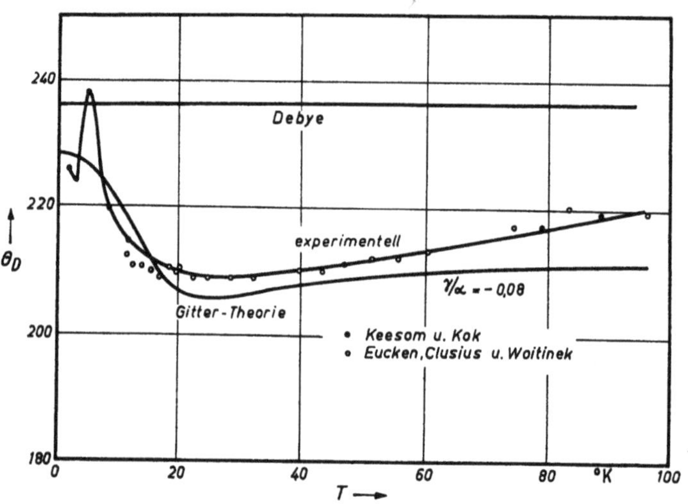

Abb. 95. Temperaturabhängigkeit von Θ_D für Ag [entnommen aus: R. LEIGHTON: Rev. Mod. Phys. 20, 165—174 (1948)] α und γ sind die Kraftkonstanten für nächste und zweitnächste Nachbarn

stimmung leidlich. Dagegen ist unterhalb 10° K der experimentell gefundene Verlauf völlig verschieden von dem berechneten. Dieses auffallende Ergebnis ist neuerdings nochmals durch Messungen an einem Ag-Einkristall bestätigt worden[4]. Es wird angenommen, daß dasselbe auf den Beitrag der Elektronen zur Atomwärme zurückzuführen ist[4]. Ein Beweis für diese Annahme hat sich bisher nicht erbringen lassen, da die Elektronenwärme des Silbers bisher nur in nullter Näherung berechnet worden ist, was hier offenbar nicht ausreicht. Es ist jedoch bemerkenswert, daß keine der bisher durchgeführten gittertheoretischen Berechnungen in der $\Theta_D(T)$-Kurve ein Maximum bei endlichen Temperaturen ergeben hat, obwohl ein solches experimentell nicht nur bei verschiedenen Metallen (Ag, Cu, Al), sondern auch, wie erwähnt, bei Diamant und KCl gefunden worden ist, wo eine Erklärung durch die Elektronenwärme nicht in Betracht kommt. Schließlich sei noch erwähnt, daß für Beryllium die $\Theta_D(T)$-Kurve unterhalb 400° K einen monotonen Anstieg zeigt und zwischen 20° und 5° K einen konstanten Wert hat[5]. Entsprechend läßt sich die Atomwärme in dem letzteren Bereich (nach Abtrennung der Elektronenwärme) durch ein T^3-Gesetz darstellen. Ein Vergleich mit der Theorie ist hier vorläufig nicht möglich, da ein hexagonales Gitter bisher noch nicht gerechnet worden ist.

---

[1] LEIGHTON, R. B.: Rev. Mod. Phys. **20**, 165 (1948).
[2] KEESOM, W. H., u. J. A. KOK: Comm. Kamerlingh Onnes Lab. Leiden **219d** (1932); **232d** (1933).
[3] EUCKEN, A., K. CLUSIUS u. H. WOITINEK: Z. anorg. Chem. **203**, 47 (1931).
[4] KEESOM, P. H., u. N. PEARLMAN: Physic. Rev. **88**, 140 (1952).
[5] HILL, R. W., u. P. L. SMITH: Philosophic. Mag. **44**, 636 (1953).

Es bleiben jetzt noch einige Worte über das oben behandelte eindimensionale Modell eines Molekülkristalls zu sagen. Das dort erhaltene Ergebnis liefert eine Begründung für die von BORN[1] aufgestellte Regel, nach der in einem Kristall, der n Atome pro Elementarzelle und N Elementarzellen enthält, die Beiträge von $3N$ Freiheitsgraden durch DEBYE-Funktionen, die der restlichen $3(n-1)N$ Freiheitsgrade durch EINSTEIN-Funktionen darzustellen sind. Naturgemäß unterliegt diese Regel den gleichen Einwendungen wie die DEBYEsche Theorie in ihrer einfachsten Form. Sie ist auch sicher nicht auf die oben betrachteten Ionenkristalle anwendbar. Bei eigentlichen Molekülkristallen, wie Benzol[2], kann man jedoch auf diese Weise brauchbare Ergebnisse erhalten. Es ist jedoch nicht zu übersehen, daß die Aufteilung auf DEBYE- und EINSTEIN-Terme etwas willkürlich ist[3] und damit das ganze Verfahren schon mehr halbempirischen Charakter besitzt.

§ 14.8. Die Elektronenwärme der Metalle. Anharmonizität der Gitterschwingungen

Die charakteristischen Eigenschaften der Metalle, insbesondere die Wärmeleitfähigkeit und die elektrische Leitfähigkeit, lassen darauf schließen, daß die Elektronen sich hier wenigstens teilweise in einem anderen Zustand befinden als in nichtmetallischen Festkörpern. Dieser Gedanke wurde quantitativ zum ersten Male von DRUDE[4] formuliert. Er nahm an, daß in einem Metall ein gewisser Teil der Elektronen nicht an die Atome gebunden, sondern „frei" ist, und daß diese freien Elektronen oder Metallelektronen sich im Innern des Metalls in einem konstanten Potential wie die Moleküle eines klassischen idealen Gases bewegen. Es gelang DRUDE, auf diesem Wege das WIEDEMANN-FRANZsche Gesetz der Proportionalität von Wärmeleitfähigkeit und elektrischer Leitfähigkeit mit einem annähernd richtigen Wert des Proportionalitätsfaktors abzuleiten. Die Theorie wurde später von LORENTZ[5] verfeinert. Sie unterliegt aber auch in dieser Fassung (abgesehen von anderen Schwierigkeiten, auf die wir hier nicht eingehen können) einem grundlegenden Einwand. Nach dem Äquipartitionstheorem hat jedes Molekül eines klassischen idealen Gases (wenn keine inneren Freiheitsgrade vorhanden sind) eine Molekülwärme $3k$, die in diesem Falle als zusätzlicher Beitrag zur Atomwärme des Metalls erscheinen würde. Danach müßte die Atomwärme der Metalle durchweg wesentlich größer sein als die der Nichtmetalle; dies widerspricht der experimentellen Erfahrung, nach der bei mäßig hohen Temperaturen die DULONG-PETITsche Regel sowohl für Metalle wie für Nichtmetalle gilt. Auch die Prüfung der DEBYEschen Theorie läßt im Gebiet mäßig tiefer Temperaturen einen solchen Unterschied nicht erkennen. Diese Schwierigkeit wurde erst von SOMMERFELD[6] überwunden, der auf das Elektronengas die FERMI-DIRAC-Statistik anwandte und zeigte, daß dasselbe im Metall unter gewöhnlichen Bedingungen völlig entartet ist. Daraus erklärt sich, wie wir sehen werden, daß der Beitrag der freien Elektronen zur Atomwärme gegenüber dem von den Gitterschwingungen herrührenden in einem weiten Temperaturbereich (das sich etwa mit dem Gültigkeitsbereich der DEBYE-schen Theorie deckt) überhaupt nicht in Betracht kommt. Er wird aber, wenn auch aus verschiedenen Gründen, bei sehr hohen und extrem tiefen Temperaturen merklich und muß daher kurz hier besprochen werden. Das Auftreten der

---

[1] BORN, M.: Dynamik der Kristallgitter. Leipzig 1915.
[2] LORD, R. C., J. E. AHLBERG u. D. H. ANDREWS: J. Chem. Phys. **5**, 649 (1937).
[3] Vgl. die unter [2] zitierte Arbeit.
[4] DRUDE, P.: Ann. Physik **1**, 566 (1900).
[5] LORENTZ, H. A.: Proc. Acad. Sci. Amsterdam **7**, 438, 585, 684 (1905).
[6] SOMMERFELD, A.: Z. Physik **47**, 1 (1928).

Elektronenwärme bei hohen Temperaturen beruht darauf, daß dieselbe mit der Temperatur, d. h. mit abnehmender Entartung sehr stark ansteigt, während der Beitrag der Gitterschwingungen, soweit die Ansätze des § 14.1 gültig sind, konstant bleibt und sich höchstens infolge der Anharmonizität (s. weiter unten) noch etwas ändert. Bei tiefen Temperaturen verschwindet der Beitrag der Gitterschwingungen wie T^3, während die Elektronenwärme nur mit T gegen Null geht und daher schließlich den ausschlaggebenden Term zu C_v liefert. Dieser Effekt ist zum ersten Male von KEESOM und KOK[1] an Silber nachgewiesen worden.

Die SOMMERFELDsche Theorie unterscheidet sich von den älteren Ansätzen im wesentlichen nur durch die Verwendung der FERMI-DIRAC-Statistik. Sie vernachlässigt ebenfalls völlig die innere Struktur der Metalle, d. h. die Wechselwirkung der Elektronen mit dem Gitter und kann daher nur eine rohe Näherung darstellen. Die Untersuchung der Bewegung eines Elektrons in einem periodischen Potential, die zuerst von BLOCH[2] durchgeführt wurde, ist ein quantenmechanisches Problem, das außerhalb des Rahmens dieses Buches liegt. Wir beschränken uns daher im folgenden auf eine Darstellung der SOMMERFELDschen Theorie der Elektronenwärme, welche die für uns wesentlichen Gesichtspunkte bereits erkennen läßt.

In § 4.5 haben wir das ideale FERMI-DIRAC-Gas für die beiden Grenzfälle $T \to \infty$ und $T \to 0$ diskutiert. In beiden Fällen macht die Berechnung der absoluten Aktivität bzw. des chemischen Potentials keine Schwierigkeit. Für $T = 0$ gilt einfach $\mu(0) = \varepsilon_F$, wo ε_F die durch Gl. (IV 46) definierte FERMI-Energie ist. Im Zwischengebiet ist jedoch die Ermittlung von μ ziemlich umständlich; sie ist hier notwendig, weil wir letzten Endes an der inneren Energie als Funktion von Temperatur und Volumen interessiert sind. Wir gehen dazu aus von der Bedingung

$$\Sigma N_i = N \, , \tag{XIV 113}$$

die wir mit Benutzung der Verteilungsformel (IV 39) und der Formel für die Zustandsdichte $g(\varepsilon)$ Gl. (IV 42) (wo auf der rechten Seite wegen des Elektronenspins noch mit 2 zu multiplizieren ist) schreiben

$$N = 4\pi V \left(\frac{2m}{h^2}\right)^{3/2} \int\limits_0^\infty \frac{\varepsilon^{1/2}}{e^{\frac{\varepsilon-\mu}{kT}} + 1} \, d\varepsilon \, . \tag{XIV 114}$$

Führen wir die FERMI-Energie nach Gl. (IV 46) ein, so hebt sich N heraus und wir bekommen als Gleichung für μ

$$\frac{3}{2} \varepsilon_F^{-3/2} \int\limits_0^\infty \frac{\varepsilon^{1/2}}{e^{\frac{\varepsilon-\mu}{kT}} + 1} \, d\varepsilon = 1 \, . \tag{XIV 115}$$

Diese Gleichung bestimmt μ als Funktion von T und ε_F und damit implizit als Funktion von T und V/N. Für die Energie erhalten wir in analoger Weise

$$E = 4\pi V \left(\frac{2m}{h^2}\right)^{3/2} \int\limits_0^\infty \frac{\varepsilon^{3/2}}{e^{\frac{\varepsilon-\mu}{kT}} + 1} \, d\varepsilon \tag{XIV 116}$$

[1] KEESOM, W. H., u. J. A. KOK: Comm. Kamerlingh Onnes Lab. Leiden **219d** (1932); **232d** (1933).

[2] BLOCH, F.: Z. Physik **52**, 555 (1928).

oder

$$E = \frac{3}{2}\, N\, \varepsilon_F^{-3/2} \int\limits_0^\infty \frac{\varepsilon^{3/2}}{e^{\frac{\varepsilon-\mu}{kT}} + 1}\, d\varepsilon .$$

(XIV 117)

Die Gl. (XIV 115) und (XIV 117) zeigen, daß das Problem im wesentlichen auf die Berechnung der Integrale vom Typ

$$J = \int\limits_0^\infty \chi(\varepsilon)\, \varphi(\varepsilon)\, d\varepsilon$$

(XIV 118)

hinausläuft, wo $\chi(\varepsilon)$ eine einfache stetige Funktion von ε wie $\varepsilon^{1/2}$ oder $\varepsilon^{3/2}$ und

$$\varphi(\varepsilon) = \frac{1}{e^{\frac{\varepsilon-\mu}{kT}} + 1}$$

(XIV 119)

ist. Die Auswertung läßt sich nicht in geschlossener Form durchführen. Wir wenden daher ein Näherungsverfahren an, das auf folgender Überlegung beruht. Da für $T = 0$ $\mu(0) = \varepsilon_F$ ist, findet man aus Gl. (IV 46), daß für die meisten Metalle $\mu(0)/k$ von der Größenordnung $10^{5\circ}$ K ist. Wir setzen nun voraus, daß für alle in Betracht kommenden Temperaturen $\mu/kT \gg 1$ ist. Die Anwendung des Ergebnisses auf die Metallelektronen zeigt, daß diese Voraussetzung tatsächlich bis über den Schmelzpunkt hinaus erfüllt ist, und zwar gilt bei gewöhnlicher Temperatur, wenn wir zur Veranschaulichung dieses Resultat vorwegnehmen, $\mu/kT \approx 10^2$ bzw. $e^{-\frac{\mu}{kT}} \approx 10^{-40}$. Man sieht nun aus Gl. (XIV 119), daß $\varphi(\varepsilon)$ für $\varepsilon = 0$ praktisch den Wert Eins hat und von da monoton auf den Wert Null für $\varepsilon = \infty$ abfällt. Die Ableitung $\varphi'(\varepsilon)$ ist durchweg negativ, hat aber, wie man leicht explizit bestätigt, an der Stelle $\varepsilon = \mu$ ein Minimum, wenn $\mu > 0$ ist. Dieses Maximum von $-\varphi'(\varepsilon)$ ist für $\mu/kT \gg 1$ sehr scharf; in größerem Abstand von dieser Stelle ist dann die Funktion $-\varphi'(\varepsilon)$ vernachlässigbar klein. Man verwandelt nun das Integral (XIV 118) durch partielle Integration in ein Integral über $-\zeta(\varepsilon)\varphi'(\varepsilon)$, wobei jetzt nur noch die Werte in der Umgebung von $\varepsilon = \mu$ einen nennenswerten Beitrag zum Integral liefern. Die untere Grenze des Integrals kann daher ohne merklichen Fehler nach $-\infty$ verschoben werden. Die Integration läßt sich dann ausführen, wenn wir $\zeta(\varepsilon)$ an der Stelle $\varepsilon = \mu$ in eine TAYLORsche Reihe entwickeln.

Aus Gl. (XIV 118) erhalten wir zunächst durch partielle Integration

$$J = \zeta(\infty)\, \varphi(\infty) - \zeta(0)\, \varphi(0) - \int\limits_0^\infty \zeta(\varepsilon)\, \varphi'(\varepsilon)\, d\varepsilon ,$$

(XIV 120)

wo

$$\zeta(\varepsilon) = \int\limits_0^\varepsilon \chi(\varepsilon_1)\, d\varepsilon_1$$

(XIV 121)

ist. Wenn für $\varepsilon = 0$ nicht $\chi(\varepsilon)$ Unendlich wird, so verschwindet $\zeta(0)$ und das Produkt $\zeta(0)\varphi(0)$. Da ferner $\varphi(\varepsilon)$ mit $e^{-\frac{\varepsilon}{kT}}$ für $\varepsilon \to \infty$ gegen Null geht, verschwindet auch der erste Term der rechten Seite, wenn nicht $\chi(\varepsilon)$ von der gleichen Ordnung gegen Unendlich geht. Es wird daher

$$J = - \int\limits_0^\infty \zeta(\varepsilon)\, \varphi'(\varepsilon)\, d\varepsilon .$$

(XIV 122)

Wir führen nun die Variable

$$x = \frac{\varepsilon - \mu}{kT} \qquad \text{(XIV 123)}$$

ein und entwickeln die Funktion $\zeta(x)$ an der Stelle $x = 0$ in eine TAYLORsche Reihe. Wir haben dann

$$\zeta(x) = \sum_{n=0}^{\infty} \zeta_{x=0}^{(n)} \frac{x^n}{n!} \; , \qquad \text{(XIV 124)}$$

wo

$$\zeta_{x=0}^{(0)} = \zeta(0) = \int_0^\mu \chi(\varepsilon)\, d\varepsilon \qquad \text{(XIV 125)}$$

ist und

$$\zeta_{x=0}^{(n)} = (kT)^n \left[\frac{d^n \zeta(\varepsilon)}{d\varepsilon^n} \right]_{\varepsilon = \mu} = (kT)^n \left[\frac{d^{n-1} \chi(\varepsilon)}{d\varepsilon^{n-1}} \right]_{\varepsilon = \mu} = (kT)^n \chi^{(n-1)}(\mu) \; . \qquad \text{(XIV 126)}$$

Setzen wir (XIV 124) in (XIV 122) ein, so erhalten wir

$$J = - \zeta(0) \int_0^\infty \varphi'(\varepsilon)\, d\varepsilon - \sum_{n=1}^{\infty} \frac{(kT)^n}{n!} \chi^{(n-1)}(\mu) \int_{-\mu/kT}^\infty x^n \varphi'(x)\, dx \; . \qquad \text{(XIV 127)}[1]$$

Das erste Integral ist einfach

$$- \int_0^\infty \varphi'(\varepsilon)\, d\varepsilon = \varphi(0) - \varphi(\infty) = \left(1 + e^{-\frac{\mu}{kT}} \right)^{-1} \approx 1 \; . \qquad \text{(XIV 128)}$$

Für die Funktion $\varphi'(x)$ haben wir explizit

$$\varphi'(x) = - \frac{e^x}{(e^x + 1)^2} = - \frac{1}{(e^x + 1)(e^{-x} + 1)} \; . \qquad \text{(XIV 129)}$$

Diese Funktion ist eine gerade Funktion und verschwindet exponentiell für $x \to -\infty$. Wenn, wie vorausgesetzt, $\mu/kT \gg 1$ ist, ist ihr Wert schon an der unteren Grenze des Integrals $x = -\mu/kT$ so klein, daß dieselbe ohne merklichen Fehler durch $-\infty$ ersetzt werden kann. Es ist also das Integral

$$\int_{-\infty}^{+\infty} \frac{x^n}{(e^x + 1)(e^{-x} + 1)}\, dx \qquad \text{(XIV 130)}$$

zu berechnen. Wenn n ungerade ist, ist der Integrand eine ungerade Funktion von x und das Integral verschwindet. Für gerade n ist der Integrand eine gerade Funktion von x, und wir können das Integral durch das mit 2 multiplizierte Integral von 0 bis $+\infty$ ersetzen. Mit Hilfe der Entwicklung

$$\frac{1}{(e^x + 1)(e^{-x} + 1)} = \frac{e^{-x}}{(1 + e^{-x})^2} = e^{-x} - 2e^{-2x} + 3e^{-3x} - \cdots \qquad \text{(XIV 131)}$$

erhalten wir

$$\int_{-\infty}^{+\infty} \frac{x^n}{(e^x + 1)(e^{-x} + 1)}\, dx = -2 \sum_{l=1}^{\infty} (-1)^l\, l \int_0^\infty x^n e^{-lx}\, dx$$

$$= -2n! \sum_{l=1}^{\infty} \frac{(-1)^l}{l^n} \; . \qquad (n \text{ gerade}) \qquad \text{(XIV 132)}$$

---

[1] Man beachte, daß in dem zweiten Integral die Ableitung von φ nach x (nicht nach ε) steht. Der dadurch gegenüber $\varphi'(\varepsilon)$ auftretende Faktor kT hebt sich gegen den Faktor, der beim Ersatz von $d\varepsilon$ durch dx auftritt.

Aus Gl. (XIV 127), (XIV 128) und (XIV 132) folgt

$$J = \int\limits_0^\mu \chi(\varepsilon)\, d\varepsilon - 2 \sum_{n=1}^\infty (kT)^{2n}\, \chi^{(2n-1)}(\mu) \sum_{l=1}^\infty \frac{(-1)^l}{l^{2n}} \, . \qquad \text{(XIV 133)}$$

Es ist nun

$$-\sum_{l=1}^\infty \frac{(-1)^l}{l^2} = \frac{\pi^2}{12}\, , \qquad -\sum_{l=1}^\infty \frac{(-1)^l}{l^4} = \frac{7\pi^4}{720}\, . \qquad \text{(XIV 134)}$$

Damit erhalten wir

$$J = \int\limits_0^\infty \frac{\chi(\varepsilon)}{e^{\frac{\varepsilon-\mu}{kT}}+1}\, d\varepsilon = \int\limits_0^\mu \chi(\varepsilon)\, d\varepsilon + \frac{\pi^2}{6}\, (kT)^2 \left(\frac{d\chi}{d\varepsilon}\right)_{\varepsilon=\mu} +$$
$$+ \frac{7\pi^4}{360}\, (kT)^4 \left(\frac{d^3\chi}{d\varepsilon^3}\right)_{\varepsilon=\mu} + \cdots . \qquad \text{(XIV 135)}$$

Wir verwenden diesen Ausdruck zunächst in Verbindung mit Gl. (XIV 115) zur Berechnung von μ. In diesem Falle ist $\chi(\varepsilon) = \varepsilon^{1/2}$ und somit

$$\int\limits_0^\mu \chi(\varepsilon)\, d\varepsilon = \tfrac{2}{3}\, \mu^{3/2}\, . \qquad \text{(XIV 136)}$$

Ferner ist

$$\left(\frac{d\chi}{d\varepsilon}\right)_{\varepsilon=\mu} = \frac{1}{2}\, \mu^{-1/2}\, , \qquad \left(\frac{d^3\chi}{d\varepsilon^3}\right)_{\varepsilon=\mu} = \frac{3}{8}\, \mu^{-5/2}\, . \qquad \text{(XIV 137)}$$

Setzen wir dies ein, so wird aus (XIV 115)

$$\left(\frac{\mu}{\varepsilon_F}\right)^{3/2} \left[1 + \frac{\pi^2}{8}\left(\frac{kT}{\mu}\right)^2 + \frac{7\pi^4}{640}\left(\frac{kT}{\mu}\right)^4 + \cdots\right] = 1\, . \qquad \text{(XIV 138)}$$

Um eine Näherungslösung dieser Gleichung zu erhalten, benutzen wir die Entwicklung

$$(1+x)^{-3/2} = 1 - \tfrac{3}{2}\, x + \tfrac{5}{8}\, x^2 - \cdots , \qquad \text{(XIV 139)}$$

mit deren Hilfe wir (XIV 138) auf die Form

$$\mu = \varepsilon_F \left[1 - \frac{\pi^2}{12}\left(\frac{kT}{\mu}\right)^2 + \frac{\pi^4}{720}\left(\frac{kT}{\mu}\right)^4 + \cdots\right] \qquad \text{(XIV 140)}$$

bringen. In den zweiten Term der Klammer setzen wir $\mu^{-2} = \varepsilon_F^{-2}\left[1 + \frac{\pi^2}{6}\left(\frac{kT}{\varepsilon_F}\right)^2\right]$, in den dritten einfach $\mu = \varepsilon_F$. Dann folgt

$$\mu = \varepsilon_F \left[1 - \frac{\pi^2}{12}\left(\frac{kT}{\varepsilon_F}\right)^2 - \frac{\pi^4}{80}\left(\frac{kT}{\varepsilon_F}\right)^4 + \cdots\right] . \qquad \text{(XIV 141)}$$

Damit haben wir μ als Funktion von T und V/N, und zwar als Potenzreihe in (kT/ε_F) dargestellt. Aus der Voraussetzung folgt, daß diese Entwicklung nur bei hinreichend starker Entartung gilt.

Für die Berechnung der Energie aus Gl. (XIV 117) und (XIV 135) haben wir $\chi(\varepsilon) = \varepsilon^{3/2}$ und somit

$$\int\limits_0^\mu \chi(\varepsilon)\, d\varepsilon = \tfrac{2}{5}\, \mu^{5/2}\, . \qquad \text{(XIV 142)}$$

Ferner gilt

$$\left(\frac{d\chi}{d\varepsilon}\right)_{\varepsilon=\mu} = \frac{3}{2}\, \mu^{1/2}\, , \qquad \left(\frac{d^3\chi}{d\varepsilon^3}\right)_{\varepsilon=\mu} = -\frac{3}{8}\, \mu^{-3/2}\, . \qquad \text{(XIV 143)}$$

Damit wird aus (XIV 117)

$$E = \frac{3}{5}\, N \left(\frac{\mu}{\varepsilon_F}\right)^{3/2} \mu \left[1 + \frac{5\pi^2}{8}\left(\frac{kT}{\mu}\right)^2 - \frac{7\pi^4}{384}\left(\frac{kT}{\mu}\right)^4 + \cdots\right] . \qquad \text{(XIV 144)}$$

Eliminieren wir μ mit Hilfe der Gl. (XIV 141), so bekommen wir

$$E = \frac{3}{5} N \varepsilon_F \left[1 + \frac{5\pi^2}{12} \left(\frac{kT}{\varepsilon_F} \right)^2 - \frac{\pi^4}{16} \left(\frac{kT}{\varepsilon_F} \right)^4 + \cdots \right]. \qquad \text{(XIV 145)}$$

Dies ist die gesuchte Beziehung, welche die Energie als Funktion von T und V/N darstellt. Für $T = 0$ geht sie, wie es sein muß, in Gl. (IV 50) über.

Über die Zahl der freien Elektronen im Metall macht die SOMMERFELDsche Theorie keine Aussage. Da wir an dem Beitrag der Elektronen zur Atomwärme interessiert sind, ist es notwendig, die Zahl der freien Elektronen pro Metallatom einzuführen, die wir mit n bezeichnen. Dann erhalten wir aus (XIV 145) für die auf das Atom bezogene Elektronenwärme

$$C_{el} = \frac{1}{2} n k \pi^2 \frac{kT}{\varepsilon_F} + O\left[\left(\frac{kT}{\varepsilon_F} \right)^2 \right], \qquad \text{(XIV 146)}$$

wo n innerhalb gewisser Grenzen als adjustierbarer Parameter zu betrachten ist. Aus der Voraussetzung und Gl. (XIV 141) ergibt sich, daß diese Gleichung sicher bis zu Temperaturen von etwa 1000° K gültig ist.

Bilden wir nun mit (XIV 146) das Verhältnis der Elektronenwärme zur klassischen Atomwärme der Gitterschwingungen $3k$, so ergibt sich dafür bei gewöhnlichen Temperaturen die Größenordnung 10^{-2}—10^{-3}. Der Beitrag der Elektronenwärme zu C_v ist hier somit völlig zu vernachlässigen, und damit ist in der Tat die fundamentale Schwierigkeit der DRUDE-LORENTZschen Theorie beseitigt. Wenn wir andererseits das gleiche Verhältnis für sehr tiefe Temperaturen mit Benutzung der DEBYEschen Gl. (XIV 78) bilden, so erhalten wir

$$\frac{C_{el}}{C_{v_{Gitter}}} = \frac{5n}{24\pi^2} \frac{kT}{\varepsilon_F} \left(\frac{\Theta_D}{T} \right)^3. \qquad \text{(XIV 147)}$$

Da Θ_D für nahezu alle Metalle zwischen 100° und 500° K liegt, erreicht dieser Ausdruck im allgemeinen zwischen 1° und 10° K den Wert Eins. Hier wird also die Atomwärme entscheidend durch den Beitrag der Elektronen bestimmt.

Das Ergebnis der strengeren Rechnung, welche die innere Struktur der Metalle berücksichtigt[1], läßt sich unter häufig erfüllten Voraussetzungen ebenfalls auf die Form der Gl. (XIV 146) bringen, wenn man an Stelle der Elektronenmasse m eine „effektive Masse" einführt und gegebenenfalls einen Gewichtsfaktor zufügt. Da diese Größen aber im allgemeinen nicht bekannt sind, bleibt auch hier als einzige experimentell prüfbare Aussage die Proportionalität von C_{el} mit T. In einer ganzen Reihe von Fällen hat man tatsächlich gefunden, daß die Atomwärme sich bei sehr tiefen Temperaturen durch eine Gleichung der Form

$$C_v = AT + BT^3 \qquad \text{(XIV 148)}$$

darstellen läßt. Der daraus berechnete Wert der Konstanten A stimmt, wenn n gleich der Zahl der Valenzelektronen gesetzt wird, für Cu^2, Zn^3, Al^4 und andere Metalle bis auf einen zwischen 0,8 und 2 liegenden Faktor mit dem sich aus Gl. (XIV 146) ergebenden Wert überein. Bei den Übergangsmetallen ist die Elektronenwärme wesentlich größer. Diese Ergebnisse sind insofern noch mit

---

[1] Vgl. dazu die in § 16.1 zitierten Werke.
[2] KOK, J. A., u. W. H. KEESOM: Physica 3, 1035 (1936).
[3] KEESOM, W. A., u. J. A. KOK: Physica 1, 770 (1934).
[4] KOK, J. A., u. W. H. KEESOM: Physica 4, 835 (1937).

einer gewissen Unsicherheit behaftet, als der genaue Verlauf des von den Gitterschwingungen herrührenden Anteils in den meisten Fällen nicht bekannt ist. Für Silber haben KEESOM und PEARLMAN[1] gefunden, daß unterhalb 4,2° K deutliche Abweichungen von Gl. (XIV 148) auftreten. Da hier nach den Rechnungen von LEIGHTON[2] (s. § 14.7) bereits das wahre T^3-Gesetz gilt, wäre diese Anomalie wahrscheinlich der Elektronenwärme zuzuschreiben. Neuerdings sind diese Ergebnisse allerdings wieder angezweifelt worden[3, 4].

Die Berechnung des vollständigen Temperaturverlaufs von C_{el} ist sehr umständlich und z.T. nur numerisch durchführbar[5, 6]. Das Ergebnis ist in Abb. 96 dargestellt. Man sieht daraus, daß die Annäherung von C_{el} an den klassischen Wert für alle Metalle erst weit oberhalb des Schmelzpunktes erfolgt und daß bis zum Schmelzpunkt praktisch das lineare Gesetz gilt. Dies scheint zwar aus Gründen, die mit der inneren Struktur der Metalle zusammenhängen, nicht genau zuzutreffen[7], doch können wir davon hier absehen. Nach der bisher entwickelten Theorie sollte dann die Elektronenwärme, wenn der Anteil der Gitterschwingungen den klassischen Wert $3k$ erreicht hat, als Temperaturabhängigkeit von C_v wieder merklich werden. Der Nachweis und erst recht die quantitative Untersuchung dieses Effektes stößt jedoch auf außerordentliche Schwierigkeiten. Zunächst ist die Umrechnung von C_p auf C_v, die in diesem Temperaturgebiet eine erhebliche Rolle spielt, hier, wie schon in § 14.6 erwähnt, mit beträchtlichen Unsicherheiten behaftet. Dazu kommt die Tatsache, daß die den Entwicklungen dieses Kapitels zugrunde liegende Annahme harmonischer Gitterschwingungen bei höheren Temperaturen, ebenso wie im Falle der Gasmoleküle (§ 9.6), nicht mehr zulässig ist. Weder die thermische Ausdehnung[8] noch das Schmelzen[9] lassen sich auf dieser Grundlage erklären. Theoretisch ist die Anharmonizität der Gitterschwingungen von BORN und BRODY[10] behandelt worden. Man erhält danach ein linear mit T ansteigendes Zusatzglied in C_v. Über den Proportionalitätsfaktor kann die Theorie keine Aussage machen. Aus Messungen an Nichtmetallen kann man abschätzen, daß der Effekt etwa von der gleichen Größenordnung wie der zu erwartende Beitrag der Elektronenwärme ist. Ein einigermaßen sicherer Nachweis der letzteren ist daher erst in einem Falle, und zwar beim Nickel zwischen 700° und 1000° K gelungen[11]. Die Verhältnisse liegen hier ausnahmsweise günstig, da einerseits $C_p - C_v$ ziemlich genau bekannt ist und die Anharmonizitätskorrektur (wegen der großen Entfernung vom Schmelzpunkt)

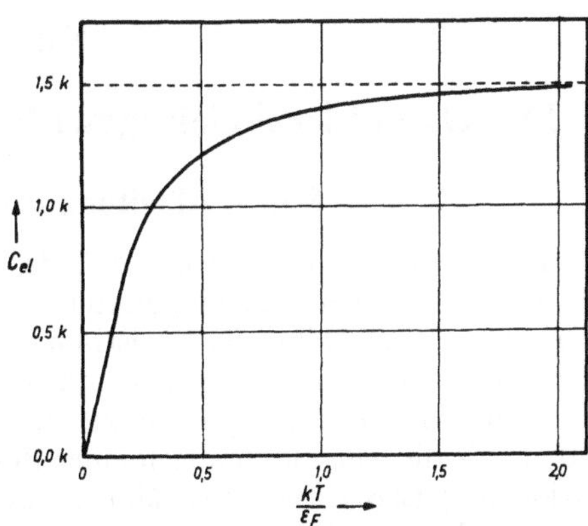

Abb. 96. Temperaturabhängigkeit der Elektronenwärme nach der Theorie der freien Elektronen [entnommen aus: F. SEITZ: The Modern Theory of Solids, S. 152. New York 1940]

[1] KEESOM, P. H., u. N. PEARLMAN: Physic. Rev. **88**, 140 (1952).
[2] LEIGHTON, R. B.: Rev. Mod. Phys. **20**, 165 (1948).
[3] CLEMENT, J. R.: Physic. Rev. **93**, 1420 (1954).
[4] RAYNE, J.: Physic. Rev. **95**, 1428 (1954).
[5] MOTT, N. F.: Proc. Roy. Soc. (London) A **152**, 42 (1935).
[6] STONER, E. C.: Philosophic. Mag. **21**, 145 (1936).
[7] Vgl. A. H. WILSON: The Theory of Metals. 2. Aufl. Cambridge 1953.
[8] DEBYE, P.: Physik. Z. **14**, 259 (1913).
[9] MÜNSTER, A.: Z. Naturforsch. **6a**, 139 (1951).
[10] BORN, M., u. E. BRODY: Z. Physik **6**, 132 (1921).
[11] EUCKEN, A., u. W. DANNÖHL: Z. Elektrochem. **40**, 789 (1934).

noch nicht erheblich ins Gewicht fällt, andererseits (da Nickel ein Übergangsmetall ist) C_{el} besonders groß ist. Der aus den Messungen bei hohen Temperaturen berechnete Wert von C_{el} stimmt, unter Annahme eines linearen Temperaturgesetzes, befriedigend mit dem aus Tieftemperaturmessungen bestimmten überein.

Kapitel XV

Das Dampfdruckgleichgewicht. Der NERNSTsche Wärmesatz

§ 15.1. Ableitung der Dampfdruckformel

In § 7.6 haben wir gezeigt, daß das Problem der Phasenumwandlung unter zwei verschiedenen Gesichtspunkten betrachtet werden kann. Um die Existenz von Phasenumwandlungen statistisch zu begründen, ist es notwendig, von einem homogenen System auszugehen und das Einsetzen der Phasenumwandlung bei Änderung der Zustandsgrößen zu untersuchen. Unter diesem Gesichtspunkt haben wir die Theorie in allgemeiner Form in § 7.6 und speziell für die Kondensation in § 12.6 entwickelt. Man kann aber auch die Koexistenz von Phasen mit gegebenen Eigenschaften voraussetzen und lediglich die Gleichgewichtsverteilung der Moleküle auf die Phasen untersuchen. Diese Betrachtungsweise, die historisch erheblich älter ist[1], hat den Vorteil, daß sie in geeigneten Fällen auf verhältnismäßig einfache Weise explizite Ergebnisse liefert, die nach der anderen Methode schwierig oder überhaupt nicht zu erhalten sind.

Wir wollen hier das Gleichgewicht zwischen einem idealen Kristall und seinem Dampf, den wir mit hinreichender Genauigkeit als ideales Gas behandeln können, untersuchen. Unter diesen Voraussetzungen ist das Problem vollständig separierbar und läßt sich nach den Methoden der μ-Raum-Statistik behandeln. An sich könnten wir auf eine solche Rechnung verzichten, da wir in Kapitel VII die allgemeine Gleichgewichtsbedingung abgeleitet haben und daher jetzt ohne weiteres die Ausdrücke für die chemischen Potentiale dort einsetzen können. Wir wollen aber der Vollständigkeit halber zuerst den rein statistischen Gedankengang kurz skizzieren.

Wir betrachten ein abgeschlossenes System vom Volumen V und der Energie E, das aus N Molekülen besteht. Von diesen sollen sich n Moleküle in der Gasphase, $N-n$ im Kristall befinden. Wir berechnen zunächst die Zahl der Komplexionen für gegebenes N, die wir mit Ω_n bezeichnen. Dabei haben wir zu beachten, daß es sich im Kristall um lokalisierte, in der Gasphase um nicht lokalisierte Teilchen handelt. Die Auswahlvariable x, welche die Bedingung konstanter Teilchenzahl berücksichtigt, tritt daher nur in dem Faktor für die Gasphase auf. Ω_n ist also gleich dem Koeffizienten von $x^n z^E$ in der Entwicklung von

$$[\varkappa(z)]^{N-n} \prod_i (1 \pm x z^{\varepsilon_i})^{\pm g_i}, \tag{XV 1}$$

wo $\varkappa(z)$ die Verteilungsfunktion des Einzelmoleküls im Kristall ist. Fügen wir noch einen Faktor x^{N-n} hinzu, so wird Ω_n der Koeffizient von $x^N z^E$ in der Entwicklung von

$$\exp\left\{(N-n)\ln[x\varkappa(z)] + \sum_i g_i \ln(1 \pm x z^{\varepsilon_i})^{\pm 1}\right\}. \tag{XV 2}$$

---

[1] Die erste derartige Untersuchung scheint von G. MIE [Ann. Physik 11, 657 (1903)] durchgeführt worden zu sein.

Wir nehmen nun für die Gasphase von vornherein Gültigkeit der halbklassischen Näherung an. Damit reduziert sich der vorstehende Ausdruck auf

$$\exp\left\{(N-n)\ln[x\varkappa(z)]+xf(z)\right\},\qquad\text{(XV 3)}$$

wo $f(z)$ die Verteilungsfunktion der Gasmoleküle ist. Für diese können wir nach Gl. (IV 64) setzen

$$f(z)=\varphi(z)\left[V-(N-n)v\right],\qquad\text{(XV 4)}$$

wo v das Molekülvolumen im Kristall bezeichnet und $\varphi(z)$ nicht mehr vom Volumen abhängt. Die Anwendung des Residuensatzes ergibt nun

$$\Omega_n=\left(\frac{1}{2\pi i}\right)^2\oint\oint\exp\left\{(N-n)\ln[x\varkappa(z)]+x\varphi(z)\left[V-(N-n)v\right]\right\}\frac{dx}{x^{N+1}}\frac{dz}{z^{E+1}}\,.$$
$$\text{(XV 5)}$$

Das Integral läßt sich nach der Sattelpunktmethode auswerten. Bezeichnen wir die Sattelpunktskoordinaten wieder mit λ und ϑ, so ergibt sich nach dem in Kapitel III und IV entwickelten Rezept

$$\ln\Omega_n=(N-n)\ln[\lambda\varkappa(\vartheta)]+\lambda\varphi(\vartheta)\left[V-(N-n)v\right]-N\ln\lambda-E\ln\vartheta\,,\qquad\text{(XV 6)}$$

wo λ und ϑ durch die Gleichungen

$$\vartheta\,\frac{\partial\ln\Omega_n}{\partial\vartheta}=\lambda\left[V-(N-n)v\right]\vartheta\,\frac{\partial\varphi(\vartheta)}{\partial\vartheta}-(N-n)\vartheta\,\frac{\partial\ln\varkappa(\vartheta)}{\partial\vartheta}-E=0\qquad\text{(XV 7)}$$

und

$$\lambda\,\frac{\partial\ln\Omega_n}{\partial\lambda}=\lambda\left[V-(N-n)v\right]\varphi(\vartheta)+(N-n)-N=0\qquad\text{(XV 8)}$$

gegeben sind. Die Gesamtzahl der Komplexionen für beliebige Werte von n ist

$$\Omega=\sum_n\Omega_n\,.\qquad\text{(XV 9)}$$

Die für uns wesentliche Größe ist der Mittelwert $\bar{n}$, welcher die Gleichgewichtsverteilung der Moleküle auf die beiden Phasen bestimmt. Dafür gilt nach der Grundformel (III 88)

$$\Omega\bar{n}=\sum n\,\Omega_n\,.\qquad\text{(XV 10)}$$

Wir führen die Berechnung des Mittelwertes nicht explizit durch, sondern begnügen uns mit der Berechnung des maximalen Terms der auf der rechten Seite stehenden Summe, da auch hier

$$\Omega\approx\Omega_{n_{max}}\qquad\text{(XV 11)}$$

und

$$\bar{n}\approx n_{max}\qquad\text{(XV 12)}$$

ist (vgl. § 3.5).

Die Bedingung für das Maximum lautet

$$\frac{d\ln\Omega_n}{dn}=0\qquad\text{(XV 13)}$$

oder

$$\frac{\partial\ln\Omega_n}{\partial n}+\frac{\partial\ln\Omega_n}{\partial\vartheta}\,\frac{\partial\vartheta}{\partial n}+\frac{\partial\ln\Omega_n}{\partial\lambda}\,\frac{\partial\lambda}{\partial n}=0\,.\qquad\text{(XV 14)}$$

Wegen (XV 7) und (XV 8) wird daraus

$$\left(\frac{\partial\ln\Omega_n}{\partial n}\right)_{\vartheta,\lambda}=0\,.\qquad\text{(XV 15)}$$

Das ergibt mit Gl. (XV 6) die Gleichgewichtsbedingung

$$\lambda v\,\varphi(\vartheta) = \ln\lambda + \ln\varkappa(\vartheta)\,. \tag{XV 16}$$

Aus Gl. (XV 8) folgt nun, daß λ an der Stelle des Maximums gegeben ist durch

$$\lambda = \bar{n}/[V - (N - \bar{n})\,v]\;\varphi(\vartheta) = \bar{n}/f(\vartheta)\,. \tag{XV 17}$$

Da ϑ, wie wir hier nicht nochmals zu beweisen brauchen, das durch Gl. (III 153) gegebene DARWIN-FOWLERsche Temperaturanalogon ist, zeigt der Vergleich von (XV 17) und (IV 58) sofort, daß λ die absolute Aktivität der Gasphase darstellt. Wir können also, wenn wir gemäß Gl. (IV 78) das chemische Potential einführen und die auf die Gasphase bezogenen Größen durch den Index $_G$ kennzeichnen, die Gl. (XV 16) schreiben

$$\mu_G = -kT\left[\ln\varkappa(T) - \frac{\bar{n}}{V_G}\,v\right]. \tag{XV 18}$$

Sind im Gasraum noch N' Moleküle eines inerten Gases anwesend, so gilt, wie man auf einem ganz analogen Wege ableitet,

$$\mu_G = -kT\left[\ln\varkappa(T) - \frac{n + N'}{V_G}\,v\right]. \tag{XV 19}^1$$

Mit Hilfe der Zustandsgleichung (IX 12) erhalten wir daraus

$$\mu_G = -kT\,\ln\varkappa(T) + Pv\,. \tag{XV 20}$$

Nun ist definitionsgemäß die freie Energie nach HELMHOLTZ des Kristalls

$$F_K = -NkT\,\ln\varkappa(T). \tag{XV 21}$$

Daraus folgt für das chemische Potential

$$\mu_K = \left(\frac{\partial F_K}{\partial N}\right)_{T,V} = -kT\left[\ln\varkappa(T) + N\left(\frac{\partial \ln\varkappa(T)}{\partial N}\right)_{T,V}\right]. \tag{XV 22}^2$$

$\varkappa(T)$ hängt von N nur über das Molekülvolumen $v = V/N$ ab. Es ist daher

$$\left(\frac{\partial \ln\varkappa(T)}{\partial N}\right)_{T,V} = \left(\frac{\partial \ln\varkappa(T)}{\partial v}\right)_{T,N}\left(\frac{\partial v}{\partial N}\right)_{T,V} \tag{XV 23}$$

und

$$\left(\frac{\partial v}{\partial N}\right)_{T,V} = -\frac{V}{N^2}\,. \tag{XV 24}$$

Damit wird

$$-NkT\left(\frac{\partial \ln\varkappa(T)}{\partial N}\right)_{T,V} = kTV\left(\frac{\partial \ln\varkappa(T)}{\partial V}\right)_{T,N}\,. \tag{XV 25}$$

Nach Gl. (XV 21) ist

$$NkT\left(\frac{\partial \ln\varkappa(T)}{\partial V}\right)_{T,N} = P\,. \tag{XV 26}$$

Es wird somit

$$\mu_K = -kT\,\ln\varkappa(T) + Pv\,. \tag{XV 27}$$

Der Vergleich mit Gl. (XV 20) zeigt nun, daß diese letztere Gleichung einfach die thermodynamische Gleichgewichtsbedingung für die Koexistenz der beiden Phasen

$$\mu_G = \mu_K \tag{XV 28}$$

---

[1] μ_G bezieht sich naturgemäß auf die kondensierende Komponente.

[2] Hier und im folgenden beziehen sich V und N nur auf den Kristall. Der Einfachheit halber verzichten wir auf Indizes.

darstellt, die wir von vornherein als Ausgangspunkt hätten wählen können. Um daraus die Dampfdruckformel zu gewinnen, müssen wir noch den expliziten Ausdruck für das chemische Potential des Dampfes einsetzen. Dafür schreiben wir, wie in § 10.3,

$$\frac{\mu_G}{kT} = \frac{\varepsilon_0}{kT} + \ln p - \frac{C_{0p}}{k}\ln T - \sum_v \ln q_v(T) - j - \sum \ln{}^k g\,. \qquad \text{(XV 29)}$$

Hier bezeichnet $\sum\limits_v$ die Summierung über die Normalschwingungen, während C_{0p} und j die durch Gl. (X 57)—(X 59) definierten molekularen Konstanten sind. Weiter ist es notwendig, für die Verteilungsfunktionen von Dampf und Kristall ein gemeinsames Bezugsniveau der Energie einzuführen. Wir legen dasselbe so fest, daß die Gasmoleküle im Grundzustand die Energie ε_0 besitzen. Nach der Definition von χ in § 14.1 muß dann in der Verteilungsfunktion des Kristalls χ durch $\chi - \varepsilon_0$ ersetzt werden. Schließlich haben wir jetzt, wo wir nicht nur das spezielle Problem der spezifischen Wärme betrachten, auch die Freiheitsgrade der Elektronen und Kerne in Form der Gewichte der Grundzustände in die Verteilungsfunktion einzubeziehen. Dazu kommt als spezielle Eigentümlichkeit der Kristalle ein weiterer Gewichtsfaktor o, der von der Möglichkeit herrührt, daß es für die Moleküle im Kristall mehrere energetisch gleichwertige unterscheidbare Orientierungen gibt. Wir können dann schreiben

$$\varkappa(T) = e^{-(\varepsilon_0 - \chi)}\,\alpha(T)\,o\,{}^{el}g_{0\,K}\,\Pi\,{}^k g\,, \qquad \text{(XV 30)}$$

wo $\alpha(T)$ die Verteilungsfunktion der Schwingungen (der optischen wie der akustischen) mit Ausschluß der Nullpunktsenergie ist. Daraus folgt nach Gl. (XV 27) für das chemische Potential des Kristalls

$$\frac{\mu_K}{kT} = \frac{\varepsilon_0 - \chi}{kT} + \frac{Pv}{kT} - \ln\alpha(T) - \ln(o\,{}^{el}g_{0\,K}\,\Pi\,{}^k g)\,. \qquad \text{(XV 31)}$$

Setzen wir (XV 29) und (XV 30) in Gl. (XV 28) ein, so erhalten wir für den Dampfdruck des Kristalls

$$\ln p = -\frac{\chi}{kT} + \frac{Pv}{kT} + \frac{C_{0p}}{k}\ln T + \sum_v \ln q_v(T) - \ln\alpha(T) + j - \ln(o\,{}^{el}g_{0\,K})\,.$$
$$\text{(XV 32)}$$

Man bemerkt, daß auch hier, wie bei den chemischen Gleichgewichten, die Kernspingewichte sich herausheben. Gl. (XV 32) ist, wie es sein muß, unabhängig von der speziellen Wahl des Energie-Nullpunktes, da χ eine reine Differenzgröße ist.

In § 10.3 haben wir bereits gezeigt, daß

$$\sum_v \ln q_v(T) = \int\limits_0^T \frac{dT_1}{T_1^2} \int\limits_0^{T_1} \frac{C'(T_2)}{k}\,dT_2\,, \qquad \text{(XV 33)}$$

wo $C'(T)$ durch Gl. (X 60) formal definiert und physikalisch mit der Schwingungswärme der Gasmoleküle identisch ist. In analoger Weise findet man

$$\ln\alpha(T) = \int\limits_0^T \frac{dT_1}{T_1^2} \int\limits_0^{T_1} \frac{C_K(T_2)}{k}\,dT_2\,, \qquad \text{(XV 34)}$$

wo $C_K(T)$ die Molekülwärme des Kristalls ist. Führen wir eine Größe

$$i = j - \ln o\,{}^{el}g_{0\,K} \qquad \text{(XV 35)}$$

ein, so erhalten wir durch Einsetzen von (XV 33)—(XV 35) in Gl. (XV 32)

$$\ln p = -\frac{\chi}{kT} + \frac{Pv}{kT} + \frac{C_{0p}}{k}\ln T + \int\limits_0^T \frac{dT_1}{T_1^2}\int\limits_0^{T_1}\frac{C'-C_K}{k}\,dT_2 + i\,. \qquad (\text{XV } 36)$$

Dies ist die allgemeine Formel für den Dampfdruck eines Kristalls, die zuerst thermodynamisch von NERNST abgeleitet wurde. Die Thermodynamik kann jedoch keine Aussage über die Integrationskonstante i machen. Dieselbe wird gewöhnlich als Dampfdruckkonstante bezeichnet; sie ist, wie sich aus Gl. (XV 35) ergibt, aufs engste mit der in § 10.3 eingeführten chemischen Konstanten j verknüpft. Häufig sind beide Größen gleich, d. h. es ist $o^{el}g_{0K}=1$. Dies ist aber nicht allgemein der Fall, und im Prinzip hat man streng zwischen i und j zu unterscheiden.

§ 15.2. Heterogene Reaktionen

Wir wollen jetzt die Betrachtungen des vorhergehenden Paragraphen dadurch erweitern, daß wir auch die Möglichkeit chemischer Reaktionen in dem heterogenen System Dampf—Kristall berücksichtigen. Wir haben dann gewissermaßen eine Überlagerung von Dampfdruckgleichgewicht und chemischem Gleichgewicht. Dabei beschränken wir uns auf den Fall, daß alle reagierenden Stoffe außer in der Gasphase auch in einer kristallinen Phase vorkommen. Für das chemische Gleichgewicht in der Gasphase gilt naturgemäß auch hier formal das Massenwirkungsgesetz. Diese Formulierung bietet aber jetzt keine Vorteile, weil für gegebene Werte von T und P der Partialdruck jeder Komponente durch das Dampfdruckgleichgewicht festgelegt ist. Letzten Endes ist dies eine Folge der Phasenregel, indem jeder Stoff im kristallinen Zustand eine eigene Phase bildet[1] und das Erscheinen jeder neuen Phase die Zahl der Freiheitsgrade um Eins vermindert. Wir können also von vornherein die Reaktion zwischen den kristallinen Phasen betrachten, da das Gleichgewicht in der Gasphase auf dem Wege über die Dampfdrucke dadurch bestimmt ist.

Die Gleichung der Reaktion schreiben wir in der allgemeinen Form

$$aA + bB + \cdots \rightleftharpoons lL + mM + \cdots, \qquad (\text{XV } 37)$$

wo die großen Buchstaben die chemischen Formeln der reagierenden Stoffe, die kleinen Buchstaben die stöchiometrischen Umsatzzahlen bezeichnen. Die mit diesem Umsatz verknüpfte Änderung der thermodynamischen Funktionen bezeichnen wir, wie in § 10.3, durch das Symbol $\Delta\Sigma$. Dann ergibt sich aus Gl. (XV 31) sofort

$$\Delta\Sigma\mu = \Delta\Sigma(\varepsilon_0 - \chi) + P\Delta\Sigma v - kT\Delta\Sigma\ln\alpha(T) - kT\Delta\Sigma\ln o^{el}g_{0K}\,. \qquad (\text{XV } 38)$$

In thermodynamischer Schreibweise wird daraus mit Benutzung von Gl. (XV 34) und (XV 35)

$$\Delta\Sigma\mu = \Delta\Sigma\,\mathrm{H}_0 - T\int\limits_0^T \frac{dT_1}{T_1^2}\int\limits_0^{T_1}\Delta\Sigma C\,dT_2 - kT\Delta\Sigma(j-i)\,. \qquad (\text{XV } 39)$$

Auch diese Formel läßt sich thermodynamisch ableiten, wobei aber wieder der Wert der Integrationskonstanten unbestimmt bleibt.

Die Größe $\Delta\Sigma\mu$ kann direkt gemessen werden, wenn sich die betreffende Reaktion zur Konstruktion eines reversibel arbeitenden galvanischen Elementes verwenden läßt. Wenn dies nicht der Fall ist, muß man die Temperatur aufsuchen, bei welcher der freiwillige Ablauf der Reaktion seine Richtung umkehrt.

---

[1] Wir schließen hier die Bildung von Mischkristallen aus.

Ohne Einwirkung einer äußeren Kraft (im Falle des galvanischen Elementes der Kompensationsspannung) ist das System nur an dieser Stelle im thermodynamischen Gleichgewicht; es ist dann also $\Delta\Sigma\mu = 0$. Die auf der rechten Seite der Gl. (XV 39) stehenden Größen sind, mit Ausnahme der Integrationskonstanten, direkt experimentell zugänglich. Die letztere kann daher aus den experimentellen Daten berechnet werden.

§ 15.3. Die Nullpunktsentropie der Kristalle

Die in Gl. (XV 38) bzw. Gl. (XV 39) auftretende Integrationskonstante hat eine spezielle thermodynamische Bedeutung, die zugleich eine neue Möglichkeit zu ihrer experimentellen Bestimmung erschließt. Um dieselbe abzuleiten, machen wir von der Tatsache Gebrauch, daß für Kristalle der gewöhnliche (Atmosphären-) Druck mit $P = 0$ identifiziert werden kann und schreiben die Gl. (XV 31)

$$\mu_k(T, 0) = \varepsilon_0 - \chi - kT\ln\alpha(T) - kT\ln({}_0{}^{el}g_{0\,K}\Pi^k g)\,. \tag{XV 40}$$

Daraus folgt für die molekulare Entropie

$$s_K(T, 0) = k\left[\ln\alpha(T) + \ln({}_0{}^{el}g_{0\,K}\Pi^k g) + T\,\frac{\partial\ln\alpha(T)}{\partial T}\right]\,. \tag{XV 41}$$

Nach der allgemeinen Gl. (XIV 12) ist nun[1]

$$\lim_{T\to 0}\alpha(T) = 1,\quad \lim_{T\to 0}T\,\frac{\partial\ln\alpha(T)}{\partial T} = 0\,. \tag{XV 42}$$

Es wird somit

$$s_K(0, 0) = k\ln({}_0{}^{el}g_{0\,K}\Pi^k g)\,. \tag{XV 43}$$

Diese Größe wird als die Nullpunktsentropie der Kristalle bezeichnet. Aus Gl. (XV 38) sieht man, daß die dort auftretende Integrationskonstante die Änderung der Nullpunktsentropie der Kristalle bei der Reaktion darstellt oder, anders ausgedrückt, die mit einem Ablauf der Reaktion am absoluten Nullpunkt verknüpfte Entropieänderung. Wir haben also

$$\Delta\Sigma(j - i) = \Delta\Sigma\ln{}_0{}^{el}g_{0\,K} = \lim_{T\to 0}\Delta\Sigma s_K(T, 0)\,. \tag{XV 44}$$

Die experimentelle Bestimmung der Nullpunktsentropie beruht auf folgender Überlegung. Wir schreiben zunächst für das chemische Potential eines beispielsweise zweiatomigen Gases unter Vermeidung der Separation von Rotation und Schwingung

$$\mu_G(T, P) = \varepsilon_0 + kT\ln P - \frac{5}{2}kT\ln T - kT\ln f_{rs}(T) -$$
$$- kT\ln\left[\frac{(2\pi m)^{3/2}k^{5/2}}{h^3}\,\frac{{}^{el}g_0\,\Pi^k g}{\sigma}\right]\,, \tag{XV 45}$$

wo $f_{rs}(T)$ die schon in § 9.6 benutzte gemeinsame Verteilungsfunktion von Rotation und Schwingung ist. Daraus folgt für die molekulare Entropie

$$s_G(T, P) = -k\ln P + \frac{5}{2}k\ln T + k\ln f_{rs}(T) +$$
$$+ kT\,\frac{\partial\ln f_{rs}(T)}{\partial T} + k\left\{\ln\left[\frac{(2\pi m)^{3/2}k^{5/2}}{h^3}\,\frac{{}^{el}g_0\,\Pi^k g}{\sigma}\right] + \frac{5}{2}\right\}\,. \tag{XV 46}$$

---

[1] Wir haben die Gl. (XIV 12) zwar unter ziemlich speziellen Voraussetzungen abgeleitet. Die folgenden Gleichungen können aber unbedenklich als allgemein für ideale Kristalle gültig angenommen werden.

Bilden wir nun die Differenz von (XV 46) und (XV 43), so bekommen wir

$$s_G(T, P) - s_K(0, 0) = -k \ln P + \frac{5}{2} k \ln T + k \ln f_{rs}(T) +$$

$$+ kT \frac{\partial \ln f_{rs}(T)}{\partial T} + k \left\{ \ln \left[\frac{(2\pi m)^{3/2} k^{5/2}}{h^3} \frac{{}^{el}g_0}{\sigma o {}^{el}g_{0K}} \right] + \frac{5}{2} \right\}. \qquad \text{(XV 47)}$$

Andererseits ist

$$s_G(T, P) - s_K(0, 0) = \lim_{T_0 \to 0} \int_{T_0}^{T} \frac{dQ}{T}. \qquad \text{(XV 48)}$$

Hier bezeichnet dQ die zugeführte Wärmemenge, und der Integrationsweg ist ein reversibler Weg vom Kristall bei T_0 und $P \to 0$ zum Gas bei der Temperatur T und dem Druck P. Auf diesem Wege liegen eine oder mehrere Phasenumwandlungen; die entsprechenden Umwandlungswärmen liefern ebenfalls Beiträge zum Integral (XV 48). $s_G(T, P) - s_K(0, 0)$ kann somit aus calorimetrischen Messungen bestimmt werden. Andererseits sind die auf der rechten Seite der Gl. (XV 47) auftretenden Größen, mit Ausnahme von $o\,{}^{el}g_{0K}$, aus spektroskopischen Daten zugänglich. Die letztere Größe läßt sich daher durch Vergleich calorimetrischer und spektroskopischer Messungen berechnen.

Obwohl die Nullpunktsentropie der Kristalle, wie wir sie durch Gl. (XV 43) definiert haben, eine experimentell zugängliche Größe ist, muß hier nochmals betont werden, daß dieselbe nichts mit einer „absoluten Entropie" zu tun hat[1]. Wir haben bereits gesehen, daß bei den von uns betrachteten Gleichgewichten sich die Kernspingewichte herausheben. Diese Feststellung können wir für alle überhaupt in Frage kommenden Prozesse mit Ausnahme der thermonuclearen Reaktionen verallgemeinern. Insoweit ist es daher bereits eine reine Angelegenheit der Konvention, ob man in die Definition der Nullpunktsentropie die Kernspingewichte einbezieht oder nicht, obwohl dieselben an sich experimentell zugängliche Größen darstellen. Bei der Behandlung thermonuclearer Reaktionen müßten die Kernspingewichte berücksichtigt werden, da sich bei einem solchen Prozeß die Größe $\Sigma \ln {}^k g$ ändert. Damit wäre jedoch für eine „absolute Entropie" nichts gewonnen, da wir in den Gleichungen für die chemischen Potentiale beliebig Terme der Form $kT \ln \Pi a$ hinzufügen können, sofern sich dieselben bei allen beobachtbaren Vorgängen herausheben. Die Frage, ob eine vollständige Theorie der Materie hier eine definierte Grenze setzen würde, hat vom Standpunkt der Thermodynamik aus gar keinen Sinn, da es hier lediglich darauf ankommt, daß eine für die betrachteten Prozesse korrekt normierte Entropieskala benutzt wird. Man kann daher für die üblichen irdischen Anwendungen der Thermodynamik die konventionelle Entropieskala, welche die Kernspingewichte nicht einschließt, beibehalten, obwohl dieselbe auf das Gebiet der thermonuclearen Reaktionen nicht anwendbar ist (vgl. dazu auch § 5.12).

In den experimentell prüfbaren Formeln dieses und des vorhergehenden Paragraphen treten Integrale über die spezifischen Wärmen mit der unteren Grenze $T = 0$ auf. Da am absoluten Nullpunkt nicht gemessen werden kann, muß noch genauer definiert werden, was unter dieser Formulierung zu verstehen ist. Wir können zunächst formal schreiben

$$\int_0^{T} \frac{dT_1}{T_1^2} \int_0^{T_1} \frac{C_K}{k} dT_2 \equiv \lim_{T_0 \to 0} \int_{T_0}^{T} \frac{dT_1}{T_1^2} \int_{T_0}^{T_1} \frac{C_K}{k} dT_2. \qquad \text{(XV 49)}$$

---

[1] Es ist bemerkenswert, daß schon NERNST (Theoretische Chemie, 11.—15. Aufl., S. 805. Stuttgart 1926) den Begriff einer „absoluten Entropie" scharf abgelehnt hat. Vgl. zu dieser Frage ferner A. EUCKEN: Lehrbuch der chemischen Physik, Bd. II 2, Leipzig 1944, und R. H. FOWLER u. E. A. GUGGENHEIM: Statistical Thermodynamics. Cambridge 1949.

Die Bildung des Grenzwertes kann nur mit Hilfe einer Extrapolation der experimentellen Daten erfolgen. Man definiert daher die Funktion $C_K(T)$ in der Weise, daß dieselbe von hohen Temperaturen herab bis zu einer gewissen Temperatur T' durch die experimentellen Daten selbst, von T' bis $T = 0$ durch eine theoretisch begründete Formel gegeben ist, die bei $T = T'$ mit dem Experiment übereinstimmt. Nach den Ausführungen über die spezifische Wärme der Kristalle in Kapitel XIV ist klar, daß dadurch eine Unsicherheit in die Auswertung kommt, die bei der Diskussion der experimentellen Daten sorgfältig beachtet werden muß. Die Integration über die spezifischen Wärmen der Gase haben wir bereits in § 10.3 besprochen, so daß wir hier nicht nochmals darauf einzugehen brauchen. Die Werte der Dampfdruckkonstanten werden in Tabellen, ebenso wie die der chemischen Konstanten (vgl. § 10.3), in Form der sog. praktischen Dampfdruckkonstanten i' angegeben. Man erhält dieselben, wenn der Druck in Atmosphären gemessen wird und dekadische Logarithmen benutzt werden. Zwischen i' und i besteht die Beziehung

$$i' = \frac{i - \ln P^*}{\ln 10} , \qquad \text{(XV 50)}$$

wo P^* der Wert einer Atmosphäre in dyn/cm² ist.

§ 15.4. Experimentelle Prüfung der Theorie

In § 10.3 haben wir die experimentelle Prüfung der statistischen Theorie homogener Gasgleichgewichte in der Weise durchgeführt, daß wir die experimentell ermittelten Werte für die betreffenden Linearkombinationen der chemischen Konstanten mit den aus spektroskopischen Daten berechneten verglichen haben. Es ergab sich dabei eine gute Übereinstimmung. Ein analoges Vorgehen stößt bei Beteiligung kristalliner Phasen insofern auf Schwierigkeiten, als hier stets die Größe $o\,{}^{el}g_{0\,K}$ auftritt, über die sich theoretisch von vornherein keine sichere Aussage machen läßt. Immerhin kann man annehmen, daß der Wert $o\,{}^{el}g_{0\,K} = 1$ am wahrscheinlichsten ist und jede Abweichung davon einer besonderen Erklärung bedarf. Bei Berücksichtigung dieses Gesichtspunktes lassen sich die folgenden Möglichkeiten zur experimentellen Prüfung der Theorie unterscheiden:

1. Untersuchung heterogener Reaktionen. Es kommen dafür im wesentlichen Phasenumwandlungen im festen Zustand von Einstoffsystemen und reversibel arbeitende galvanische Elemente in Betracht. Die Auswertung liefert nach Gl. (XV 38) unmittelbar die Linearkombination $\Delta \Sigma \ln o\,{}^{el}g_{0\,K}$. Findet man dafür den Wert Null, so kann man dies als Bestätigung der Theorie ansehen und weiter mit hoher Wahrscheinlichkeit schließen, daß für die einzelnen Komponenten $o\,{}^{el}g_{0\,K} = 1$ ist. Ergibt sich ein von Eins abweichender Wert, so kann man auf diesem Wege nicht weiterkommen, weil nicht bekannt ist, welcher Komponente die Abweichung zuzuschreiben ist.

2. Experimentelle Bestimmung der Dampfdruckkonstanten aus Dampfdruckmessungen und Vergleich mit den aus spektroskopischen Daten berechneten Werten der chemischen Konstanten. Findet man $i = j$, so ist $o\,{}^{el}g_{0\,K} = 1$ und die Theorie kann als bestätigt gelten. Ergibt sich $o\,{}^{el}g_{0\,K} \neq 1$, so muß untersucht werden, ob sich aus der Struktur des Kristalls eine Erklärung dafür finden läßt.

3. Man berechnet aus spektroskopischen Daten nach Gl. (XV 46)

$$s_G(T, P) - k \ln \Pi\, {}^k g \qquad \text{(XV 51)}$$

und bestimmt calorimetrisch nach Gl. (XV 48)

$$s_G(T, P) - s_K(0, 0) . \qquad \text{(XV 52)}$$

Die Differenz dieser beiden Größen ergibt unmittelbar $k \ln o\,^{el}g_{0\,K}$. Für die Beurteilung der Ergebnisse gilt auch hier das unter 2. Gesagte. Nach GIAUQUE, der diese Methode besonders ausgebaut hat, nennt man (XV 51) die spektroskopische Entropie, (XV 52) die calorimetrische Entropie.

Die unter 1. und 2. genannten Methoden sind an die bei der Definition der chemischen Konstanten gemachten Voraussetzungen (vgl. § 10.3) gebunden. Die Methode 3 ist von dieser Beschränkung frei und kann als die genaueste betrachtet werden.

Wir geben nun eine Übersicht über einige nach den genannten Methoden erhaltene Ergebnisse. In Tab. 35 sind heterogene Reaktionen zusammengestellt, die zur Berechnung von $\Delta\Sigma \ln o\,^{el}g_{0\,K}$ verwendet wurden. Die Messungen dieser Art sind teilweise nicht besonders genau.

Tabelle 35. *Zur Berechnung von $\Delta\Sigma \ln o\,^{el}g_{0\,K}$ verwendete heterogene Reaktionen: * genauere Messungen*

Pb + 2 J	$\rightleftarrows$ PbJ$_2$
Ag + J	$\rightleftarrows$ AgJ
Hg + AgCl	$\rightleftarrows$ Ag + $\frac{1}{2}$ Hg$_2$Cl$_2$
Pb + Hg$_2$Cl$_2$	$\rightleftarrows$ 2 Hg + PbCl$_2$
Schwefel rhombisch	$\rightleftarrows$ Schwefel monoklin*
Zinn weiß	$\rightleftarrows$ Zinn grau*
Calcit	$\rightleftarrows$ Aragonit
Cyclohexanol	$\rightleftarrows$ Cyclohexanol*
Phosphin	$\rightleftarrows$ Phosphin*

sich in allen Fällen $\Delta\Sigma \ln o\,^{el}g_{0\,K} = 0$. Tab. 36 gibt die experimentellen Werte der

Tabelle 36. *Experimentelle Werte der praktischen Dampfdruckkonstanten und praktische chemische Konstanten für Stoffe aus einatomigen Molekülen*

Formeln	Grund-zustand	$^{el}g_0$	$j' = i' + \log_{10} {}^{el}g_{0\,K}$	i' (beob.)	Literatur (für i' beob.)
He	^1S	1	—0,684	—0,68 $\pm$ 0,01	14)
Ne	^1S	1	0,370	0,39 $\pm$ 0,04	6)
Ar	^1S	1	0,814	0,81 $\pm$ 0,02	10)
Kr	^1S	1	1,297	1,29 $\pm$ 0,02	11)
Xe	^1S	1	1,590	1,60 $\pm$ 0,02	9)
Na	^2S	2	0,757	⎧0,63 $\pm$ 0,03	4)
				⎨0,97	3)
				⎩0,78 $\pm$ 0,1	7)
K	^2S	2	1,102	⎧0,92 $\pm$ 0,04	4)
				⎩1,13	3)
Mg	^1S	1	0,492	0,47 $\pm$ 0,2	8)
Zn	^1S	1	1,136	1,21 $\pm$ 0,15	8)
Cd	^1S	1	1,488	⎧1,45 $\pm$ 0,1	2)
				⎩1,57	5)
Hg	^1S	1	1,866	1,95 $\pm$ 0,06	1)
Tl	$^2P_{1/2}$	2	2,180	2,37 $\pm$ 0,3	8)
Pb	$^3P_0$	1	1,888	1,8 $\pm$ 0,2	2), 13)
Cl	$^2P_{3/2}$		1,44	1,53 $\pm$ 0,2	12)
Br	$^2P_{3/2}$	4	1,869	2,00 $\pm$ 0,2	12)
J	$^2P_{3/2}$	4	2,170	2,19 $\pm$ 0,2	12)

Entnommen aus: R. H. FOWLER u. E. A. GUGGENHEIM: Statistical Thermodynamics, S. 200. Cambridge 1949.
1) SIMON: Z. physik. Chem. **107**, 279 (1923).
2) EGERTON: Proc. Phys. Soc. **37**, 75 (1925).
3) ZEIDLER: Z. physik. Chem. **123**, 383 (1926).
4) EDMONDSON u. EGERTON: Proc. Roy. Soc. (London) A **113**, 533 (1927).
5) LANGE u. SIMON: Z. physik. Chem. **134**, 374 (1928).
6) CLUSIUS: Z. physik. Chem. (B) **4**, 1 (1929).
7) LADENBURG u. THIELE: Z. physik. Chem. (B) **7**, 161 (1930).
8) COLEMAN u. EGERTON: Philosophic. Trans. Roy. Soc. London (A) **234**, 177 (1935).
9) CLUSIUS u. RICCOBONI: Z. physik. Chem. (B) **38**, 81 (1937).
10) FRANK u. CLUSIUS: Z. physik. Chem. (B) **42**, 335 (1939).
11) CLUSIUS, KRUIS u. KONNERTZ: Ann. Physik **33**, 642 (1938).
12) FOWLER u. GUGGENHEIM: Statistical Thermodynamics, S. 194 ff. Cambridge 1949.
13) HARTECK: Z. physik. Chem. **134**, 15 (1928).
14) SIMON u. BLEANEY: Trans. Faraday Soc. **35**, 1205 (1939).

praktischen Dampfdruckkonstanten und die berechneten Werte der praktischen chemischen Konstanten für Stoffe aus einatomigen Molekülen. Innerhalb der Fehlergrenzen ist $i = j$ und somit $o\,{}^{el}g_{0\,K} = 1$. Da bei einatomigen Molekülen sicherlich $o = 1$ ist, können wir weiter schließen, daß hier auch ${}^{el}g_{0\,K} = 1$ ist. Bei den Edelgasen ist dies ohne weiteres verständlich, da diese Molekülkristalle bilden und der Grundzustand der freien Atome ein ${}^1S$-Term, somit ${}^{el}g_{0\,G} = 1$ ist. Dagegen fällt zunächst auf, daß für die Metalle Na, K und Tl ${}^{el}g_{0\,G} = 2$ ist. Dieser scheinbare Widerspruch erklärt sich in einfacher Weise durch die in § 14.8 skizzierte Elektronentheorie der Metalle. Nehmen wir danach an, daß in den Metallen die Atome in Ionen und freie Elektronen dissoziiert sind, so ergibt sich, daß für die ersteren der Grundzustand ein ${}^1S$-Term ist, während der Grundzustand eines FERMI-DIRAC-Gases aus N Elektronen nach § 4.5 ebenfalls das statistische Gewicht Eins hat. Es ergibt sich somit in der Tat ${}^{el}g_{0\,K} = 1$.

In Tab. 37 sind die chemischen Konstanten und Dampfdruckkonstanten für eine Reihe von Stoffen aus zweiatomigen Molekülen zusammengestellt[1]. In einer Anzahl von Fällen ist auch hier $o\,{}^{el}g_{0\,K} = 1$. Bei CO, NO und Cl_2 überschreitet die Differenz zwischen i und j aber offensichtlich die Fehlergrenze in der experimentellen Bestimmung der Dampfdruckkonstanten. Man kann dies vielleicht in folgender Weise erklären. In den in der Tabelle angeführten Fällen ist die Rotation der Moleküle im Kristallgitter bereits bei verhältnismäßig hohen Temperaturen in Drehschwingungen um eine Gleichgewichtslage übergegangen. Gibt es nur eine solche Lage, so ist $o\,{}^{el}g_{0\,K} = 1$, wenn vorausgesetzt wird, daß ${}^{el}g_{0\,K} = 1$ ist. Im Falle des CO nehmen nun CLAYTON und GIAUQUE[2] an, daß infolge des kleinen Dipolmomentes und der nahezu symmetrischen Gestalt über zwei entgegengesetzte Lagen $C = O$ und $O = C$ bis zu den tiefsten Temperaturen willkürlich verteilt sind. Diese Annahme ergibt $o = 2$. Da für CO ${}^{el}g_0 = 1$ ist, kann man annehmen, daß auch ${}^{el}g_{0\,K} = 1$ sein wird. Man hat dann $o\,{}^{el}g_{0\,K} = 2$, was zu einer leidlichen Übereinstimmung mit der Erfahrung führt. Im Falle des NO ist nach JOHNSTON und GIAUQUE[3] wesentlich, daß der Kristall aus N_2O_2-Molekülen aufgebaut ist, bei denen die Orientierungen $\genfrac{}{}{0pt}{}{NO}{ON}$ und $\genfrac{}{}{0pt}{}{ON}{NO}$ praktisch die

Tabelle 37. *Praktische Dampfdruckkonstanten und praktische chemische Konstanten für Stoffe aus zweiatomigen Molekülen*

Formeln	$A \cdot 10^{40}$ [g cm²]	normaler Elektronenzustand	${}^{el}g_0$	Symmetriezahl σ	j' (ber.)	i' (ber.)	${}^{el}g_{0\,k}$	i' (beob.)
H_2 $(T > 300)$	0,463	${}^1\Sigma$	1	2	—3,37	—	$3\,{}^3/_4$	—
D_2 $(T > 300)$	0,931	${}^1\Sigma$	1	2	—2,61	—	$3\,{}^1/_3$	—
HD $(T > 300)$	0,621	${}^1\Sigma$	1	1	—2,68	—	1	—
N_2	13,8	${}^1\Sigma$	1	2	—0,175	—0,175	1	—0,16 ± 0,03
O_2	19,1	${}^3\Sigma$	3	2	0,53	0,53	1	0,55 ± 0,02
NO $(T \cong 120)$	$16,4\ ({}^2\Pi_{1/2})$	${}^2\Pi_{1/2}\,{}^2\Pi_{3/2}$	$2\,(1 + e^{-178/T})$	1	0,63	0,48	$2\,{}^1/_2$	0,55 ± 0,03
$(T \gg 178)$	$16,0\ ({}^2\Pi_{3/2})$	${}^2\Pi$	4	1	0,84	0,69	$2\,{}^1/_2$	—
CO	14,3	${}^1\Sigma$	1	1	0,14	—0,16	2	—0,07 ± 0,05
HCl	2,61	${}^1\Sigma$	1	1	—0,42	—0,42	1	—0,40 ± 0,03
HBr	3,27	${}^1\Sigma$	1	1	0,19	0,19	1	0,24 ± 0,04
H J	4,40	${}^1\Sigma$	1	1	0,62	0,62	1	0,65 ± 0,05
Cl_2	113	${}^1\Sigma$	1	2	1,35	1,35	1	1,66 ± 0,08
Br_2	342	${}^1\Sigma$	1	2	2,35	2,35	1	2,59 ± 0,10
J_2	742	${}^1\Sigma$	1	2	2,99	2,99	1	3,08 ± 0,05

Entnommen aus: R. H. FOWLER u. E. A. GUGGENHEIM: Statistical Thermodynamics, S. 204. Cambridge 1949.

[1] Bei NO und O_2 sind die Freiheitsgrade der Elektronen in der Verteilungsfunktion berücksichtigt.

[2] CLAYTON, J. O., u. W. F. GIAUQUE: J. Amer. Chem. Soc. **54**, 2610 (1932).

[3] JOHNSTON, H. L., u. W. F. GIAUQUE: J. Amer. Chem. Soc. **51**, 3194 (1929).

gleiche Energie besitzen. Man hat also für N_2O_2 das Gewicht $o = 2$ und somit für NO $o = \sqrt{2}$. Setzt man auch $o\,{}^{el}g_{0\,K} = \sqrt{2}$, so erhält man einigermaßen Übereinstimmung mit der Erfahrung. Allerdings erscheint die darin eingeschlossene Annahme ${}^{el}g_{0\,K} = 1$ im Hinblick auf die in § 9.7 besprochenen Elektronenzustände des NO-Moleküls im Gaszustand ziemlich willkürlich. Bei Cl_2 scheint die Ursache der Diskrepanz noch nicht geklärt zu sein. Während für HD $o\,{}^{el}g_{0\,K} = 1$ ist, ist für H_2 und D_2 $o\,{}^{el}g_{0\,K} \neq 1$, was sich theoretisch erklären läßt. Wir können aber darauf hier nicht näher eingehen[1].

Die Tab. 38 gibt für Stoffe aus zweiatomigen Molekülen die calorimetrische und die spektroskopische Entropie nach GIAUQUE und Mitarbeitern. Diese Daten bestätigen im wesentlichen die vorhergehende Tabelle, sind aber, wie schon erwähnt, genauer. In Tab. 39 sind schließlich die gleichen Daten noch für eine Reihe von vielatomigen Molekülen zusammengestellt. Hier ergibt sich bei H_2O, D_2O und N_2O eine die Fehlergrenze überschreitende Differenz zwischen calorimetrischer und spektroskopischer Entropie. Im Falle des N_2O läßt sich diese Differenz in ähnlicher Weise erklären wie beim CO. Die Anordnungen NNO und ONN besitzen im Kristall praktisch die gleiche Energie; wir haben daher eine willkürliche Verteilung bis herab zu Temperaturen, bei denen kT von der Größenordnung der (sehr kleinen) Energiedifferenz zwischen den beiden Orientierungen ist. Bei diesen Temperaturen reicht aber die thermische Energie nicht mehr aus, um die Potentialschwelle zwischen den beiden Orientierungen zu überwinden. Wir haben daher ein Einfrieren der ungeordneten Verteilung mit $o = 2$. Der mit $o\,{}^{el}g_{0\,K} = 2$ berechnete Wert der calorimetrischen Entropie stimmt mit der Erfahrung gut überein.

Tabelle 38. *Molare Entropien zweiatomiger Gase bei* $298,1°$ K *und* 1 Atm.

	Calorim. Entropie beob. [cal/Mol Grad]	spektrosk. Entropie [cal/Mol Grad]	${}^{el}g_{0K}$ geschätzt	Calorim. Entropie ber. [cal/Mol Grad]	Literatur
H_2	29,7	31,23	$3\,^3/_4$	29,59	1)
D_2	33,9	34,62	$3\,^1/_3$	33,90	2)
N_2	45,9	45,79	1	45,79	3)
O_2	49,1	49,03	1	49,03	4)
HCl	44,5	44,64	1	44,66	5), 7), 10)
HBr	47,6	47,48	1	47,48	6), 7)
HJ	49,5	49,4	1	49,4	7)
CO	46,2	47,32	2	45,93	8)
NO*	43,0	43,75	$2\,^1/_2$	43,06	9)

* Bei NO beziehen sich die Daten auf $121,36°$ K, bei allen übrigen Substanzen auf $298,1°$ K.

Entnommen aus: R. H. FOWLER u. E. A. GUGGENHEIM: Statistical Thermodynamics, S. 211. Cambridge 1949.

1) GIAUQUE: J. Amer. Chem. Soc. **52**, 4816 (1930).
   GIAUQUE u. JOHNSTON: Physic. Rev. **36**, 1592 (1930).
2) CLUSIUS u. BARTHOLOMÉ: Z. physik. Chem. (B) **30**, 258 (1935).
3) GIAUQUE u. CLAYTON: J. Amer. Chem. Soc. **55**, 4875 (1933).
4) GIAUQUE u. JOHNSTON: J. Amer. Chem. Soc. **51**, 2300 (1929).
5) GIAUQUE u. WIEBE: J. Amer. Chem. Soc. **50**, 101 (1928).
6) GIAUQUE u. WIEBE: J. Amer. Chem. Soc. **50**, 2193 (1928).
7) GIAUQUE u. WIEBE: J. Amer. Chem. Soc. **51**, 1441 (1929).
8) CLAYTON u. GIAUQUE: J. Amer. Chem. Soc. **54**, 2610 (1932).
   GIAUQUE u. CLAYTON: J. Amer. Chem. Soc. **55**, 5071 (1933).
9) JOHNSTON u. GIAUQUE: J. Amer. Chem. Soc. **51**, 3194 (1929).
10) GIAUQUE u. OVERSTREET: J. Amer. Chem. Soc. **54**, 1731 (1932).

Bei H_2O und D_2O hat PAULING[2] den Wert von o durch die Unbestimmtheit der Lage der Protonen (bzw. Deuteronen) im Kristallgitter erklärt, die zu den

---

[1] Vgl. § 15.5.
[2] PAULING, L.: J. Amer. Chem. **57**, 2680 (1935).

Tabelle 39. *Molare Entropien vielatomiger Gase bei der Siedetemperatur unter 1 Atmosphäre Druck*

Be-stand-teile	Symmetrie-zahl σ	Siede-Temp. [° K]	calorimetr. Entropie (beob.) [cal Grad Mol]	spektrosk. Entropie [cal/Grad Mol]	$^{el}g_{0K}$ geschätzt	calorimetr. Entropie (ber.) [cal/Grad Mol]	Literatur
H_2O	2	*	44,28	45,10	3/2	44,29	1)
D_2O	2	*	45,89	46,66	3/2	45,85	2)
H_2S	2	212,77	46,38	46,44	1	46,44	3)
		212,8	46,33	46,42	1	46,42	4)
NH_3	3	239,68	44,13	44,10	1	44,10	5)
PH_3	3	185,38	46,39	46,5 $\pm$ 1,0	1	46,5 $\pm$ 1,0	6)
		185,7	46,39	46,4	1	46,4	7)
CH_4	12	111,5	36,53	36,61	1	36,62	8)
CH_3D	3	99,7	36,72	39,49	4	36,73	9)
CO_2	2	194,67	47,59	47,55	1	47,55	10)
NNO	1	184,59	47,36	48,50	2	47,12	11)
CS_2	2	318,39	57,48	57,60	1	57,60	12)
SCO	1	222,87	52,56	52,66	1	52,66	13)
SO_2	2	263,08	58,07	58,23 $\pm$ 0,15	1	58,23 $\pm$ 0,15	14)
C_2H_4	4	169,4	47,36	47,35	1	47,35	15)
CH_3Br	3	276,66	57,86	57,99	1	57,99	16)

* Die für H_2O und D_2O gegebenen Werte sind für 298,1° K und nicht für die Siede-temperatur.

Entnommen aus: R. H. FOWLER u. E. A. GUGGENHEIM: Statistical Thermodynamics, S. 213. Cambridge 1949.

1) GIAUQUE u. STOUT: J. Amer. Chem. Soc. **58**, 1144 (1936).
2) LONG u. KEMP: J. Amer. Chem. Soc. **58**, 1829 (1936).
3) GIAUQUE u. BLUE: J. Amer. Chem. Soc. **58**, 831 (1936).
4) CLUSIUS u. FRANK: Z. physik. Chem. (B) **34**, 420 (1936).
5) OVERSTREET u. GIAUQUE: J. Amer. Chem. Soc. **59**, 254 (1937).
6) STEPHENSON u. GIAUQUE: J. Chem. Phys. **5**, 149 (1937).
7) CLUSIUS u. FRANK: Z. physik. Chem. (B) **34**, 405 (1936).
8) FRANK u. CLUSIUS: Z. physik. Chem. (B) **36**, 291 (1937).
9) CLUSIUS, POPP u. FRANK: Physica **4**, 1105 (1937).
10) GIAUQUE u. EGAN: J. Chem. Phys. **5**, 45 (1937).
11) BLUE u. GIAUQUE: J. Amer. Chem. Soc. **57**, 991 (1935).
12) BROWN u. MANOW: J. Amer. Chem. Soc. **59**, 500 (1937).
13) KEMP u. GIAUQUE: J. Amer. Chem. Soc. **59**, 79 (1937).
14) GIAUQUE u. STEPHENSON: J. Amer. Chem. Soc. **60**, 1389 (1938).
15) EGAN u. KEMP: J. Amer. Chem. Soc. **59**, 1264 (1937).
16) EGAN u. KEMP: J. Amer. Chem. Soc. **60**, 2097 (1938).

Nachbarmolekülen H-Brücken bilden. Im Kristall ist jedes H_2O-Molekül tetraedrisch von vier O-Atomen umgeben; die beiden H-Atome liegen annähernd in Richtung auf zwei dieser O-Atome. Dabei befindet sich auf der Verbindungs-linie zweier O-Atome stets nur ein H-Atom. Für ein gegebenes H_2O-Molekül gibt es danach sechs mögliche Orientierungen[1]. Von den vier benachbarten Molekülen hat aber jedes zwei seiner Tetraeder-Richtungen durch die eigenen H-Atome besetzt und nur zwei Richtungen frei. Die Wahrscheinlichkeit, daß eine bestimmte Richtung dem ursprünglichen Molekül zur Verfügung steht, ist also gleich $^1/_2$. Da für eine bestimmte Orientierung zwei Richtungen mit H-Atomen besetzt werden müssen, ist die a priori-Wahrscheinlichkeit einer solchen Orien-tierung $(^1/_2)^2$. Damit wird das gesamte Orientierungsgewicht

$$o = 6 \cdot (\tfrac{1}{2})^2 = \tfrac{3}{2} \, . \qquad\qquad (XV 53)$$

Wird wieder $^{el}g_{0\,K} = 1$ angenommen, so erhält man für die calorimetrische Entropie von H_2O und D_2O Werte, die sehr gut mit der Erfahrung übereinstimmen.

---

[1] Die vier Bindungsrichtungen sind auf zwei besetzte und zwei unbesetzte zu verteilen. Dafür gibt es $\dfrac{4!}{2!\,2!} = 6$ Möglichkeiten.

Fassen wir die Ergebnisse zusammen, so können wir feststellen, daß, wie im Falle der Gasgleichgewichte, die statistische Theorie durch das Experiment gut bestätigt wird.

§ 15.5. Der Nernstsche Wärmesatz

Wir haben jetzt die in den vorhergehenden Paragraphen behandelten Fragen nochmals unter einem etwas anderen Gesichtspunkt zu diskutieren. Im Jahre 1906 wurde von Nernst[1] auf Grund rein thermodynamischer Überlegungen ein allgemeines Gesetz formuliert, das heute gewöhnlich als Nernstscher Wärmesatz bezeichnet wird. Derselbe betrifft im wesentlichen die in diesem Kapitel behandelten statistischen Probleme (was natürlich zur Zeit seiner Aufstellung noch nicht bekannt war); eine kritische Diskussion ist daher nur auf dieser Grundlage möglich, was zuerst von Schottky[2] klar erkannt und durchgeführt worden ist. Wir müssen uns hier damit begnügen, einen kurzen Überblick über den gegenwärtigen Stand des Problems zu geben und verweisen für die interessante historische Entwicklung desselben auf andere zusammenfassende Darstellungen[3-7].

Die Nernstsche Überlegung geht aus von dem in § 15.2 behandelten Problem der heterogenen Reaktionen. Nach einem um die Mitte des vorigen Jahrhunderts von Thomsen und Berthelot aufgestellten Satze soll deren Ablauf durch die Wärmetönung bestimmt werden, d. h. es soll $\Delta\mu = \Delta H$ sein[8]. Die Gibbs-Helmholtzsche Gleichung

$$\Delta\mu = \Delta H + T\,\frac{\partial\Delta\mu}{\partial T} \tag{XV 54}$$

zeigt sofort, daß dieser Satz als allgemeines Prinzip thermodynamisch unhaltbar ist. Andererseits gilt er aber erfahrungsgemäß in einer Reihe von Fällen doch mit einer gewissen Annäherung, und zwar um so besser, je tiefer die Temperatur ist[9]. Nernst vermutete nun, daß es sich hier um ein Grenzgesetz für tiefe Temperaturen handle derart, daß am absoluten Nullpunkt nicht nur $\Delta\mu = \Delta H$ wird [was bereits aus Gl. (XV 54) folgt], sondern die beiden Kurven sich mindestens von der ersten Ordnung berühren. Es muß dann also gelten

$$\lim_{T\to 0}\frac{\partial\Delta\mu}{\partial T} = \lim_{T\to 0}\frac{\partial\Delta H}{\partial T}\,. \tag{XV 55}$$

Dies ist die ursprüngliche Formulierung des Nernstschen Wärmesatzes. Die rechts stehende Größe ist der Grenzwert von ΔC_p für $T \to 0$, der nach Kapitel XIV Null sein muß. Auf der linken Seite von (XV 55) steht die negative Entropieänderung am absoluten Nullpunkt. Wir erhalten daher als eine zweite Formulierung des Nernstschen Wärmesatzes

$$\Delta s\,(0,0) = 0\,. \tag{XV 56}$$

Daraus ergibt sich nach Gl. (XV 43) als eine weitere Formulierung, daß für jeden Stoff im kondensierten Zustand

$$o\,^{el}g_{0\,K} = 1 \tag{XV 57}$$

[1] Nernst, W.: Nachr. Ges. Wiss. Göttingen 1906, 1.

[2] Schottky, W.: Ann. Physik 68, 517 (1922).

[3] Nernst, W.: Theoretische und experimentelle Grundlagen des neuen Wärmesatzes. 2. Aufl. Halle 1924.

[4] Bennewitz, K.: Der Nernstsche Wärmesatz. In: Geiger-Scheel, Handbuch der Physik, Bd. IX. Berlin 1926.

[5] Simon, F.: Erg. exakt. Naturwiss. 9, 222 (1930).

[6] Simon, F.: Science Museum Handbook 3, 61 (1937).

[7] Fowler, R. H., u. E. A. Guggenheim: Statistical Thermodynamics. Cambridge 1949.

[8] Der Einfachheit halber schreiben wir statt $\Delta\Sigma$ nur Δ.

[9] Ein bekanntes Beispiel dafür bietet das Daniell-Element $Cu-CuSO_4|ZnSO_4-Zn$.

ist. Diese Aussage geht insofern über Gl. (XV 56) hinaus, als sie sich auf den einzelnen Stoff bezieht. Die statistische Theorie läßt aber nur diese Deutung von (XV 56) im Sinne einer Gesetzmäßigkeit sinnvoll erscheinen. Jede Kompensation der Abweichungen von (XV 57), die auf (XV 56) führte, könnte nur zufälligen Charakter tragen. Schließlich können wir nach Gl. (XV 35) den Nernstschen Wärmesatz auch schreiben

$$i = j \, . \tag{XV 58}$$

Die vorstehenden Behauptungen sollten nach der ursprünglichen Annahme Nernsts allgemein für kondensierte Phasen gelten.

Wir betrachten zunächst den Fall, daß die kondensierten Phasen Kristalle der reinen Komponenten sind. Das in § 15.4 angeführte experimentelle Material zeigt, daß hier der Nernstsche Wärmesatz häufig erfüllt ist, daß aber in einer Anzahl von Fällen zweifellos Abweichungen auftreten. Für diese Abweichungen kommen vor allem zwei Erklärungen in Betracht.

1. Extrapolation von einer zu hohen Temperatur T' auf $T = 0$.

In § 15.3 haben wir erwähnt, daß die Berechnung der Integrale über die spezifischen Wärmen eine Extrapolation der experimentellen Daten von der tiefsten Meßtemperatur T' auf $T = 0$ erfordert. Dabei kann folgendes eintreten. Bei der Berechnung der Verteilungsfunktion werden häufig Gruppen von fast entarteten Zuständen zu einem entarteten Zustand mit entsprechendem Gewichtsfaktor zusammengefaßt. Dieses Verfahren ist korrekt, solange für die betreffenden Energiedifferenzen $\Delta \varepsilon \ll kT$ gilt. Nehmen wir also etwa eine Verteilungsfunktion

$$f(T) = 1 + e^{-\frac{\Delta \varepsilon}{kT}} + g_1 e^{-\frac{\varepsilon_1}{kT}} + \cdots \tag{XV 59}$$

an, so kann dieselbe für Anwendungen bei höheren Temperaturen geschrieben werden

$$f(T) = 2 + g_1 e^{-\frac{\varepsilon_1}{kT}} + \cdots \, . \tag{XV 60}$$

Liegt nun T' im Gültigkeitsbereich dieser Gleichung und wird danach auf $T = 0$ extrapoliert, so muß sich ein Gewichtsfaktor 2 ergeben. Wird eine Temperatur $\Delta \varepsilon \approx kT'$ erreicht, so tritt unter der Voraussetzung thermischen Gleichgewichtes eine allmähliche Abwanderung aus dem oberen der beiden fast entarteten Zustände ein. In diesem Gebiet findet man eine zusätzliche spezifische Wärme (vgl. das Auftreten der Elektronenwärme, § 9.7). Bei noch tieferen Temperaturen $\Delta \varepsilon \ll kT'$ ist dann praktisch nur noch der Grundzustand besetzt. Da der Verlauf der spezifischen Wärme bei diesen Temperaturen nur durch (XV 59) darzustellen ist, wird man nach dieser Formel auf $T \to 0$ extrapolieren und findet dann den Gewichtsfaktor 1. Dabei ist vorausgesetzt, daß das durch die Verteilungsfunktion gegebene innere Gleichgewicht sich tatsächlich einstellt.

Die vorstehende Überlegung zeigt, daß eine unkorrekte Extrapolation auf $T = 0$ Abweichungen vom Nernstschen Wärmesatz vortäuschen kann, die bei einer Verbesserung des Extrapolationsverfahrens verschwinden würden. Es ist wahrscheinlich, daß bei Wasserstoff, der unterhalb 12° K nochmals einen Anstieg der spezifischen Wärme zeigt, die Abweichung vom Werte $o = 1$ auf diese Weise zu erklären ist[1].

2. Einfrieren von Orientierungsunordnung.

Wenn wir die unter 1. erörterten Verhältnisse bei der Verteilungsfunktion haben, kann es auch vorkommen, daß $\Delta \varepsilon \ll kT_k$ ist, wo T_k die Temperatur

---

[1] Näheres bei R. H. Fowler u. E. A. Guggenheim: Statistical Thermodynamics. Cambridge 1949.

bezeichnet, unterhalb deren sich etwa die verschiedenen Orientierungen eines Moleküls nicht mehr mit meßbarer Geschwindigkeit einstellen. In diesem Falle friert die bei hohen Temperaturen infolge der Fast-Entartung vorliegende ungeordnete Verteilung bei tiefen Temperaturen ein, und eine Extrapolation auf $T = 0$ liefert einen Wert $o > 1$. Auf diese Weise haben wir in § 15.4 verschiedene Abweichungen von dem Wert $o = 1$ erklärt. Formal kann man naturgemäß auch hier annehmen, daß eine Verschiebung von T' zu tieferen Temperaturen auf den Wert $o = 1$ führen würde. Die mit Hilfe der anderen Annahme erreichte Übereinstimmung zwischen berechneter und gemessener calorimetrischer Entropie kann nicht als Argument dagegen angeführt werden, da die Differenz der beiden Werte von $k \ln o\ {}^{el}g_{0\,K}$ gerade gleich dem Beitrag der zwischen den beiden Extrapolationstemperaturen auftretenden zusätzlichen spezifischen Wärme zu dem Integral (XV 48) ist. Die Betrachtung der zwischen den Gitterbausteinen wirkenden Kräfte spricht aber dafür, daß hier nicht der Fall 1 vorliegt, sondern daß es sich um eingefrorene Gleichgewichte handelt. Ein solcher Zustand ist gegenüber dem geordneten Zustand metastabil. Dies bedeutet jedoch keinen Einwand gegen die Anwendbarkeit der Thermodynamik, da hierzu nach § 5.12 nur erforderlich ist, daß keine inneren Parameter der Klasse 2 auftreten. Wir können daher sagen, daß mit großer Wahrscheinlichkeit eine Reihe von kristallisierten Stoffen den NERNSTschen Wärmesatz nicht befolgt.

Es bleibt jetzt noch die Anwendung des NERNSTschen Wärmesatzes auf amorphe Stoffe und Mischkristalle zu diskutieren. Von allen Stoffen, die überhaupt in der Lage sind, zu kristallisieren, ist die flüssige Phase nur beim Helium bis $T = 0$ stabil. In diesem Tieftemperaturgebiet ist bei niedrigen Drucken die Flüssigkeit, bei hohen Drucken der Kristall stabil. Für das Zwei-Phasen-Gleichgewicht gilt die CLAUSIUS-CLAPEYRONsche Gleichung

$$\frac{dP}{dT} = \frac{\Delta S}{\Delta V} \, . \tag{XV 61}$$

Von KEESOM[1] wurde gezeigt, daß

$$\lim_{T \to 0} \frac{dP}{dT} = 0 \tag{XV 62}$$

ist, also mit sinkender Temperatur der Gleichgewichtsdruck unabhängig von der Temperatur wird. Da ΔV endlich bleibt, folgt daraus

$$\lim_{T \to 0} \Delta S = 0 \tag{XV 63}$$

in Übereinstimmung mit dem NERNSTschen Wärmesatz.

Bei den übrigen kristallisationsfähigen Stoffen wird die flüssige Phase unterhalb einer gewissen Temperatur metastabil; man spricht dann von unterkühlten Flüssigkeiten und bei starker Unterkühlung, bei der sich die mechanischen Eigenschaften in mancher Hinsicht denen der Kristalle nähern, von Gläsern. Zwischen diesen beiden Begriffen besteht kein ganz scharfer Unterschied; der Kürze halber sprechen wir schlechthin von Gläsern[2]. Nach PAULING und TOLMAN[3] ist in einem Glase die Zahl der unterscheidbaren Konfigurationen gleicher Energie immer größer als in dem entsprechenden Kristall. Es ist daher für die isotherme Umwandlung

$$\text{Glas} \to \text{Kristall}$$

zu erwarten

$$\lim_{T \to 0} \Delta S < 0 \, . \tag{XV 64}$$

---

[1] KEESOM, W. H.: Helium. Amsterdam 1942.
[2] Das „Einfrieren" der Gläser ist hier nicht der wesentliche Gesichtspunkt.
[3] PAULING, L., u. R. C. TOLMAN: J. Amer. Chem. Soc. 47, 2148 (1925).

Diese Aussage läßt sich experimentell prüfen, wenn man einmal ΔS direkt bei einer höheren Temperatur T bestimmt und zum anderen die spezifischen Wärmen von Glas und Kristall im Bereich von T bis zu einer möglichst tiefen Temperatur T' mißt, von der man auf $T = 0$ extrapolieren kann. Solche Untersuchungen sind u. a. für Glycerin[1] durchgeführt worden. Es ergab sich $\lim \Delta S = - 4,6 \, \text{cal/grad} \cdot \text{mol}$. Auch hier ist somit der Nernstsche Wärmesatz nicht erfüllt.

Zahlreiche makromolekulare Stoffe, und zwar solche aus Fadenmolekülen (z. B. Polystyrol) wie solche mit räumlich vernetzter Struktur (z. B. die als „Bakelite" bezeichneten Kondensationsprodukte aus Phenol und Formaldehyd) lassen sich überhaupt nicht zur Kristallisation bringen. Die spezifische Wärme solcher Stoffe scheint nach den bisherigen Erfahrungen[2-4] am absoluten Nullpunkt in ähnlicher Weise wie die der Kristalle zu verschwinden. Abb. 97 zeigt als Beispiel die spezifische Wärme eines Copolymerisates aus Butadien und Styrol. Eine Prüfung des

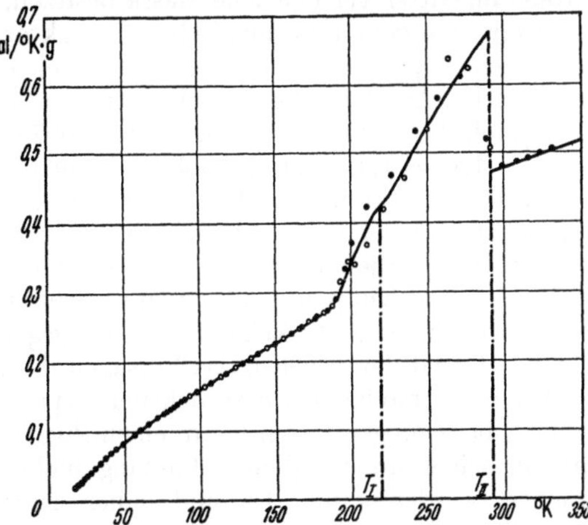

Abb. 97. Spezifische Wärme von Butadien-Styrol-Copolymerisat [entnommen aus: H. A. Stuart: Die Physik der Hochpolymeren, Bd. III. Berlin 1953]

Nernstschen Wärmesatzes ist an solchen Stoffen bisher nicht durchgeführt worden[5]. Da dieselben nach ihrer molekularen Struktur den Gläsern nahestehen, ist auch hier mit einem Versagen zu rechnen.

Eine weitere Klasse von Systemen, auf die der Nernstsche Wärmesatz offenbar nicht anwendbar ist, stellen die flüssigen und kristallinen Mischphasen dar. Die Mischungsentropie einer „idealen Lösung" und eines „idealen Mischkristalls" ist, wie wir sehen werden,

$$\Delta S = - N k \left[x \ln x + (1 - x) \ln (1 - x) \right] . \tag{XV 65}$$

Es gibt verschiedene binäre Systeme, die sich bei gewöhnlichen Temperaturen praktisch ideal verhalten. Allgemein kann man annehmen, daß die Abweichungen von Gl. (XV 65) mit abnehmender Temperatur wachsen. Die entsprechenden Theorien sind jedoch zu einer Extrapolation auf $T \to 0$ ganz ungeeignet, da es sich erstens um mehr oder weniger primitive Modelltheorien handelt und zweitens die Gültigkeit der klassischen Statistik vorausgesetzt wird. Experimentelle Untersuchungen an dem Mischkristall $\text{AgCl} - \text{AgBr}$ haben gezeigt, daß innerhalb der Fehlergrenze von $0,1 \, \text{cal/grad} \cdot \text{mol}$ Gl. (XV 65) bis zu Temperaturen $T = 15°K$ gültig ist[6]. Man kann daher annehmen, daß dieser temperaturunabhängige Ausdruck auch den Wert der Mischungsentropie am absoluten Nullpunkt gibt, wenn nicht spezielle Quanteneffekte auftreten.

[1] Simon, F., u. F. Lange: Z. Physik 38, 227 (1926).

[2] Furukawa, G. T., R. E. McCoskey u. G. J. King: J. Res. NBS 49, 273 (1952).

[3] Furukawa, G. T., R. E. McCoskey u. G. J. King: J. Res. NBS 50, 357 (1953).

[4] Furukawa, G. T., u. R. E. McCoskey: J. Res. NBS 51, 321 (1953).

[5] Die meisten der in § 15.4 angeführten Methoden sind hier nicht anwendbar.

[6] Eastman, E. D., u. R. T. Milner: J. Chem. Phys. 1, 444 (1933).

Nach der klassischen Statistik sollte Gl. (XV 65) streng gültig sein für Mischkristalle aus Isotopen. PRIGOGINE und Mitarbeiter[1-3] haben an diesem übersichtlichen Beispiel gezeigt, daß die Quantenstatistik bei extrem tiefen Temperaturen in der Tat zusätzliche Effekte bedingt. Der eine derselben beruht darauf, daß die Nullpunktsenergie der Schwingungen erhöht wird, wenn benachbarte Atome im Gitter verschiedene Masse besitzen, der andere (der wesentlich größer ist) rührt von dem anharmonischen Charakter des Potentials her. Beide Effekte liefern einen positiven Zusatzterm zur freien Energie des Mischkristalls. Eine numerische Abschätzung desselben für $x = {}^1/_2$ ergibt bei H_2-D_2 den Wert 2 cal/mol, bei ${}^{20}Ne-{}^{22}Ne$ den Wert 0,007 cal/mol. Da nach Gl. (XV 65) für $x = {}^1/_2$ $\Delta S_m = 1{,}4$ cal/grad · mol ist, können die erwähnten Effekte bei extrem tiefen Temperaturen ($< 1°$ K) eine Entmischung der Isotopen bewirken. Ganz abgesehen von der Frage, ob sich ein derartiges Gleichgewicht einstellen würde, kann man aus diesen Ergebnissen zweifellos nicht schließen, daß Mischphasen am absoluten Nullpunkt überhaupt nicht stabil sein könnten. Es bestehen daher von dieser Seite keine Bedenken gegen die Anwendung der Gl. (XV 65) für $T = 0$ und damit gegen das Versagen des NERNSTschen Wärmesatzes.

Die im Vorstehenden besprochenen experimentellen Ergebnisse und theoretischen Überlegungen lassen kaum einen Zweifel zu, daß der NERNSTsche Wärmesatz in seiner ursprünglichen Fassung nicht als allgemein gültiges Gesetz betrachtet werden kann. Es sind daher zahlreiche Versuche gemacht worden, demselben eine andere Formulierung zu geben, die mit den experimentellen Ergebnissen im Einklang steht. Ein Teil derselben [vgl. z. B. Fußnote 4] versucht dieses Ziel durch Beschränkung auf eine gewisse Stoffklasse, nämlich die „idealen Kristalle"[5] zu erreichen. Da sich dieselben aber kaum unabhängig definieren lassen, ist es fraglich, ob damit viel gewonnen ist. Wir wollen daher an dieser Stelle nicht näher darauf eingehen. Die andere Möglichkeit, welche die Fälle, in denen der NERNSTsche Wärmesatz erfüllt ist, aus einem allgemeinen Prinzip ableitet, besprechen wir in § 15.6.

Die praktische Bedeutung des NERNSTschen Wärmesatzes beruht auf der Tatsache, daß er in den Gl. (XV 38) bzw. (XV 39) die Integrationskonstante zum Verschwinden bringt und damit eine Berechnung von heterogenen Reaktionen aus calorischen und evtl. (wenn einzelne Reaktionskomponenten nur in der Gasphase vorkommen) spektroskopischen Daten ermöglicht. Man geht dabei heute gewöhnlich so vor, daß man die Nullpunktsentropie der reinen Kristalle gleich Null setzt und die nach der Formel

$$s(T, P) = \int\limits_0^T \frac{c_p}{T}\, dT \tag{XV 66}$$

berechneten Entropiewerte tabelliert[6]. Die Abweichungen vom NERNSTschen Wärmesatz, die wir in § 15.4 besprochen haben, fallen dabei für die Zwecke chemischer Berechnungen im allgemeinen nicht sehr ins Gewicht, solange es sich um einfache Kristalle handelt. Da dies für einen großen Teil der Anwendungen zutrifft, stellt der NERNSTsche Wärmesatz unter diesem Gesichtspunkt ein außerordentlich nützliches Hilfsmittel der praktischen Chemie dar. Bei

---

[1] BINGEN, R.: Bull. Acad. Roy. Belg. **40**, 815 (1954).

[2] PRIGOGINE, J., R. BINGEN u. J. JEENER: Physica **20**, 383 (1954).

[3] PRIGOGINE, J., u. J. JEENER: Physica **20**, 516 (1954).

[4] LEWIS, G. N., u. M. RANDALL: Thermodynamik. Deutsch von O. REDLICH. Wien 1927.

[5] Der Ausdruck „ideale Kristalle" wird hier in einem etwas anderen Sinne als in § 16.1 gebraucht.

[6] Vgl. die in § 10.3 zitierten Tabellenwerke.

komplizierten Kristallstrukturen und amorphen Substanzen sind allerdings Entropieberechnungen auf dieser Grundlage kaum noch zu rechtfertigen. Man gibt dann zweckmäßig die Werte von $s(T, P) - s(0, 0)$, die aber keine vollständige Berechnung heterogener Reaktionen ermöglichen.

Es ist vielleicht nicht überflüssig, an dieser Stelle auf zwei häufiger vorkommende Mißverständnisse hinzuweisen. Zunächst hat die in § 10.3 behandelte Absolutberechnung homogener Gasgleichgewichte, wie sich klar aus den statistischen Formeln ergibt, nichts mit dem NERNSTschen Wärmesatz zu tun, obwohl sie von NERNST[1] daraus entwickelt wurde. Sie wird daher durch die Abweichungen vom NERNSTschen Wärmesatz überhaupt nicht berührt. Zweitens ist auch die konventionelle Normierung der Entropie, welche der Entropie jedes Elementes in dem am absoluten Nullpunkt stabilsten kristallisierten Zustand für $T = 0$ den Wert Null zuschreibt, völlig unabhängig vom NERNSTschen Wärmesatz. Dieser wird erst benutzt, wenn man auch für die Kristalle allotroper Modifikationen und chemischer Verbindungen die Nullpunktsentropie gleich Null setzt. Dabei handelt es sich aber, im Gegensatz zu der vorher genannten Normierung, um eine Annahme, die sich experimentell nachprüfen und evtl. korrigieren läßt.

§ 15.6. Die Unerreichbarkeit des absoluten Nullpunktes

Von den Formulierungen, die man an die Stelle des ursprünglichen NERNSTschen Wärmesatzes gesetzt hat, sind verschiedene[2] so allgemein, daß sie eigentlich nur noch formalen Charakter und keinen physikalischen, d. h. experimentell nachprüfbaren Inhalt mehr haben. Wir beschränken uns daher auf die Diskussion eines Satzes, der eine experimentell verifizierbare Aussage enthält und gleichzeitig unter allgemeinen Gesichtspunkten von großem Interesse ist. Derselbe wurde ebenfalls von NERNST[3] aufgestellt und lautet in der heute üblichen Fassung[4]:

Es ist unmöglich, ein System durch irgendeinen (gleichgültig, in welcher Weise idealisierten) Prozeß in einer endlichen Zahl von Operationen auf den absoluten Nullpunkt abzukühlen.

Praktisch kennt man nur ein Verfahren, das unter diesem Gesichtspunkt zu diskutieren ist, nämlich die zuerst von DEBYE[5] vorgeschlagene adiabatische Entmagnetisierung paramagnetischer Kristalle. Auf diesem Wege sind Temperaturen unterhalb $0{,}01° K$ erreicht worden. Die genauere theoretische Analyse des Prozesses[6] zeigt jedoch, in Übereinstimmung mit der experimentellen Erfahrung, daß man durch dieses Verfahren nicht bis zu $T = 0$ gelangen kann. Der obige Satz kann daher als experimentell bestätigt betrachtet werden; er stellt zweifellos ein allgemein gültiges Gesetz dar.

Wir wollen zunächst den Zusammenhang dieses Satzes mit dem NERNSTschen Wärmesatz untersuchen[7]. Dazu betrachten wir irgendeinen Prozeß (Änderung des Volumens oder des äußeren Feldes, chemische Reaktion usw.), den wir symbolisch durch

$$\alpha \to \beta \qquad\qquad \text{(XV 67)}$$

---

[1] Vgl. z. B. W. NERNST: Theoretische Chemie, 11.—15. Aufl. Stuttgart 1926.

[2] Zum Beispiel R. C. TOLMAN: The Principles of Statistical Mechanics. Oxford 1938. — MAYER, J. E., u. M. GOEPPERT-MAYER: Statistical Mechanics. New York 1940.

[3] NERNST, W.: Berl. Ber. 1912, 134.

[4] FOWLER, R. H., u. E. A. GUGGENHEIM: Statistical Thermodynamics. Cambridge 1949.

[5] DEBYE, P.: Ann. Physik 81, 1154 (1926).

[6] Vgl. FOWLER-GUGGENHEIM: S. 653 und die dort angeführte Literatur.

[7] SIMON, F.: Science Museum Handbook 3, 61 (1937).

bezeichnen. Die Entropien des Systems in den beiden Zuständen sind

$$S_\alpha = S_{0\alpha} + \int\limits_0^T \frac{C_\alpha}{T}\, dT \qquad\qquad\text{(XV 68)}$$

und

$$S_\beta = S_{0\beta} + \int\limits_0^T \frac{C_\beta}{T}\, dT\,, \qquad\qquad\text{(XV 69)}$$

wo $S_{0\alpha}$ und $S_{0\beta}$ die Grenzwerte von S_α und S_β für $T \to 0$ sind. Die Konvergenz der Integrale wird durch die Quantentheorie gesichert. Wir nehmen nun an, daß das System sich anfänglich bei der Temperatur T' in dem Zustand α befindet und durch einen adiabatischen Prozeß in den Zustand β überführt wird. Die dabei erreichte Temperatur bezeichnen wir mit T''. Wir betrachten nun die Möglichkeit, $T'' = 0$ werden zu lassen. Da nach dem II. Hauptsatz die Entropie bei einem adiabatisch-quasistatischen Prozeß konstant bleibt, andernfalls aber zunimmt, wird dies am ehesten eintreten, wenn wir den Prozeß quasistatisch (reversibel) ablaufen lassen. Wir können uns daher auf die Untersuchung eines solchen Prozesses beschränken.

Für einen adiabatisch-quasistatischen Prozeß folgt wegen der Konstanz der Entropie aus den Gl. (XV 68) und (XV 69)

$$S_{0\alpha} + \int\limits_0^{T'} \frac{C_\alpha}{T}\, dT = S_{0\beta} + \int\limits_0^{T''} \frac{C_\beta}{T}\, dT\,. \qquad\qquad\text{(XV 70)}$$

Wenn $T'' = 0$ wird, muß daher gelten

$$S_{0\beta} - S_{0\alpha} = \int\limits_0^{T'} \frac{C_\alpha}{T}\, dT\,. \qquad\qquad\text{(XV 71)}$$

Wenn $S_{0\alpha} - S_{0\beta} > 0$ ist, gibt es stets eine Temperatur T', welche Gl. (XV 71) befriedigt, d. h. man kann von der Temperatur T' ausgehend durch den Prozeß (XV 67) den absoluten Nullpunkt erreichen. Dies widerspricht aber dem oben formulierten Satz von der Unerreichbarkeit des absoluten Nullpunktes. Die Voraussetzung muß daher falsch sein, und wir können schließen, daß $S_{0\beta} \le S_{0\alpha}$ ist. Wählen wir umgekehrt den Zustand β bei der Temperatur T' als Ausgangspunkt, um durch einen adiabatisch-quasistatischen Prozeß $\beta \to \alpha$ den absoluten Nullpunkt zu erreichen, so muß gelten

$$S_{0\alpha} - S_{0\beta} = \int\limits_0^{T'} \frac{C_\beta}{T}\, dT\,. \qquad\qquad\text{(XV 72)}$$

Für $S_{0\alpha} - S_{0\beta} > 0$ gibt es stets eine Temperatur, welche dieser Gleichung genügt. Die Unerreichbarkeit des absoluten Nullpunktes verlangt daher, daß $S_{0\alpha} \le S_{0\beta}$ ist. Das ist mit dem Vorhergehenden nur zu vereinbaren, wenn

$$S_{0\alpha} = S_{0\beta} \qquad\qquad\text{(XV 73)}$$

ist. Man kann leicht zeigen, daß, wenn (XV 73) gegeben ist, kein Prozeß existiert, mit dessen Hilfe der absolute Nullpunkt erreicht werden könnte. Diese Verhältnisse sind in Abb. 98, die keiner weiteren Erläuterung bedarf, anschaulich dargestellt.

Die Gl. (XV 73) ist nichts anderes als der NERNSTsche Wärmesatz. Man sieht zunächst, daß derselbe aus dem Prinzip der Unerreichbarkeit des absoluten Nullpunktes folgt, wenn vorausgesetzt wird, daß C/T für $T \to 0$ hinreichend stark verschwindet, um die Konvergenz der Integrale zu sichern. Diese Folgerung ist jedoch an die Voraussetzung geknüpft, daß die Zustände α und β sich durch einen adiabatisch-quasistatischen Prozeß verknüpfen lassen. Es genügt nicht, wenn diese Voraussetzung für eine bestimmte Wahl der Ausgangstemperatur T' zutrifft; aus der Ableitung ergibt sich vielmehr (vgl. Abb. 98), daß sie in einem sich von $T = 0$ erstreckenden endlichen Intervall für jeden Wert von T' gelten

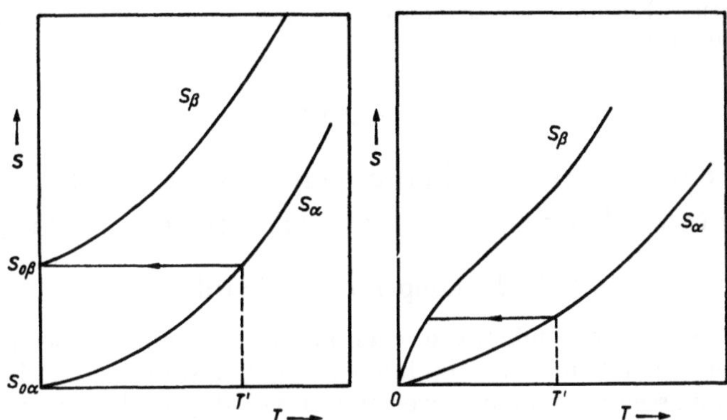

Abb. 98. Zur Unerreichbarkeit des absoluten Nullpunktes [entnommen aus: G. Joos: Lehrbuch der theoretischen Physik. Berlin 1945]

muß. Dies bedeutet nun tatsächlich eine außerordentlich starke Einschränkung der Gültigkeit des NERNSTschen Wärmesatzes. Man sieht leicht, daß alle früher besprochenen Abweichungen vom NERNSTschen Wärmesatz sich unter dem Gesichtspunkt zusammenfassen lassen, daß der betreffende Prozeß sich nicht bis $T = 0$ adiabatisch-quasistatisch durchführen läßt. Die Voraussetzung ist aber noch in viel weiterem Umfange nicht erfüllt. Betrachten wir etwa Phasenumwandlungen, so ist eine reversible Umwandlung nur entlang der Koexistenzkurve möglich. Die obigen Gleichungen sind darauf nicht ohne weiteres anwendbar. Die genauere Diskussion führt aber zu einem analogen Ergebnis. Dabei muß vorausgesetzt werden, daß die Koexistenzkurve sich für endlichen Druck bis $T = 0$ erstreckt. Dies trifft in verschiedenen Fällen (z. B. Urethan I und II, rhombischer und monokliner Schwefel) mit Sicherheit nicht zu und ist oft zweifelhaft (Schmelzgleichgewichte mit Ausnahme von He). Damit ist natürlich nicht gesagt, daß in solchen Fällen der NERNSTsche Wärmesatz nicht gelten *kann*. Er ist dann aber nicht eine strenge Folgerung aus dem Prinzip von der Unerreichbarkeit des absoluten Nullpunktes. Unter diesem Gesichtspunkt kann man den NERNSTschen Wärmesatz vielleicht in eine Reihe stellen mit dem Theorem der übereinstimmenden Zustände und anderen „Regeln", die häufig annähernd erfüllt sind, in vielen Fällen aber auch versagen, trotzdem aber für die praktische Chemie und Physik von größtem Nutzen sind.

Wir haben es hier, im Anschluß an EUCKEN[1], vermieden, die vor allem in der englischen und amerikanischen Literatur beliebte Bezeichnung „III. Hauptsatz" zu gebrauchen. Für den NERNSTschen Wärmesatz ist dieselbe schon deshalb nicht angemessen, weil derselbe sich weder theoretisch noch experimentell als allgemein gültiges Gesetz begründen läßt. Für das Prinzip der Unerreichbarkeit des absoluten Nullpunktes (das von FOWLER und GUGGENHEIM[2] als III. Hauptsatz

---

[1] EUCKEN, A.: Lehrbuch der chemischen Physik, Bd. II 2. Leipzig 1944.
[2] FOWLER, R. H., u. E. A. GUGGENHEIM: Statistical Thermodynamics. Cambridge 1949.

bezeichnet wird) trifft dieser Einwand zwar nicht zu. Dieses Gesetz ist aber, selbst wenn wir von der viel diskutierten Frage absehen, ob es eine von dem II. Hauptsatz unabhängige Aussage darstellt, von völlig anderem Charakter als die klassischen Hauptsätze der Thermodynamik. Die letzteren definieren die grundlegenden Begriffe Wärme, Entropie und absolute Temperatur, während das Unerreichbarkeitsprinzip, wenn man so will, eine Randbedingung festlegt. Vor allem aber existieren heute unter der Bezeichnung III. Hauptsatz so viele verschiedenartige Formulierungen, daß man schon aus diesem Grunde den Ausdruck völlig aufgeben sollte.

Kapitel XVI

Kooperative Erscheinungen in Kristallen I: Elementare Theorien der Überstruktur-Umwandlungen

§ 16.1. Nicht-kooperative Fehlordnung

Die statistische Theorie führt, wie schon in § 14.1 erwähnt, zu der Folgerung, daß ein idealer Kristall nur am absoluten Nullpunkt stabil ist. Bei endlichen Temperaturen müssen notwendig Abweichungen von der Idealstruktur auftreten, die man gewöhnlich unter dem Begriff Fehlordnung zusammenfaßt. Unabhängig von dieser theoretischen Überlegung zwingen auch die experimentellen Ergebnisse (Diffusion, elektrolytische Leitung in Ionenkristallen) zur Annahme einer Fehlordnung, da alle anderen denkbaren Mechanismen entweder viel zu hohe Aktivierungsenergien aufweisen oder rein konfigurationsmäßig viel zu unwahrscheinlich sind.

Die überhaupt denkbaren Fehlordnungen[1] lassen sich auf die folgenden Grundtypen zurückführen (Abb. 99):

1. Nicht besetzte Gitterplätze (Leerstellen).
2. Besetzung von Zwischengitterplätzen.
3. Vertauschung von A- und B-Atomen im Falle eines binären Kristalls.
4. Versetzungen.
5. Einbau von Fremdatomen.

Durch Kombination dieser Grundtypen ergeben sich zahlreiche Möglichkeiten der Fehlordnung. Speziell im Falle eines A-B-Kristalls sind besonders bekannt der FRENKELsche Fehlordnungstyp, bei dem etwa die B-Gitterplätze eine gewisse Zahl von Leerstellen aufweisen und die gleiche Zahl von B-Atomen sich auf Zwischengitterplätzen befindet, und der SCHOTTKYsche Fehlordnungstyp, bei dem A- und B-Leerstellen in gleicher Zahl auftreten (Abb. 100). Für weitere Einzelheiten verweisen wir auf die Monographien von SEITZ[2] und JOST[3].

Wir beschränken uns in diesem Kapitel auf Fehlordnungserscheinungen, welche auf die Grundtypen 1—3 zurückgehen. Die Grundtypen 1 und 2 und ihre Kombinationen sind dadurch charakterisiert, daß die Konzentration der „Fehlstellen" außerordentlich gering ist[4]. Dies hat zur Folge, daß die thermodynamischen Eigenschaften des Kristalls dadurch praktisch kaum beeinflußt werden.

---

[1] Die folgende Aufzählung bezieht sich auf Kristalle, deren Gitter aus Atomen oder einatomigen Ionen aufgebaut sind. Die bei Molekülkristallen auftretende Orientierungsfehlordnung lassen wir hier außer acht. Einige Beispiele dafür sind in Kapitel XV erwähnt worden. Näheres in Kapitel XVIII.

[2] SEITZ, F.: The modern Theory of Solids. New York 1940.

[3] JOST, W.: Diffusion in Solids, Liquids, Gases. New York 1952.

[4] Wenn die Fehlordnung nicht thermisch bedingt ist, kann die Konzentration der Fehlstellen wesentlich größer sein. Dies trifft z. B. bei TiO und TiN zu.

Für die statistische Behandlung kann die Wechselwirkung zwischen den einzelnen Fehlstellen vernachlässigt werden; dadurch wird das Problem separierbar, und die Rechnung bietet keine besonderen Probleme. Wir begnügen uns daher damit, an einem einfachen Beispiel das Prinzip solcher Berechnungen zu veranschaulichen.

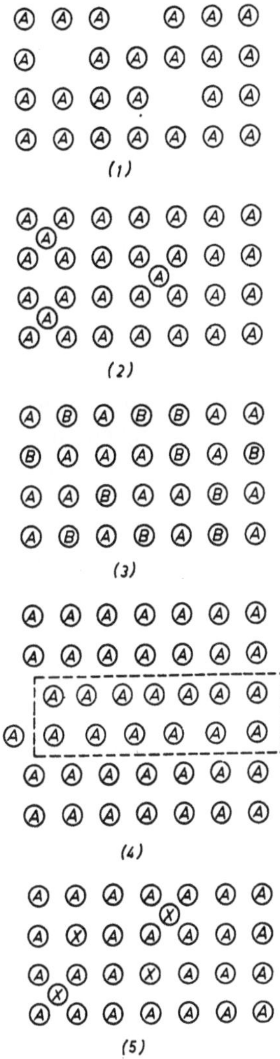

Wir betrachten einen Kristall, der nur eine Art von Gitterbausteinen enthält. Für die Fehlordnung kommen dann nur noch die Grundtypen 1 und 2 in Betracht. Wenn wir die Methode der großen Verteilungsfunktion anwenden und damit die Zahl der Gitterbausteine als veränderlich behandeln, sind die beiden Fehlordnungstypen im Prinzip voneinander unabhängig. Wir nehmen weiter an:

a) Die Zahl der Fehlstellen ist klein gegen die Zahl der Gitterbausteine, und ihre gegenseitige Wechselwirkung kann vernachlässigt werden.

b) Die Frequenzen der Normalschwingungen des Gitters werden durch die Fehlordnung nicht beeinflußt.

Aus diesen Annahmen folgt, daß in dem Ausdruck für die Energie einer gegebenen Konfiguration lediglich ein zusätzliches Glied W_{FO} auftritt, welches linear von den Zahlen der Fehlstellen abhängt. Damit wird, wenn wir die Verteilungsfunktion der Gitterschwingungen mit Q_s, die der Fehlordnung mit Q_{FO} bezeichnen,

$$Q = Q_s Q_{FO} = Q_s \Sigma e^{-\frac{W_{FO}}{kT}} \qquad \text{(XVI 1)}$$

wo die Summe für gegebene Zahlen der Fehlstellen über alle Anordnungen derselben im Gitter und weiter, für gegebene Zahlen der Gitterplätze und der Gitterbausteine, über alle damit vereinbaren Zahlen der Fehlstellen zu erstrecken ist.

Es sei nun N_G die Zahl der Gitterplätze, N die Zahl der Gitterbausteine, N_L die Zahl der Leerstellen[1] und N_z die Zahl der besetzten Zwischengitterplätze. Dann gilt

$$N + N_L - N_z = N_G \qquad \text{(XVI 2)}$$

Die Gesamtzahl der Zwischengitterplätze können wir mit αN_G bezeichnen, wo α eine Konstante der Größenordnung Eins ist, deren genauer Wert von der

Abb. 99. Grundtypen der Fehlordnung. 1. Nichtbesetzte Gitterplätze; 2.Besetzung von Zwischengitterplätzen; 3.Vertauschung von A- und B-Atomen; 4.Versetzung; 5. Einbau von Fremdatomen

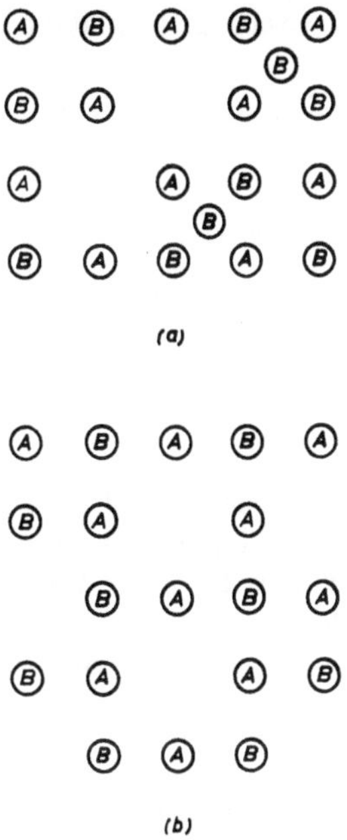

Abb. 100. FRENKELsche und SCHOTTKYsche Fehlordnung [entnommen aus: W. JOST: Diffusion in Solids, Liquids, Gases. New York 1952]

___

[1] Dieses Symbol, das nur an dieser Stelle gebraucht wird, ist nicht mit der LOSCHMIDTschen Zahl zu verwechseln.

Gitterstruktur abhängt. Es sei ferner w_L die Energie, die erforderlich ist, um einen Gitterbaustein aus dem Gitter unter Bildung einer Leerstelle ins Unendliche zu entfernen, w_z die Energie, die erforderlich ist, um einen Gitterbaustein von einem Zwischengitterplatz ins Unendliche zu entfernen. Dann ist unter den obigen Voraussetzungen die Energie einer Konfiguration mit N_L Leerstellen und N_z Zwischengitterplätzen

$$W_{FO} = N_L w_L - N_z w_z \tag{XVI 3}$$

Die Zahl derartiger Konfigurationen ist

$$g(N_L, N_z) = \frac{N_G!}{N_L!(N_G - N_L)!} \frac{(\alpha N_G)!}{N_z!(\alpha N_G - N_z)!} \tag{XVI 4}$$

Bezeichnen wir mit λ die absolute Aktivität, so können wir mit Benutzung von Gl. (XIV 57)und (XVI 2) die große Verteilungsfunktion schreiben

$$\Xi = Q_s^{(N_G)} \lambda^{N_G} \sum_{N_L} \sum_{N_z} \frac{N_G!}{N_L!(N_G - N_L)!} \frac{(\alpha N_G)!}{N_z!(\alpha N_G - N_z)!} [\lambda \varkappa(T)]^{N_z - N_L} \times$$
$$\times e^{-\frac{N_L w_L - N_z w_z}{kT}}. \tag{XVI 5}$$

Man sieht, daß hier die beiden Fehlordnungstypen tatsächlich voneinander unabhängig sind. Es ist aber zu beachten, daß der Begriff des Zwischengitterplatzes für $N_z \geqq \frac{1}{2} N$ eigentlich seinen Sinn verliert. Diese Schwierigkeit, mit der wir uns in § 16.2 noch einmal auseinanderzusetzen haben, rührt daher, daß der Begriff der Fehlordnung den Begriff der idealen Ordnung voraussetzt und diese wieder nur dadurch definiert werden kann, daß die Mehrzahl der Atome die der idealen Ordnung entsprechenden Plätze besetzen. Wir können hier die Frage auf sich beruhen lassen, da Gl. (XVI 5) überhaupt nur gültig ist unter der Voraussetzung, daß lediglich Terme mit $N_L \ll N_G$, $N_z \ll N_G$ einen nennenswerten Beitrag zur großen Verteilungsfunktion liefern.

Um die Gl. (XVI 5) auszuwerten, benutzen wir hier die Methode des maximalen Terms. Aus den Bedingungen

$$\frac{\partial \ln \Xi}{\partial N_L} = 0, \quad \frac{\partial \ln \Xi}{\partial N_z} = 0 \tag{XVI 6}$$

erhalten wir dann mit Benutzung der STIRLINGschen Formel

$$\frac{\bar{N}_L}{N_G - \bar{N}_L} = [\lambda \varkappa(T)]^{-1} e^{-\frac{w_L}{kT}} \tag{XVI 7}$$

und

$$\frac{\bar{N}_z}{\alpha N_G - \bar{N}_z} = \lambda \varkappa(T) e^{\frac{w_z}{kT}}. \tag{XVI 8}$$

Nach der Voraussetzung ist nun

$$\frac{|w_L|}{kT} \gg 1, \quad \frac{|w_z|}{kT} \gg 1 \tag{XVI 9}$$

$$\frac{\bar{N}_L}{N_G} \ll 1, \quad \frac{\bar{N}_z}{N_G} \ll 1 \tag{XVI 10}$$

und somit

$$N_G \approx \bar{N} \tag{XVI 11}$$

Die Gl. (XVI 7) und (XVI 8) können daher geschrieben werden

$$\frac{\bar{N}_L}{N} = [\lambda \varkappa(T)]^{-1} e^{-\frac{w_L}{kT}}, \quad \frac{\bar{N}_z}{N} = \alpha \lambda \varkappa(T) e^{\frac{w_z}{kT}}. \tag{XVI 12}$$

Nehmen wir im besonderen an, daß jedesmal bei Erzeugung einer Leerstelle ein Atom auf einen Zwischengitterplatz gebracht wird und bezeichnen die dazu erforderliche Energie mit $\Delta w = w_L - w_z$, so wird

$$\frac{\bar{N}_L}{N} = \frac{\bar{N}_z}{N} = \sqrt{\alpha}\, e^{-\frac{\Delta w}{2kT}} . \qquad \text{(XVI 13)}$$

Diese Gleichung ist zuerst von FRENKEL[1] abgeleitet worden. Sie läßt sich unmittelbar auf den Fall anwenden, daß in einem binären Ionengitter für eine Ionenart FRENKELsche Fehlordnung vorliegt. Von JOST und NEHLEP[2] wurde gezeigt, daß dies bei den Silberhalogeniden für das Kationen-Gitter zutrifft, während die Fehlordnung im Anionengitter zu vernachlässigen ist[3]. Die Größe Δw ist, wie sich aus Messungen der elektrolytischen Leitfähigkeit und der Diffusion ergibt, häufig von der Größenordnung $20 - 50$ kcal[4]. In Tab. 40 ist der

Tabelle 40. *Abhängigkeit der* FRENKEL*schen Fehlordnung von der Temperatur und der Wechselwirkungsenergie*

$\Delta w\, N$ $\left[\frac{\text{kcal}}{\text{mol}}\right]$	100 373	200 473	300 573	400 673	500 773	800 1073	1000 1273	1500° C 1773° K
20	$1{,}5 \times 10^{-6}$	3×10^{-5}	2×10^{-4}	6×10^{-4}	2×10^{-3}	9×10^{-3}	2×10^{-2}	6×10^{-2}
30	2×10^{-9}	10^{-7}	2×10^{-6}	10^{-5}	6×10^{-5}	9×10^{-4}	3×10^{-3}	10^{-2}
40	2×10^{-12}	5×10^{-10}	2×10^{-8}	3×10^{-7}	2×10^{-6}	8×10^{-5}	4×10^{-4}	3×10^{-3}
50	2×10^{-15}	3×10^{-12}	3×10^{-10}	8×10^{-9}	9×10^{-8}	8×10^{-6}	5×10^{-5}	8×10^{-4}
80	3×10^{-24}	3×10^{-19}	5×10^{-16}	10^{-13}	5×10^{-12}	7×10^{-9}	10^{-7}	10^{-5}

Entnommen aus: W. JOST: Diffusion in Solids, Liquids, Gases, S. 97. New York 1952.

Fehlordnungsgrad $\bar{N}_L/N$ bzw. $\bar{N}_z/N$ für verschiedene Werte von Δw und T angegeben. Man sieht, daß derselbe, in Übereinstimmung mit der Voraussetzung, bei allen in Betracht kommenden Temperaturen außerordentlich gering ist und für die thermodynamischen Eigenschaften praktisch keine Rolle spielt. Gl. (XVI 13) kann auch geschrieben werden

$$\frac{N_L N_z}{N^2} = \alpha\, e^{-\frac{\Delta w}{kT}} . \qquad \text{(XVI 14)}$$

Das ist aber das Massenwirkungsgesetz für die „Reaktion"

Besetzter Gitterplatz + Unbesetzter Zwischengitterplatz
= Leerstelle + Besetzter Zwischengitterplatz

Man übersieht leicht, daß die Gültigkeit des Massenwirkungsgesetzes einfach eine Folge der Annahme ist, daß die einzelnen Fehlstellen voneinander unabhängig sind.

Für die Diskussion der Frage, welcher Fehlordnungstyp in einem gegebenen Kristall vorliegt, ist es notwendig, in die statistische Rechnung alle in Betracht kommenden Grundtypen einzubeziehen und die entsprechenden Fehlordnungsenergien abzuschätzen. Eine solche allgemeinere statistische Theorie, welche die Grundtypen 1, 2 und 3 berücksichtigt, ist von SCHOTTKY und WAGNER[5] entwickelt worden. Da auch hier geringer Fehlordnungsgrad vorausgesetzt wird, ist das Problem wieder separierbar und bietet somit vom Standpunkt der statistischen Theorie keine wesentlich neuen Gesichtspunkte. Wir verzichten daher auf eine Wiedergabe und verweisen auf die Originalarbeit und zusammenfassende Darstellungen[4, 6]. Für die Abschätzung der Fehlordnungsenergien und Anwendungen sei ebenfalls auf die Monographie von JOST[4] und die dort zitierte Literatur verwiesen.

[1] FRENKEL, J.: Z. Physik 35, 652 (1926).
[2] JOST, W., u. G. NEHLEP: Z. physik. Chem. (B) 32, 1 (1936).
[3] Die Alkalihalogenide zeigen SCHOTTKYsche Fehlordnung.
[4] JOST, W.: Diffusion. New York 1952.
[5] WAGNER, C., u. W. SCHOTTKY: Z. physik. Chem. (B) 11, 163 (1931).
[6] FOWLER, R. H., u. E. A. GUGGENHEIM: Statistical Thermodynamics. Cambridge 1949.

§ 16.2. Allgemeines über kooperative Erscheinungen in Kristallen.
Überstruktur-Umwandlungen

Der Typ 3 der in § 16.1 aufgeführten Grundtypen der Fehlordnung, die Vertauschung von A- und B-Atomen, unterscheidet sich dadurch grundsätzlich von den übrigen Typen (mit Ausnahme von 5), daß er nicht auf kleine Fehlordnungsgrade beschränkt ist. Man spricht dann gewöhnlich nicht von Fehlordnung, sondern von Unordnung (disorder). Speziell in binären Legierungen findet man

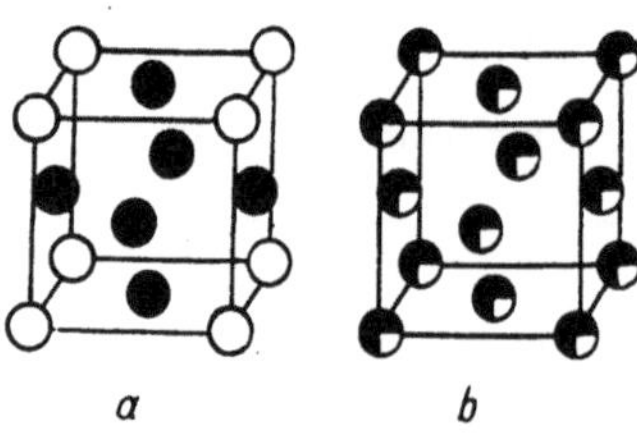

Abb. 101. Atomverteilung im Gitter von AuCu₃. *a* Geordnete Verteilung (Überstruktur); *b* Ungeordnete Verteilung [entnommen aus: F. C. Nix u. W. Shockley: Rev. Mod. Phys. **10**, 1 (1938)]

Abb. 102 (rechts). Zerlegung des flächenzentrierten kubischen Gitters in vier primitive kubische Teilgitter [entnommen aus: F. C. Nix u. W. Shockley: Rev. Mod. Phys. **10**, 1 (1938)]

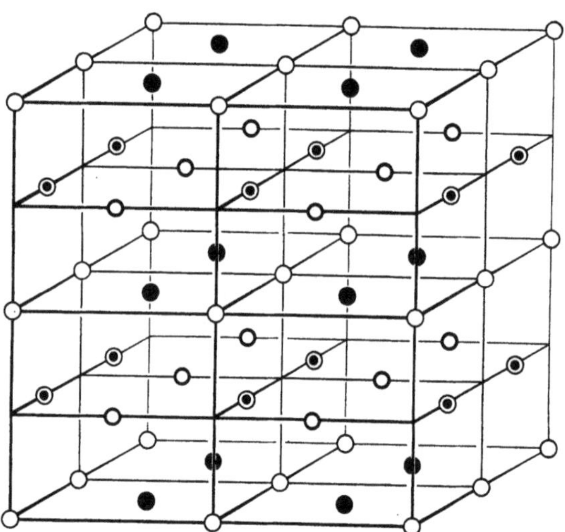

in verschiedenen Fällen in Abhängigkeit von der Temperatur den vollständigen Übergang von vollkommener Ordnung am absoluten Nullpunkt bis zu vollkommener Unordnung, d. h. rein statistischer Verteilung der A- und B-Atome. Dies hat zur Folge, daß der Ordnungsgrad hier von wesentlicher Bedeutung für die thermodynamischen Eigenschaften wird, und weiter, daß für die statistische Behandlung das Problem jetzt nicht mehr separierbar ist und damit ähnliche Schwierigkeiten bietet, wie wir sie bereits in der Theorie der realen Gase angetroffen haben. Ein Unterschied besteht insofern, als es sich in der Statistik der Kristalle um die Verteilung der Atome auf Gitterplätze und damit um ein diskontinuierliches Problem handelt. Dieser Unterschied ist nicht grundsätzlicher Natur; tatsächlich bestehen, wie wir schon in § 12.6 angedeutet haben und später noch genauer sehen werden, enge Beziehungen zwischen den beiden Problemkreisen. Es ist aber zweckmäßig, davon zunächst abzusehen und die Theorie der Kristalle ohne Bezugnahme auf die Gastheorie zu entwickeln.

Um die Vorstellungen zu präzisieren, wollen wir zuerst die physikalische Natur des Problems an konkreten Beispielen veranschaulichen. Die Legierung AuCu₃ kristallisiert in einem flächenzentrierten kubischen Gitter (dichteste Kugelpackung). Bei tiefer Temperatur liegt eine geordnete Atomverteilung vor derart, daß die Würfelecken von Au-Atomen, die Mitten der Würfelflächen von Cu-Atomen besetzt sind (Abb. 101a). Mit steigender Temperatur finden sich in zunehmendem Maße auch Cu-Atome in den Würfelecken und Au-Atome auf den Flächenmitten. Oberhalb 390° C ist die Verteilung völlig ungeordnet. Von jeder der beiden Arten von Gitterplätzen ist ein Viertel mit Au-Atomen besetzt, während sich auf den restlichen drei Vierteln Cu-Atome befinden (Abb. 101b).

Die Ordnung der Atome bei tiefen Temperaturen kann man in der Weise beschreiben, daß sich das kubisch flächenzentrierte Gitter der Legierung aus vier ineinander geschachtelten Teilgittern aufbauen läßt, von denen eins von den Au-Atomen und drei von den Cu-Atomen gebildet werden (Abb. 102). Man spricht dann gewöhnlich von einer Überstruktur (super-lattice). Dieselbe ist röntgenographisch an dem Auftreten zusätzlicher Linien zu erkennen[1]; diese „Überstrukturlinien" sind mit dem Erreichen der vollkommenen Unordnung verschwunden. Abb. 103 zeigt als Beispiel das Röntgendiagramm von AuCu₃ bei einer tiefen, einer mittleren und einer hohen Temperatur. Da die vollkommene Ordnung der Atome in der Überstruktur der energetisch stabilste Zustand ist, muß notwendig die Zunahme der Unordnung mit steigender Temperatur einen zusätzlichen Beitrag zur spezifischen Wärme liefern. Was aber nicht selbstverständlich ist, ist die Tatsache, daß bei einer endlichen Temperatur praktisch vollkommene[2] Unordnung erreicht wird und die zusätzliche spezifische Wärme unstetig bis auf einen kleinen Restbetrag verschwindet. Abb. 104 zeigt als Beispiel für dieses Verhalten die Atomwärme von AuCu₃[3]. Man sieht sofort,

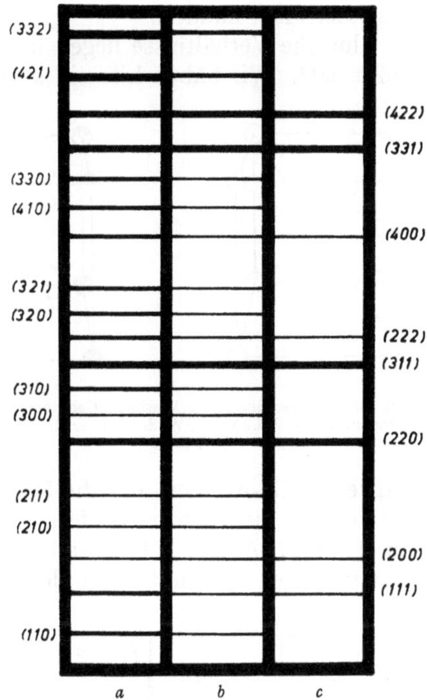

Abb. 103. Röntgendiagramme von AuCu₃. *a* Geordnete Atomverteilung; *b* Intermediäre Atomverteilung; *c* Ungeordnete Atomverteilung [entnommen aus: F. C. Nix u. W. Shockley: Rev. Mod. Phys. 10, 1 (1938)]

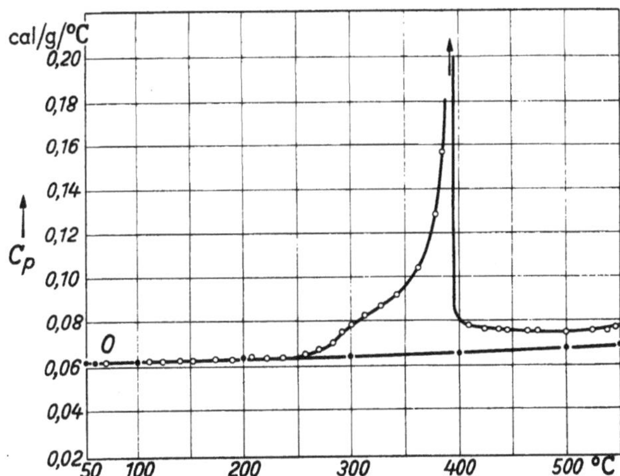

Abb. 104. Spezifische Wärme von AuCu₃ [entnommen aus: F. C. Nix u. W. Shockley: Rev. Mod. Phys. 10, 1 (1938)]

---

[1] Die zusätzlichen Linien entsprechen den Reflexen mit gemischten Indizes, die bei der ungeordneten Atomverteilung ausgelöscht sind.

[2] Es bleibt noch eine gewisse „Nahordnung", die erst mit $T \to \infty$ verschwindet. Näheres in § 16.4.

[3] Sykes, C., u. F. W. Jones: Proc. Roy. Soc. (London) A **157**, 213 (1936).

daß bei 390° ein Umwandlungspunkt im Sinne der Thermodynamik auftritt. Die statistische Erklärung solcher Überstruktur-Umwandlungen oder, allgemeiner gesagt, Ordnungs-Unordnungs-Umwandlungen, ist das eigentliche Problem, um das es sich hier handelt.

Ähnliche Verhältnisse liegen beim β-Messing vor, das die Zusammensetzung CuZn hat[1]. Wir haben hier ein kubisch raumzentriertes Gitter. Im geordneten Zustand befindet sich ein Cu-Atom in der Würfelmitte, während die Ecken von Zn-Atomen besetzt sind (oder umgekehrt) (Abb. 105a). Die Überstruktur besteht also darin, daß sich das raumzentrierte Gitter aus zwei primitiven kubischen Gittern zusammensetzt, von denen eines mit Cu-Atomen, das andere mit Zn-Atomen besetzt ist. Im ungeordneten Zustand ist von jeder Art von Gitterplätzen jeweils die

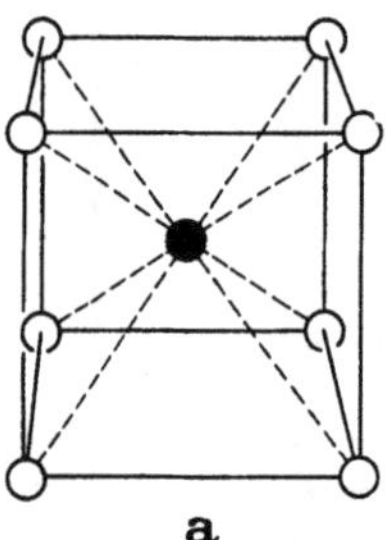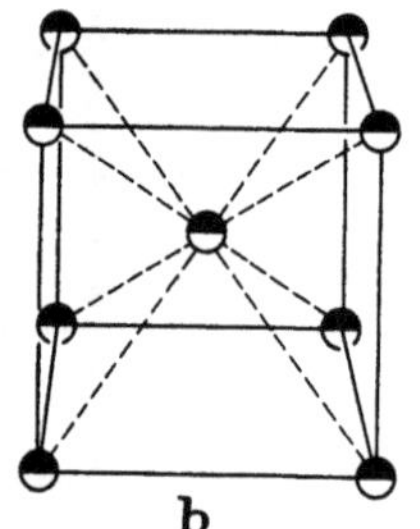

Abb. 105. Atomverteilung in β-Messing. *a* Geordnet; *b* Ungeordnet [entnommen aus: F. C. Nix u. W. Shockley: Rev. Mod. Phys. 10, 1 (1938)]

Hälfte mit Cu-Atomen und die Hälfte mit Zn-Atomen besetzt (Abb. 105b). Die Verhältnisse liegen hier insofern einfacher als beim $AuCu_3$, als das Verhältnis der A- und B-Atome 1:1 ist und nach der Struktur die nächsten Nachbarn eines Gitterpunktes nicht untereinander nächste Nachbarn sind. Daraus folgt, daß im

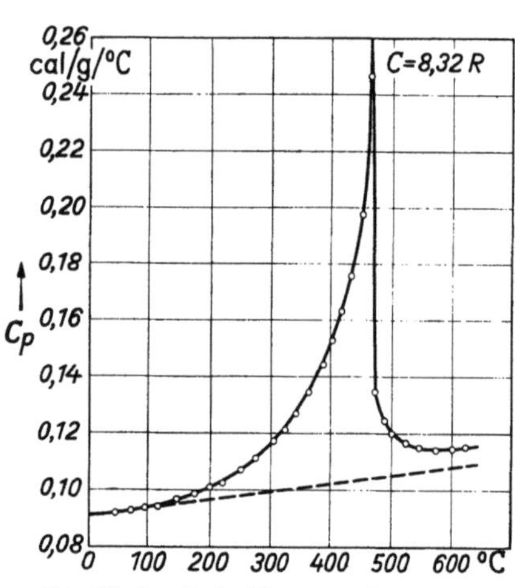
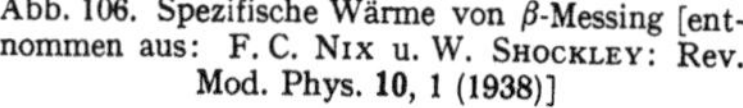

Abb. 106. Spezifische Wärme von β-Messing [entnommen aus: F. C. Nix u. W. Shockley: Rev. Mod. Phys. 10, 1 (1938)]

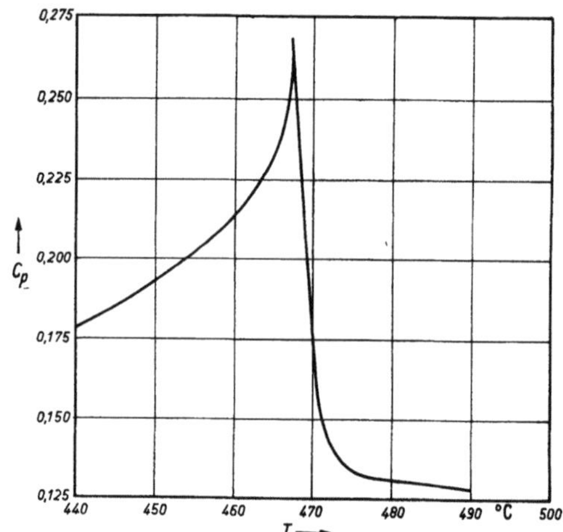

Abb. 107. Spezifische Wärme von β-Messing in der Nähe des Umwandlungspunktes [entnommen aus: F. C. Nix u. W. Shockley: Rev. Mod. Phys. 10, 1 (1938)]

vollkommen geordneten Zustand jedes A-Atom nur B-Atome als nächste Nachbarn hat und umgekehrt. Dies bietet für die Rechnung erhebliche Vorteile; wir werden daher die Theorie in erster Linie für ein derartiges Modell entwickeln. Der röntgenographische Nachweis der Überstruktur stößt beim β-Messing wegen des annähernd gleichen Streuvermögens der Cu- und Zn-Atome auf Schwierigkeiten; es ist jedoch gelungen, dieselben durch einen besonderen Kunstgriff zu überwinden[2]. Der Verlauf der spezifischen Wärme ist für einen größeren Temperatur-

---

[1] Das Existenzgebiet der β-Phase liegt bei den hier in Betracht kommenden Temperaturen zwischen 45,8 und 48,9 Atomprozent Zink. Die geringe Abweichung von der „stöchiometrischen" Zusammensetzung ist für das Folgende bedeutungslos.

[2] Jones, F. W., u. C. Sykes: Proc. Roy. Soc. (London) A **161**, 440 (1937).

bereich nach Messungen von Moser[1] in Abb. 106 dargestellt. Abb. 107 zeigt den genauen Verlauf in der Umgebung des Umwandlungspunktes nach Messungen von Sykes und Wilkinson[2]. Die Festlegung des Charakters der Umwandlung etwa im Sinne des Ehrenfestschen Schemas aus den experimentellen Daten stößt, wie schon in § 7.6 bemerkt, auf große Schwierigkeiten und ist notwendig mit einer gewissen Unsicherheit behaftet. Es ist jedoch wahrscheinlich, daß es sich beim $AuCu_3$ um eine Umwandlung I. Ordnung[3], beim β-Messing um eine Umwandlung II. Ordnung (λ-Punkt) handelt. Wir müssen uns hier mit diesen Andeutungen begnügen und verweisen für eine ausführlichere Darstellung der mit den Überstrukturumwandlungen zusammenhängenden physikalischen Probleme auf die Artikel von Nix und Shockley[4], Jagodzinski[5] und Lipson[6], die auch ausführlichere Hinweise auf die Originalliteratur enthalten.

Die Natur des mit den Überstrukturumwandlungen verknüpften statistischen Problems läßt sich am besten an Hand eines einfachen Modells verstehen, das von Ising[7] für den Ferromagnetismus vorgeschlagen wurde und heute allgemein als Ising-Modell bezeichnet wird. Tatsächlich ist dieses Modell, dessen statistische Theorie in den letzten fünfzehn Jahren von zahlreichen Autoren eingehend studiert worden ist, für den Ferromagnetismus viel zu primitiv. Auf den ersten Blick hat es auch nichts mit den Überstrukturumwandlungen zu tun. Dies trifft aber in Wirklichkeit nicht zu, und die große Bedeutung des Ising-Modells, welche die darauf verwendete Mühe rechtfertigt, beruht darauf, daß es das mathematische Problem, welches der Theorie der Überstrukturumwandlungen und zahlreichen anderen Fragen aus der Theorie der Kristalle zugrunde liegt, sozusagen in der einfachsten Form herauspräpariert. Wir denken uns nun magnetische Dipole in einem beliebig schwachen Magnetfeld auf die Plätze eines Gitters verteilt. Es sollen, wie es beim Spin des Elektrons oder Protons zutrifft, nur die zur Feldrichtung parallele und antiparallele Orientierung vorkommen. Wir bezeichnen die beiden Orientierungen mit 1 und 2. Der Einfachheit halber nehmen wir an, daß eine energetische Wechselwirkung nur zwischen nächsten Nachbarn im Gitter stattfindet. Die Wechselwirkung zweier Dipole hängt nun davon ab, ob sie gleiche oder verschiedene Orientierung besitzen. Die Energie, die notwendig ist, um einen Dipol aus der Orientierung 2 in die Orientierung 1 zu bringen, hängt daher von der Orientierung der benachbarten Dipole ab. Am absoluten Nullpunkt haben wir eine vollkommene Ordnung, die dem Minimum der potentiellen Energie entspricht und sich für den eindimensionalen Fall durch das Schema der Abb. 108 darstellen läßt. Die Um-kehrung eines Dipols erfordert hier eine Energie, welche die Differenz zwischen zwei 1—2-Paaren und zwei 1—1-Paaren entspricht. Wenn bereits mehrere Dipole umgekehrt sind, wird die zur Umkehrung eines weiteren erforderliche Energie im Mittel kleiner sein, da jetzt nicht mehr aus zwei 1—2-Paaren zwei 1—1-Paare, sondern weniger entstehen. Mit steigender Temperatur wird die Unordnung immer größer. Schließlich wird bei einer gewissen Temperatur T_c, von der wir zunächst nicht sagen können, ob sie endlich ist oder unendlich hoch liegt, die Umorientierung eines Dipols im

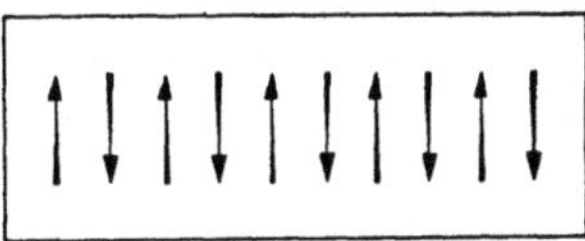

Abb. 108. Eindimensionales Ising-Modell [entnommen aus: H. A. Stuart: Die Physik der Hochpolymeren, Bd. III. Berlin 1953]

[1] Moser, H.: Physik. Z. 37, 737 (1936).
[2] Sykes, C., u. H. Wilkinson: J. Inst. Met. 61, 223 (1940).
[3] Jaumot, F. E., u. Ch. H. Sutcliffe: Acta metallurgica 2, 63 (1954).
[4] Nix, F. C., u. W. Shockley: Rev. Mod. Phys. 10, 1 (1938).
[5] Jagodzinski, H.: Fortschr. Mineral. 28, 95 (1949).
[6] Lipson, H.: Progr. Met. Phys. 2, 1 (1950).
[7] Ising, E.: Z. Physik 31, 253 (1925).

Mittel praktisch keine Energie mehr erfordern, weil sich dabei die Zahl der 1—1-, 1—2- und 2—2-Paare praktisch nicht mehr ändert. Wir haben dann den Zustand nahezu vollkommener Unordnung. Unterhalb der Temperatur T_c wird ein Teil der zugeführten Wärme zur Verringerung der Ordnung verwendet, so daß ein Zusatzterm der spezifischen Wärme resultiert. Dieser Anteil der spezifischen Wärme entfällt im wesentlichen oberhalb T_c. Wenn daher T_c im Endlichen liegt, muß diese Stelle durch eine plötzliche Abnahme der spezifischen Wärme charakterisiert sein. Ob es sich dabei um eine Unstetigkeit oder um einen steilen Abfall handelt, läßt sich naturgemäß nur auf Grund der mathematischen Untersuchung entscheiden. Die Energie des ISING-Modells ist für eine gegebene Konfiguration durch die Zahl der 1—2-Paare bestimmt, die dabei auftreten. Für die Konstruktion der Verteilungsfunktion muß also die Zahl der Möglichkeiten bestimmt werden, die Dipole mit einer vorgegebenen Zahl von 1—2-Paaren auf das Gitter zu verteilen. Dann ist in bekannter Weise über alle Produkte aus einem solchen Gewichtsfaktor und der entsprechenden e-Funktion zu summieren. Dies ist das mathematische Problem des ISING-Modells[1].

Die vorstehenden Betrachtungen zeigen bereits, daß das ISING-Modell jedenfalls in naher Beziehung zum Problem der Überstrukturumwandlungen steht. Um die mathematische Identität beider nachzuweisen, könnten wir die speziellen Verteilungsfunktionen aufstellen und miteinander vergleichen. Da es aber, wie erwähnt, eine ganze Reihe von Problemen gibt, die sich nur im physikalischen Sachverhalt, aber nicht in der mathematischen Struktur davon unterscheiden, gehen wir von einem ganz allgemein formulierten Sachverhalt aus und konstruieren für diesen die Verteilungsfunktion. Man kann dann leicht zeigen, daß die verschiedenen Probleme sich nur durch die physikalische Interpretation gewisser Größen unterscheiden[2].

Wir kommen damit zu quantitativen Formulierungen, und es ist notwendig, zunächst einige allgemeine Bemerkungen über den Charakter der verwendeten Ansätze zu machen. Wie in Kapitel XIV gehen wir auch hier von dem Modell eines Kristalls aus, das wir lediglich sinngemäß verallgemeinern. Dabei soll jedoch jede Art von Fehlordnung mit Ausnahme der jeweils zur Diskussion stehenden ausgeschlossen sein. Die grundlegende Voraussetzung, die wir machen, besteht in der Annahme, daß die Verteilungsfunktionen der Gitterschwingungen und der Elektronen (insbesondere der Metallelektronen) unabhängig sind von dem jeweiligen Ordnungs-Unordnungsproblem und damit absepariert werden können. Diese Annahme kann naturgemäß nur näherungsweise zutreffen. Wir müssen sie zunächst einführen, weil die Theorie fast ausschließlich auf dieser Grundlage entwickelt worden ist, werden aber später (§ 16.6) noch einmal auf diese Frage zurückkommen. Auf Grund der Voraussetzung haben wir lediglich einen Faktor der Gesamt-Verteilungsfunktion, welcher sich auf gewisse Verteilungen auf Gitterplätze bezieht, zu untersuchen. Da es sich gewissermaßen um einen Ausschnitt aus dem Konfigurationsintegral handelt, wollen wir diesen Faktor Q_c nennen.

Um für die Verteilungsfunktion Q_c einen allgemeinen Ausdruck zu finden, nehmen wir zunächst an, daß es für jeden Gitterplatz zwei Besetzungsmöglichkeiten gibt, die wir mit 1 und 2 bezeichnen. Die Beschränkung auf zwei Möglichkeiten ist nicht notwendig; sie umfaßt aber die wichtigsten Spezialfälle, und wir wollen sie im Interesse der Übersichtlichkeit vorläufig beibehalten. Was unter Besetzungsmöglichkeiten konkret zu verstehen ist, lassen wir offen. Es kann sich

---

[1] Genauer gesagt handelt es sich um das ISING-Modell bei verschwindender Feldstärke.

[2] Gewisse Probleme sind mathematisch dem ISING-Modell bei endlicher Feldstärke äquivalent.

um Besetzung durch verschiedene Atome, um verschiedene Orientierung von Dipolen usw. handeln. N_1 und N_2 seien die Zahlen der Gitterplätze, die jeweils nach 1 oder 2 besetzt sind; $N = N_1 + N_2$ sei die Gesamtzahl der Gitterplätze. Wir nehmen weiter an, daß eine energetische Wechselwirkung nur zwischen nächsten Nachbarn im Gitter stattfindet. Genauer gesagt, meinen wir damit, daß Unterschiede in der energetischen Wechselwirkung zwischen gleich und ungleich besetzten Gitterplätzen nur zwischen nächsten Nachbarn merklich sind. Die Zahl dieser nächsten Nachbarn ist die für das Gitter charakteristische Koordinationszahl z. Die Beschränkung der Wechselwirkung auf nächste Nachbarn ist ebenfalls eine zweckmäßige und häufig ausreichende, aber nicht notwendige Vereinfachung. Schließlich nehmen wir noch an, daß die gesamte Wechselwirkungsenergie sich additiv aus den Paar-Wechselwirkungen zusammensetzt. Die Zahlen der 1—1-, 1—2- und 2—2-Paare im Gitter, von denen die Wechselwirkungsenergie abhängt, bezeichnen wir mit zX_{11}, zX_{12} und zX_{22}. Dann können wir den von der unterschiedlichen Besetzung der Gitterplätze herrührenden Anteil der potentiellen Energie schreiben

$$U_c = N_1 \chi_1 + N_2 \chi_2 + z \left(X_{11} w_{11} + X_{12} w_{12} + X_{22} w_{22} \right) \tag{XVI 15}$$

Die hier eingeführten Energieparameter w_{11}, w_{12} und w_{22} sind, streng genommen, von den thermodynamischen Zustandsgrößen abhängig und haben daher den Charakter von Potentialen der Durchschnittskräfte (vgl. § 8.1 und 8.3), was wir auch in der Bezeichnung zum Ausdruck gebracht haben[1]. Wir werden dies im folgenden vernachlässigen; anders ausgedrückt, wir definieren unser Modell so, daß die w_{ij} wirkliche Wechselwirkungsenergien werden. Es ist aber beim Vergleich mit experimentellen Daten zu beachten, daß aus dieser Vernachlässigung möglicherweise Diskrepanzen entstehen können und daß eine Berechnung der w_{ij} aus den zwischenmolekularen Kräften höchstens als größenordnungsmäßige Abschätzung in Betracht kommt. Die Temperaturabhängigkeit der w_{ij} ist zuerst von RUSHBROOKE[2] und GUGGENHEIM[3, 4] betont worden. Den Parametern χ_1 und χ_2 kann je nach der physikalischen Natur des Problems eine spezielle Bedeutung zugeschrieben werden.

Die Gl. (XVI 15) läßt sich auf eine zweckmäßigere Form bringen, wenn wir beachten, daß

$$N_1 = 2X_{11} + X_{12}, \quad N_2 = 2X_{22} + X_{12} \tag{XVI 16}$$

ist. Mit Hilfe dieser Gleichungen können wir zwei der Größen X_{ij} eliminieren. Führen wir noch die Abkürzung

$$w' = w_{12} - \tfrac{1}{2} \left(w_{11} + w_{22} \right) \tag{XVI 17}$$

ein, so erhalten wir

$$U_c = N_1 \left(\chi_1 + \frac{z}{2} w_{11} \right) + N_2 \left(\chi_2 + \frac{z}{2} w_{22} \right) + 2X_{12} w' \tag{XVI 18}$$

Bezeichnen wir nun die Zahl der Möglichkeiten, in einem Gitter von N Plätzen N_1 1-Besetzungen so anzuordnen, daß zX_{12} 1—2-Paare entstehen, mit $g(N, N_1, X_{12})$[5], so lautet die Verteilungsfunktion

$$Q_c = \sum_{N_1} \sum_{X_{12}} g(N, N_1, X_{12})\, \alpha^{N_1}\, e^{-\frac{z X_{12} w'}{kT}} . \tag{XVI 19}$$

---

[1] Die hier eingeführten Energieparameter, die sich auf ein bestimmtes Modell beziehen, können natürlich nicht einfach mit den Größen des Kapitels VIII identifiziert werden.

[2] RUSHBROOKE, G. S.: Trans. Faraday Soc. 36, 1055 (1940).

[3] GUGGENHEIM, E. A.: Trans. Faraday Soc. 44, 1007 (1948).

[4] GUGGENHEIM, E. A.: Nuovo Cimento Ser. IX, 6 (Suppl.) Nr. 2 (1949).

[5] Diese Größe wird gewöhnlich als Kombinationsfaktor oder Gewichtsfaktor bezeichnet.

Unter kooperativen Erscheinungen (im engeren Sinne) verstehen wir alle Probleme, welche auf die Verteilungsfunktion (XVI 19), bzw. sinngemäße Verallgemeinerungen derselben, führen. Identifizieren wir im besonderen die Besetzungen 1 und 2 mit den Orientierungen magnetischer Dipole parallel und antiparallel zur Richtung eines Magnetfeldes, so wird (XVI 19) die Verteilungsfunktion des Ising-Modells. Im Falle verschwindender Feldstärke kann einfach $\alpha = 1$ gesetzt werden, während bei endlicher Feldstärke

$$\alpha = e^{-\frac{2[\mu]H}{kT}} \tag{XVI 20}$$

ist, wo $[\mu]$ das magnetische Moment des Dipols und H die Feldstärke bezeichnet. In diesem Falle ist N_1 die Zahl der Dipole, die antiparallel zur Feldrichtung orientiert sind. Wenn die Besetzungen 1 und 2 Besetzungen der Gitterplätze durch verschiedene Atome bezeichnen, so stellt (XVI 19) die große Verteilungsfunktion der sogenannten streng regulären Lösung dar, die wir in § 18.2 behandeln. Wir führen die Aufzählung hier nicht weiter, werden aber in diesem und den folgenden Kapiteln noch verschiedene andere Beispiele für die Anwendung der Gl. (XVI 19) kennenlernen.

Wir kehren nun wieder zum Problem der Überstrukturumwandlungen zurück und zeigen zunächst, daß auch dieses Problem mathematisch durch Gl. (XVI 19) dargestellt wird. Wir knüpfen dabei an das Beispiel des β-Messings an, setzen also voraus, daß die Zahl der A-Atome N_A gleich der Zahl der B-Atome N_B ist und daß die nächsten Nachbarn eines Gitterplatzes nicht untereinander nächste Nachbarn sind. Das wichtigste Konzept in der Theorie der Überstrukturumwandlungen bildet die Annahme, daß sich für jede Atomart „richtige" und „falsche" Gitterplätze definieren lassen. Die Grundlage dieser Unterscheidung bildet die vollkommene Ordnung am absoluten Nullpunkt. Sie hat natürlich gar keinen Sinn, wenn man bei höheren Temperaturen von einem beliebigen Gitterplatz ausgeht und diesen als richtig oder falsch besetzt definiert oder nur einen kleinen Bezirk ins Auge faßt. Man kann sie aber für den Gesamtkristall definieren durch die Forderung, daß bei endlichen Temperaturen die Mehrzahl der Atome einer Sorte auf den richtigen Gitterplätzen sich befindet. Die Einführung eines solchen a posteriori-Kriteriums am Anfang der Theorie erscheint vielleicht auf den ersten Blick vom logischen Standpunkt etwas unbehaglich[1]. Es sind aber wohl kaum ernstere Bedenken dagegen zu erheben. Einmal muß nämlich eine solche Unterscheidung in irgendeinem Stadium eingeführt werden, wenn man den nach Ausweis der Röntgendaten für das ganze Erscheinungsgebiet wesentlichen Begriff der Fernordnung im Kristall erfassen will. Es ist dann eine Frage der Zweckmäßigkeit, ob man dieselbe an den Anfang setzt. Zum anderen zeigen die folgenden Entwicklungen, daß die Verteilungsfunktion selbst (und damit alle thermodynamischen Eigenschaften) von dem Begriff „richtig" bzw. „falsch" besetzter Gitterplatz völlig unabhängig ist. Die Verwendung dieser Begriffe stellt insofern lediglich einen Trick für die Auswertung der Verteilungsfunktion dar, der den Vorteil hat, daß er eine unmittelbar anschauliche physikalische Bedeutung besitzt.

---

[1] Die Einteilung in „richtige" und „falsche" Gitterplätze ist vor allem von Jagodzinski [Fortschr. Mineral. **28**, 95 (1949)] scharf kritisiert worden, der darin den charakteristischen Zug und die Hauptschwäche der Bragg-Williamsschen Näherung (§ 16.3) erblickt. Daß diese Ansicht nicht zutreffen kann, geht schon daraus hervor, daß die obige Formulierung sich streng auf das Ising-Modell abbilden läßt, womit das Problem in gewissen Fällen exakt lösbar wird. Andererseits kann die Bragg-Williamssche Methode auf Probleme angewandt werden, bei denen die obige Einteilung der Gitterplätze überhaupt nicht auftritt, ohne daß der Charakter der Näherung dadurch berührt wird.

Zur Abkürzung bezeichnen wir die den A-Atomen zukommenden („richtigen") Gitterplätze mit a, die richtigen Plätze der B-Atome mit b. Die Zahl der A-Atome auf a-Plätzen sei $\frac{1}{2} N r$; die der A-Atome auf b-Plätzen ist dann $\frac{1}{2} N (1 - r)$. Da für jedes A-Atom, das einen falschen Gitterplatz besetzt, notwendig auch ein B-Atom einen falschen Gitterplatz besetzen muß, befinden sich $\frac{1}{2} N r$ B-Atome auf b-Plätzen und $\frac{1}{2} N (1 - r)$ B-Atome auf a-Plätzen.

Aus der obigen Definition der richtigen und falschen Gitterplätze ergibt sich, daß $\frac{1}{2} \leq r \leq 1$ ist. Die vollkommene Ordnung entspricht dem Wert $r = 1$, die vollkommene Unordnung dem Wert $r = \frac{1}{2}$. Die Gesamtzahl der $A-A$-Paare bezeichnen wir mit $\frac{z}{2} N \xi$[1]. Da auf a-Plätzen $\frac{1}{2} N r$ A-Atome sich befinden, von denen jedes z nächste Nachbarn hat, und bei jedem $A-A$-Paar sich ein A-Atom notwendig auf einem a-Platz befindet, ist die Zahl der $A(a)-B(b)$-Paare $\frac{z}{2} N (r - \xi)$. Die Zahl der A-Atome auf b-Plätzen ist $\frac{z}{2} N (1 - r)$ und daher auf Grund einer analogen Überlegung, die Zahl der $A(b)-B(a)$-Paare $\frac{z}{2} N (1 - r - \xi)$.

Da die Gesamtzahl der Paare nächster Nachbarn $\frac{z}{2} N$ ist, ergibt sich die Zahl der $B(a)-B(b)$-Paare zu $\frac{z}{2} N \xi$, was auch unmittelbar einzusehen ist, da sie ebenso groß sein muß, wie die Zahl der $A(a)-A(b)$-Paare. Auf Grund dieser Abzählung erhalten wir für die potentielle Energie der Gitter-Konfigurationen (da $N_A = N_B = \frac{1}{2} N$ ist)

$$U_c = \frac{1}{2} N \chi_A + \frac{1}{2} N \chi_B + \frac{z}{2} N \xi w_{AA} + \frac{z}{2} N \xi w_{BB} +$$
$$+ \frac{z}{2} N (r - \xi) w_{AB} + \frac{z}{2} N (1 - r - \xi) w_{AB}. \qquad \text{(XVI 21)}$$

Setzen wir

$$w = w_{AA} + w_{BB} - 2 w_{AB}, \qquad \text{(XVI 22)}$$

so wird daraus

$$U_c = \frac{1}{2} N (\chi_A + \chi_B + z w_{AB}) + \frac{z}{2} N \xi w. \qquad \text{(XVI 23)}$$

Bezeichnen wir den Gewichtsfaktor jetzt mit $g(N, r, \xi)$, so erhalten wir für die Verteilungsfunktion

$$Q_c = \sum_r \sum_\xi g(N, r, \xi) \exp \left\{ - \left[\frac{1}{2} N (\chi_A + \chi_B + z w_{AB}) + \frac{z}{2} N \xi w \right] \Big/ kT \right\}. \qquad \text{(XVI 24)}$$

Aus dieser Gleichung sieht man, daß die auf der Unterscheidung zwischen richtigen und falschen Gitterplätzen beruhende Größe r auf die Verteilungsfunktion selbst überhaupt keinen Einfluß hat, sondern lediglich in der Summierung über alle Konfigurationen eine bestimmte Gruppierung bewirkt, die für die weitere Auswertung zweckmäßig ist. Bevor wir diese Frage weiter verfolgen, betrachten wir die Beziehung der obigen Gleichung zu Gl. (XVI 19) bzw. zum Ising-Modell[2].

Für den Vergleich der beiden Verteilungsfunktionen (XVI 19) und (XVI 24) ist der wesentliche Gesichtspunkt, daß unter den „Besetzungen" im Sinne der allgemeinen Definition bei dem Problem der Überstrukturumwandlungen nicht Besetzungen der Gitterplätze mit verschiedenen Atomen zu verstehen sind. Vielmehr bedeutet die Besetzung 1 jetzt, daß ein Gitterplatz richtig besetzt ist,

---

[1] Wegen der angenommenen Gitterstruktur sind alle diese Paare $A(a)-A(b)$-Paare.

[2] Rushbrooke, G. S.: Comptes Rendus 2ième Réunion, »Changements de Phases«, S. 177. Paris 1952.

die Besetzung 2, daß er falsch besetzt ist. Die Zahl der 1–2-Paare ist dann die Zahl der Paare, bei denen ein Gitterplatz richtig und einer falsch besetzt ist; diese ist wiederum gleich der Summe der $A-A$- und $B-B$-Paare. Auf Grund der obigen Abzählungen ergeben sich daher die Zuordnungen

$$N_1 \rightarrow N_A(a) + N_B(b)\,,$$

$$N_2 \rightarrow N_A(b) + N_B(a)\,, \qquad\qquad\qquad \text{(XVI 25)}$$

$$z X_{12} \rightarrow z N \xi\,, \qquad\qquad w' \rightarrow \tfrac{1}{2} w.$$

Damit nimmt Gl. (XVI 24) die Form an

$$Q_c = \text{const} \sum_{N_1} \sum_{X_{12}} g(N, N_1, X_{12})\, e^{-\frac{z X_{12} w}{2 k T}}, \qquad\qquad \text{(XVI 26)}$$

und das ist in der Tat das Problem des ISING-Modells bei verschwindender Feldstärke[1]. Da das ISING-Modell für das rein mathematische Problem die weitaus einfachste und übersichtlichste Formulierung bietet, liegt es nahe, zunächst alle weiteren Rechnungen auf dieser Grundlage durchzuführen und erst am Schluß die Ergebnisse jeweils auf die speziellen physikalischen Probleme anzuwenden. Wir werden diesen Weg, der uns zu weit von den physikalischen Gesichtspunkten entfernen würde, hier nicht gehen, sondern jeweils die Rechnung in geeigneter Form für das spezielle physikalische Problem durchführen. Lediglich bei einigen mathematisch sehr komplizierten Methoden werden wir, um überflüssigen Ballast zu vermeiden, noch einmal auf das ISING-Modell zurückgreifen. Die statistische Theorie der kooperativen Erscheinungen in Kristallen, speziell des ISING-Modells, ist in den letzten zwanzig Jahren Gegenstand einer überaus großen Zahl von Arbeiten gewesen. Es ist daher nicht möglich, im Rahmen dieses Buches eine vollständige Darstellung des Gebietes zu geben; wir beschränken uns hier auf einige wichtige Methoden und Ergebnisse. Für weitergehende Studien verweisen wir auf verschiedene zusammenfassende Darstellungen[2–4] und die dort zitierte Originalliteratur.

Das mathematische Problem des ISING-Modells bei verschwindender Feldstärke läßt sich für den eindimensionalen Fall (vgl. § 17:1) in verhältnismäßig einfacher Weise exakt lösen. Der zweidimensionale Fall bietet mathematisch bereits enorme Schwierigkeiten, die zum ersten Male in einer berühmten Arbeit von ONSAGER[5] vollständig überwunden wurden. Für das dreidimensionale Problem ist eine exakte Lösung in geschlossener Form noch nicht gefunden worden. Man ist daher auf Näherungsverfahren angewiesen, die teils auf geschlossene Formeln, teils auf Reihenentwicklungen führen. Wir werden im folgenden so vorgehen, daß wir zuerst einige besonders wichtige und relativ einfache Näherungsverfahren anhand der Theorie der Überstrukturumwandlungen entwickeln. Für die mathematisch schwierigeren Methoden legen wir dann das ISING-Modell zugrunde.

---

[1] Die Übereinstimmung ist nicht völlig exakt, da die Summierung (XVI 26) auf Konfigurationen beschränkt ist, bei denen N_1 und N_2 gleichmäßig auf die beiden Teilgitter verteilt sind, d. h. $N_A(a) = N_B(b)$ und $N_A(b) = N_B(a)$ ist, während für die Summierung in Gl. (XVI 19) eine solche Beschränkung nicht existiert. Der Unterschied kann jedoch vernachlässigt werden.

[2] GUGGENHEIM, E. A.: Mixtures. Oxford 1952.

[3] RUSHBROOKE, G. S.: Comptes Rendus 2ième Réunion «Changements de Phases», S. 177. Paris 1952.

[4] NEWELL, G. F., u. E. W. MONTROLL: Rev. Mod. Phys. 25, 353 (1953).

[5] ONSAGER, L.: Physic. Rev. 65, 117 (1944).

Anschließend behandeln wir die Probleme der festen binären Lösungen und der sog. Rotationsumwandlungen, bei denen wir noch weitere Näherungsverfahren kennen lernen werden.

§ 16.3. Die Methode von Gorsky und Bragg-Williams

Die erste Theorie der Überstrukturumwandlungen wurde von Gorsky[1] entwickelt und später von Bragg und Williams[2] verallgemeinert. Sie wird heute gewöhnlich als Bragg-Williamssche Näherung oder nullte Näherung bezeichnet. Wir entwickeln sie hier in einer von der ursprünglichen Form abweichenden Darstellung, die auf Fowler und Guggenheim[3] zurückgeht und ihre systematische Stellung besser erkennen läßt.

Die Verteilungsfunktion für ein System mit Überstruktur lautet, wie wir in § 16.2 gezeigt haben

$$Q_c = \sum_r \sum_\xi g(N, r, \xi) \exp\left\{ - \left[\frac{1}{2} N(\chi_A + \chi_B + z w_{AB}) + \frac{z}{2} N \xi w \right] \middle/ k T \right\} . \quad \text{(XVI 27)}$$

Nach der Natur des Problems, d. h., wenn die Überstruktur am absoluten Nullpunkt stabil sein soll, ist w auf positive Werte beschränkt. Um die Verteilungsfunktion auszuwerten, fassen wir alle Glieder, für welche r den gleichen Wert hat, zusammen, setzen also

$$Q_c = \sum_r Q_{cr} \quad \text{(XVI 28)}$$

und bestimmen hier den maximalen Term. Wir haben daher zunächst

$$Q_{cr} = \sum_\xi g(N, r, \xi) \exp\left\{ - \left[\frac{1}{2} N(\chi_A + \chi_B + z w_{AB}) + \frac{z}{2} N \xi w \right] \middle/ k T \right\} \quad \text{(XVI 29)}$$

zu berechnen. In thermodynamischer Ausdrucksweise erhalten wir damit, wie in § 5.12 ausgeführt, die freie Energie als Funktion eines inneren Parameters r. Unter der Voraussetzung, daß dieser Parameter zu Klasse 3 gehört, ist dann für gegebene Werte der Zustandsvariablen das thermodynamische Gleichgewicht dadurch bestimmt, daß die freie Energie in bezug auf diesen Parameter ein Minimum wird. Statistisch bedeutet dies aber, daß wir den maximalen Term von (XVI 28) aufsuchen.

Um die approximative Berechnung von Q_{cr} durchzuführen, definieren wir eine Größe

$$g(N, r) = \sum_\xi g(N, r, \xi) . \quad \text{(XVI 30)}$$

$g(N, r)$ ist also die Gesamtzahl der Konfigurationen, die zu einem gegebenen Wert von r gehören, ohne Rücksicht auf die Zahl der $A-A$-Paare. Das heißt mit anderen Worten, $g(N, r)$ ist gleich der Zahl der Möglichkeiten, jeweils $N/2$ Gitterplätze auf $\frac{1}{2} N r$ richtig besetzte und $\frac{1}{2} N (1 - r)$ falsch besetzte aufzuteilen. Wir haben also

$$g(N, r) = \left[\frac{(N/2)!}{(\frac{1}{2} N r)! \, [\frac{1}{2} N(1 - r)]!} \right]^2 . \quad \text{(XVI 31)}$$

Mit Benutzung der Stirlingschen Formel wird daraus

$$\ln g(N, r) = - N \left[r \ln r + (1 - r) \ln (1 - r) \right] . \quad \text{(XVI 32)}$$

[1] Gorsky, W.: Z. Physik 50, 64 (1928).
[2] Bragg, W. L., u. E. J. Williams: Proc. Roy. Soc. (London) A 145, 699 (1934); 151, 540 (1935).
[3] Fowler, R. H., u. E. A. Guggenheim: Statistical Thermodynamics. Cambridge 1949.

Für $r = \frac{1}{2}$ und $N \to \infty$ gilt

$$g\left(N, \frac{1}{2}\right) = \left[\frac{(N/2)!}{(N/4)!\,(N/4)!}\right]^2 \approx \frac{N!}{(N/2)!\,(N/2)!} = \sum_r g(N, r) \,. \qquad \text{(XVI 33)}$$

Wenn also r den Wert $\frac{1}{2}$ erreicht, wird die Zahl der Konfigurationen praktisch gleich der Zahl der Konfigurationen bei völlig ungeordneter Verteilung, d. h. der die Ordnung beschreibende Parameter r hat seinen Sinn verloren.

Wir schreiben nun die Gl. (XVI 29) in einer anderen Form, indem wir ξ durch einen Mittelwert $\bar{\bar{\xi}}$ ersetzen. Es ergibt sich dann

$$Q_{cr} = g(N, r) \exp\left\{-\left[\frac{1}{2} N(\chi_A + \chi_B + z w_{AB}) + \frac{z}{2} N \bar{\bar{\xi}} w\right]\Big/ kT\right\} \,. \qquad \text{(XVI 34)}$$

Daraus folgt für den entsprechenden Term der freien Energie nach HELMHOLTZ

$$F_c = \frac{1}{2} N(\chi_A + \chi_B + z w_{AB}) + \frac{z}{2} N \bar{\bar{\xi}} w - kT \ln g(N, r) \,. \qquad \text{(XVI 35)}$$

Der durch Gl. (XVI 34) definierte Mittelwert $\bar{\bar{\xi}}$ darf nicht verwechselt werden mit dem in der gewöhnlichen Weise mit Hilfe der Verteilungsfunktion über alle Konfigurationen gebildeten Mittelwert oder Gleichgewichtswert von ξ, den wir mit $\bar{\xi}$ bezeichnen. Dieser letztere bestimmt, wie unmittelbar verständlich ist, den Mittelwert von U_c und damit die thermodynamische innere Energie. Wir haben also

$$\overline{U}_c = E_c = \frac{1}{2} N(\chi_A + \chi_B + z w_{AB}) + \frac{z}{2} N \bar{\xi} w \,. \qquad \text{(XVI 36}$$

Andererseits erhalten wir aber aus (XVI 35)

$$E_c = \frac{1}{2} N(\chi_A + \chi_B + z w_{AB}) + \frac{z}{2} N \left(\bar{\bar{\xi}} - T \frac{\partial \bar{\bar{\xi}}}{\partial T}\right) w \,. \qquad \text{(XVI 37)}$$

Der Vergleich dieser beiden Ausdrücke ergibt

$$\bar{\xi} = \bar{\bar{\xi}} - T \frac{\partial \bar{\bar{\xi}}}{\partial T} \,. \qquad \text{(XVI 38)}$$

Die Lösung dieser Gleichung lautet

$$\bar{\bar{\xi}} = T \int_0^{1/T} \bar{\xi}\, d\left(\frac{1}{T}\right), \qquad \text{(XVI 39)}$$

wobei die Randbedingung durch die Forderung bestimmt ist, daß bei unendlich hoher Temperatur vollkommene Unordnung herrscht.

Die vorstehenden Gleichungen sind (im Rahmen der benutzten Ansätze) exakt und stellen lediglich eine Umformung dar, welche das Problem auf die Bestimmung von $\bar{\bar{\xi}}$ oder $\bar{\xi}$ reduziert. Das Wesen der BRAGG-WILLIAMSschen Näherung besteht nun darin, daß bei der Bildung des Mittelwertes $\bar{\xi}$ für gegebenes r der e-Faktor gleich eins gesetzt, oder anders ausgedrückt, allen Konfigurationen das gleiche Gewicht zugeschrieben wird. Es wird also angenommen, daß sich auf den a-Plätzen $\frac{1}{2} N r$ A-Atome und $\frac{1}{2} N (1 - r)$ B-Atome befinden, daß diese aber völlig ungeordnet verteilt sind, während in Wirklichkeit die Bildung von $A-B$-Paaren energetisch und damit in der durch den e-Faktor bestimmten Weise auch statistisch bevorzugt ist. Entsprechende Verhältnisse haben wir für die b-Plätze. Die BRAGG-WILLIAMSsche Näherung beschränkt sich darauf, die Verteilung auf richtige und falsche Gitterplätze, die sog. Fernordnung, zu beschreiben; die Ordnung in kleinsten Bezirken, die sog. Nahordnung, die sich in der Bevorzugung der $A-B$-Paare ausdrückt, wird völlig vernachlässigt.

Der Mittelwert $\bar{\bar{\xi}}$ ergibt sich jetzt in einfacher Weise durch die folgende Überlegung. Bei beliebiger Konfiguration ist unter den obigen Voraussetzungen die Wahrscheinlichkeit, daß ein beliebig herausgegriffenes Paar ein $A-A$-Paar ist, $\sim r\,(1 - r)$. Von den $\frac{z}{2}\,N$ Paaren ist somit im Mittel der Bruchteil

$$\frac{\frac{z}{2}\,N\bar{\xi}}{\frac{z}{2}\,N} = r\,(1 - r) \qquad \text{(XVI 40)}$$

$A-A$-Paare. Bei gegebenem r ist dieser Bruchteil unabhängig von der Temperatur und wir erhalten mit Gl. (XVI 39)

$$\bar{\bar{\xi}} = \bar{\xi} = r\,(1 - r) \qquad \text{(XVI 41)}$$

Setzen wir dies in Gl. (XVI 35) ein, so ergibt sich für den Konfigurationsanteil der freien Energie nach Helmholtz

$$\begin{aligned}
F_c &= \tfrac{1}{2}N(\chi_A + \chi_B + z w_{AB}) + \tfrac{z}{2}\,N r\,(1 - r)\,w + \\
&\quad + NkT\,[r \ln r + (1 - r) \ln (1 - r)]
\end{aligned} \qquad \text{(XVI 42)}$$

Diese Gleichung können wir etwas übersichtlicher schreiben

$$\frac{F_c(r) - F_c(\tfrac{1}{2})}{NkT} = r \ln r + (1 - r) \ln (1 - r) + \ln 2 - \frac{z}{2}\left(r - \frac{1}{2}\right)^2 \frac{w}{kT}\,. \qquad \text{(XVI 43)}$$

Damit ist der erste Teil unserer Aufgabe gelöst, und wir haben jetzt den Gleichgewichtswert von r aus der Bedingung

$$-kT\,\frac{\partial \ln Q_{cr}}{\partial r} = \frac{\partial F_c}{\partial r} = 0 \qquad \text{(XVI 44)}$$

zu bestimmen. Mit Gl. (XVI 43) ergibt sich dafür die Gleichung

$$\frac{1}{2r - 1}\ln \frac{r}{1 - r} = \frac{zw}{2kT}\,. \qquad \text{(XVI 45)}$$

Die Lösungen dieser transzendenten Gleichung lassen sich am einfachsten in graphischer Darstellung überblicken. In Abb. 109 ist $[F_c(r) - F_c(\tfrac{1}{2})]/NkT$ als Funktion von r mit $\frac{zw}{4kT}$ als Parameter aufgetragen. Man sieht daraus, daß für $\frac{zw}{4kT} < 1$ nur eine Wurzel $r = \frac{1}{2}$ existiert und daß diese einem Minimum von $F_c(r)$ entspricht. Wir haben dann, wie schon erwähnt, im Rahmen der Bragg-Williams-schen Näherung den Zustand völliger Unordnung; die Unterscheidung von a- und b-Plätzen hat ihren Sinn verloren. Für $\frac{zw}{4kT} > 1$ entspricht die Lösung $r = \frac{1}{2}$ einem Maximum von $F_c(r)$ und damit einem instabilen Zustand. Es existiert aber jetzt eine zweite Wurzel $\frac{1}{2} < r \leq 1$, die einem Minimum von $F_c(r)$ entspricht; diese repräsentiert somit jetzt den stabilen Zustand. In diesem Temperaturgebiet haben wir eine mit abnehmender Temperatur wachsende Fernordnung, d. h. es tritt eine Überstruktur auf.

Mit steigender Temperatur rückt die zweite Wurzel immer näher an 0,5 heran und die Fernordnung nimmt ab, bis bei dem Parameterwert $\frac{zw}{4kT} = 1$ die beiden Wurzeln in eine zusammenfallen und die Fernordnung verschwindet. Die hierdurch definierte Temperatur

$$T_c = \frac{zw}{4k} \qquad \text{(XVI 46)}$$

stellt die Umwandlungstemperatur der Überstruktur-Umwandlung dar, die im Hinblick auf das Ising-Modell auch häufig als Curie-Punkt bezeichnet wird[1]. Die Umwandlungstemperatur läßt sich auch, was für spätere Überlegungen von Bedeutung ist, aus der Tatsache definieren, daß an dieser Stelle die Wurzel $r = \frac{1}{2}$ aus einem Maximum zu einem Minimum wird. Die $F_c(r)$-Kurve hat daher für

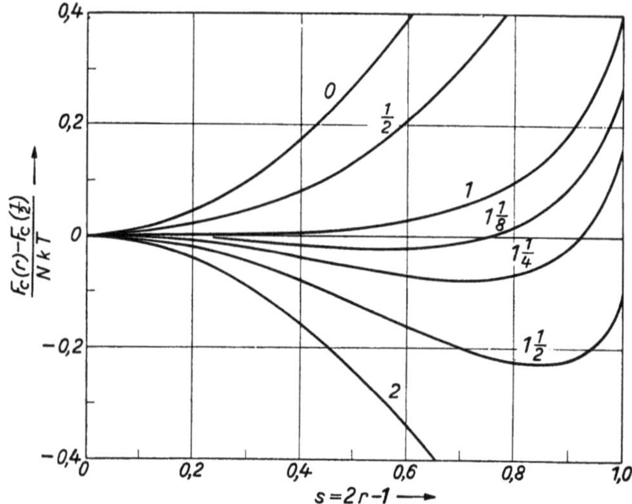

Abb. 109. Freie Energie und Fernordnungsgrad [entnommen aus: E. A. Guggenheim: Mixtures. Oxford 1952]

$T = T_c$ an der Stelle $r = \frac{1}{2}$ einen Wendepunkt mit horizontaler Tangente. Daraus ergeben sich die Definitionsgleichungen

$$\frac{\partial F_c}{\partial r} = 0, \quad \frac{\partial^2 F_c}{\partial r^2} = 0 \quad \text{für } r = \frac{1}{2}, \quad T = T_c. \tag{XVI 47}$$

Daraus folgt mit (XVI 45) wieder die Gl. (XVI 46).

Der quantitative Zusammenhang zwischen Temperatur und Fernordnung ist durch Gl. (XVI 45) gegeben, wobei als Ordnungsmaß der von Gorsky eingeführte Parameter r benutzt ist. Es ist jedoch heute allgemein üblich, den Fernordnungsgrad s nach Bragg und Williams zu definieren durch die Gleichung

$$s = 2r - 1. \tag{XVI 48}$$

Diese Definition hat den Vorzug, daß der Fernordnungsgrad für $T = 0$ Eins wird, dagegen für $T \geqq T_c$ verschwindet. Führen wir in Gl. (XVI 45) die Umwandlungstemperatur T_c ein, so bekommen wir

$$\frac{T_c}{T} = \frac{1}{2\,(2\,r-1)} \ln \frac{r}{1-r} \tag{XVI 49}$$

oder mit Benutzung des Fernordnungsgrades nach Bragg-Williams

$$\frac{T_c}{T} = \frac{1}{2\,s} \ln \frac{1+s}{1-s}. \tag{XVI 50}$$

Dafür kann auch geschrieben werden

$$\frac{T_c}{T} = \frac{\tanh^{-1} s}{s}. \tag{XVI 51}[2]$$

---

[1] In der Literatur wird T_c häufig als „kritischer Punkt" bezeichnet. Dies ist insofern berechtigt, als, wie wir in § 18.2 sehen werden, der kritische Punkt einer binären Lösung formal mit dem Curie-Punkt des Ising-Modells zusammenfällt. Wir ziehen es jedoch vor, den Ausdruck „kritischer Punkt" nur im Sinne der thermodynamischen Definition zu verwenden.

[2] $\tanh^{-1}$ bezeichnet die inverse Hyperbelfunktion.

Diese Beziehung zwischen Temperatur und Fernordnungsgrad ist in Abb. 110 graphisch dargestellt. Man sieht, daß die Überstruktur bis zu einer Temperatur von etwa $0,3\ T/T_c$ nahezu unverändert besteht bleibt, um dann zuerst langsam und schließlich in steilem Abfall zu verschwinden. Um die entsprechende Änderung der thermodynamischen Funktionen zu erhalten, haben wir in Gl. (XVI 42) den Gleichgewichtswert von r bzw. s einzusetzen, womit dann F_c auf eine Funktion der Atomzahlen und der Temperatur reduziert wird. Wir können dann für die hier in erster Linie interessierende innere Energie schreiben

$$E_c = \frac{1}{2} N \left(\chi_A + \chi_B + z w_{AB} \right) +$$

$$+ \frac{z}{8} N \left(1 - s^2 \right) w \qquad \text{(XVI 52)}$$

oder

$$\frac{E_c(T) - E_c(O)}{E_c(\infty) - E_c(O)} = 1 - [s(T)]^2 , \qquad \text{(XVI 53)}$$

wo $s(T)$ die durch Gl. (XVI 51) definierte Temperaturfunktion ist. Der Verlauf der Funktion (XVI 53) ist in Abb. 111 dargestellt. Abb. 112 zeigt den entsprechenden Anteil der Atomwärme. Man erkennt aus diesen Abbildungen, daß die Überstruktur-Umwandlung sich in der Bragg-Williamsschen Näherung als Umwandlung II. Ordnung im Sinne der Ehrenfestschen Definition (§ 7.6), genauer als λ-Punkt darstellt. Der Vergleich mit Abb. 106 und 107 zeigt, daß damit die Verhältnisse bei β-Messing, auf das sich ja die Rechnung bezieht, offenbar qualitativ richtig erfaßt werden. Die quantitative Übereinstimmung, die wir in § 16.6 näher erörtern werden, ist jedoch sehr schlecht, wie es bei dem verhältnismäßig rohen Charakter der Näherung kaum anders zu erwarten ist.

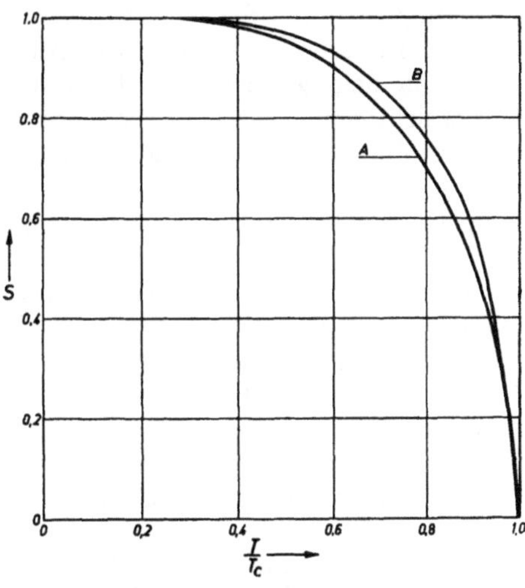

Abb. 110. Zusammenhang zwischen Temperatur und Fernordnungsgrad. Kurve A: Bragg-Williamssche Näherung; Kurve B: Bethesche Näherung [entnommen aus: R. H. Fowler u. E. A. Guggenheim: Statistical Thermodynamics, S. 573. Cambridge 1949]

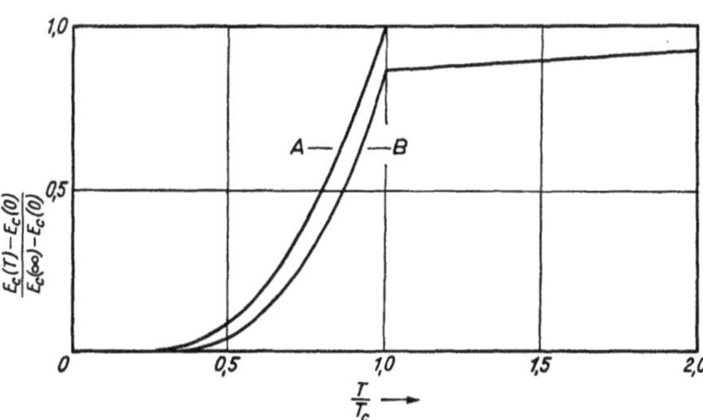

Abb. 111. Innere Energie und Fernordnungsgrad. Kurve A: Bragg-Williamssche Näherung; Kurve B: Bethesche Näherung [entnommen aus: R. H. Fowler u. E. A. Guggenheim: Statistical Thermodynamics, S. 574. Cambridge 1949]

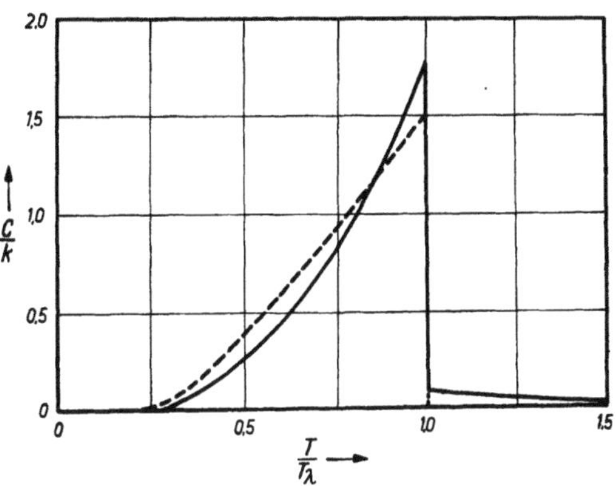

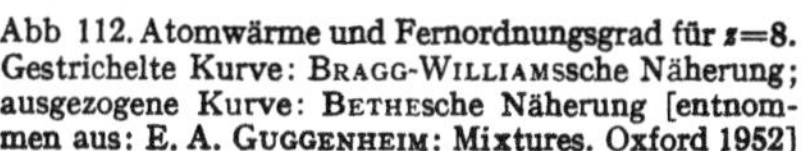

Abb 112. Atomwärme und Fernordnungsgrad für $s=8$. Gestrichelte Kurve: Bragg-Williamssche Näherung; ausgezogene Kurve: Bethesche Näherung [entnommen aus: E. A. Guggenheim: Mixtures. Oxford 1952]

35*

§ 16.4. Das BETHEsche Näherungsverfahren

Die allgemeine Richtung für eine Verbesserung der BRAGG-WILLIAMSschen Näherung ist durch die Ausführungen in § 16.3 klar vorgezeichnet. Es ist unter allen Umständen notwendig, die Annahme einer ungeordneten Verteilung der Atome in dem a- bzw. b-Gitter aufzugeben und die Nahordnung explizit zu berücksichtigen. Dies wurde näherungsweise zuerst von BETHE[1] durchgeführt; die von ihm benutzte Methode, die gewöhnlich als das BETHEsche Näherungsverfahren bezeichnet wird, hat für die Untersuchung der verschiedenartigsten kooperativen Probleme eine bedeutsame Rolle gespielt.

Das Wesen des BETHEschen Näherungsverfahrens besteht darin, daß für eine „repräsentative Gruppe" aus wenigen Gitterplätzen die große Verteilungsfunktion explizit konstruiert wird[2]. Wir betrachten hier, im Anschluß an die BETHEsche Originalarbeit, in erster Näherung einen zentralen Gitterplatz und seine z nächsten Nachbarn. Auf die Frage, wie sich eine Vergrößerung oder Verkleinerung der repräsentativen Gruppe auswirkt, werden wir am Schluß dieses Paragraphen zurückkommen. Im übrigen machen wir die gleichen Voraussetzungen wie vorher, d. h., wir legen der Rechnung das Gitter des β-Messings mit dem Atomverhältnis 1:1 zugrunde und berücksichtigen nur die Wechselwirkung zwischen nächsten Nachbarn. Im Sinne der in § 16.2 gemachten Annahme beschränken wir uns für die Konstruktion der großen Verteilungsfunktion auf Terme, bei denen alle Gitterplätze besetzt sind. Das Produkt aus absoluter Aktivität und den Verteilungsfunktionen der Atome für alle bei fixiertem Gitterplatz verbleibenden Freiheitsgrade bezeichnen wir mit ζ. Wir führen ferner die Abkürzung

$$\eta_{ij} = e^{-\dfrac{w_{ij}}{kT}} \tag{XVI 54}$$

ein. Schließlich muß für jede Konfiguration der repräsentativen Gruppe die Wechselwirkung mit dem restlichen Gitter berücksichtigt werden. Dies geschieht durch die sog. BETHE-Parameter, die den Besetzungen der Gitterplätze der Koordinationsschale zugeordnet werden. Es tritt also beispielsweise ein Faktor ε_A^b auf, wenn ein b-Platz der Koordinationsschale durch ein A-Atom besetzt ist. Wir nehmen an, daß der zentrale Gitterplatz ein a-Platz ist. Dann können wir mit den vorstehenden Festsetzungen die große Verteilungsfunktion der repräsentativen Gruppe[3] schreiben

$$G^{*a} = G_A^{*a} + G_B^{*a} = \zeta_A \sum_{m=0}^{z} \binom{z}{m} (\zeta_A\,\varepsilon_A^b\,\eta_{AA})^m (\zeta_B\,\varepsilon_B^b\,\eta_{AB})^{z-m} +$$
$$+ \zeta_B \sum_{m=0}^{z} \binom{z}{m} (\zeta_A\,\varepsilon_A^b\,\eta_{AB})^m (\zeta_B\,\varepsilon_B^b\,\eta_{BB})^{z-m}. \tag{XVI 55}$$

Hier bezeichnet m stets die Zahl der A-Atome, die sich bei der betreffenden Konfiguration auf Gitterplätzen der Koordinationsschale befinden. Mit Benutzung des binomischen Lehrsatzes wird aus (XVI 55)

$$G^{*a} = \zeta_A(\zeta_A\,\varepsilon_A^b\,\eta_{AA} + \zeta_B\,\varepsilon_B^b\,\eta_{AB})^z + \zeta_B(\zeta_A\,\varepsilon_A^b\,\eta_{AB} + \zeta_B\,\varepsilon_B^b\,\eta_{BB})^z. \tag{XVI 56}$$

Eine analoge Gleichung bekommen wir, wenn wir annehmen, daß der zentrale Platz ein b-Platz ist. Wir schreiben sie nicht an, da sie für die weitere Rechnung nicht benötigt wird.

---

[1] BETHE, H.: Proc. Roy. Soc. (London) A **150**, 552 (1935).

[2] Der Zusammenhang mit der großen Verteilungsfunktion ist von BETHE selbst noch nicht bemerkt worden.

[3] Die große Verteilungsfunktion der repräsentativen Gruppe wird häufig auch als lokale Verteilungsfunktion bezeichnet.

Wir haben Gl. (XVI 56) in dieser vollständigen Form angeschrieben, um die Struktur der Ausgangsgleichung des BETHESCHEN Verfahrens deutlich zu machen. Tatsächlich sind die meisten darin auftretenden Größen für die weitere Rechnung überflüssig und können in einfacher Weise eliminiert werden. Zunächst können wir, da in der Verteilungsfunktion nach Gl. (XVI 26) nur die Größe w auftritt, im Hinblick auf Gl. (XVI 22) setzen

$$\eta_{AA} = \eta_{BB} = \eta, \quad \eta_{AB} = 1. \tag{XVI 57}$$

Die Größen ζ_A und ζ_B in den Klammern beziehen wir einfach in die BETHE-Parameter ein, über die wir ja explizit noch nicht verfügt haben. Schließlich bemerkt man, daß wir in Wirklichkeit nur einen BETHE-Parameter benötigen, da die Wechselwirkung mit dem restlichen Gitter bereits eindeutig bestimmt ist, wenn etwa feststeht, daß auf den Plätzen der Koordinationsschale sich m A-Atome befinden. Wir setzen also formal

$$\frac{\zeta_A \, \varepsilon_A^b}{\zeta_B \, \varepsilon_B^b} = \varepsilon \tag{XVI 58}$$

und

$$\zeta_A \, (\zeta_B \, \varepsilon_B^b)^z = \zeta_A^*, \quad \zeta_B \, (\zeta_B \, \varepsilon_B^b)^z = \zeta_B^*, \tag{XVI 59}$$

wo ε der neue BETHE-Parameter ist. Damit wird aus Gl. (XVI 56)

$$G^{*a} = \zeta_A^* \, (\varepsilon\eta + 1)^z + \zeta_B^* \, (\varepsilon + \eta)^z. \tag{XVI 60}$$

Mit Hilfe dieser Verteilungsfunktion lassen sich für die repräsentative Gruppe alle in Betracht kommenden Wahrscheinlichkeiten und Mittelwerte berechnen, wenn es gelingt, den Parameter ε zu eliminieren. Letzteres geschieht durch die sog. Äquivalenzbedingung, nach der die Wahrscheinlichkeit, daß der zentrale Platz falsch besetzt ist, gleich sein muß der Wahrscheinlichkeit, daß ein Platz der Koordinationsschale falsch besetzt ist.

Bisher haben wir lediglich die repräsentative Gruppe betrachtet. Der Übergang zur Beschreibung des Gesamtkristalls wird nun hergestellt durch die Äquivalenzbedingung, die unter diesem Gesichtspunkt besagt, daß die mit Gl. (XVI 60) für die repräsentative Gruppe berechneten Größen den entsprechenden Größen des Gesamtkristalls gleich oder proportional sind. Wir stellen zunächst eine Anzahl von diesen Größen zusammen, die wir für die weitere Rechnung benötigen. Die Wahrscheinlichkeit, daß der zentrale Gitterplatz falsch besetzt ist, ist in der Bezeichnung von § 16.2 nach Gl. (XVI 60)

$$1 - r = \frac{G_B^{*a}}{G_A^{*a} + G_B^{*a}} = \frac{\zeta_B^* (\varepsilon + \eta)^z}{G_A^{*a} + G_B^{*a}}. \tag{XVI 61}$$

Die Wahrscheinlichkeit, daß ein Platz der Koordinationsschale falsch besetzt ist, ist gleich dem durch z dividierten Mittelwert vom m, wobei der Mittelwert mit der Verteilungsfunktion (XVI 60) zu bilden ist. Im Sinne der Äquivalenzbedingung haben wir dann

$$1 - r = \frac{1}{z}\left[\zeta_A^* \Sigma \, m \binom{z}{m} (\varepsilon\eta)^m + \zeta_B^* \Sigma \, m \binom{z}{m} \varepsilon^m \, \eta^{z-m}\right] \Big/ (G_A^{*a} + G_B^{*a})$$

$$= \frac{1}{z} \, \varepsilon \, \frac{\partial G^{*a}}{\partial \varepsilon} \Big/ (G_A^{*a} + G_B^{*a}). \tag{XVI 62}$$

Entsprechend haben wir für die Wahrscheinlichkeit, daß der zentrale Gitterplatz richtig besetzt ist

$$r = \frac{G_A^{*a}}{G_A^{*a} + G_B^{*a}} = \frac{\zeta_A^{*a} (\varepsilon\eta + 1)^z}{G_A^{*a} + G_B^{*a}} \tag{XVI 63}$$

und für die Wahrscheinlichkeit, daß ein Platz der Koordinationsschale richtig besetzt ist

$$r = \frac{1}{z}\left[\zeta_A^* \, \Sigma \, (z-m)\binom{z}{m}(\varepsilon\eta)^m + \zeta_B^* \, \Sigma \, (z-m)\binom{z}{m}\varepsilon^m\,\eta^{z-m}\right]\Big/ G_A^{*a} + G_B^{*a}$$

$$= \frac{\zeta_A^*\,(\varepsilon\eta+1)^{z-1} + \zeta_B^*\,\eta(\varepsilon+\eta)^{z-1}}{G_A^{*a} + G_B^{*a}}. \tag{XVI 64}$$

An den vorstehenden Gleichungen läßt sich noch eine Vereinfachung anbringen. Da unsere Ansätze in den Komponenten völlig symmetrisch sind, muß bei dem Atomverhältnis $1:1$ $\zeta_A^* = \zeta_B^*$ sein. Diese Größen heben sich daher in den Gl. (XVI 61) bis (XVI 64) heraus. Wir werden daher von jetzt ab dieselben einfach gleich Eins setzen.

Wir können nun ohne Schwierigkeit auch die mittleren Paarzahlen berechnen. Dabei ist nur zu beachten, daß die aus (XVI 60) berechnete Paarzahl sich zu der des Gesamtsystems verhält wie die gesamte Paarzahl der repräsentativen Gruppe z zu der des Gesamtkristalls $\frac{z}{2}N$. Es ergibt sich dann für die Zahl der $A(a)-A(b)$-Paare aus (XVI 62)

$$\frac{z}{2}N\bar{\xi} = \frac{z}{2}N\,\frac{\varepsilon\eta(\varepsilon\eta+1)^{z-1}}{G_A^{*a} + G_B^{*a}}. \tag{XVI 65}$$

Die Zahl der $B(a)-A(b)$-Paare ist, ebenfalls nach Gl. (XVI 62)

$$\frac{z}{2}N\,(1-r-\bar{\xi}) = \frac{z}{2}N\,\frac{\varepsilon(\varepsilon+\eta)^{z-1}}{G_A^{*a} + G_B^{*a}}. \tag{XVI 66}$$

Für die Zahl der $B(a)-B(b)$-Paare erhalten wir aus Gl. (XVI 64)

$$\frac{z}{2}N\bar{\xi} = \frac{z}{2}N\,\frac{\eta(\varepsilon+\eta)^{z-1}}{G_A^{*a} + G_B^{*a}}. \tag{XVI 67}$$

Schließlich ist nach Gl. (XVI 64) die Zahl der $A(a)-B(b)$-Paare

$$\frac{z}{2}N\,(r-\bar{\xi}) = \frac{z}{2}N\,\frac{(\varepsilon\eta+1)^{z-1}}{G_A^{*a} + G_B^{*a}}. \tag{XVI 68}$$

Für den Fernordnungsgrad ergibt sich aus Gl. (XVI 63)

$$s = 2r - 1 = \frac{(\varepsilon\eta+1)^z - (\varepsilon+\eta)^z}{(\varepsilon\eta+1)^z + (\varepsilon+\eta)^z}. \tag{XVI 69}$$

Daneben führt die BETHEsche Theorie noch einen Nahordnungsparameter σ ein. Die Nahordnung ist von der Einteilung in a- und b-Plätze völlig unabhängig und berücksichtigt lediglich das Verhältnis der $A-A$-, $A-B$ und $B-B$-Paare. σ ist daher definiert als die durch die gesamte Paarzahl $\frac{z}{2}N$ dividierte Differenz von Paaren ungleicher Atome und Paaren gleicher Atome. Auf Grund der Abzählung in § 16.2 haben wir also

$$\sigma = \frac{\dfrac{z}{2}N(1-2\bar{\xi}) - \dfrac{z}{2}N\,2\bar{\xi}}{\dfrac{z}{2}N} = 1 - 4\bar{\xi}. \tag{XVI 70}$$

Mit Benutzung von (XVI 65) wird daraus

$$1 - \sigma = \frac{4\,\varepsilon\eta(\varepsilon\eta+1)^{z-1}}{(\varepsilon\eta+1)^z + (\varepsilon+\eta)^z}. \tag{XVI 71}$$

Der Vergleich von (XVI 65) und (XVI 67) zeigt nun, daß

$$\varepsilon(\varepsilon\eta+1)^{z-1} = (\varepsilon+\eta)^{z-1} \tag{XVI 72}$$

ist. Wir erhalten daher für die Nahordnung

$$1 - \sigma = \frac{4\,\varepsilon\eta}{1 + \varepsilon\eta}\,\frac{1}{1 + \varepsilon^{z/(z-1)}}\,.$$ (XVI 73)

Damit haben wir alle für die Charakterisierung des Kristalls wesentlichen Größen durch ε und η ausgedrückt.

Die Äquivalenzbedingung ist sowohl in (XVI 61) und (XVI 62), in (XVI 63) und (XVI 64) wie in (XVI 65) und (XVI 67) in einer zur Eliminierung von ε

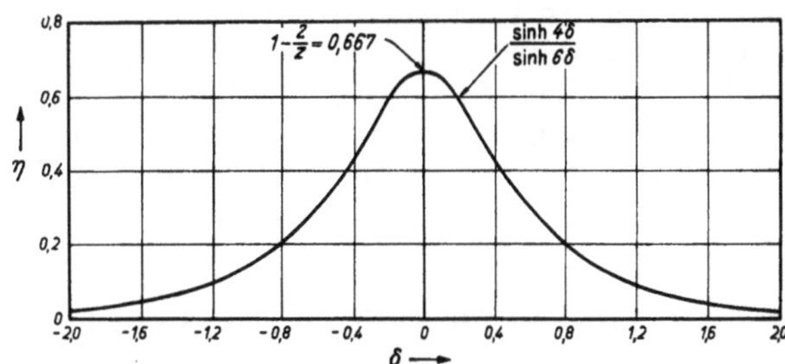

Abb. 113. Beziehung zwischen η und δ nach der Gleichung (XVI 76) für $z = 6$ [entnommen aus: F. C. NIX u. W. SHOCKLEY: Rev. Mod. Phys. 10, 1 (1938)]

geeigneten Form ausgedrückt. Die gesuchte Bestimmungsgleichung ist tatsächlich bereits durch Gl. (XVI 72) gegeben, die wir jetzt in der üblichen Form schreiben

$$\varepsilon = \left(\frac{\varepsilon + \eta}{\varepsilon\eta + 1}\right)^{z-1}\,.$$ (XVI 74)

Um diese Gleichung zu lösen, setzt man

$$\varepsilon = e^{-2\delta(z-1)}\,.$$ (XVI 75)

Dann wird

$$\eta = \frac{\sinh(z - 2)\delta}{\sinh z\delta}\,.$$ (XVI 76)

Diese Funktion ist in Abb. 113 dargestellt. Man sieht zunächst, daß η eine gerade Funktion von δ ist, also Gl. (XVI 76) durch die Transformation $\delta' = -\delta$ in sich selbst übergeht. Dies bedeutet, daß a- und b-Plätze ihre Rollen tauschen können, ohne daß sich etwas an den Folgerungen aus der Theorie ändert. Entwickeln wir die rechte Seite von (XVI 76) für $\delta \ll 1$, so bekommen wir

$$\eta = \frac{z - 2}{z}\left[1 - \frac{2}{3}(z - 1)\delta^2 - \cdots\right]\quad(\delta \ll 1)\,.$$ (XVI 77)

Diese Entwicklung zeigt, daß die beiden gleichwertigen Wurzeln nur unterhalb eines Maximalwertes

$$\eta_c = \frac{z - 2}{z}$$ (XVI 78)

existieren, während für $\eta > \eta_c$ nur noch die triviale Lösung $\delta = 0$ existiert. Durch Gl. (XVI 78) wird eine Temperatur T_c definiert derart, daß für $T \geqq T_c$ der BETHE-Parameter $\varepsilon = 1$ ist, während für $T < T_c\ \varepsilon < 1$ gilt. Explizit haben wir

$$T_c = \frac{w}{2\,k}\bigg/\ln\frac{z}{z - 2}\,.$$ (XVI 79)

Die physikalische Bedeutung der Temperatur T_c ergibt sich unmittelbar aus Gl. (XVI 69). Setzen wir dort $\varepsilon = 1$, so wird $s = 0$. T_c ist also die Temperatur, bei der die Fernordnung verschwindet, d. h. die Umwandlungstemperatur der Überstruktur-Umwandlung. Für Temperaturen $T < T_c$ ist die Änderung des Fernordnungsgrades mit der Temperatur nach Gl. (XVI 69), (XVI 75) und (XVI 76) gegeben durch

$$s = \tanh z\,\delta\,. \qquad\qquad \text{(XVI 80)}$$

wo δ die durch Gl. (XVI 76) definierte Temperaturfunktion ist. Dieser Zusammenhang ist ebenfalls in Abb. 110 dargestellt. Man sieht, daß die BETHEsche Theorie insoweit qualitativ die gleichen Ergebnisse liefert wie die BRAGG-WILLIAMSsche Näherung. Der charakteristische Unterschied besteht darin, daß nach der letzteren oberhalb T_c völlige Unordnung herrscht, während wir in der BETHEschen Theorie die Nahordnung haben, die erst für $T \to \infty$ verschwindet. Tatsächlich findet man durch Einsetzen von $\varepsilon = 1$ in Gl. (XVI 71) für $T \geqq T_c$

$$\sigma = \frac{1 - \eta}{1 + \eta}\,. \qquad (T \geqq T_c) \quad \text{(XVI 81)}$$

während sich für $T < T_c$ aus (XVI 73), (XVI 75) und (XVI 76) ergibt

$$1 - \sigma = \frac{2\sinh(z - 2)\delta}{\sinh(2z - 2)\delta \cosh z\delta}\,. \qquad \text{(XVI 82)}$$

Die Tatsache, daß oberhalb T_c noch eine Nahordnung besteht, hat zur Folge, daß jetzt der Konfigurationsanteil der Atomwärme im Umwandlungspunkt nicht auf Null, sondern auf einen endlichen Wert abfällt. Dies stimmt qualitativ mit der Erfahrung überein. Die explizite Berechnung der thermodynamischen Funktionen führen wir nach einer äquivalenten Methode in § 16.5 durch.

Neben der im vorstehenden beschriebenen, von BETHE selbst verwendeten Methode zur Elimination des Parameters ε gibt es noch eine zweite Möglichkeit, die zwar auch letzten Endes auf die (verallgemeinerte) Äquivalenzbedingung zurückgeht, aber auf einen ganz andersartigen Formalismus führt. Multiplizieren wir die Gl. (XVI 65) und (XVI 67) miteinander und dividieren durch das Produkt der Gl. (XVI 66) und (XVI 68), so bekommen wir

$$\frac{\bar{\xi}^2}{(1 - r - \bar{\xi})\,(r - \bar{\xi})} = \eta^2 = e^{-\frac{w}{kT}}\,. \qquad \text{(XVI 83)}$$

In dieser Gleichung kommt der BETHE-Parameter ε nicht mehr vor. Sie ermöglicht es, für gegebenes r die Größe ξ als Funktion von T zu berechnen und damit die Theorie nach den in § 16.3 skizzierten Prinzipien zu entwickeln. Wir werden auf diese Frage in § 16.5 zurückkommen, nachdem wir die Gl. (XVI 83) auf einem anderen Wege abgeleitet haben. Formal stellt Gl. (XVI 83) das Massenwirkungsgesetz für eine ,,Reaktion''

$$[A\,(a) - B\,(b)] + [B\,(a) - A\,(b)] \rightleftharpoons [A\,(a) - A\,(b)] + [B\,(a) - B\,(b)] \quad \text{(XVI 84)}$$

dar, wie sie in Abb. 114 schematisch dargestellt ist. Man bezeichnet daher diese Gleichung (und ebenso die analogen Beziehungen, die man bei anderen kooperativen Problemen erhält) als ,,quasi-chemische Gleichung''. Die quasi-chemische Gleichung wurde zuerst für das Problem der streng regulären Lösung (vgl. § 20.3) in einer noch nicht ganz korrekten Form von GUGGENHEIM[1] aufgestellt und für das gleiche Problem von RUSHBROOKE[2] mit Hilfe des BETHEschen Näherungsverfahrens abgeleitet. Man darf daraus aber nicht schließen, daß die

[1] GUGGENHEIM, E. A.: Proc. Roy. Soc. (London) A **148**, 304 (1935).
[2] RUSHBROOKE, G. S.: Proc. Roy. Soc. (London) A **166**, 296 (1938).

quasi-chemische Gleichung sich auf diesem Wege begründen ließe. Da sie sich, wie wir sehen werden, ganz unabhängig von dem BETHESCHEN Formalismus gewinnen läßt, kann sie nur als eine dem letzteren äquivalente Formulierung betrachtet werden. Beide Formulierungen lassen sich auf das gleiche Prinzip zurückführen, das wir in § 16.5 behandeln werden.

Die quasi-chemische Gleichung läßt sich bereits gewinnen, wenn man in Analogie zu (XVI 56) die große Verteilungsfunktion für ein Paar von benachbarten Gitterplätzen konstruiert[1]. Insofern kann man sagen, daß die repräsentative Gruppe ohne Änderung des Resultates von $z + 1$ Gitterplätzen auf zwei Gitterplätze verkleinert werden kann. Dagegen sollte man erwarten, daß eine systematische Fortsetzung des BETHESCHEN Näherungsverfahrens möglich ist, indem man die repräsentative Gruppe immer größer werden läßt. Von BETHE selbst ist noch eine zweite Näherung durchgerechnet worden, welche die zweite Koordinationsschale in die Rechnung einbezieht. Die damit erreichte Verbesserung ist jedoch, wie wir später noch zeigen werden (§ 17.5), nicht sehr erheblich; andererseits

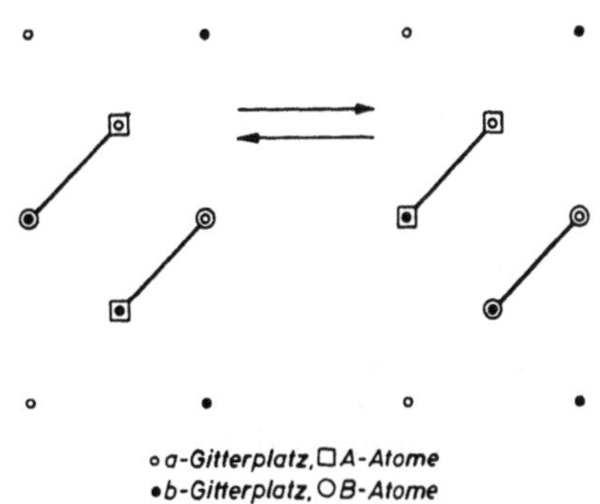

Abb. 114. Zur Erläuterung der quasi-chemischen Gleichung

wachsen die rechnerischen Schwierigkeiten enorm, so daß eine weitere Verfolgung dieses Weges praktisch aussichtslos ist. Eine andere Erweiterung des BETHESCHEN Verfahrens, welche die Wechselwirkung mit dem zweitnächsten Nachbarn berücksichtigt, sei an dieser Stelle nur erwähnt[2, 3].

Das BETHESCHE Näherungsverfahren besitzt in seiner ursprünglichen Form zwei wesentliche Nachteile: Die Natur der Näherung bleibt ziemlich unklar, und der mathematische Apparat ist recht schwerfällig. Letzteres steht einer Anwendung der Methode auf kompliziertere Probleme im Wege, da die mathematischen Schwierigkeiten dabei unverhältnismäßig anwachsen. Im folgenden Paragraphen besprechen wir eine Methode, die der I. Näherung des BETHESCHEN Verfahrens äquivalent, aber von dessen Nachteilen weitgehend frei ist.

§ 16.5. Die quasi-chemische Methode

Bei der Behandlung des BETHESCHEN Näherungsverfahrens sind wir auf die Frage nach dem Wesen dieser Näherung nicht eingegangen. Tatsächlich kann man aus der originalen Form der Methode, wie schon erwähnt, kaum etwas darüber entnehmen. Dagegen gibt die quasi-chemische Gleichung (XVI 83) wenigstens einen Hinweis in dieser Richtung. In § 16.1 hatten wir erwähnt, daß für die Bildung einzelner Fehlstellen das Massenwirkungsgesetz herauskommt, wenn wir dieselben als voneinander unabhängig betrachten. Es liegt nun die Vermutung nahe, daß die Grundlage von (XVI 83) eine analoge Annahme ist, nämlich daß Paare von Molekülen voneinander unabhängige Gebilde darstellen. Der Beweis, daß diese Annahme tatsächlich die Grundlage des BETHESCHEN Näherungsverfahrens bildet, ist von CHANG[4] gegeben worden. Wir führen ihn

[1] GUGGENHEIM, E. A.: Proc. Roy. Soc. (London) A **169**, 134 (1938); vgl. auch E. A. GUGGENHEIM: Mixtures. Oxford 1952.
[2] CHANG, T. S.: Proc. Roy. Soc. (London) A **161**, 546 (1937).
[3] WANG, J. S.: Proc. Roy. Soc. (London) A **168**, 56, 68 (1938).
[4] CHANG, T. S.: Proc. Roy. Soc. (London) A **173**, 48 (1939).

hier auf einem indirekten[1] Wege, indem wir zeigen, daß die erwähnte Annahme unmittelbar auf die quasi-chemische Gleichung führt, die wir dann zur Grundlage der weiteren Rechnung machen.

Nach den Ausführungen am Anfang von § 16.3 besteht unsere erste Aufgabe in der Konstruktion einer Näherungsformel für die Größe $g(N, r, \xi)$, d. h. die Zahl der Konfigurationen bei gegebenen Werten von N, r und ξ. Wenn wir die Paare als voneinander unabhängig annehmen, ist diese Zahl gleich der Zahl der Möglichkeiten, aus $\frac{z}{2}N$ Paaren $\frac{z}{2}N\xi$ $A(a)-A(b)$-Paare, $\frac{z}{2}N\xi$ $B(b)-B(a)$-Paare, $\frac{z}{2}N(r-\xi)$ $A(a)-B(b)$-Paare und $\frac{z}{2}N(1-r-\xi)$ $A(b)-B(a)$-Paare zu bilden, also gleich

$$\frac{\left(\frac{z}{2}N\right)!}{\left(\frac{z}{2}N\xi\right)!\left(\frac{z}{2}N\xi\right)!\left[\frac{z}{2}N(r-\xi)\right]!\left[\frac{z}{2}N(1-r-\xi)\right]!}. \qquad \text{(XVI 85)}$$

Dieser Ausdruck kann nicht exakt gültig sein, weil tatsächlich die Paare nicht voneinander unabhängig sind. Er kann aus diesem Grunde auch nicht der notwendigen Relation (vgl. § 16.3)

$$\sum_{\xi} g(N, r, \xi) = g(N, r) = \left\{\frac{(N/2)!}{[\frac{1}{2}Nr]!\,[\frac{1}{2}N(1-r)]!}\right\}^2 \qquad \text{(XVI 86)}$$

genügen. Es ist daher aus Gründen der inneren Konsistenz notwendig, zu dem Ausdruck (XVI 85) noch einen Normierungsfaktor $h(N, r)$ hinzuzufügen, welcher die Erfüllung von (XVI 86) sichert. Wir setzen also

$$g(N, r, \xi) = h(N, r)\,\frac{\left(\frac{z}{2}N\right)!}{\left(\frac{z}{2}N\xi\right)!\left(\frac{z}{2}N\xi\right)!\left[\frac{z}{2}N(r-\xi)\right]!\left[\frac{z}{2}N(1-r-\xi)\right]!}. \qquad \text{(XVI 87)}$$

Der Faktor $h(N, r)$ läßt sich näherungsweise durch folgende Überlegung bestimmen. Wir ersetzen in Gl. (XVI 86) die Summe näherungsweise durch ihren maximalen Term $g(N, r, \xi^*)$ und haben dann

$$g(N, r, \xi^*) \approx \left\{\frac{(N/2)!}{[\frac{1}{2}Nr]!\,[\frac{1}{2}N(1-r)]!}\right\}^2. \qquad \text{(XVI 88)}$$

Andererseits ist nach (XVI 87)

$$g(N, r, \xi^*) = h(N, r)\,\frac{\left(\frac{z}{2}N\right)!}{\left(\frac{z}{2}N\xi^*\right)!\left(\frac{z}{2}N\xi^*\right)!\left[\frac{z}{2}N(r-\xi^*)\right]!\left[\frac{z}{2}N(1-r-\xi^*)\right]!}.$$

$$\text{(XVI 89)}$$

Dividieren wir (XVI 87) durch (XVI 89) und benutzen (XVI 88), so folgt

$$g(N, r, \xi) = \left\{\frac{(N/2)!}{[\frac{1}{2}Nr]!\,[\frac{1}{2}N(1-r)]!}\right\}^2 \times$$

$$\times \frac{\left(\frac{z}{2}N\xi^*\right)!\left(\frac{z}{2}N\xi^*\right)!\left[\frac{z}{2}N(r-\xi^*)\right]!\left[\frac{z}{2}N(1-r-\xi^*)\right]!}{\left(\frac{z}{2}N\xi\right)!\left(\frac{z}{2}N\xi\right)!\left[\frac{z}{2}N(r-\xi)\right]!\left[\frac{z}{2}N(1-r-\xi)\right]!}. \qquad \text{(XVI 90)}$$

---

[1] FOWLER, R. H., u. E. A. GUGGENHEIM: Proc. Roy. Soc. (London) A **174**, 189 (1940).

Der Wert von ξ, der $g(N, r, \xi)$ zu einem Maximum macht, entspricht der vollkommenen Unordnung; es ist daher

$$\xi^* = r(1 - r). \tag{XVI 91}$$

Als Nächstes haben wir nach § 16.3 die Funktion

$$Q_{cr} = \sum_{\xi} g(N, r, \xi) \exp\left\{-\left[\frac{1}{2}N(\chi_A + \chi_B + zw_{AB}) + \frac{z}{2}N\xi w\right]\Big/kT\right\} \tag{XVI 92}$$

zu bestimmen. Dazu ersetzen wir wieder die Summe durch ihren maximalen Term, d. h. wir schreiben

$$Q_{cr} = g(N, r, \bar{\xi}) \exp\left\{-\left[\frac{1}{2}N(\chi_A + \chi_B + zw_{AB}) + \frac{z}{2}N\bar{\xi}w\right]\Big/kT\right\}. \tag{XVI 93}$$

wo $\bar{\xi}$ die Lösung der Gleichung

$$\frac{\partial \ln Q_{cr}}{\partial \xi} = 0 \tag{XVI 94}$$

ist. Setzen wir (XVI 90) in (XVI 93) und wenden die STIRLINGsche Formel an, so folgt aus (XVI 94)

$$\frac{z}{2}N \ln(r - \bar{\xi}) - zN \ln \bar{\xi} + \frac{z}{2}N \ln(1 - r - \bar{\xi}) = \frac{z}{2}N \frac{w}{kT} \tag{XVI 95}$$

oder

$$\frac{\bar{\xi}^2}{(1 - r - \bar{\xi})(r - \bar{\xi})} = e^{-\frac{w}{kT}}. \tag{XVI 96}$$

Das ist aber die quasi-chemische Gleichung, die wir in § 16.4 mit Hilfe des BETHESCHEN Näherungsverfahrens gewonnen hatten. Da nach Gl. (XVI 35) und (XVI 39) durch $\bar{\xi}$ die Lösung des Problems eindeutig bestimmt ist, haben wir damit die mathematische Äquivalenz des quasi-chemischen und des BETHESCHEN Verfahrens nachgewiesen und weiter gezeigt, daß beiden die Annahme der Unabhängigkeit von Paaren zugrunde liegt.

Die Lösung der quasi-chemischen Gleichung lautet

$$\bar{\xi} = \frac{2r(1 - r)}{1 + \left[1 + 4r(1 - r)\left(e^{\frac{w}{kT}} - 1\right)\right]^{1/2}}. \tag{XVI 97}$$

An dieser Stelle führen wir zweckmäßig wieder den Fernordnungsgrad $s = 2r - 1$ ein und erhalten

$$\bar{\xi} = \frac{\frac{1}{2}(1 - s^2)}{1 + \left[1 + (1 - s^2)\left(e^{\frac{w}{kT}} - 1\right)\right]^{1/2}}. \tag{XVI 98}$$

Damit wir die freie Energie als Funktion des Fernordnungsgrades bekommen, muß jetzt nach Gl. (XVI 34) die Größe $\bar{\bar{\xi}}$ aus (XVI 98) durch Integration gemäß Gl. (XVI 39) berechnet werden. Wir haben also

$$\bar{\bar{\xi}}w = \frac{1}{2}kT \int_0^{\frac{w}{kT}} \frac{1 - s^2}{1 + \left[1 + (1 - s^2)\left(e^{\frac{w}{kT}} - 1\right)\right]^{1/2}} \, d\left(\frac{w}{kT}\right). \tag{XVI 99}$$

Die Integration läßt sich mit Hilfe der Substitution

$$\alpha = \left[1 + (1 - s^2)\left(e^{\frac{w}{kT}} - 1\right)\right]^{1/2} \tag{XVI 100}$$

durchführen und ergibt

$$\bar{\bar{\xi}} w = \frac{kT}{2}\left[(1+s)\ln\frac{\alpha+s}{1+s} + (1-s)\ln\frac{\alpha-s}{1-s} - 2\ln\frac{\alpha+1}{2}\right]. \quad \text{(XVI 101)}$$

Wenn wir in Gl. (XVI 32) ebenfalls r durch s ersetzen, so erhalten wir

$$\ln g\,(N,\,s) = -\tfrac{1}{2}N\left[(1+s)\ln(1+s) + (1-s)\ln(1-s) - 2\ln 2\right]. \quad \text{(XVI 102)}$$

Damit haben wir alle für die Konstruktion der freien Energie notwendigen Größen beisammen. Durch Einsetzen in Gl. (XVI 35) ergibt sich

$$F_c = \frac{1}{2}N\,(\chi_A + \chi_B + zw_{AB}) +$$

$$+ \frac{1}{2}NkT\left[(1+s)\ln(1+s) + (1-s)\ln(1-s) - 2\ln 2\right] + \quad \text{(XVI 103)}$$

$$+ \frac{1}{2}NkT\frac{z}{2}\left[(1+s)\ln\frac{\alpha+s}{1+s} - (1-s)\ln\frac{\alpha-s}{1-s} - 2\ln\frac{\alpha+1}{2}\right].$$

Wir subtrahieren hier den Wert von F_c für $s = 1$. Da nach Gl. (XVI 100) dann auch $\alpha = 1$ ist, erhalten wir

$$\frac{F_c(s) - F_c(1)}{\tfrac{1}{2}NkT} = (1+s)\ln(1+s) + (1-s)\ln(1-s) - 2\ln 2 +$$

$$+ \frac{z}{2}\left[(1+s)\ln\frac{\alpha+s}{1+s} + (1-s)\ln\frac{\alpha-1}{1-s} - 2\ln\frac{\alpha+1}{2}\right]. \quad \text{(XVI 104)}$$

Der Gleichgewichtswert von s ergibt sich nun wieder in der üblichen Weise, indem man die Ableitung von F_c nach s gleich Null setzt. Es folgt dann

$$\ln\frac{\alpha+s}{\alpha-s} = \frac{z-2}{z}\ln\frac{1+s}{1-s}. \quad \text{(XVI 105)}$$

Dieser Zusammenhang zwischen dem Gleichgewichtswert des Fernordnungsgrades und der Temperatur ist in der BETHESchen Theorie durch Gl. (XVI 80) gegeben. Die Identität der beiden Gleichungen weisen wir nach, indem wir zunächst (XVI 80) als Definitionsgleichung für δ betrachten und durch Einsetzen in (XVI 105) zeigen, daß dann δ die aus der BETHESchen Theorie abgeleitete Temperaturfunktion (XVI 76) sein muß. Aus (XVI 80) folgt

$$\frac{1+s}{1-s} = e^{2z\delta}. \quad \text{(XVI 106)}$$

Durch Einsetzen in (XVI 105) bekommen wir

$$\frac{\alpha+s}{\alpha-s} = e^{2(z-2)\delta} \quad \text{(XVI 107)}$$

oder

$$\frac{\alpha}{s} = \coth(z-2)\,\delta. \quad \text{(XVI 108)}$$

Andererseits ist nach Gl. (XVI 100)

$$\eta = e^{-\frac{w}{2kT}} = \left[\frac{\frac{1}{s^2}-1}{\left(\frac{\alpha}{s}\right)^2 - 1}\right]^{1/2}. \quad \text{(XVI 109)}$$

Aus (XVI 108) und (XVI 109) folgt mit Benutzung der Gleichung $(\coth x)^2 - 1 = (\sinh x)^{-2}$

$$\eta = \frac{\sinh(z-2)\,\delta}{\sinh z\delta} \quad \text{(XVI 110)}$$

in Übereinstimmung mit Gl. (XVI 76). Die graphische Darstellung des Zusammenhanges zwischen dem Gleichgewichtswert von s und T haben wir bereits in Abb. 110 gegeben.

Die Umwandlungstemperatur T_c ist auch hier wieder durch die Gl. (XVI 47) bestimmt. Nun ist

$$\frac{1}{\frac{1}{2}NkT}\frac{\partial^2 F_c(s)}{\partial s^2} = -\frac{z-2}{1-s^2} + \frac{z}{\alpha(1-s^2)} \, . \qquad \text{(XVI 111)}$$

Setzt man die rechte Seite gleich Null, so findet man als Lösung $s = 0$ und

$$\frac{z}{z-2} = \alpha = e^{\frac{w}{2kT_c}} \qquad \text{(XVI 112)}$$

oder

$$T_c = \frac{w}{2k}\bigg/ \ln\frac{z}{z-2} \qquad \text{(XVI 113)}$$

in Übereinstimmung mit Gl. (XVI 79). Die quasi-chemische Methode führt also auch hier zum gleichen Ergebnis wie das BETHESCHE Näherungsverfahren.

Den Ausdruck für die innere Energie, der zur Berechnung der spezifischen Wärme benötigt wird, erhalten wir am einfachsten direkt aus Gl. (XVI 36) und (XVI 98). Wir schreiben ihn gleich in einer zu Gl. (XVI 53) analogen Form und haben dann

$$\frac{E_c(T) - E_c(O)}{E_c(\infty) - E_c(O)} = \frac{1-s^2}{1 + \left[1 + (1-s^2)\left(e^{\frac{w}{kT}} - 1\right)\right]^{1/2}} \, , \qquad \text{(XVI 114)}$$

wo s die durch Gl. (XVI 105) definierte Temperaturfunktion ist. Der Vergleich dieser Beziehung mit Gl. (XVI 53) zeigt wieder den charakteristischen Unterschied zwischen der BRAGG-WILLIAMSschen Näherung einerseits, der BETHESCHEN und quasi-chemischen Methode andererseits. Während der Konfigurationsanteil der inneren Energie nach der ersteren für $T > T_c$ von der Temperatur unabhängig ist, gibt Gl. (XVI 114) auch in diesem Gebiet, d. h. für $s = 0$, noch eine Änderung von E_c mit der Temperatur, welche auf die oberhalb des Umwandlungspunktes noch bestehende Nahordnung zurückzuführen ist. Es gilt dann die vereinfachte Formel

$$\frac{E_c(T) - E_c(O)}{E_c(\infty) - E_c(O)} = \frac{1}{e^{\frac{w}{2kT}} + 1} \qquad (T \geqq T_c) \, . \quad \text{(XVI 115)}$$

Der Verlauf der Funktion (XVI 114) ist in Abb. 111 dargestellt, der daraus abgeleitete Verlauf der Atomwärme in Abb. 112. Die Überstruktur-Umwandlung stellt sich auch hier als λ-Punkt dar. Die Änderung gegenüber der BRAGG-WILLIAMSschen Näherung liegt in der durch die experimentellen Ergebnisse (vgl. Abb. 106 und 107) angedeuteten Richtung. Die quantitative Übereinstimmung ist indessen auch jetzt noch sehr schlecht.

Die Rechnung nach der quasi-chemischen Methode läßt sich auch in einer Form durchführen, welche das Integral (XVI 99) vermeidet. Wir werden darauf in § 20.3 zurückkommen und begnügen uns für das spezielle Problem der Überstruktur-Umwandlung mit dem Hinweis auf die Monographie von GUGGENHEIM[1].

Auch bei der quasi-chemischen Methode muß man naturgemäß fragen, ob ein systematisches Fortschreiten zu höheren Näherungen möglich ist. Das ist in der Tat der Fall; wir werden auf diese Frage in § 20.3 kurz eingehen.

---

[1] GUGGENHEIM, E. A.: Mixtures. Oxford 1952.

§ 16.6. Die KIRKWOODsche Reihenentwicklung

Von KIRKWOOD[1] wurde eine Methode zur Behandlung kooperativer Probleme angegeben, die sich in ihrer Struktur grundsätzlich von den bisher betrachteten unterscheidet. Bei den letzteren wird von vornherein die Verteilungsfunktion durch eine geeignete Näherungsannahme so vereinfacht, daß eine exakte Rechnung durchführbar ist. Über die Güte der Annäherung, die damit tatsächlich erreicht wird, kann man im Rahmen einer derartigen Theorie naturgemäß keine präzise Aussage machen. Im Gegensatz dazu geht die KIRKWOODsche Methode von der korrekten Verteilungsfunktion aus und berechnet dieselbe in Form einer Entwicklung nach Potenzen von $(kT)^{-1}$. Da man nur eine endliche (und zwar praktisch ziemlich kleine) Zahl von Gliedern berücksichtigen kann, wird auch auf diesem Wege nur eine Annäherung erreicht. Die Güte derselben läßt sich aber nach dem Konvergenzverhalten der Reihe beurteilen. Bringt man ferner die bisher behandelten Methoden ebenfalls in die Form von Entwicklungen nach Potenzen von $(kT)^{-1}$, so läßt sich durch Vergleich mit der KIRKWOODschen Reihe genau angeben, bis zu welchem Gliede die ersteren korrekt sind.

Wir gehen auch hier wieder aus von den allgemeinen Ansätzen der §§ 16.2 und 16.3. Wir berechnen also die Verteilungsfunktion Q_{cr} bzw. die freie Energie $F_c(r)$ und suchen dann das Minimum der letzteren auf. Um jedoch das Wesen der Methode deutlicher hervortreten zu lassen, verwenden wir zunächst nicht die früher entwickelten Ausdrücke, sondern ganz allgemeine Formen. Wir schreiben also an Stelle von Gl. (XVI 29)

$$Q_{cr} = \sum_{\xi} g\,(N, r, \xi)\, e^{-\frac{U_c}{kT}} . \qquad \text{(XVI 116)}$$

Dann ist, wenn wir zur Abkürzung

$$x = - \frac{1}{kT} \qquad \text{(XVI 117)}$$

schreiben,

$$e^{xF_c} = \sum_{\xi} g\,(N, r, \xi)\, e^{xU_c} . \qquad \text{(XVI 118)}$$

Den Exponenten der linken Seite entwickeln wir an der Stelle $x = 0$; dabei bezeichnen wir die i-te Ableitung von $x_c F$ nach x an dieser Stelle mit λ_i. Auf der rechten Seite entwickeln wir die Exponentialfunktionen an der Stelle $xU_c = 0$. Wir erhalten dann mit Benutzung von Gl. (XVI 30)

$$\exp\left(\lambda_0 + x\,\lambda_1 + \frac{x^2}{2!}\,\lambda_2 + \frac{x^3}{3!}\,\lambda_3 + \cdots\right) = g\,(N, r) + x \sum_{\xi} g\,(N, r, \xi)\, U_c +$$

$$+ \frac{x^2}{2!} \sum_{\xi} g\,(N, r, \xi)\, U_c^2 + \frac{x^3}{3!} \sum_{\xi} g\,(N, r, \xi)\, U_c^3 + \cdots . \qquad \text{(XVI (119))}$$

Die hier auftretenden Größen λ_i werden in der Wahrscheinlichkeitsrechnung als THIELEsche Semi-Invarianten bezeichnet[2]. Es ist nun

$$\sum_{\xi} g\,(N, r, \xi)\, U_c^n = g\,(N, r)\, \overline{U_c^n} \equiv M_n . \qquad \text{(XVI 120)[3]}$$

Die Gl. (XVI 119) kann daher geschrieben werden

$$\exp\left(\sum_{i=0}^{\infty} \frac{x^i}{i!}\,\lambda_i\right) = \sum_{n=0}^{\infty} \frac{x^n}{n!}\, M_n . \qquad \text{(XVI 121)}$$

---

[1] KIRKWOOD, J. G.: J. Chem. Phys. **6**, 70 (1938).
[2] FISHER, A.: Mathematical Theory of Probability, Bd. I. New York 1922.
[3] Diese Mittelwerte und die entsprechenden, durch Gl. (XVI 127) definierten Schwankungsgrößen sind streng zu unterscheiden von den Mittelwerten, die mit Hilfe der Verteilungsfunktion Q_c gebildet werden.

Führen wir die Abkürzungen

$$\varphi_1(x) = \sum_{i=0}^{\infty} \frac{x^i}{i!}\lambda_i, \quad \varphi_2(x) = \sum_{n=0}^{\infty}\frac{x^n}{n!}M_n \qquad \text{(XVI 122)}$$

ein, so folgt durch Differentiation aus Gl. (XVI 121)

$$e^{\varphi_1(x)}\frac{d\varphi_1(x)}{dx} = \frac{d\varphi_2(x)}{dx} = \varphi_2(x)\frac{d\varphi_1(x)}{dx}. \qquad \text{(XVI 123)}$$

Setzen wir hier die Reihen (XVI 122) ein, so erhalten wir durch Koeffizientenvergleich

$$M_1 = M_0\,\lambda_1$$
$$M_2 = M_0\,\lambda_2 + M_1\,\lambda_1 \qquad \text{(XVI 124)}$$

nud allgemein

$$M_n = \sum_{i=1}^{n}\binom{n-1}{i-1}M_{n-i}\,\lambda_i. \qquad \text{(XVI 125)}$$

Für λ_0 ergibt sich unmittelbar aus (XVI 121), indem man $x = 0$ setzt

$$\lambda_0 = \ln M_0 = \ln g(N, r). \qquad \text{(XVI 126)}$$

Die Lösungen der Gl. (XVI 125) werden zweckmäßig durch die Schwankungsgrößen

$$\Delta_n = \overline{(U_c - \overline{U}_c)^n} = \frac{1}{M_0}\sum_{m=0}^{n}\binom{n}{m}M_m(-\overline{U})^{n-m} \qquad \text{(XVI 127)}^1$$

ausgedrückt. Es ergibt sich dann für die ersten Semi-Invarianten

$$\lambda_0 = \ln g(N, r)$$
$$\lambda_1 = \overline{U}_c$$
$$\lambda_2 = \overline{U_c^2} - \overline{U}_c^2 = \Delta_2 \qquad \text{(XVI 128)}$$
$$\lambda_3 = \overline{U_c^3} - 3\,\overline{U_c^2}\,\overline{U}_c + 2\,\overline{U}_c^3 = \Delta_3$$
$$\lambda_4 = \Delta_4 - 3\,\Delta_2^2.$$

Nun ist definitionsgemäß

$$-\frac{F_c}{kT} = \lambda_0 - \frac{\lambda_1}{kT} + \frac{\lambda_2}{2!(kT)^2} - \frac{\lambda_3}{3!(kT)^3} + \frac{\lambda_4}{4!(kT)^4} - \cdots. \qquad \text{(XVI 129)}$$

Setzen wir die Werte aus (XVI 128) ein, so wird

$$-\frac{F_c}{kT} = \ln g(N, r) - \overline{U}_c + \frac{\Delta_2}{2!(kT)^2} - \frac{\Delta_3}{3!(kT)^3} + \frac{\Delta_4 - 3\Delta_2^2}{4!(kT)^4} - \cdots. \qquad \text{(XVI 130)}$$

Wir führen nun wieder den Fernordnungsgrad $s = 2r - 1$ ein und benutzen Gl. (XVI 102). Die Größe $\overline{U}_c$ ist einfach gleich der inneren Energie der Bragg-Williamsschen Näherung und somit durch Gl. (XVI 52) gegeben.

Wir erhalten daher

$$\frac{F_c}{kT} = \frac{1}{2}N\left[(1+s)\ln(1+s) + (1-s)\ln(1-s) - 2\ln 2\right] +$$

$$+ \frac{1}{2}N(\chi_A + \chi_B + zw_{AB}) + \frac{z}{8}N(1-s^2)w - \qquad \text{(XVI 131)}$$

$$- \frac{\Delta_2}{2!(kT)^2} + \frac{\Delta_3}{3!(kT)^3} - \frac{\Delta_4 - 3\Delta_2^2}{4!(kT)^4} + \cdots.$$

---

^{1} Vgl. Fußnote 3 auf S. 558.

Damit ist das Problem auf die Berechnung der Schwankungsgrößen Δ_i für gegebenen Fernordnungsgrad reduziert. Wir wollen diese Rechnung hier für Δ_2 durchführen, um das Prinzip der Methode zu erläutern. Die Berechnung der höheren Momente ist außerordentlich umständlich, so daß wir uns mit der Wiedergabe der Ergebnisse begnügen müssen[1].

Wir ordnen zunächst jedem der $\frac{z}{2}N$-Paare nächster Nachbarn eine Koordinate ν_i zu mit der Festsetzung

$\nu_i = 1$, wenn beide Plätze des Paares von A-Atomen besetzt sind,
$\nu_i = 0$ in allen übrigen Fällen.

Für eine beliebige Konfiguration ist dann die Zahl der $A-A$-Paare

$$\frac{z}{2}N\,\xi = \sum_{i=1}^{\frac{z}{2}N} \nu_i \ . \tag{XVI 132}$$

Es ist nun

$$\Delta_2 = \left(w\,\frac{z}{2}\,N\right)^2 (\overline{\xi^2} - \overline{\xi}^2) \equiv w^2 \Delta \ . \tag{XVI 133}$$

Für das Weitere müssen wir beachten, daß im Gitter des β-Messings jedes Paar aus einem a-Platz und einem b-Platz besteht. Da die Konfigurationen in den beiden Teilgittern unabhängig sind[2], ist ein gegebenes Paar von Gitterplätzen in dem Bruchteil $r\,(1-r)$ der Konfigurationen mit zwei A-Atomen besetzt. Entsprechend hat ν_i in dem Bruchteil $r\,(1-r)$ der Konfigurationen den Wert Eins, in dem Bruchteil $1 - r\,(1-r)$ den Wert Null. Der Mittelwert von ν_i ist daher

$$\overline{\nu_i} = r\,(1-r) \cdot 1 + [1 - r\,(1-r)] \cdot 0 = r\,(1-r) = \tfrac{1}{4}\,(1 - s^2) \ . \tag{XVI 134}$$

Aus Gl. (XVI 133) erhalten wir mit (XVI 134)

$$\Delta = \sum_{i=1}^{\frac{z}{2}N} \sum_{j=1}^{\frac{z}{2}N} (\overline{\nu_i \nu_j} - \overline{\nu_i}\,\overline{\nu_j}) = \sum_{i=1}^{\frac{z}{2}N} \sum_{j=1}^{\frac{z}{2}N} [\overline{\nu_i \nu_j} - r^2\,(1-r)^2] \ . \tag{XVI 135}$$

Bei der Summierung über $\overline{\nu_i \nu_j}$ haben wir vier Fälle zu unterscheiden:

1. $i = j$, d. h., die beiden Paare sind identisch.
2. ν_i und ν_j haben einen a-Platz gemeinsam.
3. ν_i und ν_j haben einen b-Platz gemeinsam.
4. ν_i und ν_j haben keine gemeinsamen Plätze.

Die entsprechenden Beiträge zu Δ bezeichnen wir mit $\Delta\,(1)$, $\Delta\,(2)$, $\Delta\,(3)$ und $\Delta\,(4)$. Vom Typ 1 gibt es $\frac{z}{2}N$-Terme. Für jeden derselben ist in dem Bruchteil $r\,(1-r)$ der Konfigurationen $\nu_i^2 = 1$. Wir haben also $\overline{\nu_i^2} = r\,(1-r)$ und

$$\Delta\,(1) = \frac{z}{2}\,N\,[r\,(1-r) - r^2\,(1-r)^2] \ . \tag{XVI 136}$$

Im Falle 2 haben wir $\tfrac{1}{2}N$ a-Plätze. Für jeden von diesen gibt es $z\,(z-1)$ Möglichkeiten, die den beiden Paaren ν_i und ν_j entsprechenden b-Plätze zu wählen. Die Zahl der Terme vom Typ 2 ist daher $\tfrac{1}{2}z\,(z-1)\,N$. In dem Bruchteil $r\,(1-r)^2$

---

[1] Die Berechnung von Δ_3 ist ausführlich dargestellt bei D. TER HAAR: Elements of Statistical Mechanics. New York 1954.

[2] Man beachte, daß es sich hier nach der Definitionsgleichung (XVI 120) um eine reine Abzählung der Konfigurationen handelt, bei welcher der e-Faktor nicht auftritt. Vgl. S. 558, Fußnote 3.

der Konfigurationen hat $v_i\,v_j$ den Wert Eins. Es ist somit

$$\varDelta\,(2) = \tfrac{1}{2}\,z\,(z-1)\,N\,[r\,(1-r)^2 - r^2(1-r)^2]\,. \qquad \text{(XVI 137)}$$

In analoger Weise findet man

$$\varDelta\,(3) = \tfrac{1}{2}\,z\,(z-1)\,N\,[r^2\,(1-r) - r^2(1-r)^2]\,. \qquad \text{(XVI 138)}$$

Alle noch übrigen Terme von $\varDelta$ gehören zum Typ 4. In diesem Falle ist $v_i\,v_j$ nur für solche Konfigurationen gleich Eins, bei denen die beiden (voneinander verschiedenen) a-Plätze und die beiden (voneinander verschiedenen) b-Plätze mit A-Atomen besetzt sind. Da wir für $\tfrac{1}{2}\,N$ a-Plätze $\tfrac{1}{2}\,Nr$ A-Atome zur Verfügung haben, ist der Bruchteil der Konfigurationen, bei denen zwei herausgegriffene a-Plätze gleichzeitig von A-Atomen besetzt sind,

$$\frac{\tfrac{1}{2}\,Nr(\tfrac{1}{2}\,Nr-1)}{\tfrac{1}{2}\,N(\tfrac{1}{2}\,N-1)}\,. \qquad \text{(XVI 139)}$$

Entsprechend ist der Bruchteil der Konfigurationen, bei denen zwei herausgegriffene b-Plätze gleichzeitig von A-Atomen besetzt sind

$$\frac{\tfrac{1}{2}\,N(1-r)\,[\tfrac{1}{2}\,N(1-r)-1]}{\tfrac{1}{2}\,N(\tfrac{1}{2}\,N-1)} \qquad \text{(XVI 140)}$$

Es ergibt sich somit

$$\overline{v_i\,v_j} - r^2(1-r)^2 = \frac{r^2(1-r)^2\left[1-\dfrac{2}{Nr}\right]\left[1-\dfrac{2}{N(1-r)}\right]}{\left(1-\dfrac{2}{N}\right)^2} - r^2(1-r)^2 \qquad \text{(XVI 141)}$$

oder

$$\overline{v_i\,v_j} - r^2(1-r)^2 = r^2(1-r)^2\left[\frac{4\,r(1-r)-2}{Nr(1-r)}\right] + O\left(\frac{1}{N^2}\right)\,. \qquad \text{(XVI 142)}$$

Die Zahl der Terme vom Typ 4 ist $\left(\dfrac{z}{2}\,N\right)^2 - (2z-1)\,\dfrac{z}{2}\,N$. Multiplizieren wir (XVI 142) mit diesem Faktor, so ist der maßgebliche Term von der Größenordnung N. Die daneben auftretenden Terme der Größenordnungen N^0 und N^{-1} können wir, wie gewöhnlich, vernachlässigen. Damit erhalten wir

$$\varDelta\,(4) = \frac{z}{2}\,N\,[2r^2(1-r)^2 - r\,(1-r)]\,. \qquad \text{(XVI 143)}$$

Addieren wir nun die Gl. (XVI 136), (XVI 137), (XVI 138) und (XVI 143), so folgt

$$\varDelta = \varDelta\,(1) + \varDelta\,(2) + \varDelta\,(3) + \varDelta\,(4) = \frac{z}{2}\,Nr^2(1-r)^2 = \frac{z}{32}\,N\,(1-s^2)^2\,, \qquad \text{(XVI 144)}$$

woraus sich nach (XVI 133) unmittelbar $\varDelta_2$ ergibt.

Die Semi-Invarianten λ_1, λ_2 und λ_3 wurden bereits von KIRKWOOD[1] berechnet. Der Wert für λ_4 wurde von BETHE und KIRKWOOD[2] angegeben, während CHANG[3] die Rechnung auf λ_5 und λ_6 ausdehnte. Von λ_4 ab treten in den Formeln neue

---

[1] KIRKWOOD, J. G.: J. Chem. Phys. **6**, 70 (1938).

[2] BETHE, H. A., u. J. G. KIRKWOOD: J. Chem. Phys. **7**, 578 (1939).

[3] CHANG, T. S.: J. Chem. Phys. **9**, 169 (1941).

Parameter auf, die von der Gitterstruktur abhängen. Die Ergebnisse lauten

$$\lambda_1 = zN\,\frac{w}{8}\,(1-s^2)$$

$$\lambda_2 = zN\,\frac{w^2}{32}\,(1-s^2)^2$$

$$\lambda_3 = -\,zN\,\frac{w^3}{32}\,s^2(1-s^2)^2$$

$$\lambda_4 = zN\,\frac{w^4}{256}\,(1-s^2)^2\,[2\,(1-3s^2)^2 + 3y\,(1-s^2)^2]$$

$$\lambda_5 = -\,zN\,\frac{w^5}{256}\,s^2(1-s^2)^2\,[16\,(2-3s^2)^2 + 60\,y\,(1-s^2)^2]$$

$$\lambda_6 = zN\,\frac{w^6}{512}\,(1-s^2)^2\,\{32\,[1-15\,(1-s^2)\,s^2] + 60\,(13\,y+30)\,(1-s^2)^2$$

$$+\,60\,(\gamma_1-30\,y-58)\,(1-s^2)^3 + 15\,(\gamma_2 + 4\,\gamma_1 + 66\,y + 108)\,(1-s^2)^4\}\,.$$

(XVI 145)

Der Parameter y ist durch die Gleichung

$$y = \frac{1}{z}\left(\sum_{a'=1\neq a} z_{aa'}^2 - z^2\right) \tag{XVI 146}$$

definiert, wo $z_{aa'}$ die Zahl der gemeinsamen Nachbarn im b-Teilgitter ist, die zwei Gitterplätze a und a' im a-Teilgitter besitzen, und die Summe für einen festen Gitterplatz a über alle Lagen des Gitterplatzes a' zu erstrecken ist. Für das einfache kubische Gitter ist $y = 3$, für das Gitter des β-Messings $y = 11$. Ferner ist

$$\gamma_1 = \frac{1}{z}\left[\sum_{a'} z_{aa'}^3 - 3\sum_{a'} z_{aa'}^2 + 2z\,(z-1)\right] \tag{XVI 147}$$

$$\gamma_2 = \frac{1}{z}\left[\sum_{a'}\sum_{a''} z_{aa'}\,z_{a'a''}\,z_{a''a} - 3\,(z-2)\sum_{a'} z_{aa'}^2 + 2z\,(z-1)\,(z-2)\right]. \tag{XVI 148}$$

Die Werte dieser Konstanten sind für das einfache kubische Gitter $\gamma_1 = 0$, $\gamma_2 = 44$, für das Gitter des β-Messings $\gamma_1 = 18$, $\gamma_2 = 222$.

Wir schreiben nun die Gl. (XVI 131) in der zu (XVI 104) analogen Form

$$\frac{F_c(s)-F_c(1)}{\tfrac{1}{2}NkT} = (1+s)\ln(1+s) + (1-s)\ln(1-s) - 2\ln 2 +$$

$$+\,\frac{z}{4}\,(1-s^2)\,\frac{w}{kT} - \frac{z}{32}\,(1-s^2)^2\left(\frac{w}{kT}\right)^2 - \frac{z}{96}\,s^2(1-s^2)^2\left(\frac{w}{kT}\right)^3 -$$

$$-\,\frac{z}{48}\left\{\frac{1}{16}\,(1-s^2)^2\left[1-3\,(1+s)+\frac{3}{2}\,(1+s)^2\right]^2 +\right.$$

$$+\left.\frac{3}{128}\left(\frac{y}{z}-1\right)(1-s^2)^4\right\}\left(\frac{w}{kT}\right)^4 \cdots .$$

(XVI 149)

Der Gleichgewichtswert von s ergibt sich, indem wir die Ableitung von F_c nach s gleich Null setzen. Wir erhalten dann

$$\ln\frac{1+s}{1-s} = \frac{z}{2}\,\frac{w}{kT}\,s\left[1-\frac{1}{4}\,\frac{w}{kT}\,(1-s^2) + \frac{1}{24}\left(\frac{w}{kT}\right)^2(1-s^2)\,(1-3s^2) + \cdots\right].$$

(XVI 150)

Diese Gleichung hat, wie die Gl. (XVI 45) und (XVI 105), stets die Lösung $s = 0$. Bei hinreichend hohen Temperaturen entspricht dieselbe einem Minimum von F_c. Bei tieferen Temperaturen tritt für $w > 0$ eine von Null verschiedene Wurzel auf, die dann, wie die genauere Untersuchung zeigt, einem Minimum von F_c entspricht, während zu $s = 0$ nun ein Maximum gehört. Der Umwandlungspunkt ist durch die Gl. (XVI 47) bestimmt. Es ergibt sich

$$\frac{4\,kT_c}{z\,w} = 1 - \frac{1}{4}\frac{w}{kT_c} + \frac{1}{24}\left(\frac{w}{kT_c}\right)^2 + \cdots . \qquad \text{(XVI 151)}$$

Man sieht, daß die Kirkwoodsche Theorie qualitativ im wesentlichen das gleiche Bild gibt, wie die vorher besprochenen Näherungsverfahren. Aus Gl. (XVI 149) kann man entnehmen, daß auch für $s = 0$, d. h. $T > T_c$ noch eine temperaturabhängige innere Energie existiert, welche der dann noch vorhandenen Nahordnung entspricht. Insofern steht die Kirkwoodsche Theorie der Betheschen bzw. quasichemischen Methode näher als dem Bragg-Williamsschen Verfahren. Die vollständige Berechnung des Verlaufs der spezifischen Wärme kann auch hier nur numerisch erfolgen, wenn man nicht die Entwicklung mit λ_2 abbricht. Nur für die unmittelbare Umgebung der Umwandlungstemperatur und den Sprung in der spezifischen Wärme lassen sich, ebenso wie in den früheren Fällen, Formeln angeben, deren Herleitung aber recht umständlich ist. Wir übergehen sie deshalb an dieser Stelle[1, 2].

Die drei bisher behandelten Näherungsverfahren stellen sozusagen die „klassischen" Theorien der Überstruktur-Umwandlung und überhaupt der kooperativen Erscheinungen dar. Es wird zweckmäßig sein, dieselben noch einmal untereinander und mit den experimentellen Daten zu vergleichen, bevor wir zu den neueren Entwicklungen übergehen. Betrachten wir zunächst die freien Energien, so sieht man aus Gl. (XVI 43), daß die Bragg-Williamssche Näherung ein Abbrechen der Kirkwoodschen Entwicklung (XVI 149) mit dem in $\frac{w}{kT}$ linearen Gliede bedeutet. Um die mit Hilfe der quasi-chemischen Methode abgeleitete Gl. (XVI 104) in den Vergleich einzubeziehen, ist es notwendig, zunächst die Logarithmen nach Potenzen von $\alpha - 1$ und dann α nach Potenzen von $\frac{w}{kT}$ zu entwickeln. Das Resultat ist

$$\frac{F_c(s) - F_c(1)}{\frac{1}{2}NkT} = (1+s)\ln(1+s) + (1-s)\ln(1-s) - 2\ln 2 +$$

$$+ \frac{z}{4}(1-s^2)\frac{w}{kT} - \frac{z}{32}(1-s^2)^2\left(\frac{w}{kT}\right)^2 - \frac{z}{96}s^2(1-s^2)^2\left(\frac{w}{kT}\right)^3 - \qquad \text{(XVI 152)}$$

$$- \frac{z}{16}\left[\frac{1}{12}s^2(1-s^2)^2 - \frac{7}{96}(1-s^2)^4\right]\left(\frac{w}{kT}\right)^4 \cdots .$$

Der Vergleich mit (XVI 149) zeigt, daß die quasi-chemische Näherung bis zur Ordnung $\left(\frac{w}{kT}\right)^3$ exakt ist. Eine andere Vergleichsmöglichkeit, die etwas übersichtlicher ist, aber sonst genau das gleiche Bild ergibt, bieten die Gleichungen für die Umwandlungstemperatur. Wir schreiben dieselben hier nochmals in einer

---

[1] Bethe, H. A., u. J. G. Kirkwood: J. Chem. Phys. 7, 578 (1939).

[2] Fowler, R. H., u. E. A. Guggenheim: Statistical Thermodynamics. Cambridge 1949.

für diesen Zweck geeigneten Form an. Sie lauten

$$1 - \frac{2}{z} = 1 - \frac{w}{2kT_c} \tag{XVI 153}$$

(BRAGG-WILLIAMS)

$$1 - \frac{2}{z} = e^{-\frac{w}{2kT_c}} = 1 - \frac{w}{2kT_c} + \frac{1}{2}\left(\frac{w}{2kT_c}\right)^2 - \frac{1}{6}\left(\frac{w}{2kT_c}\right)^3 + \\ + \frac{1}{24}\left(\frac{w}{2kT_c}\right)^4 - \frac{1}{120}\left(\frac{w}{2kT_c}\right)^5 + \cdots \tag{XVI 154}$$

(BETHE; quasi-chemische Methode)

$$1 - \frac{2}{z} = 1 - \frac{w}{2kT_c} + \frac{1}{2}\left(\frac{w}{2kT_c}\right)^2 - \frac{1}{6}\left(\frac{w}{2kT_c}\right)^3 + \frac{1}{24}(3y+4)\left(\frac{w}{2kT_c}\right)^4 - \\ - \frac{1}{120}(15y+16)\left(\frac{w}{2kT_c}\right)^5 + \cdots \tag{XVI 155}$$

(KIRKWOOD).

Man sieht wieder, daß die BRAGG-WILLIAMSsche Näherung ein Abbrechen mit dem in $\frac{w}{kT}$ linearen Gliede bedeutet, während die BETHEsche bzw. quasi-chemische Näherung bis zum kubischen Gliede mit der exakten Entwicklung übereinstimmt. Da, wie erwähnt, für das Gitter des β-Messings $y = 11$ ist, sind die relativen Unterschiede der höheren Glieder sehr erheblich.

Die obigen Gleichungen lassen sich nach $\frac{w}{2kT_c}$ auflösen und ergeben dann Entwicklungen nach Potenzen von z^{-1}. Man erhält

$$\frac{w}{2kT_c} = \frac{2}{z} \tag{XVI 156}$$

(BRAGG-WILLIAMS)

$$\frac{w}{2kT_c} = \frac{2}{z}\left[1 + \frac{1}{z} + \frac{4}{3}\frac{1}{z^2} + 2\frac{1}{z^3} + \frac{16}{5}\frac{1}{z^4} + \cdots\right] \tag{XVI 157}$$

(BETHE; quasi-chemische Methode)

$$\frac{w}{2kT_c} = \frac{2}{z}\left[1 + \frac{1}{z} + \frac{4}{3}\frac{1}{z^2} + (3+y)\frac{1}{z^3} + \left(\frac{36}{5} + 4y\right)\frac{1}{z^4} + \cdots\right] \tag{XVI 158}$$

(KIRKWOOD).

Diese Gleichungen zeigen das Verhältnis der verschiedenen Verfahren wieder unter einem neuen Gesichtspunkt. Denken wir uns für einen Augenblick den Wechselwirkungsparameter w durch einen neuen Parameter $w'' = \frac{z}{2}\,w$ ersetzt, so geht die BRAGG-WILLIAMSsche Näherung aus der exakten Entwicklung durch den Grenzübergang $z \to \infty$ hervor. Die BETHEsche bzw. quasi-chemische Näherung wird erhalten, wenn man dem Parameter y den speziellen, von der Kristallstruktur unabhängigen Wert $y = -1$ zuteilt. In diesem Sinne kann man sagen, daß die drei oben angeschriebenen Gleichungen in zunehmendem Maße die Einzelheiten der Kristallstruktur berücksichtigen. In Tab. 41 sind die nach den verschiedenen Näherungen berechneten Werte von $\frac{zw}{2kT_c}$ zusammengestellt. Es sind ferner noch einige Werte für den Sprung in der Atomwärme $\Delta C_v/k$ angegeben. Man sieht daraus, daß die BETHEsche bzw. quasi-chemische Methode gegenüber der Bragg-Williamsschen Näherung eine beträchtliche Verbesserung darstellt und mit der Kirkwoodschen II. Näherung (welche das Glied mit λ_3 einschließt) praktisch gleichwertig ist[1].

Tabelle 41. *Umwandlungstemperatur und Sprung in der Atomwärme nach verschiedenen Näherungsverfahren*

Approximation	Zahl der Terme	$z = 6$		$z = 8$	
		$zw/2kT_c$	$\Delta C_v/Nk$	$zw/2kT_c$	$\Delta C_v/Nk$
Bragg-Williams	1	2	1,50	2	1,50
Kirkwood	2	2,333	1,75	2,250	1,69
	3	2,407	1,78	2,292	1,70
	4	2,463	1,86	2,346	1,81
	5	2,493	1,88	2,371	1,84
	6	2,514	1,92	2,391	1,87
quasi-chemisch		2,433	1,78	2,301	1,70
Bethe, II. Näherung		2,532	1,94		

Während das Verhältnis der verschiedenen Näherungsverfahren gut zu übersehen ist, stößt die Beantwortung der Frage nach der Güte der tatsächlich erreichten Näherung auf erhebliche Schwierigkeiten. Da der exakte Wert von $\dfrac{w}{kT_c}$ für dreidimensionale Gitter nicht bekannt ist, können wir vorläufig nur versuchen, aus den Konvergenzeigenschaften der Kirkwoodschen Entwicklungen einige Schlüsse zu ziehen. Auf den Vergleich bei zweidimensionalen Gittern, für welche die exakten Werte bekannt sind, kommen wir in § 17.4 zurück. Die Kirkwoodsche Entwicklung ist ihrem Wesen nach eine Entwicklung für hohe Temperaturen; bei tiefen Temperaturen muß man annehmen, daß die Reihen entweder divergieren oder wenigstens so langsam konvergieren, daß sie praktisch unbrauchbar sind. Man wird daher nach dieser Methode die besten Ergebnisse im Gebiete der Nahordnung ($T > T_c$) erhalten. Der Vergleich der Reihenentwicklungen für die freie Energie zeigt, daß die Bragg-Williamssche und Bethesche (quasi-chemische) Methode hier keine besonders gute Näherung liefern. Damit ist aber noch nichts über die Verhältnisse bei tiefen Temperaturen gesagt. Tatsächlich zeigt der Vergleich mit Entwicklungen für tiefe Temperaturen (vgl. § 17.5), daß hier die Bethesche (quasi-chemische) Methode merklich besser abschneidet. Nach der Natur der Kirkwoodschen Entwicklung ist kaum zu erwarten, daß man auf diesem Wege zu einer genaueren Festlegung der Umwandlungstemperatur kommt. Diese Vermutung wird durch die Zahlen der Tab. 41 in vollem Umfange bestätigt. Die Reihe (XVI 158) konvergiert so langsam, daß der durch Berücksichtigung der höheren Glieder gegenüber der Betheschen (quasi-chemischen) Näherung erzielte Gewinn kaum noch in einem Verhältnis zu dem großen rechnerischen Aufwand steht. Ähnlich liegen die Verhältnisse bei der Größe $\Delta C_v/k$. Wir können daher zusammenfassend feststellen, daß für das spezielle Problem des Umwandlungspunktes die Kirkwoodsche Theorie keinen wesentlichen Fortschritt gegenüber den älteren Methoden bedeutet. Da sie aber eine exakt gültige Entwicklung darstellt, kann man mit ihrer Hilfe bei hohen Temperaturen die Genauigkeit der Bragg-Williamsschen und Betheschen (quasi-chemischen) Näherung präzise abgrenzen.

---

[1] Der ursprünglich von Kirkwood [J. Chem. Phys. **6**, 70 (1938)] angegebene Wert für $\Delta C_v/k$ liegt erheblich höher, ist aber unkorrekt. Die Berichtigungen [Nix, F. C., u. W. Shockley: Rev. Mod. Phys. **10**, 1 (1938); Bethe, H. A., u. J. G. Kirkwood: J. Chem. Phys. **7**, 578 (1939)] scheinen vielfach übersehen worden zu sein. Die Abb. 13 bei Nix u. Shockley ist mit dem unkorrekten Wert gezeichnet.

Für den Vergleich mit den experimentellen Daten können wir aus den angeführten Gründen die KIRKWOODsche Theorie außer Betracht lassen. In Abb. 115 sind daher die nach dem BRAGG-WILLIAMSschen und dem BETHEschen bzw. quasichemischen Verfahren berechneten Kurven für C_v/k zusammen mit den experimentellen Daten für β-Messing dargestellt. Außerdem ist noch das Mittel der experimentellen Werte für reines Kupfer und reines Zink gezeichnet, um den in Frage stehenden Effekt deutlicher hervortreten zu lassen. Wie schon früher bemerkt, gibt die Theorie qualitativ ein richtiges Bild von den Verhältnissen. Der Unterschied der BETHEschen (quasi-chemischen) Kurve gegenüber der BRAGG-WILLIAMSschen liegt qualitativ in der Richtung der experimentellen Kurve. Die quantitative Verbesserung ist aber relativ gering; in dieser Hinsicht sind beide Theorien noch sehr unbefriedigend. Als Maß der Diskrepanz kann die Größe $\Delta C_v/k$ dienen, für die sich experimentell etwa der Wert 5 ergibt, während die theoretischen Zahlen 1,50 (BRAGG-WILLIAMS) und 1,78 (BETHE und quasichemische Methode) sind. Auf der anderen Seite setzt der anomale Anstieg der Atomwärme für die

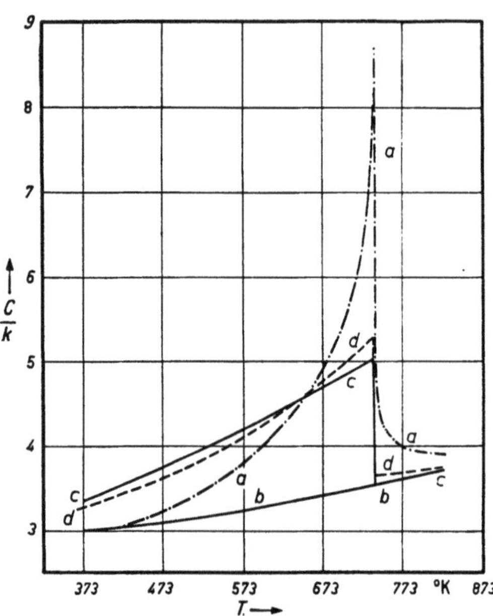

Abb. 115. Vergleich der experimentellen und theoretischen Atomwärme von β-Messing. *a* Experimentelle Kurve; *b* Mittel der experimentellen Werte für reines Kupfer und reines Zink; *c* nach BRAGG-WILLIAMS; *d* nach BETHE [entnommen aus: E. A. GUGGENHEIM: Mixtures. Oxford 1952]

theoretischen Kurven bei erheblich tieferen Temperaturen ein. Dies hat zur Folge, daß die Übereinstimmung zwischen Theorie und Experiment wesentlich besser ist, wenn man die gesamte Änderung des Konfigurationsanteils der inneren Energie bis zum Umwandlungspunkt betrachtet. Für die Größe $[E_c(T_c) - E_c(0)]/N\,k\,T_c$ ergibt sich nach der BRAGG-WILLIAMSschen Näherung der Wert 0,50, nach der BETHEschen bzw. quasi-chemischen Methode 0,493, während experimentell 0,43 gefunden wird. Immerhin besteht auch hier noch eine merkliche Diskrepanz.

Für die Erklärung der Diskrepanzen kommt eine ganze Reihe von Ursachen in Betracht, die wir zunächst aufzählen und dann kurz diskutieren wollen. Es sind im wesentlichen die folgenden:

1. Vernachlässigung der Kopplung zwischen Konfigurationen und Gitterschwingungen.

2. Abseparation der Verteilungsfunktion der Metallelektronen.

3. Beschränkung auf die Wechselwirkung zwischen nächsten Nachbarn.

4. Temperaturabhängigkeit des Parameters w.

5. Unzulänglichkeit der Näherung.

6. Vernachlässigung des Unterschiedes zwischen C_p und C_v beim Vergleich zwischen Theorie und Experiment.

Der Punkt 1 ist sicher am wenigsten schwerwiegend und kann die großen Diskrepanzen zweifellos nicht erklären[1]. Das gleiche dürfte für die Abseparation

---

[1] BETHE, H. A., u. J. G. KIRKWOOD: J. Chem. Phys. 7, 578 (1939).

der Verteilungsfunktion der Metallelektronen gelten. Man kann sich schwer vorstellen, in welcher Weise die Elektronen bei einer Phase konstanter Zusammensetzung in so einschneidender Weise den Gang der Atomwärme beeinflussen sollten. Die Wechselwirkung zwischen zweitnächsten Nachbarn ist von verschiedenen Autoren[1-5] mit Hilfe des entsprechend modifizierten Betheschen bzw. quasi-chemischen Verfahrens berücksichtigt worden. Es scheint danach, daß dieser Effekt die Diskrepanz zwischen Theorie und Experiment beträchtlich vermindern kann. Ob er wirklich eine entscheidende Rolle spielt, ist bei der mangelnden Kenntnis der zwischenatomaren Potentiale in Legierungen vorläufig kaum zu entscheiden. Die Temperaturabhängigkeit des Parameters w, auf die wir bereits in § 16.2 hingewiesen haben, ist in diesem Zusammenhang bisher nicht diskutiert worden. In § 18.3 werden wir für ein anderes kooperatives Problem zeigen, daß die Berücksichtigung derselben zur Übereinstimmung zwischen Theorie und Experiment führt. Daß die hier in Frage stehenden Näherungsverfahren recht unzulänglich sind, ist schon aus der bisherigen Diskussion zu ersehen. Nähere Aussagen darüber lassen sich aber nur anhand der strengeren Theorien machen, die wir in den folgenden Paragraphen behandeln. Wir stellen daher diese Frage zurück und bemerken nur, daß in den wenigen Fällen, in denen die exakte Lösung des Problems bekannt ist, der Unterschied gegenüber den bisher behandelten Näherungsverfahren sehr erheblich ist. Auf die Bedeutung der Tatsache, daß die Theorie C_v liefert, während die experimentellen Daten C_p-Werte sind, hat zuerst Eisenschitz[6] hingewiesen. Da thermodynamisch

$$C_p - C_v = \frac{\gamma \, v \, T}{\varkappa} \qquad \text{(XVI 159)}$$

ist und im allgemeinen an der Stelle einer Umwandlung II. Ordnung nach den Ehrenfestschen Gleichungen sowohl der Ausdehnungskoeffizient γ wie die Kompressibilität $\varkappa$ eine Unstetigkeit hat, ist es durchaus möglich, daß der Sprung von C_p größer ist als der von C_v. Nach einer Abschätzung von Bethe und Kirkwood[7] läßt sich die Diskrepanz in $\varDelta C$ auf diese Weise erklären. Dabei geht aber eine Konstante ein, die anderweitig nicht bestimmt werden kann, so daß die Situation in dieser Hinsicht noch nicht völlig geklärt ist. Für eine rein experimentelle Entscheidung der Frage aus Messungen von C_v oder γ und $\varkappa$ fehlen vorläufig die Daten. Für das verwandte Problem der sog. Rotationsumwandlungen (§ 18.4) sind zwei Fälle beschrieben[8, 9], in denen die aus experimentellen C_p-Daten nach Gl. (XVI 159) berechnete C_v-Kurve überhaupt keine Unstetigkeit, sondern nur ein flaches Maximum zeigt. Wir brauchen darauf an dieser Stelle nicht näher einzugehen; das Ergebnis ist aber insofern von Interesse, als Eisenschitz[10] ein analoges Verhalten für Überstruktur-Umwandlungen theoretisch deduziert hat. Im letzteren Falle zeigen aber die Ergebnisse der exakten Theorie (Kap. XVII) klar, daß das erwähnte Resultat nicht richtig sein kann. Die von Eisenschitz[10] gegen die behandelten Näherungen erhobenen prinzipiellen Bedenken sind also unbegründet.

[1] Chang, T. S.: Proc. Roy. Soc. (London) A **161**, 546 (1937).
[2] Wang, J. S.: Proc. Roy. Soc. (London) A **168**, 56, 68 (1938).
[3] Guggenheim, E. A., u. M. L. McGlashan: Trans. Faraday Soc. **47**, 929 (1951).
[4] Fournet, G.: C. r. Acad. Sci. (Paris) **232**, 155 (1951).
[5] Bell, G. M.: Philosophic. Mag. **44**, 65 (1953).
[6] Eisenschitz, R.: Proc. Roy. Soc. (London) A **168**, 546 (1938); **182**, 244 (1944).
[7] Bethe, H. A., u. J. G. Kirkwood: J. Chem. Phys. **7**, 578 (1939).
[8] Lawson, A. W.: Physic. Rev. **57**, 417 (1940).
[9] Schäfer, K., u. O. Frey: Z. Elektrochem. **56**, 882 (1952).
[10] Eisenschitz, R.: Proc. Roy. Soc. (London) A **182**, 244 (1944).

Kapitel XVII

Kooperative Erscheinungen in Kristallen II:
Matrix-Theorie des Ising-Modells

§ 17.1*. Das eindimensionale Ising-Modell

Die Ausführungen in § 16.6 zeigen deutlich, daß die Überstruktur-Umwandlung des in § 16.2 zugrunde gelegten Modells sich nach den bisher behandelten Näherungsverfahren nicht einmal qualitativ sicher charakterisieren läßt, von einer quantitativen Beschreibung ganz zu schweigen. Wenn man daher mit der Theorie der kooperativen Erscheinungen weiterkommen will, ist es unter allen Umständen notwendig, das in § 16.2 definierte mathematische Problem gründlicher zu untersuchen; nur auf einer solchen Grundlage lassen sich die übrigen in § 16.6 aufgezählten Effekte sinnvoll diskutieren. Diese Untersuchung läßt sich im ein- und zweidimensionalen Fall bis zur exakten Lösung durchführen. Im dreidimensionalen Fall ist dies trotz vielen Bemühungen bisher nicht gelungen. Durch Kombination von besseren Näherungsverfahren mit den exakten Ergebnissen für den zweidimensionalen Fall kann man aber doch wesentlich über das mit den älteren Methoden Erreichbare hinausgelangen. Alle diese Rechnungen erfordern einen sehr erheblichen mathematischen Aufwand. Wir können daher nur eine Einführung in die Art der Behandlung und eine Übersicht über die wichtigsten Resultate geben. Für eingehenderes Studium verweisen wir auf zusammenfassende Darstellungen[1, 2] und die dort zitierte Originalliteratur. Um von einer möglichst übersichtlichen Formulierung des Problems auszugehen, wählen wir als Grundlage der folgenden Rechnungen das Ising-Modell, dessen Definition wir ebenso wie seinen Zusammenhang mit anderen kooperativen Problemen bereits in § 16.2 besprochen haben.

Im Jahre 1941 wurde unabhängig von Montroll[3], Lassettre und Howe[4] sowie Kramers und Wannier[5] gezeigt, daß die Berechnung der Verteilungsfunktion eines kooperativen Problems sich auf die Bestimmung des größten Eigenwertes einer gewissen Matrix reduzieren läßt. Es hat sich gezeigt, daß diese Matrix-Methode allen bisher behandelten Verfahren weit überlegen ist und nicht nur die exakte Berechnung der Verteilungsfunktion des zweidimensionalen Ising-Modells, sondern auch im dreidimensionalen Fall wesentlich bessere Näherungen ermöglicht. Wir werden uns daher im folgenden hauptsächlich mit dieser Methode beschäftigen. Zur Einführung behandeln wir in diesem Paragraphen die Theorie des eindimensionalen Ising-Modells; dieselbe läßt sich zwar ohne Schwierigkeit auch nach anderen Verfahren entwickeln[6], ist aber zur Erläuterung der Grundgedanken der Matrix-Methode besonders geeignet.

Wir betrachten eine lineare Kette von N äquidistant fixierten gleichen Teilchen mit Spin. Die Spinkoordinate des i-ten Teilchens sei σ_i, und es soll gelten $\sigma_i = \pm 1$. Eine energetische Wechselwirkung soll nur zwischen nächsten Nachbarn stattfinden. Aus der Natur des Problems ergibt sich, daß hier (in der Bezeichnungsweise von § 16.2) $w_{11} = w_{22}$ ist. Wir können daher setzen

$$w_{12} - w_{11} = 2J, \quad w_{12} - w_{22} = 2J$$
$$w' = 2J \tag{XVII 1}$$

[1] Wannier, G. H.: Rev. Mod. Phys. **17**, 50 (1945).

[2] Newell, G. F., u. E. W. Montroll: Rev. Mod. Phys. **25**, 353 (1953).

[3] Montroll, E. W.: J. Chem. Phys. **9**, 706 (1941).

[4] Lassettre, E. N., u. J. P. Howe: J. Chem. Phys. **9**, 747, 801 (1941).

[5] Kramers, H. A., u. G. H. Wannier: Physic. Rev. **60**, 252, 263 (1941).

[6] Vgl. die in § 7.7 zitierte Literatur.

Dies kann ohne Willkür so interpretiert werden, daß zur Gesamtenergie U_c jedes Paar parallel orientierter Spins[1] den Beitrag $-J$ liefert, jedes Paar antiparallel orientierter Spins den Beitrag $+J$. Zur Vereinfachung der Formeln führen wir noch die Abkürzungen

$$K = \frac{J}{kT}, \quad C = -\frac{[\mu]H}{kT} \qquad \text{(XVII 2)}$$

ein, wo $[\mu]$ das magnetische Moment pro Spin und H die magnetische Feldstärke bezeichnet. Da die Energie eines Teilchens im Magnetfeld

$$U_H = -[\mu]H\,\sigma_i \qquad \text{(XVII 3)}$$

ist, lautet die Verteilungsfunktion

$$Q_c = \sum e^{K\,\Sigma\,\sigma_i\sigma_j\,+\,C\,\Sigma\,\sigma_i}, \qquad \text{(XVII 4)}$$

wobei die erste Summe im Exponenten über alle Paare von nächsten Nachbarn zu erstrecken ist. Wir wollen nun zunächst im Anschluß an Kramers und Wannier[2] durch eine wahrscheinlichkeitstheoretische Betrachtung zeigen, wie sich die Berechnung von Q_c auf ein Eigenwertproblem reduzieren läßt. Dazu betrachten wir eine Kette von $N-1$ Teilchen mit gegebenen Werten der Spinkoordinaten. Die Wahrscheinlichkeit einer solchen Konfiguration ist nach Gl. (XVII 4)

$$W(\sigma_1, \sigma_2, \cdots \sigma_{N-1}) = \alpha_{N-1}\, e^{K(\sigma_1\sigma_2 + \sigma_2\sigma_3 + \cdots \sigma_{N-2}\sigma_{N-1}) + C(\sigma_1 + \sigma_2 + \cdots + \sigma_{N-1})},$$
$$\text{(XVII 5)}$$

wo α_{N-1} der Normierungsfaktor ist. Fügen wir jetzt noch ein Teilchen mit gegebener Spinorientierung hinzu, so ist die Wahrscheinlichkeit der Konfiguration

$$W(\sigma_1, \sigma_2, \cdots, \sigma_N) = \frac{\alpha_N}{\alpha_{N-1}}\, W(\sigma_1, \sigma_2, \cdots, \sigma_{N-1})\, e^{K\,\sigma_{N-1}\sigma_N + C\,\sigma_N}. \qquad \text{(XVII 6)}$$

Für die Wahrscheinlichkeit, daß σ_{N-1} einen bestimmten Wert hat ohne Rücksicht auf die Orientierung der $N-2$ vorhergehenden Spins, folgt aus Gl. (XVII 5)

$$W(\sigma_{N-1}) = \sum_{\sigma_1=\pm1} \sum_{\sigma_2=\pm1} \cdots \sum_{\sigma_{N-2}=\pm1} W(\sigma_1, \sigma_2, \cdots, \sigma_{N-1}). \qquad \text{(XVII 7)}$$

In analoger Weise ergibt sich für die Wahrscheinlichkeit, daß σ_{N-1} und σ_N bestimmte Werte haben ohne Rücksicht auf die Orientierung der $N-2$ vorhergehenden Spins, aus Gl. (XVII 6)

$$W(\sigma_{N-1}, \sigma_N) = \sum_{\sigma_1=\pm1} \sum_{\sigma_2=\pm1} \cdots \sum_{\sigma_{N-2}=\pm1} \frac{\alpha_N}{\alpha_{N-1}}\, W(\sigma_1, \sigma_2, \ldots, \sigma_{N-1})\, e^{K\,\sigma_{N-1}\sigma_N + C\,\sigma_N}.$$
$$\text{(XVII 8)}$$

Setzen wir

$$\lambda = \frac{\alpha_{N-1}}{\alpha_N}, \qquad \text{(XVII 9)}$$

so können wir die Gl. (XVII 8) schreiben

$$\lambda\, W(\sigma_{N-1}, \sigma_N) = W(\sigma_{N-1})\, e^{K\,\sigma_{N-1}\sigma_N + C\,\sigma_N}. \qquad \text{(XVII 10)}$$

Summieren wir beide Seiten dieser Gleichung über die zwei möglichen Werte der Spinkoordinate σ_{N-1}, so erhalten wir die Wahrscheinlichkeit, daß, ohne

---

[1] Unter „parallelen Spins" wird hier verstanden, daß die Spinkoordinaten der beiden Teilchen, von denen die Rede ist, gleiche Werte haben.

[2] Kramers, H. A., u. G. H. Wannier: Physic. Rev. **60**, 252 (1941). Diese Autoren definieren $w_{12} - w_{11} = J$ und $K = J/2kT$. Die Größe K hat also die gleiche Bedeutung wie hier.

Rücksicht auf die $N - 1$ vorhergehenden Spins, σ_N einen bestimmten Wert hat.
Wir haben also

$$\lambda W (\sigma_N) = \sum_{\sigma_{N-1} = \pm 1} W (\sigma_{N-1})\, e^{K \sigma_{N-1} \sigma_N + C \sigma_N} .$$ (XVII 11)

Wenn die Kette hinreichend lang ist, kann physikalisch kein Unterschied mehr
zwischen den Teilchen $N - 1$ und N bestehen, d. h., die Wahrscheinlichkeiten
$W (\sigma_{N-1})$ und $W (\sigma_N)$ müssen die gleiche Funktion ihres Argumentes sein, die
wir mit $W (\sigma)$ bezeichnen. Wir haben also

$$\lambda W (\sigma) = \sum_{\sigma' = \pm 1} W (\sigma)\, e^{K \sigma \sigma' + C \sigma} .$$ (XVII 12)

Dieses System von zwei linearen homogenen Gleichungen hat die Form eines
Matrix-Eigenwertproblems. Wir können dasselbe noch symmetrisieren, wenn
wir einen Vektor $\boldsymbol{\psi} (\sigma)$ mit den Komponenten

$$\psi (\sigma) = W (\sigma)\, e^{-\frac{1}{2} C \sigma}$$ (XVII 13)

und eine zweireihige Matrix $\mathsf{H} (\sigma, \sigma')$ mit den Elementen

$$H (\sigma, \sigma') = e^{K \sigma \sigma' + \frac{1}{2} C (\sigma + \sigma')}$$ (XVII 14)

einführen[1]. Dann lautet das Gleichungssystem in Matrixnotierung

$$\lambda\, \boldsymbol{\psi} (\sigma) = \mathsf{H} (\sigma, \sigma')\, \boldsymbol{\psi} (\sigma')$$ (XVII 15)

Wir bezeichnen nun mit λ_1 und λ_2 die Eigenwerte der Matrix H, mit $\boldsymbol{\psi}_1 (\sigma)$ und
$\boldsymbol{\psi}_2 (\sigma)$ die zugehörigen Eigenvektoren. Die Eigenvektoren können wir als
orthonormal annehmen. Sie genügen daher der Relation

$$\widetilde{\boldsymbol{\psi}}_i (\sigma)\, \boldsymbol{\psi}_j (\sigma) = \delta_{ij}$$ (XVII 16)

und es ist

$$\lambda_i\, \boldsymbol{\psi}_i (\sigma) = \mathsf{H} (\sigma, \sigma')\, \boldsymbol{\psi}_i (\sigma) .$$ (XVII 17)

Entwickeln wir daher die Matrix H nach Eigenvektoren in der Form

$$H (\sigma, \sigma') = \sum_{i,j = 1}^{2} c_{ij}\, \psi_i (\sigma)\, \psi_j (\sigma')$$ (XVII 18)

so ist

$$c_{ij} = \widetilde{\boldsymbol{\psi}}_i (\sigma)\, \mathsf{H} (\sigma, \sigma')\, \boldsymbol{\psi}_j (\sigma')$$ (XVII 19)

und somit

$$c_{ij} = \lambda_i\, \delta_{ij} .$$ (XVII 20)

Die Entwicklung (XVII 18) lautet dann

$$H (\sigma, \sigma') = \lambda_1\, \psi_1 (\sigma)\, \psi_1 (\sigma') + \lambda_2\, \psi_2 (\sigma)\, \psi_2 (\sigma') .$$ (XVII 21)

Mit Hilfe der Orthonormierungsrelation (XVII 16) erhält man leicht

$$\sum_{\sigma_2 = \pm 1} H (\sigma_1, \sigma_2)\, H (\sigma_2, \sigma_3) = \lambda_1^2\, \psi_1 (\sigma_1)\, \psi_1 (\sigma_3) + \lambda_2^2\, \psi_2 (\sigma_1)\, \psi_2 (\sigma_3)$$ (XVII 22)

und weiter

$$\sum_{\sigma_2 = \pm 1} \sum_{\sigma_3 = \pm 1} H (\sigma_1, \sigma_2)\, H (\sigma_2, \sigma_3)\, H (\sigma_3, \sigma_4) = \lambda_1^3\, \psi_1 (\sigma_1)\, \psi_1 (\sigma_4) + \lambda_2^3\, \psi_2 (\sigma_1)\, \psi_2 (\sigma_4)$$
(XVII 23)

---

[1] Das im folgenden häufig verwendete Symbol H hat nichts mit der HAMILTON-Funktion
bzw. dem HAMILTON-Operator zu tun. Die Elemente der Matrix H werden stets mit Argument geschrieben und dadurch von der hier gelegentlich vorkommenden magnetischen
Feldstärke H unterschieden.

In Fortsetzung dieses Verfahrens ergibt sich schließlich

$$\sum_{\sigma_2,\ldots,\sigma_N = \pm 1} H(\sigma_1,\sigma_2)\, H(\sigma_2,\sigma_3) \cdots H(\sigma_N,\sigma_{N+1}) = \lambda_1^N\, \psi_1(\sigma_1)\, \psi_1(\sigma_{N+1}) + \lambda_2^N\, \psi_2(\sigma_1)\, \psi_2(\sigma_{N+1}) \qquad \text{(XVII 24)}$$

Wir führen nun die aus § 14.7 bekannte Born-von Kármánsche Randbedingung ein und identifizieren demgemäß die Teilchen 1 und $N + 1$. Wir betrachten also den linearen Kristall als ringförmig geschlossen. Summieren wir dann über σ_1, so erhalten wir mit (XVII 16)

$$\sum_{\sigma_1,\sigma_2,\ldots,\sigma_N = \pm 1} H(\sigma_1,\sigma_2)\, H(\sigma_2,\sigma_3) \cdots H(\sigma_N,\sigma_1) = \lambda_1^N + \lambda_2^N . \qquad \text{(XVII 25)}$$

Die linke Seite dieser Gleichung ist, wie der Vergleich mit (XVII 4) zeigt, nichts anderes als die Verteilungsfunktion Q_c. Wir können daher in Matrix-Notierung schreiben

$$Q_c = \text{spur } (\mathsf{H}^N) = \lambda_1^N + \lambda_2^N . \qquad \text{(XVII 26)}$$

Damit ist die Berechnung der Verteilungsfunktion auf die Bestimmung der Eigenwerte der Matrix H zurückgeführt. Die Eigenwerte ergeben sich nach (XVII 15) als Wurzeln der Säkulargleichung

$$\begin{vmatrix} e^{K+C} - \lambda & e^{-K} \\ e^{-K} & e^{K-C} - \lambda \end{vmatrix} = 0 . \qquad \text{(XVII 27)}$$

Die Lösung lautet

$$\lambda_{1,2} = e^K \cosh C \pm (e^{2K} \sinh^2 C + e^{-2K})^{1/2} . \qquad \text{(XVII 28)}$$

Für $N \to \infty$ kann in Gl. (XVII 26) der zweite Term der rechten Seite, wie hier explizit zu sehen ist, vernachlässigt werden. Wir erhalten daher für die Verteilungsfunktion des eindimensionalen Ising-Modells im Magnetfeld

$$Q_c = [e^K \cosh C + (e^{2K} \sinh C + e^{-2K})^{1/2}]^N . \qquad \text{(XVII 29)}$$

Diese Funktion ist analytisch in T für $0 < T < \infty$. Wir finden somit in Übereinstimmung mit den Ergebnissen von § 7.7 auch hier, daß eindimensionale Systeme keine Umwandlung zeigen können. Es lassen sich aber noch weitere Aussagen machen. Nach Gl. (XVII 4) ist die Magnetisierung pro Teilchen

$$M = \frac{[\mu]}{N} \frac{\partial \ln Q_c}{\partial C} \qquad \text{(XVII 30)}$$

oder mit Gl. (XVII 29)

$$M = [\mu] \sinh C\, (\sinh^2 C + e^{-2K}) . \qquad \text{(XVII 31)}$$

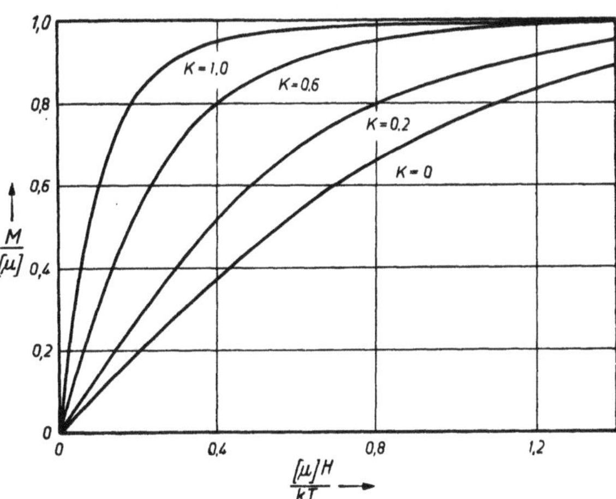

Abb. 116. Magnetisierung des eindimensionalen Ising-Modells [entnommen aus: G. F. Newell u. E. W. Montroll: Rev. Mod. Phys. **25**, 353 (1953)]

In Abb. 116 ist die Magnetisierung als Funktion von $[\mu]\, H/kT$ für verschiedene Werte von $K = J/kT$ dargestellt. Man sieht, daß für $H \to 0$ die Magnetisierung verschwindet. Das eindimensionale Ising-Modell zeigt somit keine spontane Magnetisierung und damit keinen Ferromagnetismus. Dieses Ergebnis läßt sich ohne weiteres auch im Hinblick auf das spezielle Problem der Überstruktur interpretieren. Auf Grund der Zuordnung (XVI 25) definieren wir die Fernordnung im ISING-Modell durch

$$s = \frac{1}{N} \sum_{i=1}^{N} \sigma_i .$$
(XVII 32)

Die Fernordnung hängt somit unmittelbar mit der Magnetisierung zusammen. Es gilt

$$s = \frac{1}{N} \frac{\partial \ln Q_c}{\partial C}$$
(XVII 33)

und wir können aus dem obigen Ergebnis schließen, daß das eindimensionale ISING-Modell bei verschwindender magnetischer Feldstärke auch keine Fernordnung zeigt. Für diesen Fall hat die Verteilungsfunktion eine besonders einfache Gestalt. Sie lautet, wie sich aus Gl. (XVII 29) für $C = 0$ ergibt,

$$Q_c = (2 \cosh K)^N .$$
(XVII 34)

Die daraus berechnete Atomwärme ist in Abb. 117 dargestellt. Ähnlich wie bei dem in § 7.7 behandelten Fall haben wir auch hier eine Andeutung der Umwandlung insofern, als die Kurve ein ziemlich steiles Maximum durchläuft.

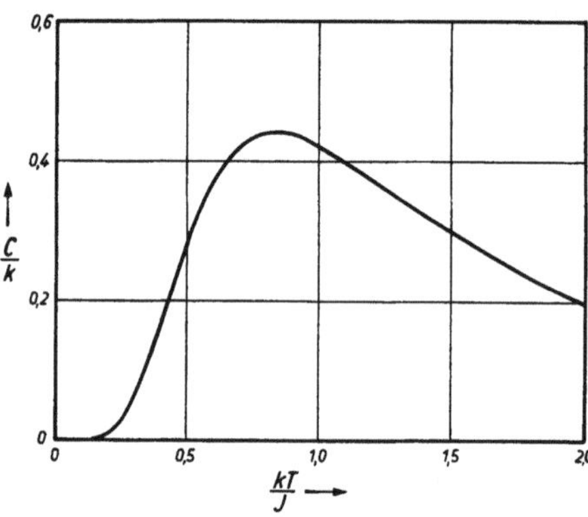

Abb. 117. Atomwärme des eindimensionalen ISING-Modells [entnommen aus: G. F. NEWELL u. E. W. MONTROLL: Rev. Mod. Phys. **25**, 353 (1953)]

Für den Fall $H = 0$ läßt sich die Verteilungsfunktion des linearen ISING-Modells in sehr einfacher Weise ohne Benutzung der BORN-VON KÁRMÁNschen Randbedingung durch direkte Summierung ableiten. Wir schreiben zunächst die Gl. (XVII 4) (für $C = 0$)

$$Q_c^{(N)} = \sum_{\sigma_1 = \pm 1} \cdots \sum_{\sigma_N = \pm 1} \prod_{j=1}^{N-1} e^{K \sigma_j \sigma_{j+1}} .$$
(XVII 35)

Da σ_N nur in einem Faktor vorkommt, können wir darüber sofort summieren und erhalten

$$Q_c^{(N)} = \sum_{\sigma_1 = \pm 1} \cdots \sum_{\sigma_{N-1} = \pm 1} \left[\prod_{j=1}^{N-2} e^{K \sigma_j \sigma_{j+1}} \right] 2 \cosh K \, \sigma_{N-1} .$$
(XVII 36)

Da σ_{N-1} nur die beiden Werte ± 1 annehmen kann, ist $\cosh K \sigma_{N-1} = \cosh K$, und wir haben

$$Q_c^{(N)} = 2 \cosh K \sum_{\sigma_1 = \pm 1} \cdots \sum_{\sigma_{N-1} = \pm 1} \left[\sum_{j=1}^{N-2} e^{K \sigma_j \sigma_{j+1}} \right]$$
(XVII 37)

oder, durch Vergleich mit (XVII 35)

$$Q_c^{(N)} = 2 (\cosh K) \, Q_c^{(N-1)} .$$
(XVII 38)

Damit haben wir eine Rekursionsformel gewonnen, nach der wir das Resultat sofort anschreiben können. Es lautet

$$Q_c^{(N)} = 2^N (\cosh K)^{N-1}$$
(XVII 39)

was für $N \to \infty$ in (XVII 34) übergeht.

§ 17.2*. Das zweidimensionale Ising-Modell: Näherungsweise Behandlung nach dem Variationsverfahren. Bestimmung der Umwandlungstemperatur

Gegenüber dem verhältnismäßig einfachen eindimensionalen Fall bietet das zweidimensionale Ising-Modell bereits außerordentliche mathematische Schwierigkeiten. Dieselben lassen sich jedoch auf der Grundlage der Matrix-Methode, wenn auch mit großem Aufwand, überwinden. Bevor wir uns dieser exakten Lösung zuwenden, behandeln wir in diesem Paragraphen eine Näherungslösung, deren Prinzip auch auf das dreidimensionale Problem anwendbar ist, und anschließend eine Überlegung, die ohne Berechnung der Verteilungsfunktion zu einer exakten Festlegung des Umwandlungspunktes führt.

Die Formulierung des Eigenwertproblems kann in einer zum eindimensionalen Fall ganz analogen Weise erfolgen[1, 2]. Wir wollen jedoch dieses Mal einen etwas anderen Weg einschlagen[3, 4]. Wir betrachten ein Gitter aus m „Schichten" von Teilchen mit Spin, der die Werte $+1$ und -1 annehmen kann. Eine Konfiguration der Schicht i bezeichnen wir mit v_i[5]. Im eindimensionalen Fall sind die „Schichten" die Teilchen selbst, und die v_i sind die Spinkoordinaten σ_i. Im zweidimensionalen Fall sind die „Schichten" Reihen von Teilchen, und v_i ist der Satz der Spinkoordinaten der Reihe i. Im dreidimensionalen Fall schließlich sind die „Schichten" als Schichten im gewöhnlichen Sinn zu verstehen; hier ist v_i der Satz aller Spinkoordinaten einer solchen Schicht. Die Konfigurations-Energie eines derartigen Gitters können wir schreiben

$$U_c = \sum_{i=1}^{m-1} U(v_i, v_{i+1}) + \sum_{i=1}^{m} U(v_i) , \qquad \text{(XVII 40)}$$

wo $U(v_i, v_{i+1})$ die Wechselwirkungsenergie zwischen den „Schichten" i und $i+1$ ist, während $U(v_i)$ die innere Energie der „Schicht" i bezeichnet. Wir führen nun wieder die Born-von Kármánsche Randbedingung ein, indem wir eine „Schicht" $m+1$ hinzufügen und diese mit der Schicht 1 identifizieren. Diese Festsetzung dient nur der bequemeren mathematischen Formulierung und wird beim Übergang zu unendlich großen Systemen physikalisch bedeutungslos. Definieren wir nun in Verallgemeinerung von (XVII 14)

$$H(v_i, v_{i+1}) = e^{-\dfrac{U(v_i, v_{i+1}) + \frac{1}{2} U(v_i) + \frac{1}{2} U(v_{i+1})}{kT}} , \qquad \text{(XVII 41)}$$

so können wir die Verteilungsfunktion schreiben

$$Q_c = \sum_{v_1} \cdots \sum_{v_m} \prod_{i=1}^{m} H(v_i, v_{i+1}) . \qquad \text{(XVII 42)}$$

Fassen wir die $H(v_i, v_{i+1})$ wieder als Elemente einer symmetrischen Matrix auf, so stellt die Summierung über v_i das Element einer Produktmatrix dar. Die Randbedingung bewirkt, daß dabei nur die Diagonalelemente auftreten, so daß wir haben

$$Q_c = \mathrm{spur}\,(\mathsf{H}^m) . \qquad \text{(XVII 43)}$$

[1] Kramers, H. A., u. G. H. Wannier: Physic. Rev. **60**, 252 (1941).
[2] Haar, D. ter: Elements of Statistical Mechanics. New York 1954.
[3] Montroll, E. W.: J. Chem. Phys. **9**, 706 (1941).
[4] Newell, G. F., u. E. W. Montroll: Rev. Mod. Phys. **25**, 353 (1953).
[5] v_i bezeichnet also den Satz der Spinkoordinaten der i-ten „Schicht".

Die Elemente der Matrix $H(v, v')$ entwickeln wir nun, wie in § 17.1, nach den Komponenten eines Satzes von linear unabhängigen orthonormalen Vektoren. Wir setzen also

$$H(v, v') = \sum_{i,j} c_{ij}\, \psi_i(v)\, \psi_j(v')\,. \qquad \text{(XVII 44)}$$

wobei

$$\tilde{\psi}_i(v)\, \psi_j(v) = \delta_{ij} \qquad \text{(XVII 45)}$$

ist. In diesem allgemeinen Fall repräsentiert somit jede Vektorkomponente eine Konfiguration der „Schicht". Die Koeffizienten c_{ij} erhalten wir in bekannter Weise, indem wir Gl. (XVII 44) mit $\psi_i(v)\, \psi_j(v')$ multiplizieren und über alle v summieren. Mit Berücksichtigung von (XVII 45) ergibt sich dann

$$c_{ij} = \tilde{\psi}_i(v)\, H(v, v')\, \psi_j(v') \qquad \text{(XVII 46)}$$

Wählen wir nun die Vektoren als Eigenvektoren der Matrix-Gleichung

$$\lambda\, \psi(v) = H(v, v')\, \psi(v') \qquad \text{(XVII 47)}$$

so ist wegen (XVII 45)

$$c_{ij} = \lambda_i\, \delta_{ij} \qquad \text{(XVII 48)}$$

wo λ_i die Eigenwerte von (XVII 47) sind und die Entwicklung (XVII 44) lautet

$$H(v, v') = \sum_i \lambda_i\, \psi_i(v)\, \psi(v')\,. \qquad \text{(XVII 49)}$$

Bilden wir nun mit Hilfe dieses Ausdruckes die Spur der Matrix H^m, so fallen, wie in § 17.1 ausführlich beschrieben, wegen Gl. (XVII 45) und der Randbedingung die Eigenvektoren heraus, und wir erhalten mit (XVII 43)

$$Q_c = \text{spur}\,(H^m) = \sum_i \lambda_i^m\,. \qquad \text{(XVII 50)}$$

Damit ist auch für den allgemeinen Fall die Berechnung der Verteilungsfunktion auf ein Eigenwertproblem reduziert.

Wir geben nun dem größten Eigenwert die Nummer 1 und bezeichnen ihn mit λ_{max}. Da wir thermodynamisch nur an dem Grenzfall unendlich großer Systeme interessiert sind (vgl. § 7.3), ist die für uns wesentliche Größe

$$\lim_{m \to \infty} m^{-1} \ln Q_c = \ln \lambda_{max} + \lim_{m \to \infty} m^{-1} \ln\left[1 + \sum_{i \geq 2}\left(\frac{\lambda_i}{\lambda_{max}}\right)^m\right]. \quad \text{(XVII 51)}$$

Wenn λ_{max} nicht entartet ist, gilt $\lambda_i/\lambda_{max} < 1$, und der zweite Term in (XVII 51) verschwindet beim Grenzübergang. Auch wenn λ_{max} entartet oder für $m \to \infty$ asymptotisch entartet ist, liefert der zweite Term keinen Beitrag, mit Ausnahme des Falles, daß der Entartungsgrad exponentiell mit m zunimmt. Dies ist aber sehr unwahrscheinlich und trifft bei keiner der bisher betrachteten Anwendungen zu. Wir können daher allgemein setzen

$$\lim_{m \to \infty} m^{-1} \ln Q_c = \ln \lambda_{max}\,. \qquad \text{(XVII 52)}$$

Danach besteht das Problem in der Bestimmung des größten Eigenwertes der Matrix H.

Die explizite Formulierung für das zweidimensionale ISING-Modell macht nun keine Schwierigkeiten mehr. Um etwas Konkretes vor Augen zu haben, betrachten wir im folgenden ein einfaches quadratisches Netz, obgleich die Theorie nicht auf diesen Fall beschränkt ist. Die Zahl der Teilchen in jeder

Reihe sei n, die Zahl der Reihen („Schichten") wieder m. Der Einfachheit halber nehmen wir an, daß die Kopplung zwischen benachbarten Teilchen der gleichen Reihe und verschiedener Reihen gleich ist. Wir haben dann explizit

$$U\,(v) = -\,J \sum_{i=1}^{n} \sigma_i \, \sigma_{i+1} - k\,T\,C \sum_{i=1}^{n} \sigma_i \qquad \text{(XVII 53)}$$

und

$$U\,(v,\,v') = -\,J \sum_{i=1}^{n} \sigma_i \, \sigma_i' \,. \qquad \text{(XVII 54)}$$

Da wir uns bei der Näherungsrechnung auf den Fall verschwindender Feldstärke beschränken und die exakte Rechnung überhaupt nur für diesen Fall durchführbar ist, setzen wir in Gl. (XVII 53) von vornherein $C = 0$. Ferner führen wir auch für die Reihen die BORN-VAN KÁRMÁNsche Randbedingung ein; wir identifizieren also in jeder Reihe die Teilchen 1 und $n + 1$. Wir können nun das Matrix-Element $H\,(v,\,v')$ schreiben

$$H\,(v,\,v') = e^{K\,\left(\Sigma\,\sigma_i\,\sigma_i' + \frac{1}{2}\,\Sigma\,\sigma_i\,\sigma_{i+1} + \frac{1}{2}\,\Sigma\,\sigma_i'\,\sigma_{i+1}'\right)} \qquad \text{(XVII 55)}$$

Die Verteilungsfunktion ist durch Gl. (XVII 52) gegeben. Wir haben also den größten Eigenwert der Matrix (XVII 55) zu bestimmen.

Die Aufgabe, den größten Eigenwert einer Matrix (oder eines äquivalenten Eigenwertproblems) zu finden, kann näherungsweise gelöst werden mit Hilfe des RITZschen Variationsverfahrens[1], das insbesondere in der Quantenmechanik viel verwendet wird[2]. In der Anwendung auf unser Problem besagt dasselbe

$$\lambda_{max} \geqq \frac{\widetilde{\varphi}\,(v)\;\mathsf{H}\,(v,\,v')\;\varphi\,(v')}{\widetilde{\varphi}\,(v)\;\varphi\,(v)}\,, \qquad \text{(XVII 56)}$$

wo φ ein von v abhängiger Vektor ist und das Gleichheitszeichen für den Fall gilt, daß φ der zu λ_{max} gehörende Eigenvektor der Matrix H ist. Man kann dies auch so ausdrücken, daß der Ausdruck auf der rechten Seite von (XVII 56), wenn er die Folge aller denkbaren Vektoren φ durchläuft, ein Maximum passiert und an dieser Stelle den Wert λ_{max} hat, wenn φ mit dem entsprechenden Eigenvektor der Matrix H identisch wird. Da man aber naturgemäß nur eine begrenzte Zahl von Eigenvektoren berücksichtigen kann, geht man praktisch so vor, daß man auf Grund von Betrachtungen über die Natur des Problems, einen dem Eigenvektor „benachbarten" Vektor konstruiert, der noch von gewissen freien Parametern abhängt. Mit diesem Vektor bildet man den Ausdruck (XVII 56) und macht denselben durch Variation der Parameter zu einem Maximum. Man sieht daraus, daß der Erfolg des Verfahrens weitgehend von der glücklichen Wahl des Ausgangsvektors abhängt. Im allgemeinen wird die Näherung um so besser, je größer die Zahl der freien Parameter ist; die Rücksicht auf die Durchführbarkeit der Rechnung setzt hier jedoch ziemlich enge Grenzen.

Für das Problem des zweidimensionalen ISING-Modells wählen wir nun im Anschluß an KRAMERS und WANNIER[2] als Ausgangsvektor

$$\varphi\,(v) = e^{n\,[B\,(K)\,\eta + A\,(K)\,\xi]} \,. \qquad \text{(XVII 57)}$$

Hier ist

$$\xi = \frac{1}{n} \sum_{i=1}^{n} \sigma_i \,, \quad \eta = \frac{1}{n} \sum_{i=1}^{n} \sigma_i \, \sigma_{i+1} \,, \qquad \text{(XVII 58)}$$

---

[1] Näheres darüber bei R. COURANT u. D. HILBERT: Methoden der mathematischen Physik, Bd. I. Berlin 1929. — MARGENAU, H., u. G. M. MURPHY: The Mathematics of Physics and Chemistry. New York 1948.

[2] Vgl. z. B. L. PAULING u. E. B. WILSON: Introduction to Quantum Mechanics. New York 1935.

während A und B die Variationsparameter sind, die durch die Maximums-bedingung als Funktion von $K = J/kT$ bestimmt werden. Die Wahl des Ansatzes (XVII 58) ist insofern naheliegend, als die Spinkoordinaten darin nur in den gleichen Kombinationen vorkommen, wie in den Elementen der Matrix H; dadurch wird die Rechnung naturgemäß sehr vereinfacht. Im übrigen müssen wir für die Begründung des Ansatzes hier auf die Originalarbeit[1] verweisen.

Bilden wir nun mit (XVII 58) den Ausdruck (XVII 56), so erhalten wir als Näherungsgleichung für λ_{max}

$$\lambda_{max}^{\frac{1}{n}} = \underset{B,A}{\mathrm{Max}}\, \frac{\chi(B,A)}{\zeta(B,A)}, \qquad \text{(XVII 59)}$$

wo

$$\chi^n = \sum_{\sigma,\sigma'} e^{K\,\Sigma\,\sigma_i\sigma_i' + K(\frac{1}{2}K+B)\,(\Sigma\,\sigma_i\sigma_{i+1} + \Sigma\,\sigma_i'\sigma_{i+1}') + A\,(\Sigma\,\sigma_i + \Sigma\,\sigma_i')} \qquad \text{(XVII 60)}$$

ist und

$$\zeta^n = \sum_{\sigma} e^{2B\,\Sigma\,\sigma_i\sigma_{i+1} + 2A\,\Sigma\,\sigma_i}. \qquad \text{(XVII 61)}$$

Der letztere Ausdruck ist, wie man durch Vergleich mit (XVII 4) erkennt, formal identisch mit der Verteilungsfunktion des linearen Ising-Modells in einem Magnetfeld. Wir erhalten daher unmittelbar aus Gl. (XVII 29)

$$\zeta = e^{2B} \cosh 2A + (e^{4B} \sinh^2 2A + e^{-4B})^{1/2}. \qquad \text{(XVII 62)}$$

Die Funktion χ läßt sich in ähnlicher Weise interpretieren. Wir betrachten dazu einen zweidimensionalen Kristall aus m ,,Schichten'' von je zwei Teilchen, d. h. mit anderen Worten, einen Streifen von zwei parallelen linearen Ketten. Nach den allgemeinen Definitionen dieses Paragraphen ist dann, wenn wir verschiedene Kopplung in Richtung der Ketten und senkrecht dazu annehmen

$$U(\nu, \nu') = -J(\sigma_1\sigma_1' + \sigma_2\sigma_2') \qquad \text{(XVII 63)}$$

und

$$U(\nu) = -J'\sigma_1\sigma_2 - kTC(\sigma_1 + \sigma_2). \qquad \text{(XVII 64)}$$

Für die Elemente der Matrix H ergibt sich aus Gl. (XVII 41)

$$H(\nu, \nu') = e^{K(\sigma_1\sigma_1' + \sigma_2\sigma_2') + \frac{1}{2}[K'\sigma_1\sigma_2 + C(\sigma_1+\sigma_2)] + \frac{1}{2}[K'\sigma_1'\sigma_2' + C(\sigma_1'+\sigma_2')]}. \qquad \text{(XVII 65)}$$

Bildet man daraus nach Gl. (XVII 42) die Verteilungsfunktion, so sieht man, daß dieselbe die Form der Gl. (XVII 60) hat. Die Berechnung von χ ist damit auf die Bestimmung des größten Eigenwertes der Matrix (XVII 65) zurückgeführt. Wir übergehen die Einzelheiten der etwas umständlichen Ausrechnung, die keine besonderen Probleme bietet. Man erhält für χ die Gleichung

$$\chi^3 - 2\chi^2\,[e^{2(K+B)} \cosh 2A + e^{-K} \cosh(K+2B)] +$$

$$+ 4\chi \sinh(K+2B)\,[e^{K+2B} \cosh 2A + e^{2K} \cosh(K+2B)] - \qquad \text{(XVII 66)}$$

$$- 8e^{K} \sinh^3(K+2B) = 0,$$

deren größte Wurzel das gesuchte χ ist. Bildet man nun aus (XVII 62) und (XVII 66)

$$\frac{\partial\zeta}{\partial A} = 0, \quad \frac{\partial\chi}{\partial A} = 0, \qquad \text{(XVII 67)}$$

---

[1] Kramers, H. A., u. G. H. Wannier: Physic. Rev. **60**, 263 (1941).

so findet man, daß diese Gleichungen stets die Lösung $A = 0$ haben. Setzen wir diese Lösung in Gl. (XVII 66), so läßt sich dieselbe auf eine quadratische Gleichung reduzieren und man erhält

$$\chi^2 - 4\chi \cosh K \cosh (K + 2B) + 4 \sinh^2 (K + 2B) = 0\,. \qquad \text{(XVII 68)}$$

Für ζ ergibt sich einfach

$$\zeta = 2 \cosh 2B\,. \qquad \text{(XVII 69)}$$

Wir führen nun eine neue Variable y anstelle von B ein durch die Gleichung

$$y\,\lambda^{\frac{1}{n}} \cosh 2B = \sinh (K + 2B)\,. \qquad \text{(XVII 70)}$$

Berücksichtigen wir noch die Beziehung

$$\cosh K \cosh (K + 2B) = \sinh K \sinh (K + 2B) + \cosh 2B\,, \qquad \text{(XVII 71)}$$

so folgt aus Gl. (XVII 59) und (XVII 68) — (XVII 71)

$$\lambda_{max}^{\frac{1}{n}} = \underset{y}{\text{Max}} \frac{2}{(y - \sinh K)^2 + 1 - \sinh^2 K}\,. \qquad \text{(XVII 72)}$$

Dieser Ausdruck wird, wie man sofort sieht, ein Maximum für $y = \sinh K$. Wir erhalten somit als Endresultat

$$\lambda_{max}^{\frac{1}{n}} = \frac{2}{1 - \sinh^2 K}\,. \qquad \text{(XVII 73)}$$

Die Verteilungsfunktion ist dann nach Gl. (XVII 52), da $n\,m = N$ die Zahl der Teilchen ist,

$$Q_c = \left(\frac{2}{1 - \sinh^2 K}\right)^N\,. \qquad \text{(XVII 74)}$$

Die vorstehende Näherungslösung kann, wie man sofort sieht, nur für kleine K, d. h. für hohe Temperaturen gültig sein, da für große K $\lambda^{\frac{1}{n}}$ negativ wird. Tatsächlich existiert bei tiefen Temperaturen noch eine zweite Wurzel $A \neq 0$ für die Gl. (XVII 67). Die Behandlung dieses Falles ist jedoch wesentlich komplizierter, so daß wir dafür auf die Arbeit von Kramers und Wannier[1] verweisen. Aus dem angedeuteten Verhalten kann man unmittelbar schließen, daß hier ein Umwandlungspunkt auftritt, der sich, in Analogie zu (XVI 47), aus den Gleichungen

$$\frac{\partial \lambda}{\partial A} = 0, \quad \frac{\partial^2 \lambda}{\partial A^2} = 0 \qquad \text{für } A = 0 \quad \text{(XVII 75)}$$

bestimmt. Es ergibt sich daraus

$$e^{-2K_c} = 0{,}4384 \qquad \text{(XVII 76)}$$

was, wie wir nachher sehen werden, bereits eine recht gute Näherung darstellt. Der nach der beschriebenen Methode berechnete Verlauf der Atomwärme ist in Abb. 118 wiedergegeben, zusammen mit der Betheschen ersten Näherung, die wir als repräsentativ für die in Kapitel XVI behandelten älteren Verfahren ansehen können. Man sieht daraus, daß die Matrix-Methode schon mit einem verhältnismäßig einfachen Variations-Ansatz eine wesentliche Verbesserung der Näherung erreicht. Es bleibt allerdings auch hier noch eine bedeutsame Diskrepanz gegenüber der exakten Lösung bestehen. Auf diese Frage werden wir in § 17.4 zurückkommen.

Es wurde bereits von Kramers und Wannier[1] gezeigt, daß es möglich ist, den Umwandlungspunkt des zweidimensionalen Ising-Modells auch ohne explizite

---

[1] Kramers, H. A., u. G. H. Wannier: Physic. Rev. **60**, 263 (1941).

Berechnung der Verteilungsfunktion exakt festzulegen unter der Voraussetzung, daß der Umwandlungspunkt existiert. Wir wollen dieses Ergebnis hier auf einem verhältnismäßig einfachen, von Onsager angegebenen Wege[1], ableiten. Wir betrachten dazu die Abb. 119 und fassen zunächst nur die vollen Kreise und ausgezogenen Linien ins Auge. Abb. 119a zeigt ein quadratisches Gitter, Abb. 119b ein Dreiecksgitter; wir können beide als Darstellungen des zweidimensionalen Ising-Modells ansehen. Bringen wir in die Mitte jeder Elementarzelle ein Teilchen (leere Kreise) und verbinden diese durch die getrichelten Linien, so entsteht ein neues Gitter, welches das duale Gitter des ersten genannt wird. Diese Bezeichnungen lassen sich natürlich umkehren. Das Wesentliche ist die Tatsache, daß jede Verbindungslinie des einen Gitters gerade von einer Verbindungslinie des anderen Gitters gekreuzt wird. Zwischen den beiden dargestellten Fällen besteht jedoch ein bedeutsamer Unterschied. Im Falle des quadratischen Gitters ist auch das duale Gitter ein quadratisches Gitter, während im Falle des Dreieckgitters das duale Gitter ein Sechseckgitter ist. Solche Gitter wie das quadratische, bei denen das duale Gitter topologisch identisch mit dem ursprünglichen ist, werden als selbstduale Gitter bezeichnet. Wir beschränken uns bei der folgenden Überlegung auf selbstduale Gitter. Für die Ausdehnung des Beweises auf andere Fälle verweisen wir auf die Literatur[1, 2].

Wir führen nun zunächst eine Transformation der Verteilungsfunktion durch. Wie man aus Gl. (XVII 55) in Verbindung

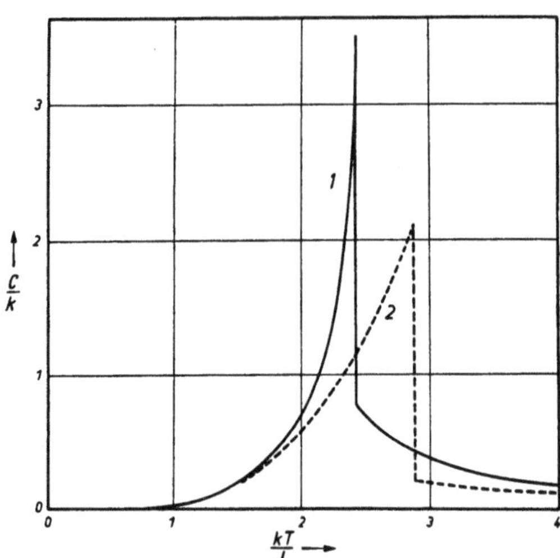

Abb. 118. Atomwärme des zweidimensionalen Ising-Modells. Kurve 1: Näherung nach Kramers und Wannier. Kurve 2: Bethesche Näherung [entnommen aus: G. H. Wannier: Rev. Mod. Phys. 17, 50 (1945)]

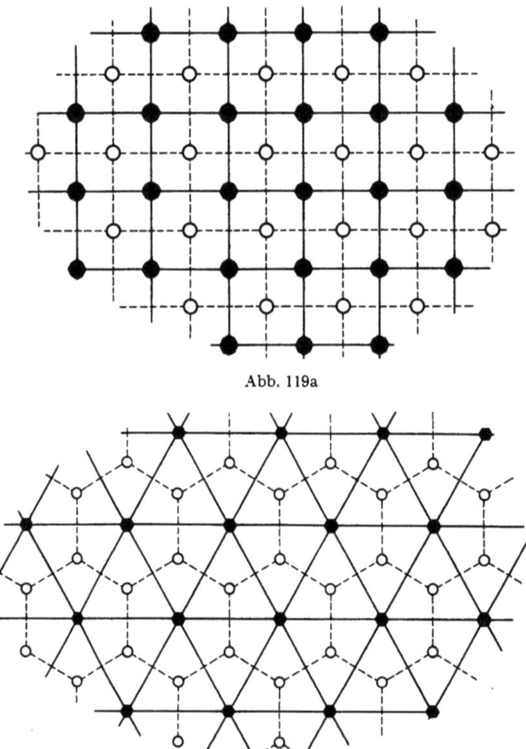

Abb. 119a

Abb. 119b

Abb. 119a u. b. Duales und selbstduales Gitter [entnommen aus: G. H. Wannier: Rev. Mod. Phys. 17, 50 (1945)]

---

[1] Wannier, G. H.: Rev. Mod. Phys. 17, 50 (1945).

[2] Newell, G. F., u. E. W. Montroll: Rev. Mod. Phys. 25, 353 (1953).

mit (XVII 43) erkennt, läßt sich die Verteilungsfunktion in der Form

$$Q_c = \sum_\sigma e^{K \sum\limits_{i,j} \sigma_i \sigma_j} \tag{XVII 77}$$

schreiben. Stellen wir die e-Funktion als Produkt dar, so trägt jedes Paar von nächsten Nachbarn einen Faktor $e^{K\sigma\sigma'}$ dazu bei, wenn σ und σ' die Spinkoordinaten von zwei benachbarten Teilchen sind. Jeder derartige Faktor kann nur die Werte e^K oder e^{-K} annehmen, da $\sigma\sigma'$ nur $+1$ oder -1 sein kann. Man kann ihn daher durch jeden anderen Ausdruck ersetzen, der ebenfalls die Eigenschaft besitzt, daß er nur die Werte e^K und e^{-K} annehmen kann. Dies geschieht in folgender Weise. Wir führen eine neue Variable K^* ein durch die Gleichung

$$\sinh 2K \sinh 2K^* = 1 . \tag{XVII 78[1]}$$

Setzen wir in Analogie zu (XVII 2)

$$K^* = \frac{J}{kT^*} , \tag{XVII 79}$$

so wird durch Gl. (XVII 78) jeder Temperatur T eine andere Temperatur T^* zugeordnet derart, daß T^* von ∞ bis 0 abnimmt, wenn T von 0 bis ∞ wächst. Mit Hilfe von (XVII 78) verifiziert man sofort die Relationen

$$e^K = (\tfrac{1}{2} \sinh 2K)^{1/2} (e^{K^*} + e^{-K^*}) \tag{XVII 80}$$

und

$$e^{-K} = (\tfrac{1}{2} \sinh 2K)^{1/2} (e^{K^*} - e^{-K^*}) . \tag{XVII 81}$$

Wir denken uns nun die p Paare von nächsten Nachbarn laufend durchnumeriert; die Laufzahl bezeichnen wir mit r. Dann kann mit Benutzung der Ausdrücke (XVII 80) und (XVII 81) die Verteilungsfunktion geschrieben werden

$$Q_c = (\tfrac{1}{2} \sinh 2K)^{\frac{p}{2}} \sum_\sigma \prod_{r=1}^{\frac{z}{2}N} (e^{K^*} + \sigma_r \sigma_r' e^{-K^*}) . \tag{XVII 82}$$

Man verifiziert leicht, daß in der Tat jeder der $\frac{z}{2}N$ Faktoren nur die beiden Werte e^K und e^{-K} annehmen kann, wie wir es oben verlangt hatten.

Denken wir uns nun das Produkt in (XVII 82) entwickelt, so erhalten wir eine Summe von Produkten, in denen als Faktoren die $\sigma_r \sigma_r'$ auftreten. Zeichnen wir in das Bild des Gitters jeweils nur die zu einem solchen Produkt gehörenden Bindungsstriche ein, so können wir sagen, daß jedes Produkt durch ein Polygon[2] dargestellt wird (Abb. 120). Ein offenes Polygon bedeutet, daß in dem Produkt wenigstens ein Spin in einer ungeraden Potenz vorkommt. Solche Terme heben sich bei der Summierung über die Werte der σ heraus. Man kann sich dies leicht an den Beispielen der Abb. 120 klarmachen. Wir haben also lediglich die Beiträge

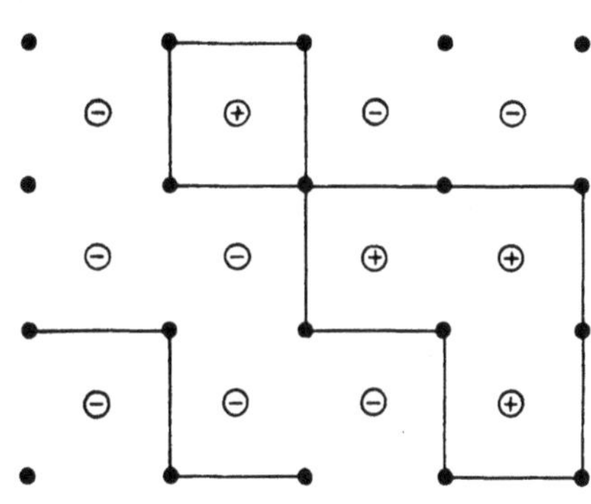

Abb. 120. Zur Ableitung der Umwandlungstemperatur

---

[1] Der Gl. (XVII 78) sind äquivalent die Ausdrücke $e^{2K} = \coth K^*$ und $\cosh 2K \tanh 2K^* = \cosh 2K^* \tanh 2K = 1$.

[2] Der Ausdruck „Polygon" ist hier in dem verallgemeinerten Sinn einer Gesamtheit von einander nicht schneidenden Linien in der Ebene gebraucht.

der geschlossenen Polygone zu berücksichtigen. Aus Gl. (XVII 82) ergibt sich weiter, daß in dem betreffenden Term jeder Bindungsstrich, der zu dem Polygon gehört, einen Beitrag e^{-K^*} liefert, jeder Bindungsstrich, der nicht zu dem Polygon gehört, einen Faktor e^{K^*}.

Es ist nun eine topologische Eigenschaft jedes geschlossenen Polygons, daß es eine einfach zusammenhängende Fläche in zwei Gebiete teilt, eines innerhalb des Polygons und eines außerhalb desselben. Jeder Term der obigen Entwicklung kann dadurch charakterisiert werden, daß wir in dem dualen Gitter den Teilchen innerhalb des Polygons positiven, denen außerhalb des Polygons negativen Spin zuteilen oder umgekehrt. Bezeichnen wir die Spinkoordinaten des dualen Gitters mit σ^*, so ist also innerhalb des Polygons $\sigma_i^* = +1$, außerhalb $\sigma_i^* = -1$. Ferner ist für jeden Bindungsstrich des dualen Gitters, welcher das Polygon kreuzt, $\sigma_r^* \sigma_r^{*\prime} = -1$, für alle übrigen Bindungsstriche des dualen Gitters dagegen $\sigma_r^* \sigma_r^{*\prime} = +1$. Da nun jeder Bindungsstrich des ursprünglichen Gitters von einem und nur einem Bindungsstrich des dualen Gitters gekreuzt wird, kann für den fraglichen Term der Entwicklung geschrieben werden

$$e^{K^* \sum_{i,j} \sigma_i^* \sigma_j^*}. \qquad \text{(XVII 83)}[1]$$

Um alle Terme der Entwicklung des Produktes von (XVII 82) zu erhalten, müssen wir den vorstehenden Ausdruck über alle Werte der Spin-Koordinaten des dualen Gitters summieren und wegen der oben erwähnten Vertauschbarkeit der Vorzeichen im Innen- und Außenraum eines Polygons noch durch zwei dividieren. Wir erhalten dann durch Einsetzen in Gl. (XVII 82)

$$Q_c = (\tfrac{1}{2} \sinh 2K)^{\frac{p}{2}} \sum_\sigma \tfrac{1}{2} \sum_{\sigma^*} e^{K^* \sum_{i,j} \sigma_i^* \sigma_j^*}. \qquad \text{(XVII 84)}$$

Der hinter dem Faktor $\tfrac{1}{2}$ stehende Ausdruck ist aber, wie der Vergleich mit (XVII 77) zeigt, einfach die Verteilungsfunktion des dualen Gitters

$$Q_c^* = \sum_{\sigma^*} e^{K^* \sum_{i,j} \sigma_i^* \sigma_j^*}, \qquad \text{(XVII 85)}$$

die sich aber jetzt auf die durch Gl. (XVII 78) und (XVII 79) definierte Temperatur T^* bezieht. Die Summierung über die σ ist nun trivial und ergibt einen Faktor 2^N. Wir können daher die Gl. (XVII 84) schreiben

$$Q_c(T) = 2^{N-1-\frac{p}{2}} (\sinh 2K)^{\frac{p}{2}} Q_c^*(T^*). \qquad \text{(XVII 86)}$$

In der Topologie wird gezeigt, daß, wenn alle Bindungsstriche des originalen Gitters von solchen des dualen Gitters gekreuzt werden und somit die Zahl der Paare nächster Nachbarn in beiden Gittern gleich ist, die Beziehung

$$N + N^* = p + 2 \qquad \text{(XVII 87)}$$

gilt, wo N^* die Zahl der Teilchen in dem dualen Gitter ist. Damit können wir, wenn wir noch Gl. (XVII 78) benutzen, die Gl. (XVII 86) auf die vollkommen symmetrische Form bringen

$$\frac{Q_c(T)}{2^{N/2} (\cosh 2K)^{p/2}} = \frac{Q_c^*(T^*)}{2^{N/2} (\cosh 2K^*)^{p/2}}. \qquad \text{(XVII 88)}$$

Diese Gleichung stellt allgemein eine Reziprozitätsbeziehung zwischen den Verteilungsfunktionen der beiden dualen Gitter dar. Im Falle des selbstdualen Gitters ist aber

$$Q_c(T) = Q_c^*(T). \qquad \text{(XVII 89)}$$

---

[1] Die Summierung im Exponenten ist auch hier wieder über die Paare von nächsten Nachbarn zu erstrecken.

Die Gleichung stellt dann eine Symmetrieeigenschaft der Verteilungsfunktion Q_c dar, welche deren Wert bei einer Temperatur T mit dem Wert bei der „dualen" Temperatur T^* verknüpft. Aus Gl. (XVII 78) folgt, daß jeweils eine dieser Temperaturen hoch und die andere tief liegt. Diese Zuordnung führt nun dazu, daß jede Singularität in Q_c notwendig paarweise, bei einer hohen und einer tiefen Temperatur auftreten muß, mit einziger Ausnahme des Falles, daß die singuläre Stelle bei der Temperatur $T_c = T_c^*$ liegt, die durch

$$\sinh 2K_c = 1 \qquad\qquad \text{(XVII 90)}$$

definiert ist. Setzen wir also voraus, daß das zweidimensionale Ising-Modell einen und nur einen Umwandlungspunkt besitzt, so ist dessen exakte Lage durch Gl. (XVII 90) gegeben. Die gemachte Voraussetzung ist durch die vorher besprochene approximative Behandlung hinreichend gesichert und wird im übrigen,

ebenso wie Gl. (XVII 90), durch die Ergebnisse der exakten Theorie in vollem Umfange bestätigt. Die Lösung der Gl. (XVII 90) lautet

$$e^{-2K_c} = \sqrt{2} - 1 = 0{,}4142 \qquad \text{(XVII 91)}$$

In Tab. 42 sind die nach verschiedenen Methoden berechneten Werte der Größe e^{-2K_c} für das zweidimensionale quadratische Gitter zusammengestellt. Man sieht daraus, daß das Variationsverfahren die weitaus beste Annäherung an den exakten Wert liefert.

Tabelle 42. *Werte der Größe e^{-2K_c} für das ebene quadratische Gitter. Bei Berücksichtigung der ersten vier Terme der* Kirkwood*schen Entwicklung erhält man keinen reellen Wert*

Approximationen	
Bragg-Williams	0,607
Kirkwood, zwei Terme	0,368
Kirkwood, drei Terme	0,508
Kirkwood, fünf Terme	0,509
quasichemische Methode	0,500
Variationsmethode	0,438
Exakter Wert	0,414

Entnommen aus: D. ter Haar: Elements of Statistical Mechanics, S. 280. New York 1954.

§ 17.3*. Das zweidimensionale Ising-Modell: Exakte Lösung des Eigenwertproblems

Die exakte Lösung des mit dem zweidimensionalen Ising-Modell verknüpften Eigenwertproblems gelang zum ersten Male 1944 Onsager[1]. Später wurde die Theorie in einer etwas einfacheren Form von Kaufman[2] entwickelt. Diese Rechnungen, die sich auf das quadratische Gitter mit verschiedenen Wechselwirkungen innerhalb der Reihen und zwischen den Reihen beziehen, sind dann auch auf das Dreieck- und Sechseckgitter ausgedehnt worden[3, 4]. Wesentlich neue Gesichtspunkte haben sich dabei jedoch nicht ergeben. Die überragende Bedeutung der Onsagerschen Arbeit liegt einmal darin, daß sie, wenn auch nur an einem einfachen Modell, die exakte Lösung für eines der wichtigsten und schwierigsten Probleme der statistischen Thermodynamik gegeben und damit zum ersten Male eine zuverlässige Beurteilung der für kompliziertere Fälle auch heute noch unentbehrlichen Näherungsverfahren ermöglicht hat. Darüber hinaus stellt sie, neben der Einstein-Kondensation, den einzigen Fall dar, in dem es gelungen ist, die statistische Theorie einer Umwandlung mathematisch vollkommen explizit zu behandeln. Sie ist daher auch für die allgemeine Theorie von grundlegender Bedeutung.

[1] Onsager, L.: Physic. Rev. **65**, 117 (1944).
[2] Kaufman, B.: Physic. Rev. **76**, 1232 (1949).
[3] Houtappel, R. M. F.: Physica **16**, 425 (1950).
[4] Temperley, H. N. V.: Proc. Roy. Soc. (London) A **203**, 202 (1950).

Alle angeführten Rechnungen erfordern nicht nur einen sehr großen mathematischen Aufwand, sondern sie sind auch außerordentlich weitläufig, so daß eine vollständige Wiedergabe im Rahmen dieses Buches nicht möglich ist. Wir wollen daher lediglich versuchen, eine Vorstellung davon zu geben, auf welchem Wege die Lösung erhalten wird, und dann die Ergebnisse kurz diskutieren. Wir legen unserer Übersicht die ursprüngliche ONSAGERsche Formulierung zugrunde und schließen uns im wesentlichen an die ausgezeichnete Darstellung von NEWELL und MONTROLL[1] an.

Zum besseren Verständnis gewisser Formulierungen ist es zweckmäßig, zunächst noch einmal auf den eindimensionalen Fall zurückzugehen. Die dort eingeführte Matrix (XVII 14) können wir für $C = 0$ schreiben

$$\mathsf{H} = \begin{pmatrix} e^K & e^{-K} \\ e^{-K} & e^K \end{pmatrix}. \tag{XVII 92}$$

Diese Matrix kann als Operator aufgefaßt werden, der auf die Funktionen $\psi(\sigma)$ wirkt. Diese Wirkung wird in Operator-Schreibweise dargestellt durch die Gleichung

$$\underline{H}\,\psi(\sigma) = e^K\,\psi(\sigma) + e^{-K}\,\psi(-\sigma). \tag{XVII 93}$$

Man sieht daraus unmittelbar, daß die Matrix H sich in der Form

$$\mathsf{H} = e^K\,\mathsf{E} + e^{-K}\,\mathsf{C} \tag{XVII 94}$$

darstellen läßt, wo E die Einheitsmatrix und

$$\mathsf{C} = \begin{pmatrix} 0 & 1 \\ 1 & 0 \end{pmatrix}, \quad \mathsf{C}^2 = \mathsf{E} \tag{XVII 95}$$

ist. Die linearisierte Darstellung (XVII 94) spielt eine wichtige Rolle für die Formulierung des zweidimensionalen Problems.

Wir gehen nun zum zweidimensionalen Fall über. Die Elemente der Matrix H schreiben wir der Einfachheit halber in der nicht symmetrisierten Form

$$H(\nu, \nu') = e^{K'\sum\limits_{j=1}^{n}\sigma_j\sigma_{j+1} + K\sum\limits_{j=1}^{n}\sigma_j\sigma_j'} \tag{XVII 96}$$

wo

$$K' = \frac{J'}{kT} \tag{XVII 97}$$

ist. Dabei haben wir jetzt, im Gegensatz zu Gl. (XVII 55), zugelassen, daß die Kopplung innerhalb der Reihen und zwischen den Reihen verschieden ist. Die durch Gl. (XVII 96) definierte Matrix H läßt sich in ein Produkt einfacherer Matrizen zerlegen. Ist $(V_2)_{\nu\nu''}$ das Element einer Diagonalmatrix, also

$$(V_2)_{\nu\nu''} = (V_2)_\nu\,\delta_{\nu\nu''} \tag{XVII 98}$$

und $(V_1')_{\nu\nu'}$ das Element einer beliebigen Matrix, so ist das Element der Produktmatrix

$$(V_2\,V_1')_{\nu\nu'} = \sum_{\nu''} (V_2)_\nu\,\delta_{\nu\nu''}\,(V_1')_{\nu''\nu'} = (V_2)_\nu\,(V_1')_{\nu\nu'}. \tag{XVII 99}$$

Definieren wir nun explizit

$$(V_2)_{\nu\nu'} = \delta_{\sigma_1\sigma_1'}\,\delta_{\sigma_2\sigma_2'}\ldots\delta_{\sigma_n\sigma_n'}\,e^{K'\sum\limits_{j=1}^{n}\sigma_j\sigma_{j+1}} \tag{XVII 100}$$

und

$$(V_1')_{\nu\nu'} = e^{K\sum\limits_{j=1}^{n}\sigma_j\sigma_j'} = \prod_{j=1}^{n} e^{K\sigma_j\sigma_j'}, \tag{XVII 101}$$

---

[1] NEWELL, G. F., u. E. W. MONTROLL: Rev. Mod. Phys. **25**, 353 (1953).

so sehen wir, daß das Element der nach (XVII 99) gebildeten Produktmatrix mit $H\,(\nu,\nu')$ identisch ist. Es gilt also

$$\mathsf{H} = \mathsf{V_2}\,\mathsf{V_1'}\,. \tag{XVII 102}$$

Die beiden auf der rechten Seite stehenden Matrizen lassen sich noch weiter vereinfachen. Zunächst sieht man, daß $\mathsf{V_1'}$ das n-fache direkte Produkt der Matrizen (XVII 94) des eindimensionalen Problems ist. Wir können daher schreiben

$$\mathsf{V_1'} = (e^K\,\mathsf{E} + e^{-K}\,\mathsf{C}) \times (e^K\,\mathsf{E} + e^{-K}\,\mathsf{C}) \times \cdots \times (e^K\,\mathsf{E} + e^{-K}\,\mathsf{C})\,. \tag{XVII 103}$$

Mit Hilfe der Transformation (XVII 78) und der Definition der Exponentialfunktion einer Matrix (VI 135) oder (VI 176) erhält man

$$e^K\,\mathsf{E} + e^{-K}\,\mathsf{C} = (2\sinh 2K)^{1/2}\,e^{K^*\mathsf{C}}\,. \tag{XVII 104}$$

Damit wird aus Gl. (XVII 103)

$$\mathsf{V_1'} = (2\sinh 2K)^{\frac{n}{2}}\,e^{K^*\mathsf{C}} \times e^{K^*\mathsf{C}} \times \cdots \times e^{K^*\mathsf{C}}\,. \tag{XVII 105}$$

Wir definieren nun

$$\mathsf{C}_j = \mathsf{E} \times \mathsf{E} \times \cdots \times \mathsf{E} \times \mathsf{C} \times \mathsf{E} \times \cdots \times \mathsf{E}\,, \tag{XVII 106}$$

wo auf der rechten Seite C in dem Faktor j steht. Mit Benutzung der Grundformel für das direkte Produkt

$$(\mathsf{A} \times \mathsf{B})\,(\mathsf{A} \times \mathsf{B}) = \mathsf{AB} \times \mathsf{AB} \tag{XVII 107}$$

erhalten wir aus (XVII 106)

$$\mathsf{V_1'} = (2\sinh 2K)^{\frac{n}{2}} \prod_{j=1}^{n} e^{K^*\mathsf{C}_j}\,. \tag{XVII 108}$$

In ähnlicher Weise gehen wir auch bei der Vereinfachung von $\mathsf{V_2}$ vor. Wir definieren eine Matrix

$$\mathsf{s} = \begin{pmatrix} 1 & 0 \\ 0 & -1 \end{pmatrix} \tag{XVII 109}$$

und konstruieren daraus eine zu (XVII 106) analoge Matrix

$$\mathsf{s}_j = \mathsf{E} \times \mathsf{E} \times \cdots \times \mathsf{E} \times \mathsf{s} \times \mathsf{E} \times \cdots \times \mathsf{E}\,, \tag{XVII 110}$$

wo auf der rechten Seite s wieder in dem Faktor j steht. Aus der Definition ergibt sich, daß s_j eine Diagonalmatrix ist mit den Diagonalelementen $+1$, wenn in dem Zustand ν der betrachteten Reihe $\sigma_j = +1$ ist, und -1, wenn $\sigma_j = -1$ ist. Mit Hilfe dieser Matrizen kann die Matrix $\mathsf{V_2}$ geschrieben werden

$$\mathsf{V_2} = e^{K'\sum\limits_{j=1}^{n} \mathsf{s}_j\,\mathsf{s}_{j+1}}\,. \tag{XVII 111}$$

Definieren wir noch

$$\mathsf{V_1} = e^{K^*\sum\limits_{j=1}^{n} \mathsf{C}_j}\,, \tag{XVII 112}$$

so erhalten wir schließlich

$$\mathsf{H} = (2\sinh 2K)^{\frac{n}{2}}\,\mathsf{V_2}\,\mathsf{V_1}\,. \tag{XVII 113}$$

Dies ist die eigentliche Ausgangsgleichung der Onsagerschen Theorie. Wenn man von der symmetrischen Form der Matrix H ausgeht, so erhält man in analoger Weise

$$\mathsf{H}' = (2\sinh 2K)^{\frac{n}{2}}\,\mathsf{V}_2^{\frac{1}{2}}\,\mathsf{V_1}\,\mathsf{V}_2^{\frac{1}{2}}\,. \tag{XVII 114}$$

Man sieht, daß dieser Ausdruck sich von (XVII 113) nur durch eine Ähnlichkeits-transformation mit $V_2^{\frac{1}{2}}$ unterscheidet. Da aber die Eigenwerte von H und ebenso die Spur von H^m gegen eine Ähnlichkeitstransformation invariant sind, besteht im Hinblick auf die thermodynamischen Ergebnisse kein Unterschied zwischen den Formen (XVII 113) und (XVII 114) und es kann die jeweils zweckmäßigere benutzt werden.

Die Matrizen C_j und s_j können wir wieder als Operatoren auffassen und damit ihre Bedeutung anschaulicher machen. Wie man durch Multiplikation mit dem Vektor $\psi\,(\sigma_1, \sigma_2, \ldots, \sigma_n)$ leicht findet, läßt sich die Wirkung des Operators C_j beschreiben durch die Gleichung

$$\underline{C}_j\, \psi(\sigma_1, \sigma_2, \ldots, \sigma_j, \ldots, \sigma_n) = \psi(\sigma_1, \sigma_2, \ldots, -\sigma_j, \ldots, \sigma_n)\,. \tag{XVII 115}$$

Entsprechend ergibt sich als Wirkung des Operators s_j

$$\underline{s}_j\, \psi(\sigma_1, \sigma_2, \ldots \sigma_n) = \sigma_j\, \psi(\sigma_1, \sigma_2, \ldots, \sigma_n)\,. \tag{XVII 116}$$

Es ist zweckmäßig, die Kombinationen der fundamentalen Operatoren C_j und s_j, die in den Gl. (XVII 111) und (XVII 112) auftreten, zur Definition neuer Operatoren zu verwenden. Wir setzen also

$$A_0 = -\sum_{j=1}^{n} C_j\,, \quad A_1 = \sum_{j=1}^{n} s_j\, s_{j+1}\,. \tag{XVII 116}$$

wobei wir im Sinne der Randbedingungen $C_{n+j} \equiv C_j$ und $s_{n+j} \equiv s_j$ annehmen. Damit können wir dann schreiben

$$V_1 = e^{-K^* A_0}\,, \quad V_2 = e^{K' A_1}\,. \tag{XVII 117}$$

Der allgemeine Weg der Lösung läßt sich etwa in folgender Weise umschreiben. Ausgehend von den Operatoren A_0 und A_1, erzeugt man durch eine Folge von algebraischen Transformationen einen Satz von Operatoren, welcher die Eigenschaft besitzt, daß der Kommutator zweier beliebiger Glieder des Satzes eine Linearkombination von Gliedern des Satzes ist. Dieser Satz bildet definitionsgemäß die Basis einer LIEschen Algebra[1]. Wenn man, wie es hier der Fall ist, von einer Matrix vom Range 2^n ausgeht, besteht die Basis der daraus abgeleiteten LIEschen Algebra im allgemeinsten Falle aus 4^n linear unabhängigen Elementen. Die speziellen Eigenschaften der Operatoren A_0 und A_1 bewirken jedoch, daß daraus eine LIEsche Algebra von nur $3n-1$ linear unabhängigen Elementen entsteht. Die Symmetrieeigenschaften der Strukturkonstanten der erzeugten LIEschen Algebra ermöglichen es, dieselbe in Subalgebren von sehr einfacher Struktur zu zerlegen. Wenn A_0 und A_1 durch diese Subalgebren ausgedrückt werden, erhält man $V_2\,V_1$ in einer Form, die sich leicht als Produkt von n vertauschbaren Matrizen darstellen läßt. Die Eigenwerte von $V_2\,V_1$ sind dann Produkte der Eigenwerte der genannten Matrizen, deren Bestimmung keine Schwierigkeiten macht.

Wir wollen diesen Gedankengang nun im einzelnen noch etwas näher ausführen. Definieren wir einen Satz von Operatoren

$$P_{a,a} = -C_a$$
$$P_{a,b} = s_a\, C_{a+1}\, C_{a+2} \ldots C_{b-1}\, s_b\,, \tag{XVII 118}$$

so wird

$$A_0 = \sum_{a=1}^{n} P_{a,a}\,, \quad A_1 = \sum_{a=1}^{n} P_{a,a+1}\,. \tag{XVII 119}$$

---

[1] Vgl. Anhang.

Daraus können wir einen vollständigen Satz A_k definieren, indem wir setzen

$$A_k = \sum_{a=1}^{n} P_{a,a+k}.$$

(XVII 120)

Insgesamt haben wir $2n$ linear unabhängige Operatoren A_k. Man sieht dies in folgender Weise. Aus den Definitionen der Operatoren C_j und s_j ergeben sich die Vertauschungsregeln

$$C_j^2 = 1, \quad s_j^2 = 1, \quad s_j C_j + C_j s_j = 0, \quad [C_j, C_k] = 0, \quad [s_j, s_k] = 0, \quad [s_j, C_k] = 0.$$

$(j \neq k)$ (XVII 121)

Schreiben wir

$$U = C_1 C_2 \ldots C_n,$$

(XVII 122)

so folgt aus (XVII 118) mit Benutzung von (XVII 121)

$$P_{a,a+k+n} = - U P_{a,a+k}.$$

(XVII 123)

Berücksichtigen wir, daß A_k mit U vertauschbar ist, und daß $U^2 = E$ gilt, so folgt aus (XVII 120) und (XVII 123)

$$A_{k+n} = - U A_k, \quad A_{k+2n} = A_k,$$

(XVII 124)

womit die Behauptung bewiesen ist. Wir definieren nun einen weiteren Satz von Operatoren durch die Gleichung

$$G_k = \tfrac{1}{4} [A_k, A_0].$$

(XVII 125)

Die A_k und G_k bilden zusammen die Basis einer Lieschen Algebra. Die Vertauschungsregeln sind

$$[A_j, A_k] = 4 G_{j-k}$$
$$[A_l, G_{j-k}] = 2 (A_{l+j-k} - A_{l-j+k})$$
$$[G_j, G_k] = 0 .$$

(XVII 126)

Durch die Gl. (XVII 125) werden formal $2n$ Operatoren G_k definiert. Von diesen sind aber nur $n - 1$ linear unabhängig. Es ist nämlich zunächst

$$[A_k, A_j] = - [A_j, A_k]$$

(XVII 127)

und somit nach (XVII 126)

$$G_m = - G_{-m} = - G_{2n-m} .$$

(XVII 128)

Ferner ist nach (XVII 126)

$$G_0 = [A_j, A_j] = 0 ,$$

(XVII 129)

weil jeder Operator mit sich selbst kommutiert, und schließlich nach (XVII 126) und (XVII 124)

$$G_n = [A_{j+n}, A_j] = [- U A_j, A_j] = 0 ,$$

(XVII 130)

weil U, wie schon bemerkt, mit A_j kommutiert. Es sind somit nur $G_1, G_2, \ldots G_{n-1}$ linear unabhängige Operatoren. Wir haben also aus A_0 und A_1 eine Liesche Algebra von nur $3n - 1$ Elementen, nämlich $2n\, A_k$ und $n - 1\, G_k$ erzeugt und damit die erste Stufe unserer Entwicklung erreicht.

Man bemerkt nun, daß die Vertauschungsrelationen (XVII 126) ungeändert bleiben, wenn wir A_j durch A_{j+x} ersetzen. Es ist also kein A_j vor dem anderen ausgezeichnet, und wir haben insofern eine zyklische Symmetrie. Diese Eigenschaft bedingt den nächsten Schritt. Es ist aus der Gruppentheorie bekannt, daß unter solchen Verhältnissen eine wesentliche Vereinfachung durch eine FOURIER-Transformation erreicht werden kann. Wir führen dies hier durch, indem wir neue Operatoren einführen durch die Gleichungen

$$X_r = \quad (2\,n)^{-1} \sum_{m=1}^{2n} A_m \cos\left(\frac{\pi\,r\,m}{n}\right)$$

$$Y_r = -\,(2\,n)^{-1} \sum_{m=1}^{2n} A_m \sin\left(\frac{\pi\,r\,m}{n}\right) \qquad\qquad \text{(XVII 131)}$$

$$Z_r = \; i\,(2\,n)^{-1} \sum_{m=1}^{2n} G_m \sin\left(\frac{\pi\,r\,m}{n}\right).$$

Aus diesen Definitionen folgt sofort

$$X_r = \quad X_{-r} = \quad X_{2n-r}$$

$$Y_r = -\,Y_{-r} = -\,Y_{2n-r} \qquad\qquad \text{(XVII 132)}$$

$$Z_r = -\,Z_{-r} = -\,Z_{2n-r}\,.$$

Die genauere Untersuchung zeigt, daß unter diesen Operatoren $n+1$ linear unabhängige X_r, $n-1$ unabhängige Y_r und $n-1$ unabhängige Z_r sind. Insgesamt haben wir also wieder $3\,n-1$ linear unabhängige Operatoren. Die Vertauschungsregeln für diese Operatoren lassen sich mit Hilfe von (XVII 126) gewinnen. Man erhält

$$[X_r, Y_r] = -\,2\,i\,Z_r$$

$$[Y_r, Z_r] = -\,2\,i\,X_r \quad (1 \leq r \leq n-1) \quad \text{(XVII 133)}$$

$$[Z_r, X_r] = -\,2\,i\,Y_r\,.$$

Alle Operatoren mit Einschluß von X_0 und X_n, kommutieren mit jedem anderen Operator, der einen unterschiedlichen Index hat. Es ist also

$$[X_r, X_s] = 0$$

$$[X_r, Y_s] = 0 \quad \text{usw.} \qquad\qquad \text{(XVII 134)}$$

Man bemerkt nun, daß für jedes r nach (XVII 133) die drei Operatoren X_r, Y_r, Z_r für sich eine LIEsche Algebra definieren, die eine Subalgebra des vollständigen Satzes darstellt. Wir haben also durch die Transformation (XVII 131) die ursprüngliche LIEsche Algebra in kleine Subalgebren von sehr einfacher Struktur zerlegt. Diese Struktur hängt eng zusammen mit der Gruppe der dreidimensionalen infinitesimalen Rotationen.

Der nächste Schritt der Ableitung besteht darin, daß wir V_2V_1 mit Hilfe der neuen Operatoren ausdrücken. Durch Umkehrung der FOURIER-Transformation (XVII 131) erhalten wir

$$A_m = \sum_{r=1}^{2n} \left[X_r \cos\left(\frac{\pi\,r\,m}{n}\right) - Y_r \sin\left(\frac{\pi\,r\,m}{n}\right) \right]$$

$$\qquad\qquad\qquad\qquad\qquad\qquad\qquad \text{(XVII 135)}$$

$$G_m = -\,i \sum_{r=1}^{2n} Z_r \sin\left(\frac{\pi\,r\,m}{n}\right).$$

Im besonderen ergibt sich

$$A_0 = \sum_{r=1}^{2n} X_r = X_0 + 2 X_1 + 2 X_2 + \cdots + 2 X_{n-1} + X_n \qquad \text{(XVII 136)}$$

$$A_1 = \sum_{r=1}^{2n} \left[X_r \cos\left(\frac{\pi r}{n}\right) - Y_r \sin\left(\frac{\pi r}{n}\right) \right]$$

$$= X_0 + 2\left[X_1 \cos\left(\frac{\pi}{n}\right) - Y_1 \sin\left(\frac{\pi}{n}\right) \right] + \cdots \qquad \text{(XVII 137)}$$

$$+ 2\left[X_{n-1} \cos\left(\frac{\pi(n-1)}{n}\right) - Y_{n-1} \sin\left(\frac{\pi(n-1)}{n}\right) \right] - X_n .$$

Durch Einsetzen von (XVII 136) und (XVII 137) in die Gl. (XVII 117) folgt

$$V_2 V_1 = e^{K' \sum_{r=1}^{2n} \left[X_r \cos\left(\frac{\pi r}{n}\right) - Y_r \sin\left(\frac{\pi r}{n}\right) \right]} e^{-K^* \sum_{r=1}^{2n} X_r} . \qquad \text{(XVII 138)}$$

Um diesen Ausdruck weiter zu vereinfachen, machen wir Gebrauch von den
Vertauschungsregeln (XVII 133) und (XVII 134). Da für zwei vertauschbare
Operatoren A und B gilt

$$e^{A+B} = e^A e^B = e^B e^A, \qquad \text{(XVII 139)}$$

können wir die Gl. (XVII 138) schreiben

$$V_2 V_1 = \prod_{r=0}^{n} U_r \qquad \text{(XVII 140)}$$

mit

$$U_r = e^{2K'\left[X_r \cos\left(\frac{\pi r}{n}\right) - Y_r \sin\left(\frac{\pi r}{n}\right) \right]} e^{-2 K^* X_r} \qquad (r \neq 0, n)$$

$$U_0 = e^{(K' - K^*) X_0} \qquad \text{(XVII 141)}$$

$$U_n = e^{-(K' + K^*) X_n} .$$

Die U_r sind alle untereinander vertauschbar. Sie können daher gleichzeitig auf
Diagonalform gebracht werden, und die Eigenwerte von $V_2 V_1$ sind somit Produkte
der Eigenwerte der U_r. Damit ist die Aufgabe gelöst, das Problem auf eine einfache, der expliziten Rechnung zugängliche Form zu bringen. Es bleibt jetzt
noch die Berechnung der Eigenwerte selbst und der thermodynamischen Funktionen.

Um die weitere Rechnung durchzuführen, benötigen wir neben den Ver-
tauschungsregeln noch eine vollständige Multiplikationstabelle für die Operatoren
X_r, Y_r, Z_r. Dieselbe läßt sich durch direkte Ausrechnung mit Benutzung der
Eigenschaften der Operatoren $P_{a,b}$ Gl. (XVII 118) gewinnen. Sie lautet

$$X_r^2 = Y_r^2 = Z_r^2 = R_r = R_r^2$$

$$X_r = R_r X_r = X_r R_r = i Y_r Z_r = - i Z_r Y_r$$

$$Y_r = R_r Y_r = Y_r R_r = i Z_r X_r = - i X_r Z_r \qquad (1 \leqq r \leqq n-1)$$

$$Z_r = R_r Z_r = Z_r R_r = i X_r Y_r = - i Y_r X_r \qquad \text{(XVII 142)}$$

$$X_r^2 = R_r \quad\ = R_r^2$$

$$X_r = R_r X_r = X_r R_r \qquad (r = 0, n) ,$$

wobei die Operatoren R_r durch die vorstehenden Beziehungen definiert sind. Mit Hilfe dieser Tabelle läßt sich jede Kombination von Produkten der X_r, Y_r, Z_r berechnen. Man bemerkt, daß die Operatoren X_r, Y_r, Z_r untereinander antikommutieren, und weiter, daß X_r^2, Y_r^2, Z_r^2 sämtlich gleich dem Projektionsoperator $R_r^2 = R_r$ sind, der die Eigenwerte Eins oder Null hat. Die letztere Aussage wollen wir explizit beweisen, da sich dabei ein für das Weitere wichtiger Gesichtspunkt ergibt. Aus (XVII 131) folgt zunächst in Verbindung mit (XVII 124)

$$X_r = (2n)^{-1}\,[E - (-1)^r U]\,\sum_{m=1}^{n} A_m \cos\left(\frac{\pi r m}{n}\right). \qquad \text{(XVII 143)}$$

Entsprechend findet man, daß auch Y_r und Z_r den Faktor $[E - (-1)^r U]$ enthalten. Es ist daher notwendig, den Operator U näher zu untersuchen. Die Wirkung desselben besteht, wie sich unmittelbar aus der Definition (XVII 122) ergibt, darin, daß er alle Spinorientierungen umkehrt, also alle σ_j in $-\sigma_j$ verwandelt. Da

$$U^2 = E \qquad \text{(XVII 144)}$$

ist, sind die Eigenwerte von U ± 1. Betrachten wir nun einen Zustand v mit $(\sigma_1, \sigma_2, \ldots, \sigma_n)$, so wird derselbe durch U in einen neuen Zustand $U\,v$ mit $(-\sigma_1, -\sigma_2, \ldots, -\sigma_n)$ überführt. In diesem Sinne bewirkt der Operator U eine paarweise Zuordnung der 2^n Zustände. Zu jedem derartigen Paar können wir wieder zwei Zustände $v + U\,v$ und $v - U\,v$ definieren, die wir den „geraden" und den „ungeraden" Zustand nennen. Damit sind wieder alle Zustände in zwei Klassen eingeteilt, denen zwei „Unterräume" von je 2^{n-1} Dimensionen entsprechen. Bei Anwendung des Operators U auf die geraden Zustände werden diese reproduziert, bei der Anwendung desselben Operators auf die ungeraden Zustände werden diese mit dem Faktor -1 multipliziert. Bezeichnen wir also mit E' die Einheitsmatrix vom Range 2^{n-1}, so ist in dem „geraden Raume" $U = E'$ und in dem „ungeraden Raume" $U = -E'$. In dieser Darstellung hat daher U die Form

$$\begin{pmatrix} E' & O \\ O & -E' \end{pmatrix}, \qquad \text{(XVII 145)}$$

wo O die 2^{n-1}-dimensionale Null-Matrix ist. In der gleichen Darstellung sind $\frac{1}{2}(E + U)$ und $\frac{1}{2}(E - U)$ die Projektions-Operatoren

$$\begin{pmatrix} E' & O \\ O & O \end{pmatrix} \quad \text{und} \quad \begin{pmatrix} O & O \\ O & E' \end{pmatrix}. \qquad \text{(XVII 146)}$$

Nun sind V_2, V_1 und alle Operatoren, die wir zur Beschreibung der ersteren benutzt haben, also insbesondere auch die X_r, Y_r, Z_r, mit U vertauschbar. In der obigen Darstellung müssen daher alle diese Operatoren die allgemeine Form

$$\begin{pmatrix} X & O \\ O & X' \end{pmatrix} \qquad \text{(XVII 147)}$$

haben, wo X irgendeine 2^{n-1}-dimensionale Matrix bezeichnet. Da nun nach (XVII 143) X_r, Y_r, Z_r den Faktor $[E - (-1)^r U]$ enthalten, folgt im besonderen aus (XVII 146), daß diese Operatoren die Form

$$\begin{pmatrix} X & O \\ O & O \end{pmatrix} \qquad \text{(für ungerade } r\text{)} \qquad \text{(XVII 148)}$$

oder

$$\begin{pmatrix} O & O \\ O & X' \end{pmatrix} \qquad \text{(für gerade } r\text{)}$$

haben müssen. Daraus erkennt man weiter mit Hilfe von (XVII 142), daß der nicht singuläre Teil des Operators R_r höchstens die Dimension 2^{n-1} haben kann. Damit ist bewiesen, daß R_r nicht etwa die Einheitsmatrix, sondern ein Projektionsoperator ist.

Um die Eigenwerte der U_r zu bestimmen, betrachten wir zunächst eine Ähnlichkeitstransformation mit $\exp(iz_r Z_r)$, wo z_r eine Konstante ist. Üben wir diese Transformation auf X_r, Y_r, Z_r aus, so ergibt sich

$$e^{iz_r Z_r} X_r \, e^{-iz_r Z_r} = X_r \cos 2z_r + Y_r \sin 2z_r$$

$$e^{iz_r Z_r} Y_r \, e^{-iz_r Z_r} = - X_r \sin 2z_r + Y_r \cos 2z_r \quad (r \neq 0, n) \quad \text{(XVII 149)}$$

$$e^{iz_r Z_r} Z_r \, e^{-iz_r Z_r} = Z_r \, .$$

Betrachten wir nun X_r, Y_r, Z_r als orthogonale Vektoren, so bewirkt die vorstehende Ähnlichkeitstransformation eine orthogonale Transformation der Vektoren, d. h. eine Drehung des Koordinatensystems. Man kann nun allgemein eine beliebige orthogonale Transformation der X_r, Y_r, Z_r durch eine Ähnlichkeitstransformation des Typs

$$e^{(z_r Z_r + y_r Y_r + x_r X_r)} \tag{XVII 150}$$

bewirken[1].

Entwickeln wir nun die Exponentialfunktionen in (XVII 141), so erhalten wir auf Grund der Regeln (XVII 142) U_r als eine in R_r, X_r, Y_r, Z_r lineare Form plus einer Konstanten. Beispielsweise sieht man leicht, daß jede Potenz von X_r entweder X_r oder R_r ergibt. Üben wir auf diesen Ausdruck die Transformation (XVII 150) aus, so können wir Y_r und Z_r eliminieren. Dies bedeutet, wenn wir den in X_r, Y_r, Z_r linearen Ausdruck als einen Vektor auffassen, daß wir durch Drehung des Koordinatensystems den Vektor in die Richtung der „X-Achse" bringen. Auch ohne die Transformation explizit zu kennen, läßt sich zeigen, daß der resultierende Ausdruck die Gestalt

$$(E - R_r) + R_r \cosh \gamma_r + X_r \sinh \gamma_r = e^{\gamma_r X_r} \tag{XVII 151}$$

haben muß. Betrachten wir zunächst die linke Seite, so ergibt sich bereits aus der obigen Überlegung, daß der Ausdruck linear in R_r und X_r sein muß. Nun ist, da R_r ein Projektionsoperator ist, sicher auch $(E - R_r)$ ein Projektionsoperator. Wir betrachten die Wirkung dieses Operators auf U_r, d. h. das Produkt $(E - R_r) U_r$. Der erste additive Bestandteil dieses Produktes $E U_r$ ist jedenfalls gleich U_r. Für die Diskussion des zweiten Bestandteiles $R_r U_r$ denken wir uns U_r nach Gl. (XVII 141) in eine Potenzreihe entwickelt. Das ergibt auf Grund der Multiplikationsregeln (XVII 142) die Summe aus der Einheitsmatrix und einem in X_r, Y_r, Z_r linearen Ausdruck. R_r führt nach (XVII 142) diesen linearen Ausdruck in sich über. Weiterhin führt R_r die Einheitsmatrix in die Einheitsmatrix desjenigen Unterraumes über, auf den R_r den gesamten Raum abbildet. Es ist daher $(E - R_r) U_r$ die Einheitsmatrix des Unterraumes, der dem zu R_r gehörigen Unterraum komplementär ist. Diese Eigenschaft wird durch die Transformation (XVII 150) nicht berührt, so daß damit der erste Term in (XVII 151) festgelegt ist. Schließlich sieht man, daß durch eine Transformation von (XVII 141) mit $\exp(\tfrac{1}{2} \pi i Z_r)$ beide Faktoren von U_r in ihre Reziproken überführt werden,

---

[1] Diese Beziehung zwischen orthogonalen Transformationen und Ähnlichkeitstransformationen spielt eine bedeutsame Rolle in der Kaufmanschen Theorie des zweidimensionalen Ising-Modells.

d. h., es wird $X_r \to - X_r$ und $Y_r \to - Y_r$. U_r und U_r^{-1} sind daher ähnlich und es gilt für die Determinante[1]

$$|U_r| = \pm 1 . \qquad (XVII\ 152)$$

Da diese Eigenschaft durch eine Ähnlichkeitstransformation nicht geändert wird, sind dadurch die Koeffizienten von R_r und X_r festgelegt[2]. Die rechte Seite von (XVII 151) ergibt sich einfach mit Benutzung der Regeln (XVII 142) und der Definitionen der Hyperbelfunktionen.

Die Größe γ_r läßt sich unmittelbar bestimmen aus der Tatsache, daß die Transformation (XVII 150) nur die Koeffizienten von X_r, Y_r, Z_r berührt, aber den Koeffizienten von R_r ungeändert läßt. Die Größe $\cosh \gamma_r$ in (XVII 151) ist daher gleich dem Koeffizienten von R_r in der ursprünglichen Entwicklung von U_r. Auf diese Weise ergibt sich

$$\cosh \gamma_r = \cosh 2K' \cosh 2K^* - \sinh 2K' \sinh 2K^* \cos\left(\frac{\pi r}{n}\right) . \qquad (XVII\ 153)$$

Da X_r, Y_r, Z_r mit Operatoren, die einen von r verschiedenen Index haben, vertauschbar sind, können wir für jedes r die geeignete Transformation auf $V_2 V_1$ ausüben und so alle U_r gleichzeitig auf die Form (XVII 151) bringen. Auf diese Weise erhalten wir

$$V_2 V_1 \sim e^{-\frac{1}{2}(\gamma_0 X_0 + 2\gamma_1 X_1 + \cdots + 2\gamma_{n-1}X_{n-1} + \gamma_n X_n)} , \qquad (XVII\ 154)$$

wo das Symbol $\sim$ die Ähnlichkeitsbeziehung ausdrückt. Dabei ist nach (XVII 141)

$$\gamma_0 = K^* - K', \quad \gamma_n = K' + K^* , \qquad (XVII\ 155)$$

was mit der allgemeinen Formulierung (XVII 153) im Einklang ist. Durch die Gl. (XVII 153) ist (mit Ausnahme von γ_0 und γ_n) noch nicht das Vorzeichen

---

[1] Es ist, wenn T_r die fragliche Transformationsmatrix ist

$$U_r^{-1} = T_r U_r T_r^{-1}$$

oder

$$U_r^{-1} T_r = T_r U_r .$$

Da die Determinante einer Produktmatrix gleich dem Produkt der Determinanten der Einzelmatrizen ist, haben U_r^{-1} und U_r somit die gleiche Determinante $|U_r|$. Andererseits ist

$$U_r^{-1} U_r = 1 .$$

Daraus folgt Gl. (XVII 152).

[2] Man sieht dies in folgender Weise. Zunächst sind in der Matrix (XVII 151) aus den oben angeführten Gründen alle Elemente gleich Null, welche den Unterraum von R_r mit dem komplementären Unterraum verbinden [vgl. Gl. (XVII 148)]. Deshalb ist die Determinante der Matrix (XVII 151) gleich dem Produkt aus der Determinante der Matrix $(E - R_r)$ und der Determinante der Matrix $R_r \cosh \gamma_r + X_r \sinh \gamma_r$ (Stufendeterminante). Die erste dieser Determinanten ist sicher gleich Eins, da die Matrix die Einheitsmatrix des komplementären Unterraumes ist. Da R_r im Unterraume die Einheitsmatrix ist, ist sie gleich ihrer Reziproken R_r^{-1}. Weiter folgt aus der Multiplikationstabelle (XVII 142), daß auch die Matrix X_r als Matrix im Unterraume gleich ihrer Reziproken X_r^{-1} ist. Die Matrix $R_r^{-1} \cosh \gamma_r + X_r^{-1} \sinh \gamma_r$ ist also gleich der Matrix $R_r \cosh \gamma_r + X_r \sinh \gamma_r$. Diese beiden Matrizen haben daher dieselbe Determinante Δ. Wenn nun in der ersten Matrix das Pluszeichen durch ein Minuszeichen ersetzt wird, so ändert sich, da die Matrix graden Rang hat, wegen des Satzes über die Zerlegung einer Determinante mit binomischen Spalten bzw. Zeilen in Einzeldeterminanten die Determinante der Matrix nicht. Es ist also

$$\Delta^2 = |(R_r \cosh \gamma_r + X_r \sinh \gamma_r)^2|$$
$$= |(R_r \cosh \gamma_r + X_r \sinh \gamma_r)| \ |(R_r^{-1} \cosh \gamma_r + X_r^{-1} \sinh \gamma_r)|$$
$$= |(R_r \cosh \gamma_r + X_r \sinh \gamma_r)| \ |(R_r^{-1} \cosh \gamma_r - X_r^{-1} \sinh \gamma_r)|$$
$$= |[1 \cdot (\cosh^2 \gamma_r - \sinh^2 \gamma_r)]| = \cosh^2 \gamma_r - \sinh^2 \gamma_r = 1 .$$

Daraus folgt unmittelbar die Behauptung.

der γ_r festgelegt. Da, wie schon erwähnt, durch eine Ähnlichkeitstransformation X_r in $-X_r$ überführt ist, bleibt (XVII 154) gültig, wenn wir X_r durch $-X_r$ oder γ_r durch $-\gamma_r$ ($r \neq 0, n$) ersetzen. Die Wahl der Vorzeichen ist daher eine Frage der Konvention und ohne Einfluß auf das Resultat. Wir legen fest, daß alle γ_r ($r \neq 0, n$) positiv sein sollen.

Da die X_r untereinander vertauschbar sind, können sie gleichzeitig auf Diagonalform gebracht werden. Sie genügen der Gleichung[1]

$$X_r(X_r^2 - E) = O \, . \tag{XVII 156}$$

Die Eigenwerte sind daher 0 oder ± 1. Daraus folgt für die Eigenwerte von $V_2 V_1$

$$\lambda = \prod_{r=0}^{n} \lambda_r \tag{XVII 157}$$

mit

$$\lambda_r = e^{\frac{1}{2}\gamma_r}, \quad e^{-\frac{1}{2}\gamma_r} \text{ oder } 1 \text{ für } r = 0, n$$

$$\lambda_r = e^{\gamma_r}, \quad e^{-\gamma_r} \text{ oder } 1 \text{ für } r \neq 0, n \, . \tag{XVII 158}$$

Nun gibt es aber von den Größen (XVII 158) 3^{n+1} Kombinationen, welche die Form der rechten Seite von Gl. (XVII 157) haben, während die Matrix $V_2 V_1$ nur 2^n Eigenwerte besitzt. Es bleibt also noch die Aufgabe, die „richtigen" Kombinationen der λ_r auszuwählen.

An dieser Stelle können wir die Ergebnisse der Diskussion des Operators U anwenden. Wir wissen, daß in dem geraden Raum $X_r = 0$ ist für alle ungeraden r, und entsprechend in dem ungeraden Raum $X_r = 0$ für alle geraden r. Es kommen daher nur Lösungen in Betracht, bei denen entweder die λ_r mit ungeraden r 1 sind (gerader Raum) oder bei denen die λ_r mit geradem r 1 sind (ungerader Raum). Die beiden Klassen von Eigenwerten haben also die Form

$$\lambda = \lambda_1 \lambda_3 \lambda_5 \ldots \tag{XVII 159}$$

und

$$\lambda = \lambda_0 \lambda_2 \lambda_4 \, . \tag{XVII 160}$$

Damit haben wir bereits eine große Zahl von „falschen" Kombinationen ausgesondert. Die weitere Auswahl, die das vollständige Eigenwertspektrum liefert, bietet zwar keine prinzipiellen Schwierigkeiten, ist aber ziemlich mühsam. Da, wie wir in § 17.2 gezeigt haben, für die thermodynamische Diskussion nur der größte Eigenwert benötigt wird, können wir auf die vollständige Ableitung verzichten und damit das Problem wesentlich vereinfachen. Um die für uns wichtigen Eigenwerte zu finden, betrachten wir als „Modell" den Operator [vgl. (XVII 116) und (XVII 136)]

$$A_0 = -\sum_{j=1}^{n} C_j = \sum_{r=0}^{2n-1} X_r \, . \tag{VIII 161}$$

Da alle C_j untereinander kommutieren, lassen sie sich gleichzeitig auf Diagonalform bringen. Es ist $C_j^2 = E$; die Eigenwerte sind somit ± 1. Diese Eigenwerte hängen nicht in irgendeiner Weise von denen anderer C_k ab. Die 2^n-Eigenwerte von A_0 sind daher gegeben durch

$$-A_0 = \pm 1 \pm 1 \pm 1 \pm \cdots \pm 1 \, . \tag{XVII 162}$$

---

[1] Es ist nämlich nach (XVII 142) $X_r^2 = R_r$, so daß $(X_r^2 - E)$, da R_r ein Projektionsoperator ist, ein Projektionsoperator in dem komplementären Unterraum ist. Da X_r andererseits nach Gl. (XVII 148) aber nur Komponenten im Unterraum von R_r hat, muß das Produkt der beiden Matrizen gleich der Nullmatrix sein.

Die Reihe auf der rechten Seite hat n Terme, und die 2^n Eigenwerte entstehen durch die möglichen Kombinationen der $\pm$-Zeichen. Der niedrigste Eigenwert von A_0 ist nicht entartet, gehört in den geraden Raum und lautet

$$A_0 = -n\,. \tag{XVII 163}$$

Der nächstniedrige Eigenwert ist entartet, gehört in den ungeraden Raum und hat den Wert

$$A_0 = -n + 2\,. \tag{XVII 164}$$

Im Zusammenhang mit der Diskussion des Operators U haben wir nun gezeigt, daß für $\mathsf{U} = +\,\mathsf{E}'$ alle X_r für grade r verschwinden. Es gibt also einen Eigenvektor der X_r, zu dem als Eigenwert gehört

$$
\begin{aligned}
A_0 = -n &= X_1 + X_3 + \cdots + X_{2n-1} \\
&= \begin{cases} 2X_1 + 2X_3 + \cdots + 2X_{n-2} + X_n & (n\ \text{ungerade}) \\ 2X_1 + 2X_3 + \cdots + 2X_{n-1} & (n\ \text{gerade})\,. \end{cases}
\end{aligned}
\tag{XVII 165}
$$

Da X_r nur die Werte ± 1 und 0 annehmen kann, ist diese Gleichung nur erfüllbar, wenn für allgemein $X_r = -1$ (r ungerade) gilt.

Aus der vorstehenden Überlegung können wir schließen, daß $\mathsf{V}_2\mathsf{V}_1$ einen Eigenwert

$$
\lambda_+ = \begin{cases} e^{\frac{1}{2}(2\gamma_1 + 2\gamma_3 + \cdots + 2\gamma_{n-2} + \gamma_n)} & (n\ \text{ungerade}) \\ e^{\frac{1}{2}(2\gamma_1 + 2\gamma_3 + \cdots + 2\gamma_{n-1})} & (n\ \text{gerade}) \end{cases}
\tag{XVII 166}
$$

besitzt. Wenn wir die Definition (XVII 153) für γ_r auf $r > n$ erweitern, können wir (XVII 166) einfacher schreiben

$$\lambda_+ = e^{\frac{1}{2}(\gamma_1 + \gamma_3 + \cdots + \gamma_{2n-1})}\,. \tag{XVII 167}$$

Vergleichen wir dies mit den anderen Eigenwerten (XVII 159), so sehen wir, daß (XVII 167) sicher der größte Eigenwert im geraden Raume ist. Der an Größe nächste Eigenwert in diesem Raume ist mindestens um einen Faktor $e^{-\gamma_1}$ kleiner. Es bleibt jetzt noch zu zeigen, daß der Eigenwert (XVII 167) auch größer ist als alle Eigenwerte im ungeraden Raume. Der niedrigste Eigenwert von A_0 in diesem Raume ist

$$
\begin{aligned}
A_0 = -n + 2 &= X_0 + X_2 + \cdots + X_{2n-2} \\
&= \begin{cases} X_0 + 2X_2 + 2X_4 + \cdots + 2X_{n-2} + X_n & (n\ \text{gerade}) \\ X_0 + 2X_2 + 2X_4 + \cdots + 2X_{n-1} & (n\ \text{ungerade})\,. \end{cases}
\end{aligned}
\tag{XVII 168}
$$

Die X_r können nicht alle gleichzeitig den Wert -1 annehmen, da dies der Gl. (XVII 164) für den niedrigsten Eigenwert im ungeraden Raume widersprechen würde. Es gibt nun verschiedene mögliche Lösungen; wir sind jedoch nur an derjenigen interessiert, welche zu dem größten Eigenwert von $\mathsf{V}_2\mathsf{V}_1$ im ungeraden Raume führt. Dies ist der Fall bei der Lösung $X_0 = +1$ und allen anderen $X_r = -1$ (r gerade). Der entsprechende größte Eigenwert von $\mathsf{V}_2\mathsf{V}_1$ im ungeraden Raume ist

$$\lambda_- = e^{\frac{1}{2}(-\gamma_0 + \gamma_2 + \gamma_4 + \cdots + \gamma_{2n-2})}\,. \tag{XVII 169}$$

Wenn $K^* < K'$ ist, muß nach (XVII 155) γ_0 negativ sein und es nähert sich für $n \to \infty$ dem Wert von $-\gamma_1$. Wenn also $K^* < K'$ ist, sind γ_+ und λ_- asymptotisch entartet. An der Stelle $K^* = K'$ ändert γ_0 das Vorzeichen, und für $K^* > K'$ ist die Entartung aufgehoben; hier ist $\lambda_+ > \lambda_-$. Damit haben wir bewiesen, daß λ_+ tatsächlich der größte Eigenwert ist und somit Gl. (XVII 167) die endgültige Lösung des Eigenwertproblems darstellt.

In § 17.2 haben wir bereits (für $K' = K$) gezeigt, daß an der Stelle $K^* = K$ das zweidimensionale Ising-Modell einen Umwandlungspunkt besitzt. Man sieht also, daß der größte Eigenwert der Matrix H unterhalb des Umwandlungspunktes asymptotisch entartet ist, während oberhalb desselben die Entartung aufgehoben ist. Dies ist ein Beispiel für einen wichtigen allgemeinen Satz, der zuerst von Ashkin und Lamb[1] bewiesen wurde. Er besagt, daß in einem Kristall mit Wechselwirkung zwischen nächsten Nachbarn die Fernordnung mit einer asymptotischen Entartung des größten Eigenwertes der Matrix H verknüpft ist. Damit ist zunächst schon ohne spezielle Untersuchung die Natur der Umwandlung an der Stelle $K^* = K$ geklärt.

Es ergibt sich aber noch eine weitere Folgerung, auf die zuerst Montroll[2] hingewiesen hat. Nach einem Theorem von Frobenius ist der größte Eigenwert einer endlichen Matrix nicht entartet, wenn alle Matrix-Elemente von Null verschieden und positiv sind. Die letztere Voraussetzung ist definitionsgemäß bei der Matrix H stets erfüllt. Für das eindimensionale und, wie das Beispiel in § 17.2 zeigt, auch für das nur in einer Richtung unendliche zweidimensionale Ising-Modell ist außerdem die Matrix H stets endlich. Damit ergibt sich als eine Folgerung aus dem Theorem von Frobenius, daß diese Systeme keine Fernordnung und keinen Umwandlungspunkt zeigen können. Van Hove[3] hat diese Überlegung für nichtkristalline Systeme verallgemeinert und damit die Tatsache, daß eindimensionale Systeme keine Umwandlungen zeigen, auf ein allgemeines Prinzip zurückgeführt.

§ 17.4*. Das zweidimensionale Ising-Modell: Thermodynamische Eigenschaften nach der exakten Theorie. Die Magnetisierung

Nachdem wir das Eigenwertproblem des zweidimensionalen Ising-Modells gelöst haben, läßt sich die Verteilungsfunktion ohne weiteres anschreiben. Aus Gl. (XVII 52), (XVII 113), (XVII 153) und (XVII 167) erhalten wir

$$\lim_{n,m \to \infty} (nm)^{-1} \ln Q_c - \tfrac{1}{2} \ln (2 \sinh 2K)$$

$$= \lim_{n \to \infty} (2n)^{-1} (\gamma_1 + \gamma_3 + \cdots + \gamma_{2n-1}) = \qquad \text{(XVII 170)}$$

$$= \lim_{n \to \infty} (2n)^{-1} \sum_{r=1}^{n} \cosh^{-1} \left[\cosh 2K' \cosh 2K^* - \right.$$

$$\left. - \sinh 2K' \sinh 2K^* \cos \left(\frac{\pi(2r-1)}{n} \right) \right]$$

Für $n \to \infty$ können wir die Summe durch ein Integral ersetzen und erhalten dann

$$\lim_{n,m \to \infty} (nm)^{-1} \ln Q_c - \tfrac{1}{2} \ln (2 \sinh 2K) = (4\pi)^{-1} \int_0^{2\pi} \gamma(\omega)\, d\omega \qquad \text{(XVII 171)}$$

mit

$$\gamma(\omega) = \cosh^{-1}(\cosh 2K' \cosh 2K^* - \sinh 2K' \sin 2K^* \cos \omega) \qquad \text{(XVII 172)}$$

Diese Gleichung läßt die Symmetrie in K und K' nicht erkennen. Mit Hilfe der Definitionsgleichung für K^* (XVII 78) und der Formel

$$\int_0^{2\pi} \ln (2 \cosh x - 2 \cos \omega)\, d\omega = 2\pi x \qquad \text{(XVII 173)}$$

[1] Ashkin, J., u. W. E. Lamb: Physik Rev. **64**, 159 (1943).
[2] Montroll, E. W.: J. Chem. Phys. **9**, 706 (1941).
[3] Hove, L. van: Physica **16**, 137 (1950).

erhält man die symmetrischere Form

$$\lim_{n,m\to\infty} (n\,m)^{-1}\ln Q_c = \ln 2 + \frac{1}{2\,\pi^2} \int\limits_0^\pi\int\limits_0^\pi \ln\,(\cosh 2K \cosh 2K' - \sinh 2K \cos \omega -$$

$$- \sinh 2K' \cos \omega')\, d\omega\, d\omega' .$$

$$(XVII\ 174)$$

Die Auswertung des Integrals für beliebige Werte von K und K' ist ziemlich umständlich; wir verweisen dafür auf die ONSAGERsche Arbeit[1]. Für $K = K'$ tritt eine wesentliche Vereinfachung ein. Wir wollen uns daher auf diesen Fall, der bereits das wichtigste Ergebnis liefert, beschränken. Führen wir die Abkürzung

$$k_1 = \frac{2 \tanh 2K}{\cosh 2K} \qquad (XVII\ 175)$$

ein, so läßt sich die Gl. (XVII 174) schreiben (mit $nm = N$)

$$\lim_{N\to\infty} \frac{1}{N}\ln Q_c = \ln\,(2\cosh 2K) + \frac{1}{2\,\pi^2} \int\limits_0^\pi\int\limits_0^\pi \ln\,(1 - k_1 \cos \omega_1 \cos \omega_2)\, d\omega_1\, d\omega_2$$

$$(XVII\ 176)$$

Mit Benutzung der Gl. (XVII 173) wird daraus

$$\lim_{N\to\infty} \frac{1}{N}\ln Q_c = \ln\,(2\cosh 2K) + \frac{1}{2\,\pi} \int\limits_0^\pi \ln\left\{\frac{1}{2}\left[1 + (1 - k_1^2 \sin^2 \varphi)^{1/2}\right]\right\} d\varphi$$

$$(XVII\ 177)$$

Das Integral läßt sich nicht in geschlossener Form auswerten. Brauchbare Reihenentwicklungen sind von ONSAGER[1] angegeben worden. Für die Berechnung der inneren Energie und der spezifischen Wärme ist die Kenntnis des Integrals nicht erforderlich, da dasselbe dann in elliptische Standard-Integrale übergeht.

Für die innere Energie erhalten wir durch Differentiation unter dem Integral

$$E_c = kT^2 \frac{\partial \ln Q_c}{\partial T} = - J \frac{\partial \ln Q_c}{\partial K} = - NJ \coth 2K \left[1 + \frac{2}{\pi}\,(2 \tanh^2 2K - 1)\,K_1\,(k_1)\right]$$

$$(XVII\ 178)$$

wo

$$K_1(k_1) = \int\limits_0^{\pi/2} (1 - k_1^2 \sin^2 \varphi)^{-1/2}\, d\varphi \qquad (XVII\ 179)$$

das vollständige elliptische Integral erster Gattung[2] ist. Für die Atomwärme ergibt sich durch nochmalige Differentiation

$$C_c = k\,(K \coth 2K)^2\, \frac{2}{\pi} \left\{2K_1(k_1) - 2 E_1(k_1) - 2\,(1 - \tanh^2 2K)\, \times\right.$$

$$\left. \times \left[\frac{\pi}{2} + (2 \tanh^2 2K - 1)\,K_1\,(k_1)\right]\right\} ,$$

$$(XVII\ 180)$$

wo $K_1(k_1)$ wieder durch Gl. (XVII 179) definiert ist und

$$E_1(k_1) = \int\limits_0^{\pi/2} (1 - k_1^2 \sin^2 \varphi)^{1/2}\, d\varphi \qquad (XVII\ 181)$$

das vollständige elliptische Integral zweiter Gattung[2] darstellt.

[1] ONSAGER, L.: Physic. Rev. **65**, 117 (1944).
[2] Vgl. E. T. WHITTAKER, u. G. K. WATSON: Modern Analysis. Cambridge 1952.

Alle angeführten thermodynamischen Funktionen haben eine Singularität an der Stelle, die durch die schon in § 17.2 abgeleitete Gleichung

$$\sinh 2\,K_c = 1 \qquad \text{(XVII 182)}$$

bestimmt ist. Für die Verteilungsfunktion ergibt sich aus Gl. (XVII 176) durch Entwicklung des Logarithmus und gliedweise Integration die Reihe (mit $4\varkappa = k_1$)

$$\lim_{N \to \infty} \frac{1}{N} \ln Q_c = \ln (2 \cosh 2K) - \sum_{n=1}^{\infty} \left[\binom{2n}{n}^2 \middle/ 4\,n \right] \varkappa^{2n}$$

$$= \ln (2 \cosh 2K) + \ln (1 - \varkappa^2 - 4\varkappa^4 - 29\varkappa^6 - 256\varkappa^8 - \qquad \text{(XVII 183)}$$

$$- 2745\varkappa^{10} - 30773\varkappa^{12} - 364315\varkappa^{14} - \cdots) ,$$

deren Konvergenzradius durch (XVII 182) festgelegt ist. Die Reihe konvergiert jedoch, ähnlich wie im Falle der Einstein-Kondensation, auf dem Konvergenz-

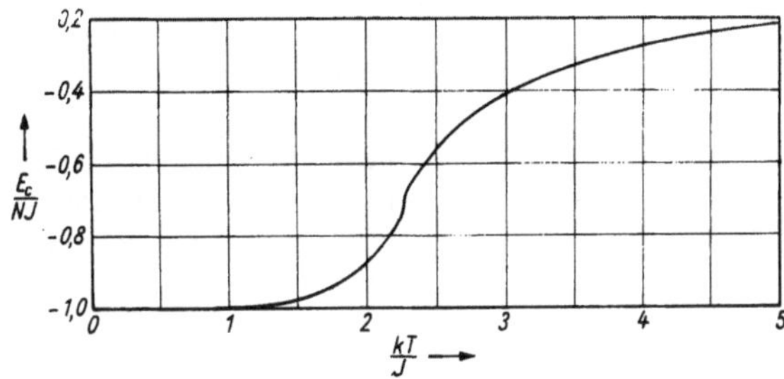

Abb. 121. Temperaturabhängigkeit der inneren Energie für das zweidimensionale Ising-Modell [entnommen aus: G. H. Wannier: Rev. Mod. Phys. 17, 50 (1945)]

kreise. Da infolge des dualen Charakters der Temperatur (vgl. § 17.2) dieser Punkt von beiden Seiten her in gleicher Weise durch die Reihe (XVII 183) erreicht wird, ist die freie Energie pro Teilchen, wie es sein muß, eine endliche und stetige Funktion der Temperatur.

Die Singularitäten der inneren Energie und der Atomwärme kommen dadurch zustande, daß für die durch (XVII 182) definierte Temperatur $k_1 = 1$ wird und für $k_1 = 1$ gilt $K_1(1) = \infty$, $E_1(1) = 1$. Die analytische Natur der Singularitäten ergibt sich aus der in der Umgebung derselben gültigen Näherungsformel

$$K_1(k_1) \approx \ln \frac{4}{|\,2 \tanh^2 2\,K - 1\,|} \approx \frac{\sqrt{2}}{|\,K - K_c\,|} . \qquad \text{(XVII 184)}$$

Damit wird in der Umgebung des Umwandlungspunktes die innere Energie

$$E_c \approx - N J \sqrt{2} \left(1 \pm \frac{2^{\frac{5}{2}}}{\pi} \frac{J}{k} \frac{T - T_c}{T_c^2} \ln \frac{J}{k\sqrt{2}} \frac{|\,T - T_c\,|}{T_c^2} \right) . \qquad \text{(XVII 185)}$$

Für die Atomwärme ergibt sich wegen

$$K_c = \frac{1}{2} \ln \operatorname{ctg} \frac{\pi}{8} \qquad \text{(XVII 186)}$$

$$C_c \approx - \frac{2\,k}{\pi} \left(\ln \operatorname{ctg} \frac{\pi}{8} \right)^2 \left[\ln \left(\frac{J}{k\sqrt{2}} \frac{|\,T - T_c\,|}{T_c^2} \right) + 1 + \frac{1}{4}\,\pi \right] . \qquad \text{(XVII 187)}$$

Aus Gl. (XVII 185) sieht man, daß die innere Energie trotz der logarithmischen Unendlichkeitsstelle in $K_1(k_1)$ endlich und stetig bleibt, weil der Koeffizient von $K_1(k_1)$ hier linear gegen Null geht, der entscheidende Term also die Form $|T - T_c| \ln |T - T_c|$ hat. In der Formel für die Atomwärme fehlt dieser Koeffizient, so daß C_c für T_c logarithmisch unendlich wird. In Abb. 121 ist der Verlauf der inneren Energie nach Gl. (XVII 178) dargestellt, in Abb. 122 der Verlauf der Atomwärme nach Gl. (XVII 180). Die letztere Abbildung zeigt außerdem noch die Atomwärme eines anisotropen zweidimensionalen Gitters mit $J = 100\,J'$ und die des eindimensionalen Ising-Modells für welches $J' = 0$ ist. Die Kurve für $J = J'$ zeigt in bezug auf die Singularität einen nahezu symmetrischen Verlauf, während bei $J = 100\,J'$ die Annäherung an den eindimensionalen Fall schon deutlich erkennbar ist.

Das Ergebnis der Onsagerschen Theorie ist in zweifacher Hinsicht überraschend. Sie zeigt zunächst die Möglichkeit eines völlig neuartigen Umwandlungstyps, der bis dahin weder aus experimentellen noch aus theoretischen Untersuchungen bekannt war[1] und auch in der Ehrenfestschen Systematik keinen Platz hat. Diese allgemeinen Gesichtspunkte werden wir in § 18.2 erörtern. Die Onsagersche Rechnung erbringt aber darüber hinaus noch den Nachweis, daß alle Näherungsverfahren zur Behandlung kooperativer Probleme, wenigstens für den zweidimensionalen Fall, im Hinblick auf den Charakter der Umwandlung ein qualitativ falsches Ergebnis liefern. Abb. 118 zeigt die nach dem Betheschen (quasi-chemischen) und dem Variationsverfahren berechneten Kurven. Die Verbesserung der Näherung durch das Variationsverfahren ist deutlich zu erkennen, aber die beiden approximierten Kurven zeigen

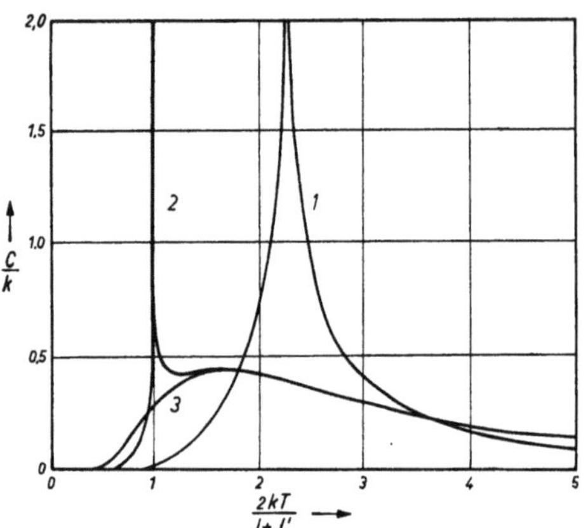

Abb.122. Atomwärme des zweidimensionalen Ising-Modells. Kurve 1: $J = J'$; Kurve 2: $J = 100\,J'$; Kurve 3: $J = 0$ (eindimensionales Ising-Modell) [entnommen aus: G. F. Newell u. E. W. Montroll: Rev.Mod.Phys. 25, 353 (1953)]

am Umwandlungspunkt eine endliche Unstetigkeit, im Gegensatz zu der logarithmischen Unendlichkeitsstelle der exakten Kurve. Nach Wannier[2] ist diese merkwürdige Diskrepanz darauf zurückzuführen, daß alle Näherungsverfahren für das Gebiet unterhalb des Umwandlungspunktes, d. h. das Gebiet der Fernordnung, einen zusätzlichen Parameter einführen, der oberhalb des Umwandlungspunktes den Wert Null hat. Da nach dem Dualitäts-Theorem Gl. (XVII 88) beide Temperaturgebiete in bezug auf die Beschreibung von vorneherein gleichwertig sind, bedeutet die Einführung eines zusätzlichen Parameters für das Gebiet der tiefen Temperaturen eine genauere Beschreibung dieses Gebietes, die eine im Verhältnis zum Gebiet der hohen Temperaturen erhöhte spezifische Wärme und damit am Umwandlungspunkt eine Unstetigkeit liefert.

Das zweidimensionale Ising-Modell zeigt, wie zuerst von Peierls[3] nachgewiesen wurde, im Gegensatz zum eindimensionalen Fall Ferromagnetismus, d. h. eine spontane Magnetisierung. Da diese Frage von großer Bedeutung für verschiedene Interpretationen des Ising-Modells ist, wollen wir kurz darauf eingehen. Wenn ein System ferromagnetisch ist, hat die Magnetisierung $M(H, T)$ als Funktion der magnetischen Feldstärke H unterhalb des Curie-Punktes T_c für $H = 0$ eine Unstetigkeit. Wenn H von positiven Werten gegen Null geht,

---

[1] Kramers u. Wannier: [Physic. Rev. 60, 263 (1941)] hatten bereits auf Grund ihrer Untersuchungen vermutet, daß die spezifische Wärme des zweidimensionalen Ising-Modells am Umwandlungspunkt Unendlich wird.

[2] Wannier, G. H.: Rev. Mod. Phys. 17, 50 (1945).

[3] Peierls, R.: Proc. Cambridge Phil. Soc. 32, 477 (1936).

ist $M(0_+, T) > 0$, d. h. die ferromagnetische Substanz behält ihre Magnetisierung in Richtung von H auch nach Abschalten des Feldes bei. Wenn umgekehrt H von negativen Werten gegen Null geht, so ist $M(0_-, T) < 0$.

Die Energie des zweidimensionalen Ising-Modells können wir schreiben

$$U_c = - J \sum_{ij} \sigma_i \sigma_j - [\mu] H \sum_{j=1}^{N} \sigma_j. \tag{XVII 188}$$

Ändern wir gleichzeitig die Richtung des magnetischen Feldes $(H \to - H)$ und alle Spin-Orientierungen $(\sigma_j \to -\sigma_j)$, so bleibt die Energie ungeändert. Da bei der Bildung der Verteilungsfunktion für alle σ_j oder $-\sigma_j$ über ± 1 summiert wird, gilt auch

$$Q_c(H) = Q_c(-H). \tag{XVII 189}$$

Schließlich ist

$$M(H) = -M(-H). \tag{XVII 190}$$

Für jedes endliche Gitter ist Q_c eine endliche Summe von Funktionen, von denen jede in H analytisch ist. Es müssen daher auch Q_c und M in H analytisch sein. Aus Gl. (XVII 190) folgt dann unmittelbar $M(0) = 0$. Wenn aber das System unendlich groß wird, so wird Q_c der Grenzwert einer Folge von analytischen Funktionen, der selbst nicht mehr notwendig analytisch ist. Um die spontane Magnetisierung zu berechnen, ist es daher notwendig, zuerst den Grenzübergang $N \to \infty$ durchzuführen und dann $H \to 0$ gehen zu lassen. Das umgekehrte Vorgehen führt auf $M(0) = 0$.

Eine exakte Lösung des zweidimensionalen Ising-Problems für beliebige Werte von H ist bisher nicht bekannt. Für die Berechnung der spontanen Magnetisierung genügt es jedoch, wenn man das Verhalten von $Q_c(H, T)$ für kleine H, d. h. bis zu in H linearen Gliedern kennt. Solche Rechnungen lassen sich nach verschiedenen Methoden durchführen. In Form von Reihenentwicklungen ist die spontane Magnetisierung bereits vor längerer Zeit von van der Waerden[1] sowie Ashkin und Lamb[2] erhalten worden. Kürzlich ist es Yang[3] gelungen, durch eine von der Onsagerschen Lösung für $H = 0$ ausgehende Störungsrechnung eine geschlossene Formel für $M(0)$ abzuleiten. Wir wollen das Prinzip der Berechnung hier kurz andeuten.

Zunächst verallgemeinern wir die Gl. (XVII 113) für den Fall eines Magnetfeldes, indem wir setzen

$$\mathsf{H} = (2 \sinh 2K)^{\frac{n}{2}} \, \mathsf{V}_3 \mathsf{V}_2 \mathsf{V}_1 \tag{XVII 191}$$

mit

$$\mathsf{V}_3 = e^{\, C \sum_{j=1}^{n} \mathsf{s}_j} \tag{XVII 192}$$

und

$$C = - \frac{[\mu] H}{k T}. \tag{XVII 193}$$

Die Verteilungsfunktion ist dann

$$Q_c = (2 \sinh 2K)^{\frac{nm}{2}} \, \mathrm{spur} \, (\mathsf{V}_3 \mathsf{V}_2 \mathsf{V}_1)^m \tag{XVII 194}$$

oder für $nm = N \to \infty$ einfach

$$Q_c = (2 \sinh 2K)^{\frac{nm}{2}} \, \lambda_{max}^m, \tag{XVII 195}$$

[1] Waerden, B. L. van der: Z. Physik 118, 473 (1941).
[2] Ashkin, J., u. W. E. Lamb: Physic. Rev. 64, 159 (1943).
[3] Yang, C. N.: Physic. Rev. 88, 808 (1952).

wo λ_{max} der größte Eigenwert der Matrix

$$V_3 V_2 V_1 = V_2 V_1 + C \left(\sum_{j=1}^{n} s_j \right) V_2 V_1 + \ldots \qquad \text{(XVII 196)}$$

ist. Wir bezeichnen nun mit λ^0_{max} den durch Gl. (XVII 167) gegebenen größten Eigenwert der Matrix $V_2 V_1$. Für λ_{max} setzen wir in erster Näherung

$$\lambda_{max} = \lambda^0_{max} + C \, \lambda'_{max}, \qquad \text{(XVII 197)}$$

wo nun λ'_{max} durch die übliche Methode der Störungrechnung erster Ordnung zu bestimmen ist.

Für die Durchführung der Rechnung ist es zweckmäßig, von einer symmetrischen Matrix auszugehen, weil dann die Eigenvektoren orthogonal sind. Es gibt hier verschiedene Möglichkeiten symmetrischer Formulierungen, die sich nur durch Ähnlichkeitstransformationen unterscheiden und daher die gleichen Eigenwerte besitzen. Im Anschluß an Yang setzen wir

$$V_1^{1/2} V_3 V_2 V_1^{1/2} = V_1^{1/2} V_2 V_1^{1/2} + C \, V_1^{1/2} \sum_{j=1}^{n} s_j V_2 V_1^{1/2}. \qquad \text{(XVII 198)}$$

Weiter ist es bekanntlich für die Störungsrechnung von Bedeutung, ob der betrachtete ungestörte Eigenwert nicht entartet oder entartet ist. Wir betrachten daher die beiden Fälle $T > T_c$ und $T < T_c$ gesondert.

Im Falle $T > T_c$ ist, wie wir in § 17.3 gesehen haben, der größte Eigenwert der Matrix $V_1^{1/2} V_2 V_1^{1/2}$ nicht entartet, und der entsprechende Eigenvektor ψ_+ gehört zum graden Raum. In der Darstellung, in welcher $V_1^{1/2} V_2 V_1^{1/2}$ diagonal ist. müssen die Diagonalelemente des Störungsgliedes in (XVII 198) verschwinden. Während nämlich V_2 und V_1 mit U kommutieren und einen graden Vektor in einen graden, einen ungraden in einen ungraden überführen, antikommutiert s_j mit U und überführt grade Vektoren in ungrade und umgekehrt. Es ist daher

$$\lambda'_{max} = \widetilde{\psi}_+ V_1^{1/2} \sum_{j=1}^{n} s_j V_2 V_1^{1/2} \psi_+ = 0. \qquad \text{(XVII 199)}$$

Für $T > T_c$ hat der Eigenwert somit keinen in C linearen Korrekturterm. Es existiert daher keine spontane Magnetisierung.

Für $T < T_c$ ist der größte Eigenwert des ungestörten Problems an der Grenze $N \to \infty$ zweifach entartet. Wir haben einen Eigenvektor ψ_+ in dem graden Raume und einen Eigenvektor ψ_- in dem ungraden Raume. Durch die Störung wird die Entartung, wie gewöhnlich, aufgehoben. Die Eigenvektoren, für die gleichzeitig $V_1^{1/2} V_2 V_1^{1/2}$ und $V_1^{1/2} \sum_{j=1}^{n} s_j V_2 V_1^{1/2}$ Diagonalform haben, sind $2^{-1/2} (\psi_+ \pm \psi_-)$. Es ergibt sich daher für die Eigenwertstörung erster Ordnung

$$\lambda'_{max} = 2^{-1/2} \left(\widetilde{\psi}_+ + \widetilde{\psi}_- \right) V_1^{1/2} \sum_{j=1}^{n} s_j V_2 V_1^{1/2} 2^{-1/2} (\psi_+ + \psi_-). \qquad \text{(XVII 200)}$$

Es ist nun

$$V_1^{1/2} V_2 V_1^{1/2} (\psi_+ + \psi_-) = \lambda^0_{max} (\psi_+ + \psi_-). \qquad \text{(XVII 201)}$$

Damit wird aus (XVII 200)

$$\lambda'_{max} = \tfrac{1}{2} \lambda^0_{max} \left(\widetilde{\psi}_+ + \widetilde{\psi}_- \right) V_1^{1/2} \sum_{j=1}^{n} s_j V_1^{-1/2} (\psi_+ + \psi_-) \qquad \text{(XVII 202)}$$

oder, da s_j keine Elemente hat, die ψ_+ mit ψ_+ oder ψ_- mit ψ_- verknüpfen, aber symmetrisch ist,

$$\lambda'_{max} = \lambda^0_{max} \widetilde{\psi}_- V_1^{1/2} \sum_{j=1}^{n} s_j V_1^{-1/2} \psi_+. \qquad \text{(XVII 203)}$$

Bilden wir nun mit Benutzung der Gl. (XVII 30), (XVII 195), (XVII 197) und (XVII 202) die Magnetisierung, so erhalten wir

$$M = \frac{[\mu]}{n}\frac{\partial \ln \lambda_{max}}{\partial C} = \frac{[\mu]}{n}\frac{\lambda'_{max}}{\lambda^0_{max}}$$

$$= \frac{[\lambda]}{n}\,\widetilde{\psi}_-\,\mathsf{V}_1^{1/2}\sum_{j=1}^{n}\mathsf{s}_j\,\mathsf{V}_1^{-1/2}\,\psi_+\,.$$

(XVII 204)

Da alle Teilchen einer Reihe untereinander gleichwertig sind, liefert jedes den gleichen Beitrag zu M. Es wird daher einfach

$$M = [\mu]\,\widetilde{\psi}_-\,\mathsf{V}_1^{1/2}\,\mathsf{s}_1\,\mathsf{V}_1^{-1/2}\,\psi_+\,.$$

(XVII 205)

Die spontane Magnetisierung ist also durch ein Nichtdiagonalelement der Störungsmatrix gegeben. Die explizite Berechnung dieses Ausdruckes ist außerordentlich umständlich, so daß wir dafür auf die Originalarbeit[1] verweisen. Es ergibt sich für die spontane Magnetisierung im Falle $K = K'$

$$|M(0)| = [\mu]\,(1+\eta^2)^{1/4}(1-\eta^2)^{-1/2}(1-6\,\eta^2+\eta^4)^{1/8}$$

(XVII 206)

mit

$$\eta = e^{-2K}\,.$$

(XVII 207)

In der Nähe des Curie-Punktes gilt näherungsweise

$$M(0) \approx [\mu]\left[4\,(\sqrt{2}+2)\,(\eta_c-\eta)\right]^{1/8}\,.$$

(XVII 208)

Abb. 123 zeigt den nach Gl. (XVII 206) berechneten Verlauf der spontanen Magnetisierung in Abhängigkeit von der Temperatur. Die beiden anderen Kurven sind mit Hilfe von Reihenentwicklungen erhalten worden. Diese Kurven stellen nach Gl. (XVII 33) gleichzeitig den Verlauf des Fernordnungsgrades dar.

Zum Schluß sei noch erwähnt, daß es in neuerer Zeit gelungen ist, die Gl. (XVII 170) mit Hilfe einer kombinatorischen Methode abzuleiten[2]. Auch dieses Verfahren ist sehr umständlich. Für Einzelheiten verweisen wir auf den Bericht von Newell und Montroll[3] und die Originalarbeit.

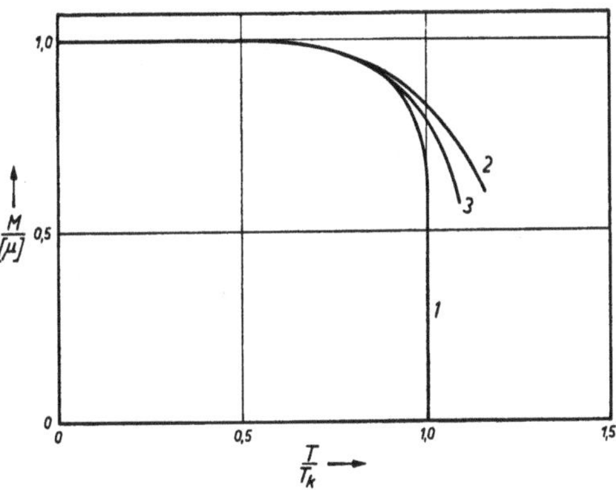

Abb. 123. Spontane Magnetisierung des zweidimensionalen Ising-Modells. Kurve *1*: Exakte Theorie; Kurve *2* u. *3*: Reihenentwicklungen [entnommen aus: G. F. Newell u. E. W. Montroll: Rev. Mod. Phys. **25**, 353 (1953)]

§ 17.5*. Einige Ergebnisse für das dreidimensionale Ising-Modell

Es ist bisher nicht gelungen, eine exakte Lösung für das mit dem dreidimensionalen Ising-Modell verknüpfte Eigenwertproblem zu finden. Insbesondere hat sich gezeigt, daß keine der beim zweidimensionalen Problem mit Erfolg angewandten Methoden sich auf den dreidimensionalen Fall übertragen läßt. Diese zunächst auffallende Tatsache erklärt sich dadurch, daß bei diesen Methoden sehr spezielle Eigenschaften, die nur im zweidimensionalen Fall vorhanden sind, eine

[1] Yang, C. N.: Physic. Rev. **85**, 808 (1952).
[2] Kac, M., u. J. C. Ward: Physic. Rev. **88**, 1332 (1952).
[3] Newell, G. F., u. E. W. Montroll: Rev. Mod. Phys. **25**, 353 (1953).

entscheidende Rolle spielen. So findet man, um ein Beispiel zu nennen, bei dem Versuch, die in § 17.3 behandelte ONSAGERsche Methode auf den dreidimensionalen Fall zu übertragen, daß bereits beim ersten Schritt eine so große LIEsche Algebra entsteht, daß die weitere Verfolgung dieses Weges aussichtslos erscheint.

Es bleibt daher, wenn man über die „klassischen" Methoden des Kapitels XVI hinauskommen will, nur die Möglichkeit, das Problem durch korrekte Reihenentwicklungen zu approximieren. Man kann dazu entweder von Näherungslösungen des Eigenwertproblems, die sich durch Störungsrechnung oder nach dem Variationsverfahren erhalten lassen, ausgehen, oder den Weg der direkten Abzählung einschlagen. In jedem Fall sind solche Rechnungen naturgemäß außerordentlich mühsam und langwierig. Wir beschränken uns hier auf eine Wiedergabe der wichtigsten Ergebnisse. Die umfangreiche Literatur ist in neuerer Zeit von RUSHBROOKE[1] kritisch gesichtet worden. Wir legen diese Darstellung unserer Übersicht zugrunde.

Die Reihenentwicklungen lassen sich allgemein einteilen in solche für tiefe und solche für hohe Temperaturen. Die ersteren, wie sie TANAKA, KATSUMORI und TOSHIMA[2], OGUCHI[3], TREFFTZ[4] und WAKEFIELD[5] angegeben worden sind, stellen $N^{-1} \ln Q_c$ als Potenzreihe in $\eta = e^{-2K}$ dar. Man erhält

für das einfache kubische Gitter

$$\frac{1}{N} \ln Q_c = \eta^{-3/2} \Big(\eta^6 + 3\,\eta^{10} - \frac{7}{2}\,\eta^{12} + 15\,\eta^{14} - 33\,\eta^{16} + \frac{313}{3}\,\eta^{18} -$$
$$- \frac{561}{2}\,\eta^{20} + 849\,\eta^{22} - \frac{9847}{4}\,\eta^{24} + 7485\,\eta^{26} - \qquad \text{(XVII 209)}$$
$$- \frac{45069}{2}\,\eta^{28} + \cdots \Big),$$

für das raumzentrierte kubische Gitter

$$\frac{1}{N} \ln Q_c = \eta^{-2} \Big(\eta^8 + 4\,\eta^{14} - \frac{9}{2}\,\eta^{16} + 28\,\eta^{20} - 64\,\eta^{22} + \frac{145}{3}\,\eta^{24} + 204\,\eta^{26} -$$
$$- 786\,\eta^{28} + 1164\,\eta^{30} + \frac{3691}{4}\,\eta^{32} - 8760\,\eta^{34} \ldots \Big), \qquad \text{(XVII 210)}$$

für das flächenzentrierte kubische Gitter

$$\frac{1}{N} \ln Q_c = \eta^{-3} \Big(\eta^{12} + 6\,\eta^{22} - \frac{13}{2}\,\eta^{24} + 8\,\eta^{30} + 42\,\eta^{32} - 120\,\eta^{34} + \frac{217}{3}\,\eta^{36}$$
$$+ 24\,\eta^{38} + 123\,\eta^{40} + 126\,\eta^{42} - 1623\,\eta^{44} + 2418\,\eta^{46} \ldots \Big). \qquad \text{(XVII 211)}$$

Die Entwicklungen für die spontane Magnetisierung sind

für das einfache kubische Gitter

$$\frac{M(0)}{[\mu]} = 1 - 2\,\eta^6 - 12\,\eta^{10} + 14\,\eta^{12} - 90\,\eta^{14} + 192\,\eta^{16} - 792\,\eta^{18} + 2148\,\eta^{20} -$$
$$- 7716\,\eta^{22} + 23262\,\eta^{24} - 79512\,\eta^{26} + 252054\,\eta^{28} + \cdots, \qquad \text{(XVII 212)[6]}$$

---

[1] RUSHBROOKE, G. S.: Comptes Rendus 2ième Reunion «Changements de Phases» p. 177. Paris 1952.
[2] TANAKA, T., H. KATSUMORI u. S. TOSHIMA: Progr. Theogr. Phys. 6, 17 (1951).
[3] OGUCHI, T.: J. Phys. Soc. Japan 5, 75 (1950); 6, 17 (1951).
[4] TREFFTZ, E.: Z. Physik 127, 371 (1950).
[5] WAKEFIELD, A. J.: Proc. Cambridge Phil. Soc. 47, 419, 799 (1951).
[6] Der Koeffizient von η^{26} wird von WAKEFIELD mit 79 530 angegeben.

für das raumzentrierte kubische Gitter

$$\frac{M\,(0)}{[\mu]} = 1 - 2\,\eta^8 - 16\,\eta^{14} + 18\,\eta^{16} - 168\,\eta^{20} + 384\,\eta^{22} - 314\,\eta^{24} - $$
$$- 1184\,\eta^{26} + 6248\,\eta^{28} - 9744\,\eta^{30} - 10174\,\eta^{32} + \cdots , \qquad \text{(XVII 213)}$$

für das flächenzentrierte kubische Gitter

$$\frac{M\,(0)}{[\mu]} = 1 - 2\,\eta^{12} - 24\,\eta^{22} + 26\,\eta^{24} - 48\,\eta^{30} - 252\,\eta^{32} + 720\,\eta^{34} - $$
$$- 438\,\eta^{36} - 192\,\eta^{38} - 984\,\eta^{40} - 1008\,\eta^{42} - \cdots . \qquad \text{(XVII 214)}$$

Bei den Entwicklungen für hohe Temperaturen, die von OGUCHI[1], TREFFTZ[2] und WAKEFIELD[3] gegeben worden sind, wird $Q_c^{1/N}$ als Potenzreihe in

$$u = \tanh K = \frac{e^K - e^{-K}}{e^K + e^{-K}} \qquad \text{(XVII 215)}$$

dargestellt. Die Ergebnisse lauten

für das einfache kubische Gitter

$$Q_c^{1/N} = 2\cosh^3 K\,(1 + 3\,u^4 + 22\,u^6 + 192\,u^8 + 2070\,u^{10} + 24\,943\,u^{12} + \cdots)$$
$$\text{(XVII 216)}$$

für das raumzentrierte kubische Gitter

$$Q_c^{1/N} = 2\cosh^4 K\,(1 + 12\,u^4 + 148\,u^6 + 2568\,u^8 + \cdots) \qquad \text{(XVII 217)}[4]$$

für das flächenzentrierte kubische Gitter

$$Q_c^{1/N} = 2\cosh^6 K\,(1 + 8\,u^3 + 33\,u^4 + 168\,u^5 + 962\,u^6 + 5928\,u^7 + \cdots). \qquad \text{(XVII 218)}$$

Entwicklungen für hohe Temperaturen lassen sich naturgemäß auch nach Potenzen von K (d. h. T^{-1}) durchführen. Ein Beispiel dafür haben wir bereits bei der KIRKWOODschen Theorie (§ 16.6) kennengelernt. Auch die Reihen von TREFFTZ haben ursprünglich diese Form. Für das einfache kubische Gitter hat TER HAAR[5-7] eine derartige Entwicklung mit Hilfe des Variationsverfahrens abgeleitet. Sie stimmt bis zum Gliede K^6 mit Gl. (XVII 213) exakt überein, während das Glied K^8 noch annähernd richtig wiedergegeben wird. Zum Vergleich sei erwähnt, daß in der nach der BETHEschen (quasi-chemischen) Methode abgeleiteten Reihe bereits das Glied mit K^4 nicht mehr korrekt ist. Bei tiefen Temperaturen ergibt die letztere Methode Übereinstimmung mit Gl. (XVII 209) bis zum Gliede η^{14}.

Sowohl die Entwicklungen für hohe wie die für tiefe Temperaturen konvergieren ziemlich schlecht. Auf Grund einer genaueren Diskussion der Koeffizienten kommt WAKEFIELD[8] zu dem Schluß, daß gewisse Tieftemperatur-Entwicklungen vor Erreichen des Umwandlungspunktes divergieren und daß letzterer dann nur über eine analytische Fortsetzung erreicht werden kann. Bei den Hochtemperatur-Entwicklungen sind alle Koeffizienten positiv. Hier muß daher die den Konvergenzradius bestimmende Singularität auf der positiven reellen Achse

---

[1] OGUCHI, T.: J. Phys. Soc. Japan **6**, 31 (1951).

[2] TREFFTZ, E.: Z. Physik **127**, 371 (1950).

[3] WAKEFIELD, A. J.: Proc. Cambridge Phil. Soc. **47**, 419 (1951).

[4] Der Koeffizient des Gliedes u^8 ist bei RUSHBROOKE (s. S. 600) falsch angegeben (Privatmitteilung von Prof. RUSHBROOKE).

[5] MARTIN, B., u. D. TER HAAR: Physica **18**, 569 (1952).

[6] HAAR, D. TER: Physica **18**, 836 (1952).

[7] HAAR, D. TER: Physica **19**, 611 (1953).

[8] WAKEFIELD, A. J.: Proc. Cambridge Phil. Soc. **47**, 799 (1951).

liegen und mit dem Umwandlungspunkt identisch sein. Eine Abschätzung der Umwandlungstemperatur auf dieser Grundlage ist indessen nur bei der Reihe (XVII 213) möglich, da bei den übrigen die Zahl der Glieder zu gering ist. Das Ergebnis dieser von WAKEFIELD durchgeführten Abschätzung ist in guter Übereinstimmung mit dem Verhalten der Tieftemperaturentwicklung. In Abb. 124

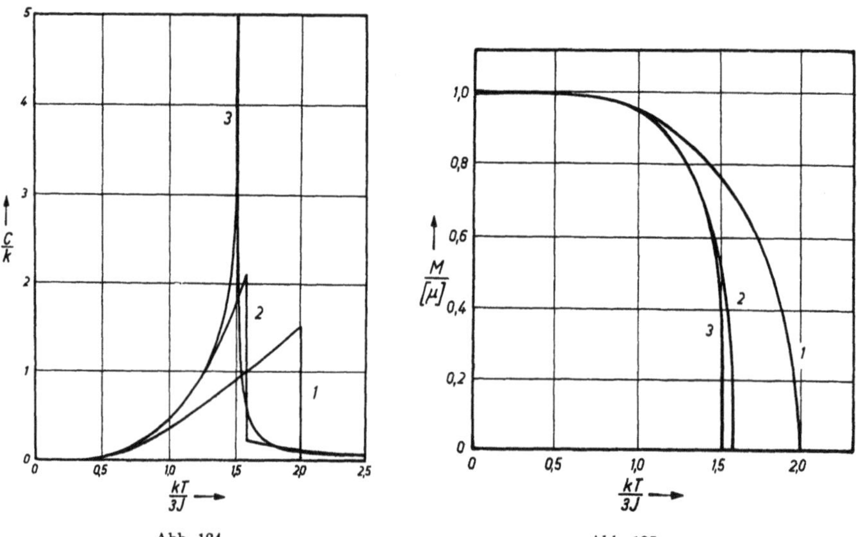

Abb. 124   Abb. 125

Abb. 124. Atomwärme des dreidimensionalen ISING-Modells. Kurve 1: BRAGG-WILLIAMS; Kurve 2: BETHE; Kurve 3: WAKEFIELD [entnommen aus: G. F. NEWELL u. E. W. MONTROLL: Rev. Mod. Phys. 25, 353 (1953)]

Abb. 125. Spontane Magnetisierung (bzw. Fernordnungsgrad) des dreidimensionalen ISING-Modells. Kurve 1: BRAGG-WILLIAMS; Kurve 2: BETHE; Kurve 3: WAKEFIELD [entnommen aus: G. F. NEWELL u. E. W. MONTROLL: Rev. Mod. Phys. 25, 353 (1953)]

ist der von WAKEFIELD berechnete Verlauf der Atomwärme, in Abb. 125 die spontane Magnetisierung bzw. Fernordnung dargestellt. In beiden Abbildungen sind auch die BRAGG-WILLIAMSsche und die BETHEsche (quasi-chemische) Näherung eingezeichnet. Der Parallelismus zu den auf das zweidimensionale Problem bezogenen Abb. 122 und 123 ist sehr auffallend. Man kann danach wohl kaum bezweifeln, daß die WAKEFIELDschen Reihen bereits eine sehr gute Näherung ergeben und daß auch die Festlegung des Umwandlungspunktes schon ziemlich genau ist. TREFFTZ[1] hat aus ihren Reihen ebenfalls die Umwandlungspunkte abgeschätzt. Der Vergleich mit den nach anderen Methoden erhaltenen Ergebnissen macht es aber wahrscheinlich, daß ihre Werte für η_c erheblich zu niedrig sind. In Tab. 43 sind die wichtigsten Ergebnisse der Abschätzungen von η_c für dreidimensionale Gitter zusammengestellt. Dabei sind auch einige Methoden berücksichtigt, die wir in Kapitel XVIII und XX behandeln.

Während der Verlauf der Atomwärme usw. bei hohen und tiefen Temperaturen sich mit Hilfe der Reihenentwicklungen exakt berechnen läßt und man die Lage des Umwandlungspunktes wenigstens annähernd bestimmen kann, ist es nicht möglich, auf diesem Wege zu einer Aussage über die analytische Natur der Singularität zu gelangen. Der Vergleich der verschiedenen Näherungen für den zwei- und dreidimensionalen Fall legt den Gedanken nahe, daß es sich auch bei dem letzteren Problem um eine logarithmische Unendlichkeitsstelle der spezifischen

---

[1] TREFFTZ, E.: Z. Physik 127, 371 (1950).

Wärme handelt. Indessen hat sich die Vermutung, daß für das dreidimensionale Ising-Modell die einfache Verallgemeinerung der Gl. (XVII 174)

$$\lim_{N \to \infty} \frac{1}{N} \ln Q_c = \ln 2 + \frac{1}{2\pi^3} \int_0^\pi \int_0^\pi \int_0^\pi \ln (\cosh 2K \cosh 2K' \cosh 2K'' - \tag{XVII 219}$$

$$ - \sinh 2K \cos \omega - \sinh 2K' \cos \omega' - \sinh 2K'' \cos \omega'')\, d\omega\, d\omega'\, d\omega'' $$

gilt, nicht bestätigt. Für $K'' = 0$ geht Gl. (XVII 219) zwar in Gl. (XVII 174) über. Wenn man aber für $K = K' = K''$ (isotroper Kristall) (XVII 219) nach Potenzen von $u = \tanh K$ entwickelt, so ergibt sich keine Übereinstimmung mit der exakten Reihe (XVII 212). Die Gl. (XVII 219) kann daher nicht richtig sein[1, 2]. Damit ist natürlich nicht ausgeschlossen, daß die Singularität im wesentlichen den gleichen Charakter hat wie im zweidimensionalen Fall. Wenn dies zutrifft, entsteht eine neue Schwierigkeit beim Vergleich mit den experimentellen Daten für Überstruktur-Umwandlungen. Die hier in Betracht kommende Kurve für β-Messing (Abb. 106 und 107) zeigt am Umwandlungspunkt ein reproduzierbares endliches Maximum; ob eine Unstetigkeit oder ein sehr steiler Abfall vorliegt, läßt sich experimentell kaum entscheiden, doch lassen sich die Daten jedenfalls mit der ersteren Annahme vereinbaren. Wir würden dann vor der paradoxen Situation stehen, daß die experimentellen Daten besser mit Näherungen als mit der exakten Theorie übereinstimmen. Es hat wenig Sinn, diese Frage zu diskutieren, solange die exakte Lösung des dreidimensionalen Ising-Problems nicht bekannt ist. Immerhin muß man mit der Möglichkeit rechnen, daß sich hier die bei dem allgemeinen Ansatz (§ 16.2) gemachten Vernachlässigungen entscheidend auswirken.

Tabelle 43. *Werte der Größe η_c für die dreidimensionalen Gitter* $(\eta_c = e^{-2K_c})$

Der jeweils beste Wert ist unterstrichen

	η_c
Einfaches kubisches Gitter ($z = 6$)	
Bragg u. Williams	0,717
quasichemisch	0,667
Bethe (2. Approx.)	0,656
Kikuchi	0,646
Wakefield	0,641
Trefftz	0,607
Raumzentriertes kubisches Gitter ($z = 8$)	
Bragg u. Williams	0,779
quasichemisch	0,750
Fuchs	0,741
Trefftz	0,702
Flächenzentriertes kubisches Gitter ($z = 12$)	
Bragg u. Williams	0,846
quasichemisch	0,833
Guggenheim u. McGlashan (triplets) . .	0,832
Guggenheim u. McGlashan (quadruplets)	0,830
Bethe (1. Koordinationsschale)	0,828
Fuchs	0,823
Kikuchi	0,819—0,805
Trefftz	0,793

Entnommen aus: G. S. Rushbrooke: Comptes Rendus 2ième Réunion «Changements de Phases». Paris 1952.

---

[1] Montroll, E. W.: Comptes Rendus 2ième Réunion «Changements de Phases» p. 226. Paris 1952.

[2] Newell, G. F., u. E. W. Montroll: Rev. Mod. Phys. **25**, 353 (1933).

§ 17.6*. Ising-Modell und Gitter-Gas

Am Schluß von § 12.6 haben wir erwähnt, daß unter gewissen Voraussetzungen das Modell des „Gitter-Gases" dem Ising-Modell mathematisch äquivalent ist. Da dieser Gedanke nicht nur für die Theorie der Kondensation von Bedeutung ist, sondern auch eine geeignete Vorbereitung für einige Überlegungen des folgenden Kapitels darstellt, wollen wir ihn hier im Anschluß an Lee und Yang[1] noch etwas näher ausführen.

Wir knüpfen für das Ising-Modell an die allgemeinen Formeln des § 16.2 an und bezeichnen mit N die Zahl der Gitterplätze, mit N_1 die Zahl der Spinorientierungen $\sigma_i = -1$ und mit N_2 die Zahl der Spinorientierungen $\sigma_i = +1$. Dabei ist

$$N_1 + N_2 = N \tag{XVII 220}$$

Wir nehmen wieder an, daß energetische Wechselwirkung nur zwischen nächsten Nachbarn stattfindet und setzen der Einfachheit halber die Wechselwirkung zwischen parallelen Spins gleich Null. Fügen wir noch die Energie der Spins im Magnetfeld hinzu, so haben wir an Stelle der Gl. (XVI 18) jetzt für die Konfigurationsenergie

$$\begin{aligned} U_c &= [\mu]\, H\, (N_1 - N_2) + z X_{12} w' \\ &= [\mu]\, H\, (N_1 - N_2) + 2\, z X_{12} J \end{aligned} \tag{XVII 221}$$

Die Verteilungsfunktion schreiben wir

$$Q_c = e^{-N \frac{F_c}{N\,kT}} = \sum_{\substack{\text{Alle} \\ \text{Konfigurationen}}} e^{-\frac{[\mu]\, H\,(N_1 - N_2) + z X_{12}\, w'}{kT}}. \tag{XVII 222}$$

Die Gleichung für die Magnetisierung (XVII 30) lautet dann

$$-M = \frac{\partial F_c/N}{\partial H} \tag{XVII 223}$$

und es ist danach

$$M = \frac{[\mu]}{N} (\bar{N}_2 - \bar{N}_1). \tag{XVII 224}$$

Die Gl. (XVII 222) können wir noch in eine für das Folgende geeignetere Form bringen, wenn wir die Beziehungen (XVI 16) und (XVII 220) benutzen. Dann ergibt sich

$$e^{-\frac{N(F/N + [\mu] H)}{kT}} = \sum e^{-\frac{2[\mu] H N_1 + z N_1 w' - 2 z X_{11} w'}{kT}}. \tag{XVII 225}$$

Das Gitter-Gas charakterisieren wir dadurch, daß der Gitterplatz leer oder besetzt sein kann und daß die mittlere Zahl der Gasmoleküle kleiner ist als die Zahl der Gitterplätze. Für die Wechselwirkungsenergie zwischen zwei Gasmolekülen setzen wir fest

$u = +\infty$ wenn die Moleküle denselben Gitterplatz besetzen;

$u = w$ wenn die Moleküle benachbarte Gitterplätze besetzen   (XVII 226)

$u = 0$ in allen übrigen Fällen.

Der Zusammenhang zwischen Gitter-Gas und Ising-Modell ist nun leicht zu erkennen. Die besetzten und leeren Gitterplätze entsprechen den beiden Spin-Orientierungen. N_1 ist daher jetzt die Zahl der Gasmoleküle und N das in der Einheit der Elementarzelle gemessene Volumen. Das Volumen pro Molekül hängt

---

[1] Lee, T. D., u. C. N. Yang: Physic. Rev. **87**, 410 (1952).

über Gl. (XVII 224) mit der Magnetisierung zusammen. Mit Benutzung von (XVII 220) erhält man

$$v = \frac{2}{1 - M/[\mu]} .$$ (XVII 227)

Die Zahl von Paaren benachbarter Moleküle in dem Gase ist nach den obigen Festsetzungen $z X_{11}$. Für die potentielle Energie gilt daher nach (XVII 226)

$$U = z X_{11} w$$ (XVII 228)

Wenn wir damit die Verteilungsfunktion der potentiellen Energie konstruieren, haben wir zu beachten, daß es bei dem Gas jeweils $N!$ Konfigurationen der gleichen Energie gibt, die einfach durch Vertauschung der Moleküle auseinander hervorgehen. Es gilt somit

$$Q_\iota = N! \sum e^{-\frac{z X_{11} w}{kT}}$$ (XVII 229)

wo die Summierung über die Verteilungen von besetzten und leeren Plätzen auf das Gitter (entsprechend $\sigma_i = \pm 1$ beim Ising-Modell) für festes N_1 zu erstrecken ist. Die große Verteilungsfunktion läßt sich nun ohne weiteres in der Form der Gl. (XII 38) anschreiben. Wir erhalten

$$\Xi = e^{\frac{PN}{kT}} = \sum_{N_1=0}^{\infty} Z^{N_1} \sum e^{-\frac{z X_{11} w}{kT}} .$$ (XVII 230)

Vergleichen wir diesen Ausdruck mit Gl. (XVII 225), so ist zunächst zu bemerken, daß die beiden Summierungen auf der rechten Seite von (XVII 230) in (XVII 225) zusammengefaßt sind, da in (XVII 230) wegen (XVII 226) alle Terme mit $N_1 > N$ verschwinden. Man sieht dann unmittelbar, daß der Druck des Gitter-Gases mit den Größen des Ising-Modells durch die Beziehung

$$P = - (F/N + [\mu] H)$$ (XVII 231)

zusammenhängt, während für die Fugazität des Gittergases

$$Z = e^{-\frac{2[\mu] H + z w'}{kT}}$$ (XVII 232)

gilt. In Tab. 44 sind die Beziehungen zwischen den Größen des Ising-Modells und des Gitter-Gases nochmals übersichtlich zusammengefaßt. Man sieht, daß die beiden Probleme in der Tat mathematisch völlig äquivalent sind. Die Verteilungsfunktion des Ising-Modells in einem Magnetfeld gibt gleichzeitig die große Verteilungsfunktion des Gitter-Gases. Im besonderen ergibt sich aus Gl. (XVII 227) und (XVII 231), daß den M-H-Isothermen des Ising-Modells die P-v-Isothermen des Gitter-Gases entsprechen. In § 17.4 haben wir gesehen, daß bei einem ferro-

Tabelle 44. *Beziehungen zwischen* Ising-*Modell und Gitter-Gas*

Ising-Modell	Gittergas
Spinzahl N	$=$ Volumen
Spinzahl N_1	$=$ Atomzahl
$2/(1 - M/[\mu])$	$=$ Volumen pro Atom
$-(F/N + [\mu] H)$	$=$ Druck P

Entnommen aus: C. N. Yang u. T. D. Lee: Physic. Rev. 87, 410 (1952).

magnetischen Ising-Modell die Magnetisierung unterhalb des Curie-Punktes für $H = 0$ eine Unstetigkeit besitzt. Danach muß das Volumen pro Molekül des Gitter-Gases bei einem Druck $P = - F/N$ eine Unstetigkeit zeigen. Das heißt aber, daß an dieser Stelle das Gitter-Gas kondensiert. Der Curie-Punkt des Ising-Modells repräsentiert den kritischen Punkt des Gitter-Gases. Man kann daher im P-v-Diagramm die Koexistenzkurve von Gas und Flüssigkeit zeichnen, wenn für das Ising-Modell die freie Energie bei verschwindender Feldstärke und die spontane Magnetisierung bekannt sind.

Auf Grund der geschilderten Zusammenhänge ist für das Modell des zweidimensionalen Gitter-Gases eine weitgehende mathematische Analyse möglich. Da die exakte Lösung für das zweidimensionale Ising-Modell in einem Magnetfeld nicht bekannt ist, läßt sich zwar kein geschlossener Ausdruck für den Druck als Funktion der Fugazität oder des Volumens pro Molekül angeben. Man kann aber auch hier für niedrige Werte der Fugazität von der cluster-Entwicklung Gl.(XII 45) ausgehen. Dabei sind naturgemäß die Integrale hier durch Summierungen über die Gitterplätze zu ersetzen, die mit Berücksichtigung der Festsetzung (XVII 226) durchzuführen sind. Man erhält dann

$$P = kT\left[Z + \left(\frac{2}{\eta^2} - \frac{5}{2}\right)Z^2 + \left(\frac{6}{\eta^4} - \frac{16}{\eta^2} + \frac{31}{3}\right)Z^3 + \right.$$
$$\left. + \left(\frac{1}{\eta^8} + \cdots\right)Z^4 + \cdots\right]. \tag{XVII 233}$$

Das Eintreten der Kondensation wird nun, wie wir in § 7.6 gesehen haben, durch die Verteilung der Nullstellen der großen Verteilungsfunktion $\Xi\,(z)$ in der komplexen Ebene bestimmt. Für das Gitter-Gas haben Lee und Yang[1] gezeigt, daß unabhängig von der Dimensionszahl, unter der Voraussetzung (XVII 226) alle Nullstellen auf dem Kreise

$$|y| = 1 \tag{XVII 234}$$

liegen, wo die Variable y durch

$$y = e^{-\frac{2\mu H}{kT}} \tag{XVII 235}$$

definiert und somit der Fugazität proportional ist. Daraus folgt sofort, daß eine Phasenumwandlung nur bei der Fugazität

$$Z^* = e^{-\frac{zw'}{kT}} \tag{XVII 236}$$

stattfinden kann. Weiter sieht man leicht, daß die Entwicklung (XVII 233) für $Z < Z^*$ gleichmäßig konvergiert. Bezeichnen wir mit z_i die Wurzeln der algebraischen Gleichung

$$\Xi\,(z) = 0 \tag{XVII 237}[2]$$

so kann die große Verteilungsfunktion geschrieben werden

$$\Xi = \prod_{i=1}^{N}\left(1 - \frac{z}{z_i}\right). \tag{XVII 238}$$

Durch Entwicklung dieses Ausdruckes und Vergleich mit der cluster-Entwicklung erhält man für die cluster-Summen

$$b_l = \frac{-1}{lV}\sum_{i=1}^{N}\left(\frac{1}{z_i}\right)^l. \tag{XVII 239}$$

Wir betrachten nun einen Kreis C um den Ursprung vom Radius $\sigma < Z^*$. Es ist dann

$$|b_l| \leqq \frac{N}{V}\,l^{-1}\sigma^{-l}. \tag{XVII 240}$$

Da N/V beschränkt ist, folgt unmittelbar die Behauptung innerhalb des Kreises C und damit weiter für jedes $Z < Z^*$.

Die Analogie mit dem Ising-Modell zeigt nun, daß im zweidimensionalen Falle bei der Fugazität $Z = Z^*$ (entsprechend der Feldstärke $H = 0$) eine Phasen-

---

[1] Lee, T. D., u. C. N. Yang: Physic. Rev. **87**, 410 (1952).
[2] Die komplexe Größe z, die hier nur in Gl. (XVII 237) und (XVII 238) auftritt, ist nicht mit der Koordinationszahl zu verwechseln.

umwandlung stattfindet. Z^* ist daher auch der Konvergenzradius der Entwicklung (XVII 233). Der zugehörige Wert von P ergibt sich aus Gl. (XVII 231) und der freien Energie des Ising-Modells für $H = 0$ Gl. (XVII 177). Wir haben also

$$P^* = kT \left\{ \ln(1 + \eta^2) + \frac{1}{2\pi} \int_0^\pi \ln \left\{ \frac{1}{2} [1 + (1 - k_1^2 \sin^2\varphi)^{1/2}] \right\} d\varphi \right\} \quad \text{(XVII 241)}$$

wo k_1 durch Gl. (XVII 175) gegeben ist, die wir hier bequemer in der Form

$$k_1 = 4\,\eta\,(1 - \eta^2)\,(1 + \eta^2)^{-2} \quad \text{(XVII 242)}$$

schreiben. Die mittlere molekulare Dichte, bei der die Kondensation einsetzt, ergibt sich aus Gl. (XVII 227) in Verbindung mit der Formel für die spontane Magnetisierung (XVII 206). Man erhält

$$\varrho^* = \frac{1}{N} \left(Z\, \frac{\partial \ln \varXi}{\partial Z} \right)_{Z = Z^*} = \frac{1}{2} - \frac{1}{2}\,(1 + \eta^2)^{1/4}\,(1 - \eta^2)^{-1/2}\,(1 - 6\,\eta^2 + \eta^4)^{1/8}.$$

$$\text{(XVII 243)}$$

Das für die Diskussion der Phasenumwandlung nach § 7.6 wichtige relative mittlere Schwankungsquadrat der molekularen Dichte kann jedoch nicht bestimmt werden, da der Grenzwert der Ableitung $\dfrac{\partial M}{\partial H}$ für $H \to 0$ nicht bekannt ist. Die kritische Temperatur ist durch die Curie-Temperatur des Ising-Modells gegeben; es gilt also

$$e^{\frac{w}{2\,kT_k}} = \sqrt{2} - 1. \quad \text{(XVII 244)}$$

Der kritische Druck ergibt sich durch Einsetzen der kritischen Temperatur in Gl. (XVII 241). Mit Hilfe einer von Onsager[1] angegebenen Reihenentwicklung erhält man

$$P_k = kT_k \left(\frac{1}{2} \ln 2 + \frac{2}{\pi}\,G \right) = 0{,}9297\ldots, \quad \text{(XVII 245)}$$

wo $G = 0{,}91597\ldots$ die Catalansche Konstante ist. Für die kritische Dichte ergibt sich, da am kritischen Punkt die spontane Magnetisierung verschwindet, aus Gl. (XVII 227) einfach

$$\bar\varrho_k = \tfrac{1}{2}. \quad \text{(XVII 246)}$$

Wegen der Symmetrie des Ising-Modells in bezug auf eine Umkehrung der Feldrichtung ergeben sich hier in sehr einfacher Weise auch die Eigenschaften der kondensierten Phase. Aus der allgemeinen Definition der Dichte Gl. (XVII 227) folgt unmittelbar, daß für die Dichte der mit dem Dampf koexistierenden Flüssigkeit gelten muß

$$\frac{1}{v_{fl}^*} = \bar\varrho_{fl}^* = \frac{1 + M(0)/[\mu]}{2}. \quad \text{(XVII 247)}$$

Wir haben also den einfachen Zusammenhang

$$\frac{1}{v_{gas}^*} + \frac{1}{v_{fl}^*} = \bar\varrho_{gas}^* + \bar\varrho_{fl}^* = 1. \quad \text{(XVII 248)}$$

Da das Gebiet der flüssigen Phase der umgekehrten Feldrichtung entspricht, muß auch hier eine Entwicklung der Form (XVII 233) gelten, wenn Z durch

$$Z' = e^{\frac{2[\mu]H + 4w'}{kT}} \quad \text{(XVII 249)}$$

---

[1] Onsager, L.: Physic. Rev. **65**, 117 (1944).

oder

$$ZZ' = \eta^8 \qquad \text{(XVII 250)}$$

ersetzt wird, da im ebenen quadratischen Gitter $z = 4$ ist. An die Stelle der Größe $-F/N - [\mu]\,H$ tritt aber jetzt $-F/N + [\mu]\,H$. Da die Definition des Druckes durch Gl. (XVII 231) festgelegt ist, muß in der Entwicklung von P für die flüssige Phase ein Glied $\ln \dfrac{Z}{\eta^4}$ hinzugefügt werden, wobei wir Gl. (XVII 232) benutzt haben. Wir bekommen dann die folgende Entwicklung nach Potenzen von Z^{-1} für die flüssige Phase

$$P = kT\left[\ln \frac{Z}{\eta^4} + \eta^8 Z^{-1} + \left(2\,\eta^{14} - \frac{5}{2}\,\eta^{16}\right)Z^{-2} + \right.$$
$$\left. + \left(6\eta^{20} - 16\,\eta^{22} + \frac{31}{3}\,\eta^{24}\right)Z^{-3} + \left(\eta^{24} + \cdots\right)Z^{-4} + \cdots\right]. \qquad \text{(XVII 251)}$$

Diese Reihe konvergiert für alle $Z > Z^*$ bzw. $Z > \eta^4$, wie unmittelbar aus den Eigenschaften von (XVII 233) folgt. Es ist aber zu beachten, daß die Darstellung (XVII 251) nur durch die speziellen Symmetrieeigenschaften des Ising-Modells ermöglicht wird und wahrscheinlich nicht verallgemeinert werden kann.

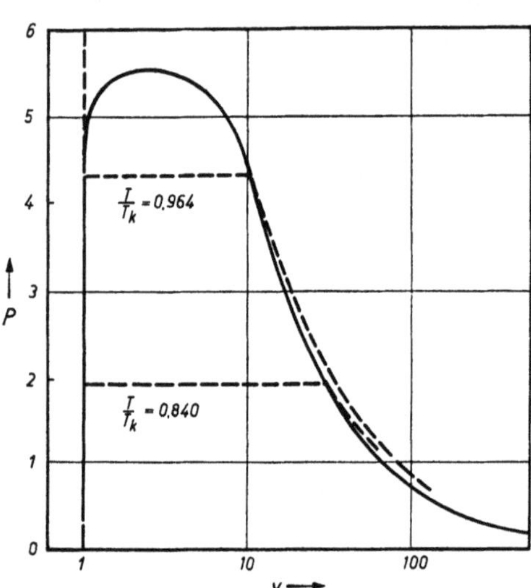

Abb. 126. *P-v*-Diagramm des zweidimensionalen Gitter-Gases. Gestrichelte Kurve: Isothermen; Ausgezogene Kurve: Koexistenzkurve [entnommen aus: T. D. Lee u. C. N. Yang: Physic. Rev. 87, 410 (1952)]

Aus den Gl. (XVII 233) und (XVII 251) lassen sich die Dichten bzw. die Volumina pro Molekül in der üblichen Weise durch Differentiation gemäß Gl. (VII 39) ableiten. Damit haben wir alle Unterlagen, die notwendig sind, um die *P-v*-Isothermen und die Koexistenzkurve zu zeichnen. Das Ergebnis ist in Abb. 126 dargestellt. In Anbetracht der beiden ziemlich radikalen Vereinfachungen, der Einführung des Gittermodells und der Beschränkung auf zwei Dimensionen, ist es erstaunlich, wie gut die charakteristischen Züge des kondensierenden Gases noch wiedergegeben werden. Die vorstehende Theorie stellt daher zweifellos einen sehr bedeutsamen Beitrag zur Theorie der Kondensation dar. Wir wollen indessen hier auf eine weitere Diskussion verzichten, da wir im folgenden Kapitel eine ähnliche Betrachtungsweise auf ein Problem anwenden, für welches das Gittermodell viel weniger künstlich ist, nämlich die binären festen Lösungen.

Kapitel XVIII

Kooperative Erscheinungen in Kristallen III: Feste Lösungen. Rotationsumwandlungen

§ 18.1*. Die Fuchssche Theorie der festen Lösungen

Nach den abstrakten Untersuchungen des Kapitels XVII wenden wir uns jetzt wieder konkreten physikalischen Problemen der Kristalle zu. In Kapitel XVI haben wir bereits im Zusammenhang mit dem Problem der Überstrukturumwandlungen Mischkristalle betrachtet. Dabei haben wir eine bestimmte

Zusammensetzung vorgegeben und lediglich die Abhängigkeit der thermodynamischen Eigenschaften von der Temperatur untersucht. In diesem Kapitel behandeln wir das Problem unter einem etwas anderen Gesichtspunkt, indem wir die Abhängigkeit der thermodynamischen Eigenschaften von der Konzentration mehr in den Vordergrund rücken. Von der Möglichkeit einer Überstrukturbildung sehen wir hier ab; dagegen werden wir jetzt das Problem der Entmischung, d. h. der Trennung des Mischkristalls in zwei Phasen, untersuchen. Diese beiden Erscheinungen können nur bei entgegengesetztem Vorzeichen des durch Gl. (XVI 22) definierten Energie-Parameters w auftreten und stehen zueinander in einem gewissen Parallelismus. Für $w > 0$ ist die Anziehungskraft zwischen Paaren ungleicher Atome stärker als die zwischen Paaren gleicher Atome. In diesem Falle bildet sich unter geeigneten Bedingungen unterhalb einer gewissen Temperatur T_c durch Bevorzugung der $A-B$-Paare die als Überstruktur bezeichnete zusätzliche Ordnung aus. Wenn $w < 0$ ist, haben wir die stärkere Anziehung zwischen den Paaren gleicher Atome. Unter gewissen Bedingungen tritt dann unterhalb einer Temperatur T_k, der kritischen Temperatur, in einem von der Temperatur abhängigen Konzentrationsgebiet die Erscheinung der Entmischung auf. Aus diesen Andeutungen und den Überlegungen des § 17.6 ergibt sich bereits, daß die Umwandlungstemperatur der Überstrukturumwandlung und die kritische Temperatur der Entmischung äquivalente Größen sind und daß auch das Problem der festen Lösungen variabler Konzentration sich auf die Form des Ising-Modells bringen läßt. Wir werden dies in § 18.2 streng beweisen, wollen aber zunächst die Theorie unabhängig von diesem Gesichtspunkt entwickeln. Wir gehen dabei wieder von den allgemeinen Ansätzen des § 16.2 aus, d. h. wir vernachlässigen die Kopplung der Konfigurations-Verteilungsfunktion mit Elektronenzuständen und Gitterschwingungen.

Vom physikalischen Standpunkt sollte diese Theorie in erster Linie, ähnlich wie bei den Überstrukturen, auf die binären Legierungen anwendbar sein. Leider ist dies nur in ganz beschränktem Umfange der Fall. Die binären Legierungen zeigen im allgemeinen ziemlich komplizierte Phasenverhältnisse[1], die sich nicht einmal qualitativ auf der Grundlage unserer Ansätze erklären lassen. Dies hängt damit zusammen, daß Phasenumwandlungen in Legierungen meistens mit einer Änderung der Gitterstruktur verknüpft sind. In unserer Betrachtungsweise wird aber das Gitter als vorgegeben angenommen und die Frage der Stabilität eines bestimmten Gittertyps überhaupt nicht berücksichtigt. Diese letztere Frage kann aber nur im Zusammenhang mit den Bindungsverhältnissen, d. h. den Elektronenzuständen diskutiert werden. Es ist daher verständlich, daß die Theorie, die wir hier entwickeln, nach ihrem Ausgangspunkt das Phasenproblem der Legierungen nur ganz unzureichend erfassen kann. Unter diesen Umständen ist andererseits die Frage berechtigt, welches die physikalische Bedeutung einer solchen Theorie sein kann. Die Antwort lautet, daß unsere Theorie das einfachste Modell einer kondensierten Mischphase darstellt, das es ermöglicht, eine Reihe von grundlegenden Erscheinungen wenigstens qualitativ zu verstehen. Auch einige allgemeine Fragen, insbesondere das Problem der Phasenumwandlungen, können wir anhand dieses Modells weiter verfolgen. Wenn auch der unmittelbaren Anwendung der Theorie auf binäre Legierungen ziemlich enge Grenzen gesetzt sind, so gibt es doch eine Anzahl Fälle, in denen sie von großem Nutzen ist. Daneben bildet sie aber auch eine der wichtigsten Methoden für die Behandlung flüssiger Gemische. Wir werden daher in Kapitel XX nochmals auf diese Theorie zurückkommen; auf verschiedene Fragen gehen wir hier noch nicht ein, da

---

[1] Vgl. z. B. M. Hansen: Constitution of Binary Alloys, New York 1957.

Münster, Thermodynamik   39

dieselben in erster Linie für flüssige Gemische von Bedeutung sind, während wir jetzt den Gesichtspunkt der Mischkristalle in den Vordergrund stellen.

Wir betrachten ein kristallines System von N Gitterplätzen und nehmen an, daß N_1 Gitterplätze von Atomen der Sorte 1, N_2 Gitterplätze von Atomen der Sorte 2 besetzt sind. Die Konfigurationsenergie eines solchen Systems ist durch Gl. (XVI 18) gegeben. Für das spezielle Problem der Überstrukturumwandlungen haben wir jedoch die Gl. (XVI 23) benutzt, die einen etwas anders definierten Energie-Parameter enthält. Diese Änderung, die naturgemäß für das Resultat belanglos ist, war zweckmäßig, um die Äquivalenz mit dem ISING-Modell in übersichtlicher Form darzustellen. Es wird aber nützlich sein, wenn wir an dieser Stelle nochmals die verschiedenen Energie-Parameter und ihre gegenseitigen Beziehungen ableiten. Wir gehen aus von der schon in § 16.2 angeschriebenen Gleichung

$$U_c = N_1\chi_1 + N_2\chi_2 + z(X_{11}w_{11} + X_{12}w_{12} + X_{22}w_{22})\,. \qquad \text{(XVIII 1)}$$

Da

$$N_1 = 2X_{11} + X_{12}, \quad N_2 = 2X_{22} + X_{12} \qquad \text{(XVIII 2)}$$

ist, können zwei der Größen X_{ij} eliminiert werden. Entsprechend tritt (bei Abwesenheit äußerer Felder) in den thermodynamischen Formeln auch nur ein Energieparameter auf, während die übrigen in der experimentell nicht zugänglichen Energie des Normalzustandes verschwinden. Die Definition des Energieparameters ist daher gleichbedeutend mit der Wahl des Normalzustandes. Setzen wir nun

$$U'_{co} = N_1\left(\chi_1 + \frac{z}{2}w_{11}\right) + N_2\left(\chi_2 + \frac{z}{2}w_{22}\right) \qquad \text{(XVIII 3)}$$

und definieren einen Parameter

$$w' = w_{12} - \tfrac{1}{2}(w_{11} + w_{22})\,, \qquad \text{(XVIII 4)}$$

so wird

$$U_c = U'_{co} + zX_{12}w'\,. \qquad \text{(XVIII 5)}$$

Für $X_{12} = 0$ wird $U_c = U'_{co}$. Der Normalzustand wird daher, wie man aus Gl. (XVIII 3) erkennt, durch die reinen Komponenten dargestellt. Wir können aber auch ansetzen

$$U_{co}^{(2)} = N_1\left(\chi_1 + \frac{z}{2}w_{11}\right) + N_2\left(\chi_2 + zw_{12} - \frac{z}{2}w_{11}\right) \qquad \text{(XVIII 6)}$$

und einen Energie-Parameter

$$w = w_{11} + w_{22} - 2w_{12} \qquad \text{(XVIII 7)}$$

definieren. Dann erhalten wir

$$U_c = U_{co}^{(2)} + 2X_{22}w\,. \qquad \text{(XVIII 8)}$$

Hier wird für $X_{22} = 0$ $U_c = U_{co}$. Der Normalzustand ist also eine Lösung ohne 2–2-Paare. Durch Vertauschen der Indizes erhalten wir aus (XVIII 6)

$$U_{co}^{(1)} = N_1\left(\chi_1 + zw_{12} - \frac{z}{2}w_{22}\right) + N_2\left(\chi_2 + \frac{z}{2}w_{22}\right)\,. \qquad \text{(XVIII 9)}$$

Dann ist

$$U_c = U_{co}^{(1)} + zX_{11}w\,, \qquad \text{(XVIII 10)}$$

wo w wieder durch Gl. (XVIII 7) definiert ist. Zwischen den verschiedenen hier eingeführten Größen bestehen die Beziehungen

$$U_{co}^{(2)} = U'_{co} - \frac{z}{2}wN_2 \qquad \text{(XVIII 11)}$$

und

$$w = -2w'. \qquad \text{(XVIII 12)}$$

Schließlich wird noch, zumal in der englischen Literatur, ein Energie-Parameter verwendet, der durch

$$w'' = zw' \qquad \text{(XVIII 13)}$$

definiert ist. Man kommt zu dieser Größe durch die Betrachtung eines Prozesses, bei dem aus je z 1—1- und 2—2-Paaren $2z$ 1—2-Paare entstehen; dabei ist die Änderung der Konfigurationsenergie $2w''$. Je nach der Art der Betrachtung kann der eine oder andere Energieparameter zweckmäßiger sein. Letzten Endes ist dies eine Angelegenheit der Konvention; es ist aber notwendig, beim Vergleich von Formeln und Tabellen die jeweils gewählte Definition zu beachten.

Da das Problem der festen Lösung dem Ising-Modell mathematisch äquivalent ist, lassen sich darauf alle in Kapitel XVI behandelten Näherungsverfahren anwenden. Wir werden dies jedoch, um Wiederholungen zu vermeiden, erst im Zusammenhang mit der Theorie der flüssigen Gemische (Kapitel XX) durchführen und hier eine neue Methode benutzen, die von Fuchs[1] entwickelt wurde und eine Übertragung der Ursell-Mayerschen cluster-Entwicklung (Kapitel XII) darstellt[2]. Die Möglichkeit einer solchen Übertragung ergibt sich unmittelbar aus dem Vergleich mit dem in § 17.6 behandelten Gittergas. Wenn wir für die Energie der festen Lösung den Ausdruck (XVIII 10) wählen, so haben wir (bis auf die thermodynamisch bedeutungslose Konstante U_{co}) Übereinstimmung mit Gl. (XVII 228). Der einzige Unterschied besteht darin, daß die leeren Plätze des Gittergases hier durch die Atome der Sorte 2 besetzt sind. Da dieselben aber in dem Ausdruck für die Energie nicht explizit vorkommen, brauchen wir uns bei der Konstruktion der Verteilungsfunktion darum nicht zu kümmern.

Auf Grund der vorstehenden Überlegung können wir die Verteilungsfunktion schreiben

$$Q_c = \frac{1}{N_1!} \sum_{\substack{\text{Alle Konfig.} \\ \text{d. 1-Atome}}} e^{-\frac{U_c}{kT}} = \frac{e^{-\frac{U_{co}^{(1)}}{kT}}}{N_1!} \sum e^{-\frac{z\,X_{11}\,w}{kT}}. \qquad \text{(XVIII 14)}$$

Wir führen nun formal ein Wechselwirkungspotential zwischen den 1-Atomen ein durch die Festsetzung, daß, wenn sich die Atome i und j auf den Gitterplätzen l_i und l_j befinden, gelten soll

$$u_{ij} = \begin{cases} \infty, & \text{wenn } l_i \text{ und } l_j \text{ den gleichen Gitterplatz bezeichnen;} \\ w, & \text{wenn } l_i \text{ und } l_j \text{ benachbarte Gitterplätze sind;} \\ 0 & \text{in allen übrigen Fällen.} \end{cases} \qquad \text{(XVIII 15)}$$

Die Gl. (XVIII 14) kann dann geschrieben werden

$$Q_c\, e^{\frac{U_{co}^{(1)}}{kT}} = \frac{1}{N_1!} \sum_{l_1=1}^{N} \sum_{l_2=1}^{N} \cdots \sum_{l_{N_1}=1}^{N} \prod_{1 \le j \le i \le N_1} e^{-\frac{u_{ij}}{kT}}. \qquad \text{(XVIII 16)}$$

Diese Gleichung ist den Gl. (XII 2) und (XII 3) vollkommen analog. Es ist lediglich die Integration durch eine Summierung über die Gitterplätze ersetzt.

---

[1] Fuchs, K.: Proc. Roy. Soc. (London) A **179**, 340 (1942).
[2] Auf das Problem der Überstruktur-Umwandlungen wurde die Mayersche Methode von Mutō [J. Chem. Phys. **16**, 519, 524 (1948)] angewandt.

Wir führen nun auch hier Funktionen f_{ij} ein durch die Gleichung

$$f_{ij} = e^{-\frac{u_{ij}}{kT}} - 1 = \begin{cases} -1 & \text{wenn } i \text{ und } j \text{ den gleichen Gitterplatz besetzen;} \\ e^{-\frac{w}{kT}} - 1 & \text{wenn } i \text{ und } j \text{ benachbarte Gitterplätze besetzen;} \\ 0 & \text{in allen übrigen Fällen.} \end{cases} \qquad \text{(XVIII 17)}$$

Mit Benutzung dieser Funktionen wird [vgl. Gl. (XII 5)]

$$e^{-\frac{z X_{11} w}{kT}} = \prod_{1 \leq j \leq i \leq N_1} (1 + f_{ij}) . \qquad \text{(XVIII 18)}$$

Damit haben wir den vollständigen Anschluß an die Entwicklungen des Kapitels XII erreicht und brauchen das Weitere hier nur anzudeuten. An Stelle der cluster-Integrale treten jetzt cluster-Summen, die wir schreiben

$$b_l = \frac{1}{l!\,N} \sum_{l_1=1}^{N} \cdots \sum_{l_l=1}^{N} [\Sigma \, \Pi \, f_{ij}] . \qquad \text{(XVIII 19)}$$

Dieselben lassen sich durch die gleichen Diagramme veranschaulichen wie die entsprechenden Integrale in der Gastheorie. Das in den weiteren Formulierungen des Kapitels XII auftretende Volumen pro Molekül ist hier, wie wir schon in der Theorie des Gittergases gesehen haben, zu ersetzen durch die Größe N/N_1. Es ist zweckmäßig, wenn wir an dieser Stelle die Atombrüche

$$x_1 = \frac{N_1}{N_1 + N_2} = \frac{N_1}{N} , \quad x_2 = \frac{N_2}{N_1 + N_2} = \frac{N_2}{N} \qquad \text{(XVIII 20)}$$
$$x_1 + x_2 = 1$$

einführen. An die Stelle des Volumens pro Molekül tritt dann also die Größe x_1^{-1}. Die Übertragung der Gl. (XII 17) auf das vorliegende Problem ergibt dann für die Verteilungsfunktion

$$Q_c e^{\frac{U_{co}^{(1)}}{kT}} = \sum_{m_l} \prod_l \frac{(N_1 \, x_1^{-1} b_l)^{m_l}}{m_l!} \qquad (\Sigma \, l m_l = N_1) . \qquad \text{(XVIII 21)}$$

In Analogie zu den unreduzierbaren cluster-Integralen führen wir hier unreduzierbare cluster-Summen ein, die in der gleichen Weise aus den Diagrammen definiert werden. Für diese gilt dann [vgl. Gl. (XII 26)]

$$\beta_k = \frac{1}{k!\,N} \sum_{l_1=1}^{N} \cdots \sum_{l_{k+1}=1}^{N} [\Sigma \, \Pi \, f_{ij}] , \qquad \text{(XVIII 22)}$$

wobei die Summe in der eckigen Klammer über alle in dem früher erläuterten Sinne mehrfach zusammenhängenden Produkte zu erstrecken ist. Zwischen reduzierbaren und unreduzierbaren cluster-Summen besteht die mit Gl. (XII 36) identische Beziehung

$$b_l = \frac{1}{l^2} \sum_{n_k} \prod_k \frac{(l \beta_k)^{n_k}}{n_k!} . \qquad \text{(XVIII 23)}$$

Den Grenzübergang $N \to \infty$ führen wir auch hier nach der Methode der H-Funktionen (§ 12.4) durch. Wir bekommen dann

$$\lim_{N \to \infty} \frac{1}{N_1} \ln \left[Q_c^{(N)} e^{\frac{U_{co}^{(1)}}{kT}} \right] = - \ln R \qquad \text{(XVIII 24)}$$

mit

$$\ln R = \ln Z - \Sigma x_1^{-1} b_l Z^l . \qquad \text{(XVIII 25)}$$

Die Größe Z ist definiert als der kleinste positive reelle Wert, für den entweder

$$\Sigma l\, x_1^{-1} b_l Z^l = 1 \, , \tag{a'}$$

oder

$$\Sigma l\, x_1^{-1} b_l Z^l \quad \text{singulär} \tag{b'}$$

erfüllt ist. Natürlich kann Z nicht mit der Fugazität der Komponente 1 identifiziert werden. Wir können jedoch diese Frage zunächst auf sich beruhen lassen und uns mit der formalen Definition begnügen. Ähnlich wie in der Gastheorie, ist für hinreichend kleines x_1 unter allen Umständen (a') für kleineres Z erfüllt als (b'). In diesem Falle, wenn also Z als kleinste positive reelle Wurzel der Gleichung

$$\Sigma l\, b_l Z_l = x_1 \tag{XVIII 26}$$

definiert ist, erhalten wir für den Konfigurationsanteil der freien Energie nach HELMHOLTZ

$$F_c = NkT\left(x_1 \ln Z - \Sigma b_l Z^l + \frac{U_{co}^{(1)}}{NkT}\right). \tag{XVIII 27}$$

Mit Hilfe der H-Funktionen können wir die Größe Z eliminieren durch die Gleichungen [vgl. Gl. (XII 114) und (XII 116)]

$$\ln Z = \ln x_1 - \Sigma \beta_k x_1^k \tag{XVIII 28}$$

und

$$\Sigma b_l Z^l = x_1\left(1 - \Sigma \frac{k}{k+1} \beta_k x_1^k\right). \tag{XVIII 29}$$

Damit wird die freie Energie

$$F_c = NkT\left[x_1\left(\ln x_1 - 1 - \Sigma \frac{1}{k+1} \beta_k x_1^k\right) + \frac{U_{co}^{(1)}}{NkT}\right]. \tag{XVIII 30}$$

Wenn wir die Verteilungsfunktion, statt für die 1-Atome, für die 2-Atome anschreiben, erhalten wir den zu (XVIII 30) vollkommen symmetrischen Ausdruck

$$F_c = NkT\left[x_2\left(\ln x_2 - 1 - \Sigma \frac{1}{k+1} \beta_k x_2^k\right) + \frac{U_{co}^{(2)}}{NkT}\right]. \tag{XVIII 31}$$

Wenn die Definition von Z durch (a') über den ganzen Konzentrationsbereich $(0 \leq x_1, x_2 \leq 1)$ gültig ist, haben wir vollständige Mischbarkeit. Die thermodynamischen Eigenschaften des Mischkristalls lassen sich aus Gl. (XVIII 30) oder (XVIII 31) ableiten, was wir hier nicht im einzelnen durchführen wollen. Für $w < 0$ kann es jedoch eintreten, daß bei einem Wert $x_1 < 0,5$ der Ausdruck $\Sigma l\, x_1^{-1} b_l Z^l$ singulär wird, bevor die Gl. (XVIII 26) erfüllt ist. Dieser Fall entspricht, wie wir in Kapitel XII ausführlich gezeigt haben, einer Phasenumwandlung, und zwar hier speziell einer Entmischung. Die Singularität Z^* ist durch den Konvergenzradius der Reihe $\Sigma l\, b_l Z^l$ gegeben. Es gilt somit nach dem Theorem von CAUCHY-HADAMARD

$$Z^{*-1} = \lim_{l \to \infty} (l\, b_l)^{\frac{1}{l}} . \tag{XVIII 32}$$

Die Löslichkeitsgrenze ist dann durch

$$\Sigma l\, b_l Z^{*l} = x_1^* \tag{XVIII 33}[1]$$

definiert. Da unser Ansatz völlig symmetrisch in den Komponenten ist, muß der gleiche Ausdruck auch für x_2^* gelten. Wir haben also

$$x_1^* = x_2^* . \tag{XVIII 34}$$

---

[1] Dabei wird vorausgesetzt, daß die Reihe auf dem Konvergenzkreis noch konvergiert.

Die Löslichkeitsgrenze kann nach Gl. (XII 139) auch definiert werden aus der Forderung, daß

$$\Sigma l^2 b_l Z^l = \frac{x_1}{1 - \Sigma k \beta_k x_1^k} \tag{XVIII 35}$$

singulär wird. Dies führt zu der Folgerung, daß entweder

$$\Sigma k \beta_k x^{*k} = 1 \tag{α'}$$

oder

$$\Sigma k \beta_k x_1^{*k} \text{ singulär} \tag{β'}$$

sein muß. Aus analogen Gründen wie in der Gastheorie kann, wenn wir vorläufig von der Umgebung des kritischen Punktes absehen, nur der Fall (β') realisiert sein. Es ist dann

$$x_1^{*-1} = \lim_{k \to \infty} (k \beta_k)^{\frac{1}{k}}. \tag{XVIII 36}$$

Die Löslichkeitsgrenze wird also durch den Grenzwert der unreduzierbaren cluster-Summen bestimmt.

Die bisherigen Überlegungen entsprechen völlig den analogen Entwicklungen der Gastheorie. Sie führen zur Existenz der Phasenumwandlung und einer formalen Festlegung des Umwandlungspunktes. Das gegenwärtige Problem hat aber den großen Vorteil, daß es völlig symmetrisch ist und daß die Verteilungsfunktionen beider Phasen bekannt sind. Dadurch wird hier eine explizite Berechnung von x_1^* und x_2^* ohne Benutzung der Gl. (XVIII 32) und (XVIII 36) ermöglicht. Setzen wir in Gl. (XVIII 27) für Z den Wert Z^* ein und benutzen wieder die Transformationsgleichungen (XVIII 28) und (XVIII 29)[1], so erhalten wir

$$F_c = NkT \left[x_1(\ln x_1^* - \Sigma \beta_k x_1^{*k}) - x_1^* \left(1 - \Sigma \frac{k}{k+1} \beta_k x_1^{*k} \right) + \right.$$
$$\left. + z x_1 \frac{w_{12} - w_{22}}{kT} + \frac{z w_{22}}{kT} \right]. \qquad (x_1 \geq x_1^*) \tag{XVIII 37}$$

Dabei haben wir Gl. (XVIII 9) benutzt und der Einfachheit halber $\chi_1 = \chi_2 = 0$ gesetzt. Die entsprechende Beziehung für x_2 lautet

$$F_c = NkT \left[x_2(\ln x_2^* - \Sigma \beta_k x_2^{*k}) - x_2^* \left(1 - \Sigma \frac{k}{k+1} \beta_k x_2^{*k} \right) + \right.$$
$$\left. + z x_2 \frac{w_{12} - w_{11}}{kT} + \frac{z w_{22}}{kT} \right]. \qquad (x_2 \geq x_2^*) \tag{XVIII 38}$$

Diese Gleichungen stellen die korrekten Formeln für das heterogene Gebiet dar, da hier aus thermodynamischen Gründen die freie Energie linear von den Atombrüchen abhängen muß. Wir haben somit zwei verschiedene Beschreibungen des gleichen Sachverhaltes und damit die Möglichkeit, x_1^* und x_2^* zu bestimmen. Dazu ersetzen wir in Gl. (XVIII 38) x_2 durch $1 - x_1$. Durch Gleichsetzen mit (XVIII 37) erhalten wir dann, wenn wir die von x_1 abhängigen Terme herausgreifen

$$kT(\ln x_1^* + \ln x_2^* - \Sigma \beta_k x_1^{*k} - \Sigma \beta_k x_2^{*k}) = z(w_{11} + w_{22} - w_{12} - w_{12}) \tag{XVIII 39}$$

oder mit (XVIII 34)

$$kT(\ln x_1^* - \Sigma \beta_k x_1^{*k}) = \frac{z}{2} w. \tag{XVIII 40}$$

---

[1] Auch hier wird angenommen, daß die betreffenden Reihen auf dem Konvergenzkreise konvergieren.

Durch Vergleich mit (XVIII 28) folgt daraus unmittelbar

$$Z^* = e^{\frac{zw}{2kT}} . \tag{XVIII 41}$$

Kombinieren wir dies mit Gl. (XVIII 33), so erhalten wir schließlich

$$x_1^* = x_2^* = \Sigma l b_l e^{\frac{lzw}{2kT}} . \tag{XVIII 42}$$

Da die Berechnung der cluster-Summen zwar ziemlich mühsam ist, aber keine prinzipiellen Schwierigkeiten bietet, läßt sich die Entmischungskurve nach Gl. (XVIII 42) explizit berechnen. Bei höheren Temperaturen konvergiert diese Reihe allerdings ziemlich schlecht, so daß hier eine andere Methode vorzuziehen ist, die wir in § 18.3 besprechen.

Wir wollen nun zeigen, daß in unserem Modell die Entmischungskurve einen kritischen Punkt besitzen muß. Dazu betrachten wir zunächst den Fall $w = 0$. Da hier alle Konfigurationen die gleiche Energie besitzen, kann die Verteilungsfunktion geschrieben werden

$$Q_{co} = \frac{N!}{N_1! \, N_2!} \, e^{-\frac{U_c}{kT}} . \tag{XVIII 43}$$

Mit Benutzung der STIRLINGschen Formel ergibt sich daraus für die freie Energie

$$F_{co} = N k T \left(x_1 \ln x_1 + x_2 \ln x_2 + \frac{U_{co}^{(1)}}{N k T} \right) . \tag{XVIII 44}$$

Dies ist die bekannte Formel für die freie Energie einer idealen Lösung. Der Vergleich mit (XVIII 30) ergibt

$$x_1 \left(1 - \Sigma \frac{1}{k+1} \beta_k x_1^k \right) = - (1 - x_1) \ln (1 - x_1) . \tag{XVIII 45}$$

Durch Entwicklung des Logarithmus und Koeffizientenvergleichung erhält man

$$\beta_k = - \frac{1}{k} . \tag{XVIII 46}$$

Damit lassen sich die Reihen leicht explizit aufsummieren. Es ergibt sich

$$\Sigma \beta_k x_1^k = \ln (1 - x_1), \quad \Sigma \frac{k}{k+1} \beta_k x_1^k = \frac{\ln (1 - x_1)}{x_1} + 1 \tag{XVIII 47}$$

$$\Sigma k \beta_k x_1^k = - \frac{x_1}{1 - x_1} \tag{XVIII 48}$$

$$\Sigma k^2 \beta_k x_1^k = - \frac{x_1}{(1 - x_1)^2} . \tag{XVIII 49}$$

Für hinreichend hohe Temperaturen kann man die Funktionen f_{ij} nach Potenzen der reziproken Temperatur entwickeln, derart, daß

$$f_{ij} = \begin{cases} - 1 & \text{für } l_i = l_j \\ - \dfrac{w}{kT} + \dfrac{1}{2} \left(\dfrac{w}{kT} \right)^2 - \cdots & l_i l_j \text{ benachbarte Gitterplätze} \\ 0 & \text{in allen übrigen Fällen.} \end{cases} \tag{XVIII 50}$$

Daraus ergibt sich eine entsprechende Entwicklung auch für die unreduzierbaren cluster-Summen in der Form

$$\beta_k = \beta_k^{(0)} + \beta_k^{(1)} \frac{w}{kT} + \beta_k^{(2)} \left(\frac{w}{kT}\right)^2 + \cdots. \qquad \text{(XVIII 51)}$$

Da nun die Grenzfälle $T \to \infty$ und $w \to 0$ identisch sind, muß $\beta_k^{(0)}$ mit der durch Gl. (XVIII 46) gegebenen Größe zusammenfallen, so daß wir haben

$$\beta_k^{(0)} = -\frac{1}{k}. \qquad \text{(XVIII 52)}$$

Da in einem unreduzierbaren cluster jedes Atom mit wenigstens zwei anderen zusammenhängt (vgl. Abb. 65), müssen die temperaturabhängigen Glieder der Entwicklung (XVIII 51) wenigstens zwei Faktoren $\frac{w}{kT}$ enthalten. Die einzige Ausnahme davon bildet β_1, da hier nur eine Bindung zwischen zwei Atomen besteht. Es ist daher

$$\beta_k^{(1)} = \begin{cases} -z \text{ für } k = 1 \\ 0 \quad \text{ für } k > 1. \end{cases} \qquad \text{(XVIII 53)}$$

Wir schreiben nun die Entwicklung (XVIII 51)

$$\beta_k = \beta_k^{(0)} + \beta_k^{(1)} \frac{w}{kT} + \beta_k'. \qquad \text{(XVIII 54)}$$

Damit können wir die Reihen in drei Teilreihen aufspalten und haben beispielsweise

$$\Sigma \beta_k x_1^k = \Sigma \beta_k^{(0)} x^k + \frac{w}{kT} \Sigma \beta_k^{(1)} x_1^k + \Sigma \beta_k' x_1^k. \qquad \text{(XVIII 55)}$$

Die zweite dieser Reihen enthält nach (XVIII 53) jeweils nur einen Term, nämlich

$$\Sigma \beta_k^{(1)} x_1^k = -z x_1, \quad \Sigma k \beta_k^{(1)} x_1^k = -z x_1$$
$$\Sigma \frac{k}{k+1} \beta_k^{(1)} x_1^k = -\frac{z}{2} x_1. \qquad \text{(XVIII 56)}$$

Mit Hilfe der vorstehenden Entwicklung und der Gl. (XVIII 47) läßt sich der Ausdruck für die freie Energie (XVIII 30) auf die vertrautere Form bringen

$$F_c = N k T \left[x_1 \ln x_1 + (1 - x_1) \ln (1 - x_1) - x_1 \Sigma \frac{1}{k+1} \beta_k' x_1^k \right.$$
$$\left. + \frac{z}{2} \frac{w}{kT} x_1^2 + \frac{U_{co}^{(1)}}{NkT} \right]. \qquad \text{(XVIII 57)}$$

Die durch die Wechselwirkung zwischen den Atomen bedingte Abweichung von der idealen Lösung ist hier klar zu erkennen. Für sehr hohe Temperaturen kann man nun die Entwicklung (XVIII 51) näherungsweise mit dem linearen Gliede abbrechen. Das bedeutet aber nach (XVIII 54), daß man die β_k' vernachlässigt. In diesem Falle ist der Ausdruck (XVIII 57) mit Sicherheit frei von Singularitäten, d. h. wir haben vollständige Mischbarkeit. Da, wie wir gesehen haben, bei tiefen Temperaturen Entmischung eintritt, muß eine kritische Temperatur der Entmischung existieren, bei der die koexistierenden Phasen identisch werden.

Aus Gl. (XVIII 57) lassen sich noch einige für später nützliche Beziehungen ableiten. Da diese Gleichung sowohl wie die entsprechende für x_2 (oberhalb des kritischen Punktes) über den ganzen Konzentrationsbereich gilt, müssen die beiden Ausdrücke identisch sein, wenn wir in den letzteren x_2 durch $1 - x_1$ ersetzen. Wir bekommen daher durch Gleichsetzen

$$x_1 \left[\Sigma \beta_k' \, x_1^k - \Sigma \frac{k}{k+1} \beta_k' \, x_1^k \right] = (1 - x_1) \left[\Sigma \beta_k' \, (1 - x_1)^k - \Sigma \frac{k}{k+1} \beta_k \, (1 - x_1)^k \right].$$

$$\text{(XVIII 58)}$$

Durch sukzessive Differentiation nach x_1 folgt daraus

$$\Sigma \beta_k' \, x_1^k = - \Sigma \beta_k' (1 - x_1)^k \qquad \text{(XVIII 59)}$$

$$\frac{1}{x_1} \Sigma k \beta_k' \, x_1^k = \frac{1}{1 - x_1} \Sigma k \beta_k' \, (1 - x_1)^k \qquad \text{(XVIII 60)}$$

$$\frac{1}{x_1^2} \left[\Sigma k^2 \beta_k' \, x_1^k - \Sigma k \beta_k' \, x_1^k \right] = - \frac{1}{(1 - x_1)^2} \left[\Sigma k^2 \beta_k' \, (1 - x_1)^k - \Sigma k \beta_k' \, (1 - x_1)^k \right].$$

$$\text{(XVIII 61)}$$

Im besonderen wird für $x_1 = x_2 = \frac{1}{2}$

$$\Sigma \beta_k' \left(\tfrac{1}{2} \right)^k = 0, \quad \Sigma k^2 \beta_k' \left(\tfrac{1}{2} \right)^k = \Sigma k \beta_k' \left(\tfrac{1}{2} \right)^k. \qquad \text{(XVIII 62)}$$

Es bleibt jetzt noch die Frage, wie im Rahmen der hier entwickelten Theorie der kritische Punkt definiert werden kann. Die Beantwortung dieser Frage muß dann auch die Festlegung der kritischen Temperatur ergeben. Bei der Theorie der Kondensation in § 12.6 haben wir auf eine Diskussion dieser Frage verzichtet, weil die Situation sowohl experimentell wie theoretisch noch zu wenig geklärt erscheint. Im Falle der festen Lösung liegen die Verhältnisse auch in dieser Hinsicht wesentlich günstiger. Wir wollen daher das Problem des kritischen Punktes an diesem Modell etwas genauer studieren.

Von vornherein können wir sagen, daß im kritischen Punkt sicherlich eine Singularität der thermodynamischen Funktionen vorliegt. Nach Gl. (XVIII 27) muß also an dieser Stelle $\Sigma b_l Z^l$ mit den daraus abgeleiteten Reihen $\Sigma l b_l Z^l$ und $\Sigma l^2 b_l Z^l$ singulär werden. Die Gl. (XVIII 35) zeigt dann, daß die kritische Konzentration x_{1k}^* jedenfalls der Bedingung (α') oder (β') genügen muß. Um die Diskussion dieser beiden Fälle zu veranschaulichen, ist in Abb. 127 der Verlauf von $\Sigma k \beta_k x_1^k$ als Funktion von x_1 für verschiedene Temperaturen schematisch dargestellt. Ferner bilden wir die Ableitungen von F_c nach x_1; es ergibt sich dann aus Gl. (XVIII 30)

$$\frac{\partial (F_c/N)}{\partial x_1} = k T (\ln x - \Sigma \beta_k x_1^k) \qquad \text{(XVIII 63)}$$

$$\frac{\partial^2 (F_c/N)}{\partial x_1^2} = \frac{k T}{x_1} (1 - \Sigma k \beta_k x_1^k) \qquad \text{(XVIII 64)}$$

$$\frac{\partial^3 (F_c/N)}{\partial x_1^3} = - \frac{k T}{x_1^2} (1 + \Sigma k^2 \beta_k x_1^k - \Sigma k \beta_k x_1^k). \qquad \text{(XVIII 65)}$$

Diese Größen hängen mit dem Konfigurationsanteil der chemischen Potentiale zusammen durch die Gleichungen

$$\mu_{c1} = F_c/N + (1 - x_1) \frac{\partial (F_c/N)}{\partial x_1} \qquad \text{(XVIII 66)}$$

$$\mu_{c2} = F_c/N - x_1 \frac{\partial (F_c/N)}{\partial x_1}. \qquad \text{(XVIII 67)}$$

Wenn wir nun annehmen, daß die Definition (β') auch den kritischen Punkt einschließt, so haben wir für $\Sigma k \beta_k x_1^k$ folgendes Verhalten: Die Singularität, welche die Löslichkeitsgrenze bezeichnet, verschiebt sich mit steigender Temperatur zu höheren Konzentrationen und verschwindet bei der kritischen

Temperatur T_k in einem Verzweigungspunkt ins Komplexe, bevor $\Sigma k \beta_k x_1^k$ den Wert Eins erreicht hat. Oberhalb T_k wäre die Funktion durch eine analytische Fortsetzung über den Konvergenzkreis der Reihe hinaus darstellbar, dürfte aber den Wert Eins nicht erreichen (Abb. 127a). Obwohl durch ein solches Verhalten die kritische Temperatur und die kritische Konzentration festgelegt sind, wäre eine explizite Berechnung aus diesen Definitionen praktisch undurchführbar. Es würde sich weiter mit Hilfe der Gl. (XVIII 64) und (XVIII 66) ergeben, daß die $\mu\,(x)$-Isothermen mit einer von Null verschiedenen Neigung in den kritischen Punkt einmünden. Ein solches Verhalten ist weder mit der üblichen Definition des kritischen Punktes noch mit der experimentellen Erfahrung zu vereinbaren. Obwohl somit die Definition des kritischen Punktes aus der Bedingung (β') nicht durch ein a priori-Argument ausgeschlossen werden kann, sprechen doch so schwerwiegende Gründe dagegen, daß wir sie im folgenden außer Betracht lassen können.

Die nächstliegende Annahme, die mit den allgemeinen Ansätzen vereinbar ist, besteht dann darin, daß bei einer gewissen Temperatur $T_m < T_k$ die Funktion $\Sigma k \beta_k x_1^k$ den Wert Eins annimmt, bevor die Singularität erreicht wird. Da physikalische Bedeutung nur der jeweils kleinste Wert von x_1 hat, für den entweder (α') oder (β') erfüllt ist, wird jetzt die Löslichkeitsgrenze durch (α') definiert, während die Singularität physikalisch bedeutungslos ist. Danach muß auch am kritischen Punkt gelten

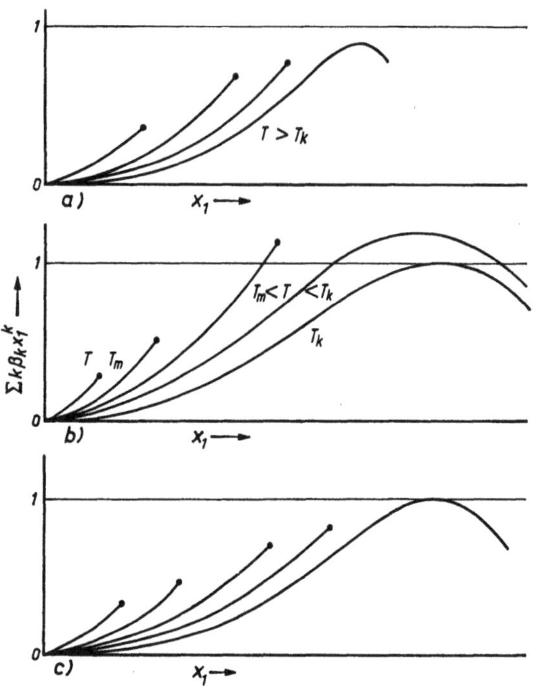

Abb. 127. Zur Theorie des kritischen Punktes

$$\Sigma k \beta_k x_1^{*\,k} = 1\,.\qquad\text{(XVIII 68)}$$

Da wir aber Gültigkeit dieser Gleichung zwischen T_m und T_k angenommen haben, muß noch eine zweite Beziehung existieren, welche den kritischen Punkt festlegt. Dieselbe ergibt sich aus der Bedingung, daß für $T > T_k$ $\Sigma k \beta_k x_1^k < 1$ sein muß. Da jetzt $\Sigma k \beta_k x_1^k$ regulär ist, ist dies mit (XVIII 68) nur zu vereinbaren, wenn die Funktion für $T = T_k$ an der Stelle $x_1 = x_{1k}^*$ ein Maximum durchläuft (Abb. 127b). Daraus ergibt sich als zweite Gleichung für den kritischen Punkt

$$\Sigma k^2 \beta_k x_1^k = 0\,.\qquad\text{(XVIII 69)}$$

Die oben zunächst ohne weitere Begründung eingeführte Annahme einer weiteren charakteristischen Temperatur $T_m < T_k^\bullet$ führt hier, ebenso wie im Falle der Kondensation (vgl. § 12.6), zu der Folgerung, daß die Entmischung zwischen T_m und T_k den Charakter einer anomalen Umwandlung I. Ordnung besitzt. Die experimentellen Ergebnisse bieten, wie wir in § 18.3 sehen werden, keinen Anhaltspunkt dafür, daß dies zutrifft. Darüber hinaus läßt sich hier explizit zeigen[1], daß

$$\Sigma\, k\beta_k x_1^{*\,k} < 1 \; (T < T_k).\tag{XVIII 70}$$

Wir haben daher zu setzen $T_m = T_k$ und erhalten dann die in Abb. 127c dargestellten Verhältnisse. Damit ist die Gültigkeit von (XVIII 68) auf den kritischen Punkt selbst beschränkt. Setzen wir die Gl. (XVIII 68) und (XVIII 69) in (XVIII 64) und (XVIII 65) ein, so erhalten wir

$$\frac{\partial^2 (F_c/N)}{\partial x_1^2} = 0 \left.\right\} \quad T = T_k \tag{XVIII 71}$$

$$\frac{\partial^3 (F_c/N)}{\partial x_1^3} = 0 \left.\right\} \quad x = x_{1k}^{*} \tag{XVIII 72}$$

im Einklang mit der üblichen thermodynamischen Definition des kritischen Punktes einer binären Mischung.

Die kritische Konzentration ergibt sich für unser Modell unmittelbar aus den Symmetrieeigenschaften. Da die beiden Löslichkeitsgrenzen im kritischen Punkt zusammenfallen, haben wir mit Benutzung von (XVIII 34)

$$x_{1k}^{*} = x_{2k}^{*}, \quad x_{2k}^{*} = 1 - x_{1k}^{*} \tag{XVIII 73}$$

oder

$$x_k^{*} = \tfrac{1}{2}. \tag{XVIII 74}$$

Damit lauten die Gleichungen für die kritische Temperatur

$$\Sigma\, k\beta_k (\tfrac{1}{2})^k = 1, \quad \Sigma\, k^2 \beta_k (\tfrac{1}{2})^k = 0 \quad (T = T_k). \tag{XVIII 75}$$

Diese beiden Gleichungen sind aber tatsächlich identisch. Mit Benutzung von (XVIII 48), (XVIII 49) und (XVIII 56) erhalten wir nämlich

$$\Sigma\, k\beta'_k \left(\frac{1}{2}\right)^k = 2 + \frac{zw}{2kT}, \quad \Sigma\, k^2 \beta'_k \left(\frac{1}{2}\right)^k = 2 + \frac{zw}{2kT}. \tag{XVIII 76}$$

und diese Gleichungen sind nach (XVIII 62) identisch. Für das Auftreten der anomalen Umwandlung I. Ordnung unterhalb des kritischen Punktes ist als

---

[1] Gl. (XVIII 40) muß sowohl für die Bedingung (α') als auch (β') gelten. Man erhält aus Gl. (XVIII 40) mit $\xi = w/kT$ für $d\xi/dx_1^{*}$ den Ausdruck

$$(1) \qquad \frac{d\xi}{dx_1^{*}} = \frac{1 - \Sigma\, k\beta_k x_1^{*\,k}}{x_1^{*} \left[\dfrac{z}{2} + \Sigma\, \dfrac{\partial \beta_k}{\partial \xi}\, x_1^{*\,k}\right]}.$$

Für den Nenner kann nun mit den Gl. (XVIII 55) und (XVIII 124) auch geschrieben werden

$$(2) \qquad \frac{z}{2} + \Sigma\, \frac{\partial \beta_k}{\partial \xi}\, x_1^{*\,k} = (1 - 2x_1^{*}) \left\{ \frac{z}{2} + \Sigma\, \frac{\partial \gamma_k}{\partial \xi}\, x_1^{*\,k} (1 - x_1^{*})^k \right\}.$$

Für $x_1^{*} = 0$ wird $\Sigma\, k\beta_k x_1^{*\,k}$ und $\Sigma\, x_1^{*\,k} \dfrac{\partial \beta_k}{\partial \xi} = 0$; die Größe $\dfrac{d\xi}{dx_1^{*}}$ wird somit bei der Konzentration $x_1^{*} = 0$ positiv unendlich. Für $x_1^{*} = \dfrac{1}{2}$ verschwindet der Ausdruck (2). Da hier $\dfrac{d\xi}{dx_1^{*}}$ nicht unendlich sein kann, muß wegen (XVIII 74) im kritischen Punkt Gl. (XVIII 68) erfüllt sein. Für $0 < x_1^{*} < \dfrac{1}{2}$ ist $\Sigma\, \dfrac{\partial \beta_k}{\partial \xi}\, x_1^{*\,k}$ endlich sowie $\dfrac{d\xi}{dx_1^{*}} > 0$ und endlich. Das ist nur möglich, wenn in diesem Bereich $\Sigma\, k\beta_k x_1^{*\,k} < 1$ ist.

wichtigstes Argument angeführt worden[1,2], daß im Falle $T_m = T_c$ an der gleichen Stelle die Singularität in einem Verzweigungspunkt verschwinden und die Gl. (XVIII 68) und (XVIII 69) erfüllt sein müßten, was nur für ganz spezielle β_k denkbar erscheint. Diese Argumentation ist hier gegenstandslos, da die beiden fraglichen Gleichungen zusammenfallen und auch eine spezielle Form der Wechselwirkung vorgegeben ist. Obwohl damit für das hier betrachtete Modell die „klassische" Auffassung des kritischen Punktes in vollem Umfange bestätigt wird, ist damit die Schwierigkeit naturgemäß noch nicht für allgemeinere Systeme beseitigt. Wir können diese Frage hier nicht weiter verfolgen. Es ist aber immerhin bemerkenswert, daß man ohne zusätzliche Annahmen an einem leidlich realistischen Modell zu einem Ergebnis kommt, das, im Gegensatz zu der MAYERschen Hypothese, grundsätzlich mit den experimentellen Ergebnissen übereinstimmt.

Gegen die im vorstehenden entwickelte Theorie lassen sich zunächst im Hinblick auf die Definition der cluster-Summen analoge Bedenken erheben wie in der Gastheorie. Wir wollen daher im folgenden Paragraphen zunächst die Äquivalenz des Problems mit dem ISING-Modell nachweisen und dann versuchen, die für das letztere erhaltenen exakten Ergebnisse zu einer Prüfung der Theorie zu verwenden. Die Auswertung und experimentelle Prüfung der Theorie behandeln wir in § 18.3.

§ 18.2*. Feste Lösung und ISING-Modell. Theorie des kritischen Punktes

Es wurde bereits mehrfach erwähnt, daß das Problem der binären festen Lösung dem ISING-Modell mathematisch äquivalent ist. Wir wollen dies jetzt exakt beweisen, indem wir zeigen, daß die große Verteilungsfunktion der festen Lösung formal identisch ist mit der Verteilungsfunktion des ISING-Modells in einem Magnetfeld[3,4].

Die große Verteilungsfunktion der festen Lösung lautet in ihrer allgemeinsten Form

$$\varXi = \sum_{N_1=0}^{\infty} \sum_{N_2=0}^{\infty} e^{\frac{N_1\mu_1 + N_2\mu_2}{kT}}\, Q\,. \qquad \text{(XVIII 77)}$$

Mit Benutzung der Definitionen (XVIII 110) und (XII 1) können wir dafür schreiben

$$\varXi = \sum_{N_1=0}^{\infty} \sum_{N_2=0}^{\infty} Z_1^{N_1} Z_2^{N_2} \frac{Q_\tau}{N_1!\, N_2!}\,. \qquad \text{(XVIII 78)}$$

Auf Grund der Betrachtungen in § 16.1 können wir die zur Besetzung eines Zwischengitterplatzes oder zur Erzeugung einer Leerstelle erforderliche Energie mit hinreichender Annäherung als unendlich groß annehmen. In Verbindung mit dem Potentialansatz (XVIII 15) folgt dann, daß die Doppelsumme auf der rechten Seite von (XVIII 78) auf Terme mit $N_1 + N_2 = N$ beschränkt ist. Auch hier nehmen wir wieder an, daß die Verteilungsfunktion der Gitterschwingungen und der Elektronen von der Zusammensetzung unabhängig ist und absepariert werden kann. Wir bezeichnen diesen Faktor mit Q'. Die Faktoren $1/N_1!$ und $1/N_2!$

---

[1] MAYER, J. E.: J. Chem. Phys. 19, 1024 (1951).

[2] MAYER, J. E.: Comptes Rendus 2ième Réunion «Changements de Phases», p. 35. Paris 1952.

[3] RUSHBROOKE, G. S.: Nuovo Cimento 6, Suppl. 251 (1949).

[4] MÜNSTER, A., u. K. SAGEL: Z. physik. Chem. N. F. 7, 267 (1956).

schließen wir wieder in die Verteilungsfunktion der Gitter-Konfigurationen Q_c ein. Schließlich definieren wir eine Größe

$$Z = \frac{Z_1}{Z_2}.$$ (XVIII 79)

Dann wird aus (XVIII 78)

$$\Xi = Q' Z_2^N \sum_{N_1 = 0}^{N} Z^{N_1} Q_c.$$ (XVIII 80)

In diese Gleichung setzen wir nun den Ausdruck für Q_c (XVIII 14) ein. Dabei können wir ohne Einschränkung der Allgemeinheit $U_{co}^{(1)} = 0$ annehmen. Schreiben wir die Summe wie in Gl. (XVII 229) als mit $N_1!$ multiplizierte Summe über die unterscheidbaren (d. h. nicht durch Vertauschung gleicher Moleküle auseinander hervorgehenden) Konfigurationen und fassen die Summierungen über Molekülzahl und Konfigurationen in einem Summenzeichen zusammen, so bekommen wir

$$\Xi = Q' Z_2^N \sum_{N_1 = 0}^{N} Z^{N_1} e^{-\frac{z X_{11} w}{kT}}.$$ (XVIII 81)

Wir schreiben dies zweckmäßig in der Form

$$\Xi = Q' Z_2^N \Xi_c$$ (XVIII 82)

mit

$$\Xi_c = \sum_{N_1 = 0}^{N} Z^{N_1} e^{-\frac{z X_{11} w}{kT}}.$$ (XVIII 83)

Man sieht nun leicht, daß Ξ_c der dem Konfigurationsanteil der thermodynamischen Funktionen entsprechende Faktor der großen Verteilungsfunktion ist. Zunächst kommt man durch Rücktransformation von (XVIII 83) auf die gewöhnliche Verteilungsfunktion nach der Methode des § 12.3 zur Konfigurationsverteilungsfunktion Q_c. Man bemerkt dabei, daß die in § 18.1 auf dem Wege über die H-Funktionen eingeführte Größe Z physikalisch durch Gl. (XVIII 79) definiert ist. Weiter findet man

$$\bar{x}_1 = N^{-1} Z \frac{\partial \ln \Xi_c}{\partial Z}$$ (XVIII 84)

und

$$\bar{U}_c = k T^2 \frac{\partial \ln \Xi_c}{\partial T}.$$ (XVIII 85)

Die Thermodynamik der Gitter-Konfigurationen ist somit in der Tat durch Ξ_c vollständig bestimmt. Vergleichen wir nun Gl. (XVIII 83) mit Gl. (XVII 225), so sehen wir, daß die beiden auf der rechten Seite stehenden Funktionen formal identisch sind; die Größe w' ist nämlich für das ferromagnetische Ising-Modell stets positiv, während für die binäre Lösung mit Entmischung notwendig $w < 0$ ist. Damit ist die mathematische Äquivalenz der beiden Probleme bewiesen.

Wir können nun sofort mit Hilfe der Formeln des § 17.6 verschiedene Beziehungen ableiten, welche es ermöglichen, die für das Ising-Modell erhaltenen Ergebnisse auf das Problem der festen Lösung anzuwenden. Der Vergleich von (XVIII 83) und (XVII 225) ergibt unmittelbar für die Größe Z

$$Z = e^{-\frac{2 [\mu] H + z w'}{kT}}.$$ (XVIII 86)

Aus Gl. (XVII 224) und (XVIII 84) erhalten wir

$$\bar{x}_1 = \frac{1 - M/[\mu]}{2}\,.\qquad\text{(XVIII 87)}$$

Den M-H-Isothermen des Ising-Modells entsprechen hier $\bar{x}_1 - Z$-Isothermen. Aus dem Verhalten der Magnetisierung für $H \to 0$ (§ 7.4) folgt, daß unterhalb einer kritischen Temperatur T_k, die mit der Umwandlungstemperatur T_c des Ising-Modells zusammenfällt, an einer Stelle $Z = Z^*$ der Molenbruch $\bar{x}_1$ eine Unstetigkeit besitzt, d. h. daß eine Phasenumwandlung stattfindet, die hier nur eine Entmischung sein kann.

Wir wollen nun versuchen, die Fuchssche Theorie, die wir ja für die expliziten Rechnungen benötigen, etwas genauer zu prüfen, indem wir zunächst einige allgemeine Sätze und weiter die speziellen für das Ising-Modell erhaltenen Ergebnisse heranziehen. Zweckmäßig gehen wir wieder aus von dem Satz (§ 7.6), daß das Auftreten einer Phasenumwandlung durch die Verteilung der Nullstellen der großen Verteilungsfunktion $\varXi_c(z)$ in der komplexen Ebene bestimmt wird. Da das für unser Modell benutzte Wechselwirkungspotential (XVIII 15) identisch ist mit dem des Gittergases (XVII 226), können wir auch hier den Satz von Lee und Yang[1] anwenden, daß für ein solches Potential alle Nullstellen auf dem Kreise

$$|y| = 1\qquad\text{(XVIII 88)}$$

liegen, wo die Variable y durch

$$y = e^{-\frac{2[\mu]H}{kT}}\qquad\text{(XVIII 89)}$$

definiert und somit der Größe Z proportional ist. Daraus folgt, daß eine Phasenumwandlung nur an der Stelle

$$Z^* = e^{-\frac{zw'}{kT}} = e^{\frac{zw}{2kT}}\qquad\text{(XVIII 90)}$$

stattfinden kann. Auf die gleiche Weise wie in § 17.6 können wir auch hier zeigen, daß die cluster-Entwicklung

$$N^{-1}\ln \varXi_c = \sum_{l=1}^{\infty} b_l(N)Z^l\qquad\text{(XVIII 91)}$$

für $Z < Z^*$ gleichmäßig konvergiert. Wenn eine Phasenumwandlung eintritt, muß daher nach § 7.6 Z^* der Konvergenzradius der Reihe (XVIII 91) sein. Schließlich ist innerhalb des Konvergenzkreises

$$\lim_{N \to \infty} \sum_{l=1}^{\infty} b_l(N)Z^l = \sum_{l=1}^{\infty} b_l(\infty)Z^l\,.\qquad\text{(XVIII 92)}$$

Wenn wir die Existenz der Grenzwerte $b_l(\infty)$ voraussetzen, folgt diese Behauptung aus einem Satz über doppelte Grenzübergänge[2].

Die zuletzt angeführten Ergebnisse zeigen, daß die cluster-Methode jedenfalls im homogenen Gebiet korrekt ist. Aus dem Vergleich von Gl. (XVIII 41) und (XVIII 90) sieht man aber weiter, daß auch der Konvergenzradius und damit die Löslichkeitsgrenze von der Fuchsschen Theorie exakt wiedergegeben wird. Danach kann, wenn wir zunächst von der Umgebung des kritischen Punktes absehen, kein Zweifel bestehen, daß die Fuchssche Theorie völlig korrekt ist und daß die Genauigkeit der numerischen Ergebnisse nur von der genügend raschen Konvergenz der für die Rechnung benutzten Reihen abhängt.

[1] Lee, T. D., u. C. N. Yang: Physic. Rev. **87**, 410 (1952).
[2] Vgl. z. B. K. Knopp: Theorie und Anwendung der unendlichen Reihen, 4. Aufl. Berlin **1947**.

Über das spezielle Problem des kritischen Punktes lassen sich auf Grund der obigen allgemeinen Betrachtungen keine Aussagen machen. Wir sind hier auf einen direkten Vergleich der numerischen Resultate angewiesen, der naturgemäß nur für den zweidimensionalen Fall durchführbar ist. Da wir hierfür die Methoden zur Auswertung der Fuchsschen Theorie benötigen, bringen wir diesen Vergleich erst in § 18.3 und geben hier nur die aus der Theorie des Ising-Modells für unser Problem sich ergebenden Formeln[1].

Betrachten wir eine binäre Lösung in einem zweidimensionalen quadratischen Gitter, so lautet die Gleichung für den kritischen Punkt der Entmischung nach Gln. (XVII 91), (XVII 1) und (XVIII 12)

$$e^{\frac{w}{2kT_k}} = \sqrt{2} - 1 \, . \tag{XVIII 93}$$

Die Gleichung der Entmischungskurve, d. h. x_1^* als Funktion der Temperatur ist nach Gl. (XVIII 87) gegeben durch

$$\bar{x}_1^* = \frac{1 - M(0)/[\mu]}{2} \tag{XVIII 94[2]}$$

oder mit Benutzung von Gl. (XVII 206)

$$\bar{x}_1^* = \tfrac{1}{2} - \tfrac{1}{2}(1 + \eta^2)^{1/4}(1 - \eta^2)^{-1/2}(1 - 6\,\eta^2 + \eta^4)^{1/8} \tag{XVIII 95}$$

wo

$$\eta = e^{\frac{w}{2kT}} \tag{XVIII 96}$$

ist.

Eine genauere Analyse des kritischen Punktes vom Standpunkt der in § 7.6 entwickelten allgemeinen Theorie der Phasenumwandlungen würde die Kenntnis der Schwankungsgrößen

$$\frac{\overline{(x_1 - \bar{x}_1)^2}}{\bar{x}_1^2} = \frac{1}{N} \frac{Z}{\bar{x}_1^2} \left(\frac{\partial \bar{x}_1}{\partial Z} \right)_T \tag{XVIII 97}$$

und

$$\frac{\overline{(u_c - \bar{u}_c)^2}}{\bar{u}_c^2} = \frac{1}{N} \frac{kT^2}{\bar{u}_c^2} \left(\frac{\partial u_c}{dT} \right)_Z \tag{XVIII 98}$$

erfordern, wo $u_c = U_c/N$ die mittlere Konfigurationsenergie pro Teilchen bei gegebener Konfiguration ist. Diese Größen müssen in einer solchen Form vorliegen, daß sich sowohl die Annäherung an den kritischen Punkt wie der Grenzübergang $N \to \infty$ durchführen läßt. Man sieht nun leicht, daß die für die Berechnung der Konzentrationsschwankungen wesentliche Größe $\lim\limits_{H \to 0} \dfrac{\partial M}{\partial H}$ ist. Die in § 17.4 angedeutete Störungsrechnung erster Ordnung kann, wie ohne weiteres klar ist, diese Größe nicht liefern; da kein Weg zur Berechnung derselben bekannt ist, kommt Gl. (XVIII 97) hier für eine Diskussion des kritischen Punktes nicht in Betracht.

Man kann nun vermuten, daß die Onsagersche Lösung eine Anwendung der Gl. (XVIII 98) ermöglicht. Dies trifft tatsächlich zu, erfordert jedoch eine genauere Untersuchung, und zwar deshalb, weil die Onsagersche Theorie die Größe $\left(\dfrac{\partial \bar{u}_c}{\partial T} \right)_H$ für $H = 0$ liefert, während in Gl. (XVIII 98) $\left(\dfrac{\partial u_c}{\partial T} \right)_Z$ auftritt.

---

[1] Münster, A.: Z. Physik (erscheint demnächst).

[2] Man sieht aus Gl. (XVIII 94), daß die Entmischungskurve im wesentlichen identisch ist mit der Kurve, welche die spontane Magnetisierung bzw. den Fernordnungsgrad in Abhängigkeit von der Temperatur darstellt.

Zwischen diesen beiden Größen besteht die Beziehung

$$\left(\frac{\partial \bar{u}_c}{\partial T}\right)_Z = \left(\frac{\partial u_c}{\partial T}\right)_H + \left(\frac{\partial \bar{u}_c}{\partial H}\right)_T \left(\frac{\partial H}{\partial T}\right)_Z . \qquad \text{(XVIII 99)}$$

Aus Gl. (XVIII 86) erhalten wir sofort

$$\left(\frac{\partial H}{\partial T}\right)_Z = -\frac{k}{2\,[\mu]}\,\frac{z\,w}{2\,k\,T} . \qquad \text{(XVIII 100)}$$

Ferner ist

$$\left(\frac{\partial \bar{u}_c}{\partial H}\right)_T = N^{-1}\frac{\partial}{\partial H}\left(k\,T^2\,\frac{\partial \ln Q_c}{\partial T}\right) = N^{-1}k\,T^2\,\frac{\partial}{\partial T}\left(\frac{\partial \ln Q_c}{\partial H}\right) . \qquad \text{(XVIII 101)}$$

Aus Gl. (XVII 193), (XVII 195) und (XVII 204) folgt

$$\frac{\partial \ln Q_c}{\partial H} = -N\,\frac{M}{k\,T} . \qquad \text{(XVIII 102)}$$

Es wird somit

$$\left(\frac{\partial \bar{u}_c}{\partial H}\right)_T \left(\frac{\partial H}{\partial T}\right)_Z = \frac{z\,w}{4}\left[\frac{\partial (M/[\mu])}{\partial T}\right]_H - \frac{z\,w}{4\,T}\,\frac{M}{[\mu]} . \qquad \text{(XVIII 103)}$$

Gehen wir zur Grenze unendlich großer Systeme über, so lassen sich die Größen auf der rechten Seite für $H = 0$ aus Gl. (XVII 206) berechnen. Am kritischen Punkt verschwindet der zweite Term; wir brauchen ihn daher nicht weiter zu berücksichtigen. Für den ersten Term erhalten wir in der Nähe des kritischen Punktes aus Gl. (XVII 208)

$$\frac{z\,w}{4}\,\frac{\partial M(0)/[\mu]}{\partial T} = \frac{z\,w}{32}\,[4(\sqrt{2}+2)]^{1/8}\,\frac{\dfrac{w}{2\,k\,T^2}\,e^{\frac{w}{2\,k\,T}}}{\left(e^{\frac{w}{2\,k\,T_k}} - e^{\frac{w}{2\,k\,T}}\right)^{7/8}} \qquad (T < T_k) \quad \text{(XVIII 104)}$$

oder, mit Entwicklung der e-Funktionen im Nenner,

$$\frac{z\,w}{4}\,\frac{\partial M(0)/[\mu]}{\partial T} = [4(\sqrt{2}+2)]^{1/8}\,\frac{z\,w^2}{64\,k\,T_k^2}\left(\frac{w}{2\,k}\right)^{-7/8} e^{\frac{w}{16\,k\,T_k}}\left(\frac{T_k^2}{T_k - T}\right)^{7/8} . \qquad (T < T_k)$$
$$\text{(XVIII 105)}$$

Setzen wir dieses Ergebnis und die ONSAGERsche Formel (XVII 187) in Gl. (XVIII 99) ein und schreiben zur besseren Übersicht nur die Temperaturabhängigkeit explizit an, so erhalten wir die unterhalb des kritischen Punktes gültige Formel

$$\left(\frac{\partial \bar{u}_c}{\partial T}\right)_Z = A \ln (T_k - T) + B\,(T_k - T)^{-7/8} + C \qquad (T < T_k) . \quad \text{(XVIII 106)}$$

Mit der Annäherung an den kritischen Punkt werden der erste und dritte Term beliebig klein gegen den zweiten, so daß wir schreiben können

$$\left(\frac{\partial \bar{u}_c}{\partial T}\right)_Z = B\,(T_k - T)^{-7/8} \qquad (T < T_k) . \quad \text{(XVIII 107)}$$

Oberhalb des kritischen Punktes ist jedoch

$$M(0) = 0, \quad \left(\frac{\partial M(0)}{\partial T}\right)_H = 0 \qquad (T > T_k) . \quad \text{(XVIII 108)}$$

Die Annäherung von $\left(\dfrac{\partial u_c}{\partial T}\right)_Z$ an den kritischen Punkt[1] erfolgt daher jetzt nach der Gleichung

$$\left(\frac{\partial \bar{u}_c}{\partial T}\right)_Z = A \ln (T - T_k) \qquad (T > T_k) . \quad \text{(XVIII 109)}$$

---

[1] Die Annäherung an den kritischen Punkt erfolgt im Bilde des ISING-Modells für $H = 0$, d. h. für die binäre Lösung bei einer (veränderlichen) Fugazität $Z = e^{\frac{z\,w}{2\,k\,T}}$. Für $T < T_k$ entspricht dies nach Gl. (XVIII 90) einer Annäherung längs der Löslichkeitslinie.

Die vorstehenden Gleichungen zeigen, daß der Grenzwert von $\left(\dfrac{\partial \bar{u}_c}{\partial T}\right)_z$ für unendlich große Systeme am kritischen Punkt unendlich wird, daß aber die Annäherung an die Unendlichkeitsstelle unsymmetrisch erfolgt. Sie ist stärker von der Seite der tiefen Temperaturen, während wir von hohen Temperaturen her eine logarithmische Annäherung haben. Durch Einsetzen von (XVIII 107) bzw. (XVIII 109) in Gl. (XVIII 98) können wir daher jedenfalls schließen, daß die relativen Schwankungen der Energiedichte am kritischen Punkt größer sind als im homogenen Gebiet und nicht für unendlich große Systeme wie N^{-1} verschwinden.

Aus den Betrachtungen in § 7.6 ergibt sich, daß das mittlere relative Schwankungsquadrat der Energiedichte am kritischen Punkt nicht für $N \to \infty$ einem endlichen Grenzwert zustreben kann, weil hier keine Koexistenz von zwei sich in ihren Eigenschaften um endliche Beträge unterscheidenden Phasen vorliegt. Diese Folgerung aus der allgemeinen Theorie läßt sich für die zweidimensionale binäre Lösung explizit beweisen[1]. Wir gehen dazu aus von Gl. (XVIII 99), die wir zunächst auf ein endliches System anwenden, und zwar gleich für $H = 0$. Der zweite Term der rechten Seite enthält dann nach Gl. (XVIII 103) im wesentlichen die spontane Magnetisierung und ihre Ableitung nach der Temperatur. Nun haben wir in § 17.3 mit Hilfe des Theorems von Frobenius gezeigt, daß ein endliches System keine Fernordnung besitzen kann, und in § 17.4 nochmals auf einem anderen Weg abgeleitet, daß es auch keine spontane Magnetisierung zeigt. Für ein endliches System verschwindet somit in Gl. (XVIII 99) an der Stelle $H = 0$ der zweite Term der rechten Seite, und wir haben einfach

$$\left(\frac{\partial \bar{u}_c}{\partial T}\right)_z = \left(\frac{\partial \bar{u}_c}{\partial T}\right)_H \qquad \left(\begin{array}{c}\text{Endliches System}\\ H = 0\end{array}\right). \qquad \text{(XVIII 110)}$$

Damit ist die Aufgabe reduziert auf die Berechnung der spezifischen Wärme des endlichen Ising-Modells ohne Magnetfeld. Dieselbe läßt sich aus der für endliches n angeschriebenen Gl. (XVII 170) ableiten. Der Verlauf ist ähnlich wie beim eindimensionalen Ising-Modell (Abb. 117). Wir haben ein Maximum, das mit wachsendem n immer schärfer wird und schließlich für $n \to \infty$ in die Singularität der Gl. (XVII 187) übergeht. Für die Atomwärme an der Stelle des Maximums gilt nach Onsager[2] angenähert

$$C_c \approx \frac{2\,k}{\pi}\left(\ln \operatorname{ctg}\frac{\pi}{8}\right)^2\left(\ln n + \ln \frac{2^{\frac{5}{2}}}{\pi} + C_E - \frac{1}{4}\,\pi\right), \qquad \text{(XVIII 111)}$$

wo $C_E = 0{,}57722$ die Eulersche Konstante ist. Nehmen wir das gesamte Gitter als quadratisch an, so ist $n^2 = N$, und wir erhalten nach Einsetzen der Zahlenwerte

$$C_c = 0{,}24725 \ln N + 0{,}1879. \qquad \text{(XVIII 112)}$$

Setzen wir dies in Gl. (XVIII 110) und weiter in (XVIII 98) ein (wobei wir für große N den zweiten Term vernachlässigen können), so folgt

$$\frac{\overline{(u_c - \bar{u}_c)^2}}{\bar{u}_c^2} = 0{,}24725 \left(\frac{k\,T_k}{\bar{u}_c}\right)^2 \frac{\ln N}{N} \qquad \left(\begin{array}{c}T = T_k\\ N \to \infty\end{array}\right). \qquad \text{(XVIII 113)}$$

Das mittlere relative Schwankungsquadrat der Energiedichte verschwindet somit am kritischen Punkt für $N \to \infty$ mit $N^{-1} \ln N$. Damit ist die qualitative Folgerung aus der allgemeinen Theorie bestätigt und quantitativ präzisiert.

---

[1] Münster, A.: Z. Physik (erscheint demnächst).
[2] Onsager, L.: Physic. Rev. **65**, 117 (1944).

Vom Standpunkt der statistischen Theorie aus betrachtet, besteht somit das Wesen des kritischen Punktes darin, daß hier gegenüber dem homogenen Gebiet größere Schwankungen auftreten und entsprechend die thermodynamische Stabilität vermindert ist, aber beides nicht in solchem Ausmaße, daß eine Phasentrennung stattfindet. Offenbar besteht eine nahe Beziehung zwischen der ONSAGERschen Umwandlung am kritischen Punkt und der anomalen Umwandlung I. Ordnung. Man kann dies bereits aus Abb. 12 deutlich erkennen. Der thermodynamische Unterschied zwischen den beiden Umwandlungstypen besteht darin, daß (wenn wir mit T_c allgemein die Umwandlungstemperatur bezeichnen) für die ONSAGERsche Umwandlung

$$\lim_{\Delta T = 0} \int_{T_c - \Delta T}^{T_c + \Delta T} C_p \, dT = 0 \qquad \text{(ONSAGERsche Umwandlung)} \qquad \text{(XVIII 114)}$$

für die anomale Umwandlung I. Ordnung aber

$$\lim_{\Delta T = 0} \int_{T_c - \Delta T}^{T_c + \Delta T} C_p \, dT \text{ endlich} \qquad \text{(anomale Umwandlung I. Ordnung)} \qquad \text{(XVIII 115)}$$

ist. Ihre Verwandtschaft beruht darauf, daß in beiden Fällen die mittleren relativen Schwankungsquadrate für $N \to \infty$ von kleinerer Ordnung als N^{-1} verschwinden, aber nicht, wie bei der Umwandlung I. Ordnung, einem endlichen Grenzwert zustreben. Merkwürdigerweise sind gerade diese „Zwischentypen" des EHRENFESTschen Schemas bis jetzt die beiden einzigen Fälle, in denen eine vollständige mathematische Analyse der Umwandlungen durchgeführt werden konnte. Sehen wir dieselben als repräsentativ an, so können wir vielleicht sagen, daß die mittleren relativen Schwankungsquadrate bei der anomalen Umwandlung I. Ordnung wie $N^{-1} \cdot N^{\alpha} (0 < x < 1)$ verschwinden, am kritischen Punkt dagegen wie $N^{-1} \cdot \ln N$ und im homogenen Gebiet wie $N^{-1} \cdot N^0$. Es würde danach plausibel erscheinen, wenn unterhalb des kritischen Punktes die anomale Umwandlung I. Ordnung als eine Art Zwischenstufe aufträte. Es muß jedoch nochmals betont werden, daß wir dafür bisher weder theoretisch noch experimentell einen Anhaltspunkt haben. Die EINSTEIN-Kondensation ist vorläufig das einzige Beispiel einer anomalen Umwandlung I. Ordnung.

Die in diesem Paragraphen entwickelte Theorie ergibt über das ISING-Modell eine unmittelbare Beziehung zwischen Ordnungs-Unordnungs-Umwandlungen und kritischen Punkten. Ein solcher Zusammenhang ist unabhängig vom ISING-Modell von TISZA[1] im Rahmen einer rein thermodynamischen Theorie formuliert worden. Wir können darauf hier nicht näher eingehen und begnügen uns mit diesem Hinweis. Eine andere Frage ist, inwieweit sich die hier entwickelte Theorie des kritischen Punktes verallgemeinern läßt. Dieselbe bezieht sich zunächst nur auf ein ziemlich künstliches Modell und ist selbst dafür insofern unvollständig, als sich keine exakte Aussage über die Schwankungen der Konzentration nach Gl. (XVIII 97) machen läßt. Man kann nun wohl vernünftigerweise annehmen, daß die aus der allgemeinen Theorie sich ergebende Folgerung über das Verhalten der Schwankungsgrößen am kritischen Punkt, nachdem sie in diesem Falle explizit bestätigt worden ist, als korrekt und allgemein gültig betrachtet werden kann. Im übrigen kann aber eine Verallgemeinerung der hier abgeleiteten Ergebnisse vorläufig nur als eine Arbeitshypothese betrachtet werden, die der Bestätigung durch weitere Untersuchungen bedarf.

---

[1] TISZA, L.: On the General Theory of Phase Transitions, in SOUCHUCHOWSKI-MAYER-WEYL, Phase Transformations in Solids. New York 1951.

§ 18.3*. Auswertung der Fuchsschen Theorie.
Vergleich mit exakten Ergebnissen und experimentellen Daten

Wir wollen jetzt die Fuchssche Theorie mit exakten Ergebnissen für das zweidimensionale quadratische Gitter und weiter mit experimentellen Daten vergleichen. Zum besseren Verständnis dieses Vergleiches ist es zweckmäßig, zuerst die Auswertungsmethoden der Fuchsschen Theorie kurz zu besprechen.

Wir betrachten die in Gl. (XVIII 57) auftretende Reihe

$$x_1 \Sigma \frac{1}{k+1} \beta'_k x_1^k. \qquad \text{(XVIII 116)}$$

Diese Funktion ist, wie man aus Gl. (XVIII 58) sieht, symmetrisch in x_1 und $x_2 = 1 - x_1$. Es liegt daher nahe, auch explizit eine in x_1 und x_2 symmetrische Form einzuführen durch die Transformation

$$\sum_{k=1}^{\infty} \frac{1}{k+1} \beta'_k x_1^{k+1} = \sum_{k=1}^{\infty} \frac{1}{k+1} \gamma_k x_1^{k+1} (1 - x_1)^{k+1}. \qquad \text{(XVIII 117)}$$

Die Größen γ_k ergeben sich aus Gl. (XVIII 117) durch Entwickeln der rechten Seite und Koeffizientenvergleich. Man erhält

$$\beta'_1 = \gamma_1, \quad \beta'_2 = \gamma_2 - 3\gamma_1 \qquad \text{(XVIII 118)}$$

$$\beta'_k = (k+1) \sum_{0 \leq \lambda \leq \frac{1}{2}(k+1)} \frac{(-1)^\lambda (k-\lambda)!}{\lambda!(k+1-2\lambda)!} \gamma_{k-\lambda} \quad (k > 2). \qquad \text{(XVIII 119)}$$

Der Vorteil dieser Transformation besteht vor allem darin, daß die rechts stehende Reihe wesentlich rascher konvergiert. Wenn wir in Gl. (XVIII 57) wieder die Größe $U_{co}^{(1)}$ nach (XVIII 9) auflösen und die freien Energien der reinen Komponenten

$$F_{1c} = N_1 \left(\chi_1 + \frac{z}{2} w_{11} \right), \quad F_{2c} = N_2 \left(\chi_2 + \frac{z}{2} w_{22} \right) \qquad \text{(XVIII 120)}$$

subtrahieren, so erhalten wir für die auf das Atom bezogene freie Energie der Mischung

$$\Delta F_m = F_c/N - F_{1c}/N_1 - F_{2c}/N_2 \qquad \text{(XVIII 121)}$$

mit Benutzung von (XVIII 117) die völlig symmetrische Form

$$\Delta F_m = kT \left[x_1 \ln x_1 + (1 - x_1) \ln (1 - x_1) - \frac{z}{2} \frac{w}{kT} x_1 (1 - x_1) \right. \qquad \text{(XVIII 122)}$$

$$\left. - \sum_{k=1}^{\infty} \frac{1}{k+1} \gamma_k x_1^{k+1} (1 - x_1)^{k+1} \right].$$

Mit Hilfe der thermodynamischen Beziehung (XVIII 67) erhalten wir daraus für die freie Energie der Verdünnung

$$\Delta \mu_1 = kT \left[\ln (1 - x_2) - \frac{z}{2} \frac{w}{kT} x_2^2 + \frac{1}{2} \gamma_1 x_2^2 (1 - 4x_2 + 3x_2^2) \cdots \right]. \qquad \text{(XVIII 123)}$$

Dabei haben wir wie üblich den gelösten (d. h. den in geringerer Konzentration vorhandenen) Stoff mit dem Index 2 bezeichnet.

Aus Gl. (XVIII 117) folgt durch Differentiation

$$\Sigma \beta'_k x_1^k = (1 - 2x_1) \Sigma \gamma_k x_1^k (1 - x_1)^k \qquad \text{(XVIII 124)}$$

und weiter

$$\frac{1}{x_1} \Sigma k \beta'_k x_1^k = (1 - 2x_1)^2 \Sigma k \gamma_k x_1^{k-1} (1 - x_1)^{k-1} - 2 \Sigma \gamma_k x_1^k (1 - x_1)^k \qquad \text{(XVIII 125)}$$

Mit Hilfe dieser Beziehungen lassen sich auch für die Löslichkeitsgrenze und die kritische Temperatur Ausdrücke gewinnen, die besser konvergieren als die in § 18.1 abgeleiteten Formeln. Um die Gleichung der Entmischungskurve umzuformen, gehen wir aus von Gl. (XVIII 40), die wir schreiben

$$\ln x_1^* - \Sigma \beta_k x_1^{*k} = \frac{z}{2}\frac{w}{kT}\,. \qquad\qquad \text{(XVIII 126)}$$

Mit Benutzung von (XVIII 55), (XVIII 47) und (XVIII 56) wird daraus

$$\ln x_1^* - \ln(1 - x_1^*) - \Sigma \beta_k' x_1^{*k} = \frac{z}{2}\frac{w}{kT}(1 - 2x_1^*)\,. \qquad \text{(XVIII 127)}$$

Setzen wir hier die Gl. (XVIII 124) ein, so folgt

$$\ln x_1^* - \ln(1 - x_1^*) = (1 - 2x_1^*)\left[\frac{z}{2}\frac{w}{kT} + \Sigma \gamma_k x_1^{*k}(1 - x_1^*)^k\right]. \quad \text{(XVIII 128)}$$

Diese Gleichung ist am geeignetsten zur Berechnung der Entmischungskurve bei höheren Temperaturen. Bei tiefen Temperaturen ist es dagegen zweckmäßiger, Gl. (XVIII 42) zu verwenden, die unmittelbar x_1^* liefert. Zur Berechnung der kritischen Temperatur benutzen wir die erste der Gl. (XVIII 76). Mit Gl. (XVIII 125) erhält dieselbe die Form

$$2 + \frac{z}{2}\frac{w}{kT} + \Sigma \gamma_k\left(\frac{1}{4}\right)^k = 0\,. \qquad\qquad \text{(XVIII 129)}$$

Schließlich geben wir hier noch die expliziten Formeln, welche die ersten cluster-Summen nach Gl. (XVIII 23) durch die unreduzierbaren cluster-Summen ausdrücken. Sie lauten

$$b_1 = 1, \quad b_2 = \tfrac{1}{2}\beta_1, \quad b_3 = \tfrac{1}{2}\beta_1^2 + \tfrac{1}{3}\beta_2$$
$$b_4 = \tfrac{2}{3}\beta_1^2 + \beta_1\beta_2 + \tfrac{1}{4}\beta_3 \qquad\qquad \text{(XVIII 130)}$$
$$b_5 = \tfrac{25}{24}\beta_1^4 + \tfrac{1}{2}\beta_2^2 + \tfrac{5}{2}\beta_1^2\beta_2 + \beta_1\beta_3 + \tfrac{1}{5}\beta_4\,.$$

Die weitere Auswertung erfordert die Berechnung der unreduzierbaren cluster-Summen und damit die explizite Berücksichtigung der Gitterstruktur. Sie ist für raumzentrierte kubische Gitter von Fuchs[1] sowie Rushbrooke und Scoins[2], für das ebene quadratische und das flächenzentrierte kubische Gitter von Münster und Sagel[3] durchgeführt worden. Wir stellen zunächst die Formeln, die keiner weiteren Erläuterung bedürfen, übersichtlich zusammen, um dann die Ergebnisse zu diskutieren. Zur Vereinfachung der Schreibweise führen wir die Abkürzungen

$$f = e^{-\frac{w}{kT}} - 1, \quad \xi = \frac{w}{kT} \qquad\qquad \text{(XVIII 131)}$$

ein. Dann gilt:

1. Ebenes quadratisches Gitter ($z = 4$)

   Unreduzierbare cluster-Summen

$$\beta_1 = -1 + 4f$$
$$\beta_2 = -\tfrac{1}{2} - 6f^2$$
$$\beta_3 = -\tfrac{1}{3} + 4f^2 + \tfrac{40}{3}f^3 + 4f^4 \qquad\qquad \text{(XVIII 132)}$$
$$\beta_4 = -\tfrac{1}{4} - 20f^3 - 55f^4 - 20f^5 + \tfrac{85}{6}f^6$$

[1] Fuchs, K.: Proc. Roy. Soc. (London) A **179**, 340 (1942).
[2] Rushbrooke, G. S., u. H. J. Scoins: Privatmitteilung.
[3] Münster, A., u. K. Sagel: Z. physik. Chem. N. F. **7**, 267 (1956).

Beziehung zwischen den β'_k und β_k

$$\beta'_1 = \beta_1 + 4\,\xi + 1$$
$$\beta'_2 = \beta_2 + \tfrac{1}{2}$$
$$\beta'_3 = \beta_3 + \tfrac{1}{3}$$
$$\beta'_4 = \beta_4 + \tfrac{1}{4}\,.$$

(XVIII 133)

Allgemeine Gleichungen für die γ_k

$$\gamma_1 = 4\,(f + \xi)$$
$$\gamma_2 = 12\,(f + \xi) - 6f^2$$
$$\gamma_3 = 40\,(f + \xi) - 20f^2 + \tfrac{40}{3}f^3 + 4f^4$$
$$\gamma_4 = 140\,(f + \xi) - 70f^2 + \tfrac{140}{3}f^3 - 35f^4 - 40f^5 + \tfrac{85}{6}f^6\,.$$

(XVIII 134)

Entwicklungen der γ_k für hohe Temperaturen ($kT \gg w$) nach Potenzen von ξ

$$\gamma_1 = 2\xi^2 - \tfrac{2}{3}\xi^3 + \tfrac{1}{6}\xi^4 - \tfrac{1}{30}\xi^5 + \cdots$$
$$\gamma_2 = 4\xi^3 - 3\xi^4 + \tfrac{7}{5}\xi^5 - \cdots$$
$$\gamma_3 = 14\xi^4 - 20\xi^5 + \cdots$$
$$\gamma_4 = 68\xi^5 - \cdots$$

(XVIII 135)

Gleichung für die kritische Temperatur

$$z + 2\xi + \tfrac{1}{2}\xi^2 + \tfrac{1}{12}\xi^3 + \tfrac{7}{96}\xi^4 + \tfrac{31}{960}\xi^5 + \cdots = 0.$$

(XVIII 136)

2. Raumzentriertes kubisches Gitter ($z = 8$)

Unreduzierbare cluster-Summen

$$\beta_1 = -1 + 8f$$
$$\beta_2 = -\tfrac{1}{2} - 12f^2$$
$$\beta_3 = -\tfrac{1}{3} + 8f^2 + \tfrac{80}{3}f^3 + 48f^4$$
$$\beta_4 = -\tfrac{1}{4} - 40f^3 - 310f^4 - 480f^5 + 60f^6\,.$$

(XVIII 137[1])

Beziehungen zwischen den β'_k und β_k

$$\beta'_1 = \beta_1 + 8\,\xi + 1$$
$$\beta'_2 = \beta_2 + \tfrac{1}{2}$$
$$\beta'_3 = \beta_3 + \tfrac{1}{3}$$
$$\beta'_4 = \beta_4 + \tfrac{1}{4}\,.$$

(XVIII 138)

Allgemeine Gleichungen für die γ_k

$$\gamma_1 = 8\,(f + \xi)$$
$$\gamma_2 = 24\,(f + \xi) - 12f^2$$
$$\gamma_3 = 80\,(f + \xi) - 40f^2 + \tfrac{80}{3}f^3 + 48f^4$$
$$\gamma_4 = 280\,(f + \xi) - 140f^2 + \tfrac{280}{3}f^3 - 70f^4 - 480f^5 + 60f^6\,.$$

(XVIII 139)

Entwicklungen der γ_k für hohe Temperaturen

$$\gamma_1 = 4\xi^2 - \tfrac{4}{3}\xi^3 + \tfrac{1}{3}\xi^4 - \tfrac{1}{15}\xi^5 + \cdots$$
$$\gamma_2 = 8\xi^3 - 6\xi^4 + \tfrac{14}{5}\xi^5 + \cdots$$
$$\gamma_3 = 68\xi^4 - 120\xi^5 + \cdots$$
$$\gamma_4 = 536\xi^5 + \cdots$$

(XVIII 140)

---

[1] Bei FUCHS hat in der Gleichung für β_2 der zweite Term der rechten Seite ein falsches Vorzeichen. RUSHBROOKE und SCOINS haben die Berechnung bis β_8 durchgeführt.

Gleichung für die kritische Temperatur

$$2 + 4\xi + \xi^2 + \tfrac{1}{6}\xi^3 + \tfrac{37}{48}\xi^4 + \tfrac{181}{480}\xi^5 + \cdots = 0 \qquad \text{(XVIII 141)}$$

3. Flächenzentriertes kubisches Gitter ($z = 12$)
Unreduzierbare cluster-Summen

$$\beta_1 = -1 + 12f$$
$$\beta_2 = -\tfrac{1}{2} - 18f^2 + 24f^3$$
$$\beta_3 = -\tfrac{1}{3} + 12f^2 - 56f^3 - 60f^4 + 144f^5 + 8f^6 \qquad \text{(XVIII 142)}$$
$$\beta_4 = -\tfrac{1}{4} + 60f^3 + 195f^4 - 1195f^5 - \tfrac{5}{6}f^6 + 945f^7 + 180f^8.$$

Beziehungen zwischen den β'_k und β_k

$$\beta'_1 = \beta_1 + 12\xi + 1$$
$$\beta'_2 = \beta_2 + \tfrac{1}{2}$$
$$\beta'_3 = \beta_3 + \tfrac{1}{3} \qquad \text{(XVIII 143)}$$
$$\beta'_4 = \beta_4 + \tfrac{1}{4}.$$

Allgemeine Gleichungen für die γ_k

$$\gamma_1 = 12\,(f + \xi)$$
$$\gamma_2 = 36\,(f + \xi) - 18f^2 + 24f^3$$
$$\gamma_3 = 120\,(f + \xi) - 60f^2 + 40f^3 - 60f^4 + 144f^5 + 48f^6 \qquad \text{(XVIII 144)}$$
$$\gamma_4 = 420\,(f + \xi) - 210f^2 + 140f^3 - 105f^4 - 475f^5 + \tfrac{475}{2}f^6 + 945f^7 + 180f^8$$

Entwicklungen der γ_k für hohe Temperaturen

$$\gamma_1 = 6\xi^2 - 2\xi^3 + \tfrac{1}{2}\xi^4 - \tfrac{1}{10}\xi^5 + \cdots$$
$$\gamma_2 = -12\xi^3 + \tfrac{81}{3}\xi^4 - \tfrac{129}{5}\xi^5 + \cdots$$
$$\gamma_3 = -30\xi^4 - 60\xi^5 + \cdots \qquad \text{(XVIII 145)}$$
$$\gamma_4 = +559\xi^5 - \cdots$$

Gleichung für die kritische Temperatur

$$2 + 6\xi + \tfrac{3}{2}\xi^2 - \tfrac{7}{4}\xi^3 + \tfrac{43}{32}\xi^4 - \tfrac{501}{1286}\xi^5 \cdots = 0. \qquad \text{(XVIII 146)}$$

Es scheint allgemein zu gelten, daß die Entwicklung von γ_k mit dem Gliede ξ^{k+1} beginnt. Danach kann man annehmen, daß bei hohen Temperaturen die Entwicklung bis γ_4 einschließlich bis zu $(kT)^{-5}$ korrekt ist. In den Gleichungen für den kritischen Punkt sind entsprechend nur die bei Berücksichtigung von γ_4 noch exakten Glieder angeschrieben. Wir vergleichen nun zunächst die Ergebnisse für das ebene quadratische Gitter mit den aus der exakten Theorie des ISING-Modells abgeleiteten Resultaten. In Abb. 128 sind die Lösungen der Gl.(XVIII 136) in Abhängigkeit von der Zahl der berücksichtigten Terme dargestellt[1]. In der gleichen Weise sind die Lösungen der KIRKWOODschen Gl. (XVI 158) gegeben. Ferner sind der BETHEsche (quasi-chemische) Wert, zwei nach hier nicht behandelten Verfahren von YANG[2] und KIKUCHI[3] abgeleitete Werte und der exakte Wert eingetragen. Man sieht aus der Figur, daß die FUCHSsche Entwicklung sehr schlecht konvergiert. Es ist daher praktisch unmöglich, auf diesem Wege zu einer Aussage darüber zu gelangen, ob die FUCHSsche Theorie in der

---

[1] Die mit ξ^4 abbrechende Gleichung hat keine reelle Lösung.
[2] YANG, C. N.: J. Chem. Phys. 13, 66 (1945).
[3] KIKUCHI, A.: Physic. Rev. 81, 988 (1951).

Nähe des kritischen Punktes grundsätzlich korrekt ist. Andererseits spricht aber auch nichts gegen diese Annahme; die berechnete Kurve ist durchaus mit einer

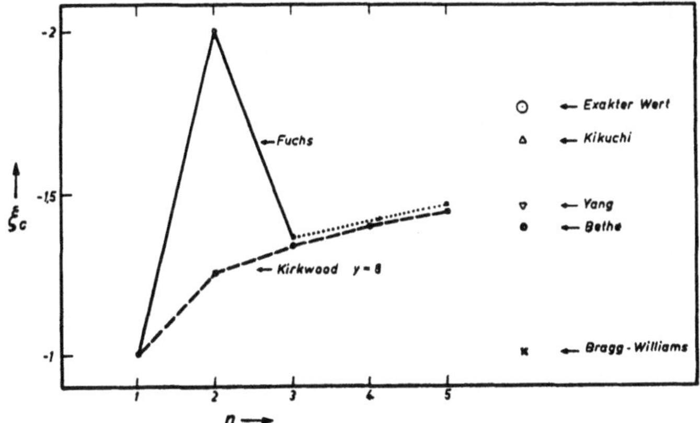

Abb. 128. Berechnungen der kritischen Temperatur für das quadratische Gitter [entnommen aus: A. Münster u. K. Sagel: Z. physik. Chem. N.F. 7, 267 (1956)]

langsamen Konvergenz gegen den exakten Wert vereinbar. Die Güte der erreichten Näherung ist dem entsprechenden Kirkwoodschen Wert praktisch gleichwertig und bedeutet eine leichte Verbesserung gegenüber der Betheschen (quasi-chemischen) Theorie; sie ist aber, bezogen auf den exakten Wert, noch ziemlich schlecht und wird von dem einen der angegebenen neueren Werte beträchtlich übertroffen.

Zur weiteren Prüfung der Fuchsschen Theorie zeigt Abb. 129 die exakte Entmischungskurve nach Gl. (XVIII 95), zusammen mit der aus Gl. (XVIII 128) berechneten Kurve, bei der wieder die Terme bis γ_4 einschließlich berücksichtigt wurden. In der Umgebung des kritischen Punktes weichen die beiden Kurven sehr erheblich voneinander ab. Dieses auffallende Ergebnis erklärt sich einfach dadurch, daß Gl. (XVIII 128) in der Nähe des kritischen Punktes, wie man leicht feststellt, ähnliche Konvergenzeigenschaften besitzt wie Gl. (XVIII 146). Man kann zwar bei tiefen Temperaturen die mit der Fuchsschen Formel erhaltenen Ergebnisse verbessern, indem man den exakten Wert für ξ_k einsetzt, hat aber dann bei höheren Temperaturen eine Inkonsistenz, indem $\xi_k/\xi > 1$ wird.

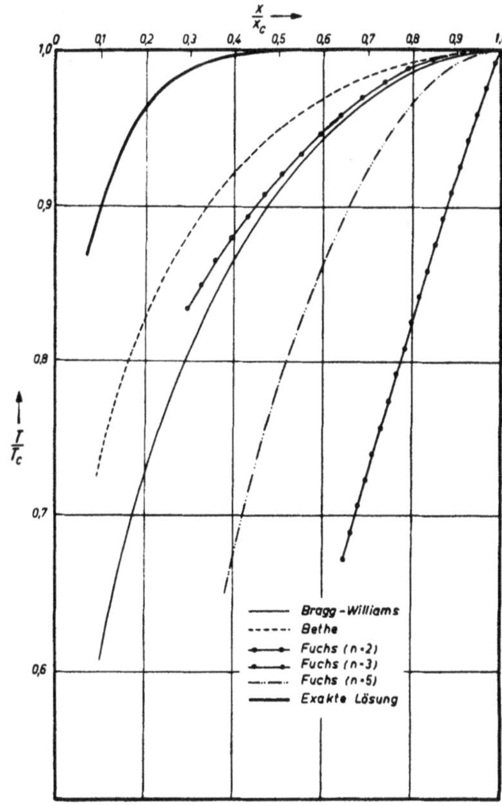

Abb. 129. Entmischungskurven für das quadratische Gitter [entnommen aus: A. Münster u. K. Sagel: Z. physik. Chem. N.F. 7, 267 (1956)]

Für das raumzentrierte kubische Gitter sind die Lösungen der Gl. (XVIII 141) in Abhängigkeit von der Termzahl in Abb. 130 dargestellt. In der gleichen Form

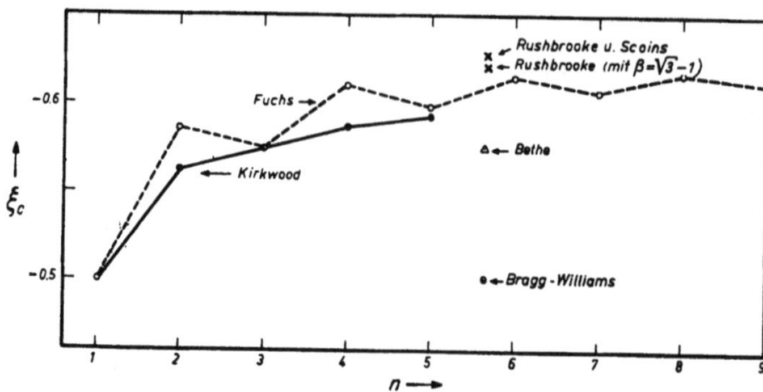

Abb. 130. Berechnungen der kritischen Temperatur für das raumzentrierte kubische Gitter [entnommen aus: A. MÜNSTER u. K. SAGEL: Z. physik. Chem. N.:F. 7, 262 (1956)]

sind die Lösungen der KIRKWOODschen Gl. (XVI 158) eingezeichnet. Ferner ist der BETHEsche (quasi-chemische) Wert angegeben. Der exakte Wert ist hier nicht bekannt. RUSHBROOKE und SCOINS[1] haben eine Abschätzung versucht, indem sie aus der exakten Entwicklung (XVII 213) die Größe $e^{\frac{w}{2kT_k}}$ berechnet und die Ergebnisse in Abhängigkeit von der reziproken Termzahl aufgetragen haben. Der auf diese Weise durch Extrapolation erhaltene Wert ist ebenfalls in Abb. 130 eingetragen. Außerdem sind noch zu erwähnen das Ergebnis einer von PRIGOGINE und Mitarbeitern[2] durchgeführten Abschätzung[3] und der durch die Analogie mit Gl. (XVIII 93) nahegelegte Wert

$$e^{\frac{w}{2kT_c}} = \sqrt{3} - 1 . \qquad \text{(XVIII 147)}$$

Die drei zuletzt angeführten Werte geben etwa den Bereich, in welchem man den exakten Wert anzunehmen hat. Wahrscheinlich liegt er der unteren Grenze näher als der oberen. Man sieht nun, daß hier die FUCHSsche Methode schon bis γ_4 deutlich bessere Ergebnisse liefert als in dem Falle des ebenen quadratischen Gitters. Wählen wir als „Bezugsniveau" die nullte (BRAGG-WILLIAMSsche) Näherung, so ergibt die FUCHSsche Methode beim ebenen quadratischen Gitter 61%

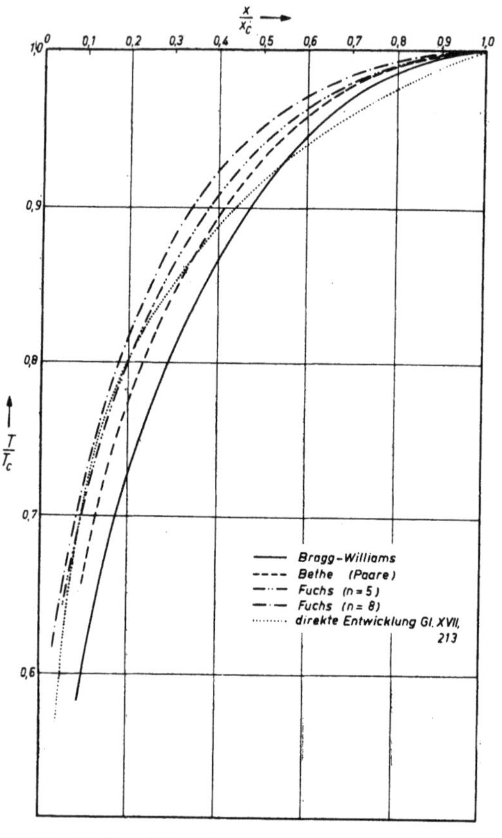

Abb. 131. Entmischungskurven für das raumzentrierte kubische Gitter [entnommen aus: A. MÜNSTER u. K. SAGEL: Z. physik. Chem. N.F. 7, 267 (1956)]

[1] RUSHBROOKE, G. S., u. H. J. SCOINS: Privatmitteilung.
[2] PRIGOGINE, I., L. SAROLÉA u. L. VAN HOVE: Trans. Faraday Soc. 48, 485 (1952).
[3] Dieser Wert liegt zwischen den beiden anderen und ist in Abb. 130 nicht dargestellt.

des exakten Wertes, im Falle des raumzentrierten kubischen Gitters dagegen
etwa 80%. Berücksichtigt man unter Benutzung der Rechnungen von Rushbrooke und Scoins[1] die weiteren Terme bis γ_8, so läßt sich die Näherung noch
weiter verbessern, doch erfolgt die Konvergenz sehr langsam, wie es den allgemeinen Erfahrungen bei den Hochtemperatur-Entwicklungen entspricht. Die
gegenüber dem Betheschen (quasi-chemischen) Verfahren erzielte Verbesserung,
ist bis zum Term γ_4 schon sehr beträchtlich (in der obigen Skala etwa 20%); der
Fuchssche Wert liegt auch noch etwas günstiger als der entsprechende nach
Kirkwood berechnete. Die Entmischungskurve für das raumzentrierte kubische
Gitter ist in Abb. 131 dargestellt, zusammen mit den nach der Betheschen
(quasi-chemischen) sowie der Bragg-Williamsschen Methode berechneten Kurven.
Die Verbesserung der Näherung in der Fuchsschen Theorie ist deutlich erkennbar.

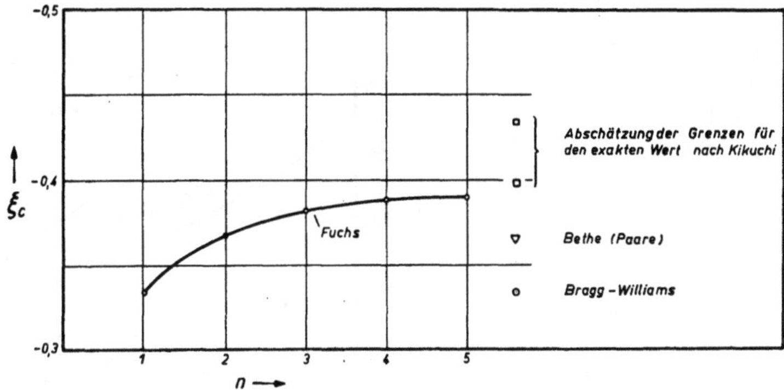

Abb. 132. Berechnungen der kritischen Temperatur für das flächenzentrierte kubische Gitter
[entnommen aus: A. Münster u. K. Sagel: Z. physik. Chem. N. F. 7, 267 (1956)]

Wir kommen nun zu dem flächenzentrierten kubischen Gitter, das für uns
von besonderer Bedeutung ist, weil wir für diesen Fall den Vergleich mit experimentellen Daten durchführen wollen. Abb. 132 gibt wieder die Lösungen der
Gleichung für die kritische Temperatur in Abhängigkeit von der Termzahl. Die
Kurve zeigt hier, im Gegensatz zu den vorher betrachteten Fällen, einen monotonen Anstieg und scheint gegen einen Grenzwert zu konvergieren. Es ist von
vornherein wenig wahrscheinlich, daß dieser scheinbare Grenzwert bereits der
exakte Wert ist; man wird annehmen müssen, daß derselbe durch die außerordentlich langsame Konvergenz vorgetäuscht wird. Der Fuchssche Wert liegt
zwar günstiger als die meisten der in Tab. 43 angeführten Zahlen und kommt
auch dem von Kikuchi[1] berechneten Wert ziemlich nahe. Nach der von diesem
Autor gegebenen Abschätzung, die ebenfalls in Abb. 132 eingezeichnet ist, liegt
jedoch der exakte Wert nicht unbeträchtlich höher. Wir werden diesen Gesichtspunkt im Auge behalten müssen. Die Entmischungskurve für das flächenzentrierte kubische Gitter ist, zusammen mit der Betheschen (quasi-chemischen)
und der Bragg-Williamsschen Kurve, in Abb. 133 dargestellt. Um hier wenigstens
in gewissem Umfang eine Prüfung der Fuchsschen Theorie zu ermöglichen,
ist auch die aus der exakten direkten Entwicklung Gl. (XVII 214) mit Benutzung
von Gl. (XVIII 94) berechnete Entmischungskurve eingezeichnet. Dieselbe fällt
bis in die Nähe des kritischen Punktes praktisch mit der Fuchsschen Kurve
zusammen. Wo die beiden Kurven voneinander abweichen, gibt auch die Entwicklung (XVII 214), wie man aus dem Konvergenzverhalten sehen kann, keine

---

[1] Kikuchi, R.: Physic. Rev. **81**, 988 (1951).

brauchbaren Resultate mehr. Man kann daraus schließen, daß im Falle des flächenzentrierten kubischen Gitters die FUCHSsche Methode bis in die Nähe des kritischen Punktes eine sehr gute Näherung für die Entmischungskurve liefert. Das kurze Stück bis zum kritischen Punkt kann ohne Schwierigkeit interpoliert werden. Der exakte Wert der Größe ξ_k spielt in der hier gewählten Darstellung (T/T_k gegen x/x_k) keine Rolle. Der benutzte Wert von ξ_k muß lediglich konsistent sein mit der für die Berechnung der Entmischungskurve verwendeten Formel. Es ist daher jeweils der zu der betreffenden Näherung gehörende Wert von ξ_k verwendet worden. Auch in den

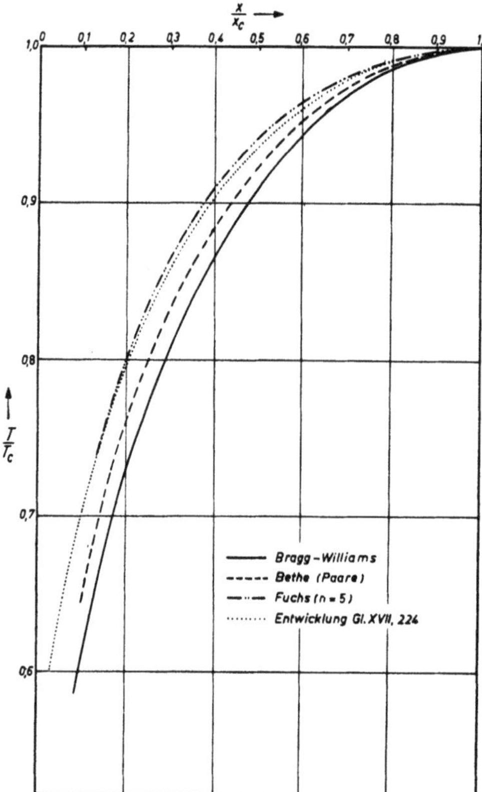

Abb. 133. Entmischungskurven für das flächenzentrierte kubische Gitter [entnommen aus: A. MÜNSTER u. K. SAGEL: Z. physik. Chem. N.F. 7, 267 (1956)]

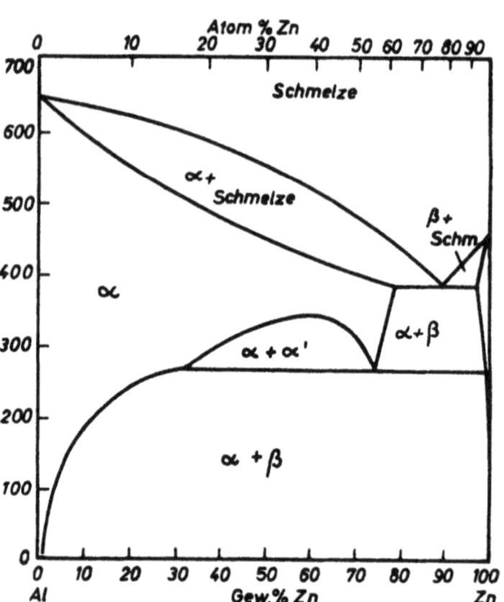

Abb. 134. Phasendiagramm von Al-Zn [entnommen aus: B. L. AVERBACH, J. E. HILLIARD u. M. COHEN: Acta metallurgica 2, 621 (1954)]

Vergleich mit den experimentellen Daten geht die Größe ξ_k bzw. w nicht ein. Bemerkenswert ist hier, ebenso wie beim raumzentrierten kubischen Gitter, der flache Verlauf der FUCHSschen Kurve in der Umgebung des kritischen Punktes.

Die Möglichkeiten einer experimentellen Prüfung der Theorie sind, wie schon in § 18.1 erwähnt, ziemlich beschränkt. Da in binären Legierungen koexistierende Phasen in den weitaus meisten Fällen verschiedene Gitterstruktur haben[1], ist das Auftreten eines kritischen Punktes im festen Zustand schon aus geometrischen Gründen ziemlich selten. Weiter müssen die spezielleren Voraussetzungen der Theorie, insbesondere die Abseparation der Konfigurations-Verteilungsfunktion, die Annahme annähernd gleicher Größe der Atome und die Annahme einer in Paaren additiven Wechselwirkung zwischen nächsten Nachbarn, mit hinreichender Annäherung zulässig sein. Schließlich und nicht zuletzt ist es erforderlich, daß hinreichend umfangreiche und genaue experimentelle Daten vorliegen.

Unter diesen verschiedenen Gesichtspunkten erscheint das System Aluminium-Zink für einen Vergleich zwischen Theorie und Experiment besonders geeignet. Das Phasendiagramm dieses Systems ist schematisch in Abb. 134 dargestellt.

---

[1] Vgl. z. B. M. HANSEN: Constitution of Binary Alloys. New York 1957.

Man sieht sofort, daß eine Darstellung über den gesamten Konzentrationsbereich durch die hier entwickelte Theorie nicht in Betracht kommt. Wenn wir aber das Temperaturgebiet zwischen 300° und 400° C und den Konzentrationsbereich von 0—40 Atomprozent Zn herausschneiden, so haben wir Verhältnisse, die eine Anwendung der Theorie sinnvoll erscheinen lassen. Wir haben hier einen der seltenen Fälle, in denen ein kritischer Punkt im festen Zustand auftritt. Aus Röntgenuntersuchungen kann man schließen, daß die Al- und Zn-Atome in der Legierung annähernd die gleiche Größe haben[1]. Sowohl die Legierung in dem betrachteten Bereich wie das reine Aluminium kristallisieren im flächenzentrierten kubischen Gitter. Wir können daher insofern nicht nur die Ergebnisse der obigen

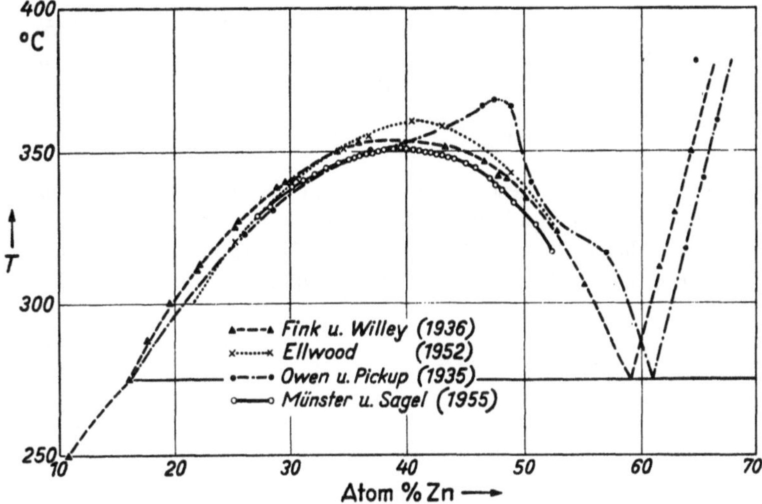

Abb. 135. Experimentelle Entmischungskurven des Systems Al-Zn [entnommen aus: A. Münster u. K. Sagel: Z. Elektrochem. 59, 946 (1955)]

Rechnungen unmittelbar anwenden, sondern es ist auch der Normalzustand für die partiellen molaren Größen des Aluminiums im Einklang mit der Theorie [Gl. (XVIII 121)] definiert[2]. Schließlich kann die annähernde Gültigkeit der Kopp-Neumannschen Regel über die Additivität der Atomwärmen als Hinweis betrachtet werden, daß die Abseparation der Gitterschwingungen zulässig ist. Die thermodynamischen Eigenschaften des Systems Aluminium—Zink sind von Hilliard, Averbach und Cohen[3] bei 300° und 380° C bestimmt worden. Es wurde dabei ein galvanisches Element mit einer Salzschmelze als Elektrolyt benutzt. Der Verlauf der Entmischungskurve ist verschiedentlich aus röntgenographischen Untersuchungen[4, 5] und Leitfähigkeitsmessungen[6, 7] bestimmt worden. Die wichtigsten Ergebnisse sind in Abb. 135 dargestellt. Die röntgenographischen Daten sind offenbar sowohl zu ungenau wie zu lückenhaft, um als Grundlage für den Vergleich von Theorie und Experiment dienen zu können. Die verhältnismäßig geringe, aber systematische Diskrepanz zwischen den Messungen von Fink und Willey[6] einerseits, Münster und Sagel[7] andererseits,

---

[1] Rudman, P. S., u. B. L. Averbach: Acta metallurgica 2, 576 (1954).

[2] Da Zink hexagonal kristallisiert, hat für die partiellen molaren Größen des Zinks der entsprechende Normalzustand eine andere Kristallstruktur als die Lösung, im Widerspruch zu den Annahmen der Theorie.

[3] Hilliard, J. E., B. L. Averbach u. M. Cohen: Acta metallurgica 2, 621 (1954).

[4] Owen, E. A., u. L. Pickup: Philosophic. Mag. 20, 761 (1934).

[5] Ellwood, E. C.: J. Inst. Met. 80, 217 (1952).

[6] Fink, W. L., u. L. A. Willey: Trans. Amer. Inst. Met. Eng. 122, 244 (1936).

[7] Münster, A., u. K. Sagel: Z. physik. Chem. N.F. 7, 296 (1956).

erklärt sich (abgesehen von einer verbesserten Meßtechnik) durch die Verwendung reinerer Substanzen bei den letzteren Autoren. Da auch nur hier die Meßpunkte in der Umgebung des kritischen Punktes dicht genug liegen, um den Verlauf der Entmischungskurve genau festzulegen, werden wir diese Messungen zum Vergleich mit der Theorie benutzen.

Für den Vergleich der experimentellen und theoretischen freien Energie der Verdünnung ist es zweckmäßig, von vornherein den der idealen Lösung entsprechenden Term abzutrennen und nur den sog. Zusatzterm (excess function nach SCATCHARD) $\Delta\mu_1^E$ zu betrachten. Derselbe ist definiert durch die Gleichung

$$\Delta\mu_1 = kT \ln(1 - x_2) + \Delta\mu_1{}^E. \qquad \text{(XVIII 148)}$$

Setzen wir nun in Gl. (XVIII 121) für γ_1 die Entwicklung (XVIII 145) ein, die wir mit dem quadratischen Gliede abbrechen, so erhalten wir für den Zusatzterm der freien Energie der Verdünnung des Aluminiums (mit $z = 12$)

$$\Delta\mu_{\mathrm{Al}}^E = - 6\,w\,x_{\mathrm{Zn}}^2 + 3\,\frac{w^2}{kT}\,x_{\mathrm{Zn}}^2\,(1 - 4\,x_{\mathrm{Zn}} + 3\,x_{\mathrm{Zn}}^2). \qquad \text{(XVIII 149)}$$

In Abb. 136 ist die nach dieser Gleichung mit $N_L w = 530$ cal/mol berechnete Größe $\Delta\mu_{\mathrm{Al}}^E/x_{\mathrm{Zn}}^2$ in Abhängigkeit von $(1 - 4\,x_{\mathrm{Zn}} + 3\,x_{\mathrm{Zn}}^2)$ zusammen mit den experimentellen Daten von AVERBACH und Mitarbeitern[1] dargestellt. Die Übereinstimmung ist bis zu etwa 40 Atomprozent Zn befriedigend. Bei höheren Zinkgehalten treten Abweichungen auf, für deren Diskussion wir auf die Originalarbeit verweisen. Das vorstehende Ergebnis ist durchaus bemerkenswert, da wir bis zu ziemlich hohen Zink-Konzentrationen und in der Entwicklung von $\Delta\mu_{\mathrm{Al}}^E$ bis zur vierten Potenz des Atombruches gegangen sind. Immerhin haben wir w als adjustierbaren Parameter behandelt, so daß eine unabhängige Bestimmung dieser Größe wünschenswert erscheint. Wir werden auf diese Frage weiter unten zurückkommen.

Für die Diskussion der Entmischungskurve ist zu beachten, daß im System Al—Zn die kritische Konzentration bei $x_k = 0{,}395$ liegt, dagegen in dem

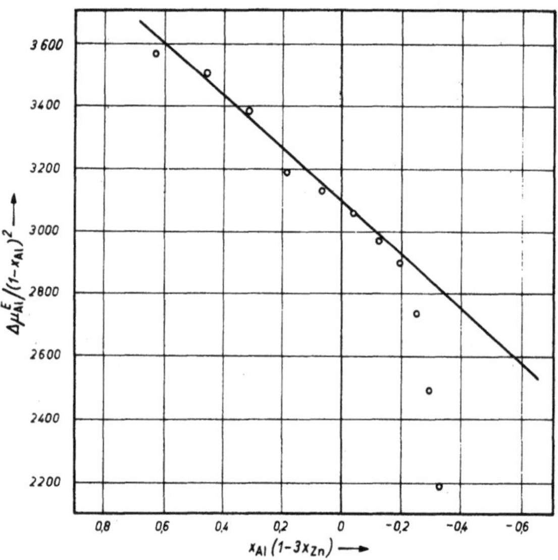

Abb. 136. Freie Energie der Verdünnung [entnommen aus: B. L. AVERBACH, J. E. HILLIARD u. M. COHEN: Acta metallurgica 2, 621 (1954)]

Modell bei $x_k = 0{,}5$. Ein Vergleich zwischen Theorie und Experiment ist daher nur in den reduzierten Zustandsgrößen T/T_k und x/x_k möglich, die wir schon bei der Darstellung der theoretischen Kurven benutzt haben. Im Grunde bedeutet ein solches Verfahren natürlich die Einführung einer zusätzlichen Hypothese, über deren Brauchbarkeit die Erfahrung entscheiden muß. Indessen braucht das Problem hier wohl nicht allzu ernst genommen zu werden, da die Unsymmetrie in der Lage der empirischen Entmischungskurve nicht sehr erheblich ist. In

---

[1] HILLIARD, J. E., B. L. AVERBACH u. M. COHEN: Acta metallurgica 2, 621 (1954).

Abb. 137 sind verschiedene theoretische Kurven zusammen mit den experimentellen Daten von Münster und Sagel[1] dargestellt. Man erkennt, daß die aus der Fuchsschen Theorie berechnete Kurve [die praktisch mit der aus Gl. (XXII 214) und (XVIII 94) berechneten zusammenfällt], zur Wiedergabe der experimentellen Ergebnisse völlig unbrauchbar ist. Die Bethesche (quasi-chemische) und die Bragg-Williamssche Kurve nähern sich etwas mehr den experimentellen Werten, doch sind auch hier die Abweichungen noch sehr beträchtlich. Im Rahmen der Theorie bleibt als einzige Möglichkeit zur Erklärung dieser Diskrepanz die Temperaturabhängigkeit der Größe w. Bei den bisherigen Rechnungen haben wir dieselbe stets als temperaturunabhängig behandelt. Wir

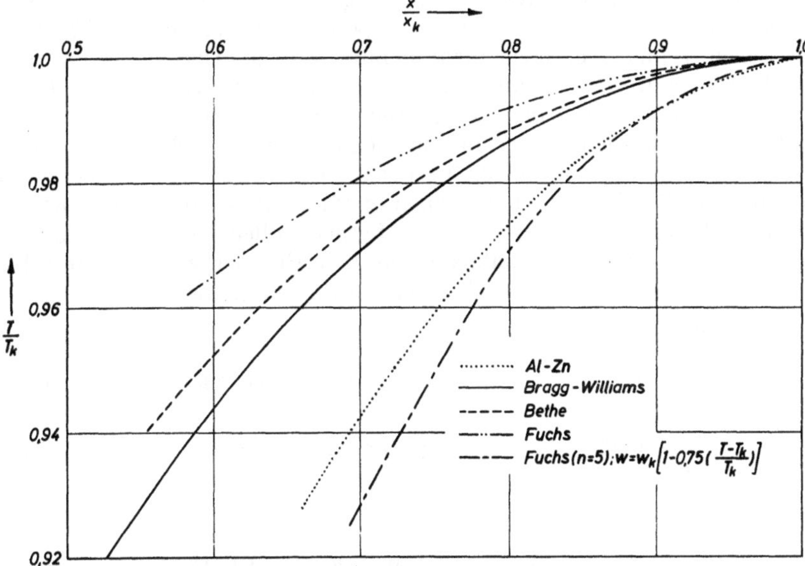

Abb. 137. Entmischungskurven für das System Al-Zn [entnommen aus: A. Münster u. K. Sagel: Z. physik. Chem. N. F. 7, 296 (1956)]

haben aber bereits in § 16.2 bemerkt, daß vom physikalischen Standpunkt (d. h. wenn man nicht ein künstlich konstruiertes Modell ins Auge faßt) w als Temperaturfunktion betrachtet werden muß. Die Gültigkeit unserer Ableitungen wird dadurch nicht berührt, da wir keine Differentiationen nach der Temperatur ausgeführt haben. Man erkennt dies auch aus dem gleichartigen Formalismus in § 8.3, wo die Potentiale der Durchschnittskräfte von vorneherein als Temperaturfunktionen eingeführt werden. Über die Gestalt der Temperaturabhängigkeit von w läßt sich von vorneherein nur sagen, daß sie den allgemeinen Randbedingungen für $T \to \infty$ genügen muß. Glücklicherweise ist aber in unserem Falle die Temperaturfunktion in dem interessierenden Gebiet eindeutig durch die experimentellen Ergebnisse festgelegt. Nach Averbach und Mitarbeitern[2] ist nämlich die Verdünnungswärme zwischen 300° und 380° C temperaturunabhängig. Durch Einsetzen in Gl. (XVIII 149) überzeugt man sich leicht, daß dies nur dann möglich ist, wenn w temperaturunabhängig oder eine lineare Funktion der Temperatur ist. Wir machen daher für den betrachteten Temperaturbereich den Ansatz

$$w = w_k\left[1 + \alpha\left(1 - \frac{T}{T_k}\right)\right], \qquad \text{(XVIII 150)}$$

---

[1] Münster, A., u. K. Sagel: Z. physik. Chem. N.F. 7, 296 (1956).
[2] s. Fußnote S. 636

wo w_k der Wert von w am kritischen Punkt ist, und α eine Konstante bezeichnet, die durch Anpassung an die experimentellen Daten bestimmt werden muß. Die durch Einsetzen von (XVIII 150) in Gl. (XVIII 128) mit $\alpha = 0{,}75$ erhaltene Kurve ist ebenfalls in Abb. 137 dargestellt; sie gibt, wie man sieht, die experimentellen Daten gut wieder. Die um den Ansatz (XVIII 150) erweiterte Theorie kann daher als bestätigt gelten.

Wir haben damit zwei unabhängige Prüfungen der Theorie durchgeführt, haben aber in beiden Fällen verschiedene adjustierbare Parameter benutzt. Es wäre daher wünschenswert die Konsistenz der beiden Ergebnisse zu prüfen und weiter auch Theorie und Experiment auf einem Wege zu vergleichen, der die Eliminierung der adjustierbaren Parameter gestattet. Beides ist möglich, auf Grund der Tatsache, daß wir bisher den experimentell bestimmten Absolutwert der kritischen Temperatur noch nicht benutzt haben. Derselbe kann aus der Theorie berechnet werden, wenn w und α bekannt sind. Dabei tritt allerdings die Schwierigkeit auf, daß der exakte theoretische Wert der Größe ξ_k nicht bekannt ist. Wir werden daher, um ein möglichst klares Bild der Verhältnisse zu geben, die Rechnung sowohl für die Lösung der aus der Fuchsschen Theorie abgeleiteten Gl. (XVIII 146) wie für einen durch die Abschätzung von Kikuchi[1] nahegelegten Wert von ξ_k durchführen. Ferner wollen wir hier nochmals die Möglichkeit eines temperaturunabhängigen w in Betracht ziehen. Damit haben wir zur Berechnung der kritischen Temperatur die Gleichungen

w temperaturunabhängig

$$\frac{w}{k\,T_k} = 0{,}389 \qquad \text{[Lösung der Gl. (XVIII 146)]} \qquad \text{(XVIII 151)}$$

$$\frac{w}{k\,T_k} = 0{,}42 \qquad \text{[geschätzter exakter Wert]} \qquad \text{(XVIII 152)}$$

w temperaturabhängig

$$\frac{w}{k\,T_k}\left[1 + \alpha\left(1 - \frac{T}{T_k}\right)\right]^{-1} = 0{,}389 \qquad \text{[Lösung der Gl. (XVIII 146)]} \quad \text{(XVIII 153)}$$

$$\frac{w}{k\,T_k}\left[1 + \alpha\left(1 - \frac{T}{T_k}\right)\right]^{-1} = 0{,}42 \qquad \text{[geschätzter exakter Wert]} \quad \text{(XVIII 154)}$$

Die Ergebnisse sind in Tab. 45 zusammengefaßt. Der aus Gl. (XVIII 154) berechnete Wert stimmt so gut, wie man nur erwarten kann, mit dem experimentellen Wert überein, während alle übrigen Gleichungen unbrauchbare Werte liefern. Damit haben wir nicht nur die Konsistenz nachgewiesen, sondern auch die Theorie völlig frei von Hypothesen bestätigt. Man kann daher schließen, daß in dem betrachteten Zustandsgebiet die hier in Frage stehenden thermodynamischen Eigenschaften im wesentlichen durch die Konfigurations-Verteilungsfunktion bestimmt werden und daß die hier entwickelte Theorie korrekt ist, wenn sie durch die Annahme einer Temperaturabhängigkeit des Energieparameters w gemäß Gl. (XVIII 150) ergänzt wird.

Wir haben die Fuchssche Theorie und ihre Anwendung so ausführlich erörtert, um an diesem Beispiel einmal die vielseitigen Probleme, die in der statistischen Thermodynamik kondensierter Phasen auftreten, im Zusammenhang zu erörtern. Fassen wir die Ergebnisse noch einmal zusammen, so können wir feststellen, daß die Fuchssche Theorie, wenn wir von der Umgebung des kritischen Punktes absehen, sicherlich korrekt ist. Für die Umgebung des kritischen Punktes läßt sich kein Beweis führen; es besteht andererseits aber auch kein Grund zu der

---

[1] Kikuchi, R.: Physic. Rev. **81**, 988 (1951).

Annahme, daß hier prinzipielle Schwierigkeiten auftreten. Die numerischen Resultate bei der Berechnung der Entmischungskurve sind stets für den kritischen Punkt und seine nähere Umgebung am schlechtesten; im übrigen hängt ihre Brauchbarkeit stark vom Gittertyp ab. Die experimentelle Prüfung am System Al-Zn ergibt gute Übereinstimmung, wenn die Temperaturabhängigkeit des Parameters w zusätzlich berücksichtigt wird.

Die der FUCHSschen Theorie zugrunde liegende formale Analogie zwischen realem Gas und fester Lösung läßt sich noch weiter verfolgen. MURAKAMI und ONO[1] haben molekulare Verteilungsfunktionen für die Besetzung der Gitterplätze definiert und auf dieser Grundlage ein Analogon der McMILLAN-MAYERschen Theorie (§ 8.3) für Kristalle entwickelt. Sie haben daraus Integralgleichungen abgeleitet, die naturgemäß vom KIRKWOODschen Typ (vgl. § 8.2) sind, da bei der Beschränkung auf Gitterplätze eine Integration über die Koordinaten nur mit Benutzung von δ-Funktionen möglich ist. Auf der Grundlage dieser Gleichungen konnte gezeigt werden, daß das in § 8.2 und 13.3 erörterte Superpositionsprinzip der BETHESchen Näherung, d. h. der Annahme der Unabhängigkeit von Paaren äquivalent ist.

Tabelle 45. *Kritische Temperatur der Entmischung des Systems* Al—Zn *nach verschiedenen Ansätzen. Experimenteller Wert* 624° K

	T_k [° K]
nach Gl. (XVII 151)	687
nach Gl. (XVII 152)	640
nach Gl. (XVII 153)	784
nach Gl. (XVII 154)	620

Entnommen aus: A. MÜNSTER u. K. SAGEL: Z. physik. Chem. N.F. 7, 296 (1956).

MURAKAMI[2] hat die in § 13.1 behandelte Methode von MAYER und MONTROLL auf feste Lösungen übertragen, um auf diesem Wege die Paarverteilungsfunktion zu berechnen. Es ist jedoch bisher nicht gelungen, auf diesem Wege wesentlich über die BETHESche (quasi-chemische) Näherung hinauszukommen. Da das Prinzip dieser Rechnungen nach den Überlegungen in § 18.1 ohne weiteres klar ist und auch die Durchführung methodisch keine grundsätzlich neuen Gesichtspunkte bringt, können wir hier von einer Wiedergabe absehen.

§ 18.4*. Rotationsumwandlungen

Zahlreiche Kristalle, die aus Molekülen oder mehratomigen Ionen aufgebaut sind, zeigen Anomalien der spezifischen Wärme, welche große Ähnlichkeit besitzen mit denen, die bei Überstruktur-Umwandlungen auftreten. Bekannte Beispiele dafür sind die Halogenwasserstoffe[3], die Ammoniumhalogenide[4] und die halogensubstituierten Äthane[5]. Abb. 138 zeigt als Beispiel die Molwärme von $Br_2HC-CHBr_2$. Derartige Umwandlungen sind zuerst von PAULING[6] durch die Annahme erklärt worden, daß hier die Moleküle (oder Molekülteile) aus einem Zustand fester Orientierung, in dem nur Schwingungen um eine Gleichgewichtslage möglich sind, in den Zustand der freien Rotation übergehen. Obwohl die Erklärung in dieser speziellen Form nicht haltbar ist, trifft sie doch den wesentlichen Kern der Sache, daß nämlich die fraglichen Umwandlungen auf Änderungen der Orientierungsordnung zurückzuführen sind. Die Festlegung einer bestimmten

---

[1] MURAKAMI, T., u. S. ONO: Mem. Fac. Eng. Kyushi Univ. 12, 309, 319 (1951).

[2] MURAKAMI, T.: J. Phys. Soc. Japan 7, 549 (1952); 8, 31, 36, 458 (1953).

[3] GIAUQUE, W. F., u. R. WIEBE: J. Amer. Chem. Soc. 50, 101, 2193 (1928); 51, 1441 (1929).

[4] SIMON, F., Cl. VON SIMSON u. M. RUHEMANN: Z. physik. Chem. 129, 339 (1927).

[5] PITZER, K. S.: J. Amer. Chem. Soc. 62, 331 (1940).

[6] PAULING, L.: Physic. Rev. 36, 430 (1930).

Orientierung der Moleküle im Kristallgitter ist durch die von den Nachbarmolekülen ausgeübten Kräfte bedingt; diese Kräfte hängen aber naturgemäß von der Orientierung der Nachbarmoleküle ab. Es handelt sich somit wieder um ein typisch kooperatives Phänomen.

Der einfachste Modellfall einer Rotationsumwandlung wird durch das Ising-Modell dargestellt; es sind dann nur parallele und antiparallele Orientierungen der Moleküle zugelassen. Ein solches Verhalten kann, streng genommen, nur im Rahmen der Quantenmechanik auftreten. Wir wollen aber hier von vornherein Fälle, in denen Quanteneffekte eine wesentliche Rolle spielen [wie z. B. bei Methan und Deutero-Methan[1]) ausschließen, setzen also die Anwendbarkeit der klassischen Statistik voraus. In diesem Sinne kann man das Ising-Modell als eine Näherung für solche Fälle betrachten, in denen zwei verschieden tiefe, aber scharf ausgeprägte Minima der potentiellen Energie der Orientierung vorhanden sind. Da die Theorie des Ising-Modells hier unmittelbar (d. h. ohne Umdeutung) anwendbar ist, brauchen wir uns jetzt nicht weiter dabei aufzuhalten. Wir werden aber in § 20.5 und § 22.4 noch von dieser einfachsten Modellvorstellung Gebrauch machen. Für eine genauere Theorie ist es notwendig, die Orientierung als kontinuierlich veränderlich zu behandeln. Wir haben es dann wieder mit einer gehemm

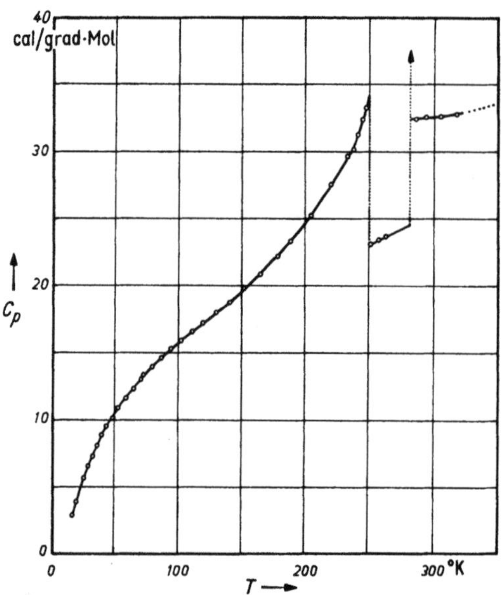

Abb. 138. Molekülwärme von Äthylen-Dibromid [entnommen aus: K. S. Pitzer: J. Amer. Chem. Soc. 62, 331 (1940)]

ten Rotation (vgl. § 9.11) zu tun, wobei aber jetzt das Hemmungspotential auf der Wechselwirkung mit den benachbarten Molekülen beruht und von deren Orientierung abhängt. Wenn es sich um die Rotation von Teilen eines Moleküls handelt (innere Rotation), wird im allgemeinen noch ein innermolekulares Hemmungspotential überlagert sein. Die Berücksichtigung desselben macht keine Schwierigkeiten und ist in den allgemeinen Formeln, die wir entwickeln werden, enthalten. Bei der expliziten Auswertung wollen wir diese Komplikation jedoch außer acht lassen. Obwohl die Einführung einer kontinuierlich veränderlichen Orientierung an dem grundsätzlichen Charakter des Problems nichts ändert, ist die Durchführung im einzelnen komplizierter. Die der Bragg-Williamsschen Methode äquivalente Näherung, die wir hier im Anschluß an Kirkwood[2] entwickeln, erfordert daher einen erheblich größeren Aufwand.

Wir betrachten einen Kristall von N Gitterplätzen, der aus n ineinandergeschachtelten primitiven Teilgittern besteht (vgl. Abb. 102). Die Gitterplätze sollen von N gleichen Molekülen besetzt sein, welche Freiheitsgrade der Rotation besitzen. Den entsprechenden Koordinatensatz, welcher also die Orientierung des einzelnen Moleküls beschreibt, bezeichnen wir mit ω. Wir definieren nun

---

[1] Schäfer, K.: Z. physik. Chem. B 44, 127 (1939).

[2] Kirkwood, J. G.: J. Chem. Phys. 8, 205 (1940).

Funktionen $g_k(\omega)$ durch die Festsetzung, daß

$$\frac{N}{n}\, g_k(\omega)\, d\omega \qquad\qquad \text{(XVIII 155)}$$

die Zahl der Moleküle mit einer Orientierung zwischen ω und $\omega + d\omega$ im Teilgitter k ist. Dabei gilt die Normierung

$$\int g_k(\omega)\, d\omega = 1 \qquad (k = 1, \ldots, n)\,. \qquad \text{(XVIII 156)}$$

Für eine spezielle Wahl der Funktionen $g(\omega)$ gibt der Satz $g_1(\omega)$, $g_2(\omega)$, $\ldots$, $g_n(\omega)$ eine Beschreibung des Orientierungszustandes im ganzen Kristall, die aber unvollständig ist. Zu jedem spezifizierten Funktionensatz gehört nämlich nicht ein bestimmter Orientierungszustand, sondern ein ganzer Unter-Satz des vollständigen Satzes der möglichen Orientierungszustände. Die Beschreibung durch den Funktionensatz $g(\omega)$ stellt daher das Analogon des Fernordnungsparameters s dar. Einem bestimmten Wert von s entsprechen zahlreiche Konfigurationen verschiedenen Nahordnungsgrades und damit auch verschiedener Energie. In ähnlicher Weise unterscheiden sich auch die zu einem Funktionensatz $g(\omega)$ gehörenden Zustände in ihrer Energie, da diese davon abhängt, wie im einzelnen die verschiedenen Orientierungen auf die Moleküle verteilt sind. Von dieser Analogie ausgehend, ist die weitere Entwicklung der Theorie leicht zu übersehen.

Das Wesen der BRAGG-WILLIAMSschen Näherung besteht darin, daß sowohl im a- wie im b-Gitter ungeordnete Verteilung angenommen wird oder, anders ausgedrückt, daß allen zu einem gegebenen Wert von s gehörenden Konfigurationen die gleiche Energie zugeschrieben wird. In ähnlicher Weise nehmen wir hier an, daß alle Orientierungszustände des Kristalls, die zu einem spezifizierten Satz $g(\omega)$ gehören, die gleiche Energie besitzen. Wir können dann ohne weiteres die Entropie nach der aus der μ-Raum-Statistik abgeleiteten Gl. (II 141) berechnen[1]. Wir haben dann mit Benutzung von Gl. (II 49)

$$S = - k \sum_i N_i \ln \frac{N_i}{N}\,. \qquad\qquad \text{(XVIII 157)}$$

Wenden wir diese Formel auf das k-te Teilgitter an und bezeichnen den Anteil der Entropie, der nicht von den Konfigurationen der Rotationsfreiheitsgrade herrührt, mit S_k', so erhalten wir mit Benutzung von (XVIII 155)

$$S_k - S_k' \equiv S_{ck} = - k\, \frac{N}{n} \int g_k \ln g_k\, d\omega\,. \qquad \text{(XVIII 158)}$$

Da die Zahl der Orientierungskonfigurationen des Gesamtkristalls gleich dem Produkt aus den Konfigurationszahlen der Teilgitter ist, wird der Konfigurationsanteil der Rotationsentropie des Gesamtkristalls unter den gemachten Voraussetzungen einfach durch Summierung über die Teilgitter erhalten. Wir bekommen somit

$$S_c = - k\, \frac{N}{n} \sum_{k=1}^{n} \int g_k \ln g_k\, d\omega\,. \qquad \text{(XVIII 159)}$$

Die Wechselwirkungsenergie zwischen zwei Molekülen, von denen sich das eine im Teilgitter k auf dem Platz a mit einer Orientierung ω, das andere im Teilgitter l auf dem Platz b mit einer Orientierung ω' befindet, bezeichnen wir mit $w_{ab}^{(kl)}$. Zur Vereinfachung schreiben wir

$$w^{(kl)}(\omega, \omega') = \sum_{b=1}^{N/n} w_{ab}^{(kl)}(\omega, \omega')\,. \qquad \text{(XVIII 160)}$$

---

[1] Man beachte, daß die Gültigkeit der Gl. (II 141) nicht an die speziellen Voraussetzungen der μ-Raum-Statistik (Separierbarkeit der HAMILTON-Funktion) geknüpft ist. Vgl. § 5.13.

Unter den oben gemachten Voraussetzungen wird dann die mittlere Energie der Orientierungen

$$\overline{U}_c = \frac{1}{2}\,\frac{N}{n}\,\sum_{k=1}^{n}\sum_{l=1}^{n}\int\int w^{(kl)}(\omega,\omega')\,g_k(\omega)\,g_l(\omega')\,d\omega\,d\omega'\,. \qquad \text{(XVIII 161)}$$

Aus Gl. (XVIII 159) und (XVIII 161) läßt sich sofort die freie Energie konstruieren. Es ergibt sich

$$F_c = NkT\left[\frac{1}{n}\sum_{k=1}^{n}\int g_k\ln g_k\,d\omega + \right.$$
$$\left. + \frac{1}{2nkT}\sum_{k=1}^{n}\sum_{l=1}^{n}\int\int w^{(kl)}(\omega,\omega')\,g_k(\omega)g_l(\omega')\,d\omega\,d\omega'\right]\,. \qquad \text{(XVIII 162)}$$

Diese Gleichung ist das Analogon von Gl. (XVI 42) der BRAGG-WILLIAMSschen Theorie. Die Funktionen $g_k(\omega)$ müssen nun so bestimmt werden, daß die freie Energie ein Minimum wird. Wir haben somit hier, im Gegensatz zu der einfachen Extremwertaufgabe der BRAGG-WILLIAMSschen Theorie, ein eigentliches Variationsproblem für n abhängige Variable g_k mit den n Nebenbedingungen (XVIII 156)[1]. Schematisch können wir dasselbe schreiben

$$\delta \int J\,(g_1,\ldots,g_n)\,d\omega = 0\,. \quad \left(\begin{array}{l}\int g_k\,d\omega = 1\\ \text{für alle } k\end{array}\right) \quad \text{(XVIII 163)}$$

Wir setzen

$$L = J + \sum_{k+1}^{n}(\ln\lambda_k - 1)\,g_k\,, \qquad\qquad \text{(XVIII 164)}$$

wo die Größen $\ln\lambda_k - 1$ die LAGRANGEschen unbestimmten Multiplikatoren sind, die wir, ähnlich wie in § 2.2, aus Zweckmäßigkeitsgründen in dieser Form schreiben. Da der Integrand J explizit nur von den Variablen g_k abhängt, reduzieren sich die EULERschen Gleichungen auf das System

$$\frac{\partial L}{\partial g_k} = 0 \quad (k = 1,\ldots,n)\,. \qquad\qquad \text{(XVIII 165)}$$

Daraus folgt in Verbindung mit (XVIII 162)

$$\ln g_k + 1 + \frac{1}{kT}\sum_{l=1}^{n}\int w^{(kl)}g_l(\omega')\,d\omega' + \ln\lambda_k - 1 = 0\,, \qquad \text{(XVIII 166)}$$

wo der Parameter λ_k aus der Nebenbedingung (XVIII 156) zu bestimmen ist. Definieren wir noch

$$K_{kl}(\omega,\omega') = -\,w^{(kl)}(\omega,\omega')/kT\,, \qquad\qquad \text{(XVIII 167)}$$

so erhalten wir damit für die Funktionen $g_k(\omega)$ die Integralgleichungen

$$\ln\lambda_k g_k(\omega) = \sum_{l=1}^{n}\int K_{kl}(\omega,\omega')g_l(\omega')\,d\omega' \quad (k = 1,\ldots,n) \quad \text{(XVIII 168)}$$

mit

$$\lambda_k = \int\exp\left[\sum_{l=1}^{n}\int K_{kl}(\omega,\omega')g_l(\omega')\,d\omega'\right]d\omega\,. \qquad \text{(XVIII 169)}$$

Die Lösungen der Gl. (XVIII 168) werden durch die Kerne K_{kl}, d. h. letzten Endes durch die potentielle Energie in Abhängigkeit von der Orientierung der

---

[1] Vgl. R. COURANT u. D. HILBERT: Mathematische Methoden der Physik, Bd. I. Berlin 1929. — MARGENAU, H., u. G. M. MURPHY: The Mathematics of Physics and Chemistry. New York 1943.

Moleküle bestimmt. Um die Theorie weiterzuführen, muß daher jetzt ein konkretes Modell eingeführt werden.

Wir betrachten einen kubischen Kristall, dessen Gitterplätze von zweiatomigen Molekülen besetzt sind. Wir nehmen an, daß eine energetische Wechselwirkung nur zwischen nächsten Nachbarn im Gitter stattfindet und daß dieselbe nur von dem Winkel γ zwischen den Kernverbindungslinien (Achsen) der Moleküle abhängt. Für das Potential machen wir den Ansatz

$$w_{ab}^{(kl)} = \tfrac{1}{2}\, w_0 \cos \sigma\, \gamma\,, \qquad \text{(XVIII 170)}$$

den wir als ersten Term einer FOURIER-Entwicklung auffassen können. Hier ist w_0 die Höhe der Potentialschwelle zwischen zwei benachbarten Minima, und σ bezeichnet die Symmetriezahl des Moleküls um die zur Kernverbindungslinie senkrechte Achse. Für homonucleare Moleküle ist $\sigma = 2$. Wir beschränken uns hier auf den Fall der heteronuclearen Moleküle, für die $\sigma = 1$ ist. Für kubische Kristalle ist w_0 unabhängig von den Teilgitter-Indizes k und l und auch von den Gitterplatz-Indizes a und b, da alle nächsten Nachbarn eines beliebigen Gitterplatzes gleichwertig sind. Wir erhalten somit aus Gl. (XVIII 160), (XVIII 167) und (XVIII 170)

$$\begin{aligned}
K_{kl} &= -\frac{z' w_0}{2\,kT}\cos\gamma \quad \text{für } k \neq l \\
K_{kl} &= 0 \qquad\qquad\quad\ \ \text{für } k = l,
\end{aligned} \qquad \text{(XVIII 171)}$$

wo z' die Zahl der nächsten Nachbarn eines Gitterplatzes in jedem der $n - 1$ übrigen Teilgitter ist. Für das raumzentrierte kubische Gitter ist $z' = 8$ und $n = 2$, für das flächenzentrierte kubische Gitter $z' = 4$ und $n = 4$. Nach Einführung von räumlichen Polarkoordinaten lauten dann die Gl. (XVIII 168) und (XVIII 169)

$$\ln \lambda_k g_k(\vartheta, \varphi) = -\frac{z' w_0}{2\,kT} \sum_{l=1 \neq k}^{n} \int_0^{\pi}\!\!\int_0^{2\pi} \cos\gamma\, g_l(\vartheta', \varphi') \sin\vartheta'\, d\vartheta'\, d\varphi' \qquad \text{(XVIII 172)}$$

mit

$$\lambda_k = \int_0^{\pi}\!\!\int_0^{2\pi} \exp\left[-\frac{z' w_0}{2\,kT} \sum_{l=1 \neq k}^{n} \int_0^{\pi}\!\!\int_0^{2\pi} \cos\gamma\, g_l(\vartheta', \varphi') \sin\vartheta'\, d\vartheta'\, d\varphi' \right] \sin\vartheta\, d\vartheta\, d\varphi\,.$$

$$\text{(XVIII 173)}$$

Dabei ist

$$\cos\gamma = \cos\vartheta\,\cos\vartheta' + \sin\vartheta\,\sin\vartheta'\cos(\varphi - \varphi')\,. \qquad \text{(XVIII 174)}$$

Die Lösung der Gl. (XVIII 172) lautet

$$\lambda_k g_k = e^{\alpha s_k \cos\vartheta} \qquad \text{(XVIII 175)}$$

mit

$$\lambda_k = \frac{4\pi}{\alpha s_k}\sinh(\alpha s_k) \quad (k = 1, \ldots, n) \qquad \text{(XVIII 176)}$$

und

$$-s_k = \sum_{l=1 \neq k}^{n} L(\alpha s_l)\,. \qquad \text{(XVIII 177)}$$

Hier ist

$$\alpha = \frac{z' w_0}{2\,kT} \qquad \text{(XVIII 178)}$$

und

$$L(x) = \coth x - \frac{1}{x} \qquad \text{(XVIII 179)}$$

41*

die LANGEVINsche Funktion. Die Gl. (XVIII 177) lassen sich nach $L\,(\alpha s_k)$ auflösen und ergeben dann

$$L\,(\alpha s_k) = s_k - \frac{s_0}{n-1} \qquad \text{(XVIII 180)}$$

mit

$$s_0 = \sum_{l=1}^{n} s_l\,. \qquad \text{(XVIII 181)}$$

Wir betrachten nur solche Lösungen der Gl. (XVIII 180), für welche $\alpha > 0$ ist (Potentialminimum in der antiparallelen Stellung) und ferner $s_0 = 0$ gilt. Für das raumzentrierte kubische Gitter ($n = 2$) haben wir dann

$$s_k = \pm\,(-1)^k s \quad (k = 1,2)\,, \qquad \text{(XVIII 182)}$$

wo s die positive reelle Wurzel der Gleichung

$$s = L\,(\alpha s) \qquad \text{(XVIII 183)}$$

ist. Diese Gleichung wird am einfachsten graphisch gelöst. Man führt eine neue Variable $x = \alpha s$ ein. Die Lösungen sind dann die Schnittpunkte der Geraden $y = \dfrac{x}{\alpha}$ und der Kurve $y = L\,(x)$. Man findet, daß für $1/\alpha > 1/3$ die Gerade und die Kurve sich nur im Ursprung schneiden und somit $s = 0$ die einzige Lösung ist. Für $1/\alpha < 1/3$ existieren drei Schnittpunkte, nämlich im Ursprung und bei $\pm\,\alpha s$. Daraus ergibt sich wieder die Existenz eines Umwandlungspunktes bei der Temperatur

$$T_c = \frac{z' w_0}{6\,k}\,. \qquad \text{(XVIII 184)}$$

Für Temperaturen $T > T_c$ ist, wie sich aus Gl. (XVIII 175) und (XVIII 176) ergibt, einfach $g_k = 1/4\pi$, was einer völlig ungeordneten Verteilung der Orientierungen in jedem Teilgitter entspricht. Unterhalb T_c wird die Verteilung der Orientierungen nach (XVIII 175) mehr und mehr geordnet, und zwar derart, daß infolge des alternierenden Vorzeichens in Gl. (XVIII 183) jeweils in der Hälfte der Teilgitter die Moleküle bevorzugt parallel, in der anderen Hälfte der Teilgitter bevorzugt antiparallel zu einer willkürlich gewählten Bezugsachse orientiert sind. Daß die Wahl dieser Achse willkürlich ist, beruht einfach darauf, daß die Wechselwirkungsenergie nur von der relativen Orientierung benachbarter Moleküle abhängt. Der Verlauf des Ordnungsparameters s als Funktion der Temperatur ist in Abb. 139 dargestellt. Man hat, wie zu erwarten war, im wesentlichen das gleiche Bild wie bei dem Fernordnungsparameter der BRAGG-WILLIAMSschen

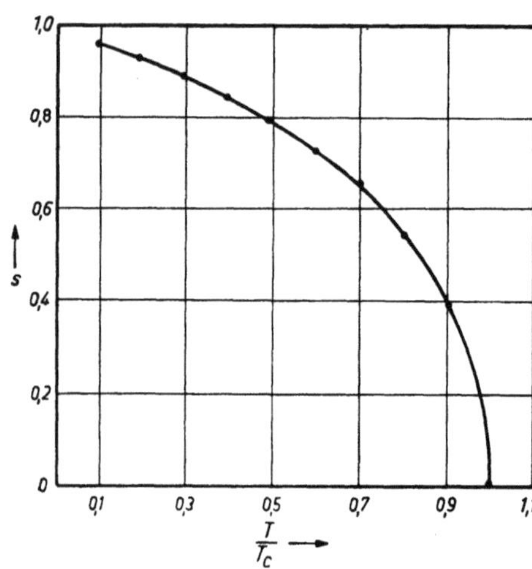

Abb. 139. Temperaturabhängigkeit der Orientierungsordnung [entnommen aus: J. G. KIRKWOOD: J. Chem. Phys. **8**, 205 (1940)]

Theorie. Die Gleichgewichtswerte der thermodynamischen Funktionen, die sich durch Einsetzen von (XVIII 175) und (XVIII 176) in die Gl. (XVIII 159),

(XVIII 161) und (XVIII 162) ergeben, sind

$$S_c = N k \left[\ln \left(\frac{4\,\pi}{\alpha\,s} \sinh \alpha\,s \right) - \alpha s^2 \right] \qquad \text{(XVIII 185)}$$

$$E_c = -\frac{N}{2}\, \alpha s^2 \qquad \text{(XVIII 186)}$$

$$F_c = - N k T \left[\ln \left(\frac{4\,\pi}{\alpha\,s} \sinh \alpha\,s \right) - \frac{1}{2}\, \alpha s^2 \right]. \qquad \text{(XVIII 187)}$$

Mit Benutzung von (XVIII 183) ergibt sich daraus für den Orientierungsanteil der Molekülwärme bei konstantem Volumen

$$C_c = k\, \frac{\alpha^2\, s^2\, L'\,(\alpha s)}{1 - \alpha L'\,(\alpha s)}\,, \qquad \text{(XVIII 188)}$$

wo $L'(x)$ die Ableitung der LANGEVINschen Funktion nach x ist. Da $C_c = 0$ ist für $T > T_c$, haben wir im Umwandlungspunkt eine Unstetigkeit in der Molekülwärme, für die sich

$$\Delta C_v/k = \frac{5}{2} \qquad \text{(XVIII 189)}$$

ergibt. Auch dieser Wert ist, wie es schon bei den Überstrukturumwandlungen der Fall war, viel kleiner als die experimentell bestimmten Unstetigkeiten. Die letzteren sind beispielsweise $\Delta C_v/k \approx 236$ für den bei 89° K gelegenen Umwandlungspunkt des HBr, $\Delta C_v/k \approx 12$ für den bei 70° gelegenen Umwandlungspunkt des HJ. Die wesentlichen Ursachen für dieses Versagen sind zweifellos die gleichen wie bei den Überstrukturumwandlungen. Wir brauchen daher an dieser Stelle nicht nochmals darauf einzugehen und verweisen auf die ausführliche Diskussion in § 16.6 und § 17.5. Immerhin können wir feststellen, daß die „nullte Näherung" die Erscheinung der Rotationsumwandlungen wenigstens halbquantitativ verständlich macht.

CHANG[1] und NAKAMURA[2] haben die BETHEsche Methode auf das Problem der Rotationsumwandlungen angewandt, während OGUCHI und TAKAGI[3] eine von KIKUCHI[4] stammende Methode benutzt haben. Eine vergleichende Behandlung nach der BRAGG-WILLIAMSschen und der BETHEschen Näherung ist von KRIEGER und JAMES[5] durchgeführt worden. Das grundsätzliche Verhältnis der verschiedenen Näherungen ist naturgemäß das gleiche wie bei den übrigen kooperativen Problemen. Im einzelnen hängen die Ergebnisse, wie schon erwähnt, weitgehend von der Wahl des Wechselwirkungspotentials ab. Das spezielle Problem der Rotationsumwandlungen langer Kettenmoleküle ist nach der BRAGG-WILLIAMSschen Methode von HOFFMAN[6] behandelt worden.

[1] CHANG, T. S.: Proc. Cambridge Phil. Soc. 33, 524 (1937).
[2] NAKAMURA, T.: J. Phys. Soc. Japan 7, 264 (1952).
[3] OGUCHI, I., u. Y. TAKAGI: J. Phys. Soc. Japan 7, 145 (1952).
[4] KIKUCHI, R.: Physic. Rev. 81, 988 (1951).
[5] KRIEGER, T. J., u. H. M. JAMES: J. Chem. Phys. 22, 796 (1954).
[6] HOFFMAN, J. D.: J. Chem. Phys. 20, 541 (1952).

Vierter Teil

Theorie der Flüssigkeiten

Kapitel XIX

Reine Flüssigkeiten

§ 19.1. Allgemeine Gesichtspunkte

Von den drei Aggregatzuständen der Materie bietet der flüssige Zustand die weitaus größten Schwierigkeiten für eine Anwendung der statistischen Thermodynamik. Die statistische Theorie der Flüssigkeiten ist daher, von vereinzelten Ausnahmen abgesehen, erst in den beiden letzten Jahrzehnten eingehender bearbeitet worden. Dabei sind auf dem Gebiet der flüssigen Gemische beachtliche Erfolge erzielt worden. Dagegen hat die Theorie der reinen Flüssigkeiten wesentlich geringere Fortschritte gemacht; sie ist auch heute noch der am wenigsten befriedigende Teil der statistischen Thermodynamik.

Die Ursachen für diesen Sachverhalt sind nicht schwer zu entdecken. Die in § 14.1 besprochenen allgemeinen Schwierigkeiten, die in der statistischen Theorie der kondensierten Phasen auftreten, lassen sich bei Kristallen verhältnismäßig einfach überwinden, weil die Röntgenanalyse ein präzises Bild von der molekularen Struktur gibt, das die Konstruktion eines adäquaten und der statistischen Behandlung zugänglichen Modells ermöglicht. Gerade dies trifft bei den Flüssigkeiten nicht mehr zu. Die Röntgendiagramme, von denen die Abb. 140 und 141

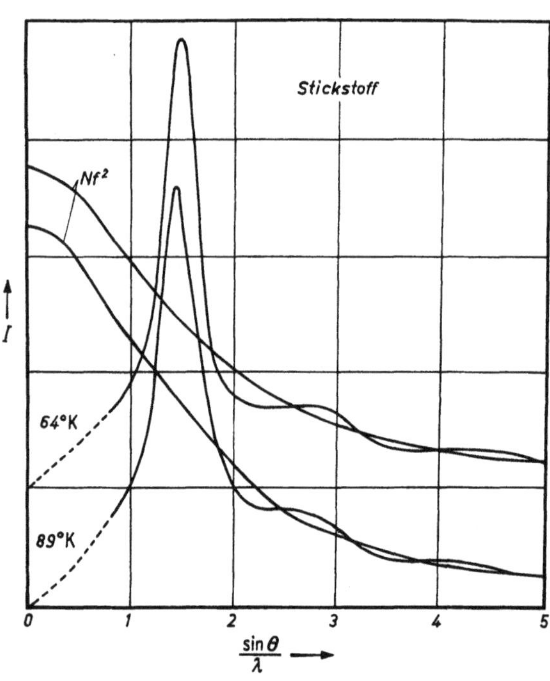

Abb. 140. Röntgenstreuung von flüssigem Stickstoff. Ordinate in Einheiten $\frac{e^4}{m^2 c^4}$. Kurve 1: 64° K; Kurve 2: 89° K [entnommen aus: N. S. Gingrich: Rev. Mod. Phys. **15**, 100 (1943)]

zwei Beispiele geben, zeigen nur diffuse Interferenzen mit mehr oder weniger ausgeprägten Maxima. Man kann diese Maxima in Beziehung setzen zu den Inter-

ferenzen eines Kristalls und kommt dann zu der insbesondere von MARK[1] und
KRATKY[2] entwickelten Vorstellung, daß die Flüssigkeit gewissermaßen als „ver-
wackelter" Kristall betrachtet werden kann. Dieses Bild ist noch ziemlich
vage und nicht ohne weiteres als Modell für die statistische Theorie zu verwenden.
Es enthält aber zweifellos einen richtigen Kern, denn die Molekülanordnung in
einer Flüssigkeit muß schon aus geometrischen Gründen eine Regelmäßigkeit
zeigen und somit eine gewisse Verwandtschaft zum kristallinen Gitter besitzen.
Andererseits ist aber eine exakte Interpretation der Röntgendiagramme von

Flüssigkeiten, wie wir in § 8.5
gesehen haben, nur mit Hilfe
der molekularen Verteilungsfunktionen möglich. In dieser
Art der Beschreibung tritt die
Verwandtschaft zwischen Flüssigkeit und Gas, die physikalisch
durch den stetigen Übergang zwischen beiden im hyperkritischen
Gebiet begründet ist, viel stärker
hervor, während andererseits der
Kristall als der Gegensatz zu
den fluiden Phasen erscheint. In
§ 13.1 haben wir gesehen, daß
die aus den Röntgendiagrammen
der Flüssigkeiten abgeleiteten
Maxima der radialen Verteilungsfunktion bereits bei mäßig komprimierten Gasen auftreten. Der
prinzipielle Unterschied zwischen
fluiden Phasen und Kristall
kommt in dem Verhalten der
molekularen Verteilungsfunktion
der Einzelmoleküle $g^{(1)}$ zum
Ausdruck, die für fluide Phasen

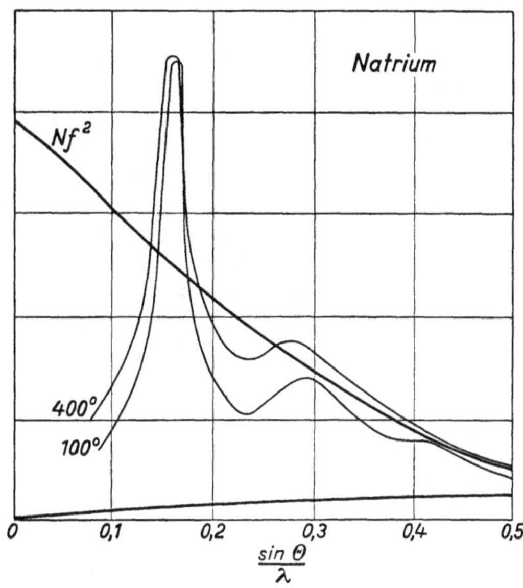

Abb. 141. Röntgenstreuung von flüssigem Natrium. Ordinate in
Einheiten $\dfrac{e^4}{m^2 c^4}$. Kurve 1: 100°C; Kurve 2: 400°C; die unterste
Kurve stellt die inkohärente Streuung dar [entnommen aus:
N. S. GINGRICH: Rev. Mod. Phys. **15**, 101 (1943)]

konstant den Wert Eins hat, für den Kristall dagegen dreifach periodisch
ist. Man kann also die molekulare Struktur der Flüssigkeiten dahin
charakterisieren, daß eine gewisse Nahordnung besteht, indem sich um ein
Molekül Koordinationsschalen benachbarter Moleküle ausbilden von ähnlicher
Struktur, wie sie im Kristall vorliegen. Diese Beschreibung darf aber, und das
ist der entscheidende Punkt, nur statistisch verstanden werden; man erhält
stets dasselbe Bild, gleichgültig von welchem Molekül man ausgeht.

Man erkennt aus dem Vorstehenden, daß eine der physikalischen Situation
angemessene statistische Theorie der Flüssigkeiten notwendig von der Theorie
der molekularen Verteilungsfunktionen ausgehen muß. Tatsächlich ist die
Methode von den verschiedenen Autoren[3] speziell für diesen Zweck entwickelt
worden. Die Durchführung eines solchen Programms ist jedoch bisher durch zwei
Umstände verhindert worden. Einmal kennt man noch keinen Weg, um die Benutzung des Superpositionsprinzips zu umgehen, dessen Problematik wir im § 13.3
ausführlich besprochen haben. Man könnte dies allenfalls in Kauf nehmen und

<hr>

[1] MARK, H.: Z. Physik **54**, 505 (1929).

[2] KRATKY, O.: Physikal. Z. **34**, 482 (1933).

[3] Vgl. die im § 8.1 und § 8.2 zitierte Literatur.

sich von vorneherein mit einer approximativen Theorie begnügen, deren Brauchbarkeit dann an der Erfahrung zu prüfen wäre. Es kommt aber hinzu, daß man bei der Durchführung der Rechnung schon in den einfachsten Fällen auf außerordentliche mathematische Schwierigkeiten stößt. Es sind daher nach dieser Methode erst verhältnismäßig wenige Resultate erhalten worden, und es scheinen vorläufig geringe Aussichten für eine umfassendere Anwendung zu bestehen.

Angesichts dieser Sachlage erscheint es gerechtfertigt, einen anderen Weg einzuschlagen und die näherungsweise Berechnung der Verteilungsfunktion mit Hilfe eines geeigneten Modells für das Gesamtsystem zu versuchen. Die Problematik dieses Verfahrens besteht darin, daß hier nicht, wie bei den Kristallen, das Modell durch experimentelle Ergebnisse bestimmt ist. Die Wahl desselben ist daher innerhalb ziemlich weiter Grenzen willkürlich. Da in die Theorie durchweg adjustierbare Parameter eingehen, liefert auch eine Übereinstimmung mit experimentellen Daten nicht immer ein sicheres Kriterium für das Modell.

Die meisten der zahlreichen Modelle, die als Grundlage für die Theorie der Flüssigkeiten vorgeschlagen worden sind, gehen letzten Endes auf ein Kristallmodell zurück, das in irgendeiner Weise modifiziert wird, um die charakteristischen Eigenschaften der Flüssigkeiten zu beschreiben. Nach den experimentellen Ergebnissen ist dieser Ausgangspunkt physikalisch sicherlich nicht unvernünftig, obschon dabei die Gefahr besteht, daß der charakteristische Unterschied zwischen Kristall und Flüssigkeit verwischt wird. Die Härte wird indessen gemildert, wenn man die physikalische Bedeutung des „Gittermodells" nicht allzu wörtlich nimmt und es mehr als einen mathematischen Trick zur Berechnung der Verteilungsfunktion auffaßt, denn wir haben gesehen, daß sich sogar die Eigenschaften realer Gase sinnvoll durch ein Gittermodell approximieren lassen.

Wir haben jetzt noch das Thema dieses Kapitels unter physikalischen Gesichtspunkten abzugrenzen. Im allgemeinsten Sinne kann man unter dem Sammelbegriff „Flüssigkeiten" alle Stoffe zusammenfassen, die weder gasförmig noch kristallin sind. Wir beschränken uns hier zunächst auf solche Stoffe, die im gewöhnlichen Sprachgebrauch Flüssigkeiten genannt werden. Wir schließen also insbesondere die Gläser und die amorphen Hochpolymeren von vorneherein aus[1]. Bei den gewöhnlichen Flüssigkeiten ist seit langem eine Einteilung in „normale" und „assoziierte" Flüssigkeiten üblich. Dieselbe geht ursprünglich darauf zurück, daß gewisse empirische Regeln, in erster Linie die TROUTONsche Regel, von einer Reihe von Flüssigkeiten leidlich gut befolgt werden, während andere starke Abweichungen zeigen, die man durch eine „Assoziation" zu erklären versuchte. Wir wollen hier nicht die Frage diskutieren, inwieweit eine solche Auffassung berechtigt ist; es kann uns genügen, daß die Einteilung als solche sich aus der Molekülstruktur begründen läßt. Man findet nämlich, daß zu den „assoziierten" Flüssigkeiten in erster Linie solche gehören, bei denen in der zwischenmolekularen Wechselwirkung starke Dipolkräfte, insbesondere H-Brücken, eine Rolle spielen, wie H_2O, Essigsäure oder Äthylalkohol. In Anbetracht der großen prinzipiellen Schwierigkeiten des Flüssigkeitsproblems wollen wir die bei den „assoziierten" Flüssigkeiten auftretenden zusätzlichen Komplikationen hier außer Betracht lassen. Wir beschränken uns also, präzise gesprochen, im wesentlichen auf den Fall einer kugelsymmetrischen reinen Dispersionswechselwirkung, d. h. auf die Betrachtung der flüssigen Edelgase. Dabei haben wir noch das Helium auszuschließen, weil wir die Anwendbarkeit der halbklassischen Näherung voraussetzen wollen[2]. Ähnlich wie beim zweiten Virialkoeffizienten

---

[1] Über den festen Zustand der Hochpolymeren vgl. „Die Physik der Hochpolymeren" (Herausgegeben von H. STUART), Bd. III. Berlin 1955.

[2] Neon zeigt geringe Quanteneffekte, die wir hier vernachlässigen können.

(vgl. § 11.3) mag es erlaubt sein, die Ergebnisse in gewissem Umfang auf andere normale Flüssigkeiten auszudehnen, doch muß man hierbei mit Vorsicht und Kritik verfahren.

Wir wollen nun den allgemeinen Ansatz formulieren und kurz diskutieren, welcher den Theorien, die wir in den folgenden Paragraphen behandeln, zugrunde liegt. Da wir die Gültigkeit der halbklassischen Näherung voraussetzen, können wir, wie in der Gastheorie (§ 12.1), ausgehen von der Formel

$$Q = \lambda^{-3N} \frac{Q_\tau}{N!} \qquad \text{(XIX 1)}$$

mit

$$\lambda = \frac{h}{(2\pi m k T)^{1/2}} \qquad \text{(XIX 2)}$$

und

$$Q_\tau = \int \cdots \int e^{-\frac{U}{kT}} d\mathbf{q}_1 \ldots, d\mathbf{q}_N \,, \qquad \text{(XIX 3)}$$

wo U die potentielle Energie des Gesamtsystems als Funktion der generalisierten Koordinaten ist. Um das Konfigurationsintegral zu berechnen, denken wir uns die Moleküle auf die Plätze eines quasi-kristallinen Gitters mit der mittleren Koordinationszahl z verteilt. Dabei nehmen wir vorläufig an, daß jeder Gitterplatz besetzt ist. Ein Molekül wird sich im wesentlichen um seinen Gitterplatz in einer „Zelle" bewegen, welche durch das mittlere Potential der Wechselwirkung mit den nächsten (und evtl. zweitnächsten) Nachbarn bestimmt ist. Wir können daher für jedes Molekül über eine Zelle integrieren. Der Möglichkeit eines Weiterwanderns der Moleküle tragen wir Rechnung, indem wir über sämtliche Permutationen der Moleküle auf den Gitterplätzen summieren. Damit wird das Konfigurations-Integral, wenn v_f das Integral über eine Zelle bezeichnet und W die potentielle Energie des Systems bei Fixierung aller Moleküle in den Zellenmitten, d. h. auf den Gitterplätzen,

$$Q_\tau = N! \, v_f^N \, e^{-\frac{W}{kT}} \,. \qquad \text{(XIX 4)}$$

Die einfachste Annahme, die man machen kann, ist, daß das Potential innerhalb der Zelle einen konstanten Wert hat und an der Begrenzung unendlich steil ansteigt[1]. In diesem Falle wird v_f einfach gleich dem Volumen der Zelle. Man nennt v_f daher allgemein das „freie Volumen" und die von Gl. (XIX 4) ausgehende Theorie die „Theorie des freien Volumens". Auch mit der eben erwähnten einfachen Annahme ist Gl. (XIX 4) für die Theorie der reinen Flüssigkeiten ziemlich wertlos, weil sowohl v_f wie W als Funktionen der Zustandsgrößen T und V betrachtet werden müssen und die Theorie über diese Abhängigkeit keine Aussagen macht. Sie bildet jedoch, wie wir im Kap. XX sehen werden, die Grundlage für eine der wichtigsten Methoden in der Theorie der flüssigen Gemische.

Man kann nun fragen, was aus Gl. (XIX 4) wird, wenn wir die Flüssigkeit auf dem Wege durch das hyperkritische Gebiet in ein ideales Gas überführen. Offenbar geht dann $W \to 0$ und v_f wird definitionsgemäß das Volumen pro Molekül, also V/N. Wir erhalten also mit Benutzung der STIRLINGschen Formel

$$Q_\tau = e^{-N} V^N \,, \qquad (v \to \infty) \quad \text{(XIX 5)}$$

während der korrekte Wert ist

$$Q_\tau = V^N \,. \qquad (v \to \infty) \quad \text{(XIX 6)}$$

---

[1] GUGGENHEIM, E. A.: Proc. Roy. Soc. (London) A **135**, 181 (1932).

Es muß daher in der Verteilungsfunktion ein Faktor e^N hinzugefügt werden, wenn man Konsistenz mit der Gastheorie erreichen will. Von LENNARD-JONES und DEVONSHIRE[1] wurde angenommen, daß dieser Korrekturfaktor erforderlich ist, weil die Moleküle unzulässigerweise als in der Zelle lokalisiert betrachtet werden. Tatsächlich gelangt man zu dem gleichen Ergebnis, wenn man von dieser Annahme ausgeht. Dies beruht darauf, daß bei Annahme nicht lokalisierter Teilchen der Faktor $N!$ in Gl. (XIX 4) sich gegen den gleichen Faktor im Nenner der Verteilungsfunktion heraushebt. Unsere Ableitung zeigt also klar, daß die erwähnte Ansicht, die merkwürdigerweise immer wieder in der Literatur auftaucht[2], nicht richtig sein kann. Tatsächlich beruht der Unterschied zwischen den Gl. (XIX 5) und (XIX 6) auf der einschränkenden Annahme, daß jede Zelle von einem und nur einem Molekül besetzt ist. Dadurch wird der Wert des Konfigurationsintegrals für $v \to \infty$ gerade um den Faktor e^N verkleinert. Die Hinzufügung dieses Faktors stellt also in Wirklichkeit eine ad hoc-Korrektur ohne theoretische Begründung dar, deren Notwendigkeit bei einer entsprechenden Verfeinerung der Theorie, wie wir sehen werden, entfällt. Der Faktor e^N in der Verteilungsfunktion liefert einen Zusatzterm k für die Entropie pro Molekül. EYRING u. Mitarb.[3] haben diesen Zusatzterm als "communal entropy" bezeichnet und ihn mit der Entropiezunahme beim Schmelzen in Zusammenhang gebracht. Der Übergang vom lokalisierten zum nichtlokalisierten System soll gerade am Schmelzpunkt stattfinden und mit der oben erwähnten Begründung eine Zunahme der Entropie pro Molekül um den Betrag k bewirken[4]. Diese Vorstellung ist bereits von RICE[5] kritisiert worden. Wenn wir uns daran erinnern, daß nach § 3.1 das Konzept der „lokalisierten Teilchen" lediglich auf einem idealisierten Grenzfall beruht, so muß man von vornherein bezweifeln, daß der Kristall bis zum Schmelzpunkt als System von lokalisierten Oszillatoren beschrieben werden kann. Andererseits ist das Auftreten des Faktors e^N in der Verteilungsfunktion der Flüssigkeit, wie wir gesehen haben, lediglich in der Unzulänglichkeit der Näherung begründet. Man kann daher höchstens sagen, daß in der Gesamtentropiedifferenz zwischen dem Kristall weit unterhalb des Schmelzpunktes und dem idealen Gas ein Term k enthalten ist. Mit dieser Aussage ist aber ziemlich wenig anzufangen. Es wäre daher am besten, wenn der Begriff der "communal entropy", der viel Verwirrung angerichtet hat, wieder verschwinden würde.

Wir kehren nun wieder zu Gl. (XIX 4) zurück. Wenn wir die primitive Annahme eines konstanten Potentials innerhalb der Zelle fallen lassen, müssen wir offenbar das freie Volumen definieren durch die Gleichung

$$v_f = \int\limits_0^\infty \int\limits_0^\pi \int\limits_0^{2\pi} e^{-\frac{w-w(0)}{kT}} \, r^2 \, dr \, \sin\vartheta \, d\vartheta \, d\varphi \,, \qquad \text{(XIX 7)}$$

wo der Ursprung des Koordinatensystems in den Mittelpunkt der kugelförmig gedachten Zelle (d. h. in den Gitterplatz) gelegt ist und w die potentielle Energie des betrachteten Moleküls als Funktion dieser Koordinaten bezeichnet. Dabei

---

[1] LENNARD-JONES, J. E., u. A. F. DEVONSHIRE: Proc. Roy. Soc. (London) A **163**, 53 (1937); **165**, 1 (1938).

[2] Der Sachverhalt ist korrekt dargestellt unter anderem bei J. E. MAYER u. M. GOEPPERT-MAYER: Statistical Mechanics. New York 1940.

[3] HIRSCHFELDER, J. O., D. P. STEVENSON u. H. EYRING: J. Chem. Phys. **5**, 896 (1937).

[4] Tatsächlich liegt die molekulare Schmelzentropie vieler einfach gebauter Stoffe in der Größenordnunng von k.

[5] RICE, O. K.: J. Chem. Phys. **6**, 476 (1938).

ist naturgemäß

$$W = N\,w_0 = \tfrac{1}{2}\,N\,w(0) \qquad\qquad \text{(XIX 8)}[1]$$

die Energie der Konfigurationen, bei denen sich alle Teilchen gerade auf den Gitterplätzen befinden. Mit dieser Formulierung ist das Problem auf die Konstruktion der Potentialfunktion w reduziert.

Eine einfache Annahme besteht darin, daß man für $w - w(0)$ das Potential eines isotropen dreidimensionalen harmonischen Oszillators einsetzt. Tatsächlich ist in dieser speziellen Form das Gittermodell der Flüssigkeit von Mie[2] überhaupt zum ersten Male formuliert worden. Wir haben dann

$$w - w(0) = \tfrac{1}{2}\,m\,(2\pi\nu)^2\,r^2 \qquad\qquad \text{(XIX 9)}$$

und

$$v_f = 4\pi \int_0^\infty e^{-\frac{m(2\pi\nu)^2 r^2}{2kT}}\, r^2\, dr = \left(\frac{kT}{2\pi m\nu^2}\right)^{3/2}, \qquad\qquad \text{(XIX 10)}$$

wo m die Masse des Teilchens und ν die Frequenz ist. Durch Einsetzen dieses Ausdruckes in Gl. (XIX 4) ergibt sich mit (XIX 1) für die freie Energie nach Helmholtz

$$F = -NkT\left[3\ln\frac{kT}{h\nu} - \frac{w_0}{kT}\right]. \qquad\qquad \text{(XIX 11)}$$

Mit Hilfe dieser Formel kann man in ähnlicher Weise, wie wir dies in § 15.1 für den idealen Kristall durchgeführt haben, eine Gleichung für den Dampfdruck ableiten. Obwohl dieselbe im wesentlichen (d. h. wenn wir von der speziellen Bedeutung der Parameter absehen) mit der Nernstschen Formel übereinstimmt, wollen wir diesen Gedankengang hier nicht weiterverfolgen, da das Miesche Modell doch zu unrealistisch ist und kaum zu einem tieferen Verständnis der Flüssigkeiten führen kann. Die Hauptschwächen desselben liegen darin, daß es einmal nur einen quantitativen Unterschied zwischen Flüssigkeit und Kristall gibt, der sich in den Parametern ν und w_0 ausdrückt, zum anderen ν und w_0 zum wenigsten noch als Funktionen des Volumens aufgefaßt werden müssen, worüber die Theorie keine Aussagen machen kann. Der letztere Gesichtspunkt fällt hier, anders als bei den Kristallen, entscheidend ins Gewicht, da die Möglichkeit, bis in den Gaszustand reichende Isothermen zu konstruieren, davon abhängt. Im folgenden Paragraphen behandeln wir eine Näherung, mit deren Hilfe dieses Ziel erreicht werden kann.

§ 19.2. Die Theorie von Lennard-Jones und Devonshire

Der am Schluß des vorhergehenden Paragraphen erwähnte Ansatz von Mie stellt letzten Endes eine ad hoc ersonnene Hypothese dar. Im Gegensatz dazu haben Lennard-Jones und Devonshire[3] versucht, auf Grund plausibler Annahmen eine Berechnung der Potentialfunktion w durchzuführen. Denken wir uns das betrachtete Molekül an irgendeinem Platz in der Zelle fixiert, so hängt naturgemäß die potentielle Energie, wenn wir vorläufig die Wechselwirkung mit zweitnächsten Nachbarn vernachlässigen, von den Lagen der nächsten Nachbarn ab. Die erste grundlegende Annahme besteht darin, daß dieses zeitlich wechselnde

---

[1] Die durch Gl. (XIX 7) eingeführte Größe $w(0)$ muß hier den Faktor $1/2$ erhalten, weil sonst jedes Molekül zweimal, als Mittelpunkt der Zelle und als nächster Nachbar, gezählt würde.

[2] Mie, G.: Ann. Phys. 11, 657 (1903).

[3] Lennard-Jones, J. E., u. A. F. Devonshire: Proc. Roy. Soc. (London) A 163, 53 (1937); 165, 1 (1938).

Potential ersetzt wird durch ein mittleres Potential, welches den Gleichgewichtslagen der nächsten Nachbarn auf den Gitterplätzen entspricht. Nun ist im Falle des flächenzentrierten kubischen Gitters (das wir als dichteste Kugelpackung bei Edelgasatomen zugrunde legen dürfen) ein Molekül von zwölf nächsten Nachbarn umgeben. Das eben definierte Feld besitzt also jedenfalls eine hohe Symmetrie in bezug auf den Mittelpunkt der Zelle, denn alle nächsten Nachbarn haben davon den gleichen Abstand a und sind, wenn wir größere Raumwinkel betrachten, gleichmäßig verteilt. Die zweite Annahme von LENNARD-JONES und DEVONSHIRE ersetzt nun dieses Feld durch ein völlig kugelsymmetrisches Feld. Um dieses explizit zu erhalten, geht man so vor, daß man das betrachtete Molekül auf einer Kugelfläche vom Radius r um den Mittelpunkt der Zelle bewegt und den Mittelwert der Wechselwirkungsenergie mit einem der im Abstand a vom Mittelpunkt der Zelle befindlichen nächsten Nachbarn berechnet[1]. Dieser Mittelwert muß dann noch mit der Zahl der nächsten Nachbarn z multipliziert werden, um die gesuchte Potentialfunktion w in Abhängigkeit von r, dem Abstand des betrachteten Moleküls von dem Mittelpunkt der Zelle, zu erhalten. Wir setzen also

$$w(r) = z\,\bar{u}(r')\,,\qquad\qquad\text{(XIX 12)}$$

wo $u(r')$ das aus der Gastheorie bekannte Potential der Wechselwirkung zwischen zwei Molekülen ist. Den Molekülabstand bezeichnen wir hier mit r'. Dann ist unter den obigen Voraussetzungen

$$r' = (r^2 + a^2 - 2\,a\,r\cos\vartheta)^{1/2}\qquad\qquad\text{(XIX 13)}$$

und es wird

$$w(r) = \frac{z}{4\pi}\int_0^{2\pi}\!\!\int_0^{\pi} u(r')\sin\vartheta\,d\vartheta\,d\varphi = \frac{z}{2}\int_0^{\pi} u\,[(r^2 + a^2 - 2\,a\,r\cos\vartheta)^{1/2}]\sin\vartheta\,d\vartheta\,.$$

$$\text{(XIX 14)}^2$$

Wir führen nun den aus der Theorie des zweiten Virialkoeffizienten (§ 11.3) bekannten Potentialansatz

$$u(r') = -\,\frac{a}{r'^m} + \frac{b}{r'^n}\qquad\qquad (n > m)\quad\text{(XIX 15)}$$

ein. Für die beiden Exponenten können wir auf Grund der bei Gasen und Kristallen gemachten Erfahrungen (vgl. § 11.3) von vorneherein die Werte $m = 6$ und $n = 12$ annehmen. Die Konstanten a und b lassen sich, wie wir früher gezeigt haben, durch die Energie des Potentialminimums u_0 und den zugehörigen Gleichgewichtsabstand r'_0 ausdrücken. Für die angegebenen Werte der Exponenten bekommen wir dann aus Gl. (XI 54) den einfachen Ausdruck

$$u = -\,|u_0|\left[2\left(\frac{r'_0}{r'}\right)^6 - \left(\frac{r'_0}{r'}\right)^{12}\right].\qquad\qquad\text{(XIX 16)}$$

An Stelle von r'_0 kann man auch, wie es in neuerer Zeit vielfach üblich geworden ist, den Abstand σ, bei dem $u = 0$ wird, einführen. Aus Gl. (XI 107) ergibt sich dann

$$u = -\,4\,|u_0|\left[\left(\frac{\sigma}{r'}\right)^6 - \left(\frac{\sigma}{r'}\right)^{12}\right].\qquad\qquad\text{(XIX 17)}$$

---

[1] Es handelt sich also um ein „verschmiertes" Potential.

[2] Man beachte, daß auf der rechten Seite im Integranden die eckige Klammer das Argument der Potentialfunktion u bezeichnet.

Setzen wir (XIX 16) in Gl. (XIX 14) ein, so erhalten wir

$$w(r) = \frac{z}{2}\,|u_0| \int\limits_0^{\pi} \left[- \frac{2\,r_0'^{6}}{(r^2 + a^2 - 2\,ar\cos\vartheta)^3} + \frac{r_0'^{12}}{(r^2 + a^2 - 2\,ar\cos\vartheta)^6} \right] \sin\vartheta \; d\vartheta$$

$$\text{(XIX 18)}$$

oder

$$w(r) = \frac{z}{2}\,|u_0| \left\{ - \frac{r_0'^{6}}{2\,a^5 r}\left[\left(1 - \frac{r}{a}\right)^{-4} - \left(1 + \frac{r}{a}\right)^{-4}\right] + \frac{r_0'^{12}}{10\,a^{11} r}\left[\left(1 - \frac{r}{a}\right)^{-10} - \left(1 + \frac{r}{a}\right)^{-10}\right] \right\}.$$

$$\text{(XIX 19)}$$

Daraus folgt

$$w(0) = \frac{z}{2}\,|u_0| \left[-4\left(\frac{r_0'}{a}\right)^6 + 2\left(\frac{r_0'}{a}\right)^{12} \right].$$

$$\text{(XIX 20)}$$

Wir definieren nun zwei Funktionen

$$l(y) = (1 + 12\,y + 25{,}2\,y^2 + 12\,y^3 + y^4)\,(1 - y)^{-10} - 1 \qquad \text{(XIX 21)}$$

und

$$m(y) = (1 + y)\,(1 - y)^{-4} - 1\,. \qquad \text{(XIX 22)}$$

Dann erhalten wir durch Kombination von (XIX 19) und (XIX 20)

$$w(r) - w(0) = z\,|u_0| \left[\left(\frac{r_0'}{a}\right)^{12} l\left(\frac{r^2}{a^2}\right) - 2\left(\frac{r_0'}{a}\right)^{6} m\left(\frac{r^2}{a^2}\right) \right]. \qquad \text{(XIX 23)}$$

Da u_0 negativ ist, führt man zweckmäßig einen positiven Energieparameter $\varLambda^*$ ein durch die Gleichung

$$\varLambda^* = -\,z\,u_0\,. \qquad \text{(XIX 24)}^{[1]}$$

Ferner definieren wir ein Volumen

$$v^* = \frac{v}{a^3}\,r_0'^{3} = \frac{r_0'^{3}}{\gamma}\,, \qquad \text{(XIX 25)}$$

wo $\gamma = a^3/v$ ein Zahlenfaktor ist, der von der angenommenen Gitterstruktur abhängt. Für das flächenzentrierte kubische Gitter ist $\gamma = \sqrt{2}$. Mit den durch Gl. (XIX 24) und (XIX 25) definierten Größen können die Gl. (XIX 20) und (XIX 23) geschrieben werden:

$$w(0) = \varLambda^* \left[\left(\frac{v^*}{v}\right)^4 - 2\left(\frac{v^*}{v}\right)^2 \right] \qquad \text{(XIX 26)}$$

und

$$w(r) - w(0) = \varLambda^* \left[\left(\frac{v^*}{v}\right)^4 l\left(\frac{r^2}{a^2}\right) - 2\left(\frac{v^*}{v}\right)^2 m\left(\frac{r^2}{a^2}\right) \right]. \qquad \text{(XIX 27)}$$

Der Verlauf des mittleren Potentials innerhalb der Zelle in Abhängigkeit von r/a ist in Abb. 142 für verschiedene Werte von v/v^* dargestellt. Das Potential zeigt im wesentlichen eine „kastenförmige" Gestalt und rechtfertigt damit die Bezeichnung „freies Volumen". Charakteristisch ist ein flaches Maximum im Mittelpunkt der Zelle, welches bei $v/v^* \approx 1{,}6$ verschwindet. Im Gebiete höherer Dichten ist der Potentialverlauf annähernd parabolisch, so daß hier der Ansatz von Mie eine nachträgliche Rechtfertigung erfährt. Bei Berücksichtigung der Wechselwirkung mit zweitnächsten Nachbarn muß in Gl. (XIX 26) im zweiten Term der rechten Seite an die Stelle des Faktors 2 der Faktor 2,4 treten.

---

[1] Diese Größe $\varLambda^*$ hat nichts zu tun mit der in § 11.4 so bezeichneten Größe.

Mit Gl. (XIX 26) erhalten wir aus (XIX 7) für das freie Volumen

$$v_f = 4\pi \int_0^{a/2} e^{-\frac{w(r) - w(0)}{kT}} r^2\, dr \qquad\qquad (XIX\ 28)$$

$$= 2\pi\, a^3 \int_0^{1/4} y^{1/2} \exp\left\{ -\frac{\Lambda^*}{kT}\left[\left(\frac{v^*}{v}\right)^4 l(y) - 2\left(\frac{v^*}{v}\right)^2 m(y) \right] \right\} dy\,,$$

wo

$$y = \frac{r^2}{a^2} \qquad\qquad (XIX\ 29)$$

ist. Wir haben hier die obere Integrationsgrenze in (XIX 28) nach der ursprünglichen Formulierung von LENNARD-JONES und DEVONSHIRE gegeben, die natürlich

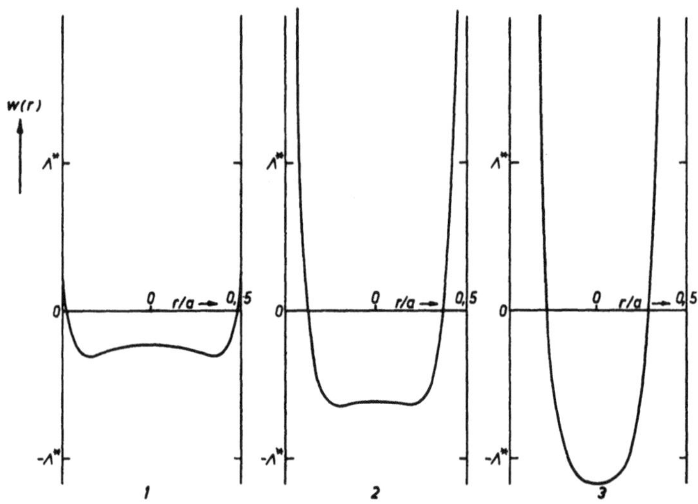

Abb. 142. Potentialverteilung in der Zelle nach LENNARD-JONES und DEVONSHIRE. Kurve 1: $(v^*/v)^2 = 0,1$; Kurve 2: $(v^*/v)^2 = 0,3$; Kurve 3: $(v^*/v)^2 = 0,7$ [entnommen aus: J. E. LENNARD-JONES u. A. F. DEVONSHIRE: Proc. Roy. Soc. (London) A **163**, 53 (1937)]

etwas willkürlich ist. In neueren Arbeiten[1] wird gewöhnlich ein Wert r_{max} gewählt, der durch

$$\frac{4\pi}{3} r_{max}^3 = v = \frac{a^3}{\sqrt{2}} \qquad\qquad (XIX\ 30)$$

definiert ist. Praktisch ist der Unterschied bedeutungslos, da für $r > \frac{a}{2}$ der Integrand, wie man aus Abb. 142 sieht, nicht mehr wesentlich von Null verschieden ist. Gl. (XIX 28) wird gewöhnlich in der Form

$$v_f = 2\pi\, a^3\, g \qquad\qquad (XIX\ 31)$$

geschrieben mit

$$g = \int_0^{1/4} y^{1/2} \exp\left\{ -\frac{\Lambda^*}{kT}\left[\left(\frac{v^*}{v}\right)^4 l(y) - 2\left(\frac{v^*}{v}\right)^2 m(y) \right] \right\} dy\,. \qquad (XIX\ 32)$$

---

[1] Zum Beispiel J. DE BOER: Proc. Roy. Soc. (London) A **215**, 4 (1952).

Aus Gl. (XIX 4) und (XIX 32) erhalten wir für das Konfigurationsintegral

$$\ln(Q_\tau/N!) = -\frac{Nw_0}{kT} + N\ln 2\pi\, a^3 + \tag{XIX 33}$$

$$+ N\ln\left\{\int_0^{1/4} y^{1/2}\exp\left[-\frac{\Lambda^*}{kT}\left(\frac{v^*}{v}\right)^4 l(y) + 2\frac{\Lambda^*}{kT}\left(\frac{v^*}{v}\right)^2 m(y)\right]dy\right\}.$$

Damit wird nach Gl. (XIX 1) die freie Energie nach HELMHOLTZ

$$F = -N\,kT\left[\ln\frac{(2\pi\,m\,kT)^{3/2}}{h^3} - \frac{w_0}{kT} + \ln 2\pi\,a^3\,g\right], \tag{XIX 34}$$

wo g durch Gl. (XIX 32) definiert ist. Schließlich können wir auch für w_0 den von der Theorie gelieferten Wert (XIX 26) einsetzen und haben dann

$$F = -N\,kT\left\{\ln\frac{(2\pi\,m\,kT)^{3/2}}{h^3} + \frac{\Lambda^*}{kT}\left[1{,}2\left(\frac{v^*}{v}\right)^2 - 0{,}5\left(\frac{v^*}{v}\right)^4\right] + \ln 2\pi\,a^3\,g\right\}.$$
$$\tag{XIX 35}[1]$$

Daraus folgt in bekannter Weise für den Druck

$$P = \frac{kT}{v}\left\{1 - \frac{\Lambda^*}{kT}\left[2{,}4\left(\frac{v^*}{v}\right)^2 - 2{,}0\left(\frac{v^*}{v}\right)^4\right] + \right.$$
$$\left. + 4\frac{\Lambda^*}{kT}\left[\left(\frac{v^*}{v}\right)^4\frac{g_l}{g} - \left(\frac{v^*}{v}\right)^2\frac{g_m}{g}\right]\right\}. \tag{XIX 36}$$

Die Größen g_l und g_m hängen, ebenso wie g, nur von Λ^*/kT und v^*/v ab. Sie sind definiert durch die Gleichungen

$$g_l = \int_0^{1/4} y^{1/2}\, l(y)\,\exp\left\{-\frac{\Lambda^*}{kT}\left[\left(\frac{v^*}{v}\right)^4 l(y) - 2\left(\frac{v^*}{v}\right)^2 m(y)\right]\right\}dy \tag{XIX 37}$$

und

$$g_m = \int_0^{1/4} y^{1/2}\, m(y)\,\exp\left\{-\frac{\Lambda^*}{kT}\left[\left(\frac{v^*}{v}\right)^4 l(y) - 2\left(\frac{v^*}{v}\right)^2 m(y)\right]\right\}dy. \tag{XIX 38}$$

Für die innere Energie ergibt sich

$$E = \frac{3}{2}N\,kT - N\,\Lambda^*\left[1{,}2\left(\frac{v^*}{v}\right)^2 - 0{,}5\left(\frac{v^*}{v}\right)^4\right] + N\,\Lambda^*\left[\left(\frac{v^*}{v}\right)^4\frac{g_l}{g} - 2\left(\frac{v^*}{v}\right)^2\frac{g_m}{g}\right]. \tag{XIX 39}$$

Die in diesen Gleichungen auftretenden Integrale g, g_l und g_m sind von verschiedenen Autoren[2-5] berechnet und tabelliert worden. PRIGOGINE und GARIKIAN[5] haben die Rechnung mit verschiedenen Ansätzen für das zwischenmolekulare Potential durchgeführt und konnten zeigen, daß die thermodynamischen Eigenschaften gegen die spezielle Wahl desselben ziemlich unempfindlich sind.

---

[1] Der Faktor 1,2 berücksichtigt die Wechselwirkung mit den zweitnächsten Nachbarn.
[2] LENNARD-JONES, J. E., u. A. F. DEVONSHIRE: Proc. Roy. Soc. (London) A **163**, 53 (1937).
[3] PRIGOGINE, I., u. S. RAULIER: Physica **9**, 396 (1942).
[4] HILL, T. L.: J. Phys. Colloid Chem. **51**, 1219 (1947).
[5] PRIGOGINE, I., u. G. GARIKIAN: J. Chim. Phys. **45**, 273 (1948).

Gl. (XIX 36) stellt die thermische Zustandsgleichung des Systems dar. Mit Hilfe der tabellierten Integrale lassen sich daraus ohne weiteres die $P-v$-Isothermen konstruieren. In § 11.5 haben wir gezeigt, daß unter gewissen, auch hier erfüllten Voraussetzungen, das LENNARD-JONES-Potential (XIX 15) notwendig auf das Theorem der übereinstimmenden Zustände führt. Das trifft in der Tat zu, wobei durch Gl. (XIX 36) unmittelbar die reduzierten Zustandsgrößen

$$\frac{Pv^*}{kT}, \quad \frac{kT}{\Lambda^*}, \quad \frac{v}{v^*} \tag{XIX 40}$$

gegeben sind. Natürlich lassen sich auch ohne Schwierigkeit die in Kap. XI benutzten reduzierten Zustandsgrößen hier einführen[1]. Abb. 143 zeigt zwei typische Isothermen nach Gl. (XI 36) zusammen mit einer Isotherme des idealen Gases in der reduzierten Darstellung nach (XIX 40).

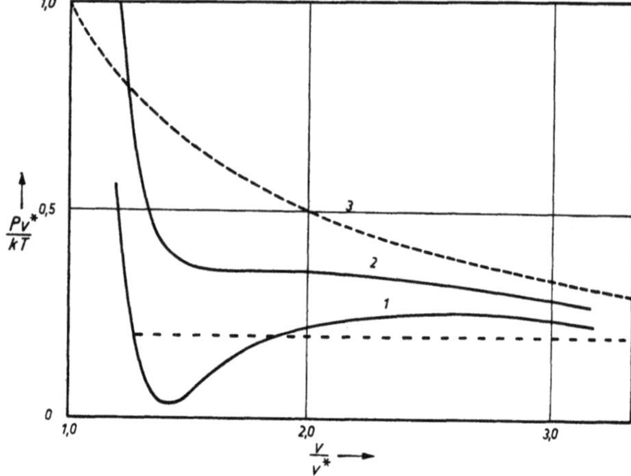

Abb. 143. P-v-Isothermen nach LENNARD-JONES und DEVONSHIRE. Kurve 1: $kT = \Lambda^*/10$; Kurve 2: $kT = \Lambda^*/9$; Kurve 3: Ideales Gas [entnommen aus: J. E. LENNARD-JONES u. A. F. DEVONSHIRE: Proc. Roy. Soc. (London) A 163, 53 (1937)]

Aus Abb. 143 kann man schließen, daß die eine Kurve praktisch mit der kritischen Isotherme zusammenfällt und somit für die kritische Temperatur gilt (wenn $z = 12$ gesetzt wird)

$$kT_k = \frac{\Lambda^*}{9} = \frac{z\,|u_0|}{9} = \frac{4}{3}\,|u_0| \,. \tag{XIX 41}$$

Da die Größe $|u_0|$ aus den Messungen des zweiten Virialkoeffizienten bekannt ist (§ 11.3), läßt sich Gl. (XIX 41) unmittelbar experimentell prüfen. Die Ergebnisse sind für einige Gase in Tab. 46 zusammengestellt. Die Übereinstimmung ist

Tabelle 46. *Kritische Temperaturen einiger Gase nach* LENNARD-JONES *und* DEVONSHIRE

Substanz	r_0^3 [Å³]	$\|u_0\|$ $\left[10^{-15}\,\dfrac{\text{erg}}{\text{Molekül}}\right]$	$\Lambda^* = 12\,\|u_0^*\|$ $\left[10^{-15}\,\dfrac{\text{erg}}{\text{Molekül}}\right]$	$\Lambda^*/9k$ T_k ber.	T_k beob.
H₂	35,3	4,25	51	41	33
Ne	29,2	4,89	58,6	47	44
N₂	72,5	13,25	159	128	126
A	56,2	16,5	198	160	150

Entnommen aus: R. H. FOWLER u. E. A. GUGGENHEIM: Statistical Thermodynamics S. 345. Cambridge 1948.

[1] BOER, J. DE: Proc. Roy. Soc. (London) A 215, 4 (1952).

erstaunlich gut. Merkwürdigerweise wird das kritische Volumen sehr schlecht wiedergegeben. Die genaue Berechnung stößt auf Schwierigkeiten; eine Abschätzung ergibt

$$v_c \approx 2\,v^* = \frac{2}{\gamma}\,r_0^3 = \sqrt{2}\,r_0^3\,. \qquad \text{(XIX 42)}$$

Dieser Wert ist erheblich zu niedrig. Für den durch Gl. (XI 11) definierten kritischen Koeffizienten ergibt sich ein Wert von etwa 1,43, was, wie die Zahlen der Tab. 28 zeigen, überhaupt nicht mit der Erfahrung übereinstimmt.

Eine weitere Möglichkeit zur experimentellen Prüfung der Theorie bietet das Dampfdruckgleichgewicht, das sich hier ohne Schwierigkeit nach der in Kap. XV angewandten Methode berechnen läßt. Aus Abb. 143 sieht man, daß unterhalb des kritischen Punktes die Isothermen den typischen Verlauf der van der Waalsschen Isothermen zeigen und damit die Phasenumwandlung andeuten. Man könnte im Prinzip so vorgehen, daß man in der bekannten Weise die Maxwellsche Regel auf diese Isothermen anwendet und daraus das Gleichgewicht bestimmt. Dieser Weg wäre aber unzweckmäßig, da der hier benutzte Ansatz eine um so schlechtere Näherung liefert, je geringer die Dichte ist. Andererseits kann man aber auf den mit der Flüssigkeit koexistierenden Dampf in einiger Entfernung vom kritischen Punkt mit hinreichender Genauigkeit die Gesetze des idealen Gases anwenden. Wir gehen daher aus von der allgemeinen Gleichgewichtsbedingung

$$\mu_G = \mu_{Fl} \qquad \text{(XIX 43)}$$

und setzen

$$\mu_G = -\,kT \ln \frac{(2\pi\,m\,k\,T)^{3/2}}{h^3} + kT \ln \frac{p}{kT}\,. \qquad \text{(XIX 44)}$$

Für das chemische Potential der Flüssigkeit erhalten wir nach

$$\mu = F/N + Pv \qquad \text{(XIX 45)}$$

aus Gl. (XIX 34)

$$\mu_{Fl} = -\,kT\left[\ln \frac{(2\pi m k T)^{3/2}}{h^3} - \frac{w_0}{kT} + \ln 2\pi\,\gamma\,g\,v_{Fl}\right] + Pv_{Fl}\,. \qquad \text{(XIX 46)}$$

Da für die flüssige Phase $Pv_{Fl} \ll kT$ ist, können wir den letzten Term vernachlässigen. Setzen wir (XIX 44) und (XIX 46) in (XIX 43) ein, so erhalten wir für den Dampfdruck

$$\ln p = \ln \frac{kT}{2\pi\,\gamma\,g\,v_{Fl}} + \frac{w_0}{kT}\,. \qquad \text{(XIX 47)}$$

Die Größen g und w_0 sind explizit als Funktionen von Λ^*/kT und v_{Fl}/v^* gegeben. Da wir aber hier ein univariantes Gleichgewicht haben, muß v_{Fl} als Funktion von T betrachtet werden. Diese Funktion kann näherungsweise bestimmt werden, wenn wir beachten, daß für die Flüssigkeit

$$\frac{Pv_{Fl}}{kT} \approx 0 \qquad \text{(XIX 48)}$$

ist. Damit erhalten wir aus Gl. (XIX 36)

$$\frac{\Lambda^*}{kT}\left[2,4\left(\frac{v^*}{v_{Fl}}\right)^2 - 2\left(\frac{v^*}{v_{Fl}}\right)^4\right] - 4\,\frac{\Lambda^*}{kT}\left[\left(\frac{v^*}{v_{Fl}}\right)^4 \frac{g_l}{g} - \left(\frac{v^*}{v_{Fl}}\right)^2 \frac{g_m}{g}\right] = 1 \qquad \text{(XIX 49)}$$

als die gesuchte Beziehung zwischen v_{Fl} und T. Aus Gl. (XIX 47) und (XIX 49) kann der Dampfdruck als Funktion der Temperatur berechnet werden. Die weitere Auswertung muß numerisch erfolgen und braucht uns hier nicht zu beschäftigen. Der Vergleich mit den experimentellen Daten ist nach DE BOER[1] in Abb. 144 durchgeführt, und zwar unter Benutzung der schon in § 11.4 eingeführten reduzierten Einheiten

$$T^* = \frac{kT}{|u_0|}, \quad p^* = \frac{p}{|u_0|/\sigma^3}. \qquad \text{(XIX 50)}$$

Man sieht, daß die lineare Beziehung zwischen $\ln p$ und $1/T$ von der Theorie wiedergegeben wird, daß aber die theoretische Kurve zu hoch liegt und eine falsche Steigung hat.

Die Verdampfungswärme ΔH_{verd} läßt sich entweder als Differenz der molekularen Enthalpien von Gas und Flüssigkeit oder einfacher aus der Verdampfungskurve nach der thermodynamischen Formel

$$\left(\frac{\partial \ln p}{\partial T}\right)_p = \frac{\Delta H_{verd}}{kT^2} \qquad \text{(XIX 51)}$$

bestimmen. Die daraus leicht zu erhaltende Verdampfungsentropie soll nach der TROUTONschen Regel am Siedepunkt für alle Stoffe den gleichen Wert haben. Das kann aber schon deshalb nicht streng gelten, weil der Siedepunkt keine charakteristische Temperatur der Flüssigkeit ist. Immerhin halten sich die Schwankungen bei normalen Flüssigkeiten in mäßigen Grenzen. In Tab. 47 sind einige Werte für die Verdampfungsentropien an den Siedepunkten und für die Verhältnisse Siedepunkt/kritische Temperatur zusammengestellt. Im letzteren Falle ist die Übereinstimmung mit den beobachteten Werten gut, dagegen sind die berechneten TROUTONschen „Konstanten" erheblich zu hoch[2].

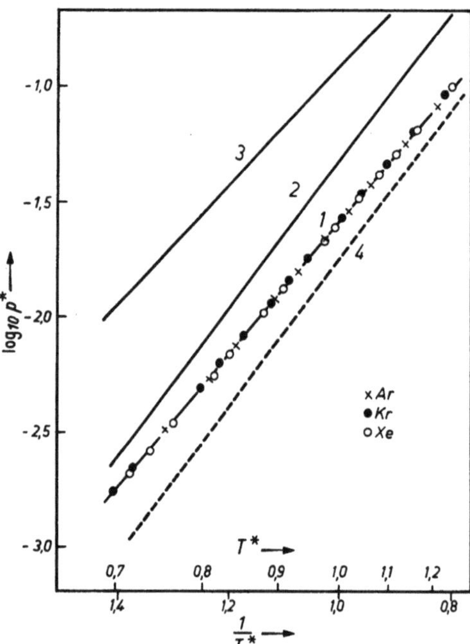

Abb. 144. Reduzierte Dampfdruckkurven. Kurve 1: Experimentelle Werte; Kurve 2: LENNARD-JONES und DEVONSHIRE ohne Korrekturfaktor, $z = 12$; Kurve 3: LENNARD-JONES und DEVONSHIRE ohne Korrekturfaktor $z = 10$; Kurve 4: LENNARD-JONES und DEVONSHIRE mit Korrekturfaktor e^N, $z = 12$ [entnommen aus: J. DE BOER: Proc. Roy. Soc. (London) A 215, 4 (1952)]

Zusammenfassend kann man vielleicht sagen, daß die Theorie von LENNARD-JONES und DEVONSHIRE im Durchschnitt ein halbquantitatives Bild von den Eigenschaften normaler Flüssigkeiten gibt. Bei der Schwierigkeit des Problems

Tabelle 47. TROUTONsche Regel

	Siedepunkt		Siedepunkt/krit. Temp.		Verdampfungsentropie	
	(ber.)	(beob.)	(ber.)	(beob.)	(ber.)	(beob.)
Neon	29,6	27,2	0,62	0,61	19,6	15,2
Argon	94,1	87,4	0,59	0,58	20,7	17,2
Stickstoff	79,0	77,2	0,61	0,61	19,8	17,3

Entnommen aus: A. EUCKEN: Grundriß der physikalischen Chemie. Leipzig 1944.

---

[1] BOER, J. DE: Proc. Roy. Soc. (London) A **215**, 4 (1952).

[2] Sie entsprechen etwa den gewöhnlich als „normal" angeführten Zahlen für „nicht assoziierte" organische Flüssigkeiten.

ist das immerhin soviel, daß es lohnend erscheint, diese Methode der Annäherung genauer zu untersuchen und weiter zu verfolgen. Wir besprechen hier zunächst noch einige kleinere Modifikationen, welche die Struktur der Theorie nicht wesentlich ändern. In den obigen Ableitungen haben wir der Klarheit halber den in § 19.1 erwähnten Korrekturfaktor e^N nicht berücksichtigt. Für alle mit der Zustandsgleichung zusammenhängenden Fragen spielt dies keine Rolle, da der betreffende Term bei der Differentiation nach v herausfällt. Dagegen muß er naturgemäß in der Dampfdruckformel auftreten. Anstelle von Gl. (Gl. XIX 47) haben wir dann

$$\ln p = \ln \frac{kT}{2\pi\gamma g\, v_{Fl}} + \frac{w_0 + kT}{kT}, \qquad \text{(XIX 52)}$$

während Gl. (XIX 49) unverändert auch hier gilt. Wir bemerken nochmals, daß die Einführung des Faktors e^N in die Verteilungsfunktion eine willkürliche Korrektur darstellt, die sich theoretisch nicht begründen läßt. Die Dampfdruckkurve nach Gl. (XIX 52) ist ebenfalls in Abb. 144 dargestellt. Die durch die Korrektur erreichte Parallelverschiebung bewirkt, daß jetzt die theoretischen Werte erheblich zu tief liegen. Man kann daraus entnehmen, daß nach der hier behandelten Theorie die Flüssigkeit offenbar, als Folge des Gittermodells, eine zu hohe molekulare Ordnung besitzt, daß aber mit der schematischen Einführung einer "communal entropy" nichts gewonnen ist.

Eine andere Möglichkeit, die numerischen Resultate der Theorie zu beeinflussen, liegt in der Wahl des Wertes für die Koordinationszahl z. Den bisher besprochenen Rechnungen liegt der dem Kristall entsprechende Wert $z = 12$ zugrunde. Diese Annahme ist von vorneherein wenig wahrscheinlich und wird direkt durch das Experiment widerlegt. In Tab. 48 sind die von Eisenstein und Gingrich[1] für flüssiges Argon aus Röntgendaten berechneten Koordinationszahlen zusammengestellt. Der Wert $z = 12$ ist danach zweifellos unzulässig. Man kann auch zeigen, daß ein kleinerer Wert der Koordinationszahl speziell bessere Werte für das Molekülvolumen der Flüssigkeit liefern würde[2].

Die konsistente Durchführung dieses Gedankens stößt jedoch auf zwei Schwierigkeiten. Zunächst ist die Frage, welchen Wert man für $z < 12$ der Größe γ zuzuschreiben hat. De Boer[3] hat versucht, diese Schwierigkeit dadurch zu umgehen, daß er zwischen den γ-Werten für das flächenzentrierte kubische Gitter ($z = 12$), das raumzentrierte kubische Gitter ($z = 8$) und das primitive kubische Gitter ($z = 6$) interpoliert. Man erhält dann für $z = 10$ $\gamma \approx 1,35$. Die andere Schwierigkeit besteht darin, daß nach den Ergebnissen der Tab. 48 offenbar z als Funktion der Temperatur und der Dichte betrachtet werden muß.

Tabelle 48. *Röntgenographisch bestimmte Koordinationszahlen für Argon*

Dichte [g/ml]	Abstand des 1. Maximums [Å]	1. Koordinationszahl	Abstand des 2. Maximums [Å]	2. Koordinationszahl
1,401	3,79	10,2—10,9	5,3	
1,365	3,79	6,8— 7,2	4,7	3,2—4,7
1,100	3,8	5,9— 6,2	4,8	
0,87	3,8	3,9— 4,6	5,4	
0,737	4,5	6		
0,330	4,1	2		

Entnommen aus: A. Eisenstein u. N. S. Gingrich: Physic. Rev. **62**, 261 (1942).

[1] Eisenstein, A., u. N. S. Gingrich: Physic. Rev. **62**, 261 (1942).
[2] Boer, J. de: Proc. Roy. Soc. (London) A **215**, 4 (1952).
[3] Boer, J. de: Proc. Roy. Soc. (London) A **215**, 4 (1952).

Dies ist aber ohne einen tiefergehenden Umbau der Theorie nicht möglich. Wir werden daher in § 19.3 auf diese Frage zurückkommen und zeigen hier lediglich eine in der angegebenen Weise von DE BOER[1] für $z = 10$ berechnete Dampfdruckkurve (Abb. 144). In diesem Falle wird die Übereinstimmung wesentlich verschlechtert, was wieder auf die zu hohe molekulare Ordnung des LENNARD-JONES-DEVONSHIRE-Modells hinweist.

Bisher haben wir lediglich Wechselwirkung mit nächsten und zweitnächsten Nachbarn berücksichtigt, und die letztere auch nur (was nicht ganz konsequent ist) bei der Berechnung der Größe w_0. HIRSCHFELDER u. Mitarb.[1,2] haben die Wechselwirkung mit den drei ersten Koordinationsschalen vollständig berücksichtigt und auf dieser Grundlage umfassende numerische Rechnungen durchgeführt. Es hat sich indessen gezeigt, daß auf diesem Wege ein nennenswerter Fortschritt nicht zu erzielen ist. Im einzelnen tritt eine gewisse Verschiebung der Resultate ein, aber die wesentlichen Diskrepanzen bleiben erhalten. Zur Veranschaulichung sind in Tab. 49 experimentelle und berechnete kritische Daten, in Tab. 50 Molekülvolumina der Flüssigkeit im Gleichgewicht mit dem Dampf

Tabelle 49. *Kritische Daten einiger Gase nach der Theorie von* LENNARD-JONES *und* DEVONSHIRE. Theoretische Werte: $T_k^* = kT_k/|u_0| = 1{,}30$; $v_k^* = v_k/\sigma^3 = 1{,}77$; $P_k^* = P_k\sigma^3/|u_0| = 0{,}434$; $P_k v_k/kT_k = 0{,}591$

Experimentelle Werte	T_k [° K]	V_k [cm³]	P_k [Atm.]	T_k^*	v_k^*	P_k^*	$P_k v_k/kT_k$
He	5,3	57,8	2,26	0,52	5,75	0,027	0,300
H₂	33,3	65,0	12,8	0,90	4,30	0,064	0,304
Ne	44,5	41,7	25,9	1,25	3,33	0,111	0,296
A	151	75,2	48	1,26	3,16	0,116	0,291
Xe	289,81	120,2	57,89	1,31	2,90	0,132	0,293
N₂	126,1	90,1	33,5	1,33	2,96	0,131	0,292
O₂	154,4	74,4	49,7	1,31	2,69	0,142	0,292
CH₄	190,7	99,0	45,8	1,29	2,96	0,126	0,290

Entnommen aus: J. O. HIRSCHFELDER, C. F. CURTISS u. R. B. BIRD: Molecular Theory of Gases and Liquids, S. 245 u. 303. New York 1954.

Tabelle 50. *Vergleich der theoretischen und experimentellen Werte des Flüssigkeitsvolumens beim Verdampfungsgleichgewicht*

	T [° K]	T^*	Flüssigkeitsdichte [g/cm³]	Druck [Atm.]	v_{Fl}^* (exp.)	v_{Fl}^* (ber.)
Stickstoff	77	0,844	0,804	1	1,16	1,09
Neon	27,26	0,764	1,204	1	1,27	1,07
Argon	90	0,726	1,374	1,5	1,209	1,05
	111	0,9026	1,224	7,4	1,357	1,11
	122	0,9871	1,138	13,7	1,459	1,17
Methan	111,6	0,818	0,4245	1	1,7	1,08
	133	0,976	0,3916	4,38	1,16	1,15
	153	1,122	0,3547	11,84	1,28	1,27
	191,05	1,400	0,1615	45,8	2,82	1,77

Entnommen aus: J. O. HIRSCHFELDER, C. F. CURTISS u. R. B. BIRD: Molecular Theory of Gases and Liquids, S. 304. New York 1954.

[1] WENTORF, R. H., R. J. BUEHLER, J. O. HIRSCHFELDER u. C. F. CURTISS: J. Chem. Phys. **18**, 1484 (1950).

[2] HIRSCHFELDER, J. O., C. F. CURTISS u. R. B. BIRD: Molecular Theory of Gases and Liquids. New York 1954.

zusammengestellt. Man bemerkt wieder die gute Übereinstimmung bei den kritischen Temperaturen, während kritisches Volumen und kritischer Druck, und damit auch der kritische Koeffizient, völlig falsch wiedergegeben werden. Die Molekülvolumina liegen systematisch zu niedrig; daß die prozentualen Abweichungen sich in mäßigen Grenzen halten (durchschnittlich 10—20%) ist in der Natur der Sache begründet. Man kann wohl vermuten, daß diese Diskrepanz vor allem auf der Annahme einer zu dichten Packung beruht; dieselbe läßt sich jedoch, wie erwähnt, ohne wesentliche Eingriffe in die Struktur der Theorie nicht entfernen.

§ 19.3*. Verfeinerungen und strengere Begründung der Theorie des freien Volumens

In neuerer Zeit sind verschiedene Versuche gemacht worden, die Theorie des freien Volumens unter Beibehaltung des Grundkonzepts in einigen wesentlichen Punkten umzugestalten und auf diese Weise bessere Übereinstimmung mit der Erfahrung zu erzielen. Einige derselben lassen sich, wie ROWLINSON und CURTISS[1] gezeigt haben, als Spezialfälle einer allgemeineren Theorie darstellen, die wir zuerst entwickeln.

Zweckmäßig gehen wir wieder von Gl. (XIX 3) aus. Wir nehmen an, daß das Volumen V in L gleich große Zellen geteilt ist. In der Theorie von LENNARD-JONES und DEVONSHIRE ist $N = L$, da jede Zelle von einem Molekül besetzt sein soll. Im Gegensatz dazu setzen wir jetzt $L \geqq N$ und lassen damit grundsätzlich die Möglichkeit von leeren Zellen oder „Löchern" zu. Die Größe einer Zelle $\varDelta = V/L$ nehmen wir so an, daß die Wahrscheinlichkeit der Besetzung durch mehrere Moleküle vernachlässigt werden kann. Der Ansatz von LENNARD-JONES und DEVONSHIRE führt notwendig zu der Folgerung, daß die Zellengröße mit abnehmender Dichte wächst. Da wir jetzt Löcher zulassen, kann die Zellengröße konstant gehalten werden, doch ist dies nicht unbedingt erforderlich. Mit diesen Annahmen können wir schreiben

$$\frac{Q_\tau}{N!} = \Sigma \int\limits_{\varDelta} d\mathbf{q}_1 \cdots \int\limits_{\varDelta} d\mathbf{q}_N \, e^{-\frac{U}{kT}} . \qquad \text{(XIX 53)}$$

Dabei ist die Summierung über alle Verteilungen der N-Moleküle auf die Zellen zu erstrecken, die nicht durch einfache Vertauschung der Moleküle auseinander hervorgehen und bei denen nicht Zellen von mehr als einem Molekül besetzt sind. Wir betrachten nun eine bestimmte besetzte Zelle i und bezeichnen die Zahl der leeren Zellen oder Löcher unter den nächsten Nachbarn mit $z\omega_i$. Die potentielle Energie des Moleküls im Mittelpunkt der betrachteten Zelle ist dann

$$w(0) = z(1 - \omega_i)\, u(a) , \qquad \text{(XIX 54)}$$

wo a wieder der Gleichgewichtsabstand zwischen den Molekülen im Gitter[2] und $u(r')$ die Wechselwirkungsenergie zwischen zwei Molekülen als Funktion ihres Abstandes ist. Wenn alle Moleküle sich auf Gitterplätzen, d. h. in den Zellenmitten befinden, ist dann die potentielle Energie des Gesamtsystems

$$W = \frac{z}{2}(N - X)\, u(a) \qquad \text{(XIX 55)}$$

mit

$$X = \sum_{i=1}^{N} \omega_i . \qquad \text{(XIX 56)}$$

---

[1] ROWLINSON, J. S., u. C. F. CURTISS: J. Chem. Phys. **19**, 1519 (1951).

[2] Dabei ist vernachlässigt, daß der Geichgewichtsabstand im Gitter durch Löcher notwendig modifiziert wird.

Dabei ist zu beachten, daß X nicht nur durch die Zahl der Löcher, sondern auch durch die jeweilige Konfiguration, d. h. durch die spezielle Verteilung der Moleküle auf die Gitterplätze bestimmt ist. Für die vollständige Berechnung der potentiellen Energie wird nun die zusätzliche Annahme eingeführt, daß das Feld in der Zelle auch dann Kugelsymmetrie hat, wenn sich unter den nächsten Nachbarn Löcher befinden, und daß lediglich die potentielle Energie um einen Faktor $(1 - \omega_i)$ verkleinert wird. Dann erhalten wir

$$U = \frac{z}{2} \cdot (N - X) u(a) + \sum_i (1 - \omega_i)[w(r) - w(0)] . \qquad \text{(XIX 57)}$$

Setzen wir dies in Gl. (XIX 53) ein, so folgt

$$\frac{Q_\tau}{N!} = \Sigma\, e^{-\frac{z(N-X)\,u(a)}{2kT}} \prod_i v_{fi}(\omega_i) , \qquad \text{(XIX 58)}$$

wo

$$v_{fi}(\omega_i) = \int_\Delta e^{-\frac{(1-\omega_i)\,[w(r)-w(0)]}{kT}} d\,\mathbf{q}_i \qquad \text{(XIX 59)}$$

als generalisiertes freies Volumen betrachtet werden kann. Wenn alle Nachbarzellen des i-ten Moleküls besetzt sind, geht (XIX 59) in die frühere Definition des freien Volumens, Gl. (XIX 7) über. Wir bezeichnen diesen Fall jetzt mit $v_{fi}(0)$. Wenn alle benachbarten Zellen unbesetzt sind, ist $\omega_i = 1$ und $v_{fi}(1)$ ist einfach gleich dem Volumen der Zelle. Um den Zusammenhang zwischen v_f und ω in einfacher Weise darzustellen, wird eine zweite zusätzliche Annahme eingeführt, indem gesetzt wird

$$\ln v_f(\omega) = \omega \ln v^{(1)} + (1 - \omega) \ln v^{(0)} . \qquad \text{(XIX 60)}$$

Dabei sind die Größen $v^{(1)}$ und $v^{(0)}$ nicht notwendig identisch mit $v_f(1)$ und $v_f(0)$. Die vier verschiedenen Näherungen, die wir weiter unten behandeln, entsprechen vier verschiedenen Annahmen über $v^{(1)}$ und $v^{(0)}$. Der Vorteil des Ansatzes (XIX 60) besteht darin, daß jetzt auf der rechten Seite der Gl. (XIX 58) jeder Term nur noch von $X = \Sigma \omega_i$, aber nicht unmittelbar von den genaueren Einzelheiten der Verteilung der Löcher abhängt. Die Größe zX ist die Zahl der „A-B-Paare", d. h. in diesem Falle der Paare von benachbarten Molekülen und Löchern. Mit (XIX 60) können wir die Gl. (XIX 58) schreiben

$$\frac{Q_\tau}{N!} = v^{(0)N}\, e^{-\frac{Nz u(a)}{2kT}} \Sigma\, g(N, L, X)\, e^{\frac{X\zeta}{kT}} . \qquad \text{(XIX 61)}$$

Hier ist

$$\zeta = \frac{z}{2}\, u(a) + kT \ln \frac{v^{(1)}}{v^{(0)}} \qquad \text{(XIX 62)}$$

und $g(N, L, X)$ die Zahl der Möglichkeiten, N Moleküle so auf L Gitterplätzen anzuordnen, daß zX A-B-Paare aus Molekülen und Löchern entstehen. Man sieht sofort, daß damit die Berechnung des Konfigurationsintegrals auf das kooperative Problem der binären Lösung reduziert ist, wobei jetzt Moleküle und Löcher die Komponenten sind. Tatsächlich haben wir hier nichts anderes als ein modifiziertes „Gitter-Gas", das wir in einer ziemlich unrealistischen, aber mathematisch exakten Form bereits in § 17.6 behandelt haben.

Wir wenden hier auf das Problem die quasi-chemische Methode an; wir fassen uns dabei ziemlich kurz und verweisen auf die ausführlicheren Darstellungen in § 16.5 und 20.3. Zunächst ersetzen wir in Gl. (XIX 61) die Größe X im Exponenten durch einen Mittelwert $\overline{\overline{X}}$. In § 16.3 haben wir bereits gezeigt, daß ein derartiger Mittelwert mit dem einfachen Mittelwert $\bar{X}$ zusammenhängt durch die Gleichung

$$\bar{\bar{X}} = T \int\limits_0^{1/T} \bar{X}\, d\left(\frac{1}{T}\right).$$ (XIX 63)

Für $\bar{X}$ gilt in der angenommenen Näherung (Unabhängigkeit von Paaren) die quasi-chemische Gleichung:

$$(N - \bar{X})\,[(L - N) - \bar{X}] = \bar{X}^2\, e^{-\frac{2\zeta}{zkT}},$$ (XIX 64)

mit der Lösung

$$\bar{X} = \frac{(L - N)\,N}{L}\,\frac{2}{\beta + 1},$$ (XIX 65)

wo

$$\beta = \left[1 + \frac{4\,(L - N)\,N}{L^2}\left(e^{-\frac{2\zeta}{zkT}} - 1\right)\right]^{\frac{1}{2}}$$ (XIX 66)

ist. Wir haben also

$$\frac{Q_\tau}{N!} = v^{(0)\,N}\, e^{-\frac{N z u(a)}{2kT}}\,\frac{L!}{N!\,(L - N)!}\, e^{\frac{\bar{\bar{X}}\zeta}{kT}},$$ (XIX 67)

da

$$\Sigma g(N, L, X) = \frac{L!}{N!\,(L - N)!}$$ (XIX 68)

ist. Führen wir nun für $\bar{\bar{X}}$ den aus Gl. (XIX 63) mit Hilfe der Lösung der quasi-chemischen Gleichung berechneten Wert ein, so folgt

$$\frac{Q_\tau}{N!} = v^{(0)\,N}\, e^{-\frac{N z u(a)}{2kT}}\,\frac{L!}{N!\,(L - N)!}\left[\frac{x\,(\beta + 1 - 2x)}{(1 - x)\,(\beta - 1 + 2x)}\right]^{\frac{z}{2}N}\left[\frac{(1 - x)\,(\beta + 1)}{(\beta + 1 - 2x)}\right]^{\frac{z}{2}L},$$ (XIX 69)

wo x der „Molenbruch"

$$x = \frac{N}{L}$$ (XIX 70)

ist. Für die mittlere Zahl der Löcher, von denen ein Molekül umgeben ist, gilt

$$z\bar{\omega} = z\,\frac{\bar{X}}{N}$$ (XIX 71)

oder mit Gl. (XIX 65)

$$\bar{\omega} = \frac{2\,(1 - \bar{x})}{\beta + 1}.$$ (XIX 72)

Bei hohen Dichten gilt $x \to 1$, $L \to N$, $\bar{\omega} \to 0$. Bei niedrigen Dichten haben wir $x \to 0$, $L \gg N$, $\bar{\omega} \to 1$, während die Zellengröße und $e^{-\frac{2\zeta}{zkT}} - 1$ endlich bleiben. Die entsprechenden Grenzformen der Gl. (XIX 69) sind

für hohe Dichten

$$\frac{Q_\tau}{N!} = v^{(0)\,N}\, e^{-\frac{N z u(a)}{2kT}},$$ (XIX 73)

für niedrige Dichten

$$\frac{Q_\tau}{N!} = \frac{L!}{N!\,(L - N)!}\,\varDelta^N \approx \frac{L^N\,\varDelta^N}{N!} = \frac{V^N}{N!}.$$ (XIX 74)

Wenn in Gl. (XIX 73) $v^{(0)}$ mit $v_f(0)$ identifiziert wird, kommen wir auf die Theorie von LENNARD-JONES und DEVONSHIRE. Andererseits erhalten wir für den Grenzfall niedriger Dichten, wie Gl. (XIX 74) zeigt, das korrekte Konfigurationsintegral des idealen Gases. Wir haben somit hier eine über den ganzen

Dichtebereich von Flüssigkeit und Gas konsistente Darstellung, ohne daß zusätzliche Korrekturen angebracht werden.

Für die freie Energie nach HELMHOLTZ ergibt sich aus Gl. (XIX 69) in Verbindung mit (XIX 1)

$$F = - N\,kT\left\{\ln\frac{(2\pi m k T)^{3/2}}{h^3} - \frac{w_0}{kT} + \ln v^{(0)} + \frac{1}{x}\left[x\ln x + (1-x)\ln(1-x)\right] + \right.$$

$$\left. + \frac{z}{2x}\left[x\ln\frac{\beta-1+2x}{x(\beta+1)} + (1-x)\ln\frac{\beta+1-2x}{(1-x)(\beta+1)}\right]\right\}. \qquad \text{(XIX 75)}$$

Diese Gleichung kann jedoch nicht ohne weiteres ausgewertet werden. Zunächst müssen irgendwelche Annahmen über die Größen $v^{(0)}$ und $v^{(1)}$ gemacht werden. Ferner enthält Gl. (XIX 75) noch die Zellengröße $\varDelta$. Man kann derselben einen willkürlichen konstanten Wert zuschreiben. Besser ist es jedoch, für konstante Temperatur und Dichte das Minimum der freien Energie in Abhängigkeit von $\varDelta$ aufzusuchen und daraus den Gleichgewichtswert dieser Größe zu bestimmen.

Der Vergleich von Gl. (XIX 7) und (XIX 59) zeigt, daß $v_f(\omega)$ bei einer Temperatur T den gleichen Wert hat wie $v_f(0)$ bei einer Temperatur $T/(1-\omega)$. Man kann daher den Zusammenhang zwischen $v_f(\omega)$ und ω ermitteln, indem man unter Benutzung von Gl. (XIX 31) setzt

$$v_f(\omega, T) = 2\pi a^3 g\left[T/(1-\omega)\right], \qquad \text{(XIX 76)}$$

wo g durch Gl. (XIX 32) definiert ist. Diese Gleichung läßt sich mit Hilfe der in § 19.2 erwähnten Tabellen, die g als Funktion von T geben, auswerten. Eine typische derartige Kurve ist in Abb. 145 dargestellt. Der Wert von $v_f(1)$ ist für $z = 12$ stets $a^3/\sqrt{2}$, während der Wert von $v_f(0)$ naturgemäß von der Temperatur

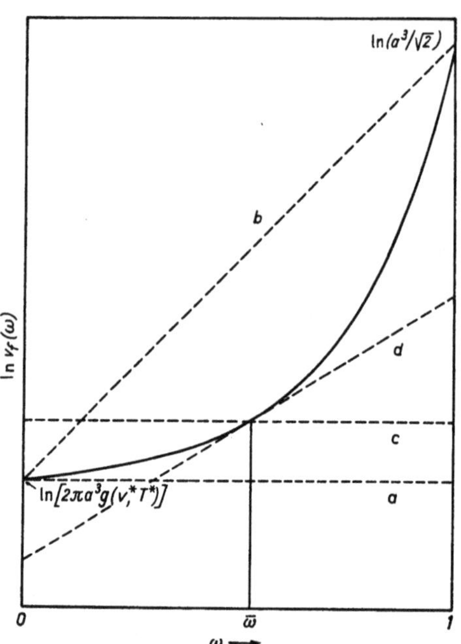

Abb. 145. Abhängigkeit der Größe $\ln v_f(\omega)$ von ω. Ausgezogene Kurve: Exakte Berechnung. Die vier gestrichelten Geraden sind lineare Approximationen für $\ln v_f(\omega)$. a CERNUSCHI und EYRING; b ONO; c PEEK und HILL; d ROWLINSON und CURTISS [entnommen aus: J. O. HIRSCHFELDER, C. F. CURTISS u. R. B. BIRD: Molecular Theory of Gases and Liquids, S. 314. New York 1954]

abhängt. Man erkennt aus der Abbildung, daß der lineare Ansatz Gl. (XIX 60) in jedem Falle eine ziemlich schlechte Näherung darstellt. Die verschiedenen speziellen Formen desselben, die wir jetzt betrachten wollen, sind als gestrichelte Linien eingezeichnet.

Die von CERNUSCHI und EYRING[1] entwickelte Theorie läuft im Rahmen der hier gegebenen Darstellung darauf hinaus, daß gesetzt wird

$$v_f(0) = v_f(1) = 2\pi a^3 g. \qquad \text{(XIX 77)}$$

Diese Näherung ist in Abb. 145 durch die gestrichelte Linie a dargestellt. Sie gibt den korrekten Wert für $v_f(0)$, ist aber im übrigen offensichtlich sehr schlecht.

ONO[2] macht den Ansatz

$$v^{(0)} = v_f(0) = 2\pi a^3 g, \quad v^{(1)} = v_f(1) = a^3/\sqrt{2}. \qquad \text{(XIX 78)}$$

[1] CERNUSCHI, F., u. H. EYRING: J. Chem. Phys. 7, 547 (1939).
[2] ONO, S.: Mem. Fac. Eng. Kyushu Univ. 10, 190 (1947).

Geht man damit in Gl. (XIX 60) ein, so erhält man die korrekten Werte für $v_f(0)$ und $v_f(1)$. Obwohl damit eine Verbesserung gegenüber dem Ansatz (XIX 77) erreicht wird, ist die lineare Interpolation im Zwischengebiet immer noch wenig befriedigend (Abb. 145, Kurve b).

In der Theorie von PEEK und HILL[1] wird die Funktion $v_f(\omega)$ durch ihren Wert an der Stelle des durch Gl. (XIX 72) definierten Mittelwertes $\overline{\omega}$ ersetzt. Wir haben dann

$$v^{(0)} = v^{(1)} = v_f(\overline{\omega}) = 2\pi\, a^3\, g\left[T/(1 - \overline{\omega})\right],\qquad\text{(XIX 79)}$$

wobei sich der Ausdruck auf der rechten Seite aus Gl. (XIX 76) ergibt. Diese Näherung wird durch die Linie c in Abb. 145 dargestellt.

Der Ansatz (XIX 79) ist von ROWLINSON und CURTISS[2] noch in der Weise verbessert worden, daß er an der Stelle $\overline{\omega}$ nicht nur den Wert der Funktion $v_f(\omega)$, sondern auch den der ersten Ableitung richtig wiedergibt. Man erreicht dies ohne weiteres, wenn man die TAYLOR-Entwicklung von $\ln v_f(\omega)$ mit dem linearen Gliede abbricht. Setzt man also

$$\ln v_f(\omega) = \ln v_f(\overline{\omega}) + (\omega - \overline{\omega})\left[\frac{\partial}{\partial\omega}\ln v_f(\omega)\right]_{\omega = \overline{\omega}},\qquad\text{(XIX 80)}$$

so folgt aus dem Vergleich mit Gl. (XIX 60)

$$v^{(0)} = v_f(\overline{\omega})\exp\left\{-\overline{\omega}\left[\frac{\partial}{\partial\omega}\ln v_f(\omega)\right]_{\omega = \overline{\omega}}\right\},$$

$$v^{(1)} = v_f(\overline{\omega})\exp\left\{(1 - \overline{\omega})\left[\frac{\partial}{\partial\omega}\ln v_f(\omega)\right]_{\omega = \overline{\omega}}\right\}.$$

$$\text{(XIX 81)}$$

Dieser Ansatz entspricht der Linie d in Abb. 145.

Die im vorstehenden angeführten Ansätze müssen nun in Gl. (XIX 75) eingeführt werden, um explizite Resultate zu erhalten. Für die Einzelheiten dieser Rechnungen verweisen wir auf die Originalarbeiten bzw. die zusammenfassende Darstellung von ROWLINSON und CURTISS. Wir beschränken uns hier auf einen Vergleich der nach den verschiedenen Methoden erhaltenen Ergebnisse.

Beginnen wir mit dem Gebiet der niedrigen Dichten, so haben wir zunächst festzustellen, daß alle hier besprochenen Näherungen, im Gegensatz zur Theorie von LENNARD-JONES und DEVONSHIRE, die korrekte Verteilungsfunktion des idealen Gases liefern [Gl. (XIX 74)]. Weiter zeigt Gl. (XIX 36), daß in der Theorie von LENNARD-JONES und DEVONSHIRE der zweite Virialkoeffizient den

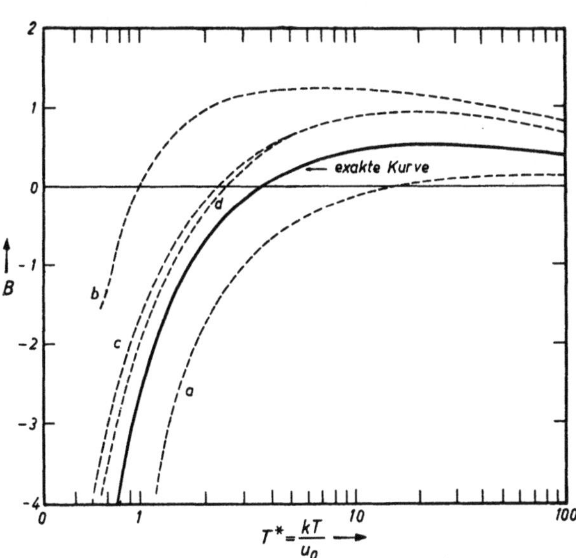

Abb. 146. Temperaturabhängigkeit des reduzierten 2. Virialkoeffizienten. Ausgezogene Kurve: Exakte Berechnung. Die vier gestrichelten Kurven a, b, c, d, sind die vier Approximationen entsprechend der Abb. 145 [entnommen aus: J. O. HIRSCHFELDER, C. F. CURTISS u. R. B. BIRD: Molecular Theory of Gases and Liquids, S. 317. New York 1954]

[1] PEEK, H. M., u. T. L. HILL: J. Chem. Phys. 18, 1252 (1950).
[2] ROWLINSON, J. S., u. C. F. CURTISS: J. Chem. Phys. 19, 1519 (1951).

Wert Null hat, da das erste Korrekturglied mit v^{-2} geht. In Abb. 146 ist der nach den hier behandelten Näherungen berechnete Verlauf des zweiten Virialkoeffizienten in Abhängigkeit von der durch Gl. (XIX 50) definierten reduzierten Temperatur T^* dargestellt. Qualitativ geben alle Ansätze ein einigermaßen zutreffendes Bild; sie stellen insofern jedenfalls eine Verbesserung gegenüber der Theorie von LENNARD-JONES und DEVONSHIRE dar. Die quantitativen Resultate, für die man als Maßstab etwa die Lage der BOYLE-Temperatur wählen kann, sind, wie zu erwarten war, bei den Näherungen von CERNUSCHI-EYRING und ONO am schlechtesten, während die beiden anderen wesentlich bessere Ergebnisse liefern. Immerhin bleibt die Näherung ziemlich roh und hat gegenüber der exakten Theorie (Kap. XI) keinerlei selbständige Bedeutung. Das ist natürlich kein Einwand gegen die hier behandelten Theorien, die ja in erster Linie für den flüssigen Zustand gelten sollen.

Tab. 51 enthält die nach den verschiedenen Methoden berechneten kritischen Daten. Das Bild ist hier sehr uneinheitlich. Für die kritische Temperatur liefert die Theorie von LENNARD-JONES und DEVONSHIRE den besten Wert, für den kritischen Druck die von ONO, für das kritische Volumen die von PEEK und HILL. Für den kritischen Koeffizienten erhält man nach CERNUSCHI-EYRING und ONO den gleichen Wert, der wesentlich besser ist als die nach den übrigen Methoden berechneten Zahlen.

Schließlich zeigt Abb. 147 noch die nach LENNARD-JONES und DEVONSHIRE, sowie ONO berechneten Dampfdruckkurven. Die letztere zeigt gegenüber der ersteren eine erhebliche Verschlechterung.

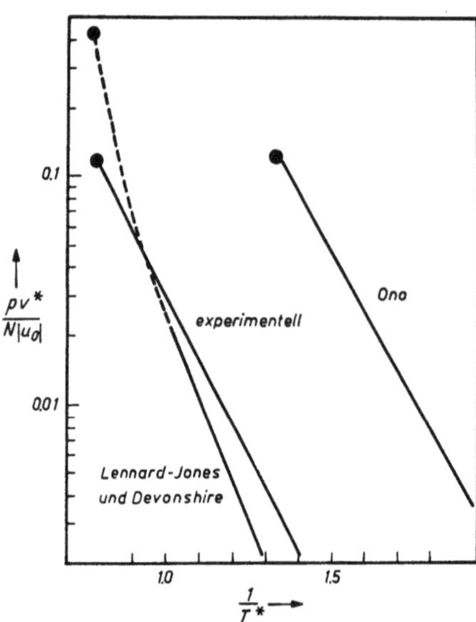

Abb. 147. Dampfdruckkurven nach LENNARD-JONES u. DEVONSHIRE sowie ONO. Die Kreise geben die Lagen des kritischen Punktes an [entnommen aus: J. S. ROWLINSON u. C. F. CURTISS: J. Chem. Phys. 19, 1519 (1951)]

Tabelle 51. Kritische Konstanten nach verschiedenen Näherungen

	$P_k\, v_k/k\,T_k$	T_k^*	P_k^*	v_k^*
Mittlere Werte für Ne, A, N_2 . . .	0,293	1,28	0,119	3,15
LENNARD-JONES u. DEVONSHIRE . .	0,591	1,30	0,434	1,77
CERNUSCHI u. EYRING	0,342	2,74	0,469	2,00
ONO	0,342	0,75	0,128	2,00
PEEK u. HILL	0,719	1,18	0,261	3,25

Entnommen aus: J. O. HIRSCHFELDER, C. F. CURTISS u. R. B. BIRD: Molecular Theory of Gases and Liquids, S. 319. New York 1954.

Überblickt man diese Ergebnisse, so kommt man zu dem Schluß, daß die in diesem Paragraphen besprochenen Verfeinerungen der Theorie von LENNARD-JONES und DEVONSHIRE eine wirkliche Verbesserung nur in dem Gebiet der mäßig bis stark verdünnten Gase darstellen, wo die ganze Theorie ohnehin keine praktische Bedeutung hat. Im übrigen sind Verbesserungen bei einzelnen Daten durch Verschlechterungen bei anderen erkauft, so daß, auch in Anbetracht der rechnerischen Umständlichkeit, die ursprüngliche Theorie vorzuziehen ist. Das in diesem Paragraphen benutzte „Löcher"-Modell kommt zwar sicherlich der Wirklichkeit näher als die in § 19.2 benutzte Vorstellung einer dichten Packung. Es kann aber wohl kaum als ein wirklich angemessenes Bild der Struktur einer Flüssigkeit gelten. Da die Rechnung hier weitere zusätzliche Annahmen einführt [Symmetrie des Feldes; Gl. (XIX 60)], ist das ziemlich negative Resultat einigermaßen verständlich. Man kann daraus wohl schließen, daß Versuche, die Theorie in der angedeuteten Richtung zu verbessern, als aussichtslos betrachtet werden müssen.

Eine Weiterentwicklung der Theorie auf der Grundlage des Gittermodells bzw. der Theorie des freien Volumens ist offenbar nur in der Weise denkbar, daß die Theorie von LENNARD-JONES und DEVONSHIRE in strenger Weise als erster Schritt einer systematischen Approximation der Verteilungsfunktion dargestellt wird. Dies läßt sich nach KIRKWOOD[1] in folgender Weise durchführen. Wir gehen aus von der Konfigurations-Verteilungsfunktion Gl. (XIX 3) und teilen das gesamte Volumen, über welches die Integration erstreckt wird, in N gleiche Zellen vom Volumen Δ. Die Zahl der Zellen muß nicht notwendig gleich der Zahl der Teilchen sein, wir wollen dies aber der Einfachheit halber zunächst annehmen. Das Integral (XIX 3) läßt sich dann darstellen als eine Summe von Integralen, in denen der Koordinatenbereich des einzelnen Teilchens jeweils auf eine Zelle beschränkt ist. Bezeichnen wir mit l_i die Nummer der Zelle, über welche in dem betreffenden Term die Koordinaten des i-ten Teilchens integriert werden, so können wir schreiben

$$Q_\tau = \sum_{l_1=1}^{N} \cdots \sum_{l_N=1}^{N} \int_{\Delta_{l_1}} \cdots \int_{\Delta_{l_N}} e^{-\frac{U}{kT}} d\mathbf{q}_1, \ldots, d\mathbf{q}_N. \tag{XIX 82}$$

Die N^N Integrale der rechten Seite fassen wir nun in Gruppen zusammen, die durch die Besetzungszahlen der einzelnen Zellen $m_1, \ldots, m_N$ charakterisiert sind. Bezeichnen wir ein solches Integral mit $Q_\tau^{(m_1, \ldots, m_N)}$, so wird aus Gl. (XIX 82)

$$\frac{Q_\tau}{N!} = \sum_m \frac{1}{\prod_{l=1}^{N} m_l!} Q_\tau^{(m_1, \ldots, m_N)}. \tag{XIX 83}$$

Dabei ist die Summierung über alle Besetzungszahlen der Zellen zu erstrecken, die mit der Nebenbedingung

$$\sum_{l=1}^{N} m_l = N \tag{XIX 84}$$

vereinbar sind. Es sei nun

$$Q_\tau^{(1)} \equiv Q_\tau^{(1, \ldots, 1)} = \int_{\Delta_1} \cdots \int_{\Delta_N} e^{-\frac{U}{kT}} d\mathbf{q}_1, \ldots, d\mathbf{q}_N \tag{XIX 85}$$

das Integral, welches der Besetzung jeder Zelle durch ein Molekül entspricht. Ferner definieren wir eine Größe σ durch die Gleichung

$$\sigma^N = \sum_m \frac{1}{\prod_{l=1}^{N} m_l!} \frac{Q_\tau^{(m_1, \ldots, m_N)}}{Q_\tau^{(1)}}. \tag{XIX 86}$$

Dann kann die Gl. (XIX 83) geschrieben werden

$$\frac{Q_\tau}{N!} = \sigma^N Q_\tau^{(1)}. \tag{XIX 87}$$

---

[1] KIRKWOOD, J. G.: J. Chem. Phys. **18**, 380 (1950).

Bei hohen Dichten ist infolge der Abstoßungskräfte zwischen den Molekülen eine mehrfache Besetzung der Zellen nicht möglich. Es verschwinden daher alle $Q_\tau^{(m_1, \ldots, m_N)}$ außer $Q_\tau^{(1)}$, und wir bekommen aus (XIX 26)

$$\sigma = 1 . \qquad \text{(hohe Dichte)} \qquad \text{(XIX 88)}$$

In dem anderen Extremfall, an der Grenze des idealen Gases, werden alle $Q_\tau^{(m_1, \ldots, m_N)}$ gleich und es folgt

$$\sigma^N = \sum_m \frac{1}{\prod\limits_{l=1}^{N} m_l!} = \frac{N^N}{N!} = e^N , \qquad \text{(niedrige Dichte)} \qquad \text{(XIX 89)}$$

da σ^N hier einfach gleich der durch $N!$ dividierten Zahl der Terme in der ursprünglichen Summierung (XIX 83) wird. Man erkennt aus der vorstehenden Formulierung nochmals klar den wahren Charakter des Scheinproblems der „communal entropy", wie wir ihn bereits in § 19.1 dargelegt haben. Es kommt dadurch zustande, daß aus dem durch $N!$ dividierten Konfigurations-Integral der Faktor $Q_\tau^{(1)}$, welcher dem Gittermodell in der Formulierung von LENNARD-JONES und DEVONSHIRE entspricht, abgespalten wird. Der verbleibende Faktor hat bei hoher Dichte den Wert Eins, für das ideale Gas den Wert e^N. Das Ganze beruht somit auf einer speziellen Zerlegung des Konfigurationsintegrals und verschwindet, wie wir bereits an speziellen Beispielen gesehen haben, mit der Änderung dieser Formulierung. Der von dem Faktor σ^N in der Verteilungsfunktion herrührende Entropiebeitrag ist nicht einfach $N\,k\,\ln\sigma$, sondern

$$S' = N\,k\left(\ln\sigma + T\,\frac{\partial \ln \sigma}{\partial T}\right) . \qquad \text{(XIX 90)}$$

Wir beschränken uns im folgenden auf die Analyse des Faktors $Q_\tau^{(1)}$ und wollen zeigen, welches der Sinn der speziellen Näherung von LENNARD-JONES und DEVONSHIRE ist und wie dieselbe eventuell, im Rahmen des Faktors $Q_\tau^{(1)}$, verbessert werden kann.

Dem Faktor $Q_\tau^{(1)}$ in der Verteilungsfunktion entspricht ein Term

$$F^{(1)} = -\,k\,T\,\ln Q_\tau^{(1)} \qquad \text{(XIX 91)}$$

der freien Energie nach HELMHOLTZ. Es ist nun zweckmäßig, eine Wahrscheinlichkeitsdichte für die kanonische Verteilung in dem Teil des Konfigurationsraumes, welcher den Einzelbesetzungen der Zellen entspricht, zu definieren durch die Gleichung

$$\varrho^{(1)} = e^{\frac{F^{(1)} - U}{kT}} . \qquad \text{(XIX 92)}$$

Für die mittlere potentielle Energie der betreffenden Konfigurationen erhalten wir dann

$$E^{(1)} = \bar{U}^{(1)} = \int_{\Delta_1} \ldots \int_{\Delta_N} U \varrho^{(1)}\,d\mathbf{q}_1 \ldots d\mathbf{q}_N , \qquad \text{(XIX 93)}$$

wo $E^{(1)}$ der entsprechende Term der thermodynamischen inneren Energie ist. Für den zugehörigen Term der Entropie ergibt sich aus Gl. (V 208)

$$S^{(1)} = -\,k \int_{\Delta_1} \ldots \int_{\Delta_N} \varrho^{(1)} \ln \varrho^{(1)}\,d\mathbf{q}_1 \ldots d\mathbf{q}_N . \qquad \text{(XIX 94)}$$

Aus Gl. (XIX 92)—(XIX 94) folgt sofort die thermodynamische Relation

$$F^{(1)} = E^{(1)} - T S^{(1)} . \qquad \text{(XIX 95)}$$

Wir machen nun als Näherung den Ansatz[1]

$$\varrho^{(1)} = \prod_{i=1}^{N} \varphi\,(\mathbf{r}_i)$$ (XIX 96)

mit der Normierung

$$\int_{\Delta} \varphi\,(\mathbf{r})\,d\mathbf{r} = 1\;.$$ (XIX 97)

Hier ist $\mathbf{r}$ der Ortsvektor des Moleküls in bezug auf einen in „seiner" Zelle (im allgemeinen im Mittelpunkt der Zelle) liegenden Koordinatenursprung. $\varphi\,(\mathbf{r}_i)$ hängt also nur von der Lage des i-ten Moleküls in der i-ten Zelle ab. Wir geben einer willkürlich herausgegriffenen Zelle den Index 1 und bezeichnen den vom Ursprung der Zelle 1 zum Ursprung der Zelle l gehenden Vektor mit $\mathbf{R}_{1l}$. Ferner definieren wir eine Funktion

$$U_1(\mathbf{r}) = \sum_{l=2}^{N} u\,(\mathbf{R}_{1l} + \mathbf{r})\;,$$ (XIX 98)

wo u wieder die Wechselwirkungsenergie zwischen zwei Molekülen als Funktion ihres Abstandes ist. Bis auf die spezielle Wahl der Koordinaten ist diese Funktion identisch mit den durch Gl. (VIII 54), (VIII 55) und (VIII 278), (VIII 279) definierten Größen. Aus Gl. (XIX 96)—(XIX 98) ergibt sich in Verbindung mit Gl. (XIX 93) für die zur Verteilungsfunktion $Q_\tau^{(1)}$ gehörige mittlere potentielle Energie, bzw. den entsprechenden Beitrag zur inneren Energie

$$E^{(1)} = \overline{U}^{(1)} = \frac{N}{2} \int_{\Delta} \int_{\Delta} U_1(\mathbf{r} - \mathbf{r}')\,\varphi\,(\mathbf{r})\,\varphi\,(\mathbf{r}')\,d\mathbf{r}\,d\mathbf{r}'\;.$$ (XIX 99)

Für die Entropie erhalten wir aus Gl. (XIX 94), (XIX 96) und (XIX 97)

$$S^{(1)} = -\,N k \int_{\Delta} \varphi\,(\mathbf{r})\,\ln \varphi\,(\mathbf{r})\,d\mathbf{r}\;.$$ (XIX 100)

Damit wird die freie Energie nach HELMHOLTZ

$$F^{(1)} = N\,[k\,T \int_{\Delta} \varphi\,(\mathbf{r})\,\ln\varphi\,(\mathbf{r})\,d\mathbf{r} + \tfrac{1}{2} \int\!\!\int_{\Delta\,\Delta} U_1(\mathbf{r} - \mathbf{r}')\,\varphi\,(\mathbf{r})\,\varphi\,(\mathbf{r}')\,d\mathbf{r}\,d\mathbf{r}']\;,$$ (XIX 101)

wobei die Funktion $\varphi\,(\mathbf{r})$ jetzt noch durch Aufsuchen des Minimums von F mit der Nebenbedingung (XIX 97) bei konstantem T und Δ zu bestimmen ist. Man sieht sofort, daß dieses Problem mathematisch identisch ist mit dem der Gl. (XVIII 162). Wir können daher hier gleich das Resultat anschreiben. Definieren wir die LAGRANGEschen Multiplikatoren wieder durch Gl. (XVIII 164), so erhalten wir für φ die Integralgleichung

$$\ln \lambda \varphi\,(\mathbf{r}) = \int_{\Delta} K\,(\mathbf{r}, \mathbf{r}')\,\varphi\,(\mathbf{r}')\,d\mathbf{r}'$$ (XIX 102)

mit

$$K\,(\mathbf{r}, \mathbf{r}') = -\,\frac{U_1\,(\mathbf{r} - \mathbf{r}')}{k\,T}$$ (XIX 103)

und

$$\lambda = \int_{\Delta} \exp\,[\int_{\Delta} K\,(\mathbf{r}, \mathbf{r}')\,\varphi\,(\mathbf{r}')\,d\mathbf{r}']\,d\mathbf{r}\;.$$ (XIX 104)

---

[1] Dieser Ansatz entspricht etwa der HARTREEschen Näherung in der Quantenmechanik der Atome. Er führt ein Superpositionsprinzip im Raum der Paare ein, während das sonst benutzte Superpositionsprinzip (§ 8.2) sich auf den Raum der Dreiergruppen bezieht. Im Vergleich zu dem Letzteren bedeutet daher (XIX 96) eine schlechtere Näherung.

Die Lösung der Gl. (XIX 102) bestimmt die beste Näherung für $\varrho^{(1)}$ in Form des Produkt-Ansatzes (XIX 96). Für das Weitere ist es zweckmäßig, neue Größen einzuführen durch Gleichungen

$$- \ln \lambda - \frac{\bar{w}}{kT} = \frac{\alpha}{kT} \tag{XIX 105}$$

und

$$\psi(\mathbf{r}) = \int_{\Delta} [U_1(\mathbf{r} - \mathbf{r}') - \bar{w}] \, \varphi(\mathbf{r}') \, d\mathbf{r}' , \tag{XIX 106}$$

wo

$$\bar{w} = \int_{\Delta}\int_{\Delta} U_1(\mathbf{r} - \mathbf{r}') \, \varphi(\mathbf{r}) \, \varphi(\mathbf{r}') \, d\mathbf{r} \, d\mathbf{r}' \tag{XIX 107}$$

ist. Damit kann Gl. (XIX 102) geschrieben werden

$$\varphi(\mathbf{r}) = e^{\frac{\alpha - \psi(\mathbf{r})}{kT}} . \tag{XIX 108}$$

Setzen wir zur Abkürzung

$$w(\mathbf{r}) = U_1(\mathbf{r}) - \bar{w} , \tag{XIX 109}$$

so bekommen wir für die Funktion $\psi(\mathbf{r})$ die Integralgleichung

$$\psi(\mathbf{r}) = \int_{\Delta} w(\mathbf{r} - \mathbf{r}') \, e^{\frac{\alpha - \psi(\mathbf{r}')}{kT}} \, d\mathbf{r}' . \tag{XIX 110}$$

Mit Hilfe der Funktion $\psi(\mathbf{r})$ läßt sich ein verallgemeinertes freies Volumen definieren durch die Gleichung

$$v_f = \int_{\Delta} e^{-\frac{\psi(\mathbf{r})}{kT}} \, d\mathbf{r} = e^{-\frac{\alpha}{kT}} . \tag{XIX 111}$$

Aus Gl. (XIX 108) folgt nun mit Benutzung von (XIX 97), (XIX 104), (XIX 105), (XIX 107) und (XIX 109)

$$\begin{aligned}
\int_{\Delta} \varphi \ln \varphi \, d\mathbf{r} &= \int \frac{\alpha - \psi}{kT} e^{\frac{\alpha - \psi}{kT}} \, d\mathbf{r} \\
&= \frac{\alpha}{kT} - \int \frac{\psi}{kT} e^{\frac{\alpha - \psi}{kT}} \, d\mathbf{r} \\
&= \frac{\alpha}{kT} - \frac{1}{kT} \int w(\mathbf{r} - \mathbf{r}') \, e^{\frac{\alpha - \psi(\mathbf{r}')}{kT}} e^{\frac{\alpha - \psi(\mathbf{r})}{kT}} \, d\mathbf{r}' \, d\mathbf{r} \\
&= \frac{\alpha}{kT} - \frac{1}{kT} \int w(\mathbf{r} - \mathbf{r}') \, \varphi(\mathbf{r}') \, \varphi(\mathbf{r}) \, d\mathbf{r}' \, d\mathbf{r} \\
&= \frac{\alpha}{kT} .
\end{aligned} \tag{XIX 112}$$

Setzen wir (XIX 107) und (XIX 112) in Gl. (XIX 101) ein und benutzen die Gl. (XIX 87) und (XIX 111), so erhalten wir für die freie Energie nach HELMHOLTZ

$$F = -NkT \left\{ \ln \left[\left(\frac{2\pi mkT}{h^2} \right)^{3/2} \sigma v_f \right] - \frac{\bar{w}}{2kT} \right\} . \tag{XIX 113}$$

Wir nehmen an, daß die Funktion $\varphi(\mathbf{r})$ im Mittelpunkt der Zelle ein steiles Maximum besitzt. Es liegt dann nahe, in nullter Näherung anzusetzen

$$\varphi(\mathbf{r}) = \delta(\mathbf{r}) , \tag{XIX 114}$$

wo $\delta(\mathbf{r})$ die dreidimensionale DIRACsche δ-Funktion bezeichnet. Aus Gl. (XIX 107) ergibt sich dann mit (XIX 98)

$$\overline{w} = \int_{\Delta}\int_{\Delta} U_1(\mathbf{r} - \mathbf{r}')\,\delta(\mathbf{r})\,\delta(\mathbf{r}')\,d\mathbf{r}\,d\mathbf{r}' = \sum_{l=2}^{N} u(\mathbf{R}_{1l})\,. \qquad \text{(XIX 115)}$$

Durch Einsetzen von (XIX 114) in Gl. (XIX 110) erhalten wir als erste Näherung für $\psi(\mathbf{r})$

$$^{1}\psi(\mathbf{r}) = {}^{1}w(\mathbf{r}) \qquad \text{(XIX 116)}$$

mit

$$^{1}w(\mathbf{r}) = \sum_{l=2}^{N} [u(\mathbf{R}_{1l} + \mathbf{r}) - u(\mathbf{R}_{1l})]\,. \qquad \text{(XIX 117)}$$

Nehmen wir an, daß eine energetische Wechselwirkung nur zwischen nächsten Nachbarn stattfindet und ersetzen die Summierung über die nächsten Nachbarn in der früher beschriebenen Weise durch eine Integration, so wird $^{1}w(\mathbf{r})$ identisch mit dem gemittelten Potential der Theorie von LENNARD-JONES und DEVONSHIRE, das wir in § 19.2 mit $w(r) - w(0)$ bezeichnet haben. Die Größe $w(0)$ ist naturgemäß mit dem $\overline{w}$ der Gl. (XIX 115) identisch. Die allgemeine Definition des freien Volumens Gl. (XIX 111) geht jetzt in die speziellere Gl. (XIX 7) über. Die weiteren Rechnungen des § 19.2 schließen sich nun lückenlos an, und wir brauchen darauf nicht nochmals einzugehen.

Die vorstehende Untersuchung zeigt, daß die Theorie von LENNARD-JONES und DEVONSHIRE, wenn wir von den hier unwichtigen Details absehen, im wesentlichen drei Näherungen enthält: einmal die Abspaltung des Faktors $Q_{\tau}^{(1)}$ aus dem Konfigurationsintegral, der allein explizit berechnet wird, und den Ersatz des Restfaktors σ durch eine Konstante e^{N} oder 1; zweitens den Produktansatz (XIX 96); drittens den Ersatz der exakten Funktion $\psi(\mathbf{r})$, die als Lösung der Integralgleichung (XIX 110) definiert ist, durch die erste Näherung (XIX 116).

Wenn wir zunächst nur das letztere Problem ins Auge fassen, so ist hier offensichtlich eine Verbesserung der ursprünglichen Theorie möglich. Durch Einsetzen der ersten Näherung (XIX 116) in das Integral der Gl. (XIX 110) erhält man als zweite Näherung

$$^{2}\psi(\mathbf{r}) = \int_{\Delta} {}^{1}w(\mathbf{r} - \mathbf{r}')\,e^{\frac{^{1}\alpha - {}^{1}w(\mathbf{r}')}{kT}}\,d\mathbf{r}'\,. \qquad \text{(XIX 118)}$$

In dieser Weise kann man fortfahren und damit schließlich die numerische Lösung der Integralgleichung (XIX 110) erhalten, vorausgesetzt, daß das Verfahren konvergiert. Letzteres trifft, wie WOOD[1] gefunden hat, nicht zu für ein System aus harten Kugeln, doch ist in diesem Falle die exakte Lösung bekannt. Die Durchführung eines solchen Iterationsverfahrens würde jedoch einen erheblichen rechnerischen Aufwand erfordern. MAYER und CARERI[2] setzen daher $\varphi(\mathbf{r})$ als GAUSSsche Verteilung um den Mittelpunkt der Zelle an, wobei der Parameter der Funktion aus dem Minimum der freien Energie bestimmt wird. Tatsächlich stellt dieser Ansatz, wie CARERI[3] gezeigt hat, auch eine gute Näherung für die Lösung der Gl. (XIX 110) dar.

Bereits KIRKWOOD[4] hat betont, daß es zweifelhaft ist, ob eine wesentliche Verbesserung der Theorie von LENNARD-JONES und DEVONSHIRE allein auf der Grundlage der Gl. (XIX 110), d. h. unter Beibehaltung der Beschränkung auf den Faktor $Q_{\tau}^{(1)}$ erreicht werden könne. MAYER und CARERI[2], die das Problem in

[1] WOOD, W. W.: J. Chem. Phys. **20**, 1334 (1952).
[2] MAYER, J. E., u. G. CARERI: J. Chem. Phys. **20**, 1001 (1952).
[3] CARERI, G.: J. Chem. Phys. **20**, 1114 (1952).
[4] KIRKWOOD, J. G.: J. Chem. Phys. **18**, 380 (1950).

sehr allgemeiner Form mit besonderer Berücksichtigung der inneren Konsistenz behandelt haben, kombinieren daher die Gausssche Verteilung in den besetzten Zellen mit der Annahme leerer Zellen. Letztere wird eingeführt, indem die Zahl der Zellen aus dem Minimum der freien Energie bestimmt wird. Die auf diesem Wege berechneten kritischen Daten unterscheiden sich grundsätzlich kaum von denen, die nach den früher besprochenen Methoden erhalten wurden. Man kann daher auch hier im Hinblick auf die numerischen Resultate kaum von einem wesentlichen Fortschritt gegenüber der ursprünglichen Theorie von Lennard-Jones und Devonshire sprechen. Dagegen stellen die Untersuchungen von Kirkwood sowie Mayer und Careri einen wichtigen Beitrag zur theoretischen Begründung dieser Näherung dar.

Hill[1] hat darauf hingewiesen, daß keine der auf der Basis des Gittermodells entwickelten Theorien die Forderung erfüllt, daß für fluide Phasen die molekulare Verteilungsfunktion der Einzelmoleküle identisch gleich Eins ist, daß also

$$g^{(1)} = 1 \qquad \text{(XIX 119)}$$

gelten muß. Man kann diese Forderung im Prinzip als zusätzliche Nebenbedingung in das Variationsproblem der freien Energie einführen. Explizite Resultate scheinen jedoch bisher noch nicht vorzuliegen.

§ 19.4*. Molekulare Verteilungsfunktionen von Flüssigkeiten

In § 19.1 haben wir darauf hingewiesen, daß dem statistischen Problem der Flüssigkeiten die Methode der molekularen Verteilungsfunktionen besonders angemessen ist, daß aber die Durchführung eines derartigen Programms auf außerordentliche Schwierigkeiten stößt. Wir wollen hier die wichtigsten Ergebnisse besprechen, die bisher auf diesem Gebiete erhalten worden sind. Die allgemeinen Grundlagen sind bereits ausführlich in Kapitel VIII behandelt worden. Wir haben dort gesehen, daß unter Voraussetzungen, die bei den für explizite Rechnungen in Betracht kommenden Systemen (flüssige Edelgase) mit hinreichender Genauigkeit erfüllt sind, die thermodynamischen Eigenschaften vollständig durch die Paar-Verteilungsfunktion bestimmt werden. Für Flüssigkeiten hängt dieselbe bei gegebenen Werten der Zustandsgrößen nur von dem skalaren Abstand r zweier Moleküle ab. Wir haben also

$$\varrho^{(2)} = \frac{N}{V} g^{(2)}(r) . \qquad \text{(XIX 120)}$$

Die Funktion $g^{(2)}(r)$ wird häufig auch als radiale Verteilungsfunktion bezeichnet. Dieselbe ist, wie wir in § 8.5 gezeigt haben, auf dem Wege über die Streuung von Röntgenstrahlen auch unmittelbar experimentell zugänglich. Das Problem besteht daher im wesentlichen in der Berechnung dieser radialen Verteilungsfunktion aus vorgegebenen zwischenmolekularen Kräften. Aus den mehrfach erörterten Gründen kommt dafür nur die Methode der Integralgleichungen in Betracht. Dabei ist man vorläufig auf die Benutzung des Superpositionsprinzips angewiesen, so daß es sich letzten Endes um die Lösung der Born-Greenschen Gleichung oder der Kirkwoodschen Gleichung I. Art handelt. Zur besseren Übersicht schreiben wir beide Gleichungen hier nochmals an.

$$\frac{\partial \ln g^{(2)}(r_{12})}{\partial \mathbf{q}_1} = -\frac{1}{kT}\frac{\partial u_{12}}{\partial \mathbf{q}_1} - \frac{\varrho}{kT}\int \frac{\partial u_{13}}{\partial \mathbf{q}_1} g^{(2)}(r_{23})\, g^{(2)}(r_{13})\, d\mathbf{q}_3 . \qquad \begin{array}{l}\text{(XIX 121)}\\[4pt]\text{(Born-Green)}\end{array}$$

$$\frac{\partial \ln g^{(2)}(r_{12}, a)}{\partial a} = -\frac{u_{12}}{kT} - \frac{\varrho}{kT}\int u_{13} g^{(2)}(r_{13}, a)\,[g^{(2)} r_{23} - 1]\, d\mathbf{q}_3 . \qquad \begin{array}{l}\text{(XIX 122)[2]}\\[4pt]\text{(Kirkwood, I. Art)}\end{array}$$

---

[1] Hill, T. L.: Mem. Rep. 53—12 Proj. NM 000018.06 (1953).
[2] Den Index an der Größe a [s. Gl. (VIII 101)] lassen wir hier als entbehrlich fort.

Hier ist ϱ die molekulare Dichte, u_{ij} das Potential der zwischenmolekularen Wechselwirkung zwischen den Molekülen i und j als Funktion ihres Abstandes und a der KIRKWOODsche Kopplungsparameter (vgl. § 8.1). Die ähnliche Struktur dieser beiden Integro-Differential-Gleichungen ist deutlich zu erkennen. Der Zusammenhang zwischen beiden tritt noch besser hervor, wenn man sie durch Integration in reine Integralgleichungen verwandelt. Für die BORN-GREENsche Gleichung haben wir dies bereits in § 13.2 durchgeführt. Die analoge Rechnung für die KIRKWOODsche Gleichung gestaltet sich etwas einfacher. Durch Integration über a folgt zunächst aus Gl. (XIX 122)

$$\ln g^{(2)}\left(r_{12}, a\right) = - \frac{a\, u_{12}}{kT} - \frac{\varrho}{kT} \int \int_{0}^{a} u_{13} g^{(2)}\left(r_{13}, a\right) d\,a \left[g^{(2)}\left(r_{23}\right) - 1\right] d\,\mathbf{q}_3 . \tag{XIX 123}$$

Wie in § 13.2 führen wir zwei-Zentren-Koordinaten ein und erhalten dann

$$\ln g^{(2)}\left(r_{12}, a\right) = - \frac{a\, u_{12}}{kT} - $$
$$- \frac{2\pi \varrho}{kT} \int_{0}^{\infty} \int_{r_{12}-r_{23}}^{r_{12}+r_{23}} \int_{0}^{a} u_{13} g^{(2)}\left(r_{13}, a\right) \left[g^{(2)}\left(r_{23}\right) - 1\right] \frac{r_{23}\,r_{13}}{r_{12}} d\,a\, d\,r_{13} d\,r_{23} . \tag{XIX 124}$$

Diese Gleichung kann geschrieben werden

$$\ln g^{(2)}\left(r_{12}, a\right) = - \frac{a\, u_{12}}{kT} + \frac{\pi \varrho}{r_{12}} \int_{0}^{\infty} \left[K\left(r_{12} - r_{23}, a\right) - \right.$$
$$\left. - K\left(r_{12} + r_{23}, a\right)\right] r_{23} \left[g^{(2)}\left(r_{23}\right) - 1\right] d\,r_{23} , \tag{XIX 125}$$

wobei der Kern definiert ist durch die Gleichung

$$K\left(y, a\right) = - \frac{2}{kT} \int_{0}^{a} \int_{|y|}^{\infty} r_{13} u_{13} g^{(2)}\left(r_{13}, a\right) d\,r_{13} d\,a . \quad \text{(KIRKWOOD)} \tag{XIX 126}$$

Man sieht nun leicht, daß die BORN-GREENsche Gleichung (XIII 60) sich ebenfalls auf die Form der Gl. (XIX 125) bringen läßt, wenn man dort formal den Kopplungsparameter einsetzt und den Kern definiert durch

$$K\left(y, a\right) = \frac{a}{kT} \int_{|y|}^{\infty} \left(r_{13}^2 - y^2\right) \frac{d\,u_{13}}{d\,r_{13}} g^{(2)}\left(r_{13}, a\right) d\,r_{13} . \quad \text{(BORN-GREEN)} \tag{XIX 127}$$

Die Integralgleichung (XIX 125) kann somit als allgemein gültige Formulierung betrachtet werden. Die Unterschiede zwischen den Theorien von KIRKWOOD und BORN-GREEN drücken sich in den Kernen aus. In einer exakten Theorie müßten die beiden Kerne identisch sein. Die Einführung des Superpositionsprinzips bewirkt, daß weder die KIRKWOODsche noch die BORN-GREENsche Gleichung exakt ist und daß die beiden Kerne tatsächlich verschieden sind. Der Unterschied der nach (XIX 126) und (XIX 127) erhaltenen Resultate spiegelt daher unmittelbar den Einfluß des Superpositionsprinzips wider und kann zur Beurteilung desselben dienen.

Für das Studium der Flüssigkeiten ist es in Anbetracht der großen mathematischen Schwierigkeiten des Problems zweckmäßig, zunächst ein möglichst einfaches Molekül-Modell zu benutzen. Wir betrachten daher wieder das schon mehrfach behandelte (§ 7.7, 8.8) System aus harten Kugeln vom Durchmesser σ. Dieses Modell ist vom physikalischen Standpunkt nicht so unrealistisch, wie es vielleicht den Anschein hat. Die daraus berechneten P-v-Isothermen entsprechen einigermaßen den hyperkritischen Isothermen des realen Gases. Die gute Übereinstimmung der radialen Verteilungsfunktionen mit den experimentell bestimmten Kurven macht es wahrscheinlich, daß in der Flüssigkeit die Anziehungskräfte hauptsächlich für die allgemeine Kohäsion wesentlich sind, die in unserem Modell durch den äußeren Druck ersetzt wird, während die Einzelheiten der molekularen Verteilung primär durch die Abstoßungskräfte bestimmt werden. Für das Modell der harten Kugeln ist eine analytische Näherungslösung der KIRKWOODschen Gleichung (XIX 124) von KIRKWOOD und BOGGS[1, 2] entwickelt worden, die wir hier etwas ausführlicher besprechen wollen.

Das Wechselwirkungspotential hat bei starren Kugeln die Form

$$u\,(r) = \begin{cases} 0 & \text{für } r > \sigma \\ \infty & \text{für } r < \sigma. \end{cases} \qquad \text{(XIX 128)}$$

Für die radiale Verteilungsfunktion gilt

$$g^{(2)}\,(r,\,a) = 0 \quad \text{für } a > 0,\, r < \sigma. \qquad \text{(XIX 129)}$$

Definieren wir eine Funktion

$$\psi\,(r) = \frac{\varrho\,u}{k\,T} \int\limits_0^1 g^{(2)}\,(r,\,a)\,da\,, \qquad \text{(XIX 130)}$$

so ist

$$\frac{\varrho\,u}{k\,T}\,g^{(2)}\,(r,\,a) = \begin{cases} 0 & \text{für } r > \sigma \\ \psi\,(r)\,\delta\,(a) & \text{für } r < \sigma\,, \end{cases} \qquad \text{(XIX 131)}$$

wo $\delta\,(a)$ die DIRACsche δ-Funktion ist. Um zu einfachen Formulierungen zu gelangen, ist es weiter noch zweckmäßig, die Größen

$$\omega = \frac{4\,\pi}{3}\,\sigma^3 \qquad \text{(XIX 132)}$$

$$\overline{\psi} = \frac{4\,\pi}{\omega} \int\limits_0^\sigma r^2\,\psi\,(r)\,dr \qquad \text{(XIX 133)}$$

$$\chi = 3\,\overline{\psi}\,\omega = 4\,\pi\,\overline{\psi}\,\sigma^3 \qquad \text{(XIX 134)}$$

einzuführen.

Wir bringen nun zunächst die Gl. (XIX 124) auf eine für unsere Zwecke geeignete Form. Da wir $g^{(2)}\,(r)$ für $r > \sigma$ bestimmen wollen, entfällt nach Gl. (XIX 128) der erste Term der rechten Seite. Denken wir uns in dem zweiten Term das Integral über a bis zur oberen Grenze $a = 1$ erstreckt, so können wir mit Benutzung von (XIX 130) schreiben

$$\ln g^{(2)}\,(r_{12}) = - 2\pi \int\limits_0^\infty \int\limits_{r_{12}-r_{23}}^{r_{12}+r_{23}} \psi\,(r_{13})\,[g^{(2)}\,(r_{23}) - 1]\frac{r_{23}\,r_{13}}{r_{12}}\,dr_{13}dr_{23}\,. \qquad \text{(XIX 135)}$$

Wir führen reduzierte zwischenmolekulare Abstände ein durch die Gleichungen

$$x = \frac{r_{12}}{\sigma}\,, \quad t = \frac{r_{13}}{\sigma}\,, \quad s = \frac{r_{23}}{\sigma}\,. \qquad \text{(XIX 136)}$$

[1] KIRKWOOD, J. G.: J. Chem. Phys. 7, 919 (1939).
[2] KIRKWOOD, J. G., u. E. MONROE BOGGS: J. Chem. Phys. 10, 394 (1942).

Ferner setzen wir

$$g^{(2)}(r_{12}) = 1 + \frac{\varphi(x)}{x} \qquad \text{(XIX 137)}$$

mit

$$\varphi(x) = -x \quad \text{für } 0 \leqq x \leqq 1 . \qquad \text{(XIX 138)}$$

Damit wird aus (XIX 135)

$$x \ln\left[1 + \frac{\varphi(x)}{x}\right] = -2\pi\sigma^3 \int\limits_0^\infty \int\limits_{x-s}^{x+s} \psi(t)\, t\, dt\, \varphi(s)\, ds . \qquad \text{(XIX 139)}$$

Definieren wir nun einen Kern

$$\begin{aligned} K(\tau) &= 0 &&\text{für } |\tau| > 1 \\ K(\tau) &= \frac{2}{\overline{\psi}} \int\limits_1^{|\tau|} \psi(t)\, t\, dt &&\text{für } |\tau| \leqq 1 , \end{aligned} \qquad \text{(XIX 140)}$$

so erhalten wir mit Benutzung von (XIX 134)

$$x \ln\left[1 + \frac{\varphi(x)}{x}\right] = \frac{\varkappa}{4} \int\limits_0^\infty K(x-s)\, \varphi(s)\, ds \quad (1 < x < \infty) . \qquad \text{(XIX 141)}$$

Um diese Gleichung zu lösen, führen wir ähnliche Näherungsannahmen ein wie in § 13.2 bei der Born-Greenschen Gleichung. Wir linearisieren die Gleichung durch den Ansatz

$$\ln\left(1 + \frac{\varphi(x)}{x}\right) \approx \frac{\varphi(x)}{x} \qquad (1 \leqq x < \infty) \qquad \text{(XIX 142)}$$

und ersetzen die Funktion $\psi(x)$ durch ihren Mittelwert (XIX 133) gemäß

$$\psi(x) \approx \overline{\psi} . \qquad \text{(XIX 143)}$$

Gl. (XIX 141) geht dann über in die lineare Integralgleichung

$$\varphi(x) = \frac{\varkappa}{4} \int\limits_0^\infty K(x-s)\, \varphi(s)\, ds \quad (1 < x < \infty) \qquad \text{(XIX 144)}$$

mit dem Kern

$$K(\tau) = \begin{cases} \tau^2 - 1 & \text{für } |\tau| \leqq 1 \\ 0 & \text{für } |\tau| > 1 \end{cases} \qquad \text{(XIX 145)}$$

und der zusätzlichen Bedingung

$$\varphi(x) = -x \quad \text{für } 0 < x < 1 . \qquad \text{(XIX 146)}$$

Es ist zweckmäßig, die für $x > 1$ gültige Gl. (XIX 144) und die für $0 < x < 1$ gültige Bedingung (XIX 146) in einer einzigen Integralgleichung zusammenzufassen. Dazu erweitern wir die Definition von $\varphi(x)$ auf die ganze reelle Achse durch die Festsetzung

$$\varphi(-x) = \varphi(x) \qquad \text{(XIX 147)}$$

und führen in die Gl. (XIX 144) noch ein inhomogenes Glied $f(x)$ ein, für das gilt

$$f(-x) = f(x), \quad f(x) = 0 \quad \text{für } |x| > 1 . \qquad \text{(XIX 148)}$$

Diese Funktion ist dann so zu bestimmen, daß

$$\varphi(x) = - |x| \quad \text{für } |x| < 1 \tag{XIX 149}$$

wird. Damit erhalten wir als zu lösende Integralgleichung

$$\varphi(x) = f(x) + \frac{\chi}{4} \int_0^\infty K(x - s)\, \varphi(s)\, ds\,, \tag{XIX 150}$$

wo der Kern wieder durch (XIX 145) gegeben ist.

Die Gl. (XIX 150) läßt sich ohne weiteres durch FOURIER-Transformation lösen[1]. Wir erhalten zunächst

$$\frac{1}{\sqrt{2\pi}} \int_{-\infty}^{+\infty} \varphi(x)\, e^{i\,x\,k}\,dx - \frac{\chi}{4}\, \frac{1}{\sqrt{2\pi}} \int_{-\infty}^{+\infty} \int_0^\infty K(x - s)\, e^{i\,(x-s)\,k}\, \varphi(s)\, e^{i\,s\,k}\, ds\, dx$$

$$= \frac{1}{\sqrt{2\pi}} \int_{-\infty}^{+\infty} f(x)\, e^{i\,x\,k}\, dx\,. \tag{XIX 151}$$

Bezeichnen wir mit $\alpha(k)$ die FOURIER-Transformierte von $\varphi(x)$, mit $\beta(k)$ die von $f(x)$ und schreiben für $x - s$ eine neue Variable τ, so wird

$$\alpha(k) \left[1 - \frac{\chi}{4}\, \frac{1}{\sqrt{2\pi}} \int K(\tau)\, e^{i\,\tau\,k}\, d\tau \right] = \beta(k)\,. \tag{XIX 152}$$

Es ist nun

$$\int K(\tau)\, e^{i\,\tau\,k}\, d\tau = - \frac{4}{(i\,k)^3}\, [i\,k \cosh(i\,k) - \sinh(i\,k)] \equiv - 4\,G(i\,k)\,. \tag{XIX 153}$$

Wir können daher schreiben

$$\alpha(k) = \frac{\beta(k)}{1 + \chi\, G(ik)} \equiv \frac{\beta(k)}{F(ik)}\,, \tag{XIX 154}$$

wobei wir, was für das Weitere zweckmäßig ist, gesetzt haben

$$F(ik) = 1 + \chi G(ik)\,. \tag{XIX 155}$$

Wir geben nun der Gl. (XIX 154) die Form

$$\alpha(k) = \beta(k) - \chi G(i\,k)\, \alpha(k) \tag{XIX 156}$$

und setzen auf der rechten Seite für $\alpha(k)$ den Ausdruck (XIX 154) ein. Das ergibt

$$\alpha(k) = \beta(k) - \chi\, \frac{G(ik)}{1 + \chi\, G(ik)}\, \beta(k)\,. \tag{XIX 157}$$

Drücken wir in dem zweiten Term der rechten Seite $\beta(k)$ als die FOURIER-Transformierte von $f(s)$ aus, so wird

$$\alpha(k) = \beta(k) - \frac{\chi}{\sqrt{2\pi}} \int_{-\infty}^{+\infty} \frac{G(ik)}{1 + \chi\, G(ik)}\, e^{i\,s\,k}\, f(s)\, ds\,. \tag{XIX 158}$$

Durch inverse FOURIER-Transformation erhalten wir daraus schließlich als Lösung

$$\varphi(x) = f(x) - \frac{\chi}{2\pi} \int_{-\infty}^{+\infty} \int_{-\infty}^{+\infty} \frac{G(ik)}{1 + \chi\, G(ik)}\, e^{-i\,(x-s)\,k}\, dk\, f(s)\, ds\,. \tag{XIX 159}$$

---

[1] Vgl. E. C. TITCHMARSH, Introduction to the Theory of Fourier Integrals, Oxford 1948.

Wir können diese Gleichung noch übersichtlicher schreiben in der Form

$$\varphi(x) = f(x) - \int\limits_{-1}^{+1} K^*(x-s)\, f(s)\, ds\,, \qquad (XIX\ 160)^1$$

wo jetzt die Resolvente des Kernes $K(x-s)$ gegeben ist durch

$$K^*(x-s) = \frac{\chi}{2\pi} \int\limits_{-\infty}^{+\infty} \frac{G(ik)}{1+\chi\, G(ik)}\, e^{-i(x-s)k}\, dk\,. \qquad (XIX\ 161)$$

Um aus dieser formalen Lösung explizite Resultate zu erhalten, muß zunächst die Funktion $f(x)$ bestimmt werden. Dies geschieht durch Anwendung der Gl. (XIX 160) auf das Intervall von -1 bis $+1$, in welchem $\varphi(x)$ durch Gl. (XIX 149) gegeben ist. Wir haben daher in diesem endlichen Intervall für $f(x)$ die inhomogene Integralgleichung

$$f(x) = -|x| + \int\limits_{-1}^{+1} K^*(x-s)\, f(s)\, ds \quad (|x| < 1)\,. \qquad (XIX\ 162)$$

Wenn $f(x)$ bekannt ist, ergibt sich $\varphi(x)$ aus

$$\varphi(x) = -\int\limits_{-1}^{+1} K^*(x-s)\, f(s)\, ds \quad (|x| > 1)\,, \qquad (XIX\ 163)$$

da $f(x)$ für $|x| > 1$ verschwindet.

Die Durchführung dieses Programms erfordert in jedem Falle zuerst die Berechnung des Kernes $K^*(x-s)$. Dieselbe läßt sich mit Hilfe des Residuensatzes bewerkstelligen. Wir setzen zur Abkürzung wieder $x-s=\tau$ und führen eine komplexe Variable $z=ik$ ein. Das Integral verwandeln wir in bekannter Weise[2] in ein Kurvenintegral; zur Bestimmung der Residuen benutzen wir wieder den Satz über die Residuen von Quotienten[3]. Die Verhältnisse liegen hier besonders einfach, da an den Nullstellen des Nenners $\chi\, G(i\,k) = -1$ ist. Wir bekommen daher

$$K^*(\tau) = \sum_{n=1} \frac{1}{F'(z_n)}\, e^{-z_n\tau} \quad (0 < \tau < \infty)\,. \qquad (XIX\ 164)$$

Hier sind die z_n die in der positiven Halbebene liegenden Nullstellen der durch Gl. (XIX 155) definierten Funktion $F(z)$, $F'(z_n)$ bezeichnet die Ableitung von $F(z)$ nach z an der Stelle z_n, und die Summierung ist über alle Nullstellen zu erstrecken. Für kleine Werte von τ ist eine andere Entwicklung, die ebenfalls auf dem Residuensatz beruht, zweckmäßiger. Dieselbe lautet[4]

$$K^*(\tau) = \frac{3\chi}{4(\chi+3)} \left(\frac{15+6\chi}{15+5\chi} - \tau^2 \right) - \chi \sum_{n=1} \frac{(1+z_n)\, e^{-z_n}}{z_n^3\, F'(z_n)}\, \cosh z_n\, \tau \quad (|\tau| \leqq 2)\,. \qquad (XIX\ 165)$$

Es ist zweckmäßig, wenn wir in den Summen der Gl. (XIX 164) und (XIX 165) die Nullstellen nach zunehmender Größe des (positiven) Realteils geordnet annehmen. Mit $z_n = \alpha_n + i\,\beta_n$ haben wir also $\alpha_{n+1} > \alpha_n$ für grade n. Da die Nullstellen in konjugierten Paaren auftreten, ist $\alpha_{n+1} = \alpha_n$, $\beta_{n+1} = -\beta_n$ für ungrade n.

---

[1] Die Änderung der Integrationsgrenzen ergibt sich daraus, daß definitionsgemäß $f(s) = 0$ ist für $|s| > 1$.

[2] Vgl. E. T. WHITTAKER u. G. N. WATSON: Modern Analysis. Cambridge 1952.

[3] BIEBERBACH, L.: Lehrbuch der Funktionentheorie, Bd. I. Berlin 1923.

[4] Die Ableitung der Gl. (XIX 165) findet sich im Anhang.

Gehen wir mit der Entwicklung (XIX 164) in das Integral (XIX 163) ein, so folgt

$$\varphi(x) = \sum_{n=1} \frac{M(z_n)}{F'(z_n)} e^{-z_n x} \quad (1 < x < \infty) \tag{XIX 166}$$

mit

$$M(z) = \int_{-1}^{+1} f(s)\, e^{z s}\, ds \, . \tag{XIX 167}$$

Man sieht daraus, daß zur Berechnung von $\varphi(x)$ die Kenntnis der Transformierten $M(z_n)$ ausreicht und $f(x)$ selbst nicht explizit bekannt zu sein braucht. Um diese Größen zu bestimmen, setzen wir die Entwicklung (XIX 165) in Gl. (XIX 162) ein. Wir bekommen dann

$$f(x) = -\,|x| + \frac{3\,\chi}{4\,(\chi + 3)} \left(\frac{15 + 6\,\chi}{15 + 5\,\chi} - x^2 \right) M_{-1} - \frac{3\,\chi}{4\,(\chi + 3)}\, M_0 -$$

$$- \chi \sum_{n=1} \frac{(1 + z_n)\, e^{-z_n}}{z_n^3\, F'(z_n)}\, M_n \cosh z_n\, x \, , \tag{XIX 168}$$

wo

$$M_{-1} = \int_{-1}^{+1} f(s)\, ds \, , \quad M_0 = \int_{-1}^{+1} s^2\, f(s)\, ds \, , \quad M_n = M(z_n) \quad (n \geqq 1) \, . \tag{XIX 169}$$

Führen wir nun die in (XIX 169) bzw. (XIX 167) auftretenden Integrale aus, indem wir für $f(s)$ den Ausdruck (XIX 168) einsetzen, so erhalten wir ein System von inhomogenen linearen Gleichungen mit den $M_n (n = -1, 0, 1, 2, \ldots)$ als Unbekannten. Es ergibt sich

$$1 = \sum_{n=-1}^{\infty} \gamma_{-1n}\, M_n \, ,$$

$$\tfrac{1}{2} = \sum_{n=-1}^{\infty} \gamma_{0n}\, M_n \, , \tag{XIX 170}$$

$$P(z_m) = \sum_{n=-1}^{\infty} \gamma_{mn}\, N_n \, .$$

Die Größen γ sind im Prinzip bekannte Funktionen von χ und den z_m und somit letzten Endes von χ allein.

Die im Vorstehenden entwickelte Lösung der linearisierten Integralgleichung (XIX 150) ist als solche exakt. Um dieselbe mit erträglichem Aufwand numerisch auswerten zu können, muß nochmals eine weitgehende Vereinfachung durchgeführt werden. Sie besteht darin, daß wir bei der Berechnung des Kernes $K^*(\tau)$ und damit aller weiteren Größen nur das erste Paar von konjugierten Nullstellen der Funktion $F(z)$ berücksichtigen und alle höheren Terme vernachlässigen. An die Stelle der exakten Gl. (XIX 164) und (XIX 165) treten dann die Näherungsformeln

$$K_1^*(\tau) = \sum_{n=1}^{2} \frac{1}{F'(z_n)}\, e^{-z_n \tau} \tag{XIX 171}$$

und

$$K_2^*(\tau) = \frac{3\,\chi}{4\,(\chi + 3)} \left(\frac{15 + 6\,\chi}{15 + 5\,\chi} - \tau^2 \right) - \chi \sum_{n=1}^{2} \frac{(1 + z_n)\, e^{-z_n}}{z_n^3\, F'(z_n)} \cosh z_n\, \tau \, . \tag{XIX 172}$$

Um die Brauchbarkeit dieser Näherung zu prüfen, haben KIRKWOOD und BOGGS[1] in dem Intervall $\tau = 0$ bis $\tau = 2$ $K^*(\tau)$ für den Parameterwert $\chi = 25$ durch

---

[1] KIRKWOOD, J. G., u. E. MONROE BOGGS: J. Chem. Phys. **10**, 394 (1942).

numerische Integration berechnet und das Ergebnis mit den aus Gl. (XIX 171) und (XIX 172) berechneten Kurven verglichen (Abb. 148). Man erkennt, daß für $\tau > 1{,}2$ Gl. (XIX 171) eine gute bis sehr gute Näherung darstellt. Das gleiche gilt für Gl. (XIX 172) in dem Gebiet $\tau < 0{,}8$. Es erscheint daher vernünftig, zur Berechnung der M_n Gl. (XIX 172) und zur Berechnung von $\varphi(x)$ Gl. (XIX 171) zu benutzen, wie es auch den allgemeinen Formeln entspricht.

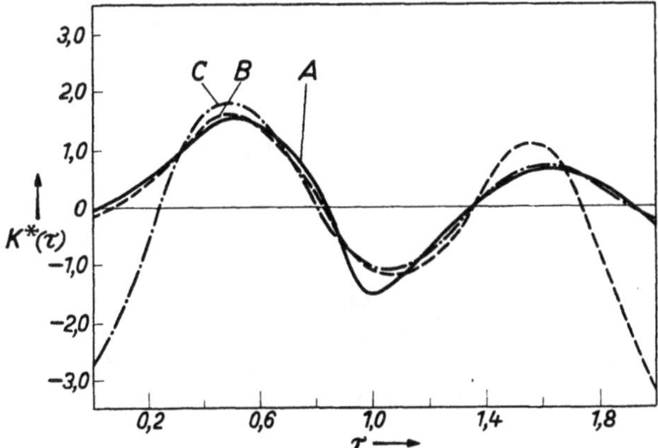

Abb. 148. Verlauf von $K^*(\tau)$ für $\chi = 25$. Kurve A: Exakter Wert; Kurve B: Näherung nach Gl. (XIX 172); Kurve C: Näherung nach Gl. (XIX 171) [entnommen aus: J. G. Kirkwood u. M. Boggs: J. Chem. Phys. 10, 394 (1942)]

Zur numerischen Berechnung müssen zunächst einige Nullstellen der Funktion $F(z)$ bestimmt werden. Dieselben sind für verschiedene Werte des Parameters χ in Tab. 52 zusammengestellt. Das Gleichungssystem (XIX 170) reduziert sich jetzt auf vier Gleichungen mit vier Unbekannten. Tab. 53 enthält die

Tabelle 52. *Nullstellen von $F(z)$*

χ	α_1	β_1	α_2	β_2
10	1,90	5,45	3,45	11,91
15	1,46	5,52	3,03	11,99
20	1,12	5,61	2,73	12,04
25	0,87	5,68	2,50	12,07
30	0,56	5,73	2,31	12,10
34,8	0	5,76		
40	—	—	2,02	12,14
158,6	—	—	0	12,32

Entnommen aus: J. G. Kirkwood u. E. M. Boggs: J. Chem. Phys. 10, 390 (1942).

Tabelle 53. *Angenäherte Lösung der Gleichung* (XIX 170)

χ	M_{-1}	M_0	$y_1 \times 10^2$	$y_2 \times 10^2$	A	δ
13,3			1,27	0,92	0,96	—0,48
20	—3,51	—1,20₅	1,48	0,23	1,70	+0,10
25	—4,27	—1,40	1,28	0,28	1,97	+0,40
34,8	—5,76	—1,38	0,87	0,24	1,65	+0,87

Entnommen aus: J. G. Kirkwood u. E. M. Boggs: J. Chem. Phys. 10, 390 (1942).

Lösungen desselben für einige χ-Werte. Die dort angeführten Größen y_1 und y_2 sind definiert durch die Gleichung

$$y_1 + i\,y_2 = M_1 \frac{1 + z_1}{z_1^3\, F'(z_1)}\, e^{-z_1}. \qquad (\text{XIX } 173)$$

Die Lösung (XIX 166) lautet in der benutzten Näherung

$$\varphi(x) = \frac{M_1}{F'(z_1)} e^{-z_1 x} + \frac{M_2}{F'(z_2)} e^{-z_2 x} . \qquad \text{(XIX 174)}$$

Wir schreiben nun

$$\frac{M_1}{F'(z_1)} = \left| \frac{M_1}{F'(z_1)} \right| e^{i\delta} , \qquad \frac{M_2}{F'(z_2)} = \left| \frac{M_1}{F'(z_1)} \right| e^{-i\delta} . \qquad \text{(XIX 175)}$$

Da

$$z_1 = \alpha_1 + i\,\beta_1 , \qquad z_2 = \alpha_1 - i\,\beta_1 \qquad \text{(XIX 176)}$$

ist, wird dann

$$\varphi(x) = \left| \frac{M_1}{F'(z_1)} \right| e^{-\alpha_1 x} \left[e^{i(\delta - \beta_1 x)} + e^{-i(\delta - \beta_1 x)} \right] . \qquad \text{(XIX 177)}$$

Mit Benutzung der EULERschen Formel erhalten wir daraus schließlich die radiale Verteilungsfunktion in der reellen Form

$$\varphi(x) = 2 \left| \frac{M_1}{F'(z)_1} \right| e^{-\alpha_1 x} \cos(\beta_1 x - \delta) . \qquad \text{(XIX 178)}$$

In dieser Näherung hat somit die radiale Verteilungsfunktion die Form einer gedämpften harmonischen Schwingung.

Die experimentelle Prüfung der Theorie erfolgt bei dem hier gewählten Modell zweckmäßig durch Vergleich der nach Gl. (XIX 178) berechneten Kurve mit den röntgenographisch bestimmten radialen Verteilungsfunktionen. Dazu ist es notwendig, den Parameter χ in Beziehung zu anderweitigen experimentellen Daten zu setzen. Dies kann in verschiedener Weise geschehen. Wir betrachten zunächst das Dampfdruckgleichgewicht. Für das Modell der starren Kugeln existiert zwar kein solches Gleichgewicht. Die Definition von χ ist aber von dem speziellen Potentialansatz (XIX 128) unabhängig und erfordert lediglich, daß die Größe σ sinnvoll definiert werden kann. Auf diese letztere Frage werden wir weiter unten zurückkommen. Wir haben dann in diesem Zusammenhang das Modell der harten Kugeln lediglich als eine mathematische Approximation zur Berechnung der radialen Verteilungsfunktion zu betrachten. Es gilt also einerseits jetzt für das Potential der zwischenmolekularen Wechselwirkung

$$u(r) = \begin{cases} u(r) & \text{für } r > \sigma \\ \infty & \text{für } r < \sigma , \end{cases} \qquad \text{(XIX 179)}$$

andererseits können wir aber für die radiale Verteilungsfunktion schreiben

$$g^{(2)}(r, a) = g^{(2)}(r) \quad \text{für } a > 0 , \ r > 0 ,$$
$$\int_0^1 g(r, a)\, da = g^{(2)}(r) \quad \text{für } r > \sigma . \qquad \text{(XIX 180)}$$

Hier bezeichnet $g^{(2)}(r)$ die radiale Verteilungsfunktion bei voller zwischenmolekularer Kopplung, also die Größe $g^{(2)}(r, 1)$.

In § 8.1 haben wir gezeigt, daß das chemische Potential einer Flüssigkeit gegeben ist durch die Gleichung

$$\mu = kT \ln \frac{N}{V} + \frac{N}{V} \int_V \int_0^1 u(r)\, g^{(2)}(r, a)\, da\, d\mathbf{q} + \varphi(T) , \qquad \text{(XIX 181)}$$

wo $\varphi(T)$ eine reine Temperaturfunktion ist, die also für Gas und Flüssigkeit den gleichen Wert hat. Aus Gl. (XIX 130), (XIX 133) und (XIX 134) folgt nun

$$\frac{N}{V k T} \int_V \int_0^1 u(r)\, g^{(2)}(r, a)\, da\, d\mathbf{q} = \frac{\chi}{3} + \frac{N}{V k T} \int_\omega^V \int_0^1 u(r)\, g^{(2)}(r, a)\, da\, d\mathbf{q} . \qquad \text{(XIX 182)}$$

Das Integral auf der rechten Seite ist über das Volumen außerhalb ω zu erstrecken, d. h. praktisch über die Reichweite der zwischenmolekularen Wechselwirkung. Mit Benutzung von (XIX 180) erhalten wir

$$\frac{N}{VkT} \int\limits_{\omega}^{V} \int\limits_{0}^{1} u(r)\, g^{(2)}(r, a)\, da\, d\mathbf{q} = \frac{N}{VkT} \int\limits_{\omega}^{V} u(r)\, g^{(2)}(r)\, d\mathbf{q} = \frac{N\bar{u}}{kT}, \qquad \text{(XIX 183)}$$

wo $\bar{u}$ die mittlere Wechselwirkungsenergie eines Molekülpaares ist. Diese Größe hängt andererseits unmittelbar mit der Verdampfungsenergie (d. h. der um Pv verminderten Verdampfungswärme) ΔE_{verd} zusammen. Betrachten wir nämlich den Dampf wieder als ideales Gas, so gilt

$$\Delta E_{verd} = -\tfrac{1}{2} N^2\, \bar{u}, \qquad \text{(XIX 184)}$$

was man leicht aus Gl. (VIII 27) ableiten kann. Kombinieren wir die Gl. (XIX 181) bis (XIX 184), so erhalten wir für das chemische Potential der Flüssigkeit

$$\mu_{Fl} = kT \left[\ln \frac{N_{Fl}}{V_{Fl}} + \frac{\chi}{3} - \frac{2\,\Delta E_{verd}}{NkT} + \frac{\varphi(T)}{kT}\right]. \qquad \text{(XIX 185)}$$

Für das chemische Potential des koexistierenden Dampfes können wir setzen

$$\mu_{G} = kT \left[\ln \frac{N_{G}}{V_{G}} + \frac{\varphi(T)}{kT}\right]. \qquad \text{(XIX 186)}$$

Aus der Gleichgewichtsbedingung $\mu_{Fl} = \mu_{G}$ erhalten wir daher, wenn wir die molekularen Volumina v_{Fl} und v_{G} einführen,

$$\chi = 3 \left[\frac{2\,\Delta E_{verd}}{NkT} - \ln \frac{v_{G}}{v_{Fl}}\right]. \qquad \text{(XIX 187)}$$

Der Parameter χ kann somit aus Messungen der Verdampfungswärme und der Gleichgewichtsvolumina von Flüssigkeit und Dampf berechnet werden.

Eine andere, weniger günstige Verknüpfungsmöglichkeit bietet das Kompressibilitätsintegral (VIII 246)[1]. Wir wollen darauf hier nicht näher eingehen. Schließlich kann man χ auch direkt in Beziehung setzen zur Dichte einer Flüssigkeit aus starren Kugeln[1]. Man geht dazu aus von der thermodynamischen Relation

$$\frac{1}{kT}\left(\frac{\partial \mu}{\partial V}\right)_{T} = \frac{V}{kT}\left(\frac{\partial P}{\partial V}\right)_{T}. \qquad \text{(XIX 188)}$$

Für das chemische Potential einer Flüssigkeit aus starren Kugeln gilt nach (XIX 185), da die Verdampfungsenergie hier wegfällt

$$\mu = kT \left[\ln \frac{N}{V} + \frac{\chi}{3} + \frac{\varphi(T)}{kT}\right]. \qquad \text{(XIX 189)}$$

Schließlich wird die thermische Zustandsgleichung (VIII 35) für ein System aus starren Kugeln[1]

$$\frac{PV}{NkT} = 1 + \frac{2\pi\,\sqrt{2}}{3}\,\frac{V_{0}}{V}\, g_{1}^{(2)}(\chi). \qquad \text{(XIX 190)}$$

Hier ist

$$V_{0} = \frac{N\sigma^3}{\sqrt{2}} \qquad \text{(XIX 191)}$$

das Volumen der dichtesten Kugelpackung und

$$g_{1}^{(2)}(\chi) = \lim_{\varepsilon \to +0} g^{(2)}(1 + \varepsilon). \qquad \text{(XIX 192)[2]}$$

---

[1] KIRKWOOD, J. G., E. K. MAUN u. B. J. ALDER: J. Chem. Phys. **18**, 1040 (1950).
[2] $g^{(2)}$ ist hier als Funktion des reduzierten Abstandes $x = r/\sigma$ geschrieben.

Durch Differentiation von (XIX 189) und (XIX 190) und Einsetzen in (XIX 188) folgt

$$-\frac{1}{V} + \frac{1}{3}\frac{d\chi}{dV} = -\frac{1}{V} + \frac{2\pi\sqrt{2}}{3}\,V\,V_0\,\frac{d}{dV}\left[\frac{g_1^{(2)}(\chi)}{V^2}\right].\qquad\text{(XIX 193)}$$

Mit der Substitution

$$z = \frac{V}{[g_1^{(2)}(\chi)]^{1/2}}\qquad\text{(XIX 194)}$$

wird daraus

$$\frac{d\chi}{[g_1^{(2)}(\chi)]^{1/2}} = -4\pi\,N\,\sigma^3\,\frac{dz}{z^2}.\qquad\text{(XIX 195)}$$

Durch Integration zwischen den Grenzen χ, V und $\chi = 0$, $V = \infty$ erhalten wir schließlich

$$[g_1^{(2)}(\chi)]^{-1/2}\int_0^\chi [g_1^{(2)}(\chi')]^{-1/2}\,d\chi' = 4\pi\sqrt{2}\,\frac{V_0}{V}.\qquad\text{(XIX 196)}$$

Für den Vergleich der Gl. (XIX 178) mit den röntgenographischen Messungen an flüssigem Argon bei 90° K haben Kirkwood und Boggs[1] aus Gl. (XIX 187) berechnet $\chi = 27{,}4$. Der Parameter σ wurde als Lösung der Gleichung $u(r) = \frac{1}{2}kT$ mit Benutzung des Buckingham-Potentials[2] bestimmt. Es ergab sich $\sigma = 3{,}35$ Å. In Abb. 149 ist die mit den angeführten Parameterwerten nach Gl. (XII 178) berechnete theoretische radiale Verteilungsfunktion zusammen mit zwei experimentellen Kurven für Argon dargestellt. Die Übereinstimmung ist nicht schlecht. Die Abweichungen, die im wesentlichen in dem zu niedrigen ersten Maximum und einer allgemeinen „Aufweitung" der theoretischen Kurve bestehen, sind zweifellos in erster Linie auf die Vernachlässigung der Anziehungskräfte zurückzuführen.

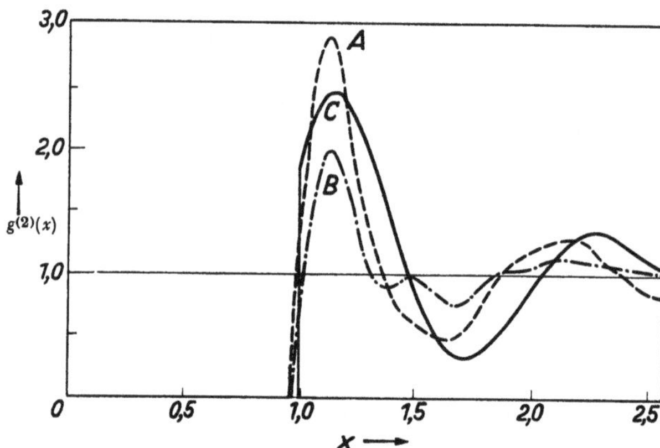

Abb. 149. Radiale Verteilungsfunktion für flüssiges Argon (90° K). Kurve A: Experimenteller Verlauf nach Lark-Horowitz und Miller; Kurve B: Experimenteller Verlauf nach Eisenstein und Gingrich; Kurve C: Berechnet nach Gleichung (XIX 178) [entnommen aus: J. G. Kirkwood u. M. Boggs: J. Chem. Phys. 10, 394 (1492)]

In neuerer Zeit haben Kirkwood u. Mitarb.[3] für einen größeren Bereich von Dichten die Gl. (XIX 125) sowohl mit dem Kirkwoodschen Kern (XIX 126) wie dem Born-Greenschen Kern (XIX 127) und auch die linearisierte Gl. (XIX 144) numerisch gelöst. Es hat sich dabei gezeigt, daß die oben durchgeführte analytische Lösung nur in der Nähe von $x = 1$ etwas ungenau, im übrigen aber korrekt

---

[1] Kirkwood, J. G., u. E. Monroe Boggs: J. Chem. Phys. 10, 394 (1942).
[2] Vgl. § 11.2.
[3] Kirkwood, J. G., E. K. Maun u. B. J. Alder: J. Chem. Phys. 18, 1040 (1950).

ist. Auch der Einfluß der Linearisierung macht sich praktisch nur in diesem Gebiet bemerkbar. Abb. 150 zeigt die Lösung der linearen und der nichtlinearen Integralgleichung für den auch in Abb. 149 benutzten Parameterwert $\chi = 27,4$. Man sieht, daß die Vermeidung der Linearisierung das erste Maximum der radialen Verteilungsfunktion erhöht. Abb. 151 zeigt die thermische Zustandsgleichung des Systems aus starren Kugeln nach den numerischen Lösungen der KIRKWOODschen und BORN-GREENschen Integralgleichung und nach der Theorie des freien Volumens. Bei niedrigen Dichten fallen die beiden ersten praktisch zusammen und entfernen

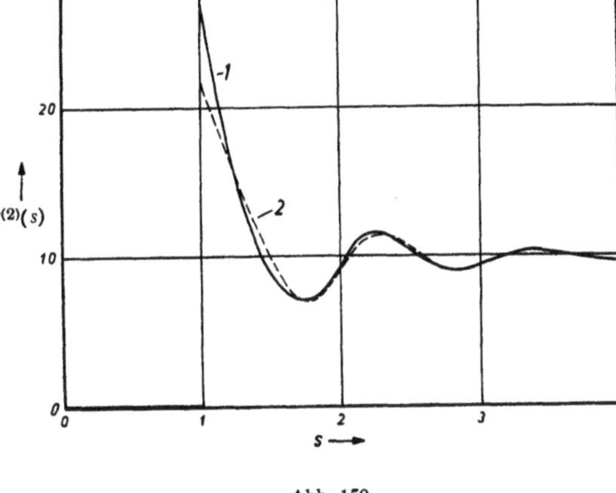

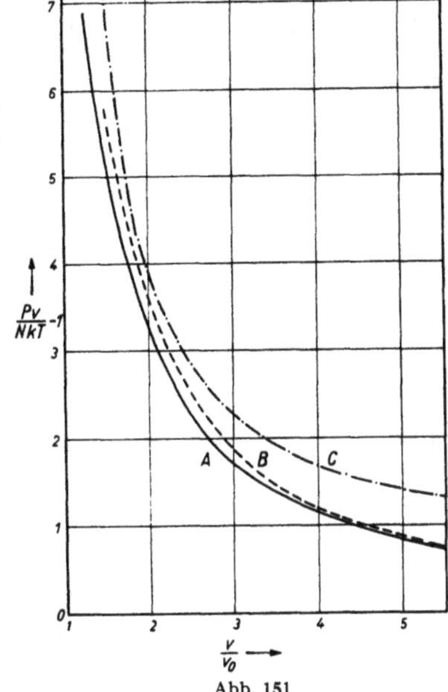

Abb. 150Abb. 151

Abb. 150. Radiale Verteilungsfunktion für $\chi = 27,4$ A. Kurve 1: Lösung der nichtlinearisierten Integralgleichung; Kurve 2: Lösung der linearisierten Integralgleichung [entnommen aus: J. G. KIRKWOOD, E. K. MAUN u. B. J. ALDER: J. Chem. Phys. **18**, 1040 (1950)]

Abb. 151. Thermische Zustandsgleichung eines Gases aus starren Kugeln. Kurve A: Integralgleichungsmethode, KIRKWOODscher Kern; Kurve B: Integralgleichungsmethode, BORN-GREENscher Kern; Kurve C: Theorie des freien Volumens [entnommen aus: J. G. KIRKWOOD, E. K. MAUN u. B. J. ALDER: J. Chem. Phys. **18**, 1040 (1950)]

sich beträchtlich von der letzteren. Dieses Verhalten ist nach dem früheren zu erwarten, da wir in § 13.3 gesehen haben, daß die Integralgleichungsmethode für mäßig komprimierte Gase korrekte Ergebnisse liefert, während die Theorie des freien Volumens in diesem Gebiet nach § 19.2 und 19.3 eine sehr schlechte Näherung darstellt. Bei höheren Dichten verlaufen die drei Kurven annähernd parallel in gleichen Abständen. Man kann daraus wohl schließen, daß der Einfluß des Superpositionsprinzips in diesem Falle nahezu von der gleichen Größenordnung ist wie die Verbesserung, die durch die Anwendung der Integralgleichungsmethode gegenüber der Theorie des freien Volumens erreicht wird.

Bereits bei der analytischen Lösung hatte sich gezeigt, daß für $\chi = 34,8$ der Realteil der ersten Nullstelle von $F(z)$ verschwindet (vgl. Tab. 52), womit zunächst der Ansatz (XIX 174) in Frage gestellt wird. KIRKWOOD u. Mitarb.[1] fanden nun, daß für $\chi \geq 34,8$ überhaupt keine physikalisch sinnvolle Lösung existiert. Es erscheint nicht ausgeschlossen, daß diese Tatsache mit der Phasenumwandlung flüssig-kristallin zusammenhängt. Es ist aber schwer abzuschätzen, welche Rolle dabei das Superpositionsprinzip spielt.

---

[1] KIRKWOOD, J. G., E. K. MAUN u. B. J. ALDER: J. Chem. Phys. **18**, 1040 (1950).

McLellan[1] hat die nicht linearisierte Born-Green-Gleichung für starre Kugeln mittels eines Iterationsverfahrens gelöst und die Lösung als Entwicklung nach Potenzen der Dichte dargestellt. Die Übereinstimmung mit der numerischen Lösung von Kirkwood u. Mitarb. ist in der Nähe von $x = 1$ durchweg sehr gut; bei höheren Dichten und größeren x-Werten treten merkliche Abweichungen auf. Diese wirken sich jedoch auf die Zustandsgleichung nicht in nennenswertem Maße aus; hier ist die Übereinstimmung ebenfalls sehr gut.

Kirkwood u. Mitarb.[2] haben die numerische Lösung der Gl. (XIX 125) auch mit Berücksichtigung der Anziehungskräfte durchgeführt. Dabei hat sich gezeigt, daß eine Lösung mit dem Lennard-Jones-Potential bei höheren Dichten nicht

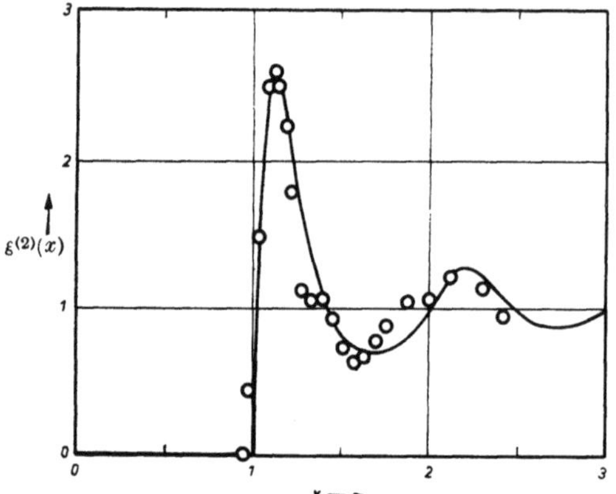

Abb. 152. Radiale Verteilungsfunktion für Argon bei 91,8° K und 1,8 Atm. Kurve berechnet aus der numerischen Lösung der Integralgleichung mit Born-Greenschem Kern. Kreise: Experimentelle Werte [entnommen aus: J. G. Kirkwood, V. A. Lewinson u. B. J. Alder: J. Chem. Phys. **20**, 929 (1952)]

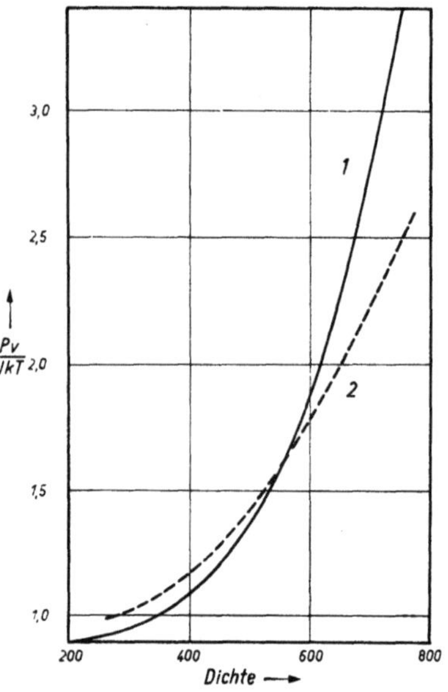

Abb. 153. 0° C-Isotherme für Argon. Kurve 1: Experimentelle Werte; Kurve 2: Numerische Lösung der Integralgleichung; Dichte in Amagat-Einheiten [entnommen aus: J. G. Kirkwood, V. A. Lewinson u. B. J. Alder: J. Chem. Phys. **20**, 929 (1952)]

erhalten werden kann. Es wurde daher dem Letzteren das Potential der starren Kugeln überlagert, so daß ein dem „starr-elastischen" Molekülmodell ähnliches Potential entsteht. Die auf diesem Wege erhaltenen Resultate stimmen für die radiale Verteilungsfunktion selbst, wie Abb. 152 zeigt, recht gut mit den röntgenographischen Daten überein. Dagegen sind die Ergebnisse für die Zustandsgleichung im Gebiet höherer Dichten wenig befriedigend, wie Abb. 153 an dem Beispiel der 0° C-Isotherme für Argon zeigt. Inwieweit dafür das Superpositionsprinzip, das gewählte Potential oder das Rechenverfahren verantwortlich ist, scheint noch nicht geklärt zu sein. Die zuletzt erwähnten Rechnungen sind im wesentlichen auf der Grundlage des Born-Greenschen Kernes (XIX 127) durchgeführt worden. Nur für $\chi = 20$ ist auch der Kirkwoodsche Kern benutzt worden. Die Abweichungen sind bei der radialen Verteilungsfunktion gering, bei der Zustandsgleichung deutlicher, können aber die großen Diskrepanzen zwischen Theorie und Experiment kaum erklären. Man kann diese Diskrepanzen durch Einführung halbempirischer Korrekturen weitgehend vermindern[3], doch

[1] McLellan, A. G.: Proc. Roy. Soc. (London) A **210**, 509 (1952).

[2] Kirkwood, J. G., V. A. Lewinson u. B. J. Alder: J. Chem. Phys. **20**, 929 (1952).

[3] Zwanzig, R. W., J. G. Kirkwood, K. F. Stripp u. J. Oppenheim: J. Chem. Phys. **21**, 1268 (1953).

ist damit für die Theorie nicht allzuviel gewonnen. Wir gehen deshalb hier nicht näher darauf ein.

Überblicken wir noch einmal die geschilderten Ergebnisse, so kann man sagen, daß die radiale Verteilungsfunktion selbst und damit die molekulare Struktur der Flüssigkeiten von der Theorie, gemessen an der experimentellen Genauigkeit, auch quantitativ befriedigend wiedergegeben wird. Insoweit stellt daher offensichtlich auch das Superpositionsprinzip eine brauchbare Näherung dar. Tatsächlich wird hier das Wesentliche bereits durch die Näherungslösung von Kirkwood und Boggs gegeben. Die thermodynamischen Eigenschaften hängen aber offenbar so empfindlich von den feineren Einzelheiten der radialen Verteilungsfunktion ab, daß nur eine die Genauigkeit der direkten experimentellen Bestimmung weit übertreffende theoretische Berechnung hier gute Resultate liefern könnte. Inwieweit dies mit erträglichem Aufwand durchführbar ist, muß zur Zeit noch als offene Frage betrachtet werden.

§ 19.5. Die Schmelztheorie von Lennard-Jones und Devonshire

Die wesentliche Schwäche des Flüssigkeitsmodells von Lennard-Jones und Devonshire besteht, wie wir in § 19.2 gesehen haben, darin, daß es eine zu hohe molekulare Ordnung besitzt. Dies hat nicht nur zur Folge, daß im Hinblick auf die Eigenschaften der Flüssigkeiten die quantitativen Ergebnisse nicht sehr befriedigend sind; es bewirkt auch, daß eine Erklärung der Kristallisation einer Flüssigkeit auf der Grundlage dieses Modells von vorneherein unmöglich ist, weil eben das Modell in Wirklichkeit bereits ein Kristall ist. Am einfachsten sieht man dies an der Formulierung von Hill[1], daß in dem genannten Flüssigkeitsmodell die molekulare Verteilungsfunktion der Einzelmoleküle dreifach periodisch ist. Damit ist der grundlegende Unterschied zwischen Flüssigkeit und Kristall eliminiert, und es besteht keine Möglichkeit mehr, einen unstetigen Übergang zwischen beiden einzuführen.

In § 19.3 haben wir einige Versuche besprochen, ein Gittermodell der Flüssigkeit mit höherer molekularer Unordnung zu konstruieren. Diese Modelle nähern sich mit abnehmender Temperatur stetig dem Modell von Lennard-Jones und Devonshire. Sie entsprechen daher mehr einem fehlgeordneten Kristall als einer Flüssigkeit und bieten ebenfalls keinen Ansatzpunkt für eine Theorie des Schmelzens.

Lennard-Jones und Devonshire[2] ist es gelungen, die angedeuteten Schwierigkeiten wenigstens teilweise zu überwinden und im Rahmen des Gittermodells eine Formulierung zu finden, die mit verhältnismäßig einfachen mathematischen Mitteln eine approximative Theorie des Schmelzens liefert. Der Grundgedanke ist, daß der wesentliche Unterschied zwischen Kristall und Flüssigkeit das Fehlen der Fernordnung bei der letzteren ist. Diese Aussage ist an sich völlig korrekt und müßte bei konsequenter Verfolgung zu einer exakten Theorie des Schmelzens führen. Die erste Näherungsannahme der Theorie von Lennard-Jones und Devonshire liegt nun in einer speziellen modellmäßigen Interpretation der obigen Aussage. Es wird angenommen, daß den N-Gitterplätzen (α-Plätze) N-Zwischengitterplätze (β-Plätze) zugeordnet sind. Die Verbringung eines Atoms von einem α-Platz auf einen β-Platz erfordert einen gewissen Energieaufwand, der davon abhängt, wieviel benachbarte β-Plätze bereits besetzt sind. Die Berechnung der Gleichgewichtsverteilung der Atome auf die α- und β-Plätze

---

[1] Hill, T. L.: Mem. Rep. 53—12 Proj. NM 000018.06 (1953).

[2] Lennard-Jones, J. E., u. A. F. Devonshire: Proc. Roy. Soc. (London) A **169**, 317 (1939); **170**, 464 (1939).

ist also ein kooperatives Problem, das näherungsweise mit den Methoden des Kap. XVI behandelt werden kann.

Bezeichnen wir mit N_α und N_β die Zahlen der Atome, die sich jeweils auf α- bzw. β-Plätzen befinden, so können wir als Ordnungsmaß einen Parameter

$$r = \frac{N_\alpha}{N}, \quad 1 - r = \frac{N_\beta}{N} \qquad \text{(XIX 197)}$$

definieren. Bei tiefen Temperaturen werden sich praktisch alle Atome auf α-Plätzen befinden, so daß r den Wert Eins hat. Mit steigender Temperatur werden sich zunächst lokale Störungen ausbilden, indem einzelne Atome auf β-Plätze abwandern. In diesem Gebiet haben wir einen gestörten Kristall, und

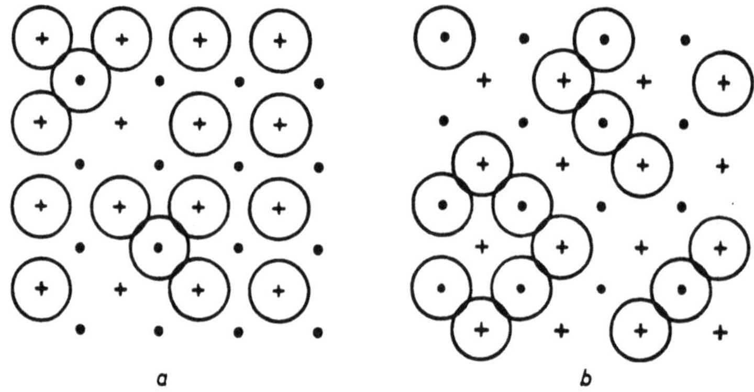

Abb. 154. Zur Schmelztheorie von LENNARD-JONES und DEVONSHIRE. *a* Kristall; *b* Flüssigkeit [entnommen aus: J. E. LENNARD-JONES u. A. F. DEVONSHIRE: Proc. Roy. Soc. (London) A **169**, 317 (1939)]

der Wert von r ändert sich nur sehr langsam mit der Temperatur. In einem kleinen Temperaturintervall bricht dann die Fernordnung völlig zusammen; mit der gleichmäßigen Verteilung der Atome auf α- und β-Plätze ($r = \frac{1}{2}$) wird größtmögliche, mit dem Modell verträgliche, Unordnung erreicht, die dem flüssigen Zustand entspricht. Das beschriebene Verhalten ist in Abb. 154 schematisch dargestellt.

Obwohl die Natur des kooperativen Problems selbst nach dem früheren ohne weiteres klar ist, liegt die Frage nahe, wie man auf diesem Wege zu einer Umwandlung I. Ordnung kommt. Der entscheidende Punkt dafür ist die Tatsache, daß der Energieparameter explizit als Funktion des Volumens angesetzt wird. Dadurch erhält man Isothermen vom VAN DER WAALSschen Typ, die in der bekannten Weise interpretiert werden. Der Umwandlungspunkt des kooperativen Problems selbst (Verschwinden der Fernordnung) fällt in das instabile Gebiet und geht daher überhaupt nicht explizit in die Theorie des Schmelzens ein.

Für die mathematische Formulierung der Theorie haben LENNARD-JONES und DEVONSHIRE ursprünglich die BETHEsche Methode (§ 16.4) benutzt[1]; in einer späteren Arbeit[2] haben sie die Rechnung auch nach der BRAGG-WILLIAMSschen Näherung (§ 16.3) durchgeführt. Die Unterschiede der nach den beiden Methoden erhaltenen Ergebnisse sind ziemlich unbedeutend. Wir legen hier daher die letztere zugrunde, die in der Durchführung wesentlich einfacher und

---

[1] LENNARD-JONES, J. E., u. A. F. DEVONSHIRE: Proc. Roy. Soc. (London) A **169**, 317 (1939).

[2] LENNARD-JONES, J. E., u. A. F. DEVONSHIRE: Proc. Roy. Soc. (London) A **170**, 464 (1939).

übersichtlicher ist. In der Darstellung schließen wir uns möglichst eng an die Ausführungen in § 16.3 an, auf die wir für die Einzelheiten der Methode hier verweisen können.

Ähnlich wie in § 16.2 nehmen wir an, daß sich aus der Verteilungsfunktion ein Faktor Q_c abspalten läßt, der in unserem Falle die Verteilung der Atome auf die α- und β-Plätze beschreibt. Wir setzen also

$$Q = Q_f \cdot Q_c \, . \qquad \text{(XIX 198)}$$

Hier ist Q_f die vollständige Verteilungsfunktion der Flüssigkeitstheorie von Lennard-Jones und Devonshire, die explizit in Gl. (XIX 1) und (XIX 33) gegeben ist, während Q_c die Verteilungsfunktion der Gitterkonfigurationen bezeichnet, die wir jetzt zu berechnen haben. Die Einführung des Ansatzes (XIX 198), der, wie man leicht aus den Einzelheiten der Theorie des § 19.2 sieht, unmöglich auch nur einigermaßen exakt gültig sein kann, stellt die zweite wesentliche Näherung der Theorie dar.

Um die Funktion Q_c explizit zu konstruieren, bezeichnen wir mit z' die Zahl der nächsten Nachbarn eines Gitterplatzes. Es ist aber zu beachten, daß für das gewählte Modell z' *nicht* die Koordinationszahl des Gitters ist, sondern die Zahl der einen Gitterplatz umgebenden Zwischengitterplätze. Beispielsweise ist also für ein flächenzentriertes kubisches Gitter hier $z' = 6$, während die Koordinationszahl des Gitters 12 ist. Das Problem ist naturgemäß, wie stets in derartigen Fällen, symmetrisch in den α- und β-Plätzen. z' ist daher auch die Zahl der β-Plätze, die einen α-Platz umgeben, und die Werte $r > \frac{1}{2}$ entsprechen einer Vertauschung der Rollen von Gitterplätzen und Zwischengitterplätzen. Die der Funktion Q_c entsprechenden Energien sind lediglich die von der Besetzung der Zwischengitterplätze herrührenden Zusatzenergien. Wir können uns daher auf die Betrachtung der Wechselwirkung zwischen nächsten Nachbarn, d. h. zwischen Gitterplätzen und den sie umgebenden Zwischengitterplätzen beschränken. Für jeden α- und β-Platz gibt es die beiden Möglichkeiten „besetzt" und „leer". Bezeichnen wir die entsprechenden Wechselwirkungsenergien wieder mit w_{AA}, w_{AB}, w_{BB}, so können wir mit Benutzung der Definition (XVI 22) setzen

$$w_{AA} = w \, , \quad w_{AB} = w_{BB} = 0 \, . \qquad \text{(XIX 199)}$$

Da in unserem Falle die Zahl der Paare nächster Nachbarn $z'N$ ist, wird die Zahl der $A-A$-Paare zweckmäßig mit $z'N\,\xi$ bezeichnet. Für den Konfigurationsanteil der potentiellen Energie ergibt sich dann

$$U_c = z'N\,\xi\,w \, . \qquad \text{(XIX 200)}$$

Damit erhalten wir für die Verteilungsfunktion

$$Q_c = \sum_r \sum_\xi g(N, r, \xi)\, e^{-\frac{z'N\,\xi\,w}{kT}} \, , \qquad \text{(XIX 201)}$$

wo $g(N, r, \xi)$ der Kombinationsfaktor ist. Wir setzen nun wieder

$$Q_c = \sum_r Q_{cr} \qquad \text{(XIX 202)}$$

und ersetzen die Summe auf der rechten Seite durch den maximalen Term. Dazu müssen wir zunächst

$$Q_{cr} = \sum_\xi g(N, r, \xi)\, e^{-\frac{z'N\,\xi\,w}{kT}} \qquad \text{(XIX 203)}$$

berechnen. Um dies durchzuführen, definieren wir eine Größe

$$g(N, r) = \sum_\xi g(N, r, \xi) \, . \qquad \text{(XIX 204)}$$

$g(N, r)$ ist somit die Gesamtzahl der Konfigurationen, die zu einem gegebenen Wert von r gehören. Diese Zahl ist aber gleich der Zahl der Möglichkeiten, N α-Plätze auf N_α besetzte und $N - N_\alpha$ unbesetzte und N β-Plätze auf N_β besetzte und $N - N_\beta$ unbesetzte aufzuteilen. Wir haben daher mit Benutzung von (XIX 197)

$$g(N, r) = \left[\frac{N!}{(Nr)! \, [N(1-r)]!} \right]^2 \qquad \text{(XIX 205)}$$

oder, mit Benutzung der STIRLINGschen Formel

$$\ln g(N, r) = -2 N \left[r \ln r + (1 - r) \ln (1 - r) \right] . \qquad \text{(XIX 206)}$$

Wir schreiben nun die Gl. (XIX 203) in der Form

$$Q_{cr} = g(N, r) \, e^{-\frac{z' N \bar{\bar{\xi}} w}{kT}} \qquad \text{(XIX 207)}$$

die wir als Definition des Mittelwertes $\bar{\bar{\xi}}$ betrachten. Derselbe hängt mit dem einfachen, mit Hilfe der Verteilungsfunktion gebildeten Mittelwert $\bar{\xi}$ zusammen durch die Gleichung

$$\bar{\bar{\xi}} = T \int_0^{1/T} \bar{\xi} \, d\!\left(\frac{1}{T} \right) . \qquad \text{(XIX 208)}$$

Im Sinne der BRAGG-WILLIAMSschen Näherung setzen wir nun

$$\bar{\bar{\xi}} = \bar{\xi} = r(1 - r) . \qquad \text{(XIX 209)}$$

Damit erhalten wir aus Gl. (XIX 206) und (XIX 207) für den Konfigurationsanteil der freien Energie als Funktion des inneren Parameters r

$$F_c = N \, k \, T \left[z' r (1 - r) \, w + 2 r \ln r + 2 (1 - r) \ln (1 - r) \right] . \qquad \text{(XIX 210)}$$

Der Gleichgewichtswert von r und damit der maximale Term der Summe (XIX 202) bestimmt sich aus

$$- k T \frac{\partial \ln Q_{cr}}{\partial r} = \frac{\partial F_c}{\partial r} = 0 . \qquad \text{(XIX 211)}$$

In Verbindung mit Gl. (XIX 210) ergibt das

$$\frac{1}{2 r - 1} \ln \frac{r}{1 - r} = \frac{z' w}{2 k T} . \qquad \text{(XIX 212)}$$

Die Wurzeln dieser Gleichung, die wir bereits in § 16.3 ausführlich diskutiert haben, lassen sich unmittelbar anhand der Abb. 109 überblicken. Für $\frac{z' w}{4 k T} < 1$ existiert nur die Wurzel $r = \frac{1}{2}$, d. h. wir haben vollkommene Unordnung. Für $\frac{z' w}{4 k T} > 1$ entspricht dem stabilen Zustand eine zweite Wurzel $\frac{1}{2} < r \leqq 1$; in diesem Gebiet nimmt mit abnehmender Temperatur die molekulare Ordnung zu, und zwar handelt es sich dabei um eine Fernordnung.

Verstehen wir nun unter r im Weiteren den durch Gl. (XIX 212) definierten Gleichgewichtswert dieser Größe als Funktion von $\frac{w}{k T}$, so können wir ohne weiteres die thermodynamischen Funktionen des Systems konstruieren. Dabei behalten wir zweckmäßig die dem Ansatz (XIX 198) entsprechende Zerlegung für alle Größen bei. Wir haben dann für die freie Energie nach HELMHOLTZ

$$F = F_f + F_c , \qquad \text{(XIX 213)}$$

wo

$$F_f = - k T \ln Q_f \qquad \text{(XIX 214)}$$

aus § 19.2 bekannt ist und F_c durch Gl. (XIX 210) gegeben ist. Daraus ergibt sich für die innere Energie

$$E = E_f + E_c \tag{XIX 215}$$

mit

$$E_f = k\,T^2\,\frac{\partial \ln Q_f}{\partial T} \tag{XIX 216}$$

und

$$E_c = z'\,N\,w\,r\,(1 - r)\;. \tag{XIX 217}$$

Für Entropie gilt

$$S = S_f + S_c\;, \tag{XIX 218}$$

wo

$$S_f = k\,T\,\frac{\partial \ln Q_f}{\partial T} + k\,\ln Q_f \tag{XIX 219}$$

und

$$S_c = -\,2\,[r\,\ln r + (1 - r)\,\ln\,(1 - r)]\;. \tag{XIX 220}$$

Von besonderem Interesse ist der Druck, den wir ebenfalls zerlegen nach

$$P = P_f + P_c \tag{XIX 221}$$

mit

$$P_f = k\,T\,\frac{\partial \ln Q_f}{\partial V}\;. \tag{XIX 222}$$

Um den Ausdruck für P_c zu formulieren, nehmen wir an, daß w nur von dem Volumen abhängt. Dann bekommen wir

$$P_c = k\,T\,\frac{\partial \ln Q_c}{\partial V} = -\,z'\,N\,\frac{dw}{dV}\,r\,(1 - r) + k\,T\left(\frac{\partial \ln Q_c}{\partial r}\right)_{T,V}\left(\frac{\partial r}{\partial V}\right)_T\;. \tag{XIX 223}$$

Der zweite Term der rechten Seite verschwindet wegen (XIX 211) und es folgt

$$P_c = -\,z'\,N\,\frac{dw}{dV}\,r\,(1 - r)\;. \tag{XIX 224}$$

Um die Volumenabhängigkeit von w explizit zu formulieren, muß man berücksichtigen, daß die hier in Betracht kommende Wechselwirkung im wesentlichen durch die Abstoßungskräfte bestimmt wird. Vom Lennard-Jones-Potential (§ 11.3) ausgehend, gelangt man daher zu dem Ansatz

$$w = w_0\left(\frac{V_0}{V}\right)^4, \tag{XIX 225}$$

wo w_0 und V_0 Konstanten sind. Damit kann die vollständige thermische Zustandsgleichung geschrieben werden

$$PV = k\,T\,V\,\frac{\partial \ln Q_f}{\partial V} + 4\,z'\,N\,w_0\left(\frac{V_0}{V}\right)^4 r\,(1 - r)\;, \tag{XIX 226}$$

wo r eine Funktion von $\dfrac{w}{kT}$ und damit letzten Endes von V und T ist.

Mit Hilfe der angegebenen Formeln lassen sich die thermodynamischen Funktionen numerisch berechnen. Lennard-Jones und Devonshire haben solche Rechnungen für Argon durchgeführt. Dabei wurde von den in Gl. (XIX 225) auftretenden Parametern V_0 aus dem zweiten Virialkoeffizienten (vgl. § 11.3) bestimmt, während w_0 als adjustierbarer Parameter behandelt und aus der Schmelztemperatur unter dem Drucke Null bestimmt wurde. Abb. 155 zeigt die nach Gl. (XIX 226) für die genannte Temperatur berechnete $P\!-\!V$-Isotherme. Daneben ist noch die aus der Verteilungsfunktion Q_f allein berechnete Isotherme dargestellt. Die letztere zeigt naturgemäß den normalen von früher her bekannten

Verlauf. Die Berücksichtigung des Verschwindens der Fernordnung erzeugt nun eine völlig andersartige Kurve, deren Gestalt im wesentlichen den VAN DER WAALS-schen Isothermen entspricht, wobei jedoch das Maximum zu einer Spitze entartet ist. Der entsprechende Verlauf der freien Energie nach HELMHOLTZ ist in Abb. 156 dargestellt. Diese Kurve durchläuft bei A und C Minima, dazwischen bei B ein Maximum. Das zwischen A und C liegende Kurvenstück entspricht somit thermodynamisch metastabilen bzw. instabilen Zuständen. Man kann dies in bekannter Weise so interpretieren, daß die Kurve nicht wirklich durchlaufen

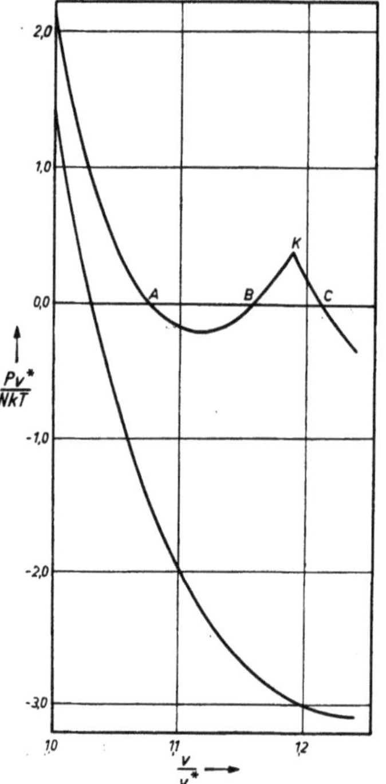

Abb. 155. Isothermen der Schmelztheorie von LENNARD-JONES und DEVONSHIRE. Die obere Kurve ist nach Gl. (XIX 226) berechnet, die untere aus der Verteilungsfunktion Q_f allein. Das Kurvenstück zwischen A und C entspricht metastabilen bzw. instabilen Zuständen [entnommen aus: J. E. LENNARD-JONES u. A. F. DEVONSHIRE: Proc. Roy. Soc. (London) A 170, 464 (1939)]

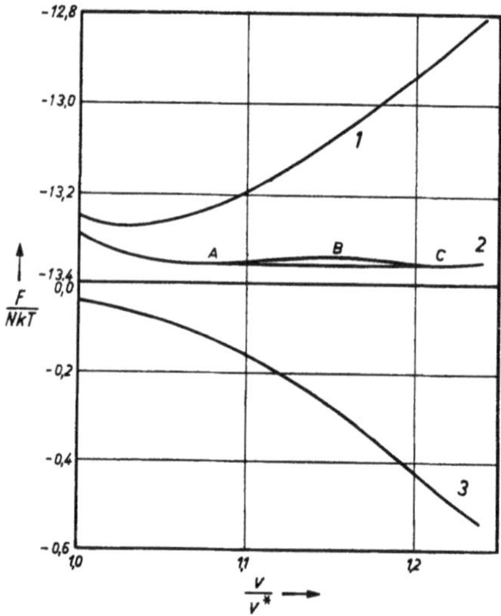

Abb. 156. Abhängigkeit der freien Energie nach HELMHOLTZ vom Volumen nach LENNARD-JONES und DEVONSHIRE. Kurve 1: F_f; Kurve 2: $F_f + F_c$; Das Kurvenstück zwischen A und C entspricht metastabilen bzw. instabilen Zuständen; Kurve 3: F_c [entnommen aus: J. E. LENNARD-JONES u. A. F. DEVONSHIRE: Proc. Roy. Soc. (London) A 170, 464 (1939)]

wird, sondern A und C zwei koexistierende Phasen repräsentieren. Der Zusammenhang zwischen r und V zeigt, daß wir in A verhältnismäßig hohe Ordnung, in C dagegen völlige Unordnung haben. Daraus ergibt sich unmittelbar, daß der Zustand A dem Kristall am Schmelzpunkt, der Zustand C der koexistierenden Schmelze entspricht. Aus den berechneten thermodynamischen Funktionen lassen sich nun unmittelbar die Schmelzentropie und die Volumenänderung beim Schmelzen entnehmen. Diese Größen sind mit den entsprechenden experimentellen Daten für Argon in Tab. 54 zusammengestellt. Dabei sind auch die mit

Tabelle 54. *Schmelzparameter für Argon nach der Theorie von* LENNARD-JONES *und* DEVONSHIRE

	BETHE	BRAGG-WILLIAMS	exp.
Volumenzuwachs beim Schmelzen (Druck Null, 83,8°K)	12,8%	13,5%	12%
Entropie-Änderung beim Schmelzen (Druck Null, 83,8°K)	1,74 k	1,70 k	1,66 k

Entnommen aus: J. E. LENNARD-JONES, u. A. F. DEVONSHIRE: Proc. Roy. Soc. (London) A 170, 464 (1939).

Hilfe der Betheschen Methode erhaltenen Zahlen angeführt. Man sieht, daß die Unterschiede der nach den verschiedenen Methoden erhaltenen Ergebnisse nur geringfügig sind, daß aber die Übereinstimmung mit den experimentellen Daten überraschend gut ist.

Trotz diesem augenscheinlichen Erfolge lassen sich gegen die Schmelztheorie von Lennard-Jones und Devonshire zwei grundsätzliche Einwendungen erheben. Zunächst beschreibt das gewählte Modell, wie schon Kirkwood und Monroe[1] bemerkt haben, nicht ein wirkliches Zusammenbrechen der Fernordnung beim Schmelzen. Auch die auf Zwischengitterplätzen befindlichen Atome sind nämlich mit der, wenn auch durch Leerstellen gestörten, Periodizität des Gitters angeordnet, so daß auch die der gleichmäßigen Verteilung auf α- und β-Plätze $(r = \frac{1}{2})$ entsprechende maximale Unordnung kein dem physikalischen Sachverhalt adäquates Bild einer Flüssigkeit ergibt. Der zweite Einwand betrifft die Art der Beschreibung der Phasenumwandlung. Aus den allgemeinen Untersuchungen in Kap. VII ergibt sich, daß die Einführung instabiler Zustände nicht konsistent ist mit den allgemeinen Prinzipien der statistischen Thermodynamik. Es ist zwar sicher, daß man auf diesem Wege brauchbare Resultate erhalten kann; die Schwierigkeit liegt aber darin, daß die Natur und die Tragweite der Näherung sich nicht übersehen lassen.

Die Theorie von Lennard-Jones und Devonshire führt zu der Folgerung, daß bei einer gewissen Temperatur T_k die S-förmige Gestalt der Isothermen in einen monotonen Verlauf übergeht. Das bedeutet, daß oberhalb T_k keine Phasenumwandlung stattfindet und T_k die kritische Temperatur für die Umwandlung fest-flüssig darstellt. Im Hinblick auf den Näherungscharakter der Theorie kann dieses Ergebnis, wie die Autoren selbst betonen, nur mit Vorbehalt betrachtet werden. Eine experimentelle Entscheidung der Frage, ob die Koexistenzkurve fest-flüssig in einem kritischen Punkt endet, ist bisher nicht möglich gewesen. Auch die theoretische Diskussion[1-5] hat noch nicht zu eindeutigen Ergebnissen geführt.

§ 19.6*. Die Schmelztheorie von Kirkwood und Monroe

Wenn man das der Theorie von Lennard-Jones und Devonshire zugrunde liegende physikalische Konzept in strengerer Weise ausführen will, ist es offenbar zuerst notwendig, das von den genannten Autoren benutzte spezielle Modell aufzugeben. Aus den schon mehrfach erörterten Gründen kommt dann als Ausgangspunkt für eine Theorie des Schmelzens nur die Methode der molekularen Verteilungsfunktionen in Betracht. Die allgemeinen Zusammenhänge zwischen Phasenumwandlungen und molekularen Verteilungsfunktionen haben wir bereits in § 8.7 besprochen. Die Entwicklung einer expliziten Theorie auf dieser Grundlage stößt allerdings auf die bekannten Schwierigkeiten, daß man, um die Rechnung durchführen zu können, mehr oder weniger weitreichende Näherungsannahmen einführen muß. In dieser Hinsicht scheinen jedoch die Verhältnisse bei der Umwandlung fest-flüssig besonders günstig zu liegen. Die von Kirkwood und Monroe[1] mit Hilfe der molekularen Verteilungsfunktionen entwickelte Schmelztheorie läßt einerseits die wesentlichen Züge der allgemeinen Theorie noch deutlich erkennen, ergibt aber andererseits auch quantitativ recht gute Übereinstimmung mit der Erfahrung.

---

[1] Kirkwood, J. G., u. E. Monroe: J. Chem. Phys. **9**, 514 (1941).
[2] Münster, A.: Z. Naturforsch. **6a**, 139 (1951).
[3] Domb, C.: Philosophic. Mag. **42**, 1316 (1951).
[4] Münster, A.: Comptes Rendus 2e Réunion «Changements de Phases», p. 21. Paris 1952.
[5] Ebert, L.: Österr. Chemiker-Ztg. **55**, 1 (1954).

Nach einem in § 8.7 formulierten Satze ändert sich allgemein die molekulare Verteilungsfunktion $g^{(n)}$ unstetig an der Stelle einer Umwandlung n-ter Ordnung. Bei Umwandlungen I. Ordnung in fluiden Phasen bleibt $g^{(1)}$ identisch gleich Eins, und wir haben Unstetigkeiten nur in den molekularen Dichten. Alle Phasenumwandlungen aber, an denen kristalline Phasen beteiligt sind, und bei denen eine Änderung oder Zerstörung der Gitterstruktur stattfindet, sind speziell dadurch charakterisiert, daß sich die molekulare Verteilungsfunktion $g^{(1)}$ im Umwandlungspunkt unstetig ändert. Die Untersuchung des Verhaltens dieser Funktion bildet daher die Grundlage der Theorie des Schmelzens.

Am Schluß von § 8.4 haben wir für die Funktion $g^{(1)}$ die Integralgleichung abgeleitet

$$\ln \left[\chi g^{(1)}(\mathbf{q})\right] = \int K(\mathbf{q}, \mathbf{q}')\, g^{(1)}(\mathbf{q}')\, d\mathbf{q}' . \qquad \text{(XIX 227)}$$

Hier ist

$$\ln \chi = -\frac{\varrho}{kTV} \int_0^1 \int \int u(|\mathbf{q}' - \mathbf{q}|)\, g^{(2)}(\mathbf{q}, \mathbf{q}', a)\, d\mathbf{q}\, d\mathbf{q}'\, da , \qquad \text{(XIX 228)[1]}$$

wo a den KIRKWOODschen Kopplungsparameter (§ 8.1) bezeichnet. Der Kern $K(\mathbf{q}, \mathbf{q}')$ ist gegeben durch

$$K(\mathbf{q}, \mathbf{q}') = -\frac{\varrho}{kT}\, u(|\mathbf{q}' - \mathbf{q}|) \int_0^1 \frac{g^{(2)}(\mathbf{q}, \mathbf{q}', a)}{g^{(1)}(\mathbf{q}, a)\, g^{(1)}(\mathbf{q}')}\, da . \qquad \text{(XIX 229)}$$

Die zuerst von KIRKWOOD und MONROE[2] nach den Methoden des § 8.2 abgeleitete Gl. (XIX 227) ist streng gültig und bildet die formale Basis der Theorie. Unsere erste Aufgabe besteht darin, zu zeigen, daß diese Gleichung in einem gewissen Zustandsgebiet eine dreifach periodische Lösung, in einem anderen nur die Lösung $g^{(1)} = 1$ besitzt, und damit die Existenz der Umwandlung fest-flüssig nachzuweisen. Um dies durchzuführen, benutzen wir Gl. (VIII 134) und schreiben im Kern den Zähler des Integranden $\exp\left[-(w_{ij}^{(2)} + w_i^{(1)} + w_j^{(1)})/kT\right]$. Die beiden letzten Faktoren heben sich gegen den Nenner heraus, und es bleibt lediglich die durch Gl. (VIII 136) definierte Verteilungsfunktion $g^{(2)\prime}$ stehen. Wir nehmen nun an, daß diese Funktion näherungsweise mit der radialen Verteilungsfunktion der Flüssigkeit für die fraglichen Werte der Zustandsgrößen identifiziert werden kann. Aus der Existenz unterkühlter Flüssigkeiten kann man schließen, daß eine solche Approximation sinnvoll ist. Über ihre Tragweite läßt sich allerdings theoretisch kaum etwas aussagen; sie muß letzten Endes durch den Vergleich mit der Erfahrung gerechtfertigt werden. Immerhin kann man vermuten, daß diese Näherung weniger einschneidend ist als das Superpositionsprinzip. Mit Benutzung der genannten Näherung lautet unsere Integralgleichung

$$\ln \left[\chi g^{(1)}(\mathbf{q})\right] = \int K(|\mathbf{q}' - \mathbf{q}|)\, g^{(1)}(\mathbf{q}')\, d\mathbf{q}' , \qquad \text{(XIX 230)}$$

wo jetzt

$$K(|\mathbf{q}' - \mathbf{q}|) = -\frac{\varrho}{kT}\, u(|\mathbf{q}' - \mathbf{q}|) \int_0^1 g^{(2)}(|\mathbf{q}' - \mathbf{q}|, a)\, da \qquad \text{(XIX 231)}$$

ist.

Da wir wissen, daß die Lösung von (XIX 230) für den Kristall einen dreifach periodischen Charakter haben muß, liegt es nahe, dieselbe von vornherein in Form einer FOURIER-Reihe anzusetzen. Wir schreiben daher

$$g^{(1)}(\mathbf{q}) = \sum_{h_1=-\infty}^{+\infty} \sum_{h_2=-\infty}^{+\infty} \sum_{h_3=-\infty}^{+\infty} s(\mathbf{h})\, e^{2\pi i \mathbf{h} \cdot \mathbf{q}} \qquad \text{(XIX 232)}$$

und

$$\ln \left[\chi g^{(1)}(\mathbf{q})\right] = \sum_{h_1=-\infty}^{+\infty} \sum_{h_2=-\infty}^{+\infty} \sum_{h_3=-\infty}^{+\infty} t(\mathbf{h})\, e^{2\pi i \mathbf{h} \cdot \mathbf{q}} . \qquad \text{(XIX 233)}$$

[1] Den Index an der Größe a lassen wir hier als entbehrlich weg.
[2] KIRKWOOD, J. G., u. E. MONROE: J. Chem. Phys. 9, 514 (1941).

Hier ist

$$\mathbf{h} = h_1\,\mathbf{b}_1 + h_2\,\mathbf{b}_2 + h_3\,\mathbf{b}_3 \,, \qquad\qquad \text{(XIX 234)}$$

wo h_1, h_2, h_3 ganze Zahlen und $\mathbf{b}_1$, $\mathbf{b}_2$, $\mathbf{b}_3$ die Basis-Vektoren des reziproken Gitters der betreffenden Struktur sind[1]. Setzen wir die Ausdrücke (XIX 232) und (XIX 233) in Gl. (XIX 230) ein, so erhalten wir durch Gleichsetzen entsprechender Terme

$$t(\mathbf{h}) = s(\mathbf{h}) \int K(|\mathbf{q}' - \mathbf{q}|)\, e^{2\pi i \mathbf{h}(\mathbf{q}'-\mathbf{q})}\, d\mathbf{q}' \,. \qquad\qquad \text{(XIX 235)}$$

Das hier auftretende Integral, das wir mit $a(\mathbf{h})$ bezeichnen, ist aus der Theorie der Röntgenstreuung bekannt [s. z. B. Gl. (VIII 257)]. Wir schreiben

$$|\mathbf{q}' - \mathbf{q}| = r \qquad\qquad \text{(XIX 236)}$$

$$\mathbf{h} \cdot (\mathbf{q}' - \mathbf{q}) = hr \cos\vartheta \qquad\qquad \text{(XIX 237)}^2$$

und führen Polarkoordinaten mit dem ungestrichenen Atom als Ursprung ein. Dann haben wir

$$\alpha(\mathbf{h}) = \int\int\int K(r)\, e^{2\pi i h r \cos\vartheta}\, r^2 \sin\vartheta\, d\vartheta\, d\varphi\, dr \,. \qquad\qquad \text{(XIX 238)}$$

Wir substituieren nun

$$y = 2\pi\, hr \cos\vartheta\,, \quad -\, dy = 2\pi\, hr \sin\vartheta\, d\vartheta \qquad\qquad \text{(XIX 239)}$$

und schreiben die Exponentialfunktion als Summe von Sinus und Cosinus. Die Integrationen über φ und y lassen sich dann ausführen. Das imaginäre Glied verschwindet bei der Integration, und wir erhalten aus (XIX 235)

$$t(\mathbf{h}) = \alpha(\mathbf{h}) \cdot s(\mathbf{h}) \qquad\qquad \text{(XIX 240)}$$

mit

$$\alpha(\mathbf{h}) = \frac{2}{h} \int_0^\infty r K(r) \sin(2\pi\, hr)\, dr \,. \qquad\qquad \text{(XIX 241)}$$

Der Parameter χ läßt sich ohne Benutzung der Definitionsgleichung (XIX 228) unmittelbar aus der Normierungsbedingung für $g^{(1)}$ als Funktion des Fourier-Koeffizienten $t(\mathbf{h})$ bestimmen. Bezeichnen wir mit $\varDelta$ die Elementarzelle des Gitters, so wird für eine periodische Lösung der Integralgleichung die Normierung

$$\frac{1}{\varDelta} \int_\varDelta g^{(1)}(\mathbf{q})\, d\mathbf{q} = 1 \,. \qquad\qquad \text{(XIX 242)}$$

---

[1] Bezeichnen wir mit $\mathbf{a}_1$, $\mathbf{a}_2$, $\mathbf{a}_3$ die Basis-Vektoren, welche die Elementarzelle des Gitters aufspannen, so gilt für das Volumen der Elementarzelle

$$\varDelta = \mathbf{a}_1 \cdot \mathbf{a}_2 \times \mathbf{a}_3 = \mathbf{a}_3 \cdot \mathbf{a}_1 \times \mathbf{a}_2 = \mathbf{a}_2 \cdot \mathbf{a}_3 \times \mathbf{a}_1$$

Die Gitterpunkte sind die Endpunkte der Vektoren

$$\mathbf{n} = n_1\mathbf{a}_1 + n_2\mathbf{a}_2 + n_3\mathbf{a}_3 \,,$$

wo n_1, n_2, n_3 ganze Zahlen sind. Ein beliebiger Vektor, etwa der Ortsvektor $\mathbf{q}$, läßt sich darstellen in der Form

$$\mathbf{q} = q_1\mathbf{a}_1 + q_2\mathbf{a}_2 + q_3\mathbf{a}_3 \,.$$

Die Basis-Vektoren des reziproken Gitters sind definiert durch die Gleichungen

$$\mathbf{b}_1 = \varDelta^{-1}\mathbf{a}_2 \times \mathbf{a}_3\,, \quad \mathbf{b}_2 = \varDelta^{-1}\mathbf{a}_3 \times \mathbf{a}_1\,, \quad \mathbf{b}_3 = \varDelta^{-1}\mathbf{a}_1 \times \mathbf{a}_2 \,.$$

Daraus folgt

$$\mathbf{a}_i \cdot \mathbf{b}_j = \delta_{ij} \,.$$

Die Forderung, daß $g^{(1)}$ die dreifache Periodizität des Gitters besitzen soll, besagt, daß

$$g^{(1)}(\mathbf{q}) = g^{(1)}(\mathbf{q} + \mathbf{n})$$

sein muß. Das ist, wie man durch Einsetzen in Gl. (XIX 232) leicht verifiziert, dann und nur dann der Fall, wenn die Vektoren $\mathbf{b}_i$ der Gl. (XIX 234) die Basis-Vektoren des reziproken Gitters sind.

[2] h bezeichnet hier den absoluten Betrag des Vektors $\mathbf{h}$.

Setzen wir in diese Gleichung die Reihe (XIX 233) ein, so erhalten wir, in etwas vereinfachter Schreibweise[1]

$$\chi = \frac{1}{\varDelta} \int_{\varDelta} \exp\left[\sum_{h} t_h \, e^{2\pi i h' \cdot q} \right] d\mathbf{q} \,, \qquad (XIX\ 243)$$

womit χ als Funktion der t_h bestimmt ist.

Für die FOURIER-Koeffizienten s_h erhalten wir in bekannter Weise aus Gl. (XIX 232)

$$s_h = \frac{1}{\varDelta} \int_{\varDelta} e^{-2\pi i h \cdot q} g^{(1)}(\mathbf{q}) \, d\mathbf{q} \,. \qquad (XIX\ 244)$$

Setzen wir für $g^{(1)}$ hier die Reihe (XIX 233) ein, so folgt

$$s_h = \frac{1}{\chi\varDelta} \int_{\varDelta} e^{-2\pi i h \cdot q} \cdot \exp\left[\sum_{h'} t_{h'} \, e^{2\pi i h' \cdot q} \right] d\mathbf{q} \qquad (XIX\ 245)$$

oder mit Benutzung von Gl. (XIX 243)

$$s_h = \frac{\partial \ln \chi}{\partial t_h^*} \,, \qquad (XIX\ 246)$$

wo $t_h^* = t_{-h}$ ist. Durch Kombination von (XIX 240) und (XIX 246) erhalten wir schließlich

$$t_h = \alpha_h \, \frac{\partial \ln \chi}{\partial t_h^*} \,. \qquad (XIX\ 247)$$

Diese Beziehungen stellen ein unendliches System von transzendenten Gleichungen für die FOURIER-Koeffizienten t_h der Reihe (XIX 233) dar. Die Bestimmung einer reellen periodischen Lösung der Integralgleichung (XIX 230) ist damit reduziert auf die Lösung des obigen Gleichungssystems, welche die FOURIER-Koeffizienten t_h als Funktionen der Transformierten α_h des Kernes $K(r)$ darstellt.

Über die Lösungen des Systems (XIX 247) lassen sich sofort zwei allgemeine Aussagen machen. Aus Gl. (XIX 243) und (XIX 245) folgt

$$s_0 = 1 \,. \qquad (XIX\ 248)[2]$$

Es ist daher nach (XIX 246) und (XIX 247)

$$t_0 = \alpha_0 \,. \qquad (XIX\ 249)[2]$$

Weiter sieht man mit Benutzung von (XIX 243), daß die Gl. (XIX 247) stets die Lösung

$$t_h = 0 \quad \text{für} \quad h > 0 \qquad (XIX\ 250)$$

besitzen. Die entsprechende Lösung der Integralgleichung ist, wie man sofort sieht,

$$g^{(1)} = 1 \,, \qquad (XIX\ 251)$$

die molekulare Verteilungsfunktion der Einzelmoleküle einer fluiden Phase. Wir haben daher zu zeigen, daß unter gewissen Bedingungen noch eine weitere, von (XIX 250) verschiedene, Lösung existiert, die einem niedrigeren Werte der freien Energie entspricht und damit die Gleichgewichtsverteilung darstellt.

Die genannte Aufgabe ist in allgemeiner Form bisher nicht gelöst worden. Die spezielle Lösung von KIRKWOOD und MONROE schließt im wesentlichen noch zwei weitere Annahmen ein. Einmal wird von vornherein ein bestimmter Gittertyp zugrunde gelegt; die Frage, ob derselbe gegenüber anderen Strukturen thermo-

---

[1] Wir schreiben nur ein Summenzeichen für die dreifache Summierung und ersetzen $\alpha(\mathbf{h})$, $t(\mathbf{h})$, $s(\mathbf{h})$ durch α_h, t_h, s_h.
[2] Wir schreiben der Einfachheit halber s_0 und t_0 anstelle von s_{000} und t_{000}.

dynamisch stabil ist, wird nicht diskutiert. Zum anderen wird angenommen, daß die FOURIER-Reihe (XIX 233) mit den ersten Gliedern abgebrochen werden kann. Die erste Annahme muß eingeführt werden, weil die zur Diskussion der Gitterstabilität erforderliche explizite Berechnung der Transformierten α_h bisher nicht durchgeführt worden ist. Die dadurch bedingte Lücke in der Theorie läßt sich indessen durch die experimentelle Erfahrung ausfüllen, ohne daß die Resultate im übrigen dadurch beeinträchtigt werden. Die zweite Annahme ist (ähnlich wie in dem analogen Fall des § 19.4) notwendig, um die Gl. (XIX 247) auf ein praktisch lösbares endliches System zu reduzieren. Diese Näherung ist an sich plausibel, kann aber letzten Endes wieder nur durch den Vergleich mit der Erfahrung gerechtfertigt werden.

Obwohl die aus den vorstehenden Annahmen resultierenden Gleichungen sich ziemlich unmittelbar anschreiben lassen, ist es instruktiver, im Anschluß an KIRKWOOD und MONROE von einem etwas allgemeineren Ansatz auszugehen. Wir nehmen also zunächst nur an, daß wir ein kubisches Gitter mit vier Atomen pro Elementarzelle und der Gitterkonstanten a haben. Das Volumen der Elementarzelle ist dann

$$\varDelta = 4\,\frac{V}{N}\,. \qquad \text{(XIX 252)}$$

Die Basis-Vektoren des reziproken Gitters sind orthogonal zueinander und haben alle die gleiche Länge $1/a$. Die ersten Werte von h sind dann nach Gl. (XIX 234)

$$\frac{1}{a}\,,\quad \frac{\sqrt{2}}{a}\,,\quad \frac{\sqrt{3}}{a}\,,\quad \frac{2}{a}\,. \qquad \text{(XIX 253)}$$

Wir schreiben im folgenden

$$x = \mathbf{b}_1 \cdot \mathbf{q}\,,\quad y = \mathbf{b}_2 \cdot \mathbf{q}\,,\quad z = \mathbf{b}_3 \cdot \mathbf{q}\,. \qquad \text{(XIX 254)}$$

Ferner ist es zweckmäßig, einen neuen Parameter

$$\chi^* = \chi\, e^{-t_0} \qquad \text{(XIX 255)}$$

zu definieren. Wir setzen nun näherungsweise

$$\alpha_h = 0 \quad \text{für} \quad h \geqq \frac{2}{a}\,. \qquad \text{(XIX 256)}$$

Dann folgt sofort aus Gl. (XIX 247)

$$t_h = 0 \quad \text{für} \quad h \geqq \frac{2}{a}\,. \qquad \text{(XIX 257)}$$

Aus (XIX 253) sieht man, daß h_1, h_2, h_3 damit auf die Werte 0 und ± 1 beschränkt sind. Wir können daher die Gl. (XIX 233) schreiben

$$\ln\left[\chi^*\,g^{(1)}(x, y, z)\right] = \sum_{h_1=-1}^{+1}{}' \sum_{h_2=-1}^{+1}{}' \sum_{h_3=-1}^{+1}{}' t(h_1, h_2, h_3)\, e^{2\pi i\,(h_1 x + h_2 y + h_3 z)}\,. \qquad \text{(XIX 258)}$$

Dabei bedeuten die Striche an den Summenzeichen, daß der konstante Term der FOURIER-Reihe abgespalten worden ist. Die Gl. (XIX 247) sind damit auf ein endliches System für die noch verbleibenden 26 Größen t_h reduziert. Da aber die Transformierten α_h nur von dem Absolutbetrag h abhängen, muß das gleiche auch für die t_h gelten. Dadurch reduziert sich (XIX 247) weiter auf ein System von drei Gleichungen zur Bestimmung der Variablen t'', t' und t, welche den h-Werten $1/a$, $\sqrt{2}/a$ und $\sqrt{3}/a$ entsprechen. Die Gl. (XIX 258) läßt sich nun in einer übersichtlichen expliziten Form darstellen. Man findet leicht, daß sechs Summanden mit $h = 1/a$, zwölf Summanden mit $h = \sqrt{2}/a$ und acht Summanden mit $h = \sqrt{3}/a$ auftreten. Den Koordinatenursprung legen wir in den Punkt $(0, 0, 0)$ der Zelle;

wir können dann die FOURIER-Reihe als reelle Cosinus-Reihe schreiben und erhalten

$$g^{(1)}(x, y, z) = \frac{1}{\chi^*}\, f''(x, y, z)\, f'(x, y, z)\, f(x, y, z) \qquad \text{(XIX 259)}$$

mit

$$f''(x, y, z) = \exp\left[6\, t''(\cos 2\pi\, x + \cos 2\pi\, y + \cos 2\pi\, z)\right], \qquad \text{(XIX 260)}$$

$$f'(x, y, z) = \exp\left[12\, t'(\cos 2\pi\, x \cos 2\pi\, y + \cos 2\pi\, y \cos 2\pi\, z + \right.$$
$$\left. + \cos 2\pi\, z \cos 2\pi\, x)\right], \qquad \text{(XIX 261)}$$

$$f(x, y, z) = \exp\left[8\, t(\cos 2\pi\, x \cos 2\pi\, y \cos 2\pi\, z)\right]. \qquad \text{(XIX 262)}$$

Der Faktor $f''(x, y, z)$ hat die Symmetrie des primitiven kubischen Gitters, $f'(x, y, z)$ die des raumzentrierten kubischen Gitters und $f(x, y, z)$ die des flächenzentrierten kubischen Gitters. Der Parameter χ^* ist jetzt gegeben durch

$$\chi^* = \int\limits_0^1 \int\limits_0^1 \int\limits_0^1 f''(x, y, z)\, f'(x, y, z)\, f(x, y, z)\, dx\, dy\, dz. \qquad \text{(XIX 263)}$$

Bezeichnen wir mit α'', α' und α die Transformierten α_h für $1/a$, $\sqrt{2}/a$ und $\sqrt{3}/a$ so wird aus dem System (XIX 247)

$$t'' = \frac{\alpha''}{6}\, \frac{\partial \ln \chi^*}{\partial t''},$$

$$t' = \frac{\alpha'}{12}\, \frac{\partial \ln \chi^*}{\partial t'}, \qquad \text{(XIX 264)}$$

$$t = \frac{\alpha}{8}\, \frac{\partial \ln \chi^*}{\partial t}.$$

Wir nehmen nun weiter an, daß

$$t'' = t' = 0 \qquad \text{(XIX 265)}$$

ist. Dann wird aus den Gl. (XIX 259) und (XIX 263)

$$g^{(1)}(x, y, z) = \frac{1}{\chi^*}\, \exp\left[8\, t(\cos 2\pi\, x \cos 2\pi\, y \cos 2\pi\, z)\right] \qquad \text{(XIX 266)}$$

und

$$\chi^* = \int\limits_0^1 \int\limits_0^1 \int\limits_0^1 \exp\left[8\, t(\cos 2\pi\, x \cos 2\pi\, y \cos 2\pi\, z)\right]\, dx\, dy\, dz. \qquad \text{(XIX 267)}$$

Man sieht, daß die molekulare Verteilungsfunktion (XIX 266) in den Punkten $(0, 0, 0)$, $(\frac{1}{2}, \frac{1}{2}, 0)$, $(\frac{1}{2}, 0, \frac{1}{2})$ und $(0, \frac{1}{2}, \frac{1}{2})$ gleich hohe Maxima hat. Dies sind aber gerade die Punkte, deren Besetzung einer flächenzentrierten kubischen Struktur entspricht. Wir nehmen diese Struktur somit als gegeben an. Das System (XIX 264) reduziert sich jetzt auf die eine Gleichung

$$t = \frac{\alpha}{8}\, \frac{\partial \ln \chi^*}{\partial t}. \qquad \text{(XIX 268)}$$

Entwicklung der Exponentialfunktion in Gl. (XIX 267) und Ausführung der Integrationen ergibt

$$\chi^* = \sum_{n=0}^{\infty} \frac{[(2n)!]^2}{[n!]^3}\, t^{2n}. \qquad \text{(XIX 269)}$$

Daraus folgt

$$\frac{1}{8}\, \frac{\partial \ln \chi^*}{\partial t} = \frac{t}{8\, \chi^*} \sum_{n=0}^{\infty} \frac{(2n+2)\, [(2n+2)!]^2}{[(n+1)!]^3}\, t^{2n}. \qquad \text{(XIX 270)}$$

Mit Hilfe dieser Ausdrücke läßt sich die Gl. (XIX 268) für gegebene Werte von α numerisch lösen. Es zeigt sich dabei, daß für $\alpha < 0{,}973$ die einzige reelle Lösung

$t = s = 0^1$ ist. Für $\alpha > 0{,}973$ existieren daneben noch zwei positive Lösungen. Die größere von diesen entspricht dem niedrigeren Werte der freien Energie und stellt daher die Gleichgewichtsverteilung dar. Zu jeder positiven Lösung t existiert eine negative Lösung $-t$. Diese negativen Lösungen haben keine selbständige Bedeutung, da sie lediglich, wie man aus Gl. (XIX 266) sieht, die Verlegung des Koordinatenursprungs von $(0, 0, 0)$ nach $(\tfrac{1}{2}, \tfrac{1}{2}, \tfrac{1}{2})$ bedeuten In Tab. 55 sind die dem stabilen Zustand entsprechenden Lösungen für verschiedene α-Werte, zusammen mit den entsprechenden Werten für s und $\ln \chi^*$, aufgeführt.

Tabelle 55.

Lösungen der transzendenten Gleichung (XIX 268) *für*
$\alpha > 0{,}973$

$8t$	α	s	$\log \chi^*$
3,00	0,9734	0,3853	0,5738
3,50	0,9783	0,4472	0,7819
4,00	0,9897	0,5052	1,0203
4,50	1,0082	0,5579	1,287
5,00	1,0325	0,6053	1,578
5,50	1,0633	0,6466	1,892
6,00	1,0991	0,6824	2,223
6,50	1,1400	0,7127	2,572
7,00	1,1848	0,7385	2,936
7,50	1,232	0,7609	3,312
8,00	1,283	0,7794	3,696

Entnommen aus: J. G. Kirkwood u. E. Monroe: J. Chem. Phys. 9, 514 (1941).

Bisher haben wir die Wahl der unabhängigen thermodynamischen Zustandsvariablen offengelassen. Im Sinne der Ableitung des § 8.4 können wir aber jedenfalls α, das die Fourier-Transformierte des Kernes $K(r)$ darstellt, bei gegebenem Volumen als Funktion der Temperatur T und der Fugazität Z auffassen. Das obige Ergebnis bedeutet dann, daß die Gleichung

$$\alpha(T, Z) = 0{,}973 \qquad\qquad \text{(XIX 271)}$$

für jede Temperatur[2] eine Fugazität Z^* bestimmt oder umgekehrt, bei der sich die molekulare Verteilungsfunktion $g^{(1)}$ unstetig ändert und somit eine Phasenumwandlung stattfindet. Der Charakter derselben ist dadurch festgelegt, daß bei niedrigen Fugazitäten $g^{(1)} = 1$ ist, entsprechend dem flüssigen Zustand, während für $Z > Z^*$ die dem Minimum der freien Energie entsprechende Funktion $g^{(1)}$ dreifach periodisch ist und somit eine kristalline Struktur, in unserem Falle ein flächenzentriertes kubisches Gitter, darstellt. Das Auftreten der Umwandlung fest—flüssig ist damit explizit abgeleitet unter den beiden Voraussetzungen, daß die angenommene Gitterstruktur stabil ist und daß die Gl. (XIX 271) bei gegebenem T für Z eine reelle Lösung besitzt. Diese Gleichung ist naturgemäß nichts anderes als die integrierte Form einer generalisierten Clausius-Clapeyronschen Gleichung, d. h. die Gleichung der Koexistenzkurve in der T–Z-Ebene.

Die vorstehende Überlegung, die vom Standpunkt der allgemeinen Theorie die einfachste Interpretation des Ergebnisses der statistischen Rechnung darstellt, kann nicht für den quantitativen Vergleich zwischen Theorie und Experiment benutzt werden, da α als Funktion der Zustandsgrößen nicht hinreichend genau bekannt ist. Kirkwood und Monroe haben zu diesem Zwecke einen indirekten

---

[1] s ist der Wert von s_h für $h = \sqrt{3}/a$.

[2] Die Möglichkeit eines kritischen Punktes der Umwandlung fest-flüssig lassen wir hier außer Betracht.

Weg eingeschlagen, der gewisse Beziehungen zu der in § 19.5 behandelten Theorie von LENNARD-JONES und DEVONSHIRE zeigt. Der Grundgedanke besteht darin, daß aus den thermodynamischen Funktionen der für die kristalline Struktur charakteristische Anteil abgespalten wird. Für das chemische Potential muß dieser Term dann nach der Gleichgewichtsbedingung gleich sein der Änderung des „amorphen" Anteils beim Schmelzen. Entsprechendes gilt auch für den Druck. Die Änderungen der amorphen Anteile der thermodynamischen Funktionen werden aus den experimentellen Daten für die Kompressibilität und die thermische Ausdehnung der Flüssigkeit am Schmelzpunkt berechnet. Dieses Verfahren stellt naturgemäß eine Näherung dar, scheint aber brauchbare Ergebnisse zu liefern.

Wir gehen aus von der Gleichung für das chemische Potential (VIII 70), die wir mit Benutzung von Gl. (XIX 228) schreiben können

$$\frac{\mu}{kT} = -\ln \chi\, v - \ln \frac{(2\pi m k T)^{3/2}}{h^3}\,, \qquad \text{(XIX 273)}$$

wo v das Volumen pro Molekül bezeichnet. In dem hier betrachteten Falle des Einkomponentensystems fällt das chemische Potential mit der freien Energie nach GIBBS pro Molekül zusammen. Daneben benötigen wir noch einen Ausdruck für die innere Energie, den wir aus Gl. (VIII 27) gewinnen können. Mit Benutzung von Gl. (VIII 134) und (VIII 136) erhalten wir zunächst

$$\frac{E}{NkT} = \frac{3}{2} + \frac{N}{2kTV^2} \int\int u(|\mathbf{q'}-\mathbf{q}|)\, g^{(2)'}(\mathbf{q'},\mathbf{q}) g^{(1)}(\mathbf{q'})\, g^{(1)}(\mathbf{q})\, d\mathbf{q'}\, d\mathbf{q}\,. \qquad \text{(XIX 274)}$$

Wir führen nun die gleiche Näherung ein wie bei der Konstruktion des Kernes der Integralgleichung, indem wir $g^{(2)'}$ durch die radiale Verteilungsfunktion ersetzen. Für die $g^{(1)}$ setzen wir die FOURIER-Reihe (XIX 232) ein und erhalten dann

$$\frac{E}{NkT} = \frac{3}{2} - \frac{1}{2} \sum_h \beta_h\, |s_h|^2 \qquad \text{(XIX 275)}$$

mit

$$\beta_h = \frac{2}{h}\, \frac{\varrho}{kT} \int\limits_0^\infty r\, u(r)\, g^{(2)}(r)\, \sin(2\pi h r)\, dr\,. \qquad \text{(XIX 276)}$$

Um die Zustandsgleichung abzuleiten, differenzieren wir Gl. (XIX 273) bei konstanter Temperatur nach v, wobei wir die Deutung als freie Energie nach GIBBS beachten und für die Differentiation von $\ln \chi$ die Gl. (XIX 240), (XIX 243) und (XIX 244) benutzen. Dann ergibt sich

$$-\frac{v}{kT}\left(\frac{\partial P}{\partial v}\right)_T = \frac{1}{v} + \frac{1}{2}\sum_h \frac{1}{\alpha_h}\left(\frac{\partial t_h^2}{\partial v}\right)_T\,. \qquad \text{(XIX 277)}$$

Im Einklang mit den Ergebnissen der speziellen Lösung der Gl. (XIX 247) nehmen wir allgemein an, daß die t_h stetige Funktionen von v sind mit Ausnahme des Punktes v^*, und daß $t_h = 0$ ist für $v > v^*$ und $h > 0$. Integrieren wir unter diesen Voraussetzungen die Gl. (XIX 277) zwischen den Grenzen 0 und P, bzw. ∞ und $v < v^*$, und führen dabei auf der rechten Seite eine partielle Integration durch, so bekommen wir

$$\frac{Pv}{kT} = 1 - \Delta \Phi^* - \frac{1}{2}\sum_h{}' \left[\alpha_h |s_h|^2 + v \int\limits_{v^*}^{v} \frac{1}{v'^2}\frac{\partial(\alpha_h v')}{\partial v'} |s_h|^2\, dv'\right] - $$
$$ - v \int\limits_{\infty}^{v} \frac{\alpha_0}{v'^2}\, dv'\,. \qquad \text{(XIX 278)}$$

Der Strich an dem Summenzeichen bedeutet wieder, daß der Term für $h = 0$ nicht in die Summierung einzuschließen ist. $\Delta \Phi^*$ bezeichnet den Beitrag der

Unstetigkeit zu Pv/kT; diese Größe werden wir weiter unten genauer definieren. Für Volumina, die von v^* nicht sehr verschieden sind, können die in der eckigen Klammer stehenden Integrale zwischen v^* und v ohne großen Fehler vernachlässigt werden. Wir werden sie daher im folgenden nicht weiter berücksichtigen.

Wir führen nun die oben erwähnte Zerlegung der thermodynamischen Funktionen durch und bezeichnen hier die auf den amorphen Zustand bezogenen Anteile durch den Index 0, die im kristallinen Zustand auftretenden Zusatzterme durch einen Strich. Wir setzen also

$$\mu' = \mu - \mu_0 \,, \quad F' = F - F_0 \,, \quad E' = E - E_0 \,, \quad P' = P - P_0 \,. \qquad \text{(XIX 279)}$$

Auf Grund dieser Definitionen ergibt sich unmittelbar aus Gl. (XIX 273) mit Benutzung von Gl. (XIX 255)

$$\frac{\mu'}{kT} = - \ln \chi^* \,. \qquad \text{(XIX 280)}$$

Für die freie Energie nach Helmholtz erhalten wir dann mit Gl. (XIX 278) bei Berücksichtigung der erwähnten Vernachlässigung

$$\frac{F'}{NkT} = - \ln \chi^* + \frac{1}{2} \sum_h{}' \alpha_h |s_h|^2 + \Delta \Phi^* \,. \qquad \text{(XIX 281)}$$

Für die innere Energie folgt aus Gl. (XIX 275)

$$\frac{E'}{NkT} = - \frac{1}{2} \sum_h{}' \beta_h |s_h|^2 \,. \qquad \text{(XIX 282)}$$

Schließlich gilt für den Druck nach Gl. (XIX 278)

$$\frac{Pv}{kT} = - \frac{1}{2} \sum_h{}' \alpha_h |s_h|^2 - \Delta \Phi^* \,. \qquad \text{(XIX 283)}$$

Mit Hilfe der Gl. (XIX 281) läßt sich der Unstetigkeitsterm $\Delta \Phi^*$ exakt definieren, wenn gefordert wird, daß die freie Energie nach Helmholtz im gesamten Zustandsgebiet eine stetige Funktion des Volumens und daher auch in v^* stetig ist[1]. Definieren wir nun eine Funktion

$$\Phi = \ln \chi^* - \tfrac{1}{2} \sum_h{}' \alpha_h |s_h|^2 \,, \qquad \text{(XIX 284)}$$

so muß nach der erwähnten Forderung

$$\Delta \Phi^* = \lim_{\varepsilon \to 0} \Phi(v^* - \varepsilon) - \Phi(v^* + \varepsilon) \qquad \text{(XIX 285)}$$

sein.

Bezeichnen wir nun mit v_{Fl} und v_K die Molekülvolumina der koexistierenden flüssigen und kristallinen Phase und schreiben

$$\begin{aligned}
\Delta \mu_0 &= \mu_0(T, v_{Fl}) - \mu_0(T, v_K) \,, \\
\Delta P_0 &= P_0(T, v_{Fl}) - P_0(T, v_K) \,, \\
\Delta E_0 &= E_0(T, v_{Fl}) - E_0(T, v_K) \,, \\
\Delta v &= v_{Fl} - v_K \,,
\end{aligned} \qquad \text{(XIX 286)}$$

so nehmen die Gleichgewichtsbedingungen für das Schmelzgleichgewicht mit Benutzung von (XIX 280) die einfache Form an

$$\ln \chi^* = - \frac{\Delta \mu_0}{kT} \,, \qquad \text{(XIX 287)}$$

$$P' = \Delta P_0 \,.$$

---

[1] Diese Forderung ist hier im Sinne der in der Thermodynamik vielfach angewandten Interpolation der thermodynamischen Funktionen über das heterogene Gebiet zu verstehen.

Die Größen (XIX 286) müssen nun in Beziehung gesetzt werden zur Kompressibilität $\varkappa_0$ und zum thermischen Ausdehnungskoeffizienten γ_0 der Flüssigkeit. Dabei werden die Letzteren über das Intervall Δv als konstant angenommen. Die Integration der linken Seite von Gl. (XIX 277) ergibt dann

$$\Delta \mu_0 = - \frac{\Delta v}{\varkappa_0} . \tag{XIX 288}$$

Durch Integration der Definitionsgleichung der Kompressibilität erhält man

$$\Delta P_0 = - \frac{1}{\varkappa_0} \ln \frac{v_{Fl}}{v_K} . \tag{XIX 289}$$

Für die entsprechende Änderung der Enthalpie gilt

$$\Delta H_0/N = \Delta E_0/N + P \Delta v + v_K \Delta P_0 . \tag{XIX 290}$$

Nun ist

$$dH = \frac{\partial H}{\partial S} dS + \frac{\partial H}{\partial P} dP \tag{XIX 291}$$

und somit für eine Volumenänderung bei konstanter Temperatur

$$(dH)_T = \left[\left(\frac{\partial H}{\partial S} \right)_P \left(\frac{\partial S}{\partial V} \right)_T + \left(\frac{\partial H}{\partial P} \right)_S \left(\frac{\partial P}{\partial V} \right)_T \right] dV . \tag{XIX 292}$$

Dabei gilt

$$\left(\frac{\partial H}{\partial S} \right)_P = T , \quad \left(\frac{\partial H}{\partial P} \right)_S = V \tag{XIX 293}$$

und nach der MAXWELLschen Relation

$$\left(\frac{\partial S}{\partial V} \right)_T = \left(\frac{\partial P}{\partial T} \right)_V = \frac{\gamma}{\varkappa} . \tag{XIX 294}$$

Es wird somit

$$(dH)_T = T \frac{\gamma}{\varkappa} dV + \frac{1}{\varkappa} dV . \tag{XIX 295}$$

Integrieren wir diesen Ausdruck unter den obigen Voraussetzungen über das Intervall Δv, so erhalten wir aus (XIX 290) mit Benutzung von (XIX 289)

$$\Delta E_0/N + P\Delta v = T \frac{\gamma_0}{\varkappa_0} \Delta v + \frac{v_K}{\varkappa_0} \left(\ln \frac{v_{Fl}}{v_K} - \frac{\Delta v}{v_K} \right) . \tag{XIX 296}$$

Mit Hilfe der vorstehenden Beziehungen können wir die Gleichgewichtsbedingungen (XIX 287) schreiben

$$\ln \chi^* = \frac{\Delta v}{\varkappa_0 k T} \tag{XIX 297}$$

und

$$\ln \chi^* - \frac{1}{2} \sum_n{}' \alpha_n |s_n|^2 = \Delta \Phi^* + \frac{v_K}{\varkappa_0 k T} \left(\frac{\Delta v}{v_K} - \ln \frac{v_{Fl}}{v_K} \right) . \tag{XIX 298}$$

Schließlich erhalten wir für die molekulare Schmelzentropie $\Delta s = \Delta H/T$ aus Gl. (XIX 282) und (XIX 296)

$$\frac{\Delta s}{k} = \frac{1}{2} \sum_h{}' \beta_h |s_h|^2 + \frac{\Delta s_0}{k} \tag{XIX 299}$$

mit

$$\frac{\Delta s_0}{k} = \frac{\gamma_0}{\varkappa_0} \Delta v + \frac{v_K}{\varkappa_0 k T} \left(\ln \frac{v_{Fl}}{v_K} - \frac{\Delta v}{v_K} \right) . \tag{XIX 300}$$

Für die spezielle, vorher abgeleitete Lösung der Integralgleichung werden die Gleichgewichtsbedingungen

$$\ln \chi^* = \frac{\Delta v}{\varkappa_0 k T} , \tag{XIX 301}$$

$$\ln \chi^*(t) - \frac{4 t^2}{\alpha} = 0{,}0043 + \frac{v_K}{\varkappa_0 k T} \left(\frac{\Delta v}{v_K} - \ln \frac{v_{Fl}}{v_K} \right) . \tag{XIX 302}$$

Für die Schmelzentropie ergibt sich

$$\frac{\Delta s}{k} = 4\,\beta\,s^2 + \frac{\Delta s_0}{k},\qquad\text{(XIX 303)}$$

wo β der Wert von β_h für $h = \sqrt{3}/a$ ist.

Wenn α als Funktion von Temperatur und Volumen bekannt wäre, ließen sich für gegebene Temperatur aus den drei Gl. (XIX 268), (XIX 301) und (XIX 302) die drei Unbekannten t, v_{Fl} und v_K berechnen. Die Schmelzentropie könnte dann nach Gl. (XIX 303) berechnet werden. Dieser Weg ist jedoch nicht gangbar, da α, wie erwähnt, nicht hinreichend genau bekannt ist. Man muß daher etwa so vorgehen, daß man v_{Fl} aus experimentellen Daten entnimmt und die Gl. (XIX 268), (XIX 301) und (XIX 302) für t, α und v_K löst. Die „Schmelzparameter" Δv und Δs lassen sich auf diese Weise bestimmen. Eine Bestimmung von Δs ist auch in der Weise möglich, daß Δv aus den experimentellen Daten entnommen wird.

Kirkwood und Monroe haben die Rechnung in der angedeuteten Weise für Argon durchgeführt. Die zur Berechnung von β nach Gl. (XIX 276) erforderliche radiale Verteilungsfunktion wurde unmittelbar aus Röntgendaten entnommen. Als Potential der zwischenmolekularen Wechselwirkung wurde ein Lennard-Jones-Potential mit dem Exponenten 11,4 (statt 12) im Abstoßungsterm verwendet. Die Ergebnisse der Berechnungen sind in Tab. 56 mit den experimentellen Daten zusammengefaßt. Die Übereinstimmung ist bei gewöhnlichem Druck ($T_s = 83{,}9°$ K) recht gut; in dieser Beziehung besteht kein wesentlicher Unterschied gegenüber der Theorie von Lennard-Jones und Devonshire. Bei höheren Drucken ist die Übereinstimmung nur noch halbquantitativ, was in Anbetracht der vielen Näherungen, die insgesamt in die Rechnung eingehen, kaum verwunderlich ist.

Tabelle 56. *Schmelzparameter für Argon nach der Theorie von* Kirkwood *und* Monroe

T_s [° K]	$\Delta s/k$ (beob.)	Δv (beob.) [cm³/Mol]	Δv (ber.) [cm³/Mol]	$\Delta s/k$ (ber.) Gl. (XIX 303) mit Δv (ber.)	$\Delta s/k$ (ber.) Gl. (XIX 303) mit Δv (beob.)
83,9	1,68	3,53	3,25	1,74	1,78
119,7	1,10	1,88	0,62	0,70	1,50
183,2	0,71	0,92	0,33	0,48	0,97

Entnommen aus: J. G. Kirkwood u. E. Monroe: J. Chem. Phys. 9, 514 (1947).

Bei der vorstehenden Auswertung der Theorie haben wir als unabhängige Variable Temperatur und Volumen benutzt, ohne uns um die Zusammenhänge mit der allgemeinen statistischen Theorie der Phasenumwandlungen zu kümmern. Dieses Verfahren ist an sich korrekt, da wir rein thermodynamische Überlegungen durchgeführt haben. Man kann aber naturgemäß fragen, wie sich die Interpretation der statistischen Rechnung darstellt, wenn wir α als Funktion von T und v betrachten. Nach einer von Kirkwood und Monroe mit Hilfe der Theorie des freien Volumens durchgeführten Abschätzung liegt das Volumen v^*, für welches α den kritischen Wert 0,973 erreicht, zwischen v_K und v_{Fl}. In diesem Falle hätte v^* überhaupt keine physikalische Bedeutung. Man kann dieses Resultat vielleicht als eine Folge der benutzten Näherungen betrachten und annehmen, daß in einer exakten Rechnung v^* etwa mit v_{Fl} zusammenfallen würde. In diesem Falle wäre aber v_K im Rahmen der rein statistischen Betrachtung nicht definierbar. Wir kämen dann auch hier zu dem schon in § 7.6 erwähnten Ergebnis, daß die Beschreibung mittels der kanonischen Gesamtheit an der Stelle einer

Phasenumwandlung abbricht. Es scheint danach, daß eine konsequente statistische Theorie der Phasenumwandlungen nur mit Hilfe einer großen kanonischen Gesamtheit, welche der Wahl von zwei intensiven Parametern als thermodynamischen Variablen entspricht, durchführbar ist.

Kapitel XX

Lösungen von Nichtelektrolyten

§ 20.1. Übersicht über die Methoden

Die Theorie der flüssigen Gemische gehört zu den Gebieten der statistischen Thermodynamik, die in den letzten zwanzig Jahren besonders intensiv bearbeitet worden sind. Diese auf den ersten Blick überraschende Tatsache erklärt sich dadurch, daß wir hier eine völlig andersartige Problemstellung haben als bei den reinen Flüssigkeiten. Während im letzteren Falle die Abhängigkeit der thermodynamischen Funktionen etwa von Temperatur und Druck interessiert, steht bei den flüssigen Gemischen die Änderung der thermodynamischen Funktionen mit der Konzentration gegenüber einem Normalzustand von der gleichen Temperatur und dem gleichen Druck im Vordergrund. Diese Wahl des Normalzustandes bewirkt, daß die wesentlichen Schwierigkeiten, die in der Theorie der reinen Flüssigkeiten auftreten, hier viel weniger ins Gewicht fallen. Wir wollen dies anhand einer Übersicht über die verschiedenen Methoden kurz erläutern.

Eine exakte Theorie der flüssigen Gemische muß naturgemäß in irgendeiner Form von den molekularen Verteilungsfunktionen Gebrauch machen. Die Gl. (VIII 70) zeigt, wie die chemischen Potentiale der Komponenten mit den Paar-Verteilungsfunktionen zusammenhängen. Man könnte daher daran denken, zunächst die Integralgleichungen für die Paar-Verteilungsfunktionen in Mehrkomponentensystemen zu lösen und auf diesem Wege die thermodynamischen Funktionen zu gewinnen. Wir haben diese Integralgleichungen in der KIRKWOODschen Formulierung bereits in § 8.2 abgeleitet. Die entsprechende Verallgemeinerung der BORN-GREENschen Gleichung macht keine Schwierigkeiten und kann entweder nach der direkten Methode des § 8.2 oder auf dem Wege über die MAYERschen Integralgleichungen (§ 8.4) erfolgen. Dabei muß allerdings berücksichtigt werden, daß, wie RUSHBROOKE und SCOINS[1] gezeigt haben, bei Mehrkomponentensystemen die aus dem Superpositionsprinzip hervorgehenden Gleichungen nur in der linearisierten Form miteinander konsistent sind. Eine auf dieser Grundlage beruhende Theorie der Lösungen ist von ONO[2] formuliert worden. ALDER[3] hat kürzlich die nicht linearisierten Gleichungen für ein Gemisch aus starren Kugeln mit dem Verhältnis der Durchmesser von 1:3 numerisch gelöst. Die Rechnung wurde bei drei verschiedenen Dichten für jeweils drei Molenbrüche durchgeführt. Die Funktionen $g^{(2)}_{\alpha\beta}$ und $g^{(2)}_{\beta\alpha}$ wurden gesondert berechnet, um aus der Abweichung die Größe der Inkonsistenz und damit den durch das Superpositionsprinzip bedingten Fehler abzuschätzen. Es ergibt sich, in Übereinstimmung mit den in § 13.3 diskutierten Ergebnissen, daß derselbe bei niedrigen Dichten nicht sehr ins Gewicht fällt. Bei einer Dichte, die größenordnungsmäßig der kritischen Dichte für Moleküle mit VAN DER WAALSschen Kräften entspricht, sind jedoch die Abweichungen schon so groß, daß man vorläufig kaum hoffen kann, auf diesem Wege zu einer Theorie der flüssigen Gemische zu gelangen. Wir gehen deshalb hier nicht näher darauf ein.

---

[1] RUSHBROOKE, G. S., u. J. SCOINS: Philosophic. Mag. **42**, 582 (1951).
[2] ONO, S.: Progr. Theor. Phys. **6**, 447 (1951).
[3] ALDER, B. J.: J. Chem. Phys. **23**, 263 (1955).

Der damit ausgesprochene Verzicht auf eine Absolutberechnung der thermodynamischen Eigenschaften flüssiger Gemische wiegt nicht so schwer, wie es zunächst den Anschein hat. Die Erfahrungen der Gastheorie zeigen, daß solche Rechnungen selbst unter günstigen Bedingungen (z. B. Berechnung des II. und III. Virialkoeffizienten) nur für einfache Molekülmodelle durchführbar sind; bei komplizierten Molekülen fehlt bereits die erste Voraussetzung einer solchen Rechnung, die genaue Kenntnis des Potentials der zwischenmolekularen Kräfte. In der Theorie der reinen Flüssigkeiten spielt diese Beschränkung wenigstens vorläufig keine Rolle, da es sich hier in erster Linie um die Deutung der allgemeinen Eigenschaften des flüssigen Zustandes mit Einschluß der Phasenumwandlungen handelt. Für diesen Zweck sind aber die einfachsten Molekülmodelle am besten geeignet. Bei flüssigen Gemischen interessiert dagegen besonders die Mannigfaltigkeit der Eigenschaften im Zusammenhang mit der individuellen Molekülstruktur. Ein solches Problem wäre selbst im Rahmen der Gastheorie praktisch unlösbar. Wenn wir daher auf die Anwendung der Integralgleichungsmethode und damit auf eine Absolutberechnung der thermodynamischen Eigenschaften verzichten, so ist dies letzten Endes in der Art der Problemstellung und in den praktischen Grenzen, die der expliziten Auswertung einer mathematischen Theorie gezogen sind, begründet. Es ergibt sich daraus, daß die statistische Theorie der Lösungen von vorneherein ein etwas anderes Ziel verfolgt als etwa die Gastheorie und daher auch nicht von deren Standpunkt aus beurteilt werden darf. Die Aufgabe, um die es sich hier handelt, ist im wesentlichen eine zweifache: Einmal die Ableitung allgemeiner Gesetzmäßigkeiten für die thermodynamischen Eigenschaften der Lösungen, die sich nicht aus den Hauptsätzen der Thermodynamik gewinnen lassen; zum anderen die Berechnung einfacher Modelle, welche die charakteristischen Züge der Molekülstruktur darzustellen vermögen und über adjustierbare Parameter in Beziehung zu den experimentellen Daten gesetzt werden können. Die für diese Parameter ermittelten Werte zeigen, daß die Modelle realistischer sind, als man erwarten konnte, und daß auf diesem Wege offenbar eine brauchbare Approximation der Verteilungsfunktion des betrachteten Systems erreicht werden kann.

Der Verzicht auf die Anwendung der Integralgleichungsmethode bedeutet nun nicht, daß in der Theorie der Lösungen überhaupt keine exakten Resultate abgeleitet werden könnten. In § 8.3 haben wir bereits darauf hingewiesen, daß die flüssigen Gemische das wichtigste Anwendungsgebiet der dort behandelten verallgemeinerten cluster-Entwicklung darstellen. Dies beruht eben auf der Wahl des Normalzustandes, welche die isothermen Zustandsänderungen in den Vordergrund rückt und damit die isothermen Entwicklungen nach Fugazitäten bzw. Konzentrationen unmittelbar nahelegt. Wir werden im folgenden zunächst diese Theorie weiter entwickeln und daraus verschiedene, unter sehr allgemeinen Voraussetzungen streng gültige Sätze ableiten. Im Zusammenhang mit dieser Theorie werden wir kurz das Problem der kritischen Punkte in flüssigen Gemischen berühren. Eine strenge explizite Auswertung der Theorie scheitert daran, daß die in den verallgemeinerten cluster-Integralen auftretenden Potentiale der Durchschnittskräfte nicht bekannt sind. Man kann aber versuchen, die Rechnung mit Hilfe von geeigneten modellmäßigen Annahmen durchzuführen.

Unter den eigentlichen Modelltheorien ist zunächst das Gittermodell in seiner einfachsten Form, die mit dem Modell der festen Lösung (§ 18.1) übereinstimmt, zu nennen. Wir haben gesehen, daß ein solches Modell für die Theorie der reinen Flüssigkeiten praktisch unbrauchbar ist. Bei flüssigen Gemischen kann man eine Reihe von wichtigen thermodynamischen Eigenschaften mit Hilfe dieses Modells verständlich machen und nicht selten auch quantitativ einigermaßen befriedigende

Übereinstimmung mit den experimentellen Daten erzielen. Diese auffallende Tatsache kann wohl nur durch die Wahl des Normalzustandes erklärt werden. Dieselbe bewirkt offenbar, daß viele Feinheiten, die für die Eigenschaften der reinen Flüssigkeiten wesentlich sind, hier in der Differenzbildung gegen den Normalzustand mehr oder weniger verschwinden.

Der Vergleich mit den experimentellen Daten zeigt allerdings, daß für viele Fälle das einfache Gittermodell doch nicht ausreicht. Man kann dasselbe aber in verschiedenen Richtungen verfeinern, ohne das Grundkonzept zu zerstören. Die beiden wichtigsten derartigen Erweiterungen sind die Annahme verschiedener Orientierungen der Moleküle auf den Gitterplätzen (oder präziser, orientierungsabhängiger Wechselwirkungsenergien) und die Verallgemeinerung der Theorie des freien Volumens für Gemische.

Im Hinblick auf die überaus große Zahl von Untersuchungen, die sich mit der Theorie der flüssigen Gemische beschäftigen, müssen wir uns auch hier auf die Darstellung einiger wichtiger Methoden und Gesichtspunkte beschränken. Speziell für die Theorie des einfachen Gittermodells verweisen wir zur Ergänzung auf die Monographie von GUGGENHEIM[1]. Im übrigen ist zunächst das bekannte Buch von HILDEBRAND und SCOTT[2] zu nennen. Eine ausführliche Darstellung der thermodynamischen Theorie der Mischphasen bietet das Buch von HAASE[3]. Zusammenstellungen der neueren theoretischen und experimentellen Literatur über Lösungen von Nichtelektrolyten finden sich in den Artikeln von HILDEBRAND und SCOTT[4], BUFF und KIRKWOOD[5], SCATCHARD[6], WOOD[7] sowie MORROW und RICE[8].

§ 20.2*. Exakte Theorie nach der cluster-Methode. Entmischung und kritische Punkte

Wir gehen aus von der Gl. (VIII 154), die wir hier nochmals anschreiben. Sie lautet

$$P(Z) - P(Z^*) = kT \sum_l b^{(l)}(Z^*) \left[\frac{\Delta Z}{\gamma(Z^*)} \right]^l. \qquad \text{(XX 1)}$$

Hier beziehen sich die mit Stern versehenen Größen auf einen Normalzustand der gleichen Temperatur, der auch der gleichen Phase angehören muß wie der betrachtete Zustand. Es ist $\Delta Z = Z - Z^*$, und $\gamma(Z^*)$ ist der durch Gl. (VIII 111) definierte Aktivitätskoeffizient für den Normalzustand. Die Koeffizienten $b^{(l)}(Z^*)$ sind die verallgemeinerten cluster-Integrale [Gl. (VIII 147), (VIII 159) bis (VIII 162)] des Normalzustandes. Sie unterscheiden sich von den cluster-Integralen der Gastheorie (§ 12.1), wenn wir von der Verallgemeinerung für Vielkomponentensysteme absehen, dadurch, daß an die Stelle des Potentials der zwischenmolekularen Kräfte das Potential der Durchschnittskraft für den Normalzustand tritt und daß die Zerlegung nach Paar-Wechselwirkungen, welche der klassischen Formulierung in Kap. XII zugrunde liegt, im allgemeinen nur als Approximation [Superpositionsprinzip, Gl. (VIII 85)] möglich ist.

---

[1] GUGGENHEIM, E. A.: Mixtures. Oxford 1952.
[2] HILDEBRAND, J. H., u. R. L. SCOTT: Solubility of Non-Electrolytes, 3rd ed. New York 1950.
[3] HAASE, R.: Thermodynamik der Mischphasen. (Erscheint demnächst.)
[4] HILDEBRAND, J. H., u. R. L. SCOTT: Ann. Rev. Phys. Chem. 1, 75 (1950).
[5] BUFF, F. P., u. J. G. KIRKWOOD: Ann. Rev. Phys. Chem. 2, 51 (1951).
[6] SCATCHARD, G.: Ann. Rev. Phys. Chem. 3, 259 (1952).
[7] WOOD, S. E.: Ann. Rev. Phys. Chem. 4, 75 (1953).
[8] MORROW, J. C., u. O. K. RICE: Ann. Rev. Phys. Chem. 5, 71 (1954).

Gl. (XX 1) stellt die Druckdifferenz gegenüber einem Normalzustand als eine Potenzreihenentwicklung nach Differenzen der Fugazitäten dar und bildet die Verallgemeinerung der Gl. (XII 45) für Vielkomponentensysteme, die auch den Fall der flüssigen Gemische umfaßt. Die wesentlichen bei der Ableitung gemachten Voraussetzungen sind in den Gl. (VIII 137) bis (VIII 140) enthalten und besagen, daß nur Wechselwirkungskräfte kurzer Reichweite auftreten. Damit ist die Beschränkung der Theorie auf Lösungen von Nichtelektrolyten gegeben. Wie in der Gastheorie, ist es auch hier wünschenswert, die Fugazitäten als unabhängige Variable zu eliminieren. Diese Transformation erfolgt in der Gastheorie mit Hilfe des Zusammenhanges zwischen reduzierbaren und unreduzierbaren cluster-Integralen. Das gleiche ist auch hier wieder der Fall. Allerdings lassen sich die verallgemeinerten unreduzierbaren cluster-Integrale (weil die Potentiale der Durchschnittskräfte nicht in Paaren additiv sind) nicht anschaulich interpretieren. Wir haben aber in § 12.7 gesehen, daß dies bereits bei der Quantenstatistik der realen Gase zutrifft und kein Hindernis für die formale Durchführung der Theorie darstellt.

Die Ableitung der Beziehung zwischen reduzierbaren und unreduzierbaren cluster-Integralen ist für binäre Systeme von MAYER[1], für den allgemeinen Fall der Vielkomponentensysteme von FUCHS[2] durchgeführt worden. Dieses Problem ist naturgemäß hier noch wesentlich komplizierter als im Falle des Einkomponentensystems. Wir schreiben deshalb gleich das Ergebnis an und verweisen für die Ableitung auf die genannten Arbeiten. Wie früher bezeichnen wir mit m die Zahl der Komponenten; l_i sei die Zahl von Molekülen der Sorte i in einem cluster der Größe l. Dann gilt

$$l_s\, b^{(l)} = \sum_{n_{ki}} \left| \delta_{ij} - \frac{1}{l_j}\, \Sigma\, (k_i - \delta_{ij})\, n_{kj} \right|_m \prod_{i=1}^{m} \prod_k \frac{(l_i\, k_i\, \beta^{(k)})^{n_{ki}}}{n_{ki}!}. \qquad \text{(XX 2)[3]}$$

Dabei ist die Summierung über alle Sätze der n_{ki}[4] zu erstrecken, welche der Bedingung

$$\sum_{j=1}^{m} \sum_k (k_i - \delta_{ij})\, n_{kj} = l_i - \delta_{is} \qquad \text{(XX 3)}$$

genügen. Im Rahmen der verallgemeinerten Theorie, die wir hier betrachten, muß Gl. (XX 2) als Definitionsgleichung für die verallgemeinerten unreduzierbaren cluster-Integrale $\beta^{(k)}$ aufgefaßt werden[5].

Die Durchführung der Transformation selbst erfolgt im Prinzip nach dem gleichen Verfahren wie in der Gastheorie, ist aber naturgemäß viel umständlicher. Wir begnügen uns deshalb hier mit einigen Andeutungen und verweisen für die Einzelheiten auf die oben erwähnten Arbeiten von MAYER und FUCHS. Es ist zweckmäßig, zur Vereinfachung der Gleichungen die Funktionen

$$G(\xi,\, \beta^{(k)}) = \sum_{k \geqq 0} \beta^{(k)} \prod_{s=1}^{m} \xi_s^{k_s} \qquad \text{(XX 4)}$$

und

$$G_s(\xi,\, \beta^{(k)}) = \left(\frac{\partial G}{\partial \xi_s} \right)_{\xi_t}, \quad G_{sr}(\xi,\, \beta^{(k)}) = \left(\frac{\partial^2 G}{\partial \xi_s\, \partial \xi_r} \right)_{\xi_t} \qquad \text{(XX 5)}$$

sowie ebenso definierte Funktionen mit $b^{(l)}$ als Argument an Stelle von $\beta^{(k)}$

---

[1] MAYER, J. E.: J. Physic. Chem. **43**, 71 (1939).
[2] FUCHS, K.: Proc. Roy. Soc. (London) A **179**, 408 (1942).
[3] Das Symbol $|\ \ |_m$ bezeichnet die Determinante m-ten Grades.
[4] Hier bezieht sich der erste Index auf die cluster, der zweite auf die Komponenten.
[5] Die obige Definition der unreduzierbaren cluster-Integrale unterscheidet sich etwas von der des § 12.2. Bei Anwendung der obigen Definition auf Einkomponentensysteme ist der Zusammenhang gegeben durch die Gleichung $\beta^{(k)} = k^{-1} \beta_{k-1}$.

einzuführen. Man kann nun zeigen, daß die rechte Seite der Gl. (XX 2) sich als multiples CAUCHY-Integral darstellen läßt gemäß

$$l_s\, b^{(l)} = \left(\frac{1}{2\pi i}\right)^m \oint \cdots \oint \xi_s |\delta_{ij} - \xi_i\, G_{ij}(\xi,\, \beta^{(k)})|_m \prod_{i=1}^{m} \frac{e^{l_i\, G_i\, (\xi,\, \beta^{(k)})}}{\xi_i^{l_i+1}}\, d\xi_i\,. \qquad \text{(XX 6)}$$

Bildet man dann den Ausdruck

$$z_s\, G(z,\, b^{(l)}) = \sum_l l_s\, b^{(l)} \prod_{i=1}^{m} z_i^{l_i} \qquad \text{(XX 7)}$$

und setzt auf der rechten Seite (XX 6) ein, so findet man mit Hilfe des Residuensatzes und des Satzes über das Residuum eines Quotienten die Beziehungen

$$z_s\, G_s(z,\, b^{(l)}) = y_s\,, \qquad \text{(XX 8)}$$

$$z_s = y_s\, e^{-G_s(y,\, \beta^{(k)})}\,. \qquad \text{(XX 9)}$$

Daraus folgt

$$G(z,\, b^{(l)}) = G(y,\, \beta^{(k)}) + \sum_{i=1}^{m} y_i\, [1 - G_i(y,\, \beta^{(k)})]\,. \qquad \text{(XX 10)}$$

Diese Beziehung läßt sich durch Differentiation nach z_s leicht verifizieren. Setzen wir

$$z_s = \frac{\Delta Z_s\, \varrho_s(Z^*)}{Z_s^*}\,, \qquad \text{(XX 11)}$$

so können wir die Ausgangsgleichung (XX 1) mit Benutzung der Definition (XX 4) schreiben

$$P(Z) - P(Z^*) = kT\, G(z,\, b^{(l)})\,. \qquad \text{(XX 12)}$$

Daraus folgt, wenn wir den Normalzustand festhalten, unmittelbar mit Benutzung von Gl. (XX 5), (XX 8) und (XX 11)

$$y_s = \frac{z_s}{kT} \left(\frac{\partial\, [P(Z) - P(Z^*)]}{\partial z_s}\right)_{T,\, z_r} = \frac{\Delta Z_s}{kT} \left(\frac{\partial\, [P(Z) - P(Z^*)]}{\partial Z_s}\right)_{T,\, Z_r}\,. \qquad \text{(XX 13)}$$

Der Differentialquotient der rechten Seite ist aber durch Gl. (VIII 223) gegeben. Wir erhalten somit

$$y_s = \Delta Z_s\, \frac{\varrho_s(Z)}{Z_s}\,. \qquad \text{(XX 14)}$$

Setzen wir Gl. (XX 10) in (XX 12) ein und benutzen (XX 14), so erhalten wir in expliziter Schreibweise

$$P(Z) - P(Z^*) = kT \left\{ \sum_{i=1}^{m} \Delta Z_i\, \frac{\varrho_i(Z)}{Z_i} - \sum_{k \geqq 0} \left(\sum_{i=1}^{m} k_i - 1\right) \beta^{(k)}\, (Z^*) \prod_{i=1}^{m} \left[\Delta Z_i\, \frac{\varrho_i(Z)}{Z_i}\right]^{k_i} \right\}.$$
$$\text{(XX 15)}$$

Diese Gleichung enthält zwar noch die Fugazitäten; dieselben lassen sich aber wie wir sehen werden, nun in sehr einfacher Weise zum Verschwinden bringen. Bevor wir diesen letzten Schritt durchführen, haben wir noch eine Bemerkung zum Problem der Phasenumwandlungen zu machen. Die sinngemäße Verallgemeinerung der Theorie des § 7.6 (die wir dort nur für Einkomponentensysteme formuliert hatten) ergibt, daß in flüssigen Vielkomponentensystemen Phasenumwandlungen mit Singularitäten der Funktion $G(z,\, b^{(l)})$ verknüpft sind. Nach Gl. (XX 8) können wir stattdessen auch die y als Funktionen der z, die implizit durch Gl. (XX 9) gegeben sind, betrachten. Daraus folgt, daß eine Singularität auftritt, wenn die JAKOBIsche Determinante der Transformation (XX 9) verschwindet oder singulär wird. Diese JAKOBIsche Determinante lautet

$$J\left(\frac{z}{y}\right) = |\delta_{ij} - y_i\, G_{ij}(y,\, \beta^{(k)})|_m\, e^{\sum\limits_{i=1}^{m} G_i(y,\, \beta^{(k)})}\,. \qquad \text{(XX 16)}$$

Wir haben somit eine Singularität von $G(z, b^{(l)})$, wenn entweder eine der Funktionen $G_i(y, \beta^{(k)})$ singulär ist oder die Determinante in (XX 16) verschwindet. Wir wenden nun die Gl. (XX 15) auf eine binäre Lösung an. Dabei bezeichnen wir (wie stets im folgenden) mit dem Index 1 das Lösungsmittel, mit dem Index 2 den gelösten Stoff. Als Normalzustand wählen wir die unendlich verdünnte Lösung und definieren den Fugazitätensatz Z^* so, daß für den gelösten Stoff $Z_2^* = 0$ ist und für das Lösungsmittel Z_1^* dem reinen Lösungsmittel unter Normaldruck P^* (etwa 1 at bei der betreffenden Temperatur) entspricht. Das unreduzierbare cluster-Integral für einen cluster aus ν Molekülen des Lösungsmittels und n Molekülen des gelösten Stoffes bei unendlicher Verdünnung sei $\beta_{\nu n}^*$. Dann wird aus Gl. (XX 15), wenn wir wieder Aktivitätskoeffizienten schreiben

$$P(Z) - P(Z^*) = kT \left[\varrho_2 + \frac{\Delta Z_1}{\gamma_1} - \sum_{\nu, n} (n + \nu - 1)\, \beta_{\nu n}^* \left(\frac{\Delta Z}{\gamma}\right)^\nu \varrho_2^n \right]. \qquad \text{(XX 17)}$$

Wir betrachten nun die Änderung des Druckes unter der Bedingung, daß die Fugazität des Lösungsmittels konstant gehalten wird. Dieser Fall entspricht dem einfachen osmotischen Gleichgewicht, und die Druckdifferenz $P(Z) - P(Z^*)$ ist dann identisch mit dem osmotischen Druck Π. Wir erhalten dann aus (XX 17) mit $\Delta Z = 0$ und $\varrho_2 \equiv c$

$$\Pi = kT \left[c - \sum_{n \geq 2} (n - 1)\, \beta_{0n}^*\, c^n \right]. \qquad \text{(XX 18)}$$

Diese Gleichung, die zum ersten Male streng auf dem angedeuteten Wege von McMillan und Mayer[1] abgeleitet wurde, enthält zwei wichtige allgemeine Sätze über Lösungen von Nichtelektrolyten. (Zum folgenden vgl. [2-4].) Der erste Satz besagt, daß die bekannte van't Hoffsche Gleichung für den osmotischen Druck[5] exakt als Grenzgesetz für unendliche Verdünnung gilt. Wir haben also

$$\lim_{c \to 0} \Pi/c = kT \qquad \text{(XX 19)}$$

oder in der üblichen thermodynamischen Schreibweise mit Benutzung der Gewichtskonzentration c_g und des Molekulargewichtes M_2

$$\lim_{c_g \to 0} \Pi/c_g = \frac{RT}{M_2}, \qquad \text{(XX 20)}$$

wo R die Gaskonstante bezeichnet.

Die große Bedeutung des obigen Satzes beruht einmal darauf, daß er die Molekulargewichtsbestimmung auf eine sichere theoretische Basis stellt auch in solchen Fällen, in denen Gl. (XX 19) nicht mehr direkt experimentell bestätigt werden kann. Letzteres trifft vor allem bei den makromolekularen Lösungen (Kap. XXII) zu. Die Bestimmung des Molekulargewichtes muß dann durch eine Extrapolation der Meßdaten auf unendliche Verdünnung und Anwendung der Gl. (XX 20) erfolgen. Darüber hinaus ist der Satz grundlegend für die Thermodynamik der Mischphasen, weil er die Grenzgesetze für unendliche Verdünnung, deren Bedeutung schon von Gibbs[6] erkannt wurde, festlegt. Wir wollen hier nur kurz ableiten, daß aus Gl. (XX 19) das Raoultsche Gesetz folgt und verweisen im übrigen für diese Fragen auf die spezielle Literatur[7]. In der Thermo-

---

[1] McMillan, W. G., u. J. E. Mayer: J. Chem. Phys. 13, 276 (1945).

[2] Haase, R., u. A. Münster: Z. physik. Chem. 194, 253 (1950).

[3] Münster, A.: Z. Elektrochem. 56, 525 (1952).

[4] Haase, R.: Z. Naturforsch. 8a, 380 (1953).

[5] van't Hoff, J. H.: Z. physik. Chem. 1, 481 (1887).

[6] Gibbs, J. W.: On the Equilibrium of Heterogeneous Substances. Collected Works, vol. I. New Haven 1948.

[7] Zum Beispiel R. Haase: Thermodynamik der Mischphasen. (Erscheint demnächst.)

dynamik wird gezeigt, daß zwischen dem Dampfdruck des reinen Lösungsmittels p_{01}, dem Partialdruck des Lösungsmittels über der Lösung p_1 und dem osmotischen Druck der Lösung die Beziehung besteht

$$\int_{P^*}^{P^*+\Pi} v_1 \, dP = \bar{v}_1 \, \Pi = kT \ln \frac{p_{01}}{p_1} \, , \qquad (XX\ 21)$$

wo v_1 das partielle Molekülvolumen des Lösungsmittels ist. Mit Gl. (XX 19) wird daraus

$$\lim_{c \to 0} \frac{p_{01}}{p_1} = e^{\bar{v}_1 c} \, . \qquad (XX\ 22)$$

An der Grenze unendlicher Verdünnung ist einfach $\bar{v}_1 = V/N_1$. Wir erhalten daher mit $\Delta p = p_{01} - p_1$ und Entwicklung der e-Funktion

$$\lim_{N_2 \to 0} \frac{\Delta p}{p_{01}} = \frac{N_2}{N_1} \, , \qquad (XX\ 23)$$

das RAOULTsche Gesetz.

Der zweite Satz, der in Gl. (XX 18) enthalten ist, besagt, daß der osmotische Druck einer Lösung von Nichtelektrolyten sich in eine Reihe nach ganzzahligen positiven Potenzen der Konzentration entwickeln läßt. Die praktische Bedeutung dieses Satzes liegt vor allem darin, daß er eine Richtlinie für die Extrapolation bei der Molekulargewichtsbestimmung gibt und ein Kriterium für die Beurteilung empirischer oder halbempirischer Formeln liefert[1]. Man kann aber daraus, wie Gl. (XX 21) zeigt, nicht streng (d. h. ohne zusätzliche Annahmen) eine analoge Entwicklung für die freie Energie der Verdünnung ableiten. Sehr bemerkenswert ist die vollkommene Analogie der Gl. (XX 18) mit der Virialform der Zustandsgleichung realer Gase [Gl. (XII 120)][2]. Diese Analogie hat bekanntlich schon bei den Überlegungen VAN'T HOFFs eine wichtige Rolle gespielt. Sie darf aber nicht so verstanden werden, als wäre der osmotische Druck der thermische Druck der gelösten Moleküle im Sinne der kinetischen Gastheorie. Ein Blick auf die allgemeine Gl. (XX 17) zeigt, daß eine solche Abtrennung gar nicht möglich ist. Tatsächlich ist der osmotische Druck ein Gleichgewichtsdruck in einem heterogenen Zweikomponentensystem; er ist thermodynamisch durch die Gleichgewichtsbedingungen für heterogene Systeme mit semipermeablen Membranen bestimmt und hat nichts zu tun mit dem äußeren Druck der homogenen Lösung. Unter diesem Gesichtspunkt kann man den osmotischen Druck zum Schmelzpunkt der Lösung in Parallele setzen, der ebenfalls durch die Gleichgewichtsbedingungen für heterogene Systeme bestimmt wird und keine Beziehung zur Temperatur der homogenen Lösung hat[3]. Die formale Übereinstimmung der Gleichungen für den Gasdruck und den osmotischen Druck erklärt sich daraus, daß man, wie McMILLAN und MAYER bemerkt haben, auch den Gasdruck als einen osmotischen Druck auffassen kann, wenn man (bei räumlicher Konstanz der Temperatur) eine alles durchdringende Substanz annimmt, welche überall das gleiche chemische Potential besitzt. Die über Jahrzehnte diskutierte Frage nach der Berechtigung der Analogie zwischen Gasdruck und osmotischem Druck kann damit als geklärt gelten.

Wir wollen jetzt kurz auf die Phasenumwandlungen in binären flüssigen Gemischen eingehen. Im Gegensatz zu den festen Lösungen (Kap. XVIII) liegen

---

[1] Eine Anwendung in dem zuletzt genannten Sinne findet sich bei A. MÜNSTER: Z. Physik. Chem. **197**, 17 (1951).

[2] Der Unterschied der Zahlenfaktoren beruht auf der verschiedenen Definition der unreduzierbaren cluster-Integrale. Vgl. S. 705, Fußnote 5.

[3] GUGGENHEIM, E. A.: Thermodynamics. Amsterdam 1951.

hier die Verhältnisse insofern relativ einfach, als die durch die Gitterstruktur bedingten Komplikationen fortfallen. Wir haben daher, wenn das System nicht über den ganzen Konzentrationsbereich homogen ist, gewöhnlich *eine* Mischungslücke mit einem kritischen Punkt. In einigen Fällen ist das heterogene Gebiet geschlossen, so daß wir einen oberen und einen unteren kritischen Punkt haben. Das bekannteste Beispiel dafür bietet das System Nicotin—Wasser. Für das Auftreten dieser Erscheinung lassen sich gewisse thermodynamische Bedingungen formulieren[1]. Für die folgende Diskussion ist es übersichtlicher, Gl. (XX 18) mit Benutzung von (XX 4) in der kompakten Form

$$\Pi = kT \left[c + G(c, \beta^*_{on}) - c\, G'(c, \beta^*_{on}) \right] \qquad \text{(XX 24)}$$

zu schreiben, wo G' die Ableitung von G nach c bedeutet. Daraus folgt durch Differentiation

$$\left(\frac{\partial \Pi}{\partial c} \right)_T = kT \left[1 - c\, G''(c, \beta^*_{on}) \right] \qquad \text{(XX 25)}$$

und

$$\left(\frac{\partial^2 \Pi}{\partial c^2} \right) = - kT \left[G''(c, \beta^*_{on}) + c\, G'''(c, \beta^*_{on}) \right], \qquad \text{(XX 26)}$$

wo G'' und G''' die zweite und dritte Ableitung von G nach c bezeichnen. Die allgemeine Bedingung für das Auftreten einer Phasenumwandlung haben wir bereits oben formuliert. Sie lautet für eine flüssige binäre Lösung, in vollkommener Analogie zur Gastheorie (§ 12.6) und zur festen binären Lösung (§ 18.1)

$$c\, G''(c, \beta^*_{on}) = 1 \qquad (\alpha')$$

oder

$$c\, G''(c, \beta^*_{on}) \qquad \text{singulär.} \qquad (\beta')$$

In hinreichender Entfernung vom kritischen Punkt wird die Entmischung sicherlich durch (β') bestimmt, da nur dann die Isotherme des osmotischen Drucks unstetig in den horizontalen Verlauf mündet, wie es den experimentellen Ergebnissen entspricht. Eine explizite Berechnung der Entmischungskurve ist jedoch im Rahmen der hier entwickelten Theorie praktisch undurchführbar. Das eigentliche Problem liegt wieder in der Frage nach dem Verhalten in der Umgebung des kritischen Punktes. Die Natur dieses Problems haben wir bereits in § 18.1 ausführlich erörtert. Diese Ausführungen lassen sich infolge der formalen Analogie der beiden in Frage stehenden Theorien ohne weiteres auf das Problem der flüssigen Lösungen übertragen, so daß wir uns jetzt kürzer fassen können.

Nach der früher allgemein gültigen Auffassung ist ein kritischer Punkt der Entmischung, bei Verwendung der hier benutzten Funktionen, definiert durch die Gleichungen

$$\frac{\partial \Pi}{\partial c} = 0, \qquad \text{(XX 27)}$$

$$\frac{\partial^2 \Pi}{\partial c^2} = 0. \qquad \text{(XX 28)}$$

Die Schwierigkeit liegt darin, daß bei dieser Definition im kritischen Punkte wegen (XX 25), (XX 26) und (β') gleichzeitig gelten müßte

    a) Verschwinden der Singularität von $G''(c, \beta^*_{on})$ in einem Verzweigungspunkte;

    b) $c\, G''(c, \beta^*_{on}) = 1$;

    c) $c^2\, G'''(c, \beta^*_{on}) = -1$.

Die gleichzeitige Erfüllung dieser Bedingungen erscheint nur für spezielle β^*_{on}, d. h. für spezielle Potentiale der Durchschnittskräfte denkbar. Man kann sich schwer vorstellen, wie auf dieser Grundlage die Erklärung einer ganz

---

[1] PRIGOGINE, J., u. R. DEFAY: Thermodynamique chimique. Liège 1950.

allgemeinen Erscheinung möglich sein soll. Der von MAYER u. Mitarb.[1-4] vorgeschlagene Ausweg besteht in der Annahme, daß in einem Temperaturbereich zwischen T_m, der Temperatur, bei welcher der Meniskus verschwindet und T_k, der kritischen Temperatur, die Singularität von $G(z, b_{0\,m}^{*})$ durch (α') bestimmt ist und eine anomale Umwandlung I. Ordnung darstellt. Diese Auffassung hat zwei experimentell prüfbare Konsequenzen: Die Entmischungskurve (die durch das Verschwinden des Meniskus bestimmt wird) muß ein horizontales Stück besitzen, und weiter müssen die Isothermen unmittelbar oberhalb der Temperatur T_m über ein endliches Konzentrationsintervall horizontal verlaufen. In neuerer Zeit sind noch zwei weitere Theorien über den kritischen Punkt entwickelt worden[5-7], welche ebenfalls für das oberste Stück der Entmischungskurve einen horizontalen (oder praktisch horizontalen) Verlauf annehmen, bei denen aber die Isothermen oberhalb der Entmischungskurve nicht mehr horizontal verlaufen. In Abb. 157 sind diese verschiedenen Annahmen über das Verhalten in der Umgebung des kritischen Punktes schematisch dargestellt.

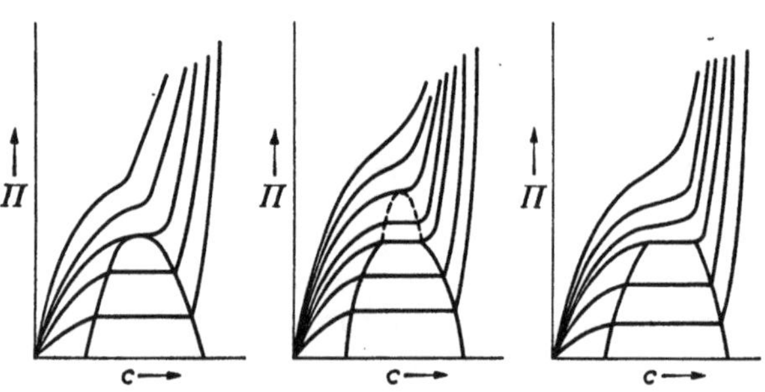

Abb. 157. Möglicher Verlauf der Isothermen des osmotischen Druckes [entnommen aus: O. K. RICE: J. Phys. Coll. Chem. **54**, 1293 (1950)]

Keine der angeführten Theorien hat sich bisher theoretisch einigermaßen streng begründen lassen. Die Situation wird noch weiter kompliziert dadurch, daß wegen der in § 12.6 besprochenen Einwendungen gegen die cluster-Theorie (die naturgemäß in gleicher Weise auch hier gelten) nicht einmal die Formulierung der Bedingungen a—c für das „klassische" Verhalten völlig gesichert ist. Im Falle der festen Lösungen konnten wir zeigen, daß einmal, soweit eine Prüfung möglich ist, sich kein Anhaltspunkt dafür ergibt, daß die cluster-Theorie nicht korrekt wäre, zum anderen, daß die Annahme von MAYER u. Mitarb. hier sicher nicht zutrifft. Da die Bedingungen b und c zusammenfallen, wird auch das wesentliche Argument gegen das klassische Verhalten gegenstandslos. Diese theoretischen Ergebnisse sind durch das Experiment bestätigt worden. Es ist durchaus möglich, daß wir bei flüssigen Gemischen ganz andere Verhältnisse haben. Indessen lassen sich theoretisch bisher keine Aussagen darüber machen, und wir müssen die experimentellen Ergebnisse heranziehen.

Experimentelle Untersuchungen über dieses spezielle Problem, die besondere Sorgfalt erfordern, sind von ZIMM[8] an dem System Tetrachlorkohlenstoff—Perfluoromethylcyclohexan, von O. K. RICE u. Mitarb.[9-12] an dem System Cyclo-

[1] MAYER, J. E., u. S. F. HARRISON: J. Chem. Phys. **6**, 87 (1938).

[2] MAYER, J. E., u. S. F. STREETER: J. Chem. Phys. **7**, 1019 (1939).

[3] MAYER, J. E.: J. Chem. Phys. **19**, 1024 (1951).

[4] MAYER, J. E.: Comptes Rendus 2e Réunion, «Changements de Phases», S. 35. Paris 1952.

[5] RICE, O. K.: J. Chem. Phys. **15**, 314 (1947).

[6] RICE, O. K.: J. Phys. Colloid Chem. **54**, 1293 (1950).

[7] ZIMM, B. H.: J. Chem. Phys. **19**, 1019 (1951).

[8] ZIMM, B. H.: J. Phys. Colloid Chem. **54**, 1306 (1950).

[9] ROWDEN, R. W., u. O. K. RICE: J. Chem. Phys. **19**, 1423 (1951).

[10] ROWDEN, R. W., u. O. K. RICE: Comptes Rendus 2e Réunion «Changements de Phases», S. 78. Paris 1952.

[11] ATACK, D., u. O. K. RICE: J. Chem. Phys. **22**, 382 (1954).

[12] RICE, O. K.: J. Chem. Phys. **23**, 164 (1955).

hexan—Anilin durchgeführt worden. Die letzteren Autoren haben neben der Bestimmung der Entmischungskurve Dampfdruckmessungen ausgeführt, während Zimm die Isothermen mit Hilfe von Lichtstreuungsmessungen nach Gl. (VII 245) ermittelt hat. Wir betrachten zunächst diese letzteren Messungen. Zur Darstellung seiner Ergebnisse wählt Zimm die Auftragung von $d \ln a_1 / d \ln \varphi_1$ gegen φ_2, wo a_1 die Aktivität der Komponente 1 (C_7F_{14}) ist und φ_1, φ_2 die Volumenbrüche bezeichnen. Das Verhalten dieser Kurven nach der klassischen und der Mayer-schen Theorie ist schematisch in Abb. 158 dargestellt. Charakteristisch für die letztere ist die der anomalen Umwandlung I. Ordnung entsprechende Kurve IV, welche stetig gegen Null geht und über ein endliches Konzentrationsintervall auf diesem Wert stehen bleibt. Abb. 159 zeigt die experimentellen Resultate von Zimm. Man sieht daraus, daß eine anomale Umwandlung I. Ordnung, wenn sie überhaupt stattfindet, sich nur über einen Bereich von etwa $10^{-2}\,°\mathrm{C}$ erstrecken könnte. Die Dampfdruckmessungen von Rice u. Mitarb. beschränken die Möglichkeit einer anomalen Umwandlung I. Ordnung auf einen Bereich von etwa $2 \cdot 10^{-1}\,°\mathrm{C}$.

Für die Gestalt der Koexistenzkurve in der Umgebung des kritischen Punktes beim einfachen Gleichgewicht Flüssigkeit—Dampf liefert die van der Waalssche Theorie eine quadratische Formel, die jedoch durch die Erfahrung ziemlich schlecht bestätigt wird. Von van Laar[1, 2] wurde daher eine Formel

$$(\varrho_{Fl} - \varrho_G)^3 = C(T_k - T) \qquad (\mathrm{XX}\ 29)$$

vorgeschlagen, die in der Tat die experimentellen Daten bedeutend besser wiedergibt. Eine analoge Formel hat sich auch für flüssige Gemische als brauchbar erwiesen. Wir wählen daher zur Darstellung der experimentellen Entmischungskurven im Anschluß an O. K. Rice die Auftragung von $(T_k - T)^{1/3}$ gegen den Molen- bzw. Volumenbruch der Entmischung. Diese Diagramme sind in Abb. 160, zusammen mit den Ergebnissen von Münster und Sagel[3] für die feste Lösung Aluminium—Zink (§ 18.3) dargestellt. Es hat danach den Anschein, daß in der Tat ein grundsätzlicher Unterschied zwischen festen und flüssigen Lösungen besteht. Bei den letzteren ist die kubische Gleichung für die Entmischungskurve wesentlich besser erfüllt. Für Cyclohexan—Anilin ist die Entmischungstemperatur nach O. K. Rice zwischen $x = 0{,}43$ und $x = 0{,}465$ auf $0{,}001°$ konstant. Die Ergebnisse von Zimm schließen ein ähnliches Verhalten zum mindesten nicht aus.

Man kann daher vielleicht sagen, daß nach den wenigen experimentellen Daten, die bisher vorliegen, für feste Lösungen die klassische Auffassung des

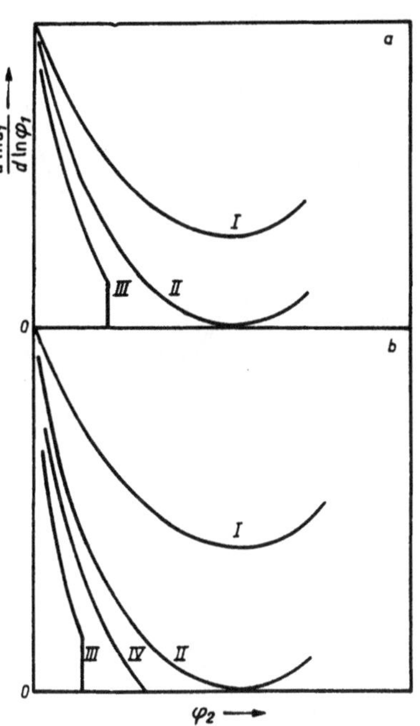

Abb. 158. Möglicher Verlauf der Funktion $\dfrac{d \ln a_1}{d \ln \varphi_1}$.
a Klassisch; b Mayer [entnommen aus: B. Zimm: J. Phys. Coll. Chem. 54, 1306 (1950)]

---

[1] van Laar, J. J.: Die Zustandsgleichung von Gasen und Flüssigkeiten. Leipzig 1924.

[2] Die Gl. (XX 29) wird in der neueren Literatur meistens irrtümlich Guggenheim zugeschrieben, der später [J. Chem. Phys. 13, 252 (1945)] auf Grund einer Diskussion des experimentellen Materials zu dem gleichen Ergebnis gelangte.

[3] Münster, A., u. K. Sagel: Z. physik. Chem. N.F. 7, 296 (1956).

kritischen Punktes zuzutreffen scheint, während bei flüssigen Gemischen Abweichungen aufzutreten scheinen. Diese entsprechen etwa den Theorien von ZIMM und O. K. RICE, während sich bisher kein Anhaltspunkt für das Auftreten einer anomalen Umwandlung I. Ordnung nach MAYER u. M. ergeben hat.

Für eine explizite Auswertung der in diesem Paragraphen entwickelten Theorie müssen die Potentiale der Durchschnittskräfte bei unendlicher Verdünnung bekannt sein. Da kein brauchbares Verfahren zur Berechnung derselben bekannt ist, bleibt nur die Möglichkeit, auf Grund von allgemeineren Überlegungen zu plausiblen Ansätzen zu gelangen. Das ist bisher in zwei Fällen gelungen. Bei Lösungen starker Elektrolyte setzt man das Potential der Durchschnittskraft bei unendlicher Verdünnung gleich dem COULOMBschen Potential in einem Medium der Dielektrizitätskonstanten des Lösungsmittels. Da es sich hier aber um Kräfte großer Reichweite handelt, für die eine Modifikation der Theorie erforderlich ist, behandeln wir dieses Gebiet gesondert in Kap. XXI. Das zweite Beispiel ist ein etwas künstliches Modell, nämlich Lösungen von kompakten Molekülen (Kugeln, Ellipsoide usw.), deren Lineardimensionen alle sehr groß gegen die der Moleküle des Lösungsmittels sind. Es wird angenommen, daß keine Verdünnungswärme auftritt. Das Potential der Durchschnittskraft bei unendlicher Verdünnung wird hier gleich dem Potential zwischen starren Kugeln usw. ohne Anziehungskräfte gesetzt.

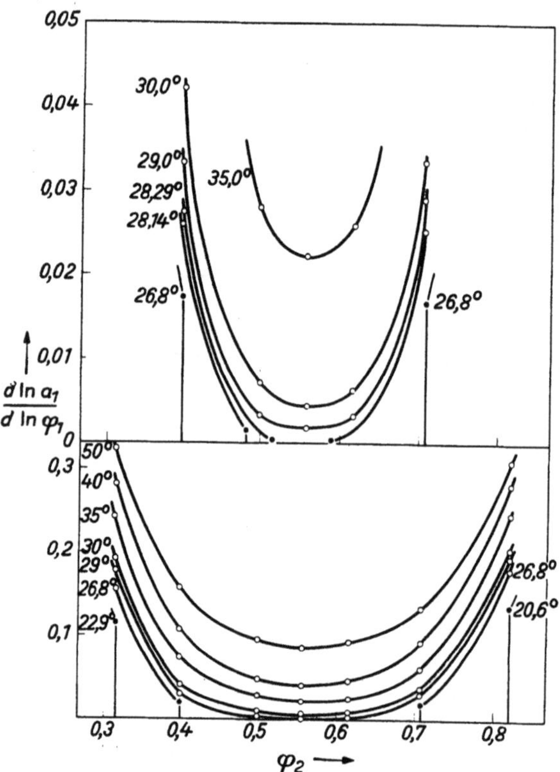

Abb. 159. Isothermen des Systems C₇F₁₄—CCl₄ [entnommen aus: B. ZIMM: J. Phys. Coll. Chem. **54**, 1306 (1950)]

Dieser Ansatz ist zuerst von ZIMM[1] auf Lösungen von Kugelmolekülen angewandt worden. Da wir in § 22.2 das Ergebnis nach einer anderen Methode ableiten werden, begnügen wir uns hier mit diesem Hinweis. Analoge Rechnungen für Zylinder und Rotationsellipsoide (die allerdings einen erheblich größeren mathematischen Aufwand erfordern) sind von ISIHARA[2] durchgeführt worden.

§ 20.3. Das Gittermodell. Die ideale und die streng reguläre Lösung

Das Gittermodell der Lösung stellt grundsätzlich eine Übertragung der Ansätze des § 19.1 auf Mehrkomponentensysteme dar. Es wird also zur Berechnung des Konfigurationsintegrals angenommen, daß die Moleküle auf die Plätze

---

[1] ZIMM, B. H.: J. Chem. Phys. **14**, 164 (1946).
[2] ISIHARA, A.: J. Chem. Phys. **18**, 1446 (1950).

eines quasikristallinen Gitters mit der mittleren Koordinationszahl z verteilt sind. Für jedes Molekül der Sorte i wird dann über eine durch die Wechselwirkung mit den nächsten Nachbarn bestimmte Zelle integriert, und es wird über alle Verteilungen der Moleküle auf die Gitterplätze (Standard-Konfigurationen) summiert. Die Integrale über die Zellen sind die „freien Volumina" v_{fi}; es wird

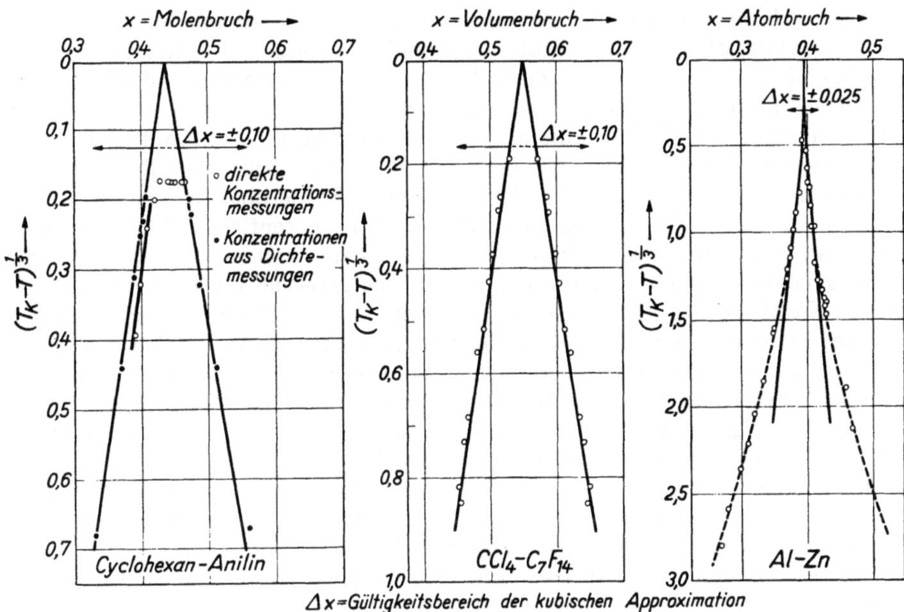

Abb. 160. Koexistenzkurven der Entmischung von flüssigen und festen Lösungen [entnommen aus: A. Münster u. K. Sagel: Z. Elektrochemie **59**, 946 (1955)]

jetzt noch zusätzlich angenommen, daß dieselben für alle Standard-Konfigurationen gleich sind. Damit erhalten wir für eine binäre Lösung als Analogon der Gl. (XIX 4)

$$Q_\tau = v_{f_1}^{N_1}\, v_{f_2}^{N_2}\, Q_c \qquad (XX\ 30)$$

mit

$$Q_c = \sum e^{-\frac{W}{kT}}, \qquad (XX\ 31)$$

wo die Summierung über alle Standard-Konfigurationen zu erstrecken ist. In der Theorie der reinen Flüssigkeiten ist das zentrale Problem die Berechnung von v_f und W in Abhängigkeit von den Zustandsgrößen. Bei dem Gittermodell der Lösung in seiner einfachsten Form (die wir vorläufig ausschließlich betrachten) wird auf eine solche Berechnung völlig verzichtet. Statt dessen wird angenommen, daß die v_{fi} in der Lösung die gleichen Werte haben wie für die reinen Substanzen, also keine konzentrationsabhängigen Mittelwerte darstellen. Damit verschwinden diese Größen, wenn die reinen Substanzen als Normalzustand für die thermodynamischen Funktionen gewählt werden. Das Problem reduziert sich somit auf die Berechnung der Verteilungsfunktion der Standard-Konfigurationen Q_c. Um dieselbe durchzuführen, muß das Modell noch weiter spezialisiert werden.

Wir machen in diesem Paragraphen die folgenden Annahmen:

1. Alle Moleküle sind annähernd Kugeln von gleicher Größe, die je einen Gitterplatz besetzen.

2. Die Größe W setzt sich additiv aus den Wechselwirkungsenergien der Paare nächster Nachbarn w_{11}, w_{12}, w_{22} zusammen. Diese Größen werden als von Temperatur und Volumen unabhängige adjustierbare Parameter betrachtet.

3. Die Verteilungsfunktionen der inneren Freiheitsgrade sind (wie die freien Volumina) für alle Konfigurationen gleich und haben denselben Wert für die Lösung und die reinen Substanzen.

Das durch die vorstehenden Annahmen definierte Modell wird nach FOWLER und GUGGENHEIM[1] als streng reguläre Lösung bezeichnet. Die Annahme 1 hat zur Folge, daß die Koordinationszahl z für die reinen Substanzen und alle Konfigurationen der Lösung den gleichen Wert hat. Wenn man das Gittermodell wörtlich nimmt und die Moleküle als starre Kugeln betrachtet, muß nach einer geometrischen Abschätzung von BERNAL[1] das Verhältnis der Durchmesser zwischen 1 und 1,26 liegen, um der erwähnten Forderung zu genügen. Die Annahme 2 setzt kugelsymmetrische Wechselwirkungspotentiale und Abwesenheit von zwischenmolekularen Kräften großer Reichweite voraus. Es wird jedoch, streng genommen, nicht gefordert, daß die energetische Wechselwirkung auf nächste Nachbarn beschränkt ist, sondern nur, daß Unterschiede der Wechselwirkung zwischen gleichen und ungleichen Molekülen lediglich bei nächsten Nachbarn zu berücksichtigen sind. Diese Voraussetzung ist bei Lösungen von Nichtelektrolyten im allgemeinen mit hinreichender Genauigkeit erfüllt. Die Vernachlässigung der Abhängigkeit der w_{ij} von den Zustandsgrößen ist natürlich eine ziemlich gewaltsame Näherung, die nur durch den Vergleich der daraus abgeleiteten Resultate mit der Erfahrung gerechtfertigt werden kann. Die Annahme 3 hat im wesentlichen den Zweck, die Verteilungsfunktionen der inneren Freiheitsgrade in gleicher Weise wie die freien Volumina aus den Endformeln zu eliminieren. Sie dürfte häufig unbedenklich sein und vor allem neben den übrigen Näherungen kaum ins Gewicht fallen.

Auf Grund der Annahme 2 können wir die gleichen Betrachtungen über die Energieparameter anstellen wie in Kap. XVI und XVIII. Bezeichnen wir die Zahlen der Paare nächster Nachbarn mit $z X_{11}$, $z X_{12}$ und $z X_{22}$, so gilt

$$W = z \left(X_{11} w_{11} + X_{12} w_{12} + X_{22} w_{22} \right) . \tag{XX 32}$$

Da wir die Beziehungen

$$N_1 = 2 X_{11} + X_{12} , \quad N_2 = 2 X_{22} + X_{12} \tag{XX 33}$$

haben, können wir von den drei in Gl. (XX 32) auftretenden Energieparametern zwei eliminieren. Dabei haben wir die durch die Wahl des Bezugszustandes bedingten verschiedenen Möglichkeiten. Setzen wir

$$W_0' = \frac{z}{2} \left(w_{11} N_1 + w_{22} N_2 \right) \tag{XX 34}$$

und definieren einen Parameter

$$w' = w_{12} - \tfrac{1}{2} \left(w_{11} + w_{22} \right) , \tag{XX 35}$$

so wird

$$W = W_0' + z X_{12} w' . \tag{XX 36}$$

Wir können aber auch ansetzen

$$W_0 = \frac{z}{2} \left(N_1 - N_2 \right) w_{11} + z N_2 w_{12} \tag{XX 37}$$

und einen Energieparameter

$$w = w_{11} + w_{22} - 2 w_{12} \tag{XX 38}$$

---

[1] FOWLER, R. H., u. E. A. GUGGENHEIM: Statistical Thermodynamics. Cambridge 1949.

definieren. Dann erhalten wir

$$W = W_0 + z X_{22}\, w \equiv W_0 + W_s \,.$$

(XX 39)

Die Größen W_0' und W_0 stellen jeweils die Energie eines Normalzustandes dar. Da in Gl. (XX 36) für $X_{12} = 0$ $W = W_0'$ wird, bilden hier die reinen Komponenten den Normalzustand. In Gl. (XX 39) wird $W = W_0$ für $X_{22} = 0$. Das bedeutet, daß hier der Normalzustand eine Lösung ohne $2-2$-Paare ist. Zwischen den verschiedenen Größen bestehen die Beziehungen

$$W_0 = W_0' - \frac{z}{2}\, w N_2$$

(XX 40)

und

$$w = -\,2\,w' \,.$$

(XX 41)

Schließlich wird noch, zumal in der englischen Literatur, ein Energieparameter

$$w'' = z w'$$

(XX 42)

verwendet. Man kommt zu dieser Größe durch die Betrachtung eines Prozesses, bei dem aus je z $1-1$- und $2-2$-Paaren $2z$ $1-2$-Paare entstehen; dabei ist die Änderung der Konfigurationsenergie $2w''$. Die verschiedenen Definitionen der Energieparameter müssen beim Vergleich der von verschiedenen Autoren erhaltenen Formeln beachtet werden.

Mit Benutzung von (XX 36) kann die Gl. (XX 31) geschrieben werden

$$Q_c = e^{-\frac{W_0'}{kT}} \, \Sigma \, e^{-\frac{z X_{12} w'}{kT}} \,.$$

(XX 43)

Wir nehmen nun an, daß

$$w_{12} = \tfrac{1}{2}\, (w_{11} + w_{22})$$

(XX 44)

ist. Wegen Gl. (XX 35) wird dann die Summe auf der rechten Seite von (XX 43) einfach gleich der Zahl der Standard-Konfigurationen. Wir erhalten somit

$$Q_c = e^{-\frac{W_0'}{kT}} \, (N_1 + N_2)! \,.$$

(XX 45)

Bezeichnen wir mit $f_1(T)$ und $f_2(T)$ die Verteilungsfunktionen der kinetischen Energie der Schwerpunktstranslation und der inneren Freiheitsgrade für die Einzelmoleküle, so ist die Gesamt-Verteilungsfunktion

$$Q = [v_{f1} f_1(T)]^{N_1} \, [v_{f2} f_2(T)]^{N_2} \, \frac{Q_c}{N_1!\, N!} \,.$$

(XX 46)

Daraus folgt mit (XX 45) für die freie Energie nach HELMHOLTZ

$$F = kT \left[N_1 \ln \frac{N_1}{N_1 + N_2} + N_2 \ln \frac{N_2}{N_1 + N_2} + \frac{z}{2} \frac{w_{11} N_1 + w_{22} N_2}{kT} - \right.$$
$$\left. -\, N_1 \ln v_{f1} f_1(T) - N_2 \ln v_{f2} f_2(T) \right].$$

(XX 47)

Für die reinen Substanzen 1 und 2 setzen wir

$$F_1 = -\, kT N_1 \left[\ln v_{f1} f_1(T) - \frac{z}{2} \frac{w_{11}}{kT} \right], \quad F_2 = -\, kT N_2 \left[\ln v_{f2} f_2(T) - \frac{z}{2} \frac{w_{22}}{kT} \right].$$

(XX 48)

Wir identifizieren nun näherungsweise die freie Energie nach HELMHOLTZ mit der freien Energie nach GIBBS[1]. Dann wird, wenn wir die freie Energie der

---

[1] Dieses Verfahren ist für das Modell ohne weiteres gerechtfertig, da hier das Mischungsvolumen $\varDelta V = 0$ ist. Bei realen Systemen trifft dies gewöhnlich nicht zu. Für eine Diskussion dieser Frage vgl. § 20.5 und 20.6.

Mischung durch

$$\Delta G = G - G_1 - G_2 \tag{XX 49}$$

definieren

$$\Delta G = kT \left[N_1 \ln \frac{N_1}{N_1 + N_2} + N_2 \ln \frac{N_2}{N_1 + N_2} \right]. \tag{XX 50}$$

Daraus folgt für die Mischungsentropie

$$\Delta S = - k \left[N_1 \ln \frac{N_1}{N_1 + N_2} + N_2 \ln \frac{N_2}{N_1 + N_2} \right] \tag{XX 51}$$

und für die Mischungswärme

$$\Delta H = 0 . \tag{XX 52}$$

Die freie Energie der Verdünnung ist

$$\Delta \mu_1 = kT \ln (1 - x_2) , \tag{XX 53}$$

wo x_2 den Molenbruch des gelösten Stoffes bezeichnet. Es folgt für die Verdünnungsentropie

$$\Delta s_1 = - k \ln (1 - x_2) \tag{XX 54}$$

und für die Verdünnungswärme

$$\Delta h_1 = 0 . \tag{XX 55}$$

Aus (XX 53) folgt unmittelbar die Gültigkeit des RAOULTschen Gesetzes

$$\frac{p_1}{p_{01}} = x_1 \tag{XX 56}$$

über den ganzen Konzentrationsbereich.

Das System, für welches die vorstehenden Gleichungen gelten, wird als ideale Lösung bezeichnet. Nach den bei der modellmäßigen Ableitung gemachten Annahmen kann man voraussehen, daß ideale Lösungen, wenn wir von Isotopengemischen absehen, ziemlich selten vorkommen werden. Das ist auch tatsächlich der Fall. Beispiele für praktisch ideales Verhalten bieten die Systeme Benzol-Toluol oder Äthylenbromid—Propylenbromid. Die eigentliche Bedeutung der Theorie der idealen Lösung liegt jedoch weniger in den direkten Anwendungen, als vielmehr in der Beziehung zu den universellen Grenzgesetzen für unendliche Verdünnung und weiterhin darin, daß die Eigenschaften realer Lösungen sich in übersichtlicher Weise als Abweichungen vom Verhalten der idealen Lösung beschreiben lassen. Für die chemischen Potentiale kann man sich dazu der Aktivitätskoeffizienten bedienen. Wenn man auch die übrigen thermodynamischen Funktionen diskutieren will, sind die von SCATCHARD eingeführten Zusatzterme (excess functions) zweckmäßig. Wir bezeichnen dieselben durch den oberen Index E und haben dann die Definitionsgleichungen

$$\Delta G = kT \left(N_1 \ln \frac{N_1}{N_1 + N_2} + N_2 \ln \frac{N_2}{N_1 + N_2} \right) + \Delta G^E , \tag{XX 57}$$

$$\Delta G^E = \Delta H - T \Delta S^E , \tag{XX 58}$$

$$\Delta \mu_i = kT \ln x_i + \Delta \mu_i^E , \tag{XX 59}$$

$$\Delta \mu_i^E = \Delta h_i - T \Delta s_i^E . \tag{XX 60}$$

Wir kehren nun wieder zurück zum Problem der streng regulären Lösung. Aus der Definition des Modells sieht man, daß dieses völlig identisch ist mit dem in Kap. XVIII behandelten Modell der festen Lösungen. Der Unterschied zwischen festen und flüssigen Lösungen verschwindet also in dieser Theorie. Vom physikalischen Standpunkt erscheint dies vielleicht zunächst wenig einleuchtend.

Man muß aber bedenken, daß die in Kap. XVIII behandelte Theorie auch nur mit Einschränkung als Theorie der festen Lösungen betrachtet werden kann, da sie eines der wichtigsten dort auftretenden Probleme, die Stabilität der verschiedenen Strukturen, ignoriert und sich damit den Verhältnissen einer flüssigen Lösung nähert. Die Theorie nimmt somit eigentlich eine intermediäre Stellung ein. Andererseits dürfte der Unterschied fest-flüssig als solcher für die hier betrachteten thermodynamischen Funktionen wegen der Normierung im allgemeinen[1] ziemlich bedeutungslos sein. Die Anwendung der Theorie auf beide Typen von Lösungen ist daher wohl gerechtfertigt.

Aus dem oben Gesagten ergibt sich nach § 18.2 unmittelbar, daß die Berechnung der großen Verteilungsfunktion der streng regulären Lösung mathematisch äquivalent ist dem Problem des dreidimensionalen ISING-Modells in einem Magnetfeld. Die exakte Lösung dieses Problems ist bisher nicht gelungen. Man sieht aber ohne weiteres, daß die in Kap. XVI—XVIII behandelten Näherungsverfahren auch hier anwendbar sind. Wir wollen indessen die verschiedenen Theorien der streng regulären Lösung[2-5] hier nicht einzeln besprechen, da wir das Grundsätzliche bereits ausführlich erörtert haben und es sich somit lediglich um eine Wiederholung in etwas anderer Form handeln würde. Um die Art der Behandlung des Problems und die wichtigsten Ergebnisse zu veranschaulichen, wird ein Beispiel genügen; wir wählen dazu die quasi-chemische Methode. Dabei führen wir die Rechnung jetzt in einer etwas anderen Weise durch als Kap. XVI[5].

Wir schreiben zunächst die Gl. (XX 43)

$$\frac{Q_c}{N_1!\,N_2!} = e^{-\frac{W_0'}{kT}} \sum_{X_{12}} g\,(N_1, N_2, X_{12})\, e^{-\frac{z\,X_{12}\,w'}{kT}} . \qquad \text{(XX 61)}$$

Den Kombinationsfaktor $g\,(N_1, N_2, X_{12})$ berechnen wir mit Hilfe der Annahme über die Unabhängigkeit von Paaren. Die Gesamtzahl der Paare nächster Nachbarn in der Lösung ist $\frac{z}{2}\,(N_1 + N_2)$. Davon sind $\frac{z}{2}\,(N_1 - X_{12})$ $1-1$-Paare, $\frac{z}{2}\,(N_2 - X_{12})$ $2-2$-Paare und je $\frac{z}{2}\,X_{12}$ $1-2$- bzw. $2-1$-Paare. Dabei haben wir die durch Vertauschung von 1 und 2 auseinander hervorgehenden Paare jeweils gesondert gezählt, was hier zweckmäßig ist. Aus der erwähnten Annahme ergibt sich dann sofort für die Zahl der Möglichkeiten, $\frac{z}{2}\,(N_1 + N_2)$ Paare in der angegebenen Weise aufzuteilen,

$$\frac{\left[\frac{z}{2}\,(N_1 + N_2)\right]!}{\left[\frac{z}{2}\,(N_1 - X_{12})\right]!\,\left[\frac{z}{2}\,X_{12}\right]!\,\left[\frac{z}{2}\,X_{12}\right]!\,\left[\frac{z}{2}\,(N_2 - X_{12})\right]!} . \qquad \text{(XX 62)}$$

Dieser Ausdruck gibt nicht den korrekten Wert für den Kombinationsfaktor, da die gemachte Voraussetzung nicht zutrifft. Er genügt daher auch nicht der Relation

$$\sum_{X_{12}} g\,(N_1, N_2, X_{12}) = \frac{(N_1 + N_2)!}{N_1!\,N_2!} . \qquad \text{(XX 63)}$$

---

[1] Diese Bemerkung bezieht sich auf homogene Lösungen.

[2] RUSHBROOKE, G. S.: Proc. Roy. Soc. (London) A **166**, 296 (1938).

[3] KIRKWOOD, J. G.: J. Physic. Chem. **43**, 97 (1939).

[4] MÜNSTER, A.: Z. physik. Chem. **195**, 67 (1950).

[5] GUGGENHEIM, E. A., u. M. L. McGLASHAN: Proc. Roy. Soc. (London) A **206**, 335 (1951).

Um dies Letztere zu erreichen, fügen wir noch einen Normierungsfaktor $h\,(N_1, N_2)$ hinzu und setzen

$$g\,(N_1, N_2, X_{12}) = h\,(N_1, N_2)\,\frac{\left[\frac{z}{2}\,(N_1 + N_2)\right]!}{\left[\frac{z}{2}\,(N_1 - X_{12})\right]!\left[\frac{z}{2}\,X_{12}\right]!\left[\frac{z}{2}\,X_{12}\right]!\left[\frac{z}{2}\,(N_2 - X_{12})\right]!} \tag{XX 64}$$

Der Faktor $h\,(N_1, N_2)$ läßt sich in folgender Weise berechnen. Wir ersetzen die Summe (XX 63) näherungsweise durch ihren maximalen Term $g\,(N_1, N_2, X_{12}^*)$. Dann haben wir

$$g\,(N_1, N_2, X_{12}^*) \approx \frac{(N_1 + N_2)!}{N_1!\,N_2!}\,. \tag{XX 65}$$

Andererseits ist nach (XX 64)

$$g\,(N_1, N_2, X_{12}^*) = h\,(N_1, N_2)\,\frac{\left[\frac{z}{2}\,(N_1 + N_2)\right]!}{\left[\frac{z}{2}\,(N_1 - X_{12}^*)\right]!\left[\frac{z}{2}\,X_{12}^*\right]!\left[\frac{z}{2}\,X_{12}^*\right]!\left[\frac{z}{2}\,(N_2 - X_{12}^*)\right]!}\,. \tag{XX 66}$$

Dividieren wir (XX 64) durch (XX 66) und berücksichtigen (XX 65) so erhalten wir

$$g\,(N_1, N_2, X_{12}) = \frac{(N_1 + N_2)!}{N_1!\,N_2!}\,\frac{\left[\frac{z}{2}\,(N_1 - X_{12}^*)\right]!\left[\frac{z}{2}\,X_{12}^*\right]!\left[\frac{z}{2}\,X^*\right]!\left[\frac{z}{2}\,(N_2 - X_{12}^*)\right]!}{\left[\frac{z}{2}\,(N_1 - X_{12})\right]!\left[\frac{z}{2}\,X_{12}\right]!\left[\frac{z}{2}\,X_{12}\right]!\left[\frac{z}{2}\,(N_2 - X_{12})\right]!}\,. \tag{XX 67}$$

Für die Größe X_{12}^* erhalten wir durch Differentiation von (XX 64) nach X_{12} und Nullsetzen des Differentialquotienten

$$X_{12}^{*2} = (N_1 - X_{12}^*)\,(N_2 - X_{12}^*) \tag{XX 68}$$

oder

$$X_{12}^* = \frac{N_1\,N_2}{N_1 + N_2}\,. \tag{XX 69}$$

Dieser Wert entspricht einer völlig ungeordneten Verteilung der 1- und 2-Moleküle. Der Normierungsfaktor $h\,(N_1, N_2)$ bewirkt, daß $g\,(N_1, N_2, X_{12})$ für diesen Fall, d. h. also für $X_{12} = X_{12}^*$ praktisch den korrekten Wert hat.

Um die thermodynamischen Funktionen zu berechnen, ersetzen wir auch in Gl. (XX 61) die Summe durch den maximalen Term. Den entsprechenden Wert von X_{12} bezeichnen wir mit $\bar{X}_{12}$. Wir haben dann

$$\frac{Q_c}{N_1!\,N_2!} = e^{-\frac{W_0'}{kT}}\,g\,(N_1, N_2, \bar{X}_{12})\,e^{-\frac{z\,\bar{X}_{12}\,w'}{kT}}\,, \tag{XX 70}$$

wo $\bar{X}_{12}$ bestimmt ist durch

$$\frac{\partial \ln Q_c}{\partial X_{12}} = 0\,. \tag{XX 71}$$

Setzen wir (XX 67) in (XX 70) ein, so erhalten wir mit (XX 71)

$$\frac{z}{2}\ln\,(N_1 - \bar{X}_{12}) - z\ln \bar{X}_{12} + \frac{z}{2}\ln\,(N_2 - \bar{X}_{12}) - \frac{z\,w'}{kT} = 0 \tag{XX 72}$$

oder

$$(N_1 - \bar{X}_{12})\,(N_2 - \bar{X}_{12}) = \bar{X}_{12}^2\,e^{\frac{2\,w'}{kT}}\,. \tag{XX 73}$$

Dies ist die quasi-chemische Gleichung der streng regulären Lösung.

Um einen expliziten Ausdruck für die freie Energie abzuleiten, berechnen wir hier zunächst die chemischen Potentiale, indem wir die aus (XX 70) folgende Gleichung

$$F = - kT\left[\ln g\,(N_1, N_2, \bar{X}_{12}) - \frac{z\,\bar{X}\,w'}{kT} - \frac{z}{2}\,\frac{w_{11}\,N_1 + w_{22}\,N_2}{kT} - \right.$$
$$\left. - N_1 \ln v_{f1}\, f_1(T) - N_2 \ln v_{f2}\, f_2(T)\right] \qquad \text{(XX 74)}$$

nach N_1 und N_2 differenzieren. Dabei haben wir zu beachten, daß $\bar{X}_{12}$ eine Funktion von N_1 und N_2 ist und nach Gl. (XX 71) alle Terme, die über $\bar{X}_{12}$ von N_1 und N_2 abhängen, bei der Differentiation verschwinden. Ferner folgt aus der Definition von X_{12}^*, daß $\partial \ln g/\partial X_{12}^* = 0$ ist und somit alle Terme, die über X_{12}^* von N_1 und N_2 abhängen, ebenfalls bei der Differentiation herausfallen. Es ergibt sich dann

$$\Delta \mu_1 = kT\left(\ln \frac{N_1}{N_1 + N_2} + \frac{z}{2} \ln \frac{N_1 - \bar{X}_{12}}{N_1 - X_{12}^*}\right) \qquad \text{(XX 75)}$$

$$\Delta \mu_2 = kT\left(\ln \frac{N_2}{N_1 + N_2} + \frac{z}{2} \ln \frac{N_2 - \bar{X}_{12}}{N_2 - X_{12}^*}\right), \qquad \text{(XX 76)}$$

wo X_{12}^* durch Gl. (XX 69) gegeben und $\bar{X}_{12}$ die Wurzel der quasi-chemischen Gl. (XX 73) ist, für die explizit

$$\bar{X}_{12} = \frac{N_1 N_2}{N_1 + N_2}\,\frac{2}{\beta + 1} \qquad \text{(XX 77)}$$

gilt mit

$$\beta = \left[1 + \frac{4\,N_1 N_2}{(N_1 + N_2)^2}\left(e^{\frac{2w'}{kT}} - 1\right)\right]^{1/2}. \qquad \text{(XX 78)}$$

Aus Gl. (XX 75) und (XX 76) können wir sofort die freie Energie der Mischung konstruieren. Es ergibt sich

$$\Delta G = kT\left[N_1 \ln \frac{N_1}{N_1 + N_2} + N_2 \ln \frac{N_2}{N_1 + N_2} + \frac{z}{2}\,N_1 \ln \frac{N_1 - \bar{X}_{12}}{N_1 - X_{12}^*} + \right.$$
$$\left. + \frac{z}{2}\,N_2 \ln \frac{N_2 - \bar{X}_{12}}{N_2 - X_{12}^*}\right]. \qquad \text{(XX 79)}$$

Die Gleichungen für die Entmischung lassen sich am einfachsten mit Hilfe der Aktivitäten bzw. relativen Dampfdrucke ableiten. Mit Benutzung von (XX 69) und (XX 77) ergibt sich zunächst aus (XX 75) und (XX 76)

$$\frac{p_1}{p_{01}} = (1 - x_2)\left[\frac{\beta + 1 - 2\,x_2}{(1 - x_2)\,(\beta + 1)}\right]^{\frac{z}{2}} \qquad \text{(XX 80)}$$

$$\frac{p_2}{p_{02}} = x_2\left[\frac{\beta - 1 + 2\,x_2}{x_2(\beta + 1)}\right]^{\frac{z}{2}}. \qquad \text{(XX 81)}^1$$

Bezeichnen wir die koexistierenden Phasen mit $'$ und $''$, so fordert die Gleichgewichtsbedingung

$$p_1' = p_1'', \quad p_2' = p_2''. \qquad \text{(XX 82)}$$

---

1 Man bemerkt, daß an der Stelle $x_2 = x_1 = 0{,}5$ das Dampfdruckverhältnis p_1/p_2 den gleichen Wert hat wie für die ideale Lösung. [JOST, W.: Z. Naturforsch. 1, 576 (1946).] Unter gewissen Bedingungen zeigt das Dampfdruckgleichgewicht der streng regulären Lösung einen azeotropen Punkt. [MÜNSTER, A.: Z. physik. Chem 195, 67 (1950).]

Nun lassen sich aber die beiden Dampfdruckkurven durch Spiegelung an der Geraden $x_2 = 0{,}5$ ineinander überführen (Abb. 161), d. h. es ist

$$\frac{p_1'}{p_{01}} = \frac{p_2''}{p_{02}} \, . \tag{XX 83}$$

Kombinieren wir dies mit (XX 82), so erhalten wir die Gleichgewichtsbedingung in der einfachen Form

$$\frac{p_1}{p_{01}} = \frac{p_2}{p_{02}} \, . \tag{XX 84}$$

Die zweite Phase tritt hier nicht mehr auf; es wird lediglich Gleichheit der relativen Dampfdrucke beider Komponenten gefordert. Diese Formulierung ist naturgemäß an die Symmetrie des Modells gebunden. Setzen wir in (XX 84) die Gl. (XX 80) und (XX 81) ein, so erhalten wir

$$\frac{\beta - 1 + 2\,x_2}{\beta + 1 - 2\,x_2} = r^{\frac{z-2}{z}} \, , \tag{XX 85}$$

wo

$$r = \frac{x_2}{1 - x_2} \tag{XX 86}$$

das Verhältnis der Molenbrücke in der Gleichgewichtsphase ist. Mit der Abkürzung

$$\gamma = r^{\frac{z-2}{z}} \tag{XX 87}$$

können wir die Gl. (XX 85) schreiben

$$\frac{\beta - 1 + 2\,x_2}{\beta + 1 - 2\,x_2} = \gamma \tag{XX 88}$$

und erhalten dann

$$\frac{\beta}{1 - 2\,x_2} = \frac{1 + \gamma}{1 - \gamma} \, . \tag{XX 89}$$

Daraus folgt

$$\begin{aligned}
\frac{\beta - 1 + 2\,x_2}{1 - 2\,x_2} &= \frac{2\,\gamma}{1 - \gamma} \, , \\[2mm]
\frac{\beta + 1 - 2\,x_2}{1 - 2\,x_2} &= \frac{2}{1 - \gamma} \, .
\end{aligned} \tag{XX 90}$$

Durch Multiplikation dieser beiden Gleichungen ergibt sich

$$\beta^2 - (1 - 2\,x_2)^2 = \frac{4\,\gamma\,(1 - 2\,x_2)^2}{(1 - \gamma)^2} \, . \tag{XX 91}$$

Mit Benutzung von (XX 78) wird daraus

$$e^{\frac{w'}{kT}} = \left[\frac{\gamma}{x_2(1 - x_2)} \right]^{1/2} \frac{1 - 2\,x_2}{1 - \gamma} \, . \tag{XX 92}$$

Mit Hilfe von (XX 86) und (XX 87) erhalten wir schließlich

$$e^{\frac{w'}{kT}} = \frac{1 - r}{r^{\frac{1}{z}} - r^{\frac{z-1}{z}}} \, . \tag{XX 93}$$

Dies ist die zuerst von McGlashan[1] abgeleitete Gleichung der Entmischungskurve für die streng reguläre Lösung in der quasi-chemischen Näherung. Der kritische Punkt der Entmischungskurve muß aus Symmetriegründen bei $x_{2k} = 0{,}5$ liegen;

---

[1] Guggenheim, E. A.: Mixtures. Oxford 1952.

es ist also $r_k = 1$. Da für diesen Wert die rechte Seite von (XX 93) unbestimmt wird, setzen wir $r = 1 + \delta$, entwickeln nach Potenzen von δ und lassen $\delta \to 0$ gehen. Dann ergibt sich als Gleichung für die kritische Temperatur der Entmischung T_k

$$e^{\frac{w'}{kT_k}} = \frac{z}{z-2} \, . \qquad\qquad (XX\ 94)$$

Man sieht daraus sofort, daß Entmischung nur für $w' > 0$ möglich ist. Der Verlauf der Entmischungskurve ist für $z = 8$ in Abb. 162 dargestellt. Zum Vergleich ist auch eine nach der FUCHSSchen

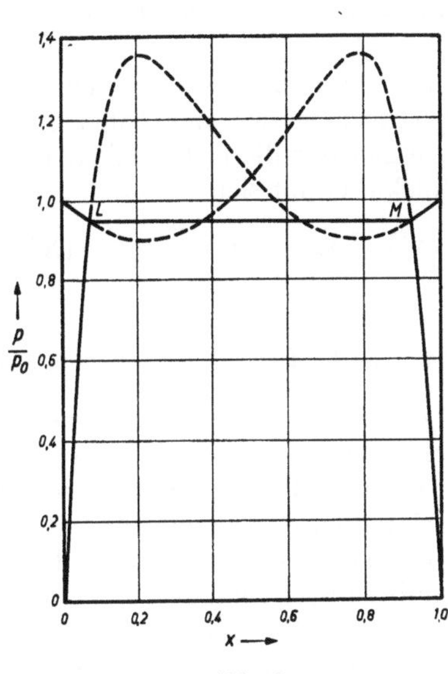

Abb. 161

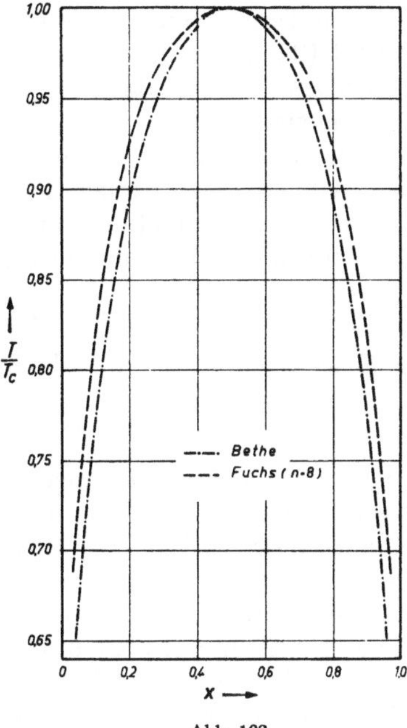

Abb. 162

Abb. 161. Partialdruckkurven der regulären Lösung für den Fall einer Mischungslücke. Die Punkte L und M bezeichnen zwei koexistierende Phasen. Die gestrichelten Kurven entsprechen instabilen Zuständen [entnommen aus: E. A. GUGGENHEIM: Mixtures, S. 34 (Abb. 43). Oxford 1952]

Abb. 162. Entmischungskurve der streng regulären Lösung für $z = 8$ nach der quasi-chemischen Näherung und nach der FUCHSSchen Theorie (mit $n = 8$)

Theorie (§ 18.3) berechnete Kurve eingezeichnet. Man bemerkt, daß die letztere in der Umgebung des kritischen Punktes wesentlich flacher verläuft.

Die aus der quasi-chemischen Näherung entwickelte Theorie der Entmischung ist, wie man aus Abb. 161 sieht, durch Isothermen vom VAN DER WAALSSchen Typ charakterisiert. Auf die Problematik dieser Art der Beschreibung haben wir verschiedentlich hingewiesen. Darüber hinaus zeigt die allgemeine Diskussion in § 17.5, daß die Methode für die Lage des kritischen Punktes (d. h. für die kritische Temperatur T_k) nur eine sehr schlechte Näherung und für die Charakteristik des kritischen Punktes ein falsches Ergebnis liefert. Für das Problem der Entmischung kann die hier entwickelte Theorie daher nur zur qualitativen Orientierung dienen. Im homogenen Gebiet liegen dagegen die Verhältnisse wesentlich günstiger.

Die oben abgeleiteten Ausdrücke für die thermodynamischen Funktionen sind wegen der komplizierten Struktur der darin auftretenden Größen weder zur Diskussion noch zur praktischen Anwendung geeignet. Es ist daher zweckmäßig, zunächst die Gl. (XX 79) in eine Reihe zu entwickeln[1, 2]. Um die Molenbrüche als unabhängige Variable benutzen zu können, schreiben wir die Gleichung für die freie Energie der Mischung pro Molekül an. Ferner benutzen wir, wie in § 18.3, den durch Gl. (XX 38) bzw. (XX 41) definierten Energieparameter w und setzen zur Abkürzung $\xi = \dfrac{w}{kT}$. Dann ergibt sich

$$\frac{\Delta G_m}{kT} = x_1 \ln x_1 + x_2 \ln x_2 - \frac{z}{2}\,\xi\,x_1 x_2 + \frac{z}{2}\,(1 - \xi - e^{-\xi})\,x_1^2 x_2^2 + \\ + z\left(\frac{3}{2} - \xi - 2\,e^{-\xi} + \frac{1}{2}\,e^{-2\xi}\right) x_1^3 x_2^3 + \cdots . \tag{XX 95}$$

Die höheren Terme werden, wie der Vergleich mit der FUCHsschen Entwicklung Gl. (XVIII 122) zeigt, in der quasi-chemischen Näherung nicht mehr korrekt wiedergegeben. Sie sind daher weggelassen, während die angeschriebenen Glieder exakt gültig sind.

Aus Gl. (XX 95) kann man nun leicht die übrigen thermodynamischen Funktionen gewinnen. Der Einfachheit halber beschränken wir uns dabei auf die Zusatzterme (excess functions) und berücksichtigen nur die ersten Glieder. Für den Zusatzterm der Mischungsentropie pro Molekül ergibt sich

$$\frac{\Delta S_m^E}{k} = - \frac{z}{2}\,[1 - (1 + \xi)\,e^{-\xi}]\,x_1^2 x_2^2 - \cdots \tag{XX 96}$$

für die Mischungswärme pro Molekül

$$\Delta H_m = - \frac{z}{2}\,w\,x_1 x_2 - \frac{z}{2}\,w\left(1 - e^{-\frac{w}{kT}}\right) x_1^2 x_2^2 . \tag{XX 97}$$

Man sieht aus diesen Gleichungen, daß der Zusatzterm der Mischungsentropie verschwindet, wenn $w \ll kT$ ist und somit gegen Eins vernachlässigt werden kann, obwohl auch dann noch $\Delta H_m \neq 0$ ist. Dies ist der von HILDEBRAND[3] als reguläre Lösung bezeichnete Fall, bei dem ideale Mischungsentropie und eine von Null verschiedene Mischungswärme vorliegt. In der statistischen Theorie der kooperativen Erscheinungen entspricht dies der nullten oder BRAGG-WILLIAMSschen Näherung, welche die Annahme einer ungeordneten Verteilung der Moleküle einschließt. In der Lösung der quasi-chemischen Gleichung hat man dann, wie der Vergleich von (XX 69) und (XX 77) zeigt, $\beta = 1$ zu setzen. Um die übrigen Formeln in der nullten Näherung zu erhalten, muß man entweder mit diesem Wert die Rechnung ab ovo durchführen oder in den Gleichungen der quasi-chemischen Näherung den Grenzübergang $z \to \infty$ machen, wie wir bereits in § 16.6 gezeigt haben.

Für die partiellen molaren Größen (pro Molekül) erhält man aus den obigen Gl.

$$\frac{\Delta \mu_1^E}{kT} = - \frac{z}{2}\,(1 - e^{-\xi})\,x_2^2 , \tag{XX 98}$$

$$\frac{\Delta \mu_2^E}{kT} = - \frac{z}{2}\,\xi + z\,(1 - e^{-\xi})\,x_2 , \tag{XX 99}$$

$$\frac{\Delta s_1^E}{k} = \frac{z}{2}\,[1 - (1 + \xi)\,e^{-\xi}]\,x_2^2 , \tag{XX 100}$$

$$\frac{\Delta s_2^E}{k} = - z\,[1 - (1 + \xi)\,e^{-\xi}]\,x_2 , \tag{XX 101}$$

$$\Delta h_1 = - \frac{z}{2}\,w\,e^{-\frac{w}{kT}}\,x_2^2 , \tag{XX 102}$$

$$\Delta h_2 = - \frac{z}{2}\,w + z\,w\,e^{-\frac{w}{kT}}\,x_2 . \tag{XX 103}$$

---

[1] FUCHS, K.: Proc. Roy. Soc. (London) A **179**, 340 (1942).
[2] GUGGENHEIM, E. A.: Mixtures. Oxford 1952.
[3] HILDEBRAND, J. H.: J. Amer. Chem. Soc. **51**, 66 (1929).

Die physikalische Bedeutung des Modells der streng regulären Lösung läßt sich am einfachsten aus dem Vergleich mit der idealen Lösung verstehen. In der letzteren haben wir völlig ungeordnete Verteilung der Moleküle. Alle Konfigurationen kommen gleich häufig vor. Da aber Konfigurationen, die durch Vertauschung gleicher Moleküle auseinander hervorgehen, physikalisch nicht unterscheidbar sind, kommen tatsächlich fast nur Konfigurationen vor, bei denen die beiden Molekülarten gleichmäßig über das zur Verfügung stehende Volumen verteilt sind. Unter diesen Bedingungen ist die mittlere Zahl der $1 - 2$-Paare $z\,\bar{X}_{12}$ durch Gl. (XX 69) gegeben. Im Falle der streng regulären Lösung sind nicht mehr alle Konfigurationen gleich wahrscheinlich. Wenn $w > 0$ ist, sind Konfigurationen begünstigt, bei denen die Zahl der $1 - 2$-Paare größer ist als nach Gl. (XX 69). Jedes gelöste Molekül hat also das Bestreben, sich mit einer Hülle von Lösungsmittel-Molekülen zu umgeben. Man spricht dann häufig von Solvatation. Wenn dagegen $w < 0$ ist, liegen die Verhältnisse umgekehrt. Die mittlere Zahl der $1 - 2$-Paare wird gegenüber dem Wert der Gl. (XX 69) verkleinert. Das heißt mit anderen Worten, daß die gelösten Moleküle sich zu kleineren oder größeren Gruppen zusammenlagern. Diese Erscheinung wird als Assoziation bezeichnet. Durch Messung der Licht-Absorption lassen sich Solvatation und Assoziation häufig direkt nachweisen[1-3]. Die physikalische Bedeutung des Modells der streng regulären Lösung besteht also darin, daß es die Einflüsse der Solvatation oder Assoziation gewissermaßen rein herauspräpariert.

Für den Vergleich der Theorie mit der Erfahrung kommen im wesentlichen die binären Gemische organischer Flüssigkeiten in Betracht, über die ein umfangreiches experimentelles Material vorliegt[4]. Man kann sofort sagen, daß das Modell eine Reihe von typischen Eigenschaften solcher Lösungen (positive oder negative Mischungswärme, Entmischung bei positiver Mischungswärme, unter gewissen Bedingungen azeotroper Punkt in der Verdampfungskurve) zum mindesten qualitativ wiedergibt. Auch der in bezug auf die Komponenten symmetrische Verlauf von ΔG_m stimmt häufig wenigstens annähernd mit der Erfahrung überein. Schließlich ist noch ein spezieller Punkt bemerkenswert. Aus Gl. (XX 99) folgt für den (auf die reine Komponente 2 normierten) Aktivitätskoeffizienten des gelösten Stoffes

$$\ln f_2 = - \frac{z}{2}\, \xi + z\,(1 - e^{-\xi})\, x_2 \qquad \text{(XX 104)}$$

und daraus

$$\lim_{x_2 \to 0} \frac{\partial \ln f_2}{\partial x_2} = z(1 - e^{-\xi})\,. \qquad \text{(XX 105)}$$

EBERT u. M.[5] haben aus ihren Messungen geschlossen, daß bei den Systemen Anilin (1)—Hexan (2) und Anilin (1)—Cyclohexan (2) die $\ln f_2 - x_2$-Kurve mit horizontaler Tangente in die Ordinate mündet, was der Gl. (XX 105) widersprechen würde. Kürzlich hat jedoch RÖCK[6] sehr sorgfältige Messungen bis zu extrem niedrigen Konzentrationen an den Systemen Cyclohexan (1)—Anilin (2), n-Heptan (1)—Anilin (2), Methylcyclohexan (1)—Anilin (2) durchgeführt[7] und gezeigt, daß in allen drei Fällen die fragliche Grenzneigung endlich ist. Darüber hinaus bieten auch die in der Literatur vorliegenden Daten nach RÖCK[6] keinen

[1] SCHEIBE, G., u. D. BRÜCK: Z. Elektrochem. **54**, 403 (1950).

[2] MECKE, R.: Z. Elektrochem. **52**, 269 (1948); **53**, 241 (1949).

[3] PRIGOGINE, J.: Mém. Acad. belg. **20**, Gase 2 (1943).

[4] Vergl. die am Schluß von § 20.1 zitierte Literatur.

[5] EBERT, L., H. TSCHAMLER u. F. KOHLER: Mh. Chem. **82**, 63, 913 (1951).

[6] RÖCK, H.: Dissertation. Göttingen 1955.

[7] Der Übergang auf die kohlenwasserstoffreiche Seite des Diagramms (an Stelle der von EBERT u. Mitarb. gemessenen anilinreichen Seite) erfolgte aus meßtechnischen Gründen.

Anhaltspunkt für die Annahme einer horizontalen Grenztangente. Es scheint daher auch in dieser Hinsicht Übereinstimmung zwischen Theorie und Erfahrung zu bestehen.

Ein völlig andersartiges Bild ergibt sich jedoch, wenn man die Mischungsentropie betrachtet. Die Theorie der streng regulären Lösung macht darüber einige Aussagen, die allgemein, d. h. unabhängig vom Vorzeichen der Mischungswärme gelten. Für den Zusatzterm der totalen Mischungsentropie haben wir über den gesamten Konzentrationsbereich

$$\Delta S_m^E < 0 \,. \tag{XX 106}$$

Dies folgt bereits aus der Tatsache, daß sowohl Assoziation wie Solvatation gegenüber der idealen Lösung eine zusätzliche Ordnung bedeuten. Man kann es aber auch direkt an der Entwicklung (XX 96) verifizieren. Für die beiden partiellen Mischungsentropien ergibt sich im Gebiet der verdünnten Lösung von 2 in 1 aus Gl. (XX 100) und (XX 101)

$$\Delta s_1^E > 0 \,, \quad \Delta s_2^E < 0 \,. \tag{XX 107}$$

Tabelle 57. *Thermodynamische Eigenschaften binärer flüssiger Gemische*

	Reguläre Lösung	Streng reguläre Lösung	Benzol-Cyclohexan	Chloroform Aceton
ΔS_m^E....	0	negativ	positiv	negativ
ΔH_m....	positiv od. negativ, symmetrisch	positiv od. negativ, symmetrisch	positiv, symmetrisch	negativ, unsymmetrisch
$\lim\limits_{x_2 \to 0} \Delta s_2^E$	0	0	positiv	negativ
Δs_1^E....	0	positiv	positiv	negativ

	n-Heptan-Äthylalkohol	Chloroform-Schwefelkohlenstoff	Benzol-Tetrachlorkohlenstoff
ΔS_m^E....	negativ	positiv	positiv
ΔH_m....	positiv, symmetrisch	positiv, symmetrisch	positiv, symmetrisch
$\lim\limits_{x_2 \to 0} \Delta s_2^E$	negativ	positiv	positiv
Δs_1^E	negativ	negativ	teils positiv, teils negativ

	Benzol-Schwefelkohlenstoff	Wasser-Methylalkohol	Wasser-Äthylalkohol
ΔS_m^E....	positiv	negativ	—
ΔH_m	positiv	negativ, unsymmetrisch	negativ
$\lim\limits_{x_2 \to 0} \Delta s_2^E$	positiv	negativ	negativ
Δs_1^E....	teils negativ, teils positiv	negativ	—

	Cyclohexan-Tetrachlorkohlenstoff	Benzol-Methylalkohol	Cyclohexan-Methylalkohol
ΔS_m^E....	positiv	teils positiv, teils negativ	teils positiv, teils negativ
ΔH_m....	positiv	positiv	positiv
$\lim\limits_{x_2 \to 0} \Delta s_2^E$	positiv	positiv	positiv
Δs_1^E	—	—	—

Entnommen aus: A. Münster: Z. physik. Chem. **195**, 67 (1950).

Schließlich folgt noch aus (XX 101)

$$\lim_{x_2 \to 0} \Delta s_2^E = 0 \, . \qquad\qquad (XX\ 108)^1$$

Ein Blick auf das experimentelle Material zeigt nun, daß nicht nur die einzelnen Zusatzentropien von den obigen verschiedene Vorzeichen haben können, sondern daß darüber hinaus gerade die Vorzeichenkombination (XX 106) und (XX 107)

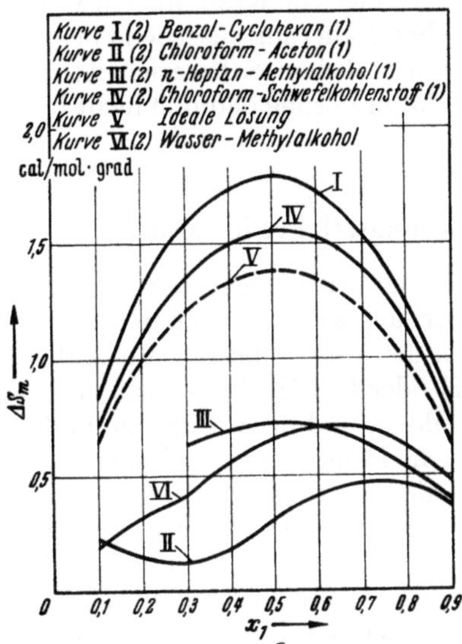

Abb. 163. Mischungsentropie binärer flüssiger Gemische [entnommen aus: H. A. STUART: Die Physik der Hochpolymeren Bd. II, S. 104. Berlin 1953]

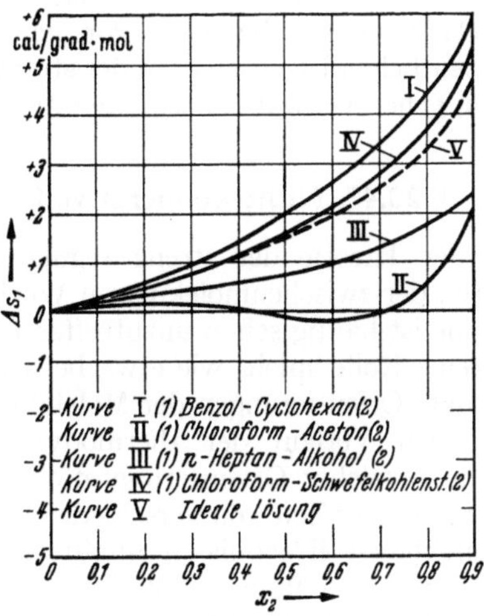

Abb. 164. Verdünnungsentropie binärer flüssiger Gemische [entnommen aus: H. A. STUART: Die Physik der Hochpolymeren, Bd. II, S. 104. Berlin 1953]

überhaupt nicht angetroffen wird. Auch die Gl. (XX 108) ist durchweg bei realen Gemischen nicht erfüllt. Tab. 57 veranschaulicht dies an einigen aus der Literatur entnommenen Beispielen. In Abb. 163 und 164 sind die Funktionen ΔS_m und Δs_1 für einige binäre Gemische (mit Einschluß der idealen Lösung) dargestellt.

Wir sehen somit, daß das Modell der streng regulären Lösung bei genauerer Prüfung anhand der Mischungsentropie völlig versagt. Es ist kaum anzunehmen, daß ein so vollständiges Versagen auf das Gittermodell als solches zurückzuführen ist, denn dann müßte dieses Modell geradezu absurd sein. Man kommt daher zu dem Schluß[2], daß die wesentliche Ursache der Diskrepanzen in der speziellen Definition des Modells der streng regulären Lösung liegt und daß vor allem zwei hier vernachlässigte Effekte berücksichtigt werden müssen: Die Unterschiede der Molekülgrößen beider Komponenten und die gegenseitige Orientierung der Moleküle. Das erste Problem behandeln wir in Kap. XXII bei den makromolekularen Lösungen, wo es eine ausschlaggebende Rolle spielt. Das Problem der Orientierungseffekte bildet den Gegenstand der folgenden Paragraphen.

Von der in diesem Paragraphen besprochenen quasi-chemischen Näherung kann man im Prinzip zu höheren Näherungen fortschreiten, indem man an die

---

[1] Diese Größe hängt mit dem HENRYschen Koeffizienten k^* zusammen durch die Gleichung

$$k^* = p_{02} \exp\left[\lim_{x_2 \to 0} \Delta h_2 - T \lim_{x_2 \to 0} \Delta s_2^E \right] \, .$$

[2] MÜNSTER, A.: Z. physik. Chem. 195, 67 (1950).

Stelle der Unabhängigkeit von Paaren die Unabhängigkeit von größeren Gruppen setzt. Für Dreiecke und Tetraeder sind solche Rechnungen nach einer der hier beschriebenen analogen Methode von GUGGENHEIM und McGLASHAN[1] durchgeführt worden. Die Ergebnisse weichen nur geringfügig von den nach der quasi-chemischen Methode erhaltenen ab. Die Methode konvergiert danach so langsam, daß eine Annäherung an die exakten Resultate auf diesem Wege aussichtslos erscheint.

Etwas günstigere Ergebnisse erhält man nach einer von KIKUCHI[2] entwickelten Näherung, die BARKER[3] von der quasi-chemischen Näherung ausgehend begründet hat. Da indessen, abgesehen von gewissen zusätzlichen Schwierigkeiten, auch die wesentlichen Eigenschaften der streng regulären Lösung dadurch nicht berührt werden, gehen wir auf Einzelheiten nicht ein.

§ 20.4*. Nicht-kooperative Orientierungseffekte in Lösungen

In der Theorie der streng regulären Lösung wird angenommen, daß das Potential der zwischenmolekularen Wechselwirkung kugelsymmetrisch ist. Diese Annahme ist häufig schon unzutreffend, wenn die Anisotropie der Molekülgestalt noch keine Rolle spielt, wie etwa bei CH_3OH oder CCl_3H. Es werden sich dann bevorzugte Orientierungen der Moleküle ausbilden, und diese Tatsache muß notwendig den Verlauf der thermodynamischen Funktionen beeinflussen. Die Bedeutung solcher Orientierungseffekte für die Thermodynamik der Lösungen wurde in neuerer Zeit von verschiedenen Autoren[4-6] im Zusammenhang mit ihren experimentellen Ergebnissen qualitativ diskutiert. Eine quantitative Theorie wurde zum ersten Male von MÜNSTER[7, 8] entwickelt, der zeigen konnte, daß sich auf diese Weise die grundsätzlichen Schwierigkeiten der Theorie der streng regulären Lösung in der Tat beseitigen lassen.

Die in Lösungen auftretenden Orientierungseffekte sind eng mit der Molekülstruktur verknüpft und bieten daher ein außerordentlich mannigfaltiges Bild. Im allgemeinen handelt es sich um komplizierte kooperative Erscheinungen. In einzelnen Fällen kann jedoch der kooperative Charakter vernachlässigt werden, was naturgemäß die Behandlung wesentlich vereinfacht. Wir beschränken uns in diesem Paragraphen auf nicht-kooperative Probleme und entwickeln die Theorie einer verdünnten Lösung, in welcher die Moleküle des Lösungsmittels durch die gelösten Moleküle orientiert werden (1 — 2-Kopplung)[9].

Im Anschluß an die Originalarbeit[9] verwenden wir dabei eine bisher noch nicht benutzte statistische Methode[10, 11]. Zum besseren Verständnis der folgenden Ableitung erläutern wir dieselbe zunächst kurz am Beispiel der streng regulären Lösung[11]. Wir gehen aus von dem Ausdruck (XX 39) für die Konfigurations-Energie und schreiben die Verteilungsfunktion der Standard-Konfigurationen

$$Q_c = e^{-\frac{W_0}{kT}} (\Omega + \Psi) \tag{XX 109}$$

[1] GUGGENHEIM, E. A., u. M. L. McGLASHAN: Proc. Roy. Soc. (London) A **206**, 335 (1951).
[2] KIKUCHI, R.: Physic. Rev. **81**, 988 (1951).
[3] BARKER, J. A.: Proc. Roy. Soc. (London) A **216**, 45 (1953).
[4] SCATCHARD, G., S. E. WOOD u. J. M. MOCHEL: J. Physic. Chem. **43**, 119 (1939).
[5] WOOD, S. E.: J. Chem. Phys. **15**, 348 (1947).
[6] GOLLER, H., u. E. WICKE: Angew. Chem. (B) **19**, 117 (1947).
[7] MÜNSTER, A.: Naturwiss. **35**, 343 (1948).
[8] MÜNSTER, A.: Z. Elektrochem. **54**, 443 (1950).
[9] MÜNSTER, A.: Trans. Faraday Soc. **46**, 165 (1950).
[10] MÜNSTER, A.: Z. Naturforsch. **2a**, 284 (1947); **3a**, 158 (1948).
[11] MÜNSTER, A.: Z. physik. Chem. **195**, 67 (1950).

mit

$$\Omega = (N_1 + N_2)! \tag{XX 110}$$

und

$$\Psi = \Sigma \left(e^{-\frac{W_s}{kT}} - 1\right). \tag{XX 111}$$

Dabei ist die Summierung über alle Standard-Konfigurationen zu erstrecken. Dies führen wir in folgender Weise durch. Wir bezeichnen als cluster aus r Molekülen eine Gruppe von r gelösten Molekülen, von denen jedes wenigstens ein anderes der gleichen Gruppe als nächsten Nachbarn hat. Die Zahl der Möglichkeiten, um ein festgehaltenes Molekül $r - 1$ Moleküle in der angegebenen Weise anzuordnen, nennen wir die Zahl der Konfigurationen des clusters und bezeichnen sie mit v_r. Die auf W_0 bezogene Energie eines clusters aus r Molekülen sei W_r; sie hängt von der Konfiguration des clusters ab. Die Zahl der cluster aus r Molekülen bei einer gegebenen Standard-Konfiguration bezeichnen wir mit l_r. Es gelten dann die Beziehungen

$$\sum_r r\, l_r = N_1 \tag{XX 112}$$

und

$$\sum_r \left(\sum_{i=1}^{l_r} W_{ri}\right) = W_s. \tag{XX 113}$$

Wir nehmen nun an, daß nur ein cluster aus zwei Molekülen neben den gelösten Einzel-Molekülen vorhanden ist. In diesem Teile des Raumes der Standard-Konfigurationen hat Ψ dann die Gestalt

$$\Psi_{12} = g_{12} \sum_{v_2} \left(e^{-\frac{W_2}{kT}} - 1\right), \tag{XX 114}$$

wo die Größe g_{12} das Resultat der Summierung über die in der angegebenen Weise definierten Standard-Konfigurationen darstellt, dessen explizite Gestalt uns hier nicht zu interessieren braucht. Als nächstes lassen wir zu, daß zwei cluster aus je zwei Molekülen auftreten. Der Summand in Gl. (XX 111) lautet dann, wenn wir die Summierung über die Konfigurationen der cluster herausnehmen,

$$\sum_{v_{21}} \sum_{v_{22}} \left(e^{-\frac{W_{21}+W_{22}}{kT}} - 1\right). \tag{XX 115}$$

Die Summierung dieses Ausdruckes über den entsprechenden Teil des Raumes der Standard-Konfigurationen schließt aber auch die Konfigurationen ein, bei denen nur ein cluster aus zwei Molekülen auftritt. Der korrekte Summand lautet daher

$$\sum_{v_{21}} \sum_{v_{22}} \left[\left(e^{-\frac{W_{21}+W_{22}}{kT}} - 1\right) - \left(e^{-\frac{W_{21}}{kT}} - 1\right) - \left(e^{-\frac{W_{22}}{kT}} - 1\right)\right] = \left[\sum_{v_2}\left(e^{-\frac{W_2}{kT}} - 1\right)\right]^2. \tag{XX 116}$$

Auf diese Weise erhält man durch Induktion

$$\Psi = \sum_{l_r} g_{l_r} \prod \Phi_r^{l_r} \tag{XX 117}$$

mit

$$\Phi_1 = 1\,, \quad \Phi_r = \sum_{v_r}\left(e^{-\frac{W_r}{kT}} - 1\right) \quad (r \geqq 2). \tag{XX 118}$$

Die weitere Auswertung dieser Gleichungen braucht uns hier nicht zu beschäftigen, da sie in der folgenden Theorie mit enthalten ist. Die hier skizzierte Methode steht der cluster-Methode nahe, unterscheidet sich aber von dieser dadurch, daß die Zerlegung der Energie W_s nicht bis zu den Paar-Wechselwirkungen, sondern nur bis zu den cluster-Energien W_r durchgeführt wird. Es wird daher kein Gebrauch von den f-Funktionen (§ 18.1) gemacht, und die Funktionen Φ_r sind nicht mit den cluster-Summen identisch. Da die g_{l_r} nur approximiert werden können, hat auch das ganze Verfahren den Charakter einer Näherung. Die Ergebnisse, die damit für die streng reguläre Lösung erhalten werden, sind annähernd äquivalent denen der quasi-chemischen Methode. Für den letzten in Gl. (XX 95) angeschriebenen Term ergeben sich teilweise etwas andere Zahlenfaktoren.

Nach diesem Exkurs wenden wir uns wieder dem Problem der Orientierung zu. Wir legen der Rechnung ein Modell zugrunde, das mit dem der streng regulären Lösung übereinstimmt in den allgemeinen Annahmen des Gittermodells und den speziellen Annahmen 1 und 3 des § 20.3. Die Annahme eines kugelsymmetrischen Wechselwirkungspotentials geben wir auf. Statt dessen nehmen wir an, daß die Moleküle des Lösungsmittels in der reinen Phase p energetisch gleichwertige Orientierungen einnehmen können. In der Lösung soll dagegen für solche Moleküle des Lösungsmittels, die nächste Nachbarn eines gelösten Moleküls sind, eine der p Orientierungen durch eine Energie w_{or} energetisch bevorzugt sein. Dabei setzen wir eine so niedrige Konzentration voraus, daß Konfigurationen, bei denen ein Molekül des Lösungsmittels gleichzeitig mehreren gelösten Molekülen benachbart ist, vernachlässigt werden können. Unter diesen Voraussetzungen hat das Problem den geforderten nichtkooperativen Charakter. Die Orientierungen der einzelnen Moleküle des Lösungsmittels sind unabhängig voneinander und von der Konfiguration der gelösten Moleküle. Lediglich die Zahl der orientierten Moleküle hängt von der Konfiguration der gelösten Moleküle ab; dieser Zusammenhang ist entscheidend für die Modifikation der thermodynamischen Funktionen. Aus den Voraussetzungen ergibt sich weiter, daß die Methode, die wir anwenden, für diesen Zweck hinreichend genau ist.

Für die Energie einer Standard-Konfiguration haben wir jetzt in Verallgemeinerung von Gl. (XX 39) zu schreiben

$$W = W_0 + W_s + W_{or}\,. \tag{XX 119}$$

Hier ist W_0 wieder die durch Gl. (XX 37) definierte Energie des Bezugszustandes, d. h. einer Lösung, die keine $2-2$-Paare und keine orientierten Moleküle enthält. W_s ist die zusätzliche Wechselwirkungsenergie der $2-2$-Paare ohne Orientierung und W_{or} der von der Orientierung der Moleküle des Lösungsmittels herrührende Energiebeitrag. Definieren wir die cluster in der gleichen Weise wie vorher, so haben wir auch hier die Beziehungen

$$\sum_r r\, l_r = N_2 \tag{XX 120}$$

und

$$\sum_r \left(\sum_{i=1}^{l_r} W_{ri} \right) = W_s\,. \tag{XX 121}$$

Ein isoliertes gelöstes Molekül hat z Moleküle des Lösungsmittels als nächste Nachbarn; ein Molekül, das zu einem cluster aus r Molekülen gehört, hat dagegen im Mittel nur $z_r < z$ solche Nachbarn, wobei z_r von der Konfiguration des clusters abhängt. Es gilt daher

$$\sum_r \left(\sum_{i=1}^{l_r} m_{ri}\, r\, w_{or} \right) = W_{or}\,. \tag{XX 122}$$

Hier ist m_{ri} die Zahl der Moleküle des Lösungsmittels, die ein Molekül des i-ten clusters aus r Molekülen im Mittel orientiert hat. Diese Zahl kann alle Werte von Null bis z_{ri} annehmen.

Im reinen Lösungsmittel bewirkt die Existenz von p energetisch gleichwertigen Orientierungen für jedes Molekül lediglich das Auftreten eines Faktors p^{N_1} in der Verteilungsfunktion Q_c. In der Lösung wird bei gegebener Standard-Konfiguration für jedes Lösungsmittelmolekül, das einem gelösten Molekül benachbart ist, der Faktor p durch einen Faktor $\left(e^{-\frac{w_{or}}{kT}} + p - 1\right)$ ersetzt. Im Hinblick auf die Verknüpfung mit den Standard-Konfigurationen ist es zweckmäßig, diese Faktoren für jedes gelöste Molekül zusammenzufassen und eine Funktion

$$\vartheta(z) = \left(e^{-\frac{w_{or}}{kT}} + p - 1\right)^z \tag{XX 123}$$

zu definieren. Die vollständige Verteilungsfunktion der Standard-Konfigurationen und Orientierungen lautet dann

$$Q_c = e^{-\frac{W_0}{kT}} \sum p^{\,N_1 - \sum\limits_r \left(\sum\limits_1^{l_r} z_r\, r\right)} \prod_r \prod_1^{l_r} [\vartheta(z_r)]^r\, e^{-\frac{W_s}{kT}}, \tag{XX 124}$$

wo die Summierung über die Standard-Konfigurationen zu erstrecken ist. Damit ist das Problem auf eine Form gebracht, die ohne weiteres die Anwendung der oben skizzierten Methode ermöglicht. Wir führen eine neue Funktion

$$\Theta = p^{\,z N_2 - \sum\limits_r \left(\sum\limits_1^{l_r} z_r\, r\right)} \prod_r \prod_1^{l_r} [\vartheta(z_r)]^r \tag{XX 125}$$

ein und können dann, in Analogie zu (XX 109), schreiben

$$Q_c = e^{-\frac{W_0}{kT}} (\Omega + \Psi). \tag{XX 126}$$

Hier ist

$$\Omega = (N_1 + N_2)!\, p^{\,N_1 - z N_2} [\vartheta(z)]^{N_2} \tag{XX 127}$$

und

$$\Psi = p^{\,N_1 - z N_2} \sum \left\{ \Theta\, e^{-\frac{W_s}{kT}} - [\vartheta(z)]^{N_2} \right\}, \tag{XX 128}$$

wo die Summierung wieder über die Standard-Konfigurationen zu erstrecken ist. In Analogie zu (XX 118) definieren wir nun

$$\Phi_1 = 1, \quad \Phi_r = \sum_{v_r} \left\{ \left[\frac{p^{(z - z_r)}\, \vartheta(z_r)}{\vartheta(z)} \right]^r e^{-\frac{W_r}{kT}} - 1 \right\}. \qquad (r \geqq 2) \quad \text{(XX 129)}$$

Dann wird, wie oben gezeigt, aus (XX 128)

$$\Psi = [\vartheta(z)]^{N_2} \sum_{l_r} g_{l_r} \prod_r \Phi_r^{l_r}, \tag{XX 130}$$

wobei wir den Faktor $p^{N_1 - z N_2}$ in die g_{l_r} hereingenommen haben. Diese Größen enthalten außerdem noch zwei weitere Faktoren: Die Zahl der Möglichkeiten, N_1 gelöste Moleküle auf die durch den Satz der l_r gegebenen cluster zu verteilen, und die Zahl der Standard-Konfigurationen der Lösung, die zu einem gegebenen Satz der l_r gehören. Für die Berechnung der letzteren vernachlässigen wir die räumliche Ausdehnung der cluster; wir setzen sie also gleich der Zahl der Standard-Konfigurationen einer Lösung, die $N_2 - \sum\limits_r (r - 1) l_r$ gelöste Moleküle enthält.

Wir haben dann

$$g_{l_r} = \frac{N_2!}{\prod l_r!\, \prod (r!)^{l_r}} [N_2 - \sum (r - 1)\, l_r + N_1]!\, p^{\,N_1 - z N_2}. \tag{XX 131}$$

Auf diesen Ausdruck wenden wir die STIRLINGsche Formel an und vernachlässigen unter dem Logarithmus $\Sigma(r-1)l_r$ gegen N_1+N_2. Wir definieren jetzt neue Größen

$$\varkappa_r = \frac{N_2^r\,\Phi_r}{(N_1+N_2)^{r-1}\,r!}\,. \qquad\qquad \text{(XX 132)}$$

Ferner beachten wir, daß für verdünnte Lösungen

$$\frac{N_2!\,e^{\Sigma\,(r-1)\,l_r}}{N_2^{N_2}} \approx e^{-N_2} \qquad\qquad \text{(XX 133)}$$

gesetzt werden kann. Damit erhalten wir schließlich

$$Q_c = e^{-\frac{W_0}{kT}}\,(N_1+N_2)!\,p^{N_1-zN_2}\,[\vartheta(z)]^{N_2}\,e^{-N_2}\sum_{l_r}\prod_r \frac{\varkappa_r^{l_r}}{l_r!}\,, \qquad \text{(XX 134)}$$

wo für die Summierung die Nebenbedingung (XX 120) gilt.

Die Berechnung des letzten Faktors in Gl. (XX 134) mit der Nebenbedingung (XX 120) ist ein Problem, das wir bereits in der Theorie der realen Gase (§ 12.3) ausführlich behandelt haben. Wir deuten deshalb hier nur die wesentlichen Schritte an. Setzen wir

$$F\,(N_2,\varkappa) = \sum_{l_r}\prod_r \frac{\varkappa_r^{l_r}}{l_r!}\,, \qquad\qquad (\Sigma\,r\,l_r = N_2) \quad \text{(XX 135)}$$

so ist $\exp(\Sigma\varkappa_r\,\xi^r)$ die erzeugende Funktion für $F(N_2,\varkappa)$. Mit der Definition

$$\psi_m(\xi,\varkappa) = \Sigma\,r^m\varkappa_r\,\xi^r \qquad\qquad \text{(XX 136)}$$

haben wir also

$$e^{\psi_0\,(\xi,\varkappa)} = \sum_{N_2} F\,(N_2,\varkappa)\,\xi^{N_2}\,. \qquad\qquad \text{(XX 137)}$$

Wir können daher $F(N_2,\varkappa)$ als CAUCHY-Integral ausdrücken, gemäß

$$F\,(N_2,\varkappa) = \frac{1}{2\pi i}\oint \exp\,[\psi_0(\xi,\varkappa)-(N+1)\ln\xi]d\xi \qquad\qquad \text{(XX 138)}$$

und das Integral mit Hilfe der Sattelpunktmethode auswerten. Dazu wählen wir den Integrationsweg als Kreis mit dem Ursprung als Mittelpunkt und schreiben

$$\xi = \zeta\,e^{i\varphi}\,, \quad d\xi = i\,\zeta\,e^{i\varphi}\,d\varphi\,. \qquad\qquad \text{(XX 139)}$$

Dann wird aus (XX 138)

$$F\,(N_2,\varkappa) = \frac{1}{2\pi}\int_{-\pi}^{+\pi} e^{f\,(\zeta,\,e^{i\varphi})}\,d\varphi\,, \qquad\qquad \text{(XX 140)}$$

wobei wir zur Abkürzung

$$f(\zeta,e^{i\varphi}) = \psi_0(\zeta\,e^{i\varphi},\varkappa)-N_1\ln(\zeta\,e^{i\varphi}) \qquad\qquad \text{(XX 141)}$$

gesetzt haben. Den Radius des Integrationsweges ζ bestimmen wir so, daß der Integrand längs der positiven reellen Achse an der Stelle $\xi=\zeta$ ein Minimum, senkrecht dazu auf dem Integrationswege (als Funktion von φ) ein Maximum hat. Wir haben somit

$$\left[\frac{\partial}{\partial\varphi}\,f(\zeta,e^{i\varphi})\right]_{\varphi=0} = i\,[\psi_1(\zeta,\varkappa)-N_2] = 0\,. \qquad\qquad \text{(XX 142)}$$

Daraus folgt als Bestimmungsgleichung für die Sattelpunktkoordinate ζ

$$\psi_1(\zeta,\varkappa) = N_2\,. \qquad\qquad \text{(XX 143)}[1]$$

---

[1] Die andere Bestimmungsgleichung für den Sattelpunkt führt ebenfalls auf Gl. (XX 143). Vgl. § 12.3.

Im Integranden von (XX 140) entwickeln wir den Exponenten an der Stelle $\varphi = 0$ und erhalten dann wegen

$$\left[\frac{\partial^\nu}{\partial \varphi^\nu} f(\zeta, e^{i\varphi}) \right]_{\varphi=0} = i^\nu \, \psi_\nu(\zeta, \varkappa) \qquad (\nu \geq 2) \qquad \text{(XX 144)}$$

mit Benutzung von (XX 142)

$$F(N_2, \varkappa) = \frac{1}{2\pi} \, e^{f(\zeta)} \int\limits_{-\pi}^{+\pi} \exp\left[-\psi_2(\zeta, \varkappa) \frac{\varphi^2}{2} + \Sigma \, i^\nu \, \psi_\nu(\zeta, \varkappa) \frac{\varphi^\nu}{\nu!} \right] d\varphi \, . \qquad \text{(XX 145)}$$

Wir führen nun die Integrationsgrenzen $-\infty$ und $+\infty$ ein und vernachlässigen die höheren Terme im Exponenten. Dann ergibt sich

$$F(N_2, \varkappa) = \frac{e^{\psi_0(\zeta, \varkappa)}}{\zeta^{N_2} [2\pi \, _2\psi(\zeta, \varkappa)]^{1/2}} \, . \qquad \text{(XX 146)}$$

Da wir für die thermodynamischen Funktionen nur den Logarithmus dieses Ausdruckes benötigen, können wir auch die Quadratwurzel im Nenner vernachlässigen. Wir erhalten dann durch Einsetzen in Gl. (XX 134)

$$\ln Q_c = -\frac{W_0}{kT} + \ln(N_1 + N_2)! + (N_1 - zN_2)\ln p + N_2 \ln \vartheta(z) - $$
$$- N_2 + \psi_0(\zeta, \varkappa) - N_2 \ln \zeta \, . \qquad \text{(XX 147)}$$

Wir benötigen nun die expliziten Ausdrücke für die in (XX 147) auftretenden Funktionen. Dabei haben wir wieder zu beachten, daß unsere Rechnung sich nur auf das Gebiet der verdünnten Lösung bezieht. Für ζ erhalten wir aus Gl. (XX 143) durch sukzessive Approximation

$$\zeta = \frac{N_2}{\varkappa_1} - 2 \frac{\varkappa_2}{\varkappa_1} \left(\frac{N_2}{\varkappa_1} \right)^2 . \qquad \text{(XX 148)}$$

Aus Gl. (XX 132) haben wir

$$\varkappa_1 = N_2, \quad \varkappa_2 = \frac{1}{2} \, \Phi_2 \, \frac{N_2^2}{N_1 + N_2} \, . \qquad \text{(XX 149)}$$

Durch Einsetzen in die Definitionsgleichung (XX 136) ergibt sich somit

$$\psi_0(\zeta, \varkappa) = N_2 \left(1 - \frac{1}{2} \, \Phi_2 \, \frac{N_2}{N_1 + N_2} \right) . \qquad \text{(XX 150)}$$

Ferner bekommen wir durch Entwicklung des Logarithmus

$$N_2 \ln \zeta = - N_2 \, \Phi_2 \, \frac{N_2}{N_1 + N_2} \, . \qquad \text{(XX 151)}$$

Aus Gl. (XX 129) folgt

$$\Phi_2 = z \left\{ p^2 \left[e^{-\frac{w_{or}}{kT}} + p - 1 \right]^{-2} e^{-\frac{w}{kT}} - 1 \right\} . \qquad \text{(XX 152)}$$

Setzen wir diesen Ausdruck in Gl. (XX 150) und (XX 151) ein, so erhalten wir

$$\psi_0(\zeta, \varkappa) = N_2 \left\{ 1 - \frac{z}{2} \left[\frac{p^2 \, e^{-\frac{w}{kT}}}{\left(e^{-\frac{w_{or}}{kT}} + p - 1 \right)^2} - 1 \right] \frac{N_2}{N_1 + N_2} \right\} \qquad \text{(XX 153)}$$

und

$$N_2 \ln \zeta = - N_2 z \left[\frac{p^2 e^{-\frac{w}{kT}}}{\left(e^{-\frac{w_{or}}{kT}} + p - 1\right)^2} - 1 \right] \frac{N_2}{N_1 + N_2}. \qquad \text{(XX 154)}$$

Damit wird schließlich aus (XX 147)

$$\ln Q_c = - \frac{W_o}{kT} + \ln(N_1 + N_2)! + (N_1 - z N_2) \ln p +$$

$$+ N_2 \ln \left[e^{-\frac{w_{or}}{kT}} + p - 1 \right]^z \qquad \text{(XX 155)}$$

$$+ \frac{z}{2} \left[\frac{p^2 e^{-\frac{w}{kT}}}{\left(e^{-\frac{w_{or}}{kT}} + p - 1\right)^2} \right] \frac{N_2^2}{N_1 + N_2}.$$

Zur Berechnung der thermodynamischen Funktionen gehen wir aus von der Gleichung

$$F = - kT \left[N_1 \left(\ln \frac{v_{f1} f_1(T)}{N_1} + 1 \right) + N_2 \left(\ln \frac{v_{f2} f_2(T)}{N_2} + 1 \right) + \ln Q_c \right]. \quad \text{(XX 156)}$$

Für die reinen Substanzen setzen wir

$$F_1 = - kT N_1 \left[\ln p v_{f1} f_1(T) - \frac{z}{2} \frac{w_{11}}{kT} \right],$$

$$F_2 = - kT N_2 \left[\ln v_{f2} f_2(T) - \frac{z}{2} \frac{w_{22}}{kT} \right]. \qquad \text{(XX 156a)}$$

Identifizieren wir wieder die freie Energie nach HELMHOLTZ näherungsweise mit der freien Energie nach GIBBS, so erhalten wir mit Benutzung der Gl. (XX 34) und (XX 40) für die freie Energie der Mischung pro Molekül

$$\frac{\Delta G_m}{kT} = x_1 \ln x_1 + x_2 \ln x_2 - z \left[\frac{w}{2kT} + \ln \left(e^{-\frac{w_{or}}{kT}} + p - 1 \right) - \ln p \right] x_2 -$$

$$- \frac{z}{2} \left[\frac{p^2 e^{-\frac{w}{kT}}}{\left(e^{-\frac{w_{or}}{kT}} + p - 1\right)^2} - 1 \right] x_2^2. \qquad \text{(XX 157)}$$

Für die übrigen thermodynamischen Funktionen schreiben wir nur die Zusatzterme an. Es ergibt sich dann für die Mischungsentropie

$$\frac{\Delta S_m^E}{k} = z \left[\ln \left(e^{-\frac{w_{or}}{kT}} + p - 1 \right) - \ln p + \frac{w_{or}}{kT} \frac{e^{-\frac{w_{or}}{kT}}}{e^{-\frac{w_{or}}{kT}} + p - 1} \right] x_2 -$$

$$- \frac{z}{2} \left\{ 1 - \frac{p^2 e^{-\frac{w}{kT}}}{\left(e^{-\frac{w_{or}}{kT}} + p - 1\right)^2} \left[1 + \frac{w}{kT} - \frac{w_{or}}{kT} \frac{2 e^{-\frac{w_{or}}{kT}}}{e^{-\frac{w_{or}}{kT}} + p - 1} \right] \right\} x_2^2. \qquad \text{(XX 158)}$$

Die Mischungswärme ist

$$\Delta H_m = -\frac{z}{2}\left(w - w_{or}\frac{2\,e^{-\frac{w_{or}}{kT}}}{e^{-\frac{w_{or}}{kT}}+p-1}\right)x_2 +$$

$$+\frac{z}{2}\frac{p^2\,e^{-\frac{w}{kT}}}{\left(e^{-\frac{w_{or}}{kT}}+p-1\right)^2}\left(w-w_{or}\frac{2\,e^{-\frac{w_{or}}{kT}}}{e^{-\frac{w_{or}}{kT}}+p-1}\right)x_2^2\,. \tag{XX 159}$$

Für die Zusatzterme der chemischen Potentiale folgt aus Gl. (XX 157)

$$\frac{\Delta\mu_1^E}{kT} = \frac{z}{2}\frac{p^2\,e^{-\frac{w}{kT}}}{\left(e^{-\frac{w_{or}}{kT}}+p-1\right)^2}x_2^2$$

$$\frac{\Delta\mu_2^E}{kT} = -z\left[\frac{w}{2\,kT}+\ln\left(e^{-\frac{w_{or}}{kT}}+p-1\right)-\ln p\right]- \tag{XX 160}$$

$$-z\left[\frac{p^2\,e^{-\frac{w}{kT}}}{\left(e^{-\frac{w_{or}}{kT}}+p-1\right)^2}-1\right]x_2\,.$$

Die partiellen molaren Entropien sind

$$\frac{\Delta s_1^E}{k} = \frac{z}{2}\left\{1-\frac{p^2\,e^{-\frac{w}{kT}}}{\left(e^{-\frac{w_{or}}{kT}}+p-1\right)^2}\times\right.$$

$$\left.\times\left[1+\frac{w}{kT}-\frac{w_{or}}{kT}\frac{2\,e^{-\frac{w_{or}}{kT}}}{e^{-\frac{w_{or}}{kT}}+p-1}\right]\right\}x_2^2 \tag{XX 161}$$

und

$$\frac{\Delta s_2^E}{k} = z\left[\ln\left(e^{-\frac{w_{or}}{kT}}+p-1\right)-\ln p+\frac{w_{or}}{kT}\frac{e^{-\frac{w_{or}}{kT}}}{e^{-\frac{w_{or}}{kT}}+p-1}\right]-$$

$$-z\left\{1-\frac{p^2\,e^{-\frac{w}{kT}}}{\left(e^{-\frac{w_{or}}{kT}}+p-1\right)^2}\left[1+\frac{w}{kT}-\frac{w_{or}}{kT}\frac{2\,e^{-\frac{w_{or}}{kT}}}{e^{-\frac{w_{or}}{kT}}+p-1}\right]\right\}x_2\,. \tag{XX 162}$$

Für die partiellen molaren Wärmeinhalte ergibt sich

$$\Delta h_1 = -\frac{z}{2}\frac{p^2\,e^{-\frac{w}{kT}}}{\left(e^{-\frac{w_{or}}{kT}}+p-1\right)^2}\left[w-w_{or}\frac{2\,e^{-\frac{w_{or}}{kT}}}{e^{-\frac{w_{or}}{kT}}+p-1}\right]x_2^2 \tag{XX 163}$$

und

$$\Delta h_2 = -\frac{z}{2}\left(w - w_{or}\frac{2\,e^{-\frac{w_{or}}{kT}}}{e^{-\frac{w_{or}}{kT}} + p - 1}\right) + $$

$$+ z\frac{p^2\,e^{-\frac{w}{kT}}}{\left(e^{-\frac{w_{or}}{kT}} + p - 1\right)^2}\left[w - w_{or}\frac{2\,e^{-\frac{w_{or}}{kT}}}{e^{-\frac{w_{or}}{kT}} + p - 1}\right]x_2 . \tag{XX 164}$$

Aus Gl. (XX 158) folgt, da w_{or} definitionsgemäß negativ ist, daß der in x_2 lineare Term der Zusatzentropie stets negativ ist. Dagegen ist das quadratische Glied unter Umständen positiv. Die Mischungswärme ist, wenn wir $|w_{or}| > |w|$ voraussetzen, im linearen Glied negativ, im quadratischen positiv. Wir haben dann also für verdünnte Lösungen

$$\Delta S_m^E < 0 , \quad \Delta H_m < 0 . \tag{XX 165}$$

Außerdem sind, wie man leicht sieht, ΔH_m und $T\Delta S_m^E$ von gleicher Größenordnung. Aus Gl. (XX 161) folgt, daß, wenn der quadratische Term der Zusatz-Mischungsentropie positiv ist, der Zusatzterm der Verdünnungsentropie negativ sein muß. Schließlich entnimmt man aus Gl. (XX 162)

$$\lim_{x_2 \to 0} \Delta s_2^E < 0 . \tag{XX 166}$$

Von diesem negativen Grenzwert steigt die Funktion unter den betrachteten Bedingungen in Richtung auf positive Werte. Die Ausführungen in § 20.3 zeigen, daß speziell das Verhalten der partiellen molaren Entropien nach der Theorie der streng regulären Lösung grundsätzlich unmöglich ist.

Zur experimentellen Prüfung der Theorie ist das System Chloroform-Aceton geeignet. Es zeigt zunächst qualitativ die oben erwähnten charakteristischen thermodynamischen Eigenschaften. Wir betrachten Chloroform als Lösungsmittel (Index 1) und können aus dem Wert der TROUTON-HILDEBRAND-Konstanten (21,7)[1] schließen, daß in der reinen Phase eine erhebliche kooperative Orientierung nicht vorliegt. Andererseits haben wir in Lösung eine verhältnismäßig starke lokalisierte Wechselwirkung zwischen der CO-Gruppe des Acetons und dem H-Atom des Chloroforms (Wasserstoffbrücke)[2]. Dieselbe läßt sich experimentell im Absorptionsspektrum (Verschiebung der CO-Bande)[3] und in der magnetischen Suszeptibilität[4] nachweisen. Sie erklärt die negative Mischungswärme des Systems Chloroform-Aceton gegenüber den gewöhnlich positiven Mischungswärmen von Systemen aus Halogeniden und Kohlenwasserstoffen (z. B. Tetrachlorkohlenstoff-Cyclohexan). Das der Theorie zugrunde liegende Modell gibt daher die besonders charakteristischen Züge der molekularen Struktur des Systems Chloroform-Aceton wieder, so daß ein Vergleich der berechneten und experimentell bestimmten thermodynamischen Funktionen sinnvoll erscheint. Dieser Vergleich ist für die Mischungswärme, den Zusatzterm der Mischungsentropie und den Zusatzterm der Verdünnungsentropie in Abb. 165—167 durchgeführt. Für die theoretischen Kurven wurden die folgenden Werte der Parameter benutzt:

$$T = 298° \text{ K}, \quad N_L w_{or} = -1685 \text{ cal/Mol}, \quad N_L w = -1352 \text{ cal/Mol}$$

$$z = 4, \quad p = 8 .$$

[1] HILDEBRAND, J. H.: J. Chem. Phys. 7, 233 (1939).
[2] EUCKEN, A.: Lehrbuch der Chemischen Physik, Bd. 112. Leipzig 1944.
[3] BRIEGLEB, G.: Zwischenmolekulare Kräfte und Molekülstruktur. Stuttgart 1937.
[4] SÉGUIN, M.: C. Kr. Acad. Sci. (Paris) 244, 928 (1947).

Sie können als physikalisch vernünftig betrachtet werden, wenn auch der Wert für w zweifellos zu hoch ist. Die experimentellen Werte sind den Tabellen von KIREJEW[1] entnommen worden.

Im Hinblick auf das ziemlich primitive Modell ist die Übereinstimmung einigermaßen befriedigend. Vor allem gilt dies für die Verdünnungsentropie, die in diesem Falle besonders charakteristisch ist. Für $w_{or} = 0$ gehen die obigen Gleichungen, wie man leicht sieht, in die entsprechenden Formeln für die streng reguläre Lösung über. Diese Kurven sind ebenfalls in den Abb. 165—167 dargestellt. Man sieht daraus nochmals, daß die Berücksichtigung der Orientierungseffekte den Verlauf der thermodynamischen Funktionen in entscheidender Weise beeinflußt und zur Deutung der experimentellen Ergebnisse notwendig ist. Das für die Rechnung benutzte Modell entspricht (von der allgemeinen Problematik des Gittermodells abgesehen) insofern nicht ganz den Verhältnissen im System Chloroform-Aceton, als die gegenseitige Orientierung der

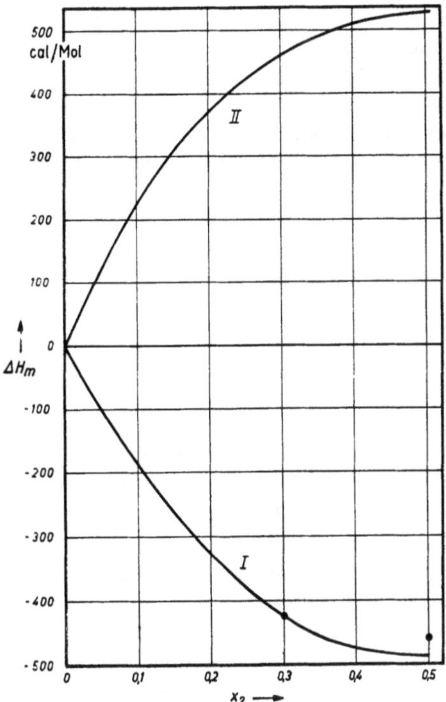

Abb. 165. Mischungsenthalpie. Kurve I: Gl. (XX 159); Kurve II: Streng reguläre Lösung; Punkte: Experimentelle Werte des Systems Chloroform-Aceton [entnommen aus: A. MÜNSTER: Trans. Faraday Soc. **46**, 165 (1950)]

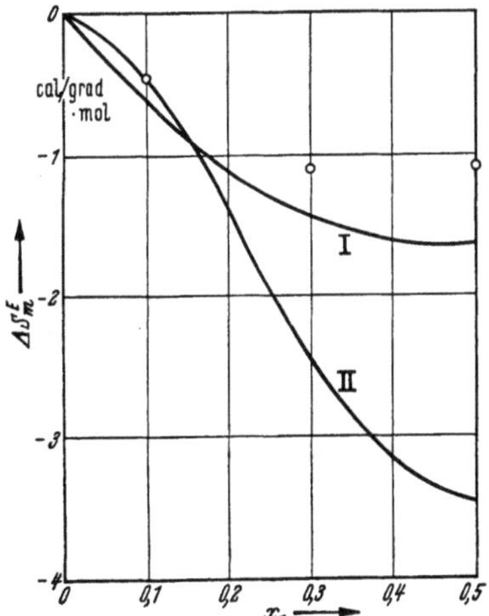

Abb. 166. Zusatzterm der Mischungsentropie des Systems Chloroform-Aceton. Kreise: Experimentelle Werte; Kurve I: Berechnet nach Gl. (XX 158); Kurve II: Berechnet nach der Theorie der streng regulären Lösung [entnommen aus: H. A. STUART: Die Physik der Hochpolymeren, Bd. II, S. 108. Berlin 1953]

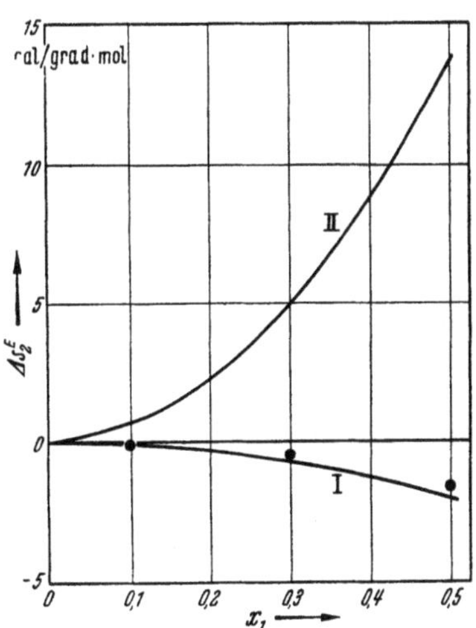

Abb. 167. Zusatzterm der Verdünnungsentropie des Systems Chloroform-Aceton. Kreise: Experimentelle Werte; Kurve I: Berechnet nach Gl. (XX 161); Kurve II: Berechnet nach der Theorie der streng regulären Lösung [entnommen aus: H. A. STUART: Die Physik der Hochpolymeren, Bd. II, S. 108. Berlin 1953]

---

[1] KIREJEW, V.: Acta physicochim. USSR **13**, 531 (1940).

Aceton-Moleküle, die nach der TROUTON-HILDEBRAND-Konstanten (22,5) nicht ganz unerheblich ist, unberücksichtigt bleibt. Ferner sollte nach dem Modell jedes Aceton-Molekül vier Chloroform-Moleküle orientieren können, während tatsächlich eine Wasserstoffbrücke sich nur mit einem Chloroform-Molekül ausbilden kann. Es erscheint denkbar, daß diese Inkongruenzen zwischen Modell und physikalischem System die vor allem bei der Mischungsentropie deutlichen Diskrepanzen verursachen.

Die Gl. (XX 157) ff. sind von TOMPA[1] mit Hilfe der quasi-chemischen Methode abgeleitet worden. In der hier benutzten Näherung führen beide Methoden somit zu dem gleichen Ergebnis. Die quasi-chemische Methode liefert naturgemäß primär geschlossene Formeln für den gesamten Konzentrationsbereich. Bei höheren Konzentrationen wird jedoch, wie auch TOMPA[1] bemerkt hat, das Modell physikalisch sinnlos. Als nicht-kooperatives Problem ist die Orientierung im System Chloroform-Aceton auch von SAROLÉA-MATHOT[2] behandelt worden. Hier werden beiden Molekülsorten in der reinen Phase p energetisch gleichwertige Orientierungen zugeschrieben. In der Lösung sollen sich 1—2-Assoziate mit fixierter Orientierung beider Moleküle bilden. Die Konzentration derselben wird aus der Bedingung des chemischen Gleichgewichtes berechnet und das System als ideale Lösung mit den drei Molekülsorten 1, 2, 1—2 behandelt. Die Ergebnisse stimmen für die freie Energie der Mischung und die Mischungswärme recht gut mit den experimentellen Ergebnissen überein. Diese Funktionen sind aber hier wenig charakteristisch. Die Berechnung der partiellen molaren Entropien ist nicht durchgeführt worden. SAROLÉA-MATHOT hat die Methode auch auf die Assoziationsgleichgewichte der Alkohole angewandt.

§ 20.5*. Kooperative Orientierungseffekte in Lösungen

In § 20.4 haben wir bereits erwähnt, daß es sich bei den Orientierungseffekten meistens um komplizierte kooperative Erscheinungen handelt. Wir entwickeln hier die Theorie zunächst für ein verhältnismäßig einfaches Modell dieser Art, das, mit Benutzung einiger Näherungsannahmen, noch die Berechnung expliziter Ausdrücke für die thermodynamischen Funktionen erlaubt[3]. Das physikalische Problem, um das es sich dabei handelt, ist die Störung der kooperativen Orientierung im Lösungsmittel durch die gelösten Moleküle.

Für das Modell behalten wir wieder die allgemeinen Annahmen des Gittermodells und die speziellen der streng regulären Lösung bei, mit den folgenden Ausnahmen. Wir nehmen an, daß die Moleküle des Lösungsmittels zwei Orientierungen α und β einnehmen können. Die entsprechenden Wechselwirkungsenergien seien $w_{\alpha\alpha}$, $w_{\beta\beta}$, $w_{\alpha\beta}$. Der Einfachheit halber setzen wir $w_{\alpha\beta} = 0$ und $w_{\alpha\alpha} = w_{\beta\beta} \equiv w_{or}$. Für das reine Lösungsmittel haben wir dann das einfachste Modell einer Rotationsumwandlung, das mit dem ISING-Modell identisch ist. Für die Lösung nehmen wir noch zusätzlich an, daß die Wechselwirkung der gelösten Moleküle mit den Molekülen des Lösungsmittels unabhängig von der Orientierung der letzteren ist (1—1-Kopplung). Durch die gelösten Moleküle wird somit die orientierende Wirkung der nächsten Nachbarn auf ein Lösungsmittelmolekül herabgesetzt und damit die Orientierungsordnung vermindert.

Wir benutzen für die Rechnung das BETHEsche Näherungsverfahren. Für das reine Lösungsmittel ist das Problem nach dem Früheren ziemlich trivial.

---

[1] TOMPA, H.: J. Chem. Phys. **21**, 250 (1953).
[2] SAROLÉA-MATHOT, L.: Trans. Faraday Soc. **49**, 8 (1953).
[3] MÜNSTER, A.: Z. physik. Chem. **196**, 106 (1950).

Wir wollen aber um des Zusammenhangs willen die Rechnung noch einmal kurz andeuten, wobei wir für die ausführliche Begründung auf § 16.4 verweisen. Wir setzen zur Abkürzung

$$\zeta_i = v_{fi} f_i(T)\, \lambda_i\,, \qquad \eta_{or} = e^{-\frac{w_{or}}{kT}}\,, \qquad \eta_{ij} = e^{-\frac{w_{ij}}{kT}}\,, \qquad \text{(XX 167)}$$

wo λ_i die absolute Aktivität der Komponente i ist. Betrachten wir nun eine repräsentative Gruppe aus einem Gitterplatz und seinen z nächsten Nachbarn (die nicht untereinander nächste Nachbarn sein sollen), so lautet die lokale Verteilungsfunktion

$$G^* = G^*_\alpha + G^*_\beta = \zeta_1 (1 + \varepsilon_1\, \eta_{or})^z + \zeta_1^{z+1}(\eta_{or} + \varepsilon_1)^z\,. \qquad \text{(XX 168)}$$

Dabei bezieht sich der BETHE-Parameter ε_1 auf den Fall, daß ein Molekül der äußeren Schale α-Orientierung besitzt. Die Äquivalenzbedingung kann geschrieben werden

$$\frac{1}{z}\,\varepsilon_1\,\frac{\partial G^*}{\partial \varepsilon_1} = G^*_\alpha\,. \qquad \text{(XX 169)}$$

Daraus folgt

$$\varepsilon_1 = \left(\frac{1 + \varepsilon_1\, \eta_{or}}{\eta_{or} + \varepsilon_1}\right)^{z-1}\,. \qquad \text{(XX 170)}$$

Mit Hilfe der Substitution

$$\varepsilon_1 = e^{-2(z-1)\delta} \qquad \text{(XX 171)}$$

erhalten wir

$$\eta_{or} = \frac{\sinh z\,\delta}{\sinh\left[(z-2)\,\delta\right]}\,. \qquad \text{(XX 172)}$$

Die Diskussion dieser Gleichung, die wir bereits in § 16.4 durchgeführt haben, ergibt für die Umwandlungstemperatur

$$\eta_{or\,c} = \frac{z}{z-2} \qquad \text{(XX 173)}$$

oder

$$T_c = \frac{w_{or}}{k}\,\Big/\,\ln\left(\frac{z-2}{z}\right)\,. \qquad \text{(XX 174)}$$

Für die weitere Rechnung benötigen wir den von der Orientierung herrührenden Zusatzterm der freien Energie des reinen Lösungsmittels, den wir mit F_{1or} bezeichnen. Ist $z X'_{11}$ die Zahl von Paaren gleichsinnig orientierter Moleküle (d. h. die Summe der $\alpha - \alpha$- und $\beta - \beta$-Paare), so gilt für den entsprechenden Zusatzterm der inneren Energie

$$E_{1or} = z X'_{11}\, w_{or}\,. \qquad \text{(XX 175)}$$

Aus der in § 16.4 besprochenen Analogie von lokaler Verteilungsfunktion und großer Verteilungsfunktion ergibt sich

$$X'_{11} = \frac{1}{2}\,\frac{N_1}{z}\,\eta_{or}\,\frac{\partial \ln G^*}{\partial \eta_{or}} \qquad \text{(XX 176)}$$

oder mit Gl. (XX 168)

$$X'_{11} = \frac{1}{2}\,N_1\,\eta_{or}\,\frac{\varepsilon_1(1 + \varepsilon_1\,\eta_{or})^{z-1} + (\eta_{or} + \varepsilon_1)^{z-1}}{(1 + \varepsilon_1\,\eta_{or})^z + (\eta_{or} + \varepsilon_1)^z}\,. \qquad \text{(XX 177)}$$

Aus Gl. (XX 170), (XX 175) und (XX 177) folgt

$$E_{1or} = \frac{z}{2}\,N_1\,w_{or}\,\frac{\eta_{or}(\varepsilon_1^2 + 1)}{\eta_{or} + 2\,\varepsilon_1 + \eta_{or}\,\varepsilon_1^2}\,, \qquad \text{(XX 178)}$$

oder, wenn wir $\eta_{or}^{-1} = \eta'_{or}$ substituieren,

$$E_{1or} = \frac{z}{2}\,N_1\,w_{or}\,\frac{\varepsilon_1^2 + 1}{1 + 2\,\varepsilon_1\,\eta'_{or} + \varepsilon_1^2}\,. \qquad \text{(XX 179)}$$

Für $T \geqq T_c$ wird $\varepsilon_1 = 1$ und somit

$$E_{1\,or} = \frac{z}{2} \frac{N_1\, w_{or}}{1 + \eta'_{or}} \, . \tag{XX 180}$$

Bei völliger Unordnung $(T \to \infty)$ ist

$$E_{1\,or} = \frac{z}{4}\, N_1\, w_{or} \, . \qquad (T \to \infty) \quad \text{(XX 181)}$$

Für den von der Orientierung herrührenden Zusatzterm der freien Energie gilt, wenn $F_{1\,or}^{(\infty)}$ den Wert dieser Größe für $T \to \infty$ bezeichnet

$$F_{1\,or} - F_{1\,or}^{(\infty)} = - T \int\limits_{\infty}^{T} \frac{E_{1\,or}}{T^2}\, dT = kT \int\limits_{1}^{\eta'_{or}} \frac{E_{1\,or}}{w_{or}\, \eta'_{or}}\, d\eta'_{or} \, . \tag{XX 182}$$

Wir setzen $T > T_c$ voraus und erhalten dann durch Einsetzen von (XX 180) in (XX 182)

$$F_{1\,or} = \frac{z}{2}\, N_1\, kT \int\limits_{1}^{\eta'_{or}} \frac{d\eta'_{or}}{\eta'_{or}(1 + \eta'_{or})} + F_{1\,or}^{(\infty)} \, , \tag{XX 183}$$

oder

$$F_{1\,or} = - N_1\, kT \ln\left[2\left(\frac{1 + \eta_{or}}{2}\right)^{\frac{z}{2}}\right] \, . \tag{XX 184}$$

Entwickeln wir noch die Exponentialfunktion und anschließend den Logarithmus bis zu dem in w_{or}/kT quadratischen Gliede, so wird schließlich

$$F_{1\,or} = N_1\, kT \left[\frac{z}{4}\, \frac{w_{or}}{kT} - \frac{z}{16}\left(\frac{w_{or}}{kT}\right)^2 - \ln 2\right] \, . \tag{XX 185}$$

Für die Lösung ist die Durchführung der Rechnung etwas umständlicher, weil wir zwei BETHE-Parameter einführen müssen. Wir stellen sie deshalb etwas ausführlicher dar. Die Energie der Standard-Konfigurationen ist hier, in Verallgemeinerung von (XX 36) gegeben durch

$$W = W_0' + z\, X_{12}\, w' + z\, X_{11}'\, w_{or} \, . \tag{XX 186}$$

Die große Verteilungsfunktion können wir schreiben

$$\varXi = \sum_{N_1} \sum_{N_2} \left[\left(\frac{e}{N_1}\, \zeta_1\right)^{N_1}\left(\frac{e}{N_2}\, \zeta_2\right)^{N_2} Q_c\right] \, , \tag{XX 187}$$

wo Q_c durch Gl. (XX 31) in Verbindung mit (XX 186) definiert ist. Wir beschränken die Doppelsumme, wie schon in § 18.2 auf die Terme mit $N_1 + N_2$ = const, was sich formal durch eine geeignete Festsetzung über die Energie ohne weiteres rechtfertigen läßt. Aus der Theorie der großen Verteilungsfunktion folgt sofort

$$\bar{N}_i = \zeta_i\, \frac{\partial \ln \varXi}{\partial \zeta_i} \, . \qquad (i = 1,2) \quad \text{(XX 188)}$$

Ferner verifiziert man leicht

$$z\, \bar{X}_{12} = \eta_{12}\, \frac{\partial \ln \varXi}{\partial\, \eta_{12}} \, , \tag{XX 189}$$

$$z\, \bar{X}_{11}' = \eta_{or}\, \frac{\partial \ln \varXi}{\partial\, \eta_{or}} \, . \tag{XX 190}$$

Wir konstruieren nun wieder die lokale Verteilungsfunktion der repräsentativen Gruppe aus einem Molekül und seinen z nächsten Nachbarn. Befindet sich auf dem zentralen Platz ein α-orientiertes 1-Molekül, so ist

$$G^*_{1\alpha} = \zeta_1 \sum_m \sum_n \frac{z!}{m!\,n!\,(z-m-n)!} (\varepsilon_2\,\eta_{12}\,\zeta_2)^m (\varepsilon_1\,\eta_{11}\,\eta_{or}\,\zeta_1)^n (\eta_{11}\,\zeta_1)^{z-m-n}\,.$$

$$\text{(XX 191)}$$

Hier bezieht sich ε_2 auf die Besetzung eines Platzes der Koordinationsschale durch ein 2-Molekül, ε_1 (wie vorher) auf die Besetzung eines Platzes der Koordinationsschale durch ein α-orientiertes 1-Molekül. Wenn der zentrale Platz von einem β-orientierten 1-Molekül besetzt ist, haben wir

$$G^*_{1\beta} = \zeta_1 \sum_m \sum_n \frac{z!}{m!\,n!\,(z-m-n)!} (\varepsilon_2\,\eta_{12}\,\zeta_2)^m (\varepsilon_1\,\eta_{11}\,\zeta_1)^n (\eta_{11}\,\eta_{or}\,\zeta_1)^{z-m-n}\,.$$

$$\text{(XX 192)}$$

Befindet sich auf dem zentralen Platz ein 2-Molekül, so ist

$$G^*_2 = \zeta_2 \sum_m \sum_n \frac{z!}{m!\,n!\,(z-m-n)!} (\varepsilon_2\,\eta_{22}\,\zeta_2)^m (\varepsilon_1\,\eta_{12}\,\zeta_1)^n (\eta_{12}\,\zeta_1)^{z-m-n}\,.$$

$$\text{(XX 193)}$$

Die lokale Verteilungsfunktion lautet somit

$$\begin{aligned}
G^* = G^*_{1\alpha} + G^*_{1\beta} + G^*_2 &= \zeta_1(\varepsilon_1\,\eta_{11}\,\eta_{or}\,\zeta_1 + \eta_{11}\,\zeta_1 + \varepsilon_2\,\eta_{12}\,\zeta_2)^z + \\
&+ \zeta_1(\varepsilon_1\,\eta_{11}\,\zeta_1 + \eta_{11}\,\eta_{or}\,\zeta_1 + \varepsilon_2\,\eta_{12}\,\zeta_2)^z + \\
&+ \zeta_2(\varepsilon_1\,\eta_{12}\,\zeta_1 + \eta_{12}\,\zeta_1 + \varepsilon_2\,\eta_{22}\,\zeta_2)^z\,.
\end{aligned}$$

$$\text{(XX 194)}$$

Zur Elimination der BETHE-Parameter dienen zwei Äquivalenzbedingungen. Die erste besagt, daß die Wahrscheinlichkeit der Besetzung des zentralen Platzes durch ein α-orientiertes 1-Molekül gleich sein muß der Wahrscheinlichkeit, daß ein bestimmter Platz der Koordinationsschale durch ein α-orientiertes 1-Molekül besetzt ist. Die zweite verlangt, daß die Wahrscheinlichkeit der Besetzung des zentralen Platzes durch ein 2-Molekül gleich ist der Wahrscheinlichkeit, daß ein bestimmter Platz der Koordinationsschale durch ein 2-Molekül besetzt ist. Die erste Bedingung kann geschrieben werden

$$\frac{1}{z}\,\varepsilon_1\,\frac{\partial G^*}{\partial \varepsilon_1} = G^*_{1\alpha}\,, \tag{XX 195}$$

die zweite

$$\zeta_1\,\frac{\partial(G^*_{1\alpha} + G^*_{1\beta})}{\partial \zeta_1} = \zeta_2\,\frac{\partial G^*_2}{\partial \zeta_2}\,. \tag{XX 196}$$

Wir setzen nun, wie vorher, $\varepsilon_1 = 1$. Dann folgt aus Gl. (XX 196)

$$\varepsilon_2 = \left[\frac{\varepsilon_2\,\eta_{22}\,\zeta_2 + 2\,\eta_{12}\,\zeta_1}{\eta_{11}(1 + \eta_{or})\,\zeta_1 + \varepsilon_2\,\eta_{12}\,\zeta_2}\right]^{z-1}\,. \tag{XX 197}$$

Aus der Analogie zwischen lokaler Verteilungsfunktion und großer Verteilungsfunktion ergeben sich die Relationen

$$\bar N_1 = \frac{\bar N_1 + \bar N_2}{z+1}\,\zeta_1\,\frac{\partial \ln G^*}{\partial \zeta_1}\,, \qquad \bar N_2 = \frac{\bar N_1 + \bar N_2}{z+1}\,\zeta_2\,\frac{\partial \ln G^*}{\partial \zeta_2}\,, \tag{XX 198}$$

$$\bar X_{12} = \frac{1}{2}\,\frac{\bar N_1 + \bar N_2}{z}\,\eta_{12}\,\frac{\partial \ln G^*}{\partial \eta_{12}} \tag{XX 199}$$

$$\bar X'_{11} = \frac{1}{2}\,\frac{\bar N_1 + \bar N_2}{z}\,\eta_{or}\,\frac{\partial \ln G^*}{\partial \eta_{or}}\,. \tag{XX 200}$$

Aus (XX 198) folgt

$$\bar{N}_1 = (\bar{N}_1 + \bar{N}_2)\,\frac{G_1^*{}_\alpha + G_1^*{}_\beta}{G^*}\,, \qquad \bar{N}_2 = (\bar{N}_1 + \bar{N}_2)\,\frac{G_2^*}{G^*}\,. \tag{XX 201}$$

Daraus erhalten wir weiter

$$\frac{\bar{N}_\circ}{\bar{N}_1} = \frac{\zeta_2(\varepsilon_2\,\eta_{22}\,\zeta_2 + 2\,\eta_{12}\,\zeta_1)^z}{2\,\zeta_1\,[\eta_{11}(1 + \eta_{or})\,\zeta_1 + \varepsilon_2\,\eta_{12}\,\zeta_2]^z}\,. \tag{XX 202}$$

Aus Gl. (XX 199) folgt mit Gl. (XX 201)

$$X_{12} = \eta_{12}\left[\frac{1}{2}\,\bar{N}_1\,\frac{\varepsilon_2\,\zeta_2}{\eta_{11}(1 + \eta_{or})\,\zeta_1 + \varepsilon_2\,\eta_{12}\,\zeta_2} + \bar{N}_2\,\frac{\zeta_1}{2\,\eta_{12}\,\zeta_1 + \varepsilon_2\,\eta_{22}\,\zeta_2}\right]. \tag{XX 203}$$

Durch Kombination von (XX 197), (XX 202) und (XX 203) erhalten wir

$$X_{12} = \bar{N}_1\,\frac{\varepsilon_2\,\eta_{12}\,\zeta_2}{\eta_{11}(1 + \eta_{or})\,\zeta_1 + \varepsilon_2\,\eta_{12}\,\zeta_2} = \bar{N}_2\,\frac{2\,\eta_{12}\,\zeta_1}{2\,\eta_{12}\,\zeta_1 + \varepsilon_2\,\eta_{22}\,\zeta_2}\,. \tag{XX 204}$$

Daraus folgt

$$(\bar{N}_1 - X_{12})\,(\bar{N}_2 - X_{12}) = X_{12}\,\frac{\eta_{11}\,\eta_{22}(1 + \eta_{or})}{2\,\eta_{12}^2} \tag{XX 205}$$

oder explizit

$$(\bar{N}_1 - X_{12})\,(N_2 - X_{12}) = \tfrac{1}{2}\,X_{12}^2\left(1 + e^{-\frac{w_{or}}{kT}}\right)e^{\frac{2\,w'}{kT}}\,. \tag{XX 206}$$

Dies ist die Verallgemeinerung der quasi-chemischen Gleichung für Lösungen mit $1 - 1$-Kopplung. Sie zeigt, daß die Orientierung der Moleküle sich auch auf die räumliche Verteilung der Molekülschwerpunkte auswirkt. Für $w_{or} = 0$ geht sie naturgemäß in die quasi-chemische Gleichung der streng regulären Lösung Gl. (XX 73) über.

Aus Gl. (XX 200) erhalten wir

$$X'_{11} = (\bar{N}_1 + \bar{N}_2)\,\eta_{11}\,\eta_{or}\,\zeta_1^2\,\frac{[\eta_{11}(1 + \eta_{or})\,\zeta_1 + \varepsilon_2\,\eta_{12}\,\zeta_2]^{z-1}}{G^*}\,. \tag{XX 207}$$

Mit Gl. (XX 201) wird daraus zunächst

$$X'_{11} = \frac{1}{2}\,\bar{N}_1\,\frac{\eta_{11}\,\eta_{or}\,\zeta_1}{\eta_{11}(1 + \eta_{or})\,\zeta_1 + \varepsilon_2\,\eta_{12}\,\zeta_2} \tag{XX 208}$$

und weiter mit Gl. (XX 197) und (XX 204)

$$X'_{11} = \frac{1}{4}\,X_{12}\,\frac{\bar{N}_1}{\bar{N}_2}\,\frac{\eta_{11}\,\eta_{or}}{\eta_{12}}\,\varepsilon_2^{\frac{1}{z-1}}\,. \tag{XX 209}$$

Der letzte Faktor der rechten Seite hängt nur schwach von der Konzentration ab und kann daher näherungsweise durch seinen Grenzwert für $\bar{N}_2 \to 0$ ersetzt werden. Aus Gl. (XX 197) findet man

$$\lim_{\bar{N}_2 \to 0}\,\varepsilon_2^{\frac{1}{z-1}} = \frac{2\,\eta_{12}}{\eta_{11}(1 + \eta_{or})}\,. \tag{XX 210}$$

Setzen wir dies in Gl. (XX 209) ein, so folgt

$$X'_{11} = \frac{1}{2}\,X_{12}\,\frac{\bar{N}_1}{\bar{N}_2}\,\frac{\eta_{or}}{1 + \eta_{or}}\,. \tag{XX 211}$$

Die Lösung der quasi-chemischen Gl. (XX 206) (s. unten) zeigt, daß der Ausdruck (XX 211) für $\bar{N}_2 \to 0$ stetig in die für das reine Lösungsmittel gültige Gl. (XX 177) (mit $\varepsilon_1 = 1$) übergeht, wodurch die Konsistenz der Näherung bestätigt wird.

Die Berechnung der thermodynamischen Funktionen macht nun keine Schwierigkeiten mehr. Die Lösung der Gl. (XX 206) kann wieder in der Form[1]

$$\bar{X}_{12} = \frac{N_1 N_2}{N_1 + N_2} \frac{2}{\beta + 1} \qquad\qquad \text{(XX 212)}$$

geschrieben werden, wo aber jetzt

$$\beta = \left\{ 1 + \frac{4 N_1 N_2 \left[g(T)\, e^{\frac{2w'}{kT}} - 1 \right]}{(N_1 + N_2)^2} \right\}^{1/2} \qquad\qquad \text{(XX 213)}$$

mit

$$g(T) = \tfrac{1}{2}\left(1 + e^{-\frac{w_{or}}{kT}} \right) \qquad\qquad \text{(XX 214)}$$

ist.

Wir haben ferner

$$\ln Q_c = -\frac{W_0'}{kT} + \ln(N_1 + N_2)! + N_1 \ln 2 - \frac{z\,w'}{k} \int\limits_0^{1/T} \bar{X}_{12}\, d(1/T) -$$
$$- \frac{z\,w_{or}}{k} \int\limits_0^{1/T} \bar{X}_{11}'\, d(1/T)\; . \qquad\qquad \text{(XX 215)}$$

Das erste der hier auftretenden Integrale ist bereits aus § 16.5 bekannt, während das zweite eine andere Struktur hat. Entwickeln wir die in der Lösung der quasi-chemischen Gleichung auftretende Wurzel bis zum dritten Gliede, so lassen sich beide Integrale elementar ausführen. Schließlich entwickeln wir noch sämtliche Exponentialfunktionen bis zum quadratischen Gliede. Dann ergibt sich (wenn wir an Stelle von w' den Parameter w einführen)

$$\ln Q_c = -\frac{W_0'}{kT} + \ln(N_1 + N_2)! + N_1 \ln 2 + \frac{z}{2}\frac{w}{kT}\frac{N_1 N_2}{N_1 + N_2} +$$
$$+ \frac{z}{8}\frac{2w^2 + w\,w_{or}}{k^2 T^2}\frac{N_1^2 N_2^2}{(N_1 + N_2)^3} - \frac{z}{4}\left(\frac{w_{or}}{kT} - \frac{1}{4}\frac{w_{or}^2}{k^2 T^2} \right)\frac{N_1^2}{N_1 + N_2} - \quad \text{(XX 216)}$$
$$- \frac{z}{16}\frac{2w\,w_{or} + w_{or}^2}{k^2 T^2}\frac{N_1^3 N_2}{(N_1 + N_2)^3}\; .$$

Die freie Energie der Lösung ist wieder durch Gl. (XX 155) gegeben. Für die reinen Substanzen haben wir jetzt

$$F_1 = -kT\,N_1\left[\ln 2\, v_{f1}\, f_1(T) - \frac{z}{4}\frac{w_{or}}{kT} + \frac{z}{16}\frac{w_{or}^2}{k^2 T^2} - \frac{z}{2}\frac{w_{11}}{kT} \right] ,$$
$$F_2 = -kT\,N_2\left[\ln v_{f2}\, f_2(T) - \frac{z}{2}\frac{w_{22}}{kT} \right] . \qquad\qquad \text{(XX 217)}$$

Wenn wir wieder näherungsweise die freie Energie nach HELMHOLTZ mit der freien Energie nach GIBBS identifizieren und die Abkürzungen

$$\xi = \frac{w}{kT}\, , \quad \xi_{or} = \frac{w_{or}}{kT} \qquad\qquad \text{(XX 218)}$$

---

[1] Die Querstriche über den N_i lassen wir von jetzt ab weg.

einführen, so erhalten wir für die freie Energie der Mischung pro Molekül

$$\frac{\Delta G_m}{kT} = x_1 \ln x_1 + x_2 \ln x_2 - \frac{z}{4}\left(\xi_{or} - \frac{1}{4}\xi_{or}^2\right) x_1 - \frac{z}{2}\,\xi\,x_1\,x_2 -$$

$$- \frac{z}{8}\left(2\,\xi^2 + \xi\,\xi_{or}\right) x_1^2\,x_2^2 + \frac{z}{4}\left(\xi_{or} - \frac{1}{4}\xi_{or}^2\right) x_1^2 + \qquad \text{(XX 219)}$$

$$+ \frac{z}{16}\left(2\,\xi\,\xi_{or} + \xi_{or}^2\right) x_1^3\,x_2\,.$$

Für $\xi_{or} = 0$ geht dieser Ausdruck in die für die streng reguläre Lösung gültige Gl. (XX 95) über, wenn man dort die Exponentialfunktionen wie hier entwickelt und mit dem in $x_1\,x_2$ quadratischen Gliede abbricht. Die Berücksichtigung der Orientierung bewirkt, daß der Ausdruck für ΔG_m in den Komponenten unsymmetrisch wird. Für die übrigen thermodynamischen Funktionen geben wir wieder nur die Zusatzterme. Man erhält für die Mischungsentropie

$$\frac{\Delta S_m^E}{k} = \frac{z}{16}\,\xi_{or}^2\,x_1 - \frac{z}{8}\left(2\,\xi^2 + \xi\,\xi_{or}\right) x_1^2\,x_2^2 -$$

$$- \frac{z}{16}\,\xi_{or}^2\,x_1^2 + \frac{z}{16}\left(2\,\xi\,\xi_{or} + \xi_{or}^2\right) x_1^3\,x_2 \qquad \text{(XX 220)}$$

und für die Mischungswärme

$$\Delta H_m = -\frac{z}{4}\,w_{or}\left(1 - \frac{1}{2}\frac{w_{or}}{kT}\right) x_1 - \frac{z}{2}\,w\,x_1\,x_2 - \frac{z}{4}\,w\,\frac{2\,w + w_{or}}{kT}\,x_1^2\,x_2^2 +$$

$$+ \frac{z}{4}\,w_{or}\left(1 - \frac{1}{2}\frac{w_{or}}{kT}\right) x_1^2 + \frac{z}{8}\,w_{or}\,\frac{2\,w + w_{or}}{kT}\,x_1^3\,x_2\,. \qquad \text{(XX 221)}$$

Die chemischen Potentiale sind

$$\Delta\mu_1^E = -\frac{z}{2}\left(\xi + \frac{1}{2}\,\xi_{or} - \frac{1}{2}\,\xi^2 - \xi\,\xi_{or} - \frac{1}{2}\,\xi_{or}^2\right) x_2^2 -$$

$$- \frac{z}{8}\left(8\,\xi^2 + 10\,\xi\,\xi_{or} + 3\,\xi_{or}^2\right) x_2^3 \qquad \text{(XX 222)}$$

und

$$\Delta\mu_2^E = -\frac{z}{2}\left(\xi + \frac{1}{2}\,\xi_{or} - \frac{1}{4}\,\xi\,\xi_{or} - \frac{1}{4}\,\xi_{or}^2\right) +$$

$$+ z\left(\xi + \frac{1}{2}\,\xi_{or} - \frac{1}{2}\,\xi^2 - \xi\,\xi_{or} - \frac{1}{2}\,\xi_{or}^2\right) x_2 + \qquad \text{(XX 223)}$$

$$+ \frac{3\,z}{16}\left(8\,\xi^2 + 10\,\xi\,\xi_{or} + 3\,\xi_{or}^2\right) x_2^2\,.$$

Für die partiellen molaren Entropien (pro Molekül) ergibt sich

$$\frac{\Delta s_1^E}{k} = \frac{z}{4}\left(\xi^2 + 2\,\xi\,\xi_{or} + \xi_{or}^2\right) x_2^2 - \frac{z}{8}\left(8\,\xi^2 + 10\,\xi\,\xi_{or} + 3\,\xi_{or}^2\right) x_2^3\,, \quad \text{(XX 224)}$$

$$\frac{\Delta s_2^E}{k} = \frac{z}{8}\left(\xi\,\xi_{or} + \xi_{or}^2\right) - \frac{z}{2}\left(\xi^2 + 2\,\xi\,\xi_{or} + \xi_{or}^2\right) x_2 +$$

$$+ \frac{3\,z}{16}\left(8\,\xi^2 + 10\,\xi\,\xi_{or} + 3\,\xi_{or}^2\right) x_2^2\,. \qquad \text{(XX 225)}$$

Für die partiellen molaren Wärmeinhalte (pro Molekül) erhalten wir

$$\Delta h_1 = -\frac{z}{2}\left(w + \frac{1}{2}\,w_{or} - \frac{w^2 + 2\,w\,w_{or} + w_{or}^2}{kT}\right) x_2^2 +$$
$$+ \frac{z}{4}\,\frac{8\,w^2 + 10\,w\,w_{or} + 3\,w_{or}^2}{kT}\,x_2^3\,, \qquad\qquad \text{(XX 226)}$$

$$\Delta h_2 = -\frac{z}{2}\left(w + \frac{1}{2}\,w_{or} - \frac{1}{2}\,\frac{w\,w_{or} + w_{or}^2}{kT}\right) +$$
$$+ z\left(w + \frac{1}{2}\,w_{or} - \frac{w^2 + 2\,w\,w_{or} + w_{or}^2}{kT}\right) x_2 + \qquad \text{(XX 227)}$$
$$+ \frac{3\,z}{8}\,\frac{8\,w^2 + 10\,w\,w_{or} + 3\,w_{or}^2}{kT}\,x_2^2\,.$$

Für die Orientierungsenergie muß auch hier definitionsgemäß gelten $w_{or} < 0$. Wir setzen voraus $|w_{or}| > |w|$ und $w > 0$. Physikalisch bedeutet dies, daß ohne Berücksichtigung der Orientierung die Wechselwirkung zwischen ungleichen Molekülen stärker sein würde als zwischen gleichen und daß für die zwischen den Lösungsmittelmolekülen wirkenden Kräfte der Orientierungsanteil maßgeblich ist. Unter den genannten Voraussetzungen folgt aus den obigen Gleichungen, daß der Zusatzterm der Mischungsentropie positiv ist und daß Δs_2^E für $x_1 \to 0$ einem positiven endlichen Grenzwert zustrebt. Diese Eigenschaften sind charakteristisch für das hier behandelte Modell und können aus der Theorie der streng regulären Lösung nicht erhalten werden.

Zur experimentellen Prüfung der Theorie wählen wir das System Benzol—Cyclohexan, das qualitativ die gleichen thermodynamischen Eigenschaften besitzt, die wir aus dem Modell abgeleitet haben. Mit Hilfe der Röntgenanalyse[1, 2] läßt sich auch zeigen, daß im reinen Benzol eine beträchtliche kooperative Orientierung vorliegt, während dies bei Cyclohexan kaum in nennenswertem Ausmaß der Fall sein dürfte. In Abb. 168—171 ist der Vergleich zwischen Theorie und Experiment für die Funktionen ΔH_m, ΔG_m^E, ΔS_m^E, Δs_1^E und Δs_2^E durchgeführt. Die zur Berechnung der theoretischen Kurven verwendeten Werte der Parameter sind

$$T = 293°\,\text{K}\,, \quad z = 8\,, \quad N_L\,w = 488\,\text{cal/Mol}\,, \quad N_L\,w_{or} = -\,879\,\text{cal/Mol}\,.$$

Die experimentellen Werte sind den Tabellen von Kirejew[3] entnommen. Zum Vergleich sind auch die aus der Theorie der streng regulären Lösung berechneten Kurven eingezeichnet. In Anbetracht des primitiven Modells und der bei der Rechnung benutzten Näherungen ist die Übereinstimmung befriedigend und kann als Bestätigung der Annahme gelten, daß die positive Zusatzentropie hier durch die Störung der kooperativen Orientierung der Benzolmoleküle bedingt ist.

Das hier benutzte Modell ist in etwas allgemeinerer Form (verschiedene Wechselwirkungsenergien $w_{\alpha\alpha}$, $w_{\beta\beta}$, $w_{\alpha\beta}$, $w_{\alpha 2}$, $w_{\beta 2}$) von Tompa[4] nach der in § 20.3 beschriebenen Modifikation der quasi-chemischen Methode behandelt worden. Es zeigt sich dabei, daß die quasi-chemische Gleichung (XX 206) im Rahmen der allgemeinen Methode korrekt ist und durch die speziellen oben eingeführten Näherungen nicht berührt wird. Die Rechnung nach der quasi-chemischen Methode läßt sich ohne Schwierigkeit auf den Fall ausdehnen, daß die Moleküle der Komponente 1 nicht nur zwei, sondern p Orientierungen einnehmen können. Unter geeigneten Annahmen über die Wechselwirkungen erhält man dann, wie schon erwähnt, für verdünnte Lösungen die Gleichungen des § 20.4.

[1] Katzoff, S.: J. Chem. Phys. 2, 841 (1934).
[2] Pierce, W. C.: J. Chem. Phys. 5, 717 (1937).
[3] Kirejew, V.: Acta physicochim. USSR 13, 531 (1940).
[4] Tompa, H.: J. Chem. Phys. 21, 250 (1953).

Die bisher erörterten Modelle der kooperativen Orientierung sind aus folgendem Grunde noch zu primitiv[1]. Nach der oben entwickelten Theorie sollten bei hinreichend starker Kopplung praktisch alle 1 − 1-Wechselwirkungen $\alpha - \alpha$- bzw. $\beta - \beta$-Paare sein. Wir denken uns nun Stäbchen in den Punkten eines ebenen quadratischen Netzes angeordnet mit den beiden Orientierungsmöglichkeiten der Längsachse in den Richtungen der Quadratseiten. Als $\alpha - \alpha$-Paare bezeichnen wir Paare nächster Nachbarn, bei denen sich die Stäbchen mit den Längsseiten gegenüberstehen. Man sieht dann sofort, daß es geometrisch unmöglich ist, die Stäbchen so anzuordnen, daß nur $\alpha - \alpha$-Paare auftreten. Wir sehen somit, daß neben der energetischen Kopplung noch eine rein geometrische Korrelation der Orientierungen besteht. Für das bei der obigen Rechnung benutzte einfache Modell spielt dieser Gesichtspunkt kaum eine Rolle. Einmal ist die Beschränkung auf zwei Orientierungen bereits so unrealistisch, daß es wenig Sinn hat, hier geometrische Gesichtspunkte einzuführen. Andererseits lassen sich etwa Benzolmoleküle in einem raumzentrierten kubischen Gitter tatsächlich so anordnen, daß alle Moleküle sich mit den Ringebenen (wenn auch etwas gegeneinander verschoben) gegenüberstehen und somit nur $\alpha - \alpha$-Paare vorhanden sind[2]. Schließlich ist nach dem oben für w_{or} benutzten Wert wie nach einer Abschätzung der Wechselwirkungsenergie[3] die Kopplung wahrscheinlich nicht so stark, daß eine zusätzliche Korrelation ins Gewicht fallen würde.

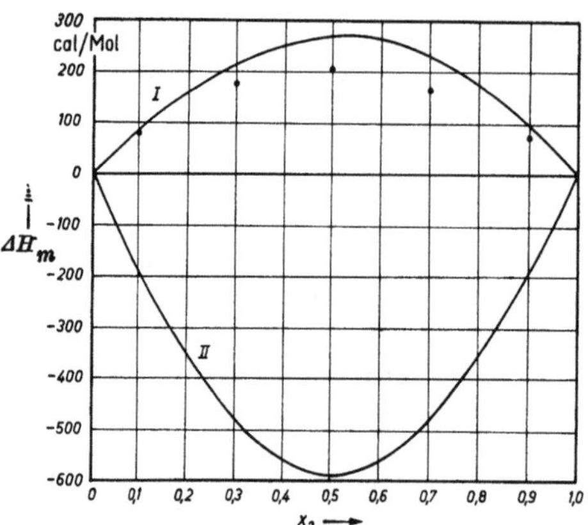

Abb. 168. Mischungsenthalpie des Systems Cyclohexan(1)-Benzol(2). Kurve I: Nach Gl.(XX 221) berechnet; Kurve II: Streng reguläre Lösung; Kreise: Experimentelle Werte [entnommen aus: A.Münster: Z.phys.Chem.196, 106) 1951)]

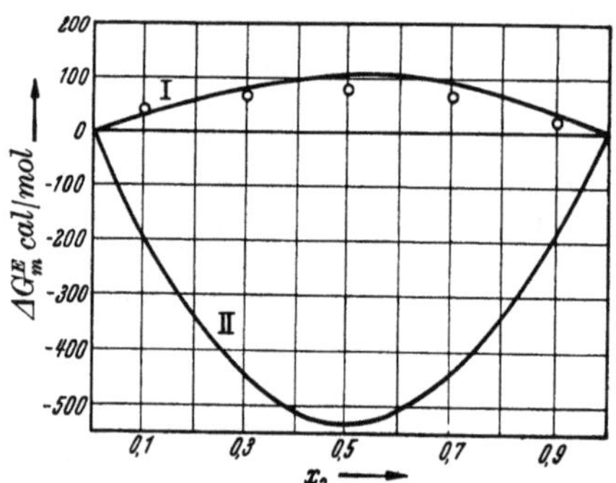

Abb. 169. Zusatzterm der freien Energie der Mischung für das System Benzol-Cyclohexan. Kreise: Experimentelle Werte; Kurve I: Berechnet nach Gl. (XX 219); Kurve II: Berechnet nach der Theorie der streng regulären Lösung [entnommen aus: H. A. Stuart: Die Physik der Hochpolymeren, Bd. II, S. 109. Berlin 1953]

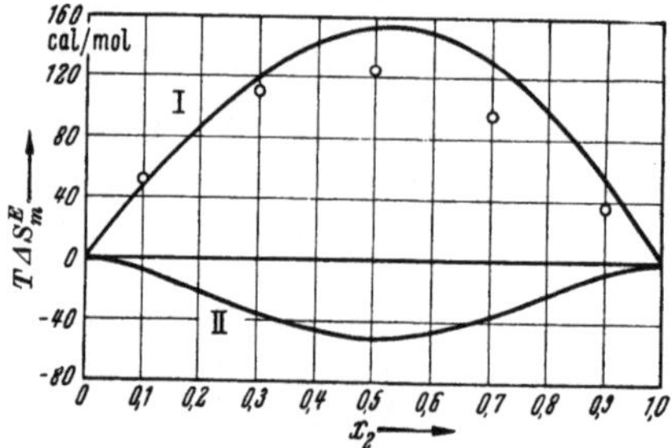

Abb. 170. Zusatzterm der Mischungsentropie für das System Benzol-Cyclohexan. Kreise: Experimentelle Werte. Kurve I: Berechnet nach Gl. (XX 220) Kurve II: Berechnet nach der Theorie der streng regulären Lösung [entnommen aus: H. A. Stuart: Die Physik der Hochpolymeren, Bd. II, S. 109 Berlin 1953]

Die Verhältnisse liegen jedoch wesentlich anders, wenn man über die einfache Theorie hinausgehen will und ein im Rahmen des Gittermodells geometrisch konsistentes Modell der Orientierungen zugrundelegt, das auch die Behandlung

---

[1] Tompa, H.: J. Chem. Phys. 21, 250 (1953).
[2] Dieser Gesichtspunkt scheint von Tompa übersehen worden zu sein.
[3] De Boer, W.: Trans. Faraday Soc. 32, 10 (1936).

komplizierterer Probleme ermöglicht. Es ist dann notwendig, die erwähnten Korrelationen zu berücksichtigen, was zur Folge hat, daß neben der Gl. (XX 33) noch weitere Bedingungsgleichungen für die verschiedenen Zahlen von Paaren nächster Nachbarn auftreten. Unter diesem Gesichtspunkt ist die Theorie für zwei spezielle Modelle von Tompa[1] und in allgemeinerer Form von Barker[2] entwickelt worden. Das Problem läßt sich zwar ohne weiteres nach der quasi-chemischen Methode behandeln, führt aber schon im einfachsten Fall auf Gleichungen vierten Grades mit mehreren Unbekannten. Die thermodynamischen Funktionen sind daher nur über ziemlich umständliche numerische Rechnungen zugänglich. Um die Natur des Problems zu veranschaulichen, wollen wir jedoch die Theorie hier im Anschluß an Tompa[1] für ein einfaches Beispiel bis zu den allgemeinen Gleichungen entwickeln.

Wir betrachten ein System aus N_1 kugelförmigen Molekülen und N_2 Molekülen der Symmetrie $D_{\infty h}$, welche auf $N = N_1 + N_2$ Plätze eines ebenen quadratischen Gitters verteilt sind. Die Quadratseiten des Gitters legen wir parallel zur x- und y-Achse eines rechtwinkligen Koordinatensystems. Wir nehmen an, daß die Symmetrieachsen der 2-Moleküle entweder parallel zur x-Richtung oder parallel zur y-Richtung orientiert sind. Die entsprechenden Molekülzahlen bezeichnen wir mit N_x und N_y. Es gilt

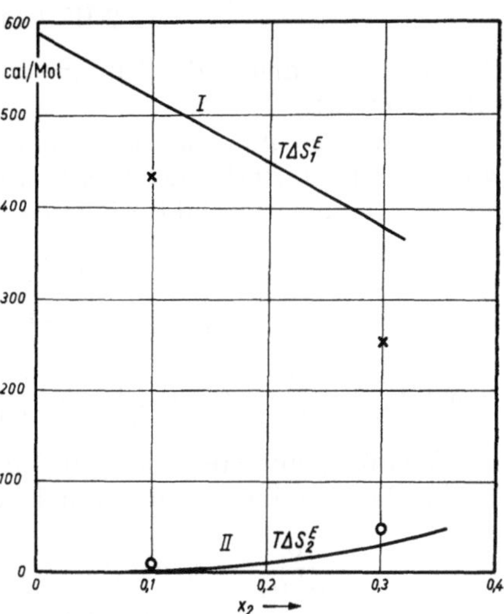

Abb. 171. Zusatzterme der partiellen molaren Entropien des Systems Cyclohexan(1)-Benzol(2). Kurve I: Partielle Entropie des Cyclohexans nach Gl. (XX 225) berechnet; Kreuze: Experimentelle Werte; Kurve II: Partielle Entropiele des Benzols nach Gl. (XX 224) berechnet; Kreise: Experimentelle Werte [entnommen aus: A. Münster: Z. phys. Chem. 196, 106 (1951)]

$$N_x + N_y = N_2 \,. \tag{XX 228}$$

Die Paare von nächsten Nachbarn in der x-Richtung bezeichnen wir mit n_{11}, n_{1x}, n_{1y}, n_{xx}, n_{xy}, n_{yy}, die Paare von nächsten Nachbarn in der y-Richtung mit n_1^1, n_1^x, n_1^y, n_x^x, n_x^y, n_y^y. Dann gelten die folgenden Relationen

$$2 N_1 = 2 n_{11} + n_{1x} + n_{1y} = 2 n_1^1 + n_1^x + n_1^y \,, \tag{XX 229}$$

$$2 N_x = 2 n_{xx} + n_{1x} + n_{xy} = 2 n_x^x + n_1^x + n_x^y \,, \tag{XX 230}$$

$$2 N_y = 2 n_{yy} + n_{1y} + n_{xy} = 2 n_y^y + n_1^y + n_x^y \,. \tag{XX 231}$$

Unter den verschiedenen angeführten Paaren sind n_{xx} und n_y^y vom gleichen Typ, da bei beiden die Molekülachsen in einer geraden Linie liegen. Ebenso sind n_{1y} und n_1^x vom gleichen Typ, da für beide die Achse des 2-Moleküls senkrecht zur Verbindungslinie der Moleküle steht. Insgesamt bleiben sechs verschiedene Typen von Paaren nächster Nachbarn. Die entsprechenden Paarzahlen bezeichnen wir mit zNA, zNB, zNC, zNU, zNV, zNW[3]. Der Zusammenhang dieser Symbole mit den Paartypen ergibt sich aus Tab. 58, wo (0) ein Molekül der Sorte 1, (||) oder (—) ein Molekül der Sorte 2 bezeichnet. Addieren wir die

Tabelle 58. *Zuordnung von Paarzahlen und Paartypen*

$zNA : (—\,|)$
$zNB : (0\,|)$
$zNC : (0—)$
$zNU : (00)$
$zNV : (——)$
$zNW : (||)$

Entnommen aus: H. Tompa: J. Chem. Phys. 21, 252 (1953).

---

[1] Tompa, H.: J. Chem. Phys. 21, 250 (1953).
[2] Barker, J. A.: J. Chem. Phys. 20, 1526 (1952); 21, 1391 (1953).
[3] Man beachte, daß W hier kein Energieparameter ist.

beiden Gl. (XX 229), die erste der Gl. (XX 230) und die zweite der Gl. (XX 231) und dividieren jeweils durch $4\,N$, so erhalten wir die folgenden Relationen

$$2\,U + B + C = x_1\,, \tag{XX 232}$$

$$2\,V + C + A = \tfrac{1}{2}\,x_2\,, \tag{XX 233}$$

$$2\,W + A + B = \tfrac{1}{2}\,x_2\,. \tag{XX 234}$$

Man sieht, daß hier in der Tat eine zusätzliche Bedingungsgleichung für die Paarzahlen auftritt.

Wir wenden nun auf das Problem die in § 20.3 beschriebene Methode an, wobei wir jetzt statt einer drei unabhängige Paarzahlen haben. Den Ausdruck für den Kombinationsfaktor können wir sofort anschreiben. Er lautet

$$g\,(N_1, N_2, A, B, C) \tag{XX 235}$$

$$= \frac{(N_1 + N_2)!}{N_1!\left[\left(\tfrac{1}{2}N_2\right)!\right]^2} \; \frac{(z\,N\,U^{*})!\left[\left(\tfrac{z}{2}N\,B^{*}\right)!\right]^2\left[\left(\tfrac{z}{2}N\,C^{*}\right)!\right]^2(z\,N\,V^{*})!\left[\left(\tfrac{z}{2}N\,A^{*}\right)!\right]^2(z\,N\,W^{*})!}{(z\,N\,U)!\left[\left(\tfrac{z}{2}N\,B\right)!\right]^2\left[\left(\tfrac{z}{2}N\,C\right)!\right]^2(z\,N\,V)!\left[\left(\tfrac{z}{2}N\,A\right)!\right]^2(z\,N\,W)!}\,,$$

wo die Größen mit Stern sich auf den Fall völliger Unordnung beziehen.

Für die Verteilungsfunktion haben wir

$$\frac{Q_c}{N_1!\,N_2!} = g\,(N_1, N_2, \overline{A}, \overline{B}, \overline{C})\,\exp\left[-z\,N\,(U\,w_U + B\,w_B + \right. \\ \left. + C\,w_C + V\,w_V + A\,w_A + W\,w_W)/kT\right]\,, \tag{XX 236}$$

wo die Größen w_U usw. die Wechselwirkungsenergien der betreffenden Paare sind. In dem Kombinationsfaktor können wir U, V, W mit Hilfe der Gl. (XX 232) bis (XX 234) eliminieren, während $\overline{A}$, $\overline{B}$, $\overline{C}$ durch die Gleichungen

$$\frac{\partial \ln Q_c}{\partial A} = 0\,, \qquad \frac{\partial \ln Q_c}{\partial B} = 0\,, \qquad \frac{\partial \ln Q_c}{\partial C} = 0 \tag{XX 237}$$

bestimmt sind. Damit erhalten wir

$$\frac{A^2}{4\,VW} = \exp\left[-(2\,w_A - w_V - w_W)/kT\right]\,, \tag{XX 238}$$

$$\frac{B^2}{4\,WU} = \exp\left[-(2\,w_B - w_W - w_U)/kT\right]\,, \tag{XX 239}$$

$$\frac{C^2}{4\,UV} = \exp\left[-(2\,w_C - w_U - w_V)/kT\right] \tag{XX 240}$$

als die quasi-chemischen Gleichungen des Problems. Zur Vereinfachung der folgenden Formeln schreiben wir dieselben

$$\frac{A^2}{4\,VW} = a^{-2}\,, \tag{XX 241}$$

$$\frac{B^2}{4\,WU} = b^{-2}\,, \tag{XX 242}$$

$$\frac{C^2}{4\,UV} = c^{-2}\,. \tag{XX 243}$$

Wir bezeichnen nun mit V_0 und W_0 die Werte von V und W für die reine Komponente Z. Dieselben ergeben sich aus Gl. (XX 232) bis (XX 234) mit Gl. (XX 241), wenn man $x_2 = 1$, $x_1 = 0$ setzt, so daß $U = B = C = 0$ wird. Man erhält

$$V_0 = W_0 = \frac{a}{4\,(1 + a)}\,. \tag{XX 244}$$

Die entsprechenden Werte für völlige Unordnung ($a = 1$) bezeichnen wir mit V_0^* und W_0^*. Dann bekommt man durch Differentiation nach § 20.3 und Differenzbildung gegen die reinen Substanzen für die chemischen Potentiale

$$\frac{\varDelta \mu_1}{kT} = \ln x_1 + \frac{z}{2} \ln \frac{U}{U^*} , \qquad \text{(XX 245)}$$

$$\frac{\varDelta \mu_2}{kT} = \ln x_2 + \frac{z}{4} \ln \frac{VW}{V^* W^*} - \frac{z}{4} \ln \frac{V_0 W_0}{V_0^* W_0^*} . \qquad \text{(XX 246)}$$

Die letztere Gleichung kann mit Benutzung von (XX 241) und (XX 244) geschrieben werden

$$\frac{\varDelta \mu_2}{kT} = \ln x_2 + \frac{z}{2} \ln \left[\frac{1}{2} \frac{A}{A^*} (1 + a) \right] . \qquad \text{(XX 247)}$$

Aus Gl. (XX 232) bis (XX 234) und (XX 241) bis (XX 243) erhalten wir mit $a = b = c = 1$

$$U^* = \tfrac{1}{2} x_1^2 , \quad A^* = \tfrac{1}{2} x_2^2 . \qquad \text{(XX 248)}$$

Setzen wir diese Werte und $z = 4$ ein, so können wir wie in § 20.3 die freie Energie der Mischung konstruieren. Es ergibt sich für den Zusatzterm

$$\frac{\varDelta G_m^E}{kT} = 2 x_1 \ln \frac{2 U}{x_1^2} + 2 x_2 \ln \frac{2 A (1 + a)}{x_2^2} . \qquad \text{(XX 249)}$$

Damit sind die Möglichkeiten der analytischen Darstellung der Theorie im wesentlichen erschöpft. Die explizite Berechnung der thermodynamischen Funktionen erforder die Lösung des Gleichungssystems (XX 232) bis (XX 234) und (XX 241) bis (XX 243), das im allgemeinen in den Paarzahlen, die hier benötigt werden, vom vierten Grade ist. TOMPA[1] hat die numerische Berechnung für verschiedene Fälle durchgeführt. Die Ergebnisse sind in Abb. 172 dargestellt. Man sieht, daß bereits ein sehr einfaches Modell eine überraschende Mannigfaltigkeit in der Gestalt der Kurven ergibt. Besonders bemerkenswert sind die S-förmigen Kurven, die auch experimentell an Gemischen mit Methanol und Äthanol gefunden worden sind (vgl. z. B. [2]). Die Theorie ist von TOMPA[1] in analoger Weise auch für ein einfaches kubisches Gitter mit den gleichen Molekülmodellen durchgeführt

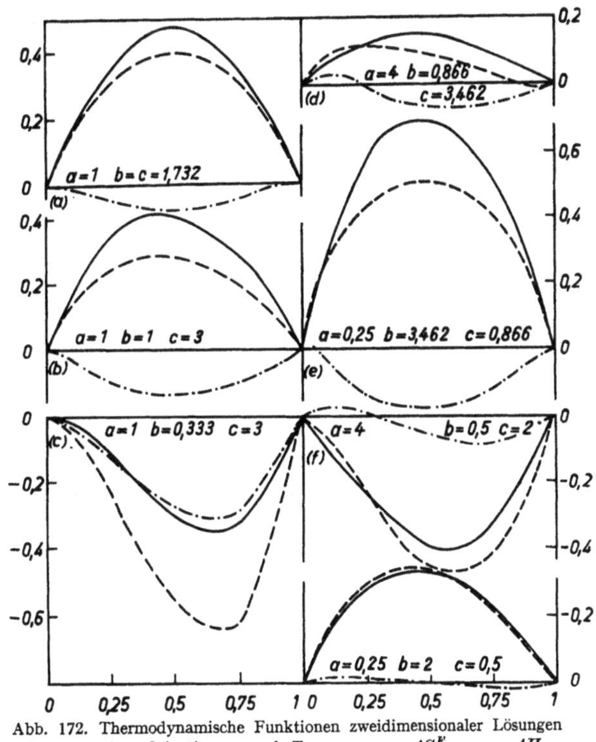

Abb. 172. Thermodynamische Funktionen zweidimensionaler Lösungen mit cooperativer Orientierung nach TOMPA. ——— $\varDelta G_m^E$, ----- $\varDelta H_m$. —·—· $T \varDelta S_m^E$ [entnommen aus: H. TOMPA: J.Chem.Phys. 21, 256 (1953)]

---

[1] TOMPA, H.: J. Chem. Phys. **21**, 250 (1953).
[2] HAASE, R.: Z. Elektrochem. **55**, 29 (1951).

und numerisch ausgewertet worden. Eine Entwicklung für verdünnte Lösungen unter entsprechenden Annahmen ergab in beiden Fällen wieder die Formeln des § 20.4. Die von BARKER[1] entwickelte Theorie beruht im wesentlichen auf den gleichen Prinzipien. Es wird jedoch von vorneherein angenommen, daß ein Molekül mehrere Gitterplätze besetzen kann (was wir erst in Kap. XXII erörtern werden) und es wird auch nicht ein bestimmtes Gitter zugrundegelegt.

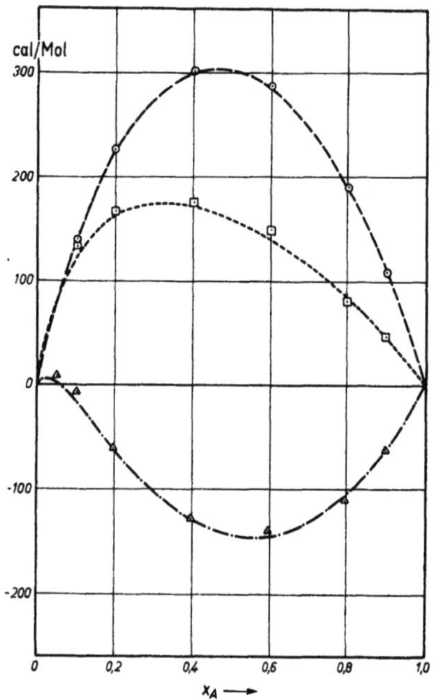

Abb. 173. Thermodynamische Funktionen des Systems Methanol-Benzol bei 35°C. Kurven berechnet mit Berücksichtigung der Orientierungseffekte. $---\Delta G_m^E$, $\cdots \Delta H_m$, $-\cdot- T \Delta S_m^E$ [entnommen aus: J. A. BARKER: J. Chem. Phys. 20, 1529 (1952)]

Vielmehr wird jedem Molekül eine gewisse Zahl von „Kontakt-Punkten" zugeschrieben, die gleich der durch das Gitter bestimmten Zahl der Nachbar-Wechselwirkungen ist. Man erhält auch hier zusätzliche Nebenbedingungen für die Paarzahlen. Die Auswertung kann wieder nur numerisch erfolgen.

Im Gegensatz zu TOMPA hat BARKER[2,3] seine Theorie in weitem Umfange mit experimentellen Daten verglichen. In einer Reihe von Fällen ist die Übereinstimmung ausgezeichnet. Abb. 173 zeigt als Beispiel dafür die thermodynamischen Funktionen des Systems Methanol—Benzol. In anderen Fällen, z. B. beim System Äthanol—Chloroform, ist die Übereinstimmung nur noch qualitativ. Sie läßt sich formal durch Annahme temperaturabhängiger Wechselwirkungsparameter verbessern[4]. Dieser Ausweg erscheint indessen etwas fragwürdig, da hier (im Gegensatz zu § 18.3) dadurch einfach die Zahl der adjustierbaren Parameter vermehrt wird. Es scheint, daß hier die Grenze der Leistungsfähigkeit der Theorie erreicht ist. Durch spezielle Annahmen über die Orientierungen ist es BARKER und FOCK[5] gelungen, die Existenz eines unteren kritischen Punktes statistisch zu begründen.

Wir haben jetzt noch kurz auf zwei Einwendungen einzugehen, die gegen die in den § 20.3—20.5 entwickelten Theorien vor allem von SCATCHARD[6] erhoben worden sind. SCATCHARD weist darauf hin, daß das Gittermodell nicht die beim Mischen eintretende Volumenänderung ΔV_m beschreiben kann. Er zieht daraus den Schluß, daß die Theorie nur mit den experimentellen Daten für konstantes Volumen verglichen werden sollte, die man aus den unmittelbar gemessenen Größen thermodynamisch berechnen kann, wenn außer der Volumenänderung der Ausdehnungskoeffizient und die Kompressibilität bekannt sind. Diese Umrechnung ergibt beispielsweise für das System Benzol—Cyclohexan, daß der Zusatzterm der Mischungsentropie bei konstantem Druck ungefähr zweimal so groß ist wie bei konstantem Volumen. Es ist zweifellos richtig, daß die Unmöglichkeit, die Größe ΔV_m zu erfassen, eine wesentliche Schwäche des Gitter-

[1] BARKER, J. A.: J. Chem. Phys. 20, 1526 (1952); 21, 1391 (1953).
[2] BARKER, J. A., u. F. SMITH: J. Chem. Phys. 22, 375 (1954).
[3] BARKER, J. A., J. BROWN u. F. SMITH: Discuss. Faraday Soc. 15, 142 (1953).
[4] BARKER, J. A., u. F. SMITH: J. Chem. Phys. 22, 375 (1954).
[5] BARKER, J. A., u. W. FOCK: Discuss. Faraday Soc. 15, 188 (1953).
[6] SCATCHARD, G.: Ann. Rev. Physic. Chem. 3, 259 (1952).

modells darstellt; auf diese Frage werden wir im folgenden Paragraphen näher eingehen. Wenn man aber ein solches Modell benutzt, hat es keinen Sinn, seine Anwendbarkeit mit Hilfe von Kriterien zu beurteilen, die in dem Modell selbst nicht definierbar sind. Man kann mit gleicher Berechtigung sagen, daß die Modellgrößen sich auf konstanten Druck beziehen, weil hier beides zusammenfällt. Die Entscheidung, ob man die Theorie sinnvoller mit den experimentellen Werten für ΔS_{mP}^{E} oder ΔS_{mV}^{E} vergleicht, muß also unter anderen Gesichtspunkten getroffen werden. Es handelt sich im Hinblick auf die Orientierungseffekte speziell um die Frage, ob die mit der Volumenänderung beim Mischen verknüpfte Entropieänderung $\Delta S_{mP}^{E} - \Delta S_{mV}^{E}$ primär auf die Freiheitsgrade der Schwerpunktstranslation zurückgeht. Wenn dies, was anzunehmen ist, nicht zutrifft, erscheint es korrekt, die in den § 20.4 und 20.5 entwickelten Theorien mit den experimentellen Ergebnissen für konstanten Druck zu vergleichen, obschon die kamroskopische Volumenänderung von dem Modell nicht erfaßt wird.

Der zweite Einwand von SCATCHARD bezieht sich auf die oben gegebene Deutung der Zusatzentropie des Systems Benzol—Cyclohexan, die unter Berufung auf eine ältere Arbeit[1] abgelehnt wird, weil das System Benzol—Tetrachlorkohlenstoff eine solche Zusatzentropie nicht zeigt[2]. Dieser Schluß wäre nur korrekt, wenn CCl_4 als Molekül ohne orientierende Wirkung, oder präziser, von der gleichen orientierenden Wirkung wie C_6H_{12} betrachtet werden dürfte. Es ist bereits von MÜNSTER[3] und neuerdings wieder von POPLE[4] betont worden, daß diese Annahme unzulässig ist. TOMPA[5] hat anhand seiner Rechnungen gezeigt, daß bei gleicher kooperativer Orientierung in der reinen Komponente 2 je nach der speziellen orientierenden Wirkung der Komponente 1 die verschiedensten Kurven für die thermodynamischen Funktionen resultieren können. Damit ist der fragliche Einwand gegenstandslos.

§ 20.6. Anwendung der Theorie des freien Volumens auf Lösungen

Eine wesentliche Schwäche des einfachen Gittermodells, das wir in den vorhergehenden Paragraphen benutzt haben, liegt in der Tatsache, daß sich damit die beim Mischen unter konstantem Druck auftretenden Volumenänderungen nicht wiedergeben lassen. Ein weiterer unbefriedigender Zug hängt damit unmittelbar zusammen: Läßt man in den Ausdrücken für die thermodynamischen Funktionen der Lösung vor der Normierung auf die reinen Substanzen die Konzentration einer Komponente Null werden, so erhält man Gleichungen, die nur noch formale Bedeutung haben, aber für die Thermodynamik der reinen Flüssigkeiten wertlos sind. PRIGOGINE u. M.[6–9] haben daher das einfache Gittermodell der Lösung in analoger Weise erweitert, wie wir dies in § 19.1 und 19.2 für die reinen Flüssigkeiten durchgeführt haben. Da es sich im wesentlichen um eine Übertragung der Theorie von LENNARD-JONES und DEVONSHIRE auf binäre Systeme handelt, können wir unmittelbar an die früheren Entwicklungen anknüpfen, wobei wir nach Möglichkeit die dort gebrauchten Bezeichnungen beibehalten.

---

[1] SCATCHARD, G., S. E. WOOD u. J. M. MOCHEL: J. Ann. Chem. Soc. 62, 712 (1940).

[2] Das System Benzol-Tetrachlorkohlenstoff verhält sich praktisch wie eine reguläre Lösung.

[3] MÜNSTER, A.: Z. physik. Chem. 196, 106 (1950).

[4] POPLE, J. A.: Discuss. Faraday Soc. 15, 35 (1953).

[5] TOMPA, H.: J. Chem. Phys. 21, 250 (1953).

[6] PRIGOGINE, I., u. G. GARIKIAN: Physica 16, 239 (1950).

[7] PRIGOGINE, I., u. V. MATHOT: J. Chem. Phys. 20, 349 (1952).

[8] SAROLÉA, L.: J. Chem. Phys. 21, 182 (1953).

[9] NASIELSKI, J.: J. Chem. Phys. 21, 184 (1953).

Wenn wir die Theorie des freien Volumens konsequent auf binäre Systeme anwenden, so werden die in Gl. (XX 30) formal eingeführten Größen v_{f1} und v_{f2} nicht nur Funktionen von Temperatur und Volumen, sondern sie müssen auch, in Abhängigkeit von der Besetzung der nächsten Nachbarn, als für die einzelnen Moleküle verschieden betrachtet werden. Das Konfigurations-Integral lautet daher jetzt

$$Q_\tau = \sum \left(\prod_{i=1}^{N_1} v_{f1i} \right) \left(\prod_{j=1}^{N_2} v_{f2j} \right) e^{-\frac{W}{kT}} , \qquad \text{(XX 250)}$$

wobei die Summierung über alle Standard-Konfigurationen zu erstrecken ist. Dieser Ausdruck läßt sich naturgemäß nur näherungsweise berechnen. Die verschiedenen dafür angewandten Verfahren lassen sich am bequemsten in einer zu § 19.3 analogen Formulierung übersehen[1]. Wir bezeichnen mit $z\,\omega_1$ die Zahl der nächsten Nachbarn eines 1-Moleküls, welche 2-Moleküle sind und entsprechend mit $z\,\omega_2$ die Zahl der nächsten Nachbarn eines 2-Moleküls, welche 1-Moleküle sind. Diese Größen hängen mit den in § 20.3 eingeführten Paarzahlen des Gesamtsystems zusammen durch die Beziehung

$$X_{12} = \sum_{i=1}^{N_1} \omega_{1i} = \sum_{j=1}^{N_2} \omega_{2j} . \qquad \text{(XX 251)}$$

Wie früher nehmen wir nun an, daß die Logarithmen der freien Volumina linear von den ω abhängen und setzen

$$\ln v_{f1}(\omega_1) = \omega_1 \ln v_1^{(1)} + (1 - \omega_1) \ln v_1^{(0)}$$
$$\ln v_{f2}(\omega_2) = \omega_2 \ln v_2^{(1)} + (1 - \omega_2) \ln v_2^{(0)} , \qquad \text{(XX 252)}$$

wo $v_1^{(1)}, v_1^{(0)}, v_2^{(1)}, v_2^{(0)}$ noch zu bestimmende Parameter sind. Mit Benutzung von (XX 251) erhalten wir dann

$$\ln\left[\prod_{i=1}^{N_1} v_{f1}(\omega_1)_i \right] = X_{12} \ln v_1^{(1)} + (N_1 - X_{12}) \ln v_1^{(0)}$$
$$\ln\left[\prod_{j=1}^{N_2} v_{f2}(\omega_2)_j \right] = X_{12} \ln v_2^{(1)} + (N_2 - X_{12}) \ln v_2^{(0)} . \qquad \text{(XX 253)}$$

Setzen wir diese Ausdrücke in Gl. (XX 250) ein und schreiben die Größe W in der Form der Gl. (XX 34) bis (XX 36), so läßt sich das Problem ohne weiteres nach der quasi-chemischen Methode behandeln. Das Resultat lautet

$$\frac{Q_\tau}{N_1!\,N_2!} = e^{-\frac{z(w_{11}N_1 + w_{22}N_2)}{2\,kT}} (v_1^{(0)})^{N_1} (v_2^{(0)})^{N_2} \frac{(N_1 + N_2)!}{N_1!\,N_2!} \times$$
$$\times \left[\frac{x_1(\beta + 1)}{\beta - 1 + 2\,x_1} \right]^{\frac{z}{2} N_1} \left[\frac{x_2(\beta + 1)}{\beta - 1 + 2\,x_2} \right]^{\frac{z}{2} N_2} . \qquad \text{(XX 254)}$$

Hier ist

$$\beta = \left[1 - 4\,x_1\,x_2 \left(1 - e^{-\frac{2\zeta}{zkT}} \right) \right]^{1/2} \qquad \text{(XX 255)}$$

und

$$\zeta = -\,zw + kT \ln \frac{v_1^{(1)} v_2^{(1)}}{v_1^{(0)} v_2^{(0)}} . \qquad \text{(XX 256)}$$

Die verschiedenen Näherungen stellen sich nun als spezielle Annahmen über die Größen $v_1^{(0)}, v_2^{(0)}, v_1^{(1)}, v_2^{(1)}$ dar. Wir bezeichnen mit v_{f1}^* und v_{f2}^* die freien Volumina für die reinen Komponenten und schreiben

$$v_{f1}(1) = v_{f2}(1) = v_{12} . \qquad \text{(XX 257)}$$

---

[1] Rowlinson, J. S.: Proc. Roy. Soc. (London) A **214**, 192 (1952).

Setzen wir nun

$$v_1^{(0)} = v_{f1}^*, \quad v_2^{(0)} = v_{f2}^*, \quad v_1^{(1)} = v_2^{(1)} = (v_{f1}^* \, v_{f2}^*)^{1/2}, \qquad \text{(XX 258)}$$

so wird

$$\zeta = - z w \qquad \text{(XX 259)}$$

und Gl. (XX 254) reduziert sich auf die Verteilungsfunktion der streng regulären

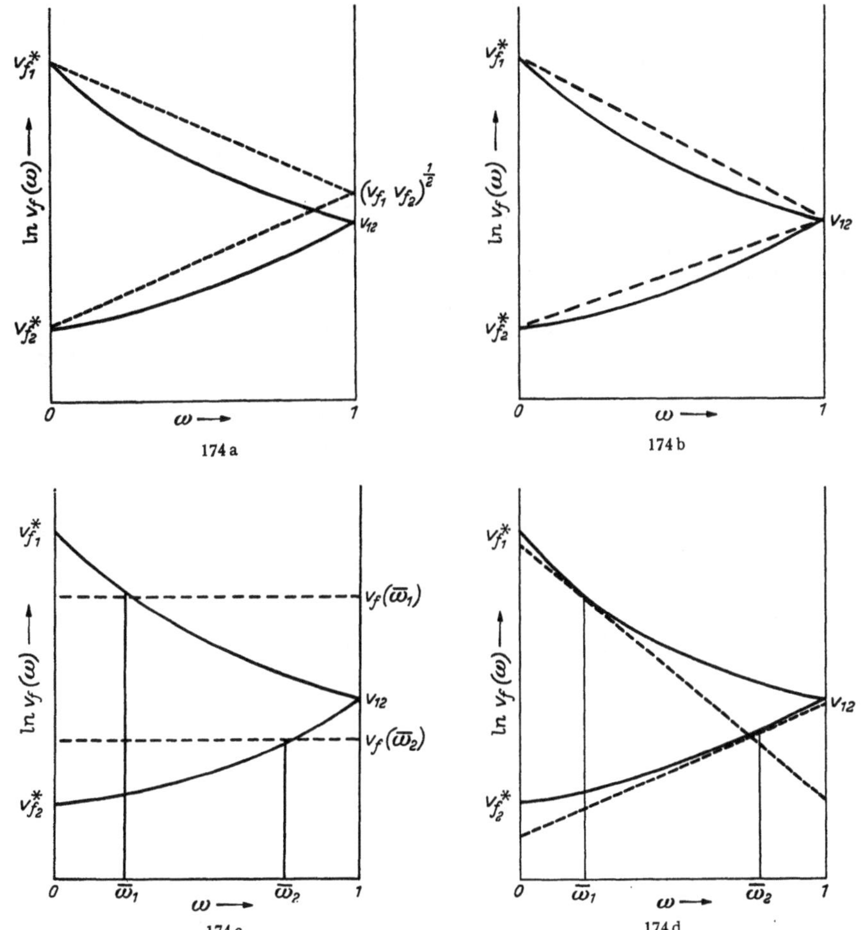

Abb. 174. Abhängigkeit des freien Volumens von der Zusammensetzung. Ausgezogene Kurve: Exakte Berechnung; Gestrichelte Kurven: Approximationen; Abb. a: Streng reguläre Lösung; Abb. b: Näherung von Ono; Abb. c: Näherung von Prigogine und Garikian; Abb. d: Näherung von Rowlinson [entnommen aus: J. S. Rowlinson: Proc. Roy. Soc. (London) A **214**, 192 (1952)]

Lösung. In Abb. 174a ist diese Näherung zusammen mit den nach einer genaueren Methode berechneten Kurven dargestellt.

Abb. 174b zeigt eine von Ono[1] benutzte Näherung, welche durch die Parameterwerte

$$v_1^{(0)} = v_{f1}^*, \quad v_2^{(0)} = v_{f2}^*, \quad v_1^{(1)} = v_2^{(1)} = v_{12} \qquad \text{(XX 260)}$$

charakterisiert ist.

---

[1] Ono, S.: Mem. Fac. Eng. Kynshu Univ. **12**, 201 (1950).

Eine dritte Näherung wird erhalten, wenn man setzt

$$v_1^{(0)} = v_1^{(1)} = v_{f1}(\overline{\omega}_1) \;, \quad v_2^{(0)} = v_2^{(1)} = v_{f2}(\overline{\omega}_2) \;. \qquad \text{(XX 261)}$$

Dabei sind die Mittelwerte $\overline{\omega}_1$ und $\overline{\omega}_2$ nach der quasi-chemischen Gleichung und (XX 251) gegeben durch

$$\overline{\omega}_1 = \frac{2\,x_2}{\beta + 1}\;, \quad \overline{\omega}_2 = \frac{2\,x_1}{\beta + 1}\;. \qquad \text{(XX 262)}$$

Dieser Ansatz ist in Abb. 174c dargestellt. Wenn man auf die BRAGG-WILLIAMS-sche Näherung zurückgeht, also eine ungeordnete Verteilung der Moleküle über die Gitterplätze annimmt, so wird $\beta = 1$ und die Gl. (XX 261) vereinfachen sich zu

$$\overline{\omega}_1 = x_2\;, \quad \overline{\omega}_2 = x_1\;. \qquad \text{(XX 263)}$$

Dies ist der ursprüngliche Ansatz von PRIGOGINE und GARIKIAN[1], der auch den meisten späteren Arbeiten von PRIGOGINE u. Mitarb. zugrundeliegt.

Von ROWLINSON[2] ist schließlich noch eine Näherung vorgeschlagen worden, bei der die Graden (XX 252) in den Punkten $\overline{\omega}_1$ und $\overline{\omega}_2$ Tangenten an die exakten Kurven sind. Dies wird erreicht durch den Ansatz

$$\ln v_1^{(0)} = \ln v_{f1}(\overline{\omega}_1) - \overline{\omega}_1 \left[\frac{\partial}{\partial \omega_1} \ln v_{f1}(\omega_1) \right]_{\omega_1 = \overline{\omega}_1}$$
$$\ln v_1^{(1)} = \ln v_{f1}(\overline{\omega}_1) + (1\,\overline{\omega}-\,_1) \left[\frac{\partial}{\partial \omega_1} \ln v_{f1}(\omega_1) \right]_{\omega_1 = \overline{\omega}_1} \qquad \text{(XX 264)}$$

und entsprechend für die Komponente 2. Diese Näherung ist in Abb. 174d dargestellt.

Wir beschränken uns hier darauf, den PRIGOGINEschen Ansatz noch etwas weiter zu verfolgen. Dabei haben wir zu beachten, daß in Gl. (XX 254) die beiden letzten Faktoren der rechten Seite sinngemäß durch den entsprechenden Faktor der BRAGG-WILLIAMSschen Näherung $e^{-\frac{z\,\overline{X}_{12}\,w'}{kT}}$ ersetzt werden müssen. Wir werden jedoch im Folgenden die hier zweckmäßige Notierung des § 19.2 anwenden. Für die freien Volumina können wir in Verallgemeinerung von (XIX 7) zunächst formal schreiben

$$v_{f1} = 4\pi \int_0^\infty e^{-\frac{w_1(r) - w_1(0)}{kT}} r^2\, dr$$
$$\qquad \text{(XX 265)}$$
$$v_{f2} = 4\pi \int_0^\infty e^{-\frac{w_2(r) - w_2(0)}{kT}} r^2\, dr\;.$$

Mit diesen Größen haben wir dann in der BRAGG-WILLIAMSschen Näherung

$$\frac{Q_\tau}{N_1!\,N_2!} = v_{f1}^{N_1}\, v_{f1}^{N_1}\, \frac{(N_1 + N_2)!}{N_1!\,N_2!}\, e^{-\frac{N_1 w_1(0) + N_2 w_2(0)}{2kT}}\;. \qquad \text{(XX 266)}$$

Identifizieren wir wieder die freie Energie nach HELMHOLTZ mit der freien Energie nach GIBBS, so erhalten wir für den Zusatzterm der freien Energie der Mischung pro Molekül

$$\frac{\Delta G_m^E}{kT} = -\,x_1 \left\{ \ln \frac{v_{f1}}{v_{f01}} - \frac{1}{2\,kT}\, [w_1(0) - w_{01}(0)] \right\}$$
$$\qquad \text{(XX 267)}$$
$$-\,x_2 \left\{ \ln \frac{v_{f2}}{v_{f02}} - \frac{1}{2\,kT}\, [w_2(0) - w_{02}(0)] \right\}\;.$$

[1] PRIGOGINE, I., u. G. GARIKIAN: Physica 16, 239 (1950).
[2] ROWLINSON, J. S.: Proc. Roy. Soc. (London) A 214, 192 (1952).

Die mit dem Index Null versehenen Größen beziehen sich auf die reinen Substanzen bei gleicher Temperatur und gleichem Druck wie die Lösung. Die Auswertung dieser Gleichung erfordert die explizite Berechnung der freien Volumina und damit konkrete Annahmen über die Potentiale der zwischenmolekularen Wechselwirkung. Für die Letzteren machen wir den Ansatz

$$u_{ij}(r') = - |u_{0ij}| \left[2\left(\frac{r'_{0ij}}{r'}\right)^6 - \left(\frac{r'_{0ij}}{r'}\right)^{12} \right].$$ (XX 268)

Zusätzlich nehmen wir noch an, daß

$$r'_{011} \approx r'_{012} \approx r_{022} \equiv r'_0$$ (XX 269)

ist. Die Minima der verschiedenen Potentialkurven sollen also bei annähernd gleichen Molekülabständen liegen. Unter diesen Voraussetzungen lassen sich die mittleren Potentiale der Zellen $w_1(r)$ und $w_2(r)$ in der gleichen Weise wie in § 19.2 berechnen. Lediglich der Parameter Λ^* der Gl. (XIX 24) hängt jetzt von der Besetzung der benachbarten Gitterplätze ab und muß neu definiert werden. Nach Gl. (XX 261) und (XX 263) haben wir dafür zu setzen

$$\Lambda_1^* = - z \, (x_1 \, u_{011} + x_2 \, u_{012})$$
$$\Lambda_2^* = - z \, (x_1 \, u_{012} + x_2 \, u_{022}) \, .$$ (XX 270)

Zweckmäßig führen wir dazu noch die Abkürzungen ein

$$\Lambda_{11}^* = - z \, u_{011} \, , \quad \Lambda_{22}^* = - z \, u_{022}$$
$$\Lambda_{12}^* = - z \, u_{012}$$ (XX 271)

und

$$\Lambda^* = x_1 \, \Lambda_1^* + x_2 \, \Lambda_2^* \, .$$ (XX 272)

Das Volumen pro Molekül ist jetzt

$$v = \frac{V}{N_1 + N_2} \, .$$ (XX 273)

Ferner definieren wir wie früher ein Volumen

$$v^* = \frac{v}{a^3} \, r_0'^3 = \frac{r_0'^3}{\gamma} \, ,$$ (XX 274)

wo a der Abstand der nächsten Nachbarn vom Mittelpunkt der Zelle und $\gamma = a^3/v$ ein geometrischer Faktor ist, der für das flächenzentrierte kubische Gitter den Wert $\sqrt{2}$ hat. Zur Vereinfachung der Formeln schreiben wir

$$\alpha = \left(\frac{v^*}{v}\right)^2 \, .$$ (XX 275)

Mit diesen Definitionen können wir ohne weiteres die Resultate von § 19.2 übernehmen und erhalten

$$w_1(r) - w_1(0) = \Lambda_1^* \, [\alpha^2 \, l(y) - 2\alpha \, m(y)]$$
$$w_2(r) - w_2(0) = \Lambda_2^* \, [\alpha^2 \, l(y) - 2\alpha \, m(y)] \, .$$ (XX 276)

Hier ist wieder $y = r^2/a^2$ und

$$l(y) = (1 + 12y + 25{,}2y^2 + 12y^3 + y^4) \, (1 - y)^{-10} - 1$$ (XX 277)
$$m(y) = (1 + y) \, (1 - y)^{-4} - 1 \, .$$ (XX 278)

Ferner haben wir[1]

$$w_1(0) = \Lambda_1^* (\alpha^2 - 2 \, \alpha) \, ,$$
$$w_2(0) = \Lambda_2^* (\alpha^2 - 2 \, \alpha) \, .$$ (XX 279)

---

[1] In diesen Gleichungen ist, im Gegensatz zu der entsprechenden Beziehung des § 19.2, nur die Wechselwirkung mit den nächsten Nachbarn berücksichtigt.

Mit (XX 276) erhalten wir für die freien Volumina

$$v_{f1} = 2\pi\, a^3\, g_1 , \quad v_{f2} = 2\pi\, a^3\, g_2 , \tag{XX 280}$$

wo

$$g_i = \int_0^{1/4} y^{1/2} \exp\left\{- \frac{\Lambda_i^*}{kT}\left[\alpha^2\, l(y) - 2\,\alpha\, m(y)\right]\right\} dy \quad (i = 1,2) \tag{XX 281}$$

ist. Bezeichnen wir die entsprechenden Funktionen für die reinen Komponenten mit g_{11} und g_{22}, so erhalten wir aus Gl. (XX 267), (XX 274), (XX 279) und (XX 280)

$$\frac{\Delta G_m^E}{kT} = - \ln\left(\frac{g_1}{g_{11}}\right)^{x_1} \left(\frac{g_2}{g_{22}}\right)^{x_2} + \frac{1}{2} \ln \frac{\alpha}{\alpha_1^{x_1}\, \alpha_2^{x_2}} +$$
$$+ \frac{1}{2\,kT}\left[\Lambda^*(\alpha^2 - 2\,\alpha) - x_1\, \Lambda_{11}^*(\alpha_1^2 - 2\,\alpha_1) - x_2\, \Lambda_{22}^*(\alpha_2^2 - 2\,\alpha_2)\right] . \tag{XX 282}$$

Aus dieser Gleichung lassen sich im Prinzip alle thermodynamischen Eigenschaften der Lösung berechnen. Sie hat aber den Nachteil, daß für die vor allem interessierenden Größen (Mischungsentropie usw.) keine expliziten Formeln erhalten werden, und diese somit nur über mühsame numerische Rechnungen zugänglich sind. Um diese Schwierigkeiten zu umgehen, wählen wir im Anschluß an PRIGOGINE und GARIKIAN[1] eine Näherung, die im wesentlichen auf das Modell der harmonischen Oscillatoren hinausläuft. Für hinreichend tiefe Temperaturen ist ein solcher Ansatz, wie schon in § 19.2 erwähnt, im Rahmen der Theorie des freien Volumens korrekt, da das mittlere Potential $w(r) - w(0)$ dann einen praktisch parabolischen Verlauf zeigt. Ein solches Modell ist allerdings im wesentlichen mit dem üblichen Kristallmodell identisch. Dieses etwas sonderbare Ergebnis erklärt sich dadurch, daß die Theorie des freien Volumens nicht die Umwandlung flüssig—fest beschreiben kann (vgl. § 19.5). Für flüssige Lösungen spielt dieser Gesichtspunkt aus den in § 20.1 erörterten Gründen kaum eine Rolle, so daß die fragliche Näherung, obwohl sie formal eher einer festen Lösung entspricht, auch für flüssige Systeme als sinnvoll betrachtet werden kann.

Wir entwickeln zunächst die Funktionen $l(y)$ und $m(y)$ nach Potenzen von y und erhalten als erste Näherung

$$l(y) = 22\, y , \tag{XX 283}$$

$$m(y) = 5\, y . \tag{XX 284}$$

Damit wird

$$w_1(r) - w_1(0) = \Lambda_1^*(22\,\alpha^2 - 10\,\alpha)\, \frac{r^2}{a^2} ,$$
$$w_2(r) - w_2(0) = \Lambda_2^*(22\,\alpha^2 - 10\,\alpha)\, \frac{r^2}{a^2} . \tag{XX 285}$$

Die freien Volumina lassen sich nun ohne weiteres nach Einsetzen dieser Ausdrücke in die Definitionsgleichungen (XX 265) berechnen. Es ergibt sich

$$v_{f1} = a^3 \left[\frac{\pi}{\dfrac{\Lambda_1^*}{kT}(22\,\alpha^2 - 10\,\alpha)}\right]^{3/2} ,$$
$$v_{f2} = a^3 \left[\frac{\pi}{\dfrac{\Lambda_2^*}{kT}(22\,\alpha^2 - 10\,\alpha)}\right]^{3/2} . \tag{XX 286}$$

---

[1] PRIGOGINE, I., u. G. GARIKIAN: Physica **16**, 239 (1950).

Der Vergleich mit Gl. (XIX 10) zeigt, daß diese Formeln in der Tat die freien Volumina eines Modells von harmonischen Oscillatoren darstellen, wobei die Frequenzen gegeben sind durch

$$4\,\pi^2\,\nu_1^2 = \frac{2\,\Lambda_1^*}{m\,a^2}\,(22\,\alpha^2 - 10\,\alpha)\,,$$

$$4\,\pi^2\,\nu_2^2 = \frac{2\,\Lambda_2^*}{m\,a^2}\,(22\,\alpha^2 - 10\,\alpha)\,. \tag{XX 287}$$

Die Frequenzen hängen somit von Λ_1^* bzw. Λ_2^* und damit von der Zusammensetzung der Lösung ab.

Wir machen nun Gebrauch von der Tatsache, daß für Dispersionskräfte unter der Voraussetzung (XX 269) in erster Näherung gilt[1]

$$\Lambda_{12}^* = (\Lambda_{11}^*\,\Lambda_{22}^*)^{1/2}\,. \tag{XX 288}$$

Dann wird

$$\Lambda_1^* = (x_1\,\sqrt{\Lambda_{11}^*} + x_2\,\sqrt{\Lambda_{22}^*})\,\sqrt{\Lambda_{11}^*},\quad \Lambda_2^* = (x_1\,\sqrt{\Lambda_{11}^*} + x_2\,\sqrt{\Lambda_{22}^*})\,\sqrt{\Lambda_{22}^*} \tag{XX 289}$$

und

$$\Lambda^* = x_1\,\Lambda_1^* + x_2\,\Lambda_2^* = (x_1\,\sqrt{\Lambda_{11}^*} + x_2\,\sqrt{\Lambda_{22}^*})^2\,. \tag{XX 290}$$

Setzen wir die Gl. (XX 286) in (XX 267) ein und benutzen (XX 279), (XX 289) und (XX 290), so erhalten wir

$$\frac{\Delta G_m^E}{kT} = \frac{1}{2\,kT}\,[\Lambda^*(\alpha^2 - 2\,\alpha) - x_1\,\Lambda_{11}^*(\alpha_1^2 - 2\,\alpha_1) - x_2\,\Lambda_{22}^*(\alpha_2^2 - 2\,\alpha_2)] +$$

$$+ \frac{3}{4}\ln\frac{\Lambda^*}{\Lambda_{11}^{*\,x_1}\,\Lambda_{22}^{*\,x_2}} + 2\ln\frac{\alpha}{\alpha_1^{x_1}\,\alpha_2^{x_2}} + \frac{3}{2}\ln\frac{22\,\alpha - 10}{(22\,\alpha_1 - 10)^{x_1}\,(22\,\alpha_2 - 10)^{x_2}}\,. \tag{XX 291}$$

Daraus ergibt sich für die Mischungswärme[2]

$$\Delta H_m = \tfrac{1}{2}\,[\Lambda^*(\alpha^2 - 2\,\alpha) - x_1\,\Lambda_{11}^*(\alpha_1^2 - 2\,\alpha_1) - x_2\,\Lambda_{22}^*(\alpha_2^2 - 2\,\alpha_2)] \tag{XX 292}$$

und für den Zusatzterm der Mischungsentropie[2]

$$\frac{\Delta S_m^E}{k} = -\frac{3}{4}\ln\frac{\Lambda^*}{\Lambda_{11}^{*\,x_1}\,\Lambda_{22}^{*\,x_2}} - 2\ln\frac{\alpha}{\alpha_1^{x_1}\,\alpha_2^{x_2}} -$$

$$-\frac{3}{2}\ln\frac{22\,\alpha - 10}{(22\,\alpha_1 - 10)^{x_1}\,(22\,\alpha_2 - 10)^{x_2}}\,. \tag{XX 293}$$

Bevor wir diese Gleichungen diskutieren, ist es zweckmäßig, die Zustandsgleichung und daraus unmittelbar die Formel für das Mischungsvolumen abzuleiten. Für die Zustandsgleichung ergibt sich in bekannter Weise aus der Verteilungsfunktion

$$\frac{P\,v}{kT} = \frac{77\,\alpha^2 - 20\,\alpha}{11\,\alpha^2 - 5\,\alpha} + \frac{2\,\Lambda^*}{kT}\,(\alpha^2 - \alpha)\,. \tag{XX 294}$$

Wir vernachlässigen wieder das Druckglied und erhalten dann

$$\frac{\Lambda^*}{kT} = \frac{77\,\alpha - 20}{2\,\alpha\,(1 - \alpha)\,(11\,\alpha - 5)}\,. \tag{XX 295}$$

---

[1] LONDON, F.: Trans. Faraday Soc. 33, 19 (1937).

[2] Obwohl wir näherungsweise F und G identifiziert haben, muß, da in den Formeln v als unabhängige Variable auftritt, für die Differentiationen die korrekte Bedeutung als freie Energie nach HELMHOLTZ zugrundegelegt und dementsprechend nach T bei konstantem v differenziert werden.

48*

Da unter den Voraussetzungen der hier benutzten Näherung α sich nur wenig von Eins unterscheidet, kann diese Gleichung noch weiter vereinfacht werden zu

$$\alpha = 1 - \frac{57}{12} \frac{kT}{\Lambda^*} . \tag{XX 296}$$

Diese Gleichungen gelten auch für die reinen Komponenten, wenn wir Λ^* durch Λ_{11}^* bzw. Λ_{22}^* ersetzen.

Das Mischungsvolumen definieren wir durch die Gleichung

$$\Delta V_m = v - x_1 v_{01} - x_2 v_{02} , \tag{XX 297}$$

wo v_{01} und v_{02} die Volumina pro Molekül der reinen Komponenten bei gleicher Temperatur und gleichem Druck sind. Setzen wir in diese Gleichung den Ausdruck (XX 296) für die Lösung und die reinen Komponenten ein, so folgt

$$\frac{\Delta V_m}{v^*} = \alpha^{-1/2} - x_1 \alpha_1^{-1/2} - x_2 \alpha_2^{-1/2}$$
$$= \frac{57}{24} \left(\frac{kT}{\Lambda^*} - x_1 \frac{kT}{\Lambda_{11}^*} - x_2 \frac{kT}{\Lambda_{22}^*} \right) . \tag{XX 298}$$

Daraus folgt, daß unter der Voraussetzung (XX 288)

$$\Delta V_m < 0 \tag{XX 299}$$

ist, also beim Vermischen eine Kontraktion stattfindet. In Abb. 175 ist der Verlauf des Mischungsvolumens nach Gl. (XX 298) für die Parameterwerte

$$\frac{\Lambda_{11}^*}{kT} = 27{,}5 , \quad \frac{\Lambda_{22}^*}{kT} = 18{,}3$$

(die etwa dem System CCl_4—$C(CH_3)_4$ entsprechen) dargestellt. Der Effekt ist, wie man sieht, außerordentlich klein; die maximale Abweichung von der Additivität beträgt etwa 0,14%.

Mit Hilfe der Gl. (XX 296) und (XX 298) lassen sich die thermodynamischen Funktionen auf eine übersichtlichere Form bringen. Es ist

$$\alpha^2 - 2\alpha = -1 + \left(\frac{57}{12} \frac{kT}{\Lambda^*} \right)^2 . \tag{XX 300}$$

Der auf der rechten Seite der Gl. (XX 291) in eckigen Klammern stehende Ausdruck läßt sich daher in zwei Terme zerlegen, von denen der zweite, wie sich mit Gl. (XX 298) ergibt, den Wert $4{,}75 \, \Delta V_m/v^*$ hat. In den übrigen Gliedern von (XX 291), welche α enthalten, setzen wir

$$\alpha = 1 - \Delta \tag{XX 301}$$

und entwickeln die Logarithmen bis zum in Δ linearen Gliede. Da in der gleichen Näherung nach (XX 298)

$$\frac{\Delta V_m}{v^*} = \frac{1}{2} (\Delta - x_1 \Delta_1 - x_2 \Delta_2) \tag{XX 302}$$

ist, ergibt sich ein Beitrag $-9{,}5 \, \Delta V_m/v^*$ zur freien Energie der Mischung. Benutzen wir nun noch die Gl. (XX 290), so erhalten wir

$$\frac{\Delta G_m^E}{kT} = \frac{1}{2} x_1 x_2 \left[\sqrt{\frac{\Lambda_{11}^*}{kT}} - \sqrt{\frac{\Lambda_{22}^*}{kT}} \right]^2 +$$
$$+ \frac{3}{4} \ln \frac{\Lambda^*}{\Lambda_{11}^{*\,x_1} \Lambda_{22}^{*\,x_2}} - 4{,}75 \frac{\Delta V_m}{v^*} . \tag{XX 303}$$

Durch analoge Umformung der Gl. (XX 292) und (XX 293) erhält man

$$\Delta H_m = \frac{1}{2} x_1 x_2 \left[\sqrt{\frac{\Lambda_{11}^*}{kT}} - \sqrt{\frac{\Lambda_{22}^*}{kT}} \right]^2 + 4{,}75 \frac{\Delta V_m}{v^*} \tag{XX 304}$$

und

$$\frac{\Delta S_m^E}{k} = - \frac{3}{4} \ln \frac{\Lambda^*}{\Lambda_{11}^{*\,x_1} \Lambda_{22}^{*\,x_2}} + 9{,}5 \frac{\Delta V_m}{v^*} . \tag{XX 305}$$

Der erste Term der Mischungswärme, der [als Folge der Voraussetzung (XX 288)] notwendig positiv ist, hat die gleiche Form wie in der älteren Theorie der regulären Lösung[1-4]. Der zweite Term, der hier neu auftritt, ist wegen (XX 299) negativ. Dies bedeutet, daß die aus der Theorie der regulären Lösung abgeleitete Wärmeaufnahme teilweise kompensiert wird durch eine Wärmeentwicklung, welche als Folge der mit dem Vermischen verknüpften Volumenkontraktion auftritt.

Der Zusatzterm der Mischungsentropie setzt sich ebenfalls aus zwei Anteilen zusammen. Der erste enthält, wie man aus Gl. (XX 287) erkennt, den Einfluß der Frequenzänderung. Dieser Effekt ist zuerst auf der Grundlage des einfachen Gittermodells von Münster[5] berücksichtigt worden. Der zweite Anteil rührt von der Volumenänderung beim Vermischen her und ist etwa doppelt so groß wie der erste. Beide Anteile haben gleiches Vorzeichen; unter der Voraussetzung (XX 288) ist die Zusatzentropie, wie bei der streng regulären Lösung, stets

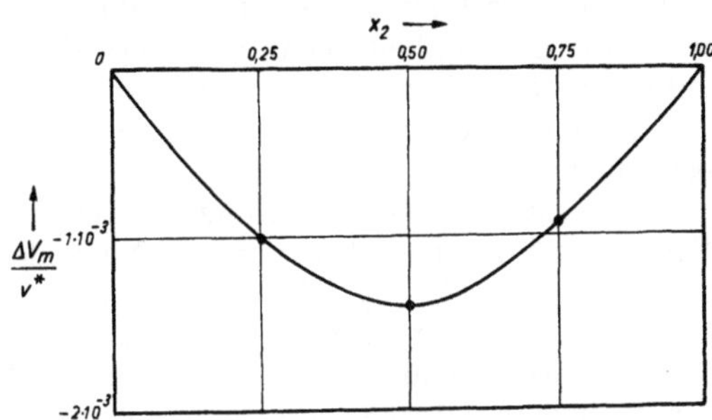

Abb. 175. Mischungsvolumen nach der Theorie des freien Volumens [entnommen aus: J. Prigogine u. G. Garikian: Physica **16**, 239 (1950)]

negativ. In Abb. 176 ist der Verlauf der Zusatzentropie nach Gl. (XX 305) sowie nach der Theorie der streng regulären Lösung für die in Abb. 175 benutzten Parameterwerte und $z = 10$ dargestellt. Es ist bemerkenswert, daß die in diesem Paragraphen betrachteten Effekte wesentlich höhere Werte der Zusatzentropie liefern als die Abweichung von der ungeordneten Verteilung, welche in der Theorie der streng regulären Lösung berücksichtigt wird.

Prigogine und Mathot[6] haben die Rechnung auch für ein „kastenförmiges" Potential (smoothed potential model) durchgeführt. Die Resultate stimmen im wesentlichen mit den hier aus dem Modell der harmonischen Oscillatoren abgeleiteten überein. Da aber jetzt die freien Volumina nicht mehr explizit von den A^* abhängen, entfällt in der Zusatzentropie der von der Frequenzänderung herrührende Term. Wenn man, was in dieser einfacheren Formulierung leicht

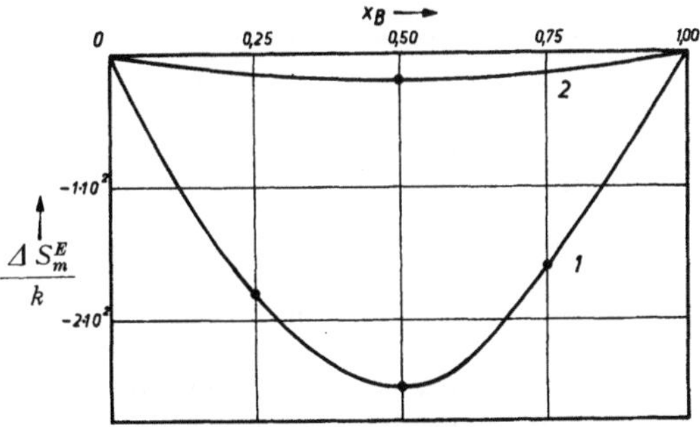

Abb. 176. Zusatzterm der Mischungsentropie. Kurve I: Nach der Theorie des freien Volumens; Kurve II: Nach der quasi-chemischen Näherung; Kreise: Berechnete Punkte [entnommen aus: J. Prigogine u. G. Garikian: Physica **16**, 239 (1950)]

durchführbar ist, die Voraussetzung (XX 288) aufgibt, erhält man, je nach den Annahmen über die Wechselwirkungsparameter, eine bemerkenswerte Mannigfaltigkeit von Kurven für die thermodynamischen Funktionen.

---

[1] Herzfeld, K. F., u. W. Heitler: Z. Elektrochem. **31**, 536 (1925).

[2] van Laar, J. J.: Z. physik. Chem. (A) **137**, 421 (1928).

[3] Scatchard, G.: Chemic. Rev. **8**, 321 (1931).

[4] Hildebrand, J. H.: J. Amer. Chem. Soc. **57**, 866 (1935).

[5] Münster, A.: Z. Naturforsch. 3a, 158 (1948).

[6] Prigogine I., u. V. Mathot: J. Chem. Phys. **20**, 49 (1952).

In strengerer und zugleich allgemeinerer Form ist die Theorie des freien Volumens für Lösungen von SALSBURG und KIRKWOOD[1] entwickelt worden. Es handelt sich dabei im wesentlichen um eine Verallgemeinerung der in § 19.3 behandelten KIRKWOODschen Theorie, wobei die Abweichungen von der ungeordneten Verteilung nach der Methode der Semi-Invarianten (§ 16.6) berücksichtigt werden. Die thermodynamischen Funktionen werden nur für die nullte Näherung berechnet,·was wieder auf die Gl. (XX 282) führt. Für die Auswertung reicht die Genauigkeit der in § 19.2 erwähnten Tabellen nicht aus, da es sich um Differenzgrößen handelt. SALSBURG und KIRKWOOD[2] haben daher neue Tabellen der g-Funktionen und gleichzeitig auch der thermodynamischen Funktionen berechnet.

Eine experimentelle Prüfung der Theorie ist ebenfalls von SALSBURG und KIRKWOOD[2] durchgeführt worden. Nach dem Aufbau der Theorie sollten dazu die Parameter Λ_{11}^{*}, Λ_{12}^{*}, Λ_{22}^{*} und r_{011}', r_{012}', r_{022}' aus Messungen der zweiten Virialkoeffizienten bestimmt werden. Da für die interessierenden Systeme diese Daten nicht vorliegen, wurden die Parameter für die reinen Komponenten einmal aus den kritischen Daten[3], zum anderen aus den Verdampfungswärmen und Molvolumina nach den Gleichungen des § 19.2 berechnet. Λ_{12}^{*} wurde dann nach Gl. (XX 288) und r_{012}' nach der Formel[4]

$$r_{012}' = \tfrac{1}{2}\left(r_{011}' + r_{022}'\right)$$

bestimmt. In Tab. 59 sind die nach dem ersten Verfahren, in Tab. 60 die nach dem zweiten berechneten Werte mit experimentellen Daten verglichen. Die

Tabelle 59. *Thermodynamische Eigenschaften flüssiger Gemische nach der Theorie des freien Volumens. Parameter aus den kritischen Daten berechnet.* $x_1 = 0,5$

	$100\,\Delta V_m/v^{*}$		ΔH_m^E [cal/Mol]		$\Delta S_m^E/k$	
	(ber.)	(exp.)	(ber.)	(exp.)	(ber.)	(exp.)
CCl_4 —C_6H_6	0,37	0,003	40	30	0,010	0,018
CCl_4 —C_6H_{12}	0,11	0,16	10	34	0,004	0,030
C_6H_6—C_6H_{12}	0,75	0,65	97	176	0,024	0,171
CCl_4 —$SnCl_4$	2,60	0,40	257	…	0,073	…

Entnommen aus: Z. W. SALSBURG u. J. G. KIRKWOOD: J. Chem. Phys. 21, 2175 (1953).

Übereinstimmung ist außerordentlich schlecht. Durch Berücksichtigung der Abweichungen von der ungeordneten Verteilung werden die Resultate, wie schon von SAROLÉA[5] gezeigt wurde, nur unwesentlich beeinflußt. Das gleiche gilt für eine Verfeinerung des Gittermodells durch Berücksichtigung von „Löchern[6]" (vgl. § 19.3). Es ist wohl anzunehmen, daß für die Diskrepanzen in gewissem Ausmaß die Unsicherheit in der Bestimmung der Parameter verantwortlich ist. Es läßt sich nämlich zeigen, daß die Zusatzterme sehr empfindlich von der Wahl dieser Parameter abhängen. Die Hauptursache liegt aber zweifellos in der Tatsache, daß bei den betrachteten Systemen die wesentlichen Voraussetzungen der Theorie (kugelförmige Moleküle, kugelsymmetrisches Wechselwirkungspotential, das durch ein LENNARD-JONES-Potential approximiert werden kann) nicht

[1] SALSBURG, Z. W., u. J. G. KIRKWOOD: J. Chem. Phys. 20, 1538 (1952).
[2] SALSBURG, Z. W., u. J. G. KIRKWOOD: J. Chem. Phys. 21, 2169 (1953).
[3] HILL, T. L.: J. Chem. Phys. 16, 399 (1948).
[4] Ein derartiger Ansatz ist von HIRSCHFELDER u. ROSEVAARE [J. Physic. Chem. 43, 15 (1939)] zur Diskussion des JOULE-THOMSON-Effektes von He-N_2-Gemischen benutzt worden.
[5] SAROLÉA, L.: J. Chem. Phys. 21, 182 (1953).
[6] SALSBURG, Z. W., u. J. G. KIRKWOOD: J. Chem. Phys. 21, 2169 (1953).

Tabelle 60. *Thermodynamische Eigenschaften flüssiger Gemische nach der Theorie des freien Volumens. Parameter aus Verdampfungswärme und Molvolumen berechnet.* $x_1 = 0,5$

Gemisch	$100\ \Delta V_m/v^*$		ΔH_m^E [cal/Mol]		$\Delta S_m^E/k$		$\Delta S_m^E/k$ nicht ungeordnet verteilt*
	(ber.)	(exp.)	(ber.)	(exp.)	(ber.)	(exp.)	
CCl_4—C_6H_6 . .	0,25	0,003	30	30	0,007	0,018	—0,0003
CCl_4—C_6H_{12} . .	0,46	0,16	52	34	0,013	0,030	—0,0002
C_6H_6—C_6H_{12} . .	1,32	0,65	171	176	0,042	0,171	—0,0061
CCl_4—$SnCl_4$ . .	3,00	0,40	233	. . .	0,042	. . .	
CCl_4—$SiCl_4$ . .	0,66	0,02	101	32	0,024	0,020	
C_6H_{12}—n-Hexan	0,90	. . .	129	48	0,034	0,055	
C_6H_{12}-Dioxan .	—0,88	. . .	174	280	0,032	0,081	
CCl_4—CS_2 . . .	9,60	. . .	857	76	0,25	. . .	
CCl_4—$C(CH_3)_4$.	—2,96	. . .	16	. . .	—0,174	. . .	

Entnommen aus: Z. W. SALSBURG u. J. G. KIRKWOOD: J. Chem. Phys. 21, 2176 (1953).

* Zusätzlicher Beitrag, berechnet nach der KIRKWOODschen Theorie der streng regulären Lösung.

erfüllt sind. Dafür spricht auch, daß die Diskrepanzen der Zusatzentropie für das System Benzol—Cyclohexan weitaus am größten sind. Man kann daraus schließen, daß die Theorie des freien Volumens nur auf spezielle Systeme aus einfachen symmetrischen Molekülen anwendbar ist. Ein zur quantitativen Prüfung geeignetes experimentelles Material scheint hier bisher nicht vorzuliegen. Die Bedeutung der Theorie liegt vor allem darin, daß sie im Prinzip eine Erklärung der beim Vermischen auftretenden Volumenänderung ermöglicht. Insofern bildet sie eine wesentliche Ergänzung des einfachen Gittermodells. Sie kann dieses aber für die Behandlung komplizierterer Systeme nicht ersetzen.

Kapitel XXI

Lösungen starker Elektrolyte*

§ 21. 1. Natur des Problems. Allgemeine Ansätze

Die Theorie der Lösungen starker Elektrolyte nimmt innerhalb der statistischen Thermodynamik in mehrfacher Hinsicht eine Sonderstellung ein. Rein historisch betrachtet, ist dieses Gebiet bereits zu einer Zeit intensiv bearbeitet worden, als im übrigen von einer Theorie der Flüssigkeiten und flüssigen Gemische noch kaum die Rede sein konnte. Es hat sich daher, unterstützt durch eine ausgedehnte experimentelle Forschung, verhältnismäßig selbständig entwickelt, so daß heute darüber eine umfangreiche Spezialliteratur existiert. Angesichts dieser Sachlage werden wir das Thema hier nur verhältnismäßig kurz und unter dem speziellen Gesichtspunkt des Zusammenhangs mit den allgemeinen Prinzipien und Methoden der statistischen Thermodynamik behandeln. Dabei werden wir besonders auf einige neuere Entwicklungen etwas näher eingehen. Für weitere Einzelheiten und die Diskussion des experimentellen Materials verweisen wir auf verschiedene Monographien[1-3] und zusammenfassende Artikel[4-8], in denen sich auch ausführliche Hinweise auf die Originalliteratur finden.

---

* In diesem Kapitel wird die Kenntnis des § 8. 1 vorausgesetzt.

[1] HARNED, H. S., u. B. OWEN: The Physical Chemistry of Electrolyte Solutions. New York 1950.

[2] FALKENHAGEN, H.: Elektrolyte. Leipzig 1953.

[3] ROBINSON, R. A., u. R. H. STOKES: Electrolyte Solutions. London 1955.

[4] GORDON, A. R.: Ann. Rev. Phys. Chem. 1, 59 (1950).

[5] HARNED, H. S.: Ann. Rev. Phys. Chem. 2, 37 (1951).

[6] YOUNG, T. F., u. A. C. JONES: Ann. Rev. Phys. Chem. 3, 275 (1952).

[7] FUOSS, R. M., u. A. S. FUOSS: Ann. Rev. Phys. Chem. 4, 49 (1953).

[8] FRANK, H. S., u. M. S. TSAO: Ann. Rev. Phys. Chem. 5, 43 (1954).

Als Elektrolyte bezeichnet man bekanntlich Substanzen, deren wäßrige Lösungen (die wir im folgenden ausschließlich betrachten) den elektrischen Strom gut leiten. Es handelt sich dabei um die Stoffe, die in der Chemie als Säuren, Basen und Salze bezeichnet werden. Die Abgrenzung der „starken" Elektrolyte ist naturgemäß nicht ganz scharf, doch können wir uns hier mit dem konventionellen Begriff begnügen. In erster Linie betrachten wir die Salze; auf gewisse Besonderheiten der Säuren gehen wir nicht ein. Neben der elektrischen Leitfähigkeit zeigen die Lösungen starker Elektrolyte auch thermodynamisch ein sehr charakteristisches Verhalten. Bei Lösungen von Nichtelektrolyten[1] sind die Abweichungen von den Grenzgesetzen für unendliche Verdünnung bis herauf zu Konzentrationen von 0,1 Mol/l, häufig sogar bis 1 Mol/l, so gering, daß sie für die meisten Zwecke vernachlässigt werden können; die Lösungen starker Elektrolyte zeigen dagegen schon bei den niedrigsten Konzentrationen so starke Abweichungen, daß eine unmittelbare Anwendung der Grenzgesetze nicht mehr in Betracht kommt.

Den Schlüssel für die Erklärung der angeführten Eigenschaften liefert die Hypothese von ARRHENIUS[2], daß die Elektrolyte in wäßriger Lösung mehr oder weniger stark in elektrisch geladene Ionen dissoziieren. Diese Auffassung ist heute experimentell völlig gesichert und bedarf keiner Diskussion mehr. Dagegen läßt sich die Frage nach dem Grade der Dissoziation nicht allgemein beantworten. Sie erfordert in jedem Falle eine gründliche Untersuchung der thermodynamischen, elektrischen und optischen Eigenschaften des Systems. Wir setzen im folgenden voraus, daß die Dissoziation vollständig ist, d. h. daß außer dem Lösungsmittel (Wasser) nur Ionen anwesend sind. Vom Standpunkt der Theorie können wir diese Annahme als Definition der starken Elektrolyte betrachten; dieselbe ist naturgemäß erheblich enger als der Sprachgebrauch der experimentellen Elektrochemie. Systeme, die in nicht zu konzentrierten Lösungen die erwähnte Voraussetzung hinreichend genau erfüllen, sind vor allem die Halogenide und Perchlorate der Alkalimetalle, Erdalkalimetalle und einiger Übergangsmetalle.

Die Erscheinung der elektrolytischen Dissoziation ist im wesentlichen durch das Lösungmittel bedingt. Eine Abschätzung mit Hilfe des Massenwirkungsgesetzes[3] zeigt, daß im Gasraum die Gleichgewichtskonstante einer Dissoziation von NaCl in Na^+ und Cl^- etwa den Wert $K_c \approx 10^{-89}$ hat! Führt man aber in das COULOMB-Potential der Wechselwirkung zwischen Ionen die Dielektrizitätskonstante des Wassers D ein, so wird für den gleichen Vorgang $K_c \approx 7$. Obwohl damit das Zustandekommen der elektrolytischen Dissoziation qualitativ erklärt ist, liegen die Verhältnisse im einzelnen doch wesentlich komplizierter. Einmal kann gegenüber den Ionen das Lösungsmittel nicht mehr als Kontinuum, das durch die makroskopische Dielektrizitätskonstante charakterisiert ist, betrachtet werden. In den sehr starken Feldern der unmittelbaren Umgebung der Ionen treten Sättigungserscheinungen auf, welche den effektiven Wert der Dielektrizitätskonstanten beträchtlich verkleinern. Dieser Gesichtspunkt für sich würde zur theoretischen Voraussage einer sehr unvollständigen Dissoziation führen, was im Widerspruch zur Erfahrung steht. Er muß daher ergänzt werden durch die Berücksichtigung der Hydratation, d. h. der Wechselwirkung zwischen Wassermolekülen und Ionen. Dieselbe besteht im wesentlichen darin, daß ein Ion sich mehr oder weniger vollständig mit einer Hülle von orientierten, durch ziemlich

---

[1] Wir sehen hier ab von den makromolekularen Lösungen, die wir in Kap. XXII behandeln.
[2] ARRHENIUS, S.: Z. physik. Chem. 1, 631 (1887).
[3] FOWLER, R. H., u. E. A. GUGGENHEIM: Statistical Thermodynamics. Cambridge 1949.

starke elektrostatische Kräfte[1] gebundenen Wassermolekülen umgibt. Die Bildung hydratisierter Ionen begünstigt die Dissoziation einmal durch die Hydratationsenergie, zum anderen durch die erhöhte Zahl der Freiheitsgrade des hydratisierten Ions.

Die Wassermoleküle der Hydrathülle sind, zum wenigsten in der innersten Schicht, erheblich dichter gepackt als die Moleküle des flüssigen Wassers. Häufig ist diese Kontraktion größer als das Volumen des unhydratisierten Ions; in solchen Fällen findet man für die Ionen negative partielle Molvolumina. Die Diskussion der experimentell bestimmten partiellen Molvolumina der Ionen ermöglicht daher zum wenigsten qualitative Aussagen über die Hydratation der Ionen. Man findet dann, was unmittelbar plausibel ist, daß die Hydratation um so stärker ist, je kleiner der Radius und je höher die Ladung des Ions ist. Danach sind alle einwertigen einatomigen Kationen, mit Ausnahme von Rb^+ und Cs^+, sowie alle mehrwertigen einatomigen Ionen stark hydratisiert, während die einwertigen einatomigen Anionen, mit Ausnahme von F^-, und erst recht die einwertigen mehratomigen Anionen praktisch keine Hydratation zeigen. Man hat nach verschiedenen experimentellen Methoden versucht, die Zahl der Wassermoleküle in der Hydrathülle eines Ions (Hydrationszahl) zu bestimmen. Die Ergebnisse stimmen untereinander sehr schlecht überein, was in Anbetracht der Unschärfe des Begriffes kaum zu verwundern ist. Für die statistische Theorie ist dieses Problem von Bedeutung im Zusammenhang mit der Frage, ob man die einfachen Ionen oder die hydratisierten Ionen als permanente Gruppen zu wählen hat. Es gibt zweifellos Fälle, in denen das Letztere sinnvoller ist. Für $[Cr(H_2O)_6]^{+++}$ haben HUNT und TAUBE[2] mit Hilfe von O^{18} als Indikator gezeigt, daß die Halbwertszeit des Austausches der gebundenen H_2O-Gruppen mit dem Lösungsmittel etwa 40 Std. beträgt. In der Zeitskala elektrochemischer Experimente verhält sich also der Aquo-Komplex praktisch wie ein stabiles Molekül. Dagegen liegt bei den ein- und zweiwertigen Kationen die geschätzte Bindungsenergie der Wassermoleküle der innersten Hydratationsschale nur 1300 bis 2400 cal/Mol über der latenten Verdampfungswärme des Wassers. Energiedifferenzen der gleichen Größenordnung treten auch in Lösungen von Nicht-Elektrolyten mit stark polaren Gruppen auf (vgl. § 20.4 und 20.5). Es besteht daher hier kein Grund, die Ionenhydrate als permanente Gruppen einzuführen. Jedenfalls müßte aber bei einer solchen Behandlung das Gleichgewicht mit „freiem" Lösungsmittel und nicht hydratisierten Ionen einbezogen werden.

Bevor wir uns der statistischen Theorie zuwenden, wollen wir kurz einige thermodynamische Formeln rekapitulieren, da die Art der Behandlung sich etwas von der bei Lösungen von Nichtelektrolyten üblichen unterscheidet. Als Grundlage der Beschreibung dient auch hier die Betrachtung der Abweichungen von den Gesetzen der idealen Lösung. Mit Benutzung des Aktivitätskoeffizienten kann daher das chemische Potential des Wassers geschrieben werden

$$\mu_1 = \mu_{01}(T, P) + kT \ln x_1 + kT \ln f_1. \qquad \text{(XXI 1)}$$

Hier ist $\mu_{01}(T, P)$ das chemische Potential des reinen Wassers und f_1 der Aktivitätskoeffizient des Wassers in der Lösung. Derselbe ist so normiert, daß er für das reine Wasser den Wert Eins erhält. Wir haben also

$$f_1 \to 1 \text{ für } x_1 \to 1. \qquad \text{(XXI 2)}$$

---

[1] Die Bindungsenergie wird für die Moleküle der innersten Hydrathülle auf größenordnungsmäßig 12 kcal/Mol geschätzt. Über die Einzelheiten der Berechnung vgl. ROBINSON-STOKES, s. S. 759.

[2] HUNT, J. P., u. H. TAUBE: J. Chem. Phys. **18**, 757 (1950); **19**, 602 (1951).

Mit Benutzung des von BJERRUM[1] eingeführten „osmotischen Koeffizienten" g lautet die obige Gleichung

$$\mu_1 = \mu_{01}(T, P) + g\,kT\ln x_1\,.\tag{XXI 3}$$

Dabei gilt

$$g \to 1 \text{ für } x_1 \to 1.\tag{XXI 4}$$

Bezeichnen wir mit x_i die Molenbrüche der gelösten Ionen, so können wir Gl. (XXI 3) schreiben

$$\mu_1 = \mu_{01}(T, P) + g\,kT\ln\left(1 - \sum_i x_i\right).\tag{XXI 5}$$

Man sieht dann leicht, daß g das Verhältnis des osmotischen Druckes der betrachteten Lösung zu dem einer idealen Lösung des vollständig dissoziierten Elektrolyten ist.

Für den gelösten Stoff führen wir im Anschluß an GUGGENHEIM[2] die elektrochemischen Potentiale μ_i^e der einzelnen Ionensorten ein, welche nun in den allgemeinen thermodynamischen Formeln an die Stelle der chemischen Potentiale treten. Mit Benutzung der Aktivitätskoeffizienten der Ionen f_i können wir dieselben schreiben

$$\mu_i^e = \mu_i^{e^0}(T, P) + kT\ln x_i + kT\ln f_i + z_i\,\mathfrak{F}\,\psi\,,\tag{XXI 6}$$

wo z_i die Wertigkeit, $\mathfrak{F}$ die FARADAYsche Konstante und ψ das elektrische Potential bezeichnet. $\mu_i^{e^0}(T, P) + z_i\,\mathfrak{F}\,\psi$ ist das elektrochemische Potential des Normalzustandes, der aber hier nicht der reine gelöste Stoff ist, sondern eine Lösung, in der die Aktivität $x_i f_i$ den Wert Eins hat. Die Aktivitätskoeffizienten der Ionen sind so normiert, daß

$$f_i \to 1 \text{ für } \sum_i x_i \to 0\tag{XXI 7}$$

gilt[3]. Die beiden letzten Terme auf der rechten Seite der Gl. (XXI 6) lassen sich experimentell nicht trennen. f_i und ψ haben daher einzeln keine unmittelbare thermodynamische Bedeutung. Wir betrachten nun Kombinationen von Ionen, welche der Neutralitätsbedingung

$$\sum \nu_i z_i = 0\tag{XXI 8}$$

genügen, wo die ν_i ganze Zahlen sind. Die entsprechende lineare Kombination von elektrochemischen Potentialen lautet

$$\sum \nu_i \mu_i^e = \sum \nu_i \mu_i^{e^0}(T, P) + kT \sum \nu_i \ln x_i + kT \sum \nu_i \ln f_i\,.\tag{XXI 9}$$

Die Glieder mit ψ fallen hier wegen (XXI 8) heraus, und man sieht, daß gewisse Kombinationen der Ionen-Aktivitätskoeffizienten vom Typus

$$\Pi f_i^{\nu_i}\,,\tag{XXI 10}$$

wo die ν_i der Gl. (XXI 8) genügen, thermodynamisch eindeutig bestimmt sind. Auf dieser Grundlage definiert man nach LEWIS und RANDALL[4] den „mittleren Aktivitätskoeffizienten" eines Elektrolyten. Nehmen wir an, daß der Elektrolyt in ν_+ positive und ν_- negative Ionen von jeweils gleicher Wertigkeit dissoziiert, so gilt

$$\nu_+ z_+ + \nu_- z_- = 0.\tag{XXI 11}$$

Für den mittleren Aktivitätskoeffizienten $f_\pm$ setzt man nun

$$f_\pm^{\nu_+ + \nu_-} = f_+^{\nu_+} f_-^{\nu_-}\,.\tag{XXI 12}$$

---

[1] BJERRUM, N.: Z. Elektrochem. **24**, 325 (1918).
[2] GUGGENHEIM, E. A.: J. Physic. Chem. **33**, 842 (1929).
[3] Diese Normierung kann auch bei Lösungen von Nichtelektrolyten angewendet werden, ist aber dort weniger gebräuchlich.
[4] LEWIS, G. N., u. M. RANDALL: Thermodynamik. (Deutsch von O. REDLICH.) Wien 1927.

Man sieht, daß diese Definition ein Spezialfall von (XXI 10) ist und die $f_\pm$ daher thermodynamisch eindeutig bestimmt sind. Die statistische Theorie führt naturgemäß zunächst auf die individuellen Aktivitätskoeffizienten der Ionen, die zum Vergleich mit den experimentellen Daten auf die mittleren Aktivitätskoeffizienten umgerechnet werden müssen[1].

Der Zusammenhang zwischen dem osmotischen Koeffizienten und den Aktivitätskoeffizienten der Ionen ist für konstante Temperatur und konstanten Druck durch die von BJERRUM[2,3] stammende Gleichung

$$- \left(1 - \sum_i x_i\right) d\left[(1 - g) \ln\left(1 - \sum_i x_i\right)\right] + \sum_i x_i\, d\ln f_i = 0 \qquad \text{(XXI 13)}$$

gegeben, die man leicht aus der GIBBS-DUHEMschen Gleichung ableitet.

Mit Hilfe der Aktivitätskoeffizienten läßt sich in einfacher Weise der charakteristische Unterschied im thermodynamischen Verhalten der Lösungen von Elektrolyten und Nichtelektrolyten veranschaulichen. Abb. 177 zeigt dies an einigen typischen Beispielen. Man sieht, daß die Elektrolyte schon in den verdünntesten Lösungen außerordentlich starke, mit der Wertigkeit zunehmende Abweichungen vom idealen Verhalten zeigen. Die Erklärung dieser auffallenden Eigenschaften (die früher als Anomalien der starken Elektrolyte bezeichnet wurden) stellt das physikalische Problem der statistischen Theorie der Lösungen starker Elektrolyte dar.

Bei allen bisher besprochenen Anwendungen der statistischen Thermodynamik haben wir stets angenommen, daß zwischen den Molekülen nur Kräfte kurzer Reich-

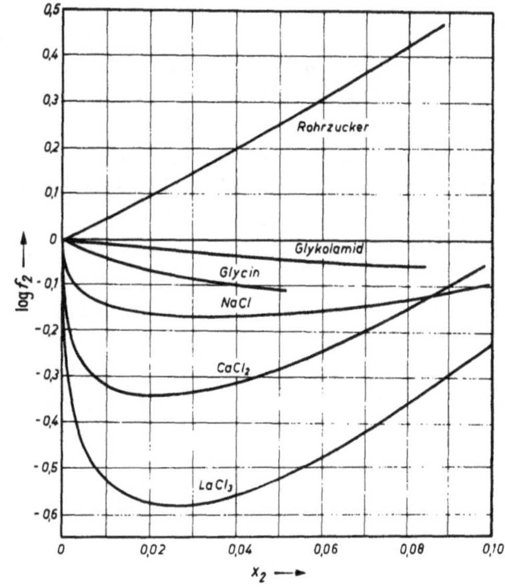

Abb. 177. Aktivitätskoeffizienten verschiedener Elektrolyte und Nichtelektrolyte [entnommen aus: R. A. ROBINSON und R. H. STOKES: Electrolyte Solutions, S. 223. London 1955]

weite wirken. Die sachliche Sonderstellung der Theorie der Lösungen starker Elektrolyte beruht vor allem darauf, daß diese Annahme hier aufgegeben werden muß, da zwischen den Ionen die weitreichenden COULOMBschen Kräfte wirken. Dieser Sachverhalt bedingt die charakteristischen Schwierigkeiten des Problems. Er rechtfertigt andererseits bis zu einem gewissen Grade eine Näherung, die wir zur Grundlage der Formulierung des statistischen Problems machen. Sie besteht darin, daß wir die Ionen als ein „Gas" betrachten, welches in ein kontinuierliches Medium der Dielektrizitätskonstanten D eingebettet ist. Vom Standpunkt der statistischen Theorie gesehen, bedeutet diese Annahme, daß

---

[1] Es ist zu beachten, daß diese Aktivitätskoeffizienten, zumal in der experimentellen Literatur, in formal ganz analoger Weise auch für die Konzentrationseinheiten Mol/l (molar scale) und Mol/kg Lösungsmittel (molal scale) definiert werden. Für die gegenseitige Umrechnung dieser verschiedenen Aktivitätskoeffizienten vgl. die auf S. 759 zitierten Monographien.

[2] BJERRUM, N.: Z. Elektrochem. 24, 325 (1918).

[3] BJERRUM, N.: Z. physik. Chem. 104, 406 (1923).

wir für das Potential der Durchschnittskraft zwischen zwei Ionen i und j bei unendlicher Verdünnung ansetzen

$$w_{ij}(r_{ij}) = \frac{z_i z_j |e|^2}{D \, r_{ij}} + w^*(r_{ij}) \,, \qquad (\text{XXI } 14)^1$$

wo e die Elementarladung ist und der zweite Term der rechten Seite neben der VAN DER WAALSschen Anziehung die bei Überlappung der Elektronenschalen einsetzende starke Abstoßung enthält[2]. Für große Abstände der Ionen ist dieser Ansatz sicher eine sehr gute Näherung; das gleiche gilt für extrem kleine Abstände, bei denen der zweite Term ausschlaggebend wird. Dagegen ist die Formulierung des ersten Terms für kleine Abstände der Ionen offenbar absurd. Die Frage, welcher Fehler dadurch in den Resultaten entsteht, läßt sich vorläufig nur qualitativ beantworten; wir werden darauf in § 21.2 noch einmal zurückkommen. Da wir im folgenden auch die Potentiale der Durchschnittskräfte bei endlichen Konzentrationen benötigen, schreiben wir im Interesse der Einfachheit und Deutlichkeit die durch Gl. (XXI 14) definierten Größen von jetzt ab als wahre zwischenmolekulare Potentiale u_{ij}. Es muß aber stets beachtet werden, daß diese Größen in Wahrheit Potentiale von Durchschnittskräften und somit Funktionen der Zustandsvariablen sind. Für den Ansatz (XXI 14) läuft dies naturgemäß im wesentlichen auf die Berücksichtigung der Temperatur- und Druckabhängigkeit der Dielektrizitätskonstanten D hinaus.

In Kap. VIII, XII und XX haben wir an dem Beispiel der großen Verteilungsfunktion und des thermodynamischen Potentials PV explizit gezeigt, daß es für den statistischen Formalismus unerheblich ist, ob wir in die Verteilungsfunktion die wahren zwischenmolekularen Potentiale oder die Potentiale der Durchschnittskräfte eines Normalzustandes einsetzen. In jedem Falle erhalten wir aus der Verteilungsfunktion die Differenz der thermodynamischen Potentiale für den betrachteten Zustand und den Normalzustand. Bei Benutzung der wahren zwischenmolekularen Potentiale ist der Normalzustand als der Zustand unendlicher Verdünnung $Z \to \bar{\varrho} \to 0$ definiert. Aus der allgemeinen Transformationstheorie der Verteilungsfunktionen können wir, auch ohne expliziten Beweis, schließen, daß dieses Resultat für jede Verteilungsfunktion und das zugehörige thermodynamische Potential gelten muß. Bilden wir also mit den oben eingeführten Potentialen der Durchschnittskräfte bei unendlicher Verdünnung der Lösung die kanonische Verteilungsfunktion, so erhalten wir daraus die Änderung der freien Energie nach HELMHOLTZ gegenüber der unendlich verdünnten Lösung. Diese Größe darf nicht verwechselt werden mit der in Kap. XX benutzten freien Energie der Mischung. Wir werden sie und alle damit zusammenhängenden Funktionen nach dieser Erklärung, in Übereinstimmung mit der Notierung für die Potentiale der Durchschnittskräfte bei unendlicher Verdünnung, im folgenden nicht mehr besonders kennzeichnen. In dem gleichen Sinne werden wir, wenn es nicht auf die spezielle Unterscheidung ankommt, von der freien Energie, der Verteilungsfunktion, der potentiellen Energie usw. schlechthin sprechen.

Wir betrachten nun eine Lösung, welche insgesamt N Ionen von m Sorten, darunter N_s Ionen der Sorte s, enthält. Für die potentielle Energie des Systems können wir schreiben

$$U^{(N)} = U^* + U^{el} \,, \qquad (\text{XXI } 15)$$

wo der erste Term der rechten Seite die Kräfte kurzer Reichweite und U^{el} die COULOMBsche Wechselwirkung enthält. Wir setzen

$$U^{(N)} = \sum_{i < j} u_{ij} \qquad (\text{XXI } 16)$$

---

[1] Das Symbol w_{ij} ist hier in dem strengen Sinne der Theorie des Kap. VIII gemeint.
[2] In $w^*(r_{ij})$ sind also die Kräfte kurzer Reichweite zusammengefaßt, die nach einem (fiktiven) Entfernen der Ladungen übrig bleiben.

mit

$$u_{ij} = u_{ij}^* + u_{ij}^{el} \qquad \text{(XXI 17)}$$

und

$$u_{ij}^{el} = \frac{z_i z_j |e|^2}{D\, r_{ij}} . \qquad \text{(XXI 18)}$$

Mit der Formulierung (XXI 16) haben wir die wechselseitige Polarisation der Ionen vernachlässigt.

Das Konfigurationsintegral lautet

$$Q_\tau = \int \cdots \int e^{-\frac{U^{(N)}}{kT}} \prod_s (d\mathbf{q}_s)^{N_s} . \qquad \text{(XXI 19)}$$

Um das Problem auf eine der expliziten Behandlung zugängliche Form zu bringen, benutzen wir die in § 8.1 besprochene KIRKWOODsche Methode, die, wie schon erwähnt, ursprünglich aus den Gedankengängen der Elektrolyttheorie hervorgegangen ist. Wir führen also auch hier, unter Beschränkung auf die COULOMBsche Wechselwirkung, Kopplungsparameter ein und setzen

$$U^{(N)} = U^* = \sum_{i<j} a_i\, a_j\, u_{ij}^{el} , \qquad \text{(XXI 20)}$$

wo a_i zwischen Null und Eins variieren kann. Die Verteilungsfunktion hängt dann auch von den Kopplungsparametern ab in der Weise, daß jeweils das Ion i den Bruchteil a_i seiner vollen Ladung trägt. Wir nehmen nun an, daß nur für ein bestimmtes Ion α der Kopplungsparameter von Eins verschieden ist. Dann können wir die Wechselwirkung dieses Ions mit allen übrigen abtrennen und schreiben

$$U^{(N)} = U^{(N-1)} + \sum_{j=1}^{N} u_{\alpha j}^* + a_\alpha U_\alpha^{(N)} \quad (j \neq \alpha) \qquad \text{(XXI 21)}$$

mit

$$U_\alpha^{(N)} = \sum_{j=1}^{N} u_{\alpha j}^{el} \quad (j \neq \alpha) . \qquad \text{(XXI 22)}$$

Gehen wir damit in das Konfigurationsintegral ein, so erhalten wir

$$Q_\tau(a_\alpha) = \int \cdots \int e^{-\frac{U^{(N-1)} + \sum\limits_{j=1}^{N} u_{\alpha j} + a_\alpha U_\alpha^{(N)}}{kT}} \prod_s (d\mathbf{q}_s)^{N_s} . \qquad \text{(XXI 23)}$$

Daraus folgt durch logarithmische Differentiation nach a_α

$$\frac{\partial \ln Q_\tau(a_\alpha)}{\partial a_\alpha} = -\frac{\overline{U_\alpha^{(N)}(a_\alpha)}}{kT} \qquad \text{(XXI 24)}$$

mit

$$\overline{U_\alpha^{(N)}(a_\alpha)} = \frac{\displaystyle\int U_\alpha^{(N)} e^{-\frac{U^{(N-1)} + \Sigma u_{\alpha j}^* + a_\alpha U_\alpha^{(N)}}{kT}}\, d\mathbf{q}}{\displaystyle\int e^{-\frac{U^{(N-1)} + \Sigma u_{\alpha j}^* + a_\alpha U_\alpha^{(N)}}{kT}}\, d\mathbf{q}} . \qquad \text{(XXI 25)}$$

Wir schreiben nun die freie Energie nach HELMHOLTZ in der Form

$$F = F^* + F^{el} , \qquad \text{(XXI 26)}$$

wo nur F^{el} von den a_i abhängt und verschwindet, wenn alle a_i Null werden. Die Größe $U_\alpha^{(N)}$ ist definitionsgemäß die COULOMBsche Energie des Ions α im Felde der übrigen Ionen. Bezeichnen wir also mit ψ_α das elektrische Potential an der Stelle des Ions α, vermindert um den von der Ladung dieses Ions herrührenden

Anteil, so gilt nach Gl. (XXI 24) und (XXI 26)

$$\frac{\partial F^{el}}{\partial a_\alpha} = z_\alpha |e| \, \overline{\psi}_\alpha \, . \qquad \text{(XXI 27)}$$

Führen wir diese Betrachtung für alle anwesenden Ionen durch, so erhalten wir

$$dF^{el} = \sum_{i=1}^{N} z_i |e| \, \overline{\psi}_i \, da_i \, , \qquad \text{(XXI 28)}$$

wo das Differential dF^{el} für konstante Werte der Zustandsgrößen zu verstehen ist. Da unter diesen Bedingungen dF^{el} als Funktion der Kopplungsparameter ein vollständiges Differential ist, muß gelten

$$z_\alpha \frac{\partial \overline{\psi}_\alpha}{\partial a_\beta} = z_\beta \frac{\partial \overline{\psi}_\beta}{\partial a_\alpha} = \cdots . \qquad \text{(XXI 29)}$$

Diese Integrabilitätsbedingungen liefern ein Kriterium für die innere Konsistenz bei näherungsweisen Berechnungen von $\overline{\psi}_\alpha$. Der auf der COULOMBschen Wechselwirkung beruhende Term der freien Energie nach HELMHOLTZ ergibt sich unmittelbar durch Integration der Gl. (XXI 28). Dabei geht man zweckmäßig so vor, daß man alle Ionen gleichzeitig in demselben Verhältnis auflädt. Wir benötigen dann nur einen Kopplungsparameter, den wir mit a bezeichnen, und erhalten

$$F^{el} = \int_0^1 \sum_{i=1}^{N} z_i |e| \, \overline{\psi}_i \, da \, . \qquad \text{(XXI 30)}$$

Dieser Weg zur Berechnung der thermodynamischen Funktionen wird der DEBYEsche Aufladungsprozeß genannt. Eine etwas andere Methode, die einfacher ist, wenn man nur die Aktivitätskoeffizienten der Ionen benötigt, haben wir in § 8.1 entwickelt. Nachdem wir im Vorangehenden die Anwendung der Theorie auf Elektrolytlösungen erklärt haben, können wir die betreffenden Gleichungen ohne nochmalige Ableitung einfach übernehmen. Bezeichnen wir mit μ_s^{el} den COULOMB-Term des elektrochemischen Potentials der Ionensorte s, so folgt aus Gl. (VIII 69)

$$\mu_s^{el} = \int_0^1 z_s |e| \, \overline{\psi}_s(a_s) \, da_s \, . \qquad \text{(XXI 31)}$$

Diese elegante Methode wird als GÜNTELBERGscher Aufladungsprozeß[1] bezeichnet. Aus (VIII 70) erhalten wir als der Gl. (XXI 31) äquivalente Beziehung

$$\mu_s^{el} = \sum_{j=1}^{m} \frac{N_j}{V} \int_0^1 \!\! \int u_{sj}^{el} \, g_{sj}^{(2)}(a_s) \, d\mathbf{q}_j \, da_s \, . \qquad \text{(XXI 32)}$$

Hier ist $g_{sj}^{(2)}$ die radiale Verteilungsfunktion für Paare aus je einem Ion der Sorten s und j, von denen das erstere den Bruchteil a_s seiner vollen Ladung trägt. Die Übereinstimmung der nach (XXI 30) und (XXI 31) erhaltenen Ergebnisse liefert ein weiteres Konsistenz-Kriterium.

Mit den vorstehenden Überlegungen haben wir das Problem auf die Berechnung des elektrischen Potentials $\overline{\psi}_s(a_s)$ oder der radialen Verteilungsfunktion $g_{sj}^{(2)}(a_s)$ zurückgeführt. Diese beiden Größen sind durch Gl. (VIII 64) miteinander verknüpft. Für COULOMBsche Kräfte läßt sich der Zusammenhang zwischen $\overline{\psi}$ und $g^{(2)}$ noch auf einem anderen Wege ableiten.

Wir greifen wieder ein Ion α heraus und machen seinen Mittelpunkt zum Koordinatenursprung. Mit $\psi(r)$ bezeichnen wir das elektrische Potential, mit

---

[1] BJERRUM, N.: Z. physik. Chem. **119**, 145 (1926).

$\varrho^{el}(r)$ die Ladungsdichte im Abstand r vom Ursprung. Diese beiden Größen hängen durch die Poissonsche Gleichung

$$\Delta \psi(r) = - \frac{4\pi}{D} \varrho^{el}(r) \qquad (XXI\ 33)$$

miteinander zusammen. In atomaren Dimensionen hat diese aus der Kontinuumstheorie abgeleitete Beziehung offenbar nur einen Sinn, wenn wir für die auftretenden Funktionen Mittelwerte einsetzen. Bilden wir den Mittelwert von $\psi(r)$ bei festgehaltenem Ion α über alle Konfigurationen der übrigen Ionen, so können wir diese Größe in Anlehnung an die in § 8.2 gebrauchte Notierung mit $^{\alpha}\overline{\psi}(r)$ bezeichnen. Der in gleicher Weise gebildete Mittelwert der Ladungsdichte ist durch die radialen Verteilungsfunktionen gegeben gemäß

$$^{\alpha}\overline{\varrho}^{el}(r) = \sum_{s=1}^{m} \frac{z_s |e| N_s}{V} g_{\alpha s}^{(2)} \qquad (XXI\ 34)$$

mit

$$g_{\alpha s}^{(2)} = e^{-\frac{W_{\alpha s}^{(2)}}{kT}} . \qquad (XXI\ 35)$$

Hier ist $W_{\alpha s}^{(2)}$ das Potential der bei festgehaltenem Ion α auf das Ion s wirkenden Durchschnittskraft. Setzen wir die angeführten Mittelwerte in (XXI 33) ein, so erhalten wir die Poissonsche Gleichung in der Form

$$\Delta\,^{\alpha}\overline{\psi}(r) = - \frac{4\pi}{D} \sum_{s=1}^{m} \frac{z_s |e| N_s}{V} e^{-\frac{W_{\alpha s}^{(2)}}{kT}} . \qquad (XXI\ 36)$$

Nach der vorstehenden Ableitung könnte man annehmen, daß Gl. (XXI 36) nur eine Näherung darstellt, deren Gültigkeit durch die Anwendbarkeit von Begriffen der Kontinuumstheorie auf das vorliegende Problem begrenzt wird. Tatsächlich ist diese Ansicht, die sich auch in der Literatur findet[1], unzutreffend. Kombiniert man nämlich die Gl. (XXI 31) und (XXI 32) in einer der Gl. (VIII 64) entsprechenden Weise, fügt noch das Eigenpotential des Ions α hinzu und bildet die Laplacesche Ableitung, so kommt man unmittelbar auf Gl. (XXI 36)[2]. Diese ist somit exakt gültig; sie läßt sich aber nicht ohne weiteres lösen, da sie zwei unbekannte Funktionen von r enthält.

§ 21.2. Die Debye-Hückelsche Näherung

Der erste Versuch zu einer Berechnung des Konfigurationsintegrals (XXI 19) wurde von Milner[3] unternommen, der das Problem korrekt formulierte und zu einer Näherungslösung gelangte, die allerdings heute nur noch historisches Interesse besitzt. Den Ausgangspunkt der modernen Theorie der Lösungen starker Elektrolyte bildet eine von Debye und Hückel[4] entwickelte Theorie, die zwar ebenfalls nur eine Approximation darstellt, aber unter der Voraussetzung (XXI 14) das korrekte Grenzgesetz für unendliche Verdünnung liefert. Bei der Darstellung der Theorie gehen wir von den Gleichungen des § 21.1 aus, um die Natur der Näherung deutlich zu machen.

---

[1] Fowler, R. H., u. E. A. Guggenheim: Statistical Thermodynamics, p. 386, 389. Cambridge 1949.
[2] Da wir in § 21.4 eine ähnliche Ableitung ausführlich behandeln, verzichten wir an dieser Stelle auf eine Wiedergabe der Rechnung.
[3] Milner, S. R.: Philosophic. Mag. 23, 551 (1912).
[4] Debye, P., u. E. Hückel: Physik. Z. 24, 185 (1923).

Die Grundlage der DEBYE-HÜCKELschen Theorie bildet die Benutzung der POISSONschen Gleichung zur Berechnung des Potentials $^{\alpha}\overline{\psi(r)}$. Die wesentliche Näherungsannahme besteht darin, daß für das Potential der Durchschnittskraft gesetzt wird

$$W^{(2)}_{\alpha\beta} = z_\beta |e|^\alpha \overline{\psi(r)} \,. \tag{XXI 37}$$

Da definitionsgemäß $W^{(2)}_{\alpha\beta} = W^{(2)}_{\beta\alpha}$ ist, folgt aus dieser Annahme, daß allgemein gelten muß

$$\frac{^{\alpha}\overline{\psi(r)}}{z_\alpha} = \frac{^{\beta}\overline{\psi(r)}}{z_\beta} = \cdots \,. \tag{XXI 38}$$

Diese Relation kann dazu dienen, die innere Konsistenz der aus der Annahme (XXI 37) abgeleiteten Lösungen des Problems zu prüfen. Setzen wir den Ausdruck (XXI 37) in Gl. (XXI 36) ein und schreiben zur Vereinfachung $\psi(r)$ statt $^{\alpha}\overline{\psi(r)}$, so erhalten wir

$$\Delta \psi(r) = -\frac{4\pi}{D} \sum_{s=1}^{m} \frac{z_s |e| N_s}{V} e^{-\frac{z_s |e| \psi(r)}{kT}} \,. \tag{XXI 39}$$

Diese Gleichung, die in der Literatur gewöhnlich als POISSON-BOLTZMANNsche Gleichung bezeichnet wird, bildet die Grundgleichung der DEBYE-HÜCKELschen Theorie. Die Randbedingungen für die Lösung sind, daß $\psi(r)$ im Unendlichen verschwindet und die Lösung als Ganzes elektrisch neutral ist[1].

Die Lösung der nichtlinearen Differentialgleichung (XXI 39) ist zwar möglich, aber sehr umständlich. DEBYE und HÜCKEL führen daher eine weitere Näherung ein, indem sie unter der Voraussetzung $z_s |e| \, \psi(r)/kT \ll 1$ die e-Funktion bis zum linearen Glied entwickeln. Da die Lösung als Ganzes elektrisch neutral ist, gilt

$$\sum_s N_s z_s = 0 \,. \tag{XXI 40}$$

Der erste Term der Entwicklung verschwindet somit und wir erhalten die lineare Differentialgleichung

$$\Delta\psi(r) = \varkappa^2 \, \psi(r) \tag{XXI 41}$$

mit

$$\varkappa^2 = \frac{4\pi \sum\limits_{s=1}^{m} N_s \, z_s^2 |e|^2}{V D \, kT} \,. \tag{XXI 42}$$

Dabei gelten die gleichen Randbedingungen wie vorher. Die allgemeinste kugelsymmetrische Lösung der Gl. (XXI 41) lautet

$$\psi(r) = A \, \frac{e^{-\varkappa r}}{r} + B \, \frac{e^{\varkappa r}}{r} \,. \tag{XXI 43}$$

Da $\psi(r)$ im Unendlichen verschwinden soll, muß

$$B = 0 \tag{XXI 44}$$

sein. Um die Konstante A zu bestimmen, nehmen wir an, daß alle Ionen starre Kugeln vom Durchmesser σ sind[2]. Es muß dann gelten

$$4\pi \int_{\sigma}^{\infty} r^2 \, {}^{\alpha}\overline{\varrho}^{el}(r) \, dr = -z_\alpha |e| \,. \tag{XXI 45}$$

---

[1] Die letztere Forderung ist natürlich in dieser Form keine Randbedingung im gewöhnlichen Sinne; sie ist aber einer solchen äquivalent. Die eigentliche Randbedingung ist, daß die elektrische Induktion $-D \dfrac{\partial \psi}{\partial r}$ an der Grenze zwischen dem Ion und der Lösung stetig sein muß.

[2] In der Literatur wird diese Größe gewöhnlich mit a bezeichnet.

In der Debye-Hückelschen Näherung ist

$$\alpha \bar{\varrho}^{el}(r) = - \sum_{s=1}^{m} \frac{z_s^2 |e|^2 N_s}{k T V} \psi(r) \,.$$ (XXI 46)

Setzen wir dies in (XXI 45), so wird mit Benutzung von (XXI 42) und (XXI 43)

$$A D \varkappa^2 \int_\sigma^\infty r\, e^{-\varkappa r}\, dr = z_\alpha |e| \,.$$ (XXI 47)

Daraus folgt durch partielle Integration

$$A = \frac{z_\alpha |e|}{D} \frac{e^{\varkappa \sigma}}{1 + \varkappa \sigma} \,.$$ (XXI 48)

Setzen wir diesen Wert in Gl. (XXI 43) ein, so folgt schließlich

$$\psi(r) = \frac{z_\alpha |e|}{D\, r} \frac{e^{-\varkappa(r-\sigma)}}{1 + \varkappa \sigma} \,.$$ (XXI 49)

Für $r = \sigma$ wird im besonderen

$$\psi(\sigma) = \frac{z_\alpha |e|}{D\, \sigma} \frac{1}{1 + \varkappa \sigma} \,.$$ (XXI 50)

Subtrahieren wir hiervon den durch die Ladung des Ions α bedingten Anteil, so erhalten wir für die in § 21.1 eingeführte Größe $\overline{\psi}_\alpha$ den Ausdruck

$$\overline{\psi}_\alpha = \frac{z_\alpha |e|}{D\, \sigma} \frac{1}{1 + \varkappa \sigma} - \frac{z_\alpha |e|}{D\, \sigma} = - \frac{z_\alpha |e|}{D} \frac{\varkappa}{1 + \varkappa \sigma} \,.$$ (XXI 51)

Die Funktion $\overline{\psi}_\alpha(a_\alpha)$ ergibt sich daraus, indem überall $z_\alpha |e|$ durch $a_\alpha z_\alpha |e|$ ersetzt wird.

Die Berechnung der thermodynamischen Funktionen kann nun ohne weiteres nach den Formeln des § 21.1 erfolgen[1]. Wir wählen hier den Debyeschen Aufladungsprozeß (XXI 30) und erhalten

$$F^{el} = - \sum \frac{N_s z_s^2 |e|^2 \varkappa}{D} \int_0^1 \frac{a^2}{1 + a \varkappa \sigma}\, da$$ (XXI 52)

oder

$$F^{el} = - \frac{\sum N_s z_s^2 |e|^2 \varkappa}{3 D} \tau(\varkappa \sigma) \,,$$ (XXI 53)

wo $\tau(x)$ die Funktion

$$\begin{aligned}
\tau(x) &= \frac{3}{x^3} \left[\ln(1+x) - x + \frac{1}{2} x^2 \right] \\
&= 1 - \frac{3}{4} x + \frac{3}{5} x^2 - \frac{3}{6} x^3 + \frac{3}{7} x^4 - \cdots
\end{aligned}$$ (XXI 54)

bezeichnet. Für $\varkappa \sigma \to 0$ gilt danach $\tau(\varkappa \sigma) \to 1$. Da nach Gl. (XXI 42) $\varkappa$ proportional der Wurzel aus der Konzentration ist, können wir für extrem verdünnte Lösungen schreiben

$$F^{el} = - \frac{\sum N_s z_s^2 |e|^2 \varkappa}{3 D} \,. \qquad (\varkappa \to 0)$$ (XXI 55)

Dieser Ausdruck wird gewöhnlich als das Debye-Hückelsche Grenzgesetz bezeichnet. Der Parameter σ kommt in dieser Gleichung nicht mehr vor.

Für den Vergleich mit den experimentellen Daten ist es zweckmäßig, an Stelle der freien Energie nach Helmholtz die freie Energie nach Gibbs zu verwenden.

---

[1] Den Beweis, daß die Lösung (XXI 51) die Integrabilitätsbedingungen (XXI 29) erfüllt, bringen wir in § 21.3.

Man gelangt dazu durch folgende Überlegung. Die durch Gl. (XXI 28) gegebene Größe dF^{el} ist thermodynamisch gleich der an dem System bei der Aufladung unter der Bedingung konstanten Volumens geleisteten elektrischen Arbeit. Nehmen wir die Aufladung unter konstantem Druck vor, so ändert sich infolge der endlichen Kompressibilität der Lösung das Volumen, und es muß eine zusätzliche Arbeit $-P\,dV$ geleistet werden. Wir haben daher

$$dF^{el} = \sum_{i=1}^{N} z_i |e|\, \overline{\psi}_i\, da_i - P\,dV \;. \qquad \text{(XXI 56)}$$

Wegen $P=\text{const}$ folgt daraus

$$dG^{el} = dF^{el} + d(PV) = \sum_{i=1}^{N} z_i |e|\, \overline{\psi}_i\, da_i \;. \qquad \text{(XXI 57)}$$

Für die Integration muß grundsätzlich beachtet werden, daß in $\varkappa$ das Volumen auftritt, welches sich nun bei der Aufladung ändert. Tatsächlich ist dieser Effekt aber so klein, daß er völlig vernachlässigt werden kann. Wir erhalten daher

$$G^{el} = - \frac{\sum_s N_s\, z_s^2 |e|^2\, \varkappa}{3\,D}\, \tau(\varkappa\,\sigma) \;, \qquad \text{(XXI 58)}$$

wo $\tau(x)$ wieder durch Gl. (XXI 54) gegeben ist.

Aus Gl. (XXI 58) bekommen wir sofort für den Coulomb-Term im elektrochemischen Potential des Wassers

$$\mu_1^{el} = \frac{\partial G^{el}}{\partial \varkappa}\, \frac{\partial \varkappa}{\partial V}\, \frac{\partial V}{\partial N_1} = \frac{\sum_s N_s\, z_s^2 |e|^2}{3\,D}\, \frac{\varkappa}{2\,V}\, v_1\, \varphi(\varkappa\,\sigma) \;, \qquad \text{(XXI 59)}$$

wo v_1 das partielle Molekülvolumen des Wassers bezeichnet und die Funktion $\varphi(\varkappa\,\sigma)$ durch

$$\begin{aligned}
\varphi(x) &= \frac{3}{x^3}\left[1 + x - \frac{1}{1+x} - 2\ln(1+x)\right] \\
&= 1 - 3\cdot\frac{2}{4}\,x + 3\cdot\frac{3}{5}\,x^2 - 3\cdot\frac{4}{6}\,x^3 + 3\cdot\frac{5}{7}\,x^4 - \cdots
\end{aligned} \qquad \text{(XXI 60)}$$

definiert ist. Da, wie wir noch genauer erörtern werden, eine Anwendung der Formeln ohnehin nur für sehr verdünnte Lösungen in Betracht kommt, können wir zur Berechnung des osmotischen Koeffizienten an Stelle von Gl. (XX 15) die Näherungsformel

$$\mu_1^{el} = (1 - g)\, v_1\, \frac{kT}{V}\, \sum_s N_s \qquad \text{(XXI 61)}$$

verwenden. Das ergibt mit (XXI 59)

$$1 - g = \frac{|e|^2\,\varkappa}{6\,D\,kT}\, \frac{\sum_s N_s\, z_s}{\sum_s N_s}\, \varphi(\varkappa\,\sigma) \;. \qquad \text{(XXI 62)}$$

Für den Coulomb-Term im elektrochemischen Potential eines Ions folgt aus Gl. (XXI 58)

$$\mu_s^{el} = - \frac{z_s^2 |e|^2}{2\,D}\, \frac{\varkappa}{1 + \varkappa\,\sigma} + \frac{\sum_s N_s\, z_s^2 |e|^2}{3\,D}\, \frac{\varkappa}{2\,V}\, v_s\, \varphi(\varkappa\,\sigma) \;, \qquad \text{(XXI 63)}$$

wo v_s das partielle Molekülvolumen der Ionensorte s ist. Der Aktivitätskoeffizient wird daher mit Benutzung von (XXI 42)

$$\ln f_s = - \frac{z_s^2 |e|^2}{2\,D\,kT}\, \frac{\varkappa}{1 + \varkappa\,\sigma} + \frac{\varkappa^3\, v_s}{24\,\pi}\, \varphi(\varkappa\,\sigma) \;. \qquad \text{(XXI 64)}$$

Bei den Konzentrationen, für welche die Theorie überhaupt in Betracht kommt, ist $\varkappa^3 v_s \ll 1$ und somit der zweite Term der rechten Seite völlig zu vernachlässigen. Wenn wir dies tun, erhalten wir mit Gl. (XXI 11) und (XXI 12) für den mittleren Aktivitätskoeffizienten eines Elektrolyten

$$\ln f_{\pm} = \frac{z_+ z_- |e|^2}{2 D k T} \frac{\varkappa}{1 + \varkappa \sigma} \, . \tag{XXI 65}$$

Aus (XXI 62) und (XXI 65) ergeben sich die Grenzgesetze

$$1 - g = \frac{|e|^2 \varkappa}{6 D k T} \frac{\sum\limits_s N_s z_s}{\sum\limits_s N_s} \qquad (\varkappa \to 0) \tag{XXI 66}$$

und

$$\ln f_{\pm} = \frac{z_+ z_- |e|^2 \varkappa}{2 D k T} \, . \qquad (\varkappa \to 0) \tag{XXI 67}$$

Bevor wir die hier entwickelte Theorie mit experimentellen Daten vergleichen, wollen wir versuchen, uns eine etwas präzisere Vorstellung über den voraussichtlichen Bereich ihrer Anwendbarkeit zu verschaffen. Wir betrachten dazu konzentrische Kugelschalen um ein herausgegriffenes Ion α. Die mittlere Ladung einer solchen Schale ist nach Gl. (XXI 47) und (XXI 48)

$$- z_\alpha |e| \frac{e^{\varkappa \sigma}}{1 + \varkappa \sigma} \varkappa^2 e^{-\varkappa r} r \, d r \, . \tag{XXI 68}$$

Dieser Ausdruck hat ein Maximum an der Stelle r_{max}, die sich aus der Gleichung

$$\frac{d}{d r} (e^{-\varkappa r} r) = 0 \tag{XXI 69}$$

ergibt. Es ist somit

$$r_{max} = 1/\varkappa \, . \tag{XXI 70}$$

Die Größe $1/\varkappa$ wird daher als mittlere Dicke der Ionenwolke bezeichnet. Wir führen nun die ,,Ionenstärke'' (ionic strength) I ein durch die Gleichung

$$I = \frac{10^3 \sum\limits_s N_i z_i^2}{2 N_L V} \, . \tag{XXI 71}$$

Nach dieser Definition ist für einen 1—1-wertigen Elektrolyten die Ionenstärke numerisch gleich der Konzentration in Mol/l. Für Wasser von $0°\,C$ gilt mit $D = 88{,}23$

$$\varkappa = 0{,}324 \cdot 10^8 \, I^{1/2} \, \mathrm{cm}^{-1} \, . \tag{XXI 72}$$

Es wird somit

$$\frac{1}{\varkappa} = \frac{3.08}{I^{1/2}} \, \text{Å} \, . \tag{XXI 73}$$

Aus dieser Formel ergibt sich, daß für $I = 0{,}01$ die mittlere Dicke der Ionenwolke etwa 30 Å beträgt, während sie für $I = 1$ den Wert von etwa 3 Å hat und somit dem Durchmesser eines Ions vergleichbar ist. Im letzteren Falle ist wahrscheinlich schon der Ansatz für das Potential der Durchschnittskraft bei unendlicher Verdünnung, und damit die Grundlage der gesamten Theorie, nicht mehr brauchbar. Ferner wird die schematische Darstellung aller Kräfte kurzer Reichweite durch den Parameter σ um so größere Diskrepanzen verursachen, je kleiner die mittlere Dicke der Ionenwolke ist. Es kann daher von vornherein nur erwartet werden, daß die Theorie unter der Voraussetzung $1/\varkappa \gg a$ vernünftige Resultate liefert. Die Versuchsbedingungen müssen daher so gewählt werden, daß für ein herausgegriffenes Ion der wesentliche Anteil der entgegengesetzten Ladung im Mittel hinreichend weit entfernt ist. Danach kommen für den Vergleich zwischen Theorie und Experiment nur sehr verdünnte Lösungen in Betracht; die Konzentration muß um so niedriger sein, je höher die Wertigkeit der Ionen ist.

Das durchsichtigste Verfahren zur experimentellen Prüfung der Theorie würden Messungen bei so hohen Verdünnungen sein, daß bereits die Grenzgesetze (XXI 66) und (XXI 67) anwendbar sind. Dieser Weg ist indessen praktisch nicht gangbar, weil die dazu erforderlichen Verdünnungen sich experimentell nicht mehr beherrschen lassen. Beispielsweise ist[1] für $\sigma \approx 3 \cdot 10^{-8}$ cm und $I = 10^{-2}$ $\varphi(0,1) = 0,866$. Für $I = 10^{-3}$ ist immer noch $\varphi = 0,954$. Es ist daher notwendig, von den Gl. (XXI 62) und (XXI 65) auszugehen, die den Ionendurchmesser σ enthalten. Es liegt in der Natur der Sache, daß diese Größe als adjustierbarer Parameter behandelt werden muß, bei dem man, ähnlich wie im Falle der Energieparameter des Gittermodells (Kap. XX), nur fragen kann, ob die Größenordnung der Werte vernünftig ist. Für den Vergleich mit experimentellen Daten wählen wir das System NaCl-Wasser, da dieses gewissermaßen den Prototyp der Lösungen starker Elektrolyte darstellt und zusätzliche Komplikationen (Assoziation, unvollständige Dissoziation usw.) nicht zu erwarten sind. In Tab. 61 sind die experimentellen mit den nach Gl. (XXI 65) und (XXI 67) berechneten mittleren Aktivitätskoeffizienten des NaCl zusammengestellt.

Tabelle 61. *Theoretische und experimentelle Aktivitätskoeffizienten für* NaCl *und Wasser*

c [Mol/l]	$-\log f_{\pm}$ experim. Werte	Gl. (XXI 67)	Gl. (XXI 65)	
			$\sigma = 4,8$ Å	$\sigma = 4,0$ Å
0,001	0,0155	0,0161	0,0153	0,0155
0,002	0,0214	0,0227	0,0212	0,0214
0,005	0,0327	0,0359	0,0323	0,0328
0,01	0,0446	0,0508	0,0439	0,0449
0,02	0,0599	0,0719	0,0588	0,0606
0,05	0,0859	0,1137	0,0841	0,0879
0,1	0,1072	0,1607	0,1073	0,1136
0,2	0,1308	0,2270	0,1333	0,1431
0,5	0,1593	0,3579	0,1697	0,1860
1,0	0,1671	0,5038	0,1967	0,2189
2,0	0,1453	0,7058	0,2215	0,2500
4,0	0,0477	0,9787	0,2427	0,2774
6,0	—0,0789	1,1727	0,2531	0,2911

Entnommen aus: R. A. Robinson u. R. H. Stokes: Electrolyte Solutions, S. 234. London 1955.

Man sieht daraus einmal die deutliche Annäherung der Werte an das Grenzgesetz, so daß dieses wenigstens indirekt als bestätigt gelten kann. Weiter bemerkt man, daß bis zu einer Konzentration von etwa 0,02 Mol/l die experimentellen Werte von der Theorie mit $\sigma = 4,0$ Å sehr genau wiedergegeben werden. Bei höheren Konzentrationen treten rasch zunehmende Abweichungen auf. Mit dem Werte $\sigma = 4,8$ Å kann man eine leidliche Übereinstimmung bis zu einer Konzentration von etwa 0,1 Mol/l erzielen. Die angegebenen Zahlen für den mittleren Ionendurchmesser sind zwar nicht unerheblich größer als der aus dem NaCl-Kristall berechnete Wert von 2,79 Å [2,3]. Da aber der Ionendurchmesser nur größenord-

---

[1] Fowler, R. H., u. E. A. Guggenheim: Statistical Thermodynamics. Cambridge 1949.
[2] Landolt-Börnstein: Zahlenwerte und Funktionen, Bd. I 4a. Berlin 1955.
[3] Die angeführte Zahl ist die Summe von Goldschmidt berechneten Werte für die Radien des Na^+- und des Cl^--Ions.

nungsmäßig als eine Eigenschaft des Ions betrachtet werden kann, während der genaue Zahlenwert von dem jeweiligen System und der Art der Berechnung abhängt, kann diese Übereinstimmung als ausreichend angesehen werden. Wir dürfen daher sagen, daß die DEBYE-HÜCKELsche Theorie für verdünnte Lösungen von NaCl in Wasser experimentell gut bestätigt wird.

In einer Reihe von Fällen liegen die Verhältnisse allerdings wesentlich ungünstiger, da man hier zur Anpassung an die experimentellen Daten σ-Werte benötigt, die nicht nur kleiner als die aus den Kristallgittern ermittelten Zahlen, sondern manchmal sogar ≤ 0 sind. Man darf aber aus dem obigen Ergebnis wohl schließen, daß diese Diskrepanzen nicht auf die DEBYE-HÜCKELsche Näherung zurückzuführen sind, sondern dadurch erklärt werden müssen, daß der allgemeine Ansatz des § 21.1 der physikalischen Situation nicht mehr angemessen ist. Für eine ausführlichere Diskussion dieser Frage verweisen wir auf die in § 21.1 zitierte Literatur.

§ 21.3. Diskussion der DEBYE-HÜCKELschen Theorie

Die experimentelle Erfahrung spricht, wie wir gesehen haben, dafür, daß die DEBYE-HÜCKELschen Grenzgesetze exakt gültig sind und daß die Theorie, wenn wir von der etwas undurchsichtigen Definition des Parameters σ absehen, auch im Gebiete niedriger endlicher Konzentrationen korrekt ist. Im Hinblick auf die große Bedeutung der Frage erscheint es jedoch dringend wünschenswert, dieses Ergebnis durch eine einwandfreie theoretische Deduktion zu stützen. Die ursprüngliche Theorie von DEBYE und HÜCKEL ist im wesentlichen das Ergebnis einer genialen Intuition und läßt sich für eine deduktive Begründung kaum verwenden. Die Darstellung, die wir in § 21.2 gegeben haben, läßt zwar erkennen, *welche* Näherungen eingeführt werden; das Wesen dieser Näherungen bleibt aber auch hier unklar. Die strengere Analyse des Problems geht vor allem auf die Arbeiten von KRAMERS[1], FOWLER[2], ONSAGER[3, 4] und KIRKWOOD[5] zurück. Sie hat in neuester Zeit durch die Untersuchungen von J. E. MAYER[6] sowie KIRKWOOD und POIRIER[7] einen gewissen Abschluß erfahren, der die Gültigkeit der Grenzgesetze in vollem Umfange bestätigt. Dieser Beweis erfordert indessen eine völlige Loslösung von den Ansätzen der DEBYE-HÜCKELschen Theorie. Wir werden darauf in § 21.4 eingehen und beschränken uns hier zunächst darauf, die innere Konsistenz der DEBYE-HÜCKELschen Näherung nachzuweisen und die Natur derselben, soweit dies ohne allgemeinere Formulierungen möglich ist, kurz zu besprechen. Im Anschluß daran behandeln wir einige Versuche, die DEBYE-HÜCKELsche Theorie auf das Gebiet höherer Konzentrationen auszudehnen.

Von den verschiedenen in § 21.1 und 21.2 abgeleiteten Konsistenzkriterien haben wir zunächst die Gl. (XXI 38) zu betrachten, die bereits die grundlegende Näherung (XXI 37) voraussetzen und sich also auf die Frage beziehen, ob die danach eingeführten weiteren Näherungen in sich konsistent sind. Aus Gl. (XXI 49) folgt unmittelbar, daß dies der Fall ist, da $^{\alpha}\overline{\psi(r)}$ proportional z_α ist und somit die

[1] KRAMERS, H. A.: Proc. Acad. Sci. Amsterdam **30**, 145 (1927).
[2] FOWLER, R. H.: Trans. Faraday Soc. **23**, 434 (1927).
[3] ONSAGER, L.: Physik. Z. **28**, 277 (1927).
[4] ONSAGER, L.: Chem. Rev. **13**, 73 (1933).
[5] KIRKWOOD, J. G.: J. Chem. Phys. **2**, 767 (1934).
[6] MAYER, J. E.: J. Chem. Phys. **18**, 1426 (1950).
[7] KIRKWOOD, J. G., u. J. C. POIRIER: J. Physic. Chem. **58**, 591 (1954).

Gl. (XXI 38) erfüllt sind. Als nächstes haben wir zu prüfen, ob die Integrabilitätsbedingungen (XXI 29) erfüllt sind. Dazu schreiben wir die Gl. (XXI 42) als
Funktion der a_i

$$\varkappa^2(a_i) = \frac{4\pi \sum\limits_{i=1}^{N} a_i^2 z_i^2 |e|^2}{V\,D\,kT}.$$

(XXI 74)

Daraus folgt

$$\frac{\partial \varkappa(a_i)}{\partial a_\beta} = \frac{4\pi\, a_\beta\, z_\beta^2 |e|^2}{\varkappa(a_i)\,D\,kT}.$$

(XXI 75)

Mit Benutzung dieser Formel erhalten wir aus Gl. (XXI 51)

$$z_\alpha \frac{\partial \overline{\psi}_\alpha}{\partial a_\beta} = -\frac{a_\alpha z_\alpha^2 |e|^2}{D}\,\frac{4\pi\, a_\beta\, z_\beta^2 |e|^2}{\varkappa(a_i)\,D\,kT}\,\frac{1}{[1 + \varkappa(a_i)\,\sigma]^2}.$$

(XXI 76)

Der Ausdruck auf der rechten Seite ist vollkommen symmetrisch in α und β, so
daß (XXI 29) automatisch erfüllt ist. Schließlich berechnen wir noch den Aktivitätskoeffizienten der Ionensorte s mit Hilfe des GÜNTELBERGschen Aufladungsprozesses. Dabei ist allerdings zu beachten, daß wir die Äquivalenz dieses Prozesses mit dem DEBYEschen Aufladungsprozeß bisher nur für die freie Energie
nach HELMHOLTZ, d. h. für Aufladung bei konstantem Volumen nachgewiesen
haben, während der Berechnung der Aktivitätskoeffizienten eine Aufladung bei
konstantem Druck zugrunde liegt. Gl. (XXI 31) kann daher nicht ohne weiteres
angewendet werden. Der COULOMB-Term des elektrochemischen Potentials
läßt sich zwar auch jetzt nach dem gleichen Prinzip direkt berechnen; es sind
aber zwei zusätzliche Effekte dabei zu berücksichtigen. Betrachten wir nämlich
μ_s^{el} als die unter konstantem Druck beim Einbringen eines Ions s in die Lösung
zu leistende elektrische Arbeit, so können wir diesen Prozeß in zwei Teilschritte
zerlegen:

1. Einbringen des ungeladenen Ions in die Lösung.
2. Aufladung des Ions von der Ladung Null auf die Ladung $z_s|e|$.

Der Teilschritt 1 ist mit einer Volumenänderung und dadurch mit einer
elektrischen Arbeit gegen die COULOMBschen Kräfte zwischen den in der Lösung
vorhandenen Ionen verknüpft. Diese entspricht dem zweiten Term auf der
rechten Seite der Gl. (XXI 63). Der Beitrag des Teilschrittes 2 ist durch die
rechte Seite der Gl. (XXI 31) gegeben, wobei aber das Integral jetzt für konstanten
Druck auszuführen ist. Das in $\varkappa$ auftretende Volumen wird damit eine Funktion
der Integrationsvariablen a_s, wie es auch bei der Integration der Gl. (XXI 57)
der Fall war. Bei der vorhergehenden Berechnung der Aktivitätskoeffizienten
haben wir beide Effekte vernachlässigt. Wir müssen daher, um vergleichbare
Ergebnisse zu erhalten, jetzt in derselben Weise verfahren. Damit kommen wir
schließlich auf die unmittelbare Anwendung der Gl. (XXI 31) mit $V = $ const
zurück. Durch Einsetzen von (XXI 51) in Gl. (XXI 31) erhalten wir[1]

$$\mu_s^{el} = -\frac{z_s^2 |e|^2}{D}\,\frac{\varkappa}{1 + \varkappa\sigma} \int\limits_0^1 a_s\, d a_s$$

(XXI 77)

$$= -\frac{z_s^2 |e|^2 \varkappa}{2\,D\,(1 + \varkappa\sigma)}.$$

Es wird somit

$$\ln f_s = -\frac{z_s^2 |e|^2}{2\,D\,kT}\,\frac{\varkappa}{1 + \varkappa\sigma},$$

(XXI 78)

---

[1] Der Term $a_s^2 z^2 |e|^2$ in $\varkappa^2$ kann vernachlässigt werden.

was mit Gl. (XXI 64) übereinstimmt, da dort der zweite Term der rechten Seite vernachlässigt werden kann. Damit haben wir nach verschiedenen Methoden gezeigt, daß die Debye-Hückelsche Näherung jedenfalls in sich selbst konsistent ist.

Für das Verständnis des Wesens der Debye-Hückelschen Näherung sind die Gl. (XXI 38) von Bedeutung. Diese Beziehungen würden, wie Onsager[1] bemerkt hat, exakt gelten, wenn die mittlere Ladungsverteilung in der Umgebung zweier Ionen α und β im Abstand r voneinander stets die Summe der Ladungen wäre, die von den beiden Ionen getrennt induziert werden. Die von der eigenen Ladungswolke auf ein Ion ausgeübte Durchschnittskraft würde dann infolge der Symmetrie verschwinden, und die resultierende Durchschnittskraft, die auf jedes Ion wirkt, würde dem elektrischen Potential im Abstand r von dem anderen Ion entsprechen. Das ist aber gerade die Aussage der Gl. (XXI 37). Diese Gleichung, und damit die Poisson-Boltzmannsche Gleichung beruht also auf der Annahme einer einfachen Superposition der Ionenwolken. Diese Annahme, die den Kern der Debye-Hückelschen Theorie bildet, ist eine sehr gute Näherung für große Verdünnung, niedrige Wertigkeiten und große Innendurchmesser. Wir können diese Voraussetzungen formulieren

$$\frac{|z_\alpha\, z_\beta|\, |e|^2\, \varkappa}{D\, kT} \ll 1\,, \qquad\qquad \text{(XXI 79)}$$

$$\frac{|z_\alpha\, z_\beta|\, |e|^2}{D\, kT\, \sigma} \ll 1\,. \qquad\qquad \text{(XXI 80)}$$

Man sieht leicht, daß unter diesen Bedingungen auch die Linearisierung der Poisson-Boltzmannschen Gleichung korrekt ist. Sind dagegen (XXI 79) und (XXI 80) nicht mehr erfüllt, so wird auch die Gl. (XXI 37) fehlerhaft. Dieser Fehler ist von der gleichen Größenordnung wie die höheren Terme der Poisson-Boltzmannschen Gleichung. Auf Grund dieser im wesentlichen von Onsager[1] und Kirkwood[2] durchgeführten Analyse erscheint eine Weiterführung der Debye-Hückelschen Theorie zu höheren Näherungen von vornherein wenig aussichtsreich.

Der große Erfolg der Debye-Hückelschen Theorie auf der einen Seite, ihr ebenso offensichtliches Versagen in Fällen, in denen die Voraussetzungen (XXI 79) und (XXI 80) nicht erfüllt sind, haben dazu geführt, daß zahlreiche Versuche unternommen wurden, den Gültigkeitsbereich der Theorie über das durch die genannten Bedingungen definierte Gebiet hinaus zu erweitern. Im Sinne unseres Programmes sehen wir ab von Ansätzen, die lediglich empirische oder halbempirische Zusatzglieder einführen. Auch auf die bemerkenswerte Theorie der Ionen-Assoziation von Bjerrum[3] können wir hier nicht eingehen. Wir beschränken uns also hier auf Entwicklungen, die unmittelbar an den Formalismus der Debye-Hückelschen Theorie anschließen. Der nächstliegende Weg zu einer Erweiterung des Gütigkeitsbereiches derselben ist naturgemäß der Verzicht auf die Linearisierung der Poisson-Boltzmann-Gleichung. Die Lösung der nichtlinearen Gl. (XXI 39) ist von Müller[4] auf numerischem Wege, von Gronwall, La Mer und Sandved[5] mit Hilfe von Reihenentwicklungen durchgeführt worden. Das Ergebnis ist insofern befriedigender als die ursprüngliche Theorie, als jetzt beim Vergleich mit den experimentellen Daten wenigstens immer $\sigma > 0$ ist.

---

[1] Onsager, L.: Chem. Rev. **13**, 73 (1933).

[2] Kirkwood, J. G.: J. Chem. Phys. **2**, 767 (1934).

[3] Bjerrum, N.: Kgl. Danske Vid. Selsk. Math.-fys. Medd. **7**, Nr. 9 (1926).

[4] Müller, H.: Physik. Z. **28**, 324 (1927).

[5] Gronwall, T. H., V. K. La Mer u. K. Sandved: Physik. Z. **29**, 358 (1928).

Berechnet man aber den mittleren Aktivitätskoeffizienten mit Hilfe des DEBYE-schen und des GÜNTELBERGschen Aufladungsprozesses, so erhält man, im Gegensatz zur DEBYE-HÜCKELschen Näherung, verschiedene Resultate. Das bedeutet, daß die Integrabilitätsbedingungen (XXI 29) nicht erfüllt sind. Die Lösung ist daher nicht konsistent, und die Verbesserung ist nur scheinbar. Wir gehen daher auf die Einzelheiten dieser Theorie hier nicht weiter ein. Nach der Analyse der DEBYE-HÜCKELschen Theorie, die wir oben angedeutet haben, ist das Ergebnis nicht überraschend. Es hat letzten Endes seine Wurzel in der Tatsache, daß die POISSON-BOLTZMANN-Gleichung selbst nicht mit den Prinzipien der statistischen Thermodynamik konsistent ist. Da wir diese zuerst von FOWLER[1] betonte Tatsache in § 21.4 beweisen werden, können wir uns hier mit diesem Hinweis begnügen.

In ganz anderer Richtung bewegen sich einige neuere Versuche, die DEBYE-HÜCKELsche Theorie auf das Gebiet höherer Konzentrationen auszudehnen. Von BAGCHI[2] wurde vorgeschlagen, die dem Ansatz (XXI 37) zugrunde liegende MAXWELL-BOLTZMANN-Verteilung durch eine FERMI-DIRAC-Verteilung zu ersetzen. Die Durchführung der Rechnung erfolgt dann im wesentlichen in der gleichen Weise wie bei der DEBYE-HÜCKEL-Theorie. Man kann in diesem Vorgehen indessen kaum mehr als eine ad hoc-Konstruktion sehen. Die später gegebene theoretische Begründung[3] ist ebensowenig überzeugend wie der Vergleich der Ergebnisse mit experimentellen Daten. Wir gehen daher auf die Einzelheiten nicht näher ein.

Von WICKE und EIGEN[4-6] wurde eine etwas andere Modifikation der Verteilungsformel vorgeschlagen, die auf die EUCKENschen Vorstellungen über die Hydratation der Ionen[7] zurückgeht. Wir skizzieren hier kurz den wesentlichen Gedankengang. Es wird angenommen, daß die hydratisierten Ionen als die permanenten Gruppen zu betrachten sind. Das Ziel der Rechnung besteht darin, den „Raumbedarf" der hydratisierten Ionen explizit in das Verteilungsgesetz einzuführen. Zu diesem Zwecke wird die Umgebung eines herausgegriffenen Ions α in konzentrische Kugelschalen aus Zellen der Größe v^* geteilt. Die Verteilung der Ionen auf diese Zellen wird als Sedimentationsproblem im COULOMB-Feld nach den Methoden der μ-Raum-Statistik behandelt. Dieser Ansatz führt in der linearisierten POISSON-BOLTZMANN-Gleichung zu dem gleichen Resultat wie die DEBYE-HÜCKEL-Theorie. WICKE und EIGEN berechnen daher die Verteilung der Kationen und Anionen getrennt, wobei verschiedene Zellengrößen v_+^* und v_-^* benutzt werden und der Platzbedarf der Gegenionen jeweils vernachlässigt wird. Dieses Verfahren wird mit der Annahme gerechtfertigt, daß infolge der Orientierung der Wasser-Dipole die Hydrathüllen entgegengesetzt geladener Ionen sich weitgehend durchdringen können. Es ergibt sich dann für die radiale Verteilungsfunktion

$$e^{-\frac{W_{s\alpha}^{(2)}}{kT}} = \frac{e^{-\frac{z_s\,|e|\,\alpha\,\overline{\psi(r)}}{kT}}}{1 + \dfrac{N_s v_s^*}{V}\left[e^{-\frac{z_s\,|e|\,\alpha\,\overline{\psi(r)}}{kT}} - 1\right]} \qquad\text{(XXI 81)}$$

[1] FOWLER, R. H.: Trans. Faraday Soc. 23, 434 (1927).
[2] BAGCHI, S. N.: J. Ind. Chem. Soc. 27, 199 (1950).
[3] DUTTA, M., u. S. N. BAGCHI: Ind. J. Phys. 24, 61 (1950).
[4] WICKE, E., u. M. EIGEN: Z. Elektrochem. 56, 551 (1952); 57, 319 (1953).
[5] WICKE, E., u. M. EIGEN: Z. Naturforsch. 8a, 161 (1953).
[6] EIGEN, M., u. E. WICKE: J. Physic. Chem. 58, 702 (1954).
[7] EUCKEN, A.: Z. Elektrochem. 51, 6 (1948).

oder nach Entwicklung bis zum linearen Glied

$$g_{\alpha s}^{(2)} = 1 - \frac{z_s |e|}{kT} {}^{\alpha}\overline{\psi(r)} \left(1 - \frac{N_s v_s^*}{V}\right).$$

(XXI 82)

Mit Benutzung der Neutralitätsbedingung erhält man daraus für die Ladungsdichte

$$^{\alpha}\bar{\varrho}^{el}(r) = - \sum_s \frac{z_s^2 |e|^2 N_s}{kT\,V} {}^{\alpha}\overline{\psi(r)} \left(1 - \frac{N_s v_s^*}{V}\right).$$

(XXI 83)

Mit diesem Ausdruck, der sich nur durch den letzten Faktor von Gl. (XXI 46) unterscheidet, geht man nun in die Poissonsche Gleichung ein, die mit einem neuen Parameter

$$\varkappa'^2 = \frac{4\pi \sum\limits_s N_s\, z_s^2 |e|^2 \left(1 - \frac{N_s v_s^*}{V}\right)}{V D\, kT}$$

(XXI 84)

wieder die Form hat (in der vereinfachten Notierung)

$$\varDelta\,\psi(r) = \varkappa'^2\,\psi(r).$$

(XXI 85)

Da auch die Randbedingungen die gleichen sind wie früher, erhält man eine formal mit der früheren übereinstimmende Lösung. Wir notieren hier nur den für das Weitere wesentlichen Ausdruck

$$\overline{\psi}_\alpha = - \frac{z_\alpha |e|}{D} \frac{\varkappa'}{1 + \varkappa'\,\sigma}.$$

(XXI 86)

Wicke und Eigen haben daraus die freie Energie mit Hilfe des Debyeschen Aufladungsprozesses berechnet. Man erhält auf diesem Wege für den mittleren Aktivitätskoeffizienten

$$\ln f_\pm = \frac{z_+\, z_- |e|^2}{2\,D\,kT} \frac{\varkappa^2}{\varkappa'} \left(1 - 2\,\gamma\,\bar{v}^* \frac{N/V}{v_+ + v_-}\right) \left(\frac{1}{1 + \varkappa'\,\sigma} - 2\,Q\right) +$$
$$+ \frac{z_+\, z_- |e|^2}{D\,kT} \varkappa'Q.$$

(XXI 87)

Hier ist

$$\gamma = \frac{\Sigma |z_s|\, v_s}{\Sigma |z_s|}$$

(XXI 88)

$$\bar{v}^* = \tfrac{1}{2}(v_+^* + v_-^*).$$

(XXI 89)

und

$$Q = \frac{1}{(\varkappa'\,\sigma)^3} \left[\ln\,(1 + \varkappa'\sigma) - \varkappa'\sigma + \tfrac{1}{2}\,(\varkappa'\sigma)^2\right].$$

(XXI 90)

Die beiden in Gl. (XXI 87) auftretenden Parameter σ und $\bar{v}^*$ werden schließlich noch zusammengefaßt durch die Gleichung

$$\frac{4\pi}{3}\,\sigma^3 = \frac{1}{2}\,(v_+^* + v_-^*).$$

(XXI 91)

In Abb. 178 sind einige von Wicke und Eigen[1] für 1−1-wertige Elektrolyte nach Gl. (XXI 87) und (XXI 91) berechnete Kurven dargestellt. Die Übereinstimmung mit den ebenfalls eingezeichneten experimentellen Daten ist recht eindrucksvoll.

---

[1] Wicke, E., u. M. Eigen: Z. Naturforsch. **8 a**, 161 (1953).

Es kann hier nicht unsere Aufgabe sein, die der WICKE-EIGENschen Theorie zugrunde liegenden physikalischen Vorstellungen im einzelnen zu diskutieren. Wir haben lediglich die Frage zu beantworten, ob diese Theorie eine in sich konsistente Näherung darstellt, die es ermöglicht, aus der Übereinstimmung zwischen berechneten und experimentellen Daten auf die Berechtigung des benutzten Modells zu schließen. Diese Frage muß zweifellos verneint werden.

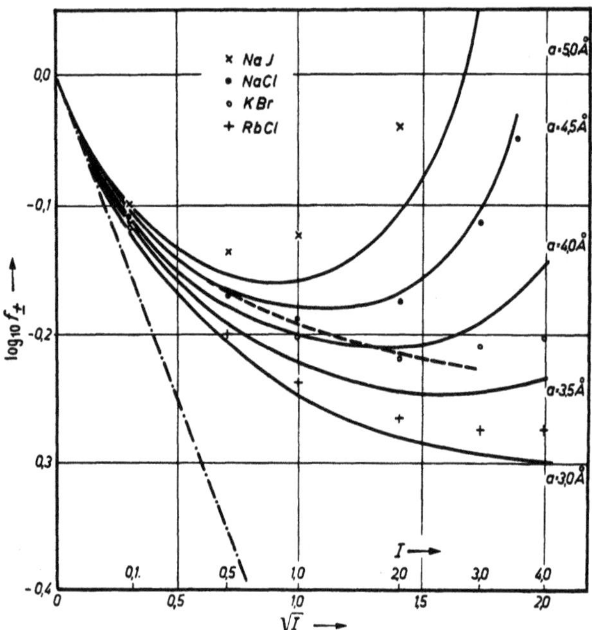

Abb. 178. Aktivitätskoeffizienten ein-einwertiger Elektrolyte. ——————— Berechnet nach der Theorie von WICKE und EIGEN; — — — — — DEBYE-HÜCKELsche Theorie; —·—·—·—· Grenzgesetz der DEBYE-HÜCKELschen Theorie [entnommen aus: E. WICKE u. M. EIGEN: Z. Naturforsch. 8a, 161 (1953)]

Zunächst ist die Ableitung der radialen Verteilungsfunktion (XXI 81), wie schon HÜCKEL und KRAFFT[1] betont haben, theoretisch unhaltbar. Die Verteilung der Ionen in einem COULOMBschen Zentralfeld kann nicht als separierbares Sedimentationsproblem behandelt werden[2]. Setzt man in Gl. (XXI 82) die Lösung der POISSONschen Gleichung (XXI 85) ein, so erhält man speziell für ein Paar von entgegengesetzt geladenen Ionen

$$g^{(2)}_{+-} = 1 - \frac{z_+ z_- |e|^2}{D\,kT\,r}\,\frac{e^{-\varkappa'(r-\sigma)}}{1+\varkappa'\sigma}\left(1 - \frac{N_- v^*_-}{V}\right) \qquad \text{(XXI 92)}$$

und

$$g^{(2)}_{-+} = 1 - \frac{z_+ z_- |e|^2}{D\,kT\,r}\,\frac{e^{-\varkappa'(r-\sigma)}}{1+\varkappa'\sigma}\left(1 - \frac{N_+ v^*_+}{V}\right). \qquad \text{(XXI 93)}$$

Es ist somit $g_{+-} \neq g_{-+}$. Dieses Ergebnis, auf das ebenfalls HÜCKEL und KRAFFT hingewiesen haben, steht, wie man sofort aus den allgemeinen Gleichungen des § 8.1 erkennt, im Widerspruch zu den Prinzipien der statistischen Thermo-

---

[1] HÜCKEL, E., u. G. KRAFFT: Z. physik. Chem. N. F. 3, 135 (1955).

[2] Diese Bemerkung gilt naturgemäß in gleicher Weise für die originale Begründung der DEBYE-HÜCKELschen Näherung Gl. (XXI 37).

dynamik. Das von Wicke und Eigen[1] angeführte Gegenargument, daß die Formel für den mittleren Aktivitätskoeffizienten nur den Mittelwert $\bar{v}^*$ enthalte, ist in diesem Zusammenhang ohne Bedeutung, da es sich um eine schwerwiegende Inkonsistenz in den Grundgleichungen der Theorie handelt. Die Einführung eines mittleren Hydratationsvolumens bei der gesonderten Ableitung der Verteilung für Anionen und Kationen wäre in der Tat sinnlos[2]. Berechnet man schließlich den mittleren Aktivitätskoeffizienten aus Gl. (XXI 86) mit Hilfe des Güntelbergschen Aufladungsprozesses, so findet man

$$\ln f_\pm = \frac{z_+ z_- |e|^2}{2\,D\,kT} \frac{\varkappa'}{1 + \varkappa'\,\sigma}, \qquad (XXI\ 94)$$

also ein von Gl. (XXI 87) völlig verschiedenes Resultat. Auch diese Prüfung zeigt somit klar den Mangel an innerer Konsistenz. Auf einige weitere Fragen, die ebenfalls problematisch, aber weniger leicht zu beantworten sind [wie z. B. die Verwendung der Poissonschen Gleichung[3]] gehen wir hier nicht ein. Aus den obigen Beispielen ergibt sich bereits eindeutig, daß die Theorie von Wicke und Eigen sowohl im Hinblick auf die Ableitung wie auch vor allem wegen der fehlenden inneren Konsistenz nicht als eine systematische Näherung betrachtet werden kann. Sie läßt daher auch keine sicheren Schlüsse über die speziellen physikalischen Vorstellungen zu, die bei ihrer Ableitung benutzt wurden.

§ 21.4. Strengere Begründung der Grenzgesetze

Die Ausführungen in § 21.3 und 21.2 zeigen, daß die Debye-Hückelsche Theorie zweifellos die korrekten Grenzgesetze und darüber hinaus für sehr verdünnte Lösungen eine gute Näherung liefert. Im Rahmen dieser Theorie ist jedoch nicht einmal eine strenge Begründung für die Grenzgesetze möglich, und bei Anwendung auf höhere Konzentrationen versagt der Formalismus offenbar vollständig. Eine Weiterentwicklung der Theorie ist daher nur in der Weise denkbar, daß man unmittelbar an die allgemeinen Ansätze des § 21.1 anknüpft und diese in strengerer Weise durchführt als es in der Debye-Hückel-Theorie geschieht. Allerdings ist damit das Problem der Lösungen starker Elektrolyte noch nicht gelöst. Selbst wenn wir von allen zusätzlichen Komplikationen (unvollständige Dissoziation usw.) absehen, bleibt noch der Näherungsansatz (XXI 14) für das Potential der Durchschnittskraft. Von exakten Ergebnissen können wir überhaupt nur im Hinblick auf diesen Ansatz sprechen. Indessen kann man auf Grund qualitativer theoretischer Überlegungen wie auch der experimentellen Evidenz mit hinreichender Sicherheit annehmen, daß Gl. (XXI 14) für verdünnte Lösungen korrekt ist. Die Gültigkeitsgrenzen der davon ausgehenden exakten Theorien werden durch das Versagen dieser Näherung bedingt sein. Wenn wir also Gl. (XXI 14) als gegeben voraussetzen, bleiben noch zwei Probleme, die strengere Begründung der Grenzgesetze und die Ausdehnung der Theorie auf das Gebiet endlicher Konzentrationen. Die letztere Aufgabe erfordert sehr umständliche Rechnungen, auf die wir hier nicht näher eingehen können. Wir werden uns daher mit einigen Andeutungen über die Methoden und Resultate (soweit solche vorliegen) begnügen. Im übrigen beschränken wir uns darauf, das Wesen der Debye-Hückelschen Näherung anhand der exakten Theorie zu klären und die Grenzgesetze in strengerer Form abzuleiten.

---

[1] Wicke, E., u. M. Eigen: Z. physik. Chem. N. F. 3, 178 (1955).

[2] Wenn die Hydratationsvolumina von Anionen und Kationen von vorneherein als gleich angenommen werden können, tritt die angeführte Schwierigkeit nicht auf.

[3] Vgl. dazu § 21.4.

Als Grundlage unserer Darstellung wählen wir eine kürzlich von KIRKWOOD und POIRIER[1, 2] entwickelte Methode, die für unsere Zwecke besonders geeignet ist. Einige weitere Ansätze werden wir am Schluß noch kurz erwähnen. Wir betrachten in einem System aus N Ionen die molekulare Verteilungsfunktion eines Unter-Satzes von n Ionen $g^{(n)}$. Für die folgenden Rechnungen ist es zweckmäßig, das entsprechende Potential der Durchschnittskraft

$$W^{(n)} = - kT \ln g^{(n)} \qquad \text{(XXI 95)}$$

zu verwenden. Die Ionen des Unter-Satzes n denken wir uns fortlaufend von 1 bis n numeriert. Um die Bezeichnungsweise zu vereinfachen, geben wir die Ionen-Sorten nicht explizit an. Es sei auch nochmals daran erinnert, daß alle Größen sich, wie in § 21.1 erläutert, auf den Normalzustand der unendlichen Verdünnung beziehen und daß dies in der Bezeichnungsweise nicht besonders kenntlich gemacht wird. Mit diesen Festsetzungen erhalten wir in Verallgemeinerung von Gl. (VIII 11)

$$e^{-\frac{W^{(n)}}{kT}} = V^n \int \cdots \int e^{\frac{F - U^{(N)}(a)}{kT}} \, d\mathbf{q}_{n+1} \cdots d\mathbf{q}_N . \qquad \text{(XXI 96)}$$

Wir greifen nun das Ion 1 heraus und kennzeichnen alle Größen für den Fall, daß dieses Ion ungeladen, also $a_1 = 0$ ist, durch den linken oberen Index 0. Dann können wir schreiben

$$F - U^{(N)} = {}^0F - {}^0U^{(N)} + \mu_1^{el} - a_1 \sum_{j=2}^{n} a_j \, u_{1j}^{el} - a_1 \, U_1^{(N-n)} \qquad \text{(XXI 97)}$$

mit

$$U_1^{(N-n)} = \sum_{j=n+1}^{N} u_{1j}^{el} . \qquad \text{(XXI 98)}$$

Setzen wir diesen Ausdruck in Gl. (XXI 96) ein, so folgt

$$e^{-\frac{W^{(n)}}{kT}} = e^{\frac{\mu_1^{el} - {}^0W^{(n)} - a_1 \sum_{j=2}^{n} a_j u_{1j}^{el}}{kT}} \left[\overline{e^{-\frac{a_1 U_1^{(N-n)}}{kT}}} \right]_{a_1 = 0} , \qquad \text{(XXI 99)}$$

wo der für $a_1 = 0$ gebildete Mittelwert definiert ist durch die Gleichung

$$\left[\overline{e^{-\frac{a_1 U_1^{(N-n)}}{kT}}} \right]_{a_1 = 0} = \frac{\int \cdots \int e^{-\frac{a_1 U_1^{(N-n)}}{kT}} \, e^{\frac{{}^0F - {}^0U^{(N)}}{kT}} \, d\mathbf{q}_{n+1} \cdots d\mathbf{q}_N}{\int \cdots \int e^{\frac{{}^0F - {}^0U^{(N)}}{kT}} \, d\mathbf{q}_{n+1} \cdots d\mathbf{q}_N} . \qquad \text{(XXI 100)}$$

Die Größe ${}^0W^{(n)}$ ist nach der obigen Feststellung das Potential der auf den Unter-Satz n wirkenden Durchschnittskraft für den Fall, daß das Molekül 1 entladen, also $a_1 = 0$ ist. Aus Gl. (XXI 99) folgt sofort für $n = 1$

$$e^{-\frac{\mu_1^{el}}{kT}} = \left[\overline{e^{-\frac{a_1 U_1^{(N-1)}}{kT}}} \right]_{a_1 = 0} . \qquad \text{(XXI 101)}$$

Die durch Gl. (XXI 100) definierten Mittelwerte lassen sich in passender Weise mit Hilfe der in § 16.6 eingeführten THIELEschen Semi-Invarianten ausdrücken.

---

[1] KIRKWOOD, J. G., u. J. C. POIRIER: J. Physic. Chem. **58**, 591 (1954).

[2] Herrn Prof. KIRKWOOD habe ich für eine Korrespondenz über die zitierte Arbeit zu danken.

Wir schreiben dazu

$$x = -\frac{a_1}{kT} \qquad\qquad \text{(XXI 102)}$$

und setzen

$$\overline{\left[e^{-x\,U_1^{(N-n)}}\right]}_{a_1=0} = e^{\sum\limits_{s=0}^{\infty} \frac{x^s}{s!}\lambda_s^{(n)}} . \qquad\qquad \text{(XXI 103)}$$

Entwickeln wir die Exponentialfunktion auf der linken Seite, so bekommen wir

$$\sum_{r=0}^{\infty} \frac{x^r}{r!}\, M_r^{(n)} = \exp\left(\sum_{s=0}^{\infty} \frac{x^s}{s!}\,\lambda_s^{(n)}\right) \qquad\qquad \text{(XXI 104)}$$

mit

$$M_r^{(n)} = \frac{\displaystyle\int \ldots \int [U_1^{(N-n)}]^r\, e^{\frac{{}^0F - {}^0U^{(N)}}{kT}}\, d\mathbf{q}_{n+1} \ldots d\mathbf{q}_N}{\displaystyle\int \ldots \int e^{\frac{{}^0F - {}^0U^{(N)}}{kT}}\, d\mathbf{q}_{n+1} \ldots d\mathbf{q}_N} . \qquad\qquad \text{(XXI 105)}$$

Die $M_r^{(n)}$ sind also die mit der kanonischen Verteilung für $a_1 = 0$ gebildeten Momente der Coulombschen Wechselwirkung des Ions 1 mit den $N-n$ nicht zu dem betrachteten Satz gehörenden Ionen. Aus Gl. (XXI 104) ergibt sich, wie in § 16.6 beschrieben, der Zusammenhang zwischen den Momenten und Semi-Invarianten. Allgemein gilt

$$M_s^{(n)} = \sum_{r=1}^{s} \binom{s-1}{r-1}\, M_{s-r}^{(n)}\, \lambda_r^{(n)} . \qquad\qquad \text{(XXI 106)}$$

Daraus folgt für die ersten Semi-Invarianten

$$\lambda_0^{(n)} = 0 \qquad\qquad \text{(XXI 107)}$$

$$\lambda_1^{(n)} = M_1^{(n)}$$

$$\lambda_2^{(n)} = M_2^{(n)} - M_1^{(n)2}$$

$$\lambda_3^{(n)} = M_3^{(n)} - 3\, M_2^{(n)}\, M_1^{(n)} + 2\, M_1^{(n)3}.$$

Setzen wir (XXI 103) in (XXI 99) ein und benutzen Gl. (XXI 101), so erhalten wir

$$W^{(n)} = {}^0W^{(n)} + a_1 \sum_{j=2}^{n} a_j\, u_{1j}^{el} + \sum_{s=1}^{\infty} \frac{1}{s!}\left(-\frac{1}{kT}\right)^{s-1} a_1^s\, [\lambda_s^{(n)} - \lambda_s^{(1)}] . \qquad \text{(XXI 108)}$$

Damit haben wir $W^{(n)}$ als eine Entwicklung nach Potenzen des Kopplungsparameters a_1 des Ions 1 dargestellt. Wir schreiben dieselbe zweckmäßig

$$W^{(n)} = {}^0W^{(n)} + \sum_{s=1}^{\infty} a_1^s\, {}^sW^{(n)} , \qquad\qquad \text{(XXI 109)}$$

wo die Koeffizienten ${}^sW^{(n)}$ definiert sind durch die Gleichung

$${}^sW^{(n)} = \frac{1}{s!}\left(-\frac{1}{kT}\right)^{s-1} [\lambda_s^{(n)} - \lambda_s^{(1)}] + \delta_{1s} \sum_{j=2}^{n} a_j\, u_{1j}^{el} \qquad \text{(XXI 110)}$$

$$\left(\delta_{1s} = \begin{cases} 1 \text{ für } s = 1 \\ 0 \text{ für } s \neq 1 \end{cases}\right).$$

Die Größen $\lambda_s^{(n)}$ divergieren, wie man leicht feststellt, für Coulombsche Kräfte. Um diese Schwierigkeit, die in ähnlicher Form auch bei anderen Methoden auftritt, zu umgehen, ersetzt man zunächst in den Integranden $1/r_{ij}$ durch

$e^{-\alpha r_{ij}}/r_{ij}$, wo α eine positive reelle Zahl ist. Mit diesem modifizierten Potential ist die individuelle Konvergenz der $\lambda_s^{(n)}$ gesichert. Wir benötigen aber nur die Größen $\lambda_s^{(n)} - \lambda_s^{(1)}$, und diese konvergieren auch noch, wenn wir zur Grenze $\alpha \to 0$ und damit wieder zum COULOMBschen Potential übergehen. Im folgenden verstehen wir unter $\lambda_s^{(n)} - \lambda_s^{(1)}$ die in dieser Weise definierten Grenzwerte.

Wir betrachten nun die erste der Gl. (XXI 110). Mit Benutzung der Gl. (XXI 105) und der Definitionsgleichung (XXI 96) können wir dieselbe schreiben

$$
{}^1W^{(n)}(\mathbf{q}_1, \ldots, \mathbf{q}_n) = \sum_{j=2}^{n} a_j \left(u_{1j}^{el} - \bar{u}_{1j}^{el}\right) +
$$

$$
+ \sum_{j=n+1}^{N} \frac{a_j}{V} \int u_{1j}^{el} \left[e^{-\frac{{}^0W^{(n+1)}(\mathbf{q}_1, \ldots, \mathbf{q}_n, \mathbf{q}_j) - {}^0W^{(n)}(\mathbf{q}_1, \ldots, \mathbf{q}_n)}{kT}} - \right.
$$

$$
\left. - e^{-\frac{{}^0W^{(2)}(\mathbf{q}_1, \mathbf{q}_j)}{kT}} \right] d\mathbf{q}_j . \qquad \text{(XXI 111)}
$$

Dabei haben wir gesetzt

$$
\bar{u}_{1j}^{el} = \frac{1}{V} \int u_{1j}^{el} \, e^{-\frac{{}^0W^{(2)}(\mathbf{q}_1, \mathbf{q}_j)}{kT}} \, d\mathbf{q}_j . \qquad \text{(XXI 112)}
$$

Die zwischen dem ungeladenen Ion 1 und den übrigen Ionen des Systems noch wirkenden Kräfte kurzer Reichweite berücksichtigen wir, indem wir im Anschluß an Gl. (XIII 32) eine cluster-Entwicklung ansetzen, bei der wir aber bereits die Terme mit v^{-1} vernachlässigen, was für unsere Zwecke ausreicht. Wir haben dann

$$
{}^0W_N^{(n+1)}(\mathbf{q}_1, \ldots, \mathbf{q}_n, \mathbf{q}_j) = W_{N-1}^{(n)}(\mathbf{q}_2, \ldots, \mathbf{q}_n, \mathbf{q}_j) + \sum_{l=j,2}^{n} u_{1l}^* . \qquad \text{(XXI 113)}
$$

Hier bezieht sich der rechte untere Index auf ein System aus N bzw. $N-1$ Ionen. $W_{N-1}^{(n)}(\mathbf{q}_2, \ldots, \mathbf{q}_n, \mathbf{q}_j)$ ist also das Potential der Durchschnittskraft, die bei Abwesenheit des Ions 1 auf den Satz der n Ionen $2, \ldots, n, j$ wirkt. Führen wir die Entwicklung (XXI 113) sowie die entsprechenden Ausdrücke für ${}^0W_N^{(n)}$ und ${}^0W_N^{(2)}$ in Gl. (XXI 111) ein, so erhalten wir

$$
{}^1W_N^{(n)}(\mathbf{q}_1, \ldots, \mathbf{q}_n) = \sum_{j=2}^{n} a_j \left(u_{1j}^{el} - \bar{u}_{1j}^{el}\right) +
$$

$$
+ \sum_{j=n+1}^{N} \frac{a_j}{V} \int u_{1j}^{el} \, e^{-\frac{u_{1j}^*}{kT}} \left[e^{-\frac{W_{N-1}^{(n)}(\mathbf{q}_2, \cdots, \mathbf{q}_n, \mathbf{q}_j) - W_{N-1}^{(n-1)}(\mathbf{q}_2, \cdots, \mathbf{q}_j)}{kT}} - 1 \right] d\mathbf{q}_j .
$$

$$
\text{(XXI 114)}
$$

Nun entwickeln wir im Exponenten nach Gl. (XXI 109)

$$
W_{N-1}^{(n)} = {}^0W_{N-1}^{(n)} + a_j \, {}^1W_{N-1}^{(n)} + 0 \, (a_j^2) , \qquad \text{(XXI 115)}
$$

wo nach Gl. (XXI 113)

$$
{}^0W_{N-1}^{(n)} = W_{N-2}^{(n-1)} + \sum_{l=2}^{n} u_{jl}^* \qquad \text{(XXI 116)}
$$

ist. Wir vernachlässigen nun Terme $W_N^{(n)} - W_{N-1}^{(n)}$ und $W_{N-1}^{(n-1)} - W_{N-2}^{(n-1)}$, die im Verhältnis zu den zurückbehaltenen von der Ordnung $1/N$ sind. Den noch allein auftretenden rechten unteren Index N lassen wir wieder weg. Wir erhalten dann aus Gl. (XXI 114) bis (XXI 116) die Integralgleichungen

$$^1W^{(n)}(\mathbf{q}_1,\ldots,\mathbf{q}_n)=\sum_{j=2}^{n}a_j\left(u_{1j}^{el}-\bar{u}_{1j}^{el}\right)+$$

$$+\sum_{j=n+1}^{N}\frac{a_j}{V}\int u_{1j}^{el}\,e^{-\frac{u_{1j}^{*}}{kT}}\left[e^{-\frac{a_j\,^1W^{(n)}(\mathbf{q}_2,\cdots,\mathbf{q}_n,\mathbf{q}_j)+\sum\limits_{l=2}^{n}u_{jl}^{*}}{kT}}-1\right]d\mathbf{q}_j\,.$$

$$\text{(XXI 117)}$$

Um diese Gleichungen weiter auszuwerten, schematisieren wir die zwischenmolekularen Kräfte, wie in § 21.2, durch die Annahme, daß alle Ionen starre Kugeln vom gleichen Durchmesser σ sind. Die Faktoren $e^{-\frac{u_{jl}^{*}}{kT}}$ im Integranden von (XXI 117) werden dann Stufenfunktionen gemäß

$$e^{-\frac{u_{jl}^{*}}{kT}}=\begin{cases}1\ \text{für}\ r_{jl}\geqq\sigma\\0\ \text{für}\ r_{jl}<\sigma\,.\end{cases}\qquad\text{(XXI 118)}$$

Das entsprechende gilt naturgemäß für den Faktor $e^{-\frac{u_{1j}^{*}}{kT}}$. Wir zerlegen nun das gesamte Integrationsgebiet in drei Teile, deren Beiträge zum Integral wir gesondert betrachten, nämlich

1. $r_{1j}<\sigma$.

In diesem Gebiet verschwindet der Integrand; es liefert somit keinen Beitrag zum Integral.

2. $r_{1j}\geqq\sigma$, $r_{jl}<\sigma$ für wenigstens ein l.

In diesem Falle reduziert sich das Integral nach (XXI 118) auf

$$-\sum_{j=n+1}^{N}\frac{a_j}{V}\int^{\omega_{n-1}}u_{1j}^{el}\,d\mathbf{q}_j=-\left(\sum_{j=n+1}^{N}a_j\,z_j\,|e|\right)B\,,\qquad\text{(XXI 119)}$$

wobei wir Gl. (XXI 18) benutzt haben und

$$B=\frac{1}{V}\frac{z_1|e|}{D}\int^{\omega_{n-1}}\frac{1}{r_{1j}}\,d\mathbf{q}_j\qquad\text{(XXI 120)}$$

ist. ω_{n-1} bezeichnet den durch die Bedingung 2. definierten Teil des Integrationsgebietes. Dieses entspricht dem Volumen von $n-1$ Kugeln vom Radius σ, die konzentrisch zu den Ionen $2, 3, \ldots n$ angeordnet sind.

3. $r_{1j}>\sigma$, $r_{jl}>\sigma$ für alle l.

In diesem Teilgebiet hat das Integral nach Gl. (XXI 118) die Form

$$\sum_{j=n+1}^{N}\frac{a_j}{V}\int_{\omega_n}^{V}u_{1j}^{el}\left[e^{-\frac{a_j\,^1W^{(n)}(\mathbf{q}_2,\cdots,\mathbf{q}_n,\mathbf{q}_j)}{kT}}-1\right]d\mathbf{q}_j\,.\qquad\text{(XXI 121)}$$

Die Integrationsgrenzen bedeuten dabei, daß gemäß Bedingung 3. das von den n Kugeln vom Durchmesser σ, die konzentrisch zu den betrachteten n Ionen angeordnet sind, gebildete Volumen ω_n jeweils vom Integrationsgebiet auszuschließen ist.

Die Gl. (XXI 117) kann somit geschrieben werden

$$
{}^1W^{(n)}(\mathbf{q}_1,\ldots,\mathbf{q}_n) = \sum_{j=2}^{n} a_j\, u_{ij}^{el} + \sum_{j=n+1}^{N} \frac{a_j}{V} \int\limits_{\omega_n}^{V} u_{1j}^{el}\left[e^{-\frac{a_j\,{}^1W^{(n)}(\mathbf{q}_2,\cdots,\mathbf{q}_n,\mathbf{q}_j)}{kT}} - 1\right] d\mathbf{q}_j -
$$

$$
- \left(\sum_{j=n+1}^{N} a_j\, z_j\, |e| \right) B - \sum_{j=2}^{n} a\, \bar{u}_{1j}^{el} . \tag{XXI 122}
$$

Die durch Gl. (XXI 120) definierte Größe B in dem vorletzten Term der rechten Seite ist offenbar von j unabhängig. Mit Hilfe der Neutralitätsbedingung

$$
\sum_{j=1}^{N} a_j\, z_j = 0 \tag{XXI 123}
$$

erhalten wir daher

$$
- \left(\sum_{j=n+1}^{N} a_j\, z_j\, |e| \right) B = \left(\sum_{j=1}^{n} a_j\, z_j\, |e| \right) B . \tag{XXI 124}
$$

Bei Berücksichtigung von Gl. (XXI 112) sieht man nun leicht, daß die beiden letzten Terme auf der rechten Seite der Gl. (XXI 122) im Verhältnis zu dem Integral von der Ordnung n/N sind. Sie können daher unter der Voraussetzung $n/N \ll 1$ vernachlässigt werden. Wir erhalten somit als asymptotische Formel für endliche n und $N \to \infty$

$$
{}^1W^{(n)}(\mathbf{q}_1,\ldots,\mathbf{q}_n) = \sum_{j=2}^{n} a_j\, u_{1j}^{el} +
$$

$$
+ \sum_{j=n+1}^{N} \frac{a_j}{V} \int\limits_{\omega_n}^{V} u_{1j}^{el}\left[e^{-\frac{a_j\,{}^1W^{(n)}(\mathbf{q}_2,\ldots,\mathbf{q}_n,\mathbf{q}_j)}{kT}} - 1\right] d\mathbf{q}_j . \tag{XXI 125}
$$

Aus dieser Gleichung läßt sich eine weitere wichtige Beziehung ableiten, wenn wir die Größe des Ions 1 vernachlässigen[1]. Bilden wir unter dieser Voraussetzung von (XXI 125) die LAPLACEsche Ableitung nach den Koordinaten des Ions 1, so folgt[2]

$$
\Delta_1\, {}^1W^{(n)}(\mathbf{q}_1,\ldots,\mathbf{q}_n) = -\frac{4\pi z_1|e|}{D} \sum_{j=2}^{n} a_j\, z_j|e|\, \delta(\mathbf{q}_1 - \mathbf{q}_j) -
$$

$$
- \frac{4\pi z_1|e|}{D} \sum_{j=n+1}^{N} \left[e^{-\frac{a_j\,{}^1W^{(n)}(\mathbf{q}_1,\ldots,\mathbf{q}_n)}{kT}} - 1\right] , \tag{XXI 126}
$$

wo $\delta(\mathbf{q}_1 - \mathbf{q}_j)$ die dreidimensionale δ-Funktion ist. In der vorstehenden Formulierung ist indessen weder Gl. (XXI 125) noch Gl. (XXI 126) korrekt. Bei der Entwicklung des Exponenten in Gl. (XXI 114) haben wir nämlich bereits Terme der Ordnung $a_j^2\, {}^2W^{(n)}$ vernachlässigt, während jetzt die Exponentialfunktionen noch Terme in a_j^2 und allen höheren Potenzen mitführen. Um diese Inkonsistenz zu entfernen, ist es notwendig, die Exponentialfunktionen zu entwickeln und

---

[1] Diese Annahme ist notwendig, weil bei der Bildung der LAPLACEschen Ableitung der das Integral enthaltende Term auf der rechten Seite der Gl. (XXI 125) verschwindet, wenn das Integrationsvolumen die zum Ion 1 konzentrische Kugel vom Durchmesser σ ausschließt.

[2] Vgl. etwa E. MADELUNG: Die mathematischen Hilfsmittel des Physikers, 5. Aufl. Berlin 1953.

jeweils mit dem linearen Gliede abzubrechen. Führen wir dies für Gl. (XXI 125) durch, so erhalten wir

$$^1W^{(n)}(\mathbf{q}_1, \ldots, \mathbf{q}_n) = \sum_{j=2}^{n} a_j\, u_{1j}^{el} - \frac{1}{kT} \sum_{j=n+1}^{N} \frac{a_j^2}{V} \int\limits_{\omega_n}^{V} u_{1j}^{el}\, {}^1W^{(n)}(\mathbf{q}_2, \ldots, \mathbf{q}_n, \mathbf{q}_j)\, d\mathbf{q}_j .$$

$$\text{(XXI 127)}$$

Diese Gleichungen stellen ein in sich konsistentes System von linearen Integralgleichungen für die $^1W^{(n)}$ dar, die für jeden Satz n geschlossen sind. Sie bilden die Grundlage der weiteren Entwicklung.

Wir setzen nun zunächst $n = 2$ und machen die beiden folgenden Annahmen:

1. Die Größe des Ions 1 kann vernachlässigt werden. Daraus folgt sofort, daß auf der rechten Seite der Gl. (XXI 109) der erste Term verschwindet.

2. Für jeden Wert von a_1 ist

$$W^{(2)} = a_1\, {}^1W^{(2)} . \qquad \text{(XXI 128)}$$

Ferner können wir hypothesenfrei ansetzen

$$W^{(2)}(\mathbf{q}_1, \mathbf{q}_2) = z_2 |e|\, \eta\,(\mathbf{q}_1, \mathbf{q}_2) . \qquad \text{(XXI 129)}$$

Wir nehmen (was keine Beschränkung der Allgemeinheit bedeutet) an, daß die Ionen 1 und 2 zur gleichen Sorte gehören, also $z_1 = z_2$ ist. Dann wird mit Benutzung von (XXI 18) aus Gl. (XXI 127)

$$\eta\,(\mathbf{q}_1, \mathbf{q}_2) = \frac{a_1\, a_2\, z_1|e|}{D\,|\mathbf{q}_1 - \mathbf{q}_2|} - \frac{a_1}{V\,D\,kT} \sum_{n=3}^{N} a_j\, z_j^2\, |e|^2 \int\limits_{\omega_{n-1}}^{V} \frac{\eta\,(\mathbf{q}_2 - \mathbf{q}_j)}{|\mathbf{q}_1 - \mathbf{q}_j|}\, d\mathbf{q}_j . \qquad \text{(XXI 130)}$$

Bilden wir nun wieder die LAPLACEsche Ableitung nach den Koordinaten des Ions 1[1], so folgt

$$\varDelta\, \eta\,(\mathbf{q}_1, \mathbf{q}_2) = - \frac{4\pi\, a_1\, a_2\, z_1|e|}{D}\, \delta\,(\mathbf{q}_1 - \mathbf{q}_2) +$$

$$+ \frac{4\pi\, a_1 \sum\limits_{j=3}^{N} a_j\, z_j^2 |e|^2}{V\,D\,kT}\, \eta\,(\mathbf{q}_1, \mathbf{q}_2) . \qquad \text{(XXI 131)}$$

Wir setzen jetzt $a_j = 1$ für alle j und vereinfachen die Gleichung noch, indem wir dieselbe nur für $\mathbf{q}_1 \neq \mathbf{q}_2$ anschreiben. Dann verschwindet auf der rechten Seite der erste Term; derselbe muß naturgemäß in die Lösung der Differentialgleichung durch die Randbedingung wieder eingeführt werden. Gehen wir schließlich noch zur skalaren Schreibweise über und bezeichnen den Abstand der Ionen 1 und 2, wie früher, einfach mit r, so erhalten wir (mit Vernachlässigung eines Terms, der im Verhältnis zu den zurückbehaltenen von der Ordnung $1/N$ ist)

$$\varDelta\, \eta\,(r) = \varkappa^2\, \eta\,(r) , \qquad \text{(XXI 132)}$$

wo $\varkappa$ der durch Gl. (XXI 42) definierte DEBYE-HÜCKELsche Parameter ist. Gl. (XXI 132) ist formal identisch mit der linearisierten POISSON-BOLTZMANN-Gleichung der DEBYE-HÜCKEL-Theorie. Der Unterschied zwischen den beiden Beziehungen besteht darin, daß die Funktion $\eta\,(r)$ lediglich formal durch Gl. (XXI 129) definiert ist.

---

[1] Den Index aus dem LAPLACE-Operator lassen wir jetzt weg.

Die allgemeine Lösung der Gl. (XXI 132) ist wieder

$$\eta(r) = A\,\frac{e^{-\varkappa r}}{r} + B\,\frac{e^{\varkappa r}}{r}\,.$$

(XXI 133)

Aus der Definition (XXI 129) folgt, daß $\eta(r)$ im Unendlichen verschwinden muß. Es ist daher $B = 0$. Die zweite Randbedingung ist durch die Forderung gegeben, daß die LAPLACEsche Ableitung von $\eta(r)$ für $r = 0$ noch den die δ-Funktion enthaltenden zusätzlichen Term der Gl. (XXI 131) ergeben muß. Daraus folgt unmittelbar $A = z_1|e|/D$, und es wird

$$\eta(r) = \frac{z_1|e|}{D\,r}\,e^{-\varkappa r}\,.$$

(XXI 134)[1]

Mit Gl. (XXI 129) folgt daraus

$$-kT\ln g^{(2)} = W^{(2)} = \frac{z_1\,z_2|e|^2}{D\,r}\,e^{-\varkappa r}\,.$$

(XXI 135)

Das ist aber, wie man durch Vergleich mit den Formeln des § 21.2 feststellt, die radiale Verteilungsfunktion der DEBYE-HÜCKEL-Theorie für verschwindende Ionenkonzentrationen. Durch Einsetzen von (XXI 135) in die linearisierte POISSON-Gleichung (XXI 36) verifiziert man, daß die Funktion $\eta(r)$ identisch ist mit der früher benutzten Größe $^{\alpha}\overline{\psi}(r)$. Die thermodynamischen Grenzgesetze ergeben sich in der gleichen Weise wie in § 21.2.

Die vorstehende Ableitung ist völlig streng bis auf die beiden oben angeführten Annahmen. Es bleibt daher jetzt noch zu zeigen, daß diese Annahmen für verschwindende Ionenkonzentrationen korrekt sind. Um 2. zu beweisen, muß nachgewiesen werden, daß die höheren Terme der Entwicklung (XXI 109), also $^2W^{(2)}$, $^3W^{(2)}$ usw., keine Beiträge zu den Grenzgesetzen liefern. Die Untersuchung läßt sich nach der hier entwickelten Methode durchführen, erfordert aber sehr umständliche Rechnungen. Von KIRKWOOD[2] konnte gezeigt werden, daß der Koeffizient $^2W^{(2)}$ zum Aktivitätskoeffizienten höchstens Terme der Ordnung $c \ln c$ beiträgt, wo c die Konzentration in Mol/l ist. Bei der Bildung des Grenzwertes $\lim\limits_{c\to 0} c^{-1/2}\ln f_{\pm}$ verschwinden dieselben; die Annahme 2. ist damit gerechtfertigt.

Was die Annahme 1. betrifft, so läßt sich dieselbe bereits aus der DEBYE-HÜCKEL-Theorie begründen. Dagegen kann man jedoch einwenden, daß die in § 21.2 für die Lösung der POISSON-BOLTZMANN-Gleichung benutzte Randbedingung (endliche Ausdehnung des Ions 1) tatsächlich, wie die Ableitung der Gl. (XXI 132) zeigt, nicht völlig korrekt ist. Es ist daher notwendig, die Theorie für endliche Ausdehnung aller Ionen in strenger Form, d. h. auf der Grundlage der Gl. (XXI 127) durchzuführen. Bevor wir uns dieser Aufgabe zuwenden, wollen wir noch explizit die Gültigkeit des Superpositionsprinzips, das, wie in § 21.3 besprochen, der DEBYE-HÜCKELschen Theorie zugrunde liegt, für verschwindende Ionenkonzentrationen nachweisen. Das Superpositionsprinzip sagt aus, daß die von den einzelnen Ionen induzierten Ladungswolken sich einfach überlagern; mit anderen Worten heißt dies, daß die in der Nähe zweier Ionen 1 und 2 auf ein Ion 3 wirkende Durchschnittskraft die Summe der Durchschnittskräfte ist, die man erhält, wenn das Ion 1 oder das Ion 2 allein anwesend wäre. Um diese Aussage zu beweisen, schreiben wir zunächst die Gl. (XXI 127) für $\sigma \to 0$ an. Es

---

[1] Schreibt man die Lösung in der Form $\eta(r) = \dfrac{A}{r} + A\sum\limits_{l=1}^{\infty}\dfrac{(-1)^l}{l!}\,\varkappa\,(\varkappa r)^{l-1}$, so kann man leicht direkt verifizieren, daß die Bildung der LAPLACEschen Ableitung auf Gl. (XXI 131) (mit $a_j = 1$) führt.

[2] KIRKWOOD, J. G.: Privatmitteilung.

ergibt sich dann

$$^1W_N^{(n)}(\mathbf{q}_1, \ldots, \mathbf{q}_n) = \sum_{j=2}^{N} a_j\, u_{1j}^{el} - \frac{1}{kT} \sum_{j=n+1}^{N} \frac{a_j^2}{V} \int^V u_{1j}^{el}\, {}^1W_N^{(n)}(\mathbf{q}_2, \ldots, \mathbf{q}_n, \mathbf{q}_j)\, d\mathbf{q}_j .$$

$$\text{(XXI 136)}$$

Wir zeigen nun, daß dieses Gleichungssystem[1] exakt durch Superposition der Lösungen für $n = 2$ gelöst wird. Setzen wir nämlich

$$^1W_N^{(n)}(\mathbf{q}_1, \ldots, \mathbf{q}_n) = \sum_{j=2}^{n} {}^1w_N^{(2)}(\mathbf{q}_1, \mathbf{q}_j) , \tag{XXI 137}$$

so erhalten wir mit (XXI 136)

$$^1w_N^{(2)}(\mathbf{q}_1, \mathbf{q}_j) = a_j\, u_{1j}^{el} - \frac{1}{kT} \sum_{l=n+1}^{N} \frac{a_l^2}{V} \int^V u_{1j}^{el}\, {}^1w_N^{(2)}(\mathbf{q}_j, \mathbf{q}_l)\, d\mathbf{q}_l . \tag{XXI 138}$$

Der Vergleich dieser Formel mit Gl. (XXI 136) zeigt, daß

$$^1w_N^{(2)}(\mathbf{q}_1, \mathbf{q}_j) = {}^1W_{N-n+2}^{(2)}(\mathbf{q}_1, \mathbf{q}_j) \tag{XXI 139}$$

ist. Für endliche n und $N \to \infty$ ist ferner

$$^1W_{N-n+2}^{(2)} = W_N^{(2)} . \tag{XXI 140}$$

Damit lautet die Lösung von (XXI 136)

$$^1W_N^{(n)}(\mathbf{q}_1, \ldots, \mathbf{q}_n) = \sum_{j=2}^{n} {}^1W_N^{(2)}(\mathbf{q}_1, \mathbf{q}_j) , \tag{XXI 141}$$

wo $^1W_N^{(2)}$ die Lösung der linearen Integralgleichung[2]

$$^1W^{(2)}(\mathbf{q}_1, \mathbf{q}_2) = \frac{a_2\, z_1\, z_2 |e|^2}{D\, r_{12}} - \frac{z_1 |e|}{VDkT} \sum_{l=3}^{N} a_l^2\, z_l |e| \int^V \frac{1}{r_{1l}}\, {}^1W^{(2)}(\mathbf{q}_1, \mathbf{q}_l)\, d\mathbf{q}_l \tag{XXI 142}$$

ist. Die Gl. (XXI 136) werden somit in der Tat durch Superposition gelöst. Nehmen wir noch die Gl. (XXI 128) hinzu, so folgt daraus unmittelbar die Behauptung.

Wir haben jetzt noch zu zeigen, daß die bei der obigen Ableitung der Grenzgesetze eingeführte Annahme 1. korrekt ist. Es ist also, präziser formuliert, zu beweisen, daß

$$\lim_{\substack{\sigma \to 0 \\ \varkappa \neq 0}} {}^1W^{(2)}(\mathbf{q}_1, \mathbf{q}_2) = \lim_{\substack{\varkappa \to 0 \\ \sigma \neq 0}} {}^1W^{(2)}(\mathbf{q}_1, \mathbf{q}_2) \tag{XXI 143}$$

ist. Wir gehen dazu aus von der linearen Integralgleichung (XXI 127) für $n = 2$, wo wir jetzt für alle Ionen mit Ausnahme des Ions 1 $a_j = 1$ setzen. Führen wir die skalaren Abstände der Ionen r_{ij} und das explizite COULOMB-Potential ein, so haben wir

$$^1W^{(2)}(r_{12}) = \frac{z_1\, z_2 |e|^2}{D\, r_{12}} - \frac{\sum_{j=3}^{N} z_1\, z_j |e|^2}{VDkT} \int_{\omega_{13},\, \omega_{23}}^V \frac{^1W^{(2)}(r_{23})}{r_{13}}\, d\mathbf{q}_3 . \tag{XXI 144}$$

Hier sind ω_{13} und ω_{23} die Volumina zweier zu den Ionen 1 und 2 konzentrischer Kugeln vom Radius σ, die von der Integration im Raume des Ions 3 auszuschließen

---

[1] Mit Rücksicht auf die bei der Ableitung von (XXI 125) gemachten Vernachlässigungen muß n als endlich vorausgesetzt werden.

[2] Den Index N lassen wir jetzt wieder weg.

sind. Für die Lösung der Gl. (XXI 144) machen wir den Ansatz

$$^1W^{(2)}(r_{12}) = \frac{z_1 z_2 |e|^2}{D\,r_{12}}\,\varphi(r_{12})\,. \tag{XXI 145}$$

Damit erhalten wir, wenn wir

$$r_{12} = r\,,\quad r_{13} = s\,,\quad r_{23} = t \tag{XXI 146}$$

schreiben, für die Funktion $\varphi(r)$ die Integralgleichung

$$\frac{\varphi(r)}{r} = \frac{1}{r} - \frac{1}{4\pi}\,\varkappa^2 \int\limits_{\omega_{13},\,\omega_{23}}^{V} \frac{\varphi(t)}{s\,t}\,d\mathbf{q}_3\,. \tag{XXI 147}$$

Auch hier sind wieder Terme, die im Verhältnis zu den zurückbehaltenen von der Ordnung $1/N$ sind, vernachlässigt worden. Wie bei den analogen Problemen in § 13.2 und 19.4 führen wir nun Zwei-Zentren-Koordinaten ein durch die Gleichung

$$\int\limits_{\omega_{13},\,\omega_{23}}^{V} d\mathbf{q}_3 = 2\pi \int\limits_{\sigma}^{\infty} dt \int\limits_{|r-t|}^{r+t} ds\,\frac{s\,t}{r}\,. \tag{XXI 148}$$

Aus Gl. (XXI 147) wird dann

$$\varphi(r) = 1 - \varkappa^2 \int\limits_{\sigma}^{\infty} K(r,t)\,\varphi(t)\,dt \tag{XXI 149}$$

mit

$$K(r,t) = \tfrac{1}{2} \int\limits_{|r-t|}^{r+t} ds\,. \tag{XXI 150}$$

Die explizite Definition des Kernes lautet

$$K(r,t) = \begin{cases} r & \text{für}\quad \sigma \leqq r \leqq t - \sigma\,, \\ \tfrac{1}{2}(r + t - \sigma) & \text{für}\quad t - \sigma < r \leqq t + \sigma\,, \\ t & \text{für}\quad t + \sigma < r < \infty\,. \end{cases} \tag{XXI 151}$$

Die Integralgleichung (XXI 149) läßt sich durch LAPLACE-Transformation lösen. Wir gehen auf die Einzelheiten nicht näher ein und schreiben gleich das Resultat an, soweit wir es zum Beweise der Annahme 1 benötigen. Die Lösung lautet

$$\varphi(r) = \frac{1}{2\pi i} \int\limits_{c-i\infty}^{c+i\infty} \frac{B(z)\,e^{zr}}{z^2 - \varkappa^2 \cosh z\,\sigma}\,dz\,. \tag{XXI 152}$$

Hier ist $B(z)$ eine Funktion, deren explizite Gestalt wir in diesem Zusammenhang nicht benötigen. Der Integrationsweg ist eine Parallele zur imaginären Achse zwischen dem Ursprung und dem kleinsten positiven Realteil der Nullstellen der Funktion $z^2 - \varkappa^2 \cosh z\,\sigma$. Wird das Integral über die rechte Halbebene geschlossen, so liefert der Residuensatz

$$\varphi(r) = \sum_{n=1}^{\infty} A_n\,e^{-z_n r} \quad (r > \sigma) \tag{XXI 153}$$

mit

$$A_n = \frac{-B(-z_n)}{2\,z_n - \varkappa^2\,\sigma \sinh z_n\,\sigma}\,. \tag{XXI 154}$$

Die z_n sind die Wurzeln der Gleichung

$$z^2 - \varkappa^2 \cosh z\,\sigma = 0 \tag{XXI 155}$$

und die Summe in Gl. (XXI 153) ist über alle Wurzeln mit positivem Realteil zu erstrecken.

Man sieht sofort, daß für $\sigma = 0$ die Gl. (XXI 155) nur eine Wurzel mit positivem Realteil hat, nämlich $z = \varkappa$. Mit Gl. (XXI 153) und (XXI 145) folgt daraus unmittelbar, wie es sein muß, die radiale Verteilungsfunktion (XXI 135). Für $\sigma > 0$ und kleine Werte von $\varkappa \sigma$ existieren zwei positive reelle Wurzeln. Führt man nun eine neue Unbekannte $x = z/\varkappa$ ein, so wird aus (XXI 155)

$$x^2 - \cosh x \varkappa \sigma = 0 \, . \qquad\qquad \text{(XXI 156)}$$

Die Gleichung enthält nun als einzigen Parameter die Größe $\varkappa \sigma$, und man sieht, daß sowohl für $\varkappa \to 0$ wie für $\sigma \to 0$ als positive Wurzel nur die Lösung $x = 1$ bzw. $z = \varkappa$ existiert. Beide Fälle führen also auf die gleiche Grenzform der radialen Verteilungsfunktion. Damit ist die Gl. (XXI 143) bzw. die Annahme 1 bewiesen.

Mit dem Beweis der Annahmen 1. und 2. haben wir nun vollständig gezeigt, daß die DEBYE-HÜCKELschen Grenzgesetze unter der Voraussetzung der Gl. (XXI 14) korrekt sind. Weiter haben wir die Gültigkeit des der DEBYE-HÜCKEL-Theorie zugrunde liegenden Superpositionsprinzips als Grenzgesetz direkt nachgewiesen. Schließlich zeigt unsere Rechnung, daß die Verwendung der POISSON-BOLTZMANN-Gleichung nur in der linearisierten Form in sich konsistent und nur für die Ableitung der Grenzgesetze streng zu begründen ist.

Die in diesem Paragraphen entwickelte Methode kann im Prinzip dazu dienen, die Theorie der Lösungen starker Elektrolyte auch für endliche Konzentrationen durchzuführen, soweit die Gültigkeit des Ansatzes (XXI 14) vorausgesetzt werden darf. Die dazu erforderlichen sehr umständlichen Rechnungen liegen indessen bisher noch nicht vollständig vor. KIRKWOOD und POIRIER[1] teilen lediglich einige qualitative Resultate mit. Daraus ist zu entnehmen, daß $\varphi(r)$ für $\varkappa > 0$, $\sigma > 0$ und kleine Werte von $\varkappa \sigma$ einen ähnlichen Verlauf hat wie nach der DEBYE-HÜCKEL-Theorie. Die in § 21.2 besprochenen guten Ergebnisse dieser Näherung im Gebiete niedriger Konzentrationen finden damit ihre Erklärung. Bei höheren Konzentrationen scheint die radiale Verteilungsfunktion einen oszillierenden Charakter anzunehmen, wie er von den reinen Flüssigkeiten (§ 19.4) her bekannt ist. Dies würde hier bedeuten, daß sich um ein Ion eine Schichtung der durchschnittlichen Ladungsdichte mit Zonen von abwechselnd positiver und negativer Überschußladung ausbildet.

Nach einer völlig andersartigen Methode ist die exakte Theorie der Lösungen starker Elektrolyte von J. E. MAYER[2] entwickelt worden. Den Ausgangspunkt bildet die in § 8.3 behandelte Theorie der Vielkomponentensysteme. Die bei der Anwendung auf Systeme mit COULOMBschen Kräften auftretenden Konvergenzschwierigkeiten werden in ähnlicher Weise, wie es oben erörtert wurde, umgangen. Die Rechnung ergibt auch hier das DEBYE-HÜCKELsche Grenzgesetz. Die sehr mühsame Auswertung für endliche Konzentrationen ist von POIRIER[3] durchgeführt worden. In der Formel für den Aktivitätskoeffizienten tritt wieder ein adjustierbarer Parameter A auf, welcher dem kleinsten Abstand, auf den zwei Ionen sich nähern können, und damit dem früher benutzten Parameter σ proportional ist. Abb. 179 zeigt den von POIRIER berechneten Verlauf des Aktivitätskoeffizienten eines $1 - 1$-wertigen Elektrolyten für verschiedene Werte des

---

[1] KIRKWOOD, J. G., u. J. C. POIRIER: J. Physic. Chem. **58**, 591 (1954).

[2] MAYER, J. E.: J. Chem. Phys. **18**, 1426 (1950).

[3] POIRIER, J. C.: J. Chem. Phys. **21**, 965, 972 (1953).

Parameters A[1]. Aus dem Vergleich mit Abb. 178 erkennt man, daß jedenfalls qualitativ das Verhalten des Aktivitätskoeffizienten über einen größeren Konzentrationsbereich von der MAYERschen Theorie richtig wiedergegeben wird.

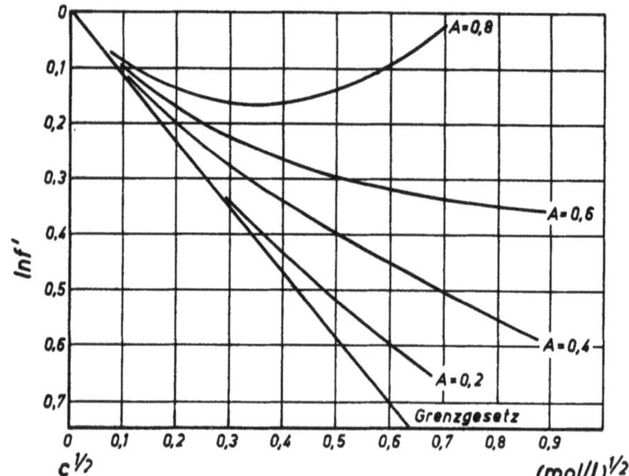

Abb. 179. Aktivitätskoeffizienten ein-einwertiger Elektrolyte nach der Theorie von J. E. MAYER [entnommen aus: J. C. POIRIER, J. Chem. Phys. 21, 972 (1953)]

Die quantitative Prüfung der Theorie ist von POIRIER für verschiedene Typen von Elektrolyten durchgeführt worden. Im Falle des Systems NaCl—Wasser ergibt sich eine gute Übereinstimmung bis zu einer Konzentration von etwa 0,4 Mol/l. Der Unterschied zwischen experimentellen und theoretischen Werten beträgt hier etwa 1,5% der ersteren. Der dabei benutzte Wert für σ ist 3,30 Å, was vom physikalischen Standpunkt befriedigend ist. Die MAYERsche Theorie führt also jedenfalls erheblich weiter als die DEBYE-HÜCKELsche Näherung. Ob die bei Konzentrationen oberhalb 0,4 Mol/l auftretenden Diskrepanzen auf gewisse bei der Auswertung eingeführte Vereinfachungen zurückzuführen sind oder ihre Ursache in einem Versagen der Grundgleichungen, d. h. in erster Linie der Gl. (XXI 14) haben, scheint noch nicht geklärt zu sein.

Zum Schluß sei noch eine Methode erwähnt, die von KRAMERS[2] zur Begründung des Grenzgesetzes benutzt worden ist. Dieselbe ist von BERLIN und MONTROLL[3] in etwas modifizierter Form auf das Gebiet endlicher Konzentrationen angewandt worden. Dabei muß aber die Beschränkung auf Punktladungen aus mathematischen Gründen beibehalten werden. Es ergeben sich daher erst bei relativ hohen Konzentrationen Abweichungen vom Grenzgesetz, die man vielleicht als Assoziationen deuten kann. Die Methode ist als Modelltheorie unter verschiedenen Gesichtspunkten von Interesse, scheint aber kaum Aussichten für eine Weiterentwicklung zu einer physikalischen Theorie (d. h. einer Theorie, die sich in vollem Umfang mit den experimentellen Ergebnissen vergleichen läßt) zu bieten.

---

[1] Die in Abb. 179 aufgetragene Größe $\ln f'$ ist bis auf einen hier unwesentlichen Korrekturterm identisch mit dem Logarithmus des Aktivitätskoeffizienten für die Konzentrationseinheit Mol/l.

[2] KRAMERS, H. A.: Proc. Acad. Sci. Amsterdam 30, 145 (1927).

[3] BERLIN, T. H., u. E. W. MONTROLL: J. Chem. Phys. 20, 75 (1952).

Kapitel XXII

Lösungen von Makromolekülen

§ 22.1. Theorie der athermischen Lösung starrer Fadenmoleküle

Als Makromoleküle bezeichnet man Moleküle mit Molekulargewichten $\geq 10^4$. Dazu gehören die Moleküle zahlreicher Naturstoffe (insbesonders die der Eiweißkörper, des Kautschuks, der Cellulose und ihrer Derivate) und die der synthetischen Hochpolymeren (Kunststoffe). Unter den thermodynamischen Eigenschaften der Lösungen dieser Stoffe ist besonders bemerkenswert die Tatsache, daß man in den meisten Fällen das Gebiet, in dem die Grenzgesetze für unendliche Verdünnung noch eine brauchbare Näherung darstellen, experimentell nicht mehr erreichen kann. Insofern stellen die makromolekularen Lösungen ein Gegenstück zu den Lösungen starker Elektrolyte dar. Diese besonders für Lösungen organischer Stoffe auffallende Eigenschaft hat, neben dem technischen Interesse an den Stoffen, den Hauptanlaß zur theoretischen Beschäftigung mit derartigen Systemen gegeben. Die statistische Theorie der makromolekularen Lösungen ist zuerst fast gleichzeitig und unabhängig von FLORY[1], HUGGINS[2-4], MILLER[5] und MÜNSTER[6] entwickelt und seitdem in zahlreichen Arbeiten verschiedener Autoren ausgebaut worden. Da das Gebiet kürzlich an anderer Stelle[7] ausführlich dargestellt worden ist, geben wir hier, ähnlich wie in Kap. XXI, nur eine kurze Übersicht über einige wichtige Gesichtspunkte und Ergebnisse, wobei wir den Zusammenhang mit den früheren Entwicklungen (insbesondere Kap. XX) im Auge behalten.

In physikalischer Hinsicht grenzen wir unser Thema zunächst in der Weise ab, daß wir uns auf Lösungen von Nichtelektrolyten beschränken. Die Lösungen der sog. Polyelektrolyte[8] und der Eiweißkörper schließen wir also von vorneherein aus. Ferner berücksichtigen wir nicht die Tatsache, daß makromolekulare Lösungen in den meisten Fällen chemisch gleichartige Moleküle der verschiedensten Größen enthalten (Polymolekularität) und speziell bei Fadenmolekülen die Verzweigung der Ketten. Dies ist um so eher gerechtfertigt, als beide Einflüsse theoretisch noch wenig geklärt sind. Wir behandeln also in der Hauptsache die Lösungen von unverzweigten Fadenmolekülen einheitlicher Länge und gehen nur kurz auf Lösungen von kugelförmigen Makromolekülen ein. Schließlich setzen wir noch voraus, daß die Makromoleküle aus n untereinander gleichen Bausteinen aufgebaut sind. n wird als der Polymerisationsgrad bezeichnet und hängt mit dem Molekulargewicht M_2 zusammen durch

$$M_2 = n M_0 , \qquad \text{(XXII 1)}$$

wo M_0 das Molekulargewicht des monomeren Bausteins ist.

Die makromolekularen Lösungen sind für die Theorie von besonderem Interesse, weil ihre Eigenschaften weitgehend durch zwei Faktoren bestimmt werden,

---

[1] FLORY, P. J.: J. Chem. Phys. 9, 660 (1941); 10, 51 (1942).

[2] HUGGINS, M. L.: J. Chem. Phys. 9, 440 (1941).

[3] HUGGINS, M. L.: J. Physic. Chem. 46, 151 (1942).

[4] HUGGINS, M. L.: Ann. N. Y. Acad. Sci. 43, 1 (1942).

[5] MILLER, A. R.: Proc. Cambridge Phil. Soc. 39, 54, 151 (1943).

[6] MÜNSTER, A.: Kolloid-Z. 105, 1 (1943).

[7] MÜNSTER, A.: Statistische Thermodynamik hochmolekularer Lösungen. Die Physik der Hochpolymeren (Herausgegeben von H. A. STUART), Bd. II, Kap. 2. Berlin 1953.

[8] Vgl. z. B. U. P. STRAUSS u. R. M. FUOSS: Polyelectrolytes. Die Physik der Hochpolymeren (Herausgegeben von H. A. STUART), Bd. II, Kap. 15. Berlin 1953.

die sonst nur eine untergeordnete Rolle spielen und die wir deshalb bisher vernachlässigt haben, den Größenunterschied zwischen den Molekülen des Lösungsmittels und des gelösten Stoffes und die innere Beweglichkeit der Moleküle. Das eigentliche Problem besteht also in einer entsprechenden Erweiterung der Theorie der Lösungen niedrigmolekularer Nichtelektrolyte. Die verschiedenen in Kap. XX behandelten Methoden kommen daher grundsätzlich auch hier in Betracht. Wir beschränken uns jedoch darauf, die Theorie auf der Grundlage des einfachen, bzw. des durch Berücksichtigung der Orientierungen erweiterten Gittermodelles zu entwickeln.

Die Anpassung des Gittermodells an das spezielle Problem der makromolekularen Lösungen geschieht in einfachster Weise durch die Festsetzung, daß jedes Molekül des Lösungsmittels einen Gitterplatz, jedes Makromolekül n Gitterplätze besetzt. Dieses einfachste Verfahren ist für die Lösungen der eigentlichen Makromoleküle auch das zweckmäßigste. Wenn man dagegen den Einfluß der unterschiedlichen Molekülgröße bei niedrigmolekularen Gemischen berücksichtigen will, ist es unter Umständen besser, jedem Molekül mehrere Gitterplätze, je nach seiner Größe, zuzuteilen, wie es z. B. in der von BARKER[1] entwickelten Theorie geschieht (vgl. § 20.5). Wir gehen hier jedoch auf diese Modifikation nicht weiter ein. Die innere Beweglichkeit der Fadenmoleküle beruht auf der in § 9.11 behandelten inneren Rotation. Bei gewinkelten Valenzrichtungen hat dieselbe, wie man leicht feststellt, zur Folge, daß eine lineare Kette eine überaus große Zahl von Konfigurationen einnehmen kann. Bei hinreichend großer Kettenlänge kommt das Bild eines mehr oder weniger flexiblen Fadens dem tatsächlichen Sachverhalt ziemlich nahe. Der Grad der Biegsamkeit hängt von dem Potential der inneren Rotation, aber auch von der Wechselwirkung entfernterer Gruppen der Kette und der Wechselwirkung mit dem Lösungsmittel ab. Die innere Beweglichkeit läßt sich im Gittermodell berücksichtigen, indem man etwa festsetzt, daß, wenn ein Baustein fixiert ist, der folgende $y \leq z - 1$ Gitterplätze besetzen kann. Den Fall $y = z - 1$ bezeichnet man wohl als ideale Biegsamkeit. Die Theorien, die wir in diesem Paragraphen behandeln, liefern jedoch für verdünnte Lösungen biegsamer Fadenmoleküle keine brauchbaren Ergebnisse. Wir werden daher in § 22.2 nochmals auf diese Frage zurückkommen.

Um den Einfluß der unterschiedlichen Molekülgröße auf die thermodynamischen Eigenschaften, der zuerst von FOWLER und RUSHBROOKE[2] nachgewiesen wurde, für sich zu untersuchen, ist es zweckmäßig, das Modell noch weiter zu vereinfachen durch die Festsetzung, daß alle Standard-Konfigurationen die gleiche Energie besitzen. Man erhält dann gewissermaßen ein Gegenstück zur idealen Lösung, das gewöhnlich als athermische Lösung bezeichnet wird. Es ist thermodynamisch charakterisiert durch die Beziehungen

$$\Delta G^E \neq 0, \quad \Delta H = 0, \quad \Delta S^E \neq 0. \qquad \text{(XXII 2)}$$

Für die athermische Lösung hat die Verteilungsfunktion der Standard-Konfigurationen die einfache Gestalt

$$\frac{Q_c}{N_1! \, N_2!} = e^{-\frac{W_0'}{kT}} g\,(N_1, N_2)\,. \qquad \text{(XXII 3)}$$

Das Problem reduziert sich also auf die Berechnung des Kombinationsfaktors $g\,(N_1, N_2)$, der die Zahl der unterscheidbaren Standard-Konfigurationen angibt. Während diese Aufgabe im Falle der idealen Lösung trivial ist, stellt sie hier ein

---

[1] BARKER, J. A.: J. Chem. Phys. 20, 1526 (1952).
[2] FOWLER, R. H., u. G. S. RUSHBROOKE: Trans. Faraday Soc. 33, 1272 (1937).

schwieriges kooperatives Problem dar, das bisher sich nur näherungsweise hat lösen lassen. Die Rechnung ist nach sehr verschiedenen Methoden durchgeführt worden, von denen wir in diesem Paragraphen zwei behandeln, die im Ergebnis ziemlich genau der BRAGG-WILLIAMSschen und der BETHEschen Näherung entsprechen.

Das von FLORY[1] und HUGGINS[2] angewandte Verfahren ist die sog. Auffüllmethode, die bereits von BOLTZMANN in der Gastheorie und auch von FOWLER und RUSHBROOKE in ihrer grundlegenden Arbeit benutzt wurde. Das Prinzip derselben besteht für das betrachtete Problem darin, daß man in das gedachte Gitter die gelösten Moleküle einzeln einfüllt. Dabei wird für jedes Molekül die Zahl der Anordnungsmöglichkeiten berechnet. Die Moleküle des Lösungsmittels kommen zum Schluß auf die noch freien Gitterplätze. Die Zahl der Standard-Konfigurationen ist dann gleich dem Produkt über alle so berechneten Anordnungsmöglichkeiten.

Wir betrachten ein System aus N_1 monomeren Molekülen (Lösungsmittel) und N_2 Fadenmolekülen vom Polymerisationsgrad n. Das gedachte Gitter hat somit $N_1 + n N_2$ Plätze. Für den ersten Baustein des ersten Fadenmoleküls haben wir daher $N_1 + n N_2$ Anordnungsmöglichkeiten, für den zweiten z, für den dritten und alle weiteren $y \leqq z - 1$, wo y von dem Grade der Biegsamkeit abhängt. Der erste Baustein des zweiten Moleküls hat $N_1 + n N_2 - n$ Plätze zur Verfügung, der zweite $z(1 - f_2)$, der dritte und alle folgenden $y(1 - f_2)$. Hier ist f_2 die Wahrscheinlichkeit, daß ein an sich dem Baustein zugänglicher Platz schon durch ein anderes Molekül besetzt ist. Allgemein gibt es bei dem Molekül $i + 1$ für den ersten Baustein $N_1 + n N_2 - i n$ Möglichkeiten, für den zweiten $z(1 - f_{i+1})$, für den dritten und alle folgenden $y(1 - f_{i+1})$. Der Kunstgriff, der die Ableitung einer geschlossenen Formel ermöglicht, besteht nun darin, daß man allgemein setzt

$$f_{i+1} = \frac{i\,n}{N_1 + n\,N_2}\,. \qquad\qquad \text{(XXII 4)}$$

Man setzt also die Wahrscheinlichkeit, unter den nächsten Nachbarn eines Bausteins einen Gitterplatz besetzt zu finden, gleich der Durchschnittswahrscheinlichkeit über die ganze Lösung. Diese Annahme kann aber allgemein nur bei höheren Konzentrationen näherungsweise zutreffen. In verdünnten Lösungen muß dagegen vorausgesetzt werden, daß die Fadenmoleküle ziemlich steif sind. Bei großer innerer Beweglichkeit (Biegsamkeit) ist hier die fragliche Wahrscheinlichkeit infolge der statistischen Verknäulung der Fadenmoleküle (§ 22.2) größer als Gl. (XXII 4) angibt. Diese Tatsache ist der Hauptgrund dafür, daß die FLORY-HUGGINS-Theorie im allgemeinen für verdünnte Lösungen versagt.

Bilden wir nun das Produkt der Zahlen der Anordnungsmöglichkeiten über alle i und beachten, daß asymptotisch

$$(x!)^r = x^{rx}\, e^{-rx} \qquad\qquad \text{(XXII 5)}$$

ist, so folgt nach Division durch $N_1!\,N_2!$

$$g(N_1, N_2) = \frac{\left(\dfrac{N_1}{n} + N_2\right)!\,N_1!\,(N_1 + n\,N_2)^{\frac{n-1}{n}N_1}\, n^{N_2}\, z^{N_2}\, y^{(n-2)N_2}}{\left(\dfrac{N_1}{n}\right)!\,N_1^{\frac{n-1}{n}N_1}\, \exp\left[(n-1)N_2\right]\, \sigma^{N_2}}\,, \qquad \text{(XXII 6)}$$

[1] FLORY, P. J.: J. Chem. Phys. 10, 51 (1942).
[2] HUGGINS, M. L.: J. Physic. Chem. 46, 151 (1942).

wo σ die Symmetriezahl ist. Mit Hilfe der STIRLINGschen Formel erhalten wir daraus

$$\ln g\,(N_1, N_2) = (N_1 + N_2)\ln(N_1 + nN_2) - N_1\ln N_1 - $$
$$- N_2\ln N_2 + N_2\ln\left(\frac{z}{\sigma}\right) + (n-2)\,N_2\ln y - (n-1)\,N_2. \qquad \text{(XXII 7)}$$

Die entsprechenden Ausdrücke für die reinen Komponenten ergeben sich, wenn man in Gl. (XXII 7) N_1 bzw. N_2 gleich Null setzt. Es folgt dann für die freie Energie der Mischung

$$\Delta G = kT\left[N_1\ln\frac{N_1}{N_1 + n\,N_2} + N_2\ln\frac{n\,N_2}{N_1 + n\,N_2}\right]. \qquad \text{(XXII 8)}$$

Wir führen jetzt die sog. Volumenbrüche (Grundmolenbrüche)

$$x_1^* = \frac{N_1}{N_1 + n\,N_2}\,, \quad x_2^* = \frac{n\,N_2}{N_1 + n\,N_2} \qquad \text{(XXII 9)}$$

ein. Mit Benutzung dieser Größen erhalten wir aus (Gl. XXII 8) für die chemischen Potentiale

$$\Delta\mu_1 = kT\left[\ln x_1^* + \left(1 - \frac{1}{n}\right)x_2^*\right] \qquad \text{(XXII 10)}$$

$$\Delta\mu_2 = kT\left[\ln x_2^* - (n-1)\,x_1^*\right]. \qquad \text{(XXII 11)}$$

Die Verdünnungsentropie wird

$$\Delta s_1 = -k\left[\ln x_1^* + \left(1 - \frac{1}{n}\right)x_2^*\right]. \qquad \text{(XXII 12)}$$

Für verdünnte Lösungen ergibt sich aus Gl. (XXII 10), wenn wir den osmotischen Druck einführen,

$$\Pi = \frac{kT}{v_1}\,\frac{x_2^*}{n}\left(1 + \frac{1}{2}\,n\,x_2^*\right). \qquad \text{(XXII 13)}$$

Entsprechend erhält man aus (XXII 12) für die Verdünnungsentropie verdünnter Lösungen

$$\Delta s_1 = k\,\frac{x_1^*}{n}\left(1 + \frac{1}{2}\,n\,x_2^*\right). \qquad \text{(XXII 14)}$$

In Abb. 180 sind nach HUGGINS[1] die Aktivitäten (relative Dampfdrucke)

$$\frac{p_1}{p_{01}} = a_1 = e^{\frac{\Delta\mu_1}{kT}}\,, \quad \frac{p_2}{p_{02}} = a_2 = e^{\frac{\Delta\mu_2}{kT}} \qquad \text{(XXII 15)}$$

als Funktionen der Molenbrüche nach Gl. (XXII 10) und (XXII 11) für verschiedene Werte von n dargestellt. Man sieht, daß allein der Unterschied der Molekülgrößen enorme Abweichungen von den Gesetzen der idealen Lösung bedingt. Man bemerkt auch, daß die für die Biegsamkeit charakteristische Größe y in den Endformeln nicht mehr vorkommt. Danach sollten die thermodynamischen Eigenschaften unabhängig von dem Grade der inneren Beweglichkeit sein. Tatsächlich trifft dies nur in konzentrierteren Lösungen näherungsweise zu.

Die FLORY-HUGGINS-Theorie stellt naturgemäß eine ziemlich rohe Näherung dar. Sie hat aber den großen Vorzug, daß sie den wesentlichen Effekt in relativ einfachen Formeln darstellt. Dies ist besonders dann von Bedeutung, wenn man kompliziertere thermodynamische Rechnungen auszuführen hat, wie es z. B. bei

---

[1] HUGGINS, M. L.: J. Physic. Chem. **46**, 151 (1942).

Löslichkeitsproblemen[1] der Fall ist. Hier ist sie praktisch kaum zu entbehren, da jede Verfeinerung auf wesentlich kompliziertere Formeln führt.

Die konsequente Fortsetzung der FLORY-HUGGINSschen Näherung entspricht, wie erwähnt, der BETHEschen Näherung. MILLER[2] hat die Rechnung nach der BETHEschen Methode explizit für Dimere und Trimere durchgeführt und daraus durch sinngemäße Extrapolation die richtige Formel für Polymere erhalten. Später ist die Formel direkt nach verschiedenen Methoden[3, 4] abgeleitet und bestätigt worden. Wir schließen uns hier an eine von VAN DER WAALS[5] gegebene Ableitung an.

Wie vorher betrachten wir ein System aus N_1 Molekülen, die je einen Gitterplatz besetzen und aus N_2-Molekülen, die je n Gitterplätze besetzen. Es wird vorausgesetzt, daß die polymeren Moleküle glatte oder verzweigte offene Ketten, aber keine geschlossenen Ringe sind. Wenn wir Verzweigungen zulassen, so bedeutet dies nur, daß diese Annahme bei der Rechnung zulässig ist, aber nicht, daß dieses Problem von der Theorie korrekt behandelt würde. Daß Letzteres nicht der Fall ist, hängt wieder damit zusammen, daß auch die jetzt zu besprechende Näherung im Gebiet der verdünnten Lösungen, wo spezifische Einflüsse der Verzweigung aufzutreten scheinen[6], versagt. Unter den angeführten Voraussetzungen ist die Zahl der nächsten Nachbarn eines polymeren Moleküls, die wir mit zq bezeichnen, gegeben durch die Gleichung

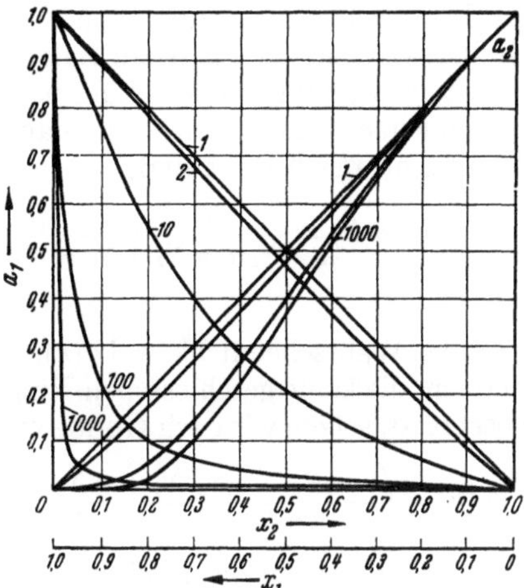

Abb. 180. Aktivitäten einer binären athermischen Lösung nach der Theorie von FLORY und HUGGINS [entnommen aus: H. A. STUART: Die Physik der Hochpolymeren, Bd. II, S. 116. Berlin 1953]

$$zq = n(z - 2) + 2 \,. \qquad \text{(XXII 16)}$$

Wir berechnen nun die Wahrscheinlichkeit $W(AB)$, daß zwei benachbarte Gitterplätze von Molekülen der Sorte 1 besetzt sind. Die Anwesenheit der polymeren Moleküle hat zur Folge, daß diese Wahrscheinlichkeit nicht mehr einfach gleich dem Produkt der Einzel-Wahrscheinlichkeiten ist; darin drückt sich unmittelbar der kooperative Charakter des Problems aus. Wir gehen aus von der Gesamtzahl von Paaren benachbarter Gitterplätze, die $\frac{z}{2}(N_1 + nN_2)$ beträgt. Davon sind $(n - 1)N_2$ Paare durch in der Kette aufeinanderfolgende Bausteine polymerer Moleküle besetzt. Die Zahl der Paare, die nicht durch aufeinanderfolgende Bausteine polymerer Moleküle besetzt sind, ist daher

$$\frac{z}{2}(N_1 + n N_2) - (n - 1) N_2 = \frac{z}{2}(N_1 + q N_2) \,, \qquad \text{(XXII 17)}$$

[1] Vgl. z. B. A. MÜNSTER: Löslichkeit und Quellung. Die Physik der Hochpolymeren (Herausgegeben von H. A. STUART), Bd. II, Kap. 3. Berlin 1953.

[2] MILLER, A. R.: Proc. Cambridge Phil. Soc. 39, 54, 151 (1943).

[3] GUGGENHEIM, E. A.: Proc. Roy. Soc. (London) A 183, 203 (1944).

[4] MILLER, A. R.: Kolloid-Z. 114, 149 (1949).

[5] VAN DER WAALS, J. H.: Dissertation. Amsterdam 1950.

[6] THURMOND, C. D., u. B. H. ZIMM: J. Polymer Sci. 8, 477 (1952).

wo q durch Gl. (XXII 16) definiert ist. Die Wahrscheinlichkeit, daß ein beliebig herausgegriffener Gitterplatz A von einem Molekül der Sorte 1 (des Lösungsmittels) besetzt ist, ist $N_1(N_1 + n N_2)$. Wenn wir nun wissen, daß A von einem Molekül des Lösungsmittels besetzt ist, so ist die Wahrscheinlichkeit, daß ein zu A benachbarter Gitterplatz B ebenfalls von einem Molekül des Lösungsmittels besetzt ist, größer als $N_1(N_1 + n N_2)$. Wir wissen dann nämlich, daß $A B$ zu den Paaren von benachbarten Plätzen gehört, die nicht durch aufeinanderfolgende Bausteine polymerer Moleküle besetzt sind. Die fragliche Wahrscheinlichkeit ist daher größer als $N_1(N_1 + n N_2)$ um einen Faktor, der gleich ist dem Verhältnis der Gesamtzahl der Paare zur Zahl der Paare, die nicht von aufeinanderfolgenden Bausteinen polymerer Moleküle besetzt sind. Wir erhalten somit für die Wahrscheinlichkeit, daß zwei benachbarte Gitterplätze A und B von Molekülen des Lösungsmittels besetzt sind,

$$W(AB) = \frac{N_1}{N_1 + n N_2}\left(\frac{N_1}{N_1 + n N_2}\frac{N_1 + n N_2}{N_1 + q N_2}\right) = \frac{N_1}{N_1 + n N_2}\frac{N_1}{N_1 + q N_2}.$$

$$\text{(XXII 18)}$$

Für die Wahrscheinlichkeit $W(n)$, daß eine Folge von n benachbarten Gitterplätzen, die keine geschlossenen Ringe enthält, von Molekülen des Lösungsmittels besetzt ist, setzen wir nach GUGGENHEIM[1] in Verallgemeinerung der Gl. (XXII 18)

$$W(n) = \left(\frac{N_1}{N_1 + n N_2}\right)^n\left(\frac{N_1 + n N_2}{N_1 + q N_2}\right)^{n-1} = \frac{N_1}{N_1 + n N_2}\left(\frac{N_1}{N_1 + q N_2}\right)^{n-1}. \quad \text{(XXII 19)}$$

Diese Gleichung ist natürlich keine strenge Folgerung aus (XXII 18), sondern sie enthält im Gegenteil die entscheidende Näherungsannahme. Man sieht nämlich leicht, daß diese Gleichung auf der Annahme der Unabhängigkeit von Paaren (vgl. § 16.5 und § 20.3) beruht. Die Äquivalenz unserer Rechnung mit der BETHEschen Methode ist damit unmittelbar bewiesen.

Wir definieren nun eine Größe λ, die gleich ist der mittleren Zahl von Folgen benachbarter Gitterplätze, auf denen ein polymeres Molekül untergebracht werden könnte, die aber in Wirklichkeit von Molekülen des Lösungsmittels besetzt sind. Diese Zahl ist gleich dem Produkt der Anordnungsmöglichkeiten für ein polymeres Molekül in dem leeren Gitter $(N_1 + n N_2)\,\varrho$ und der Wahrscheinlichkeit, daß eine solche Folge von Molekülen des Lösungsmittels besetzt ist. Wir haben daher mit Gl. (XX 19)

$$\lambda = (N_1 + n N_2)\,\varrho\,\frac{N_1}{N_1 + n N_2}\left(\frac{N_1}{N_1 + q N_2}\right)^{n-1}. \quad \text{(XXII 20)}$$

Die hier eingeführte Größe ϱ ist die Zahl der Konfigurationen, eines polymeren Moleküls, dessen erster Baustein in einem bestimmten Gitterplatz fixiert ist. Es gilt daher bei idealer Biegsamkeit

$$\varrho_{id} = z(z-1)^{n-2}. \quad \text{(XXII 21)}$$

Wir betrachten jetzt eine bestimmte Konfiguration eines Systems a aus N_1 Molekülen des Lösungsmittels und N_2 polymeren Molekülen. Wir wollen sie überführen in eine Konfiguration eines Systems b aus $N_1 - n$ Molekülen des Lösungsmittels und $N_2 + 1$ polymeren Molekülen. Dazu müssen wir eine der vorher betrachteten Folgen von n Molekülen des Lösungsmittels durch ein polymeres Molekül ersetzen. Wenn wir die Ausgangskonfiguration des Systems a beliebig wählen, gibt es somit insgesamt $g(N_1, N_2) \cdot \lambda$ Möglichkeiten, die Überführung vorzunehmen. Andererseits kann jede Konfiguration des Systems b

---

[1] GUGGENHEIM, E. A.: Proc. Roy. Soc. (London) A **183**, 203 (1944).

auf $N_2 + 1$ verschiedene Weisen aus dem System a entstanden sein, da jedes der $N_2 + 1$ polymeren Moleküle die n Moleküle des Lösungsmittels ersetzt haben kann. Es muß daher gelten

$$(N_2 + 1)\, g\, (N_1 - n, N_2 + 1) = g\, (N_1, N_2) \cdot \lambda \,. \qquad \text{(XXII 22)}$$

Aus Gl. (XXII 20) und (XXII 22) folgt

$$(N_2 + 1)\, g\, (N_1 - n, N_2 + 1) = g\, (N_1, N_2)\, (N_1 + n N_2)\, \varrho\, \frac{N_1}{N_1 + n N_2} \left(\frac{N_1}{N_1 + q N_2} \right)^{n-1} .$$

$$\text{(XXII 23)}$$

Da N_1 und N_2 sehr große Zahlen sind, können wir schreiben

$$\ln g\, (N_1 - n, N_2 + 1) - \ln g\, (N_1, N_2)$$
$$= \left(\frac{\partial \ln g\, (N_1, N_2)}{\partial N_2} \right)_{N_1} - n \left(\frac{\partial \ln g\, (N_1, N_2)}{\partial N_1} \right)_{N_2} = \left(\frac{\partial \ln g\, (N_1, N_2)}{\partial N_2} \right)_N , \qquad \text{(XXII 24)}$$

wo $N = N_1 + n N_2$ die Gesamtzahl der Gitterplätze ist. Aus Gl. (XXII 23) und (XXII 24) erhalten wir (wenn 1 gegen N_2 vernachlässigt wird) die Differentialgleichung

$$\left(\frac{\partial \ln g\, (N_1, N_2)}{\partial N_2} \right)_N = -\ln N_2 + n \ln (N - n N_2) -$$
$$- (n - 1) \ln [N - (n - q)\, N_2] - \ln \varrho \,. \qquad \text{(XXII 25)}$$

Für $N_2 = 0$ ist $g(N_1, 0) = 1$. Die Integration der Gl. (XXII 25) ergibt daher, wenn wir die STIRLINGsche Formel benutzen

$$\ln g\, (N_1, N_2) = -\ln N_2! - \ln \frac{(N - n N_2)!}{N!} + \frac{n - 1}{n - q} \ln \frac{[N - (n - q)\, N_2]!}{N!} +$$
$$+ N_2 \ln \varrho \,. \qquad \text{(XXII 26)}$$

Führen wir jetzt an Stelle von N wieder N_1 ein, so folgt in bekannter Weise für die freie Energie der Mischung

$$\Delta G = kT \left[\ln N_1! - \frac{n - 1}{n - q} \ln \frac{(N_1 + q N_2)!}{(q N_2)!} + \frac{q - 1}{n - q} \ln \frac{(N_1 + n N_2)!}{(n N_2)!} \right] . \qquad \text{(XXII 27)}$$

Für die chemischen Potentiale ergibt sich daraus mit Benutzung von Gl. (XXII 16)

$$\Delta \mu_1 = kT \left[\ln N_1 - \frac{z}{2} \ln (N_1 + q N_2) + \left(\frac{z}{2} - 1 \right) \ln (N_1 + n N_2) \right] , \qquad \text{(XXII 28)}$$

$$\Delta \mu_2 = kT \left[\left(\frac{z}{2} - 1 \right) n \ln \frac{N_1 + n N_2}{N_2} - \frac{z q}{2} \ln \frac{N_1 + q N_2}{N_2} \right] . \qquad \text{(XXII 29)}$$

Die Gleichungen für die Aktivitäten (relativen Dampfdrucke) erhält man in der einfachen Form

$$a_1 = \frac{p_1}{p_{01}} = \frac{N_1 (N_1 + n N_2)^{\frac{z}{2} - 1}}{(N_1 + q N_2)^{\frac{z}{2}}} , \qquad \text{(XXII 30)}$$

$$a_2 = \frac{p_2}{p_{02}} = \frac{N_2 (N_1 + n N_2)^{\left(\frac{z}{2} - 1 \right) n}}{(N_1 + q N_2)^{\frac{z q}{2}}} . \qquad \text{(XXII 31)}$$

Die danach berechneten Kurven stimmen in ihrem allgemeinen Charakter mit den in Abb. 180 gezeigten überein. Für die Verdünnungsentropie ergibt sich, wenn wir wieder die durch Gl. (XXII 9) definierten Volumenbrüche einführen

$$\Delta s_1 = - k \left\{ \ln x_1^* - \frac{z}{2} \ln \left[1 - \frac{2\,x_2^*}{z} \left(1 + \frac{1}{n} \right) \right] \right\}.$$ \hfill (XXII 32)

Durch Reihenentwicklung erhält man daraus die für verdünnte Lösungen gültige Formel

$$\Delta s_1 = k \frac{x_2^*}{n} \left(1 + \frac{1}{2} \frac{z-2}{z} n\, x_2^* \right).$$ \hfill (XXII 33)

Entsprechend bekommt man aus Gl. (XXII 28) für den osmotischen Druck

$$\Pi = \frac{kT}{v_1} \frac{x_2^*}{n} \left(1 + \frac{1}{2} \frac{z-2}{z} n\, x_2^* \right).$$ \hfill (XXII 34)

Die FLORY-HUGGINSsche Gl. (XXII 13) geht daraus, in Analogie zu den in § 16.6 und 20.3 besprochenen Verhältnissen, durch den Grenzübergang $z \to \infty$ hervor.

Die experimentelle Prüfung der in diesem Paragraphen entwickelten Theorien stößt insofern auf Schwierigkeiten, als es streng athermische Lösungen in Wirklichkeit nicht gibt. Wenn aber die Verdünnungswärme klein ist (wie es z. B. bei Gemischen von Kohlenwasserstoffen meistens zutrifft), kann man häufig annehmen, daß der entsprechende Beitrag zur Verdünnungsentropie vernachlässigt werden kann, d. h. daß die energetische Wechselwirkung keine wesentlichen Abweichungen von der ungeordneten Verteilung bewirkt. In solchen Fällen kann man setzen

$$\Delta \mu_1 = \Delta h_1 - T \Delta s_{1\,ath},$$ \hfill (XXII 35)

wo $\Delta s_{1\,ath}$ die Verdünnungsentropie der entsprechenden athermischen Lösung ist. Allerdings ist dieser durch die Theorie der streng regulären Lösung nahegelegte Schluß nicht in allen Fällen zulässig (vgl. § 22.4). Neben der Prüfung der Verdünnungsentropie werden wir auch die Formeln für die freie Energie der Verdünnung mit experimentellen Daten vergleichen. Über diese Größe liegt aus Messungen des Dampfdruckes, des osmotischen Druckes und der Lichtstreuung ein sehr umfangreiches experimentelles Material vor. Obschon dies Verfahren nicht als eine quantitative Prüfung der Theorie betrachtet werden kann, liefert es verschiedene wertvolle Hinweise.

Wir haben bereits angedeutet, daß bei der Anwendung der Theorie auf makromolekulare Lösungen verschiedene schwierige Probleme (innere Beweglichkeit der Fadenmoleküle usw.) auftreten. Dazu kommt, daß die makromolekularen Substanzen meistens chemisch wie im Hinblick auf Verunreinigungen nicht besonders gut definiert sind und daß insbesondere die Messungen der Verdünnungsentropie vorläufig nicht sehr genau sind. Um ein Urteil über die Grundlagen der Theorie, insbesondere die Brauchbarkeit des Gittermodells, zu gewinnen, sind daher Prüfungen an niedrigmolekularen Systemen aus Molekülen verschiedener Größen erwünscht, bei denen die erwähnten Schwierigkeiten nicht auftreten. Solche Prüfungen sind in den letzten Jahren an zahlreichen Gemischen von niedrigmolekularen Kohlenwasserstoffen durchgeführt worden. Als Beispiel zeigt Abb. 181 die Verdünnungsentropie des Systems Diphenyl—Benzol. Die experimentellen Werte sind aus Dampfdruckmessungen[1] und calorimetrischen Bestimmungen der Mischungswärme[2] berechnet, die theoretischen Kurven entsprechen den Gl. (XXII 12) und (XXII 32) (mit $z = 6$). Man sieht, daß eine

---

[1] BAXENDALE, J. H., B. V. ENÜSTEM u. J. STERN: Philosophic. Trans. (A) **243**, 169 (1951).
[2] ADCOCK, D. S., u. M. L. McGLASHAN: Proc. Roy. Soc. (London) A **226**, 266 (1954).

prinzipielle Diskrepanz besteht, insofern, als die experimentellen Daten stark temperaturabhängig sind. Andererseits kann man aus dem Verlauf der Kurven entnehmen, daß bei Raumtemperatur leidliche Übereinstimmung zu erwarten ist. Ähnliche Ergebnisse sind von VAN DER WAALS[1] an Gemischen aliphatischer Kohlenwasserstoffe erhalten worden. Formal ließe sich die Übereinstimmung vielleicht verbessern, wenn man die Koordinationszahl als Funktion der Temperatur betrachten würde. Ein solches Verfahren hätte physikalisch einen gewissen

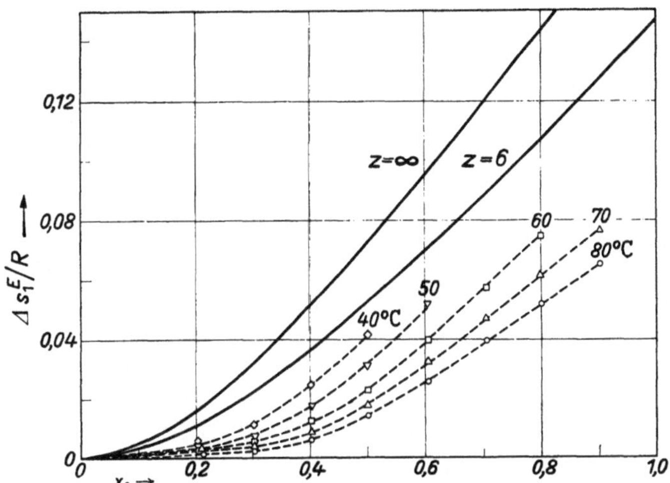

Abb. 181. Verdünnungsentropie des Systems Benzol-Diphenyl. ———————— Berechnet aus der Theorie der athermischen Lösung; — — — — Experimentelle Werte für die jeweils angegebenen Temperaturen [entnommen aus: D. S. ADCOCK u. M. L. McGLASHAN: Proc. Roy. Soc. (London) A, **226**, 266 (1954)]

Sinn; man muß aber doch wohl sagen, daß damit die Grenzen der Leistungsfähigkeit des Modells überschritten werden. Es ist aber zu beachten, daß in dem betrachteten Fall der von der Theorie der athermischen Lösung berücksichtigte Effekt im Verhältnis zur Verdünnungsentropie der idealen Lösung (vgl. Abb. 164) ganz außerordentlich klein ist und in die Größenordnung der im Gittermodell von vornherein vernachlässigten Effekte fällt.

Diese Verhältnisse liegen bei makromolekularen Lösungen grundsätzlich anders; der von dem Größenunterschied herrührende Term kann hier, wie man aus Gl. (XXII 33) sieht, ein Vielfaches vom Werte des ersten Gliedes erreichen, so daß hier die Bedingungen für die Anwendung der Theorie von vornherein viel günstiger sind. Man kann zwar erwarten, daß auch bei makromolekularen Lösungen das Gittermodell nicht geeignet ist, um das Verhalten über größere Temperaturbereiche genauer zu beschreiben. Die Anwendung auf isotherme Probleme bei gewöhnlichen Temperaturen erscheint aber auf Grund der experimentellen Resultate für niedrigmolekulare Systeme gerechtfertigt und sinnvoll.

Wir kommen nun zu dem Vergleich mit experimentellen Daten für makromolekulare Lösungen. Abb. 182 zeigt die experimentelle und berechnete Verdünnungsentropie des nahezu athermischen Systems Kautschuk—Heptan[2] im Gebiet höherer Konzentrationen. Die Übereinstimmung ist sehr gut und bildet eine eindrucksvolle Bestätigung der Theorie. In den meisten Fällen liegen die

---

[1] VAN DER WAALS, J. H.: Dissertation. Amsterdam 1950.
[2] FERRY, J., G. GEE u. L. R. G. TRELOAR: Trans. Faraday Soc. **41**, 340 (1945).

Verhältnisse jedoch wesentlich ungünstiger. Als typisches Beispiel zeigt Abb. 183 die Verdünnungsentropie des Systems Kautschuk—Benzol[1,2]. Man sieht, daß die theoretische Kurve bei niedrigen Konzentrationen zu hoch, bei hohen Konzentrationen zu niedrig liegt. Außerdem zeigt die experimentelle Kurve, im Gegen-

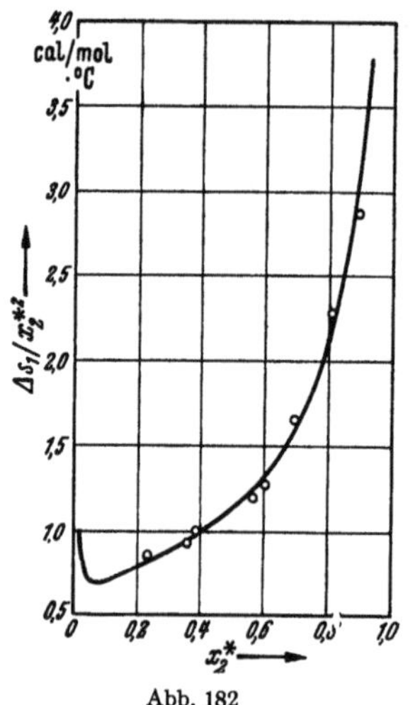

Abb. 182

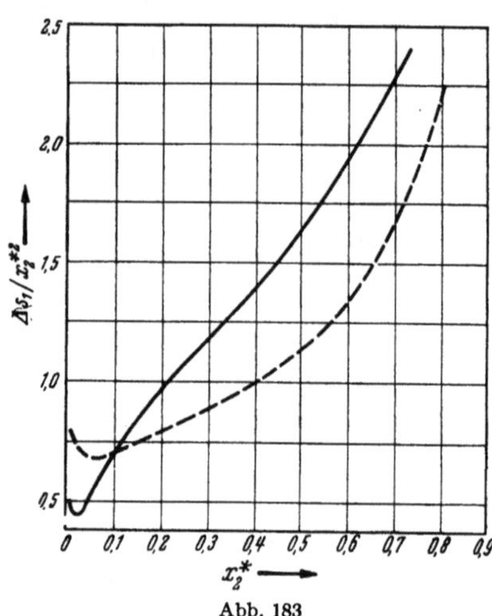

Abb. 183

Abb. 182. Verdünnungsentropie des Systems Kautschuk-Heptan. Kreise: Experimentelle Werte; Kurve: Berechnet nach Gl. (XXII 32) mit $z = 6$ [entnommen aus: H. A. STUART: Die Physik der Hochpolymeren, Bd. II, S. 129. Berlin 1953]

Abb. 183. Verdünnungsentropie des Systems Kautschuk-Benzol. Ausgezogene Kurve: Experimentelle Ergebnisse; Gestrichelte Kurve: Berechnet nach Gl. (XXII 32) mit $z = 6$ [entnommen aus: H. A. STUART: Die Physik der Hochpolymeren, Bd. II, S. 129. Berlin 1953]

satz zur theoretischen, einen Wendepunkt. Die Diskrepanzen bei höheren Konzentrationen dürften hier, wie in den meisten anderen Fällen, in erster Linie

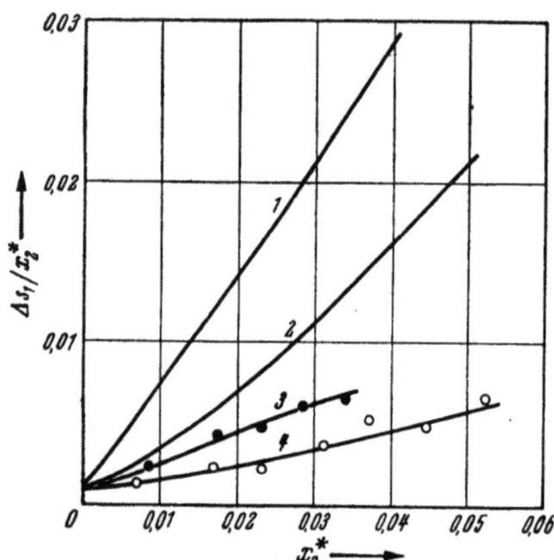

Abb. 184. Verdünnungsentropie. Kurve 1: Berechnet nach Gl. (XXII 33); Kurve 2: Kautschuk-Benzol; Kurve 3: Polyvinylacetat-Methyläthylketon; Kurve 4: Polyvinylacetat-1,2,3-Trichlorpropan [entnommen aus: H. A. STUART: Die Physik der Hochpolymeren, Bd. II, S. 130. Berlin 1953]

auf der Wechselwirkung mit dem Lösungsmittel beruhen. Die Verhältnisse in sehr verdünnten Lösungen [d. h. im Gültigkeitsbereich der Gl. (XXII 33), also im Gebiet der osmotischen Messungen] sind in Abb. 184 nochmals für Kautschuk—Benzol und zwei weitere Systeme dargestellt. Die Theorie liefert hier ganz unbrauchbare, und zwar viel zu hohe Werte. Dieses Ergebnis ist durchaus typisch und in ähnlicher Form bei zahlreichen anderen Systemen gefunden worden. Die Diskrepanz kann daher zweifellos nicht durch Berücksichtigung der Wechselwirkung mit dem Lösungsmittel beseitigt werden, denn diese liefert, wie wir in Kap. XX gesehen haben, in manchen Fällen auch positive Terme zur Verdünnungsentropie. Wir müssen daher schließen, daß die Theorie der athermischen Lösung hier nicht korrekt ist.

[1] GEE, G., u. L. R. G. TRELOAR: Trans. Faraday Soc. 38, 147 (1942).
[2] GEE, G., u. W. J. C. ORR: Trans. Faraday Soc. 42, 507 (1946).

In diesem Zusammenhang ist noch eine Erfahrung von Bedeutung. Schreiben wir die Virialform der Gleichung für den osmotischen Druck (XX 18) mit Benutzung der Gewichtskonzentration als

$$\Pi = \frac{RT}{M_2}\, c_g + B^*\, c_g^2 + C^*\, c_g^3 + \cdots, \qquad \text{(XXII 36)}$$

so folgt aus Gl. (XXII 34) mit Hilfe der Beziehung

$$x_2^* = \frac{V_1}{M_0}\, c_g \qquad \text{(XXII 37)}$$

für die Größe B^* die Gleichung

$$B^* = \frac{1}{2}\, \frac{RT\, V_1}{M_0^2}\, \frac{z-2}{z}. \qquad \text{(XXII 38)}$$

Danach sollte B^* unabhängig vom Molekulargewicht des Polymeren sein. Tatsächlich nimmt aber B^*, wie zuerst von Schulz[1] experimentell gefunden und von Münster[2] theoretisch begründet wurde, mit wachsendem Molekulargewicht ab. Als Beispiel zeigt Tab. 62 die von Zimm u. Mitarb.[3] aus Lichtstreuungsmessungen berechneten B^*-Werte des Systems Polystyrol—Butanon. Dieser Effekt kann durch die Wechselwirkung mit dem Lösungsmittel nicht erklärt werden; er deutet daher ebenfalls auf eine grundsätzliche Unstimmigkeit in der Theorie der athermischen Lösung, wie wir sie hier entwickelt haben, hin.

Die eigentliche Ursache der Diskrepanz haben wir bereits bei der Besprechung der Flory-Huggins-Theorie angedeutet. Die innere Beweglichkeit der Fadenmoleküle bewirkt, daß dieselben in verdünnter Lösung aus statistischen Gründen mehr oder weniger stark verknäult sind (näheres darüber s. [4, 5]). Es ist daher nicht nur der Ansatz (XXII 4), sondern auch die später gemachte Voraussetzung, daß keine Ringe auftreten, mit der daraus abgeleiteten

Tabelle 62. *Werte der Größe B^* für das System Poystyrol-Butanon aus Lichtstreuungsmessungen*

Material	mittl. Mol.-Gew.	$\dfrac{B^*}{RT}\cdot 10^4$ [cm³ g⁻² Mol]
A—1	1 755 000	0,86
B—2	1 610 000	0,81
A—2	1 320 000	0,85
(2—1—49)—2 .	980 000	1,05
A—3	940 000	0,89
A—6	507 000	0,92
(2—1—49)—1 .	318 000	1,15
A—7	230 000	1,15
150—2	123 000	1,7
G—1	117 000	1,9
(2—1—49)—3 .	114 000	1,6
G—3	62 000	1,9
H—1	23 700	2,3
C—1	16 100	2,2
H—3	14 600	2,4
J—1	3 290	3,5
J—3	2 460	4,3
Dibenzyl . . .	182	18

Entnommen aus: Outer, Carr u. Zimm: J. Chem. Phys. **18**, 836 (1950).

Gl. (XXII 16) unzutreffend. Wahrscheinlich liefert auch die Gl. (XXII 19) unter diesen Bedingungen eine wesentlich schlechtere Näherung, obschon hier eine genauere Analyse sehr schwierig ist. Man kann also annehmen, daß die in diesem Paragraphen entwickelte Theorie (bei Erfüllung der übrigen Voraussetzungen) gültig ist, wenn die Fadenmoleküle annähernd starr sind oder wenn sie, wie es bei

---

[1] Schulz, G. V.: J. prakt. Chem. **161**, 147 (1942).

[2] Münster, A.: Z. Naturforsch. **2a**, 272 (1947).

[3] Outer, P., C. J. Carr u. B. H. Zimm: J. Chem. Phys. **18**, 830 (1950).

[4] Stuart, H. A.: Die Struktur des freien Moleküls. Die Physik der Hochpolymeren (Herausgegeben von H. A. Stuart), Bd. I.

[5] Kuhn, W., u. H. Kuhn: Statistische Methoden zur Bestimmung der Molekülgestalt von Hochpolymeren. (Erscheint demnächst.)

höheren Konzentrationen stets der Fall ist, annähernd homogen ineinander verfilzt sind. Diese Aussage ist in Übereinstimmung mit der experimentellen Erfahrung. Für verdünnte Lösungen ist eine andere Formulierung der Theorie notwendig, die wir im folgenden Paragraphen behandeln.

§ 22.2. Athermische Lösung von Kugelmolekülen. Die innere Beweglichkeit der Fadenmoleküle

Die korrekte Berücksichtigung der inneren Beweglichkeit der Fadenmoleküle im Rahmen der Theorien des § 22.1 ist mehrfach versucht worden[1-3], aber bisher nicht in befriedigender Weise gelungen. Wir führen daher jetzt eine andere Methode[4-6] ein, die zwar nur für verdünnte Lösungen brauchbar ist, sich aber leicht auch auf Kugelmoleküle anwenden läßt und eine Berücksichtigung der inneren Beweglichkeit der Fadenmoleküle ermöglicht.

Wir gehen aus von der Tatsache, daß man in einer idealen Lösung (§ 20.3) die Zahl der Standard-Konfigurationen durch Abzählen der zwischen den Molekülen möglichen Vertauschungen bestimmen kann. Bei Lösungen von Polymeren kann dieses Rezept nicht angewandt werden, weil die Moleküle des Lösungsmittels und die Makromoleküle wegen der verschiedenen Größe nicht miteinander vertauscht werden können[7]. Wir betrachten nun, wie schon in § 22.1, Folgen von Lösungsmittelmolekülen, welche die gleiche Größe und Gestalt wie die polymeren Moleküle besitzen; wir wollen sie virtuelle Moleküle nennen. Die virtuellen Moleküle lassen sich ohne weiteres mit den reellen gelösten Molekülen vertauschen. Wir können daher die gleiche Betrachtung anwenden wie bei der idealen Lösung, wenn wir die Zahl der Moleküle des Lösungsmittels N_1 durch die Zahl der virtuellen Moleküle Λ ersetzen. Damit ergibt sich für den Kombinationsfaktor

$$g(N_1, N_2) = \frac{(N_2 + \Lambda)!}{N_2! \, \Lambda!} \, . \tag{XXII 39}$$

Die Aufgabe besteht also jetzt in der Berechnung der Größe Λ. Die Zahl der virtuellen Moleküle, die sich von einem bestimmten Gitterplatz aus konstruieren lassen, ist einfach gleich der früher eingeführten Größe ϱ. Für reines Lösungsmittel ist daher, wenn Wandeffekte, wie üblich, vernachlässigt werden

$$\Lambda = N \varrho \, . \tag{XXII 40}$$

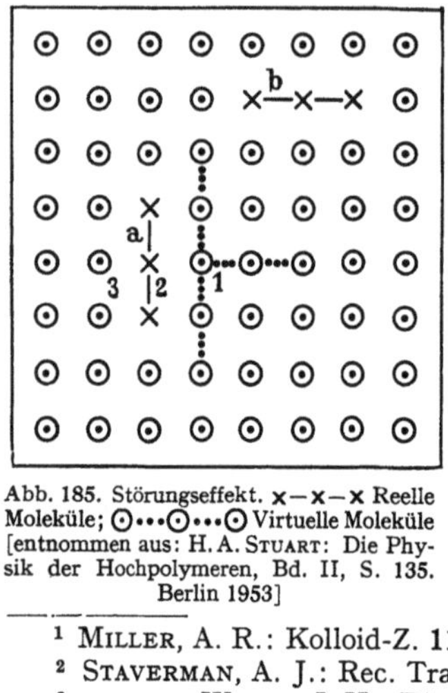

Sind aber reelle polymere Moleküle vorhanden, so tritt ein Effekt auf, der durch Abb. 185 veranschaulicht wird. Man sieht, daß sich ausgehend von dem Gitterplatz 1 nur $\varrho - 1$ virtuelle Moleküle konstruieren lassen, weil die Folge 1, 2, 3 durch das reelle Molekül a blockiert ist. In einer Lösung ist die Zahl der virtuellen Moleküle somit kleiner, als Gl. (XXII 40) angibt. Zunächst fallen alle virtuellen Moleküle aus, die man, ausgehend von solchen Gitterplätzen, welche durch reelle Moleküle besetzt sind, konstruieren kann. Ihre

Abb. 185. Störungseffekt. x–x–x Reelle Moleküle; ⊙•••⊙•••⊙ Virtuelle Moleküle [entnommen aus: H. A. STUART: Die Physik der Hochpolymeren, Bd. II, S. 135. Berlin 1953]

---

[1] MILLER, A. R.: Kolloid-Z. 114, 149 (1949).

[2] STAVERMAN, A. J.: Rec. Trav. chim. Pays-Bas 69, 163 (1950).

[3] VAN DER WAALS, J. H.: Dissertation. Amsterdam 1950.

[4] MÜNSTER, A.: Kolloid-Z. 105, 1 (1943).

[5] MÜNSTER, A.: Z. Naturforsch. 1, 311 (1946).

[6] MÜNSTER, A.: Makromol. Chem. 2, 227 (1948).

[7] Eine von R. SCHLÖGL [Z. physik. Chem. 202, 379 (1954)] gegebene Behandlung dieses Problems ist völlig falsch.

Zahl ist $\varrho\, n N_2$. Ferner fällt in der Umgebung jedes polymeren Moleküls eine gewisse Zahl von virtuellen Molekülen aus durch den eben beschriebenen „Störungseffekt". Wenn wir solche Verdünnung voraussetzen, daß bei der überwiegenden Mehrzahl der Konfigurationen die Störungseffekte der einzelnen polymeren Moleküle sich nicht überlagern, so können wir setzen

$$\lambda = (N_1 + n N_2)\, \varrho - (1 + \alpha_n)\, \varrho\, n N_2\,. \qquad \text{(XXII 41)}$$

Hier ist $\alpha_n\, \varrho\, n N_2$ die Zahl der virtuellen Moleküle, die durch den Störungseffekt ausfallen, und λ ist die in § 22.1 eingeführte Größe. Gl. (XXII 41) ist also ein Näherungsausdruck für Gl. (XXII 20), wenn die dort gemachten Voraussetzungen erfüllt sind. Um Λ zu erhalten, muß man, wie VAN DER WAALS[1] diskutiert hat, in den zweiten Term auf der rechten Seite der Gl. (XXII 41) noch den Symmetriefaktor $\frac{1}{2}$ einführen, welcher der Nichtunterscheidbarkeit zweier Moleküle Rechnung trägt. Es ergibt sich dann

$$\Lambda = (N_1 + n N_2)\, \varrho - \tfrac{1}{2}\, (1 + \alpha_n)\, \varrho\, n N_2\,. \qquad \text{(XXII 42)}$$

Man geht nun zweckmäßig so vor, daß man zunächst aus Gl. (XXII 39) mit Benutzung der STIRLINGschen Formel die freie Energie der Mischung berechnet. Man erhält

$$\Delta G = kT \left[\Lambda \ln \frac{\Lambda}{\Lambda + N_2} + N_2 \ln \frac{N_2}{\Lambda + N_2} \right]. \qquad \text{(XXII 43)}$$

Mit der Abkürzung

$$\gamma^* = \frac{N_2}{\Lambda + N_2} \qquad \text{(XXII 44)}$$

folgt daraus für die freie Energie der Verdünnung

$$\Delta \mu_1 = kT\, \frac{\partial \Lambda}{\partial N_1}\, \ln(1 - \gamma^*)\,. \qquad \text{(XXII 45)}$$

Setzen wir hier (XXII 42) ein und entwickeln den Logarithmus sowie den Nenner von γ^*, so erhalten wir schließlich, wenn wir den Volumenbruch einführen,

$$\Delta \mu_1 = - kT\, \frac{x_2^*}{n} \left[1 + \frac{1}{2}\, (1 + \alpha_n)\, x_2^* \right]. \qquad \text{(XXII 46)}$$

Damit haben wir eine für die verdünnte athermische Lösung universell gültige Formel gewonnen, in der sich die Größe α_n aus den Moleküleigenschaften berechnen läßt.

Die Methode der virtuellen Moleküle ist mathematisch etwas undurchsichtig, bietet aber den Vorteil einer bequemen Formulierung des Kombinationsfaktors, die wir in § 22.4 noch einmal benutzen werden. Den Beweis für die Korrektheit der Methode führt man am einfachsten indirekt, indem man zeigt, daß sie anderen, übersichtlicheren Methoden mathematisch äquivalent ist. So kann man die Gl. (XXII 46) auch nach der Auffüllmethode (§ 22.1) ableiten[2]. Die Äquivalenz mit der MILLER-GUGGENHEIMschen Methode (innerhalb des Anwendungsbereiches derselben) wurde von VAN DER WAALS[3] nachgewiesen. Setzt man nämlich in Gl. (XXII 22) die aus (XXII 39) und (XXII 42) folgenden Näherungsausdrücke für die Kombinationsfaktoren ein, so erhält man den Näherungsausdruck (XXII 41) für die Größe λ.

Wir berechnen nun die Größe α_n für starre Kugeln vom Durchmesser σ. Da sich die Mittelpunkte zweier derartiger Moleküle nur bis auf einen Abstand σ

---

[1] VAN DER WAALS, J. H.: Dissertation. Amsterdam 1950.
[2] MÜNSTER, A.: Kolloid-Z. 112, 13 (1949).
[3] VAN DER WAALS, J. H.: Dissertation. Amsterdam 1950.

nähern können, fallen alle virtuellen Moleküle aus, deren Mittelpunkte innerhalb einer Kugelschale vom Radius σ und der Dicke $\sigma/2$ um den Mittelpunkt des reellen Kugelmoleküls liegen. Die Zahl der Gitterplätze pro Volumeneinheit ist $6\,n/\pi\,\sigma^3$. In der erwähnten Kugelschale liegen somit $7\,n$ Gitterplätze. Jeder derselben kann als Mittelpunkt für z virtuelle Moleküle dienen. Es wird somit, da hier $\varrho = z$ ist,

$$\alpha_n = 7\,. \qquad\qquad (XXII\ 47)$$

Setzen wir diesen Wert in Gl. (XXII 46) ein, so folgt

$$\Delta\mu_1 = -\,kT\,\frac{x_2^*}{n}\,(1 + 4\,x_2^*)\,. \qquad\qquad (XXII\ 48)$$

Daraus erhält man für die Größe B^* in der Formel für den osmotischen Druck

$$B^* = \frac{4\,RT\,V_1}{M_0\,M_2}\,. \qquad\qquad (XXII\ 49)$$

Diese Gleichung ist nach verschiedenen Methoden von ZIMM[1], SCHULZ[2], HUGGINS[3, 4] und MÜNSTER[5] abgeleitet worden[6]. Sie zeigt, daß bei Kugelmolekülen B^* umgekehrt proportional dem Molekulargewicht ist. Diese Tatsache ist für die späteren Überlegungen von Bedeutung. Vergleicht man Gl. (XXII 49) mit Gl. (XXII 38), so bemerkt man, daß die Abweichung von den Gesetzen der idealen Lösung[7] für Kugelmoleküle viel kleiner ist als für Fadenmoleküle vom gleichen Polymerisationsgrad. Dieses auffallende Ergebnis, auf das wir ebenfalls später zurückkommen, wird qualitativ durch Messungen an Lösungen annähernd kugelförmiger Protein-Moleküle bestätigt. Eine quantitative Diskussion hat aber wenig Sinn, da in den Lösungen der Eiweißkörper (die im allgemeinen noch Elektrolyt-Zusätze enthalten) elektrostatische Wechselwirkungen eine wesentliche Rolle spielen[8].

Wir wenden jetzt die beschriebene Methode auf starre gestreckte Fadenmoleküle an. Da für $n \gg 1$ die Sonderstellung der Endgruppen vernachlässigt werden kann, läßt sich hier der Störungseffekt additiv aus den Anteilen der einzelnen Bausteine zusammensetzen. Wir können daher die Größe α_n direkt berechnen.

Dazu fassen wir einen beliebigen Baustein y ins Auge und haben nun zu überlegen, 1. von wieviel Gitterplätzen aus y durch ein Fadenmolekül erreicht würde, 2. welcher Bruchteil von ϱ bei gegebenem Gitterplatz y erreichen würde. Da von den y benachbarten Gitterplätzen zwei durch Bausteine des gleichen Fadenmoleküls besetzt sind, bleiben noch $z - 2$ freie benachbarte Gitterplätze. Von jedem derselben ausgehend, würde ein Fadenmolekül den Baustein y erreichen, und zwar mit seinem zweiten Baustein. Da für starre Moleküle $\varrho = z$ ist, fällt somit für jeden der $z - 2$ Gitterplätze der Bruchteil $1/z$ der virtuellen Moleküle aus. Sie liefern daher zu α_n den Beitrag $(z - 2)/z$. Da die Fadenmoleküle als starr und gestreckt vorausgesetzt werden, sind durch y und je einen der $z - 2$ freien

---

[1] ZIMM, B. H.: J. Chem. Phys. **14**, 164 (1946).

[2] SCHULZ, G. V.: Z. Naturforsch. **2 a**, 27 (1947).

[3] HUGGINS, M. L.: J. Chim. physique **44**, 9 (1947).

[4] HUGGINS, M. L.: J. Phys. Colloid Chem. **52**, 248 (1948).

[5] MÜNSTER, A.: Makromol. Chem. **2**, 227 (1948).

[6] Das angeführte Beispiel ist insofern von allgemeinerem Interesse, als hier auch die exakte Methode des § 20.2 explizit durchführbar ist (vgl. Fußnote 1) und diese Rechnung zum gleichen Ergebnis führt wie die obige, vom Gittermodell ausgehende.

[7] Man beachte, daß auch für die ideale Lösung $B^* \neq 0$ ist.

[8] Vgl. J. T. EDSALL: Fortschr. chem. Forsch. **1**, 119 (1949).

benachbarten Gitterplätze eindeutig die Richtungen festgelegt, von welchen aus y durch ein Fadenmolekül erreicht werden kann. Es gibt daher auch nur $z - 2$ Gitterplätze, von denen aus y durch ein Fadenmolekül mit dem dritten Baustein erreicht werden würde. Auch hier fällt wieder für jeden Gitterplatz der Bruchteil $1/z$ der virtuellen Moleküle aus, und wir erhalten wieder einen Summanden $(z - 2)/z$. Durch Fortsetzung dieses Verfahrens finden wir schließlich

$$\alpha_n = \frac{z-2}{z}\,(n-1) \approx \frac{z-2}{z}\,n\,. \qquad\qquad \text{(XXII 50)}$$

Setzen wir diesen Wert in Gl. (XXII 46) ein, so erhalten wir für die Verdünnungsentropie die Gl. (XXII 33), die wir früher durch Reihenentwicklung aus der MILLER-GUGGENHEIMschen Theorie abgeleitet hatten. Insoweit führen also, wie nach dem obigen zu erwarten, beide Theorien zum gleichen Ergebnis.

Wir wollen jetzt versuchen, in gleicher Weise das Problem der Fadenmoleküle mit innerer Beweglichkeit zu behandeln. Die Letztere charakterisieren wir etwas anders als in § 22.1, indem wir jetzt ein Fadenmolekül, das keine ideale Biegsamkeit besitzt, in starre Segmente von je s Bausteinen zerlegen, die durch Gelenke mit idealer Beweglichkeit verbunden sind. Ein Fadenmolekül vom Polymerisationsgrad n enthält somit n/s Segmente. Der Fall $s = 1$ entspricht der idealen Biegsamkeit, der Fall $s = n$ dem starren gestreckten Fadenmolekül. Die Länge eines so definierten Segmentes ist praktisch identisch mit der Länge eines statistischen Fadenelementes nach KUHN[1]. Sie kann daher unabhängig von den thermodynamischen Messungen, etwa durch Messung der Lichtstreuung oder Viscosität bestimmt werden (vgl. [2]).

Das oben für starre gestreckte Fadenmoleküle beschriebene Abzählungsverfahren läßt sich ohne Schwierigkeit auch auf bewegliche Fadenmoleküle anwenden. Wir betrachten also wieder den Störungseffekt eines beliebigen Bausteins y. Mit Bausteinen des ersten Segmentes würden ihn nach der früheren Abzählung Fadenmoleküle von $(z - 2)(s - 1)$ Gitterplätzen aus erreichen. Für jeden dieser Gitterplätze fällt der Bruchteil $1/z$ der ϱ virtuellen Moleküle aus. Um die Zahl der Gitterplätze zu erhalten, von denen aus y mit Bausteinen des zweiten Segmentes erreicht würde, muß man überlegen, von wieviel Gitterplätzen aus der Anfang des zweiten Segmentes auf einen der vorher abgezählten Gitterplätze fällt. Da zwischen den Segmenten ideale Beweglichkeit angenommen wird, sind dies für jeden der erwähnten Gitterplätze $z - 1$, insgesamt also $(z - 2)(s - 1)$ $(z - 1)$ Gitterplätze. Für jeden derselben fällt der Bruchteil $1/z(z - 1)$ von ϱ virtuellen Molekülen aus. Für das dritte Segment erhält man analog $(z - 2)$ $(s - 1)(z - 1)^2$ Gitterplätze und den Bruchteil $1/z(z - 1)^2$. Dazu kommt noch jedesmal der Fall, daß der Endbaustein des ersten bzw. zweiten usw. Segmentes auf einen der y direkt benachbarten Gitterplätze fällt, was $(z - 2)(z - 1)$ bzw. $(z - 2)(z - 1)^2$ Gitterplätze und die Bruchteile $1/z(z - 1)$ bzw. $1/z(z - 1)^2$ ergibt. Es wird daher

$$\alpha_n = \frac{z-2}{z}\left[(s-1) + s \sum_{i=1}^{n/s-1}\left(\frac{z-1}{z-1}\right)^i\right] = \frac{z-2}{z}\,(n-1)\,. \qquad \text{(XXII 51)}$$

Der die Biegsamkeit charakterisierende Parameter s verschwindet somit aus der Endformel, und wir erhalten, wie schon vorher in den Theorien von FLORY-HUGGINS und MILLER-GUGGENHEIM das Resultat, daß die innere Beweglichkeit

---

[1] Vgl. S. 801, Fußnoten 4 u. 5; ferner W. KUHN: Experientia (Basel) 1, 1 (1945).

[2] Vgl. Die Physik der Hochpolymeren (Herausgegeben von H. A. STUART), Bd. I, Berlin 1952; Bd. II, Berlin 1953.

der Fadenmoleküle keinen Einfluß auf die thermodynamischen Eigenschaften makromolekularer Lösungen hat.

Wir wissen bereits, daß dieses Ergebnis falsch ist, und es ist auch nicht schwer, in der vorstehenden Rechnung die Ursache des Fehlers aufzudecken. Wir haben nämlich angenommen, daß der Störungseffekt sich additiv aus den Anteilen der einzelnen Bausteine zusammensetzt. Ein Blick auf Abb. 186 zeigt, daß man bei verknäulten Fadenmolekülen auf diese Weise viel zu hohe Werte für α_n erhält, weil sich die Störungseffekte der einzelnen Bausteine stark überlagern. Beispielsweise würden die für den Gitterplatz 1 ausfallenden Moleküle sowohl bei dem Baustein y wie bei q gezählt. Wir können diesem Sachverhalt zunächst formal dadurch Rechnung tragen, daß wir jeden Summanden in Gl. (XXII 51) mit einem Faktor φ_i multiplizieren, der die Wahrscheinlichkeit angibt, daß die betreffenden virtuellen Moleküle nicht durch andere Bausteine als den betrachteten zum Verschwinden gebracht werden, d. h. daß keiner der zu dem betreffenden Term gehörenden $s(z-2)(z-1)^i$ Gitterplätze von einem anderen Baustein des gleichen Fadenmoleküls besetzt ist. Wir setzen also

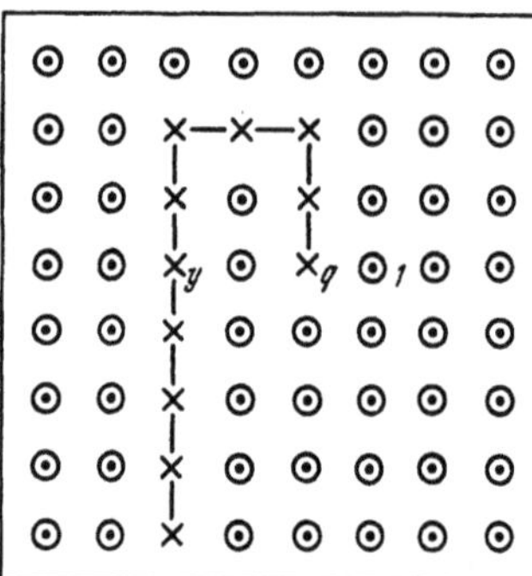

Abb. 186. Zur Theorie der Lösungen beweglicher Fadenmoleküle [entnommen aus: H. A. Stuart: Die Physik der Hochpolymeren, Bd. II, S. 142. Berlin 1953]

$$\alpha_n = \frac{z-2}{z}\left[(s-1)+s\sum_{i=1}^{n/s-1}\varphi_i\right].\qquad\text{(XXII 52)}$$

Eine direkte Berechnung der φ_i ist bisher nicht gelungen. Ein Hinweis für einen geeigneten Ansatz wird jedoch durch das folgende experimentelle Resultat[1] gegeben. Wendet man auf osmotische Messungen an Lösungen von Polystyrolen (nach Berücksichtigung der Solvatation) die Gl. (XXII 49) an und berechnet daraus den Durchmesser der „äquivalenten Kugel", so findet man Werte, die nahe bei den aus Lichtstreuungsmessungen[2] bekannten linearen Knäueldimensionen liegen. Man muß daraus schließen, daß in hinreichend verdünnter Lösung das verknäulte Fadenmolekül für $n\to\infty$ sich ähnlich wie ein Kugelmolekül verhält. Nun ist, wie Gl. (XXII 50) zeigt, für die starren gestreckten Fadenmoleküle charakteristisch, daß α_n mit n gegen Unendlich geht. Wir machen daher für die Berechnung der φ_i folgenden Ansatz:

1. Für endliche s und beliebig wachsende Kettenlänge soll α_n einem endlichen Grenzwert >1 zustreben.

2. Für die φ_i soll allgemein gelten

$$\frac{\varphi_{i+1}}{\varphi_i}=\varphi(z)\,,\qquad \varphi_1=\varphi(z)\,,\qquad\text{(XXII 53)}$$

wo $\varphi(z)$ eine positive Größe ist, die nur von z abhängt.

Aus (XXII 52) und (XXII 53) folgt

$$\alpha_n=\frac{z-2}{z}\left[s\,\frac{1-[\varphi(z)]^{n/s}}{1-\varphi(z)}-1\right].\qquad\text{(XXII 54)}$$

Für $\varphi(z)$ ergibt sich aus den Postulaten die Beziehung

$$\frac{z}{2(z-1)}<\varphi(z)<1\,,\qquad\text{(XXII 55)}$$

<hr>

[1] Benoit, A. M.: J. Chim. physique 47, 655 (1950).
[2] Vallet, G.: J. Chim. physique 47, 649 (1950).

die in einfacher Form (für $z \geqq 4$) durch

$$\varphi(z) = \frac{z-1}{z}$$

erfüllt wird. Damit erhalten wir aus (XXII 54)

$$\alpha_n = \frac{z-2}{z} \left\{ s\,z \left[1 - \left(\frac{z-1}{z}\right)^{n/s} \right] - 1 \right\}. \qquad \text{(XXII 56)}$$

Für $s = 1$ (ideale Biegsamkeit) und $n \to \infty$ folgt daraus

$$\alpha_n = \frac{(z-2)\,(z-1)}{z}. \qquad \text{(XXII 57)}$$

Für $z = 10$ ergibt das $\alpha_n = 7{,}2$, was nahezu mit dem für kugelförmige Moleküle gültigen Wert Gl. (XXII 47) übereinstimmt. Für $n/s \gg s$ nähert sich die Funktion (XXII 56) asymptotisch dem Grenzwert

$$\lim_{n/s \to \infty} \alpha_n = \frac{z-2}{z}\,(s\,z - 1), \qquad \text{(XXII 58)}$$

der praktisch meistens schon für $n/s > 10$ erreicht wird. Für $z = 4$ und $s = 4$ erhält man daraus wieder nahezu den für Kugelmoleküle gültigen Wert. Für weniger biegsame Ketten (d. h. höhere s-Werte) erhält man höhere $\lim \alpha_n$-Werte, die denen für anisotrope kompakte Moleküle (z. B. Zylinder oder Ellipsoide) entsprechen. Für $s = n$ (starre gestreckte Fadenmoleküle) geht Gl. (XXII 56) in Gl. (XXII 50) über. Diese Tatsache ist von besonderer Bedeutung. Untersucht man nämlich eine makromolekulare Substanz über ein weites Gebiet der n-Werte (polymerhomologe Reihe), so hat man bei sehr hohen Polymerisationsgraden die statistische Verknäulung; mit abnehmendem n wird aber das Molekül immer steifer, es kann von statistischer Verknäulung keine Rede mehr sein, bis man schließlich, wenn $s \approx n$ ist, in das Gebiet kommt, wo die Moleküle sich praktisch wie starre Stäbchen verhalten und daher die Gleichungen des § 22.1 gelten müssen.

Zu der vorstehenden Behandlung des Problems ist noch eine Bemerkung zu machen. Die innere Beweglichkeit der Fadenmoleküle ist, wie schon in § 22.1 erwähnt, eine ziemlich komplexe Eigenschaft, die nicht nur von der Molekülstruktur, sondern auch von dem Lösungsmittel und der Temperatur abhängt. Nach den experimentellen Daten[1] ist aber die Temperaturabhängigkeit ziemlich gering. Es erscheint daher gerechtfertigt, für ein gegebenes System in dem üblichen Temperaturbereich osmotischer Messungen s als Stoffkonstante zu betrachten.

Aus Gl. (XXII 46) und (XXII 56) folgt für die freie Energie der Verdünnung

$$\Delta\mu_1 = -kT\,\frac{x_2^*}{n}\left\{ 1 + \frac{1}{2}\left[1 + \frac{z-2}{z}\left(s\,z\left[1 - \left(\frac{z-1}{z}\right)^{n/s} \right] - 1 \right) \right] x_2^* \right\} \qquad \text{(XXII 59)}$$

und für die Verdünnungsentropie

$$\Delta s_1 = k\,\frac{x_2^*}{n}\left\{ 1 + \frac{1}{2}\left[1 + \frac{z-2}{z}\left(s\,z\left[1 - \left(\frac{z-1}{z}\right)^{n/s} \right] - 1 \right) \right] x_2^* \right\}. \qquad \text{(XXII 60)}$$

Für den osmotischen zweiten Virialkoeffizienten ergibt sich schließlich

$$B^* = \frac{1}{2}\,\frac{RT\,V_1}{M_0\,M_2}\left\{ 1 + \frac{z-2}{z}\left(s\,z\left[1 - \left(\frac{z-1}{z}\right)^{n/s} \right] - 1 \right) \right\}. \qquad \text{(XXII 61)}$$

Wenn $n/s \gg 1$ ist, können wir dafür schreiben

$$B^* = \frac{A}{M_2} \qquad \text{(XXII 62)}$$

---

[1] OUTER, P., C. J. CARR u. B. H. ZIMM: J. Chem. Phys. **18**, 830 (1950).

mit

$$A = \frac{1}{2} \frac{RT\,V_1}{M_0} \left[1 + \frac{z-2}{z}\,(sz - 1) \right]. \qquad\qquad \text{(XXII 63)}$$

Im allgemeinen muß die rechte Seite der Gl. (XXII 62) noch durch einen zweiten, von M_2 unabhängigen Term ergänzt werden, der von der Solvatation herrührt. Wir können daher schreiben

$$B^* = \frac{A}{M_2} + B_s^*, \qquad\qquad \text{(XXII 64)}$$

wobei die explizite Gestalt von B_s^* uns in diesem Zusammenhang nicht zu interessieren braucht. Als Beispiel für die Anwendung dieser Gleichung zeigt Abb. 187 osmotische Messungen von BAWN u. Mitarb.[1] an dem System Polystyrol-Toluol. Man sieht, daß der Zusammenhang zwischen B^* und M_2 in dem fraglichen Gebiet durch Gl. (XXII 64) gut wiedergegeben wird.

Um eine umfassende Prüfung der Gl. (XXII 61) durchzuführen, hat SCHULZ[2] für das System Polystyrol-Benzol das gesamte experimentelle Material gesammelt und durch eigene, nach einer speziellen Methode durchgeführte Messungen im Gebiet sehr niedriger Polymerisationsgrade ergänzt. Das Ergebnis ist in Abb. 188 dargestellt. Wenn wir von den durch die Verschiedenheit der Materialien und experimentellen Methoden bedingten Streuungen absehen, kann die Übereinstimmung als sehr gut bezeichnet werden. Wir dürfen daher schließen, daß einmal für hinreichend starre Fadenmoleküle die Gleichungen des § 22.1 korrekt sind und daß weiter die durch die innere Beweglichkeit verursachte Abhängigkeit der Größe B^* von M_2 durch Gl. (XXII 61) im wesentlichen richtig dargestellt wird.

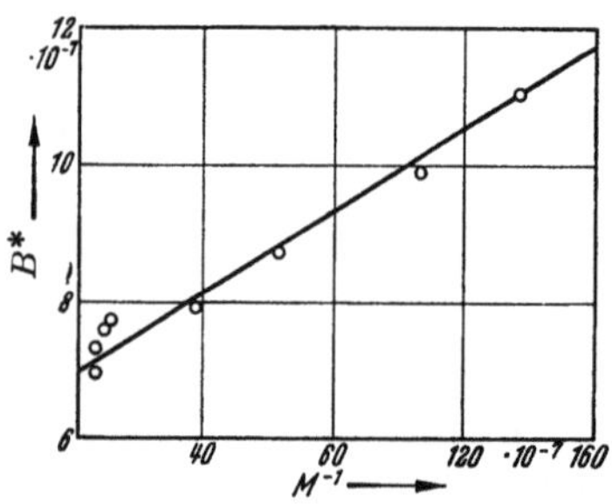

Abb. 187. Experimenteller Zusammenhang zwischen B^* und M_2 für das System Polystyrol-Toluol [entnommen aus: H. A. STUART: Die Physik der Hochpolymeren, Bd. II, S. 128. Berlin 1953]

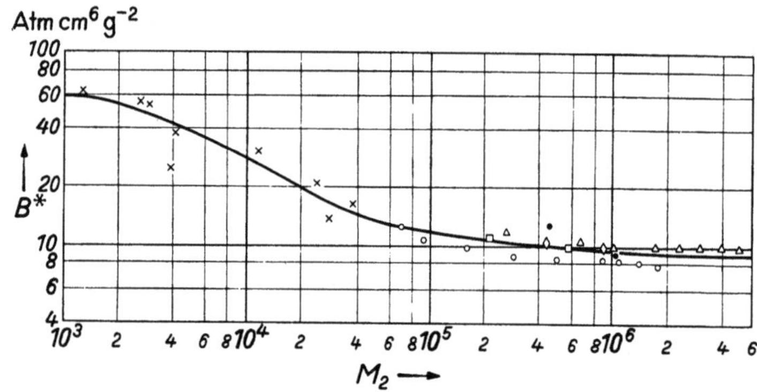

Abb. 188. Zusammenhang zwischen B^* und M_2 für das System Polystyrol-Benzol. × kryoskopische Messungen (SCHULZ u. MARZOLPH; □ osmotische Messungen (SCHULZ u. HELLFRITZ; ○ osmotische Messungen (BAWN u. Mitarb.); ◊ osmotische Messungen (HENGSTENBERG); • Lichtstreuung (HENGSTENBERG); △ Lichtstreuung (KUNST); Kurve berechnet nach Gl. (XXII 61) [entnommen aus: G. V. SCHULZ u. H. MARZOLPH: Z. Elektrochem. 58, 217 (1954)]

[1] BAWN, C., R. FREEMAN u. A. KAMALIDDIN: Trans. Faraday Soc. 46, 862 (1950).

[2] SCHULZ, G. V., u. H. MARZOLPH: Z. Elektrochem. 58, 217 (1954).

§ 22.3. Irreguläre Lösungen

Als „irreguläre Lösung"[1] bezeichnen wir ein Modell, das durch Verallgemeinerung des Modells der streng regulären Lösung auf Moleküle verschiedener Größen entsteht. Wir haben also die gleichen Modifikationen einzuführen, wie beim Übergang von der idealen zur athermischen Lösung. Alle übrigen Voraussetzungen bleiben unberührt. Von der athermischen Lösung aus gesehen, bedeutet das Modell der irregulären Lösung, daß jetzt nicht mehr alle Standard-Konfigurationen die gleiche Energie besitzen. Physikalisch handelt es sich jetzt darum, die Unterschiede der Wechselwirkung gelöster Moleküle untereinander und mit den Molekülen des Lösungsmittels, die in den meisten Fällen nicht vernachlässigt werden kann, zu berücksichtigen.

Die Theorie der irregulären Lösung ist nach verschiedenen in diesem Buche behandelten Näherungsverfahren entwickelt worden[2-5]. Wir gehen darauf nicht im einzelnen ein, sondern geben nur die von GUGGENHEIM[3] stammende Ableitung nach der quasi-chemischen Methode, wobei wir uns möglichst eng an die Formulierungen des § 20.3 anschließen.

Die Verteilungsfunktion der Standard-Konfigurationen können wir schreiben

$$\frac{Q_c}{N_1!\,N_2!} = e^{-\frac{W_0'}{kT}} \sum_{X_{12}} g\,(N_1,\,N_2,\,X_{12})\, e^{-\frac{z\,X_{12}\,w'}{kT}}\,. \qquad \text{(XXII 65)}$$

Durch sinngemäße Anwendung des Prinzips der Unabhängigkeit von Paaren findet man auf dem in § 20.3 beschriebenen Wege für den Kombinationsfaktor[6]

$$g\,(N_1,\,N_2,\,X_{12}) = g\,(N_1,\,N_2)\,\frac{\left[\frac{z}{2}(N_1-X_{12}^*)\right]!\left[\frac{z}{2}X_{12}^*\right]!\left[\frac{z}{2}X_{12}^*\right]!\left[\frac{z}{2}(q\,N_2-X_{12}^*)\right]!}{\left[\frac{z}{2}(N_1-X_{12})\right]!\left[\frac{z}{2}X_{12}\right]!\left[\frac{z}{2}X_{12}\right]!\left[\frac{z}{2}(q\,N_2-X_{12})\right]!}\,. \qquad \text{(XXII 66)}$$

Hier ist

$$g\,(N_1,\,N_2) = \sum_{X_{12}} g\,(N_1,\,N_2,\,X_{12}) \qquad \text{(XXII 67)}$$

der Kombinationsfaktor der athermischen Lösung. X_{12}^* ist als der Wert von X_{12} für den maximalen Term der rechts stehenden Summe definiert. Wir ersetzen nun wieder die Summe in Gl. (XXII 65) durch ihren maximalen Term, wobei wir den zugehörigen Wert von X_{12} mit $\bar{X}_{12}$ bezeichnen. Dann wird

$$\frac{Q_c}{N_1!\,N_2!} = e^{-\frac{W_0'}{kT}}\, g\,(N_1,\,N_2,\,\bar{X}_{12})\, e^{-\frac{z\,\bar{X}_{12}\,w'}{kT}}\,, \qquad \text{(XXII 68)}$$

wo $\bar{X}_{12}$ bestimmt ist durch

$$\frac{\partial \ln Q_c}{\partial X_{12}} = 0\,. \qquad \text{(XXII 69)}$$

---

[1] Die Bezeichnung „irreguläre Lösung" wird gewöhnlich für alle Lösungen gebraucht, die nicht ideal, athermisch oder regulär (bzw. streng regulär) sind. Die obige engere Definition erscheint hier zweckmäßiger.

[2] ORR, W. J. C.: Trans. Faraday Soc. **40**, 320 (1944).

[3] GUGGENHEIM, E. A.: Proc. Roy. Soc. (London) A **183**, 213 (1944).

[4] ALFREY, T., u. P. DOTY: J. Chem. Phys. **13**, 77 (1945).

[5] MÜNSTER, A.: Z. Naturforsch. **2a**, 284 (1947); **3a**, 158 (1948).

[6] Eine ausführliche Darstellung dieser Ableitung findet sich bei E. A. GUGGENHEIM: Mixtures. Oxford 1952.

Setzen wir (XXII 66) in (XXII 68) ein, so erhalten wir mit (XXII 69)

$$(N_1 - \bar{X}_{12})(q N_2 - \bar{X}_{12}) = \bar{X}_{12}^2 \, e^{\frac{2 w'}{kT}}, \qquad \text{(XXII 70)}$$

die quasi-chemische Gleichung der irregulären Lösung. Für $w' = 0$ geht sie über in die Gleichung für X^*, nämlich

$$(N_1 - X_{12}^*)(q N_2 - X_{12}^*) = X_{12}^{*2} \qquad \text{(XXII 71)}$$

mit der Lösung

$$X_{12}^* = \frac{q N_1 N_2}{N_1 + q N_2}. \qquad \text{(XXII 72)}$$

Die Lösung der quasi-chemischen Gleichung (XXII 70) lautet

$$\bar{X}_{12} = \frac{q N_1 N_2}{N_1 + q N_2} \frac{2}{\beta + 1} \qquad \text{(XXII 73)}$$

mit

$$\beta = \left[1 + \frac{4 q N_1 N_2}{(N_1 + q N_2)^2} \left(e^{\frac{2 w'}{kT}} - 1 \right) \right]^{\frac{1}{2}}. \qquad \text{(XXII 74)}$$

Die freie Energie der Mischung ist nach Gl. (XXII 68)

$$\Delta G = - kT \left[\ln g \left(N_1, N_2, \bar{X}_{12} \right) - z \bar{X}_{12} \, w'/kT \right]. \qquad \text{(XXII 75)}$$

Differenzieren wir unter Beachtung der in § 20.3 erwähnten Gesichtspunkte nach N_1 und benutzen dann die Gl. (XXII 72) und (XXII 73), so erhalten wir für die freie Energie der Verdünnung

$$\Delta \mu_1 = kT \left\{ \ln x_1^* - \frac{z}{2} \ln \left[1 - \frac{2 x_2^*}{z} \left(1 - \frac{1}{n} \right) \right] \right\} + \frac{1}{2} kT \ln \frac{\beta + 1 - 2 \gamma_2}{(1 - \gamma_2)(\beta + 1)},$$

$$\text{(XXII 76)}$$

wo zur Abkürzung

$$\gamma_2 = \frac{q N_2}{N_1 + q N_2} \qquad \text{(XXII 77)}$$

gesetzt ist. Der erste Term der Gl. (XXII 76) ist naturgemäß mit der entsprechenden Formel der MILLER-GUGGENHEIMschen Theorie identisch, so daß für $w' = 0$ (XXII 76) sich auf diese reduziert. Entwickeln wir, um die Verhältnisse in verdünnten Lösungen zu überblicken, nach Potenzen von x_2^* und w/kT (wo $w = - 2 w'$ ist), so erhalten wir für den osmotischen Druck

$$\Pi = \frac{kT}{v_1} \frac{x_2^*}{n} \left\{ 1 + \frac{1}{2} \frac{z - 2}{z} n \left[1 + (z - 2) w \left(1 - \frac{w}{kT} - \frac{1}{4} \left(\frac{w}{kT} \right)^2 \right) \right] X_2^* \right\}.$$

$$\text{(XXII 78)}$$

Man sieht daraus, daß für positive Werte von w, d. h. für negative Verdünnungswärme, der osmotische Druck höher liegt als im athermischen Fall, für negative w, d. h. positive Verdünnungswärme dagegen niedriger. Für die Verdünnungsentropie erhält man

$$\Delta s_1 = k \frac{x_2^*}{n} \left\{ 1 + \frac{1}{2} \frac{z - 2}{z} n \left[1 + (z - 2) \frac{1}{2} \left(\frac{w}{kT} \right)^2 \right] x_2^* \right\}. \qquad \text{(XXII 79)}$$

Die Verdünnungsentropie ist somit stets größer als die der athermischen Lösung. Schließlich ergibt sich für die Verdünnungswärme

$$\Delta h_1 = - \frac{1}{2} \frac{z - 2}{z} (z - 2) w \left(1 - \frac{w}{kT} \right) x_2^{*2}. \qquad \text{(XXII 80)}$$

Bei der experimentellen Prüfung der hier entwickelten Theorie treten ähnliche Schwierigkeiten auf, wie sie uns bereits bei der Theorie der streng regulären Lösung begegnet sind. Zunächst kann man für verdünnte Lösungen von vorneherein sagen, daß Gl. (XXII 79) keine brauchbaren Resultate gibt, da bereits die MILLER-GUGGENHEIMsche Formel durchweg zu hohe Werte liefert. Es gibt allerdings ein Beispiel dafür, daß allein die verbesserte Berechnung des athermischen Gliedes bereits zu Übereinstimmung mit der Erfahrung führt. Da aber in der obigen Ableitung der MILLER-GUGGENHEIMsche Kombinationsfaktor eine wesentliche Rolle spielt, wollen wir diesen Fall erst in § 22.4 erörtern. Als Beispiel für die Anwendung der Theorie auf konzentriertere Lösungen erwähnen wir das von ORR[1] eingehend diskutierte System Kautschuk-Benzol (Abb. 183). ORR kommt zu dem Ergebnis, daß hier der höchste überhaupt mögliche Wert des Energieparameters etwa $N_L w' = 500$ cal/Mol ist. Für höhere Werte müßte, wie der berechnete Verlauf der freien Energie zeigt, Entmischung eintreten, die in Wirklichkeit nicht beobachtet wird. Für den angeführten Wert von w' fällt aber das von der Solvatation herrührende Zusatzglied der Verdünnungsentropie bei höheren Konzentrationen praktisch überhaupt nicht ins Gewicht. Die Verdünnungsentropie des Systems Kautschuk-Benzol läßt sich somit nicht durch die Theorie der irregulären Lösung erklären.

§ 22.4. Orientierungseffekte in makromolekularen Lösungen

Die Tatsache, daß die Theorie der irregulären Lösung für die Erklärung der Verdünnungsentropie makromolekularer Lösungen weitgehend versagt, legt auch hier den Gedanken nahe, bei der Berechnung der Verteilungsfunktion die Orientierung der Moleküle zu berücksichtigen. Wir betrachten zunächst wieder die nicht kooperative Orientierung der Moleküle des Lösungsmittels in einer verdünnten Lösung[2]. Zweckmäßig gehen wir aus von dem Modell der irregulären Lösung; wir erweitern dasselbe jetzt durch die Annahme, daß die Moleküle des Lösungsmittels in der reinen Phase p energetisch gleichwertige Orientierungen einnehmen können, während in der Lösung für solche Moleküle, die nächste Nachbarn eines polymeren Moleküls sind, eine Orientierung durch eine Energie w_{or} bevorzugt sein soll. Die Konzentration setzen wir als so niedrig voraus, daß Konfigurationen, bei denen ein Molekül des Lösungsmittels gleichzeitig mehreren gelösten Molekülen benachbart ist, vernachlässigt werden können. Dazu muß jetzt die Verknäulung als so locker angenommen werden, daß auch innerhalb eines Knäuels ein Lösungsmittelmolekül im allgemeinen nicht gleichzeitig zwei Bausteinen benachbart ist. Um die Erfüllung dieser Voraussetzung zu sichern, beschränken wir uns auf Systeme mit negativer Verdünnungswärme. Unter den angeführten Voraussetzungen hat das Problem einen nicht-kooperativen Charakter, und wir können die in § 20.4 entwickelte Methode darauf anwenden. Wir kombinieren dieselbe hier mit der Methode des § 22.2.

Für die Energie einer Standard-Konfiguration schreiben wir wieder

$$W = W_0 + W_s + W_{or}, \qquad \text{(XXII 81)}$$

wo W_0 die durch Gl. (XX 37) definierte Energie des Bezugszustandes (d. h. einer Lösung ohne 2−2-Paare und orientierte Moleküle), W_s die zusätzliche Wechselwirkungsenergie der 2−2-Paare ohne Orientierung und W_{or} der von der Orientierung der Moleküle des Lösungsmittels herrührende Energiebeitrag ist. Von einem cluster aus r polymeren Molekülen sprechen wir jetzt, wenn von jedem

---

[1] ORR, W. J. C.: Trans. Faraday Soc. **40**, 320 (1944).
[2] MÜNSTER, A.: J. Chim. Phys. **49**, 128 (1952).

polymeren Molekül wenigstens ein Baustein einen Baustein eines anderen Moleküls aus dem cluster als nächsten Nachbarn hat. Bezeichnet l_r die Zahl der cluster aus r-Molekülen, W_r die zusätzliche Energie eines clusters, so haben wir wieder die Beziehungen

$$\sum_r r\, l_r = N_2 \qquad\qquad \text{(XXII 82)}$$

und

$$\sum_r \left(\sum_{i=1}^{l_r} W_{ri} \right) = W_s. \qquad\qquad \text{(XXII 83)}$$

Die Zahl der nächsten Nachbarn eines polymeren Moleküls bezeichnen wir, wie in § 22.1, mit zq. Diese Größe wird im allgemeinen nicht durch Gl. (XXII 16) gegeben sein. Sie braucht für unsere Zwecke nicht explizit bekannt zu sein; wir setzen nur voraus, daß sie sich nicht mit der Konzentration ändert. Für ein polymeres Molekül, das zu einem cluster aus r Molekülen gehört, bezeichnen wir den Mittelwert dieser Größe mit zq_r, wo $q_r < q$ ist. Für die Orientierungsenergie haben wir dann

$$\sum_r \left(\sum_{i=1}^{l_r} m_{ri}\, r\, w_{or} \right) = W_{or}, \qquad\qquad \text{(XXII 84)}$$

wo m_{ri}, die mittlere Zahl der von einem polymeren Molekül des clusters orientierten Lösungsmittelmoleküle, alle Werte von Null bis zq_{ri} annehmen kann.

Wir definieren nun eine Funktion

$$\vartheta(zq) = \left(e^{-\frac{w_{or}}{kT}} + p - 1 \right)^{zq}, \qquad\qquad \text{(XXII 85)}$$

welche die Verteilungsfunktion der Orientierungen für die nächsten Nachbarn eines polymeren Moleküls darstellt. Die vollständige Verteilungsfunktion der Standard-Konfigurationen und Orientierungen lautet dann

$$Q_c = e^{-\frac{W_o}{kT}} \sum p^{N_1 - \sum_r \left(\sum_1^{l_r} zq_r r \right)} \prod_r \prod_1^{l_r} [\vartheta(zq_r)]^r\, e^{-\frac{W_s}{kT}}, \qquad \text{(XXII 86)}$$

wo die Summierung über alle Standard-Konfigurationen zu erstrecken ist. Wir führen eine neue Funktion

$$\Theta = p^{zqN_2 - \sum_r \left(\sum_1^{l_r} zq_r r \right)} \prod_r \prod_1^{l_r} [\vartheta(zq_r)]^r \qquad\qquad \text{(XXII 87)}$$

ein. Dann können wir schreiben

$$Q_c = e^{-\frac{W_o}{kT}} (\Omega + \Psi). \qquad\qquad \text{(XXII 88)}$$

Hier ist

$$\Omega = \frac{(\Lambda + N_2)!\, N_1!}{\Lambda!}\, p^{N_1 - zqN_2} [\vartheta(zq)]^{N_2} \qquad\qquad \text{(XXII 89)}$$

und

$$\Psi = p^{N_1 - zqN_2} \sum \left\{ \Theta\, e^{-\frac{W_s}{kT}} - [\vartheta(zq)]^{N_2} \right\}, \qquad\qquad \text{(XXII 90)}$$

wo die Summierung wieder über die Standard-Konfigurationen zu erstrecken ist. Wir definieren jetzt

$$\Phi_1 = 1, \quad \Phi_r = \sum \left\{ \left[\frac{p^{z(q - q_r)}\, \vartheta(zq_r)}{\vartheta(zq)} \right]^r e^{-\frac{W_s}{kT}} - 1 \right\} \quad (r \geqq 2). \qquad \text{(XXII 91)}$$

Dann wird, wie in § 20.4 gezeigt, aus (XXII 90)

$$\Psi = [\vartheta \, (zq)]^{N_2} \sum_{l_r} g_{l_r} \prod_r \Phi_r^{l_r} \,, \tag{XXII 92}$$

wobei wir $p^{N_1 - zq N_2}$ in die Größen g_{l_r} hereingenommen haben. Diese Größen enthalten außerdem zwei Faktoren: Die Zahl der Möglichkeiten, N_1 polymere Moleküle auf die durch den Satz der l_r gegebenen cluster zu verteilen, und die Zahl der Standard-Konfigurationen der Lösung, die zu einem gegebenen Satz der l_r gehören. Zur Berechnung des letzteren behandeln wir die cluster als einfache polymere Moleküle; von dieser Näherung werden wir auch weiter unten noch einmal Gebrauch machen. Der fragliche Faktor ist dann gleich der Zahl der Standard-Konfigurationen einer Lösung von $N_2 - \Sigma \, (r-1) \, l_r$ polymeren Molekülen. Wir erhalten somit

$$g_{l_r} = \frac{N_2!}{\prod l_r! \, \prod (r!)^{l_r}} \, \frac{[\varLambda + N_2 - \Sigma (r-1) \, l_r]! \, N_1!}{\varLambda!} \, p^{N_1 - zq N_2} \,. \tag{XXII 93}$$

Auf diesen Ausdruck wenden wir die STIRLINGsche Formel an und vernachlässigen in den Logarithmen $\Sigma \, (r-1) \, l_r$ gegen $\varLambda + N_2$. Ferner beachten wir, daß für verdünnte Lösungen

$$\frac{N_2! \, e^{\Sigma (r-1) l_r}}{N_2^{N_2}} \approx e^{-N_2} \tag{XXII 94}$$

gesetzt werden kann. Definieren wir nun neue Größen

$$\varkappa_r = \frac{N_2^r \, \Phi_r}{(\varLambda + N_2)^{r-1} \, r!} \,, \tag{XXII 95}$$

so erhalten wir

$$Q = e^{-\frac{W_0}{kT}} \frac{(\varLambda + N_2)! \, N_1!}{\varLambda!} \, p^{N_1 - zq N_2} \, [\vartheta \, (zq)]^{N_2} \, e^{-N_2} \sum_{l_r} \prod_r \frac{\varkappa_r^{l_r}}{l_r!} \,. \tag{XXII 96}$$

Die Berechnung des letzten Faktors erfolgt nach der in § 20.4 beschriebenen Methode und braucht hier nicht wiederholt zu werden. Bezeichnen wir mit ζ die Sattelpunktskoordinate und definieren

$$\psi_m \, (\zeta, \varkappa) = \Sigma r^m \, \varkappa_r \, \zeta^r \,, \tag{XXII 97}$$

so gilt

$$\psi_1 \, (\zeta, \varkappa) = N_2 \tag{XXII 98}$$

als Bestimmungsgleichung für ζ. Für die Verteilungsfunktion ergibt sich

$$\ln Q_c = -\frac{W_0}{kT} + \ln \frac{(\varLambda + N_2)! \, N_1!}{\varLambda!} + (N_1 - zq \, N_2) \ln p + N_2 \ln \vartheta \, (zq) - $$
$$- N_2 + \psi_0 \, (\zeta, \varkappa) - N_2 \ln \zeta \,. \tag{XXII 99}$$

Für ζ erhalten wir als erste Näherung aus Gl. (XXII 98)

$$\zeta = \frac{N_2}{\varkappa_1} - 2 \, \frac{\varkappa_2}{\varkappa_1} \left(\frac{N_2}{\varkappa_1} \right)^2 \,. \tag{XXII 100}$$

Nach Gl. (XXII 95) ist

$$\varkappa_1 = N_2, \quad \varkappa_2 = \frac{1}{2} \, \Phi_2 \, \frac{N_2^2}{\varLambda + N_2} \,. \tag{XXII 101}$$

Für $\varLambda$ setzen wir (XXII 42) ein; da wir nur die erste Näherung berechnen, können wir uns auf den ersten Term beschränken. Wir erhalten dann

$$\varkappa_2 = \frac{1}{2} \, \frac{\Phi_2}{\varrho} \, \frac{N_2^2}{N_1 + n \, N_2} \,. \tag{XXII 102}$$

Durch Einsetzen dieser Ausdrücke in Gl. (XXII 97) ergibt sich

$$\psi_0\,(\zeta,\,\varkappa) = N_2\left(1 - \frac{1}{2}\,\frac{\Phi_2}{\varrho}\,\frac{N_2}{N_1 + n\,N_2}\right).\tag{XXII 103}$$

Ferner bekommen wir durch Entwicklung des Logarithmus

$$N_2 \ln \zeta = -\,N_2\frac{\Phi_2}{\varrho}\,\frac{N_2}{N_1 + n\,N_2}\,.\tag{XXII 104}$$

Es bleibt jetzt noch die explizite Berechnung der Größe Φ_2, die eine Summierung über die Konfigurationen eines clusters aus zwei Molekülen erfordert. Wir zerlegen dieselbe in zwei Schritte: Zunächst bestimmen wir die Zahl der Möglichkeiten, daß zwei polymere Moleküle sich mit einem oder mehreren Bausteinen aneinander lagern, anschließend die Zahl der Konfigurationen eines so gebildeten clusters, bei denen ein Baustein fixiert ist und nicht weitere Bausteine nächste Nachbarn werden. Für den ersten Schritt können wir uns bei negativer Verdünnungswärme auf Konfigurationen beschränken, bei denen zwei Bausteine nächste Nachbarn sind. Dafür gibt es $(z - 2)\,n^2$ Herstellungsmöglichkeiten. Bei der Bestimmung der Zahl der Konfigurationen eines solchen clusters muß derselbe aus Gründen der inneren Konsistenz auch hier als Einzelmolekül betrachtet werden, so daß die Zahl der Konfigurationen einfach gleich ϱ zu setzen ist. Es wird somit

$$\frac{\Phi_2}{\varrho} = (z-2)\,n^2\left[p^2\left(e^{-\frac{w_{or}}{kT}} + p - 1\right)^{-2} e^{-\frac{w}{kT}} - 1\right].\tag{XXII 105}$$

Damit wird aus Gl. (XXII 103) und (XXII 104)

$$\psi_0\,(\zeta,\,\varkappa) = N_2\left\{1 - \frac{1}{2}\,(z-2)n^2\left[\frac{p^2\,e^{-\frac{w}{kT}}}{\left(e^{-\frac{w_{or}}{kT}} + p - 1\right)^2} - 1\right]\right\}\frac{N_2}{N_1 + n\,N_2}\,.\tag{XXII 106}$$

Setzen wir dies in Gl. (XXII 99) ein, so erhalten wir schließlich

$$\ln Q_c = -\,\frac{W_0}{kT} + \ln\frac{(\varLambda + N_2)!\,N_1!}{\varLambda!} + (N_1 - zq\,N_2)\ln p +$$

$$+\,N_2\ln\left(e^{-\frac{w_{or}}{kT}} + p - 1\right)^{zq} + \frac{1}{2}\,(z-2)\left[\frac{p^2\,e^{-\frac{w}{kT}}}{\left(e^{-\frac{w_{or}}{kT}} + p - 1\right)^2} - 1\right]\frac{n^2\,N_2^2}{N_1 + n\,N_2}\,,$$

$$\tag{XXII 108}$$

wo $\varLambda$ durch Gl. (XXII 42) gegeben ist. Die thermodynamischen Eigenschaften der Lösung sind damit festgelegt. Wir schreiben im folgenden nur die Funktionen an, die wir für den Vergleich mit experimentellen Daten benötigen. Es ergibt sich für die freie Energie der Verdünnung

$$\varDelta\mu_1 = -\,kT\,\frac{x_2^{*}}{n}\left\{1 + \frac{1}{2}\left[1 + \alpha_n + (z-2)\,n\left(1 - o\,e^{-\frac{w}{kT}}\right)\right]x_2^{*}\right\}\tag{XXII 109}$$

mit

$$\alpha_n = \frac{z-2}{z}\left(sz\left[1 - \left(\frac{z-1}{z}\right)^{\frac{n}{s}}\right] - 1\right)\tag{XXII 110}$$

und

$$o = \frac{p^2}{\left(e^{-\frac{w_{or}}{kT}} + p - 1\right)^2}\,.\tag{XXII 111}$$

Für die Verdünnungsentropie folgt daraus

$$\varDelta s_1 = k\,\frac{x_2^*}{n}\left\{1 + \frac{1}{2}\,[1 + \alpha_n + \varphi\,(T)]\,x_2^*\right\}. \qquad \text{(XXII 112)}$$

Hier ist

$$\varphi\,(T) = (z - 2)\,n\left\{1 - \frac{p^2\,e^{-\frac{w}{kT}}}{\left(e^{-\frac{w_{or}}{kT}} + p - 1\right)^2}\left[1 + \frac{w}{kT} - \frac{w_{or}}{kT}\,\frac{2\,e^{-\frac{w_{or}}{kT}}}{e^{-\frac{w_{or}}{kT}} + p - 1}\right]\right\}.$$

$$\text{(XXII 113)}$$

Für die Verdünnungswärme erhält man

$$\varDelta h_1 = -\frac{1}{2}\,(z - 2)\,\frac{p^2\,e^{-\frac{w}{kT}}}{\left(e^{-\frac{w_{or}}{kT}} + p - 1\right)^2}\left[w - w_{or}\,\frac{2\,e^{-\frac{w_{or}}{kT}}}{e^{-\frac{w_{or}}{kT}} + p - 1}\right]x_2^{*2}. \qquad \text{(XXII 114)}$$

Der zweite Virialkoeffizient des osmotischen Druckes ist hier gegeben durch

$$B^* = \frac{1}{2}\,\frac{RT\,V_1}{M_0\,M_2}$$

$$\left\{1 + \frac{z - 2}{z}\left(s\,z\left[1 - \left(\frac{z - 1}{z}\right)^{\frac{n}{s}}\right] - 1\right) + (z - 2)\,n\left[1 - \frac{p^2\,e^{-\frac{w}{kT}}}{\left(e^{-\frac{w_{or}}{kT}} + p - 1\right)^2}\right]\right\}.$$

$$\text{(XXII 115)}$$

Man sieht sofort, daß diese Beziehung für $\frac{n}{s} \gg 1$ in die Gl. (XXII 64) übergeht, die damit vollständig theoretisch begründet ist. Für $w_{or} = 0$ fällt das Modell wieder mit dem der irregulären Lösung zusammen. Wir haben jetzt aber die verbesserte Berechnung des Kombinationsfaktors der athermischen Lösung in konsistenter Weise in die Theorie eingebaut. Bei dem System Polyvinylacetat—Methyläthylketon[1] führt bereits diese vereinfachte Theorie zu guter Übereinstimmung mit der Erfahrung. Wir setzen also jetzt in den obigen Formeln $w_{or} = 0$ und geben den Wert $z = 4$ vor. Aus der experimentellen Verdünnungswärme ergibt sich dann $N_L\,w = 28{,}5$ cal/Mol. Abb. 189 zeigt, daß Gl. (XXII 114) mit diesen Parameterwerten die experimentellen Daten gut wiedergibt. Aus den von Browning und Ferry[1] angegebenen viskosimetrischen Daten läßt sich nach einer Methode von Peterlin[2] der Wert $s = 28$ berechnen. Setzt man diese Parameterwerte in Gl. (XXII 112) und (XXII 113) ein, so erhält man eine Kurve, die wie Abb. 190 zeigt, in guter Übereinstimmung mit den experimentellen Ergebnissen ist.

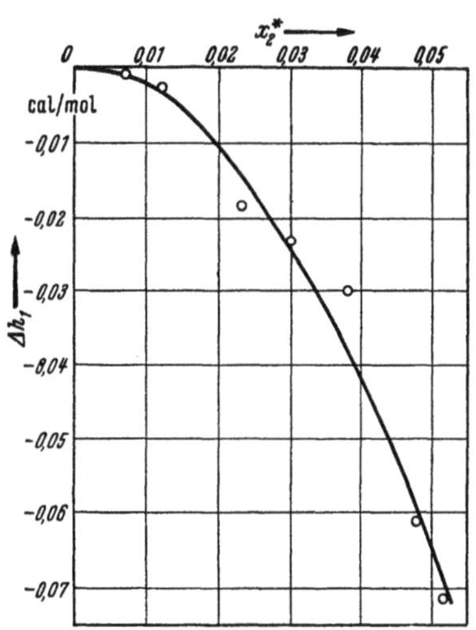

Abb. 189. Verdünnungswärme des Systems Polyvinylacetat-Methyläthylketon. Kreise: Experimentelle Werte; Kurve: Berechnet nach Gl. (XXII 114) (für $w_{or} = 0$) [entnommen aus: H.A. Stuart: Die Physik der Hochpolymeren, Bd. II, S. 167. Berlin 1953]

---

[1] Browning, G. V., u. J. D. Ferry: J. Chem. Phys. **17**, 1107 (1949).
[2] Peterlin, A.: J. Polymer Sci. **5**, 473 (1950).

Das vorstehende Beispiel ist aus zwei Gründen von allgemeinerem Interesse. Einmal konnten hier die in der Gleichung für die Verdünnungsentropie auftretenden Parameter unabhängig bestimmt werden. Dies spricht dafür, daß sie wenigstens approximativ die ihnen zugeschriebene physikalische Bedeutung besitzen, und daß die Übereinstimmung zwischen Theorie und Experiment nicht erst durch die freie Verfügung über die Parameter herbeigeführt wird. Zweitens zeigt die numerische Auswertung, daß man auch bei Systemen mit sehr kleinen thermischen Effekten vorsichtig sein muß bei der Abschätzung des Beitrages,

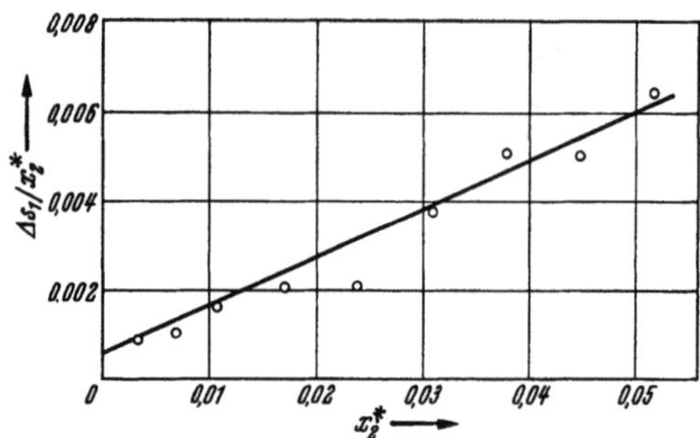

Abb. 190. Verdünnungsentropie des Systems Polyvinylacetat-Methyläthylketon. Kreise: Experimentelle Werte; Hurve: Berechnet nach Gl. (XXII 112) und (XXII 113) (für $w_{Or} = 0$) [entnommen aus: H. A. STUART: Die Physik der Hochpolymeren, Bd. II, S. 167. Berlin 1953]

den dieselben zur Verdünnungsentropie liefern. Die Rechnung ergibt in unserem Falle für die Beträge zu dem quadratischen Gliede in Gl. (XXII 112)

$$\frac{R}{2\,n}\,(1 + \alpha_n) = 0{,}0169 \text{ cal mol}^{-1} \text{ grad}^{-1}\,,$$

$$\frac{R}{2\,n}\,\varphi(T) = 0{,}0781 \text{ cal mol}^{-1} \text{ grad}^{-1}\,.$$

Obwohl man das System Polyvinylacetat—Methyläthylketon in roher Klassifizierung als fast athermisch bezeichnen könnte, beträgt der Beitrag des Solvatationsgliedes zur Verdünnungsentropie mehr als das Vierfache des athermischen Gliedes.

Als Beispiel für das Auftreten von Orientierungseffekten betrachten wir das System Nitrocellulose—Aceton, das eine stark negative Verdünnungswärme besitzt. Dasselbe ist insofern bemerkenswert, als die Verdünnungsentropie[1,2] in verdünnter Lösung praktisch den idealen Wert hat. Dieses Ergebnis kann offenbar nur dadurch zustande kommen, daß die Wechselwirkung mit dem Lösungsmittel einen negativen Term zur Verdünnungsentropie liefert, der das athermische Glied grade kompensiert. Das System ist auch deshalb zur Prüfung der Theorie besonders geeignet, weil hier die Abhängigkeit der Größe B^* vom Molekulargewicht über einen großen Bereich von M_2-Werten untersucht worden ist[3-5].

Der hier wesentliche molekulare Effekt ist die Wechselwirkung der NO_2- und CO-Dipole, die eine bestimmte Orientierung der den Nitrocelluloseketten benachbarten Aceton-Moleküle bewirkt. Diese Orientierung ist, wie schon die Verdünnungswärme zeigt, sicherlich stärker als die kooperative Orientierung im reinen Aceton. Qualitativ haben wir also etwa die Verhältnisse, die in dem der

[1] SCHULZ, G. V.: Z. physik. Chem. (A) **180**, 1 (1937); (B) **40**, 319 (1938).
[2] DIENER, H., u. A. MÜNSTER: Z. physik. Chem. N. F. (erscheint demnächst).
[3] LANG, H., u. A. MÜNSTER: Naturwiss. **38**, 68 (1951).
[4] MÜNSTER, A.: Z. physik. Chem. **197**, 17 (1951).
[5] MÜNSTER, A.: J. Polymer Sci. **8**, 633 (1952).

Theorie zugrunde liegenden Modell angenommen werden. Die Strukturen des realen Systems sind naturgemäß viel komplizierter; es hat indessen wenig Sinn, den Zusammenhang dieser Einzelheiten mit dem Modell zu diskutieren. Letzten Endes kann nur der Vergleich mit der Erfahrung entscheiden, ob der in dem Modell betrachtete Effekt, der auch in dem realen System zweifellos vorhanden ist, die thermodynamischen Eigenschaften des Letzteren so ausschlaggebend beeinflußt, daß man das Modell als eine zwar primitive, aber doch sinnvolle Darstellung des realen Systems betrachten darf.

Von den in den Gl. (XXII 112), (XXII 113) und (XXII 115) auftretenden Parametern konnte s aus Viscositätsdaten[1] nach einer von KIRKWOOD und RISEMAN[2] entwickelten Theorie bestimmt werden. Die übrigen Parameter wurden durch Probieren ermittelt. Die benutzten Werte sind

$$z = 4{,}5 \,, \quad p = 19{,}9 \,, \quad s = 46 \,,$$

$$N_L w = -915 \,\mathrm{cal/Mol} \,, \quad N_L w_{or} = -2680 \,\mathrm{cal/Mol} \,.$$

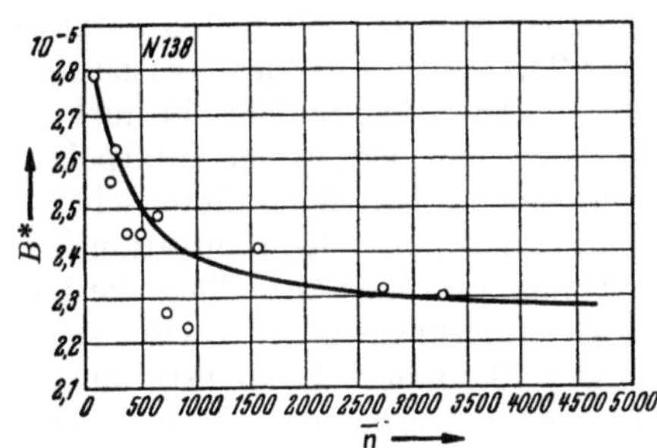
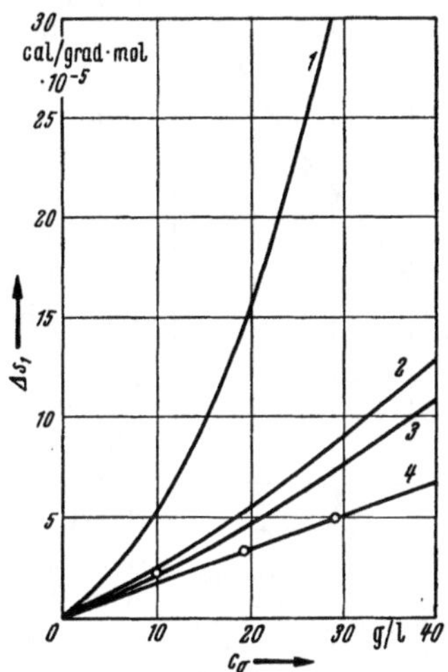

Abb. 191. Zusammenhang zwischen B^* und n für das System Nitrocellulose-Aceton. Kreise: Experimentelle Werte; Kurve: Berechnet nach Gl. (XXII 115) [entnommen aus: H. A. STUART: Die Physik der Hochpolymeren, Bd. II, S. 168. Berlin 1953]

Abb. 192. Verdünnungsentropie des Systems Nitrocellulose-Aceton. Kreise: Experimentelle Werte; Kurve 1: Berechnet nach Gl. (XXII 79); Kurve 2: Berechnet nach Gl. (XXII 33); Kurve 3: Berechnet nach Gl. (XXII 60); Kurve 4: Berechnet nach Gl. (XXII 112) und Gl. (XXII 113) [entnommen aus: H. A. STUART: Die Physik der Hochpolymeren, Bd. II, S. 169. Berlin 1953]

Mit Ausnahme des Wertes für p sind diese Zahlen physikalisch vernünftig. Es ist anzunehmen, daß die Inkongruenzen zwischen Modell und realem System sich in dem zu hohen Wert für p auswirken. Abb. 191 zeigt die mit den obigen Parameterwerten nach Gl. (XXII 115) berechnete Funktion $B^*(n)$ zusammen mit den experimentellen Daten von LANG und MÜNSTER. In Anbetracht der experimentell nachgewiesenen Tatsache, daß die Fraktionen chemisch nicht völlig identisch sind (also keine polymerhomologe Reihe im strengen Sinne vorliegt), ist die Übereinstimmung befriedigend. Bemerkenswert ist, daß man auch hier das Gebiet erreicht, in dem die Voraussetzung $n/s \gg 1$ nicht mehr erfüllt ist und daher die Näherung Gl. (XXII 64) nicht mehr gilt. Abb. 192 zeigt die experimentellen Werte für die Verdünnungsentropie nach SCHULZ zusammen mit den theoretischen Kurven nach Gl. (XXII 112) und (XXII 113), nach Gl. (XXII 60), nach Gl. (XXII 33) und nach Gl. (XXII 79). Man sieht, daß die experimentellen Daten durch die in diesem Paragraphen entwickelte Theorie quantitativ wiedergegeben werden, während alle übrigen Formeln völlig unbrauchbare Resultate liefern.

---

[1] MÜNSTER, A.: Z. physik. Chem. **197**, 17 (1951).

[2] KIRKWOOD, J. G., u. J. RISEMAN: J. Chem. Phys. **16**, 565 (1948).

Aus Gl. (XXII 112) und (XXII 113) folgt, daß bei höheren Polymerisationsgraden (etwa von $n = 700$ ab) das negative Glied überwiegt und damit die Verdünnungsentropie unter den Idealwert absinkt. Bei sehr niedrigen Polymerisationsgraden ist das Umgekehrte der Fall; für $n = 100$ erreicht der Zusatzterm der Verdünnungsentropie fast die Hälfte des durch Gl. (XXII 60) gegebenen Wertes. Diese Folgerungen sind kürzlich experimentell bestätigt worden[1].

Die in § 20.5 entwickelte Theorie der kooperativen Orientierung im Lösungsmittel läßt sich ebenfalls auf makromolekulare Lösungen übertragen[2]. Da sich (außer der etwas umständlicheren Rechnung) keine wesentlich neuen Gesichtspunkte dabei ergeben, gehen wir auf die Einzelheiten hier nicht ein.

Für die experimentelle Prüfung kommt vor allem das schon mehrfach erwähnte System Kautschuk—Benzol in Betracht. Dabei tritt jedoch die Schwierigkeit auf, daß für den athermischen Kombinationsfaktor in sehr verdünnten Lösungen die in § 22.2 entwickelte Theorie, in konzentrierten Lösungen die MILLER-GUGGENHEIMsche Theorie des § 22.1 gilt. Für das Zwischengebiet existiert keine theoretisch begründete Formel. Von MÜNSTER[2] wurde daher eine empirische Interpolationsformel benutzt, um den Verlauf der athermischen Verdünnungsentropie über den ganzen Konzentrationsbereich darzustellen. Führt man auf dieser Grundlage die Theorie der kooperativen Orientierung ein, so ergibt sich, wie Abb. 193 zeigt, eine vollkommene Übereinstimmung mit den experimentellen Daten. Die benutzten Parameterwerte

$$z = 6 , \quad N_L w = 525 \text{ cal/Mol} , \quad w_{or} = -800 \text{ cal/Mol}$$

sind in sich vernünftig. Bemerkenswert ist, daß der Wert für w_{or} nahezu der gleiche ist wie der für das System Benzol—Cyclohexan (§ 20.5) benutzte. Diese Tatsache spricht dafür, daß die hier gegebene Erklärung, welche die Zusatzentropie der beiden fraglichen Systeme auf die Störung der kooperativen Orientierung der Benzol-Moleküle zurückführt, im wesentlichen korrekt ist.

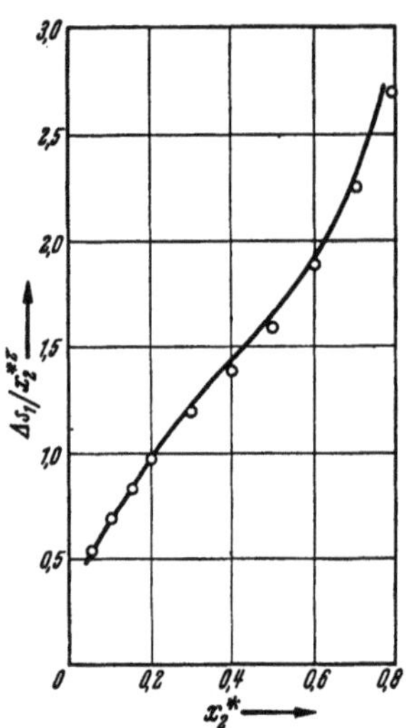

Abb. 193. Verdünnungsentropie des Systems Kautschuk-Benzol. Kreise: Experimentelle Werte; Kurve: Berechnet mit Berücksichtigung der Orientierungseffekte [entnommen aus: H. A. STUART: Die Physik der Hochpolymeren, Bd. II, S. 174. Berlin 1953]

[1] DIENER, H. u. A. MÜNSTER: Z. physik. Chem. N. F. (erscheint demnächst).
[2] MÜNSTER, A.: Trans. Faraday Soc. 49, 1 (1953).

Literatur

Im folgenden ist eine Anzahl von Lehrbüchern, Monographien und zusammenfassenden Darstellungen angeführt, die im Text nur in besonderen Fällen zitiert werden.

BECKER, R.: Theorie der Wärme. Berlin 1955

EHRENFEST, P. u. T.: Enzyklopädie der mathematischen Wissenschaften, Bd. IV, Teil 32. Berlin 1911.

FOWLER, R. H.: Statistische Mechanik. (Deutsch von O. HALPERN u. H. SMEREKER.) Leipzig 1931.

— Statistical Mechanics, 2nd ed. Cambridge 1936.

— u. E. A. GUGGENHEIM: Statistical Thermodynamics, 2nd ed. Cambridge 1948.

FÜRTH, R.: Handbuch der Physik von GEIGER-SCHEEL, Bd. IV. Berlin 1929.

GIBBS, J. W.: Elementary Principles in Statistical Mechanics. Collected Works, vol. II. New Haven 1948.

TER HAAR, D.: Elements of Statistical Mechanics. New York 1954.

HAAS, A., u. F. G. DONNAN: Commentary on the Scientific Writings of J. W. GIBBS. New Haven 1936.

HERTZ, P.: Repertorium der Physik von WEBER-GANS, Bd. I/2. Leipzig 1916.

HERZFELD, K. F.: Müller-Pouillets Lehrbuch der Physik, Bd. III/2. Braunschweig 1925.

JORDAN, P.: Statistische Mechanik auf quantentheoretischer Grundlage. Braunschweig 1933.

KAR, K. C.: Statistical Mechanics. Calcutta 1952.

KHINCHIN, A. J.: Mathematical Foundations of Statistical Mechanics. New York 1949.

KOPPE, H.: Die Grundlagen der statistischen Mechanik. Leipzig 1949.

LANDAU, L., u. E. LIFSHITZ: Statistical Physics. Oxford 1938.

MAYER, J. E., u. M. GOEPPERT-MAYER: Statistical Mechanics. New York 1940.

RUSHBROOKE, G. S.: Introduction to Statistical Mechanics. Oxford 1949.

SCHRÖDINGER, E.: Statistical Thermodynamics. Cambridge 1948.

SMEKAL, A.: Handbuch der Physik von GEIGER-SCHEEL, Bd. IX. Berlin 1926.

SOMMERFELD, A., u. H. A. BETHE: Handbuch der Physik von GEIGER-SCHEEL, Bd. XXIV/2. Berlin 1933.

—, u. L. WALDMANN: Hand- und Jahrbuch der chemischen Physik, von EUCKEN—WOLF, Bd. III/2. Leipzig 1939

TOLMAN, R. C.: The Principles of Statistical Mechanics. Oxford 1938.

ZEISE, H.: Thermodynamik, Bd. I. Leipzig 1944.

Mathematischer Anhang

Im folgenden ist eine Anzahl von mathematischen Definitionen, Formeln und Sätzen zusammengestellt, auf die im Text häufiger Bezug genommen wird. Ferner finden sich hier einige Zwischenrechnungen, die im Text übergangen wurden, um den wesentlichen Gedankengang nicht zu unterbrechen.

1. Die Gamma-Funktion

Die Gamma-Funktion $\Gamma(z)$ ist nach EULER definiert durch die Gleichung

$$\Gamma(z) = \lim_{n \to \infty} \frac{1 \cdot 2 \cdot 3 \cdot \cdots \cdot (n-1)}{z(z+1), \ldots, (z+n-1)}\, n^z . \tag{A 1}$$

Sie ist eine analytische meromorphe Funktion von z mit einfachen Polen an den Stellen $z = 0, -1, -2, \ldots$. Es gelten die Funktionalgleichungen

$$\Gamma(z+1) = z\,\Gamma(z) , \tag{A 2}$$

$$\Gamma(z)\,\Gamma(1-z) = \frac{\pi}{\sin \pi z} , \tag{A 3}$$

$$\Gamma\!\left(\frac{1}{2}+z\right)\Gamma\!\left(\frac{1}{2}-z\right) = \frac{\pi}{\cos \pi z} . \tag{A 4}$$

Spezielle Werte sind

$$\Gamma(\tfrac{1}{2}) = \sqrt{\pi} , \tag{A 5}$$

$$\Gamma(1) = 1 , \tag{A 6}$$

$$\Gamma(n+1) = n! \qquad (n = 0, 1, 2, \ldots) . \tag{A 7}$$

Für positiven Realteil von z gilt

$$\Gamma(z) = \int_0^\infty e^{-t}\, t^{z-1}\, dt \quad [\Re(z) > 0] . \tag{A 8}$$

Zahlreiche bestimmte Integrale führen auf Gamma-Funktionen. Besonders wichtig ist die Formel

$$\int_0^\infty e^{-a t^x}\, t^y\, dt = \frac{1}{y+1}\, \frac{\Gamma\!\left(\dfrac{x+y+1}{x}\right)}{a^{\frac{y+1}{x}}} \tag{A 9}$$

$$[\Re(a) > 0, \quad \Re(x) > 0, \quad \Re(y) > -1] .$$

Spezialfälle von Gl. (A 9) sind die häufig vorkommenden Integrale

$$\int\limits_0^\infty x^n\, e^{-a\,x}\, d\,x = \frac{n!}{a^{n+1}},\tag{A 10}$$

$$\int\limits_0^\infty x^{2n+1}\, e^{-a\,x^2}\, d\,x = \frac{n!}{2\,a^{n+1}},\tag{A 11}$$

$$\int\limits_{-\infty}^{+\infty} e^{-a\,x^2}\, d\,x = \left(\frac{\pi}{a}\right)^{1/2},\tag{A 12}$$

$$\int\limits_{-\infty}^{+\infty} x^2\, e^{-a\,x^2}\, d\,x = \frac{1}{2\,a}\left(\frac{\pi}{a}\right)^{1/2},\tag{A 13}$$

$$\int\limits_{-\infty}^{+\infty} x^4\, e^{-a\,x^2}\, d\,x = \frac{3}{4\,a^2}\left(\frac{\pi}{a}\right)^{1/2},\tag{A 14}$$

$$\int\limits_{-\infty}^{+\infty} x^6\, e^{-a\,x^2}\, dx = \frac{15}{8\,a^3}\left(\frac{\pi}{a}\right)^{1/2}.\tag{A 15}$$

2. Die Diracsche Delta-Funktion

Die Diracsche Delta-Funktion $\delta(x-t)$ ist definiert durch die Festsetzung, daß

$$\delta(x-t) = \begin{cases} 0 & \text{für}\quad x \neq t \\ \infty & \text{für}\quad x = t \end{cases}\tag{A 16}$$

ist, derart, daß

$$\int\limits_\alpha^\beta \delta(x-t)\, dt = 1\tag{A 17}$$

wird. Die Delta-Funktion läßt sich durch zahlreiche Grenzübergänge darstellen. Wir erwähnen hier nur

$$\delta(x-t) = \frac{1}{\sqrt{\pi}}\lim_{\varepsilon\to 0}\frac{1}{\sqrt{\varepsilon}}\, e^{-\frac{(x-t)^2}{\varepsilon}}.\tag{A 18}$$

Die Fourier-Zerlegung (s. Ziffer 3) der Delta-Funktion lautet

$$\delta(x-t) = \lim_{a\to\infty}\int\limits_{-a}^{+a} e^{2\pi i s(x-t)}\, d s$$

$$= \frac{1}{2\pi}\int\limits_{-\infty}^{+\infty} e^{i k(x-t)}\, d k.\tag{A 19}$$

Für die Delta-Funktion gelten die Formeln

$$\delta(x - t) = \delta(t - x), \quad \delta(-x) = \delta(x), \quad \delta(a\,x) = \frac{1}{a}\,\delta(x), \tag{A 20}$$

$$\delta[f(x)] = \sum_n \frac{\delta(x - x_n)}{|f'(x_n)|}, \quad \text{wenn } f(x) \text{ nur einfache Nullstellen } x_n \text{ hat;} \tag{A 21}$$

$$x\,\delta(x) = 0, \quad f(x)\,\delta(x) = f(0)\,\delta(x), \quad f(a \pm x)\,\delta(x) = f(a)\,\delta(x), \tag{A 22}$$

$$\delta'(x) = -\frac{1}{x}\,\delta(x) = -\delta'(-x),$$

$$\int_{-\infty}^{+\infty} f(t)\,\delta(x - t)\,dt = f(x), \tag{A 23}$$

$$\int_{-\infty}^{+\infty} f(t)\,\delta'(x - t)\,dt = f'(x), \quad \text{wenn } f'(t) \text{ an der Stelle } t = x \text{ stetig ist.}$$

Aus der vorletzten Formel ergibt sich die allgemeinere Bedeutung der Delta-Funktion. In allgemeiner Operatorenschreibweise kann der Einheitsoperator definiert werden durch die Gleichung

$$\underline{E}\,a = a. \tag{A 24}$$

Für den Fall des Matrix-Operators wird daraus

$$\sum_k E_{ik}\,a_k = a_i \tag{A 25}$$

und für den Fall des Integral-Operators

$$\int_\alpha^\beta E(x, t)\,a(t)\,dt = a(x). \tag{A 26}$$

Der Vergleich mit (A 23) zeigt, daß die Delta-Funktion der Einheitskern des Integral-Operators ist. Da die Elemente der Einheitsmatrix üblicherweise mit δ_{ik} (KRONECKERsches Delta) bezeichnet werden (vgl. Ziffer 6), erklärt sich damit auch die Bezeichnung als Delta-Funktion.

Aus der vorstehenden Interpretation der Delta-Funktion läßt sich eine wichtige Beziehung ableiten. Ist $K(x, t)$ der Kern eines selbstadjungierten Integraloperators[1], so ergeben sich die zugehörigen Eigenwerte λ_i und Eigenfunktionen φ_i aus der Gleichung

$$\int_\alpha^\beta K(x, t)\,\varphi(t)\,dt = \lambda\,\varphi(x). \tag{A 27}[2]$$

Die Eigenfunktionen bilden ein vollständiges normiertes Orthogonalsystem. Eine Funktion $f(t)$ im Bereich $\alpha \to \beta$ kann daher entwickelt werden in der Form

$$f(t) = \sum_i a_i\,\varphi_i(t) \tag{A 28}$$

mit

$$a_i = \int_\alpha^\beta \varphi_i^*(t)\,f(t)\,dt. \tag{A 29}$$

Es wird somit

$$\int_\alpha^\beta K(x, t)\,f(t)\,dt = \int_\alpha^\beta K(x, t)\,\sum_i \varphi_i(t)\left[\int_\alpha^\beta \varphi_i^*(t)\,f(t)\,dt\right]dt \tag{A 30}$$

---

[1] Der Kern eines selbstadjungierten Integraloperators ist definiert durch $K(x, t) = K^\dagger(x, t) = K^*(t, x)$. Vgl. Gl. (A 89) u. (A 94).

[2] In der Theorie der Integralgleichungen wird als Eigenwert die Größe $1/\lambda$ bezeichnet.

oder mit Benutzung von Gl. (A 27)

$$\int\limits_{\alpha}^{\beta} K(x, t)\, f(t)\, dt = \sum_i \lambda_i\, \varphi_i(x) \int\limits_{\alpha}^{\beta} \varphi_i^*(t)\, f(t)\, dt\,. \tag{A 31}$$

Daraus folgt

$$K(x, t) = \sum_i \lambda_i\, \varphi_i(x)\, \varphi_i^*(t)\,. \tag{A 32}$$

Setzen wir in Gl. (A 30) für $K(x, t)$ den Einheitskern und benutzen (A 26), so erhalten wir

$$\delta(x - t) = \sum_i \varphi_i(x)\, \varphi_i^*(t)\,, \tag{A 33}$$

wo die φ_i jetzt die Funktionen eines beliebigen vollständigen normierten Orthogonalsystems sind.

3. Die FOURIER-Transformation

Nach dem FOURIERschen Theorem kann eine Funktion $f(t)$, die im Intervall $-\pi \leqq t \leqq \pi$ gegeben und für alle übrigen reellen Werte von t durch $f(t + 2\pi) = f(t)$ definiert ist, unter gewissen sehr allgemeinen Voraussetzungen in der Form

$$f(t) = \tfrac{1}{2}\, a_0 + \sum_{n-1}^{\infty} a_n \cos n\, t + \sum_{n=1}^{\infty} b_n \sin n\, t \tag{A 34}$$

dargestellt werden (FOURIER-Entwicklung). Dabei ist

$$a_n = \frac{1}{\pi} \int\limits_{-\pi}^{+\pi} f(t)\, \cos n\, t\, dt\,, \quad b_n = \frac{1}{\pi} \int\limits_{-\pi}^{+\pi} f(t)\, \sin n\, t\, dt\,. \tag{A 35}$$

Wenn eine Funktion $f(x)$ im Intervall $-l \leqq x \leqq +l$ beliebig und für alle übrigen reellen Werte von x durch $f(x + 2\,l) = f(x)$ definiert ist, gilt eine analoge Entwicklung, bei der in den obigen Formeln lediglich t durch $\dfrac{\pi}{l}\, x$ ersetzt ist. Wir haben also

$$f(x) = \frac{1}{2}\, a_0 + \sum_{n=1}^{\infty} a_n \cos \frac{n\,\pi}{l}\, x + \sum_{n=1}^{\infty} b_n \sin \frac{n\,\pi}{l}\, x \tag{A 36}$$

mit

$$a_n = \frac{1}{l} \int\limits_{-l}^{+l} f(x) \cos \frac{n\,\pi}{l}\, x\, dx\,, \quad b_n = \frac{1}{l} \int\limits_{-l}^{+l} f(x) \sin \frac{n\,\pi}{l}\, x\, dx\,. \tag{A 37}$$

In komplexer Form lautet diese Entwicklung

$$f(x) = \sum_{-\infty}^{+\infty} c_n\, e^{\frac{i n\,\pi}{l}\, x}\,, \tag{A 38}$$

wo

$$c_n = \frac{1}{2\,l} \int\limits_{-l}^{+l} f(x)\, e^{-\frac{i n\,\pi}{l}\, x}\, dx \tag{A 39}$$

ist.

Die FOURIER-Entwicklung ist naturgemäß ein Spezialfall der unter Ziffer 2 erwähnten Entwicklung nach einem orthonormalen Funktionensystem. Ist der Bereich $-l \to +l$ unendlich (d. h., wenn es sich um eine nichtperiodische Funktion handelt), so muß die diskrete Folge der Entwicklungsfunktionen durch eine dichte Folge ersetzt werden. Der Index-Parameter n wird dann zu einer Variablen y, und an die Stelle der Summierung tritt die Integration über eine zweiparametrige Funktion e^{ixy}. Es gilt dann unter der Voraussetzung, daß $f(x)$ stückweise stetig ist und daß das Integral $\int\limits_{-\infty}^{+\infty} |f(x)|\, dx$ existiert,

$$f(x) = \int\limits_{-\infty}^{+\infty} c(y)\, e^{ixy}\, dy\,, \tag{A 40}$$

$$c(y) = \frac{1}{2\pi} \int\limits_{-\infty}^{+\infty} f(x)\, e^{-ixy}\, dx\,. \tag{A 41}$$

$f(x)$ wird als die FOURIER-Transformierte oder Spektralfunktion von $c(y)$ bezeichnet. Mit Hilfe der Beziehungen (A 23), (A 40) und (A 41) kann man die Gl. (A 19) unmittelbar verifizieren. Häufig ist es zweckmäßig, die FOURIER-Transformation in einer völlig symmetrischen Form anzuschreiben, indem man die Substitution

$$c(y) = \frac{1}{\sqrt{2\pi}}\, g(y) \tag{A 42}$$

einführt. Dann wird

$$f(x) = \frac{1}{\sqrt{2\pi}} \int\limits_{-\infty}^{+\infty} g(y)\, e^{ixy}\, dy\,, \tag{A 43}$$

$$g(y) = \frac{1}{\sqrt{2\pi}} \int\limits_{-\infty}^{+\infty} f(x)\, e^{-ixy}\, dx\,. \tag{A 44}$$

In dieser Formulierung wird $f(x)$ als FOURIER-Transformierte von $g(y)$ bezeichnet und umgekehrt.

4. Die LAPLACE-Transformation

Wenn zwischen zwei Funktionen $f(x)$ und $g(y)$ die Beziehungen

$$g(y) = \int\limits_{0}^{\infty} f(x)\, e^{-xy}\, dx \tag{A 45}$$

und

$$f(x) = \frac{1}{2\pi i} \int\limits_{c-i\infty}^{c+i\infty} g(y)\, e^{xy}\, dy \tag{A 46}$$

bestehen, so wird $g(y)$ als die LAPLACE-Transformierte von $f(x)$ bezeichnet. Man schreibt diesen Zusammenhang auch

$$g(y) = \mathfrak{L}[f(x)]\,, \quad f(x) = \mathfrak{L}^{-1}[g(y)]\,. \tag{A 47}$$

Für die Frage, welchen Bedingungen die Funktionen $f(x)$ und $g(y)$ genügen müssen und die Diskussion des (als solchen unmittelbar evidenten) Zusammenhanges mit der FOURIER-Transformation, verweisen wir auf die Spezialliteratur. Dort sind auch die LAPLACE-Transformierten von zahlreichen speziellen Funktionen explizit angegeben. Wir notieren hier nur einige Formeln, die allgemeiner anwendbar sind. Es gilt mit den obigen Bezeichnungen

$$\mathfrak{L}\,[f(a\,x)] = \frac{1}{a}\,g\!\left(\frac{y}{a}\right), \qquad (a \text{ reell und positiv}) \tag{A 48}$$

$$\mathfrak{L}\left[\frac{d f}{d\,x}\right] = y\,g\,(y) - f\,(0)\,, \tag{A 49}$$

$$\mathfrak{L}\left[\frac{d^n f}{d\,x^n}\right] = y^n\,g\,(y) - \sum_{l=0}^{n-1} y^{n-l-1}\,f^{(l)}\,(0)\,, \tag{A 50}$$

$$\mathfrak{L}\left[\int_0^x f(\xi)\,d\,\xi\right] = y^{-1}\,g\,(y)\,, \tag{A 51}$$

$$\mathfrak{L}\left[\int_x^\infty \xi^{-1}\,f(\xi)\,d\,\xi\right] = y^{-1}\int_0^y g\,(\eta)\,d\eta, \tag{A 52}$$

$$\mathfrak{L}\,[x^n\,f(x)] = (-\,1)^n\,\frac{d^n g}{d\,y^n}\,, \tag{A 53}$$

$$\mathfrak{L}\,[x^{-1}\,f(x)] = \int_y^\infty g\,(\eta)\,d\eta\,. \tag{A 54}$$

Das Integral

$$J = \int_0^x f_1(\xi)\,f_2(x - \xi)\,d\,\xi \tag{A 55}$$

wird als Faltungsprodukt bezeichnet und symbolisch

$$J = f_1 * f_2 \tag{A 56}$$

geschrieben. Für diese Operation gilt das kommutative, das assoziative und das distributive Gesetz der Multiplikation. Diese Eigenschaften des Faltungsproduktes folgen aus dem Satz: Die LAPLACE-Transformierte eines Faltungsproduktes ist gleich dem gewöhnlichen Produkt der LAPLACE-Transformierten der „Faktoren" des Faltungsproduktes. Es ist also

$$\mathfrak{L}\,[f_1(x) * f_2(x)] = g_1(y) \cdot g_2(y) \tag{A 57}$$

(Faltungssatz, Theorem von DUHAMEL).

Schließlich ist noch wichtig die Beziehung

$$\mathfrak{L}\,[e^{a x}\,f(x)] = g\,(y - a) \quad (a \text{ reell}) \qquad (\text{Verschiebungssatz}). \tag{A 58}$$

5. Die EULERsche Summenformel

Ist die Funktion $f(x)$ mit allen Ableitungen bis $f^{(n)}(x)$ stetig, so gilt

$$\sum_{k=0}^{m} f(k) = \int_0^m f(x)\,d\,x + \tfrac{1}{2}\,[f(0) + f(m)] + \\ + \sum_{k=1}^{n} \frac{B_{2k}}{(2\,k)!}\,[f^{(2k-1)}\,(m) - f^{(2k-1)}\,(0)] + R_n\,. \tag{A 59}$$

Hier ist R_n das Restglied, dessen explizite Gestalt uns nicht zu interessieren braucht, und die B_{2k} sind die BERNOULLIschen Zahlen. Die ersten derselben haben die Werte

$$B_0 = 1,\ B_1 = -\tfrac{1}{2},\ B_2 = \tfrac{1}{6},\ B_{2k+1} = 0 \quad \text{für } k = 1, 2, \ldots \tag{A 60}$$
$$B_4 = -\tfrac{1}{30},\ B_6 = \tfrac{1}{42}\,.$$

Für $n \to \infty$ erhält man auf der rechten Seite von (A 59) eine im allgemeinen divergente unendliche Reihe. Die Anwendung der Gl. (A 59) erfordert, daß für das gewählte n das Restglied $|R_n|$ unter dem gewünschten Genauigkeitsgrad liegt. Für die Frage der Abschätzung des Restgliedes verweisen wir auf die Literatur.

6. Matrizen

Ein in n Zeilen und n Spalten geordnetes Schema von n^2 reellen oder komplexen Größen A_{ij} heißt eine quadratische Matrix der Ordnung n. Die A_{ij} werden als die Elemente der Matrix bezeichnet. Wir schreiben

$$\mathsf{A} = [A_{ij}] = \begin{pmatrix} A_{11}\,A_{12}\,A_{13}\ldots A_{1n} \\ A_{21}\,A_{22}\,A_{23}\ldots A_{2n} \\ A_{31}\,A_{32}\,A_{33}\ldots A_{3n} \\ \vdots \quad \vdots \quad \vdots \qquad \vdots \\ A_{n1}\,A_{n2}\,A_{n3}\ldots A_{nn} \end{pmatrix}. \tag{A 61}$$

n wird auch die Dimension der Matrix genannt. Neben den quadratischen Matrizen gibt es auch rechteckige Matrizen von etwa m Spalten und n Zeilen mit $m \gtreqless n$. Wir betrachten hier lediglich den Fall, daß die Matrix nur eine Zeile oder Spalte enthält. Solche Matrizen werden Vektoren genannt; wenn die Unterscheidung wesentlich ist, spricht man von einem Zeilen- oder Spaltenvektor. Vektoren bezeichnen wir im Rahmen der Matrizenrechnung grundsätzlich mit kleinen Buchstaben, etwa

$$\mathsf{x} \equiv (x_1,\, x_2,\, x_3,\, \ldots,\, x_m). \tag{A 62}$$

Aus den Elementen einer quadratischen Matrix A kann die Determinante $|A|$ gebildet und berechnet werden. Wenn $|A| = 0$ ist, wird die entsprechende Matrix singulär genannt. Da zu nicht quadratischen Matrizen keine entsprechenden Determinanten existieren, sind sie per definitionem singulär.

Zwei Matrizen sind gleich, wenn alle einander entsprechenden Elemente gleich sind. $\mathsf{A} = \mathsf{B}$ bedeutet also $A_{ij} = B_{ij}$ für alle i und j. Die Summe zweier Matrizen der Ordnung n $\mathsf{A} + \mathsf{B} = \mathsf{C}$ ist eine Matrix der gleichen Ordnung mit den Elementen $A_{ij} + B_{ij} = C_{ij}$. Für die Addition von Matrizen gilt das kommutative und das assoziative Gesetz. Es ist also

$$\mathsf{A} + \mathsf{B} = \mathsf{B} + \mathsf{A}, \quad (\mathsf{A} + \mathsf{B}) + \mathsf{C} = \mathsf{A} + (\mathsf{B} + \mathsf{C}). \tag{A 63}$$

Die Multiplikation einer Matrix mit einer skalaren Größe α ist definiert durch die Gleichung

$$\alpha\,\mathsf{A} = \alpha\,[A_{ij}] = [\alpha\,A_{ij}] = \mathsf{A}\,\alpha. \tag{A 64}$$

Es wird also jedes Matrixelement mit dem skalaren Faktor multipliziert. Das kommutative Gesetz ist gültig.

Das Produkt zweier Matrizen $\mathsf{A}\,\mathsf{B} = \mathsf{C}$ ist eine Matrix mit den Elementen

$$C_{ij} = \sum_{j=1}^{n} A_{ij}\,B_{jk}. \tag{A 65}$$

Daraus folgt zunächst, daß das Produkt nur gebildet werden kann, wenn die Zahl der Spalten von A gleich der Zahl der Zeilen von B ist. Weiter ergibt sich, daß im allgemeinen das kommutative Gesetz für die Multiplikation von Matrizen nicht gilt, d. h. $\mathsf{A}\,\mathsf{B} \neq \mathsf{B}\,\mathsf{A}$ ist. Wenn $\mathsf{A}\,\mathsf{B} = \mathsf{B}\,\mathsf{A}$ ist, sagt man, daß die beiden Matrizen A und B kommutieren oder daß sie vertauschbar sind. Distributives und assoziatives Gesetz sind für die Multiplikation von Matrizen gültig. Es ist somit

$$\mathsf{A}\,(\mathsf{B}+\mathsf{C})\,\mathsf{F}=\mathsf{A}\,\mathsf{B}\,\mathsf{F}+\mathsf{A}\,\mathsf{C}\,\mathsf{F}, \quad \mathsf{A}\,(\mathsf{B}\,\mathsf{C})=(\mathsf{A}\,\mathsf{B})\,\mathsf{C}=\mathsf{A}\,\mathsf{B}\,\mathsf{C}. \qquad (A\,66)$$

Ist $\mathsf{A}=[A_{ij}]$ eine quadratische Matrix der Ordnung m und $\mathsf{B}=[B_{kl}]$ eine quadratische Matrix der Ordnung n, so bezeichnet

$$\mathsf{A}\times\mathsf{B}=[A_{ij}\,B_{kl}] \qquad (A\,67)$$

eine quadratische Matrix der Ordnung mn, die das direkte Produkt von A und B genannt wird. Dabei bezieht sich das Indexpaar ik auf die Zeilen, das Indexpaar jl auf die Spalten. Die weitere Anordnung erfolgt gewöhnlich so, daß ik vor $i'k'$ steht, wenn $i < i'$ und $k < k'$ oder $i = i'$ und $k < k'$ ist (dictionary order). Ein Beispiel mag diese etwas komplizierten Festsetzungen veranschaulichen. Es sei

$$\mathsf{A}=\begin{bmatrix}A_{11}\,A_{12}\\A_{21}\,A_{22}\end{bmatrix}, \qquad \mathsf{B}=\begin{bmatrix}B_{11}\,B_{12}\\B_{21}\,B_{22}\end{bmatrix}. \qquad (A\,68)$$

Dann ist das direkte Produkt

$$\mathsf{A}\times\mathsf{B}=\left[\begin{array}{cc|cc}A_{11}\,B_{11} & A_{11}\,B_{12} & A_{12}\,B_{11} & A_{12}\,B_{12}\\A_{11}\,B_{21} & A_{11}\,B_{22} & A_{12}\,B_{21} & A_{12}\,B_{22}\\\hline A_{21}\,B_{11} & A_{21}\,B_{12} & A_{22}\,B_{11} & A_{22}\,B_{12}\\A_{21}\,B_{21} & A_{21}\,B_{22} & A_{22}\,B_{21} & A_{22}\,B_{22}\end{array}\right]. \qquad (A\,69)$$

Sind A und C quadratische Matrizen der Ordnung m, B und F quadratische Matrizen der Ordnung n, so gilt, wie man durch Ausrechnen zeigt

$$(\mathsf{A}\times\mathsf{B})\,(\mathsf{C}\times\mathsf{F})=\mathsf{A}\,\mathsf{C}\times\mathsf{B}\,\mathsf{F}. \qquad (A\,70)$$

Die resultierende Matrix hat naturgemäß die Ordnung mn.

Eine Matrix, deren Elemente alle gleich Null sind, heißt Nullmatrix. Sie wird mit O bezeichnet. Für eine beliebige Matrix A gilt

$$\mathsf{O}+\mathsf{A}=\mathsf{A} \quad \mathsf{O}\,\mathsf{A}=\mathsf{A}\,\mathsf{O}=\mathsf{O} \qquad (A\,71)$$

Aus $\mathsf{A}\,\mathsf{B}=\mathsf{O}$ folgt jedoch *nicht* $\mathsf{A}=\mathsf{O}$ oder $\mathsf{B}=\mathsf{O}$ oder $\mathsf{A}=\mathsf{B}=\mathsf{O}$.

Eine Matrix, deren Elemente längs der Hauptdiagonalen (d. h. der Diagonalen von der oberen linken zur unteren rechten Ecke) den Wert Eins, im übrigen den Wert Null haben, heißt Einheitsmatrix. Man schreibt

$$\mathsf{E}=[\delta_{ij}]=\begin{bmatrix}1 & 0 & 0 & 0 & \ldots & 0\\0 & 1 & 0 & 0 & \ldots & 0\\0 & 0 & 1 & 0 & \ldots & 0\\0 & 0 & 0 & 1 & \ldots & 0\\\vdots & & & & & \vdots\\0 & & & \ldots & & 1\end{bmatrix}, \qquad (A\,72)$$

wo δ_{ij} das unter Ziffer 2 erwähnte KRONECKERsche Delta ist, welches durch

$$\delta_{ij}=\begin{cases}1 \text{ für } i=j\\0 \text{ für } i\neq j\end{cases} \qquad (A\,73)$$

definiert wird. Für eine beliebige Matrix A gilt

$$\mathsf{E}\,\mathsf{A}=\mathsf{A}\,\mathsf{E}=\mathsf{A}. \qquad (A\,74)$$

Die in der Hauptdiagonalen einer Matrix liegenden Elemente werden Diagonalelemente schlechthin genannt. Eine Matrix, in welcher nur die Diagonalelemente von Null verschieden sind, heißt Diagonalmatrix. Das allgemeine Element einer Diagonalmatrix kann daher geschrieben werden $D_i\,\delta_{ij}$. Sind D und D' zwei Diagonalmatrizen, so gilt, wie man mit (A 65) leicht beweist,

$$\mathsf{D}\,\mathsf{D}' = \mathsf{D}'\,\mathsf{D}\,, \tag{A 75}$$

d. h. alle Diagonalmatrizen sind miteinander vertauschbar. Ist umgekehrt D eine Diagonalmatrix, aber nicht ein Vielfaches der Einheitsmatrix, und mit A vertauschbar, so ist auch A eine Diagonalmatrix.

Die Summe der Diagonalelemente einer quadratischen Matrix heißt die Spur (trace) der Matrix. Es ist also

$$\mathrm{spur}\ \mathsf{A} = \sum_{i=1}^{n} A_{ii}\,. \tag{A 76}$$

Die Spur des Produktes zweier Matrizen ist unabhängig von der Reihenfolge der Faktoren. Aus (A 65) und (A 76) folgt nämlich

$$\mathrm{spur}\ \mathsf{A}\,\mathsf{B} = \sum_{i} (A\,B)_{ii} = \sum_{i}\sum_{j} A_{ij}\,B_{ji} = \mathrm{spur}\ \mathsf{B}\,\mathsf{A}\,. \tag{A 77}$$

Ist

$$\mathsf{A} \times \mathsf{B} = \mathsf{C}\,, \tag{A 78}$$

so gilt

$$\mathrm{spur}\ \mathsf{C} = \mathrm{spur}\ \mathsf{A} \cdot \mathrm{spur}\ \mathsf{B}\,. \tag{A 79}$$

Die Matrix, die aus einer gegebenen Matrix A durch Vertauschen von Zeilen und Spalten (Umklappen um die Diagonale) entsteht, heißt Transponierte von A und wird mit $\tilde{\mathsf{A}}$ bezeichnet. Es ist also

$$\mathsf{A} = [A_{ij}], \quad \tilde{\mathsf{A}} = [A_{ji}]\,. \tag{A 80}$$

Die Transponierte eines Matrixproduktes ist gleich dem Produkt der Transponierten der Faktoren in umgekehrter Reihenfolge.

$$\mathsf{F} = \mathsf{A}\,\mathsf{B}\,\mathsf{C}\ldots\mathsf{X}, \quad \tilde{\mathsf{F}} = \tilde{\mathsf{X}}\ldots\tilde{\mathsf{C}}\,\tilde{\mathsf{B}}\,\tilde{\mathsf{A}}\,. \tag{A 81}$$

Die Matrix $\hat{\mathsf{A}}$ ist definiert durch die Vorschrift, daß in der Matrix A jedes Element A_{ij} durch den Cofaktor von A_{ij} in $|A|$ ersetzt und von dieser Matrix dann die Transponierte gebildet wird[1]. Aus dieser Definition folgt mit Benutzung der Eigenschaften der Determinanten

$$\mathsf{A}\,\hat{\mathsf{A}} = \hat{\mathsf{A}}\,\mathsf{A} = |A|\ \mathsf{E}\,. \tag{A 82}$$

Wenn A singulär ist, haben wir somit

$$\mathsf{A}\,\hat{\mathsf{A}} = \hat{\mathsf{A}}\,\mathsf{A} = \mathsf{O}\,. \tag{A 83}$$

Eine Matrix B, welche die Eigenschaft

$$\mathsf{A}\,\mathsf{B} = \mathsf{B}\,\mathsf{A} = \mathsf{E} \tag{A 84}$$

besitzt, heißt die Reziproke von A. Sie wird gewöhnlich mit A^{-1} bezeichnet. Aus dieser Definition folgt in Verbindung mit Gl. (A 82)

$$\mathsf{A}^{-1} = \frac{\hat{\mathsf{A}}}{|A|}\,. \tag{A 85}$$

---

[1] In der mathematischen Literatur wird die Matrix $\hat{\mathsf{A}}$ als die Adjungierte von A bezeichnet. In der physikalischen Literatur ist diese Bezeichnung dagegen für die Matrix (A 89) üblich. Wir schließen uns hier der physikalischen Terminologie an.

Die Reziproke existiert somit nur für nicht singuläre quadratische Matrizen. Die Reziproke eines Produktes ist das Produkt der Reziproken der Faktoren in umgekehrter Reihenfolge, d. h.

$$\mathsf{F = A\,B\,C \ldots X}, \quad \mathsf{F^{-1} = X^{-1} \ldots C^{-1}\,B^{-1}\,A^{-1}}. \tag{A 86}$$

Die zu A konjugiert komplexe Matrix $\mathsf{A^*}$ ist dadurch definiert, daß die Elemente von A durch ihre konjugiert komplexen Größen ersetzt werden. Es ist also

$$\mathsf{A^*} = [A_{ij}^*]. \tag{A 87}$$

Dabei gilt, anders als in den Fällen (A 81) und (A 86)

$$\mathsf{F = A\,B\,C \ldots X}, \quad \mathsf{F^* = A^*\,B^*\,C^* \ldots X^*}. \tag{A 88}$$

Bildet man die Transponierte der konjugiert komplexen Matrix von A, so erhält man eine Matrix $\mathsf{A^\dagger}$, welche die Adjungierte von A genannt wird[1]. Es ist

$$\mathsf{A^\dagger} = (\widetilde{\mathsf{A}^*}) = (\widetilde{\mathsf{A}})^* \tag{A 89}$$

und

$$\mathsf{F = A\,B\,C \ldots X}, \quad \mathsf{F^\dagger = X^\dagger \ldots C^\dagger\,B^\dagger\,A^\dagger}. \tag{A 90}$$

Von besonderer Bedeutung sind die Fälle, in denen die Matrix A mit einer der durch die vorstehend angeführten Operationen, oder eine Kombination derselben, daraus abgeleiteten Matrizen identisch ist. Derartige Matrizen werden mit speziellen Namen bezeichnet. Wir führen hier nur die wichtigsten Fälle an. Die Matrix A heißt
symmetrisch, wenn

$$\mathsf{A} = \widetilde{\mathsf{A}} \tag{A 91}$$

ist,
orthogonal, wenn

$$\mathsf{A} = \widetilde{\mathsf{A}}^{-1} \tag{A 92}$$

ist,
reell, wenn

$$\mathsf{A = A^*} \tag{A 93}$$

ist,
selbstadjungiert oder hermitisch, wenn

$$\mathsf{A = A^\dagger} \tag{A 94}$$

ist,
unitär, wenn

$$\mathsf{A = (A^\dagger)^{-1}} \tag{A 95}$$

ist.

Das inhomogene lineare Gleichungssystem

$$
\begin{aligned}
A_{11}\,x_1 + A_{12}\,x_2 + \;\cdots\; + A_{1n}\,x_n &= y_1 \\
A_{21}\,x_1 + A_{22}\,x_2 + {} + \cdots + A_{2n}\,x_n &= y_2 \\
\hdashline
A_{n1}\,x_1 + A_{n2}\,x_2 + \;\cdots\; + A_{nn}\,x_n &= y_n
\end{aligned}
\tag{A 96}
$$

kann in Matrixnotierung geschrieben werden

$$\mathsf{A\,x = y}. \tag{A 97}$$

---

[1] In der mathematischen Literatur wird diese Matrix als die assoziierte Matrix von A bezeichnet.

Unter der Voraussetzung $y \neq O$, $|A| \neq 0$ lautet die Lösung

$$x = A^{-1}\,y = \frac{\hat{A}\,y}{|A|} \qquad\qquad (A\ 98)$$

(CRAMERsche Regel). Man sieht daraus, daß die Bestimmung der Reziproken A^{-1} gleichbedeutend ist mit der Auflösung des Gleichungssystems (A 97) nach x.

Das dem System (A 96) entsprechende homogene lineare Gleichungssystem lautet in Matrixnotierung

$$A\,x = O. \qquad\qquad (A\ 99)$$

Es besitzt eine von der trivialen Lösung $x_1 = x_2 = \cdots = x_n = 0$ verschiedene Lösung nur, wenn

$$|A| = 0 \qquad\qquad (A\ 100)$$

ist.

Ein homogenes Polynom II. Grades in den $2n$ Variablen $x_1, x_2, \ldots, x_n$; $y_1, y_2, \ldots, y_n$ wird als Bilinearform bezeichnet. Sie kann geschrieben werden

$$\widetilde{x}\,A\,y = \sum_{i,j}^{n} A_{ij}\,x_i\,y_j. \qquad\qquad (A\ 101)$$

In dem Spezialfall $x = y$ spricht man von einer quadratischen Form. Da hier der Koeffizient von $x_i\,x_j\,(i \neq j)$ den Wert $(A_{ij} + A_{ji})$ hat, kann für A_{ij} und A_{ji} einzeln $(A_{ij} + A_{ji})/2$ gesetzt werden, womit die Matrix A symmetrisch wird. Die quadratische Form kann daher geschrieben werden

$$\widetilde{x}\,A\,x = \sum_{i,j}^{n} A_{ij}\,x_i\,x_j \quad (A = \widetilde{A}). \qquad\qquad (A\ 102)$$

Sie heißt positiv definit, wenn sie für alle reellen Werte der Variablen positiv ist. Ist sie positiv oder Null, so wird sie semidefinit genannt.

Aus einer Matrix A lassen sich durch Transformationen der Form

$$B = P\,A\,Q \qquad\qquad (A\ 103)$$

(wo P und Q nicht singuläre Matrizen sind) andere Matrizen ableiten, die als äquivalente Matrizen oder Transformierte von A bezeichnet werden. Die wichtigsten Spezialfälle sind:
Die Ähnlichkeitstransformation

$$P = Q^{-1}, \quad B = Q^{-1}\,A\,Q \qquad\qquad (A\ 104)$$

die kongruente Transformation

$$P = \widetilde{Q}, \quad B = \widetilde{Q}\,A\,Q \qquad\qquad (A\ 105)$$

die konjunktive Transformation

$$P = Q^{\dagger}, \quad B = Q^{\dagger}\,A\,Q \qquad\qquad (A\ 106)$$

die reelle orthogonale Transformation

$$P\,Q = E, \quad P = \widetilde{Q}, \quad B = \widetilde{Q}\,A\,Q = Q^{-1}\,A\,Q \qquad\qquad (A\ 107)$$

die unitäre Transformation

$$P\,Q = E, \quad P = Q^{\dagger}, \quad B = Q^{\dagger}\,A\,Q = Q^{-1}\,A\,Q \qquad\qquad (A\ 108)$$

Die reelle orthogonale Transformation ist gleichzeitig eine Ähnlichkeitstransformation und eine kongruente Transformation. Die Transformationsmatrix Q

ist orthogonal. Die unitäre Transformation ist gleichzeitig eine Ähnlichkeitstransformation und eine konjunktive Transformation. Die Transformationsmatrix Q ist unitär.

Die Gleichung

$$\mathsf{A}\,\mathsf{x} = \lambda\,\mathsf{x} \tag{A 109}$$

kann geschrieben werden

$$(\lambda\,\mathsf{E} - \mathsf{A})\,\mathsf{x} \equiv \mathsf{K}\,\mathsf{x} = \mathsf{O}. \tag{A 110}$$

Man sieht dann sofort, daß eine nichttriviale Lösung nur für

$$|K| = 0 \tag{A 111}$$

existiert. Die Lösungen dieser letzteren Gleichung λ_i werden als die Eigenwerte der Matrix A bezeichnet, die zugehörigen Vektoren x_i als die Eigenvektoren. Ist B eine Matrix, die nach (A 104) durch Ähnlichkeitstransformation aus A hervorgeht, so gilt

$$\lambda\,\mathsf{E} - \mathsf{B} = \lambda\,\mathsf{E} - \mathsf{Q}^{-1}\,\mathsf{A}\,\mathsf{Q} = \mathsf{Q}^{-1}\,(\lambda\,\mathsf{E} - \mathsf{A})\,\mathsf{Q} \tag{A 112}$$

und weiter

$$|\,\lambda\,E - B\,| = |Q^{-1}|\,|\,\lambda\,E - A\,|\,|Q\,| = |\,\lambda\,E - A\,|. \tag{A 113}$$

Zwei Matrizen, die durch eine Ähnlichkeitstransformation miteinander verknüpft sind, haben somit die gleichen Eigenwerte. Es ist ferner

$$\mathrm{spur}\ \mathsf{Q}^{-1}\,\mathsf{A}\,\mathsf{Q} = \mathrm{spur}\ \mathsf{A} \tag{A 114}$$

$$|Q^{-1}\,A\,Q| = |A|. \tag{A 115}$$

Ist

$$\mathsf{C} = \mathsf{A} \times \mathsf{B} \tag{A 116}$$

und sind $\lambda_i^{(C)}$, $\lambda_j^{(A)}$, $\lambda_k^{(B)}$ die Eigenwerte dieser drei Matrizen, so gilt

$$\lambda_i^{(C)} = \lambda_j^{(A)} \cdot \lambda_k^{(B)}, \tag{A 117}$$

vgl. (A 79).

Für viele Zwecke ist es wichtig, eine gegebene Matrix A auf Diagonalform zu transformieren. Dies ist immer dann möglich, wenn entweder
a) alle Eigenwerte von A voneinander verschieden sind, oder
b) die Matrix A symmetrisch, hermitisch oder unitär ist.

Wir betrachten zunächst den Fall a). Es sei B eine Diagonalmatrix. Ihre Eigenwerte sind dann identisch mit ihren Diagonalelementen. Ist nun A eine (nicht diagonale) Matrix, die mit B nach (A 104) durch eine Ähnlichkeitstransformation zusammenhängt, so hat nach dem oben angeführten Satze A die gleichen Eigenwerte wie B. Das Problem der Transformation von A auf Diagonalform hängt daher eng mit dem der Bestimmung der Eigenwerte zusammen. Die Eigenwerte selbst müssen aus (A 111) ermittelt werden. Setzen wir sie als bekannt voraus, so besteht die Aufgabe darin, eine Matrix X zu bestimmen derart, daß

$$\mathsf{X}^{-1}\,\mathsf{A}\,\mathsf{X} = \varLambda = [\lambda_i\,\delta_{ij}] \tag{A 118}$$

wird. Dabei wird vorausgesetzt, daß die λ_i alle voneinander verschieden sind. Greifen wir etwa den Eigenwert λ_k heraus und bilden damit das Gleichungssystem

$$\mathsf{A}\,\mathsf{x} = \lambda_k\,\mathsf{x}, \tag{A 119}$$

so liefert die Lösung desselben den Eigenvektor x_k, der aber als Lösung eines homogenen Gleichungssystems nur bis auf einen Faktor bestimmt ist. Wir konstruieren nun eine Matrix $\mathbf{X}$, deren Spalten durch die Eigenvektoren von $\mathbf{A}$ gebildet werden. Dieselbe genügt nach (A 119) der Gleichung

$$\mathbf{A}\,\mathbf{X} = \mathbf{X}\,[\lambda_i\,\delta_{ij}]\,. \tag{A 120}$$

Wird die Gleichung von links mit $\mathbf{X}^{-1}$ multipliziert, so erhalten wir Gl. (A 118). Die Transformationsmatrix, die $\mathbf{A}$ auf Diagonalform bringt, wird somit durch die Eigenvektoren von $\mathbf{A}$ gebildet. Diese Reduktion ist eindeutig bis auf die Reihenfolge, in welcher die Eigenwerte in der Diagonalen auftreten.

Wir kommen nun zu den unter b) genannten Fällen. Wird die lineare Transformation

$$\mathbf{x} = \mathbf{Q}\,\mathbf{y} \tag{A 121}$$

auf die quadratische Form (A 102) angewandt, so erhalten wir

$$\widetilde{\mathbf{x}}\,\mathbf{A}\,\mathbf{x} = \widetilde{\mathbf{y}}\,\widetilde{\mathbf{Q}}\,\mathbf{A}\,\mathbf{Q}\,\mathbf{y} = \widetilde{\mathbf{y}}\,\mathbf{B}\,\mathbf{y}\,. \tag{A 122}$$

Der Übergang von den Variablen x_i zu den Variablen y_i läßt sich somit in der quadratischen Form durch eine kongruente Transformation der symmetrischen Matrix $\mathbf{A}$ darstellen. Ist nun $\mathbf{B}$ eine Diagonalmatrix, so wird durch diese Transformation die gemischte quadratische Form in eine Summe von Quadraten verwandelt. Die Transformation ist jedoch nicht eindeutig; die Diagonalelemente von $\mathbf{B}$ sind nicht notwendig die Eigenwerte von $\mathbf{A}$. Wenn die Matrix $\mathbf{A}$ reell und die quadratische Form positiv definit ist, kann man die Transformation (A 122) so führen, daß $\mathbf{B}$ die Einheitsmatrix wird. Dies ist der in § 7.3 auftretende Fall. Verlangt man andererseits, daß die Diagonalelemente von $\mathbf{B}$ die Eigenwerte von $\mathbf{A}$ sind, so kommt man auf die orthogonale Transformation, die gleichzeitig eine Ähnlichkeitstransformation und eine kongruente Transformation ist. Da wir dieselbe ausführlich in § 9.10 behandelt haben, brauchen wir hier nicht nochmals darauf einzugehen.

Die Transformation der hermitischen Matrizen auf Diagonalform geschieht, abgesehen von den durch den komplexen Charakter bedingten Modifikationen, in ähnlicher Weise wie die der reellen symmetrischen Matrizen, die ja als Spezialfälle hermitischer Matrizen betrachtet werden können. Zu jeder hermitischen Matrix gibt es stets eine unitäre Matrix, welche sie nach (A 108) auf Diagonalform bringt derart, daß die Diagonalelemente von den Eigenwerten der hermitischen Matrix gebildet werden. Das Gleiche gilt für jede reelle orthogonale oder unitäre Matrix. Die Eigenwerte reeller orthogonaler wie unitärer Matrizen haben stets den absoluten Betrag Eins. Sie sind daher ± 1 oder $e^{\pm i\varphi}$, wo φ reell ist. Eine aus diesen Eigenwerten aufgebaute Diagonalmatrix wird Phasenmatrix genannt.

7. Darstellung von Operatoren durch Matrizen

Es seien $a(x)$ und $b(x)$ zwei Funktionen, die durch die Gleichung

$$b = \underline{T}a \tag{A 123}$$

verknüpft sind, wo $\underline{T}$ ein linearer Operator ist. Entwickelt man die beiden Funktionen nach einem Orthogonalsystem φ_i, so wird

$$a(x) = \sum_i a_i\,\varphi_i(x), \quad b(x) = \sum_i b_i\,\varphi_i(x) \tag{A 124}$$

mit

$$b_i = \int\limits_\alpha^\beta \varphi_i^*(x)\,\underline{T}\Big[\sum_k a_k\,\varphi_k(x)\Big]\,dx = \sum_k \int\limits_\alpha^\beta \varphi_i^*(x)\,\underline{T}\,\varphi_k(x)\,dx \cdot a_k$$
$$= \sum_k T_{ik}\,a_k\,. \tag{A 125}$$

Dabei ist

$$T_{ik} = \int\limits_{\alpha}^{\beta} \varphi_i^*(x)\, \underline{T}\, \varphi_k(x)\, dx \tag{A 126}$$

gesetzt. Die T_{ik} sind die Elemente einer Matrix, die den Operator $\underline{T}$ im System der φ_i darstellt. Sie ist von der Wahl dieser Basis abhängig. Wählt man im besonderen zur Darstellung eines Operators $\underline{T}$ das System seiner Eigenfunktionen, so wird

$$T_{ik} = \lambda_i\, \delta_{ik}\,, \tag{A 127}$$

wo die λ_i die Eigenwerte des Operators sind. In diesem Falle reduziert sich die Matrix $[T_{ik}]$ somit auf eine Diagonalmatrix.

Wählt man zur Darstellung der Funktionen $a(x)$ und $b(x)$ ein kontinuierliches Orthogonalsystem $\varphi(s, x)$ mit

$$\int \varphi^*(s, x)\, \varphi(s, x')\, ds = \delta(x - x')\,, \tag{A 128}$$

so hat man

$$a(x) = \int \alpha(s)\, \varphi(s, x)\, ds, \quad b(x) = \int b(s)\, \varphi(s, x)\, ds\,. \tag{A 129}$$

An die Stelle der Gl. (A 125) treten dann die Beziehungen

$$\beta(s) = \int \alpha(s')\, T(s, s')\, ds' \tag{A 130}$$

und

$$T(s, s') = \int \varphi^*(s, x)\, \underline{T}\, \varphi(s', x)\, dx\,. \tag{A 131}$$

Obwohl man die Bezeichnung Matrix auch für $T(s, s')$ gelegentlich beibehält, handelt es sich tatsächlich, wie man aus (A 130) sieht, um den Kern eines Integraloperators.

8. Liesche Algebra

Eine Liesche Algebra ist ein System von Größen $x_1,\, x_2,\, x_3,\, \ldots$, für welche die gewöhnlichen Regeln der Addition und der Multiplikation mit einer komplexen Zahl gelten. Der Unterschied gegenüber einer gewöhnlichen Algebra liegt darin, daß an die Stelle der Multiplikation eine andere Operation $[x, y]$ tritt, welche den folgenden Bedingungen genügt

a) $[x, y] + [y, x] = 0.$ (A 132)

b) $[[x, y], z] + [[y, z], x] + [[z, x], y] = 0$ (A 133)

(Lie-Jakobische Gleichung).

c) Wenn x und y Elemente sind, ist auch $[x, y]$ ein Element.

Sind etwa x und y quadratische Matrizen, so kann eine Liesche Algebra definiert werden durch die Regeln für die Addition von Matrizen und eine Operation $[x, y] = xy - yx$, die also hier den Kommutator von x und y darstellt. Man kann leicht verifizieren, daß der Kommutator den Gl. (A 132) und (A 133) genügt.

Man sagt, daß die Elemente $x_1,\, x_2,\, \ldots,\, x_r$ die Basis einer endlichen Lieschen Algebra bilden, wenn ein Satz von Zahlen c_{jk}^t existiert, derart, daß

$$[x_j,\, x_k] = \sum_{t=1}^{r} c_{jk}^t\, x_t \tag{A 134}$$

ist. Die c_{jk}^t werden als die Strukturkonstanten der Algebra bezeichnet; sie bestimmen vollständig die abstrakten Eigenschaften der Algebra. Das einfachste Beispiel einer derartigen Algebra bilden die Drehimpuls-Operatoren der Quantenmechanik.

9. Singularitäten von Funktionen, die durch Potenzreihen mit positiven reellen Koeffizienten dargestellt werden

Es gilt folgender Satz:

Die Funktion $f(z)$ sei innerhalb des Konvergenzkreises P_0 um $z = 0$ mit dem endlichen Radius ϱ_0 durch die Potenzreihe

$$f(x) = \sum_{n=0}^{\infty} a_n z^n \tag{A 135}$$

dargestellt, wo

$$a_n = |a_n| \tag{A 136}$$

ist, d. h. alle Koeffizienten positiv reell sind. Dann liegt eine der den Konvergenzradius bestimmenden Singularitäten von $f(z)$ auf der positiven reellen Achse.

Um dies zu beweisen[1], entwickeln wir die Funktion $f(z)$ um einen Punkt z_0 innerhalb des Konvergenzkreises P_0. Dann gilt

$$f(z) = \sum_{n=0}^{\infty} b_n \, (z - z_0)^n \tag{A 137}$$

mit

$$b_n = \sum_{v=n}^{\infty} \binom{v}{n} a_v z_0^v \;. \tag{A 138}$$

Der Konvergenzradius ϱ_{z_0} der Entwicklung (A 137) ist gegeben durch

$$\varrho_{z_0} = \frac{1}{\lim\limits_{n\to\infty} \sqrt[n]{|b_n|}} \;. \tag{A 139}$$

Wir lassen nun z_0 auf einem Kreise R mit dem Radius $r < \varrho_0$ um den Nullpunkt wandern. Dann muß ϱ_{z_0} ein Minimum durchlaufen[2], wenn die vom Ursprung durch $z = z_0$ gezogene Grade den Konvergenzkreis P_0 in einer singulären Stelle der Funktion $f(z)$ schneidet. Um die Singularitäten zu finden, haben wir also zu untersuchen, für welche z_0 der Betrag von b_n maximal wird. Nach (A 138) und (A 136) ist nun

$$|b_n| = |\sum_{v=n}^{\infty} \binom{v}{n} a_v z_0^v| \leqq \sum_{v=n}^{\infty} |\binom{v}{n} a_v z_0^v| = \sum_{v=n}^{\infty} \binom{v}{n} a_v |z_0|^v \;. \tag{A 140}$$

Daraus folgt, daß $|b_n|$, und damit auch $\overline{\lim} |b_n|$, seinen größtmöglichen Wert für $z_0 = |z_0|$ erreicht. Im Schnittpunkt der positiven reellen Achse mit dem Konvergenzkreise P_0 muß daher eine Singularität der Funktion $f(z)$ liegen.

10. Berechnung des Integrals (V 192)

Im Text wird an verschiedenen Stellen zur Berechnung bestimmter Integrale von der Methode der komplexen Integration mit Anwendung des Residuensatzes Gebrauch gemacht. Für die allgemeine Theorie dieses Verfahrens verweisen wir auf die Literatur. Wir wollen dasselbe jedoch an dem konkreten Beispiel der Gl. (V 192) etwas ausführlicher erläutern. Das zu berechnende Integral lautet

$$J = \frac{1}{2\pi} \int_{-\infty}^{+\infty} (ik)^{-\frac{n}{2}} e^{ik(E^*-U)} \, dk \;. \tag{A 141}$$

---

[1] Den folgenden Beweis verdanke ich der Freundlichkeit von Herrn Dr. D. PFIRSCH.
[2] Von dem Fall, daß der Konvergenzkreis P_0 die natürliche Grenze der Funktion $f(z)$ ist, können wir absehen, da die Behauptung dann ohnehin erfüllt ist.

Die Aufgabe besteht darin, dieses Integral in ein Integral über eine geschlossene Kurve zu verwandeln, welche die im Ursprung liegende Singularität des Integranden (aber keine weitere Singularität) umschließt. Dazu schreiben wir zunächst

$$E^* - U = c, \quad \frac{n}{2} = l + 1, \quad i k = z \tag{A 142}$$

und setzen voraus $c > 0$. Dann wird

$$J = \frac{1}{2\pi i} \int\limits_{-i\infty}^{+i\infty} \frac{e^{cz}}{z^{l+1}} \, dz = \frac{1}{2\pi i} \int\limits_{-i\infty}^{+i\infty} f(z) \, dz \,, \tag{A 143}$$

wo das Integral über die imaginäre Achse zu erstrecken und um die Singularität im Ursprung rechts herumzuführen ist. Schreiben wir nun

$$z = r \,(\cos \varphi + i \sin \varphi) \tag{A 144}$$

so bekommen wir

$$\begin{aligned}
e^{cz} &= e^{cr\cos\varphi}\, e^{icr\sin\varphi} \\
&= e^{cr\cos\varphi} \left[\cos\,(cr\sin\varphi) + i \sin\,(cr\sin\varphi)\right].
\end{aligned} \tag{A 145}$$

Der Integrand wird dann

$$f(z) = \frac{e^{cr\cos\varphi}}{r^{l+1}} \, \frac{\cos\,(c\,r\sin\varphi) + i \sin\,(c\,r\sin\varphi)}{(\cos\varphi + i \sin\varphi)^{l+1}} \,. \tag{A 146}$$

Wir betrachten nun das Verhalten des Integranden auf dem in der negativen Halbebene liegenden Halbkreis vom Radius r um den Ursprung als Mittelpunkt. Da hier $\frac{\pi}{2} \leqq \varphi \leqq \frac{3\pi}{2}$ ist, wird $\cos\varphi < 0$. Der zweite Faktor auf der rechten Seite von (A 145) ist beschränkt. Lassen wir daher $r \to \infty$ gehen, so verschwindet der Integrand auf dem genannten Halbkreis stärker als r^{-1}. Der Wert des Integrals (A 143) wird somit nicht geändert, wenn wir auf der rechten Seite noch ein Integral über den unendlich fernen Halbkreis der negativen Halbebene addieren. Damit erhalten wir ein Integral über eine geschlossene Kurve, welche nur die Singularität bei $z = 0$ einschließt. Es wird also

$$J = \frac{1}{2\pi i} \oint \frac{e^{cz}}{z^{l+1}} \, dz \,, \tag{A 147}$$

wobei der Integrationsweg entgegen dem Uhrzeigersinn zu durchlaufen ist. Nach dem Residuensatz ist der Wert dieses Integrals gleich dem Koeffizienten von z^l in der Entwicklung der Exponentialfunktion. Daraus folgt unmittelbar mit (A 142)

$$J = \frac{1}{\Gamma\!\left(\dfrac{n}{2}\right)} \, (E^* - U)^{\frac{n}{2} - 1} \,. \tag{A 148}$$

11. Ableitung der Entwicklung (XIX 165)

Das zu berechnende Integral lautet

$$K^*(\tau) = \frac{\chi}{2\pi} \int\limits_{-\infty}^{+\infty} \frac{G(-i\,u)}{1 + \chi\,G(-i\,u)} \cdot e^{-iu\tau} du = K^*(-\tau) \tag{A 149}$$

oder, mit

$$z = i\,u \tag{A 150}$$

$$K^*(\tau) = \frac{\chi}{2\pi i} \int\limits_{-i\infty}^{+i\infty} \frac{G(z)}{1 + \chi\,G(z)}\, e^{-z\tau}\, dz\ . \tag{A 151}$$

Hier ist

$$G(z) = \frac{1}{z^3}\,(z\cosh z - \sinh z)\ . \tag{A 152}$$

Das Prinzip der Berechnung besteht darin, daß das Integral in zwei Teilintegrale aufgespalten wird, deren Integranden zusätzliche Singularitäten bei $z = 0$ enthalten, wodurch der Ausdruck für die Summe der Residuen eine andere Form erhält. Aus Gl. (A 152) erhalten wir zunächst

$$\begin{aligned}
G(z) &= \frac{1}{2\,z^3}\,(z\,e^z + z\,e^{-z} - e^z + e^{-z}) \\
&= \frac{z-1}{2\,z^3}\,e^z + \frac{z+1}{2\,z^3}\,e^{-z}\ .
\end{aligned} \tag{A 153}$$

Setzen wir dies in Gl. (A 151) ein, so bekommen wir mit der Abkürzung

$$F(z) = 1 + \chi\,G(z) \tag{A 154}$$

$$\begin{aligned}
K^*(\tau) = &\ \frac{\chi}{2\pi i} \int\limits_{-i\infty}^{+i\infty} \frac{z-1}{2\,z^3}\,\frac{1}{F(z)}\, e^{(1-\tau)z}\, dz\ + \\[2mm]
&+ \frac{\chi}{2\pi i} \int\limits_{-i\infty}^{+i\infty} \frac{z+1}{2\,z^3}\,\frac{1}{F(z)}\, e^{-(1+\tau)z}\, dz\ .
\end{aligned} \tag{A 155}$$

Die beiden neuen Integranden haben Singularitäten für $z = 0$. Für das erste Teilintegral führen wir den Integrationsweg rechts an dieser Singularität vorbei und schließen ihn (vgl. Ziffer 10) über den unendlich fernen Halbkreis der negativen Halbebene. Dieser Integrationsweg wird entgegen dem Uhrzeigersinne (d. h. im mathematisch positiven Sinne) durchlaufen und umschließt neben den in der negativen Halbebene liegenden Nullstellen von $F(z)$ auch die Singularität bei $z = 0$. Auf dem Integrationswege ist $\Re(z) < 0$. Da $F(z)$ von der Ordnung $e^{|z|}$ ist, muß, damit dort der Integrand stärker als r^{-1} verschwindet, $(1 - \tau) \geqq -1$ sein.

Für das zweite Teilintegral führen wir den Integrationsweg ebenfalls rechts an der Singularität bei $z = 0$ vorbei und schließen ihn über den unendlich fernen Halbkreis der positiven Halbebene. Dieser Integrationsweg wird im Uhrzeigersinne (d. h. im mathematisch negativen Sinne) durchlaufen und umschließt die von den in der positiven Halbebene liegenden Nullstellen der Funktion $F(z)$ herrührenden Singularitäten. Hier muß, da $\Re(z) > 0$ ist, $(1 + \tau) \geqq -1$ sein. Allgemein wird daher vorausgesetzt

$$|\tau| \leqq 2. \tag{A 156}$$

Der Wert jedes Teilintegrals ist gleich der mit $2\pi i$ multiplizierten Summe der Residuen der vom Integrationswege umschlossenen Singularitäten. Wir haben daher zunächst das Residuum der Singularität bei $z = 0$ zu ermitteln. Dazu entwickeln wir bei $z = 0$

$$\frac{1}{F(z)} =: \frac{1}{F(0)} + \left(\frac{1}{F}\right)'_{z=0} z + \frac{1}{2}\left(\frac{1}{F}\right)''_{z=0} z^2 + \cdots \tag{A 157}$$

und (mit der Abkürzung $\alpha = 1 - \tau$)

$$\frac{e^{\alpha z}}{F(z)} = \left[1 + \alpha z + \frac{1}{2}(\alpha z)^2 + \cdots\right]\left[\frac{1}{F(0)} + \left(\frac{1}{F}\right)'_{z=0} z + \frac{1}{2}\left(\frac{1}{F}\right)''_{z=0} z^2 + \cdots\right]$$

$$= \frac{1}{F(0)} + \left[\frac{\alpha}{F(0)} + \left(\frac{1}{F}\right)'_{z=0}\right] z + \left[\frac{1}{2}\frac{\alpha^2}{F(0)} + \alpha\left(\frac{1}{F}\right)'_{z=0} + \frac{1}{2}\left(\frac{1}{F}\right)''_{z=0}\right] z^2 + \cdots .$$

$$\text{(A 158)}$$

Wegen $F(z) = F(-z)$ ist nun

$$\left(\frac{1}{F}\right)'_{z=0} = 0, \quad \left(\frac{1}{F}\right)''_{z=0} = -\frac{F''(0)}{F(0)} . \tag{A 159}$$

Damit wird das fragliche Residuum

$$R_{z=0} = \chi \left\{ \frac{1}{2}\frac{1-\tau}{F(0)} - \frac{1}{2}\left[\frac{1}{2}\frac{(1-\tau)^2}{F(0)} - \frac{1}{2}\frac{F''(0)}{[F(0)]^2}\right] \right\}$$

$$= \frac{\chi}{4\,F(0)}\left[1 + \frac{F''(0)}{F(0)} - \tau^2\right] . \tag{A 160}$$

Nun ist

$$G(z) = \frac{1}{z^3}\left(z + \frac{z^3}{2} + \frac{z^5}{24} + \cdots - z - \frac{z^3}{6} - \frac{z^5}{120} - \cdots\right)$$

$$= \frac{1}{3} + \frac{1}{30} z^2 + \cdots . \tag{A 161}$$[1]

Mit (A 154) folgt daraus

$$F(0) = \frac{3+\chi}{3} , \quad F''(0) = \frac{\chi}{15} \tag{A 162}$$

und

$$\frac{F(0) + F''(0)}{F(0)} = \frac{15 + 6\,\chi}{15 + 5\,\chi} . \tag{A 163}$$

Es wird somit schließlich

$$R_{z=0} = \frac{3\,\chi}{4\,(\chi+3)}\left(\frac{15 + 6\,\chi}{15 + 5\,\chi} - \tau^2\right) . \tag{A 164}$$

Es bleiben jetzt noch die Residuen der Pole der Integranden, die durch die Nullstellen der Funktion $F(z)$ bedingt sind, zu berechnen. Da $F(z)$ eine grade Funktion ist, treten diese Nullstellen paarweise in der positiven und negativen Halbebene auf. Bezeichnen wir mit z_n die in der positiven Halbebene liegenden Nullstellen, so gilt

$$F(z_n) = F(-z_n) = 0 \qquad [\Re(z_n) > 0]. \tag{A 165}$$

Damit wird die Summe der zugehörigen Residuen

$$R_{z_n} = \chi \sum_n \left[\frac{-z_n-1}{-2\,z_n^3}\frac{1}{-F'(z_n)} e^{-z_n} e^{\tau z_n} - \frac{z_n+1}{2\,z_n^3}\frac{1}{F'(z_n)} e^{-z_n} e^{-\tau z_n}\right] . \tag{A 166}$$

Auch hier haben wir wieder den Satz über das Residuum eines Quotienten benutzt. Das negative Vorzeichen des zweiten Terms in der Klammer erklärt sich aus der umgekehrten Integrationsrichtung. Die Gl. (A 166) kann einfacher geschrieben werden als

$$R_{z_n} = -\chi \sum_n \frac{(1 + z_n)\,e^{-z_n}}{z_n^3\,F'(z_n)} \cosh z_n \tau . \tag{A 167}$$

---

[1] Man sieht aus dieser Entwicklung, daß der Integrand von (A 150) keinen Pol bei $z = 0$ besitzt.

Aus (A 155), (A 164) und (A 167) folgt schließlich

$$K^*(\tau) = \frac{3\,\chi}{4\,(\chi + 3)} \left[\frac{15 + 6\,\chi}{15 + 5\,\chi} - \tau^2 \right] -$$
$$- \chi \sum_n \frac{(1 + z_n)\, e^{-z_n}}{z_n^3\, F'(z_n)} \cosh z_n\, \tau \,. \tag{A 168}$$

12. Ableitung der Verteilungsfunktion realer Gase aus der großen Verteilungsfunktion nach Gl. (VII 107)

Für den betrachteten Fall lautet die Gl. (VII 107)

$$Q = \frac{1}{2\pi i} \int\limits_{c-i\infty}^{c+i\infty} e^{-\frac{N\mu}{kT}}\, \Xi\, d\left(-\frac{\mu}{kT}\right), \tag{A 169}$$

wo $-\,\mu/kT$ jetzt als komplexe Variable aufzufassen ist.

Wegen

$$Q = \frac{f(T)}{V} \frac{Q_\tau}{N!} \tag{A 170}$$

wird daraus

$$\frac{Q_\tau}{N!} = \frac{V}{f(T)} \frac{1}{2\pi i} \int\limits_{c-i\infty}^{c+i\infty} e^{-\frac{N\mu}{kT}}\, \Xi\, d\left(-\frac{\mu}{kT}\right). \tag{A 171}$$

Gehen wir nun mit Hilfe der konformen Abbildung

$$z = \frac{f(T)}{V}\, e^{\frac{\mu}{kT}} \tag{A 172}$$

auf die z-Ebene über, so wird der Integrationsweg ein Kreis vom Radius $\dfrac{f(T)}{V}\, e^{-c}$ um den Ursprung, der im Sinne des Uhrzeigers zu durchlaufen ist. Aus Gl. (A 171) wird dann

$$\frac{Q_\tau}{N!} = \frac{1}{2\pi i} \oint \frac{\Xi}{z^{N+1}}\, dz \,. \tag{A 173}$$

Dabei ist das negative Vorzeichen der rechten Seite dadurch beseitigt worden, daß der Integrationsweg jetzt entgegen dem Sinne des Uhrzeigers durchlaufen wird. Der Integrand ist auf dem Integrationsweg regulär und hat im Ursprung einen Pol $(N + 1)$-ter Ordnung. Nach dem Residuensatz kann daher als Integrationsweg eine beliebige geschlossene Kurve um den Ursprung, die keine weiteren Singularitäten einschließt, gewählt werden. Durch Einsetzen von (XII 49) in Gl. (A 173) erhält man die Gl. (XII 50), deren Auswertung mit Hilfe der Sattelpunktmethode in § 12.3 beschrieben ist.

Literatur zum mathematischen Anhang

CARSLAW, H. S., u. J. C. JAEGER: Operational Methods in Applied Mathematics, 2nd ed. Oxford 1953.

COURANT, R., u. D. HILBERT: Methoden der mathematischen Physik, Bd. I. Berlin 1931.

DOETSCH, G.: Theorie und Anwendung der Laplace-Transformation. Berlin 1937.

KNOPP, K.: Theorie und Anwendung der unendlichen Reihen, 4. Aufl. Berlin 1947.

MADELUNG, E.: Die mathematischen Hilfsmittel des Physikers, 5. Aufl. Berlin 1953.

MAGNUS, W., u. F. OBERHETTINGER: Formeln und Sätze für die speziellen Funktionen der mathematischen Physik, 2. Aufl. Berlin 1948.

MARGENAU, H., and G. M. MURPHY: The Mathematics of Physics and Chemistry. New York 1943.

TITCHMARSH, E. C.: Introduction to the Theory of Fourier Integrals. Oxford 1937.

VAN DER WAERDEN, B. L.: Algebra, Bd. I, II. Berlin 1955.

WHITTAKER, E. T., and G. N. WATSON: A Course of Modern Analysis, 4. ed. Cambridge 1927.

Verzeichnis der Formelsymbole

Es sind nur solche Bezeichnungen aufgeführt, die von allgemeinerer Bedeutung sind.

Thermodynamische Größen

A	An dem System geleistete Arbeit
B	Zweiter Virialkoeffizient
C	Dritter Virialkoeffizient
C_v	Molekülwärme bei konstantem Volumen
C_p	Molekülwärme bei konstantem Druck
D	Vierter Virialkoeffizient
D	Dielektrizitätskonstante
E	Innere Energie
F	Freie Energie nach HELMHOLTZ
G	Freie Energie nach GIBBS, freie Enthalpie
H	Enthalpie, Wärmeinhalt
M	Molekulargewicht
P	Druck
Q	Dem System zugeführte Wärme
R	Gaskonstante
S	Entropie
T	Absolute Temperatur
V	Volumen
Z	Fugazität
c	Konzentration (Moleküle pro Volumeneinheit)
f_i	Aktivitätskoeffizient der Komponente i
g	Osmotischer Koeffizient
h_i	Partielle Enthalpie pro Molekül
p	Dampfdruck
p_i	Partialdruck
s_i	Partielle Entropie pro Molekül
v_i	Partielles Volumen pro Molekül
x_i	Molenbruch
γ	Kubischer Ausdehnungskoeffizient
$\varkappa$	Isotherme Kompressibilität
μ_i	Chemisches Potential

Mittlere molare Größen (pro Molekül) werden durch den Index m bezeichnet, z. B. ΔG_m = freie Energie der Mischung pro Molekül. Molekulare Entropie und Enthalpie einheitlicher Stoffe werden durch s und H bezeichnet.

Statistische Größen

E	Energie
$H(\mathbf{q}, \mathbf{p})$	HAMILTON-Funktion
N	Teilchenzahl
N_L	LOSCHMIDTsche Zahl
Q	Verteilungsfunktion (Zustandssumme) des Gesamtsystems
Q_τ	Verteilungsfunktion der potentiellen Energie, Konfigurationsintegral
S	SLATER-Summe
U	Potentielle Energie
$[V]$	Virial
W	Wahrscheinlichkeit
$W^{(n)}$	Potential der Durchschnittskraft für eine Gruppe von n Molekülen

a	Kopplungsparameter
b_l	cluster-Integral
b_{lm}	cluster-Integral II. Art
$b^{(l)}$	Verallgemeinertes cluster-Integral
$b^{(lm)}$	Verallgemeinertes cluster-Integral II. Art
$|e|$	Elektrische Elementarladung
$f(T)$	Verteilungsfunktion (Zustandssumme) des Einzelmoleküls
$g^{(n)}$	Molekulare Verteilungsfunktion (Korrelationsfunktion) einer Gruppe von n Molekülen
h	PLANCKsches Wirkungsquantum
k	BOLTZMANNsche Konstante
m	Masse eines Teilchens
n	Zahl der Freiheitsgrade des Systems
n	Molekülzahl einer Untergruppe von Molekülen
p_i	Generalisierter Impuls des i-ten Freiheitsgrades
$\mathbf{p}_i$	Satz der Impulskoordinaten des i-ten Moleküls, Ortsvektor im Impulsraum des i-ten Moleküls
$\mathbf{p}$	Vollständiger Satz der Impulskoordinaten des Systems, Ortsvektor im Impulsraum des Systems
q_i	Generalisierte Koordinate des i-ten Freiheitsgrades
$\mathbf{q}_i$	Satz der Ortskoordinaten des i-ten Moleküls, Ortsvektor im Konfigurationsraum des i-ten Moleküls
$\mathbf{q}$	Vollständiger Satz der Ortskoordinaten des Systems, Ortsvektor im Konfigurationsraum des Systems
$\mathbf{q}^{(n)}$	Satz der Ortskoordinaten von n Molekülen, Ortsvektor im Konfigurationsraum einer Gruppe von n Molekülen
$\mathbf{q}^{\binom{n}{N}}$	Aus den Ortskoordinaten von n-Molekülen bestehender Unter-Satz des Koordinatensatzes $\mathbf{q}^{(N)}$
r_{ij}	Schwerpunktsabstand der Moleküle i und j
$u_{ij},\, u(r_{ij}),\, u(r)$	Wechselwirkungspotential zwischen zwei Molekülen als Funktion des Schwerpunktsabstandes
$v = V/N$	Volumen pro Molekül
$w^{(n)}$	Siehe Gl. (VIII 134)
$\Theta = kT$	Verteilungsmodul der kanonischen und der großen kanonischen Gesamtheit
Ξ	Große Verteilungsfunktion
Φ	GIBBSsche Energiefunktion
Ω	Zahl der Eigenfunktionen zwischen E und $E + \Delta E$
Ω^*	Volumen des Phasenraumes bis zur maximalen Energie E
$\beta = \dfrac{1}{kT}$	
β_k	Unreduzierbares cluster-Integral
$\beta^{(k)}$	Verallgemeinertes unreduzierbares cluster-Integral
ε	Energie eines Teilchens
$\varepsilon = E/V$	Energiedichte
$\vartheta = e^{-\frac{1}{kT}}$	DARWIN-FOWLERsches Temperaturanalogon
λ	Absolute Aktivität
$\lambda = \dfrac{h}{\sqrt{2\pi m kT}}$	
λ	Wellenlänge
$[\mu]$	Magnetisches Moment eines Teilchens
ν	Frequenz
ϱ	Phasendichte
$\varrho = N/V$	Molekulare Dichte
$\varrho^{(n)} = \left(\dfrac{N}{V}\right)^n g^{(n)}$	Molekulare Verteilungsfunktion einer Gruppe aus n Molekülen
σ	Schwerpunktsabstand zweier Moleküle, für den $u(r) = 0$ wird. Für unendlich steiles Abstoßungspotential: Durchmesser der starren Kugeln
ψ	Parameter der kanonischen Gesamtheit
ψ_n	Eigenfunktion des HAMILTON-Operators

Ein rechter oberer Index in Klammern, z. B. $A^{(n)}$, bedeutet im allgemeinen, daß die betreffende Größe sich in dem jeweils erläuterten Sinne auf eine Gruppe von n Molekülen bezieht.

Mathematische Symbole

a skalare Größe

$\mathbf{a}$ Vektor

$\mathbf{A}$, $[A_{ij}]$ Matrix mit den Elementen A_{ij}

$\mathfrak{a}$ Matrix mit einer Reihe oder Spalte (Vektor)

$|A|$ Determinante mit den Elementen A_{ij}

$|A|_{ij}$ Kofaktor des Matrixelementes A_{ij}

$\underline{A}$ Operator

$\underline{\Sigma}$ Summierung

Π Produkt

$\mathbf{a} \cdot \mathbf{b}$ Skalares Produkt

$\mathbf{a} \times \mathbf{b}$ Vektorielles Produkt

$\mathbf{A} \times \mathbf{B}$ Direktes Produkt

$\left.\begin{array}{l}[\mathbf{A}, \mathbf{B}] \\ [\underline{A}, \underline{B}]\end{array}\right\}$ Kommutator

$\nabla_i F$, $\mathrm{grad}_i\, F$, $\dfrac{\partial F}{\partial \mathbf{q}_i}$ Gradient von F im Konfigurationsraum des Moleküls i

$\int F\, d\mathbf{q}_i$ Integral von F über den Konfigurationsraum des Moleküls i

$\int F\, d\mathbf{q}$ Integral von F über den Konfigurationsraum des Systems

$\int F\, d\mathbf{q}^{(n)}$ Integral von F über den Konfigurationsraum von n Molekülen

$\int F\, d\Omega$ Integral von F über den Phasenraum des Systems

$\dfrac{\partial(x_1, x_2, \ldots)}{\partial(y_1, y_2, \ldots)}$, $J\left(\dfrac{x}{y}\right)$ Jakobische Determinante

$O(a^2)$ Landausches Größenordnungssymbol

δ_{ij} Kroneckersches Delta

$\delta(x - t)$ Diracsche Delta-Funktion

$\Gamma(z)$ Gamma-Funktion

Namenverzeichnis

Sachverzeichnis

Phasendichte 100
Phasengeschwindigkeit 101
Phasenmittelwert 100
Phasenpunkt 99
Phasenkoordinaten 99
Phasenraum des Gesamtsystems 99
— — Moleküls 27
Phasenumwandlungen 221, 228, 288
Photonengas 484
PLANCKsches Strahlungsgesetz 483
POISSONsche Formel 16
POISSON-BOLTZMANNsche Gleichung 768, 776
POISSONsche Gleichung 767
POISSON-Klammer 96
Potential der Durchschnittskraft 246, 263
Potentiale, thermodynamische 193

Quantenstatistik der realen Gase 437 ff.
Quantenstatistisches Analogon des Prinzips der Erhaltung der Phasendichte 154
— — — LIOUVILLEschen Satzes 153
— mikrokanonische Gesamtheit 159 ff.
— kanonische Gesamtheit 163 ff., 172
— Theorie der molekularen Verteilungsfunktionen 472 ff.
— — des zweiten Virialkoeffizienten 393 ff.
Quasi-chemische Gleichung 552, 719, 740, 746, 810
— Näherung 553, 564, 717, 745
Quasi-Ergodenhypothese 109

Radiale Verteilungsfunktion 245, 458, 466, 680, 682, 684
— —, experimentelle Bestimmung 281
RAOULTsches Gesetz 708, 716
RAYLEIGHsches Strahlungsgesetz 483
Ringintegral 460
Rotator, freier ebener 50
—, — räumlicher 52, 307
Rotation, innere 342 ff.
—, vielatomiger Moleküle 330 ff.
—, zweiatomiger Moleküle 307 ff.
Rotationsumwandlungen 639 ff.

Sattelpunktmethode 67 ff., 80 ff.
Semi-Invarianten 558, 781

SLATER-Summe 169, 394, 401, 438
Spezielle Phase 122
Superpositionsprinzip 256, 272, 468, 673, 683, 685, 702
Superposition der Ionenwolken 786
Symmetrische Eigenfunktion 57, 62, 75
Schmelztheorie von KIRKWOOD und MONROE 691 ff.
— — LENNARD-JONES und DEVONSHIRE 685 ff.
SCHOTTKYscher Fehlordnungstyp 530
SCHRÖDINGER-Gleichung 47, 53, 142
Schwankungen 11
—, allgemeine Theorie 202 ff.
— der Energie 137
— der Energiedichte am kritischen Punkt 625
— der extensiven Parameter 202 ff.
— — intensiven Parameter 205 ff.
— — Molekühlzahlen 186, 204, 450
Schwingungen vielatomiger Moleküle 334 ff.
— zweiatomiger Moleküle 317
Stabilitätsbedingungen 224, 234
STEFAN-BOLTZMANNsches Gesetz 483
STIRLINGsche Formel 13
Strahlungsdruck 483
Streuung von Röntgenstrahlen 280

Temperatur, absolute 37, 89, 119, 164
—, empirische 32 ff., 116, 165
Theorem der übereinstimmenden Zustände 405 ff.
Thermische Zustandsgleichung 249, 370 ff., 427, 466, 488, 655, 689
Thermodynamisches Gleichgewicht 124 ff., 135, 166
Thermodynamische Potentiale 193
Transformationstheorie, quantenmechanische 147
— der Verteilungsfunktionen 192 ff.
Tröpfchenmodell 421, 437
TROUTONsche Regel 658
Trübung 209, 211

Übergangswahrscheinlichkeiten 156
Überstruktur-Umwandlungen 536 ff.

Umwandlung, anomale
I. Ordnung 434, 450, 626
—, ONSAGERsche 595, 626
Umwandlungen II. Ordnung 221, 234, 537, 547, 557, 639
Uniforme Integrale der Bewegungsgleichungen 97, 104, 110

VAN'T HOFFsche Gleichung 707
Variationsverfahren 575
Verteilungsfunktion des Einzelmoleküls 39, 73
— — Gesamtsystems 91, 138, 168
—, generalisierte 192, 196, 198
— der potentiellen Energie 238, 244
—, große 187
—, radiale 245, 458, 466, 680, 682, 684
—, radiale, experimentelle Bestimmung 281
Verteilungsfunktionen, molekulare 245 ff.
—, —, des eindimensionalen Systems 292 ff.
—, —, Zusammenhang mit den thermodynamischen Funktionen 248 ff.
—, Transformationstheorie der 192 ff.
Verteilungsmodul 133
Virial 115, 160
Virialform der Zustandsgleichung 372, 427
Virialkoeffizient 372, 427
—, zweiter 374 ff.
—, dritter 428
Virialsatz 115, 160, 249, 375
Virtuelle Gesamtheit 99
— Moleküle, Methode der 802

Wärme 37, 118, 164
Wiederkehrsatz 109, 156
WIENsches Strahlungsgesetz 484

Zugänglichkeit 77, 124 ff., 158
Zustandsgleichung, calorische 249, 254
—, thermische 249, 370 ff., 427, 466, 488, 655, 689
—, VAN DER WAALSsche 370, 374, 378
— von BEATTIE und BRIDGEMAN 371
—, Virialform der 372, 427
Zweiter Virialkoeffizient,
— —, quantenstatistische Theorie des 393 ff.
— —, statistische Theorie des 374 ff.
— — und zwischenmolekulare Kräfte 378 ff.